AVAK GORIS (HRSG.)

JAHRBUCH für die Baupraxis

STAHLBETONBAU AKTUELL

JAHRBUCH für die Baupraxis

Herausgegeben von

Ralf Avak
Alfons Goris

Mit Beiträgen von

Thomas Ackermann
Ralf Avak
Heinz Bökamp
Karl-Ludwig Fricke
Helmut Geistefeldt
Alfons Goris
Carl-Alexander Graubner
Uwe Hartz
Josef Hegger
Jochen Pirner
Ulrich P. Schmitz
Michael Six
Norbert Will

STAHLBETONBAU AKTUELL

Beuth Verlag · Werner Verlag

4. Jahrgang 2001
Zahlreiche Abbildungen und Tabellen

Die Deutsche Bibliothek – CIP-Einheitsaufnahme

Stahlbetonbau aktuell: Jahrbuch . . . für die Baupraxis/Düsseldorf : Werner Verl.; Beuth Verl. Erscheint jährl. – Aufnahme nach 2001 (1997)

ISBN 3-8041-1076-2
ISBN 3-410-14971-6

Wir – Herausgeber und Verlag – haben uns mit großer Sorgfalt bemüht, für jede Abbildung den/die Inhaber der Rechte zu ermitteln und die Abdruckgenehmigungen eingeholt. Wegen der Vielzahl der Abbildungen und der Art der Druckvorlagen können wir jedoch Irrtümer im Einzelfall nicht völlig ausschließen. Sollte versehentlich ein Recht nicht eingeholt worden sein, bitten wir den Berechtigten, sich mit dem Verlag in Verbindung zu setzen.

Die DIN-Normen sind wiedergegeben mit Erlaubnis des DIN Deutsches Institut für Normung e. V. Maßgebend für das Anwenden der Normen ist deren Fassung mit dem neuesten Ausgabedatum, die beim Beuth Verlag GmbH, Burggrafenstraße 6, 10787 Berlin, erhältlich sind.

Satz: WVG
Werbe- & Verlags-GmbH,
Grevenbroich
Druck und buchbinderische Verarbeitung:
SDV
Saarbrücker Druckerei und Verlag GmbH,
Saarbrücken

Archiv-Nr.: 1044-12.2000
Bestell-Nr.: 3-8041-1076-2

Vorwort zum Jahrbuch 2001

Das vorliegende Jahrbuch gibt die grundlegenden Informationen zur neuen Normengeneration im Betonbau. Die neue DIN 1045 und die begleitenden Normen werden im Laufe des Jahres 2001 als Weißdruck erscheinen.

Eine wesentliche, durch das semiprobabilistische Sicherheitskonzept bedingte Änderung in der praktischen Arbeit mit der neuen Normengeneration sind die Kombinationsregeln. In Kapitel A stellt *Grünberg* die neuen Grundlagen zum Sicherheitskonzept und zu den Einwirkungen nach DIN 1055 (neu) vor.

In Kapitel B behandelt *Pirner* die Baustoffe Beton und Betonstahl, basierend auf DIN 1045-2 und EN 206. Die Auswirkungen der DIN 1045-1 auf Statik, Bemessung und Konstruktion von Stahlbetontragwerken werden in den Kapiteln C bis E von *Schmitz, Goris* und *Geistefeldt* beschrieben. Die Anwendung wird mit Zahlenbeispielen in Kapitel G gezeigt.

Die neue DIN 1045 enthält neben dem Stahlbeton auch die Regelungen zum Spannbeton. Daher stellen *Glaubner/Six* den Spannbetonbau anhand dieser neuen Regelungen dar.

Eine weitere wesentliche Erweiterung ist die Integration des Hochleistungsbetons in die Stahlbetongrundnorm. In den „Beiträgen für die Baupraxis" wird daher als erstes Thema von *Hegger/Will* über „Hochleistungsbeton" berichtet. Weiterhin werden künftige Anforderungen an den Wärmeschutz *(Ackermann)* und baupraktische Hinweise sowie ein Programm zur Durchbiegungsberechnung *(Fricke)* beschrieben. Die Rubrik „Aus Fehlern lernen" von *Bökamp* setzt die in den Vorjahren bereits begonnene Beschreibung typischer Fehler der Praxis fort.

Die Liste aller derzeit gültigen bauaufsichtlichen Zulassungen *(Hartz)* im Bereich des Betonbaus erscheint in der aktuellen Fassung in Kapitel J.

Das Kapitel K (Verzeichnisse) soll mit dem umfangreichen Adressen- und Internetverzeichnis eine Hilfestellung zur Kontaktaufnahme bei weitergehenden Fragen geben.

Der Verlag hat durch bewährte sorgfältige Bearbeitung zum Gelingen des vierten Jahrgangs dieses Jahrbuches beigetragen.

Die Herausgeber danken allen Autoren für die kompetenten Beiträge und die termingerechte Bearbeitung, die in diesem Jahr durch die verspätete Fertigstellung der Normen erschwert wurde.

Die Herausgeber hoffen, dass den praktisch tätigen Ingenieuren die Umstellung auf die neue Normengeneration mit diesem Handbuch leichter fällt.

Im Oktober 2000 — Ralf Avak, Alfons Goris

Aus dem Vorwort zum Jahrbuch 1998

Die gegenwärtige Rezession im Bauwesen ist auch dadurch gekennzeichnet, daß die fachliche Weiterbildung von Bauingenieuren eine geringere Priorität aufweist; Seminare werden aus Kostengründen nicht besucht, und die Zahl der Abonnenten von Fachzeitschriften sinkt ständig.

Eine langfristige Fortsetzung dieses Trends wird zum Verlust von „Know-how" und letzten Endes zur Aufgabe von Arbeitsfeldern führen.

Die Herausgeber wollen dieser Entwicklung entgegenwirken, indem in *einem Buch zusammen sowohl Arbeitsmaterialien für das Tagesgeschäft der Berufspraxis als auch Fachbeiträge zu aktuellen Themen* zu finden sind. Diese Artikel informieren über neue Entwicklungen und Arbeitshilfen für die Lösung von baupraktischen Problemen.

Vor diesem Hintergrund erscheint hiermit das erste Jahrbuch einer zukünftigen jährlichen Edition. Hierdurch ist ein Höchstmaß an Aktualität gewährleistet. Im Unterschied zu anderen langjährig eingeführten Jahrbüchern auf dem Gebiet des Stahlbetonbaus wird das Schwergewicht weniger auf die grundlegende Darstellung von Themen gelegt und mehr Augenmerk der Anwendbarkeit in der täglichen Berufspraxis gewidmet. Insofern stellt das Buch eine Ergänzung zu anderen Periodika dar.

Jede Ausgabe der Reihe „Stahlbetonbau aktuell" wird sich in drei Teile gliedern:

- Grundlagen des Stahlbetonbaus im Hinblick auf zukünftige (bereits heute feststehende) Entwicklungen;
- Aktuelle Veröffentlichungen und Beiträge für die Baupraxis;
- Abdruck von aktuellen Normen und Zulassungen.

Im November 1997 — Ralf Avak, Alfons Goris

A SICHERHEITSKONZEPT UND EINWIRKUNGEN NACH DIN 1055 (NEU)

Prof. Dr.-Ing. Jürgen Grünberg

A Sicherheitskonzept und Einwirkungen nach DIN 1055 (neu)

1 Überblick

Das europäische Regelwerk für den konstruktiven Ingenieurbau liegt für wesentliche Bereiche als Vornormen (ENV) vor [Litzner – 93]. Es umfasst die Anforderungen an den Entwurf, die Konstruktion und die Ausführung von Bauwerken, und zwar

- die Grundlagen der Tragwerksplanung (EC 1 Teil 1),
- die Einwirkungen auf Bauwerke (EC 1 Teile 2 bis 5),
- die Regelwerke für Bemessung, Konstruktion und Bauausführung (EC 2 bis 9),
- die Baustoffnormen und die Normen für die Baustoffprüfung.

In der Praxis werden diese Vornormen bisher kaum angewendet. Das liegt zum einen an der noch fehlenden EDV-Software, zum anderen aber auch an der Scheu vor der Einarbeitung in die noch ungewohnte Materie. Erfahrungen mit dem neuen Regelwerk lassen sich jedoch nur bei der täglichen Anwendung sammeln.

Auf der anderen Seite sind bei der Überführung der europäischen Vornormen (ENV) in die harmonisierten Euronormen (EN) noch einige Fragen offen, vor allem im Hinblick auf ihren Verbindlichkeitsgrad und die laufende Aktualisierung. So wurde im Normenausschuss Bauwesen entschieden, Neufassungen der deutschen DIN-Normen auf der Grundlage der ENVs herauszugeben ([Bossenmayer – 00], [Timm – 00]).

Der Eurocode 1 (ENV 1991) war die Grundlage für die Erarbeitung einer neuen DIN 1055, deren Gliederung Tafel A.1.1 zu entnehmen ist. Die Entwürfe der neuen Normblätter berücksichtigen die deutschen Vorstellungen und sind daher auch Beiträge zu den Eurocodes in der gegenwärtigen Überführungsphase.

An dieser Stelle soll DIN 1055 (neu) vorgestellt werden, mit den Grundlagen der Tragwerksplanung nach [DIN 1055-100 – 00] als Schwerpunkt.

Tafel A.1.1 Gliederung von DIN 1055 (neu)

DIN 1055 (neu)	Einwirkungen auf Tragwerke	Bezug zu ENV	Stand der Bearbeitung	Gelbdruck Herausgabe (geplant)	Weißdruck (geplant)
Teil 100	Grundlagen der Tragwerksplanung, Sicherheitskonzept und Bemessungsregeln	1991-1		Juli 1999	Oktober 2000
Teil 1	Wichte und Flächenlasten von Baustoffen, Bauteilen und Lagerstoffen	1991-2-1		März 2000	
Teil 3	Eigen- und Nutzlasten für Hochbauten	1991-2-1		März 2000	
Teil 4	Windlasten	1991-2-4	Mai 1999	(Nov. 2000)	
Teil 5	Schnee- und Eislasten	1991-2-3	Mai 1999	(Okt. 2000)	
Teil 6	Einwirkungen auf Silos und Flüssigkeitsbehälter	1991-4	November 1999	(Sept. 2000)	
Teil 7	Temperatureinwirkungen	1991-2-5		Juni 2000	
Teil 8	Einwirkungen während der Bauausführung	1991-2-6	Mai 1999	(Sept. 2000)	
Teil 9	Außergewöhnliche Einwirkungen	1991-2-7		März 2000	
Teil 10	Einwirkungen aus Kran- und Maschinenbetrieb	1991-5	November 1999	(Sept. 2000)	

In Abschnitt 2 werden die Grundlagen des Sicherheitskonzeptes für die Tragwerksplanung beschrieben. Die zur Gewährleistung der Tragwerkssicherheit erforderlichen Maßnahmen werden erläutert. Die traditionelle, empirische und die moderne, theoretische Sicherheitsanalyse werden gegenübergestellt.

In Abschnitt 3 werden baupraktische Sicherheitsmodelle vorgestellt. Das erforderliche Sicherheitsniveau ist von den möglichen Schadensfolgen abhängig und wird durch die Versagenswahrscheinlichkeit ausgedrückt. Der äquivalente Sicherheitsindex β wird mit Hilfe der Mittelwerte und Streuungen der Einwirkungen auf Tragwerke und der Baustoffeigenschaften berechnet. Auf dieser Grundlage und unter Berücksichtigung der Streuungen der mechanischen Modelle werden Sicherheitselemente für die Tragwerksplanung hergeleitet, zu denen die Teilsicherheits- und Kombinationsbeiwerte gehören.

In Abschnitt 4 werden, daran anknüpfend, die Nachweisformate nach [DIN 1055-100 – 00] für die Grenzzustände mit den zugehörigen Bemessungssituationen der Tragwerke dargestellt. In diesen Formaten werden die Bemessungswerte von Tragwiderständen bzw. Gebrauchstauglichkeitskriterien einerseits und von Beanspruchungen bzw. Auswirkungen andererseits gegenübergestellt. Letztere werden durch Kombination der mit den Sicherheitselementen vervielfältigten Einwirkungen auf das Tragwerksmodell ermittelt.

In Abschnitt 5 werden diese Kombinationsregeln für die Anwendungen im Hochbau entsprechend [DIN 1055-100 – 00], Anhang A1, vereinfacht. Sie bilden damit die Brücke zum traditionellen Sicherheitskonzept, das durch einfache Überlagerung der Einwirkungen und einen bauartspezifischen globalen Sicherheitsbeiwert gekennzeichnet ist [Grünberg – 98].

DIN 1055-100 ist das Dach und zugleich der zentrale Bezugspunkt sowohl für die Einwirkungsnormen als auch für die bauartspezifischen Bemessungsnormen des konstruktiven Ingenieurbaus. In Abschnitt 6 wird ein Überblick über die neuen Einwirkungsnormen der Reihe DIN 1055 gegeben. Dabei wird auf wesentliche Inhalte und Besonderheiten eingegangen.

2 Tragwerksplanung und Tragwerkssicherheit

2.1 Grundlagen

Die **Tragwerksplanung** für ein Bauwerk, das heißt die Planung der tragenden Konstruktion (Decken, stützende Bauteile, Fundamente), wird nach den anerkannten Regeln der Technik durchgeführt. Sie beruhen auf der Summe aller Ingenieurerfahrungen und sind in der praktischen Anwendung bewährt. Sie sind von allen am Bau Beteiligten (Bauherren, Entwurfsplaner, Tragwerksplaner, Bauausführende) anerkannt [Spaethe – 92].

Zur Gewährleistung der **Tragwerkssicherheit** gehören

1. Maßnahmen zur Vermeidung menschlicher Fehlhandlungen (Annahmen und Voraussetzungen bei der Tragwerksplanung),
2. Schaffung eines ausreichenden Sicherheitsabstands zwischen Beanspruchung und Beanspruchbarkeit (Grundlegende Anforderungen an die Bemessung und Ausführung von Tragwerken),
3. Maßnahmen zur Begrenzung des Schadensausmaßes.

Diese Maßnahmen werden in 2.2 bis 2.4 im Einzelnen erläutert.

2.2 Maßnahmen zur Vermeidung menschlicher Fehlhandlungen

Für die Tragwerksplanung gelten die folgenden Annahmen und Voraussetzungen ([prEN 1990 – 00], [DIN 1055-100 – 00]):

- Die Tragwerksplanung wird nur durch qualifizierte und erfahrene Personen durchgeführt.
- Die Bauausführung erfolgt durch geschultes und erfahrenes Personal.
- Überwachung und Qualitätskontrolle sind bei der Durchführung der Baumaßnahme sichergestellt, d.h. in den Planungsbüros, bei der Fertigung und auf den Baustellen.

- Die Verwendung von Baustoffen und Produkten entspricht den Bemessungsnormen bzw. den maßgebenden Produktnormen.
- Die Tragwerke werden sachgemäß instand gehalten.
- Die Tragwerke werden entsprechend den Planungsannahmen genutzt.
- Die Anforderungen an die Baustoffe und die Bauausführung nach den Bemessungsnormen werden erfüllt.

Diese Annahmen haben den Rang von Prinzipien. Sie sind Voraussetzungen für das Sicherheitskonzept und eng mit den grundlegenden Anforderungen an Tragwerke verknüpft.

Analysen eingetretener Schäden zeigen, dass die Mehrzahl der Versagensfälle durch Fehler der am Bau beteiligten Menschen verursacht wird. Eine mögliche Ursache kann der mangelnde Wissensstand des einzelnen sein. *Lehre, Weiterbildung und Training* müssen hier im Sinne der Reduktion von Gefahren wirken.

Die zunehmende Erweiterung des Wissens führt zu einer wachsenden Spezialisierung auf allen Fachgebieten. Immer häufiger arbeiten immer mehr Spezialisten an gemeinsamen Aufgaben, die immer komplexer und unübersichtlicher werden. Aus wirtschaftlichen Zwängen heraus werden die einzelnen Spezialtätigkeiten auf verschiedene Fachplaner und ausführende Spezialfirmen aufgeteilt.

Damit gewinnen *Information und Kommunikation* zwischen den am Bau Beteiligten eine wachsende Bedeutung. Probleme entstehen sehr häufig an den Schnittstellen im Planungsprozess und im Bauablauf. Von besonderer Bedeutung ist daher die *Koordination* der einzelnen Aktivitäten.

Auch menschliche Fehlhandlungen infolge Sorglosigkeit, Nachlässigkeit oder Fahrlässigkeit stellen eine potentielle Gefahr dar. *Qualitäts- und Verantwortungsbewusstsein* müssen daher beim Einzelnen entwickelt werden.

Nur wenige menschliche Fehler sind unvermeidbar und unerkennbar. Wichtigste Hilfsmittel zum Auffinden von Fehlern und Irrtümern sind *Kontrolle und Überwachung*. Kontrollen wirken auch mittelbar psychologisch auf die Qualität der Bauausführung.

Effektive Kontrollstrategien müssen sich systematisch auf solche Probleme richten, die für die Sicherheit von entscheidender Bedeutung sind oder bei denen Fehler besonders häufig auftreten. Hierin besteht eine der wesentlichen Aufgaben der *Qualitätssicherung* bzw. des *Qualitäts-Managements*.

Menschliche Fehlhandlungen werden nicht durch Sicherheitsabstände der Berechnungsvorschriften (Normen) abgedeckt!

2.3 Grundlegende Anforderungen an Tragwerke

Die grundlegenden Anforderungen an Tragwerke sind im Grundlagendokument Nr. 1 [TC1/015 – 91] zur Bauprodukten-Richtlinie [89/106/EWG – 88] sowie in [GRUSIBAU – 81] und [ISO/FDIS 2394 – 98] wie folgt festgelegt:

Ein Bauwerk muss derart entworfen und ausgeführt sein, dass die während der Errichtung und Nutzung möglichen Einwirkungen keines der nachstehenden Ereignisse zur Folge haben:

- Einsturz des gesamten Bauwerks oder eines Teils,
- größere Verformungen in unzulässigem Umfang,
- Beschädigungen anderer Bauteile oder Einrichtungen und Ausstattungen infolge zu großer Verformungen des Tragwerks,
- Beschädigungen durch ein Ereignis in einem zur ursprünglichen Ursache unverhältnismäßig großen Ausmaß.

Ein Tragwerk muss daher so bemessen werden, dass seine Tragfähigkeit, Gebrauchstauglichkeit und Dauerhaftigkeit diesen vorgegebenen Bedingungen genügen [DIN 1055-100 – 00].

Die Abmessungen der Konstruktion und die Baustoffeigenschaften müssen so festgelegt werden, dass während der vorgesehenen Nutzungsdauer des Tragwerks mit sehr hoher Wahrscheinlichkeit die folgende Ungleichung erfüllt ist:

$$E \leq R \text{ (bzw. } C) \quad \text{oder}$$
$$Z \leq R \text{ (bzw. } C) - E \geq 0 \qquad \text{(A.2.1)}$$

mit E *Beanspruchung* (als Funktion von Ort und Zeit)

R *Beanspruchbarkeit* (innerer Widerstand) bzw

C *Gebrauchstauglichkeitskriterium* (z.B. zulässige Verformung)

Z *Sicherheitsabstand* (oder Sicherheitszone)

Der Wert des Sicherheitsabstandes Z hat folgende Bedeutung:

$Z > 0$ Tragwerk ist tragfähig (standsicher) bzw. gebrauchstauglich (für die geplante Nutzung).

$Z = 0$ Tragwerk im *Grenzzustand* der Tragfähigkeit bzw. der Gebrauchstauglichkeit (A.2.2)

$Z < 0$ Tragwerk versagt (Einsturz oder große Verformung) bzw. verliert seine Gebrauchstauglichkeit.

Die Erfüllung der Ungleichung (A.2.1) wäre trivial, hätte der Ingenieur nicht gleichzeitig die entgegengesetzt gerichtete Forderung nach hoher Wirtschaftlichkeit und geringem Materialeinsatz zu erfüllen. Das Bestreben, wirtschaftlich zu bauen, zwingt den konstruierenden Ingenieur, den Sicherheitsabstand so gering wie möglich zu halten [Spaethe – 92].

Die Verantwortung des Ingenieurs besteht darin, die Anforderungen an die Sicherheit und an die Wirtschaftlichkeit sorgfältig gegeneinander abzuwägen.

Die Größen R (bzw. C) und E sind während der Planung nicht genau bekannt, da die Widerstände R (Kriterien C) erst während der Bauausführung wirksam werden und die Beanspruchungen E erst während der Nutzung auftreten.

Die Ingenieure müssen also im Bemessungsprozess Entscheidungen treffen, die risikobehaftet sind. Um dieses Risiko zu mindern, benötigen sie Hilfsmittel, die ihnen eine zuverlässige Beurteilung des zukünftigen Tragverhaltens ermöglichen. Wichtigstes Hilfsmittel ist die *statische Berechnung*.

Sie gliedert sich in

- Annahmen über die zu erwartenden *Einwirkungen* hinsichtlich
  - ihrer Größe (Bemessungswert) und
  - ihrer Verteilung (Einwirkungsmodelle),

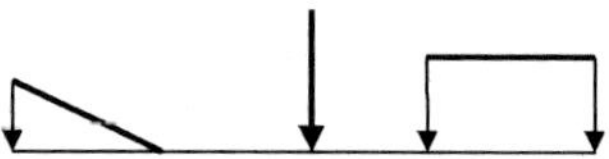

Abb. A.2.1 Einwirkungsmodell

- Berechnung der *Beanspruchungen* (Schnittgrößen) im Tragwerk und ihre Verfolgung bis in die Gründung mit
  - Tragwerksmodellen, d.h. statischen Systemen bzw. Strukturmodellen, die auf der Elastizitätstheorie, Plastizitätstheorie oder anderen nichtlinearen Theorien basieren,

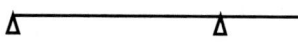

Abb. A.2.2 Strukturmodell

- Vergleich der Beanspruchungen mit den *Beanspruchbarkeiten* im Tragwerk, die sich als innere *Widerstände* aus den Querschnittsabmessungen sowie den Eigenschaften der Baustoffe und des Baugrundes (Stoffgesetze, Festigkeiten) ergeben, hinsichtlich ihrer
  - Größen (Bemessungswerte) und
  - Verteilung (Widerstandsmodelle).

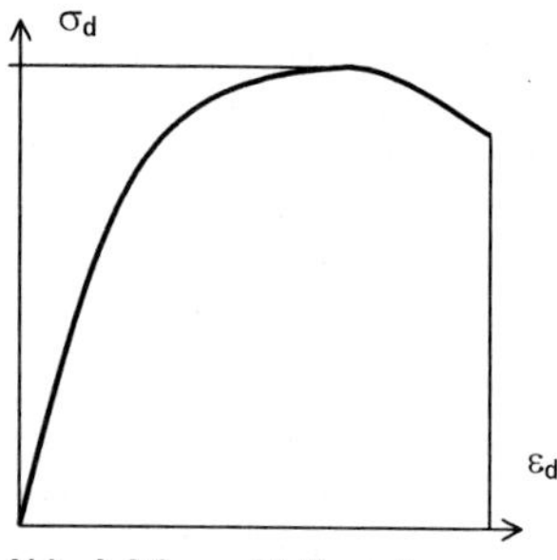

Abb. A.2.3 Stoffgesetz

Zwischen der theoretischen Modellvorstellung während der Tragwerksplanung und dem wirklichen Tragwerk während seiner Herstellung und seiner Nutzungsdauer bestehen folgende Abweichungen:

- systematische Abweichungen (Modellungenauigkeiten)
  - der Einwirkungsmodelle
  - der Tragwerksmodelle und
  - der Widerstandsmodelle
- zufällige Abweichungen (Streuungen)
  - der Einwirkungen (Lastgrößen)
  - der geometrischen Größen (Abmessungen) und
  - der Baustoffeigenschaften

Die *Modellungenauigkeiten* resultieren aus den Unzulänglichkeiten der Berechnungsverfahren. Um eine praktische Anwendung zu ermöglichen, müssen für jedes theoretische Modell vereinfachende Annahmen getroffen werden, die zwangsläufig zu einer abweichenden bzw. fehlerhaften Beschreibung der Realität führen. Aufgrund der steigenden Leistungsfähigkeit der Computer können verfeinerte Modelle numerisch bearbeitet werden. Damit lassen sich die Modellungenauigkeiten vermindern, allerdings nicht eliminieren.

Aufgrund der *Streuungen der mechanischen Größen* lässt sich das wirkliche Tragverhalten nur mit Hilfe einer Wahrscheinlichkeitsbetrachtung vorhersagen. Dazu werden stochastische Modelle auf der Grundlage von Stichproben herangezogen. Häufig ist der gegebene Stichprobenumfang nicht ausreichend.

Die Streuungen der Eigenschaften der Baustoffe und des Baugrundes werden durch die natürliche Zusammensetzung, die Verarbeitung und den Einbau im Bauwerk beeinflusst. Die Streuungen der Geometrie des Tragwerks ergeben sich im wesentlichen aus der Bauausführung.

Die Streuungen der Einwirkungen aus der Umwelt (Schnee, Wind, Temperatur) und der Nutzung (Verkehrslasten) ergeben sich aus ihren zeitlichen und örtlichen Veränderungen. Die Streuungen der Eigenlasten unterliegen zwar den gleichen Einflüssen wie die Baustoffeigenschaften, sind aber wesentlich geringer.

Der Einfluss der zufälligen Streuungen auf die Sicherheit bzw. Zuverlässigkeit eines Tragwerks ist nur mit stochastischen Methoden erfassbar. Darauf baut die Zuverlässigkeitstheorie der Tragwerke auf. Für die Praxis müssen jedoch Vereinfachungen getroffen werden, die sich aus dieser Theorie herleiten lassen.

In [DIN 1055-100 – 00] werden sowohl die Modellungenauigkeiten als auch die Streuungen der mechanischen Größen durch ein parametrisiertes Sicherheitskonzept erfasst, das durch charakteristische Werte und Teilsicherheitsbeiwerte gekennzeichnet ist.

Diese Parameter werden linear kombiniert und wirklichkeitsnahen Tragwerksmodellen zugeordnet. Die aus der statischen Berechnung resultierenden Beanspruchungen werden den Beanspruchbarkeiten gegenübergestellt, um mit Hilfe von Ungleichung (A.2.1) die Standsicherheit nachzuweisen.

2.4 Maßnahmen zur Begrenzung des Schadensausmaßes

Trotz dieser beiden Strategien – Maßnahmen zur Vermeidung menschlicher Fehlhandlungen, Schaffung eines ausreichenden Sicherheitsabstands – sind Fehler nicht vollständig auszuschließen. Es verbleibt ein Restrisiko.

Darüber hinaus sind Einwirkungen möglich, die bei der Planung nicht berücksichtigt wurden, und zwar

- durch Fehler, die trotz systematischer Kontrollen übersehen wurden,
- durch das zufällige Zusammentreffen extremer Ereignisse,
- durch Überbelastungen während des Nutzungszeitraums,
- durch Katastrophen, die von Menschen oder der Natur verursacht werden (z.B. Explosionen)
- oder durch menschliche Unkenntnis und Fehlhandlungen (der Nutzer ist z.B. nicht über die zulässigen Lasten informiert).

Kontrolle und Überwachung sind bei vielen Bauwerken auf die Zeit der Planung und Bauausführung beschränkt. Ausnahmen sind z.B. Brücken, Staudämme, Kernkraftwerke.

Die dritte Sicherheitsstrategie besteht darin, die Folgen eines Versagensfalls zu mildern und insbesondere Todesfälle zu verhindern. Die mögliche Schädigung eines Tragwerks muss daher durch geeignete Maßnahmen begrenzt oder vermieden werden [DIN 1055-100 – 00]:

- Verhinderung, Ausschaltung oder Minderung der Gefährdung,
- Tragsystem mit geringer Anfälligkeit gegen Schädigungen,
- Tragsystem, bei dem der Ausfall eines begrenzten Bereichs nicht zum Versagen des gesamten Tragwerks führt,
- Tragsysteme, die mit Vorankündigung versagen,
- Herstellung tragfähiger Verbindungen der Bauteile.

2.5 Traditionelle, empirische Sicherheitsanalyse

Traditionell wird der Sicherheitsabstand zwischen Beanspruchung und Beanspruchbarkeit mit folgenden Schritten erzeugt:

1. Charakteristische Werte oder Nennwerte werden „auf der sicheren Seite" festgelegt, d.h.: Einwirkungswerte, die selten überschritten werden, und Festigkeitswerte, die selten unterschritten werden.
2. Die Annahmen für Berechnungsmethoden und Tragwerksmodelle liegen ebenfalls „auf der sicheren Seite".
3. Der Sicherheitsabstand wird durch Einführung eines globalen Sicherheitsbeiwerts oder mehrerer Teilsicherheitsbeiwerte vergrößert.
4. Es werden redundante Konstruktionen entworfen mit der Fähigkeit, innere Kräfte aus überbeanspruchten Bereichen in nicht ausgenutzte Bereiche umzulagern. Dazu gehören statisch unbestimmte Systeme (Durchlaufträger, Flächentragwerke) und der Einsatz von Materialien mit hoher Verformungsfähigkeit (Duktilität).

Die Verantwortung für die Bauwerkssicherheit wird auf die am Bau Beteiligten aufgeteilt:

1. Die Normungsgremien und Behörden vertreten das gesellschaftlich akzeptierte Sicherheitsniveau durch Festlegung von charakteristischen Werten, Nennwerten und Sicherheitsfaktoren in Normen.
2. Die Gesellschaft bzw. die Nutzer bestimmen das Niveau der Einwirkungen.
3. Die Tragwerksplaner sind für Entwurf, Konstruktion und Standsicherheitsnachweis mit wirklichkeitsnahen mechanischen Modellen verantwortlich.
4. Die Materialhersteller und die Bauausführenden gewährleisten die Qualität der Materialien.

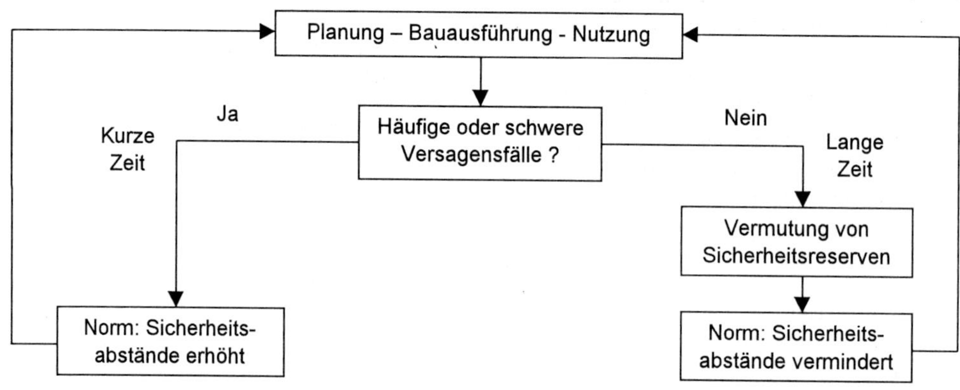

Abb. A.2.4 Empirische Festlegung von Sicherheitselementen in Normen

Traditionell werden die Sicherheitselemente empirisch festgelegt, d.h. nicht wissenschaftlich begründet, sondern *phänomenologisch* orientiert. Während die „unsichere Seite“ durch Versagensfälle auf sich aufmerksam macht, meldet sich die „sichere Seite“ nicht. Daraus folgt ein Vorgehen nach der „Trial-and-error-Methode“ (siehe Abb. A.2.4 und A.2.5).

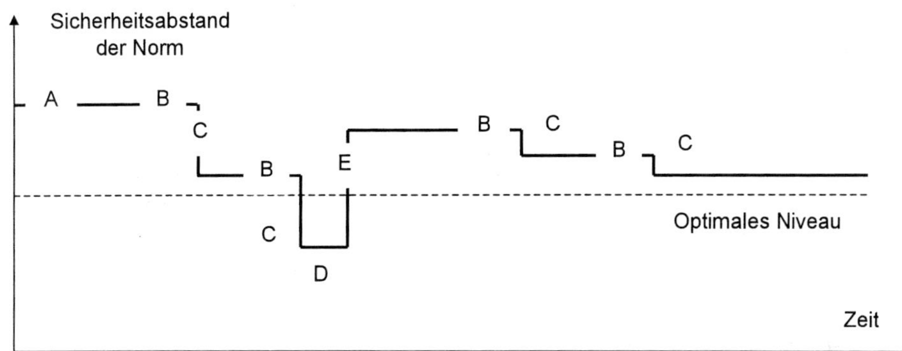

A: Ausgangszustand auf sehr zuverlässigem Niveau
B: Wachsendes Vertrauen durch positive Erfahrung
C: Herabsetzung des Sicherheitsabstands
D: Häufige oder schwere Versagensfälle
E: Vergrößerung des Sicherheitsabstands

Abb. A.2.5 Empirische Annäherung an ein optimales Zuverlässigkeitsniveau

2.6 Moderne, theoretische Sicherheitsanalyse

Nachfolgend werden vier Methoden für die Formulierung der Ungleichung (A.2.1) gegenübergestellt, die sich im Hinblick auf das stochastische Niveau unterscheiden [Spaethe – 92].

1. Berechnungsmethode mit Teilsicherheitsbeiwerten (semiprobabilistische Methode)

Der Standsicherheitsnachweis wird deterministisch nach der Methode der Grenzzustände geführt (Limit state design):

$$\gamma_{Ed} \cdot E\left(\gamma_{F,j} \cdot F_{k,j=1,2,\ldots n}\right) \leq 1/\gamma_{Rd} \cdot R\left(X_{k,i=1,2,\ldots m}/\gamma_{M,i}\right) \qquad (A.2.3)$$

mit

$F_{k,j}$ charakteristischer Wert einer Einwirkung F_j (oberer Fraktilwert)

$\gamma_{F,j}$ zugehöriger Teilsicherheitsbeiwert

γ_{Ed} Teilsicherheitsbeiwert für das Einwirkungsmodell / Tragwerksmodell

$X_{k,i}$ charakteristischer Wert einer Materialfestigkeit X_i (unterer Fraktilwert)

$\gamma_{M,i}$ zugehöriger Teilsicherheitsbeiwert

γ_{Rd} Teilsicherheitsbeiwert für das Widerstandsmodell

2. Momentenmethode und Zuverlässigkeitstheorie 1. Ordnung

Hierbei handelt es sich um ein Näherungsverfahren zur Bestimmung des Sicherheitsindex β bzw. der äquivalenten operativen Versagenswahrscheinlichkeit $P_f = \Phi(-\beta)$.

Für den Sonderfall normalverteilter Basisvariablen R (Widerstand) und E (Beanspruchung) gilt:

$$E_d \leq R_d; \qquad (A.2.4)$$

mit

$$R_d = R_k + \alpha_R \cdot \beta \cdot \sigma_R \tag{A.2.5}$$

$$E_d = E_k + \alpha_E \cdot \beta \cdot \sigma_E \tag{A.2.6}$$

$$\beta = \frac{R_k - E_k}{\sqrt{\sigma_R^2 + \sigma_E^2}} \tag{A.2.7}$$

$$\alpha_R = -\cos\varepsilon = \frac{-\sigma_R}{\sqrt{\sigma_R^2 + \sigma_E^2}} \tag{A.2.8}$$

$$\alpha_E = -\sin\varepsilon = \frac{+\sigma_E}{\sqrt{\sigma_R^2 + \sigma_E^2}} \tag{A.2.9}$$

Die Zusammenhänge zwischen α_R, α_E und ε sind aus Abb. 3.4 erkennbar.

3. Zuverlässigkeitstheorie, probabilistische Methode

Das gesamte Tragwerk oder seine Elemente werden mit wirklichkeitsnahen Ansätzen für die Verteilungsfunktionen der Basisvariablen und der genauen Grenzzustandsgleichungen wahrscheinlichkeitstheoretisch untersucht. Als Ergebnis erhält man die operative Versagenswahrscheinlichkeit P_f.

4. Zuverlässigkeitstheoretische Optimierungsverfahren

Das Tragwerk wird unter Einbeziehung ökonomischer Daten bemessen. Einerseits wird der Mittelwert der Summe aller Kosten unter Einbeziehung der potentiellen Versagenskosten für die Nutzungsdauer minimiert, andererseits wird der Nutzen aus der Existenz des Bauwerks maximiert. Die Festlegung der Sicherheit erfolgt anhand der gewählten Zielfunktion.

Der Normung liegt die semiprobabilistische Berechnungsmethode mit Teilsicherheitsbeiwerten zugrunde ([ENV 1991-1 – 94], [prEN 1990 – 00], [DIN 1055-100 – 00]).

Für besondere Bauaufgaben kann im Rahmen eines Zustimmungsverfahrens im Einzelfall auch die Zuverlässigkeitstheorie 1. Ordnung herangezogen werden.

Die übrigen zwei Methoden sind derzeit nicht normungsfähig.

3 Baupraktische Sicherheitsmodelle

3.1 Festlegung des erforderlichen Sicherheitsniveaus

Ein Sicherheitsnachweis auf zuverlässigkeitstheoretischer Grundlage setzt voraus, dass das Sicherheitsniveau als zulässige Versagenswahrscheinlichkeit zul P_f formuliert ist.

Werte für zul P_f lassen sich als Lösungen einer Optimierungsaufgabe auf sozialer Grundlage finden.

Einerseits führen zu niedrige Sicherheiten zu häufigen Schadens- und Versagensfällen und damit zu einer kurzen Lebensdauer des Bauwerks. Andererseits führen zu hohe Sicherheiten zu einem hohen materiellen Bauaufwand.

Analysiert man die *individuellen Unfall- und Todeshäufigkeiten*, denen der heutige Mensch im normalen Leben ausgesetzt ist, so liegen diese zwischen

- 10^{-4} / Jahr für Verkehrsunfälle mit Motorfahrzeugen oder Stürze und
- 10^{-7} / Jahr für Blitzschlag, Bisse und Stiche von Tieren oder für zu hohen bzw. zu niedrigen Luftdruck.

Daraus ergeben sich bereits die akzeptable obere Grenze und die vertretbare untere Grenze für eine zulässige Versagenswahrscheinlichkeit [Spaethe – 92].

Nach [prEN 1990 – 00], Anhang B, werden drei Schadensfolgeklassen SK und drei Zuverlässigkeitsklassen ZK eingeführt, die miteinander verknüpft sind (Tafel A.3.1). Damit werden der Sicherheitsindex β und die operative Versagenswahrscheinlichkeit P_f differenziert.

Zwischen β und P_f gilt folgende Beziehung:

$$P_f = \Phi(-\beta) = 1 - \Phi(\beta) \tag{A.3.1}$$

bzw. invers

$$\beta = -\Phi^{-1}(P_f) = \Phi^{-1}(1 - P_f) \tag{A.3.2}$$

Φ ist die Verteilungsfunktion der standardisierten Normalverteilung (Mittelwert „0“ und Standardabweichung „1“) [Spaethe – 92].

Tafel A.3.1 Klassifizierung nach Schadensfolgen

Schadens-folgeklasse	Merkmale	Beispiele
SK3 (ZK3)	**Hohe** Gefahr für den Verlust von Menschenleben *oder* **sehr große** wirtschaftliche, soziale oder ökologische Folgen	Tribünen, öffentliche Gebäude mit hohen Versagensfolgen
SK2 (ZK2)	**Mittlere** Gefahr für den Verlust von Menschenleben, **beträchtliche** wirtschaftliche, soziale oder ökologische Folgen	Wohn- und Bürogebäude, öffentliche Gebäude mit mittleren Versagensfolgen
SK1 (ZK1)	**Niedrige** Gefahr für den Verlust von Menschenleben *und* **kleine oder vernachlässigbare** wirtschaftliche, soziale oder ökologische Folgen	landwirtschaftliche Gebäude ohne regelmäßigen Personenverkehr (z.B. Lagerhäuser, Gewächshäuser)

Aus Tafel A.3.2 ist zu erkennen, dass die festgelegten Werte für β zu Versagenswahrscheinlichkeiten zwischen 10^{-4} und 10^{-7} führen und damit den eingangs genannten Grenzen entsprechen.

Die Umrechnung der Versagenswahrscheinlichkeiten vom Bezugszeitraum 1 Jahr auf den Bezugszeitraum 50 Jahre ergibt sich aus der Multiplikationsregel der Wahrscheinlichkeitsrechnung:

$$\begin{aligned} P_{f,50} &= 1-(1-P_{f,1})^{50} = 1-(1-\Phi(-\beta_1))^{50} \\ &= 1-(\Phi(\beta_1))^{50} = 1-\Phi(\beta_{50}) \end{aligned} \quad (A.3.3)$$

Tafel A.3.2 Empfehlung für Mindestwerte des Zuverlässigkeitsindex β

Zuverlässigkeits-klasse		Mindestwerte für β		$(P_f = \Phi(-\beta))$	
		Bezugszeitraum 1 Jahr		Bezugszeitraum 50 Jahre	
ZK3	(SK3)	5,2	$(1{,}0 \cdot 10^{-7})$	4,4	$(5 \cdot 10^{-6})$
ZK2	(SK2)	4,7	$(1{,}3 \cdot 10^{-6})$	3,8	$(7 \cdot 10^{-5})$
ZK1	(SK1)	4,2	$(1{,}3 \cdot 10^{-5})$	3,2	$(7 \cdot 10^{-4})$

3.2 Berechnung der Versagenswahrscheinlichkeit

Folgende Voraussetzungen werden getroffen:

- Die betrachteten mechanischen Größen sind unabhängige, normalverteilte Basisvariablen.
- Der Grenzzustand wird durch eine lineare Gleichung beschrieben.

Für m unabhängige normalverteilte Zufallsgrößen x_i ergibt sich die m-dimensionale Verteilungsdichte nach der Multiplikationsregel der Wahrscheinlichkeitsrechnung wie folgt [Spaethe – 92]:

$$f_X(x_1, x_2, \ldots, x_m) = f_{X_1}(x_1) \cdot f_{X_2}(x_2) \cdot \ldots \cdot f_{X_m}(x_m) =$$

$$\frac{1}{(2\pi)^{m/2} \prod_{i=1}^{m} \sigma_{X_i}} exp\left(-\frac{1}{2} \sum_{i=1}^{m} \left(\frac{x_i - m_{X_i}}{\sigma_{X_i}} \right)^2 \right) \quad (A.3.4)$$

mit

$m_{Xi} = E[X_i]$ Erwartungswert der Zufallsgröße X_i,

$\sigma_{Xi} = (Var[X_i])^{1/2}$ Standardabweichung der Zufallsgröße X_i.

Die Grenzzustandsgleichung $g(x)$ habe die Form

$$g(x) = c_0 + c_1 x_1 + c_2 x_2 + \ldots + c_m x_m = c_0 + \sum_{i=1}^{m} c_i x_i = 0 \quad \text{(A.3.5)}$$

Darin sind die c_i deterministische Konstanten, die von den Strukturdaten (Geometrie, Steifigkeit) des statischen Systems abhängen.

Der Zusammenhang der Gleichungen (A.3.4) und (A.3.5) ist für den Fall zweier Basisvariablen x_1 und x_2 bzw. r (Widerstand) und e (Beanspruchung in Abb. A.3.1 dargestellt ([Schuéller – 81], [Schobbe – 82], [König, Hosser, Schobbe – 82], [Spaethe – 92], [BoD-doc – 96], [FIB-MC 90 – 99]).

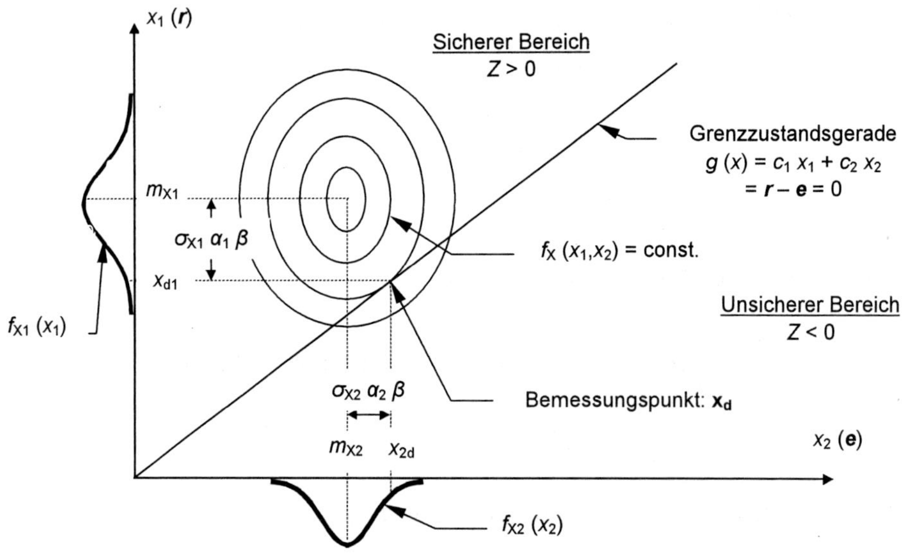

Abb. A.3.1 Grenzzustandsgleichung im Originalraum

Der Bemessungspunkt $\mathbf{x_d}$ ist durch das Variablenpaar (x_{d1}, x_{d2}) mit der größten Versagenswahrscheinlichkeit P_f gekennzeichnet.

Zur weiteren mathematischen Behandlung werden die Basisvariablen vom Originalraum (x-Raum) mit Hilfe standardisierter Größen in den Raum der standardisierten Basisvariablen (y-Raum) transformiert:

$$Y_i = \frac{X_i - m_{X_i}}{\sigma_{X_i}} \quad \text{(A.3.6)}$$

oder invers:

$$X_i = m_{X_i} + \sigma_{X_i} Y_i \quad \text{(A.3.7)}$$

mit dem Mittelwert „0“ und der Standardabweichung „1“.

Die Verteilungsdichte der standardisierten Größen ergibt sich durch Transformation von Gleichung (A.3.4) mit Hilfe von Gleichung (A.3.7):

$$f_Y(y_1, y_2, \ldots, y_m) = f_{Y_1}(y_1) \cdot f_{Y_2}(y_2) \cdot \ldots \cdot f_{Y_m}(y_m) = \frac{1}{(2\pi)^{m/2}} exp\left(-\frac{1}{2}\sum_{i=1}^{m} y_i^2\right) \quad \text{(A.3.8)}$$

Diese Verteilungsdichte ist im y-Raum *kugelsymmetrisch zum Koordinatenursprung*. Hyperflächen gleicher Verteilungsdichten sind m-dimensionale Kugeln mit dem Mittelpunkt im Koordinatenursprung.

Im betrachteten Sonderfall zweier Basisvariablen ergeben sich konzentrische Kreise. Analog wird die Grenzzustandsfunktion $g(x)$ nach $h(y)$ transformiert, so dass aus Gleichung (A.3.5) folgt:

$$h(y) = c_0 + \sum_{i=1}^{m} c_i\, m_{X_i} + \sum_{i=1}^{m} c_i\, \sigma_{X_i}\, y_i = 0 \qquad \text{(A.3.9)}$$

Die Grenzzustandsgleichung bildet eine m-dimensionale Hyperebene im y-Raum, im betrachteten Sonderfall zweier Basisvariablen eine Gerade (siehe Abb. A.3.2).

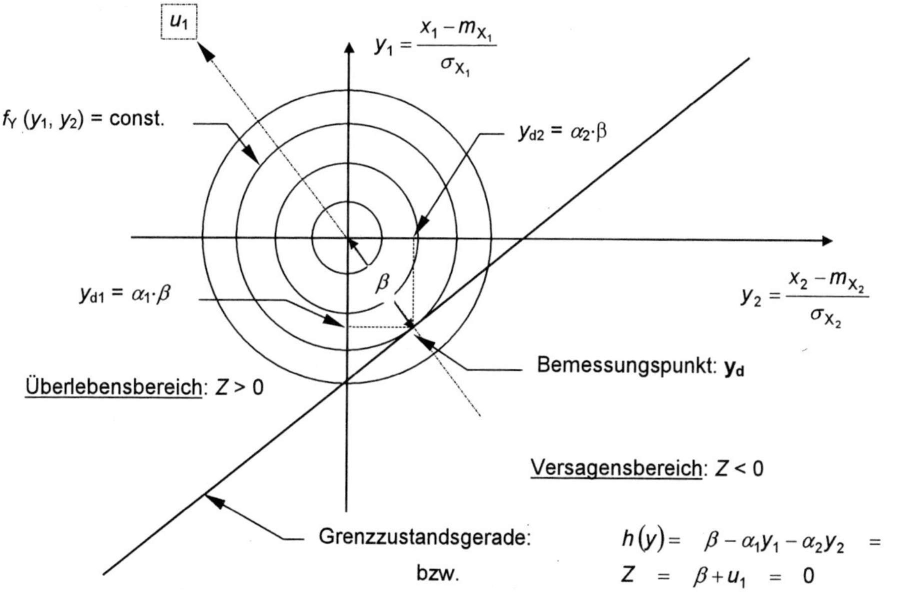

Abb. A.3.2 Grenzzustandsgleichung im standardisierten Raum

Die lineare Gleichung (A.3.9) wird in die *Hessesche Normalform* überführt:

$$h(y) = \beta - \sum_{i=1}^{m} \alpha_i\, y_i = 0 \qquad \text{(A.3.10)}$$

mit den *Wichtungsfaktoren*

$$\alpha_i = \frac{-c_i\, \sigma_{X_i}}{\sqrt{\sum_{i=1}^{m} \left(c_i\, \sigma_{X_i}\right)^2}}; \quad i = 1, 2, \cdots, m \qquad \text{(A.3.11)}$$

und dem *Sicherheitsindex*

$$\beta = \frac{c_0 + \sum_{i=1}^{m} c_i\, m_{X_i}}{\sqrt{\sum_{i=1}^{m} \left(c_i\, \sigma_{X_i}\right)^2}} \qquad \text{(A.3.12)}$$

Der Sicherheitsindex β ist eine zentrale Größe in der Zuverlässigkeitstheorie der Tragwerke. Der absolute Betrag von β ist der kürzeste Abstand zwischen Koordinatenursprung $y = 0$ und der Hyperfläche $h(y) = 0$ (siehe Abb. A.3.2).

β ist positiv, wenn der Koordinatenursprung des y-Raums im sicheren Bereich liegt ($h(0) > 0$), und negativ, wenn der Ursprung im unsicheren Bereich liegt ($h(0) < 0$).

Die Wichtungsfaktoren α_i sind die Richtungskosinus des Lotes vom Koordinatenursprung auf die Hyperfläche $h(y) = 0$. Daher gilt

$$\sum_{i=1}^{m} \alpha_i^2 = 1 \qquad \text{(A.3.13)}$$

Die Berechnung der *Versagenswahrscheinlichkeit* erfolgt nunmehr durch Integration der

Verteilungsdichte nach Gleichung (A.3.8) über den Versagensbereich im standardisierten Raum:

$$P_f = \frac{1}{(2\pi)^{m/2}} \int_{\{y|h(y)<0\}} \dots \int \prod_{i=1}^{m} exp\left(-\frac{y_i^2}{2}\right) dy_i \qquad \text{(A.3.14)}$$

Aufgrund der Kugelsymmetrie der Verteilungsdichte ist der Integrand gegenüber beliebigen Drehungen des Koordinatensystems invariant. Daher wird ein neues Koordinatensystem $u_1, u_2, \dots, u_m$ so gewählt, dass die Versagensbedingung eine besonders einfache Form annimmt. Die u_1-Achse wird in Richtung β gelegt (siehe Abb. A.3.3).

Dann ist der Sicherheitsabstand Z durch folgende einfache Gleichung definiert:

$$Z = \beta + u_1$$

Im Grenzzustand gilt dementsprechend:

$$Z = \beta + u_1 = 0 \qquad \text{(A.3.15)}$$

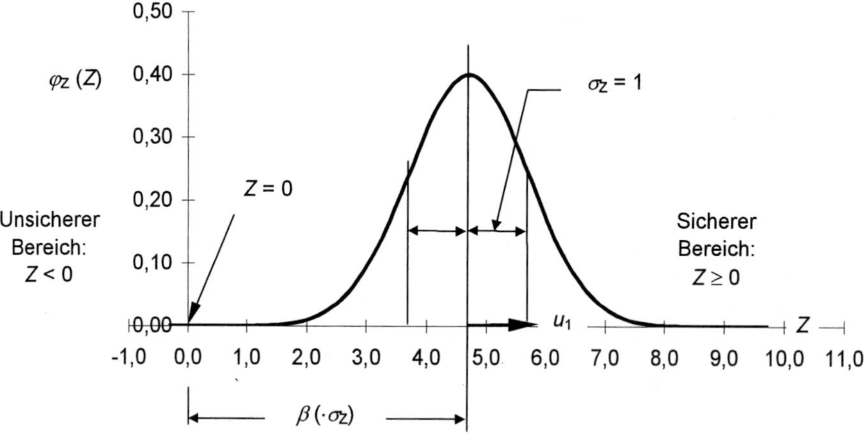

Abb. A.3.3 Verteilungsdichte des Sicherheitsabstandes

Im u-System ergibt sich dann die Versagenswahrscheinlichkeit:

$$P_f = \frac{1}{(2\pi)^{m/2}} \underbrace{\int_{-\infty}^{+\infty} \dots \int_{-\infty}^{+\infty}}_{m-1} \int_{-\infty}^{u_1=-\beta} \int \prod_{i=1}^{m} exp\left(-\frac{u_i^2}{2}\right) du_i \qquad \text{(A.3.16)}$$

Beachtet man, dass

$$\frac{1}{\sqrt{2\pi}} \int_{-\infty}^{+\infty} exp\left(-\frac{u^2}{2}\right) du = 1 \qquad \text{(A.3.17)}$$

und

$$\frac{1}{\sqrt{2\pi}} \int_{-\infty}^{-\beta} exp\left(-\frac{u^2}{2}\right) du = \Phi(-\beta) \qquad \text{(A.3.18)}$$

gelten, so erhält man für die Versagenswahrscheinlichkeit

$$P_f = \Phi(-\beta) \qquad \text{(A.3.19)}$$

und für die Überlebenswahrscheinlichkeit

$$P_s = 1 - \Phi(-\beta) = \Phi(\beta). \qquad \text{(A.3.20)}$$

Φ ist die Verteilungsfunktion für die standardisierte Normalverteilung.

Die Gleichungen (A.3.19) und (A.3.20) sind die Transformationsbeziehungen zwischen der Versagenswahrscheinlichkeit P_f bzw. der Überlebenswahrscheinlichkeit P_s auf der einen und dem Sicherheits- bzw. Zuverlässigkeitsindex β auf der anderen Seite (siehe Tafel A.3.3).

Tafel A.3.3 Beziehung zwischen Sicherheitsindex und Versagenswahrscheinlichkeit

β	$P_f = \Phi(-\beta)$
0	5,000E-01
1	1,587E-01
2	2,275E-02
3	1,350E-03
4	3,169E-05
5	2,871E-07
6	9,901E-10
7	1,288E-12
8	6,661E-16

P_f	$\beta = -\Phi^{-1}(P_f)$
0,5	0,000
1,00E-01	1,282
1,00E-02	2,326
1,00E-03	3,090
1,00E-04	3,719
1,00E-05	4,265
1,00E-06	4,768

Jedem Punkt im standardisierten Raum ist eine Verteilungsdichte zugeordnet. Daher hat auch jeder Punkt auf der Grenzzustandsebene $h(y) = 0$ eine Verteilungsdichte.

Aufgrund der Symmetrieeigenschaften der standardisierten Normalverteilung hat diese Verteilungsdichte im Fußpunkt $\mathbf{y_d}$ des Lots vom Koordinatenursprung auf die Grenzzustandsebene ihr Maximum

$$\underbrace{max}_{\{y|h(y)\leq 0\}} f_Y(y) = f(y_d)$$

In $\mathbf{y_d}$ hat die Verteilungsdichte der standardisierten Basisvariablen Y_i im unsicheren Bereich und im Grenzzustand ihr Maximum. Das bedeutet, dass die Wahrscheinlichkeit am größten ist, dass bei $\mathbf{y_d}$ der Versagensfall eintritt. Dieser Punkt hat die Koordinaten

$$y_{di} = \alpha_i \beta \qquad i = 1, 2, \cdots, m \qquad \text{(A.3.21)}$$

Von praktischem Interesse ist die Lage dieses Punktes im Originalraum, die man einfach durch Rücktransformation erhält:

$$x_{di} = m_{X_i} + \sigma_{X_i} \alpha_i \beta \qquad \text{(A.3.22)}$$

Wenn die X_i normalverteilt sind, dann hat auch die Verteilungsdichte $f_X(x)$ im unsicheren Bereich und im Grenzzustand ihr Maximum in $\mathbf{x_d}$, und es gilt analog:

$$\underbrace{max}_{\{x|g(x)\leq 0\}} f_X(x) = f(x_d)$$

Der wahrscheinlichste *Versagenspunkt* ist ein geeigneter Punkt für die Festlegung der *Bemessungswerte* einer deterministischen Norm mit dem Sicherheitsniveau $P_f = \Phi(-\beta)$. Dieser Punkt $\mathbf{y_d}$ bzw. $\mathbf{x_d}$ wird deshalb auch *Bemessungspunkt* genannt.

Jede Koordinate des Bemessungspunkts wird durch vier Größen bestimmt.

- Der Erwartungswert m_{Xi} und die Standardabweichung σ_{Xi} sind durch die Wahrscheinlichkeitsverteilung von X_i festgelegt.
- Der Sicherheitsindex β berücksichtigt den Einfluss des Sicherheitsniveaus P_f auf die Lage des Bemessungspunkts.
- Der Wichtungsfaktor α_i ist ein Maß für den relativen Anteil der Streuung von X_i an der Gesamtstreuung des Sicherheitsabstands.

α_i kann Werte zwischen –1 und +1 annehmen. Liegt α_i nahe bei –1 oder +1, so hat die Streuung von X_i einen entscheidenden Einfluss auf die Zuverlässigkeit des Tragwerks. Hat dagegen α_i einen sehr kleinen Wert, so ist die Streuung von X_i praktisch ohne Bedeutung. Das Vorzeichen von α_i legt fest, ob der Bemessungspunkt im oberen oder im unteren Bereich der Verteilung liegt. Hier gilt folgende Definition [Spaethe – 92]:

- α_i ist für Größen auf der Beanspruchungsseite positiv,
- α_i ist für Größen auf der Widerstandsseite negativ.

Anmerkung: In [prEN 1990 – 00], Anhang C, und [DIN 1055-100 – 00], Anhang B, werden die Vorzeichen umgekehrt festgelegt, aber auch in anderen Quellen, z.B. in [Schobbe – 82].

3.3 Das R-E-Modell

Die Sicherheit eines Tragwerks unter statischen Lasten wird durch das Verhältnis der Größe der Beanspruchung E und der Größe der Beanspruchbarkeit R bestimmt. Ein Versagen tritt ein, wenn $R < E$ ist. Sind die Verteilungen von

$R = X_1$ = Beanspruchbarkeit (Widerstand) und

$E = X_2$ = Beanspruchung (Einwirkung bzw. Last)

bekannt, dann erhält man ein einfach zu behandelndes und anschauliches Zuverlässigkeitsproblem [Spaethe – 92].

Dabei können R und E selbst Funktionen weiterer Zufallsgrößen sein (siehe 2.6).

Nach Gleichung (A.3.5) lässt sich der Grenzzustand im zweidimensionalen Originalraum wie folgt darstellen:

$$g(x) = x_1 - x_2 = r - e = 0 \qquad \text{(A.3.23)}$$

Daraus folgt für die Versagenswahrscheinlichkeit entweder

$$P_f = \int_{-\infty}^{+\infty} \int_{-\infty}^{r=e} f(r,e) \mathrm{d}r \, \mathrm{d}e, \qquad \text{(A.3.24)}$$

wenn man zuerst nach r integriert, oder

$$P_f = \int_{-\infty}^{+\infty} \int_{e=r}^{+\infty} f(r,e) \mathrm{d}e \, \mathrm{d}r, \qquad \text{(A.3.25)}$$

wenn man zuerst nach e integriert.

Wenn R und E voneinander stochastisch unabhängig sind, lässt sich die Integration sofort durchführen, und es gilt

$$P_f = \int_{-\infty}^{+\infty} F_R(e) f_E(e) \mathrm{d}e \qquad \text{(A.3.26)}$$

oder

$$P_f = \int_{-\infty}^{+\infty} (1 - F_E(r)) f_R(r) \mathrm{d}r \qquad \text{(A.3.27)}$$

Strenge Lösungen dieser Integrale sind auf wenige Sonderfälle beschränkt. Für andere Verteilungen bereiten jedoch Lösungen durch numerische Integration keine Schwierigkeiten.

Sind R und E normalverteilt, folgt aus Gleichung (A.3.9) die transformierte Gleichung des Grenzzustands im standardisierten Raum

$$h(y) = m_R - m_E + \sigma_R \hat{r} - \sigma_E \hat{e} = 0 \qquad \text{(A.3.28)}$$

Daraus folgt die Hessesche Normalform:

$$h(y) = \beta - \alpha_R \hat{r} - \alpha_E \hat{e} = 0 \qquad \text{(A.3.29)}$$

mit den *Wichtungsfaktoren*

$$\alpha_R = \frac{-\sigma_R}{\sqrt{\sigma_R^2 + \sigma_E^2}}; \quad \alpha_E = \frac{+\sigma_E}{\sqrt{\sigma_R^2 + \sigma_E^2}} \qquad \text{(A.3.30)}$$

und dem *Sicherheitsindex*

$$\beta = \frac{m_R - m_E}{\sqrt{\sigma_R^2 + \sigma_E^2}} \qquad \text{(A.3.31)}$$

Für die Versagenswahrscheinlichkeit gilt nach wie vor Gleichung (A.3.19):

$$P_f = \Phi(-\beta)$$

und für die Überlebenswahrscheinlichkeit gilt ebenfalls Gleichung (A.3.20):

$$P_s = 1 - \Phi(-\beta) = \Phi(\beta).$$

Aus den Koordinaten des *Bemessungspunkts* im standardisierten Raum (vgl. Abb. 3.2)

$$\hat{r}_d = \alpha_R \beta; \quad \hat{e}_d = \alpha_E \beta \qquad \text{(A.3.32)}$$

erhält man durch Rücktransformation in den Originalraum

$$r_d = m_R + \sigma_R \alpha_R \beta; \quad e_d = m_E + \sigma_E \alpha_E \beta \qquad \text{(A.3.33)}$$

3.4 Sicherheitselemente für die praktische Bemessung

3.4.1 Definition und Wahl der Sicherheitselemente

Das Ziel jeder Bemessung besteht im Nachweis, dass der untersuchte Grenzzustand mit vorgegebener Zuverlässigkeit (Sicherheitsindex β) eingehalten wird [Spaethe – 92]. In der Regel beträgt $\beta = 3{,}8$ im Grenzzustand der Tragfähigkeit bzw. β = 1,5 im Grenzzustand der Gebrauchstauglichkeit für den Bezugszeitraum 50 Jahre ([DIN 1055-100 – 00], [EN 1990 – 00]).

Für praktische Standsicherheitsnachweise kommen *zuverlässigkeitstheoretische Berechnungen* in der Regel nicht in Frage, da der Aufwand zu groß ist. Sie werden auf Sonderfälle beschränkt bleiben, z.B. auf Probleme mit sehr hoher ökonomischer Bedeutung und hohen Versagensfolgen oder auf Nachweise bestehender Bauwerke.

Daher werden die *Bemessungswerte* x_d für die zu betrachtenden mechanischen Größen (F_d, E_d, a_d, X_d, R_d) zweckmäßig durch *Sicherheitselemente* und Nennwerte bzw. *charakteristische Werte* x_k (F_K, E_k, a_k, X_k, R_k) ausgedrückt, die in den Einwirkungs- und Bemessungsnormen festgelegt sind.

Die mechanischen Größen gliedern sich in

- Einwirkungen ***F***,
- Beanspruchungen (Auswirkungen) ***E***,
- geometrische Größen ***a***,
- Baustoffeigenschaften ***X*** und
- Widerstände (Beanspruchbarkeiten) ***R***.

Bei mechanischen Größen x_i, deren Standardabweichungen σ_{Xi} von den Mittelwerten m_{Xi} unabhängig sind, wird im Regelfall als Sicherheitselement der *Teilsicherheitsbeiwert* γ_i verwendet, und zwar

für Widerstände (R)

$$\gamma_{mi} = \frac{x_{ki}}{x_{di}} \quad (A.3.34)$$

und für Einwirkungen (F)

$$\gamma_{fi} = \frac{x_{di}}{x_{ki}} \quad (A.3.35)$$

Ist die Standardabweichung dagegen vom Mittelwert abhängig, können *additive Sicherheitselemente* gewählt werden, und zwar

für Widerstände

$$\delta_{mi} = x_{ki} - x_{di} \quad (A.3.36)$$

und für Einwirkungen

$$\delta_{mi} = x_{di} - x_{ki}\,. \quad (A.3.37)$$

Die Einführung von additiven Sicherheitselementen ist besonders sinnvoll bei mechanischen Größen, deren Mittelwert gleich null ist oder sich als eine kleine Differenz großer Zahlen ergibt, z.B. bei

- Lotabweichungen von Stützen,
- kleinen Schnittgrößen in der Nähe von Querkraft- oder Momentnullpunkten,
- Dekompressionsfasern in Querschnitten.

Bei Kombinationen von veränderlichen Einwirkungen sind *Kombinationsbeiwerte* $\psi_{0,i}$ einzuführen, um die gleiche Versagenswahrscheinlichkeit für die Auswirkung der Einwirkungskombination wie für die Auswirkung der Einzeleinwirkung zu erreichen.

Zur Berücksichtigung häufiger oder quasiständiger Anteile veränderlicher Einwirkungen sind weitere Beiwerte $\psi_{1,i}$ und $\psi_{2,i}$ einzuführen.

3.4.2 Vereinfachte Bestimmung der Bemessungswerte

Nach der Zuverlässigkeitstheorie 1. Ordnung gelten folgende Beziehungen [Spaethe – 92]:

$$F_{X_i}(x_{di}) = \Phi\left(\frac{x_{di} - m_{Xd_i}}{\sigma_{Xd_i}}\right) = \Phi(\alpha_i\,\beta), \quad (A.3.38)$$

mit

$$x_{di} = m_{Xd_i} + \sigma_{Xd_i} \cdot \alpha_i \cdot \beta \quad (A.3.39)$$

Daraus folgt durch Inversion:

$$x_{di} = F_{X_i}^{-1}(\Phi(\alpha_i\,\beta)) \quad (A.3.40)$$

Bei der Bestimmung der Bemessungswerte x_{di} für ein vorgegebenes β sind die von den Standardabweichungen der beteiligten mechanischen Größen abhängigen *Wichtungsfaktoren* α_i unbekannt.

Für übliche praktische Bemessungsaufgaben mit einem Widerstand R und einer Beanspruchung E (R-E-Modell) können jedoch feste Wichtungsfaktoren α_R und α_E so angegeben werden, dass der angezielte Sicherheitsindex β vorgegebene Grenzwerte nicht unterschreitet (siehe Abb. 3.4).

Durch Erhöhung des Sicherheitsindex im Bemessungspunkt y_d auf max β sind bei Vorgabe eines Mindestwertes min β alle Grenzzustandsgeraden im Bereich $\pm\Delta\varepsilon$ möglich und damit alle Verhältniswerte für die Standardabweichungen zwischen min (σ_E/σ_R) und max (σ_E/σ_R).

Nach [prEN 1990 – 00] gilt mit vertauschten Vorzeichen (s.o.):

$\alpha_R = -0{,}8$ und $\alpha_E = +0{,}7$

Daraus folgt

$$\max\beta = \beta\cdot\sqrt{0{,}8^2+0{,}7^2} = 1{,}063\cdot\beta \qquad (A.3.41)$$

$$\varepsilon = \arctan\left(\frac{\alpha_E}{\alpha_R}\right) = \arctan\left(\frac{+0{,}7}{-0{,}8}\right) = -41{,}186° \qquad (A.3.42)$$

Mit der Vorgabe **min $\beta \approx$ 0,9·β** ergibt sich:

$$\Delta\varepsilon = \arccos\left(\frac{\min\beta}{\max\beta}\right) = \arccos\left(\frac{0{,}90}{1{,}063}\right) = 32{,}15° \qquad (A.3.43)$$

min ε = – 41,186 + 32,150 = – 9,036°

min (σ_E/σ_R) =
tan (min ε) = tan (– 9,036°) **= 0,16**

max ε = – 41,186 - 32,150 = – 73,336°

max (σ_E/σ_R) =
tan (max ε) = tan (– 73,336°) **= 3,34**

Anmerkung: In [prEN 1990 – 00], Anhang C, wird sogar max (σ_E/σ_R) = 7,60 angegeben.

Standardabweichungen zwischen diesen Verhältniswerten min (σ_E/σ_R) und max (σ_E/σ_R) werden also mit den oben genannten globalen Wichtungsfaktoren abgedeckt.

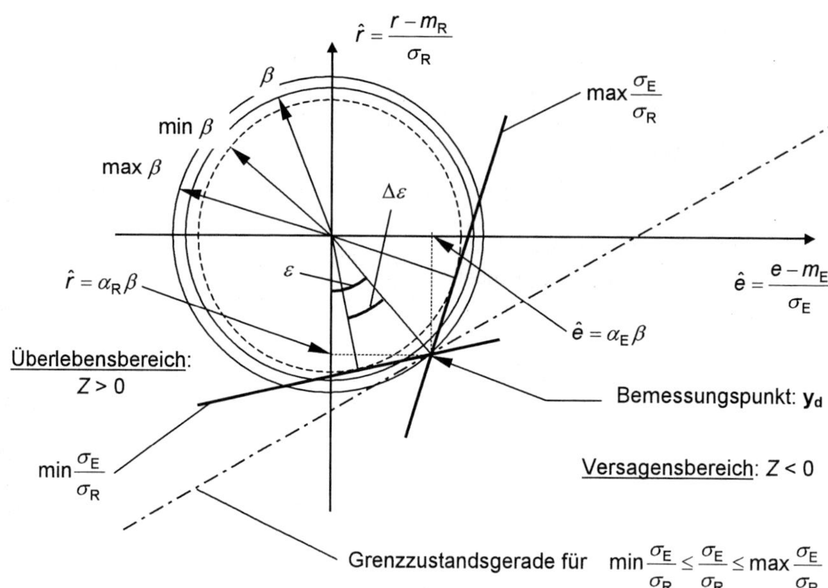

Abb. A.3.4 Globale Wichtungsfaktoren für den Grenzzustand im standardisierten Raum

Liegen die Standardabweichungen außerhalb dieser Verhältniswerte, so sollten $\alpha = \pm 1{,}0$ für die mechanische Größe mit der größeren Standardabweichung und $\alpha = \pm 0{,}4$ für die mechanische Größe mit der kleineren Standardabweichung angesetzt werden.

Durch die getrennte Behandlung der Einwirkungen und Widerstände vereinfacht sich die Untersuchung eines Grenzzustandes wesentlich.

Im Falle von jeweils nur einer Beanspruchung *E* und eines Widerstandes *R* können die zugehörigen Bemessungwerte bei Vorgabe eines angezielten Sicherheitsindex β direkt, d.h. ohne Iteration, berechnet werden.

Bei mehr als einer einwirkenden bzw. widerstehenden Basisvariablen können die globalen Wichtungsfaktoren α_R und α_E mit zusätzlichen Wichtungsfaktoren α_{Ri} und α_{Ei} ergänzt werden.

Ohne Iteration ergeben sich sichere Bemessungswerte, wenn vereinfachend der einwirkenden bzw. widerstehenden Basisvariablen mit dem größten Streuungseinfluss, dem *Leitwert*

$$\alpha_{R1} = \alpha_{E1} = 1{,}0$$

und allen anderen Basisvariablen, den *Begleitwerten*

$$\alpha_{Ri} = \alpha_{Ei} = 0{,}4$$

zugewiesen wird. Der Wert 0,4 entspricht etwa tan 22,5° = 0,4142 (siehe Abb. A.3.5).

Die Bemessungswerte der begleitenden Basisvariablen lauten damit

$$r_{di} = F_{R_i}^{-1}\left(\Phi\left(\alpha_{R_i}\,\alpha_R\,\beta\right)\right) = F_{R_i}^{-1}\left(\Phi\left(-0{,}32\,\beta\right)\right) \qquad \text{(A.3.44)}$$

$$e_{di} = F_{E_i}^{-1}\left(\Phi\left(\alpha_{E_i}\,\alpha_E\,\beta\right)\right) = F_{E_i}^{-1}\left(\Phi\left(+0{,}28\,\beta\right)\right) \qquad \text{(A.3.45)}$$

Anmerkung: Für β = 3,8 (ZK 2, 50 Jahre) ergibt sich Φ(0,28·3,8) = Φ(1,06) = 0,86, also etwa die 90%-Fraktile.

In der Regel ist die Bemessung mit wechselnden Wichtungsfaktoren für die Basisvariablen durchzuführen, d.h. mit der Vertauschung von Leit- und Begleitwerten.

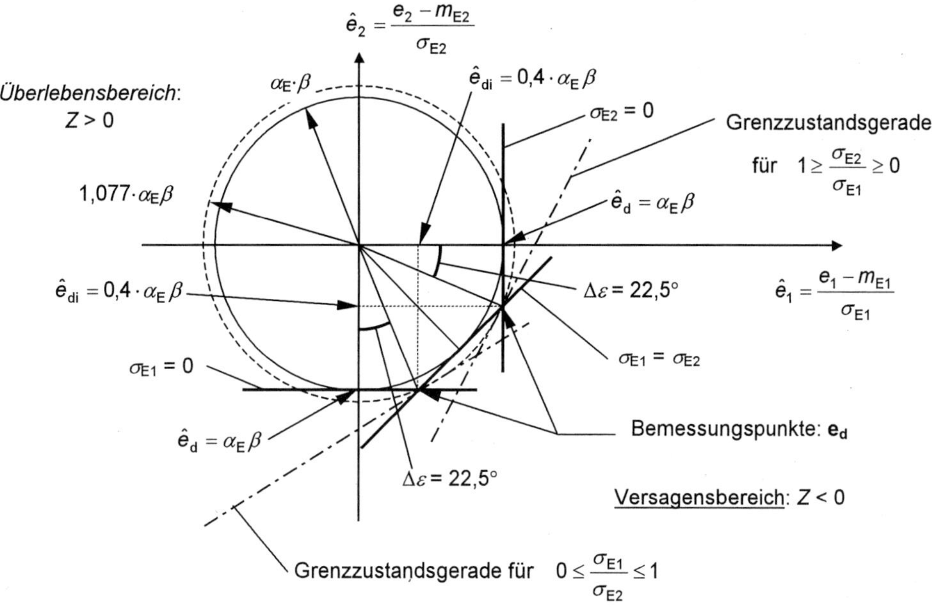

Abb. A.3.5 Begleitende Wichtungsfaktoren für zwei Einwirkungen (e_1, e_2) im Grenzzustand

3.4.3 Sicherheitselemente für Festigkeiten

Bei Widerständen R_i beträgt der globale Wichtungsfaktor α_R = -0,8.

Festigkeiten werden in der Regel durch *logarithmische Normalverteilungen* beschrieben, da dieser Verteilungstyp nur für positive Werte definiert ist. Allgemein lässt sich ein Fraktilwert wie folgt ausdrücken [Spaethe – 92]:

$$\begin{aligned} R(q) &= F_{R_i}^{-1}(q) \\ &= m_{R_i} \cdot \exp\left(\Phi^{-1}(q) \cdot \sigma_{U_{Ri}} - 0{,}5\,\sigma_{U_{Ri}}^2\right) \end{aligned} \qquad \text{(A.3.46)}$$

mit dem Verteilungsparameter

$$\sigma_{U_{Ri}} = \sqrt{\ln\left(V_{R_i}^2+1\right)} \quad \text{(A.3.47)}$$

Für kleine Variationskoeffizienten V_{Ri} gilt näherungsweise:

$$\sigma_{U_{Ri}} = V_{R_i} \quad \text{(A.3.48)}$$

Für die *Festigkeit mit dem größten Einfluss* (Index „1") ergibt sich der *Bemessungswert* (Index „d" für „design"):

$$\begin{aligned} R_{d1} &= F_{R_1}^{-1}(\Phi(\alpha_R\,\beta)) = F_{R_1}^{-1}(\Phi(-0{,}8\,\beta)) \\ &= m_{R_1}\cdot\exp\left(-0{,}8\,\beta\cdot V_{R_1} - 0{,}5V_{R_1}^2\right) \end{aligned} \quad \text{(A.3.49)}$$

Als *charakteristischer Wert* der Festigkeit wird in der Regel die 5%-Fraktile definiert:

$$\begin{aligned} R_{k1} &= F_{R_1}^{-1}(0{,}05) \\ &= m_{R_1}\cdot\exp\left(\Phi^{-1}(0{,}05)\cdot V_{R_1} - 0{,}5V_{R_1}^2\right) \\ &= m_{R_1}\cdot\exp\left(-1{,}645\cdot V_{R_1} - 0{,}5V_{R_1}^2\right) \end{aligned} \quad \text{(A.3.50)}$$

Damit lautet der *Teilsicherheitsbeiwert* für die Festigkeit mit dem größten Einfluss:

$$\gamma_{m1} = \frac{R_{k1}}{R_{d1}} = \exp\left((0{,}8\,\beta - 1{,}645)\cdot V_{R_1}\right) \quad \text{(A.3.51)}$$

Anmerkung: Wenn die charakteristische Festigkeit als 5%-Fraktile einer Normalverteilung definiert ist, lautet der Teilsicherheitsbeiwert alternativ:

$$\gamma_{m1} = \frac{R_{k1}}{R_{d1}} = \frac{1-1{,}645\cdot V_{R_1}}{\exp\left(-0{,}8\,\beta\cdot V_{R_1} - 0{,}5V_{R_1}^2\right)}$$

Für die Betonfestigkeit ist sowohl in [ENV 1992-1 – 92] als auch in [DIN 1045-1 – 00] der folgende Teilsicherheitsbeiwert festgelegt:

γ_c **= 1,50**

Dieser Teilsicherheitsbeiwert setzt sich aus einem Materialfaktor und einem Übertragungsfaktor zusammen [FIB-MC 90 – 00].

Der *Materialfaktor* γ_M = 1,30 berücksichtigt

- die ungünstige Abweichung der Festigkeit vom charakteristischen Wert f_{ck} mit dem Festigkeitsvariationskoeffizienten V_m = 0,15,
- die Unsicherheiten des Widerstandsmodells (Stoffgesetz) mit V_{St} = 0,08 und
- die Variation der geometrischen Größen (Querschnittswerte) mit V_a = 0,08.

Daraus folgt bei Betrachtung dieser Parameter als unabhängige Basisvariablen der Materialvariationskoeffizient mit

$$\begin{aligned} V_M &= \sqrt{\left(V_m^2+V_{St}^2+V_a^2\right)} = \\ &\sqrt{\left(0{,}15^2+0{,}08^2+0{,}08^2\right)} = 0{,}19 \end{aligned} \quad \text{(A.3.52)}$$

Mit dem Sicherheitsindex β = 3,8 lässt sich der *Materialfaktor* wie folgt bestätigen:

$$\begin{aligned} \gamma_M &= \exp\left((0{,}8\,\beta - 1{,}645)\cdot V_M\right) = \\ &\exp\left((0{,}8\cdot 3{,}8 - 1{,}645)\cdot 0{,}19\right) = 1{,}30 \end{aligned} \quad \text{(A.3.53)}$$

Analog errechnet sich der anteilige *Festigkeitsfaktor* zu

$$\begin{aligned} \gamma_m &= \exp\left((0{,}8\,\beta - 1{,}645)\cdot V_m\right) = \\ &\exp\left((0{,}8\cdot 3{,}8 - 1{,}645)\cdot 0{,}15\right) = 1{,}23 \end{aligned} \quad \text{(A.3.54)}$$

Der verbleibende Anteil repräsentiert den *Modellfaktor*

$$\gamma_{Rd} = \frac{\gamma_M}{\gamma_m} = \frac{1{,}30}{1{,}23} = 1{,}057 \quad \text{(A.3.55)}$$

Der *Übertragungsfaktor* γ_η = 1,15 berücksichtigt die Abnahme der tatsächlichen Betonfestigkeit im Bauteil gegenüber der charakteristischen Festigkeit f_{ck}.

Die wesentlichen Einflussparameter sind Transport, Temperatur, Betoneinbau, Verdichtung und Nachbehandlung und können näherungsweise zu einer log-normalverteilten Streugröße mit dem Variationskoeffizienten $V_\eta \approx 0{,}22$ zusammengefasst werden.

Der Variationskoeffizient für den Betonwiderstand beträgt dann insgesamt

$$\begin{aligned} V_c &= \sqrt{\left(V_M^2+V_\eta^2\right)} = \\ &\sqrt{\left(0{,}19^2+0{,}22^2\right)} = 0{,}29 \end{aligned} \quad \text{(A.3.56)}$$

Damit lässt sich der *Teilsicherheitsbeiwert* γ_c wie folgt bestätigen:

$$\begin{aligned} \gamma_c &= \exp\left((0{,}8\,\beta - 1{,}645)\cdot V_c\right) \\ &= \exp\left((0{,}8\cdot 3{,}8 - 1{,}645)\cdot 0{,}29\right) = 1{,}50 \end{aligned} \quad \text{(A.3.57)}$$

Für *Festigkeiten, die nicht den größten Streuungseinfluss haben*, wird der Bemessungswert mit dem zusätzlichen Wichtungsfaktor $\alpha_{Ri} = 0{,}4$ berechnet:

$$\begin{aligned} R_{di} &= F_{R_i}^{-1}\left(\Phi\left(\alpha_{R_i}\,\alpha_R\,\beta\right)\right) \\ &= m_{R_i}\cdot\exp\left(-0{,}32\,\beta\cdot V_{R_i} - 0{,}5 V_{R_i}^2\right) \end{aligned} \quad \text{(A.3.58)}$$

Damit lautet der *Teilsicherheitsbeiwert* für Festigkeiten, die nicht den größten Streuungseinfluss haben:

$$\gamma_{mi} = \frac{R_{ki}}{R_{di}} = \exp\left(\left(0{,}32\,\beta - 1{,}645\right)\cdot V_{R_i}\right) = \exp(-0{,}48\,\beta\cdot V_{R_i})\cdot\gamma_{m1} \quad \text{(A.3.59)}$$

Der Faktor $\exp(-0{,}48\,\beta\cdot V_{R_i})$ stellt einen „Festigkeits-Kombinationsbeiwert" dar.

3.4.4 Sicherheitselemente für Einwirkungen

Die resultierende Einwirkung setzt sich in der Regel aus normalverteilten ständigen Einwirkungen und Gumbel-verteilten veränderlichen Einwirkungen zusammen [Schobbe – 82].

Für sie gilt der globale Wichtungsfaktor $\alpha_E = 0{,}7$.

Ständige Einwirkungen *G*

Für eine ständige Einwirkung mit dem größten Streuungseinfluss ergeben sich mit der Normalverteilung folgende Bemessungswerte (Index „d" für „design"):

a) bei ungünstiger Wirkung auf den Grenzzustand (als Beanspruchung):

$$\mathbf{G_{d,sup} = m_G\,(1 + 0{,}7\,\beta\,V_G)} \quad \text{(A.3.60)}$$

b) bei günstiger Wirkung auf den Grenzzustand (als Widerstand):

$$\mathbf{G_{d,inf} = m_G\,(1 - 0{,}8\,\beta\,V_G)} \quad \text{(A.3.61)}$$

Als *charakteristischer Wert* wird nach [prEN 1990 – 00] bzw. [DIN 1055-100 – 00] in der Regel der Mittelwert zugrunde gelegt. Damit ergibt sich der *auf den Mittelwert bezogene Teilsicherheitsbeiwert*

a) bei ungünstiger Wirkung

$$\gamma_{g,sup} = 1 + 0{,}7\,\beta\cdot V_G \quad \text{(A.3.62)}$$

b) bei günstiger Wirkung

$$\gamma_{g,inf} = 1 - 0{,}8\,\beta\cdot V_G \quad \text{(A.3.63)}$$

Nur wenn der Variationskoeffizient $V_G > 0{,}1$ ist oder wenn das Tragwerk sehr empfindlich gegen Änderungen der ständigen Einwirkung ist, sollte

a) bei ungünstiger Wirkung die 95%-Fraktile bzw.

b) bei günstiger Wirkung die 5%-Fraktile

als charakteristischer Wert verwendet werden.

Die p-Fraktile der Normalverteilung lautet:

$$G_k = m_G\left(1 \pm \Phi^{-1}\left(\frac{p}{100}\right)\cdot V_G\right) \quad \text{(A.3.64)}$$

Damit ergibt sich der *auf den Fraktilwert bezogene Teilsicherheitsbeiwert*

a) bei ungünstiger Wirkung

$$\gamma_{g,sup} = \frac{G_{d,sup}}{G_{k,sup}} = \frac{1 + 0{,}7\,\beta\cdot V_G}{1 + \Phi^{-1}(0{,}95)\cdot V_G} \quad \text{(A.3.65)}$$

b) bei günstiger Wirkung

$$\gamma_{g,inf} = \frac{G_{d,inf}}{G_{k,inf}} = \frac{1 - 0{,}8\,\beta\cdot V_G}{1 + \Phi^{-1}(0{,}05)\cdot V_G} \quad \text{(A.3.66)}$$

Hat eine ständige Einwirkung *nicht den größten Streuungseinfluss*, kann der Bemessungswert G_d mit dem zusätzlichen Wichtungsfaktor $\alpha_{Ei} = 0{,}4$ abgemindert werden.

Damit ergibt sich der *auf den Mittelwert bezogene Teilsicherheitsbeiwert*

a) bei ungünstiger Wirkung

$$\xi_{G,sup}\gamma_{g,sup} = 1 + 0{,}28\,\beta\cdot V_G \quad \text{(A.3.67)}$$

b) bei günstiger Wirkung

$$\xi_{G,inf}\gamma_{g,inf} = 1 - 0{,}32\,\beta\cdot V_G \quad \text{(A.3.68)}$$

Der Lastfaktor γ_g trägt den ungünstigen Abweichungen der Eigenlast *G* Rechnung. Im allgemeinen beträgt der Variationskoeffizient für Eigenlasten $V_g = 0{,}10$ [BoD-doc – 96].

In dem Teilsicherheitsbeiwert γ_G ist außer dem Lastfaktor γ_g noch der Modellfaktor γ_{Ed} enthalten, der folgende Streugrößen berücksichtigt:

- die Unsicherheiten des Lastmodells (Lastanordnung) und
- die Unsicherheiten des Tragwerksmodells (Idealisierung, statisches System).

Für diese Modellunsicherheiten kann eine normalverteilte Streugröße mit einer Modellvarianz $V_{Ed} \approx 0{,}10$ angesetzt werden.

Die resultierende Streuung beträgt bei ungünstiger Auswirkung beider Anteile

$$V_{G,sup} = \sqrt{\left(V_g^2 + V_{Ed}^2\right)} \approx \sqrt{\left(0{,}10^2 + 0{,}10^2\right)} = 0{,}14 \qquad \text{(A.3.69)}$$

Für eine insgesamt ungünstige Auswirkung ergeben sich folgende Teilsicherheitsbeiwerte bei einem *Sicherheitsindex* $\beta = 3{,}8$ für Versagen im Bezugszeitraum 50 Jahre:

$$\gamma_{g,sup} = 1 + 0{,}7 \cdot 3{,}8 \cdot 0{,}10 = 1{,}27 \qquad \text{(A.3.70)}$$

$$\gamma_{G,sup} = 1 + 0{,}7 \cdot 3{,}8 \cdot 0{,}14 = 1{,}37 \approx \mathbf{1{,}35} \qquad \text{(A.3.71)}$$

$$\gamma_{Ed} = \gamma_{G,sup} / \gamma_{g,sup} = 1{,}37 / 1{,}27 = 1{,}08 \approx 1{,}10 \qquad \text{(A.3.72)}$$

Für eine günstige Auswirkung der Eigenlast G (d.h. als Widerstand) zusammen mit einem vorherrschenden Materialwiderstand ergeben sich folgende Teilsicherheitsbeiwerte:

$$\xi_{G,inf}\,\gamma_{g,inf} = 1 - 0{,}32 \cdot 3{,}8 \cdot 0{,}10 = 0{,}88 \qquad \text{(A.3.73)}$$

$$\gamma_{Ed} = 1 + 0{,}28 \cdot 3{,}8 \cdot 0{,}10 = 1{,}11 \approx 1{,}10 \qquad \text{(A.3.74)}$$

$$\gamma_{G,inf} = \xi_{G,inf}\,\gamma_{g,inf} \cdot \gamma_{Ed} = 0{,}88 \cdot 1{,}11 = 0{,}97 \approx \mathbf{1{,}00} \qquad \text{(A.3.75)}$$

Erläuterung:
Die Modellunsicherheit wirkt zusammen mit den vorherrschenden veränderlichen Einwirkungen Q weiterhin ungünstig, ist zusammen mit der Eigenlast aber ebenfalls nicht vorherrschend.

In den Gleichungen (A.3.71) und (A.3.75) sind Zahlenwerte für $\gamma_{G,sup}$ und $\gamma_{G,inf}$ durch Fettdruck hervorgehoben. Diese Werte sind in [prEN 1990 – 00] und [DIN 1055-100 – 00] als Teilsicherheitsbeiwerte für den *Grenzzustand Festigkeitsversagen* im Hochbau festgelegt.

Besonders zu betrachten ist der *Grenzzustand der Lagesicherheit* (Abb. A.3.6).

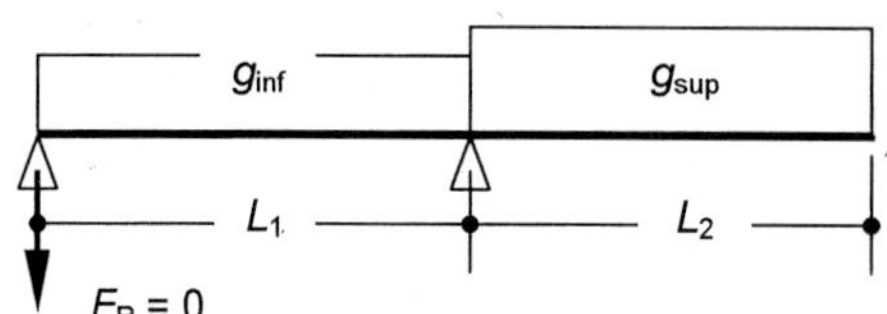

Abb. A.3.6 Grenzzustand Abheben

Die Grenzzustandsgleichung für das Abheben vom linken Auflager lautet:

$$F_R = 0 = G_{sup} - G_{inf} = 0{,}5\,L_2^2 \cdot g_{sup} - 0{,}5\,L_1^2 \cdot g_{inf}$$

Die Lastanteile für den Kragarm und für das Feld müssen hier offensichtlich als getrennte Basisvariablen betrachtet werden.

Bei der Bestimmung des Variationskoeffizienten ist allerdings nur die „tragwerksinterne" Variation der Eigenlast zu berücksichtigen, die mit $V_G = 0{,}04$ abgeschätzt werden kann, einschließlich der Modellungenauigkeiten [BoD-doc – 96].

G_{sup} ist hierbei als die Einwirkung zu betrachten, mit dem globalen Wichtungsfaktor $\alpha_E = 0{,}7$, während G_{inf} den Widerstand bildet, mit dem globalen Wichtungsfaktor $\alpha_R = -0{,}8$.

Als Sicherheitsindex wird unverändert $\beta = 3{,}8$ angesetzt.

Die Festigkeit des Tragwerks spielt hierbei keine Rolle, so dass beide Basisvariablen als vorherrschend einzustufen sind. Daraus folgt:

$$\gamma_{G,sup} = 1 + 0{,}7 \cdot 3{,}8 \cdot 0{,}04 = 1{,}11 \approx \mathbf{1{,}10}, \qquad \text{(A.3.76)}$$

$$\gamma_{G,inf} = 1 - 0{,}8 \cdot 3{,}8 \cdot 0{,}04 = 0{,}88 \approx \mathbf{0{,}90}. \qquad \text{(A.3.77)}$$

Die fett gedruckten Zahlenwerte sind in [prEN 1990 – 00] bzw. [DIN 1055-100 – 00] als Teilsicherheitsbeiwerte für den *Grenzzustand der Lagesicherheit* im Hochbau festgelegt.

Veränderliche Einwirkungen *Q*

Für veränderliche Einwirkungen, die Gumbelverteilt sind [Schobbe – 82] und den größten Streuungseinfluss haben, ergibt sich der *Bemessungswert* für ungünstige Wirkung (Index „d" für „design")

$$Q_d = u - \frac{1}{a}\ln\left(-\ln\Phi(0{,}7\,\beta)\right). \qquad \text{(A.3.78)}$$

Mit $m_Q = u + 0{,}5772 / a$; $\sigma_Q = 1{,}28255 / a$ und $V_Q = \sigma_Q / m_Q$ folgt daraus

$$Q_d = m_Q\left(1 - 0{,}7797\,V_Q\left(0{,}5772 + \ln\left(-\ln\Phi(0{,}7\,\beta)\right)\right)\right) \qquad \text{(A.3.79)}$$

mit dem Modalwert

$$u = m_Q\,(1 - 0{,}45\,V_Q). \qquad \text{(A.3.80)}$$

Die Mittelwerte m_Q werden in der Regel auf die Nutzungsdauer bezogen, d.h., es gilt $m_{Q,50}$ im Bezugszeitraum 50 Jahre [BoD-doc – 96].

Die Standardabweichungen σ_Q der Gumbel-Verteilung sind bekanntlich unabhängig vom Bezugszeitraum ([Schuéller – 81], [Schobbe – 82]).

Mit dem global gewichteten Sicherheitsindex für Versagen während der Nutzungsdauer (Bezugszeitraum 50 Jahre) $\alpha_R \cdot \beta = 0{,}7 \cdot 3{,}8 = 2{,}66$ folgt

$$Q_d = m_{Q,50}\left(1 - 0{,}7797\,V_{Q,50}\left(0{,}5772 + \ln\left(-\ln \Phi(2{,}66)\right)\right)\right) = m_{Q,50}\left(1 - 0{,}7797\,V_{Q,50}\left(0{,}5772 + \ln\left(-\ln 0{,}9961\right)\right)\right) = m_{Q,50}\left(1 - 0{,}7797\,V_{Q,50}\left(0{,}5772 - 5{,}5448\right)\right) \quad (A.3.81)$$

Daraus ergibt sich schließlich [BoD-doc – 96]:

$$\mathbf{Q_d = m_{Q,50}\,(1 + 3{,}87\,V_{Q,50})} \quad (A.3.82)$$

Als *charakteristischer Wert* wird nach [prEN1990 – 00] bzw. [DIN 1055-100 – 00] in der Regel die 98%-Fraktile für den Bezugszeitraum 1 Jahr zugrunde gelegt:

$$Q_k = m_{Q,1}\left(1 - 0{,}7797\,V_{Q,1}\left(0{,}5772 + \ln\left(-\ln 0{,}98\right)\right)\right) \quad (A.3.83)$$

mit dem auf 1 Jahr bezogenen Mittelwert $m_{Q,1}$

und dem zugehörigen Modalwert

$$u_1 = m_{Q,1}\,(1 - 0{,}45\,V_{Q,1}) \quad (A.3.84)$$

Für den Bezugszeitraum 50 Jahre folgt daraus

$$Q_k = m_{Q,1}\left(1 - 0{,}7797\,V_{Q,1}\left(0{,}5772 + \ln\left(-\ln 0{,}98^{50}\right) - \ln 50\right)\right) = m_{Q,50}\left(1 - 0{,}7797\,V_{Q,50}\left(0{,}5772 + \ln\left(-\ln 0{,}364\right)\right)\right) = m_{Q,50}\left(1 - 0{,}7797\,V_{Q,50}\left(0{,}5772 + 0{,}0101\right)\right) = m_{Q,50}\left(1 - 0{,}458\,V_{Q,50}\right) \quad (A.3.85)$$

mit dem verschobenen Mittelwert

$$m_{Q,50} = m_{Q,1} + 3{,}05\,\sigma_Q \quad (A.3.86)$$

und dem ebenfalls verschobenen Modalwert

$$u_{50} = m_{Q,50}\,(1 - 0{,}45\,V_{Q,50}) \quad (A.3.87)$$

Der 98%-Fraktilwert für den Bezugszeitraum 1 Jahr entspricht also näherungsweise dem Modalwert für den Bezugszeitraum 50 Jahre.

Diese Werte werden als *charakteristische Werte für Wind- und Schneelasten* verwendet [BoD-doc – 96]:

$$\mathbf{Q_{k,W} = m_{W,50}\,(1 - 0{,}45\,V_{W,50})} \quad (A.3.88)$$

$$\mathbf{Q_{k,S} = m_{S,50}\,(1 - 0{,}45\,V_{S,50})} \quad (A.3.89)$$

Für Nutzlasten werden als charakteristische Werte dagegen die 95%-Fraktilwerte bezogen auf die Nutzungsdauer (Bezugszeitraum 50 Jahre) verwendet.

$$Q_{k,N} = m_{N,50}\left(1 - 0{,}7797\,V_{N,50}\left(0{,}5772 + \ln\left(-\ln 0{,}95\right)\right)\right) = m_{N,50}\left(1 - 0{,}7797\,V_{N,50}\left(0{,}5772 - 2{,}9702\right)\right) \quad (A.3.90)$$

Daraus folgt schließlich als *charakteristischer Wert für Nutzlasten* [BoD-doc – 96]:

$$\mathbf{Q_{k,N} = m_{N,50}\,(1 + 1{,}87\,V_{N,50})} \quad (A.3.91)$$

Mit dem Modellfaktor $\gamma_{Ed} = 1{,}10$ (wie bei den ständigen Einwirkungen G) ergeben sich folgende Teilsicherheitsbeiwerte:

a) Wind- und Schneelasten:

$$\gamma_{Q,W(S)} = \frac{Q_{d,W(S)}}{Q_{k,W(S)}} = 1{,}10\,\frac{1 + 3{,}87\,V_{W(S),50}}{1 - 0{,}45\,V_{W(S),50}} \quad (A.3.92)$$

b) Nutzlasten:

$$\gamma_{Q,N} = \frac{Q_{d,N}}{Q_{k,N}} = 1{,}10\,\frac{1 + 3{,}87\,V_{N,50}}{1 + 1{,}87\,V_{N,50}} \quad (A.3.93)$$

In Tafel A.3.4 sind γ_Q-Werte angegeben, die auf geschätzten Variationskoeffizienten V_Q basieren.

Tafel A.3.4 Teilsicherheitsbeiwerte in Abhängigkeit von den Variationskoeffizienten für veränderliche Einwirkungen

Last	V_Q (T = 50 Jahre)	γ_Q
Wind	0,20	2,14
Schnee (Landklima)	0,15	1,86
Schnee (Seeklima)	0,30	2,75
Nutzlasten	0,30	1,52

Anmerkung:
Nach [prEN1990 – 00] bzw. [DIN 1055-100 – 00] gilt für veränderliche Einwirkungen einheitlich γ_Q **= 1,50**. Dieser Wert wurde für die Anwendung im Hochbau empirisch kalibriert, unter der Berücksichtigung konservativer Modellannahmen!

3.4.5 Kombination veränderlicher Einwirkungen

Borges-Castanheta-Modell [BoD-doc – 96]

Betrachtet wird der Fall, dass zwei Einwirkungen Q_1 (t) und Q_2 (t) kombiniert werden sollen und dass es möglich ist, beide Einwirkungen als Rechteckprozesse zu beschreiben.

Folgende Annahmen sollen für beide Prozesse gelten:

- Q_1 (t) und Q_2 (t) sind stationäre ergodische Prozesse.

  Anmerkung 1: Ein stochastischer Prozess wird als schwach stationär bezeichnet, wenn seine Kovarianz zeitunabhängig ist.

  Anmerkung 2: Ein stochastischer Prozess wird als ergodisch bezeichnet, wenn die Parameter, die man aus einer Stichprobenfunktion erhält, als Approximation für die Parameter der Grundgesamtheit gelten [Schuéller – 81].

- Die zugehörigen Zeitintervalle τ_1 und τ_2 sind jeweils konstant.
- $\tau_1 \geq \tau_2$
- N_1 und N_2 / N_1 sind ganzzahlig, wobei $N_1 = T / \tau_1$ und $N_2 = T / \tau_2$ ist, mit dem Bezugszeitraum T.
- Q_1 bzw. Q_2 sind während jedes Zeitintervalls τ_1 bzw. τ_2 konstant.
- Die in verschiedenen Zeitintervallen auftretenden Werte von Q_1 sind voneinander unabhängig. Das gleiche gilt für Q_2.
- Q_1 und Q_2 sind stochastisch unabhängige Einwirkungen.

Zu beachten ist, dass Q_1 auch eine ständige Einwirkung G repräsentieren kann. In diesem Fall ist $\tau_1 = T$ und $N_1 = 1$.

In Abb. 3.7 sind Q_1 (t) und Q_2 (t) für $N_1 = 4$ und $N_2 = 24$ dargestellt, und damit für $N_2 / N_1 = 6$.

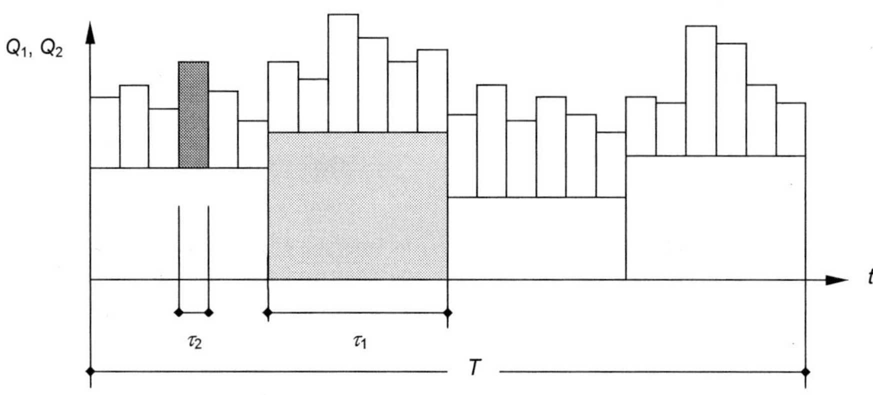

Abb. A.3.7 Borges-Castanheta-Modell

Für jede der beiden Einwirkungen werden drei Arten von Variablen definiert:

1. der Grundwert Q^* mit der zugehörigen Verteilungsfunktion $F_{Q^*}(Q)$
2. der Größtwert Q_{max} während des Bezugszeitraums T mit der Verteilungsfunktion

$$F_{Q_{max}}(Q) = [F_{Q^*}(Q)]^N \qquad \text{(A.3.94)}$$

3. der Größtwert Q_c während des (größten) Zeitintervalls τ_1.

Für Q_2 ist dieser Wert Q_{2c} gleich dem Größtwert, der während des Zeitintervalls τ_1 auftritt, und zwar mit der Verteilungsfunktion

$$F_{Q_{2c}}(Q) = [F_{Q^*}(Q)]^{N_2/N_1} \qquad \text{(A.3.95)}$$

Für Q_1 ist der Kombinationswert Q_{1c} gleich dem Grundwert, d.h.

$$F_{Q_{1c}}(Q) = F_{Q^*}(Q) \qquad \text{(A.3.96)}$$

Die drei verschiedenen Variablen lassen sich am stochastischen Prozess mit den zugehörigen Verteilungsdichten nach Abb. A.3.8 beispielhaft veranschaulichen.

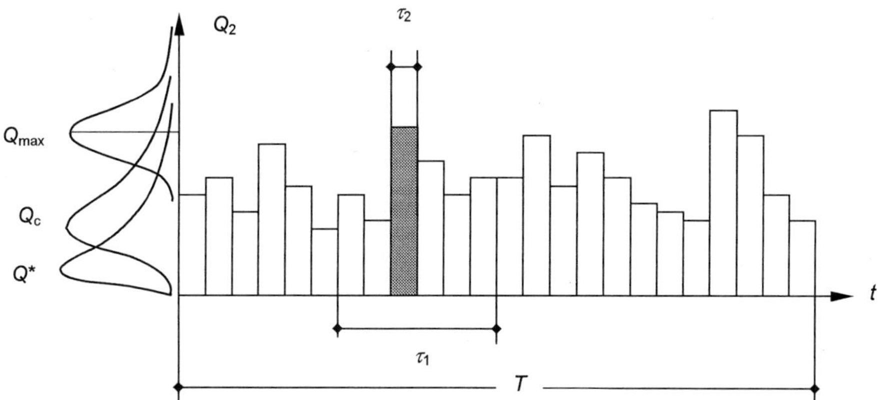

Abb. A.3.8 Stochastischer Prozess mit den zugehörigen Verteilungsdichten

Die größte Auswirkung E_{max} infolge Q_1 und Q_2 während des Bezugszeitraums T kann wie folgt angeschrieben werden:

$$E_{max} = \max E\{Q_{1c}; Q_{2c}\} \quad \text{(A.3.97)}$$

Der Größtwert E_{max} sollte *aus den größten Zeitintervallen* τ_1 innerhalb des Bezugszeitraums T bestimmt werden.

Der Bemessungswert der Beanspruchung darf im Bezugszeitraum T folgende Überschreitungswahrscheinlichkeit (Versagenswahrscheinlichkeit) P_f haben:

$$P_f(E_{max} > E_{max,d}) = \Phi(-\alpha_E \cdot \beta) \quad \text{(A.3.98)}$$

mit dem globalen Wichtungsfaktor $\alpha_E = 0{,}7$.
Unter Berücksichtigung der getroffenen Annahmen für die Einwirkungen Q_1 und Q_2 ergibt sich daraus die folgende Überschreitungswahrscheinlichkeit für den Bemessungswert der Beanspruchung während des Zeitintervalls τ_1:

$$P_f(E_c > E_{c,d}) \approx \Phi(-\alpha_E \cdot \beta)/N_1 \quad \text{(A.3.99)}$$

Der entsprechende Sicherheitsindex beträgt

$$\beta_c = -\Phi^{-1}(\Phi(-\alpha_E \cdot \beta)/N_1) \quad \text{(A.3.100)}$$

Erläuternde Anmerkung:
$\Phi(-\alpha_E \cdot \beta) = 1 - (1 - \Phi(-\beta_c))^{N_1} \approx N_1 \cdot \Phi(-\beta_c)$

Die Verteilungsfunktion $Q_c\,(Q)$ gilt für jedes Zeitintervall τ_1.

Die Bemessungswerte $Q_{d,c} = \gamma_Q \cdot Q_{k,c}$ und $Q_{d\psi 0,c} = \gamma_Q \cdot \psi_0 \cdot Q_{k,c}$ können also wie folgt hergeleitet werden:

$$F_{Q_c}(\gamma_Q \cdot Q_k) = \Phi(\beta_c) \quad \text{(A.3.101)}$$

$$F_{Q_c}(\gamma_Q \cdot \psi_0 \cdot Q_k) = \Phi(0{,}4 \cdot \beta_c) \quad \text{(A.3.102)}$$

Nach Inversion dieser Gleichungen ergibt sich als *Kombinationsbeiwert für extreme Einwirkungen*:

$$\psi_0 = \frac{F_{Q_c}^{-1}(\Phi(0{,}4 \cdot \beta_c))}{F_{Q_c}^{-1}(\Phi(\beta_c))} \quad \text{(A.3.103)}$$

Alternativ ist es möglich, ψ_0 mit Hilfe der Verteilungsfunktion für Q_{max} auszudrücken:

$$\psi_0 = \frac{F_{Q_{max}}^{-1}(\Phi(0{,}4 \cdot \beta_c))^{N_1}}{F_{Q_{max}}^{-1}(\Phi(\beta_c))^{N_1}} = \frac{F_{Q_{max}}^{-1}(\Phi(0{,}4 \cdot \beta_c))^{N_1}}{F_{Q_{max}}^{-1}(\Phi(0{,}7 \cdot \beta))} \quad \text{(A.3.104)}$$

Da in einigen praktischen Fällen N_1 sehr groß sein kann, ist es zweckmäßig, diese Gleichung weiter zu entwickeln ([prEN 1990 – 00], [DIN 1055-100 – 00]):

$$\psi_0 = \frac{F^{-1}_{Q_{max}} \exp\left(-N_1 \cdot \Phi\left(-0{,}4 \cdot \beta_c\right)\right)}{F^{-1}_{Q_{max}} \left(\Phi\left(0{,}7 \cdot \beta\right)\right)} \quad \text{(A.3.105)}$$

Erläuterung: $\Phi\,(0{,}4{\cdot}\beta_c)^{N_1} = (1 - \Phi\,(-\,0{,}4{\cdot}\beta_c)\,)^{N_1} \approx$
$1 - N_1{\cdot}\Phi\,(-\,0{,}4{\cdot}\beta_c) \approx \exp\,(\,-\,N_1{\cdot}\Phi\,(-\,0{,}4{\cdot}\beta_c)\,)$

Der Kombinationsbeiwert ψ_0 hängt von dem größten Grundzeitintervall τ_1 der zu kombinierenden unabhängigen Einwirkungen ab. Beispiele dafür werden in Tafel 3.5 angegeben (vgl. [BoD-doc – 96], [Spaethe – 92] und [Schobbe – 82]).

Tafel A.3.5 Grundzeitintervalle τ_1 für unabhängige Einwirkungen

Unabhängige Einwirkung		τ_1
Ständige Last		50 Jahre
Nutzlast, andauernd		5 Jahre
Schneelast	Landklima	0,25 Jahre
	Seeklima	0,125 Jahre
Windlast		≈ 0,008 Jahre
Außergewöhnliche Einwirkung		≈ 1 Stunde

Als Bezugszeitraum T wird nach ([prEN 1990 – 00], [DIN 1055 – 00]) die Nutzungsdauer des Tragwerks, in der Regel 50 Jahre, gewählt. Damit errechnet sich die Lastwechselzahl aus

$$N_1 = T\,/\,\tau_1 = 50\,/\,\tau_1. \quad \text{(A.3.106)}$$

Aus Gleichung (3.104) ergeben sich für den Grenzzustand der Tragfähigkeit (Sicherheitsindex $\beta = 3{,}8$) in Verbindung mit Tafel A.3.5 folgende Kombinationsbeiwerte ψ_0:

τ_1 = 50 Jahre (= T)

$N_1 = 1$; $\beta_c = 0{,}7{\cdot}\beta$

$$\psi_{0,50} = \frac{F^{-1}_{Q_{max}} \left(\Phi\left(0{,}4 \cdot 0{,}7 \cdot \beta\right)\right)}{F^{-1}_{Q_{max}} \left(\Phi\left(0{,}7 \cdot \beta\right)\right)} = \frac{F^{-1}_{Q_{max}} \left(\Phi(1{,}064)\right)}{F^{-1}_{Q_{max}} \left(\Phi(2{,}66)\right)}$$

Für Gumbel-verteilte veränderliche Einwirkungen Q folgt daraus weiter

$$\psi_{0,50} = \frac{F^{-1}_{Q_{max}}(0{,}8563)}{F^{-1}_{Q_{max}}(0{,}9961)} = \frac{1 - 0{,}78 \cdot V_{Q,50} \cdot \left(0{,}577 + \ln\left(-\ln(0{,}8563)\right)\right)}{1 - 0{,}78 \cdot V_{Q,50} \cdot \left(0{,}577 + \ln\left(-\ln(0{,}9961)\right)\right)}$$

Die Auswertung liefert

$$\psi_{0,50} = \frac{1 + 1{,}00 \cdot V_{Q,50}}{1 + 3{,}87 \cdot V_{Q,50}} \quad \text{(A.3.107)}$$

Für normalverteilte ständige Einwirkungen G ergibt sich analog (vgl. Abschnitt 3.4.4):

$$\psi_{0,50} = \xi_{G,sup} = \frac{F_G^{-1}(\Phi(1{,}064))}{F_G^{-1}(\Phi(2{,}66))} = \frac{1 + 1{,}064 \cdot V_G}{1 + 2{,}66 \cdot V_G} \quad \text{(A.3.108)}$$

τ_1 = 5 Jahre

$N_1 = 50\,/\,5 = 10$

$$\beta_c = -\Phi^{-1}\left(\Phi(0{,}7 \cdot \beta)/N_1\right) = -\Phi^{-1}\left(\Phi(2{,}66)/10\right) = -\Phi^{-1}(0{,}0003907) = 3{,}36 \quad \text{(A.3.109)}$$

$$\psi_{0,5} = \frac{F^{-1}_{Q_{max}} \left(\Phi\left(0{,}4 \cdot \beta_c\right)\right)^{N_1}}{F^{-1}_{Q_{max}} \left(\Phi\left(0{,}7 \cdot \beta\right)\right)} = \frac{F^{-1}_{Q_{max}} \left(\Phi(1{,}344)\right)^{10}}{F^{-1}_{Q_{max}} \left(\Phi(2{,}66)\right)}$$

Für Gumbel-verteilte veränderliche Einwirkungen Q folgt daraus weiter

$$\psi_{0,5} = \frac{F^{-1}_{Q_{max}}(0{,}3916)}{F^{-1}_{Q_{max}}(0{,}9961)} = \frac{1 - 0{,}40 \cdot V_{Q,50}}{1 + 3{,}87 \cdot V_{Q,50}} \quad \text{(A.3.110)}$$

τ_1 = 0,25 Jahre (d.h. 3 Monate)

$N_1 = 50\,/\,0{,}25 = 200$

$$\beta_c = -\Phi^{-1}\left(\Phi(0{,}7 \cdot \beta)/N_1\right) = -\Phi^{-1}\left(\Phi(2{,}66)/200\right) = -\Phi^{-1}(0{,}00001954) = 4{,}12 \quad \text{(A.3.111)}$$

$$\psi_{0,0,25} = \frac{F^{-1}_{Q_{max}}(0{,}000047)}{F^{-1}_{Q_{max}}(0{,}9961)} = \frac{1 - 2{,}24 \cdot V_{Q,50}}{1 + 3{,}87 \cdot V_{Q,50}} \quad \text{(A.3.112)}$$

Durch Auswertung der Gleichungen (A.3.108), (A.3.107), (A.3.110) und (A.3.112) für $\xi_{G,sup}$, $\psi_{0,50}$, $\psi_{0,5}$ und $\psi_{0,0,25}$ sowie der entsprechenden Gleichungen für $\psi_{0,0,125}$ und $\psi_{0,0,008}$ ergibt sich die Matrix der Kombinationsbeiwerte ψ_0 nach Tafel A.3.6 (vgl. [BoD-doc – 96]).

Anmerkung: Tafel A.3.6 korrespondiert mit den Tafeln A.3.4 und A.3.5.

Tafel A.3.6 Zusammenstellung der Kombinationsbeiwerte ψ_0 für extreme Einwirkungen

Variationskoeffizient				0,10	0,40	0,15	0,30	0,20	-
Vorherrschende Einwirkung		N_1	β_c	ξ_G	$\psi_{0,N}$	$\psi_{0,S1}$	$\psi_{0,S2}$	$\psi_{0,W}$	$\psi_{0,A}$
Ständige Last	G	1	2,66	-	0,55	0,73	0,60	0,68	0
Nutzlast, andauernd	Q_N	10	3,36	0,87	-	0,59	0,41	0,52	0
Schneelast, Landklima	Q_{S1}	200	4,12	0,87	0,33	-	0,15	0,31	0
Schneelast, Seeklima	Q_{S2}	400	4,27	0,87	0,33	0,42	-	0,26	0
Windlast	Q_W	6000	4,77	0,87	0,33	0,42	0,09	-	0
Grundkombination nach DIN 1055-100				0,85	0,70	0,70	0,50	0,60	0
Außergewöhnliche Einwirkung	A	360000	5,60	0,87	0,33	0,42	0,09	0,06	-
Außergewöhnliche Kombination nach DIN 1055-100				0,74	0,33	0,33	0,13	0,33	0

Erläuterungen:

1. Für die Zellen *rechts oberhalb* der markierten Diagonalen gilt das *Grundzeitintervall* der in der jeweiligen *Zeile* angegebenen vorherrschenden Einwirkung.
2. Für die Zellen *links unterhalb* der markierten Diagonalen gilt das *Grundzeitintervall* derjenigen Einwirkung, die der jeweiligen *Spalte* zugeordnet ist.
3. Zum Vergleich sind die Kombinationsbeiwerte ψ_0 für die Grundkombination nach [prEN 1990 – 00] bzw. [DIN 1055-100 – 00] angegeben, die unabhängig von den verschiedenen Grundzeitintervallen festgelegt wurden und daher nach „oben" orientiert sind.
   Der Kombinationsbeiwert ξ_G = 0,85 ist nur in [prEN 1990 – 00] zu finden.
4. Die Kombinationsbeiwerte für die außergewöhnliche Kombination nach [prEN 1990 – 00] bzw. [DIN 1055-100 – 00] entsprechen dem in Abschnitt 4.5 angegebenen Nachweisformat, d.h. $\xi_{GA} = 1 / \gamma_G = 1 / 1{,}35$ und $\psi_{0A} = \psi_1 / \gamma_Q = \psi_1 / 1{,}50$.

3.4.6 Außergewöhnliche Einwirkungen

Außergewöhnliche Einwirkungen entstehen zum Beispiel infolge von Anprall, Brand, Explosion oder Erdbeben. Sie sind dadurch gekennzeichnet, dass sie zwar sehr selten auftreten, dafür aber sehr große Beanspruchungen im Tragwerk erzeugen.

Die Bemessungswerte werden in der Regel als Nennwerte A_d so festgelegt, dass das Tragwerk gerade nicht versagt, damit sich die betroffenen Menschen rechtzeitig in Sicherheit bringen können. Schäden am Tragwerk, „die in einem angemessenen Verhältnis zur Schadensursache stehen", werden in Kauf genommen.

Zunächst wird eine Annahme getroffen, mit welcher Wahrscheinlichkeit P_A die außergewöhnliche Einwirkung A während der Nutzungsdauer auftreten kann.

Die Wahrscheinlichkeit für $A = 0$ beträgt dementsprechend $1 - P_A$. Wenn für den Fall ihres Auftretens die außergewöhnliche Einwirkung als Gumbel-verteilt mit dem Mittelwert $m_A = 0{,}5\,A_d$ und dem Variationskoeffizienten V_A angenommen wird, lautet die Verteilungsfunktion

$$F_A(x) = \{1 - P_A\} + P_A \cdot \exp\left(-\exp\left(-0{,}577 - 1{,}282 \cdot \frac{A - m_A}{\sigma_A}\right)\right) \quad \text{(A.3.113)}$$

Daraus ergibt sich der Fraktilwert

$$A = m_A\left(1 - 0{,}78\,V_A\left(0{,}577 + \ln\left(-\ln\frac{F_A - 1 + P_A}{P_A}\right)\right)\right) \quad \text{(A.3.114)}$$

Der Zusammenhang zwischen P_A und V_A ergibt sich für $m_A = 0{,}5\ A_d$ wie folgt:

$$A_d = m_A\left(1-0{,}78\,V_A\left(\begin{matrix}0{,}577\\ +\ln\left(-\ln\dfrac{\Phi(\alpha_E\,\beta)-1+P_A}{P_A}\right)\end{matrix}\right)\right)$$

$$= 0{,}5\,A_d\left(1-0{,}78\,V_A\left(\begin{matrix}0{,}577\\ +\ln\left(-\ln\dfrac{-0{,}00391+P_A}{P_A}\right)\end{matrix}\right)\right)$$

(A.3.115)

$$V_A = \frac{-1{,}282}{0{,}577+\ln\left(-\ln\dfrac{-0{,}00391+P_A}{P_A}\right)} \quad \text{(A.3.116)}$$

Anmerkung:
Für $P_A \leq 0{,}00391$ existiert kein reeller Wert von V_A.

Der Kombinationsbeiwert für die veränderlichen Einwirkungen beträgt nach wie vor (Gleichung (A.3.104), Tafel A.3.6 und [BoD-doc – 96]):

$$\psi_{0,Q} = \frac{F^{-1}_{Q_{max}}\left(\Phi(0{,}4\cdot\beta_c)\right)^{N_1}}{F^{-1}_{Q_{max}}\left(\Phi(0{,}7\cdot\beta)\right)}$$

Mit dem Borges-Castanheta-Modell lassen sich auch Lasten mit einer endlichen Wahrscheinlichkeit für den Wert null während des Zeitintervalls τ_1 erfassen. Für die außergewöhnliche Einwirkung ergibt sich daher analog:

$$\psi_{0,A} = \frac{F^{-1}_A\left(\Phi(0{,}4\cdot\beta_c)\right)^{N_1}}{F^{-1}_A\left(\Phi(0{,}7\cdot\beta)\right)} = \frac{F^{-1}_A\left(\Phi(0{,}4\cdot\beta_c)\right)^{N_1}}{A_d} =$$

$$= 0{,}5\left(1-0{,}78\,V_A\left(\begin{matrix}0{,}577\\ +\ln\left(-\ln\dfrac{\left(\Phi(0{,}4\cdot\beta_c)\right)^{N_1}-1+P_A}{P_A}\right)\end{matrix}\right)\right)$$

(A.3.117)

Man erkennt, dass für $\left(\Phi(0{,}4\cdot\beta)\right)^{N_1} < \{1-P_A\}$ kein reeller Wert existiert. In diesem Regelfall sollte daher $\psi_{0,A} = 0$ gesetzt werden (siehe Tafel A.3.5 und A.3.6).

3.4.7 Repräsentative Anteile veränderlicher Einwirkungen

Für Nachweise im Grenzzustand der Gebrauchstauglichkeit werden die veränderlichen Einwirkungen mit spezifischen Beiwerten reduziert.

Quasi-ständiger Kombinationsbeiwert ψ_2

Nach [Schobbe – 82] lässt sich der quasi-ständige Anteil einer veränderlichen Einwirkung Q_i bestimmen, indem man den Bemessungswert $Q_{d,i}$ mit einem spezifischen Kombinationsbeiwert ψ_i^* abmindert. Dabei wird anstelle der Extremwertverteilung $F_{Qmax}(Q)$ im Bezugszeitraum T die Grundverteilung $F_{Q^*}(Q)$ maßgebend.

Ist jedoch diese Grundverteilung nicht bekannt, so darf näherungsweise die auf das Grundzeitintervall τ_i bezogene Extremwertverteilung $F_{Qi}(Q)$ verwendet werden, mit dem Sicherheitsindex β im Bezugszeitraum T, dem zusätzlichen Wichtungsfaktor $\alpha_{\psi i} = 0{,}4$ und der Lastwechselzahl

$$N_i = T/\tau_i \quad \text{(A.3.118)}$$

Analog zu Gleichung (A.3.103) und (A.3.104) gilt

$$\psi_i^* = \frac{F^{-1}_{Q_i^*}\left(\Phi(0{,}4\cdot 0{,}7\cdot\beta)\right)}{F^{-1}_{Q_{max}}\left(\Phi(0{,}7\cdot\beta)\right)} = \frac{F^{-1}_{Q_{max}}\left(\Phi(0{,}4\cdot 0{,}7\cdot\beta)\right)^{N_i}}{F^{-1}_{Q_{max}}\left(\Phi(0{,}7\cdot\beta)\right)}$$

(A.3.119)

Dieser Beiwert ψ_i^* ist *nicht identisch* mit dem quasi-ständigen Kombinationsbeiwert $\psi_{2,i}$ nach [DIN 1055-100 – 00] bzw. [EN 1990 – 00]!

Dort wird der quasi-ständige Wert als der zeitliche Mittelwert mit der Überschreitungswahrscheinlichkeit 50 % im Bezugszeitraum definiert (siehe Abschnitt 4.2) und in den Kombinationsregeln auf den charakteristischen Wert der veränderlichen Einwirkung bezogen (siehe Abschnitt 4.5.2).

Verwendet man wiederum anstelle der Grundverteilung im Bezugszeitraum die auf das Grundzeitintervall bezogene Extremwertverteilung, ergibt sich analog zu Gleichung (A.3.119) für den quasi-ständigen Kombinationsbeiwert

$$\psi_{2,i} = \frac{F^{-1}_{Q_i^*}(0{,}50)}{F^{-1}_{Q_{max}}(p/100)} = \frac{F^{-1}_{Q_{max}}(0{,}50)^{N_i}}{F^{-1}_{Q_{max}}(p/100)} \quad \text{(A.3.120)}$$

mit der für den betrachteten charakteristischen Wert maßgebenden p-Fraktile.

Nach Abschnitt 3.4.4 werden als charakteristische Werte für Schneelasten Q_S die auf T = 1 Jahr bezogenen 98%-Fraktilwerte nach Gleichung (A.3.89) verwendet.

Mit dem Grundzeitintervall τ_S = 0,25 Jahre ergibt sich die Lastwechselzahl N_S = 1 / 0,25 = 4.

Damit folgt aus Gleichung (A.3.120) nach Umrechnung auf den Bezugszeitraum $T = 50$ Jahre ($N_1 = 4 \cdot 50 = 200$):

$$\psi_{2,S} = \frac{1-0{,}7797 \cdot V_{S,50} \cdot \left(0{,}5772 + \ln\left(-\ln 0{,}50^{200}\right)\right)}{1-0{,}7797 \cdot V_{S,50} \cdot \left(0{,}5772 + \ln\left(-\ln 0{,}98^{50}\right)\right)} = \frac{1-4{,}30\, V_{S,50}}{1-0{,}45\, V_{S,50}} \qquad \text{(A.3.121)}$$

Anmerkung: Variationskoeffizienten $V_{S,50} < 0{,}23$ liefern nach Gleichung (A.3.121) bereits $\psi_{2,S} = 0$.

Als charakteristische Werte für Nutzlasten Q_N werden die auf $T = 50$ Jahre bezogenen 95%-Fraktilwerte nach Gleichung (A.3.91) verwendet. Mit $\tau_N = 5$ Jahre ergibt sich $N_N = 50 / 5 = 10$.

Damit folgt aus Gleichung (A.3.120):

$$\psi_{2,N} = \frac{1-0{,}7797 \cdot V_{N,50} \cdot \left(0{,}5772 + \ln\left(-\ln 0{,}50^{10}\right)\right)}{1-0{,}7797 \cdot V_{N,50} \cdot \left(0{,}5772 + \ln\left(-\ln 0{,}95\right)\right)} = \frac{1-1{,}96\, V_{N,50}}{1+1{,}87\, V_{N,50}} \qquad \text{(A.3.122)}$$

Anmerkung: Für $V_{N,50} < 0{,}51$ wird $\psi_{2,N} = 0$.

Häufiger Kombinationsbeiwert ψ_1

Nach [DIN 1055-100 – 00] bzw. [EN 1990 – 00] wird der häufige Wert als repräsentativer Wert mit einer Überschreitungswahrscheinlichkeit von 5% im Bezugszeitraum definiert (siehe Abschnitt 4.2). Damit lassen sich die Gleichungen (A.3.120) bis (A.3.122) durch Analogie übertragen:

$$\psi_{1,i} = \frac{F_{Q_i}^{-1}(0{,}95)}{F_{Q_{max}}^{-1}(p/100)} = \frac{F_{Q_{max}}^{-1}(0{,}95)^{N_i}}{F_{Q_{max}}^{-1}(p/100)} \qquad \text{(A.3.123)}$$

Daraus folgt für Schneelasten nach Umrechnung auf den Bezugszeitraum $T = 50$ Jahre

$$\psi_{1,S} = \frac{1-0{,}7797 \cdot V_{S,50} \cdot \left(0{,}5772 + \ln\left(-\ln 0{,}95^{200}\right)\right)}{1-0{,}7797 \cdot V_{S,50} \cdot \left(0{,}5772 + \ln\left(-\ln 0{,}98^{50}\right)\right)} = \frac{1-2{,}27\, V_{S,50}}{1-0{,}45\, V_{S,50}} \qquad \text{(A.3.124)}$$

Entsprechend ergibt sich für Nutzlasten:

$$\psi_{1,N} = \frac{1-0{,}7797 \cdot V_{N,50} \cdot \left(0{,}5772 + \ln\left(-\ln 0{,}95^{10}\right)\right)}{1-0{,}7797 \cdot V_{N,50} \cdot \left(0{,}5772 + \ln\left(-\ln 0{,}95\right)\right)} = \frac{1+0{,}07\, V_{N,50}}{1+1{,}87\, V_{N,50}} \qquad \text{(A.3.125)}$$

Die verschiedenen Kombinationsbeiwerte ψ_1 und ψ_2 sind in Tafel A.3.7 zusammengestellt.

Tafel A.3.7 Kombinationsbeiwerte für den Grenzzustand der Gebrauchstauglichkeit

Veränderliche Einwirkung	Q_i	Nutzlast	Schnee		Wind
Variationskoeffizient	$V_{Q,50}$	0,40	0,15	0,30	0,20
Lastwechselzahl	$N_1 = N_Q \cdot T$	10	200	400	6000
Charakteristischer Wert	p-Fraktile	0,95	$0{,}98^{50}$	$0{,}98^{50}$	$0{,}98^{50}$
Häufiger Kombinationsbeiwert ψ_1	nach Gl. (A.3.123)	0,59	0,71	0,18	0,02
	nach DIN 1055-100	0,5 - 0,9	0,5	0,2	0,5
Quasi-ständiger Kombinationsbeiwert ψ_2	nach Gl. (A.3.119) [1)]	0,27	0,36	0	0
	nach Gl. (A.3.120)	0,12	0,38	0	0
[1)] Auswertung mit $\beta = 1{,}5$.	nach DIN 1055-100	0,3 - 0,8	0,2	0	0

4 Nachweisformate für Grenzzustände

4.1 Überblick

Der Nachweis der *Tragwerkssicherheit* erfolgt nach [prEN 1990 – 00] bzw. [DIN 1055-100 – 00] durch Gegenüberstellung

- der *resultierenden Bemessungswerte* der Beanspruchungen und Widerstände
- in definierten *Grenzzuständen*, mit den zugehörigen *Bemessungssituationen*.

Grenzzustände

Bei Überschreiten eines Grenzzustandes erfüllt ein Tragwerk nicht mehr die Entwurfsanforderungen. Man unterscheidet

- Grenzzustände der Tragfähigkeit, deren Überschreitung rechnerisch zum Einsturz oder zu ähnlichen Arten des Tragwerksversagens führt, und
- Grenzzustände der Gebrauchstauglichkeit, bei deren Überschreitung die festgelegten Nutzungsanforderungen eines Tragwerks oder eines seiner Teile nicht mehr erfüllt sind.

Tafel A.4.1 Struktur des Nachweiskonzeptes

Grenzzustand	Tragfähigkeit	Gebrauchstauglichkeit
Anforderungen	Sicherheit von Personen Sicherheit des Tragwerks	Wohlbefinden von Personen Funktion des Tragwerks Erscheinungsbild
Sicherheitsindex β [1)]	3,8 (4,7)	1,5 (3,0)
Nachweiskriterien	Verlust der Lagesicherheit Festigkeitsversagen Stabilitätsversagen Materialermüdung [2)]	Spannungsbegrenzung Rissbildung Verformungen Schwingungen
Bemessungssituationen	ständige und vorübergehende außergewöhnliche Erdbeben	seltene bzw. charakteristische häufige quasi-ständige
Aktion auf das Tragwerk	Bemessungswert der Beanspruchung (destabilisierende Einwirkungen, Schnittgrößen)	Bemessungswert der Auswirkung (Spannungen, Rissbreiten, Verformungen)
Reaktion des Tragwerks	Bemessungswert des Widerstands (stabilisierende Einwirkungen, Materialfestigkeiten)	Tauglichkeitskriterium (zulässige Spannungen, Dekompression, Rissbreiten, Verformungen)

1) Die angegebenen β-Werte gelten für die Zuverlässigkeitsklasse 2 nach [prEN 1990 – 00] und den Bezugszeitraum 50 Jahre (die Klammerwerte gelten für 1 Jahr).

2) Für den Grenzzustand der Tragfähigkeit gilt $\beta = 1{,}5$ bis 3,8, siehe [EN 1990 – 00], Anhang C, bzw. [DIN 1055-100 – 00], Anhang B.

Bemessungssituationen

Um seine Funktion während der Bauausführung und Nutzung zu erfüllen, muss das Tragwerk in den Bemessungssituationen untersucht werden, die in den Grenzzuständen auftreten können.

Diese Bemessungssituationen werden mit bestimmten *Nachweiskriterien* und den zugehörigen Nachweisformaten für die *Bemessungswerte* des Tragwerks verknüpft (siehe Tafel A.4.1).

Bemessung für die Grenzzustände

Die Bemessung muss nach [prEN 1990 – 00] bzw. [DIN 1055-100 – 00] in den folgenden Schritten durchgeführt werden:

1. Aufstellung von *Tragwerks- und Lastmodellen* für die Grenzzustände der Tragfähigkeit und der Gebrauchstauglichkeit mit den Bemessungswerten für die *geometrischen Größen*.
2. Festlegung der repräsentativen Werte (siehe Abschnitt 4.2) für die Einwirkungen und die Baustoffeigenschaften.
3. Berechnung der *resultierenden Bemessungswerte* (siehe Abschnitt 4.3) durch lineare *Kombination* von repräsentativen Werten mit *Teilsicherheitsbeiwerten* (siehe Abschnitt 4.5).
4. *Strukturanalyse* in den verschiedenen Bemessungssituationen und Lastfällen auf der Grundlage der Modelle.
5. *Nachweis* der Grenzzustände (siehe Abschnitt 4.4):

   Die Bemessungswerte der *Aktion auf das Tragwerk* (Einwirkungen, Beanspruchungen bzw. Auswirkungen) dürfen die Bemessungswerte der *Reaktion des Tragwerks* (Baustoffeigenschaften, Widerstände bzw. Tauglichkeitskriterien) nicht überschreiten.

4.2 Repräsentative Werte

Die *wesentlichen repräsentativen Werte* der Einwirkungen (*F*) und der Baustoffeigenschaften (*X*) werden als charakteristische Werte (F_k bzw. X_k) bezeichnet ([prEN 1990 – 00], [DIN 1055-100 – 00]).

Charakteristische Werte bilden die Basis für Kontrollen während der Materialherstellung, Bauausführung und Nutzung [Spaethe – 92].

- Charakteristische Werte für die *Einwirkungen* (F_k) werden in den Einwirkungsnormen festgelegt (EN 1991 bzw. DIN 1055).
- Charakteristische Werte für die *Baustoffeigenschaften* (X_k) werden in den bauartspezifischen Bemessungsnormen festgelegt bzw. sind den zugeordneten *Baustoffnormen* zu entnehmen.

Charakteristische Werte für Einwirkungen

Die charakteristischen Werte der *ständigen Einwirkungen* G_k sind im allgemeinen ihre *Mittelwerte* (Ausnahmen siehe Abschnitt 3.4.4).

Die charakteristischen Werte der *veränderlichen Einwirkungen* Q_k sind im allgemeinen *die 98%-Fraktilen für den Bezugszeitraum 1 Jahr* (siehe Abschnitt 3.4.4).

Weitere repräsentative Werte für veränderliche Einwirkungen $Q_{rep,i}$ ergeben sich als Produkte eines *charakteristischen Wertes* Q_k mit einem *Kombinationsbeiwert* ψ_i ($\leq 1{,}0$).

1. **Kombinationswert:** $Q_{rep,0} = \psi_0 \cdot Q_k$

   Die *Kombinationswerte* werden so bestimmt, dass bei ihrer Verwendung in den Einwirkungskombinationen die angestrebte Zuverlässigkeit des Tragwerks nicht unterschritten wird.

2. **Häufiger Wert:** $Q_{rep,1} = \psi_1 \cdot Q_k$

   Ein *häufiger Wert* wird so bestimmt, dass die Überschreitungsdauer innerhalb eines Bezugszeitraums (z.B. auf 5%), oder die Überschreitungshäufigkeit innerhalb eines Bezugszeitraums (z.B. auf 300mal pro Jahr) begrenzt wird.

3. **Quasi-ständiger Wert:** $Q_{rep,2} = \psi_2 \cdot Q_k$

   Ein *quasi-ständiger Wert* wird so bestimmt, dass die Überschreitungsdauer einen beträchtlichen Teil des Bezugszeitraums ausmacht (z.B. 50%), entsprechend dem *zeitlichen Mittelwert*. Für Einwirkungen aus Wind oder Straßenverkehr ist der quasi-ständige Wert in der Regel gleich null [EN 1990 – 00].

Bei *Materialermüdung* können andere repräsentative Werte in Betracht kommen.

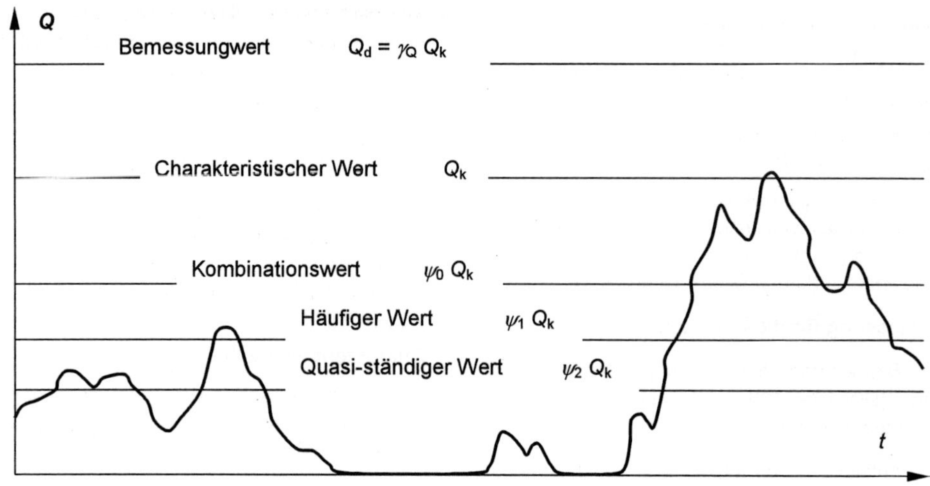

Abb. A.4.1 Darstellung der repräsentativen Werte einer veränderlichen Last

Der Bemessungswert Q_d (siehe Abschnitt 4.3) und die verschiedenen repräsentativen Werte $Q_{rep,i}$ sind in Abb. 4.1 gegenübergestellt.

Charakteristische Werte für Baustoffeigenschaften werden im Allgemeinen als Fraktilwerte einer statistischen Verteilung festgelegt, und zwar

- als *5%-Fraktile* für *Festigkeitswerte*,
- dagegen als *Mittelwert* für *Steifigkeitswerte*,
- ggf. als oberer Nennwert für Zwangbeanspruchung.

4.3 Bemessungswerte

Bemessungswerte für Einwirkungen

Die repräsentativen Werte F_{rep} – bzw. die charakteristischen Werte F_k – werden mit Hilfe von *Teilsicherheitsbeiwerten* γ_F in *Bemessungswerte* F_d überführt [DIN 1055-100 – 00]:

$$F_d = \gamma_F \cdot F_{rep} \tag{A.4.1}$$

Für F_{rep} ist jeweils G_k, Q_k oder $Q_{rep,i}$ einzusetzen.

Bemessungswerte für Baustoffeigenschaften

Die charakteristischen Werte X_k werden mit Hilfe von *Teilsicherheitsbeiwerten* γ_M in *Bemessungswerte* X_d überführt:

$$X_d = \frac{X_k}{\gamma_M} \tag{A.4.2}$$

Gegebenenfalls ist ein Umrechnungsfaktor η für die Auswirkungen von Lastdauer, Feuchte, Temperatur u.a. sowie für Maßstabseffekte zu berücksichtigen (vgl. Abschnitt 3.4.3).

$$X_d = \eta \cdot \frac{X_k}{\gamma_M} \tag{A.4.3}$$

Bemessungswerte geometrischer Größen

Im Allgemeinen werden *Nennwerte* a_{nom} festgelegt. *Abweichungen* Δa werden berücksichtigt, wenn sie Auswirkungen auf die Zuverlässigkeit eines Tragwerkes haben, z.B. im Falle von Imperfektionen bei Stabilitätsuntersuchungen:

$$a_d = a_{nom} \tag{A.4.4}$$

bzw.

$$a_d = a_{nom} + \Delta a \tag{A.4.5}$$

Bemessungswerte für Beanspruchungen

Die Beanspruchungen (E) sind die Antworten des Tragwerks auf die Einwirkungen (F) und sind von den geometrischen Größen (a) sowie den Baustoffeigenschaften (X) abhängig.

Dementsprechend lautet das allgemeine Format für die Bemessungswerte:

$$E_d = E\left(F_{d,1}, F_{d,2}, \ldots a_{d,1}, a_{d,2}, \ldots X_{d,1}, X_{d,2}, \ldots\right) \quad \text{(A.4.6)}$$

Mit Hilfe von Teilsicherheitsbeiwerten lassen sich daraus folgende Formate herleiten:

1. *Allgemeines Format für nichtlineare Schnittgrößenberechnung* nach [prEN 1990 – 00]

$$E_d = \gamma_{Ed} \cdot E\begin{pmatrix} \gamma_{g,1} G_{k,1}, \gamma_{g,2} G_{k,2}, \ldots \\ \gamma_{q,1} Q_{rep,1}, \gamma_{q,2} Q_{rep,2}, \ldots \end{pmatrix} \quad \text{(A.4.7)}$$

mit den Einwirkungsbeiwerten $\gamma_{g,j}$ und $\gamma_{q,i}$ und dem Beiwert für das Tragwerks- und Lastmodell γ_{Ed} (siehe Abschnitt 3.4.4).

2. *Spezielle Formate für nichtlineare Schnittgrößenberechnung* im Falle einer vorherrschenden Einwirkung $Q_{k,1}$

In [DIN 1055-100 – 00] werden folgende Alternativen betrachtet:

2.1 Die Beanspruchung E_d steigt *über*proportional zu $Q_{k,1}$ an:

$$E_d = E\left(\gamma_{G,1} G_{k,1}, \gamma_{G,2} G_{k,2}, \ldots \gamma_{Q,1} Q_{k,1}, \gamma_{Q,2} Q_{rep,2}, \ldots\right) \quad \text{(A.4.8)}$$

mit den repräsentativen Werten der Einwirkungen $G_{k,j}$, $Q_{k,1}$ und $Q_{rep,i}$ und den zugehörigen Teilsicherheitsbeiwerten für die Einwirkungen $\gamma_{G,j}$, $\gamma_{Q,1}$ und $\gamma_{Q,i}$.

2.2 Die Beanspruchung E_d steigt *unter*proportional zu $Q_{k,1}$ an:

$$E_d = \gamma_{Q,1} \cdot E\begin{pmatrix} \frac{\gamma_{G,1}}{\gamma_{Q,1}} G_{k,1}, \frac{\gamma_{G,2}}{\gamma_{Q,1}} G_{k,2}, \ldots \\ Q_{k,1}, \frac{\gamma_{Q,2}}{\gamma_{Q,1}} Q_{rep,2}, \ldots \end{pmatrix} \quad \text{(A.4.9)}$$

mit den repräsentativen Werten der Einwirkungen $G_{k,j}$, $Q_{k,1}$ und $Q_{rep,i}$ und den zugehörigen Teilsicherheitsbeiwerten $\gamma_{G,j}$ und $\gamma_{Q,i}$, bezogen auf $\gamma_{Q,1}$. Der Teilsicherheitsbeiwert $\gamma_{Q,1}$ für die vorherrschende Einwirkung $Q_{k,1}$ wird auf die resultierende Beanspruchung angewendet.

3. *Format für linear-elastische Schnittgrößenberechnung* nach [DIN 1055-100 – 00]

$$E_d = \gamma_{G,1} \cdot E_{Gk,1} + \gamma_{G,2} \cdot E_{Gk,2} + \ldots + \gamma_{Q,1} \cdot E_{Qrep,1} + \gamma_{Q,2} \cdot E_{Qrep,2} + \ldots \quad \text{(A.4.10)}$$

mit den repräsentativen Werten der Auswirkungen $E_{Gk,j}$ und $E_{Qrep,i}$ und den darauf angewendeten Teilsicherheitsbeiwerten $\gamma_{G,j}$ und $\gamma_{Q,i}$ (nach dem Superpositionsprinzip).

Erläuterung:
Die *repräsentativen Werte der Auswirkungen* $E_{Gk,j}$ und $E_{Qrep,i}$ sind die Reaktionen des Tragwerks auf die repräsentativen Werte der Einwirkungen $G_{k,j}$ und $Q_{rep,i}$ und können entweder Schnittgrößen, aber auch innere Kräfte oder Spannungen im Querschnitt sein ([Grünberg – 98], [Grünberg, Klaus – 99]).

Bemessungswerte für Widerstände

Die Widerstände (R) hängen von den geometrischen Größen (a) und den Baustoffeigenschaften (X) ab. Dementsprechend lautet das allgemeine Format für die Bemessungswerte:

$$R_d = R\left(a_{d,1}, a_{d,2}, \ldots X_{d,1}, X_{d,2}, \ldots\right) \quad \text{(A.4.11)}$$

Mit Hilfe von Teilsicherheitsbeiwerten lassen sich daraus folgende Formate herleiten:

1. $$R_d = R\left(\eta_1 \frac{X_{k,1}}{\gamma_{M,1}}, \eta_2 \frac{X_{k,2}}{\gamma_{M,2}}, \ldots a_{nom,1}, a_{nom,2}, \ldots\right) \quad \text{(A.4.12)}$$

- mit den Umrechnungsfaktoren η_i,
- den charakteristischen Werten für die Baustoffeigenschaften X_k
- und den Teilsicherheitsbeiwerten für die Baustoffe $\gamma_{M,i}$.

2. $$R_d = \frac{1}{\gamma_{Rd}} R\begin{pmatrix} \eta_1 \frac{X_{k,1}}{\gamma_{m,1}}, \eta_2 \frac{X_{k,2}}{\gamma_{m,2}}, \ldots \\ a_{nom,1}, a_{nom,2}, \ldots \end{pmatrix} \quad \text{(A.4.13)}$$

- mit den Materialbeiwerten $\gamma_{m,i}$
- und dem Beiwert für das Widerstandsmodell γ_{Rd}.

3. $$R_d = \frac{1}{\gamma_R} R\begin{pmatrix} \eta_1 X_{k,1} \frac{\gamma_R}{\gamma_{M,1}}, \eta_2 X_{k,2} \frac{\gamma_R}{\gamma_{M,2}}, \ldots \\ a_{nom,1}, a_{nom,2}, \ldots \end{pmatrix} \quad \text{(A.4.14)}$$

- mit dem Teilsicherheitsbeiwert für den Tragwiderstand γ_R.

Anmerkung: Format 3 wird z.B. für die Anwendung nichtlinearer Verfahren der Schnittgrößenermittlung im Stahlbetonbau vorgeschlagen.

4.4 Nachweis der Grenzzustände

Grenzzustand der Tragfähigkeit

Die geforderte Zuverlässigkeit („Sicherheit") des Bauteils oder Bauwerks ist durch Vergleich der Bemessungswerte für die *maßgebenden Bemessungssituationen* nachzuweisen.

In [prEN 1990 – 00] bzw. [DIN 1055-100 – 00] werden zwei Grenzzustände der Tragfähigkeit unterschieden, nämlich

- der Grenzzustand der Lagesicherheit und
- der Grenzzustand Tragwerksversagen.

Für den Nachweis der *Lagesicherheit eines Tragwerks* spielt seine Festigkeit keine Rolle. Daher wird das Tragwerk als starrer Körper betrachtetet, und die Beanspruchungen werden wie folgt gegenübergestellt:

$$E_{d,dst} \leq E_{d,stb} \tag{A.4.15}$$

mit $E_{d,dst}$ Bemessungswert der Beanspruchung infolge der *destabilisierenden* Einwirkungen

$E_{d,stb}$ Bemessungswert der Beanspruchung infolge der *stabilisierenden* Einwirkungen

Das *Versagen eines Tragwerks* oder eines seiner Teile tritt durch Bruch, unzulässig große Verformungen oder Materialermüdung ein. Für den Nachweis eines Querschnitts, Bauteils oder einer Verbindung muss daher die Beanspruchung infolge aller Einwirkungen dem von den Baustoffeigenschaften abhängigen Widerstand gegenübergestellt werden:

$$E_d \leq R_d \tag{A.4.16}$$

mit E_d Bemessungswert der *Beanspruchung* (Schnittgrößen)

R_d Bemessungswert des *Widerstands* (Tragfähigkeit)

Wird die Lagesicherheit eines Tragwerks durch eine Verankerung bewirkt, wird Gleichung (4.15) wie folgt modifiziert:

$$E_{d,dst} - E_{d,stb} \leq R_{d,anch} \tag{A.4.17}$$

mit $R_{d,anch}$ Bemessungswert des Widerstands der Verankerung

In diesem Fall ist außerdem das Versagen des Tragwerks einschließlich der Verankerung nach Gleichung (4.16) nachzuweisen.

Bei der Untersuchung der Grenzzustände müssen die *kritischen Lastfälle* für die jeweiligen Bemessungssituationen erkannt werden! Für jeden kritischen Lastfall müssen die Bemessungswerte der Beanspruchungen durch Kombination ermittelt werden.

Grenzzustand der Gebrauchstauglichkeit

In den Grenzzuständen der Gebrauchstauglichkeit kann das gleiche Nachweisformat wie in den Grenzzuständen der Tragfähigkeit verwendet werden.

$$E_d \leq C_d \text{ bzw. } R_d \tag{A.4.18}$$

mit E_d Bemessungswert der Auswirkung (z.B. Verformung, Spannung o.a.)

C_d bzw. R_d Grenzwert der betrachteten Auswirkung bei vorgegebenen Bedingungen für die Gebrauchstauglichkeit

Die maßgebenden Kombinationen der Einwirkungen werden nach der *vorherrschenden veränderlichen Einwirkung* bezeichnet.

4.5 Kombinationsregeln für Einwirkungen bzw. Beanspruchungen

Für jeden *kritischen Lastfall* muss der Bemessungswert der Beanspruchung bzw. Auswirkung aus den Kombinationen der gleichzeitig auftretenden *unabhängigen Einwirkungen* ermittelt werden.

Erläuterung [DIN 1055-100 – 00]:
Unabhängige Einwirkungen werden durch einen oder mehrere charakteristische Werte von Kraft- oder Verformungsgrößen aus einem Ursprung repräsentiert (z.B. Eigenlast, Nutzlasten, Temperatur, Schnee, Wind). Einwirkungen sind voneinander unabhängig, wenn sie aus verschiedenen Ursprüngen herrühren und die zwischen ihnen bestehende Korrelation im Hinblick auf die Zuverlässigkeit des Tragwerks vernachlässigt werden darf.

Für die verschiedenen Bemessungssituationen in den Grenzzuständen gelten die nachfolgend dargestellten spezifischen Kombinationsregeln.

Abb. A.4.2 Grundkombination für $G_k \oplus Q_{k,1} \oplus Q_{k,2}$

Anwendung von Gleichung (A.4.19) bzw. der Gleichungen (A.4.20) und (A.4.21)

mit $\gamma_{G,inf} = 1{,}0$ und $\gamma_{G,sup} = 1{,}35$
$\gamma_Q = 1{,}5$
$\psi_{0,1} = 0{,}6$ und $\psi_{0,2} = 0{,}7$
$<\xi_G = 0{,}85>$

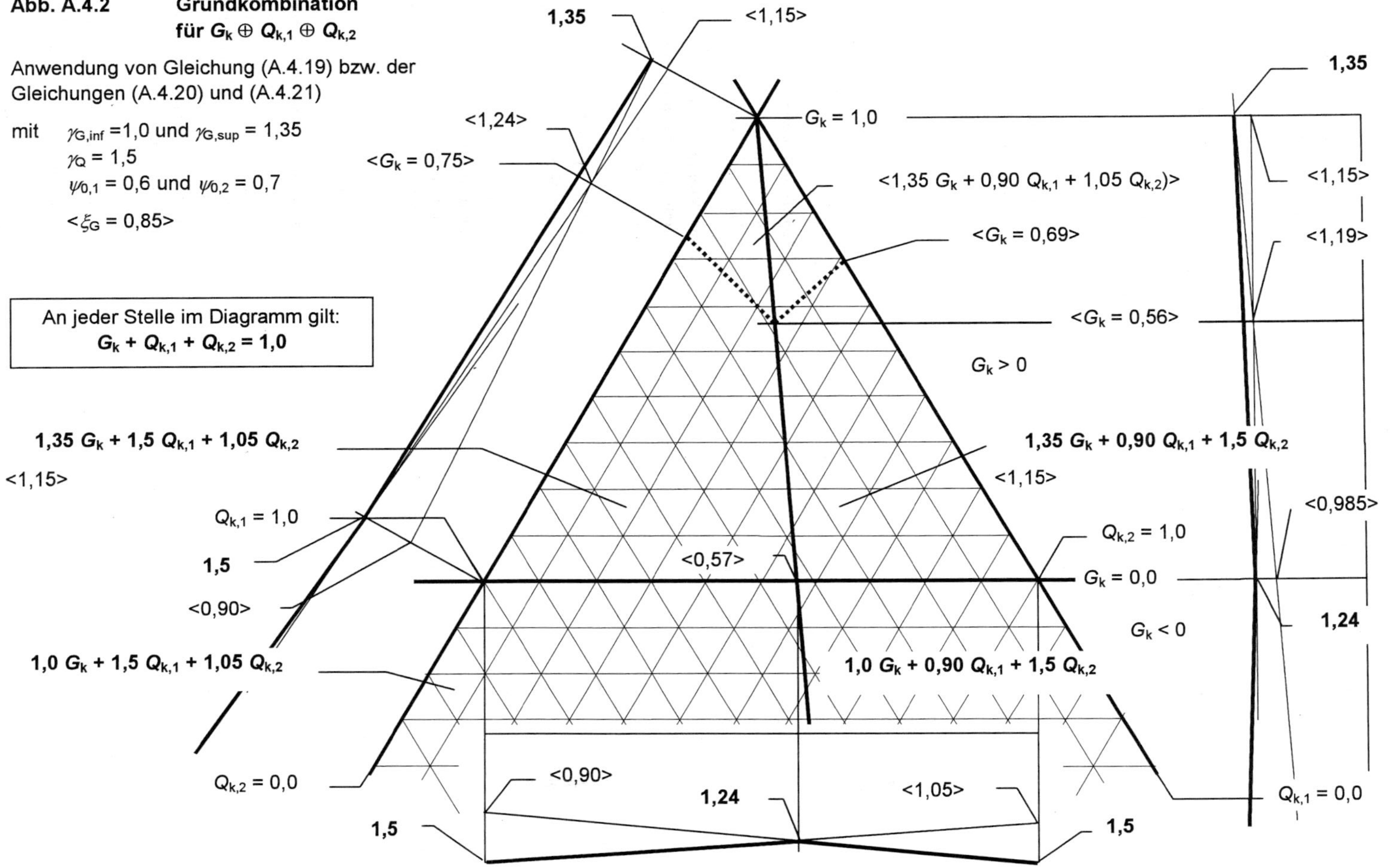

4.5.1 Grenzzustände der Tragfähigkeit

a) Ständige und vorübergehende Situationen (Grundkombination)

Ständige Situationen entsprechen den üblichen Nutzungsbedingungen des Tragwerks, während sich *vorübergehende Situationen* auf zeitlich begrenzte Zustände beziehen.

Die *Grundkombination* besteht aus den Bemessungswerten der unabhängigen ständigen Einwirkungen (und gegebenenfalls der Vorspannung), der vorherrschenden unabhängigen veränderlichen Einwirkung und aus den zu den Kombinationswerten zugehörigen Bemessungswerten anderer unabhängiger veränderlicher Einwirkungen:

$$\sum_{j\geq 1} \gamma_{G,j}\, G_{k,j} \oplus \gamma_p\, P_k \oplus \gamma_{Q,1}\, Q_{k,1} \oplus \sum_{i>1} \gamma_{Q,i}\, \psi_{0,i}\, Q_{k,i} \qquad (A.4.19)$$

An Stelle des Formates (A.4.19) dürfen auch die Formate (A.4.20) und (A.4.21) angewendet werden, wobei der ungünstigere resultierende Bemessungswert maßgebend ist [prEN 1990 – 00]:

$$\sum_{j\geq 1} \gamma_{G,j} G_{kj} \oplus \gamma_P P_k \oplus \gamma_{Q,1}\psi_{0,1} Q_{k,1} \oplus \sum_{i>1} \gamma_{Q,i}\psi_{0,i} Q_{k,i} \qquad (A.4.20)$$

$$\sum_{j\geq 1} \xi_{G,j}\gamma_{G,j} G_{k,j} \oplus \gamma_P P_k \oplus \gamma_{Q,1} Q_{k,1} \oplus \sum_{i>1} \gamma_{Q,i}\psi_{0,1} Q_{k,i} \qquad (A.4.21)$$

Erläuterung:
$\xi_{G,j}$ lässt sich als Kombinationsbeiwert für eine unabhängige ständige Einwirkung $G_{k,j}$ interpretieren. $\xi_{G,j}$ darf aber nur im Falle ungünstiger Wirkung mit $\xi_{G,sup} = 0{,}85$ angesetzt werden. Im Falle günstiger Wirkung ist $\xi_{G,inf}$ bereits in $\gamma_{G,inf} = 1{,}00$ enthalten (vgl. Abschnitt 3.4.4).

Die Grundkombination ist beispielhaft für drei unabhängige Einwirkungen in Abb. A.4.2 dargestellt.

b) Außergewöhnliche Situationen

Außergewöhnliche Situationen beziehen sich auf außergewöhnliche Umstände des Tragwerks oder seiner Umgebung, z.B. Feuer oder Brand, Explosion, Anprall, Hochwasser, Versagen einzelner Tragglieder.

Die *außergewöhnliche Kombination* besteht aus den Bemessungswerten der unabhängigen ständigen Einwirkungen (und gegebenenfalls der Vorspannung), einer außergewöhnlichen Einwirkung, dem häufigen Wert der vorherrschenden unabhängigen veränderlichen Einwirkung und den quasi-ständigen Werten anderer unabhängiger veränderlicher Einwirkungen:

$$\sum_{j\geq 1} \gamma_{GA,j} G_{k,j} \oplus \gamma_{pA} P_k \oplus A_d \oplus \psi_{1,1} Q_{k,1} \oplus \sum_{i>1} \psi_{2,i} Q_{k,i} \qquad (A.4.22)$$

c) Situationen infolge von Erdbeben

Die *Erdbebenkombination* besteht aus den charakteristischen Werten der unabhängigen ständigen Einwirkungen (und gegebenenfalls der Vorspannung), dem Bemessungswert der Einwirkung infolge von Erdbeben und den quasiständigen Werten der unabhängigen veränderlichen Einwirkungen:

$$\sum_{j\geq 1} G_{k,j} \oplus P_k \oplus \gamma_1 A_{Ed} \oplus \sum_{i>1} \psi_{2,i} Q_{k,i} \qquad (A.4.23)$$

In den Kombinationen (A.4.19) bis (A.4.23) gelten folgende Bezeichnungen:

$G_{k,j}$ unabhängige ständige Einwirkung, bestehend aus einem oder mehreren charakteristischen Werten ständiger Kraft- oder Verformungsgrößen aus dem Ursprung „j"

Anmerkung:
Wenn das Tragwerk sehr empfindlich auf örtliche Änderungen der unabhängigen Einwirkung $G_{k,j}$ reagiert, müssen ihre *ungünstigen und günstigen Anteile* als *eigenständige Einwirkungen* $G_{k,unf,j}$ und $G_{k,fav,j}$ betrachtet werden. Insbesondere gilt dies für den *Nachweis der Lagesicherheit* (→ $G_{k,dst,j}$ und $G_{k,stb,j}$).

$\gamma_{G,j}$, $\gamma_{GA,j}$ zugehörige Teilsicherheitsbeiwerte

P_k unabhängige Einwirkung infolge von Vorspannung (charakteristischer Wert einer Vorspannung)

γ_P, γ_{PA} zugehörige Teilsicherheitsbeiwerte

$Q_{k,1}$ vorherrschende unabhängige veränderliche Einwirkung, bestehend aus einem oder mehreren charakteristischen Werten veränderlicher Kraft- oder Verformungsgrößen aus dem Ursprung „1"

$\gamma_{Q,1}$ zugehöriger Teilsicherheitsbeiwert

$Q_{k,i}$ andere unabhängige veränderliche Einwirkung, bestehend aus einem oder mehreren charakteristischen Werten veränderlicher Kraft- oder Verformungsgrößen aus dem Ursprung „i"

$\gamma_{Q,i}$ zugehöriger Teilsicherheitsbeiwert

A_d Bemessungswert einer außergewöhnlichen Einwirkung

A_{Ed} Bemessungswert einer Einwirkung infolge von Erdbeben

ψ_0, ψ_1, ψ_2 Kombinationsbeiwerte zur Bestimmung repräsentativer Werte veränderlicher Einwirkungen (siehe Abschnitt 4.2)

γ_I Wichtungsfaktor für Einwirkungen infolge von Erdbeben (siehe [DIN 4149-1 – 00])

$\oplus$ „in Kombination mit"

Σ „kombinierte Auswirkung von"

Bei *linear-elastischer Berechnung des Tragwerks* dürfen die Bemessungswerte der Beanspruchungen auf der Grundlage von Gleichung (A.4.10) berechnet werden. Das heißt, dass die charakteristischen Werte bzw. Bemessungswerte der unabhängigen Einwirkungen $G_{k,j}$, P_k, $Q_{k,i}$, A_d und A_{Ed} in den Formaten (A.4.19) bis (A.4.23) durch die entsprechenden charakteristischen Werte bzw. Bemessungswerte der unabhängigen Auswirkungen $E_{Gk,j}$, E_{Pk}, $E_{Qk,i}$, E_{Ad} und E_{AEd} wie folgt ersetzt werden:

a) Grundkombination

$$E_d = \sum_{j\geq 1} \gamma_{G,j} E_{Gk,j} + \gamma_p E_{Pk} + \gamma_{Q,1} E_{Qk,1} + \sum_{i>1} \gamma_{Q,i} \psi_{0,i} E_{Qk,i} \quad \text{(A.4.24)}$$

Der charakteristische Wert der vorherrschenden unabhängigen veränderlichen Auswirkung $E_{Qk,1}$ lässt sich wie folgt bestimmen:

$$\gamma_{Q,1} \cdot (1-\psi_{0,1}) \cdot E_{Qk,1} = \text{Max.} \left[\gamma_{Q,i} \cdot (1-\psi_{0,i}) \cdot E_{Qk,i} \right] \quad \text{(A.4.25)}$$

b) Außergewöhnliche Kombination

$$E_{dA} = \sum_{j\geq 1} \gamma_{GA,j} E_{Gk,j} + \gamma_{PA} E_{Pk} + E_{Ad} + \psi_{1,1} E_{Qk,1} + \sum_{i>1} \psi_{2,i} E_{Qk,i} \quad \text{(A.4.26)}$$

Der charakteristische Wert der vorherrschenden unabhängigen veränderlichen Auswirkung $E_{Qk,1}$ lässt sich wie folgt bestimmen:

$$(\psi_{1,1} - \psi_{2,1}) \cdot E_{Qk,1} = \text{Max.} \left[(\psi_{1,i} - \psi_{2,i}) \cdot E_{Qk,i} \right] \quad \text{(A.4.27)}$$

c) Situationen infolge von Erdbeben

$$E_{dE} = \sum_{j\geq 1} E_{Gk,j} + E_{Pk} + \gamma_I E_{AEd} + \sum_{i>1} \psi_{2,i} E_{Qk,i} \quad \text{(A.4.28)}$$

4.5.2 Grenzzustände der Gebrauchstauglichkeit

a) Seltene Situationen

Seltene Situationen entsprechen den extremen Nutzungsbedingungen mit *nicht umkehrbaren* (bleibenden) Auswirkungen auf das Tragwerk.

Die *seltene (charakteristische) Kombination* besteht aus den charakteristischen Werten der unabhängigen ständigen Einwirkungen (und gegebenenfalls der Vorspannung), der vorherrschenden unabhängigen veränderlichen Einwirkung und aus den Kombinationswerten anderer unabhängiger veränderlicher Einwirkungen:

$$\sum_{j\geq 1} G_{k,j} \oplus P_k \oplus Q_{k,1} \oplus \sum_{i>1} \psi_{0,i} Q_{k,i} \quad \text{(A.4.29)}$$

Mit der seltenen Kombination werden z.B. zulässige Spannungen nachgewiesen, um die Schädigungen im Mikrogefüge zu begrenzen.

b) Häufige Situationen

Häufige Situationen entsprechen den häufig auftretenden Nutzungsbedingungen mit *umkehrbaren* (nicht bleibenden) Auswirkungen auf das Tragwerk.

Die *häufige Kombination* besteht aus den charakteristischen Werten der unabhängigen ständigen Einwirkungen (und gegebenenfalls der Vorspannung), dem häufigen Wert der vorherrschenden unabhängigen veränderlichen Einwirkung und den quasi-ständigen Werten anderer unabhängiger veränderlicher Einwirkungen:

$$\sum_{j\geq 1} G_{k,j} \oplus P_k \oplus \psi_{1,1} Q_{k,1} \oplus \sum_{i>1} \psi_{2,i} Q_{k,i} \quad \text{(A.4.30)}$$

Mit der häufigen Kombination werden z.B. die zulässigen Rissbreiten im Stahlbeton nachgewiesen, um den Betonstahl vor Korrosion zu schützen.

c) Quasi-ständige Situationen

Quasi-ständige Situationen entsprechen den permanenten Nutzungsbedingungen mit Langzeitauswirkungen auf das Tragwerk.

Die *quasi-ständige Kombination* besteht aus den charakteristischen Werten der unabhängigen ständigen Einwirkungen (und gegebenenfalls der Vorspannung) und den quasi-ständigen Werten der unabhängigen veränderlichen Einwirkungen:

$$\sum_{j\geq 1} G_{k,j} \oplus P_k \oplus \sum_{i\geq 1} \psi_{2,i} Q_{k,i} \qquad \text{(A.4.31)}$$

Mit der quasi-ständigen Kombination werden z.B. die zulässigen Durchbiegungen des Tragwerks nachgewiesen.

In der Regel werden die Beanspruchungen im Grenzzustand der Gebrauchstauglichkeit linear-elastisch berechnet, wobei die Teilsicherheitsbeiwerte $\gamma_G = 1{,}0$ und $\gamma_Q = 1{,}0$ betragen.

Dann dürfen die Kombinationsregeln auf der Grundlage von Gleichung (A.4.10) angewendet werden. Das heißt, dass die charakteristischen Werte der unabhängigen Einwirkungen $G_{k,j}$, P_k und $Q_{k,i}$, in den Formaten (A.4.29) bis (A.4.31) durch die entsprechenden charakteristischen Werte der unabhängigen Auswirkungen $E_{Gk,j}$, E_{Pk} und $E_{Qk,i}$, wie folgt ersetzt werden:

a) Charakteristische (seltene) Kombination:

$$E_{d,rare} = \sum_{j\geq 1} E_{Gk,j} + E_{Pk} + E_{Qk,1} + \sum_{i>1} \psi_{0,i} E_{Qk,i} \qquad \text{(A.4.32)}$$

mit der vorherrschenden unabhängigen veränderlichen Auswirkung $E_{Qk,1}$ aus

$$(1-\psi_{0,1}) \cdot E_{Qk,1} = \text{Max.} \left[(1-\psi_{0,i}) \cdot E_{Qk,i} \right] \qquad \text{(A.4.33)}$$

b) Häufige Kombination:

$$E_{d,freq} = \sum_{j\geq 1} E_{Gk,j} + E_{Pk} + \psi_{1,1} E_{Qk,1} + \sum_{i>1} \psi_{2,i} E_{Qk,i} \qquad \text{(A.4.34)}$$

mit der vorherrschenden unabhängigen veränderlichen Auswirkung $E_{Qk,1}$ aus

$$(\psi_{1,1} - \psi_{2,1}) \cdot E_{Qk,1} = \text{Max.} \left[(\psi_{1,i} - \psi_{2,i}) \cdot E_{Qk,i} \right] \qquad \text{(A.4.35)}$$

c) Quasi-ständige Kombination:

$$E_{d,perm} = \sum_{j\geq 1} E_{Gk,j} + E_{Pk} + \sum_{i\geq 1} \psi_{2,i} E_{Qk,i} \qquad \text{(A.4.36)}$$

5 Bemessungsregeln für Hochbauten

5.1 Unabhängige Einwirkungen für Hochbauten

Tafel A.5.1 Unabhängige Einwirkungen für Hochbauten

Ständige Einwirkungen		Veränderliche Einwirkungen	
Eigenlasten	G_k	Nutzlasten, Verkehrslasten	$Q_{k,N}$
		Schnee- und Eislasten	$Q_{k,S}$
Vorspannung	P_k	Windlasten	$Q_{k,W}$
Erddruck	$G_{k,E}$	Temperatureinwirkungen	$Q_{k,T}$
Ständiger Flüssigkeitsdruck	$G_{k,H}$ [2]	Veränderlicher Flüssigkeitsdruck	$Q_{k,H}$ [2]
		Baugrundsetzungen	$Q_{k,\Delta}$ [1]
Außergewöhnliche Einwirkungen	(siehe [DIN 1055-9 – 00])		A_d
Einwirkungen infolge von Erdbeben	(siehe [DIN 4149-1 – 00])		A_{Ed}

[1] Alternativ dürfen für Baugrundsetzungen Bemessungswerte $Q_{d,\Delta}$ verwendet werden.

[2] Im Allgemeinen ist Flüssigkeitsdruck als eine veränderliche Einwirkung zu behandeln. Flüssigkeitsdruck, dessen Größe durch geometrische Verhältnisse oder aufgrund hydrologischer Randbedingungen begrenzt ist, darf als eine ständige Einwirkung behandelt werden.

Um die Anzahl der möglichen Einwirkungskombinationen sinnvoll zu begrenzen, dürfen die unabhängigen Einwirkungen nach Tabelle A.5.1 eingeteilt werden [DIN 1055-100 – 00].

Dabei sind folgende Vereinfachungen zulässig:

a) Das Konstruktionseigengewicht und die Eigenlasten nichttragender Teile dürfen als Eigenlasten zu einer gemeinsamen unabhängigen Einwirkung G_k zusammengefasst werden.

b) Nutzlasten und Verkehrslasten verschiedener Kategorien (siehe Abschnitt 5.2) dürfen zu einer gemeinsamen unabhängigen Einwirkung $Q_{k,N}$ zusammengefasst werden.

5.2 Kombinationsbeiwerte ψ

Die Kombinationsbeiwerte ψ für Hochbauten sind Tafel A.5.2 zu entnehmen [DIN 1055-100 – 00]. Sie gelten für die veränderlichen Einwirkungen nach Tafel A.5.1, jedoch nicht für die vereinfachten Kombinationsregeln nach Abschnitt 5.4.

Bei mehreren gleichzeitig auftretenden Nutzlasten oder Verkehrslasten verschiedener Kategorien ist der jeweils größte Kombinationsbeiwert ψ dieser Kategorien zu verwenden.

Tafel A.5.2 Kombinationsbeiwerte ψ

Einwirkung		ψ_0	ψ_1	ψ_2
Nutzlasten				
Kategorie A:	Wohn- und Aufenthaltsräume	0,7	0,5	0,3
Kategorie B:	Büroräume	0,7	0,5	0,3
Kategorie C:	Versammlungsräume	0,7	0,7	0,6
Kategorie D:	Verkaufsräume	0,7	0,7	0,6
Kategorie E:	Lagerräume	1,0	0,9	0,8
Verkehrslasten				
Kategorie F:	Fahrzeuggewicht $\leq$ 30 kN	0,7	0,7	0,6
Kategorie G:	30 kN < Fz.-Gewicht $\leq$ 160 kN	0,7	0,5	0,3
Kategorie H:	Dächer	0	0	0
Schneelasten				
Orte bis zu NN +1000 m		0,5	0,2	0
Orte über NN +1000 m		0,7	0,5	0,2
Windlasten		0,6	0,5	0
Temperatureinwirkungen (nicht Brand)		0,6	0,5	0
Baugrundsetzungen		1,0	1,0	1,0
Sonstige veränderliche Einwirkungen [1)]		0,8	0,7	0,5

[1)] Einwirkungen auf Hochbauten, die in DIN 1055 nicht explizit genannt werden.

Die Nutzlasten bzw. Verkehrslasten in den einzelnen Geschossen mehrgeschossiger Hochbauten sind weder voneinander unabhängig noch streng miteinander korreliert. Daher werden die Auswirkungen aus Nutz- bzw. Verkehrslasten in den lastweiterleitenden Bauteilen (Stützen, Wände, Gründungen) nicht nach den Kombinationsregeln für unabhängige Einwirkungen ermittelt, sondern mit Hilfe spezifischer Abminderungsbeiwerte [E DIN 1055-3 – 00].

Einwirkungen infolge von Erddruck oder ständigem Flüssigkeitsdruck werden wie ständige Einwirkungen behandelt und dürfen daher nicht durch Kombinationsbeiwerte abgemindert werden (siehe auch [E DIN 1054 – 99])!

Kombinationsbeiwerte für veränderlichen Flüssigkeitsdruck sind standortbedingt festzulegen, d.h. im Einvernehmen der am Bau Beteiligten und der zuständigen Bauaufsichtsbehörde.

Kombinationsbeiwerte für Maschinenlasten sind betriebsbedingt festzulegen [E DIN 1055-10 – 99].

Für vorübergehende Einwirkungen während der Bauausführung gelten besondere Kombinationsbeiwerte ψ_0 und ψ_2 [E DIN 1055-8 – 99].

5.3 Teilsicherheitsbeiwerte γ_F

Die Teilsicherheitsbeiwerte für Hochbauten sind in Tafel A.5.3 angegeben [DIN 1055-100 – 00]. Sie gelten für den Grenzzustand der Tragfähigkeit im Falle ständiger, vorübergehender und außergewöhnlicher Bemessungssituationen. Teilsicherheitsbeiwerte für Vorspannung γ_P sind in den bauartspezifischen Bemessungsnormen angegeben.

Drei Grenzzustände werden unterschieden:

a) Verlust der Lagesicherheit eines Tragwerks, z.B. durch Abheben, Umkippen oder Aufschwimmen (Nachweis nach Gleichung (A.4.15), siehe Abschnitt 4.4),

b) Versagen des Tragwerks, eines seiner Teile oder der Gründung, z.B. durch Bruch, durch übermäßige Verformung, durch Übergang in eine kinematische Kette, durch Verlust der Stabilität oder durch Gleiten (Nachweis nach Gleichung (A.4.16), siehe Abschnitt 4.4),

c) Versagen des Baugrunds, z.B. durch Böschungs- oder Geländebruch (Nachweis nach [E DIN 1054-100 – 99]).

Durch diese Unterscheidung ergeben sich eindeutige und kompatible Schnittstellen zwischen dem konstruktiven Ingenieurbau und der Geotechnik. Der Grenzzustand Typ (b) ist in allen Fällen maßgebend, in denen Tragwerk und Baugrund interagieren.

Die Konsistenz wird dadurch sichergestellt, dass in den Übergangsfugen zwischen Tragwerk und Baugrund die charakteristischen Werte der unabhängigen Auswirkungen „übergeben“ werden [E DIN 1054-100 – 99].

In der Geotechnik können daher einerseits die Einwirkungskombinationen nach [DIN 1055-100 – 00] angewendet werden, andererseits aber auch geotechnisch spezifische Einwirkungskombinationen nach [E DIN 1054-100 – 99].

Die Kompatibilität zwischen den Bemessungssituationen nach [DIN 1055-100 – 00] und den traditionellen Lastfällen 1 bis 3 der Geotechnik wird in Tafel A.5.3 dargestellt.

Die in Tafel A.5.3 angegebenen Teilsicherheitsbeiwerte für Hochbauten sind auch auf normale Ingenieurbauten übertragbar.

Beim *Nachweis der Lagesicherheit* werden die charakteristischen Werte aller ungünstig wirkenden Anteile der ständigen Einwirkungen mit dem Faktor $\gamma_{G,sup}$ und die charakteristischen Werte aller günstig wirkenden Anteile mit dem Faktor $\gamma_{G,inf}$ multipliziert.

Anmerkung:
Gemeint ist dabei der ungünstige oder günstige Anteil des betrachteten Lastmodells. Nicht gemeint sind die Komponenten eines Lastvektors.

Beim *Nachweis des Grenzzustandes für das Versagen des Tragwerks* werden alle charakteristischen Werte einer unabhängigen ständigen Einwirkung mit dem Faktor $\gamma_{G,sup}$ multipliziert, wenn der Einfluss auf die betrachtete Beanspruchung ungünstig ist, aber mit dem Faktor $\gamma_{G,inf}$, wenn der Einfluss günstig ist.

Folgende Situationen werden in ihren Einzelheiten in den bauartspezifischen Bemessungsnormen geregelt:

a) Einwirkungen infolge von Zwang werden grundsätzlich als veränderliche Einwirkungen eingestuft. Bei verminderter Steifigkeit, z.B. infolge Rissbildung oder Relaxation, darf der Teilsicherheitsbeiwert $\gamma_{Q,i}$ für die Zwangeinwirkung abgemindert werden (siehe z.B. [E DIN 1045-1 – 00]).

b) Für die getrennte Betrachtung vorübergehender Bemessungssituationen sind gegebenenfalls angepasste Teilsicherheitsbeiwerte festzulegen, wie z.B. für Lastfall 2 in [E DIN 1054-100 – 99].

c) Bei einem Versagen des Tragwerks infolge von Materialermüdung werden die Teilsicherheitsbeiwerte auf der Seite der Einwirkungen in der Regel gleich 1,0 gesetzt (γ_G, γ_Q = 1,0). Modelle und Kombinationen für Einwirkungen im Grenzzustand der Ermüdung werden in den bauartspezifischen Bemessungsnormen angegeben.

d) Wenn im Grenzzustand der Tragfähigkeit die Gefahr einer kollabilen Situation vor Erreichen des Materialversagens droht (z.B. durch elastisches Knicken von nicht vorverformten Stäben), sind besondere oder zusätzliche Sicherheitselemente in die Grenzzustandsgleichung einzuführen.

Tafel A.5.3 Teilsicherheitsbeiwerte γ_F

Nachweiskriterium	Einwirkung	Symbol	Situationen	
			P/T	A
Verlust der Lagesicherheit des Tragwerks siehe Gleichung (A.4.15)	ständige Einwirkungen: Eigenlast des Tragwerks und von nichttragenden Bauteilen, ständige Einwirkungen, die vom Baugrund herrühren, Grundwasser und frei anstehendes Wasser			
	ungünstig	$\gamma_{G,sup}$	1,10	1,00
	günstig	$\gamma_{G,inf}$	0,90	0,95
	bei kleinen Schwankungen der ständigen Einwirkungen, wie z.B. beim Nachweis der Auftriebssicherheit			
	ungünstig	$\gamma_{G,sup}$	1,05	1,00
	günstig	$\gamma_{G,inf}$	0,95	0,95
	ungünstige veränderliche Einwirkungen	γ_Q	1,50	1,00
	außergewöhnliche Einwirkungen	γ_A	-	1,00
Versagen des Tragwerks, eines seiner Teile oder der Gründung, durch Bruch oder übermäßige Verformung siehe Gleichung (A.4.16)	unabhängige ständige Einwirkungen (siehe oben)			
	ungünstig	$\gamma_{G,sup}$	1,35	1,00
	günstig	$\gamma_{G,inf}$	1,00	1,00
	unabhängige veränderliche Einwirkungen			
	ungünstig	γ_Q	1,50	1,00
	außergewöhnliche Einwirkungen	γ_A	-	1,00
Versagen des Baugrundes durch Böschungs- oder Geländebruch	unabhängige ständige Einwirkungen (siehe oben)	γ_G	1,00	1,00
	unabhängige veränderliche Einwirkungen			
	ungünstig	γ_Q	1,30	1,00
	außergewöhnliche Einwirkungen	γ_A	-	1,00

P	**T**	**A**
Ständige Situation	Vorübergehende Situation	Außergewöhnliche Situation
Lastfall **1** nach DIN 1054-100	Lastfall **2** nach DIN 1054-100	Lastfall **3** nach DIN 1054-100

5.4 Vereinfachte Kombinationsregeln für Hochbauten

Die Übersichtlichkeit der Nachweisführung wird durch die Vereinheitlichung der Kombinationsbeiwerte ψ_0 und ψ_1 in den nachfolgend angegebenen vereinfachten Kombinationsregeln erhöht. Außerdem wird der Vergleich des Verfahrens der Teilsicherheitsbeiwerte mit dem traditionellen Sicherheitskonzepts, das durch globale Sicherheitsbeiwerte gekennzeichnet ist, erleichtert [Bossenmayer – 00].

Die vereinfachten Kombinationsregeln dürfen bei linear-elastischer Berechnung der Schnittgrößen bzw. Beanspruchungen angewendet werden, aber auch in anderen Fällen, in denen das Superpositionsgesetz anwendbar ist, z.B. beim Modellstützenverfahren im Stahlbetonbau [Grünberg, Klaus – 99].

Die charakteristischen Werte der unabhängigen Beanspruchungen E_{Gk}, E_{Pk}, $Q_{Qk,i}$, E_{Ad} und E_{AEd} dürfen getrennt nach den in Tafel A.5.1 angegebenen unabhängigen Einwirkungen G_k, P_k, $Q_{k,i}$, A_d und A_{Ed} linear berechnet werden.

Bei der Tragwerksberechnung genügt es in der Regel, die Querschnitte an den Knotenpunkten und Stützungspunkten des mechanischen Modells für das Tragwerk sowie die extrem beanspruchten Querschnitte zwischen den Knotenpunkten zu untersuchen. Die Grenzlinien für die Beanspruchungen des Tragwerks dürfen auf der Grundlage der für diese Querschnitte maßgebenden Auswirkungskombinationen berechnet werden [DIN 1055-100 – 00].

Die unabhängigen veränderlichen Auswirkungen dürfen durch Kombination ihrer ungünstigen charakteristischen Werte $E_{Qk,i}$ als repräsentative Größen $E_{Q,unf}$ (unf = unfavourable, ungünstig) zusammengefasst werden:

$$E_{Q,unf} = E_{Qk,1} + \psi_{0,Q} \cdot \sum_{i>1(unf)} E_{Qk,i} \qquad (A.5.1)$$

mit der vorherrschenden unabhängigen veränderlichen Auswirkung

$$E_{Qk,1} = \text{Max.}\left(E_{Qk,i}\right) \text{ oder Min. } \left(E_{Qk,i}\right)$$

$\psi_{0,Q}$ ist der *bauwerksbezogene größte Kombinationsbeiwert* ψ_0 nach Tafel A.5.2.

Die im *Grenzzustand der Gebrauchstauglichkeit* maßgebenden Beanspruchungen ergeben sich unter Berücksichtigung von Gleichung (A.5.1) aus den folgenden linearen Kombinationen:

a) Seltene (charakteristische Kombination):

$$E_{d,rare} = E_{Gk} + E_{Pk} + E_{Q,unf} \qquad (A.5.2)$$

b) Häufige Kombination:

$$E_{d,frequ} = E_{Gk} + E_{Pk} + \psi_{1,Q} \cdot E_{Q,unf} \qquad (A.5.3)$$

$\psi_{1,Q}$ ist der *bauwerksbezogene größte Kombinationsbeiwert* ψ_1.

c) Quasi-ständige Kombination:

$$E_{d,perm} = E_{Gk} + E_{Pk} + \sum_{i\geq 1} \psi_{2,i} \cdot E_{Qk,i} \qquad (A.5.4)$$

Für die wirksamen Nutzlasten bzw. Verkehrslasten $Q_{k,N}$ darf der Größtwert von ψ_2 nach Tafel A.5.2 eingesetzt werden.

Im *Grenzzustand der Tragfähigkeit* ist zu unterscheiden zwischen

– dem Versagen des Tragwerks und

– dem Verlust der Lagesicherheit.

Die maßgebenden Beanspruchungen für das *Versagen des Tragwerks* durch Bruch oder übermäßige Verformung, d.h. für die Anwendung von Gleichung (A.4.16), ergeben sich aus den folgenden linearen Kombinationen:

a) Grundkombination:

$$E_d = \gamma_G \cdot E_{G,unf} + E_{Pk} + 1{,}50 \cdot E_{Q,unf} \qquad (A.5.5)$$

mit $\gamma_{G,sup} = 1{,}35$ bei ungünstiger bzw. $\gamma_{G,inf} = 1{,}0$ bei günstiger unabhängiger ständiger Auswirkung.

b) Außergewöhnliche Kombination:

$$E_{dA} = E_{Ad} + E_{d,frequ} \qquad (A.5.6)$$

c) Erdbebenkombination:

$$E_{dE} = E_{AEd} + E_{d,perm} \qquad (A.5.7)$$

Für die Weiterleitung der vertikalen Lasten im Tragwerk darf für den häufig gegebenen Fall, dass die ständigen Einwirkungen insgesamt ungünstig sind, die Grundkombination an jedem Querschnitt im Tragwerk wie folgt vereinfacht werden:

$$\max E_d = 1{,}35 \cdot E_{Gk} + 1{,}50 \cdot E_{Q,unf} \quad (A.5.8)$$

$$\min E_d = 1{,}00 \cdot E_{Gk} \quad (A.5.9)$$

Im *Grenzzustand der Lagesicherheit* sind die ungünstigen ($G_{k,dst,j}$) und günstigen ($G_{k,stb,j}$) Anteile aller ständigen Einwirkungen getrennt zusammenzufassen. Daraus ergeben sich folgende repräsentative Größen:

$$E_{Gk,dst} = \sum_j E_{Gk,dst,j} \quad (A.5.10)$$

$$E_{Gk,stb} = \sum_j E_{Gk,stb,j} \quad (A.5.11)$$

Für die Anwendung von Gleichung (A.4.15) ergeben sich mit dem Gleichungen (A.5.10) und (A.5.11) folgende Kombinationen:

a) Grundkombination:

Allgemein gilt

$$E_{d,dst} = 1{,}10 \cdot E_{Gk,dst} + 1{,}10 \cdot E_{Pk,dst} + 1{,}50 \cdot E_{Q,unf} \leq 0{,}90 \cdot E_{Gk,stb} + 0{,}90 \cdot E_{Pk,stb} = E_{d,stb} \quad (A.5.12)$$

Für den Nachweis der Auftriebssicherheit gilt

$$E_{d,dst} = 1{,}05 \cdot E_{Gk,dst} + 1{,}05 \cdot E_{Pk,dst} + 1{,}50 \cdot E_{Q,unf} \leq 0{,}95 \cdot E_{Gk,stb} + 0{,}95 \cdot E_{Pk,stb} = E_{d,stb} \quad (A.5.13)$$

b) Außergewöhnliche Kombination:

$$E_{dA,dst} = E_{Gk,dst} + E_{Pk,dst} + E_{Ad} + \psi_{1,Q} \cdot E_{Q,unf} \leq 0{,}95 \cdot E_{Gk,stb} + E_{Pk,stb} = E_{dA,stb} \quad (A.5.14)$$

c) Erdbebenkombination:

$$E_{dE,dst} = E_{Gk,dst} + E_{Pk,dst} + E_{AEd} + \sum \psi_{2,i} \cdot E_{Qk,i} \leq E_{Gk,stb} + E_{Pk,stb} = E_{dE,stb} \quad (A.5.15)$$

Sind neben den Eigenlasten noch Erddruck oder ständiger Flüssigkeitsdruck wirksam (siehe Tafel A.5.1), dürfen die ungünstigen und günstigen unabhängigen ständigen Auswirkungen wie folgt zusammengefasst werden:

Ungünstige ständige Beanspruchung:

$$E_{G,unf} = \sum_{j\geq 1(sup)} E_{Gk,j} \quad (A.5.16)$$

Günstige ständige Beanspruchung:

$$E_{G,fav} = \sum_{j\geq 1(inf)} E_{Gk,j} \quad (A.5.17)$$

Die maßgebenden Beanspruchungen ergeben sich nunmehr unter Berücksichtigung der Gleichung (A.5.1), (A.5.16) und (A.5.17) aus den folgenden linearen Kombinationen.

Grenzzustand der Gebrauchstauglichkeit

a) Seltene (charakteristische Kombination):

$$E_{d,rare} = E_{G,unf} + E_{G,fav} + E_{Pk} + E_{Q,unf} \quad (A.5.18)$$

b) Häufige Kombination:

$$E_{d,frequ} = E_{G,unf} + E_{G,fav} + E_{Pk} + \psi_{1,Q} \cdot E_{Q,unf} \quad (A.5.19)$$

c) Quasi-ständige Kombination:

$$E_{d,perm} = E_{G,unf} + E_{G,fav} + E_{Pk} + \sum_{i\geq 1} \psi_{2,i} \cdot E_{Qk,i} \quad (A.5.20)$$

Grenzzustand der Tragfähigkeit (Tragwerksversagen)

a) Ständige und vorübergehende Situationen (Grundkombination):

$$E_d = 1{,}35 \cdot E_{G,unf} + 1{,}0 \cdot E_{G,fav} + E_{Pk} + 1{,}50 \cdot E_{Q,unf} \quad (A.5.21)$$

b) Außergewöhnliche Kombination:

$$E_{dA} = E_{Ad} + E_{d,frequ} \quad (A.5.22)$$

c) Erdbebenkombination:

$$E_{dE} = E_{AEd} + E_{d,perm} \quad (A.5.23)$$

Für den *Grenzzustand der Lagesicherheit* bleiben die Gleichungen (A.5.12) bis (A.5.15) gültig, da die ungünstigen bzw. günstigen Anteile der ständigen Einwirkungen getrennt zusammengefasst werden.

6 Einwirkungen auf Tragwerke

Eine Aussage über die Sicherheit eines Tragwerks in den Grenzzuständen der Tragfähigkeit bzw. über seine Eigenschaften im Gebrauchszustand im Sinne von [89/106/EWG – 88] ist nur möglich, wenn Einwirkungsnormen zur Verfügung stehen, in denen die charakteristischen Werte und gegebenenfalls ergänzende Kombinationsbeiwerte für die in [DIN 1055-100 – 00] beschriebenen Nachweisformate festgelegt sind.

Die Entwürfe für die einzelnen Teile der neuen DIN 1055 sind auf der Grundlage der entsprechenden Teile der europäischen Vornormenreihe ENV 1991 mit zusätzlichen Regelungen, die den deutschen Vorstellungen und Bedürfnissen entsprechen, entstanden [Grünberg – 97]. Von den Unterausschüssen und Bearbeitungsgruppen wurden dazu umfangreiche Untersuchungen über den Hintergrund der vorliegenden Regelungen (z.B. Eigenlasten für Lager- und Baustoffe etc.) durchgeführt.

Über das neue Sicherheitskonzept beeinflussen die Einwirkungen die Bemessung der Tragwerke und ihrer Teile. Anders als bei den Bemessungsnormen, bei denen in der Übergangszeit ein Nebeneinander von alter und neuer Norm möglich ist, wird es keine unterschiedlichen Werte für z.B. Eigenlasten, Schnee und Wind geben wegen der daraus folgenden unterschiedlichen Tragwerkssicherheiten und Vertragsgrundlagen, z.B. für die Bauwerksnutzung.

Das hat zur Folge, dass zu einem noch festzulegenden Zeitpunkt die alte DIN 1055 insgesamt außer Kraft gesetzt und durch die neue DIN 1055 ersetzt wird [Timm – 00].

In Tafel A.1.1 fehlen die Einwirkungen im Brandfall, die auf der Grundlage von [ENV 1991-2-2 – 95] zur Zeit noch als selbständiger Teil ohne Eingliederung in DIN 1055 (neu) erfasst werden.

Besonderheiten sind bei den Einwirkungen auf Brücken zu beachten.

Eurocode 1 Teil 3 [ENV 1991-3 – 95] soll [DIN 1072 – 85] sowie [DS 804 – 97] ersetzen und zusammen mit denjenigen Abschnitten aus den einzelnen Teilen von DIN V ENV 1991-2, die Angaben über Brücken enthalten, und den europäischen Bemessungsnormen DIN V ENV 1992, 1993 und 1994 als geschlossenes Paket vom Bundesverkehrsminister in seinem Amtsbereich eingeführt werden [Standfuß, Großmann – 00].

Das bedeutet, dass sowohl die Eigenlasten als auch Verkehrslasten auf Straßen-, Wege- und Eisenbahnbrücken aus DIN 1055 ausgeklammert werden. In den Teilen von DIN 1055 (neu) für Windlasten, Temperatureinwirkungen und außergewöhnliche Einwirkungen sind jedoch im Hinblick auf eine mögliche spätere Erweiterung des Geltungsbereichs Regelungen für Brücken enthalten.

6.1 Entwurf DIN 1055-1 Wichte und Flächenlasten von Baustoffen, Bauteilen und Lagerstoffen

In Eurocode 1 Teil 2-1 [ENV 1991-2-1 – 95] sind die Wichten, Eigenlasten und Nutzlasten in einer Norm zusammengefasst. In DIN 1055 (neu) sind daraus zwei Teile entstanden, nämlich in DIN 1055-1 und DIN 1055-3.

Die Änderungen von [E DIN 1055-1 – 00] gegenüber der Altfassung von DIN 1055 Teil 1 aus 1978 bestehen im Wesentlichen in

- einer neuen Gliederung der Baustoffe, Bauteile und Lagerstoffe,
- der Bezeichnung jeder aufgeführten Stoff- und Bauteilart mit einer Ziffer, wodurch das Zitieren erleichtert wird,
- dem Entfall von Stoffen und Bauteilen, die nicht mehr verwendet werden,
- einer Anpassung an neue bzw. an die europäischen Bezeichnungen,
- der Übernahme bestimmter Prinzipien aus der europäischen Normung,
- dem Ersatz der Reibungswinkel durch Böschungswinkel.

Die Angaben in [ENV 1991-2-1 – 95] für die Eigengewichte von Straßen- und Eisenbahnbrücken entfallen (siehe oben).

Abschnitt 1 Anwendungsbereich

In [E DIN 1055-1 – 00] werden charakteristische Werte der Wichten und der Flächenlasten von Baustoffen und Bauteilen zur Ermittlung von Einwirkungen auf das Tragwerk festgelegt. Ferner werden charakteristische Werte der Wichten von gewerblichen, industriellen und landwirtschaftlichen Lagerstoffen sowie Böschungswinkel (Schüttwinkel) von Schüttgütern angegeben.

Abschnitt 5 Wichte und der Flächenlasten von Baustoffen und Bauteilen

Eigengewichte von Baustoffen und Bauteilen sind im allgemeinen ortsfeste Einwirkungen, allerdings mit Streuungen beim Raumgewicht und bei den Querschnittsabmessungen.

Die Tabellen dieses Abschnitts enthalten charakteristische Werte der Wichte und der Flächenlasten für Beton, Mauerwerk aus künstlichen Steinen, Bauteile aus Porenbeton, Wandbauplatten, Natursteinen und Mauerwerk aus Natursteinen, Putzen, Baustoffen als Lagerstoffen, Metallen, Holz und Holzwerkstoffen, Fußboden- und Wandbelägen, Sperr-, Dämm- und Füllstoffen sowie Dachdeckungen.

Abschnitt 6 Weitere Lagerstoffe

Die Tabellen dieses Abschnitts enthalten charakteristische Werte der Wichte und der Böschungswinkel für gewerbliche und industrielle Lagerstoffe, Flüssigkeiten, Brennstoffe, landwirtschaftliche Schütt- und Stapelgüter, Düngemittel und Nahrungsmittel.

6.2 Entwurf DIN 1055-3 Eigen- und Nutzlasten für Hochbauten

Die Änderungen von [E DIN 1055-3 – 00] gegenüber der Altfassung von DIN 1055 Teil 3 aus 1978 bestehen im Wesentlichen in

- der Anpassung der charakteristischen Lastwerte an den Stand der Technik und an europäische Regelungen,
- den Abminderungen der Einwirkungen bei der Weiterleitung ihrer Auswirkungen in sekundären Traggliedern,
- der Änderung der Lasten in Parkhäusern und für Gabelstapler,
- einer Anpassung an neue bzw. an die europäischen Bezeichnungen,
- der Übernahme bestimmter Prinzipien aus der europäischen Normung.
- Außergewöhnliche Einwirkungen, wie Anprall gegen Stützen sind an anderer Stelle geregelt, nämlich in [E DIN 1055-9 – 00].

Abschnitt 4 Abgrenzung von Eigen- und Nutzlast

Für Eigenlasten gilt [E DIN 1055-1 – 00].

Der Einfluss leichter unbelasteter Trennwände bis zu einer Höchstlast von 5 kN/m auf Decken mit ausreichender Querverteilung darf durch einen gleichmäßig verteilten Zuschlag zur Nutzlast berücksichtigt werden.

Abschnitt 6 Lotrechte Nutzlasten

Behandelt werden gleichmäßig verteilte Nutzlasten und Einzellasten für Decken, Balkone und Treppen, Dächer und Parkhäuser sowie bei nicht vorwiegend ruhenden Einwirkungen.

Für die Bemessung von Bauteilen müssen die Nutzlasten als *freie Einwirkungen* im ungünstigsten Bereich der zugehörigen Einflussfläche für die betrachtete Auswirkung (Schnittgröße, Auflagerreaktion) angesetzt werden. Freie Einwirkungen haben nach [DIN 1055-100 – 00] innerhalb bestimmter Grenzen eine beliebige räumliche Verteilung über das Tragwerk. Daraus ergibt sich z.B. die für Hochbauten allgemein übliche Vollbelastung einzelner Deckenfelder in ungünstigster Anordnung (feldweise veränderliche Belastung).

Um eine örtliche Mindesttragfähigkeit nachzuweisen, d.h., eine ausreichende Steifigkeit und Duktilität der Tragwerke an jedem Ort sicherzustellen, sind neben den Flächenlasten q_k auch Einzellasten Q_k festgelegt worden, die ohne Überlagerung mit q_k und anderen veränderlichen Einwirkungen anzusetzen sind.

Beim Vergleich der Deckenlasten in Tafel A.6.2.1 mit der Altfassung von DIN 1055 Teil 3 lässt sich keine einheitliche Tendenz feststellen. In einigen Bereichungen sind die Festlegungen in [E DIN 1055-3 – 00] deutlich höher, mit den entsprechenden wirtschaftlichen Konsequenzen (z.B. für den Fertigteilbau).

Andererseits dürfen die charakteristischen Werte q_k (Tafel A.6.2.1) der lotrechten Nutzlasten für die *Lastweiterleitung auf sekundäre Tragglieder* (Unterzüge, Stützen, Wände, Gründungen usw.) mit dem Beiwert α_A wie folgt abgemindert werden:

$$\alpha_A = \min \alpha_A + \frac{10{,}0\ m^2}{A\ m^2} \leq 1{,}0 \qquad \text{(A.6.2.1)}$$

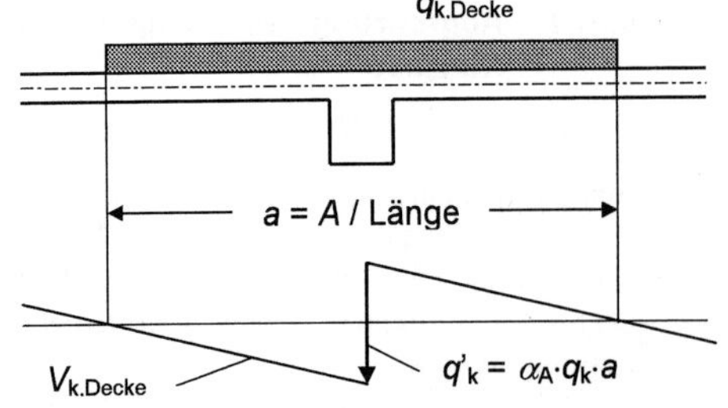

Abb. A.6.2.1 Lastweiterleitung von einer Decke auf einen Unterzug

Der Mindestwert für α_A beträgt 0,5 für die Kategorien A, B und F, jedoch 0,7 für die Kategorien C bis E1 nach Tafel A .6.2.1.

A ist die *Einzugsfläche* bzw. *a* ist die *Einzugsbreite* des sekundären Traggliedes, entspricht also den benachbarten Bereichen des primären Traggliedes (z.B. Decke oder Balken) bis zu den Querkraftnullpunkten, siehe Abb. A.6.2.1.

Wenn für die Bemessung der vertikalen Tragglieder Nutzlasten aus mehr als zwei Geschossen maßgebend sind, dürfen die Nutzlasten der Kategorien A bis D und F nach Tafel A.6.2.1 mit einem Faktor α_n wie folgt abgemindert werden.

$$\alpha_n = 0{,}7 + \frac{0{,}6}{n} \qquad \text{(A.6.2.2)}$$

Tafel A.6.2.1 Lotrechte Nutzlasten für Decken, Treppen und Balkone

Kategorie		Belastete Flächen	Art der Nutzung	q_k in kN/m²	Q_k in kN
A	A1	Spitzböden	Lichte Höhe ≤ 1,80 m	1,0	1,0
	A2	Wohnflächen	Decken *mit* ausreichender Querverteilung	1,5	-
	A3		Decken *ohne* ausreichende Querverteilung	2,0	1,0
B		Büroflächen		2,0	2,0
C	C1	Versammlungsflächen	Flächen mit Tischen	3,0	4,0
	C2		Flächen mit fester Bestuhlung	4,0	4,0
	C3		Frei begehbare Flächen	5,0	4,0
	C4		Sport- und Spielflächen	5,0	7,0
	C5		Flächen für große Menschenansammlungen	5,0	4,0
D	D1	Ladenflächen	Verkaufsräume bis 50 m² in Wohngebäuden	2,0	2,0
	D2		Einzelhandelsgeschäfte und Warenhäuser	5,0	4,0
	D3		wie vor, mit hohen Lagerregalen u. dgl.	5,0	7,0
E	E1	Fabriken und Werkstätten, Ställe, Lagerflächen	Fabriken [1)] und Werkstätten [1)] mit leichtem Betrieb, Großviehställe	5,0	4,0
	E2		Lagerflächen, einschließlich Bibliotheken	6,0 [2)]	7,0
	E3		Fabriken [1)] und Werkstätten [1)] mit mittlerem oder schwerem Betrieb	7,5 [2)]	10,0
F		Balkone	Dachterrassen, Laubengänge, Loggien usw.	4,0	2,0
G	G1	Treppen	in Gebäuden der Kategorien A und B	3,0	2,0
	G2		in Gebäuden der Kategorien C bis E	5,0	2,0 [1)]

1) Nutzlasten in Fabriken und Werkstätten gelten als vorwiegend ruhend. Im Einzelfall sind sich häufig wiederholende Lasten als nicht vorwiegend ruhend einzustufen.

2) Bei diesen Werten handelt es sich um Mindestwerte, die in besonderen Fällen zu erhöhen sind.

n ist die Anzahl der Geschosse oberhalb des belasteten Bauteils. Für ein Bauteil darf entweder nur der Faktor α_A oder nur der Faktor α_n angesetzt werden. Ferner dürfen die Nutzlasten dann nicht mit α_n abgemindert werden, wenn sie bei Kombination mit anderen unabhängigen Einwirkungen mit dem Kombinationsbeiwert ψ_0 nach [DIN 1055-100 – 00] abgemindert werden.

Die charakteristischen Werte für lotrechte Nutzlasten auf Decken, Treppen und Balkonen zeigt Tafel A.6.2.1.

Durch die Einführung sogenannter Kategorien von Einwirkungen (Tafel A.6.2.1, Spalte 1) wird die Wahrscheinlichkeit einer (zumindest zeitweiligen) Überlastung des betreffenden Bauteils charakterisiert.

Diese ist bei Kategorie A am geringsten und nimmt zur Kategorie E hin zu. Entsprechend werden die Zahlenwerte der charakteristischen Werte q_k und Q_k, aber auch der Kombinationsbeiwerte ψ_i größer [Litzner – 93].

Die Kombinationsbeiwerte ψ_i für die Nutzlasten der Kategorien A bis E sind [DIN 1055-100 – 00] zu entnehmen, siehe Tafel A.5.2. Die Balkone und Treppen sind den Kategorien der zugehörigen Gebäude zuzuordnen.

Die charakteristischen Werte für lotrechte Nutzlasten auf Dächern zeigt Tafel A.6.2.2. Eine Überlagerung dieser Einwirkungen mit den Schneelasten nach [E DIN 1055-5 – 99] ist nicht erforderlich.

Die Kombinationsbeiwerte ψ_i für die Nutzlasten der Kategorie H sind [DIN 1055-100 – 00] zu entnehmen, siehe Tafel A.5.2.

Tafel A.6.2.2 Lotrechte Nutzlasten für Dächer

Kategorie	Nutzung	Dachneigung	q_k in kN/m² [1)]	Q_k in kN
H	Nicht begehbare Dächer, außer für übliche Erhaltungsmaßnahmen, Reparaturen	≤ 20°	0,75	1,0
		≥ 40°	0	1,0

[1)] Zwischenwerte sind linear zu interpolieren.

Die charakteristischen Werte für lotrechte Nutzlasten auf Parkhäusern und Flächen mit Fahrzeugverkehr zeigt Tafel A.6.2.3.

Die direkte Flächenbelastung darf für die Weiterleitung auf Unterzüge, Stützen, Fundamente usw. reduziert werden.

Für die Nutzlasten nach Tafel A.6.2.3 gelten die Kombinationsbeiwerte ψ_i der Kategorie F nach [DIN 1055-100 – 00], siehe Tafel A.5.2.

Tafel A.6.2.3 Lotrechte Nutzlasten für Parkhäuser und Flächen mit Fahrzeugverkehr

Kategorie		Nutzung	Einzelne Flächen	q_k in kN/m²	
				direkte Belastung	Weiterleitung
J	J1	Verkehrs- und Parkflächen für leichte Fahrzeuge (Gesamtlast ≤ 25 kN)	Garagen, Parkhäuser, Parkflächen einschließlich Fahrgassen	3,5	2,0
	J2		Zufahrtsrampen	5,0	3,5

Die Einzellasten Q_k *nicht vorwiegend ruhender Einwirkungen* sind mit einem Schwingbeiwert φ zu vervielfachen. Dieser beträgt in der Regel

$$\varphi = 1{,}4. \tag{A.6.2.3}$$

Für mit der Höhe $h_Ü$ überschüttete Bauwerke ist

$$\varphi = 1{,}4 - 0{,}1 \cdot h_Ü \geq 1{,}0 \tag{A.6.2.4}$$

Decken in Werkstätten, Fabriken, Lagerräumen, unter Höfen und dgl. sind gegebenenfalls für einen *Gegengewichtsstapler* in ungünstigster Stellung mit den in Betracht kommenden Einzellasten $\varphi \cdot Q_k$ und ringsherum für eine gleichmäßig verteilte Nutzlast q_k zu bemessen.

Für diese Nutzlasten gelten je nach der zulässigen Gesamtlast des Staplers die Kombinationsbeiwerte ψ_i der Kategorie F oder G nach [DIN 1055-100 – 00], siehe Tafel A.5.2.

Hofkellerdecken und andere planmäßig von Fahrzeugen befahrenen Decken sind für die Lasten nach den entsprechenden Brückenklassen zu bemessen.

Decken für Hubschrauberlandeplätze sind mit den entsprechenden Regellasten $\varphi \cdot Q_k$ und alternativ für eine gleichmäßig verteilte Nutzlast von q_k = 5,0 kN/m^2 zu bemessen; der ungünstigere Wert ist maßgebend.

Abschnitt 7 Horizontale Nutzlasten

Die charakteristischen Werte für horizontale Nutzlasten infolge von Personen zeigt Tafel A.6.2.4.

Tafel A.6.2.4 Horizontale Nutzlasten q_k infolge von Personen auf Brüstungen, Geländer und andere Absperrkonstruktionen

Belastete Fläche nach Kategorie	q_k in kN/m^2
A, B, J	0,50
C1 bis C4, D, E, K[1)], L[2)]	1,00
C5	2,00

1) Flächen mit Betrieb von Gegengewichtsstaplern; Anprall wird durch konstruktive Maßnahmen ausgeschlossen.

2) Hubschrauberlandeplätze.

Diese horizontalen Nutzlasten sind nicht mit Windlasten zu kombinieren. Die Festlegung von Kombinationsbeiwerten ψ_i ist daher entbehrlich.

6.3 Entwurf DIN 1055-4 Windlasten

[E DIN 1055-4 – 99] umfasst einen Hauptteil mit den Abschnitten 1 bis 10, in dem alle für die tägliche Arbeit notwendigen Festlegungen enthalten sind, und die Anhänge A, B, C, D, E und F mit den besonderen Regelungen.

Gegenüber der Altfassung von DIN 1055 Teil 4 wurde der Anwendungsbereich auf Bauwerke bis 200 m Höhe erweitert.

Außer Hochbauten wurden auch die meisten Ingenieurbauwerke erfasst. Die Regelungen für Schornsteine ersetzen daher insoweit die Angaben in [DIN 1056 – 84] und [DIN 4133 – 91].

Anmerkung:
In diesen beiden nationalen Normen wird bei den Nachweisformaten bereits die semiprobabilistische Methode mit Teilsicherheitsbeiwerten verwendet.

Nicht erfasst sind Fachwerkmaste und abgespannte Maste und Offshore-Bauwerke.

Windlasten werden als veränderliche Lasten eingestuft. Die Lastansätze nach [E DIN 1055-4 – 99] entsprechen [ENV 1991-2-4 – 95] mit denselben physikalischen Grundlagen wie bisher.

Bei ausreichend steifen, nicht schwingungsanfälligen Tragwerken oder Bauteilen ist es ausreichend, die Windwirkung durch den Ansatz einer statischen Ersatzlast zu erfassen, die auf der Grundlage der Böenwindgeschwindigkeit festgelegt ist.

Bei schwingungsanfälligen Bauwerken werden die dynamischen Windwirkungen dadurch erfasst, dass die zeitlich gemittelten Windlasten mit einem Böenreaktionsfaktor vergrößert werden. Bei schlanken Baukörpern sind gegebenenfalls wirbelerregte Querschwingungen und aeroelastische Instabilitäten zu untersuchen.

Abschnitt 5 Windgeschwindigkeit und Geschwindigkeitsdruck

Ausgangspunkt für die Ermittlung von Windlasten ist die Bezugswindgeschwindigkeit v_{ref}, die von den meteorologischen Verhältnissen abhängig ist. Daraus folgt der zugehörige Geschwindigkeitsdruck (Luftdichte ρ = 1,25 kg/m^3):

$$q_{ref} = \frac{\rho}{2} v_{ref}^2 \qquad \text{(A.6.3.1)}$$

Der Anhang A enthält die Windlastzonenkarte mit den für Deutschland gültigen Grundwerten der Bezugswindgeschwindigkeit $v_{ref,0}$ mit den zugehörigen Geschwindigkeitsdrücken $q_{ref,0}$, siehe Tafel A.6.3.1.

Tafel A.6.3.1 Windgeschwindigkeiten und zugehörige Geschwindigkeitsdrücke

Windlastzone	$v_{ref,0}$ in m/s	$q_{ref,0}$ in kPa
1	23,7	0,35
2	26,8	0,45
3	31,0	0,60
4	34,6	0,75

Abschnitt 8
Geschwindigkeitsdruck für nicht-schwingungsanfällige Bauwerke und Bauteile

Bei bis zu 10 m hohen Bauwerken darf der Geschwindigkeitsdruck wie folgt angesetzt werden:

$$q = 2 \cdot q_{ref,0} \quad \text{(A.6.3.2)}$$

siehe Tafel A.6.3.2 [E DIN 1055-4 – 99].

Tafel A.6.3.2 Geschwindigkeitsdrücke für niedrige Bauwerke

Windlastzone	Geschwindigkeitsdruck q in kPa
1	0,70
2	0,90
3	1,20
4	1,50

Anmerkung: Die Zahlenwerte in Tafel A.6.3.1 wurden aus Tafel A.6.3.2 durch Rückrechnung mit Gleichung (A.6.3.1) und (A.6.3.2) gewonnen.

Für Bauwerke, die höher als 10 m sind, ist das Anwachsen des Geschwindigkeitsdrucks mit der Höhe, d.h. das Geschwindigkeitsprofil, zu berücksichtigen. Im Regelfall gilt

a) in den Windlastzonen 1 bis 3

$$\begin{aligned} q &= 2{,}1 \cdot q_{ref,0}\left(\frac{z}{10}\right)^{0{,}24} && \text{für } z > 4{,}0\,\text{m} \\ q &= 1{,}7 \cdot q_{ref,0} && \text{für } z \leq 4{,}0\,\text{m} \end{aligned} \quad \text{(A.6.3.3)}$$

b) in der Windlastzone 4

$$\begin{aligned} q &= 2{,}6 \cdot q_{ref,0}\left(\frac{z}{10}\right)^{0{,}19} && \text{für } z > 2{,}0\,\text{m} \\ q &= 1{,}9 \cdot q_{ref,0} && \text{für } z \leq 2{,}0\,\text{m} \end{aligned} \quad \text{(A.6.3.4)}$$

Der Einfluss der Geländerauheit darf in Abhängigkeit von den angegeben Geländekategorien genauer erfasst werden.

Abschnitt 6
Winddruck bei nicht-schwingungsanfälligen Konstruktionen

Beim Winddruck auf Oberflächen ist neben dem Außendruck w_e ggf. auch der Innendruck w_i zu berücksichtigen:

$$w_e = c_{pe} \cdot q(z_e), \quad \text{(A.6.3.5)}$$

$$w_i = c_{pi} \cdot q(z_i) \quad \text{(A.6.3.6)}$$

mit den aerodynamischen Druckbeiwerten c_{pe} bzw. c_{pi} und den Bezugshöhen z_e bzw. z_i.

Abschnitt 7
Windkräfte bei nicht-schwingungsanfälligen Konstruktionen

Resultierende Windkräfte F_w auf ein Bauteil ergeben sich wie folgt:

$$F_w = c_f \cdot q(z_e) \cdot A_{ref}, \quad \text{(A.6.3.7)}$$

mit dem aerodynamischen Kraftbeiwert c_f, dem Geschwindigkeitsdruck q, der Bezugshöhe z_e und der Bezugsfläche A_{ref}. Für schlanke Baukörper darf die Windkraft abschnittsweise berechnet werden.

Viele Unterschiede zwischen [E DIN 1055-4 – 99] und der Altfassung von DIN 1055 Teil 4 ergeben sich dadurch, dass die Windwirkungen in ihrer Vielfalt an möglichst vielen Bauwerken erfasst worden sind, z.T. mit recht aufwendigen Lastmodellen. Auf die Einzelheiten kann an dieser Stelle nicht eingegangen werden.

6.4 Entwurf DIN 1055-5 Schnee- und Eislasten

Für die tägliche praktische Arbeit werden in den Abschnitten 1 bis 5 des Hauptteils von [E DIN 1055-5 – 99] alle wesentlichen Festlegungen getroffen und ein Hinweis auf die Eislasten gegeben. Der Anhang A enthält Erläuterungen zum Hauptteil, der Anhang B detaillierte Ausführungen zur Berechnung der Eislast.

Das Anwendungsgebiet der Norm wurde gegenüber der Altfassung von DIN 1055 Teil 5 auf

Geländehöhen bis 1500 m erweitert und entspricht damit [ENV 1991-3 – 95].

Schneelasten werden als veränderliche, nicht ortsgebundene (freie) Einwirkungen eingestuft [DIN 1055-100 – 00].

Abschnitt 3
Schneelasten und Formbeiwerte

s_k ist der charakteristische Wert der Schneelast auf dem Boden und ist nach den meteorologischen Verhältnissen, abhängig vom Standort (Zone Z) und dessen Meershöhe H_s, wie folgt in kPa festgelegt [E DIN 1055-5 – 99]:

a) Mitteleuropäische Region

$$s_k = (0{,}13 + 0{,}264 \cdot (Z-5)) \cdot \left[1 + \left(\frac{H_s}{256}\right)^2\right] \quad \text{(A.6.4.1)}$$

b) Alpine Region

$$s_k = (0{,}33 + 0{,}638 \cdot (Z-5)) \cdot \left[1 + \left(\frac{H_s}{723}\right)^2\right] \quad \text{(A.6.4.2)}$$

Damit ergeben sich etwas höhere Regelwerte der Schneelasten als nach der Altfassung von DIN 1055 Teil 5. Neben den Funktionen für s_k sind die zugehörigen Diagramme und Schneelastzonenkarten wiedergegeben.

Die Schneelast, die auf ein Dach wirkt, ergibt sich durch Multiplikation des charakteristischen Wertes der Schneelast am Boden s_k mit einem Formbeiwert μ_i und einem Wärmedurchgangsbeiwert C_t, der in der Regel gleich 1,0 gesetzt wird.

$$s = \mu_i \cdot C_t \cdot s_k \quad \text{(A.6.4.3)}$$

Bei μ_i werden Lastbilder für zahlreiche Dachformen unterschieden, ferner werden Schneean- und -verwehungen erfasst. Dadurch wird die Anwendung dieses Abschnitts verhältnismäßig aufwendig. Der Schneeüberhang an Traufen wird als besonderes Lastbild eingeführt.

6.5 Entwurf DIN 1055-6 Einwirkungen auf Silos und Flüssigkeitsbehälter

Der Hauptteil mit den Abschnitten 1 bis 7 umfasst die Berechnung der aus der Nutzung herrührenden Einwirkungen auf Silos und Flüssigkeitsbehälter. Insoweit korrespondiert der Inhalt von [E DIN 1055-6 – 99] mit der Altfassung von DIN 1055 Teil 6. Alle anderen Einwirkungen sind den anderen Teilen von DIN 1055 (neu) zu entnehmen.

Anhang A enthält allgemeine Erläuterungen zu den Grundlagen der Tragwerksplanung mit Bezug auf [DIN 1055-100 – 00]. In Anhang B sind die Prüfmethoden für die Eigenschaften von Schüttgut beschrieben.

Regelungen für die Erdbebenbemessung von Silos werden in Anhang C angegeben und ergänzen die Vorschriften in [DIN 4149-1 – 00].

Die Regelungen für die Bemessung von Silos unter der Einwirkung von Staubexplosionen in dem neuen Anhang D sind in [ENV 1991-4 – 95] noch nicht enthalten.

Abschnitt 2
Klassifizierung der Einwirkungen

Die Belastungen aus Silofüllungen und in Flüssigkeitsbehältern werden als veränderliche Einwirkungen eingestuft, Einwirkungen aus Staubexplosionen als außergewöhnliche Einwirkungen (vgl. [DIN 1055-100 – 00]).

Zusätzlich zu den Vollflächenlasten sind beim Füllen und Entleeren Teilflächenlasten als bewegliche Lasten zu berücksichtigen.

Abschnitt 5
Silobelastung infolge von Schüttgut

Die physikalischen Grundlagen für die Belastungsansätze sind die gleichen wie in der Altfassung von DIN 1055 Teil 6. Deutlicher als bisher wird zwischen Schlotfließen und Gesamtfließen unterschieden.

Abschnitt 6
Lasten in Flüssigkeitsbehältern

Als charakteristischer Wert wird der hydrostatische Druck angegeben.

Abschnitt 7
Eigenschaften von Füllstoffen

Die Eigenschaften von Füllstoffen werden durch das spezifische Gewicht γ, das Druckverhältnis $k_{s,m} = p_{h,m}/p_{v,m}$, die Wandreibungsbeiwerte μ_m und die Vergrößerungsfaktoren C_0 für die Siloentleerung gekennzeichnet.

Um die Streuung der Schüttguteigenschaften zu berücksichtigen, werden in [E DIN 1055-6 – 99] obere und untere charakteristische Werte für γ angegeben. In [ENV 1991-4 – 95] werden stattdessen ein unterer Beiwert 0,9 und ein oberer Beiwert 1,15 eingeführt, mit denen μ_m und $k_{s,m}$ ungünstig zu multiplizieren sind.

Die Regelung nach [E DIN 1055-6 – 99] ist übersichtlicher und gerechtfertigt, weil nur in Ausnahmefällen der untere charakteristische Wert der Einwirkung maßgebend wird [Timm – 00].

6.6 Entwurf DIN 1055-7 Temperatureinwirkungen

Der Hauptteil von [E DIN 1055-7 – 00] besteht aus den Abschnitten 1 bis 6 und umfasst die Bemessungsansätze für die Temperatureinwirkungen auf unterschiedliche Bauwerke und Bauwerksteile. Diese Norm entspricht [ENV 1991-2-5 – 99] und enthält auch Regelungen für Brücken. Sie konkurriert daher mit den vom Bundesverkehrsminister geplanten Regelungen.

Anhang A liefert verschiedene Modelle zur Beschreibung der nichtlinearen Temperatureinwirkungen bei Brücken. Anhang B enthält Angaben über lineare Ausdehnungskoeffizienten.

Abschnitt 4
Klassifizierung der Einwirkungen

Temperatureinwirkungen sind *indirekte Einwirkungen* und müssen daher als veränderliche, freie Einwirkungen eingestuft werden (vgl. [DIN 1055-100 – 00]).

Abschnitt 6 Temperatureinwirkungen

Der Aufbau eines Temperaturprofils wird allgemein beschrieben, unterteilt in einen konstanten Temperaturanteil ΔT_N, zwei linear veränderliche Temperaturanteile ΔT_{MZ} und ΔT_{MY} und einen nichtlinearen Temperaturanteil ΔT_E.

Charakteristische Werte für Temperatureinwirkungen auf Gebäude werden nicht festgelegt, genausowenig wie in der Altfassung von DIN 1055. Für die Ermittlung der Temperaturprofile werden lediglich die minimale Außenlufttemperatur von –24 °C und die maximale Außenlufttemperatur von +37 °C angegeben, mit dem Hinweis, dass zusätzliche Effekte aus der Sonneneinstrahlung zu berücksichtigen sind.

Dagegen sind die Temperatureinwirkungen auf Brücken in Abschnitt 6.3 von [E DIN 1055-7 – 00] geregelt. Charakteristische Werte für den konstanten Temperaturanteil und den linearen Temperaturunterschied zwischen den Querschnittsrändern von Überbaukonstruktionen und Brückenpfeilern werden angegeben.

In Abschnitt 6.4 von [E DIN 1055-7 – 00] werden Temperatureinwirkungen bei Schornsteinen und Rohrleitungen behandelt.

6.7 Entwurf DIN 1055-8 Einwirkungen während der Bauausführung

In [E DIN 1055-8 – 99] werden Grundsätze und allgemeine Regeln für die Ermittlung von Einwirkungen während der Bauausführung von Hochbauten und Brücken angegeben, entsprechend [ENV 1991-2-6 – 97].

In den Grenzzuständen der Tragfähigkeit brauchen nur vorübergehende und außergewöhnliche Bemessungssituationen betrachtet zu werden.

Abschnitt 3
Bemessungssituationen und Grenzzustände

Für die Bemessungssituationen in den Grenzzuständen der Gebrauchstauglichkeit, der Tragfähigkeit und der Lagesicherung der Bauteile sowie erforderlicher Hilfskonstruktionen werden die Einwirkungskombinationen unter Bezugnahme auf [DIN 1055-100 – 00] spezifiziert.

Jede vorübergehende Bemessungssituation sollte hinsichtlich ihrer Mindestdauer mit drei Tagen, drei Monaten oder einem Jahr klassifiziert werden.

Die Anforderungen an die Grenzzustände der Gebrauchstauglichkeit entsprechen dem Endzustand des Tragwerks (Nutzungsbedingungen).

Für vorübergehende Einwirkungen während der Bauausführung werden besondere Kombinationsbeiwerte ψ_0 und ψ_2 angegeben.

Abschnitt 4 Einwirkungen

Die Einwirkungen während der Bauausführung umfassen sämtliche Lasten und anzusetzenden Verformungen, die für den Zeitraum der Fertigung und Montage des Bauwerks zu berücksichtigen sind.

6.8 Entwurf DIN 1055-9 Außergewöhnliche Einwirkungen

[E DIN 1055-9 – 00] enthält allgemeine Prinzipien und Angaben zu den außergewöhnlichen Einwirkungen infolge von Anprall und Explosion für den Entwurf und die Bemessung von gefährdeten Bauwerken, entsprechend [ENV 1991-2-7 – 96].

Bemessungswerte für Anprallasten von Kraftfahrzeugen, entgleisten Eisenbahnen, Schiffen und Gabelstaplern auf stützende Bauteile, von Ersatzlasten für Trümmer auf Bahnüberbauungen, Fahrleitungsbruch und Hubschrauberaufprall werden tabellarisch angegeben.

Diese Angaben korrespondieren mit den entsprechenden Abschnitten der Altfassung von DIN 1055 Teil 3, [DIN 1072 – 85] bzw. [DS 804 – 97]. Spezifikationen für Gabelstapler und Helikopter können [E DIN 1055-3 – 00] entnommen werden.

Anhang B enthält Angaben zu Einwirkungen infolge von Gasexplosionen in Räumen und Tunneln mit Bemessungshinweisen.

6.9 Entwurf DIN 1055-10 Einwirkungen durch Kran- und Maschinenbetrieb

In [E DIN 1055-10 – 99] werden Verkehrslasten (Lastmodelle und repräsentative Werte) spezifiziert, einschließlich dynamischer Wirkungen, entsprechend [ENV 1991-5 – 97].

Abschnitt 2 Einwirkungen aus Hebezeugen und Kranen auf Kranbahnträger

Die Einwirkungen auf Kranbahnträger korrespondieren mit den entsprechenden Abschnitten der bisherigen deutschen Normen.

Die Einwirkungen unter normalen Betriebsbedingungen werden als veränderlich eingestuft. Dynamische Wirkungen werden durch verschiedene Schwingbeiwerte φ_i erfasst.

Es werden alternative Lastgruppen gebildet, die jeweils zu einer unabhängigen Einwirkung zusammengefasst werden, ebenso wie mehrere gleichzeitig operierende Krane, analog zu [ENV 1991-3 – 95].

Außergewöhnliche Einwirkungen entstehen z.B. bei Kollision mit einem Puffer. In Abhängigkeit von den Lastkollektiven und Lastspielzahlen werden Ermüdungsklassen definiert.

Abschnitt 3 Einwirkungen aus Maschinen

Dieser Abschnitt ist auf Konstruktionen mit dynamischen Einwirkungen infolge Massenträgheit bei laufenden Maschinen anzuwenden. Die Interaktion zwischen Maschine, Tragwerk und Baugrund ist zu berücksichtigen. Dazu ist im allgemeinen eine Schwingungsuntersuchung mit geeigneten Modellen für das Schwingungssystem und die Schwingungserregung durchzuführen.

Charakteristische Werte für die dynamischen Kräfte werden als Ergebnisse dieser Untersuchung gewonnen. Für einfache Fälle werden die bekannten Formeln für Trägheitskräfte und für Erhöhungsfaktoren von Systemen ohne und mit Dämpfung angegeben. Kriterien für die Vernachlässigung dynamischer Effekte werden in Anhang F genannt.

Kranlasten bzw. Maschinenlasten bilden jeweils eine unabhängige Einwirkung, die mit den anderen Einwirkungen nach den Regeln von [DIN 1055-100 – 00] zu kombinieren ist. Die ergänzenden Teilsicherheits- und Kombinationsbeiwerte für Kranbahnen sind in Anhang A zu finden, für Maschinentragwerke in Anhang C.

Anhang B enthält Empfehlungen für die Einstufung von Kranen in die verschiedenen Ermüdungsklassen.

In Anhang D sind die Betriebsanforderungen an Maschinen festgelegt, Anhang E enthält Angaben über die Stoßeinwirkung von Maschinen auf die Umgebung bzw. die von Maschinen verursachten Schwingungen.

B BAUSTOFFE BETON UND BETONSTAHL

B

Dozent Dr.-Ing. habil. Jochen Pirner

B

B BAUSTOFFE BETON UND BETONSTAHL

1 Allgemeines

1.1 Die Bedeutung des Betons und Stahlbetons als Baustoff

Beton als Baustoff, hergestellt aus Bindemittel, Wasser und Zuschlag, war bereits in der Antike bekannt. Die Römer bauten mit diesem OPUS CAEMENTITIUM genannten Material Bauwerksteile und Bauwerke für Trink- und Abwasser, Häuser, Straßen und Brücken, Thermen, Amphitheater sowie Hafenanlagen. Besonders beeindruckende Zeugnisse römischer Baumeister sind die großartigen Hallen- und Kuppelbauten. Die hier gewagten Abmessungen waren der vorrömischen Baukunst fremd und wurden erst wieder in unserem Jahrhundert, insbesondere nach der Erfindung des Verbundbaustoffes Stahlbeton durch *Monier*, erreicht. Heute gilt der Beton weltweit als Hauptbaustoff unserer Zeit, weil er bei geeigneter Modifizierung der Zusammensetzung des Zements, der Zuschläge und bei Einsatz von Zusatzstoffen und Zusatzmitteln ein großes Spektrum von konstruktiv und gestalterisch gewünschten Gebrauchswerteigenschaften zu realisieren gestattet. Hinzu kommen wirtschaftliche Vorteile gegenüber anderen Baustoffen, da Sand, Kies und Splitt sowie Kalkstein als Hauptkomponente für die Zementherstellung nahezu überall und in ausreichender Menge vorhanden bzw. erschlossen sind und damit langfristig die Herstellung des Massenbaustoffs Beton gesichert ist.

Dabei spielen ökologische Aspekte eine zunehmende Rolle. Zum einen dadurch, dass für die Zement- und Betonherstellung große Mengen an Abprodukten wie z.B. Schlacken und Aschen aus Stahl- und Kohlekraftwerken einer umweltgerechten und wirtschaftlichen Verwertung zugeführt werden und sich damit die Ökobilanz des Betons verbessert.

Zum anderen haben neue wissenschaftliche Erkenntnisse [DAfStb-Seminar Sicherheit von Betonkonstruktionen – 95] wesentlich zur Verbesserung der Betonbauweise und damit zur Erhöhung der Sicherheit von Betonkonstruktionen technischer Anlagen für umweltgefährdende Stoffe beigetragen.

Nicht zuletzt ist Beton recycelbar und damit ein wiederverwendbarer Baustoff. Die schon heute realisierten geschlossenen Stoffkreisläufe für Beton im Straßenbau [von Wilcken – 95] werden auch für den Massivbau auf der Grundlage eines abgeschlossenen Forschungsprogramms angestrebt [BiM – 99].

1.2 Begriffe und Klassifizierung von Beton

1.2.1 Begriffe

Beton, erzeugt durch Mischen von **Zement**, **Zuschlag** und **Wasser** (**Frischbeton**), erhält seine Eigenschaften durch das Erhärten des **Zementleimes** (**Festbeton**). Die Frisch- und Festbetoneigenschaften können gezielt durch die Zugabe von **Zusatzmitteln** (z.B. Verflüssiger, Luftporenbildner) und **Zusatzstoffen** (z.B. Flugasche, Microsilica) verändert werden. Da diese Optimierungsaufgabe ein spezielles betontechnologisches Know-how erfordert, verdrängt der in spezialisierten Werken als Zwischenprodukt hergestellte **Transportbeton** zunehmend den vom Verwender selbst produzierten **Baustellenbeton**. Die Transportbetonindustrie versteht sich heutzutage nicht mehr nur als Lohnmischer zur Bereitstellung eines **Rezeptbetons** oder einer vom Verwender **vorgeschriebenen Betonzusammensetzung**. Mit der Lieferung von **Beton nach Eigenschaften** (**Entwurfsbeton**) übernimmt der Hersteller Gewährleistung gegenüber den vom Verwender geforderten Eigenschaften und zusätzlichen Forderungen an den Beton.

Betontechnologische Anforderungen an die **Konsistenz** (**Verarbeitbarkeit**) und die Konsistenzänderung beim Transport und Verarbeiten des Frischbetons werden durch Begriffe wie **Regelkonsistenz**, **Fließbeton** und **Verzögerter Beton** charakterisiert. In Zusammenhang mit der Richtlinie für Betonbau beim Umgang mit wassergefährdenden Stoffen [DAfStb RiLi BuwS –95] wurden neue Begriffe wie **Flüssigkeitsdichter Beton** (**FD-Beton**) und **Flüssigkeitsdichter Beton nach Eignungsprüfung** (**FDE-Beton**) in das Regelwerk eingeführt.

1.2.2 Betonklassifizierung

Der erhärtete Beton wird in erster Linie nach seiner Druckfestigkeit eingeteilt. Die Zuordnung der Festigkeitsklasse erfolgt nach Prüfergebnissen, die an Versuchskörpern (Würfel, Zylinder) bestimmter Größe unter definierten Prüf- und Lagerungsbedingungen [DIN 1048-5 – 91] ermittelt werden. Die am Probekörper festgestellte Druckfestigkeit ist ein Bezugswert, der zur Klassifizierung der Betone dient. Auf die Druckfestigkeitsklasse des Betons nach [DIN 1045 – 88] (Tafel B.1.1) beziehen sich die den Bemessungsverfahren im Betonbau zugrunde gelegten

Tafel B.1.1 Festigkeitsklassen des Betons und ihre Anwendungen

	1	2	3	4	5	6
	Betongruppe	Festigkeitsklasse des Betons	Nennfestigkeit [10] β_{WN} (Mindestwert für die Druckfestigkeit β_{W28} jedes Würfels nach Abschnitt 7.4.3.5.2) N/mm²	Serienfestigkeit β_{WS} (Mindestwert für die mittlere Druckfestigkeit β_{Wm} jeder Würfelserie) N/mm²	Zusammensetzung nach	Anwendung
1	Beton B I	B 5	5	8	Abschnitt 6.5.5	Nur für unbewehrten Beton
2		B 10	10	15		
3		B 15	15	20		Für bewehrten und unbewehrten Beton
4		B 25	25	30		
5	Beton B II	B 35	35	40	Abschnitt 6.5.6	
6		B 45	45	50		
7		B 55	55	60		

[10] Der Nennfestigkeit liegt das 5%-Quantil der Grundgesamtheit zugrunde.

Rechenfestigkeiten und zulässigen Spannungen. Die Betonfestigkeitsklassen B 5 bis B 55 werden nach der Nennfestigkeit β_{WN} bezeichnet. Sie ist als Mindestwert der Druckfestigkeit β_{W28} von jedem Würfel einer Serie von drei Würfeln mit 20 cm Kantenlänge zu erreichen. Zusätzlich darf die mittlere Druckfestigkeit einer Würfelserie die Serienfestigkeit β_{WS} nicht unterschreiten. Definitionsgemäß liegt der Nennfestigkeit das 5%-Quantil einer normal verteilten Grundgesamtheit von Druckfestigkeitsprüfergebnissen zugrunde, wodurch der Bezug zu einer stochastischen Betrachtungsweise hergestellt wird.
Von diesen Anforderungen darf abgewichen werden, wenn durch statistische Auswertung [DIN 1084 – 78] nachgewiesen wurde und durch weitere Prüfungen laufend nachgewiesen wird, dass das untere 5%-Quantil der Grundgesamtheit der Druckfestigkeitsergebnisse von Beton annähernd gleicher Zusammensetzung und Herstellung die Nennfestigkeit nicht unterschreitet.

Dabei sind folgende Bedingungen zu erfüllen:

a) Bei unbekannter Standardabweichung σ der Grundgesamtheit

$$z = \beta_{35} - 1{,}64 \cdot s \geq \beta_{WN} \qquad \text{(B.1.1)}$$

b) bei bekannter Standardabweichung σ der Grundgesamtheit

$$z = \beta_{15} - 1{,}64 \cdot \sigma \geq \beta_{WN} \qquad \text{(B.1.2)}$$

Hierin bedeuten:

z Prüfgröße

β_{35} Mittelwert einer Zufallsstichprobe vom Umfang $n_s = 35$

s Standardabweichung der Zufallsstichprobe vom Umfang n_s = 35, jedoch mindestens 3 N/mm²

β_{15} Mittelwert einer Zufallsstichprobe vom Umfang $n_\sigma = 15$

σ Standardabweichung der Grundgesamtheit, die aus langfristigen Bestimmungen bekannt sein muss. Hilfsweise kann sie aus mindestens 35 unmittelbar davor liegenden Festigkeitsergebnissen ermittelt werden. Wenn das nicht der Fall ist, kann als Erfahrungswert für die obere Grenze der Standardabweichung σ = 7 N/mm² eingesetzt werden.

In der künftigen Normengeneration zum Betonbau [E DIN 1045-2 – 99 bzw. prEN 206-1] wird Normal- und Schwerbeton in Festigkeitsklassen nach Tafel B.1.2 eingeteilt. Gegenüber DIN 1045 ergeben sich Unterschiede bezüglich der Klassenunterteilung und der Probengeometrie. $f_{ck,cyl}$ ist die charakteristische Festigkeit von Zylindern mit 150 mm Durchmesser und 300 mm Länge, $f_{ck,cube}$ die von Würfeln mit 150 mm Kantenlänge nach 28 Tagen Erhärtungszeit.
Die Übereinstimmung der Betonherstellung mit den Anforderungen nach Tafel B.1.2 wird bestätigt, wenn die Ergebnisse von Druckfestigkeits-

prüfungen beide Kriterien nach Tafel B.1.3 entweder für die Erstherstellung oder für die stetige Herstellung erfüllen. Dabei muss die Standardabweichung σ aus den letzten 35 aufeinander folgenden Prüfergebnissen berechnet werden, die in einem Zeitraum entnommen sind, der länger als drei Monate ist und der unmittelbar vor dem Herstellungszeitraum liegt, innerhalb dessen die Übereinstimmung nachzuprüfen ist. Liegen in drei Monaten unmittelbar vor dem Herstellungszeitraum mehr als 35 Prüfergebnisse vor, so muss die Standardabweichung aus allen Prüfergebnissen der letzten drei Monate berechnet werden. Das Übereinstimmungskriterium für den Mittelwert (f_{cm}) muss auf die letzten 15 Prüfergebnisse angewandt werden.

Tafel B.1.2 Festigkeitsklassen für Normal- und Schwerbeton

Festigkeitsklasse	$f_{ck,\,cyl}$ N/mm²	$f_{ck,\,cube}$ N/mm²
C 8/10	8	10
C 12/15	12	15
C 16/20	16	20
C 20/25	20	25
C 25/30	25	30
C 30/37	30	37
C 35/45	35	45
C 40/50	40	50
C 45/55	45	55
C 50/60	50	60
C 55/67	55	67
C 60/75	60	75
C 70/85	70	85
C 80/95	80	95
C 90/105	90	105
C 100/115	100	115

1.2.3 Betongruppen, Betonkategorien

Neben den für die Bemessung maßgebenden Festigkeitsklassen des Betons unterscheidet DIN 1045 zwischen den Betongruppen B I und B II.

B I-Betone umfassen die Festigkeitsklassen B 5 bis B 25, an die bezüglich der Betonzusammensetzung, der Herstellung und Qualitätssicherung vereinfachte Anforderungen (Rezeptbeton) gestellt werden.
Die Betongruppe B II umfaßt die Festigkeitsklassen B 35 bis B 55 sowie die Betone mit besonderen Eigenschaften. Für die Herstellung von B II-Betonen werden erhöhte Anforderungen an die Ausgangsstoffe, die Betonzusammensetzung, an das Personal sowie die Überwachung und Güteprüfung gestellt.
Auch E DIN 1045-2 unterscheidet zwei Betonkategorien mit gegenüber DIN 1045 vergleichbaren Differenzierungen bezüglich Festigkeitsklasse, Betonzusammensetzung und Verwendungszweck des Betons.

1.2.4 Umwelt- und Expositionsklassen

Bauwerke aus Beton und Stahlbeton sollen dauerhaft sein. Diese Forderung gilt als erfüllt, wenn während der vorgesehenen Nutzungsdauer die Funktion hinsichtlich der Gebrauchstauglichkeit, Standfestigkeit und Stabilität ohne wesentlichen Verlust der Nutzungseigenschaften bei einem angemessenen Instandhaltungsaufwand erhalten bleibt [E DIN 1045-1 –99].
Im Gegensatz zu den mechanischen Eigenschaften wird die Dauerhaftigkeit des Betons nach DIN 1045 nicht durch Stoffkennwerte, sondern in beschriebener Form durch Regeln charakterisiert, die eine ausreichende Beständigkeit unter verschiedenen Nutzungs- und Umweltbedingungen gewährleisten sollen. Baupraktische Erfahrungen zeigen, dass bereits kleine Abweichungen von diesen Regeln in Verbindung mit veränderten Umweltbedingungen zu Schäden führen können. In diesem Zusammenhang werden neuerdings „Performance"-Konzepte für die Bemessung der Dauerhaftigkeit auf der Grundlage von Prüfergebnissen (z.B. effektive Eindringwiderstände bezüglich Kohlendioxid und Chlorid) entwickelt [Schießl – 97].

Tafel B.1.3 Übereinstimmungskriterien für Ergebnisse der Druckfestigkeitsprüfung

Herstellung	Anzahl „*n*" der Ergebnisse in der Reihe	Kriterium 1	Kriterium 2
		Mittelwert von „*n*" Ergebnissen f_{cm} N/mm²	Jedes einzelne Prüfergebnis f_{ci} N/mm²
Erstherstellung	3	$\geq f_{ck} + 4$ hochfester Beton: $\geq f_{ck} + 5$	$\geq f_{ck} - 4$ hochfester Beton: $\geq f_{ck} - 4$
stetige Herstellung	15	$\geq f_{ck} + 1{,}48\,\sigma$, $\sigma \geq 3$ N/mm² hochfester Beton: $\geq f_{ck} + 1{,}48\,\sigma$, $\sigma \geq 5$ N/mm²	$\geq f_{ck} - 4$ hochfester Beton: $\geq 0{,}9\,f_{ck}$

Tafel B.1.4 Maße der Betondeckung in cm, bezogen auf die Umweltbedingungen (Korrosionsschutz) und die Sicherung des Verbundes nach DIN 1045

	1	2	3	4
	Umweltbedingungen	Stabdurchmesser d_s mm	Mindestmaße für ≥ B 25 min *c* cm	Nennmaße für ≥ B 25 nom *c* cm
1	Bauteile in geschlossenen Räumen, z.B. in Wohnungen (einschließlich Küche, Bad und Waschküche), Büroräumen, Schulen, Krankenhäusern, Verkaufsstätten – soweit nicht im folgenden etwas anderes gesagt ist. Bauteile, die ständig trocken sind.	bis 12 14, 16 20 25 28	1,0 1,5 2,0 2,5 3,0	2,0 2,5 3,0 3,5 4,0
2	Bauteile, zu denen die Außenluft häufig oder ständig Zugang hat, z.B. offene Hallen und Garagen. Bauteile, die ständig unter Wasser oder im Boden verbleiben, soweit nicht Zeile 3 oder Zeile 4 oder andere Gründe maßgebend sind. Dächer mit einer wasserdichten Dachhaut für die Seite, auf der die Dachhaut liegt.	bis 20 25 28	2,0 2,5 3,0	3,0 3,5 4,0
3	Bauteile im Freien. Bauteile in geschlossenen Räumen mit oft auftretender, sehr hoher Luftfeuchtigkeit bei üblicher Raumtemperatur, z.B. in gewerblichen Küchen, Bädern, Wäschereien, in Feuchträumen von Hallenbädern und in Viehställen. Bauteile, die wechselnder Durchfeuchtung ausgesetzt sind, z.B. durch häufige starke Tauwasserbildung oder in der Wasserwechselzone. Bauteile, die „schwachem“ chemischem Angriff nach DIN 4030 ausgesetzt sind.	bis 25 28	2,5 3,0	3,5 4,0
4	Bauteile, die besonders korrosionsfördernden Einflüssen auf Stahl oder Beton ausgesetzt sind, z.B. durch häufiges Einwirken angreifender Gase oder Tausalze (Sprühnebel- oder Spritzwasserbereiche) oder durch „starken“ chemischen Angriff nach DIN 4030.	bis 28	4,0	5,0

DIN 1045 legt Maße der Betondeckung bezogen auf die Umweltbedingungen (Korrosionsschutz) und die Sicherung des Verbundes für 4 Umweltklassen fest (Tafel B.1.4). In Bezug auf die Karbonatisierungsinduzierte Bewehrungskorrosion werden Bauteile den Klassen 1 bis 3 in Abhängigkeit vom Zugang feuchter Außenluft bzw. bei „schwachem“ chemischem Angriff und der Klasse 4 bei besonders korrosionsfördernden Einflüssen auf Stahl oder Beton (z.B. Tausalze, „starker“ chemischer Angriff) zugeordnet.
Entsprechend der Beanspruchung werden von den Betonen besondere Eigenschaften wie

- Wasserundurchlässigkeit
- hoher Frostwiderstand
- hoher Frost- und Tausalzwiderstand
- hoher Widerstand gegen chemische Angriffe

gefordert, die durch Restriktionen bezüglich der Betonbestandteile (Zuschlag und Zement) sowie der Betonzusammensetzung (Zement- und Luftgehalt, Wasserzementwert) und Einhaltung besonderer betontechnologischer Maßnahmen realisiert werden.
Während der Erarbeitung von E DIN 1045-2 wurde versucht, einen leistungsbezogenen Ansatz zur Leistungsbeschreibung der Dauerhaftigkeit zu entwickeln. Dazu wurden leistungsbezogene Entwurfs- und Prüfverfahren untersucht. Der Arbeitsausschuss kam jedoch zu dem Schluss, dass diese Verfahren noch nicht genügend entwickelt sind, um sie in die Norm aufzunehmen. Daher wurde der beschriebene Ansatz in Form von Expositionsklassen (Tafel B.1.5) für die Dauerhaftigkeit des Betons und die Korrosion der Bewehrung in Abhängigkeit von chemischen und physikalischen Einwirkungen der Umgebung beibehalten. In einem Anhang sind Anwendungsfälle für alternative leistungsbezogene Entwurfsverfahren hinsichtlich der Dauerhaftigkeit genannt und Anleitung zur Anwendung gegeben.

B

Tafel B.1.5 Expositionsklassen für Bewehrungskorrosion nach E DIN 1045-2

	2	3
Klassen-bezeichnung	Beschreibung der Umgebung	Beispiele für die Zuordnung von Expositionsklassen (informativ)
1 Kein Korrosions- oder Angriffsrisiko (Bauteile ohne Bewehrung oder eingebettetes Metall in nicht betonangreifender Umgebung)		
X0	alle Umgebungsbedingungen außer XF, XA und XM	unbewehrte Fundamente ohne Frost unbewehrte Innenbauteile
2 Korrosion, ausgelöst durch Karbonatisierung		
Wenn Beton, der Bewehrung oder anderes eingebettetes Metall enthält, Luft und Feuchtigkeit ausgesetzt ist, muss die Expositionsklasse wie folgt zugeordnet werden:		
XC1	trocken	Bauteile in Innenräumen mit normaler Luftfeuchte
XC2	nass, selten trocken	Teile von Wasserbehältern, Gründungsbauteile
XC3	mäßige Feuchte	Bauteile, zu denen die Außenluft häufig oder ständig Zugang hat, z.B. offene Hallen und Innenräume mit hoher Luftfeuchtigkeit
XC4	wechselnd nass und trocken	Außenbauteile mit direkter Beregnung Bauteile in Wasserwechselzonen
3 Korrosion, verursacht durch Chloride		
Wenn Beton, der Bewehrung oder anderes eingebettetes Metall enthält, chloridhaltigem Wasser, einschließlich Taumittel, ausgenommen Meerwasser, ausgesetzt ist, muss die Expositionsklasse wie folgt zugeordnet werden:		
XD1	mäßige Feuchte	Bauteile im Sprühnebelbereich von Verkehrsflächen
XD2	nass, selten trocken	Schwimmbecken Bauteile, die chloridhaltigen Industrieabwässern ausgesetzt sind
XD3	wechselnd nass und trocken	Bauteile im Spritzwasserbereich von tausalzbehandelten Verkehrsflächen
4 Korrosion, verursacht durch Chloride aus Meerwasser		
Wenn Beton, der Bewehrung oder anderes eingebettetes Metall enthält, Chloriden aus Meerwasser oder salzhaltiger Seeluft ausgesetzt ist, muss die Expositionsklasse wie folgt zugeordnet werden:		
XS1	salzhaltige Luft, aber kein unmittelbarer Kontakt mit Meerwasser	Außenbauteile in Küstennähe
XS2	unter Wasser	Bauteile in Hafenbecken, die ständig unter Wasser liegen
XS3	Tidebereiche, Spritzwasser- und Sprühnebelbereiche	Kaimauern in Hafenanlagen

Tafel B.1.5 Fortsetzung Expositionsklassen für Betonangriff nach E DIN 1045-2

	2	3
Klassen-bezeichnung	Beschreibung der Umgebung	Beispiele für die Zuordnung von Expositionsklassen (informativ)
5 Frostangriff mit und ohne Taumittel		
Wenn durchfeuchteter Beton erheblichem Angriff durch Frost-Tau-Wechsel ausgesetzt ist, muss die Expositionsklasse wie folgt zugeordnet werden:		
XF1	mäßige Wassersättigung, ohne Taumittel	Außenbauteile
XF2	mäßige Wassersättigung, mit Taumittel	nichthorizontale Betonbauteile im Sprühbereich von tausalzbehandelten Verkehrsflächen Betonbauteile im Sprühbereich von Meerwasser
XF3	hohe Wassersättigung, ohne Taumittel	offene Wasserbehälter Bauteile in der Wasserwechselzone von Süßwasser
XF4	hohe Wassersättigung, mit Taumittel	Straßendecken, die mit Tausalz behandelt werden horizontale Bauteile im Spritzwasserbereich von tausalzbehandelten Verkehrsflächen Meerwasserbauteile in der Wasserwechselzone
6 Chemischer Angriff		
Wenn Beton chemischem Angriff durch natürliche Böden, Grundwasser, Abwasser und Meerwasser ausgesetzt ist, muss die Expositionsklasse wie folgt zugeordnet werden:		
XA1	chemisch schwach angreifende Umgebung	Behälter von Kläranlagen Güllebehälter
XA2	chemisch mäßig angreifende Umgebung und Meeresbauwerke	Betonbauteile, die mit Meereswasser in Berührung kommen Bauteile in stark betonangreifenden Böden
XA3	chemisch stark angreifende Umgebung	Industrieabwasseranlagen mit stark chemisch angreifenden Abwässern, z.B. in Käsereien
7 Verschleiß		
Wenn Beton einer erheblichen mechanischen Beanspruchung ausgesetzt ist, muss die Expositionsklasse wie folgt zugeordnet werden:		
XM1	mäßiger Verschleiß	Verkehrsflächen, Industrieböden
XM2	schwerer Verschleiß	Straßenbeläge von Hauptverkehrsstraßen Verkehrsflächen mit schwerem Gabelstaplerverkehr
XM3	extremer Verschleiß	Beläge von Flächen, die häufig mit Kettenfahrzeugen befahren werden

2 Ausgangsstoffe

Zu den Betonausgangsstoffen gehören traditionell Zement, Zuschlag und Wasser. Dieses klassische „Dreistoffsystem“ hat sich in der heutigen Zeit zu einem „Fünfstoffsystem“ entwickelt, da Betonzusatzmittel und -zusatzstoffe zum Bestandteil einer modernen Betontechnologie geworden sind. Beispielsweise ist die Entwicklung von hochfesten bzw. Hochleistungsbetonen ursächlich verbunden mit dem Einsatz von Hochleistungsverflüssigern und Microsilica.
Der positiven Beeinflussung der Frischbeton- und Festbetoneigenschaften stehen aber auch ungewünschte Nebenwirkungen entgegen, da Betonzusatzmittel und -zusätze selektiv in den Hydratationsprozess des Zements eingreifen und deshalb zu Problemen führen können (siehe hierzu Abschnitt 3). Die Beherrschung dieser Probleme durch gezielte Nutzung der bautechnischen Eigenschaften der Zemente hat deshalb für die Beton- und Stahlbetonbauweise große Bedeutung.

2.1 Zement

2.1.1 Bezeichnung, Zusammensetzung, Arten

Zement nach [DIN 1164-1 – 94] ist ein hydraulisches Bindemittel, das heißt, ein anorganischer fein gemahlener Stoff, der, mit Wasser angemacht, Zementleim ergibt, welcher durch Hydratation erstarrt und erhärtet und nach dem Erhärten auch unter Wasser fest und raumbeständig bleibt.
Normzemente müssen nach dem Mischen mit Zuschlag und Wasser einen Mörtel oder Beton ergeben, der ausreichend lange verarbeitbar ist und nach einem vorgegebenen Erhärtungszeitraum ein festgelegtes Festigkeitsniveau erreicht. Zu den Bestandteilen der Zemente gehören Portlandzementklinker, Hüttensand, Puzzolan, Flugasche, gebrannter Schiefer, Kalkstein, Füller und Calciumsulfat. Letzteres wird den anderen Bestandteilen des Zements bei seiner Herstellung zur Regelung des Erstarrungsverhaltens zugegeben. Zur Verbesserung der Herstellung oder der Eigenschaften von Zement können bis zu einem Masseanteil von 1 % Zusatzmittel (Mahlhilfsmittel) zugegeben werden. Diese dürfen den Korrosionsschutz der Bewehrung oder die Eigenschaften der Mörtel und Betone nicht nachteilig beeinflussen.
Der durch Brennen eines Rohmehls aus Kalkstein und Ton bzw. Mergel bis zur Sinterung im Drehrohrofen hergestellte Portlandzementklinker besteht zu zwei Dritteln aus Calciumsilicaten (C_3S und C_2S). Der Rest sind Calciumaluminat (C_3A) und Calciumaluminatferrit (C_4AF). Die Calciumsilicate sind der Hauptträger der Festigkeit des Zementsteins. Für das Erreichen eines raumbeständigen Zementsteins sind die Anteile an Magnesiumoxid und freiem Kalk im Klinker begrenzt. Die Anteile Calciumaluminat und Alkalien haben Bedeutung bei Zementen mit Sondereigenschaften wie Zement mit hoher Sulfatbeständigkeit (HS) und Zement mit niedrigem wirksamem Alkaligehalt (NA). Im Hinblick auf den Korrosionsschutz der Bewehrung darf der Chloridgehalt bei allen Zementen 0,10 Masse-% nicht überschreiten. In die neue deutsche Zementnorm DIN 1164-1 wurde die Gliederung der europäischen Zement-Vornorm in drei Hauptsorten

CEM I :	Portlandzement
CEM II :	Portlandkompositzement
CEM III:	Hochofenzement

übernommen (Tafel B.2.1).
Den Hauptbestandteilen der sechs in Deutschland genormten Portlandkompositzemente ist jeweils ein Kennbuchstabe zugeordnet. Entsprechend dem Anteil an Portlandzementklinker wird bei CEM II und Hochofenzement CEM III zwischen den Gruppen A und B unterschieden.
In Abhängigkeit von der 28-Tage-Mörteldruckfestigkeit unterscheidet man zwischen den Festigkeitsklassen 32,5; 42,5 und 52,5 (Tafel B.2.2). Diese drei Festigkeitsklassen werden zusätzlich unterteilt in üblich und schnell erhärtende Zemente (R = Rapid), was in unterschiedlichen Anfangsfestigkeiten nach 2 bzw. 7 Tagen zum Ausdruck kommt. Zu beachten sind weiterhin die farbliche Kennzeichnung (Säcke, Silo-Anheftblatt) für die Festigkeitsklassen.
Normzemente sind güteüberwachte Bauprodukte. Die Übereinstimmung mit der Norm wird nach Bauregelliste A mittels Übereinstimmungszertifikat durch eine bauaufsichtlich anerkannte Zertifizierungsstelle festgestellt. Der Übereinstimmungsnachweis erfolgt nach DIN 1164-2 mit den Komponenten werkseigene Produktionskontrolle durch den Hersteller und Fremdüberwachung durch eine anerkannte Stelle.

2.1.2 Eigenschaften und Anwendung

Von besonderer Bedeutung sind Eigenschaftsmerkmale der Zemente (bzw. von Zementleim und Zementstein), die die Betontechnologie und die Betonbauweise allgemein beeinflussen. Hierzu gehören Wasseranspruch und Wasserrückhaltevermögen, Ansteifen und Erstarren, Festigkeit und Festigkeitsentwicklung, Dichtigkeit und Porosität, Karbonatisierung und Chloridbindung, Widerstand gegen chemische Angriffe, Widerstand gegen Frost und Frost-Tausalz, Hydratationswärme und Reißneigung infolge Zwangspannungen sowie Wärmebehandlungsfähigkeit.

Tafel B.2.1 Zementarten und Zusammensetzung

Masseanteile in Prozent [1)]

Zementart	Benennung	Kurzzeichen	Hauptbestandteile						Nebenbestandteile [2)]
			Portlandzementklinker K	Hüttensand S	Natürliches Puzzolan P	Kieselsäurereiche Flugasche V	Gebrannter Ölschiefer T	Kalkstein L	
CEM I	Portlandzement	CEM I	95 - 100	-	-	-	-	-	0 - 5
CEM II	Portlandhüttenzement	CEM II/A-S	80 - 94	6 - 20	-	-	-	-	0 - 5
		CEM II/B-S	65 - 79	21 - 35	-	-	-	-	0 - 5
	Portlandpuzzolanzement	CEM II/A-P	80 - 94	-	6 - 20	-	-	-	0 - 5
		CEM II/B-P	65 - 79	-	21 - 35	-	-	-	0 - 5
	Portlandflugaschezement	CEM II/A-V	80 - 94	-	-	6 - 20	-	-	0 - 5
	Portlandölschieferzement	CEM II/A-T	80 - 94	-	-	-	6 - 20	-	0 - 5
		CEM II/B-T	65 - 79	-	-	-	21 - 35	-	0 - 5
	Portlandkalksteinzement	CEM II/A-L	80 - 94	-	-	-	-	6 - 20	0 - 5
	Portlandflugaschehüttenzement	CEM II/B-SV	65 - 79	10 - 20	-	10 - 20	-	-	0 - 5
CEM III	Hochofenzement	CEM III/A	35 - 64	-	-	-	-	-	0 - 5
		CEM III/B	20 - 34	-	-	-	-	-	0 - 5

1) Die in der Tabelle angegebenen Werte beziehen sich auf die aufgeführten Haupt- und Nebenbestandteile des Zements ohne Calciumsulfat und Zementzusatzmittel.

2) Nebenbestandteile können Füller sein oder ein oder mehrere Hauptbestandteile, soweit sie nicht Hauptbestandteile des Zements sind.

Tafel B.2.2 Festigkeitsklassen und Kennfarben von Zement nach DIN 1164

Festigkeitsklasse	Druckfestigkeit N/mm²				Kennfarbe	Farbe des Aufdrucks
	Anfangsfestigkeit		Normfestigkeit			
	2 Tage	7 Tage	28 Tage			
32,5	-	≥ 16	≥ 32,5	≤ 52,5	hellbraun	schwarz
32,5 R	≥ 10	-				rot
42,5	≥ 10	-	≥ 42,5	≤ 62,5	grün	schwarz
42,5 R	≥ 20	-				rot
52,5	≥ 20	-	≥ 52,5	-	rot	schwarz
52,5 R	≥ 30	-				rot

B

Diese speziellen Eigenschaften einer Zementart sind in der Regel durch Eignungsprüfungen am Beton zu verifizieren. Bei der Auswahl der Zementart sind dabei insbesondere die Verwendung des Betons, die Wärmeentwicklung des Betons im Bauwerk, die Nachbehandlungsbedingungen (z.B. Wärmebehandlung), die Größe des Bauwerkes und die Umgebungsbedingungen zu berücksichtigen. Festigkeitsklasse sowie Festigkeits- und Hydratationskinetik einer Zementart bestimmen in besonderer Weise die Eigenschaften des Zementsteins und des Betons. Tafel B.2.3 gibt hierzu einen Überblick.
Zemente mit besonderen Eigenschaften gestatten die Realisierung spezieller Bauaufgaben. Hierzu gehören nach DIN 1164-1

- **Zemente mit niedriger Hydratationswärme (NW-Zement)**
  Die freigesetzte Wärmemenge nach 7 Tagen ist auf 270 Joule je Gramm Zement begrenzt. NW-Zemente eignen sich deshalb besonders für massige Bauteile, in denen Zwangspannungen durch frei werdende Hydratationswärme auftreten. Ein klassischer Vertreter für diesen Anwendungsfall ist der Hochofenzement CEM III.
- **Zemente mit hohem Sulfatwiderstand (HS-Zement)**
  Diese Zemente sind nach DIN 1045 bei Sulfatgehalten des auf den Beton einwirkenden Wassers von über 600 mg je Liter und von über 3000 mg je Kilogramm Boden vorgeschrieben.
  Hierzu gehören Portlandzement CEM I mit höchstens 3 Masse-% C_3A und höchstens 5 Masse-% Al_2O_3 und Hochofenzement CEM III/B mit Hüttensandanteil $\geq$ 66 Masse-%.
- **Zemente mit niedrigem wirksamem Alkaligehalt (NA-Zement)**
  NA-Zemente sind nach der Richtlinie Alkalireaktion im Beton [DAfStb-Alkalirichtlinie – 97] für Bauteile zu verwenden, die mit alkaliempfindlichen Zuschlägen hergestellt werden und zusätzlich feuchten Umgebungsbedingungen ausgesetzt sind.
  Die Bezeichnungen für besondere Eigenschaften NW, HS oder NA werden zur Kennzeichnung der Normbezeichnung des Zements hinzugefügt, wie z.B. Hochofenzement

  DIN 1164 - CEM III/B - 32,5 - NW/HS.

Weitere Zemente mit Sondereigenschaften wie z.B. Straßenbauzement, Weißzement oder hydrophobierter Zement sind Normzemente nach DIN 1164-1 ohne besondere Kennzeichnung, aber von baupraktischer Bedeutung für Spezialanwendungen. Durch die Einführung von DIN 1164 mussten die bisherigen Anwendungsregeln für Zemente nach DIN 1045 korrigiert werden. Die Anwendungen betreffen insbesondere Abschnitt 6.5.7.4 Beton mit hohem Frost- und Tausalzwiderstand. Einen Überblick über die mögliche Zementauswahl in Abhängigkeit vom Anwendungsfall vermittelt Tafel B.2.4. Für Betone mit sehr starkem Frost-Tausalzangriff wurde die bisherige Zementpalette um den Portlandkalksteinzement CEM II/A-L erweitert.
Für die Anwendung von Zementen im Beton nach E DIN 1045-2 sind ähnliche Regelungen in Abhängigkeit von den Expositionsklassen vorgesehen.

Tafel B.2.3 Hinweise für die Verwendung der Zemente

Festigkeitsklasse	Zementart	Eigenschaften		
		Frühfestigkeit	Wärmeentwicklung	Nacherhärtung *)
32,5	überwiegend Hochofenzement	niedrig	langsam	gut
32,5 R	überwiegend Portland-, Portlandkalkstein- und Portlandhüttenzement	normal	normal	normal
42,5	überwiegend Hochofenzement	normal	normal	gut
42,5 R	überwiegend Portland- und Portlandhüttenzement	hoch	schnell	normal
52,5	Portlandzement	hoch	schnell	gering
52,5 R	Portlandzement	sehr hoch	sehr schnell	gering

*) Über 28 Tage hinaus.

Tafel B.2.4 Zementanwendungen (nach VDZ-Angaben)

Anwendungsfall	Regelwerk		CEM I	CEM II						CEM III	
	Nr.	Abschnitt	CEM I	CEM II/A-S CEM II/B-S	CEM II/A-T CEM II/B-T	CEM II/A-L	CEM II/A-P CEM II/B-P	CEM II/A-V	CEM II/B-SV	CEM III/A	CEM III/B
Innenbauteil	DIN 1045	6.5.5	2.2	2.2	2.2	2.2	2.2	2.0	2.0	2.0	2.2
Außenbauteil	DIN 1045	6.5.5.1/ 6.5.6.1	2.1 [1)] 2.2	2.1 [1)] 2.2	2.1 [1)] 2.2	2.1 [1)] 2.2	2.2	2.0	2.0	2.1 [1)] 2.2	2.2
wasserundurchl. Beton	DIN 1045	6.5.7.2	2.2	2.2	2.2	2.2	2.2	2.0	2.0	2.2	2.2
hoher Frostwiderstand	DIN 1045	6.5.7.3	2.2	2.2	2.2	2.2	2.2	2.0	2.0	2.2	2.2
hoher FTS-Widerstand	DIN 1045	6.5.7.4	2.0	2.0	2.0	2.0	-	2.0	2.0	2.2	2.0
sehr starker FTS-Angriff (wie bei Betonfahrbahnen)	DIN 1045	6.5.7.4 Abs.(4)	2.0	2.0	2.0	2.0	-	-	-	1 [3)] 2.0	-
hoher chem. Widerstand	DIN 1045	6.5.7.5	2.2	2.2	2.2	2.2	2.2	2.0	2.0	2.2	2.2
hoher Verschleißwiderst.	DIN 1045	6.5.7.6	2.2	2.2	2.2	2.2	2.2	2.0	2.0	2.2	2.2
hohe Gebrauchstemp.	DIN 1045	6.5.7.7	2.2	2.2	2.2	2.2	2.2	2.0	2.0	2.2	2.2
Unterwasserbeton	DIN 1045	6.5.7.8	2.1 2.2	2.1 2.2	2.1 2.2	2.1 2.2	2.2	2.0	2.0	2.1 2.2	2.2
Bohrpfahlbeton	DIN 4014	5.2	2.1 2.2	2.1 2.2	2.1 2.2	2.1 2.2	2.2	2.0	2.0	2.1 2.2	2.2
Spannbeton mit nachträglichem Verbund	DIN 4227	T 1 / 3.1.1	wie DIN 1045								
Spannbeton mit sofortigem Verbund	DIN 4227	T 5 / 3.1.2	1 [4)]	1 [4)]	1 [4)]	1 [4)]	1 [2)]	-	-	1 [2)]	1 [2)]
Einpressmörtel	DIN 4227	T 5 / 3.1	1 [5)]	-	-	-	-	-	-	-	-

1 der Zement darf verwendet werden
2.0 Flugasche darf zugesetzt werden
2.1 Flugasche darf auf den Zementgehalt angerechnet werden
2.2 Flugasche darf auf den *w/z*-Wert angerechnet werden

1) Anrechnung auf Zementgehalt nur bei Beton B I zulässig (wegen des Mindestzementgehalts von 300 kg/m³)
2) Festigkeitsklasse ≥ 42,5
3) Festigkeitsklasse ≥ 42,5 oder Festigkeitsklasse ≥ 32,5 R mit HS ≤ 50 %
4) Festigkeitsklasse ≥ 32,5 R
5) Festigkeitsklassen 32,5 R, 42,5 R und 52,5

2.2 Zuschlag für Beton

2.2.1 Begriffe, Zuschlagarten

Für Beton und Stahlbeton nach DIN 1045 und E DIN 1045-2 ist Zuschlag nach [DIN 4226-1 – 83] zu verwenden. Danach ist Zuschlag ein Gemenge (Haufwerk) von ungebrochenen und/oder gebrochenen Körnern aus künstlichen mineralischen Stoffen, der aus etwa gleich oder verschieden großen Körnern mit dichtem Gefüge besteht. Die Zuschläge bilden das Korngerüst im Beton, das mit Hilfe des Zementsteines zu einem künstlichen Gestein verfestigt wird. Aus dem Vorhergesagten leiten sich die Hauptanforderungen an Zuschläge im Hinblick auf den Verbundbaustoff Beton ab. Sie müssen fest und beständig und mit ihrer Oberfläche einen festen Verbund mit dem Zementstein eingehen können.
Zuschläge werden entsprechend der Korngröße in Korngruppen bzw. Lieferkörnungen bereitgestellt (Tafel B.2.5). Eine Korngruppe umfasst eine oder mehrere Kornklassen (alle Korngrößen zwischen zwei Prüfkorngrößen) mit zulässigen Anteilen an Über- und Unterkorn. Das Zusammenstellen mehrerer Korngruppen zu einer Sieblinie nach DIN 1045 mit einem Größtkorn von höchstens 32 mm wird als „Werkgemischter Betonzuschlag" bezeichnet.
Betonzuschläge bestehen im allgemeinen aus natürlichem Gestein mit dichtem Gefüge, das in Kiesgruben und Steinbrüchen durch einen Aufbereitungsprozess (Brechen, Sieben) gewonnen wird. Kiese und Sande sind sedimentäre Lockergesteine, die in der Regel Verwitterungs- und Transportprozessen unterworfen wurden und sich im Bereich von Urstromtälern und Endmoränen abgelagert haben. Zu den Festgesteinen, die im Steinbruch gewonnen werden, gehören Granit, Diabas, Quarzporphyr, Basalt, dichter Kalkstein und Grauwacke. Sie werden als gebrochener Zuschlag (Brechsand, Splitt, Schotter) bereitgestellt. Künstlich hergestellte dichte Zuschläge spielen im Betonbau eine untergeordnete Rolle. Zunehmend an Bedeutung gewinnen Recyclingzuschläge [Kohler – 97], [BiM – 99]. Die Anforderungen an rezyklierten Zuschlag für den Einsatz nach DIN 1045 ist in der entsprechenden Richtlinie des DAfStb [DAfStb-RiLi Beton mit rezykliertem Zuschlag – 98] geregelt.

2.2.2 Anforderungen

Zuschlag nach DIN 4226-1 muss bestimmten Regelanforderungen genügen. Hierzu gehören

- Kornzusammensetzung,
- Kornform,
- Festigkeit,
- Widerstand gegen Frost bei mäßiger Durchfeuchtung des Betons,
- schädliche Bestandteile.

Erhöhte Anforderungen (e) wie

- Widerstand gegen Frost bei starker Durchfeuchtung des Betons (eF),
- Widerstand gegen Frost und Taumittel (eFT),
- Begrenzung der Anteile an quellfähigen Bestandteilen (eQ),
- Begrenzung des Gehalts an wasserlöslichem Chlorid (eCl)

sind durch den Betonhersteller (Transportbeton- bzw. Fertigteilwerk) unter Berücksichtigung der Forderungen des Betonverarbeiters besonders zu vereinbaren.
Zuschlag mit verminderten Anforderungen darf nur verwendet werden, wenn seine Eignung im Rahmen von Eignungsprüfungen am Beton nachgewiesen wurde.

Verminderte Anforderungen (v) betreffen

- die Kornform vK,
- die Festigkeit vD,
- den Widerstand gegen Frost vF,
- den Gehalt an abschlämmbaren Bestandteilen vA,
- den Gehalt an organischen Stoffen vO,
- den Sulfatgehalt vS,
- den wasserlöslichen Chloridgehalt vCl.

Die in Eignungsprüfungen am Beton festgelegten Grenzwerte für die verminderten Anforderungen dürfen vom Zuschlaghersteller nicht überschritten werden. Anderenfalls sind neue Eignungsprüfungen erforderlich.
Besondere Anforderungen werden an Zuschläge gestellt, die alkalilösliche Kieselsäure enthalten und in den Geltungsbereich der Alkalirichtlinie des DAfStb [DAfStb-Alkalirichtlinie – 97] fallen.
Alkalireaktive Kieselsäure im Zuschlag kann unter bestimmten Voraussetzungen mit dem im Porenwasser des Betons gelösten Alkalihydroxid zu Alkalisilicat reagieren. Die hierbei auftretende Volumenvergrößerung wird als Alkalitreiben und die sie verursachende chemische Reaktion als Alkali-Kieselsäurereaktion (AKR) bezeichnet. Alkalireaktive Zuschläge im Geltungsbereich der Richtlinie enthalten entweder Opalsandstein und Flint (Norddeutscher Raum) bzw. präkambrische Grauwacke oder andere alkaliempfindliche Gesteine. In Abhängigkeit von diesen Anteilen werden Zuschläge in die Alkaliempfindlichkeitsklassen E I, E II und E III eingeteilt.
Eine schädigende (treibende) Alkalireaktion der Zuschläge im Beton ist aber nur möglich, wenn die Alkaligehalte aus dem Zement oder durch die Zufuhr von außen bestimmte Werte im Beton überschreiten und zusätzlich feuchte Umgebungsbedingungen vorherrschen. Treten diese

Tafel B.2.5 Korngruppe/Lieferkörnung und Kornzusammensetzung

Korngruppe/ Lieferkörnung	Durchgang in Gew.-% durch das Prüfsieb										
	Nach DIN 4188-1					Nach DIN 4187-2					
	mm										
	0,125	0,25	0,5	1	2	4	8	16	31,5	63	90
0/1	[1]	[1]	[1]	≥ 85	100						
0/2 a	[1]	≤ 25 [1]	≤ 60 [1]		≥ 90	100					
0/2 b	[1]	[1]	≤ 75 [1]		≥ 90	100					
0/4 a	[1]	[1]	≤ 60 [1]		55 bis 85 [2]	≥ 90	100				
0/4 b	[1]	[1]	≤ 60 [1]			≥ 90	100				
0/8		[1]	≤ 60 [1]			61 bis 85	≥ 90	100			
0/16		[1]				36 bis 74		≥ 90	100		
0/32		[1]				23 bis 65			≥ 90	100	
0/63		[1]				19 bis 59				≥ 90	100
1/2		≤ 5		≤ 15 [4]	≥ 90	100					
1/4		≤ 5		≤ 15 [4]		≥ 90	100				
2/4		≤ 3			≤ 15 [4]	≥ 90	100				
2/8		≤ 3			≤ 15 [4]	10 bis 65 [3]	≥ 90	100			
2/16		≤ 3			≤ 15 [4]		25 bis 65 [3]	≥ 90	100		
4/8		≤ 3				≤ 15 [4]	≥ 90	100			
4/16		≤ 3				≤ 15 [4]	25 bis 65 [3]	≥ 90	100		
4/32		≤ 3				≤ 15 [4]	15 bis 55 [3]		≥ 90	100	
8/16		≤ 3					≤ 15 [4]	≥ 90	100		
8/32		≤ 3					≤ 15 [4]	30 bis 60	≥ 90	100	-
16/32		≤ 3						≤ 15 [4]	≥ 90	100	
32/63		≤ 3							≤ 15 [4]	≥ 90	100

[1] Auf Anfrage hat das Herstellwerk dem Verwender den vom Fremdüberwacher bestimmten bzw. bestätigten Durchgang durch das Sieb 0,125 mm sowie Mittelwert und Streubereich des Durchgangs durch die Siebe 0,25 und 0,5 mm bekannt zu geben.

[2] Der Streubereich eines Herstellwerks darf 25 Gew.-% nicht überschreiten. Die Lage des Streubereichs eines Herstellwerks ist im Einvernehmen mit dem Fremdüberwacher vom Herstellwerk möglichst für einen längeren Zeitraum festzulegen und ins Sortenverzeichnis aufzunehmen. Auf Anfrage hat der Hersteller dem Verbraucher diesen Wert mitzuteilen.

[3] Der Streubereich eines Herstellwerks darf 30 Gew.-% nicht überschreiten. Die Lage des Streubereichs eines Herstellwerks ist im Einvernehmen mit dem Fremdüberwacher vom Herstellwerk möglichst für einen längeren Zeitraum festzulegen und ins Sortenverzeichnis aufzunehmen. Auf Anfrage hat der Hersteller dem Verbraucher diesen Wert mitzuteilen.

[4] Für Brechsand, Splitt und Schotter darf der Anteil an Unterkorn höchstens 20 Gew.-% betragen. Unterschiede im Anteil an Unterkorn bei Lieferung eines bestimmten Zuschlags aus einem Herstellwerk müssen jedoch innerhalb eines Streubereichs von 15 Gew.-% liegen.

Bedingungen auf, sind vorbeugende Maßnahmen bei der Betonherstellung durch Einsatz von NA-Zement, Begrenzung der Zementmenge oder Austausch des Zuschlags zu ergreifen (Tafel B.2.6, B.2.7, B.2.8).

Tafel B 2.6 Vorbeugende Maßnahmen gegen schädigende Alkalireaktion im Beton für Betone mit einem Zementgehalt $z \leq 330$ kg/m³

Alkaliempfindlichkeitsklasse des Zuschlags	Erforderliche Maßnahmen für die Feuchtigkeitsklasse		
	WO	WF	WA
E I-O	keine	keine	keine
E II-O	keine	keine	NA-Zement
E III-O	keine	NA-Zement	Austausch des Zuschlags

Tafel B 2.7 Vorbeugende Maßnahmen gegen schädigende Alkalireaktion im Beton für Betone mit einem Zementgehalt $z > 330$ kg/m³

Alkaliempfindlichkeitsklasse des Zuschlags	Erforderliche Maßnahmen für die Feuchtigkeitsklasse		
	WO	WF	WA
E I-OF	keine	keine	keine
E II-OF	keine	NA-Zement	NA-Zement
E III-OF	keine	NA-Zement	Austausch des Zuschlags

Betonzuschlag gehört zu den güteüberwachten Bauprodukten, deren Übereinstimmung mit den Anforderungen der Norm DIN 4226-1 nach Bauregelliste A mittels Zertifikat von einer zugelassenen Stelle festgestellt wird. Die Bezeichnung des Zuschlags auf dem Lieferschein erfolgt gemäß
Zuschlag DIN 4226 – Korngruppe/Lieferkörnung – erhöhte bzw. verminderte Anforderungen.

2.2.3 Kornzusammensetzung

Nach DIN 1045 ist Betonzuschlag nach DIN 4226-1 mit einer bestimmten Kornzusammensetzung zu verwenden. Um die Gesteinskörner zu verkitten, benötigt man nach dem *Kennedy*-Prinzip eine bestimmte Menge Zementstein, die vom Hohlraumgehalt bzw. der Packungsdichte und der spezifischen Oberfläche des Zuschlaggemisches abhängig ist. Sobald diese „optimale Menge" überschritten wird, verschlechtern

Tafel B 2.8 Vorbeugende Maßnahmen gegen schädigende Alkalireaktion im Beton mit präkambrischer Grauwacke

Alkaliempfindlichkeitsklasse des Zuschlags	Zementgehalt kg/m³	Erforderliche Maßnahmen für die Feuchtigkeitsklasse		
		WO	WF	WA
E I-G	ohne Festlegung	keine	keine	keine
E III-G [1]	$z \leq 300$	keine	keine	keine
	$300 < z \leq 350$	keine	keine	NA-Zement [2]
	$z > 350$	keine	NA-Zement [2]	NA-Zement [2]

[1] Gilt auch für nicht beurteilten Zuschlag.
[2] oder als gleichwertig zugelassener Zement.

sich die technischen und ökonomischen Parameter des Festbetons, da

- der Zementstein in Abhängigkeit vom *w/z*-Wert nur bedingt wasserundurchlässig ist und die Frostbeständigkeit und der Widerstand gegen chemische Angriffe gemindert wird,
- der Zementstein schwindet und kriecht; der Beton um so mehr, je größer der Zementsteinanteil ist,
- die durch die Hydratationswärmeentwicklung des Zements hervorgerufenen Spannungen im Beton eine Funktion der Zementsteinmenge sind,
- der Zement wesentlich teurer als der Zuschlag ist.

Die Kornzusammensetzung des Zuschlags wird durch Sieblinien in der Form dargestellt, dass der Siebdurchgang in Masse-% über die geometrisch gestuften Korngrößengrenzen 0,125; 0,25; 0,5; 1; 2; 4; 8; 16; 32 und 63 aufgetragen wird (Abb. B.2.1 bis B.2.4). Sogenannte Regelsieblinien A, B und C begrenzen Bereiche, die hinsichtlich ihres Wasser- bzw. Zementleimbedarfs brauchbar (4) und günstig (3) bzw. ungünstig sind (1 bzw. 5). Im allgemeinen wird bei Zuschlaggemischen ein den Regelsieblinien folgender stetiger Verlauf angestrebt. Aus ökonomischen und ökologischen Gründen nimmt die bautechnische Bedeutung unstetiger Sieblinien bzw. Ausfallkörnungen zu (Bereich 2). Ihre Anwendung bedarf allerdings besonderer Erfahrungen im Hinblick auf einen Kompromiss zwischen betontechnologischer Zielstellung und Wirtschaftlichkeit.

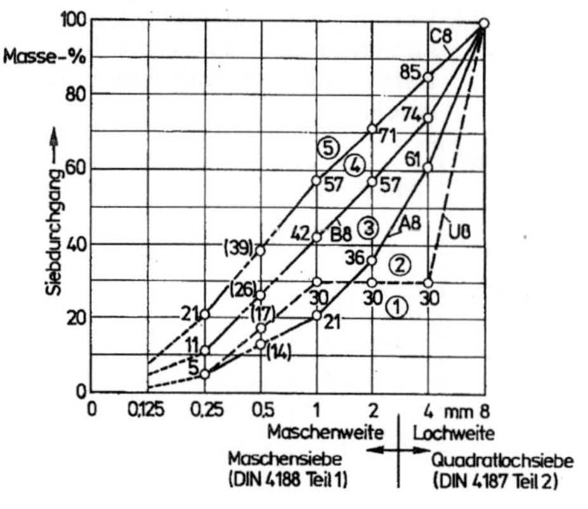

Abb.B.2.1 Sieblinien mit einem Größtkorn v. 8 mm

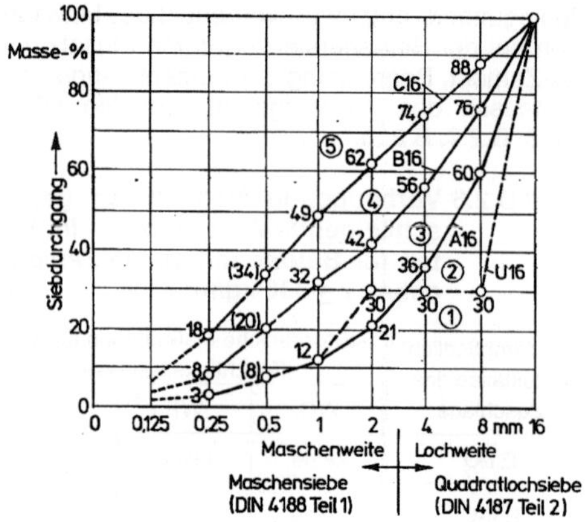

Abb.B.2.2 Sieblinien mit einem Größtkorn v. 16 mm

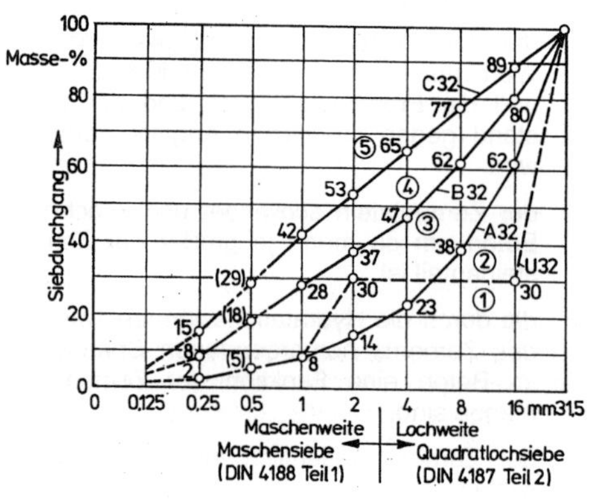

Abb.B.2.3 Sieblinien mit einem Größtkorn v. 32 mm

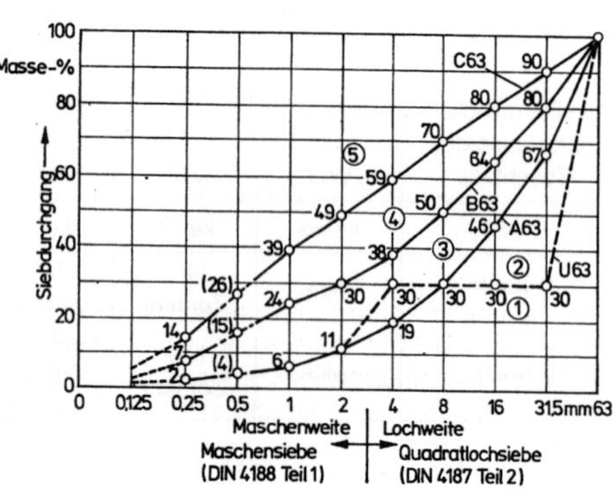

Abb.B.2.4 Sieblinien mit einem Größtkorn v. 63 mm

Der Wasseranspruch der Sieblinien wird durch bezogene Kennwerte der Kornverteilung wie *k*-Wert, *D*-Summe, *F*-Wert charakterisiert (Tafel B.2.9). Die Problematik der Schätzung des Wasseranspruchs von Gemengen über diese Kennwerte ergibt sich dadurch, dass die hierauf aufbauenden Wasserbedarfstabellen nur stetige Sieblinien einer Größtkornklasse hinreichend genau beschreiben. Vor allem bei Unstetigkeiten im Feinkornbereich bzw. bei Ausfallkörnungen treten unzulässige Abweichungen des Wasserbedarfs für Korngemische mit ansonsten gleicher Körnungsziffer auf. Bei der Lösung dieser Problemstellung haben sich die Kornkennwerte volumenspezifische Oberfläche und Packungsdichte (bezogen auf eine Kugelform der Partikel) für eine wirklichkeitsnahe Vorausbestimmung des Wasserbedarfs beliebiger n-disperser Partikelsysteme (Mischsieblinien) bewährt [Pirner – 94]. Einen Überblick über die verschiedenen Kornkennwerte der Regelsieblinien gibt Tafel B.2.9. Vereinbarungsgemäß wird bei der Berechnung der Kornkennwerte der Kornanteil kleiner als 0,125 mm dem Mehlkorn zugeordnet und damit nicht berücksichtigt.

Tafel B.2.9 Kornkennwerte von Betonzuschlag

Sieblinie nach DIN 1045	*k*-Wert	*D*-Summe	*F*-Wert	Volumenspezif. Oberfläche mm²/mm³	Packungsdichte (%)
A 8	3,64	536	134	5,29	78,24
B 8	2,89	611	111	8,73	80,51
C 8	2,27	673	92	12,51	79,21
U 8	3,87	513	141	5,47	84,06
A 16	4,61	439	163	3,31	78,83
B 16	3,66	534	134	6,70	84,63
C 16	2,75	625	107	10,90	81,63
U 16	4,88	412	171	3,28	83,87
A 32	5,48	352	189	2,23	79,96
B 32	4,20	480	151	6,04	87,16
C 32	3,30	570	123	9,32	83,34
U 32	5,65	335	194	2,51	89,27
A 63	6,15	285	209	1,83	82,91
B 63	4,91	409	172	5,09	88,91
C 63	3,72	528	136	8,56	84,75
U 63	6,57	243	222	1,86	89,28

Zur Herstellung von Beton nach DIN 1045 werden Zuschlaggemenge mit einem Größtkorn von 8; 16; 32 und 63 mm verwendet. Gemische bis zu einem Größtkorn von 4 mm werden als Mörtel oder Feinkornbeton bezeichnet. Im Hinblick auf einen geringen Zementleim- bzw. Zementsteinanteil im Beton soll das Gemisch grobkörnig und hohlraumarm sein. Das Größtkorn ist nach betontechnologischen und konstruktiven Gesichtspunkten festzulegen. Seine Nenngröße darf ein Drittel der kleinsten Bauteilmaße nicht überschreiten. Im Hinblick auf die erforderliche Betonverdichtung und den Korrosionsschutz der Bewehrung soll der überwiegende Teil des Zuschlags kleiner sein als der lichte Abstand der Bewehrung untereinander und zur Schalung.
Die Kornzusammensetzung kann insbesondere bei Sanden und Kiessanden aus verschiedenen Gruben erheblich schwanken. Um größere Probleme bei den Verarbeitungseigenschaften des Betons zu vermeiden, ist die Kornzusammensetzung des angelieferten Zuschlags regelmäßig zu prüfen und bei Erfordernis die Mischsieblinie zu korrigieren. Der Betonzuschlag ist getrennt nach Korngruppen so zu lagern, dass ein Vermischen vermieden wird. Für B I-Beton darf auch werkgemischter Zuschlag mit Größtkorn 8, 16 und 32 mm verwendet werden.
Zuschläge werden mit einer bestimmten Eigenfeuchte angeliefert. Sie setzt sich aus Oberflächen- und Kernfeuchte zusammen. Da nur die Oberflächenfeuchte mit dem Anmachwasser dem Wassergehalt des Frischbetons zuzurechnen ist, muss bei Zuschlägen mit hoher Kernfeuchte die durch Trocknung bei 100 °C bestimmte Eigenfeuchte entsprechend korrigiert werden. An Mischanlagen eingesetzte automatische Feuchtemessverfahren für Zuschläge sind deshalb bezogen auf die Zuschlagart und Kornverteilung zu kalibrieren.

2.3 Zugabewasser

Unter Zugabewasser versteht man den Teil des im Frischbeton enthaltenen Wassers, der der Mischung zugesetzt wird und nicht bereits mit der Zuschlagfeuchte oder ggf. mit Betonzusätzen in den Beton gelangt. Grundsätzlich ist neben aufbereitetem Trink- und Industriewasser das in der Natur vorkommende Wasser geeignet, soweit es nicht Bestandteile enthält, die wesentliche Eigenschaften des Zements oder Betons, z.B. Erstarren, Erhärten, Raumbeständigkeit, Druckfestig-

Tafel B.2.10 Grenzwerte für die Beurteilung von Zugabewasser mit Schnellprüfverfahren

Prüfung	Prüfverfahren	Beurteilung		
		brauchbar	bedingt brauchbar [2)]	unbrauchbar
Farbe	Visuelle Prüfung im Meßzylinder vor weißem Hintergrund (Schwebstoffe absetzen lassen)	farblos bis schwach gelblich	dunkel oder bunt (rot, grün, blau ...)	
Öl und Fett	Prüfung nach Augenschein	höchstens Spuren	Ölfilm, Ölemulsion	
Detergentien	Wasserprobe im halbgefüllten Meßzylinder kräftig schütteln	geringe Schaumbildung, Schaum $\leq$ 2 min stabil	starke Schaumbildung > 2 min stabil	
Absetzbare Stoffe	80 cm³ Meßzylinder, Absetzzeit 30 min	$\leq$ 4 cm³	> 4 cm³	
Geruch	Ansäuern, z.B. Aquamerck-Reagenzien (mit HCl) [1)]	ohne bis schwach	stark (z.B. nach Schwefelwasserstoff)	
pH-Wert	pH-Papier [1)]	$\geq$ 4	< 4	
Chlorid (Cl^-) Spannbeton [3)] und Einpreßmörtel	z.B. Aquamerck-Reagenzien [1)] Titration mit $Hg(NO_3)_2$	$\leq$ 600 mg/l		> 600 mg/l [3)]
Stahlbeton [3)]		$\leq$ 2000 mg/l		> 2000 mg/l [3)]
unbewehrter Beton		$\leq$ 4500 mg/l	$\leq$ 4500 mg/l	
Sulfat (SO_4^{2-})	z.B. Merckoquant-Teststäbchen oder Aquamerck-Wasserlabor	$\leq$ 2000 mg/l	> 2000 mg/l	
Zucker Glukose	z.B. Gluco-Merckognost [1)] Teststäbchen	$\leq$ 100 mg/l	> 100 mg/l	
Saccharose	Schnellprüfverfahren fehlt	$\leq$ 100 mg/l	> 100 mg/l	
Phosphat (P_2O_5)	z.B. Aquamerck-Reagenzien [1)]	$\leq$ 100 mg/l	> 100 mg/l	
Nitrat (NO_3^-)	z.B. Merckoquant-Teststäbchen [1)]	$\leq$ 500 mg/l	> 500 mg/l	
Zink (Zn^{2+})	z.B. Merckoquant-Teststäbchen [1)]	$\leq$ 100 mg/l	> 100 mg/l	
Huminstoffe (ggf. Ammoniakgeruch)	5 cm³ Wasserprobe in Reagenzglas füllen, 5 cm³ 3%ige oder 4%ige Natronlauge zusetzen, schütteln, nach 3 min Prüfung nach Augenschein [1)]	heller als gelbbraun	dunkler als gelbbraun	

1) Beschreibung gemäß der Gebrauchsanweisung des Herstellers.

2) „bedingt brauchbar" heißt: Die endgültige Beurteilung ist von einer Beurteilung im Einzelfall und/oder der betontechnologischen Vergleichsprüfung abhängig.

3) Gegebenenfalls ist eine günstige Beurteilung möglich, wenn der Chloridgehalt aller Betonausgangsstoffe berücksichtigt wird. Im allgemeinen werden Chloridgehalte $\leq$ 0,20 % des Zementgewichts für Spannbeton, $\leq$ 0,40 % des Zementgewichts für Stahlbeton als unschädlich angesehen.

keit, ungünstig beeinflussen oder den Korrosionsschutz der Bewehrung beeinträchtigen. Im Zweifelsfall ist eine Untersuchung über die Eignung des Wassers zur Betonherstellung erforderlich. Gemäß DBV-Merkblatt Zugabewasser für Beton [DBV-Merkblatt Zugabewasser – 91] erfolgt auf der Grundlage chemisch-physikalischer Prüfungen eine Beurteilung des anstehenden Wassers vor und während der Bauausführung gemäß Tafel B.2.10 nach den Kategorien „brauchbar", „bedingt brauchbar" und „unbrauchbar". Bei einer Gesamtbeurteilung „bedingt brauchbar" sind zusätzliche betontechnologische Vergleichsprüfungen für eine abschließende Beurteilung notwendig. Dabei werden am Zementleim bzw. Mörtel oder Beton die Auswirkungen auf das Erstarren geprüft und die Ergebnisse beurteilt.

So darf beispielsweise die Druckfestigkeit des Betons höchstens um 10 % unter der mittleren

Druckfestigkeit von Vergleichsproben liegen, die mit destilliertem Wasser hergestellt wurden.
Vielfach ist eine Beurteilung schon durch augenscheinliche Prüfung bezüglich Farbe, Geruch, absetzbare Stoffe sowie Öl- bzw. Fettgehalt möglich. Bei Verwendung als Zugabewasser für Spannbeton oder Einpressmörtel sind die Begrenzungen für den Chloridgehalt besonders zu beachten.
Für Wasser aus Wiederverwertungsanlagen der Transportbetonherstellung (Restwasser) gelten die Anforderungen und Verwendungsbestimmungen nach der Richtlinie für Herstellung von Beton unter Verwendung von Restwasser, Restbeton und Restmörtel des DAfStb [DAfStb-RiLi Restwasser – 97]. Nur bei Beton mit Luftporenbildnern darf kein Restwasser als Zugabewasser verwendet werden. Im Restwasser sind die flüssige Phase und die Feinstanteile des in der Recyclinganlage aufbereiteten Betons in einer Korngröße bis zu 0,25 mm enthalten. Die maximale Zuführungsmenge Restwasserfeststoff ist auf 35 kg/m³ begrenzt. Im Regelfall ist die Zugebemenge des Restwassers aber so zu begrenzen, dass höchstens 1 Masse-% des Gesamtzuschlags als Feststoff mit dem Restwasser in den Beton zugegeben werden darf. Diese Forderung gilt als erfüllt, wenn die Dichte des Restwassers $\leq$ 1,07 kg/dm³ beträgt.

2.4 Betonzusatzmittel

Betonzusatzmittel sind flüssige oder pulverförmige Stoffe zur Beeinflussung der Frisch- und/oder Festbetoneigenschaften. Das Wirkprinzip kann chemisch und/oder physikalisch sein. Dabei müssen gelegentlich auch unerwünschte Änderungen von anderen Betoneigenschaften in Kauf genommen werden. Der zulässige Gesamtanteil ist nach DIN 1045 bei Zugabe eines Zusatzmittels auf $\leq$ 50 g (ml) je kg Zement und bei Zugabe mehrerer Zusatzmittel auf $\leq$ 60 g (ml) je kg Zement begrenzt. Wegen der geringen Zugabemenge findet ihr Stoffraum bei der Mischungsberechnung, abgesehen von einem erhöhten Luftporenraum und dem Wasseranteil bei einer Zusatzmittelmenge größer 2,5 l/m³ Frischbeton, keine Berücksichtigung. Zusatzmittel, die Chloride oder andere die Stahlkorrosion fördernde Stoffe enthalten, dürfen Stahlbeton, Beton und Mörtel, der mit Stahlbeton in Berührung kommt, nicht zugesetzt werden. Nach DIN 1045 und E DIN 1045-2 bedürfen Betonzusatzmittel bei ihrer Verwendung in Deutschland einer allgemeinen bauaufsichtlichen Zulassung. Nach den Prüfrichtlinien des Deutschen Instituts für Bautechnik [Prüfrichtlinie Betonzusatzmittel – 89] werden Betonzusatzmittel nach folgenden Wirkungsgruppen eingeteilt (Tafel B.2.11):

Tafel B.2.11 Wirkungsgruppen von Betonzusatzmitteln

Wirkungsgruppe	Kurzzeichen	Farbkennzeichen	Wirkung
Betonverflüssiger	BV	gelb	Verminderung des Wasseranspruchs und/oder Verbesserung der Verarbeitbarkeit
Fließmittel	FM	grau	Verminderung des Wasseranspruchs und/oder Verbesserung der Verarbeitbarkeit, zur Herstellung von Beton mit fließfähiger Konsistenz (Fließbeton)
Luftporenbildner	LP	blau	Einführung gleichmäßig verteilter, kleiner Luftporen zur Erhöhung des Frost- und Tausalzwiderstandes
Dichtungsmittel	DM	braun	Verminderung der kapillaren Aufnahme
Verzögerer	VZ	rot	Verzögerung des Erstarrens
Beschleuniger	BE	grün	Beschleunigung des Erstarrens und/oder des Erhärtens
Einpreßhilfen	EH	weiß	Verbesserung der Fließfähigkeit, Verminderung des Wasseranspruchs, Verminderung des Absetzens bzw. Erzielen eines mäßigen Quellens von Einpressmörtel
Stabilisierer	ST	violett	

Betonverflüssiger (BV) verbessern die Verarbeitbarkeit des Frischbetons bei gleichem Wassergehalt oder erhöhen die Güte des Betons bei Verminderung der Wasserzugabe. Die Wirkung besteht im wesentlichen auf einer Herabsetzung der Oberflächenspannung des Wassers und in deren Folge einer Reibungsverringerung zwischen den Zementteilchen (höhere Dispergierung) und zwischen den Zuschlagkörnern infolge Schmierfilmbildung. Die mögliche Wassereinsparung ist abhängig vom Zusatzmittel sowie der Betonzusammensetzung (Zementart, Zementgehalt, Sieblinie, Zuschlagart) und bei weicheren Betonen größer als bei steifen bis schwach plastischen. Mögliche Nebenwirkungen sind erhöhtes Schwinden, Einführung von Luftporen, Erstarrungsverzögerung sowie Festigkeitsminderung.

Fließmittel (FM) sind Hochleistungs- oder Superverflüssiger auf Polymerbasis. Sie erhöhen die Dispergierung der Zementteilchen im Wasser durch Adsorption der Polymermoleküle auf der Oberfläche des Zementkorns, durch deren Aufladung und Bildung weitreichender abstoßender Kräfte. Chemische Nebenwirkungen sind bedingt durch die selektive Reaktion der Aluminatphasen des Zements mit Sulfogruppen der Polymerverflüssiger. Die möglichen Nebenwirkungen sind deshalb abhängig von der verwendeten Hauptwirkstoffgruppe.
Durch die Zugabe von Entschäumern wird bei der Wirkstoffgruppe Ligninsulfonate deren Neigung zur Luftporenbildung herabgesetzt. Ein gleichzeitiger Einsatz mit Luftporenbildnern kann deshalb zu Problemen führen. Da die Ligninsulfonate selektiv die Hydratation der Aluminatphasen und die Bildung der Sulfoaluminathydrate beeinflussen, kann es beim Ansteifen und Erstarren bestimmter Zemente zu Anomalien (Beschleunigung des Ansteifens, Verzögerung des Erstarrens) kommen.

Bei der Wirkstoffgruppe Melaminharz ist bei höherer Betontemperatur (größer 20 °C) mit einer schnell nachlassenden Verflüssigungswirkung durch frühes Ansteifen zu rechnen.

Naphthalinsulfonate bewirken schon bei geringen Zugabemengen hohe Verflüssigungseffekte. Dadurch können schon geringe Überdosierungen zu Problemen wie Entmischen des Betons (Bluten) und verzögertes Erstarren führen.

Polycarboxylatether sind Hochleistungsfließmittel, die für selbstverdichtende und hochfeste Betone entwickelt wurden. Die Dispergierung der Zementteilchen im Zementleim wird bei ihnen durch sterische und tribologische Effekte unterstützt. Dadurch gelingt es, Betone herzustellen, deren Fließgrenze gegen Null tendiert.

Fließmittel haben ihre besondere Bedeutung für die Herstellung von Fließbeton und hochfestem bzw. Hochleistungsbeton [Reinhardt – 95]. Fließbeton nach der Richtlinie [DAfStb RiLi Fließbeton – 95] darf sich in seiner Zusammensetzung vom Ausgangsbeton nur durch das Zumischen eines Fließmittels unterscheiden. Die erforderliche Fließmittelmenge, bezogen auf den Ausgangsbeton der Konsistenzbereiche KS, KP oder KR (falls der Ausgangsbeton mit BV verflüssigt wurde), ist stets mittels Eignungsprüfung festzulegen. Die Fließmittelmenge darf an der Mischanlage oder nachträglich für die Konsistenzbereiche KP und KR auf der Baustelle die Mindestzugabemenge nach Tafel B.2.12 nicht unterschreiten.
Wegen der begrenzten Dauer der verflüssigenden Wirkung ist das Fließmittel bei Transportbeton im allgemeinen nachträglich, d.h., unmittelbar bevor der Frischbeton das Mischfahrzeug verlässt, zuzumischen. Das Fließmittel ist vollständig unterzumischen (Mindestmischzeit 5 min). Die Kontrolle erfolgt bei Beginn der Arbeiten stets durch Ermittlung des Ausbreitmaßes, in der Folge durch augenscheinliche Kontrolle jeder Mischung durch einen erfahrenen und geschulten Betonfachmann. Durch besondere Umstände angesteifter Ausgangsbeton (Konsistenz kleiner KP) darf durch nachträgliche Fließmittelzugabe nicht mehr verflüssigt werden.
Fließbeton findet seine Anwendung insbesondere bei dichtbewehrten, schlanken Bauteilen (Stützen, Riegel) sowie bei flächigen, schwach geneigten Bauteilen (Industrieböden, Straßen).

Tafel B.2.12 Mindestzugabemenge an FM in Abhängigkeit von der Konsistenz des Betons

Konsistenz des vorhandenen Betons	Mindestzugabemenge ml/kg Zement
KS	8
KP	4
KR und KF	2

Tafel B.2.13 Luftgehalt im Frischbeton unmittelbar vor dem Einbau

Größtkorn des Zuschlaggemisches mm	Mittlerer Luftgehalt Volumenanteil in % [1)]
8	≥ 5,5
16	≥ 4,5
32	≥ 4,0
63	≥ 3,5

1) Einzelwerte dürfen diese Anforderungen um einen Volumenanteil von höchstens 0,5 % unterschreiten.

Luftporenbildner (LP) werden eingesetzt zur Verbesserung der Frost- bzw. Frost-Tausalz-Beständigkeit von Betonen. Sie müssen kugelförmige Mikroluftporen (Durchmesser kleiner 0,3 mm) erzeugen, die gleichmäßig und in geringem Abstand im Beton verteilt sind (Abstandsfaktor kleiner 0,2 mm).

Durch ihre kapillarbrechende Wirkung vermindern die Mikroluftporen das Saugvermögen des Betons und fungieren als luftgefüllte Ausgleichsräume des beim Gefrieren des Wassers entstehenden Drucks im Zementstein (Eis erfordert etwa 9 % mehr Raum als Wasser). Die eingeführten Luftporen verbessern die Verarbeitbarkeit des Betons. Dadurch kann der Mehlkorngehalt und der Wassergehalt bei gleichem Ausbreitmaß verringert und damit der durch die Luftporen verursachte Festigkeitsverlust des Betons teilweise ausgeglichen werden. Da die Luftporenbildung stark von der Betonzusammensetzung, insbesondere von Zementart und -menge abhängig ist, sind Eignungsprüfungen am Beton unerläßlich. Nach DIN 1045 wird der Einsatz von LP-Mitteln für Betone mit plastischer Ausgangskonsistenz bei hohem Frostwiderstand empfohlen. Für Beton mit hohem Frost- und Tausalzwiderstand und Straßenbeton nach ZTV-Beton-Stb 93 sind nach Größtkorn abgestufte Luftgehalte im Frischbeton erforderlich (s. Tafel B.2.13). Dieser Luftgehalt ist zur möglichen Korrektur infolge von Einflüssen aus Temperatur und Transport unmittelbar vor dem Einbau nach DIN 1045 zu prüfen. Eine Überdosierung von LP-Mitteln gegenüber den Vorgaben aus der Eignungsprüfung ist tunlichst zu vermeiden, weil sich damit die Festbetoneigenschaften (Druckfestigkeit, Dichtigkeit) erheblich verschlechtern können.

Dichtungsmittel (DM) sollen bei sachgemäßer Betonherstellung die Wasseraufnahme bzw. das Eindringen von Druckwasser in den Beton vermindern. Die an sie gestellten Erwartungen werden jedoch häufig nicht erfüllt, da die Betonzusammensetzung und -verarbeitung sowie die Nachbehandlung einen größeren Einfluss auf die Wasserundurchlässigkeit haben. Da in Deutschland nur hydrophobierende Dichtungsmittel zugelassen sind, nimmt die Wirkung in Abhängigkeit von der Zeit und Wasserdruck in der Regel ab. Ein schlecht zusammengesetzter und verdichteter Beton kann deshalb durch den Einsatz von Dichtungsmitteln nicht dauerhaft verbessert werden.

Verzögerer (VZ) sollen eine Verzögerung des Erstarrens des Zementleims und damit eine längere Verarbeitbarkeit des Betons bewirken. Verzögerer greifen direkt in den Hydratationsprozess der Zementklinkerminerale ein und können deshalb in Abhängigkeit von der Zementart zu unterschiedlichen Ergebnissen führen. Eine Überdosierung von Verzögerern kann beispielsweise ein beschleunigtes Erstarren bewirken.
Der Einsatz von Verzögerern wird erforderlich bei großen, fugenlosen Bauteilen, bei Betonen, die nachverdichtet werden sollen, für Transportbeton bei langen Transportwegen oder höheren Betontemperaturen. Entsprechend angepasste Rezepturen erfordern sorgfältige Eignungsprüfungen am Beton. Bei einer Verzögerung gegenüber dem Nullbeton (Ausgangsbeton) um mindestens drei Stunden ist die DAfStb-Richtlinie für Beton mit verlängerter Verarbeitbarkeit [DAfStb RiLi Verzögerter Beton – 95] zu beachten. Bild B.2.5 vermittelt eine Darstellung von Begriffen nach dieser Richtlinie. Dabei sind über DIN 1045 hinausgehende erweiterte Eignungsprüfungen und Überprüfungen der Rezeptur unter Berücksichtigung der Baustellen- und Temperaturbedingungen erforderlich. Bei einer Verarbeitbarkeitszeit von mehr als 12 Stunden darf bei Transportbeton der Verzögerer ausnahmsweise auch auf der Baustelle dem Transportbetonfahrzeug zugegeben werden. Die hierzu erforderlichen Bedingungen regelt die Richtlinie. Von besonderer Bedeutung sind frühzeitig eingeleitete Nachbehandlungsmaßnahmen, um eine Rissbildung des jungen Betons zu vermeiden (siehe Abschnitt 3).

Beschleuniger (BE) sollen das Erstarren und/oder das Erhärten deutlich beschleunigen. Sie werden sowohl als Gefrierschutz für den erhärtenden oder jungen Beton als auch zur Verbesserung der Standfestigkeit beim Spritzbeton eingesetzt. Im Hinblick auf den Korrosionsschutz dürfen im Stahlbeton nur chloridfreie Beschleuniger zum Einsatz kommen. Da andere betontechnologische Maßnahmen wie Zementauswahl, geringer Wasserzementwert und Erwärmen bzw. Warmbehandlung des Betons häufig wirkungsvoller und wirtschaftlicher sind, ist der Einsatz von Beschleunigern auf Spezialfälle beschränkt.

Einpresshilfen (EH) wirken bei Spannbeton dem Absetzen des Einpressmörtels für die Spannkanäle entgegen und sollen zur besseren Ausfüllung ein mögliches Quellen bewirken. Die Zugabemenge ist durch Eignungsprüfung zu bestimmen und die Rezepturparameter während der Bauausführung durch Güteprüfung nach DIN 4227 zu überwachen.

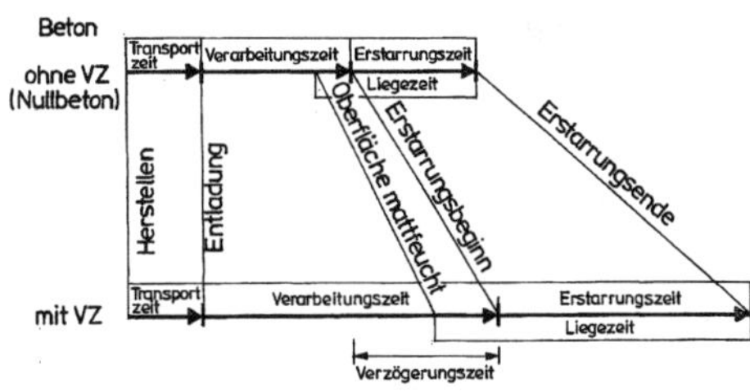

Abb. B.2.5 Schematische Darstellung der Begriffe bei verzögertem Beton

Stabilisierer (ST) sollen das Zusammenhaltevermögen des Frischbetons verbessern und das Absondern von Wasser (Bluten) vermindern. Der Frischbeton wird gleitfähiger und besser verarbeitbar. Einsatzgebiete für Stabilisierer sind Pumpbeton, Spritzbeton, Unterwasserbeton und Sichtbeton. Bei Leichtbeton verhindern sie das Aufschwimmen von Leichtzuschlägen.

2.5 Betonzusatzstoffe

Betonzusatzstoffe sind feinkörnige Stoffe, die durch chemische und/oder physikalische Wirkung bestimmte Betoneigenschaften beeinflussen. Hierzu gehören vorrangig die Konsistenz des Frischbetons sowie die Festigkeit, Dichtigkeit oder Farbe des Festbetons. Sie müssen unschädlich sein, d.h., sie dürfen das Erstarren und Erhärten, die Festigkeit und Dauerhaftigkeit sowie den Korrosionsschutz der Bewehrung im Beton nicht nachhaltig beeinträchtigen. Deshalb dürfen nur solche Betonzusatzstoffe verwendet werden, die entweder einer Stoffnorm entsprechen oder eine allgemeine bauaufsichtliche Zulassung besitzen.
Zu den Betonzusatzstoffen gehören die weitgehend inerten Gesteinsmehle und Farbpigmente, die puzzolanischen bzw. latent-hydraulischen Stoffe wie Flugasche, Traß und Silicastaub sowie Betonzusätze mit organischen Bestandteilen (z.B. Kunststoffemulsionen oder -dispersionen).

2.5.1 Inerte Zusatzstoffe

wie Gesteinsmehle reagieren nicht mit dem Zement und beeinflussen deshalb die Hydratation nicht. Auf Grund ihrer Korngröße können sie den Kornaufbau im Mehlkornbereich verbessern. Bei mehl- und feinkornarmen Zuschlaggemischen werden sie zugesetzt, um die Verarbeibarkeitseigenschaften und die Dichtigkeit des Betons zu verbessern. Zu beachten sind hierbei die höchstzulässigen Mehlkorn- und Feinsandgehalte nach Tabelle 3 von DIN 1045.

Pigmente dienen zum dauerhaften Einfärben des Betons. Sie müssen gegenüber Licht und alkalischen Wirkungen des Zements beständig sein und dürfen die Betoneigenschaften nicht beeinträchtigen. Die Farbwirkung der Pigmente ist abhängig von der Betonzusammensetzung (Zuschlag- und Zementfarbe). Für Sichtbetone wird deshalb häufig Weißzement eingesetzt.

2.5.2 Puzzolanische und latent-hydraulische Stoffe

Anorganische Stoffe mit hohen Anteilen an reaktionsfähiger Kieselsäure und Tonerde sind in der Lage, mit dem bei der Zementhydratation frei werdenden Calciumhydroxid zu reagieren und Calciumsilicathydrate mit zementähnlicher Struktur zu bilden (puzzolane Reaktion). Latenthydraulische Stoffe enthalten kalkarme Calciumsilicate, die erst bei alkalischer Anregung durch den Zement in der Lage sind, zu hydratisieren.
Zu den Puzzolanen gehören natürlicher Traß, silicatische Feinstäube (Silicastaub), getempertes Gesteinsmehl und Flugasche. Einige Flugaschen zeigen ebenso wie gemahlener Hüttensand (Zumahlstoff für Zement) in Verbindung mit Zement auch latent-hydraulisches Verhalten. Beide Reaktionstypen sind Oberflächenreaktionen, deren Geschwindigkeit von der Feinheit der Stoffe und der alkalischen Anregung abhängt. Die Reaktionsgeschwindigkeit ist aber wesentlich langsamer als bei den Zementen. Betone mit puzzolanischen oder latent-hydraulischen Zusatzstoffen bedürfen deshalb einer sehr sorgfältigen und verlängerten Nachbehandlung, um die Nacherhärtung der Betone zu sichern.
Es dürfen nur Zusatzstoffe mit nachgewiesener Eignung verwendet werden. Für die Anwendung nach prEN 206 gilt die Eignung als Zusatzstoff Typ I für Gesteinsmehle nach DIN 4226-1 und anorganische Pigmente nach DIN 53237 sowie als Zusatzstoff Typ II für Flugasche nach DIN EN 450 und Silicastaub mit allgemeiner bauaufsichtlicher Zulassung als nachgewiesen.

Flugaschen sind feinkörnige mineralische Rückstände aus Kohlekraftwerken mit Schmelzkammer- und Staubfeuerung. Die auch gebräuchliche Bezeichnung Filterasche resultiert durch ihre Abscheidung aus den Rauchgasen in Elektrofiltern. Unterschiedliche Arten von Kohle und Art der verwendeten Verbrennungsanlagen ergeben Flugasche mit unterschiedlichen Eigenschaften. Für die Anwendung im Beton sind solche Flugaschen besonders geeignet, die puzzolanisch reagieren und durch ihre kugelige Partikelform die Betoneigenschaften (Verarbeitbarkeit, Pumpbarkeit, Dichtigkeit, Dauerhaftigkeit) verbessern.
Während früher nahezu ausschließlich Steinkohlenflugaschen zur Anwendung kamen, ist nach DIN EN 450 der Einsatz auch von Braunkohlenflugasche zulässig, wenn der Gesamtgehalt an CaO weniger als 10 Masse-% beträgt und ansonsten die Anforderungen der Norm erfüllt werden.
Bei Flugaschen nach DIN EN 450 dürfen der Glühverlust 5 Masse-%, der Chloridgehalt 0,1 Masse-% und die Feinheit (Rückstand in Masse-% auf dem Sieb mit 0,045 mm Maschenweite) 40 % nicht überschreiten. Die Raumbeständigkeit einer Mischung aus 50 % Flugasche und 50 % Referenzzement muss gewährleistet sein. Von wesentlicher Bedeutung für die betontechnologische Anwendung ist der Aktivitätsindex als Verhältnis der im gleichen Alter geprüften Druckfestigkeit (in %) von Mörtelprismen, die einen Masseanteil von 75 % Referenzzement und 25 % Flugasche enthalten, sowie Mörtelprismen, die ausschließlich mit Referenzzement hergestellt sind.
Der Aktivitätsindex muss nach 28 Tagen mindestens 75 % und nach 90 Tagen mindestens 85 % betragen. Da der Aktivitätsindex keine direkten Informationen über den Festigkeitsbeitrag der Flugasche im Beton liefert, sind bei der Verwen-

dung von Flugasche nach DIN EN 450 im Betonbau gemäß [DAfStb RiLi Flugasche – 97] die Zusammensetzung des Betons für die Anwendungsfälle

- Beton und Stahlbeton nach DIN 1045,
- Spannbeton nach DIN 4227-1 oder DIN V ENV 1992-1-1,
- Beton nach DIN ENV 206,
- Bohrpfähle nach DIN 4014 und DIN V 4026-500,
- Ortbetonschlitzwände nach DIN 4126

stets durch Eignungsprüfungen festzulegen.

Für diese Anwendungsfälle nach Tafel B.2.14 und B.2.15 dürfen

a Portlandzement (CEM I),
b Portlandhüttenzement (CEM II/A-S oder CEM II/B-S),
c Portlandölschieferzement (CEM II/A-T oder CEM II/B-T),
d Portlandkalksteinzement (CEM II/A-L),
e Hochofenzement (CEM III/B) mit bis zu 70 Masse-% Hüttensand

verwendet werden.

Anstelle des w/z-Wertes darf der höchstzulässige ω-Wert (Wasserbindemittelwert) nach Spalte 4 unter Berücksichtigung der Anrechenbarkeit der Flugasche ermittelt werden.

Der Einsatz von Flugasche vermindert die Hydratationswärme und damit Zwangspannungen im Beton und erhöht seinen Sulfatwiderstand. So darf anstelle von HS-Zement eine Mischung aus Zement und 20 Masse-% Flugasche für Beton verwendet werden, wenn der Sulfatgehalt des angreifenden Wassers $\leq$ 1500 mg/l beträgt. Ein Zusatz von Flugasche für Beton mit hohem Frost- und Tausalzwiderstand ist nicht zulässig.

Silicastaub (St) ist ein extrem feinkörniger, mineralischer Zusatzstoff, der beim Herstellen von Silicium und Silicium-Legierungen entsteht und pulverförmig oder in wässriger Suspension geliefert wird. Er besitzt ausgeprägte puzzolanischen Eigenschaften und ist aufgrund seiner großen Feinheit chemisch viel aktiver als Flugasche. Der hohe Wasseranspruch macht die Verwendung eines Fließmittels zur Erzielung eines plastischen Betons unumgänglich. Die puzzolanische Reaktivität von Silicastaub verbessert die Packungs-

Tafel B.2.14 Anwendungsfälle nach DIN 1045, DIN 4014, DIN V 4026-500, DIN 4126 und DIN 4227

Anwendungsfall	Mindestzementgehalt z (kg/m³)	Mindestgehalt an Zement und Flugasche $z + f$ (kg/m³)	Höchstzulässiger Rechenwert für den Wasserbindemittelwert ω (-)
Innenbauteile	DIN 1045	keine Anforderung	$w/(z + 0{,}4\, f)$ [1]
Beton mit besonderen Eigenschaften (mit Ausnahme von Beton mit hohem Frost- und Tausalzwiderstand)	DIN 1045	keine Anforderung	
Außenbauteile in B I	270 (statt 300 nach DIN 1045)	300	
Außenbauteile in B II	DIN 1045	keine Anforderung	
Sulfatwiderstandsfähiger Beton	DIN 1045	keine Anforderung [2]	
Beton für Unterwasserschüttung (Unterwasserbeton) und Ortbetonschlitzwände	280 (statt 350 nach DIN 1045)	350	$w/(z + 0{,}7\, f)$ [1]
Beton für Bohrpfähle: Größtkorn 32 mm	280 (statt 350 nach DIN 4014)	350	
Größtkorn 16 mm	320 (statt 400 nach DIN 4014)	400	

Die Eignungsprüfung ist nach DIN 1045 durchzuführen. Der Übereinstimmungsnachweis ist nach DIN 1084 zu führen.

1) Auf ω anrechenbarer Flugaschegehalt: $f \leq 0{,}25\, z$
2) Für Zementarten a, b und d: $f/(z + f) \geq 0{,}20$
Für Zementarten c und e: $f/(z + f) \geq 0{,}10$

Tafel B.2.15 Anwendungsfälle nach DIN V ENV 206 und DIN V ENV 1992-1-1

Anwendungsfall	Mindestzementgehalt z (kg/m³)	Mindestgehalt an Zement und Flugasche $z + f$ (kg/m³)	Höchstzulässiger Rechenwert für den Wasserbindemittelwert ω (-)
Umweltklasse 1	240	260	$w/(z + 0{,}4\,f)$ [1]
Umweltklassen 2, 3, 4 und 5 (mit Ausnahme von Beton mit hohem Frost- und Tausalzwiderstand)	270 (statt 280 oder 300 nach DIN V ENV 206)	280 oder 300	
Umweltklasse 5 bei $500 < SO_4^{2-} \leq 1500$ mg/l im Wasser		280 oder 300 [2]	

Die Eignungsprüfung ist nach ENV 206 durchzuführen. Der Übereinstimmungsnachweis ist nach DIN V ENV 206 : 10.90, Abschnitt 11.3.3.1 (Fall 1), durch eine anerkannte Zertifizierungsstelle zu leisten.

1) Auf ω anrechenbarer Flugaschegehalt: $f \leq 0{,}25\,z$

2) Für Zementarten a, b und d: $f/(z+f) \geq 0{,}20$
Für Zementarten c und e: $f/(z+f) \geq 0{,}10$

dichte des Zementsteins allgemein, insbesondere die Kontaktzone zwischen Zuschlag und Zementstein, so dass eine sehr hohe Druckfestigkeit (über 100 N/mm²) und Dichtigkeit des Betons erreichbar wird. Damit verbunden ist die Verbesserung solcher Betoneigenschaften wie Frost- und Tausalzwiderstand, Widerstand gegen chemischen Angriff sowie das Eindringen von schädlichen Gasen und Flüssigkeiten. Der Einsatz von Silicastaub in Verbindung mit Fließmitteln bildet die Grundlage für die Herstellung von hochfestem bzw. Hoch-leistungsbeton. Nach [DAfStb Ri-Li hochfester Beton – 95] werden besondere Anforderungen an die Eignungsprüfung, Qualitätssicherung und Überwachung solcher Betone gestellt.
Zunehmende Anwendung findet Silicastaub auch bei Spritzbeton wegen der verbesserten Klebwirkung und des damit reduzierten Rückpralls.

3 Eigenschaften des Frischbetons und des erhärtenden bzw. jungen Betons

3.1 Struktur und Rheologie des Frischbetons

Frischbeton stellt ein heterogenes, polydisperses System dar, das aus den Phasen fest (Grob- und Feinzuschläge, Zement, Zusatzstoffe), flüssig (Wasser, Zusatzmittel) und gasförmig (Luft) besteht. Vereinfachend wird häufig von einem Zweiphasensystem ausgegangen, indem Zement und Feinststoffe zusammen mit dem Wasser als flüssige Phase (Zementleim, Feinmörtel) und der Zuschlag als feste Phase definiert werden. Hinsichtlich der Partikelgröße macht sich eine saubere Trennung beider Phasen erforderlich, da Feinststoffe das rheologische Verhalten des Frischbetons und die Festbetoneigenschaften im besonderen Maße beeinflussen [Wesche/ Schubert – 85], [Lisiecki – 85]. Der für das Mehlkorn herangezogene Grenzwert von 0,125 mm stellt hierfür eine geeignete Bezugsbasis dar. In Abhängigkeit von dem Verhältnis des spezifischen Volumens des Zementleims zu dem des Zuschlags kann man die Frischbetonstruktur bedingt in drei Typen einteilen [Schlüßler/Mcedlov-Petrosjan – 90]:

- „schwimmender" Zuschlag (der Abstand zwischen den Zuschlagkörnern ist um eine Ordnung und mehr größer als die Zementteilchen),
- dichte Zuschlagpackung (der Abstand zwischen den Zuschlagkörnern hat dieselbe Größenordnung wie die Zementteilchen),
- Zuschlagpackung mit einem Zementleimdefizit.

Im letzteren Fall wird die Porosität für spezielle Anwendungen (z.B. haufwerksporiger Leichtbeton, wasserdurchlässiger Beton für Pflastersteine und Filterrohre) absichtlich gebildet.
Die dichte Zuschlagpackung stellt den Prototyp für die Herstellung von Betonwaren aus steifem Beton mittels Vibropreßverdichtung dar.
Aus stofflich-technologischen Gründen (Verarbeitbarkeit, Dichtigkeit) hat Beton mit Zementleimüberschuss die größte Anwendungsbreite im Beton- und Stahlbetonbau gefunden. Die sich einstellenden geometrischen Verhältnisse der Betonstruktur werden häufig mit Modellen be-

schrieben (siehe [Pirner/Sessner – 90], [Krell – 85]), bei denen die Zuschlagkörner vereinfacht als kugelförmig angenommen werden. Abb. B.3.1 veranschaulicht das Schema einer Volumendilatation von dicht gepackten Zuschlägen mit der Packungsdichte p_{g0} durch ein zugeführtes Matrixvolumen. Das Matrixvolumen besteht aus den Teilvolumina des Zements einschließlich Mehlkorn, des Wassers und der Frischbetonporen. Das Verhältnis der Packungsdichten vom Zustand 0 zum Zustand 1 kann als Dilatationsfaktor

$$d = p_{g0} / p_{g1} \qquad \text{(B.3.1)}$$

definiert werden. Der Betrag des Dilatationsfaktors d läßt sich mit Hilfe einer mittleren Hüllschichtdicke der Zuschläge t wie folgt beschreiben [Pirner/Sessner – 90]:

$$d = t \cdot o_0 / p_{g0} + 1 \qquad \text{(B.3.2)}$$

mit o_0 volumenspezifische Oberfläche des Zuschlags

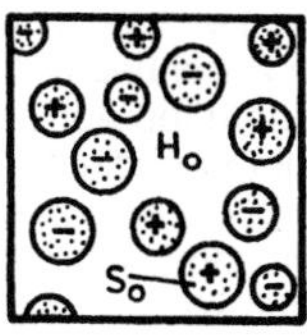

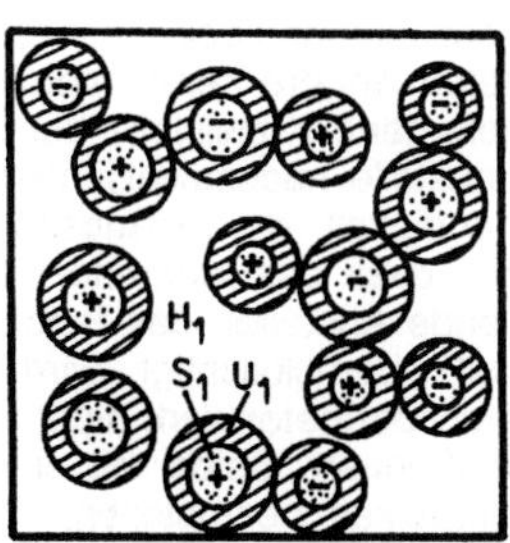

Abb. B.3.1 Schema einer isomorphen Volumendilatation, bezogen auf eine dichte Packung im Zustand 0 [Pirner/Sessner – 90]

Durch Rückrechnung experimenteller Befunde zum Wasserbedarf von Kiessandbetonen erhält man dafür die in Abb. B.3.2 dargestellte funktionale Abhängigkeit

$$t = f(\upsilon, \omega'') \qquad \text{(B.3.3)}$$

mit υ Verdichtungsmaß
ω'' Wasser-Bindemittelwert (modifiziert)

d.h., t und damit der Zementleimbedarf des Betons für eine vorgegebene Konsistenz läßt sich unabhängig vom Größtkorn des Zuschlags definieren. Für die mathematische Beschreibung dieser Funktion erweist sich folgender Ansatz als geeignet:

$$t = a \cdot \upsilon^{-b} \cdot (\omega'' - c)^{-d} \qquad \text{(B.3.4)}$$

a, b, c, d Regressionsparameter

Für die gegenüber normalen Kiessandbetonen abweichenden Hülldicken bei gebrochenem Zuschlag, Zement mit Zumahlstoffen sind die Parameter auf der Basis von Eignungsprüfungen bzw. einer prozessintegrierten Konsistenzmessung zu korrigieren. Als problematisch erweist sich in diesem Zusammenhang die Definition der Konsistenz mittels Ausbreit- und Verdichtungsmaß nach DIN 1045 bzw. zusätzlich als Setzmaß und Setzzeit nach E DIN 1045-2, da die Prüfwerte untereinander wegen des Fehlens funktionaler Zusammenhänge nicht eindeutig umrechenbar sind.

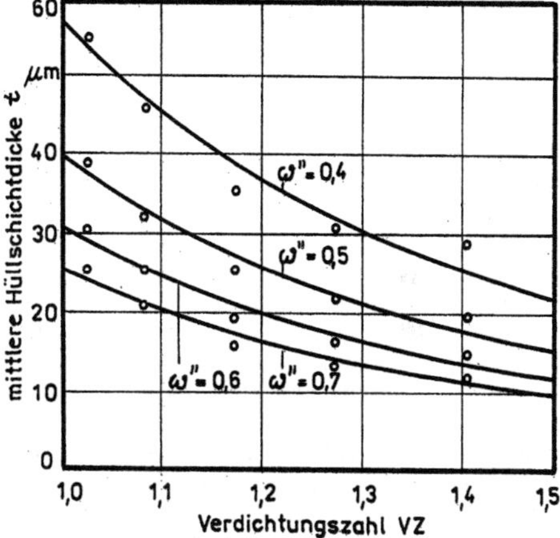

Abb. B.3.2 Mittlere Hüllschichtdicke t von Zementleim auf den Zuschlagpartikeln als Funktion von Verdichtungsmaß υ und modifiziertem Wasserzementwert ω'' [Pirner/Sessner – 90]

Nach [Tattersall – 83] sind Mörtel und Betone im Strukturtyp als *Bingham*-Medium aufzufassen. (Bei sehr steifen Mischungen werden zusätzlich die Mechanismen der *Coulomb*schen Reibung wirksam.) Solche Systeme sind dadurch gekennzeichnet, dass eine Schubspannung $\tau \geq \tau_0$ (Fließgrenze) erforderlich ist, um sie zum Fließen zu veranlassen. Es gilt idealisiert die in Abb. B.3.3 grafisch dargestellte Beziehung

$$\tau = \tau_0 + \mu \cdot \gamma \qquad \text{(B.3.5)}$$

mit μ dynamische Viskosität
γ Schiebungsgeschwindigkeit

Damit werden zur Charakterisierung des Fließverhaltens mindestens zwei Messpunkte bei unterschiedlichen Schiebungsgeschwindigkeiten erforderlich, wie sie z.B. mit Rotationsviskosimetern erzielt werden können. Da solche Untersuchungen am Beton schwierig und aufwendig sind, behilft man sich häufig mit Untersuchungen am Zementleim bzw. Mörtel [Banfill – 92]. Dabei wurde festgestellt, dass die wesentlichen Ein-

flussgrößen auf die Konsistenz des Frischbetons mit dem rheologischen Verhalten der Mörtelmatrix korrespondieren.
Eine exaktere Beschreibung der Rheologie des Frischbetons ist von erheblicher praktischer Bedeutung für die Automatisierung betontechnologischer Prozesse (z.B. Pumpen, Verdichten). Das bedeutet, dass die Verarbeitbarkeit den baupraktischen und verfahrenstechnischen Gegebenheiten angepasst werden muss, um die vorgegebenen Festbetoneigenschaften zu erreichen.
Der Begriff Verarbeitbarkeit schließt ein, dass der Frischbeton sich beim Fördern und Einbau nicht unzulässig entmischt und möglichst vollständig verdichtet wird. In Abhängigkeit von den Einbaubedingungen kommen nach DIN 1045 die Konsistenzstufen steif (KS), plastisch (KP), weich (KR) und fließfähig (KF) zur Anwendung (Tafel B.3.1).
Die Verarbeitungseigenschaften werden für einen vorgegebenen Wasserzementwert insbesondere von der Sieblinie des Zuschlags und dem Mehlkorngehalt des Feinmörtels beeinflusst. Der Mehlkorngehalt besteht aus dem Zementgehalt, dem Kornanteil des Zuschlags $\leq$ 0,125 mm und gegebenenfalls dem Betonzusatzstoff. Mehlkornreiche Mischungen haben ihre besondere Bedeutung für Pumpbeton, bei Beton für feingliedrige und eng bewehrte sowie wasserundurchlässige Bauteile. Bei besonderen Anforderungen an den Beton (z.B. hoher Frost- und Tausalzwiderstand) werden nach DIN 1045, Tabelle 3 die Anteile an Mehlkorn sowie Feinststoffen begrenzt. Eine Erhöhung des Mehlkorngehaltes um 50 kg/m³ ist zulässig

- bei Zementgehalten größer 350 kg/m³,
- bei Verwendung eines puzzolanischen Zusatzstoffes,
- bei einem Größtkorn des Betonzuschlags von 8 mm.

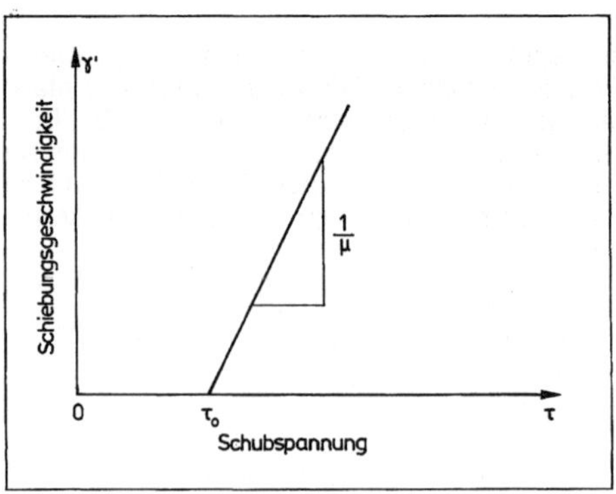

Abb. B.3.3. Spannungs-Verformungsverhältnis eines *Bingham*-Mediums

Für die Herstellung von hochfestem Beton nach DAfStb-Richtlinie gelten höhere Richtwerte für die Obergrenze des Mehlkorngehalts.
Zwischen dem Mischen und Verarbeiten des Frischbetons liegen insbesondere bei Transportbeton längere Zeiträume. Da am Frischbeton die geforderte Konsistenz bei der Übergabe auf der Baustelle nachzuweisen ist, ergibt sich die Notwendigkeit, die Anfangskonsistenz so einzustellen, dass das während des Transports stattfindende Ansteifen des Betons durch ein Vorhaltemaß berücksichtigt wird. Deshalb wird das Transportbetonwerk nicht nur mit der Forderung konfrontiert, Beton mit einer bestimmten Verarbeitbarkeit herzustellen, sondern es werden ebenso hinreichend genaue Aussagen über die zeitliche Änderung der Konsistenz benötigt. Deshalb wird im Rahmen von Eignungsprüfungen im Temperaturbereich von 15 bis 22 °C das Ansteifen durch Konsistenzmessungen 10 und 45 min nach Wasserzugabe bestimmt. Für abweichende Bedingungen, wie sie leider bei Transportbeton

Tafel B.3.1 Abgrenzung der Konsistenzbereiche

	KS: steif	KS: plastisch	KR: weich	KF: fließfähig
Verdichtungsmaß υ (-)	$\geq$ 1,20	1,19 ... 1,08	1,07 ... 1,02	-
Ausbreitmaß a (mm)	-	350 ... 410	420 ... 480	490 ... 600
Eigenschaften des Feinmörtels	etwas nasser als erdfeucht	weich	flüssig	sehr flüssig
Eigenschaften des Frischbetons beim Schütten	noch lose	schollig bis knapp zusammenhängend	schwach fließend	fließend
Verdichtungsart	kräftig wirkende Rüttler und/oder kräftiges Stampfen bei dünner Schüttlage	Rütteln und/oder Stochern oder Stampfen	Stochern und/oder leichtes Rütteln	„Entlüften“ durch Stochern und/oder leichtes Rütteln

als Regelfall auftreten, sind zusätzliche Untersuchungen unumgänglich. Die Berücksichtigung der dabei wirkenden unterschiedlichen Einflüsse stellt in der Transportbetonpraxis nach wie vor eine entscheidende Aufgabe dar. Im wesentlichen sind dabei folgende Faktoren von Bedeutung:

- *Zement:* Die Änderung der Konsistenz des Betons ist Ausdruck der im Zementleim ablaufenden hydratationsbedingten Strukturbildungsprozesse, die primär von den Eigenschaften des Zements bestimmt werden.
- *Zusatzmittel:* Durch den Einsatz von Betonzusatzmitteln werden nicht nur die rheologischen Eigenschaften des Zementleims und damit des Betons verändert, sondern auch dessen Strukturbildung, wodurch die Konsistenzänderung in unterschiedlicher Weise beeinflusst wird.
- *Intensität und Dauer des Mischens:* Beim Transport in Fahrmischern ist der Frischbeton bis zum Einbau einer kontinuierlichen mechanischen Beanspruchung ausgesetzt, deren Intensität und Dauer das Ansteifen beeinflussen.
- *Frischbetontemperatur:* Die Geschwindigkeit der bei der Strukturbildung im Zementleim ablaufenden Reaktionen ist in starkem Maße abhängig von der Betontemperatur. Zudem wird die Wirkung von Zusatzmitteln durch die Temperatur modifiziert.
- *Konsistenz:* Es ist bekannt, dass Betone unterschiedlicher Anfangskonsistenz in Verbindung mit dem fortwährenden Mischen ein anderes Ansteifungsverhalten aufweisen.

Da das Ansteifen des Frischbetons auf die Konsistenzänderung der Mörtelphase zurückzuführen ist, können diesbezügliche Untersuchungen mit Hilfe von Rotationsviskosimetern prozeßbegleitend zur Festlegung der Vorhaltemaße für die Ausgangskonsistenz durchgeführt werden [Banfill/Hornung – 92].

3.2 Eigenschaften des jungen Betons

Nach der Anlieferung ist der Frischbeton möglichst sofort (mit der vorgegebenen Konsistenz), in jedem Fall vor dem Ansteifen in die Schalung einzubringen und zu verdichten. Beim Verdichten werden die thixotropen Eigenschaften des Zementleims, d.h. die Verflüssigung durch Vibrationseinwirkungen, genutzt, um die Bewehrung vollständig zu umhüllen und den Beton bis auf einen Restgehalt von 1 bis 3 Vol.-% zu entlüften. Solange der Zementleim durch die einsetzende Strukturbildung nicht erstarrt ist, kann das Verdichten wiederholt werden. Durch diese Nachverdichtung werden Fehlstellen, z.B. unter horizontaler Bewehrung, geschlossen und allgemein eine Strukturverdichtung erreicht. Dies ist insbesondere bei hochbelasteten Bauteilen (z.B. Wandkronen von Klärbecken) im Hinblick auf einen hohen Frost-Tausalzwiderstand bzw. hoher Dichtigkeit von Bedeutung. Läßt sich der Frischbeton durch Vibrationseinwirkungen nicht mehr plastisch verformen, beginnt das Erstarren des Zementleims. Diese Phase des Übergangs zwischen Frisch- und Festbeton wird als grüner bzw. junger Beton definiert [Wierig – 71] und erstreckt sich bis zu einem Zeitpunkt, in welchem die Erhärtungsgeschwindigkeit ein Maximum erreicht hat (Wendepunkt der Verfestigungskurve). Die in diesem Zeitraum ablaufenden Phänomene der Hydratation (Wasserbindung, Wärmeentwicklung) und Strukturbildung sind von besonderer Bedeutung für die Eigenschaften des Festbetons.

3.2.1 Strukturbildung

Bei der Zementhydratation entstehen durch Reaktion der Klinkerphasen mit dem Wasser feste Neubildungen, die den ursprünglich vom Wasser-Feststoff-System (Zementleim) eingenommenen Raum durch ein sehr dichtes Haufwerk von Neubildungen (Zementgel) ausfüllen (Abb. B.3.4). Die damit einhergehende Strukturbildung wird in den Stufen Ansteifen und Erstarren vorwiegend durch die Bildung nadelförmiger Ettringitkristalle auf der Zementkornoberfläche bestimmt. Die anfangs feinkörnige Struktur der Calciumaluminatsulfathydrate überbrückt nach einigen Stunden den wassergefüllten Raum zwischen den Zementkörnern.
Durch zunehmende Verfilzung der Nadeln verliert der Zementleim seine thixotropen Eigenschaften (Ansteifen – Erstarren). Es entsteht ein labiles Gefüge aus vorwiegend kristallinen Hydratationsprodukten wie Portlandit ($CaOH_2$) und Ettringit (Trisulfat). Die nun stürmisch einsetzende Hydratation der Calciumsilicate bewirkt die Bildung eines Grundgefüges. In diesem Zeitraum erreicht der Beton (Zementstein) erste Festkörpereigenschaften, was mit einer starken Änderung des Verformungswiderstandes einhergeht. Die entstandene Mischstruktur aus den vorgenannten kristallinen und den eher gelartigen Hydratationsprodukten der Calciumsilicathydrate verdichtet sich nach Tagen und Monaten zu einem stabilen Gefüge. Die Festkörpereigenschaften dieses Gefüges werden vorwiegend durch das sehr dichte Netzwerk der entstandenen Calciumsilicathydrate bestimmt. Aus physikalischer Sicht bedeutungsvoll ist die damit einhergehende Vergrößerung der inneren Oberfläche des Zementgels um etwa das Tausendfache [Keil – 71].

Das ist die Ursache dafür, dass außer der chemischen Wasserbindung durch die Hydratationsreaktion, die etwa 25 % der Zementmasse beträgt, eine adsorptive Bindung von Wasser als Gelwasser in Höhe von 15 % der Zementmasse erfolgt. Die hierdurch entstehenden Gelporen haben eine so geringe Porengröße, dass das Gelwasser unter normalen klimatischen Bedingungen weder verdunstet noch gefrieren kann. Das chemisch gebundene Wasser erfährt durch seine Bindung eine Volumenkontraktion von 25 %. Man bezeichnet diesen Vorgang als Schrumpfen und den hierdurch gebildeten Porenraum als Schrumpfporenraum. Für die vollständige Hydratation benötigt der Zement demnach 40 % seiner Masse, entsprechend einem Wasserzementwert $\omega = 0{,}40$. Bei höheren ω-Werten bleibt ein Teil des Wassers ungebunden und hinterlässt Kapillarporen, die um ein Vielfaches größer sind als die Gelporen. Die Größe des Kapillarporenraumes bestimmt damit maßgeblich die Eigenschaften (Dichtigkeit, Festigkeit) des Zementsteins und damit des Betons.
Die entstehenden Volumenverhältnisse im Zementstein für Hydratationsgrade von 50 % und 100 % sind in Abb. B.3.5 dargestellt. Hieraus geht hervor, dass der Kapillarporenraum des Zementsteins eine Funktion des Wasserzementwertes und des Hydratationgrades ist.

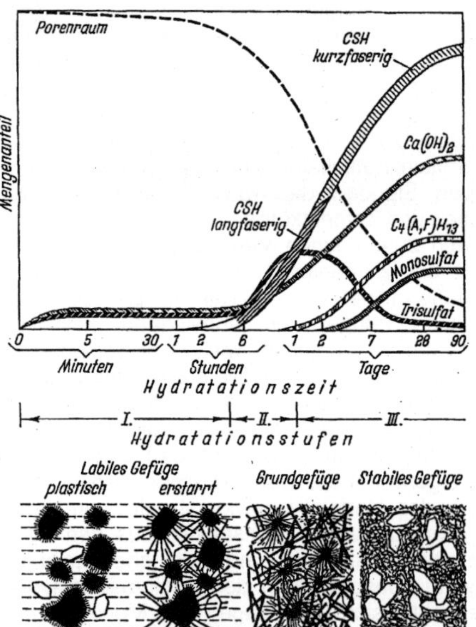

Abb. B.3.4 Schematische Darstellung der Hydratphase und der Gefügeentwicklung bei der Hydratation des Zements: CSH = Calciumsilicathydrat, $C_4(A,F)H_{13}$ = Eisenoxidhaltiges Tetracalciumaluminathydrat [Locher – 84]

Damit wird neben der Einhaltung eines vorgegebenen ω-Wertes die Rolle einer frühzeitig einsetzenden Nachbehandlung für eine möglichst vollständige Hydratation des Zements und das Erreichen gewünschter Betoneigenschaften deutlich. Bei Betonen mit langsam erhärtenden Zementen oder Flugaschezusatz ergibt sich hieraus schlußfolgernd eine Verlängerung der Nachbehandlungsdauer für die Ausbildung eines dichten Zementsteins mit geringem Kapillarporenraum [DAfStb RiLi Nachbehandlung von Beton – 84].

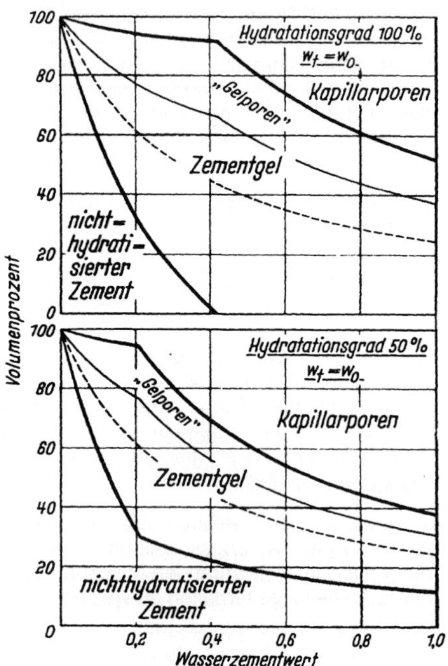

Abb. B.3.5 Volumenverhältnisse des Zementsteins in Abhängigkeit vom w/z-Wert und Hydratationsgrad [Wesche – 81]

3.2.2 Verformungsverhalten

Der Übergang vom jungen zum reifen Beton wird in besonderer Weise durch die Entwicklung des Verformungswiderstandes charakterisiert. Im Bereich erster messtechnisch erfassbarer Druckfestigkeiten durchläuft dabei der Beton einen Minimalwert, in dem aufgezwungene Verformungen zu irreversiblen Längenänderungen bzw. Rissbildungen führen [Wierig – 71]. Dieser als Verformungsgrenze definierte Abschnitt entspricht einem Zustand „maximaler Sprödigkeit" der Betonstruktur. Vor diesem Zustand läßt sich der Beton stärker verformen, da sein Verformungswiderstand klein ist (vorwiegend plastischer Bereich).

B

Danach verträgt er wiederum größere Längenänderungen, denn der Verformungswiderstand nimmt zwar weiter zu, aber die Festigkeit steigt nun schneller an. Die Fähigkeit zur Formänderung nimmt gleichzeitig weiter ab (vorwiegend elastischer Bereich). Die minimale Verformbarkeit kann als physikalisch definierter Grenzzustand zwischen jungem und reifem Beton angesehen werden [Kral/Becker – 76]. Mindestens bis zu diesem Zeitpunkt muss der junge Beton vor Spannungen aus äußerem oder inneren Zwang bewahrt werden, wenn Gefügestörungen durch Mikrorisse oder größere Risse vermieden werden sollen. Da dieser Zeitpunkt von der Betonzusammensetzung und den Umgebungsbedingungen abhängig ist, sind betontechnologische Maßnahmen hierauf abzustimmen. Neben unzulässigen mechanischen Beanspruchungen durch Vibration und starke Erschütterungen des jungen Betons haben Verformungen infolge Schwindspannungen und Hydratationswärmeentwicklung für die Entstehung von Rissen besondere Bedeutung.

Das Absetzen von Wasser bzw. Zementleim an der Oberfläche (Bluten) führt bei sommerlichen Temperaturen und trockenen Umgebungsbedingungen zu Frühschwinden oder plastischem Schwinden im Oberflächenbereich von Betonbauteilen und in dessen Folge zu netzartigen Rissen. Die von der Oberfläche zum Inneren des Betons hin schnell abnehmenden Rissbreiten sind typisch für Risse infolge plastischen Schwindens. Aus der Bezeichnung geht bereits hervor, dass der Zeitraum des Auftretens der Rissbildungen sich auf die Stunden nach der Verdichtung des Betons bis zum Erhärtungsbeginn (plastischer Bereich) erstreckt. Maßnahmen gegen das Frühschwinden sind eine geeignete Betonzusammensetzung, die das Bluten verhindert und der frühzeitige Schutz der Betonoberfläche vor dem Austrocknen. Der Beginn von Nachbehandlungsmaßnahmen ist spätestens dann angesagt, wenn der Beton „anzieht“ und die Oberfläche mattfeucht wird. Die schon bei kurzzeitiger Austrocknung der Oberfläche entstehenden feinen Risse werden meist erst später sichtbar.

Die Hydratation des Zements ist ein exothermer Vorgang. Die frei werdende Hydratationswärme ist eine Funktion der Zementart (siehe Abschnitt 2.1.2) und der Zementmenge im Beton. Von Bedeutung ist weiterhin die Geschwindigkeit der Wärmefreisetzung, die im wesentlichen durch die Reaktionstemperatur sowie durch Betonzusatzmittel (z.B. Verzögerer) und Zusatzstoffe (z.B. Filteraschen) beeinflußt wird [DAfStb RiLi Nachbehandlung von Beton – 84]. Der Verlauf der Wärmeentwicklungsrate von Zementen läßt sich in einfacher Weise mit Hilfe von Differentialkalorimetern unter Berücksichtigung der zu erwartenden betontechnologischen Bedingungen im voraus bestimmen (Abb. B.3.6).

Durch entsprechende Wärmetransportmodelle für den erhärtenden Beton läßt sich dann der zu erwartende Temperaturverlauf in Betonbauteilen berechnen [Pirner/Sessner – 90].

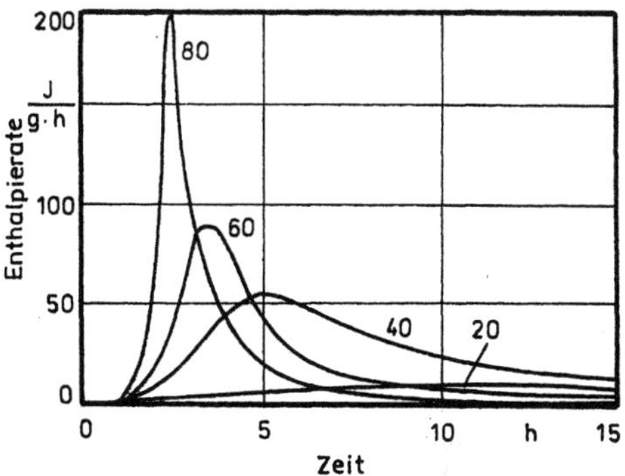

Abb. B.3.6 Zeitverläufe der Enthalpierate (Hauptreaktionsphase) im Temperaturbereich 20 bis 80 °C für Portlandzement [Pirner/Sessner – 90]

Bei dickeren Bauteilen stellt sich infolge der nahezu adiabatischen Verhältnisse im Kern und abfließender Hydratationswärme über die Bauteiloberfläche ein ausgeprägter Temperaturgradient über den Querschnitt ein. Die Temperaturunterschiede führen innerhalb des Querschnitts im Kern zu Druck- und in den Randzonen zu Zugspannungen. Wird die zulässige Betonzugspannung überschritten, kommt es zu oberflächennahen Rissen. Werden die Betonoberflächen durch wärmedämmende Maßnahmen vor zu schneller Abkühlung geschützt, lassen sich die Temperatur- und Feuchteunterschiede zwischen Kern und Schale verringern und damit Oberflächenrisse weitgehend vermeiden.

Trennrisse entstehen häufig dann, wenn ein aufgehendes (Wand) auf ein bereits erhärtetes Bauteil (Sohle) betoniert wird. Der junge Beton dehnt sich infolge Eigenwärmeentwicklung aus. Beim späteren Abkühlen will sich der Beton zusammenziehen, wird aber durch den Verbund mit dem Altbeton daran gehindert. Die durch inneren Zwang entstehenden Trennrisse verlaufen meist senkrecht zur Sohle quer durch die Wandkonstruktion hindurch. Dabei begünstigen anfangs entstandenen Oberflächenrisse eine spätere Trennrissbildung.

Der grundsätzliche Zusammenhang zwischen der Betontemperaturentwicklung durch abfließende Hydratationswärme und den entstehenden Zwangspannungen ist in Abb. B.3.7 dargestellt.

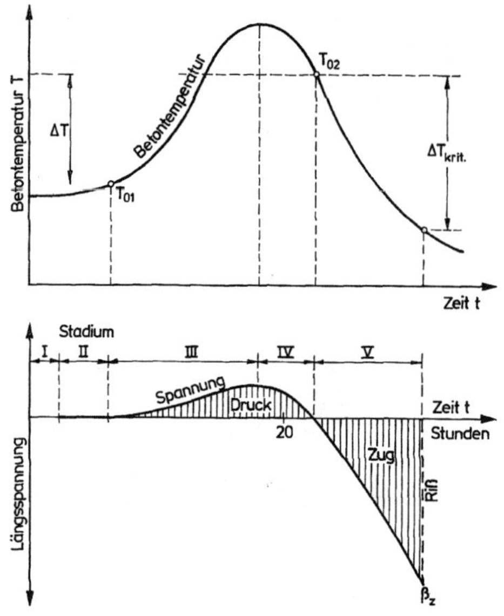

Abb. B.3.7 Temperatur und Spannungsverlauf im jungen Beton bei behinderter Verformung [Breitenbücher – 89]

Bis zum Zeitpunkt T_{01} (1. Nullspannungstemperatur) werden die auftretenden Spannungen in plastische Formänderungen des Betons umgesetzt. Mit zunehmender Druckfestigkeit des erhärtenden Betons bauen sich durch weitere Erwärmung Druckspannungen auf, die anfangs noch durch Relaxation abgebaut werden. Mit dem Erreichen der maximalen Betontemperatur fällt das Maximum der Druckspannung zusammen. Infolge abfließender Hydratationswärme und Absenken der Betontemperatur werden die Betondruckspannungen bis zur 2. Nullspannungstemperatur T_{02} vollständig abgebaut. Die sich durch weitere Abkühlung aufbauenden Zugspannungen führen zum Riss, wenn die vorhandene Zugfestigkeit des Betons überschritten wird. Die Ermittlung der kritischen Risstemperatur erfolgt mittels Reißrahmenversuche [Breitenbücher – 89]. Auch wenn diese Versuche nicht alle in der Baupraxis wirkenden Einflussgrößen erfassen können, ermöglichen sie die Einstufung von Beton mit bestimmter Zementart und Betonzusammensetzung in die Kategorien niedriger, mittlerer oder hoher Reißwiderstand.
Da die sich aufbauende Zwangs-Zugspannung temperaturinduziert ist, wirken einer Rissbildung alle betontechnologischen Maßnahmen entgegen, die die Hydratationswärme und die Wärmeentwicklung verringern bzw. auf einen längeren Zeitraum verteilen.

Hierzu gehören:

- Verwendung von NW-Zementen bzw. von Zementen mit einer gestreckten Hydratationswärmeentwicklung, die auch mittels Verzögererzusatz bzw. verzögernder Fließmittel realisiert wird [Lang – 97],
- möglichst geringer Zementleimgehalt durch Wahl einer günstigen Sieblinie des Zuschlags in Kombination mit einem Verflüssiger- bzw. Fließmittelzusatz,
- möglichst niedrige Frischbetontemperatur durch Kühlen der Betonbestandteile bzw. Verlegung der Betonierzeiten in die Nachtstunden,
- Verhinderung einer schnellen Abkühlung der Betonoberfläche durch wärmedämmende Abdeckung und einer Verlängerung der Ausschalfristen,
- Verschiebung der Druckfestigkeitsnachweise auf einen Zeitraum von 56 oder 90 Tagen.

Dabei ist zu berücksichtigen, dass die geforderten Festbetoneigenschaften insbesondere bei Betonen mit besonderen Eigenschaften in jedem Falle erreicht werden.

4 Berechnung der Betonzusammensetzung

4.1 Eingangsgrößen und Algorithmen

Rechnerische Methoden zur Festlegung der Betonzusammensetzung werden als Mischungsentwurf oder Betonprojektierung bezeichnet. Damit kommt zum Ausdruck, dass die praktische Umsetzung der errechneten Rezeptur erst nach einer Eignungsprüfung im Labor oder nach erweiterten Eignungsprüfungen unter Einbeziehung der Misch-, Transport-, Verarbeitungs- und Erhärtungstechnologie beendet ist. Werden keine besonderen Forderungen an den Beton gestellt (B I-Beton), kann die Betonzusammensetzung nach DIN 1045 als Rezeptbeton (Tafel B.4.1) festgelegt werden.
Mit rechnerischen Methoden lassen sich auch erprobte Mischungen korrigieren. Solche Korrekturen sind z.B. erforderlich, wenn sich die Verarbeitbarkeit des Frischbetons durch Kornverschiebungen im Sandbereich ändert und die Sieblinie den neuen Verhältnissen angepasst werden muss.
Die eigentliche Mischungsberechnung umfasst Regeln bzw. Algorithmen zur Bestimmung der Gemengeanteile Zement, Zuschlag, Wasser (Zu-

satzstoff), die zur Herstellung eines Kubikmeters verdichteten Frischbetons benötigt werden mit dem Ziel, dass

- der Frischbeton eine vorgegebene Konsistenzstufe bei ausreichender Stabilität gegen Entmischung besitzt und
- der Festbeton in einem bestimmten Alter die geforderten Eigenschaften wie z.B. Druckfestigkeit, Dichtigkeit und Dauerhaftigkeit erreicht.

Tafel B.4.1 Mindestzementgehalt für Beton B I bei Betonzuschlag mit einem Größtkorn von 32 mm und Zement der Festigkeitsklasse Z 35 nach DIN 1164 Teil 1

Festigkeitsklasse des Betons	Sieblinienbereich des Betonzuschlags[1]	Mindestzementgehalt in kg je m³ verdichteten Betons für Konsistenzbereich		
		KS	KP	KR
B 5 [2]	③	140	160	-
	④	160	180	-
B 10 [2]	③	190	210	230
	④	210	230	260
B 15	③	240	270	300
	④	270	300	330
B 25 allgemein	③	280	310	340
	④	310	340	380
B 25 für Außenbauteile	③	300	320	350
	④	320	350	380

[1] Siehe Abb. B.2.1 bis B.2.4.
[2] Nur für unbewehrten Beton.

Die Berechnungsmethoden zur Gemengeprojektierung lassen sich allgemein auf eine Methode von *Walz* [Walz – 58] zurückführen, die folgende stofflich-technologischen Zusammenhänge beschreibt:

- die Abhängigkeit der Betondruckfestigkeit β_{D28} von der Zementfestigkeit N_{28} und dem Wasserzementwert ω (Wasserzementwert-Gesetz)

$$\beta_{D28} = f(\omega, N_{28}) \qquad \text{(B.4.1)}$$

  für einen Zeitraum von 28 Tagen Normlagerung bei 20 °C

- die Abhängigkeit des Wasserbedarfs w des Zuschlags von der Sieblinie (beurteilt nach Körnungsziffer k und Größtkorn d_{max}) und der Konsistenzstufe K

$$w = f(k, d_{max}, K) \qquad \text{(B.4.2)}$$

- die Volumenbedingung bzw. Stoffraumbeziehung in der Form, dass die Teilvolumina des Zements V_z, des Zuschlags V_g, des Wassers V_w einschließlich verbleibender Luftporen V_l einen Kubikmeter verdichteten Frischbeton V_B ergeben

$$V_z + V_g + V_w + V_l = V_B = 1 \text{ m}^3 \qquad \text{(B.4.3)}$$

bzw.

$$\frac{z}{\rho_z} + \frac{g}{\rho_g} + \frac{w}{\rho_w} = 1000 \text{ dm}^3/\text{m}^3 \qquad \text{(B.4.4)}$$

mit
z Zementgehalt kg/m³
g Zuschlaggehalt kg/m³
w Wassergehalt kg/m³
ρ_z Dichte des Zements kg/dm³
ρ_g Kornrohdichte des Zuschlags kg/dm³
ρ_w Dichte des Wassers kg/dm³

bzw. die Summe der bezogenen Gemengeanteile die Frischbetonrohdichte repräsentiert

$$z + g + w = \rho_R \text{ kg/m}^3 \qquad \text{(B.4.5)}$$

Für die Zementdichte ρ_z werden Werte von 3,1 kg/dm³ für Portlandzemente und 3,0 kg/dm³ für Hochofenzemente angenommen. Die Dichte von Kompositzementen hängt stark von der Art der zugemahlenen Bestandteile ab.
Bei Flugaschen ist mit Rohdichtebereichen zwischen 2,2 und 2,8 kg/dm³ zu rechnen.
Liegen bei den Zuschlägen keine Kornrohdichten vor, so werden vereinfachend für Kiese und Sande ein Wert von 2,60 kg/dm³, für gebrochene dichte Gesteine ein Wert von 2,65 kg/dm³ in Ansatz gebracht.
Üblich ist auch die Angabe der Rezeptur als Mischungsverhältnis mit Einführung der Beziehungen μ, ω entsprechend

$$\frac{z}{z} : \frac{g}{z} : \frac{w}{z} = 1 : \mu : \omega \qquad \text{(B.4.6)}$$

4.2 Wasserzementwert-Druckfestigkeits-Beziehung

Nach dem Wasserzementwert-Gesetz von *Walz* kann die Betondruckfestigkeit auf die Zementsteinfestigkeit zurückgeführt werden.
Die die Druckfestigkeit zusätzlich beeinflussenden Eigenschaften des Betonzuschlags, der Haftung zwischen Zementstein und der Zuschlagkornoberfläche sowie der Einfluss der Zementleimmenge kann bei normgerechten Betonbestandteilen bis zur Festigkeitsklasse B 55 bei Einhaltung der Prüfbedingungen nach DIN 1048-5 vernachlässigt werden.

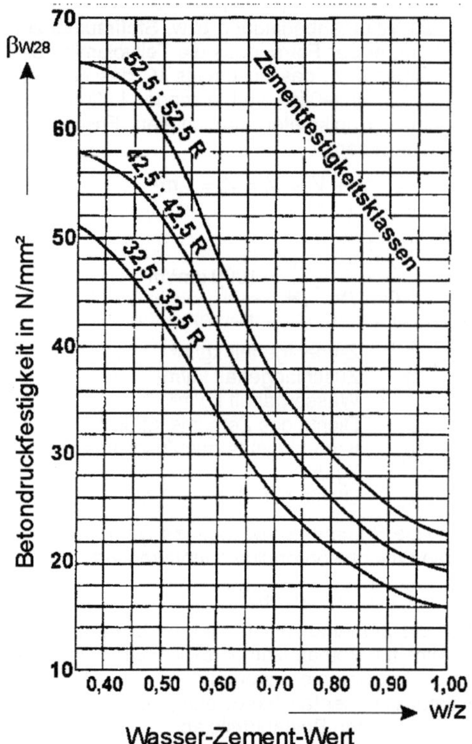

Abb. B.4.1 Zusammenhang zwischen Betondruckfestigkeit, Zementnormfestigkeit und Wasserzementwert nach *Walz*

Hieraus leitet sich die in Abb. B.4.1 gezeigte Abhängigkeit

$$\beta_{D28} = f(\omega, N_{28}) \qquad \text{(B.4.7)}$$

ab. Diese empirisch ermittelte Beziehung gilt für Kiessandbetone üblicher Zusammensetzung unter folgenden Bedingungen:

- vollständige Frischbetonverdichtung (Porengehalt $\leq$ 1,5 Vol.-%),
- β_{D28} ist der Mittelwert einer Prüfserie von drei 20er-Würfeln, die unter Normbedingungen gelagert wurden,
- den Zementfestigkeitsklassen liegen mittlere Zementfestigkeiten zugrunde, die etwa 10 N/mm² über der Normfestigkeitsklasse des Zements liegen.

Da höhere Luftporengehalte im Frischbeton die Druckfestigkeit in ähnlicher Weise wie zusätzliches Wasser (bzw. Kapillarporen) festigkeitsmindernd beeinflussen, werden sie in der ($\omega - \beta_D$)-Beziehung gemäß

$$\omega' = (w + V_{lü} \cdot \rho_w) / z \qquad \text{(B.4.8)}$$

mit $V_{lü} = V_l - 15$ in dm³

berücksichtigt. Diese Verfahrensweise ist insofern nicht exakt, da der vernachlässigte Porenanteil von 1,5 % auf das Betonvolumen bezogen ist, sich aber im Einfluss auf die Festigkeit allein im Zementstein auswirkt. Damit ist die Einbeziehung des gesamten Luftporengehaltes V_l in den Wasserzementwert nach

$$\omega'' = (w + V_l \cdot \rho_w) / z \qquad \text{(B.4.9)}$$

nicht nur konsequenter, sondern führt auch praktisch nachweisbar zu einer genaueren Festigkeitsbeziehung

$$\beta_{D28} = f(\omega'', N_{28}) \qquad \text{(B.4.10)}$$

Ein weiteres Problem ergibt sich durch den Bezug auf die Normfestigkeitsklasse oder eine mittlere Festigkeit des Zements, von der die aktuelle Zementfestigkeit ohne weiteres um $\pm$ 8 N/mm² abweichen kann. Ein verbesserter Ansatz bedarf der aktuellen Zementfestigkeit, die als standardisierter Prüfwert erst nach 28 Tagen vorliegt, wonach unter normalen Bedingungen der eingesetzte Zement allerdings häufig verarbeitet ist. In diesem Zusammenhang gewinnen Schnellprüfverfahren an Bedeutung, mit denen die aktuelle Zementfestigkeit aus physikalischen Kennwerten des Zements über multiple Regressionsansätze bestimmt werden kann [Pirner/Sessner – 90]. Hieraus läßt sich eine verbesserte Festigkeitsfunktion gemäß

$$\beta_{D28} / N_{A28} = a \cdot \exp(-b \cdot \omega'') \qquad \text{(B.4.11)}$$

mit N_{A28} aktuelle Zementfestigkeit
a, b Regressionsparameter

ableiten.

Abb. B.4.2 zeigt einen Vergleich zwischen herkömmlicher und verbesserter Funktion, bezogen auf einen Erhärtungszeitraum von 28 Tagen. Betonfestigkeiten zu einem früheren oder späteren Zeitpunkt lassen sich einfach berechnen, wenn die Normfestigkeit des Zements für das entsprechende Betonalter bekannt ist. Gegenüber den *Walz*-Kurven (siehe auch Abb. B.4.1) hat die Festigkeitsfunktion

$$\beta_{D28} = f(\omega'')$$

keinen Wendepunkt bei ω-Werten kleiner 0,5. Dieser Wendepunkt resultiert bei den *Walz*-Kurven aus der Art der Versuchsdurchführung. Erfahrungsgemäß verschlechtert sich die Verarbeitbarkeit des Frischbetons im Bereich kleiner ω-Werte zunehmend, wenn der Zementleimgehalt nicht überproportional erhöht wird. Bei gleicher Verdichtungsarbeit wird dadurch keine vollständige Verdichtung (Porenraum ≤ 1,5 Vol.-%) des Betons mehr erreicht. Die damit einhergehende Erhöhung des Luftporenraums im Beton führt bei Nichtberücksichtigung im Wasserzementwert nach Gleichung (B.4.9) zwangsläufig zu einem Funktionsverlauf mit einem Wendepunkt im Bereich kleiner ω-Werte.

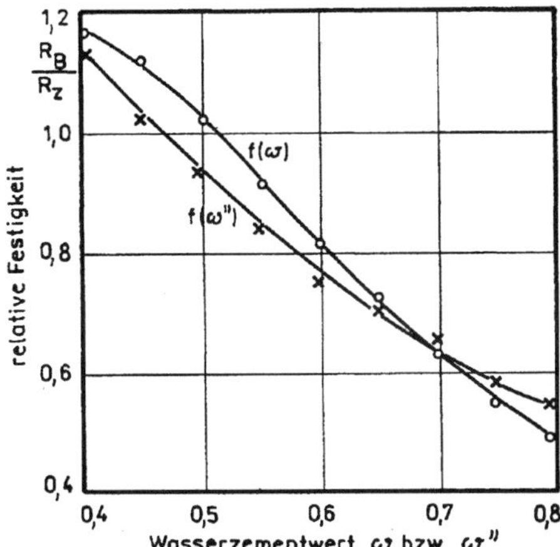

Abb. B.4.2 Relative Festigkeit β_{D28} / N_{28} als Funktion der Wasserzementwerte ω bzw. ω'' [Pirner/Sessner – 90]

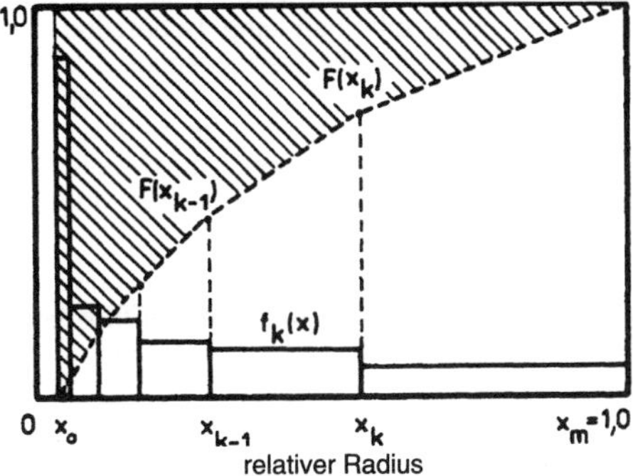

Abb. B.4.3 Stückweise linear angenommener Verlauf einer empirischen Verteilungsfunktion $F(x)$ und der zugehörigen Dichte $f_k(x)$ [Schlüßler/Mcedlov-Petrosjan – 90]

Gelingt durch Vibropressverdichtung bei steifen Betonen oder Zusatz von Fließmitteln bei plastischen Betonen eine vollständige Frischbetonverdichtung oder wird der gesamte Luftporenraum gemäß Gleichung (B.4.9) im Wasserzementwert berücksichtigt, so folgt die Festigkeitsfunktion $\beta_D = f(\omega'')$ dem in Abb. B.4.2 dargestellten Verlauf. In Verbindung mit Microsilica, das den Haftverbund des Zementsteins an der Kornoberfläche des Zuschlags erheblich verbessert, lassen sich im Bereich von ω-Werten kleiner 0,35 hochfeste Betone mit Druckfestigkeiten größer 100 N/mm² bereits heute als Transportbeton herstellen [Kern – 92].

4.3 Kornverteilung und Wasser- bzw. Zementleimanspruch

Die in den Abb. B.2.1 bis B.2.4 dargestellten Regelsieblinien A, B, C begrenzen empirisch gewonnene, günstige bzw. brauchbare Bereiche für die Kornzusammensetzung von Betonzuschlag in Abhängigkeit vom Größtkorn. Sieblinien stellen im Sinne der Wahrscheinlichkeitslehre Verteilungsfunktionen dar, die in diskrete und stetige unterteilt werden. Für die folgenden Berechnungen wird unter Bezug auf den maximalen Korndurchmesser d_{MAX} (8, 16, 32, 64) ein relativer Korndurchmesser $x = d / d_{MAX}$ eingeführt und die Sieblinie durch eine untere Schranke $d_{MIN} = 0{,}125$ mm begrenzt. In Abb. B.4.3 sind unter der Annahme der Gleichverteilung in den m Siebklassen mit der Nummer $k = 1$ bis m, das heißt in den Intervallen $x \in (x_{k-1}, x_k)$, die empirische Dichte $f(x)$ bzw. die empirische Verteilungsfunktion $F(x)$ dargestellt. Gemäß Festlegung ist das Intervall $x \in (0, x_0)$ leer, d.h., das Mehlkorn ist aus der Betrachtung ausgeklammert. Für stückweise konstante Dichten gemäß Abb. B.4.3 gilt

$$f_k(x) = (F(x_k) - F(x_{k-1})) \,/\, (x_k - x_{k-1}) \qquad \text{(B.4.12)}$$

bzw. wegen der dualen Teilung der Koordinatenachse

$$(x_k = 2 \cdot x_{k-1})$$

$$f_k(x) = (F(x_k) - F(x_{k-1})) \,/\, x_{k-1} \qquad \text{(B.4.13)}$$

Die Dichte bzw. Verteilungsfunktion bildet die Grundlage zur Ermittlung von Kornkennwerten (z.B. Körnungsziffer, Packungsdichte, spezifische Oberfläche). Für die Oberflächenberechnung wird eine Kugelform der Zuschlagpartikel vorausgesetzt und dem Größtkorn der volumenspezifische Oberflächenbetrag o_{MAX} zugeordnet, so dass gilt

$$o(x) = o_{MAX} \,/\, x,$$

$$o_{MAX} = 6 \,/\, d_{MAX} \qquad \text{(B.4.14)}$$

Im Hinblick auf eine gewünschte Zielsieblinienoptimierung macht es sich erforderlich, aus den für die Regelsieblinien gewonnenen empirischen Dichtefunktionen mittels Regressionsrechnung stetige Verteilungsdichten zu ermitteln. Hierfür zeigen Funktionen vom Potenztyp mit einem freien Parameter b gemäß

$$f(x) = (b+1) / (1 - u^{b+1}) \cdot x^{b} \quad \text{(B.4.15)}$$

mit $u = d_{MIN} / d_{MAX}$

die beste Anpassung. Die zugehörige Verteilungsfunktion lautet für $x \in (u, 1)$

$$F(x) = (x^{b+1} - u^{b+1}) / (1 - u^{b+1}) \quad \text{(B.4.16)}$$

Die Ergebnisse nach Tafel B.4.2 wurden mittels nichtlinearer Regression berechnet.

Tafel B.4.2 Ansatzkonstanten *b* für die Regelsieblinien nach DIN 1045

d_{MAX}	u	Sieblinie		
		A	B	C
8	1/64	–0,43333	–0,81771	–1,1722
16	1/128	-0,38157	-0,78260	-1,1425
32	1/256	-0,39946	-0,84934	-1,0986
64	1/512	-0,47826	-0,86449	-1,1061

Sieblinienoptimierung

Die Grundlage sollte im Hinblick auf mögliche Unterschiede in der Kornrohdichte der Zuschläge eine volumenbezogene Betrachtung sein. Das heißt, die Dichte bzw. Verteilungsfunktion nach Gleichung (B.4.12) bzw. (B.4.16) beschreiben die Volumenanteile als Funktion des relativen Korndurchmessers.

Falls die Zielsieblinie nicht aus zwingenden technologischen Gründen durch freie Wahl der Anteile einzelner Korngruppen festgelegt wird, ist folgende Optimierungsaufgabe zu lösen:

Die für mehrere Korngruppen auf der Basis von Siebanalysen vorliegenden Kornverteilungen sind so zusammenzusetzen, dass die Summe der Quadrate der Abstände zwischen einer gewünschten stetigen Sieblinie $F(x)$ gemäß (B.4.16) und der Mischsieblinie

$$F(x) = \Sigma y_p \cdot F_p(x) \quad \text{(B.4.17)}$$

mit
- y_p relativer, durch die Sieblinie p realisierter Volumenanteil am Gesamtvolumen des Zuschlaggemischs
- $F_p(x)$ Verteilungsfunktion der Sieblinie p
- x relativer Korndurchmesser d / d_{MAX}

aus m verfügbaren Korngruppen (p = 1 bis m) für die Stützstellen x_k (k – 1 bis n) minimal wird. Entsprechende Lösungsverfahren für die Optimierungsaufgabe sind heute als Standardsoftware verfügbar. Als Ergebnis liegen die die Mischsieblinie repräsentierenden spezifischen Anteile (relative Häufigkeit) der m Korngruppen vor

$$h_{V1} + h_{V2} + ... + h_{Vm} = 1, \quad \text{(B.4.18)}$$

mit $h_{Vp} = y_p$.

Durch Einsetzen der entsprechenden Kornrohdichten erhält man die massespezifischen Anteile

$$h_{mp} = h_{Vp} \cdot \rho_p / \Sigma(h_{Vk} \cdot \rho_k) \quad \text{(B.4.19)}$$

Die zur Schätzung des Wasseranspruchs (bzw. Zementleimbedarfs) benötigten Kornkennziffern k-Wert, volumenspezifische Oberfläche bzw. Packungsdichte werden auf der Grundlage der vorliegenden Mischsieblinie nach Gleichung (B.4.17) bzw. dem in [Schlüßler/Walter – 86] angegebenen Algorithmus berechnet.

Die auf Erfahrungswerten beruhenden Angaben nach Tafel B.4.3 erlauben eine Schätzung des Wasseranspruchs für die Regelsieblinien in Abhängigkeit von den Konsistenzstufen KS, KP und KR. Der Wasseranspruch von gegenüber den Regelsieblinien abweichenden Kornverteilungen (Mischsieblinien) läßt sich mit Hilfe der angegebenen Kornkennwerte berechnen.

Tafel B.4.3 Schätzung des Wasseranspruchs *w* in kg/m³ von Frischbeton für verschiedene Konsistenzbereiche [Readymix Beton Daten – 98]

Konsistenzbereich	Wasseranspruch des Zuschlags	Sieblinie								
		A 8	B 8	C 8	A 16	B 16	C 16	A 32	B 32	C 32
KS	hoch	155	190	210	140	170	190	130	145	165
	niedrig	145	175	195	120	150	175	105	130	160
KP	hoch	180	205	230	160	185	210	155	180	200
	niedrig	170	195	220	140	170	200	135	165	190
KR	hoch	200	230	250	185	215	235	175	195	215
	niedrig	185	215	235	170	195	220	155	180	205
Körnungsziffer k		3,64	2,89	2,27	4,61	3,66	2,75	5,48	4,20	3,30
vol.-spezif. Oberfläche in mm²/mm³		5,29	8,73	12,51	3,31	6,70	10,90	2,23	6,04	9,32
Packungsdichte in %		78,2	80,5	79,2	78,8	84,6	81,6	80,0	87,2	83,3

4.4 Mischungsberechnung

Ist keine entsprechende Berechnungssoftware verfügbar, so erfolgt die Mischungsberechnung häufig tabellarisch unter Abarbeitung folgender Schritte:

a) Formulierung von Anforderungen an den Beton nach DIN 1045 bzw. E DIN 1045-2 bezüglich
   - Bauteilanforderungen,
   - Festigkeitsklassen und anzustrebende mittlere Betondruckfestigkeit,
   - Konsistenzbereich,
   - zu erfüllende besondere Eigenschaften,
   - Luftporengehalt,
   - Größtkorn des Zuschlags.

b) Festlegung der einzusetzenden Ausgangsstoffe wie
   - Zementart und Festigkeitsklasse (Tafel B.2.4),
   - Zuschlagart, Korngruppe, Kornkennwerte (Abschnitt 2.2),
   - eventuell Zusatzstoff- und Zusatzmittelart (Abschnitte 2.4 und 2.5).

c) Berechnung und Optimierung der Zuschlagsieblinie und Bestimmung der Kornkennwerte der Mischsieblinie (Abschnitt 4.3).

d) Bestimmung des Wasseranspruchs der Mischsieblinie nach Tafel B.4.3.

e) Berechnung des Wasserzementwertes aus den Festigkeitsfunktionen (B.4.7) bzw. (B.4.10) unter Berücksichtigung des Luftporengehalts nach Gleichung (B.4.8) bzw. (B.4.9). Vergleich des berechneten ω-Wertes mit dem in den Normen für Betone mit besonderen Eigenschaften vorgegebenen Höchstwerten. Maßgebend für die Betonrezeptur ist der kleinere ω-Wert.

f) Aus Wassergehalt w und ω-Wert ergibt sich nach $z = w/\omega$ der Zementgehalt. Dabei ist zu prüfen, ob die in den Normen festgelegten Mindestzementgehalte (Tafel B.4.4) für die Nutzungsbedingungen eingehalten werden. Zu hohe Zementgehalte sind gegebenenfalls durch eine Sieblinie mit kleinerem Wasseranspruch oder durch Zusatzmittel bzw. -stoffe zu korrigieren.

g) Der Zuschlaggehalt wird durch Umstellung von Gleichung (B.4.4) gemäß

$$g = (1000 - z/\rho_z - w/\rho_w - V_l) \cdot \rho_g \quad \text{(B.4.20)}$$

berechnet.

h) Der sich aus Zementgehalt und Zuschlaganteil $\leq$ 0,125 bzw. $\leq$ 0,250 mm ergebende Mehlkorn- bzw. Mehlkorn- und Feinstsandgehalt darf die in den Normen festgelegten Höchstgrenzen nicht überschreiten.

i) Die vorliegende Zusammensetzung für 1 m³ verdichteten Frischbeton wird unter Berücksichtigung der Eigenfeuchte der Korngruppen und der Mischergröße in eine Rezeptur für eine Mischerfüllung umgerechnet.

Die berechnete Betonzusammensetzung ist stets durch Eignungsprüfungen zu verifizieren. Abweichungen von den vorgesehenen Frisch- und Festbetoneigenschaften können durch einen erneuten Durchlauf der angegebenen Schritte korrigiert werden. Besondere Bedeutung gewinnt die Rückkopplung zu den Systemen der Produktionssteuerung und Qualitätssicherung, wodurch eine ständige Qualifizierung der Berechnungsmodelle realisiert werden kann.

Tafel B.4.4 Zementgehalt und Wasser-Zement-Wert (nach DIN 1045)

	Festigkeitsklasse des Zements	Festigkeitsklasse des Betons	Zementgehalt in kg/m³	Wasser-Zement-Wert [2)3)] max.
Unbewehrter Beton	-	-	$\geq$ 100	-
Stahlbeton allgemein	$\geq$ 32,5	$\geq$ B 15	$\geq$ 240	$\leq$ 0,75
Stahlbeton für Außenbauteile	32,5	$\geq$ B 25	$\geq$ 300 [1)]	$\leq$ 0,65
	$\geq$ 42,5		$\geq$ 270	Mittelwert: $\leq$ 0,60
Spannbeton	$\geq$ 32,5	$\geq$ B 35	$\geq$ 300	$\leq$ 0,50

1) Bei Herstellung und Einbau unter Bedingungen B II $\geq$ 270 kg/m³. Bei Transportbeton dann $\geq$ 270 kg/m³, wenn für die Zementverringerungsmenge doppelt soviel Flugasche zugegeben wird.

2) Anrechnung des Flugaschegehalts f mit höchstens 0,25 · z mit der Formel $w/(z + 0{,}4\,f)$.

3) Zur Berücksichtigung der Streuung ist bei der Festlegung der Betonzusammensetzung ein um 0,05 niedrigerer ω-Höchstwert zugrunde zu legen.

5 Eigenschaften des Festbetons

5.1 Druckfestigkeit

Die Festbetonstruktur läßt sich als Zweikomponenten-System beschreiben, in dem die festeren Zuschläge in einer schwächeren Matrix aus Zementstein verteilt sind. Unter der Annahme, dass im Verbundbaustoff Beton der Zementstein das schwächste Glied ist, kann die Druckfestigkeit nach Abschnitt 4 in 1. Näherung auf die Zementsteinfestigkeit zurückgeführt werden. Diese Modellvorstellung versagt insbesondere bei höheren Betondruckfestigkeiten bzw. bei Beton mit sehr hohen Anforderungen an den Verbund bei besonderen Anforderungen (z.B. hoher Frost- und Tausalzwiderstand).

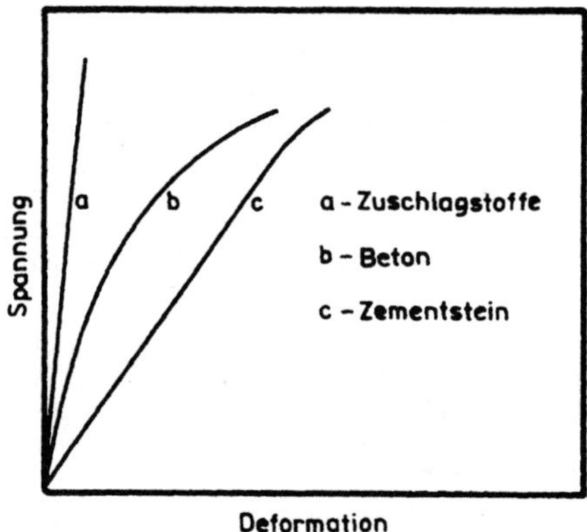

Abb. B.5.1 Schematischer Verlauf der Spannungs-Dehnungs-Linien für Zuschlagstoffe, Beton und Zementstein [Schlüßler/Mcedlov-Petrosjan – 90]

Wie man aus Abb. B.5.1 entnehmen kann, ist das Spannungs-Dehnungs-Verhalten von Beton im Gegensatz zum Zementstein bzw. Zuschlag in hohem Maße nichtlinear, was auf den unvollkommenen Verbund zwischen Zuschlag und Zementstein, deren unterschiedliche mechanische Eigenschaften und auf eine progressive Bruchentwicklung während der Belastungssteigerung zurückzuführen ist. Die Spannungs-Dehnungs-Linie des Betons unter Druckbeanspruchung lässt sich durch vier Etappen von Bruchvorgängen nach Abb. B.5.2 kennzeichnen [Glücklich – 68].

Danach treten bereits im lastfreien Zustand Mikrorisse infolge Sedimentation (Bluten), von Volumenveränderungen bzw. Temperaturgradienten während der Hydratation oder durch Schwinden an den Zuschlag / Zementstein-Grenzflächen auf. Unterhalb einer Druckfestigkeit von 30 % bleiben diese Risse weitgehend stabil, wodurch sich ein nahezu linearer Anstieg der Kennlinie in diesem Bereich ergibt. Bei weiterem Lastanstieg bekommen einerseits die Differenzen in den elastischen Kenngrößen von Zementstein und Zuschlag und andererseits die Spannungskonzentrationen in diesen Kontaktzonen Einfluss. Oberhalb von 50 % der Bruchfestigkeit entstehen erste Risse im Zementstein (zunehmend nichtlinearer Verlauf) die bei weiterer Laststeigerung schließlich zu einem Versagen der Zementsteinmatrix führen. Die bei Zusatz von Microsilica zum Beton beobachtete Druckfestigkeitssteigerung wirkt den Rissbildungskriterien dadurch entgegen, dass sich

- der Haftverbund zwischen Zuschlag und Zementstein durch puzzolanische Reaktionen an der Kornoberfläche verbessert

und

- die Festigkeit des Zementsteins durch Füller- und puzzolanische Wirkung erhöht.

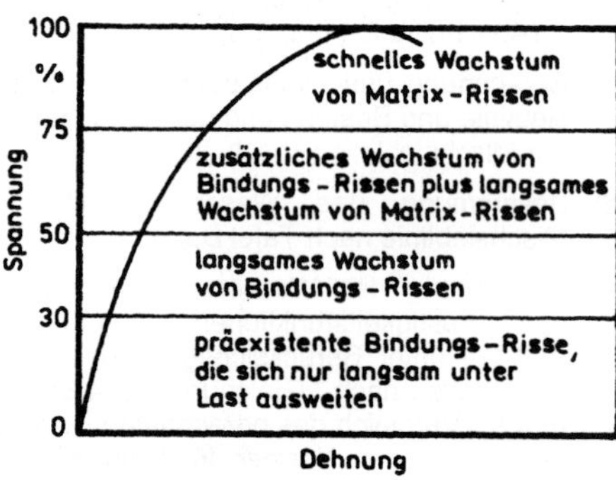

Abb. B.5.2 Klassifizierung der Stadien der Rissausbildung bis zur Bruchspannung bei Beton [Glücklich – 68]

Nach Abb. B.5.3 verläuft die Spannungs-Dehnungs-Linie hochfester Betone bis 80 - 90 % der maximalen Spannung folgerichtig weitgehend linear. Die Festigkeit des Zuschlags und des Zementsteins werden für den Spannungs-Dehnungs-Verlauf und damit für die Druckfestigkeit des Betons maßgebend. Mit zunehmender Festigkeit wird der Beton spröder und damit die Duktilität geringer. Diese zunehmende Sprödigkeit hat für die Bemessung und konstruktive Durchbildung von hochfestem Beton nach der Richtlinie des DAfStb [Grimm/König – 95] Konsequenzen.

Bei der nach DIN 1048-5 bestimmten Druckfestigkeit an Probekörpern ist der Einfluß der Probengeometrie, insbesondere Größe und

Schlankheit, zu beachten. Werden an Stelle von Würfeln mit 200 mm Kantenlänge solche mit einer Kantenlänge von 150 mm verwendet, so gilt nach DIN 1045 die Beziehung

$$\beta_{w200} = 0{,}95\ \beta_{w150}$$

Bei Zylindern mit ∅ 150 mm und 300 mm Höhe darf bei gleichartiger Lagerung die Würfeldruckfestigkeit β_{W200} aus der Zylinderdruckfestigkeit β_C wie folgt abgeleitet werden:

- für die Festigkeitsklassen B 15 und geringer $\beta_{W200} = 1{,}25\ \beta_C$ und
- für die Festigkeitsklassen B 25 und höher $\beta_{W200} = 1{,}18\ \beta_C$

Bei Verwendung von Würfeln oder Zylindern mit anderer Probengeometrie sind die Druckfestigkeitsverhältnisse zum 200-mm-Würfel für Beton jeder Zusammensetzung, Festigkeit und Altersstufe bei der Eignungsprüfung gesondert an mindestens 6 Proben je Probekörperart nachzuweisen. Die Werte nach Tafel B.5.1 verstehen sich als Orientierungswerte für Normalbeton. Infolge unterschiedlicher Lagerungsbedingungen für die Probekörper können die Festigkeitsklassen nach DIN 1045 und E DIN 1045-2 nicht in gleicher Weise umgerechnet werden. Näherungsweise gilt:

$$f_{ck,\,cube} \approx 0{,}92\ \beta_{W150} \approx 0{,}97\ \beta_{W200} = 0{,}97\ \beta_{WN}$$

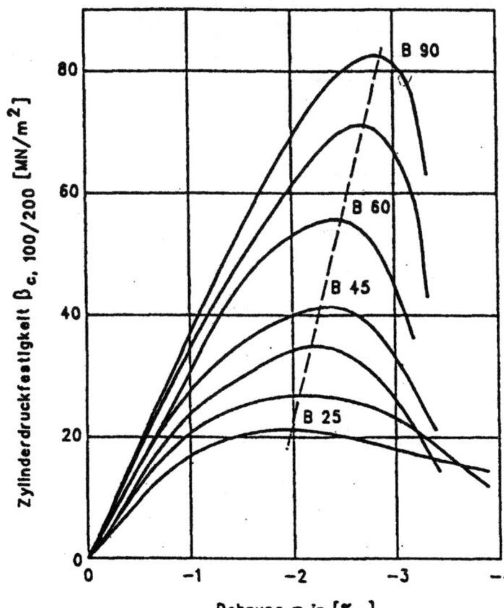

Abb. B.5.3 Idealisierte Spannungs-Dehnungs-Linie in Abhängigkeit von der Betonfestigkeitsklasse [Grimm/König – 95]

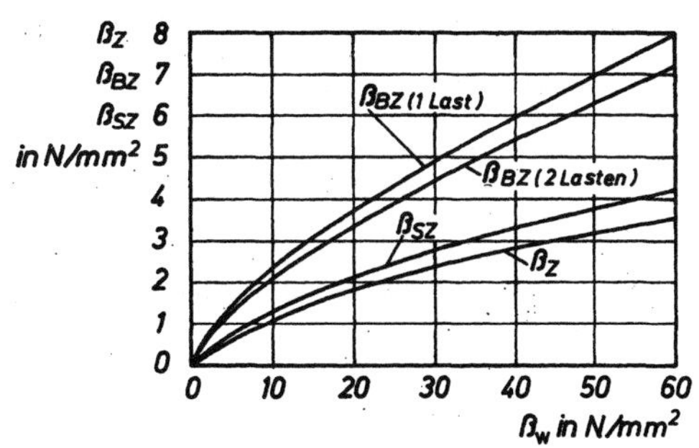

Abb. B.5.4 Zusammenhang zwischen Zug- und Druckfestigkeit von Beton; β_W Würfeldruckfestigkeit, β_{BZ} Biegezugfestigkeit mit 1 Einzellast in Balkenmitte bzw. 2 Einzellasten in den Drittelpunkten, β_{SZ} Spaltzugfestigkeit, β_Z reine Zugfestigkeit [Reinhardt – 73]

Da die Betonzugfestigkeit experimentell schwer zu bestimmen ist, werden häufig Beziehungen zur Biegezugfestigkeit und Spaltzugfestigkeit und deren Verhältnis zur Druckfestigkeit genutzt. Die Verhältnisse sind unter anderem abhängig von der Betondruckfestigkeit. Für Normalbeton ergeben sich Zusammenhänge nach Abb. B.5.4.

Tafel B.5.1 Verhältniswerte von Druckfestigkeiten unterschiedlich schlanker Probekörper für Normalbeton [Schickert – 81]

Schlankheit *h/b* des Probekörpers	Mittlere Erfahrungswerte
0,50	1,560
0,67	1,220
0,75	1,140
0,80	1,100
0,90	1,033
1,00	1,000
1,15	0,955
1,25	0,915
1,35	0,900
1,50	0,858
2,00	0,837
2,50	0,830
3,00	0,830
3,50	0,830
4,00	0,830

5.2 Spannungs-Dehnungs-Beziehung

Die Spannungs-Dehnungs-Linie beschreibt den Zusammenhang zwischen einer auf einen Probekörper aufgebrachten Spannung und der von ihr in Beanspruchungsrichtung ausgelösten Dehnung. Für linear elastische Werkstoffe gilt das *Hooke*sche Gesetz:

$$\delta = E \cdot \varepsilon$$

mit δ Spannung N/mm²
ε Dehnung ‰
E Elastizitätsmodul N/mm²

Beton folgt diesem Gesetz bis zu einer Druckbeanspruchung von ca. 40 % seiner Prismendruckfestigkeit (Abb. B.5.5). Darüber hinaus zeigt er nichtlineares Werkstoffverhalten. Das heißt, der Elastizitätsmodul wird eine Funktion der Spannung. Die bei höheren Spannungen überproportional steigenden Dehnungen bzw. Längenänderungen Δl teilen sich auf in elastische und plastische Verformungen. Letztere werden auch als bleibende Verformungen bezeichnet, da sie sich im Gegensatz zu den elastischen Verformungen nach Entlastung nicht zurückbilden. Die aufgebrachte Spannung bewirkt auch senkrecht zu ihrer Wirkungsrichtung eine Dehnung ε_q gemäß

$$\varepsilon_q = -\mu \cdot \varepsilon$$

Der Faktor μ wird als Querdehnungszahl bezeichnet. Die Werte für Normalbeton liegen je nach Zuschlagart zwischen 0,1 und 0,35. Die Querdehnungszahl ist ebenso wie der E-Modul bei Beton nur bis etwa 0,4 β_D konstant. Darüber hinaus tritt nichtlineares Verhalten auf.

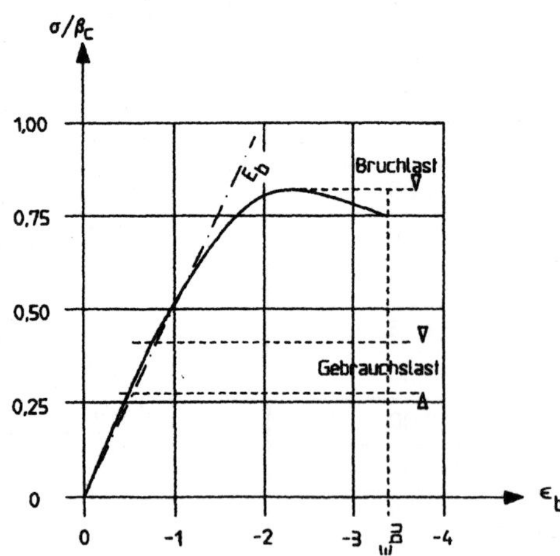

Abb. B.5.5 Sekantenmodul des Betons [Avak — 94]

Um dennoch die Formänderungen näherungsweise durch eine lineare Beziehung zu beschreiben, verwendet man den Sekantenmodul und definiert diesen als Rechenwert des Elastizitätsmoduls (Tafel B.5.2) unter der Voraussetzung, dass die Sekante die Spannungs-Dehnungs-Linie bei ca. 40 % der Prismen- bzw. Zylinderdruckfestigkeit schneidet.

Nach DIN 1045 gilt für die Bemessung von Stahlbetonbauteilen eine idealisierte Spannungs-Dehnungs-Linie (Parabel-Rechteck-Diagramm nach Abb. B.5.6). Dabei ist die maximal zulässige Betonstauchung mit einem Betrag von 3,5 ‰ festgelegt. Die maximale Spannung β_R nach Abb. B.5.6 ist kleiner als die an Würfeln mit 200 mm Kantenlänge ermittelte Normfestigkeit des Betons.

Nach

$$\beta_R = \alpha_1 \cdot \alpha_2 \cdot \alpha_3 \cdot \beta_{WN}$$

mit $\alpha_1 \approx$ 0,85
$\alpha_2 \approx$ 0,80
$\alpha_3 \approx$ 1,00

wird mit den Faktoren α_1 der Einfluß der Prüfeinrichtung, mit α_2 der Einfluß einer Dauerlast und mit α_3 die Unsicherheit bei höheren Betonfestigkeitsklassen berücksichtigt. Hieraus ergeben sich Rechenwerte β_R der Betondruckfestigkeit in Abhängigkeit von der Festigkeitsklasse des Betons nach Tafel B.5.2.

Tafel B.5.2 E-Modul und Rechenwerte der Betondruckfestigkeit nach DIN 1045

Nennfestigkeit β_{WN} des Betons in N/mm²	5	10	15	25	35	45	55
Elastizitätsmodul E_b in kN/mm²	-	22	26	30	34	37	39
Rechenwert β_R in N/mm²	3,5	7,5	10,5	17,5	23	27	30

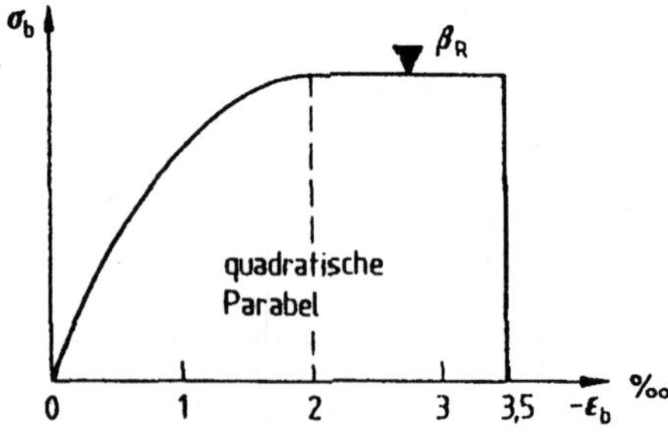

Abb. B.5.6 Rechenwerte für die Spannungs-Dehnungs-Linie des Betons

Die Spannungen in der Zugzone biegebelasteter Stahlbetonbauteile übernimmt allein der Stahl, für den ebenfalls ein idealisiertes Spannungs-Dehnungs-Diagramm (siehe Abschnitt 6) angenommen wird. Die Zugfestigkeit des Betons darf dabei nicht berücksichtigt werden. Unter der Voraussetzung, dass sich auf der Zugseite des Bauteiles Risse bilden, ist die Rissbreite zur Sicherung der Gebrauchsfähigkeit und Dauerhaftigkeit von Stahlbetonbauteilen durch geeignete Wahl von Bewehrungsgrad, Stahlspannung und Stahldurchmesser zu beschränken.

5.3 Schwinden und Quellen

Unter Schwinden wird die Verkürzung des unbelasteten Betons während der Austrocknung verstanden. Dabei wird angenommen, dass der Schwindvorgang durch die im Beton wirkenden Spannungen nicht beeinflusst wird [DIN 4227-1 – 88]. Durch erneute Feuchteaufnahme kann der Beton sein Volumen durch Quellen wieder vergrößern. Das ursprüngliche Volumen wird aber nicht wieder erreicht, da Trocknungsschwinden und Quellen nur teilweise reversible Vorgänge sind. Dem Trocknungsschwinden des erhärteten Betons oder Zementsteins ist das Absetzen (Bluten) und das Kapillarschwinden (Frühschwinden) vorgelagert (siehe Abschnitt 3.2.2). Die negativen Auswirkungen dieser Schwindverkürzungen auf die oberflächennahen Bereiche des Betons sind insbesondere durch eine frühzeitig einsetzende und je nach Umgebungsbedingungen andauernde feuchte Nachbehandlung des Betons nach [DAfStb RiLi Nachbehandlung von Beton – 84] zu kompensieren.
Das Schwinden wird insbesondere durch den Anteil an Kapillarporen im Beton und damit durch den Wasserzementwert, den Hydratationsgrad und den Zementsteingehalt beeinflußt (Abb. B.5.7). Die Austrocknung des Betons über die Kapillarporen ist ein diffusionsgesteuerter Vorgang und entwickelt sich in Abhängigkeit von der Bauteildicke naturgemäß langsam. Durch den Trocknungsvorgang bildet sich ein Feuchtegradient über den Betonquerschnitt aus. Als Folge davon entstehen Schwindspannungen an der Oberfläche in Form von Zugspannungen, im Kern als Druckspannungen. Bei der Überschreitung der Zugfestigkeit des Zementsteins an der Bauteiloberfläche treten dort bevorzugt netzartige Risse auf. Wenn die Schwindverformungen im Bauteil behindert werden, können auch durchgehende Risse die Folge sein.
Der zeitliche Verlauf des Schwindens hängt nach DIN 4227-1 vor allem von der Feuchte der umgebenden Luft, den Maßen des Bauteils und der Zusammensetzung des Betons ab.
Danach erreichen die Endschwindmaße in Abhängigkeit von Lage, Dicke und Alter des Bauteils Werte von 0,15 bis 0,3 mm/m (Tafel B.5.3). Hiervon abweichende Zeitpunkte können gemäß Gleichung (B.5.1) ermittelt werden

$$\varepsilon_{s,t} = \varepsilon_{s,O} \cdot (k_{s,t} - k_{sto}) \qquad \text{(B.5.1)}$$

mit
- $\varepsilon_{s,0}$ Grundschwindmaß
- k_s Beiwert zur Berücksichtigung der zeitlichen Entwicklung des Schwindens in Abhängigkeit von der Bauteildicke
- t Wirksames Betonalter zum untersuchten Zeitpunkt
- t_0 Wirksames Betonalter zu dem Zeitpunkt, von dem ab der Einfluss des Schwindens berücksichtigt werden soll.

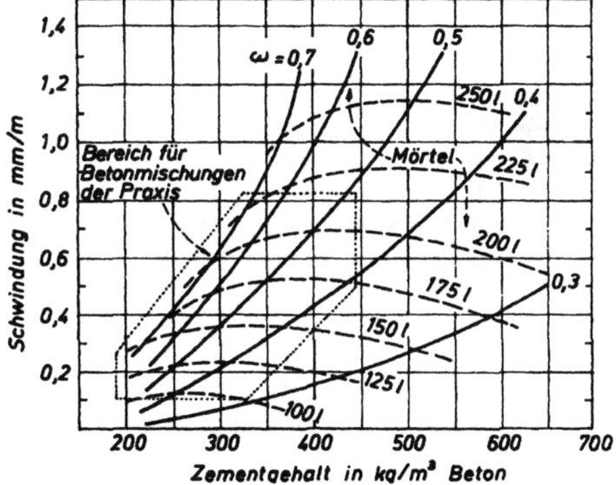

Abb. B.5.7 Schwinden von Mörtel und Beton in Abhängigkeit von Zementgehalt und Wasserzementwert [Czernin – 60]

5.4 Kriechen und Relaxation

Mit Kriechen wird die zeitabhängige Zunahme der Verformungen unter andauernden Spannungen und mit Relaxation die zeitabhängige Abnahme der Spannungen unter einer aufgezwungenen Verformung von konstanter Größe bezeichnet. Das Kriechen hängt ähnlich wie das Schwinden von der Feuchte der umgebenden Luft, den Bauteilabmessungen und der Zusammensetzung des Betons (insbesondere seinem Zementsteinvolumen) ab. Von Bedeutung ist weiterhin der Erhärtungsgrad des Betons (bzw. der Hydratationsgrad des Zements) beim Belastungsbeginn und die Dauer und Größe der Beanspruchung. Die Kriechzahl φ_t kennzeichnet den durch das Kriechen ausgelösten Verformungszuwachs.

Für konstante Spannung δ_0 gilt die Beziehung

$$\varepsilon_k = \frac{\delta_0}{E_b} \cdot \varphi_t \qquad \text{(B.5.2)}$$

mit E_b Elastizitätsmodul des Betons (Tafel B.5.2)

Für den Zeitpunkt $t = \infty$ gelten vereinfacht die Endkriechzahlen φ_∞ nach Tafel B.5.3.
Die Kriechverformung ist teilweise reversibel. Nach einer Entlastung geht ein Teil der Verformung langsam zurück. Dieser reversible Anteil wird als verzögerte elastische Verformung, der irreversible Anteil als Fließen bezeichnet. Der größte Teil der Kriechverformung resultiert aus dem Wasserverlust des Betons infolge Austrocknen bei Dauerbelastung. Dieses Trocknungskriechen ist der Schwindverformung proportional. Für die Ermittlung der Kriechverformung zu beliebigen Zeitpunkten werden deshalb ähnliche Ansätze wie für die Schwindverformung nach DIN 4227-1 genutzt. Ein Sonderfall des Kriechens stellt die Relaxation dar, bei der die kriecherzeugende Spannung so abfällt, dass die Dehnung konstant bleibt. Für schlaff bewehrte Bauteile können die Kriechverformungen i. Allg. vernachlässigt werden.

5.5 Temperaturdehnung

Durch den Einfluß der Temperatur werden Verformungen (Dehnungen bzw. Verkürzungen) des Betons ausgelöst. Sie ergeben sich durch Wärmeentwicklung bzw. Wärmeabfluss aus inneren (Hydratationswärme) oder äußeren Wärmequellen. Häufig tritt eine Überlagerung der Verformungen aus Temperatur- und Schwindeinfluss auf. Schädlichen Auswirkungen (Rissbildung) kann man durch stofflich-technologische (siehe Abschnitt 3) und konstruktive Maßnahmen begegnen. Zu den letzteren gehören die Ausbildung von Dehnungsfugen oder Lagern, die eine zwängungsfreie Dehnung bzw. Verkürzung des Betonbauteils ermöglichen.
Die sich aus einer Temperaturänderung ergebende Verlängerung bzw. Verkürzung eines Betonbauteils berechnet sich nach

$$\Delta l = \alpha_T \cdot l \cdot \Delta T \qquad \text{(B.5.3)}$$

Die Temperaturdehnungszahl des Betons α_T ist insbesondere von Zuschlagart und -menge und vom Trocknungszustand des Betons abhängig.

Tafel B.5.3 Endkriechzahl und Endschwindmaß in Abhängigkeit vom wirksamen Betonalter und der mittleren Dicke des Bauteils (Richtwert)

Kurve	Lage des Bauteils	Mittlere Dicke $d_m = 2\,A^{1)} / u$	Endkriechzahl φ_∞	Endschwindmaße ε_∞
1	feucht, im Freien (relative Luftfeuchte ≈ 70 %)	klein (≤ 10 cm)	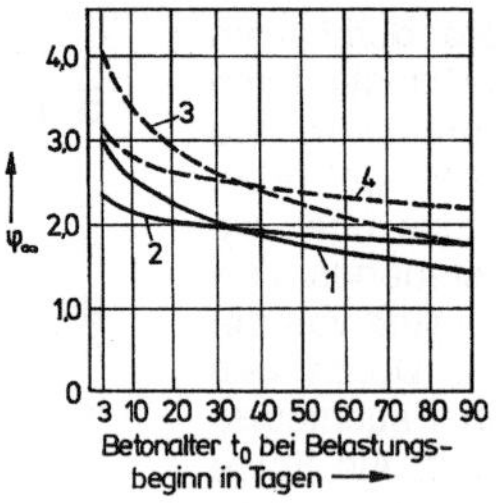 φ_∞: 0; 1,0; 2,0; 3,0; 4,0 — 3 10 20 30 40 50 60 70 80 90 Betonalter t_0 bei Belastungsbeginn in Tagen	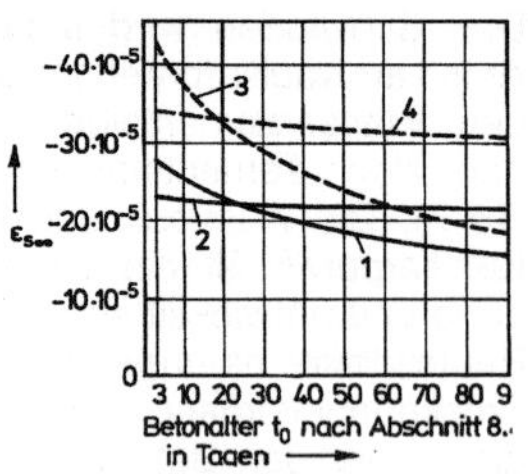 $\varepsilon_{s\infty}$: 0; -10·10⁻⁵; -20·10⁻⁵; -30·10⁻⁵; -40·10⁻⁵ — 3 10 20 30 40 50 60 70 80 9 Betonalter t_0 nach Abschnitt 8. in Tagen
2		groß (≥ 80 cm)		
3	trocken, in Innenräumen (relative Luftfeuchte ≈ 50 %)	klein (≤ 10 cm)		
4		groß (≥ 80 cm)		

Anwendungsbedingungen:
Die Werte dieser Tabelle gelten für den Konsistenzbereich KP. Für die Konsistenzbereiche KS bzw. KR sind die Werte um 25 % zu ermäßigen bzw. zu erhöhen. Bei Verwendung von Fließmitteln darf die Ausgangskonsistenz angesetzt werden.
Die Tabelle gilt für Beton, der unter Normaltemperatur erhärtet und für den Zement der Festigkeitsklasse 32,5 R und 42,5 R verwendet wird. Der Einfluss auf das Kriechen von Zement mit langsamer Erhärtung (32,5; 42,5) bzw. mit sehr schneller Erhärtung (52,5 R) kann dadurch berücksichtigt werden, dass die Richtwerte für den halben bzw. 1,5fachen Wert des Betonalters bei Belastungsbeginn abzulesen sind.

1) *A* Fläche des Betonquerschnitts, *u* der Atmosphäre ausgesetzter Umfang des Bauteils.

Für Beton schwanken die Werte zwischen $5 \cdot 10^{-6}$ / K und $14 \cdot 10^{-6}$ /K. Nach DIN 1045 wird für Beton und Stahl mit einer gleichen Temperaturdehnungszahl von $\alpha_T = 10^{-5}$ /K gerechnet.
Die etwa gleiche Temperaturdehnungszahl dieser Werkstoffe ist eine Voraussetzung für die Anwendung des Verbundbaustoffs Stahlbeton. Nach Gleichung (B.5.3) ergibt sich demnach für ein Betonbauteil von 10 m Länge bei einer Temperaturänderung von 10 °C eine Längenänderung von 1 mm.
Da die Wärmeleitfähigkeit von Stahl etwa 30mal größer als die von Beton ist, treten im Stahlbeton bei sehr großen äußeren Temperaturänderungen (Brandfall) hohe Spannungen im Haftverbund zwischen Beton und Stahl auf, die bei längerer Einwirkung zum völligen Versagen des Haftverbundes führen können. Durch eine ausreichende Betondeckung (siehe Tafel B.1.4) und die Sicherung des Verbundes durch Profilierung des Betonstahls wird dem entgegengewirkt.
Nach DIN 1045 sind als Grenzen der durch Witterungseinflüsse hervorgerufenen Temperaturschwankungen in Betonbauteilen im allgemeinen $\pm$ 15 K, bei Bauteilen mit einer Dicke $\leq$ 70 cm $\pm$ 10 K und bei überschütteten oder abgedeckten Bauteilen $\pm$ 7,5 K in Rechnung zu stellen.

5.6 Wasserundurchlässigkeit

Die Wasserundurchlässigkeit von Beton ist neben der Druckfestigkeit einer der wichtigsten Anforderungen an den Beton. Aus wasserundurchlässigem Beton werden Bauteile hergestellt, die einen bestimmten Widerstand gegen drückendes Wasser aufweisen. Hierzu gehören beispielsweise Wasserbehälter, Klär- und Schwimmbecken, Gründungs- bzw. Weiße Wannen und Betonrohre. Als wasserundurchlässig gilt nach DIN 1045 ein Beton, der entsprechend den Prüfkonventionen nach DIN 1048-5 (Aufbringen eines Wasserdrucks von 0,5 N/mm² über 72 h auf eine Einwirkfläche von 200 x 200 mm²) eine mittlere Wassereindringtiefe von 50 mm nicht überschreitet. Die Wasserdichtigkeit des Betons ist abhängig von der Dichtigkeit des Zementsteins sowie der Gefügedichtigkeit des Betons. Die Wasserdichtigkeit des Zementsteins ist wie seine Festigkeit abhängig vom Kapillarporenraum, der wiederum eine Funktion des Wasserzementwertes und des Hydratationsgrades ist (siehe Abb. B.5.8). Die Dichtigkeit des Betons erreicht nicht die hohen Werte des reinen Zementsteins. Der Grund dafür ist das Vorhandensein von Haufwerksporen, Setzungsporen, Kugelporen und Fehlstellen in der Kontaktzone zwischen Zementstein und Zuschlagkorn. Von besonderer Problematik sind unverdichtete Bereiche (z.B. bei dichtliegender Bewehrung) und durchgehende Kanäle infolge Entmischung des Betons sowie durchgehende Trennrisse. Der nach DIN 1045 gewählte Grenzwert für die Wassereindringtiefe $e_w \leq$ 50 mm berücksichtigt diese Unsicherheiten weitgehend, da bis zu einer Wassereindringtiefe von 100 mm bei einem gefügedichten Beton von einem Gleichgewicht zwischen einströmendem Wasser an der Außenseite und der Wasserdampfdiffusion an der Innenseite von Bauteilen mit einer Dicke von 10 bis 40 cm ausgegangen werden kann.

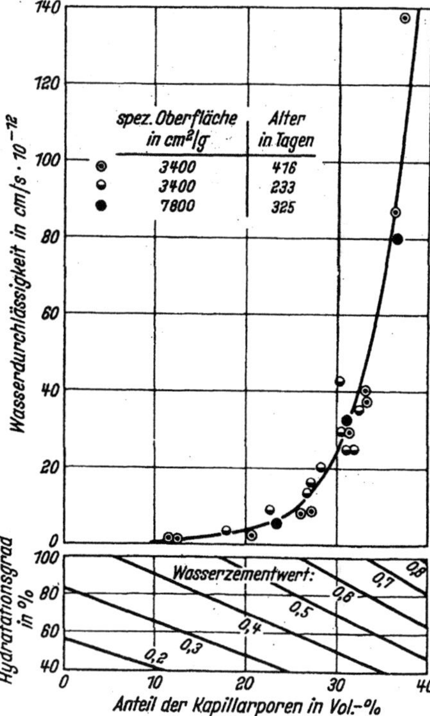

Abb. B.5.8 Wasserdurchlässigkeit von Zementstein in Abhängigkeit von der Kapillarporosität, vom Wasserzementwert und vom Hydratationsgrad [Locher – 84]

Zur Herstellung von wasserundurchlässigem Beton soll die Kornzusammensetzung einer stetigen Sieblinie entsprechen. Der Beton darf sich beim Verdichten nicht entmischen, was durch eine ausreichende Mehlkornmenge unterstützt wird. Unter den Bedingungen einer B II-Baustelle darf der Wasserzementwert bei Bauteilen zwischen 10 und 40 cm 0,60 und bei dickeren Bauteilen 0,70 nicht überschreiten. WU-Beton darf auch als B I-Beton unter folgenden Bedingungen hergestellt werden:

- Kornzusammensetzung im günstigen Bereich zwischen den Sieblinien A und B,
- Zementgehalt
  bei Betonzuschlag 0–16 mm $z = 370$ kg/m³
  bei Betonzuschlag 0–32 mm $z = 350$ kg/m³

Treten Rissbildungen in wasserbeaufschlagten oder wassergefüllten Wannen auf, so können sie bis zu einer Rissbreite von 0,2 mm in Abhängigkeit vom anstehenden Druckgefälle infolge Bildung von wasserunlöslichem Calciumcarbonat von selbst ausheilen (Abb. B.5.9, Tafel B.5.4). Größere Risse sind durch Verpressen mit dünnflüssigen Kunstharzen oder Zement- bzw. Feinstzementsuspension abzudichten. Hierbei ist die Richtlinie für Schutz und Instandsetzung von Betonbauteilen des DAfStb zu beachten [DAfStb RiLi SIB – 91].

Tafel B.5.4 Erfahrungswerte für rechnerische Rissbreiten für die „Selbstheilung" von Rissen im Beton [Lohmeyer – 91]

Druckgefälle h_w/d in m/m	rechnerische Rissbreite w_{cal} in mm
≤ 2,5	≤ 0,20
5	≤ 0,15
≤ 10	≤ 0,10
≤ 20	≤ 0,05

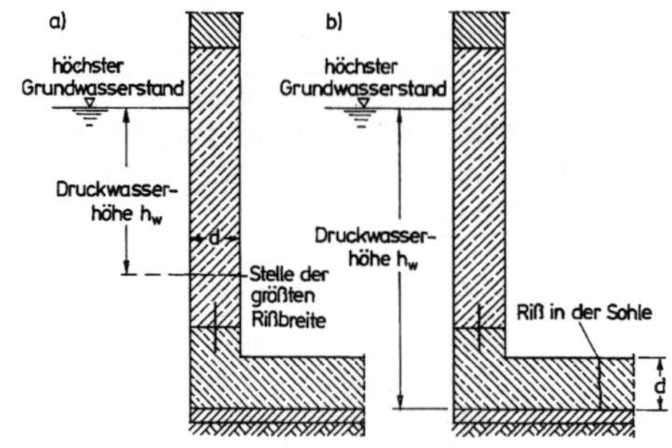

Abb. B.5.9 Bestimmung der Druckwasserhöhe h_w zur Festlegung der rechnerischen Rissbreite w_{cal} [Lohmeyer – 91]
a) Risse in Betonwänden
b) Risse in Betonsohlen

5.7 Dichtheit gegen wassergefährdende Flüssigkeiten

Gemäß § 19g (Wasserhaushaltsgesetz) müssen Anlagen zum Lagern, Abfüllen, Umschlagen, Herstellen, Behandeln und Verwenden von wassergefährdenden Stoffen so eingebaut, aufgestellt und betrieben werden, dass eine Verunreinigung der Gewässer nicht zu besorgen ist (Besorgnisgrundsatz). Nach der Richtlinie für Betonbau beim Umgang mit wassergefährdenden Stoffen des DAfStb [DAfStb RiLi BuwS–95] müssen entsprechende Betonbauten (Auffangräume, Ableitflächen) bei den zu erwartenden Einwirkungen für eine jeweils definierte Dauer dicht sein. Dichtheit bedeutet, dass die Eindringfront des Mediums als Flüssigkeit im Beaufschlagungszeitraum mit einem Sicherheitsabstand die der Beaufschlagung abgewandte Seite des Betonbauteils nachweislich nicht erreicht. Diese Anforderungen werden von einem flüssigkeitsdichten Beton (FD-Beton) mit vorgegebener Zusammensetzung nach DIN 1045 erfüllt, für den das Eindringverhalten wassergefährdender Flüssigkeiten bekannt ist (siehe Abb. B 5.10).

Die Anforderungen an die Betonzusammensetzung des FD-Betons sind wie folgt:

- Beton B II nach DIN 1045,
- dichter und gegen chemische Angriffe beständiger Zuschlag mit Größtkorn 16 oder 32 mm im Sieblinienbereich A/B nach DIN 1045,
- Wasserzementwert $0{,}45 \leq w/z \leq 0{,}50$,
- Zementleimgehalt ≤ 290 l/m³
- Konsistenz KR, weichere Konsistenzen dürfen nur verwendet werden, wenn nachgewiesen wird, dass Entmischungen unter den gegebenen Einbaubedingungen sicher vermieden werden.

Die Anwendung anderer Betonrezepturen ist nur dann zulässig, wenn ihre Eignung durch Vergleichsprüfungen nach der Richtlinie von einer zugelassenen Stelle nachgewiesen wurde (FDE-Beton).

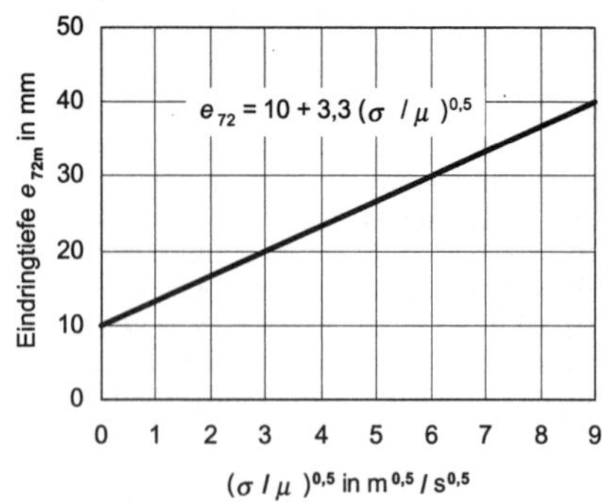

Abb. B.5.10 Ermittlung der Eindringtiefe nach 72 h Einwirkzeit e_{72m} für FD-Beton in Abhängigkeit von Oberflächenspannung σ und der dyn. Viskosität η der Flüssigkeit

B

6 Betonstahl

6.1 Allgemeines

Die Betonstahlnorm DIN 488 ist wie folgt gegliedert:

DIN 488-1 – 84 Sorten, Eigenschaften, Kennzeichen

DIN 488-2 – 86 Betonstahl; Maße und Gewichte

DIN 488-3 – 86 Betonstahl; Prüfungen

DIN 488-4 – 86 Betonstahlmatten und Bewehrungsdraht; Aufbau, Maße und Gewichte

DIN 488-5 – 86 Betonstahlmatten und Bewehrungsdraht; Prüfungen

DIN 488-6 – 86 Überwachung (Güteüberwachung)

DIN 488-7 – 86 Nachweis der Schweißeignung von Betonstahl; Durchführung und Bewertung der Prüfungen

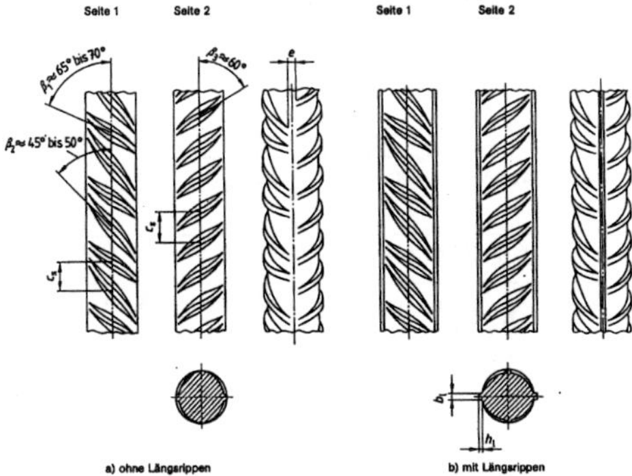

Abb. B.6.1a Nicht verwundener Betonstahl BSt 420 S mit und ohne Längsrippen

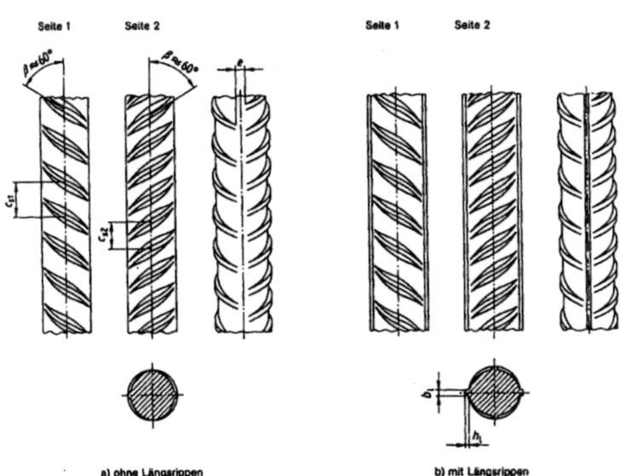

Abb. B.6.1b Nicht verwundener Betonstahl BSt 500 mit und ohne Längsrippen

Betonstahl nach [DIN 488-1– 84] ist ein schweißgeeigneter Stahl mit nahezu kreisförmigem Querschnitt zur Bewehrung von Beton. Er nimmt die Zug-, Biegezug- und Scherspannungen des belasteten Betons auf. Die Profilierung der Oberfläche von Betonstählen (Abb. B.6.1 a und b) schafft die Voraussetzung für einen guten Haftverbund zwischen Beton und Stahl und damit für die Tragfähigkeit des Verbundbaustoffes Stahlbeton.

Betonstahl wird als Betonstabstahl (S), Betonstahlmatte (M) oder als Bewehrungsdraht hergestellt. Betonstahlmatten sind werksmäßig vorgefertigt. Sie bestehen aus sich kreuzenden Stäben, die an der Kreuzungsstelle durch Widerstandspunktschweißung scherfest miteinander verbunden sind. Bewehrungsdraht wird als glatter oder profilierter Betonstahl in Ringen geliefert. Nach DIN 488 wird Betonstahl mit Streckgrenzen von 420 und 500 N/mm² nach folgenden Herstellverfahren hergestellt:

- warmgewalzt, ohne Nachbehandlung,
- warmgewalzt, aus der Walzhitze wärmebehandelt,
- kaltverformt durch Verwinden oder Recken des warmgewalzten Ausgangsmaterials.

6.2 Sorteneinteilung und Eigenschaften

Die Zugfestigkeit des Stahls kann infolge der geringen Verformbarkeit des Betons nur bis zu seiner Streckgrenze ausgenutzt werden, um größere Risse aus Belastungen des Betonquerschnitts zu verhindern. Die Streckgrenze stellt deshalb für den Betonstahl die maßgebende Bezugsgröße dar und bestimmt seine Kennzeichnung. Die für die Verwendung des Betonstahls maßgebenden Eigenschaften zeigt Tafel B.6.1.

Spannungs-Dehnungs-Verhalten

Im Zugversuch wird der Stahl unter einachsigem Spannungszustand bei stetiger Streckung bis zum Bruch belastet. Belastung und Verformung ergeben die Spannungs-Dehnungs-Linie (Abb. B.6.2). Folgende Bereiche kann man dabei abgrenzen:

- elastischer Bereich:
  Bis zur Elastizitätsgrenze (E) verhalten sich Spannungen und Dehnungen proportional (*Hooke*sches Gesetz). Der Elastizitätsmodul, definiert als Steigung der Spannungs-Dehnungs-Linie in diesem Bereich, beträgt für Betonstahl 210 000 N/mm². Damit ist er etwa siebenmal so groß wie der von Beton. Unter normalen Nutzungsbedingungen wird der Stahl in diesem Bereich belastet.

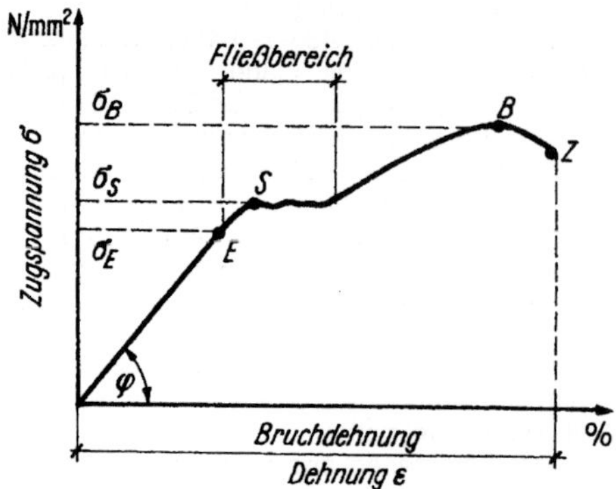

Abb. B.6.2 Spannungs-Dehnungs-Diagramm von Stahl (tatsächliche Spannungs-Dehnungs-Linie)

- Fließbereich:
  Bis zur Streckgrenze (S) wachsen die Verformungen ohne wesentliche Spannungszunahme rasch an. Nach einer Entlastung kommt es zu bleibenden (plastischen) Verformungen.
- Zugfestigkeitsbereich:
  Hier wachsen die Spannungen bis zum Maximalwert (Zugfestigkeit) an. Die Bruchdehnung beträgt für Betonstahl über 8 %. Dehnung und Brucheinschnürung geben Auskunft über die Zähigkeit des Stahls.

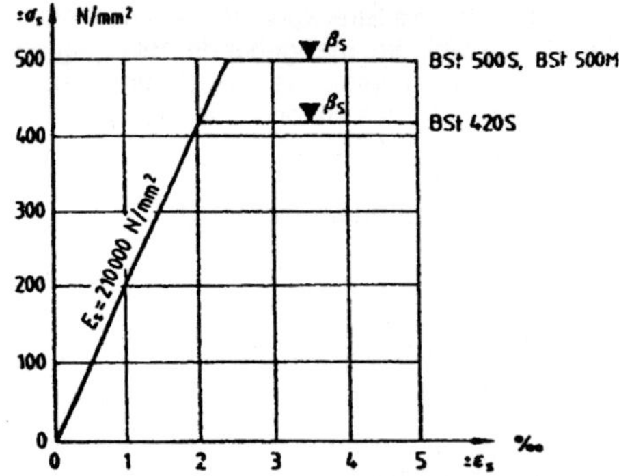

Abb. B.6.3 Rechenwerte für die Spannungs-Dehnungs-Linien der Betonstähle

In DIN 1045 wurde eine idealisierte bilineare Arbeitslinie eingeführt (Abb. B.6.3), die einen elastischen und einen plastischen Bereich voneinander abgrenzt. Die Streckgrenze wird dabei als technische Streckgrenze (0,2 % bleibende Dehnung) definiert. Für die statische Berechnung wird der Stahl mit maximal 0,5 % Verformung berücksichtigt. Damit ergeben sich gegenüber der Bruchdehnung von ca. 8 % erhebliche Tragfähigkeitsreserven bis zum Stahlbruch.

6.3 Betonstabstahl und Bewehrungsdraht

DIN 488-02 regelt die Anforderungen an Maße, Gewichte und zulässige Abweichungen von geripptem Betonstahl der Sorte BSt 420 S und BSt 500 S mit den in Tafel B.6.2 angegebenen Nenndurchmessern. Zur Vermeidung von Verwechslungen weisen Schrägstäbe auf der Oberfläche bei den beiden Betonstabstahlsorten unterschiedliche Anordnungen auf (siehe Abb. 6.1). Aus der Rippung der Betonstähle können Herstellerland und -werk abgelesen werden (Abb. B.6.4). Das Verzeichnis der deutschen und ausländischen Herstellerwerke führt das Deutsche Institut für Bautechnik, Berlin.

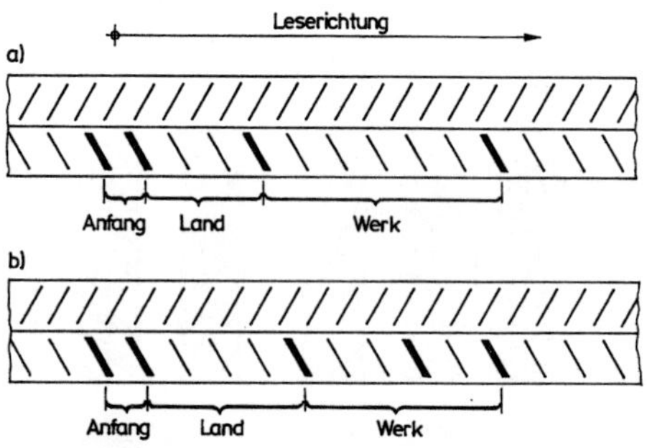

Beispiel a): Land Nr. 2, Werknummer 5
Beispiel b): Land Nr. 3, Werknummer 21

Abb. B.6.4 Kennzeichnung von Betonstahl BSt 420 S

Für Stahlbetonbauteile nach DIN 1045 dürfen nur Stähle nach DIN 488 mit Übereinstimmungszertifikat verwendet werden. Jeder Lieferung ist ein numerierter Lieferschein mit folgenden Angaben beizufügen:

- Hersteller und Werk,
- Werkkennzeichen bzw. Werknummer,
- Überwachungszeichen,
- vollständige Bezeichnung des Betonstahls,
- Liefermenge,
- Tag der Lieferung,
- Empfänger.

Tafel B.6.1 Sorteneinteilung und Eigenschaften der Betonstähle nach DIN 488-1

	1		2	3	4	5
Betonstahlsorte	Kurzname		BSt 420 S	BSt 500 S	BSt 500 M [2]	Wert p % [3]
	Kurzzeichen [1]		III S	IV S	IV M	
	Werkstoffnummer		1.0428	1.0438	1.0466	
	Erzeugnisform		Betonstabstahl	Betonstabstahl	Betonstahlmatte [2]	
1	Nenndurchmesser d_s	mm	6 bis 28	6 bis 28	4 bis 12 [4]	-
2	Streckgrenze R_e (β_s) [5] bzw. 0,2%-Dehngrenze $R_{p\,0,2}$ ($\beta_{0,2}$) [5]	N/mm²	420	500	500	5,0
3	Zugfestigkeit R_m (β_Z) [5]	N/mm²	500 [6]	550 [6]	550 [6]	5,0
4	Bruchdehnung A_{10} (δ_{10}) [5]	%	10	10	8	5,0
5	Dauerschwingfestigkeit gerade Stäbe [7]	N/mm² Schwingbreite $2\,\sigma_A$ ($2 \cdot 10^6$)	215	215	-	10,0
6	gebogene Stäbe	$2\,\sigma_A$ ($2 \cdot 10^6$)	170	170	-	10,0
7	gerade freie Stäbe von Matten mit Schweißstelle	$2\,\sigma_A$ ($2 \cdot 10^6$)	-	-	100	10,0
8		$2\,\sigma_A$ ($2 \cdot 10^6$)	-	-	200	10,0
9	Rückbiegeversuch mit Biegerollendurchmesser für Nenndurchmesser d_s mm	6 bis 12	5 d_s	5 d_s	-	1,0
10		14 bis 16	6 d_s	6 d_s	-	1,0
11		20 bis 28	8 d_s	8 d_s	-	1,0
12	Biegedorndurchmesser beim Faltversuch an der Schweißstelle		-	-	6 d_s	5,0
13	Knotenscherkraft S	N	-	-	$0{,}3 \cdot A_s \cdot R_e$	5,0
14	Unterschreitung des Nennquerschnitts A_s [8]	%	4	4	4	5,0
15	Bezogene Rippenfläche f_R		siehe DIN 488-2	siehe DIN 488-2	siehe DIN 488-2	0
16	Chemische Zusammensetzung bei der Schmelzen- und Stückanalyse [9] Massengehalt in %, max.	C	0,22 (0,24)	0,22 (0,24)	0,15 (0,17)	-
17		P	0,050 (0,055)	0,050 (0,055)	0,050 (0,055)	-
18		S	0,050 (0,055)	0,050 (0,055)	0,050 (0,055)	-
19		N [10]	0,012 (0,013)	0,012 (0,013)	0,012 (0,013)	-
20	Schweißeignung für Verfahren [11]		E, MAG, GP, RA, RP	E, MAG, GP, RA, RP	E [12], MAG [12], RP	

[1] Für Zeichnungen und statische Berechnungen.

[2] Mit den Einschränkungen nach Abschnitt 8.3 gelten die in dieser Spalte festgelegten Anforderungen auch für Bewehrungsdraht.

[3] p-Wert für eine statistische Wahrscheinlichkeit $W = 1 - \alpha = 0{,}90$ (einseitig) (siehe auch Abschnitt 5.2.2).

[4] Für Betonstahlmatten mit Nenndurchmessern von 4,0 und 4,5 mm gelten die in Anwendungsnormen festgelegten eingeschränkten Bestimmungen; die Dauerschwingfestigkeit braucht nicht nachgewiesen zu werden.

[5] Früher verwendete Zeichen.

[6] Für die Istwerte des Zugversuchs gilt, dass R_m mind. $1{,}05 \cdot R_e$ (bzw. $R_{p0,2}$), beim Betonstahl BSt 500 M mit Streckgrenzwerten über 550 N/mm² mind. $1{,}03 \cdot R_e$ (bzw. $R_{p0,2}$) betragen muss.

[7] Die geforderte Dauerschwingfestigkeit an geraden Stäben gilt als erbracht, wenn die Werte nach Zeile 6 eingehalten werden.

[8] Die Produktion ist so einzustellen, dass der Querschnitt im Mittel mindestens dem Nennquerschnitt entspricht.

[9] Die Werte in Klammern gelten für die Stückanalyse.

[10] Die Werte gelten für den Gesamtgehalt an Stickstoff. Höhere Werte sind nur dann zulässig, wenn ausreichende Gehalte an stickstoff-abbindenden Elementen vorliegen.

[11] Die Kennbuchstaben bedeuten: E = Metall-Lichtbogenschweißen; MAG = Metall-Aktivgasschweißen, GP = Gaspressschweißen, RA = Abbrennstumpfschweißen, RP = Widerstandspunktschweißen.

[12] Der Nenndurchmesser der Mattenstäbe muss mindestens 6 mm beim Verfahren MAG und mindestens 8 mm beim Verfahren E betragen, wenn Stäbe von Matten untereinander oder mit Stabstählen ≤ 14 mm Nenndurchmesser verschweißt werden.

Tafel B.6.2 Durchmesser, Querschnitt und Gewicht (Nennwerte) von geripptem Betonstahl

1	2	3
Nenndurchmesser d_s	Nennquerschn. [1] A_s cm²	Nenngewicht [2] G kg/m
6	0,283	0,222
8	0,503	0,395
10	0,785	0,617
12	1,13	0,888
14	1,54	1,21
16	2,01	1,58
20	3,14	2,47
25	4,91	3,85
28	6,16	4,83

1) Siehe DIN 488-1, Ausgabe September 1984, Tabelle 1 (Zeile 14 und Fußnote 8).
2) Errechnet mit einer Dichte von 7,85 kg/dm³.

Bei einer Lieferung von Betonstahl vom Händlerlager oder vom Biegebetrieb ist vom Lieferer auf dem Lieferschein zu bestätigen, dass er Betonstahl nur aus Herstellerwerken bezieht, die einer Überwachung nach DIN 488-6 unterliegen.
Um Verwechslungen möglichst auszuschließen, hat die Lagerung auf der Baustelle nach Sorten und Durchmessern getrennt und durch Tafeln markiert zu erfolgen.
Bewehrungsdraht nach DIN 488-4 der Sorte BSt 500 G (glatt) und BSt 500 P (profiliert) wird durch Kaltverformung mit Nenndurchmessern von 4 bis 12 mm hergestellt. Eine Verwendung nach DIN 1045 ist nicht zulässig. Die Einsatzgebiete liegen bei der Herstellung von Stahlbetonrohren nach DIN 4035 sowie bewehrten Porenbetonelementen nach DIN 4223.
Neben den genormten Betonstählen werden solche mit erhöhtem Korrosionswiderstand nach allgemeiner bauaufsichtlicher Zulassung im Betonbau eingesetzt. Hierzu gehören feuerverzinkte und nichtrostende Stähle, epoxidharzbeschichtete Stähle und PVC-beschichtete Betonstahlmatten.

6.4 Betonstahl-Verbindungen und Bewehrungsanschlüsse

Von großer praktischer Bedeutung sind mechanische Verbindungen von Betonstählen zur Herstellung axialer Stöße. Die Anwendbarkeit dieser Verbindungen wird durch bauaufsichtliche Zulassungen geregelt. Man unterscheidet Muffenstöße mit gewindeförmig ausgebildeten Rippen, konischen oder zylindrischen Gewinden an den Stoßenden und aufgepresster oder überzogener Muffe. Im allgemeinen sind die Verbindungen für den 100%-Vollstoß auf Zug und Druck und auch für nicht vorwiegend ruhende Beanspruchung geeignet. Die folgende Zusammenstellung gibt einen Überblick über die von verschiedenen Firmen entwickelten und bauaufsichtlich zugelassenen Betonstahlverbindungen und Bewehrungsanschlüsse.

- GEWI-Muffenstoß und GEWI-Endverankerung als Schraubmuffenverbindung der Fa. Dyckerhoff & Widmann AG
- Fließpress-Muffenstoß FLIMU der Fa. Dycker-hoff & Widmann AG
- Schraubmuffenverbindung WD 90 der Fa. Wayss & Freitag AG
- Schraubanschluss LENTON der Firma ERICO GmbH
- Pressmuffenstoß der Fa. Eberspächer GmbH
- DEHA-MBT-Bewehrungsanschluss
- HALFEN-HBS-Schraubanschluss
- PFEIFER-Bewehrungsanschluss PH
- FRANK Schraubanschluss System Coupler

Das Verbinden von Betonstahl durch Schweißen wird durch DIN 1045, DIN 488-7 und DIN 4099 geregelt. Anwendungsfälle sind die Verlängerung von Betonstabstahl, Verbindung von Stahlbetonfertigteilen, Herstellung von Verankerungskonstruktionen sowie der Verbund von Betonstahl und Stahlbauteilen im Verbundbau (z.B. Bolzenschweißen).

7 Dauerhaftigkeit und Korrosion

7.1 Allgemeines

Die Dauerhaftigkeit bzw. Beständigkeit des Betons kann als Gleichgewichtszustand aufgefasst werden, der zwischen seiner Widerstandsfähigkeit und den äußeren Einwirkungen der Umgebung besteht. Die Ursache für ein Versagen (Schaden, Korrosion) kann sowohl in einer Abnahme der Widerstandsfähigkeit als auch in einer ungünstigen Veränderung der Umgebungsbedingungen liegen oder in beidem. Unter Umgebung sind nach E DIN 1045-2 jene chemischen und physikalischen Einwirkungen zu verstehen, denen der Beton ausgesetzt ist und die zu Wirkungen auf den Beton oder die Bewehrung oder eingebettetes Metall führen, die nicht als Lasten in der Tragwerksplanung berücksichtigt werden. Die nach Umwelt- oder Expositionsklassen eingeteilten Einwirkungen sind in beschreibender Form in den Tafeln B.1.4 und B.1.5 zusammengestellt. In diesem Zusammenhang ist festzustellen, dass die Dauerhaftigkeit der Betonbauweise durch einen Komplex von konstruktiven, baustofflichen und verfahrenstechnischen Einflussfaktoren im Prozess der Planung, Herstellung und Nutzung bestimmt wird. Von besonderer Bedeutung für die Dauerhaftigkeit des Betons und den Korrosionsschutz der Bewehrung ist die Dichtigkeit, insbesondere der oberflächennahen Betonschichten, gegenüber eindringenden Gasen und Flüssigkeiten. Das Eindringen erfolgt dabei hauptsächlich über Verdichtungsporen und Kapillarporen im Zementstein sowie über gestörte Kontaktzonen (Mikrorisse) zwischen Zementstein und Zuschlag. Dass die Qualität der oberflächennahen Betonschichten insbesondere durch eine ausreichend bemessene feuchte Nachbehandlung verbessert werden kann, soll im Hinblick auf die Dauerhaftigkeit des Betons nochmals unterstrichen werden.

Flüssigkeiten und Gase gelangen infolge Druck, mittels Diffusion und durch kapillares Saugen von Wasser in den Beton. Dabei hat das kapillare Saugen der oberflächennahen Bereiche die größte Bedeutung. Der Feuchtegehalt des Betons ist wiederum maßgebend für die Reaktionsgeschwindigkeit der meisten auf den Beton einwirkenden Schädigungen. Ein Schema möglicher korrosiver Einflüsse auf den Beton und die Bewehrung zeigt Abb. B.7.1.

7.2 Betonkorrosion

Betonangreifende Stoffe wirken treibend und/oder lösend auf den Zementstein. Auch die Zuschläge können einbezogen werden, wenn sie gegenüber Säuren löslich sind (z.B. Kalkstein und Dolomit) oder bei feuchten Umgebungsbedingungen und hoher Alkalität im Beton treibend wirken (Alkali-Kieselsäure-Reaktion).

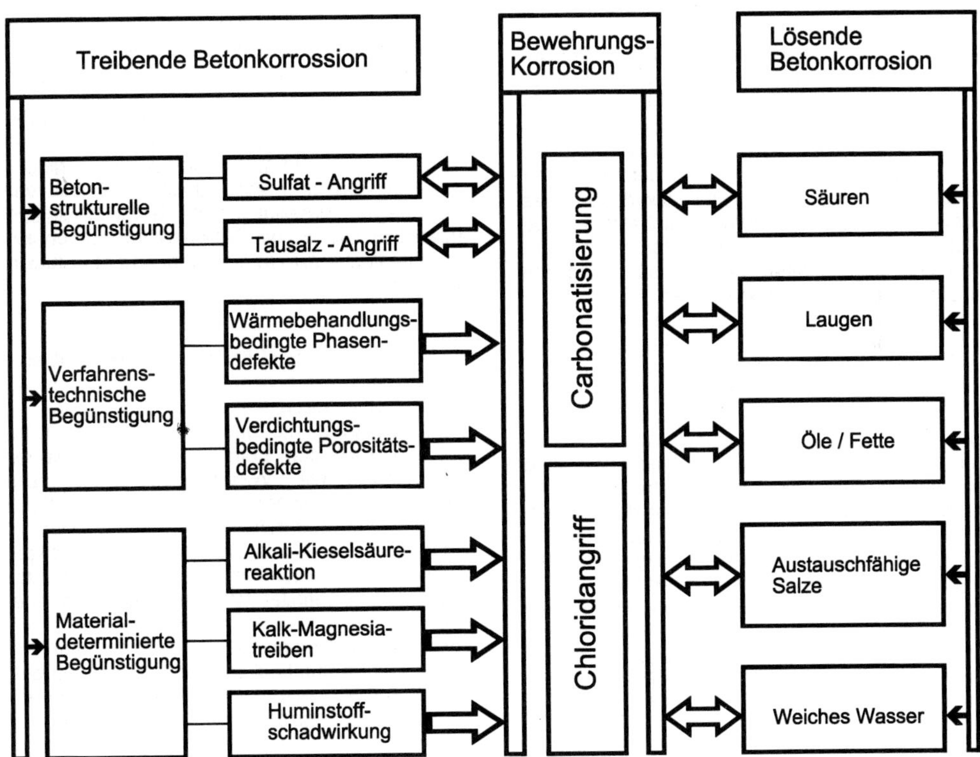

Abb. B.7.1 Schema der korrosiven Einflüsse auf den Beton [Schlüßler/Mcedlov-Petrosjan – 90]

Treibende Betonkorrosion

Sulfathaltige wässrige Lösungen können über das Porengefüge des Zementsteins eindringen und zu einer Reaktion mit den Aluminathydraten des Zements führen. Dabei entsteht Ettringit ($3\,CaO \cdot Al_2O_3 \cdot 3\,CaSO_4 \cdot 32\,H_2O$), das durch die große Wasserbindung beim Kristallwachstum und die damit verbundene Volumendehnung zu Rissen im Zementstein führt. Die entstehenden Gefügerisse ermöglichen weiteren Wasserzutritt, wodurch die Treibreaktionen noch verstärkt werden (Betonbazillus). Ist eine solche Reaktion zu befürchten, muss Zement mit einem begrenzten Aluminatgehalt (HS-Zement) eingesetzt werden.
Bei sehr hohen Sulfatkonzentrationen werden auch die schwer löslichen Calciumsilicathydrate angegriffen. Die hierdurch erfolgte Gipsbildung im Porengefüge des Zementsteins führt durch die damit verbundene Volumendehnung zu Spannungen und in deren Folge zu Ablösungen der betroffenen oberen Betonschichten.
Eine besondere Form der treibenden Betonkorrosion ist die durch biogene Schwefelsäurekorrosion hervorgerufene Gipsbildung im Zementstein. Die Ursache hierfür ist die Bildung von Schwefelwasserstoff durch Reduktion von schwefelhaltigen organischen Substanzen im Abwasser mittels Fäulnisbakterien unter anaeroben Bedingungen (1. Stufe). Der Schwefelwasserstoff hat als schwache Säure praktisch keine betonkorrosive Wirkung. Infolge bakterieller Oxydation des Schwefelwasserstoffs durch Thiobakterien (2. Stufe) kann sich im gasgefüllten Raum von Rohrleitungen und Behältern Schwefelsäure auf den feuchten Betonoberflächen bilden. Diese Beanspruchung des Betons ist als „sehr starker Angriff“ im Sinne von [DIN 4030 – 91] einzustufen. Beton, der diesem Angriff längere Zeit ausgesetzt ist, muss nach DIN 1045 vor unmittelbarem Zutritt der angreifenden Stoffe geschützt werden.
Eine sekundäre Ettringitbildung und damit treibende Reaktion im Zementstein ist auch ohne die äußere Zufuhr von Sulfaten bei wärmebehandelten Betonen möglich. Sie ist dadurch bedingt, dass bei höheren Temperaturen (größer 65 °C) der anfangs gebildete Ettringit (Trisulfat) in das sulfatärmere Monosulfat zerfällt. Dadurch steigt der Sulfatgehalt in der Porenlösung des Zementsteins und bewirkt bei entsprechendem Wasserangebot eine sekundäre, treibende Ettringitbildung. Diesem Korrosionsmechanismus kann durch Begrenzung der Betontemperatur begegnet werden.
Die Ursachen für eine treibende Betonkorrosion infolge Alkali-Kieselsäure-Reaktion der Zuschläge wurden bereits im Abschnitt 2.2 erläutert.

Lösende Betonkorrosion

Unter lösender Betonkorrosion werden chemische Reaktionen des Zementsteins mit Säuren, bestimmten austauschfähigen Salzen, starken Basen, organischen Fetten und Ölen verstanden, bei denen die schwerlöslichen Calciumverbindungen der Matrix in leichtlösliche Neubildungen umgewandelt werden. Auch Zuschläge sind vom Angriff betroffen, wenn sie aus Kalkstein oder kalkhaltigem Gestein bestehen.
Der Angriffsgrad von Säuren bzw. sauren Wässern ist von deren Wasserstoff-Ionenkonzentration, also vom pH-Wert der wässrigen Lösung abhängig. Im allgemeinen nimmt die Betonaggressivität bei pH-Werten kleiner 5 erheblich zu.
Starke Säuren (Salz-, Salpeter-, Schwefelsäure) lösen die Zementbestandteile unter Bildung von Calcium-, Aluminium-, Eisensalzen und kolloidalem Kieselgel auf. Dabei sind auch kombinierte Wirkungen, wie die Bildung von treibenden Gipskristallen im Zementstein bei biogener Schwefelsäurekorrosion, möglich.
Unter die schwachen Säuren sind Kohlensäure und Huminsäuren einzuordnen. Dabei spielt der Auslaugungsvorgang durch kalklösende Kohlensäure aus Quell- und Grundwasser eine besondere Rolle. Kohlendioxid (CO_2) wird im Wasser insbesondere bei höherer Temperatur und höherem Druck in erheblicher Menge unter Bildung von Kohlensäure gelöst. Beim Einwirken von CO_2-haltigen Wässern auf den Beton bildet sich anfänglich das schwerlösliche Calciumcarbonat im Oberflächenbereich. Durch Zutritt weiterer Kohlensäure entsteht leichtlösliches Calciumhydrogencarbonat. Dabei ist ein bestimmter Gehalt an gelöstem CO_2 erforderlich, um das Hydrogencarbonat in Lösung zu halten bzw. eine stabile Lösung zu bilden. Der über die „stabilisierende Kohlensäure“ hinausgehende Anteil an CO_2, die sogenannte „überschüssige Kohlensäure“, wirkt kalk- bzw. betonaggressiv und ist von der Härte des Wassers abhängig. Der geschilderte Sachverhalt wird in den Abb. B.7.2 und B.7.3 veranschaulicht.
Gegenüber Laugen ist der Zementstein wegen seines hohen pH-Wertes in der Porenlösung des Zementsteins (größer 12,5) im allgemeinen beständig.
Organische Fette und Öle verursachen eine Verseifung und damit Lockerung des Betongefüges. Säurefreie Mineralöle und Fette sind dagegen nicht betonaggressiv.
Stärker betonschädigend wirken Ammoniumverbindungen (z.B. Düngemittel), da sie im alkalischen Milieu in Ammoniak übergehen und dadurch lösliche Ammoniumsalze bilden können.

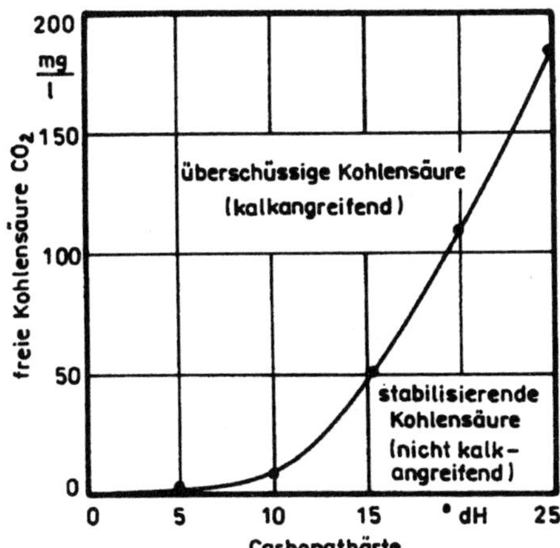

Abb. B.7.2 Zusammenhang zwischen überschüssiger und stabilisierender Kohlensäure in Wasser [Schlüßler/Mcedlov-Petrosjan – 90]

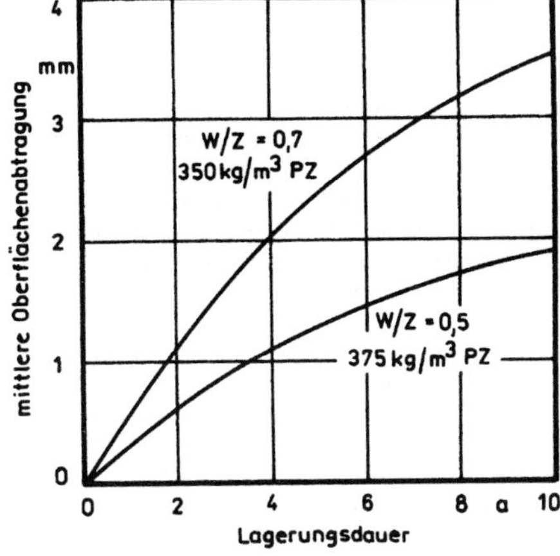

Abb. B.7.3 Oberflächenabtrag von Mörtel bei Einwirkung kalklösender Kohlensäure (nach *Locher* und *Sprung* in [Schlüßler/ Mcedlov-Petrosjan –90])

7.3 Bewehrungskorrosion

7.3.1 Allgemeines

Eine Grundvoraussetzung für die Dauerhaftigkeit von Stahlbetonbauteilen ist der Korrosionsschutz der Bewehrung durch die Einbettung in einen dichten Zementstein mit einem hohen pH-Wert (je nach Zementart 12,5 bis 13,5) in der Porenlösung. Dieser stellt sich durch Bildung und In-Lösung-Gehen von Calciumhydroxid und Alkalihydroxiden bei der Hydratation der Calciumsilikate des Zements im Porenwasser ein und bildet auf der Stahloberfläche eine sehr dünne, lückenlose Passivschicht aus Eisenoxid. Ein Verlust der Passivierung der Stahloberfläche kann infolge Karbonatisierung des Betons bzw. Eindringen von korrosionsfördernden Substanzen, z.B. Chloriden, eintreten. Eine Bewehrungskorrosion ist jedoch nur möglich, wenn folgende Voraussetzungen gleichzeitig erfüllt werden:

- Vorhandensein eines Elektrolyten (Wasser),
- Aufhebung der Wirkung der Passivschicht,
- Vordringen von Sauerstoff bis zur Stahloberfläche.

Bedingung für eine Elektrolytbildung ist ein feuchter Beton. Bei trockenen Betonbauteilen ist demzufolge auch dann keine Bewehrungskorrosion zu erwarten, wenn der Beton carbonatisiert ist oder freie Chloridionen enthält.
Auch bei ständiger Wasserlagerung des Betons ist wegen unzureichender Sauerstoffzufuhr das Korrosions- oder Angriffsrisiko gering. Zur Sicherstellung eines ausreichenden Korrosionsschutzes enthält DIN 1045 Anforderungen an die Betondeckung (siehe Tafel B.1.4) und die Betonzusammensetzung für Innen- und Außenbauteile (Tafel B.4.4). Die Anforderungen an den Mindestzementgehalt von 240 kg/m³ und den höchstzulässigen ω-Wert von 0,75 stimmen mit den entsprechenden Regelungen für die durch Karbonatisierung verursachte Korrosion nach E DIN 1045-2 überein (Tafel B.7.1). Für durch Chloride verursachte Korrosion werden in Abhängigkeit von der Expositionsklasse höchstzulässige ω-Werte zwischen 0,45 und 0,55 gefordert.

7.3.2 Karbonatisierung

Beim Prozess der Karbonatisierung erfolgt eine Reaktion des durch Hydrolyse der Calciumsilikate abgespaltenen Calciumhydroxids in Gegenwart von Wasser mit dem Kohlendioxid der Luft zu Calciumcarbonat:

$$Ca(OH)_2 + CO_2 + H_2O \rightarrow CaCO_3 + 2\,H_2O$$

Die Karbonatisierung bewirkt einen allmählichen Abfall des pH-Wertes in der Porenlösung des Zementsteins auf pH-Werte kleiner 9 (Abb. B.7.4). Erreicht die Karbonatisierungsfront die Stahloberfläche und liegen die in Abschnitt 7.3.1 genannten drei Voraussetzungen vor, so wird eine Korrosion des Bewehrungsstahls induziert. Dabei erfolgt über eine anodische Oxydation eine Auflösung des Eisens, wobei die frei werdenden Elektronen die katodische Reduktion des Sauerstoffs bzw. eine Protonenreduktion bewirken:

$$O_2 + 2\,H_2O + 4\,e^- \rightarrow 4\,OH^-$$
$$2\,H^+ + 2\,e^- \rightarrow H_2$$

Tafel B.7.1 Grenzwerte für Zusammensetzung und Eigenschaften von Beton – Teil 1 [E DIN 1045-2 – 99]

	Kein Korrosions- oder Angriffsrisiko	Bewehrungskorrosion									
		Durch Karbonatisierung verursachte Korrosion				Durch Chloride verursachte Korrosion					
						Meerwasser			andere Chloride als Meerwasser		
Expositionsklassen	X0[1)]	XC1	XC2	XC3	XC4	XS1	XS2[2)]	XS3[2)]	XD1	XD2[2)]	XD3[2)]
Höchstzulässiger *w/z*-Wert	-	0,75		0,65	0,60	0,55	0,50	0,45	0,55	0,50	0,45
Mindestfestigkeitsklassen [4)]	C8/10	C16/20		C20/25	C25/30	C30/37	C35/45	C35/45	C30/37	C35/45	C35/45
Mindestzementgehalt[5)] (kg/m³)	-	240		260	280	300	320	340	300	320	340
Mindestluftgehalt in %	-	-		-	-	-	-	-	-	-	-
Andere Anforderungen	-	-									
verwendbare Zementarten[3)]	Alle Zemente nach DIN 1164	Alle Zemente nach DIN 1164									

[1)] Nur für unbewehrten Beton.
[2)] Für massige Bauteile (> 80 cm) gilt: 0,55 / C30/37 / 300 und Betondeckung + 20 mm und keine Hautbewehrung.
[3)] Neben den genormten Zementen sind auch für den entsprechenden Anwendungsfall bauaufsichtlich zugelassene Zemente verwendbar.
[4)] Gilt nicht für Leichtbeton.
[5)] Bei Anrechnung von Zusatzstoffen des Typs II ist der Wasser / (Zement + k · Zusatzstoff)–Wert bzw. der Gesamtgehalt (Zement + Zusatzstoff) maßgebend. Die vorgeschriebenen Mindestzementgehalte sind zu beachten

Im Ergebnis kommt es nach Reaktion zwischen Eisenionen und Hydroxidionen zur Bildung von Eisenhydroxid. Nach Sauerstoffzutritt entsteht in einer Sekundärreaktion das FeOOH als Rost. Die Umsetzung von Eisen zu Rost bewirkt eine 2,5fache Volumenzunahme, was eine Rissbildung und das Absprengen der äußeren Betonschicht zur Folge haben kann (Rosttreiben).

Die Aufnahme von Kohlendioxid ist stark vom Wassergehalt des Zementsteins abhängig. Wassergefüllte Kapillaren nehmen praktisch kein CO_2 auf. Auch sehr trockener Beton carbonatisiert nicht weiter, weil ein gewisser Feuchtigkeitsfilm Voraussetzung für den Ablauf der chemischen Reaktion ist. Bei relativer Luftfeuchte zwischen 50 und 75 % erreicht deshalb die Karbonatisierungsgeschwindigkeit ihr Maximum.

Für Beton unter konstanten Umgebungsbedingungen kann die zeitliche Entwicklung der Karbonatisierungstiefe nach dem $\sqrt{t}$-Gesetz beschrieben werden (Abb. B.7.5):

$$d_c = \alpha\sqrt{t}$$

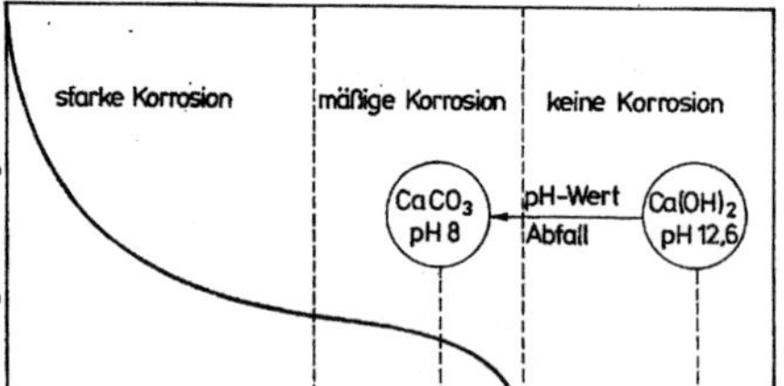

Abb. B.7.4 Korrosionsgeschwindigkeit der Bewehrung in Abhängigkeit vom pH-Wert

Die Größe des Faktors α wird durch den Diffusionskoeffizienten des Zementsteins, die CO_2-Konzentration und die Umgebungsbedingungen bestimmt. Die deutliche Abnahme des Karbonatisierungsfortschritts lässt sich auf die Verdichtung des carbonatisierten Zementsteins durch Ausfüllung des Kapillarporenraums mit Kalkstein zurückführen. Die bei hüttensandreichem Hochofenzement und Portlandflugaschezement auftretende Beschleunigung der Karbonatisierung kann durch eine Verringerung des Wasserzementwertes oder eine verbesserte Nachbehandlung weitgehend ausgeglichen werden.

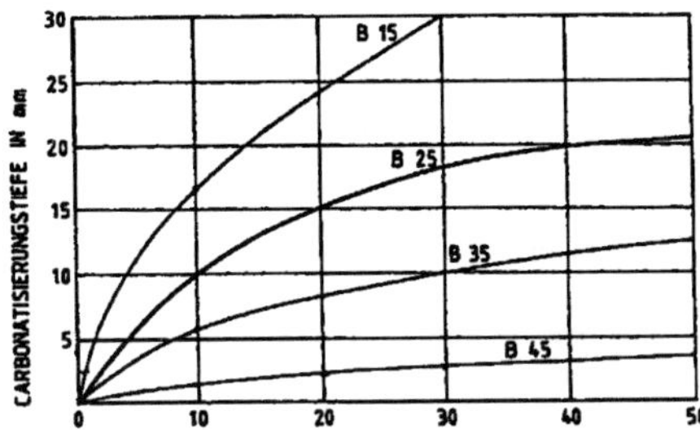

Abb. B.7.5 Karbonatisierungstiefe in Abhängigkeit von der Zeit und der Betonfestigkeit

Tafel B.7.2 Rechenwert der Rissbreite $w_{k,cal}$ in Stahlbetonbauteilen zur Sicherstellung einer ausreichenden Dauerhaftigkeit

Zeile	Umweltbedingungen nach	Rechenwert der Rissbreite $w_{k,cal}$
1	DIN 1045, Tabelle 10, Zeile 1	0,4 mm
2	DIN 1045, Tabelle 10, Zeilen 2 bis 4	0,25 mm

Durch größere Risse und Poren im Beton können in der Karbonatisierungsfront örtliche Spitzen auftreten. Der derzeitige Stand der Erkenntnisse über den Zusammenhang zwischen Rissbildung und durch Karbonatisierung bedingte Bewehrungskorrosion [Schießl – 86] zeigt jedoch, dass Dicke und Dichtigkeit der Betondeckung von weit größerer Bedeutung für die Dauerhaftigkeit sind als die Breite der Risse senkrecht zur Bewehrungsrichtung, solange sie nicht größer als 0,4 bis 0,5 mm werden. Durch eine Beschränkung der rechnerischen Rissbreite nach DIN 1045 (Tafel B.7.2) auf unkritische Werte, einer hohen Qualität der Betondeckung (Einhaltung der Mindestwerte min *c* nach Tafel B.1.4, dichtes Betongefüge) und sachgemäße Ausführung (Betonzusammensetzung, Nachbehandlung) kann eine Beeinträchtigung der Standsicherheit von Stahlbetonbauwerken infolge Korrosion der Bewehrung innerhalb einer wahrscheinlichen Nutzungsdauer von 50 bis 80 Jahren ausgeschlossen werden [DBV-Merkblatt Begrenzung Rissbildung – 96].

7.3.3 Chloridkorrosion

Dringen im Porenwasser des Zementsteins gelöste Chloridionen bis zur Stahloberfläche vor, so kommt es zu einer Chloridkorrosion. Sie ist dadurch gekennzeichnet, dass die Chloridionen auch im nichtcarbonatisierten Beton in der Lage sind, die Passivschicht des Stahls lokal zu durchbrechen. Die hierdurch bewirkte Lochfraßkorrosion kann zu erheblichen Schäden an Stahlbetonbauwerken und insbesondere zu lokalen Brüchen von Spannstählen führen.
Chloride können entweder durch die Betonausgangsstoffe Zement, Zuschlag, Anmachwasser und Zusätze als auch durch Tausalze, Meerwasser und chloridhaltige Brandgase über die Oberfläche in den Beton gelangen. Da die Chloridgehalte der Betonausgangsstoffe in den Normen begrenzt sind, spielen sie bei der Chloridkorrosion des Bewehrungsstahls praktisch keine Rolle. Hinzu kommt, dass der Zement einen erheblichen Chloridanteil im sogenannten *Friedel*schen Salz chemisch binden kann.
Korrosionsverursachend sind die im Porenwasser des Zementsteins in dissoziierter Form vorliegenden gelösten Chloride, die bei entsprechendem äußerem Chloridangebot über die Kapillarporen in den Beton eindiffundieren können. Die Diffusionsgeschwindigkeit ist, wie bereits erwähnt, eine Funktion der Porenstruktur des Zementsteins. Deshalb wirken auch alle stofflichen und technologischen Maßnahmen zur Verringerung des Zementsteinporenraumes einer Chloridkorrosion der Bewehrung entgegen.
Im Gegensatz zur Karbonatisierungsbedingten Stahlkorrosion führen Risse in der Betondeckschicht zu einem schnellen Vordringen freier Chloridionen bis zur Stahloberfläche. Damit ist eine gezielte Rissbreitenbeschränkung zur Sicherung des Korrosionsschutzes der Bewehrung bei Chloridangriff insbesondere auf horizontalen Betonoberflächen (z.B. Parkdecks) nutzlos [Schießl – 86]. Hieraus ergibt sich die Notwendigkeit, Stahlbeton von Anfang an durch besondere Schutzmaßnahmen in Form von dichten, rissüberbrückenden Beschichtungen zu schützen.

C STATIK

Prof. Dr.-Ing. Ulrich P. Schmitz

C

Hinweise zu verwendeten Bezeichnungen und Berechnungsbeispielen:

In diesem Kapitel bezeichnet DIN 1045-1 den Normentwurf [E DIN 1045-1 – 00]. Es werden grundsätzlich **Bezeichnungen** nach DIN 1045-1 verwendet außer bei Berechnungsbeispielen nach DIN 1045 (07.88), welche besonders gekennzeichnet sind. Es wird insbesondere darauf hingewiesen, dass im Unterschied zu Bezeichnungen nach bisherigen nationalen Normen folgende Formelzeichen gelten (Auswahl, ausführliche Zusammenstellung s. Kap. D):

V Querkraft
h Querschnittshöhe
d Nutzhöhe
q veränderliche Last (Verkehrslast)

In E DIN 1045-1 bezeichnet f_{cd} den Bemessungswert der Druckfestigkeit, der im Gegensatz zu EC 2 um den Faktor α bei normalfestem Beton verringert ist. Dieser Unterschied wirkt sich auch auf davon abhängige Größen wie z. B. μ_{Sds} aus.

Bewehrungsangaben in **Berechnungsbeispielen** nach E DIN 1045-1 beruhen auf einem Spannungs-Dehnungs-Diagramm für Stahl mit einer Grenzdehnung von 25 ‰ und ansteigendem, oberen Ast.

C Statik

1 Stabtragwerke

1.1 Erläuterung baustatischer Verfahren im Stahlbetonbau

Den im Stahlbetonbau zur Schnittgrößenermittlung einsetzbaren Verfahren liegen folgende Annahmen über das Bauteilverhalten zugrunde, vgl. DIN 1045-1 [E DIN 1045-1 – 00], 8 und EC 2 [ENV 1992-1-1 – 92], 2.5.1.1:

- Linear-elastisches Verhalten
- Linear-elastisches Verhalten mit begrenzter Umlagerung
- Plastisches Verhalten (elastisch-plastisch oder starr-plastisch)
- Nichtlineares Verhalten

Verfahren, die auf den beiden letztgenannten Ansätzen beruhen, stellen eine Neuerung gegenüber den Regelungen nach [DIN 1045 – 88] dar. Eine Schnittgrößen- und Verformungsermittlung auf der Grundlage nichtlinearen Materialverhaltens ist zwar mit geeigneten Computerprogrammen bei Berechnungen nach Theorie II. Ordnung einschließlich Knicksicherheitsnachweis auch im Rahmen der bisherigen DIN 1045 seit langem üblich („Nachweis am Gesamtsystem", 17.4.9), in den neuen Normen DIN 1045-1 und EC 2 werden nun die benötigten Stoffgesetze und Anwendungsregeln genauer beschrieben.

Bei der Schnittgrößenermittlung ist nach DIN 1045-1, 7.1 auf die Einhaltung folgender Grundprinzipien zu achten:

- Der Gleichgewichtszustand ist sicherzustellen.
- Wenn die Verträglichkeit der Verformungen durch das Berechnungsverfahren nicht nachgewiesen wird, muss das Tragwerk ausreichend verformungsfähig (duktil) sein.
- Das Tragwerk ist nach Theorie II. Ordnung zu berechnen, wenn dies im Vergleich zur Theorie I. Ordnung zu einem *wesentlichen* Anstieg der Schnittgrößen führt, oder wenn die Gesamtstabilität oder die Tragfähigkeit in kritischen Abschnitten durch die Auswirkungen nach Theorie II. Ordnung nachteilig beeinflusst wird.

  Bei Bauteilen des üblichen Hochbaus dürfen Auswirkungen der Theorie II. Ordnung vernachlässigt werden, wenn sie die *Tragfähigkeit* um weniger als 10 % verringern.
- Schnittgrößen aus Zwangseinwirkungen wie Temperatur oder Schwinden brauchen in Bauteilen des üblichen Hochbaus im Allgemeinen nicht ermittelt zu werden.

Für die Untersuchungen zum Nachweis des Stahlbetontragwerks bedeuten diese Prinzipien:

- **Nachweis der Gebrauchstauglichkeit**

  Da bei geringer Querschnittsbeanspruchung im Zustand I lineare Beziehungen das Tragwerksverhalten recht zutreffend beschreiben, können die Nachweise im Grenzzustand der Gebrauchstauglichkeit in der Regel nach der linearen Elastizitätstheorie geführt werden. Dies gilt auch dann, wenn die Nachweise der Tragfähigkeit nach nichtlinearen Verfahren geführt werden.

  Zeitabhängige Einflüsse sind nach DIN 1045-1 und EC 2 zu berücksichtigen, wenn sie bedeutsam sind. Ebenso ist die Rissbildung bei der Schnittgrößenermittlung zu berücksichtigen, wenn sie einen ungünstigen Einfluss auf das Tragverhalten ausübt.

  Berechnungsverfahren unter Ansatz plastischen Verhaltens einschließlich linear-elastischen Verhaltens mit Umlagerung sind für Nachweise des Gebrauchszustandes nicht zulässig.
- **Nachweis der Tragfähigkeit**

  Für Nachweise im Grenzzustand der Tragfähigkeit eignen sich prinzipiell alle vorgenannten Verfahren.

1.2 Lineare Schnittgrößenermittlung

1.2.1 Allgemeines

Grundlage dieses Verfahrens ist die Annahme eines idealen linear-elastischen Werkstoffverhaltens und die Verwendung fiktiver, meist auf den unbewehrten und ungerissenen Betonquerschnitt (Bruttoquerschnitt) bezogenen Steifigkeiten. Das Versagen des Tragwerks wird angenommen, wenn an irgendeiner Stelle eine Schnittgröße den Grenzzustand der Tragfähigkeit überschreitet.

Neben ihrer Einfachheit bieten lineare Verfahren den großen Vorteil der Gültigkeit des Superpositionsprinzips. Wenn Schnittgrößen lastfallweise berechnet und für die einzelnen Nachweise mit

Faktoren versehen überlagert werden können, bedeutet dies insbesondere bei umfangreichen Systemen eine entscheidende Arbeitserleichterung für Handrechnungen und für die Kontrolle elektronischer Berechnungen.

Mit einsetzender Rissbildung liefern linear-elastische Verfahren keine wirklichkeitsnahen Aussagen mehr über die Verformungen und die Verteilung der relativen Steifigkeiten in statisch unbestimmten Tragwerken. Nur beschränkt dafür geeignet und nach DIN 1045-1, 8.2 nicht zugelassen sind daher linear-elastische Berechnungsannahmen zur Bestimmung der Verformungen oberhalb des reinen Zustands I und von Schnittgrößen, die von den Verformungen abhängen (Stabilitätsfälle, Theorie II. Ordnung).

1.2.2 Querschnittssteifigkeit

Eine wesentliche Abweichung des linear-elastischen Berechnungsmodells gegenüber dem wirklichen Bauteilverhalten ergibt sich bereits aus dem Ansatz der Querschnittswerte.

Wie sich aus Abb. C.1.1 an beispielhaft ausgewählten Verläufen erkennen lässt, liegt bei den häufigen geometrischen Bewehrungsgehalten unter 2 % die Steifigkeit des unbewehrten Bruttoquerschnitts zwischen den tatsächlichen Steifigkeiten in Zustand I und II, die mit zunehmender Bewehrung anwachsen. Noch größere Unterschiede können bei Plattenbalkenquerschnitten im Zustand II auftreten, abhängig davon, ob die Platte in der Druck- oder in der Zugzone liegt.

Berücksichtigt man weiterhin, dass Rissbildung nur in höher beanspruchten Abschnitten auftritt, so stellt sich die wirkliche Steifigkeitsverteilung längs eines Stahlbetonbauteils auch bei äußerlich konstanter Querschnittsform stark veränderlich dar. Dies wiederum beeinflusst in statisch unbestimmten Systemen die Schnittgrößenverteilung.

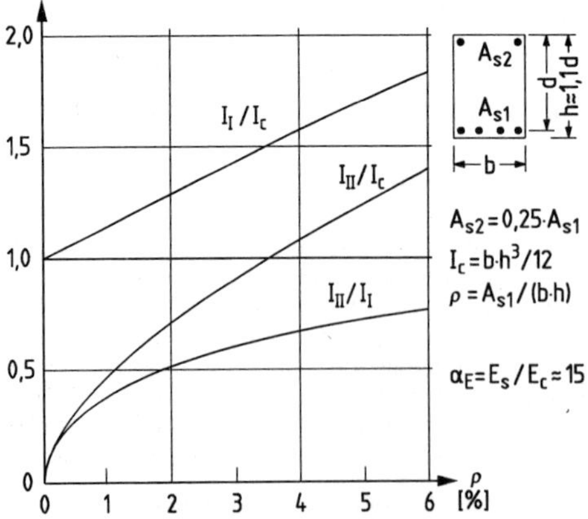

Abb. C.1.1 Beispielhafte Darstellung relativer Steifigkeiten eines Stahlbetonquerschnitts in Zustand I und II nach [Franz – 83]

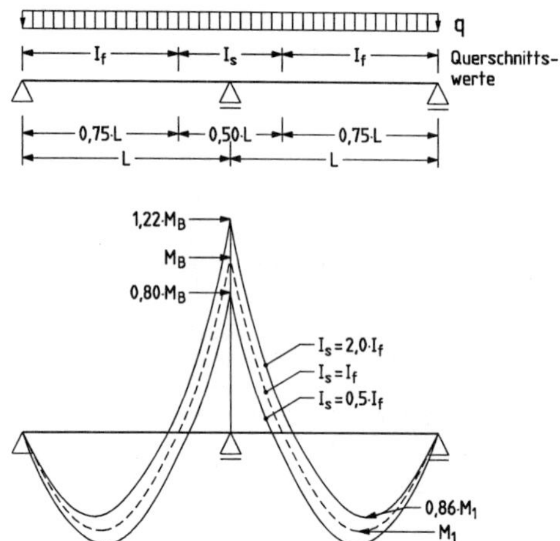

Abb. C.1.2 Beeinflussung der Biegemomente durch abschnittsweise unterschiedliche Querschnittssteifigkeiten

In Abb. C.1.2 sind Momentenkurven eines Zweifeldträgers aufgetragen, bei dem die Querschnittssteifigkeiten in Stütz- und Feldbereich in einem Maße variiert wurden, wie es auch durch Wahl einer bestimmten Querschnittsform, durch gezielte Bewehrungsanordnungen und/oder sich einstellende Rissbildung möglich ist. Danach weichen die linear-elastisch ermittelten Stützmomente bei einem Steifigkeitsverhältnis der Abschnitte von 2:1 um bis zu 22 % gegenüber den Werten bei konstanter Steifigkeitsverteilung ab.

1.2.3 Bemessung

Die Bemessung für den Grenzzustand der Tragfähigkeit vergleicht die **linear**-elastisch ermittelten Schnittgrößen des Bauteils mit den inneren Schnittgrößen des Stahlbetonquerschnitts und definiert dessen Spannungs- und Dehnungszustand unter Berücksichtigung der **nichtlinearen** Arbeitslinie des Werkstoffs im Zustand II und der gewählten Bewehrung.

Die sich aus dieser Bemessung ergebenden Randdehnungen des Querschnitts und damit die Krümmungen des Trägers stimmen grundsätzlich nicht mit denen des linear-elastischen Berechnungsansatzes überein. Da sich dies auf die Biegelinie überträgt, liegt bei statisch unbestimmten Stahlbetontragwerken, deren Schnittgrößen nach der reinen Elastizitätstheorie bestimmt wurden,

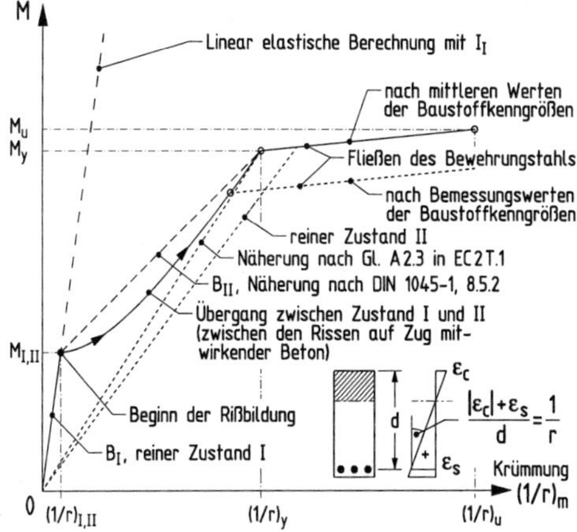

Abb. C.1.3 Vereinfachte Momenten-Krümmungsbeziehung

eine rechnerische Unverträglichkeit der Verformungen vor. Der Unterschied zwischen den berechneten und den tatsächlichen Schnittgrößen wächst mit zunehmender Beanspruchung, wie die vergleichenden Momenten-Krümmungsbeziehungen erkennen lassen, s. Abb. C.1.3. Es ist ferner zu erkennen, dass die bei Annäherung an die Grenztragfähigkeit zu erwartenden Tragwerksverformungen wesentlich größer als die rechnerischen sind.

1.2.4 Rotationsfähigkeit

Trotz der zuvor geschilderten Unzulänglichkeiten des Berechnungsansatzes liefert eine nach reiner Elastizitätstheorie geführte Bemessung gemäß dem ersten Grenzwertsatz der Plastizitätstheorie ein sicheres Ergebnis, wenn ein statischer Gleichgewichtszustand vorliegt, eine hinreichende Verformungsfähigkeit gegeben ist und die Fließmomente an keiner Stelle überschritten werden, vgl. [DAfStb-H425 – 92], 2.5.4.1. Die letztgenannte Bedingung wird bereits durch die Bemessungsverfahren sichergestellt.

Damit Verformungsunverträglichkeiten vom Tragwerk ausgeglichen werden können, muss die hinreichende Verformungsfähigkeit der kritischen Abschnitte (Rotationsfähigkeit) gewährleistet sein, welche entscheidend durch das Fließen des Bewehrungsstahls bestimmt wird. Sehr hohe Bewehrungsgrade sind daher zu vermeiden und die Mindestbewehrung ist zu beachten.

Bei Durchlaufträgern mit $0{,}5 < l_1/l_2 < 2$, Riegeln unverschieblicher Rahmen und vorwiegend auf Biegung beanspruchten Bauteilen genügt es nach DIN 1045-1, 8.2 (3), von den verschiedenen Einflüssen auf die Rotationsfähigkeit des Querschnitts nur das vorzeitige Versagen der Biegedruckzone bei hohen Bewehrungsgraden zu überprüfen. Konstruktive Maßnahmen (z. B. die Umschnürung der Biegedruckzone wie bei Druckgliedern nach DIN 1045-1, 13.5.3) sind zu treffen, wenn die Druckzonenhöhe:

$$\begin{aligned} x/d &> 0{,}45 \quad \text{für } C \leq C\,50/60 \\ x/d &> 0{,}35 \quad \text{für } C \geq C\,55/67 \end{aligned} \qquad \text{(C.1.1a)}$$

Bei Querschnitten mit rechteckiger Betondruckzone entspricht dies folgenden bezogenen Bemessungsmomenten:

$\mu_{Sds} \leq 0{,}296$ für C 12/15 bis C 50/60
$\mu_{Sds} \leq 0{,}235$ für C 55/67
$\mu_{Sds} \leq 0{,}223$ für C 60/75
$\mu_{Sds} \leq 0{,}212$ für C 70/85
$\mu_{Sds} \leq 0{,}204$ für C 80/95
$\mu_{Sds} \leq 0{,}195$ für C 90/105
$\mu_{Sds} \leq 0{,}186$ für C 100/115

Im EC 2 sind die Grenzen wie folgt festgelegt:

$$\begin{aligned} x/d &> 0{,}45 \quad \text{für } C \leq C\,35/45 \\ x/d &> 0{,}35 \quad \text{für } C \geq C\,40/50 \end{aligned} \qquad \text{(C.1.1b)}$$

Im Rahmen der [DIN 1045 – 88] braucht die Rotationsfähigkeit nicht nachgewiesen zu werden.

1.2.5 Mindestmomente

Das Bemessungsmoment in den Anschnitten vertikaler Auflager von Durchlaufträgern soll wenigstens 65 % des Volleinspannmomentes am Auflagerrand betragen, s. DIN 1045-1, 8.2 (5) und [ENV 1992-1-1 – 92], 2.5.3.4.2 (7).

1.3 Linear-elastisches Verfahren mit begrenzter Umlagerung

1.3.1 Allgemeines

Es kann im wirtschaftlichen und technischen Interesse liegen, nicht die nach linearer Elastizitätstheorie ermittelten Biegemomente, sondern umgelagerte Momentenkurven zur Grundlage der Bemessung statisch unbestimmter Tragwerke zu machen. Die Zulässigkeit dieses Vorgehens begründet sich durch von den Annahmen abweichende Querschnittssteifigkeiten, nichtlineares Materialverhalten und vor allem die örtliche Ausbildung von Fließgelenken (Plastifizierung).

Bei der praktischen Bemessung wird, ausgehend von den Biegemomentenlinien der linearen Elastizitätstheorie, eine begrenzte Umlagerung unter Einhaltung des Gleichgewichts gewählt, wobei auch die **Mindestwerte der Biegemomente** nach Abschn. C.1.2.5 bzw. [DIN 1045 – 88], 15.4.1 zu beachten sind.

Voraussetzung dafür, dass sich die gewählte Umlagerung der Schnittgrößen tatsächlich einstellen kann, ist eine ausreichende Verformbarkeit (Duktilität) des Bauteils. Die zur Umlagerung benötigte plastische Verdrehung θ im angenommenen Fließgelenk darf die mögliche Verdrehung des Querschnittes $\theta_{pl,d}$ nicht überschreiten. Dies ist beim **Nachweis der Rotationsfähigkeit** zu prüfen, wenn die erweiterten Umlagerungsmöglichkeiten einer Berechnung mit plastischen oder nichtlinearen Ansätzen nach DIN 1045-1, 8.4 bzw. 8.5 genutzt werden sollen, s. Abschn. C.1.4.

Bei der Momentenumlagerung wird man meist die Stützmomente verringern, wodurch sich die Feldmomente vergrößern. Daraus können sich folgende **Vorteile** ergeben:

- Die Bewehrungskonzentration im Stützbereich wird verringert.
- Beim häufigen Plattenbalkenquerschnitt mit obenliegender Platte werden Feld- und Stützquerschnitt besser den tatsächlichen Steifigkeiten entsprechend ausgenutzt.
- Da die Umlagerung lastfallweise unterschiedlich vorgenommen werden kann (was sich durch die Ausbildung von Fließgelenken begründet), wird man bei den für die Stützmomente maßgeblichen Lastfällen die Schnittgrößen von der Stütze zum Feld umlagern und die Schnittgrößen der für die Feldmomente maßgeblichen Lastfälle möglicherweise unverändert lassen. Bei Systemen mit hohem Verkehrslastanteil können auf diese Weise die oberen und die unteren Momentengrenzlinien einander angenähert werden.
- In Endfeldern von Durchlaufträgern beträgt die Vergrößerung des Feldmomentes durch die Umlagerung nur etwa die Hälfte des Abminderungsbetrags des zugehörigen Stützmomentes, woraus unabhängig vom Verkehrslastanteil eine direkte Bewehrungseinsparung resultiert.

Dem stehen als **Nachteile** gegenüber:

- Die Inanspruchnahme der Tragwerksduktilität zur Schnittgrößenumlagerung lässt größere Verformungen und verstärkte Rissbildung im Bereich der Fließgelenke erwarten.
- Der höhere Bearbeitungsaufwand nach DIN 1045-1, falls ein Nachweis der Rotationsfähigkeit zu führen ist.

Im Gegensatz zu den nichtlinearen und plastischen Verfahren, mit denen sich ebenfalls eine Umlagerung vornehmen lässt, bleiben bei der begrenzten Umlagerung auf linear-elastischer Grundlage die Vorteile linearer Verfahren – insbesondere das Superpositionsprinzip – erhalten.

1.3.2 Umlagerung nach DIN 1045 (07.88)

Nach [DIN 1045 – 88], 15.1.2 darf für durchlaufende Balken und Platten in üblichen Hochbauten (Verkehrslasten bis 5 kN/m²) mit Stützweiten bis 12 m eine Umlagerung von bis zu ± 15 % der Größtwerte der Stützmomente vorgenommen werden.

Da ein Umlagerungsanteil von 15 % meist nicht ausreicht, die Momentengrenzlinien näherungsweise zur Deckung zu bringen, wird man häufig zusätzlich zur Umlagerung von der Stütze zum Feld für die obere Momentengrenzlinie auch eine Umlagerung in umgekehrter Richtung für die untere Momentengrenzlinie vornehmen.

Ein Nachweis der Rotationsfähigkeit ist unter den Bedingungen der bisherigen DIN-Normen nicht notwendig. Auf die Einhaltung der Mindestmomente ist gemäß [DIN 1045 – 88], 15.4.1 zu achten.

1.3.3 Umlagerung nach DIN 1045-1

Gegenüber der Regelung in DIN 1045 wurden in DIN 1045-1, 8.3 Beschränkungen weitestgehend aufgehoben. Ausdrücklich von der Umlagerung ausgenommen sind verschiebliche Rahmen.

Das linear-elastische Verfahren mit begrenzter Umlagerung kann bei

- Durchlaufträgern mit $0{,}5 < l_1 / l_2 < 2$,
- Riegeln unverschieblicher Rahmen und
- vorwiegend auf Biegung beanspruchten Bauteilen

angewendet werden, wenn die nachfolgenden Bedingungen erfüllt sind:

a) Hochduktiler Stahl:

$$\left.\begin{array}{l}\delta \geq 0{,}64 + 0{,}8\, x_d / d \\ \delta \geq 0{,}70\end{array}\right\} \text{bis C 50/60} \qquad \text{(C.1.2a)}$$

$$\left.\begin{array}{l}\delta \geq 0{,}72 + 0{,}8\, x_d / d \\ \delta \geq 0{,}80\end{array}\right\} \text{ab C 55/67} \qquad \text{(C.1.2b)}$$

b) Normalduktiler Stahl:

$$\left.\begin{array}{l}\delta \geq 0{,}64 + 0{,}8\, x_d / d \\ \delta \geq 0{,}85\end{array}\right\} \text{bis C 50/60} \qquad \text{(C.1.2c)}$$

$$\delta = 1{,}0 \text{ (keine Umlagerung) ab C 55/67} \qquad \text{(C.1.2d)}$$

Dabei ist

δ Verhältnis des umgelagerten Moments zum Ausgangsmoment **vor** der Umlagerung, wobei $\delta \leq 1$

x_d/d auf die Nutzhöhe d bezogene Höhe der Druckzone **nach** Umlagerung, berechnet mit den Bemessungswerten der Einwir-

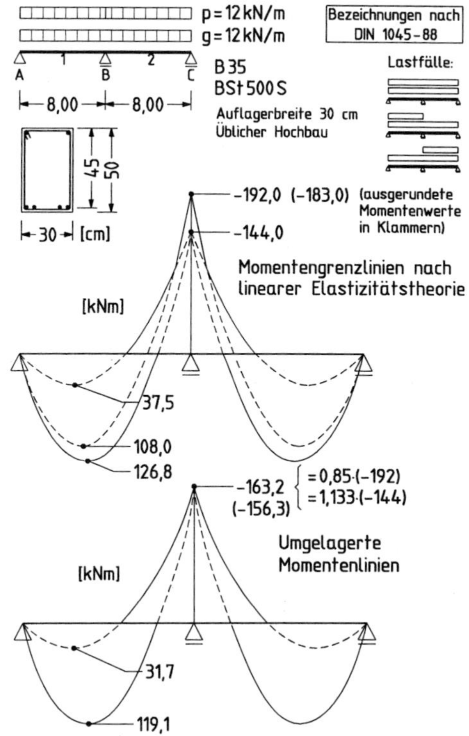

Abb. C.1.4 Beispiel einer Momentenumlagerung nach [DIN 1045 – 88]

kungen und der Baustoffkenngrößen. Die zulässige Umlagerung δ ist ggf. iterativ zu bestimmen.

Nachweise zur Spannungsbegrenzung im Gebrauchszustand sind zu führen, wenn eine Umlagerung von mehr als 15 % (d. h. $\delta < 0{,}85$) gewählt wird, s. DIN 1045-1, 11.1.1 (3).

Um die im Vergleich zur DIN 1045 (07.88) teilweise restriktiven Grenzwerte nach Gl. (C.1.2) einzuhalten, kann es notwendig werden, eine Druckbewehrung einzulegen, was andererseits aus konstruktiven Gründen nicht immer wünschenswert ist.

Sollen die vorgenannten Grenzwerte überschritten werden, ist ein nichtlineares oder plastisches Berechnungsverfahren anzuwenden und dabei ein Nachweis des Rotationsvermögens zu erbringen, der in einfachen Fällen auch mittels Handrechnung durchgeführt werden kann (s. Bsp. S. C.12).

Bei der Umlagerung gemäß Gl. (C.1.2) ist im Gegensatz zur DIN 1045 (07.88) nur eine Verringerung der Stützmomente vorgesehen, nicht aber deren Erhöhung. Für Umlagerungen vom Feld zur Stütze empfiehlt sich, den genaueren Nachweis der Rotationsfähigkeit zu führen, wenn das Umlagerungsmaß mehr als 15 % beträgt. [Litzner – 96], S. 561.

Die Mindestbemessungsmomente nach Abschn. C.1.2.5 sind zu beachten.

1.3.4 Beispiel nach DIN 1045 (07.88)

Für den in Abb. C.1.4 dargestellten Zweifeldträger sollen die Stütz- und Feldmomente bestimmt und eine Momentenumlagerung durchgeführt werden. Auf die Überprüfung der Mindestmomente wird hier nicht eingegangen.

Die Ermittlung der Momente erfolgt mit den Tafeln C.1.4 oder C.1.5. Die Momentengrenzlinien der drei Lastfälle sind in Abb. C.1.4 aufgetragen.

Es wird eine Abminderung des größten Stützmomentes (–192,0 kNm) um 15 % auf –163,2 kNm vorgenommen, wodurch sich das zugehörige Feldmoment von 108,0 auf 119,1 kNm vergrößert.

Damit die Umlagerung im zugelassenen Rahmen wirtschaftlich ausgeschöpft werden kann, wird zusätzlich eine Umlagerung vom Feld zur Stütze für den im Feld maßgebenden Lastfall vorgenommen. Wird das zugehörige Stützmoment um 13,3 % vergrößert, so überdecken sich die beiden Kurven der Feldmomente. Es wäre hier nicht sinnvoll, die zulässige Umlagerung von 15 % auch für den zweiten Lastfall auszuschöpfen, weil dadurch das maßgebende Stützmoment vergrößert würde.

Zusammenstellung der Ergebnisse:

	vor Umlagerung	nach Umlagerung	Veränderung
Stützmoment vor / *nach* Ausrundung	–192,0 *–183,0* kNm	–163,2 *–156,3* kNm	–15,0 % *–14,6 %*
Stützbewehrung	16,5 cm²	13,7 cm²	–17 %
Feldmoment	127 kNm	119 kNm	– 6 %
Feldbewehrung	11,0 cm²	10,3 cm²	– 6 %

1.3.5 Beispiel nach DIN 1045-1

Für ein dem obigen Beispiel entsprechendes System mit nahezu vergleichbaren Baustoffkennwerten sollen Momentenumlagerungen nach DIN 1045-1, 8.2 durchgeführt werden (Abb. C.1.5).

Ohne Nachweis der Rotationsfähigkeit ist im vorliegenden Fall nur eine Momentenumlagerung von 10,3 % möglich (δ = 0,897 und zugehöriges ausgerundetes Stützmoment –232,8 kNm):

Überprüfen der Bedingungen nach Gl. (C.1.2) :

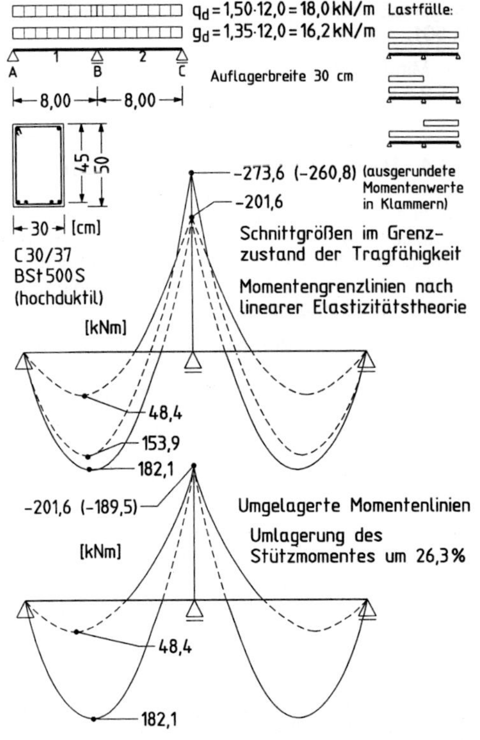

Abb. C.1.5 Beispiel einer Momentenumlagerung nach DIN 1045-1

$f_{cd} = 0{,}85 \cdot 30/1{,}5 = 17{,}0$ MN/m²

$$\mu_{Sd,s} = \frac{0{,}2328}{0{,}30 \cdot 0{,}45^2 \cdot 17{,}0} = 0{,}225 \Rightarrow \frac{x}{d} = 0{,}321$$

$x/d < 0{,}45$ (Bedingung Gl. (C.1.1a) eingehalten)
$\delta = 0{,}897 \le 0{,}64 + 0{,}80 \cdot 0{,}321 = 0{,}897$

Zusammenstellung der Ergebnisse (für Umlagerung $\delta = 0{,}897$) :

	vor Umlagerung	nach Umlagerung	Veränderung
Stützmoment vor / *nach* Ausrundung	–273,6 *–260,8* kNm	–245,4 *–232,8* kNm	–10,3 % *–10,7 %*
Stützbewehrung	15,7 cm²	13,7 cm²	–12,7 %
Feldmoment	182 kNm		
Feldbewehrung	10,0 cm²		

Umlagerungen von mehr als 10,3 % ($\delta < 0{,}897$) erfordern im vorliegenden Fall einen Nachweis der Rotationsfähigkeit, der bei sparsam gewählter Bewehrung hier nicht zum Erfolg führt. Dies gilt für alle theoretisch möglichen Umlagerungswerte $0{,}7 \le \delta < 1{,}0$.

Zur Verdeutlichung der Vorgehensweise und zum Vergleich mit dem Beispiel in Stahlbetonbau aktuell 1999 Seite C.7 wird eine Umlagerung der Stützmomente zum Feld von 26,3 % ($\delta = 0{,}737$) gewählt, so dass beide Momentengrenzlinien gleiche extremale Stütz- und Feldmomente aufweisen. Die Schnittgrößen im Grenzzustand der Tragfähigkeit sind in Abb. C.1.5 aufgetragen.

$$\mu_{Sd,s} = \frac{0{,}1895}{0{,}30 \cdot 0{,}45^2 \cdot 17{,}0} = 0{,}183 \Rightarrow \frac{x}{d} = 0{,}253$$

Zusätzlich zum genaueren Nachweis der Rotationsfähigkeit ist wegen $\delta < 0{,}85$ ein Nachweis der Spannungen im Gebrauchszustand zu führen.

Zusammenstellung der Ergebnisse (für Umlagerung $\delta = 0{,}737$) :

	vor Umlagerung	nach Umlagerung	Veränderung
Stützmoment vor / *nach* Ausrundung	–273,6 *–260,8* kNm	–201,6 *–189,5* kNm	–26,3 % *–27,3 %*
Stützbewehrung	15,7 cm²	10,8 cm²	–31 %
gewählt		2 ∅ 20 + 3 ∅ 14 = 10,9 cm²	
Feldmoment	182 kNm		
Feldbewehrung	10,3 cm²		
gewählt (s. Text)	5 ∅ 20 = 15,7 cm²		(+52 %)

Die Bemessung erfolgte unter Ansatz eines Spannungs-Dehnungs-Diagramms für Stahl mit horizontalem oberem Ast. Die Feldbewehrung wurde im Hinblick auf den Nachweis der Rotationsfähigkeit reichlich gewählt. Fortsetzung des Beispiels s. Seite C.12.

1.3.6 Beispiel nach EC 2

Beim Vergleich mit dem in Stahlbetonbau aktuell 1999 Seite C.7 wiedergegebenen Beispiel nach [ENV 1992-1-1 – 92] und dem ersten Normentwurf [E DIN 1045-1 – 97] zeigt sich im vorliegenden Fall, dass in dem neuen Normentwurf die Möglichkeiten für Umlagerungen ohne zusätzliche Nachweise der Rotationsfähigkeit eingeschränkt wurden.

Die veränderte Grenzdehnung des Bewehrungsstahls von jetzt 25 ‰ nach DIN 1045-1 gegenüber 20 ‰ nach EC 2 T. 1-1 wirkt sich nur bei $x/d < 0{,}15$ aus.

1.4 Verfahren nach der Plastizitätstheorie / Nichtlineare Verfahren

1.4.1 Allgemeines

Verfahren nach der Plastizitätstheorie eignen sich nur für Nachweise im Grenzzustand der Tragfähigkeit, s. DIN 1045-1, 8.4.1. Anwendungsvoraussetzung ist Bewehrungsstahl hoher Duktilität.

Hinsichtlich der Darstellung der Fließgelenkmethode als ein Verfahren der Plastizitätstheorie wird auf Stahlbetonbau aktuell 1998, Seite C.14 verwiesen. Damit sich die angenommene Fließgelenkkette einstellen kann, muss die Rotationsfähigkeit der plastischen Gelenke sichergestellt und nachgewiesen werden.

1.4.2 Nachweis der Rotationsfähigkeit nach DIN 1045-1

Die Rotationsfähigkeit wird nachgewiesen, indem der im Querschnitt mögliche plastische Rotationswinkel $\theta_{pl,d}$ mit dem vorhandenen Rotationswinkel θ_S verglichen wird, der sich bei der umgelagerten Schnittgrößenverteilung einstellt:

$$\theta_S \leq \theta_{pl,d} \quad \text{(C.1.3)}$$

Dabei muss gelten:

$x/d \leq 0{,}45$ bis C 50/60

$x/d \leq 0{,}35$ ab C 55/67

1.4.2.1 Möglicher Rotationswinkel

Der Bemessungswert des möglichen plastischen Rotationswinkels des Querschnitts $\theta_{pl,d}$ ergibt sich nach DIN 1045-1, 8.4.2 beim vereinfachten Nachweis aus:

$$\theta_{pl,d} = \sqrt{\frac{\lambda}{3}} \cdot \theta_{pl,d;\lambda=3} \quad \text{(C.1.4)}$$

mit

λ — Schubschlankheit; Verhältnis der Länge zwischen Momentennullpunkt und –maximum (nach Umlagerung) zur statischen Nutzhöhe; vereinfacht: $= M_{Sd} / (V_{Sd} \cdot d)$

$\theta_{pl,d;\lambda=3}$ — Grundwert der zulässigen Rotation für $\lambda = 3$ nach Abb. C.1.16

x_d/d — Bezogene Druckzonenhöhe bei Bruch, berechnet mit den Bemessungswerten der Einwirkungen und den Bemessungswerten der Baustoffkenngrößen

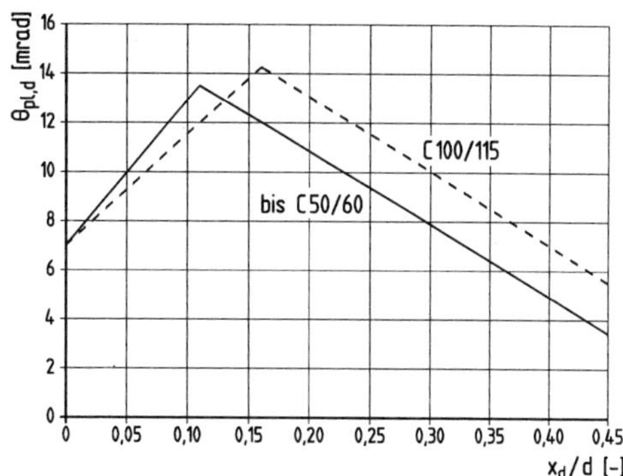

Abb. C.1.6 Grundwert der zulässigen Rotation ($\lambda = 3$) nach DIN 1045-1, 8.4.2

1.4.2.2 Vorhandener Rotationswinkel

Die Berechnung des zur Umlagerung benötigten Rotationswinkels (vorhandener Rotationswinkel) setzt voraus, dass eine Biegebemessung für die umgelagerten Momente durchgeführt wurde und die vorgesehenen Bewehrungsquerschnitte bekannt sind.

Da wirklichkeitsnahe Verformungswerte zu bestimmen sind, werden der weiteren Berechnung die rechnerischen Mittelwerte der Baustoffkennwerte ohne Sicherheitsbeiwerte zugrunde gelegt:

$f_{yR} = 1{,}1\ f_{yk}$ (C.1.5a)

$f_{tR} = 1{,}08\ f_{yR}$ (hochduktiler Stahl) (C.1.5b)

$f_{tR} = 1{,}05\ f_{yR}$ (normalduktiler Stahl) (C.1.5c)

$f_{p0,1R} = 1{,}0\ f_{pk}$ (C.1.5d)

$f_{pR} = 1{,}1\ f_{pk}$ (C.1.5e)

$f_{cR} = 0{,}85\ \alpha\ f_{ck}$ (bis C 50/60) (C.1.5f)

$f_{cR} = 0{,}85\ \alpha\ f_{ck}/\gamma_c'$ (ab C 55/67) (C.1.5g)

Dabei gilt für Normalbeton: $\alpha = 0{,}85$. Die rechnerischen Mittelwerte der Baustoffkennwerte unterscheiden sich teilweise deutlich von denen nach EC 2.

Die auftretende plastische Verformung kann vereinfachend in einem plastischen Gelenk konzentriert angenommen werden. Die größte Verdrehung im plastischen Gelenk stellt sich bei maximaler Belastung der beiderseits anliegenden Felder ein. Sie berechnet sich aus dem umgelagerten Moment M'_{Sd} über den Arbeitssatz, wenn am Gelenk ein virtuelles Einheitsmoment M_1 angesetzt wird (s. Abb. C.1.7):

$$\theta_S = \int \frac{M'_{Sd}}{EI} \cdot M_1 \,dx = \int (1/r)_m \cdot M_1 \,dx \quad \text{(C.1.6)}$$

wobei wegen des nichtlinearen Berechnungsansatzes auch die Querschnittssteifigkeit EI mit x

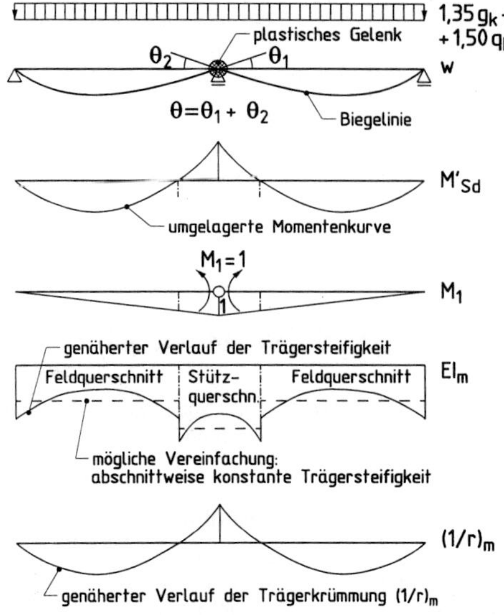

Abb. C.1.7 Ermittlung des vorhandenen Rotationswinkels nach DIN 1045-1

veränderlich ist. Die mittlere Krümmung $(1/r)_m$ eines Querschnitts kann im Rahmen dieses Nachweises aus der vereinfachten, trilinearen Momenten-Krümmungs-Beziehung nach Abb. C.1.8 ermittelt werden, die durch drei Wertepaare definiert wird:

- $M_{I,II}$ und $(1/r)_{I,II}$ beim Übergang des Querschnitts von Zustand I zu Zustand II
- M_y und $(1/r)_y$ an der Streckgrenze des Bewehrungsstahls
- M_u und $(1/r)_u$ bei Erreichen der Zugfestigkeit des Bewehrungsstahls.

Für einen gegebenen Stahlbetonquerschnitt werden diese Wertepaare bestimmt, indem zu ausgewählten Biegemomenten (nämlich $M_{I,II}$, M_y und M_u) die zugehörigen Randdehnungen ε_c und ε_s berechnet werden. Die Krümmung des Querschnitts ergibt sich dann aus (vgl. Abb. C.1.8)

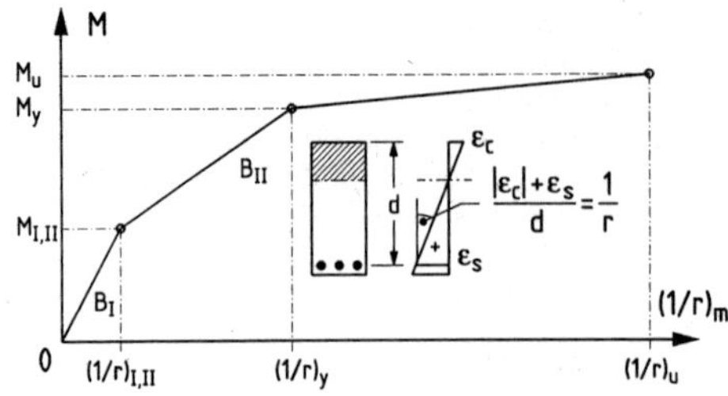

Abb. C.1.8 Vereinfachte Momenten-Krümmungs-Beziehung, s. DIN 1045-1, 8.5.2

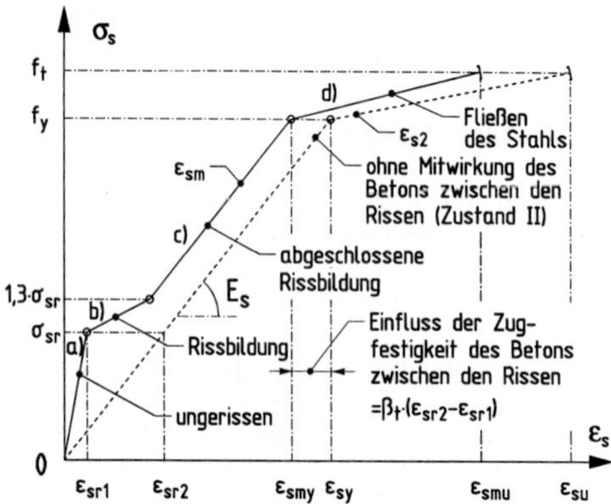

Abb. C.1.9 Mitwirkung des Betons auf Zug zwischen den Rissen, s. [E DIN 1045-1 – 98] Bild 7

$$(1/r) = \frac{\varepsilon_s + |\varepsilon_c|}{d} \qquad \text{(C.1.7)}$$

Dabei ist im Allgemeinen das Mitwirken des Betons auf Zug zwischen den Rissen zu berücksichtigen, wodurch sich die Stahldehnung auf ε_{sm} verringert (Zugversteifung). Ein entsprechender, in Abb. C.1.9 dargestellter Berechnungsansatz nach [E DIN 1045-1 – 98] ist in DIN 1045-1 nicht mehr enthalten und soll in [DAfStb-H5xx – 01] aufgenommen werden. Danach werden in einem abschnittsweise linearisierten Spannungs-Dehnungs-Verlauf des Betonstahls vier Bereiche a, b, c und d der tatsächlichen Stahlspannung entsprechend unterschieden:

a) Ungerissen ($0 < \sigma_s \le \sigma_{sr}$)

$$\varepsilon_{sm} = \varepsilon_{s1} \qquad \text{(C.1.8a)}$$

b) Rissbildung ($\sigma_{sr} < \sigma_s \le 1{,}3 \cdot \sigma_{sr}$)

$$\varepsilon_{sm} = \varepsilon_{s2} - \frac{\beta_t \cdot (\sigma_s - \sigma_{sr}) + (1{,}3 \cdot \sigma_{sr} - \sigma_s)}{0{,}3 \cdot \sigma_{sr}} \cdot (\varepsilon_{sr2} - \varepsilon_{sr1}) \qquad \text{(C.1.8b)}$$

c) Abgeschlossene Rissbildung ($1{,}3 \cdot \sigma_{sr} < \sigma_s \le f_y$)

$$\varepsilon_{sm} = \varepsilon_{s2} - \beta_t \cdot (\varepsilon_{sr2} - \varepsilon_{sr1}) \qquad \text{(C.1.8c)}$$

d) Fließen des Stahls ($f_y < \sigma_s \le f_t$)

$$\varepsilon_{sm} = \varepsilon_{sy} - \beta_t \cdot (\varepsilon_{sr2} - \varepsilon_{sr1}) + \delta \cdot (1 - \sigma_{sr}/f_y) \cdot (\varepsilon_{s2} - \varepsilon_{sy}) \qquad \text{(C.1.8d)}$$

Dabei ist:

ε_{sm} mittlere Stahldehnung bei Berücksichtigung des zwischen den Rissen auf Zug mitwirkenden Betons

ε_{su} Stahldehnung unter Höchstlast = 25 ‰

ε_{s1} Stahldehnung im ungerissenen Zustand

ε_{s2} Stahldehnung im gerissenen Zustand im Riss

ε_{sr1} Stahldehnung im ungerissenen Zustand unter Riss-Schnittgrößen bei Erreichen von f_{ctm}, dem Mittelwert der Betonzugfestigkeit nach DIN 1045-1, 9.1.7.

ε_{sr2} Stahldehnung im Riss unter Riss-Schnittgrößen

β_t Beiwert zur Berücksichtigung des Einflusses der Belastungsdauer oder einer wiederholten Belastung auf die mittlere Dehnung
- = 0,40 für eine einzelne kurzzeitige Belastung
- = 0,25 für eine andauernde Last oder für häufige Lastwechsel

σ_s Spannung in der Zugbewehrung, die auf der Grundlage eines gerissenen Querschnitts berechnet wird (Spannung im Riss)

σ_{sr} Spannung in der Zugbewehrung, die auf der Grundlage eines gerissenen Querschnitts für eine Einwirkungskombination berechnet wird, die zur Erstrissbildung führt

δ Beiwert zur Berücksichtigung der Duktilität der Bewehrung
- = 0,8 für hochduktilen Stahl
- = 0,6 für normalduktilen Stahl

Ermittlung der Kennwerte

Unter Vernachlässigung des Bewehrungsanteils ermittelt sich das Rissmoment $M_{I,II}$ des Betonquerschnitts **vor** Rissbildung näherungsweise zu:

$$M_{I,II} = f_{ctm} \cdot I_c / z_1 \tag{C.1.9}$$

mit

I_c Flächenträgheitsmoment des gesamten Betonquerschnitts

z_1 Abstand des Zugrandes vom Schwerpunkt

Unter dem Rissmoment beträgt die Dehnung des noch ungerissenen Querschnitts in Höhe der Zugbewehrung:

$$\varepsilon_{sr1} = \frac{M_{I,II}}{E_{cm} I_c}(z_1 - d_1) \tag{C.1.10}$$

und am Druckrand:

$$\varepsilon_c = -\frac{M_{I,II}}{E_{cm} I_c} z_2 \tag{C.1.11}$$

mit

z_2 Abstand des Druckrandes vom Schwerpunkt

Nach Rissbildung unter demselben Rissmoment wird der zuvor vom Beton getragene Zugkeil von der Bewehrung übernommen. Die Dehnungsverteilung ist grundsätzlich durch Iteration zu bestimmen.

Alternativ kann wegen der geringen Beanspruchung des Betons näherungsweise auch ein linear-elastischer Spannungs-Dehnungs-Verlauf unter Ausfall der Betonzugspannungen angenommen werden. Aus der Druckzonenhöhe des Rechteckquerschnitts unter reiner Biegung

$$\frac{x}{d} = \sqrt{(\alpha_e \cdot \rho)^2 + 2\,\alpha_e \cdot \rho} - \alpha_e \cdot \rho \tag{C.1.12}$$

mit $\alpha_e = E_s / E_{cm}$

$\rho = A_s / (b \cdot d)$

folgt die Stahlspannung im Zustand II bei Erstrissbildung

$$\sigma_{sr} = \frac{3\,M_{I,II}}{A_s\, d\,(3 - x/d)} = \frac{M_{I,II}}{A_s\, z} \tag{C.1.13}$$

und daraus die gesuchte Dehnung:

$$\varepsilon_{sr2} = \frac{\sigma_{sr}}{E_s} \tag{C.1.14}$$

Bei Erreichen der Streckgrenze des Bewehrungsstahls wird $\varepsilon_{sy} = f_{yR} / E_s = 2{,}75$ ‰, und das vom Querschnitt aufnehmbare Fließmoment M_y sowie die Betondehnung ε_c können durch Iteration bestimmt werden.

Diesen Rechenschritt vereinfacht in den häufig anzutreffenden Sonderfällen ohne Längskraft das Diagramm in Tafel C.1.1 oder als Tabelle in Stahlbetonbau aktuell 2000, Seite C.12. Auf der Grundlage des Parabel-Rechteckdiagramms für Beton sind darin unter anderem die Funktionen der Betondehnung ε_c, der Krümmung $(1/r)_{II}$ und des Fließmomentes M_y bei Fließbeginn im reinen Zustand II (d. h. ohne Mitwirken des Betons auf Zug) unter Biegung ohne Normalkraft als dimensionslose Beiwerte aufgetragen und können über den Tafeleingangswert k_c unmittelbar bestimmt werden:

$$k_c = \frac{A_s}{b \cdot d} \frac{f_y}{f_c}$$

mit

b, d Breite und Nutzhöhe des Querschnitts

A_s Im Querschnitt eingelegte Biegezugbewehrung

f_y Streckgrenze des Stahls; hier: $f_y = f_{yR}$

f_c Druckfestigkeit des Betons, hier: $f_c = f_{cR}$

Bei Anwendung der Tafel auf Plattenbalkenquerschnitte ist b durch b_{eff} des Druckgurtes zu ersetzen, und es muss $x \leq h_f$ erfüllt sein.

Die mittlere Stahldehnung unter Mitwirkung des Betons auf Zug an der Streckgrenze ε_{smy} ergibt sich aus Gl. (C.1.8c), wenn ε_{sy} für ε_{s2} eingesetzt wird.

In ähnlicher Weise kann das Wertepaar an der Zugfestigkeitsgrenze des Bewehrungsstahls bestimmt werden. Der Normentwurf setzt den Dehnungswert von 25 ‰ mit der Höchstlast gleich, was für viele Querschnitte nicht zutreffend ist.

Die aus den Wertepaaren zu konstruierenden Momenten-Krümmungs-Beziehungen sind für alle Stababschnitte mit unterschiedlichen Querschnittsparametern aufzustellen.

1.4.2.3 Fortsetzung des Berechnungsbeispiels nach DIN 1045-1

Möglicher plastischer Rotationswinkel

Nach Gl. (C.1.4), mit

$V_{Sd} = (-201{,}6 - 34{,}2 \cdot 8{,}00^2 / 2) / 8{,}00 = -162{,}0$ kN

$\lambda \quad = 201{,}6 / (162{,}0 \cdot 0{,}45) = 2{,}77$

Ablesung in Abb. C.1.6 für $x_d/d = 0{,}253$:

$\theta_{pl,d;\lambda=3} = 9{,}0$

Damit ergibt sich der mögliche plastische Rotationswinkel zu:

$$\theta_{pl,d} = \sqrt{\frac{2{,}77}{3}} \cdot 9{,}0 = 8{,}65\ ‰$$

Vorhandener plastischer Rotationswinkel

Für Verformungsberechnungen dürfen nach DIN 1045-1, 8.4.2 mittlere Materialkenngrößen verwendet werden:

$f_{cR} \quad = 0{,}85 \cdot 0{,}85 \cdot 30 = 20{,}9$ MN/m²

$f_{ctm} \quad = 2{,}9$ MN/m²

$E_{cm} \quad = 32\,000$ MN/m²

$f_{yR} \quad = 1{,}1 \cdot 500 = 550$ MN/m²

Momenten-Krümmungs-Beziehungen

Es werden zwei Trägerabschnitte mit unterschiedlich bewehrten Querschnitten untersucht, nämlich Stütz- und Feldquerschnitt.

1. Stützquerschnitt:

Ungerissener Querschnitt, s. Gl. (C.1.9) ff:

$I_c \quad = 0{,}30 \cdot 0{,}50^3 / 12 = 3{,}125 \cdot 10^{-3}$ m⁴

$M_{I,II} = 2{,}9 \cdot 3{,}125 \cdot 10^{-3} / 0{,}25 \cdot 10^3 = 36{,}25$ kNm

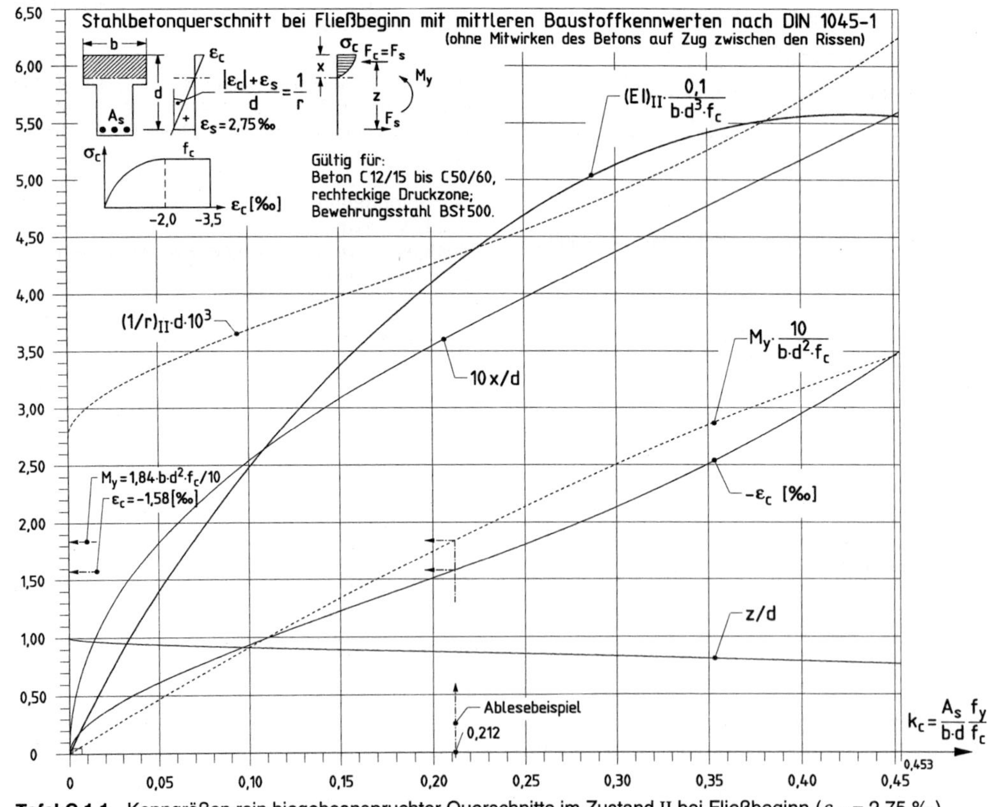

Tafel C.1.1 Kenngrößen rein biegebeanspruchter Querschnitte im Zustand II bei Fließbeginn ($\varepsilon_{sy} = 2{,}75$ ‰) .

$$\varepsilon_{sr1} = \frac{0{,}03625}{32000 \cdot 3{,}125 \cdot 10^{-3}} \cdot (0{,}25 - 0{,}05) = 0{,}0725\,‰$$

$$\varepsilon_c = \frac{0{,}03625}{32000 \cdot 3{,}125 \cdot 10^{-3}} \cdot 0{,}25 = -0{,}0910\,‰$$

Krümmung des ungerissenen Querschnitts:

$$(1/r)_{I,II} = \frac{0{,}0725 + 0{,}0910}{0{,}45} \cdot 10^{-3} = 0{,}3633 \cdot 10^{-3}$$

Nach Erstrissbildung ergibt sich aus Gl. (C.1.12) ff:

$\alpha_e = 200\,000 / 32\,000 = 6{,}25$

$\rho = 10{,}9 / (30 \cdot 45) = 0{,}00807$

$\alpha_e \cdot \rho = 0{,}0504$

$$\frac{x}{d} = \sqrt{0{,}0504^2 + 2 \cdot 0{,}0504} - 0{,}0504 = 0{,}271$$

$$\sigma_{sr} = \frac{3 \cdot 0{,}03625}{10{,}9 \cdot 10^{-4} \cdot 0{,}45 \cdot (3 - 0{,}271)} = 81{,}2\ \text{MN/m}^2$$

(Zum Vergleich: Auf der Grundlage des Parabel-Rechteck-Diagramms für Beton findet man iterativ $\sigma_{sr} = 81{,}4$ MN/m^2 bei $x/d = 0{,}273$).

Damit folgt aus Gl. (C.1.14) die Dehnung :

$\varepsilon_{sr2} = 81{,}2 / 200\,000 = 0{,}406\,‰$

Bei Fließbeginn errechnet sich die Stahldehnung unter Mitwirken des Betons zwischen den Rissen aus Gl. (C.1.8c):

$\varepsilon_{smy} = 2{,}75 - 0{,}25 \cdot (0{,}406 - 0{,}0725) = 2{,}67\,‰$

Das zugehörige Moment und die Betonstauchung werden mittels Tafel C.1.1 bestimmt. Mit dem Tafeleingangswert

$$k_c = \frac{10{,}9}{30 \cdot 45} \cdot \frac{550}{20{,}9} = 0{,}212$$

und den Ablesungen aus Tafel C.1.1 folgen

$M_y = 0{,}184 \cdot 0{,}30 \cdot 0{,}45^2 \cdot 20{,}9 \cdot 10^3 = 234$ kNm

$\varepsilon_c = -1{,}58\,‰ \qquad (\varepsilon_{sy} = 2{,}75\,‰)$

und damit die mittlere Krümmung:

$$(1/r)_y = \frac{2{,}67 + 1{,}58}{0{,}45} \cdot 10^{-3} = 9{,}44 \cdot 10^{-3}$$

2. Feldquerschnitt:

Wegen gleicher Abmessungen des Betonquerschnitts bleiben die Werte im Zustand I unverändert.

Nach Erstrissbildung:

$\rho = 15{,}7 / (30 \cdot 45) = 0{,}01163$

$\alpha_e \cdot \rho = 0{,}0727$

$$\frac{x}{d} = \sqrt{0{,}0727^2 + 2 \cdot 0{,}0727} - 0{,}0727 = 0{,}315$$

$$\sigma_{sr} = \frac{3 \cdot 0{,}03625}{15{,}7 \cdot 10^{-4} \cdot 0{,}45 \cdot (3 - 0{,}315)} = 57{,}3\ \text{MN/m}^2$$

$\varepsilon_{sr2} = 57{,}3 / 200\,000 = 0{,}287\,‰$

$\varepsilon_{smy} = 2{,}75 - 0{,}25 \cdot (0{,}287 - 0{,}0725) = 2{,}70\,‰$

$$k_c = \frac{15{,}7}{30 \cdot 45} \cdot \frac{550}{20{,}9} = 0{,}306$$

$M_y = 0{,}255 \cdot 0{,}30 \cdot 0{,}45^2 \cdot 20{,}9 \cdot 10^3 = 324$ kNm

$\varepsilon_c = -2{,}17\,‰ \qquad (\varepsilon_{sy} = 2{,}75\,‰)$

$$(1/r)_y = \frac{2{,}70 + 2{,}17}{0{,}45} \cdot 10^{-3} = 10{,}82 \cdot 10^{-3}$$

Die Weiterführung der Momenten-Krümmungs-Beziehung bis zur Höchstlast wird hier nicht benötigt. Damit sind alle Wertepaare zur Auftragung der Momenten-Krümmungs-Beziehungen bekannt, s. Abb. C.1.10.

Im nächsten Schritt werden zu den Biegemomenten des Trägers unter Verwendung der Momenten-Krümmungs-Beziehungen (Abb. C.1.10) die Krümmungen bestimmt. Dazu werden der Bereich des Feldquerschnitts und der Bereich des Stützenquerschnitts zweckmäßigerweise jeweils in kleine Abschnitte unterteilt. Durch nummerische Integration z. B. nach Simpson wird die vorhandene Rotation ermittelt. Deren Ergebnisse sind in Tafel C.1.2 zusammengestellt. Zusätzlich sind die Krümmungen in Abb. C.1.11 aufgetragen.

Zur Vereinfachung wurde nur eine Hälfte des symmetrischen Trägers betrachtet. Das Ergebnis der Integration ist daher mit 2 zu multiplizieren.

Die vorhandene Rotation beträgt dann:

$\theta_S = 2 \cdot (0{,}653 \cdot 43{,}08 - 0{,}368 \cdot 35{,}91) \cdot 10^{-3} / 3$
$= 9{,}94 \cdot 10^{-3}$

Dies ist deutlich größer als die mögliche Rotation

$\theta_{pl,d} = 8{,}65 \cdot 10^{-3}$

Der Nachweis der Rotationsfähigkeit ist damit **nicht** gelungen. Der angestrebte Umlagerungswert von 26,3 % ließe sich durch eine weitere (unwirtschaftliche) Erhöhung der Feldbewehrung auf etwa 20 cm^2 erreichen, was aber dem Ziel der Bewehrungseinsparung durch Umlagerung

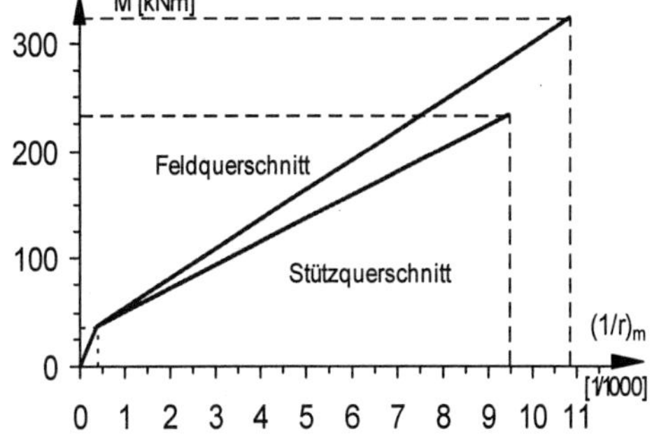

Abb. C.1.10 Momenten-Krümmungs-Beziehung

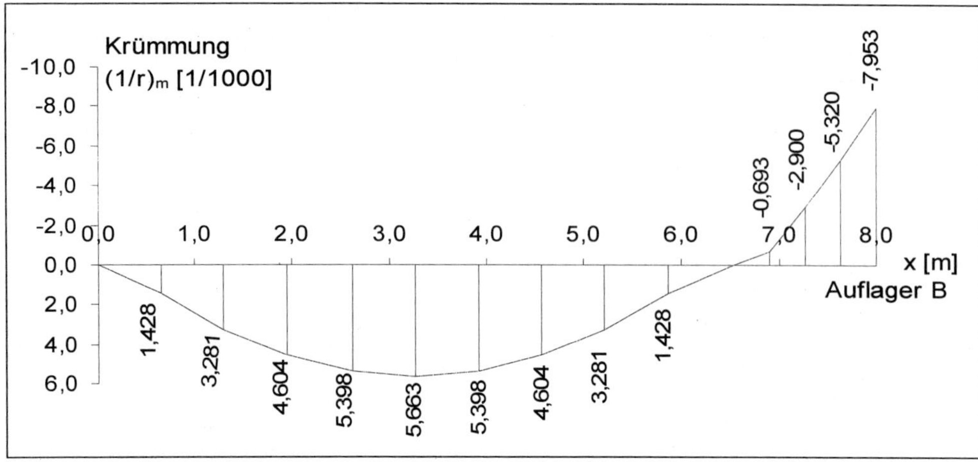

Abb. C.1.11 Verlauf der mittleren Krümmung in einer Trägerhälfte

widersprechen würde. Zusätzlich ist in jedem Fall der Nachweis der Spannungen unter Gebrauchslasten zu führen.

Tafel C.1.2 Nummerische Integration der Krümmungen

Feldquerschnitt						
x	M	$(1/r)_m$	EI_m	M_1	s	$s \cdot M_1 \cdot (1/r)_m$
m	kNm	1/1000	MNm^2	kNm		
0,00	0,0	0	45,90	0	1	0
0,65	65,6	1,428	45,90	0,082	4	0,466
1,31	116,5	3,281	35,52	0,163	2	1,071
1,96	153,0	4,604	33,22	0,245	4	4,507
2,61	174,8	5,398	32,38	0,326	2	3,523
3,26	182,1	5,663	32,15	0,408	4	9,240
3,92	174,8	5,398	32,38	0,489	2	5,284
4,57	153,0	4,604	33,22	0,571	4	10,517
5,22	116,5	3,281	35,52	0,653	2	4,283
5,87	65,5	1,428	45,90	0,734	4	4,194
6,53	0,0	0	45,90	0,816	1	0
Abschnittslänge: 0,653 m				Summe:		**43,08**
Stützquerschnitt						
x	M	$(1/r)_m$	EI_m	M_1	s	$s \cdot M_1 \cdot (1/r)_m$
m	kNm	1/1000	MNm^2	kNm		
6,53	0	0	62,68	0,816	1	0
6,89	-43,4	-0,693	62,68	0,862	4	-2,389
7,26	-91,5	-2,900	31,56	0,908	2	-5,266
7,63	-144,2	-5,320	27,11	0,954	4	-20,300
8,00	-201,6	-7,953	25,35	1,000	1	-7,953
Abschnittslänge: 0,368 m				Summe:		**–35,91**

Im Beispiel wurde der hohe Aufwand des Nachweises der Rotationsfähigkeit mittels einer trilinearen (bzw. hier bilinearen) Momenten-Krümmungs-Beziehung nach dem Normentwurf der DIN 1045-1 verdeutlicht. Auch wenn weitere Vereinfachungen hätten getroffen werden können (wie z. B. weitere Vereinfachung der Momenten-Krümmungs-Beziehung oder abschnittweise konstante Trägersteifigkeiten, vgl. Beispiel in Stahlbetonbau aktuell 1998), wird dieser Nachweis in der Praxis kaum als Handrechnung durchgeführt werden.

Soweit es das hier gewählte Beispiel betrifft, behandelt die DIN 1045-1 die Momentenumlagerung besonders restriktiv, verglichen mit dem vorangegangenen Normentwurf und dem EC 2.

1.5 Bautpraktische Anwendungen

1.5.1 Tafeln für Einfeld- und Durchlaufträger

Die nachfolgenden Tafeln dienen als Berechnungshilfe für Einfeld- und Durchlaufträger:

Tafel C.1.3	Schnittgrößen und Formänderungen einfeldriger Träger
Tafel C.1.4	Durchlaufträger mit gleichen Stützweiten
Tafel C.1.5	Durchlaufträger unter Gleichlasten: Größtwerte der Biegemomente, Auflager- und Querkräfte aus der Überlagerung von ständigen und veränderlichen Lasten

Tafel C.1.3 Schnittgrößen und Formänderungen einfeldriger Träger

	$\alpha = a/L$ $\beta = b/L$ $\gamma = c/L$ A, B, x, L	Auflagerkräfte	Biegemoment [1)]	Durchbiegung [1)] für EI = const.
1	q; L	$A = B = \dfrac{qL}{2}$	$M_{max} = \dfrac{qL^2}{8}$	$EIf = \dfrac{5}{384} qL^4$
2	q; c	$A = qc\left(1 - \dfrac{c}{2L}\right)$ $B = \dfrac{qc^2}{2L}$	$M_{max} = \dfrac{A^2}{2q}$ bei $x = A/q$	$EIf = \dfrac{1}{48} qc^2 L^2 (1{,}5 - \gamma^2)$
3	q; a, c, b	$A = \dfrac{qc(2b+c)}{2L}$ $B = \dfrac{qc(2a+c)}{2L}$	$M_{max} = \dfrac{A^2}{2q} + Aa$ bei $x = a + A/q$	$EIf = \dfrac{1}{384} qL^4 (5 - 12\alpha^2 + 8\alpha^4 -$ $- 12\beta^2 + 8\beta^4)$
4	q; a, c, a	$A = B = \dfrac{qc}{2}$	$M_{max} = \dfrac{qc}{8}(2L - c)$	$EIf = \dfrac{1}{384} qL^4 (5 - 24\alpha^2 + 16\alpha^4)$
5	q; c, c	$A = B = qc$	$M_{max} = \dfrac{qc^2}{2}$	$EIf = \dfrac{1}{24} qc^2 L^2 (1{,}5 - \gamma^2)$
6	q; c, c	$A = B = \dfrac{q}{2}(L - c)$	$M_{max} = \dfrac{q}{24}(3L^2 - 4c^2)$	$EIf = \dfrac{1}{1920} qL^4 (25 - 40\gamma^2 + 16\gamma^4)$
7	q_A, q_B; L	$A = \dfrac{2q_A + q_B}{6} L$ $B = \dfrac{q_A + 2q_B}{6} L$	$M_{max} \approx \dfrac{q_A + q_B}{15{,}6} L^2$ bei $0{,}423\,L \le x \le 0{,}577\,L$	$EIf = \dfrac{5}{768}(q_A + q_B) L^4$ bei $0{,}481\,L \le x \le 0{,}519\,L$
8	q; L/2, L/2	$A = B = \dfrac{qL}{4}$	$M_{max} = \dfrac{qL^2}{12}$	$EIf = \dfrac{1}{120} qL^4$
9	q, q; L/2, L/2	$A = B = \dfrac{qL}{4}$	$M_{max} = \dfrac{qL^2}{24}$	$EIf = \dfrac{3}{640} qL^4$
10	q; c; 1	$A = \dfrac{qc}{6}(3 - \gamma)$ $B = \dfrac{qc^2}{6L}$	$M_{max} = \dfrac{qc^2}{6L}\left(L - c + \dfrac{2c}{3}\sqrt{\dfrac{\gamma}{3}}\right)$ bei $x = c - c \cdot \sqrt{\dfrac{\gamma}{3}}$	$EIf_1 = \dfrac{qc^3}{360}(1 - \gamma)(20L - 13c)$
11	F; L/2, L/2	$A = B = \dfrac{F}{2}$	$M_{max} = \dfrac{FL}{4}$	$EIf = \dfrac{1}{48} FL^3$
12	F; a, b	$A = \dfrac{Fb}{L}$ $B = \dfrac{Fa}{L}$	$M_{max} = \dfrac{Fab}{L}$ bei $x = a$	$EIf = \dfrac{1}{48} FL^3 (3\alpha - 4\alpha^3)$ für $a \le b$
13	F, F; a, a	$A = B = F$	$M_{max} = Fa$	$EIf = \dfrac{1}{24} FL^3 (3\alpha - 4\alpha^3)$

1) Werte gelten für Feldmitte, wenn anders lautende Angaben fehlen.

Tafel C.1.3 Schnittgrößen und Formänderungen einfeldriger Träger (Fortsetzung)

$\alpha = a/L$ $\beta = b/L$ $\gamma = c/L$		Auflagerkräfte	Biegemomente und Formänderungen (für EI = const.) [1)]	
14	F, c, F; A, 1, 2, B; a, b, L	$A = \frac{2F(b+c/2)}{L}$ $B = \frac{2F(a+c/2)}{L}$	$M_1 = \frac{2Fa(b+c/2)}{L}$	$M_2 = \frac{2Fb(a+c/2)}{L}$
15	Sonderfall, wenn $a = \frac{L}{2} - \frac{c}{4}$	$A = F(1-\gamma/2)$ $B = F(1+\gamma/2)$	für $\gamma \leq 0{,}589$: $M_{1,max} = \frac{FL}{8}(2-\gamma)^2$	für $\gamma > 0{,}589$: Einzellast in Feldmitte maßgebend s. Zeile 11
16	n gleiche Lasten F; a a a a a a	$A = B = \frac{Fn}{2}$	$M_{max} = \frac{FL}{r}$ $EIf = \frac{FL^3}{t}$	siehe Tabelle Zeile 16
17	n gleiche Lasten F; a/2 a a a a a/2	$A = B = \frac{Fn}{2}$	$M_{max} = \frac{FL}{r}$ $EIf = \frac{FL^3}{t}$	siehe Tabelle Zeile 17
18	M_A, M_B; L	$A = -B = \frac{M_B - M_A}{L}$	$EIf = \frac{L^2}{16}(M_A + M_B)$	$EI\tau_A = \frac{L}{6}(2M_A + M_B)$ $EI\tau_B = \frac{L}{6}(M_A + 2M_B)$
19	q; 1; L, L_1	$A = B = \frac{qL}{2}$	$M_{max} = \frac{qL^2}{8}$	$EIf_1 = -\frac{1}{24}qL^3L_1$
20	q; 1; L, L_1	$A = -\frac{qL_1^2}{2L}$ $B = qL_1\left(1 + \frac{L_1}{2L}\right)$	$M_B = -\frac{qL_1^2}{2}$	$EIf = -\frac{1}{32}qL^2L_1^2$ $EIf_1 = \frac{qL_1^2}{24}(4L + 3L_1)$
21	F; a, b; 1; L, L_1	$A = -\frac{Fa}{L}$ $B = \frac{F(a+L)}{L}$	$M_B = -Fa$	$EIf = -\frac{1}{16}FL^2a$ $EIf_1 = \frac{Fa}{6}(2LL_1 + 3L_1a - a^2)$
22	A, q, B; L	$A = qL$	$M_A = -\frac{qL^2}{2}$	$EIf_B = \frac{qL^4}{8}$ $\quad EI\tau_B = -\frac{qL^3}{6}$
23	q_A, q_B; L	$A = \frac{q_A + q_B}{2}L$	$M_A = -\frac{L^2}{6}(q_A + 2q_B)$	$EIf_B = \frac{L^4}{120}(4q_A + 11q_B)$ $EI\tau_B = -\frac{L^3}{24}(q_A + 3q_B)$
24	F; L	$A = F$	$M_A = -FL$	$EIf_B = \frac{FL^3}{3}$ $\quad EI\tau_B = -\frac{FL^2}{2}$
25	M_B	$A = 0$	$M_A = M_B$	$EIf_B = -\frac{M_BL^2}{2}$ $\quad EI\tau_B = M_BL$
26	A, q, B; L	$A = \frac{5}{8}qL$ $B = \frac{3}{8}qL$	$M_A = -\frac{qL^2}{8}$ $M_{max} = \frac{9}{128}qL^2$ bei $x = 0{,}625L$	$EIf = \frac{2}{369}qL^4$ bei $x = 0{,}579L$

Tabelle Zeile 16:

	2	3	4	5	6	7
n	2	3	4	5	6	7
r	3	2	1,67	1,33	1,17	1
t	28,17	20,22	15,87	13,08	11,15	9,72

Tabelle Zeile 17:

n	2	3	4	5	6	7
r	4	2,4	2	1,54	1,33	1,12
t	34,89	24,46	18,74	15,10	12,62	10,89

Fußnote s. Seite C.15.

Tafel C.1.3 Schnittgrößen und Formänderungen einfeldriger Träger (Fortsetzung)

$\alpha = a/L \quad \beta = b/L \quad \gamma = c/L$		**Auflagerkräfte**	**Biegemomente und Formänderungen** (für EI = const.) [1]	
27	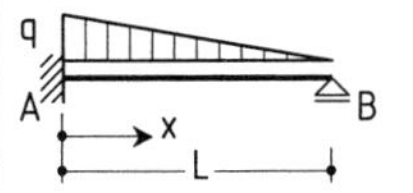	$A = \frac{2}{5} q L$ $B = \frac{qL}{10}$	$M_A = -\frac{qL^2}{15}$ $M_{max} = \frac{qL^2}{33{,}54}$ bei $x = 0{,}553\,L$	$EI\,f = \frac{qL^4}{419{,}3}$ bei $x = 0{,}553\,L$
28	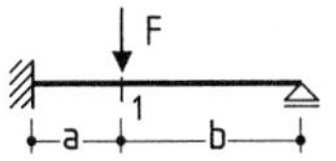	$A = \frac{F}{2}(3\beta - \beta^3)$ $B = \frac{F}{2}(2 - 3\beta + \beta^3)$	$M_A = -\frac{F\,a\,b}{2L}(1+\beta)$ $M_{max} = \frac{F\,a^2\,b}{2L^3}(2a + 3b)$ bei x_1	$EI\,f_1 = \frac{F\,a^3}{12}(3\beta^2 + \beta^3)$
29	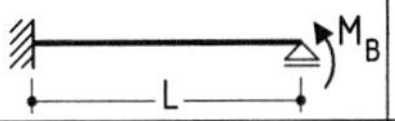	$A = -B = \frac{3M_B}{2L}$	$M_A = -\frac{M_B}{2}$	$EI\,f = \frac{M_B L^2}{27}$ bei $x = \frac{2}{3}L$
30	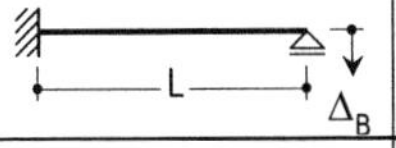	$A = -B = \frac{3EI}{L^3}\Delta_B$	$M_A = -\frac{3EI}{L^2}\Delta_B$	
31	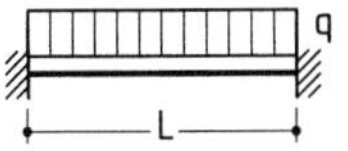	$A = B = \frac{qL}{2}$	$M_A = M_B = -\frac{qL^2}{12}$ $M_{max} = \frac{qL^2}{24}$	$EI\,f = \frac{qL^4}{384}$
32	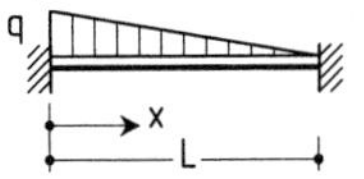	$A = \frac{7}{20} q L$ $B = \frac{3}{20} q L$	$M_A = -\frac{qL^2}{20}$; $M_B = -\frac{qL^2}{30}$ $M_{max} = \frac{qL^2}{46{,}6}$ bei $x = 0{,}452\,L$	$EI\,f = \frac{qL^4}{764}$ bei $x = 0{,}475\,L$
33	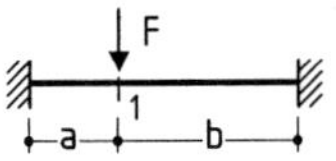	$A = \frac{F\,b^2}{L^3}(L + 2a)$ $B = \frac{F\,a^2}{L^3}(L + 2b)$	$M_A = -F\,a\,\beta^2$; $M_B = -F\,b\,\alpha^2$ $M_{max} = \frac{2F\,a^2\,b^2}{L^3}$ bei x_1	$EI\,f_1 = \frac{F\,a^3\,b^3}{3L^3}$
34	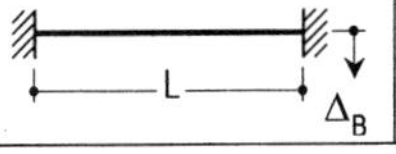	$A = -B = \frac{12EI}{L^3}\Delta_B$	$M_A = -M_B = -\frac{6EI}{L^2}\Delta_B$	

Fußnote s. Seite C.15.

C

Tafel C.1.4 Durchlaufträger mit gleichen Stützweiten

TW = Tafelwert

Gleichlast: q, L

Dreieckslast: q, 0,5L, 0,5L

Momente = $TW \cdot q \cdot L^2$
Kräfte = $TW \cdot q \cdot L$

Trapezlasten in guter Näherung mit den TW für Dreieckslast:

q; 0,4L 0,2L 0,4L
Momente $\approx 1{,}2 \cdot TW_{\Delta} \cdot q \cdot L^2$
Kräfte $\approx 1{,}2 \cdot TW_{\Delta} \cdot q \cdot L$

q; 0,3L 0,4L 0,3L
Momente $\approx 1{,}4 \cdot TW_{\Delta} \cdot q \cdot L^2$
Kräfte $\approx 1{,}4 \cdot TW_{\Delta} \cdot q \cdot L$

Einzellast: F; 0,5L 0,5L

Momente = $TW \cdot F \cdot L$
Kräfte = $TW \cdot F$

Stützen A, B, C, D, E, F; Felder 1, 2, 3, 4, 5; Stützweiten L

Lastanordnung	Schnittgrößen	Gleichlast	Dreieckslast	Einzellast
1 2	M_1	0,070	0,048	0,156
	$M_{B,min}$	−0,125	−0,078	−0,188
	A	0,375	0,172	0,313
	B_{max}	1,250	0,656	1,375
	$V_{Bl,min}$	−0,625	−0,328	−0,688
A B C	$M_{1,max}$	0,096	0,065	0,203
	M_B	−0,063	−0,039	−0,094
	A_{max}	0,438	0,211	0,406
	C_{min}	−0,063	−0,039	−0,094
1 2 3	M_1	0,080	0,054	0,175
	M_2	0,025	0,021	0,100
	M_B	−0,100	−0,063	−0,150
	A	0,400	0,188	0,350
	B	1,100	0,563	1,150
	V_{Bl}	−0,600	−0,313	−0,650
	V_{Br}	0,500	0,250	0,500
A B C D	$M_{1,max}$	0,101	0,068	0,213
	$M_{2,min}$	−0,050	−0,032	−0,075
	M_B	−0,050	−0,032	−0,075
	A_{max}	0,450	0,219	0,425
	$M_{2,max}$	0,075	0,052	0,175
	M_B	−0,050	−0,032	−0,075
	A_{min}	−0,050	−0,032	−0,075
	$M_{B,min}$	−0,117	−0,073	−0,175
	M_C	−0,033	−0,021	−0,050
	B_{max}	1,200	0,626	1,300
	$V_{Bl,min}$	−0,617	−0,323	−0,675
	$V_{Br,max}$	0,583	0,303	0,625
	$M_{B,max}$	0,017	0,011	0,025
	M_C	−0,067	−0,042	−0,100
	$V_{Bl,max}$	0,017	0,011	0,025
	$V_{Br,min}$	−0,083	−0,053	−0,125
1 2 3 4	M_1	0,077	0,052	0,170
	M_2	0,036	0,028	0,116
	M_B	−0,107	−0,067	−0,161
	M_C	−0,071	−0,045	−0,107
	A	0,393	0,183	0,339
	B	1,143	0,590	1,214
	C	0,929	0,455	0,892
	V_{Bl}	−0,607	−0,317	−0,661
	V_{Br}	0,536	0,273	0,554
	V_{Cl}	−0,464	−0,228	−0,446

Lastanordnung	Schnittgrößen	Gleichlast	Dreieckslast	Einzellast
A B C D E	$M_{1,max}$	0,100	0,067	0,210
	M_B	−0,054	−0,034	−0,080
	M_C	−0,036	−0,023	−0,054
	A_{max}	0,446	0,217	0,420
	$M_{2,max}$	0,080	0,056	0,183
	M_B	−0,054	−0,034	−0,080
	M_C	−0,036	−0,023	−0,054
	A_{min}	−0,054	−0,034	−0,080
	$M_{B,min}$	−0,121	−0,076	−0,181
	M_C	−0,018	−0,012	−0,027
	M_D	−0,058	−0,036	−0,087
	B_{max}	1,223	0,640	1,335
	$V_{Bl,min}$	−0,621	−0,326	−0,681
	$V_{Br,max}$	0,603	0,314	0,654
	$M_{B,max}$	0,013	0,009	0,020
	M_C	−0,054	−0,033	−0,080
	M_D	−0,049	−0,031	−0,074
	B_{min}	−0,080	−0,050	−0,121
	$V_{Bl,max}$	0,013	0,009	0,020
	$V_{Br,min}$	−0,067	−0,042	−0,100
	M_B	−0,036	−0,023	−0,054
	$M_{C,min}$	−0,107	−0,067	−0,161
	C_{max}	1,143	0,589	1,214
	$V_{Cl,min}$	−0,571	−0,295	−0,607
	M_B	−0,071	−0,045	−0,107
	$M_{C,max}$	0,036	0,023	0,054
	C_{min}	−0,214	−0,134	−0,321
	$V_{Cl,max}$	0,107	0,067	0,161
1 2 3 4 5	M_1	0,078	0,053	0,171
	M_2	0,033	0,026	0,112
	M_3	0,046	0,034	0,132
	M_B	−0,105	−0,066	−0,158
	M_C	−0,079	−0,050	−0,118
	A	0,395	0,185	0,342
	B	1,132	0,582	1,197
	C	0,974	0,484	0,960
	V_{Bl}	−0,605	−0,316	−0,658
	V_{Br}	0,526	0,266	0,540
	V_{Cl}	−0,474	−0,234	−0,460
	V_{Cr}	0,500	0,250	0,500
	$M_{1,max}$	0,100	0,068	0,210
	$M_{3,max}$	0,086	0,059	0,191
	M_B	−0,053	−0,033	−0,079
	M_C	−0,039	−0,025	−0,059
	A_{max}	0,447	0,217	0,421

Lastanordnung	Schnittgrößen	Gleichlast	Dreieckslast	Einzellast
	$M_{2,max}$	0,079	0,055	0,181
	M_B	−0,053	−0,033	−0,079
	M_C	−0,039	−0,025	−0,059
	A_{min}	−0,053	−0,033	−0,079
	$M_{B,min}$	−0,120	−0,075	−0,179
	M_C	−0,022	−0,014	−0,032
	M_D	−0,044	−0,028	−0,066
	M_E	−0,051	−0,032	−0,077
	B_{max}	1,218	0,636	1,327
	$V_{Bl,min}$	−0,620	−0,325	−0,679
	$V_{Br,max}$	0,598	0,311	0,647
	$M_{B,max}$	0,014	0,009	0,022
	M_C	−0,057	−0,036	−0,086
	M_D	−0,035	−0,022	−0,052
	M_E	−0,054	−0,034	−0,081
	B_{min}	−0,086	−0,054	−0,129
	$V_{Bl,max}$	0,014	0,009	0,022
	$V_{Br,min}$	−0,072	−0,045	−0,108
	M_B	−0,035	−0,022	−0,052
	$M_{C,min}$	−0,111	−0,070	−0,167
	M_D	−0,020	−0,013	−0,031
	M_E	−0,057	−0,036	−0,086
	C_{max}	1,167	0,605	1,251
	$V_{Cl,min}$	−0,576	−0,298	−0,615
	$V_{Cr,max}$	0,591	0,307	0,636
	M_B	−0,071	−0,044	−0,106
	$M_{C,max}$	0,032	0,020	0,048
	M_D	−0,059	−0,037	−0,088
	M_E	−0,048	−0,030	−0,072
	C_{min}	−0,194	−0,121	−0,291
	$V_{Cl,max}$	0,103	0,064	0,154
	$V_{Cr,min}$	−0,091	−0,057	−0,136
J K L M N, ∞ →	M_L	−0,083	−0,052	−0,125
	M_{Feld}	0,042	0,031	0,125
	L	1,000	0,500	1,000
	V	0,500	0,250	0,500
J K L M N	M_L	−0,042	−0,026	−0,063
	M_{Feld}	0,083	0,058	0,188
	L	0,500	0,250	0,500
J K L M N	M_K	−0,022	−0,014	−0,034
	M_L	−0,114	−0,071	−0,171
	L	1,184	0,615	1,274
J K L M N	M_K	0,014	0,009	0,021
	M_L	−0,054	−0,033	−0,079
	M_{L-M}	0,071	0,051	0,171

Tafel C.1.5 Durchlaufträger unter Gleichlasten: Größtwerte der Biegemomente, Auflager- und Querkräfte aus der Überlagerung von ständigen und veränderlichen Lasten

Momente = $(g+q) \cdot L^2 \cdot$ Tafelwert Kräfte = $(g+q) \cdot L \cdot$ Tafelwert

Voraussetzungen:
- g und q konstant
- q feldweise angeordnet
- gleiche Stützweiten L
- EI konstant

Anzahl der Felder	Schnittgröße	Verkehrslastanteil $q/(g+q)$ 0 $q=0$	0,1	0,2	0,3	0,4	0,5 $g=q$	0,6	0,7	0,8	0,9	1,0 $g=0$
2	M_1	0,070	0,073	0,075	0,078	0,080	0,083	0,085	0,088	0,090	0, 93	0,096
	M_B	–0,125	–0,125	–0,125	–0,125	–0,125	–0,125	–0,125	–0,125	–0,125	–0,125	–0,125
	A	0,375	0,381	0,388	0,394	0,400	0,407	0,413	0,419	0,425	0,432	0,438
	B	1,250	1,250	1,250	1,250	1,250	1,250	1,250	1,250	1,250	1,250	1,250
	V_{Bl}	–0,625	–0,625	–0,625	–0,625	–0,625	–0,625	–0,625	–0,625	–0,625	–0,625	–0,625
3	M_1	0,080	0,082	0,084	0,086	0,088	0,090	0,092	0,095	0,097	0,099	0,101
	M_2	0,025	0,030	0,035	0,040	0,045	0,050	0,055	0,060	0,065	0,070	0,075
	M_B	–0,100	–0,102	–0,103	–0,105	–0,107	–0,108	–0,110	–0,111	–0,113	–0,115	–0,117
	A	0,400	0,405	0,410	0,415	0,420	0,425	0,430	0,435	0,440	0,445	0,450
	B	1,100	1,110	1,120	1,130	1,140	1,150	1,160	1,170	1,180	1,190	1,200
	V_{Bl}	–0,600	–0,602	–0,603	–0,605	–0,607	–0,608	–0,610	–0,612	–0,613	–0,615	–0,617
	V_{Br}	0,500	0,508	0,517	0,525	0,533	0,542	0,550	0,558	0,567	0,575	0,583
4	M_1	0,077	0,079	0,081	0,084	0,086	0,088	0,090	0,092	0,095	0,097	0,100
	M_2	0,036	0,041	0,045	0,050	0,054	0,058	0,063	0,067	0,072	0,076	0,081
	M_B	–0,107	–0,108	–0,110	–0,111	–0,113	–0,114	–0,115	–0,117	–0,118	–0,120	–0,121
	M_C	–0,071	–0,075	–0,078	–0,082	–0,085	–0,089	–0,093	–0,096	–0,100	–0,103	–0,107
	A	0,393	0,398	0,404	0,409	0,414	0,420	0,425	0,430	0,435	0,441	0,446
	B	1,143	1,151	1,159	1,167	1,175	1,183	1,191	1,199	1,207	1,215	1,223
	C	0,929	0,950	0,972	0,993	1,015	1,036	1,057	1,079	1,100	1,122	1,143
	V_{Bl}	–0,607	–0,608	–0,610	–0,611	–0,613	–0,614	–0,615	–0,617	–0,618	–0,620	–0,621
	V_{Br}	0,536	0,543	0,549	0,556	0,563	0,570	0,576	0,583	0,590	0,596	0,603
	V_{Cl}	–0,464	–0,475	–0,485	–0,496	–0,507	–0,518	–0,528	–0,539	–0,550	–0,560	–0,571
5	M_1	0,078	0,080	0,082	0,084	0,086	0,089	0,091	0,093	0,095	0,098	0,100
	M_2	0,033	0,038	0,042	0,047	0,052	0,056	0,061	0,065	0,070	0,075	0,079
	M_3	0,046	0,050	0,054	0,058	0,062	0,066	0,070	0,074	0,078	0,082	0,086
	M_B	–0,105	–0,107	–0,108	–0,110	–0,111	–0,113	–0,114	–0,116	–0,117	–0,119	–0,120
	M_C	–0,079	–0,082	–0,085	–0,089	–0,092	–0,095	–0,098	–0,101	–0,105	–0,108	–0,111
	A	0,395	0,400	0,405	0,411	0,416	0,421	0,426	0,431	0,437	0,442	0,447
	B	1,132	1,141	1,149	1,158	1,166	1,175	1,184	1,192	1,201	1,209	1,218
	C	0,974	0,993	1,013	1,032	1,051	1,071	1,090	1,109	1,128	1,148	1,167
	V_{Bl}	–0,605	–0,607	–0,608	–0,610	–0,611	–0,613	–0,614	–0,616	–0,617	–0,619	–0,620
	V_{Br}	0,526	0,533	0,540	0,548	0,555	0,562	0,569	0,576	0,584	0,591	0,598
	V_{Cl}	–0,474	–0,484	–0,494	–0,505	–0,515	–0,525	–0,535	–0,545	–0,556	–0,566	–0,576
	V_{Cr}	0,500	0,509	0,518	0,527	0,536	0,546	0,555	0,564	0,573	0,582	0,591
∞	M_{Feld}	0,042	0,046	0,050	0,054	0,058	0,063	0,067	0,071	0,075	0,079	0,083
	$M_{Stütze}$	–0,083	–0,086	–0,089	–0,093	–0,096	–0,099	–0,102	–0,105	–0,108	–0,111	–0,114
	$\pm V_{Stütze}$	0,500	0,510	0,518	0,526	0,538	0,546	0,556	0,565	0,575	0,581	0,592

Träger mit ungleichen Stützweiten: Näherungsweise unter Verwendung dieser Tabelle, wenn $L_{min} \geq 0{,}8 \cdot L_{max}$: Feldmomente mit den Stützweiten des jeweiligen Feldes berechnen, Schnittgrößen an den Stützungen mit dem Mittelwert der anliegenden Felder.

Träger mit mehr als 5 Feldern: Für die Randfelder 1 bis 3: Tabellenwerte des Fünffeldträgers verwenden. Für die Innenfelder: Träger mit unendlich vielen Feldern annehmen.

1.5.2 Rahmenartige Tragwerke

In rahmenartig ausgebildeten, horizontal unverschieblichen Stahlbetongeschossbauten können die Schnittgrößen auf der Grundlage folgender Vereinfachungen ermittelt werden (vgl. Abb. C.1.12):

- Die Einspannung der Riegel an den *Innen*stützen wird vernachlässigt.
- Die Knotenmomente an den *Rand*stützen werden nach [DAfStb-H240 – 91], 1.6 näherungsweise durch den ersten Schritt eines Momentenausgleichsverfahrens bestimmt (Bezeichnungen an DIN 1045-1 angepaßt, s. [Schneider – 98], Seite 5.42):

$$\left.\begin{aligned} M_b &= (c_o + c_u)\cdot \\ M_{col,o} &= -c_o\cdot \\ M_{col,u} &= c_u\cdot \end{aligned}\right\} \cdot C \cdot M_b^{(0)} \qquad \text{(C.1.15)}$$

mit

$$\begin{aligned} c_o &= \frac{I_{col,o}}{I_b}\cdot\frac{L_{eff}}{L_{col,o}} \\ c_u &= \frac{I_{col,u}}{I_b}\cdot\frac{L_{eff}}{L_{col,u}} \\ C &= \frac{1}{3(c_o+c_u)+2{,}5}\cdot\left(3+\frac{q}{g+q}\right) \end{aligned} \qquad \text{(C.1.16)}$$

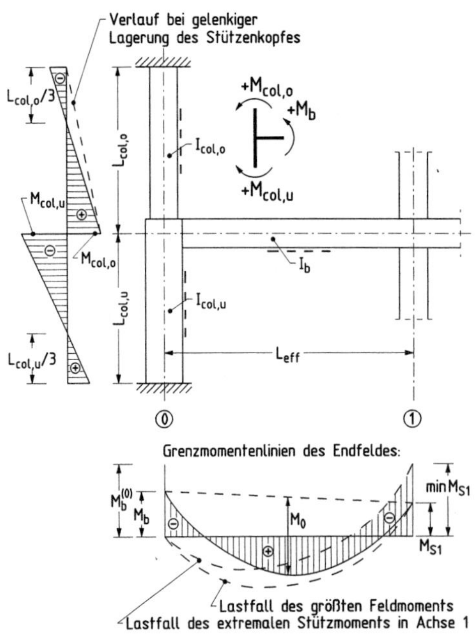

Abb. C.1.12 Bezeichnungen beim c_o-c_u-Verfahren

Darin bedeuten:

$M_b^{(0)}$ Stützmoment des Rahmenriegels im Endfeld bei beidseitiger Volleinspannung unter Vollast $g + q$

M_b Knotenmoment des Rahmenriegels

$M_{col,o}$; $M_{col,u}$ Knotenmoment der oberen bzw. unteren Randstütze

I_b Flächenmoment 2. Grades des Riegels

$I_{col,o}$; $I_{col,u}$ Flächenmoment 2. Grades der oberen bzw. unteren Randstütze

g Ständige Last

q Feldweise veränderliche Last des Durchlaufträgers

Den Gleichungen (C.1.15) und (C.1.16) liegen die Laststellungen nach Abb. C.1.13 zugrunde.

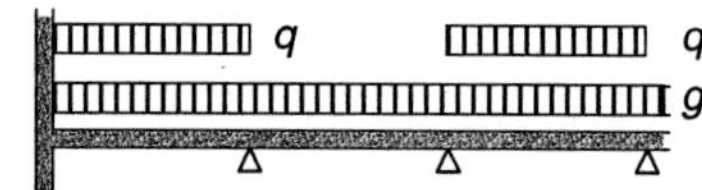

Abb. C.1.13 Lastanordnung des c_o-c_u-Verfahrens

Bei stark unterschiedlichen Riegelstützweiten ist der Bemessungswert des Riegelfeldmoments ohne Berücksichtigung der Endeinspannung zu ermitteln.

Die Querkräfte im Riegel und in den Stielen können über Gleichgewichtsbedingungen aus den Momenten M_b und $M_{col,o}$ bzw. $M_{col,u}$ bestimmt werden.

Berechnungsbeispiel:

Für den in Abb. C.1.14 dargestellten Randbereich eines unverschieblichen Stockwerkrahmens mit fünffeldrigem Riegel sollen die Bemessungs-

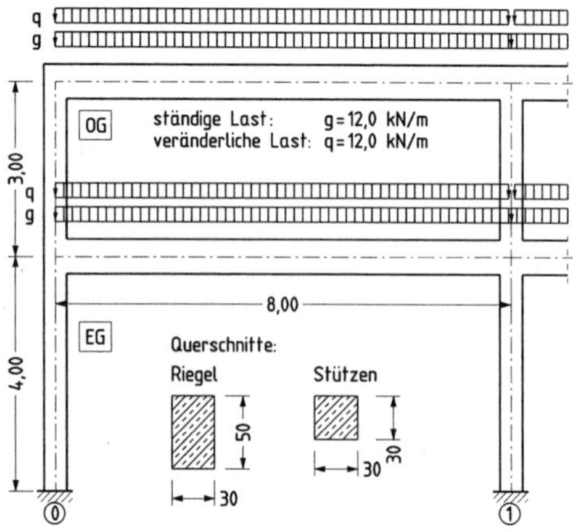

Abb. C.1.14 Berechnungsbeispiel

schnittgrößen im Grenzzustand der Tragfähigkeit nach dem c_o-c_u-Verfahren bestimmt und den Ergebnissen einer elektronischen Berechnung des vollständigen Systems gegenübergestellt werden.

- **Einwirkungen und Querschnittswerte**

g_d = 1,35 · 12,0 = 16,2 kN/m

q_d = 1,50 · 12,0 = 18,0 kN/m

I_{col} = 3,0⁴/12 = 6,75 dm⁴

I_b = 3,0 · 5,0³/12 = 31,25 dm⁴

- **Riegel über OG (Randfeld)**

c_o = 0

c_u = 6,75 · 8,00 / (31,25 · 3,00) = 0,576

$$C = \frac{1}{3\,(0 + 0{,}576) + 2{,}5} \cdot \left(3 + \frac{18{,}0}{16{,}2 + 18{,}0}\right) = 0{,}834$$

$M_b^{(0)}$ = –34,2 · 8,00²/12 = –182,4 kNm

Tafel C.1.5, Verkehrslastanteil =18,0/34,2 = 0,53:
min M_{S1} = –0,114 · 34,2 · 8,00² = –249,5 kNm

zum größten Feldmoment gehöriges Stützmoment M_{S1} , aus Tafel C.1.4 :

M_{S1} = (–0,105 · 16,2 – 0,053 · 18,0) · 8,00² = = –169,9 kNm

M_b = (0 + 0,576) · 0,834 · (–182,4) = –87,6 kNm

$M_{col,u}$ = 0,576 · 0,834 · (–182,4) = –87,6 kNm

M_0 = 34,2 · 8,00²/8 = 273,6 kNm

V_b = 34,2 · 8,00/2 + (–169,9 + 87,6)/8,00 = 126,5 kN

Minimale Querkraft, näherungsweise ohne Berücksichtigung der Endeinspannung:

$V_{b,min}$ = (0,395 · 16,2 – 0,053 · 18,0) · 8,00 = 43,6 kN

M_{max} = –87,6 + 126,5² / (2 · 34,2) = 146,4 kNm

bei x = 126,5 / 34,2 = 3,69 m

Stützeneigenlast: 25 · 0,3 · 0,3 · 3,00 = 6,8 kN

- **Riegel über EG (Randfeld):**

c_o = 6,75 · 8,00 / (31,25 · 3,00) = 0,576

c_u = 6,75 · 8,00 / (31,25 · 4,00) = 0,432

$$C = \frac{1}{3\,(0{,}432 + 0{,}576) + 2{,}5} \cdot \left(3 + \frac{18{,}0}{16{,}2 + 18{,}0}\right) = 0{,}638$$

M_b = (0432 + 0,576) · 0,638 · (–182,4) = = –117,4 kNm

$M_{col,o}$ = 0,576 · 0,638 · (–182,4) = 67,0 kNm

$M_{col,u}$ = 0,432 · 0,638 · (–182,4) = –50,3 kNm

V_b = 34,2 · 8,00/2 + (–169,9 + 117,4)/8,00 = = 130,2 kN

M_{max} = –117,4 + 130,2² / (2 · 34,2) = 130,4 kNm

bei x = 130,2 / 34,2 = 3,80 m

Stützeneigenlast: 25 · 0,3 · 0,3 · 4,00 = 9,0 kN

- **Stützenschlankheit**

max $\lambda = \lambda_{EG} \approx$ 0,8 · 4,00 / (0,289 · 0,30) = 36,9

- **Schnittgrößen der Stützen**

Bei der Regelbemessung der Stützen sind zunächst Lastfallkombinationen zu untersuchen, die zu folgenden Schnittgrößen führen:

{ max |M| , zugehöriges max |N| }
{ max |M| , zugehöriges min |N| }

Für Knicksicherheitsnachweise sind zusätzlich die Stützenendmomente M_1 und M_2 im Verhältnis zueinander zu betrachten ($|M_2| \geq |M_1|$). Die größte Ausmitte nach dem Modellstützenverfahren stellt sich im kritischen Schnitt bei der Kombination

{ max |M_2| , max |N| , min |$M_2 - M_1$| }

ein. Bei Rahmenstützen mit wechselndem Momentenvorzeichen liegt man daher im Allgemeinen auf der sicheren Seite, wenn, wie beim c_o-c_u-Verfahren üblich, auf weitere Momentenausgleichsschritte bzw. Überlagerungen mit Nachbarknoten verzichtet wird.

Aus den in Abb. C.1.15 zusammengestellten Stützenschnittgrößen erhält man die Lastausmitten:

e_{01} = 43,8 / (–133,3) = –0,329 m

e_{02} = –87,6 / (–133,3) = 0,657 m

Auf den Nachweis der Knicksicherheit kann hier verzichtet werden, da

$$\lambda < \lambda_{cr} = 25 \cdot \left(2 - \frac{-0{,}329}{0{,}657}\right) = 62{,}5$$

Dieser Wert gilt wegen $e_{01}/e_{02} = M_1/M_2 = -1/2$ für alle beidseitig eingespannten Stützen im c_o-c_u-Verfahren.

- **Momentenkurven der Riegel**

Die Momente der Riegelinnenfelder werden mittels Tafel C.1.4 wie für Durchlaufträger ohne Endeinspannungen bestimmt.

Die Momentenkurven sind in Stahlbetonbau aktuell 2000 S. C.22 dargestellt.

- **Vergleich mit elektronischer Berechnung**

S. Stahlbetonbau aktuell 2000 S. C.22.

2 Plattentragwerke

2.1 Einleitung

Eine Plattentragwirkung liegt vor, wenn flächige Bauteile senkrecht zu ihrer Ebene gerichtete Lasten über Biegung abtragen.

Im vorliegenden Kapitel werden ausschließlich koordinatenparallel berandete Rechteckplatten behandelt, deren Dicke klein ist im Vergleich zu den Längenabmessungen.

2.1.1 Bezeichnungen und Abkürzungen

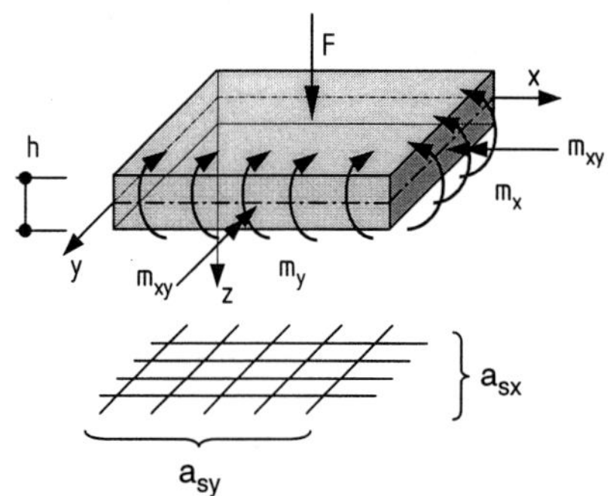

Abb. C.2.1 Plattenelement

h Plattendicke

m_x, m_y Achsbiegemomente, deren Biegespannungen sowie zugehörige Bewehrungen a_{sx} und a_{sy} in *x*- bzw. *y*-Richtung verlaufen

a_{sx}, a_{sy} auf die Längeneinheit bezogene Bewehrungsquerschnitte in *x*- bzw. *y*-Richtung

m_{xy} Drillmoment

2.1.2 Berechnungsgrundlagen

Die in Abschnitt C.1.1 aufgeführten Berechnungsansätze (linear-elastisch ohne bzw. mit Umlagerung, plastisch sowie nichtlinear) gelten auch für Plattentragwerke. Ihrer Bedeutung entsprechend, werden nachfolgend zunächst linear-elastische Berechnungsverfahren behandelt.

Bei der linear-elastischen Berechnung sind folgende Eigenschaften von Massivplatten zu berücksichtigen:

Drillsteifigkeit

Weicht die Richtung der Hauptmomente von den Bezugsachsen *x* und *y* ab, so treten zu den Achsmomenten m_x und m_y noch die sogenannten Drillmomente m_{xy}. Sie erreichen ihr Maximum meist in Ecken und verschwinden auf Symmetrieachsen und längs eingespannter Ränder.

Die grundsätzlich für die Bemessung maßgebenden Hauptmomente

$$m_{\mathrm{I,II}} = \frac{m_x + m_y}{2} \pm \sqrt{\left(\frac{m_x - m_y}{2}\right)^2 + m_{xy}^2} \qquad \text{(C.2.1)}$$

verlaufen gegenüber den Bezugsachsen unter dem Winkel

$$\tan 2\varphi = \frac{2 \cdot m_{xy}}{m_x - m_y} \qquad \text{(C.2.2)}$$

In Ecken koordinatenparalleler Ränder, an denen keine Einspannung vorliegt, verschwinden die Achsmomente, und es gilt $m_{\mathrm{I,II}} = \pm\, m_{xy}$. Die Hauptmomente treten dort unter einem Winkel von ± 45° auf und bewirken dabei das Abheben der Platte, wenn diese nicht verankert ist.

Die Drillsteifigkeit der Platte ist vermindert, wenn keine geeignete obere und untere Bewehrung zur Aufnahme der Hauptmomente in den Ecken angeordnet wird, der Eckbereich durch bedeutende Öffnungen geschwächt ist oder die Ecken nicht verankert sind. Bei dem eher theoretischen Fall der vollkommen drillweichen Platte stellt sich ein Tragmodell ein, bei dem die Lastabtragung über achsenparallele Tragstreifen überwiegt, mit der Folge dass Achsbiegemomente und Durchbiegung deutlich größer werden als bei der drillsteif ausgebildeten Platte. Für die idealen Lagerungsbedingungen der freien Drehbarkeit oder der Volleinspannung sind die Schnittgrößen bei ungeschwächter Drillsteifigkeit in den Tabellen von [Czerny – 96] enthalten, während [Stiglat/Wippel – 92] vorwiegend die Schnittgrößen vollkommen drillweicher Einfeldplatten angeben.

In der Praxis bedeutet die Ausbildung ungeschwächt drillsteifer Platten einen erhöhten Herstellungsaufwand, den es abzuwägen gilt. Andererseits bleibt auch unter ungünstigen Umständen stets eine deutliche Restdrillsteifigkeit erhalten, die sich günstig auf das Tragverhalten auswirkt. In [DAfStb-H240 – 91], Tabellen 2.3 und 2.4 sind Erhöhungsfaktoren für Biegemomente angegeben, die den begrenzten Verlust der Drillsteifigkeit durch fehlende Drillbewehrung, nicht ausreichende Eckverankerung oder Öffnungen im Eckbereich berücksichtigen.

Sicherung der Ecken gegen Abheben

Treffen zwei frei drehbar gelagerte Plattenränder zusammen, so bewirkt die in den Eckbereichen auftretende Verwindung, dass die Plattenecke vom Auflager abhebt, wenn nicht eine der folgenden Maßnahmen ergriffen wird:

- Eine geeignete Auflast auf der Ecke bzw. eine gleichwertige Verankerung. Gemäß [DIN 1045 – 88], 20.1.5 sind diese für wenigstens 1/16 der Gesamtlast der Platte zu bemessen.
- Eine biegesteife Verbindung wenigstens eines Plattenrandes mit der Unterstützung.

Das Niederhalten der Plattenecken ist nur dann sinnvoll, wenn zugleich die Platte drillsteif ausgeführt wird.

Das günstigste Tragverhalten wird durch die eckverankerte, drillsteife Platte erzielt, deren Feldmoment im Extremfall weniger als die Hälfte einer unverankerten, drillweichen Platte beträgt.

Querdehnung

Die **Querdehnung** des Werkstoffs bewirkt, dass Biegemomente in Platten auch quer zur eigentlichen Beanspruchungsrichtung auftreten. Die Auswirkung der Querdehnung auf die Schnittgrößen hängt wesentlich von den Rand- und Lagerungsbedingungen der Platte ab. So betragen die Quermomente bei einachsig gespannten Platten das μ-fache der Biegemomente in der Hauptrichtung.

Die Querdehnzahl μ nimmt mit steigender Betongüte zu und liegt zwischen 0,15 und 0,30.

Gemäß den geltenden Stahlbetonnormen ist grundsätzlich $\mu = 0{,}2$ anzunehmen. Da aber mit einsetzender Rissbildung die wirksame Querdehnung des Stahlbetonquerschnitts abnimmt, gestattet [DIN 1045 – 88], 15.1.2 (5) zur Vereinfachung auch die Berechnung mit $\mu = 0$. Diese Annahme gilt auch nach DIN 1045-1, 9.1.3 (3).

Anhand der üblicherweise für $\mu = 0$ aufgestellten Tabellenwerke lassen sich näherungsweise auch die Biegemomente unter Berücksichtigung der Querdehnung ermitteln:

$$\left.\begin{aligned} m_{x\mu} &\cong \frac{1}{(1-\mu^2)}\cdot(m_{x0}+\mu\cdot m_{y0}) \\ &\cong m_{x0}+\mu\cdot m_{y0} \\ m_{y\mu} &\cong \frac{1}{(1-\mu^2)}\cdot(m_{y0}+\mu\cdot m_{x0}) \\ &\cong m_{y0}+\mu\cdot m_{x0} \\ m_{xy\mu} &\cong (1-\mu)\cdot m_{xy0} \end{aligned}\right\} \qquad \text{(C.2.3)}$$

Dabei verweist der Index „0" auf die für $\mu = 0$ ermittelten Biegemomente.

Rand- und Lagerungsbedingungen

Die Rand- und Lagerungsbedingungen von Platten werden im Allgemeinen auf die Hauptfälle ungestützt (= frei), gelenkig gelagert (= frei aufliegend), eingespannt und punktgestützt zurückgeführt. Weiterhin ist von Bedeutung, ob die Stützung starr oder nachgiebig ist und kontinuierlich oder unterbrochen erfolgt.

Die Einordnung der Stützungsart muss wirklichkeitsnah erfolgen. Die Einspannung eines Plattenrandes kann meist nur dann angenommen werden, wenn das einspannende Bauteil eine Wandscheibe oder eine Durchlaufplatte ist, welches der Auflagerverdrehung entgegenwirkt. Da die Steifigkeitsunterschiede zwischen einspannendem und eingespanntem Bauteil häufig gering sind, wird die Auflagerverdrehung durch die jeweiligen Lastkombinationen der Bauteile bestimmt. Eine vollkommen starre Einspannung kann nur in Sonderfällen unterstellt werden.

Ein Randunterzug scheidet als statisch wirksame Einspannung meist aus, da sich der Träger durch die geringe Torsionssteifigkeit des Stahlbetons im Zustand II und aufgrund fehlender Torsionseinspannungen an den Auflagern verdrillt.

2.1.3 Einteilung der Platten

Hinsichtlich ihrer Tragwirkung und der sich daraus ergebenden Berechnungsverfahren kann man unterscheiden zwischen

- einachsig gespannten Platten,
- zweiachsig gespannten Platten,
- punktgestützten Platten und
- elastisch gebetteten Platten.

2.2 Einachsig gespannte Platten

2.2.1 Allgemeines

In folgenden Fällen liegt bei Gleichflächenlast ein überwiegend einachsiges Tragverhalten vor:

- Bei der nur an zwei gegenüberliegenden Rändern gelagerten Platte ist die Haupttragrichtung unabhängig vom Seitenverhältnis vorgegeben.
- Bei umfanggelagerten Platten mit einem Seitenverhältnis ≥ 2 wird der Anteil der über die lange Seite abgetragenen Lasten so klein, dass mit guter Näherung einachsiges Tragverhalten in Richtung der kürzeren Stützweite unterstellt werden kann. Nebentragrichtung ist damit die Richtung der längeren Stützweite.
- Bei dreiseitig gelagerten Platten, deren ungestützter Rand kürzer ist als 2/3 der dazu senkrechten Seitenlänge, lassen die Schnittkraftverläufe vorwiegend einachsiges Tragverhalten in der zum freien Rand parallelen Richtung

erkennen, s. [Leonhardt/Mönnig-T3 – 77], S. 104.

Die Ermittlung der Schnittgrößen einachsig gespannter Platten erfolgt mit den einfachen Mitteln der Balkenstatik. Die für Platten geltenden Bemessungs- und Bewehrungsvorschriften finden Anwendung, wenn gilt:

$b \geq 5 \cdot h$ [DIN 1045 – 88] (C.2.4a)

$\left.\begin{aligned} l_{min} &\geq 2 \cdot h \\ b &\geq 4 \cdot h \end{aligned}\right\}$ DIN 1045-1 (C.2.4b)

mit:
- h Plattendicke
- b Bauteilbreite
- l_{min} kleinste Stützweite

Bei Belastung durch Gleichflächenlast werden die in der Nebentragrichtung infolge Querdehnung oder unregelmäßiger Lastverteilung auftretenden geringen Biegemomente pauschal durch die einzulegende Querbewehrung von wenigstens 20 % der Biegezugbewehrung abgedeckt.

2.2.2 Konzentrierte Lasten

Konzentrierte Lasten führen zu örtlich erhöhten Schnittkräften, die in Haupt- wie in Nebentragrichtung wirksam werden. Die Berechnung der Schnittgrößen in Haupttragrichtung des erhöht beanspruchten Plattenstreifens kann mit den Angaben in [DAfStb-H240 – 91] und [DIN 1045 – 88], 20.1.6.3 erfolgen, vgl. Abb. C.2.2. Zunächst wird eine Lastverteilung bis zur Plattenmittelebene unter 45° unterstellt, bei der druckfeste Beläge einbezogen werden können. Die Größe dieser Belastungsfläche in Plattenmittelebene ist maßgebend für die mitwirkende Breite des Plattenstreifens, der für die Lastabtragung angesetzt werden kann. Für die jeweils zu berechnenden Schnittgrößen kann die zugehörige mitwirkende Breite nach Tafel C.2.1 bestimmt werden, wobei Eingrenzungen durch Plattenränder oder Öffnungen zu berücksichtigen sind.

Die für den Plattenstreifen ermittelten Beweh-

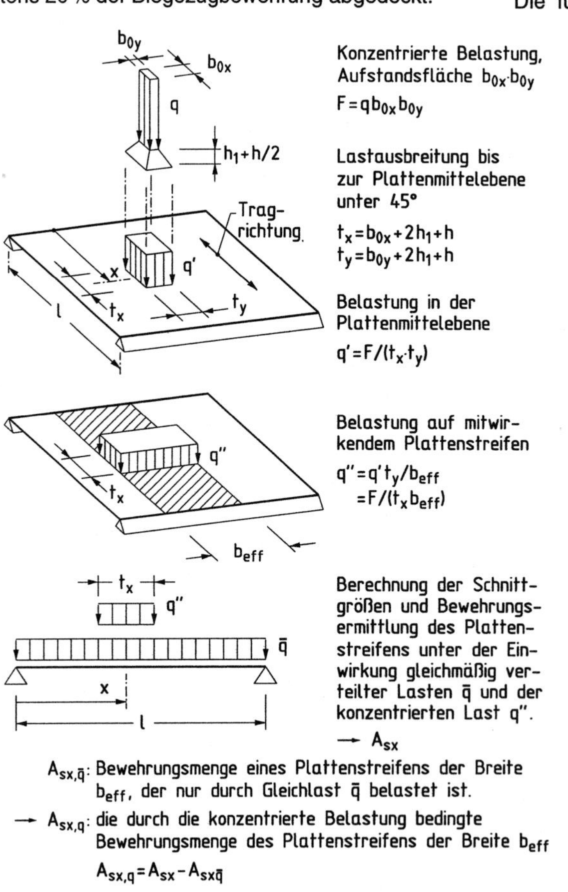

b_{0y}
b_{0x}
q
$h_1+h/2$
Trag-richtung
x
q'
l
t_x
t_y
Konzentrierte Belastung, Aufstandsfläche $b_{0x} \cdot b_{0y}$
$F = q b_{0x} b_{0y}$
Lastausbreitung bis zur Plattenmittelebene unter 45°
$t_x = b_{0x} + 2h_1 + h$
$t_y = b_{0y} + 2h_1 + h$
Belastung in der Plattenmittelebene
$q' = F/(t_x \cdot t_y)$
q''
Belastung auf mitwirkendem Plattenstreifen
$q'' = q' t_y / b_{eff}$
$= F/(t_x b_{eff})$
b_{eff}
$\bar{q}$
Berechnung der Schnittgrößen und Bewehrungsermittlung des Plattenstreifens unter der Einwirkung gleichmäßig verteilter Lasten $\bar{q}$ und der konzentrierten Last q''.
→ A_{sx}
$A_{sx,\bar{q}}$: Bewehrungsmenge eines Plattenstreifens der Breite b_{eff}, der nur durch Gleichlast $\bar{q}$ belastet ist.
→ $A_{sx,q}$: die durch die konzentrierte Belastung bedingte Bewehrungsmenge des Plattenstreifens der Breite b_{eff}
$A_{sx,q} = A_{sx} - A_{sx\bar{q}}$

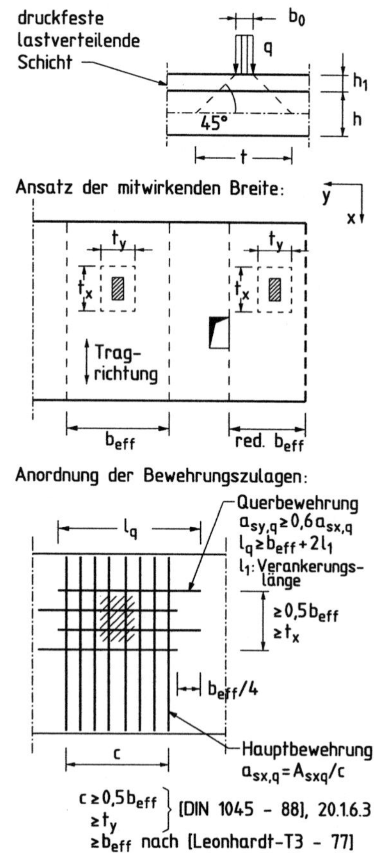

Abb. C.2.2 Rechnerische Berücksichtigung konzentrierter Einwirkungen auf einachsig gespannter Platte nach [DIN 1045 – 88] und [DAfStb-H240 – 91] .

Tafel C.2.1 Mitwirkende Breiten unter konzentrierten Lasten [DAfStb-H240 – 91]

	1	2	3			4	
	Statisches System und Schnittgröße	Mitwirkende Breite (rechnerische Lastverteilungsbreite) b_{eff}	Gültigkeitsgrenzen			Mitwirkende Breite b_{eff} für durchgehende Linienlast ($t_x = l$)	
						$t_y \leq 0{,}05 \cdot l$	$t_y \leq 0{,}10 \cdot l$
1	F, m_f, x, l	$b_{eff}^{M} = t_y + 2{,}5 \cdot x \cdot \left(1 - \frac{x}{l}\right)$	$0 < x < l$	$t_y \leq 0{,}8 \cdot l$	$t_x \leq l$	$b_{eff}^{M} = 1{,}36 \cdot l$	
2	v_s	$b_{eff}^{V} = t_y + 0{,}5 \cdot x$	$0 < x < l$	$t_y \leq 0{,}8 \cdot l$	$t_x \leq l$	$b_{eff}^{V} = 0{,}25 \cdot l$	$b_{eff}^{V} = 0{,}30 \cdot l$
3	m_f	$b_{eff}^{M} = t_y + 1{,}5 \cdot x \cdot \left(1 - \frac{x}{l}\right)$	$0 < x < l$	$t_y \leq 0{,}8 \cdot l$	$t_x \leq l$	$b_{eff}^{M} = 1{,}01 \cdot l$	
4	m_s	$b_{eff}^{Q} = t_y + 0{,}4 \cdot (l - x)$	$0 < x < l$	$t_y \leq 0{,}8 \cdot l$	$t_x \leq l$	$b_{eff}^{M} = 0{,}67 \cdot l$	
5	v_s	$b_{eff}^{V} = t_y + 0{,}3 \cdot x$	$0{,}2 \cdot l < x < l$	$t_y \leq 0{,}4 \cdot l$	$t_x \leq 0{,}2 \cdot l$	$b_{eff}^{V} = 0{,}25 \cdot l$	$b_{eff}^{V} = 0{,}30 \cdot l$
6	v_s	$b_{eff}^{V} = t_y + 0{,}4 \cdot (l - x)$	$0 < x < 0{,}8 \cdot l$	$t_y \leq 0{,}4 \cdot l$	$t_x \leq 0{,}2 \cdot l$	$b_{eff}^{V} = 0{,}17 \cdot l$	$b_{eff}^{V} = 0{,}21 \cdot l$
7	m_f	$b_{eff}^{M} = t_y + x \cdot \left(1 - \frac{x}{l}\right)$	$0 < x < l$	$t_y \leq 0{,}8 \cdot l$	$t_x \leq l$	$b_{eff}^{M} = 0{,}86 \cdot l$	
8	m_s	$b_{eff}^{M} = t_y + 0{,}5 \cdot x \cdot \left(2 - \frac{x}{l}\right)$	$0 < x < l$	$t_y \leq 0{,}4 \cdot l$	$t_x \leq l$	$b_{eff}^{M} = 0{,}52 \cdot l$	
9	v_s	$b_{eff}^{V} = t_y + 0{,}3 \cdot x$	$0{,}2 \cdot l < x < l$	$t_y \leq 0{,}4 \cdot l$	$t_x \leq 0{,}2 \cdot l$	$b_{eff}^{V} = 0{,}21 \cdot l$	$b_{eff}^{V} = 0{,}25 \cdot l$
10	m_s	$b_{eff}^{M} = 0{,}2 \cdot l + 1{,}5 \cdot x$	$0 < x < l$	$t_y \leq 0{,}2 \cdot l$	$t_x \leq l$	$b_{eff}^{M} = 1{,}35 \cdot l$	
		$b_{eff}^{M} = t_y + 1{,}5 \cdot x$	$0 < x < l$	$0{,}2 \cdot l \leq t_y \leq 0{,}8 \cdot l$	$t_x \leq l$	–	
11	v_s	$b_{eff}^{V} = 0{,}2 \cdot l + 0{,}3 \cdot x$	$0{,}2 \cdot l < x < l$	$t_y \leq 0{,}2 \cdot l$	$t_x \leq 0{,}2 \cdot l$	$b_{eff}^{V} = 0{,}36 \cdot l$	$b_{eff}^{V} = 0{,}43 \cdot l$
		$b_{eff}^{V} = t_y + 0{,}3 \cdot x$	$0{,}2 \cdot l < x < l$	$0{,}2 \cdot l \leq t_y \leq 0{,}4 \cdot l$	$t_x \leq 0{,}2 \cdot l$	–	–

rungszulagen sind gemäß Abb. C.2.2 einzulegen. Zur Abdeckung der positiven Quermomente genügt eine Zulage von 60 % der Hauptbewehrungszulage. Negative Quermomente können – außer an Plattenrändern – im Allgemeinen unberücksichtigt bleiben.

Bei auskragenden Platten ist zu beachten, dass die Zulage zur Hauptbewehrung an der Oberseite, die Querbewehrungszulage aber an der Unterseite anzuordnen ist.

Die Ermittlung der Schnittgrößen und die Bemessung des erhöht beanspruchten Plattenstreifens ersetzt nicht den Nachweis der Sicherheit gegen Durchstanzen nach DIN 1045-1, 10.5., der in der Umgebung der Lasteinleitungsstelle geführt wird.

2.2.3 Platten mit Rechtecköffnungen

Siehe Stahlbetonbau aktuell 1998, Seite C.24.

2.2.4 Unberücksichtigte Stützungen

Siehe Stahlbetonbau aktuell 1998, Seite C.28.

2.2.5 Unbeabsichtigte Endeinspannung

Siehe Stahlbetonbau aktuell 1998, Seite C.29.

2.3 Zweiachsig gespannte Platten

2.3.1 Berechnungsgrundsätze

Gegenstand eingehender Schnittgrößenermittlung bei Plattentragwerken sind meist nur die Biegemomente, da die Querkräfte einfach abgeschätzt werden können und man im Übrigen die Plattendicke so wählen wird, dass keine Schubbewehrung erforderlich ist.

Einfeldplatten:

Zur Berechnung von Einfeldplatten kommen vorwiegend folgende Möglichkeiten in Frage:

- Exakte Plattentheorie: Nur für wenige Sonderfälle lassen sich geschlossene Lösungen angeben. Grundlage nummerischer Verfahren bei Computereinsatz.
- Sich kreuzende Plattenstreifen gleicher größter Durchbiegung: Anschauliche Methode (Marcus) unter Vernachlässigung der Drillsteifigkeit, die sehr einfach anzuwenden ist und zu hinreichend genauen Ergebnissen führt. Verfeinerung hinsichtlich des Belastungsansatzes, vgl. z. B. [Stiglat/Wippel – 92].
- Berechnung als Trägerrost, s. z. B. [Mattheis – 82], S. 42: Streifenmethode mit Möglichkeit der Berücksichtigung der Drillsteifigkeit. Interessant als zusätzliches Einsatzgebiet für Trägerrostprogramme.

Die gängigen Tabellenwerke enthalten die Schnittgrößen für die jeweils sechs Grundfälle der Lagerungsarten bei drei- und vierseitig gelagerten Platten, die sich aus den Lagerungen gelenkiger gelagerter Rand, voll eingespannter Rand und ungestützter Rand kombinieren lassen (Abb. C.2.4).

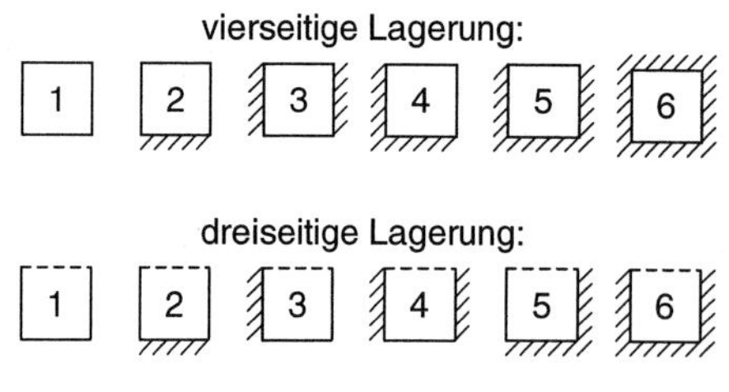

Abb. C.2.4 Grundfälle der Lagerung von Einzelplatten

Durchlaufplatten

Zusammenhängende Plattensysteme wie z. B. Hochbaudecken müssen – vergleichbar den Durchlaufträgern in der Balkenstatik – unter Einschluss der ungünstigsten Anordnung der veränderlichen Lasten berechnet werden. Diese werden im zu untersuchenden Plattenfeld selbst und in den Nachbarfeldern im schachbrettartigen Wechsel aufgebracht, um bei minimal wirksamer Randeinspannung die größten Feldmomente zu erhalten. Das größte Stützmoment stellt sich ein, wenn man diese Anordnung längs der betrachteten Stützung spiegelt und dadurch die Auflagerverdrehung sehr klein wird.

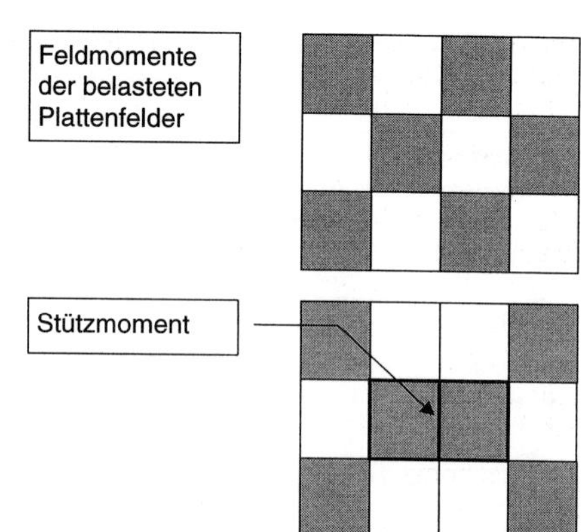

Abb. C.2.3 Maßgebende Anordnung der veränderlichen Lasten zur Bestimmung der Momente

Bei einer Mittelplatte eines Durchlaufsystems sind folglich für das Stützmoment vier Lastkombinationen und für das Feldmoment eine weitere zu untersuchen. Die Biegebemessung hat für die einhüllenden Grenzlinien der Momente zu erfolgen, die sich aus der Überlagerung der Einzellastfälle ergeben. Bei feldweise ungünstiger Lastanordnung werden daher die Feldmomente von Durchlaufplatten stets größer sein als die der entsprechenden Einzelplatten unter voll wirksamer Randeinspannung.

Bei der Schnittgrößenermittlung liefern Drehwinkel- oder Momentenausgleichsverfahren recht genaue Ergebnisse, welche aber – wie weitere Verfahren auch – wegen des hohen Aufwands an Bedeutung für die Handrechnung verloren haben und heute nicht mehr mit dem Computereinsatz konkurrieren können. Stattdessen haben solche Methoden eine weite Verbreitung gefunden, die Vergleichseinfeldplatten anstelle zusammenhängender Gesamtsysteme betrachten. Erwähnt seien

- das Lastumordnungsverfahren, angeführt in [DIN 1045 – 88], 20.1.5(4), [DAfStb-H240 – 91], dessen Anwendung aber auf Fälle mit $l_{min} / l_{max} \geq 0{,}75$ beschränkt und damit für viele baupraktische Belange nicht brauchbar ist,
- das Einspanngradverfahren, siehe z. B. [Eichstaedt – 63] und [Schriever – 79]; s. a. [Pieper/Martens – 66].

Derartige Verfahren liefern akzeptable Näherungen mit erheblich geringerem Aufwand als Drehwinkel- oder Momentenausgleichsverfahren.

Das wohl einfachste und damit fehlerunempfindlichste Verfahren, welches gleichwohl ausreichend zutreffende Ergebnisse liefert, ist ein vereinfachtes Einspanngradverfahren von [Pieper/Martens – 66]. Ihm liegen folgende Überlegungen zugrunde:

- Die Stützmomente nehmen im Allgemeinen einen Wert an, der zwischen den Volleinspannmomenten der Einzelplatten beider an der Stützung anliegenden Felder liegt.
- Die Feldmomente einer Platte liegen zwischen den Grenzwerten, die durch die allseits gelenkige Lagerung (Lagerungsfall 1) einerseits und die voll wirksame Randeinspannung in Nachbarplatten (Lagerungsfälle 2 bis 6) andererseits gebildet werden. Die Annahme eines Einspanngrads von 0,5 (d. h. 50 %) liegt auf der sicheren Seite, da sich bei typischen Anwendungen im Hochbau meist ein Einspanngrad zwischen 0,70 und 0,90 einstellt.

Die Ermittlung der Plattenmomente nach diesem Verfahren ist im Abschn. 2.3.2.4 beschrieben.

2.3.2 Vierseitig gestützte Platten

2.3.2.1 Drillbewehrung

In den Ecken wird auf die elastizitätstheoretisch optimale Bewehrungsführung in Richtung der Hauptmomente meist zugunsten eines verlegetechnisch günstigeren, koordinatenparallelen Bewehrungsnetzes verzichtet. Die Eckbewehrung nach Abb. C.2.5 deckt die Drillmomente ohne näheren Nachweis ab, s. DIN 1045-1, 13.3.2 (6), wobei eine bereits vorhandene Bewehrung angerechnet werden kann. Damit die Drillbewehrung wirksam werden kann, muss sie über der Stützung verankert sein.

Bei unzureichender Drillbewehrung gilt die Platte nicht mehr als drillsteif. Ein vollständiger Entfall der Drillbewehrung lässt erhöhte Rissbildung erwarten und wird daher nicht empfohlen.

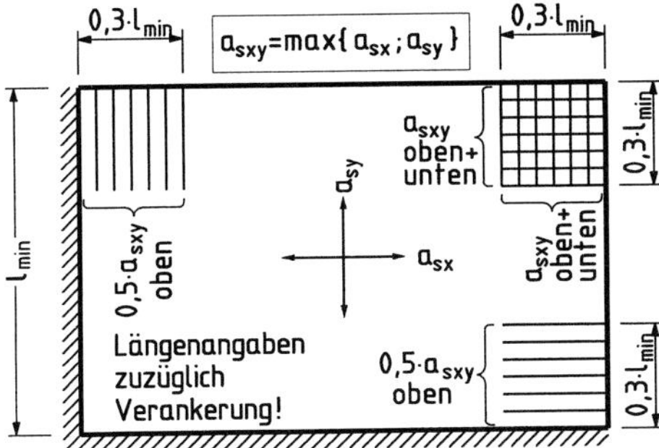

Abb. C.2.5 Drillbewehrung vierseitig gelagerter Platten nach DIN 1045-1

2.3.2.2 Abminderung der Stützmomente

Stützmomente dürfen bei durchlaufenden Platten in gleicher Weise wie bei Balken ausgerundet werden. Häufig wird man aber auf die dazu erforderliche Ermittlung der Auflagerkräfte verzichten und sich mit der folgenden, auf der sicheren Seite liegenden Abschätzung begnügen:

$$m_s' = (1 - 1{,}25 \cdot b / l_{max}) \cdot m_s \qquad \text{(C.2.5)}$$

mit b Breite der Unterstützung (Wanddicke)

l_{max} die größere der quer zur Unterstützung gerichteten Stützweiten der beiden anliegenden Platten

Nicht abzumindern sind Stützmomente, die nach dem *Lastumordnungsverfahren* als *reine Mittelwerte* der anliegenden Volleinspannmomente berechnet werden, weil sie nach [DAfStb-H240 – 91], 2.3.3 bereits als Bemessungswerte gelten. Da das Lastumordnungsverfahren in dieser Form unter ungünstigen Verhältnissen (d. h. große Unterschiede der anliegenden Einspannmomente) etwas zu geringe Stützmomente liefert, wird auf diese Weise ein Ausgleich geschaffen.

Beim Einspanngradverfahren beträgt das Stützmoment wenigstens 75 % des Größtwertes der anliegenden Volleinspannmomente. Aufgrund dieser Verbesserung gegenüber dem einfachen Lastumordnungsverfahren scheint es gerechtfertigt, die Momentenabminderung wie bei allen übrigen Berechnungsverfahren auch auf das in Abschn. C.2.3.2.4 beschriebene Einspanngradverfahren anzuwenden, s. a. Berechnungsbeispiele bei [Schriever – 79].

Bei monolithischem Verbund zwischen Platte und Unterstützung kann auch für das Anschnittmoment bemessen werden, wobei die Mindestmomente einzuhalten sind, s. C.1.2.5.

2.3.2.3 Dreiseitige Auflagerknoten

Laufen wie in Abb. C.2.6 Deckenunterstützungen in dreiseitigen Knoten zusammen, so kann nach [Eisenbiegler – 73] das Einspannmoment der Platte ① im Bereich der Mittelquerwand unter der Platte ② eine Spitze aufweisen. Es empfiehlt sich dann eine örtliche Bewehrungsverstärkung, die wenigstens das Volleinspannmoment der Platte ① abdeckt. Diese Momentenspitze tritt aber nur dann auf, wenn die Platte ② durch monolithische Verbindung oder sehr hohe Wandauflast druck- und zugfest mit der Mittelquerwand verbunden ist.

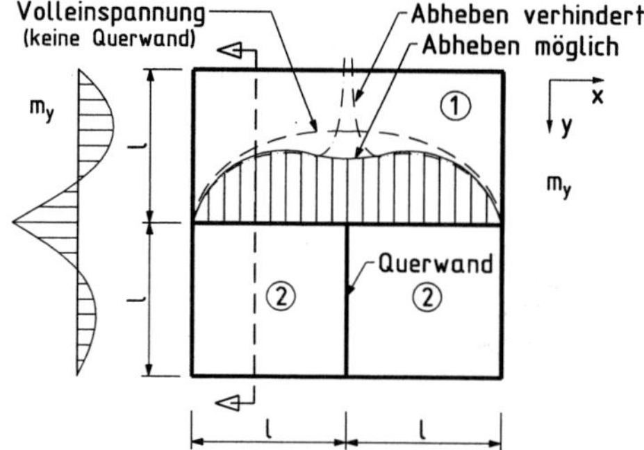

Abb. C.2.6 Verlauf des Stützmomentes m_y bei unterschiedlichen Lagerungsarten nach [Eisenbiegler – 73]

2.3.2.4 Berechnung der Biegemomente

Beschreibung des Verfahrens

Bei dem von [Pieper/Martens – 66] vorgeschlagenen vereinfachten Einspanngradverfahren werden die möglichen Lastfallkombinationen der Durchlaufplatten auf Grenzwertabschätzungen für Stützmomente und Feldmomente reduziert. Allen Einzelplatten wird für die Bestimmung der Feldmomente ein einheitlicher Einspanngrad von 0,50 zugrunde gelegt. Entsprechend sind in Tafel C.2.2 Stützmomente bei Volleinspannung und Feldmomente bei einer zu 50 % wirksamen Einspannung angegeben.

Abweichend von [Pieper/Martens – 66] dient hier als Leitwert die resultierende Gesamtlast der Platte, um die Behandlung drei- und vierseitig gestützter Platten zu vereinheitlichen. Zusätzlich vereinfachen erweiterte Seitenverhältnisse (l_y / l_x von 0,5 bis 2,0) die Handhabung.

Lagerungsfälle

Die sechs Grundkombinationen der Plattenlagerung sind in der linken Randleiste der Tafel C.2.2 symbolhaft aufgeführt. Die Tafelwerte gelten auch für nicht dargestellte Lagerungsfälle, die durch Spiegelung an den Koordinatenachsen entstehen. Werden gegenüber diesen um 90° gedrehte Lagerungsfälle benötigt (das kann bei den Fällen 2, 3 und 5 erforderlich sein), so sind entweder die Koordinatenachsen zu vertauschen, oder die Ablesung der Tafel ist über die rechte Randleiste vorzunehmen.

Erfolgt die Ablesung der Tafel über die rechte Randleiste, ist darauf zu achten, dass zwar die Lage des allgemeinen Koordinatensystems beibehalten wird, als Kenngröße aber das umgekehrte Seitenverhältnis, nämlich l_x / l_y zu verwenden ist.

Wird die wahlweise Ablesung über die linke bzw. rechte Randleiste genutzt, können alle Einzelplatten mit einem einheitlichen, dem globalen Koordinatensystem berechnet werden, was die Fehleranfälligkeit der Berechnung verringert.

Bezeichnungen

Die Beiwerte *f* verweisen auf Momente im Feld, *s* auf Volleinspannmomente an der Stützung, *d* auf Drillmomente in der Plattenecke. Die Beiwerte tragen einen Fußzeiger der Richtung (x oder y) und/oder einen zusätzlichen Fußzeiger, um den Bezugspunkt zu präzisieren:

Fußzeiger:

x, y	Bezugskoordinaten
f	Feldmoment (dieser Index kann fehlen)
s	Stützmoment
xy	Drillmoment
m	bei Feldmomenten: Plattenmittelpunkt bei Stützmomenten: Mitte des eingespannten Randes
r	Größtwert längs des ungestützten Randes dreiseitig gestützter Platten
gg	Ecke zweier gelenkig gelagerter Ränder
rg	Ecke ungestützter/gelenkig gelagerter Rand

Fehlt der Hinweis auf den Bezugsort, dann bezieht sich der Beiwert auf den absoluten Größtwert im Feld bzw. an der Stützung.

Voraussetzungen für die Anwendung

Das Verfahren kann bei gleichmäßig verteilter Belastung angewendet werden, wenn

$$q_d \leq 2 \cdot g_d \qquad \text{(C.2.6)}$$

mit q_d Bemessungswert der veränderlichen Einwirkungen

g_d Bemessungswert der ständigen Einwirkungen

Feldmomente

Für eckverankerte Platten mit ungeschwächter Drillsteifigkeit gilt:

$$m_{xf} = \frac{K}{f_x} \qquad m_{yf} = \frac{K}{f_y} \qquad \text{(C.2.7a)}$$

wobei $K = (g_d + q_d) \cdot l_x \cdot l_y$

Für Platten, die infolge fehlender Drillbewehrung, unzureichender Eckverankerung oder durch Öffnungen im Eckbereich eine **verminderte Drillsteifigkeit** aufweisen (s. S. C.22), gilt:

$$m_{xf} = \frac{K}{f_x^o} \qquad m_{yf} = \frac{K}{f_y^o} \qquad \text{(C.2.7b)}$$

Stützmomente

Zunächst werden die Volleinspannmomente der Einzelplatten berechnet gemäß:

Tafel C.2.2 Beiwerte zur Berechnung vierseitig gelagerter Platten unter Gleichlast

Leitwert	Feldmomente für einen Einspanngrad von 50 %: bei voller Drillsteifigkeit	Feldmomente für einen Einspanngrad von 50 %: bei verminderter Drillsteifigkeit	Drillmomente	Volleinspannmomente
$K = q \cdot l_x \cdot l_y$	$m_{xf} = \frac{K}{f_x}$; $m_{yf} = \frac{K}{f_y}$	$m_{xf} = \frac{K}{f_x^o}$; $m_{yf} = \frac{K}{f_y^o}$	$m_{xy,gg} = \pm \frac{K}{d_{gg}}$	$m_{xs} = \frac{K}{s_x}$; $m_{ys} = \frac{K}{s_y}$

Seitenverhältnisse l_y/l_x bzw. l_x/l_y für Ablesung über linke bzw. rechte Randleiste

$l_y/l_x \rightarrow$		0,50	0,55	0,60	0,65	0,70	0,75	0,80	0,85	0,90	0,95	1,00	1,10	1,20	1,30	1,40	1,50	1,60	1,70	1,80	1,90	2,00		$\leftarrow l_x/l_y$
1	f_x	80,1	70,3	61,7	54,2	47,6	42,0	37,3	33,8	31,0	28,9	27,2	24,6	22,9	21,8	21,0	20,6	20,3	20,3	20,3	20,5	20,7	f_y	1
	f_y	20,7	20,3	20,3	20,5	20,9	21,5	22,3	23,2	24,3	25,6	27,2	30,6	34,9	40,0	45,9	51,9	57,8	63,6	69,3	74,8	80,1	f_x	
	f_x^o	71,5	61,2	52,3	44,8	38,4	33,1	28,7	25,4	23,0	21,2	20,0	18,2	17,3	17,0	16,8	16,9	17,0	17,2	17,7	18,1	18,5	f_y^o	
	f_y^o	18,5	17,7	17,2	16,9	16,8	16,9	17,1	17,5	18,0	18,9	20,0	22,7	26,4	31,3	36,7	42,5	48,2	53,9	60,2	66,2	71,5	f_x^o	
Drillmom.	d_{gg}	30,2	27,9	26,1	24,8	23,7	22,9	22,3	21,9	21,7	21,5	21,6	21,6	22,1	22,7	23,5	24,4	25,4	26,5	27,7	28,9	30,2	d_{gg}	Drillmom.
2.1	f_x	96,2	85,5	75,9	67,5	59,9	53,3	47,5	42,4	38,3	35,1	32,5	28,7	26,2	24,4	23,2	22,4	21,9	21,6	21,5	21,5	21,6	f_y	2.2
	f_y	25,3	24,4	23,9	23,8	23,9	24,2	24,7	25,4	26,2	27,3	28,5	31,4	34,9	39,3	44,3	49,9	55,7	61,6	67,4	73,1	78,6	f_x	
	s_y	-16,5	-15,3	-14,4	-13,7	-13,2	-12,7	-12,4	-12,2	-12,1	-12,0	-11,9	-12,0	-12,2	-12,5	-12,9	-13,4	-13,9	-14,5	-15,2	-15,8	-16,5	s_x	
2.1	f_x^o	88,5	76,8	66,8	58,4	50,7	44,2	38,6	33,9	30,2	27,5	25,4	22,5	20,8	19,8	19,1	18,8	18,6	18,6	18,8	19,1	19,4	f_y^o	2.2
	f_y^o	23,0	21,8	21,0	20,4	20,0	19,8	19,8	20,0	20,4	21,0	21,8	23,8	26,8	30,6	35,0	40,1	45,5	51,1	57,1	63,0	68,6	f_x^o	
3.1	f_x	108	96,1	86,1	77,0	69,1	62,1	55,8	50,2	45,3	41,2	37,9	33,1	29,7	27,4	25,7	24,6	23,8	23,2	22,9	22,7	22,6	f_y	3.2
	f_y	28,9	27,8	27,2	26,9	26,8	27,0	27,4	27,9	28,6	29,5	30,6	33,1	36,3	40,2	45,0	50,6	57,3	65,1	73,6	82,2	90,6	f_x	
	s_y	-23,8	-21,7	-20,0	-18,7	-17,6	-16,7	-16,0	-15,4	-15,0	-14,6	-14,3	-14,0	-13,9	-13,9	-14,1	-14,3	-14,7	-15,2	-15,7	-16,2	-16,8	s_x	
	f_x^o	99,4	86,5	76,1	66,7	58,6	51,4	45,3	39,9	35,5	32,2	29,7	26,1	23,9	22,5	21,5	20,9	20,4	20,2	20,2	20,2	20,5	f_y^o	
	f_y^o	26,4	24,9	23,9	23,2	22,7	22,4	22,4	22,5	22,7	23,3	24,1	26,0	28,8	32,3	36,4	41,5	47,3	54,5	62,6	70,8	78,8	f_x^o	
4	f_x	95,6	84,6	74,5	65,7	58,0	51,2	45,5	41,0	37,5	34,7	32,5	29,4	27,4	26,1	25,3	24,9	24,8	24,8	25,0	25,3	25,7	f_y	4
	f_y	25,7	25,0	24,8	24,8	25,2	25,8	26,7	27,8	29,1	30,7	32,5	36,9	42,4	48,9	55,9	63,0	70,0	76,7	83,4	89,7	95,6	f_x	
	s_x	-24,7	-22,5	-20,7	-19,2	-18,0	-17,0	-16,3	-15,6	-15,1	-14,7	-14,4	-14,1	-13,9	-14,0	-14,2	-14,4	-14,8	-15,3	-15,8	-16,3	-16,9	s_y	
4	s_y	-16,9	-15,9	-15,1	-14,6	-14,2	-14,0	-13,9	-13,9	-14,0	-14,2	-14,4	-15,0	-15,8	-16,7	-17,7	-18,8	-19,9	-21,1	-22,2	-23,5	-24,7	s_x	4
	f_x^o	87,3	75,5	65,4	56,4	48,6	42,2	36,8	32,7	29,6	27,2	25,5	23,3	22,0	21,4	21,2	21,3	21,4	21,7	22,3	22,8	23,4	f_y^o	
	f_y^o	23,4	22,3	21,7	21,3	21,2	21,3	21,6	22,2	23,1	24,1	25,5	29,2	34,0	40,0	46,7	53,8	60,6	67,4	74,3	80,9	87,3	f_x^o	
5.1	f_x	109	93,9	80,0	68,0	57,9	50,4	44,9	40,8	37,7	35,3	33,4	30,8	29,1	28,2	27,6	27,4	27,5	27,7	28,0	28,5	29,1	f_y	5.2
	f_y	26,2	25,7	25,7	26,0	26,7	27,7	29,0	30,5	32,4	34,5	37,0	42,8	49,9	57,8	65,7	73,4	80,7	87,8	94,7	101	108	f_x	
	s_x	-24,7	-22,6	-20,9	-19,6	-18,6	-17,8	-17,2	-16,8	-16,6	-16,4	-16,3	-16,5	-16,8	-17,4	-18,1	-18,9	-19,8	-20,7	-21,7	-22,8	-23,9	s_y	
5.1	s_y	-17,5	-16,7	-16,2	-15,9	-15,9	-16,0	-16,2	-16,6	-17,0	-17,6	-18,2	-19,6	-21,2	-22,8	-24,6	-26,3	-28,1	-29,9	-31,7	-33,5	-35,3	s_x	5.2
	f_x^o	99,2	83,5	69,9	58,3	48,8	41,8	36,6	32,8	30,0	27,9	26,5	24,5	23,6	23,3	23,3	23,5	23,8	24,3	25,1	25,9	26,5	f_y^o	
	f_y^o	23,8	22,9	22,5	22,4	22,6	23,0	23,6	24,4	25,6	27,1	29,0	33,7	40,0	47,5	55,1	62,9	70,0	77,2	85,0	92,3	99,1	f_x^o	
6	f_x	118	104	90,8	79,1	68,7	59,6	52,2	46,7	42,5	39,2	36,8	33,1	30,8	29,4	28,5	28,1	28,0	28,1	28,3	28,7	29,2	f_y	6
	f_y	29,2	28,4	28,0	28,0	28,4	29,0	30,0	31,2	32,8	34,6	36,8	41,8	48,3	56,5	66,0	75,4	84,7	93,6	102	110	118	f_x	
	s_x	-35,3	-32,0	-29,3	-27,1	-25,2	-23,7	-22,4	-21,4	-20,6	-20,0	-19,4	-19,0	-18,8	-19,0	-19,3	-19,9	-20,5	-21,3	-22,2	-23,2	-24,2	s_y	
	s_y	-24,2	-22,4	-21,1	-20,1	-19,5	-19,1	-18,9	-18,8	-18,9	-19,2	-19,4	-20,5	-21,7	-23,2	-24,7	-26,4	-28,1	-29,9	-31,7	-33,5	-35,3	s_x	
	f_x^o	109	93,4	80,2	68,6	58,6	50,0	43,1	38,0	34,3	31,5	29,5	26,8	25,3	24,7	24,4	24,4	24,6	25,0	25,6	26,3	26,9	f_y^o	
	f_y^o	26,9	25,7	24,9	24,5	24,4	24,6	25,0	25,6	26,5	27,8	29,5	33,7	39,6	47,2	55,9	65,0	73,9	82,7	92,0	101	109	f_x^o	

$$m_{xs} = \frac{K}{s_x} \qquad m_{ys} = \frac{K}{s_y} \qquad \text{(C.2.8)}$$

Die so auf beiden Seiten jeder Stützung erhaltenen Volleinspannmomente der Platten i und j werden dann nach folgender Vorschrift gemittelt:

- Bei einem Verhältnis der Stützweiten der beiden an der gemeinsamen Stützung anliegenden Platten zueinander zwischen 0,2 und 5 gilt als Stützmoment der Mittelwert der beiden Einzelwerte, wenigstens aber 75 % des Maximalwertes:

  für $0{,}2 \leq l_i / l_j \leq 5$:

$$\begin{aligned} |m_{sij}| &= 0{,}50 \cdot |m_{si} + m_{sj}| \\ &\geq 0{,}75 \cdot \max\{|m_{si}|;|m_{sj}|\} \end{aligned} \qquad \text{(C.2.9a)}$$

- Nur bei stark unterschiedlichen Stützweitenverhältnissen wird das betragsmäßig größere der beiden Volleinspannmomente herangezogen:

  für $l_i / l_j < 0{,}2$ oder $l_i / l_j > 5$:

$$|m_{sij}| = \max\{|m_{si}|;|m_{sj}|\} \qquad \text{(C.2.9b)}$$

Bezüglich der Abminderung von Stützmomenten s. Abschn. C.2.3.2.2.

Drillmomente

Das Eckdrillmoment der allseits gelenkig gelagerten Platte (Lagerungsfall 1) berechnet sich aus dem Tabellenwert d_{gg} :

$$m_{xy} = \pm \frac{K}{d_{gg}} \qquad \text{(C.2.10)}$$

Darüber hinaus weisen auch die Lagerungsfälle 2 und 4 Ecken mit zwei gelenkig gelagerten Rändern auf. Da ihre Drillmomente meist nur geringfügig kleiner ausfallen als die des Lagerungsfalls 1, kann dessen Tabellenwert auch für die anderen Fälle mitgelten. Dies gilt um so mehr bei der hier zugrunde gelegten elastischen Einspannung.

Außer zur Bestimmung der Eckabhebekräfte nach Gl. (C.2.12) ist bei vierseitig gestützten Platten die Kenntnis der Drillmomente nicht erforderlich, da die konstruktive Ausbildung der Plattenecken gemäß Abschn. 2.3.2.1 ausreichend ist.

Die Vorzeichen der Drillmomente hängen von Orientierung der Platte im Koordinatensystem ab und lassen daher keine unmittelbaren Rückschlüsse auf die Richtung von Zugspannungen oder das Vorzeichen von Eckkräften zu.

Behandlung von Kragplatten

Eine Kragplatte kann als einspannendes Bauteil für die Ermittlung der Feldmomente gelten, wenn

- ihr Kragmoment aus Eigengewicht größer ist als das halbe Volleinspannmoment des angeschlossenen Plattenfeldes unter Vollbelastung
- und sie den Stützrand des Plattenfeldes nahezu über die gesamte Länge erfasst.

Das Einspannmoment ist natürlich nicht nach Gl. (C.2.9) zu mitteln.

Besondere Stützweitenverhältnisse

Bestimmte Stützweitenverhältnisse bedürfen einer zusätzlichen Überprüfung (Abb. C.2.7). Folgen nämlich zwei kurze Felder (①,②) und ein langes Feld (③) unmittelbar aufeinander (Stützweitenverhältnisse $l_1 : l_2 : l_3$ im Bereich $\leq 0{,}5 : \leq 0{,}5 : 1{,}0$), so kann das Stützmoment zwischen den beiden kurzen Feldern positive Werte annehmen, und das Feldmoment in ① würde mit dem zuvor beschriebenen Verfahren nicht zutreffend ermittelt (Abb. C.2.7).

Zur Behandlung dieses Sonderfalls stellen [Pieper/Martens – 66] ausführliche Diagramme bereit, aus denen [Schriever – 79] die folgenden Mindestwerte für das Moment im äußeren kleinen Feld abgeleitet hat:

$$\left.\begin{aligned} l'/l_3 &\geq 1{,}00 \rightarrow m_1 \geq 0{,}6 \cdot m_3 \\ 1{,}00 > l'/l_3 &\geq 0{,}77 \rightarrow m_1 \geq 0{,}5 \cdot m_3 \\ 0{,}77 > l'/l_3 & \qquad\ \ \rightarrow m_1 \geq 0{,}3 \cdot m_3 \end{aligned}\right\} \qquad \text{(C.2.11)}$$

Diesen Mindestwerten sind die Momente nach Gl. (C.2.7) gegenüberzustellen.

Wird kein genauerer Nachweis des Momentenverlaufs der Felder ① und ② geführt, so empfiehlt sich folgende Bewehrungsführung:

- Die größere der beiden Feldbewehrungen ist auch über der Stützung durchlaufend in beiden Feldern einzulegen. Damit wird auch ein eventuell positiver Wert des Stützmomentes abgedeckt.
- Zusätzlich ist eine obere Stützbewehrung über der Stützung zwischen Feld ① und ② anzuordnen, die nach den Regeln für normale Stützweitenverhältnisse bestimmt wird.

Eine genauere Untersuchung der Momentenwerte der kleinen Felder lohnt sich kaum, da die darauf entfallenden Bewehrungsmengen gering sind. Bei kleinen Feldern einer Decke wird häufig

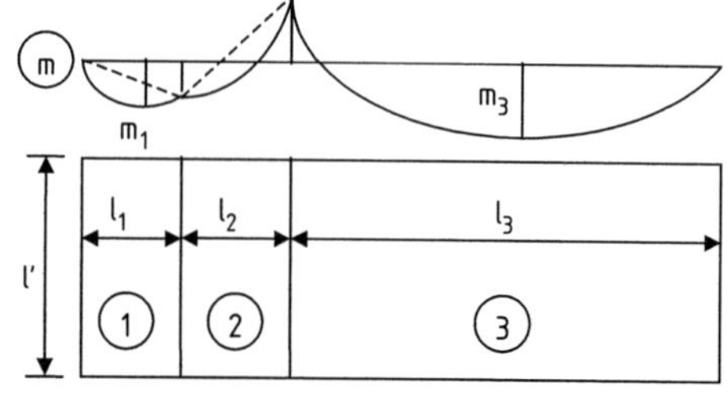

Abb. C.2.7 Zwei kurze Felder und ein langes Feld in Folge

die Mindestbewehrung nach DIN 1045-1, 13.1.1 maßgebend sein.

2.3.2.5 Momentenkurven und Bewehrungsabstufung

Als Grundlage einer Bewehrungsabstufung können die vereinfachten Verläufe der Momentengrenzlinien in Tafel C.2.3 dienen, wie sie aus Angaben in [Czerny – 96] zusammengestellt wurden. Zu jedem Lagerungsfall ist der Verlauf der Stützmomente für Volleinspannung, der Verlauf der Feldmomente für einen Einspanngrad von 0,50 aufgetragen.

Gemäß [DIN 1045 – 88] darf in der Nähe des gestützten Randes die parallel dazu verlaufende Bewehrung nach Abb. C.2.8 auf die Hälfte des in Plattenmitte erforderlichen Wertes abgemindert werden, wenn kein genauer Nachweis der Momentendeckung geführt wird.

2.3.2.6 Auflager- und Querkräfte

Die Auflagerreaktionen zweiachsig gespannter Platten können nach [DIN 1045 – 88], 20.1.5 näherungsweise über Lasteinzugsflächen ermittelt werden. Der Zerlegungswinkel in der Ecke beträgt 45°, wenn die anliegenden Seiten die gleiche Lagerungsart aufweisen. Ein Zerlegungswinkel $\alpha = 60°$ wird an einem vollkommen eingespannten Rand angenommen, wenn der benachbarte Rand gelenkig gelagert ist. Bei Platten mit teilweiser Einspannung kann der Winkel zwischen 45° und 60° angenommen werden. Für die Unterstützung ergeben sich damit die in Tafel C.2.4 aufgetragenen Lastbilder.

Bei Ansatz der ungünstigsten Einwirkungskombinationen sind die Auflagerkräfte unter eingespannten Rändern für den Grenzfall der Volleinspannung (d. h. $\alpha = 60°$) zu bestimmen. Unter gelenkig gelagerten Rändern hingegen stellen sich die größten Auflagerkräfte dann ein, wenn Einspannungen an den übrigen Rändern der Platte nur teilweise wirksam sind. Daher wurde in Tafel C.2.4 zusätzlich der Zerlegungswinkel $\alpha = 52{,}5°$ aufgenommen, der einem Einspanngrad von 50 % entspricht.

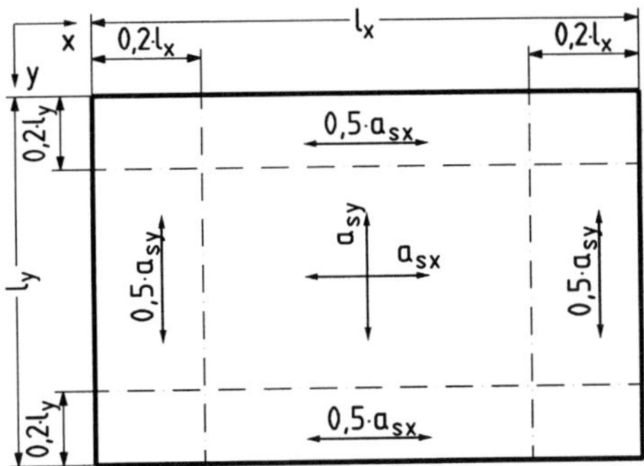

Abb. C.2.8 Vereinfachte Bewehrungsabstufung nach [DIN 1045 – 88], 20.1.6.2, vgl. [Wommelsdorf-T1 – 90]

Der lastvergrößernde Einfluss der Eckabhebekräfte ist bei den Lagerungsfällen 1, 2 und 4 durch rechteckförmig erweiterte Lastbilder zu erfassen.

Längs gelenkig gelagerter Ränder bewirken die Drillmomente, dass sich die Querkräfte von den Auflagerkräften unterscheiden. Die meist geringfügig kleineren Querkräfte dürfen näherungsweise ebenfalls nach Tafel C.2.4 bestimmt werden.

2.3.2.7 Eckabhebekräfte

In Ecken, die aus zwei gelenkig gelagerten Rändern gebildet werden, ist die Platte gegen Abheben zu verankern.

Die in einer Ecke wirkende Abhebekraft R_e errechnet man aus dem zugehörigen Drillmoment:

$$R_e = 2 \cdot |m_{xy}| \qquad \text{(C.2.12)}$$

Wird kein genauerer Nachweis geführt, kann die Eckverankerung für eine Abhebekraft von $K/16$ bemessen werden (K resultierende Gesamtlast der Platte).

Platten ohne ausreichende Eckverankerung können nicht als drillsteif angesehen werden.

2.3.2.8 Öffnungen

Siehe Stahlbetonbau aktuell 1998, Seite C.35.

2.3.2.9 Unterbrochene Stützung

Bei örtlichem Wegfall der Plattenstützung auf kurzer Länge wird für die Plattenberechnung zunächst ein durchgehendes Auflager angenommen. Für die Bewehrung des ungestützten Plattenbereichs genügen konstruktive Zulagen ohne Nachweis, wenn

$$l_n / h \leq 7 \qquad \text{(C.2.13)}$$

mit l_n Länge der fehlenden Stützung

h Plattendicke

Bei längerer fehlender Unterstützung gemäß

$$7 < l_n / h \leq 15 \qquad \text{(C.2.14)}$$

kann nach [DAfStb-H240 – 91], 2.4 bei vorwiegend ruhender Belastung ein Näherungsverfahren angewendet werden. Dabei wird der Plattenstreifen entlang der fehlenden Stützung als Ersatzbalken („deckengleicher Unterzug") behandelt, dem Stützkräfte der Platte in diesem Bereich als Auflast zugewiesen werden (Abb. C.2.9). Die wirksame Stützweite des Ersatzbalkens beträgt:

$$l_{eff} = 1{,}05 \cdot l_n \qquad \text{(C.2.15)}$$

Der Lasteinzugsbereich des Ersatzbalkens ist durch 60°-Linien begrenzt, die von seinen Auflagern bis zur Plattenmittellinie verlaufen. Vereinfachend kann auch eine rechteckige Lasteinzugsfläche bis zur Plattenmittellinie angenommen werden (Abb. C.2.10).

Zur **Biegebemessung** des Ersatzbalkens in Richtung der unterbrochenen Stützung über einem Zwischenauflager der Decke dürfen mittragende Breiten wie folgt angesetzt werden:

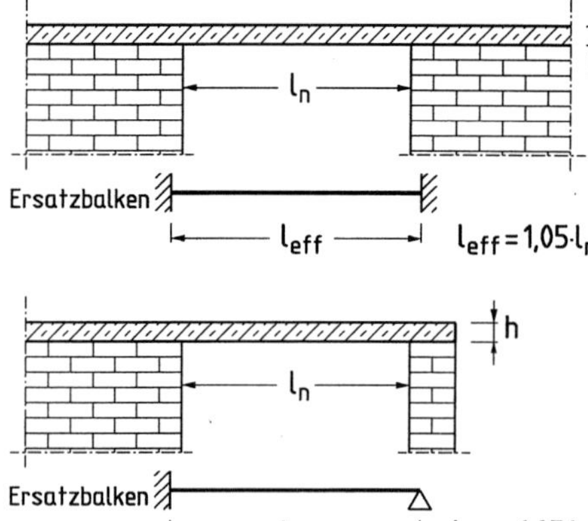

Abb. C.2.9 Ersatzbalken im Bereich fehlender Stützung.

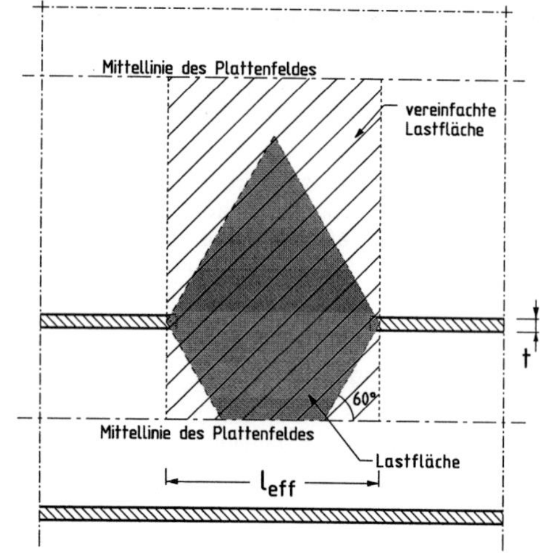

Abb. C.2.10 Lasteinzugsflächen deckengleicher Unterzüge

$$b_{eff,MF} = 0{,}50 \cdot l_{eff} \qquad \text{(C.2.16)}$$

$$b_{eff,MS} = 0{,}25 \cdot l_{eff} \qquad \text{(C.2.17)}$$

mit $b_{eff,MF}$ mittragende Breite für Biegebemessung im Feldbereich

$b_{eff,MS}$ mittragende Breite für Biegebemessung im Stützbereich des Ersatzbalkens

Bei unterbrochenen Stützungen am Endauflager einer Platte gelten die halben Werte:

$$b_{eff,F} = 0{,}25 \cdot l_{eff} \qquad \text{(C.2.18)}$$

$$b_{eff,S} = 0{,}125 \cdot l_{eff} \qquad \text{(C.2.19)}$$

Auf die senkrecht zur unterbrochenen Unterstützung erforderliche Verstärkung der Plattenbewehrung ab $l = 10\,h$ wird hingewiesen (s. hierzu [DAfStb-H240 – 91])

Für die **Schubbemessung** des Ersatzbalkens beträgt die mittragende Breite über einem Zwischenauflager der Decke:

$$b_{eff,V} = t + h \qquad \text{(C.2.20)}$$

und bei einer unterbrochenen Stützung am Endauflager einer Platte:

$$b_{eff,V} = t + 0{,}5 \cdot h \qquad \text{(C.2.21)}$$

Bei größeren Öffnungen ($l / h > 15$) sind genauere Untersuchungen auf der Grundlage der Plattentheorie gefordert, s. z. B. [Stiglat/Wippel – 83].

C

Tafel C.2.3 Verlauf der Momentengrenzlinien nach [Schneider – 98] und [Czerny – 96]

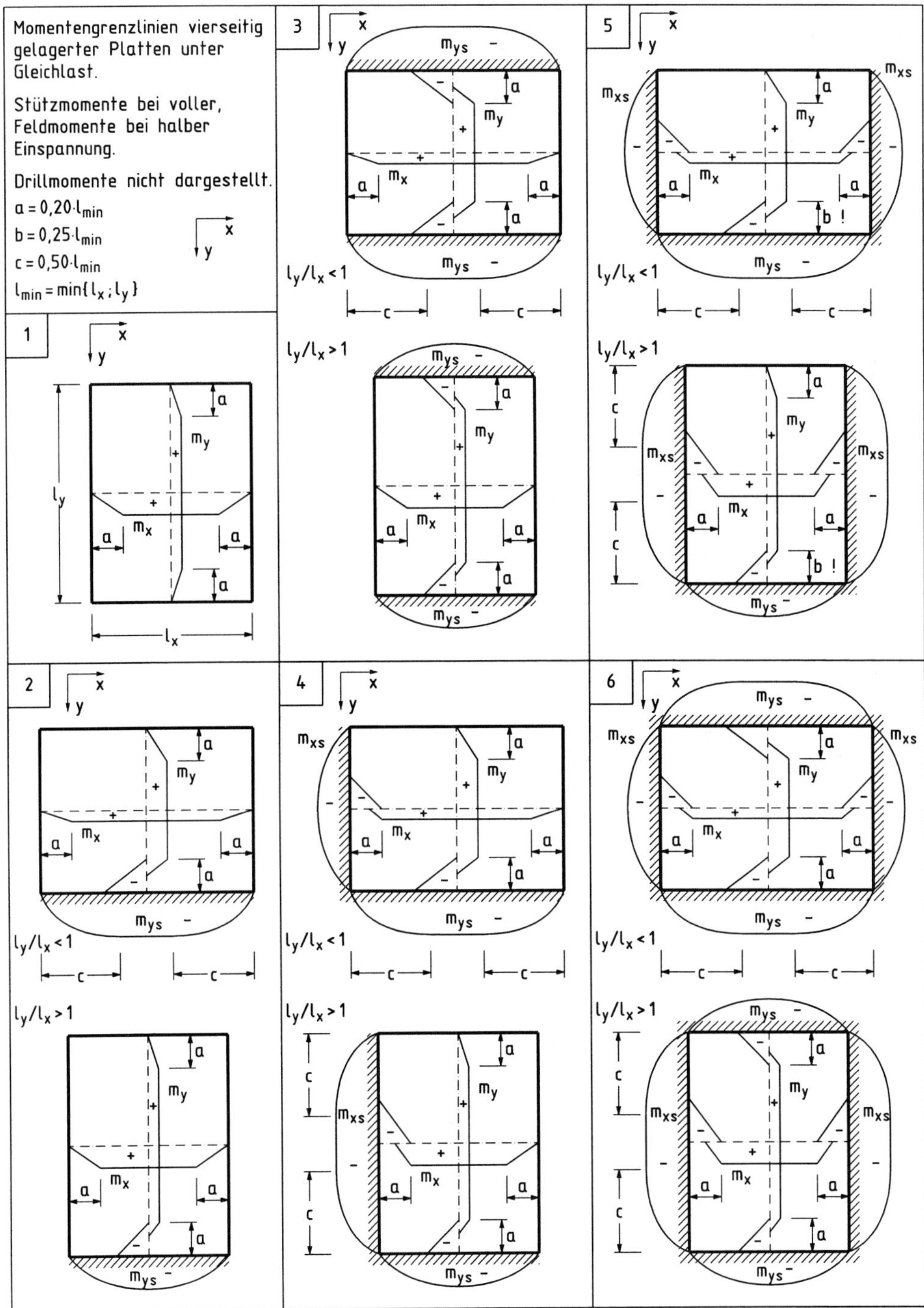

Tafel C.2.4 Auflagerkräfte vierseitig gelagerter Platten nach [DIN 1045 – 88] und [Schneider – 98]

Ersatzlastbilder für Randunterzüge vierseitig gelagerter Platten unter Gleichlast q.

$a = 0{,}289 \cdot l_{min}$ $(0{,}384 \cdot l_{min})$

$b = 0{,}366 \cdot l_{min}$ $(0{,}434 \cdot l_{min})$

$c = 0{,}500 \cdot l_{min}$ $(0{,}500 \cdot l_{min})$

$d = 0{,}634 \cdot l_{min}$ $(0{,}566 \cdot l_{min})$

$e = 0{,}866 \cdot l_{min}$ $(0{,}652 \cdot l_{min})$

$l_{min} = \min\{l_x ; l_y\}$

Zerlegungswinkel $\alpha = 60°$ (52,5°)

Werte in Klammern gelten für eine elastische Einspannung von 50 %.

Bei eckverankerten Platten gelten die gestrichelten, rechteckig ergänzten Lastbilder, wenn die Eckabhebekraft nicht gesondert erfaßt wird.

Eckabhebekraft: $R_e = 2 \cdot m_{xy}$

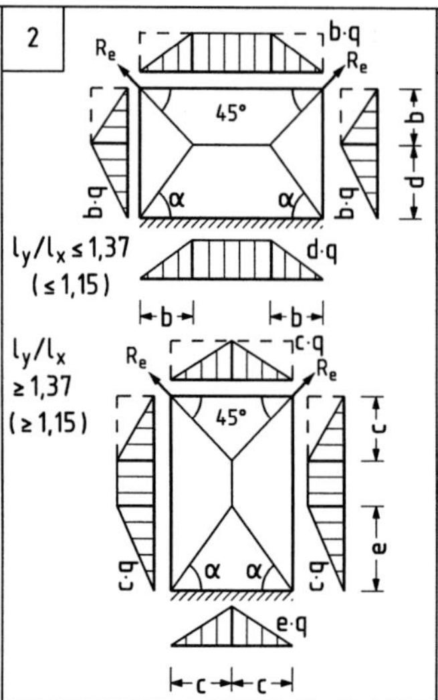

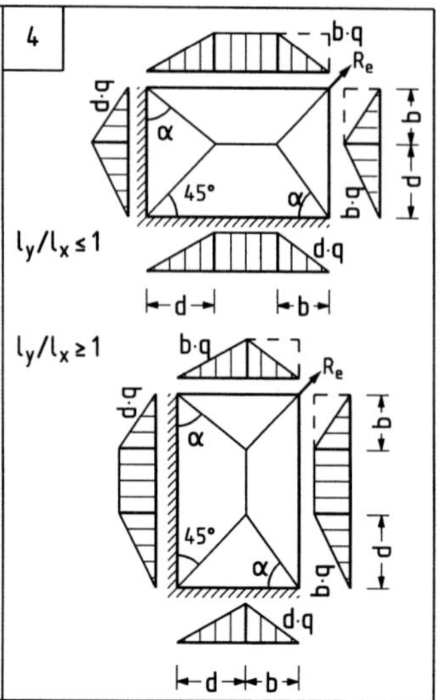

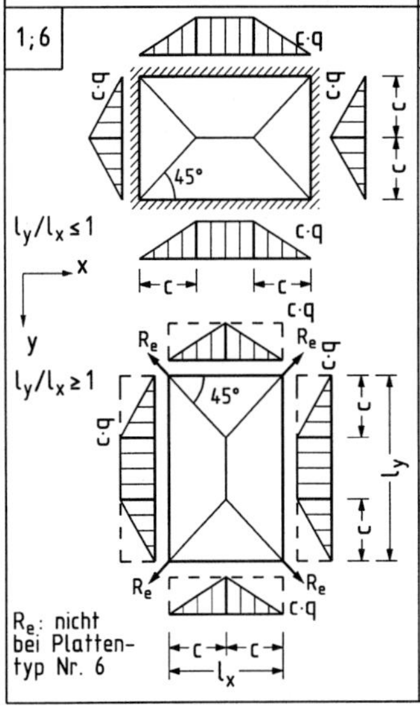

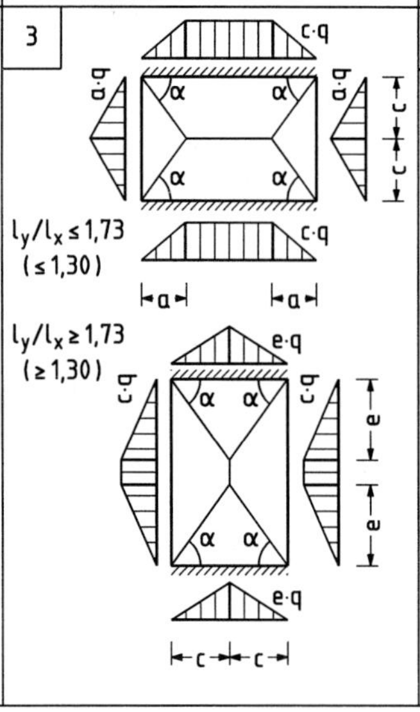

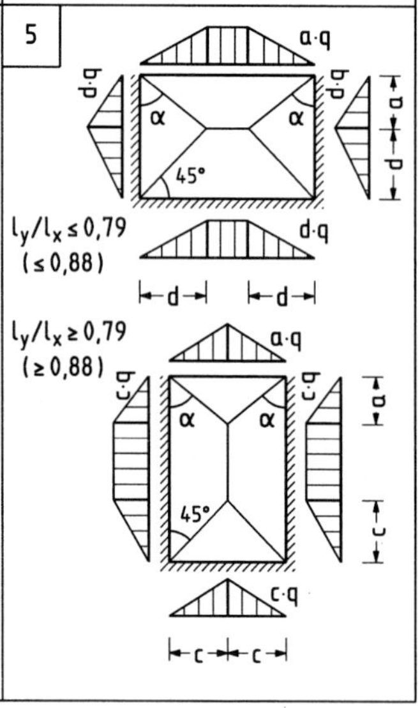

2.3.3 Dreiseitig gestützte Platten

2.3.3.1 Tabellen für Biegemomente

Zur Berechnung dreiseitig gelagerter Platten nach dem bereits unter Abschn. C.2.3.2.4 beschriebenen Prinzip sind für einen Einspanngrad von 50 % die Momentenbeiwerte für Gleichlast in Tafel C.2.5 und für eine Linienlast am freien Rand in Tafel C.2.6 angegeben.

2.3.3.2 Superposition der Schnittgrößen

Bei Plattentragwerken werden bei der Überlagerung der Feldmomente aus unterschiedlichen Lastfällen (bzw. Lagerungsfällen) häufig nur die Maximalwerte zusammengezählt, die aber an unterschiedlichen Orten auftreten. Dies geschieht aus Vereinfachungsgründen, weil die Momentenkurven bei Platten einen flachen Verlauf haben, und ist so lange gerechtfertigt, wie die Momentenwerte das gleiche Vorzeichen aufweisen.

Tafel C.2.5 Beiwerte zur Berechnung dreiseitig gelagerter Platten unter Gleichlast

Leitwert	Feldmomente drillsteifer Platten	Drillmomente:	Stützmomente bei voller Einspannung:
$K = q \cdot l_x \cdot l_y$	(Einspanngrad 50 %): $m_{xf} = \frac{K}{f_x}$; $m_{yf} = \frac{K}{f_y}$	$m_{xy,gg} = \pm\frac{K}{d_{gg}}$ $m_{xy,rg} = \pm\frac{K}{d_{rg}}$	$m_{xs} = \frac{K}{s_x}$; $m_{ys} = \frac{K}{s_y}$

Seitenverhältnisse l_y/l_x bzw. l_x/l_y für Ablesung über linke bzw. rechte Randleiste

System	$l_y/l_x \rightarrow$	0,50	0,55	0,60	0,65	0,70	0,75	0,80	0,85	0,90	0,95	1,00	1,10	1,20	1,30	1,40	1,50	1,60	1,70	1,80	1,90	2,00	$\leftarrow l_x/l_y$	System
1.1	f_{xr}	9,8	9,4	9,2	9,1	9,1	9,1	9,1	9,3	9,4	9,6	9,8	10,2	10,7	11,3	11,9	12,6	13,3	14,0	14,7	15,4	16,2	f_{yr}	1.2
	f_{xm}	16,9	15,9	15,2	14,6	14,2	14,0	13,8	13,7	13,6	13,6	13,7	13,8	14,1	14,5	14,9	15,3	15,8	16,4	16,9	17,5	18,1	f_{ym}	
	f_y	25,9	26,4	27,3	28,4	29,8	31,4	33,2	35,1	37,1	39,3	41,4	45,9	50,4	54,8	59,3	63,7	68,0	72,4	76,7	81,0	85,2	f_x	
	f_{ym}	25,9	26,5	27,5	28,7	30,3	32,2	34,4	36,9	39,6	42,7	46,1	53,9	63,2	74,2	87,1	102	120	141	165	194	227	f_{xm}	
	d_{rg}	20,2	23,0	26,4	30,4	35,1	40,7	47,3	55,1	64,2	75,0	87,5	120	165	227	316	439	612	871	>999	>999	>999	d_{rg}	
	d_{gg}	10,2	10,5	10,9	11,4	11,8	12,3	12,9	13,4	14,0	14,6	15,2	16,6	17,9	19,3	20,7	22,2	23,6	25,1	26,5	28,0	29,5	d_{gg}	
2.1	f_{xr}	13,0	12,1	11,5	11,0	10,7	10,5	10,4	10,3	10,3	10,4	10,5	10,8	11,2	11,7	12,2	12,8	13,5	14,1	14,8	15,5	16,3	f_{yr}	2.2
	f_{xm}	25,0	22,8	21,0	19,7	18,7	17,9	17,3	16,9	16,5	16,3	16,1	15,9	15,9	16,1	16,3	16,6	17,0	17,4	17,8	18,3	18,8	f_{ym}	
2.1	f_y	42,8	41,1	40,3	40,3	40,8	41,8	43,1	44,9	46,9	49,2	51,7	57,2	63,0	69,1	75,1	81,2	87,0	92,8	98,6	104	110	f_x	2.2
	s_y	-6,8	-6,8	-6,8	-6,9	-7,1	-7,2	-7,4	-7,7	-7,9	-8,2	-8,5	-9,2	-9,8	-10,6	-11,3	-12,1	-12,9	-13,7	-14,5	-15,2	-16,1	s_x	
3.1	f_{xr}	10,7	10,5	10,5	10,5	10,6	10,7	10,9	11,1	11,4	11,7	12,0	12,7	13,5	14,4	15,3	16,2	17,1	18,1	19,1	20,1	21,1	f_{yr}	3.2
	f_{xm}	18,6	17,8	17,2	16,8	16,6	16,4	16,3	16,4	16,4	16,5	16,7	17,1	17,6	18,1	18,8	19,4	20,2	20,9	21,7	22,5	23,3	f_{ym}	
	f_y	29,3	30,2	31,6	33,1	35,0	37,0	39,2	41,6	44,0	46,5	49,0	54,1	59,4	64,5	69,6	74,7	79,8	84,7	89,7	94,7	99,9	f_x	
3.1	s_x	-4,1	-4,4	-4,7	-5,1	-5,4	-5,8	-6,2	-6,6	-7,0	-7,4	-7,8	-8,6	-9,4	-10,3	-11,1	-12,0	-12,8	-13,6	-14,4	-15,2	-16,0	s_y	3.2
	s_{xm}	-7,8	-7,8	-8,0	-8,1	-8,3	-8,5	-8,7	-8,9	-9,1	-9,4	-9,7	-10,2	-10,8	-11,4	-12,1	-12,7	-13,4	-14,1	-14,8	-15,5	-16,3	s_{ym}	
4.1	f_{xr}	11,8	11,7	11,7	11,8	11,9	12,2	12,4	12,7	13,1	13,4	13,8	14,7	15,6	16,6	17,6	18,6	19,7	20,8	21,9	23,0	24,2	f_{yr}	4.2
	f_{xm}	19,7	19,0	18,6	18,2	18,0	17,9	17,9	18,0	18,1	18,2	18,4	18,9	19,5	20,2	20,9	21,7	22,5	23,4	24,3	25,3	26,2	f_{ym}	
	f_y	32,3	33,6	35,1	37,0	39,1	41,5	43,9	46,6	49,3	52,0	54,8	60,6	66,3	72,0	77,7	83,4	89,0	94,8	100	106	111	f_x	
4.1	s_{xr}	-5,4	-5,9	-6,5	-7,1	-7,7	-8,3	-9,0	-9,6	-10,3	-11,0	-11,6	-13,0	-14,3	-15,5	-16,7	-17,9	-19,1	-20,3	-21,5	-22,7	-23,9	s_{yr}	4.2
	s_{xm}	-9,3	-9,6	-9,9	-10,2	-10,6	-10,9	-11,3	-11,7	-12,2	-12,6	-13,1	-14,0	-15,0	-16,0	-17,1	-18,2	-19,3	-20,4	-21,6	-22,7	-23,9	s_{ym}	
5.1	f_{xr}	13,1	12,4	12,0	11,7	11,5	11,5	11,6	11,7	11,9	12,1	12,3	13,0	13,7	14,5	15,3	16,2	17,2	18,1	19,1	20,1	21,1	f_{yr}	5.2
	f_{xm}	24,8	22,9	21,5	20,5	19,7	19,2	18,8	18,5	18,4	18,3	18,3	18,4	18,7	19,1	19,6	20,2	20,8	21,4	22,2	22,9	23,7	f_{ym}	
	f_y	42,7	41,7	41,6	42,3	43,6	45,1	47,2	49,5	52,2	54,8	57,8	63,8	70,1	76,5	82,7	88,8	94,9	101	107	113	119	f_x	
5.1	s_{xr}	-5,5	-5,5	-5,6	-5,8	-6,0	-6,2	-6,5	-6,8	-7,1	-7,5	-7,8	-8,6	-9,4	-10,2	-11,1	-11,9	-12,7	-13,6	-14,4	-15,2	-16,0	s_{yr}	5.2
	s_{xm}	-14,9	-14,0	-13,3	-12,8	-12,4	-12,1	-12,0	-11,9	-11,8	-11,8	-11,9	-12,1	-12,4	-12,8	-13,2	-13,7	-14,3	-14,8	-15,4	-16,1	-16,7	s_{ym}	
	s_y	-8,0	-8,3	-8,6	-8,9	-9,3	-9,8	-10,3	-10,8	-11,3	-11,9	-12,5	-13,6	-14,8	-16,0	-17,3	-18,5	-19,7	-20,9	-22,2	-23,4	-24,7	s_x	
6.1	f_{xr}	13,4	12,9	12,6	12,4	12,4	12,5	12,7	13,0	13,2	13,6	13,9	14,7	15,6	16,6	17,6	18,6	19,7	20,8	21,9	23,0	24,2	f_{yr}	6.2
	f_{xm}	24,6	23,0	21,8	20,9	20,3	19,9	19,7	19,5	19,4	19,5	19,5	19,8	20,2	20,8	21,4	22,1	22,9	23,7	24,5	25,4	26,4	f_{ym}	
	f_y	42,5	42,2	42,7	43,8	45,4	47,4	49,8	52,4	55,2	58,2	61,3	67,7	74,1	80,6	87,0	93,5	99,8	106	113	119	125	f_x	
6.1	s_{xr}	-6,4	-6,7	-7,0	-7,4	-7,9	-8,4	-9,0	-9,6	-10,2	-10,8	-11,4	-12,8	-14,1	-15,4	-16,7	-17,9	-19,1	-20,3	-21,5	-22,8	-24,0	s_{yr}	6.2
	s_{xm}	-15,8	-15,1	-14,7	-14,4	-14,3	-14,3	-14,3	-14,4	-14,6	-14,8	-15,1	-15,7	-16,4	-17,1	-18,0	-18,9	-19,9	-20,9	-21,9	-23,0	-24,1	s_{ym}	
	s_y	-9,9	-10,5	-11,1	-11,9	-12,6	-13,4	-14,2	-15,1	-15,9	-16,8	-17,7	-19,4	-21,2	-22,9	-24,7	-26,5	-28,2	-30,0	-31,8	-33,5	-35,3	s_x	

Tafel C.2.6 Beiwerte zur Berechnung dreiseitig gelagerter Platten unter Linienlast am ungestützten Rand

Leitwert	Feldmomente drillsteifer Platten	Drillmomente:	Stützmomente bei voller Einspannung:
$K = q_r \cdot l_r$	(Einspanngrad 50 %): $m_{xf} = \frac{K}{f_x}$; $m_{yf} = \frac{K}{f_y}$	$m_{xy,gg} = \pm\frac{K}{d_{gg}}$ $m_{xy,rg} = \pm\frac{K}{d_{rg}}$	$m_{xs} = \frac{K}{s_x}$; $m_{ys} = \frac{K}{s_y}$

Seitenverhältnisse l_y/l_x bzw. l_x/l_y für Ablesung über linke bzw. rechte Randleiste

$l_y/l_x \rightarrow$		0,50	0,55	0,60	0,65	0,70	0,75	0,80	0,85	0,90	0,95	1,00	1,10	1,20	1,30	1,40	1,50	1,60	1,70	1,80	1,90	2,00		$\leftarrow l_x/l_y$
1.1	f_{xr}	4,9	4,7	4,5	4,4	4,3	4,2	4,2	4,2	4,1	4,1	4,1	4,1	4,1	4,1	4,0	4,0	4,0	4,0	4,0	4,0	4,0	f_{yr}	1.2
	f_{xm}	9,8	9,5	9,3	9,3	9,3	9,5	9,7	9,9	10,2	10,6	11,0	12,0	13,2	14,7	16,4	18,3	20,6	23,2	26,2	29,6	33,5	f_{ym}	
	f_y	-50,7	-42,2	-36,5	-32,5	-29,6	-27,5	-25,9	-24,8	-23,9	-23,2	-22,7	-22,0	-21,6	-21,3	-21,1	-21,1	-21,0	-21,0	-21,0	-20,9	-21,0	f_x	
	f_{ym}	-52,1	-43,6	-37,9	-34,1	-31,4	-29,5	-28,2	-27,3	-26,8	-26,5	-26,5	-27,0	-28,1	-29,6	-31,7	-34,2	-37,2	-40,8	-44,8	-49,6	-55,0	f_{xm}	
	d_{rg}	5,5	5,6	5,7	5,8	5,9	6,0	6,1	6,1	6,2	6,2	6,2	6,3	6,3	6,3	6,4	6,4	6,4	6,4	6,4	6,4	6,5	d_{rg}	
	d_{gg}	7,4	8,1	8,8	9,7	10,7	11,9	13,2	14,8	16,5	18,5	20,8	26,5	33,8	43,4	55,9	72,3	93,9	122	159	209	273	d_{gg}	
2.1	f_{xr}	6,0	5,5	5,2	4,9	4,7	4,6	4,4	4,4	4,3	4,2	4,2	4,1	4,1	4,1	4,1	4,1	4,0	4,0	4,0	4,0	4,0	f_{yr}	2.2
	f_{xm}	13,6	12,7	12,1	11,7	11,5	11,4	11,4	11,5	11,6	11,9	12,2	13,0	14,1	15,4	17,0	18,9	21,1	23,6	26,5	29,9	33,8	f_{ym}	
2.1	f_{ym}	-21,2	-21,6	-22,1	-22,5	-22,9	-23,3	-23,6	-24,0	-24,4	-24,8	-25,3	-26,5	-27,9	-29,7	-31,9	-34,5	-37,6	-41,1	-45,2	-49,9	-55,3	f_{xm}	2.2
	s_y	-4,5	-4,7	-5,0	-5,4	-5,8	-6,4	-7,0	-7,7	-8,6	-9,6	-10,7	-13,4	-17,1	-21,8	-28,1	-36,3	-47,1	-61,3	-79,9	-105	-137	s_x	
3.1	f_{xr}	5,3	5,1	5,0	4,9	4,9	4,8	4,8	4,8	4,7	4,7	4,7	4,7	4,7	4,7	4,7	4,7	4,7	4,7	4,7	4,7	4,7	f_{yr}	3.2
	f_{xm}	10,9	10,8	10,8	11,0	11,3	11,7	12,1	12,6	13,3	13,9	14,7	16,5	18,7	21,2	24,2	27,7	31,8	36,6	42,1	48,5	56,0	f_{ym}	
	f_y	-34,7	-31,5	-28,8	-26,7	-25,1	-23,9	-23,0	-22,4	-21,9	-21,5	-21,3	-20,9	-20,8	-20,6	-20,5	-20,5	-20,5	-20,5	-20,5	-20,5	-20,5	f_x	
3.1	f_{ym}	-38,5	-33,8	-30,6	-28,5	-27,2	-26,3	-25,9	-25,7	-25,8	-26,2	-26,7	-28,2	-30,4	-33,2	-36,6	-40,6	-45,4	-51,1	-57,7	-65,3	-74,2	f_{xm}	3.2
	s_{xr}	-1,7	-1,8	-1,8	-1,8	-1,8	-1,9	-1,8	-1,9	-1,9	-1,9	-1,9	-1,9	-2,0	-2,0	-2,0	-2,0	-2,0	-2,1	-2,1	-2,1	-2,1	s_{yr}	
	s_{xm}	-6,5	-7,0	-7,6	-8,3	-9,1	-9,9	-10,9	-12,1	-13,4	-14,8	-16,4	-20,4	-25,4	-31,9	-40,3	-51,2	-65,5	-84,6	-110	-145	-194	s_{ym}	
4.1	f_{xr}	5,8	5,6	5,5	5,4	5,4	5,3	5,3	5,3	5,2	5,2	5,2	5,2	5,2	5,2	5,2	5,2	5,2	5,2	5,2	5,2	5,2	f_{yr}	4.2
	f_{xm}	11,7	11,8	12,0	12,3	12,7	13,2	13,8	14,5	15,3	16,2	17,2	19,5	22,2	25,4	29,1	33,4	38,4	44,1	50,7	58,3	66,8	f_{ym}	
	f_y	-32,6	-29,1	-26,8	-25,1	-23,9	-23,1	-22,5	-22,0	-21,7	-21,5	-21,2	-21,0	-20,8	-20,7	-20,7	-20,6	-20,6	-20,6	-20,7	-20,7	-20,6	f_x	
4.1	f_{ym}	-33,8	-30,5	-28,4	-27,1	-26,4	-26,1	-26,1	-26,4	-27,0	-27,7	-28,7	-31,1	-34,2	-38,1	-42,7	-48,3	-54,8	-62,4	-71,2	-81,5	-93,3	f_{xm}	4.2
	s_{xr}	-2,1	-2,1	-2,1	-2,2	-2,2	-2,2	-2,2	-2,3	-2,3	-2,3	-2,3	-2,4	-2,4	-2,4	-2,5	-2,5	-2,5	-2,5	-2,5	-2,5	-2,6	s_{yr}	
	s_{xm}	-8,8	-9,9	-11,2	-12,9	-14,8	-17,2	-20,0	-23,4	-27,6	-32,7	-39,0	-57,0	-86,9	-142	-261	-645	>999	972	606	506	475	s_{ym}	
5.1	f_{xr}	6,0	5,7	5,4	5,2	5,1	5,0	4,9	4,8	4,8	4,8	4,7	4,7	4,7	4,7	4,7	4,7	4,7	4,7	4,7	4,7	4,7	f_{yr}	5.2
	f_{xm}	13,6	12,9	12,6	12,5	12,5	12,7	13,0	13,4	13,9	14,5	15,2	16,8	18,9	21,4	24,3	27,8	31,9	36,6	42,1	48,5	56,0	f_{ym}	
	f_{ym}	-23,6	-23,9	-24,1	-24,2	-24,3	-24,5	-24,7	-25,0	-25,4	-26,0	-26,6	-28,3	-30,5	-33,3	-36,7	-40,7	-45,5	-51,1	-57,7	-65,3	-74,2	f_{xm}	
5.1	s_{xr}	-2,0	-2,0	-1,9	-1,9	-1,9	-1,9	-1,9	-1,9	-1,9	-1,9	-1,9	-1,9	-2,0	-2,0	-2,0	-2,0	-2,0	-2,1	-2,1	-2,1	-2,1	s_{yr}	5.2
	s_{xm}	-12,8	-12,6	-12,5	-12,7	-13,0	-13,5	-14,2	-15,0	-16,1	-17,3	-18,7	-22,3	-27,0	-33,3	-41,4	-52,1	-66,2	-85,1	-111	-145	-194	s_{ym}	
	s_y	-5,8	-6,5	-7,3	-8,4	-9,8	-11,5	-13,6	-16,2	-19,4	-23,3	-28,3	-42,2	-64,5	-101	-161	-267	-460	<-999	<-999	<-999	<-999	s_x	
6.1	f_{xr}	6,2	5,9	5,7	5,5	5,4	5,3	5,3	5,3	5,2	5,2	5,2	5,2	5,2	5,2	5,2	5,2	5,2	5,2	5,2	5,2	5,2	f_{yr}	6.2
	f_{xm}	13,6	13,1	13,0	13,0	13,3	13,7	14,2	14,8	15,5	16,4	17,3	19,5	22,2	25,3	29,0	33,4	38,3	44,1	50,7	58,3	66,8	f_{ym}	
	f_{ym}	-26,0	-25,9	-25,8	-25,6	-25,6	-25,7	-26,0	-26,4	-27,0	-27,8	-28,7	-31,1	-34,2	-38,0	-42,7	-48,2	-54,7	-62,3	-71,2	-81,5	-93,3	f_{xm}	
6.1	s_{xr}	-2,2	-2,2	-2,2	-2,2	-2,2	-2,3	-2,2	-2,3	-2,3	-2,3	-2,3	-2,4	-2,4	-2,4	-2,5	-2,5	-2,5	-2,5	-2,5	-2,5	-2,6	s_{yr}	6.2
	s_{xm}	-14,5	-14,9	-15,7	-16,8	-18,3	-20,3	-22,7	-25,8	-29,6	-34,4	-40,4	-57,5	-86,3	-139	-254	-617	>999	995	611	508	476	s_{ym}	
	s_y	-8,3	-10,1	-12,5	-15,9	-20,5	-27,0	-36,3	-50,0	-70,7	-104	-161	-550	>999	823	709	782	973	>999	>999	>999	>999	s_x	

Weisen die zu überlagernden Momentenwerte aber unterschiedliche Vorzeichen auf, wie z. B. die senkrecht zum freien Rand gerichteten Momente aus Linienlast bzw. Gleichlast, dann führt eine einfache Addition ohne Berücksichtigung von Ort, zugehöriger Einwirkung und zugrunde liegendem statischem System der Einzelwerte zu unsicheren Ergebnissen. Stark vereinfachend und auf der sicheren Seite liegend, kann auch jeweils für die Summe der Momente gleichen Vorzeichens (d. h. zweifach) bemessen werden.

2.3.3.3 Auflagerkräfte

Wendet man die unter Abschn. C.2.3.2.6 und in Tafel C.2.4 für die vierseitig gelagerte Platte angegebenen Lasteinzugsflächen sinngemäß auf die dreiseitig gelagerte Platte an, so ergeben sich die in Abb. C.2.11 beispielhaft aufgetragenen Lastbilder. Der Vergleich mit den Auflagerkräften nach [Czerny – 96] zeigt eine ausreichend gute Näherung. Die Abweichungen in den Ecken treten auch bei vierseitig gelagerten Platten auf (insbesondere beim Plattentyp 2).

2.3.3.4 Drillmomente

Bei dreiseitig gelagerten Platten werden die Drillmomente sehr groß und stellen bei gelenkig gestützten Platten mit langem freien Rand (Seitenverhältnis ≤ 0,4) sogar die überwiegende Momentenbeanspruchung dar. Die konstruktive Drillbewehrung nach Abb. C.2.5 reicht für dreiseitig gelagerte Platten nicht aus. Vielmehr ist für die Drillmomente eine Bewehrungsbemessung durchzuführen. Die mögliche Anordnung einer an den Momentenverlauf angepassten Drillbewehrung zeigt Abb. C.2.12.

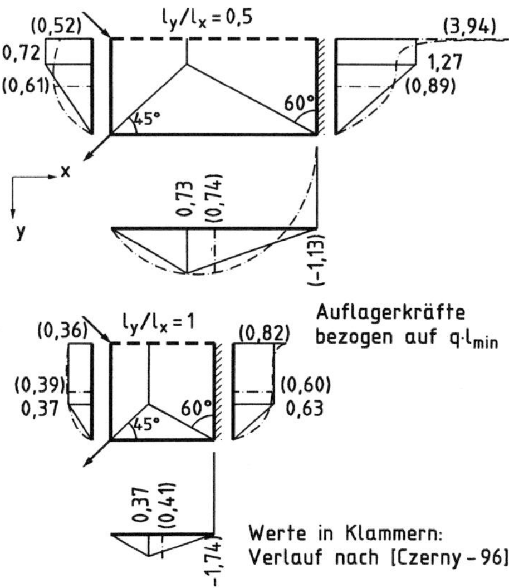

Abb. C.2.11 Vereinfachter Verlauf der Auflagerkräfte dreiseitig gelagerter Platten unter Gleichlast

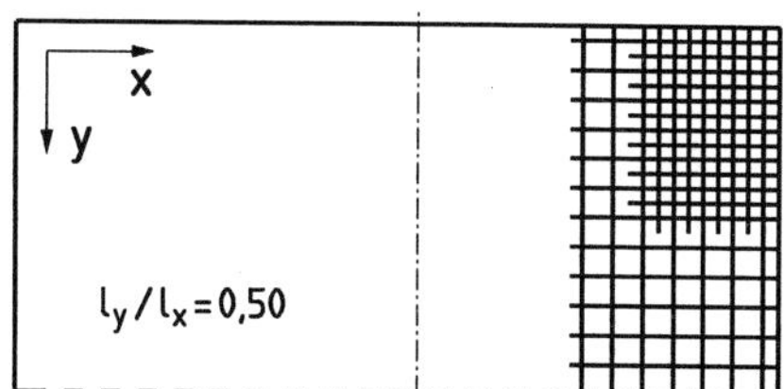

Abb. C.2.12 Anordnung der beiderseitigen Drillbewehrung bei dreiseitig gestützter Platte, nach [Hahn – 76]

Als Drillbewehrung wird meist eine Netzbewehrung gewählt, die von der Richtung der Hauptmomente nach Gl. (C.2.1) erheblich abweicht. Zur Bemessung derartiger Bewehrungsnetze s. z. B. [DAfStb-H217 – 72], [Herzog – 78] sowie [ENV 1992-1-1 – 92], Anhang A 2.8.

2.3.3.5 Momentenkurven

Am Beispiel eines Stützweitenverhältnisses $l_y/l_x = 0,7$ sind in den Tafeln C.2.7 und C.2.8 qualitative Momentenkurven aufgetragen, welche die Grenzfälle der vollen und der halben Einspannung unter Gleichlast bzw. Linienlast am ungestützten Rand kennzeichnen.

Die Kurven lassen deutlich erkennen, dass bei allen Lagerungsfällen die Lastabtragung parallel zum ungestützten Rand überwiegt, auch wenn dies die längere Seite ist.

Der Größtwert des randparallel wirkenden Momentes (hier m_{xr}) liegt stets auf dem Rand selbst. Endet der freie Rand in einer Einspannung, so befindet sich dort auch das größte Stützmoment (m_{xs}).

Unter Linienlast am ungestützten Rand sind die dazu parallelen Feldmomente wie gewohnt positiv, senkrecht zum Rand (hier in *y*-Richtung), aber stets negativ. Zur Überlagerung von Momentenwerten unterschiedlichen Vorzeichens s. Abschn. C.2.3.3.2.

Tafel C.2.7 Vereinfachte Momentenkurven dreiseitig gelagerter Platten unter Gleichlast, vgl. [Czerny – 96]

Momentengrenzlinien dreiseitig gelagerter Platten unter Gleichlast.
Stützmomente bei voller, Feldmomente bei halber Einspannung.
Drillmomente nicht vollständig dargestellt.

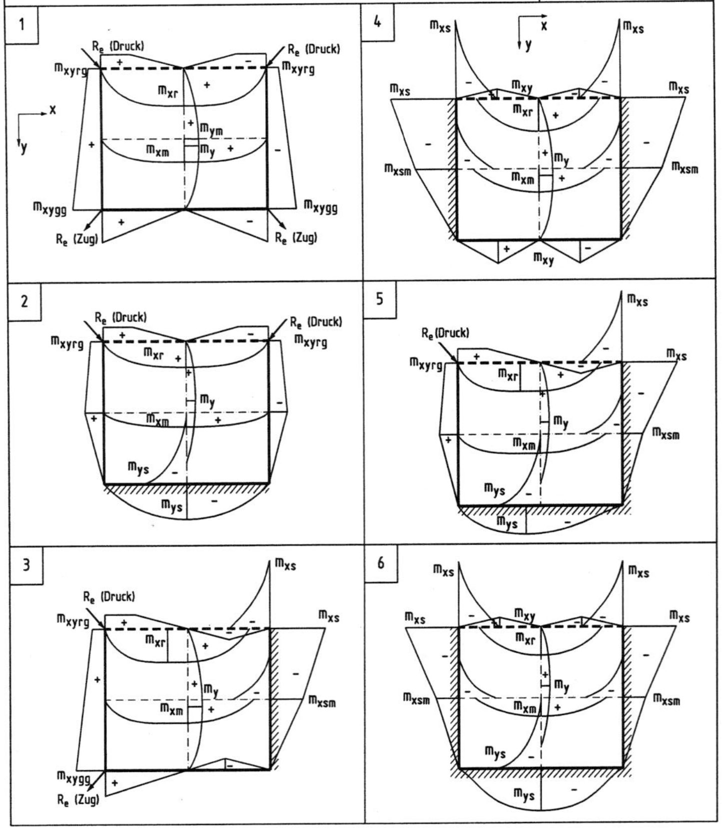

Tafel C.2.8 Vereinfachte Momentenkurven dreiseitig gelagerter Platten unter Randlast

Momentengrenzlinien dreiseitig gelagerter Platten unter Linienlast am ungestützten Rand.
Stützmomente bei voller, Feldmomente bei halber Einspannung.
Drillmomente nicht vollständig dargestellt.

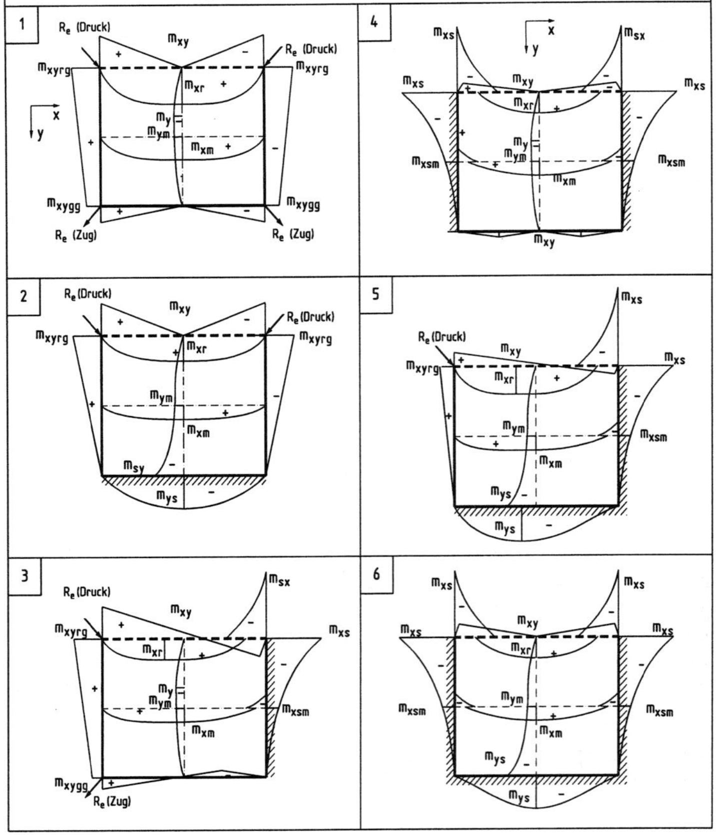

2.3.4 Berechnungsbeispiel nach DIN 1045-1

Plattendicke:
h = 16 cm; (nach EC 2 erforderlich: 18 cm, vgl. Beispiel in [Schneider – 98], S. 5.47; Rechnungsgang analog). d = 13 cm.

Eigengewicht:
$g_k = 25 \cdot 0{,}16 + 1{,}00 = 5{,}00$ kN/m²
Linienlast auf ungestütztem Rand bei Pos. 7: $g_k = 8{,}00$ kN/m

Verkehrslast:
allg. $q_k = 1{,}50$ kN/m²
Flur $q_k = 3{,}50$ kN/m² (Pos. 2; keine Randlast aus Treppe)
Balkon $q_k = 5{,}00$ kN/m² (Pos. 8)

Faktor für Momentenausrundung (vgl. Seite C.27):
($l_{max} = 6{,}00$ m, Auflagerbreite = 0,24 m):
$1 - 1{,}25 \cdot 0{,}24/6{,}00 = 0{,}95$

Es wird ungeschwächte Drillsteifigkeit angenommen.

Bemessungswerte der Einwirkungen:

$g_d = 1{,}35 \cdot 5{,}00 = 6{,}8$ kN/m²
$g_{d,7} = 1{,}35 \cdot 8{,}00 = 10{,}8$ kN/m

$q_d = 1{,}50 \cdot 1{,}50 = 2{,}3$ kN/m²
$q_{d,2} = 1{,}50 \cdot 3{,}50 = 5{,}3$ kN/m²
$q_{d,8} = 1{,}50 \cdot 5{,}00 = 7{,}5$ kN/m²

Hinweise zur Berechnung der Feldmomente:

Pos. 1: Einspannung in Pos. 2b sehr gering, daher rechnerisch nicht berücksichtigt.

Pos. 2a: l_y bis zur Mitte der Pos. 2b angesetzt, dort frei aufliegend. Die angegebenen m_y-Werte gelten für den Rand.

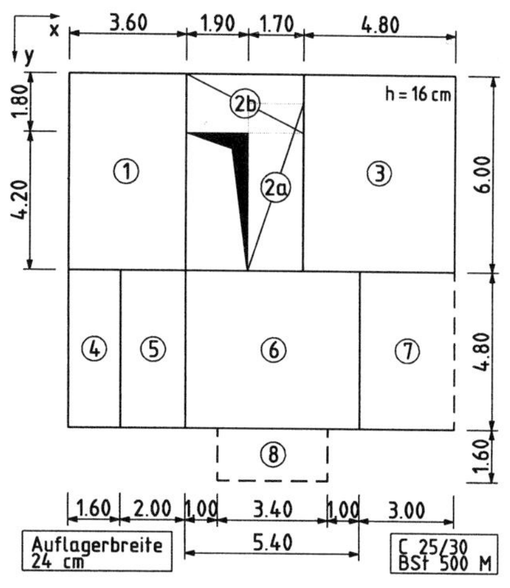

Abb. C.2.13 Deckensystem mit Abmessungen

Pos. 2b: Die Randlast aus Pos. 2a ($\approx 11{,}50 \cdot 1{,}70 \cdot 0{,}50 = 9{,}8$ kN/m) wird durch Linienlast längs des ungestützten Randes angenähert. Die angegebenen m_x-Werte gelten für den Rand.

Im Bereich der einspringenden Ecke der Pos. 2a/2b sind in beiden Richtungen Bewehrungszulagen für nicht nachgewiesene Momentenspitzen anzuordnen.

Pos. 4: Sonderfall des Stützweitenverhältnisses, s. S. C.30. Wegen $l_{y6}/l_{x6} = 0{,}89$ ist $m_{xf4} = 0{,}5 \cdot m_{xf6} = 0{,}5 \cdot 6{,}2$ als Mindestwert zu berücksichtigen.

Pos. 6: Die Pos. 2a neben Öffnung und das nur über eine Teilstrecke angreifende Krag-

Feldmomente (Bemessungswerte) :

Platte		Anmerkungen	Belastung			Stützweite		Leitw.	Seitenverh.		abgelesene Tafelwerte				berechnete Momente			
Pos.	Typ		g	p	q	l_x	l_y	K	l_y/l_x	l_x/l_y	f_x	f_y	s_x	s_y	m_{xf}	m_{yf}	m_{xs}	m_{ys}
			kN/m², kN/m			m			(Typ .1)	(Typ .2)					kNm/m			
1	4-2.1		6,8	2,3	9,1	3,60	6,00	196,56	1,67	—	21,8	59,6	—	–14,3	9,0	3,3	—	–13,7
2a	3-5.2		6,8	5,3	12,1	1,70	5,10	104,91	—	0,33	42,7	13,1	–8,0	–5,5	2,5	8,0	–13,1	–19,1
2b	3-4.1	Gleichl.	6,8	5,3	12,1	3,60	1,80	78,41	0,50	—	11,8	32,3	–5,4	—	6,6	2,4	–14,5	—
	3-4.1	Randlast			9,8	3,60	1,80	35,19	0,50	—	5,8	—	–2,1	—	6,1	—	–16,8	—
		Summe													12,7	2,4	–31,3	—
3	4-4		6,8	2,3	9,1	4,80	6,00	262,08	1,25	—	26,8	45,7	–14,0	–16,3	9,8	5,7	–18,7	–16,1
4	4-4		6,8	2,3	9,1	1,60	4,80	69,89	3,00	—	25,7	95,6	–16,9	–24,7	2,7	0,7	–4,1	–2,8
		S. C.31													3,1			
5	4-5.1		6,8	2,3	9,1	2,00	4,80	87,36	2,40	—	29,1	108,0	–23,9	–35,3	3,0	0,8	–3,7	–2,5
6	4-6		6,8	2,3	9,1	5,40	4,80	235,87	0,89	—	43,3	32,5	–20,8	–18,9	5,4	7,3	–11,3	–12,5
	4-3.2		6,8	2,3	9,1	5,40	4,80	235,87	—	1,13	34,1	32,1	–14,0	—	6,9	7,3	–16,8	—
		Mittelwert													6,2	7,3	–14,1	–12,5
7	3-5.2	Gleichl.	6,8	2,3	9,1	3,00	4,80	131,04	—	0,63	42,0	20,9	–8,8	–13,0	3,1	6,3	–14,9	–10,1
	3-5.2	Randlast	10,8		10,8	3,00	4,80	51,84	—	0,63	–24,2	12,5	–8,0	–12,6	–2,1	4,1	–6,5	–4,1
		Summe														10,4	–21,4	–14,2
8	Kragplatte		6,8	7,5	14,3	—	1,60	36,61	—	—	—	—	—	–2,0	—	—	—	–18,3

Stützmomente (Bemessungswerte):

kNm/m	in x-Richtung					in y-Richtung								
Rand i - k :	2a - 3	2b - 3	4 - 5	5 - 6	6 - 7	1 - 4	1 - 5	1 - 4/5	2a - 6	6 - 8	6 - 2a/3	3 - 6	3 - 7	3 - 6/7
m_{si}	–13,1	–31,3	–4,1	–3,7	–14,1	–13,7	–13,7	–13,7	–19,1	–18,3	–12,5	–16,1	–16,1	–16,1
m_{sk}	–18,7	–18,7	–3,7	–14,1	–21,4	–2,8	–2,5		–12,5			–12,5	–14,2	
$(m_{si} + m_{sk}) / 2$	–15,9	–25,0	–3,9	–8,9	–17,8	–8,3	–8,1		–15,8			–14,3	–15,2	
0,75 min (m_{sik})	–14,0	–23,5	–3,1	–10,6	–16,1	–10,3	–10,3		–14,3			–12,1	–12,1	
Stützmom. m_s	–15,9	–25,0	–3,9	–10,6	–17,8	–10,3	–10,3	–13,7	–15,8	–18,3	–12,5	–14,3	–15,2	–16,1
Bemessungs-moment m_s'	–15,1	–23,8	+3,1 / –3,7	–10,0	–16,9	–9,8	–9,8	–13,0	–15,0	–17,4	–11,9	–13,6	–14,4	–15,3

moment der Pos. 8 stellen keine vollwertigen Einspannungen dar. Es wird daher zwischen den Lagerungsfällen 3.2 und 6 gemittelt.

Pos. 7: Ergänzend zu den in der Tabelle angegebenen Werten in Feld- bzw. Stützungsmitte werden die Momente am ungestützten Rand und das Drillmoment in der Ecke gelenkige/freie Lagerung berechnet:

$$m_{yr} = \frac{131{,}04}{11{,}8} + \frac{51{,}84}{5{,}3} = 20{,}9\,\text{kNm/m}$$

$$m_{ysr} = \frac{131{,}04}{-5{,}7} + \frac{51{,}84}{-1{,}9} = -50{,}3\,\text{kNm/m}$$

$$m_{xy} = \pm\left(\frac{131{,}04}{28{,}8} + \frac{51{,}84}{5{,}8}\right) = \pm 13{,}5\,\text{kNm/m}$$

Wird der Verlauf der aus Gleichlast und Randlast zu überlagernden Momente nicht genauer untersucht, ist wegen Vorzeichenunterschieds für beide m_{xf}-Werte zu bemessen (vgl. Abschn. C.2.3.3.2).

Hinweise zur Berechnung der Stützmomente:

Es wird angenommen, dass das Abheben der Decke von den Stützungen durch aufstehende Wände behindert wird. Bei dreiseitigen Auflagerknoten ist daher zusätzlich das Volleinspannmoment angegeben.

Rand 2-3: Dem hohen Momentenwert von –23,8 kNm/m liegen die Stützmomente an der Ecke des angenommenen freien Randes der Pos. 2b zugrunde, welche auf einen kleinen Bereich begrenzt sind.

Rand 1-2: Die Einspannung der Pos. 2b in Pos. 1 ist für 0,75 · (–31,3) · 0,95 = –22,3 kNm/m zu bemessen. Dieses Moment nimmt mit zunehmender Entfernung vom freien Rand rasch ab.

Rand 4-5: Sonderfall, s. S. C.30: Ohne genaueren Nachweis ist an der Stützung auch für das Feldmoment m_{xf4} zu bemessen.

Rand 6-8: Das Kragmoment ist nicht zu mitteln!

Eckabhebekräfte:

Die Abhebekräfte in den Außenecken des Deckensystems werden zum Vergleich nach beiden im Abschn. 2.3.2.7 angegebenen Verfahren ermittelt:

		Pos. 1	Pos. 3	Pos. 4
K	kN	196,56	262,08	69,89
$K/16$	kN	12,3	16,4	4,4
d_{gg}	–	26,2	22,4	30,2
$m_{xy} = K / d_{gg}$	kN	7,5	11,7	2,3
$R_e = 2 \cdot m_{xy}$	kN	15,0	23,4	4,6

In der Außenecke bei Pos. 7 tritt keine Abhebekraft sondern ein Auflagerdruck mit dem Spitzenwert von 2 · 13,5 = 27,0 kN auf.

Mindestbewehrung:

Nach DIN 1045-1, 13.1.1 ist in den Zugzonen eine Mindestbewehrung anzuordnen, die für das Rissmoment $M_{\mathrm{I,II}}$ (s. Gl. (C.1.11)) mit der Stahlspannung $\sigma_s = f_{yk} = 500$ N/mm² bemessen wird:

$M_{\mathrm{I,II}} = 2{,}6 \cdot 1{,}00 \cdot 0{,}16^2 \cdot 10^3 / 6 = 11{,}1$ kNm/m

$F_{s,r} \approx 11{,}1 / (0{,}90 \cdot 0{,}13) = 94{,}9$ kN/m

$A_{s,min} = 94{,}9/50 = 1{,}9$ cm²/m

Diese Bewehrung reicht für ein Bemessungsmoment von $M_{Sd} = 10{,}5$ kNm/m aus und deckt im vorliegenden Fall kleiner Stützweiten mit geringen Lasten die meisten Momente ab.

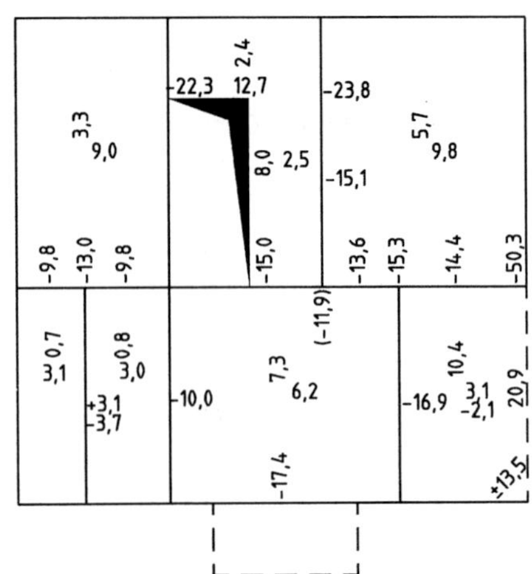

Abb. C.2.14 Bemessungsmomente in kNm/m

2.4 Sonderfälle der Plattenberechnung

2.4.1 Punktförmig gestützte Platten

S. Stahlbetonbau aktuell 2000, S. C. 41

2.4.2 Anwendung der Bruchlinientheorie

Bei der Berechnung von Flächentragwerken sind neben dem linearen Verfahren mit und ohne Umlagerung auch Berechnungsverfahren nach der Plastizitätstheorie für die praktische Anwendung interessant, die nach DIN 1045-1 ebenfalls zugelassen sind. Diese beruhen entweder auf dem statischen oder dem kinematischen Grenzwertsatz. Die statischen Verfahren liefern eine untere Schranke der Tragfähigkeit, d. h. die Berechnungsergebnisse liegen grundsätzlich auf der sicheren Seite. Hingegen bedürfen kinematische Verfahren der Plastizitätstheorie zusätzlicher Betrachtungen, um sicherzustellen, dass der maßgebliche Tragwerkszustand in ausreichender Näherung erfasst ist.

Als **statisches** Verfahren der Plastizitätstheorie eignet sich die ***Hillerborg*sche Streifenmethode** insbesondere zur Berechnung von Platten mit Aussparungen. Bei der Berechnung von Scheiben stellen statische Verfahren der Plastizitätstheorie den Regelfall dar (s. Abschn. C.3).

Die Praxistauglichkeit der auf dem **kinematischen** Verfahren der Plastizitätstheorie beruhenden Berechnungsmethoden ist in verschiedenen Veröffentlichungen über die **Bruchlinientheorie** gezeigt worden (u. a.: [Avellan/Werkle – 98], [Herzog – 95.1], [DAfStb-H.425 – 92]). Mittels der Bruchlinientheorie kann die Traglast einer Platte bei vorgegebener Bewehrung oder das Bruchmoment bei vorgegebener Belastung bestimmt werden. Dieses Verfahren ermöglicht aber nur die Berechnung im Grenzzustand der Tragfähigkeit. Nachweise für den Gebrauchszustand sind mit anderen Verfahren (z. B. nach der Elastizitätstheorie) oder indirekt (z. B. über die Begrenzung der Biegeschlankheit) zu führen.

Die ebenfalls mit EC 2 und DIN 1045-1 eingeführten **nichtlinearen** Berechnungsverfahren haben noch keine große Bedeutung in der praktischen Berechnung von Plattentragwerken erlangt.

2.4.2.1 Grundlagen

Anlass zur Entwicklung der Bruchlinientheorie (auch Fließgelenktheorie genannt) waren Versuchsbeobachtungen an Stahlbetonplatten im Bruchzustand, bei denen sich Rissbereiche mit geometrischer Regelmäßigkeit und ausgeprägtem plastischem Verhalten ausbildeten. Die Plastifizierung des Querschnitts erstreckt sich etwa über eine Breite der 1,5-fachen Plattendicke und beruht auf dem Fließen des Bewehrungsstahls. Denkt man sich die Plastinfizierungsbereiche in Linien konzentriert und vernachlässigt die elastische Verformung der übrigen Plattenteile, so ergibt sich ein idealisierter Versagensmechanismus mit einem Freiheitsgrad (Abb. C.2.15).

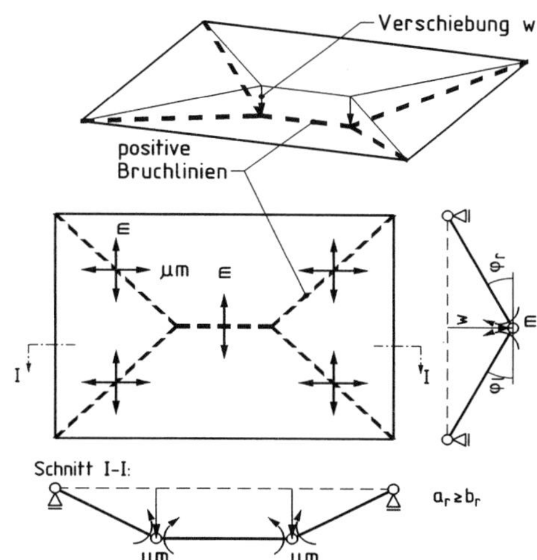

Abb. C.2.15 Idealisierte Bruchfigur einer umfanggelagerten Platte unter Gleichlast

Entsprechend dem Vorzeichen der in der Bruchlinie wirkenden plastischen Momente unterscheidet man **positive** (untere) und **negative** (obere) Bruchlinien. Bei Durchlaufplatten entstehen negative Bruchlinien längs der gemeinsamen Stützung zweier Plattenfelder.

Als Voraussetzung dafür, dass sich plastische Gelenke in den Bruchlinien ausbilden können, müssen die Querschnitte ein ausreichendes Rotationsvermögen aufweisen, d. h. der Stahl muss die Fließgrenze erreichen und Betonversagen darf nicht eintreten. Dies bedeutet, dass zwar ausreichend Biegezugbewehrung vorhanden sein muss, um den Querschnittswiderstand herzustellen, ein zu hoher Bewehrungsgrad hingegen das Querschnittsversagen in der Betondruckzone erzwingen und damit einen schlagartigen Bruch ohne Fließverhalten herbeiführen würde.

Plattenecke:

Werden Plattenecken nicht gegen Abheben gesichert, so bilden die Bruchlinien dort eine sogenannte Wippe mit Drehachse (Abb. C.2.16a). Von negativen Bruchlinien begleitete Fächer oder Wippen bilden sich aus, wenn das Abheben der Ecke durch Auflast oder Verankerung verhindert wird

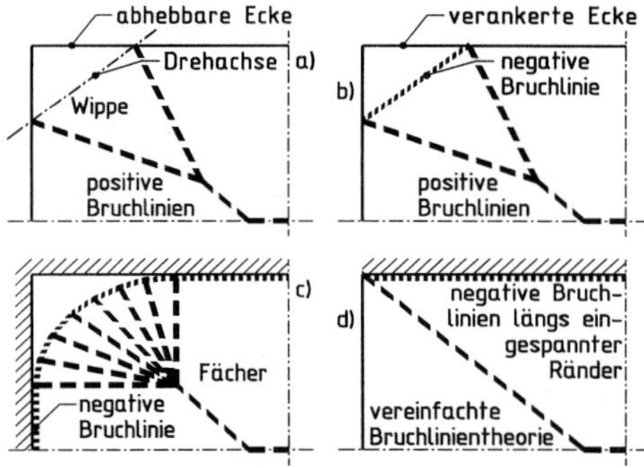

Abb. C.2.16 Möglicher Verlauf der Bruchlinien in Plattenecken

(Abb. C.2.16b/c). Die Traglast der Platte kann spürbar gesteigert werden, wenn die Platte in den Eckbereichen eine obere Bewehrung erhält.

Die genauere Bruchlinientheorie unter Einbeziehung von Fächern und Wippen ist wegen der aufwendigen Berechnung für den praktischen Einsatz weniger geeignet. Allgemein wird daher die vereinfachte Bruchlinientheorie angewendet, die bei allen Lagerungsbedingungen von einem geradlinigen Verlauf der Bruchlinie bis in die Ecke ausgeht (Abb. C.2.16d). Diese Vereinfachung liefert zwar etwas zu geringe Biegemomente, dies kann aber nach [Avellan/Werkle – 98] bei Rechteckplatten unter Gleichlast durch eine pauschale Bewehrungserhöhung um etwa 10 % und eine konstruktive obere Eckbewehrung ausgeglichen werden, vgl. [Kessler – 97.2]. Bei anderer Plattenform oder Belastung ist das Bruchbild genauer zu bestimmen.

2.4.2.2 Berechnungsannahmen

Die vereinfachte Bruchlinientheorie geht von folgenden Annahmen aus:

- Die Platte verhält sich starr-plastisch, d. h. elastische Formänderungen werden gegenüber den plastischen vernachlässigt.
- Die Querschnitte sind ausreichend rotationsfähig, damit sich in allen Plattenbereichen plastische Gelenke ausbilden können.
- Der Bruch des Querschnitts erfolgt durch Fließen der Bewehrung, nicht durch Betonversagen.
- Das quer zur Bruchlinie wirksame Biegemoment ist auf ganzer Länge konstant und entspricht dem plastischen Moment der Bewehrung.
- Die Wirkung der Torsionsmomente wird vernachlässigt.
- In Bereichen außerhalb der Bruchlinien wirkende Biegemomente sind kleiner als das plastische Moment.
- Die Horizontalverschiebung am Auflager ist nicht behindert, d. h. es bildet sich keine Membranwirkung bei durchlaufenden Platten aus.

Um zu gewährleisten, dass das Tragwerk den Annahmen entspricht, bedarf es eines Nachweises des Rotationsvermögens und der Beachtung weiterer, die Verformungsfähigkeit sicherstellender Bedingungen, s. DIN 1045-1, 8.4.1(3):

- Die Höhe der Druckzone im Gelenkbereich darf $x/d = 0{,}25$ (bzw. $x/d = 0{,}15$ für Beton ab C 55/67) nicht überschreiten.
- Das Verhältnis von Stütz- zu Feldmoment soll in jeder der beiden Tragrichtungen zwischen 0,5 und 2,0 liegen.

Auf den für die praktische Berechnung zu aufwendigen genauen Nachweis des Rotationsvermögens darf verzichtet werden, wenn die obigen Bedingungen eingehalten sind.

Stahl normaler Duktilität darf für stabförmige Bauteile und Platten nicht verwendet werden, wohl aber für Scheiben. In DIN 1045-1, 9.2.2 sind neben hochduktilem Stabstahl erstmals in Deutschland auch hochduktile Bewehrungsmatten vorgesehen. Bezüglich der Einstufung der Stähle nach DIN 488 in die neu bezeichneten Kategorien (Kennzeichen A für normale, B für hohe Duktilität) gibt es keine Angaben. Es ist aber davon auszugehen, dass Betonstabstähle hohe, Betonstahlmatten nur normale Duktilität aufweisen, sofern sie DIN 488 entsprechen. Sofern für Plattentragwerke Betonstahlmatten nach DIN 488 eingesetzt werden sollen, wird bei Anwendung plastischer Berechnungsverfahren folglich ein genauerer Nachweis des Rotationsvermögens erforderlich. Bei Stählen nach allgemeinen bauaufsichtlichen Zulassungen können die Duktilitätsklassen in den Zulassungen geregelt sein. Sind dort keine Festlegungen getroffen, gelten die Stähle als normalduktil.

Im Hinblick auf die Gebrauchstauglichkeit des Tragwerks ist im Übrigen zu beachten, dass sich die angesetzte Momentenverteilung und die zugehörige Bewehrung an der Elastizitätstheorie orientieren sollen.

2.4.2.3 Ermittlung der Bruchfigur

Für Berechnungen von Stahlbetonplatten nach der Bruchlinientheorie ist unter den möglichen Bruchfiguren diejenige zu bestimmen, bei der die Tragfähigkeit unter der kleinsten äußeren Belastung, der Traglast, erschöpft ist. Die maßgebende Bruchfigur kann analytisch oder iterativ ermittelt werden. In Standardfällen wie der Rechteckplatte unter Gleichflächenlast kann man auch auf bekannte, allgemeine Lösungen zurückgreifen.

Bei der analytischen Lösung wird die Bruchfigur durch freie geometrische Parameter beschrieben

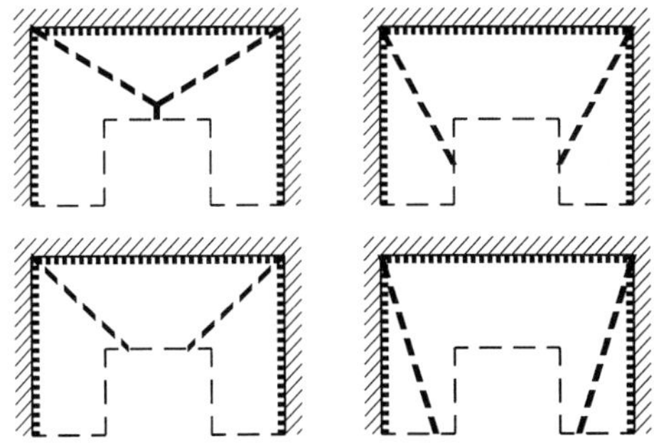

Abb. C.2.17 Beispiel zu untersuchender Bruchfigurvarianten

und ein Ausdruck aufgestellt, der das plastische Moment mit der äußeren Belastung verbindet. Bildet man die partiellen Ableitungen der Belastung oder des Momentes nach den geometrischen Parametern, erhält man als Lösung die Bruchfigur, bei der die äußere Belastung ihr Minimum oder das plastische Moment sein Maximum annimmt.

Meist erweist es sich als zweckmäßig, die Bruchfigur iterativ zu bestimmen und dabei mehrere mögliche kinematische Ketten zu untersuchen, indem die geometrischen Parameter verändert werden, s. Abb. C.2.17. Da die Bruchfigur ein kinematisches System bildet, unterliegt die Geometrie der Bruchlinien, die zugleich Drehachsen sind, folgenden Regeln (vgl. Abb. C.2.18):

- Ein gelenkig gelagerter Rand ist eine Drehachse.
- Ein eingespannter Rand bildet eine negative Bruchlinie.
- Bruchlinien verlaufen durch den Schnittpunkt der Drehachsen der beiden anliegenden Plattenteile.
- Eine Einzelstützung ist stets geometrischer Ort einer Drehachse.

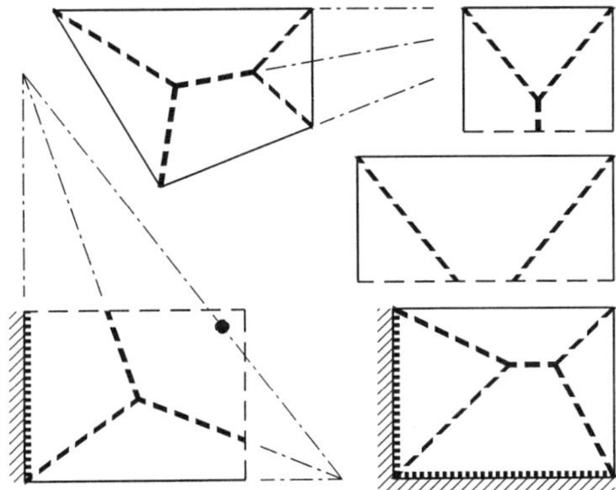

Abb. C.2.18 Beispiele für Gelenkmechanismen

- Freie Ränder können von Bruchlinien geschnitten werden.
- Bei unterschiedlichen Einspanngraden der Plattenränder werden Bruchlinien von den im Vergleich schwächer eingespannten Rändern angezogen.

Bei der Ermittlung der maßgebenden Bruchfigur kommt es nicht auf eine hohe Genauigkeit an, da sich die Traglast in der Nähe des Extremwertes wenig verändert. In [Friedrich – 95] wird als Bruchfigur für Rechteckplatten vereinfachend die Aufteilung der Plattenfläche unter 45° bzw. 60° analog zur Bestimmung der Auflagerkräfte nach [DIN 1045 – 88], 20.1.5 vorgeschlagen.

2.4.2.4 Umfanggelagerte Rechteckplatten unter Gleichlast

Bei linienförmig gestützten Platten hat sich die Berechnung nach dem Prinzip der virtuellen Verschiebungen bewährt, wobei die innere Arbeit, die vom Tragwerk geleistet wird, wenn es sich verdreht, mit der äußeren Arbeit der Belastung auf dem Verschiebungsweg gleichgesetzt wird. Für eine angenommene Bruchfigur erhält man dann eine einzige Gleichung mit den Feld- und Stützmomenten als Unbekannten. Die je nach Lagerungsart ein bis fünf überzähligen Unbekannten können frei gewählt werden. Man drückt sie üblicherweise als Funktion des Feldmomentes der Haupttragrichtung aus und wählt dafür sinnvolle Vorgaben in Hinblick auf die Gebrauchstauglichkeit (s. Abschn. C.2.4.2.2).

Für eine vierseitig gelagerte Rechteckplatte unter Gleichlast q lautet die allgemeine Gleichung zur Berechnung des Bruchmomentes in der Haupttragrichtung (vgl. Abb. C.2.19):

$$m = \frac{q \cdot b_r^2}{24} \cdot \left(\sqrt{3 + \mu \cdot \left(\frac{b_r}{a_r} \right)^2} - \sqrt{\mu} \cdot \frac{b_r}{a_r} \right)^2 \qquad \text{(C.2.22)}$$

mit den reduzierten Längen:

$$a_r = \frac{2 \cdot a}{\sqrt{1 + i_1} + \sqrt{1 + i_3}} \qquad \text{(C.2.23 a)}$$

$$b_r = \frac{2 \cdot b}{\sqrt{1 + i_2} + \sqrt{1 + i_4}} \qquad \text{(C.2.23 b)}$$

und den vorzuwählenden Größen:

μ Verhältnis der Feldmomente in Neben- und Haupttragrichtung gemäß Abb. C.2.19. Es gilt:

$\mu \le 1$

i_1, i_2, i_3, i_4 Verhältnis von Stütz- zu Feldmoment gemäß Abb. C.2.19.

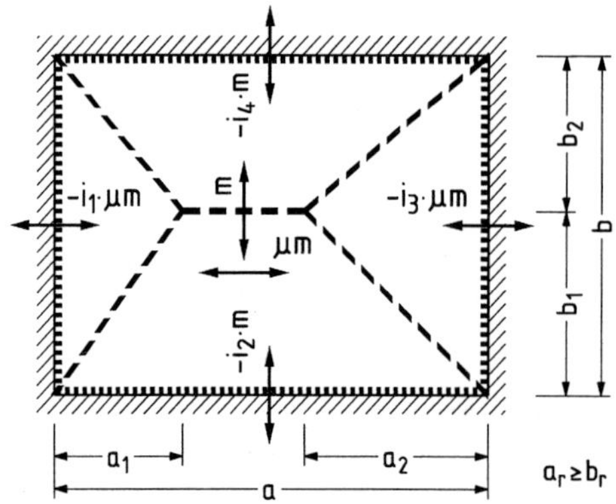

Abb. C.2.19 Bezeichnungen

Am einspannungsfreien Rand gilt:

$$i_j = 0$$

Gl. (C.2.22) gilt für $a_r \geq b_r$. Ist diese Bedingung nicht eingehalten, so trifft das angenommene Bruchbild nicht zu, und die Berechnung ist mit der um 90° gedrehten Bruchfigur zu wiederholen, d. h. *a* und *b* sind zu vertauschen; vgl. dazu Abb. C.2.20, welche Haupttragrichtungen und Bruchfiguren bei gleichem Seitenverhältnissen, aber unterschiedlichen Stützungsarten darstellt.

Lage der Bruchlinien

Die Lage der Bruchlinien in Abb. C.2.19 wird beschrieben durch (vgl. [Haase – 62]):

$$\left.\begin{aligned} a_1 &= \sqrt{\frac{6\,\mu\,m}{q}\,(1+i_1)} \\ a_2 &= \sqrt{\frac{6\,\mu\,m}{q}\,(1+i_3)} \\ b_1 &= \sqrt{\frac{6\,m}{q\,B}\,(1+i_2)} \\ b_2 &= \sqrt{\frac{6\,m}{q\,B}\,(1+i_4)} \\ &\text{mit} \\ B &= 3 - \frac{2\,(a_1+a_2)}{a} \end{aligned}\right\} \qquad \text{(C.2.24a-e)}$$

Feldmomente

Das Verhältnis μ der Feldmomente in Neben- und Haupttragrichtung ist so zu wählen, dass sich ein der Elastizitätstheorie angenähertes Tragverhalten einstellt. Häufig wird $\mu = l_{min} / l_{max}$ gesetzt (vgl. z. B. [Herzog – 95]), was bei bestimmten Seitenverhältnissen einiger Plattentypen auf das Vertauschen von Haupt- und Nebentragrichtung im Vergleich zur Elastizitätstheorie hinausläuft, vgl. Abb. C.2.20. Zutreffender ist daher der folgende, auch die Lagerungsbedingungen einbeziehende Ansatz:

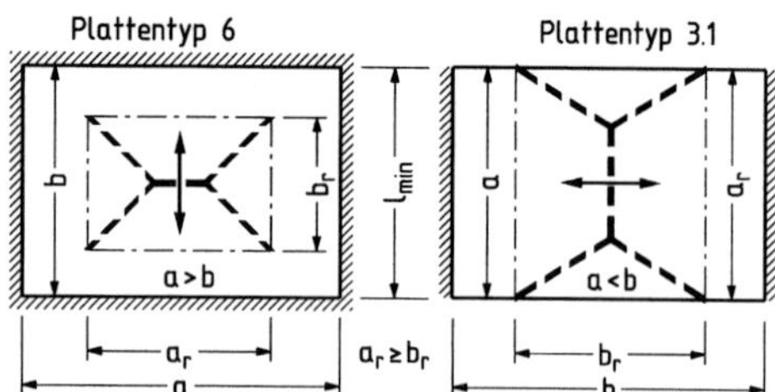

Abb. C.2.20 Beispiele für die Orientierung der Seitenbezeichnungen in Abhängigkeit von den Hilfsgrößen a_r und b_r

$$\mu \approx \left(\frac{b_r}{a_r}\right)^2 \qquad \text{(C.2.25)}$$

Stützmomente

Das Verhältnis von Stütz- zu Feldmoment wird durch die Parameter i_j ausgedrückt und kann im zugelassenen Bereich $0{,}5 \geq i \geq 2{,}0$ vorgegeben werden.

Für die einzelnen Ränder einer Platte können unterschiedliche Werte für die Parameter i_j gewählt werden. Weiterhin können die Parameter i_j so eingestellt werden, dass sich beiderseits der gemeinsamen Stützung durchlaufender Platten der gleiche Momentenwert ergibt. In der Praxis wird man bei geringen Momentenunterschieden an der Stützung auf eine solche Abstimmung verzichten und die Bewehrung für den Größtwert der beiden anliegenden Stützmomente bemessen.

Bei der Wahl der Parameter i_j sollten folgende Hinweisen berücksichtigt werden, vgl. [Avellan/Werkle – 98]:

$i = 0{,}5$ entspricht einer Umlagerung der Momente von der Stützung zum Feld, mit größeren Feld- und kleineren Stützmomenten im Vergleich zur Elastizitätstheorie. Dieser Wert ist zu wählen, wenn eine schwache Randeinspannung vorliegt und/oder Feldmomente für einen hohen Verkehrslastanteil zu ermitteln sind.

$i \geq 1{,}0$ liefert bei den meisten Lagerungsarten eine Umlagerung der Momente zur Stützung mit größeren Stütz- und kleineren Feldmomenten im Vergleich zur Elastizitätstheorie.

$i = 2{,}0$ ergibt die größtmöglichen Stützmomente bei kleinen Feldmomenten. Bei

C

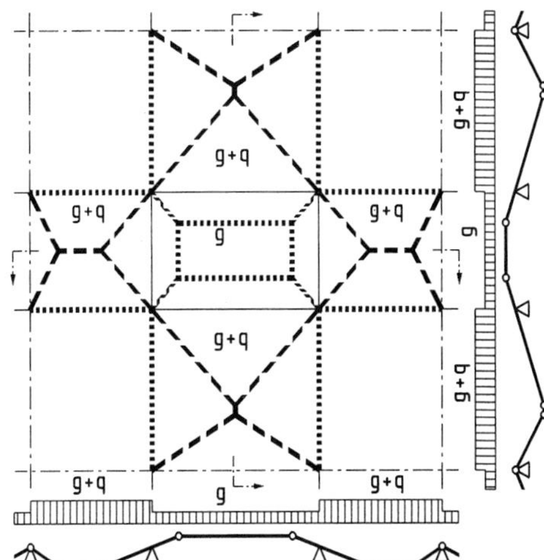

Abb. C.2.21 Bruchfigur bei schachbrettartiger Lastanordnung auf durchlaufender Decke

hohem Verkehrslastanteil sollten mit diesem Wert die Stützmomente bestimmt werden.

Bewehrungsanordnung

Die auf der Grundlage der vereinfachten Bruchlinientheorie ermittelte Bewehrung ist um 10 % zu erhöhen. In den Plattenecken sollte eine konstruktive, obere Bewehrung eingelegt werden, die prinzipiell entsprechend Abb. C.2.5 angeordnet werden kann.

- Untere Bewehrung:

Grundsätzlich kann die für die Bruchmomente ermittelte untere Bewehrung in den beiden Haupttragrichtungen jeweils konstant im gesamten Plattenfeld angeordnet werden. Vor allem in den Eckbereichen setzt dann wegen der dort kleineren Winkelverdrehung in der Bruchlinie die Plastifizierung des Querschnitts später ein als in Feldmitte. Im Hinblick auf ein günstigeres Verformungs- und Rissverhalten kann es daher zweckmäßig sein, die Bewehrung durch Umverteilung entlang der Bruchlinienabschnitte mit den größten Verschiebungen zu verstärken und in den übrigen Bereichen zu verringern, wobei die Gesamtbewehrungsmenge unverändert bleibt. Dies nähert die Bewehrungsanordnung dem Momentenverlauf nach der Elastizitätstheorie an. Die Bemessungsmomente einer dementsprechenden Bewehrungsverteilung sind in Abb. C.2.23 dargestellt.

- Obere Bewehrung:

Die obere Bewehrung deckt das plastische Stützmoment durchlaufender Platten ab. Bei unterschiedlichen Stützmomenten der an gemeinsamer Stützung anliegenden Platten ist der Größtwert maßgeblich. Wird diese Bewehrung nicht weit genug in die Plattenfelder hineingeführt, kann sich bei schachbrettartiger Anordnung der veränderlichen Belastung eine Bruchfigur nach Abb. C.2.21 einstellen. Dabei verlagern sich die Bruchlinien an das Ende der oberen Bewehrung im geringer belasteten Feld. Die Traglast der so entstehenden Bruchfigur kann niedriger sein als die bei Bruchlinienverlauf längs der Stützlinie, da am Bewehrungsende das negative plastische Moment dieser inneren Bruchlinien null ist.

Um zu gewährleisten, dass diese Bruchfigur nicht maßgebend wird, muss die Stützbewehrung ausreichend weit in das Plattenmittelfeld hineingeführt werden.

Nach [Sawczuk/Jaeger – 63] kann die erforderliche wirksame Länge der oberen Bewehrung gemäß Abb. C.2.22 durch den Beiwert ξ bestimmt werden, der sich aus der Gleichung 3. Grades

$$4\,\xi^3 - 6\,\xi^2 + 3\,(1 + 2\,\delta)\xi - 3\,\delta = 0 \qquad \text{(C.2.26)}$$

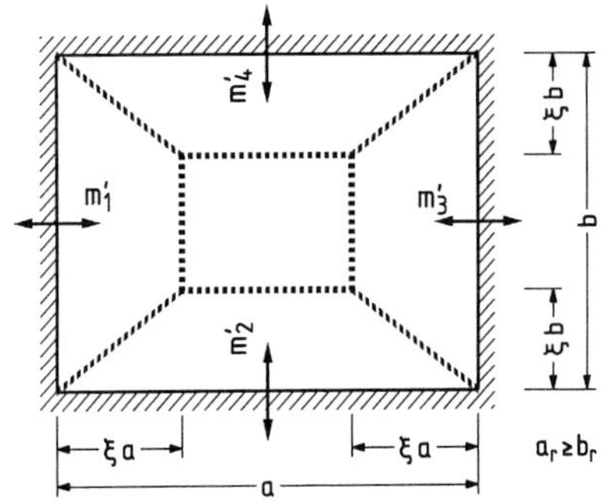

Abb. C.2.22 Erforderliche Länge der Stützbewehrung nach [Sawczuk/Jaeger – 63]

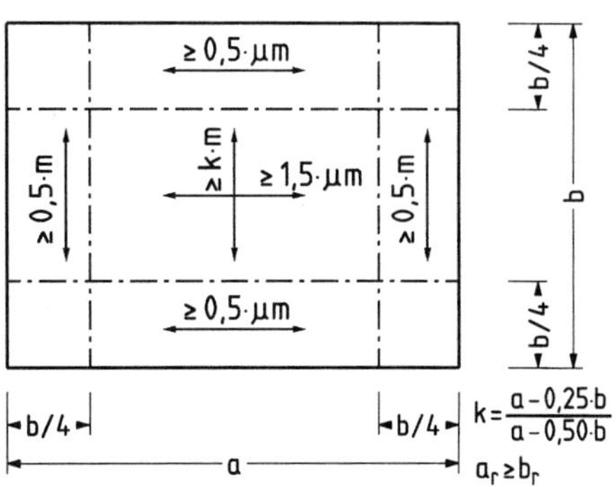

Abb. C.2.23 Bemessungsmomente für die Abstufung der Feldbewehrung, nach [Avellan/Werkle – 98]

mit dem Koeffizienten

$$\delta = \left| \frac{m'_1 + m'_3}{g \cdot a^2} + \frac{m'_2 + m'_4}{g \cdot b^2} \right| \qquad \text{(C.2.27)}$$

ergibt. Darin bedeutet

m'_j Größtwerte der beiderseits des jeweiligen Randes anliegenden Stützmomente.

Die Beiwerte ξ gemäß Gl. (C.2.26) sind in Tafel C.2.9 in Abhängigkeit von δ aufgetragen.

Tafel C.2.9 Beiwerte ξ zur Bestimmung der erforderlichen Länge der Stützbewehrung

δ	ξ	δ	ξ	δ	ξ	δ	ξ
0,00	0,00	0,35	0,28	0,70	0,38	1,50	0,44
0,05	0,05	0,40	0,30	0,75	0,39	1,75	0,45
0,10	0,10	0,45	0,32	0,80	0,40	2,00	0,46
0,15	0,14	0,50	0,34	0,85	0,40	3,00	0,47
0,20	0,19	0,55	0,35	0,90	0,41	5,00	0,48
0,25	0,22	0,60	0,36	1,00	0,42	10	0,49
0,30	0,25	0,65	0,37	1,25	0,43	∞	0,50

Sind Belastungen sowie Stützweiten durchlaufender Plattenfelder wenigstens annähernd gleich groß, so genügt es für die Festlegung der Bewehrungslängen, die Momentengrenzlinien der Einzelplatte zu kennen. Diese werden nach [Avellan/Werkle – 98] in Abhängigkeit von der Stützungsart durch die Abstände e_j nach Gl. (C.2.28) beschrieben, s. Abb. C.2.24.

$$\begin{aligned} e_1 &= \frac{\sqrt{1+i_1}-1}{\sqrt{1+i_1}+\sqrt{1+i_3}} \cdot \sqrt{a \cdot b} \\ e_2 &= \frac{\sqrt{1+i_2}-1}{\sqrt{1+i_2}+\sqrt{1+i_4}} \cdot b \\ e_3 &= \frac{\sqrt{1+i_3}-1}{\sqrt{1+i_1}+\sqrt{1+i_3}} \cdot \sqrt{a \cdot b} \\ e_4 &= \frac{\sqrt{1+i_4}-1}{\sqrt{1+i_2}+\sqrt{1+i_4}} \cdot b \end{aligned} \qquad \text{(C.2.28)}$$

a und b sind so zu orientieren, dass gilt: $a_r \geq b_r$

Ersatzweise können die Ausdrücke (C.2.28) auch in folgender Weise abgeschätzt werden:

$i_j \leq 0{,}5 \rightarrow e_1/a,\ e_3/a,\ e_2/b,\ e_4/b\ \leq 0{,}10$

$i_j \leq 1{,}0 \rightarrow e_1/a,\ e_3/a,\ e_2/b,\ e_4/b\ \leq 0{,}17$

$i_j \leq 1{,}5 \rightarrow e_1/a,\ e_3/a,\ e_2/b,\ e_4/b\ \leq 0{,}23$

$i_j \leq 2{,}0 \rightarrow e_1/a,\ e_3/a,\ e_2/b,\ e_4/b\ \leq 0{,}27$

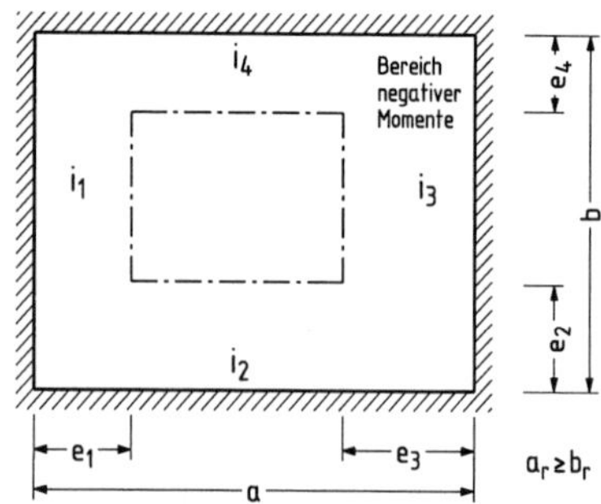

Abb. C.2.24 Ermittlung der erforderlichen Länge der Stützbewehrung, vgl. [Avellan/Werkle – 98]

Zur ermittelten Länge der wirksamen Bewehrung addieren sich in beiden Fällen noch Versatzmaß und Verankerungslänge.

Berechnungstafeln für umfanggelagerte Rechteckplatten unter Gleichlast

Die Tafel C.2.12a/b dient der praktischen Berechnung umfanggelagerter Rechteckplatten unter Gleichlast nach der vereinfachten Bruchlinientheorie. Nach Wahl des Verhältnisses von Stütz- zu Feldmoment werden die benötigten Beiwerte in Abhängigkeit von Stützungsart und Seitenverhältnis abgelesen.

Liegen die Seitenverhältnisse außerhalb des angegebenen Bereichs, können ersatzweise einachsig gespannte Plattenstreifen betrachtet werden. In Tafel C.2.10 sind die Kenngrößen für diesen Fall zusammengestellt.

Tafel C.2.10 Plastische Momente für Balken unter Gleichstreckenlast

q		$-m_s/m_f$			
		0,5	**1,0**	**1,5**	**2,0**
m_f	f	8,0	8,0	8,0	8,0
l, m_s, m_f	f	9,9	11,7	13,3	14,9
	s	–19,8	–11,7	–8,9	–7,5
m_s, m_s, m_f	f	12,0	16,0	20,0	24,0
	s	–24,0	–16,0	–13,3	–12,0
$m_f = \frac{q \cdot l^2}{f}$ bzw. $m_s = \frac{q \cdot l^2}{s}$					

Berechnungsbeispiel

In Anlehnung an das Beispiel in [Schneider – 98], S. 5.47 wird das Plattensystem nach Abb. C.2.25 berechnet. Es werden folgende Annahmen getroffen:

Verhältnis von Stütz- zu Feldmoment:

$i_j = -m_s / m_f = 1{,}5$

Baustoffe: C 25/30, BSt 500 S

Nutzhöhen der Platten: $d_x = 15$ cm, $d_y = 14$ cm.

Belastung: s. Tafel C.2.11

Die Beiwerte zur Berechnung der Momente werden aus Tafel C.2.12 abgelesen. Sind auf diese Weise die Feldmomente errechnet, können daraus die Stützmomente auch dadurch bestimmt werden, dass man den vorgewählten Verhältniswert $i_j = -m_s / m_f$ anwendet.

Die Berechnungsergebnisse sind in Tafel C.2.11 zusammengestellt. Sie beziehen sich auf das globale Koordinatensystem nach Abb. C.2.25.

Anmerkungen

zu Pos. 4 : Einachsig gespannte Platte, Ablesung nach Tafel C.2.10. Als Leitwert wurde $(g_d + q_d) \cdot l_x^2$ eingesetzt.

zu Pos. 5 : s. Pos. 4

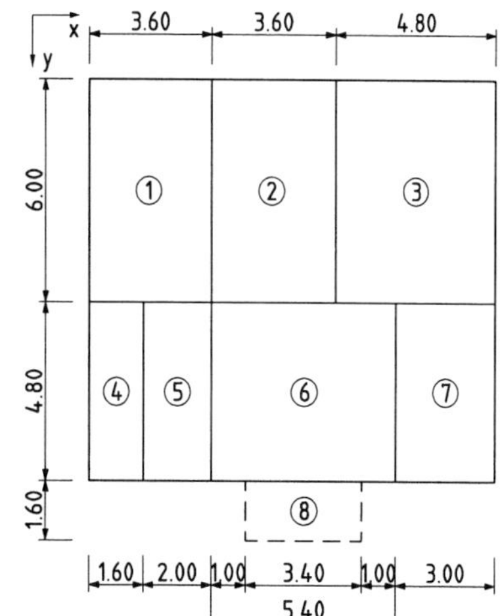

Abb. C.2.25 Berechnungsbeispiel zur Bruchlinientheorie

Tafel C.2.11 Zusammenstellung der Kennwerte und Biegemomente des Beispiels

Platte		m_s/m_f	Belastung			Stützweite		Seitenverh.		Leitwert	abgelesene Tafelwerte				berechnete Momente			
Pos.	Typ		g_d	q_d	g_d+q_d	l_x	l_y	l_y/l_x	l_x/l_y	K	f_x	f_y	s_x	s_y	m_{xf}	m_{yf}	m_{xs}	m_{ys}
			kN/m²			m									kNm/m			
1	4	1,50	8,1	4,1	12,20	3,60	6,00	1,67	—	263,52	33,6	93,8	−22,4	−62,5	7,8	2,8	−11,8	−4,2
2	5.1	1,50	8,1	5,3	13,40	3,60	6,00	1,67	—	289,44	44,0	184,4	−29,3	−123	6,6	1,6	−9,9	−2,4
3	4	1,50	8,1	4,1	12,20	4,80	6,00	1,25	—	351,36	34,4	53,8	−22,9	−35,9	10	6,5	−15,3	−9,8
4	4	1,50	8,1	4,1	12,20	1,60	4,80	3,00	—	31,23	13,3	—	−8,9	—	2,3	—	−3,5	—
5	5.1	1,50	8,1	4,1	12,20	2,00	4,80	2,40	—	48,80	20,0	—	−13,3	—	2,4	—	−3,7	—
6	6	1,50	8,1	4,1	12,20	5,40	4,80	—	1,13	316,22	69,5	54,4	−46,3	−36,3	4,5	5,8	−6,8	−8,7
7	4	1,50	8,1	4,1	12,20	3,00	4,80	1,60	—	175,68	33,3	85,4	−22,2	−56,9	5,3	2,1	−7,9	−3,1
8	Kragplatte		8,1	7,5	15,60	—	1,60	—	—	39,94	—	—	—	(−2,0)	—	—	—	−20,0

zu Pos. 6 : Beim Ablesen der Beiwerte sind wegen $l_y / l_x < 1$ die Koordinatenangaben nach Tafel C.2.12 zu vertauschen. Die Kragplatte Pos. 8 kann im vorliegenden Fall als einspannendes Bauteil gelten, da ihr Kragmoment aus Eigengewicht größer ist als das Einspannmoment der Pos. 6 am gemeinsamen Rand.

Bemessung (Nachweis der Tragfähigkeit): exemplarisch für m_{xs} der Pos. 3:

$m_{xs} = -15{,}3$ kNm

Der Nachweis zur Begrenzung der Biegeschlankheit kann nach DIN 1045-1, 11.3.2 geführt werden. Maßgebend ist das Plattenfeld 3:

$$\mu_{Sd} = \frac{15{,}3 \cdot 10^{-3}}{0{,}15^2 \cdot 1{,}0 \cdot 14{,}2} = 0{,}048$$

Ablesung aus allgem. Bemessungsdiagramm:

$\xi = x/d = 0{,}074 < \text{zul } x/d = 0{,}25$

$\zeta = z/d = 0{,}972\,; \quad \sigma_s = 47{,}8 \text{ kN/cm}^2$

$A_s = 15{,}3/(0{,}972 \cdot 0{,}15 \cdot 47{,}8) = 2{,}20 \text{ cm}^2/\text{m}$

$l_i / d = 0{,}80 \cdot 4{,}80 / 0{,}15 = 25{,}6 < 35$

Damit ist der Nachweis für Platten des üblichen Hochbaus mit normalen Anforderungen an die Durchbiegung erfüllt.

2.4.2.5 Punktgestützte Rechteckplatten unter Gleichlast

S. Stahlbetonbau aktuell 2000, S. C. 52

Tafel C.2.12a Biegemomente umfanggelagerter Rechteckplatten nach der Bruchlinientheorie

Achsen: x, l_x; y, l_y	Stützungsarten: 1, 2.1, 2.2, 3.1, 3.2, 4, 5.1, 5.2, 6	Leitwert:	Feldmomente:	Stützmomente:
		$K = q \cdot l_x \cdot l_y$	$m_{xf} = \frac{K}{f_x}$; $m_{yf} = \frac{K}{f_y}$	$m_{xs} = \frac{K}{s_x}$; $m_{ys} = \frac{K}{s_y}$

Verhältnis Stütz- zu Feldmoment: $-m_s / m_f = 0{,}5$

Stützung	Beiwert	Seitenverhältnis l_y / l_x ($l_x = l_{min}$)										
		1,0	1,1	1,2	1,3	1,4	1,5	1,6	1,7	1,8	1,9	2,0
1	f_x	24,0	22,1	21,0	20,3	20,0	19,9	20,0	20,2	20,5	20,9	21,3
	f_y	24,0	26,8	30,2	34,4	39,2	44,9	51,3	58,5	66,5	75,5	85,3
2.1	f_x	30,2	27,0	25,0	23,7	22,9	22,4	22,2	22,2	22,3	22,5	22,8
	f_y	24,4	26,4	29,0	32,3	36,2	40,8	46,0	51,8	58,4	65,7	73,8
	s_y	-48,8	-52,8	-58,1	-64,6	-72,4	-81,5	-91,9	-104	-117	-131	-148
2.2	f_x	24,4	23,1	22,5	22,2	22,2	22,4	22,8	23,2	23,7	24,3	25,0
	f_y	30,2	34,6	40,0	46,4	53,9	62,4	72,1	83,0	95,2	108,7	123,7
	s_x	-48,8	-46,3	-44,9	-44,4	-44,4	-44,8	-45,5	-46,4	-47,5	-48,7	-50,0
3.1	f_x	38,2	33,3	30,0	27,8	26,4	25,5	24,9	24,6	24,4	24,4	24,6
	f_y	25,5	26,9	28,8	31,4	34,5	38,2	42,4	47,3	52,8	58,8	65,6
	s_y	-50,9	-53,7	-57,6	-62,7	-69,0	-76,4	-84,9	-94,6	-106	-118	-131
3.2	f_x	25,5	24,7	24,4	24,5	24,8	25,3	25,9	26,6	27,4	28,2	29,1
	f_y	38,2	44,8	52,8	62,1	73,0	85,4	99,5	115,3	133,1	152,7	174,5
	s_x	-50,9	-49,4	-48,9	-49,0	-49,6	-50,6	-51,8	-53,2	-54,8	-56,4	-58,2
4	f_x	29,7	27,4	26,0	25,2	24,8	24,7	24,8	25,0	25,4	25,9	26,4
	f_y	29,7	33,1	37,4	42,5	48,6	55,5	63,4	72,3	82,3	93,4	105,6
	s_x	-59,4	-54,7	-51,9	-50,3	-49,5	-49,3	-49,5	-50,1	-50,8	-51,7	-52,8
	s_y	-59,4	-66,2	-74,8	-85,1	-97,1	-111	-127	-145	-165	-187	-211
5.1	f_x	30,1	28,5	27,6	27,2	27,2	27,4	27,8	28,3	29,0	29,7	30,4
	f_y	36,5	41,7	48,2	55,8	64,6	74,7	86,3	99,2	113,7	129,8	147,6
	s_x	-60,2	-56,9	-55,2	-54,4	-54,4	-54,8	-55,6	-56,6	-57,9	-59,3	-60,9
	s_y	-73,0	-83,5	-96,3	-112	-129	-149	-173	-198	-227	-260	-295
5.2	f_x	36,5	32,7	30,3	28,8	27,9	27,4	27,2	27,2	27,4	27,7	28,0
	f_y	30,1	32,7	36,0	40,2	45,1	50,8	57,4	64,8	73,1	82,3	92,5
	s_x	-73,0	-65,5	-60,7	-57,6	-55,8	-54,8	-54,4	-54,4	-54,7	-55,3	-56,1
	s_y	-60,2	-65,3	-72,1	-80,4	-90,2	-102	-115	-130	-146	-165	-185
6	f_x	36,0	33,2	31,5	30,5	30,0	29,9	30,0	30,3	30,8	31,4	32,0
	f_y	36,0	40,1	45,3	51,6	58,9	67,3	76,9	87,7	99,8	113,2	128,0
	s_x	-72,0	-66,3	-62,9	-61,0	-60,1	-59,8	-60,1	-60,7	-61,6	-62,7	-64,0
	s_y	-72,0	-80,3	-90,6	-103	-118	-135	-154	-175	-200	-226	-256

Verhältnis Stütz- zu Feldmoment: $-m_s / m_f = 1{,}0$

Stützung	Beiwert	Seitenverhältnis l_y / l_x ($l_x = l_{min}$)										
		1,0	1,1	1,2	1,3	1,4	1,5	1,6	1,7	1,8	1,9	2,0
1	f_x	24,0	22,1	21,0	20,3	20,0	19,9	20,0	20,2	20,5	20,9	21,3
	f_y	24,0	26,8	30,2	34,4	39,2	44,9	51,3	58,5	66,5	75,5	85,3
2.1	f_x	36,8	32,2	29,1	27,1	25,8	24,9	24,4	24,2	24,1	24,1	24,3
	f_y	25,3	26,7	28,8	31,5	34,7	38,5	42,9	47,9	53,5	59,8	66,7
	s_y	-25,3	-26,7	-28,8	-31,5	-34,7	-38,5	-42,9	-47,9	-53,5	-59,8	-66,7
2.2	f_x	25,3	24,4	24,1	24,1	24,4	24,8	25,4	26,0	26,8	27,6	28,4
	f_y	36,8	43,0	50,5	59,4	69,6	81,4	94,7	109,7	126,4	145,0	165,6
	s_x	-25,3	-24,4	-24,1	-24,1	-24,4	-24,8	-25,4	-26,0	-26,8	-27,6	-28,4
3.1	f_x	56,6	47,7	41,6	37,3	34,3	32,2	30,7	29,6	29,0	28,5	28,3
	f_y	28,3	28,9	29,9	31,5	33,6	36,2	39,3	42,8	46,9	51,5	56,6
	s_y	-28,3	-28,9	-29,9	-31,5	-33,6	-36,2	-39,3	-42,8	-46,9	-51,5	-56,6
3.2	f_x	28,3	28,2	28,6	29,2	30,0	31,0	32,1	33,2	34,4	35,7	37,0
	f_y	56,6	68,3	82,4	98,8	117,8	139,5	164,2	191,9	223,0	257,5	295,7
	s_x	-28,3	-28,2	-28,6	-29,2	-30,0	-31,0	-32,1	-33,2	-34,4	-35,7	-37,0
4	f_x	35,0	32,2	30,6	29,6	29,2	29,1	29,2	29,5	29,9	30,5	31,1
	f_y	35,0	39,0	44,0	50,1	57,2	65,4	74,7	85,2	96,9	109,9	124,3
	s_x	-35,0	-32,2	-30,6	-29,6	-29,2	-29,1	-29,2	-29,5	-29,9	-30,5	-31,1
	s_y	-35,0	-39,0	-44,0	-50,1	-57,2	-65,4	-74,7	-85,2	-96,9	-110	-124
5.1	f_x	36,3	34,8	34,2	34,0	34,3	34,8	35,5	36,4	37,3	38,4	39,5
	f_y	49,8	57,8	67,5	79,0	92,3	107,5	124,8	144,2	165,9	190,1	216,7
	s_x	-36,3	-34,8	-34,2	-34,0	-34,3	-34,8	-35,5	-36,4	-37,3	-38,4	-39,5
	s_y	-49,8	-57,8	-67,5	-79,0	-92,3	-107	-125	-144	-166	-190	-217
5.2	f_x	49,8	43,9	40,0	37,5	35,9	34,9	34,3	34,1	34,1	34,2	34,6
	f_y	36,3	38,7	42,0	46,2	51,2	57,2	64,0	71,7	80,4	90,0	100,7
	s_x	-49,8	-43,9	-40,0	-37,5	-35,9	-34,9	-34,3	-34,1	-34,1	-34,2	-34,6
	s_y	-36,3	-38,7	-42,0	-46,2	-51,2	-57,2	-64,0	-71,7	-80,4	-90,0	-101
6	f_x	48,0	44,2	42,0	40,7	40,0	39,9	40,0	40,5	41,1	41,8	42,7
	f_y	48,0	53,5	60,4	68,7	78,5	89,7	102,5	116,9	133,0	150,9	170,7
	s_x	-48,0	-44,2	-42,0	-40,7	-40,0	-39,9	-40,0	-40,5	-41,1	-41,8	-42,7
	s_y	-48,0	-53,5	-60,4	-68,7	-78,5	-89,7	-103	-117	-133	-151	-171

Tafel C.2.12b **Biegemomente umfanggelagerter Rechteckplatten nach der Bruchlinientheorie**

x, l_x / y, l_y — Stützungsarten: 1, 2.1, 2.2, 3.1, 3.2, 4, 5.1, 5.2, 6	Leitwert: $K = q \cdot l_x \cdot l_y$	Feldmomente: $m_{xf} = \frac{K}{f_x}$; $m_{yf} = \frac{K}{f_y}$	Stützmomente: $m_{xs} = \frac{K}{s_x}$; $m_{ys} = \frac{K}{s_y}$

Verhältnis Stütz- zu Feldmoment: $-m_s / m_f = 1{,}5$

Stützung	Beiwert	1,0	1,1	1,2	1,3	1,4	1,5	1,6	1,7	1,8	1,9	2,0
		Seitenverhältnis l_y / l_x ($l_x = l_{min}$)										
1	f_x	24,0	22,1	21,0	20,3	20,0	19,9	20,0	20,2	20,5	20,9	21,3
	f_y	24,0	26,8	30,2	34,4	39,2	44,9	51,3	58,5	66,5	75,5	85,3
2.1	f_x	43,8	37,7	33,6	30,8	28,8	27,5	26,7	26,1	25,9	25,7	25,8
	f_y	26,3	27,4	29,0	31,2	33,9	37,2	41,0	45,4	50,3	55,8	61,9
	s_y	-17,5	-18,3	-19,4	-20,8	-22,6	-24,8	-27,3	-30,2	-33,5	-37,2	-41,2
2.2	f_x	26,3	25,8	25,8	26,0	26,5	27,2	27,9	28,8	29,7	30,7	31,7
	f_y	43,8	52,0	61,8	73,3	86,6	101,8	119,1	138,5	160,2	184,4	211,1
	s_x	-17,5	-17,2	-17,2	-17,4	-17,7	-18,1	-18,6	-19,2	-19,8	-20,4	-21,1
3.1	f_x	79,0	65,2	55,6	48,8	43,8	40,2	37,5	35,6	34,2	33,2	32,4
	f_y	31,6	31,6	32,0	33,0	34,3	36,1	38,4	41,1	44,3	47,9	51,9
	s_y	-21,1	-21,0	-21,4	-22,0	-22,9	-24,1	-25,6	-27,4	-29,5	-31,9	-34,6
3.2	f_x	31,6	32,2	33,0	34,1	35,4	36,8	38,3	39,9	41,5	43,2	44,9
	f_y	79,0	97,3	118,9	144,3	173,6	207,1	245,2	288,2	336,2	389,7	448,9
	s_x	-21,1	-21,4	-22,0	-22,8	-23,6	-24,5	-25,5	-26,6	-27,7	-28,8	-29,9
4	f_x	40,0	36,8	34,9	33,9	33,3	33,2	33,3	33,7	34,2	34,8	35,5
	f_y	40,0	44,6	50,3	57,2	65,4	74,7	85,4	97,4	110,8	125,7	142,1
	s_x	-26,6	-24,6	-23,3	-22,6	-22,2	-22,1	-22,2	-22,5	-22,8	-23,2	-23,7
	s_y	-26,6	-29,7	-33,5	-38,2	-43,6	-49,8	-56,9	-64,9	-73,8	-83,8	-94,8
5.1	f_x	42,4	41,1	40,7	40,8	41,4	42,2	43,2	44,3	45,6	47,0	48,5
	f_y	63,6	74,7	88,0	103,6	121,7	142,4	165,9	192,3	221,9	254,7	291,0
	s_x	-28,3	-27,4	-27,1	-27,2	-27,6	-28,1	-28,8	-29,6	-30,4	-31,3	-32,3
	s_y	-42,4	-49,8	-58,6	-69,1	-81,1	-94,9	-111	-128	-148	-170	-194
5.2	f_x	63,6	55,5	50,0	46,4	44,0	42,4	41,4	40,9	40,7	40,7	41,0
	f_y	42,4	44,7	48,0	52,2	57,4	63,6	70,7	78,8	87,8	98,0	109,2
	s_x	-42,4	-37,0	-33,4	-30,9	-29,3	-28,3	-27,6	-27,3	-27,1	-27,2	-27,3
	s_y	-28,3	-29,8	-32,0	-34,8	-38,3	-42,4	-47,1	-52,5	-58,6	-65,3	-72,8
6	f_x	60,0	55,3	52,5	50,8	50,1	49,8	50,1	50,6	51,3	52,3	53,3
	f_y	60,0	66,9	75,5	85,9	98,1	112,2	128,1	146,1	166,3	188,6	213,3
	s_x	-40,0	-36,9	-35,0	-33,9	-33,4	-33,2	-33,4	-33,7	-34,2	-34,8	-35,6
	s_y	-40,0	-44,6	-50,4	-57,3	-65,4	-74,8	-85,4	-97,4	-111	-126	-142

Verhältnis Stütz- zu Feldmoment: $-m_s / m_f = 2{,}0$

Stützung	Beiwert	1,0	1,1	1,2	1,3	1,4	1,5	1,6	1,7	1,8	1,9	2,0
		Seitenverhältnis l_y / l_x ($l_x = l_{min}$)										
1	f_x	24,0	22,1	21,0	20,3	20,0	19,9	20,0	20,2	20,5	20,9	21,3
	f_y	24,0	26,8	30,2	34,4	39,2	44,9	51,3	58,5	66,5	75,5	85,3
2.1	f_x	51,2	43,5	38,2	34,6	32,0	30,2	29,0	28,2	27,7	27,4	27,2
	f_y	27,5	28,2	29,5	31,3	33,6	36,5	39,8	43,7	48,1	53,0	58,4
	s_y	-13,7	-14,1	-14,8	-15,7	-16,8	-18,2	-19,9	-21,8	-24,0	-26,5	-29,2
2.2	f_x	27,5	27,2	27,4	27,9	28,6	29,5	30,4	31,4	32,5	33,7	34,8
	f_y	51,2	61,5	73,7	88,1	104,7	123,7	145,2	169,5	196,6	226,7	260,1
	s_x	-13,7	-13,6	-13,7	-14,0	-14,3	-14,7	-15,2	-15,7	-16,3	-16,8	-17,4
3.1	f_x	105,6	85,8	72,0	62,1	54,9	49,5	45,4	42,4	40,1	38,4	37,1
	f_y	35,2	34,6	34,6	35,0	35,8	37,1	38,8	40,8	43,3	46,2	49,5
	s_y	-17,6	-17,3	-17,3	-17,5	-17,9	-18,5	-19,4	-20,4	-21,6	-23,1	-24,7
3.2	f_x	35,2	36,2	37,6	39,2	40,9	42,7	44,6	46,6	48,6	50,7	52,8
	f_y	105,6	131,5	162,4	198,5	240,4	288,3	342,7	404,1	472,8	549,4	634,2
	s_x	-17,6	-18,1	-18,8	-19,6	-20,4	-21,4	-22,3	-23,3	-24,3	-25,4	-26,4
4	f_x	44,8	41,3	39,1	37,9	37,4	37,2	37,4	37,7	38,3	39,0	39,8
	f_y	44,8	49,9	56,4	64,1	73,2	83,7	95,6	109,1	124,1	140,8	159,2
	s_x	-22,4	-20,6	-19,6	-19,0	-18,7	-18,6	-18,7	-18,9	-19,2	-19,5	-19,9
	s_y	-22,4	-25,0	-28,2	-32,1	-36,6	-41,9	-47,8	-54,5	-62,1	-70,4	-79,6
5.1	f_x	48,5	47,4	47,2	47,6	48,4	49,5	50,8	52,3	53,9	55,6	57,4
	f_y	78,0	92,2	109,2	129,3	152,4	179,0	209,0	242,9	280,7	322,8	369,3
	s_x	-24,3	-23,7	-23,6	-23,8	-24,2	-24,7	-25,4	-26,1	-26,9	-27,8	-28,7
	s_y	-39,0	-46,1	-54,6	-64,6	-76,2	-89,5	-105	-121	-140	-161	-185
5.2	f_x	78,0	67,4	60,3	55,4	52,2	50,0	48,6	47,7	47,3	47,2	47,3
	f_y	48,5	50,7	54,0	58,3	63,6	70,0	77,4	85,8	95,3	105,9	117,7
	s_x	-39,0	-33,7	-30,1	-27,7	-26,1	-25,0	-24,3	-23,9	-23,6	-23,6	-23,6
	s_y	-24,3	-25,4	-27,0	-29,1	-31,8	-35,0	-38,7	-42,9	-47,7	-53,0	-58,8
6	f_x	72,0	66,3	62,9	61,0	60,1	59,8	60,1	60,7	61,6	62,7	64,0
	f_y	72,0	80,3	90,6	103,1	117,7	134,6	153,8	175,4	199,5	226,4	256,0
	s_x	-36,0	-33,2	-31,5	-30,5	-30,0	-29,9	-30,0	-30,3	-30,8	-31,4	-32,0
	s_y	-36,0	-40,1	-45,3	-51,6	-58,9	-67,3	-76,9	-87,7	-99,8	-113	-128

C

3 Scheiben

3.1 Berechnungsverfahren

Bei wandartigen Trägern (Scheiben) ist die *Bernoulli*-Hypothese vom Ebenbleiben des Querschnitts nicht mehr gültig, da die Verformung infolge Querkraft die Größenordnung der Biegeverformung annimmt. Die Balkentheorie versagt, wenn die Bauhöhe etwa den halben Abstand der Momentennullpunkte überschreitet:

$$h / l_{eff} > 0,5 \qquad \text{(C.3.1)}$$

Für einfache Fälle einfeldriger oder durchlaufender Wandscheiben mit und ohne Auskragung kann die Schnittgrößenermittlung mit den Hilfsmitteln in [DAfStb-H240 – 91],4 erfolgen, die unter Annahme linear-elastischen Verhaltens erstellt wurden.

Auch gängige Computerprogramme zur Scheibenberechnung nach der Methode der finiten Elemente (FEM) setzen die Elastizitätstheorie voraus. Rissbildung, Konzentration der Zugkräfte in Bewehrungslagen und plastisches Werkstoffverhalten werden nur selten berücksichtigt, vgl. [Brandmayer–96].

Für Sonderfälle der Scheibenbemessung mit Diskontinuität von Geometrie und/oder Belastung („D-Bereiche", s. [Schlaich/Schäfer – 98]), eignet sich das in DIN 1045-1, 10.6 aufgeführte Berechnungsverfahren mittels Stabwerkmodellen, dem die Plastizitätstheorie zugrunde liegt. Das Verfahren wird häufig auch auf Konsolen und D-Bereiche von Balken (z. B. Öffnungen, Ausklinkungen etc.) angewendet.

3.2 Anwendung von Stabwerkmodellen

Stabwerkmodelle dienen seit den Ursprüngen des Stahlbetonbaus der anschaulichen Beschreibung des Tragverhaltens und der Herleitung von Bemessungsregeln.

3.2.1 Modellentwicklung

Bei der Entwicklung eines Näherungsmodells für das Tragverhalten muss nicht zwingend das ideale Modell gewählt werden, zu dessen Auffinden es meist entsprechender Erfahrung bedarf: Nach dem unteren Grenzwertsatz der Plastizitätstheorie ist für ein Tragwerk aus plastischem Werkstoff jedes Modell zulässig, bei dem die Fließgrenze nicht überschritten ist und die Gleichgewichtsbedingungen erfüllt sind. Bei Scheibenproblemen ist nach [DAfStb-H425 – 92], Anhang zu Abschn. 3, die dafür erforderliche Duktilität gewährleistet, wenn Stabwerkmodell und Bewehrungsführung grob am Kraftfluss nach der Elastizitätstheorie orientiert sind. Dadurch wird zusätzlich die Erfüllung von Verträglichkeiten des Gebrauchszustandes ermöglicht. Zum Aufstellen eines Stabwerkmodells ist es daher zweckmäßig, wenn die Ergebnisse einer linear-elastischen Berechnung z. B. nach [DAfStb-H240 – 91] oder mittels FEM vorliegen.

Folgende Arbeitsschritte der Lastpfadmethode können die Modellfindung unterstützen, vgl. [Schlaich/Schäfer – 98]:

1. Geometrie und Belastung aufzeichnen.
2. Auflagerkräfte ermitteln.
3. Belastung so aufteilen, dass die resultierenden Teillasten den gleich großen Auflagerkräften entsprechen. Bei durchlaufenden Trägern kann es erforderlich sein, die Auflagerkräfte in die Anteile der anliegenden Felder aufzuspalten.
4. Lastpfade mit folgenden Eigenschaften einzeichnen:
   - Sie verbinden die Teillasten auf kurzem Weg mit den zugeordneten Auflagerkräften, ohne sich zu kreuzen.
   - Sie haben am Anfangspunkt die Richtung der angreifenden Kraft und wenden sich von da zunächst in das Innere der Scheibe, um eine größtmögliche Spannungsausbreitung zu erzielen.
5. In den Krümmungsbereichen der Lastpfade Umlenkkräfte antragen, deren Resultierende untereinander im Gleichgewicht stehen.
6. Umlenkkräfte und Lastpfade stabwerkartig idealisieren. Stabkräfte (zeichnerisch) ermitteln und Gleichgewicht kontrollieren.

Die Modellfindung wird erleichtert, wenn in einzelnen Schnitten der Verlauf der Spannungen quer zur Lastrichtung näherungsweise bekannt ist, wie in Abb. C.3.1 an einer Scheibe mit Auskragung unter Gleichlast an der Oberseite gezeigt ist. Die resultierenden Streben- bzw. Zugbandkräfte aus Umlenkwirkung verlaufen durch den Schwerpunkt der zugehörigen Spannungsteilflächen.

Die Lage der Zugstäbe wird meist so gewählt, dass sich randparallele Bewehrungen ergeben. Modelle mit wenigen und kurzen Zugstäben sind zu bevorzugen.

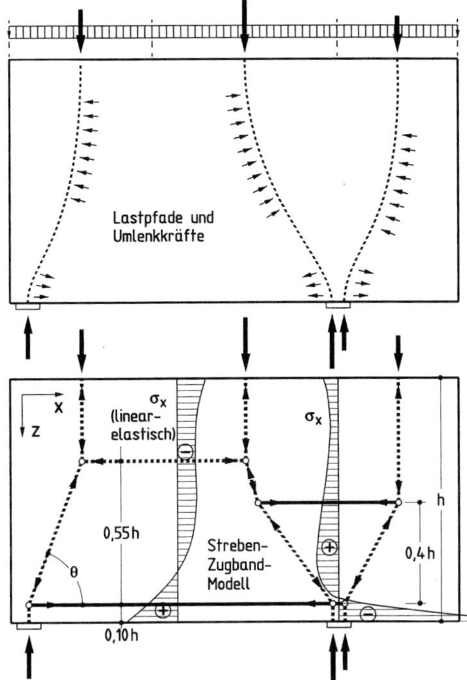

Abb. C.3.1 Beispiel zur Modellentwicklung mittels Lastpfadmethode

Flache Druckstreben

Ergibt sich an einem Knoten mit Druck-Zug-Druck-Stäben wie beim einfachen Streben-Zugband-Modell zwischen Druck- und Zugstreben ein flacher Winkel $\theta < 55°$ (bzw. $a/z > 0,7$), wird in [DAfStb-H425 – 92], 3.2 die Kombination mit einem Fachwerkmodell empfohlen, s. Abb. C.3.2. Die Aufteilung der Gesamtlast F auf die beiden zu überlagernden Modelle kann für $0,5 < a/z < 2$ linear interpoliert werden:

$$F = F_1 + F_2$$
$$F_2 = \frac{F}{3}\left(\frac{2a}{z} - 1\right) \qquad \text{(C.3.2)}$$

Für $a/z \geq 2$ ist das reine Fachwerkmodell anzuwenden.

Unten angreifende Lasten

Im unteren Randbereich angreifende Lasten – wie z. B. ein Teil des Eigengewichts – sind durch vertikale Zugstäbe („Aufhängebewehrung") nach oben zu führen und in einem Bereich zu verankern, in dem Bogentragwirkung zwischen den Auflagern angenommen werden kann. Ein

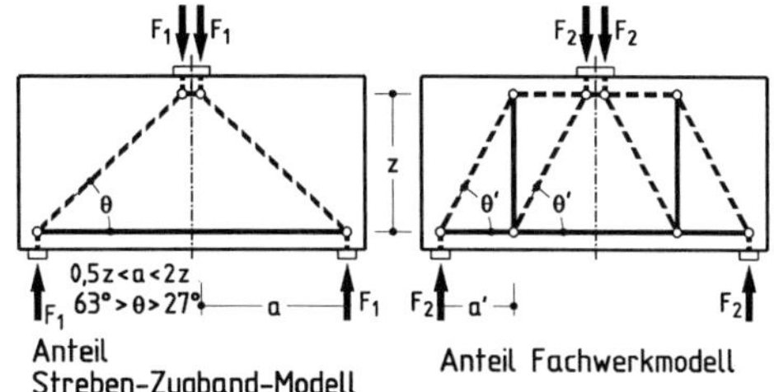

Abb. C.3.2 Kombination zweier Modelle bei flachem Druckstrebenwinkel, s. [DAfStb-H425 – 92], 3.2

Zugband zwischen den Auflagern kann den Bogenschub ausgleichen.

Verbesserung des Modells

Durch weitere Unterteilung der Last- und Spannungsflächen sowie Detailbetrachtungen an einzelnen Knoten und Stäben kann ein Modell verfeinert werden. In [Schlaich/Schäfer – 98] sind Lösungen für typische Fälle angegeben.

Häufig ist das Stabwerkmodell kinematisch, was zunächst keinen Mangel darstellt, da beliebig „Nullstäbe" zur Ausfachung hinzugefügt werden könnten. Da es sich so aber nur eingeschränkt für andere Belastungen eignet, ist es oft besser, ein allgemein gültiges, statisch bestimmtes Modell aufzustellen. Die Berechnung statisch unbestimmter Modelle wird durch die benötigten Stabsteifigkeiten aufwendiger.

Durchlaufende Wandscheiben

Die zur Stabwerkberechnung benötigten Auflagerkräfte erhält man nach [Schlaich/Schäfer – 98], näherungsweise als Mittelwert aus den Auflagerkräften durchlaufender und einfeldriger Balken oder genauer mittels [DAfStb-H240 – 91] bzw. FEM-Berechnung.

3.2.2 Nachweise

3.2.2.1 Druckstäbe

Druckkräfte werden allein dem Beton zugewiesen. Läßt die Tragwerksgeometrie es zu, so weiten sich die Druckfelder zwischen den Knoten auf. Die nachzuweisenden Hauptdruckspannungen besitzen dann am Knoten als Engstelle ihren Größtwert („Flaschenhals"). In DIN 1045-1, 9.1.7 wird der festigkeitsmindernde Einfluss des Querzugs durch einen Wirksamkeitsfaktor $\alpha_c = 0,75$ (für Normalbeton) für den Bemessungswert der Betondruckfestigkeit berücksichtigt.

Bei starker Einschnürung des Druckfeldes zu konzentrierten Knoten hin erübrigen sich Nachweise der Druckspannungen, wenn die angren-

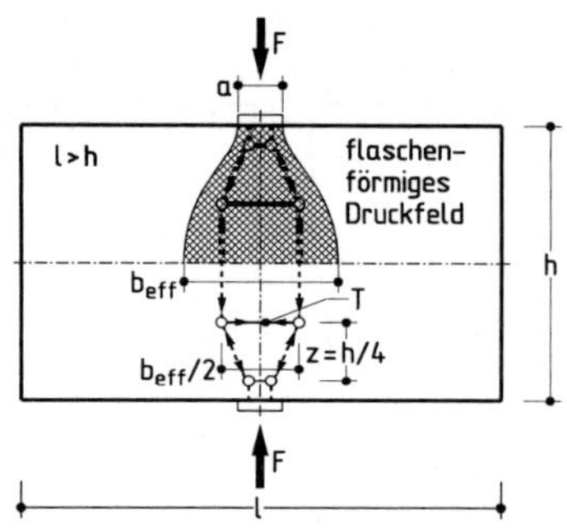

Abb. C.3.3 Querzugkraft der Druckstrebe bei seitlich unbegrenzter Ausbreitung, nach [Schlaich/Schäfer – 98]

zenden Knoten nachgewiesen werden, s. Abschn. C.3.2.2.3.

Die **Querzugkräfte** berechnen sich im ungünstigsten Fall einer freien Ausbreitung des Druckfeldes nach [Schlaich/Schäfer – 98] zu (vgl. Abb. C.3.3):

$$T = \frac{F}{4}\left(1 - 0{,}7\frac{a}{h}\right) \qquad \text{(C.3.3)}$$

Die zugehörige Breite des Druckfeldes beträgt:

$$b_{\text{eff}} \approx 0{,}50 \cdot h + 0{,}65 \cdot a \qquad \text{(C.3.4)}$$

Die Querzugspannungen in den Ausbreitungsbereichen sind durch Bewehrung abzudecken, die nach Gl. (C.3.3) für $T \leq F/4$ auszulegen ist. Die vorgeschriebene Netzbewehrung der Oberflächen kann angerechnet werden.

3.2.2.2 Zugstäbe

Die Zugkräfte des Modells werden von Bewehrungseinlagen abgedeckt, wenn das Mitwirken des Betons auf Zug vernachlässigt wird. Die Bewehrungsverteilung sollte näherungsweise den Zugspannungsdiagrammen nach der Elastizitätstheorie folgen, wobei eine grobe, blockförmige Anpassung genügt. Eine vorhandene Netzbewehrung kann angerechnet werden.

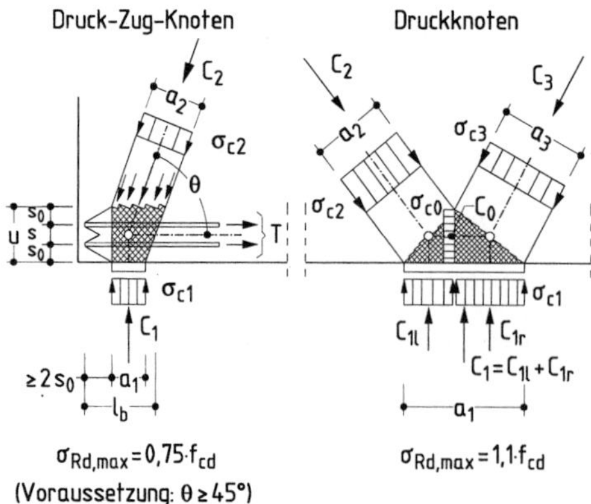

Abb. C.3.4 Standardisierte Knotenbereiche

Der Bemessungswert der Stahlspannung des Betonstahls ist für Zugstreben und für Querzugkräfte in Druckstreben auf f_{yd} begrenzt.

3.2.2.3 Knoten

Die Knoten sind die am stärksten beanspruchten Tragwerksbereiche, da hier die Kräfte aus Zug- und Druckstreben gebündelt und umgelenkt werden. Häufig sind die Auflagerknoten maßgebend für den Spannungsnachweis der gesamten Scheibe.

Zur Berechnung wird die Knotengeometrie gemäß Abb. C.3.4 idealisiert, vgl. DIN 1045-1, 10.6.3. Bestimmende Größen sind die Stabwerksgeometrie, die Verankerungslänge der Bewehrung und die Aufstandsfläche des Lagers. Aus den zuvor berechneten Stabkräften können damit die Spannungen ermittelt und den in Abb. C.3.4 angegebenen Bemessungsdruckspannungen $\sigma_{Rd,max}$ gegenübergestellt werden.

Die Verankerungslänge der Bewehrung in Druck-Zug-Knoten beginnt am Knotenanfang, wo erste Drucktrajektorien auf die Bewehrung treffen. Die Verankerungslänge muss sich mindestens über die gesamte Knotenlänge erstrecken, s. Abb. C.3.4.

3.2.2.4 Gebrauchszustand

Bei durchlaufenden Wandscheiben können bereits kleine Auflagerverschiebungen zu großen, rissbildenden Schnittgrößen führen.

Bei an der Elastizitätstheorie orientierten Stabwerkmodellen dürfen nach DIN 1045-1, 11.2.1 (11) die aus den Stabkräften ermittelten Stahlspannungen zur Rissbreitenbegrenzung verwendet werden. Eine konstruktive Mindestbewehrung zur Begrenzung der Rissbreite ist auch an Stellen anzuordnen, an denen rechnerisch keine Bewehrung erforderlich ist.

An einspringenden Ecken (z. B. bei Öffnungen oder Konsolen) empfiehlt sich zur Vermeidung von Kerbspannungsrissen eine Schrägbewehrung.

4 EDV-gestützte Berechnung

Siehe Stahlbetonbau aktuell 1998, Seite C.50

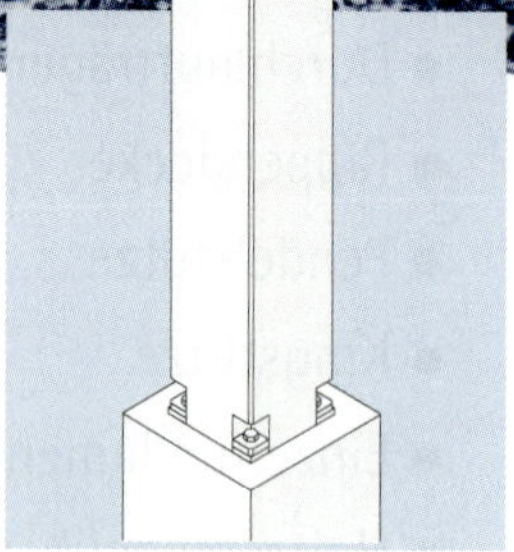

D BEMESSUNG VON STAHLBETONBAUTEILEN NACH DIN 1045-1

Prof. Dr.-Ing. Alfons Goris

D

D BEMESSUNG VON STAHLBETONBAUTEILEN

1 Einführung

1.1 Zur Normensituation

1.1.1 Eurocode 2

Mit DIN V ENV 1992: Eurocode 2 – Planung von Stahlbeton- und Spannbetonbauwerken – liegt ein Normenkonzept vor, das zukünftig im europäischen Binnnenmarkt gelten und dann die derzeit gültigen nationalen Normen (DIN 1045, DIN 4227 u. a.) ersetzen soll. Von EC 2 sind als Vornorm erschienen:

- DIN V ENV 1992-1-1 (06.92)
  Grundlagen und Anwendungsregeln für den Hochbau
- DIN V ENV 1992-1-2 (05.97)
  Tragwerksplanung für den Brandfall
- DIN V ENV 1992-1-3 (12.94)
  Bauteile und Tragwerke aus Fertigteilen
- DIN V ENV 1992-1-4 (12.94)
  Leichtbeton mit geschlossenem Gefüge
- DIN V ENV 1992-1-5 (12.94)
  Tragwerke mit Spanngliedern ohne Verbund
- DIN V ENV 1992-1-6 (12.94)
  Tragwerke aus unbewehrtem Beton
- DIN V ENV 1992-2 (10.97)
  Stahlbeton- und Spannbetonbrücken

Für andere Bauwerksarten wie z. B. Betongründungen, Stütz- und Behälterbauwerke sind weitere Teile in Vorbereitung bzw. bereits ebenfalls erschienen.

Damit sind die grundlegenden bauart- und baustoffabhängigen Bemessungsregeln für Stahlbetontragwerke veröffentlicht, die außerdem für Bauwerke des Hoch- und Brückenbaus detailliertere Regeln enthalten. Für DIN V ENV 1992-1-1 und DIN V ENV 1992-1-3 bis 1-6 liegen zudem nationale Anwendungsdokumente (NAD) vor, in denen Hinweise auf mitgeltende nationale Normen- und Regelwerke enthalten sind und nationale Festlegungen für einige indikative Zahlenwerte des EC 2 vorgenommen wurden. Diese Teile des Eurocode 2 sind in Verbindung mit den NADs schon heute in den meisten Bundesländern als gleichwertige Regelung neben den nationalen Normen zugelassen, so dass der Bauherr bzw. der beratende Ingenieur sich für dessen Anwendung bei der Planung entscheiden kann.

Eine endgültige Überführung in eine europäische Norm, bei deren Erscheinen die DIN 1045 und DIN 4227 zurückzuziehen sind, war zwar schon für das Jahr 1998 beabsichtigt, es war jedoch schon frühzeitig erkennbar, dass sich dieser Zeitpunkt nicht einhalten lassen würde (vgl. a. [Litzner – 97]).

1.1.2 Neue DIN 1045

Die derzeit gültigen DIN 1045 und DIN 4227 beruhen noch weitgehend auf dem Kenntnisstand der 60er Jahre und berücksichtigen nicht den derzeitigen Stand der technischen Entwicklung. Andererseits ist der Zeitpunkt für die Einführung der europäischen Normen zur Zeit ungewiss. Dieser Umstand führte im Deutschen Ausschuss für Stahlbeton zu dem Beschluss, eine neue deutsche Normengeneration für Beton-, Stahlbeton- und Spannbetonbau vorzubereiten, die sich eng an Eurocode 2 anlehnt und für den Fall, dass DIN V ENV 1992-1 nicht zum geplanten Zeitpunkt in eine Europäische Norm überführt wird, als zeitgerechter, nationaler Norm-Entwurf zur Verfügung steht; die neuen Normen sollten bis Ende 1999 fertiggestellt sein.

Die Vorgehensweise wurde auch im Vorwort von [E DIN 1045-1 – 98] zum Ausdruck gebracht:

> *„... Bei diesem Normenentwurf handelt es sich um den abgestimmten deutschen Standpunkt zur europäischen Normung. Der Entwurf soll die deutsche Fachöffentlichkeit über einen zeitgemäßen Vorschlag einer Bemessungsnorm unterrichten und zur kritischen Bewertung anregen...*
>
> *Gleichzeitig steht aber mit dem vorliegenden Norm-Entwurf für den Fall, daß ENV 1992-1-1 nicht zum geplanten Zeitpunkt in eine Europäische Norm überführt wird, ein zeitgerechter, nationaler Norm-Entwurf zur Verfügung, der ... als neue deutsche Norm veröffentlicht wird ..."*

Nach dem gegenwärtigen Stand ist beabsichtigt, in Kürze die folgenden Normen für Tragwerke aus Beton, Stahlbeton und Spannbeton als „Weißdruck" herauszubringen

- DIN 1045-1: Bemessung und Konstruktion
- DIN EN 206-1: Beton. Teil1: Festlegungen, Eigenschaften, Herstellung und Konformität
- DIN 1045-2: Deutsche Anwendungsregeln zu DIN EN 206-1: Beton
- DIN 1045-3: Bauausführung
- DIN 1045-4: Ergänzende Regeln für Herstellung und Überwachung von Fertigteilen

DIN 1045-1 gilt für Stahlbeton- und Spannbetontragwerke; im Kap. D wird schwerpunktmäßig die Bemessung von Stahlbetonbauteilen, im Kap. F von Spannbetonbauteilen behandelt.

Die nachfolgenden Ausführungen basieren auf dem Stand der Beratungen vom Herbst 2000 [E DIN 1045-1 – 00]. Im Weiteren steht DIN 1045-1 gleichbedeutend mit [E DIN 1045-1 – 00] (ebenso EC 2 mit Eurocode 2 bzw. [ENV 1992-1-1 – 92]).

D

1.2 Begriffe, Formelzeichen

Nachfolgend sind einige wichtige, in DIN 1045-1 (und in EC 2) häufig gebrauchte Begriffe erläutert.

Prinzipien sind Festlegungen, von denen keine Abweichung zulässig ist. Demgegenüber handelt es sich bei einer *Anwendungsregel* um eine allgemein anerkannte Regel, die dem Prinzip folgt und dessen Anforderungen erfüllt, Alternativen sind auf der Basis der Prinzipien zulässig. (Prinzipien sind in DIN 1045-1 durch gerade, Anwendungsregeln durch kursive Schreibweise gekennzeichnet.)

Mit *Grenzzustand* wird ein Zustand bezeichnet, bei dem ein Tragwerk die Entwurfsanforderungen gerade noch erfüllt; es werden Grenzzustände der Tragfähigkeit, der Gebrauchstauglichkeit und der Dauerhaftigkeit unterschieden (s. hierzu die Erläuterungen auf S. D.5ff). Für den Nachweis von Grenzzuständen sind als *Bemessungssituationen* die ständige, die vorübergehende und/ oder die außergewöhnliche zu betrachten.

Einwirkungen (E) sind auf ein Tragwerk einwirkende Kräfte, Lasten etc. als direkte Einwirkung sowie eingeprägte Verformungen (Temperatur, Setzung) als indirekte Einwirkung. Sie werden weiter eingeteilt in ständige Einwirkung (G), veränderliche Einwirkung (Q) und außergewöhnliche Einwirkung (A).

Zu unterscheiden sind (DIN 1055-100; s. Kap. A):

- *Charakteristische Werte* der Einwirkungen (F_k); sie werden in Lastnormen festgelegt als:
  - ständige Einwirkung mit i. Allg. einem einzigen Wert (G_k), ggf. auch mit einem oberen ($G_{k,sup}$) und unteren ($G_{k,inf}$) Grenzwert
  - veränderliche Einwirkung (Q_k) mit einem oberen oder unteren Wert, der mit Wahrscheinlichkeit nicht überschritten wird, oder mit einem festgelegten Sollwert
  - außergewöhnliche Einwirkung (A_k) mit einem festgelegten Wert
- *Repräsentative Werte* der veränderlichen Einwirkung; das sind
  - der charakteristische Wert Q_k
  - der Kombinationswert (bzw. der seltene Wert) $\psi_0 \cdot Q_k$
  - der häufige Wert $\psi_1 \cdot Q_k$
  - der quasi-ständige Wert $\psi_2 \cdot Q_k$
- *Bemessungswerte* der Einwirkung (F_d); sie ergeben sich aus $F_d = \gamma_F F_k$ mit γ_F als Teilsicherheitsbeiwert für die betrachtete Einwirkung; der Beiwert γ_F kann mit einem oberen ($\gamma_{F,sup}$) und einem unteren Wert ($\gamma_{F,inf}$) angegeben werden.

Der *Widerstand* (R) oder die Tragfähigkeit eines Bauteils ist durch Materialeigenschaften (Beton, Betonstahl, Spannstahl) und durch geometrische Größen gegeben.

Bei den Baustoffeigenschaften ist zu unterscheiden zwischen:

- *Charakteristischen Werten der Baustoffe* (X_k); sie werden in Baustoff- und Bemessungsnormen als Fraktile einer statistischen Verteilung festgelegt, ggf. mit oberen und unteren Werten.
- *Bemessungswert einer Baustoffeigenschaft;* er ergibt sich aus $X_d = X_k/\gamma_M$ mit γ_M als Teilsicherheitsbeiwert für die Baustoffeigenschaften.

Die Bemessungswerte *geometrischer Größen* a_d werden im Allgemeinen durch ihre Nennwerte a_{nom} beschrieben, d. h., $a_d = a_{nom}$. In einigen Fällen werden die Bemessungswerte jedoch auch durch $a_d = a_{nom} + \Delta a$ festgelegt.

Formelzeichen (s. a. Hinweise in den Abschnitten)

Lateinische Großbuchstaben

E	Einwirkung	(internal forces)
G	Ständige Einwirkung	(permanent action)
M	Biegemoment	(bending moment)
N	Längskraft	(axial force)
P	Vorspannkraft	(prestressing force)
Q	Veränderliche Last	(variable action)
R	Widerstand	(resistance)
T	Torsionsmoment	(torsional moment)
V	Querkraft	(shear force)

Lateinische Kleinbuchstaben

d	Nutzhöhe	(effective depth)
f	Materialfestigkeit	(strength of a material)
g	verteilte ständige Last	(distributed permanent load)
h	Querschnittshöhe	(overall depth)
q	verteilte veränderliche Last	(distributed variable load)

Griechische Kleinbuchstaben

γ	Teilsicherheitsbeiwert	(partial safety factor)
μ	bezogenes Biegemoment	(reduced bending moment)
ν	bez. Längskraft	(reduced axial force)
ρ	geometrischer Bewehrungsgrad	(geometrical reinforcement ratio)
ω	mechanischer Bewehrungsgrad	(mechanical reinforcement ratio)

Fußzeiger

c	Beton	(concrete)
d	Bemessungswert	(design value)
dir	unmittelbar	(direct)
g, G	ständig	(permanent)
ind	mittelbar	(indirect)
inf	unterer, niedriger	(inferior)
k	charakterist. Wert	(characteristic value)
p	Vorspannung	(prestressing force)
q, Q	Verkehrslast	(variable action)
s	Betonstahl	(reinforcing steel)
sup	oberer, höher	(superior)
y	Streckgrenze	(yield)

2 Grundlagen des Sicherheitsnachweises

2.1 Grundsätzliche Anforderungen an die Tragwerksbemessung

Die Bemessung der tragenden Konstruktion eines Bauwerks muss sicherstellen, dass ein Tragwerk

- unter Berücksichtigung der vorgesehenen Nutzungsdauer und seiner Erstellungskosten mit annehmbarer Wahrscheinlichkeit die geforderten Gebrauchseigenschaften behält,
- mit angemessener Zuverlässigkeit den Einwirkungen und Einflüssen standhält, die während seiner Ausführung und seiner Nutzung auftreten können,
- eine angemessene Dauerhaftigkeit im Verhältnis zu seinen Unterhaltungskosten aufweist,
- durch Ereignisse wie Explosionen, Aufprall oder Folgen menschlichen Versagens nur in einem Ausmaß geschädigt wird, das einer vorgesehenen Schadensbegrenzung entspricht.

Diese grundlegende Anforderung nach [E DIN 1045-1 – 00], 5.1 ist auch in [ENV 1992-1-1 – 92], 2.1 enthalten.

Grundsätzlich sind zu unterscheiden

- Grenzzustände der Tragfähigkeit (DIN 1045-1, Abschn. 10)
- Grenzzustände der Gebrauchstauglichkeit (s. DIN 1045-1, Abschn. 11)
- Anforderungen an die Dauerhaftigkeit (vgl. DIN 1045-1, Abschn. 6)

In [DIN 1045 – 88] sind in analoger Weise Nachweise in den *Bruchzuständen* nach Abschn. 17.2 bis 17.5 und 22.5 und in den *Gebrauchszuständen* nach Abschn. 17.6 und 17.7 zu führen sowie konstruktive Regeln für eine ausreichende *Dauerhaftigkeit* nach Abschn. 13 zu beachten.

In den **Grenzzuständen der Tragfähigkeit** sind die Zustände zu untersuchen, die im Zusammenhang mit dem Tragwerksversagen stehen. Solche können entstehen

- durch Bruch
- durch Überschreitung der Grenzdehnungen

eines Tragwerks oder eines seiner Teile einschließlich von Lagern und Fundamenten (DIN 1045-1, 5.4.1). Für den Nachweis der Lagesicherheit gelten die Regelungen in DIN 1055-100 (s. Kap. A).

Die **Grenzzustände der Gebrauchstauglichkeit** verstehen sich als die Zustände, bei deren Überschreitung festgelegte Kriterien der Gebrauchstauglichkeit nicht mehr erfüllt sind. Die Grenzzustände der Gebrauchstauglichkeit umfassen die:

- Spannungsbegrenzungen,
- Begrenzung der Rissbreite,
- Begrenzung von Verformungen.

Andere Grenzzustände (wie z. B. Erschütterungen, Schwingungen) können von Bedeutung sein, werden jedoch nicht im Rahmen von DIN 1045-1 behandelt (vgl. DIN 1045-1, 5.4.1).

Eine **Bemessung auf Dauerhaftigkeit** ist in den derzeitig gültigen Normen nicht direkt, sondern nur in Form von Konstruktionsregeln enthalten. Im Wesentlichen erstrecken sich diese Regeln auf Grenzwerte für Betondeckung, Betonzusammensetzung (*w/z*-Werte, Mindestzementgehalt u. a.) und Verarbeitung (Einbringen und Nachbehandeln des Betons etc.). Über Konzepte einer Bemessung in Hinblick auf die Dauerhaftigkeit mit Ansätzen, die mit der Lastbemessung vergleichbar sind, wird in [Schießl – 97] berichtet.

D

2.2 Allgemeine sicherheitstheoretische Betrachtungen

Es wird auf die grundsätzlichen Ausführungen im Beitrag *Grünberg* (s. Kap. A) verwiesen. Nachfolgend ist nur eine kurze Einführung gegeben.

Einflussgrößen, die beim Nachweis einer angemessenen Zuverlässigkeit bzw. beim Nachweis der Sicherheit berücksichtigt werden müssen, sind auf der einen Seite die Einwirkungen als Kräfte (Lasten), Zwang (aufgezwungene Verformungen) und Einflüsse aus der Umgebung (chemischer und physikalischer Art), auf der anderen Seite die Widerstände als Eigenschaften von Baustoffen, Verbindungsmitteln und Bauteilen. Zusätzlich kann es außerdem erforderlich sein, Unsicherheiten von geometrischen Größen auf der Seite der Einwirkungen und/oder auf der Seite der Widerstände zu berücksichtigen. Das Bemessungsziel ist erreicht, wenn im Grenzzustand der Tragfähigkeit und im Grenzzustand der Gebrauchstauglichkeit zwischen den Beanspruchungen und der Beanspruchbarkeit oder der Tragfähigkeit ein ausreichend großer Abstand vorhanden ist. Die Dauerhaftigkeit wird durch vorgegebene konstruktive Regeln gewährleistet.

Auf der Beanspruchungsseite ist detaillierter und differenzierter zu unterscheiden zwischen den Einwirkungsgruppen

- Ständige Einwirkungen
  (Eigenlasten, feste Einbauten, Vorspannung)
- Veränderliche Einwirkungen
  (Verkehrslasten, Wind- und Schneelasten, Temperatureinwirkungen, Erddruck und Wasserdruck, Baugrundsetzung)
- Außergewöhnliche Einwirkungen
  (Anpralllasten, Explosionslasten, Bergsenkung)
- Vorübergehende Einwirkungen
  (Bauzustände, Montagelasten, Ablagerungen).

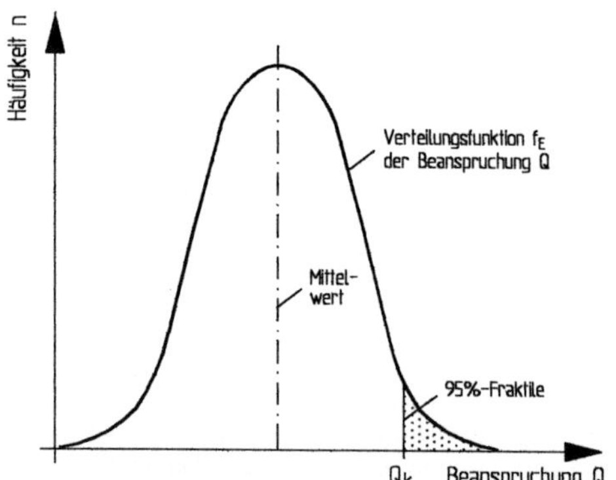

Abb. D.2.1 Qualitative Darstellung der Häufigkeitsverteilung einer veränderlichen Einwirkung Q und Kennzeichnung des charakteristischen Wertes als 95%-Quantilwert

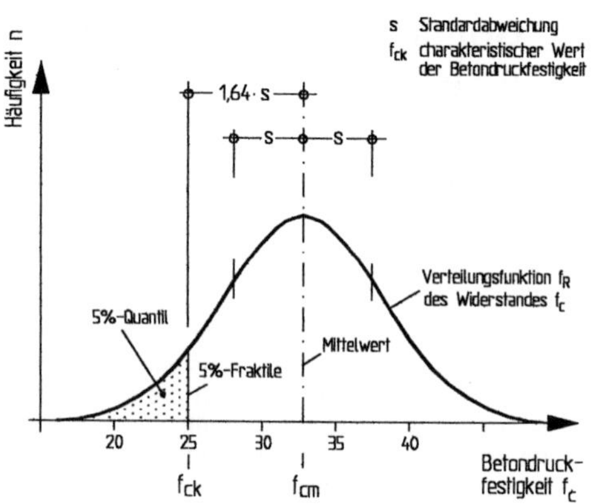

Abb. D.2.2 Charakteristischer Wert der Betondruckfestigkeit als 5%-Quantilwert der Grundgesamtheit

Die Einwirkungen lassen sich nur mit gewissen Unsicherheiten vorhersagen und unterliegen Streuungen, die sich in Häufigkeitsverteilungen darstellen lassen (s. Abb. D.2.1). Dabei sind die Abweichungen von einem statistischen Mittelwert für die verschiedenen Einwirkungsarten – ständige oder veränderliche – wiederum unterschiedlich, d. h., man erhält für jede Einwirkungsart eine eigene Häufigkeitsverteilung.

Die in entsprechenden Lastnormen festgelegten Werte, die der statischen Berechnung zugrunde gelegt werden, entsprechen im allgemeinen Fraktilwerten dieser Verteilung, die auch als charakteristische Werte oder Nennwerte bezeichnet werden (beispielsweise als 95%-Fraktilwerte, die nur in 5 % aller Fälle erreicht bzw. überschritten werden; vgl. Abb. D.2.1, siehe auch DIN 1055 – Lastannahmen).

Bei den ständigen Einwirkungen ist im allgemeinen ein einziger charakteristischer Wert ausreichend; nur in Ausnahmefällen – bei besonders großen Streuungen einer ständigen Last oder bei Nachweisen, die besonders empfindlich in der Veränderung einer ständigen Einwirkung sind – kann es jedoch auch erforderlich sein, einen oberen und einen unteren charakteristischen Wert anzugeben. Bei örtlich und zeitlich veränderlichen Lasten ist im allgemeinen nur ein oberer charakteristischer Wert festgelegt, der untere Wert ist dann wegzulassen bzw. zu null zu setzen.

Auf der Seite der Widerstände bzw. der Tragfähigkeit sind als maßgebende Größen die Festigkeitseigenschaften von Beton, Betonstahl und Spannstahl in Verbindung mit ihren Abmessungen und Querschnitten zu nennen (ggf. auch Abweichungen der Abmessungen von den Sollmaßen). Auch diese Größen sind mit Streuungen behaftet, die wiederum für die verschiedenen Materialien unterschiedlich und beispielsweise bei den Festigkeitswerten des Betons deutlich größer als bei denjenigen von Betonstahl sind. Die Streuungen lassen sich mathematisch in Form von Häufigkeitsverteilungen darstellen. In Abb. D.2.2 ist hierfür exemplarisch die Häufigkeitsverteilung für die Druckfestigkeit eines Betons gezeigt. Hierfür sind kennzeichnende Größen

– der Mittelwert der Betondruckfestigkeit f_{cm}
– der 5%-Quantilwert $f_{ck;\,0,05}$
– der 95%-Quantilwert $f_{ck;\,0,95}$.

Ebenso wie bei den Lastannahmen entsprechen die in den Stoffnormen angegebenen Rechenwerte oder auch charakteristischen Werte Fraktilwerten einer solchen Häufigkeitsverteilung. Beispielsweise beruht die Einteilung nach Betonfestigkeitsklassen in den jeweiligen Betonnormen, aus der die Betondruckfestigkeit hergeleitet wird, auf dem 5%-Quantilwert (das ist diejenige Druckspannung, die von 5 % aller Proben nicht erreicht bzw. von 95 % aller Proben erreicht und überschritten wird).

In analoger Weise lassen sich die kennzeichnenden Werte für Betonstahl und Spannstahl angeben.

Die Häufigkeitskurve der Einwirkungen bzw. der Beanspruchungen E wird den Widerständen bzw. der Beanspruchbarkeit R gegenübergestellt. Dabei ergeben sich sowohl für die Beanspruchung E als auch für die Beanspruchbarkeit R unterschiedliche last- und materialabhängige Verteilungsfunktionen. In Abb. D.3.3 sind diese auf der Einwirkungs- und Widerstandsseite als Resultat der einzelnen lastart- und materialabhängigen Verteilungsfunktionen zusammengefasst. Der Abstand zwischen den Fraktilwerten der Verteilungsfunktionen für die Beanspruchung und für die Beanspruchbarkeit ist ein

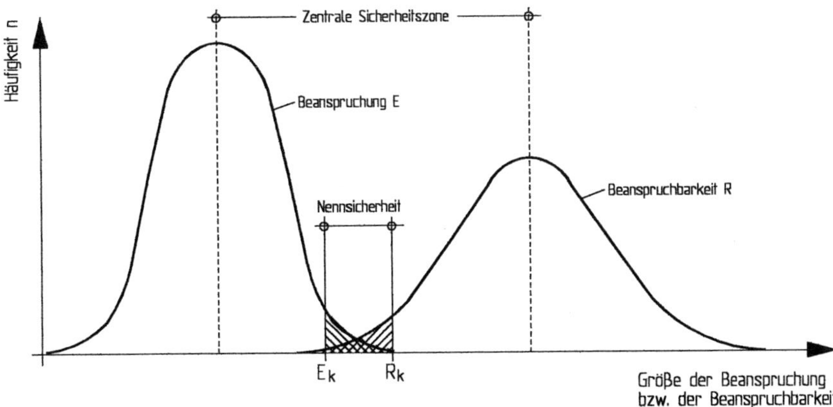

Abb. D.2.3 Häufigkeitsverteilung der Beanspruchungen und der Beanspruchbarkeit; Nennsicherheit γ

D

Maß für die Nennsicherheit γ (Abb. D.2.3), die tatsächliche Sicherheit ist im Mittel höher, sie kann sogar über die zentrale Sicherheitszone hinausreichen.

Bei den Einflussgrößen E und R werden streuende Größen gegenübergestellt, die nur die Verteilung einer Wahrscheinlichkeit wiedergeben. Dementsprechend lässt sich auch nur die *Wahrscheinlichkeit* für eine ausreichende Tragfähigkeit angeben, eine absolute Sicherheit gibt es nicht.

Aus der Differenz zwischen den Widerständen und Einwirkungen ($R - E$) lässt sich eine Aussage über eine Versagenswahrscheinlichkeit machen. In Abb. D.2.4 ist diese Differenz als Dichtefunktion $f_Z(x)$ dargestellt. Als Versagenswahrscheinlichkeit p_f eines Tragwerks wird das Verhältnis des im Bereich von $x < 0$ liegenden Flächenanteils – in Abb. D.2.4 schraffiert – zur Gesamtfläche bezeichnet. Die Wahrscheinlichkeit p_f wird in Abhängigkeit von den möglichen Versagensfolgen für die öffentliche Sicherheit (Gefahr für Menschenleben) und im Hinblick auf wirtschaftliche Folgen festgelegt. Der Wert p_f muss um so kleiner sein, je größer die Folgen einer Gefährdung für Menschenleben und die wirtschaftlichen Folgen im Versagensfall sind.

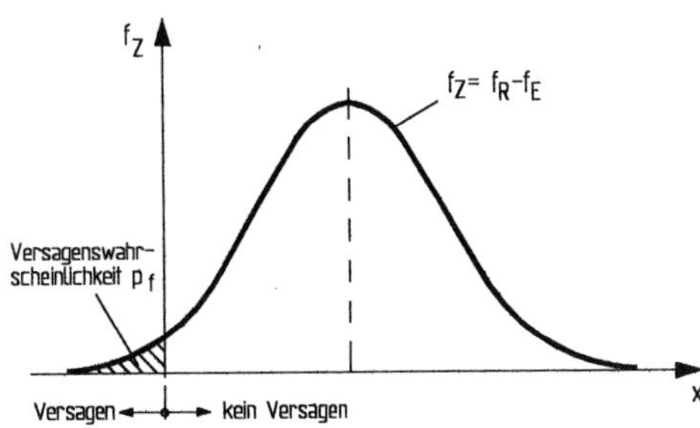

Abb. D.2.4 Erläuterung des Begriffs Versagenswahrscheinlichkeit p_f

Zulässige Werte einer Versagenswahrscheinlichkeit werden in [DIN–81] (s. hierzu auch Kap. A) in Abhängigkeit von Sicherheitsklassen angegeben, wobei drei Klassen definiert sind. In Tafel D.2.1 sind diese Sicherheitsklassen mit ihrer jeweiligen Versagenswahrscheinlichkeit p_f wiedergegeben. Bauwerke des üblichen Hochbaus sind der Sicherheitsklasse 2 zuzuordnen.

Die zuvor dargestellten Zusammenhänge gelten in erster Linie für den Grenzzustand der Tragfähigkeit. Für einen Nachweis im Grenzzustand der Gebrauchstauglichkeit gelten diese Ausführungen jedoch sinngemäß. Allerdings kann der Sicherheitsindex niedriger bzw. die operative „Versagens"-wahrscheinlichkeit höher festgelegt werden, da die

Tafel D.2.1 Operative Versagenswahrscheinlichkeit p_f im Grenzzustand der Tragfähigkeit für den Bezugszeitraum eines Jahres

Sicherheitsklasse	Versagenswahrscheinlichkeit p_f	Erläuterung
1	10^{-5}	Versagen ist ohne Gefahr für Menschenleben; wirtschaftliche Folgen gering
2	10^{-6}	Gefahr für Menschenleben und/oder große wirtschaftliche Folgen
3	10^{-7}	Große Bedeutung der baulichen Anlage für die öffentliche Sicherheit

Folgen weniger eine Gefährdung für Menschenleben darstellen, sondern in erster Linie wirtschaftlicher Art sind.

Abschließend sei noch darauf hingeweisen, dass die zuvor erläuterten Zusammenhänge des Sicherheitskonzepts mit dem Vergleich von einwirkenden und ertragbaren Lasten sich – will man konsistent bleiben – auf System- und nicht auf Querschnittsebene beziehen müssten. Die Annahme eines Querschnittsversagens führt bei äußerlich oder innerlich statisch unbestimmten Systemen nicht unbedingt zum Kollaps bzw. Systemversagen, wie am Beispiel von Durchlaufträgern, Platten u. a. leicht zu zeigen ist. Ein lokales, eng begrenztes Querschnittsversagen in einer Platte führt beispielsweise kaum zu einer Beeinträchtigung der Gesamttragfähigkeit, da die Schnittgrößen um diese Schwachstelle herum geleitet werden können (weitere Einzelheiten s. z. B. [Eibl/Schmidt-Hurtienne – 95]).

2.3 Normative Festlegungen

Die auf wahrscheinlichkeitstheoretischen Untersuchungen beruhende Anwendung eines Sicherheitsnachweises ist für eine praktische Berechnung zu aufwendig und daher unbrauchbar. Sie bildet jedoch die Grundlage für ein Sicherheitskonzept und für entsprechende normative Festlegungen, die nachfolgend für [DIN 1045 – 88] und [E DIN 1045-1 – 00] in Verbindung mit DIN 1055-100 (bzw. EC 2) kurzgefasst dargestellt werden sollen. Die Ausführungen beziehen sich auf den Nachweis einer ausreichenden Sicherheit gegen Tragwerksversagen. Sie lassen sich sich jedoch sinngemäß auf den Nachweis der Gebrauchstauglichkeit übertragen.

2.3.1 Sicherheitskonzept nach DIN 1045, Ausg. '88

In [DIN 1045 – 88] wird die Sicherheit eines Tragwerks bzw. eines seiner Teile gegen Versagen nachgewiesen, indem ein festgelegter charakteristischer Wert E_k der Beanspruchung einen vorgegebenen Abstand von dem charakteristischen Wert R_k der Beanspruchbarkeit hat. Die in entsprechenden Normen festgelegten charakteristischen Werte E_k und R_k entsprechen dabei einem oberen Fraktilwert auf der Seite der Beanspruchung und einem unteren Fraktilwert auf der Seite der Beanspruchbarkeit (s. vorher). Dieser Zusammenhang lässt sich wie folgt darstellen

$$\gamma_{Global} \cdot E_k \leq R_k \qquad \text{(D.2.1a)}$$

oder auch

$$E_k \leq R_k / \gamma_{Global} \qquad \text{(D.2.1b)}$$

Sämtliche Unsicherheiten auf der Einwirkungs- und Widerstandsseite werden also durch einen einzigen globalen Sicherheitsfaktor γ berücksichtigt. Dieser Faktor γ ist im Allgemeinen mit $\gamma = 1{,}75$ festgelegt, nur im Falle eines Versagens des Betons auf Druck gilt in [DIN 1045 – 88] $\gamma = 2{,}10$. Die Erhöhung des Sicherheitsfaktors bei Betonversagen wird mit einem Bruch „ohne Vorankündigung" begründet, er lässt sich jedoch auch im Sinne des Konzeptes mit Teilsicherheitsbeiwerten (s. nachfolgend) als zusätzlicher Teilsicherheitsfaktor für die größeren Streuungsbreiten der Festigkeitseigenschaften von Beton gegenüber denen von Stahl begründen. In [DIN 4227-T1 – 88] entfällt die Unterscheidung zwischen Beton- und Stahlversagen, da der Rechenwert der Betonfestigkeit $\beta_R = 0{,}60\beta_{WN}$ niedriger als nach [DIN 1045 – 88] angesetzt ist und bereits Unsicherheiten bzw. eine größere Streuungsbreite der Betonfestigkeit berücksichtigt [1)].

Eine genauere Analyse der zuvor dargestellten sicherheitstheoretischen Zusammenhänge (s. Abschn. 2.2) zeigt jedoch, dass mit einem einzigen globalen Sicherheitsfaktor eine Versagenswahrscheinlichkeit p_f nur unzureichend beschrieben werden kann, da die verschiedenen Einflussparameter E und R auf der Einwirkungs- und Widerstandseite unterschiedlich stark streuen und sich zum Teil nichtlinear beeinflussen.

So kann beispielsweise bei einer Stütze die Erhöhung einer Drucklängskraft auf der Einwirkungsseite durch einen globalen „Sicherheitsfaktor" durchaus auf der unsicheren Seite liegen (s. hierzu Abb. D.2.7), da die Längsdruckkräfte die Beanspruchung am Zugrand abmindern und entsprechend zu einer geringeren Zugbewehrung mit kleineren Zugkräften führt. Eine Steigerung der Drucklängskraft durch einen globalen Sicherheitsfaktor, wie es [DIN 1045 – 88] fordert, führt daher nicht immer zu einem befriedigenden Ergebnis bzw. nicht zu der erforderlichen Zuverlässigkeit.

2.3.2 Sicherheitskonzept nach DIN 1045-1 (bzw. nach EC 2)

Im Allgemeinen erhält man ein ausgeglicheneres Zuverlässigkeits- bzw. Sicherheitsniveau durch die Anwendung von Teilsicherheitsbeiwerten. Der in Gl. (D.2.1) beschriebene Zusammenhang zwischen den Beanspruchungen und der Beanspruchbarkeit lässt sich mit dem Konzept der Teilsicherheitsbeiwerte

---

1) Formal ergibt sich nach [DIN 1045 – 88] zwar für die Betonfestigkeitsklassen B 45 und B 55 derselbe oder sogar noch ein kleinerer Rechenwert β_R der Betonfestigkeit, der aber nur als „Angstwert" zu interpretieren ist, weil man zum Zeitpunkt der ersten Neufassung der DIN 1045 im Jahre 1972 mit den „höheren" Betonfestigkeitsklassen wenig Erfahrung hatte und daher die Rechenwerte hierfür bewusst niedrig angesetzt hatte.

wie folgt darstellen (nachfolgende Gleichungen gelten für die Grundkombination):

$$E_d \leq R_d \quad \text{(D.2.2)}$$

Hierbei ergibt sich der Bemessungswert E_d der Einwirkungen aus (s. a. Gl. (D.3.1a))

$$E_d = E\,[\Sigma\,(\gamma_G \cdot G_k) \oplus \gamma_P \cdot P_k \oplus \gamma_{Q1} \cdot Q_{k,1} \oplus \sum_{i>1} (\gamma_{Q,i} \cdot \psi_{0,i} \cdot Q_{k,i})] \quad \text{(D.2.3a)}$$

In Gl. (D.2.3a) sind

γ_G; γ_P Teilsicherheitsbeiwert für die ständige Einwirkung, für die Vorspannung

γ_{Q1}; $\gamma_{Q,i}$ Teilsicherheitsbeiwert für die erste, für weitere veränderliche Einwirkungen

G_k; P_k charakteristischer Wert der ständigen Einwirkung, der Vorspannung

$Q_{k,1}$; $Q_{k,i}$ charakteristischer Wert der ersten, weiterer veränderlicher Einwirkungen

$\psi_{0,i}$ Kombinationsbeiwert der weiteren veränderlichen Einwirkungen

Den Bemessungswert R_d des Widerstands bzw. der Tragfähigkeit erhält man aus

$$R_d = R\,(\alpha \cdot f_{ck} / \gamma_c;\ f_{yk} / \gamma_s;\ 0{,}9 \cdot f_{pk} / \gamma_p) \quad \text{(D.2.3b)}$$

mit

γ_c; γ_s; γ_p Teilsicherheitsbeiwert für die Beton-, die Betonstahl- und Spannstahlfestigkeit

f_{ck}; f_{yk}; f_{pk} charakteristischer Wert der Beton-, der Betonstahl- und Spannstahlfestigkeit

Die Sicherheitsbeiwerte für Einwirkungen werden bei ungünstiger Wirkung zu $\gamma_G = 1{,}35$, $\gamma_Q = 1{,}50$ und $\gamma_P = 1{,}00$ gesetzt, die Materialsicherheitsbeiwerte auf der Widerstandsseite sind im Allgemeinen mit $\gamma_c = 1{,}50$ und $\gamma_s = \gamma_p = 1{,}15$ festgelegt. (Wegen weiterer konkreter Zahlenwerte bzgl. der Teilsicherheitsbeiwerte γ_i, des Kombinationsfaktors ψ_0 etc. und sonstiger Einzelheiten s. Abschn. 3.1.)

Durch das Konzept der Teilsicherheitsbeiwerte ist es möglich, die unterschiedlichen Verteilungsdichten auf der Seite der Einwirkungen und Widerstände genauer und differenzierter zu berücksichtigen und im Allgemeinen zu einer ausgeglicheneren tatsächlichen Zuverlässigkeit zu gelangen. So kann beipielsweise auf der Lastseite der Teilsicherheitsbeiwert für eine ständige Einwirkung wegen der größeren Vorhersagegenauigkeit etwas geringer festgelegt werden als für eine veränderliche Einwirkung mit einer entsprechend größeren Streuungsbreite. Ebenso ist auf der Seite der Widerstände die Verteilungsdichte der Festigkeiten von Beton und Betonstahl unterschiedlich, was mit dem Konzept der Teilsicherheitsbeiwerte konsequent durch einen größeren Beiwert für Beton gegenüber Stahl berücksichtigt werden kann.

Die Anwendung des Sicherheitskonzeptes nach DIN 1045-1 in Verbindung mit DIN 1055-100 führt häufig zu wirtschaftlicheren Ergebnissen als eine Berechnung nach [DIN 1045 – 88]. Dies soll nachfolgend an einigen einfachen Beispielen verdeutlicht werden, in denen die Bemessung nach DIN 1045-1 der nach DIN 1045 (alt) gegenübergestellt wird. Allerdings ist der Aufwand für den entwerfenden Ingenieur in der Regel größer, da nach neuer DIN 1045-1 oft eine größereAnzahl von Lastfallkombinationen untersucht werden muss.

2.3.3 Auswirkungen des Sicherheitskonzepts im Vergleich zwischen DIN 1045 (alt) und DIN 1045-1 (neu)

D

Die Auswirkungen des unterschiedlichen Sicherheitskonzepts – globaler Sicherheitsbeiwert nach DIN 1045 (alt), Teilsicherheitsbeiwerte nach DIN 1045-1 (neu) – sollen zunächst für den zentrisch auf Zug beanspruchten Querschnitt gezeigt werden. In diesem Fall ist von einem gerissenen Betonquerschnitt auszugehen, so dass auf der Widerstandseite nur die Bewehrung A_s wirksam ist.

Für die Einwirkungsseite wird unterstellt, dass nur *eine* veränderliche Last bzw. Nutzlast vorhanden ist, Kombinationswerte $\psi_{0,i}$ sind also nicht zu berücksichtigen. In Abb. D.2.5 ist hierfür in Abhängigkeit von der einwirkenden Zugkraft, die im Verhältnis Eigenlast zu Nutzlast variiert wird, der erforderliche Stahlbedarf als bezogene Größe $A_s \cdot f_{yk} / F_{ges}$ dargestellt. Diese Größe ist dabei identisch mit einem Gesamtsicherheitsfaktor, der sich ergibt

– nach DIN 1045-1 (mit DIN 1055-100):

$F_G/F_{ges} = 0 \quad \rightarrow \gamma_s \cdot \gamma_Q = 1{,}725$

$F_G/F_{ges} = 1 \quad \rightarrow \gamma_s \cdot \gamma_G = 1{,}553$

– nach DIN 1045:

$F_G/F_{ges} = \text{beliebig} \quad \rightarrow \gamma_{Global} = 1{,}75$

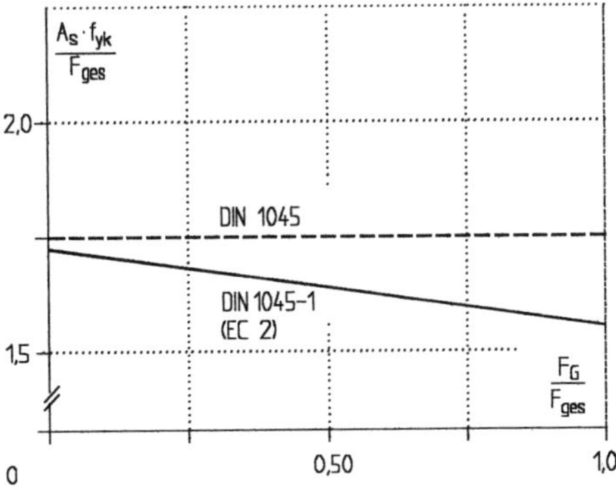

Abb. D.2.5 Bezogener Bewehrungsquerschnitt in Abhängigkeit vom Verhältnis der Zugkräfte infolge von Eigenlasten F_G zu Gesamtlasten F_{ges} bei nur einer Verkehrslast

Die Berechnung mit Teilsicherheitsbeiwerte nach neuer DIN 1045-1 kann also gegenüber DIN 1045 (alt) mit einem globalen Sicherheitsfaktor zu einer Bewehrungsreduzierung um bis zu ca. 12 % führen. Aus Abb. D.2.5 ist außerdem die differenzierte Betrachtungsweise von DIN 1045-1 bezüglich der ständigen und der veränderlichen Einwirkungen zu erkennen, die zu Bewehrungsunterschieden bis zu ca. 11 % führen können, während DIN 1045 beide Einwirkungsarten gleich bewertet.

Die Auswirkungen des Konzepts der Teilsicherheitsbeiwerte im Vergleich zu einem globalen Sicherheitsbeiwert auf der Einwirkungs- *und* Widerstandsseite ist bei dem zentrisch gedrückten Querschnitt besonders deutlich zu sehen. In Abb. D.2.6 ist ein Vergleich der aufnehmbaren bezogenen Längskräfte in Abhängigkeit vom Bewehrungsgrad dargestellt (der Vollständigkeit halber sowohl für die Druck- – neg. Vorzeichen bzw. obere Bildhälfte – als auch für die Zugseite). Der Vergleich bezieht sich auf einen C 20/25 und einen B 25, die näherungsweise die gleiche Festigkeit aufweisen. Die Darstellung gilt außerdem nur für bewehrten Beton, der Grenzwert für $\rho_l = 0$ ist nur theoretischer Art. Außerdem sind die Anforderungen einer Mindestbewehrung nicht berücksichtigt.

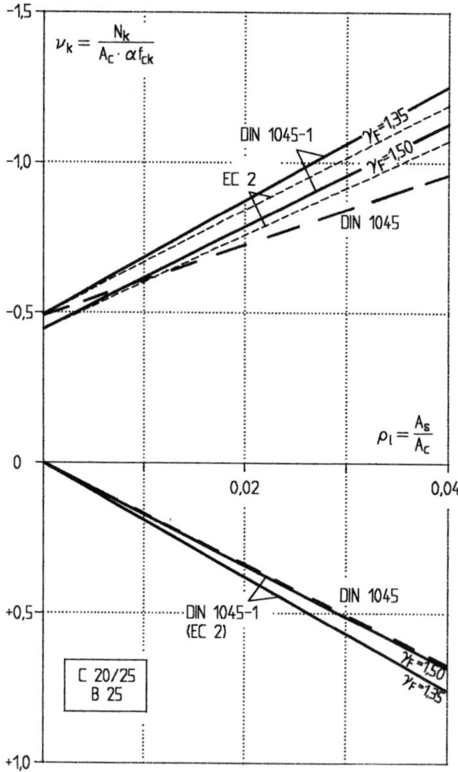

Abb. D.2.6 Bezogene zulässige Längskraft ν für den zentrisch beanspruchten Stahlbetonquerschnitt für einen Beton B 25 bzw. C 20/25 und einen Betonstahl BSt 500

Wie man sieht, ist nach DIN 1045-1 wiederum je nach Lastart zu unterscheiden, ob die Beanspruchung aus Eigenlasten ($\gamma_F = \gamma_G = 1,35$) oder aus Verkehrslasten ($\gamma_F = \gamma_Q = 1,50$) resultiert, während bei einer Berechnung mit einem globalen Sicherheitsbeiwert nach DIN 1045 die Lastart keine Rolle spielt. Zusätzlich ist jedoch auch der Einfluss von Teilsicherheitsbeiwerten auf der Widerstandsseite zu erkennen. Die Tragfähigkeit des Betonquerschnitts ist zunächst für den theoretischen Bewehrungsgrad $\rho_l = 0$ % bei einer Berechnung nach DIN 1045-1 und DIN 1045 nahezu identisch. Mit zunehmendem Bewehrungsgrad wirkt sich jedoch bei einer Berechnung nach DIN 1045-1 günstig aus, dass wegen des kleineren Teilsicherheitsbeiwertes für Betonstahl mit $\gamma_s = 1,15$ (im Vergleich zum Beton mit $\gamma_c = 1,5$) der Bewehrungsanteil deutlich günstiger als nach DIN 1045 beurteilt wird; in DIN 1045 wird nämlich pauschal Beton und Stahl mit ein und demselben globalen Sicherheitsfaktor belegt, der wegen Betonversagens $\gamma_{Global} = 2,1$ beträgt.[1)]

Aus den bisherigen Betrachtungen geht hervor, dass bei einer differenzierteren Betrachtungsweise der Einwirkungs- und Widerstandseite, wie es in DIN 1045-1 oder auch in Eurocode 2 geschieht, häufig wirtschaftlichere Ergebnisse erzielt werden und eine Berechnung nach [DIN 1045 – 88] im Allgemeinen auf der sicheren Seite liegt. Dies gilt jedoch insbesondere bei auf Biegung mit Längsdruck beanspruchten Querschnitten – beispielsweise bei Stützen – nur noch mit Einschränkungen. Eine Längsdruckkraft kann hier auch günstig wirken und eine Erhöhung der Druckkraft durchaus die erforderliche Bewehrung verringern.

Dies soll an der in Abb. D.2.7 dargestellten Stütze gezeigt werden. Die Stütze sei durch eine zentrisch wirkende Druckkraft infolge Eigenlasten beansprucht, während eine davon unabhängige veränderliche Last ein Biegemoment hervorruft. Zunächst

1) Die ebenfalls dargestellte Tragfähigkeit nach EC 2 ist – wie Abb. D.2.6 zu entnehmen ist – geringfügig ungünstiger als nach DIN 1045-1. Dieser Umstand ist jedoch nicht in unterschiedlichen Teilsicherheitsbeiwerten begründet, sondern in unterschiedlichen Grenzdehnungen für den auf mittigen Druck beanspruchten Betonquerschnitt. Während EC 2 (ebenso wie DIN 1045) noch eine Begrenzung der Stauchung auf 2,0 ‰ verlangt, lässt DIN 1045-1 hierfür Stauchungen bis zu 2,2 ‰ zu (vgl. Abschn. 5.1.1). Dies hat zur Folge, dass dann die Streckgrenze eines Betonstahls 500 gerade erreicht wird und damit die Bewehrung nach DIN 1045-1 anders als nach EC 2 voll ausgenutzt werden kann.

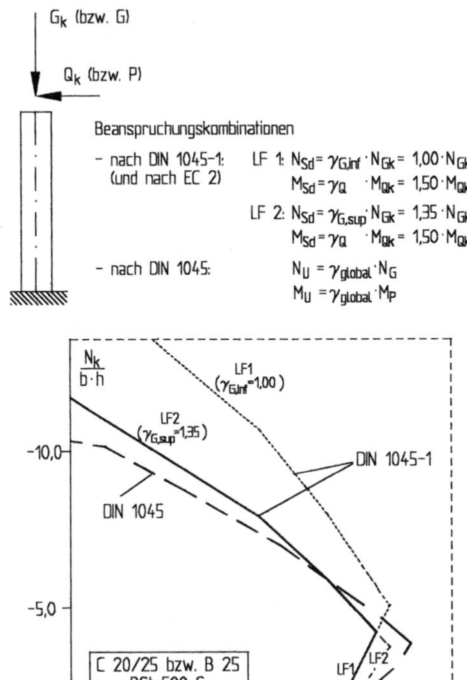

Abb. D.2.7 Stütze unter Beanspruchung aus Eigenlast und veränderlicher Last; zu untersuchende Lastfallkombinationen und vorhandene Tragfähigkeit für Gebrauchsschnittgrößen

einmal ist festzustellen, dass bei einer Berechnung mit Teilsicherheitsbeiwerten entsprechend DIN 1045-1 (und EC 2) zwei Lastfälle zu betrachten sind, nämlich jeweils das größte Biegemoment infolge der veränderlichen Last, einmal in Kombination mit dem unteren Wert der Längsdruckkraft infolge von Eigenlasten ($\gamma_{G,inf}$ = 1,00), zum anderen mit dem oberen ($\gamma_{G,sup}$ = 1,35). Bei nur einem und globalem Sicherheitsbeiwert entsprechend DIN 1045 ist dagegen nur eine Beanspruchungskombination zu untersuchen, wobei, auf der unsicheren Seite liegend, jedoch die Längsdruckkraft auch dann mit einem globalen Sicherheitsbeiwert erhöht wird, wenn dies zu einer Reduzierung der Bewehrung führt.

Diese Aussage ist an Hand der Tragfähigkeitskurven in Abb. D.2.7 dargestellt, die für einen Rechteckquerschnitt mit einem Bewehrungsgrad von 1 % als Interaktion zwischen der bezogenen Längsdruckkraft und dem bezogenen Biegemoment dargestellt ist. Wie man sieht, ist bei einer Berechnung nach DIN 1045-1 bei geringen Längsdruckkräften der Fall $\gamma_{G,inf}$ = 1,0 (LF. 1) maßgebend, da dann das zugehörige aufnehmbare Biegemoment kleiner als für $\gamma_{G,sup}$ = 1,35 ist. Es ist auch zu sehen, dass in diesem Bereich die Tragfähigkeit nach DIN 1045 rechnerisch größer ist und überschätzt wird.

Neben diesen hier im Querschnitt dargestellten Abweichungen und Unterschieden zwischen einer Berechnung mit Teilsicherheitsbeiwerten und mit einem globalen Sicherheitsbeiwert ergeben sich weitere und zusätzliche Abweichungen wegen unterschiedlicher Schnittgrößenverteilung. So ändert sich beispielsweise die Lage von Momentennullpunkten durch die unterschiedliche Gewichtung der einzelnen Lastarten. In Abb. D.2.8 ist dies für den Verlauf der Biegemomente eines Einfeldträgers mit Kragarm dargestellt. Hierfür ist für eine Bemessung nach DIN 1045 mit Gebrauchslasten gerechnet (eine Berechnung mit Bruchlasten führt zu derselben Lage des Momentennullpunktes). Für eine Bemessung nach DIN 1045-1 wurden die Teilsicherheitsbeiwerte jeweils ungünstigst berücksichtigt. Das Beispiel stellt allerdings insofern einen Sonderfall dar, als hier auch die Eigenlast mit zwei verschiedenen Sicherheitsbeiwerten ($\gamma_{G,\,inf}$ = 0,9 und $\gamma_{G,\,sup}$ = 1,1) berücksichtigt wurde, wie dies DIN 1055-100 konkret für den Nachweis der Lagesicherheit fordert. Bei Nachweisen des Grenzzustandes für Versagen des Tragwerks (örtlicher Bruch o. ä.) ist die *eigenständige* Berücksichtigung von günstigen und ungünstigen Anteilen einer ständigen Einwirkung jedoch in der Regel nicht erforderlich (s. hierzu auch Kap. A).

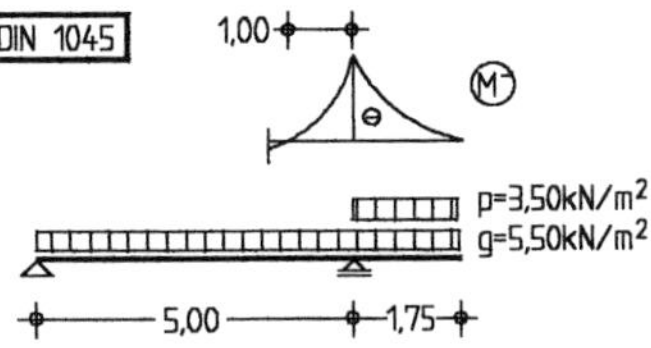

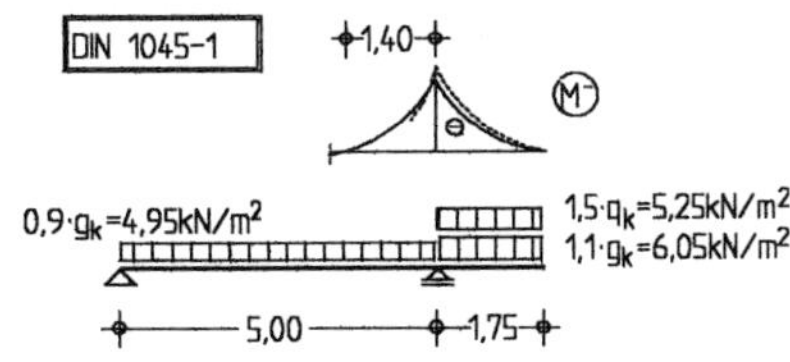

Abb. D.2.8 Lage des Momentennullpunktes für die negativen Momente bei einer Berechnung nach DIN 1045 und nach DIN 1045-1

3 Sicherheitskonzept

Das Bemessungskonzept von [E DIN 1045-1 – 00] in Verbindung mit DIN 1055-100 beruht auf dem Nachweis, dass sog. Grenzzustände nicht überschritten werden. Es sind Grenzzustände der Tragfähigkeit (Bruch, übermäßige Verformung, Verlust des Gleichgewichts, Ermüdung), der Gebrauchstauglichkeit (unzulässige Verformungen, Schwingungen, Rissbreiten) und der Dauerhaftigkeit zu beachten und zu untersuchen.

Es werden drei *Bemessungssituationen* unterschieden, die je nach Nachweis maßgebend sind:

- ständige Bemessungssituation (normale Nutzungsbedingungen des Tragwerks)
- vorübergehende Bemessungssituation (z. B. Bauzustand, Instandsetzungsarbeiten)
- außergewöhnliche Bemessungssituation (z. B. Anprall, Erschütterungen).

3.1 Grenzzustände der Tragfähigkeit

3.1.1 Bruch oder übermäßiger Verformung

Der Bemessungswert der Beanspruchung E_d darf den Bemessungswert des Tragwiderstands R_d nicht überschreiten (DIN 1055-100; vgl. auch Kap. A, Abschn. 4):

$$\boldsymbol{E_d \leq R_d} \qquad \text{(D.3.1)}$$

Bemessungswerte E_d der Beanspruchungen

Sie werden wie folgt bestimmt

- ständige und vorübergehende Bemessungssituation (Grundkombination)

$$E_d = E\left(\sum_{j\geq 1} \gamma_{G,j} \cdot G_{k,j} \oplus \gamma_P \cdot P_k \oplus \gamma_{Q,1} \cdot Q_{k,1} \oplus \sum_{i>1} \gamma_{Q,i} \cdot \psi_{0,i} \cdot Q_{k,i}\right) \qquad \text{(D.3.1a)}$$

- außergewöhnliche Bemessungssituation

$$E_{d,A} = E\left(\sum_{j\geq 1} \gamma_{GA,j} \cdot G_{k,j} \oplus \gamma_P \cdot P_k + A_d \oplus \psi_{1,1} \cdot Q_{k,1} \oplus \sum_{i>1} \psi_{2,i} \cdot Q_{k,i}\right) \qquad \text{(D.3.1b)}$$

Tafel D.3.1 Teilsicherheitsbeiwerte γ_F für Einwirkungen (Grundkombination)

Auswirkung	ständige Einwirkung γ_G	veränderliche Einwirkung γ_Q	Vorspannung γ_P
günstig	1,00	–	1,0
ungünstig	1,35	1,50	1,0

Für Zwang (generell eine veränderliche Einwirkung) gilt bei linearer Schnittgrößenermittlung $\gamma_Q = 1{,}20$.

Wasserdruck $Q_{k,w}$ als veränderliche Einwirkung, der in seiner Größe durch geometrische Verhältnisse begrenzt ist, darf bei ungünstiger Auswirkung wie eine ständige Einwirkung mit $\gamma_G = 1{,}35$ behandelt werden (ohne Verwendung von Kombinationsbeiwerten).

Bei Fertigteilen darf im Bauzustand für Biegung und Längskraft $\gamma_G = 1{,}15$ und $\gamma_Q = 1{,}15$ gesetzt werden.

$\gamma_{G,j}$	Teilsicherheitsbeiwerte für die ständige Einwirkung *j* (s. Tafel D.3.1)
$\gamma_{GA,j}$	Teilsicherheitsbeiwerte für die ständige Einwirkung *j* in der außergewöhnlichen Kombination (i. a. $\gamma_{GA,j} = 1$)
γ_P	Teilsicherheitsbeiwerte für die Vorspannung (s. Tafel D.3.1)
$\gamma_{Q,1}$; $\gamma_{Q,i}$	Teilsicherheitsbeiwerte für eine veränderliche Einwirkung, für weitere veränderliche Einwirkungen *i*
$G_{k,j}$	charakteristische Werte der ständigen Einwirkungen
P_k	charakt. Werte der Vorspannung
$Q_{k,1}$; $Q_{k,i}$	charakteristische Werte einer veränderlichen Einwirkung, weiterer veränderlicher Einwirkungen *i*
A_d	Bemessungswert einer außergewöhnlichen Einwirkung (z. B. Anprallast)
ψ_0, ψ_1, ψ_2	Kombinationsbeiwerte für seltene, häufige und quasi-ständige Einwirkungen (s. Tafel D.3.2)
$\oplus$	„in Kombination mit“

Beim Nachweis des Grenzzustandes für Versagen des Tragwerks werden alle charakteristischen Werte einer unabhängigen ständigen Einwirkung mit dem Faktor $\gamma_{G,sup} = 1{,}35$ multipliziert, wenn der Einfluss auf die betrachtete Beanspruchung ungünstig ist, und mit $\gamma_{G,inf} = 1{,}00$, wenn der Einfluss günstig ist. (Dies gilt jedoch nicht für den Nachweis der Lagesicherheit nach Abschn. 3.1.2; s. dort.)

Die veränderliche Last wird dagegen feldweise ungünstig mit $\gamma_Q = 1{,}50$ berücksichtigt, im günstigen Falle ist sie wegzulassen.

Mit den Kombinationsbeiwerten ψ_i nach Tafel D.3.2 wird die Häufigkeit des Auftretens einer veränderlichen Last berücksichtigt.

Tafel D.3.2 Kombinationsbeiwerte ψ [1)] (nach DIN 1055-100; s. a. Tafel A.5.2)

Einwirkung	Kombinationswerte ψ_0	ψ_1	ψ_2
Nutzlasten für Hochbauten			
– Wohn-/Aufenthaltsräume	0,7	0,5	0,3
– Büros	0,7	0,5	0,3
– Versammlungsräume	0,7	0,7	0,6
– Verkaufsräume	0,7	0,7	0,6
– Lagerräume	1,0	0,9	0,8
Schnee, Orte bis NN +1000 m	0,5	0,2	0
Orte über NN +1000 m	0,7	0,5	0,2
Windlasten	0,6	0,5	0
Temperatureinwirkungen	0,6	0,5	0
Baugrundsetzungen	1,0	1,0	1,0
Sonstige Einwirkungen	0,8	0,7	0,5

1) Auswahl; weitere Werte s. Tafel A.5.2.

Vereinfachte Kombination

Nach DIN 1055-100 dürfen Gln. (3.1a) und (3.1b) für Hochbauten bei einer linear-elastischen Schnittgrößenermittlung ersetzt werden durch:

– Grundkombination

$$E_d = \gamma_G \cdot E_{Gk} + 1{,}50 \cdot E_{Q,unf} + E_{Pk} \qquad \text{(D.3.2a)}$$

– außergewöhnlichen Situation

$$E_{dA} = A_d + E_{d,frequ} \qquad \text{(D.3.2b)}$$

$E_{Q,unf}$ Kombination der ungünstigen veränderlichen charakteristischen Werte
$E_{Q,unf} = E_{Qk,1} + \psi_{0,Q} \cdot \sum_{i>1} E_{Qk,i}$
($E_{Qk,1}$: vorherrschende Einwirkung)

$E_{d,frequ}$ Häufige Kombination
$E_{d,frequ} = E_{Gk} + E_{Pk} + \psi_{1,Q} \cdot E_{Q,unf}$
($\psi_{1,Q}$: bauwerksbezogener Größtwert)

γ_G Teilsicherheitsbeiwert der ständigen Einwirkung mit $\gamma_{G,sup} = 1{,}35$ oder $\gamma_{G,inf} = 1{,}00$ nach Tafel D.3.1
(Bei mehreren ständigen Einwirkungen – Eigenlasten, Erddruck, ständiger Wasserdruck – ist die Summe der ungünstigen unabhängigen $E_{G,unf}$ mit $\gamma_{G,sup}$, die Summe der günstigen unabhängigen $E_{G,fav}$ mit $\gamma_{G,inf}$ zu multiplizieren.)

Bemessungswerte des Widerstands R_d

Sie werden bei linear-elastischer Schnittgrößenermittlung oder plastischen Berechnungen gebildet aus (für nichtlineare Schnittgrößenermittlung s. DIN 1045-1, 5.3.3 und 8.5):

$$R_d = R\,(\alpha f_{ck}/\gamma_c;\; f_{yk}/\gamma_s;\; 0{,}9 \cdot f_{pk}/\gamma_p) \qquad \text{(D.3.4)}$$

f_{ck}; f_{yk}; f_{pk} charakteristische Werte der Beton-, Betonstahl- und Spannstahlfestigkeit

γ_c; γ_s; γ_p Teilsicherheitsbeiwerte für Beton, Beton- und Spannstahl nach Tafel D.3.4

Tafel D.3.4 Teilsicherheitsbeiwert γ_M für Baustoffe (DIN 1045-1, 5.3.3)

Kombination	Beton γ_c [1) 2)]	Betonstahl, Spannstahl γ_s, γ_p
Grundkombination	1,50	1,15
Außergewöhnliche Kombination (außer Erdbeben)	1,30	1,00
Ermüdung	1,50	1,15

[1)] γ_c muss bzw. darf ersetzt werden:
– Kippsicherheitsnachweis: $\gamma_c = 2{,}00$
– Fertigteile (überwachte Herstellung!): $\gamma_c = 1{,}35$

[2)] γ_c muss mit dem Faktor γ_c' vergrößert werden:
– unbewehrter Beton: $\gamma_c' = 1{,}2$
– Beton ≥ C 55/67: $\gamma_c' = 1/(1{,}1 - 0{,}002\,f_{ck})$

3.1.2 Versagen ohne Vorankündigung

Ein Versagen ohne Vorankündigung bei Erstrissbildung muss vermieden werden. Dies kann nach DIN 1045-1, 5.3.2 als erfüllt angesehen werden für:

- Unbewehrten Beton
  Für stabförmige Bauteile mit Rechteckquerschnitt Begrenzung der Ausmitte der Längskraft in der maßgebenden Einwirkungskombination des Grenzzustandes der Tragfähigkeit auf $e/h < 0{,}4$ (s. jedoch Abschn. 9.6)
- Stahlbeton
  Anordnung einer Mindestbewehrung nach DIN 1045-1, 13.1.1, die für das Rissmoment mit dem Mittelwert der Zugfestigkeit f_{ctm} und der Stahlspannung $\sigma_s = f_{yk}$ berechnet ist
- Spannbeton
  Mindestbewehrung (wie vorher; das Rissmoment ist ohne Anrechnung der Vorspannkraft zu ermitteln)
  oder
  geregelte Überwachung und Überprüfung der Unversehrtheit der Spannglieder.

D

3.1.3 Statisches Gleichgewicht

Nach DIN 1055-100 ist nachzuweisen, dass die Bemessungswerte der destabilisierenden Einwirkungen $E_{d,dst}$ die Bemessungswerte der stabilisierenden Einwirkungen $E_{d,stb}$ nicht überschreiten:

$$\boldsymbol{E_{d,dst} \le E_{d,stb}} \qquad \text{(D.3.5a)}$$

Wird die Lagesicherheit durch eine Verankerung bewirkt, wird Gl. (3.5a) wie folgt modifiziert

$$\boldsymbol{E_{d,dst} - E_{d,stb} \le R_d} \qquad \text{(D.3.5b)}$$

Für die Berechung des statischen Gleichgewichts gelten für die veränderlichen Einwirkungen die Teilsicherheitsbeiwerte nach Tafel D.3.1 und die Kombinationsbeiwerte nach Tafel D.3.2. Zusätzlich gelten für die ständigen Einwirkungen

– $\gamma_{G,inf} = 0{,}9$ für die günstig wirkenden ständigen Einwirkungen
– $\gamma_{G,sup} = 1{,}1$ für die ungünstig wirkenden ständigen Einwirkungen

Bei kleinen Schwankungen (wie z. B. beim Nachweis der Auftriebssicherheit) dürfen die Werte auf 0,95 bzw. 1,05 geändert werden. Weitere Hinweise s. Kap. A.

3.1.4 Ermüdung

Nachweis ist nach DIN 1045-1, 10.8 zu führen; der Bemessungswert einer Schädigungssumme D_{Sd} darf den Wert 1 nicht überschreiten:

$$\boldsymbol{D_{Sd} \le 1} \qquad \text{(D.3.6)}$$

Vereinfachend kann der Nachweis auch nach DIN 1045-1, 10.8.4 mit den Einwirkungskombinationen nach Abschn. 3.2 – d. h. mit $\gamma_F = 1$ – geführt werden.

3.2 Grenzzustände der Gebrauchstauglichkeit

Der Bemessungswert der Beanspruchung E_d darf den Grenzwert der betrachteten Auswirkung C_d bzw. R_d bei vorgegebenen Bedingungen für die Gebrauchstauglichkeit nicht überschreiten:

$$\boldsymbol{E_d \leq C_d} \quad \text{bzw.} \qquad (D.3.7a)$$
$$\boldsymbol{E_d \leq R_d} \qquad (D.3.7b)$$

Einwirkungskombinationen E_d

Sie sind für die Grenzzustände der Gebrauchstauglichkeit wie folgt definiert:

- Seltene Kombination

$$E_{d,rare} = E\,(\sum_{j \geq j} G_{k,j} \oplus P_k \oplus Q_{k,1} \oplus \sum_{i>1} \psi_{0,i} \cdot Q_{k,i}) \qquad (D.3.8a)$$

- Häufige Kombination

$$E_{d,frequ} = E\,(\sum_{j \geq j} G_{k,j} \oplus P_k \oplus \psi_{1,1} \cdot Q_{k,1} \oplus \sum_{i>1} \psi_{2,i} \cdot Q_{k,i}) \qquad (D.3.8b)$$

- Quasi-ständige Kombination

$$E_{d,perm} = E\,(\sum_{j \geq 1} G_{k,j} \oplus P_k \oplus \sum_{i \geq 1} \psi_{2,i} \cdot Q_{k,i}) \qquad (D.3.8c)$$

(Erläuterung der Formelzeichen s. vorher.)

Vereinfachte Kombination

Für den Hochbau darf bei einer linear-elastischen Schnittgrößenermittlung auch verwendet werden:

- Seltene Kombination

$$E_{d,rare} = E_{Gk} + E_{Pk} + E_{Q,unf} \qquad (D.3.9a)$$

- Häufige Kombination

$$E_{d,frequ} = E_{Gk} + E_{Pk} + \psi_{1,Q} \cdot E_{Q,unf} \qquad (D.3.9b)$$

- Quasi-ständige Kombination

$$E_{d,perm} = E_{Gk} + E_{Pk} + \Sigma\, \psi_{2,i} \cdot E_{Qk,i} \qquad (D.3.9c)$$

mit $E_{Q,unf}$ als Kombination der ungünstigen veränderlichen charakteristischen Werte

$$E_{Q,unf} = E_{Qk,1} + \psi_{0,Q} \cdot \sum_{i>1} E_{Qk,i}$$

($E_{Qk,1}$ vorherrschende Einwirkung
$\psi_{0,Q}$ bauwerksbezogener Größtwert nach Tafel D.3.2)

Bemessungswert des Gebrauchstauglichkeitskriterium C_d bzw. R_d

Das Gebrauchstauglichkeitskriterium C_d bzw. R_d kann zum Beispiel eine ertragbare Spannung, eine zulässige Verformung, Rissbreite o. ä. sein (s. hierzu auch Abschn. 5.2).

3.3 Dauerhaftigkeit

Zur Erreichung einer ausreichenden Dauerhaftigkeit eines Tragwerks sind zu berücksichtigen:

- Nutzung des Tragwerks
- geforderte Tragwerkseigenschaften
- voraussichtliche Umweltbedingungen
- Zusammensetzung, Eigenschaften und Verhalten der Baustoffeigenschaften
- Bauteilform und bauliche Durchbildung
- Qualität der Bauausführung und Überwachung
- besondere Schutzmaßnahmen
- voraussichtliche Instandhaltung während der vorgesehenen Nutzungsdauer.

Für eine ausreichende Dauerhaftigkeit sind die Nachweise in den Grenzzuständen der Tragfähigkeit und der Gebrauchstauglichkeit und konstruktive Regeln zu erfüllen. Außerdem sind in Abhängigkeit von den Umweltbedingungen und Einwirkungen Mindestbetonfestigkeitsklassen und Mindestbetondeckungen der Bewehrung einzuhalten. Umwelt im Sinne von [E DIN 1045-1 – 00] bedeutet chemische und physikalische Einwirkungen, denen ein Tragwerk als Ganzes oder Tragwerksteile und der Beton selbst ausgesetzt sind.

Chemischer Angriff kann herrühren aus

- der Nutzung eines Bauwerks
- Umweltbedingungen
- Kontakt mit Gasen oder Lösungen
- im Beton enthaltenen Chloriden
- Reaktionen zwischen den Betonbestandteilen (z. B. Alkalireaktionen im Beton).

Physikalischer Angriff kann erfolgen durch

- Verschleiß
- Temperaturwechsel
- Frost-Tau-Wechselwirkung
- Eindringen von Wasser.

Bei den Umweltbedingungen bzw. Umweltklassen wird unterschieden zwischen Bewehrungskorrosion und Betonangriff. Bei der Bewehrungskorrosion werden in DIN 1045-1, Tab. 6.1 die karbonatisierungsinduzierte und die chloridinduzierte Korrosion sowie die chloridinduzierte Korrosion aus Meerwasser genannt. Die Umweltklassen nach den Risiken des Betonangriffs in DIN 1045-1, Tab. 6.2 geben den Angriff durch aggressive chemische Umgebung, Frost-Tauwechsel und Verschleiß wieder.

Eine Mindestbetondeckung c_{min} ist vorzusehen zum Schutz der Bewehrung gegen Korrosion und zur sicheren Übertragung von Verbundkräften. Die Betondeckung wird daher in Abhängigkeit von den Umweltklassen für Bewehrungskorrosion und von dem Durchmesser der Bewehrung in DIN 1045-1, Tab. 6.3 festgelegt. (Die aus Brandschutzgründen geforderten Betondeckungen werden nicht in DIN 1045-1 behandelt.)

4 Ausgangswerte für die Querschnittsbemessung

4.1 Beton

DIN 1045-1 gilt für Normal- und Leichtbeton. Die Festigkeitsklassen für Normalbeton werden durch das vorangestellte Symbol C, für Leichtbeton durch LC gekennzeichnet. Auf die Besonderheiten von Leichtbeton wird in diesem Beitrag jedoch nur an einigen Stellen eingegangen

Festigkeitsklassen und mechanische Eigenschaften

In der Bezeichnung der Festigkeitsklassen nach DIN 1045-1 gibt der erste Zahlenwert die Zylinderdruckfestigeit $f_{ck,cyl}$, der zweite die Würfeldruckfestigkeit $f_{ck,cube}$ (jeweils in N/mm²) wieder. Die wesentlichen mechanischen und für die Bemessung relevanten Eigenschaften sind für Normalbeton in [E DIN 1045-1 – 00], Tab. 9.2, für Leichtbeton in Tab. 9.3 zusammengestellt; nachfolgende Tafeln D.4.1 und D.4.2 geben einen Überblick.

Spannungs-Dehnungs-Linien

Nach DIN 1045-1 ist zu unterscheiden zwischen der Spannungs-Dehnungs-Linie für die Schnittgrößenermittlung und für die Querschnittsbemessung (DIN 1045-1, 9.1.5 und 9.1.6).

Für nichtlineare Verfahren der **Schnittgrößenermittlung** und Ermittlung von Verformungen ist die in DIN 1045-1, 9.1.5 (s. Abb. D.4.1) angegebene Spannungs-Dehnungs-Linie maßgebend. Die Beziehung zwischen σ_c und ε_c für kurzzeitig wirkende Lasten und einachsige Spannungszustände wird beschrieben durch

$$\frac{\sigma_c}{f_c} = \frac{k\eta - \eta^2}{1 + (k-2)\cdot\eta} \qquad \text{(D.4.1)}$$

mit $\eta = \varepsilon_c/\varepsilon_{c1}$ und $k = -1{,}1 E_{cm} \cdot \varepsilon_{c1}/f_c$ (Werte für E_{cm}, ε_{c1} und f_c nach Tafel D.4.1 und D.4.2). Die Gleichung ist für $0 \geq \varepsilon_c \geq \varepsilon_{c1u}$ gültig, wobei ε_{c1u} die Bruchdehnung bei Erreichen der Festigkeitsgrenze nach Tafel D.4.1 und D.4.2 darstellt. Für nichtlineare Verfahren der Schnittgrößenermittlung gilt für f_c der Rechenwert f_{cR} nach DIN 1045-1, 8.5.1.

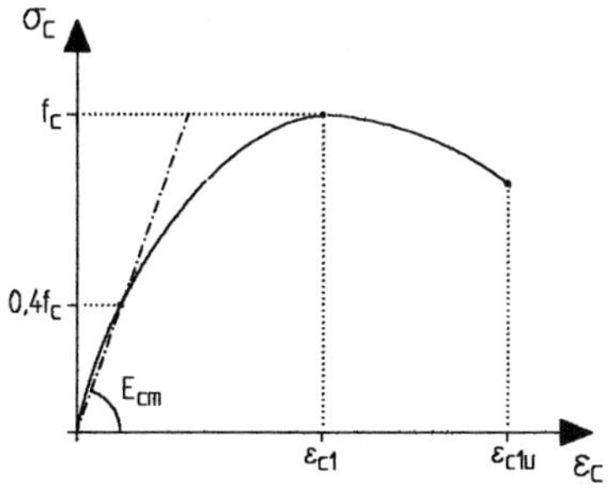

Abb. D.4.1 Spannungs-Dehnungs-Linie für die Schnittgrößenermittlung

Für die **Querschnittsbemessung** ist das Parabel-Rechteck-Diagramm gemäß Abb. D.4.2 die bevorzugte Idealisierung der tatsächlichen Spannungsverteilung. Hierbei ist zu unterscheiden zwischen Betonfestigkeitsklassen bis C 50/60 und höheren Festigkeitsklassen.

Für Betonfestigkeitsklassen *bis C 50/60* ist das Parabel-Rechteck-Diagramm durch eine affine Form mit konstanten Grenzdehnungen gekennzeichnet, die bei Erreichen der Festigkeitsgrenze mit $\varepsilon_{c2} = -2{,}0$ ‰ und bei Erreichen der Dehnung unter Höchstlast mit $\varepsilon_{c2u} = -3{,}5$ ‰ festgelegt ist. Die Gleichung der Parabel für die Bemessungswerte der Betondruckspannungen im Grenzzustand der Tragfähigkeit erhält man aus

$$\sigma_c = -1000 \cdot (\varepsilon_c + 250 \cdot \varepsilon_c^2) \cdot f_{cd} \qquad \text{(D.4.2)}$$

mit $f_{cd} = \alpha\, f_{ck}/\gamma_c$ Bemessungsbetondruckfestigkeit
γ_c Teilsicherheitsbeiwert nach Tafel 3.4
α Faktor zur Berücksichtigung von Langzeiteinwirkungen u. ä. Für Normalbeton gilt $\alpha = 0{,}85$, für Leichtbeton jedoch i. Allg. $\alpha = 0{,}75$ (bei Verwendung der bilinearen Beziehung $\alpha = 0{,}80$).

(*Anmerkung*: Gl. (D.4.2) ergibt sich aus Gl. (D.4.3) mit $\varepsilon_{c2} = -0{,}002$ und $n = 2$, s. a. Tafel D.4.1.)

Bei Betonfestigkeitsklassen *ab C 55/67* (sowie für Leichtbeton generell) wird das Materialverhalten durch die genannten Grenzdehnungen und durch Gl. (D.4.2) nur ungenau erfasst. Die Stauchung bei Erreichen der Höchstlast wird mit steigenden Betonfestigkeitsklassen zunehmend kleiner und erreicht für den C 110/115 nur noch den Wert $\varepsilon_{c2u} = -2{,}2$‰, ebenso müssen die Werte für die Dehnung ε_{c2} bei Erreichen der Höchstlast und die Form der Parabel angepaßt werden (s. hierzu Tafel D.4.1). Es gilt dann

$$\sigma_c = [1 - (1 - \varepsilon_c/\varepsilon_{c2})^n] \cdot f_{cd} \qquad \text{(D.4.3)}$$

mit $f_{cd} = \alpha\, f_{ck}/\gamma_c$ (s. o.; für γ_c ist der Erhöhungsfaktor γ_c' zu beachten, s. Tafel D.3.4)
ε_{c2} Dehnung bei Erreichen der Festigkeitsgrenze nach Tafel D.4.1
n Exponent nach Tafel D.4.1

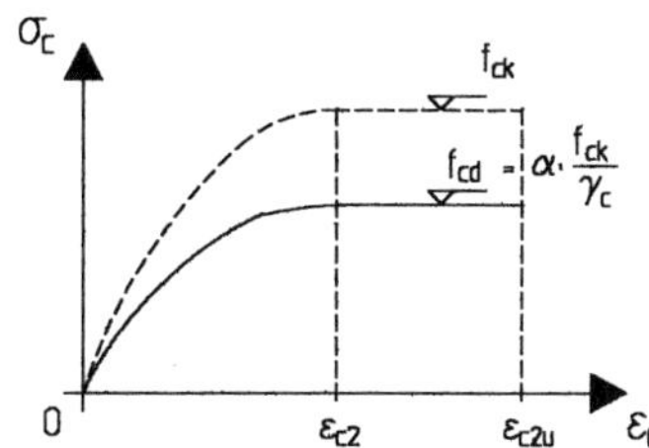

Abb. D.4.2 Parabel-Rechteck-Diagramm für die Querschnittsbemessung

D

Tafel D.4.1 Mechanische Eigenschaften von Normalbeton nach DIN 1045-1, Tab. 9.2 (f_{ck}, f_{cm}, f_{ctm}, f_{ctk} und E_{cm} in N/mm²)

Festigkeitsklasse C[1)]		12/15	16/20	20/25	25/30	30/37	35/45	40/50	45/55	50/60	55/67	60/75	70/85	80/95	90/105	100/115	Analytische Beziehung
Druck-festigkeit	$\lvert f_{ck} \rvert$	12	16	20	25	30	35	40	45	50	55	60	70	80	90	100	(Zylinderdruckfestigkeit $f_{ck,cyl}$)
	$\lvert f_{cm} \rvert$	20	24	28	33	38	43	48	53	58	63	68	78	88	98	108	$f_{cm} = f_{ck} + 8$ (in N/mm²)
Zug-festigkeit	f_{ctm}	1,6	1,9	2,2	2,6	2,9	3,2	3,5	3,8	4,1	4,2	4,4	4,6	4,8	5,0	5,2	$f_{ctm} = 0{,}30 \cdot f_{ck}^{2/3}$ $f_{ctm} = 2{,}12 \cdot \ln(1+(f_{cm}/10))$
	$f_{ctk;\,0,05}$	1,1	1,3	1,5	1,8	2,0	2,2	2,5	2,7	2,9	3,0	3,1	3,2	3,4	3,5	3,7	$f_{ctk;0.05} = 0{,}7 \cdot f_{ctm}$
	$f_{ctk;\,0,95}$	2,0	2,5	2,9	3,3	3,8	4,2	4,6	4,9	5,3	5,5	5,7	6,0	6,3	6,6	6,8	$f_{ctk;0.95} = 1{,}3 \cdot f_{ctm}$
E-Modul	E_{cm} [2)]	25 800	27 400	28 800	30 500	31 900	33 300	34 500	35 700	36 800	37 800	38 800	40 600	42 300	43 800	45 200	$E_{cm} = 9500 \cdot (f_{ck}+8)^{1/3}$
Dehnung	ε_{c1} ‰	−1,80	−1,90	−2,10	−2,20	−2,30	−2,40	−2,50	−2,55	−2,60	−2,65	−2,70	−2,80	−2,90	−2,95	−3,00	Gilt nur für Gl. (D.4.1) und
	ε_{c1u} ‰	−3,50									−3,40	−3,30	−3,20	−3,10	−3,00	−3,00	Abb. D.4.1
Dehnung	ε_{c2} ‰	−2,00									−2,03	−2,06	−2,10	−2,14	−2,17	−2,20	Gilt nur für Gl. (D.4.3) und
	ε_{c2u} ‰	−3,50									−3,10	−2,70	−2,50	−2,40	−2,30	−2,20	Abb. D.4.2
Dehnung	ε_{c3} ‰	−1,35									−1,35	−1,40	−1,50	−1,60	−1,65	−1,70	Gilt für Abb. D.4.3a
	ε_{c3u} ‰	−3,50									−3,10	−2,70	−2,50	−2,40	−2,30	−2,20	(bilineare σ-ε-Linie)
n		2,0									2,0	1,9	1,8	1,7	1,6	1,55	Exponent nach Gl. (D.4.3)

Tafel D.4.2 Mechanische Eigenschaften von Leichtbeton nach DIN 1045-1, Tab. 9.3 (f_{lck}, f_{lcm}, f_{lctm}, f_{lctk} und E_{lcm} in N/mm²)

Festigkeitsklasse LC[1)]		12/13	16/18	20/22	25/28	30/33	35/38	40/44	45/50	50/55	55/60	60/66	Analytische Beziehung; Erläuterungen
Druck-festigkeit	$\lvert f_{lck} \rvert$	12	16	20	25	30	35	40	45	50	55	60	Zylinderdruckfestigkeit $f_{ck,cyl}$
	$\lvert f_{lcm} \rvert$	20	24	28	33	38	43	48	53	58	63	68	$f_{cm} = f_{ck} + 8$ (in N/mm²)
Zug-festigkeit	f_{lctm}	$f_{lctm} = f_{ctm} \cdot \eta_1$											
	$f_{lctk;\,0,05}$	$f_{lctk;0.05} = f_{ctk;0.05} \cdot \eta_1$											$\eta_1 = 0{,}40 + 0{,}60 \cdot (\rho/2200)$ | ρ Rohdichte in kg/m³
	$f_{lctk;\,0,95}$	$f_{lctk;0.95} = f_{ctk;0.95} \cdot \eta_1$											
E-Modul	E_{lcm} [2)]	$E_{lcm} = E_{cm} \cdot \eta_E$											$\eta_E = (\rho/2200)^2$ | ρ Rohdichte in kg/m³
Dehnung	ε_{lc1}	$\varepsilon_{lc1} = -k \cdot f_{lcm} / E_{lcm}$											Gilt nur für Gl. (D.4.1) | k = 1,1 bei Leichtsand
	ε_{lc1u}	$\varepsilon_{lc1u} = \varepsilon_{lc1}$											und Abb. D.4.1 | k = 1,3 bei Natursand
Dehnung	ε_{lc2} ‰	−2,00									−2,03	−2,06	Gilt nur für Gl. (D.4.3)
	ε_{lc2u} ‰	$-3{,}50 \cdot \eta_1 \leq \varepsilon_{c2u}$											und Abb. D.4.2 (η_1 s. o.)
Dehnung	ε_{lc3} ‰	−1,80											Gilt nur für Abb. D.4.3a
	ε_{lc3u} ‰	$-3{,}50 \cdot \eta_1 \leq \varepsilon_{c3u}$											(bilineare σ-ε-Linie) (η_1 s. o.)
n		2,0									2,0	1,9	Exponent nach Gl. (D.4.3)

1) Anwendung von C12/15 und LC 12/13 nur bei vorwiegend ruhenden Lasten. Für die Anwendung von C 90/105 und C 100/115 bedarf es weiterer Nachweise

2) Mittlerer E-Modul als Sekantenmodul bei $\lvert \sigma_c \rvert \approx 0{,}4 \cdot f_{cm}$.

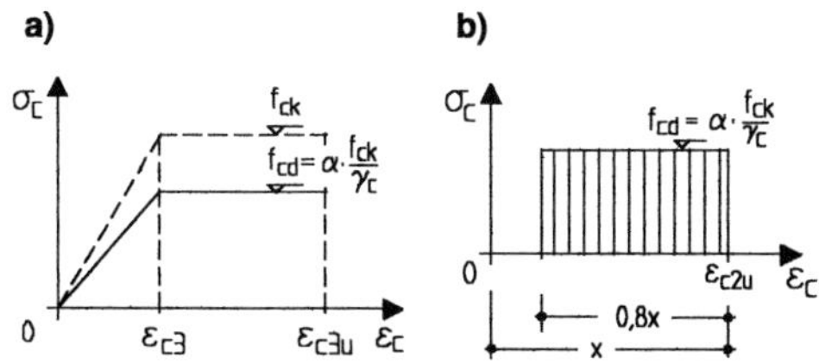

Abb. D.4.3 Vereinfachte Spannungs-Dehnungs-Linien
a) Bilineare Spannungs-Dehnungs-Linie
b) Rechteckiger Spannungsblock

Andere idealisierte Spannungs-Dehnungs-Linien sind zulässig, wenn sie dem Parabel-Rechteck-Diagramm in Bezug auf die Spannungsverteilung gleichwertig sind (z. B. die bilineare Spannungsverteilung nach Abb. 4.3a). Der rechteckige Spannungsblock (Abb. D. 4.3b), der für „Von-Hand"- und Kontrollrechnungen eine praktische Bedeutung hat, darf alternativ ebenfalls angewendet werden, wenn die Dehnungsnulllinie im Querschnitt liegt.

Für den Bemessungswert der Betonfestigkeit f_{cd} (s. Abb. D.4.3) und die Werte α und γ_c gelten die Erläuterungen zu Gl. (D.4.2). Bei Anwendung der bilinearen Spannungs-Dehnungs-Linie nach Abb. D.4.3a sind die Grenzdehnungen entsprechend Tafel D.4.1 und D.4.2 zu beachten.

Elastische Verformungseigenschaften

Die elastischen Verformungen des Betons hängen im hohen Maße von seiner Zusammensetzung – insbesondere von seinen Zuschlagstoffen – ab. Die in DIN 1045-1, 9.1.3 gemachten Angaben können daher nur als Richtwerte dienen und sind dann genauer zu ermitteln, wenn ein Tragwerk besonders empfindlich auf entsprechende Abweichungen reagiert. Folgenden Angaben können i. Allg. verwendet werden:

- Elastizitätsmodul E_{cm}
  Es gilt der Sekantenmodul nach Tafel D.4.1 / D.4.2.
- Querdehnzahl
  Sie darf im allgemeinen zu 0,2 angenommen werden; bei Rissbildung darf auch näherungsweise null angenommen werden.
- Wärmedehnzahl
  Die Wärmedehnzahl darf i. Allg. für Normalbeton zu $10 \cdot 10^{-6}$ K^{-1} gesetzt werden und für Leichtbeton zu $8 \cdot 10^{-6}$ K^{-1}.

Kriechen und Schwinden

Kriechen und Schwinden des Betons hängen hauptsächlich von der Feuchte der Umgebung, den Bauteilabmessungen, der Betonzusammensetzung, dem Betonalter bei Belastungsbeginn sowie von der Dauer und Größe der Beanspruchung ab.

Die nachfolgend angegebenen Beziehungen dürfen als zu erwartende Mittelwerte angesehen werden. Sie gelten unter folgenden Voraussetzungen:

- kriecherzeugende Betondruckspannung $\leq 0{,}45 f_{ck}$
- Luftfeuchte zwischen RH = 40 % und RH = 100 %
- mittlere Temperaturen zwischen 10 °C und 30 °C

Die Kriechdehnung des Betons $\varepsilon_{cc}(t, t_0)$ zum Zeitpunkt t kann in Abhängigkeit von der Kriechzahl wie folgt berechnet werden:

$$\varepsilon_{cc}(t, t_0) = \varphi(t, t_0) \cdot \sigma_c(t_0) / E_{c0} \qquad \text{(D.4.4)}$$

mit $\sigma_c(t_0)$ als Betonspannung bei Belastungsbeginn, E_{c0} als Tangentenmodul nach 28 Tagen (näherungsweise $E_{c0} = 1{,}1\ E_{cm}$) und der Kriechzahl φ.

Bei einem lineraren Kriechverhalten kann die Kriechdehnung auch durch eine Abminderung des Elastizitätsmoduls erfasst werden:

$$E_{c,eff} = E_{cm} / (1 + \varphi(t, t_0)) \qquad \text{(D.4.5)}$$

Häufig werden nur die Endkriechzahlen φ_∞ benötigt. Die Ermittlung dieser Werte kann, wenn keine besondere Genauigkeit gefordert ist, mit Hilfe der Abbildungen in DIN 1045-1, 9.1.4 erfolgen. Die dortigen Darstellungen beruhen auf den nachfolgend ausführlicher dargestellten Berechungsansätzen. Zur groben Orientierung sind in Tafel D.4.3 für einige ausgewählte Fälle – zugrunde liegende Parameter s. Anmerkung zu den Tafeln – Zahlenwerte angegeben; bzgl. weiterer Werte (andere Betonfestigkeitsklassen, Zemente etc.) wird auf DIN 1045-1 bzw. nachfolgende Gleichungen verwiesen.

Soweit die Werte der Tafel D.4.3 (ebenso die Darstellungen in DIN 1045-1) für Leichtbeton angewendet werden sollen, sind Anpassungsfaktoren zu beachten (s. nachfolgend).

Tafel D.4.3: Endkriechzahlen φ_∞ [1]
(nach DIN 1045-1, Abschn. 9.1.4 bzw. nach Gl. (D.5.6))

Alter bei Belastung t_0 (Tage)	RH	Wirksame Bauteildicke $2A_c/u$ (in mm)					
		50	150	500	50	150	500
		C 20/25			C 30/37		
1	50 %	7,8	6,3	5,2	5,3	4,6	3,9
	80 %	4,9	4,3	3,9	3,7	3,3	3,0
7	50 %	5,5	4,4	3,7	3,7	3,2	2,7
	80 %	3,4	3,0	2,7	2,6	2,3	2,1
28	50 %	4,2	3,4	2,8	2,9	2,5	2,1
	80 %	2,6	2,3	2,1	2,0	1,8	1,6

[1] Die Werte gelten für die Betonfestigkeiten C 20/25 und C 30/37 und für Betone mit normal erhärtendem Zement (N), welche nicht länger als 14 Tage feucht nachbehandelt werden und üblichen Umgebungsbedinungen (Temperaturen zwischen +10 °C und 30 °C) ausgesetzt sind.

D

Die Kriechzahl zu einem beliebigen Zeitpunkt t kann wie folgt ermittelt werden (vgl. [Zilch/Rogge – 00]):

$$\varphi(t, t_0) = \varphi_0 \cdot \beta_c(t, t_0) \qquad \text{(D.4.6)}$$

$$\varphi_0 = \varphi_{RH} \cdot \beta(f_{cm}) \cdot \beta(t_0) \qquad \text{(D.4.6a)}$$

$$\varphi_{RH} = (1 + \frac{1-(RH/100)}{0{,}1 \cdot h^{1/3}} \cdot \alpha_1) \cdot \alpha_2$$

$$\beta(f_{cm}) = 16{,}8 / \sqrt{f_{cm}}$$

$$\beta(t_0) = 1/(0{,}1 + t_0^{0{,}2})$$

$$\beta_c(t, t_0) = \left[\frac{t - t_0}{\beta_H + t - t_0}\right]^{0{,}3} \qquad \text{(D.4.6b)}$$

$$\beta_H = 1{,}5\, h \cdot [1 + (0{,}012 RH)^{18}] + 250\, \alpha_3 \leq 1500\, \alpha_3$$

mit RH relative Luffeuchte (in %)
h $= 2A_c / u$ wirksame Bauteildicke (in mm)
f_{cm} mittlere Betondruckfestigkeit in N/mm²
t Betonalter zur betrachteten Zeit (in Tagen)
t_0 Betonalter zu Belastungsbeginn (in Tagen)
$\alpha_1 = (35 / f_{cm})^{0{,}7}$
$\alpha_2 = (35 / f_{cm})^{0{,}2}$
$\alpha_3 = (35 / f_{cm})^{0{,}5}$

In diesem Produktansatz beschreiben die einzelnen Faktoren die wesentlichen Einflussparameter des Kriechens:

- die Grundkriechzahl φ_0 mit den Beiwerten φ_{RH}, $\beta(f_{cm})$ und $\beta(t_0)$ für den Einfluss der relativen Luftfeuchte, der Betonfestigkeit und des Betonalters bei Belastungsbeginn
- der Beiwert $\beta_c(t, t_0)$ zur Beschreibung des zeitlichen Verlaufs des Kriechens mit β_H in Abhängigkeit von RH und h

Für eine mittlere Betondruckfestigkeit von 35 N/mm² erhält man mit $\alpha_1 = \alpha_2 = \alpha_3 = 1$ den schon in EC 2 Teil 1-1, Anhang 1 enthaltenen Ansatz.

Zusätzlich können die Einflüsse der Temperatur und der Zementart durch Korrektur des Belastungsalters t_0 erfasst werden (s. a. EC 2 Teil 1-1, Anhang 1):

$$t_0 = t_{0,T} \cdot (9 / [2 + (t_{0,T})^{1{,}2}] + 1)^{\alpha} \geq 0{,}5 \qquad \text{(D.4.6c)}$$

$$t_{0,T} = \Sigma\, e^{-(4000/[273 + T(\Delta t_i)] - 13{,}65)} \cdot \Delta T_i$$

mit $t_{0,T}$ wirksames Betonalter bei Belastungsbeginn unter Berücksichtigung der Temperatur (im Bereich von 0 °C bis 80 °C)
α von der Zementart abhängiger Exponent
$\alpha = -1$ langsam erhärtender Zement (SL)
$\alpha = 0$ normal oder schnell erhärtender Zement (N, R)
$\alpha = 1$ schnell erhärtender hochfester Zement (RS)
$T(\Delta T_i)$ Temperatur in °C im Zeitraum Δt_i
ΔT_i Anzahl der Tage mit der Temperatur T

Für Leichtbeton dürfen die Kriechzahlen verwendet werden, wenn die Werte $\varphi(t, t_0)$ mit $\eta_2 = E_{lcm}/E_{cm}$ abgemindert werden. Für die Festigkeitsklassen LC 12/13 und LC 16/18 ist die so ermittelte Kriechzahl zusätzlich mit dem Faktor $\eta_3 = 1{,}3$ zu multiplizieren.

Tafel D.4.4: Endschwindmaße $\varepsilon_{cs,\infty}$ [1)]
(nach DIN 1045-1, Abschn. 9.1.4 bzw. Gl. (D.4.7))

Lage des Bauteils	Betonfestigkeit	
	C 20/25	C 30/37
innen (RH = 50 %)	$-70 \cdot 10^{-5}$	$-65 \cdot 10^{-5}$
außen (RH = 80 %)	$-41 \cdot 10^{-5}$	$-39 \cdot 10^{-5}$

Die Endschwindmaße $\varepsilon_{cs,\infty}$ für den Zeitpunkt $t = \infty$ können mit DIN 1045-1, Abschn. 9.1.4 ermittelt werden. Zur groben Orientierung sind in Tafel 4.4 einige Zahlenwerte angegeben. Es ist jedoch darauf hinzuweisen, dass die Endwerte insbesondere bei großen wirksamen Bauteildicken erst zu einem sehr späten Zeitpunkt ($t > 70$ Jahre) erreicht werden.

Rechnerisch wird die Schwinddehnung $\varepsilon_{cs}(t, t_s)$ ermittelt aus (s. [Hilsdorf/Reinhardt – 00]):

$$\varepsilon_{cs}(t, t_s) = \varepsilon_{cas}(t) + \varepsilon_{cds}(t, t_s) \qquad \text{(D.4.7)}$$

$$\varepsilon_{cas}(t) = \varepsilon_{cas0} \cdot \beta_{as}(t) \qquad \text{(D.4.7a)}$$

$$\varepsilon_{cas0} = -\alpha_{as} \cdot (0{,}1\, f_{cm} / (6 + 0{,}1\, f_{cm}))^{2{,}5} \cdot 10^{-6}$$

$$\beta_{as}(t) = 1 - e^{-0{,}2 \cdot \sqrt{t}}$$

$$\varepsilon_{cds}(t, t_s) = \varepsilon_{cds0} \cdot \beta_{RH} \cdot \beta_{ds}(t, t_s) \qquad \text{(D.4.7b)}$$

$$\varepsilon_{cds0} = (220 + 110 \cdot \alpha_{ds1}) \cdot e^{-0{,}1 \cdot \alpha_{ds2} \cdot f_{cm}} \cdot 10^{-6}$$

$$\beta_{RH} = -1{,}55 \cdot (1 - (RH/100)^3) \quad \text{für } 40\,\% \leq RH < 99\,\% \cdot \beta_{s1}$$

$$\beta_{RH} = +0{,}25 \quad \text{für } RH \geq 99\,\% \cdot \beta_{s1}$$

$$\beta_{ds}(t, t_s) = ((t - t_s) / (0{,}035 h^2 + t - t_s))^{0{,}5}$$

mit RH relative Luffeuchte (in %)
h $= 2A_c / u$ wirksame Bauteildicke (in mm)
f_{cm} mittlere Betondruckfestigkeit in N/mm²
t Betonalter zur betrachteten Zeit (in Tagen)
t_s Betonalter zu Beginn des Schwindens (in d)
$\beta_{s1} = (35 / f_{cm})^{0{,}1}$ Beiwert zur Berücksichtigung der inneren Austrocknung
α_{as}, α_{ds1}, α_{ds2} von der Zementart abhängige Beiwerte nach Tabelle

Zement	SL[1)]	N, R[1)]	RS[1)]
α_{as}	800	700	600
α_{ds1}	3	4	6
α_{ds2}	0,13	0,11	0,12

[1)] SL: langsam erhärtender Zement
N, R: normal od. schnell erhärtender Zement
RS: schnell erhärtender hochfester Zement

Die Dehnung aus Schwinden nach Gl. (D.4.7) setzt sich aus zwei Anteilen zusammen:

- der Schrumpfdehnung $\varepsilon_{cas}(t)$ nach Gl. (D.4.7a)
- der Trocknungsschwinddehnung nach Gl. (D.4.7b)

Für Leichtbeton dürfen die Schwindmaße $\varepsilon_{cs}(t, t_s)$ nach Gl. (D.4.7) verwendet werden, wenn sie für die Festigkeitsklassen LC 12/13 und LC 16/18 mit dem Faktor $\eta_4 = 1{,}5$, in anderen Fällen mit dem Faktor $\eta_4 = 1{,}2$ multipliziert werden.

[1)] s. Anmerkung S. D.17

4.2 Betonstahl

Die nachfolgenden Festlegungen gelten für Betonstabstahl, für Betonstahl vom Ring und für Betonstahlmatten. Betonstahlsorten und ihre Eigenschaften werden in DIN 488 oder in bauaufsichtlichen Zulassungsbescheiden beschrieben. Das Verhalten von Betonstahl ist durch Streckgrenze, Duktilität, Stahldehnung unter Höchstlast, Dauerschwingfestigkeit, Schweißbarkeit, Querschnitte und Toleranzen, Biegbarkeit und durch Verbundeigenschaften (Oberflächengestaltung) bestimmt. Die Oberflächengestaltung, Nennstreckgrenze f_{yk} und die Duktilitätsklassen sind in Tafel D.4.5 zusammengestellt, die weiteren Eigenschaften können den entsprechenden Normen und DIN 1045-1, Abschn. 9.2.2 entnommen werden.

Duktilitätsanforderungen

Betonstähle müssen eine angemessene Duktilität aufweisen. Das darf angenommen werden, wenn mindestens folgende Duktilitätsanforderungen erfüllt sind:

– normale Duktilität: $\varepsilon_{uk} = 25$ ‰; $(f_t/f_y)_k = 1{,}05$
– hohe Duktilität: $\varepsilon_{uk} = 50$ ‰; $(f_t/f_y)_k = 1{,}08$

Hierin ist ε_{uk} der charakteristische Wert der Dehnung unter Höchstlast, f_t die Zugfestigkeit und f_y die Streckgrenze der Betonstähle.

Spannungs-Dehnungs-Linie

Für die **Schnittgrößenermittlung** gilt die Spannungs-Dehnungs-Linie nach Abb. D.4.4. Dabei darf der Verlauf bilinear idealisiert angesetzt werden. Der abfallende Ast der Spannung-Dehnungs-Linie ($\varepsilon > \varepsilon_{uk}$) darf bei nichtlinearen Berechnungsverfahren für die Schnittgrößenermittlung jedoch nicht berücksichtigt werden.

Für die **Bemessung** im Querschnitt sind zwei verschiedene Annahmen zugelassen (Abb. D.4.5):

– *Linie I:* Die Stahlspannung wird auf den Wert f_{yk} bzw. $f_{yd} = f_{yk}/\gamma_s$ begrenzt.
– *Linie II:* Der Anstieg der Stahlspannung von der Streckgrenze f_{yk} bzw. f_{yk}/γ_s zur Zugfestigkeit f_{tk}^* bzw. f_{tk}^*/γ_s wird berücksichtigt; die Spannung f_{tk}^* ist auf 525 N/mm² zu begrenzen.

Die Stahldehnung ε_s ist jedoch für die Querschnittsbemessung auf den charakteristischen Wert unter Höchstlast $\varepsilon_{su} \leq 25$ ‰ zu begrenzen.

Physikalische Eigenschaften

Es dürfen folgende physikalische Eigenschaften angenommen werden:

– Elastizitätsmodul: $E_s = 200\,000$ N/mm²
– Wärmedehnzahl: $\alpha = 10 \cdot 10^{-6} \cdot K^{-1}$

Die genannten Werte gelten im Temperaturbereich von –60 °C bis +200 °C.

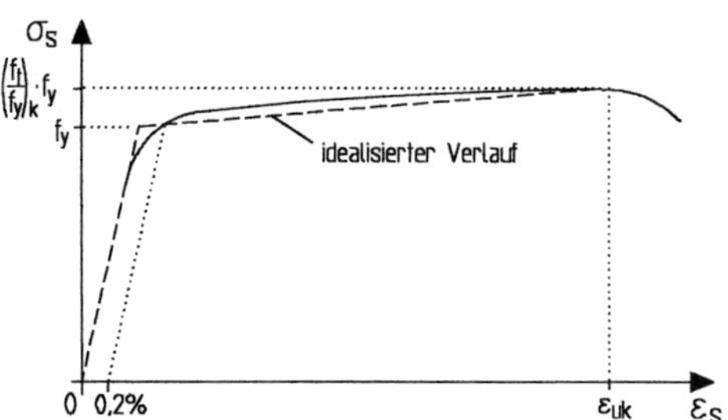

Abb. D.4.4 Spannungs-Dehnungs-Linie des Betonstahls für die Schnittgrößenermittlung

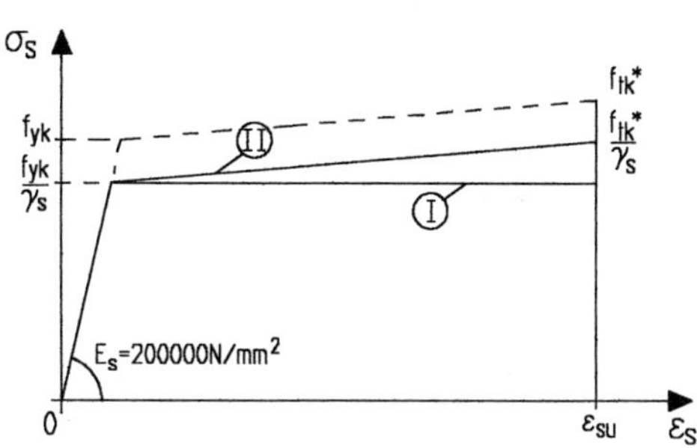

Abb. D.4.5 Spannungs-Dehnungs-Linie des Betonstahls für die Bemessung

Tafel D.4.5 Erforderliche Eigenschaften Betonstähle (nach DIN 1045-1, Abschn. 9.2.2)

Kurzzeichen	Lieferform	Oberfläche	Nennstreckgrenze f_{yk} N/mm²	Duktilität
1	2	3	4	5
BSt 500 SA	Stab	gerippt	500	normal
BSt 500 SB	Stab	gerippt	500	hoch
BSt 500 MA	Matte	gerippt	500	normal
BSt 500 MB	Matte	gerippt	500	hoch

Für Betonstähle nach Zulassung sind die dort getroffenen Festlegungen zu beachten.

Bzgl. der zulässigen Schweißverfahren wird auf DIN 1045-1 (Abschn. 9.2) verwiesen.

4.3 Spannstahl

Die Anforderungen für Spannstähle im Lieferzustand sind in DIN 1045-1, 9.3 festgelegt. Sie gelten für Drähte, Litzen und Stäbe. Für Spannstähle und ihre Eigenschaften sind außerdem die bauaufsichtlichen Zulassungsbescheide zu beachten. Das Verhalten von Spannstahl ist durch die Streckgrenze (0,1%-Dehngrenze), Duktilität, Gesamtdehnung unter Höchstlast, Dauerschwingfestigkeit, Querschnitte und Toleranzen, Oberflächenstruktur, E-Modul und Relaxation bestimmt. Die 0,1%-Dehngrenze $f_{p0,1k}$ und die Zugfestigkeit f_{pk} werden jeweils als charakteristische Werte definiert.

Duktilitätsanforderungen

Im Allgemeinen dürfen für Spannstähle und Spannglieder folgende Duktilitätseigenschaften angenommen werden:

- normal: Spannglieder bzw. Spannstähle mit sofortigem Verbund
- hoch: Spannglieder mit nachträglichem Verbund oder ohne Verbund

Spannungs-Dehnungs-Linie

Für die **Schnittgrößenermittlung** gilt die Spannungs-Dehnungs-Linie nach Abb. D.4.6, der Verlauf darf bilinear idealisiert angesetzt werden.

Für die **Bemessung** im Querschnitt sind zwei verschiedene Annahmen zugelassen (vgl. Abb. D.4.7):

- *Linie I:* Die Spannstahlspannung wird auf den Wert $0{,}9f_{pk}$ bzw. $0{,}9f_{pk}/\gamma_s$ begrenzt.
- *Linie II:* Der Anstieg der Spannstahlspannung von dem Wert $0{,}9f_{pk}$ bzw. $0{,}9f_{pk}/\gamma_s$ zur Zugfestigkeit f_{pk} bzw. f_{pk}/γ_s wird berücksichtigt.

Die Spannstahldehnung ε_p muss jedoch für die Querschnittsbemessung auf den charakteristischen Wert unter Höchstlast $\varepsilon_{pu} \leq \varepsilon_p^{(0)} + 25$ ‰ begrenzt werden. Dabei ist $\varepsilon_p^{(0)}$ die Vordehnung des Spannstahls.

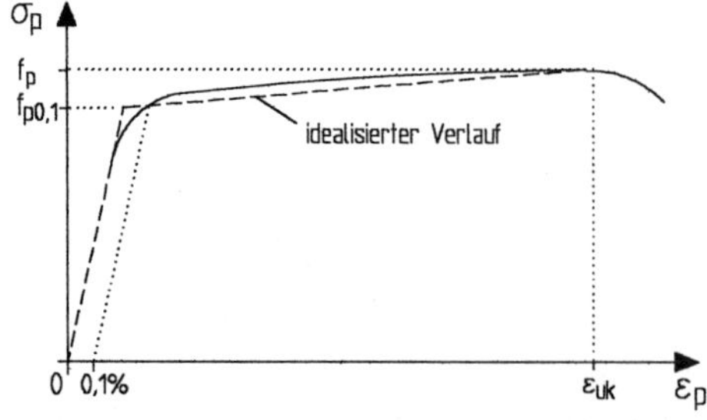

Abb. D.4.6 Spannungs-Dehnungs-Linie des Spannstahls für die Schnittgrößenermittlung

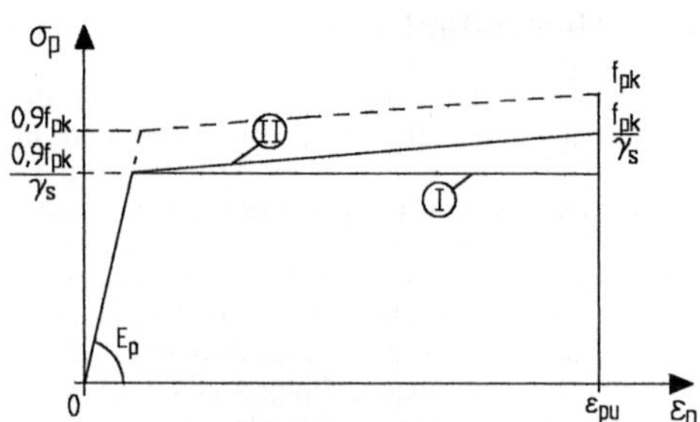

Abb. D.4.7 Spannungs-Dehnungs-Linie des Spannstahls für die Bemessung

Physikalische Eigenschaften

Es dürfen folgende physikalische Eigenschaften angenommen werden:

- Elastizitätsmodul: E_p = 195 000 N/mm² (Litzen)
  E_p = 205 000 N/mm² (Stäbe)
  E_p = 205 000 N/mm² (Drähte)
- Wärmedehnzahl: $\alpha = 10 \cdot 10^{-6} \cdot K^{-1}$

Die genannten Werte gelten im Temperaturbereich von –20 °C bis +200 °C als charakteristische Werte.

Relaxation

Die Relaxationsverluste $\Delta\sigma_{pr}$ sind der Zulassung zu entnehmen.

Mindestbetonfestigkeiten

Die für das Spannverfahren erforderliche Mindestbetonfestigkeitsklasse ist der Zulassung zu entnehmen. Beim Vorspannen von Spanngliedern mit nachträglichem Verbund oder ohne Verbund muss der Beton eine Mindestfestigkeit gemäß Tafel unten aufweisen (Eingangswert ist die Betonfestigkeitsklasse nach Zulassungsbescheid). Weitere Hinweise s. DIN 1045-1, 8.7.2 (7).

Festigkeitsklasse[1]	Festigkeiten f_c [2] beim Teilvorspannen	beim endgültigen Vorspannen
	N/mm²	N/mm²
C 25/30	13	26
C 30/37	15	30
C 35/45	17	34
C 40/50	19	38
C 45/55	21	42
C 50/60	23	46
C 55/67	25	50
C 60/75	27	54
C 70/85	31	62
C 80/95	35	70
C 90/105	39	78
C 100/115	43	86

[1] Gilt sinngemäß auch für Leichtbeton der Festigkeitsklasse LC 25/28 bis LC 60/66.

[2] Es gilt die Zylinderdruckfestigkeit.

5 Bemessung für Biegung und Längskraft

5.1 Grenzzustände der Tragfähigkeit

5.1.1 Voraussetzungen und Annahmen

Für die Bestimmung der Grenztragfähigkeit von Querschnitten gelten folgende Annahmen:

- Dehnungen der Fasern eines Querschnitts verhalten sich wie ihre Abstände von der Dehnungsnulllinie (*Ebenbleiben der Querschnitte*).
- Dehnungen der Bewehrung und des Betons, die sich in einer Faser befinden, sind gleich (*Vollkommener Verbund*).
- Die Zugfestigkeit des Betons wird im Grenzzustand der Tragfähigkeit nicht berücksichtigt.
- Für die Betondruckspannungen gilt die σ-ε-Linie der Querschnittsbemessung nach Abschn. 4.1.
- Die Spannungen im Betonstahl werden aus der σ-ε-Linie nach Abschn. 4.2 hergeleitet.
- Die Dehnungen im *Beton* sind auf den Wert ε_{c2u} bzw. ε_{lc2u} nach Tafel D.4.1 oder D.4.2 zu begrenzen. Bei vollständig überdrückten Querschnitten darf die Dehnung im Punkt C (s. Abb. D.5.1) höchstens ε_{c2} bzw. ε_{lc2} nach Tafel D.4.1 oder D.4.2 betragen (bei geringen Ausmitten bis $e/h \leq 0{,}1$ darf für Normalbeton vereinfachend auch ε_{c2} = –2,2 ‰ angenommen werden). In vollständig überdrückten Platten von gegliederten Querschnitten ist die Dehnung in der Plattenmitte auf ε_{c2} bzw. ε_{lc2} zu begrenzen; die Tragfähigkeit braucht jedoch nicht kleiner angesetzt zu werden als die des Stegquerschnitts mit der Höhe h und mit einer Dehnungsverteilung gemäß Abb. D.5.1.
- Für die Dehnungen im *Betonstahl* gilt $\varepsilon_{su} \leq 25$ ‰.

Die möglichen Dehnungsverteilungen nach DIN 1045-1 sind in Abb. D.5.1 dargestellt; sie lassen sich wie folgt beschreiben:

Bereich 1 Mittige Zugkraft und Zugkraft mit kleiner Ausmitte (die Zugkraft greift innerhalb der Bewehrungslagen an).

Bereich 2 Biegung und Längskraft bei Ausnutzung der Bewehrung, d. h., die Streckgrenze f_{yd} wird erreicht.

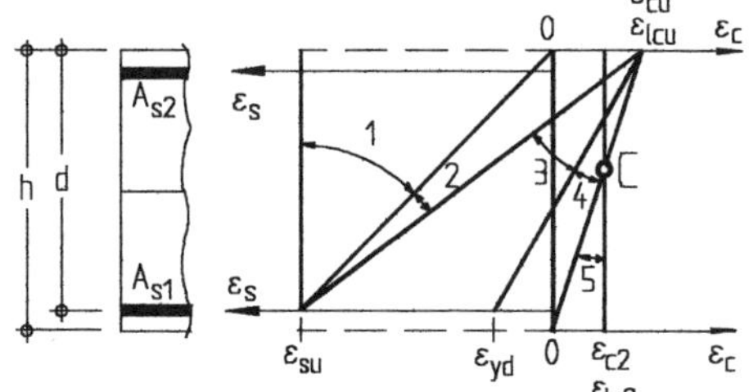

Abb. D.5.1 Zulässige Dehnungsverteilungen

Bereich 3 Biegung und Längskraft bei Ausnutzung der Bewehrung an der Streckgrenze f_{yd} und der Betonfestigkeit f_{cd}.

Bereich 4 Biegung und Längskraft bei Ausnutzung der Betonfestigkeit f_{cd}.

Bereich 5 Mittige Druckkraft und Druckkraft mit kleiner Ausmitte.

Die dargestellte Dehnungsverteilung gilt ebenso für Spannbetonbauteile, die Grenzdehnungen sind dann für die Zusatzdehnung $\Delta\varepsilon_p$ einzuhalten; zusätzlich zu $\Delta\varepsilon_p$ ist die Vordehnung $\varepsilon_p^{(0)}$ zu beachten.

Zur Sicherstellung eines duktilen Bauteilverhaltens ist ein Querschnittsversagen ohne Vorankündigung bei Erstrissbildung zu verhindern. Dies erfolgt durch Anordnung einer Mindestbewehrung, die für das Rissmoment (bei Vorspannung ohne Anrechnung der Vorspannkraft) mit dem Mittelwert der Zugfestigkeit des Betons f_{ctm} und der Stahlspannung $\sigma_s = f_{yk}$ berechnet wird (s. a. Abschn. D.3.1.2).

Auswirkungen unterschiedlicher Grenzdehnungen

In [E DIN 1045-1 – 00], [ENV 1992-1-1 – 92] und in [DIN 1045 – 88] gelten unterschiedliche Festlegungen bezüglich der Begrenzung der Dehnung des Betonstahls und des Betons. Auf der *Zugseite* sind in DIN 1045-1 Dehnungen bis zu 25 ‰ zugelassen, nach Eurocode 2 in Verbindung mit der DAfStb-Richtlinie [DAfStb-Ri – 93] dürfen die Dehnungen bis zu 20 ‰ betragen, wenn Stahlspannungen oberhalb der Streckgrenze nicht in Ansatz gebracht werden. Im Gegensatz dazu fordert DIN 1045 (alt) eine Begrenzung der Stahldehnungen auf 5 ‰. Die Auswirkungen dieser – teilweise sehr unterschiedlichen – Festlegungen werden nachfolgend dargestellt.

Im Dehnungsbereich 1 (mittiger Zug und Zugkraft mit kleiner Ausmitte; s. Abb. D.5.1) wird bei den genannten Dehnungsbegrenzungen bei üblichen Betonstählen die Streckgrenze der Bewehrung erreicht. Die unterschiedlichen Festlegungen wirken sich daher auf das Ergebnis nicht aus.

Auch in den Dehnungsbereichen 2 bis 4 machen sich die verschiedenen Dehnungsgrenzen der Zugseite – auf der Druckseite gilt für alle drei Normen (nach DIN 1045-1 für Betonfestigkeitsklassen bis C 50/60) eine Begrenzung der Betonstauchungen auf 3,5 ‰ – auf das Bemessungsergebnis nur geringfügig bemerkbar. Die ist anschaulich an dem in Abb. D.5.2 (aus [Geistefeldt/Goris – 93]) dargestellten Ausschnitt eines allgemeinen Bemessungsdiagramms zu sehen. Hierbei ist der ζ-Wert als der auf die Nutzhöhe d bezogene Hebelarm der inneren Kräfte z für unterschiedliche Grenzdehnungen ε_s in Abhängigkeit von dem bezogenen Moment μ_{Sds} dargestellt. Wie zu sehen, ist der bezogene Hebelarm ζ der inneren Kräfte für Grenzdehnungen $\varepsilon_s \leq 5$ ‰, $\varepsilon_s \leq 20$ ‰ und $\varepsilon_s \leq \infty$ ‰

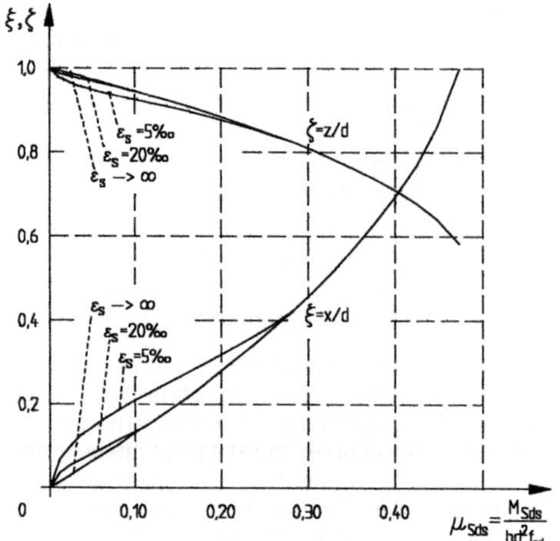

Abb. D.5.2 Bezogener Hebelarm ζ der inneren Kräfte und bezogene Druckzonenhöhe ξ für verschiedene Grenzdehnungen ε_s des Betonstahls in Abhängigkeit vom bezogenen Biegemoment $\mu_{Sds} = M_{Sds}/(b \cdot d^2 \cdot f_{cd})$ [1)]

(als theoretischer Grenzwert) nahezu identisch. Lediglich im Bereich geringer Beanspruchungen, also für kleine μ_{Sds}-Werte, sind geringfügige Abweichungen erkennbar, die jedoch im Rahmen einer üblichen Rechengenauigkeit liegen. Größere Unterschiede ergeben sich nur für die bezogene Druckzonenhöhe ξ, auch hier wiederum im Bereich geringer Beanspruchungen.

Auf der *Druckseite* sind im Dehnungsbereich 5 im Grenzfall bei zentrischem Druck die Stauchungen in [DIN 1045 – 88] und in Eurocode 2 auf 2 ‰ zu begrenzen. Damit wird die Streckgrenze des Betonstahls BSt 500 nicht mehr erreicht und die Bewehrung nicht voll ausgenutzt. Demgegenüber lässt die neue DIN 1045-1 für Ausmitten $e/h \leq 0{,}1$ eine Grenzstauchung von 2,2 ‰ zu, ein Wert, der gerade oberhalb der Bemessungsstreckgrenze ε_{yd} eines BSt 500 liegt und der eine volle Ausnutzung der Bewehrung ermöglicht.

Abweichungen im Bemessungsergebnis sind daher im Allgemeinen nicht auf die unterschiedliche Festlegungen der Grenzdehnungen zurückzuführen, sondern vielmehr auf die unterschiedlichen Sicherheitskonzepte, nämlich globaler Sicherheitsbeiwert nach DIN 1045 (alt), Teilsicherheitsbeiwerte nach Eurocode 2 und nach neuer DIN 1045-1. Hierbei hängt der erforderlichen Materialbedarf im Wesentlichen ab vom

- Verhältnis der Verkehrslast zur Gesamtlast
- Anzahl der voneinander unabhängigen Verkehrslasten
- Betonfestigkeitsklasse (wegen teilweise unterschiedlicher Festlegungen der Rechenwerte der Betondruckfestigkeiten)
- Beanspruchungsart (Biegung und/oder Längskraft).

Für den häufigen Fall des auf Biegung beanspruchten Querschnitts mit nur einer Nutzlast erhält man nach DIN 1045-1 und nach Eurocode 2 im Mittel ca. 7 % weniger Bewehrung als nach [DIN 1045 – 88], solange die Betondruckzone nicht zu stark beansprucht ist. Auf eine ausführlichere Darstellung dieser Zusammenhänge wird an dieser Stelle jedoch verzichtet; es wird auf entsprechende Literatur verwiesen (z. B. [Goris – 99/1]).

5.1.2 Mittige Längszugkraft und Zugkraft mit kleiner Ausmitte

(Dehnungsbereich 1 nach Abb. D.5.1)

Die resultierende Zugkraft greift innerhalb der Bewehrungslagen an, d. h., der gesamte Querschnitt ist gezogen, und die Zugkraft muss ausschließlich durch Bewehrung aufgenommen werden.

Bemessung

Die Ermittlung der erforderlichen bzw. gesuchten Bewehrungen A_{s1} und A_{s2} erfolgt unmittelbar aus den Identitätsbedingungen $\Sigma M_{s1} = 0$ und $\Sigma M_{s2} = 0$.

$$\Sigma M_{s1} = 0: \quad N_{Sd} \cdot (z_{s1} - e) = F_{s2d} \cdot (z_{s1} + z_{s2})$$
$$\Sigma M_{s2} = 0: \quad N_{Sd} \cdot (z_{s2} + e) = F_{s1d} \cdot (z_{s1} + z_{s2})$$

Nimmt man vereinfachend an, dass in beiden Bewehrungslagen die Streckgrenze erreicht wird, erhält man die Stahlzugkräfte in den Bewehrungslagen 1 und 2 zu $F_{s1d} = A_{s1} \cdot f_{yd}$ und $F_{s2d} = A_{s2} \cdot f_{yd}$. Damit lässt sich unmittelbar die gesuchte Bewehrung ermitteln aus

$$A_{s1} = \frac{N_{Sd}}{f_{yd}} \cdot \frac{z_{s2} + e}{z_{s1} + z_{s2}} \qquad \text{(D.5.1a)}$$

$$A_{s2} = \frac{N_{Sd}}{f_{yd}} \cdot \frac{z_{s1} - e}{z_{s1} + z_{s2}} \qquad \text{(D.5.1b)}$$

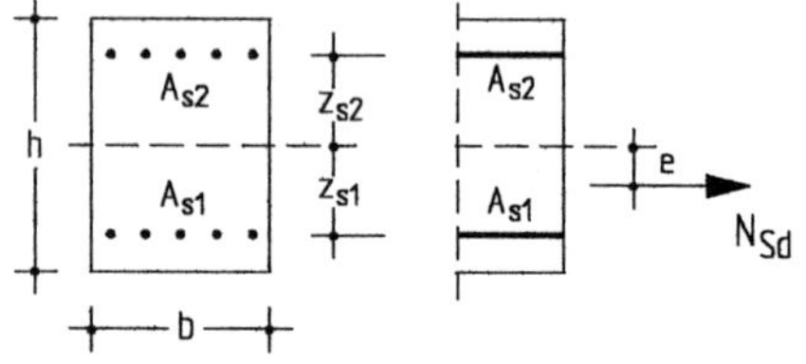

Abb. D.5.3 Zugkraft mit kleiner Ausmitte

[1)] Für den Bemessungswert der Betonfestigkeit f_{cd} gelten in Eurocode 2 und in DIN 1045-1 unterschiedliche Definitionen:
– nach Eurocode 2: $f_{cd} = f_{ck}/\gamma_c$
– nach DIN 1045-1: $f_{cd} = \alpha \cdot f_{ck}/\gamma_c$
In diesem Beitrag (Abb. D.5.2 und nachfolgend) wird die Formulierung nach DIN 1045-1 gewählt.

5.1.3 Biegung (mit Längskraft); Querschnitt mit rechteckiger Druckzone
(Dehnungsbereich 2 bis 4)

Für die Bemessung werden die auf die Schwerachse bezogenen Schnittgrößen in ausgewählte, „versetzte" Schnittgrößen umgewandelt. Als neue Bezugslinie wird die Achse der Biegezugbewehrung A_{s1} gewählt. Man erhält dann die in Abb. D.5.4 dargestellten Schnittgrößen.

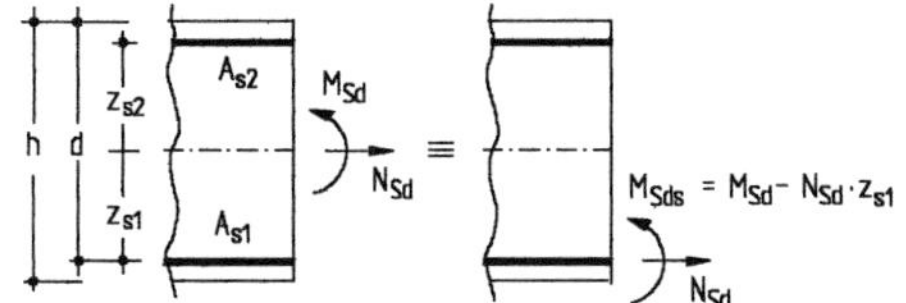

Abb. D.5.4 Schnittgrößen in der Schwerachse und „versetzte" Schnittgrößen

In den Dehnungsbereichen 2 bis 4 liegt die Dehnungsnulllinie innerhalb des Querschnitts (s. hierzu Abb. D.5.1). Die Betonzugzone wird als vollständig gerissen angenommen und darf bei einer Bemessung nicht mehr in Rechnung gestellt werden. Der wirksame Querschnitt besteht aus der Betondruckzone (ggf. mit Verstärkung durch Druckbewehrung A_{s2}) und der Zugbewehrung A_{s1}.

Der Nachweis der Tragfähigkeit erfolgt mit Hilfe von Identitätsbeziehungen; es müssen nämlich die einwirkenden Schnittgrößen N_{Sd} und M_{Sds} identisch mit den Widerständen N_{Rd} und M_{Rds} sein. Für das Momentengleichgewicht wird als Bezugspunkt die Zugbewehrung A_{s1} gewählt.

Identitätsbedingungen

$$N_{Sd} \equiv N_{Rd} \quad \text{(D.5.2a)}$$
$$M_{Sds} = M_{Sd} - N_{Sd} \cdot z_s \equiv M_{Rds} \quad \text{(D.5.2b)}$$

(s. a. Abb. D.5.4).

Die „inneren" Schnittgrößen bzw. Widerstände N_{Rd} und M_{Rds} erhält man mit Abb. D.5.5 zu

$$N_{Rd} = -|F_{cd}| - |F_{s2d}| + F_{s1d} \quad \text{(D.5.3a)}$$
$$M_{Rds} = |F_{cd}| \cdot z + |F_{s2d}| \cdot (d - d_2) \quad \text{(D.5.3b)}$$

Es sind

$$F_{cd} = x \cdot b \cdot \alpha_V \cdot f_{cd} \quad \text{(D.5.4a)}$$
$$F_{s2d} = A_{s2} \cdot \sigma_{s2d} \quad \text{(D.5.4b)}$$
$$F_{s1d} = A_{s1} \cdot \sigma_{s1d} \quad \text{(D.5.4c)}$$

Die Werte a, x, z, α_V ergeben sich zu ($|\varepsilon|$ in ‰)

$a = k_a \cdot x$ Randabstand der Betondruckkraft
$x = \xi \cdot d$ Höhe der Druckzone
$z = \zeta \cdot d$ Hebelarm der inneren Kräfte
α_V Völligkeitsbeiwert

mit ξ und ζ nach Gln. (D.5.5a) und (D.5.5b).

$$\xi = |\varepsilon_{c2}| / (|\varepsilon_{c2}| + \varepsilon_{s1}) \quad \text{(D.5.5a)}$$
$$\zeta = 1 - k_a \cdot \xi \quad \text{(D.5.5b)}$$

Die Hilfsgrößen k_a und α_V sind für Normalbeton der Festigkeiten *bis C 50/60* in Tafel D.5.1 angegeben.

Tafel D.5.1 Hilfswerte k_a und α_V ($|\varepsilon|$ in ‰)

	$0‰ \le \lvert\varepsilon_{c2}\rvert < 2{,}0‰$	$2‰ \le \lvert\varepsilon_{c2}\rvert \le 3{,}5‰$
k_a	$\dfrac{8 - \lvert\varepsilon_{c2}\rvert}{4 \cdot (6 - \lvert\varepsilon_{c2}\rvert)}$	$\dfrac{\lvert\varepsilon_{c2}\rvert \cdot (3 \cdot \lvert\varepsilon_{c2}\rvert - 4) + 2}{2 \cdot \lvert\varepsilon_{c2}\rvert \cdot (3 \cdot \lvert\varepsilon_{c2}\rvert - 2)}$
α_V	$\dfrac{\lvert\varepsilon_{c2}\rvert \cdot (6 - \lvert\varepsilon_{c2}\rvert)}{12}$	$\dfrac{3 \cdot \lvert\varepsilon_{c2}\rvert - 2}{3 \cdot \lvert\varepsilon_{c2}\rvert}$

Mit den Identitätsbedingungen und den angegebenen Hilfsgrößen ist der Nachweis ausreichender Tragfähigkeit zu führen. Eine Auflösung der Gleichungen nach den gesuchten Querschnittsgrößen A_c und A_s – sie werden aus den Resultierenden der Spannungen F_{cd} und F_{sd} bestimmt – enthält noch die unbekannten Spannungen σ_s und σ_c, die von der ebenfalls unbekannten Dehnungsverteilung abhängen. Bei einer „Von-Hand"-Bemessung wird die Lösung daher in der Regel iterativ durchgeführt. Dabei werden zunächst die Querschnittsabmessungen b und h als bekannt vorausgesetzt („Erfahrungswert") und die unbekannten Dehnungen

- ε_{c2} als Betonrandspannung
- ε_{s1} als Stahldehnung der Zugbewehrung

geschätzt. Damit lassen sich alle für eine Bemessung erforderlichen Größen ermitteln. Die Richtigkeit der Schätzung wird dann mit Hilfe der Identitäts-

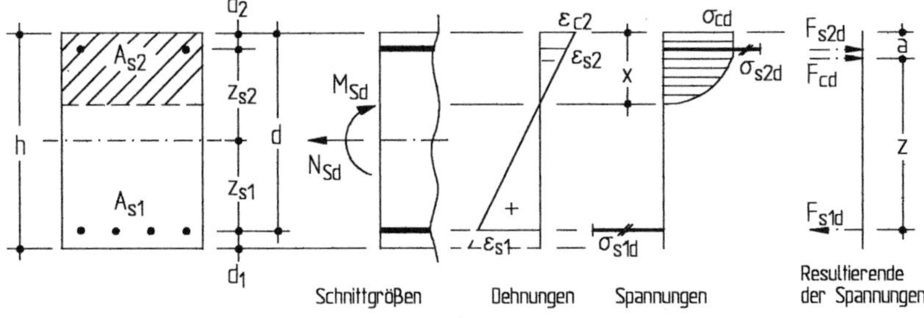

Abb. D.5.5 Schnittgrößen und Spannungen im Dehnungsbereich 2 bis 4

bedingungen überprüft. Es muss gelten, dass die „äußeren" Schnittgrößen den resultierenden „inneren" Spannungen entsprechen.

In der praktischen Berechnung erfolgt der Nachweis jedoch i. Allg. in Form einer Bemessung mit Bemessungstafeln. Für eine Bemessung nach DIN 1045-1 sind entsprechende Bemessungshilfen in Vorbereitung (DAfStb-H. 5xx; s. auch [Schmitz/Goris – 00]). In guter Näherung können jedoch für überwiegend auf Biegung beanspruchte Querschnitte vielfach auch die Tafeln nach EC 2 ([DAfStb-H.425 – 92], [Roth – 95] u. a.) verwendet werden, da der Einfluss der unterschiedlich definierten Grenzdehnung des Betonstahls gering ist. Zu beachten ist jedoch, dass die Tafeln nur für Betonfestigkeitsklassen bis C 50/60 gelten. Es ist zudem auf die unterschiedliche Definition von f_{cd} in DIN 1045-1 und EC 2 hinzuweisen; nach EC 2 gilt $f_{cd} = f_{ck}/\gamma_c$ (d. h. f_{cd} ohne Einschluss von α als Verhältnis der Langzeit- zur Kurzzeitfestigkeit).

Allgemeines Bemessungsdiagramm

Die Zusammenhänge zwischen den von den Dehnungen abhängigen Kräften und Abständen lassen sich in dimensionsloser Form als sog. *allgemeines Bemessungsdiagramm* darstellen. Hierzu werden die in den Gln. (D.5.3a) und (D.5.3b) dargestellten Gleichgewichtsbeziehungen wie folgt dargestellt (Herleitung ohne Berücksichtigung einer Druckbewehrung):

$$\mu_{Sds} = \frac{M_{Sds}}{b \cdot d^2 \cdot f_{cd}} = \frac{(\xi \cdot d) \cdot b \cdot \alpha_v \cdot f_{cd}}{b \cdot d^2 \cdot f_{cd}} \cdot (\zeta \cdot d)$$

$$= \xi \cdot \zeta \cdot \alpha_v \qquad \text{(D.5.6)}$$

Die Werte ξ, ζ und α_v sind von der Dehnungsverteilung $\varepsilon_{s1}/\varepsilon_{c2}$ und der Spannungsverteilung σ_c abhängig. Bis zum Beton C 50/60 ist die Spannungsverteilung affin, so dass einer vorgegebenen Dehnungsverteilung dann direkt ein bezogenes Moment μ_{Sds} sowie Beiwerte ξ und ζ zugeordnet werden können. Diese Größen werden dann in Diagrammform dargestellt (s. Tafel D. 5.2). Aus der zweiten Bedingung $\Sigma H = 0$ wird die gesuchte Bewehrung gefunden:

$$N_{Sd} = -|F_{cd}| + F_{s1d}$$

$$\rightarrow F_{sd,1} = |F_{cd}| + N_{Sd} = M_{Sds}/z + N_{Sd} \qquad \text{(D.5.7a)}$$

$$A_{s1} = \frac{F_{sd,1}}{\sigma_{sd}} = \frac{1}{\sigma_{sd}} \cdot \left(\frac{M_{Sds}}{z} + N_{Sd}\right) \qquad \text{(D.5.7b)}$$

Soweit eine Druckbewehrung angeordnet werden soll oder muss, wird diese dadurch ermittelt, dass zunächst das vom Querschnitt ohne Druckbewehrung aufnehmbare Moment bestimmt wird; das dann noch verbleibende Restmoment wird in ein Kräftepaar umgewandelt, das in Höhe der Zugbewehrung und der Druckbewehrung angreift. Diesen Kräften sind dann eine Druckbewehrung und eine zusätzliche Zugbewehrung zuzuordnen.

Bemessungstafeln mit dimensionslosen Beiwerten

Ebenso wie das allgemeine Bemessungsdiagramm in graphischer Form lassen sich auch Bemessungshilfen als Tabellen aufstellen mit dem bezogenen Moment μ_{Sds} als Eingangswert (s. Tafel D.5.3).

k_d-Tafeln (dimensionsgebundenes Verfahren)

Beim *k_d-Verfahren* werden die Identitätsbeziehungen in abgewandelter Form dargestellt. Die Größe μ_{Sds} (s. vorher) wird nach d aufgelöst:

$$\mu_{Sds} = \frac{M_{Sds}}{b \cdot d^2 \cdot f_{cd}}$$

$$\rightarrow \quad d = \frac{1}{\sqrt{\mu_{Sds} \cdot f_{cd}}} \cdot \sqrt{\frac{M_{Sds}}{b}}$$

$$= k_d \cdot \sqrt{\frac{M_{Sds}}{b}} \qquad \text{(D.5.8a)}$$

Hieraus folgt der (dimensionsgebundene) k_d-Wert als Eingangswert für eine Bemessungstabelle.

$$k_d = \frac{d}{\sqrt{M_{Sds}/b}} = \frac{1}{\sqrt{\mu_{Sds} \cdot f_{cd}}} \qquad \text{(D.5.9)}$$

Wie zu sehen ist, lässt sich der k_d-Wert in Abhängigkeit von dem einwirkenden Moment M_{Sds} angeben, aber auch (über μ_{Sds}; s. vorher) als Funktion von den Hilfwerten ξ, ζ und α_v.

Die Bewehrung ergibt sich dann aus (s. vorher)

$$A_{s1} = \frac{F_{s1d}}{\sigma_{sd}} = \frac{1}{\sigma_{sd} \cdot \zeta} \cdot \frac{M_{Sds}}{d} + \frac{N_{Sd}}{\sigma_{sd}}$$

$$= k_s \cdot \frac{M_{Sds}}{d} + \frac{N_{Sd}}{\sigma_{sd}} \qquad \text{(D.5.10)}$$

wobei der k_s-Wert aus entsprechenden Tafeln abgelesen wird. Die Herleitung setzt eine affine Betonspannungsverteilung voraus, wie sie nach DIN 1045-1 für Normalbeton bis C 50/60 gegeben ist.

In den Tafeln D.5.4a und D.5.4b sind als Bemessungshilfen die k_d-Tafeln wiedergegeben, die eine Bemessung von Rechteckquerschnitten ohne und mit Druckbewehrung ermöglichen (s. a. k_d-Tafeln in [Roth – 95] für eine Bemessung nach EC 2).

Direkte Bemessungstafeln für Platten

Insbesondere für Platten ist die Bemessung mit Druckbewehrung im allgemeinen ohne praktische Bedeutung; außerdem ist für Stahlbetonplatten häufig die Längskraft N_{Sd} gleich null. Hierfür sind im Abschn. D.10 Bemessungstafeln angegeben, die eine direkte Bemessung von Deckenplatten mit Nutzhöhe 10 cm $\leq d <$ 30 cm ermöglichen. Die Tafeln gelten jeweils für die angegebene Betonfestigkeitsklasse und für einen Betonstahl BSt 500. Weitere Hinweise s. Abschn. D.10.

Tafel D.5.2 Allgemeines Bemessungsdiagramm für Rechteckquerschnitte mit den Bemessungsschnittgrößen für $\varepsilon_s \leq 25$ ‰ und für Normalbeton der Festigkeitsklassen ≤ C 50/60

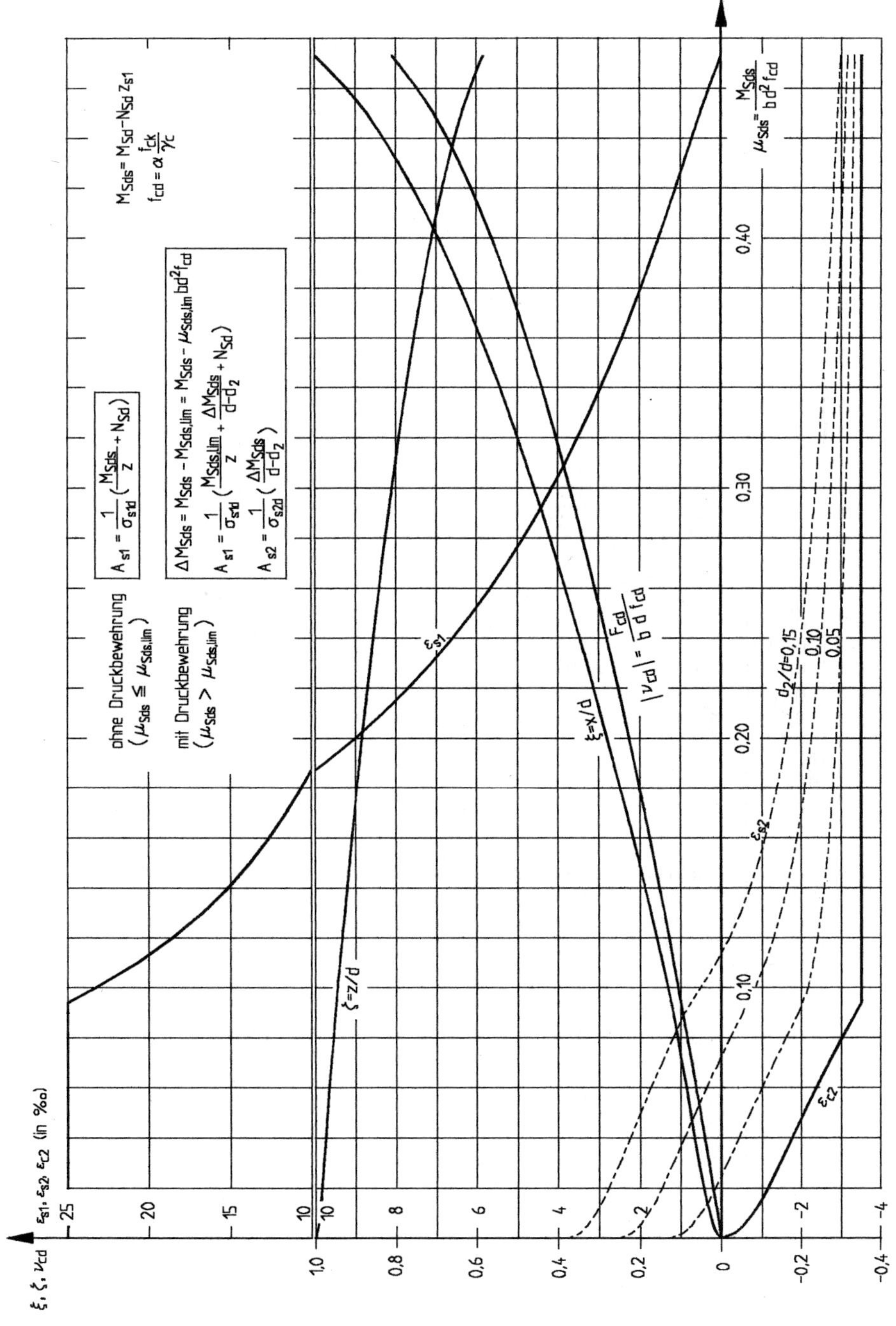

Tafel D.5.3 Bemessungstafel für Rechteckquerschnitte ohne Druckbewehrung mit den Bemessungsschnittgrößen für $\varepsilon_s \leq 25$ ‰
(Normalbeton der Festigkeitsklassen ≤ C 50/60; Betonstahl BSt 500 und $\gamma_s = 1{,}15$)

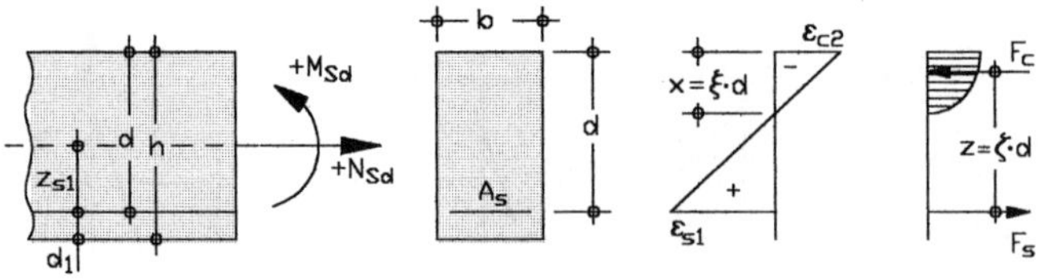

$$\mu_{Sds} = \frac{M_{Sds}}{b \cdot d^2 \cdot f_{cd}}$$

$$M_{Sds} = M_{Sd} - N_{Sd} \cdot z_{s1}$$
$$f_{cd} = \alpha \cdot f_{ck}/\gamma_c$$

μ_{Sds}	ω	$\xi = \frac{x}{d}$	$z = \frac{z}{d}$	ε_{c2} in ‰	ε_{s1} in ‰	σ_{sd} in MPa BSt 500	σ_{sd}*1) in MPa BSt 500
0,01	0,0101	0,030	0,990	–0,77	25,00	435	457
0,02	0,0203	0,044	0,985	–1,15	25,00	435	457
0,03	0,0306	0,055	0,980	–1,46	25,00	435	457
0,04	0,0410	0,066	0,976	–1,76	25,00	435	457
0,05	0,0515	0,076	0,971	–2,06	25,00	435	457
0,06	0,0621	0,086	0,967	–2,37	25,00	435	457
0,07	0,0728	0,097	0,962	–2,68	25,00	435	457
0,08	0,0836	0,107	0,956	–3,01	25,00	435	457
0,09	0,0946	0,118	0,951	–3,35	25,00	435	457
0,10	0,1057	0,131	0,946	–3,50	23,29	435	455
0,11	0,1170	0,145	0,940	–3,50	20,71	435	452
0,12	0,1285	0,159	0,934	–3,50	18,55	435	450
0,13	0,1401	0,173	0,928	–3,50	16,73	435	448
0,14	0,1518	0,188	0,922	–3,50	15,16	435	447
0,15	0,1638	0,202	0,916	–3,50	13,80	435	446
0,16	0,1759	0,217	0,910	–3,50	12,61	435	445
0,17	0,1882	0,232	0,903	–3,50	11,56	435	444
0,18	0,2007	0,248	0,897	–3,50	10,62	435	443
0,19	0,2134	0,264	0,890	–3,50	9,78	435	442
0,20	0,2263	0,280	0,884	–3,50	9,02	435	441
0,21	0,2395	0,296	0,877	–3,50	8,33	435	441
0,22	0,2529	0,312	0,870	–3,50	7,71	435	440
0,23	0,2665	0,329	0,863	–3,50	7,13	435	440
0,24	0,2804	0,346	0,856	–3,50	6,61	435	439
0,25	0,2946	0,364	0,849	–3,50	6,12	435	439
0,26	0,3091	0,382	0,841	–3,50	5,67	435	438
0,27	0,3239	0,400	0,834	–3,50	5,25	435	438
0,28	0,3391	0,419	0,826	–3,50	4,86	435	437
0,29	0,3545	0,438	0,818	–3,50	4,49	435	437
0,30	0,3706	0,458	0,810	–3,50	4,15	435	437
0,31	0,3870	0,478	0,801	–3,50	3,82	435	436
0,32	0,4038	0,499	0,793	–3,50	3,52	435	436
0,33	0,4212	0,520	0,784	–3,50	3,23	435	436
0,34	0,4391	0,542	0,774	–3,50	2,95	435	436
0,35	0,4577	0,565	0,765	–3,50	2,69	435	435
0,36	0,4768	0,589	0,755	–3,50	2,44	435	435
0,37	0,4969	0,614	0,745	–3,50	2,20	435	435
0,38	0,5179	0,640	0,734	–3,50	1,97	394	394
0,39	0,5399	0,667	0,723	–3,50	1,75	350	350
0,40	0,5629	0,695	0,711	–3,50	1,54	308	308

$$A_s = \frac{1}{\sigma_{sd}} (\omega \cdot b \cdot d \cdot f_{cd} + N_{Sd})$$

1) Alternativ zugelassen Stahlspannung gemäß Linie II in Abb. D.4.5

Tafel D.5.4a Dimensionsgebundene Bemessungstafel (k_d-Verfahren) für den Rechteckquerschnitt ohne Druckbewehrung bei einer Dehnungsbegrenzung $\varepsilon_s \leq 25$ ‰

(Normalbeton der Festigkeitsklassen ≤ C 50/60; Betonstahl BSt 500 und $\gamma_s = 1{,}15$)

$$k_d = \frac{d\ [\text{cm}]}{\sqrt{M_{Sds}\ [\text{kNm}]\ /\ b\ [\text{m}]}} \qquad \text{mit } M_{Sds} = M_{Sd} - N_{Sd} \cdot z_{s1}$$

k_d für Betonfestigkeitsklasse C									k_s	ξ	ζ	ε_{c2} in ‰	ε_{s1} in ‰
12/15	16/20	20/25	25/30	30/37	35/45	40/50	45/55	50/60					
14,37	12,44	11,13	9,95	9,09	8,41	7,87	7,42	7,04	2,32	0,025	0,991	-0,64	25,00
7,90	6,84	6,12	5,47	5,00	4,63	4,33	4,08	3,87	2,34	0,048	0,983	-1,26	25,00
5,87	5,08	4,55	4,07	3,71	3,44	3,22	3,03	2,88	2,36	0,069	0,975	-1,84	25,00
4,94	4,27	3,82	3,42	3,12	2,89	2,70	2,55	2,42	2,38	0,087	0,966	-2,38	25,00
4,38	3,80	3,40	3,04	2,77	2,57	2,40	2,26	2,15	2,40	0,104	0,958	-2,89	25,00
4,00	3,47	3,10	2,78	2,53	2,35	2,20	2,07	1,96	2,42	0,120	0,950	-3,40	25,00
3,63	3,14	2,81	2,51	2,29	2,12	1,99	1,87	1,78	2,45	0,147	0,939	-3,50	20,29
3,35	2,90	2,60	2,32	2,12	1,96	1,84	1,73	1,64	2,48	0,174	0,927	-3,50	16,56
3,14	2,72	2,43	2,18	1,99	1,84	1,72	1,62	1,54	2,51	0,201	0,916	-3,50	13,90
2,97	2,57	2,30	2,06	1,88	1,74	1,63	1,53	1,46	2,54	0,227	0,906	-3,50	11,91
2,85	2,47	2,21	1,97	1,80	1,67	1,56	1,47	1,40	2,57	0,250	0,896	-3,50	10,52
2,72	2,36	2,11	1,89	1,72	1,59	1,49	1,41	1,33	2,60	0,277	0,885	-3,50	9,12
2,62	2,27	2,03	1,82	1,66	1,54	1,44	1,36	1,29	2,63	0,302	0,875	-3,50	8,10
2,54	2,20	1,97	1,76	1,61	1,49	1,39	1,31	1,24	2,66	0,325	0,865	-3,50	7,26
2,47	2,14	1,91	1,71	1,56	1,44	1,35	1,27	1,21	2,69	0,350	0,854	-3,50	6,50
2,41	2,08	1,86	1,67	1,52	1,41	1,32	1,24	1,18	2,72	0,371	0,846	-3,50	5,93
2,35	2,03	1,82	1,63	1,49	1,38	1,29	1,21	1,15	2,75	0,393	0,836	-3,50	5,40
2,28	1,98	1,77	1,58	1,44	1,34	1,25	1,18	1,12	2,79	0,422	0,824	-3,50	4,79
2,23	1,93	1,73	1,54	1,41	1,30	1,22	1,15	1,09	2,83	0,450	0,813	-3,50	4,27
2,18	1,89	1,69	1,51	1,38	1,28	1,19	1,13	1,07	2,87	0,477	0,801	-3,50	3,83
2,14	1,85	1,65	1,48	1,35	1,25	1,17	1,10	1,05	2,91	0,504	0,790	-3,50	3,44
2,10	1,82	1,62	1,45	1,33	1,23	1,15	1,08	1,03	2,95	0,530	0,780	-3,50	3,11
2,06	1,79	1,60	1,43	1,30	1,21	1,13	1,07	1,01	2,99	0,555	0,769	-3,50	2,81
2,03	1,75	1,57	1,40	1,28	1,19	1,11	1,05	0,99	3,04	0,585	0,757	-3,50	2,48
1,99	1,72	1,54	1,38	1,26	1,17	1,09	1,03	0,98	3,09	0,617	0,743	-3,50	2,17

$$A_s\ [\text{cm}^2] = k_s \cdot \frac{M_{Sds}\ [\text{kNm}]}{d\ [\text{cm}]} + \frac{N_{Sd}\ [\text{kN}]}{43{,}5}$$

Tafel D.5.4b Dimensionsgebundene Bemessungstafel (k_d-Verfahren) für den Rechteckquerschnitt mit Druckbewehrung (Normalbeton der Festigkeit ≤ C50/60; Betonstahl BSt 500 und $\gamma_s = 1{,}15$)

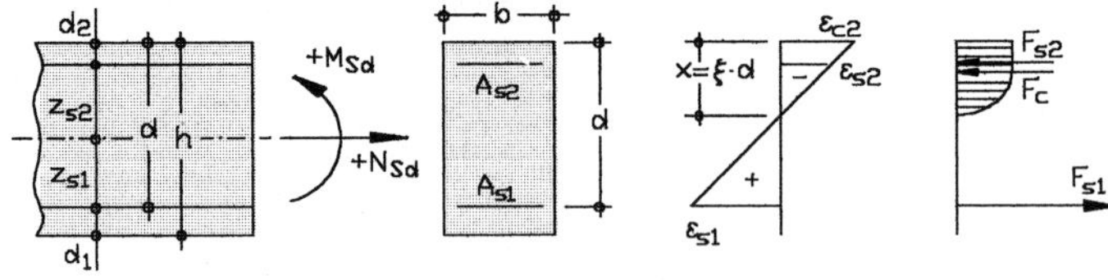

$$k_d = \frac{d\ [\text{cm}]}{\sqrt{M_{Sds}\ [\text{kNm}]\ /\ b\ [\text{m}]}} \qquad \text{mit } M_{Sds} = M_{Sd} - N_{Sd} \cdot z_{s1}$$

Beiwerte k_{s1} und k_{s2}

$\xi = 0{,}45$										$\xi = 0{,}617$										$\xi = \begin{cases}0{,}450\\0{,}617\end{cases}$
k_d für f_{ck}									k_{s1}	k_d für f_{ck}									k_{s1}	k_{s2}
12	16	20	25	30	35	40	45	50		12	16	20	25	30	35	40	45	50		
2,23	1,93	1,73	1,54	1,41	1,30	1,22	1,15	1,09	2,83	1,99	1,72	1,54	1,38	1,26	1,17	1,09	1,03	0,98	3,09	0
2,18	1,89	1,69	1,51	1,38	1,28	1,19	1,13	1,07	2,82	1,95	1,69	1,51	1,35	1,23	1,14	1,07	1,01	0,96	3,07	0,10
2,14	1,85	1,65	1,48	1,35	1,25	1,17	1,10	1,05	2,80	1,91	1,65	1,48	1,32	1,21	1,12	1,05	0,99	0,93	3,04	0,20
2,09	1,81	1,62	1,45	1,32	1,22	1,14	1,07	1,02	2,79	1,87	1,62	1,45	1,29	1,18	1,09	1,02	0,96	0,91	3,02	0,30
2,04	1,77	1,58	1,41	1,29	1,19	1,11	1,05	1,00	2,77	1,82	1,58	1,41	1,26	1,15	1,07	1,00	0,94	0,89	2,99	0,40
1,99	1,72	1,54	1,38	1,26	1,17	1,09	1,03	0,98	2,76	1,78	1,54	1,38	1,23	1,12	1,04	0,97	0,92	0,87	2,97	0,50
1,94	1,68	1,50	1,34	1,23	1,14	1,07	1,01	0,96	2,74	1,73	1,50	1,34	1,20	1,10	1,01	0,95	0,89	0,85	2,94	0,60
1,89	1,63	1,46	1,31	1,19	1,10	1,03	0,97	0,92	2,73	1,69	1,46	1,31	1,17	1,07	0,99	0,92	0,87	0,83	2,92	0,70
1,83	1,59	1,42	1,27	1,16	1,07	1,00	0,94	0,89	2,71	1,64	1,42	1,27	1,13	1,04	0,96	0,90	0,85	0,80	2,89	0,80
1,78	1,54	1,38	1,23	1,12	1,04	0,97	0,92	0,87	2,70	1,59	1,37	1,23	1,10	1,00	0,93	0,87	0,82	0,78	2,87	0,90
1,72	1,49	1,33	1,19	1,09	1,01	0,95	0,89	0,85	2,69	1,54	1,33	1,19	1,06	0,97	0,90	0,84	0,79	0,75	2,84	1,00
1,66	1,44	1,29	1,15	1,05	0,97	0,91	0,86	0,81	2,67	1,48	1,28	1,15	1,03	0,94	0,87	0,81	0,77	0,73	2,82	1,10
1,60	1,38	1,24	1,11	1,01	0,94	0,88	0,83	0,79	2,66	1,43	1,24	1,11	0,99	0,90	0,84	0,78	0,74	0,70	2,79	1,20
1,53	1,33	1,19	1,06	0,97	0,90	0,84	0,79	0,75	2,64	1,37	1,19	1,06	0,95	0,87	0,80	0,75	0,71	0,67	2,77	1,30
1,47	1,27	1,14	1,02	0,93	0,86	0,80	0,76	0,72	2,63	1,31	1,14	1,02	0,91	0,83	0,77	0,72	0,68	0,64	2,74	1,40

Beiwerte ρ_1 und ρ_2

d_2/d	$\xi = 0{,}45$					$\xi = 0{,}617$				
	ρ_1 für k_{s1} =				ρ_2	ρ_1 für k_{s1} =				ρ_2
	2,83	2,74	2,68	2,63		3,09	2,97	2,85	2,74	
≤ 0,07	1,00	1,00	1,00	1,00	1,00	1,00	1,00	1,00	1,00	1,00
0,08	1,00	1,00	1,00	1,01	1,01	1,00	1,00	1,00	1,01	1,01
0,10	1,00	1,01	1,01	1,02	1,03	1,00	1,01	1,01	1,02	1,03
0,12	1,00	1,01	1,02	1,03	1,06	1,00	1,01	1,02	1,03	1,06
0,14	1,00	1,02	1,03	1,04	1,08	1,00	1,01	1,03	1,04	1,08
0,16	1,00	1,02	1,04	1,06	1,11	1,00	1,02	1,04	1,06	1,11
0,18	1,00	1,03	1,05	1,07	1,17	1,00	1,02	1,05	1,07	1,13
0,20	1,00	1,04	1,06	1,09	1,30	1,00	1,03	1,06	1,08	1,16
0,22	1,00	1,04	1,07	1,10	1,45	1,00	1,03	1,07	1,10	1,19
0,24	1,00	1,05	1,09	1,12	1,63	1,00	1,04	1,08	1,12	1,24

$$A_{s1}\ [\text{cm}^2] = \rho_1 \cdot k_{s1} \cdot \frac{M_{Sds}\ [\text{kNm}]}{d\ [\text{cm}]} + \frac{N_{Sd}\ [\text{kN}]}{43{,}5}$$

$$A_{s2}\ [\text{cm}^2] = \rho_2 \cdot k_{s2} \cdot \frac{M_{Sds}\ [\text{kNm}]}{d\ [\text{cm}]}$$

5.1.4 Längsdruckkraft mit kleiner einachsiger Ausmitte; Rechteck
(Dehnungsbereich 5)

Es treten nur Druckspannungen auf, die Dehnungsnulllinie liegt außerhalb des Querschnitts (s. Abb. D.5.1). Der Nachweis der Tragfähigkeit erfolgt mit den Identitätsbedingungen nach Gln. (D.5.2a) und (D.5.2b). Man erhält (s. Abb. D.5.6):

$$N_{Rd} = -|F_{cd}| - |F_{s2d}| - |F_{s1d}| \qquad \text{(D.5.11a)}$$

$$M_{Rds} = |F_{cd}| \cdot (d - a) + |F_{s2d}| \cdot (d - d_2) \qquad \text{(D.5.11b)}$$

Es sind

$$F_{cd} = h \cdot b \cdot \alpha_V \cdot f_{cd} \qquad \text{(D.5.12a)}$$

$$F_{s1d} = A_{s1} \cdot \sigma_{s1d} \qquad \text{(D.5.12b)}$$

$$F_{s2d} = A_{s2} \cdot \sigma_{s2d} \qquad \text{(D.5.12c)}$$

Die Werte a und α_V ergeben sich zu ($|\varepsilon|$ in ‰)

$a = k_a \cdot h$ Randabstand der Betondruckkraft

α_V Völligkeitsbeiwert

Die Größen k_a und α_V erhält man bei Normalbeton der Festigkeitsklassen $\leq$ C 50/60 für den Fall, dass die Stauchung im Punkt C gemäß Abb. D.5.1 $|\varepsilon_c| = 2{,}0$ ‰ beträgt:

$$k_a = \frac{6}{7} \cdot \frac{441 - 64 \cdot (|\varepsilon_{c2}| - 2)^2}{756 - 64 \cdot (|\varepsilon_{c2}| - 2)^2} \qquad \text{(D.5.13a)}$$

$$\alpha_V = 1 - \frac{16}{189} \cdot (|\varepsilon_{c2}| - 2)^2 \qquad \text{(D.5.13b)}$$

(Hierbei wird nicht berücksichtigt, dass bei geringen Ausmitten bis $e/h \leq 0{,}1$ die Stauchungen im Punkt C $|\varepsilon_c| = 2{,}2$ ‰ betragen dürfen.)

Bemessungshilfen für mittig gedrückte Querschnitte

Für den *mittig* gedrückten Querschnitt lassen sich die Bemessungslängskräfte N_{Sd} direkt ermitteln aus

$$|N_{Sd}| = F_{cd} + F_{sd}$$
$$= A_{cn} \cdot f_{cd} + A_s \cdot \sigma_{sd} \qquad \text{(D.5.14)}$$

mit $A_{cn} = A_c - A_s$ als Nettobetonfläche, der Betondruckfestigkeit $f_{cd} = \alpha \cdot f_{ck} / \gamma_c$ und $\sigma_{sd} = \varepsilon_s \cdot E_s \leq f_{yd}$, wobei für ε_s eine Dehnungsbegrenzung auf –2,2 ‰ berücksichtigt wurde.

(s. Abb. D.5.1). Zur Aufstellung von Bemessungstafeln wird Gl. (D.5.14) formuliert

$$N_{Sd} = A_c \cdot f_{cd} + A_s \cdot (\sigma_{sd} - f_{cd})$$
$$= A_c \cdot f_{cd} + A_s \cdot \sigma_{sd} \cdot \kappa \qquad \text{(D.5.15)}$$

mit $\kappa = (1 - f_{cd} / \sigma_{sd})$. Die Auswertung von Gl. (D.5.15) zeigt Tafel D.5.5.

Bei gleichzeitiger Wirkung eines Biegemoments kommen im Allgemeinen die sog. „Interaktionsdiagramme" (s. nachfolgend) zur Anwendung.

5.1.5 Symmetrisch bewehrte Rechtecke unter Biegung und Längskraft
(Interaktionsdiagramm)

Für symmetrisch bewehrte Rechteckquerschnitte, d. h. $A_{s1} = A_{s2}$, werden Bemessungshilfen angewendet, bei denen in Interaktion zwischen einem bezogenen Biegemoment und einer bez. Längskraft die erforderliche Bewehrung gefunden wird („Interaktionsdiagramme"). Diese Diagramme decken alle fünf Dehnungsbereiche entsprechend Abb. D.5.1 ab, sind also vom zentrischen Zug bis hin zum mittigen Druck anwendbar (für eine „übliche" Biegebemessung wegen symmetrischer Bewehrung allerdings unwirtschaftlich). Bevorzugt werden sie für die Bemessung von Druckgliedern verwendet.

Das Aufstellen von Interaktionsdiagrammen erfolgt mit den zuvor dargestellten Identitätsbeziehungen. Allerdings werden die Momente und Längskräfte hier auf die Schwerachse des Querschnitts bezogen und die Gleichungen in Abhängigkeit von der Bauhöhe h (nicht von der Nutzhöhe d) aufgestellt.

Die Diagramme sind für eine Bemessung nach EC 2 in [DAfStb-H.425–93] veröffentlicht (s. [Schneider – 98], die bei Betonfestigkeiten bis C 50/60 näherungsweise auch für eine Bemessung nach DIN 1045-1 verwendet werden können (die unterschiedliche Definition von f_{cd} – s. Fußnote S. D.22 – ist zu beachten). Für eine Bemessung nach DIN 1045-1 ist ein Diagramm in Tafel D.5.6 wiedergegeben (aus [Schmitz/Goris – 00]; weitere Tafeln s. dort).

D

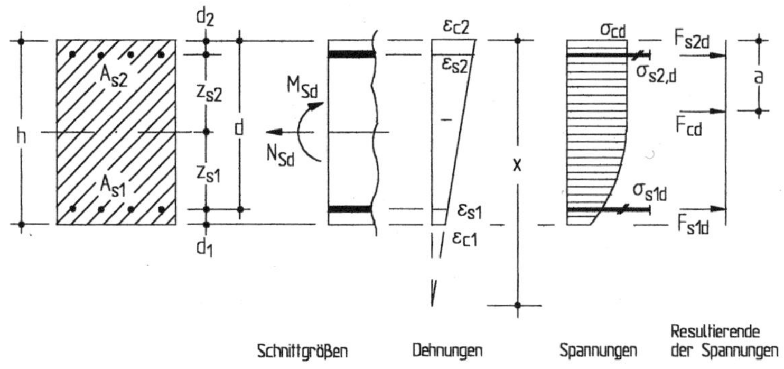

Abb. D.5.6 Schnittgrößen und Spannungen im Dehnungsbereich 5

Tafel D.5.5 Aufnehmbare Längsdruckkraft $|N_{Sd}|$ für C 12/15, C 20/25 und C 30/37 und BSt 500 S

Betonanteil F_{cd} (in MN)

- Reckteckquerschnitt **C 12/15**

h \ b	20	25	30	40	50	60	70	80
20	0,272	0,340	0,408	0,544	0,680	0,816	0,952	1,088
25		0,425	0,510	0,680	0,850	1,020	1,190	1,360
30			0,612	0,816	1,020	1,224	1,428	1,632
40				1,088	1,360	1,632	1,904	2,176
50					1,700	2,040	2,380	2,720
60						2,448	2,856	3,264
70							3,332	3,808
80								4,352

- Kreisquerschnitt **C 12/15**

D	20	25	30	40	50	60	70	80
	0,214	0,334	0,481	0,855	1,335	1,923	2,617	3,418

Betonanteil F_{cd} (in MN)

- Reckteckquerschnitt **C 20/25**

h \ b	20	25	30	40	50	60	70	80
20	0,453	0,567	0,680	0,907	1,133	1,360	1,587	1,813
25		0,708	0,850	1,133	1,417	1,700	1,983	2,267
30			1,020	1,360	1,700	2,040	2,380	2,720
40				1,813	2,267	2,720	3,173	3,627
50					2,833	3,400	3,967	4,533
60						4,080	4,760	5,440
70							5,553	6,347
80								7,253

- Kreisquerschnitt **C 20/25**

D	20	25	30	40	50	60	70	80
	0,356	0,556	0,801	1,424	2,225	3,204	4,362	5,697

Betonanteil F_{cd} (in MN)

- Reckteckquerschnitt **C 30/37**

h \ b	20	25	30	40	50	60	70	80
20	0,680	0,850	1,020	1,360	1,700	2,040	2,380	2,720
25		1,063	1,275	1,700	2,125	2,550	2,975	3,400
30			1,530	2,040	2,550	3,060	3,570	4,080
40				2,720	3,400	4,080	4,760	5,440
50					4,250	5,100	5,950	6,800
60						6,120	7,140	8,160
70							8,330	9,520
80								10,88

- Kreisquerschnitt **C 30/37**

D	20	25	30	40	50	60	70	80
	0,534	0,835	1,202	2,136	3,338	4,807	6,542	8,545

Stahlanteil F_{sd} (in MN)

- Stabstahl **BSt 500**

n \ d	12	14	16	20	25	28
4	0,197	0,268	0,350	0,546	0,854	1,071
6	0,295	0,402	0,525	0,820	1,281	1,606
8	0,393	0,535	0,699	1,093	1,707	2,142
10	0,492	0,669	0,874	1,366	2,134	2,677
12	0,590	0,803	1,049	1,639	2,561	3,213
14	0,688	0,937	1,224	1,912	2,988	3,748
16	0,787	1,071	1,399	2,185	3,415	4,283
18	0,885	1,205	1,574	2,459	3,842	4,819
20	0,983	1,339	1,748	2,732	4,268	5,354

Abminderungsfaktor κ
(für den Stahlanteil F_{sd})

Beton	κ
C 12/15	0,984
C 20/25	0,974
C 30/37	0,961

Gesamttragfähigkeit

$$|N_{Rd}| = F_{cd} + \kappa \cdot F_{sd} \approx F_{cd} + F_{sd}$$

Beispiel

Stütze 30 / 50 cm, Beton C 20/25, bewehrt mit Stäben 8 ∅ 16, BSt 500

gesucht:

Tragfähigkeit bei Beanspruchung unter einer zentrischen Druckkraft

Lösung:

$$N_{Rd} = F_{cd} + \kappa \cdot F_{sd} = 1{,}700 + 0{,}974 \cdot 0{,}699 = 2{,}381 \text{ MN}$$

h, b Abmessungen des Querschnitts (in cm)
D Durchmesser des Querschnitts (in cm)
n Stabanzahl
d Stabdurchmesser (in mm)

Tafel D.5.6 Interaktionsdiagramm für den symmetrisch bewehrten Rechteckquerschnitt für BSt 500 (nach [Schmitz/Goris – 00])

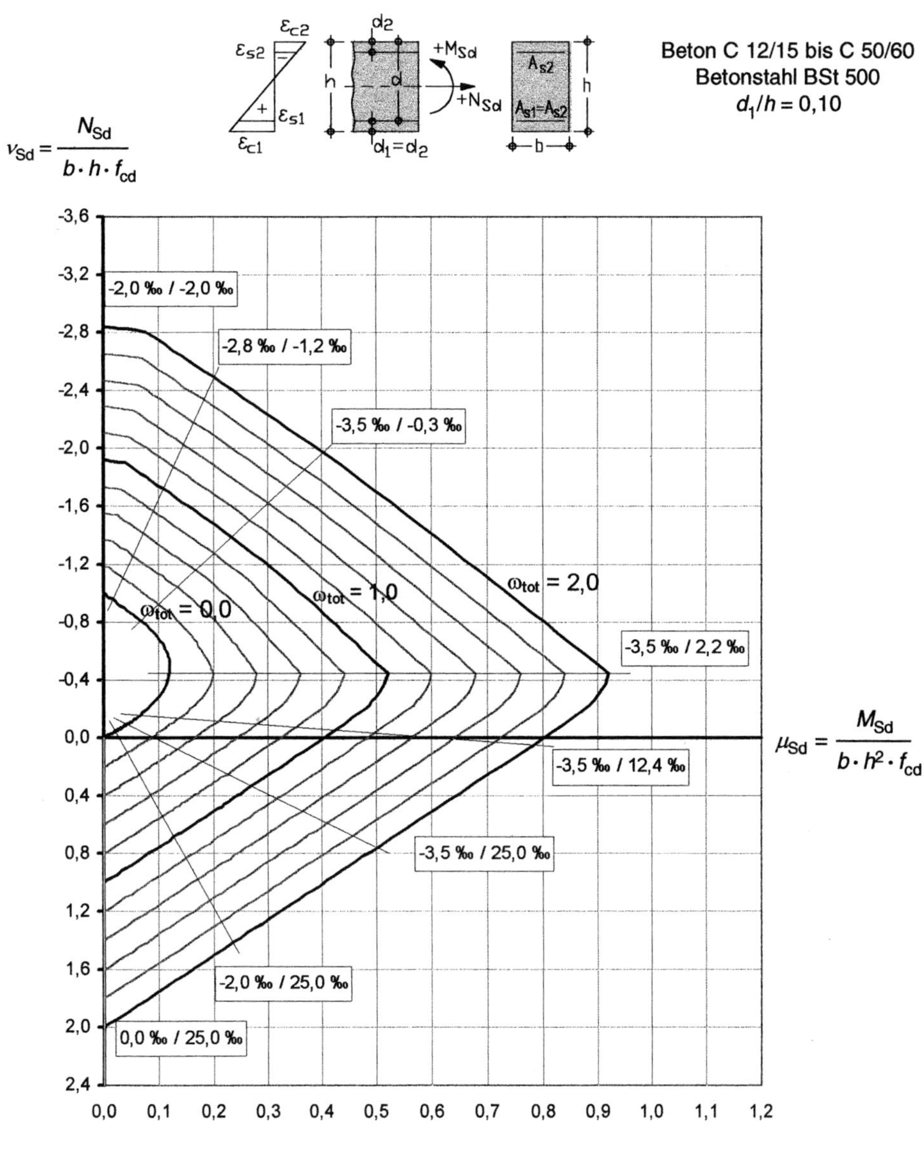

$$\omega_{tot} = \frac{A_{s,tot}}{b \cdot h} \cdot \frac{f_{yd}}{f_{cd}} \qquad \boldsymbol{A_{s,tot} = A_{s1} + A_{s2} = \omega_{tot} \cdot \frac{b \cdot h}{f_{yd}/f_{cd}}}$$

Betonfestigkeitsklasse C	12/15	16/20	20/25	25/30	30/37	35/45	40/50	45/55	50/60
f_{cd} in MN/m²	6,80	9,07	11,3	14,2	17,0	19,8	22,7	25,5	28,3
f_{yd}/f_{cd}	63,9	48,0	38,4	30,7	25,6	21,9	19,2	17,1	15,3

5.1.6 Biegung (mit Längskraft) bei Plattenbalken

Bei Plattenbalken ist i. Allg. zunächst die sog. *mitwirkende Breite* b_{eff} zu bestimmen; sie ist definiert durch diejenige Flanschbreite, bei der man für eine konstante Betonrandspannung die gleiche resultierende Betondruckkraft erhält wie bei Ansatz der tatsächlichen, gekrümmt verlaufenden Spannung. Die konstante Spannung wird dabei so gewählt, daß sie der tatsächlichen maximalen Betonrandspannung entspricht (s. Abb. D.5.7).

Die Ermittlung der mitwirkenden Plattenbreite kann z.B. nach [DAfStb-H.240 – 91] erfolgen. Für übliche Fälle kann b_{eff} jedoch auch abgeschätzt werden.

Näherungsweise gilt nach [DIN 1045-1 – 00]:

$$b_{eff} = b_w + \Sigma b_{eff,i} \qquad \text{(D.5.16)}$$

mit $b_{eff,i} = 0{,}2 \cdot b_i + 0{,}1 \cdot l_0 \leq 0{,}2 \cdot l_0 \leq b_i$

Der Abstand der Momentennullpunkte bzw. die wirksame Stützweite l_0 darf, wie in Abb. D.5.9 angegeben, abgeschätzt werden, falls etwa gleiche Steifigkeitsverhältnisse vorliegen (z. B. Verhältnis $l_2 / l_1 \leq 1{,}5$ und $l_3 / l_2 \leq 0{,}5$ bei konstantem Querschnitt).

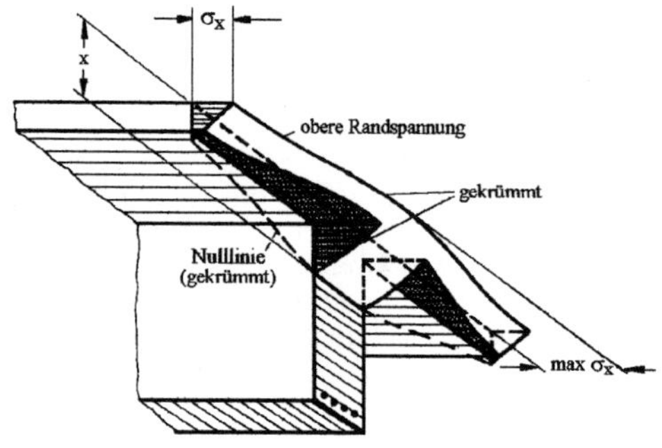

Tatsächlicher Spannungsverlauf

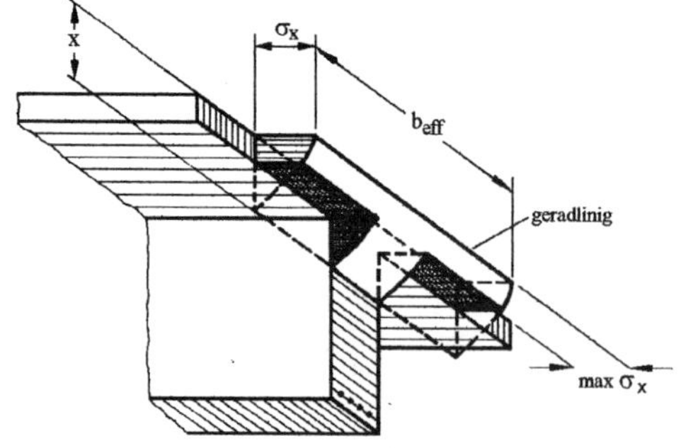

Idealisierter Spannungsverlauf

Abb. D.5.7 Definition der mitwirkenden Plattenbreite

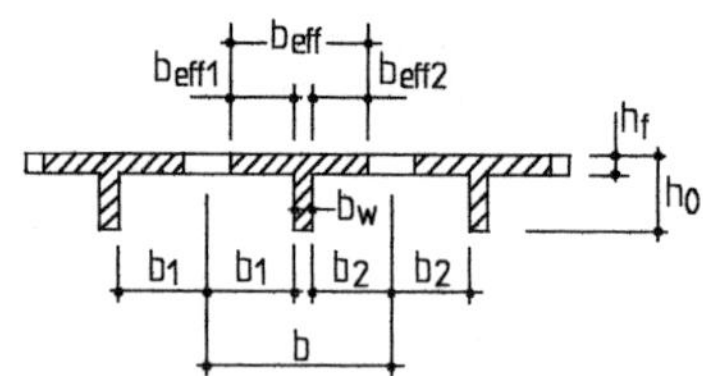

Abb. D.5.8 Bezeichnungen

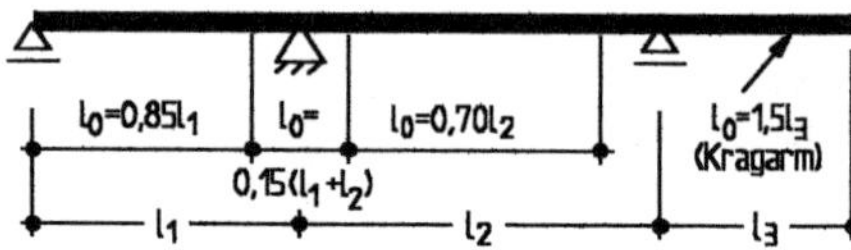

Abb. D.5.9 Wirksame Stützweite l_0

Gegenüber Eurocode 2, wonach die mitwirkende Plattenbreite bei einem symmetrischen Plattenbalken mit $b_{eff} = b_w + (l_0/5) \leq b$ und bei einem einseitigen Plattenbalken mit $b_{eff} = b_w + (l_0/10) \leq b$ abgeschätzt werden darf, trifft die Näherungslösung nach DIN 1045-1 die genauere Lösung besser.

Biegebemessung von Plattenbalken

Nachfolgende Ausführungen gelten für den Fall, dass die Platte sich in der Druckzone befindet. Für den Fall, dass die Platte als Zuggurt wirkt (z. B. bei durchlaufenden Plattenbalken mit obenliegender Platte an den Zwischenunterstützungen) und die Druckzone durch den Steg gebildet wird, liegt üblicherweise eine rechteckige Druckzone mit der Druckzonenbreite $b = b_w$ vor. Hierfür gelten die Ausführungen nach Abschnitt D.5.1.3.

Für die Biegebemessung sind je nach Lage der Dehnungsnulllinie bzw. nach Form der Druckzone zwei Fälle zu unterscheiden (s. Abb. D.5.10):

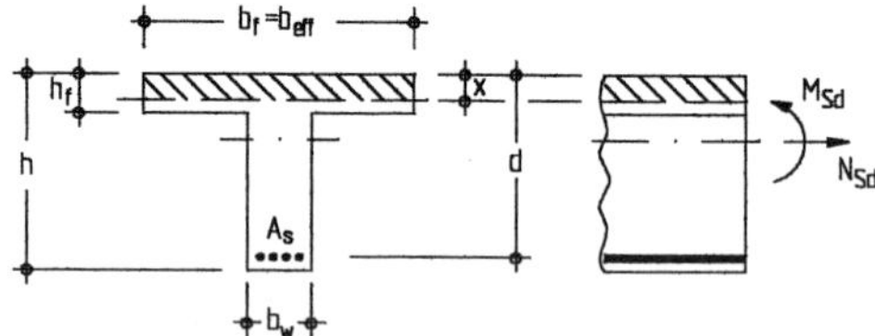

Dehnungsnulllinie in der Platte

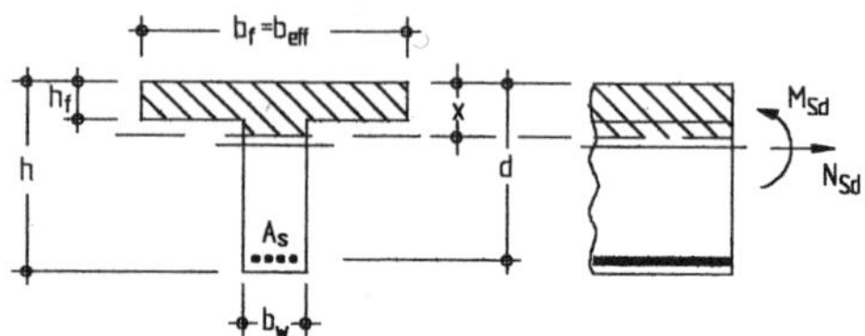

Dehnungsnulllinie im Steg

Abb. D.5.10 Mögliche Lage der Dehnungsnulllinie

- die Dehnungsnulllinie liegt in der Platte
- die Dehnungsnulllinie liegt im Steg.

Wenn die Nulllinie in der Platte liegt, liegt ein Querschnitt mit rechteckiger Druckzone vor, so dass die Bemessungsverfahren für Rechteckquerschnitte anwendbar sind. Die Druckzonenbreite ist $b = b_{eff}$. Die Überprüfung der Nulllinienlage erfolgt im Rahmen der Bemessung; es muss $x = \xi \cdot d \leq h_f$ gelten.

Liegt jedoch die Nulllinie im Steg, ist entweder eine Bemessung mit Näherungsverfahren durchzuführen – Vernachlässigung des Steganteils der Druckzone (bei schlanken Plattenbalken) oder Annäherung der Druckzone durch ein Ersatzrechteck (bei gedrungenen Plattenbalken) –, oder aber es erfolgt eine direkte Bemessung mit Bemessungstafeln für Plattenbalken (für eine Bemessung nach EC 2, abgedruckt z. B. in [Schneider – 98]; die Tafeln können näherungweise auch nach DIN 1045-1 verwendet werden, die unterschiedliche Definition von f_{cd} ist jedoch zu beachten, s. Anm. S. D. 22).

5.1.7 Beliebige Form der Betondruckzone

Wenn die Druckzone von der Rechteck- oder Plattenbalkenform abweicht, gibt es nur noch in einigen Sonderfällen Bemessungshilfen. Zu diesen Sonderfällen gehören beispielsweise

- Rechteckquerschnitte bei zweiachsiger Biegung (s. Abb. D.5.11)
- Kreisquerschnitte.

Die hierzu derzeit vorhandenen Diagramme sind für eine Bemessung nach Eurocode 2 aufgestellt. In guter Näherung können sie bei Betonfestigkeitsklassen bis C 50/60 vielfach auch für eine Bemessung nach DIN 1045-1 verwendet werden (zur unterschiedlichen Definition von f_{cd} s. jedoch Fußnote S. D.22).

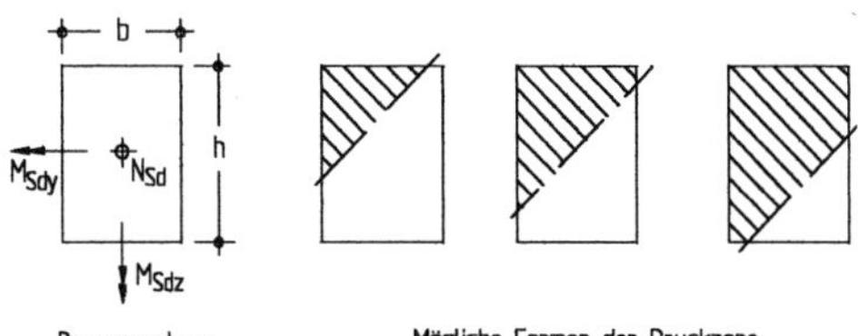

Abb. D.5.11 Druckzonenform bei zweiachsiger Biegung

Allgemeiner Querschnitt

Bei geringer Abweichung von der Rechteckform ist es genügend genau, mit einem Ersatzrechteck zu bemessen (s. Abb. D.5.12). Die Ersatzbreite b_{ers} ist aus der Bedingung zu bestimmen, dass die Fläche der Ersatzdruckzone der tatsächlichen entspricht.

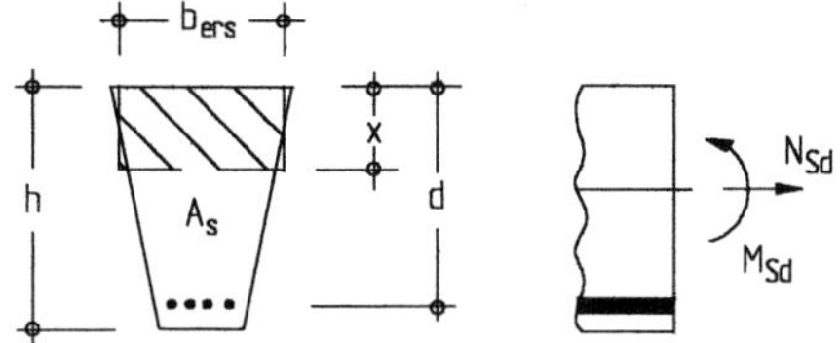

Abb. D.5.12 Ersatzrechteck

In anderen Fällen ist eine Berechnung mit dem „rechteckigen Spannungsblock" möglich. Eine Bemessung für den Querschnitt *ohne* Druckbewehrung (s. Abb. D.5.13) erfolgt für eine Biegebeanspruchung in den Dehnungsbereichen 2 und 3 (s. Abb. D.5.1) in folgenden Schritten:

- Schätzen einer Dehnungsverteilung $\varepsilon_c / \varepsilon_s$
- Bestimmung der Druckzonenhöhe
  $x = [\,|\varepsilon_c| \,/\, (|\varepsilon_c| + \varepsilon_s)] \cdot d$
- Berechnung der resultierenden Betondruckkraft
  $F_{cd} = A_{cc,red} \cdot \alpha \cdot f_{cd}$
  mit $A_{cc,red}$ als reduzierte Fläche der Höhe $0{,}8\,x$
- Ermittlung des Hebelarms der „inneren Kräfte" $z = d - a$ mit a als Schwerpunktabstand der reduzierten Druckzonenfläche vom oberen Rand
- Überprüfung, ob die Dehnungsverteilung richtig geschätzt wurde; es muss gelten, dass die Summe der „äußeren Momente" ΣM_a identisch mit der Summe der „inneren Momente" ΣM_i ist (Identitätsbedingung); bezogen auf die Zugbewehrung A_s erhält man:
  $\Sigma M_a = M_{Sd} - N_{Sd} \cdot z_{s1} \equiv \Sigma M_i = |F_{cd}| \cdot z$
  (Die zunächst geschätzte Dehnungsverteilung ist solange iterativ zu verbessern, bis die Identitätsbedingung ausreichend genau erfüllt ist.)
- Bestimmung der Stahlzugkraft F_{sd} und der Bewehrung A_s
  $F_{sd} = |F_{cd}| + N_{Sd}$ und $A_s = F_{sd} / \sigma_{sd}$

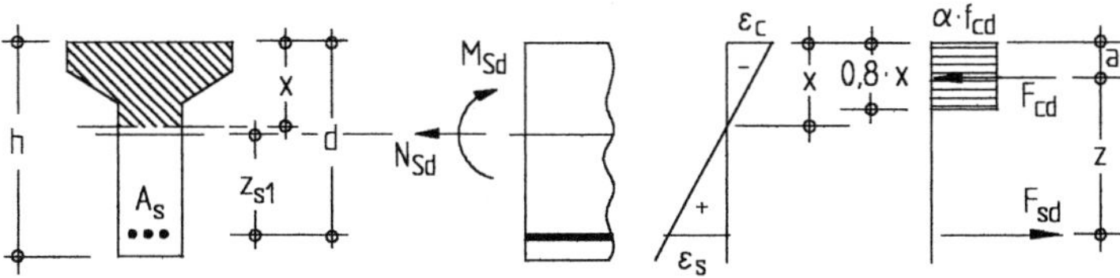

Abb. D.5.13 Näherungsberechung mit dem rechteckigen Spannungsblock

5.1.8 Unbewehrte Betonquerschnitte

Voraussetzungen und Annahmen

Wegen der geringeren Verformungsfähigkeit von unbewehrtem Beton müssen die Teilsicherheitsbeiwerte γ_c (s. Tafel D.3.4) mit 1,2 multipliziert werden. Man erhält dann

– in der Grundkombination: $\gamma_c = 1{,}80$
– in der außergewöhnlichen Komb.: $\gamma_c = 1{,}56$

Für die Bestimmung der Grenztragfähigkeit unbewehrter Betonquerschnitte darf die Zugfestigkeit des Betons nicht in Rechnung gestellt werden. Die höchstzulässige Ausmitte einer Längskraft im Querschnitt ist im Grenzzustand der Tragfähigkeit auf $e/h \leq 0{,}4$ zu begrenzen. Diese Forderung nach DIN 1045-1, 5.4.2 gilt für Rechteckquerschnitte, Angaben für den allgemeinen Querschnitt fehlen.

Bei Druckgliedern aus unbewehrtem Beton (vgl. Abschn. 9.6) gilt zusätzlich, dass unter den seltenen Einwirkungskombinationen maximal eine bis zum Schwerpunkt des Querschnitts klaffende Fuge angenommen werden darf (für Druckglieder mit Rechteckquerschnitte unter einachsiger Ausmitte ist damit also nur eine Lastausmitte von ca. $e/h \leq 0{,}3$ zugelassen).

Nachweisprinzip

Es ist nachzuweisen, dass der Bemessungswert der einwirkenden Längskraft N_{Sd} den Bemessungswert der aufnehmbaren Längskraft N_{Rd} nicht überschreitet.

$$\boldsymbol{N_{Sd} \leq N_{Rd}} \qquad \text{(D.5.17)}$$

Der Bemessungswert der aufnehmbaren Längsdruckkraft N_{Rd} ergibt sich bei Rechteckquerschnitten unter einachsiger Ausmitte zu

$$N_{Rd} = -f_{cd} \cdot k \cdot A_c \qquad \text{(D.5.18)}$$

mit f_{cd} als Bemessungswert der Betondruckfestigkeit und A_c als Fläche des Betonquerschnitts; der Faktor k berücksichtigt die parabelförmige Spannungsverteilung in der Druckzone und ein Klaffen der Fuge bei exzentrischem Kraftangriff.

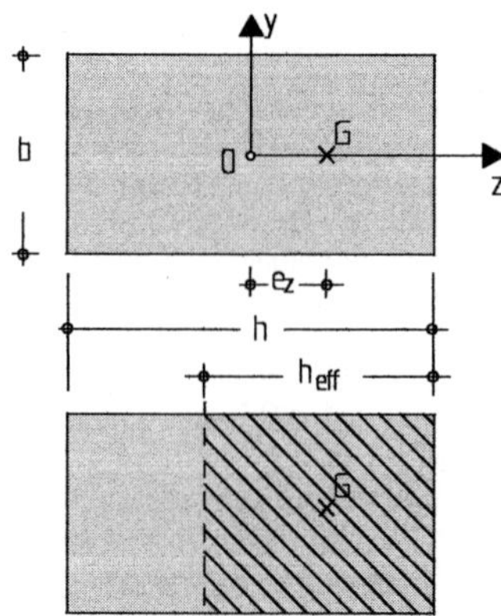

Abb. D.5.14 Wirksame Querschnittsfläche

Der Abminderungsfaktor k kann in Abhängigkeit von der bezogenen Lastausmitte e/h nachfolgender Tafel entnommen werden. Zusätzlich ist die Höhe des Restquerschnitts h_{eff} als auf die Gesamthöhe h bezogene Größe angegeben (zu den Bezeichnungen s. auch Abb. D.5.14).

Faktor k sowie Verhältniswerte h_{eff}/h in Abhängigkeit von der bezogenen Lastausmitte e/h (s. hierzu Gl. (D.5.18) und Abb. D.5.14)

e/h	0,0	0,084	0,10	0,20	0,292	0,30	0,40
k	1,0	0,810	0,778	0,584	0,405	0,389	0,195
h_{eff}/h	1,0	1,0	0,962	0,721	0,500	0,481	0,240

Die wirksame Querschnittsfläche bei Rechteckquerschnitten ergibt sich für einachsige Lastausmitte:

$$A_{c,eff} = b \cdot h_{eff} \qquad \text{(D.5.19)}$$

bzw.

$$A_{c,eff} = b \cdot h \cdot (h_{eff}/h) \qquad \text{(D.5.20)}$$

Bei der Ermittlung der Ausmitten von N_{Sd} sind erforderlichenfalls auch Einflüsse nach Theorie II. Ordnung und von geometrischen Imperfektionen zu erfassen (s. hierzu Abschn. D.9).

5.2 Grenzzustände der Gebrauchstauglichkeit

5.2.1 Grundsätzliches

In den Grenzzuständen der Gebrauchstauglichkeit sind nachzuweisen bzw. auszuschließen (s. [E DIN 1045-1 – 00], Abschn. 11):

- Übermäßige Mikrorissbildung im Beton sowie nichtelastische Verformungen von Beton- und Spannstahl
- Risse im Beton, die das Aussehen, die Dauerhaftigkeit oder die ordnungsgemäße Nutzung beeinträchtigen können
- Verformungen und Durchbiegungen, die das Erscheinungsbild oder die planmäßige Nutzung eines Bauteils selbst oder angrenzender Bauteile (leichte Trennwände, Verglasung, Außenwandverkleidung, haustechnische Anlagen) verursachen.

Der Nachweis, dass ein Tragwerk oder Tragwerksteil diese Anforderungen erfüllt, erfolgt durch

- Begrenzung von Spannungen (s. Abschn. 5.2.2)
- Rissbreitenbegrenzungen (s. Abschn. 5.2.3)
- Verformungsbegrenzungen (s. Abschn. 5.2.4).

Diese Nachweise werden – von Ausnahmen abgesehen – rechnerisch nur für eine Beanspruchung aus Biegung und/oder Längskraft geführt, während für die Beanspruchungsarten Querkraft, Torsion, Durchstanzen diese durch konstruktive Regelungen erfüllt werden (beispielsweise über eine zweckmäßige Ausbildung und Abstände der Bügelbewehrung). Der Nachweis erfolgt jeweils für Gebrauchslasten, und zwar je nach Nachweisbedingung für die seltene, häufige oder quasiständige Lastkombination (s. hierzu Abschn. 3.2).

Häufig werden nur die Stahlspannungen der Biegezugbewehrung benötigt (insbesondere beispielsweise beim Nachweis zur Begrenzung der Rissbreite). In den Fällen, die keine allzu große Genauigkeit fordern, können die Stahlspannungen im gerissenen Zustand genügend genau mit dem Hebelarm z der inneren Kräfte aus dem Tragfähigkeitsnachweis ermittelt werden (diese Abschätzung liegt allerdings im Allgemeinen auf der unsicheren Seite). Es gilt:

$$\sigma_{s1} \approx \left(\frac{M_s}{z} + N\right) \cdot \frac{1}{A_{s1}} \qquad \text{(D.5.21)}$$

wobei M_s und N die auf die Biegezugbewehrung A_{s1} bezogenen Schnittgrößen in der maßgebenden Belastungskombination sind.

Für eine genauere Berechnung der Längsspannungen im Zustand II geht man von dem in Abb. D.5.15 dargestellten Dehnungs- bzw. Spannungsverlauf aus. Da bei Beton im Gebrauchszustand

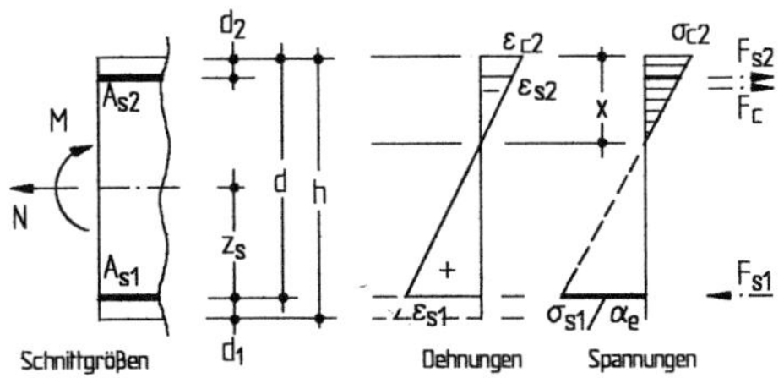

Abb. D.5.15 Spannungs- und Dehnungsverlauf im Gebrauchszustand

i. Allg. Stauchungen von max. 0,3 bis 0,5 ‰ hervorgerufen werden, ist es genügend genau und gerechtfertigt, einen linearen Verlauf der Betonspannungen anzunehmen. Hierfür kann man in vielen praxisrelevanten Fällen direkte Lösungen für die Druckzonenhöhe, die Randspannung, den Hebelarm der inneren Kräfte etc. angeben, die bei den rechnerischen Nachweisen im einzelnen benötigt werden. Mit den in Abb. D.5.15 dargestellten Bezeichnungen erhält man für den Rechteckquerschnitt

$$N = -|F_c| - |F_{s2}| + F_{s1} \qquad \text{(D.5.22a)}$$

$$M_s = |F_c| \cdot (d - x/3) + |F_{s2}| \cdot (d - d_2) \qquad \text{(D.5.22b)}$$

mit $M_s = M - N \cdot z_s$

Die „inneren" Kräfte lassen sich mit den Beton- und Stahlspannungen σ_c und σ_s bestimmen. Die Stahlspannungen σ_{s1} und σ_{s2} können jedoch auch über die Betondruckspannung σ_c ausgedrückt werden. Wegen der Linearität der Dehnungsverteilung und mit dem Hookeschen Gesetz folgt

$$\varepsilon_{s1} = |\varepsilon_{c2}| \cdot (d/x - 1)$$

$$\rightarrow \sigma_{s1} = |\sigma_{c2}| \cdot (d/x - 1) \cdot (E_s/E_c) \qquad \text{(D.5.23)}$$

Ebenso erhält man die Stahlspannung σ_{s2} in Abhängigkeit von der Betonrandspannung σ_{c2}. Mit $\alpha_e = E_s/E_c$ als Verhältnis der E-Moduln von Stahl und Beton erhält man somit die „inneren" Kräfte

$$F_c = 0{,}5 \cdot x \cdot b \cdot \sigma_{c2} \qquad \text{(D.5.24a)}$$

$$F_{s2} = A_{s2} \cdot \sigma_{s2} = A_{s2} \cdot [(\alpha_e - 1) \cdot \sigma_{c2} \cdot (1 - d_2/x)] \qquad \text{(D.5.24b)}$$

$$F_{s1} = A_{s1} \cdot \sigma_{s1} = A_{s1} \cdot [\alpha_e \cdot |\sigma_{c2}| \cdot (d/x - 1)] \qquad \text{(D.5.24c)}$$

Für den – insbesondere bei Platten häufigen – Sonderfall der „reinen" Biegung und des Querschnitts ohne Druckbewehrung vereinfachen sich die Gleichungen entsprechend, und man erhält aus $\Sigma H = 0$ nach Gl. (D.5.22a)

$$0 = -0{,}5 \cdot x \cdot b \cdot |\sigma_{c2}| + A_{s1} \cdot [\alpha_e \cdot |\sigma_{c2}| \cdot (d/x - 1)]$$

$$\rightarrow 0{,}5 \cdot x^2 \cdot b - A_{s1} \cdot [\alpha_e \cdot (d - x)] = 0$$

und aufgelöst nach der Druckzonenhöhe x

$$x = \frac{\alpha_e \cdot A_{s1}}{b} \cdot \left(-1 + \sqrt{1 + \frac{2bd}{\alpha_e \cdot A_{s1}}}\right) \qquad \text{(D.5.25)}$$

Tafel D.5.7 Zusammenstellung geometrischer Größen und von Gleichungen für die Ermittlung der Stahl- und Betonspannung σ_{s1} und σ_{c2} des Zustands II für Rechteckquerschnitte unter reiner Biegung im Gebrauchszustand

	Rechteckquerschn. *ohne* Druckbewehrung	Rechteckquerschnitt *mit* Druckbewehrung
1a	$\xi = -\alpha_e \cdot \rho + \sqrt{(\alpha_e \cdot \rho)^2 + 2 \cdot \alpha_e \cdot \rho}$	$\xi = -\alpha_e \cdot \rho \cdot \left(1 + \frac{A_{s2}}{A_{s1}}\right) + \sqrt{\left[\alpha_e \cdot \rho \cdot \left(1 + \frac{A_{s2}}{A_{s1}}\right)\right]^2 + 2 \cdot \alpha_e \cdot \rho \cdot \left(1 + \frac{A_{s2} \cdot d_2}{A_{s1} \cdot d}\right)}$
1b	$\kappa = 4 \cdot \xi^3 + 12 \cdot \alpha_e \cdot \rho \cdot (1 - \xi)^2$	$\kappa = 4 \cdot \xi^3 + 12 \cdot \alpha_e \cdot \rho \cdot (1 - \xi)^2 + 12 \cdot \alpha_e \cdot \rho \cdot \frac{A_{s2}}{A_{s1}} \cdot \left(\xi - \frac{d_2}{d}\right)^2$
2a	$x = \xi \cdot d$	$x = \xi \cdot d$
2b	$z = d - x/3$	
3a	$\lvert\sigma_{c2}\rvert = \frac{2M}{b \cdot x \cdot z}$	$\lvert\sigma_{c2}\rvert = \frac{6 \cdot M}{b \cdot x \cdot (3d - x) + 6 \cdot \alpha_e \cdot A_{s2} \cdot (d - d_2) \cdot (1 - d_2/x)}$
3b	$\sigma_{s1} = \frac{M}{z \cdot A_{s1}} = \lvert\sigma_{c2}\rvert \cdot \frac{\alpha_e \cdot (d - x)}{x}$	$\sigma_{s1} = \lvert\sigma_{c2}\rvert \cdot \frac{\alpha_e \cdot (d - x)}{x}$
4b	$I = \kappa \cdot b \cdot d^3/12$	$I = \kappa \cdot b \cdot d^3/12$
4b	$S = A_{s1} \cdot (d - x)$	$S = A_{s1} \cdot (d - x) - A_{s2} \cdot (x - d_2)$

ξ auf die Nutzhöhe d bezogene Druckzonenhöhe x; $\xi = x / d$
κ Hilfswert zur Ermittlung des Flächenmoments 2. Grades
ρ auf die Nutzhöhe d und Querschnittsbreite b bezogener Bewehrungsgrad; $\rho = A_{s1}/(b \cdot d)$
σ_{c2} größte Betonrandspannung des Gebrauchszustands
σ_{s1} Stahlzugspannung des Gebrauchszustands
I Flächenmoment 2. Grades (Trägheitsmoment) im Gebrauchszustand
S Flächenmoment 1. Grades (statisches Moment) der Bewehrung, bezogen auf die Schwerachse des gerissenen Querschnitts

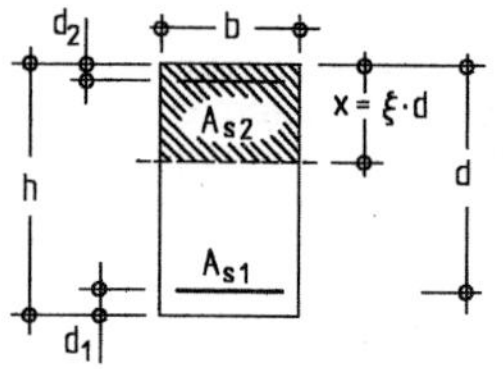

Mit der bekannten Druckzonenhöhe lassen sich dann die weiteren gesuchten Größen – Betonrandspannung, Stahlspannung etc. – bestimmen. In gleicher Weise ist bei Rechteckquerschnitten mit Druckbewehrung zu verfahren. Man erhält dann für reine Biegung die in Tafel D.5.7 zusammengestellten Gleichungen, wobei die Druckzonenhöhe x nach Gl. (D.5.25) jedoch als bezogene Größe ξ dargestellt ist.

Hilfsmittel zur einfachen Ermittlung der Hilfwerte ξ und κ sind in den Tafeln D.5.8 und D.5.9 zusammengestellt. Eingangswert ist jeweils der im Verhältnis der E-Moduln vervielfachte Bewehrungsgrad $\alpha_e \cdot \rho$. Mit den Hilfswerten ξ und κ können dann die weiteren gesuchten Größen einfach berechnet werden.

Spannungsnachweis bei Biegung mit Längskraft

Ein geschlossener Ansatz führt zu einer kubischen Gleichung. Zur Vereinfachung wird deshalb eine Iteration empfohlen (eine direkte Lösung ist ggf. mit Hilfe von Diagrammen möglich).

In obigen Gleichungen wird A_{s1} durch den vom Biegemoment M_s allein verursachten Bewehrungsanteil A_{sM} (s. u.) und M durch das auf die Zugbewehrung bezogene Moment M_s ersetzt.

$$A_{sM} = A_{s1} - (N/\sigma_{s1}) \quad \text{(D.5.26)}$$

Die noch unbekannte Stahlspannung σ_{s1} muss zunächst geschätzt werden und wird so lange iterativ verbessert, bis eine ausreichende Übereinstimmung erreicht ist.

Tafel D.5.8 Hilfswerte ξ der Druckzonenhöhe x und κ des Flächenmoments 2. Grades I für biegebeanspruchte Rechteckquerschnitte ohne Druckbewehrung im Zustand II

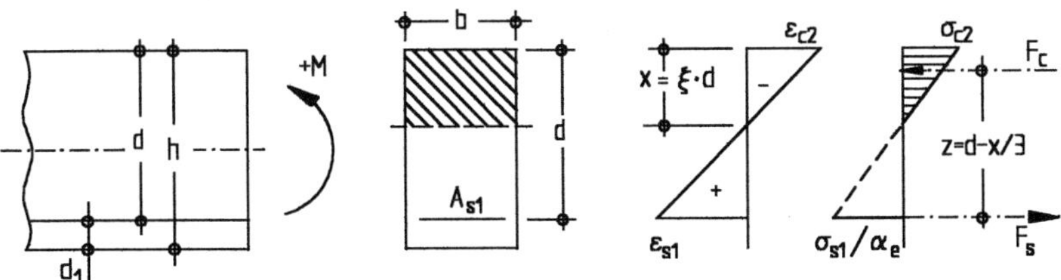

D

Tafeleingangswert:

$$\alpha_e\,\rho = \alpha_e \cdot \frac{A_s}{b \cdot d} \qquad \text{mit } \alpha_e = \frac{E_s}{E_{c,eff}}$$

$\alpha_e \cdot \rho$	ξ	κ
0,001	0,044	0,011
0,002	0,061	0,022
0,003	0,075	0,032
0,004	0,086	0,043
0,005	0,095	0,053
0,006	0,104	0,062
0,007	0,122	0,072
0,008	0,119	0,081
0,009	0,125	0,090
0,010	0,132	0,100
0,011	0,138	0,109
0,012	0,143	0,177
0,013	0,149	0,126
0,014	0,154	0,135
0,015	0,159	0,143
0,016	0,164	0,152
0,017	0,168	0,160
0,018	0,173	0,168
0,019	0,177	0,177
0,020	0,181	0,185
0,022	0,189	0,201
0,024	0,196	0,216
0,026	0,204	0,232
0,028	0,210	0,247
0,030	0,217	0,262
0,032	0,223	0,276
0,034	0,229	0,291
0,036	0,235	0,305
0,038	0,240	0,319
0,040	0,246	0,332
0,042	0,251	0,346
0,044	0,256	0,359
0,046	0,261	0,373
0,048	0,266	0,386
0,050	0,270	0,398

$\alpha_e \cdot \rho$	ξ	κ
0,055	0,281	0,430
0,060	0,292	0,460
0,065	0,301	0,490
0,070	0,311	0,519
0,075	0,319	0,547
0,080	0,328	0,575
0,085	0,336	0,601
0,090	0,344	0,628
0,095	0,351	0,653
0,100	0,358	0,678
0,110	0,372	0,727
0,120	0,384	0,773
0,130	0,396	0,818
0,140	0,407	0,860
0,150	0,418	0,902
0,160	0,428	0,942
0,170	0,437	0,980
0,180	0,446	1,02
0,190	0,455	1,05
0,200	0,463	1,09
0,210	0,471	1,12
0,220	0,479	1,16
0,230	0,486	1,19
0,240	0,493	1,22
0,250	0,500	1,25
0,260	0,507	1,28
0,270	0,513	1,31
0,280	0,519	1,34
0,290	0,525	1,36
0,300	0,531	1,39

$$x = \xi \cdot d$$
$$I = \kappa \cdot b \cdot d^3 / 12$$

Ergänzungen zu den Tafeln D.5.8 und D.5.9

Effektiver E-Modul E_{eff}

Bei Verformungsberechnungen kann das Kriechen unter Verwendung eines wirksamen Elastizitätsmoduls

$$E_{c,eff} = E_{cm} / (1+\varphi)$$

abgeschätzt werden (φ Kriechbeiwert; s. u.).

Elastizitätsmodul E_{cm} des Betons (DIN 1045-1, Tab. 9.2)

C	E_{cm}
20/25	28 800
25/30	30 500
30/37	31 900
35/45	33 300
40/50	34 500
45/55	35 700
50/60	36 800

Endkriechzahlen φ_∞[1] (DIN 1045-1, Abschn. 9.1.4)

Alter bei Belastung t_0 (Tage)	RH (%)	Wirksame Bauteildicke $2A_c/u$ (in mm) C 20/25: 50	150	500	C 30/37: 50	150	500
1	50	7,8	6,3	5,2	5,3	4,6	3,9
	80	4,9	4,3	3,9	3,7	3,3	3,0
7	50	5,5	4,4	3,7	3,7	3,2	2,7
	80	3,4	3,0	2,7	2,6	2,3	2,1
28	50	4,2	3,4	2,8	2,9	2,5	2,1
	80	2,6	2,3	2,1	2,0	1,8	1,6

Endschwindmaße $\varepsilon_{cs,\infty}$[1] (DIN 1045-1, 9.1.4)

Lage des Bauteils	Betonfestigkeit C 20/25	C 30/37
innen	$-70 \cdot 10^{-5}$	$-65 \cdot 10^{-5}$
außen	$-41 \cdot 10^{-5}$	$-39 \cdot 10^{-5}$

[1] Die Werte gelten für die Betonfestigkeiten C 20/25 und C 30/37 und für Betone mit normal erhärtendem Zement (N), welche nicht länger als 14 Tage feucht nachbehandelt werden und üblichen Umgebungsbedingungen (Temperaturen zwischen 10 °C und 30 °C) ausgesetzt sind. Weitere Werte (andere Zemente, Betonfestigkeitsklassen etc.) s. DIN 1045-1, 9.1.4.

Tafel D.5.9 Hilfswerte ξ der Druckzonenhöhe x und κ des Flächenmoments 2. Grades I im Zustand II für biegebeanspruchte Rechteckquerschnitte mit Druckbewehrung

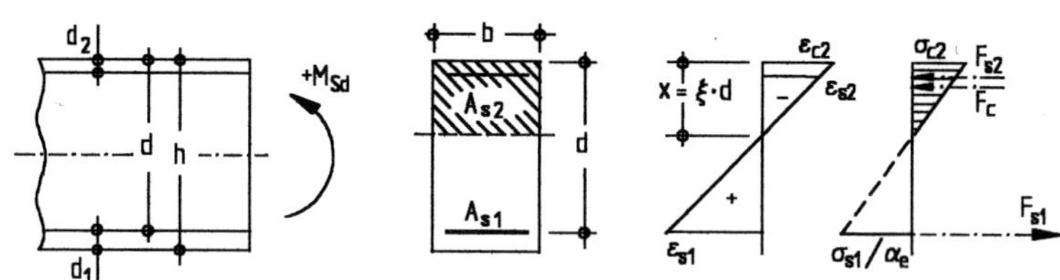

$\alpha_e \cdot \rho$	A_{s2}/A_{s1} = 0,25				A_{s2}/A_{s1} = 0,50				A_{s2}/A_{s1} = 0,75				A_{s2}/A_{s1} = 1,00			
	d_2/d = 0,10		d_2/d = 0,20		d_2/d = 0,10		d_2/d = 0,20		d_2/d = 0,10		d_2/d = 0,20		d_2/d = 0,10		d_2/d = 0,20	
	ξ	κ	ξ	κ	ξ	κ	ξ	κ	ξ	κ	ξ	κ	ξ	κ	ξ	κ
0,002	0,062	0,022	0,062	0,022	0,062	0,022	0,063	0,022	0,062	0,022	0,064	0,022	0,062	0,022	0,065	0,023
0,004	0,086	0,043	0,087	0,043	0,086	0,043	0,088	0,043	0,086	0,043	0,089	0,043	0,086	0,043	0,090	0,043
0,006	0,104	0,062	0,105	0,062	0,104	0,062	0,106	0,063	0,104	0,062	0,107	0,063	0,104	0,062	0,109	0,063
0,008	0,118	0,081	0,120	0,081	0,118	0,081	0,121	0,082	0,118	0,081	0,122	0,082	0,118	0,081	0,123	0,082
0,010	0,131	0,100	0,133	0,100	0,131	0,100	0,134	0,100	0,130	0,100	0,135	0,100	0,130	0,100	0,136	0,100
0,012	0,143	0,118	0,144	0,118	0,142	0,118	0,145	0,118	0,141	0,118	0,146	0,118	0,140	0,118	0,147	0,118
0,014	0,153	0,135	0,155	0,135	0,152	0,135	0,156	0,135	0,151	0,135	0,157	0,135	0,150	0,135	0,157	0,135
0,016	0,162	0,152	0,164	0,152	0,161	0,152	0,165	0,152	0,160	0,152	0,166	0,152	0,158	0,153	0,167	0,152
0,018	0,171	0,169	0,173	0,168	0,169	0,169	0,174	0,169	0,168	0,169	0,174	0,169	0,166	0,169	0,175	0,169
0,020	0,179	0,185	0,181	0,185	0,177	0,185	0,182	0,185	0,175	0,186	0,182	0,185	0,174	0,186	0,183	0,185
0,022	0,187	0,201	0,189	0,201	0,184	0,202	0,189	0,201	0,182	0,202	0,190	0,201	0,180	0,203	0,190	0,201
0,024	0,194	0,217	0,196	0,216	0,191	0,218	0,197	0,216	0,189	0,218	0,197	0,216	0,187	0,219	0,197	0,216
0,026	0,201	0,232	0,203	0,232	0,198	0,233	0,203	0,232	0,195	0,234	0,203	0,232	0,193	0,235	0,203	0,232
0,028	0,207	0,248	0,210	0,247	0,204	0,249	0,210	0,247	0,201	0,250	0,209	0,247	0,198	0,250	0,209	0,247
0,030	0,213	0,263	0,216	0,262	0,210	0,264	0,216	0,262	0,207	0,265	0,215	0,262	0,204	0,266	0,215	0,262
0,032	0,219	0,278	0,222	0,276	0,216	0,279	0,222	0,276	0,212	0,280	0,221	0,276	0,209	0,281	0,220	0,276
0,034	0,225	0,292	0,228	0,291	0,221	0,294	0,227	0,291	0,217	0,295	0,226	0,291	0,214	0,297	0,226	0,291
0,036	0,230	0,307	0,234	0,305	0,226	0,308	0,233	0,306	0,222	0,310	0,232	0,305	0,218	0,312	0,231	0,305
0,038	0,236	0,321	0,239	0,319	0,231	0,323	0,238	0,319	0,227	0,325	0,237	0,319	0,223	0,327	0,235	0,319
0,040	0,241	0,335	0,244	0,333	0,236	0,337	0,243	0,333	0,231	0,339	0,241	0,333	0,227	0,341	0,240	0,333
0,042	0,246	0,349	0,249	0,346	0,241	0,351	0,247	0,347	0,236	0,354	0,246	0,347	0,231	0,356	0,244	0,347
0,044	0,250	0,362	0,254	0,360	0,245	0,365	0,252	0,360	0,240	0,368	0,250	0,360	0,235	0,371	0,249	0,361
0,046	0,255	0,376	0,259	0,373	0,249	0,379	0,257	0,374	0,244	0,382	0,255	0,374	0,239	0,385	0,253	0,374
0,048	0,259	0,389	0,263	0,386	0,254	0,393	0,261	0,387	0,248	0,396	0,259	0,387	0,243	0,399	0,257	0,388
0,050	0,264	0,403	0,268	0,399	0,258	0,407	0,265	0,400	0,252	0,410	0,263	0,400	0,246	0,413	0,261	0,401
0,055	0,274	0,435	0,278	0,431	0,267	0,440	0,275	0,432	0,261	0,444	0,272	0,433	0,255	0,448	0,270	0,434
0,060	0,284	0,467	0,288	0,462	0,276	0,473	0,284	0,463	0,269	0,478	0,281	0,465	0,263	0,483	0,278	0,466
0,065	0,293	0,498	0,297	0,492	0,285	0,505	0,293	0,494	0,277	0,511	0,289	0,495	0,270	0,517	0,286	0,497
0,070	0,301	0,528	0,306	0,522	0,293	0,536	0,301	0,524	0,284	0,544	0,297	0,526	0,277	0,550	0,293	0,528
0,075	0,309	0,558	0,314	0,550	0,300	0,567	0,309	0,553	0,291	0,576	0,304	0,556	0,283	0,583	0,300	0,558
0,080	0,317	0,587	0,322	0,578	0,307	0,597	0,316	0,582	0,298	0,607	0,311	0,585	0,289	0,616	0,306	0,588
0,085	0,324	0,615	0,329	0,606	0,314	0,627	0,323	0,610	0,304	0,638	0,318	0,614	0,295	0,648	0,313	0,617
0,090	0,332	0,643	0,337	0,633	0,320	0,657	0,330	0,638	0,310	0,669	0,324	0,642	0,300	0,680	0,318	0,646
0,095	0,338	0,670	0,343	0,659	0,326	0,686	0,336	0,665	0,315	0,699	0,330	0,670	0,305	0,712	0,324	0,675
0,100	0,345	0,697	0,350	0,685	0,332	0,714	0,342	0,692	0,321	0,730	0,336	0,697	0,310	0,743	0,329	0,703
0,110	0,357	0,750	0,362	0,736	0,343	0,770	0,354	0,744	0,331	0,789	0,346	0,751	0,319	0,805	0,339	0,758
0,120	0,368	0,800	0,374	0,784	0,353	0,825	0,364	0,795	0,340	0,847	0,356	0,804	0,327	0,866	0,348	0,812
0,130	0,379	0,850	0,385	0,832	0,363	0,878	0,374	0,844	0,348	0,904	0,365	0,855	0,335	0,926	0,356	0,865
0,140	0,389	0,898	0,395	0,877	0,371	0,931	0,383	0,892	0,356	0,960	0,373	0,906	0,342	0,99	0,364	0,918
0,150	0,398	0,944	0,404	0,922	0,380	0,982	0,392	0,940	0,363	1,02	0,381	0,955	0,348	1,04	0,371	0,969
0,160	0,407	0,990	0,413	0,965	0,387	1,03	0,400	0,986	0,370	1,07	0,388	1,00	0,354	1,10	0,377	1,02
0,170	0,415	1,03	0,422	1,01	0,395	1,08	0,408	1,03	0,376	1,12	0,395	1,05	0,360	1,16	0,384	1,07
0,180	0,423	1,08	0,430	1,05	0,401	1,13	0,415	1,08	0,382	1,18	0,401	1,10	0,365	1,22	0,389	1,12
0,190	0,430	1,12	0,437	1,09	0,408	1,18	0,422	1,12	0,388	1,23	0,407	1,14	0,370	1,27	0,395	1,17
0,200	0,437	1,16	0,445	1,13	0,414	1,23	0,428	1,16	0,393	1,28	0,413	1,19	0,375	1,33	0,400	1,22
0,220	0,451	1,24	0,458	1,20	0,426	1,32	0,440	1,24	0,403	1,38	0,424	1,28	0,383	1,44	0,409	1,31
0,240	0,463	1,32	0,471	1,28	0,436	1,41	0,451	1,33	0,412	1,49	0,433	1,37	0,391	1,55	0,418	1,40
0,260	0,474	1,40	0,482	1,35	0,446	1,50	0,461	1,40	0,420	1,59	0,442	1,45	0,398	1,66	0,426	1,50
0,280	0,485	1,47	0,493	1,42	0,454	1,59	0,470	1,48	0,428	1,68	0,450	1,54	0,404	1,77	0,433	1,59
0,300	0,494	1,54	0,503	1,48	0,462	1,67	0,479	1,56	0,434	1,78	0,458	1,62	0,410	1,87	0,439	1,68

5.2.2 Begrenzung der Spannungen

Durch große Betondruckspannungen und Stahlspannungen im Gebrauchszustand kann die Gebrauchstauglichkeit und Dauerhaftigkeit nachteilig beeinflusst werden. Nach [E DIN 1045-1 00], 11.1 ist daher unter bestimmten Voraussetzungen der Nachweis von Spannungen verlangt:

- im Beton
  für die seltene Einwirkungskombination in den Umweltklassen XD 1-3, XF 1-4 und XS 1-3:
  $\sigma_c \leq 0{,}60\ f_{ck}$ (D.5.26a)
  für die quasi-ständige Kombination:
  $\sigma_c \leq 0{,}45\ f_{ck}$ (D.5.26b)
- im Betonstahl
  für die seltene Kombination bei Lasteinwirkung
  $\sigma_s \leq 0{,}80\ f_{yk}$ (D.5.27a)
  für reine Zwangeinwirkungen
  $\sigma_s \leq 1{,}00\ f_{yk}$ (D.5.27b)
- im Spannstahl
  die Zugspannungen sind mit dem Mittelwert der Vorspannung unter der quasi-ständigen Einwirkungskombination nach Abzug der Spannkraftverluste zu begrenzen auf
  $\sigma_p \leq 0{,}65\ f_{pk}$ (D.5.28)

Durch die Begrenzung der Betondruckspannungen nach Gl. (D.5.26a) sollen übermäßige Querzugspannungen in der Betondruckzone verhindert werden, die zu Längsrissen führen können. Die Einhaltung der Betondruckspannungen nach Gl. (D5.26b) soll einer erhöhten und überproportionalen Kriechverformung begegnen.

Stahlspannungen unter Gebrauchslasten oberhalb der Streckgrenze – Gln. (D.5.27a) und (D.5.27b) – führen im Allgemeinen zu großen und ständig offenen Rissen im Beton. Die Dauerhaftigkeit wird dadurch nachteilig beeinflusst.

Ein rechnerischer Nachweis der Spannungen ist dennoch in vielen Fällen nicht erforderlich, da diese Gesichtspunkte bereits weitestgehend im Bemessungskonzept von DIN 1045-1 enthalten sind. Wenn die nachfolgend angegebenen Bemessungs- und Konstruktionsregeln eingehalten werden, dürfen daher für nicht vorgespannte Tragwerke des üblichen Hochbaus die Spannungsnachweise entfallen, falls folgende Bedingungen eingehalten werden:

- Die Bemessung für den Grenzzustand der Tragfähigkeit erfolgt nach DIN 1045-1, 10.
- Die bauliche Durchbildung erfolgt nach DIN 1045-1, Abschn. 13 (insbesondere die Festlegung für die Mindestbewehrung).
- Die linear-elastisch ermittelten Schnittgrößen werden im Grenzzustand der Tragfähigkeit um nicht mehr als 15 % umgelagert.

Diese Regelung ist in ähnlicher Weise in EC 2 enthalten, wobei allerdings dort die Umlagerung bis zu 30 % betragen darf. Dennoch muss nach [ENV 1992-1-1 – 92] zumindest bei Stahlbetonplatten häufig der Nachweis der Betondruckspannungen nach Gl. (D.5.26b) geführt werden; nach EC 2, 4.4.1.1(3) ist die Einhaltung der Spannung nämlich dann rechnerisch nachzuweisen, wenn mehr als 85 % der zulässigen Biegeschlankheit (s. Abschn. 5.2.4) ausgenutzt werden. Der Nachweis wird dann für die quasi-ständige Lastkombination des Gebrauchszustandes geführt.

Die Spannungsermittlung erfolgt im Allgemeinen im gerissenen Zustand (s. Abschn. 5.2.1). In EC 2 wird zusätzlich und ergänzend ausgeführt, dass ein ungerissener Zustand nur angenommen werden kann, wenn die berechneten Zugspannungen unter den seltenen Einwirkungen (ggf. unter Berücksichtigung von Zwangeinwirkungen) die Betonzugspannungen f_{ctm} nicht überschreiten. Langzeiteinflüsse dürfen dann durch ein Verhältnis der E-Moduln $\alpha_e = E_s / E_c = 15$ berücksichtigt werden, wenn der Anteil der quasi-ständigen Einwirkungen mehr als 50 % der Gesamtlast beträgt.

5.2.3 Begrenzung der Rissbreiten

Die Rissbildung ist so zu begrenzen, dass die ordnungsgemäße Nutzung des Tragwerks, die Dauerhaftigkeit und das Erscheinungsbild nicht beeinträchtigt wird. Die Anforderung an die Dauerhaftigkeit und an das Erscheinungsbild gelten für *Stahlbetonbauteile* (Spannbeton s. Kap. F) als erfüllt, wenn die Anforderungen nach Tafel D.5.10 eingehalten werden. Für besondere Bauteile (z. B. Wasserbehälter) können strengere Begrenzungen erforderlich sein. Andererseits darf bei biegebeanspruchten Platten ohne wesentlichen zentrischen Zug der Umgebungsklassen X 0 und XC 1 auf einen Nachweis verzichtet werden, falls $h \leq 20$ cm und die konstruktiven Durchbildung nach DIN 1045, 13.3 eingehalten sind.

Die Begrenzung der Rissbreite auf zulässige Werte wird erreicht durch

- eine im Verbund liegende *Mindestbewehrung*, die ein Fließen der Bewehrung verhindert, und
- eine geeignete Wahl von *Durchmessern* und *Abständen* der Bewehrung.

Tafel D.5.10 Anforderung an die Begrenzung der Rissbreite für Stahlbetonbauteile

Umweltklasse	Rechenwert der Rissbreite w_k
X 0, XC 1	0,4 mm
XC 2 – XC 4 XD 1 – XD 2 XS 1 – XS 3	0,3 mm
XD 3	besondere Maßnahmen

5.2.3.1 Mindestbewehrung

Eine Mindestbewehrung muss i. Allg. die bei Rissbildung in der Betonzugzone frei werdende Kraft aufnehmen können. Die Mindestbewehrung kann vermindert werden oder entfallen, wenn die Zwangschnittgröße die Rissschnittgröße nicht erreicht oder Zwangschnittgrößen nicht auftreten können. Die Mindestbewehrung muss dann für die nachgewiesene Zwangschnittgröße angeordnet werden. (Für vorgespannte Bauteile s. jedoch DIN 1045-1.)

Sofern nicht eine genauere Berechnung zeigt, dass eine geringere Bewehrung ausreichend ist, wird die erforderliche Mindestbewehrung nach folgender Gleichung bestimmt (s. Abb. D.5.16):

$$A_s = k_c \cdot f_{ct,eff} \cdot A_{ct} / \sigma_s \qquad \text{(D.5.29)}$$

wobei der Faktor k_c die Spannungsverteilung berücksichtigt. In Gl. (D.5.29) ist eine lineare Spannungsverteilung vorausgesetzt; eine Nichtlinearität wird durch einen Faktor k erfasst, so dass sich mit DIN 1045-1, 11.2.2 ergibt:

$$\mathbf{A_s = k_c \cdot k \cdot f_{ct,eff} \cdot A_{ct} / \sigma_s} \qquad \text{(D.5.30)}$$

A_{ct} Betonzugzone unmittelbar vor der Rissbildung

σ_s Spannung in der Bewehrung unmittelbar nach der Rissbildung; σ_s wird in Abhängigkeit vom gewählten Durchmesser für die Mindestbewehrung nach Tafel D.5.11a ermittelt

$f_{ct,eff}$ Mittlere Betonzugfestigkeit f_{ctm} beim Auftreten der Risse. Bei Zwang im frühen Betonalter (z.B. aus dem Abfließen der Hydratationswärme) darf, sofern kein genauerer Nachweis erfolgt, für $f_{ct,eff}$ 50 % der mittleren 28-Tage-Zugfestigkeit gewählt werden. Wenn Rissbildung nicht mit Sicherheit in den ersten 28 Tagen entsteht, gilt als Wert f_{ctm}, mindestens aber 3,0 N/mm² für Normalbeton und 2,5 N/mm² für Leichtbeton.

k_c[1] Faktor zur Erfassung der Spannungsverteilung vor Erstrissbildung und Änderung des inneren Hebelarms beim Übergang in den Zustand II:
- bei reinem Zug $k_c = 1{,}0$
- bei reiner Biegung $k_c = 0{,}4$

k Faktor zur Berücksichtigung einer nichtlinearen Spannungsverteilung
- bei äußerem Zwang (z. B. Setzung) $k = 1{,}0$
- bei innerem Zwang
  - Rechteckquerschn.: $h \leq 30$ cm $k = 0{,}8$; $h \geq 80$ cm $k = 0{,}5$

Bei profilierten Querschnitten (Hohlkästen, Plattenbalken) sollte die Mindestbewehrung für jeden Teilquerschnitt (Gurte, Stege) einzeln nachgewiesen werden. Bei hohen Balkenstegen u. a. ist ein angemessener Teil der Bewehrung so über die Zugzone zu verteilen, dass die Bildung von breiten Sammelrissen vermieden wird.

[1] Der in DIN 1045-1 enthaltene Ansatz gestattet die generelle Berücksichtigung von Längskräften; danach ergibt sich der Beiwert k_c

$$k_c = 0{,}4 \cdot [\,1 + \frac{\sigma_c}{k_1 \cdot f_{ct,eff}}\,] \leq 1$$

mit σ_c Betonspannung in Höhe der Schwerlinie des Querschnitts oder Teilquerschnitts im ungerissen Zustand unter der Einwirkungskombination, die am Gesamtquerschnitt zur Erstrissbildung führt (negativ für Druck)

$k_1 = 1{,}5 \cdot h/h'$ für Drucklängskräfte

$k_1 = 0{,}67$ für Zuglängskräfte

$h/h' = 1$ für $h < 1$ m

$h/h' = h$ für $h \geq 1$ m

h Höhe des (Teil-)Querschnitts

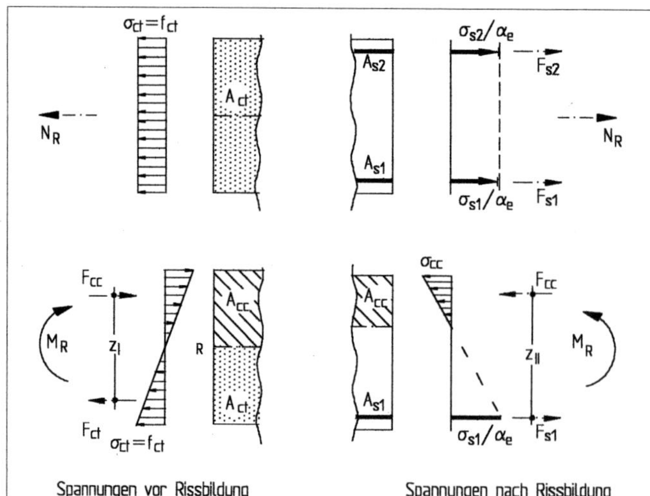

Zentrischer Zug

$A_{ct} \cdot f_{ct} = A_s \cdot \sigma_s$

$\rightarrow \mathbf{A_s = 1{,}0\, A_{ct} \cdot f_{ct} / \sigma_s}$

A_{ct} Betonzugzonenfläche vor Rissbildung

A_s Mindestbewehrung

f_{ct} Betonzugfestigkeit bei Rissbildung ($f_{ct} = f_{ct,eff}$)

σ_s Betonstahlspannung

Reine Biegung

$A_{ct} \cdot 0{,}5 f_{ct} \cdot z_I = A_s \cdot \sigma_{s1} \cdot z_{II}$

$A_s = 0{,}5 A_{ct} \cdot (f_{ct} / \sigma_{s1}) \cdot (z_I / z_{II})$

A_{ct} Betonzugzonenfläche vor Rissbildung

A_s Mindestbewehrung

z_I/z_{II} Verhältnis der Hebelarme der inneren Kräfte vor und nach Rissbildung (i. Allg.: $z_I/z_{II} \approx 0{,}8$)

$\rightarrow \mathbf{A_s \approx 0{,}4\, A_{ct} \cdot f_{ct} / \sigma_s}$

Abb.D.5.16 Herleitung der Bemessungsgleichung für die Mindestbewehrung von Stahlbetonquerschnitten

Tafel D.5.11a Grenzdurchmesser d_s* in mm bei Betonrippenstählen für Stahlbetonbauteile

Stahlspannung σ_s in N/mm²		160	200	240	280	320	360	400	450
Grenzdurchmesser d_s* in mm	bei w_k = 0,4 mm	28	28	25	18	14	11	9	7
	bei w_k = 0,3 mm	28	28	19	14	11	8	7	5
	bei w_k = 0,2 mm	28	18	13	9	7	6	5	4

Tafel D.5.11b Grenzstababstände lim s_l in mm bei Betonrippenstählen für Stahlbetonbauteile

Stahlspannung σ_s in N/mm²		160	200	240	280	320	360
Grenzabstand lim s_l in mm	bei w_k = 0,4 mm	300	300	250	200	150	100
	bei w_k = 0,3 mm	300	250	200	150	100	50
	bei w_k = 0,2 mm	200	150	100	50	-	-

D

5.2.3.2 Rissbreitenbegrenzung

Konstruktionsregeln

Ist eine Mindestbewehrung entsprechend Abschn. 5.2.3.1 vorhanden, werden die Rissbreiten auf zulässige Werte entsprechend Tafel D.5.10 begrenzt, wenn die nachfolgend wiedergegebenen Konstruktionsregeln eingehalten werden. Es wird jedoch darauf hingewiesen, dass entsprechend der Definition der Rechenwerte gelegentlich Risse mit größerer Breite auftreten können.

Bei einer Rissbreitenbeschränkung ohne direkte Berechnung werden in Abhängigkeit von der Stahlspannung die Durchmesser der Bewehrung oder die Stababstände begrenzt. Im Allg. werden die zulässigen Rissbreiten nicht überschritten, wenn

- bei einer Rissbildung infolge überwiegenden Zwangs die Gl. (D.5.31),
- bei einer Rissbildung infolge überwiegender Lastbeanspruchung entweder Gl. (D.5.32a) *oder* (D.5.32b) eingehalten werden.

Eingangswerte für die Ermittlung des Grenzdurchmessers aus Tafel D.5.11a und des Grenzabstandes aus Tafel D.5.11b sind die Stahlspannungen des Zustands II (gerissener Querschnitt); bei Stahlbetonbauteilen unter Zwangbeanspruchung gilt die in Gl. (D.5.30) gewählte Stahlspannung, bei Lastbeanspruchung ist die Stahlspannung für die quasi-ständigen Einwirkungskombination zu ermitteln (vgl. Gl. (D.5.21) und Tafel D.5.7).

Der so ermittelte Grenzdurchmesser der Bewehrungsstäbe nach Tafel D.5.11a darf in Abhängigkeit von der Bauteildicke modifiziert werden.

Der Tafel D.5.11a liegt eine Betonzugfestigkeit f_{ct0} = 3,0 N / mm² zugrunde; bei Betonzugfestigkeiten $f_{ct,eff} < f_{ct0}$ muss daher der Durchmesser lim d_s* nach Gl. (D.5.31) herabgesetzt werden. Eine Erhöhung des Grenzdurchmessers bei $f_{ct,eff} > f_{ct0}$ sollte jedoch nur bei einem genaueren Nachweis über die Rissgleichung erfolgen (vgl. [DAfStb-H.425 – 92] für eine Bemessung nach EC 2).

Der Nachweis wird für Stahlbetonbauteile wie folgt erbracht (für Spannbetonbauteile wird auf Kap. F verwiesen):

– bei *Zwang*beanspruchung (Mindestbewehrung)

$$d_s \le \lim d_s = d_s^* \cdot \frac{k_c \cdot k \cdot h_t}{4 \cdot (h-d)} \cdot \frac{f_{c,eff}}{f_{ct0}} \ge d_s^* \cdot \frac{f_{ct,eff}}{f_{ct0}} \quad \text{(D.5.31)}$$

– bei *Last*beanspruchung

$$d_s \le \lim d_s = d_s^* \cdot \frac{\sigma_s \cdot A_s}{4 \cdot (h-d) \cdot b \cdot f_{ct0}} \ge d_s^* \quad \text{(D.5.32a)}$$

oder

$$s_l \le \lim s_l \quad \text{(D.5.32b)}$$

mit
d_s modifizierter Grenzdurchmesser
d_s* Grenzdurchmesser nach Tafel D.5.11a
lim s_l Grenzstababstand nach Tafel D.5.11b
h Bauteildicke
d statische Nutzhöhe
b Breite der Zugzone
h_t Höhe der Zugzone vor Rissbildung
$f_{ct,eff}$ wirksame Zugfestigkeit; s. Abschn. 5.2.3.1
k_c; k Beiwerte nach Abschn. 5.2.3.1
f_{ct0} = 3,0 N/mm²

Werden in einem Querschnitt Stäbe mit unterschiedlichen Durchmessern verwendet, darf ein mittlerer Stabdurchmesser $d_{sm} = \Sigma d_{s,i}^2 / \Sigma d_{s,i}$ angesetzt werden. Bei Betonstahlmatten mit Doppelstäben genügt der Nachweis des Einzelstabdurchmessers.

Berechnung der Rissbreite

Die Begrenzung der Rissbreite darf auch durch eine direkte Berechnung nachgewiesen werden. Generell gilt für die Rissbreite

$$w_k = s_{r,max} \cdot (\varepsilon_{sm} - \varepsilon_{cm})$$

mit $s_{r,max}$ als maximaler Rissabstand sowie ε_{sm} und ε_{cm} als mittlere Dehnung der Bewehrung und des Betons. Weitere Einzelheiten s. DIN 1045-1, 11.2.4.

5.2.4 Begrenzung der Verformungen

5.2.4.1 Verfahren nach DIN 1045-1

Die Verformungen eines Tragwerkes müssen so begrenzt werden, dass die ordnungsgemäße Funktion und das Erscheinungsbild des Bauteils selbst oder angrenzender Bauteile (z. B. leichte Trennwände, Verglasungen, Außenwandverkleidungen, haustechnische Anlagen) nicht beeinträchtigt werden. In DIN 1045-1 werden nur Verfomungen von biegebeanspruchten Bauteilen in vertikaler Richtung angesprochen. Dabei wird unterschieden zwischen

- Durchhang:
  vertikale Bauteilverformung, bezogen auf die Verbindungslinie der Unterstützungspunkte
- Durchbiegung:
  vertikale Bauteilverformung, bezogen auf die Systemlinie des Bauteils (bei Schalungsüberhöhung, bezogen auf eine überhöhte Lage)

In Abhängigkeit von der Stützweite l_{eff} als Verbindungslinie der Unterstützungspunkte – für Kragträger gilt l_{eff} = 2,5 l_{Kr} – wird in DIN1045-1 eine Begrenzung auf folgende Grenzwerte empfohlen:

- in Hinblick auf das Erscheinungsbild und die Gebrauchstauglichkeit eines Bauteils oder Tragwerks:

  → Begrenzung des Durchhangs auf l_{eff} / 250
- in Hinblick auf Schäden angrenzender Bauteile (z. B. an leichten Trennwänden):

  → Begrenzung der Durchbiegung[1] auf l_{eff} / 500

Ein rechnerischer Nachweis der Verformungen ist für die quasi-ständige Last zu führen. Überhöhungen sind zulässig, um einen Teil des Durchhangs auszugleichen; sie dürfen jedoch den Grenzwert l_{eff} /250 nicht überschreiten.

Der Nachweis der Verformungen kann erfolgen

- durch Einhaltung von Konstruktionsregeln (Begrenzung der Biegeschlankheit)
- durch einen rechnerischen Nachweis der Verformungen unter Berücksichtigung des nichtlinearen Materialverhaltens und des zeitabhängigen Betonverhaltens.

Begrenzung der Biegeschlankheit

Für biegebeanspruchte Bauteile, die mit ausreichender Überhöhung der Schalung hergestellt werden, darf die Bauteilschlankheit l_i/d folgende Grenzwerte nicht überschreiten:

$$l_i/d \le \begin{cases} 35 & \text{allgemein} \quad \text{(D.5.33a)} \\ 150/l_i & \text{in Hinblick auf Schäden angrenzender Bauteile} \quad \text{(D.5.33b)} \end{cases}$$

[1] Es gilt die nach dem Einbau dieser Bauteile auftretende Durchbiegung.

Tafel D.5.12 Beiwerte α zur Bestimmung der Ersatzstützweite l_i

Statisches System			$\alpha = l_i / l$
Einfeldträger, l		Platte, l	1,00
Endfeld, l	Endfeld, min $l \geq 0{,}8$ max l	Platte, l	0,80 [1)]
Innenfeld, l	Innenfelder, min $l \geq 0{,}8$ max l	Platte, l	0,60 [1)]
Kragarm, l_k	($l = l_k$)	Platte, l_k	2,40

[1)] Für Flachdecken bis zu einer Betonfestigkeitsklasse C 30/37 sind die Werte um 0,1 zu erhöhen.

Hierin ist $l_i = \alpha \cdot l$ als Ersatzstützweite eines frei drehbar gelagerten Einfeldträgers definiert, der unter gleichmäßig verteilter Belastung die gleiche Mittendurchbiegung und Krümmung in Feldmitte besitzt wie das untersuchte Bauteil (bei Kragträgern ist die Durchbiegung am Kragende und die Krümmung am Einspannquerschnitt maßgebend).

Für häufig vorkommende Fälle kann der Beiwert α der vorstehenden Tafel D.5.12 entnommen werden. Bei vierseitig gestützten Platten ist die kleinere Stützweite maßgebend, bei dreiseitig gestützten Platten die Stützweite parallel zum freien Rand; für Flachdecken gelten die Werte auf der Basis der größeren Stützweite. Für durchlaufende Tragwerke dürfen die Beiwerte nur verwendet werden, wenn min $l \geq$ 0,8 max l ist.

Für andere Fälle, d. h., wenn die zuvor genannten Anwendungsgrenzen nicht eingehalten werden, kann der Beiwert α mit Hilfe der Angaben in [DAfStb-H.240 – 91] ermittelt werden. Danach gilt

- Durchlaufträger mit beliebigen Stützweiten

$$\alpha = \frac{1 + 4{,}8 \cdot (m_1 + m_2)}{1 + 4 \cdot (m_1 + m_2)} \qquad \text{(D.5.34a)}$$

Grenze: $m_1 \geq -(m_2 + 5/24)$

- Kragbalken an Durchlaufträgern

$$\alpha = 0{,}8 \left[\frac{l}{l_k} \left(4 + 3 \frac{l_k}{l} \right) - \frac{q}{q_k} \left(\frac{l}{l_k} \right)^3 (4m+1) \right] \qquad \text{(D.5.34b)}$$

Grenze: $m \leq \frac{q_k}{q} \left(\frac{l_k}{l} \right)^2 \cdot \left(1 + \frac{3}{4} \frac{l_k}{l} \right) - \frac{1}{4}$

In Gln. (D.5.34a) und (D.5.34b) bedeuten (s. hierzu auch Abb. D.5.17):

$m = M/ql^2$ bezogene Momente über den Stützen des betrachteten Innenfeldes (m_1, m_2 bzw. M_1, M_2) bzw. über der vom Kragarm abliegenden

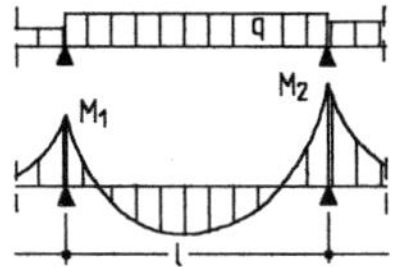

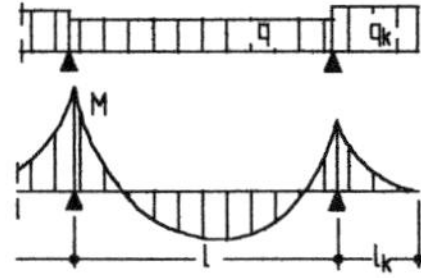

Bezeichnungen „Felder" Bezeichnungen „Kragträger"

Abb.D.5.17 Erläuterung der Bezeichnungen in Gl. (D.5.34)

Stütze des anschließenden Innenfeldes (*m, M*); bezogene Momente mit Vorzeichen

q maßgebliche Gleichlast des untersuchten Feldes bzw. bei Kragträgern des an den Kragarm anschließenden Feldes

q_k maßgebliche Gleichlast des Kragarms

l Stützweite des untersuchten Feldes bzw. bei Kragträgern des an den Kragarm anschließenden Feldes

l_k Kragarmlänge

Ergibt sich in Gl. (D.5.34b) der Wert α erheblich größer als 2,4, ist von der Anwendung des vereinfachten Verfahrens abzuraten, es wird ein rechnerischer Nachweis der Verformungen empfohlen.

Der vereinfachte Nachweis der Durchbiegungen über die Begrenzung der Biegeschlankheit nach [DIN 1045-1 – 00] führt zu deutlich günstigeren Ergebnissen als der entsprechende Nachweis nach [ENV 1992-1-1 – 92]. Da sich mit den Biegeschlankheiten nach DIN 1045-1 häufig rechnerisch nicht die geforderten Grenzwerte der Durchbiegungen nachweisen lassen, wird unter Abschn. 5.2.4.2 auch der entsprechende Nachweis nach EC 2 dargestellt.

Rechnerischer Nachweis der Verformungen[1)]

Ein rechnerischer Nachweis der Verformungen ist für die *quasi-ständige* Lastkombination zu führen. Zur Berechnungsmethode enthält DIN 1045-1 keine detaillierteren Angaben, entsprechende Hinweise sollen im DAfStb-H. 5xx aufgenommen werden. Das nachfolgend wiedergegebene Berechnungsverfahren ist dem 1. Entwurf der DIN 1045-1 von Februar 1997 entnommen.

Eine Durchbiegung erhält man durch numerische Integration der Krümmungen, die in mehreren Querschnitten zu berechnen ist. Als Näherung ist es jedoch auch zulässig, die Krümmung für den ungerissen Querschnitt und den vollständig gerissenen Querschnitt zu berechnen und hieraus den tatsächlichen Wert wie folgt zu bestimmen:

$$(1/r) = \zeta \cdot (1/r)_{II} + (1 - \zeta) \cdot (1/r)_{I} \qquad \text{(D.5.35)}$$

$(1/r)_I$ Krümmung des ungerissenen Querschnitts

$(1/r)_{II}$ Krümmung des vollständig gerissenen Querschnitts

1) Weitere Hinweise s. a. Kap. H3 in diesem Buch und [Stb-aktuell – 00]

ζ Verteilungsbeiwert; hierfür gilt:

a) $0 \le \sigma_s \le \sigma_{sr}$ (ungerissen)

$\rightarrow \zeta = 0$

b) $\sigma_{sr} \le \sigma_s \le 1{,}3\,\sigma_{sr}$ (Rissbildung)

$$\rightarrow \zeta = 1 - \frac{\beta_t \cdot (\sigma_s - \sigma_{sr}) + (1{,}3 \cdot \sigma_{sr} - \sigma_s)}{0{,}3 \cdot \sigma_{sr}} + \frac{\varepsilon_{sr2} - \varepsilon_{sr1}}{\varepsilon_{s2}}$$

c) $1{,}3\sigma_{sr} \le \sigma_s \le f_{ym}$ (abgeschlossene Rissbildung)

$$\rightarrow \zeta = 1 - \beta_t \cdot \frac{\varepsilon_{sr2} - \varepsilon_{sr1}}{\varepsilon_{s2}}$$

β_t Lastbeiwert: 0,40 für Kurzzeitbelastung
0,25 für Dauerlasten

σ_{sr} Stahlspannung unter Risslast im Zustand II

σ_s vorhandene Stahlspannung im Riss im Zustand II

ε_{sr1} Stahldehnung unter Risslast im Zustand I

ε_{sr2} Stahldehnung im Riss unter Risslast im Zustand II

ε_{s2} vorhandene Stahldehnung im Riss im Zustand II

Die Verhaltensvorhersage wird am ehesten erreicht, wenn als Betonzugfestigkeit f_{ctm} angesetzt wird.

Kriechen kann über den effektiven *E*-Modul

$$E_{c,eff} = E_{cm} / (1 + \varphi) \qquad \text{(D.5.36)}$$

berücksichtigt werden (E_{cm}, φ s. Tafel D.4.1 bis D.4.3 und S. D.18). Die Formänderung infolge Schwindens wird ermittelt aus der Krümmung nach dem Ansatz

$$(1/r)_{cs} = \varepsilon_{cs} \cdot \alpha_e \cdot S / I \qquad \text{(D.5.37)}$$

mit der Schwindzahl ε_{cs}, dem Verhältnis der *E*-Moduln $\alpha_e = E_s / E_{c,eff}$, S als statischem Moment der Bewehrung, bezogen auf die Schwerachse des Querschnitts, und I als Flächenmoment 2. Grades.

5.2.4.2 Verfahren nach Eurocode 2

Ebenso wie in [E DIN 1045-1 – 00] wird auch in Eurocode 2 in Abhängigkeit von der Stützweite l_{eff} als Verbindungslinie der Unterstützungspunkte eine Begrenzung der Durchbiegung auf l_{eff} / 250 bzw. l_{eff} / 500 empfohlen. Überhöhungen sind zulässig, um einen Teil des Durchhangs auszugleichen; sie dürfen jedoch den Wert l_{eff} /250 nicht überschreiten.

Der Nachweis der Verformungen kann erfolgen

- durch Einhaltung von Konstruktionsregeln (Begrenzung der Biegeschlankheit)
- durch einen rechnerischen Nachweis der Verformungen unter Berücksichtigung des nichtlinearen Materialverhaltens und des zeitabhängigen Betonverhaltens.

Beim Nachweis der Begrenzung der Biegeschlankheit wird jedoch detaillierter der Spannungszustand (Ausnutzung der Betondruckzone, Stahlzugspannung) erfasst (s. nachfolgend).

Begrenzung der Biegeschlankheit

Der vereinfachte Nachweis durch Einhaltung von Bauteilschlankheiten l_{eff}/d gilt bei Stahlbetonbalken und -platten in Gebäuden, der Nachweis erfolgt für den *häufigen* Lastanteil.

Als Basiswert dient der Tabellenwert l_{eff}/d nach Tafel D.5.13. Die Werte gelten für „regelmäßige" Systeme und sind bei sehr unterschiedlichen Stützweiten, bei dreiseitig gelagerten Platten, bei Kragträgern mit elastischer Einspannung etc. nur bedingt anwendbar (für „unregelmäßige" Systeme s. a. vorher).

Die Tabellenwerte müssen bzw. dürfen unter bestimmten Voraussetzungen mit Korrekturbeiwerten k_i multipliziert werden, die insbesondere die Größe der Stahlspannung betreffen. Es gilt

$$(l/d)_{eff} \leq (l/d)_{lim} = \mathrm{TW} \cdot k_1 \cdot k_2 \cdot k_3 \qquad \text{(D.5.38)}$$

$(l/d)_{eff}$ vorh. Biegeschlankheit (auf die eff. Stützweite l_{eff} bezogene Nutzhöhe d)
$(l/d)_{lim}$ zulässige Biegeschlankheit
TW **Tafelwert** gem. Tafel D.5.13
$k_1 = 250/\sigma_s$ bei einer Betonstahlspannung unter der häufigen Last $\sigma_s \neq 250$ N/mm²; näherungsweise gilt für BSt 500:

$$k_1 = \frac{250}{\sigma_s} \approx \frac{400}{f_{yk}} \cdot \frac{A_{s,prov}}{A_{s,req}}$$

$A_{s,req}$ erforderliche Bewehrung
$A_{s,prov}$ vorhandene Bewehrung

$k_2 = 0{,}8$ bei Plattenbalken mit $b_{eff}/b_w > 3$
$k_3 = 7{,}0/l_{eff}$ Bauteile außer Flachdecken mit Stützweiten $l_{eff} > 7$ m und verformungsempfindlichen Trennwänden (l_{eff} in m)
$k_3 = 8{,}5/l_{eff}$ wie vorher, jedoch bei Flachdecken mit Stützweiten über 8,50 m

Rechnerischer Nachweis der Verformungen[1)]

Ein rechnerischer Nachweis der Verformungen ist für die *quasi-ständige* Lastkombination zu führen.

Eine Verformungsgröße α (Krümmung, Verdrehung etc.) ergibt sich nach EC 2, A 4.3 zu:

$$\alpha = \zeta \cdot \alpha_{II} + (1 - \zeta) \cdot \alpha_I \qquad \text{(D.1.49)}$$

α_I Verformung des ungerissenen Querschnitts
α_{II} Verformung des gerissenen Querschnitts ohne Mitwirken des Betons auf Zug
ζ Verteilungsbeiwert; nach EC 2 gilt:
$\zeta = 1 - \beta_1 \cdot \beta_2 \cdot (\sigma_{sr}/\sigma_s)^2$
β_1 Verbundbeiwert: 1,0 für gerippte Stäbe; 0,5 für glatte Stäbe
β_2 Lastbeiwert: 1,0 für Kurzzeitbelastung; 0,5 für Dauerlasten
σ_{sr} Stahlspannung unter Risslast im Zustand II
σ_s vorh. Stahlspannung im Zustand II
(Bei reiner Biegung kann statt σ_{sr}/σ_s auch M_{cr}/M gesetzt werden.)

Kriechen kann über den effektiven E-Modul

$$E_{c,eff} = E_{cm}/(1 + \varphi) \qquad \text{(D.5.39)}$$

berücksichtigt werden. Die Formänderung infolge Schwindens wird ermittelt aus der Krümmung nach dem Ansatz

$$(1/r)_{cs} = \varepsilon_{cs} \cdot \alpha_e \cdot S/I \qquad \text{(D.5.40)}$$

mit der Schwindzahl ε_{cs}, dem Verhältnis der E-Moduln $\alpha_e = E_s/E_{c,eff}$, S als statischem Moment der Bewehrung, bezogen auf die Schwerachse des Querschnitts, und I als Flächenmoment 2. Grades.

Für eine genaue Berechnung werden die Krümmungen längs der Bauteilachse integriert. In EC 2 wird jedoch vereinfachend zugelassen, obigen Ansatz direkt für die Durchbiegung anzuwenden:

$$f = \zeta \cdot f_{II} + (1 - \zeta) \cdot f_I \qquad \text{(D.5.41)}$$

mit f, f_I und f_{II} als Durchbiegungen (s.a. oben).

1) Weitere Hinweise und ausführliche Erläuterungen zur Durchbiegungsberechnung s. a. Kap. H3 in diesem Buch.

Tafel D.5.13 Grundwerte der zulässigen Biegeschlankheiten (l_{eff}/d)
(für auf Biegung ohne Längskraft beanspruchte Stahlbetonbauteile)

Statisches System	l_{eff}/d *) Beanspruchungsgrad des Betons: hoch (ρ = 1,5 %)	niedrig (ρ = 0,5 %)
1	2	3
frei drehbar gelagerter Einfeldträger, frei drehbar gelagerte Einfeldplatte	18	25
Endfeld eines Durchlaufträgers, Endfeld einer einachsig gespannten Platte oder einer zweiachsig gespannten, über eine längere Seite durchlaufenden Platte	23	32
Innenfeld eines Balkens oder einer Platte	25	35
Flachdecken (auf der Basis der größeren Stützweite)	21	30
Kragträger (bei starrer Einspannung)	7	10

*) l_{eff} bezieht sich bei zweiachsig gespannten Platten auf die kürzere, bei Flachdecken auf die größere Spannweite.

6 Bemessung für Querkraft
(Grenzzustand der Tragfähigkeit)

6.1 Allgemeine Erläuterungen

Querkraftbeanspruchungen treten in der Regel in Kombination mit Biegebeanspruchungen auf. Unter dieser Kombination entstehen im Zustand I über die Querschnittshöhe schiefe Hauptzug- σ_1 und Hauptdruckspannungen σ_2 (s. Abb. D.6.1), die nach der Festigkeitslehre in die Spannungskomponenten σ_x (ggf. σ_y) und τ_{xz} zerlegt werden.

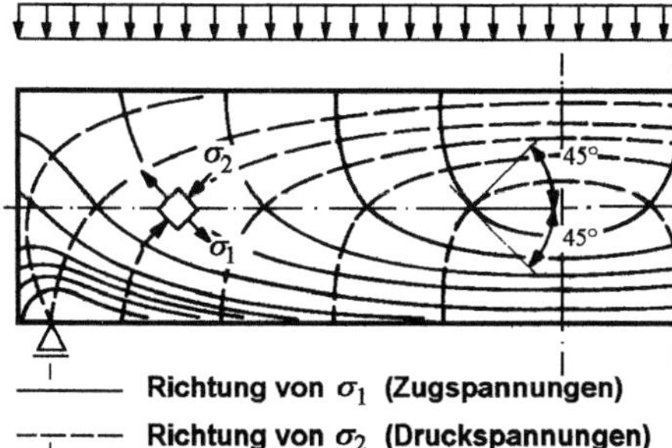

Abb. D.6.1 Schiefe Hauptspannungen im Zustand I für den Rechteckquerschnitt

Überschreiten die Hauptzugspannungen σ_1 die Zugfestigkeit des Betons, dann entstehen Risse rechtwinklig zu σ_1 (Übergang in den Zustand II). Beim Entstehen von Rissen im Beton lagern sich die Hauptzug- und Hauptdruckspannungen um.

Eine wirklichkeitsnahe Berechnung der Druck- und Zugspannungen im Zustand II ist sehr schwierig und kommt für eine praktische Berechnung nicht in Betracht. Das Tragverhalten wird daher durch Stabwerkmodelle beschrieben.

Bei *Platten ohne Schubbewehrung* entstehen zunächst auch im Querkraftbereich Biegerisse. Der geneigte Druckgurt und die Kornverzahnung im Riss übernehmen die Querkraft. Mit Laststeigerung öffnen sich die Risse, so dass die Kornverzahnungskräfte nachlassen. Kurz vor dem Bruch stellt sich eine Bogen-Zugband-Wirkung ein, wie sie vereinfachend in Abb. D.6.2 (s. a. Abb. D.6.7) dargestellt ist. Für Platten ohne Schubbewehrung sollte daher das „Zugband" möglichst wenig geschwächt und gut an den Auflagern verankert werden (nach den entsprechenden Regelwerken – sowohl nach [DIN 1045 – 88] als auch nach DIN 1045-1 und EC 2 – muss mindestens die Hälfte der Feldbewehrung über die Auflager geführt und verankert werden). Weitere Hinweise zur Schubtragfähigkeit von Platten s. [Leonhardt-T1 – 73], [Wommelsdorff-T1 – 89] u. a; s. a. Abschn. D.6.4.

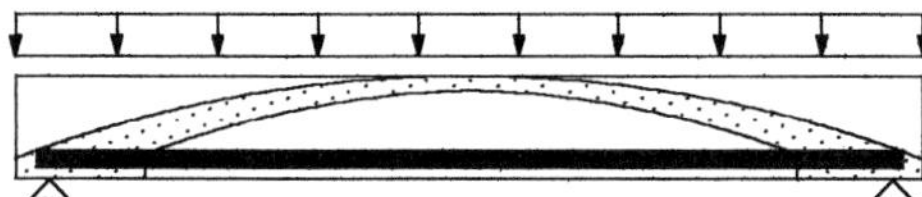

Abb. D.6.2 Bogen-Zugband-Modell zur Erläuterung des Tragverhaltens von Platten ohne Schubbewehrung

Über die *Schubtragfähigkeit von Balken* gibt es grundsätzliche Untersuchungen mit unterschiedlichen Modellvorstellungen. Für die Bemessung hat sich jedoch das Modell eines Fachwerks durchgesetzt mit der Betondruckzone als Druckgurt und der Biegezugzone bzw. der Längsbewehrung als Zuggurt; Druck- und Zuggurt sind verbunden durch von der Betontragfähigkeit bestimmte Druckdiagonalen und durch Zugstreben, für die Schubbewehrung in Form von Bügeln und/oder Schrägaufbiegungen erforderlich ist (Abb. D.6.3).

Grundlage für die Berechnung ist die von *Mörsch* entwickelte „klassische Fachwerkanalogie", die ausgeht von

- parallelen Druck- und Zuggurten
- Druckdiagonalen unter $\vartheta = 45°$
- Zugstreben unter einem beliebigen Winkel α.

Wie jedoch Versuche und theoretische Untersuchungen zeigen, sind insbesondere bei geringerer Schubbeanspruchung auch Modelle mit Druckstrebenneigungen $\vartheta < 45°$ möglich. Dadurch werden die Kräfte in diesem Fachwerk entscheidend beeinflußt. Insbesondere wird bei einem flachen Winkel ϑ die Schubbewehrung zum Teil erheblich vermindert, gleichzeitig jedoch auch die Beanspruchung in der Druckstrebe erhöht. Die Neigung der Druckstrebe ist daher zum einen durch die auf-

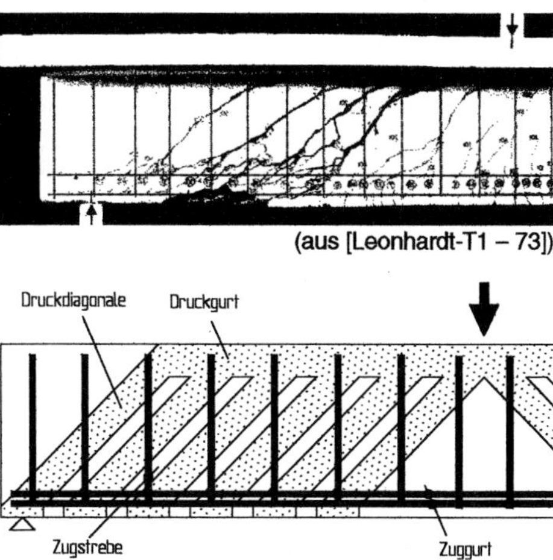

Abb. D.6.3 Rissbild eines Plattenbalkens mit Schubbewehrung und Fachwerkmodell zur Erläuterung des Tragverhaltens

nehmbare Betondruckkraft begrenzt; zum anderen darf der Winkel außerdem zur Erfüllung von Verträglichkeiten in der Schubzone nicht beliebig flach gewählt werden (s. a. Abschn. D.6.5).

In der Schubbemessung ist für ein Fachwerkmodell mit Strebenneigungen unter dem Winkels ϑ einerseits die Betontragfähigkeit der Druckstrebe und auf der anderen Seite die Betonstahltragfähigkeit der Zugstrebe nachzuweisen. Darüber hinaus sind aber auch die Gurtkräfte, die bereits nach der Biegetheorie bemessen wurden, zu korrigieren; die Zuggurtkräfte eines Netzfachwerks sind nämlich um

$$\Delta F_{Sd} = 0{,}5 \cdot |V_{Sd}| \cdot (\cot \vartheta - \cot \alpha) \qquad \text{(D.6.1)}$$

größer als die im Rahmen der Biegebemessung ermittelten; im gleichen Maße sind die Druckgurtkräfte kleiner (vgl. hierzu auch [ENV 1992-1-1 – 92], Gl. 4.30).

Diese Vergrößerung der Zuggurtkräfte wird in der Praxis im Allgemeinen bei einer Zugkraftdeckung durch Verschieben der ($M_{Sds}/z + N_{Sd}$)-Linie um das Versatzmaß a_l berücksichtigt (sog. Versatzmaßregel). Weitergehende Erläuterungen können z. B. [Leonhardt-T1 – 73] entnommen werden.

6.2 Grundsätzliche Nachweisform

Der Nachweis einer ausreichenden Tragfähigkeit ist in der Weise zu führen, dass sichergestellt ist, dass der Bemessungswert der einwirkenden Querkraft V_{Sd} den Bemessungswert des Widerstandes V_{Rd} nicht überschreitet.

$$\boldsymbol{V_{Sd} \leq V_{Rd}} \qquad \text{(D.6.2)}$$

Die *aufzunehmende Querkraft* wird zunächst als Grundwert $V_{Sd,0}$ im Rahmen einer Schnittkraftermittlung in der Grundkombination – ggf. für die außergewöhnliche Kombination – entsprechend Gln. (D.3.1a) bzw. (D.3.1b) bestimmt. Die Wirkung einer direkten Lasteinleitung in Auflagernähe, von geneigten Druck- und Zuggurten etc. wird durch Bestimmung des Bemessungswerts V_{Sd} berücksichtigt (vgl. Abschn. D.6.3), wobei zu unterscheiden ist, ob die Tragfähigkeit der Druckstrebe nachzuweisen ist oder die Schubbewehrung bestimmt werden soll.

Der *Bemessungswert der aufnehmbaren Querkraft* V_{Rd} kann durch einen der drei nachfolgenden Werte bestimmt sein (s. hierzu die grundsätzlichen Erläuterungen im Abschn. D.6.1):

- $V_{Rd,ct}$ Aufnehmbare Bemessungsquerkraft eines Bauteils ohne Schubbewehrung (in Eurocode 2 wurde die Bezeichnung V_{Rd1} gewählt)
- $V_{Rd,cy}$ Bemessungswert der aufnehmbaren Querkraft eines Bauteils mit Schubbewehrung, d. h. Querkraft, die ohne Versagen der „Zugstrebe" aufgenommen werden kann (V_{Rd3} nach EC 2)
- $V_{Rd,max}$ Bemessungswert der Querkraft, die ohne Versagen des Balkenstegs bzw. der „Betondruckstrebe" aufnehmbar ist (Bezeichnung nach EC 2: V_{Rd2})

Eine weitergehende Erläuterung der Bemessungswerte V_{Rd} erfolgt in Abschn. D.6.4 und D.6.5.

6.3 Bemessungswert V_{Sd}

In Bauteilen mit veränderlicher Bauhöhe ergibt sich der Bemessungswert der Querkraft V_{Sd} unter Berücksichtigung der Querkraftkomponente der geneigten Gurtkräfte V_{ccd} und V_{td} (s. Abb. D. 6.4; es ist der Fall der Querkraftverminderung bei positiven Schnittgrößen dargestellt):

$$V_{Sd} = V_{Sd,0} - V_{ccd} - V_{td} \qquad \text{(D.6.3)}$$

$V_{Sd,0}$ Bemessungswert (Grundwert) der Querkraft im Querschnitt

V_{ccd} Querkraftkomponente der Betondruckkraft F_{cd} parallel zu V_{Sd}
$V_{ccd} = (M_{Sds}/z) \cdot \tan \varphi_o \approx (M_{Sds}/d) \cdot \tan \psi_o$
mit $M_{Sds} = M_{Sd} - N_{Sd} \cdot z_s$

V_{td} Querkraftkomponente in der Stahlzugkraft F_{sd} parallel zu V_{Sd}
$V_{td} = (M_{Sds}/z + N_{Sd}) \cdot \tan\varphi_u$
$\approx (M_{Sds}/d + N_{Sd}) \cdot \tan\varphi_u$
(M_{Sds} wie vorher)

V_{ccd} und V_{td} sind positiv, d. h., vermindern die Bemessungsquerkraft V_{Sd}, wenn sie in Richtung von $V_{Sd,0}$ weisen; das gilt, wenn in Trägerlängsrichtung mit steigendem $|M|$ auch die Nutzhöhe d zunimmt (s. a. [Grasser/Kupfer – 96]).

In analoger Weise ergibt sich der Bemessungswert der Querkraft in Bauteilen mit geneigter Spanngliedführung durch Berücksichtigung der Querkraftkomponente V_{pd} (s. DIN 1045-1, 10.3.2 und EC 2, 4.3.2.4.6). Es wird auf den Beitrag *Graubner/Six* (Kap. F in diesem Buch) verwiesen.

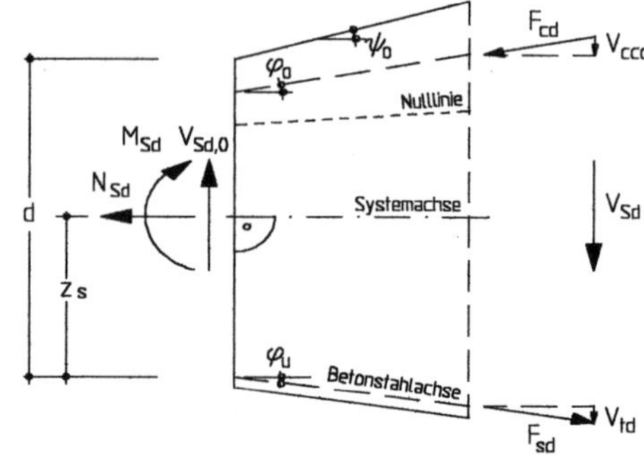

Abb. D.6.4 Querkraftkomponenten geneigter Gurtkräfte (Darstellung ohne Anordnung von Druckbewehrung und ohne Vorspannung)

Als maßgebende Querkraft V_{Sd} im Auflagerbereich gilt für Balken und Platten im allgemeinen die größte Querkraft am Auflagerrand. In den nachfolgend genannten Fällen darf jedoch für die Ermittlung der Querkraftbewehrung die Querkraft abgemindert werden.

Bei unmittelbarer (direkter) Stützung[1]), d. h., wenn die Auflagerkraft normal zum unteren Balkenrand mit Druckspannungen eingetragen werden kann, darf für Balken und Platten unter gleichmäßig verteilter Belastung V_{Sd} für die Ermittlung der Schubbewehrung im Abstand d vom Auflagerrand gewählt werden (s. Abb. D.6.5). In diesem Bereich stützt sich die Belastung über einen Druckstrebenfächer unmittelbar auf das Auflager ab, so dass für diesen Anteil keine Schubbewehrung erforderlich ist. Bei einer indirekten Auflagerung kann sich dagegen diese Lastabtragung nicht einstellen, so dass sämtliche Nachweise am Auflagerrand zu führen sind. Aus einem einfachen Fachwerkmodell ist zudem zu ersehen, dass die gesamte Auflagerkraft des Nebenträgers über eine Aufhängebewehrung an die Bauteiloberseite zu führen ist (s. Abb. D.6.5).

Die Querkraftabminderung bei direkter Lagerung gilt nur für die Ermittlung der Schubbewehrung, nicht jedoch für den Nachweis der Druckstrebentragfähigkeit $V_{Rd,max}$, da hierfür die gesamte Lastabtragung in das Auflager nachzuweisen ist.

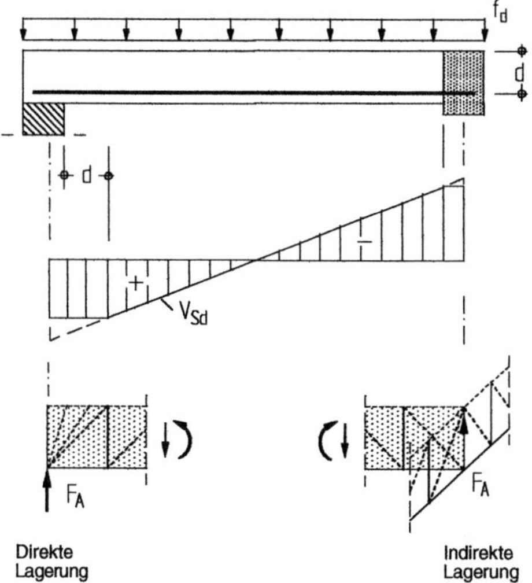

Abb. D.6.5 Bemessungsquerkraft bei direkter und indirekter Stützung

[1]) Eine direkte Stützung wird bei der Einbindung eines Nebenträgers in einen Hauptträger i. Allg. auch angenommen, wenn der Nebenträger mit seiner gesamten Bauhöhe oberhalb der Schwerlinie des Hauptträgers einbindet (vgl. DIN 1045-1, 7.3.1)

Bei auflagernahen Einzellasten stellt sich ein Sprengwerk ein, bei dem sich die Einzellast ganz oder teilweise direkt auf das Auflager abstützt (direkte Lagerung vorausgesetzt). Hierfür ist dann keine bzw. nur eine reduzierte Schubbewehrung erforderlich (s. Abb.D.6.6).

In [ENV 1992-1-1 – 92] wird diese günstige Wirkung der Lastabtragung durch Erhöhung des Widerstands V_{Rd1} (gleichbedeutend mit $V_{Rd,ct}$ in DIN 1045-1) berücksichtigt. Bei der Ermittlung von V_{Rd1} darf die Schubspannung τ_{Rd} mit dem Faktor

$$\beta = 2{,}5 \cdot d / x \qquad \text{(D.6.4)}$$

$$(1{,}0 \leq \beta \leq 3{,}0;\ \text{s. [NAD zu ENV 1992-1-1 – 93]})$$

multipliziert werden. Bei gleichzeitiger Wirkung von Gleich- und Einzellasten wird in [DAfStb-H.425 – 92] eine lineare Interaktion vorgeschlagen, d. h., die Erhöhung wird nur für den Querkraftanteil $V_{Sd,F}$ aus der auflagernahen Einzellast berücksichtigt. Mit V_{Sd} als Gesamtquerkraft ergibt sich dann für den Erhöhungsfaktor β^* folgender Ansatz

$$\beta^* = 1 + (\beta - 1) \cdot (V_{Sd,F} / V_{Sd}) \qquad \text{(D.6.4a)}$$

Durch die Erhöhung der Schubspannung τ_{Rd} bzw. des Widerstandes V_{Rd1} wird automatisch gewährleistet, dass nur eine Erhöhung von V_{Rd3} bzw. eine Reduzierung der Schubbewehrung erfolgt, die Druckstrebentragfähigkeit dagegen immer für die volle Querkraft nachgewiesen wird. Allerdings hat die Vorgehensweise den Nachteil, dass eine direkte Anwendung nur beim sog. Standardverfahren (s. Abschn. D.6.5) möglich ist.

In [E DIN 1045-1 – 00] wird dagegen für Einzellasten im Abstand $x \leq 2{,}5\ d$ vom Auflagerrand wieder die aus [DIN 1045 – 88] bekannte Vorgehensweise gewählt, den Querkraftanteil einer auflagernahen Einzellast mit dem Beiwert

$$\beta = x / (2{,}5 \cdot d) \qquad \text{(D.6.4)}$$

zu reduzieren. Diese Verminderung gilt jedoch nur für die Ermittlung der Schubbewehrung, beim Nachweis von $V_{Rd,max}$ darf sie nicht vorgenommen werden (DIN 1045-1, 10.3.2). Jenseits der auflagernahen Einzellast, zum „Feld" hin, ist für $\beta = 1$ zu bemessen. Die größte dabei ermittelte Schubbewehrung sollte im ganzen Bereich zwischen Einzellast und Auflager angeordnet werden. Die Biegezugbewehrung ist am Auflager besonders sorgfältig zu verankern (vgl. auch [Grasser/Kupfer – 96]).

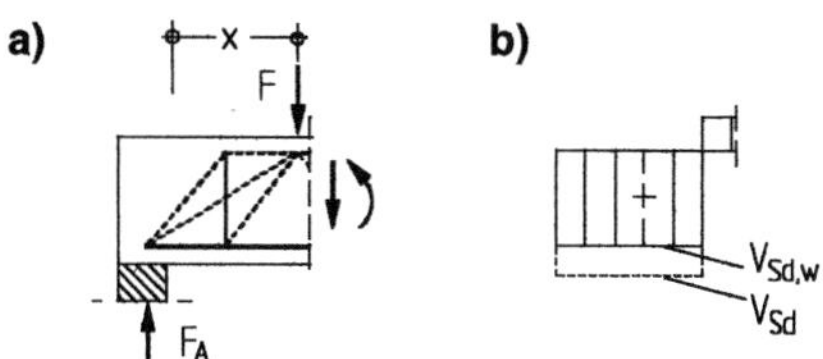

Abb. D.6.6 Auflagernahe Einzellast; Modell (a) und Querkraftverlauf (b)

D

6.4 Bauteile ohne Schubbewehrung

In Bauteilen ohne Schubbewehrung bildet sich nach Rissbildung eine kammartige Tragstruktur, wie sie in Abb. D.6.7 dargestellt ist. Die Querkraftübertragung erfogt über Kornverzahnung in den Rissen, über die Dübelwirkung der Längsbewehrung und über die Einspannung der zwischen den Rissen verbleibenden Betonzähne in die Betondruckzone. Ein Versagen tritt bei Überschreitung der Betonzugfestigkeit f_{ct} in den Einspannungen der Betonzähne auf, verbunden mit einer Rissuferverschiebung bei Ausfall der Kornverzahnung.

Die Lastabtragung von Bauteilen ohne Schubbewerung ist an dem vereinfachenden Modell in Abb. D.6.7 zu erkennen. Die Tragsicherheit wird sichergestellt durch

- die Kornverzahnung F_K zwischen den Rissen in Verbindung mit der Einspannwirkung der Betonzähne (Biegezugfestigkeit f_{ct})
- die Dübelwirkung $F_{Dü}$ der Biegezugbewehrung
- die Bogenwirkung des Druckbogens.

Auf Schubbewehrung darf im Allgemeinen nur bei Platten verzichtet werden, da bei diesen keine nennenswerten Zugspannugen senkrecht zur Plattenebene z. B. aus dem Abfließen der Hydratationswärme oder dem Schwinden zu erwarten sind (vgl. [König/Tue – 98], [Zilch/Rogge – 00]).

Bemessung nach DIN 1045-1

Der schon in EC 2 gewählte Ansatz wurde prinzipiell in [DIN 1045-1 – 00] beibehalten, jedoch neueren Forschungen angepasst. Für Platten ohneSchubbewehrung ist nachzuweisen, dass die einwirkende Querkraft V_{Sd} den Bemessungswiderstand $V_{Rd,ct}$ nicht überschreitet, der sich wie folgt ergibt

$$V_{Rd,ct} = [0{,}10\,\eta_1 \cdot \kappa \cdot (100\rho_l \cdot f_{ck})^{1/3} - 0{,}12 \cdot \sigma_{cd}] \cdot b_w \cdot d \qquad \text{(D.6.6)}$$

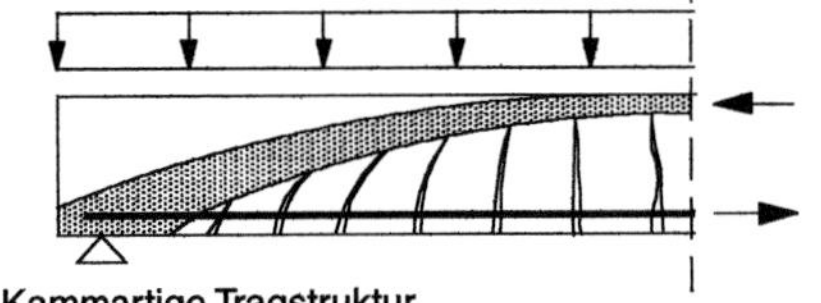

a) Kammartige Tragstruktur

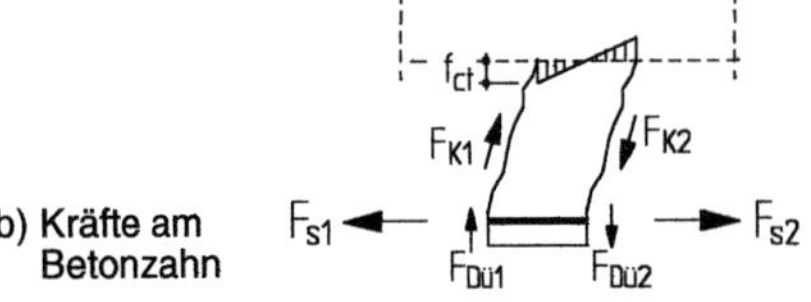

b) Kräfte am Betonzahn

Abb. D.6.7 Querkraftmodell für Bauteile ohne Schubbewehrung

Es sind

κ $= 1 + \sqrt{200/d} \leq 2$ (mit d in mm)

b_w kleinste Querschnittsbreite innerhalb der Nutzhöhe d (s. a. Abschn. D.6.5)

η_1 $= 1{,}0$ für Normalbeton

η_1 $= 0{,}40 + 0{,}60 \cdot \rho / 2200$ für Leichtbeton mit der Rohdichte ρ in kg/m³

d Nutzhöhe

σ_{cd} $= N_{Sd} / A_c$ mit N_{Sd} als Längskraft infolge von Last oder Vorspannung (Druck negativ)

ρ_l Längsbewehrungsgrad $\rho_l = A_{sl} / (b_w \cdot d) \leq 0{,}02$; die Bewehrung A_{sl} muss ab der Nachweisstelle mindestens mit $(d + l_{b,net})$ verankert sein (vgl. Abb. D.6.8)

In Gl. (D.6.6) werden die zuvor genannten Mechanismen der Schubtragfähigkeit von Platten ohne Schubbewehrung beschrieben, und zwar

- die Dübelwirkung durch den Längsbewehrungsgrad $(100\rho_l)^{1/3}$
- die Einspannung der Betonzähne und die Kornverzahnung durch die Schubfestigkeit $0{,}10\,f_{ck}^{1/3}$

Wie allerdings aus Versuchen hervorgeht, ist die Maßstäblichkeit der Schubtragfähigkeit mit wachsender Bauhöhe nur bedingt gegeben; die Biegezugfestigkeit des Betons fällt beispielsweise um so höher aus, je niedriger die Bauteile sind. Mit wachsender Bauhöhe muss deshalb die Schubtragfähigkeit mit dem Faktor κ herabgesetzt werden (s. hierzu auch [Leonhardt-T1 – 73]).

Die Wirkung von Längskräften wird zusätzlich erfasst. Die Querkrafttragfähigkeit wird durch Druckkräfte wegen der geringeren Rissbildung und der größeren Druckzonenhöhe günstig beeinflusst, bei Zugkräften entsprechend ungünstig. (Der Ansatz nach Gl. (D.6.7) ist jedoch in erster Linie nur für die Berücksichtigung von Längsdruckkräften gedacht.)

Der gewählte Ansatz nach Gl. (D.6.6) war auch schon im 1. Entwurf [E DIN 1045-1 – 97] und 2. Entwurf von DIN 1045-1 [E DIN 1045-1 – 98] enthalten, jedoch wurde dort die Schubtragfähigkeit insgesamt

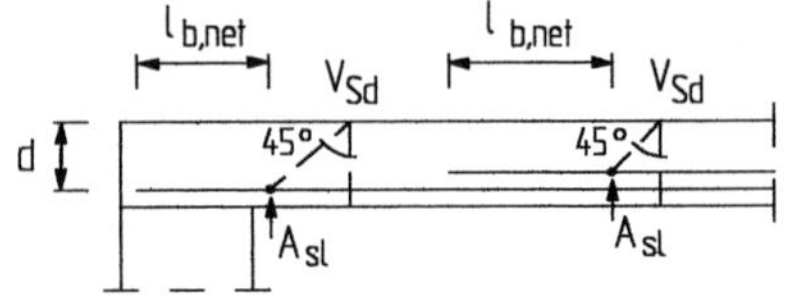

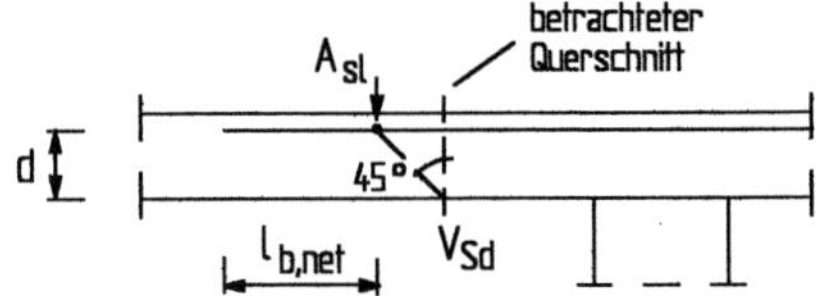

Abb. D.6.8 Definition von A_{sl} nach Gl. (D.6.6)

noch um ca. 20 % bis 25 % höher angesetzt (der Einfluss von Längsspannungen σ_{Sd} war mit einem Faktor 0,15 gewichtet, und die Schubfestigkeit wurde aus 0,12 $f_{ck}^{1/3}$ (statt jetzt 0,10) ermittelt).

Neben der Tragfähigkeit $V_{Rd,ct}$ als Grenzwert der aufnehmbaren Querkraft eines Bauteils ohne Schubbewehrung ist außerdem die maximale Druckstrebentragfähigkeit $V_{Rd,max}$ nachzuweisen. Für Platten ohne nennenswerte Längskräfte ist dieser Nachweis jedoch i. d. R. nicht maßgebend und daher entbehrlich (s. hierzu Abschn. D.6.5).

Die Gleichungen zur Ermittlung der Schubtragfähigkeit nach Eurocode 2 und nach DIN 1045-1 sind prinzipiell ähnlich aufgebaut. Sie unterscheiden sich jedoch durch unterschiedliche Ansätze zur Dübelwirkung der Biegezugbewehrung und zur Kornverzahnung bzw. Betonzugfestigkeit sowie durch einen anderen Maßstabsfaktor; ebenso wird der Einfluss von Längskräften unterschiedlich bewertet. In [DIN 1045-88] werden dagegen die genannten Faktoren wesentlich pauschaler berücksichtigt.

Ein Vergleich der aufnehmbaren Schubspannungen zwischen neuer DIN 1045-1, Eurocode 2 und DIN 1045 (alt) zeigen Abb. D.6.9 und D.6.10 (vgl. hierzu auch [Geistefeldt/Goris – 93]). Es wird jeweils angenommen, dass keine Längskräfte vorhanden sind, so dass die Betonspannung σ_{cd} zu null zu setzen ist. Ausgegangen wird von einem Beton C 20/25 bzw. B 25 und von einem C 35/45 bzw. B 45.

Zur Vereinfachung wird bei der Darstellung nach [DIN 1045 – 88] unterstellt, dass der Hebelarm z der inneren Kräfte gleich der Nutzhöhe d gesetzt werden kann, außerdem wird bei den „Maßstabsfaktoren" k_1 und k_2 die Plattendicke gleich der Nutzhöhe gesetzt. Dargestellt sind jeweils die zulässigen bzw. aufnehmbaren Schubspannungen unter Gebrauchslasten, wie es in der alten DIN 1045 üblich ist; nach neuer DIN 1045-1 und nach EC 2 wird als mittlerer Sicherheitsfaktor für die Einwirkungsseite γ_F = 1,425 als Mittelwert zwischen γ_G = 1,35 und γ_Q = 1,50 gewählt.

Zunächst wird der baupraktisch häufige Fall einer Platte mit einer Nutzhöhe d = 20 cm betrachtet (Abb. D.6.9). Im Vergleich zwischen DIN 1045-1 und EC 2 ist zunächst festzustellen, dass bei Längsbewehrungsgraden von ca. 0,30 % bis 0,35 % die Schubtragfähigkeiten in etwa gleich bewertet werden, und zwar sowohl für einen Beton C 20/25 als auch für den C 35/45. Auffällig ist jedoch, dass die zulässigen Schubspannungen nach DIN 1045-1 wesentlich stärker durch die Längsbewehrung beeinflusst werden als nach EC 2. Dagegen wird in den Rechenansätzen nach [DIN 1045 – 88] bei der Ermittlung der Schubtragfähigkeit der tatsächlich vorhandenen Längsbewehrungsgrad ρ_l nicht berücksichtigt, sondern nur, ob die Bewehrung gestaffelt wird oder nicht. Die zulässigen Schubspannungen bei gestaffelter Bewehrung liegen bei üblichen Plattenbewehrungsgraden von bis zu 0,5 % etwa in der gleichen Größenordnung. Die rechnerische Tragfähigkeit von

a)

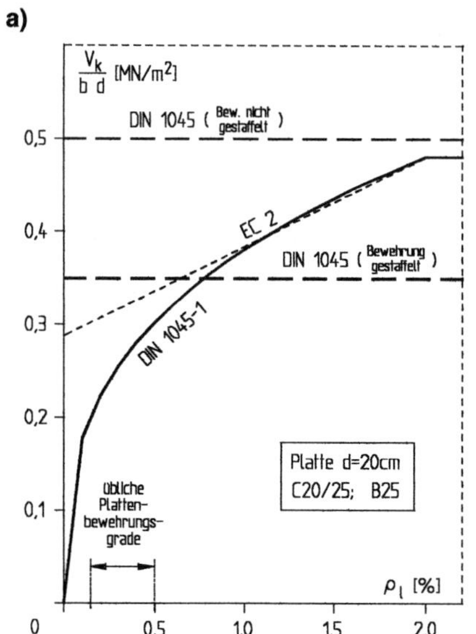

b)

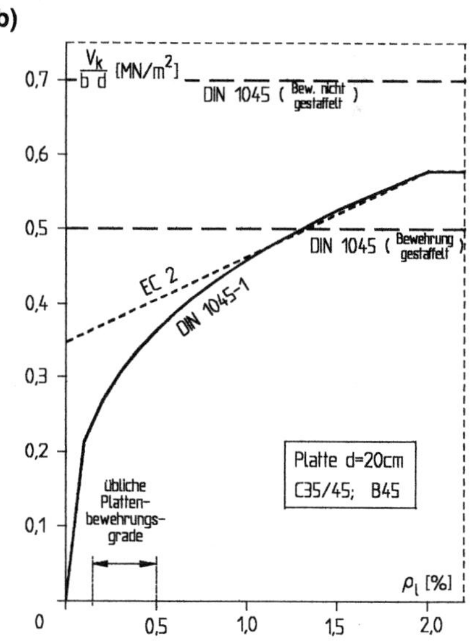

Abb. D.6.9 Zulässige Schubspannung für Bauteile ohne Schubbewehrung in Abhängigkeit vom Längsbewehrungsgrad ρ_l für Platten mit einer Nutzhöhe d = 20 cm
a) für einen Beton C 20/25 bzw. B 25
b) für einen Beton C 35/45 bzw. B 45

D

a)

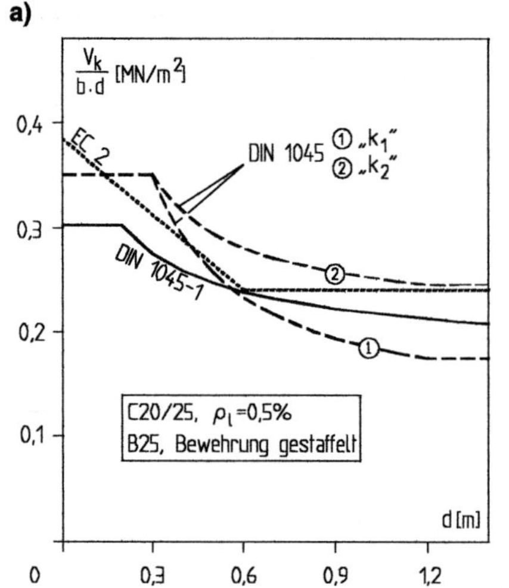

b)

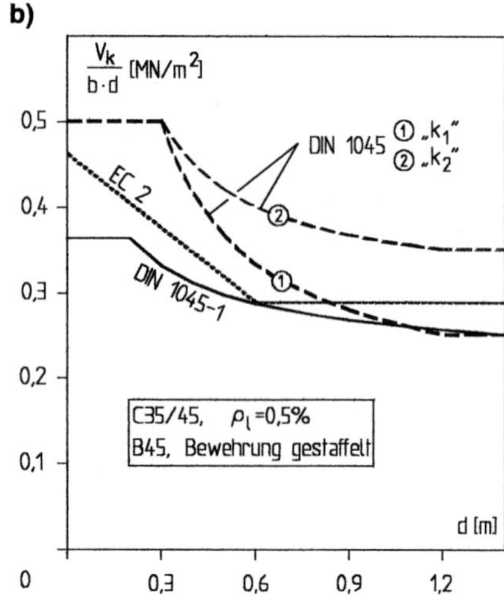

Abb. D.6.10 Zulässige Schubspannung für Bauteile ohne Schubbewehrung in Abhängigkeit von der Nutzhöhe *d* für Platten mit einem Längsbewehrungsgrad ρ_l = 0,5 %
a) für einen Beton C 20/25 bzw. B 25
b) für einen Beton C 35/45 bzw. B 45

[DIN 1045 – 88] bei nicht gestaffelter Bewehrung wird jedoch nach EC 2 und nach DIN 1045-1 bei einem Längsbewehrungsgrad von 0,5 % bei weitem nicht erreicht, sondern erst bei sehr hohen und für Platten unüblichen Bewehrungsgraden.

Bei einer Variation der Plattenstärke bzw. der Nutzhöhe *d* sind die unterschiedlichen Ansätze bzgl. des Maßstabsfaktors κ bzw. k zu erkennen (eine Differenzierung nach zwei unterschiedlichen Faktoren k_1 und k_2 wird nur in [DIN 1045 – 88] vorgenommen). In Abb. D.6.10 ist die Schubtragfähigkeit über die Nutzhöhe *d* aufgetragen, für eine Berechnung nach DIN 1045-1 und nach Eurocode 2 wird von einem Längsbewehrungsgrad von ρ_l = 0,5 % ausgegangen, nach alter DIN 1045 wird eine gestaffelte Bewehrung unterstellt. Es ist zu sehen, dass der ungünstigere Faktor k_1 in [DIN 1045 – 88] mit zunehmender Nutzhöhe zu einer deutlich größeren Abminderung führt, als dies in den anderen Fällen gegeben ist.

Aus den beiden Darstellungen in Abb. D.6.9 und D.6.10 ist auch zu entnehmen, dass sich in DIN 1045 (alt) höhere Betonfestigkeitsklassen deutlich stärker auswirken bzw. günstiger beurteilt werden, als das in Eurocode 2 und DIN 1045-1 der Fall ist.

Ergänzend zu den Vergleichen in Abb. D.6.9 und Abb. D.6.10 muss noch gesagt werden, dass der maßgebende Bemessungsschnitt bei direkter Lagerung in den jeweiligen Normen unterschiedlich festgelegt ist. Nach [DIN 1045 – 88] wird er im Abstand gleich der halben Nutzhöhe vom Auflagerrand festgelegt, in Eurocode 2 und DIN 1045-1 dagegen im Abstand gleich der Nutzhöhe *d* vom Auflagerrand. Die einwirkenden Bemessungsquerkräfte sind damit an der maßgebenden Stelle am Auflagerrand nach [DIN 1045 – 88] generell größer als nach DIN 1045-1 und nach EC 2.

6.5 Bauteile mit Schubbewehrung

Bei Bauteilen mit Schubbewehrung erfolgt die Lastabtragung über ein Stabwerk, bestehend aus dem Ober- und Untergurt der Biegedruckzone und -zugzone sowie aus geneigten Betondruckstreben und vertikalen oder geneigten Zugstreben, die Ober- und Untergurt miteinander verbinden. Bei der Querkraftbemessung werden die Betondruckstrebe und die Schubbewehrung zur Aufnahme der Zugstrebenkräfte nachgewiesen.

Die Gleichungen der Querkraftbemessung sollen an einem Fachwerkmodell gemäß Abb. D.6.11 zunächst für den Sonderfall eines Balkens mit lotrechter Schubbewehrung gezeigt werden. Bei einer Beanspruchung infolge einer mittig angreifenden Einzellast ergeben sich die für den Knoten 1 und 2 dargestellten Druck- und Zugstrebenkräfte. Für die Betonspannungen σ_{cd} in der Druckstrebe und Stahlspannung σ_{sd} in der Zugstrebe erhält man (s. a. [Geistefeldt/Goris – 93]):

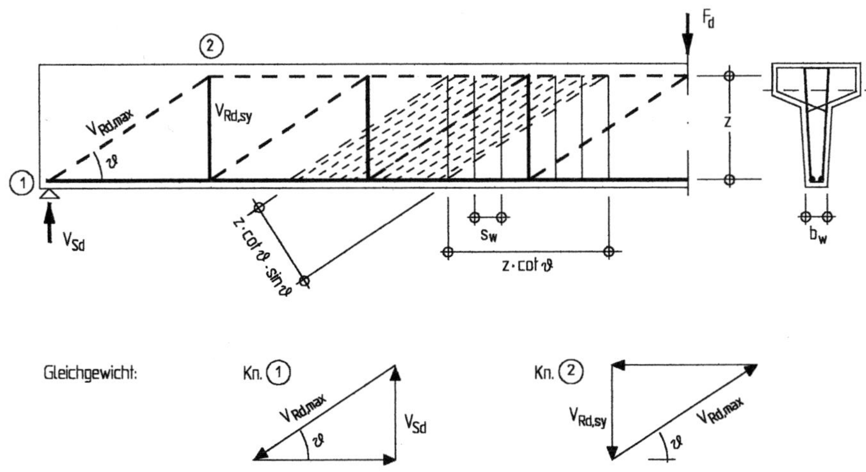

Abb. D.6.11 Fachwerkmodell für Bauteile mit lotrechter Schubbewehrung

$$\sigma_{cd} = \frac{V_{Sd}}{\sin\vartheta} \cdot \frac{1}{z \cdot \sin\vartheta \cdot \cot\vartheta} \cdot \frac{1}{b_w}$$

$$= \frac{V_{Sd}}{b_w \cdot z} \cdot \frac{1+\cot^2\vartheta}{\cot\vartheta} \leq \alpha_c f_{cd} \qquad \text{(D.6.8a)}$$

$$\sigma_{sd} = V_{Sd} \cdot \frac{1}{z \cdot \cot\vartheta} \cdot \frac{1}{A_{sw}/s_w}$$

$$= \frac{V_{Sd}}{(A_{sw}/s_w) \cdot z} \cdot \frac{1}{\cot\vartheta} \leq f_{yd} \qquad \text{(D.6.8b)}$$

Die maximale Tragfähigkeit ergibt sich bei Erreichen der Materialfestigkeiten, der Streckgrenze f_{yd} der Schubbewehrung auf der einen Seite und der zulässigen Druckfestigkeit $\alpha_c f_{cd}$ in der Betondruckstrebe auf der anderen Seite.

Die maximal von der Druckstrebe aufnehmbare Querkraft $V_{Rd,max}$ beträgt mit $V_{Sd} = V_{Rd,max}$

$$V_{Rd,max} = \alpha_c \cdot f_{cd} \cdot b_w \cdot z \cdot \frac{1}{(\tan\vartheta + \cot\vartheta)} \qquad \text{(D.6.9a)}$$

Ebenso erhält man die größte von der Schubbewehrung aufnehmbare Querkraft $V_{Rd,sy}$

$$V_{Rd,sy} = (A_{sw}/s_w) \cdot f_{yd} \cdot z \cdot \cot\vartheta \qquad \text{(D.6.9b)}$$

Wie aus den Gleichungen hervorgeht, hat der Neigungswinkel ϑ der Druckstrebe einen maßgeblichen Einfluss auf die Bauteilwiderstände. In der klassischen Fachwerkanalogie nach *Mörsch* wird dieser Winkel zu 45° angenommen. Insbesondere bei geringer Schubbeanspruchung können sich jedoch auch deutlich flachere Winkel einstellen, die zu einer erheblichen Reduzierung der erforderlichen Schubbewehrung führen. Erst bei hoher Schubbeanspruchung stellt sich dann ein Neigungswinkel von etwa 45° ein zur Sicherstellung einer ausreichenden Druckstrebentragfähigkeit. Die Berücksichtigung dieses Sachverhalts erfolgt in den Normen unterschiedlich.

In [DIN 1045 – 88] erfolgt die Festlegung der Druckstrebenneigung „automatisch" über die Schubbereiche. Bei geringer Schubbeanspruchung in den Schubbereichen 1 und 2 wird ein flacher Druckstrebenneigungswinkel durch die sog. verminderte Schubdeckung (bei voller Schubsicherung) berücksichtigt, wodurch die erforderliche Schubbewehrung teilweise erheblich reduziert wird. Erst bei hoher Schubbeanspruchung im Schubbereich 3 wird dann eine volle Schubdeckung gefordert, d. h., ein Druckstrebenneigungswinkel von 45° gewählt, wodurch die größte Druckstrebentragfähigkeit gewährleistet wird.

Dagegen kann in [ENV 1992-1-1 – 92] der Druckstrebenneigungswinkel ϑ innerhalb vorgegebener Grenzen „frei" gewählt werden. Aus wirtschaftlichen Gründen empfiehlt sich ein möglichst flacher Winkel ϑ, um eine geringe Schubbewehrung zu erhalten. Es muss jedoch mit diesem Winkel die Druckstrebetragfähigkeit gewährleistet werden können; außerdem können die aus Gleichgewichtsgründen möglichen Winkel ϑ nicht ohne weiteres zugrunde gelegt werden, da auch die Verträglichkeit der Verzerrungen infolge von Bügeldehnung, Längsdehnung der Gurte und Strebenstauchung (vgl. [Kupfer – 89]) zu beachten ist.

Allgemeiner Hinweis:

Neben dem zuvor beschriebenen Verfahren mit variabler Strebenneigung ist in EC 2 alternativ die Anwendung des Standardverfahrens möglich, bei dem formal von einer Druckstebenneigung $\vartheta = 45°$ ausgegangen wird. Flachere Winkel werden bei der Ermittlung der Schubbewehrung durch einen Abzugswert, dem „Betontraganteil" V_{cd}, berücksichtigt (weitere Hinweise s. [Goris – 99/1]).

Tafel D.6.3 Bemessungsgleichungen für den Nachweis der Schubtragfähigkeit

Der Druckstrebenneigungswinkel ϑ wird in Abhängigkeit von der Längsspannung σ_{cd} und der Rissreibungskraft (Betontraganteil des verbügelten Querschnitts) $V_{Rd,c}$ bestimmt. Mit diesem festgelegten Winkel sind die Druck- und Zugstrebenkräfte nachzuweisen.

Lotrechte Schubbewehrung

Bemessungswiderstand $V_{Rd,max}$

$$V_{Rd,max} = \alpha_c \cdot f_{cd} \cdot b_w \cdot z \cdot \frac{1}{(\tan \vartheta + \cot \vartheta)} \quad \text{(D.6.15a)}$$

α_c = 0,75 (für Normalbeton C)
= 0,75 η_1 (für Leichtbeton LC; η_1 s. Tafel D.4.2)

$f_{cd} = \alpha\, f_{ck} / \gamma_c$ (α Dauerlastfaktor; s. S. D.15)

b_w kleinste Stegbreite; bei Stegen mit Spanngliedern s. DIN 1045-1

ϑ Neigungswinkel der Druckstrebe (s. u.)

Bemessungswert $V_{Rd,sy}$

$$V_{Rd,sy} = a_{sw} \cdot f_{yd} \cdot z \cdot \cot \vartheta \quad \text{(D.6.15b)}$$

mit a_{sw} Querschnitt der Schubbewehrung je Längeneinheit ($a_{sw} = A_{sw} / s_w$)

f_{yd} Bemessungswert der Stahlfestigkeit der Schubbewehrung

z innerer Hebelarm (im Allg.: $z \approx 0{,}9 \cdot d$)

ϑ Neigungswinkel der Druckstrebe:

$$\cot \vartheta = \frac{(1{,}2 - 1{,}4\, \sigma_{cd} / f_{cd})}{(1 - V_{Rd,c} / V_{Sd})} \begin{cases} \geq 1{,}0 \\ \leq 3{,}0 \text{ für C} \\ \leq 2{,}0 \text{ für LC} \end{cases}$$

$$V_{Rd,c} = 2{,}4\, \eta_1 \cdot 0{,}1\, f_{ck}^{1/3} \cdot (1 + 1{,}2 \cdot \frac{\sigma_{cd}}{f_{cd}}) \cdot b_w \cdot z$$

$\sigma_{cd} = N_{Sd} / A_c$ ($N_{Sd} < 0$ für Längsdruck)

$\eta_1 = 1{,}0$ für Normalbeton C

η_1 nach Tafel D.4.2 für Leichtbeton LC

Näherungsweise darf gesetzt werden

$\cot \vartheta = 1{,}2$ für reine Biegung
$\cot \vartheta = 1{,}2$ für Biegung u. Längsdruckkraft
$\cot \vartheta = 1{,}0$ für Biegung und Längszugkraft

Geneigte Schubbewehrung

Bemessungswert $V_{Rd,max}$

$$V_{Rd,max} = \alpha_c \cdot f_{cd} \cdot b_w \cdot z \cdot \frac{(\cot \vartheta + \cot \alpha)}{(1 + \cot^2 \vartheta)} \quad \text{(D.6.16a)}$$

mit α Winkel zwischen Schubbewehrung und Bauteilachse (lotrechte Bügel: $\cot \alpha = 0$)

Bemessungswert $V_{Rd,sy}$

$$V_{Rd,sy} = a_{sw} \cdot f_{yd} \cdot z \cdot \sin \alpha \cdot (\cot \vartheta + \cot \alpha) \quad \text{(D.6.16b)}$$

In dem Ansatz von DIN 1045-1 wird der Druckstrebenwinkel ϑ in Abhängigkeit von der Beanspruchung bestimmt (s. Gl. (D.6.15b)), das heißt, die in EC 2 noch offene Frage zur Wahl eines geeigneten Druckstrebenneigungswinkels ist hier detailliert angesprochen. Mit dem so ermittelten Winkel sind dann Druck- und Zugstrebe nachzuweisen. Hinzuweisen ist noch darauf, dass die so rechnerisch ermittelte Schubbewehrung zum Teil relativ klein ist; es ist allerdings generell eine Mindestschubbewehrung zu beachten, die u. a. auch davon abhängt, ob die Breite b_w die Bauhöhe h nicht überschreitet oder ob sie größer als die Bauhöhe h des Trägers ist.

Ein Vergleich der nach den unterschiedlichen normativen Festlegungen sich ergebenden Schubbewehrungsgrade in Abhängigkeit von der Schubspannung des Gebrauchszustandes ist in Abb. D.6.12 dargestellt. Der Vergleich gilt nur für die angegebenen Betonfestigkeitsklassen und für eine lotrechte Schubbewehrung. Weiterhin wurde angenommen, dass keine nennenswerten Längskräfte vorhanden sind. Für DIN 1045-1 und EC 2 wurde auf der Lastseite von einem mittleren Sicherheitsfaktor $\gamma_F = 1{,}425$ ausgegangen.

Grundsätzlich fällt zunächst auf, dass nach den „neueren" Normen (Eurocode 2 und DIN 1045-1) im Vergleich zur DIN 1045 insbesondere bei höheren Schubbeanspruchungen deutlich wirtschaftlichere Ergebnisse erzielt werden. Im Bereich geringerer Beanspruchung gilt dies jedoch nur noch mit Einschränkungen.

In Abb. D.6.12a ist für eine Bemessung nach Eurocode 2 das Verfahren mit veränderlicher Druckstrebenneigung dargestellt, wobei zwei Grenzlinien eingetragen sind, nämlich für $\cot \vartheta = 1{,}75$ und für $\cot \vartheta = 1{,}25$. Die erstere ergibt sich aus den Forderungen nach [NAD zu ENV 1992-1 – 93] bezüglich einer Mindestdruckstrebenneigung $\cot \vartheta = 1{,}75$; die zweite Grenzlinie für einen Neigungswinkel der Druckstrebe $\cot \vartheta = 1{,}25$ entspricht den Empfehlungen in [DAfStb-H.425 – 93] für $\sigma_{cp} = 0$. Damit werden im Bereich kleiner bis mittlerer Schubbeanspruchung nach EC 2 die ungünstigsten Ergebnisse erzielt. Auf der anderen Seite liefert DIN 1045-1 nahezu im gesamten Bereich die niedrigsten Schubbewehrungsgrade (die Mindestschubbewehrung ist allerdings für übliche Balken mit $b_w \leq h$ größer als nach EC 2 bzw. DIN 1045); in extremen Fällen beträgt die erforderliche Schubbewehrung nach DIN 1045-1 nur noch etwas mehr als 50 % von der sich rechnerisch nach [DIN 1045 – 88] ergebenden.

Das nach EC 2 alternativ zur Bemessung vorhandene Standardverfahren ist vergleichend in Abb. D.6.12b dargestellt. Die erforderliche Schubbewehrung nach der Standardmethode ist dabei u. a. vom Biegezugbewehrungsgrad abhängig, der in den

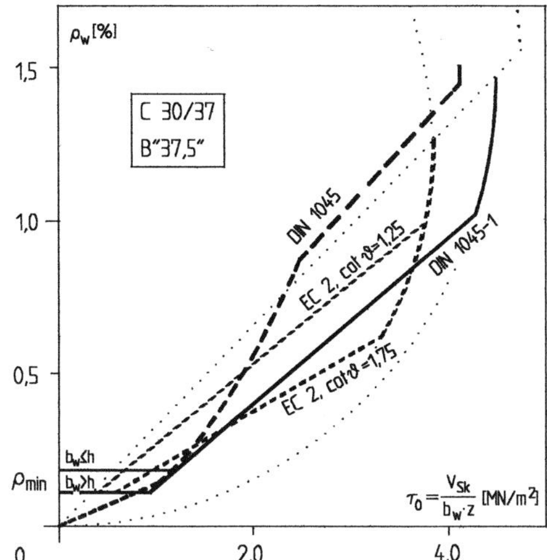

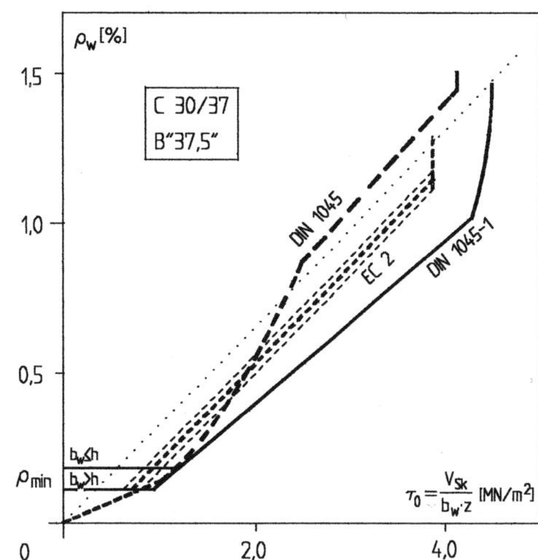

Abb. D.6.12 Erforderlicher Schubbewehrungsgrad $\rho_w = a_{sw}/b_w$ (in %) für Balken in Abhängigkeit von der Schubspannung τ_0 des Gebrauchszustandes bei lotrechter Schubbewehrung und für $\sigma_{cd} = N_{Sd}/A_c = 0$
a) für eine EC 2-Bemessung nach dem variablen Verfahren
b) für eine EC 2-Bemessung nach dem Standardverfahren

Grenzen $0 \leq \rho_l \leq 2$ % berücksichtigt werden darf. Das sich dabei ergebende „Streuband" ist durch die Linien für $\rho_l = 0$ %, $\rho_l = 1$ % und $\rho_l = 2$ % dargestellt. Der von der Nutzhöhe d abhängige Faktor k (EC 2, Gl. (4.18)) wird zu 1 gesetzt.

Es zeigt sich, dass das Standardverfahren nur im Bereich geringer Beanspruchung (insbesondere im Vergleich zum variablen Verfahren nach EC 2 in Abb. D.6.12a) günstigere Ergebnisse liefert. Im Vergleich zu E DIN 1045-1 erhält man jedoch generell größere Schubbewehrungsgrade.

Ergänzend zu den Vergleichen in Abb. D.6.12 muss auch hier gesagt werden, dass der maßgebende Bemessungsschnitt bei direkter Lagerung und für eine gleichmäßig verteilte Belastung nach EC 2 und nach DIN 1045-1 günstiger liegt, d. h., kleinere Bemessungsquerkräfte liefert als nach DIN 1045.

6.6 Anschluss von Druck- und Zuggurten

Bei Plattenbalken oder Hohlkästen müssen Platten, die als Druck- oder Zuggurt mitwirken, schubfest an den Steg angeschlossen werden. Ebenso wie in Balkenstegen ist der schubfeste Anschluss über Druck- und Zugstreben sicherzustellen.

Das Zusammenwirken der Druck- und Zugstreben in einem Druckgurt und der Anschluss dieses „Obergurt"-Fachwerks an den Steg ist an dem einfachen Modell in Abb. D.6.13 zu erkennen. Im Rahmen einer Bemessung ist der Nachweis zu erbringen, dass die Druckstrebentragfähigkeit nicht überschritten wird und die Querbewehrung die Zugstrebenkraft aufnehmen kann.

Nach neuer DIN 1045-1 (und nach Eurocode 2) ist daher der Nachweis zu erbringen, dass die einwirkende Schubkraft V_{Sd} die Tragfähigkeiten $V_{Rd,max}$ und $V_{Rd,sy}$ nicht überschreitet:

$$V_{Sd} \leq V_{Rd,max} \quad \text{(D.6.17a)}$$

$$V_{Sd} \leq V_{Rd,sy} \quad \text{(D.6.17b)}$$

Einwirkende Längsschubkraft

Der einwirkende Längsschubkraft V_{Sd} wird ermittelt aus

$$V_{Sd} = \Delta F_d \quad \text{(D.6.18)}$$

Dabei ist ΔF_d die Längskraftdifferenz, die in einem einseitigen Gurtabschnitt auf der Länge a_v auftritt;

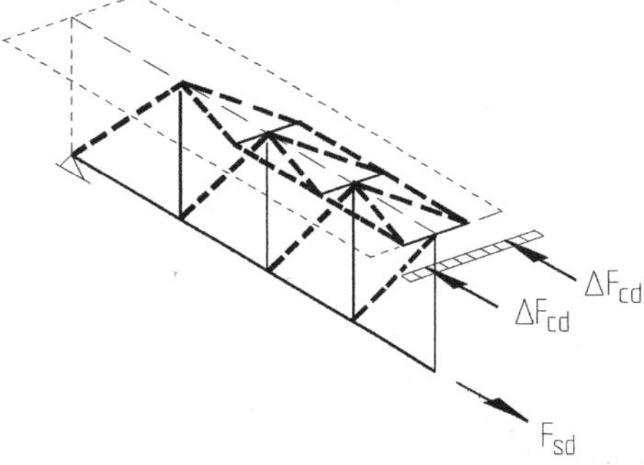

Abb. D.6.13 Einfaches Strebenfachwerkmodell für einen Plattenbalken (Platte als Druckplatte)

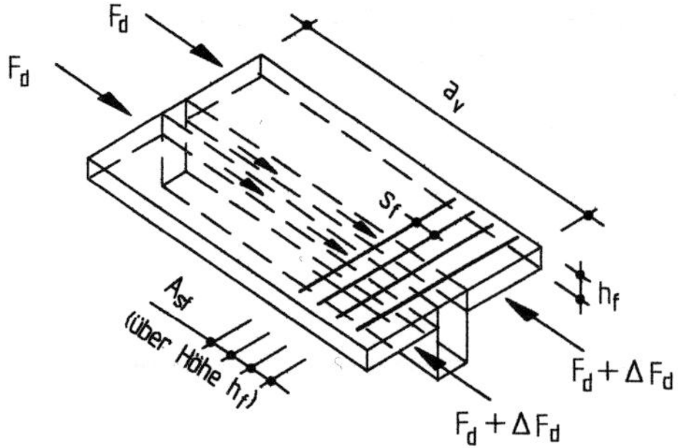

Abb. D.6.14 Anschluss eines Gurts an einen Steg

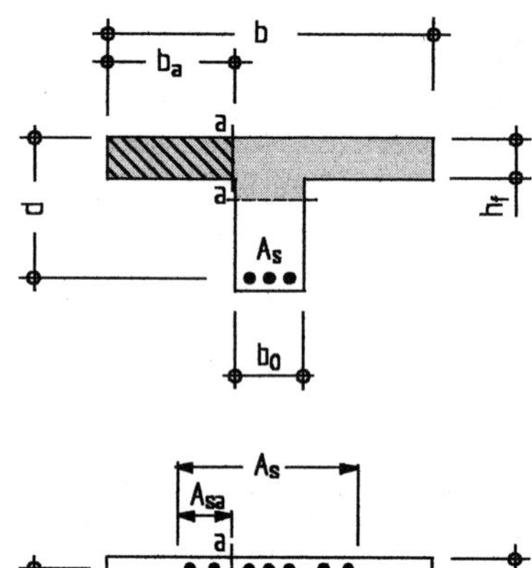

Abb. D.6.15 Bezeichnungen des Druck- und Zuggurts

diese Länge ist in DIN 1045-1 als diejenige Abschnittslänge definiert, in der die Längsschubkraft als konstant angenommen werden kann. Im Allgemeinen darf die Abschnittslänge nicht größer sein als der halbe Abstand zwischen Momentennullpunkt und Momentenhöchstwert; bei nennenswerten Einzellasten sollte die Abschnittslänge nicht über die Querkraftsprünge hinausgehen.

Für die Ermittlung der Längskraftdifferenz ΔF_d werden die Gurtkräfte ΔF_{cd} (Druckgurt) bzw. ΔF_{sd} (Zuggurt) benötigt. Die Druckgurtkraft ΔF_{cd} des abliegenden Flansches erhält man im betrachteten Querschnitt bei reiner Biegung (ohne Längskraft) aus

$$\Delta F_{cd} = \frac{M_{Sd}}{z} \cdot \frac{A_{ca}}{A_{cc}} \approx \frac{M_{Sd}}{z} \cdot \frac{b_a}{b}$$

Hierin sind (s. a. Abb. D.6.15)

M_{Sd} Bemessungsmoment
z Hebelarm der inneren Kräfte
A_{ca} Fläche des abliegenden Flansches
A_{cc} Gesamtfläche der Druckzone

Die Zugkraft $\Delta F_{d,sa}$ der in den Flansch ausgelagerten Biegezugbewehrung ergibt sich bei „reiner" Biegung zu

$$\Delta F_{sd} = \frac{M_{Sd}}{z} \cdot \frac{A_{sa}}{A_s}$$

Hierin sind

A_{sa} Fläche der in den Flansch ausgelagerten Zugbewehrung des betrachteten Gurtstreifens
A_s Gesamtfläche der Zugbewehrung

Schubtragfähigkeit des Gurtanschlusses

Die Druckstreben- und Zugstrebentragfähigkeit des Gurtanschlusses wird entsprechend Abschn. 6.5 (s. Tafel D.6.3) nachgewiesen. Dabei ist jedoch $b_w = h_f$ und $z = a_v$ zu setzen. Der Neigungswinkel der Druckstrebe darf dabei für einen Zuggurt zu $\cot\vartheta = 1{,}0$ und in Druckgurten zu $\cot\vartheta = 1{,}2$ gesetzt werden.

Für $\alpha = 90°$, d. h. für eine senkrecht zum Steg verlaufende Anschlussbewehrung, erhält man mit den zuvor genannten Neigungswinkeln ϑ für einen Druckgurt und einen Zuggurt die nachfolgend zusammengestellten Nachweisgleichungen:

- Druckgurt

  $\Delta F_d \le V_{Rd,max} = 0{,}492 \cdot \alpha_c \cdot f_{cd} \cdot h_f \cdot a_v$
  $\Delta F_d \le V_{Rd,sy} \quad = a_{sw} \cdot f_{yd} \cdot a_v \cdot 1{,}2$
  bzw.
  $a_{sw} \ge \Delta F_d \,/\, (f_{yd} \cdot a_v \cdot 1{,}2)$

- Zuggurt

  $\Delta F_d \le V_{Rd,max} = 0{,}5 \cdot \alpha_c \cdot f_{cd} \cdot h_f \cdot a_v$
  $\Delta F_d \le V_{Rd,sy} \quad = a_{sw} \cdot f_{yd} \cdot a_v \cdot 1{,}0$
  bzw.
  $a_{sw} \ge \Delta F_d \,/\, (f_{yd} \cdot a_v)$

Grundsätzlich ist noch darauf hinzuweisen, dass auch in Gurtplatten eine Mindestbewehrung zu beachten ist.

Schub und Querbiegung

Bei kombinierter Beanspruchung durch Schub zwischen Gurt und Steg und Querbiegung ist nur der größere erforderliche Stahlquerschnitt aus den beiden Beanspruchungsarten anzuordnen. Biegedruck- und -zugzone sind dabei allerdings getrennt zu betrachten (vgl. DIN 1045-1, 10.3.5).

6.7 Schubfugen

Schubfugen übertragen Schubkräfte zwischen nebeneinander liegenden Fertigteilen oder zwischen Ortbeton und einem vorgefertigten Bauteil. Bezüglich der Fugenrauigkeit wird unterschieden:

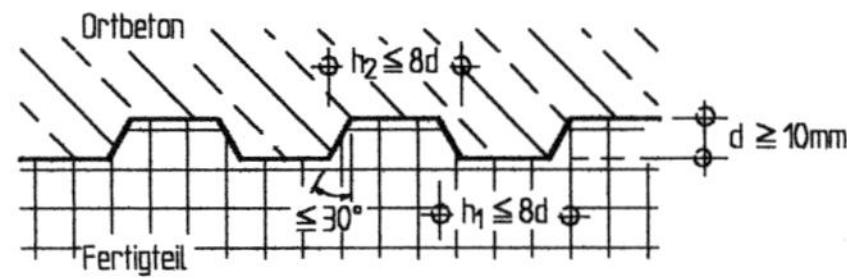

Abb. D.6.16 Ausbildung einer verzahnten Fuge

- sehr glatte Fuge, die dann vorliegt, wenn gegen Stahl- oder glatte Holzschalungen betoniert wurde
- glatte Fuge, die abgezogen oder im Extruderverfahren hergestellt wird oder die nach dem Verdichten ohne weitere Behandlung bleibt.
- raue Fuge, bei denen die Oberfläche nach dem Betonieren mit einem Rechen aufgeraut wird (Oberflächenrauigkeit ≥ 3 mm bei einem Abstand der Zinken von 40 mm) oder bei denen die Zugschlagstoffe herausragen
- verzahnte Fugen, die eine Verzahnung nach Abb. D. 6.16 ausweisen.

Die zuvor genannten detaillierteren Angaben sind EC 2 T 1-5 entnommen; in DIN 1045-1 sind konkretere Hinweise für das DAfStb-Heft 5xx angekündigt.

Nachweis nach DIN 1045-1

Die aufzunehmende Bemessungsschubkraft v_{Sd} darf die aufnehmbare v_{Rd} nicht überschreiten:

$$v_{Sd} \leq v_{Rd} \qquad \text{(D.6.21)}$$

Der Bemessungswert der aufzunehmenden Schubkraft je Längeneinheit v_{Sd} ergibt sich zu

$$v_{Sd} = \beta_1 \cdot \frac{V_{Sd}}{z} \qquad \text{(D.6.22a)}$$

mit β_1 als Quotient aus der Längskraft im Aufbeton und der Gesamtlängskraft (Gesamtlängskraft infolge Biegung: M_{Sd}/z), V_{Sd} als Bemessungswert der Querkraft, z als Hebelarm der inneren Kräfte.

Die aufnehmbare Bemessungsschubkraft ohne Anordnung einer Verbundbewehrung ergibt sich zu (DIN 1045-1, 10.3.6):

$$v_{Rd,ct} = [\eta_1 \cdot 0{,}42 \cdot \beta_{ct} \cdot 0{,}10 f_{ck}^{1/3} - \mu \cdot \sigma_{Nd}] \cdot b \qquad \text{(D.6.22b)}$$

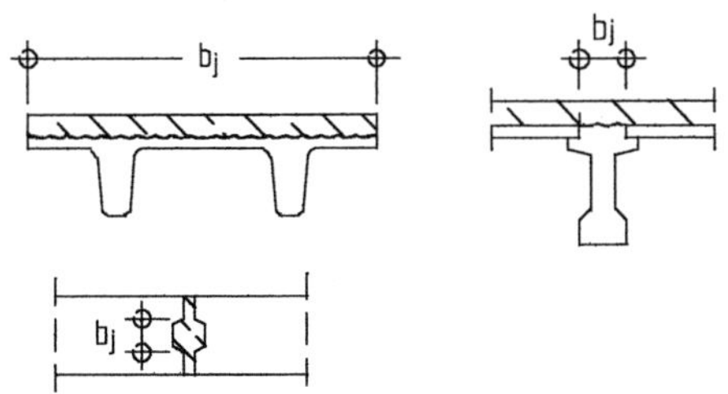

Abb. D.6.17 Breite $b = b_j$ der Kontaktfuge

Tafel D.6.5 Beiwerte β_{ct} und μ

Oberfläche	β_{ct}	μ
verzahnt	2,4	1,0
rauh	2,0	0,7
glatt	1,4	0,6
sehr glatt	0	0,5

f_{ck} charakteristischer Wert der Betonfestigkeit f_{ck} (in N/mm²) des Ortbetons oder des Fertigteils; der kleinere Wert ist maßgebend
b Breite der Kontaktfuge zwischen Ortbeton und Fertigteil (s. z. B. Abb. D.6.17)
σ_{Nd} Spannung infolge der äußeren Längskraft in der Fugenfläche (Druck negativ) mit $|\sigma_{Nd}| \leq 0{,}6 \cdot f_{cd}$
β_{ct} Beiwert nach Tafel D.6.5
η_1 = 1,0 für Normalbeton
η_1 nach Tafel D.4.2 für Leichtbeton
μ Beiwert der Schubreibung nach Tafel D.6.5

In Fugen mit Verbundbewehrung beträgt der Bemessungswert der aufnehmbare Schubkraft (vgl. [DIN 1045-1 –00], 10.3.6):

$$v_{Rd,sy} = a_s \cdot f_{yd} \cdot (\cot \vartheta + \cot \alpha) \cdot \sin \alpha - \mu \cdot \sigma_{Nd} \cdot b \qquad \text{(D.6.22c)}$$

a_s Querschnitt der die Fuge kreuzenden Bewehrung je Längeneinheit
α Neigung der Bewehrung gegen die Kontaktfläche Ortbeton/Fertigteil mit $45° \leq \alpha \leq 90°$
ϑ Neigung der Druckstrebe; sie ist nach Tafel D.6.3 zu ermitteln, jedoch gilt für cot ϑ

$$\cot \vartheta \leq \frac{1{,}2\,\mu - 1{,}4 \cdot \sigma_{Nd} / f_{cd}}{1 - V_{Rd,ct} / V_{Sd}}$$

Die Verbundbewehrung ist kraftschlüssig nach beiden Seiten der Kontaktfläche zu verankern. Die Bewehrung darf abgestuft verteilt werden.

Falls rechnerisch keine Verbundbewehrung erforderlich ist, sollten konstruktive Maßnahmen (z. B. nach [DAfStb-H.400 – 88]) beachtet werden. Forderungen einer Zulassung, des Brandschutzes etc. sind zu berücksichtigen.

Die aufnehmbare Querkraft von *ausbetonierten Fugen in Scheiben* aus Platten- oder Wandbauteilen kann mit den Beiwerten nach Tafel D.6.5 ermittelt werden. Die Bemessungsschubkraft sollte jedoch für die mittlere Scheibenkraft v_{Rdj} zwischen Platten ohne verzahnte Fugen auf $b_j \cdot 0{,}15$ N/mm² begrenzt werden.

Mit den zuvor genannten Bemessungsgleichungen werden Ergebnisse erzielt, die nicht immer plausibel erscheinen. Es wird diesbezüglich auf weitere Erläuterungen im Kap. E hingewiesen.

7 Bemessung für Torsion
(Grenzzustand der Tragfähigkeit)

7.1 Grundsätzliches

Ein rechnerischer Nachweis der Torsionsbeanspruchung ist im Allgemeinen nur erforderlich, wenn das statische Gleichgewicht von der Torsionstragfähigkeit abhängt („Gleichgewichtstorsion"). Wenn in statisch unbestimmten Systemen Torsion nur aus Einhaltung von Verträglichkeitsbedingungen auftritt („Verträglichkeitstorsion"), darf auf eine Berücksichtigung der Torsionssteifigkeit bei der Schnittgrößenermittlung verzichtet werden. Es ist jedoch eine konstruktive Torsionsbewehrung in Form von Bügeln und Längsbewehrung vorzusehen, um eine übermäßige Rissbildung zu vermeiden (s. DIN 1045-1, 10.4.1). Die Anforderungen einer Rissbreitenbegrenzung und der Konstruktionsregeln für Torsionsbewehrung nach DIN 1045-1, 13.2.4 sind jedoch zu beachten.

Die inneren Tragsysteme bei Torsions- und bei Querkraftbeanspruchung unterscheiden sich nicht grundsätzlich. Bei reiner oder überwiegender Torsion sind die Betondruckstreben jedoch wendelartig gerichtet. Die – theoretisch – ebenfalls wendelartig gerichteten Zugstrebenkräfte werden aus baupraktischen Gründen üblicherweise durch eine senkrecht und längs zur Bauteilachse angeordnete Bewehrung abgedeckt, also durch Bügel und durch eine über den Umfang verteilte oder in den Ecken konzentrierte Längsbewehrung. Eine wendelartige Bewehrung empfiehlt sich schon wegen einer möglichen Verwechslungsgefahr nicht (eine „falsch" orientierte Wendel ist wirkungslos!). In Abb. D.7.1 ist ein entsprechendes Fachwerkmodell dargestellt (vgl. [Leonhardt-T1 – 73]); die wendelartig verlaufenden Betondruckstreben stehen in den Knotenpunkten mit der orthogonalen Bügelbewehrung und mit in den Ecken konzentrierten Längsstäben im Gleichgewicht.

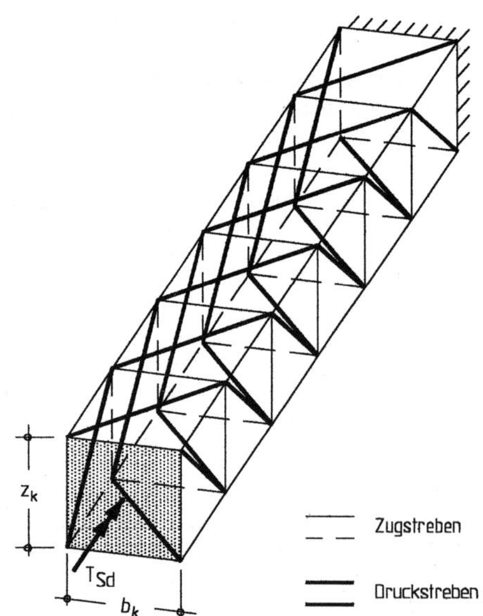

Abb. D.7.1 Fachwerkmodell für reine Torsion bei einer parallel und senkrecht zur Bauteilachse angeordneten Bewehrung

Die Torsionstragfähigkeit wird nach DIN 1045-1 (ebenso nach EC 2) unter Annahme eines dünnwandigen, geschlossenen Querschnitts bestimmt. Vollquerschnitte werden durch gleichwertige dünnwandige Querschnitte ersetzt, da sich auch bei Vollquerschnitten im Zustand II ein inneres Tragsystem ausbildet, bei dem die Torsionsbeanspruchung im Wesentlichen nur durch die äußere Betonschale in Verbindung mit der Bügelbewehrung und der Längsbewehrung aufgenommen wird.

Querschnitte von komplexerer Form (z. B. T-Querschnitte), können in dünnwandige Teilquerschnitte aufgeteilt werden. Die Gesamttorsionstragfähigkeit berechnet sich dann als Summe der Tragfähigkeiten der Einzelelemente. Die Aufteilung des angreifenden Torsionsmomentes T_{Sd} auf die einzelnen Querschnittsteile darf i. Allg. im Verhältnis der Steifigkeiten der ungerissenen Teilquerschnitte erfolgen:

$$M_{Ti} = M_T \cdot (I_{Ti} / \Sigma I_{Ti}).$$

Angaben zu den Steifigkeitswerten (Zustand I) können Tafel D.7.1 entnommen werden.

7.2 Nachweis bei reiner Torsion

Die Schubkraft $V_{Sd,T}$ infolge eines Torsionsmomentes T_{Sd} in einer Ersatzwand wird berechnet aus

$$V_{Sd,T} = T_{Sd} \cdot z / (2 \cdot A_k) \qquad \text{(D.7.1)}$$

Dabei ist A_k die Fläche, die durch die Mittellinie u_k des (Ersatz-)Hohlquerschnitts eingeschlossen ist und z die Höhe einer Wand, die durch den Abstand der Schnittpunkte mit den angrenzenden Wänden definiert ist (s. Abb. D.7.2). Die Mittellinie verläuft durch die Mitten der Längsstäbe in den Ecken.

Tafel D.7.1 Torsionsflächenmoment I_T
(und Widerstandsmoment W_T)

Querschnittsform	I_T	W_T
Kreis (d)	$0{,}0982 d^4$	$0{,}1963 d^3$
Rechteck (h > b)	$\alpha b^3 h$	$\beta b^2 h$
Hohlkasten (h, b, t_1, t_2, t_3, t_4)	$\dfrac{4 \cdot b \cdot h}{\frac{1}{b}\left(\frac{1}{t_1}+\frac{1}{t_2}\right)+\frac{1}{h}\left(\frac{1}{t_3}+\frac{1}{t_4}\right)}$	$2 \cdot b\, h \cdot t_{min}$

d/h	1,00	1,50	2,00	3,00	5,00	10,0	∞
α	0,140	0,196	0,229	0,263	0,291	0,313	0,333
β	0,208	0,231	0,246	0,267	0,291	0,313	0,333

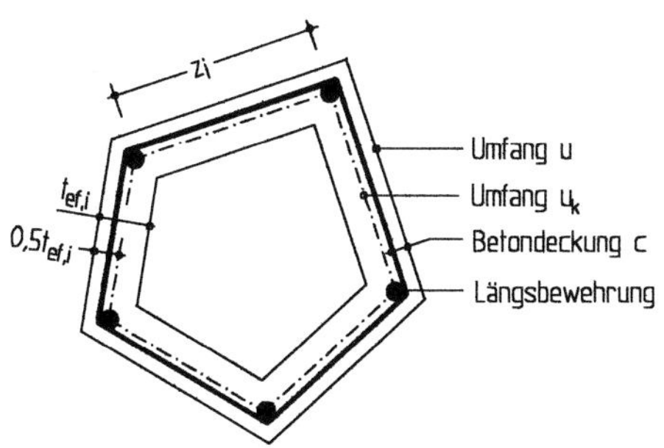

Abb. D.7.2 Hohlkastenquerschnitt zur Bestimmung der Torsionstragfähigkeit (nach DIN 1045-1)

Die Wanddicke $t_{ef,i}$ des Hohlkastens bzw. des Ersatzhohlkastens ist nach DIN 1045-1 gleich dem doppelten Abstand von der Mittellinie bis zur Außenfläche (s. hierzu Abb. D.7.2), bei Hohlkästen jedoch nicht größer als die tatsächliche Wanddicke

$$t_{ef,i} = 2\,d_1 \quad \text{(D.7.2)}$$
$$\leq \text{vorhandene Wanddicke}$$

mit d_1 Schwerpunktabstand der Längsstäbe in den Ecken vom Rand der Außenfläche

Tragfähigkeitsnachweise bei reiner Torsion

Das aufzunehmende Torsionsmoment T_{Sd} muss folgende Bedingungen erfüllen:

$$T_{Sd} \leq T_{Rd,max} \quad \text{(D.7.3a)}$$
$$T_{Sd} \leq T_{Rd,sy} \quad \text{(D.7.3b)}$$

Es sind:

$T_{Rd,max}$ Bemessungswert des durch die Betondruckstrebe aufnehmbaren Torsionsmomentes

$T_{Rd,sy}$ Bemessungswert des durch die Bewehrung (Bügel- und Längsbewehrung) aufnehmbaren Torsionsmomentes

Tragfähigkeit der Druckstrebe $T_{Rd,max}$

Die maximale Tragfähigkeit der Druckstrebe $T_{Rd,max}$ erhält man nach DIN 1045-1:

$$T_{Rd,max} = 2 \cdot \alpha_{c,red} \cdot f_{cd} \cdot A_k \cdot t_{eff} / (\cot \vartheta + \tan \vartheta) \quad \text{(D.7.4)}$$

Dabei ist ϑ der Neigungswinkel der Druckstrebe (s. nachfolgend); die aufnehmbare Betondruckfestigkeit $\alpha_{c,red} \cdot f_{cd}$ ergibt sich mit (vgl. auch Abschn. D.6.5):

$\alpha_{c,red} = 0{,}7 \cdot \alpha_c$ allgemein

$\alpha_{c,red} = 1{,}0 \cdot \alpha_c$ bei Kastenquerschnitten mit Bewehrung an der Innen- und Außenseite

Der Neigungswinkel ϑ der Druckstrebe sollte bei reiner Torsion oder bei überwiegender Torsion entsprechend dem tatsächlichen Tragverhalten zu 45° gewählt werden (s. a. Abschn. D.7.3).

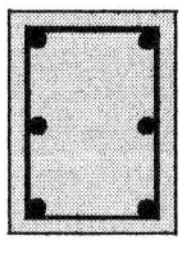
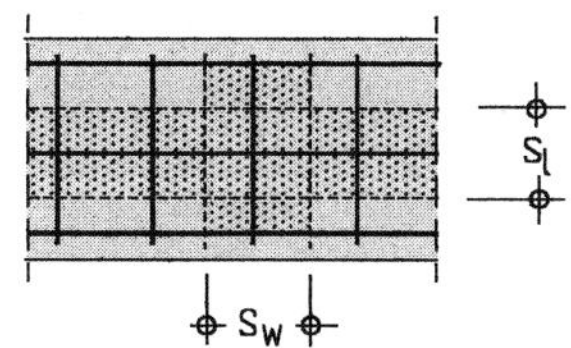

Abb. D.7.3 Bügel- und Längsbewehrung

Nachweis der *Zugstrebe* $T_{Rd,sy}$

Wie bereits erläutert und aus dem Fachwerkmodell nach Abb. D.7.1 hervorgeht, sind als Torsionsbewehrung geschlossene Bügel und über den Querschnittsumfang verteilte Längsstäbe notwendig. Das aufnehmbare Torsionsmoment $T_{Rd,sy}$ ergibt sich daher aus zwei Anteilen, nämlich (s. hierzu [E DIN 1045-1 –00], 10.4.2):

– Bügelbewehrung

$$T_{Rd;sy,b} = 2 \cdot A_k \cdot (A_{sw}/s_w) \cdot f_{yd} \cdot \cot \vartheta \quad \text{(D.7.5a)}$$

– Längsbewehrung

$$T_{Rd;sy,l} = 2 \cdot A_k \cdot (A_{sl}/u_k) \cdot f_{yd} \cdot \tan \vartheta \quad \text{(D.7.5b)}$$

Es sind (s. a. Abb. D.7.3)

A_{sw} Querschnittsfläche der Bügelbewehrung
s_w Abstand der Bügel in Trägerlängsrichtung
A_{sl} Querschnitt der Torsionslängsbewehrung
u_k Umfang der Fläche A_k
f_{yd} Bemessungswert der Bügelstreckgrenze bzw. der Streckgrenze der Längsbewehrung

Mit $T_{Sd} = T_{Rd,sy}$ lässt sich aus Gl. (D.7.5a) und (D.7.5b) auch unmittelbar die erforderliche Bügel- und Längsbewehrung bestimmen (Bezeichnungen wie vorher; s. a. Abb. D.7.3):

– Bügelbewehrung

$$\frac{A_{sw}}{s_w} \geq \frac{T_{Sd}}{2 \cdot A_k \cdot f_{yd} \cdot \cot \vartheta} \quad \text{(D.7.6a)}$$

– Längsbewehrung

$$\frac{A_{sl}}{u_k} \geq \frac{T_{Sd}}{2 \cdot A_k \cdot f_{yd} \cdot \tan \vartheta} \quad \text{(D.7.6b)}$$

oder auch

$$\Sigma A_{sl} \geq \frac{T_{Sd} \cdot u_k}{2 \cdot A_k \cdot f_{yd} \cdot \tan \vartheta} \quad \text{(D.7.6c)}$$

Die Bügel müssen geschlossen sein (ggf. mit Übergreifung l_s gestoßen werden). Die Längsbewehrung sollte gleichmäßig über den Umfang verteilt werden, mindestens aber sollte ein Längsstab in jeder Ecke des vorhandenen Querschnitts angeordnet werden. Die Forderungen bzgl. einer Mindestbewehrung, zur Bewehrungsanordnung und gegebenenfalls zur Rissbreitenbegrenzung sind zusätzlich zu beachten.

D

7.3 Kombinierte Beanspruchung

Tragwerke mit reiner Torsionsbeanspruchung kommen in der Praxis kaum vor. Die Torsionsbeanspruchung wird im Allgemeinen überlagert mit einer gleichzeitigen Biege- und Querkraftbeanspruchung. In vielen baupraktischen Fällen wird man dennoch das Tragverhalten nicht genauer erfassen müssen. Man kann sich vielmehr mit vereinfachenden Regeln begnügen, die darauf beruhen, dass die Beanspruchungsarten getrennt betrachtet werden; die gegenseitige Beeinflussung wird dann über vereinfachende Interaktionsregeln berücksichtigt.

Biegung und/oder Längskraft mit Torsion

Bei großen Biegemomenten – insbesondere bei Hohlkästen – ist ein Nachweis der Hauptdruckspannung erforderlich; die Hauptdruckspannungen werden aus dem mittlerem Längsbiegedruck und der Schubspannung bestimmt.

Für die *Längsbewehrung* erfolgt eine getrennte Ermittlung der Bewehrung aus Biegung und / oder Längskraft und Torsion; die ermittelten Anteile sind zu addieren. In der Biegedruckzone kann die Torsionslängsbewehrung entsprechend den vorhandenen Längsdruckkräften bzw. -spannungen abgemindert werden, in Zuggurten ist die Torsionslängsbewehrung infolge Torsion zu der übrigen Bewehrung zu addieren.

Querkraft und Torsion

Die *Druckstrebentragfähigkeit* unter der kombinierten Beanspruchung aus Torsion T_{Sd} und Querkraft V_{Sd} wird nach DIN 1045-1, Abschn.10.4.2 nachgewiesen über

– für Kompaktquerschnitte

$$\left(\frac{T_{Sd}}{T_{Rd,max}}\right)^2 + \left(\frac{V_{Sd}}{V_{Rd,max}}\right)^2 \leq 1 \qquad \text{(D.7.7a)}$$

– für Kastenquerschnitte

$$\left(\frac{T_{Sd}}{T_{Rd,max}}\right) + \left(\frac{V_{Sd}}{V_{Rd,max}}\right) \leq 1 \qquad \text{(D.7.7a)}$$

Die günstigere Interaktionsregel nach Gl. (D.7.7a) für Kompaktquerschnitte resultiert daher, dass die Schubspannungen aus Querkraft und Torsion nicht am gleichen inneren Tragsystem ermittelt werden (für Querkraft steht die gesamte Stegbreite, für Torsion nur der Randbereich zur Verfügung). Im Falle von Kastenquerschnitten ist dies jedoch nicht der Fall, da sich die Druckstrebenbeanspruchungen aus Querkraft und Torsion im stärker beanspruchten Steg addieren.

Die *Bügelbewehrung* wird – wenn nicht genauer gerechnet wird – zunächst getrennt für Querkraft und Torsion ermittelt; die so ermittelten Anteile sind dann zu addieren.

Der *Druckstrebenneigungswinkel* kann für den Anteil infolge Torsion mit einem Druckstrebenneigungswinkel $\vartheta = 45°$ ermittelt werden, wenn die Neigung nicht genauer ermittelt wird (DIN 1045-1, 10.4.2). In dem Fall ist der Druckstrebenwinkel ϑ für die kombinierte Beanspruchung aus Querkraft und Torsion nach den Regelungen des Abschn. 6 (s. Tafel 6.3) für den Schubfluss $V_{Sd,T+V}$ jedes Teilquerschnitts entsprechend Gl. (D.7.8) zu bestimmen. Mit dem so ermittelten bzw. gewählten Winkel ϑ ist der Nachweis sowohl für Querkraft als auch für Torsion zu führen.

Die Schubkraft $V_{Sd,T+V}$ in den (Ersatz-)Wänden ergibt sich wie folgt

$$V_{Sd,T+V} = V_{Sd,T} + \frac{V_{Sd} \cdot t_{eff}}{b_w} \qquad \text{(D.7.8)}$$

Hinzuweisen ist noch darauf, dass für den Neigungswinkel ϑ bei überwiegender Torsion etwa zu 45° gewählt werden (s. a. Abschn. D.7.2). Für die Torsionsbewehrung führt ein flacher Winkel ϑ auch nicht unbedingt zu einer geringeren Bewehrung, da sich für $\vartheta < 45°$ zwar eine geringere Bügelbewehrung, gleichzeitig jedoch eine erhöhte Längsbewehrung ergibt.

Verzicht auf einen Nachweis

Bei näherungweise rechteckförmigen Vollquerschnitten und bei kleiner Schubbeanspruchung kann auf einen rechnerischen Nachweis der Bewehrung verzichtet werden, falls

$$T_{Sd} \leq \frac{V_{Sd} \cdot b_w}{4{,}5} \qquad \text{(D.7.9a)}$$

$$V_{Sd} + \frac{4{,}5 \cdot T_{Sd}}{b_w} \leq V_{Rd,ct} \qquad \text{(D.7.9b)}$$

eingehalten sind ([E DIN 1045-1 – 00], 10.4.1 (5)). Es ist jedoch immer die Mindestschubbewehrung zu beachten.

8 Durchstanzen

8.1 Allgemeines

Beim Durchstanzen handelt es sich um einen Sonderfall der Querkraftbeanspruchung von plattenartigen Bauteilen, bei dem ein Betonkegel im hochbelasteten Stützenbereich gegenüber den übrigen Plattenbauteilen heraus„gestanzt" wird. Aus Versuchen geht hervor, dass der Durchstanzkegel im allgemeinen eine Neigung von 30° bis 35° aufweist (bei gedrungenen Fundamenten ggf. auch steiler bis zu Neigungen von ca. 45°; vgl. z. B. [DAfStb-H.371 – 86], [DAfStb-H.387 – 87]).

Bei punktgestützten Platten erfolgt die Lastabtragung von Querkräften und Biegemomenten zunächst und bei geringen Beanspruchungen radial und in gleicher Richtung; über den Stützen entstehen dabei radial verlaufende Biegerisse. Diese Rissbildung führt zu einer Veränderung der Steifigkeit

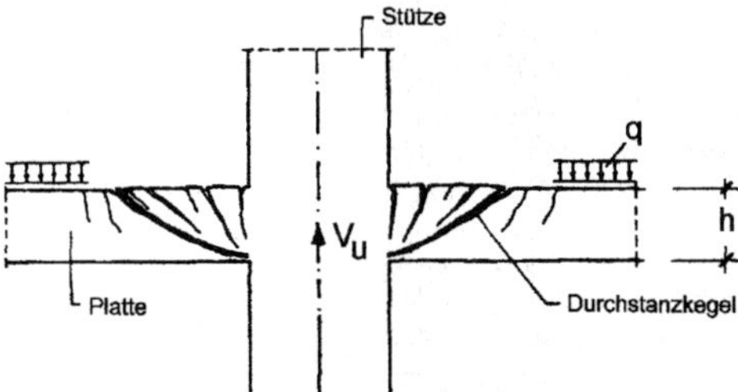

Querschnitt

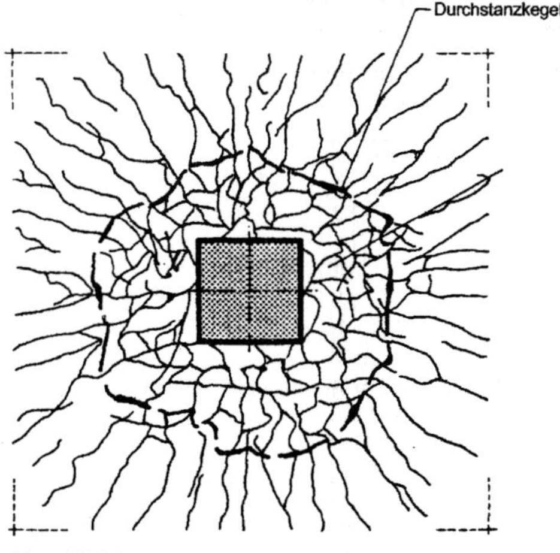

Draufsicht

Abb. D.8.1 Rissbild beim Durchstanzen über eine Innenstütze im Versagenszustand

und zu einer Umlagerung der Biegemomente in tangentiale Richtung. Bei weiterer Laststeigerung entstehen daher zusätzliche tangential bzw. ringförmig um die Stütze verlaufende Risse, aus denen im äußeren Bereich sich etwa unter 30° bis 35° geneigte Schubrisse entwickeln (s. Abb. D.8.1). Dies führt zu einer starken Einschnürung der Druckzone am Stützenrand. Bei Platten ohne Schubbewehrung wird die Querkraft dann im Wesentlichen von der eingeschnürten Druckzone und dem dabei gebildeten Druckring aufgenommen. Die Tragfähigkeit wird mit Versagen des Druckrings überschritten, es kommt zum typischen Abschervorgang. (Weitere Erläuterungen und Hintergründe s. z. B. [Andrä/Avak – 99], [Hegger – 98].)

Nach [E DIN 1045-1 – 00] gelten für das Durchstanzen die Grundsätze des Tragfähigkeitsnachweises für Querkraft, jedoch mit Ergänzungen. Grundsätzlich ist nachzuweisen, dass die einwirkende Querkraft v_{Sd} den Widerstand v_{Rd} nicht überschreitet:

$$v_{Sd} \leq v_{Rd} \tag{D.8.1}$$

Der Nachweis der aufnehmbaren Querkraft erfolgt längs festgelegter Rundschnitte, außerhalb der Rundschnitte gelten die Regelungen für Querkraft (s. Abschn. D.6).

Ein Bemessungsmodell für den Nachweis gegen Durchstanzen ist in Abb. D.8.2 dargestellt.

Hinweis:

Im Rahmen dieses Beitrags werden nur Platten und Fundamente mit konstanter Dicke behandelt. Die hierfür dargestellten Zusammenhänge gelten jedoch für Platten mit Stützenkopfverstärkungen sinngemäß (s. jedoch hierzu die Ergänzungen in DIN 1045-1, Abschn. 10.5.2).

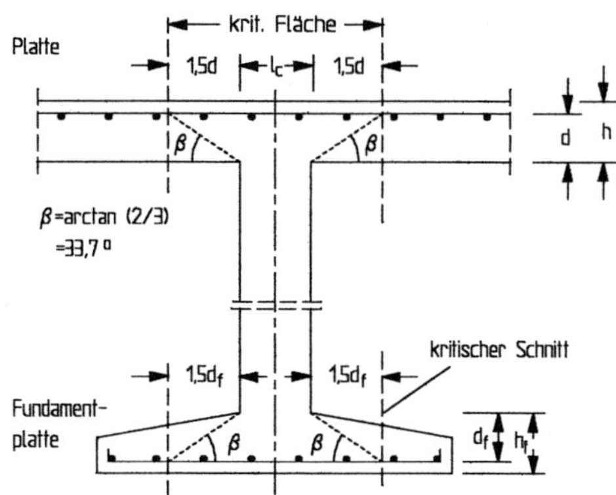

Abb. D.8.2 Bemessungsmodell für den Nachweis der Sicherheit gegen Durchstanzen (nach DIN1045-1)

D

8.2 Lasteinleitungsfläche und Nachweisstellen

Die Festlegungen für das Durchstanzen mit den kritischen Rundschnitten gelten für folgende Formen von Lasteinleitungsflächen A_{load}:

- kreisförmige mit einem Durchmesser $\leq 3{,}5d$
- rechteckige mit einem Umfang $\leq 11\ d$ und mit einem Verhältnis Länge zu Breite ≤ 2
- beliebige andere Formen, die sinngemäß wie oben genannt begrenzt werden

(d mittlere Nutzhöhe der Platte)

Die Lasteinleitungsfläche darf sich nicht im Bereich anderweitig verursachter Querkräfte und nicht in der Nähe von anderen konzentrierten Lasten befinden, so dass sich die kritischen Rundschnitte überschneiden.

Der kritische Rundschnitt für runde oder rechteckige Lasteinleitungsflächen ist als Schnitt im Abstand 1,5 d vom Rand der Lasteinleitungsfläche festgelegt (s. Abb. D.8.3). Die kritische Fläche A_{crit} ist die Fläche innerhalb des kritischen Rundschnitts u_{crit}. Weitere Rundschnitte innerhalb und außerhalb der kritischen Fläche sind affin zum kritischen Rundschnitt anzunehmen.

Wenn die oben genannten Bedingungen bezüglich der Form der Lastaufstandsfläche bei Auflagerungen auf Wänden oder Stützen mit Rechteckquerschnitt nicht erfüllt sind, dürfen nur die in Abb. D.8.4 dargestellten reduzierten kritischen Rundschnitte in Ansatz gebracht werden.

In der Nähe von Öffnungen, bei denen die kürzeste Entfernung zwischen dem Rand der Lasteinleitungsfläche und dem Rand der Öffnung 6d nicht überschreitet, ist ein Teil des maßgebenden Rundschnitts als unwirksam zu betrachten (s. reduzierte kritische Rundschnitte in Abb. D.8.5).

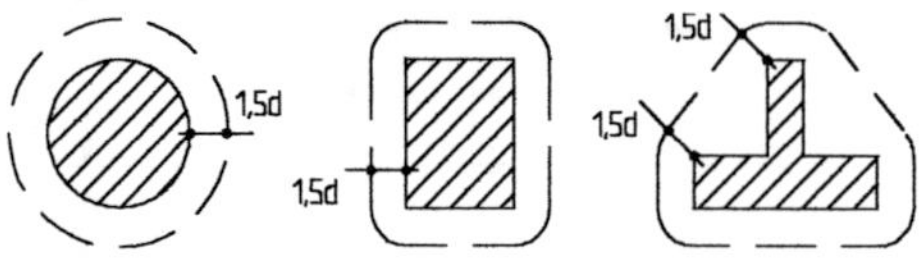

Abb. D.8.3 Kritischer Rundschnitt um Lasteinleitungsflächen für „Regel"fälle

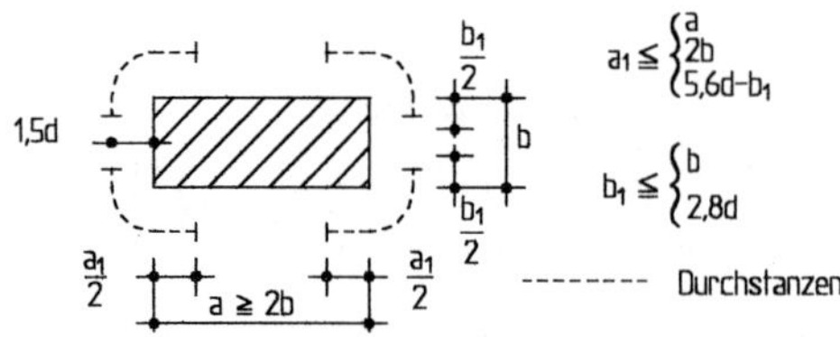

Abb. D.8.4 Festlegung des kritischen Rundschnitts bei einem Seitenverhältnis $a/b > 2$

Bei Lasteinleitungsflächen in der Nähe eines freien Randes gilt der in Abb. D.8.6 dargestellten kritische Rundschnitt, der jedoch nicht größer als der „planmäßige" Rundschnitt gemäß Abb. D.8.3 sein darf. Bei einem Randabstand $\geq 3d$ ist der „Normal"-bereich maßgebend (s. Abb. D.8.3), der Lasterhöhungsfaktor β für eine Rand- oder Eckstütze nach Abschn. D.8.3 ist jedoch zu beachten. Wenn der Randabstand weniger als d beträgt, ist eine besondere Randbewehrung vorzusehen.

8.3 Nachweisverfahren

Einwirkenden Querkraft v_{Sd}

Die auf einen kritischen Schnitt bezogene Bemessungsquerkraft wird ermittelt aus

$$v_{Sd} = V_{Sd} \cdot \beta \,/\, u \qquad \text{(D.8.2)}$$

V_{Sd} Bemessungswert der gesamten aufzunehmenden Querkraft

β Beiwert zur Berücksichtigung der Auswirkung von Momenten in der Lasteinleitungsfläche. Wenn keine Momente bzw. Lastausmitte möglich ist, gilt $\beta = 1{,}00$.
Ohne genaueren Nachweis darf für unverschiebliche Systeme näherungsweise angenommen werden:
$\beta = 1{,}05$ bei Innenstützen
$\beta = 1{,}40$ bei Randstützen
$\beta = 1{,}50$ bei Eckstützen.
Bei verschieblichen Systemen sind genauere Untersuchungen erforderlich.

u Umfang des betrachteten Rundschnitts

d mittlere Nutzhöhe = $(d_x + d_y) / 2$ mit d_x und d_y als Nutzhöhe der Platte in x- und y-Richtung

Eine Reduzierung der Querkraft infolge auflagernaher Einzellasten entsprechend Abschn. D.6.3 ist nicht zulässig.

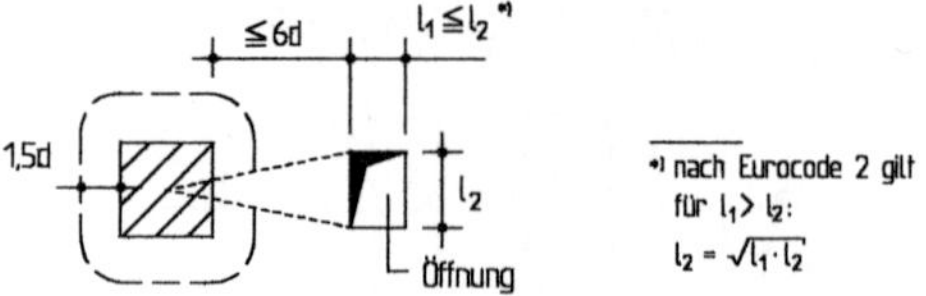

Abb. D.8.5 Kritischer Rundschnitt nahe Öffnungen

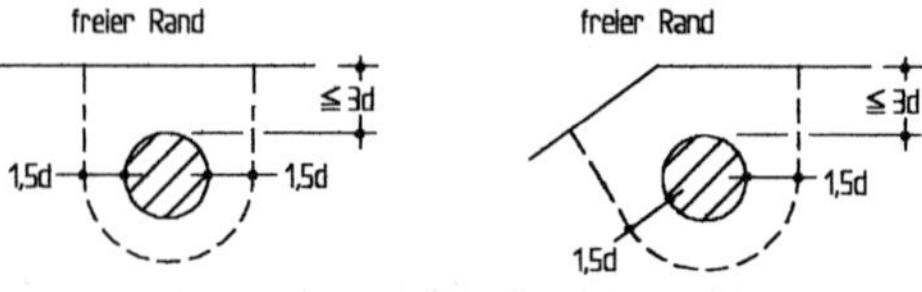

Abb. D.8.6 Kritischer Rundschnitt nahe freien Rändern

Bei Fundamentplatten darf V_{Sd} um die Bodenpressung innerhalb der kritischen Fläche reduziert werden. Hierfür darf die Resultierende aus den Bodenpressungen nach DIN 1045-1, 10.5.3 jedoch nur zu 50 % angesetzt werden. Diese Abminderung ist in Eurocode 2 nicht vorgesehen; allerdings wird in [Kordina – 94/2] wegen bestehender Unsicherheiten für Einzelfundamentplatten angeraten, für den Abzugswert aus den Bodenpressungen nur eine Neigung des Durchstanzkegels von $\beta = 45°$ anzunehmen, wie er bei gedrungenen Fundamenten zu beobachten ist.

In [DAfStb-H.425 – 92] wird für Fundamentplatten empfohlen, den Abzugswert nur aus dem Mittelwert der auf die gesamte Fundamentfläche bezogenen Bodenpressung zu bestimmen und nicht etwa aus den ggf. deutlich höheren Bodenpressungen, die sich im Bereich der Stütze bzw. der kritischen Fläche einstellen können.

Bemessungswert des Widerstands v_{Rd}

Der Bemessungswiderstand v_{Rd} wird durch einen der nachfolgenden Werte bestimmt:

- $v_{Rd,ct}$ Bemessungswert der Querkrafttragfähigkeit längs des *kritischen* Rundschnitts einer Platte ohne Durchstanzbewehrung
- $v_{Rd,max}$ Bemessungswert der maximalen Querkrafttragfähigkeit längs des *kritischen* Schnitts einer Platte mit Schubbewehrung
- $v_{Rd,sy}$ Bemessungswert der Querkrafttragfähigkeit mit Durchstanzbewehrung längs *innerer* Nachweisschnitte
- $v_{Rd,ct,a}$ Bemessungswert der Querkrafttragfähigkeit längs des *äußeren* Rundschnitts außerhalb des durchstanzbewehrten Bereichs. Der Bemessungswert $v_{Rd,ct,a}$ beschreibt den Übergang von Durchstanzwiderstand ohne Querkraftbewehrung $v_{Rd,ct}$ zum Querkraftwiderstand $V_{Rd,ct}$ nach Abschn. D.6.4 in Abhängigkeit von der Breite l_w des durchstanzbewehrten Bereichs.

Nachweis

Im Einzelnen sind folgende Nachweise zu führen:

- Platten ohne Durchstanzbewehrung
  Es ist nachzuweisen, dass im kritischen Rundschnitt gilt: $v_{Sd} \leq v_{Rd,ct}$
- Platten mit Durchstanzbewehrung
  Es ist nachzuweisen, dass folgende Bedingungen eingehalten sind
  - im kritischen Rundschnitt: $v_{Sd} \leq v_{Rd,max}$
  - in (mehreren) inneren Rundschnitte: $v_{Sd} \leq v_{Rd,sy}$
  - im äußeren Rundschnitt: $v_{Sd} \leq v_{Rd,ct,a}$

8.4 Punktförmig gestützte Platten oder Fundamente ohne Schubbewehrung

Die Durchstanztragfähigkeit von Platten ohne Querkraftbewehrung wird analog zu dem entsprechende Nachweis für Querkaft (Bauteile ohne Schubbewehrung nach Gl. (D.6.6)) geführt. Allerdings kann aufgrund des mehrachsigen Spannungszustand im Durchstanzbereich der Vorfaktor von 0,10 um 20 % höher auf 0,12 heraufgesetzt werden.

Damit erhält man den Bemessungswiderstand $v_{Rd,ct}$ zu (s. [E DIN 1045-1 – 00], 10.5.4):

$$v_{Rd,ct} = [0{,}12 \cdot \eta_1 \cdot \kappa \cdot (100\rho_l \cdot f_{ck})^{1/3} - 0{,}12\sigma_{cd}] \cdot d \qquad \text{(D.8.4)}$$

Hierin sind

$\eta_1 = 1{,}0$ für Normalbeton
$\eta_1 = 0{,}40 + 0{,}60 \cdot \rho / 2200$ für Leichtbeton mit der Rohdichte ρ in kg/m³
$\kappa = 1 + \sqrt{200/d} \leq 2$ (mit d in mm)
d mittlere Nutzhöhe $= (d_x + d_y)/2$
$\rho_l = \sqrt{\rho_{lx} \cdot \rho_{ly}} \leq 0{,}02$
$\leq 0{,}40 \cdot f_{cd} / f_{yd}$

ρ_{lx}, ρ_{ly} Bewehrungsgrade, jeweils auf die Zugbewehrung in x- und y-Richtung bezogen, die innerhalb des betrachteten Rundschnitts im Verbund liegt und außerhalb des betrachteten Rundschnitts verankert ist

$\sigma_{cd} = \sqrt{\sigma_{cd,x} \cdot \sigma_{cd,y}}$ Betonnormalspannung innerhalb des kritischen Rundschnitts
$\sigma_{cd,x} = N_{Sd,x} / A_c$
$\sigma_{cd,y} = N_{Sd,y} / A_c$
$N_{Sd,x}$ und $N_{Sd,y}$ als mittlere Längskraft infolge Last oder Vorspannung (als Druckkraft negativ)

Ein Vergleich der aufnehmbaren Schubspannung bei Platten ohne Durchstanzbewehrung für σ_{cp0} bzw. $\sigma_{cd} = 0$ bei Innenstützen zwischen EC 2 und DIN 1045-1 zeigt Abb. D.8.7; zusätzlich wurde [DIN 1045 – 88] in den Vergleich mit einbezogen.

Die einwirkende Schubspannung v_S wird aus Darstellungsgründen einheitlich dargestellt als

$$v_S = \beta \cdot V_{Sk} / (d \cdot u_{0,5d}) \qquad \text{(D.8.5)}$$

mit V_{Sk} als resultierende Querkraft des Gebrauchszustandes, d als mittlere Nutzhöhe und $u_{0,5d}$ als kritischer Rundschnitt nach [DIN 1045 – 88] im Abstand 0,5d vom Stützenrand (s. auch nachfolgende Erläuterung). Der Faktor β – in Abb. D.8.7 auf der Seite der Tragfähigkeit erfasst – zur Berücksichtigung von Lastausmitten beträgt i. Allg. für Innenstützen

- nach DIN 1045 (alt): $\beta = 1{,}00$
- nach Eurocode 2: $\beta = 1{,}15$
- nach DIN 1045-1 (neu): $\beta = 1{,}05$

D

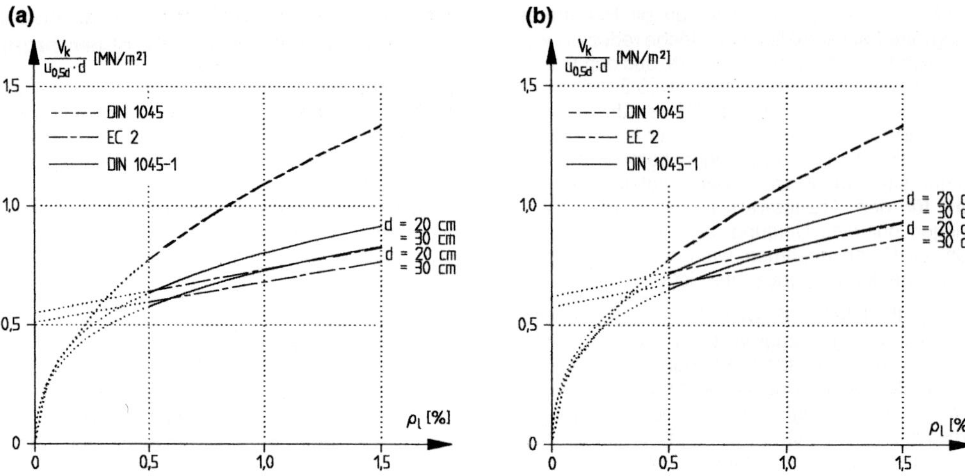

Abb. D.8.7 Größte Durchstanztragfähigkeit von Flachdecken ohne Schubbewehrung nach DIN 1045, EC 2 und DIN 1045-1 für Innenstützen bei einem Verhältnis $u_{1,5d} / u_{0,5d} = 1,6$ (**a**) und $u_{1,5d} / u_{0,5d} = 1,8$ (**b**)

Auf Durchstanzbewehrung darf verzichtet werden, wenn die Tragfähigkeit v_R nicht überschritten wird. Bei der Ermittlung von v_R werden die Unterschiede der maßgebenden Rundschnitte ($u_{1,5d} / u_{0,5d}$) und des Lastsicherheitsbeiwertes (i. M. 1/1,43 = 0,7) zusätzlich berücksichtigt. Mit $f = [(u_{1,5d} / u_{0,5d}) \cdot 0,7]$ erhält man:

- nach DIN 1045:
  $$v_R = 1,3 \cdot 1,4 \cdot (100\rho)^{0,5} \cdot \tau_{011} \quad \text{(D.8.6a)}$$
- nach EC 2:
  $$v_R = k \cdot (1,2 + 40\,\rho_l) \cdot \tau_{Rd} \cdot f \quad \text{(D.8.6b)}$$
- nach DIN 1045-1:
  $$v_R = \kappa \cdot 0,12 \cdot (100\,\rho_l \cdot f_{ck})^{1/3} \cdot f \quad \text{(D.8.6c)}$$

In Abb. D.8.7 werden als Verhältnis der Rundschnitte ($u_{1,5d} / u_{0,5d}$) zwischen EC 2 bzw. DIN 1045-1 und DIN 1045 Werte von 1,6 und 1,8 und Nutzhöhen d von 20 cm und 30 cm gewählt, die für Flachdecken baupraktisch von besonderem Interesse sind. Als Beton werden ein B 35 ($\tau_{011,b} = 0,60$ MN/m²) und ein C 30/37 ($\tau_{Rd} = 1,2 \cdot 0,28 = 0,34$ MN/m²) gewählt mit in etwa entsprechenden Festigkeiten.

Aus Abb. D.8.7 ist die unterschiedliche Abhängigkeit der zulässigen Schubspannung vom Längsbewehrungsgrad zu erkennen. Betrachtet man nur den Bereich $\rho_l \geq 0,5$ %, wie er für Flachdecken im Durchstanzbereich gefordert ist, lässt sich zudem feststellen, dass die rechnerische Tragfähigkeit nach [DIN 1045 – 88] i. Allg. am größten ist, während DIN 1045-1 und Eurocode 2 deutlich kleinere Werte liefern. Das gilt zunehmend bei im Verhältnis zur Platte großen Stützenabmessungen, d. h. bei kleinen Werten ($u_{1,5d} / u_{0,5d}$).

8.5 Platten mit Durchstanzbewehrung

Wenn die aufzunehmende Beanspruchung v_{Sd} den Widerstand $v_{Rd,ct}$ überschreitet, ist eine Schubbewehrung anzuordnen. Die Bemessungsschubkraft v_{Sd} längs des *kritischen* Rundschnitts darf jedoch maximal den 1,7-fachen $v_{Rd,ct}$-Wert erreichen.

In DIN 1045-1 wurde der Nachweis für Platten mit Durchstanzbewehrung gegenüber Eurocode 2 überarbeitet. Die erforderliche Durchstanzbewehrung wird nicht mehr pauschal als Summe der Gesamtbewehrung ermittelt, sondern ist längs mehrerer Rundschnitte zu bemessen.

Im Einzelnen sind nachzuweisen

$$v_{Sd} \leq v_{Rd,max} = 1,7 \cdot v_{Rd,ct} \quad \text{(D.8.12)}$$

Für die aufzunehmende Querkraft v_{Sd} längs des *äußeren* Rundschnitts – Abstand ($l_w + 1,5d$) vom Stützenrand (s. Abb. D.8.8) – ist der Wert $v_{Rd,ct,a}$ nachzuweisen

$$v_{Sd} \leq v_{Rd,ct,a} = \kappa_a \cdot v_{Rd,ct} \quad \text{(D.8.13)}$$

mit $v_{Rd,ct}$ nach Gl. (D.8.4) unter Berücksichtigung des Längsbewehrungsgrades ρ für den äußeren Rundschnitt und $\kappa_a = 1 - 0,167 \cdot l_w / (3,5\,d) \geq 0,83$ als Beiwert für den Übergang vom Durchstanz- zum Querkraftwiderstand (die Breite l_w kennzeichnet den Bereich mit Durchstanzbewehrung außerhalb der Lasteinleitungsfläche; l_w kann im allgemeinen am einfachsten iterativ bestimmt werden). Mit der so bestimmten Breite l_w liegt der Bereich fest, in dem Durchstanzbewehrung anzuordnen ist.

Der Nachweis der erforderlichen Durchstanzbewehrung erfolgt dann für jede Bewehrungsreihe getrennt.

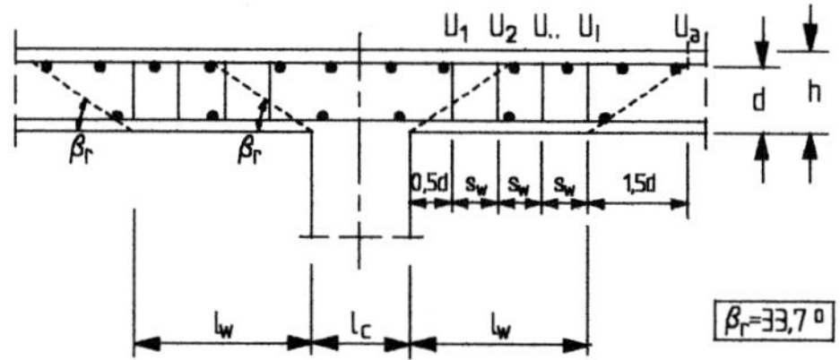

Aufsicht

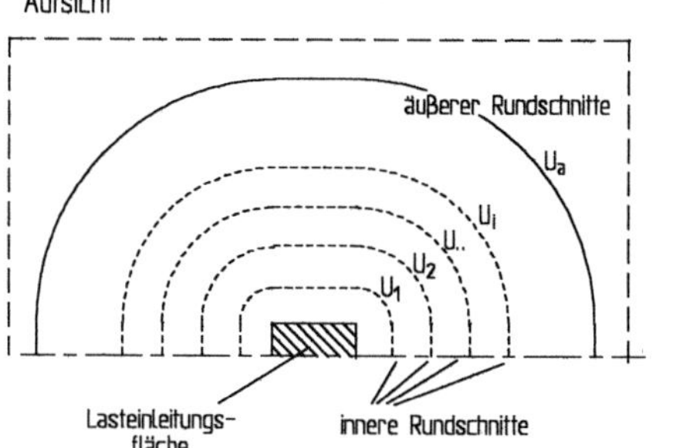

Abb. D.8.8 Rundschnitte zur Bemessung der Durchstanzbewehrung

Für die erste Bewehrungsreihe (Abstand 0,5d) gilt

$$v_{Rd,sy} = v_{Rd,ct} + \kappa_s \cdot A_{sw} \cdot f_{yd} / u \qquad (D.8.14a)$$

Für die weiteren Reihen (bei Bügeln $s_w \leq 0{,}75d$) gilt

$$v_{Rd,sy} = v_{Rd,ct} + \kappa_s \cdot A_{sw} \cdot f_{yd} \cdot d/(u \cdot s_w) \qquad (D.8.14b)$$

mit κ_s Beiwert zur Berücksichtigung der Bauteilhöhe d (in mm)
$0{,}7 \leq \kappa_s = 0{,}7 + 0{,}3 \cdot (d-400)/400 \leq 1{,}0$

$A_{sw} \cdot f_{yd}$ Bemessungskraft der Durchstanzbewehrung in Richtung der aufzunehmenden Querkraft für den inneren Rundschnitt

u Umfang des Nachweisschnitts

s_w Wirksame Breite einer Bewehrungsreihe:
- für vertikale Bügel: $s_w \leq 0{,}75d$
- für Schrägstäbe : $s_w = d$

Schrägstäbe müssen zwischen $45° \leq \alpha \leq 60°$ gegen die Horizontale geneigt sein. Der in Richtung der Querkraft wirksame Bewehrungsquerschnitt A_{sw} ist zu berücksichtigen mit $\kappa_s \cdot A_{sw} \leq 1{,}3 \cdot A_s \cdot \sin\alpha$.

Der erste Nachweis nach Gl. (8.14a) ist im Abstand 0,5d (= erste Bewehrungsreihe) zu führen. Die Lage der bei der Bemessung zur berücksichtigenden Rundschnitte ist in Abb. D.8.8 für lotrechte Bügel angegeben. Bei Schrägstäben gilt Abb. D.8.8 sinngemäß.

Als Mindestschubbewehrung ist vorzusehen:

$$\rho_w = A_{sw} \cdot \sin\alpha / (s_{w,i} \cdot u) \geq \rho_{w,min} \qquad (D.8.15)$$

Die weiteren Anforderungen an die baulichen Durchbildung (Plattendicke etc.) sind zu beachten.

8.6 Mindestmomente für Platten-Stützen-Verbindungen

Zur Sicherstellung einer ausreichenden Querkrafttragfähigkeit, d. h. um sicherzustellen, dass sich die zuvor dargestellten Tragfähigkeiten einstellen, ist die Platte in x- und y-Richtung für folgende Mindestmomente je Längeneinheit zu bemessen:

$$m_{Sdx} \geq \eta \cdot V_{Sd}$$
$$m_{Sdy} \geq \eta \cdot V_{Sd} \qquad (D.8.16)$$

V_{Sd} aufzunehmende Querkraft
η Beiwert nach Tafel D.8.1

Für den Nachweis der Mindestmomente darf nur die Bewehrung berücksichtigt werden, die außerhalb der kritischen Querschnittsfläche verankert ist.

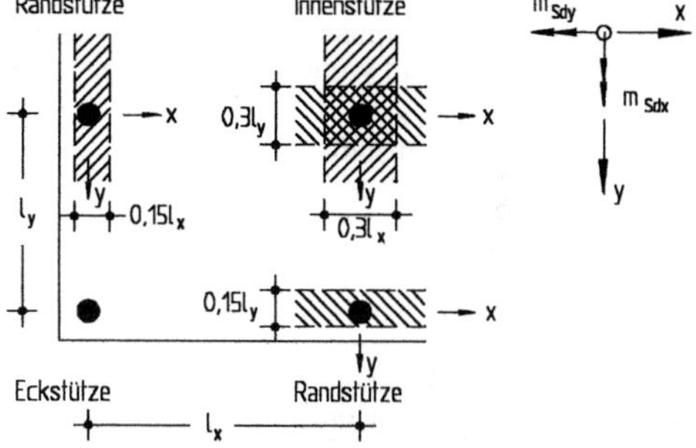

Abb. D.8.9 Biegemomente m_{Sdx} und m_{Sdy} in Platten-Stützen-Verbindungen bei ausmittiger Belastung und mitwirkender Plattenbreite

Tafel D.8.1 Momentenbeiwerte η für die Ermittlung von Mindestbemessungsmomenten

Lage der Stütze	η für m_{Sdx}			η für m_{Sdy}		
	Platten-oberseite	Platten-unterseite	mitwirkende Plattenbreite	Platten-oberseite	Platten-unterseite	mitwirkende Plattenbreite
Innenstütze	−0,125	0	$0{,}30 \cdot l_y$	−0,125	0	$0{,}30 \cdot l_x$
Randstütze, Plattenrand parallel zu x	−0,25	0	$0{,}15 \cdot l_y$	−0,125	+0,125	je m Breite
Randstütze, Plattenrand parallel zu y	−0,125	+0,125	je m Breite	−0,25	0	$0{,}15 \cdot l_x$
Eckstütze	−0,50	+0,50	je m Breite	−0,50	+0,50	je m Breite

9 Grenzzustand der Tragfähigkeit infolge Tragwerksverformungen (Knicksicherheitsnachweis)

9.1 Unverschieblichkeit und Verschieblichkeit von Tragwerken

Rahmenartige Tragwerke gelten als unverschieblich, wenn ihre Nachgiebigkeit gering ist. Diese Bedingung gilt als erfüllt

- für hinreichend ausgesteifte Tragsysteme
- für nicht ausgesteifte Tragsysteme, wenn der Einfluss der Knotenverschiebungen vernachlässigbar ist.

Die Beurteilung, ob ein Tragwerk oder ein Tragwerksteil als unverschieblich anzusehen ist, kann mit DIN 1045-1, 8.6.2 erfolgen. Im Einzelnen müssen dann überprüft werden (zusätzlich ist ggf. der Nachweis der Verdrehungssteifigkeit nach [E DIN 1045-1 – 00], 8.6.2 zu führen):

- Translationssteifigkeit von Tragwerken mit aussteifenden Bauteilen
- Translationssteifigkeit von Tragwerken ohne aussteifende Bauteile (z. B. bei Rahmen).

Tragwerke *mit aussteifenden Bauteilen* dürfen als unverschieblich angesehen werden, wenn die nachfolgenden Bedingungen eingehalten werden (die „Labilitätszahl" muss für jede der beiden Gebäudehauptachsen y und z erfüllt sein):

$$\frac{1}{h_{tot}} \cdot \sqrt{\frac{E_{cm} \cdot I_c}{F_a}} \geq \begin{cases} 1/(0{,}2 + 0{,}1\,m) & \text{für } m \leq 3 \\ 1/0{,}6 & \text{für } m \geq 4 \end{cases} \qquad \text{(D.9.1)}$$

Es sind:

h_{tot} Gesamthöhe des Tragwerks über OK Fundament bzw. Einspannebene in m

m Anzahl der Geschosse

F_a Summe der Vertikallasten im Gebrauchszustand (d. h. $\gamma_F = 1$), die auf die aussteifenden und auf die nicht aussteifenden Bauteile wirken

$E_{cm}I_c$ Summe der Nennbiegesteifigkeiten (im Zustand I) aller vertikalen aussteifenden Bauteile, die in der betrachteten Richtung wirken. In den aussteifenden Bauteilen sollte die Betonzugspannung unter der maßgebenden Lastkombination des Gebrauchszustands den Wert f_{ctm} nicht überschreiten (E_{cm} und f_{ctm} s. Abschn. D.4.1).

Tragwerke *ohne aussteifende Bauteile* gelten als unverschieblich, wenn jedes lotrechte Druckglied, das mehr als 70 % der mittleren Längskraft $N_{Sd,m}$ aufnimmt, die Grenzschlankheit λ_{lim} nach Gl. (D.9.2) nicht überschreitet (mögliche Fundamentverdrehungen sind zu berücksichtigen):

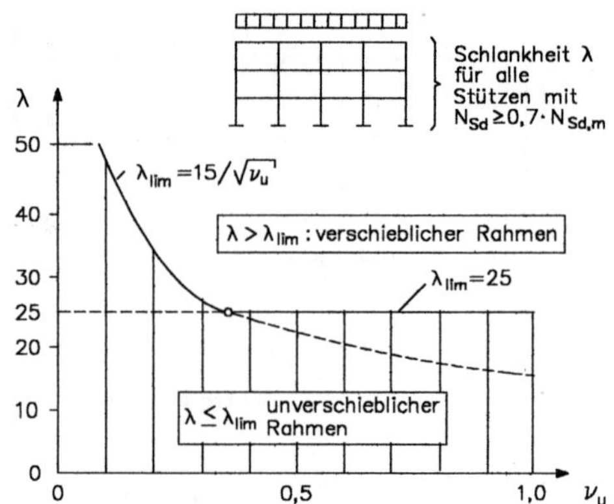

Abb. D.9.1 Schlankheitsgrenzen von Rahmen

$$\lambda_{lim} \leq \begin{cases} 15/\sqrt{\nu_u} \\ 25 \end{cases} \qquad \text{(D.9.2)}$$

Der größere der beiden Werte ist maßgebend. In Gl. (D.9.2) sind $\nu_u = N_{Sd,m}/(f_{cd} \cdot A_c)$ die bezogene mittlere Längskraft, $N_{Sd,m} = \gamma_F \cdot F_a / n$ die mittlere Längskraft und n die Anzahl der Druckglieder in einem Geschoss.

9.2 Schlankheit λ

Die Schlankheit eines Druckglieds ergibt sich zu

$$\lambda = l_0 / i \qquad \text{(D.9.3)}$$

$i = \sqrt{I/A}$ Flächenträgheitsradius

$l_0 = \beta \cdot l_{col}$ Ersatzlänge (auch „Knick"-Länge)

β Verhältnis der Ersatzlänge l_0 zur Stützenlänge l_{col}

Eine Ermittlung von β bei Stützen mit elastischer Endeinspannung ist mit dem Diagramm in Abb. D.9.2 möglich (vgl. [DAfStb-H220 – 79]). Hierbei wird die Steifigkeit der Einspannungen k_A und k_B bestimmt aus

$$k_A \text{ (oder } k_B) = \frac{\Sigma\, E_{cm} \cdot I_{col} / l_{col}}{\Sigma\, E_{cm} \cdot \alpha \cdot I_b / l_{eff}} \qquad \text{(D.9.4)}$$

E_{cm} Elastizitätsmodul des Betons

I_{col}, I_b Flächenmoment 2. Grades der Stütze (I_{col}) bzw. des Balkens (I_b)

l_{col}; l_{eff} wirksame Stützenlänge (l_{col}) bzw. Stützweite des Balkens (l_{eff})

α Beiwert zur Berücksichtigung der Einspannung am *abliegenden Ende* des Balkens
$\alpha = 1{,}0$ bei elast. od. starrer Einspannung
$\alpha = 0{,}5$ bei frei drehbarer Lagerung
$\alpha = 0$ bei Kragbalken

Wegen Nachgiebigkeiten von Gründungen, einspannenden Bauteilen etc. ist eine starre Einspannung kaum realisierbar; Einspanngrade k_A bzw. k_B kleiner als 0,4 werden daher nicht für die Anwendung empfohlen.

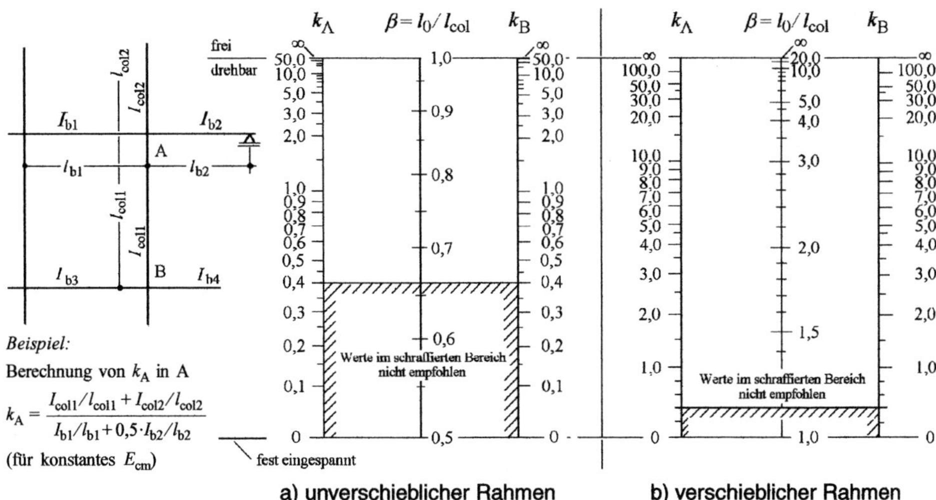

Abb D.9.2 Nomogramm zur Ermittlung der Ersatzlänge (nach [E DIN 1045-1 – 98], Bild 13)

Eine Ermittlung der Ersatzlänge mit Hilfe von Abb. D.9.2 ist in erster Linie nur für unverschiebliche Tragwerke gedacht. Für verschiebliche Rahmen sind die vereinfachten Verfahren nur bei regelmäßigen Rahmen zulässig; es wird auf [DAfStb-H.220 – 79] und [ENV 1992-1-1 – 92], A 3.5 verwiesen (danach ist das Nomogramm für verschiebliche Rahmen nur bis zu einer mittleren Schlankheit $\lambda_m = 50$ bzw. $\lambda_m = 20 / (\nu_u)^{0,5}$ zulässig.

9.3 Vereinfachtes Bemessungsverfahren für Einzeldruckglieder

Einzeldruckglieder können sein (s. DIN 1045-1, Abschn. 8.6.2):

- einzeln stehende Stützen (z. B. Kragstützen)
- Druckglieder als Teile des Gesamttragwerks, die jedoch zum Zwecke der Bemessung als Einzeldruckglieder mit einer Ersatzlänge l_0 betrachtet werden.

Auf eine Untersuchung am verformten System darf verzichtet werden (d. h., die Lastausmitte e_2 nach Theorie II. Ordnung darf vernachlässigt werden), falls der Einfluss der Zusatzmomente gering ist. Hiervon kann ausgegangen werden, wenn eine der nachfolgenden Bedingungen erfüllt ist:

$$\lambda \leq 25 \qquad \text{(D.9.5a)}$$

$$\lambda \leq 15 / \sqrt{\nu_u} \quad \text{mit } \nu_u = N_{Sd} / (A_c \cdot f_{cd}) \qquad \text{(D.9.5b)}$$

Für Stützen in unverschieblichen Tragwerken, die zwischen den Stützenenden nicht durch Querlasten beansprucht werden, gilt außerdem (s. Abb. D.9.3)

$$\lambda \leq 25 \cdot (2 - e_{01}/e_{02}) \qquad \text{(D.9.6)}$$

mit $|e_{01}| \leq |e_{02}|$. Die Stützenenden müssen dann jedoch mindestens die Schnittgrößen $N_{Rd} = N_{Sd}$ und $M_{Rd} \geq N_{Sd} \cdot h/20$ aufnehmen können.

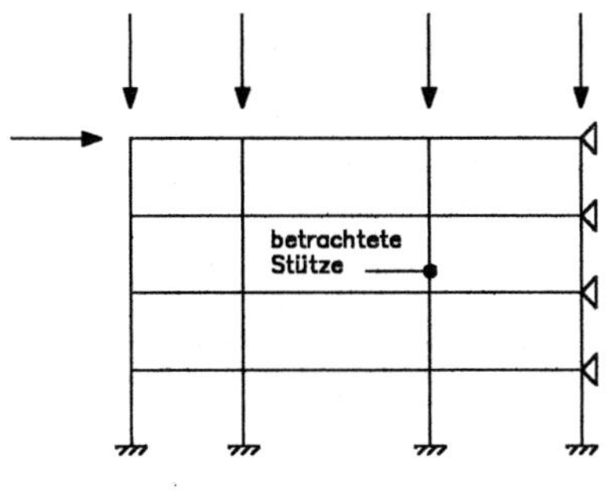

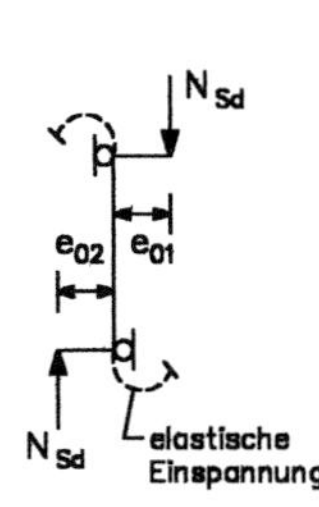

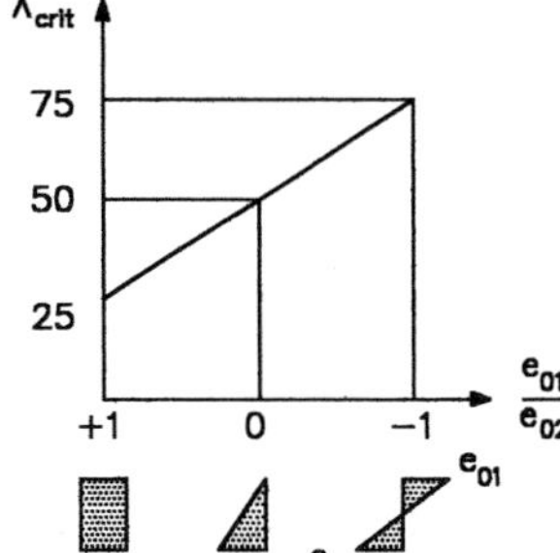

Abb. D.9.3 Grenzschlankheit von Einzeldruckgliedern mit elastischer Endeinspannung in unverschiebl. Tragwerken

Vereinfachtes Bemessungsverfahren

In DIN 1045-1, 8.6.5 wird ein Bemessungsverfahren genannt, das für den Hochbau verwendet werden kann. Hierbei wird die Stütze als Einzeldruckglied mit einer vereinfachten Verformungsfigur betrachtet; die zusätzliche Ausmitte wird als Funktion der Schlankheit berücksichtigt.

Das als *Modellstützenverfahren* bezeichnete Bemessungsverfahren gilt für folgende Druckglieder:

- rechteck- oder kreisförmige Querschnitte, die über die Stützenhöhe konstant sind (Beton- und Bewehrungsquerschnitt)
- planmäßige Lastausmitten $e_0 \geq 0{,}1 \cdot h$
- Schlankheiten $\lambda \leq 140$ (nur in EC 2).

Die Modellstütze ist eine Kragstütze unter Längskraft und Moment, wobei am Stützenfuß das maximale Moment auftritt. Die zu berücksichtigende Gesamtausmitte im Schnitt A beträgt (s. Abb. D.9.4):

$$e_{tot} = e_0 + e_a + e_2 \qquad \text{(D.9.7)}$$

Hierin sind

e_0 Lastausmitte nach Theorie I. Ordnung; es ist $e_0 = M_{Sd}/N_{Sd}$ (s. Gln. (D.9.8a) bis (D.9.8c))

e_a ungewollte Zusatzausmitte nach Gl. (D.9.9)

e_2 Lastausmitte nach Theorie II. Ordnung; näherungsweise nach Gl. (D.9.10)

Kriechverformungen müssen berücksichtigt werden, wenn sie die Lastausmitte nach Theorie I. Ordnung um mehr als 10 % übersteigen. Die Ermittlung kann z. B. nach [DAfStb-H.220 – 73] erfolgen.

Lastausmitte e_0

Die Lastausmitte e_0 im maßgebenden Bemessungsschnitt wird allgemein ermittelt aus:

$$\Rightarrow e_0 = M_{Sd}/N_{Sd} \qquad \text{(D.9.8a)}$$

Für unverschieblich gehaltene, elastisch eingespannte Stützen ohne Querlasten (d. h. bei linearem Momentenverlauf) kann die planmäßige Lastausmitte e_0 im maßgebenden Schnitt mit Hilfe nachfolgender Gln. (D.9.8b) und (D.9.8c) ermittelt werden (s.hierzu Abb. D.9.5):

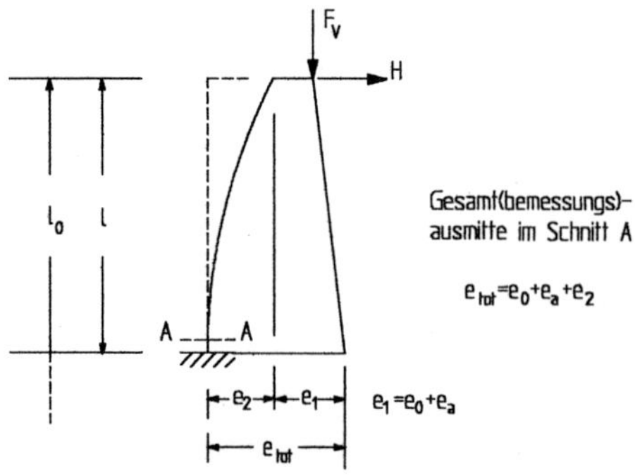

Abb. D.9.4 Modellstütze

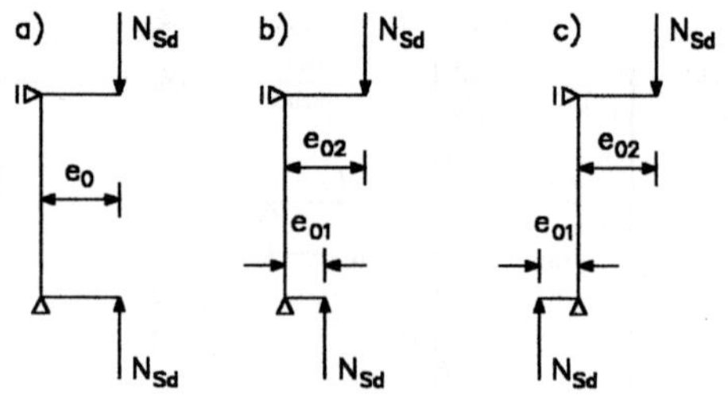

Abb. D.9.5 Lastausmitten elastisch eingespannter, unverschieblicher Stützen

- an beiden Enden gleiche Lastausmitten

$$\Rightarrow e_0 = e_{01} = e_{02} \qquad \text{(D.9.8b)}$$

- an beiden Enden unterschiedliche Lastausmitten

$$\Rightarrow e_0 \geq 0{,}6\, e_{02} + 0{,}4\, e_{01} \quad \geq 0{,}4\, e_{02} \qquad \text{(D.9.8c)}$$

Für Gl. (D.9.8c) gilt, dass $|e_{01}| \leq |e_{02}|$ und die Ausmitten e_{01} und e_{02} mit Vorzeichen einzusetzen sind.

Imperfektionen e_a

Für Einzeldruckglieder dürfen Maßungenauigkeiten und Unsicherheiten bezüglich der Lage und Richtung von Längskräften durch eine Zusatzausmitte e_a, die in ungünstigste Richtung wirkt, erfasst werden. Als zusätzliche Lastausmitte gilt

$$\Rightarrow e_a = \alpha_{a1} \cdot l_0/2 \qquad \text{(D.9.9)}$$

mit $\alpha_{a1} = 1/(100 \cdot \sqrt{l})$ als Schiefstellungswinkel und $l = l_0$*) (in m); s. DIN 1045-1, 8.6.4.

Lastausmitte e_2

Die maximale Ausmitte nach Theorie II. Ordnung kann ermittelt werden aus (s. auch nachfolgend)

$$\Rightarrow e_2 = K_1 \cdot 0{,}1 \cdot l_0^2 \cdot (1/r) \qquad \text{(D.9.10)}$$

In Gl. (D.9.10) sind:

$K_1 = (\lambda/10) - 2{,}5$ für $25 \leq \lambda \leq 35$

$K_1 = 1$ für $\lambda > 35$

$(1/r)$ Stabkrümmung im maßgebenden Schnitt; näherungsweise gilt:

$$(1/r) = 2 \cdot K_2 \cdot \varepsilon_{yd} / (0{,}9 \cdot d) \qquad \text{(D.9.11)}$$

K_2 Beiwert zur Berücksichtigung der Krümmungsabnahme bei Anstieg der Längsdruckkräfte

$K_2 = (N_{ud} - N_{Sd})/(N_{ud} - N_{bal}) \leq 1$

N_{Sd} Bemessungswert der einwirkenden Längskraft

N_{ud} Bemessungswert der widerstehenden Längskraft für $M_{Sd} = 0$
$N_{ud} = f_{cd} \cdot A_c + f_{yd} \cdot A_s$

N_{bal} Bemessungswert der widerstehenden Längskraft für $M_{Sd} = M_{max}$
$N_{bal} \approx 0{,}50 \cdot f_{cd} \cdot A_c$
(für sym. bewehrte Rechtecke)

ε_{yd} Bemessungswert der Stahldehnung an der Streckgrenze: $\varepsilon_{yd} = f_{yd}/E_s$

---

*) Nach EC 2 gilt $l = l_{col}$ (!); es wird daher empfohlen, α_{a1} mit $l = l_0 \leq l_{col}$ zu berechnen.

Der in Gl. (D.9.10) enthaltene Ansatz zur Ermittlung der Zusatzausmitte nach Theorie II. Ordnung ergibt sich aus (vgl. Abb. D.9.6):

$$e_2 = \int \overline{M}(x) \cdot [(1/r)(x)] \cdot \mathrm{d}\, x \qquad \text{(D.9.12)}$$

Das Moment $\overline{M}(x)$ beträgt an der Einspannstelle $\overline{1} \cdot l$, der Verlauf ist dreieckförmig. Die Krümmung hat den Größtwert $(1/r)$ und zeigt längs der Stützenhöhe als Grenzfall einen dreieckförmigen oder einen rechteckförmigen Verlauf. Damit ergibt sich für die Ausmitte e_2

$$e_2 \begin{array}{l} \geq (^1/_3) \cdot l \cdot (1/r) \cdot l = (^1/_{12}) \cdot (1/r) \cdot l_0^2 \\ \leq (^1/_2) \cdot l \cdot (1/r) \cdot l = (^1/_8) \cdot (1/r) \cdot l_0^2 \end{array} \qquad \text{(D.9.13)}$$

bzw. im Mittel

$$e_2 \approx (^1/_{10}) \cdot (1/r) \cdot l_0^2 \qquad \text{(D.9.14)}$$

Diese Gleichung ist identisch mit Gl. (D.9.10), wenn man zusätzlich einen Faktor K_1 einführt, der den Übergang von nicht verformungsempfindlichen zu den stabilitätsgefährdeten Stützen berücksichtigt. Dieser Übergangsbereich ist bis $\lambda = 35$ definiert.

Der Krümmung gemäß Gl. (D.9.14) liegt der in Abb. D.9.7 skizzierte Dehnungszustand mit maximaler Krümmung zugrunde, der durch gleichzeitiges Erreichen der Dehnungen an der Bemessungsstreckgrenze $\varepsilon_{yd,1} = -\varepsilon_{yd,2} = |\varepsilon_{yd}|$ auf der Druck- und Zugseite gekennzeichnet ist. Bei einem gegenseitigen Abstand der Bewehrung von ca. 0,9 d erhält man

$$(1/r)_{max} = 2\, \varepsilon_{yd} / (0{,}9\, d) \qquad \text{(D.9.15)}$$

Die rechnerisch größte Krümmung ist durch die Stelle im Interaktionsdiagramm gekennzeichnet, an der das Biegemoment seinen Größtwert erreicht. Dieser Punkt wird bei Rechteckquerschnitten mit symmetrischer Bewehrung bei einer Längskraft N_{bal} erreicht, die ca. 40 bis 50 % der maximal vom Betonquerschnitt aufnehmbaren Druckkraft entspricht. Mit zunehmender Längsdruckkraft N_{Sd} nimmt die Krümmung ab und erreicht bei $N_{Sd} = N_{ud}$ den Wert null. Die Abnahme der Krümmung $(1/r)$ bei größeren Längsdruckkräften N_{Sd} wird durch den Korrekturfaktor K_2 (s. Erläuterungen zu Gl. (D.9.11)) erfasst, der eine geradlinige Annäherung der tatsächlichen Krümmungsbeziehung darstellt (s. Abb. D.9.8).

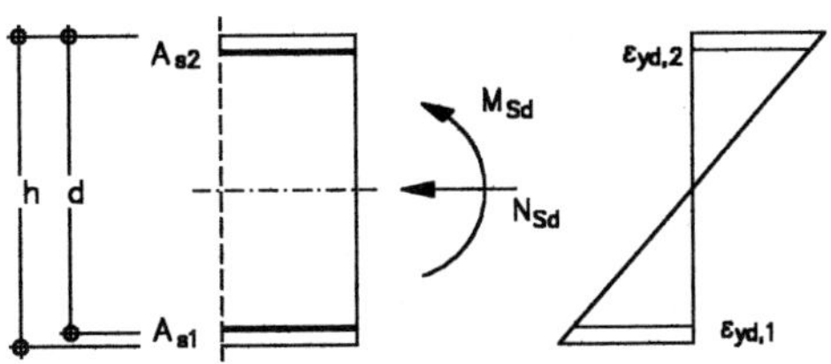

Abb. D.9.7 Bemessungsmodell für die Ermittlung der Krümmung

Eine geschlossene Lösung auf der Grundlage der genannten Ansätze ist mit Hilfe der in [DAfStb-H.425 – 92] abgedruckten Bemessungstafeln für eine Bemessung nach EC 2 möglich (sie gelten für DIN 1045-1 in guter Näherung, wobei allerdings die geänderte Definition von f_{cd} zu beachten ist), für eine Bemessung nach DIN 1045-1 sind entsprechende Tafeln in Vorbereitung ([Schmitz/Goris – 00]).

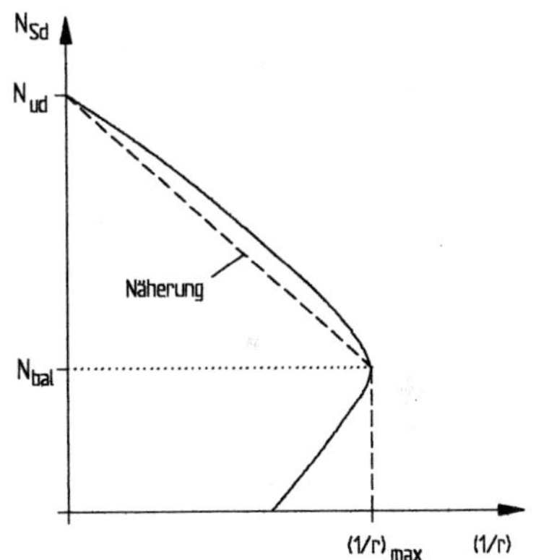

Abb. D.9.8 Prinzipieller Krümmungsverlauf in Abhängigkeit von der Längskraft N_{Sd}

D

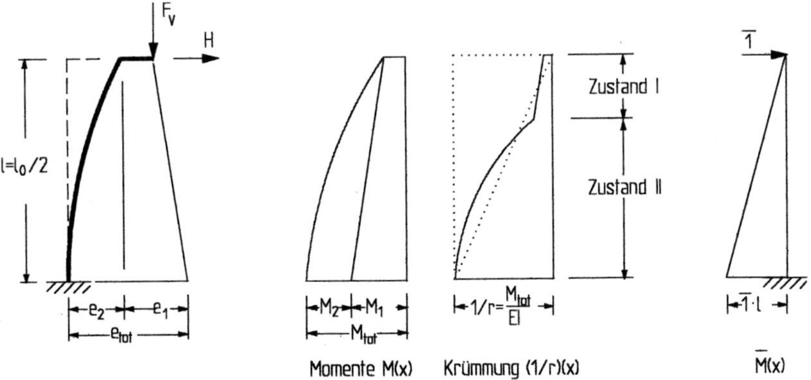

Abb. D.9.6 Modellstütze und Ansätze zur Ermittlung der Verformungen

9.4 Stützen, die nach zwei Richtungen ausweichen können

Für Stützen, die nach zwei Richtungen ausweichen können, ist im Allgemeinen ein Nachweis für schiefe Biegung mit Längsdruck zu führen. Für einige Fälle liefern jedoch Näherungslösungen, die prinzipiell auf eine getrennte Untersuchung der beiden Hauptrichtungen beruhen, ausreichend sichere Ergebnisse. Hierzu gehört insbesondere der nachfolgende Sonderfall der überwiegenden Lastausmitte in eine der beiden Richtungen.

Für Druckglieder mit Rechteckquerschnitt sind nach DIN 1045-1 getrennte Nachweise in Richtung der beiden Hauptachsen y und z zulässig, wenn das Verhältnis der bezogenen Lastausmitten e_{0y}/b und e_{0z}/h eine der nachfolgenden Bedingungen erfüllt:

$$(e_{0z}/h)\,/\,(e_{0y}/b) \leq 0{,}2 \qquad \text{oder} \qquad \text{(D.9.16a)}$$

$$(e_{0y}/b)\,/\,(e_{0z}/h) \leq 0{,}2 \qquad \text{(D.9.16b)}$$

e_{0y}, e_{0z} Lastausmitten in y- bzw. z-Richtung ohne Berücksichtigung der ungewollten Ausmitten e_a

Der Lastangriff der resultierenden Längskraft N_{Sd} liegt bei Einhaltung der Bedingungen nach Gl. (D.9.16a) oder (D.9.16b) innerhalb des schraffierten Bereichs in Abb. D.9.9.

Getrennte Nachweise nach den zuvor genannten Bedingungen sind im Falle $e_z > 0{,}2\,h$ nur dann zulässig, wenn der Nachweis in Richtung der schwächeren Achse y mit einer reduzierten Breite h_{red} geführt wird. Der Wert h_{red} darf unter der Annahme einer linearen Spannungsverteilung nach Zustand I bestimmt werden und ergibt sich für Rechtecke zu:

$$h_{red} = 0{,}5 \cdot h + h^2/(12 \cdot e) \leq h \qquad \text{(D.9.17)}$$

Hierin ist

e Ausmitte: $e = e_{0z} + e_{az}$

e_{0z} planmäßige Lastausmitte in z-Richtung

e_{az} ungewollte Lastausmitte in z-Richtung

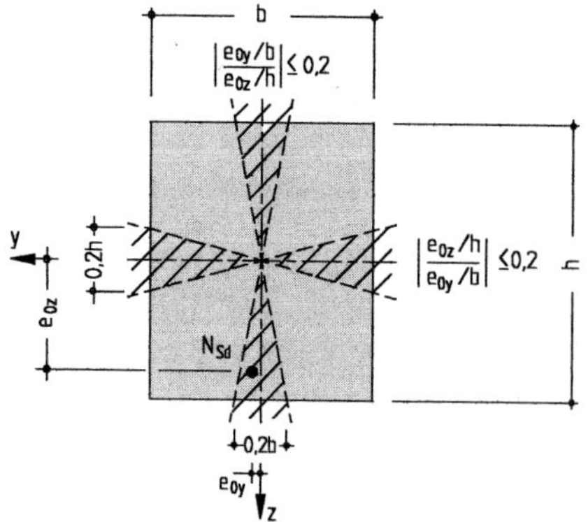

Abb. D.9.9 Lage von N_{Sd} bei getrennten Nachweisen für beide Hauptachsen

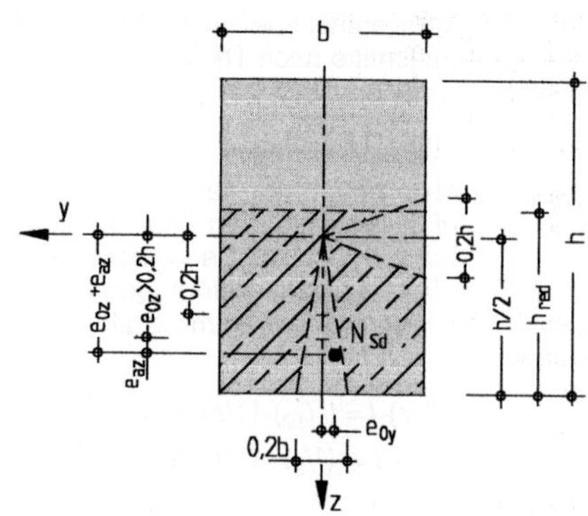

Abb. D.9.10 Getrennte Nachweise in y-Richtung bei $e_z > 0{,}2h$

Gl. (D.9.17) gilt für Rechteckquerschnitte unter Biegung mit Längsdruck, wenn e_{0z} und e_{az} als Absolutwert eingesetzt werden.

Die Bedingungen für getrennte Nachweise mit reduzierter Breite h_{red} sind in Abb. D.9.10 dargestellt.

9.5 Kippen schlanker Träger

Die Sicherheit gegen seitliches Ausweichen schlanker Stahlbeton- und Spannbetonträger darf nach DIN 1045-1, 8.6.8 als ausreichend angenommen werden, wenn folgende Voraussetzung erfüllt ist:

$$b \geq \sqrt[4]{\left(\frac{l_{0t}}{50}\right)^3 \cdot h} \qquad \text{(D.9.19)}$$

Dabei ist

b Breite des Druckgurtes

h Höhe des Trägers

l_{0t} Länge des Druckgurts zwischen den seitlichen Abstützungen

In [E DIN 1045-1 – 00] ist außerdem noch die Forderung enthalten, dass die Auflagerung so zu bemessen ist, dass sie mindestens ein Moment von

$$T_{Sd} = V_{Sd} \cdot l_{eff}/300 \qquad \text{(D.9.20)}$$

aufnehmen kann; V_{Sd} ist dabei der Bemessungswert der senkrechten Auflagerkraft und l_{eff} die wirksame Stützweite des Trägers.

Wenn ein genauerer Nachweis der Kippsicherheit geführt wird, ist nach DIN 1045-1, 5.3.3 für Beton ein Sicherheistfaktor $\gamma_c = 2{,}0$ anzusetzen.

9.6 Druckglieder aus unbew. Beton

Unbewehrte Wände und (Rechteck-)Stützen sind nur bis zu einem Schlankheitsgrad von $\lambda \leq 85$ bzw. bei Pendelstützen oder zweiseitig gehaltenen Wänden bis zu einem Verhältnis $l_w/h_w \leq 25$ zulässig (l_w, h_w s. nachfolgend). Sie sind stets als schlanke Bauteile zu betrachten, verformungsbedingte Zusatzmomente sind also generell zu berücksichtigen. Lediglich bei Schlankheiten $\lambda \leq 8{,}5$ darf der Einfluss nach Theorie II. Ordnung vernachlässigt werden (DIN 1045-1, 8.6.7).

Die Ersatzlänge l_0 einer Wand oder eines Einzeldruckglieds ergibt sich aus

$$l_0 = \beta \cdot l_w \qquad \text{(D.9.21)}$$

mit l_w als Länge des Druckglieds und β als von den Lagerungsbedingungen abhängiger Beiwert. Der Beiwert β kann wie folgt angenommen werden:

- (Pendel)-Stütze: $\beta = 1$
- Kragstützen und -wände: $\beta = 2$
- bei zwei-, drei- und vierseitig gehaltenen Wänden kann β [1)] Tafel D.9.1 entnommen werden.

Für Tafel D.9.1 gelten folgende Voraussetzungen

- Die Wand darf keine Öffnungen aufweisen, deren Höhe $^1/_3$ der lichten Wandhöhe oder deren Fläche $^1/_{10}$ der Wandfläche überschreitet. Andernfalls sind bei drei- und vierseitig gehaltenen Wänden die zwischen den Öffnungen liegenden Teile als zweiseitig gehalten anzusehen.
- Die Quertragfähigkeit darf durch Schlitze oder Aussparungen nicht beeinträchtigt werden.
- Die aussteifenden Querwände müssen mindestens aufweisen
  - eine Dicke von 50 % der Dicke h_w der ausgesteiften Wand,
  - die gleiche Höhe l_w wie die ausgesteifte Wand,
  - eine Länge l_{ht} von mindestens $l/5$ der lichten Höhe der ausgesteiften Wand (auf der Länge l_{ht} dürfen keine Öffnungen vorhanden sein).

1) Nähere Angaben sollen im Heft 5xx des DAfStb aufgenommen werden; die Werte in Tafel D.9.1 wurden Eurocode 2 Teil 1-6 entnommen.

Vereinfachtes Bemessungsverfahren für Wände und Einzeldruckglieder

Bei der Ermittlung der aufnehmbaren Längsdruckkraft darf unter der seltenen Einwirkungskombination maximal eine bis zum Schwerpunkt des Querschnitts klaffende Fuge angenommen werden. Weitere Hinweise s. a. Abschn. D.5.1.8.

Die aufnehmbare Längskraft $N_{Rd,\lambda}$ von schlanken Stützen oder Wänden kann ermittelt werden aus

$$N_{Rd,\lambda} = -b \cdot h_w \cdot f_{cd} \cdot \Phi \qquad \text{(D.9.22)}$$

$$\Phi = 1{,}14 \cdot (1 - 2e_{tot}/h_w) - 0{,}020 \cdot l_0/h_w$$

$$\text{mit } 0 \leq \Phi \leq 1 - 2e_{tot}/h_w$$

$$e_{tot} = e_0 + e_a + e_\varphi$$

Φ Traglastfunktion zur Berücksichtigung der Auswirkungen nach Theorie II. Ordnung auf die Tragfähigkeit von Druckgliedern unverschieblicher Tragwerke

e_0 Lastausmitte nach Theorie I. Ordnung unter Berücksichtigung von Momenten infolge einer Einspannung in anschließende Decken, infolge von Wind etc.

e_a ungewollte Lastausmitte; näherungsweise darf hierfür angenommen werden $e_a = l_0/400$

e_φ Ausmitte infolge Kriechens; sie darf in der Regel vernachlässigt werden.

$f_{cd} = \alpha \cdot f_{ck}/\gamma_c$ (mit $\gamma_c = 1{,}8$)

(Bemessungsdiagramm zur Ermittlung der Traglastfunktion Φ s. [Schneider – 00].)

Tafel D.9.1 Beiwerte β zur Ermittlung der Ersatzlänge l_0 von zwei-, drei- und vierseitig gehaltenen Wänden

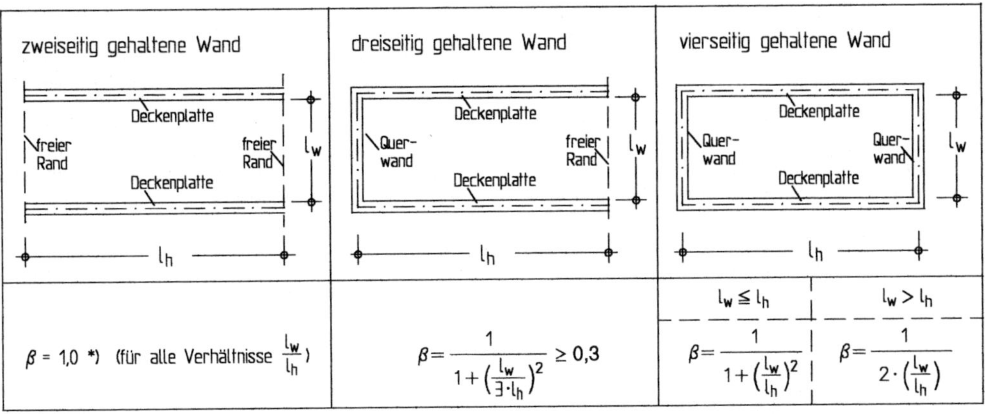

*) Der Beiwert darf bei zweiseitig gehaltenen Wänden auf $\beta = 0{,}85$ vermindert werden, die am Kopf- und Fußende durch Ortbeton und Bewehrung biegesteif angeschlossen sind, so dass die Randmomente vollständig aufgenommen werden können.

10 Bemessungshilfen für Platten; Bemessungsbeispiel

10.1 Bemessungstafeln für Platten

Bei Decken im Hochbau ist die Beanspruchung aus Längskraft häufig vernachlässigbar gering. Die Plattenstärken betragen i. Allg. mindestens 10 cm und überschreiten nur in Ausnahmefällen 30 cm. Bei üblicher Ausführung wird außerdem die Deckenstärke so gewählt, dass eine Druckbewehrung nicht erforderlich ist. Als Beton kommen in der Regel nur Festigkeitsklassen bis zum C 30/37 in Frage.

Unter diesen Voraussetzungen wurden die nachfolgenden Tafeln für eine Plattenbemessung entwickelt. Im Einzelnen sind aufgestellt:

T. D.10.1a: *) Bemessungstabellen für Platten ohne Druckbewehrung für Biegung im Grenzzustand der Tragfähigkeit; BSt 500, C 12/15

T. D.10.1b: *) Bemessungstabellen für Platten ohne Druckbewehrung für Biegung im Grenzzustand der Tragfähigkeit; BSt 500, C 20/25

T. D.10.1c: *) Bemessungstabellen für Platten ohne Druckbewehrung für Biegung im Grenzzustand der Tragfähigkeit; BSt 500, C 30/37

Eingangswerte sind jeweils das einwirkende Moment M_{Sd} in kNm/m und die vorhandene Nutzhöhe d in cm. Ablesewert ist die Bewehrung A_s in cm²/m.

Bei Platten sind häufig Nachweise von Spannungen und Verformungen im Gebrauchszustand erforderlich. Hierfür werden die Druckzonenhöhe x und das Flächenmoment 2. Grades I benötigt, die mit Hilfe von Tafel D.10.2 ermittelt werden können:

T. D.10.2: *) Druckzonenhöhen x und Flächenmoment 2. Grades I des Zustandes II von Stahlbetonplatten ohne Druckbewehrung im Gebrauchszustand

Eingangswerte sind die Bewehrung A_s in cm²/m und die Nutzhöhe d in cm. Abgelesen wird die Druckzonenhöhe x in cm und das Flächenmoment 2. Grades I in cm⁴/m. In Tafel D.10.2 wurde ein Verhältnis der E-Moduln von Betonstahl zu Beton $\alpha_e = 15$ berücksichtigt, bei anderen α_e-Werten muss der Eingangswert A_s im Verhältnis $\alpha_e / 15$ modifiziert werden.

Weitere Erläuterungen s. nachfolgendes Beispiel.

*) In den Tafeln D.10.1 und D.10.2 wurde der Bereich, in dem die Bewehrung kleiner als 0,0015 $b\,d$ (Mindestbewehrung nach EC 2) ist, „grau" unterlegt. Ein Bewehrungsanteil von 0,0015 $b\,d$ genügt bei Platten mit Beton bis C 30/37 und mit Nutzhöhen von etwa $d \geq 0{,}85\,h$ auch den Anforderungen einer Mindestbewehrung nach DIN 1045-1.

10.2 Bemessungsbeispiel

Gegeben sei eine einachsig gespannte Einfeldplatte mit Auskragung und Belastung durch Konstruktionseigenlast, Zusatzeigenlast (Belag) von 1,0 kN/m² und veränderliche Last von 5,0 kN/m². (Weitere Hinweise s. [Avak/Goris – 95], wo das Beispiel ausführlich und mit weiteren Nachweisen dargestellt ist.)

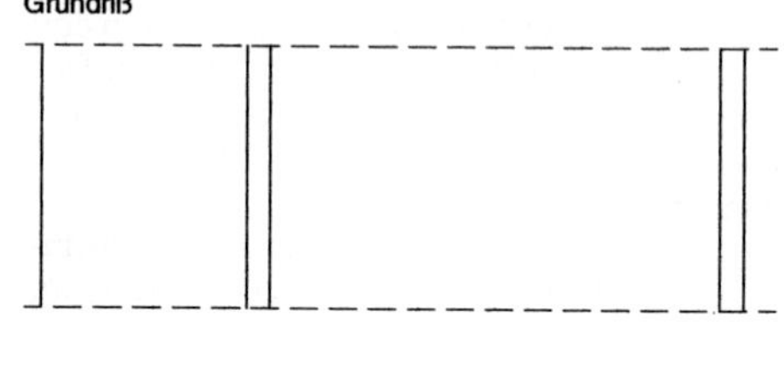

C 30/37; BSt 500 S

10.2.1 System und Belastung

Eigenlast: (0,24 · 25,0 + 1,0) = $g_k = 7{,}0$ kN/m²
veränderl. Last: $q_k = 5{,}0$ kN/m²

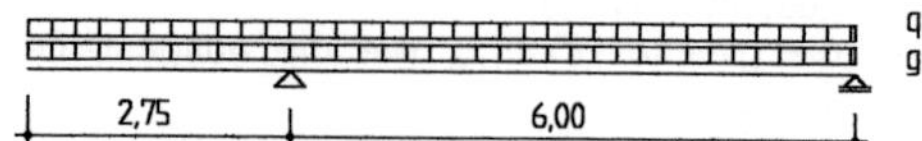

10.2.2 Nachweis des stat. Gleichgewichts

Es wird der Nachweis geführt, dass am Auflager B eine ausreichende Lagesicherheit gegeben ist. Nachweisbedingung nach Gl. (D.3.5):

$$E_{d,dst} \leq E_{d,stb}$$

Die ständigen Einwirkungen sind feldweise als eigenständige Anteile zu betrachten; den günstig wirkenden Anteilen ist $\gamma_{G,inf} = 0{,}9$, den ungünstig wirkenden $\gamma_{G,sup} = 1{,}1$ zuzuordnen (s. Abschn. D.3.1.3). Die veränderlichen Einwirkungen sind im ungünstigen Fall mit $\gamma_Q = 1{,}50$ zu multiplizieren, im günstigen Fall unberücksichtigt zu lassen.

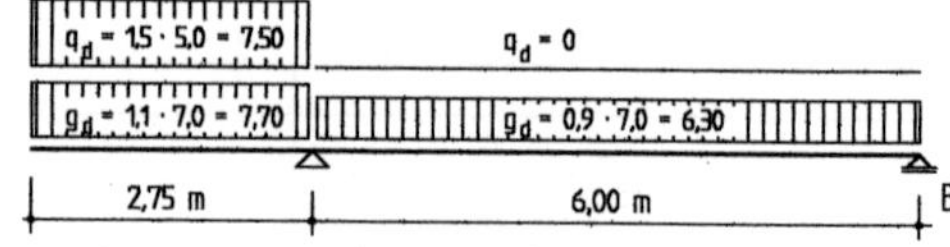

$$E_{d,dst} = (7{,}70 \cdot \frac{2{,}75^2}{2} + 7{,}50 \cdot \frac{2{,}75^2}{2}) \cdot \frac{1}{6{,}0} = 9{,}58 \text{ kN}$$

$$E_{d,stb} = 6{,}30 \cdot \frac{6{,}0}{2} = 18{,}90 \text{ kN}$$

$\rightarrow$ 9,58 kN < 18,90 kN $\Rightarrow$ Nachweis erfüllt

10.2.3 Schnittgrößenermittlung

Die Schnittgrößenermittlung erfolgt zunächst für charakteristische Lasten. Sicherheitsfaktoren und Kombinationsfaktoren werden bei der Bemessung berücksichtigt. Es werden drei Lastfälle betrachtet:

Lf 1: ständige Last g_k im Kragarm und Feld [1)]
Lf 2: veränderliche Last q_k im Kragarm
Lf 3: veränderliche Last q_k im Feld

Schnittgrößen für die Lastfälle 1 bis 3

Belastung kN/m²	M_a kNm/m	V_{al} kN/m	V_{ar}	V_b
g_k = 7,0	–26,47	–19,25	25,41	–16,59
$q_{k,Krag}$ = 5,0	–18,91	–13,75	3,15	3,15
$q_{k,Feld}$ = 5,0	0	0	15,00	–15,00

10.2.4 Bemessung für Biegung im Grenzzustand der Tragfähigkeit

Feld

$|V_{Sd,b}|_{zug} = 1{,}35 \cdot 16{,}59 + 1{,}50 \cdot 15{,}00 = 44{,}90$ kN/m
$M_{Sd,max} = 44{,}90^2 / (2 \cdot (1{,}35 \cdot 7{,}0 + 1{,}5 \cdot 5{,}0)$

$\left.\begin{array}{l} M_{Sd} = 59{,}47 \text{ kNm/m} \\ d = 21 \text{ cm} \end{array}\right\}$ (Tafel D.10.1c) →

$A_s = 6{,}81$ cm²/m
gew.: ∅ 12 - 16 (= 7,07 cm²/m)

Stütze

$|M_{Sd,a}| = 1{,}35 \cdot 26{,}47 + 1{,}50 \cdot 18{,}91 = 64{,}09$ kNm/m
Das Stützmoment darf um ΔM_{Sd} abgemindert werden (Momentenausrundung):

$M_{Sd} = M_{Sd,a} - \Delta M_{Sd}$
$\Delta M_{Sd} = F_{Sd,sup} \cdot b_{sup}/8$
$F_{Sd,sup} = -V_{Sd,al} + V_{Sd,ar}$
$= 1{,}35 \cdot (19{,}25 + 25{,}41) + 1{,}50 \cdot (13{,}75 + 3{,}15)$
$= 85{,}64$ kN/m
$b_{sup} = 0{,}30$ m

$M_{Sd} = 64{,}09 - 85{,}64 \cdot 0{,}30/8 = 60{,}88$ kNm/m

$\left.\begin{array}{l} M_{Sd} = 60{,}88 \text{ kNm/m} \\ d = 21 \text{ cm} \end{array}\right\}$ (Tafel D.10.1c) →

$A_s = 6{,}98$ cm²/m
gew.: ∅ 12 - 16 (= 7,07 cm²/m)

[1)] Die ständigen Einwirkungen dürfen i. Allg. mit ein und demselben Bemessungswert im gesamten Tragwerk berücksichtigt werden. In Ausnahmefällen – für Nachweise, die besonders anfällig gegen Schwankungen einer ständigen Einwirkung sind – müssen jedoch die ungünstigen und die günstigen Anteile als eigenständige Anteile mit $\gamma_{G,sup}$ und $\gamma_{G,inf}$ feldweise betrachtet werden. Hier gilt das konkret für den Nachweis des statischen Gleichgewichts (s. Abschn. D.10.2.2), ggf. auch für die erforderliche Länge der oberen Bewehrung des Kragarms. Nachweise zur Bewehrungsführung werden im Rahmen dieses Beispiels nicht geführt (s. hierzu [Avak/Goris – 95]), so dass auf weitere Lastfälle verzichtet werden kann.

10.2.5 Bemessung im Grenzzustand der Gebrauchstauglichkeit

Für die nachfolgenden Untersuchungen werden die häufige und die quasi-ständige Kombination benötigt (s. Gl. (D.3.8c) und (D.3.8d)). Die Kombinationsfaktoren ψ_1 und ψ_2 werden Tafel D.3.2 entnommen („Sonst. Einwirkung“), und zwar:

– für die häufige Kombination $\psi_1 = 0{,}7$
– für die quasi-ständige Kombination $\psi_2 = 0{,}5$

Spannungsbegrenzung

Es soll der Nachweis erbracht werden, dass die Betondruckspannungen unter quasi-ständigen Lasten $0{,}45 \cdot f_{ck}$ nicht überschreiten. Der Nachweis erfolgt für die größte Biegebeanspruchung an der Stütze A (näherungsweise und auf der sicheren Seite ohne Momentenausrundung).

$\sigma_c = \dfrac{2M}{b \cdot x \cdot z}$ (s. Tafel D.5.7)

Moment $M_{q\text{-}s}$ unter quasi-ständiger Last
$|M_{a,q\text{-}s}| = 26{,}47 + 0{,}5 \cdot 18{,}91 = 35{,}92$ kNm/m

$\left.\begin{array}{l} \alpha_e = 15 \\ A_s = 7{,}07 \text{ cm}^2\text{/m} \end{array}\right\}$ (Tafel D.10.2) → $x = 5{,}7$ cm

$z = d - x/3 = 21{,}0 - 5{,}7/3 = 19$ cm

$\sigma_c = \dfrac{2 \cdot 0{,}03592}{1{,}0 \cdot 0{,}057 \cdot 0{,}19} = 6{,}63$ MN/m²
$< 0{,}45\, f_{ck} = 0{,}45 \cdot 30 = 13{,}5$ MN/m²

Rissbreitenbegrenzung

Die Beschränkung der Rissbreite wird nur für die Lastbeanspruchung an der Stütze A nachgewiesen (ohne Momentenausrundung; s. vorher).

$\sigma_s = \dfrac{M}{A_s \cdot z}$ | $z = 0{,}19$ m (s. vorher), $A_s = 7{,}07$ cm²/m

$\sigma_s = \dfrac{0{,}03592}{7{,}07 \cdot 0{,}19} \cdot 10^4 = 267$ MN/m²

grenz $d_s \geq d_s^* = 13$ mm (für $w_k = 0{,}3$ mm;
$>$ vorh $d_s = 12$ mm s. Tafel D.5.11a)

Verformungsbegrenzung

Nachweis für das Feld

Nachweis durch Begrenzung der Biegeschlankheit nach [E DIN 1045-1 – 00]:

$l_i/d \leq \begin{cases} 35 \\ 150/l_i \end{cases}$ (vgl. Gl. (D.5.33))

$l_i = \alpha \cdot l$
$\alpha = 0{,}8$ (wegen Kragmoments als Endfeld eines Durchlaufträgers betrachtet)
$l_i = 0{,}8 \cdot 6{,}0 = 4{,}80$ m

$l_i/d = 4{,}80 / 0{,}21 = 23 < \begin{cases} 35 \\ 150/4{,}80 = 31 \end{cases}$

→ Nachweis erfüllt.

Nachweis für den Kragarm

$l_i/d \leq 35$ (im Bereich des Kragarms seien keine verformungsempfindlichen Trennwände o. ä. vorhanden)

$l_i = \alpha \cdot l$

Der Beiwert wird mit Hilfe von Gl. (D.5.34b) bestimmt

$$\alpha = 0{,}8\left[\frac{l}{l_k}\left(4+3\frac{l_k}{l}\right)-\frac{q}{q_k}\left(\frac{l}{l_k}\right)^3(4m+1)\right]$$

mit l = 6,0 m und l_k = 2,75 m, den maßgebenden Belastungen

– im Feld: q = 7,0 kN/m² (nur EG)

– Kragarm: q_k= 9,5 kN/m² (quasi-ständige Last)

und m = 0 erhält man

$\alpha = 3{,}25$

(die zulässige Grenze für die Anwendung des Verfahrens wird dabei eingehalten; ohne Nachweis)

$l_i = 3{,}25 \cdot 2{,}75 = 8{,}94$ m

$l_i/d = 8{,}94 / 0{,}21 = 43 > 35$

→ Nachweis **nicht** erfüllt; genauere Berechnung der Durchbiegung erforderlich. Im Rahmen des Beispiels wird hierauf jedoch verzichtet (s. hierzu [Avak/Goris – 95]).

10.2.6 Nachweis für Querkraft im Grenzzustand der Tragfähigkeit

Bemessungsquerkraft $V_{Sd,w}$ im Abstand d vom Auflagerrand (direkte Lagerung; s. Abschn. D.6.4)

Stütze A

Nachweis ungünstig nur für Stütze A_{rechts}.

Einwirkung

$V_{Sd,ar} = 1{,}35 \cdot 25{,}41 + 1{,}50 \cdot (3{,}15+15{,}0) = 61{,}5$ kN/m

$V_{Sd} = V_{Sd,ar} - (g_d + q_d) \cdot (t/2+d)$
$= 61{,}5 - (9{,}45 + 7{,}50) \cdot (0{,}30/2 + 0{,}21)$
$= 61{,}5 - 6{,}1 = 55{,}4$ kN/m

Widerstand $V_{Rd,ct}$

$V_{Rd,ct} = [0{,}10\,\kappa \cdot (100\rho_l \cdot f_{ck})^{1/3} - 0{,}12 \cdot \sigma_{cd}] \cdot b_w \cdot d$

$\kappa = 1+\sqrt{200/d} = 1+\sqrt{200/210} = 1{,}98$

f_{ck} = 30 MN/m²

$\rho_l = A_{sl}/(b_w \cdot d) = 7{,}07/(100 \cdot 21) = 0{,}0034$

(Bewehrungsgrad der – *oberen* – Biegezugbewehrung, die ab dem betrachteten Schnitt mit $(d + l_{b,net})$ verankert ist; s. Skizze)

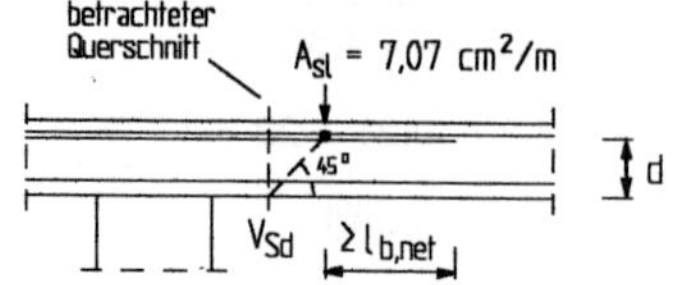

$\sigma_{cp} = 0$ (wegen $N_{Sd} = 0$)

$V_{Rd,ct} = 0{,}10 \cdot 1{,}98 \cdot (100 \cdot 0{,}0034 \cdot 30)^{1/3} \cdot 1 \cdot 0{,}21$
$= 0{,}090$ MN/m

Nachweis:

$V_{Sd} \leq V_{Rd1}$

55,4 kN/m < 90 kN/m ⇒ Nachweis erfüllt

Widerstand $V_{Rd,max}$

Der Tragfähigkeitsnachweis für die Betondruckstrebe ist bei Platten ohne Vorspannung bzw. ohne Längskräfte i. Allg. entbehrlich.

Stütze B

Die einwirkende Querkraft an der Stütze B ist zwar deutlich kleiner als an der Stütze A, dennoch wird ein erneuter Nachweis erforderlich, da die Biegezugbewehrung am Auflager B wegen einer beabsichtigten Staffelung der Bewehrung nur ca. halb so groß ist.

Einwirkung

$|V_{Sd,b}| = 1{,}35 \cdot 16{,}59 + 1{,}50 \cdot 15{,}0 = 44{,}9$ kN/m

$V_{Sd} = |V_{Sd,b}| - (g_d + q_d) \cdot (t/3 + d)$
$= 44{,}90 - (9{,}45 + 7{,}50) \cdot (0{,}30/3 + 0{,}21)$
$= 44{,}90 - 5{,}24 \approx 40$ kN/m

Widerstand $V_{Rd,ct}$

$V_{Rd,ct} = [0{,}10\,\kappa \cdot (100\rho_l \cdot f_{ck})^{1/3} - 0{,}12 \cdot \sigma_{cd}] \cdot b_w \cdot d$

κ, f_{ck}, σ_{cp} wie vorher

$\rho_l = A_{sl}/(b_w \cdot d) = 3{,}53/(100 \cdot 21) = 0{,}0017$

(Bewehrungsgrad der – *unteren* – Biegezugbewehrung, die ab der Nachweisstelle mindestens mit $(d + l_{b,net})$ verankert ist)

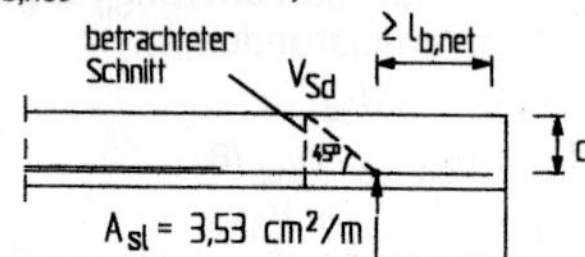

$V_{Rd,ct} = 0{,}10 \cdot 1{,}98 \cdot (100 \cdot 0{,}0017 \cdot 30)^{1/3} \cdot 1 \cdot 0{,}21$
$= 0{,}072$ MN/m

Der Nachweis ist wegen 40 kN/m < 72 kN/m erfüllt.

10.2.7 Hinweise zur Bewehrungsführung

Es wird nur die Mindestbewehrung nachgewiesen. Sie ist für das Rissmoment mit der mittleren Betonzugfestigkeit f_{ctm} und der Stahlspannung f_{yk} zu bestimmen. Für f_{ctm} = 2,9 MN/m² (C 30/37) erhält man

$A_{s,min} = M_{cr} / (z \cdot f_{yk})$

$M_{cr} = f_{ctm} \cdot W = 0{,}0278$ MNm/m

mit $W = 0{,}24^2/6 = 0{,}0096$ m³/m

$z \approx 0{,}9d = 0{,}9 \cdot 0{,}21 = 0{,}189$ m

$A_{s,min} = 27{,}8 / (0{,}189 \cdot 50{,}0) = 2{,}94$ cm²/m

Die Mindestbewehrung ist eingehalten.

Die Bemessung nach D.10.2.4 lag dementsprechend auch im zulässigen (nicht grau unterlegten) Bereich von Tafel D.10.1.

D

Tafel D.10.1a Bemessungstabelle für Platten ohne Druckbewehrung für Biegung im Grenzzustand der Tragfähigkeit

BSt 500; C 12/15

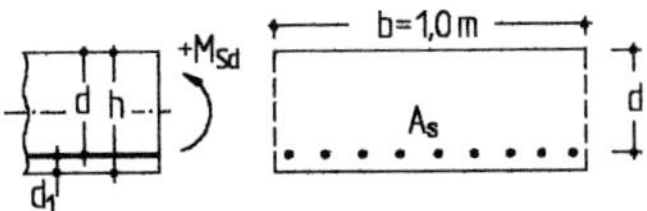

M_{Sd} kNm	10	11	12	13	14	15	16	17	18	19	20	21	22	23	24	25	26	27	28	29
	A_s in cm²/m für d in cm																			
2	0,47	0,43	0,39	0,36	0,33	0,31	0,29	0,27	0,26	0,24	0,23	0,22	0,21	0,20	0,19	0,19	0,18	0,17	0,17	0,16
4	0,95	0,86	0,79	0,72	0,67	0,62	0,58	0,55	0,52	0,49	0,47	0,44	0,42	0,40	0,39	0,37	0,36	0,34	0,33	0,32
6	1,45	1,31	1,19	1,09	1,01	0,94	0,88	0,83	0,78	0,74	0,70	0,67	0,64	0,61	0,58	0,56	0,54	0,52	0,50	0,48
8	1,97	1,77	1,60	1,47	1,36	1,26	1,18	1,11	1,05	0,99	0,94	0,89	0,85	0,81	0,78	0,75	0,72	0,69	0,67	0,64
10	2,51	2,24	2,03	1,86	1,71	1,59	1,49	1,39	1,31	1,24	1,18	1,12	1,07	1,02	0,98	0,94	0,90	0,87	0,83	0,80
12	3,07	2,73	2,47	2,25	2,07	1,92	1,79	1,68	1,58	1,49	1,42	1,35	1,28	1,23	1,17	1,13	1,08	1,04	1,00	0,97
14	3,66	3,24	2,92	2,66	2,44	2,26	2,10	1,97	1,85	1,75	1,66	1,58	1,50	1,43	1,37	1,32	1,26	1,22	1,17	1,13
16	4,28	3,77	3,38	3,07	2,81	2,60	2,42	2,26	2,13	2,01	1,90	1,81	1,72	1,64	1,57	1,51	1,45	1,39	1,34	1,29
18	4,94	4,32	3,86	3,49	3,20	2,95	2,74	2,56	2,41	2,27	2,15	2,04	1,94	1,85	1,77	1,70	1,63	1,57	1,51	1,46
20	5,65	4,90	4,35	3,93	3,59	3,31	3,07	2,86	2,69	2,53	2,40	2,27	2,16	2,06	1,97	1,89	1,82	1,75	1,68	1,62
22	6,41	5,51	4,86	4,38	3,99	3,67	3,40	3,17	2,97	2,80	2,65	2,51	2,39	2,28	2,18	2,09	2,00	1,92	1,85	1,79
24	7,24	6,15	5,40	4,84	4,40	4,04	3,74	3,48	3,26	3,07	2,90	2,75	2,61	2,49	2,38	2,28	2,19	2,10	2,02	1,95
26		6,83	5,95	5,31	4,82	4,41	4,08	3,80	3,55	3,34	3,15	2,99	2,84	2,71	2,59	2,48	2,38	2,28	2,20	2,12
28		7,56	6,54	5,81	5,25	4,80	4,43	4,12	3,85	3,62	3,41	3,23	3,07	2,92	2,79	2,67	2,56	2,46	2,37	2,29
30		8,36	7,15	6,32	5,69	5,19	4,78	4,44	4,15	3,89	3,67	3,47	3,30	3,14	3,00	2,87	2,75	2,64	2,54	2,45
32			7,80	6,85	6,14	5,59	5,14	4,77	4,45	4,18	3,93	3,72	3,53	3,36	3,21	3,07	2,94	2,83	2,72	2,62
34			8,49	7,40	6,61	6,00	5,51	5,10	4,76	4,46	4,20	3,97	3,77	3,58	3,42	3,27	3,13	3,01	2,89	2,79
36			9,24	7,98	7,10	6,42	5,89	5,44	5,07	4,75	4,47	4,22	4,00	3,81	3,63	3,47	3,33	3,19	3,07	2,96
38				8,59	7,60	6,86	6,27	5,79	5,38	5,04	4,74	4,48	4,24	4,03	3,84	3,67	3,52	3,38	3,25	3,13
40				9,23	8,12	7,30	6,66	6,14	5,71	5,33	5,01	4,73	4,48	4,26	4,06	3,88	3,71	3,56	3,43	3,30
42				9,92	8,66	7,76	7,06	6,50	6,03	5,63	5,29	4,99	4,72	4,49	4,28	4,08	3,91	3,75	3,60	3,47
44					9,23	8,23	7,47	6,86	6,36	5,94	5,57	5,25	4,97	4,72	4,49	4,29	4,11	3,94	3,78	3,64
46					9,82	8,72	7,89	7,24	6,70	6,24	5,85	5,51	5,22	4,95	4,71	4,50	4,30	4,13	3,96	3,82
48					10,4	9,22	8,32	7,61	7,04	6,55	6,14	5,78	5,46	5,18	4,93	4,71	4,50	4,32	4,15	3,99
50						9,75	8,77	8,00	7,38	6,87	6,43	6,05	5,72	5,42	5,16	4,92	4,70	4,51	4,33	4,16
55						11,2	9,93	9,01	8,28	7,68	7,17	6,73	6,35	6,02	5,72	5,45	5,21	4,99	4,79	4,60
60							11,2	10,1	9,22	8,52	7,93	7,44	7,01	6,63	6,29	5,99	5,72	5,48	5,25	5,05
65								11,2	10,2	9,39	8,73	8,16	7,68	7,25	6,88	6,54	6,24	5,97	5,72	5,50
70								12,5	11,3	10,3	9,55	8,91	8,36	7,89	7,47	7,10	6,77	6,47	6,20	5,95
75									12,4	11,3	10,4	9,68	9,07	8,54	8,08	7,67	7,31	6,98	6,69	6,41
80									13,6	12,3	11,3	10,5	9,80	9,21	8,70	8,26	7,86	7,50	7,18	6,88
85										13,4	12,2	11,3	10,5	9,90	9,34	8,85	8,41	8,02	7,67	7,35
90										14,6	13,2	12,2	11,3	10,6	9,99	9,45	8,98	8,56	8,18	7,83
95											14,3	13,1	12,1	11,3	10,7	10,1	9,56	9,10	8,69	8,32
100											15,4	14,0	13,0	12,1	11,4	10,7	10,2	9,65	9,21	8,81
110												16,1	14,7	13,7	12,8	12,0	11,4	10,8	10,3	9,82
120													16,7	15,4	14,3	13,4	12,6	12,0	11,4	10,9
130														17,2	15,9	14,9	14,0	13,2	12,5	11,9
140															17,7	16,4	15,4	14,5	13,7	13,0
150																18,1	16,9	15,8	14,9	14,2
160																	18,5	17,3	16,2	15,4
170																	20,2	18,8	17,6	16,6
180																		20,4	19,0	17,9
190																			20,6	19,3
200																				20,7
210																				22,3

Im grau unterlegten Bereich ist die Bewehrung kleiner als 0,0015 · *b* · *d*.

Unterhalb der gestrichelten Linie ist die Druckzonenhöhe $x/d > 0{,}25$.

Unterhalb der durchgezogenen, getreppten Linie ist die Druckzonenhöhe $x/d > 0{,}45$.

Unterhalb des angegebenen Zahlenbereichs sollte eine Bemessung mit Druckbewehrung erfolgen.

Tafel D.10.1b Bemessungstabelle für Platten ohne Druckbewehrung für Biegung im Grenzzustand der Tragfähigkeit

BSt 500; C 20/25

M_{Sd} kNm	A_s in cm²/m für d in cm: 10	11	12	13	14	15	16	17	18	19	20	21	22	23	24	25	26	27	28	29
2	0,47	0,42	0,39	0,36	0,33	0,31	0,29	0,27	0,26	0,24	0,23	0,22	0,21	0,20	0,19	0,18	0,18	0,17	0,17	0,16
4	0,94	0,85	0,78	0,72	0,67	0,62	0,58	0,55	0,52	0,49	0,46	0,44	0,42	0,40	0,39	0,37	0,36	0,34	0,33	0,32
6	1,42	1,29	1,18	1,08	1,00	0,94	0,88	0,82	0,78	0,74	0,70	0,66	0,63	0,61	0,58	0,56	0,54	0,52	0,50	0,48
8	1,91	1,73	1,58	1,45	1,34	1,25	1,17	1,10	1,04	0,98	0,93	0,89	0,85	0,81	0,78	0,74	0,72	0,69	0,66	0,64
10	2,42	2,18	1,98	1,82	1,69	1,57	1,47	1,38	1,30	1,23	1,17	1,11	1,06	1,01	0,97	0,93	0,90	0,86	0,83	0,80
12	2,93	2,63	2,40	2,20	2,03	1,89	1,77	1,66	1,57	1,48	1,41	1,34	1,28	1,22	1,17	1,12	1,08	1,04	1,00	0,96
14	3,46	3,10	2,81	2,58	2,38	2,22	2,07	1,94	1,83	1,73	1,64	1,56	1,49	1,42	1,36	1,31	1,26	1,21	1,17	1,12
16	3,99	3,57	3,24	2,97	2,74	2,54	2,37	2,23	2,10	1,98	1,88	1,79	1,71	1,63	1,56	1,50	1,44	1,38	1,33	1,29
18	4,55	4,06	3,67	3,36	3,09	2,87	2,68	2,51	2,37	2,24	2,12	2,02	1,92	1,84	1,76	1,69	1,62	1,56	1,50	1,45
20	5,12	4,55	4,11	3,75	3,45	3,20	2,99	2,80	2,64	2,49	2,36	2,24	2,14	2,04	1,96	1,88	1,80	1,73	1,67	1,61
22	5,70	5,06	4,56	4,15	3,82	3,54	3,30	3,09	2,91	2,75	2,60	2,47	2,36	2,25	2,15	2,07	1,98	1,91	1,84	1,77
24	6,30	5,58	5,01	4,56	4,19	3,88	3,61	3,38	3,18	3,00	2,85	2,70	2,58	2,46	2,35	2,26	2,17	2,09	2,01	1,94
26	6,93	6,10	5,48	4,98	4,56	4,22	3,93	3,68	3,46	3,26	3,09	2,93	2,80	2,67	2,55	2,45	2,35	2,26	2,18	2,10
28	7,57	6,65	5,95	5,40	4,94	4,57	4,25	3,97	3,73	3,52	3,33	3,17	3,02	2,88	2,75	2,64	2,53	2,44	2,35	2,27
30	8,24	7,20	6,43	5,82	5,33	4,92	4,57	4,27	4,01	3,78	3,58	3,40	3,24	3,09	2,95	2,83	2,72	2,61	2,52	2,43
32	8,93	7,77	6,92	6,25	5,72	5,27	4,90	4,57	4,29	4,05	3,83	3,63	3,46	3,30	3,16	3,02	2,90	2,79	2,69	2,59
34	9,66	8,36	7,42	6,70	6,11	5,63	5,22	4,88	4,57	4,31	4,08	3,87	3,68	3,51	3,36	3,22	3,09	2,97	2,86	2,76
36	10,4	8,97	7,93	7,14	6,51	5,99	5,56	5,18	4,86	4,58	4,33	4,10	3,90	3,72	3,56	3,41	3,27	3,15	3,03	2,92
38	11,2	9,60	8,46	7,60	6,92	6,36	5,89	5,49	5,15	4,84	4,58	4,34	4,13	3,94	3,76	3,61	3,46	3,33	3,20	3,09
40	12,1	10,2	9,00	8,06	7,33	6,73	6,23	5,80	5,43	5,11	4,83	4,58	4,36	4,15	3,97	3,80	3,65	3,51	3,37	3,25
42	13,0	10,9	9,55	8,54	7,74	7,10	6,57	6,12	5,73	5,39	5,09	4,82	4,58	4,37	4,17	4,00	3,83	3,68	3,55	3,42
44		11,6	10,1	9,02	8,17	7,48	6,91	6,43	6,02	5,66	5,34	5,06	4,81	4,58	4,38	4,19	4,02	3,86	3,72	3,59
46		12,4	10,7	9,51	8,60	7,87	7,26	6,75	6,31	5,93	5,60	5,30	5,04	4,80	4,59	4,39	4,21	4,05	3,89	3,75
48		13,1	11,3	10,0	9,04	8,26	7,61	7,07	6,61	6,21	5,86	5,55	5,27	5,02	4,79	4,59	4,40	4,23	4,07	3,92
50		13,9	11,9	10,5	9,48	8,65	7,97	7,40	6,91	6,49	6,12	5,79	5,50	5,24	5,00	4,79	4,59	4,41	4,24	4,09
55			13,6	11,9	10,6	9,66	8,88	8,23	7,67	7,19	6,78	6,41	6,08	5,79	5,52	5,28	5,06	4,86	4,68	4,51
60			15,4	13,3	11,8	10,7	9,81	9,07	8,45	7,91	7,45	7,04	6,67	6,35	6,05	5,79	5,54	5,32	5,12	4,93
65				14,8	13,1	11,8	10,8	9,94	9,24	8,64	8,13	7,67	7,27	6,91	6,59	6,29	6,03	5,78	5,56	5,36
70				16,5	14,4	12,9	11,8	10,8	10,1	9,39	8,82	8,32	7,87	7,48	7,13	6,81	6,51	6,25	6,01	5,78
75					15,9	14,1	12,8	11,8	10,9	10,1	9,52	8,97	8,49	8,06	7,67	7,32	7,01	6,72	6,46	6,21
80					17,4	15,4	13,9	12,7	11,7	10,9	10,2	9,63	9,11	8,64	8,22	7,85	7,50	7,19	6,91	6,65
85						16,7	15,0	13,7	12,6	11,7	11,0	10,3	9,74	9,23	8,78	8,37	8,01	7,67	7,36	7,08
90						18,1	16,2	14,7	13,5	12,5	11,7	11,0	10,4	9,83	9,34	8,91	8,51	8,15	7,82	7,52
95							17,4	15,7	14,4	13,4	12,5	11,7	11,0	10,4	9,91	9,44	9,02	8,64	8,29	7,97
100							18,7	16,8	15,4	14,2	13,2	12,4	11,7	11,1	10,5	9,99	9,54	9,13	8,75	8,41
110								19,1	17,4	16,0	14,8	13,9	13,0	12,3	11,7	11,1	10,6	10,1	9,70	9,31
120								21,7	19,5	17,8	16,5	15,4	14,4	13,6	12,9	12,2	11,6	11,1	10,7	10,2
130									21,8	19,8	18,2	16,9	15,8	14,9	14,1	13,4	12,7	12,2	11,6	11,2
140										21,9	20,1	18,6	17,3	16,3	15,4	14,6	13,8	13,2	12,6	12,1
150										24,3	22,0	20,3	18,9	17,7	16,7	15,8	15,0	14,3	13,6	13,1
160											24,1	22,1	20,5	19,1	18,0	17,0	16,1	15,3	14,7	14,0
170												24,1	22,2	20,7	19,4	18,3	17,3	16,5	15,7	15,0
180												26,1	24,0	22,2	20,8	19,6	18,5	17,6	16,8	16,0
190													25,9	23,9	22,3	20,9	19,8	18,8	17,9	17,0
200													27,9	25,6	23,8	22,3	21,1	19,9	19,0	18,1
220														29,4	27,1	25,3	23,7	22,4	21,3	20,2
240															30,8	28,5	26,6	25,0	23,7	22,5
260																32,0	29,7	27,8	26,2	24,8
280																	33,1	30,8	28,9	27,3
300																		34,0	31,7	29,9
320																			34,8	32,6
340																				35,6

Im grau unterlegten Bereich ist die Bewehrung kleiner als 0,0015 · $b \cdot d$.

Unterhalb der gestrichelten Linie ist die Druckzonenhöhe $x/d > 0,25$.

Unterhalb der durchgezogenen, getreppten Linie ist die Druckzonenhöhe $x/d > 0,45$.

Unterhalb des angegebenen Zahlenbereichs sollte eine Bemessung mit Druckbewehrung erfolgen.

Tafel D.10.1c Bemessungstabelle für Platten ohne Druckbewehrung für Biegung im Grenzzustand der Tragfähigkeit

BSt 500; C 30/37

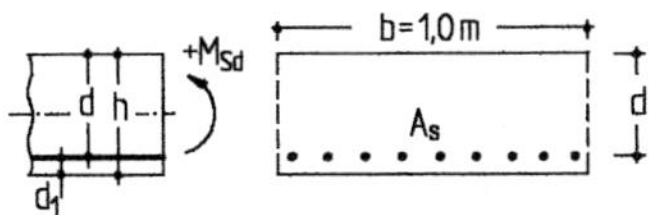

M_{Sd} kNm	A_s in cm²/m für *d* in cm 10	11	12	13	14	15	16	17	18	19	20	21	22	23	24	25	26	27	28	29
5	1,17	1,06	0,97	0,90	0,83	0,78	0,73	0,68	0,65	0,61	0,58	0,55	0,53	0,50	0,48	0,46	0,45	0,43	0,41	0,40
10	2,38	2,15	1,97	1,81	1,68	1,56	1,46	1,37	1,30	1,23	1,17	1,11	1,06	1,01	0,97	0,93	0,89	0,86	0,83	0,80
15	3,62	3,27	2,98	2,74	2,53	2,36	2,20	2,07	1,95	1,85	1,75	1,67	1,59	1,52	1,46	1,40	1,34	1,29	1,25	1,20
20	4,92	4,41	4,01	3,68	3,40	3,16	2,95	2,77	2,61	2,47	2,35	2,23	2,13	2,03	1,95	1,87	1,79	1,73	1,66	1,61
25	6,27	5,60	5,07	4,64	4,28	3,98	3,71	3,48	3,28	3,10	2,94	2,80	2,67	2,55	2,44	2,34	2,25	2,16	2,08	2,01
30	7,67	6,83	6,17	5,63	5,18	4,81	4,48	4,20	3,96	3,74	3,54	3,37	3,21	3,07	2,93	2,81	2,70	2,60	2,51	2,42
35	9,15	8,10	7,29	6,64	6,10	5,65	5,26	4,93	4,64	4,38	4,15	3,94	3,75	3,59	3,43	3,29	3,16	3,04	2,93	2,83
40	10,7	9,42	8,45	7,67	7,04	6,50	6,05	5,66	5,32	5,02	4,76	4,52	4,30	4,11	3,93	3,77	3,62	3,48	3,35	3,23
45	12,4	10,8	9,64	8,73	7,99	7,38	6,85	6,41	6,02	5,67	5,37	5,10	4,85	4,63	4,43	4,25	4,08	3,92	3,78	3,64
50	14,1	12,3	10,9	9,82	8,97	8,27	7,67	7,16	6,72	6,33	5,99	5,68	5,41	5,16	4,94	4,73	4,54	4,37	4,20	4,06
55	16,0	13,8	12,2	10,9	9,97	9,17	8,50	7,93	7,43	7,00	6,62	6,28	5,97	5,69	5,44	5,21	5,00	4,81	4,63	4,47
60	18,1	15,4	13,5	12,1	11,0	10,1	9,34	8,70	8,15	7,67	7,25	6,87	6,53	6,23	5,95	5,70	5,47	5,26	5,06	4,88
65		17,1	14,9	13,3	12,0	11,0	10,2	9,49	8,88	8,35	7,88	7,47	7,10	6,77	6,47	6,19	5,94	5,71	5,49	5,30
70		18,9	16,3	14,5	13,1	12,0	11,1	10,3	9,62	9,04	8,53	8,07	7,67	7,31	6,98	6,68	6,41	6,16	5,93	5,71
75		20,9	17,9	15,8	14,2	13,0	12,0	11,1	10,4	9,73	9,18	8,69	8,25	7,86	7,50	7,18	6,88	6,61	6,36	6,13
80			19,5	17,1	15,4	14,0	12,9	11,9	11,1	10,4	9,84	9,30	8,83	8,41	8,02	7,68	7,36	7,07	6,80	6,55
85			21,2	18,5	16,5	15,0	13,8	12,8	11,9	11,2	10,5	9,93	9,42	8,96	8,55	8,18	7,84	7,52	7,24	6,97
90			23,1	19,9	17,7	16,1	14,7	13,6	12,7	11,9	11,2	10,6	10,0	9,52	9,08	8,68	8,32	7,98	7,68	7,40
95				21,5	19,0	17,1	15,7	14,5	13,5	12,6	11,9	11,2	10,6	10,1	9,61	9,19	8,80	8,45	8,12	7,82
100				23,1	20,3	18,3	16,7	15,4	14,3	13,3	12,5	11,8	11,2	10,7	10,2	9,69	9,28	8,91	8,57	8,25
110					23,1	20,6	18,7	17,2	15,9	14,8	13,9	13,1	12,4	11,8	11,2	10,7	10,3	9,84	9,46	9,11
120					26,1	23,1	20,8	19,0	17,6	16,4	15,4	14,5	13,7	13,0	12,3	11,8	11,3	10,8	10,4	9,97
130						25,7	23,1	21,0	19,3	18,0	16,8	15,8	14,9	14,1	13,5	12,8	12,3	11,8	11,3	10,8
140						28,7	25,4	23,1	21,2	19,6	18,3	17,2	16,2	15,4	14,6	13,9	13,3	12,7	12,2	11,7
150							28,0	25,2	23,0	21,3	19,8	18,6	17,5	16,6	15,7	15,0	14,3	13,7	13,1	12,6
160							30,8	27,5	25,0	23,0	21,4	20,0	18,9	17,8	16,9	16,1	15,3	14,7	14,1	13,5
170								29,9	27,1	24,9	23,0	21,5	20,2	19,1	18,1	17,2	16,4	15,7	15,0	14,4
180								32,5	29,3	26,7	24,7	23,0	21,6	20,4	19,3	18,3	17,5	16,7	16,0	15,3
190									31,5	28,7	26,5	24,6	23,0	21,7	20,5	19,5	18,6	17,7	17,0	16,3
200									34,0	30,8	28,2	26,2	24,5	23,0	21,8	20,6	19,6	18,8	17,9	17,2
220										35,2	32,1	29,6	27,5	25,8	24,3	23,0	21,9	20,9	19,9	19,1
240											36,2	33,2	30,7	28,7	27,0	25,5	24,2	23,0	22,0	21,0
260												37,1	34,2	31,8	29,8	28,1	26,6	25,3	24,1	23,0
280													37,8	35,0	32,7	30,7	29,0	27,5	26,2	25,1
300													41,8	38,5	35,8	33,5	31,6	29,9	28,4	27,1
320														42,2	39,0	36,4	34,2	32,4	30,7	29,3
340															42,5	39,5	37,0	34,9	33,1	31,5
360															46,2	42,7	39,9	37,5	35,5	33,7
380																46,2	42,9	40,3	38,0	36,0
400																	46,2	43,1	40,6	38,4
420																	49,6	46,1	43,3	40,9
440																		49,3	46,1	43,5
460																		52,7	49,1	46,1
480																			52,2	48,9
500																				51,8
520																				54,9

Im grau unterlegten Bereich ist die Bewehrung kleiner als 0,0015 · *b* · *d*.

Unterhalb der gestrichelten Linie ist die Druckzonenhöhe $x/d > 0{,}25$.

Unterhalb der durchgezogenen, getreppten Linie ist die Druckzonenhöhe $x/d > 0{,}45$.

Unterhalb des angegebenen Zahlenbereichs sollte eine Bemessung mit Druckbewehrung erfolgen.

D

Tafel D.10.2 Druckzonenhöhe x und Flächenmoment 2. Grades I des Zustandes II von Stahlbetonplatten ohne Druckbewehrung im Gebrauchszustand mit $\alpha_e = 15$

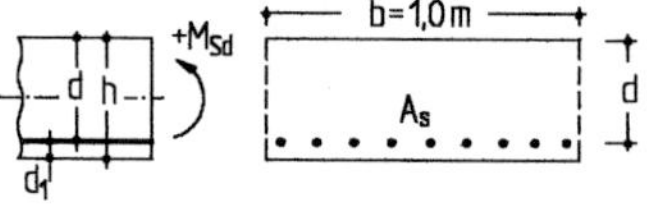

Im grau unterlegten Bereich ist die Bewehrung kleiner als 0,0015 · *b* · *d*.

A_s cm²	x_{II} in cm und I_{II} in cm⁴ für d in cm																			
	10		11		12		13		14		15		16		17		18		19	
	x	I	x	I	x	I	x	I	x	I	x	I	x	I	x	I	x	I	x	I
1,0	1,59	1195	1,67	1461	1,75	1755	1,83	2076	1,90	2425	1,98	2802	2,05	3206	2,11	3639	2,18	4099	2,24	4588
1,2	1,73	1404	1,82	1718	1,91	2065	1,99	2445	2,07	2858	2,15	3303	2,23	3783	2,30	4295	2,37	4841	2,44	5420
1,4	1,85	1606	1,95	1967	2,04	2366	2,14	2803	2,22	3279	2,31	3793	2,39	4345	2,47	4936	2,55	5565	2,62	6234
1,6	1,96	1802	2,07	2210	2,17	2660	2,27	3153	2,36	3690	2,45	4270	2,54	4894	2,63	5562	2,71	6274	2,79	7030
1,8	2,07	1994	2,18	2446	2,29	2946	2,39	3495	2,49	4092	2,59	4737	2,68	5432	2,77	6176	2,86	6969	2,94	7811
2,0	2,17	2180	2,29	2676	2,40	3226	2,51	3828	2,61	4485	2,71	5195	2,81	5959	2,91	6777	3,00	7650	3,09	8577
2,2	2,26	2362	2,38	2901	2,50	3499	2,62	4155	2,73	4870	2,83	5643	2,94	6476	3,04	7368	3,13	8319	3,23	9330
2,4	2,35	2539	2,48	3122	2,60	3767	2,72	4475	2,84	5247	2,95	6083	3,05	6983	3,16	7947	3,26	8976	3,36	10070
2,6	2,43	2713	2,57	3337	2,69	4029	2,82	4789	2,94	5618	3,05	6515	3,16	7482	3,27	8518	3,38	9623	3,48	10799
2,8	2,51	2883	2,65	3549	2,78	4287	2,91	5097	3,03	5982	3,15	6940	3,27	7972	3,38	9078	3,49	10260	3,60	11516
3,0	2,58	3050	2,73	3756	2,87	4539	3,00	5400	3,13	6339	3,25	7357	3,37	8454	3,49	9630	3,60	10886	3,71	12222
3,2	2,66	3213	2,80	3959	2,95	4787	3,09	5697	3,22	6691	3,34	7768	3,47	8929	3,59	10174	3,70	11504	3,82	12919
3,4	2,72	3374	2,88	4159	3,03	5031	3,17	5990	3,30	7037	3,43	8172	3,56	9396	3,69	10710	3,81	12113	3,92	13606
3,6	2,79	3531	2,95	4355	3,10	5270	3,25	6278	3,39	7377	3,52	8570	3,65	9857	3,78	11238	3,90	12713	4,02	14283
3,8	2,85	3686	3,02	4548	3,17	5506	3,32	6561	3,47	7713	3,60	8963	3,74	10311	3,87	11759	4,00	13305	4,12	14952
4,0	2,92	3837	3,08	4738	3,24	5738	3,39	6840	3,54	8043	3,68	9350	3,82	10759	3,96	12272	4,09	13890	4,21	15612
4,2	2,98	3987	3,15	4924	3,31	5966	3,47	7114	3,62	8369	3,76	9731	3,90	11201	4,04	12780	4,17	14467	4,30	16264
4,4	3,03	4134	3,21	5108	3,37	6191	3,53	7385	3,69	8690	3,84	10107	3,98	11637	4,12	13280	4,26	15037	4,39	16908
4,6	3,09	4278	3,27	5288	3,44	6413	3,60	7652	3,76	9007	3,91	10479	4,06	12068	4,20	13775	4,34	15600	4,48	17544
4,8	3,14	4420	3,32	5467	3,50	6631	3,67	7915	3,83	9320	3,98	10845	4,13	12493	4,28	14263	4,42	16156	4,56	18174
5,0	3,19	4560	3,38	5642	3,56	6846	3,73	8175	3,89	9628	4,05	11207	4,21	12913	4,36	14745	4,50	16706	4,64	18796
5,5	3,32	4901	3,51	6070	3,70	7372	3,88	8809	4,05	10382	4,22	12092	4,38	13940	4,54	15927	4,69	18054	4,83	20321
6,0	3,44	5230	3,64	6483	3,83	7880	4,02	9423	4,20	11113	4,37	12951	4,54	14939	4,70	17077	4,86	19366	5,02	21806
6,5	3,55	5548	3,76	6883	3,96	8373	4,15	10019	4,34	11823	4,52	13787	4,70	15911	4,86	18196	5,03	20644	5,19	23255
7,0	3,65	5855	3,87	7270	4,08	8850	4,28	10597	4,47	12513	4,66	14599	4,84	16857	5,02	19287	5,19	21890	5,35	24668
7,5	3,75	6152	3,98	7646	4,19	9314	4,40	11160	4,60	13185	4,79	15391	4,98	17779	5,16	20350	5,34	23107	5,51	26049
8,0	3,84	6441	4,08	8010	4,30	9765	4,51	11707	4,72	13839	4,92	16163	5,11	18679	5,30	21389	5,48	24296	5,66	27399
8,5	3,93	6721	4,17	8365	4,40	10204	4,62	12241	4,83	14477	5,04	16916	5,24	19558	5,43	22405	5,62	25458	5,80	28719
9,0	4,02	6993	4,26	8710	4,50	10631	4,73	12760	4,94	15100	5,16	17651	5,36	20416	5,56	23397	5,75	26595	5,94	30012
9,5	4,10	7258	4,35	9045	4,59	11048	4,83	13268	5,05	15708	5,27	18370	5,48	21256	5,68	24369	5,88	27709	6,07	31279
10,0	4,18	7515	4,44	9373	4,68	11454	4,92	13763	5,15	16301	5,37	19072	5,59	22078	5,80	25320	6,00	28800	6,20	32520
11,0	4,33	8011	4,60	10003	4,86	12238	5,10	14719	5,34	17450	5,58	20433	5,80	23670	6,02	27165	6,23	30918	6,44	34932
12,0	4,46	8482	4,75	10604	5,01	12987	5,27	15634	5,52	18550	5,77	21738	6,00	25200	6,23	28939	6,45	32957	6,66	37257
13,0	4,59	8931	4,88	11177	5,16	13703	5,43	16511	5,69	19607	5,94	22992	6,19	26672	6,42	30648	6,65	34923	6,88	39500
14,0	4,71	9360	5,01	11727	5,30	14389	5,58	17353	5,85	20622	6,11	24200	6,36	28091	6,61	32297	6,84	36822	7,08	41668
15,0	4,83	9770	5,14	12253	5,44	15049	5,72	18163	6,00	21600	6,27	25364	6,53	29460	6,78	33890	7,03	38658	7,27	43766
16,0	4,93	10163	5,25	12758	5,56	15683	5,86	18943	6,14	22543	6,42	26488	6,69	30783	6,95	35431	7,20	40435	7,45	45800
17,0	5,03	10541	5,36	13244	5,68	16294	5,98	19695	6,28	23453	6,56	27575	6,84	32063	7,10	36923	7,36	42158	7,62	47772
18,0	5,13	10904	5,47	13712	5,79	16882	6,10	20421	6,40	24333	6,70	28626	6,98	33303	7,25	38369	7,52	43830	7,78	49687
19,0	5,22	11253	5,57	14163	5,90	17451	6,22	21122	6,53	25185	6,83	29644	7,12	34505	7,40	39773	7,67	45453	7,94	51548
20,0	5,31	11590	5,66	14599	6,00	18000	6,33	21801	6,64	26009	6,95	30631	7,25	35671	7,54	41136	7,82	47030	8,09	53358
22,0	5,47	12227	5,84	15426	6,19	19045	6,53	23096	6,86	27584	7,18	32518	7,49	37905	7,79	43750	8,09	50058	8,37	56835
24,0	5,62	12823	6,00	16200	6,37	20027	6,72	24313	7,07	29069	7,40	34301	7,72	40018	8,03	46225	8,34	52930	8,64	60138
26,0	5,75	13381	6,15	16927	6,53	20951	6,90	25462	7,25	30472	7,60	35989	7,93	42021	8,26	48576	8,57	55661	8,88	63283
28,0	5,88	13906	6,29	17613	6,68	21823	7,06	26549	7,43	31802	7,78	37591	8,13	43926	8,47	50814	8,79	58264	9,11	66283
30,0	6,00	14400	6,42	18260	6,82	22648	7,22	27579	7,59	33064	7,96	39115	8,32	45740	8,66	52949	9,00	60750	9,33	69151
35,0	6,26	15521	6,71	19733	7,14	24533	7,56	29939	7,96	35965	8,35	42623	8,73	49926	9,10	57884	9,47	66509	9,82	75809
40,0	6,49	16504	6,96	21031	7,42	26203	7,86	32038	8,28	38553	8,70	45764	9,10	53685	9,49	62329	9,87	71708	10,2	81834

Tafel D.10.2 Druckzonenhöhe x und Flächenmoment 2. Grades I des Zustandes II von Stahlbetonplatten ohne Druckbewehrung im Gebrauchszustand mit $\alpha_e = 15$

(Fortsetzung)

Im grau unterlegten Bereich ist die Bewehrung kleiner als 0,0015 · *b* · *d*.

A_s cm²	x_{II} in cm und I_{II} in cm⁴ für d in cm																			
	20		21		22		23		24		25		26		27		28		29	
	x	I	x	I	x	I	x	I	x	I	x	I	x	I	x	I	x	I	x	I
1,0	2,30	5105	2,36	5650	2,42	6223	2,48	6824	2,54	7454	2,59	8112	2,65	8799	2,70	9513	2,75	10257	2,80	11028
1,2	2,51	6033	2,58	6680	2,64	7360	2,70	8074	2,76	8821	2,83	9603	2,88	10418	2,94	11267	3,00	12150	3,06	13067
1,4	2,70	6941	2,77	7687	2,84	8473	2,91	9297	2,97	10161	3,04	11064	3,10	12006	3,16	12987	3,23	14008	3,29	15068
1,6	2,87	7830	2,94	8675	3,02	9564	3,09	10497	3,16	11475	3,23	12498	3,30	13565	3,37	14677	3,43	15834	3,50	17035
1,8	3,03	8703	3,11	9644	3,19	10635	3,26	11676	3,34	12767	3,41	13907	3,49	15098	3,56	16339	3,63	17630	3,70	18971
2,0	3,18	9559	3,26	10596	3,35	11688	3,43	12835	3,51	14037	3,58	15294	3,66	16607	3,74	17975	3,81	19398	3,88	20877
2,2	3,32	10401	3,41	11532	3,49	12723	3,58	13975	3,66	15287	3,75	16659	3,83	18093	3,90	19586	3,98	21141	4,06	22757
2,4	3,45	11229	3,55	12453	3,64	13743	3,73	15098	3,81	16518	3,90	18005	3,98	19557	4,06	21176	4,14	22860	4,22	24611
2,6	3,58	12044	3,68	13361	3,77	14747	3,86	16204	3,95	17732	4,04	19332	4,13	21002	4,22	22743	4,30	24556	4,38	26441
2,8	3,70	12847	3,80	14254	3,90	15737	4,00	17295	4,09	18930	4,18	20640	4,27	22427	4,36	24291	4,45	26231	4,53	28247
3,0	3,82	13639	3,92	15136	4,02	16713	4,12	18372	4,22	20111	4,31	21932	4,41	23835	4,50	25819	4,59	27885	4,68	30033
3,2	3,93	14419	4,04	16005	4,14	17676	4,24	19434	4,34	21278	4,44	23208	4,54	25225	4,63	27328	4,73	29519	4,82	31797
3,4	4,04	15189	4,15	16862	4,25	18627	4,36	20483	4,46	22430	4,57	24468	4,66	26598	4,76	28820	4,86	31135	4,95	33541
3,6	4,14	15948	4,25	17709	4,36	19566	4,47	21519	4,58	23568	4,68	25713	4,79	27956	4,89	30296	4,99	32733	5,08	35267
3,8	4,24	16698	4,36	18545	4,47	20493	4,58	22542	4,69	24693	4,80	26945	4,90	29299	5,01	31755	5,11	34313	5,21	36974
4,0	4,34	17439	4,46	19372	4,57	21410	4,69	23554	4,80	25805	4,91	28162	5,02	30626	5,12	33198	5,23	35877	5,33	38663
4,2	4,43	18171	4,55	20188	4,67	22316	4,79	24554	4,91	26905	5,02	29366	5,13	31940	5,24	34626	5,34	37425	5,45	40336
4,4	4,52	18894	4,65	20995	4,77	23211	4,89	25544	5,01	27993	5,12	30558	5,24	33240	5,35	36040	5,46	38957	5,56	41992
4,6	4,61	19609	4,74	21793	4,86	24097	4,99	26523	5,11	29069	5,22	31737	5,34	34527	5,45	37440	5,56	40475	5,67	43632
4,8	4,69	20315	4,83	22582	4,95	24973	5,08	27491	5,20	30135	5,32	32905	5,44	35802	5,56	38826	5,67	41977	5,78	45257
5,0	4,78	21014	4,91	23362	5,04	25841	5,17	28449	5,30	31189	5,42	34061	5,54	37064	5,66	40199	5,77	43466	5,89	46867
5,5	4,98	22729	5,12	25278	5,26	27970	5,39	30804	5,52	33781	5,65	36902	5,78	40167	5,90	43576	6,02	47130	6,14	50829
6,0	5,17	24400	5,31	27147	5,46	30047	5,60	33102	5,73	36312	5,87	39678	6,00	43200	6,13	46878	6,26	50714	6,38	54706
6,5	5,35	26030	5,50	28970	5,65	32076	5,79	35348	5,94	38787	6,07	42394	6,21	46168	6,35	50111	6,48	54223	6,61	58505
7,0	5,52	27622	5,67	30752	5,83	34059	5,98	37545	6,13	41209	6,27	45052	6,41	49075	6,55	53278	6,69	57663	6,82	62229
7,5	5,68	29178	5,84	32495	6,00	36000	6,16	39695	6,31	43580	6,46	47656	6,61	51924	6,75	56384	6,89	61036	7,03	65883
8,0	5,83	30700	6,00	34200	6,16	37900	6,33	41801	6,48	45904	6,64	50209	6,79	54718	6,94	59430	7,08	64347	7,23	69470
8,5	5,98	32190	6,15	35870	6,32	39762	6,49	43866	6,65	48183	6,81	52714	6,97	57460	7,12	62421	7,27	67599	7,42	72994
9,0	6,12	33649	6,30	37507	6,47	41587	6,65	45891	6,81	50419	6,98	55173	7,14	60153	7,29	65359	7,45	70794	7,60	76457
9,5	6,26	35079	6,44	39112	6,62	43378	6,80	47879	6,97	52615	7,14	57588	7,30	62798	7,46	68247	7,62	73935	7,78	79863
10,0	6,39	36482	6,58	40687	6,76	45136	6,94	49830	7,12	54772	7,29	59961	7,46	65398	7,62	71086	7,79	77024	7,95	83214
11,0	6,64	39209	6,84	43751	7,03	48558	7,22	53632	7,40	58975	7,58	64588	7,76	70471	7,93	76627	8,10	83056	8,27	89760
12,0	6,87	41840	7,08	46708	7,28	51863	7,48	57307	7,67	63041	7,86	69067	8,04	75385	8,22	81998	8,40	88906	8,57	96110
13,0	7,09	44380	7,31	49567	7,52	55061	7,72	60865	7,92	66980	8,11	73408	8,31	80151	8,50	87210	8,68	94585	8,86	102E3
14,0	7,30	46838	7,52	52334	7,74	58159	7,95	64314	8,16	70801	8,36	77623	8,56	84780	8,75	92274	8,95	100E3	9,13	108E3
15,0	7,50	49219	7,73	55017	7,95	61164	8,17	67662	8,38	74512	8,59	81718	8,80	89280	9,00	97200	9,20	105E3	9,39	114E3
16,0	7,69	51527	7,92	57620	8,15	64082	8,38	70915	8,60	78120	8,81	85701	9,03	93659	9,23	102E3	9,44	111E3	9,64	120E3
17,0	7,87	53768	8,11	60149	8,35	66918	8,58	74078	8,80	81631	9,03	89579	9,24	97925	9,46	107E3	9,67	116E3	9,88	125E3
18,0	8,04	55945	8,29	62608	8,53	69677	8,77	77157	9,00	85050	9,23	93358	9,45	102E3	9,67	111E3	9,89	121E3	10,1	131E3
19,0	8,20	58062	8,46	65000	8,71	72364	8,95	80157	9,19	88383	9,42	97043	9,65	106E3	9,88	116E3	10,1	126E3	10,3	136E3
20,0	8,36	60123	8,62	67329	8,87	74981	9,12	83081	9,37	91633	9,61	101E3	9,85	110E3	10,1	120E3	10,3	130E3	10,5	141E3
22,0	8,65	64085	8,93	71813	9,19	80023	9,45	88719	9,71	97904	9,96	108E3	10,2	118E3	10,5	128E3	10,7	140E3	10,9	151E3
24,0	8,93	67854	9,21	76082	9,49	84829	9,76	94098	10,0	104E3	10,3	114E3	10,5	125E3	10,8	136E3	11,0	148E3	11,3	161E3
26,0	9,18	71446	9,48	80156	9,77	89419	10,1	99240	10,3	110E3	10,6	121E3	10,9	132E3	11,1	144E3	11,4	157E3	11,6	170E3
28,0	9,42	74876	9,73	84051	10,0	93812	10,3	104E3	10,6	115E3	10,9	127E3	11,2	139E3	11,4	152E3	11,7	165E3	12,0	179E3
30,0	9,65	78160	9,97	87782	10,3	98024	10,6	109E3	10,9	120E3	11,2	133E3	11,4	145E3	11,7	159E3	12,0	173E3	12,3	188E3
35,0	10,2	85792	10,5	96469	10,8	108E3	11,2	120E3	11,5	133E3	11,8	146E3	12,1	160E3	12,4	175E3	12,7	191E3	13,0	208E3
40,0	10,6	92716	11,0	104E3	11,3	117E3	11,7	130E3	12,0	144E3	12,3	159E3	12,7	174E3	13,0	191E3	13,3	208E3	13,6	226E3
45,0	11,0	99041	11,4	112E3	11,8	125E3	12,1	139E3	12,5	154E3	12,8	170E3	13,2	187E3	13,5	205E3	13,8	224E3	14,2	243E3
50,0	11,4	105E3	11,8	118E3	12,2	133E3	12,5	148E3	12,9	164E3	13,3	181E3	13,6	199E3	14,0	218E3	14,3	238E3	14,7	259E3
55,0	11,7	110E3	12,1	124E3	12,5	140E3	12,9	156E3	13,3	173E3	13,7	191E3	14,0	210E3	14,4	231E3	14,8	252E3	15,1	274E3
60,0	12,0	115E3	12,4	130E3	12,8	146E3	13,2	163E3	13,6	181E3	14,0	200E3	14,4	221E3	14,8	242E3	15,2	265E3	15,6	288E3

Hinweis: Das Kurzzeichen E3 hinter einem Zahlenwert bedeutet Zahlenwert · 10^3

E KONSTRUKTION VON STAHLBETONTRAGWERKEN

Prof. Dr.-Ing. Helmut Geistefeldt

E KONSTRUKTION VON STAHLBETONTRAGWERKEN

1 Einführung

Tragwerke müssen so bemessen und ausgebildet werden, dass sie unter allen während der vorgesehenen Nutzungsdauer auftretenden Einwirkungen und Einflüssen ausreichend tragfähig sind und dauerhaft geforderte Gebrauchseigenschaften aufweisen. Diese Anforderungen sind in allen Teilen sicherzustellen, nicht nur in denen, die einer statischen Berechnung und Bemessung leicht zugänglich sind und durch ihre Ergebnisse abgedeckt werden.

Beim Verbundbaustoff Stahlbeton sind aus den besonderen Eigenschaften der beiden Werkstoffe Beton einerseits und Bewehrung aus Stahlstäben andererseits und deren Zusammenwirken bereits in Standardbereichen der Tragwerke zahlreiche Detailanforderungen für die bauliche Durchbildung zu erfüllen. Besonders in Detailbereichen, wie den biegesteifen Verbindungen zwischen den einzelnen Bauteilen, den Auflagerbereichen und anderen Zonen mit konzentrierten Lasteinleitungen sowie weiteren Bereichen mit geometrischen Unstetigkeiten wie Vouten, Aussparungen u. Ä., ist die lückenlose Sicherung des Kraftflusses sowie die Vermeidung oder Begrenzung von Rissbildungen im Beton durch geeignete konstruktive Durchbildung entscheidend für die Qualität des Tragwerks. Dabei sollten die Gegebenheiten auf der Baustelle hinsichtlich praktischer Ausführbarkeit und Wirtschaftlichkeit besonders beachtet werden.

Durch zahlreiche Regeln für die bauliche und konstruktive Durchbildung in Normen wird angestrebt, die notwendigen baulichen und konstruktiven Anforderungen vorzuschreiben. Für deren richtige Anwendung und die Erweiterung auf dabei nicht direkt erfasste Detailprobleme ist jedoch ein fundiertes Verständnis der Zusammenhänge und die Fähigkeit der richtigen Detailanalyse für die Planung guter Konstruktionen und Detailpunkte sowie für die Vermeidung von Baumängeln und Schäden entscheidend.

Die Analyse von Detailpunkten in Stahlbetontragwerken im gerissenen Zustand ist mit dem Verfahren der Stabwerkmodelle nach *Schlaich/Schäfer* auf rationaler Basis für alle Bereiche einer Konstruktion möglich, [Schlaich/Schäfer – 87], [Schlaich/Schäfer – 98]. Die zugehörigen Grundlagen sind für eine allgemeine Anwendung mittlerweile so weit abgesichert, dass das Verfahren in die neue Norm [E DIN 1045-1 – 00] und in Anwendungsregeln für Nachweis und Durchbildung von Detailpunkten einbezogen wurde, s. [DAfStb-H425 – 93].

Das vorliegende Kapitel E soll, ohne Anspruch auf Vollständigkeit, für die Tragwerksplanung von Stahlbetontragwerken des üblichen Hoch- und Ingenieurbaus richtige bauliche und konstruktive Durchbildungen, vor allem von Detailproblemen, entwickeln und darstellen sowie Verständnis für die dabei zugrunde liegenden Zusammenhänge vermitteln. Die Analyse von Konstruktionsdetails erfolgt, soweit dies erforderlich erscheint, über eine anschauliche und zum Teil vereinfachte Anwendung des Verfahrens der Stabwerkmodelle.

In den weiteren Ausführungen wird direkt auf die Regelungen in [E DIN 1045-1 – 00], die weitgehend denen in [ENV 1992-1-1 – 92] entsprechen. Auf wesentliche jeweils zugeordnete Angaben nach [DIN 1045 – 88] wird noch jeweils in Klammern „()“ zusätzlich hingewiesen.

Auf Detailfragen der Anwendung der Vorspannung, Fragen des Anschlusses und der Befestigungstechnik von Bauelementen und Bauteilen, wird nicht eingegangen. Sonderfragen zum Hochleistungsbeton, der nach [E DIN 1045-1 – 00] mit Festigkeiten bis f_{ck} = 100 N/mm^2 genormt ist, zu baulichen und konstruktiven Problemen, die allein für die Bauausführung wichtig sind, sowie zu Leichtbeton werden am Rande behandelt.

2 Zusammenwirken von Beton und Bewehrungsstahl

2.1 Tragwirkung von Stahlbeton

2.1.1 Verbundwerkstoff Stahlbeton

Im Verbundwerkstoff Stahlbeton werden die besonderen Trageigenschaften der Einzelbaustoffe optimal genutzt und deren Nachteile bei richtiger Bemessung und Anordnung der Bewehrungsstäbe durch den jeweils anderen Baustoff ausgeglichen. Beton ist in beliebiger Richtung besonders auf Druck und geringer auf Zug tragfähig und schützt den Stahl vor Korrosion und im Brandfall vor zu schneller Erwärmung mit Tragfähigkeitsverlust. Stahlstäbe sind auf Zug und infolge der Einbettung in den Beton auch auf Druck bei seitlicher Aussteifung sehr gut tragfähig. Durch eine optimierte Rippung der Stahloberfläche wird ein bestmögliches Zusammenwirken von Beton und Stahlstäben über Verbund erreicht und die für die Bauweise typischen und unvermeidlichen Rissbildungen auf für die Wirksamkeit und Dauerhaftigkeit unschädliche Größen begrenzt.

E

2.1.2 Eigenschaften des Betons

Beton hat in Stahlbetontragwerken vor allem die Tragfähigkeit auf Druck sicherzustellen. Beton wird in Betonfestigkeitsklassen eingeteilt, unterschieden durch die charakteristische (Nenn-) Druckfestigkeit f_{ck} (β_{WN}), z. B. C 20/25 (B 25) für Normalbeton oder LC 20/25 für Leichtbeton. Je nach Beanspruchungssituationen und Rissbildungen im Tragwerk sind die Drucktragfähigkeiten verschieden. Die einachsige Tragfähigkeit mit dem Bemessungswert f_{cd} (β_R) (Zylinder- oder Prismenfestigkeit) wird durch Querdruck erhöht. Der Bemessungswert beträgt $f_{cd} = \alpha\, f_{ck} / \gamma_c$ mit dem Dauerstandsbeiwert $\alpha = 0{,}85$ bei andauernder Beanspruchung sowie dem Sicherheitsbeiwert $\gamma_c = 1{,}5$ für Beton im Normalfall.

Die Drucktragfähigkeit darf rechnerisch auf den 1,1fachen Wert erhöht werden, falls bei zweiachsigem Spannungszustand Querdruckspannungen von mehr als 25 % der Hauptdruckwerte wirken. Bei gesichertem dreiaxialem Druck dürfen abhängig vom Verhältnis der Hauptspannungen höhere Bemessungsdruckspannungen angesetzt werden. Bei Querzug und nach Rissbildung ist die Druckfestigkeit geringer, insbesondere wenn im gerissenen Zustand die Risslinien stärker, d. h. um mehr als etwa 15°, von der Druckrichtung abweichen. In diesem Fall muss die Druckfestigkeit mit dem Faktor 0,6 auf 0,6 f_{cd} abgemindert werden. Bei Rissen etwa parallel zur Druckrichtung ist mit dem Abminderungsfaktor 0,75 zu rechnen, s. Tafel E.2.1.

Tafel E.2.1 Ein- und zweiachsige Druckfestigkeitswerte des Betons

Beanspruchung und Risse	Festigkeitswerte wobei $f_{cd} = \alpha\, f_{ck} / \gamma_c$
σ_l	f_{cd}
σ_l; $\sigma_t \geq \sigma_l/4$	$1{,}10 f_{cd}$
σ_l	$0{,}6 f_{cd}$
σ_l	$0{,}75 f_{cd}$

Die beanspruchungsabhängigen Abminderungen der einachsigen Betonfestigkeit werden bereits weitgehend bei Anwendung der Bemessungsregeln von Normen implizit berücksichtigt. Lediglich bei Detailnachweisen von ebenen Knoten im Rahmen von Stabwerkmodellierungen sind nach [E DIN 1045-1 – 00] bei Druck-Druck-Druck-Knoten gemäß Abb. E.2.1a, wie sie z. B. bei Innenauflagern von Durchlaufträgern vorkommen, zulässige Bemessungsdruckspannungen $\sigma_{Rd,max}$ festgelegt von

$$\sigma_{Rd,max} = 1{,}1\, f_{cd} \qquad \text{(E.2.1)}$$

Bei ebenen Druck-Zug-Druck-Knoten nach Abb. E.2.1b, wie sie z. B. bei Verbundverankerungen am Endauflager von Biegeträgern vorliegen, gilt bei Winkeln zwischen Druckstreben und Zugstab von nicht weniger als $\theta_2 = 45°$

$$\sigma_{Rd,max} = 0{,}75\, f_{cd} \qquad \text{(E.2.2)}$$

Ist dieser Winkel $\theta_2 \geq 55°$, so darf gemäß [E DIN 1045-1 – 98], Abs. 10.6.3(6) gesetzt werden

$$\sigma_{Rd,max} = 1{,}0\, f_{cd} \qquad \text{(E.2.3)}$$

Höhere Spannungsgrenzen können für Teilflächenbelastung zugrunde gelegt werden

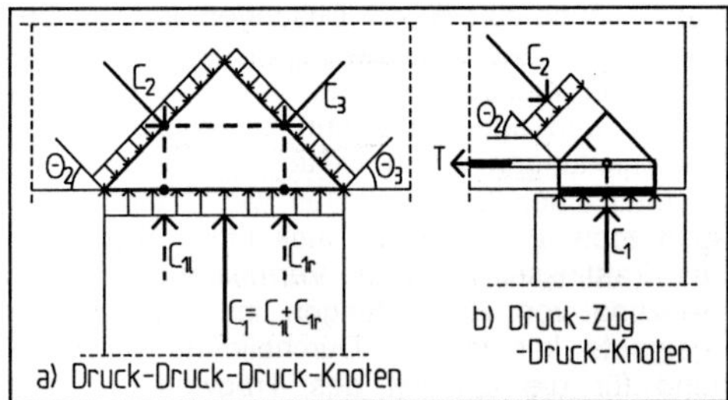

Abb. E.2.1 Knotenbereiche für den Nachweis von
a) ebenen Druck-Druck-Druck-Knoten
b) ebenen Druck-Zug-Druck-Knoten

Die Zugfestigkeit des Betons darf im Allgemeinen bei Bemessung und Nachweis der Tragfähigkeit nicht in Ansatz gebracht werden. Sie ist aber in gewisser Größe wirksam, für die Tragwirkung von Stahlbeton erforderlich und muss zur richtigen Bewertung des Trag- und Verformungsverhaltens bei den Überlegungen zur konstruktiven Durchbildung mit einbezogen werden. Nach Überschreitung der Betonzugfestigkeit treten Risse mit Verlauf etwa senkrecht zur Hauptzugrichtung auf. Die Zugfestigkeit streut relativ stark. Je nach Anforderungen ist daher für die Festigkeit nach 28 Tagen auszugehen entweder

- vom Mittelwert f_{ctm}, der rechnerisch über die Druckfestigkeit f_{ck} zugeordnet werden kann,

  $$f_{ctm} = 0{,}3\, f_{ck}^{2/3} \text{ für} \leq \text{C 50/60} \qquad \text{(E.2.4)}$$

  $$f_{ctm} = 2{,}12 \ln(1{,}8 + f_{ck} / 10) \text{ für} \geq \text{C 55/67}$$

- oder vom unteren Quantilwert

  $$f_{ctk,0.05} = 0{,}7\, f_{ctm} \qquad \text{(E.2.5)}$$

- oder vom oberen Quantilwert

  $$f_{ctk,0.95} = 1{,}3\, f_{ctm} \qquad \text{(E.2.6)}$$

Die Zugfestigkeiten sind in Abb. E.2.2 über der Betondruckfestigkeit aufgetragen.

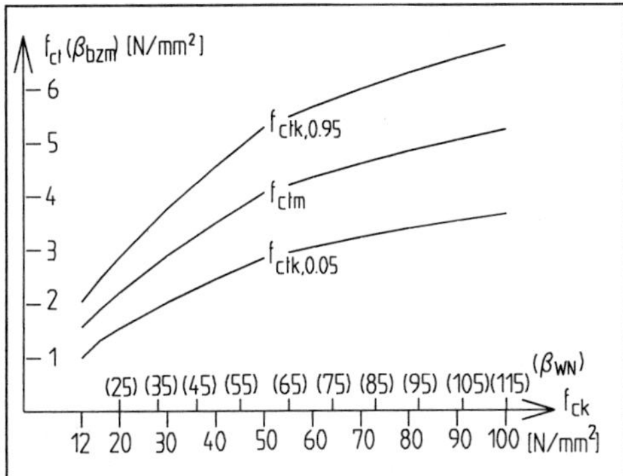

Abb. E.2.2 Zugfestigkeiten zu Druckfestigkeit

Rissbild und -breiten können durch Durchmesser und Querschnitt der die Risse kreuzenden Bewehrung beeinflusst werden, s. Abschnitt E.3.7.

Beton weist eine Querdehnzahl von etwa 0,2 auf, d. h. bei einachsiger Druckbeanspruchung längs mit der Stauchung ε_l dehnt sich der Beton quer bzw. transversal um $\varepsilon = -0{,}2\ \varepsilon_l$. Bei Behinderung freier Querdehnung treten im Tragwerk entsprechende Zwängungsspannungen auf, z. B. bei hoch auf Druck beanspruchten Zonen, die an gering oder nicht beanspruchte Tragbereiche angrenzen. So sind in Abb. E.2.3 die Eckbereiche einer kurzen Wand neben der konzentrierten Krafteinleitung kaum beansprucht und behindern die freie Querdehnung des hoch beanspruchten mittleren Bereichs.

Um ein Abplatzen dieser wenig beanspruchten Bereiche zu verhindern, müssen sie an die hoch beanspruchten Bereiche durch Mindestbewehrung nach Abschnitt E.3.7 „angebunden" werden.

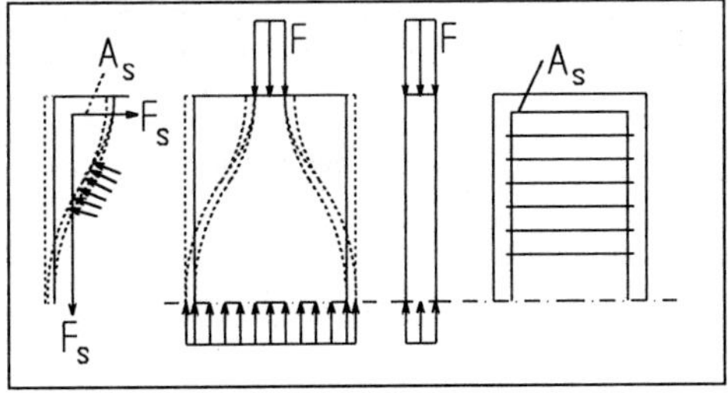

Abb. E.2.3 Unbeanspruchte Zonen neben einer konzentrierten Lasteinleitung

Bei einer Umschnürung des Betons durch enge Verbügelung oder Wendelbewehrung mit hohem Bewehrungsquerschnitt wird die Dehnfähigkeit des Betons unter Druck behindert, und es kann die erheblich höhere dreiaxiale Druckfestigkeit des Betons aktiviert werden. Im Anschlussbereich von Stützen wird auf einer Höhe $h > b$ vor dem Knotenanschnitt durch dort vorgeschriebene engere Verbügelung mit auf $s_{bü,red} = 0{,}6\ s_{bü}$ verringerten Bügelabständen der Beton so ertüchtigt, dass für eingelegte Druckstäbe in diesem Bereich eine gewisse Entlastung sowie ggf. eine gewisse Verankerung erfolgt. Nach [DIN 1045 – 88] darf bei engerer Verbügelung von $s_{bü} = 8$ cm die Verankerung ab $2\ d \leq 2\ b$ erfolgen.

Für die Tragwirkung in bewehrten Druckbereichen ist zu bedenken, dass eine innere Kraftumlagerung vom Beton auf die eingelegte Bewehrung stattfindet durch Kriechverformungen des Betons in Höhe von bis zu etwa 2fachen Werten der elastischen Größen, d. h. durch Kriechverzerrungen von bis nahezu $\Delta\varepsilon_c = -0{,}001$. Verankerungskräfte an Druckbewehrungen, z. B. in Stützen, sind daher in Wirklichkeit höher, als rechnerisch der Verankerungslänge $l_{b,net}$ zugrunde gelegt werden. [E DIN 1045-1 – 00], Abschnitt 12.6.2 berücksichtigt dies durch einen gegenüber [DIN 1045 – 88] zusätzlich differenzierten Mindestwert für Verankerungslängen von $0{,}6\ l_b$ bei der Verankerung von Druckstäben und $0{,}3\ \alpha_a\ l_b$ bei der Verankerung von Zugstäben.

Beton verkürzt sich bei Abbinden und Austrocknung in Abhängigkeit vom Verhältnis des Volumens des Bauteils zu seiner Austrocknungsoberfläche und damit bei konstantem Querschnitt im Verhältnis A_c/u der Querschnittsfläche A_c zu dem Austrocknungsumfang u. Dies Schwinden kann nach einigen Jahren eine Verkürzung ε_{cs} bis zu 0,3 mm/m im Außenbereich und bis zu 0,6 mm/m in trockenen Innenbereichen bewirken, siehe dazu die Endschwindwerte $\varepsilon_{cs\infty}$ nach [E DIN 1045-1 – 00], Abschnitt 9.1.4. Bei Behinderung der freien Schwindverkürzung baut sich eine entsprechende Zwangspannung auf von bis zu

$$\sigma_{cs} = -\varepsilon_{cs(t)} \cdot E_{cm} \qquad \text{(E.2.7)}$$

Eine Überschreitung der Betonzugfestigkeit und folgend Rissbildung kann bei Zwangwirkung aus

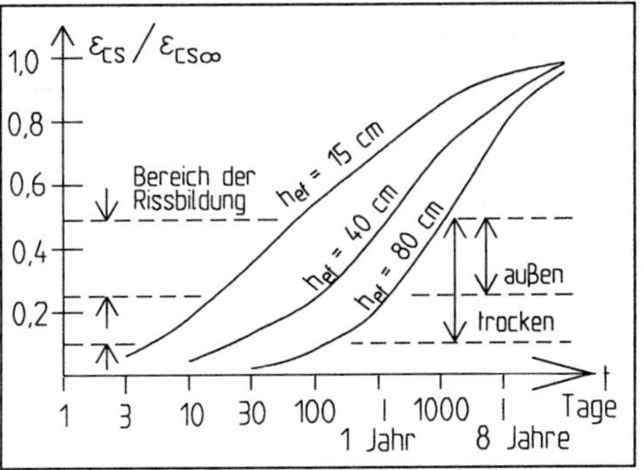

Abb. E.2.4 Zeitlicher Verlauf der Schwindverzerrungen

Schwinden allein zu einem späteren Zeitpunkt als nach 28 Tagen erfolgen, s. Abb E.2.4, in der der prinzipielle Verlauf des Schwindens über der Zeit aufgetragen ist. Für Rissnachweise ist dann die 28-Tage-Zugfestigkeit maßgebend.

Die Auswahl der Güte des Betons und seiner Zusammensetzung wird von Beanspruchung und Funktion eines Bauteils bestimmt. Niederwertige Betone C 12/15 und C 16/20 kommen bei Fundamenten und Massenbeton zum Einsatz. Im allgemeinen Hochbau sind für Ortbeton die Betongüten C 20/25 bis C 30/37 üblich. Für Fertigteile oder bei höheren Beanspruchungen, z. B. für Stützen oder Spannbeton, werden Betone C 30/37 bis C 50/60 verwendet. Bei sehr hoch beanspruchten Stützen, z. B. im Hochhausbau, kommt auch Hochleistungsbeton zum Einsatz, der in [E DIN 1045-1 – 00] von C 70/85 bis C 100/115 genormt ist, s. a. [DAfStb-Ri – 95] mit Festigkeitsklassen von B 65 bis B 115.

Beton muss in betonangreifender Umgebung je nach Angriffsart eine ausreichende Mindestfestigkeit zwischen C 25/30 und C 35/45 aufweisen, s. [E DIN 1045-1 – 00], Abschn. 6.2. Bei Verschleißangriff muss eine zusätzliche Opfer-Betondeckung vor allem über Bewehrungsstäben vorgesehen werden.

2.1.3 Betonstahl

Bewehrungsstäbe aus Betonstahl dienen im Stahlbeton zur Aufnahme von Zugbeanspruchungen und zur Verteilung von Rissbildungen. Bei unzureichender Drucktragfähigkeit des Betonquerschnitts kann Druckbewehrung eingelegt und die Drucktragfähigkeit des Querschnitts, z. B. in Stützen, bis auf das Dreifache gesteigert werden.

Als Bewehrungsstähle kommen derzeit nahezu ausschließlich Rippenstähle mit einer Spannung an der Fließgrenze von f_{yk} = 500 N/mm^2 (= β_s) entweder als Stabstahl oder als Mattenbewehrung zur Anwendung. Bewehrungsstäbe werden rechnerisch bis zur Fließgrenze f_{yk} linear-elastisch und darüber hinaus plastisch bis zu einer

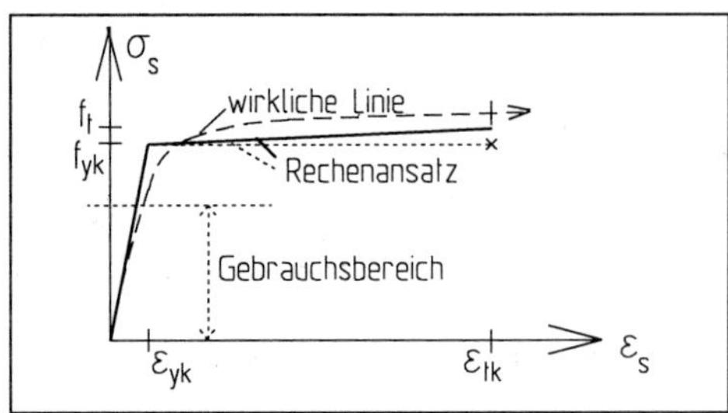

Abb. E.2.5 Rechenansatz und wirkliches Last-Verformungsverhalten von Betonstahl

Dehnung von 0,025 angesetzt. Nach Erreichen der Fließgrenze, die bei dem bleibenden Dehnungsanteil 0,002 festgelegt ist, steigt die Tragfähigkeit noch weiter an. Der Bemessung darf bei ε = 0,025 die Spannung f_{tk} = 525 N/mm^2 zugrunde gelegt werden, s. Abb. 2.5. Der Anstieg von der Fließgrenze f_y bei 0,2 % bleibender Dehnung bis zur Zugfestigkeit f_t muss für „normalduktile" Betonstahlmatten nach [E DIN 1045-1 – 00], Abschn. 9.2.2 und Bild 26 mindestens 5 % und für „hochduktilen" Stabstahl mindestens 8 % von f_y betragen, siehe auch [ENV 10 080 – 95]. In der Regel ist der Anstieg bis hin zur effektiven Zugfestigkeit f_t wesentlich höher, s. Abb. E.2.5.

Bei Verhinderung des seitlichen Ausweichens von Bewehrungsstäben durch ausreichende seitliche Betondeckung mit einem Mindestmaß von $c_{min} \geq d_{sl}$ und ggf. Rückverankerung der Stäbe in den Betonquerschnitt durch Bügel oder Schlaufen mit einem Mindestdurchmesser $d_{sbü} \geq d_{sl} / 4$ sind die Bewehrungsstäbe auf Druck in gleicher Höhe wie auf Zug tragfähig. Sie können zur Erhöhung der Drucktragfähigkeit eines Querschnitts, z. B. in Stützen oder Biegedruckzonen, vorgesehen werden, s. Abb. E.2.6.

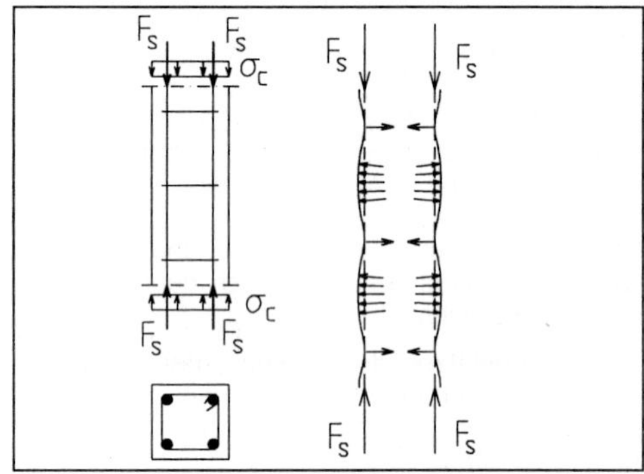

Abb. E.2.6 Knickaussteifung von Druckbewehrung durch Betondeckung und Bügel

Stahlstäbe sind korrosionsgefährdet. Beton ist grundsätzlich alkalisch und schützt eingebettete Bewehrungsstäbe gegen Korrosion. Die Schutzfunktion geht durch Carbonatisierung an luftseitigen Betonoberflächen innerhalb einer auch auf Dauer begrenzten Carbonatisierungstiefe verloren. Bei ausreichend bemessener Betonüberdeckung und Einhaltung einer Mindestbetonfestigkeit gemäß den Normenanforderungen in [E DIN 1045-1 – 00], Abschn. 6.2, Tab. 3, bleibt diese Schutzfunktion erhalten. In Rissen kann örtlich die alkalische Schutzfunktion des Betons verloren gehen und Korrosion eintreten. Bei Rissbreiten unter ca. 0,4 mm bleiben Korrosion und Abrostungsgrade unter normalen Umweltbedingungen dauerhaft ausreichend klein und unschädlich. Durch Beschränkung der Rissbreite w auf zulässige Werte von $w \leq w_k$ = 0,3 mm wird dies sichergestellt. Nur bei Einwirkungen von Chloriden, z. B. aus Tausalz, Meerwasser oder anderen für Stahl und Beton aggressiven Medien, sind besondere Schutzmaßnahmen erforderlich. Einzelheiten sind in Abschnitt E.2.2 gegeben.

2.1.4 Interaktion Beton/Betonstahl

Für die Aktivierung von Stahlstäben im Beton müssen Kraftwirkungen vom Beton in den Stahlstab übertragen werden. Die Güte dieser Verbundwirkung ist entscheidend für das Zusammenwirken von Beton und Bewehrung in Stahlbeton. Die Oberflächengestaltung von Betonrippenstählen ist auf maximale Verbundwirkung optimiert. Die Kraftübertragung erfolgt dabei durch um den Stab umlaufende geneigte Betondruckstreben, die sich gegen die Rippen der Bewehrungsstäbe abstützen, s. Abb. E.2.7. Diese umlaufende Kraftübertragung bewirkt eine Ringzugwirkung im Beton um den Bewehrungsstab mit Durchmesser d_{sl}. Die entsprechende Ringzugtragfähigkeit des Betons ist kraftschlüssig sicherzustellen. Für diese Sicherung des Verbunds zwischen Beton und Bewehrung ist statisch eine Mindestbetondeckung $c_{min} \geq d_{sl}$ erforderlich. Außerdem ist dafür ein lichter Stababstand zwischen benachbarten Bewehrungsstäben von $s_l \geq d_{sl}$ einzuhalten, s. Abb. E.2.7.

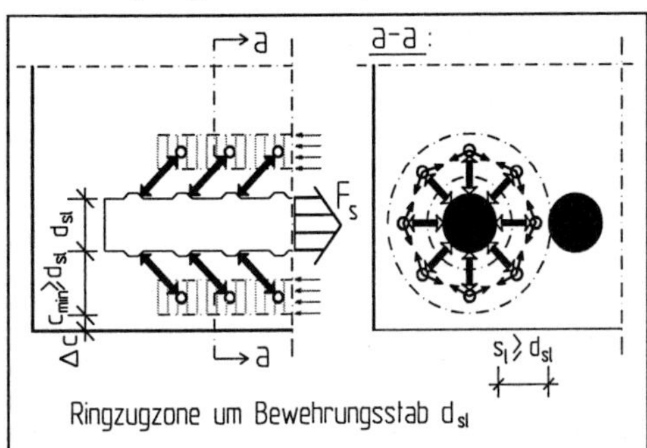

Abb. E.2.7 Ringzugwirkung und Randabstand zur Verbundsicherung um Rippenstäbe

In Krümmungsbereichen von beanspruchten Bewehrungsstäben muss der Beton die zum Gleichgewicht notwendige Umlenkpressung bereitstellen und aufnehmen können, s. Abb. E.2.8. Die Umlenkkraft zwischen Stab und Beton f_r ist abhängig von der wirkenden Stabkraft F_s und dem Biegeradius r_s des Stabes, der durch den Biegerollendurchmesser d_{br} bei Biegung des Stabes aus geraden Längen festgelegt ist:

$$f_r = F_s / r_s \approx F_s / (d_{br}/2) \qquad \text{(E.2.8)}$$

Die Ausstrahlung der Umlenkpressungen kann bei Randstäben anders als bei innen liegenden Stäben zu Abplatzungen führen. Daher muss bei kleiner seitlicher Überdeckung der Biegerollendurchmesser zur Begrenzung der Umlenkpressungen größer gewählt werden als bei gekrümmten Stäben mit größerer seitlicher Überdeckung, siehe dazu Abschnitt E.2.3.

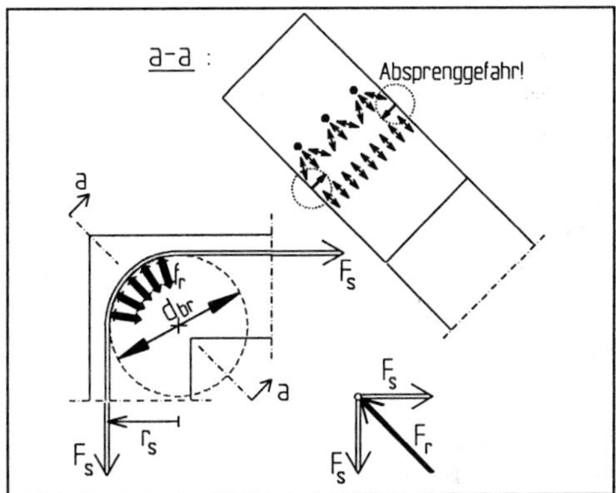

Abb. E.2.8 Umlenkung von Zugstäben in einer Rahmenecke

Bei Krümmungen von Druckstäben ist die Umlenkpressung häufig zur Betonoberfläche gerichtet, und es besteht Absprenggefahr bei zu hoher Umlenkpressung und zu geringer Betondeckung im Vergleich zur Betonfestigkeit. Die Absprenggefahr kann ausgeschlossen werden, wenn die Umlenkwirkung f_r rechts und links vom Stab auf einer Breite von jeweils $c_l \leq s_l/2$ durch Betonzugspannungen aufgenommen werden, die kleiner sind als $f_{ctk,0.05}/\gamma_c$, s. Gl. (E.2.5) und Abb. E.2.9. Für die Sicherung der Tragfähigkeit ist andernfalls eine Rückverankerung der Umlenkkräfte in den Betonquerschnitt durch ausreichende Bewehrung, z. B. Bügel, erforderlich und sollte auch

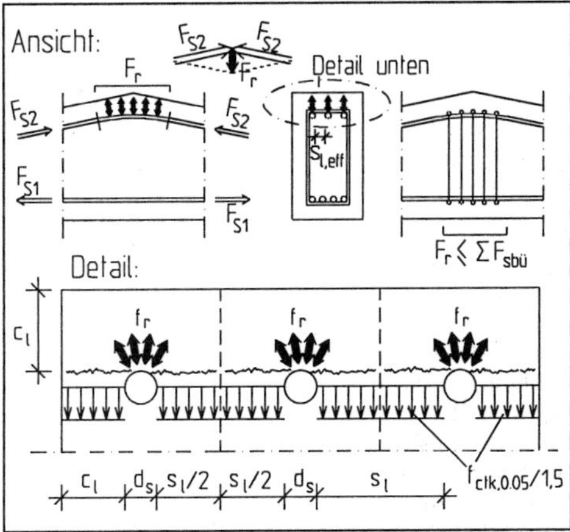

Abb. E.2.9 Umlenkung von Druckbewehrung im Firstpunkt eines Dachbinders

sonst vorgesehen werden. Wenn möglich sollte eine Ausführung ohne gekrümmte statische Druckbewehrung geplant werden. In Abb. E.2.9 ist die Situation im First eines Dachbinders dargestellt.

2.2 Betondeckung der Bewehrung

Die Betonüberdeckung c jedes Bewehrungsstabs in Stahlbetontragwerken, s. Abb. E.2.10, muss ausreichend bemessen sein für

- Korrosionsschutz der Bewehrungsstäbe durch $c \geq c_{min}$
- Sicherung des Verbunds für Bewehrungsstäbe durch $c_{min} \geq d_{sl}$
- Sicherung einer bestimmten Feuerwiderstandsdauer durch $c_{l,nom} \geq u - d_{sl}/2$.

Für den Korrosionsschutz sind je nach Umweltbedingungen Mindestwerte der Überdeckung zur Betonoberfläche c_{min} vorgeschrieben in [E DIN 1045-1 – 00], Abschn. 6.3 bzw. in [DIN 1045 – 88], Tab. 10. Aufgrund der unvermeidlichen Streuung der Betondeckungswerte entlang von Bewehrungsstäben muss das planmäßige Betondeckungsmaß c_{nom} um das Vorhaltemaß Δc gegenüber dem Mindestwert c_{min} größer gewählt werden, so dass gilt

$$c_{nom} = c_{min} + \Delta c \qquad \text{(E.2.9)}$$

Als Regelwert ist nach [E DIN 1045-1 – 00] ein Vorhaltemaß Δc = 15 mm und nur in trockenen Innenräumen Δc = 10 mm anzusetzen. Bei „besonderen Maßnahmen" nach [DBV – 82] darf dieser Wert um 5 mm verringert werden.

Die Betondeckung c_l von Längsstäben in der äußeren Lage beträgt, s. a. Abb E.2.10,

$$c_l \geq \max \begin{vmatrix} c_{min} + \Delta c + d_{sbü} \\ d_{sl} + \Delta c \\ u - d_{sl}/2 \end{vmatrix} \qquad \text{(E.2.10)}$$

Für die seitliche Betondeckung $c_{l(s)}$ ist u_s statt u in Gl. (E.2.10) einzusetzen, s. Abb. E.2.10. Bei Platten sind meist keine Bügel erforderlich und ist dafür in Gl. (E.2.10) $d_{sbü} = 0$ zu setzen.

Die Einhaltung der erforderlichen Betondeckung der Bewehrung beim Betonieren erfolgt durch Einlegen von Abstandhaltern der Höhe $h_A \geq c_l$ zwischen Schalung und Bewehrungsstab, s. Abb. E.2.10. Diese müssen ausreichend stabil gegen Umkippen sein und werden in unterschiedlichen angepassten Formen z. B. aus Plastik, als Betonklötzchen oder linienförmig als Faserbetonleisten, ggf. in Verbindung mit Stahlstäben angeboten. Sie werden am Markt üblicherweise in Abstufungen von 5 mm geliefert, was bei der Berechnung der statischen Nutzhöhe über den Randabstand $d_1 = c_l + d_{sl}/2$ zu beachten ist.

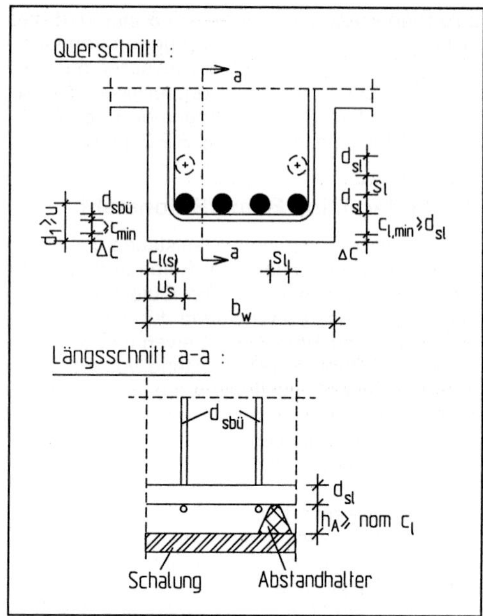

Abb E.2.10 Betondeckung und Brandschutz

Hochbauten müssen unter Brandeinwirkungen eine festgelegte Feuerwiderstandsdauer, z. B. von neunzig Minuten (F 90), aufweisen, während der das Tragwerk nicht versagen und einstürzen darf. Für eine derartige außergewöhnliche Einwirkung brauchen keine Einwirkungs- und Widerstands-Sicherheitszuschläge angesetzt zu werden. Beton ist ein relativ schlechter Wärmeleiter im Vergleich zu Stahl und schützt bei ausreichend bemessener Betondeckung die statisch wirksamen Stahleinlagen gegen Erwärmung über eine kritische Stahltemperatur von etwa 300 °C hinaus, ab der die Festigkeit des Stahls stark abfällt. Besonders gefährdet sind dabei Unterseiten von Deckenkonstruktionen, unter denen sich im Brandfall die heißen Gase sammeln können, und hier besonders die Eckbereiche von Konstruktionen, z. B. bei Unterzugstegen, die von zwei Seiten aufgeheizt werden können, s. Abb. E.2.10. Für übliche Konstruktionsformen sind in den entsprechenden Brandschutznormen [ENV 1992-1-2 – 96] oder [DIN 4102-4 – 94] Randabstände, bezogen auf die Schwerpunkte der Bewehrungsstäbe, angegeben, die für Brandschutzanforderungen ausreichend sind. Wegen der besonderen Gefährdung der Eckstäbe ist in Balkenstegen eine Mindestanzahl von Längsstäben anzuordnen. Die Anforderungen werden für alle angegebenen Balkenbreiten bei Feuerwiderstandsklasse F 90 für Balken aus Normalbeton durch Wahl von Stababständen $s_l \leq 5$ cm immer erfüllt.

2.3 Führung von Bewehrungsstäben

Die Wahl und Führung von Bewehrungsstäben hat einerseits so zu erfolgen, dass erforderliche statische und konstruktive Wirkungen hinsichtlich Tragfähigkeit und Rissbeschränkung erreicht werden. Andererseits soll die Herstellung des Stahlbetontragwerks bezüglich Bewehrungserstellung und Betoniervorgang wirtschaftlich unter Erzielung möglichst hoher Qualität erfolgen.

Parallel verlaufende Bewehrungsstäbe mit dem Durchmesser d_{sl} oder Stabbündel aus $n \leq 3$ Stäben mit Einzeldurchmesser $d_s \leq 28$ mm oder mit $d_{sv} = d_s \sqrt{n}$, dem anzusetzenden Vergleichsdurchmesser, müssen zur Sicherung der Verbundwirkung und für die Einbringung des Betons einen lichten Abstand untereinander aufweisen von

$$s_l \geq \max \left| \begin{matrix} d_{sl} \text{ oder } d_{sv} \\ 20\text{mm} \end{matrix} \right| \qquad \text{(E.2.11)}$$

s. a. Abb. E.2.10. Für Beton mit einem Größtkorn von $d_g > 16$ mm ist $s_l \geq d_g + 5$ mm einzuhalten. Bei sich kreuzenden Bewehrungslagen sollte jeweils $s_l \geq d_g + 10$ mm eingehalten werden. Für Stäbe eines Stabbündels und für sich übergreifende Stäbe in einem Stoß darf $s_l = 0$ sein.

Maximalabstände s_l der Bewehrungsstäbe sollten bei Balken in maximal beanspruchten Bereichen etwa 10 cm nicht überschreiten. In jedem Fall sind die für Platten vorgeschriebenen Größtabstände für Hauptbewehrung einzuhalten, d. h.

$$s_{l,max} \geq \min \left| \begin{matrix} d \\ 25\text{ cm} \end{matrix} \right| \geq 15\text{ cm} \qquad \text{(E.2.12)}$$

Biegezugbewehrungen werden unter Einhaltung geforderter Betondeckung möglichst nahe an die Betonoberfläche gelegt. In Balken sollte die Bewehrung möglichst einlagig, ggf. mit zwei seitlich an den Bügeln befestigten Stäben in der zweiten Lage, bereitgestellt werden, s. Abb. E.2.10.

Die Wahl der Durchmesser der Längsstäbe sollte in Balken und Stegen von Plattenbalken für den statisch erforderlichen Bewehrungsquerschnitt nach folgenden Kriterien erfolgen:

- $s_l \leq$ etwa 10 cm wegen Rissbeschränkung
- $d_{sl} \leq 25$ mm (Begrenzung Verankerungslänge)
- $\geq$ Mindestanzahl Stäbe wegen Brandschutzes
- einlagige Bewehrunganordnung anstreben

Andernfalls sind Montagestäbe zur Unterstützung weiterer Lagen und ab der dritten Bewehrungslage Betonier- und Rüttellücken vorzusehen.

Auf einer Balkenbreite b kann unter Berücksichtigung der seitlichen Betondeckung $c_{l(s)}$ gemäß Gl. (E.2.10) eine maximale Anzahl n von Bewehrungsstäben d_{sl} einlagig angeordnet werden von:

für $d_{sl} \geq 20$ mm

$$n \leq \frac{b - 2\,c_{l(s)}}{2\,d_{sl}} + 0{,}5 \qquad \text{(E.2.13)}$$

für $d_{sl} < 20$ mm (alle Längen in mm einsetzen!)

$$n \leq \frac{b - 2\,c_{l(s)} + 20\text{ mm}}{d_{sl} + 20\text{ mm}} \qquad \text{(E.2.14)}$$

Für $b_{red} = b - 2\,c_{l(s)}$ kann der maximal mögliche Bewehrungsquerschnitt A_s und die größte Anzahl n der einlagig möglichen Bewehrungsstäbe mit d_s aus Abb. E.2.11 abgelesen werden, wie sie sich aus den Gln. (E.2.13) und (E.2.14) berechnen lassen. Gestrichelt ist für $A_{s,erf} = 15$ cm^2 und $b_{red} = 20$ cm als Beispiel gezeigt, dass sich günstigst $d_s = 20$ mm und $n = 5$ Stäbe ergeben. Bei sehr hoher Biegebeanspruchung, die mehrlagige Bewehrungsanordnung und größere Stabdurch-

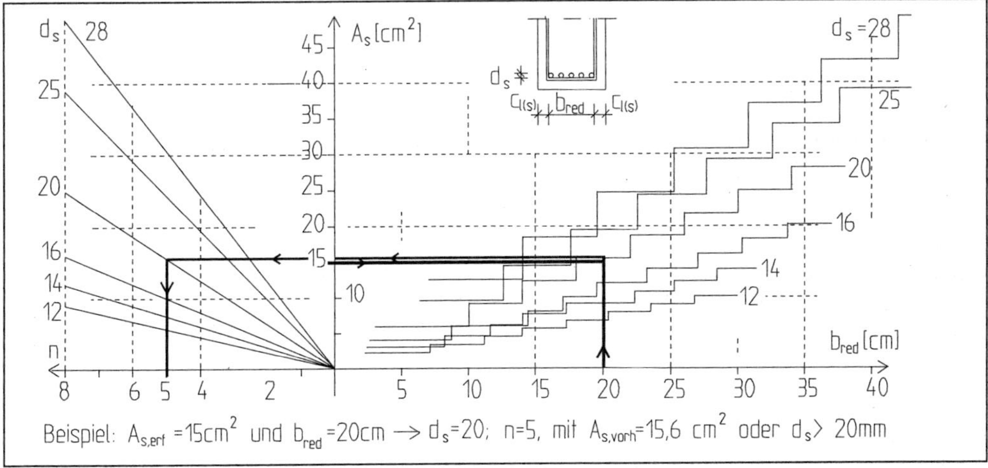

Abb. E.2.11 Grenzen für maximal möglichen Bewehrungsquerschnitt d_s und -durchmesser in einer Lage

messer erforderlich macht, sind Stabbündel aus zwei oder drei Stäben mit Einzeldurchmessern $d_{sI} \leq 28$ mm günstiger als einzelne Bewehrungsstäbe. Nach [E DIN 1045-1 – 00], 12.9 (3) darf der Vergleichsdurchmesser bei Zug $d_{sv} = 36$ mm nicht überschreiten. Bei dem Einsatz derartiger Stabbündel sind zahlreiche Zusatzanforderungen für Anordnung, Verankerung, Übergreifung, zusätzliche Hautbewehrung u. a. zu beachten.

Für Platten im üblichen Hochbau ist eine Bewehrung durch Matten rationell, wobei diese einlagig oder höchstens zweilagig und in Stößen höchstens dreilagig angeordnet werden sollten. Die Anforderungen für Mindestquerbewehrung und Stababstände sind in dem Mattenaufbau bereits berücksichtigt. Ausführliche Hinweise zu rationeller Ausbildung und Anordnung von Mattenbewehrungen werden in Abschnitt E.5.1.2 gegeben.

Bewehrungsstäbe müssen häufig gebogen werden, und zwar für die Herstellung von Bügeln, aber auch als Längsstäbe, z. B. bei Schrägaufbiegungen zur Schubabdeckung oder auch an Neigungsänderungen im Tragwerk. Wegen der kleinen Krümmungsradien sollten Bügeldurchmesser $d_{bü} \leq 12$ mm gewählt werden. Für Verankerungselemente, wie Haken, Winkelhaken oder Schlaufen, s. Abschnitt E.2.4, sowie für Bügel ist für Stabdurchmesser $d_s < 20$ mm ein Biegerollendurchmesser $d_{br} \geq 4 d_s$ zu wählen. Wird der Bügel in dem Krümmungsbereich voll ausgenutzt, wie dies z. B. bei Torsionsbügeln der Fall sein kann, sollte der Biegerollendurchmesser 10 d_s betragen entsprechend den allgemeinen Anforderungen für gekrümmte Stäbe.

Sind Bewehrungsstäbe aus Biegetragwerken in Stützen abzubiegen, gilt für die äußeren Stäbe mit seitlicher Betondeckung $\leq 3\, d_s$ ein Biegerollendurchmesser $d_{br} \geq 20\, d_s$. Bei einer seitlichen Betondeckung von $c_t \leq 7\, d_s$ ist $d_{br} \geq 15\, d_s$ und sonst $d_{br} \geq 10\, d_s$ einzuhalten. Zusätzlich zu diesen Bedingungen sind noch Absolutmaße der seitlichen Betondeckung einzuhalten. Bei kleiner Stützenabmessung h_{St} und dickeren Bewehrungsstäben d_s ist darauf zu achten, dass die Stabkrümmung im Eckbereich verbleibt, s. Abb. E.4.2. Dazu wäre Gl. (E.2.15) zu berücksichtigen:

$$d_s \leq (h_{St} - 2\, c_l)\,/\,11 \qquad \text{(E.2.15)}$$

Für eine Betondeckung $c_l = 4$ cm ist der an der Rahmenecke je nach h_{St} einzuhaltende Durchmesser d_s in Tafel E.2.2 angegeben.

Tafel E.2.2 Größt-Stabdurchmesser, für Stabkrümmung am Rahmenknoten im im Eckbereich (bei c_l = 4 cm)

h_{St}	25 cm	30 cm	35 cm	40 cm
$d_s \leq$	16 mm	20 mm	25 mm	28 mm

2.4 Verbund, Verankerung und Stoß von Bewehrungsstäben

2.4.1 Verbund und Verankerung

Die Kraftübertragung zwischen Beton und Bewehrungsstäben ist bei Einhaltung der erforderlichen Betondeckung nach Abschnitt E.2.2 abhängig von der Qualität des umgebenden Betons, d. h. von der Betonfestigkeitsklasse und davon, wie gut beim Betonieren eine kraftschlüssige Umhüllung des Stabes allseitig erfolgt. Sowohl in [E DIN 1045-1 – 00] als auch in [DIN 1045 – 88] erfolgt eine Differenzierung in zwei verschiedene Verbundkategorien. Im Regelfall können „gute" Verbundbedingungen (Verbundbereich I) entsprechend allseitig guter Betonumhüllung zugrunde gelegt werden. Nur bei größeren Betonierhöhen $h > 25$ cm muss für horizontal oder flach bis 45° geneigt angeordnete Stäbe in dem oberen Bereich von höchstens 30 cm wegen möglicher Setzung des Frischbetons und möglicher Ablösung des Betons an der Unterseite des Bewehrungsstabs mit „mäßigen" Verbundbedingungen (Verbundbereich II) gerechnet werden. Dies trifft für die Stabverankerung der oberen Bewehrung im Stegbereich von Balken und Plattenbalkenstegen zu, jedoch selten für die in den Flansch ausgelagerte Bewehrung.

Als Bemessungswert der Verbundspannung ist in der Norm f_{bd} (zulτ_1) für guten Verbund (Verbundbereich I) in Abhängigkeit von der Betongüte vorgegeben. Er ist als konstanter Mittelwert zur Erfassung der Verbund- und Verankerungswirkungen anzusetzen, s. Abb. E.2.12, und muss abgemindert werden bei mäßigem Verbund auf 0,7 f_{bd} (für Verbundbereich II auf 0,5 zulτ_1).

Das Grundmaß der Verankerungslänge l_b (l_0) ist die Länge, auf der die maximale Bemessungsstabkraft max F_s durch die an der Umfangsfläche

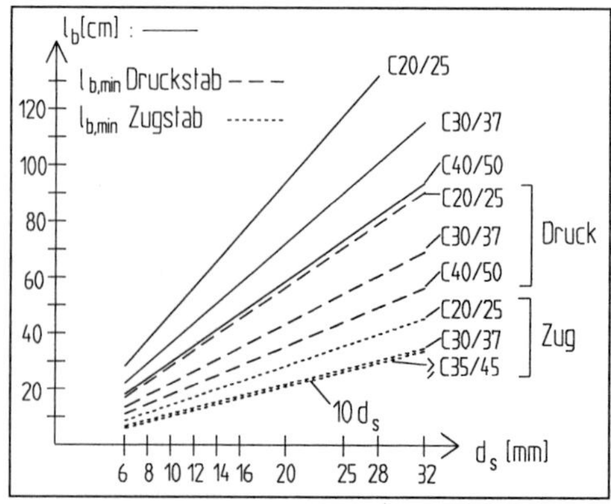

Abb. E.2.12 Grundmaß und Mindestwerte der Verankerungslänge für guten Verbund

insgesamt wirkenden Bemessungs-Verbundkraft max F_τ aufgenommen wird, entsprechend der Summe der parallel zum Stab wirkenden Komponenten der schrägen Druckstreben, s. Abb. E.2.7:

$$\max F_s = A_s \cdot f_{yd} = \pi \cdot d_s^2 \cdot f_{yd} \quad \text{(E.2.16)}$$

$$\max F_\tau = \pi \cdot d_s \cdot l_b \cdot f_{bd} \quad \text{(E.2.17)}$$

Damit gilt

$$l_b = \frac{d_s}{4} \cdot \frac{f_{yd}}{f_{bd}} \quad \text{(E.2.18)}$$

Bei gleicher Betongüte weichen die Verbundspannungen und damit die Verankerungslängen nach [E DIN 1045-1 – 00] für gute Verbundbedingungen (I) um bis zu 30 % und im mäßigen Verbundbereich (II) um bis zu 18 % von [DIN 1045 – 88] ab, s. Abb. E.2.13.

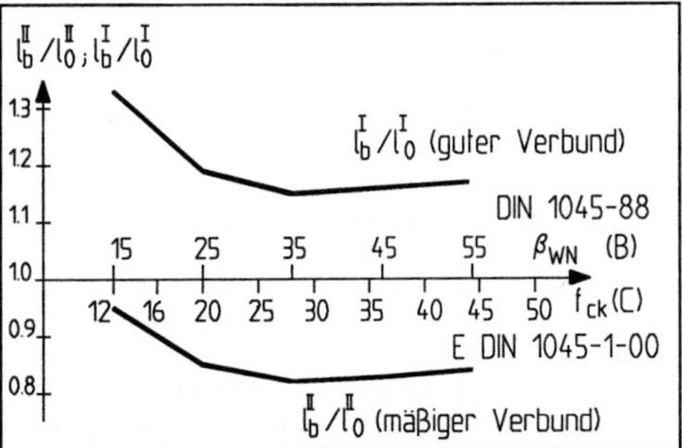

Abb. E.2.13 Grundmaß der Verankerungslänge nach [E DIN 1045-1 – 00] im Vergleich zu [DIN 1045 – 88]

Für eine kurze konzentrierte Verankerung ist der Einbau von Ankerkörpern direkt oder nahe an der Stirnfläche anstatt einer Verbundverankerung möglich. Diese sind mechanisch an dem Ende des Bewehrungsstabs befestigt, z. B. durch Verschweißung oder Verschraubung, s. Abb. E.2.14. Die Verankerungskraft wird vom Verankerungskörper über konzentrierten Druck auf den Beton abgegeben, der dafür nachgewiesen und gegebenenfalls, z. B. durch Wendelbewehrung, ertüchtigt werden muss. Ankerkörper müssen bauaufsichtlich zugelassen sein.

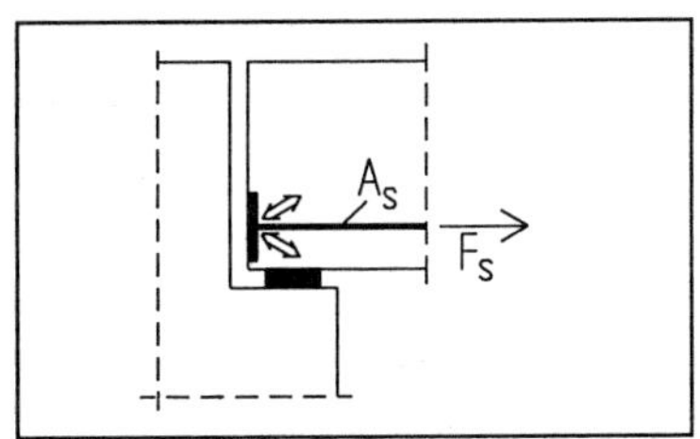

Abb. E.2.14 Stabverankerung über eine Ankerplatte

2.4.2 Erforderliche Verankerungslängen

Ist eine Stabkraft F_s < max F_s aus einem geraden Stab in den Beton einzuleiten, liegt also an der Verankerung eine größere Stahlquerschnittsfläche $A_{s,vorh}$ vor als die statisch erforderliche $A_{s,erf}$, so ist nur eine dazu proportional kleinere Verankerungslänge $l_{b,net}$ notwendig:

$$l_{b,net} = l_b \cdot \frac{A_{s,erf}}{A_{s,vorh}} \quad \text{(E.2.19)}$$

Wenn am Ende der geraden Verankerungslänge $l_{b,net}$ ein Haken, Winkelhaken oder ein angeschweißter Querstab als Verankerungselement vorliegt, darf $l_{b,net}$ gemäß [E DIN 1045-1 – 00], 12.6.2 analog zu [DIN 1045 – 88], Bild 25 mit dem Faktor 0,7 verringert werden, falls die seitliche Überdeckung $ü_s \geq 3\ d_s$ ist. Bei einer Verankerung über zwei speziell angeschweißte Querstäbe oder einen auf $l_{b,net}$ angeschweißten Querstab in Kombination mit Haken, Winkelhaken oder Schlaufen gilt der Faktor 0,5, falls $ü_s \geq 3\ d_s$.

Die günstige Wirkung von Querdruck auf den Verankerungsbereich darf nach [E DIN 1045-1 – 00], 12.5 (5) in Abhängigkeit von einer im Mittel wirkenden Querdruckspannung p berücksichtigt werden. Von p = 0 bis etwa p = –8,3 N/mm² darf die Bemessungsspannung f_{bd} etwa linear um bis zu 50 % erhöht bzw. die Verankerungslänge um bis zu 33 % verringert werden. Dieser Effekt darf günstigst für Endverankerungen von direkt, d. h. am Rand auf Druck, gestützten Biegetragwerken einbezogen werden durch pauschale Abminderung der erforderlichen Verankerungslänge auf

$$l_{b,erf} = \frac{2}{3}\, l_{b,net} \quad \text{(E.2.20)}$$

Die zu verankernden Bewehrungsstäbe müssen jedoch immer mindestens bis zum rechnerischen Auflager reichen, s. Abb. E.2.15, in der die Endverankerung eines Nebenträgers dargestellt ist.

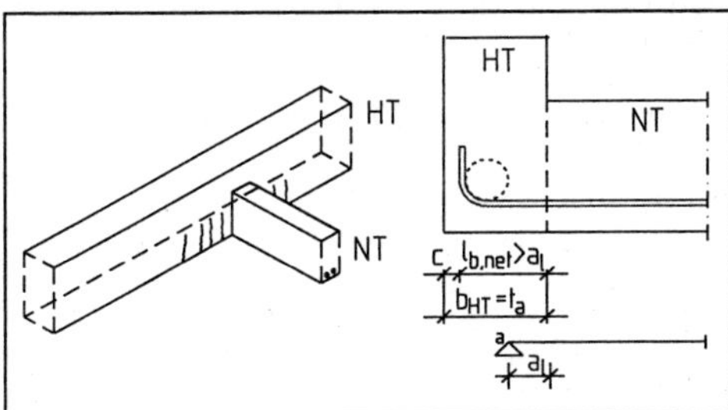

Abb. E.2.15 Verankerungslänge an indirekt aufgelagerten Endauflagern

In den Normenregeln kann das tatsächliche Verbundverhalten durch die Rechenansätze nur relativ grob und pauschal erfasst werden. Die Auswirkungen von äußerem Querzug und möglichen

E

Querrissbildungen im Verankerungsbereich werden dabei nicht gesondert erfasst, wirken aber ungünstig. In derartigen Fällen, wie sie z. B. bei Einbindung von Nebenträgern in der Zugzone von Hauptträger auftreten, sollten die Verankerungslängen eher reichlich bemessen werden.

Für Verankerungslängen sind immer Mindestwerte der Verankerungslänge $l_{b,min}$ einzuhalten, wie z. B. 10 d_s. In [E DIN 1045-1 – 00] ist, anders als in [DIN 1045 – 88], zusätzlich als Mindestwert 0,6 l_b für die Verankerung von Druckstäben und 0,3 $\alpha_a\, l_b$ für die von Zugstäben zu beachten, um mögliche Stabkrafterhöhungen aus Kriech- und Schwindumlagerungen zu erfassen. Durch diese verschärften Mindestwerte in Abhängigkeit von l_b können Verankerungslängen an Endauflagern im Gegensatz zu [DIN 1045 – 88] nicht mehr durch Überbewehrung auf überwiegend genügend kleine Werte von 10 d_s für indirekte Lagerung und 6,7 d_s für direkte Auflagerung reduziert werden.

Der folgenden Tafel E.2.3 kann entnommen werden, welche kleinste Auflagertiefe t_a bei Biegeträgern mit geradem Ende oder mit Winkelhaken bei verschiedenen Betongüten und Stabdurchmessern noch möglich ist. Dabei wurde angenommen, dass t_a noch um 3 cm Betondeckung rückseitig über das Stabende hinausreicht.

Tafel E.2.3 Kleinstmögliche Endauflagertiefe t_a für Verbundverankerungen in cm bei gutem Verbund für c_{nom} = 3 cm

d_s	direkte Lagerung			indirekte Lagerung		
in	Betongüte C		DIN	Betongüte C		DIN
mm	20/25	30/37	1045	20/25	30/37	1045
12	14	12	11	20	16	15
14	16	13	12	23	18	17
16	18	15	13	25	20	19
20	22	18	15	31	24	23
25	27	21	18	38	30	28
28	29	23	20	42	33	31

Für die Verankerung von Stäben mit $d_s \geq 20$ mm kann bei kurzer Auflagertiefe eine Übergreifung mit Verankerungsschlaufen von d_s = 14 mm bzw. 16 mm sinnvoll sein, da der zugehörige Biegerollendurchmesser nur noch 4 d_s statt 7 d_s beträgt und so die beiden Schlaufenschenkel im Abstand von 7 bzw. 8 cm verlaufen können. Bei direkter Lagerung ist eine horizontale Lage der Schlaufen, bei indirekter eine vertikale günstig.

Zur Abdeckung von Querzugwirkungen im Verankerungsbereich, auf den kein äußerer Querdruck wirkt, sollte auf $l_{b,net}$ eine Querbewehrung mit Querschnitt insgesamt in Höhe von 20 % eines zu verankernden Stabquerschnitts je Bewehrungslage vorhanden sein. Bei Verankerung von Druckstäben strahlt die Verbundwirkung über das Stabende hinaus aus. Die Querzugwirkung kann abgedeckt werden durch einen Querbewehrungsstab, der vor dem Stabende angeordnet wird, analog zu Abb. E.2.17.

Für Mattenbewehrungen gelten die Regeln wie für Stabstahl. Bei Doppelstäben (n = 2) wie auch für Bewehrungs-Stabbündel aus n Einzelstäben mit je d_s ist anstatt d_s der Vergleichsdurchmesser $d_{sv} = d_s \cdot \sqrt{n}$ eines flächengleichen Ersatzstabes für die Berechnung der Verankerungslängen anzusetzen.

2.4.3 Übergreifungsstöße

An Arbeitsfugen zwischen Betonierabschnitten und aufgrund begrenzter Lieferlänge, z. B. bei Stabstählen von mindestens 12 m und nur in Sonderfällen mehr als 18 m Lieferlänge, können Stöße von Bewehrungsstäben notwendig werden. Diese können durch Anlegen eines verlängernden Stabes mit Übergreifung auf der wirksamen Übergreifungslänge $l_{s,net}$ erfolgen. Aufgrund der stark gerichteten Verbundwirkung im Stoßbereich ist für die Übergreifungslänge l_s die Verankerungslänge $l_{b,net}$ zu vergrößern. Der Vergrößerungsfaktor α_1 bzw. α_2 liegt zwischen 1,0 und 2,0 und ist für Stabstahl festzulegen in Abhängigkeit von der Lage im Querschnitt bzw. dem Stabdurchmesser d_s und dem Anteil der gestoßenen Querschnittsfläche an der des gesamten Querschnitts. Die Kraftübertragung kann man sich vereinfacht über kurze unter 45° geneigte Druckstreben in der Stoßebene vorstellen, s. Abb. E.2.16. Zur direkten Stoßkraftübertragung sollten die Stäbe mit Durchmesser d_s nahe aneinander bis ≤ 4 d_s Abstand angeordnet werden.

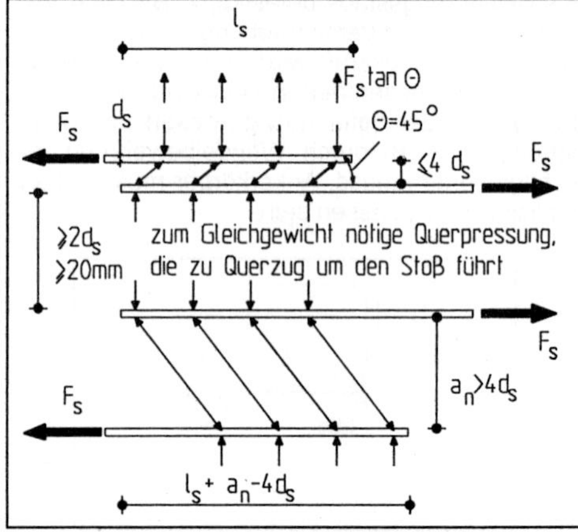

Abb. E.2.16 Verbundwirkung im Stoßbereich

Andernfalls wird für die Übergreifung eine entsprechend vergrößerte Stoßlänge benötigt, s. Abb. E.2.16. Wegen der Verbundwirkungen um jedes Stoßpaar müssen diese einen lichten Abstand $\geq 2\ d_s$ voneinander aufweisen.

Wegen der bei Stoßkraftübertragung auftretenden Querzugkräfte muss bei Stäben $d_s \geq 16$ mm zusätzlich Querbewehrung eingelegt werden entsprechend dem Querschnitt A_s *eines* Stabes für alle Stoßpaare in einer Stoßebene zusammen. Als Stoß-Querbewehrung ist so auf l_s erforderlich

$$\Sigma A_{st} = A_s \quad \text{(E.2.21)}$$

Sie soll je zur Hälfte in den äußeren Dritteln der Übergreifungslänge l_s angeordnet werden, da am Anfang der Verbundlänge jedes Stabes die tatsächlichen Verbundspannungen größer sind und dort die Quervernadelung des Stoßbereichs am wirksamsten erfolgt. In Balkenstegen werden zweckmäßig die Bügel längs der Stabachse je auf $l_s / 3$ so verdichtet, dass insgesamt F_s durch die Summe der Stäbe quer zum Stoß abgedeckt wird. Bei Stößen von Druckstäben ist die Querbewehrung bis mindestens um 4 d_s, aber höchstens um 5 cm über die Stabenden hinaus vorzusehen. Wegen $d_s \geq 12$ mm bei Stützen gilt dafür praktisch 5 cm, siehe Abb. E.2.17. Bei einem Anteil der gestoßenen Bewehrung im Stoß von weniger als 20 % oder bei Stabdurchmessern < 16 mm darf bei Betongüten bis C 50/60 auf zusätzliche Querbewehrung verzichtet werden.

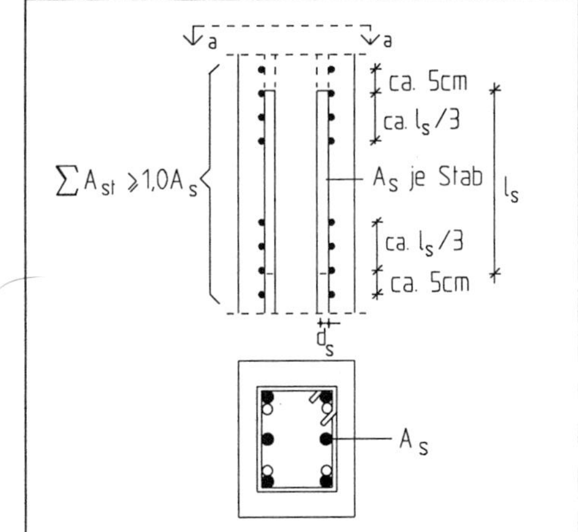

Abb. E.2.17 Querbewehrung bei der Übergreifung von Druckstäben

Bei Mattenbewehrung für einachsig gespannte Platten sind für die Übergreifung in Querrichtung je nach Stabdurchmesser d_{st} Übergreifungslängen l_{st} in Querrichtung nach Tafel E.2.4 einzuhalten. Diese müssen aber mindestens den Stababstand s_l der Hauptbewehrung betragen.

Tafel E.2.4 Übergreifungslängen l_{st} quer von einachsig gespannten Matten

Durchmesser d_{st} Querstäbe	l_{st}
$d_{st} \leq 6$ mm	15 cm*)
6 mm < $d_{st} \leq$ 8,5mm	25 cm*)
8,5 mm < $d_{st} \leq$ 12 mm	35 cm*)
d_{st} > 12 mm	50 cm*)
*) mindestens aber s_l	

Bei Matten mit Randeinsparung, d. h. bei Reduzierung des Längsstabquerschnitts im Bereich der Querübergreifung, muss l_{st} mindestens die Breite des Randeinsparbereichs betragen, wenn Unterbewehrungen dort in Längsrichtung vermieden werden sollen. Für die Querübergreifung ist die Breite des Randeinsparbereichs bei den Lagermatten R 295 und R 378 mit dem Stabdurchmesser in Querrichtung von $d_{st} \leq 6$ mm daher zu l_{st} = 20 cm statt 15 cm und bei K 664 bis K 884 bei $d_{st} \leq 8{,}5$ mm zu l_{st} = 35 cm statt 25 cm maßgebend, s. Abb. E.2.18.

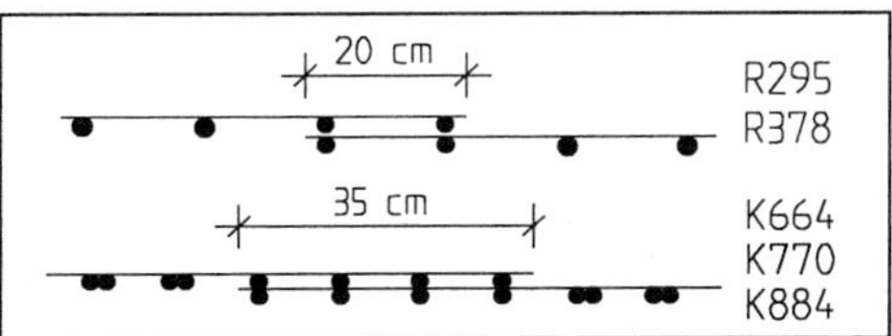

Abb. E.2.18 Matten mit für Querübergreifung maßgebender Randeinsparung

2.4.4 Mechanische Stoßverbindungen

Um Schalungsdurchdringungen von Bewehrungen zu vermeiden oder zur Reduzierung des Bewehrungsquerschnitts im Stoßbereich, zur Vermeidung langer Übergreifungslängen und für eine direkte Kraftübertragung, insbesondere bei dicken Bewehrungsstäben auf Druck, können direkte mechanische Stoßverbindungen durch Schweißung, Schraub- oder eine andere Art von Muffenverbindung statt Übergreifungsstößen wirtschaftlich und/oder konstruktiv sinnvoll sein.

Bei Schraubverbindungen ist der Einsatz von GEWI-Betonstahl mit Rippengewinde nach Abb. E.2.19a besonders geeignet. Mit gleich- oder gegenläufigen Schraubmuffen sind flexibel Verlängerungen oder Zwischenanschlüsse möglich. Andere Schraubanschlüsse mit angearbeitetem Gewinde oder Muffen müssen mit passender anschließender Stablänge bestellt werden, z. B.

E

die LENTO-Schraubverbindung nach Abb. E.2.19b, oder der HALFEN-HBS-Schraubanschluss nach Abb. E.2.19c. Bei Muffenverbindungen wird im Stoß der Stabquerschnittsdurchmesser auf etwa 2fachen Ausgangsdurchmesser vergrößert.

Schweißstöße durch Längsnaht zwischen aneinander gelegten Stäben erfordern nur kurze Stoßlängen von 10 d_s. Bei Stößen mit Stumpfschweißung werden im Stoß Querschnittsvergrößerungen vermieden, so dass für Stützen dann höhere Bewehrungsquerschnitte bis hin zum maximal zulässigen Querschnitt von $A_s = 0{,}09\ A_c$ möglich sind. Der Stabdurchmesser sollte $d_s \geq 20$ mm betragen, auch wenn ggf. $d_s \geq 14$ mm ausreichen.

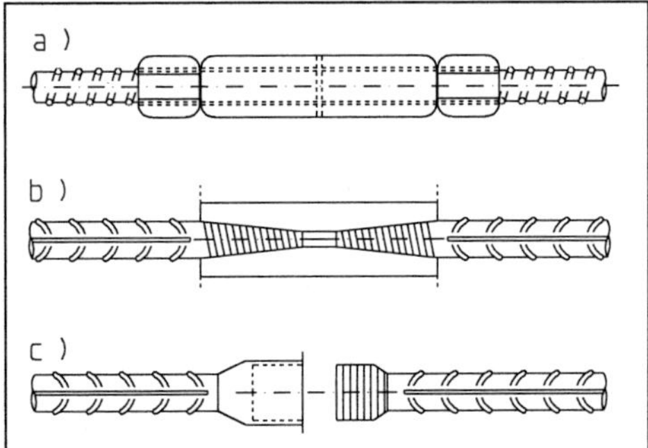

Abb. E.2.19 Beispiele für mechanische direkte Stoßverbindungen:
a) GEWI-Muffenverbindung
b) LENTO-Schraubverbindung
c) HALFEN-HBS-Schraubanschluss

2.5 Anforderungen aus Herstellung und baulicher Durchbildung

2.5.1 Mindestabmessungen

Abmessungen und Bewehrungsanordnung sind so zu gestalten, dass das Bauteil in der geforderten Ausführungsqualität kostengünstig hergestellt werden kann. Zum Einbringen des Betons und zur Sicherstellung einer angemessenen Dauerhaftigkeit sollen Bauteile nicht zu filigran und genügend robust geplant werden. [E DIN 1045-1 – 00] enthält weniger Anforderungen zu Mindest-Betonabmessungen als [DIN 1045 – 88]. Diese sind in Tafel E.2.5 zusammengestellt, wobei zusätzlich in Klammern weitere oder schärfere Regeln aus [DIN 1045 – 88] als Orientierungswert für Mindestabmessungen von Bauteilen in Ortbetonbau- und Fertigbauweise aufgeführt sind. Nach [E DIN 1045-1 – 00], 13.3.1 sind für Platten mit Schubbewehrung neuerdings Plattendicken von $h \geq 16$ cm und bei Platten mit Durchstanzbewehrung $h \geq 20$ cm erforderlich.

Tafel E.2.5 Mindestabmessungen für Ortbetonbauteile/bei Fertigteilbauweise

Bauteil	
Vollplatten:	
– allgemein	7 cm / 7 cm
– mit Schubbewehrung	16 cm / 16 cm
– mit Durchstanzbewehrung	20 cm / 20 cm
– Ortbetonverguss auf Fertigplatten	5 cm
Stützen, Druckglieder:	
– Vollquerschnitt	20 cm / 12 cm[1)]
– I-, L-, T-Querschnitt	(14 cm / 7 cm[1)])
– Hohlquerschnitt	(10 cm / 5 cm[1)])
Wände, wandartige Träger:	
a) in Stahlbeton	
– unter Durchlaufdecken	10 cm / 8 cm
– unter Einfeldplatten	12 cm / 10 cm
b) unbewehrt ≥ C 12/15	
– unter Durchlaufdecken	12 cm / 10 cm
– unter Einfeldplatten	14 cm / 12 cm

1) horizontal betoniert

2.5.2 Anforderungen aus Schalung, Betoniervorgang, Arbeitsfugen

Untere und seitliche freie Flächen von Bauteilen müssen bei der Herstellung eingeschalt werden. Die Schalarbeiten sind bei möglichst großflächig ebenen Oberflächen am einfachsten. Profilierte, filigrane Oberflächen sollten im Ortbetonbau vermieden werden. Andernfalls sind diese so zu planen, dass ein Ausschalen ohne Beschädigung der Betonoberfläche erfolgen kann. Zueinander parallele Seitenflächen, z. B. bei gegenüberliegenden rippen- oder kassettenartig gestalteten Oberflächen, sollten dazu eine nach außen sich öffnende Neigung von ≥ 1:20 erhalten, s. Abb. E.2.20. Im Fertigteilbau kann diese schalungsabhängig kleiner gewählt werden.

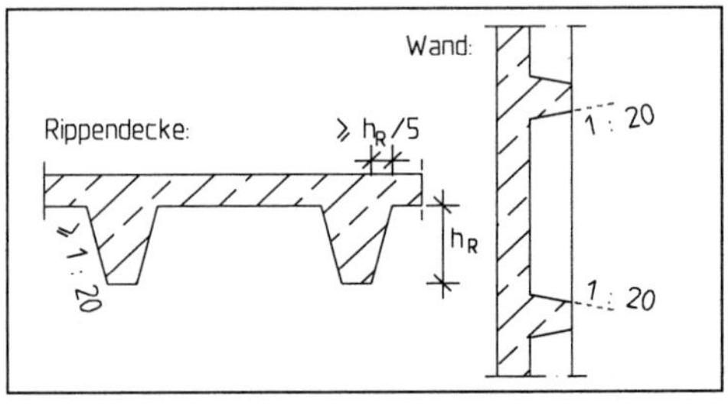

Abb. E.2.20 Schalungsgerechte Rippenprofilierung

Obere Betonoberflächen können bis zu Neigungen zur Horizontalen von 30° ohne obere Schalung bei angepasster Betonkonsistenz betoniert werden. Geneigte Betonoberflächen, z. B. an Fundamentoberseiten, oder obere Arbeitsfugen sollten bei Bewehrungsdurchdringungen weniger als 30° geneigt sein. Wird bei Fundamenten zusätzlich die äußere Schalkante an die standfeste Neigung des Baugrunds angepasst, so ist die Fundamentausführung ohne Schalungseinsatz nach Abb. E.2.21 möglich, die mit Sandpuffer auch für die Lagerung einer frei aufliegenden Bodenplatte günstig ist. Horizontale oder schwach geneigte obere Schalungen sollten vermieden werden, da an deren Unterseite durch Lufteinschlüsse Hohlstellen und Kiesnester entstehen können und in der Regel nur von außen gegen die Schalung eine indirekte Verdichtung möglich ist. Einfüll- und Verdichtungsöffnungen in diesen Schalungen verbessern die Verarbeitbarkeit, bedeuten jedoch erhöhten Aufwand.

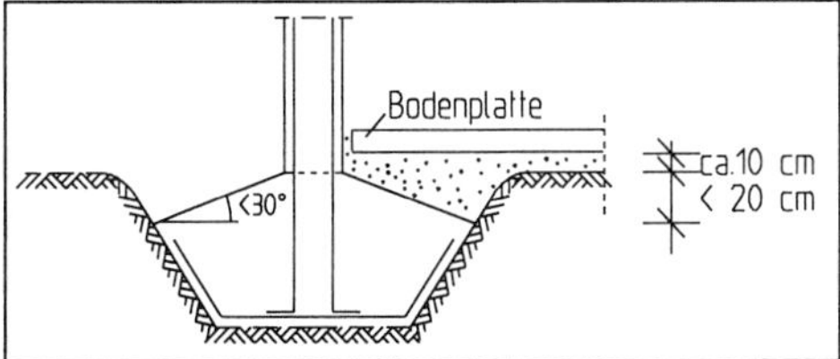

Abb. E.2.21 Fundament mit geneigter Oberfläche

Um den Beton qualitätsgerecht einbringen und verdichten zu können, sollten Rüttellücken vor allem in Balken und Unterzügen vorgesehen werden. Als rundum lichtes Öffnungsmaß zum Einführen der Rüttelflasche sollte in die Bewehrungsanordnung 10 cm, mindestens aber 7 cm eingeplant werden, und zwar in Abständen von etwa 0,8 bis 1,0 m. Bei Verdichtung durch Außenrüttler, z. B. durch Rütteltische in Fertigteilwerken oder bei Verwendung von selbstverdichtendem Beton („self-compacting concrete"), sind Rüttellücken selbstverständlich überflüssig. In Ortbetonstützen, aber auch in hohen Stegen mit mehr als 1,0 m Fallhöhe für den Frischbeton, sollte zur Vermeidung von Entmischungsvorgängen der Beton von der Betonpumpe mit Hosenrohren durch die Bewehrung hindurch tief genug eingebracht werden können. Die Öffnungen dafür sollten einen Durchmesser von mindestens 15 cm aufweisen, s. Abb. E.3.17.

Bewehrungsdurchführung durch seitliche Abschalungen an Arbeitsfugen sind bei Platten und niedrigen Balken einfach durch Absperrungen mit Streckmetall unter Erzielung einer rauhen Oberfläche zur Schubkraftübertragung möglich. Bei größerem Betondruck auf die seitlich abgeschalte Arbeitsfuge, z. B. bei durchlaufenden Wänden, ist eine vollständige geschlossene Abschalung erforderlich. Die seitliche kraftschlüssige Verlängerung von Bewehrungsstäben kann durch Muffenstöße nach Abschn. E.2.4 oder Einbau von aufzubiegenden Anschlussbewehrungen in Verwahrkästen erfolgen, s. [DBV – 96.1].

Horizontale Arbeitsfugen werden bei Hochbauten in der Regel an der Unterseite und Oberseite von Deckenkonstruktionen angeordnet. Vertikale Bewehrungsstäbe müssen meist über der oberen Arbeitsfuge gestoßen werden. Druckbewehrungen von Stützenzügen ragen dann relativ lang über die Arbeitsfuge hinaus. Ein Schwanken der Stäbe beim Betonieren der Stütze sollte durch Stabwahl von $d_s \geq 20$ mm für Eckstäbe und ggf. durch Zusammenbinden oder Auskreuzen aller Stützenstäbe am oberen Stabende begrenzt werden. Auch sind zu große Verformungen von horizontal in den Riegel abgebogener Stützbewehrung zu vermeiden, um Abweichungen von der planmäßigen Lage zu verhindern, s. Abb. E.2.22. Die Überstände an Arbeitsfugen sollten in der Planung möglichst gering gehalten werden.

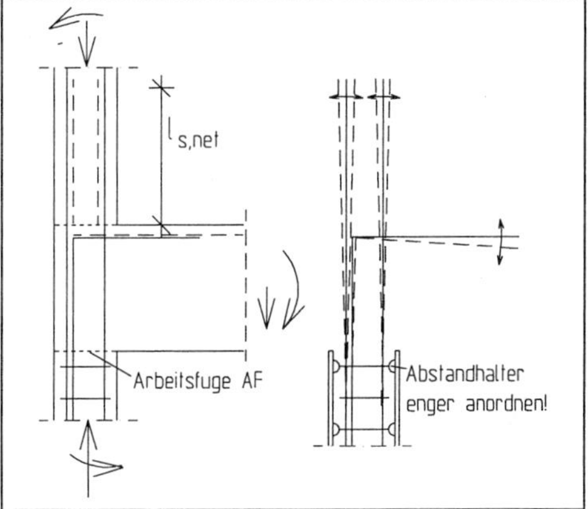

Abb. E.2.22 Stoß von Stützenbewehrungen an einem Rahmenknoten

Arbeitsfugen sind für parallel zur Fuge wirkende Scherkräfte weniger tragfähig als monolithischer Beton. Bei horizontalen Arbeitsfugen können zudem Zementanreicherungen an der Betonoberfläche und Verschmutzungen als Gleitmittel wirken und die Reibwirkung herabsetzen. Die Tragfähigkeit von Arbeitsfugen (AF), s. Abb. E.2.23, kann durch einen Fugennachweis zwischen Fertigteil und Ortbeton nach [E DIN 1045-1 – 00], 10.3.6 gezielt festgestellt werden, der auch kreuzende Bewehrungen einbezieht.

Über den Widerstandswert der Schubkraft v_{Rdf} nach [E DIN 1045-1 – 00], 10.3.6 kann mit den Gln. (E.2.22) oder (E.2.23) die Schubkraft v_{RdF} und damit die Tragfähigkeit an der Arbeitsfuge in horizontaler Richtung über die widerstehende Kraft V_{RdF} nach Gl. (E.2.23) berechnet und der

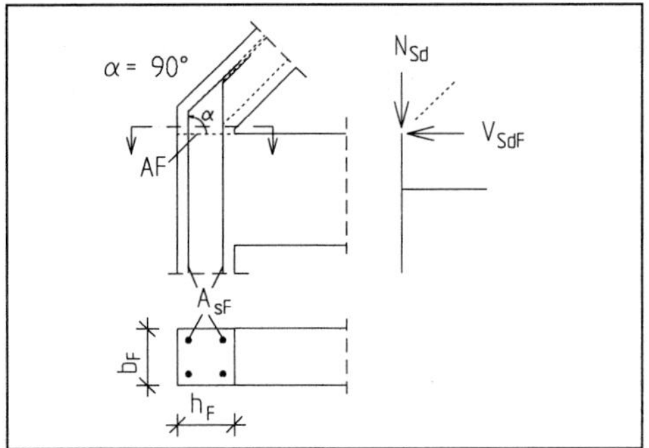

Abb. E.2.23 Arbeitsfuge am Fuß einer geneigten Strebe

einwirkenden Kraft an der Fuge V_{SdF} gegenübergestellt werden.

Für die Wirkungen des Betons allein ohne oder unter Vernachlässigung einer kreuzender Fugenbewehrung beträgt der Widerstandswert $V_{RdF,ct}$ der Arbeitsfugenfläche $A_F = b_F \cdot h_F$

$$V_{RdF,ct} = (0{,}042 \cdot \beta_{ct} \cdot f_{ck}^{1/3} - \mu\, \sigma_{Nd}) \cdot A_F \qquad \text{(E.2.22)}$$

Bei bewehrten Arbeitsfugen mit unter dem Winkel α die Fuge kreuzender Bewehrung A_{sF} beträgt der Widerstandswert $V_{RdF,sy}$

$$V_{RdF,sy} = A_{sF} \cdot f_{yd} \cdot (\cot\theta + \cot\alpha) \cdot \sin\alpha - \mu \cdot \sigma_{Nd} \cdot A_F$$

mit $\cot\theta = (1{,}2\,\mu - 1{,}4\,\sigma_{Nd}/f_{cd}) / (1 - V_{RdF,ct}/V_{SdF})$ (E.2.23)

In Gl. (E.2.22) und (E.2.23) bedeuten

σ_{Nd} Wirksame mittlere Druckspannung N_{Sd}/A_F senkrecht zur Arbeitsfuge (Druck negativ)

α Winkel zwischen kreuzender Bewehrung und der Fugenfläche

β_{ct} und μ Beiwerte nach Tafel E.2.6

Die Tragfähigkeit V_{RdF} der Arbeitsfuge auf Schub mit kreuzender Fugenbewehrung beträgt dann

$$V_{RdF} = V_{RdF,sy} \qquad \text{(E.2.24)}$$

Falls $V_{RdF} < V_{SdF}$, d. h. wenn die Tragfähigkeit nicht ausreicht, muss die Fuge stärker aufgeraut oder profiliert oder gegebenfalls mit einer anderen Neigung ausgebildet werden und/oder außerdem eine Erhöhung der die Arbeitsfuge kreuzenden Verbundbewehrung A_{sF} erfolgen.

Nachfolgend wird die Vorgehensweise an einem Beispiel für den Nachweis der Arbeitsfuge nach Abb. E.2.23 gezeigt:

Beton: C 20/25;
$f_{cd} = 0{,}85 \cdot 20 / 1{,}5 = 11{,}33$ N/mm²

Betonstahl: $f_{yd} = 500 / 1{,}15 = 435$ N/mm²

Bewehrung: 4 ∅16 unter $\alpha = 90°$ ($A_s = 8{,}04$ cm²)

Fugenfläche: $A_F = b_F \cdot h_F = 25 \cdot 25 = 625$ cm²

Tafel E.2.6 Beiwerte für Fugennachweis nach [E DIN 1045-1 – 00], 10.3.6, Tab 14

Fugenoberfläche:	β_{ct}	μ
verzahnt, gekerbt	2,4	1,0
rau (Rautiefe ≥ 3mm, z. B. aufgeraut mit Rechen)	2,0	0,7
glatt (Fläche abgezogen o. ä. z. B. Extruderverfahren)	1,4	0,6
sehr glatt (gegen Stahl- oder glatte Holzschalung)	0	0,5
bei Zug senkrecht zur Fuge, falls - rau, glatt oder sehr glatt	0	

An der Fuge wirkende Kräfte gemäß Planung:

$\mathbf{V_{SdF} = 105}$ **kN**; $N_{Sd} = -350$ kN

Ansatz: „glatte“ Fugenoberfläche

Gl. (E.2.22): Berechnung Widerstandswert $V_{RdF,ct}$

$\sigma_{Nd} = N_{Sd}/A_F = -0{,}350 / 0{,}0625 = -5{,}6$ MN/m²

Tafel E.2.6 (glatt): $\beta_{ct} = 1{,}4$; $\mu = 0{,}6$

$V_{RdF,ct} = [0{,}042 \cdot 1{,}4 \cdot 20^{1/3} - 0{,}6 \cdot (-5{,}6)] \cdot 0{,}0625$

$\mathbf{V_{RdF,ct} = 0{,}220}$ **MN** (bereits ≥ V_{SdF})

Die glatte Fuge wäre bereits ohne kreuzende Bewehrung ausreichend tragfähig!

Gln. (E.2.23) + (E.2.24): Berechnung $V_{RdF,sy}$

$$\cot\theta = \frac{1{,}2 \cdot 0{,}6 - 1{,}4 \cdot (-5{,}6) / 11{,}33}{(1 - 0{,}220 / 0{,}105)} = -1{,}29$$

$\mathbf{V_{RdF,sy}} = 0{,}000804 \cdot 435 \cdot (-1{,}29 + 0) \cdot 1 - 0{,}6 \cdot (-5{,}6) \cdot 0{,}0625$ $\mathbf{= -0{,}241}$ **MN**

Der nach [E DIN 1045-1 – 00], 10.3.6 berechnete Tragwiderstand $V_{RdF,sy}$ und das zugrunde liegende Tragmodell sind offensichtlich falsch. Infolge Verzahnung und aus Reibung unter Druck aus N_{Sd} und aus der Verspannung der Fugenbewehrung A_s beim Aufgleiten ist in der Fuge maximal als Tragwiderstand möglich

$$V_{Rd} = V_{Rd,ct} + A_S \cdot f_{yd} \cdot (\mu \cdot \sin\alpha + \cos\alpha) \qquad \text{(E.2.25)}$$

$\mathbf{V_{Rd}} = 0{,}220 + 0{,}000804 \cdot 435 \cdot (0{,}6 \cdot 1 + 0)$

$\mathbf{= 0{,}346}$ **MN** $\mathbf{> V_{SdF} = 0{,}105}$ **MN** (erfüllt!)

Auch bei Einhaltung der für $\cot\theta$ allgemein unter Querkraft gemäß [E DIN 1045-1 – 00], Gl. (73) geltenden Grenzen ≥ 1,0 und ≤ **3,0** ergibt sich kein physikalisch zulässiger Tragfähigkeitswert:

$\mathbf{V_{RdF,sy}} = 0{,}000804 \cdot 435 \cdot (3 + 0) \cdot 1 - 0{,}6 \cdot (-5{,}6) \cdot 0{,}0625$ $\mathbf{= 1{,}259}$ **MN > 0,346 MN !**

$\mathbf{V_{RdF,sy}} = 0{,}000804 \cdot 435 \cdot (1 + 0) \cdot 1 - 0{,}6 \cdot (-5{,}6) \cdot 0{,}0625$ $\mathbf{= 0{,}560}$ **MN > 0,346 MN !**

3 Bewehrung in Normalbereichen mit stetigem Schnittkraftverlauf

3.1 Tragwirkungen in gerissenen Stahlbetonbiegetragwerken

Bei wirtschaftlich bemessenen Stahlbetontragwerken tritt Überschreiten der Betonzugfestigkeit und Rissbildung bereits unter Gebrauchslasten auf. Die Tragfähigkeit ist daher am gerissenen Tragwerk zu untersuchen und nachzuweisen. Dabei wird die Zugtragwirkung des Betons weitgehend vernachlässigt und Zug allein dem Bewehrungsstahl zugeordnet. Die innere Tragwirkung eines Balkens unter Biegung und Querkaft entspricht der eines Fachwerks, wie es mit dem *Mörsch*-Fachwerkmodell [Mörsch – 12] zur Querkraftwirkung bereits seit langem der Bemessung zugrunde gelegt wird. Entsprechende Stabwerkmodelle bestehen aus dem Obergurt entsprechend der Betondruckzone, der Biegezugbewehrung als Untergurt, den geneigten Druckstreben zum Querkraftabtrag und rechtwinklig oder geneigt angeordneten Zugstreben entsprechend der Neigung der eingelegten Schubbewehrung. Die Neigung der schrägen Druckstreben orientiert sich an der Richtung der Schubrisse. Sie kann infolge Kornverzahnung der Rissufer bei begrenzter Rissbreite voll tragfähig bis zu ca. 15° von der Rissrichtung abweichen. Die Stäbe und ihre Kräfte entsprechen zusammengefassten Spannungs- und Kraftwirkungen des Betons einerseits und der Bewehrungsstäbe anderseits, s. Abb. E.3.1.

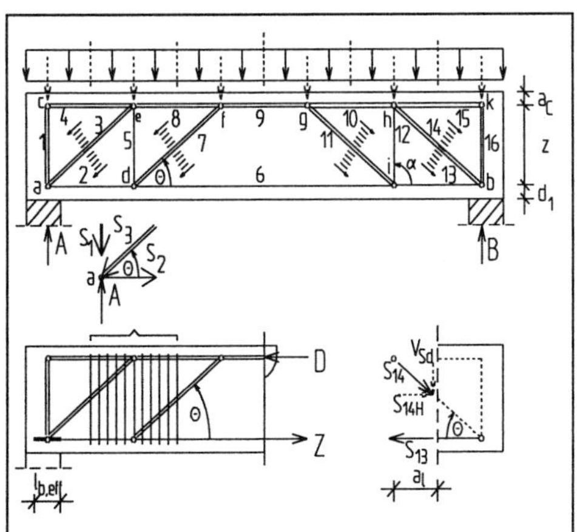

Abb. E.3.1 Stabwerkmodell und zugehörige innere Wirkungen für einen „Normalbereich"

Die Kraftweiterleitung in den Knoten des Modells entspricht der verteilten Weitergabe der Kraftwirkungen im Knotenbereich des Tragwerks. So wird am Endauflager a die schräge Druckstrebenkraft S_3 durch die Zugkraft S_2 der Biegebewehrung in die vertikale Richtung der Auflagerkraft A umgelenkt, s. a. Abb E.2.1b. Dazu ist die horizontale Komponente der Strebenkraft S_3 des Betons über Verbund in die Bewehrung entsprechend Stab S_2 einzutragen. Die dafür notwendige Verbundkraft muss im Mittel am Knoten oder dahinter angreifen, so dass die wirksame Verbundlänge eff l_b zu 50 % oder mehr hinter dem Knoten a liegen muss. Andernfalls ist die Tragfähigkeit der Knotenausbildung in a nicht ausreichend. Die Gesamttragfähigkeit des Tragsystems ist gegeben, wenn für alle Modellkomponenten bzw. für die ihnen entsprechenden Kraftwirkungen die Einzeltragfähigkeiten ausreichen bzw. nachgewiesen sind. Für den Nachweis der Drucktragfähigkeit sind Abschnitt E.2.1.2 und Tafel E.2.1 zu beachten.

In den „Normalbereichen" unter Biegung mit Querkraft besteht das Stabmodell aus dem sich wiederholenden Teilmodell nach Abb. E.3.2, das aus dem Druckgurtstab C und dem Zuggurtstab T, jeweils im Abstand z des Hebelarms der inneren Kräfte verlaufend, aus der schrägen Druckstrebe C_S unter dem Druckstrebenwinkel θ und den Zugstreben T_S, hier mit der Neigung $\alpha = 90°$ als vertikale Hänger für rechtwinklige Bügelbewehrung, gebildet wird. Die schräge Druckstrebe C_S fasst im Mittel die schrägen Druckspannungen σ_m unter dem Druckstrebenwinkel θ auf der zugeordneten Druckfeldbreite e_S zusammen.

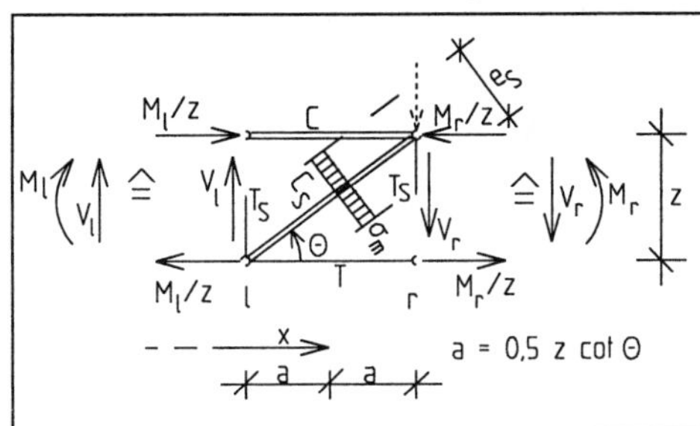

Abb. E.3.2 Teil-Stabmodell für den „Normalbereich" unter Biegung mit Querkraft

Aus Gleichgewicht am charakteristischen Teilmodell, das für einen Abschnitt 2 a = z cot θ gilt, oder über Stabkraftberechnung am Fachwerk mit Totalschnitt nach *Ritter*, ergibt sich für am oberen Rand auf Druck eingeleitete Einwirkungen, siehe auch Seite D.50

$$T = \frac{M_l}{z} = \frac{M_{(x+a)}}{z}; \qquad C = \frac{M_r}{z} = \frac{M_{(x-a)}}{z}$$

$$C_S = \frac{V_{(x)}}{\tan\theta}; \qquad T_{S(x-a)} = V_{(x)} \qquad \text{(E.3.1)}$$

Gegenüber einer Querschnittsbemessung für $M_{(x)}$ ergibt sich am Stabwerkmodell, dass an der Stelle x die Biegezugkraft T größer und die Biegedruckkraft C kleiner wird.

3.2 Biegebewehrung und Zugkraftdeckung in Biegetragwerken

Der praktische Nachweis der Biegetragfähigkeit und die Bemessung der Biegebewehrung erfolgen, ausgehend von der Querschnittsbemessung in x, für die jeweils maßgebenden Schnittgrößen $M_{Sd(x)}$ und $N_{Sd(x)}$. Die so längs der Stablänge ermittelte aufzunehmende Zugkraft $T_{Sd(x)}$ bzw. bei reiner Biegung $T_{Sd(x)} = M_{Sd(x)} / z$ gehört gemäß wirklichkeitsnahem Stabmodell tatsächlich zu Querschnitten im Abstand a gleich dem Versatzmaß a_l. Die unter Einwirkungen maßgebende, abzudeckende Zugkraftlinie ist die seitlich jeweils vergrößernd um das Versatzmaß a_l versetzte Linie, siehe Abb. E.3.1 unten rechts und das Beispiel in Abb. E.3.3 für das Endfeld eines Trägers unter Gleichlast mit einer Einzellast nahe der ersten Innenstützung, wobei

$$a_l = z\,(\cot\theta - \cot\alpha)\,/\,2 \geq 0 \qquad \text{(E.3.2)}$$

Die durch Bewehrung bereitgestellte Tragfähigkeit, gegeben durch die Zugkraftdeckungslinie, muss im Vergleich zu dieser Einwirkungslinie immer größer oder höchstens gleich sein. Einzelne Bewehrungsstäbe dürfen rechnerisch dort enden, wo die Tragfähigkeit aus der weitergeführten Bewehrung die Einwirkungslinie ausreichend abdeckt. Bis zum tatsächlichen Stabende muss noch die Verankerungslänge $l_{b,net}$ (l_1) hinzugefügt werden, damit am rechnerischen Stabendpunkt der endende Stab bereits tragfähig zur Verfügung steht.

Bei direkter Weiterführung des Biegestabes als Schrägaufbiegung für Schub aus Querkraft ist bis zur Aufbiegung kein Zuschlag für Verankerungslänge erforderlich. Die Deckungslinie für Bewehrungsabstufungen mit Schrägaufbiegungen ist in dem in Abb. E.3.3 gegebenen Endfeld rechts dargestellt für Schubbewehrung aus rechtwinkligen Bügeln und aus Schrägstäben unter $\alpha = 60°$. Das Versatzmaß a_l springt bei Änderung der Art der Schubabdeckung von ausschließlich rechtwinkligen Bügeln zu der kombinierten Schubbewehrung je nach zugehörigem kombiniertem Versatzmaß. In der linken Hälfte des Endfelds ist die Abstufung und Abdeckung mit geraden Stabenden gezeigt. Für eine zugehörige, ausreichend kurze Endverankerung mit geradem Stabende ist die Feldbewehrung im Endfeld nahezu vollständig über das Endauflager zu führen.

Werden Biege-Druckbewehrungen an direkt gestützten Innenauflagern erforderlich, dürfte das Versatzmaß für die Biegedruckbewehrung verkleinernd angesetzt werden und z. B. für die Druckbewehrung am Stützenanschnitt die Querschnittsbemessung im Abstand a_l vom Anschnitt zugrunde gelegt werden. Dadurch könnte die Biege-Druckbewehrung verringert werden oder gegebenenfalls ganz entfallen. Dies ist aber in normgemäßen Verfahren nicht vorgesehen.

Bei Verwendung von Stabstahl ist eine genaue Ablängung für die Abstufung der Biegebewehrung ohne Mehraufwand bei der Bauausführung möglich und wegen Materialeinsparung in der Regel wirtschaftlich. Auf die geeignete Wahl des Durchmessers bei Stabstählen wurde in dem Ab-

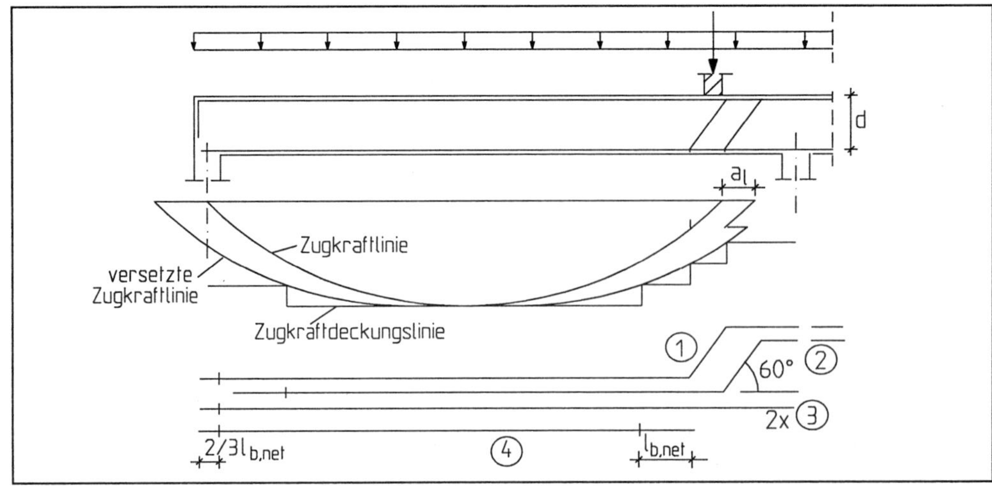

Abb. E.3.3 Abdeckung der Bemessungs-Biegezugkraft durch abgestufte Bewehrungsstäbe mit Schrägaufbiegungen

schnitt E.2.3 eingegangen. Bei der Verwendung von Betonstahlmatten sollten die begrenzten Lieferlängen, der Aufwand für das Schneiden und die notwendigen Vorhalteflächen auf der Baustelle Gesichtspunkte für die Planung sein.

Da der Materialpreis im Verhältnis zu den Arbeitskosten inzwischen relativ gering ist, mit weiter abnehmender Tendenz, ist die Minimierung der Anzahl von Mattenschnitten und von Mattentypen und -positionen vorrangig gegenüber einer verfeinerten Abstufung der Bewehrung. Bei der Verwendung von Lagermatten sollten möglichst entweder ganze Matten verwendet werden oder Mattenteile, die mit wenigen Schnitten gefertigt werden, wie halbe, Drittel- oder Viertelmatten. Bei Plattenfeldern mit Feldlängen bis zu 6 m ist eine einzige durchgehende Matte von Auflager zu Auflager sinnvoll. Bei größeren Spannweiten ist eine Aufteilung der erforderlichen Bewehrung auf zwei gleiche Lagermatten und eine Anordnung nach Abb. E.3.4a oder E.3.4b zu empfehlen. Querstöße der verschiedenen Matten sind so zu versetzen, dass in einem Stoßbereich immer nur höchstens eine Matte zusätzlich vorhanden ist, s. z. B. Abb. E.3.4b. Bei oberer Bewehrung in Stützbereichen ist ähnlich zu verfahren. Bei größeren Plattenfeldern kann die Verwendung von Listenmatten über die gesamte Feldlänge am wirtschaftlichsten sein, siehe auch Abschnitt E.5.

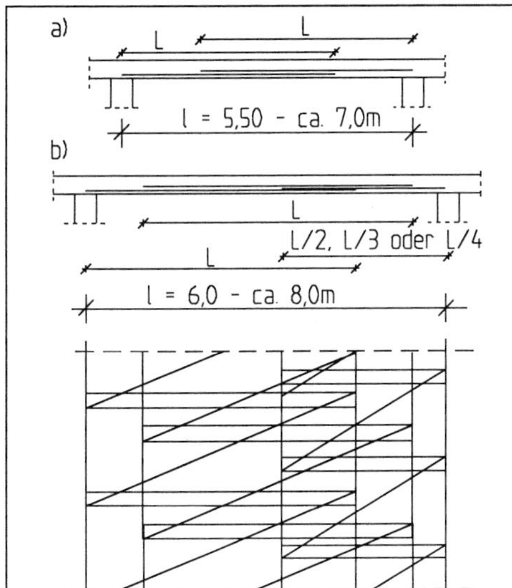

Abb. E.3.4 Anordnung von Mattenbewehrungen

Zweiachsig gespannte Platten werden überwiegend orthogonal bewehrt. Die Hauptbeanspruchungen in Richtung der Hauptkrümmungen der Verformungsfigur bei $m_{xy} = 0$ verlaufen aber nur in wenigen Punkten der Platte parallel zu den orthogonalen Bewehrungsrichtungen, wie z. B. unter extremaler Momentenbeanspruchung. Ausreichende Tragfähigkeit für Bewehrungen in den orthogonalen Richtungen x und y wird erreicht durch Erhöhung der Momente m_x und m_y auf Bemessungswerte m_{ux} und m_{uy} für Bewehrung an der Plattenunterseite sowie m_{ux}' und m_{uy}' für Bewehrung an der Plattenoberseite je nach Größe der Drillmomente m_{xy}, z. B. nach [Baumann – 72]. Die Bemessungsgleichungen für orthogonale Bewehrung nach [ENV 1992-1-1 – 92], Anhang A2, die auf der Plastizitätstheorie basieren, sind einfach anzuwenden und wirtschaftlich. Mit diesen Bemessungsregeln kann u. a. eine Unterdeckung in einer Richtung durch Überbewehrung in der anderen Richtung z. T. ausgeglichen werden. Die ausreichende Tragfähigkeit kann z. B. für eingelegte Matten mit Querschnitt a_{sx} und a_{sy} über die Bedingungen [ENV 1992-1-1 – 92], Gln. (A2.8) bis (A2.13) überprüft werden. Dabei betragen die Momententragfähigkeiten für vorhandene Bewehrungen a_{sx} und a_{sy} an der Unterseite:

$$m_{Rx} = a_{sx} \cdot z_x \qquad m_{Ry} = a_{sy} \cdot z_y \qquad \text{(E.3.3)}$$

bzw. für a_{sx}' und a_{sy}' an der Plattenoberseite:

$$m_{Rx}' = -a_{sx}' \cdot z_x' \qquad m_{Ry}' = -a_{sy}' \cdot z_y' \qquad \text{(E.3.4)}$$

wobei z und z' die jeweiligen inneren Hebelarme aus zugeordneten Nachweisen der Tragfähigkeit darstellen. Die Koordinatenrichtungen x, y sind dabei jeweils so festzulegen, dass $m_y \leq m_x$ gilt.

Die Tragfähigkeit für eine untere gegebene Bewehrung a_{sx}, a_{sy} ist gegeben, wenn nach [ENV 1992-1-1 – 92], Gl. (A2.8) sowie (A2.10) und (A2.11) eingehalten wird:

$$-(m_{Rx} - m_x) \cdot (m_{Ry} - m_y) + m_{xy}^2 \leq 0 \qquad \text{(E.3.5)}$$

$$m_x \leq m_{Rx} \qquad \text{(E.3.6)}$$

$$m_y \leq m_{Ry} \qquad \text{(E.3.7)}$$

Entsprechend liegt die Tragfähigkeit für Bewehrungen an der Plattenoberseite vor, wenn nach [ENV 1992-1-1 – 92], Gl. (A2.9) sowie (A2.12) und (A2.13) gilt:

$$-(m_{Rx}' - m_x') \cdot (m_{Ry}' - m_y') + m_{xy}^2 \leq 0 \qquad \text{(E.3.8)}$$

$$m_x' \geq m_{Rx}' \qquad \text{(E.3.9)}$$

$$m_y' \geq m_{Ry}' \qquad \text{(E.3.10)}$$

Dabei haben m_{Rx}' und m_{Ry}' negative Vorzeichen. In allen zugbeanspruchten Bereichen einer Platte muss jedoch mindestens eine ausreichend rissbeschränkende Mindestbewehrung nach [E DIN 1045-1 – 00], 11.2.2 eingelegt werden, s. a. Abschnitt E.3.7. Die statisch erforderliche Bewehrung wird, ausgehend von extremal beanspruchten Querschnitten im Feld und an der Stützung, festgelegt und kann auch in zweiachsig gespannten Platten unter Berücksichtigung von Versatzmaß und Verankerungslängen abgestuft werden. Bei zweiachsig gespannten Platten entsprechen

E

die erforderlichen Feldbewehrungen selten dem Bewehrungsverhältnis a_{sx} / a_{sy} der Lagermatten von 1:1 oder 5:1. Falls nicht Listenmatten oder generell Stabstahlbewehrungen vorgesehen werden, können Lagermatten und dünne Stabstähle mit d_s = 6 mm bis 12 mm vorteilhaft so kombiniert werden, dass eine für die Längs- oder Querrichtung ausreichende Lagermatte gewählt wird und Einzelstäbe in noch erforderlichem Querschnitt zugelegt und in notwendiger Länge und erforderlichem Abstand auf der Matte verteilt werden, s. Abschnitt E.5.1.2. Die Anordnung von Lagermatten kann je nach der Spannrichtung analog zu Abb. E.3.4 entsprechend der Spannweite erfolgen. Falls eine obere Bewehrung nur über kleinere begrenzte Plattenbereiche verlegt werden muss, ist für Lagermatten eine Anordnung nach Abb. E.3.5 günstig.

Die nach [E DIN 1045-1 – 00], 13.3.2 empfohlene und in Bild 70 dargestellte Drillbewehrung in Eckbereichen an frei drehbar gelagerten Rändern auf 0,3 $l_x \times$ 0,3 l_x (wobei $l_x \leq l_y$) mit kreuzweiser Bewehrung in Höhe des jeweiligen maximalen Feldquerschnitts deckt die auftretenden Eckbeanspruchungen gut ab. Bei Abheben der Plattenecke infolge unzureichender Auflast oder unzureichender Rückverankerung sind die Plattenschnittgrößen mit Ansatz einer gegebenenfalls bis auf null verminderten Plattendrillsteifigkeit zu berechnen.

Ausgehend von maximalen Feldmomenten aus einer Berechnung mit voller Plattendrillsteifigkeit, können die erhöhten Feldmomente bei fehlender Plattendrillsteifigkeit über Erhöhungsfaktoren nach [Grasser/Thielen – 91] ermittelt werden. Bei nur teilweiser Verringerung der Drillsteifigkeit sind die Erhöhungsfaktoren anteilig einzubeziehen.

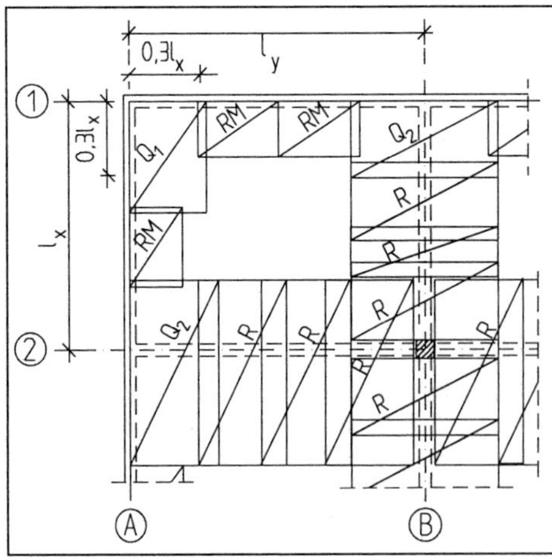

Abb. E.3.5 Bewehrung an der Plattenoberseite eines zweiachsig gespannten Platteneckfelds

Ohne Ansatz von Drillsteifigkeit ist statisch keine untere und auch keine obere Eckbewehrung entsprechend der Matte Q_1 in Abb. E.3.5 statisch erforderlich. Es sollte jedoch in diesem Eckbereich oben und unten eine rissbeschränkende Mindestbewehrung vorhanden sein.

Für Tragwirkung und Rissbeschränkung sind Bewehrungen in Hauptzugrichtung wirksamer, s. a. [DIN 1045 – 88], Bilder 48 und 49 jeweils rechte Bildhälfte, d. h. an der Plattenoberseite parallel zur Eckdiagonalen und an der Unterseite senkrecht dazu. Dies ist aber selten praktikabel.

3.3 Bewehrung für Zugwirkungen aus Querkraft

Der Querkraftabtrag erfolgt im gerissenen Stahlbeton über schräg unter dem Winkel θ zur Achse verlaufende Druckstreben im Beton von der Biegedruckzone zur Biegezugzone und durch senkrechte oder unter α geneigte Schubbewehrung entsprechend den Zugstreben im Modell, die z. B. in den Abbn. E.3.1 und E.3.2 mit α = 90° senkrecht angeordnet wurden. Durch Schubbewehrung werden die über schräge Druckstreben in Richtung Auflager in die Biegezugzone geführten Querkraftwirkungen jeweils in die Biegedruckzone und zur nächsten schrägen Druckstrebe zurückgehängt. Der entsprechende Weg der Querkraftabtragung aus mittiger Einzellast zum Auflager hin ist in Abb. E.3.6 dargestellt.

Die Kräfte der Zugstreben in Abb. E.3.6, die den Zugwirkungen aus Querkraft entsprechen, sind durch Bewehrung aufzunehmen und abzudekken. Dazu sind als Schubbewehrung geeignet

- Bügel, die die Längszugbewehrung umschließen und in die Biegedruckzone ausreichend kraftschlüssig einbinden, gemäß Abb. E.3.7
- Schrägstäbe, z. B. aus aufgebogenen Längsstäben, mit einer Neigung von $\alpha \geq 45°$; bei Platten und nur einer Abbiegung gilt $\alpha \geq 30°$, s. Abb. E.3.3
- Schubzulagen, die zwar die Längsbewehrung nicht umfassen, die aber im Zug- und Druckbereich ausreichend verankert sind, z. B. gemäß [E DIN 1045-1 – 00], 13.2.3, Bild 67.

Siehe dazu auch [DIN 1045 – 88], Bild 25 bis 28.

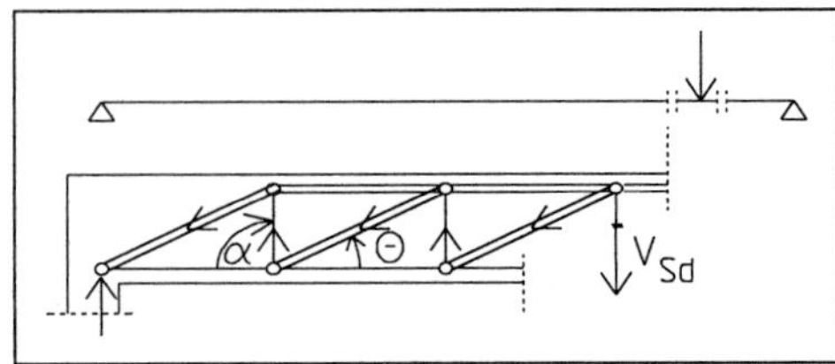

Abb. E.3.6 Weiterleitung einer Querkraft zum Auflager

Mindestens 50 % der erforderlichen Schubbewehrung müssen nach [E DIN 1045-1 – 00], 13.2.3(2) aus Bügeln bestehen. Nur in Platten, bei denen Schubbewehrung statisch erforderlich ist, darf in der Regel auf Bügel zur Querkraftabdeckung verzichtet werden.

Bügel sollen den gesamten Querschnitt möglichst umschließen, damit aus dem Querschnitt nach außen gerichtete verteilende Kraftwirkungen gegebenfalls durch die Querschenkel der Bügel aufgenommen werden können, und in der Druckzone geschlossen werden, s. Abb. E.3.7 oben. Für ein leichteres Einbringen der Längsbewehrung ins Innere der Bügel kann es sinnvoll oder bei Mattenbewehrungen sogar notwendig sein, offene Bügel zu verwenden. Jeder Bügel ist dann oben durch einen Querstab oder bei Plattenbalken durch die oben vorhandenen Stäbe einer quer eingelegten Bewehrungsmatte zu schließen, s. Abb. E.3.7. Damit Bügel nicht nur die Zugstrebenkräfte T_S entsprechend Abb. E.3.2 durch die beiden seitlichen Schenkel aufnehmen können, sondern auch die nach außen gerichteten Ausstrahlungswirkungen, müssen sie auch horizontal in gewissem Maße kraftschlüssig sein. Dazu sollte der Bügelstoß in der Biegedruckzone vorgesehen werden, s. Abb. E.3.7a bis c für verschiedene Bügelformen. Liegt der Bügelstoß in der Zugzone, muss die Übergreifungslänge l_s eingehalten werden, s. Abb. E.3.7e und f. Bei offenen Bügeln mit einem Querstab ist bei nach innen gebogenen Bügelenden gemäß Abb. E.3.7g und h die Tragwirkung besser im Vergleich zu nach außen gebogenen Bügelenden gemäß i und j, bei denen das Einlegen von Längsstäben einfacher möglich ist. Die oberen Querstäbe müssen seitlich mindestens um $l_{b,erf}$, d. h. mehr als 10 cm überstehen. Für gegebenenfalls dort aufgelegte, aus dem Steg in den Flansch ausgelagerte Stäbe sind die Überstände genügend lang zu wählen, s. Abb. E.3.7j.

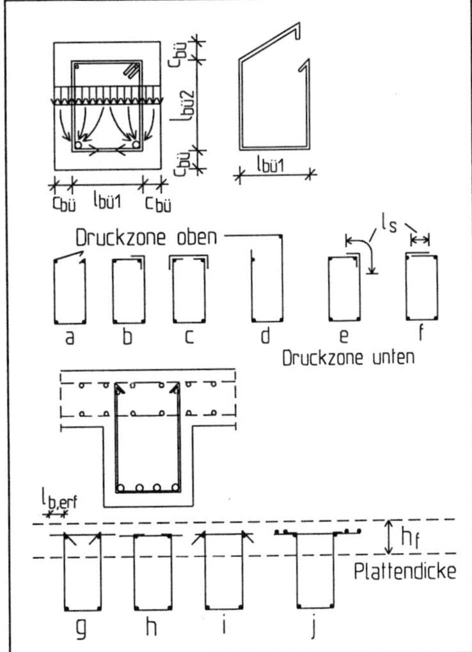

Abb. E.3.7 Offene und geschlossene Querkraftbügel

Zur Lagesicherung beim Betonieren werden Bügel und Längsstäbe an allen Knotenpunkten durch Rödeldraht oder auf andere Weise fest zu einem steifen Bewehrungskorb verbunden. Die richtige Lage der Längsbewehrung, die die tatsächliche statische Nutzhöhe bestimmt, kann bei der Herstellung nur erreicht werden, wenn im Bügelauszug alle Schenkel mit dem planmäßig korrekten Außenmaß, möglichst auf 0,5 cm genau, vermaßt werden. Andernfalls kann die obere und seitliche Betonüberdeckung auf ganzer Balkenlänge zu klein oder zu groß werden und im letzteren Fall die planmäßige Nutzhöhe, insbesondere für die obere Bewehrung, bei negativen Momenten nicht erreicht werden.

Für die Querkraftabtragung sind Tragwirkungen unter unterschiedlichen Druckstrebenneigungen möglich, die in der Bemessung nach [E DIN 1045-1 – 00], 10.3.4 durch die unterschiedliche Wahl der Druckstrebenneigung θ festgelegt werden. Die sich daraus ergebenden unterschiedlichen Bemessungsergebnisse sind Tafel E.3.1 zu entnehmen. Bei Längszugkräften muss das Spektrum der zulässigen Druckstrebenneigungen θ stärker eingeschränkt werden. Dies ist in der unteren Grenze nach [E DIN 1045-1 – 00], 10.3.4, Gl. (73) berücksichtigt mit:

$$\cot\theta = \frac{1{,}2 - 1{,}4\ \sigma_{cd}/f_{cd}}{1 - V_{Rd,c}/V_{Sd}} \leq 3{,}0 \qquad \text{(E.3.11)}$$

Darin ist mit $V_{Rd,c}$ der Querkrafttraganteil des verbügelten Betonquerschnitts nach Gl. (E.3.12) zusätzlich neu zu berechnen, bei dem kein Einfluss der Längsbewehrung berücksichtigt wird.

$$V_{Rd,c} = [0{,}24 \cdot f_{ck}^{1/3} \cdot (1 + 1{,}2\ \sigma_{cd}/f_{cd}) \cdot b_w \cdot z] \qquad \text{(E.3.12)}$$

wobei

$\sigma_{cd} = N_{Sd}/A_c$ Schwerpunktsspannung

N_{Sd} = Bemessungswert der Längskraft (< 0 bei Druck)

Näherungsweise darf nach [E DIN 1045-1 – 00], 10.3.4(5) vereinfacht gesetzt werden bei Wirkung von

- Längszug: $\cot\theta = 1{,}0$ bzw. $\theta = 45°$
- reiner Biegung: $\cot\theta = 1{,}2$ bzw. $\theta = 40°$
- Längsdruck: $\cot\theta = 1{,}2$ bzw. $\theta = 40°$.

Tafel E.3.1 Schubbemessung mit verschiedenen Druckstrebenneigungen θ für Schubbewehrung mit α = 90°

θ	$C_S / e_S = \sigma_{cm} \cdot b$	$(A_{sw} / s_w) \cdot f_{yd}$	a_l
20°	$-3{,}11\ V_{(x)} / z$	$0{,}364\ V_{(x)} / z$	$1{,}374\ z$
30°	$-2{,}31\ V_{(x)} / z$	$0{,}577\ V_{(x)} / z$	$0{,}866\ z$
40°	$-2{,}03\ V_{(x)} / z$	$0{,}833\ V_{(x)} / z$	$0{,}60\ z$
45°	$-2{,}0\ V_{(x)} / z$	$1{,}0\ V_{(x)} / z$	$0{,}50\ z$

Die Betonbeanspruchung in der Druckstrebe ändert sich durch Variation von $\theta \geq 30°$ nur wenig und ist kaum maßgebend, da die Druckstrebentragfähigkeit entsprechend $V_{Rd,max}$ selten voll ausgenutzt wird. Die kleinste mögliche Druckstrebenneigung θ führt immer zur der kleinsten Schubbewehrung, jedoch müssen wegen des größeren Versatzmaßes die Stablängen der Biegebewehrung bei Abstufung und am Endauflager dann etwas größer vorgesehen werden. Lediglich bei sehr kurzer Auflagertiefe, z. B. bei Fertigteilträgern oder indirekt gestützten Endauflagern ist eine Bemessung mit steilster Druckstrebenneigung von θ = 45° sinnvoll, um z. B. mit dem Mindestwert für die Endverankerungskraft F_{Sd} nach [E DIN 1045-1 – 00], 13.2.2, Gl. (149) eine Verbundverankerung überhaupt noch zu ermöglichen, s. Abb. E.3.8. Die dafür vorteilhafte Möglichkeit nach [ENV 1992-1-1 – 92], die Druckstrebentragfähigkeit bis zu θ = 60° steil zu wählen, ist nach [E DIN 1045-1 – 00] nicht mehr gegeben.

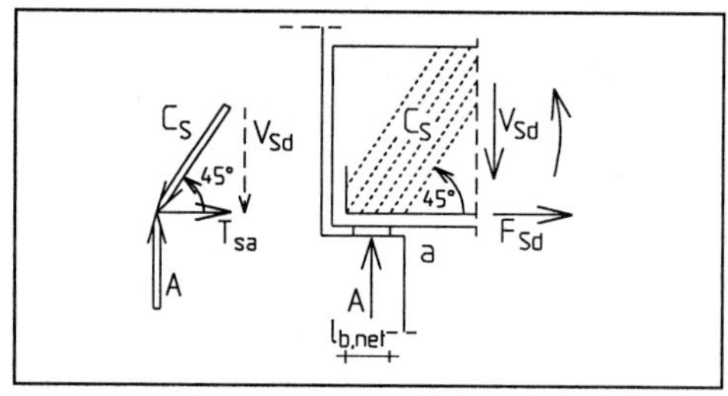

Abb. E.3.8 Endverankerung für kurze Auflagertiefe

Wird die Drucktragfähigkeit $V_{Rd,max}$ hoch ausgenutzt, muss für eine möglichst gleichmäßig verteilte Kraftwirkung im Beton durch Wahl enger Bügelabstände gesorgt werden. Bei niedriger Ausnutzung kann hingenommen werden, dass die Bügelabstände weiter auseinander liegen, was zu größerer Ungleichmäßigkeit der schrägen Druckspannungen längs der Achse führt, ohne dass die örtliche Druckfestigkeit erreicht wird. Die zulässigen Abstände $s_{bü,max}$ der Schubbewehrung in Längs- und Querrichtung sind daher abhängig vom Ausnutzungsgrad der Druckstrebentragfähigkeit $V_{Sd} / V_{Rd,max}$. Dieser beträgt nach [E DIN 1045-1 – 00], Tab. 32 längs der Stabachse zwischen 0,25 $h \leq$ 20 cm für sehr hohe Druckstrebenauslastung und 0,7 $h \leq$ 30 cm für eine geringe.

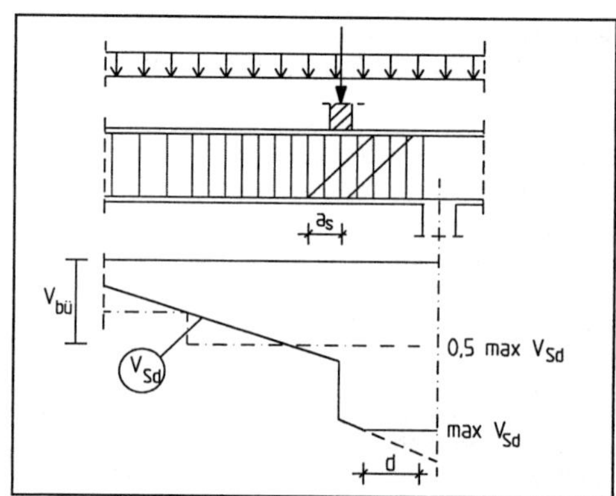

Abb. E.3.9 Abdeckung der Schubbewehrung durch Bügel und Schrägaufbiegungen

Die Schubbewehrung kann längs der Stabachse beanspruchungsabhängig ein- oder zweifach abgestuft werden, wenn bei maximaler Querkraft an der Stützung für $a_{sbü,erf}$ der Bügeldurchmesser so gewählt wird, dass sich ein Bügelabstand von ca. 10 cm ergibt. Durch eine jeweilige Verdopplung des Bügelabstands etwa ist für gleiche Bügelposition eine einmalige oder zweimalige Abstufung zuletzt bis zu dem zulässigen Grenzwert der Bügelabstände oder dem Abstand, der sich aus dem Mindestbügelquerschnitt ergibt, wirtschaftlich, s. Abb. E.3.9, linker Teil.

Schrägaufbiegungen in Balken sind im Regelfall weniger praxisgerecht und in den am Markt verfügbaren EDV-Bemessungsprogrammen nicht vorgesehen. Bei auflagernahen Einzellasten, z. B. aus aufgelagerten tragenden Wänden, und bei sehr hohen Querkraftbeanspruchungen sind Schrägaufbiegungen jedoch konstruktiv gut geeignet, Spitzen in der Querkraftbeanspruchung abzudecken, s. Abb E.3.9.

Für den Nachweis des Grenzwerts $V_{Rd,max}$ aus zulässiger Beanspruchung in der unter θ geneigten Druckstrebe kann bei kombinierten Schubbewehrungen mit unterschiedlichen Neigungen zur Stabachse, wie sie zum Beispiel auch bei Gitterträgern in Platten vorliegen, der Grenzwert $V_{Rd,max}$ unter Ansatz von α = 90° auf der sicheren Seite praxisgerecht abgeschätzt werden mit

$$V_{Rd,max} = \frac{b_w \cdot z \cdot 0{,}75 \cdot f_{cd}}{\cot\theta + \tan\theta} \qquad \text{(E.3.13)}$$

Das Versatzmaß für rechtwinklige Bügel von $a_{l(\alpha=90)} \geq a_l$ liegt immer auf der sicheren Seite. Im Bereich von kombinierter Schubbewehrung mit unterschiedlichen Winkeln α_i kann das Versatzmaß genau durch gewichtete Interpolation über die jeweiligen Versatzmaße a_{li} festgelegt werden.

3.4 Bewehrung für Zugwirkungen aus Torsionsbeanspruchungen

Die Tragwirkung von Stahlbetonbalken im gerissenen Zustand auf Torsion entspricht dem Zusammenwirken von Fachwerken wie für Querkraft an jeder Querschnittsseite, die an den Kantenlinien umlaufend gekoppelt sind. Der wirksame und für Zugwirkungen zu bewehrende Querschnittsteil ist einem einbeschriebenen Hohlquerschnitt äquivalent, in dem mittig die Längsbewehrungsstäbe angeordnet sind, s. Abb. E.3.10. Im umlaufenden Fachwerk werden die Torsionswirkungen über schräge Druckstreben und durch Zugkräfte in den am Umfang verteilten Längsstreben und in den Bügeln getragen. Damit die Bügel kontinuierlich umlaufend wirken können, müssen sie als Torsionsbügel mit voller Übergreifungslänge l_s möglichst in der Biegedruckzone gestoßen werden, s. Abb. E.3.10. Die Längszugwirkungen aus Torsion erfordern im Biegezugbereich Bewehrungsquerschnitt zusätzlich zur Biegezugbewehrung. Im Biegedruckbereich können sie mit lagegleichen maßgebenden Biegedruckkräften zusammengefasst werden, so dass in der Druckzone für Torsion meistens keine statische Bewehrung nötig ist.

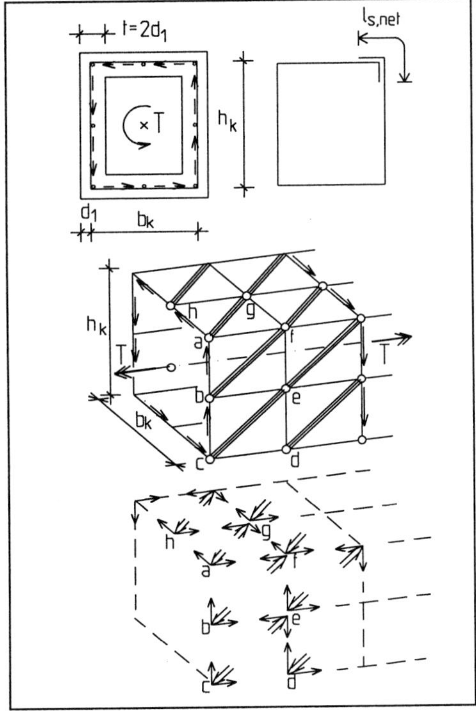

Abb. E.3.10 Tragwirkung und Bemessung auf Torsion entsprechend umlaufendem Stabwerk

Fast immer wirkt Torsion zusammen mit Querkraft. Dann addieren sich die Einzelwirkungen auf einer Stegseite in der maßgebenden Schubwand i, so dass dort die zugeordnete erforderliche Bügelbewehrung aus der Bemessung für Torsion allein und der aus Querkraft allein in der Summe eingelegt sein müssen, s. schematische Darstellung in Abb. E.3.11 für einen Balkensteg. Die Bemessung für kombinierten Schubfluss aus Torsion und Querkraft nach [E DIN 1045-1 – 00], 10.4.2 und für $V_{Sd,i}$ in der maßgebenden Schubwand i mit Dicke $t_{eff,i}$ liefert direkt die für die maßgebenden kombinierten Einwirkungen einzulegende Bügel- und zusätzliche Längsbewehrung.

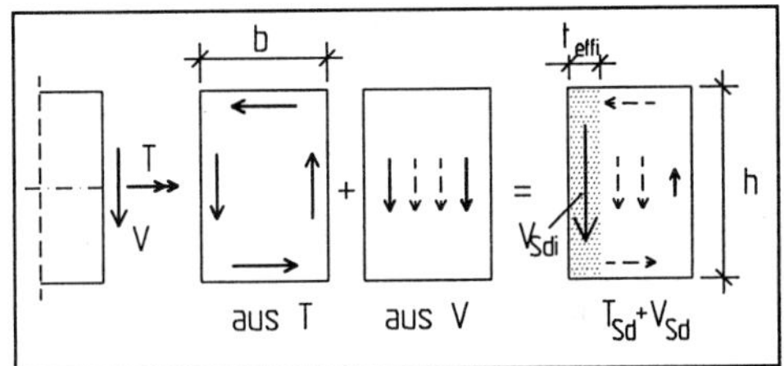

Abb. E.3.11 Durch Bügel abzudeckende Schubbeanspruchung aus Torsion und Querkraft

3.5 Tragwirkung bei Längsschub und Bewehrung

In Deckenkonstruktionen wirken monolithisch mit Platten angeschlossene balkenförmige Unter- oder Überzüge als Plattenbalken. Dabei wirkt die Platte unter Balkenbiegung auf jeder Flanschseite *i* auf einer mitwirkenden Breite $b_{eff,i}$ mit. Die Verdrehung eines unsymmetrischen Plattenbalkenquerschnitts wird über Queraussteifung durch die steife Platte verhindert mit entsprechenden Kraftwirkungen zwischen Platte und Unterzug. Liegt die Platte in der Druckzone des Plattenbalkens, strahlen Biegedruckkräfte in die seitlichen Flansche aus. Abb. E.3.12 zeigt dies an einem symmetrischen Einfeldplattenbalken mit zwei verschiedenen Stabmodellen für die Längsschubwirkung im Flansch. In dem Schubabschnitt der Länge l_v zwischen dem Querschnitt *a* mit $M = 0$, hier das Endauflager, bis zu dem Querschnitt *m* bei $M_{extr} = M_{max}$ wird die Flanschdruckkraft max ΔF_d aufgebaut, die zunehmend bis zur Breite $b_{eff,i}$ in den Flansch ausstrahlt.

Nachweis und Bemessung für Längsschub im Flansch entspricht dem Querkraftnachweis im Steg, s. Abschnitt E.3.3, wobei statt der Stegbreite b_w die Flanschdicke h_f anzusetzen ist. Das in Abb E.3.12b oben dargestellte Stabmodell entspricht dem Modell für Biegung und Querkraft nach Abb. E.3.1 und beschreibt die hier wesentlichen Wirkungen ausreichend genau. Der Be-

E

messung nach [E DIN 1045-1 – 00] liegt ein Modell mit geneigten Längsstreben zugrunde, s. Abb. E.3.12b, untere Hälfte. Wesentlich für die Tragwirkung im Flansch ist der Punkt f im Abstand $l_{v,red}$ von m, an dem die von a aus wirkende Quer- oder Auflagerkraft den Flansch erreicht. Im Mittel kann f von einem direkt gelagerten Endauflager a etwa im Abstand der Nutzhöhe d und von einem Momentennullpunkt a in Durchlaufträgern etwa im Abstand $d/2$ entfernt angenommen werden.

Mit normgemäßer Längsschubbemessung im Flanschanschnitt erfolgt der Nachweis der Tragfähigkeit der Elemente des Stabfachwerks bzw. die Zugstrebenbemessung im jeweiligen Flansch. Nach [E DIN 1045-1 – 00], 10.3.5 darf ein Schubabschnitt von maximal der Länge $a_v = l_v/2$ jeweils für die im zugehörigen Bereich wirkende mittlere Längsschubkraftwirkung $v_{Sd} = \Delta F_d / a_v$ bemessen werden. Durch diese Bemessung in mindestens zwei Teilabschnitten $a_v \leq l_v / 2$ wird der tatsächliche Schubkraftverlauf ausreichend genau erfasst. Nach [DIN 1045 – 88] und bei einer Längsfuge am Flanschanschnitt zwischen Ortbeton und Fertigteil, z. B. an einer Fertigteilplatte, muss nach [E DIN 1045-1 – 00], 10.3.6 v_{Sd} mit genauem Verlauf angesetzt werden. Die mittig im Flansch wirkenden Zugstrebenkräfte, entsprechend einer Bewehrung $a_{st(v)} = A_{st} / s_f$, sind quer zum Steg mit den Wirkungen aus Quermomenten zu überlagern, s. Abb. E.3.13a. Dabei wird in der Druckzone die anteilige Zugwirkung $f_t/2$ meistens vollständig überdrückt. In der Biegezugzone quer muss entsprechend [DIN 1045 – 88] zusätzlich zur Querbiegebewehrung $a_{st(m)}$ anteilig 0,5 $a_{st(v)}$ eingelegt werden, s. Abb. E.3.13b. Die nach [E DIN 1045-1 – 98], 10.3.5(5) und [DIN V ENV 1992-1 – 92] zulässige Begrenzung auf nur den größeren der Querschnittsanteile, und zwar gemäß Abb. E.3.13c, wenn m_t maßgebend ist, und gemäß Abb. E.3.13d, wenn $f_t \geq m_t / z_f$ gilt, ist in [E DIN 1045-1 – 00] nicht mehr aufgenommen.

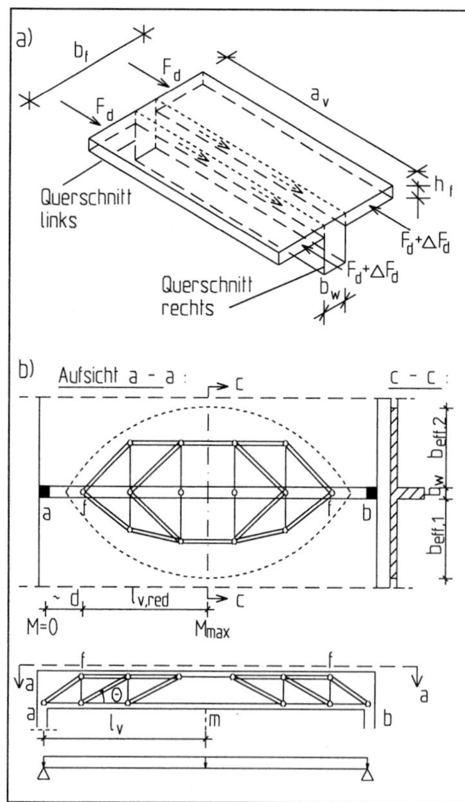

Abb. E.3.12 Längsschub bei Plattenbalken
a) wirksame Kräfte am Balkenabschnitt a_v, s. a. [E DIN 1045-1 – 00], Bild 34
b) Stabmodelle für Längsschub

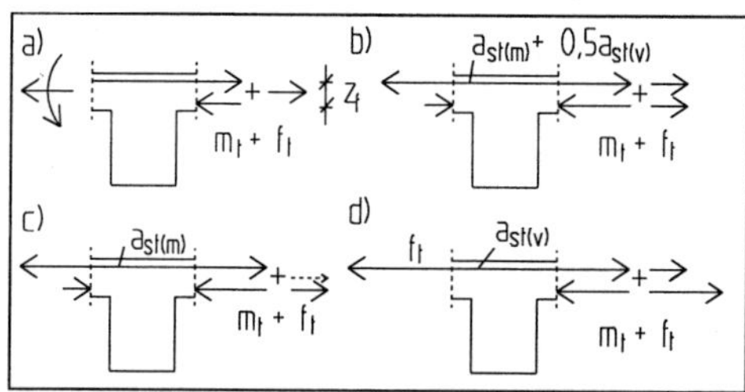

Abb. E.3.13 Querbewehrung im Plattenbalkenflansch bei Längsschub und Querbiegung

Mit der so ermittelten Längsschubbewehrung a_{st} ist die Querzugwirkung in der Flanschebene nicht immer vollständig abgedeckt. Das Stabwerk eines Flansches nach Abb. E.3.14 unter dem Biegelängsdruck ΔF_c im Querschnitt m des extremalen Biegemoments zeigt, dass die Längsschubwirkungen nicht auf der gesamten Schublänge l_v zwischen m und dem Auflager a wirken. Analog zum vergrößerten Versatzmaß und entsprechend der Druckstrebenneigung θ im Steg und im Flansch ist nur eine reduzierte Schublänge $l_{v,eff}$ wirksam, s. Abb. E.3.12. Es müsste daher die ausgehend von der Querkraftlinie $V_{(x)}$ nach technischer Biegetheorie ermittelte Schubkraftlinie $v_{f(x)} = V_{(x)} \cdot b_{eff1} / b_{eff}$ mit dem Faktor $l_v / l_{v,eff}$ vergrößert und dann nur auf die Länge $l_{v,eff}$ bezogen werden für den Längsschubnachweis. Aufgrund von nicht im Längsschubnachweis berücksichtigten Tragwirkungen, z. B. entsprechend einem Bogenstabmodell nach Abb. E.3.12b und der Zugtragfähigkeit des Betons, ist ein in zwei Abschnitten pro Schublänge l_v geführter normgemäßer Längsschubnachweis ausreichend sicher sowie wirtschaftlich und deckt außerdem im Flanschbereich am Auflager a Zugwirkungen aus dem Anschluss nicht oder wenig beanspruchter Flanschteile analog zu Abb. E.2.2 mit ab.

Auftretende zusätzliche Querwirkungen, die insbesondere unter Einzellasten im Bereich des Querkraftnullpunkts auftreten, werden jedoch durch die normgemäße Längsschubbewehrung nicht genügend abgedeckt. Diese müssen entweder durch Queraussteifung über eine angrenzende steife Platte entsprechend Abb. E.3.16 oder bei beidseitigem Plattenbalken durch zusätzliche Bewehrung aufgenommen werden, die die entsprechenden Zugwirkungen der beiden Flansche ins Gleichgewicht bringt. Dies ist für einen symmetrischen Plattenbalken unter mittiger Einzellast in m am Stabmodell eines Flansches mit angreifenden Kräften in Abb. E.3.14 dargestellt.

Aus Gleichgewicht an dem Stabwerk für einen Flansch ergeben sich bei einer angreifenden Biegedruckkraft von $\max \Delta F_d = (M_m / z) \cdot (b_{eff1} / b_{eff})$ und anteiligen am Steg angreifenden Schubkräften von $F_f = v_f \cdot a$, die gleich den stegparallelen Komponenten der Druckstreben sind, an den Knoten 1 bis 3 im Flansch erforderliche Zugkräfte für die Umlenkung der Druckkräfte von jeweils

$$F_t = F_f \cdot \tan \theta_t = v_f \cdot b_{eff1} / 2 \qquad \text{(E.3.14)}$$

mit $v_f \approx (V_{Sd} / z) \cdot (b_{eff1} / b_{eff}) \cdot (a_v / a_{v,eff})$

$= \Delta F_d / a_{v,eff}$

Anders als in Knoten 2 und 3 liegt im Knoten 1, d. h. am Querschnitt m, unter der Einzellast eine Umlenkkraft von 2 F_t vor, und zwar 1 F_t aus dem linken Stabwerk und 1 F_t aus der nicht dargestellten rechten Seite. Daher ist in m unter der Einzellast eine konzentrierte Querbewehrung zusätzlich einzulegen auf einer Breite von etwa $b_{eff1} / 2$, s. Abb. E.3.15, mit Querschnitt von

$$A_{st2} = F_t / f_{yd} \qquad \text{(E.3.15)}$$

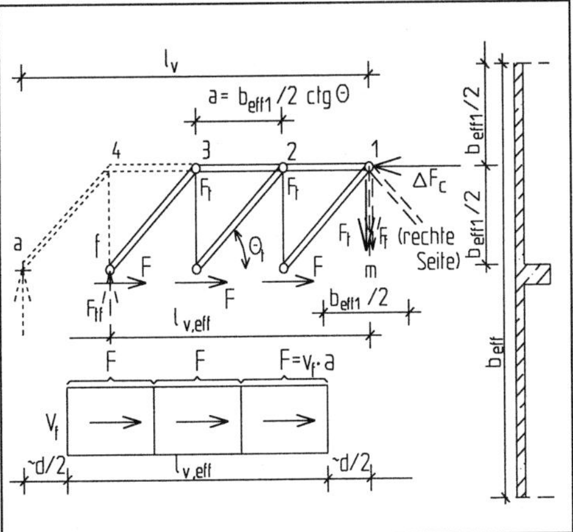

Abb. E.3.14 Längsschubmodell für den Flansch eines Plattenbalkens unter Einzellast in m

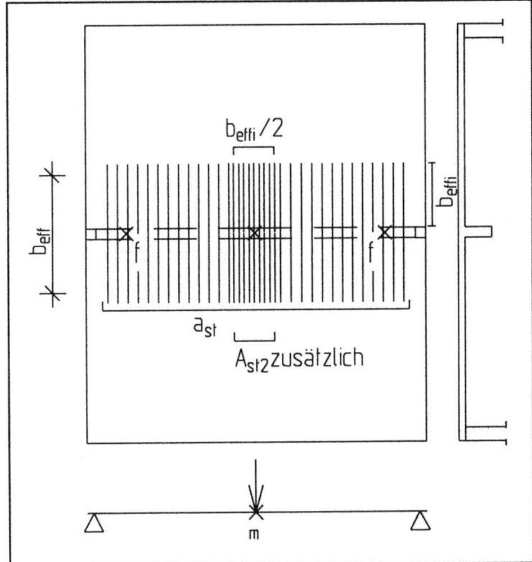

Abb. E.3.15 Längsschubbewehrung eines symmetrischen Plattenbalkens bei mittiger Einzellast

Bei einseitigen Plattenbalken werden die zusätzlichen Querwirkungen durch die angrenzende steife Platte aufgenommen. Die Rückhängebewehrung wird zweckmäßig als umlaufende Ringbewehrung am Rand angeordnet, so dass die horizontale Auflagerkraft $F_{tf} = F_{ti}$ in f in die Plattenecke zum Auflager a hin versetzt wird entsprechend den in Abbn. E.3.14 und E.3.16 eingetragenen gestrichelten Ergänzungen. Diese Rückhängebewehrung in den Flansch bei f wird durch Längsschubbewehrung gemäß Bemessung abgedeckt.

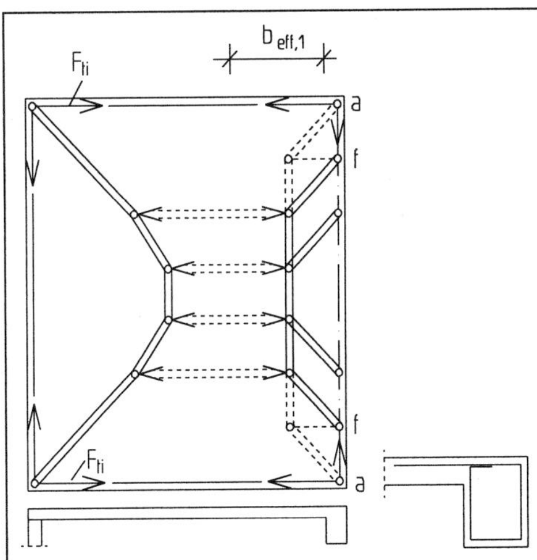

Abb. E.3.16 Modell für die Flanschplatte eines einseitigen Rand-Plattenbalkens

Das in Abb. E.3.16 dargestellte Stabmodell für einen einseitigen Plattenbalken am Rand unter Gleichlast ist mit dargestelltem Druckbogen und Zugband ausreichend tragfähig, wenn das Zugband für die zugehörigen umlaufenden Randzugkräfte nach Abb. E.3.16 bemessen wird. Die über die gesamte Platte reichende Randbewehrung für die Zugstrebe F_{ti} muss um die Plattenecke herum noch in den Randunterzug bis zum Punkt f weitergeführt und dann verankert werden. Bei zwei gegenüberliegenden Randträgern würde sich ein zur rechten Plattenhälfte symmetrisches Stabmodell ergeben mit gleicher Zugstrebenbewehrung für F_{ti}.

Liegt der Flansch in der Zugzone, z. B. im Stützbereich eines Unterzugs, und sind Bewehrungsstäbe ausgelagert, tritt eine ähnliche Tragwirkung wie oben angegeben auf. Die bisher angegebenen Regeln zur Abdeckung von Querwirkungen zusätzlich zu normgemäßen Längsschubbewehrungen gelten auch dafür entsprechend.

Das Versatzmaß ausgelagerter Stäbe vergrößert sich nach dem Stabmodell analog jeweils für jeden ausgelagerten Stab um den Abstand zum Steganschnitt (für $\theta = 45°$).

3.6 Konstruktive Durchbildung von Druckgliedern und Stützen

Stützen werden in Gebäuden aus Brandschutzgründen zweckmäßig kompakt quadratisch, rechteckig, rund, ggf. sechs- oder achteckig als Vollquerschnitt ausgebildet und meist symmetrisch bewehrt. Aufgelöste Querschnitte kommen eher aus architektonischen Gründen z. B. in Außenbereichen oder im Fertigteilbau zur Anwendung. Für die Anordnung der Bewehrung im Querschnitt ist entscheidend, ob wesentliche Beanspruchungen aus Biegung auftreten. Eine Konzentration der Bewehrung in den Querschnittsecken ist für die Tragwirkung immer besonders günstig. Bei einachsiger Biegung wird die Bewehrung an den auf Biegung beanspruchten Seiten angeordnet, z. B. Abb. E.3.18a.

Für Herstellung, Tragwirkung und Wirtschaftlichkeit sind niedrige bis mittlere Bewehrungsgrade von $A_s / A_c \leq 0{,}03$ zu empfehlen und für die Ausführung von Übergreifungslängen Stabdurchmesser $d_s \leq 20$ mm anzustreben. Die zugehörigen lichten Stababstände müssen im Bereich von Übergreifungsstößen, die i. d. R. oberhalb der Arbeitsfuge jeder Decken- bzw. Riegelebene vorgesehen werden, auf $s_l \geq 2\ d_s$ oder $s_l \geq 3\ d_s$ vergrößert werden, s. a. Abb. E.3.18a bis c.

Die Anordnung von Bügeln dient bei Druckgliedern nicht nur zur Knickaussteifung der Druckbewehrung, sondern auch zur Querbewehrung des infolge Längsdrucks sich seitlich ausdehnenden Betons, s. a. Abb. E.2.6. Dazu dürfen die Längsstäbe im Querschnitt nicht weiter als 30 cm auseinanderliegen, so dass je nach Anzahl der Stäbe im Eckbereich für Querschnittsabmessungen von mehr als 40 cm Zwischenbügel anzuordnen sind, siehe Abb. E.3.17.

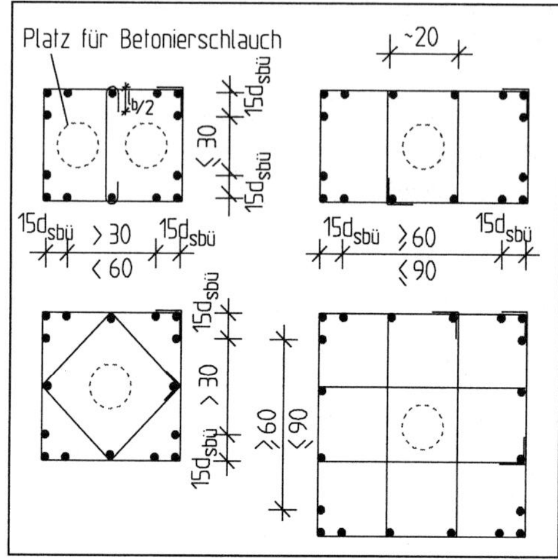

Abb. E.3.17 Verbügelung des Querschnitts bei größeren Querschnittsabmessungen

Bei Ortbetonstützen ist darauf zu achten, dass für das Einführen des Betonierschlauchs oder des Hosenrohrs der Betonpumpe ein Durchmesser von mehr als 15 cm im Querschnitt frei bleibt.

Die Konstruktion der Übergreifungsstöße erfordert besondere Sorgfalt. Dicke Bewehrungsstäbe in gleicher Querschnittslage können im Übergreifungsbereich auf der Baustelle nicht einfach passend in zueinander parallele Lage „zurechtgedrückt“ werden. Es ist vielmehr an einem der Stäbe planmäßig eine Kröpfung vorzusehen, so wie in Abb. E.3.18c dargestellt. Die unter Längsdruck an der Kröpfung nach außen wirkende Abtriebskraft mit Querzugwirkung im Beton wird bei flacheren Kröpfungsneigungen als 1:20 durch die planmäßige Bügelbewehrung abgedeckt. Bei steilerer Neigung, wie sie z. B. bei auf die Deckendicke beschränkter konzentrierter Kröpfung auftritt, muss die erhöhte Umlenkkraft tragfähig aufgenommen werden entweder durch entsprechende Bügel, andere Querbewehrung oder aus der Drucksteifigkeit einer umgebenden Platte. Die unter lasteinleitenden Unterzügen o. Ä. im Stützenanschnittsbereich normgemäß erforderliche Verringerung der Bügelabstände reicht dafür im Regelfall nicht aus.

Durch stockwerkweise gegeneinander seitlich versetzt angeordnete Stützenbewehrung, ggf. unter Nutzung innen vorhandener oder als Stoßbewehrung zusätzlich angeordnete Zulagen, können insbesondere auch bei angepassten Stützenverjüngungen Kröpfungen vermieden werden, s. Abb. E.3.18a und b. Lediglich bei Übergreifungs-Vollstößen hochbewehrter Querschnitte gemäß Abb. E.3.18c sind Kröpfungen mit parallel nach innen geführten endenden Stäben kaum zu vermeiden. In diesem Fall c muss die Querbewehrung entsprechend der wirksamen Anzahl der Stoßpaare in den jeweils äußeren Dritteln des Übergreifungsbereichs und um ca. 4 d_s über das Stabende hinaus gegenüber Abb. E.3.18a und b deutlich erhöht werden.

Bei Stumpfstoßausbildungen mit mechanischen Stoßmitteln ist die Bewehrungsführung einfacher. Jedoch muss nach Herstellung der Deckenebene eine genaue Weiterführung der Stützenstäbe sichergestellt sein. Bei einer oben an die Stützenbewehrung höhengerecht angeschweißten Stahlplatte nach Abb. E.3.18d können die aufgehenden Bewehrungsstäbe lagegerecht angeschweißt und die Stützenschalungen richtig gestellt werden. Die richtige zentrische Lage der weiterführenden Stäbe ist auch bei der Verwendung von Muffenverbindungen gemäß Abb. E.2.19 oder bei Stumpfstoßschweißung sichergestellt.

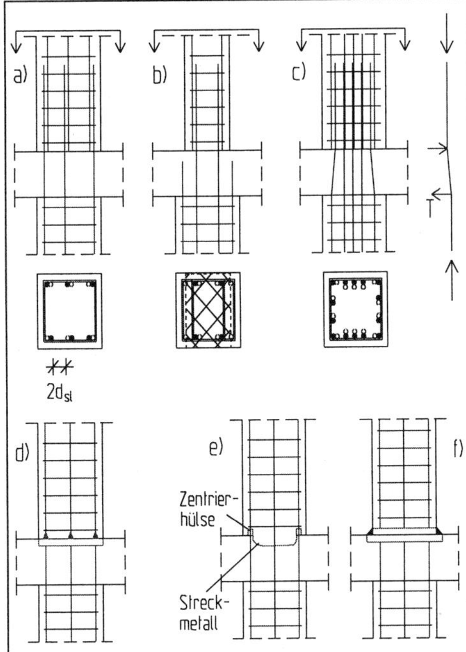

Abb. E.3.18 Ausbildung von Stützenstößen
a) bis c) durch Übergreifung
d) bis f) stumpf gestoßen

Bei niedrig bewehrten Stützen, die am Stützenanschnitt gelenkig angeschlossen werden und dort ohne durchlaufende Bewehrung tragfähig sind, ist eine Ausbildung des Anschlusses entsprechend Abb. E.3.18e auch ohne die dargestellten Zentrierhülsen möglich. Durch Aufsetzen der aufstehenden Bewehrung über Zentrierhülsen direkt auf die kurz über die Deckenebene hinausstehende Bewehrung mit möglichst rechtwinkliger Schnittfläche kann die zentrische Weiterführung der Stützenbewehrung und die Übertragung von Druckkräften im Bewehrungsstahl gesichert werden. Die Kraftübertragung von Querwirkungen horizontal über die Fuge kann je nach Anforderungen über eine aufgerauhte oder am sichersten mittels einer durch Streckmetall dübelartig vertieften Fugenkontur gesichert werden. In Abb. E.3.18f wird eine Lösung für die praxisgerechte Verlängerung von Fertigteilstützen durch Verschweißung zweier Endverankerungsplatten dargestellt.

Werden Stützen stumpf und gelenkig auf im Vergleich zu Beton nachgiebigeren Fugenmaterialien, wie z. B. Elastomeren, aufbetoniert oder aufgesetzt, müssen die verschiedenen Querdehnungseigenschaften im Beton-Auflagerbereich berücksichtigt werden. Unbewehrte Elastomerelager weichen unter Last stark seitlich aus und bewirken sprengenden Zug im Lagerbereich, der durch ausreichend bemessene und eng angeordnete bügel- oder schlaufenartige Bewehrung gesichert werden muss, s. a. [E DIN 1045-1 – 00], 13.8.2, Bild 78.

3.7 Bewehrung zur Beschränkung von Rissbreiten

3.7.1 Rissbildung – Rissbeschränkung

In auf Zug aus äußeren Einwirkungen und/oder aus Zwang beanspruchten Stahlbetonbereichen reißt der Beton nach Überschreiten seiner relativ geringen Zugfestigkeit unter Rissbildung auf. In planmäßig statisch beanspruchten Zugzonen übernimmt der dafür bemessene Bewehrungsstahl die Zugtragwirkung. Über Verbund werden vom Riss aus Zugwirkungen wieder in den Beton um die Bewehrung eingeleitet, was zu weiterer Rissbildung bis zum abgeschlossenen Rissbild führt. Damit erfolgt eine Verteilung der Dehnungen im gerissenen Stahlbeton auf eine große Anzahl Risse und bei ausreichend klein gewähltem Bewehrungsdurchmesser mit ausreichend beschränkten Rissbreiten.

In nicht statisch bewehrten, aber z. B. aus Zwang auf Zug beanspruchten Bereichen ist eine Mindestbewehrung einzulegen, die klaffende Risse durch eine Verteilung der Risse vermeiden soll. Diese muss dafür sorgen, dass die kurz vor Rissbildung im Querschnitt angewachsene Zugbeanspruchung nach Rissbildung auch im gerissenen Zustand noch aufgenommen werden kann. Daraus bemisst sich der nach [E DIN 1045-1 – 00], 11.2.2, Gl. (128) analog zu ([DIN 1045 – 88], 17.6.2 in Verbindung mit [DAfStb-H400 – 89]) geforderte Mindestbewehrungsgrad nach Gl. (E.3.16), der auch in Bereichen statisch bewehrter Zugzonen nicht unterschritten werden darf.

$$\rho_{s,min} = A_{s,min} / A_{ct} = k_c\, k\, f_{ct.eff} / \sigma_s \qquad \text{(E.3.16)}$$

Der Bewehrungsgrad $\rho_{s,min} = \rho_{s,0}$ (ermittelt unter Ansatz von $\sigma_s = f_{yk}$) würde bereits für eine Vermeidung klaffender Einzelrisse ausreichen. Für die zusätzliche Beschränkung der Rissbreite auf Werte w_k für Stahlbeton von w_k = 0,30 mm bzw. 0,40 mm, wird in vereinfachten Nachweisen die Spannung σ_s in Gl. (E.3.16) unter Gebrauchsbedingungen in Abhängigkeit vom Stabdurchmesser d_s abgemindert, da die Rissbreiten vor allem durch d_s bestimmt werden. Daneben sind die Verbundfestigkeit zwischen Beton und Bewehrung, die Mitwirkungszone $A_{ct,eff}$ des Betons um die Bewehrung und der Bewehrungsgrad in dieser Zone für die Rissbildung maßgebend und zum Teil implizit in den Nachweis einbezogen.

Allerdings ist neu in [E DIN 1045-1 – 00] eine Abminderung für Zugglieder mit Bauteildicken von h > 1,0 m enthalten und können beliebige Kombinationen von Biegemoment und Längskraft einfach über den differenzierten Beiwert k_c nach [E DIN 1045-1 – 00], Gl. (129) erfasst werden:

$$k_c = 0{,}4 \cdot [1 + \sigma_c / (k_1 \cdot f_{ct,eff})] \leq 1 \qquad \text{(E.3.17)}$$

wobei

σ_c Betonspannung in Höhe der Schwerlinie

h Balkenhöhe oder Plattendicke

h' $= h \leq 1{,}0$ m

k_1 $= 1{,}5\, h / h'$ für $\sigma_c < 0$ (Drucknormalkraft)

$= 2/3$ für $\sigma_c > 0$ (Zugnormalkraft)

Wenn neben Rippenstahl mit Querschnitt A_s andersartige Bewehrungsstäbe vorhanden sind, wie z. B. Vorspannstahl, und zwar mit einer Fläche A_p und abweichendem Durchmesser d_p und/oder anderer Oberflächenstruktur und gegenüber Rippenstäben um ξ abgeminderter Verbundfestigkeit, so ist in der Gl. (E.3.16) $A_{s,min}$ zu ersetzen, s. a. [E DIN 1045-1 – 00], 11.2.2(7), und zwar:

$$A_{s,min} \rightarrow A_s + A_p \sqrt{\xi\, d_s / d_p} \qquad \text{(E.3.18)}$$

Vorspannbewehrung im Verbund A_p darf nur in einem Bereich bis zu einer Entfernung von 15 cm von A_p berücksichtigt werden.

Für einen über Biegebemessung berechneten, statisch erforderlichen Bewehrungsquerschnitt ist der Nachweis ausreichender Rissbeschränkung über den Grenzwert des Stabdurchmessers nach [E DIN 1045-1 – 00], 11.2.3, Tab. 21 oder auch über den Grenzwert für den Stababstand nach Tab. 22 analog zu [DIN 1045 – 88] Tab. 14 oder 15 einfach und schnell zu führen und meistens für die Bewehrungswahl nicht maßgebend.

Rissschäden treten oft dann auf, wenn Zwangwirkungen, z. B. aus Schwinden und/oder Temperaturänderungen bei dem Nachweis nicht berücksichtigt werden. Über den maximalen Rissabstand $s_{r,max}$ nach Gl. (E.3.19) entsprechend [E DIN 1045-1 – 00], 11.2.4, Gl. (138) und den Verkürzungen aus Zwang, z. B. berechnet nach Gl. (E.3.20), kann der für Lastbeanspruchung noch verbleibende Restwert w_k* der Rissbreite über Gl. (E.3.21) ermittelt werden.

$$s_{r,max} = \frac{d_s}{3{,}6\ \mathrm{eff}\rho} \leq \frac{\sigma_s\, d_s}{3{,}6\, f_{ct,eff}} \qquad \text{(E.3.19)}$$

$$\varepsilon_{zw} = \varepsilon_{csoo} + \alpha_T \cdot \Delta T \qquad \text{(E.3.20)}$$

$$w_k^* = w_k + \varepsilon_{zw} \cdot s_{r,max} \qquad \text{(E.3.21)}$$

Der Rissnachweis für statisch erforderliche Bewehrung muss dann für die reduzierte Rissbreite w_k* statt für w_k geführt werden. Dem vorstehenden Nachweis liegen vereinfacht als Annahmen auf der sicheren Seite zugrunde, dass sich aus zusätzlichen Zwangwirkungen die Rissabstände nicht ändern und die Dehnungszunahme in Zugbereichen vernachlässigt werden kann.

3.7.2 Mindestbewehrung für Stahlbetontragwerke

In zugbeanspruchten Tragwerksbereichen, die nicht oder nicht ausreichend von statisch erforderlicher Bewehrung durchsetzt sind, ist ausreichend rissbeschränkende Mindestbewehrung erforderlich. Dazu sind im Stahlbetontragwerk zunächst die Bereiche zu suchen, in denen rechnerisch nicht erfasste Zugwirkungen auftreten können. Aus Lastbeanspruchungen sind dies z. B. mitwirkende Zugzonen außerhalb des statisch bewehrten Bereichs $A_{ct,eff}$, wie sie bei hohen Balkenstegen oder in Zugflanschen von Plattenbalken ohne Auslagerung der Stützbewehrung vorliegen, s. Abb E.3.19. Da in diesen Fällen die Rissverteilung durch den angrenzenden statisch bewehrten Bereich günstig beeinflusst wird, wäre eine reduzierte Mindestbewehrung ausreichend. Dies kann nach Gl. (E.3.16) mit Ansatz von k = 0,6 bestimmt werden gemäß [E DIN 1045-1 – 98], 11.2.2(4) bzw. nach [Schießl – 89].

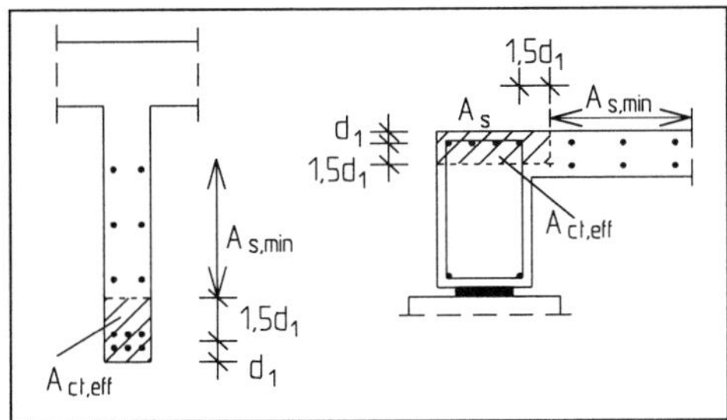

Abb. E.3.19 Mitwirkende Zugzonen unter Last

Andere und vor allem aus Zwang herrührende Zugwirkungen treten auf, wenn die zugehörige freie Verformung behindert wird. Dies kann z. B. bei Behinderung der Verkürzungen aus Schwinden, Temperatur und/oder Kriechen der Fall sein oder auch bei Auswirkungen von Querdehnungen, wie z. B. beim Eckbereich der Wand in Abb. E.2.2. Bei dicken Bauteilen und besonders auch im Gründungsbereich kann durch Zugwirkungen aus abfließender Hydratationswärme bereits wenige Tage nach dem Betonieren Rissbildung aus innerem Zwang auftreten, was wegen der noch niedrigen Zugfestigkeit und der bei Rissbildung freigesetzten Zugkraft eine wesentliche Verringerung der Mindestbewehrung erlaubt. Wenn nur der letztere Fall maßgebend sein kann, sind in Rückkopplung mit der Betontechnologie der maßgebende Risszeitpunkt und die dann wirksame Betonzugfestigkeit $f_{ct,eff}$ zu bestimmen.

Ein Risszeitpunkt drei bis fünf Tage nach Einbringen des Betons mit zugehöriger Betonzugfestigkeit kann für derartige Rissbildungen als Abschätzung angesetzt werden. Gemäß [E DIN 1045-1 – 00], 11.2.2(5) darf dann, wie nach [DIN 1045 – 88], $f_{ct,eff} = 0,5\ f_{ctm}$ gesetzt werden. Kann nicht mit Sicherheit von früher Rissbildung in den ersten 28 Tagen ausgegangen werden, wie z. B. bei Wirkungen aus Schwinden, s. a. Abschnitt E.2.1.1, ist mit $f_{ct,eff} = f_{ctm} \geq 3,0$ Nmm^2 in den Gln. (E.3.16) und (E.3.17) zu rechnen.

Bei Wänden und Bodenplatten mit Wasserandrang müssen entstehende Rissöffnungen durch geeignete Mindestbewehrung so klein gehalten werden, dass dafür praktische Wasserundurchlässigkeit erreicht wird. Nach [Edvardsen – 96] sind die charakteristischen Werte w_k für die Rissbreite in Abhängigkeit vom wirkenden Druckgradienten gemäß Tafel E.3.2 anzusetzen. Für eine 30 cm dicke Wand oder Bodenplatte mit Wasserandrang von bis zu 2,70 m Wassersäule WS ist zum Beispiel mit einem Druckgradienten von $2,70 / 0,3 = 9 < 10$ eine Bemessung ausreichend für $w_k = 0,20$ mm. Grenzwerttabellen in [DAfStb-H400 – 89] oder [DAfStb-H425 – 92] für weitere in der Norm nicht tabellierte Bemessungs-Rissbreiten w_k dürfen nicht für Nachweise nach [E DIN 1045-1 – 00] verwendet werden, da dort die Ansätze auf neuer Grundlage beruhen. Eine Erweiterung der Grenz-Durchmesser- und -Stababstandstabellen auf charakteristische Rissbreiten $w_k \leq 0,20$ mm wird in [DAfStb-H5xx – 01], dem Heft mit den Grundlagen für Bemessungen nach [E DIN 1045-1 – 00] erfolgen.

Tafel E.3.2 Rissbreiten w_k bei Anforderungen auf Wasserundurchlässigkeit nach [Edvardsen – 96]

Druckgradient: eff WS / Bauteildicke	Rechenwert w_k in mm
≤ 10	0,20
≤ 20	0,15
≤ 30	0,10
≤ 40	0,05

Die relativ hohen Bewehrungsgrade aus bisherigen Normnachweisen für die Mindestbewehrung widersprechen Erfahrungen mit niedrigerer Bewehrung z. T. erheblich, insbesondere bei dickeren Bauteilen mit Rissbildungen aus abfließender Hydratationswärme kurz nach dem Betonieren. Dies hat als Ergebnis verstärkter Forschungen in den vergangenen Jahren zu verbesserten Ansätzen in [E DIN 1045-1 – 00], 11.2.3 und 11.2.4 geführt durch Bezug auf die effektive Mitwirkungszone um die Bewehrung in einem Randbereich der Tiefe 2,5 d_1. Genauere Rissberechnungen nach [E DIN 1045-1 – 00], 11.2.4 können so zu günstigeren Ergebnissen führen, verglichen mit bisherigen Normansätzen.

[Ivanyi – 95] hat für übliche Kellerwände in Stahlbeton von 20 bis 35 cm Dicke unter Zwangbeanspruchungen durch Einbeziehung der Steifigkeit der Bewehrung in die Analyse der Rissvorgänge festgestellt, dass baupraktisch übliche Bewehrungen für die Rissbeschränkung ausreichen. Aus dem angegebenen differenzierten Bewehrungsdiagramm geht hervor, dass bei einer Wanddicke von $h \leq 35$ cm und jeweils beidseitiger Bewehrungsanordnung eine Rissbeschränkung sichergestellt wird auf eine Rissbreite von:

$w_k = 0,15$ mm durch je $d_s = 12$ mm / $s = 15$ cm
$w_k = 0,20$ mm durch je $d_s = 10$ mm / $s = 15$ cm
$w_k = 0,25$ mm durch je $d_s = 8$ mm / $s = 15$ cm

Bei genauerer Erfassung der Zwangwirkungen im ungerissenen Zustand I braucht die Mindestbewehrung nur maximal für die wirkenden maßgebenden Schnittgrößen bemessen zu werden. Diese müssen im gerissenen Zustand II ausreichend rissbeschränkend aufgenommen werden.

Bei Außenbauteilen sind häufig Zwangwirkungen aus Temperatur für die rissbeschränkende Mindestbewehrung maßgebend, wobei Bauteildicke und Lage zur Sonne entscheidend sind. Für Bodenplatten und Wände sind Temperaturverläufe in [DAfStb-Ri – 96], Bild 1-2 und 1-3 angegeben, mit denen die maßgebenden Temperatureinwirkungen für Bauteildicken bis zu 80 cm abgeschätzt werden können. Aus den Grafiken ist für eine vorgegebene Bauteildicke der Temperaturverlauf aufzuschlüsseln, und zwar in einen konstanten mittleren Temperaturanteil T_K, in einen linearen Biege-Temperaturanteil mit Randwert T_L und in einen nichtlinearen Temperaturanteil mit Randwert T_E, der im Querschnitt Eigenspannungen bewirkt, s. Abb. E.3.20.

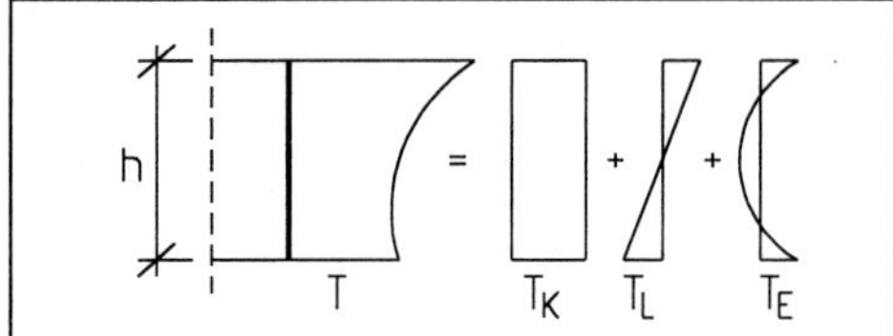

Abb. E.3.20 Temperaturanteile in einem Querschnitt

Einer ermittelten zwängungswirksamen Temperatur T_{zw} ist die Betonspannung $\sigma_{cT} = \alpha_t \cdot T_{zw}$ zugeordnet. Aus Vergleich mit der maßgebenden Betonzugfestigkeit kann abgeschätzt werden, ob, ggf. überlagert mit anderen Zwangwirkungen, wie Schwinden, Rissbildungen auftreten oder ob die Mindestbewehrung entsprechend den tatsächlich auftretenden Zwangschnittgrößen abgemindert bemessen werden kann. Es ist u. U. zu untersuchen, ob bei z. B. reibungsbedingt begrenzter Verformungsbehinderung die Zwangschnittgröße überhaupt aufgebaut werden kann. Die Reibungskräfte in Bodenfugen unter Bodenpressungen σ_F sind über die maximalen Scherspannungen zu ermitteln von

$$\tau_{max} = \mu_{max} \cdot \sigma_F \qquad \text{(E.3.22)}$$

[DAfStb-Ri – 96] enthält in Tabelle 1-4 Reibungsbeiwerte μ_{max}.

Ermittelte Mindestbewehrung muss in der untersuchten Richtung vorhanden sein, d. h. alle eventuell vorhandenen Bewehrungen können angerechnet werden. Auch unter α bzw. $90^o - \alpha$ geneigt statt senkrecht zur Rissrichtung entsprechend $\alpha = 90^o$ eingelegte orthogonale Bewehrung a_{sx} bzw. a_{sy} ist zur Rissbeschränkung geeignet. Sie darf aber als Mindestbewehrungsquerschnitt senkrecht zum Riss nur entsprechend ihrer abgeminderten Wirksamkeit angesetzt werden, z. B. mit der Abschätzung

$$a_{s,min} = a_{sx} / \cos^4\alpha + a_{sy} / \sin^4\alpha \qquad \text{(E.3.23)}$$

Übergreifungen von Mindestbewehrung müssen kraftschlüssig auf der Länge $l_{s,net}$ erfolgen, wobei diese Übergreifungslänge berechnet werden darf über $A_{s,erf} / A_{s,vorh} = \sigma_s / f_{yk}$.

4 Durchbildung der Detailbereiche von Stahlbetontragwerken

4.1 Abgrenzung von Detailbereichen in Stahlbetontragwerken

Detailbereiche von Stahlbetontragwerken sind Zonen, in denen die Bemessungs- und Nachweisregeln für Normalbereiche nach Abschnitt E.3 entsprechend dem zugeordneten Standardmodell nach Abb. E.3.2 nicht oder nur abgewandelt gelten. Sie müssen also in einem gesamten Stahlbetontragwerk erst einmal als Detailbereiche erkannt werden, die gesondert untersucht, bemessen und durchgebildet werden müssen. Detailbereiche liegen immer dort vor, wo der kontinuierliche Verlauf der Querschnittsgeometrie gestört ist oder die Einwirkungen und damit der Verlauf der Schnittgrößen *N*, *M* oder *V* sich sprungartig ändern. Dies ist einerseits bei sprungartiger Veränderung der Querschnittsabmessungen sowie der Neigung oder der Krümmung der Schwerlinie bzw. der Stabachse gegeben und andererseits dort, wo Einzellasten oder Einzelmomente angreifen oder sich verteilte Einwirkungen sprungartig ändern. Die Auswirkungen an einer derartigen Diskontinuitätsstelle auf den inneren Kraftverlauf reichen entsprechend dem Prinzip von *de Saint-Venant* rechts und links etwa bis zu einem Abstand gleich der jeweiligen Bauhöhe *h*. Von dort gelten dann wieder die Bemessungs- und Konstruktionsregeln für Normalbereiche, wenn sich nicht ein weiterer Detailbereich anschließt.

In Abb. E.4.1 sind für einen exemplarischen Rahmenabschnitt eine Anzahl möglicher Diskontinuitäten mit zugeordneter Ausdehnung des jeweiligen Detailbereichs schraffiert und vermaßt angegeben. Geometrische Unstetigkeiten sind in den schraffierten Detailbereichen 1, 2, 3, 5, 6, 7, 9, 10 und 11 gegeben, eine Diskontinuität in den äußeren Einwirkungen liegt in den Detailbereichen 2, 4, 6 und 8 vor. In Bereich 1 ändern sich die Krümmung und die Bauteildicke, bei Detailbereich 2 ändert sich an der Auflagerbank die Bauhöhe und greift eine Einzellast an. An der Rahmenecke 3 ändern sich der Neigungswinkel und die Bauteildicke. Im Detailbereich 4 wird eine Einzellast eingeleitet. In der Rahmenecke 5 ändern sich der Stabwinkel um 90° und, wie in 3, die Bauteildicke. Unter 6 ändert sich die Bauteildicke und greift an der Konsole eine Einzellast an. Im Randknoten 7 ändert sich die Querschnittsdicke und zweigt ein Tragwerksteil unter geändertem Neigungswinkel ab. An dem Stützenfuß 8 wird eine konzentrierte Einzellast in Längsrichtung eingetragen. An einer Öffnung im Balken verzweigt das Tragwerk mit Sprung der Stabachse und veränderten Bauhöhen. In den beiden symmetrischen Detailbereichen 9 erfolgt die Kraftumleitung um die Balkenöffnung. In 10 ändert sich der Winkel der Stabachse stufenartig zweimal mit Veränderung der Bauhöhe, und in Detailbereich 11 verändert sich schließlich die Bauhöhe sprungartig zu einer Seite hin.

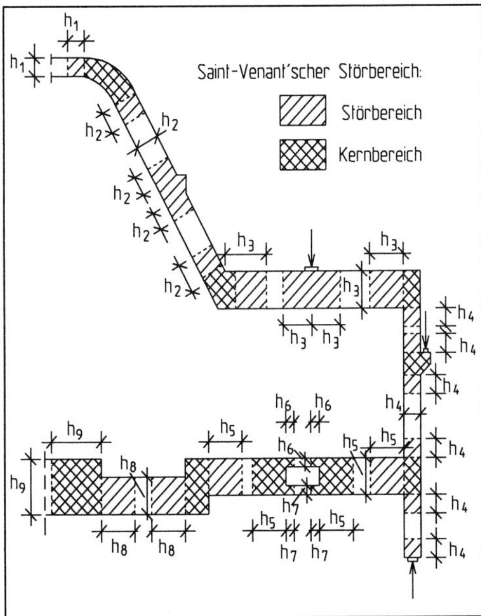

Abb. E.4.1 Abgrenzung von Detailbereichen in einem rahmenartigen Stahlbetontragwerk

An geometrischen Unstetigkeiten sollte die Umlenkung der Kraftwirkungen und die Anordnung der zugehörigen Bewehrungen möglichst in einer Kernzone des Detailbereichs erfolgen, die in Abb. E.4.1 jeweils gekreuzt schraffiert dargestellt ist. Diese liegt im Überschneidungsbereich der Randlinien oder in dem zur größeren Querschnittshöhe gehörenden Teil des Detailbereichs.

Am Rand der Detailbereiche liegt jeweils die Tragwirkung des Normalbereichs vor mit entsprechend bekannter Größe und Lage der inneren Schnittgrößen. Wird ein Detailbereich an seinem Rand freigeschnitten und werden die inneren Schnittgrößen als äußere Einwirkung am Detailbereich angesetzt, so befinden sich alle Kräfte im Gleichgewicht, siehe z. B. Abb. E.4.2. Aus der Querschnittsbemessung an diesem Rand ist der innere Hebelarm z festgelegt. Die sich aus der Bemessung ergebende Zugkraft greift in Höhe der Bewehrung im Abstand d_1 vom Zugrand an. Die resultierende Biegedruckkraft liegt im Abstand z von der Zugkraft entfernt. Die Querkraft greift in der Schwerachse an, siehe z. B. Abb. E.3.2.

Die Aufgabe der Analyse und der konstruktiven Durchbildung eines Detailbereichs besteht darin, die Kräfte durch den Detailbereich hindurch so ins Gleichgewicht zu bringen, dass die Zugwirkungen durch geeignete Anordnung von Bewehrung aufgenommen werden können, der Beton und die Kraftübertragungen über Verbund überall ausreichend tragfähig sind und sich der gedachte Kraftfluss in Wirklichkeit auch einstellen kann.

Diese Analyse erfolgt zweckmäßig über eine **Stabwerkmodellierung** entsprechend den in Abschnitt E.3.1 bereits für den Normalbereich beschriebenen Modellierungsgrundsätzen. Die flächigen Druckwirkungen des Betons werden resultierend durch **Druckstäbe** abgebildet, die in den Abbildungen durch Doppellinien gekennzeichnet sind. Dem Druckstab sind über seine Länge wirkliche Querschnittsflächen zugeordnet, die in der Lage sein müssen, die Druckkräfte ohne Überschreitung von zulässigen Spannungen z. B. gemäß Tafel E.2.1 aufnehmen zu können. Druckbewehrungen können mit ihrer Tragfähigkeit entsprechend einbezogen werden oder bei nicht ausreichender Beton-Drucktragfähigkeit dafür bemessen werden.

Die **Zugstäbe** entsprechen einzulegenden Bewehrungen und werden in den folgenden Abbildungen durch eine einzige Linie dargestellt. Diese werden am besten randparallel oder orthogonal angeordnet und in dieser konstruktiv günstigen Lage in einem Tragmodell möglichst eingeplant. Die Bewehrungen sind für die Zug-Stabkräfte zu bemessen.

Knoten fassen Überleitungsbereiche zusammen entsprechend der von einem Stab an einen anderen Stab weitergegebenen Kraftwirkung, s. a. Abb. E.2.1. Die Kraftübertragung von Druckstab zu Druckstab erfolgt über Druckspannungen, die in der Regel bereits durch die ausreichende Tragfähigkeit der Druckstäbe gesichert sind, s. Abb. E.4.2a, Knoten b. Kraftübertragung vom Druckstab in einen Zugstab, der eingelegte Bewehrungsstäbe zusammenfasst, erfolgt normalerweise über Verbund. Die Kraftübertragung muss im Knoten kraftschlüssig möglich sein, d. h. die Mitte der Verankerungslänge $l_{b,net}$, deren Lage in den Abbildungen durch Querstrichelung gekennzeichnet wird, muss im Knoten oder am überstehenden Zugstabende hinter dem Knoten liegen. In Zugstabumlenkungen ohne Verankerung in der Krümmung ist der widerstehende Druckstab der fächerförmigen Umlenkpressungen in der Winkelhalbierenden vorzusehen. Abweichungen von der Winkelhalbierenden sind nur bei Verbundwirkungen an der Stabumlenkung möglich und wirksam. Es sollte am besten bei der Modellierung nicht von der Winkelhalbierenden abgewichen werden, siehe Abb. E.4.2a.

E

Die Kraftwirkungen des gekrümmten Zugstabs können formal durch tangentiale gerade Zugstäbe dargestellt werden, die mit dem Druckstab in der Winkelhalbierenden sich im Knoten a' in Abb. E.4.2a treffen. Der effektive Knoten a als Ort der mittleren Kraftübertragung liegt jedoch in der Krümmung. Weitere am Knoten angreifende Stäbe müssen ihre Kräfte wirksam im Knoten a und nicht a' übergeben können, siehe z. B. auch Abb. E.4.18. In einer verfeinerten Modellierung kann der Krümmungsverlauf auch durch ein Sekantenpolygon angenähert werden.

An Rahmenecken von Tragwerken besteht unter öffnenden Momenten mit der Zugseite an der Innenseite gemäß Abb. E.4.2b1 trotz ausreichender Tragfähigkeit der Bewehrungen im Falle hoher Zugbeanspruchung die Gefahr eines diagonalen Einzelrisses mit zu großer Rissbreite. Eine Vernadelung dieses diagonalen Einzelrisses sollte nach [DAfStb-H373 – 86] entsprechend dem gestrichelten Stab in Abb. E.4.2b2 dann vorgesehen werden, wenn sich der Bewehrungsgrad $\rho_{sS} = A_s / (bh)$ in einem der angrenzenden Querschnitte größer ergibt als 0,004. Der Querschnitt der Schrägeisen sollte dann gewählt werden:

- bei max $\rho_{sS} \leq 0{,}01$: $A_{sS} = \max A_s / 2$
- bei max $\rho_{sS} > 0{,}01$: $A_{sS} = \max A_s$

Entsprechend der Funktion des Schrägstabes als Rissvernadelung ist beidseitig vom Schrägriss je die volle Verankerungslänge l_b erforderlich.

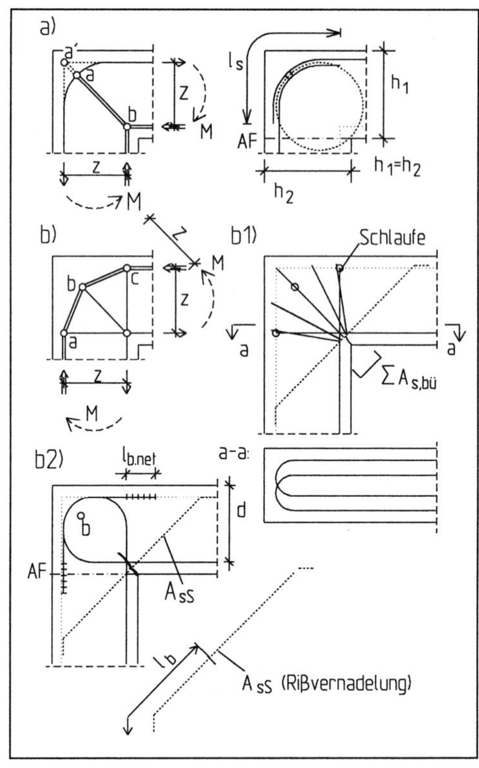

Abb. E.4.2 Rahmenecke für konstante Querschnittshöhe

4.2 Detailbereiche mit geometrischen Unstetigkeiten

Eine Umlenkung der Stabachse und damit der Kraftwirkungen liegt an einer Ecke nach Abb. E.4.2a vor. Der Stabdurchmesser sollte dort die Grenze nach Tafel E.2.2 nicht überschreiten, um die Stabkrümmung in der Kernzone des Detailbereichs zu halten. Für negatives Moment und bei beidseitig etwa gleicher Querschnittshöhe treffen sich angreifende Zug- und angreifende Druckkraft auf der Winkelhalbierenden im Kernbereich und werden durch die diagonale Umlenkpressung entsprechend dem diagonalen Druckstab umgelenkt, s. Stabmodell Abb. E.4.2a. Außer der umgelenkten Biegezugbewehrung tritt keine weitere Zugwirkung auf und ist keine weitere Bewehrung im Eckbereich erforderlich. Die Tragfähigkeit der Druckstäbe wird durch Biegebemessung und der dadurch ausreichenden Tragfähigkeit an den Anschnitten sichergestellt.

Bei negativem Moment muss die Druckkraft bogenförmig umgelenkt werden durch schräge Zugwirkungen. Die Bewehrung entsprechend der diagonalen Zugkraft ist kraftschlüssig mit den Druckwirkungen zu verbinden, z. B. durch eng angeordnete Schrägbügel s. Abb. E.4.2b1, deren Querschnitt $\Sigma A_{sbü}$ für die Stabkraft $M / z \cdot \sqrt{2}$ zu bemessen ist. Wichtig ist die kraftschlüssige Ausbildung der Verbindung im Knoten a und c zwischen Biegebewehrung und den Druckwirkungen, die durch eine Schlaufenverankerung des Zugstabs am besten gesichert wird. Aufgrund letzterer Anforderung ist die alternative Bewehrung nach Abb. E.4.2b2 vorzuziehen, bei der die Umlenkung der Druckwirkungen im Knoten b über von außen auf den Beton wirkende Stabumlenkkräfte der gekrümmten Stäbe erfolgt.

Die Ausbildung von Stabumlenkungen nach Abb. E.4.2b2 ist auch geeignet für Umlenkungen mit stumpfem Winkel bis ca. 135°, wobei dabei die Bauteilhöhe genügend größer sein muss als der Biegerollenradius, s. Abb. E.4.3a. Andernfalls ist analog zu Abb. E.4.2b1 eine Lösung nach Abb. E.4.3b zu wählen. Bei höherer Beanspruchung sind Umlenkbügel anzuordnen, wie gestrichelt gezeichnet,. Bei niedriger Beanspruchung, wie bei Treppenläufen, ist die Momententragfähigkeit im Knickbereich auch bei z_{red} erfüllt, wenn die Biegezugbewehrung reichlich, d. h. mindestens im Verhältnis z / z_{red} höher, vorhanden ist. Dann

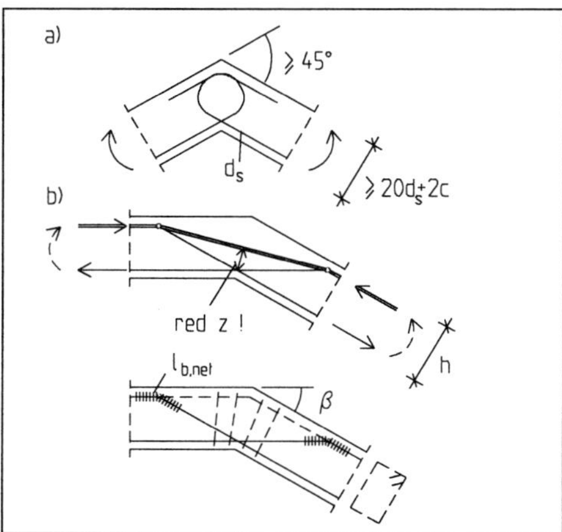

Abb. E.4.3 Umlenkung bei konstanter Querschnittshöhe

können auch Bügel entfallen und ist nur die äußere, gestrichelt dargestellte konstruktive Eckbewehrung auf der Druckseite einzulegen.

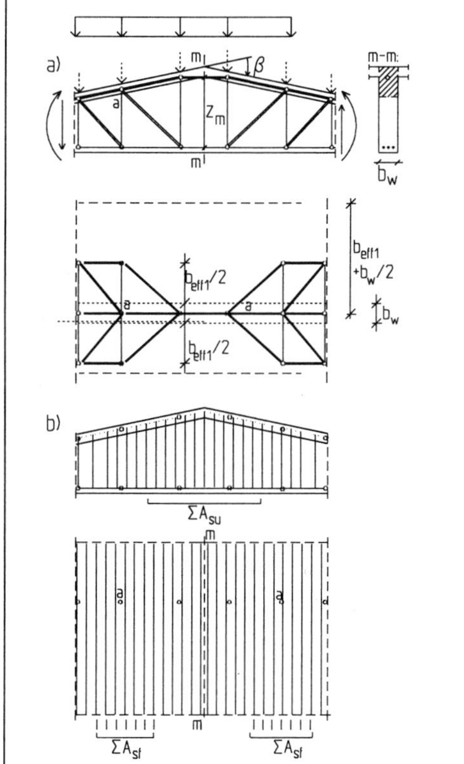

Abb. E.4.4 Abgeknickter Druckflansch eines Plattenbalkens ohne Aussteifung im Umlenkbereich bei max M in m

Bei der Umlenkung im Flansch eines Plattenbalkens, wie er bei konstanter Querschnittshöhe an Knickstellen oder Rahmenecken, aber auch bei einem Dachprofil auftritt, könnten Druckkräfte im Flansch nur bei einer geeigneten Quersteife umgelenkt werden. Ohne Steife müssen die Druckkräfte vor der Umlenkstelle aus dem Flansch in den Steg geleitet und dort umgelenkt werden, s. Abb. E.4.4. In diesem Fall wirkt im Umlenkquerschnitt m allein der Steg als Druckzone, so dass dort die Bemessung mit $b = b_w$ statt $b = b_{eff}$ zu einem kleineren Hebelarm z_m mit erhöhtem Bewehrungsquerschnitt A_s im Vergleich zur Bewehrung aus einer Bemessung als Plattenbalken führt. Das zugehörige Stabmodell ergibt für einen symmetrischen Plattenbalken, dass im Knickbereich eine Querbewehrung von insgesamt ΣA_{st} im Flansch vorliegen muss für eine Zugkraft von $M_{(a)} / z_{(a)} \cdot b_{eff1} / b_{eff}$. Die gesamte Umlenkbewehrung ΣA_{su} im Steg gemäß Abb. E.4.4b ist im Bereich links und rechts neben m anzuordnen. Sie ist nachzuweisen und zu bemessen für eine Umlenkkraft von insgesamt $2\,F_u = 2\,M_{(m)} / z_m \sin(\beta/2)$.

Bei einer treppenförmigen Umlenkung gemäß Abb. E.4.1, Detail 10 werden die Stabmodelle und die Bewehrungsführungen nach Abb. E.4.2a und b kombiniert, s. Abb E.4.5.

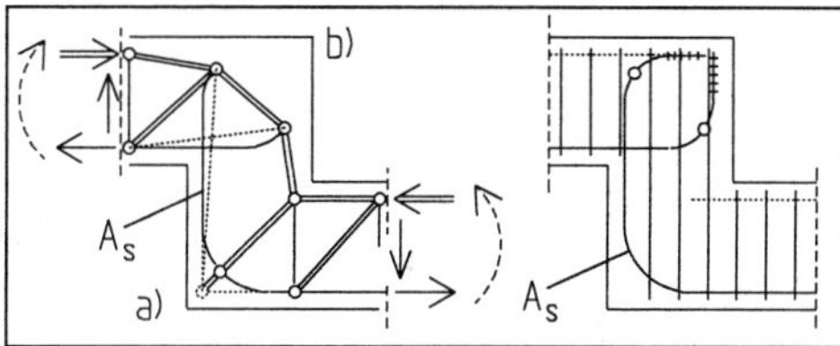

Abb. E.4.5 Treppenförmige Tragwerksumlenkung

Bei einem Sprung der Querschnittshöhe ist bei Zug an der einspringenden Ecke die Zugbewehrung des niedrigeren Querschnittsteils gerade über den Querschnittsprung fortzuführen gemäß Abb. E.4.6a1, und zwar mindestens um die Länge $c + 0{,}5\ l_{b,net2} + (z_2 - z_1) + 0{,}5\ l_{b.net1}$. Über schräge Druckstreben erfolgt dann die kraftschlüssige Verbindung mit der weiterführenden Bewehrung und der Biegedruckzugzone. Die vertikale Zugstrebe kann bei Ausbildung nach Abb. E.4.6a2 die Aufbiegung der endenden Bewehrung u. U. die zusätzliche Querbewehrung A_{st} mit umschließenden Bügeln reduzieren, wenn über der Biegebewehrung von links ausreichende Verankerungslänge der aufgebogenen Bewehrung vorliegt.

Bei einspringender Ecke an der Druckseite wird die Biegedruckstrebe gemäß Abb. E.4.6b umgelenkt, was einer Querbewehrung durch Bügel im Gesamtquerschnitt $\Sigma A_{st} = A_{(2)} \geq A_{s(1)} - A_{s(2)}$ im Abstand etwa bei $z_2 - z_1 \geq z_1$ vom Querschnittssprung entspricht. Durch eine Verringerung der größten Neigung der schrägen Druckstreben zur

Stabachse von 45° in Abb. 4.6 kann die Querbewehrung ΣA_{st} verringert werden, allerdings unter gleichzeitiger Verlängerung der Bewehrung $A_{s(1)}$, s. [Schlaich/Schäfer – 98].

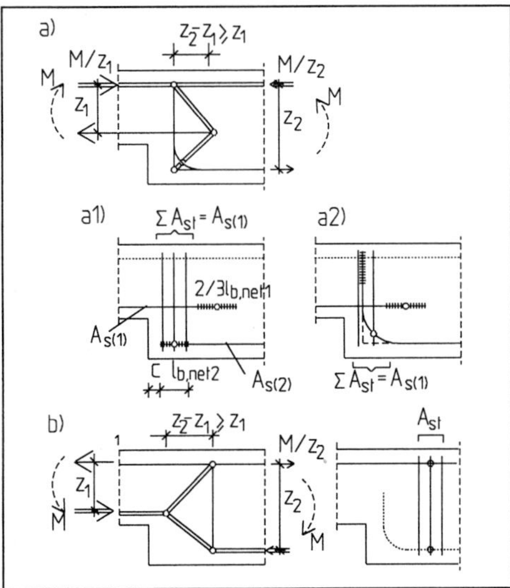

Abb. E.4.6 Detailausbildung für Querschnittssprung

Kontinuierliche bogenförmige Neigungsänderung eines Bauteils, ggf. auch mit zusätzlicher Aufweitung entsprechend Abb. E.4.1, Detail 1, erfordert bei innenliegender Zugbewehrung die Rückverankerung der Umlenkkräfte. Diese muss gemäß Abb. E.4.7 durch umschließende, in der Druckzone verankerte Bügel erfolgen.

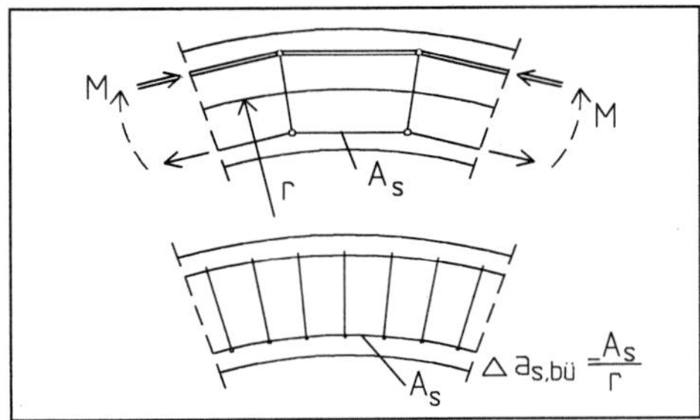

Abb. E.4.7 Bogenförmige Umlenkung eines Bauteils

4.3 Detailbereiche bei sprungartiger Belastungsänderung

Die konzentrierte Einleitung einer auf kleiner Fläche wirksamen Last quer zur Stabachse oder quer zur flächigen Tragwerksebene eines Biegetragwerks entsprechend Abb. E.4.1, Detail 4 kann auf Druck oder auf Zug an einer Querschnittsoberfläche erfolgen, siehe Abb. E.4.8, oder bei der Einbindung von Nebenträger in Hauptträger auch indirekt über die gesamte Querschnittshöhe oder einen Teil. Bei Einleitung auf Druck erfolgt eine Ausstrahlung gemäß Abb. E.4.8a, die auf der abgewandten Seite durch Bewehrung A_s gesichert sein sollte, z. B. durch eingelegte Biegezugbewehrung. In Kragplatten sollte bei planmäßig flächig angesetzten Einwirkungen für mögliche Einzellast oder Linienlast F kreuzweise eine untere konstruktive Bewehrung vorhanden sein, die je auf einer Breite von $2\,d + a$ unter F eine Kraft $F/2$ aufnehmen kann. Eine angreifende Zugkraft muss, z. B. durch Bügel oder Schlaufen, über die Schwerachse hinaus kraftschlüssig in die Biegedruckzone eingeleitet werden, s. Abb. E.4.8b.

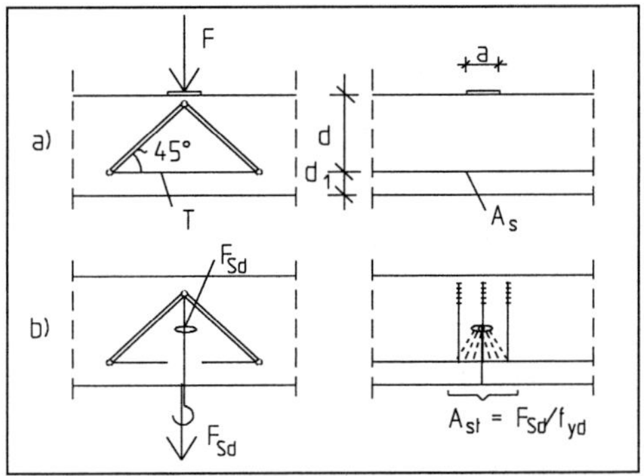

Abb. E.4.8 Konzentrierte Krafteinleitung in Biegeträger

Auch eine in Längsrichtung eines Tragwerks konzentriert auf Druck gemäß Abb. E.4.1, Detail 8 in den Beton eingetragene Kraft strahlt im Einleitungs-Detailbereich aus. Bei mittiger Eintragung kann die Ausstrahlung im Beton bis zur konstanten Spannungsverteilung über das Stabmodell gemäß Abb. E.4.9 erfasst werden. Der Querzug kann abgedeckt werden durch eine für die Kraft $F_{st} = 0{,}25\,F\,(1 - a/h)$ bemessene Querbewehrung. Bei Stützen sind umschließende Bügel dafür geeignet, die zusätzlich zu anderweitig erforderlicher Querbewehrung, wie z. B. der im Verankerungsbereich von Längsbewehrungsstäben, einzulegen sind.

Bei exzentrisch konzentrierter Lasteinleitung nach Abb. E.4.9b ist der Randbereich unter der Last auf einer Breite und Tiefe von 2 e' wie für eine zentrische Lasteinleitung nach Abb. E.4.9a, d. h. für $F_{st} = 0{,}25\,F\,(1 - 0{,}5\,a/e')$, zu bewehren. Zusätzlich ist die Biegezugbewehrung für F_1 um die Ecke unter die Lastplatte zu führen und dort zu verankern. Nach [Grasser/Thielen – 91], 5.3 wird die Randzugkraft abgeschätzt durch

$$F_1 = F\,(e/h - 1/6) \qquad \text{(E.4.1)}$$

Greift am Lager eine Horizontalkraft F_H an, so ist diese zusätzlich zu berücksichtigen.

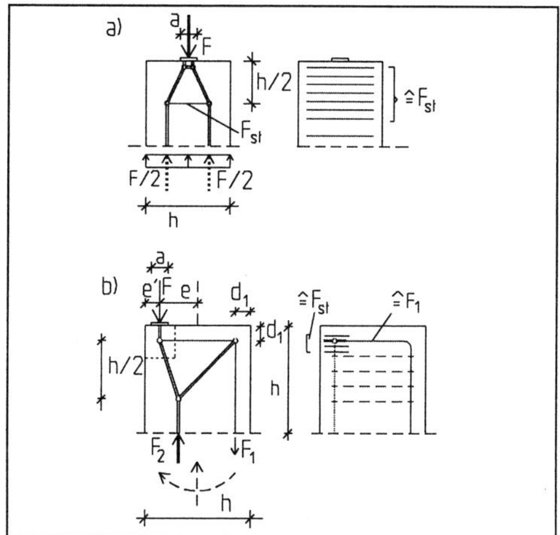

Abb. E.4.9 Konzentrierte Krafteinleitung in Längsrichtung

Bei Einleitung konzentrierter Kräfte in Plattentragwerke sowie in Flächengründungen, z. B. aus Stützen, sind Quer-Biegebewehrungen in der Zone um die Lasteinleitung entscheidend für das Tragverhalten in dem Durchstanzbereich. Vor Versagen bildet sich eine umlaufende Rissfläche am Umfang des Stanzkegels aus. Die Übertragung der stark geneigten Druckkräfte erfolgt unter kleinem Winkel flach geneigt über diese Rissfläche bei noch ausreichend ineinander greifenden Rissverzahnungen, wenn sich diese Streben in die kreuzende Biegebewehrung (Zugkraft Z_s) und in die umgebende, als Zugring wirkende steife Plattenscheibe verformungsarm abstützen kann, s. Abb. E.4.10a. Die Rissufer werden am Stanzkegel um so stärker zusammengehalten, je größer der Querschnitt der kreuzenden Biegebewehrung ist und diese über den Stanzumfang hinausgeführt und reichlich verankert ist, s. Abb. E.4.10b.

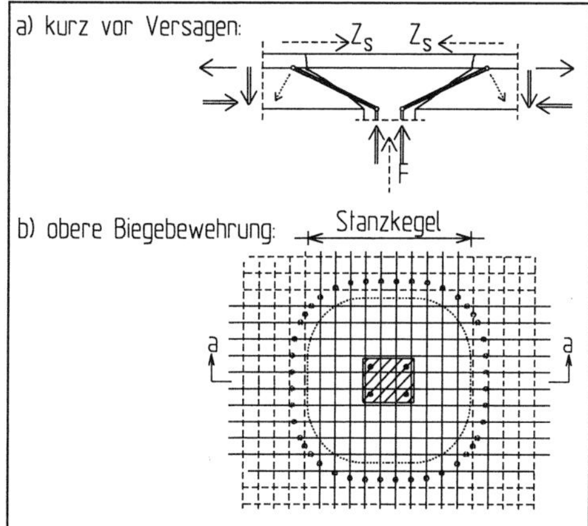

Abb. E.4.10 Tragmodell mit Biege- und Stanzbewehrung im Durchstanzbereich von Platten

Stanzbewehrung, die den Stanzkegel kreuzt und beidseitig der Stanzfläche ausreichend verankert sein muss, wird meist als Schrägaufbiegung oder Bügel vorgesehen, s. Abb. E.4.11. Sie wird erst beansprucht und kann damit erst wirksam werden, wenn sich die Rissverzahnung bereits teilweise gelockert hat, und darf daher nur abgemindert auf die Gesamttragfähigkeit auf Durchstanzen angerechnet werden. Stanzbügel werden oft linienförmig zu Körben zusammengefasst und innerhalb des Stanzumfangs eingebaut.

Nach [E DIN 1045-1 – 00], 10.5.5 mit Bild 45 sind Durchstanzbewehrungen in festgelegten kreisförmigen Bereichen U_i um die Lasteinleitungsfläche anzuordnen, s. Abb. 4.11, und zwar ggfs. auch außerhalb des Stanzkegels unter der Neigung β_r = 33,7°. Stanzbewehrung ist im Bereich l_w bis zum Umfang einzulegen, ab dem die Tragfähigkeit der Platte auf Querkraft für die auftretenden Beanspruchungen auch ohne Querkraftbewehrung ausreicht. Der Umfang, für den der zugehörige Nachweis zu führen ist, liegt um 1,5 *d* weiter außerhalb.

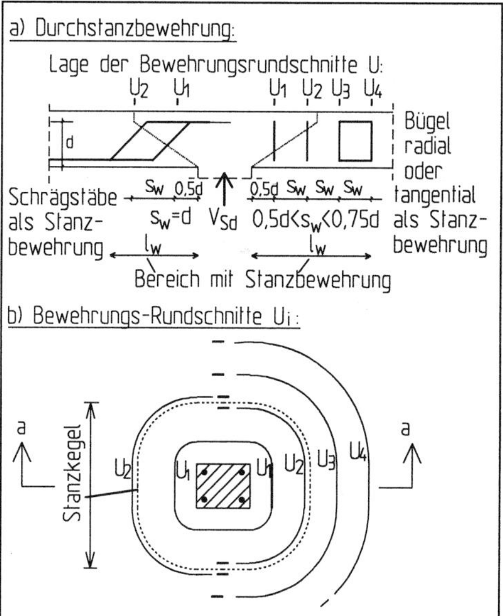

Abb. E.4.11 Anordnung von Stanzbewehrung in Platten

Ist die Stanztragfähigkeit unter Einbeziehung der Stanzbewehrung für die vorgesehene Plattendicke nicht ausreichend und soll keine Stützenkopfverstärkung oder Ertüchtigung durch Vorspannung vorgesehen werden oder ist der Stanzbereich zu stark durch Öffnungen geschwächt, kann der stützennahe Bereich durch eine in den Beton eingelegte geeignete Kragenkonstruktion aus Baustahl oder durch Dübelleisten aus Flachstahl mit Kopfbolzen so ertüchtigt werden, dass der Stanzkegel weiter außen auftritt, s. Abb. E.4.12. Derartige Dübelleisten können auch statt Betonstahlbewehrung als Stanzbewehrung verwendet werden.

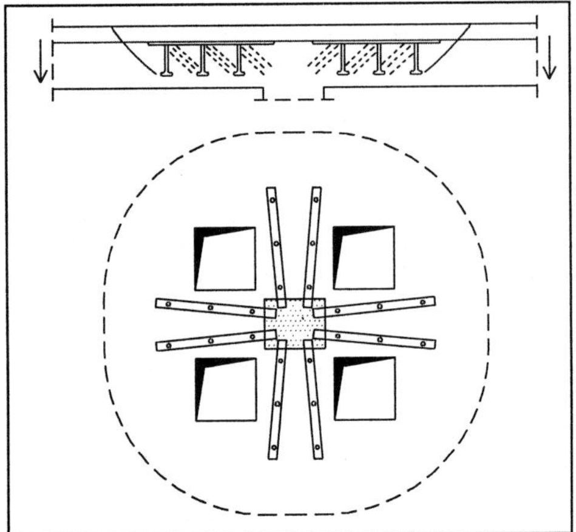

Abb. E.4.12 Ertüchtigung des Stanzbereichs mit Dübelleisten

4.4 Detailbereiche für Endauflager und Randknoten von Rahmen

Bei auf Druck direkt gestützten Endauflagern von Biegetragwerken wird die Umlenkung der aus dem Tragwerk zum Auflager gerichteten schrägen Druckstrebe und damit die Tragfähigkeit am Auflager durch die kraftschlüssige normgerechte Verankerung der Biegebewehrung sichergestellt. Bei Plattenbalken wird über die schräge Druckstrebe mit der Neigung nach Abb. E.4.13a die Druckkraft erst ab dem Punkt f in den Flansch eingetragen und strahlt erst danach innerhalb des Flansches zur mittragenden Breite aus. Neben der dafür notwendigen Längsschubbewehrung nach Abschnitt 3.4 muss bei symmetrischen Plattenbalken die statisch unbeanspruchte Flanschzone über dem Auflager über Abreißbewehrung an die sich etwa ab Punkt f längs verformende Druckzone angebunden werden. Die zugehörige rissverteilende Mindestbewehrung wird zweckmäßig als orthogonales Bewehrungsnetz eingelegt und entsprechend Abschnitt E.3.7 bemessen, s. Abb. E.4.13b. Bei Verwendung von Stabstahl sind diagonal angeordnete Stäbe senkrecht zur möglichen Risslinie noch wirksamer.

Bei indirekter Endauflagerung von Nebenträgern in Hauptträger soll die endende Biegelängsbewehrung über die unteren Bügelschenkel geführt werden und mit $l_{b,net}$ verankert werden, s. Abb. E.4.14 u. Abschn. E.2.4. Die Auflagerkraft F_a des

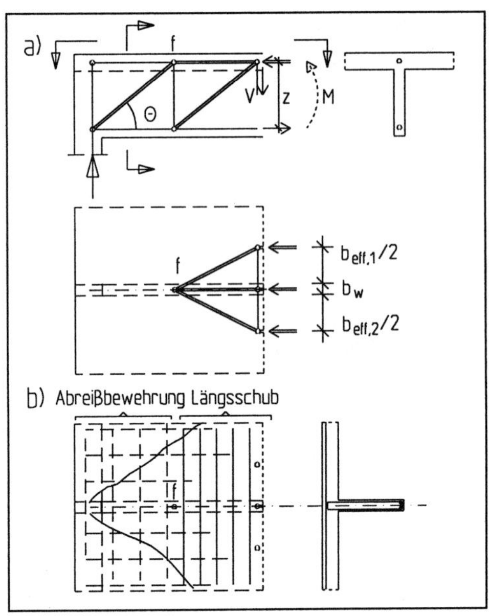

Abb. E.4.13 Endauflager eines Plattenbalkens

Nebenträgers ist in die Druckzone des Hauptträgers voll zurückzuverankern. Die Verdrehung des Nebenträgers wird durch den Hauptträger behindert, so dass leichte Einspannung vorliegt. Dafür muss eine leichte obere Einspannbewehrung kraftschlüssig in den Hauptträger einbinden. Bei oben einbindendem Nebenträger sollte eine zugfeste Anbindung ggf. durch überstehende Bügelschenkel erfolgen, s. Abb. E.4.14b.

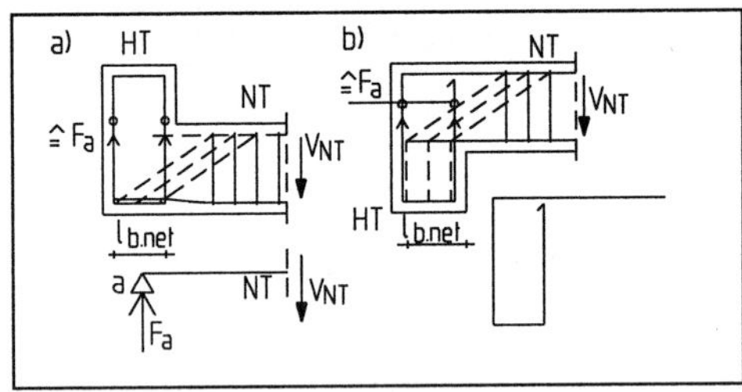

Abb. E.4.14 Endauflager eines Nebenträgers

Bei einem direkt gestützten hochgesetzten Endauflager wie bei einem Querschnittssprung liegt ein Detailbereich nach Abb. E.4.15a vor. Bei hochgesetztem Auflager mit $d > 3\ d_a$ sind Steckbügel im unteren Bereich entsprechend den unter Abb. E.4.15b gestrichelt eingetragenen Stäben ggfs. mit Verkürzung der darüberliegenden Biegebewehrung für eine gleichmäßige Kraftumlenkung zu empfehlen. Bei nur leicht hochgesetztem Endauflager ist die Nutzung der aufgebogenen Biegebewehrung als Querbewehrung möglich und günstig, s. Abb. E.4.15c.

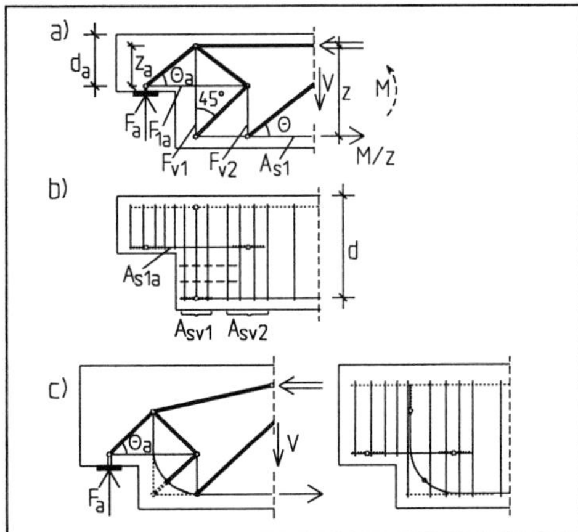

Abb. E.4.15 Detail für hochgesetzte Endauflager

An biegesteifen Rahmenecken nach Abb. E.4.1, Detail 5 haben die Riegel meist größere Bauhöhen als die Stiele. Das Eckmoment ergibt aufgrund der unterschiedlichen inneren Hebelarme z_1 und z_2 unterschiedlich große Biegezug- und Biegedruckkräfte, die über den Eckbereich kraftschlüssig zusammenwirken müssen. Das Stabmodell in Abb. E.4.16a zeigt für schließendes Eckmoment die dazu notwendige Umlenkung der Riegelzugkraft und den Aufbau der Stielzugkraft in der Rahmenecke über Fachwerkwirkung. Als erforderliche horizontale Bewehrung im Eckbereich werden zweckmäßig Steckbügel auf einer Höhe von $z_2 - z_1 / 2$ mit Gesamtquerschnitt A_{st} für $Z_q = Z_{s1} - Z_{s2}$ angeordnet, s. Abb. E.4.16b.

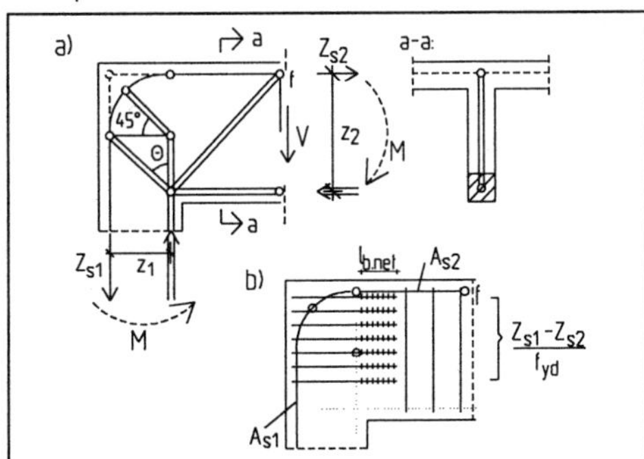

Abb. E.4.16 Rahmenecke mit schließendem Moment

Hat der Riegel Plattenbalkenquerschnitt, so sind in den Flansch ausgelagerte Stäbe zur Abdeckung des negativen Eckmoments sinnlos. Selbst bei einem ebenfalls plattenbalkenförmigen Stiel- (T-)Querschnitt ist eine direkte Umlenkung der ausgelagerten Bewehrung nicht tragfähig, da sich die Flansche wegbiegen. Dort fehlt die aussteifende Umlenkkraft, da sie nicht direkt aus der Umlenkung der Druckzone im Steg wirken kann.

Bei einer Rahmenecke mit positivem Eckmoment und Biegezugbewehrung an der einspringenden Ecke dreht sich die Neigung der Druckstreben im Stabmodell um, s. Abb. E.4.17. Auch hier ist horizontale Bewehrung $A_{st} \approx A_{s1,erf} - A_{s2,erf}$ auf einer Höhe von ca. $z_2 - z_1 / 2$ einzulegen. Für die Kraftübertragung im Knoten a ist eine schlaufenartige Ausbildung der Biegebewehrung oder eine Verlängerung der Bewehrung durch Bügel oder Steckbügel für den kraftschlüssigen Anschluss im Knoten a nötig, s. Abb. E.4.17. Eine zum Winkelhaken aufgebogene Biegebewehrung mit wirksamer Biegezugkraft Z_{s2} wäre tatsächlich nicht im Knoten a, sondern erst im Knoten a' an die schräge Druckstrebe a-b angeschlossen und würde allein die Umlenkung der in a wirkenden Druckkraft aus dem Stiel nicht sicherstellen.

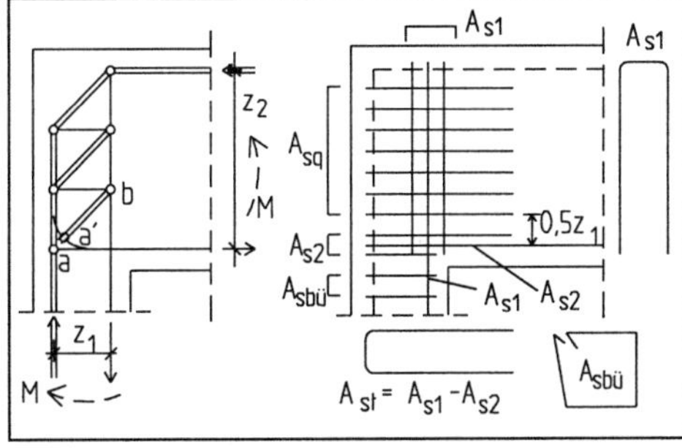

Abb. E.4.17 Rahmenecke mit öffnendem Moment

Bei einem Randknoten mit durchlaufendem Stiel nach Abb. E.4.18 treten die Tragwirkungen aus Abbn. E.4.16 und E.4.17 in Kombination auf. Die abgebogene Biegezugbewehrung A_{s2} muss durch Steckbügel mit Querschnitt von A_{s3} verlängert werden, um die Biegedruckkraft M_3 / z_3 in die Diagonale a-b umzulenken. Die Bewehrung nach Abb. E.4.18 muss bei einem Bewehrungsgrad im Riegel von $\rho = A_{s2} / (b_w d) \geq 0{,}004$ um eine schräge Rissvernadelung ergänzt werden. Bei positivem Rahmen-Eckmoment gilt Abb. E.4.17 analog in Spiegelung um die Riegelachse.

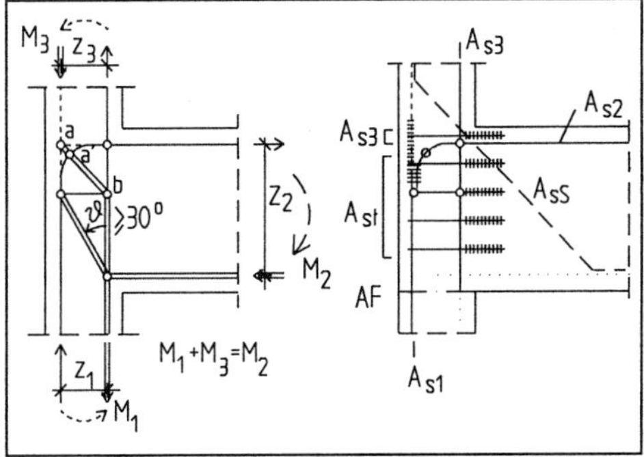

Abb. E.4.18 Randknoten eines Stahlbetonrahmens

4.5 Detailbereiche für Innenauflager und Innenknoten von Rahmen

Direkt gestützte Innenauflager weisen mit zweiachsigem Druck am Auflager in Tragrichtung keine zusätzlich abzudeckenden Querzugwirkungen auf. Falls die Auflagerkraft auf relativ kleiner Fläche eingeleitet wird, gelten die Regeln für konzentrierte Lasteinleitung, s. Abschnitt E.4.3, wobei die erhöhte zweiachsige Beton-Drucktragfähigkeit ausgenutzt werden könnte, s. Tab. E.2.1.

Oft liegt an der Innenstützung die Einbindung einer überwiegend auf Druck beanspruchten Stütze in einen hohen Riegel vor. Bei hohem Bewehrungsgrad ist meist die Verankerung der Druckstäbe problematisch. Diese sollten nicht näher als ca. 5 cm an die Oberfläche geführt werden, um ein Absprengen der Betondeckung aus Spitzendruck zu vermeiden.

Wegen Ertüchtigung des Betons durch normgerechte enge Verbügelung mit $s_{bü,red}$ im Stützenanschlussbereich erscheint es angelehnt an [DIN 1045 – 88], 25.2.2 zulässig, die Verankerungslänge bereits in diesem Bereich der Stütze zu beginnen, s. Abb. E.4.19. Reicht trotzdem die verfügbare Länge für $l_{b,net}$ nicht aus, muss überbewehrt oder müssen größere Stützenabmessungen oder kleinere Stabdurchmesser gewählt werden. Für $l_{b,net}$ ist der am Anschnitt erforderliche Bewehrungsquerschnitt $A_{s,vorh}$ maßgebend.

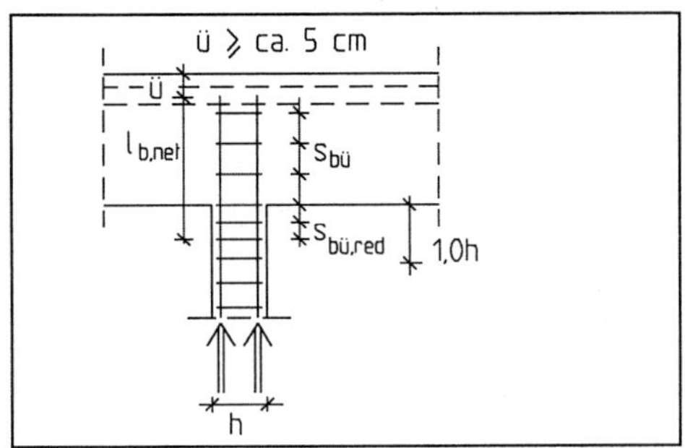

Abb. E.4.19 Gelenkige Innenauflagerung eines Riegels auf biegesteif angeschlossener Stütze

Bei Einbindung in Plattenbalken müssen auch im Stegbereich die Druckbewehrungsstäbe am Ausweichen nach außen gehindert werden und Bügel dort mindestens im Abstand $s_{bü}$ vorgesehen werden, s. Abb. E.4.19.

Bei aufgehängtem Innenauflager, z. B. an eine Wand nach Abb. E.4.20, ist wie bei Lastübertragung von Nebenträger auf Hauptträger nach Abschnitt E.4.4 und Abb. E.4.14 darauf zu achten, dass die Auflagerkraft voll und kraftschlüssig in den lastaufnehmenden Hauptträger zurückverankert wird. Die Rückverankerung durch Bügel oder Bewehrungsschlaufen soll den Nebenträger und die Bewehrung an der abgewandten Seite voll umschließen. In Abb. E.4.20 ist die Aufhängung in eine Wand durch Schlaufen dargestellt, die oberhalb der Arbeitsfuge (AF) mit Übergreifungslänge in die vertikale Wandbewehrung einbinden.

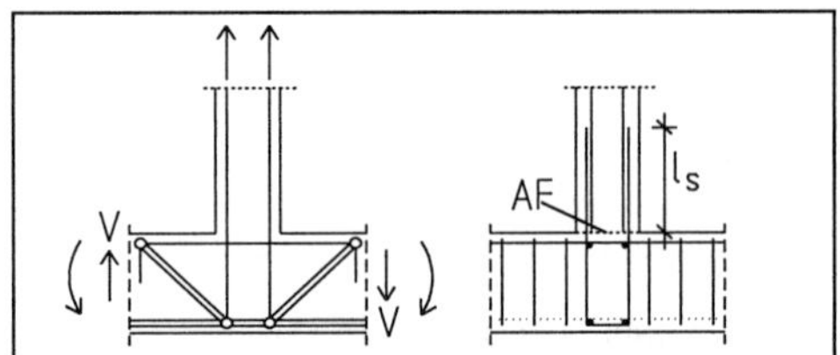

Abb. E.4.20 Indirekte Innenauflagerung durch rückgehängte Einbindung an eine Wand

Bei einem dreiseitigen Innenknoten mit beidseitig hohem Riegel auf einem Stiel mit kleinerer Bauhöhe kann die Umlenkung des Biegemoments aus der Stütze meist ohne Querbewehrung im Knotenkernbereich analog zu Abb. E.4.18 erfolgen, da Querzug durch Biegedruck aus der Riegeleinspannung überdrückt wird, s. Abb. E.4.21a. Falls die Zugbewehrung der Stütze eine ausreichend kleine Übergreifungslänge $l_{s,net} \leq z_s$ aufweist, kann die Stützbewehrung gerade enden und mit zugelegten Bügeln auf Übergreifung gestoßen werden, s. Abb. E.4.21a rechts.

Bei gleichsinnigen Momenten im Riegel, die z. B. bei verschieblichen Rahmensystemen vorkommen, ist die Zugbewehrung des Stiels vollständig nach Abb. E.4.21b in einen Riegel umzulenken und von dort rückwärts in den anderen Riegel zurückzuverankern. Aufgrund wechselseitiger Verschieblichkeit ist eine entsprechende Bewehrungsführung kraftschlüssig auch zur anderen Riegelseite hin notwendig. Als Querbewehrung im Knotenbereich zwischen den über den Stiel

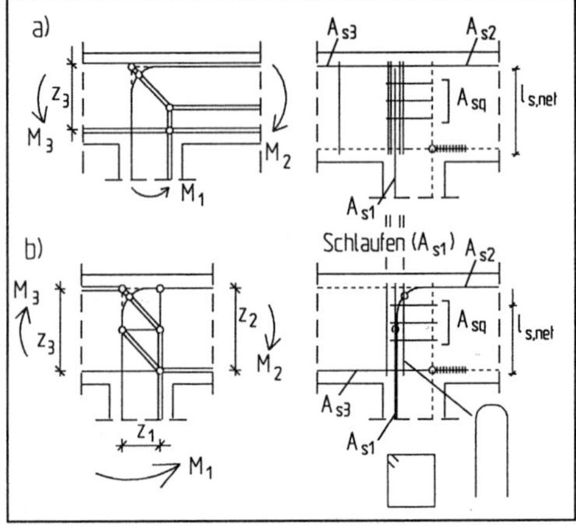

Abb. E.4.21 Oberer Randknoten eines Rahmens

jeweils durchgeführten Bewehrungen A_{s2} und A_{s3} sind Bügel mit dem Querschnitt A_{sq} anzuordnen für eine Zugkraft $F_q = M_1 / z_1 - M_2 / z_2 - M_3 / z_3$. Für $z_2 \approx 2\ z_1$ gilt Abb. E.4.24b. Gegebenenfalls ist in den auf Zug beanspruchten Ecken schräge Rissbewehrung nach Abb. E.4.18 einzulegen.

Bei einem Innenknoten müssen je nach Beanspruchung analog zu Abbn. E.4.18 und E.4.21 die Zug- und Druckwirkungen im Kern des Knotens kraftschlüssig ausgeglichen werden. Gegenläufige Momente z. B. im Riegel können sich direkt mit über den Knoten durchlaufender Bewehrung ausgleichen. Umlenkungen im Detailbereich erfolgen dann nur für verbleibende Beanspruchungen oder gleichlaufende Momente an den beiden Stielanschnitten analog zu Abb. E.4.22.

Bei in den Riegeln einerseits und in den Stielen andererseits gleichläufigen Momenten, z. B. bei verschieblichen Rahmen, die in gleicher Bauteildicke durchlaufen, werden die Biegezugbewehrungen am besten nach Abb. E.4.22 gerade über den Knoten durchgeführt. Über die Stabverankerung werden die Wirkungen von rückwärts in den Knoten-Kernbereich eingeleitet und über schräge Druck- und Zugstreben, mit zugehörig einzulegender Querbewehrung A_{sq}, umgelenkt.

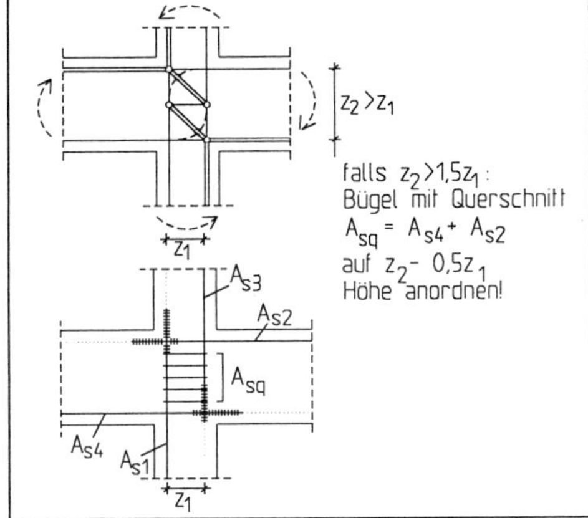

Abb. E.4.22 Rahmen-Innenknoten mit Umlenkung der Stielmomente in die Riegel

4.6 Biegesteife Einspannung von Kragsystemen und Konsolen

Kragsysteme brauchen zum Gleichgewicht und zu ihrer Standsicherheit eine kraftschlüssige Einbindung in die einspannenden, lastabnehmenden Tragglieder. Die Einbindung der Kragbewehrung muss so erfolgen, dass die zum Gleichgewicht notwendigen Druckwirkungen im einspannenden Bauteil aus Stahlbeton- oder Mauerwerk tragfähig möglich sind. Wie in Abb. E.4.23 dargestellt, werden der Hebelarm z_1 im aufnehmenden Bauteil und so die Resultierenden der Druckwirkungen $F = M_a / z_1$ von der Einbindung der Kragbewehrung bestimmt. Bei zu kurzer Einbindelänge kann die Drucktragfähigkeit des einspannenden Tragwerks nicht ausreichend sein und die Kragplatte herausbrechen, s. Abb. 4.23b. Die kraftschlüssige Anbindung der Kragbewehrung erfolgt wie für dreiseitige Rahmenknoten, s. Abb. 4.18.

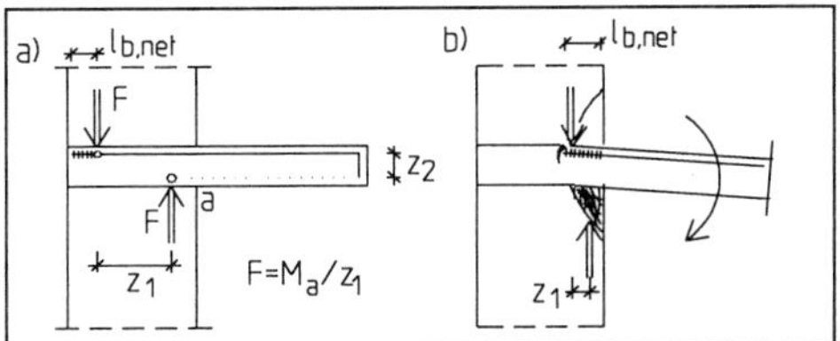

Abb. E.4.23 Kragplatteneinspannung in eine Wand

Bindet eine Kragplatte nur in einen quer zur Kragrichtung gespannten Balken ein, so muss die Kragbewehrung kraftschlüssig in die Bügel des aufnehmenden Balken einbinden und dieser für die dann vorliegende Gleichgewichtstorsion bemessen werden. Die Kragbewehrung muss mit Übergreifungslänge l_s mit den lastweiterleitenden Torsionsbügeln überlappen. Die Kragbewehrung kann auch durch auskragende Schenkel der Torsionsbügel gebildet werden, s. Abb. E.4.24.

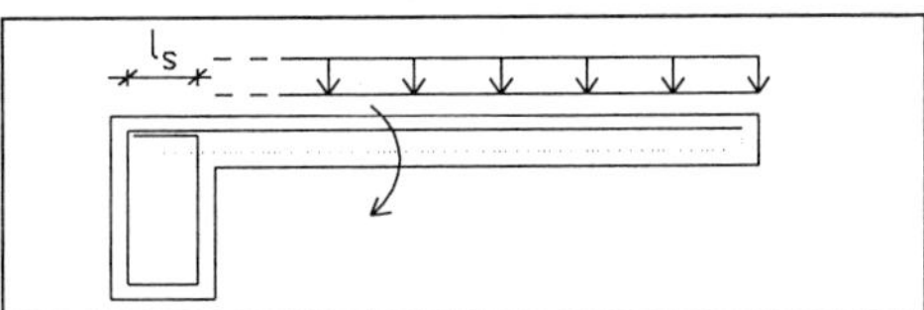

Abb. E.4.24 Bewehrung für Gleichgewichtstorsion bei Kragsystem, eingebunden in Randbalken

Konsolen sind Kragsysteme mit kurzer Kraglänge kleiner als die Bauhöhe h_k, die am Konsolenende im Abstand von der Einspannung meist hoch durch eine Einzellast belastet werden entsprechend Abb. E.4.1, Detail 6. Die Bemessung erfolgt auf der Grundlage eines einfachen Druckstreben-Zugbandmodells in der Konsole, entsprechend Abb. E.4.25a. Für die Tragfähigkeit ist neben der kraftschlüssigen Rückverankerung der Zuggurtbewehrung in das einspannende Bauteil vor allem die kraftschlüssige Kraftein- und -weiterleitung unter der Lastplatte wichtig. Dort sind unplanmäßige Reibungswirkungen an der Lasteintragung möglich mit Einfluss auf das Tragverhalten. Daher sollte 20 % der vertikal auf den Kragarm wirkenden Last an der Lasteinleitung horizontal angesetzt werden, d. h. $F_H \geq 0{,}2\ F_V$, s. [ENV 1992-1-1 – 92], 2.5.3.7.2 (4). Die Größen θ und z_0 sollten gemäß [DAfStb-H425 – 92], 3.1 festgelegt werden, damit die Strebentragfähigkeit $V_{Rd,max}$ nicht überschritten wird.

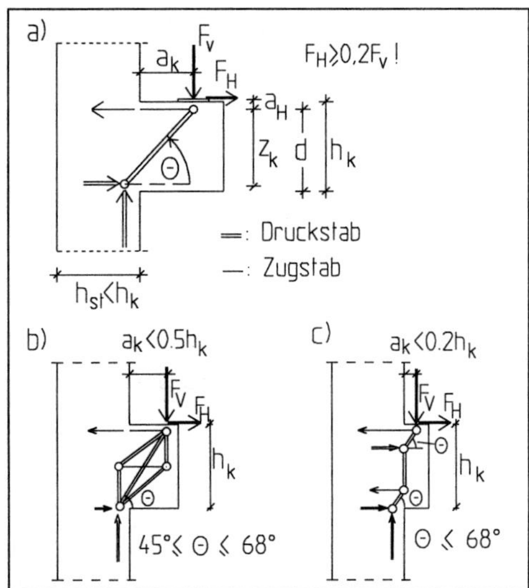

Abb. E.4.25 Tragwirkung und -modelle für Konsolen

Der innere Hebelarm $z_0 = a_k \tan \theta$ ist möglichst genau zu begrenzen auf

$$z_0 \leq d \cdot (1 - 0{,}4\, F_{Sd} / V_{Rd,max}) \qquad \text{(E.4.2)}$$

Mit dem so gefundenen Hebelarm z_0 ist die Zugbewehrung A_{s1} zu bemessen für die Zugkraft

$$F_{s1} = F_V \cdot a_k / z_0 + F_H \cdot (1 + a_H / z_0) \qquad \text{(E.4.3)}$$

Die Lasteinleitung der einwirkenden Kraft F_V in die Zugbewehrung unter der Lastplatte muss kraftschlüssig erfolgen, z. B. mit Übergreifung mit der Verankerungslänge $l_{b,net}$ nach Abb. E.4.26. Die erforderliche Verankerungslänge darf wegen Querpressung wie bei direkter Endauflagerung auf 2 / 3 abgemindert werden. Bei hoher Querpressung unter der Lasteinleitungsplatte im Gebrauchszustand von mehr als 8 N/mm² unter seltener Lastkombination kann nach [DAfStb-H400 – 89], zu 18.5 sogar eine Abminderung auf die 0,5fache erforderliche Verankerungslänge als ausreichend angesehen werden. Der Beiwert α_a für das Verankerungselement darf danach für Haken, Winkelhaken oder Schlaufen über 0,7 hinaus abgemindert werden, und zwar auf

$\alpha_a = 0{,}5$, wenn $d_{br} \geq 15\, d_s$ nach Abb. E.4.26b eingehalten wird, und zwar auch nach [E DIN 1045-1 – 00], oder im geraden Bereich der Verankerungslänge $l_{b,net}$ ein Querstab angeschweißt ist,

$\alpha_a = 0{,}4$, wenn beide vorgenannten Bedingungen für $\alpha_a = 0{,}5$ vorliegen.

Neben der Einhaltung des zusätzlichen Mindestwerts von $0{,}3\, \alpha_a\, l_b$ für $l_{b,net}$ sollte bei Schlaufen gemäß [DAfStb-H400 – 89], zu 18.5, zusätzlich $l_{b,net} \geq d_{br} / 2 + d_s$ beachtet werden, siehe Abb. E.4.26a. Die oben aufgeführten Regelungen auf Basis von [DAfStb-H400 – 89], zu 18.5 können nach Einschätzung des Verfassers als alternative Anwendungsbedingungen zur gleichwertigen Erfüllung der Prinzipien nach [E DIN 1045-1 – 00], Einleitung, gelten und bei Planungen angewandt werden.

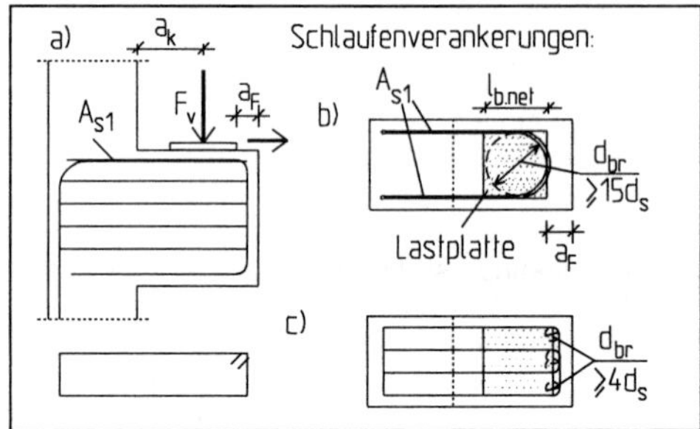

Abb. E.4.26 Verankerungslänge der Konsolbewehrung

Für die Konsolbewehrung ist meist die Anordnung von Schlaufen entsprechend Abb. E.2.26 notwendig und konstruktionsgerecht. Falls ein zu kurzer Überstand hinter der Lasteinleitungsplatte vorhanden ist, bei dem die Kraftweiterleitung mit Schlaufen nicht ausreichend tragfähig realisierbar werden kann, sind für die kraftschlüssige Verankerung Ankerplatten vorzusehen, z. B. nach Abb. E.2.19. Die Zugbewehrung A_{s1} wird hinter der Einspannung zweckmäßig in das einspannende Bauteil umgebogen und die Zugkraft in das einspannende Bauteil kraftschlüssig weitergeleitet.

Die schräge Druckstrebe wird hoch beansprucht und strahlt über die gesamte Konsolenbreite aus, so dass gemäß Stabmodell Abb. E.4.25 Querzugbewehrung am besten durch geschlossene Bügel anzuordnen ist, s. a. Abb. E.4.26c.

4.7 Aussparungen und Öffnungen

Um Aussparungen und Öffnungen von Tragwerken sind die Kraftwirkungen herumzuleiten. In Balkentragwerken sollten Öffnungen nicht mehr als ein Drittel der Bauhöhe, jedoch in keinem Fall mehr als die Hälfte des Querschnitts schwächen. Eine Anordnung in der Nähe von Momentennullpunkten ist günstiger als in höher auf Querkraft beanspruchten Bereichen in der Nähe der Auflager. Die Quertragfähigkeit beruht auf der Tragwirkung von schrägen Betondruckstreben und vertikal oder geneigt angeordneten Schubbewehrungen, die mit der Betondruckzone und Biegezugbewehrung als Fachwerk zusammenwirken.

Rechteckige Öffnungen sollten nahe an die Biegezugbewehrung gelegt werden, da die Querkrafttragfähigkeit dann größer ist als bei mittiger Öffnungsanordnung. In Abb. E.4.27a ist für einen typischen Beanspruchungsbereich mit Öffnung unter Moment und Querkraft die Tragwirkung des Detailbereichs als Stabmodell und daneben die zugeordnete Bewehrungsanordnung gegeben. Durch Ritterschnitte in I-I und in II-II können die Stabkräfte S_1 bis S_6 des Stabwerks berechnet und an den Knoten a, b, c und d angebracht werden. Die Stabkraftberechnung am Fachwerk liefert die Zugstabkräfte, über die die Bewehrungen zu bemessen sind. In [Eligehausen/Gerster – 92] sind dafür und für weitere Stabmodelle ausführlichere Bemessungsangaben aufgeführt. Bei hoher Beanspruchung wird schräge Eckbewehrung zur Begrenzung der Rissbildung empfohlen.

Die Tragwirkung ist bei einer runden Öffnung nach Abb. E.4.27b günstiger als bei einer rechteckigen. Bei zusätzlicher Anordnung geneigter Schubbügel kann die Minderung der Tragfähigkeit gering gehalten werden. Die auf den Bereich a entfallende Querkraftweiterleitung über schrägen Druck für einen ungeschwächten Träger wird

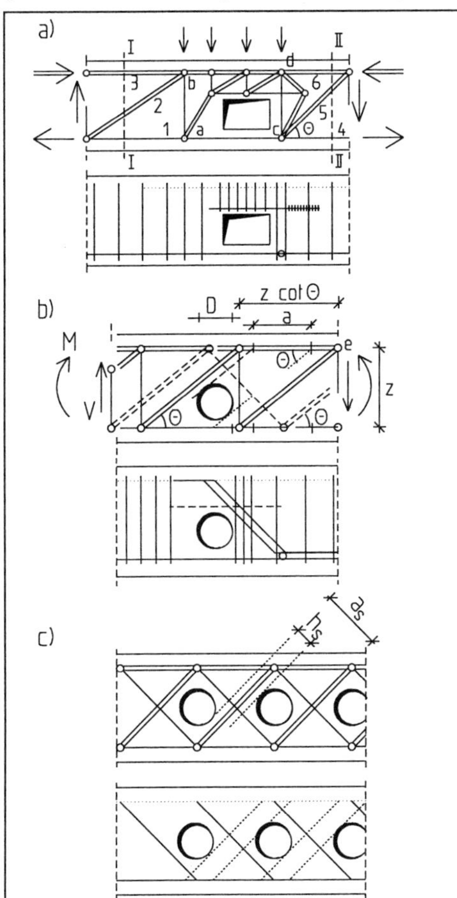

Abb. E.4.27 Öffnungen in Biegeträgern

an der Öffnung auf die geneigten Zusatzbügel übertragen. Diese sind für $(V_{Sd(e)} \cdot a) / (z \cdot \cot \theta)$ zu bemessen. Auch die Tragfähigkeit der Druckstrebe muss entsprechend abgemindert werden. Es ist dann an dem Öffnungsbereich nachzuweisen, dass $V_{Sd(e)} \leq V_{Rd,max} (1 - a / (z \cdot \cot \theta))$.

Bei Anordnung mehrerer kreisförmiger Öffnungen nach Abb. E.4.27c ist der Abstand so zu wählen, dass die Wirkungsfläche der zweckmäßig unter θ angesetzten schrägen Druckstreben ausreichend tragfähig für die einwirkende Querkraft ist. Die für den ungeschwächten Querschnitt berechnete Tragfähigkeit $V_{Rd,max}$ für Strebendruck ist auf den Anteil h_S / a_S abzumindern. Die schräge Schubbewehrung, vorzugsweise geneigte Bügel, ist für die volle Querkraft zu bemessen und konzentriert anzuordnen, wie dargestellt.

Ausführlich behandeln [Holtmann/Schäfer – 96] die Tragwirkung von Stahlbetonbalken und von -scheiben mit Öffnungen und leiten Bemessungsformeln über verfeinerte Stabmodelle ab.

Bei längsbeanspruchten Scheiben hängt die Art der Umlenkung an Öffnungen davon ab, ob Druck- oder Zugwirkungen vorliegen. Bei Längszugbeanspruchungen enden die Zugbewehrungen im Abstand der Betonüberdeckung c vor der Öffnung. Über schräge Druckstreben werden die Kräfte gemäß Abb. E.4.28 zu Auswechslungsstäben rechts und links der Öffnung versetzt. Bewehrungsstäbe für die Hälfte der durch die Öffnung entfallenden Bewehrung sind jeweils rechts und links seitlich der Öffnung als Auswechslung und zusätzlich quer zur Beanspruchungsrichtung im Abstand $c + 0{,}5\ (l_1 + 1{,}5\ h_1)$ von der Öffnung einzulegen, s. Abb. E.4.28.

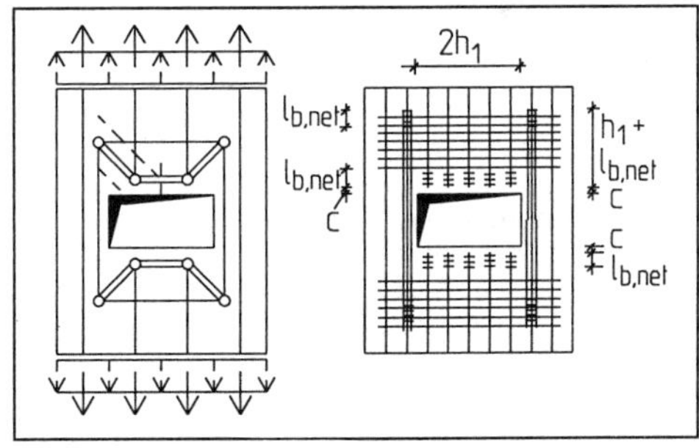

Abb. E.4.28 Öffnung in längs auf Druck beanspruchten Tragwerken wie Wänden

Unterbrochene Druckbeanspruchungen werden vor der Öffnung etwa mit der Neigung 1:2 zu den seitlichen Flanken der Öffnung umgelenkt. Die umlenkende Zugkraft quer zur Druckrichtung entspricht etwa 50 % der insgesamt ausfallenden Druckkraft. Die entsprechende Bewehrung muss unter Einhaltung der Betondeckung bis nahe an die Öffnung eingelegt werden, s. Abb. E.4.29a.

Bei Öffnungen in Platten können Stabmodelle für Scheiben nicht einfach für die Druckzone einerseits und die Zugzone andererseits übernommen werden. Knoten und Stäbe in Druck- und Zugzone müssen übereinander liegen, da die Hauptkrümmungsrichtungen der Platte die Hauptspannungsrichtungen in der Druck- und der Zugzone übereinstimmend festlegen und meist Querkräfte und zugehörige Kraftwirkungen zwischen der Druck- und der Zugzone in Ebenen senkrecht zur Plattenfläche verlaufen. In [Fonseca – 95] wurde gezeigt, dass die bisher für die Druck- und Zugzone verwendeten unterschiedlichen Stabmodelle für Scheiben nach [Schlaich/Schäfer – 87] oder [Schlaich/Schäfer – 93], bei Platten nicht konsistent sind. Das dafür neu entwickelte Stabmodell für einachsig gespannte Platten mit rechteckiger Öffnung erfordert Schrägzulagen an den Ecken von Öffnungen, s. [Schlaich/Schäfer – 98], [Müller – 98] und Abb. E.4.29c.

Der nach [Müller – 98] erforderliche Querschnitt der Schrägzulagen von 80 % der durch die Öffnung unterbrochenen Biegezugbewehrung A_s erscheint zu hoch. Das in Abb. E.4.29 unter a und b angegebene Stabmodell kann die Querkräfte und Kraftwirkungen an der Öffnung einer Platte auch bei Querkraftbeanspruchung wirklichkeitsnäher wiedergeben. In der Biegezugzone nach Abb. E.4.29b wirkt die vorhandene Biegebewehrung im Öffnungsbereich mit der Schrägzulage unter 45° zusammen und wird in dem Schrägstab der Neigung 1:2 zusammengefasst. Links in Abb. E.4.26b wird die zugrunde liegende tatsächliche Aufnahme der Stabkraft unter der Neigung 1:2 durch endende Biegezugbewehrung, Schrägstäbe, zusätzlich verlängerte Querzugbewehrung und Auswechslungsbewehrung an einem detaillierteren Feinmodell wiedergegeben. Von der auf einer Seite der Öffnung umzuleitenden Kraft $F/2$ entsprechend $A_s/2$ wird $F/4$ über den schrägen Druckstab S_1 zur Auswechslung (Stab S_3) und die restlichen $F/4$ als Längskomponente der Schrägzulage unter 45° (Stab S_2) weitergeleitet. Die Schrägeisen an der Ecke der Öffnung müssen so für die Kraft $0{,}25\,F/\sin 45° \approx 0{,}4\,F$ bemessen sein und einen Querschnitt von etwa $0{,}4\,A_s$ aufweisen. Die Zusatzbewehrungen für die Biegezugzone an Öffnungen von einachsig gespannten Platten gemäß dem Stabmodell nach Abb. E.4.29b sollten nach Abb. E.4.29c angeordnet werden.

Auf die Platte wirkende flächige Einwirkungen müssen im Modellierungsbereich um die Öffnung zusätzlich einbezogen werden. Die in Abb. E.29c gestrichelt dargestellte Querbewehrung in der Biegezugzone am Öffnungsrand ist zusätzlich einzulegen und für die Flächenbelastung der Platte in diesem Bereich zu bemessen. Die Abschätzung der zugehörigen Zugbeanspruchung kann über einen einfeldrigen Ersatzträger in Plattendicke der Spannweite $l_E = 2\,(b + b_1)$ und Breite b_1 unter der Dreieckslast nach Abb. E.4.29d vorgenommen werden. Die Dreieckslast resultiert aus den Einwirkungen auf die gepunktet angelegte dreieckige Fläche in Abb. E.4.29c.

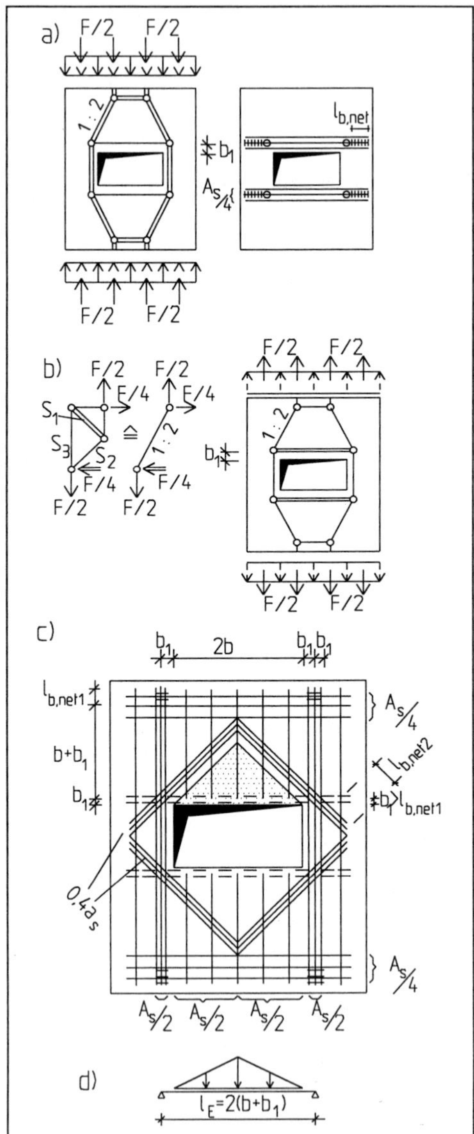

Abb. E.4.29 Öffnung in einachsig gespannter Platte
a) Druckzone: Stabmodell, Bewehrung
b) Zugzone: Stabmodell, Feinmodell
c) Bewehrungsführung in der Zugzone
d) Statisches System zur Ermittlung der gestrichelten Biegezug-Querbewehrung

4.8 Bewehrungsführung am Anschluss von Fundamenten

Bei zentrisch oder nahezu zentrisch beanspruchten Streifen- oder Einzelfundamenten kann das Fundament unbewehrt ausgeführt werden. Dafür muss das Fundament so dick vorgesehen werden, dass eine Ausstrahlung der aufgesetzten Last bis zur Gründungssohle ohne Überschreitung der zulässigen Hauptzugfestigkeit des Betons von $f_{ctk,0,05}/\gamma_c = f_{ctk,0,05}/1{,}8$, aber $\leq 1{,}0$ N/mm² erfolgen kann. Die Grenze für das Verhältnis n der Fundamentdicke h_F am Stützenanschnitt am Stützenanschnitt zur Ausladung a, s. Abb. E.4.30a, ist nach [ENV 1992-1-6 – 94] in Abhängigkeit von Betongüte und Bodenpressung σ_{gd} im Grenzzustand der Tragfähigkeit zu ermitteln, s. Tafel E.4.1 für Streifenfundamente. Vereinfachend gilt $h_F / a \geq 2$.

Tafel E.4.1 Unterer Grenzwert $n = h_F / a$ von unbewehrten Streifenfundamenten

f_{ck} in	σ_{gd} (Tragfähigkeit) in kN/m²				
N/mm²	140	280	420	560	700
12	0,82*)	1,17	1,44	1,66	1,86
16	0,75*)	1,07	1,30	1,50	1,68
20	0,70*)	0,99*)	1,21	1,40	1,56
≥25	0,65*)	0,92*)	1,12	1,30	1,45

*) Als Grenzwert sollte $h_F / a = 1$ eingehalten werden !

Die Fundamentoberseite darf leicht geneigt ausgebildet sein, s. dazu Abschnitt E.2.5.2. Bei statisch erforderlicher Druckbewehrung am Anschnitt ist eine aufgestellte schlaufenartige Anschlussbewehrung nach Abb. E.4.30a, gegebenenfalls mit konstruktiver Sohlbewehrung, günstig, und zwar mit Einzelstäben für Stützen auf Einzelfundamenten bzw. mit Matten für Wände auf Streifenfundamenten. Für Einzelfundamente ist alternativ der Einbau von verlorenen Köcherschalungen nach Abb. E.4.30b wirtschaftlich mit einer für die erforderliche Verankerungslänge von $l_{b,net}$ ausreichenden Schalungshöhe.

Für stärkere Anschlussbewehrung bei etwa zentrisch belasteten Stahlbetonfundamenten zeigt Abb. E.4.30c eine sinnvolle Ausbildung. Bei höher bewehrten Ortbetonstützen mit großen Stabdurchmessern, bei denen ein Übergreifungsstoß in dem unteren Stockwerk nicht möglich oder wirtschaftlich ist, können die aufstehenden Stäbe als Korb zusammengebunden bis in das nächste Geschoss reichen und dort gestoßen werden.

Fertigteilstützen unter Längsdruck und Biegung werden in einen profilierten Köcher eingesetzt und vergossen. Die Zahntiefe der Profilierung sollte innen und außen größer sein als das Größtkorn des Zuschlags, also i. d. R. größer als 1,5 cm. Für eine gute Verdichtung des Vergussbetons mindestens in der Festigkeit des Stützenbetons sollte der lichte Fugenabstand zwischen den Profilzähnen nicht weniger als 5 cm betragen. Die Ausstrahlung der Kräfte aus der Stütze in das Blockfundament über schräge Druckstreben und in seitliche Anschlussbewehrung ist in Abb. E.4.30d für kleine Biegebeanspruchung gestrichelt eingetragen. Horizontal sollte eine den Köcher umschließende bügelartige Bewehrung angeordnet werden. Bei kräftiger Biegebeanspruchung am, dann besser unsymmetrisch ausgebildeten Fundament ist die Biegebewehrung gemäß Abb. E.4.30e zu führen. Dort ist die Bewehrungsführung am Fundament einer Winkelstützmauer gezeigt.

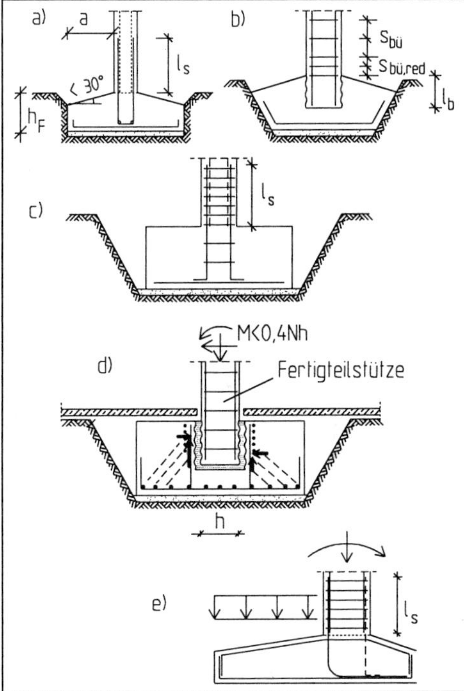

Abb. E.4.30 Bewehrungsführung für Fundamente mit aufgehendem Bewehrungsanschluss

Fertigteillösungen für Fundamente werden zur Bauzeitbeschleunigung oder bei großflächigen Hallen- oder Industriebauten eingesetzt. Die Verwendung von aus Gewichtsgründen aufgelösten Köcherfundamenten wird zunehmend verdrängt durch zusammen mit dem Einzelfundament monolithisch betonierte ein- bis viergeschossige Stützen. Einzelheiten zu Berechnung und Konstruktion von Köcherfundamenten sind z. B. [Mainka/ Paschen – 90] zu entnehmen.

4.9 Tragwirkung und Bewehrungsführung in wandartigen Trägern und Wänden

Für wandartige Träger ist die Schnittgrößenberechnung und Bemessung nicht nach der Biegetheorie möglich. Über Stabmodelle, die an den Beanspruchungszustand im ungerissenen Zustand angelehnt sind, kann die Tragwirkung im gerissenen Zustand erfasst und können Schnittgrößen und Beanspruchungen abgeschätzt sowie Bewehrungen bemessen und die Drucktragfähigkeit in maßgebenden Tragwerksbereichen nachgewiesen werden. Für die Modellbildung bei Wänden ist die wirklichkeitsnahe Erfassung der Ausstrahlung von Druckkräften unter Einbeziehung möglichst weiter Teile der Tragstruktur wichtig. So sind Druckstreben verfeinert aufzuspalten, um den ganzen wirksamen Druckbereich und mögliche Querzugwirkungen einzubeziehen, s. z. B. Abb. E.4.31.

Die typische Einleitung, Ausstrahlung und Weiterleitung konzentrierter Kraftwirkungen in Wänden und wandartigen Trägern ist dem Stabmodell für den Einfeldträger in Abb. E.4.31 oben zu entnehmen. Die Einzellast strahlt rechts und links bis zur halben Höhe über die gesamte Wandbreite aus und läuft dann zu den Auflagerpunkten wieder zusammen. Aus elastischer Analyse kann der innere Hebelarm im mittleren Querschnitt m und damit die Zugkraft des Stabes 1 abgeschätzt werden, siehe z. B. [Schlaich/Schäfer – 98]. Für eine Wandgeometrie mit $0{,}5\,l \leq h \leq 1{,}33\,l$ beträgt:

$$S_1 = (1 - 0{,}7\,h/l)\,F \geq 0{,}2\,F \qquad \text{(E.4.4)}$$

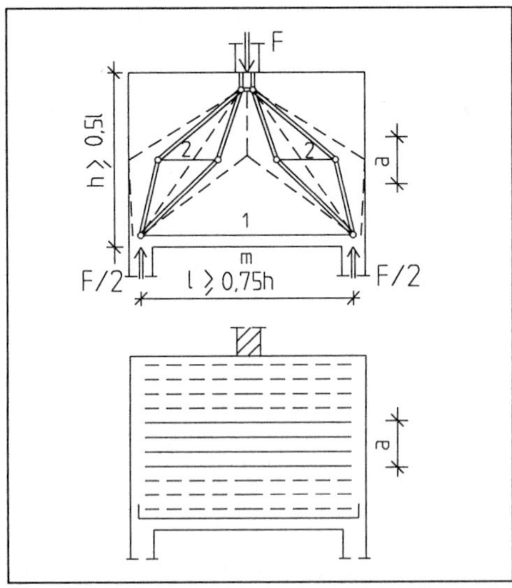

Abb. E.4.31 Wandartiger Einfeldträger niedriger Höhe

Die Spaltzugkraft S_2 kann nach Gl. (E.4.5) abgeschätzt werden, wobei die zugehörige Bewehrung auf der Höhe a verteilt werden sollte, s.a. Abb. E.4.31 unten.

$$S_2 = 0{,}5\,F/l \cdot a \qquad \text{(E.4.5)}$$

mit $0 \leq a = 0{,}36\,h - 0{,}24\,l \leq 0{,}5\,l$

Für höhere wandartige Träger mit $h \geq 1{,}33\,l$ stellt sich etwa im Abstand von $0{,}67\,l$ von der Lasteintragung eine konstante Spannungsverteilung ein. Die verteilenden Wirkungen und zugeordneten Stabmodelle für die obere und untere Wandhälfte sind dann entkoppelt. Die mittige Spaltzugkraft S_2 unter der konzentrierten Lasteinleitung gemäß Abb. E.4.9 tritt etwa im Abstand a von der Einzellast entfernt auf, s. Abb. E.4.32.

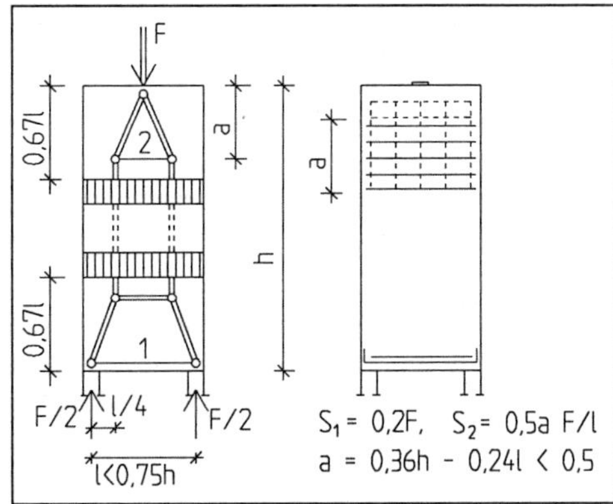

Abb. E.4.32 Wandartiger Einfeldträger größerer Höhe

Bei verteilter Einwirkung am oberen Rand sind die Tragwirkung und die zugeordneten Stabmodelle ähnlich wie bei Einzellasten, s. Abb. E.4.33. Für $h \leq 0{,}8\,l$ kann die Biegezugkraft S_1 nach der Technischen Biegelehre ermittelt werden zu

$$S_1 = 3/16 \cdot (l/h) \cdot F \qquad \text{(E.4.6)}$$

Bei ausreichend hohen wandartigen Trägern mit $h > 0{,}8\,l$ kann sich die Neigung der Druckstrebe annähernd zu 1: 2,3 einstellen, s. Abb. E.4.33.

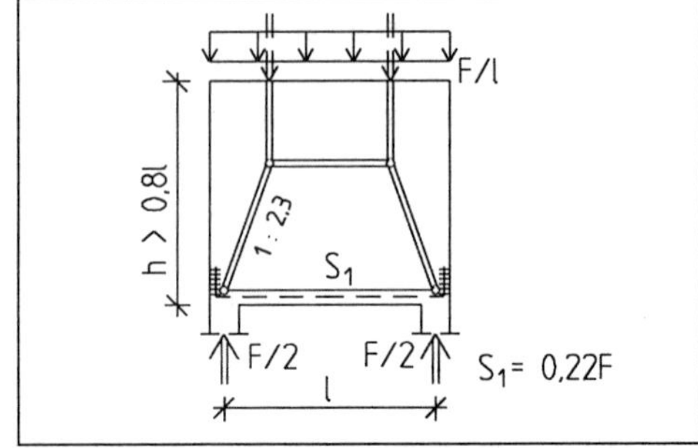

Abb. E.4.33 Wandartiger Einfeldträger mit verteilter Belastung am oberen Rand auf Druck

In [Grasser/Thielen – 91], Abschnitt 4 sind aus elastischen Kontinuumsberechnungen statische Angaben, wie innerer Hebelarm oder Zugkräfte für unterschiedliche Belastungen aus Strecken- oder Einzellasten auf wandartige Träger unterschiedlicher Abmessungen als Einfeld-, Zweifeld- und Mehrfeldsystem, gegeben, die für die Bemessung statisch erforderlicher Wandbewehrung meist ausreichen. Zur Abdeckung von Zwangwirkungen, z. B. aus möglichen Setzungen, sollte in auf Zug gefährdeten Zonen orthogonale Mindestbewehrung entsprechend Abschnitt E.3.7.2 eingelegt werden. Eine konstruktive Mindestbewehrung von $A_s = 0{,}0015\ A_c$ je orthogonaler Bewehrungsrichtung muss an jeder Wandoberfläche eingelegt sein, bei hoher Auflast jedoch mindestens $A_s = 0{,}0030\ A_c$ je Bewehrungsschar.

Bei der Durchleitung einer konzentrierten Kraft durch eine seitlich ausgedehnte Wand strahlen die Druckkräfte nach rechts und links etwa unter der Neigung 1: 2,3 unten und oben bis auf 0,4 der Wandhöhe h bis in den mittleren Bereich der Wand aus und laufen dort zusammen. Aus dem Stabmodell nach Abb. E.4.34 angelehnt an elastische Analysen ergibt sich eine entsprechend $S_1 \approx 0{,}22\ F$ einzulegende Querzugbewehrung für eine auf jeweils 0,2 h verteilte Zugkraft in mittlerer Höhe von $S_1 / 0{,}2\ h = 0{,}11\ F / h$, wobei $h \leq l$ anzusetzen ist. Am oberen und unteren Rand sind leichte Zugwirkungen durch eine Randbewehrung für eine Zugkraft $S_2 \approx 0{,}08\ F$ abzudecken.

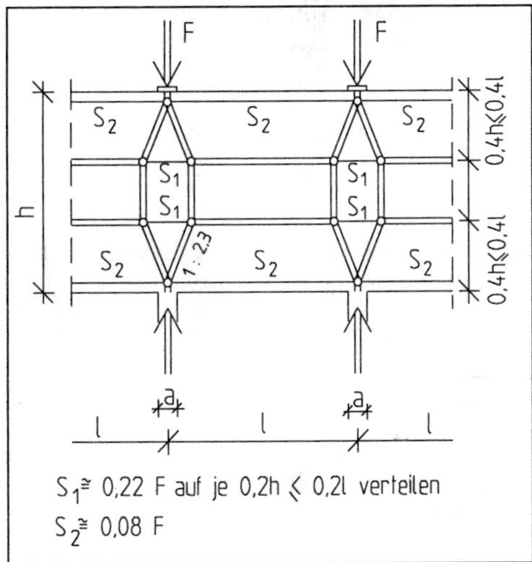

Abb. E.4.34 Wand unter symmetrischen Einzellasten

5 Konstruktionen für eine wirtschaftliche Bauausführung

5.1 Rationelle Bewehrungsausbildung

5.1.1 Kriterien

Die durch rationelle Gestaltung am stärksten zu beeinflussenden Kosten bei der Herstellung von Bauwerken in Stahlbeton betreffen einerseits die Bewehrungskosten und andererseits die Kosten für Schalung und Rüstung sowie anderen Arbeitsaufwand auf der Baustelle. Die Bewehrungskosten setzen sich dabei zusammen aus

a) Materialkosten
b) Schneide- und Biegekosten im Fertigungsbetrieb
c) Transportkosten
d) Kosten für baustellenseitige Fertigung der Bewehrungskörbe und ihre Verlegung.

Die Bewehrungskosten werden verringert durch

- Wahl möglichst großer Stabdurchmesser,
- Wahl möglichst weniger und möglichst gleicher Bewehrungen oder Bewehrungseinheiten,
- einfache Bewehrungen und weitgehende maschinelle Herstellung im Biegebetrieb,
- Verringerung von Schneidearbeiten und Vermeidung von Verschnitt durch Ausnutzung der gesamten Lieferlänge, vor allem bei Matten,
- transportgerechte Formen: Mattenbreiten von $B \leq 2{,}45$ m, gut stapelbare Bewehrungskörbe, möglichst flache oder ungebogene Bewehrung,
- einfache und schnelle Art der Verlegung und der Zusammenfügung der Bewehrungen, was durch gut vorgefertigte Bewehrungselemente erreicht werden kann.

Bei Festlegung der Bewehrungsart sind Begrenzungen zu beachten, z. B. aus Anforderungen zur Rissbeschränkung, zur Begrenzung der Stababstände und aus den Herstellvorgängen.

Bei Verwendung von speziell für die Baumaßnahme produzierten oder bestellten Bewehrungselementen, wie Listen- oder Zeichnungsmatten, Teppichbewehrung, aus Stabstahl zusammengeschweißten Bewehrungskörben o. ä., sind die Lieferpreise pro Einheitsgewicht höher als bei lagermäßig gehaltener Standardbewehrung. Der Einsatz spezieller Bewehrung ist daher erst bei größerer Positionszahl, höheren Einspareffekten beim Einbau oder bei besonderen Bauwerks- oder Baustellenverhältnissen, z. B. bei eingeschränkten Baustellenflächen, wirtschaftlich. Von Einfluss ist auch die Verfügbarkeit bestimmten Geräts auf der Baustelle, wie Kran, Schweißgerät u. a. Die Wirtschaftlichkeit einer Bewehrungsausbildung wird auch durch die Qualität der Tragwerksplanung wesentlich beeinflusst.

Im Folgenden wird vor allem eine möglichst rationelle Bewehrungsausführung unter Einsatz von Lagerbewehrungen behandelt, die für kleinere bis mittlere Baumaßnahmen angemessen ist, aber auch bei größeren Bauwerken wirtschaftlich und besonders flexibel sein kann. Auf speziell zu fertigende oder zu bestellende besondere Bewehrungen wird nur kurz eingegangen.

5.1.2 Flächenbewehrungen

Bei kleineren Bauvorhaben oder bei Verwendung von Lagerbewehrungen

- sollten Matten vollständig ohne Verschnitt genutzt werden, durch Abstimmung der Mattenabmessungen auf die Mattenanordnung,
- sollten in Stößen möglichst nicht mehr als drei Matten übereinander angeordnet werden und ist eine Mattenverlegung nur in einer Richtung überwiegend günstig,
- sind einlagige Mattenbewehrungen mit in einer Richtung aufgelegten Stahlstäben besonders rationell, wie in dem weiter unten aufgeführten Beispiel gezeigt wird.

Bei einachsig gespannten Platten mit Feldquerschnitt a_{sf} sollten für die untere Hauptbewehrung in der Plattenspannrichtung angeordnet werden bei Spannweiten l von

- $l \leq 6{,}0$ m: eine Lagermatte von Auflager zu Auflager nach Abb. E.5.1a, ggf. zwei Lagermatten von je $a_{sf}/2$ mit Teilmatte wie gestrichelt
- $l > 6{,}0$ m und $l \leq 8{,}8$ m: zwei Lagermatten jeweils für $a_{sf}/2$ nach Abb. E.5.1b, soweit möglich, sonst nach Abb. E.5.1c.

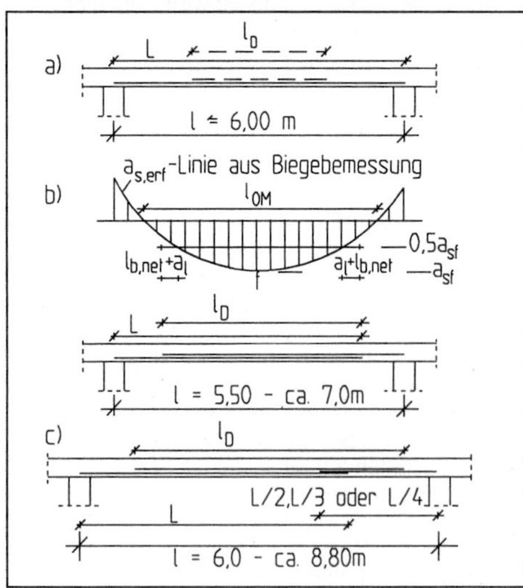

Abb. E.5.1 Feldbewehrung mit Lagermatten bei einachsig gespannten Deckenfeldern

Die Anordnung nach Abb. E.5.1b ist mit doppelter Mattenlage auf der Länge l_D bei einer konstanten Streckenbelastung noch möglich, falls für den Abstand der Nullpunkte l_{0M} der maßgebenden Momentenlinie Gl. (E.5.1) eingehalten wird.

$$l_{0M} \leq [l_D - 2\,(a_l + l_{b,net})] \cdot \sqrt{2} \qquad \text{(E.5.1)}$$

Für dünne Platten gilt dafür $a_l + l_{b,net} \approx 0{,}35$ m.

Für die Abstufung nach Abb. E.5.1c mit ganzer Matte der Länge L in der zweiten Lage gilt ebenfalls Gl. (E.5.1), wobei dafür $l_D = L$ gilt. Eine Abstufung mit aufgelegter ganzer Matte nach Abb. E.5.1c ist noch möglich bei

- $l_{0M} \leq \approx 7{,}50$ m für Matten mit $L = 6{,}0$ m
- $l_{0M} \leq \approx 6{,}10$ m für Matten mit $L = 5{,}0$ m

Ist eine der Anordnungen nach Abb. E.5.1a bis c nicht mehr anwendbar, kann eine Mattenlage in Querrichtung y mit $a_{sl} \geq$ erf $a_{sx}/5$ entsprechend Abb. E.5.2 ohne Quermattenstöße in x-Richtung ggf. zusätzlich mit Teilmatten als Basisebene für Stabstähle mit $a_s \geq$ erf a_{sx} in Spannrichtung x genutzt werden. Die Längsstäbe können abgestuft werden und vorteilhaft über zwei Felder durchlaufen, ggf. mit einer versetzten Anordnung der ungeschnittenen vollen Stablängen von 12 m, 14 m oder 16 m gemäß Abb. E.5.2, da jeweils nur $a_{sx}/2$ zum Auflager geführt werden muss.

Am besten sollte sich der Abstand der Längsstäbe an dem der Mattenquerstäbe von meist 25 cm orientieren. Er muss aber auch in Feldmitte den zulässigen Längsstababstand einhalten von

$$\max s_l = h \quad \begin{matrix} \leq 25 \text{ cm} \\ \geq 15 \text{ cm} \end{matrix}$$

Daraus ergeben sich für die Längsstäbe bevorzugt die Stababstände s_{xm} in Tafel E.5.1, Zeile 2. Zugehörig sind auch die Querschnitte a_{sx} für Stabdurchmesser von 6 bis 16 mm angegeben.

Tafel E.5.1 Querschnitt von Stabstahl-Flächenbewehrung a_{sx} in cm²/m für Stababstände s_{xm}, angelehnt an 25 cm

	mittlerer Stababstand s_{xm} in cm					
∅	8,33	10	12,5	16,67	20	25
6	3,39	2,83	2,26	1,70	1,41	1,13
8	6,03	5,03	4,02	3,02	2,51	2,01
10	**9,42**	**7,85**	**6,28**	4,71	3,93	3,14
12	**13,57**	**11,31**	**9,05**	6,79	5,65	4,52
14	**18,47**	**15,39**	**12,31**	**9,24**	7,70	6,16
16	24,13	20,10	**16,08**	12,06	10,05	8,04
z. B.	3∅ auf 25 cm	5∅ auf 50 cm	2∅ auf 25 cm	3∅ auf 50 cm	5∅ auf 100 cm	1∅ auf 25 cm

(**fett gedruckt:** bevorzugt zu wählen!)

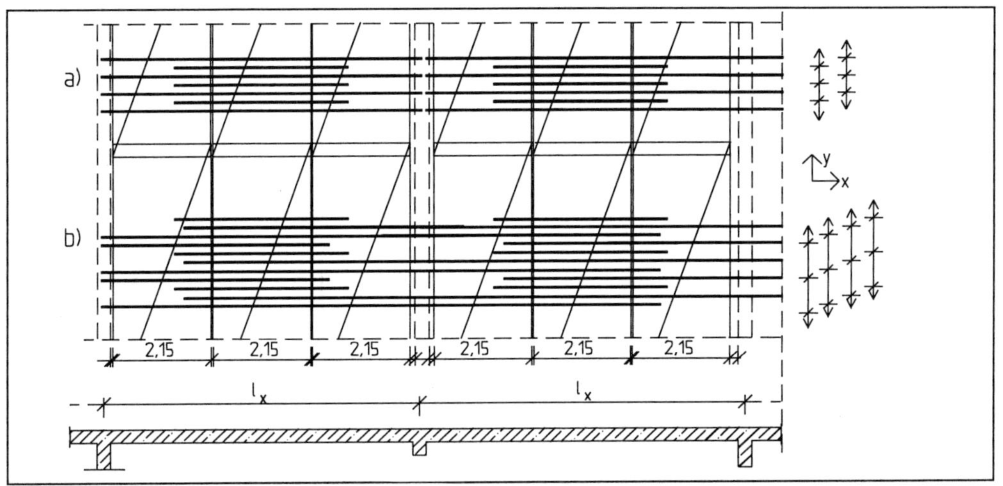

Abb. E.5.2 Plattenbewehrung mit Stabbewehrung in Hauptrichtung x auf Lagermatten ohne Querstoß in Richtung y

Als Matten-Querbewehrung mit $a_{sl} = a_{sy} \geq a_{sx} / 5$ sind als Basis-Matten in Abb. E.5.2 ausreichend:

- R 188 : bei $a_{sx} \leq$ 9,40 cm²/m
- R 221 : bei $a_{sx} \leq$ 11,05 cm²/m
- R 295: bei $a_{sx} \leq$ 14,75 cm²/m
- R 378 : bei $a_{sx} \leq$ 18,90 cm²/m

Bei Feldbewehrungen von zweiachsig gespannten Plattenfeldern gelten die oben gegebenen Bewehrungsempfehlungen analog. Bei gleichen oder nahezu gleichen orthogonalen Bewehrungen $a_{sx} \approx a_{sy}$ reicht bei niedrigeren Bewehrungsquerschnitten allein die Bewehrung durch Q-Matten ohne Stabstahl nach Abb. E.5.1a bis c aus. Ist so durch eine maximal zweilagige Mattenanordnung keine angemessene Bewehrungsabdeckung gegeben, ist die kombinierte Anordnung nach Abb. E.5.2 mit Stabstahl immer möglich.

In y-Richtung sind ausreichend große R-Matten oder K-Matten zu wählen. Wegen der Randeinsparung ist die Matte erhöht für ca. 1,15 $a_{s,erf}$ zu bemessen. Eine Anrechnung der Mattenquerbewehrung auf a_{sx} ist dann möglich, wenn die Matten mit Querübergreifung angeordnet werden. Dann ist eine um 1,15 höhere Bemessung nicht erforderlich und könnten quer auch Q-Matten verwendet werden. Generell sind jedoch Querübergreifungen bei kombinierter Bewehrung weniger rationell, wird durch Querstöße der Matten in der x-Richtung die effektive Nutzhöhe verringert und eine größere Anzahl von Matten für die flächendeckende Verlegung nötig.

Sind z. B. für ein zweiachsig gespanntes Plattenfeld $a_{sx,erf}$ = 9,0 cm²/m und $a_{sy,erf}$ = 6,5 cm²/m als Querschnitte erforderlich, ist mit Lagermatten K 770 ($a_{sy,vorh}$ = 7,70 ≥ 1,15 · 6,5 cm²/m) in Querrichtung y und Stabstahl ∅12 / s = 12,5 cm (9,05 cm²/m) längs gemäß Tafel E.5.1 eine rationelle Bewehrungsführung möglich. Dabei wird jeder zweite Stab zum Auflager geführt (50 %), s. Abb. E.5.2a. Eine Ausführung mit Mattenquerstoß würde wegen der dadurch bedingten Verminderung der Nutzhöhe keine günstigere Bewehrung ergeben.

Für Stützbewehrungen a_s ist meist eine der in Abb. E.5.3 dargestellten Anordnungen zur Momentenabdeckung möglich und wirtschaftlich. Soll die obere Bewehrung im Feld durchgehen, z. B. aus Feuerschutzgründen, so können analog zu Abb. E.5.2 R-Matten ohne Querstoß mit Querschnitt $a_{sl} = a_{sy} \geq a_{sx}/5$ als Basis für Stabstähle in x-Richtung angeordnet werden, s. Abb. E.5.4.

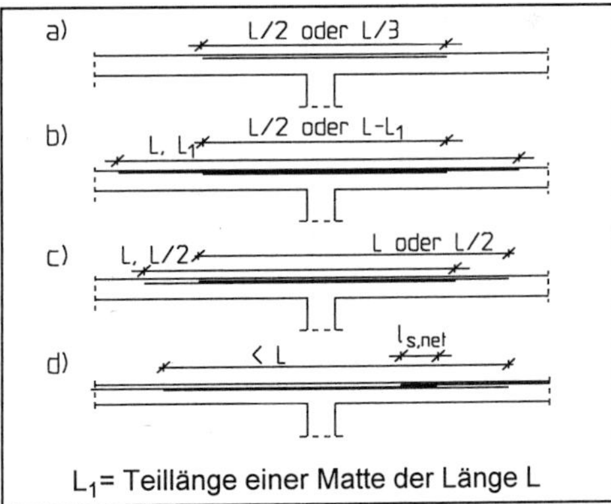

Abb. E.5.3 Lagermattenbewehrung im Stützbereich

Die Bewehrung von Flachdecken nur mit Lagermatten ist häufig unwirtschaftlich. Durch in Verlegerichtung y längs kraftschlüssig gestoßene Mattenbewehrungen ohne Querstöße und abgestufte Stabbewehrung quer in Richtung x sind rationelle Lösungen auch mit Lagerbewehrung möglich.

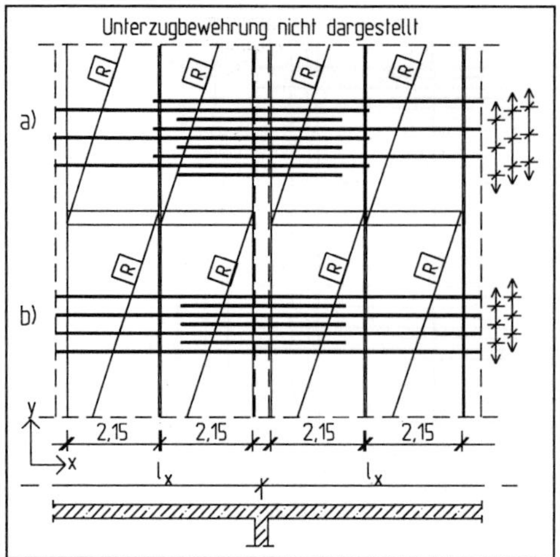

Abb. E.5.4 Obere Bewehrung mit Lagermatten und Stabstahl bei Platten

Speziell gefertigte Mattenbewehrungen erlauben bei Flächentragwerken Zeit- und damit Kosteneinsparungen bei der Verlegung, obwohl der Einheitspreis der Bewehrung dann etwas höher ist. Die Rationalisierungsmöglichkeiten durch Einsatz von Listenmatten, Feldsparmatten, Zeichnungsmatten, Wandmatten, aber auch von HS-Matten für Knoten und weiteren Mattenprodukten werden ausführlich in [Baustahlgewebe – 89] und [Hütten/Herkommer – 81] dargestellt.

Rationelle Deckenbewehrung ist auch mit Teppichbewehrung [BAMTEC – 97] möglich. Die Bewehrungsstäbe jeder der beiden orthogonalen Bewehrungsscharen eines Plattenfelds werden auf Bestellung jeweils getrennt mittels einer Abbundmaschine abstandsgerecht mit quer laufenden Montagebändern wie ein Teppich hergestellt. Auf der Baustelle müssen die Bewehrungsteppiche frei ausgerollt werden können, wie z. B. bei Bodenplatten oder bei Platten auf Wänden aus Mauerwerk.

Eine rationelle Bewehrung von Wänden erfolgt vorzugsweise mit Matten. Die Längen der Lagermatten entsprechen selten den Wandhöhen. Horizontale Stöße innerhalb des Geschosses sind aus statisch-konstruktiven Gründen zu vermeiden, so dass spezielle Wand- oder Listenmatten vorteilhaft sind. Sie werden geschosshoch, ggf. mit Übergreifungslänge, gefertigt und gestellt. Horizontale Übergreifungen für die Einfassung eines Wandendes oder für die Verbindung der Bewehrung an Horizontalstößen, Wandecken oder Wandknoten können rationell über U-förmig gebogene geschosshohe Matten ohne Stoß oder sonst über Steckbügel mit konstruktiven Eckstäben nach Abb. E.5.5 erfolgen. L-förmige oder gerade geschosshohe Matten mit kurzer Breite und ohne Längsstoß sind zur Stoßausbildung auch gut geeignet, s. Abb. E.5.5b.

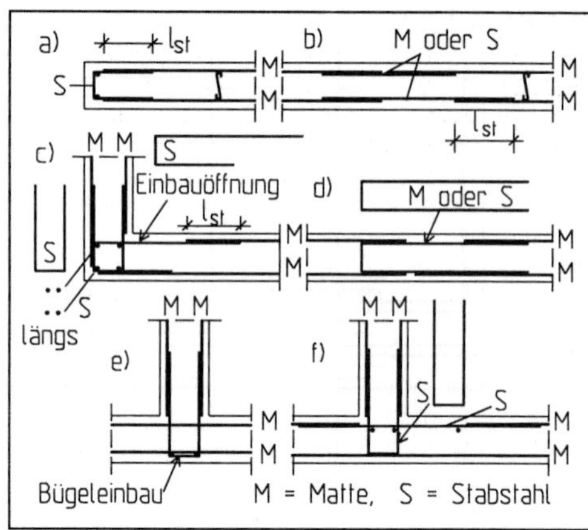

Abb. E.5.5 Stöße, Anschlüsse, Knoten und Endeinfassung von Wänden mit Mattenbewehrung

5.1.3 Balken- und Stützenbewehrungen

Ein wesentlicher Rationalisierungseffekt wird bei Bewehrungen von stabförmigen Bauteilen durch rationelle Vorfertigung insbesondere der Bügelkörbe oder auch ganzer Balkenbewehrungskörbe erreicht. Fertig gebogene Listen-Bügelmatten mit auf ganzer Feldlänge durchgehend gleichen Bügeldurchmessern und -abständen können in Auflagernähe durch eingestellte Schubleitern oder schmale Bügelkörbe an veränderliche Querkraftbeanspruchungen angepasst werden, s. Abb. E.5.6. Dies ist meist vorteilhafter als Zeichnungs-Bügelmatten, bei denen die Bügelstäbe im Auflagerbereich verdichtet sind, oder als der Einbau von mehreren kurzen Bügelkörben mit abgestuften Bügelquerschnitten je Feld.

Für Unterzüge können leicht nach außen geneigte vertikale Bügelschenkel mit nach außen abgebogenen Enden sehr kompakt ineinander gestellt und gut transportiert werden, s. Abb. E.5.6.

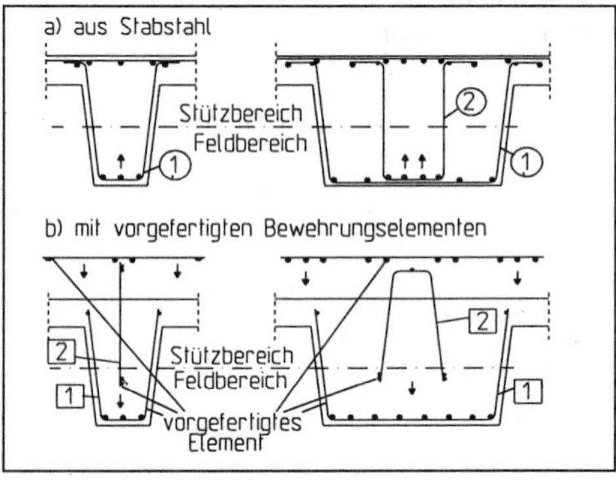

Abb. E.5.6 Vorgefertigte Bügelkörbe
a) aus Stabstahl gebunden oder verschweißt
b) mit Bügelmatten oder -elementen

Bei der Vorfertigung ganzer Bewehrungskörbe von Rahmenriegeln sollten diese vollständig die untere Längsbewehrung enthalten, oben nur konstruktive Eck-Längsbewehrung aufweisen und längs etwas kürzer sein als die lichte Feldweite zwischen den Knotenauflagern. Über den Auflager-/Knotenbereich hinweg ist dann die untere Balkenbewehrung auf der Baustelle durch kurze Stäbe zu stoßen, entsprechend Abb. E.5.7 aus [CEB – 85], [Rehm/Eligehausen – 72]. Die obere Stützbewehrung ist besser vor Ort zu ergänzen. Die oberen Bewehrungsstäbe können mit kurzen Querbewehrungsstäben als mattenförmiges Bewehrungselement vorgefertigt, ggf. zusammengeschweißt werden entsprechend Abb. E.5.6b. Auch bei einem Knoten nach Abb. E.5.7 wäre dies möglich, wenn der Stoßbereich der Stütze oberhalb des Knotens nachträglich verbügelt wird.

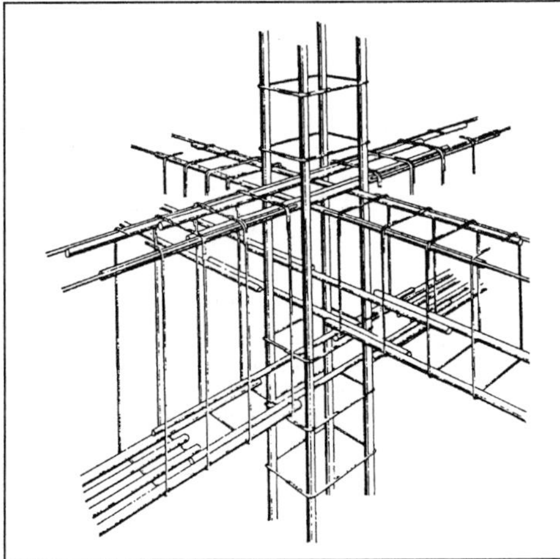

Abb. E.5.7 Bewehrung eines Rahmenknotens bei Einsatz vorgefertigter Bewehrung im Riegel

Am Endauflager kann meist die Bewehrung des Randknotenbereichs, bestehend aus der Endverankerung der unteren Längsstäbe, einer oberen Einspannbewehrung und ggf. aus horizontalen Steckbügeln, zusammen mit dem Bewehrungskorb des Endfelds vollständig vorgefertigt und insgesamt eingebaut werden, s. Abb. E.5.8.

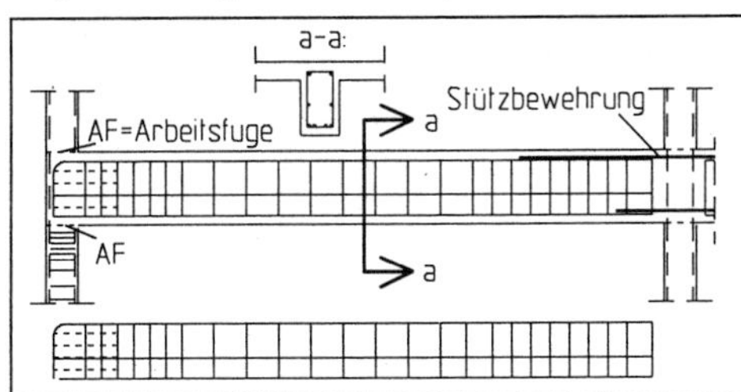

Abb. E.5.8 Vorgefertigter Bewehrungskorb für das Endfeld eines Rahmenriegels

5.2 Wirtschaftliche Konstruktionsformen in Ortbeton ohne und mit Fertigelementen

Das größte Einsparpotential bei der Bauausführung wird durch die Reduzierung von Schalungsarbeiten und durch rationelle Vorfertigung erreicht. Es wird hier mit Blick auf übliche Hochbauprojekte nicht auf vollständige Fertigteillösungen, sondern nur auf Ortbeton oder gemischte Bauweisen mit Fertigelementen eingegangen.

Für den Anschluss von Stütze zu Fundament in Ortbeton ist bei kleinem Moment der Einbau von Köcherschalungen aus profiliertem Stahlblech nach Abb. E.5.9 wirtschaftlich, wenn keine Anschlussbewehrung aus dem Fundament in den meist hoch bewehrten Stützenfuß erforderlich ist. Die Köcherhöhe muss dabei größer sein als die im Fundament noch erforderliche Verankerungslänge der Stützenbewehrung. Ist der Köcher unten offen, wird im Fundament der Beton in einer ersten Lage bis zur Unterkante des Köchers eingebracht. Nach Ansteifen wird das restliche Fundament betoniert, ohne dass der Beton von unten in den Köcher eindringen kann.

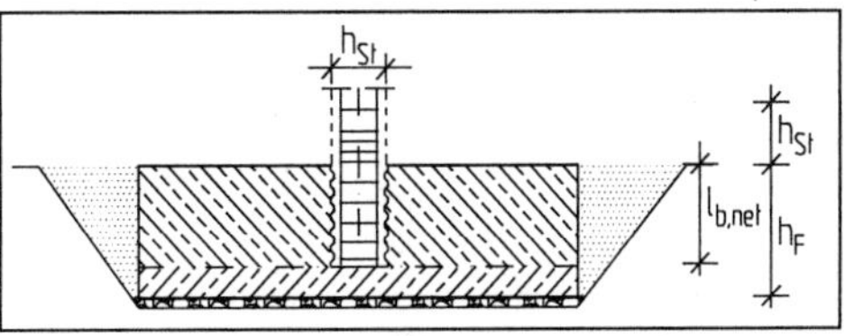

Abb. E.5.9 Anschluss der Stützbewehrung an Einzelfundament über Köchereinbauteil

Bei Ortbetonkonstruktionen wären für eine Minimierung der Schalungskosten möglichst einfache, auf der Baustelle häufig wiederverwendbare Schalungsformen günstig, um möglichst wenig unterschiedliche Schalungen vorhalten zu müssen. Eine gleichartige Ausbildung der Tragkonstruktion aller Geschosse und verschiedener Bauabschnitte wäre dafür von Vorteil. Bei einachsig über mehrere Felder gleicher Länge gespannten Deckenplatten oder Trägern sind Schalungs- und Bewehrungsaufwand günstig. Unter den Aspekten von Durchbiegungsbegrenzung und Schallschutzanforderungen an die Deckendicke, der Ausnutzung von Lagermatten sowie der Optimierung von freier Raumnutzung in Bezug auf die Baukosten sollten Deckenspannweiten zwischen 5,0 m und 7,0 m bevorzugt werden. Die größte Spannweite von Unterzügen wird meist durch die verfügbare Bauhöhe begrenzt.

Für Deckenkonstruktionen sind Mischbauweisen aus vorgefertigten Elementplatten von bis zu ca. 2,40 m Breite und einer Länge möglichst von Auflager zu Auflager mit vor Ort aufgebrachtem

Pumpbeton sehr wirtschaftlich, s. Abb. E.5.11. Die Elementplatten ersetzen die Schalung und enthalten bereits die Hauptbewehrung sowie auf Elementplattenbreite die untere Querbewehrung. So muss auf der Baustelle nur quer über die Längsfugen Stoß-Querbewehrung und die obere Bewehrung eingebaut werden, s. Abb. E.5.10. In die Elementplatte eingelegte Gitterträger dienen beim Betonieren als Tragelement zwischen den linienförmig quer im Abstand von ca. 2,50 m angeordneten Montageunterstützungen sowie als Unterstützung der oberen Bewehrung und sichern bei entsprechender Bemessung den Verbund in der flächigen Fuge zwischen Elementplatten und Ortbeton. Fragen fertigungsgerechter konstruktiver Ausbildung an den unterschiedlichen Arten von End-, Zwischenauflagern, Öffnungen usw. sowie beim Einsatz von zweiachsig gespannten Platten wurden in der Anwendungspraxis angemessen gelöst und dokumentiert, z. B. [Avak – 98], [SYSPRO – 94] und Abb. E.5.10.

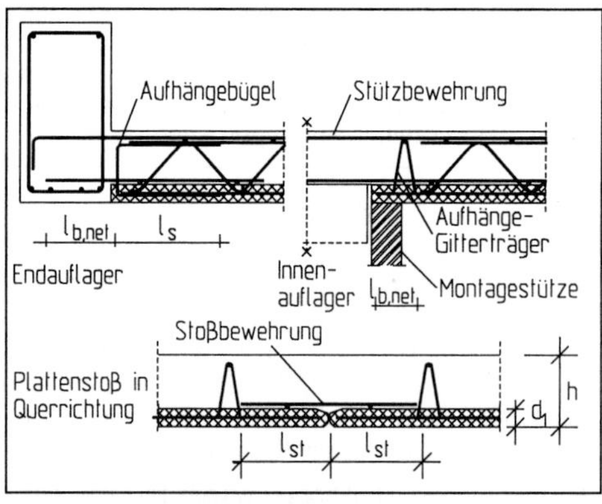

Abb. E.5.10 Konstruktive Details für Deckenkonstruktionen aus Halbfertigteilen und Ortbeton

Alternativ zur Stahlbetonausführung mit Gitterträgern sind Elementplatten in Spannbeton auch ohne Gitterträger für die Montagelasten tragfähig und in anderen Ländern seit Jahrzehnten erfolgreich im Einsatz. Gegenüber Platten aus Stahlbeton-Elementplatten mit Ortaufbeton ergibt sich ein für Rissbildung und Durchbiegung sowie für dynamische Beanspruchungen, z. B. beim Transport, günstigeres Verhalten infolge Vorspannung der Elementplatten. Diese Bauart ist nach [E DIN 1045-1 – 00] auch ohne bauaufsichtliche Zulassung anwendbar. Eine Ausführung ohne Fugenbewehrung sollte auf vorwiegend ruhende Einwirkungen, kleine Schubbeanspruchungen und direkte Auflagerungen beschränkt werden. Außerdem ist bei fehlender Wandauflast im Endauflagerbereich gemäß [E DIN 1045-1 – 00] eine bügelartige konstruktive Verbundbewehrung mit 6 cm^2/m Querschnitt auf 0,75 m Breite zwischen Ortbeton und Elementplatte vorzusehen.

Der Einbau von Bewehrung auf den verlegten Elementplatten kann voraussichtlich zukünftig bei Einsatz von Stahlfaserbeton oft entfallen. Über eine entsprechende Ausführung bei Zweifeldplatten eines Wohngebäudes über eine Zustimmung im Einzelfall nach erfolgreichen experimentellen Voruntersuchungen an der Technischen Universität Braunschweig wird in [Völkel/ Riese u. a. – 98] berichtet. Nach Erteilung einer beantragten bauaufsichtlichen Zulassung ist diese wirtschaftliche Art der Bauausführung für einachsig gespannte Durchlaufplatten möglich.

Die Deckenkonstruktion aus teilvorgefertigten Unterzügen mit aufgelegten Elementplatten und abschließendem Ortbetonverguss entsprechend Abb. E.5.11, s. a. [CEB – 72], hat sich seit langem als wirtschaftliche Lösung vor allem bei beengten Baustellenverhältnissen bewährt.

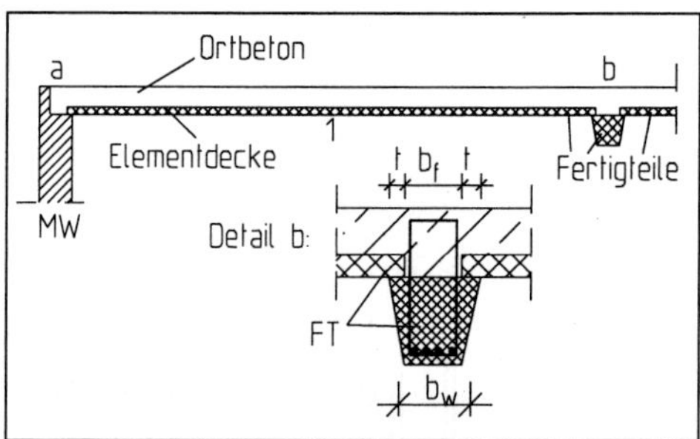

Abb. E.5.11 Decke aus Halbfertigteilen für Decke und Unterzug, ergänzt durch Ortbeton

In den letzten Jahren erfolgen Wandausführungen zunehmend mit Elementplatten und Ortbetonverguss, seitdem dafür Zulassungen vorliegen und dabei auftretende besondere Konstruktionsprobleme befriedigend gelöst wurden, siehe Abb. E.5.12. Diese betreffen z. B. die Anschlüsse zwischen Wand und Wand, Wand und Decke, Wand und Unterzug oder Fugenprobleme bei Wasserandrang, s. a. [SYSPRO – 97].

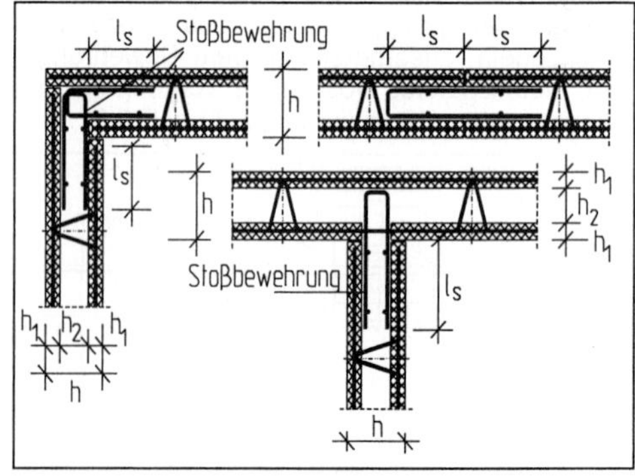

Abb. E.5.12 Wandausführung mit beidseitigen Elementplatten und Kernverguss mit Ortbeton

F SPANNBETONBAU

Univ. Prof. Dr.-Ing. Carl-Alexander Graubner und Dipl.-Ing. Michael Six

F

F SPANNBETONBAU

1 Grundlagen

1.1 Einführung

Im Zuge der Harmonisierung technischer Regeln in Europa wurde in den letzten Jahren eine Betonbaunorm (Eurocode 2) geschaffen, welche den heutigen Stand der Forschung widerspiegelt. Nachteilig an der europäischen Vorschrift ist die Aufteilung der den Betonbau betreffenden Sachverhalte auf eine Vielzahl von Teilnormen. Zudem wird von der Praxis die unübersichtliche Gliederung des Regelwerks kritisiert. Ergänzend zur Norm, sind bei der Anwendung der Eurocodes stets eine Reihe zusätzlicher Nationaler Anwendungsdokumente (im folgenden NAD) zu beachten, wodurch sich die Regelungsdichte für den Anwender nochmals erhöht.

Der Neuentwurf [E DIN 1045-1 – 00], der im Wesentlichen auf den Regelungen nach Eurocode 2 aufbaut, verfolgt daher das Ziel, den aktuellen Wissensstand für die Bemessung und die Konstruktion von Betontragwerken in knapper und übersichtlicher Form zusammenzufassen. Für den Spannbetonbau ist der mit dieser Norm vorgesehene Ersatz der bisherigen Regelungen nach [DIN 4227 – 88] von größter Bedeutung, da die alten Normen auf dem Gebiet des Spannbetons in ihren Grundlagen noch auf dem Stand der Technik von 1953 (damals weltweit die erste Norm auf dem Gebiet des Spannbetonbaus) beruhen und seit 1979 bzw. 1988 keine grundlegenden Veränderungen erfahren haben. Ferner sind die in den bisher geltenden Massivbaunormen enthaltenen Unterschiede im Bemessungskonzept zwischen Stahlbeton- und Spannbetonbauteilen nicht mehr zeitgemäß.

Die neue deutsche Normengeneration für den Betonbau unterscheidet zwischen den Bereichen *Bemessung und Konstruktion* (DIN 1045-1), *Betontechnologie* (DIN 1045-2) und *Bauausführung* (DIN 1045-3). Der vorliegende Beitrag befasst sich im Wesentlichen mit der Bemessung und Konstruktion von Spannbetonbauteilen nach [E DIN 1045-1 – 00]. Die wichtigsten Neuerungen gegenüber den bisher geltenden Normen sind:

- Der Anwendungsbereich der neuen Norm umfasst sämtliche Tragwerke des Hoch- und Ingenieurbaus aus Ortbeton und aus Fertigteilen mit Ausnahme von Brücken aus dem Zuständigkeitsbereich der öffentlichen Auftraggeber, welche voraussichtlich in Zukunft auf der Grundlage der Eurocodes zu bemessen sind [Standfuß/Großmann – 00]. Für bestimmte Ingenieurbauwerke (Dämme, Behälter, Offshore-Plattformen etc.) sind gegebenenfalls zusätzliche Anforderungen zu berücksichtigen.
- Die Regelungen nach [E DIN 1045-1 – 00] gelten für Bauteile aus Normalbeton (C12/15 bis C100/115) sowie für Leichtbeton mit geschlossenem Gefüge (LC12/13 bis LC60/66).
- Die Norm enthält Anforderungen für Bauteile aus unbewehrtem Beton, Stahlbeton und Spannbeton. Sie gilt sowohl für Vorspannung mit sofortigem und nachträglichem Verbund als auch für interne Spannglieder ohne Verbund und für externe Vorspannung. Die bisherige formale Unterscheidung von Spannbetonbauteilen nach ihrem Vorspanngrad (volle, beschränkte oder teilweise Vorspannung) wird durch Anforderungsklassen (A-F) bezüglich der Einhaltung des Grenzzustands der Dekompression und/oder der Rissbreitenbeschränkung ersetzt.
- Das semi-probabilistische Sicherheitskonzept der [E DIN 1045-1 – 00] beruht auf der Methode der Grenzzustände, welche mit charakteristischen Werten der Materialeigenschaften (5%-Quantile) als auch der Einwirkungen (95%-Quantile) und Teilsicherheitsfaktoren arbeitet. Im Grenzzustand der Gebrauchstauglichkeit (SLS = Serviceability Limit State) ist i. d. R. eine mögliche Streuung der Vorspannwirkung zu berücksichtigen, während im Grenzzustand der Tragfähigkeit (ULS = Ultimate Limit State), mit Ausnahme der Ermüdungsnachweise, generell mit den Mittelwerten der Vorspannung gerechnet werden darf.
- Hinsichtlich der Verfahren der Schnittgrößenermittlung werden auch für Spannbetontragwerke Berechnungsmethoden auf der Grundlage der Plastizitätstheorie sowie nichtlineare Berechnungsverfahren unter Berücksichtigung wirklichkeitsnaher Materialeigenschaften zugelassen.
- In [E DIN 1045-1 – 00] ist ein neuartiges Bemessungskonzept für Beanspruchungen aus Querkraft und Torsion vorgesehen. Darüber hinaus wird ein verfeinertes Verfahren zur Rissbreitenbeschränkung von Spannbetonbauteilen eingeführt.

Zukünftig wird Heft 5xx des Deutschen Ausschusses für Stahlbeton (DAfStb) ergänzende Hinweise und Bemessungshilfsmittel enthalten.

1.2 Begriffe und Bezeichnungen im Spannbetonbau

1.2.1 Begriffe

Spannglied (tendon): Sammelbegriff für den im Hüllrohr eingebauten Spannstahl mit seinen Verankerungen.

Bündelspannglied (strand of tendons): Aus mehreren glatten oder profilierten Spanndrähten oder Spannlitzen bestehendes Zugglied.

Spannstab (bar tendon): Einzelstab mit glatter Oberfläche und Endgewinde oder mit durchgehend aufgewalztem Grobgewinde aus Spannstahl mit Durchmesser von 12 bis 36 mm.

Spanndraht (prestressing wire): Drähte aus Spannstahl mit einem Durchmesser von 4 bis 10 mm.

Spannlitze (prestressing strand): Aus 3 oder 7 gegeneinander verdrehten Spanndrähten hergestellt mit einem Durchmesser der Einzeldrähte von 3 bis 5 mm.

Litzenspannglied (strand tendon): Aus mehreren Spannlitzen bestehendes Zugglied.

Monolitze (mono strand tendon): Werkseitig im Kunststoffhüllrohr mit Korrosionsschutzmasse verpreßte Einzellitze.

Spannbett (prestressing bed): Vorrichtung, mit der Spanndrähte zwischen zwei festen Ankerblöcken gespannt und in diesem Zustand einbetoniert werden.

Spannglied mit sofortigem Verbund (pretensioned tendon): Zugglied aus Spannstahl, das vor dem Betonieren im Spannbett gespannt wird. Der wirksame Verbund zwischen Beton und Spannglied entsteht nach dem Betonieren mit dem Erhärten des Betons.

Hüllrohr (duct): Dünnwandige profilierte Rohre aus Stahl oder Kunststoff, mit deren Hilfe Spannkanäle im Beton ausgespart werden.

Spannglied mit nachträglichem Verbund (posttensioned tendon): Im Hüllrohr liegendes Zugglied aus Spannstahl, das beim Vorspannen gegen den bereits erhärteten Beton abgestützt wird. Der wirksame Verbund entsteht nach dem Verpressen des Hüllrohres mit dem Erhärten des Verpressmörtels.

Internes Spannglied ohne Verbund (internal unbonded tendon): Im Betonquerschnitt liegendes Zugglied aus Spannstahl, das beim Vorspannen gegen den bereits erhärteten Beton abgestützt wird und nur an den Verankerungen und an den Umlenkstellen mit dem Tragwerk verbunden ist.

Externes Spannglied (external tendon): Außerhalb des Betonquerschnitts, aber innerhalb der Umhüllenden des Betontragwerks angeordnetes Zugglied aus Spannstahl, wobei die Vorspannkraft nach dem Erhärten des Betons über Ankerkörper und Umlenksättel in den Beton eingeleitet wird.

Umlenksattel (tendon deviation saddle): Vorrichtung mit Ausrundung (z. B. Betonblock, Querbalken, Stahlbauteil), über die ein extern geführtes Spannglied umgelenkt wird, so dass Radialkräfte auf das Tragwerk entstehen.

Segmenttragwerk (segmental construction): In Tragrichtung aus einzelnen Fertigteilen (Segmenten) zusammengesetztes und durch Spannglieder zusammengespanntes Tragwerk.

Spannpresse (stressing jack): Hydraulische Presse zum Spannen von Zuggliedern.

Spanngliedverlauf (tendon profile): Art und Weise der Anordnung eines Spannglieds im Bauteil.

Spannanker, Festanker, Kopplung (stressing anchorage, dead end anchorage, coupler): Bauaufsichtlich zugelassene Vorrichtungen zum Anspannen, Verankern und Koppeln von Spanngliedern.

Konkordante Vorspannung (concordant prestressing): Wahl der Spanngliedführung in statisch unbestimmt gelagerten Trägern derart, dass infolge Vorspannung allein keine Auflagerreaktionen entstehen.

Formtreue Vorspannung: Wahl der Spanngliedführung und des Vorspanngrades derart, dass sich unter Eigenlasten keine Biegeverformungen der Tragwerksachse ergeben.

Druckzone (compression zone): Anteil des Betonquerschnitts, der unter der betrachteten Einwirkungskombination Druckspannungen aufweist.

Zugzone (tensile zone): Anteil des Betonquerschnitts, der unter der betrachteten Einwirkungskombination Zugspannungen bzw. nach Überschreiten der effektiven Betonzugfestigkeit Rissbildung aufweist.

Vorgedrückte Zugzone (prestressed tensile zone): Anteil des Betonquerschnitts, der unter Eigenlasten und Vorspannung Druckspannungen aufweist.

1.2.2 Bezeichnungen

– ***Große und kleine Buchstaben***

A	außergewöhnliche Einwirkung, Fläche
G	ständige Einwirkungen
Q	veränderliche Einwirkungen
P	Einwirkung aus Vorspannung
R	Tragwiderstand
S	Schnittgröße
M	Biegemoment
N	Normalkraft
V	Querkraft
T	Torsionsmoment
d	statische Nutzhöhe
f	Werkstofffestigkeit
h	Bauteilhöhe
x	Druckzonenhöhe
z	Hebelarm der inneren Kräfte
γ	Teilsicherheitsbeiwert
ε	Dehnung, Stauchung
ψ	Kombinationsbeiwert
σ	Normalspannung
ρ	geometrischer Bewehrungsgrad
ω	mechanischer Bewehrungsgrad
ξ	bezogene Druckzonenhöhe x/d
ζ	bezogener innerer Hebelarm z/d

– ***Indizes:***

c	Beton, Kriechen
d	Bemessungswert
p	Spannstahl, Vorspannung
r	Riss-
s	Betonstahl
y	Streckgrenze, Fließgrenze
u	Grenzwert
nom	Nennwert
fav	günstig
unf	ungünstig
fat	Ermüdungs-
max	oberer Grenzwert
min	unterer Grenzwert
perm	quasi-ständig, Dauer-
freq	häufig
infreq	nicht-häufig
rare	selten
prov	vorhanden
req	erforderlich

– ***Zusammengesetzte Buchstaben:***

A_c	Gesamtfläche des Betonquerschnitts
A_p	Querschnittsfläche des Spannstahls
A_s	Querschnittsfläche des Betonstahls
E_{cm}	Elastizitätsmodul für Beton (mittlerer Sekantenmodul)
E_s	Elastizitätsmodul für Beton- und Spannstahl
P_0	aufgebrachte Höchstkraft am Spannanker nach dem Vorspannen
P_k	charakteristischer Wert der Vorspannkraft
P_{mt}	Mittelwert der Vorspannkraft zur Zeit t
f_{ck}	charakteristische Zylinderdruckfestigkeit des Betons nach 28 Tagen
f_{cd}	Bemessungswert der Betondruckfestigkeit
f_{ctm}	Mittelwert der Betonzugfestigkeit
f_{pk}	charakteristischer Wert für die Zugfestigkeit des Spannstahls
$f_{p0,1;k}$	charakteristischer Wert für die Streckgrenze des Spannstahls (0,1%-Dehngrenze)
f_{tk}	charakteristischer Wert für die Zugfestigkeit des Betonstahls
f_{yd}	Bemessungswert für die Streckgrenze des Betonstahls
f_{yk}	charakteristischer Wert für die Streckgrenze des Betonstahls
r_{inf}	unterer Beiwert zur Berücksichtigung der Streuung der Vorspannkraft
r_{sup}	oberer Beiwert zur Berücksichtigung der Streuung der Vorspannkraft
α_e	Verhältniswert der Elastizitätsmoduln von Stahl und Beton
γ_c	Teilsicherheitsbeiwert für Beton
γ_p	Teilsicherheitsbeiwert für die Vorspannwirkung
γ_s	Teilsicherheitsbeiwert für Beton- und Spannstahl
ε_c	Betondehnung
ε_s	Dehnung des Betonstahls
ε_p^0	Vordehnung des Spannstahls
ε_p	Gesamtdehnung des Spannstahls
ρ_l	Bewehrungsgrad der Längsbewehrung
ρ_w	Bewehrungsgrad der Schubbewehrung
σ_c	Betonspannung
σ_p	Spannstahlspannung
σ_s	Betonstahlspannung

1.3 Normen und Richtlinien

Tafel F.1.1 fasst die grundlegenden Vorschriften für die Bemessung und Konstruktion von Spannbetonbauteilen zusammen. Weiterhin geht der vom Deutschen Ausschuß für Stahlbeton (DAfStb) vorgesehene Zeitplan zur möglichen bauaufsichtlichen Einführung der Normen hervor. Es wird deutlich, dass für eine befristete Übergangszeit sowohl die deutschen als auch die europäischen Normensysteme alternativ angewendet werden können. Die neue deutsche Normengeneration stellt somit eine nationale Zwischenlösung dar, deren Ziel es ist, die auf europäischer Ebene erarbeiteten Vornormen ENV unter Einbeziehung der deutschen NAD schneller verbindlich umzusetzen. Bei der Überführung der ENV in europäische Normen EN ist wegen der engen Anbindung der DIN 1045-1 bis -3 an das europäische Regelwerk der Umstellungsaufwand gering.

Neben den in Tafel F.1.1 angegebenen grundlegenden Normen des Spannbetonbaus sind noch weitere Vorschriften von Bedeutung. Dies sind vor allem die bauaufsichtlichen Zulassungsbescheide des Deutschen Instituts für Bautechnik. Hier werden die Anwendungsregeln und die Baustoffkennwerte der verschiedenen Spannstahlsorten und Spannverfahren festgelegt. Eine europaweit einheitliche Normung der einzelnen Spannverfahren ist nicht vorgesehen.

Ergänzend befinden sich auf europäischer Ebene die folgenden, den Spannbeton betreffenden Normen in der Entwurfsphase:

- DIN EN 446
  Einpreßverfahren
- DIN EN 447
  Einpreßmörtel
- DIN EN 523
  Hüllrohre für Spannglieder
- DIN EN 10138-1
  Spannstähle
  Teil 1: Allgemeine Anforderungen
- DIN EN 13391
  Mechanische Prüfungen für und Anforderungen an Vorspannverfahren mit nachträglichem Verbund

Tafel F.1.1 Normen und Richtlinien für den Spannbetonbau und deren geplante Geltungsdauer

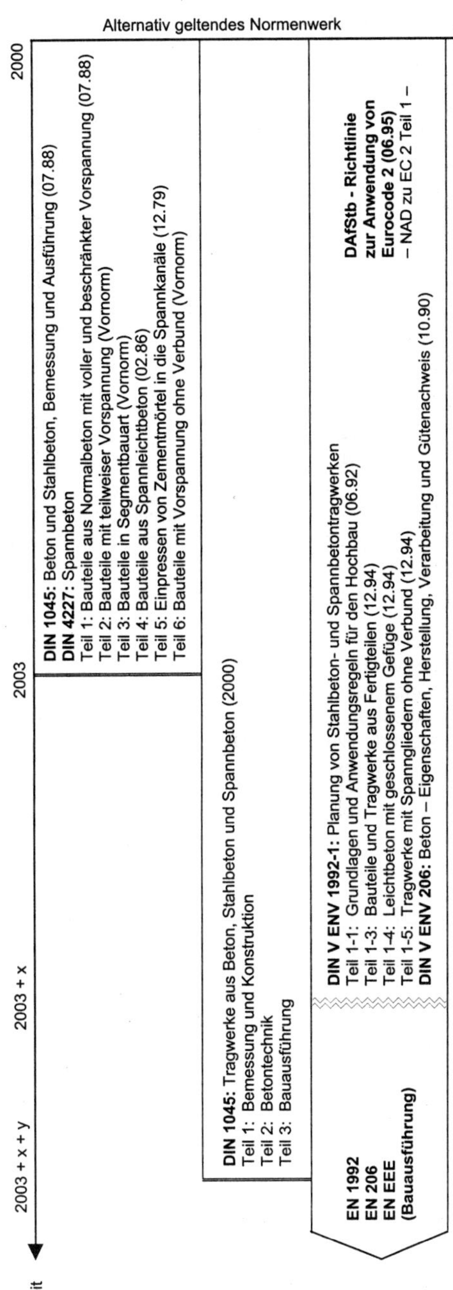

Alternativ geltendes Normenwerk
2000
2003
2003 + x
2003 + x + y
Zeit
DIN 1045: Beton und Stahlbeton, Bemessung und Ausführung (07.88)
DIN 4227: Spannbeton
Teil 1: Bauteile aus Normalbeton mit voller und beschränkter Vorspannung (07.88)
Teil 2: Bauteile mit teilweiser Vorspannung (Vornorm)
Teil 3: Bauteile in Segmentbauart (Vornorm)
Teil 4: Bauteile aus Spannleichtbeton (02.86)
Teil 5: Einpressen von Zementmörtel in die Spannkanäle (12.79)
Teil 6: Bauteile mit Vorspannung ohne Verbund (Vornorm)
DIN 1045: Tragwerke aus Beton, Stahlbeton und Spannbeton (2000)
Teil 1: Bemessung und Konstruktion
Teil 2: Betontechnik
Teil 3: Bauausführung
DIN V ENV 1992-1: Planung von Stahlbeton- und Spannbetontragwerken
Teil 1-1: Grundlagen und Anwendungsregeln für den Hochbau (06.92)
Teil 1-3: Bauteile und Tragwerke aus Fertigteilen (12.94)
Teil 1-4: Leichtbeton mit geschlossenem Gefüge (12.94)
Teil 1-5: Tragwerke mit Spanngliedern ohne Verbund (12.94)
DIN V ENV 206: Beton – Eigenschaften, Herstellung, Verarbeitung und Gütenachweis (10.90)
DAfStb - Richtlinie
zur Anwendung von
Eurocode 2 (06.95)
– NAD zu EC 2 Teil 1 –
EN 1992
EN 206
EN EEE
(Bauausführung)

F

1.4 Geschichtliche Entwicklung

Beton weist im Vergleich zu seiner Druckfestigkeit nur eine sehr geringe Zugfestigkeit auf. Daher liegt der Gedanke nahe, durch Aufbringen einer Vorspannung auftretende Zugbeanspruchungen zu überdrücken. Ein erster Vorschlag in dieser Richtung wurde von *Jackson* (USA) im Jahre 1886 gemacht. Das erste deutsche Patent (1888) zur Vorspannung von Betonbrettern mit vorgespannten dünnen Drähten hoher Zugfestigkeit stammt von *Doehring*, der das Wesen der Vorspannung im Betonbau bereits klar beschreibt. Die Vorspannung der Drähte erfolgte mit Hilfe einer mechanischen Schraube gegen die Schalung. Nach dem Erhärten des Betons werden die Vorspannkräfte über Haftverbund auf den Beton übertragen. In der Zeitschrift „Beton und Eisen" aus dem Jahre 1905 veröffentlicht *Lund* seine Entwicklung einer Deckenkonstruktion aus zusammengespannten Betonfertigteilen. Der Korrosionsschutz der Zuganker erfolgte durch nachträgliches Vermörteln. Ein französisches Patent von 1907 sieht die Vorspannung von Biegebalken aus Beton mittels Eisenstäben vor, die an der Schalung verankert sind. Die Kraftübertragung erfolgt wiederum durch Haftverbund. *Koenen* meldet 1912 ein deutsches Patent zur Spannbettvorspannung an, wobei die Überleitung der Vorspannkräfte mittels Ankerplatten vorgesehen war. Die Vorspannung betrug allerdings lediglich 60 N/mm² und wurde durch das Kriechen und Schwinden des Betons rasch aufgezehrt. *Wettstein* entwickelte 1919 ein Verfahren vorgespannter Betonbretter, wobei die Vorspannwirkung durch Klaviersaiten erzeugt wurde. Er verwendet als erster hochfesten Stahl und eine hohe Vorspannung desselben, ohne sich darüber im Klaren zu sein, dass dies die entscheidende Voraussetzung dafür ist, dass die Vorspannung nicht durch Kriechen und Schwinden mit der Zeit vollständig abgebaut wird. Allerdings war in diesem Fall der Haftverbund der glatten Drahtoberflächen nicht ausreichend, um die Vorspannung zuverlässig auf den Beton übertragen zu können. Ein Verfahren zur Vorspannung ohne Verbund, bei dem der Bewehrungsstahl einen Überzug aus Paraffin oder eine Ummantelung mit Papp- bzw. Blechhülsen erhielt, ist von *Färber* 1927 zum Patent angemeldet worden. Die ersten Entwicklungen von extern geführten Spanngliedern, die gegen den erhärteten Beton angespannt wurden, stammen von *Dischinger*. Eine derartige Unterspannung wurde bei der Erstellung der Saalebrücke Alsleben (1928) eingesetzt und bis zum Bau der Brücke in Aue (1938) stetig weiterentwickelt.

Die Entwicklung des Spannbetons mit sofortigem und nachträglichem Verbund ist eng mit dem französischen Ingenieur *Freysinnet* verbunden. Er beschreibt in seiner Patentschrift aus dem Jahre 1928, dass *„...die den Bewehrungsstäben erteilte Vorspannung nicht durch entgegenwirkende Kräfte aufgehoben werden darf und der Eisenbetonkörper dauernd wirksamen Druckspannungen unterworfen bleibt, welche die im Körper durch Eigengewicht und Nutzlast entstehenden Zugspannungen ganz verschwinden lassen oder doch im wesentlichen ausgleichen".* *Freysinnet* erkennt die Bedeutung von Kriechen und Schwinden für den Spannbeton eindeutig und zieht daraus den Schluss, dass für die Spannglieder nur Spannstähle mit hoher Zugfestigkeit und großer Elastizitätsgrenze in Frage kommen. Seine Ideen münden in der Entwicklung verschiedener Spannverfahren, die beim Bau mehrerer äußerst schlanker Marnebrücken zum Einsatz kommen. Die erste deutsche Betonbrücke unter Verwendung vorgespannter Fertigteilbalken nach dem Verfahren *Freysinnet* wird von der Firma *Wayss und Freitag* im Jahre 1938 bei Oelde errichtet. 1940 erhält *Freysinnet* ein Patent für ein Vorspannkabel mit nachträglichem Verbund, bestehend aus einem Drahtbündel aus St 1600 mit Keilverankerung.

Der eigentliche Höhenflug des Spannbetonbaus setzt jedoch erst nach dem zweiten Weltkrieg mit der Entwicklung neuer Bauverfahren für den Brückenbau ein. Ausgangspunkt hierfür war die Erfindung neuer Spannverfahren und Verankerungen für die Vorspannung mit nachträglichem Verbund (z. B. BBRV-Litzenspannglied und Dywidag-Spannstab). Neuere Entwicklungen von Litzenbündeln (VSL) lassen heutzutage Vorspannkräfte mit mehr als 3 MN Zugkraft je Bündel zu.

1949 und 1950 bauen *Leonhardt* und *Baur* die ersten großen Durchlaufbrücken aus Beton unter Verwendung von Litzenspanngliedern in Deutschland. *Finsterwalder* entwickelt den Freivorbau, der erstmalig beim Bau der Lahnbrücke Balduinstein (1950) zum Einsatz kommt und bis zum heutigen Tage in der ganzen Welt eine Vielzahl von Anwendungen für weitgespannte Brükken findet. *Leonhardt* entwickelt für die Innbrücke Kufstein (1966 bis 1969) das Taktschiebeverfahren, das ohne den Einsatz von Spanngliedern nicht denkbar ist.

Von dem Schweizer Ingenieur *Menn* stammt die Idee, durch über Pylone geführte, voll vorgespannte Zugglieder aus Beton – sogenannte Zügelgurte – die Biegesteifigkeit von Betonbrücken zu erhöhen (Ganterbrücke 1976). Eine französisch-japanische Weiterentwicklung dieses Brückentyps sind die „extra-dosed bridges“, mit sehr kleiner Pylonhöhe (Blue Odawara Bridge, Japan 1992).

In jüngster Zeit erleben extern vorgespannte Betonbrücken national und international eine Renaissance. Die außerhalb des Betonquerschnitts geführten Spannglieder mit hoher Zugkraft bestehen aus einer Vielzahl einzelner Spanndrähte oder Spannlitzen, welche in einem mit Fett verpressten Kunststoffhüllrohr zusammengefasst sind. Die Querspannglieder der Fahrbahn derartiger Brücken bestehen oftmals aus Einzellitzen ohne Verbund (Monolitzen) mit werkseitig aufgebrachtem, fettversiegeltem Hüllrohr. Vorteil dieser Bauweise ist die Inspizierbarkeit und die Austauschbarkeit der Spannglieder.

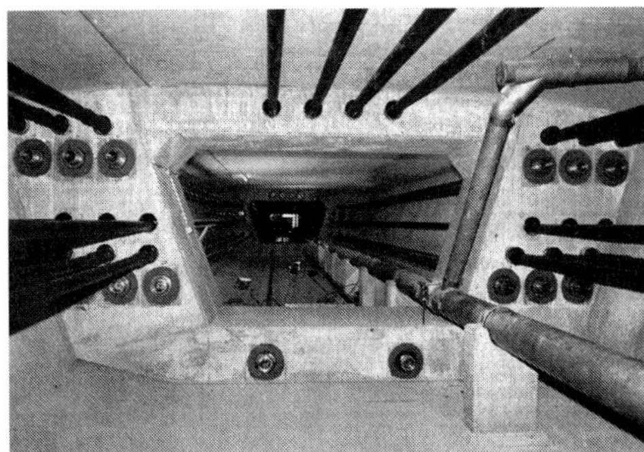

Abb. F.1.1 Externe Vorspannung

Insbesondere im Industriebau finden vorgespannte Betonfertigteile bei der Herstellung weitgespannter Hallen vielfache Anwendung. Der bevorzugte Querschnittstyp ist hier der Plattenbalken, der bei großer Biegedruckzone dennoch einen verhältnismäßig geringen Betonquerschnitt und damit geringere Eigenlasten aufweist.

Im Hochbau wird seit etwa 20 Jahren die Vorspannung ohne Verbund für die Herstellung schlanker Decken mit großer Stützweite eingesetzt. Das Hauptanwendungsgebiet sind Flachdecken aus Ortbeton, es können aber auch Elementdecken mit Ortbetonergänzung derart vorgespannt werden. Als Spannglieder werden werkseitig korrosionsgeschützte Einzellitzen (Monolitzen) verwendet, die jedoch auch gebündelt werden können. Die Vorfertigung großflächiger Bewehrungseinheiten einschließlich der Spannglieder und ihrer Verankerungen ermöglicht optimale Arbeitsabläufe und reduziert somit die Bauzeit. Mit Hilfe der Vorspannung können die Deckenstärken und die Durchbiegungen im Gebrauchszustand reduziert und der Widerstand gegen Durchstanzen verbessert werden.

1.5 Grundprinzip der Vorspannung

Grundgedanke der Vorspannung von Betontragwerken ist es, den aus äußeren Einwirkungen entstehenden Beanspruchungen einen definierten Eigenspannungszustand entgegenwirken zu lassen, wodurch die infolge der geringen Zugfestigkeit des Betons eintretende Rissbildung im Grenzzustand der Gebrauchstauglichkeit reduziert oder ganz vermieden werden kann. Zu diesem Zweck werden an jenen Stellen im Bauteil, an denen aus äußeren Einwirkungen Zugspannungen entstehen würden, a priori Druckspannungen erzeugt, so dass bei Überlagerung aller Spannungen keine oder nur geringe Zugspannungen im Beton auftreten. Aufgrund der im Vergleich zu reinen Stahlbetonbauteilen unter gleichem Lastniveau reduzierten Rissbildung und der daraus resultierenden erhöhten Steifigkeit sind schlankere Konstruktionen möglich. Ferner kann die hohe Druckfestigkeit des Betons in vielen Fällen besser ausgenutzt werden.

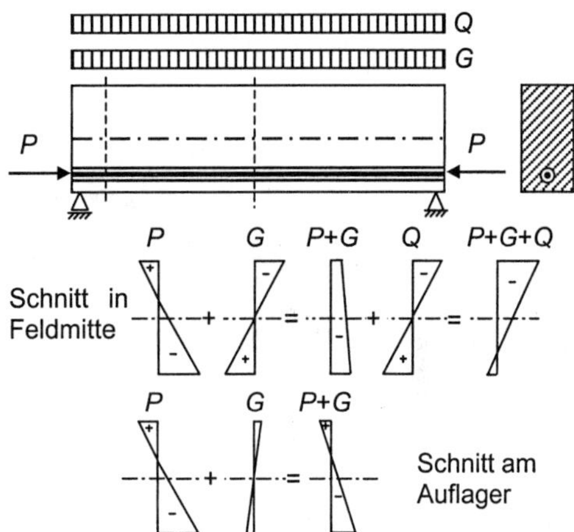

Abb. F.1.2 Grundgedanke der Vorspannung von Betontragwerken

In Bild F.1.2 wird das Grundprinzip der Vorspannung zunächst am Beispiel eines Einfeldträgers mit geradliniger exzentrischer Spanngliedführung erläutert. Man erkennt, dass infolge der konstanten Exzentrizität der Vorspannung über die Stablänge ein gleichmäßiger Spannungszustand aus Vorspannung entsteht. In Feldmitte bleibt der Querschnitt unter der Einwirkungskombination aus Eigenlasten *G* und Vorspannung *P* vollständig überdrückt. Durch die Größe der Vorspannkraft kann dann gezielt beeinflusst werden, ob unter einer zusätzlichen veränderlichen Einwirkung *Q* Zugspannungen an der Trägerunterseite auftreten. Nachteilig ist bei dieser Art der

Spanngliedführung, dass im Auflagerbereich der Vorspannwirkung nur geringe Biegemomente aus äußeren Lasten entgegenwirken und damit unter der ständigen Einwirkungskombination (*G*+*P*) Zugkräfte an der Trägeroberseite entstehen. Dem kann nur durch eine weniger exzentrisch angeordnete Spanngliedlage entgegengewirkt werden, was aber durch erhöhten Spannstahlquerschnitt die Wirtschaftlichkeit beeinträchtigt.

Grundsätzlich besteht die Möglichkeit, den Verlauf der Biegemomente aus Vorspannung durch die Wahl der Spanngliedführung zu beeinflussen. Wählt man etwa eine parabelförmige Spanngliedführung, so ergibt sich unter Annahme einer konstanten Vorspannkraft über die Spanngliedlänge ein konstanter Umlenkdruck u_p und damit ein parabelförmiges Biegemoment infolge Vorspannung. Durch geeignetes Einstellen der Vorspannkraft *P* können so z. B. die Biegemomente aus Eigenlasten gerade neutralisiert werden. Bei größerer Vorspannkraft *P* können weiterhin Anteile der Verkehrslast *Q* von der Vorspannwirkung aufgenommen werden, ohne dass Zugspannungen im Querschnitt entstehen.

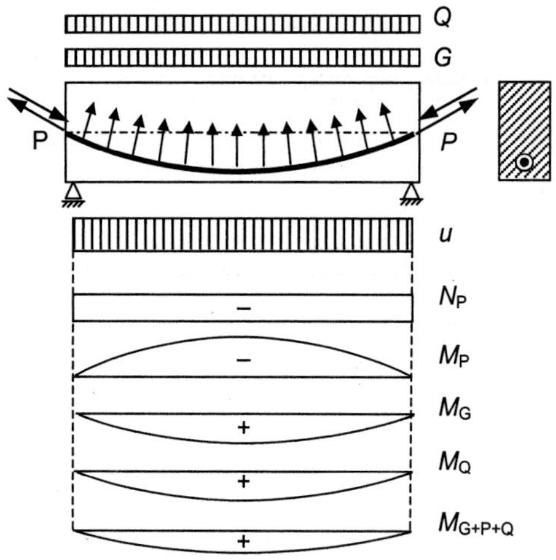

Abb. F.1.3 Vorspannwirkung bei gekrümmter Spanngliedführung

Die Vorspannwirkung entspricht einem inneren Eigenspannungszustand. Daher entstehen bei statisch bestimmt gelagerten Systemen keine Auflagerkräfte aus Vorspannung. Bei statisch unbestimmten Systemen können sich jedoch infolge der Verträglichkeitsbedingungen zusätzliche Schnittgrößen und Auflagerkräfte ergeben. Dies wird als statisch unbestimmte Wirkung der Vorspannung bezeichnet (vgl. Abschnitt F.3).

1.6 Zweckmäßigkeit der Anwendung von Spannbeton

Nachfolgend sollen die wesentlichen Vorteile der Spannbetonbauweise kurz zusammengefasst werden. Weitere Einzelheiten zu Zielen und Möglichkeiten des Spannbetons sind in [Kupfer/Hochreither – 93] ausführlich dargestellt.

Wie bereits erläutert, verfolgt die Vorspannung von Betonbauteilen das Ziel der Verminderung oder der Vermeidung der Rissbildung. Damit wird gleichzeitig eine Verbesserung der Gebrauchstauglichkeit (Erhöhung der Bauteilsteifigkeit; höhere Dichtigkeit gegenüber Flüssigkeiten und Gasen) und der Dauerhaftigkeit erreicht.

Während bei Stahlbetontragwerken die Ausnutzung sehr hoher Stahlspannungen wegen der damit einhergehenden großen Dehnungen und der daraus resultierenden Rissbreiten bzw. Tragwerksverformungen nicht möglich ist, wird im Spannbetonbau die große Festigkeit der Spannstähle über eine entsprechende Vordehnung gezielt eingesetzt. Die optimale Ausnutzung der Werkstoffeigenschaften hochfester Baustoffe (Beton, Spannstahl) führt zu einer deutlichen Verringerung der Querschnittsabmessungen sowie der Eigenlasten und ermöglicht größere Spannweiten und schlankere Tragkonstruktionen.

Für Stahlbetonbauteile des üblichen Hochbaus stellt die auftretende Rissbildung keine Beeinträchtigung dar, wenn die Kriterien zur Beschränkung der Rissbreite eingehalten werden. Soll das Bauteil jedoch besonderen Dichtigkeitsanforderungen genügen oder liegen besonders ungünstige Umweltbedingungen vor, so empfiehlt sich die Anwendung der Vorspannung. Die größten Vorteile ergeben sich bei Flüssigkeitsbehältern, weißen Wannen oder Parkdecks, bei denen durch das Vorspannen die durch äußere Lasten oder Zwang verursachten Zugspannungen vollständig überdrückt werden können. Gleichzeitig führt die Vorspannung zu einer Verringerung der Bauteilabmessungen, was sich wiederum günstig auf die Größe der Zwangbeanspruchung auswirkt.

Bei Tragwerken mit hoher Ermüdungsbeanspruchung (z. B. Eisenbahnbrücken) wird durch einen entsprechend hohen Vorspanngrad (vgl. Abschnitt F.1.8) das Verbleiben des Querschnitts im ungerissenen Zustand sichergestellt. Die damit verbundene hohe Dehnsteifigkeit der Zugzone bewirkt, dass die Spannungsschwankungen in der Bewehrung klein bleiben. Daher weisen Spannbetontragwerke oft eine hohe Ermüdungsfestigkeit auf.

Die Tragwerksverformungen von Stahlbetonbauteilen im Gebrauchszustand werden in hohem Maße durch die Rissbildung sowie den zeitabhängigen Verformungen infolge Kriechen und Schwinden beeinflusst. Die Vorspannung bewirkt durch die Vergrößerung der Biegesteifigkeit eine Verringerung der durch äußere Einwirkungen verursachten Verformungen. Vorgespannte Bauwerke weisen daher im Grenzzustand der Gebrauchstauglichkeit unter der ständigen Einwirkungskombination in aller Regel nur kleine, manchmal sogar negative Durchbiegungen auf.

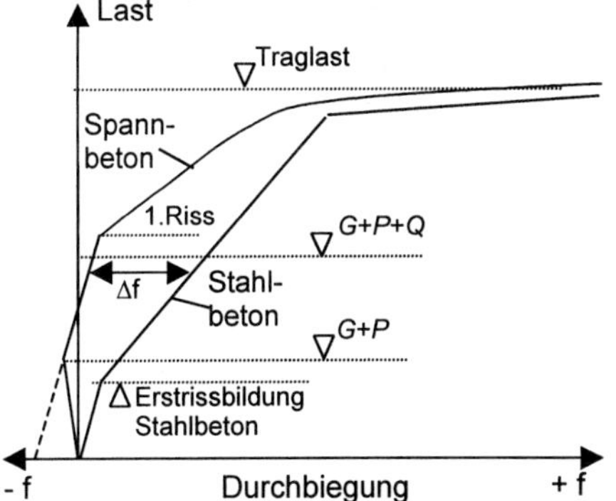

Abb. F.1.4 Last-Verformungs-Verhalten von Stahlbeton- und Spannbetonbauteilen

Bei statisch unbestimmt gelagerten Systemen aus Beton kann man das Tragverhalten sowohl durch den Steifigkeitsverlauf als auch durch die Vorspannung beeinflussen. Die von der Vorspannung verursachten Verformungen führen bei derartigen Tragwerken zu Auflagerreaktionen und damit zu entsprechenden Schnittgrößen. Durch geschickte Wahl der Spanngliedführung lässt sich diese statisch unbestimmte Wirkung der Vorspannung zielgerichtet zur Entlastung hochbeanspruchter Tragwerksteile (z. B. Stützbereich des Durchlaufträgers) einsetzen. Bemerkenswert ist in diesem Zusammenhang, dass diese Wirkung sich gänzlich von sonstigen Zwangbeanspruchungen unterscheidet. Da sie ursächlich durch die Spannkraft erzeugt wird, welche nur in geringem Maß durch Kriechen und Schwinden beeinflusst wird, bauen sich die Schnittgrößen aus der statisch unbestimmten Wirkung der Vorspannung mit der Zeit nur in beschränkter Form (10 bis 20 %) ab. Demgegenüber reduzieren sich die dauernd wirkenden Zwangbeanspruchungen (z. B. aus plötzlicher Stützensenkung) mit der Zeit um bis zu 90 % [Mehlhorn et al. – 98].

1.7 Arten der Vorspannung

1.7.1 Unterscheidungsmerkmale

In der Praxis haben sich überwiegend Verfahren zum Aufbringen der Vorspannung als wirtschaftlich erwiesen, die hochfeste Zugglieder aus Spannstahl verwenden. Sonstige Verfahren zur Erzeugung einer Vorspannwirkung, wie z. B.:

- Vorspannen gegen Widerlager
- Vorspannen durch Vorbelastung
- Vorspannen durch Spreizen von Zuggliedern oder Tragwerksteilen

haben nur eine geringe Bedeutung und werden daher hier nicht näher behandelt. Für weitere Einzelheiten sei auf [Kupfer/Hochreither – 93] verwiesen.

Die verschiedenen Arten der Vorspannung mit Spanngliedern aus hochfestem Spannstahl können grundsätzlich nach den folgenden Merkmalen unterschieden werden:

- Verbund zwischen Spannstahl und Beton *(Vorspannung mit/ohne Verbund)*
- Führung der Spannglieder innerhalb oder außerhalb des Betonquerschnitts *(interne/externe Vorspannung)*
- Zeitpunkt der Herstellung eines wirksamen Verbundes *(Vorspannung mit sofortigem/ nachträglichem Verbund)*
- Zeitpunkt des Spannens *(Spannen im Spannbett oder gegen den erhärteten Beton)*

Tafel F.1.2 zeigt die in der Praxis üblichen Kombinationsmöglichkeiten bezüglich der genannten Unterscheidungsmerkmale grau hinterlegt.

Tafel F.1.2 Kombinationsmöglichkeiten unterschiedlicher Merkmale

Arten der Vorspannung	Vorspannung mit Verbund		Vorspannung ohne Verbund
	sofortiger Verbund	nachträgl. Verbund	
Spannen im Spannbett	(grau)		
Spannen gegen erhärteten Beton		(grau)	(grau)
Interne Vorspannung	(grau)	(grau)	(grau)
Externe Vorspannung			(grau)

F

1.7.2 Vorspannung mit sofortigem Verbund (Spannbettvorspannung)

Zur Herstellung von Spannbetonfertigteilen in ortsfesten Fertigungseinrichtungen werden profilierte Spanndrähte oder Litzen im Spannbett zwischen festen Widerlagern angespannt und anschließend einbetoniert. Nach Erhärten des Betons wird die Verankerung gelöst, und die Vorspannkraft durch Verbund auf den Betonquerschnitt übertragen. Daher muss durch eine entsprechende Oberflächenbeschaffenheit des Spannglieds eine hohe Verbundfestigkeit gewährleistet werden, um die erforderliche Strecke für die Kraftübertragung möglichst gering zu halten. Bei derzeit üblichen Spanndrähten und Spanndrahtlitzen ist hierfür eine Übertragungslänge von etwa dem 60- bis 100fachen des Nenndurchmessers der Litze oder des Drahtes erforderlich. Da bei der Übertragung der Vorspannkraft auf den Beton bereits ein wirksamer Verbund besteht, wird diese Art der Vorspannung als „Vorspannung mit sofortigem Verbund" bezeichnet.

Aufgrund der hohen Kosten für Schalung und Widerlager werden in der Regel mehrere Einzelbauteile identischen Querschnitts gleichzeitig im Spannbett hergestellt. So können sehr lange Abschnitte betoniert werden, die dann nachträglich auf die gewünschte Länge zugeschnitten werden. Die Spannglieder werden bei Spannbettvorspannung üblicherweise geradlinig geführt. In Sonderfällen ist jedoch auch eine polygonartige Spanngliedführung mit Hilfe von Umlenkvorrichtungen möglich.

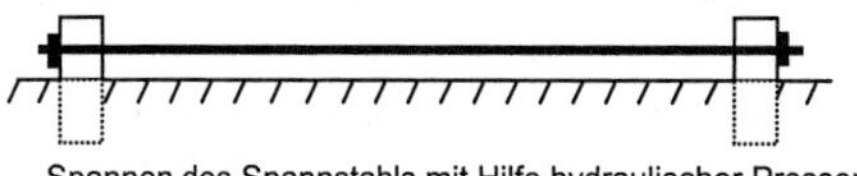

Spannen des Spannstahls mit Hilfe hydraulischer Pressen

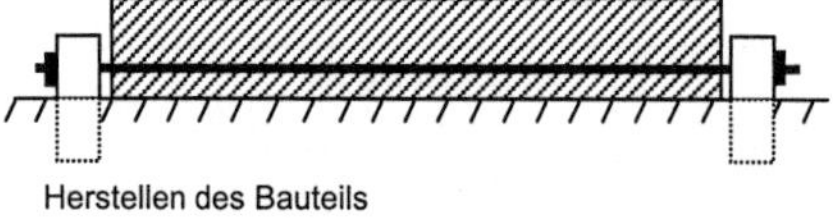

Herstellen des Bauteils

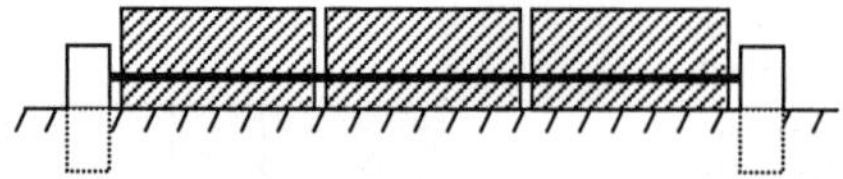

Lösen der Verankerung und ggf. Zuschneiden auf die gewünschte Länge

Abb. F.1.5 Prinzip der Spannbettvorspannung

Bei Vorspannung mit sofortigem Verbund verbleibt aufgrund des kleinen Verhältnisses Spannstahlquerschnitt/Betonquerschnitt der größte Teil der aufgebrachten Vorspannkraft im Spannglied erhalten. Lediglich ein kleiner Teil geht infolge der elastischen Verkürzung des Betons beim Ablassen der Spannbettvorspannung sowie aufgrund des nicht perfekten Verbundes verloren.

1.7.3 Vorspannung mit nachträglichem Verbund

Bei Spannbetonbauteilen mit nachträglichem Verbund werden in ungespanntem Zustand in Hüllrohren verlegte Spannglieder gegen den erhärteten Beton vorgespannt und anschließend an der Spannstelle verankert. Nach dem Ablassen der Spannpresse werden die Hüllrohre zur Erzeugung der Verbundwirkung und zum Korrosionsschutz des Spannstahls mit Zementmörtel verpresst. Während des Verpressvorgangs ist besondere Sorgfalt erforderlich, um die Bildung von Hohlräumen auszuschließen. Darüber hinaus sind an die Hüllrohre hohe Anforderungen hinsichtlich Dichtigkeit und Verformbarkeit zu stellen. Die Verbundwirkung ermöglicht die Ausnutzung der Streckgrenze des Spannstahls im Grenzzustand der Tragfähigkeit.

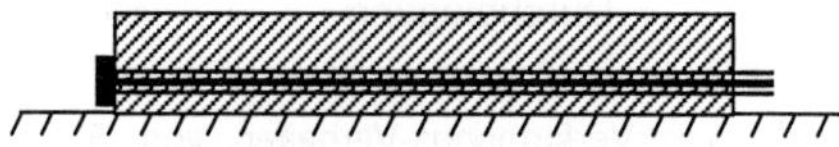

Herstellen des Bauteils (Spannglied nicht gespannt)

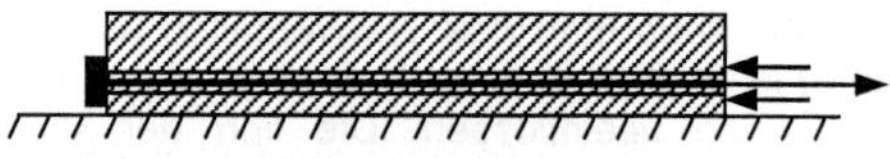

Spannen gegen den erhärteten Beton

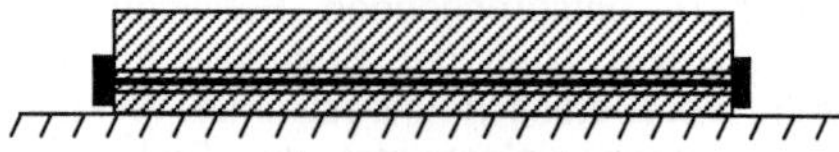

Verankerung am Spannanker und Verpressen der Hüllrohre

Abb. F.1.6 Prinzip der Vorspannung mit nachträglichem Verbund

Für die Vorspannung mit nachträglichem Verbund kommen Einzelstäbe großen Durchmessers (15 bis 36 mm), Litzenbündel oder Bündelspannglieder zur Anwendung. Im Gegensatz zur Vorspannung mit sofortigem Verbund können die Spannglieder unter Beachtung von Mindestkrümmungsradien nahezu beliebig im Bauteil geführt werden. Des Weiteren kann das Ende eines Spannglieds an beliebiger Stelle innerhalb des Tragwerks liegen, nur das Spannende muss für den Spannvorgang frei zugänglich sein. Damit ist es möglich, die Vorspannwirkung in jedem Querschnitt gezielt zu optimieren.

1.7.4 Interne Vorspannung ohne Verbund

Wesentliches Kennzeichen der internen Vorspannung ohne Verbund ist, dass der Korrosionsschutz des Spannstahls durch eine Korrosionsschutzmasse und eine Kunststoffumhüllung erfolgt. Damit ist der Spannstahl bereits ab Werk gegen Korrosion geschützt. Nach dem Einbetonieren werden die Spannglieder angespannt und an ihren Enden verankert. Damit ist jederzeit eine Kontrolle der Vorspannkraft, ein Nachspannen und gegebenenfalls ein Austausch der Spannglieder möglich. Die Spanngliedführung kann wie bei Vorspannung mit nachträglichem Verbund nahezu beliebig gewählt werden.

Bei Vorspannung ohne Verbund treten systembedingt nur geringe und zielsicher abschätzbare Reibungsverluste über die Spanngliedlänge auf. Infolge des fehlenden Verbundes kann jedoch im Grenzzustand der Tragfähigkeit die Streckgrenze des Spannstahls in aller Regel nicht ausgenutzt werden, da sich die bei Rissbildung auftretenden örtlichen Zusatzdehnungen stets über die gesamte Spanngliedlänge verteilen. Ferner fällt bei Versagen der Endverankerung oder eines Spannstahlquerschnitts die Vorspannwirkung auf die gesamte Länge des Spannglieds aus.

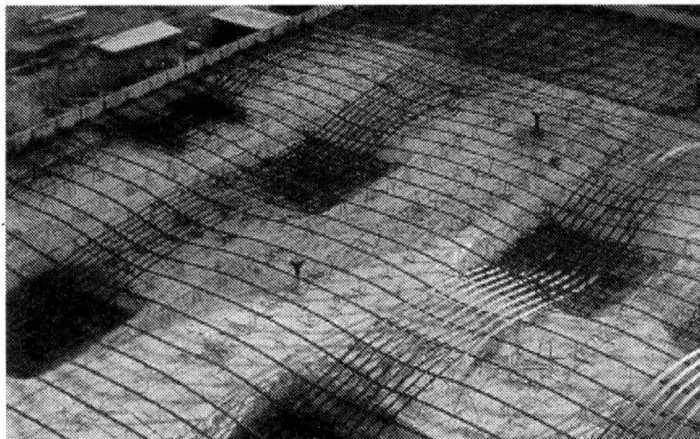

Abb. F.1.7 Vorgespannte Gründungsplatte im Bau

Die Anwendungsgebiete der Vorspannung ohne Verbund sind sehr vielfältig. Diese Vorspannart wird im Hochbau oft in Flachdecken, Gründungsplatten, Rahmen und hochbeanspruchten Abfangeträgern bzw. -platten eingesetzt. Aber auch im Behälterbau findet die Vorspannung ohne Verbund häufig Anwendung. Im Brückenbau wird Vorspannung ohne Verbund für die Quervorspannung von Fahrbahnplatten eingesetzt.

In vielen Fällen kann also die Vorspannung ohne Verbund vorteilhaft angewandt werden. Für weitere Gesichtspunkte zur Bemessung und Ausführung von Bauteilen mit Vorspannung ohne Verbund sei auf [Eibl et al. – 95] verwiesen.

1.7.5 Externe Vorspannung

Werden die Spannglieder außerhalb des Betonquerschnitts geführt und mit diesem nur an den Verankerungs- und Umlenkstellen verbunden, so spricht man von externer Vorspannung. Die Vorspannwirkung wird dabei im Wesentlichen durch die an den Anker- und Umlenkstellen eingetragenen Kräfte erzeugt. [E DIN 1045-1 – 00] behandelt jedoch nur externe Spannglieder, die innerhalb der Umhüllenden des Betonbauteils geführt werden. Dies stellt u. a. eine Abgrenzung zu den Schrägkabelbrücken dar, bei denen die Vorspannung über die vom Pylon abgespannten Kabel in den Überbau eingeleitet werden.

Für das Erzielen hoher Vorspannkräfte werden mehrere Litzen oder eine Vielzahl von Drähten zu Bündelspanngliedern in einem Kunststoffhüllrohr großen Durchmessers zusammengefasst. Das Verpressen mit Korrosionschutzmasse kann werkseitig oder vor Ort erfolgen. Im Ausland ist es auch üblich, mehrere Einzellitzen mit werkseitig aufgeschrumpftem Korrosionsschutzmantel ohne zusätzliches Hüllrohr als externes Bündelspannglied im Inneren von Hohlkästen zu verwenden.

Grundsätzlich gelten bei externer Vorspannung ähnliche Vor- und Nachteile wie bei Vorspannung ohne Verbund. Ergänzend ist festzustellen, dass der Betonquerschnitt frei von Spanngliedern ist, was ein ordnungsgemäßes Betonieren wesentlich vereinfacht. Darüber hinaus können auch die Querschnittsabmessungen unter Umständen verringert werden. Die großen Vorspannkräfte bedingen jedoch eine äußerst sorgfältige Bemessung und Konstruktion der örtlichen Lasteinleitungspunkte.

Abb. F.1.8 Extern vorgespannte Brücke

Besonderheiten, die bei Bemessung und Konstruktion von extern vorgespannten Brücken zu beachten sind, enthält [BMV-Richtlinie – 98], welche zur Zeit auf das Konzept der Eurocodes umgestellt wird.

F

1.8 Grad der Vorspannung

Nach [DIN 4227 – 88] wurde bisher zwischen den Vorspanngraden

- volle Vorspannung
- beschränkte Vorspannung
- teilweise Vorspannung

unterschieden. *Volle* und *beschränkte* Vorspannung sind durch festgelegte Grenzen der Betonzugspannungen (keine bzw. Bruchteile der Betonzugfestigkeit) eindeutig definiert. Im Vergleich dazu geringere Vorspanngrade werden als *teilweise* Vorspannung bezeichnet.

Mit der Einführung von [E DIN 1045-1 – 00] wird diese Art der Differenzierung fallengelassen. Da die Einwirkungen (Last, Zwang, Vorspannung) in Wirklichkeit streuen und Eigenspannungen i. d. R. unberücksichtigt bleiben, ist der Nachweis von Betonzugspannungen wenig sinnvoll. Nach [DAfStb-H320 – 89] wird der Nachweis rechnerischer Betonzugspannungen lediglich als ein Mittel zur Einschränkung der Auftretenswahrscheinlichkeit von Rissen und als Dimensionierungshilfe angesehen. Heute geht man davon aus, dass die Qualität von Spannbetonbauteilen im Sinne erhöhter Dauerhaftigkeit weniger durch Überdrükken aller theoretisch möglichen Zugspannungen als vielmehr durch eine das Rissbild günstig beeinflussende Bewehrung verbessert werden kann.

In [E DIN 1045-1 – 00] werden zur Sicherstellung der Dauerhaftigkeit von Stahlbeton- und Spannbetonbauteilen in Abhängigkeit der Umweltbedingungen sogenannte Mindestanforderungsklassen definiert. Je nach Anforderungsklasse (A-F) muß der Nachweis der Dekompression (A-C) und/oder der Rissbreite (A-F) unter verschiedenen Einwirkungskombinationen geführt werden. Die Einhaltung des Grenzzustandes der Dekompression bedeutet, dass der Betonquerschnitt unter der maßgebenden Einwirkungskombination im Bauzustand am Rand der vorgedrückten Zugzone, im Endzustand vollständig unter Druckspannungen steht. Hierdurch wird i. d. R. der Grad der Vorspannung bestimmt, wobei der Nachweis der Rissbreitenbeschränkung meist auch durch Betonstahlbewehrung allein erfüllt werden kann. In manchen Fällen können auch die Verformungsbegrenzungen die Höhe des Vorspanngrades bestimmen.

Für eine quantitative Festlegung des Vorspanngrades κ eignet sich in vielen Fällen die in [Hochreither – 82] vorgeschlagene Definition:

$$\kappa = \frac{|\sigma_{c1,P}|}{\sigma_{c1,(G+Q)}} \quad \text{(F.1.1)}$$

Hierin sind:

$\sigma_{c1,P}$ Betonspannung aus statisch bestimmter und unbestimmter Wirkung der Vorspannung am Querschnittsrand der vorgedrückten Zugzone im Zustand I (unter Berücksichtigung des Einflusses aus Kriechen, Schwinden und Relaxation)

$\sigma_{c1,(G+Q)}$ Betonspannung aus der als maßgebend betrachteten Einwirkungskombination am Querschnittsrand der vorgedrückten Zugzone im Zustand I

Nach dieser Definition ergibt sich im Falle der *vollen* Vorspannung nach [DIN 4227 – 88] für κ der Wert 1,0 und für reine Stahlbetonbauteile beträgt $\kappa = 0$. Nach [E DIN 1045-1 – 00] wird jedoch die maßgebende Einwirkungskombination über die Anforderungsklasse bestimmt, so dass sich der Vorspanngrad diesbezüglich immer zu 1,0 ergibt. Daher wurde von [Graubner/Six – 98] der sogenannte „zentrische Vorspanngrad“ eingeführt, mit dessen Hilfe die zur Einhaltung der Dekompression erforderliche Vorspannung bestimmt werden kann:

$$\begin{aligned} \kappa &= \frac{|\sigma_{c1,P}^{cen} + \sigma_{c1,P}^{ecc}|}{\sigma_{c1,maßg.}} = \kappa_{cen} + \kappa_{ecc} = 1 \\ \kappa_{cen} &= \frac{|\sigma_{c1,P}^{cen}|}{\sigma_{c1,maßg.}} = \frac{|N_{cp,\infty} / A_c|}{\sigma_{c1,maßg.}} = 1 - \kappa_{ecc} \end{aligned} \quad \text{(F.1.2)}$$

Der zentrische Vorspanngrad legt bei auf Biegung beanspruchten Bauteilen die Größe des zentrischen Anteils (Normalkraft infolge Vorspannung) an der gesamten Vorspannwirkung fest. Der zentrische Vorspanngrad ist direkt proportional zur erforderlichen Vorspannkraft (vgl. Abschnitt 4).

Die Anforderungen an die Gebrauchstauglichkeit sind für eine zweckmäßige Wahl des Vorspanngrades bestimmend (vgl. Abschnitt F.4). Selbst bei sehr hohen Vorspanngraden ist stets eine Mindestbewehrung aus Betonstahl zur Aufnahme von rechnerisch nicht berücksichtigtem Zwang sowie zur Gewährleistung eines duktilen Tragverhaltens (Versagensvorankündigung) erforderlich (vgl. Abschnitt F.5, F.6). Daher ist es i. d. R. wirtschaftlicher und auch für das Gesamtverhalten des Bauwerks technisch günstiger, einen möglichst kleinen Vorspanngrad zu wählen.

2 Vorspanntechnologie

2.1 Spannstahl

Im Betonbau wird nur Stahl sehr hoher Festigkeit zum Vorspannen verwendet. Die hohe Festigkeit ist erforderlich, damit die Spannkraftverluste infolge Kriechen und Schwinden des Betons die Vorspannkraft nicht aufzehren. Daher kommen lediglich Stahlsorten mit einer Zugfestigkeit von 900 bis 2200 N/mm² in Frage.

Die gegenüber Betonstahl höhere Stahlqualität kann durch Anpassung der chemischen Zusammensetzung des Stahls (z. B. Erhöhung des Kohlenstoffgehalts) und/oder Verbesserung der Gefügestruktur durch Wärmebehandlung bzw. Kaltverformung erreicht werden. Hinsichtlich der Baustoffkennwerte der einzelnen Stahlsorten bleiben in Deutschland zunächst die bauaufsichtlichen Zulassungsbescheide maßgebend. Eine europäische Norm EN 10 138 für Spannstähle befindet sich derzeit in Bearbeitung.

Die Materialeigenschaften von Spannstählen werden durch folgende Kenngrößen charakterisiert (vgl. Abb. F.2.1):

f_{pk} charakteristische Zugfestigkeit

$f_{p0,1k}$ charakteristische Stahlspannung bei 0,1% bleibender Dehnung

$f_{p0,2k}$ charakteristische Stahlspannung bei 0,2 % bleibender Dehnung

ε_{uk} Dehnung bei Höchstlast (Gleichmaßdehnung)

ε_{10} Bruchdehnung über eine Meßlänge des 10 fachen Durchmessers

Da bei Spannstählen vielfach keine ausgeprägte Streckgrenze erkennbar ist, wird diese in Deutschland bislang bei einer Stahlspannung, die einer bleibenden Dehnung von 0,2 % entspricht, definiert. Zur Kennzeichnung der Spannstahlsorten werden daher dieser Wert für die Streckgrenze sowie die Zugfestigkeit angegeben ($f_{p0,2k}$ / f_{pk}). Für die Bemessung legen sowohl [ENV 1992-1-1 – 92] als auch [E DIN 1045-1 – 00] die Größe $f_{p0,1k}$ als charakteristischen Wert der Streckgrenze zugrunde. Bei einem kaltverformten Spannstahl St 1570/1770 beträgt $f_{p0,1k} \approx 1500$ N/mm², bei gereckten und angelassenen Spannstählen der Festigkeitsklassen St 835/1030 und St 1080/1230 besteht kein nennenswerter Unterschied zwischen den Größen $f_{p0,1k}$ und $f_{p0,2k}$.

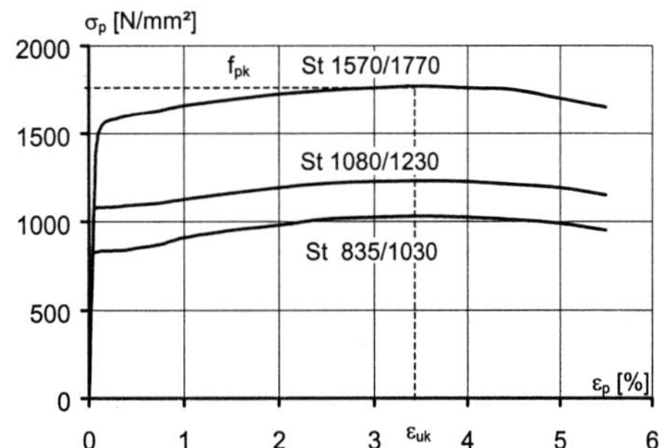

Abb. F.2.1 Spannungs -Dehnungs -Diagramme ausgewählter Spannstahlsorten

Für die Vorspannung von Bauteilen ist Spannstahl in verschiedenen Querschnittsformen verfügbar (vgl. Abb. F.2.2 bis F.2.4):

- Glatte oder profilierte Spanndrähte mit einem Durchmesser von 4 mm bis 10 mm. Die Drähte sind meist kaltgezogen und in Stahlgüten St 1470/1670 oder St 1570/1770 verfügbar. Bei dem in Deutschland zugelassenen Spannverfahren BBRV-SUSPA werden zwischen 6 und 66 derartiger Drähte zu einem Bündelspannglied hoher Zugkraft zusammengefasst.
- Litzen bestehen im Regelfall aus 7 gleichsinnig verseilten Drähten mit glatter Oberfläche, deren Durchmesser 4,25 mm, 5,0 mm oder 5,2 mm beträgt. Damit ergeben sich Litzendurchmesser bzw. Litzenquerschnitte von 12,9 mm (1,0 cm²), 15,3 mm (1,4 cm²) sowie 15,7 mm (1,5 cm²). Die in Deutschland zugelassenen Spannverfahren verwenden regelmäßig die Festigkeitsklasse St 1570/1770.
- Stabstahl mit glatter oder gerippter Oberfläche und einem Durchmesser von 15 mm bis 36 mm. Gerippte Stähle haben bessere Verbundeigenschaften und besitzen den Vorteil, dass sie an jeder beliebigen Stelle abgeschnitten, gestoßen und verankert werden können. Warmgewalzte und behandelte Stabstähle werden derzeit in den Stahlgüten St 835/1030, St 900/1100 sowie auch St 1080/1230 im Rahmen bauaufsichtlich zugelassener Spannverfahren (vgl. Abschnitt 2.2) verwendet.

Der Elastizitätsmodul von Litzen beträgt im Allgemeinen 195 000 N/mm² und der von Drahtbündeln oder Stäben 205 000 N/mm².

F

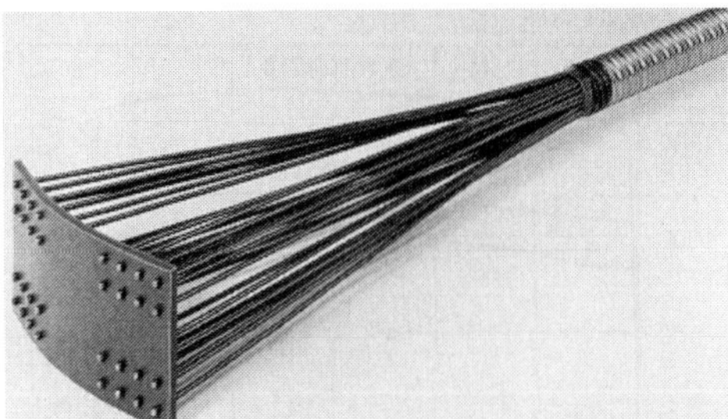

Abb. F.2.2 Bündelspannglied aus Spanndrähten

Abb. F.2.3 7- drähtige Spannlitze

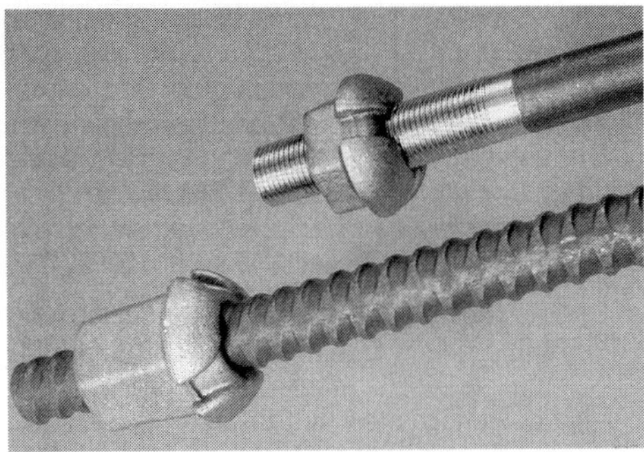

Abb. F.2.4 Glatte und gerippte Spannstäbe

2.2 Spannverfahren

2.2.1 Allgemeines

Spannverfahren sind bauaufsichtlich zugelassene Verfahren bestimmter Hersteller zur Vorspannung von Betontragwerken unter Verwendung bauaufsichtlich zugelassener Bauprodukte (Spannstahl, Hüllrohr, Verankerung). Für jedes Spannverfahren sind daher die Produkteigenschaften und die Produktzusammensetzung im Detail geregelt. Weitere Regelungen betreffen die Herstellung (z. B. die Korrosionsschutzsysteme bei Vorspannung ohne Verbund) sowie den Transport und den Einbau der Spannglieder. Für Entwurf und Bemessung wesentliche Kenngrößen des Verfahrens sind ebenfalls in der allgemeinen bauaufsichtlichen Zulassung enthalten.

Insbesondere enthalten die Zulassungen Angaben über die folgenden Punkte:

- die im Spannverfahren verwendete Stahlsorte und zugehörige Materialeigenschaften
- Anzahl und Querschnittsform der verwendeten Drähte oder Litzen je Spannglied und zugehöriger Hüllrohrquerschnitt
- Art, Form und Abmessungen der Verankerungskörper in Abhängigkeit der Vorspannkraft und der Druckfestigkeit des Betons
- Art, Form und Abmessungen der Einbauteile zur Kopplung von Spanngliedern
- zulässige Mindestabstände der Ankerkörper untereinander und zum Bauteilrand
- zusätzlich erforderliche Betonstahlbewehrung im Verankerungsbereich
- die zulässige Vorspannkraft beim Anspannen zum Zeitpunkt $t = 0$
- erforderliche Mindestfestigkeiten des Betons zum Zeitpunkt des Vorspannens
- den auftretenden Schlupf in der Verankerung
- Reibungsbeiwert und ungewollten Umlenkwinkel der Spannglieder zur Ermittlung von Spannkraftverlusten
- den zulässigen Krümmungshalbmesser des Spannglieds im Bauwerk
- die erforderliche Ermüdungsfestigkeit von Verankerungen und Kopplungen.

In den Tafeln F.2.1 bis F.2.4 sind die wesentlichsten Merkmale in Deutschland verwendeter und zugelassener Spannverfahren (Stand 1999) zusammengestellt.

Abb. F.2.5 Hüllrohre

Tafel F.2.1 Spannverfahren für Vorspannung mit nachträglichem Verbund

Spannverfahren	Spannstahl				Vorspannkraft	
	$f_{p0,1k}$ / f_{pk} N/mm²	ϕ mm	Anzahl n -	ΣA_p cm²	P_{m0} [1] kN	$P_{d,ULS}$ [2] kN
BBRV-SUSPA Bündelspannglied	1400 / 1670	7,0	6÷42	2,31÷16,2	275÷1924	302÷2113
bbv Litzenspannglied	1500 / 1770	15,3	1÷22	1,4÷30,8	178,5÷3927	194÷4266
		15,7		1,5÷33,0	191,3÷4207	208÷4571
DSI Litzenspannglied	1500 / 1770	15,3	1÷27	1,4÷37,8	178,5÷4820	194÷5236
		15,7		1,5÷40,5	191,3÷5164	208÷5610
DSI Einzelspannglied Glatter Stab	835 / 1030	26/32/36	–	5,31/8,04/10,18	377/571/723	428/648/820
	1080 / 1230				488/738/935	511/774/979
DSI Einzelspannglied Gewindestab	835 / 1030	26,5/32/36	–	5,51/8,04/10,18	392/571/723	444/648/820
	1080 / 1230				506/738/935	530/774/979
	900 / 1100	15	–	1,77	135,4	152,4
HOCHTIEF Litzenspannglied	1500 / 1770	15,3	1÷19	1,4÷26,6	178,5÷3392	194÷3684
		15,7		1,5÷28,5	191,3÷3633	208÷3948
HOLZMANN Litzenspannglied	1500 / 1770	15,3	2÷19	2,8÷26,6	357÷3392	388÷3684
SUSPA Litzenspannglied	1500 / 1770	15,3	1÷22	1,4÷30,8	178,5÷3927	194÷4266
		15,7		1,5÷33,0	191,3÷4207	208÷4571
VSL Litzenspannglied	1500 / 1770	15,3	1÷22	1,4÷30,8	178,5÷3927	194÷4266
VT 140/150 Litzenspannglied	1500 / 1770	15,3	1÷19	1,4÷26,6	178,5÷3392	194÷3684
		15,7		1,5÷28,5	191,3÷3633	208÷3948

[1] Maximale Vorspannkraft nach dem Absetzen der Presse zum Zeitpunkt t = 0: $P_{m0} = 0{,}85 \cdot f_{p0,1k} \cdot A_p$.

[2] Zugkraft im Spannglied im Grenzzustand der Tragfähigkeit: $P_{d,ULS} = 0{,}9 \cdot f_{pk} \cdot A_p / 1{,}15$.

Tafel F.2.2 Weitere Kenngrößen der Spannverfahren mit nachträglichem Verbund

Spannverfahren	Spannstahl	Kenngrößen				Verankerungsart[5]	
	$f_{p0,1k}$ / f_{pk} N/mm²	μ -	k °/m	Schlupf [3] mm	R_{min} [4] m	Spannanker	Festanker
BBRV-SUSPA Bündelspannglied	1400 / 1670	0,15	0,3	1,0	2,4	Ankerplatte mit Nietköpfen	
bbv Litzenspannglied	1500 / 1770	0,15 (n=1) 0,19÷0,22	0,5 (n=1) 0,3 (n>3)	4,0	4,8	AP + Keil MFA	AP + Keil Öse
DSI Litzenspannglied	1500 / 1770	0,15 (n=1) 0,19÷0,22	0,5 (n=1) 0,3 (n>3)	4,0	4,8÷8,6	AP + Keil MFA	Keil/MFA Zwirbel
DSI Einzelspannglied Glatter Stab	835 / 1030	0,25	0,3	0,5÷1,0	8,8÷21,9	Ankerplatte oder Ankerglocke mit Gewindemutter	
DSI Einzelspannglied Gewindestab	835 / 1030	0,5	0,3	1,0÷1,5			
	1080 / 1230						
	900 / 1100	0,44	0,5	1,0	8,1		
HOCHTIEF Litzenspannglied	1500 / 1770	0,15 (n=1) 0,21÷0,22	0,5 (n=1) 0,3 (n>3)	4,0	4,8	AP + Keil	AP + Keil Fächer
HOLZMANN Litzenspannglied	1500 / 1770	0,19÷0,24	0,3	4,0 5,0 (n>11)	4,8	AP + Keil	AP + Keil Fächer
SUSPA Litzenspannglied	1500 / 1770	0,15 (n=1) 0,17÷0,21	0,5 (n=1) 0,3 (n>3)	0÷6,0	4,8	AP + Keil o. Presshülse	AP + Keil o. Presshülse Fächer
VSL Litzenspannglied	1500 / 1770	0,15 (n=1) 0,17÷0,21	0,5 (n=1) 0,3 (n>3)	0÷6,0	4,8	AP + Keil o. Presshülse	AP + Keil o. Presshülse Fächer
VT 140/150 Litzenspannglied	1500 / 1770	0,2	0,3	6,0	4,8	AP + Keil Mehrflächenanker	

[3] Nach Zulassung ohne Einpressen der Keile. [4] Nach Zulassung. [5] AP: Ankerplatte ; MFA: Mehrflächenverankerung.

Tafel F.2.3 Spannverfahren für Vorspannung ohne Verbund

Spannverfahren	Spannstahl				Vorspannkraft
	$f_{p0,1k}$ / f_{pk} N/mm²	ϕ mm	Anzahl [2] n -	ΣA_p cm²	P_0 [1] kN
bbv Einzellitze o. Verbund	1500 / 1770	15,3	1	1,4	178,5
		15,7		1,5	191,3
DSI Litzenspannglied o. Verbund	1500 / 1770	15,3	1/2/4	1,4/2,8/5,6	178,5/357/714
		15,7		1,5/3,0/6,0	191,3/383/765
DSI Stabspannglied o. Verbund	835 / 1030	26/32/36	1	5,31/8,04/10,18	377/571/723
	1080 / 1230				488/738/935
HOCHTIEF Litzenspannglied	1500 / 1770	15,3	1÷4	1,4÷5,6	178,5÷714
		15,7		1,5÷6,0	191,3÷765
HOLZMANN Litzenspannglied	1500 / 1770	15,3	1÷4	1,4÷5,6	178,5÷714
SUSPA Litzenspannglied	1500 / 1770	15,3	1÷5	1,4÷7,0	178,5÷892,5
		15,7		1,5÷7,5	191,3÷956,5
VSL Monolitze	1500 / 1770	15,3	1÷4	1,4÷5,6	178,5÷714
VT Litzenspannglied	1500 / 1770	15,7	1÷4	1,5÷6,0	191,3÷765

[1] Maximale Vorspannkraft nach dem Absetzen der Presse zum Zeitpunkt t = 0: $P_{m0} = 0{,}85 \cdot f_{p0,1k} \cdot A_p$.
[2] Maximale Anzahl gemeinsam verankerter Einzellitzen.

Tafel F.2.4 Spannverfahren für externe Vorspannung

Spannverfahren	Spannstahl				Vorspannkraft
	$f_{p0,1k}$ / f_{pk} N/mm²	ϕ mm	Anzahl [2] n -	ΣA_p cm²	P_0 [1] kN
bbv Litzenbündel	1500 / 1770	15,3 15,7	9÷19	12,6÷26,6 13,5÷28,5	1607÷3392 1721÷3634
DSI Litzenbündel	1500 / 1770	15,3	6÷19	8,4÷26,6	1071÷3392
HOCHTIEF Litzenbündel	1500 / 1770	15,3	5÷19	7,0÷26,6	892,5÷3392
HOLZMANN Litzenbündel	1500 / 1770	15,3	12 / 19	16,8 / 26,6	2142 / 3392
SUSPA Draht EX Bündelspannglied	1400 / 1670	7	6÷66	11,6÷25,4	1375÷3022
VT CMM D Litzenbündel	1500 / 1770	15,7	1÷16	1,5÷24	191,3÷3060

[1] Maximale Vorspannkraft nach dem Absetzen der Presse zum Zeitpunkt t = 0: $P_{m0} = 0{,}85 \cdot f_{p0,1k} \cdot A_p$.
[2] Gemeinsam verankerte Einzellitzen.

Bei interner Vorspannung ohne Verbund kann aufgrund der hohen Gleitfähigkeit der Korrosionsschutzmasse von einem einheitlichen Reibungsbeiwert von $\mu = 0{,}06$ für alle Spannverfahren ausgegangen werden. Für den ungewollten Umlenkwinkel ist stets $k = 0{,}5°$/m anzusetzen. Der zulässige Krümmungsradius im eingebauten Zustand beträgt je nach Spannverfahren 2,5 bzw. 2,6 m. Die Verankerung von Spanngliedern ohne Verbund erfolgt stets mit Ankerplatten. Dabei können auch mehrere Spannglieder gleichzeitig verankert oder gekoppelt werden.

Im Falle externer Vorspannung genügt ebenfalls der Ansatz eines einheitlichen Reibungsbeiwertes von $\mu = 0{,}06$ an den Umlenkstellen. Auf die Berücksichtigung eines ungewollten Umlenkwinkels zwischen den Umlenkpunkten kann bei externer Vorspannung verzichtet werden. Der zulässige Umlenkradius ist von der Anzahl der in einem Spannglied angeordneten Litzen oder Drähte abhängig, sollte aber 4 m nicht unterschreiten.

2.2.2 Verankerung der Spannglieder

Die Zuverlässigkeit der Verankerung beeinflusst die Sicherheit einer Spannbetonkonstruktion entscheidend. Daher fordert die bauaufsichtliche Zulassung eines Spannverfahrens stets auch die Prüfung der Kraftübertragung vom Spannglied auf den Beton unter statischer und dynamischer Beanspruchung. Aufgrund der hohen Betonspannung und des mehrachsigen Spannungszustands ist die Dauerstandfestigkeit des Betons an dieser Stelle von besonderer Bedeutung. Für die Ermüdungsfestigkeit des Spannstahls wirken sich bereits unscheinbare Beschädigungen der Stahloberfläche – z. B. durch Reibkorrosion – sehr ungünstig aus. Bei der Konstruktion des Verankerungsbereichs ist daher auf den Korrosionsschutz besonders zu achten.

Für die Verankerung der hohen Spanngliedkräfte sind verschiedene Verankerungsarten möglich. Einerseits kann die Verankerung über spezielle Ankerkörper erfolgen, welche die Vorspannkraft in den Beton einleiten. Die Ankerkörper unterscheiden sich je nach Spannverfahren und verwendetem Spannstahlquerschnitt. Andererseits können bei hinreichenden Bauteilabmessungen die Vorspannkräfte auch über Verbund eingeleitet werden. Aus patentrechtlichen Gründen weisen die verschiedenen Spannverfahren eigenständige Verbundverankerungen auf.

Schließlich beeinflussen baupraktische und wirtschaftliche Gesichtspunkte die konstruktive Ausbildung der Verankerung. Man ist bestrebt, frühzeitig eine Teilvorspannung (z. B. zur Vermeidung von Schwind- und Temperaturrissen) der Spannglieder vornehmen zu können oder einen Spannungsabfall durch Nachspannen ausgleichen zu können. Dies ist nur bei Lösbarkeit der Verankerung möglich. Des Weiteren sollte beim Absetzen der Vorspannkraft auf den Ankerkörper ein möglichst geringer Schlupf zwischen Spannstahl und Verankerungselementen auftreten, da sich dadurch die im Spannglied verbleibende Vorspannung deutlich reduzieren kann.

- ***Keilverankerungen***

Ankerplatten unter Verwendung von Ringkeilen bilden derzeit die gebräuchlichste Art zur Verankerung von Litzen oder Drähten. Dabei werden meist außerhalb der Draht- oder Litzenachse angeordnete Keile mit gezahnter Innenfläche verwendet. Von der Ankerbüchse wird die Vorspannkraft auf die eigentliche Ankerplatte weitergeleitet, welche die notwendige Kraftübertragung auf den Beton gewährleistet. Neuere Entwicklungen integrieren die Ankerbüchse in die Ankerplatte.

Abb. F.2.6 Plattenverankerung von Spannlitzen mit Außenkeilen System HOLZMANN

Keilverankerungen sind lösbar und ermöglichen auch das Nachspannen nichtverpresster Spannglieder sowie die Überprüfung der Vorspannkraft bei Vorspannung ohne Verbund. Zur Aufnahme der Spaltzugspannungen wird hinter der Ankerplatte eine Wendelbewehrung aus Betonstahl angeordnet.

Zur Verminderung der hinter der Ankerplatte auftretenden Betonpressungen und zur Reduzierung der Ankerplattenabmessungen bei sehr großen Vorspannkräften wurden sogenannte Mehrflächenanker (MFA) entwickelt.

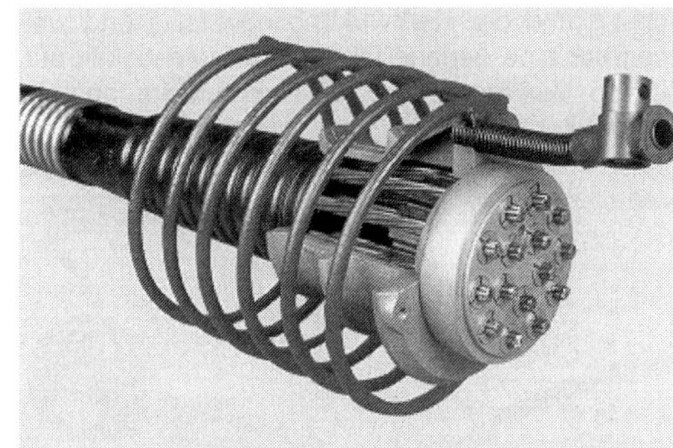

Abb. F.2.7 Mehrflächenverankerung System DSI

- ***Verankerung mit Presshülsen***

Einzelne Spannverfahren verwenden bei Plattenverankerung am festen Spanngliedende Presshülsen anstelle von Keilen, um die Vorspannkraft von der Litze auf die Ankerplatte zu übertragen. Die Verankerung wird im Regelfall einbetoniert und braucht beim Spannen nicht zugänglich zu sein. Vorteilhaft ist der geringe Schlupf dieser Verankerungssysteme.

- ***Verankerung mit aufgestauchten Köpfen***

Das Spannverfahren BBRV verwendet Bündelspannglieder aus kalt gezogenen Drähten, die mit Hilfe kalt angestauchter Köpfchen verankert

F

sind. Am Festanker liegen die Köpfchen, deren Form und Abmessung in der bauaufsichtlichen Zulassung geregelt sind, direkt an der Ankerplatte an. Am Spannanker erfolgt die Befestigung an einem Ankerkopf, welcher die Last über eine Stützmutter an die Ankerplatte abgibt.

Abb. F.2.8 Spannanker mit aufgestauchten Köpfchen System SUSPA Draht BBRV

- ***Gewindeverankerung***

Die Verankerung einzelner Spannstäbe erfolgt vorteilhaft mit Gewinde und Mutter, da die Montage relativ einfach ist und die Spannkraftverluste aus Schlupf sehr klein bleiben. Eingeschnittene Gewinde sind aufgrund der Querschnittsschwächung und der Kerbwirkung nachteilig und weisen nur eine geringe Dauerschwingfestigkeit auf. Durch Verwendung einer Ankerglocke anstelle der Ankerplatte wird die Lasteintragung verbessert und die notwendige Spaltzugbewehrung reduziert.

Abb. F.2.9 Glockenverankerung System DSI

Eine bemerkenswerte Weiterentwicklung der Gewindeverankerung ist der hochfeste Gewindestab, bei dem ein durchgehendes Grobgewinde in Form von Verbundrippen aufgewalzt wird. Der Stab kann beliebig abgelängt werden, und das Aufrollen eines Verankerungsgewindes entfällt.

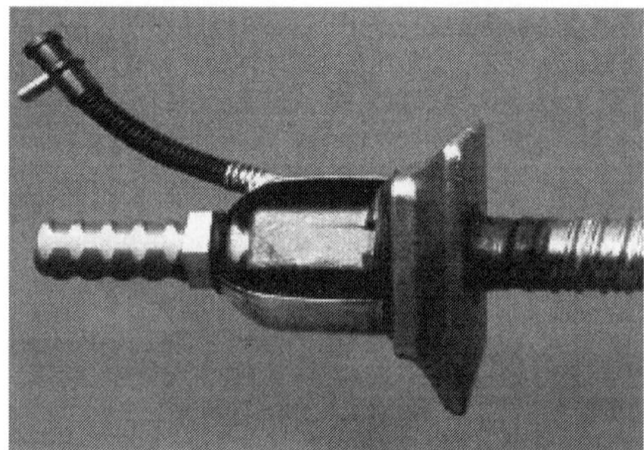

Abb. F.2.10 Hochfester Gewindestab mit Plattenverankerung System DSI

- ***Schlaufenverankerung***

Drähte oder Litzen können am Festanker auch durch Ausbildung von Schlaufen verankert werden. Die Verankerung erfolgt dabei im Wesentlichen durch die im Krümmungsbereich entstehenden Umlenkpressungen. Der kleinstmögliche Krümmungsradius wird durch Festigkeit und Durchmesser der Litze sowie durch die vom Beton aufnehmbare Umlenkpressung bestimmt. Das Einlegen von Stahlblechen im Krümmungsbereich ermöglicht eine Verringerung des Schlaufendurchmessers.

Abb. F.2.11 Schlaufenverankerung System VSL

- ***Verankerung durch Verbund***

Bei Vorspannung mit sofortigem Verbund erfolgt die Verankerung der geraden Spanngliedenden in aller Regel durch Haftreibung bzw. Verzahnung. Aber auch bei Vorspannung mit nachträglichem Verbund wird am festen Spanngliedende eine Verbundverankerung angewendet, um Kosten für zusätzliche Verankerungselemente einzusparen. Dabei kann die erforderliche Verankerungslänge erheblich reduziert werden, wenn die Drähte oder die Litzen nach dem Austritt aus dem Hüllrohr aufgefächert und durch eine entsprechende Vorrichtung in gespreizter Lage gehalten werden. Eine weitere Verbesserung erreicht man, indem an den aufgelösten Litzenenden Haken, Winkelhaken, Ösen oder Zwirbeln angebracht werden.

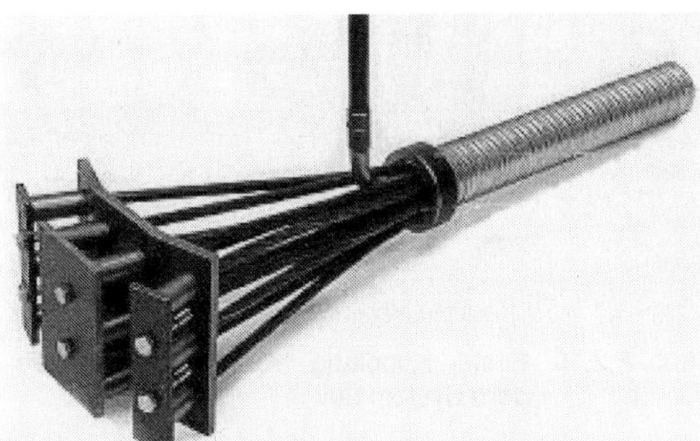

Abb. F.2.12 Fächerverankerung System VSL

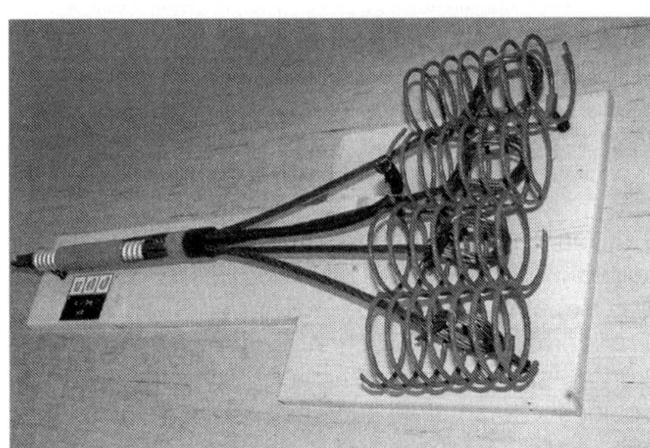

Abb. F.2.13 Ösenverankerung System bbv

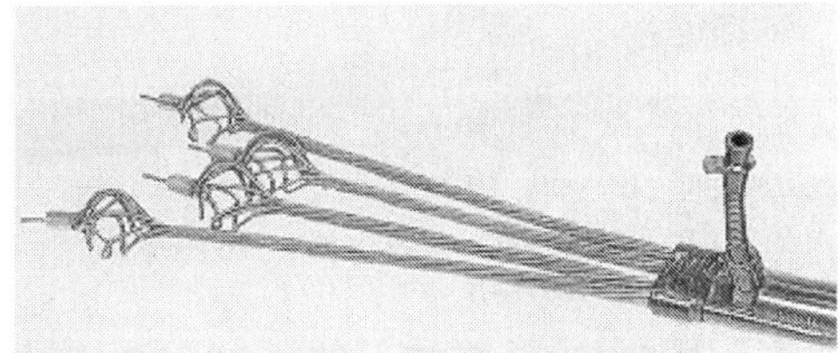

Abb. F.2.14 Zwirbelverankerung System DSI

- ***Verankerung der Spannglieder bei Vorspannung ohne Verbund***

Bei interner Vorspannung ohne Verbund, die vielfach zur Vorspannung von Flächentragwerken im Hochbau oder zur Quervorspannung von Fahrbahnplatten im Brückenbau zum Einsatz kommt, erfolgt die Verankerung der Einzellitzen über spezielle Ankerkörper, in denen auch mehrere Litzen zusammengefasst werden können. Die zugelassenen Spannverfahren verwenden dabei ausschließlich Keilverankerungen zur Übertragung der Vorspannkräfte vom Spannglied auf den Beton.

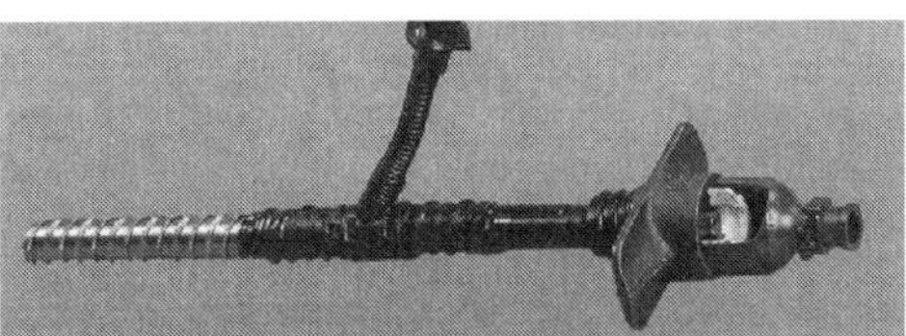

Abb. F.2.15 Ankerplatte zur Einzelverankerung von Monolitzen System DSI

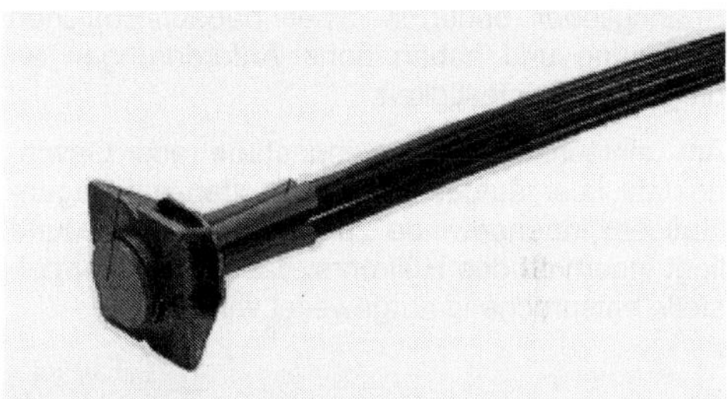

Abb. F.2.16 Gemeinsame Verankerung mehrerer Monolitzen System VT

Extern geführte Spannglieder finden derzeit vor allem im Brückenbau zur Erzeugung einer Längsvorspannung Anwendung. Dabei sind stets große Vorspannkräfte lokal in der Betonkonstruktion zu verankern. Daher sind die Lasteinleitungsbereiche besonders sorgfältig zu konstruieren und mit entsprechender Betonstahlbewehrung zur Aufnahme der entstehenden Beanspruchungsspitzen zu versehen.

Die Verankerung der Litzenbündel mit derzeit bis zu 19 einzeln korrosionsgeschützten Spannlitzen erfolgt in speziellen Ankerkörpern mit Keilen. Lediglich das Spannverfahren SUSPA verwendet aufgestauchte Köpfchen zur Verankerung der Einzeldrähte des Bündelspannglieds.

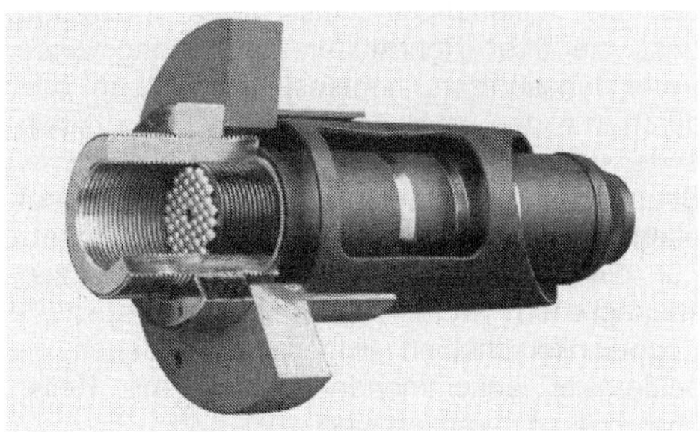

Abb. F.2.17 Ankerkörper System SUSPA für externe Vorspannung

2.2.3 Kopplung der Spannglieder

Aus technischer und baubetrieblicher Sicht ist es in vielen Fällen notwendig, Spannglieder durch Koppeln zu verlängern. Dabei ist zwischen fester und beweglicher Kopplung zu unterscheiden. Die feste Kopplung bietet die Möglichkeit, bereits einbetonierte, vorgespannte und verpresste Spannglieder im anschließenden Bauteil weiterzuführen. Dagegen spricht man von einer beweglichen Kopplung, wenn die Spannglieder ohne Verankerung gestoßen werden und das Vorspannen erst im nachfolgenden Bauabschnitt erfolgt. Feste und bewegliche Kopplungen der Spannglieder bedürfen einer bauaufsichtlichen Zulassung und haben hohe Anforderungen an die Ermüdungsfestigkeit.

Am einfachsten sind Spannstäbe aus Gewindestahl über aufgeschraubte Muffen mit gegenläufigem Innengewinde zu verbinden. Die Muffe liegt innerhalb des Hüllrohrs, das an der Koppelstelle entsprechend aufgeweitet wird.

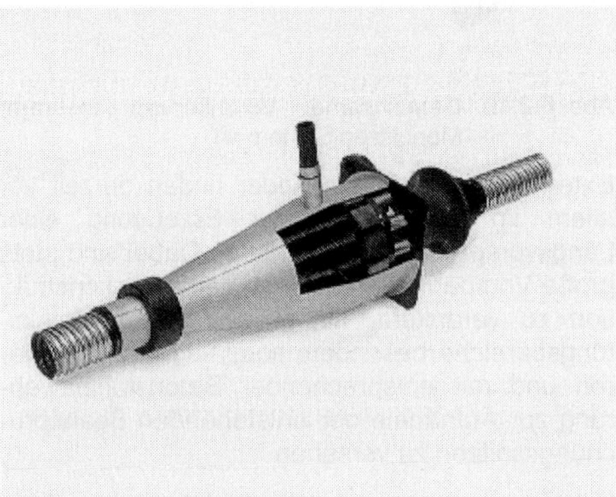

Abb. F.2.18 Feste Kopplung für Litzenspannglieder System VSL

Mit Hilfe der beschriebenen Verankerungsteile können auch Litzen- und Bündelspannglieder gekoppelt werden. Bei der festen Kopplung werden die Ankerkörper meist derart modifiziert, dass sie über Rohrmuffen mit Innengewinde, Verbindungsbolzen, hochfeste Schrauben oder durch in Nuten eingreifende Halbschalen miteinander verbunden werden können. Bei manchen Spannverfahren kommen auch spezielle Koppelbüchsen anstelle der Ankerbüchse zum Einsatz. Für die beweglichen Kopplungen von Litzenspanngliedern werden in der Regel spezielle Koppelankerscheiben eingesetzt, in denen die beiderseits ankommenden Litzen mit Keilen übergreifend verankert sind.

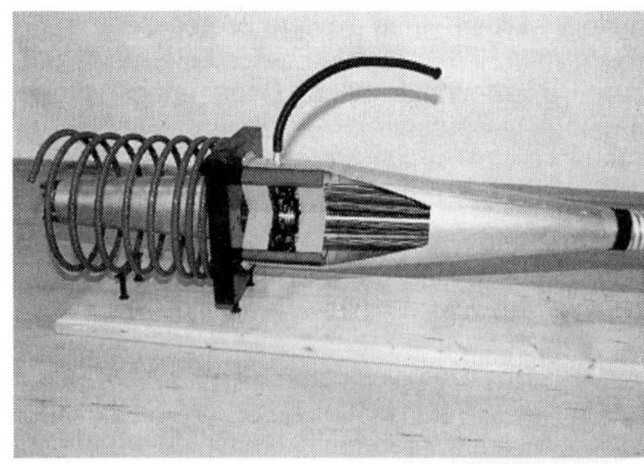

Abb. F.2.19 Feste Kopplung von Litzenspanngliedern System bbv

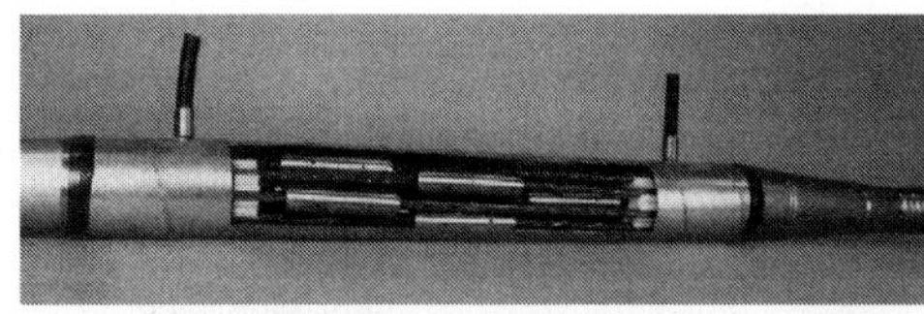

Abb. F.2.20 Bewegliche Kopplung von Litzenspanngliedern System DSI

Für die bei Vorspannung ohne Verbund verwendeten Monolitzen existieren spezielle Formstücke zur Kopplung eines oder mehrerer Spannglieder. Der vorhandene Zwischenraum im Koppelankerkörper ist dann bauseits mit entsprechender Korrosionsschutzmasse zu verpressen.

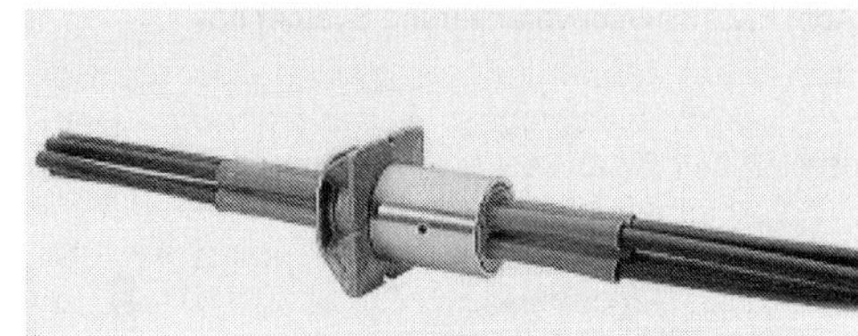

Abb. F.2.21 Kopplung von Monolitzen System VT

2.3 Hinweise zum Vorspannen und Verpressen der Spannglieder

In [E DIN 1045-3 – 99] sind die Anforderungen an Herstellung, Transport, Lagerung und den Einbau der Spannglieder festgelegt. Darüber hinaus enthält diese Vorschrift wesentliche Angaben über das Vorspannen sowie zum Korrosionsschutz der Spannglieder.

Vom sachgerechten Einbau, Vorspannen und Verpressen der Spannglieder hängt die Gebrauchstauglichkeit und die Dauerhaftigkeit der Spannbetontragwerke wesentlich ab. Daher müssen diese Arbeiten stets mit erfahrenem Personal unter fachkundiger Leitung erfolgen.

Bei Vorspannung mit nachträglichem Verbund kann das Spannglied unverpresst im Hüllrohr liegend eingebaut werden. Nachteilig ist dabei die längere Verweildauer des Spannstahls im ungespannten Zustand in der Schalung (Korrosionsgefahr). Daher wurden Verfahren entwickelt, nur die leeren Hüllrohre einzubetonieren und den Spannstahl nachträglich einzuschieben oder einzuziehen. Insbesondere in diesem Fall ist darauf zu achten, dass die Hüllrohre eine hinreichende Steifigkeit aufweisen und beim Betonieren nicht beschädigt werden. Die in der bauaufsichtlichen Zulassung angegebenen Unterstützungsabstände für das Hüllrohr sind unbedingt einzuhalten.

Bei interner Vorspannung ohne Verbund werden die Monolitzen bereits im Werk mit einem Korrosionsschutzsystem versehen und einzeln oder in Spannbändern zusammengefasst auf der Baustelle angeliefert.

Vor dem Vorspannen muss stets sichergestellt sein, dass die notwendige Vordehnung des Spannstahls nicht unzulässig behindert ist und dass sich auch das Tragwerk frei verformen kann. Insbesondere ist zu prüfen, ob der Beton im Bereich der Verankerungen die erforderliche Mindestfestigkeit nach Tafel F.2.5 aufweist.

Das Aufbringen der Vorspannkraft mittels hydraulischer Pressen muss gleichmäßig nach einem vorab festgelegten Spannprogramm erfolgen. In der Spannanweisung sind Pressendruck (Vorspannkraft / Kolbenfläche) und Spannweg jedes Spanngliedes sowie die Spannreihenfolge anzugeben. Mehrere Einzelspannglieder an einem Bauteil sollten so nacheinander angespannt werden, dass die Vorspannung möglichst gleichmäßig über den gesamten Querschnitt anwächst.

Spannkraft und Spannweg müssen sorgfältig gemessen und mit den Sollwerten des Spannprogramms verglichen werden. Weicht die erzielte Vorspannkraft oder der erzielte Spannweg für die Summe aller Spannglieder um mehr als 5 % von den Rechenwerten ab, so sind mit der Bauaufsicht abgestimmte Nachbesserungsmaßnahmen vorzusehen. Gleiches gilt bei einer Abweichung von mehr als 10 % für Spannkraft oder Spannweg eines einzelnen Spannglieds. Die nach [E DIN 1045-1 – 00], Abschnitt 8.7.2 angegebenen maximal zulässigen Spannstahlspannungen dürfen keinesfalls überschritten werden.

Abb. F.2.22 Spannpresse

Im Allgemeinen sollte das Vorspannen bei Temperaturen größer + 5° C erfolgen. Bei niedrigerer Lufttemperatur müssen spezielle Korrosionsschutzmaßnahmen für das Spannglied ergriffen werden, wenn das Verpressen nicht in angemessener Zeit nach dem Vorspannen erfolgt. Das Vorspannen darf bei Temperaturen unter – 10 °C nur unter besonderen Schutzmaßnahmen durchgeführt werden.

Tafel F.2.5 Mindestbetonfestigkeit beim Vorspannen

Festigkeitsklasse [1)]	Druckfestigkeit f_{cmj} N/mm² [2)]	
	Teilvorspannen	Volles Vorspannen
C 25/30	13	26
C 30/37	15	30
C 35/45	17	34
C 40/50	19	38
C 45/55	21	42
C 50/60	23	46
C 55/67	25	50
C 60/75	27	54
C 70/85	31	62
C 80/95	35	70
C 90/105	39	78
C 100/115	43	86

1) Gilt sinngemäß auch für Leichtbeton der Festigkeitsklassen LC 25/28 bis LC 60/66.
2) Es gilt die Zylinderfestigkeit (bei Verwendung von Probewürfeln ist entsprechend umzurechnen).

F

Technisch erwünscht ist ein stufenweises Vorspannen. Möglichst frühzeitig sollte eine Teilvorspannung von bis zu 30 % der endgültigen Spannkraft aufgebracht werden, wenn die Betonfestigkeit im Verankerungsbereich dies zulässt. Das Aufbringen der vollen Vorspannkraft sollte dagegen zu einem möglichst späten Zeitpunkt erfolgen, damit der Beton einen hohen Aushärtungsgrad erreicht hat und damit die durch Kriechen und Schwinden verursachten Spannkraftverluste klein bleiben. Die nach Tafel F.2.5 geforderten Mindestbetonfestigkeiten für das Vorspannen sind durch Erhärtungsprüfungen nachzuweisen.

Für die Vorbereitung und die Ausführung von Korrosionsschutzmaßnahmen und Verpressarbeiten müssen auf der Baustelle schriftliche Anweisungen vorliegen. Diesbezügliche Festlegungen der bauaufsichtlichen Zulassung für das Spannverfahren sind zu beachten.

Bei Vorspannung mit nachträglichem Verbund sind die Hüllrohre im Regelfall unmittelbar nach dem Vorspannen zu verpressen. Wird das Eindringen und Ansammeln von Feuchtigkeit vermieden (auch Kondenswasser), so kann das Verpressen bis zu 14 Tage nach dem Vorspannen erfolgen. Zwischen Herstellung des Spannglieds und Verpressen kann ein Zeitraum von bis zu 12 Wochen liegen, wobei das Spannglied aber höchstens 4 Wochen ungeschützt in der Schalung verbleiben darf. Können die genannten Bedingungen nicht eingehalten werden, so sind spezielle Korrosionsschutzmaßnahmen für das Spannglied notwendig.

Spannglieder mit nachträglichem Verbund sind mit Einpressmörtel nach DIN EN 447 zu verpressen. Das Einpressen der Korrosionsschutzmasse nach DIN EN 446 sollte stets vom Tiefpunkt des Hüllrohrs zu den Entlüftungsöffnungen im Hochpunkt hin langsam und gleichmäßig erfolgen (3-12 m/min). Höhere Drücke sind zu vermeiden, weil sie spaltend auf den umgebenden Beton wirken. Eine Überschlagsrechnung sollte sicherstellen, dass die eingepresste Materialmenge dem freien Volumen im Hüllrohr entspricht. In besonderen Fällen (großer Hüllrohrdurchmesser, stark geneigte Spannglieder etc.) kann ein Nachverpressen erforderlich werden. Gleiches gilt, wenn Verstopfungen im Hüllrohr festgestellt werden.

Nach Beendigung der Verpressarbeiten sind die Einpressöffnungen so zu verschließen, dass kein Korrosionsschutzmaterial zurückfließen kann.

2.4 Kriterien für die Wahl eines geeigneten Spannverfahrens

Die Wahl eines für das jeweilige Bauteil geeigneten Spannverfahrens obliegt generell dem entwerfenden Ingenieur. Er sollte im Regelfall jedoch lediglich die erforderliche Spanngliedgröße nach zulässiger Spannkraft und statisch-konstruktiven Gesichtspunkten festlegen und die endgültige Wahl des Verfahrens dem ausführenden Unternehmen überlassen. Aus technischer Sicht sind folgende Gesichtspunkte zu beachten:

- Für kurze Spannglieder sind Verfahren mit Keilverankerung ohne Einpressen der Keile wegen des verhältnismäßig großen Schlupfes weniger geeignet als Verfahren mit Gewindeverankerungen.
- Für lange Spannglieder mit größeren planmäßigen Krümmungen eignen sich Litzenspannverfahren und Bündelspannglieder mit glatten Drähten besser als die Verwendung von gerippten Stabstählen, bei denen sich größere Reibungsverluste ergeben. Ferner sind mit Spanndrahtlitzen deutlich kleinere Krümmungsradien möglich, so dass der Verlauf der Biegemomente aus Vorspannung besser den Momenten aus äußeren Einwirkungen angepasst werden kann. Aus diesem Grund haben sich im Brückenbau in Deutschland Spanndrahtlitzen für die Längsvorspannung durchgesetzt.
- Treten aufgrund der Spanngliedlänge und der planmäßigen Umlenkwinkel größere Reibungsverluste auf, dann sollten Spannverfahren gewählt werden, die ein mehrmaliges Überspannen und Nachlassen gestatten.
- Für die Quervorspannung von Fahrbahntafeln im Brückenbau ist Vorspannung mit nachträglichem Verbund meist kostengünstiger als die Verwendung von Monolitzen ohne Verbund. Neuere Vorschriften sehen in Deutschland jedoch die Anwendung der internen Vorspannung ohne Verbund für derartige Querspannglieder aus Gründen des besseren Korrosionschutzes und der Auswechselbarkeit der Spannglieder vor.
- Für senkrecht oder stark geneigt einzubauende Spannglieder ist die Verwendung von Stabspanngliedern vorteilhaft, weil die dicken Stäbe ohne zusätzliche Abstützungsmaßnahmen eingebaut werden können.
- Zu große Spanngliedquerschnitte mit entsprechend hohen Vorspannkräften können zu Problemen im Verankerungsbereich führen.

3 Schnittgrößen infolge Vorspannung

3.1 Ermittlung der Vorspannkraft

3.1.1 Allgemeines

Die neue Bemessungsnorm [E DIN 1045-1 – 00] basiert auf einem semi-probabilistischen Sicherheitskonzept. Dieses entspricht der Methode der Grenzzustände, welche sowohl auf charakteristischen Werten der Materialfestigkeiten (5%-Quantile) als auch der Einwirkungen (95%-Quantile) und Teilsicherheitsfaktoren basiert. Dabei werden die Nachweise im Grenzzustand der Gebrauchstauglichkeit mit den charakteristischen Werten der Einwirkungen und Widerstände geführt. Nachweise im Grenzzustand der Tragfähigkeit müssen mit Bemessungswerten der Einwirkungen bzw. Widerstände, welche sich durch Multiplikation bzw. Division des jeweiligen charakteristischen Wertes mit dem entsprechenden Teilsicherheitsbeiwert ergibt, erfolgen.

Im Folgenden werden die Werte der Vorspannkraft, welche für die Nachweise in den Grenzzuständen der Gebrauchstauglichkeit und Tragfähigkeit benötigt werden erläutert.

3.1.2 Mittelwert der Vorspannkraft (mean value)

Alle Werte der Vorspannkraft basieren auf dem Mittelwert der Vorspannkraft. Der Mittelwert der Vorspannkraft P_{mt} zu einem bestimmten Zeitpunkt t ergibt sich im Allgemeinen zu:

$$P_{mt} = P_0 - \Delta P_c - \Delta P_t(t) - \Delta P_\mu(x) - \Delta P_{sl} \quad \text{(F.3.1)}$$

Hierin sind:

P_{mt} Mittelwert der Vorspannkraft zur Zeit t an einer Stelle x längs des Bauteils

P_0 Kraft am Spannende während des Spannvorgangs

ΔP_c Spannkraftverlust infolge elastischer Verformung des Bauteils bei der Spannkraftübertragung

$\Delta P_t(t)$ Spannkraftverluste infolge Kriechen, Schwinden und Relaxation zur Zeit t

$\Delta P_\mu(x)$ Spannkraftverluste infolge Reibung

ΔP_{sl} Spannkraftverlust infolge Verankerungsschlupf (nicht bei sofortigem Verbund)

Die am Spannglied aufgebrachte Höchstkraft P_0 ist nach [E DIN 1045-1 – 00], 8.7.2 (1) auf den folgenden Wert zu begrenzen:

$$P_0 = A_p \cdot \sigma_{0,max} \quad \text{(F.3.2)}$$

Hierin sind:

A_p Querschnittsfläche eines Spannglieds

$\sigma_{0,max}$ maximal auf das Spannglied aufgebrachte Spannung

= 0,80 f_{pk} oder

= 0,90 $f_{p0,1k}$

(der kleinere Wert ist maßgebend)

Eine Überschreitung der o. g. Grenze ist nur zulässig, wenn z. B. während des Spannvorgangs eine unerwartet hohe Reibung eintritt (d. h. nicht planmäßig). Unter der Voraussetzung, dass die Spannpresse eine Genauigkeit der aufgebrachten Spannkraft von ± 5 %, bezogen auf den Endwert der Vorspannkraft, sicherstellt, darf die höchste Pressenkraft P_0 auf 0,95 $f_{p0,1k}\,A_p$ gesteigert werden.

Neben der maximalen Pressenkraft P_0 ist auch die Vorspannkraft P_{m0} nach [E DIN 1045-1 – 00], 8.7.2 (3) zu begrenzen. P_{m0} bezeichnet die Vorspannkraft, die zum Zeitpunkt $t = t_0$ unmittelbar nach dem Absetzen der Pressenkraft auf den Anker (Spannen mit nachträglichem oder ohne Verbund) oder nach dem Lösen der Verankerung (Spannen mit sofortigem Verbund) auf den Beton aufgebracht wird.

$$P_{m0} = A_p \cdot \sigma_{pm0} \quad \text{(F.3.3)}$$

Hierin sind:

σ_{pm0} Spannung im Spannglied unmittelbar nach dem Spannen oder der Krafteinleitung

= 0,75 f_{pk} oder

= 0,85 $f_{p0,1k}$

(der kleinere Wert ist maßgebend)

Entsprechend Gleichung (F.3.1) sind bei der Ermittlung von P_{m0} alle Einflüsse zu berücksichtigen, die zum Zeitpunkt t_0 auftreten (inkl. Kurzzeitrelaxation des Spannstahls).

Es wird deutlich, dass im Vergleich zu den Regelungen der [DIN 4227 – 88] die Möglichkeit des Überspannens zum Ausgleich der zeitunabhängigen Spannkraftverluste deutlich eingeschränkt

F

ist. In vielen Fällen wird es daher nicht möglich sein, die zulässigen Spannungen nach Gleichung (F.3.3) voll auszunutzen.

3.1.3 Charakteristischer Wert der Vorspannkraft (characteristic value)

Bei gewissen Nachweisen im Grenzzustand der Gebrauchstauglichkeit und bei dem Ermüdungsnachweis sind mögliche Streuungen der Vorspannkraft zu berücksichtigen. Dazu werden in [E DIN 1045-1 – 00], 8.7.4 (1) zwei charakteristische Werte der Vorspannkraft festgelegt:

$$P_{k,sup} = r_{sup} \cdot P_{mt} \quad \text{(F.3.4)}$$

$$P_{k,inf} = r_{inf} \cdot P_{mt} \quad \text{(F.3.5)}$$

Hierin sind:

$P_{k,sup}$ oberer charakteristischer Wert (superior)

$P_{k,inf}$ unterer charakteristischer Wert (inferior)

P_{mt} Mittelwert der Vorspannkraft zur Zeit t

r_{sup} = 1,05 (sofortiger / ohne Verbund)
= 1,10 (nachträglicher Verbund)

r_{inf} = 0,95 (sofortiger / ohne Verbund)
= 0,90 (nachträglicher Verbund)

Der Ansatz einer Streuung der Vorspannkraft erhöht zwar den Rechenaufwand, ist aber für bestimmte Nachweise, die sehr empfindlich auf kleine Änderungen der Eingangswerte reagieren, sinnvoll (z. B. Nachweis der Dekompression, Rissbreitenbeschränkung und Öffnen von Fugen, Ermüdungsnachweis). Für alle anderen Nachweise reicht i. d. R. ein Nachweis auf der Grundlage des Mittelwertes der Vorspannkraft. Die Bestimmungsgleichungen der Spannkraftverluste infolge zeitabhängigen Materialverhaltens und Reibung sind lediglich Abschätzungen und daher mit Fehlern behaftet. Man kann an den Streuungsbeiwerten r_{sup} und r_{inf} erkennen, dass bei Verfahren mit nachträglichem Verbund, bei denen sowohl zeitabhängige als auch Verluste aus Reibung auftreten, die größten Werte angesetzt werden müssen. Bei Vorspannung mit sofortigem und ohne Verbund können hingegen niedrigere Werte verwendet werden, da die Reibungsverluste nahezu oder ganz wegfallen. Die Beiwerte r_{sup} und r_{inf} beziehen sich dabei immer auf die gesamte Vorspannwirkung und nicht etwa auf einzelne Spannglieder.

3.1.4 Bemessungswert der Vorspannkraft (design value)

Für die Nachweise im Grenzzustand der Tragfähigkeit wird der Bemessungswert der Vorspannkraft P_d benötigt:

$$P_d = \gamma_P \cdot P_{mt} \quad \text{(F.3.6)}$$

wobei der Teilsicherheitsbeiwert γ_P nach [E DIN 1045-1 – 00] generell zu 1,0 gesetzt wird. Folglich braucht eine mögliche Streuung der Vorspannkraft im Grenzzustand der Tragfähigkeit (Ausnahme: Ermüdungsnachweis) nicht berücksichtigt zu werden.

Diese Festlegung stellt eine wesentliche Vereinfachung gegenüber dem Eurocode dar. [ENV 1992-1-1 – 92] sieht für die Nachweise im Grenzzustand der Tragfähigkeit die Werte 0,9 bzw. 1,2 für γ_P vor, je nachdem, ob die Vorspannung günstig oder ungünstig wirkt. Jedoch darf nach dem Nationalen Anwendungsdokument [NAD zu ENV 1992-1-1 – 93] γ_P zu 1,0 gesetzt werden, allerdings nur in Verbindung mit den charakteristischen Werten der Vorspannkraft, d. h. unter Berücksichtigung der Streuung der Vorspannwirkung (r_{sup} und r_{inf}).

[E DIN 1045-1 – 00] folgt mit der Festlegung $\gamma_P = 1{,}0$ dem Eurocode für Betonbrücken [ENV 1992-2 – 97], der bereits die entsprechenden Regelungen in [ENV 1992-1-1 – 92] für Brücken außer Kraft setzte.

3.2 Wirkung der Vorspannung

3.2.1 Grundlagen

Die Wirkung der Vorspannung auf den Beton kann prinzipiell nach zwei Betrachtungsweisen gedeutet werden:

- Vorspannung mittels Spanngliedern kann als eine Einwirkung aus Anker-, Umlenk- und Reibungskräften betrachtet werden, die im statischen System Schnittgrößen hervorrufen (Umlenkkraftmethode).

  VORSPANNEN = VORBELASTEN

- Die Vorspannung wird als Eigenspannungszustand (Zugkräfte in den Spanngliedern und Druckkräfte im Beton stehen im Gleichgewicht) betrachtet, der eine Vorverformung des Querschnitts hervorruft.

  VORSPANNEN = VORVERFORMEN

Beide Betrachtungsweisen sind gleichwertig und sollten zum besseren Verständnis dem entwerfenden und dem bemessenden Ingenieur geläufig sein.

Bei jedem Richtungswechsel üben Spannglieder Kräfte auf den Beton aus.

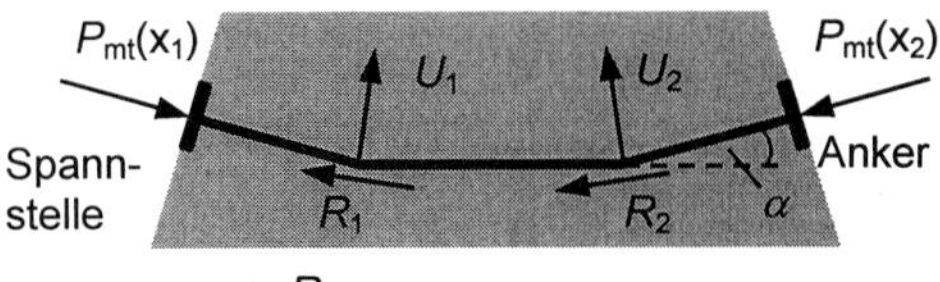

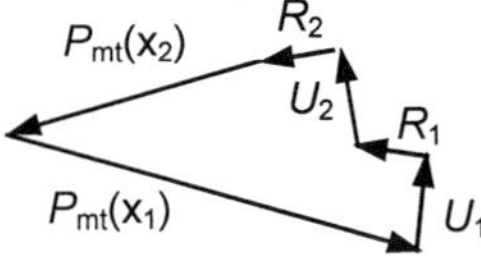

Anker-, Umlenk- und Reibungskräfte bilden eine Gleichgewichtsgruppe !

Abb. F.3.1 Anker-, Umlenk- und Reibungskräfte und ihre Wirkung auf den Beton nach [Leonhardt – 80]

Die Umlenkkräfte wirken in der Winkelhalbierenden der Knickstelle:

$$U_p = 2 \cdot P_{mt} \cdot \sin(\alpha/2) \qquad \text{(F.3.7)}$$

Abb. F.3.2 Berechnung des Umlenkdrucks bei gekrümmtem Spanngliedverlauf

Bei gekrümmtem Spanngliedverlauf wirkt der Umlenkdruck normal zur Spanngliedachse:

$$\uparrow: \quad u_p(x) \cdot R(x) \cdot d\varphi = 2 \cdot P_{mt}(x) \cdot d\varphi / 2$$

$$\Rightarrow \quad u_p(x) = P_{mt}(x) / R(x) \qquad \text{(F.3.8)}$$

wobei sich für beliebige Spanngliedverläufe $z_p(x)$ der Krümmungsradius $R(x)$ ergibt zu:

$$\frac{1}{R(x)} = \frac{z_p''(x)}{\left[1 + \left(z_p'(x)\right)^2\right]^{\frac{3}{2}}} \approx z_p''(x) \qquad \text{(F.3.9)}$$

3.2.2 Hinweise zum Spanngliedverlauf

Prinzipiell ist es wegen der Komplexität der Aufgabe nicht möglich, für alle praxisrelevanten Fälle den optimalen Spanngliedverlauf im Vorfeld anzugeben. Für vorgespannte Biegebauteile lassen sich jedoch die folgenden allgemeinen Angaben machen.

Um die Wirkung der Vorspannung optimal auf das Tragwerk und die einwirkenden Lasten abzustimmen, werden häufig Spanngliedverläufe gewählt, die sich nicht vollständig durch eine stetige mathematische Funktion beschreiben lassen. Der entwerfende Ingenieur gibt nur sogenannte Stützstellen des Spanngliedverlaufs (Hoch-, Tief- und Zwischenpunkte) vor, welche dann durch abschnittsweise Interpolation zu einem stetigen Spanngliedverlauf zusammengesetzt werden. Dabei können die Interpolationsfunktionen z. B. Kreisfunktionen, quadratische Parabeln oder allgemein Polynome n-ten Grades sein. In der EDV wird häufig die sogenannte Spline-Interpolation eingesetzt. Sie verwendet eine Spline-Funktion 3. Grades, welche die Eigenschaft besitzt, dass die Gesamtkrümmung der interpolierenden Kurve minimal wird – eine Eigenschaft, die ein durch die Stützstellen gelegtes elastisches Lineal ebenfalls annähernd realisiert. Bei der Vorgabe von zwei Stützstellen erhält man eine Gerade, bei drei Stützstellen erhält man die quadratische Parabel. Bei einer abschnittsweise kreisförmigen Spanngliedführung errechnet sich der Krümmungsradius R in Abhängigkeit des Stichs f an der Stelle $x = L / 2$:

$$f = R - \sqrt{R^2 - L^2/4}$$

$$R - f = \sqrt{R^2 - L^2/4} \quad \text{; durch Quadrieren}$$

$$R^2 - 2 \cdot f \cdot R + f^2 = R^2 - L^2/4 \qquad \text{(F.3.10)}$$

$$R = \frac{L^2 + 4 \cdot f^2}{8 \cdot f} \approx \frac{L^2}{8 \cdot f}$$

Bei quadratischen Parabeln ergibt sich nach Gleichung (F.3.9):

$$z_p = -\frac{4 \cdot f}{L^2} \cdot x^2 + \frac{4 \cdot f}{L} \cdot x$$

$$\left|z_p''\right| = \frac{8 \cdot f}{L^2} = \frac{1}{R} \qquad \text{(F.3.11)}$$

Für übliche Spanngliedverläufe in schlanken Tragwerken ($f / L \leq 1/12$), kann der Term $z_p'(x)^2$ in (F.3.9) sowie f^2 in (F.3.10) vernachlässigt werden, so dass sich für den Umlenkdruck bei kreis- und parabelförmiger Spanngliedführung ergibt:

$$u_p(x) = \frac{8 \cdot P_{mt}(x) \cdot f}{L^2} \qquad \text{(F.3.12)}$$

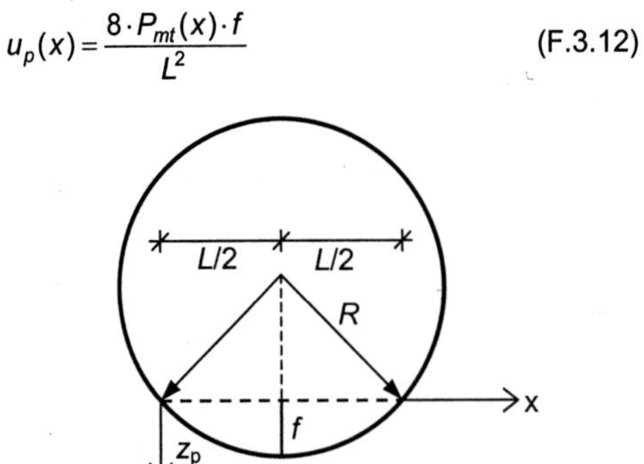

Abb. F.3.3 Krümmungsradius bei kreis- bzw. parabelförmiger Spanngliedführung

Hierbei ist zu beachten, dass die Spannkraft aufgrund von Reibungsverlusten entlang des Bauteils abnimmt. Nach [Leonhardt – 80] kann dieser Effekt näherungsweise berücksichtigt werden, indem der in $L / 2$ vorhandene Wert der Vorspannkraft $P_{mt}(x = L / 2)$ angesetzt wird, falls dieser um nicht mehr als 10 % von $P_{mt}(x = 0)$ (=Spannstelle) abweicht.

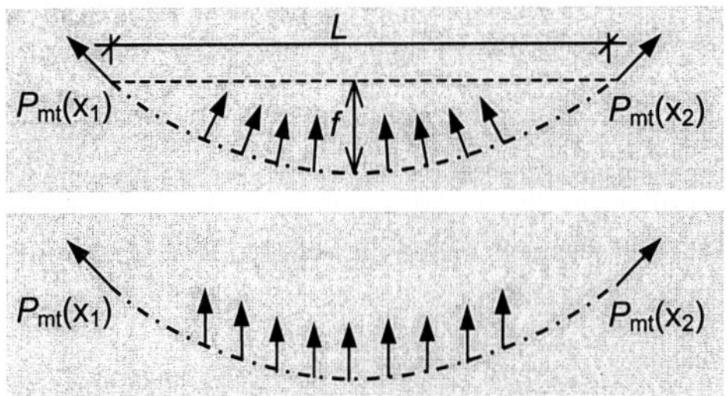

Abb. F.3.4 Vernachlässigung der horizontalen Komponenten des Umlenkdrucks bei schlanken Tragwerken nach [Leonhardt – 80]

Eine weitere übliche Näherung bei schlanken Tragwerken ($f / L \leq 1 / 12$) ist die Vernachlässigung der horizontalen Komponente des Umlenkdrucks bei parabelförmigen Spanngliedverläufen (Abb. F.3.4). Die vertikale Komponente wird dann gleich dem Umlenkdruck u_p selbst gesetzt.

Für durchlaufende Systeme mit interner Vorspannung mit nachträglichem oder ohne Verbund sowie überwiegend gleichförmig verteilter Belastung wird der Spanngliedverlauf häufig durch zwei Parabeln 2. Ordnung zusammengesetzt (vgl. Abb. F.3.5 und 6). Die Hauptparabel (Parabel 1) erzeugt dabei einen möglichst großen Umlenkdruck entgegen der äußeren Einwirkung. Mit Hilfe der sogenannten Ausrundungsparabel über den Innenauflagern (Parabel 2) wird sichergestellt, dass der in der Zulassung des verwendeten Spannverfahrens angegebene minimale Krümmungsradius R_{min} nicht unterschritten wird. Der minimale Krümmungsradius verhindert die Schädigung des Spannglieds infolge einer unzulässig hohen Umlenkpressung. Die Rand- und Übergangsbedingungen dieses Spanngliedverlaufs ergeben sich aus den extremalen Ausmitten des Verlaufs über der Stütze z_S und im Feld z_F sowie aus der Forderung eines stetigen Übergangs zwischen den Parabeln 1 und 2. In Abschnitt F.4 wird auf Grundlage dieses Spanngliedverlaufs eine Vordimensionierung für den erforderlichen Spannstahlquerschnitt mit Hilfe des zentrischen Vorspanngrades beschrieben.

In der Literatur werden für verschiedene Spezialprobleme passende Spanngliedverläufe angegeben (vgl. u. a. [Rose – 62], [Leonhardt – 80], [Bercea – 89], [Fastabend – 99]).

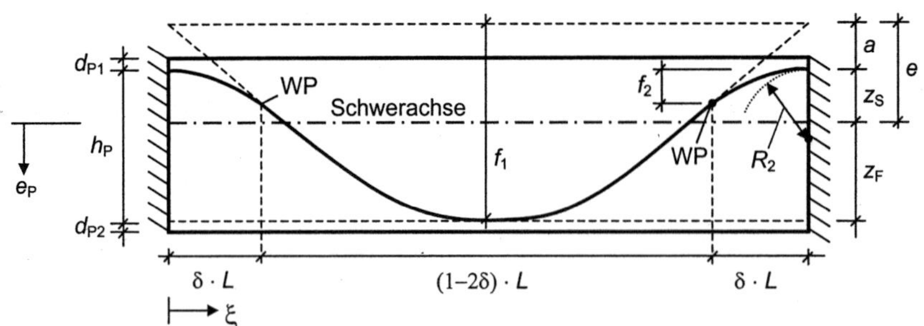

Abb. F.3.5 Spanngliedführung für ein Innenfeld eines Durchlaufträgers

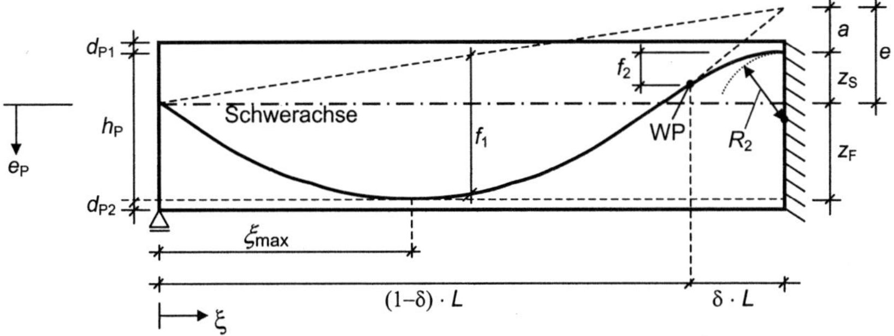

Abb. F.3.6 Spanngliedführung für ein Endfeld eines Durchlaufträgers

3.2.3 Statisch bestimmte Systeme

In statisch bestimmten Systemen können sich die Verformungen infolge Vorspannung frei einstellen, so dass lediglich ein Eigenspannungszustand entsteht (Vorspannen = Vorverformen). Die Zugkräfte in den Spanngliedern stehen dabei mit den Druckkräften im Beton im Gleichgewicht, so dass sich die Schnittgrößen des Gesamtquerschnitts (= Betonquerschnitt + Spannglieder) in jedem Schnitt zu Null ergeben. Im Betonquerschnitt werden jedoch die folgenden Schnittgrößen an der Stelle x im Tragwerk hervorgerufen:

$$N_{cpt,dir} = -P_{mt} \quad \text{(F.3.13a)}$$

$$M_{cpty,dir} = -P_{mt} \cdot z_{cp} \quad \text{(F.3.13b)}$$

$$M_{cptz,dir} = -P_{mt} \cdot y_{cp} \quad \text{(F.3.13c)}$$

$$V_{cpty,dir} = -P_{mt} \cdot \sin \psi_y \quad \text{(F.3.13d)}$$

$$V_{cptz,dir} = -P_{mt} \cdot \sin \psi_z \quad \text{(F.3.13e)}$$

$$T_{cpt,dir} = -V_{cptz,dir} \cdot y_{cp} - V_{cpty,dir} \cdot z_{cp} \quad \text{(F.3.13f)}$$

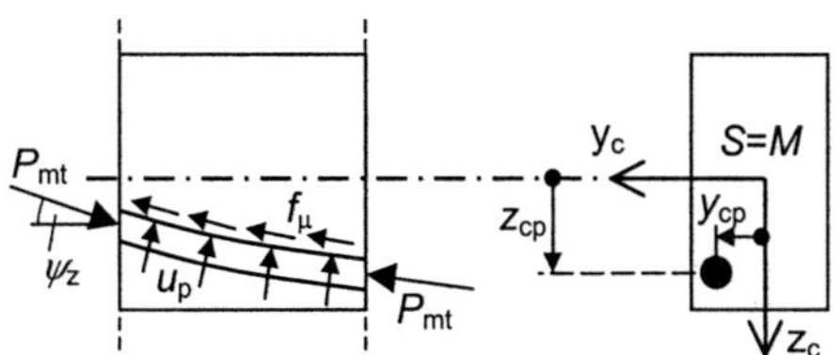

Abb. F.3.7 Schnittgrößen des Betonquerschnitts an der Stelle x infolge statisch bestimmter Wirkung der Vorspannung

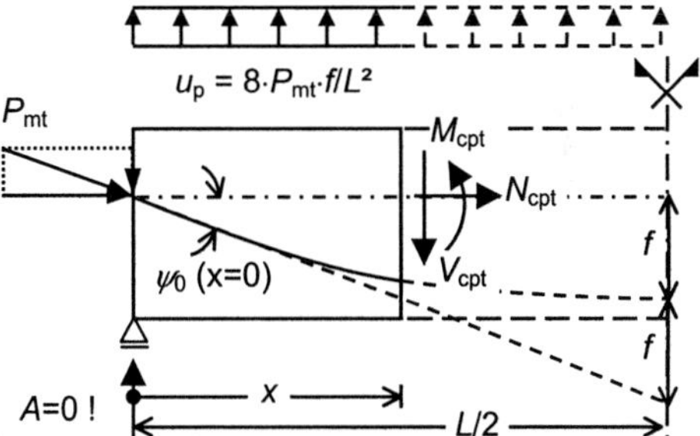

Abb. F.3.8 Schnittgrößen des Betonquerschnitts bei einem Einfeldträger mit parabolischer Spanngliedführung ($f / L \leq 1 / 12$)

Die Schnittgrößen des Betonquerschnitts lassen sich analog mit Hilfe der Umlenkkraftmethode bestimmen. In Abb. F.3.8 ist dies beispielhaft für einen Einfeldträger mit parabolischer Spanngliedführung dargestellt. Gleichgewicht am freigeschnittenen Betonträger liefert:

$\rightarrow$: $N_{cpt} = -P_{mt} \cdot \cos \psi_0 \approx -P_{mt}$

$\uparrow$: $V_{cpt} = -P_{mt} \cdot \sin \psi_0 + u_p \cdot x$

mit $\tan \psi_0 = 2 \cdot f / (L/2) = 4 \cdot f / L \approx \sin \psi_0 \approx \psi_0$

$\Rightarrow$ $V_{cpt} = -4 \cdot P_{mt} \cdot f / L + 8 \cdot P_{mt} \cdot f \cdot x / L^2$

$= -P_{mt} \cdot z_{cp}'(x)$ vgl. Gl. (F.3.11)

$= -P_{mt} \cdot \psi(x)$

$\curvearrowleft$: $M_{cpt} = u_p \cdot x^2/2 - P_{mt} \cdot \sin \psi_0 \cdot x$

$\Rightarrow$ $M_{cpt} = 4 \cdot P_{mt} \cdot f \cdot (x/L)^2 - 4 \cdot P_{mt} \cdot f \cdot (x/L)$

$= -P_{mt} \cdot z_{cp}(x)$ vgl. Gl. (F.3.11)

3.2.4 Statisch unbestimmte Systeme

Bei (innerlich und/oder äußerlich) statisch unbestimmten Systemen können sich die Verformungen infolge Vorspannung nicht frei einstellen, so dass statisch unbestimmte Schnittgrößen infolge der behinderten Verformung auftreten.

Die statisch bestimmten Schnittgrößen des Betonquerschnitts infolge Vorspannung können dabei als Schnittgrößen des statisch bestimmten Hauptsystems (Kraftgrößenverfahren) verwendet werden, um die zusätzlichen statisch unbestimmten Schnittgrößen ($M_{p,ind}$, $N_{p,ind}$, $V_{p,ind}$, $T_{p,ind}$) aus Vorspannung zu berechnen.

Da keine äußeren Lasten einwirken (Anker-, Umlenk- und Reibungskräfte bilden eine Gleichgewichtsgruppe), müssen die statisch unbestimmten Kraftgrößen infolge Vorspannung untereinander im Gleichgewicht stehen. Der Unterschied zu reinen Zwangschnittgrößen z. B. infolge Temperatur oder Stützensenkung („eingeprägte“ Verformungen) besteht darin, dass die statisch unbestimmten Schnittgrößen infolge Verspannung nicht direkt proportional zur Steifigkeit des Tragwerks sind, sondern lediglich vom Verhältnis der Steifigkeiten untereinander abhängen. Schnittgrößen aus „eingeprägten“ Verformungen werden in vielen Fällen bis zum Erreichen der Traglast nahezu vollständig abgebaut, wohingegen die statisch unbestimmte Wirkung aus Vorspannung nur gering durch die Rissbildung beeinflusst wird [Rosemeier – 96]. Daher sollte begrifflich zwischen statisch unbestimmten Schnittgrößen und Zwangschnittgrößen unterschieden werden.

Da bei statisch bestimmten Systemen am Gesamtquerschnitt (= Betonquerschnitt + Spannglieder) keine Schnittgrößen infolge Vorspannung entstehen, entsprechen die statisch unbestimmten Schnittkräfte ($M_{p,ind}$, $N_{p,ind}$, $V_{p,ind}$, $T_{p,ind}$) den Schnittgrößen am Gesamtquerschnitt. Diese Betrachtungsweise ist für die Ermittlung der inneren Spannungen und Dehnungen (vgl. Abschnitte F.5 und F.6) von großer Bedeutung.

Für die Berechnung der statisch unbestimmten Schnittgrößen aus Vorspannung stehen verschiedene Verfahren der Schnittgrößenermittlung zur Verfügung (vgl. Abschnitt F.3.3). Wie jedoch bereits erwähnt, kann der statisch unbestimmte Anteil der Vorspannwirkung genügend genau durch den Rechenwert des Zustand I angenähert werden [Rosemeier – 96], so dass i. d. R. die lineare Elastizitätstheorie zugrunde gelegt werden kann. In Abb. F.3.9 wird die Vorgehensweise am Beispiel eines Zweifeldträgers mit abschnittsweise parabolischer Spanngliedführung erläutert.

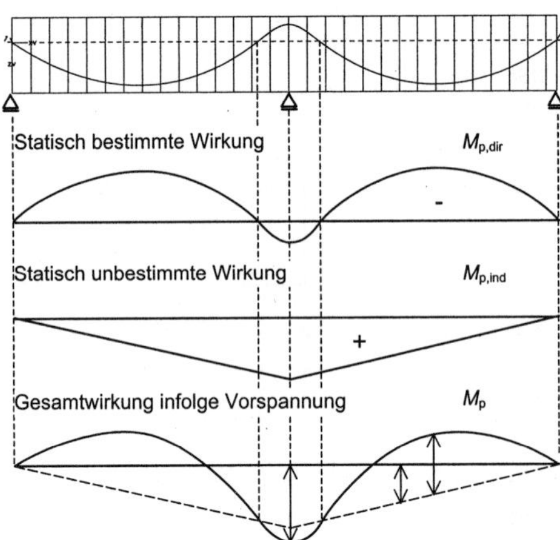

Abb. F.3.9 Wirkung der Vorspannung am Beispiel eines Zweifeldträgers mit abschnittsweise parabolischem Spanngliedverlauf

3.3 Verfahren der Schnittgrößenermittlung

3.3.1 Allgemeines

Zweck der Schnittgrößenermittlung ist die Bestimmung der Verteilung der inneren Kräfte und Momente oder der Spannungen, Dehnungen und Verschiebungen im Tragwerk. Dieser Abschnitt befasst sich im Besonderen mit der Ermittlung der Schnittgrößen und Spannungen infolge Vorspannung, die wesentlich durch das zeitabhängige Materialverhalten (Kriechen, Schwinden und Relaxation) beeinflusst werden.

Die Verfahren der Schnittgrößenermittlung sind in Abschnitt 8 der [E DIN 1045-1 – 00] geregelt. Allgemein ist festzustellen, dass im Betonbau für alle Nachweise im *Grenzzustand der Gebrauchstauglichkeit* nur

- linear-elastische oder
- wirklichkeitsnahe, nichtlineare Verfahren

angewendet werden dürfen.

Für Nachweise im *Grenzzustand der Tragfähigkeit* dürfen dagegen alle in Abschnitt 8 von [E DIN 1045-1 – 00] aufgeführten Verfahren angewendet werden:

- linear-elastische Berechnung,
- linear-elastische Berechnung mit Umlagerung,
- Verfahren nach der Plastizitätstheorie und
- nichtlineare Verfahren.

Im Folgenden werden die einzelnen Verfahren zur Schnittgrößenermittlung kurz zusammengefasst und die Besonderheiten hinsichtlich vorgespannter Tragwerke erläutert.

3.3.2 Linear-elastische Berechnung

Die linear-elastische Berechnung geht von ungerissenen Querschnitten (Zustand I) aus, darf aber auch für die Bemessung gerissener Querschnitte (Zustand II) verwendet werden. Die Baustoffkennwerte gehen mit ihren Mittelwerten (E_{cm}, E_s) in die Berechnung ein, wobei die Bewehrung im Allgemeinen bei der Ermittlung der inneren Kräfte und Momente infolge Vorspannung vernachlässigt werden kann. Für die Ermittlung der Spannungen und Dehnungen infolge Vorspannung darf der Einfluss der Bewehrung jedoch nicht außer Acht gelassen werden.

Die linear-elastische Schnittgrößenermittlung ist das gebräuchlichste Berechnungsverfahren für Betontragwerke, da es im Vergleich zu anderen Verfahren den geringsten Berechnungsaufwand mit sich bringt und i. d. R. zu ausreichend zuverlässig bemessenen Tragwerken führt. Dies darf jedoch nicht darüber hinweg täuschen, dass die derart ermittelten Schnittgrößen insbesondere im Grenzzustand der Tragfähigkeit nur eine grobe Näherung darstellen und z. T. unwirtschaftliche Bemessungsergebnisse liefern.

3.3.3 Linear-elastische Berechnung mit Umlagerung

Das Verfahren linear-elastische Berechnung mit Umlagerung trägt der physikalischen Wirklichkeit Rechnung, dass sich im Grenzzustand der Tragfähigkeit die Schnittgrößen in Bezug auf die linear-elastische Lösung infolge der Rissbildung und plastischer Verformungen umlagern. Durch die planmäßige Ausnutzung derartiger Umlagerungen kann bei vorwiegend auf Biegung beanspruchter Bauteile, wie Durchlaufträgern und -platten sowie Riegel unverschieblicher Rahmen, Bewehrung eingespart und eine gleichmäßigere Bewehrungsverteilung erreicht werden. Dies bezieht sich jedoch nur auf die Betonstahlbewehrung, da die Spannbewehrung im Regelfall von den Anforderungen an die Dauerhaftigkeit und den Nachweisen im Grenzzustand der Gebrauchstauglichkeit bestimmt wird. Ausnahmen sind Fertigteile, die aus Herstellungsgründen gänzlich ohne Betonstahlbewehrung ausgeführt werden. Die maximal mögliche Umlagerung wird zusätzlich durch die Spannungsnachweise im SLS eingeschränkt [Zilch/Bagayoko – 96].

Die Größe möglicher Momentenumlagerungen δ ist von der vorhandenen Rotationskapazität der hoch beanspruchten Tragwerksbereiche abhängig. Die Rotationskapazität hängt u. a. vom mechanischen Bewehrungsgrad ω bzw. der bezogenen Druckzonenhöhe x_d / d ab. Die folgenden Beziehungen zur Begrenzung der Momentenumlagerung wurden aus Versuchen abgeleitet:

- Hochduktiler Stahl:

$\delta \geq 0{,}64 + 0{,}8 \cdot x_d/d \geq 0{,}70$: bis C50/60 (F.3.14a)

$\delta \geq 0{,}72 + 0{,}8 \cdot x_d/d \geq 0{,}80$: ab C55/67 (F.3.14b)

- Normalduktiler Stahl:

$\delta \geq 0{,}64 + 0{,}8 \cdot x_d/d \geq 0{,}85$: bis C50/60 (F.3.14c)

$\delta \geq 1{,}00$: ab C55/67 (F.3.14d)

Spannglieder mit nachträglichem Verbund und ohne Verbund werden als hochduktil, Spannglieder im sofortigem Verbund als normalduktil eingestuft. Bei Einhaltung dieser Grenzen darf ohne weiteren Nachweis von einer ausreichenden Rotationskapazität des kritischen Querschnitts ausgegangen werden.

3.3.4 Verfahren nach der Plastizitätstheorie

Sollen bei Durchlaufträgern etc. größere Momentenumlagerungen vorgenommen werden, als nach Gleichung (F.3.14) zugelassen, dann ist ein expliziter Nachweis ausreichender Rotationsfähigkeit zu führen. [E DIN 1045-1 – 00] stellt hierfür einen vereinfachten Nachweis der plastischen Rotation zur Verfügung. Der Nachweis gilt als erbracht, wenn die vorhandene Rotation Θ_s den Bemessungswert der möglichen Rotation $\Theta_{pl,d}$ nicht überschreitet. Die vorhandene Rotation ist auf der Basis der Bemessungswerte der Einwirkungen und der rechnerischen Mittelwerte der Baustoffeigenschaften nach [E DIN 1045-1 – 00], 8.5.1 (4) sowie der mittleren Vorspannung zum maßgebenden Zeitpunkt zu berechnen. Dabei darf für Spannbetonquerschnitte die in Abb. F.3.10 dargestellte vereinfachte Momenten-Krümmungs-Beziehung verwendet werden. Die zulässige plastische Rotation darf nach [E DIN 1045-1 – 00] vereinfachend durch Multiplikation des Grundwertes der zulässigen Rotation mit einem Korrekturfaktor k_λ zur Berücksichtigung der Schubschlankheit ermittelt werden. Für Angaben bezüglich einer genaueren Ermittlung der zulässigen plastischen Rotation wird auf das DAfStb-Heft 5xx verwiesen.

F

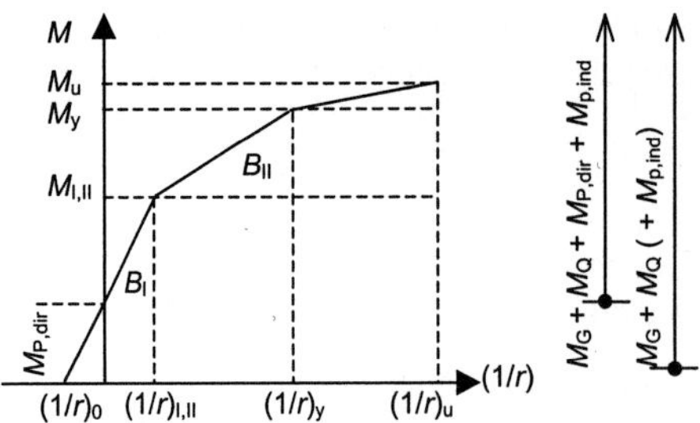

Abb. F.3.10 Vereinfachte Momenten - Krümmungs - Beziehung für Spannbetonquerschnitte nach [E DIN 1045-1 – 00]

Verfahren der Schnittgrößenermittlung nach der Plastizitätstheorie sind nur für die Nachweise im Grenzzustand der Tragfähigkeit anwendbar. Eine Ausnahme bilden Stabwerkmodelle („strut-and-tie-model"), die zu den plastischen Verfahren gehören und nach [Schlaich/Schäfer – 98] auch für Nachweise unter Gebrauchslasten herangezogen werden können. Die Verträglichkeitsbedingungen sind bei diesem Verfahren nicht erfüllt, werden jedoch näherungsweise durch die Forderung, dass die Modelle sich an dem Kraftfluss der linearen Elastizitätstheorie orientieren müssen, berücksichtigt. Hierbei ist besonders auf die Lage und Richtung der Druckstreben zu achten. Die Zugstreben des Stabwerkmodells sollen nach Lage und Richtung mit der eingelegten Bewehrung übereinstimmen. Aus den genannten Gründen dürfen zum Beispiel nach [E DIN 1045-1 – 00], 11.2.1 (11) die aus den Stabkräften ermittelten Stahlspannungen als Grundlage für die Rissbreitenbeschränkung verwendet werden.

Stabwerkmodelle eignen sich generell für die Modellierung von D-Bereichen im Betonbau. Als D-Bereiche oder Diskontinuitätsbereiche werden Bereiche eines Tragwerks bezeichnet, in denen die *Bernoulli*-Hypothese vom Ebenbleiben der Querschnitte nicht erfüllt ist. Dies kann aufgrund geometrischer Diskontinuitäten (z. B. Querschnittssprünge, Rahmenecken, Knicke und Aussparungen) oder statischer Diskontinuitäten (z. B. Einzellasten, Auflagerkräfte) der Fall sein. Im Spannbetonbau häufig vorkommende D-Bereiche sind Verankerungs-, Kopplungs- und Umlenkstellen (vgl. Abschnitt F.7). Einen umfassenden Überblick über die Theorie und Anwendung von Stabwerkmodellen bietet [Schlaich/Schäfer – 93]. Das Bemessen mit Stabwerkmodellen wird in [E DIN 1045-1 – 00], Abschnitt 10.6 geregelt.

3.3.5 Nichtlineare Verfahren

Der Ausdruck „Nichtlineare Verfahren" bezieht sich nach [E DIN 1045-1 – 00], 8.1 (5) auf Berechnungsverfahren, welche die physikalisch nichtlinearen Verformungseigenschaften (Rissbildung und nichtlineare σ-ε-Beziehung der verwendeten Materialien) von Stahlbeton- und Spannbetonquerschnitten berücksichtigen. Demgegenüber werden Verfahren, welche die Gleichgewichtsbedingungen am verformten Tragwerk formulieren, als „Berechnung nach Theorie II. Ordnung" bezeichnet. Nichtlineare Verfahren dürfen sowohl für die Nachweise im SLS als auch im ULS verwendet werden, da sie die Tragwerksantwort unter allen Laststufen wirklichkeitsnah abbilden können (vgl. [Graubner – 97]). Nichtlineare Verfahren erfüllen sowohl die Gleichgewichts- als auch die Verträglichkeitsbedingungen.

Nach [E DIN 1045-1 – 00] darf bei der Anwendung nichtlinearer Berechnungsverfahren von einem konstanten Teilsicherheitsbeiwert $\gamma_R = 1{,}3$ für die Widerstandsseite ausgegangen werden, wenn die sogenannten rechnerischen Mittelwerte (f_{cR}, f_{yR}) der Baustoffeigenschaften anstelle der charakteristischen Werte (f_{ck}, f_{yk}) zugrunde gelegt werden (vgl. [Graubner/Six – 99]).

3.4 Spannkraftverluste

3.4.1 Spannkraftverluste infolge Reibung

Beim Vorspannen mit nachträglichem Verbund und ohne Verbund geht vor allem bei gekrümmter Spanngliedführung ein Teil der Vorspannkraft durch Reibung verloren. Die Vorspannkraft ist deshalb über die Spanngliedlänge nicht konstant. Mathematisch wird dieser Reibungsverlust durch die Differentialgleichung der Seilreibung beschrieben.

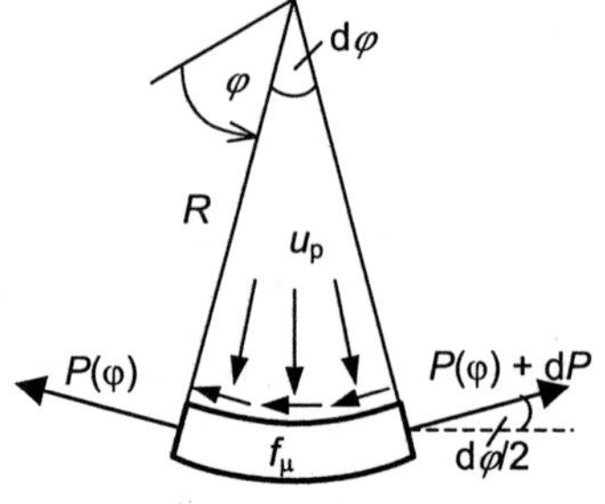

Abb. F.3.11 Reibung Spannglied / Hüllrohrwand

Nach *Coulomb* tritt bei einem Reibbeiwert μ für die Kontaktfläche Spannglied/Hüllrohrwand die folgende Reibkraft f_μ auf:

$f_\mu = \mu \cdot u_p = \mu \cdot P / R$

Horizontales Gleichgewicht am infinitesimalen Spanngliedelement liefert:

$$dP + \mu \cdot \frac{P}{R} \cdot R \cdot d\varphi = 0 \Rightarrow \frac{dP}{d\varphi} + \mu \cdot P = 0 \qquad \text{(F.3.15)}$$

Nach Trennung der Veränderlichen erhält man durch Integration (implizit) die allgemeine Lösung:

$$\int \frac{dP}{P} = -\int \mu \cdot d\varphi \Rightarrow \ln P = -\mu \cdot \varphi + C$$

Mit der Randbedingung $P(\varphi = 0) = P_0$ an der Spannstelle ergibt sich die Integrationskonstante C zu $\ln P_0$.

$$\ln P - \ln P_0 = \ln \frac{P}{P_0} = -\mu \cdot \varphi \quad \Rightarrow \qquad \text{(F.3.16)}$$
$$P(x) = P_0 \cdot e^{-\mu \cdot \varphi(x)}$$

In Gl.(F.3.16) ist $\varphi(x)$ die Summe der absoluten Werte der Winkelverdrehungen (in Bogenmaß) über die Länge x. Der Reibbeiwert μ zwischen Spannglied und Hüllrohr hängt von der Oberflächenbeschaffenheit der Spannglieder und der Hüllrohre, einem möglichen Korrosionsbefall, der Längenänderung des Spannglieds und der Spanngliedprofilierung ab. Der Wert μ ist der Zulassung des jeweiligen Spannverfahrens zu entnehmen (vgl. Tafel F.2.2). In [ENV 1992-1-1 – 92] werden die folgenden Richtwerte für Spannglieder, die ungefähr 50 % des Hüllrohrquerschnitts ausfüllen angegeben:

– kaltgezogener Draht	0,17
– Litzen	0,19
– gerippter Stab	0,65
– glatter Rundstab	0,33

Neben dem planmäßigen Umlenkwinkel Θ sind auch die sogenannten „ungewollten" Umlenkwinkel k (pro Längeneinheit) in Gleichung (F.3.16) zu berücksichtigen. Sie entstehen infolge einer nicht ganz planmäßigen Führung der Spannkanäle und dem girlandenartigen Durchhang zwischen den Unterstützungen (vgl. Abb. F.3.12).

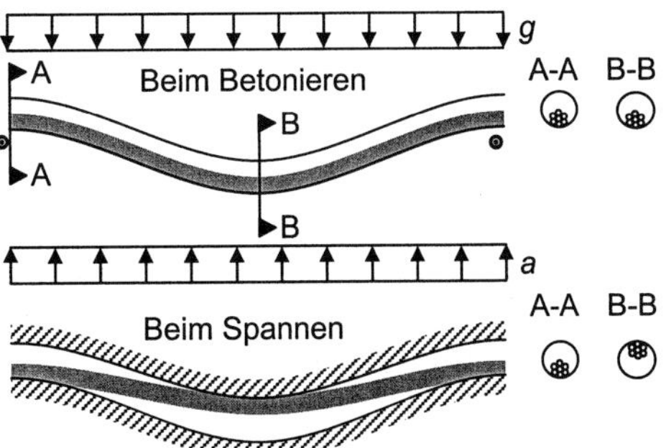

Abb. F.3.12 Entstehung des „ungewollten" Umlenkwinkels k nach [Theile – 86]

Der ungewollte Umlenkwinkel k ist abhängig von dem Abstand zwischen Spanngliedunterstützungen, von der Art des Hüllrohres und vom Grad der Verdichtung (Rütteln) beim Einbringen des Betons. Die Werte für k sind in den technischen Zulassungsbescheiden angegeben und werden im Allgemeinen im Bereich $0{,}005 < k < 0{,}01$ pro lfdm liegen (vgl. Tafel F.2.2).

In [E DIN 1045-1 – 00] wird Gl. (F.3.16) in der folgenden Form angegeben:

$$\Delta P_\mu(x) = P_0 \cdot (1 - e^{-\mu(\Theta + k \cdot x)}) \qquad \text{(F.3.17)}$$

Für kleine Exponenten, etwa $\mu(\Theta + k \cdot x) < 0{,}1$, kann Gleichung (F.3.17) wie folgt vereinfacht werden:

$$\Delta P_\mu(x) = P_0 \cdot \mu(\Theta + k \cdot x) \qquad \text{(F.3.18)}$$

Nach [DAfStb-H282 – 77] ist bei Krümmung der Spannglieder in einer vertikalen Ebene als Umlenkwinkel im jeweiligen Spanngliedabschnitt Δx nicht die Summe aus planmäßiger Umlenkung Θ und ungewollter Umlenkung $k \cdot x$, sondern nur der jeweils größere Betrag maßgebend. Dies wurde in der neuen [E DIN 1045-1 – 00] nicht berücksichtigt.

3.4.2 Spannkraftverluste infolge Kriechen, Schwinden und Relaxation

Da die Vorspannung im allgemeinen zur Sicherstellung angemessener Dauerhaftigkeit (Korrosionsschutz der Bewehrung durch Begrenzung der Rissbildung) oder zur Einhaltung von Durchbiegungsbegrenzungen eingesetzt wird, ist es wichtig zu wissen, wie sich durch Kriechen und Schwinden des Betons sowie durch die Relaxation des Spannstahls die Vorspannkraft mit der Zeit ändert.

F

Der Einfluss von Kriechen und Schwinden auf die Verformungen kann in guter Näherung durch das Berechnungsverfahren von *Trost* berücksichtigt werden, welches in [ENV 1992-1-1 – 92] in der folgenden Form aufgenommen wurde:

$$\varepsilon_{tot}(t,t_0) = \varepsilon_n(t) + \sigma(t_0)\cdot\left[\frac{1}{E_c(t_0)} + \frac{\varphi(t,t_0)}{E_{c(28)}}\right] + \left[\sigma(t) - \sigma(t_0)\right]\cdot\left[\frac{1}{E_c(t_0)} + \chi\frac{\varphi(t,t_0)}{E_{c(28)}}\right] \quad \text{(F.3.19)}$$

Hierin sind:

t_0	Zeitpunkt bei Belastungsbeginn
t	betrachteter Zeitpunkt
$\sigma(t)$	Betondruckspannung zum Zeitpunkt t
$\sigma(t_0)$	Betondruckspannung zum Zeitpunkt t_0
$\varepsilon_{tot}(t,t_0)$	Gesamtdehnung des Betons zur Zeit t
$\varepsilon_n(t)$	spannungsunabhängige, aufgezwungene Verformung (Schwinden oder Temperatur)
$E_c(t_0)$	Elastizitätsmodul (Tangentenmodul) zum Zeitpunkt t_0
$E_{c(28)}$	Elastizitätsmodul (Tangentenmodul) nach 28 Tagen
$\varphi(t,t_0)$	Kriechzahl, bezogen auf die mit $E_{c(28)}$ ermittelte elastische Verformung
χ	Relaxationsbeiwert für Beton (i. d. R. = 0,8)

Für die Berechnung der Spannkraftverluste werden vereinfachend die Tangentenmoduln $E_c(t_0)$ und $E_{c(28)}$ mit dem Sekantenmodul E_{cm} gleichgesetzt. Die Änderung der Betondehnung lautet dann wie folgt:

$$\Delta\varepsilon_c(t,t_0) = \varepsilon_n(t) + \varphi(t,t_0)\frac{\sigma(t_0)}{E_{cm}} + \left[1 + \chi\cdot\varphi(t,t_0)\right]\frac{\Delta\sigma(t,t_0)}{E_{cm}} \quad \text{(F.3.20)}$$

Bei konstanter Längenänderung des Spannstahls verringert sich im Laufe der Zeit die Anfangsspannung um das Maß $\Delta\sigma_{pr}$. Dieses Phänomen nennt man Relaxation. Werte für $\Delta\sigma_{pr}$ sind prinzipiell der entsprechenden Zulassung in Abhängigkeit vom Verhältnis Anfangsspannung zur charakteristischer Zugfestigkeit (σ_{p0}/f_{pk}) des Spannstahls zu entnehmen. Näherungsweise dürfen auch die Werte nach [E DIN 1045-1 – 00], Bild 28 verwendet werden (vgl. Abb. F.3.14).

Für die Schnittgrößen des Betonquerschnitts und die Normalkraft im Spannstrang zum Zeitpunkt t lässt sich schreiben:

$$M_c(t) = M_c(t_0) + \Delta M_c(t,t_0)$$
$$N_c(t) = N_c(t_0) + \Delta N_c(t,t_0)$$
$$N_p(t) = N_p(t_0) + \Delta N_p(t,t_0)$$

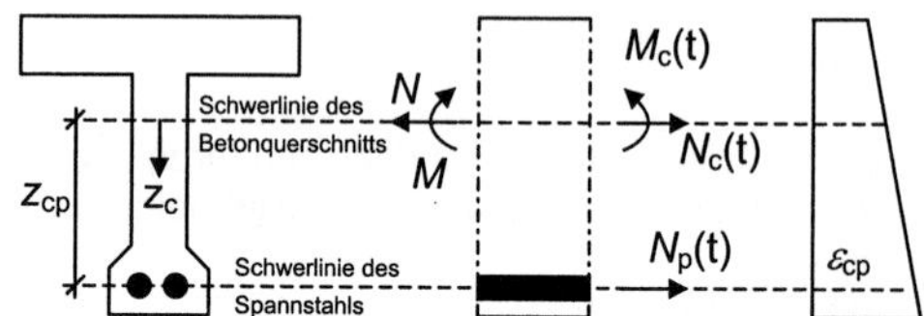

Abb. F.3.13 Umlagerung der inneren Kräfte infolge Kriechen, Schwinden und Relaxation

Für die Umlagerungsschnittgrößen gelten die folgenden Gleichgewichtsbedingungen:

$$\Delta N_c + \Delta N_p = 0 \quad \Rightarrow \quad \Delta N_c = -\Delta N_p$$
$$\Delta M_c + \Delta N_p \cdot z_{cp} = 0 \quad \Rightarrow \quad \Delta M_c = -\Delta N_p \cdot z_{cp}$$

Bei Annahme eines ideellen Verbundes zwischen Beton und Stahl muss weiterhin gelten (Kompatibilität):

$$\Delta\varepsilon_p = \Delta\varepsilon_{cp}$$

Für die Spannungsänderung im Spannstahl unter Berücksichtigung von Kriechen, Schwinden und Relaxation ($\Delta\sigma_{pr}$ ist negativ einzusetzen) kann man schreiben:

$$\Delta\sigma_p = \Delta\varepsilon_p\cdot E_s + \Delta\sigma_{pr} = \Delta N_p / A_p$$
$$\Rightarrow \quad \Delta\varepsilon_p = (\Delta\sigma_p - \Delta\sigma_{pr})/E_s$$

Die Dehnungsänderung der Betonfaser in Höhe des Spannstrangs ergibt sich anlog zu Gleichung (F.3.20):

$$\Delta\varepsilon_{cp} = \varepsilon_n + \varphi\frac{\sigma_{cp}^{\;0}}{E_{cm}} + (1 + \chi\cdot\varphi)\left(\frac{\Delta N_c}{E_{cm}A_c} + \frac{\Delta M_c}{E_{cm}I_c}z_{cp}\right)$$

Hierin bedeutet $\sigma_{cp}^{\;0}$ der Anfangswert der Betonspannung in Höhe des Spannstrangs infolge der kriecherzeugenden Dauerlasten (quasiständige Einwirkungskombination + Vorspannung).

Einsetzen von $\Delta\varepsilon_p$ und $\Delta\varepsilon_{cp}$ in die Kompatibilitätsbedingung liefert unter Berücksichtigung der Gleichgewichtsbedingungen und $\chi = 0{,}8$ die folgende Gleichung, welche auch in [E DIN 1045-1 – 00] aufgenommen wurde:

$$\Delta\sigma_{p,c+s+r} = \qquad \text{(F.3.21)}$$

$$= \frac{\varepsilon_{cs}(t,t_0)\cdot E_s + \Delta\sigma_{pr} + \alpha_e \cdot \varphi(t,t_0)(\sigma_{cg} + \sigma_{cp0})}{1+\alpha_p \dfrac{A_p}{A_c}\left(1+\dfrac{A_c}{I_c} z_{cp}^2\right)[1+0{,}8\cdot\varphi(t,t_0)]}$$

Hierin sind:

$\Delta\sigma_{p,c+s+r}$ Spannungsänderung im Spannstahl infolge Kriechen (creep), Schwinden (shrinkage) und Relaxation (relaxation)

$\varepsilon_{cs}(t,t_0)$ Schwindmaß nach [E DIN 1045-1 – 00], Abschnitt 9.1.4

α_p $= E_s / E_{cm}$

$\Delta\sigma_{pr}$ Spannungsänderung in den Spanngliedern an der Stelle x infolge Relaxation ($\Delta\sigma_{pr} < 0$).

$\varphi(t,t_0)$ Kriechzahl nach [E DIN 1045-1 – 00], Abschnitt 9.1.4

σ_{cg} Betonspannung in Höhe der Spannglieder aus quasi-ständigen Einwirkungen

σ_{cp0} Betonspannung in Höhe der Spannglieder infolge Vorspannung

Die in [E DIN 1045-1 – 00], Abschnitt 9.1.4 angegebenen Nomogramme zur Bestimmung der Endkriechzahl $\varphi(\infty,t_0)$, liefern für höherfeste Betone kleinere Werte im Vergleich zu den Regelungen nach [DIN 4227 – 88]. Damit soll der bisherigen Überschätzung der Kriechverformungen insbesondere im Brückenbau Rechnung getragen werden.

Der Relaxationsverlust $\Delta\sigma_{pr}$ im Spannstahl an der Stelle x darf für ein Verhältnis Ausgangsspannung / charakteristische Zugfestigkeit (σ_{p0} / f_{pk}) bestimmt werden mit einer Ausgangsspannung von $\sigma_{p0} = \sigma_{pg0} - 0{,}3\cdot\Delta\sigma_{p,c+s+r}$, wobei σ_{pg0} die anfängliche Spannstahlspannung aus Vorspannung und ständigen Einwirkungen ist. Zur Vereinfachung und auf der sicheren Seite liegend darf darin der zweite Ausdruck vernachlässigt werden. Für Tragwerke des üblichen Hochbaus darf σ_{p0} zu $0{,}95\cdot\sigma_{pg0}$ angenommen werden. Ansonsten ist $\Delta\sigma_{pr}$ in Gleichung F.3.21 iterativ zu ermitteln.

3.4.3 Spannkraftverluste infolge elastischer Bauteilverkürzung

Bei der Vorspannung mit nachträglichen Verbund und ohne Verbund werden die einzelnen Spannglieder i. d. R. nacheinander vorgespannt, da natürlich nicht für jedes Spannglied eine Presse vorgehalten werden kann. Durch die Bauteilverkürzung beim Spannen eines Spannglieds verlieren die bereits vorher gespannten Spannglieder einen Teil ihrer Vorspannung.

Wird ein Spannglied mit der Kraft P'_0 angespannt, dann berechnet sich die Bauteilverkürzung ΔL unter Vernachlässigung der Momentenwirkung zu:

$$\Delta L = \frac{P'_0 \cdot L}{E_{cm}\cdot A_{cn}}$$

Die Gesamtverkürzung des ersten Spannglieds durch das Spannen von $(n-1)$ weiteren Spanngliedern beträgt dann:

$$\Delta L = (n-1)\cdot\frac{P'_0 \cdot L}{E_{cm}\cdot A_{cn}}$$

Hiermit ergibt sich der Spannkraftverlust im ersten Spannglied zu:

$$\Delta P_c = (n-1)\cdot P'_0 \cdot \frac{E_p \cdot A_p}{E_{cm}\cdot A_{cn}} \qquad \text{(F.3.22)}$$

Diese Spannkraftverluste infolge elastischer Bauteilverkürzung können im Allgemeinen durch planmäßiges Überspannen kompensiert werden. Jedoch darf nach [E DIN 1045-1 – 00] wegen der hohen zulässigen Spannungen nur relativ wenig überspannt werden (z. B. für St 1570/1770: $\sigma_{0,max} / \sigma_{Pm0} - 1 = 1350/1275 - 1 \approx 6$ %), so dass auch im Hinblick auf die zusätzlichen Reibungsverluste die zulässigen Spannungen nicht immer voll ausgenutzt werden können.

F

4 Entwurfskriterien und Vordimensionierung

4.1 Voraussetzungen für Entwurf und Ausführung von Spannbetonbauteilen

Im Spannbetonbau wird hochfester Spannstahl verwendet, der sehr empfindlich auf kleinste Beschädigungen reagiert. Die Verwendung bzw. Verarbeitung dieser zudem hoch ausgenutzten Zugglieder erfordert daher besondere Sorgfalt und Erfahrung. Darüber hinaus reagieren vorgespannte Bauteile empfindlicher auf Ungenauigkeiten in Berechnung und Ausführung, da den Nachweisen in den Grenzzuständen der Gebrauchstauglichkeit und Tragfähigkeit oft Differenzen großer Zahlen zugrunde liegen. Aus den genannten Gründen sollten nur solche Ingenieure und Unternehmer mit der Planung und der Herstellung von Spannbetontragwerken betraut werden, die gründliche Kenntnis und Erfahrung in dieser Bauart besitzen und damit Gewähr für eine einwandfreie Bemessung und Ausführung bieten.

4.2 Anforderungen an die Dauerhaftigkeit von Spannbetonbauteilen

4.2.1 Allgemeines

Grundsätzlich muss die Dauerhaftigkeit eines Tragwerks so auf seine Umwelt abgestimmt sein, dass es während der geplanten Nutzungsdauer bei angemessenem Instandhaltungsaufwand gebrauchsfähig bleibt. Maßnahmen zur Sicherstellung ausreichender Dauerhaftigkeit werden in [E DIN 1045-1 – 00], Abschnitt 6 bereitgestellt.

Die Dauerhaftigkeit von Betontragwerken kann durch direkte (Last) und indirekte (Zwang) Einwirkungen als auch durch Umwelteinflüsse beeinträchtigt werden. Umwelteinwirkungen resultieren aus chemischen oder physikalischen Beanspruchungen des Tragwerks, die sich aus dem Tragverhalten (z. B. Rissbildung) ergeben.

Chemischer Angriff kann resultieren aus

- den vorliegenden Umweltbedingungen
- der Nutzung eines Bauwerks
- Berührung mit Gasen oder Lösungen
- im Beton enthaltenen Chloriden
- Reaktionen zwischen den Betonbestandteilen (Alkalireaktionen).

Physikalischer Angriff kann erfolgen durch

- Verschleiß
- Temperaturwechsel
- Frost-Tau-Wechselwirkung
- Eindringen von Wasser.

Nach [E DIN 1045-1 – 00] werden zukünftig die Umweltbedingungen je nach Angriffsart (Bewehrungskorrosion oder Betonangriff) unterschiedlich klassifiziert. Somit können mehr als eine Umgebungsklasse für ein und dasselbe Bauteil relevant werden. In Abhängigkeit der maßgebenden Umgebungsklasse ergeben sich die Mindestanforderungen zur Gewährleistung einer ausreichenden Dauerhaftigkeit. Dies sind u. a. die Mindestbetonfestigkeitsklasse, die Mindestbetondeckung sowie die Mindestanforderungsklassen. Über die Anforderungsklassen werden die Nachweise im Grenzzustand der Gebrauchstauglichkeit festgelegt.

Die anstehenden Umweltbedingungen können hinsichtlich der Bewehrungskorrosion nach Tabelle 6.1, [E DIN 1045-1 – 00] in die Klassen X0 (kein Angriffsrisiko), XC (karbonatisierungsinduzierte Korrosion), XD (chloridinduzierte Korrosion) sowie XS (chloridinduzierte Korrosion aus Meerwasser) eingeteilt werden. Bezüglich des Betonangriffs ist nach [E DIN 1045-1 – 00], Tabelle 6.2, zwischen den Klassen X0 (kein Angriffsrisiko), XA (chemischer Angriff), XF (Frost-Tauwechsel-Beanspruchung) und XM (Verschleißangriff) zu unterscheiden.

4.2.2 Mindestbetonfestigkeitsklasse

Grundsätzlich ist die erforderliche Mindestbetonfestigkeitsklasse in Abhängigkeit der Umgebungsklassen zu bestimmen. Für Spannbetontragwerke gelten zusätzlich folgende Anforderungen:

- ***Vorspannung mit nachträglichem Verbund*** Mindestbetonfestigkeitsklasse C 25/30 bzw. LC 25/28
- ***Vorspannung mit sofortigem Verbund*** Mindestbetonfestigkeitsklasse C 30/37 bzw. LC 30/33

Die letztgenannten Anforderungen für Spannbetontragwerke decken bereits die baupraktisch vorherrschenden Umweltbedingungen weitgehend ab. Lediglich bei chloridinduzierter Korrosion (Klassen XD und XS) und bei Verschleißangriff (Klasse XM) werden nach Tabelle 6.1 bzw. Tabelle 6.2, [E DIN 1045-1 – 00] höhere Mindestbetonfestigkeiten erforderlich.

4.2.3 Mindestbetondeckung und Mindestabstände der Spannglieder

Eine wesentliche Anforderung an die Dauerhaftigkeit ist die Gewährleistung eines ausreichenden Korrosionsschutzes der Bewehrung, welche entscheidend von einer ausreichend dicken und dichten Betondeckung abhängt. Die Mindestbetondeckung c_{min} hat neben dem Schutz der Bewehrung vor Korrosion ferner die sichere Übertragung von Verbundkräften (Abplatzen) sowie einen angemessenen Brandschutz zu gewährleisten. Besondere Anforderungen an den Feuerwiderstand werden in [E DIN 1045-1 – 00] nicht behandelt und sind daher den einschlägigen Normen zu entnehmen.

Zur Einhaltung der beschriebenen Anforderungen ist die Mindestbetondeckung c_{min} der Tabelle 6.3, [E DIN 1045-1 – 00] in Abhängigkeit der Umgebungsklasse zu entnehmen. Für Spannbetonbauteile sind darüber hinaus folgende Regelungen zu beachten:

- ***Vorspannung mit sofortigem Verbund***
  $c_{min} \geq 2{,}5\ d_s$ für Litzen
  $c_{min} \geq 3{,}0\ d_s$ für gerippte Drähte
  (d_s = Nenndurchmesser des Spannglieds)
- ***Vorspannung mit nachträglichem Verbund***
  $c_{min} \geq d_{duct}$
  (d_{duct} = äußerer Hüllrohrdurchmesser)
- ***Interne Vorspannung ohne Verbund***
  Bei interner Vorspannung ohne Verbund ist die Mindestbetondeckung in den Verankerungsbereichen der bauaufsichtlichen Zulassung zu entnehmen.

Für die Umgebungsklasse XC beträgt die Mindestbetondeckung je nach Beanspruchungsintensität zwischen 20 mm und 35 mm. In den Umgebungsklassen XD und XS ist stets ein Wert von 50 mm einzuhalten. Bei Bauteiloberflächen mit mehreren zutreffenden Umweltbedingungen ist stets die ungünstigste maßgebend. Bei Verschleißangriff nach Umgebungsklasse XM1 bis XM3 sind die vorgenannten Mindestmaße um 5 mm bis 15 mm zu erhöhen. Bei Bauteilen, deren Betonfestigkeit um 2 Festigkeitsklassen größer ist als die Mindestbetonfestigkeit, darf die Mindestbetondeckung dagegen um 5 mm vermindert werden.

In der Regel versteht man unter der Mindestbetondeckung den 5%-Quantilwert. Dementsprechend ist zur Bestimmung des Nennmaßes c_{nom} ein Vorhaltemaß Δc = 15 mm zu berücksichtigen. Lediglich für Bauteile in trockenen Innenräumen bzw. bei Umgebungsklasse XC1 genügt ein Vorhaltemaß von 10 mm. Wenn durch entsprechende Maßnahmen der Qualitätssicherung bei Planung und Ausführung eine höhere Herstellungsgenauigkeit gewährleistet ist, kann das Vorhaltemaß ebenfalls reduziert werden (z. B. im Fertigteilbau). Genauere Angaben enthalten die Merkblätter des Deutschen Betonvereins „Betondeckung und Bewehrung" und „Abstandhalter".

Es sei darauf hingewiesen, dass im Brückenbau weiter gehende Forderungen hinsichtlich der Mindestbetondeckung des Spannstahls zu beachten sind [ZTV-K – 96]. Beispielsweise ist für die Längsspannglieder mit nachträglichem Verbund eine Betondeckung des Hüllrohrs von 100 mm, bezogen auf die Fahrbahnplatte, einzuhalten. Für Querspannglieder (Fahrbahnplatte) gilt in diesem Fall $c_{min} \geq 80$ mm.

Im Zusammenhang mit der sicheren Übertragung von Verbundkräften sowie dem ordnungsgemäßen Einbringen und Verdichten des Betons (Dichtheit der Betondeckung) ist auch der lichte Abstand zwischen parallelen Einzelstäben bzw. waagerechten Lagen paralleler Stäbe zu sehen. Der waagerechte und senkrechte lichte Mindestabstand einzelner Spanndrähte oder -litzen mit sofortigem Verbund ist in Abb. F.4.1 dargestellt.

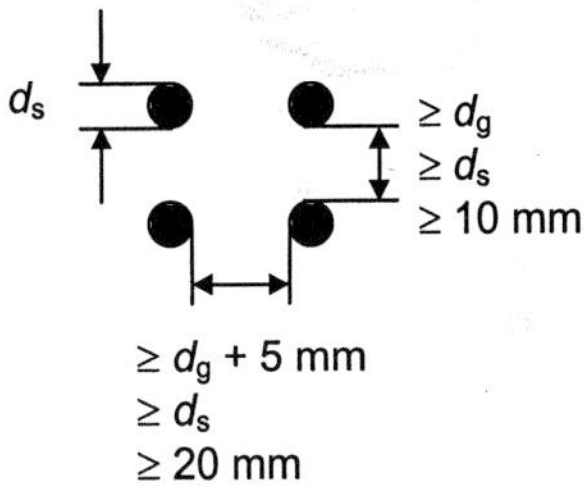

Abb. F.4.1 Lichter Mindestabstand für Spannglieder mit sofortigem Verbund

Bei Spanngliedern mit nachträglichem Verbund darf der lichte Abstand zwischen den Hüllrohren nicht kleiner sein als der 0,8fache äußere Hüllrohrdurchmesser bzw. 40 mm waagerecht und 50 mm senkrecht. Der größere Wert ist maßgebend.

Für interne Spannglieder ohne Verbund gelten die gleichen Regelungen wie bei nachträglichem Verbund. Der Abstand zwischen extern geführten Spanngliedern richtet sich nach der Austauschbarkeit und Inspizierbarkeit.

Nicht zuletzt richtet sich der Mindestabstand zwischen Spanngliedern auch nach dem etwaigen Platzbedarf für Innenrüttler (Rüttellücken).

4.2.4 Mindestanforderungsklassen

Die Dauerhaftigkeit von Spannbetontragwerken wird maßgeblich durch eine mögliche Rissbildung im Grenzzustand der Gebrauchstauglichkeit beeinflusst. Daher sieht [E DIN 1045-1 – 00] vor, Rissbildung in Spannbetonbauteilen unter bestimmten Einwirkungskombinationen des SLS zu vermeiden und/oder die auftretenden Rissbreiten auf ein vertretbares Maß zu begrenzen. Hierzu ist das Bauteil in eine sogenannte Anforderungsklasse einzuordnen, welche die Einwirkungskombination festlegt, unter der die Nachweise der Dekompression (keine Zugspannungen im Querschnitt) bzw. der Rissbreitenbegrenzung zu führen sind (vgl. Tafel F.4.1).

Tafel F.4.1 Anforderungen an die Dekompression und die Begrenzung der Rißbildung

Anforderungsklasse	Einwirkungskombination für den Nachweis der: Dekompression	Rissbreite w_k	w_k mm
A	selten	–	
B	häufig	selten	0,2
C	quasi-ständig	häufig	
D		häufig	
E		quasi-ständig	0,3
F		quasi-ständig	0,4

Die Anforderungsklassen A–F ersetzen sinngemäß die bisherige Klassifizierung nach [DIN 4227 – 88] bezüglich des Vorspanngrades (volle, beschränkte, teilweise oder ohne Vorspannung). Im Regelfall hat die Wahl der gewünschten Anforderungsklasse durch den Bauherrn zu erfolgen, wobei beachtet werden muss, dass für verschiedene Zustände (Bau-, Endzustand) und Tragrichtungen (z. B. Längs-, Querrichtung) unterschiedliche Klassen sinnvoll sein können.

[E DIN 1045-1 – 00] definiert den Grenzzustand der Dekompression derart, dass unter der maßgebenden Einwirkungskombination der Betonquerschnitt im Bauzustand am Rand der vorgedrückten Zugzone und im Endzustand vollständig unter Druckspannungen steht. Dies bedeutet, dass ein entsprechender Nachweis im Endzustand auch für den dem Spannstahl abliegenden Querschnittsrand zu führen ist. Diese sehr strenge Forderung ist nach Meinung der Verfasser zur Sicherstellung einer angemessenen Dauerhaftigkeit nicht erforderlich und führt in vielen Fällen zu unwirtschaftlichen Vorspanngraden [Six – 98]. Daher wird vorgeschlagen, den Nachweis der Dekompression zu jedem Zeitpunkt im Bereich der vorgedrückten Zugzone zu führen. Am gegenüberliegenden Querschnittsrand sollte lediglich die Rissbreite auf das in Tafel F.4.1 angegebene Maß begrenzt werden. Dies hätte zur Folge, dass in Tafel F.4.1 für die Anforderungsklasse A ein Rissbreitennachweis unter seltener Einwirkungskombination zu fordern wäre.

Üblicherweise sollte die gewünschte Anforderungsklasse vom Bauherrn bestimmt werden. Unabhängig davon ist nach [E DIN 1045-1 – 00] zur Sicherstellung hinreichender Dauerhaftigkeit eine Mindestanforderungsklasse in Abhängigkeit der vorliegenden Umweltbedingungen und der gewählten Vorspannart einzuhalten.

Tafel F.4.2 Mindestanforderungsklassen in Abhängigkeit der Umgebungsklasse für Bewehrungskorrosion

Umgebungsklasse	nachträgl. Verbund	sofortiger Verbund	ohne Verbund
X0, XC1	D	D	F
XC2, XC3, XC4	C [1)]	C	E
XD1, XD2, XS1, XS2, XS3	C [1)]	B	E
XD3	besondere Maßnahmen		

[1)] Wird der Korrosionsschutz anderweitig sichergestellt, darf Anforderungsklasse D verwendet werden. Hinweise hierzu sind den bauaufsichtlichen Zulassungen der Spannverfahren zu entnehmen.

4.3 Vordimensionierung von Spannbetonbauteilen

4.3.1 Grundlagen

Im Regelfall werden die Tragwerksabmessungen in einem Vorentwurf nach funktionellen, statischen, wirtschaftlichen, ausführungstechnischen und ästhetischen Gesichtspunkten festgelegt. In diesem Zusammenhang ist eine Vordimensionierung der notwendigen Querschnittsabmessungen sowie des erforderlichen Spannstahlbedarfs von großer Bedeutung. Mit Hilfe zunächst abgeschätzter äußerer Einwirkungen ist es möglich, diese Größen für die maximal beanspruchten Tragwerksbereiche näherungsweise vorab zu bestimmen. Dabei genügt es im Allgemeinen, die maximale Biegebeanspruchung als Grundlage zu verwenden.

Die nachfolgenden Ausführungen sollen helfen, eine Vordimensionierung der Querschnitte entsprechend den vorhandenen Schnittgrößen zu gestatten. Hierfür können Überschlagsformeln angegeben werden, um die notwendigen Abmessungen der Biegedruckzone und der vorgedrückten Zugzone sowie den erforderlichen Spannstahlquerschnitt in den Grenzzuständen der Gebrauchstauglichkeit und der Tragfähigkeit vorab zu dimensionieren. Solche Überschlagsformeln wurden bereits von [Kupfer – 94] vorgeschlagen, die sich jedoch auf die Regelungen nach [DIN 4227 – 88] beziehen. Es erscheint sinnvoll, entsprechende Ansätze auch auf der Grundlage von [E DIN 1045-1 – 00] herzuleiten.

Für die Wahl der Querschnittsform ist das Verhältnis der ständigen Einwirkungen zu den maximalen Einwirkungen von entscheidender Bedeutung. Bei kleinem Anteil veränderlicher Einwirkungen entstehen verhältnismäßig hohe Biegedruckspannungen, d. h., die Biegedruckzone muss möglichst groß gewählt werden, während der Querschnitt der vorgedrückten Zugzone klein gehalten werden kann. In diesem Fall ist ein Plattenbalkenquerschnitt zweckmäßig. Bei großem Anteil veränderlicher Einwirkungen und insbesondere bei wechselnder Biegebeanspruchung mit gleichzeitig hoher Druckbeanspruchung der vorgedrückten Zugzone ist dagegen eine Stegverstärkung in der Zugzone oder die Wahl von I– bzw. Kastenquerschnitten anzuraten. Rechteckquerschnitte sind in wirtschaftlicher Hinsicht nur bei kleineren Stützweiten sinnvoll, da bei großen Spannweiten die Biegemomente aus Eigenlasten stark zunehmen.

4.3.2 Vordimensionierung der Biegedruckzone

Für die überschlägige Bestimmung der erforderlichen Biegedruckzone im Grenzzustand der Tragfähigkeit wird davon ausgegangen, dass die Druckzonenhöhe nicht größer sein sollte, als die halbe Nutzhöhe d des Querschnitts. Diese Bedingung stellt zum einen eine angemessene Duktilität des Querschnitts sicher und gewährleistet andererseits, dass im Regelfall die rechnerische Streckgrenze des Spannstahls erreicht wird. Mit dieser Vorgabe ist unter der Annahme einer maximalen Betonstauchung von $\varepsilon_{cu} = 3{,}5$ ‰ der maßgebende Dehnungszustand definiert (vgl. Abb. F.4.2). Die zugehörigen Einwirkungen M_{Sd} und N_{Sd} sind entsprechend der Grundkombination zu ermitteln. Bei statisch unbestimmten Tragwerken ist die statisch unbestimmte Wirkung der Vorspannung auf der Einwirkungsseite anzusetzen.

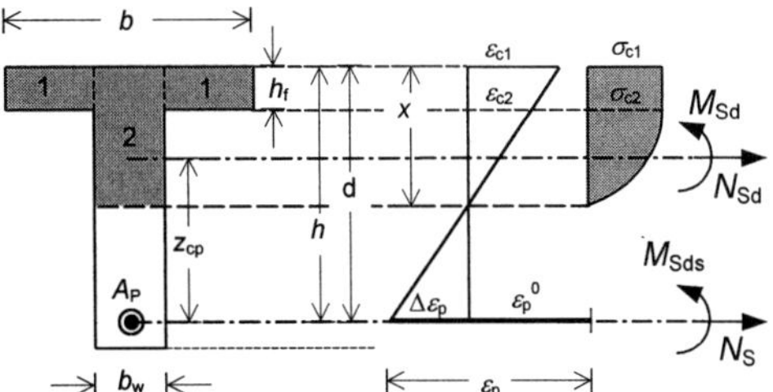

Abb. F.4.2 Bezeichnungen und Dehnungsverteilung im ULS für Biegung mit Längskraft

Mit den Betonspannungen $\sigma_{c1} = \sigma_{c2} = f_{cd} = \alpha \cdot f_{ck}/\gamma_c$ ergeben sich für den Plattenbalkenquerschnitt unter Berücksichtigung der bezogenen Größen $\delta = h_f/d$ und $\beta = b_w/b$ sowie $\xi = x/d$ folgende Beziehungen:

$$F_{cd,1} = b \cdot d \cdot f_{cd} \cdot (1-\beta) \cdot \delta \quad \text{(F.4.1a)}$$

$$M_{Rd,1} = F_{cd,1} \cdot d \cdot (1 - 0{,}5 \cdot \delta)$$
$$= b \cdot d^2 \cdot f_{cd} \cdot (1-\beta) \cdot \delta \cdot (1 - 0{,}5 \cdot \delta) \quad \text{(F.4.1b)}$$

$$F_{cd,2} = b \cdot d \cdot f_{cd} \cdot \alpha_R \cdot \xi \cdot \beta \quad \text{(F.4.2a)}$$

$$M_{Rd,2} = F_{cd,2} \cdot d \cdot (1 - k_a \cdot \xi)$$
$$= b \cdot d^2 \cdot f_{cd} \cdot \alpha_R \cdot \xi \cdot (1 - k_a \cdot \xi) \cdot \beta \quad \text{(F.4.2b)}$$

Das auf die Spannstrangachse bezogene aufnehmbare Biegemoment M_{Rds} errechnet sich dann unter Berücksichtigung von $\alpha_R = 0{,}81$ und $k_a = 0{,}416$ sowie mit $\xi = 0{,}5$ zu:

$$M_{Rds} = M_{Rd,1} + M_{Rd,2}$$
$$= b \cdot d^2 \cdot f_{cd} \cdot [(1-\beta)(1-0{,}5 \cdot \delta) \cdot \delta + 0{,}32 \cdot \beta] \quad \text{(F.4.3)}$$

Das aufnehmbare Moment muss gleich dem einwirkenden Biegemoment des Gesamtquerschnitts (d. h. inkl. statisch unbestimmten Moments infolge Vorspannung) $M_{Sds} = M_{Sd} - N_{Sd} \cdot z_{cp}$ im Grenzzustand der Tragfähigkeit sein, woraus sich für das Produkt $b \cdot d^2$ ergibt:

$$\text{erf}\, b \cdot d^2 = \frac{M_{Sds}}{f_{cd}} \cdot \frac{1}{(1-\beta)(1-0{,}5 \cdot \delta) \cdot \delta + 0{,}32 \cdot \beta}$$
$$= \frac{M_{Sds}}{f_{cd}} \cdot \eta^{II} \quad \text{(F.4.4)}$$

Ein gegebenenfalls zu berücksichtigender statisch unbestimmter Momentenanteil infolge Vorspannung kann für den in der Praxis häufig vorkommenden Fall eines Durchlaufträgers mit parabolischer Spanngliedführung den Tafeln F.4.4 bis F.4.7 entnommen werden.

F

Der Beiwert η^{II} ist in Abhängigkeit der Eingangsgrößen δ und β in Tafel F.4.3 ausgewertet. Damit kann die erforderliche Abmessung der Biegedruckzone für den ULS rasch bestimmt werden.

Die vorgeschlagene Abschätzung gilt für Plattenbalkenquerschnitte unter der Bedingung, dass in Höhe der Gurt-Unterkante eine Betonstauchung von $\varepsilon_{c2} \geq 2$ ‰ vorliegt. Daraus folgt eine Begrenzung der bezogenen Plattenstärke auf $\delta \leq 0{,}214$.

Für Rechteckquerschnitte ($\beta = 1$) ergibt sich ein einheitlicher Beiwert $\eta^{II} = 3{,}12$, so dass sich in diesem Fall die notwendigen Querschnittsabmessungen errechnen zu:

$$\text{erf } b \cdot d^2 = 3{,}12 \cdot M_{Sds} / f_{cd} \qquad \text{(F.4.5)}$$

Tafel F.4.3 Beiwerte η^{II}

$\beta =$ b_w / b	$\delta = h_f / d$							
	0,050	0,075	0,100	0,125	0,150	0,175	0,200	0,214
0,10	13,17	10,31	8,51	7,27	6,37	5,69	5,15	4,90
0,20	9,70	8,21	7,14	6,33	5,71	5,21	4,80	4,61
0,30	7,67	6,82	6,15	5,61	5,17	4,81	4,50	4,35
0,40	6,35	5,83	5,40	5,04	4,73	4,46	4,23	4,12
0,50	5,41	5,09	4,81	4,57	4,35	4,16	4,00	3,91
0,60	4,72	4,52	4,34	4,18	4,03	3,90	3,78	3,72
0,70	4,18	4,06	3,95	3,85	3,76	3,67	3,59	3,55
0,80	3,76	3,69	3,63	3,57	3,52	3,47	3,42	3,39
0,90	3,41	3,38	3,36	3,33	3,31	3,28	3,26	3,25
1,00	3,12	3,12	3,12	3,12	3,12	3,12	3,12	3,12

Für Spannstahl St 1570/1770 wird im Folgenden gezeigt, dass mit den oben getroffenen Annahmen i. d. R. die rechnerische Fließspannung des Spannstahls erreicht wird:

$\sigma_{pm0} \quad = 0{,}85 \cdot f_{p0,1k} = 0{,}85 \cdot 1500 = 1275$ N/mm²

Die Spannkraftverluste zur Zeit $t = \infty$ werden mit 20 % abgeschätzt:

$\sigma_{pm\infty} \quad = 0{,}8 \cdot 1275 = 1020$ N/mm²

Die Dehnung des Spannstahls ergibt sich dann näherungsweise zu:

$\varepsilon_p^0 \quad \approx \sigma_{pm\infty} / E_s = 1020/195 = 5{,}23$ ‰

$\Delta\varepsilon_p \quad = \varepsilon_{cu} = 3{,}5$ ‰ $\qquad$ für $x = 0{,}5 \cdot d$

$\varepsilon_p \quad = \varepsilon_p^0 + \Delta\varepsilon_p = 5{,}23 + 3{,}5 = 8{,}73$ ‰

Die zu der Bemessungsfließgrenze gehörende Spannstahldehnung ergibt sich aus:

$\varepsilon_{py} \quad = 0{,}9 \cdot f_{pk}/(E_s \cdot \gamma_s) = 1385/195 = 7{,}1$ ‰

$< \varepsilon_p$

Der Spannstahl fließt !

4.3.3 Vorbemessung des erforderlichen Spannstahlquerschnitts

Wie bereits erwähnt, wird der erforderliche Vorspanngrad und damit der erforderliche Spannstahlquerschnitt in aller Regel durch die Nachweise im Grenzzustand der Gebrauchstauglichkeit bestimmt. Für Biegebauteile ist der Nachweis der Dekompression (Anforderungsklasse A–C) ausschließlich durch eine Vorspannung zu erfüllen und sollte daher als Grundlage für eine Vordimensionierung herangezogen werden. Alle anderen Nachweise des SLS und ULS können nötigenfalls durch Zulage von Betonstahl bzw. Vergrößerung des Betonquerschnitts erfüllt werden.

Auf der Grundlage des in Abschnitt F.1.8 definierten „zentrischen Vorspanngrades" kann der erforderliche Spannstahlbedarf für Biegebauteile leicht berechnet werden. Hierfür sind zuerst die Schnittgrößen unter der maßgebenden Einwirkungskombination (vgl. Tafel F.4.1) zu bestimmen und eine geeignete Spanngliedführung (vgl. Abschnitt F.3.2.2) zu wählen.

Mit Hilfe des Kernquerschnitts (Abb. F.4.3) kann nun eine Beziehung zwischen dem zentrischen Vorspanngrad κ_{cen} (Gleichung (F.1.2)) und der Ausmitte der Vorspannkraft $e_P = e_{P,dir} + e_{P,ind}$ hergeleitet werden. Diese Beziehung ist nicht mehr von den Absolutbeträgen der maßgebenden Biegemomente abhängig. Die sogenannte Drucklinienverschiebung $e_{P,ind}$ entspricht dem statisch unbestimmten Momentenanteil, dividiert durch die Vorspannkraft. $e_{P,dir}$ ist der Abstand von dem Schwerpunkt des Betonquerschnitts bis zur Schwerachse des Spannstrangs.

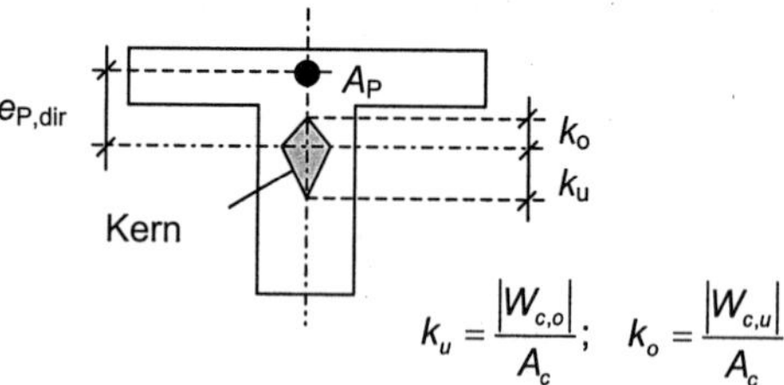

Abb. F.4.3 Kernquerschnitt

Der Kern eines Querschnitts ist der Bereich, in dem eine Drucknormalkraft angreifen kann, ohne irgendwo im Querschnitt Zugspannungen zu erzeugen. Greift z. B. eine Drucknormalkraft im unteren Kernpunkt an, so ist die Spannung am oberen Querschnittsrand $\sigma_{c,o} = 0$; greift die Kraft außerhalb des Kerns an, treten am gegenüberliegenden Querschnittsrand Zugspannungen auf.

Hinsichtlich der Dauerhaftigkeit wird der Nachweis der Dekompression i. d. R. nur zum Zeitpunkt t = ∞, d. h. am Querschnittsrand der vorgedrückten Zugzone maßgebend (vgl. Abschnitt 4.2.4):

$$\kappa_{cen} \geq \frac{1}{\frac{|e_P|}{k_{c2}}+1} = \left|\frac{N_{cp,\infty}/A_c}{\sigma_{c1,maßg.}}\right| \quad \text{(F.4.6)}$$

$$|N_{cp,\infty}| = P_{k\infty} = r_{inf} \cdot P_{m\infty} = r_{inf} \cdot (1-\alpha_{loss}) \cdot P_{m0}$$
$$= r_{inf} \cdot (1-\alpha_{loss}) \cdot \text{erf } A_p \cdot \sigma_{pm0}$$

$$\text{erf } \rho_p = \frac{\text{erf } A_p}{A_c} = \kappa_{cen} \cdot \frac{(\sigma_{c1,maßg.}/\sigma_{pm0})}{r_{inf} \cdot (1-\alpha_{loss})} \quad \text{(F.4.7)}$$

Hierin sind:

$\sigma_{c1,maßg.}$ Betonspannung aus der maßgebenden Einwirkungskombination (ohne Vorspannung) am Querschnittsrand der vorgedrückte Zugzone

W_{c1} Widerstandsmoment, bezogen auf den Querschnittsrand der vorgedrückten Zugzone

k_{c2} = W_{c1}/A_c Kernpunkt

e_p = $e_{p,dir}+e_{p,ind}$ Ausmitte der Vorspannkraft

$e_{p,dir}$ Ausmitte des Spannstranges (entspricht der Spanngliedführung)

$e_{p,ind}$ = $M_{p,ind}/N_p$ Drucklinienverschiebung (für statisch bestimmte Systeme $e_{p,ind} = 0$)

α_{loss} Beiwert zur Berücksichtigung der Spannkraftverluste (Schätzwert muss ggf. iterativ verbessert werden)

σ_{pm0} $= \min\left\{\begin{matrix} 0{,}75 \cdot f_{pk} \\ 0{,}85 \cdot f_{p0,1k} \end{matrix}\right\}$ zulässige Spannstahlspannung unmittelbar nach dem Spannen oder der Krafteinleitung

Aus der Gleichung (F.4.6) geht hervor, dass der zentrische Vorspanngrad lediglich von der Ausmitte der Vorspannkraft e_p und der Querschnittsform k_{c2} abhängt. Die Ausmitte der Vorspannkraft e_p stimmt bei statisch bestimmten Systemen mit der Spanngliedführung $e_{p,dir}$ überein. Bei statisch unbestimmten Systemen kann die Drucklinienverschiebung $e_{p,ind}$ mit Hilfe des Kraftgrößenverfahrens berechnet werden. Für die in der Praxis häufig vorkommende parabelförmige Spanngliedführung nach Abb. F.3.5 und F.3.6 wurden die Ergebnisse in Nomogrammen (vgl. Abschnitt F.4.3.5) zusammengefasst.

4.3.4 Überprüfung der vorgedrückten Zugzone

Für den Nachweis der vorgedrückten Zugzone ist meist eine Überprüfung im Grenzzustand der Gebrauchstauglichkeit hinreichend. Die größten Betondruckspannungen in der vorgedrückten Zugzone ergeben sich zum Zeitpunkt $t = 0$ unter Ansatz des minimalen Biegemomentes aus äußeren Einwirkungen. Für die Überschlagsrechnung wird ein Vorspanngrad entsprechend Gleichung (F.4.6) vorausgesetzt und die Spannstahlspannung zum Zeitpunkt $t = 0$ mit σ_{pm0} angesetzt.

Im Grenzzustand der Gebrauchstauglichkeit sollte für diesen Nachweis die Betondruckspannung unter der seltenen Einwirkungskombination und dem Mittelwert der Vorspannkraft P_{m0} auf $0{,}6 \cdot f_{ck}$ begrenzt werden. Damit ergibt sich für das erforderliche Widerstandsmoment:

$$\text{erf } W_{c1} \geq \frac{\frac{\max M_{Sk,maßg.}}{r_{inf} \cdot (1-\alpha_{loss})} - \min M_{Sk,selten}}{0{,}6 \cdot f_{ck}} \quad \text{(F.4.8)}$$

Hierin sind:

max $M_{Sk,maßg.}$ maximales Biegemoment infolge der maßgebenden Einwirkungskombination (ohne Vorspannung) für den Nachweis der Dekompression (vgl. Tafel F.4.1)

min $M_{Sk,selt}$ minimales Biegemoment infolge der seltenen Einwirkungskombination (ohne Vorspannung)

Ist das vorhandene Widerstandsmoment W_{c1} des nach Abschnitt F.4.3.2 gewählten Querschnitts kleiner als der Wert nach Gleichung (F.4.8), so muss die vorgedrückte Zugzone verstärkt werden. Bei geringem Fehlbetrag

$$\Delta W_{c1} = \text{erf } W_{c1} - \text{vorh } W_{c1} \quad \text{(F.4.9)}$$

ist eine Verbreiterung der Stegdicke b_w zweckmäßig. Bei größeren Werten für ΔW_{c1} empfiehlt sich die Anordnung einer Druckplatte, deren Querschnittsfläche $\Delta A_c = (b_2 - b_w) \cdot h_{f2}$ überschlägig bestimmt werden kann:

$$\Delta A_c \approx \frac{\Delta W_{c1}}{z^I - h_{f2}/2} \quad \text{(F.4.10)}$$

Der Hebelarm z^I kann dabei näherungsweise abgeschätzt werden.

F

4.3.5 Nomogramme für die Vordimensionierung der Spannbewehrung

In Abschnitt F.4.3.3 wurde der erforderliche zentrische Vorspanngrad κ_{cen} auf der Grundlage des Dekompressionsnachweises hergeleitet. Sind die Schnittgrößen infolge der maßgebenden Einwirkungskombination sowie die statisch unbestimmte Vorspannwirkung ($e_{p,ind}$) bekannt, dann kann mit Hilfe der Gleichungen (F.4.6) und (F.4.7) der erforderliche Spannstahlquerschnitt für jedes beliebige Biegebauteil schnell berechnet werden. Dabei ist man nicht an die maßgebende Einwirkungskombination entsprechend Tafel F.4.1 gebunden, d. h. für die Anforderungsklasse D und E kann eine beliebige Einwirkungskombination gewählt werden, unter der ein Querschnitt voll überdrückt sein soll. Für den in der Praxis häufig vorkommenden Fall einer einstrangigen, parabelförmigen Spanngliedführung nach Abb. F.3.5 und F.3.6 sind im Folgenden Nomogramme zur Bestimmung des erforderlichen Spannstahlquerschnitts abgebildet. Damit kann ohne vorherige Kenntnis der statisch unbestimmten Vorspannwirkung der erforderliche Spannstahlbedarf in jedem beliebigen Querschnitt rasch ermittelt werden. Die bezogene Ausrundungslänge δ hängt nur vom minimalen Krümmungsradius min R_2 des verwendeten Spannglieds ab und kann Abb. F.4.4 bzw. F.4.5 entnommen werden. Als Parameter gehen zum einen das Verhältnis der maximalen Spannstrangausmitte im Feld und über der Stütze z_F/z_S (bezogen auf die Schwerlinie des Betonquerschnitts) ein und zum anderen die bezogene

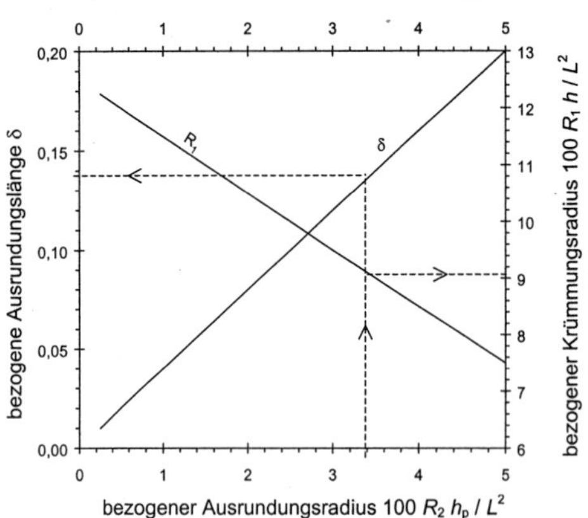

Abb. F.4.4 Bezogene Ausrundungslänge δ in Abhängigkeit des Ausrundungsradius R_2 für das Innenfeld nach Abb. F.3.5

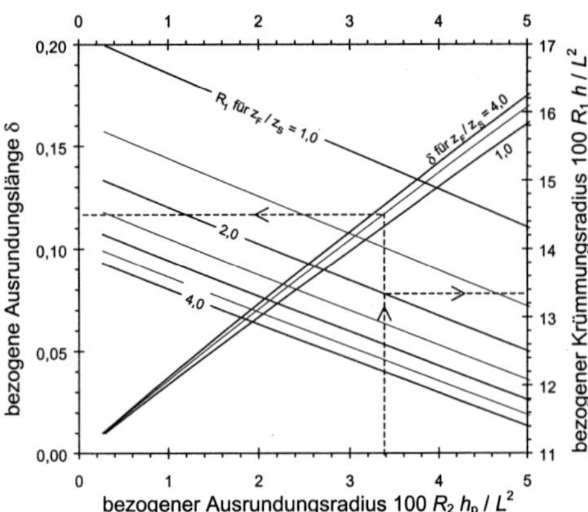

Abb. F.4.5 Bezogene Ausrundungslänge δ in Abhängigkeit des Ausrundungsradius R_2 für das Endfeld nach Abb. F.3.6

Lage des maßgebenden Kernpunktes k_{c2}/h_p. Hierbei ist h_p die Höhe, innerhalb derer der Spannstrang verläuft.

Soll der Vorspanngrad nicht über den Dekompressionsnachweis bestimmt werden, kann als weiteres Kriterium die Durchbiegungsbeschränkung herangezogen werden. Zum Beispiel sind die elastischen und zeitabhängigen Verformungen des Bauteils dann am kleinsten, wenn die Umlenkkräfte der Spannglieder die ständigen Einwirkungen gerade kompensieren (vgl. [DAfStb-H425 – 92], Abschnitt 4). In diesem Fall kann man für annähernd gleichmäßig verteilte Lasten fordern, dass der Umlenkdruck der Hauptparabel u_{p1} gerade so groß werden soll wie die einwirkende Streckenlast q_k (z. B. infolge Eigengewicht).

$$u_p = \frac{r_{inf} \cdot P_{mt}}{R_1} = q_k$$

$$A_{p,req} = \frac{q_k \cdot R_1}{r_{inf}(1-\alpha_{loss})\sigma_{pm0}} \qquad \text{(F.4.11)}$$

Der Krümmungsradius der Hauptparabel R_1 kann den Abb. F.4.4 bzw. F.4.5 in Abhängigkeit des Ausrundungsradius R_2 entnommen werden. Bei dieser Überschlagsrechnung wird vernachlässigt, dass infolge der Ausrundung des Spannstrangverlaufs über den Stützen ein gegensinniger Umlenkdruck erzeugt wird, der einen geringfügig größeren Spannstahlbedarf als nach Gleichung (F.4.11) zur Folge hat.

Tafel F.4.4 Nomogramm für die Bestimmung des zentrischen Vorspanngrades κ_{cen} auf der Basis des Dekompressionsnachweises (Innenfeld nach Abb. F.3.5: δ = 0,05)

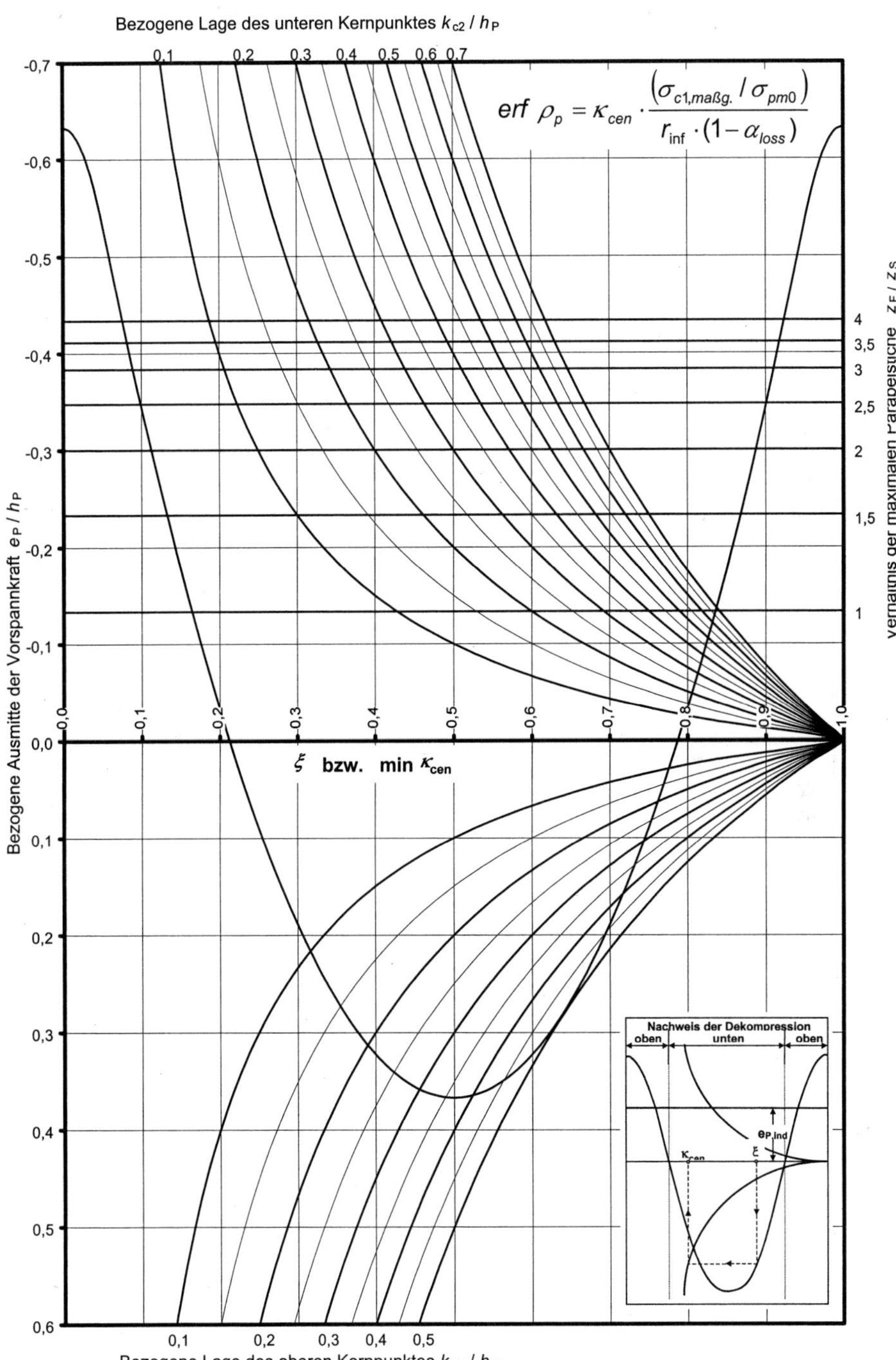

Tafel F.4.5 Nomogramm für die Bestimmung des zentrischen Vorspanngrades κ_{cen} auf der Basis des Dekompressionsnachweises (Innenfeld nach Abb. F.3.5: δ= 0,15)

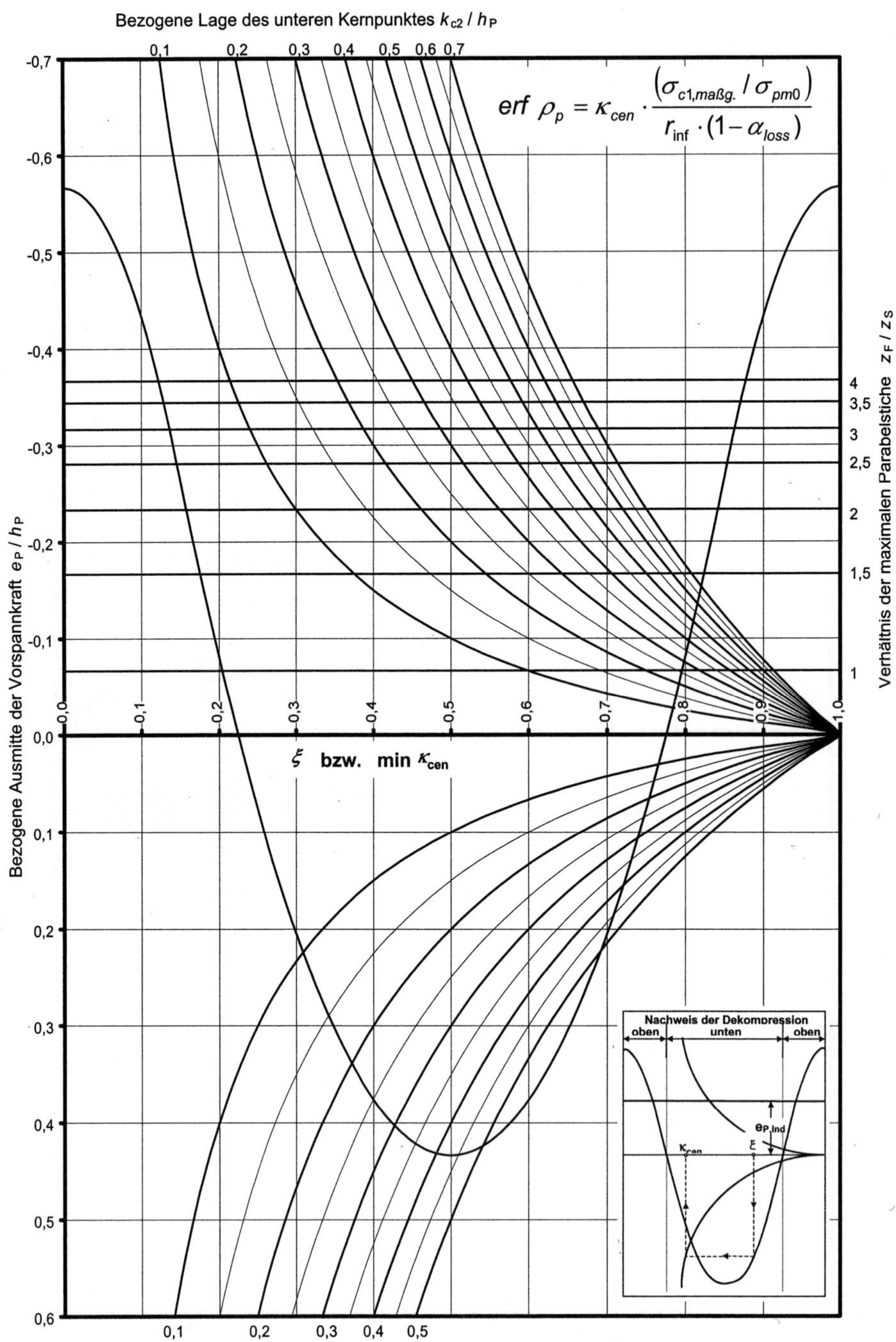

Tafel F.4.6 Nomogramm für die Bestimmung des zentrischen Vorspanngrades κ_{cen} auf der Basis des Dekompressionsnachweises (Endfeld nach Abb. F.3.6: δ= 0,05)

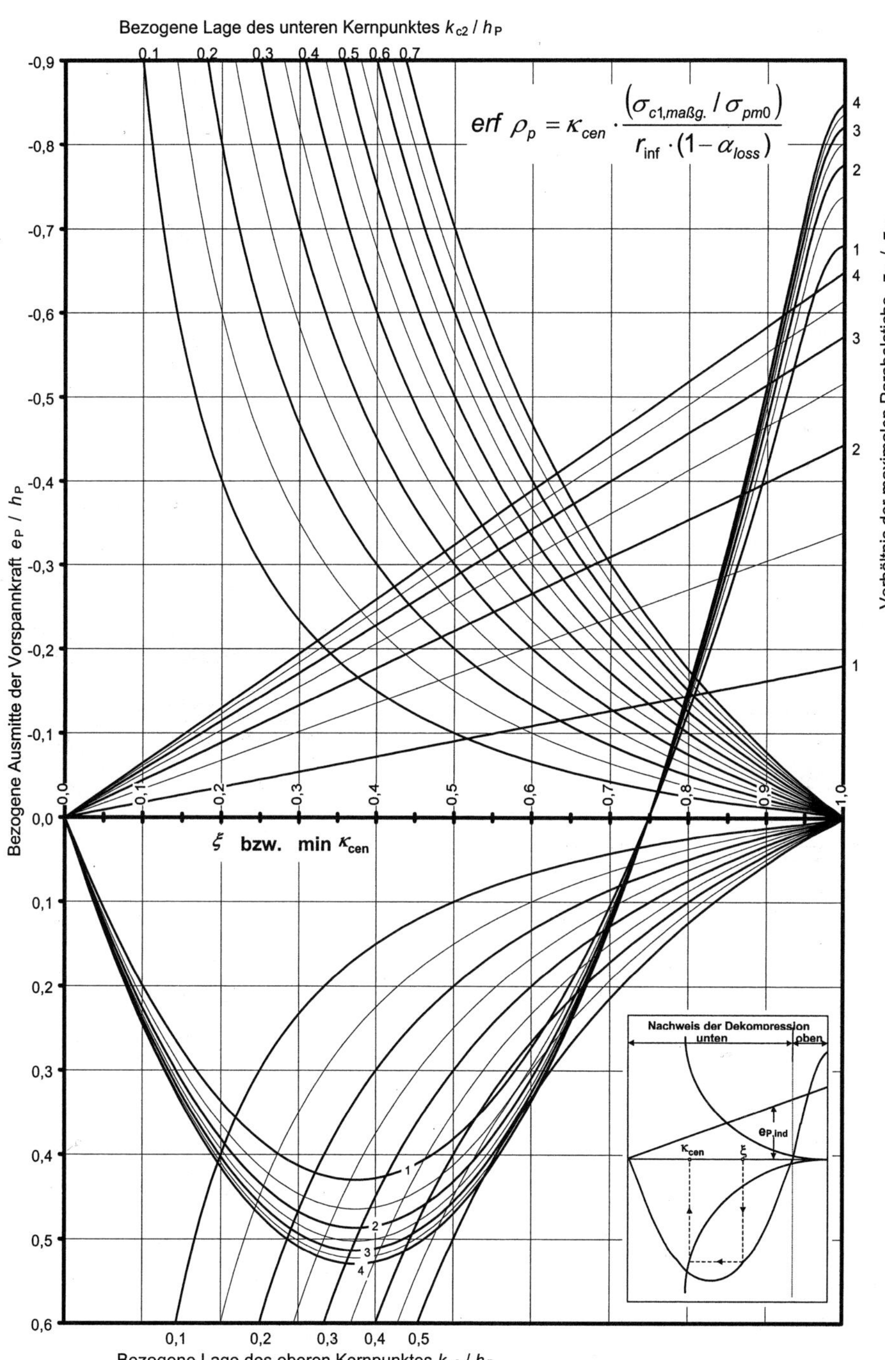

Tafel F.4.7 Nomogramm für die Bestimmung des zentrischen Vorspanngrades κ_{cen} auf der Basis des Dekompressionsnachweises (Endfeld nach Abb. F.3.6: δ= 0,15)

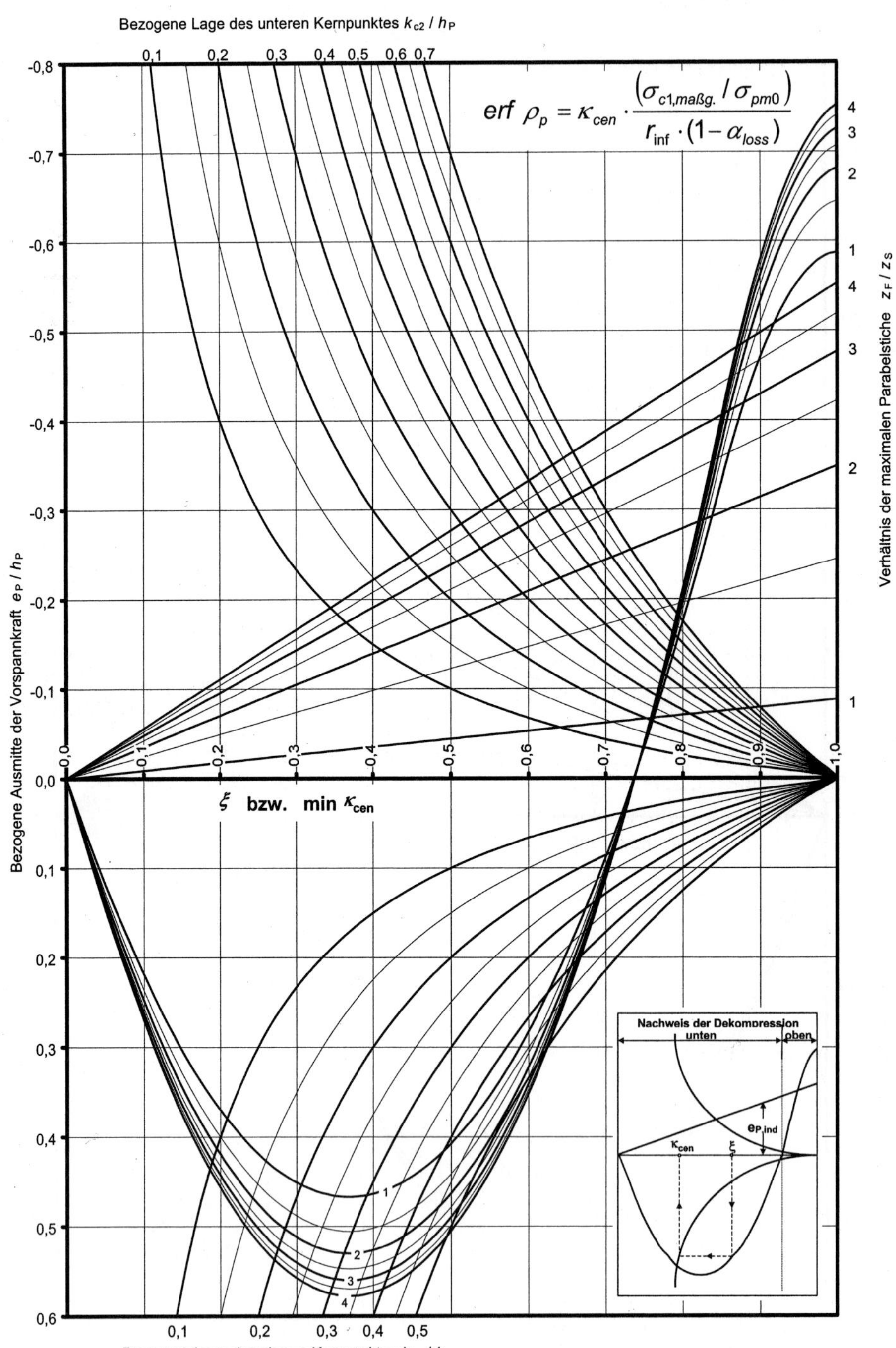

5 Grenzzustand der Gebrauchstauglichkeit

5.1 Ermittlung der Spannungen und Dehnungen

5.1.1 Allgemeines

Bei vorgespannten Betontragwerken ist für die Berechnung der inneren Spannungen und Dehnungen prinzipiell zwischen den nachfolgenden Fällen zu unterscheiden:

1) Vorspannung ohne Verbund und Bauzustände vor Herstellung des Verbundes (bei Vorspannung mit nachträglichem Verbund)
2) Vorspannung mit sofortigem Verbund und Zustände nach Herstellen des Verbundes (bei Vorspannung mit nachträglichem Verbund)

Im Fall 1) müssen die Verträglichkeitsbedingungen am Gesamttragwerk formuliert werden, da sich das Spannglied aufgrund des fehlenden Verbundes frei zwischen den Verankerungsstellen dehnen kann. Dahingegen können im Fall 2) die Verträglichkeitsbedingungen aufgrund der Annahme vollständigen Verbunds zwischen Stahl und Beton auch auf Querschnittsebene formuliert werden.

Schließlich muss bei der Ermittlung der Spannungen und Dehnungen hinsichtlich einer möglichen Rissbildung differenziert werden. Solange sich das Tragwerk im ungerissenem Zustand I befindet, können Spannungen und Dehnungen auf einfache Weise mit Hilfe der „Technischen Biegelehre“ bestimmt werden. Im gerissenem Zustand II hingegen sind die Spannungen unter Vernachlässigung der in der Zugzone liegenden Querschnittsanteile des Betons zu ermitteln, was insbesondere bei vorgespannten Bauteilen mit größerem Berechnungsaufwand verbunden ist.

Im Folgenden wird auf der Grundlage der hier beschriebenen Kriterien die Berechnung der inneren Spannungen und Dehnungen infolge Vorspannung und äußeren Einwirkungen detailliert dargestellt.

5.1.2 Vorspannung mit Verbund

Bei Vorspannung mit Verbund können die inneren Spannungen und Dehnungen über Querschnittsbetrachtungen bestimmt werden. Zunächst ist jedoch festzustellen, ob die Spannungsermittlung auf der Grundlage ungerissener oder gerissener Querschnitte zu erfolgen hat. Nach [ENV 1992-1-1 – 92] ist hierbei die Lastgeschichte des Bauteils zu berücksichtigen. Überschreiten die Spannungen nach Zustand I für die höchste Einwirkungskombination des SLS (seltene bzw. nicht-häufige) nicht den Mittelwert der Betonzugfestigkeit f_{ctm}, dann dürfen die Spannungen nach Zustand I berechnet werden. Andernfalls ist Zustand II anzunehmen. Eine derartige Differenzierung ist in [E DIN 1045-1 – 00] nicht enthalten.

Zustand I

Die Spannungsermittlung für den Zustand I erfolgt mit Hilfe von Querschnittswerten, welche nach den bekannten Verfahren der „Technischen Biegelehre“ (*N*/*A*, *M*/*W*) berechnet werden. Hierbei ist zu beachten, dass bei Vorspannung mit nachträglichem Verbund unterschiedliche Querschnitte zu berücksichtigen sind:

- Nettobetonquerschnitt (Betonquerschnitt nach Abzug des Hüllrohrquerschnitts)
- Ideeller Querschnitt (Betonquerschnitt unter Berücksichtigung einer im Verbund liegenden Spannstahl- und Betonstahlbewehrung)

Auf den Nettobetonquerschnitt (Gleichung (F.5.1)) sind alle Einwirkungen zu beziehen, die vor dem Verpressen der Hüllrohre auftreten. Dies sind im Allgemeinen die Vorspannung sowie das Eigengewicht des Bauteils, welches beim Spannen ganz oder aufgrund des „Nachfederns“ der Schalung bzw. Rüstung nur teilweise aktiviert wird (vgl. Abb. F.5.1).

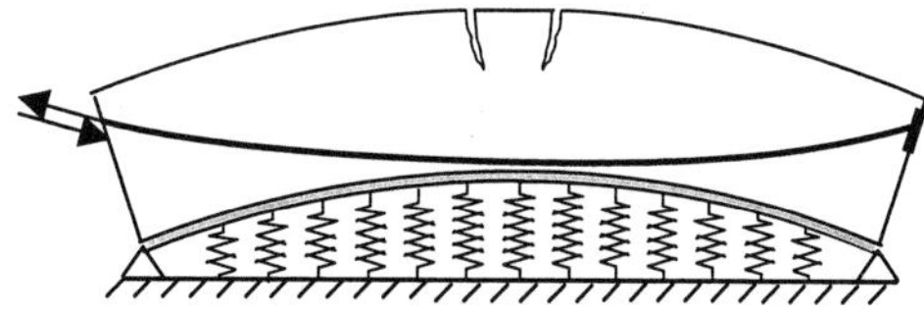

Abb. F.5.1 Aktivierung des Eigengewichtes beim Spannen in einer elastischen Schalung

Einwirkungen, die nach dem Verpressen der Spannkanäle auftreten (z. B. Verkehrslasten), müssen auf den sogenannten ideellen Verbundquerschnitt, bestehend aus Beton und Spann- bzw. Betonstahl, bezogen werden. Bei Vorspannung mit sofortigem Verbund werden generell alle Einwirkungen auf den ideellen Querschnitt bezogen. Unter Verwendung der ideellen Querschnittswerte (Gleichung (F.5.2)) erhält man die Betonspannungen unter Berücksichtigung einer im Verbund liegenden Bewehrung.

F

Es ist zu beachten, dass bei den verschiedenen Querschnitten (netto / ideell) voneinander abweichende Höhenlagen der Schwerachsen vorliegen (vgl. Abb. F.5.2). Bei Wirkung von Längskräften sind daher die Schnittgrößen jeweils auf die entsprechende Schwerachse zu beziehen.

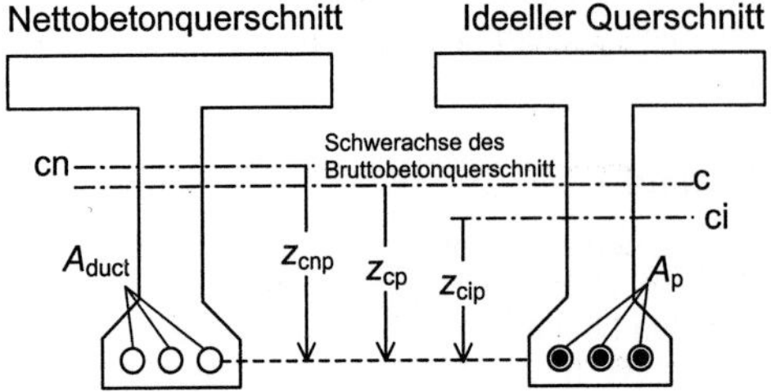

Abb. F.5.2 Netto- und ideeller Betonquerschnitt

Die Querschnittswerte des Nettobetonquerschnitts vor dem Verpressen lauten:

$$A_{cn} = A_c - A_{duct}$$
$$z_{cnp} = \frac{A_c \cdot z_{cp}}{A_{cn}} \qquad \text{(F.5.1)}$$
$$I_{cn} = I_c - A_{duct} \cdot z_{cnp}^2 + A_{cn} \cdot (z_{cnp} - z_{cp})^2$$

Analog kann man unter Vernachlässigung der Betonstahlbewehrung und mit $\alpha_e = E_s/E_{cm}$ für den ideellen Querschnitt schreiben:

$$A_{ci} = A_c + (\alpha_e - 1) \cdot A_p$$
$$z_{cip} = \frac{A_c \cdot z_{cp}}{A_{ci}} \qquad \text{(F.5.2)}$$
$$I_{ci} = I_c + A_c (z_{cip} - z_{cp})^2 + (\alpha_e - 1) \cdot A_p \cdot z_{cip}^2$$

Mit Hilfe der Nettoquerschnittswerte und der ideellen Querschnittswerte lassen sich die Betonspannungen schnell ermitteln. Für eine Vorbemessung kann vereinfachend und i. d. R. auf der sicheren Seite liegend von den Bruttobetonquerschnittswerten ausgegangen werden.

Für die Ermittlung der Spannungen im Spannstahl muss beachtet werden, dass beim Spannen gegen den erhärteten Beton das Eigengewicht des Bauteils bereits ganz oder teilweise aktiviert wird (vgl. Abb. F.5.1). Demzufolge enthält die Vorspannkraft bereits die Wirkung des Eigengewichts, oder genauer, die Vorspannkraft P_0 ist die an der Spannpresse gleichzeitig wirksame Summe aus der eigentlichen Spannkraft und aus der Zugbandwirkung infolge Eigengewicht des Trägers.

Einwirkungen, welche nach dem Verpressen der Spannkanäle auftreten bewirken einen Spannungszuwachs im Spannstahl der unter Annahme eines ideellen Verbunds für Zustand I aus der Betonspannung in Höhe des Spanngliedes berechnet werden kann:

$$\Delta\varepsilon_p = \varepsilon_{cp}$$
$$\Delta\sigma_p = \alpha_e \cdot \sigma_{cp} \qquad \text{(F.5.3)}$$

Die Betonspannung in Höhe der Spanngliedlage kann mit Hilfe der ideellen Querschnittswerte einfach bestimmt werden.

Als wesentliche Vereinfachung bei Vorspannung mit nachträglichem Verbund darf nach [E DIN 1045-1 – 00], Abschnitt 8.7 der Anstieg der Spanngliedkraft infolge der Tragwerksverformung vor Herstellung des Verbundes durch Einpressen vernachlässigt werden (z. B. bei Bauteilen im Bauzustand).

Zustand II

Bei der Ermittlung der Spannungen und Dehnungen im Zustand II kann die Vorspannwirkung auf unterschiedliche Weise berücksichtigt werden. Hierfür muss zunächst der Begriff „Spannbettzustand“ bzw. „Vordehnung“ näher erläutert werden:

Als Spannbettzustand wird der Spannungs- bzw. Dehnungszustand im Spannstahl bezeichnet, der dem spannungsfreien Betonquerschnitt unter Berücksichtigung zeitabhängiger Verformungen von Spannstahl und Beton entspricht.

Der im *Spannbettzustand* im Spannstahl vorherrschende Dehnungszustand wird auch als *Vordehnung* des Spannstahls gegenüber der in Spanngliedhöhe dehnungslosen Betonfaser bezeichnet.

Zur Veranschaulichung wird im Folgenden ein Stabelement der Länge Δx eines Bauteils, welches im Spannbett exzentrisch vorgespannt wird betrachtet. Vor Übertragung der Vorspannkraft (*Spannbettzustand*) beträgt die Stahlspannung $\sigma_P = P_0 / A_P$. Wird die Vorspannkraft P_0 von den Spannböcken auf das Bauteil übertragen, tritt eine elastische Verkürzung (gestrichelte Linien in Abb. F.5.3) in Höhe des Spannglieds auf, welche eine Spannungsänderung im Stahl und Beton bewirkt:

$$\delta_{cp} = (P_0 - \Delta P) \cdot \left(\frac{1}{A_{cn}} + \frac{z_{cpn}{}^2}{I_{cn}} \right) \cdot \frac{\Delta x}{E_{cm}} \qquad \text{(F.5.4)}$$

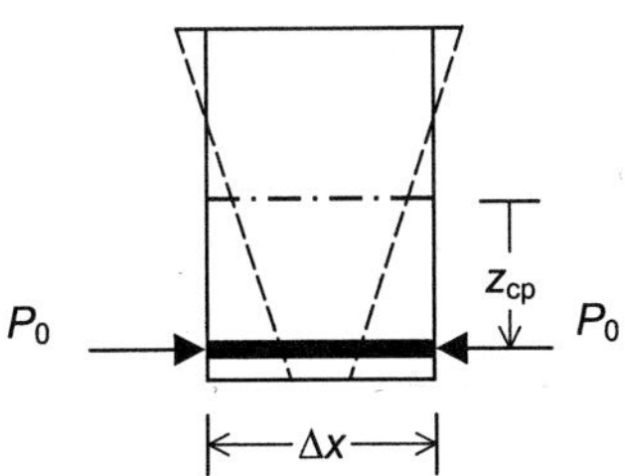

Abb. F.5.3 Definition Spannbettzustand

Hierbei sind die Querschnittswerte des Nettobetonquerschnitts ($A_{cn} = A_c - A_p$) zu verwenden.

Der Spannstahl verkürzt sich dabei um

$$\delta_p = \frac{\Delta P \cdot \Delta x}{A_p \cdot E_p} \qquad \text{(F.5.5)}$$

Die Verträglichkeitsbedingung lautet

$$\delta_p = \delta_{cp} \qquad \text{(F.5.6)}$$

Einsetzen und Umformen liefert für ΔP:

$$\Delta P = \frac{\alpha_e \cdot \rho_{pn} \cdot f_n}{1 + \alpha_e \cdot \rho_{pn} \cdot f_n} \cdot P_0$$
$$\alpha_e = \frac{E_s}{E_{cm}}; \quad \rho_{pn} = \frac{A_p}{A_{cn}}; \quad f_n = 1 + \frac{A_{cn} \cdot z_{cpn}^2}{I_{cn}} \qquad \text{(F.5.7)}$$

Mit Hilfe von ΔP kann nun die verbleibende Vorspannkraft im Spannstahl bzw. Betonquerschnitt berechnet werden.

$$P_{m0} = P_0 - \Delta P = P_0 \cdot \frac{1}{1 + \alpha_e \cdot \rho_{pn} \cdot f_n} = -N_{cp} \qquad \text{(F.5.8)}$$

Eine Dehnung bzw. Stauchung der Betonfaser in Höhe des Spannglieds tritt nicht auf, solange die Vorspannkraft noch nicht auf das Bauteil übertragen wurde; mit anderen Worten, solange sich das Bauteil im *Spannbettzustand* befindet (durchgezogene Linien in Abb. F.5.3).

Unter Berücksichtigung der zeitabhängigen Verluste ergibt sich im Umkehrschluss die Vordehnung zu einem beliebigen Zeitpunkt t zu:

$$\varepsilon_{Pmt}^{(0)} = (1 + \alpha_e \cdot \rho_{pn} \cdot f_n) \cdot \frac{P_{mt}}{E_p A_p} \qquad \text{(F.5.9)}$$

Ein gleichwertiges Ergebnis erhält man unter Zuhilfenahme der ideellen Querschnittswerte. Für die Betonspannung in Höhe des Spannglieds gilt:

$$\sigma_{cp} = \frac{P_0}{A_{ci}} \left(1 + \frac{A_{ci} \cdot z_{cip}^2}{I_{ci}}\right) = \frac{P_0}{A_{ci}} \cdot f_i \qquad \text{(F.5.10)}$$

Für die Spannungsänderung im Spannstahl kann man nach Gleichung (F.5.3) schreiben:

$$\Delta\sigma_p = \alpha_e \cdot \sigma_{cp} = \frac{P_0}{A_{ci}} \cdot \alpha_e f_i \qquad \text{(F.5.11)}$$

Damit ergibt sich für die verbleibende Vorspannkraft im Spannglied P_{m0} zu:

$$P_{m0} = P_0 - \Delta\sigma_p \cdot A_p = P_0 (1 - \alpha_e \cdot \rho_{pi} \cdot f_i) \qquad \text{(F.5.12)}$$

Unter Berücksichtigung der zeitabhängigen Verluste zum Zeitpunkt t kann für die Vordehnung folgende Bestimmungsgleichung angegeben werden:

$$\varepsilon_{Pmt}^{(0)} = \frac{1}{(1 - \alpha_e \cdot \rho_{pi} \cdot f_i)} \cdot \frac{P_{mt}}{E_p A_p} \qquad \text{(F.5.13)}$$

Die Gleichungen (F.5.9) und (F.5.13) liefern stets identische Ergebnisse. Eine Berechnung mit den ideellen Querschnittswerten ist vorzuziehen, da diese für die Spannungsnachweise grundsätzlich benötigt werden, während die Nettoquerschnittswerte zusätzlich zu bestimmen wären.

Interpretiert man die derart berechnete Vordehnung als Differenz der Dehnungen des Spannglieds und des umgebenden Betons unter einer beliebigen Einwirkungskombination ($= \sigma_{pmt}/E_p - \sigma_{cpt}/E_{cm}$), dann wird deutlich, dass die Bestimmungsgleichungen analog für Vorspannung mit nachträglichem Verbund angewendet werden können. Bei Verwendung von Gleichung (F.5.9) ist dann der Nettoquerschnitt *nach* dem Verpressen der Spannkanäle zugrunde zu legen.

Stellt man sich das in Abb. F.5.3 dargestellte Stabelement der Länge Δx aus einem beliebigen statisch unbestimmten System herausgeschnitten vor, dann ist klar ersichtlich, dass die Vordehnung der statisch bestimmten Vorspannwirkung zum Zeitpunkt t entspricht. Diese Vorstellung ist für die Ermittlung des inneren Dehnungszustandes von Spannbetonquerschnitten im Zustand II sehr hilfreich.

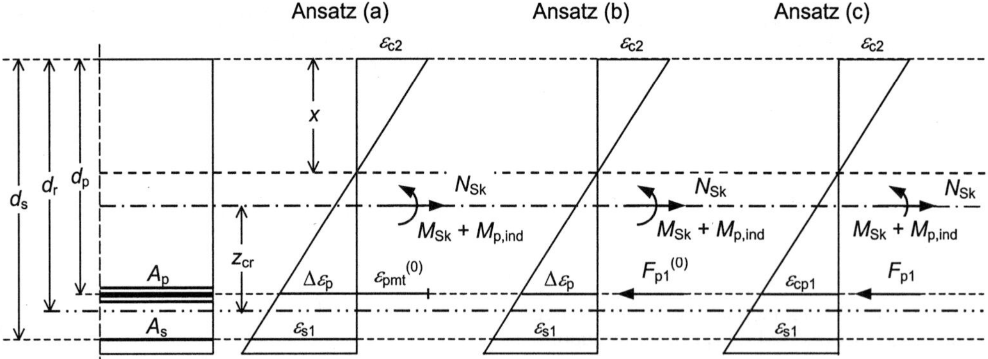

Abb. F.5.4 Berücksichtigung der statisch bestimmten Vorspannwirkung bei der Ermittlung der Spannungen und Dehnungen im Zustand II nach [Grasser/Kupfer – 96]

Wie bereits erwähnt (vgl. Abschnitt F.3.2.4), entsprechen die statisch unbestimmten Schnittgrößen infolge Vorspannung den Schnittgrößen des Gesamtquerschnitts infolge Vorspannung und werden daher immer auf der Seite der Einwirkungen berücksichtigt. Im Gegensatz zu echten Zwangschnittgrößen (z. B. infolge Temperatur) wird der statisch unbestimmte Momentenanteil infolge Vorspannung kaum durch die Rissbildung beeinflusst und kann daher genügend genau als konstant angenommen werden. Die statisch bestimmte Wirkung der Vorspannung hängt jedoch von den Verhältnissen im gerissenem Querschnitt ab und kann im Allgemeinen durch drei unterschiedliche, jedoch absolut äquivalente Ansätze berücksichtigt werden (vgl. Abb. F.5.4):

(a) Ansatz der Vordehnung $\varepsilon_{pmt}^{(0)}$ bei der Ermittlung des Dehnungszustands des Gesamtquerschnitts, bestehend aus Betonquerschnitt, Betonstahlbewehrung und Spannstahlbewehrung.

(b) Ansatz der zur Vordehnung $\varepsilon_{pmt}^{(0)}$ korrespondierenden Spanngliedkraft $F_{p1}^{(0)} = E_p \cdot A_p \cdot \varepsilon_{pmt}^{(0)}$ in Höhe der Spanngliedlage als quasi einwirkende Schnittgröße. Für die Berechnung der Dehnungsebene des Gesamtquerschnitts ist dann die Spannstahlbewehrung als scheinbar nicht vorgespannt zu behandeln.

(c) Ansatz der aus Vordehnung $\varepsilon_{pmt}^{(0)}$ und Zusatzdehnung $\Delta\varepsilon_p = \varepsilon_{cp1}$ resultierenden Spanngliedkraft F_{p1} als zusätzlich einwirkende Schnittgrößen und Betrachtung eines fiktiven, nur noch mit Betonstahl bewehrten Querschnitts. Dabei ist für die Spanngliedkraft bzw. Zusatzdehnung zunächst ein Wert zu schätzen, welcher dann iterativ verbessert werden muss.

Je nach Problemstellung kann ein sinnvoller Ansatz gewählt werden. Zum Beispiel muss beim Nachweis auf Biegung mit Längskraft im Grenzzustand der Tragfähigkeit der erforderliche Spannstahl- bzw. Betonstahlquerschnitt bestimmt werden. Hierfür eignen sich Ansatz (a) und (c), wie im Abschnitt F.6 noch näher erläutert wird. Für die Nachweise im Grenzzustand der Gebrauchstauglichkeit ist jedoch meist der innere Dehnungszustand unter einer bestimmten Einwirkungskombination bei bekannter Bewehrungsmenge zu ermitteln. Hierfür eignet sich Ansatz (b), was im Folgenden am Beispiel der einachsigen Biegung mit Längskraft demonstriert wird.

Hierbei ist es zweckmäßig, die einwirkenden Schnittgrößen des Gesamtquerschnitts auf die Schwerachse r des Zuggurtes, bestehend aus Spannstahl und Betonstahl, zu beziehen:

$$\begin{aligned} N_{Skr} &= N_{Sk} - F_{p1}^{(0)} \\ M_{Skr} &= M_{Sk} + M_{p,ind} - N_{Sk} z_{cr} + F_{p1}^{(0)}(z_{cr} - z_{cp}) \end{aligned} \qquad \text{(F.5.14)}$$

Die Kraft im Zuggurt $F_{t,ch}$ (*t*ension *ch*ord) folgt dann aus dem Gleichgewicht:

$$F_{t,ch} = \frac{M_{Skr}}{\zeta \cdot d_r} + N_{Sk} - F_{p1}^{(0)} \qquad \text{(F.5.15)}$$

Für die Aufteilung der Zuggurtkraft $F_{t,ch}$ auf die Spannstahl- und Betonstahlbewehrung kann allgemein geschrieben werden:

$$\begin{aligned} F_{t,ch} &= \sigma_{s1} \cdot A_{s1} + \Delta\sigma_{p1} \cdot A_{p1} \\ &= \sigma_{s1} \cdot (A_{s1} + \chi \cdot A_{p1}) \\ \chi &= \Delta\sigma_{p1} / \sigma_{s1} \end{aligned} \qquad \text{(F.5.16)}$$

Gleichsetzen von Gleichung (F.5.15) und (F.5.16) liefert für die Spannungen:

$$\sigma_{s1} = \left(\frac{M_{Skr}}{\zeta \cdot d_r} + N_{Sk} - P_{mt}^{(0)} \right) \cdot \frac{1}{A_{s1} + \chi \cdot A_{p1}}$$

$$\Delta\sigma_p = \chi \cdot \sigma_{s1} \qquad \text{(F.5.17)}$$

$$\sigma_{c2} = \frac{\sigma_{s1}}{\alpha_e} \cdot \frac{\xi \cdot d_r}{d_s - \xi \cdot d_r} \quad , \; \alpha_e = E_s / E_c$$

Die Aufteilung der Zuggurtkraft $F_{t,ch}$ auf die Spannstahl- und Betonstahlbewehrung richtet sich zum einen nach deren unterschiedlichen Höhenlagen im Querschnitt, aber auch nach deren unterschiedlichem Verbundverhalten. Die geringere Verbundfestigkeit der Spannstahlbewehrung gegenüber dem Betonrippenstahl führt dazu, dass bei gleicher Höhenlage der Bewehrung der Spannungszuwachs $\Delta\sigma_p$ im Spannstahl geringer und die Spannung im Betonstahl höher ausfällt, als sich unter Annahme des „nackten Zustand II" ergibt, bei dem $\Delta\sigma_{p1}=\sigma_{s1}$ vorausgesetzt wird. In Abschnitt F.5.3 werden die Verträglichkeitsbedingungen unter Berücksichtigung der verschiedenen Verbundfestigkeiten formuliert. Die Ergebnisse können sinngemäß für den Faktor χ verwendet werden.

Unter der im SLS zulässigen Annahme eines linear-elastischen Materialverhaltens für Beton und Stahl ist die Ermittlung des Dehnungszustands mit der Lösung einer kubischen Gleichung verbunden. In [Hochreither – 82] wurde die Berechnung für den Rechteckquerschnitt sowie verschiedene Plattenbalkenquerschnitte ohne Druckbewehrung für unterschiedliche Höhenlagen der Spannstahl- und Betonstahlbewehrung durchgeführt und die Ergebnisse in Form von Diagrammen aufbereitet. Für den Fall eines Rechteckquerschnitts ist das entsprechende Diagramm in Tafel F.5.2 wiedergegeben. Daraus können in Abhängigkeit des Parameters $(N_{Skr} \cdot d_r) / M_{Skr}$ die Werte für die bezogene Druckzonenhöhe ξ und für den bezogenen inneren Hebelarm ζ abgelesen werden. Die Nutzhöhe d_r der Biegezugbewehrung ergibt sich dabei zu:

$$d_r = \frac{\chi \cdot A_{p1} \cdot d_p + A_{s1} \cdot d_s}{\chi \cdot A_{p1} + A_{s1}} \qquad \text{(F.5.18)}$$

mit

$$\chi = \frac{\Delta\sigma_{p1}}{\sigma_{s1}} = \frac{d_p - \xi \cdot d_r}{d_s - \xi \cdot d_r} \qquad \text{(F.5.19)}$$

Außerdem geht in dieses Diagramm der Scharparameter $\alpha_e \cdot \rho$ ein:

$$\alpha_e \cdot \rho = \frac{E_s}{E_c} \cdot \frac{1}{bd_r} \cdot \frac{(\chi \cdot A_{p1} + A_{s1})^2}{\chi^2 \cdot A_{p1} + A_{s1}} \qquad \text{(F.5.20)}$$

In erster Näherung kann der Beiwert χ zu 1 gesetzt werden, so dass gilt:

$$\alpha_e \cdot \rho = \frac{E_s}{E_c} \cdot \frac{A_{p1} + A_{s1}}{bd_r} \qquad \text{(F.5.21)}$$

Aus Gleichung (F.5.19) ist ersichtlich, dass χ iterativ zu ermitteln ist, falls die Betonstahl- und Spannstahlbewehrung nicht in einer Lage liegen.

Das Kriechen des Betons kann näherungsweise durch eine Abminderung des Elastizitätsmoduls E_c für Beton erfasst werden (z. B. $\alpha_e \approx 10$ bis 15).

In [Kupfer/Streit – 87] wurde eine Hilfstafel zur Umwandlung der Biegedruckzone eines Plattenbalkens in eine äquivalente rechteckige Biegedruckzone veröffentlicht, mit der Tafel F.5.2 auch auf Plattenbalken angewendet werden kann.

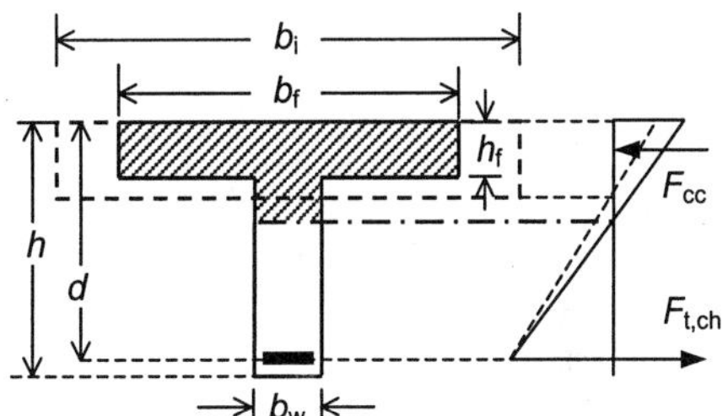

Abb. F.5.5 Äquivalente Biegedruckzone

Auch hier ist iterativ vorzugehen, da der Korrekturbeiwert λ von der Druckzonenhöhe abhängt, die zunächst noch nicht bekannt ist.

Tafel F.5.1 Ersatzbreite b_i einer äquivalenten rechteckigen Biegedruckzone zur Anwendung von Tafel F.5.2 bei Plattenbalken [Kupfer/Streit – 87]

$\delta = h_f / d$					b_f / b_w			
0,5	0,4	0,3	0,2	0,1	2	3	4	5
$1/\zeta = 3/(3-\xi)$					$\lambda = b_i / b_f$			
1,2	1,15	1,11	1,07	1,03	1,0	1,0	1,0	1,0
	1,19	1,14	1,09	1,04	1,07	1,12	1,15	1,17
		1,15	1,10	1,05	1,14	1,24	1,31	1,37
			1,11	1,06	1,21	1,38	1,52	1,66
				1,11	1,27	1,52	1,79	2,06

Tafel F.5.2 Nomogramm für die Ermittlung des bezogenen inneren Hebelarms ζ und der bezogenen Druckzonenhöhe ξ für Rechteckquerschnitte ohne Druckbewehrung im Zustand II des Gebrauchzustandes nach [Hochreither – 82]

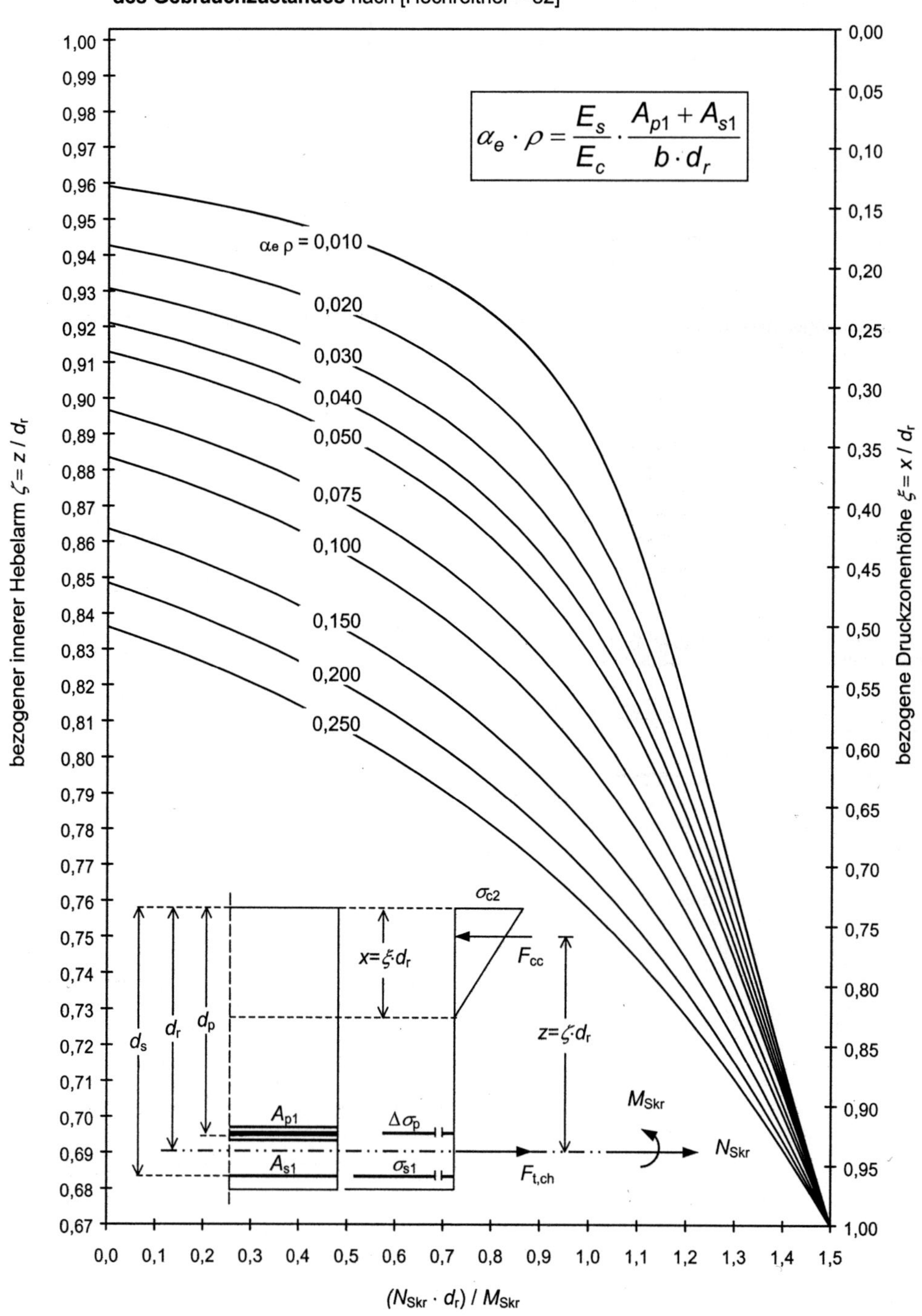

5.1.3 Vorspannung ohne Verbund

Die Berechnung der Spannungen und Dehnungen bei Vorspannung ohne Verbund ist wegen der notwendigen Betrachtung des Gesamttragwerkes meist aufwendig, zumal die Ergebnisse sehr empfindlich auf eine mögliche Rissbildung im Beton reagieren. In [E DIN 1045-1 – 00], Abschnitt 8.7 wird empfohlen, in diesen Fällen die Vorspannung als eine Einwirkung aus Anker- und Umlenkkräften (Umlenkkraftmethode, vgl. Abschnitt F.3) zu betrachten. Dabei sollte der Anstieg der Spanngliedkraft bei im Betonquerschnitt geführten Spanngliedern über den Spannbettzustand hinaus infolge der Verformung des Tragwerks berücksichtigt werden.

Der Spannungszuwachs in den Spanngliedern kann im Allgemeinen mit Hilfe einer nichtlinearen Berechnung bestimmt werden (hierbei sind die Spannglieder als eigenständige Elemente mit ihrer Dehnsteifigkeit abzubilden) oder aber auf der sicheren Seite liegend abgeschätzt werden. Für den Grenzzustand der Tragfähigkeit werden geeignete Abschätzungen im Abschnitt F.6 angegeben. Unter der Annahme des Zustands I und linear-elastischen Materialverhaltens im SLS wird der Rechengang an einem einfachen Beispiel erläutert. Betrachtet wird im Folgenden ein exzentrisch mit geraden Spanngliedern vorgespanntes Biegebauteil der Länge L. Unter der Verkehrslast q_k soll nun der Spannungszuwachs im Spannstahl bestimmt werden. Das innerlich statisch unbestimmte System wird mit Hilfe des Kraftgrößenverfahrens berechnet:

$$\delta_{10} = \frac{2}{3} L \frac{q_k L^2}{8} \frac{(-z_{cpn})}{E_c I_{cn}} = -\frac{q_k L^3}{12\, E_c I_{cn}} z_{cpn} \qquad \text{(F.5.22)}$$

$$\delta_{11} = \frac{L}{E_c I_{cn}} z_{cpn}^2 + \frac{L}{E_c A_{cn}} + \frac{L}{E_s A_p} \qquad \text{(F.5.23)}$$

Die Verträglichkeitsbedingung lautet:

$$\delta_{10} + X \cdot \delta_{11} = 0 \quad \Rightarrow \quad X = -\frac{\delta_{10}}{\delta_{11}} \qquad \text{(F.5.24)}$$

Für den Anstieg der Spannkraft infolge der Verkehrslast q_k kann nach einigem Umformen geschrieben werden:

$$\Delta P = \frac{2}{3} \cdot \frac{\max M_q}{z_{cpn}} \cdot \frac{\alpha_e \cdot \rho_{pn} \cdot (f_n - 1)}{1 + \alpha_e \cdot \rho_{pn} \cdot f_n} \qquad \text{(F.5.25)}$$

mit max $M = q_k L^2 / 8$ und α_e, ρ_{pn}, f_n nach Gleichung (F.5.7).

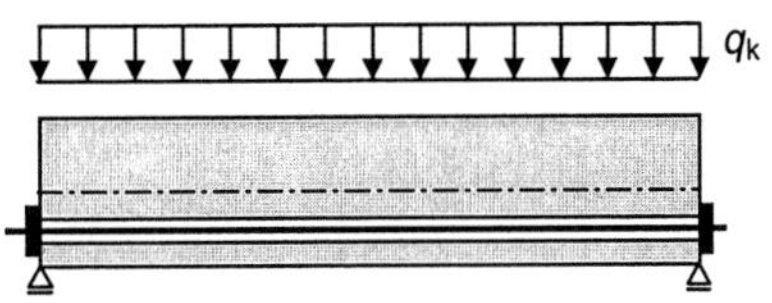

Statisch bestimmtes Hauptsystem:

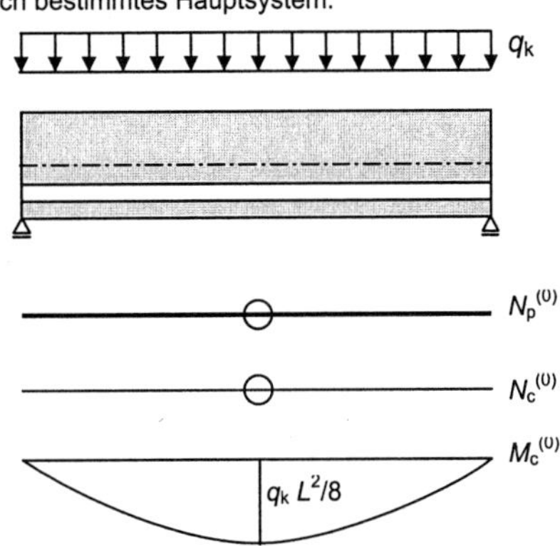

Einheitsbelastungszustand („1"-System):

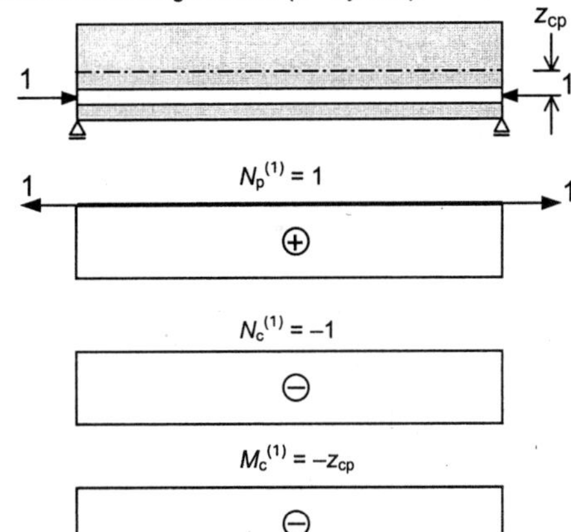

Abb. F.5.6 Beispiel für die Berechnung des Anstiegs der Spannkraft infolge einer äußeren Last q_k bei Vorspannung ohne Verbund

Für andere Systeme und Spanngliedführungen wird eine solche Berechnung schnell kompliziert (vgl. [DAfStb-H391 – 88]), so dass oft der Spannungszuwachs im SLS vernachlässigt und im ULS durch geeignete Schätzwerte angenähert wird. Für extern vorgespannte Tragwerke darf nach [E DIN 1045-1 – 00], Abschnitt 8.7.1 bei linear-elastischer Schnittgrößenermittlung der Spannungszuwachs im Spannstahl unberücksichtigt bleiben.

5.1.4 Berechnung des Spannwegs beim Spannen gegen den erhärteten Beton

Um sicherzustellen, dass beim Spannen gegen den erhärteten Beton der planmäßige Aufbau der Spannungen auch tatsächlich eintritt, muss nicht nur die Kraft an der Spannpresse, sondern auch der Spannweg gemessen werden.

Der Spannweg berechnet sich im Allgemeinem aus dem Unterschied zwischen der Stahlverlängerung δ_p und der Betonverkürzung in Höhe des Spannglieds δ_{cpg} infolge Vorspannung und Eigengewicht. Für eine einstrangige Vorspannung ergibt sich der Spannweg δ zu:

$$\delta = \delta_p - \delta_{cpg} \qquad \text{(F.5.26)}$$

Die Verlängerung des Spannglieds erhält man durch Integration über die Spanngliedlänge, wobei die Dehnungsbehinderung infolge Reibung zu berücksichtigen sind (vgl. Abschnitt F.3.4.1):

$$\delta_p = \int_0^L \frac{P(x)}{E_p \cdot A_p} \cdot dx = \frac{P_0 \cdot L}{E_p \cdot A_p} \int_0^1 e^{-\mu(\Theta + k \cdot \xi)} \cdot d\xi \qquad \text{(F.5.27)}$$

Für die Berechnung ist es sinnvoll, den Träger in kleine Abschnitte zu unterteilen und die Integration nummerisch durchzuführen. Dabei muss i. d. R. die wirkliche Spanngliedlänge entlang des Spanngliedverlaufs zugrunde gelegt werden. Außerdem muss die freie Dehnlänge des Spannstahls innerhalb der Spannpresse mit der dort vorhandenen Spannkraft berücksichtigt werden.

Bei der Ermittlung der Betonverkürzung in Höhe des Spannglieds ist zu beachten, dass beim Spannvorgang das Eigengewicht des Bauteils bereits (unter Umständen nur teilweise) aktiviert wird (vgl. Abb. F.5.1):

$$\begin{aligned}\delta_{cpg} = & \int_0^L \frac{N_{cp}(x)}{E_c \cdot A_{cn}} \cdot dx + \int_0^L \frac{M_p(x)}{E_c \cdot I_{cn}} \cdot z_{cpn} \cdot dx \\ & + \int_0^L \frac{M_g(x)}{E_c \cdot I_{cn}} \cdot z_{cpn} \cdot dx\end{aligned} \qquad \text{(F.5.28)}$$

Das zweite und das dritte Integral in Gleichung (F.5.28) haben häufig die gleiche Größenordnung und können daher in vielen Fällen vernachlässigt werden.

Beim mehrmaligen Anspannen und Nachlassen zur Verminderung der Reibungsverluste, ist sinngemäß zu verfahren. Schließlich ist ein anfallender Verankerungsschlupf zu berücksichtigen.

5.2 Begrenzung der Spannungen

5.2.1 Vorbemerkungen

Nach [E DIN 1045-1 – 00], Abschnitt 11.1 sind für das nutzungsgerechte und dauerhafte Verhalten eines Bauteils bestimmte Spannungsbegrenzungen für Beton und Stahl einzuhalten. Im Gegensatz zu nicht vorgespannten Tragwerken des üblichen Hochbaus sind die Spannungsbegrenzungen bei vorgespannten Konstruktionen immer nachzuweisen. Dies liegt in den strengeren Anforderungen an die Dauerhaftigkeit von Spannbetonbauteilen begründet.

5.2.2 Betondruckspannungen

In Bereichen, die den Bedingungen der Umgebungsklassen XD, XF und XS ausgesetzt sind und in denen keine anderen Maßnahmen (z. B. Erhöhung der Betondeckung in der Druckzone oder eine Umschnürung der Druckzone mit einer Querbewehrung) getroffen werden, sind zur Vermeidung von Längsrissen die Betondruckspannungen unter der seltenen Einwirkungskombination und dem Mittelwert der Vorspannkraft auf den folgenden Wert zu beschränken:

$$\sigma_{c,selt} \leq 0{,}6 \cdot f_{ck} \qquad \text{(F.5.29)}$$

Übersteigt die Betondruckspannung unter der quasi-ständigen Einwirkungskombination den Wert $0{,}45 \cdot f_{ck}$, ist die Nichtlinearität des Kriechens zu berücksichtigen. Im Regelfall sollte daher diese Spannungsbegrenzung bei Spannbetonbauteilen, deren Gebrauchstauglichkeit, Tragfähigkeit und Dauerhaftigkeit wesentlich durch das Kriechen des Betons beeinflusst werden, eingehalten werden. Für Verankerungsbereiche und Auflager müssen diese Spannungsgrenzen nicht beachtet werden, wenn die allgemeinen Regeln für die bauliche Durchbildung dieser sehr hoch beanspruchten Bereiche berücksichtigt werden (vgl. Abschnitt F.7).

5.2.3 Betonstahlspannungen

Die Stahlspannung muss so begrenzt werden, dass im SLS nichtelastische Dehnungen im Stahl verhindert werden. Hierfür sollte die Zugspannung in der Betonstahlbewehrung unter der seltenen Einwirkungskombination den folgenden Wert nicht überschreiten:

$$\begin{aligned}\sigma_{s,selt} &\leq 0{,}8 \cdot f_{yk} \quad \text{für Last + Zwang} \\ \sigma_{s,selt} &\leq 1{,}0 \cdot f_{yk} \quad \text{für reinen Zwang}\end{aligned} \qquad \text{(F.5.30)}$$

5.2.4 Spannstahlspannungen

Aufgrund der Gefahr durch Spannungsrisskorrosion sind die Zugspannungen in den Spanngliedern unter der quasi-ständigen Einwirkungskombination und dem Mittelwert der Vorspannung nach Abzug der Spannkraftverluste wie folgt zu begrenzen:

$$\sigma_{p\infty,perm} \leq 0{,}65 \cdot f_{pk} \qquad \text{(F.5.31a)}$$

In manchen Fällen kann dieser Nachweis für den erforderlichen Spannstahlquerschnitt maßgebend werden, so dass die gegenüber [DIN 4227-1 – 89] erhöhten zulässigen Initialspannungen (vgl. Gleichung (F.3.3)) nicht ausgenutzt werden können.

Zusätzlich ist nachzuweisen, dass der Mittelwert der Spannstahlspannung unter der seltenen Einwirkungskombination nach dem Absetzen der Pressenkraft bzw. Lösen der Verankerung in keinem Querschnitt und zu keinem Zeitpunkt den kleineren der folgenden Werte überschreitet:

$$\sigma_{pt,rare} \leq min\begin{cases} 0{,}95 \cdot f_{p0,1k} \\ 0{,}8 \cdot f_{pk} \end{cases} \qquad \text{(F.5.31b)}$$

Hiermit sollen nichtelastische Dehnungen unter Gebrauchslasten vermieden werden.

5.3 Begrenzung der Rissbreiten

5.3.1 Allgemeines

Um die ordnungsgemäße Nutzung des Tragwerks und eine ausreichende Dauerhaftigkeit (vgl. Abschnitt F.4.2.4) zu gewährleisten, sind die Regelwerte der zulässigen Rissbreite nach [E DIN 1045-1 – 00] für Betontragwerke mit im Verbund liegender Spannbewehrung generell auf $w_k = 0{,}2$ mm zu beschränken (vgl. Tafel F.4.1). Zusätzlich ist mit Ausnahme der Umgebungsklassen XC 0, XA 0 und XC 1 der Nachweis der Dekompression zu führen, welcher ausführlich in Abschnitt F.4 behandelt wird.

Für Vorspannung ohne Verbund sind aufgrund des anderweitig sichergestellten Korrosionsschutzes die Anforderungen an Stahlbetonbauteile ausreichend. Dies bedeutet, dass die rechnerische Rissbreite für Außenbauteile auf $w_k = 0{,}3$ mm und für Innenbauteile auf $w_k = 0{,}4$ mm zu beschränken ist.

Bauteile mit einer Kombination von Spanngliedern im Verbund und externen Spanngliedern sind hinsichtlich der Anforderungen an die Rissbreitenbegrenzung und Dekompression wie Bauteile mit Vorspannung im Verbund zu behandeln.

Im Zuge der Erstellung von [ENV 1992-2 – 97] wurde das Konzept zur Rissbreitenbeschränkung des [ENV 1992-1-1 – 92] vollständig überarbeitet, da es die Rissbildung in Spannbetonbauteilen nur näherungsweise erfasst. Ergebnis ist ein verbessertes Nachweisverfahren, welches konsequent zwischen Erstrissbildung und abgeschlossener Rissbildung unterscheidet. Darüber hinaus werden Spannungsumlagerungen infolge unterschiedlichen Verbundverhaltens von Betonstahl und Spannstahl berücksichtigt. Damit wird ein einheitliches Nachweiskonzept für Stahlbeton- und Spannbetontragwerke ermöglicht. Das neue Verfahren wurde in etwas abgewandelter Form auch in [E DIN 1045-1 – 00] übernommen und wird im Folgenden in seinen Grundzügen dargestellt. Einzelheiten können u. a. [DAfStb-H466 – 96] entnommen werden.

Wie bereits im Zusammenhang mit der Ermittlung der Spannungen und Dehnungen im Zustand II erwähnt, richtet sich die Aufteilung der Zuggurtkraft $F_{t,ch}$ (*t*ension *ch*ord) auf die Spannstahl- und Betonstahlbewehrung unter anderem nach deren unterschiedlichen Verbundsteifigkeiten. Aufgrund der gegenüber Betonrippenstahl geringeren Verbundsteifigkeit der Spannglieder ergibt sich für die Betonstahlbewehrung ein verhältnismäßig größerer aufzunehmender Zugkraftanteil. Bei Vernachlässigung dieser Zusammenhänge würden demnach zu kleine Spannungen und damit auch zu kleine Rissbreiten berechnet werden. Werte für das Verhältnis ξ der Verbundfestigkeit von Spanngliedern zu der von Rippenstahl wurden aus Versuchen abgeleitet und werden in [E DIN 1045-1 – 00], Tabelle 10.3 angegeben.

Tafel F.5.3 Verhältnis ξ der Verbundfestigkeit von Spannstahl zu der Verbundfestigkeit von Rippenstahl
(gültig bis Beton C50/60)

Spannstahl	Verbundart	
	sofortiger Verbund	nachträglicher Verbund
glatte Stäbe	–	0,3
Litzen	0,6	0,5
profilierte Drähte	0,7	0,6
gerippte Drähte	0,8	0,7

F

5.3.2 Erstrissbildung

Als Erstrissbildung wird das Beanspruchungsniveau bezeichnet, bei dem im Bauteil die ersten Risse entstehen, d. h. die Schnittgrößen infolge Zwang und/oder Lasten die Rissschnittgrößen erreichen. Für eine rein zentrische Beanspruchung ergibt sich die Rissschnittgröße zu:

$$N_r = k \cdot f_{ct} \cdot A_{ct} \qquad \text{(F.5.32)}$$

und für reine Biegebeanspruchung

$$M_r = k \cdot f_{ct} \cdot W_c \qquad \text{(F.5.33)}$$

Hierin ist f_{ct} die zum Zeitpunkt der Erstrissbildung vorhandene Betonzugfestigkeit und k ein Beiwert zur Berücksichtigung nichtlinear über den Querschnitt verteilter Eigenspannungen (vgl. Abb. F.5.7), welche die Rissschnittgröße deutlich reduzieren können.

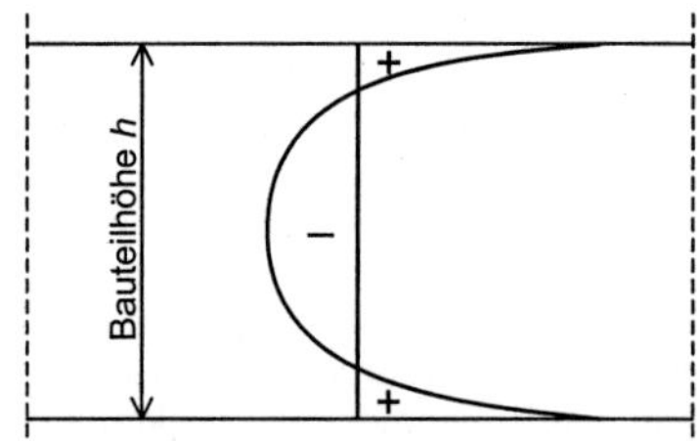

Abb. F.5.7 Qualitativer Verlauf der Eigenspannungen infolge abfließender Hydratationswärme durch schnelleres Abkühlen an der Bauteiloberfläche

Die Zuggurtkraft $F_{t,ch}$ ergibt sich dann für eine rein zentrische Beanspruchung:

$$F_{t,ch} = N_r = 1{,}0 \cdot k \cdot f_{ct} \cdot A_{ct} \qquad \text{(F.5.34)}$$

bzw. für eine reine Biegebeanspruchung und unter Annahme eines Rechteckquerschnittes

$$\begin{aligned} F_{t,ch} &= \frac{M_r}{z} = k \cdot f_{ct} \cdot \frac{bh^2}{6} \cdot \frac{1}{0{,}8 \cdot h} \\ &\approx 0{,}4 \cdot k \cdot f_{ct} \cdot \frac{bh}{2} = 0{,}4 \cdot k \cdot f_{ct} \cdot A_{ct} \end{aligned} \qquad \text{(F.5.35)}$$

Für den allgemeinen Fall der Biegung mit Längskraft kann demnach geschrieben werden:

$$F_{t,ch} = k_c \cdot k \cdot f_{ct} \cdot A_{ct} \qquad \text{(F.5.36)}$$

Der Beiwert k_c berücksichtigt die Spannungsverteilung im Zustand I kurz vor der Erstrissbildung sowie die Änderung des inneren Hebelarms beim Übergang in den Zustand II.

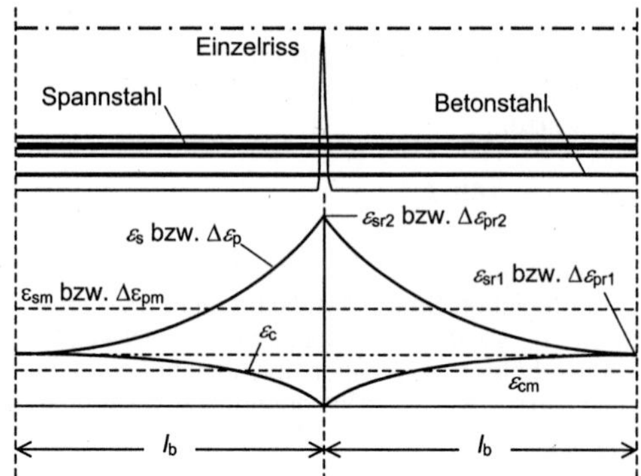

Abb. F.5.8 Qualitativer Verlauf der Dehnungen entlang der Einleitungslänge bei Erstrissbildung

Für die Aufteilung der Zuggurtkraft auf den Betonstahl und Spannstahl geht man davon aus, dass die Rissbreite w für den Spannstahl ebenso groß ist wie die des Betonstahls. Hierfür sind jedoch wegen des schlechteren Verbunds des Spannstahls unterschiedliche Einleitungslängen l_b erforderlich. Damit lautet die Verträglichkeitsbedingung:

$$w = 2 \cdot l_{bs}(\varepsilon_{sm} - \varepsilon_{cm}) = 2 \cdot l_{bp}(\Delta\varepsilon_{pm} - \varepsilon_{cm}) \qquad \text{(F.5.37)}$$

Weiterhin wird angenommen, dass die Dehnungsverläufe entlang der Einleitungslänge von Betonstahl und Spannstahl affin zueinander sind (vgl. Abb. F.5.8), so dass ein einheitlicher Völligkeitsbeiwert α zugrunde gelegt werden kann:

$$\alpha = \frac{\varepsilon_{sm}}{\varepsilon_{sr2}} = \frac{\Delta\varepsilon_{pm}}{\Delta\varepsilon_{pr2}} \qquad \text{(F.5.38)}$$

Die Einleitungslänge l_b kennzeichnet den Bereich, in dem eine Dehnungsdifferenz zwischen Bewehrungsstahl und umgebendem Beton vorhanden ist. Sie ist also der Abstand zwischen dem Riss (Zustand II) und dem Punkt, ab dem Stahl und umgebender Beton wieder die gleiche Dehnung aufweisen (Zustand I). Die Einleitungslänge ergibt sich aus dem Gleichgewicht:

$$\begin{aligned} &\pi \cdot d_s \cdot \tau_{sm} \cdot l_{bs} = (\sigma_{sr2} - \sigma_{sr1}) \cdot A_s \\ &\Rightarrow l_{bs} \approx \frac{\sigma_{sr2} \cdot d_s}{4 \cdot \tau_{sm}} \end{aligned} \qquad \text{(F.5.39)}$$

$$\pi \cdot d_p \cdot \tau_{pm} \cdot l_{bp} = (\Delta\sigma_{pr2} - \Delta\sigma_{pr1}) \cdot A_p$$
$$\Rightarrow l_{bp} \approx \frac{\Delta\sigma_{pr2} \cdot d_p}{4 \cdot \tau_{pm}} \qquad \text{(F.5.40)}$$

Einsetzen der Gleichungen (F.5.39) und (F.5.40) in die Verträglichkeitsbedingung (F.5.37) liefert:

$$\frac{\sigma_{sr2} \cdot d_s}{4 \cdot \tau_{sm}} \cdot \alpha \cdot \frac{\sigma_{sr2}}{E_s} = \frac{\Delta\sigma_{pr2} \cdot d_p}{4 \cdot \tau_{pm}} \cdot \alpha \cdot \frac{\Delta\sigma_{pr2}}{E_s}$$
$$\Rightarrow \frac{\Delta\sigma_{pr2}}{\sigma_{sr2}} = \sqrt{\frac{\tau_{pm}}{\tau_{sm}} \frac{d_s}{d_p}} = \sqrt{\xi \frac{d_s}{d_p}} = \xi_1 \qquad \text{(F.5.41)}$$

Hierbei wurden sowohl die Stahldehnung im Zustand I als auch die mittlere Betonspannung vernachlässigt. Für die Aufteilung der Zuggurtkraft kann man nun schreiben:

$$F_{t,ch} = k \cdot k_c \cdot f_{ct} \cdot A_{ct} = \sigma_{sr2} \cdot (A_s + \xi_1 \cdot A_p) \qquad \text{(F.5.42)}$$

Zur Abdeckung von rechnerisch nicht berücksichtigtem Zwang muss eine Mindestbewehrung eingelegt werden, die in der Lage ist die Rissschnittgrößen aufzunehmen, und die Einhaltung einer bestimmten Rissbreite sicherstellt. Sie kann mit Gleichung (F.5.42) leicht ermittelt werden:

$$A_s + \xi_1 \cdot A_p = k \cdot k_c \cdot f_{ct} \cdot A_{ct} / \sigma_{sr2} \qquad \text{(F.5.43)}$$

Mit Gleichung (F.5.43) können im Verbund liegende Spannglieder, die nicht mehr als 300 mm von der Betonstahlbewehrung in der Zugzone entfernt sind, auf die Mindestbewehrung angerechnet werden. Das unterschiedliche Verbundverhalten von Betonrippenstahl und Spannstahl wird durch den Korrekturbeiwert ξ_1 nach Gleichung (F.5.41) erfasst. Der äquivalente Durchmesser d_p der Spannstahlbewehrung kann nach [E DIN 1045-1 – 00], Abschnitt 10.8.2 wie folgt berechnet werden:

$$d_p = 1{,}6 \cdot \sqrt{A_p} \quad \text{Bündelspannglieder}$$
$$d_p = 1{,}75 \cdot d_{Draht} \quad \text{Einzellitzen (7 Drähte)} \qquad \text{(F.5.44)}$$
$$d_p = 1{,}20 \cdot d_{Draht} \quad \text{Einzellitzen (3 Drähte)}$$

Die Stahlspannung σ_{sr2} ist in Abhängigkeit vom gewählten Durchmesser für die Mindestbewehrung in [E DIN 1045-1 – 00] Tab. 28, angegeben.

Als Mindestwert der effektiven Betonzugfestigkeit sollte bei unbestimmtem Zeitpunkt der Erstrissbildung $f_{ct,eff} = 3$ N/mm² für Normalbeton und $f_{ct,eff} = 2{,}5$ N/mm² für Leichtbeton angesetzt werden. Bei Zwang aus abfließender Hydratationswärme darf ohne weiteren Nachweis $f_{ct,eff} = 0{,}5 \cdot f_{ctm}$ angenommen werden.

Der Beiwert k_c wird in [E DIN 1045-1 – 00] wie folgt definiert:

$$k_c = 0{,}4 \cdot \left[1 + \frac{\sigma_c}{k_1 \cdot f_{ct,eff}}\right] \le 1 \qquad \text{(F.5.45)}$$

Hierin sind:

σ_c	Betonspannung in Höhe der Schwerlinie des Querschnitts oder Teilquerschnitts ($\sigma_c < 0$ bei Druckspannungen)		
h	Balkenhöhe bzw. Plattendicke		
h'	$= h$	für $h < 1$m	
	$= 1$m	für $h \ge 1$m	
k_1	$= 1{,}5 \cdot h/h'$	für Drucknormalkraft	(F.5.46)
	$= 2/3$	für Zugnormalkraft	

Für reine Biegebeanspruchung ($\sigma_c = 0$) ergibt sich $k_c = 0{,}4$ und für zentrischen Zug ($\sigma_c = f_{ct,eff}$) beträgt $k_c = 1{,}0$. Für vorgespannte Bauteile (Bauteile mit Längsdruck) ist ab einem bestimmten Vorspanngrad keine Bewehrung zur Beschränkung der Rissbreiten erforderlich, da aufgrund der großen Steifigkeit der Betondruckzone in der Zugzone keine breiten Risse entstehen. Hiervon darf ausgegangen werden, wenn gilt:

$$\sigma_c = -1{,}5 \cdot f_{ct,eff}(h/h') \qquad \text{(F.5.47)}$$

Der Beiwert k zur Berücksichtigung der nichtlinear verteilten Eigenspannungen (vgl. Abb. F.5.7) wird in [E DIN 1045-1 – 00] wie folgt angegeben:

– für $h \le 300$ mm $\quad k = 0{,}8$

– für $h \ge 800$ mm $\quad k = 0{,}5$

Zwischenwerte dürfen interpoliert werden. Dabei ist für h der kleinere Wert von Höhe oder Breite einzusetzen. Für Zugspannungen infolge außerhalb des Bauteils hervorgerufenen Zwangs ist k generell zu 1,0 zu setzen.

In Spannbetonbauteilen ist die hier beschriebene Mindestbewehrung zur Rissbreitenbegrenzung generell nur in solchen Bereichen erforderlich, in denen die Betonrandspannungen unter der seltenen Einwirkungskombination und unter den maßgebenden charakteristischen Werten der Vorspannung größer als –1 N/mm² sind. Die geforderte Druckreserve von –1 N/mm² ist wiederum mit dem Vorhandensein von nichtlinear über den Querschnitt verteilten Eigenspannungen zu begründen.

F

5.3.3 Abgeschlossene Rissbildung

Unter abgeschlossener Rissbildung versteht man das Beanspruchungsniveau infolge Last und/oder Zwang, unter dem sich keine weiteren Risse mehr im Bauteil bilden können, weil die zwischen den Rissen über Verbund aufgebaute Betonzugspannung nicht mehr die Betonzugfestigkeit erreichen kann. Da auch weiterhin die Verträglichkeitsbedingung nach Gleichung (F.5.37) gilt, muss die mittlere Dehnung im Betonstahl gleich der mittleren Zusatzdehnung des Spannstahls sein:

$$\varepsilon_{sm} = \Delta\varepsilon_{pm} \quad \Rightarrow \quad \sigma_{sm} = \Delta\sigma_{pm} \tag{F.5.48}$$

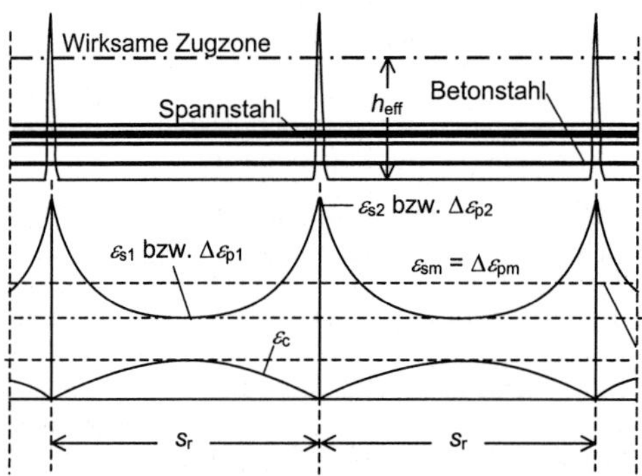

Abb. F.5.9 Qualitativer Verlauf der Dehnungen bei abgeschlossener Rissbildung

Aus der Differenz der Spannungen im Riss (σ_{s2} bzw. $\Delta\sigma_{p2}$) und in der Mitte zwischen zwei Rissen (σ_{s1} bzw. $\Delta\sigma_{p1}$) erhält man die Kraft, die in den Beton eingeleitet wird:

$$T_{us} = A_s \cdot (\sigma_{s2} - \sigma_{s1}) = \frac{s_r}{2} \cdot \tau_{sm} U_s \tag{F.5.49}$$

$$T_{up} = A_p \cdot (\Delta\sigma_{p2} - \Delta\sigma_{p1}) = \frac{s_r}{2} \cdot \tau_{pm} U_p \tag{F.5.50}$$

Den maximalen Rissabstand im Zustand der abgeschlossenen Rissbildung und damit auch die maximale Rissbreite ergibt sich unter der Annahme, dass zwischen zwei Rissen gerade die Betonzugfestigkeit erreicht wird:

$$s_{\max} = \frac{f_{ct} \cdot A_{ct} \cdot d_s}{2 \cdot \tau_{sm} \cdot (A_s + \xi_1^2 \cdot A_p)} \tag{F.5.51}$$

Einsetzen der Gleichung (F.5.51) in (F.5.49) und (F.5.50) liefert die Kraftanteile die von der Betonstahlbewehrung bzw. Spannstahlbewehrung in den Beton eingeleitet werden:

$$T_{us} = \frac{A_s}{A_s + \xi_1^2 A_p} \cdot f_{ct} \cdot A_{ct} \tag{F.5.52}$$

$$T_{up} = \frac{\xi_1^2 A_p}{A_s + \xi_1^2 A_p} \cdot f_{ct} \cdot A_{ct} \tag{F.5.53}$$

Die mittleren Stahlspannungen ergeben sich unter Berücksichtigung eines einheitlichen Völligkeitsbeiwertes α zu:

$$\begin{aligned} \sigma_{sm} &= \sigma_{s2} - \alpha \cdot (\sigma_{s2} - \sigma_{s1}) \\ &= \sigma_{s2} - \alpha \cdot \frac{f_{ct} \cdot A_{ct}}{A_s + \xi_1^2 A_p} \end{aligned} \tag{F.5.54}$$

$$\begin{aligned} \Delta\sigma_{pm} &= \Delta\sigma_{p2} - \alpha \cdot (\Delta\sigma_{p2} - \Delta\sigma_{p1}) \\ &= \Delta\sigma_{p2} - \alpha \cdot \frac{\xi_1^2 \cdot f_{ct} \cdot A_{ct}}{A_s + \xi_1^2 A_p} \end{aligned} \tag{F.5.55}$$

Die Zuggurtkraft $F_{t,ch}$ erhält man aus dem Gleichgewicht:

$$F_{t,ch} = A_s \cdot \sigma_{sm} + A_p \cdot \Delta\sigma_{pm} + \alpha \cdot f_{ct} \cdot A_{ct} \tag{F.5.56}$$

Nach Einsetzen der Verträglichkeitsbedingung nach Gleichung (F.5.48) sowie der Gleichung (F.5.54) und einigem Umformen erhält man für die Stahlspannungen im Riss:

$$\sigma_{s2} = \frac{F_{t,ch}}{A_s + A_p} + \alpha \cdot f_{ct} \left[\frac{1}{\text{eff}\,\rho_p} - \frac{1}{\text{eff}\,\rho_{tot}} \right] \tag{F.5.57}$$

$$\Delta\sigma_{p2} = \frac{F_{t,ch}}{A_s + A_p} - \alpha \cdot f_{ct} \left[\frac{1}{\text{eff}\,\rho_{tot}} - \frac{\xi_1^2}{\text{eff}\,\rho_p} \right] \tag{F.5.58}$$

Hierin sind:

$$\text{eff}\,\rho_p = \frac{A_s + \xi_1^2 A_p}{A_{ct}}; \quad \text{eff}\,\rho_{tot} = \frac{A_s + A_p}{A_{ct}} \tag{F.5.59}$$

In [E DIN 1045-1 – 00] wird der Völligkeitsbeiwert α mit 0,4 angegeben. Im Unterschied zur Erstrissbildung, bei der für A_{ct} die volle unter Zug stehende Fläche im Zustand I anzusetzen ist, reicht bei abgeschlossener Rissbildung die Berücksichtigung einer reduzierten wirksamen Zugzone $A_{ct,eff} = h_{eff} \cdot b$ aus. Für h_{eff} darf der 2,5fache Abstand der Randzugfaser vom Schwerpunkt der Bewehrung angesetzt werden (vgl. Abb. F.5.10).

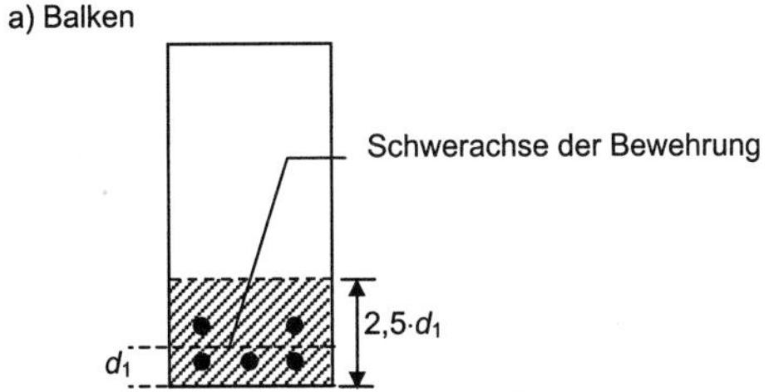

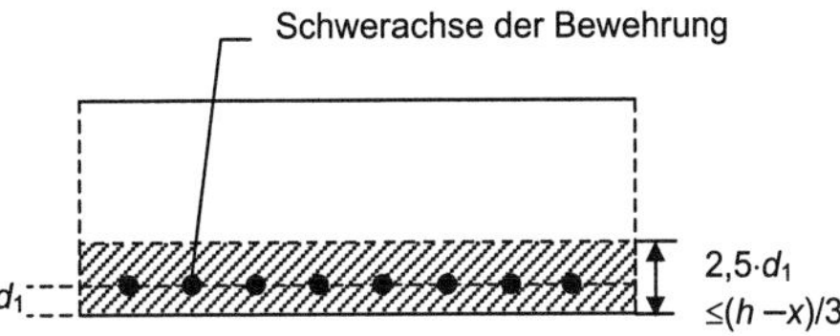

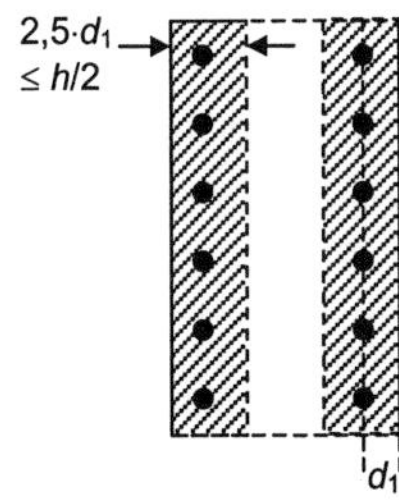

Abb. F.5.10 Wirksame Zugzone (typische Fälle)

Der Rechenwert der Rissbreite w_k ergibt sich analog aus Gleichung (F.5.37), wobei für die Einleitungslänge im Fall der abgeschlossenen Rissbildung der halbe Rissabstand gesetzt werden muss:

$$w_k = s_{\max} \cdot (\varepsilon_{sm} - \varepsilon_{cm}) \qquad \text{(F.5.60)}$$

Der maximale Rissabstand wurde bereits in Gleichung (F.5.51) angegeben. In [E DIN 1045-1 – 00] wird er für $\tau_{sm} \approx 1{,}8 \cdot f_{ct}$ und unter Berücksichtigung der Abkürzungen nach Gleichung (F.5.59) wie folgt angegeben:

$$s_{\max} = \frac{d_s}{\left(\dfrac{2 \cdot \tau_{sm}}{f_{ct}}\right) \cdot \text{eff } \rho_p} = \frac{d_s}{3{,}6 \cdot \text{eff } \rho_p} \qquad \text{(F.5.61)}$$

Den Term $(\varepsilon_{sm} - \varepsilon_{cm})$ erhält man mit Hilfe der Gleichung (F.5.54) und $\varepsilon_{cm} = \alpha \cdot f_{ct} / E_{cm}$:

$$\varepsilon_{sm} - \varepsilon_{cm} = \frac{\sigma_{s2} - 0{,}4 \cdot \dfrac{f_{ct}}{\text{eff } \rho_p}(1 + \alpha_e \cdot \text{eff } \rho_p)}{E_s} \qquad \text{(F.5.62)}$$

Setzt man Gleichungen (F.5.61) und (F.5.62) in Gleichung (F.5.60) ein und löst nach dem Durchmesser der Betonstahlbewehrung d_s auf, dann erhält man die entsprechende Darstellung der Rissformel in [ENV 1992-2 – 97]:

$$d_s = \frac{3{,}6 \cdot w_k \cdot \text{eff } \rho_p \cdot E_s}{\sigma_{s2} - 0{,}4 \cdot \dfrac{f_{ct}}{\text{eff } \rho_p}(1 + \alpha_e \cdot \text{eff } \rho_p)} \qquad \text{(F.5.63)}$$

Anstelle der direkten Berechnung der Rissbreite kann der Nachweis auch wie gewohnt ohne direkte Berechnung durch Begrenzung der Stabdurchmesser bzw. Stababstände in Abhängigkeit der Stahlspannung nach [E DIN 1045-1 – 00], Abschnitt 11.2.3 erfolgen. Hierbei ist die Stahlspannung unter Berücksichtigung des unterschiedlichen Verbundverhaltens von Betonstahl und Spannstahl nach Gleichung (F.5.57) zu bestimmen.

5.4 Begrenzung der Verformungen

Die Verformungen eines Bauteils oder eines Tragwerks dürfen weder die ordnungsgemäße Funktion noch das Erscheinungsbild des Bauteils selbst oder angrenzende Bauteile (z. B. leichte Trennwände, Verglasungen, Außenwandverkleidungen, haustechnische Anlagen) beeinträchtigen.

In [E DIN 1045-1 – 00], Abschnitt 11.3 werden nur Verformungen in vertikaler Richtung von biegebeanspruchten Bauteilen behandelt. Dabei bezeichnen die *Durchbiegung* die Biegeverformung in Bezug auf die Bauteilachse und der *Durchhang* die Verformung, bezogen auf die Verbindungslinie der Unterstützungspunkte.

Als Richtwerte der zulässigen Verformungen werden für die Begrenzung des Durchhangs 1/250 der Stützweite und für die Begrenzung der Durchbiegung nach Einbau verformungsempfindlicher Bauteile 1/500 angegeben.

Als vereinfachtes Nachweisverfahren wurde die, nur für den üblichen Hochbau geltende, Begrenzung der Biegeschlankheit aufgenommen. Ein für Spannbetonbauteile notwendiges genaueres Berechnungsverfahren wird voraussichtlich im Heft 5xx des DAfStb enthalten sein.

6 Grenzzustand der Tragfähigkeit

6.1 Allgemeines

Die Bemessung von Spannbetonbauteilen im Grenzzustand der Tragfähigkeit (ULS) unterscheidet sich im Allgemeinen nicht von der Bemessung der Stahlbetonbauteile. Im Folgenden werden daher die Prinzipien der Nachweisführung für den ULS als bekannt vorausgesetzt und lediglich die Besonderheiten einer Vorspannung bei den einzelnen Nachweisen erläutert. Auf die Wiedergabe von Bemessungstafeln wird gänzlich verzichtet, da diese bereits für Stahlbetonbauteile in Kapitel D enthalten sind und auch im Spannbetonbau verwendet werden können.

6.2 Sicherstellung eines duktilen Bauteilverhaltens

Die neue Normengeneration des Massivbaus fordert die Gewährleistung eines duktilen Bauwerkverhaltens, d. h. ein Versagen ohne Vorankündigung bei Erstrissbildung soll vermieden werden (Duktilitätskriterium). Bei Spannbetonbauteilen wird zur Vermeidung eines derartigen Versagens infolge Spannungsrisskorrosion im Allgemeinen eine Mindestbewehrung gefordert. Ausgenommen hiervon sind extern vorgespannte Bauteile, bei denen die Spannglieder mit geeigneten zerstörungsfreien Prüfverfahren oder durch Monitoring überprüft werden können.

In der Regel ist für Vorspannung mit Verbund und interne Vorspannung ohne Verbund eine Mindestbewehrung (Robustheitsbewehrung) nach [E DIN 1045-1 – 00], Abschnitt 13.1.1 einzulegen. Die Mindestbewehrung ist dabei für das mit dem Mittelwert der Betonzugfestigkeit f_{ctm} berechnete Rissmoment unter Vernachlässigung der Vorspannkraft auszulegen. Die Stahlspannung darf mit dem charakteristischen Wert der Fließgrenze angesetzt werden, so dass sich für die erforderliche Robustheitsbewehrung ergibt:

$$A_{s,\min} = \frac{f_{ctm} \cdot W_c}{f_{yk} \cdot z} \qquad \text{(F.6.1)}$$

Dabei ist z der innere Hebelarm im Grenzzustand der Tragfähigkeit (Zustand II).

Auf die Mindestbewehrung nach Gleichung (F.6.1) darf ein Drittel der Querschnittsfläche der im Verbund liegenden Spannglieder angerechnet werden, wenn mindestens zwei Spannglieder vorhanden sind. Außerdem dürfen nur solche Spannglieder angerechnet werden, die nicht mehr als 0,2·h bzw. 250 mm (der kleinere Wert ist maßgebend) von der Betonstahlbewehrung entfernt liegen. Spannglieder im Sinne dieser Regel sind Einzeldrähte, Einzelstäbe oder Einzellitzen bei Vorspannung mit sofortigem Verbund sowie alle innerhalb eines gemeinsamen Hüllrohrs liegenden Teile bei Vorspannung mit nachträglichem Verbund. Hierbei ist der Spannungszuwachs im Spannstahl auf f_{yk} des Betonstahls zu begrenzen. Die Anrechenbarkeit der im Verbund liegenden Spannglieder war zunächst nicht vorgesehen, musste jedoch zur Vermeidung einer deutlichen Benachteiligung der Spannbetonfertigteile, welche aus fertigungstechnischen Gründen auch ohne Betonstahlbewehrung ausgeführt werden, aufgenommen werden.

Die Mindestbewehrung nach Gleichung (F.6.1) muss zur Verbesserung der Duktilität zwischen den Endauflagern durchlaufen. Über Innenauflagern von Durchlaufträgern ist sie oben über eine Länge von mindestens einem Viertel der Stützweite einzulegen. Bei Kragarmen muss sie über die gesamte Kragarmlänge durchlaufen.

Die Robustheitsbewehrung darf voll auf die statisch erforderliche Bewehrung angerechnet werden und muss auch nicht zusätzlich zur Mindestbewehrung zur Vermeidung breiter Einzelrisse (vgl. Abschnitt F.5.3.2) eingelegt werden.

6.3 Biegung mit Längskraft

6.3.1 Grundlagen

Für die Bemessung der Querschnitte auf Biegung mit Längskraft ist i. d. R. der innere Dehnungszustand unter der sogenannten Grundkombination der Einwirkungen zu bestimmen. Dies hat unter der Annahme gerissener Querschnitte (Zustand II) und unter Vernachlässigung der Betonzugfestigkeit zu erfolgen. Der Spannstahlquerschnitt ist in vielen Fällen bereits aus den Nachweisen des Grenzzustands der Gebrauchstauglichkeit (z. B. Dekompressionsnachweis) bekannt, so dass nur der ggf. zusätzlich erforderliche Betonstahlquerschnitt bestimmt werden muss. Die Ermittlung der Spannungen und Dehnungen im Grenzzustand der Tragfähigkeit unterscheidet sich von der Berechnung im Grenzzustand der Gebrauchstauglichkeit (vgl. Abschnitt F.5.1) nur in den zugrunde liegenden Werkstoffgesetzen. Für Beton ist dabei das Parabel-Rechteckdiagramm und für Spannstahl das in Abb. F.6.1 dargestellte, bilinear idealisierte Spannungs-Dehnungs-Diagramm zu verwenden. Vereinfachend darf aber auch ein horizontaler oberer Ast der Bemessungskurve in Abb. F.6.1 angenommen werden, d. h. die Spannung in der Bewehrung ist auf den Wert $0{,}9 \cdot f_{pk}/\gamma_s$ begrenzt. Die maximale Zusatzdehnung $\Delta\varepsilon_p$ ist nach [E DIN 1045-1 – 00], Abschnitt 9.3.3 auf 25 ‰ zu begrenzen, so dass für die Gesamtdehnung ε_{uk} gilt:

$$\varepsilon_{uk} \leq \varepsilon_p^{(0)} + 0{,}025 \qquad \text{(F.6.2)}$$

Hierin ist $\varepsilon_p^{(0)}$ die Vordehnung des Spannstahls gegenüber dem in Spanngliedhöhe dehnungslosen Beton. Die Berechnung der Vordehnung wird ausführlich in Abschnitt F.5.1.2 beschrieben. Im Grenzzustand der Tragfähigkeit ist sie generell auf der Grundlage des Bemessungswertes der Vorspannkraft $P_d = 1{,}0 \cdot P_{mt}$ zu ermitteln, d. h. eine mögliche Streuung der Vorspannkraft kann im ULS vernachlässigt werden.

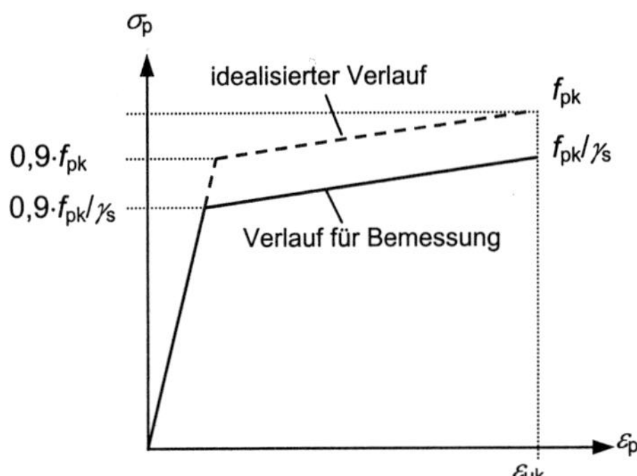

Abb. F.6.1 Rechnerische Spannungs-Dehnungs-Linie des Spannstahls

6.3.2 Vorspannung mit Verbund

Bei Vorspannung mit Verbund kann der statisch bestimmte Anteil der Vorspannwirkung prinzipiell auf die drei in Abb. F.5.4 dargestellten Arten berücksichtigt werden. Der wohl gebräuchlichste Weg wird durch Ansatz (a) beschrieben, bei dem die Vordehnung $\varepsilon_p^{(0)}$ auf der Seite des Querschnittswiderstandes berücksichtigt wird. Im Folgenden ist die Vorgehensweise kurz erläutert.

Die Schnittgrößen des Gesamtquerschnitts infolge der Grundkombination der Einwirkungen, wobei hier die Vorspannung gesondert behandelt wird, sind hierbei zunächst auf die Schwerachse der Spannbewehrung zu beziehen:

$$M_{Sds} = M_{Sd} + M_{p,ind} - N_{Sd} \cdot z_{cp}$$
$$\mu_{Sds} = \frac{M_{Sds}}{bd^2 \cdot f_{cd}} \qquad \text{(F.6.3)}$$

Für den erforderlichen Spannstahlquerschnitt $A_{p,req}$ erhält man aus dem Gleichgewicht:

$$A_{p,req} = \frac{1}{\sigma_{pd}} \left(\frac{M_{Sds}}{\zeta \cdot d_p} + N_{Sd} \right) \qquad \text{(F.6.4)}$$

Die Spannstahlspannung ergibt sich unter Berücksichtigung der Vordehnung zu:

$$\sigma_{pd} = E_p \cdot (\varepsilon_p^{(0)} + \Delta\varepsilon_p) \leq \frac{0{,}9 \cdot f_{pk}}{\gamma_s} = \sigma_{py} \qquad \text{(F.6.5)}$$

Die in den Gleichungen (F.6.4) und (F.6.5) noch unbekannte Zusatzdehnung $\Delta\varepsilon_p$ und der bezogene innere Hebelarm ζ können in Abhängigkeit des bezogenen Moments μ_{Sds} nach Gleichung (F.6.3) mit Hilfe der üblichen Bemessungshilfsmittel (z. B. allgemeines Bemessungsdiagramm) bestimmt werden. Im Allgemeinen sollte für eine wirtschaftliche Bemessung die rechnerische Fließspannung erreicht werden. Ist der erforderliche Spannstahlquerschnitt $A_{p,req}$ größer als der vorhandene Querschnitt $A_{p,prov}$, dann sollte die Differenz mit Betonstahl abgedeckt werden:

$$\Delta A_{s,req} = (A_{p,req} - A_{p,prov}) \cdot \frac{\sigma_{py} \cdot z_p}{f_{yd} \cdot z_s} \qquad \text{(F.6.6)}$$

Die Berücksichtigung der statisch bestimmten Vorspannwirkung entsprechend Ansatz (b) in Abb. F.5.4 ist zu der eben beschriebenen absolut äquivalent. Das auf die Spannstahllage bezogene Moment nach Gleichung (F.6.3) ändert sich nicht, so dass die Zusatzdehnung $\Delta\varepsilon_p$ sowie der bezogene innere Hebelarm ζ ebenfalls gleich bleiben. Der erforderliche Spannstahlquerschnitt ergibt sich wiederum aus dem Gleichgewicht:

$$A_{p,req} = \frac{1}{\Delta\sigma_{pd}} \left(\frac{M_{Sds}}{\zeta \cdot d_p} + N_{Sd} - E_p \cdot A_p \cdot \varepsilon_p^{(0)} \right) \qquad \text{(F.6.7)}$$

Für die Spannstahlspannung infolge der Zusatzdehnung $\Delta\varepsilon_p$ gilt:

$$\Delta\sigma_{pd} = E_p \cdot \Delta\varepsilon_p \leq \frac{0{,}9 \cdot f_{pk}}{\gamma_s} - E_p \cdot \varepsilon_p^{(0)} \qquad \text{(F.6.8)}$$

Man erkennt leicht, dass Ansatz (b) keinerlei Vorteile gegenüber Ansatz (a) besitzt.

F

Dahingegen führt Ansatz (c) nach Abb. F.5.4 in den meisten Fällen am schnellsten zum Ergebnis. Hierbei wird die infolge Vordehnung und Zusatzdehnung resultierende Spanngliedkraft als zusätzlich einwirkende Schnittgröße betrachtet. Dabei ist für die Spanngliedkraft zunächst eine sinnvolle Annahme zu treffen und im Nachgang zu überprüfen.

Die Schnittgrößen der Grundkombination sollten hierbei auf die Schwerachse der Betonstahlbewehrung bezogen werden:

$$M_{Sds} = M_{Sd} + M_{p,ind} - N_{Sd} \cdot z_{cs} + F_{p1} \cdot (z_{cs} - z_{cp}) \quad \text{(F.6.9)}$$

Mit dem nun gegenüber Ansatz (a) und (b) geänderten bezogenen Moment μ_{Sds} kann wiederum mit den Bemessungshilfen die entsprechende Zusatzdehnung und der innere Hebelarm bestimmt werden. Mit Gleichung (F.6.10) ist jetzt die getroffene Annahme über F_{p1} zu kontrollieren. Gegebenenfalls ist F_{p1} iterativ zu verbessern.

$$F_{p1} = E_p \cdot A_{p,prov} \cdot (\varepsilon_p^{(0)} + \Delta\varepsilon_p) \quad \text{(F.6.10)}$$

Der erforderliche Betonstahlquerschnitt ergibt sich dann zu:

$$A_{s,req} = \frac{1}{f_{yd}} \left(\frac{M_{Sds}}{\zeta \cdot d_s} + N_{Sd} - F_{p1} \right) \quad \text{(F.6.11)}$$

Da für in der Zugzone liegende Spannglieder die Spanngliedkraft F_{p1} im Regelfall mit der Fließkraft $A_{p,prov} \cdot 0{,}9 \cdot f_{pk}/\gamma_s$ gleichgesetzt werden kann, ist eine Iteration oft nicht erforderlich. Damit kann die erforderliche Zulage aus Betonstahl in einem Rechenschritt bestimmt werden.

6.3.3 Vorspannung ohne Verbund

Bei Vorspannung ohne Verbund ist eine Bemessung allein auf Querschnittsebene wegen der am gesamten Tragwerk zu formulierenden Verträglichkeitsbedingung nicht möglich. In Abschnitt F.5.1.3 wurde dies bereits an einem Beispiel demonstriert. Der Träger in Abb. F.5.6 ist mit der Vorspannkraft P_0 gegen das Trägereigengewicht vorgespannt, d. h. die Vorspannkraft P_0 ist die an der Spannpresse gleichzeitig wirksame Summe aus der eigentlichen Spannkraft und aus der Zugbandwirkung infolge Eigengewicht des Trägers. Steigert man nun die Gleichlast q_k sukzessive bis zum rechnerischen Versagenszustand, dann führt dies zu entsprechenden Verformungen des Systems und für jede Laststufe zu einer konstanten Dehnung ε_p über die gesamte Spanngliedlänge. Diese Dehnung erzeugt einen Spannungszuwachs im Spannstahl $\Delta\sigma_{p,q}$ infolge der Last q. Der zugehörige Spannkraftzuwachs ΔP nimmt mit steigender Belastung bis zum rechnerischen Versagenszustand zu. Diese Zunahme ist jedoch wegen der sukzessiven Rissbildung (Übergang in den Zustand II) nicht proportional zur äußeren Last q.

Wird der Spannungszuwachs in den Spanngliedern im Grenzzustand der Tragfähigkeit nicht vernachlässigt, dann ist nach [E DIN 1045-1 – 00], Abschnitt 8.7.5 der charakteristische Wert des Spannungszuwachses $\Delta\sigma_{pk}$ mit den Mittelwerten der Baustoffeigenschaften zu bestimmen. Der Bemessungswert ergibt sich dann zu:

$$\Delta\sigma_{pd} = \gamma_p \cdot \Delta\sigma_{pk} \quad \text{(F.6.12)}$$

Hierin ist:

γ_p = 1,0 bei linear-elastischer Berechnung

$\gamma_{p,sup}$ = 1,2 bzw.

$\gamma_{p,inf}$ = 0,83 bei einem nichtlinearen Verfahren, wobei die Rissbildung bzw. Fugenöffnung (Segmentbauweise) zu berücksichtigen ist.

Im Normalfall wird die Ermittlung des Spannungszuwachses zu zeitaufwendig sein, so dass man bestrebt ist, sich geeigneter, auf der sicheren Seite liegender Abschätzungen zu bedienen. Nach [E DIN 1045-1 – 00], Abschnitt 10.2 darf bei Tragwerken mit exzentrisch geführten internen Spanngliedern ohne Verbund der Spannungszuwachs in diesen Spanngliedern mit 100 N/mm² angesetzt werden. Dies gilt nicht für zentrisch geführte Spannglieder (vgl. [DAfStb–H391 – 88]). Bei bekanntem Spannungszuwachs $\Delta\sigma_{pd}$ im Grenzzustand der Tragfähigkeit kann der Nachweis für Biegung mit Längskraft auf ähnliche Weise erfolgen wie bei der Vorspannung mit Verbund (vgl. Ansatz (c)). Hierbei ist jedoch die gesamte Vorspannwirkung unter Berücksichtigung des Anstiegs der Spannkraft auf der Einwirkungsseite zu berücksichtigen.

$$P_d = A_{p,prov} \cdot \sigma_{pd} \qquad \sigma_{pd} = \sigma_{pmt} + \Delta\sigma_{pd} \quad \text{(F.6.13)}$$

Das auf die Betonstahlbewehrung bezogene Moment ergibt sich dann zu:

$$M_{Sds} = M_{Sd} + M_{pd} - (N_{Sd} - P_d) \cdot z_{cs} \quad \text{(F.6.14)}$$

Hierbei entspricht M_{pd} der Summe aus statisch bestimmtem und unbestimmten Momentenanteil unter Berücksichtigung des Anstiegs der Spannkraft. Der erforderliche Betonstahlquerschnitt kann dann mit Hilfe der üblichen Bemessungshilfen bestimmt werden:

$$A_{s,req} = \frac{1}{f_{yd}}\left(\frac{M_{Sds}}{\zeta \cdot d_s} + N_{Sd} - P_d\right) \qquad \text{(F.6.15)}$$

Da in jedem Fall bei Vorspannung ohne Verbund eine Mindestbewehrung aus Betonstahl zur Sicherstellung eines duktilen Bauteilverhaltens nach Abschnitt F.6.2 vorzusehen ist, wird in vielen Fällen der Nachweis ohne weitere Zulagen erfüllt sein.

6.4 Querkraft und Torsion

Das Nachweiskonzept für Querkraft und Torsion nach [E DIN 1045-1 – 00] unterscheidet sich in einigen Punkten deutlich von dem bekannten Verfahren der [ENV 1992-1-1 – 92], welche noch im Gelbdruck der DIN 1045-1 (02.97) enthalten waren. Das neue Nachweisverfahren basiert auf der erweiterten Fachwerkanalogie mit beanspruchungsabhängiger Untergrenze für die Druckfeldneigung. Eine ausführliche Darstellung der Grundlagen zur Bemessung für Querkraft und Torsion, ist in Kapitel D dieses Buches enthalten. Darüber enthält [Zilch/Rogge – 00] eine ausführliche Beschreibung des neuen Bemessungskonzepts, und in [Graubner/Schmidt – 00] werden dessen Auswirkungen auf die Bemessungspraxis systematisch analysiert. Im Folgenden werden daher die Besonderheiten der Vorspannung bei der Bestimmung der Querkrafttragfähigkeit in allgemeiner Form behandelt.

Prinzipiell ergeben sich keine Unterschiede bei der Schubbemessung von Spannbetonbauteilen und Stahlbetonbauteilen. Versuche zeigen jedoch, dass die Schubrisse bei Bauteilen mit Längsdruck in der Regel flacher verlaufen als in Bauteilen ohne Längsdruck, weil die schiefen Hauptzugspannungen unmittelbar vor der Schrägrißbildung steiler als 45° gerichtet sind. Nach der Fachwerkanalogie treten bei flacherer Druckfeldneigung Θ kleinere Zugkräfte in der Schubbewehrung, dafür aber größere Beanspruchungen in den Druckstreben auf. Daher führt eine Längsvorspannung stets zu einer Reduzierung der erforderlichen Schubbewehrung und zu einer Erhöhung der Druckstrebenbeanspruchung. Diesem Sachverhalt trägt sowohl das Nachweiskonzept des [ENV 1992-1-1 – 92] sowie der [E DIN 1045-1 – 00] Rechnung.

Neben dem Einfluss einer Längskraft auf die Querkrafttragfähigkeit ist vor allem die Wirkung von gegenüber der Bauteillängsachse geneigten Spanngliedern zu berücksichtigen. Dabei übernehmen die lotrechten Komponenten der Spanngliedkräfte V_{pd} Anteile der Querkraft des Gesamtquerschnitts V_{Sd} (vgl. Abb. F.6.2):

$$V_{pd} = -F_{pd} \cdot \sin\psi_p \qquad \text{(F.6.16)}$$

Der Winkel ψ_p bezeichnet die Neigung des Spannglieds gegen die Bauteilachse. Die auf den Betonquerschnitt wirkende Querkraft V_{wd} ergibt sich für den allgemeinen Fall der veränderlichen Querschnittshöhe und geneigter Spanngliedführung zu:

$$V_{wd} = V_{Sd} - V_{ccd} - V_{td} - V_{pd} \qquad \text{(F.6.17)}$$

Hierin sind:

- V_{Sd} Bemessungswert der einwirkenden Querkraft im Gesamtquerschnitt (d. h. inkl. statisch unbestimmter Vorspannwirkung)
- V_{ccd} Bemessungswert der Querkraftkomponente in der Biegedruckzone
- V_{td} Querkraftkomponente von F_{Sd}

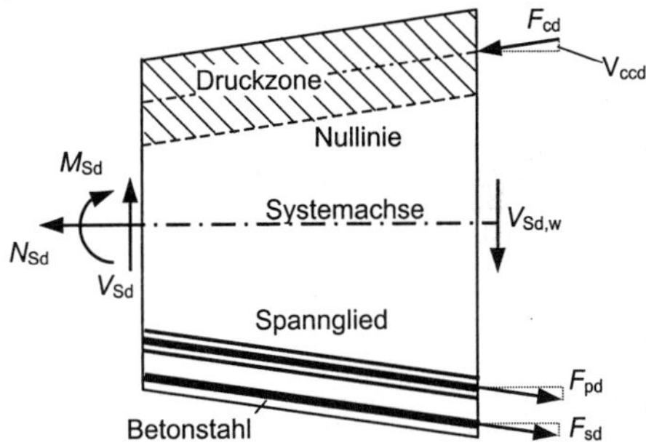

Abb. F.6.2 Querkraftanteile für den allgemeinen Fall der veränderlichen Querschnittshöhe und geneigten Spanngliedern

6.5 Ermüdung

Der Ermüdungsnachweis nach [E DIN 1045-1 – 00], Abschnitt 10.8 wurde aus [ENV 1992-2 – 97] übernommen und ist für alle tragenden Bauteile, die beträchtlichen Spannungsänderungen unterworfen sind (z. B. Brücken), getrennt für Beton und Stahl zu führen. Das Nachweiskonzept ist in vier Nachweisebenen gestaffelt, wobei von einer hinreichenden Betriebsfestigkeit ausgegangen werden kann, sobald die Bedingungen einer Ebene erfüllt sind.

F

In der ersten Nachweisebene werden alle Bauwerke und Bauteile erfasst, für die ein Ermüdungsnachweis grundsätzlich nicht erforderlich ist, wobei für Leichtbeton besondere Betrachtungen notwendig sind. Dies sind im Allgemeinen:

- Fußgängerbrücken,
- überschüttete Bogen- und Rahmentragwerke mit einer Erdüberdeckung von mindestens 1,0 m bei Straßen- und mindestens 1,5 m bei Eisenbahnbrücken,
- Fundamente,
- Pfeiler und Stützen, die mit dem Überbau von Straßen- und Eisenbahnbrücken oder dem gestützten Bauteil nicht biegesteif verbunden sind,
- Stützwände bei Straßenbrücken,
- Widerlager bei Straßenbrücken, die nicht biegesteif mit dem Überbau verbunden sind, außer den Platten und Wänden von Hohlwiderlagern,
- Beton unter Druckbeanspruchung bei Tragwerken des üblichen Hochbaus,
- Betonstahl- und Spannstahlbewehrung ohne Schweißverbindungen oder Kopplungen, die nach der Anforderungsklasse A oder B bemessen werden,
- externe Spannglieder und Spannglieder ohne Verbund.

Die zweite Nachweisebene enthält Begrenzungen der Spannungsamplitude unter der häufigen Einwirkungskombination des Grenzzustands der Gebrauchstauglichkeit. Diese Grenzen wurden aus Vergleichsrechnungen mit genaueren Verfahren abgeleitet. Die Ermittlung der Spannungen erfolgt bei den Ermüdungsnachweisen generell auf der Grundlage gerissener Querschnitte unter Vernachlässigung der Betonzugfestigkeit (vgl. Abschnitt F.5.1). Das Kriechen des Betons darf durch eine Abminderung des Elastizitätsmoduls für Beton erfolgen ($\alpha_e = 10$). Darüber hinaus ist das unterschiedliche Verbundverhalten von Beton- und Spannstahl durch eine Erhöhung der Betonstahlspannung nach „nacktem“ Zustand II mit dem Faktor η zu berücksichtigen (vgl. Abschnitt F.5.3):

$$\eta = \frac{A_s + A_p}{A_s + \sqrt{\xi (d_s / d_p)} \cdot A_p} \qquad \text{(F.6.18)}$$

Hierin sind:

ξ Verhältnis der Verbundfestigkeit von Spanngliedern zu der Verbundfestigkeit von Rippenstahl (Tafel F.5.3)

d_s größter Durchmesser der Betonstahlbewehrung

d_p Durchmesser der Spannstahlbewehrung nach Gleichung (F.5.44)

Für ungeschweißte Bewehrungsstäbe darf von einem ausreichenden Ermüdungswiderstand ausgegangen werden, wenn unter der häufigen Einwirkungskombination die Spannungsschwingbreite $\Delta\sigma_s$ den Wert 70 N/mm² nicht überschreitet. Darüber hinaus darf der Ermüdungsnachweis von Spannstahl und Betonstahl mit Schweißverbindungen oder Kopplungen in solchen Bereichen als erfüllt angesehen werden, in denen unter der häufigen Einwirkungskombination, jedoch unter Berücksichtigung eines Abminderungsfaktors von 0,75 auf den Mittelwert der Vorspannkraft P_{mt} am Querschnittsrand nur Druckspannungen auftreten. Der Ermüdungsnachweis für Beton unter Druckbeanspruchung gilt als erbracht, wenn die folgenden Bedingungen erfüllt sind:

$$\frac{|\sigma_{c,max}|}{f_{cd,fat}} \leq 0{,}5 + 0{,}45 \frac{|\sigma_{c,min}|}{f_{cd,fat}} \leq 0{,}9 \text{ bis C50/60} \quad \leq 0{,}8 \text{ ab C55/67} \qquad \text{(F.6.19)}$$

Hierin sind:

$|\sigma_{c,max}|$ maximale Betondruckspannung unter der häufigen Einwirkungskombination

$|\sigma_{c,min}|$ minimale Betondruckspannung am Ort von $|\sigma_{c,max}|$ unter der häufigen Einwirkungskombination (bei Zugspannungen ist $\sigma_{c,min} = 0$ zu setzen)

$$f_{cd,fat} = 0{,}85 \cdot \beta_{cc}(t_0) f_{cd} \cdot \left(1 - \frac{f_{ck}}{250}\right) \qquad \text{(F.6.20)}$$

$$\beta_{cc}(t_0) = e^{0{,}2\left(1-\sqrt{28 \cdot t_1 / t_0}\right)} \qquad \text{(F.6.21)}$$

Beiwert für die Nacherhärtung

t_1 Bezugszeitpunkt: $t_1 = 1$ Tag

t_0 Zeitpunkt der Erstbelastung (in Tagen)

Der Nachweis nach Gleichung (F.6.19) darf auch auf Druckstreben von Bauteilen, die durch Querkraft beansprucht werden, angewendet werden.

Die dritte Nachweisebene enthält vereinfachte Ermüdungsnachweise für Stahl und Beton auf der Grundlage sogenannter schädigungsäquivalenter Schwingbreiten. Als schädigungsäquivalente Schwingbreite wird diejenige Versagensschwingbreite bezeichnet, die der Schwingbreite bei gleichbleibenden Spannungsspektrum mit N Lastzyklen entspricht und zur gleichen Versagensart führt wie ein Schwingbreitenspektrum infolge wirklichkeitsnaher Betriebsbelastung. Die Nachweise sind für Stahl und Beton im Allgemeinen unter Berücksichtigung der folgenden Einwirkungskombination zu führen:

- ständige Einwirkungen
- maßgebender charakteristischer Wert der Vorspannung P_k
- wahrscheinlicher Wert der Setzungen, sofern ungünstig wirkend
- häufiger Wert der Temperatureinwirkungen, sofern ungünstig wirkend
- Einwirkungen aus Verkehr (i. d. R. spezielles Ermüdungslastmodell)

Für Beton- und Spannstahl gilt der Ermüdungsnachweis erbracht, wenn die folgende Bedingung erfüllt ist:

$$\gamma_{F,fat} \cdot \gamma_{Sd,fat} \cdot \Delta\sigma_{s,equ} \leq \frac{\Delta\sigma_{Rsk}(N)}{\gamma_{s,fat}} \quad \text{(F.6.22)}$$

Hierin sind:

$\Delta\sigma_{Rsk}(N)$ Spannungsschwingbreite für N Lastzyklen aus der Wöhlerlinie (vgl. [E DIN 1045-1 – 00], Abschnitt 10.8.3)

$\Delta\sigma_{s,equ}$ schädigungsäquivalente Spannungsschwingbreite (für Hochbauten darf näherungsweise $\Delta\sigma_{s,equ}$ = max $\Delta\sigma_s$ angenommen werden)

max $\Delta\sigma_s$ maximale Spannungsamplitude unter der maßgebenden ermüdungswirksamen Einwirkungskombination

Ein ausreichender Ermüdungswiderstand für Beton unter Druckbeanspruchung darf angenommen werden, wenn gilt:

$$14 \cdot \frac{1 - S_{cd,max,equ}}{\sqrt{1 - R_{equ}}} \geq 6 \quad \text{(F.6.23)}$$

Hierin sind:

$$R_{equ} = \frac{\sigma_{cd,min,equ}}{\sigma_{cd,max,equ}} \quad \text{(F.6.24)}$$

$$\sigma_{cd,min,equ} = \frac{\sigma_{cd,min,equ}}{f_{cd,fat}} \quad \text{(F.6.25)}$$

$$S_{cd,max,equ} = \frac{\sigma_{cd,max,equ}}{f_{cd,fat}} \quad \text{(F.6.26)}$$

Die Spannungen $\sigma_{cd,max,equ}$ bzw. $\sigma_{cd,min,equ}$ bezeichnen die obere bzw. untere Spannung der Versagensschwingbreite mit einer Anzahl von $N = 10^6$ Zyklen.

Für die Überbauten von Straßen- und Eisenbahnbrücken sind die maßgebenden Ermüdungslastmodelle speziellen Lastnormen zu entnehmen (z. B. [ENV 1991–3 – 96]). Eine Beschreibung der Ermüdungslastmodelle enthält [Graubner – 98]. Um eine erneute Schnittgrößenermittlung für die Ermüdungslastmodelle zu vermeiden, sieht das [NAD zu ENV 1992–2 – 99] ein vereinfachtes Verfahren zur Berechnung der schädigungsäquivalenten Spannungsschwingbreiten für Straßen- und Eisenbahnbrücken vor, gegen dessen Anwendung keine Bedenken bestehen.

Ist der vereinfachte Nachweis der Ebene 3 nicht erfüllt, so kann in Ebene 4 ein ausreichender Ermüdungswiderstand noch mittels der Palmgren-Miner-Regel nachgewiesen werden:

$$D_{Sd} \leq 1 \quad \text{(F.6.27)}$$

Für die Schadensberechnung sind die entsprechenden *Wöhler*-Linien für Betonstahl und Spannstahl dem Abschnitt 10.8.3 der [E DIN 1045-1 – 00] zu entnehmen und durch den Teilsicherheitsbeiwert $\gamma_{s,fat}$ = 1,15 zu dividieren. Dieser Nachweis ist ebenfalls mit der unter Ebene 3 beschriebenen Einwirkungskombination zu führen.

Dieser Nachweis ist i. d. R. sehr aufwendig. Deshalb sollte die Möglichkeit in Betracht gezogen werden, die Querschnitte so abzuändern, dass eine der Bedingungen aus der Nachweisebene 2 oder 3 erfüllt ist.

F

7 Bauliche Durchbildung

7.1 Allgemeines

Der baulichen Durchbildung von Spannbetonbauteilen sollte besondere Aufmerksamkeit gewidmet werden, da viele Schadensfälle aus der Nichtbeachtung konstruktiver und ausführungstechnischer Regeln herrühren. Im Rahmen der Zusammenstellung wichtiger Kriterien für den Entwurf wurde bereits im Abschnitt F.4 dieses Beitrags auf die Mindestbetondeckung und die Mindestabstände zwischen den Spanngliedern eingegangen. Dieser Abschnitt befasst sich mit der Oberflächenbewehrung sowie der baulichen Durchbildung hochbeanspruchter Verankerungsbereiche von Spannbetonbauteilen. Für die Beschreibung des Kraftflusses in solchen Diskontinuitätsbereichen eignen sich sehr gut Stabwerkmodelle, deren Theorie und Anwendung umfassend in [Schlaich/Schäfer – 98] beschrieben sind.

7.2 Mindestoberflächenbewehrung bei Bauteilen mit Vorspannung

Nach [E DIN 1045-1 – 00], Abschnitt 13.1.2 ist in vorgespannten Bauteilen eine Oberflächenbewehrung entsprechend Tafel F.7.2 anzuordnen. Die notwendige Bewehrungsgrad ρ ist Tafel F.7.1 zu entnehmen. Durch diese konstruktive Bewehrung sollen breite Risse infolge rechnerisch nicht berücksichtigter Eigenspannungen, die sich ungünstig auf die Dauerhaftigkeit eines Spannbetonbauteils auswirken können, vermieden werden. Sie ist in der Zug- und Druckzone von Platten in Form von orthogonalen Bewehrungsnetzen mit dem jeweils erforderlichen Querschnitt nach Tafel F.7.2 anzuordnen. Dabei darf der Stababstand 200 mm nicht überschreiten.

Die Oberflächenbewehrung ist nicht mit der Mindestbewehrung zur Versagensvorankündigung (Robustheitsbewehrung) oder zur Rissbreitenbeschränkung zu addieren und darf voll auf die statisch erforderliche Bewehrung angerechnet werden, wenn die Regelungen für die Anordnung und Verankerung dieser Bewehrung erfüllt sind. In jedem Querschnitt ist nur der jeweils größte Wert maßgebend.

Bei Spannbetonfertigteilen mit sofortigem Verbund dürfen diejenigen Spannstähle vollflächig auf die Oberflächenbewehrung angerechnet werden, die im Bereich der zweifachen Betondeckung liegen. Außerdem darf für Platten aus Fertigteilen mit einer Breite bis zu 1,20 m (z. B. Spannbeton-Hohlplatten) die Oberflächenbewehrung in Querrichtung entfallen.

7.3 Verankerungsbereich der Spannglieder

7.3.1 Einleitung über Ankerkörper

Bei Vorspannung gegen den erhärteten Beton werden die Kräfte aus den Spanngliedern über Ankerkörper (vgl. Abschnitt F.2.2.2) in den Beton eingeleitet. Diese örtlich konzentriert angreifenden Kräfte verteilen sich mit wachsender Entfernung auf den Bauteilquerschnitt (vgl. Abb. F.7.1). Die Länge, nach der die Dehnungsverteilung einen linearen Verlauf über den Betonquerschnitt aufweist, nennt man *Saint-Venant*sche Störlänge. Sie ist unabhängig von der Lastgröße und mindestens gleich der Breite, über die sich die Last verteilen muss.

Nach [E DIN 1045-1 – 00], Abschnitt 7.3.1 darf für den Ausbreitwinkel nach Abb. F.7.1 der Wert β = 35° angenommen werden.

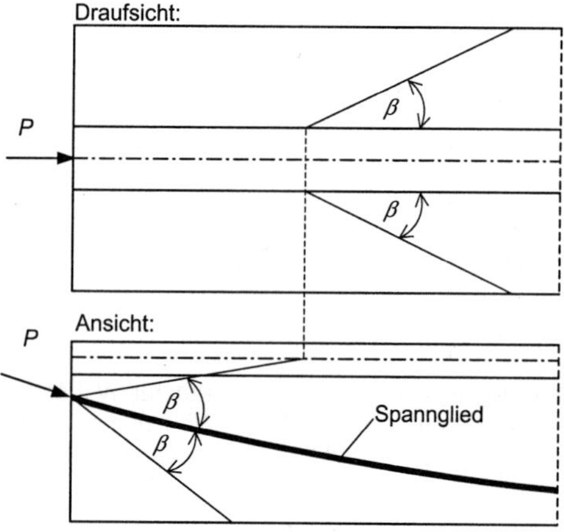

Abb. F.7.1 Einleitung der Vorspannung über Ankerkörper (Plattenbalken)

Aufgrund der Möglichkeit eines unplanmäßigen Überspannens (z. B. infolge menschlichen Versagens) sollten die Verankerungsvorrichtungen und die Verankerungsbereiche im Grenzzustand der Tragfähigkeit für die vom Spannglied maximal aufnehmbare Last bemessen werden:

$$F_{pd} = A_p \cdot f_{pk} \cdot \gamma_p \quad \text{mit } \gamma_p = 1{,}0 \qquad \text{(F.7.1)}$$

Diese Forderung wird zwar nach dem vorliegenden Entwurf der Norm nicht mehr erhoben, sollte jedoch nach Meinung der Verfasser zum Zweck der Sicherheit weiter aufrechterhalten werden.

Tafel F.7.1 Grundwerte der Oberflächenbewehrung

f_{ck}	12	16	20	25	30	35	40	45	50	55	60	70	80	90	100
ρ [‰] [1)]	0,51	0,61	0,70	0,83	0,93	1,02	1,12	1,21	1,31	1,34	1,41	1,47	1,54	1,60	1,66

[1)] Diese Werte ergeben sich aus $\rho = 0{,}16 \cdot f_{ctm} / f_{yk}$.
Bei Leichtbeton sind die Werte ρ mit η_1 nach [E DIN 1045-1 – 00], Tabelle 9.3 zu multiplizieren.

Tafel F.7.2 Oberflächenbewehrung für die verschiedenen Bereiche eines Spannbetonbauteils

	Platten bzw. Gurtplatten oder breite Balken ($b > h$) (je m)		Balken mit $b \leq h$ und Stege von Plattenbalken und Kastenträgern	
	Bauteile in Umweltbedingungen der Klassen XC 0, XC 1 – XC 4	Bauteile in Umweltbedingungen der sonstigen Klassen	Bauteile in Umweltbedingungen der Klassen XC 0, XC 1 - XC 4	Bauteile in Umweltbedingungen der sonstigen Klassen
– bei Balken an jeder Seitenfläche – bei Platten mit $d \geq 1{,}0$ m an jedem gestützten oder nicht gestützten Rand [1)]	$0{,}5\,\rho\,h$ bzw. $0{,}5\,\rho\,h_f$	$1{,}0\,\rho\,h$ bzw. $1{,}0\,\rho\,h_f$	$0{,}5\,\rho\,b_w$ (je [m])	$1{,}0\,\rho\,b_w$ (je [m])
– in der Druckzone von Balken und Platten am äußeren Rand – in der Zugzone von Platten [1)]	$0{,}5\,\rho\,h$ bzw. $0{,}5\,\rho\,h_f$	$1{,}0\,\rho\,h$ bzw. $1{,}0\,\rho\,h_f$	–	$1{,}0\,\rho\,h\,b_w$
– in Druckgurten mit $d > 12$ cm (obere und untere Lage je für sich) [1)]	–	$1{,}0\,\rho\,h_f$	–	–
– Längsbewehrung in vorgedrückten Zugzonen von Balken	$1{,}5\,\rho\,h$	$1{,}5\,\rho\,h$	$1{,}5\,\rho\,h\,b_w$	$1{,}5\,\rho\,h\,b_w$

[1)] Eine Oberflächenbewehrung größer als 3,35 cm²/m je Richtung ist nicht erforderlich.

F

Durch das Ausstrahlen der Druckspannungstrajektorien entstehen Querzugspannungen, die oft als Spaltzugspannungen bezeichnet werden. Für die Ermittlung der erforderlichen Querbewehrung kann das Integral der Spaltzugspannungen mit Hilfe von Stabwerkmodellen abgeschätzt werden. In Abb. F.7.2 ist ein typisches Stabwerkmodell für die Ausbreitung einer mittigen, auf der Breite *a* konzentrierten Last dargestellt.

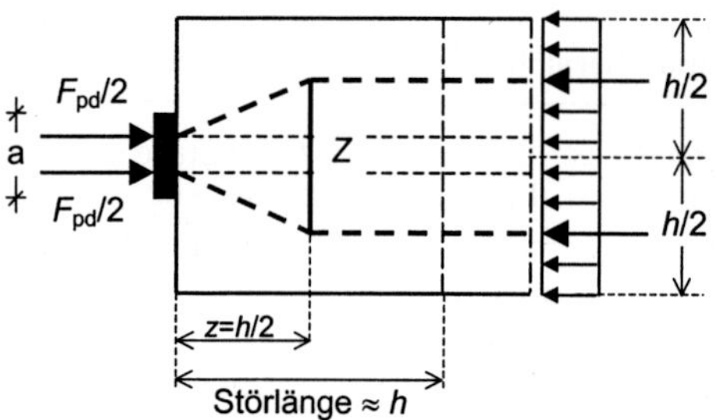

Abb. F.7.2 Stabwerkmodell zur Ermittlung der Spaltzugkraft *T* bei mittig angreifender konzentrierter Belastung F_{pd} nach *Mörsch*

Nach diesem, erstmals von *E. Mörsch* angewendeten, sehr anschaulichen Rechenmodell ergibt sich die Resultierende der Spaltzugspannungen *Z* zu:

$$Z = 0{,}25 \cdot F_{pd}\left(1 - \frac{a}{h}\right) \qquad \text{(F.7.2)}$$

Für andere Fälle, als in Abb. F.7.2 dargestellt, können entsprechende Stabwerkmodelle aus [Leonhardt – 86] bzw. [Schlaich/Schäfer – 98] entnommen werden. Zugehörige Bemessungsformeln enthält auch [Kupfer – 94].

Es ist zu beachten, dass die Ausstrahlung der Ankerkraft räumlich erfolgt, z. B. über Trägerhöhe und über Trägerbreite (vgl. Abb. F.7.1). Daher ist die Spaltzugkraft für beide Ausstrahlungsrichtungen zu bestimmen und eine entsprechende Bewehrung in Form von Bügeln oder Bewehrungsnetzen vorzusehen. Die Spaltzugbewehrung sollte dabei möglichst den gesamten Betonquerschnitt erfassen und so verankert werden, dass sie auch in der Nähe des Querschnittsrandes wirksam ist.

7.3.2 Einleitung über Verbund

Wird die Vorspannkraft über sofortigen Verbund eingeleitet, dann ist die Länge des Störbereichs (Diskontinuitätsbereich) länger als im Falle einer Ankerplattenverankerung.

Man unterscheidet dabei prinzipiell zwischen den folgenden Bereichen (vgl. Abb. F.7.3):

- der Übertragungslänge l_{bp}, über die die Vorspannkraft P_0 eines Spannglieds mit sofortigem Verbund voll auf den Beton übertragen wird,
- der Eintragungslänge $l_{p,eff}$, innerhalb der die Betonspannung allmählich in eine lineare Verteilung über den Betonquerschnitt übergeht, und
- der Verankerungslänge l_{ba}, innerhalb der die maximale Spanngliedkraft im Grenzzustand der Tragfähigkeit vollständig verankert ist.

Die Übertragungslänge l_{bp} wird im Allgemeinen vom Durchmesser und der Art des Spannglieds, seiner Oberflächenbeschaffenheit, der Betonfestigkeit und dem Verdichtungsgrad des Betons beeinflusst. Unter der Voraussetzung eines ungerissenen Verankerungsbereichs (keine Längs- oder Spaltzugrisse) darf l_{bp} nach [E DIN 1045-1 – 00], Abschnitt 8.7.6 in Abhängigkeit der Betonfestigkeit zum Zeitpunkt der Spannkraftübertragung wie folgt bestimmt werden:

$$l_{bp} = \beta_b \cdot d_p \qquad \text{(F.7.3)}$$

Tafel F.7.3 Beiwert β_b der Übertragungslänge von Litzen und Drähten in Abhängigkeit der Betonfestigkeitsklasse zum Zeitpunkt des Vorspannens

Tatsächliche Betondruckfestigkeit bei der Spannkraftübertragung f_{cmj} [N/mm²] [2]	β_b [1]	
	Litzen und profilierte Drähte	gerippte Drähte
25	75	55
30	70	50
40	60	40
50	50	30
60	40	26
70	30	22
≥ 75	25	20

[1] Zwischenwerte sind linear zu interpolieren.
[2] Es gilt die Zylinderfestigkeit (bei Verwendung von Probewürfeln ist entsprechend umzurechnen).

Der Beiwert β kann für normale (nicht verdichtete) Litzen mit einer Querschnittsfläche ≤ 150 mm² und für profilierte Drähte mit einem Durchmesser ≤ 8 mm der Tafel F.7.3 entnommen werden. Maßgebend ist die Betonfestigkeit zum Zeitpunkt des Vorspannens.

Der Bemessungswert der Übertragungslänge l_{bpd} ist mit $0{,}8 \cdot l_{bp}$ oder $1{,}2 \cdot l_{bp}$ anzunehmen, wobei jeweils der ungünstigere Wert für die betrachtete Wirkung maßgebend ist.

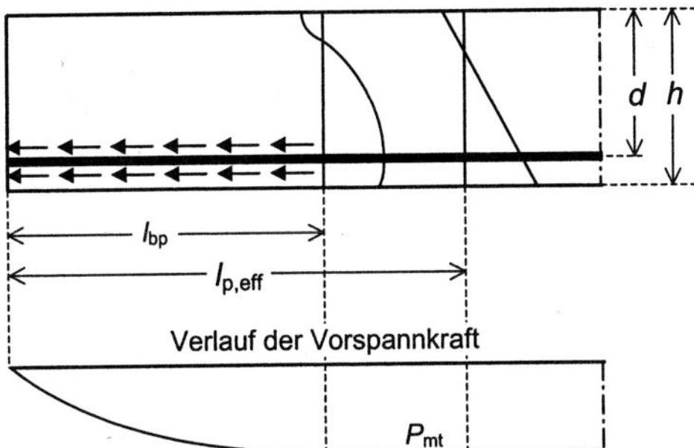

Abb. F.7.3 Übertragungslänge l_{bp} und Einleitungslänge $l_{p,eff}$ bei Vorspannung mit sofortigem Verbund

Es darf davon ausgegangen werden, dass die auf den Beton übertragene Vorspannkraft innerhalb der Übertragungslänge l_{bp} parabolisch vom Bauteilende her zunimmt und dass die Betonspannungen am Ende der Eintragungslänge $l_{p,eff}$ linear verteilt sind (vgl. Abb. F.7.3).

Die Eintragungslänge $l_{p,eff}$ darf nach [E DIN 1045-1 – 00], Abschnitt 8.7.6 für Rechteckquerschnitte und gerade Spannglieder nahe der Unterseite des Querschnitts festgelegt werden zu:

$$l_{p,eff} = \sqrt{l_{bpd}^2 + d^2} \qquad \text{(F.7.4)}$$

Für andere Querschnittsformen sollte die Spannungsverteilung in Anlehnung an die Elastizitätstheorie erfolgen.

Die über Verbund zu verankernden Kräfte bei der Spannbett-Vorspannung können nur über Scherverbund sicher in den Beton eingeleitet werden, d. h., wenn die Spannstähle gerippt oder in anderer, geeigneter Weise profiliert sind. Bei 7-drähtigen Litzen wird das Gleiten durch die sogenannte Korkenzieherwirkung verhindert. Aus den genannten Gründen ist die Verwendung glatter Drähte für Vorspannung ohne Verbund nach [E DIN 1045-1 – 00], Abschnitt 8.7.6 generell nicht zulässig.

Für die Spanngliedkraft im Grenzzustand der Tragfähigkeit $F_{pd} = 0{,}9 \cdot f_{pk} \cdot A_p$ beträgt die Verankerungslänge l_{ba} näherungsweise:

$$l_{ba} = l_{bp} \cdot 0{,}9 \cdot f_{pk} / \sigma_{p0} = 1{,}2 \cdot l_{bp} \qquad \text{(F.7.5)}$$

In der Entfernung $x = l_{ba}$ vom Auflager sollte nachgewiesen werden, dass:

$$F_{Sd}(x) \leq \frac{1}{\gamma_s} \cdot \left(A_p \cdot 0{,}9 \cdot f_{pk}\right) \qquad \text{(F.7.6)}$$

Hierin sind:

$F_{Sd}(x)$ die Kraft im Spannglied infolge einwirkender Lasten im Grenzzustand der Tragfähigkeit $= M_{Sd}(x)/z + 1/2 \cdot V_{Sd}(x) \cdot \cot \Theta$

$M_{Sd}(x)$ aufzunehmendes Biegemoment an der Stelle x

z innerer Hebelarm

$V_{Sd}(x)$ aufzunehmende Querkraft an der Stelle x

x Entfernung von der Auflagermitte

Θ Winkel zwischen den Betondruckstreben und der Bauteillängsachse

7.4 Spanngliedkopplungen

Die Technologie der Spanngliedkopplungen bei Vorspannung mit nachträglichem Verbund und ohne Verbund wurde bereits Abschnitt F.2.2.3 behandelt. Darüber hinaus ist es auch möglich, Spannglieder in Lisenen durch Übergreifung zu stoßen.

In Bezug auf die bauliche Durchbildung ist nach [E DIN 1045-1 – 00], Abschnitt 12.10.5 darauf zu achten, dass Kopplungen stets außerhalb von Zwischenauflagern in Bereichen niedriger Beanspruchung angeordnet werden. Bei nicht vorwiegend ruhender Belastung sollte eine Kopplung von mehr als 70 % der Spannglieder in einem Querschnitt vermieden werden.

8 Bemessungsbeispiel

8.1 Bauwerksbeschreibung

Im Folgenden wird eine zweifeldrige Straßenbrücke mit Stützweiten zu je 18 m betrachtet. Der Überbau, ein zweistegiger Plattenbalken mit einer Konstruktionshöhe von 1 m, ist in Brückenlängsrichtung mit Spanngliedern in nachträglichem Verbund vorgespannt. Es wird davon ausgegangen, dass das Brückenbauwerk von einem privaten Bauherrn in Auftrag gegeben wird und daher nach den Maßgaben der [E DIN 1045-1 – 00] nachgewiesen wird. Für die Einwirkungen wird [ENV 1991-3 – 96] unter Berücksichtigung des [NAD zu ENV 1991-3 – 99] zugrunde gelegt.

- **Statisches System**

Die Berechnung des Bauwerks erfolgt an einem einfach statisch unbestimmten, ebenen System (vgl. Abb. F.8.1). Sämtliche Auflagerpunkte werden als frei drehbar angenommen. Die Torsionssteifigkeit der Hauptträger wird durch Querträger an den beiden Endauflagern sowie durch die Rahmenwirkung Stütze/Überbau an den festen Auflagern in Achse B sichergestellt.

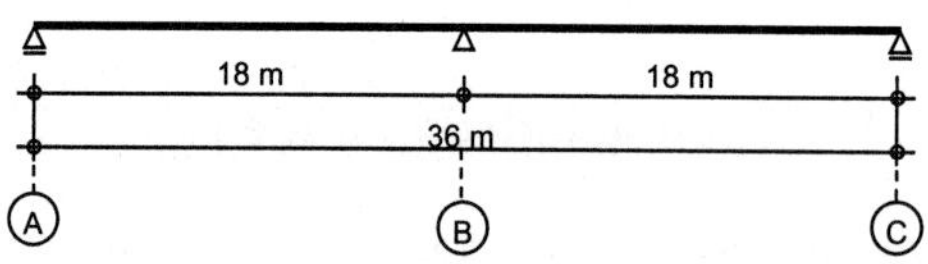

Abb. F.8.1 Statisches System

Die statischen Nachweise werden an den Bemessungspunkten am Endauflager, an der Stelle des maximalen Feldmomentes, im aus Vorspannung resultierenden Momentennullpunkt und an der Stütze geführt. Alle Nachweise werden für eine Querschnittshälfte geführt (vgl. Abb. F.8.2).

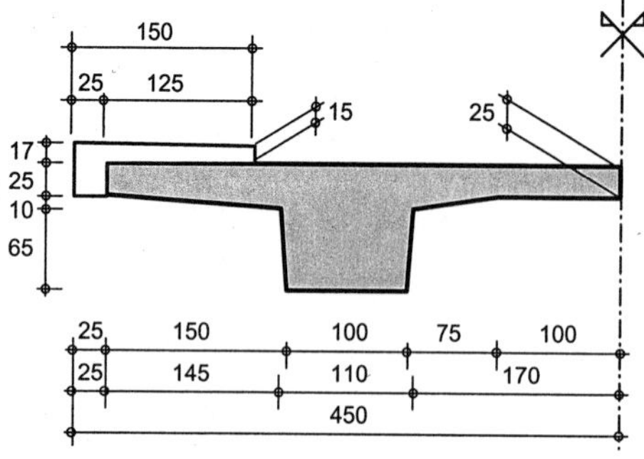

Abb. F.8.2 Querschnitt

- **Umweltbedingungen**

Durch die Lage und seine Nutzung ist das Bauwerk korrosionsfördernden Einflüssen ausgesetzt. Gemäß [E DIN 1045-1 – 00], Abschnitt 6.2 ist es somit in die Umgebungsklassen XC4, XD1 und XF2 (Sprühnebelbereich von tausalzbehandelten Verkehrsflächen) einzuordnen und demnach für die Mindestanforderungsklasse C (vgl. Tafel F.4.2) zu bemessen. Dies bedeutet, dass der Nachweis der Dekompression unter der quasi-ständigen und der Nachweis der Rissbreite unter der häufigen Einwirkungskombination geführt werden muss (vgl. Tafel F.4.1). Als Mindestbetonfestigkeitsklasse ist ein C 30/37 anzusetzen. Das Nennmaß der Betondeckungen für Betonstahlbewehrung ergibt sich nach Abschnitt 6.3 der [E DIN 1045-1 – 00] zu 55 mm und für den Spannstahl zu 65 mm $\geq d_{duct}$. Die für das Kriechen und Schwinden maßgebende relative Luftfeuchte wird mit 80% angesetzt.

- **Werkstoffkennwerte**

Unter Berücksichtigung der Mindestanforderungen entsprechend [E DIN 1045-1 – 00] werden die folgenden Werkstoffe zugrunde gelegt:

– Beton C 35/45:	f_{ck}	=	35	N/mm²
	E_{cm}	=	33300	N/mm²
– Betonstahl S 500:	f_{yk}	=	500	N/mm²
	E_s	=	200000	N/mm²
– Spannstahl St 1570/1770:	$f_{p0,1k}$	=	1500	N/mm²
	f_{pk}	=	1770	N/mm²
	E_s	=	195000	N/mm²

- **Mitwirkende Plattenbreite**

Die für die Bemessung maßgebenden Querschnittswerte werden unter Berücksichtigung der mitwirkenden Plattenbreite an den Bemessungsstellen ermittelt:

- Stütze: $b_{eff} = 2{,}97$ m
- Feld und Momentennullpunkt: $b_{eff} = 4{,}25$ m

Für die Schnittgrößenermittlung wird vereinfachend über die gesamte Trägerlänge die vorhandene Flanschbreite angesetzt. Für die Nachweise in den Grenzzuständen der Tragfähigkeit und Gebrauchstauglichkeit werden die jeweils an den Bemessungspunkten mitwirkenden Plattenbreiten berücksichtigt. Die Normalkraft infolge Vorspannung wird außerhalb des Einleitungsbereiches (vgl. Abb. F.7.1) immer auf den Gesamtquerschnitt bezogen. Die Brutto-Querschnittswerte sind in Tafel F.8.3 dargestellt.

8.2 Einwirkungen

8.2.1 Ständige Einwirkungen

Im Gegensatz zu [ENV 1992-1-1 – 92] werden nach [E DIN 1045-1 – 00] eingeprägte Verformungen infolge Baugrundsetzungen als veränderliche Einwirkungen definiert. Demnach ergibt sich für das Bemessungsbeispiel die folgende Zusammenstellung der ständigen Einwirkungen. Alle Lasten werden für eine Trägerhälfte ermittelt.

- **Eigengewicht:**

Das Konstruktionseigengewicht für eine Trägerhälfte ergibt sich zu:

$g_k = A_c \cdot \gamma_{Beton} = 1{,}96 \cdot 25 \quad = \quad 49{,}06 \quad \text{kN/m}$

- **Ausbaulasten:**

Unter den Ausbaulasten wird das Eigengewicht der Kappen, Geländer, Leitplanken und des Belags zusammengefasst:

$\Delta g_k = \quad = \quad 15{,}61 \quad \text{kN/m}$

8.2.2 Veränderliche Einwirkungen

Die veränderlichen Einwirkungen setzen sich aus Verkehrslasten, Temperatureinwirkung und Baugrundsetzungen zusammen.

- **Verkehrslasten**

Die für Straßenbrücken maßgebenden Verkehrslasten werden [ENV 1991-3-96] unter Berücksichtigung von [NAD zu ENV 1991-3 – 99] entnommen. Betrachtet wird im vorliegenden Fall nur das Lastmodell 1. Als Abschätzung für die Verteilung der Lasten auf die Hauptträger in Querrichtung wird das in [Bieger-62] beschriebene vereinfachte Verfahren angewendet, wobei im Folgenden lediglich die Quereinflusslinie für das größte Hauptträgerbiegemoment dargestellt wird (vgl. Abb.F.8.3).

– Gleichmäßig verteilte Last (UDL):

$$q_{k1} = \left(\frac{0{,}2+0{,}5}{2}\cdot 4{,}5\,\text{m} + \frac{0{,}71+0{,}8}{2}\cdot 1{,}5\,\text{m}\right)\cdot 2{,}5\ \text{kN/m}^2 + \left(\frac{0{,}71+0{,}5}{2}\cdot 3\,\text{m}\right)\cdot 9{,}0\ \text{kN/m}^2 = 23{,}10\ \text{kN/m}$$

– Doppelachse/Tandem System (TS):

$$Q_{k1} = 120\cdot(0{,}68+0{,}55) + 80\cdot(0{,}45+0{,}32) = 211{,}6\ \text{kN/Achse}$$

Für die Ermittlung des maximalen Torsionsmomente wird die Hauptspur in Richtung Plattenmitte verschoben. Die Tandemlast aus der zweiten Hauptspur wird nicht angesetzt. Somit ergeben sich hierfür auch andere Querkräfte.

Horizontale Verkehrslasten aus Bremsen und Anfahren werden nicht berücksichtigt, da sie für die Bemessung des Überbaus nicht relevant sind. Die Unterbauten sind nicht Gegenstand dieses Bemessungsbeispiels.

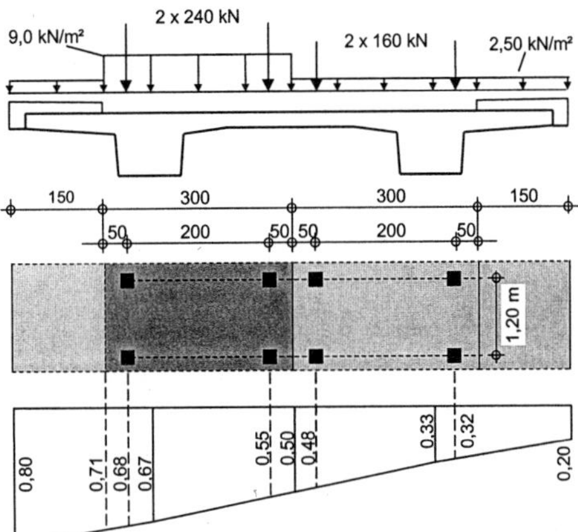

Abb. F.8.3 Lastmodell 1 und Quereinflusslinie für das maximale Hauptträgerbiegemoment

- **Temperatureinwirkungen**

Die Temperatureinwirkungen ergeben sich gemäß [ENV 1991-2-5 – 96] unter Berücksichtigung eines 8 cm dicken Belags zu:

– oben wärmer: $\Delta T_k = 12{,}3°\text{C}$

– unten wärmer: $\Delta T_k = -8{,}0°\text{C}$

- **Baugrundsetzungen**

Für die maximal zu erwartenden Baugrundsetzungen wird ein Wert Δs_k = 1 cm zugrunde gelegt.

- **Windeinwirkungen**

Einwirkungen infolge Wind sind für die Bemessung des Längssystems ebenfalls ohne Bedeutung und bleiben daher außer Betracht.

8.3 Schnittgrößen

Die Schnittgrößenermittlung erfolgt zunächst für die charakteristischen Werte der Einwirkungen. Die maßgebenden Einwirkungskombinationen für den ULS und SLS werden bei den einzelnen Nachweisen angegeben.

Tafel F.8.1 Hauptträger-Biegemomente (charakteristische Werte)

Einwirkung		M_{yk} [kNm] Feld	MNP	Stütze
g_k	–	1113	60	–1987
Δg_k	–	354	19	–632
Δs_k	max	190	352	476
	min	–190	–352	–476
ΔT_k	max	379	697	949
	min	–247	–453	–617
$q_{k,1}$	max	711	374	–468
	min	–187	–346	–936
$Q_{k,1}$	max	1517	864	–126
	min	–305	–560	–762

Tafel F.8.2 Hauptträger-Torsionsmomente und Hauptträger-Querkräfte (charakteristische Werte)

Einwirkung		M_{Tk} [kNm] Stütze A	M_{Tk} [kNm] Stütze B	V_{yk} [kN] Stütze A	V_{yk} [kN] Stütze B
g_k	–	0	0	331	–552
Δg_k	–	0	0	105	–176
Δs_k	max	0	0	26	26
	min	0	0	–26	–26
ΔT_k	max	0	0	53	53
	min	0	0	–34	–34
q_{k1}	max	37	37	182	–26
	min	–37	–37	–26	–260
	max	162	162	111	–16
	min	- 62	–162	–16	–159
Q_{k1}	max	- 37	–	440	–
	min	–	137	–	–440
	max	–	316	–	–284
	min	–316	–	284	–

8.4 Vorspannung

8.4.1 Allgemeines

- **Spannverfahren**

Als Spannverfahren wird ein Litzenspannverfahren mit 12 Litzen je Spannglied gewählt. Jede Litze besteht dabei aus 7 kaltgezogenen Einzeldrähten der Stahlgüte St 1570/1770.

- Querschnittsfläche: A_p = 16,8 cm²
- Hüllrohrdurchmesser: d_{innen} = 75 mm; $d_{außen}$ = 82 mm
- Reibungsbeiwert: μ = 0,21 –
- Ungewollter Umlenkwinkel: k = 0,30 °/m
- Verankerungsschlupf: Δl = 3 mm

- **Spanngliedführung**

Die Spanngliedführung setzt sich im vorliegenden Beispiel aus drei Parabeln und einem Geradenstück, bedingt durch die Anordnung eines Übergangsrohrs im Verankerungsbereich der Spannglieder, zusammen (vgl. Abb. F.8.4). Es werden die maximal zulässigen Parabelstiche ausgenutzt.

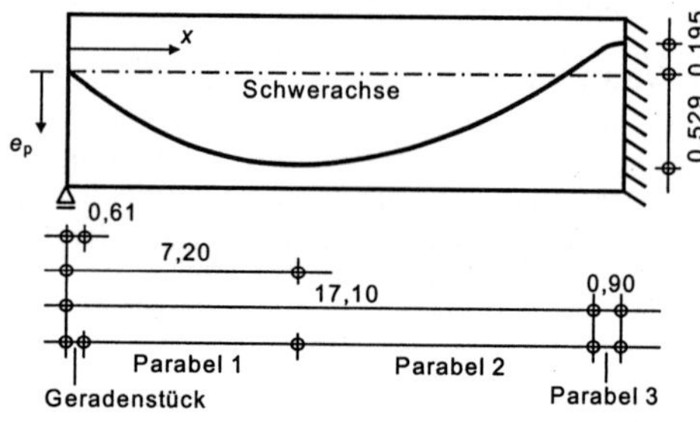

Abb. F.8.4 Spanngliedführung

Die Lage des maximalen Stichs im Feld entspricht der des maximalen Moments aus den äußeren Einwirkungen. Durch die Ausrundungslänge von 0,90 m der 3. Parabel wird die Einhaltung des minimalen Krümmungsradius sichergestellt, welcher für das verwendete Spannverfahren mit 4,8 m angegeben wird. Für den Spanngliedverlauf können die folgenden funktionalen Zusammenhänge angegeben werden:

$$e_p(x) = \begin{cases} 0{,}1355 \cdot x \\ -0{,}01028 \cdot x^2 + 0{,}14801 \cdot x - 0{,}003825 \\ -0{,}00677 \cdot x^2 + 0{,}09751 \cdot x + 0{,}17797 \\ 0{,}07449 \cdot x^2 - 2{,}6815 \cdot x + 23{,}93724 \end{cases}$$

8.4.2 Schnittgrößen aus Vorspannung

Die Schnittgrößenermittlung erfolgt mit dem Kraftgrößenverfahren für eine Vorspannkraft von 1 MN. Hierbei werden gleichzeitig die aus Anspannen und Verankerungsschlupf entstehenden Reibungsverluste berücksichtigt. Diese berechnen sich mit Gleichung (F.3.17) unter der Annahme, dass die Spannglieder von beiden Seiten her angespannt werden, so dass die Berechnung sich auf ein Feld beschränken kann. Der hieraus resultierende Spannkraftverlauf über die Trägerlänge ist in Abb. F.8.5 dargestellt.

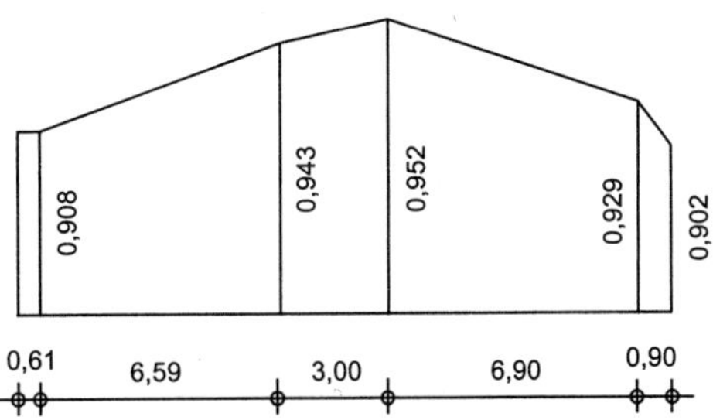

Abb. F.8.5 Spannkraftverlauf aus Reibungsverlusten für ein Feld

Die M_0-Momente des statisch bestimmten Hauptsystems ergeben sich aus den Spanngliedordinaten $e_p(x)$ und aus den Spannkräften entsprechend Abb. F.8.5 zu $M_0 = P(x) \cdot e_p(x)$. Das Stützmoment $M_B = X_1$ wird nach Abb. F.8.6 berechnet.

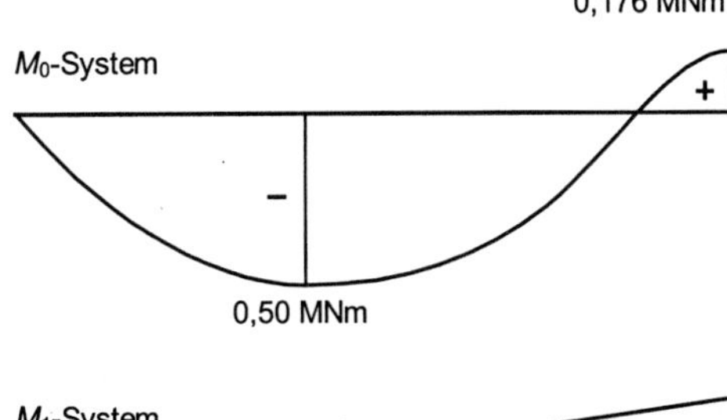

Abb. F.8.6 Berechnung des Stützmoments

Durch abschnittsweise Integration (Koppeln) erhält man die statisch Überzählige zu:

$EI \cdot \delta_{10} = -2{,}11$ MNm²

$EI \cdot \delta_{11} = 6$ m

$M_B = 2{,}11 / 6 = 0{,}35$ MNm

8.4.3 Vordimensionierung

Die Vordimensionierung wird über den Nachweis der Dekompression für die Anforderungsklasse C unter der quasi-ständigen Einwirkungskombination geführt. Die Kombinationsbeiwerte sind [NAD zu ENV 1991-3-96] entnommen. Die maßgebende Stelle befindet sich über der Stütze am Rand der vorgedrückten Zugzone zum Zeitpunkt $t = \infty$. Die Spannkraftverluste aus Kriechen, Schwinden und Relaxation werden zu 11 % abgeschätzt. Die Vordimensionierung erfolgt mit Tafel F.4.6.

$$M_{y,perm} = M_{gk} + M_{\Delta gk} + M_{\Delta sk} + \psi_2 M_{Qk1} + \psi_2 M_{\Delta Tk}$$
$$= -1{,}99 - 0{,}63 - 0{,}48$$
$$-0{,}2 \cdot 0{,}76 - 0{,}5 \cdot 0{,}62 \quad = -3{,}56 \text{ MNm}$$

$$\sigma_{c1,maßg} = M_{y,perm} / W_{co}$$
$$= -3{,}56 / -0{,}362 \quad = 9{,}83 \text{ MN/m}^2$$

$$\sigma_{pm0} = 0{,}85 \cdot f_{p0,1k} = 0{,}85\ 1500 \quad = 1275 \text{ MN/m}^2$$

$$k_{c2} = W_{co} / A_c = 0{,}362 / 1{,}963 \quad = 0{,}18 \text{ m}$$

$$h_p = z_F + z_S = 0{,}529 + 0{,}195 \quad = 0{,}72 \text{ m}$$

$$k_{c2} / h_p = 0{,}184 / 0{,}724 \quad = 0{,}25$$

$$z_F / z_S = 0{,}529 / 0{,}195 \quad = 2{,}71$$

$$1-\alpha_{loss} = 1 - 0{,}11 - 0{,}10 \quad = 0{,}79$$

Mit diesen Eingangswerten folgt der erforderliche zentrische Vorspanngrad aus Tafel F.4.6:

$$\kappa_{cen} = \quad = 0{,}235$$

Damit ergibt sich unter Berücksichtigung des gewählten Spannglieds der Spannstahlbedarf zu:

$$erf\ \rho_p = 0{,}235 \cdot 9{,}83 / (1275 \cdot 0{,}9 \cdot 0{,}71)$$
$$= 2{,}56\ ‰$$

$$erf\ A_p = 2{,}56 \cdot 1{,}963 \cdot 10 \quad = 50{,}2 \text{ cm}^2$$

$$erf\ n_p = 50{,}2 / 16{,}8 \quad = 2{,}99$$

Es werden 3 Spannglieder je Steg gewählt. Damit ergibt sich die vorhandene Spanngliedkraft je Steg zu:

$$P_{m0} = 3 \cdot 16{,}8 \cdot 1275 \cdot 10^{-4} \quad = 6{,}426 \text{ MN}$$

Die getroffene Annahme über die zeitabhängigen Spannkraftverluste müssen im Folgenden noch überprüft werden.

8.4.4 Querschnittswerte

Mit den gewählten drei Spanngliedern pro Steg ergeben sich die in Tafel F.8.3 dargestellten Brutto-, Netto- und ideellen Querschnittswerte an den Bemessungsstellen (vgl. F.5.1.2).

Tafel F.8.3 Querschnittswerte

		Feld	Stütze	MNP
Bruttoquerschnittswerte				
A_c	m²	1,963	1,632	1,963
z_{co}	m	-0,333	-0,374	-0,333
z_{cu}	m	0,667	0,626	0,667
z_{cp}	m	0,529	-0,236	0,285
I_c	m⁴	0,154	0,135	0,154
W_{co}	m³	-0,461	-0,362	-0,461
W_{cu}	m³	0,230	0,216	0,230
Nettoquerschnittswerte				
ΔA_c	m²	0,013	0,013	0,013
A_{cn}	m²	1,949	1,619	1,949
z_{cno}	m	-0,329	-0,376	-0,331
z_{cnu}	m	0,671	0,624	0,667
z_{cnp}	m	0,533	-0,238	0,287
I_{cn}	m⁴	0,150	0,134	0,152
W_{cno}	m³	-0,455	-0,357	-0,460
W_{cnu}	m³	0,223	0,215	0,229
W_{cnp}	m³	0,281	-0,565	0,531
Ideelle Querschnittswerte				
A_{ci}	m²	1,987	1,657	1,987
z_{cio}	m	-0,339	-0,371	-0,336
z_{ciu}	m	0,661	0,629	0,664
z_{cip}	m	0,523	-0,233	-0,282
I_{ci}	m⁴	0,160	0,137	0,155
W_{cio}	m³	-0,472	-0,368	-0,462
W_{ciu}	m³	0,243	0,217	0,234
W_{cip}	m³	0,307	-0,587	0,552

8.4.5 Spannkraftverluste aus Kriechen, Schwinden und Relaxation

Die Spannkraftverluste aus Kriechen, Schwinden und Relaxation werden mit Gleichung (F.3.21) berechnet, wobei die Nettoquerschnittswerte nach Verpressen der Hüllrohre anzusetzen sind.

- **Kriechzahlen und Schwindmaße**

Da für die folgenden Nachweise Kriechzahlen und Schwindmaße außer für den Zeitpunkt $t = \infty$ auch für den Zeitpunkt der Inbetriebnahme $t = 150$ Tage benötigt werden, erfolgt die Ermittlung dieser Beiwerte mit dem in [Zilch/Rogge – 00] beschriebenem Verfahren. Das Betonalter zum Zeitpunkt des Vorspannens wird mit 7 Tagen angegeben.

– Kriechzahlen:

$\varphi(150,7) \approx 1,02$
$\varphi(\infty,7) \approx 1,93$

– Schwindmaße:

$\varepsilon_{cs}(150,7) \approx -4,9 \cdot 10^{-5}$
$\varepsilon_{cs}(\infty,7) \approx -29,9 \cdot 10^{-5}$

- **Zeitabhängige Spannkraftverluste**

Hinsichtlich der Relaxation des Spannstahls sind die Angaben der bauaufsichtlichen Zulassungen zu beachten. Die Ermittlung der Relaxationsverluste muss wie in Abschnitt F.3.4.3 erläutert, iterativ erfolgen. Hierfür werden im ersten Schritt die Spannkraftverluste $\Delta\sigma_{pr}$ zu Null abgeschätzt. Die nachfolgende Iteration liefert für das vorliegende Beispiel die folgenden Werte:

– Feld und Momentennullpunkt:

$t = 150$ d: $\Delta\sigma_{p,c+s+r} / \sigma_{pm0} = 4,3$ %
$t = \infty$: $\Delta\sigma_{p,c+s+r} / \sigma_{pm0} = 11,7$ %

– Stütze:

$t = 150$ d: $\Delta\sigma_{p,c+s+r} / \sigma_{pm0} = 3,8$ %
$t = \infty$: $\Delta\sigma_{p,c+s+r} / \sigma_{pm0} = 11,1$ %

Die in Abschnitt F.8.4.3 getroffene Annahme über die zeitabhängigen Verluste sind zutreffend.

8.5 Mindestbewehrung

8.5.1 Robustheitsbewehrung

Zur Sicherstellung eines duktilen Bauteilverhaltens (Robustheit) ist eine Mindestbewehrung entsprechend Abschnitt F.6.2 einzulegen.

– Feld: $A_{s,min} = \dfrac{3,2 \cdot 0,230}{500 \cdot 0,822} \cdot 10^4 = 17,9 \text{ cm}^2$

– Stütze: $A_{s,min} = \dfrac{3,2 \cdot 0,362}{500 \cdot 0,720} \cdot 10^4 = 32,2 \text{ cm}^2$

8.5.2 Mindestbewehrung zur Vermeidung breiter Einzelrisse

Überschreiten bei Spannbetonbauteilen die Spannungen an den Querschnittsrändern unter der seltenen Einwirkungskombination den Wert von –1 MN/m², so ist eine Mindestbewehrung zur Vermeidung breiter Einzelrisse vorzusehen (vgl. F.5.3). Im Folgenden wird exemplarisch die Mindestbewehrung im Feld für den unteren Querschnittsrand berechnet.

$M_{y,rare} = M_{gk} + M_{\Delta gk} + M_{sk} + M_{Qk1} + M_{qk1} + \psi_0 M_{\Delta Tk}$
$= 1{,}11 + 0{,}35 + 0{,}19 + 0{,}71 + 1{,}52 + 0{,}8 \cdot 0{,}38 = 4{,}18$ MNm

$M_{p0,ind} = 0{,}35 \cdot 6{,}426 \cdot 7{,}2 / 18 = 0{,}90$ MNm

$M_{p0,dir} = e_p(x = 7{,}2\text{ m}) \cdot P_{m0}(x = 7{,}2\text{ m})$
$= 0{,}529 \cdot 6{,}426 \cdot 0{,}94 = -3{,}21$ MNm

$M_{pm\infty} = (-3{,}21 + 0{,}90) \cdot 0{,}88 = -2{,}03$ MNm

$N_{pm\infty} = -6{,}426 \cdot 0{,}94 \cdot 0{,}88 = -5{,}35$ MN

$\sigma_{cu} = -5{,}35 / 1{,}963 + (4{,}18 - 2{,}03) / 0{,}23 = 6{,}62$ MN/m²

Mindestbewehrung ist erforderlich!

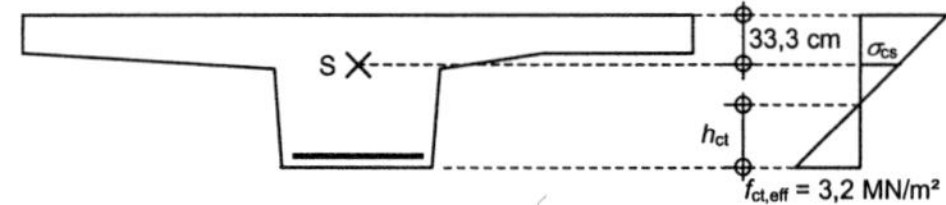

$P_{k,inf,\infty} = 0{,}9 \cdot 0{,}88 \cdot 0{,}943 \cdot 6{,}426 = 4{,}80$ MN

$\sigma_{cs} = P_{k,inf,\infty} / A_c = 4{,}80 / 1{,}96 = -2{,}45$ MN/m²

$h_{ct} = \dfrac{3{,}2 \cdot (1 - 0{,}333)}{3{,}2 + 2{,}45} = 0{,}38$ m

$A_{ct} = 0{,}38 \cdot 0{,}5 \cdot (1{,}0 + 1{,}06) = 0{,}39$ m²

k = für h > 800 mm = 0,5

$k_c = 0{,}4 \cdot \left[1 + \dfrac{-2{,}45}{1{,}5 \cdot 3{,}2}\right] = 0{,}196$

σ_s = für d_s^* = 20 mm = 192 MN/m²

$$A_{s,min} = k_c \cdot k \cdot f_{ct,eff} \cdot \frac{A_{ct}}{\sigma_s}$$
$$= 0{,}196 \cdot 0{,}5 \cdot 3{,}2 \cdot \frac{0{,}39}{192} = 6{,}4\text{ cm}^2$$

Die Ermittlung der Mindestbewehrung für die anderen Querschnittsteile und Orte längs des Überbaus erfolgt analog. In Tafel F.8.4 sind die Ergebnisse zusammengefasst.

Tafel F.8.4 Mindestbewehrung zur Vermeidung breiter Einzelrisse

Ort		min $A_{s,req}$
Feld/ MNP	Steg/unten	6,4 cm²
	Steg/oben	13,1 cm²
	Gurte	12,6 cm²/m
Stütze	Steg/unten	6,3 cm²
	Steg/oben	10,8 cm²
	Gurte	14,8 cm²/m

8.5.3 Oberflächenbewehrung

Für den Grundwert der Oberflächenbewehrung ergibt sich entsprechend Tafel F.7.1:

ρ_{min} = 1,02 ‰

Damit ergeben sich für die Oberflächenbewehrung der einzelnen Querschnittsteile folgende Werte (vgl. Tafel F.7.2):

– im Steg an jeder Seitenfläche:

$a_{s,min} = 1{,}0 \cdot \rho \cdot b_w$
$= 1{,}0 \cdot 1{,}02 \cdot 1{,}0 \cdot 10 = 10{,}2$ cm²/m
$\geq 3{,}35$ cm²/m $= 3{,}35$ cm²/m

– in der Druckzone von Balken:

$a_{s,min} = 1{,}0 \cdot \rho \cdot h \cdot b_w$
$= 1{,}0 \cdot 1{,}02 \cdot 1{,}0 \cdot 10 = 10{,}2$ cm²/m
$\geq 3{,}35$ cm²/m $= 3{,}35$ cm²/m

– in Druckgurten (obere und untere Lage):

$a_{s,min} = 1{,}0 \cdot \rho \cdot h_f$
$= 1{,}0 \cdot 1{,}02 \cdot 0{,}284 \cdot 10 = 2{,}9$ cm²/m

– in der vorgedrückten Zugzone (Feld):

$a_{s,min} = 1{,}5 \cdot \rho \cdot h \cdot b_w$
$= 1{,}5 \cdot 1{,}02 \cdot 1{,}0 \cdot 10 = 15{,}3$ cm²/m
$\geq 3{,}35$ cm²/m $= 3{,}35$ cm²/m

– in der vorgedrückten Zugzone (Stütze/Steg):

$a_{s,min} = 1{,}5 \cdot \rho \cdot h \cdot b_w$
$= 1{,}5 \cdot 1{,}02 \cdot 1{,}0 \cdot 10 = 15{,}3$ cm²/m
$\geq 3{,}35$ cm²/m $= 3{,}35$ cm²/m

– in der vorgedrückten Zugzone (Stütze/Gurt):

$a_{s,min} = 1{,}5 \cdot \rho \cdot h$
$= 1{,}5 \cdot 1{,}02 \cdot 0{,}284 \cdot 10 = 4{,}35$ cm²/m
$\geq 3{,}35$ cm²/m $= 3{,}35$ cm²/m

F

8.6 Grenzzustand der Tragfähigkeit

8.6.1 Bemessung für Biegung mit Längskraft

Die Bemessung für Biegung mit Längskraft wird beispielhaft für die drei in Abb. F.5.4 und Abschnitt F.6.3.2 dargestellten Ansätze zur Berücksichtigung des statisch bestimmten Anteils der Vorspannwirkung durchgeführt. In Kapitel D dieses Buches und in [Zilch/Rogge-00] werden hierfür Bemessungsdiagramme bzw. -tabellen auf der Grundlage einer zulässigen Dehnung des Bewehrungsstahls von 25 ‰ zur Verfügung gestellt. Die statischen Höhen für die Spannstahl- und Betonstahlbewehrung ergeben sich zu:

$d_p = h - c_{nom} - d_{duct} / 2$
$= 100 - (8{,}2 + 1{,}5) - 8{,}2 / 2 = 86{,}2$ cm

$d_s = h - c_{nom} - d_{sw} - d_{sl} / 2$
$= 100 - 5{,}5 - 1{,}4 - 2{,}0 / 2 = 92{,}1$ cm

Der Bemessungswert für das maximale Biegemoment im Feld infolge äußerer Einwirkungen (ohne Vorspannung) ergibt sich zu:

$$M_{sd} = 1{,}35 \cdot (1{,}11 + 0{,}35) + 1{,}2 \cdot 0{,}19 + 1{,}5 \cdot (0{,}71 + 1{,}52) = 5{,}54 \text{ MNm}$$

Der statisch unbestimmte Anteil der Vorspannwirkung zum Zeitpunkt $t = \infty$ folgt zu:

$$M_{p\infty,ind} = \frac{0{,}35 \cdot 6{,}426 \cdot 0{,}88}{18} \cdot 7{,}2 = 0{,}80 \text{ MNm}$$

Für das maßgebende Biegemoment des Gesamtquerschnitts (Beton + Spannstahl) müssen die beiden Anteile addiert werden:

$$M_{sd} = 5{,}54 + 0{,}80 = 6{,}34 \text{ MNm}$$

- **Ansatz der Vordehnung**

Die Vordehnung zum Zeitpunkt $t = \infty$ ergibt sich nach Gleichung (F.5.13) zu:

$f_i = 1 + 1{,}987 \cdot 0{,}523^2 / 0{,}160 = 4{,}397$
$\alpha_e = 195 / 33{,}3 = 5{,}856$

$\rho_{pi} = 3 \cdot 16{,}8 \cdot 10^{-4} / 1{,}987 = 2{,}536$ ‰

$E_pA_p = 195000 \cdot 3 \cdot 16{,}8 \cdot 10^{-4} = 982{,}8$

$P_{m\infty} = 0{,}88 \cdot 0{,}943 \cdot 6{,}426 = 5{,}33$ MN

$\alpha_e \cdot \rho_{pi} \cdot f_i = 5{,}858 \cdot 2{,}536 \cdot 4{,}397 \cdot 10^{-3} = 0{,}065$

$\varepsilon_{pm\infty}^{(0)} = 5{,}33 / [982{,}8(1 - 0{,}065)] = 5{,}8$ ‰

Das auf die Spanngliedlage bezogene Moment berechnet sich zu

$\mu_{sds} = 6{,}34 / (4{,}25 \cdot 0{,}86^2 \cdot 23{,}3) = 0{,}086$

$\Delta\varepsilon_p = \quad = 25$ ‰

$z = 0{,}953 \cdot 0{,}86 = 0{,}82$ m

$x = 0{,}114 \cdot 0{,}86 = 0{,}10$ m

Die Nulllinie liegt im Gurt ($x \leq 25$ cm).

$\varepsilon_p = 25 + 5{,}83 = 30{,}83$ ‰
$> \frac{0{,}9 \cdot 1770}{1{,}15 \cdot 195000} = 7{,}1$ ‰

Der Stahl fließt.

$A_{p,req} = \frac{6{,}34}{0{,}82 \cdot 1385} = 55{,}8$ cm²
$> A_{p,prov} = 3 \cdot 16{,}8 = 50{,}4$ cm²

Die Differenz muss mit Betonstahl abgedeckt werden:

$$\Delta A_{s,req} = (55{,}8 - 50{,}4) \cdot \frac{1385 \cdot 0{,}862}{435 \cdot 0{,}921} = 16 \text{ cm}^2$$

- **Ansatz der zur Vordehnung korrespondierenden Spannkraft**

$\Delta\sigma_{pd} = 1385 - 195 \cdot 5{,}8 = 248$ MN/m²

$$A_{p,req} = \frac{1}{248}\left(\frac{6{,}34}{0{,}82} - \frac{982{,}8 \cdot 5{,}8}{1000}\right) = 80{,}5 \text{ cm}^2$$

$$\Delta A_{s,req} = (80{,}5 - 50{,}4) \cdot \frac{248 \cdot 0{,}86}{435 \cdot 0{,}92} = 16 \text{ cm}^2$$

- **Ansatz der aus Vor- und Zusatzdehnung resultierenden Spannkraft**

$F_{p1} = 0{,}00504 \cdot 0{,}9 \cdot 1770 / 1{,}15 = 6{,}98$ MN

$M_{sds} = 5{,}54 + 0{,}80 + 6{,}98\,(0{,}925 - 0{,}862) = 6{,}78$ MNm

$\mu_{sds} = 6{,}78 / (4{,}25 \cdot 0{,}92^2 \cdot 23{,}3) = 0{,}092$

$\Delta\varepsilon_p = \quad = 23{,}2$ ‰

$z = 0{,}95 \cdot 0{,}921 = 0{,}88$ m

$$A_{s,req} = \frac{1}{435}\left(\frac{6{,}78}{0{,}88} - 6{,}98\right) = 16{,}7 \text{ cm}^2$$

Die Bemessung im Momentennullpunkt und an der Stütze erfolgt analog. Hier ergeben sich keine erforderlichen Betonstahlzulagen.

8.6.2 Bemessung für Querkraft und Torsion

Für die Mindestschubbewehrung ergibt sich gemäß [E DIN 1045-1 – 00], Abschnitt 13.2.3 für den Fall $b_w \le h$:

$a_{sw,min}$ = $2{,}0 \cdot 0{,}00102$ = 20,4 cm²/m

Für den Zugstrebennachweis sind die maximalen Torsionsmomente und zugehörigen Querkräfte maßgebend. Die maßgebende Querkraft wird im Abstand d vom Auflagerpunkt berechnet, wobei die Einzellast im Abstand $x = 2{,}5\,d$ angeordnet wird, so dass eine Abminderung nicht mehr zulässig ist. Der Druckstrebennachweis wird bei gleicher Laststellung für die volle Querkraft über dem Auflager geführt.

- **Querkraftbemessung**

– Stütze B:

V_{sd} = –1,15 – 0,37 = –1,52 MN

$V_{p,ind}$ = 0,35 · 6,426 · 0,88 / 18 = 0,11 MN

$V_{p,dir}$ = $N_{p\infty} \cdot \sin \psi$ = 0,70 MN

$V_{sd,0}$ = –1,52 + 0,11 + 0,70 = –0,72 MN

Widerstand $V_{Rd,ct}$:

$$\kappa = 1 + \sqrt{\frac{200}{d_s}} = 1 + \sqrt{\frac{200}{921}} = 1{,}47$$

$$\rho_l = \frac{A_{sl}}{b_w \cdot d_s} = \frac{32{,}2}{1{,}0 \cdot 0{,}921} = 3{,}48\,‰$$

$$\sigma_{cd} = \frac{N_{sd}}{A_c} = \frac{-5{,}15}{1{,}963} = -2{,}63\ \text{MN/m}^2$$

$$V_{Rd,ct} = [0{,}1 \cdot 1{,}47 \cdot (100 \cdot 0{,}00348 \cdot 35)^{1/3} + 0{,}12 \cdot 2{,}63] \cdot 1 \cdot 0{,}921 = 0{,}60\ \text{MN}$$

Der Druckstrebenwinkel wird mit 45° angenommen, um Querkraft und Torsion am gleichen Fachwerkmodell nachweisen zu können. Somit erübrigt sich die Überprüfung des minimal zulässigen Druckstrebenwinkels.

– Zugstrebennachweis:

$$a_{sw,req} = \frac{0{,}72}{435 \cdot 0{,}9 \cdot 0{,}921 \cdot 1{,}0} = 19{,}9\ \text{cm}^2/\text{m}$$

– Druckstrebennachweis:

$$V_{sd,max} = -1{,}35 \cdot (0{,}55 + 0{,}18) - 1{,}2 \cdot 0{,}027 - 1{,}5 \cdot (0{,}16 + 0{,}28) = -1{,}68\ \text{MN}$$

$V_{sd,0,max}$ = –1,68 +0,112 = –1,57 MN

Widerstand $V_{Rd,max}$:

$$b_{w,nom} = b_w - 0{,}5 \cdot \sum d_{duct} = 1{,}0 - 0{,}5 \cdot 3 \cdot 0{,}082 = 0{,}88\ \text{m}$$

$V_{Rd,max}$ = 0,88·0,83·0,75·23,33/2 = 6,39 MN

– Stütze A:

Die Bemessung an der Stütze A erfolgt analog. Es ergibt sich:

$a_{sw,req}$ = = 15,0 cm²/m

- **Torsionsbemessung:**

– Stütze B:

T_{sd} = 1,5 · (0,16 + 0,32) = 0,72 MNm

t_{eff} = 2 · (1 – 0,925) = 0,15 m

A_k = = 0,765 m²

u_k = = 3,50 m

$$a_{sw,req} = \frac{0{,}72}{435 \cdot 2 \cdot 0{,}765} = 10{,}8\ \text{cm}^2/\text{m}$$

$$A_{sl,req} = \frac{0{,}72}{435 \cdot 2 \cdot 0{,}765} \cdot 3{,}5 = 37{,}8\ \text{cm}^2$$

Vereinfachend wird die Torsionslängsbewehrung über die gesamte Trägerlänge durchgeführt. Unter Berücksichtigung der statisch erforderlichen Bewehrung im Feld ergibt sich somit:

$A_{sl,req}$ = 16 + 37,8 / 3,5 = 26,8 cm²

– Stütze A:

Die Bemessung an der Stütze A erfolgt analog. Es ergibt sich:

$a_{sw,req}$ = = 10,8 cm²/m

$A_{sl,req}$ = = 37,8 cm²

8.6.3 Ermüdung

- **Nachweise für Beton auf Druck**

Die Nachweise für den Beton auf Druck können mit dem vereinfachten Nachweisverfahren unter der häufigen Einwirkungskombination erfolgen (vgl. F.6.5). Für die Nachweise bezüglich der Querkraftbeanspruchung wird ein Fachwerkmodell unter Vernachlässigung der Rissreibung, Dübelwirkung und Einspannung der Schubrisszähne sowie einem Druckstrebenwinkel von 45° zugrunde gelegt. Zunächst muss für den Ermüdungsnachweis ein modifizierter Wert der Betondruckfestigkeit bestimmt werden.

$\beta_{cc}(t_0) = e^{0{,}2\cdot(1-\sqrt{28/150})} = 1{,}12$

$f_{cd,fat} = 0{,}85 \cdot 1{,}12 \cdot 23{,}33 \cdot 0{,}86 = 19{,}1$ MN/m²

Die Spannungen werden unter Berücksichtigung eines Verhältnisses der Elastizitätsmoduln von Stahl und Beton $\alpha_e = 10$ und unter Anrechnung der vorhandenen Bewehrung ermittelt.

– Feld unten:

$$\frac{|-10{,}10|}{19{,}11} = 0{,}53 \approx 0{,}5 + 0{,}45 \cdot \frac{|-1{,}27|}{19{,}11} = 0{,}53 < 0{,}9$$

– Feld oben:

$$\frac{|-5{,}92|}{19{,}11} = 0{,}31 < 0{,}5 + 0{,}45 \cdot \frac{|-0{,}36|}{19{,}11} = 0{,}51 < 0{,}9$$

– Momentennullpunkt oben:

$$\frac{|-7{,}03|}{19{,}11} = 0{,}37 < 0{,}5 + 0{,}45 \cdot \frac{|-0{,}93|}{19{,}11} = 0{,}52 < 0{,}9$$

– Momentennullpunkt unten:

$$\frac{|-7{,}70|}{19{,}11} = 0{,}40 < 0{,}5 + 0{,}45 \cdot \frac{|0|}{19{,}11} = 0{,}50 < 0{,}9$$

– Stütze oben:

$$\frac{|-11{,}07|}{19{,}11} = 0{,}58 = 0{,}5 + 0{,}45 \cdot \frac{|-4{,}42|}{19{,}11} = 0{,}60 < 0{,}9$$

– Stütze unten:

$$\frac{|-9{,}72|}{19{,}11} = 0{,}51 \approx 0{,}5 + 0{,}45 \cdot \frac{|0|}{19{,}11} = 0{,}50 < 0{,}9$$

– Druckstrebe an der Stütze B:

Für Druckstreben ist die Ermüdungsfestigkeit mit dem Faktor α_c abzumindern:

$f_{cd,fat} = 0{,}75 \cdot 19{,}11 = 14{,}3$ MN/m²

$$\frac{|-3{,}02|}{14{,}33} = 0{,}21 < 0{,}5 + 0{,}45 \cdot \frac{|-1{,}61|}{14{,}33} = 0{,}55 < 0{,}9$$

- **Nachweise für Beton- und Spannstahl**

Die Nachweise für den Beton- und Spannstahl werden mit den vereinfachten Nachweisen auf der Grundlage schädigungsäquivalenter Spannungsschwingbreiten geführt (vgl. F.6.5). Für Brücken ist nach [ENV 1992-2 – 97] das Ermüdungslastmodell 3 nach [ENV 1991-3 – 96] maßgebend. Um eine erneute Schnittgrößenermittlung zu vermeiden, werden gemäß [NAD zu ENV 1992-2 – 99] die Schnittgrößen aus der Doppelachse der 1. Hauptspur entsprechend umgerechnet. Die Kombination der Einwirkungen erfolgt gemäß Abschnitt F.6.5.

– Nachweis im Feld unten:

$$M_{LM3,max} = 1{,}4 \cdot f \cdot f_E \cdot \frac{\max M_{TS1}}{\alpha_{QTS}} = 1{,}4 \cdot 0{,}52 \cdot 1{,}0 \cdot \frac{147{,}6}{211{,}6} \cdot \frac{1{,}52}{0{,}8} = 0{,}96 \text{ MNm}$$

$$M_{LM3,min} = 1{,}4 \cdot f \cdot f_E \cdot \frac{\min M_{TS1}}{\alpha_{QTS}} = 1{,}4 \cdot 0{,}52 \cdot 1{,}0 \cdot \frac{147{,}6}{211{,}6} \cdot \frac{-0{,}3}{0{,}8} = -0{,}20 \text{ MNm}$$

$$M_{Sd,max} = M_g + M_{\Delta g} + M_{s,max} + M_{LM3,max} + \psi_1 \cdot M_{\Delta T,max} = 1{,}11 + 0{,}35 + 0{,}19 + 0{,}96 + 0{,}6 \cdot 0{,}38 = 2{,}84 \text{ MNm}$$

$$M_{Sd,min} = M_g + M_{\Delta g} + M_{s,min} + M_{LM3,min} + \psi_1 \cdot M_{\Delta T,min} = 1{,}11 + 0{,}35 + 0{,}19 - 0{,}20 + 0{,}6 \cdot 0{,}38 = 1{,}68 \text{ MNm}$$

Die minimalen Spannungen können im Zustand I berechnet werden. Für diese ergibt sich unter Berücksichtigung eines Verhältnisses der Elastizitätsmoduln von Stahl und Beton $\alpha_e = 10$ für Langzeitwirkung und unter Anrechnung der vorhandenen Betonstahlbewehrung und Spannstahlbewehrung:

$\sigma_{co} = -1{,}98$ MN/m²

$\sigma_{cu} = -3{,}73$ MN/m²

$\sigma_{s,EC,min} = 10 \cdot (1{,}98 + 0{,}921 \cdot (3{,}73 - 1{,}98)) = -35{,}9$ MN/m²

$\sigma_{p,EC,min} = 10 \cdot (1{,}98 + 0{,}862 \cdot (3{,}73 - 1{,}98)) = -34{,}9$ MN/m²

Die maximalen Spannungen müssen im Zustand II ermittelt werden. Dies geschieht über eine Iteration der Dehnungsebenen unter Ansatz der zur Vordehnung korrespondierenden Vorspannkraft analog Abschnitt F.8.6.1. Hieraus ergeben sich folgende Spannungen, welche auch mit dem Verfahren nach Abschnitt F.5.1.2 ermittelt werden können:

$\sigma_{s,EC,max} = 5{,}8$ MN/m²

$\sigma_{p,EC,max} = 2{,}3$ MN/m²

Die im nackten Zustand II ermittelten Betonstahlspannungen sind aufgrund der geringeren Verbundfestigkeit der Spannglieder im nachträglichen Verbund gegenüber der Betonrippenstahl mit folgendem Korrekturfaktor zu erhöhen:

$$\xi_1 = \sqrt{0{,}5 \cdot \frac{20}{1{,}6 \cdot \sqrt{1680}}} = 0{,}39$$

$$\eta = \frac{26{,}8 + 50{,}4}{26{,}8 + 50{,}4 \cdot 0{,}39} = 1{,}66$$

Somit ergibt sich für die schädigungsäquivalenten Spannungsschwingbreiten:

$$\Delta\sigma_{s,equ} = \Delta\sigma_{s,EC} \cdot \lambda_s \cdot \eta = (5{,}8 + 35{,}9) \cdot 1{,}29 \cdot 1{,}66 = 89{,}6 \text{ MN/m}^2$$

$$\Delta\sigma_{p,equ} = \Delta\sigma_{p,EC} \cdot \lambda_s = (2{,}3 + 34{,}9) \cdot 1{,}43 = 53{,}1 \text{ MN/m}^2$$

Mit Hilfe der in [E DIN 1045-1 – 00], Abschnitt 10.8 angegebenen *Wöhler*-Linien für Beton- und Spannstahl lassen sich nun die folgenden Nachweise führen:

Betonstahl:

$$1{,}0 \cdot 1{,}0 \cdot 89{,}6 < \frac{195}{1{,}15} = 169{,}6 \text{ MN/m}^2$$

Spannstahl:

$$1{,}0 \cdot 1{,}0 \cdot 53{,}1 < \frac{120}{1{,}15} = 104{,}3 \text{ MN/m}^2$$

Die Nachweise am oberen Querschnittsrand sowie an den anderen Bemessungspunkten erfolgen analog. Die Nachweise für die Querkraftbewehrung erfolgt am gleichen Fachwerk wie die Nachweise der Betondruckstreben. Die Ergebnisse sind in Tafel F.8.5 zusammengefasst.

Tafel F.8.5 Ermüdungsnachweis für Betonstahl (s) und Spannstahl (p)

Ort	s / p	$\Delta\sigma_{s,equ}$ [MN/m²]	$\Delta\sigma_{Rsd}(N)$ [MN/m²]
Feld (unten)	s	89,6	169,6
	p	53,1	104,3
Feld (oben)	s	24,9	169,6
MNP (unten)	s	167,9	169,6
	p	59,0	104,3
Stütze (oben)	s	21,2	169,6
	p	11,4	104,3
Stütze (unten)	s	88,0	169,6
Zugstrebe (B)	s	118,5	169,6

8.7 Grenzzustand der Gebrauchstauglichkeit

8.7.1 Begrenzung der Spannungen

- **Betondruckspannung** (vgl. F.5.2.2)

– Begrenzung auf $0{,}45 \cdot f_{ck}$

Der Nachweis ist unter der quasi-ständigen Einwirkungskombination zu führen. Die maßgebende Stelle ist hierbei der obere Querschnittsrand an der Stütze B zum Zeitpunkt $t = 150$ d. Die Spannungsermittlung erfolgt im Zustand II über eine Iteration der Dehnungsebenen.

$$|\sigma_{c1}| = 11{,}6 \text{ MN/m}^2 < 0{,}45 \cdot 35 = 15{,}8 \text{ MN/m}^2$$

– Begrenzung auf $0{,}6 \cdot f_{ck}$

Der Nachweis ist unter der seltenen Einwirkungskombination zu führen. Die Spannungen sind auf den folgenden Wert zu begrenzen:

$$0{,}60 \cdot 35 = 21 \text{ MN/m}^2$$

Die Ergebnisse sind in Tafel F,8.6 zusammengefasst. Der Nachweis ist an allen Bemessungstellen eingehalten.

Tafel F.8.6 Betondruckspannungen in MN/m² unter der seltenen Einwirkungskombination

Ort		Zeitpunkt	$\lvert\sigma_{c,min}\rvert$
Feld	unten	150 d	11,0
	oben	∞	14,2
MNP	unten	150 d	8,6
	oben	∞	9,7
Stütze	unten	∞	12,4
	oben	150 d	13,3

- **Betonstahlspannungen (vgl. F.5.2.3)**

Die maximalen Betonstahlspannungen müssen unter der seltenen Einwirkungskombination nachgewiesen werden und können somit gleichzeitig mit dem zuvor geführten Nachweis ermittelt werden. Sie dürfen $0{,}8\, f_{yk}$ nicht überschreiten.

Nachweis: $\sigma_{s1} < 0{,}8 \cdot 500 = 400$ MN/m²

Feld unten: $\sigma_{s1} = 214{,}4$ MN/m²

MNP unten: $\sigma_{s1} = 97{,}0$ MN/m²

Stütze oben: $\sigma_{s1} = 144{,}6$ MN/m²

F

- **Spannstahlspannungen** (vgl. F.5.2.4)

– Begrenzung auf 0,65 · f_{pk}

Der Nachweis muss unter der quasi-ständigen Einwirkungskombination und dem Mittelwert der Vorspannkraft geführt werden. Für den Nachweis im Feld folgt:

$$M_{y,perm} = M_{gk} + M_{\Delta gk} + M_{sk} + \psi_2 \cdot M_{Qk1} + \psi_2 \cdot M_{\Delta Tk}$$
$$= 1{,}11 + 0{,}35 + 0{,}19 + 0{,}2 \cdot 1{,}52 + 0{,}5 \cdot 0{,}38 = 2{,}15 \text{ MNm}$$

$$N_{pm\infty} = 6{,}426 \cdot 0{,}88 \cdot 0{,}943 = 5{,}35 \text{ MN}$$

$$\sigma_{p,p+g,\infty} = \frac{N_{pm\infty}}{A_p} = \frac{5{,}35}{0{,}00504} = 1062{,}1 \text{ MN/m}^2$$

$$\Delta\sigma_{cp,\infty} = \frac{M_{y,perm} - M_{gk}}{W_{cip}} = \frac{1{,}034}{0{,}307} = 3{,}4 \text{ MN/m}^2$$

$$\sigma_{p\infty} = \sigma_{p,p+g,\infty} + \alpha_e \cdot \Delta\sigma_{cp,\infty}$$
$$= 1062{,}1 + 10 \cdot 3{,}4 = 1096{,}1 \text{ MN/m}^2$$
$$< 0{,}65 \cdot 1770 = 1150{,}5 \text{ MN/m}^2$$

Für die anderen Nachweisstellen ergibt sich:

Momentennullpunkt: $\sigma_{p\infty} = 1127{,}7$ MN/m²

Stütze: $\sigma_{p\infty} = 1049{,}0$ MN/m²

– Begrenzung auf 0,9 · $f_{p0,1k}$

Der Nachweis muss unter der seltenen Einwirkungskombination und dem Mittelwert der Vorspannung geführt werden. Da der Querschnitt in allen Bemessungspunkten gerissen ist, müssen die Spannungen im Zustand II ermittelt werden. Die Spannungen dürfen den folgenden Wert nicht überschreiten:

$$0{,}9 \cdot 1500 = 1350 \text{ MN/m}^2$$

Feld: $\sigma_{p\infty} = 1244{,}8$ MN/m²

Momentennullpunkt: $\sigma_{p\infty} = 1188{,}9$ MN/m²

Stütze: $\sigma_{p\infty} = 1075{,}1$ MN/m²

8.7.2 Begrenzung der Rissbreiten

- **Grenzzustand der Dekompression**

Der Nachweis der Einhaltung des Grenzzustandes der Dekompression wurde bereits in Abschnitt F.8.4.3 zur Vordimensionierung des erforderlichen Spannstahlquerschnitts herangezogen. Für die Anforderungsklasse C muss unter der quasi-ständigen Einwirkungskombination zu jedem Zeitpunkt im Betriebszustand nachgewiesen werden, dass der Querschnitt vollständig unter Druckspannungen steht. Diese recht strenge Anforderung führt im Zusammenhang mit der anzusetzenden Streuung der Vorspannkraft zu sehr hohen Vorspanngraden, die nach Meinung der Verfasser aus Gründen der Dauerhaftigkeit nicht erforderlich sind (vgl. [Six – 98]). Bei der Auslegung der Spanngliedführung dürfen dann die maximal möglichen Parabelstiche im Feld und über der Stütze nicht mehr ausgenutzt werden, um den zentrischen Anteil an der Vorspannwirkung zu erhöhen. Dies hat einen überproportionalen Anstieg der erforderlichen Spannkraft zur Folge. Aus diesen Gründen wird entgegen den Bestimmungen der [E DIN 1045-1 – 00] im vorliegenden Beispiel der Grenzzustand der Dekompression als eingehalten betrachtet, wenn derjenige Querschnittsrand unter Druck verbleibt, der dem Spannglied am nächsten liegt. Am gegenüberliegenden Querschnittsrand ist dann die Rissbreite auf das nach Tafel F.4.1 geforderte Maß zu begrenzen. Im Folgenden wird die Spannungsermittlung für den oberen Rand des Stützenquerschnitts ausführlich dargestellt. Hierbei sind die anfängliche Vorspannkraft sowie das Eigengewicht auf den Netto-Querschnitt zu beziehen. Die zeitabhängigen Spannkraftverluste sowie die Einwirkungen infolge Ausbaulasten, Stützensenkung, Verkehr und Temperatur sind auf den ideellen Querschnitt zu beziehen.

$$M_{y,perm} = M_{gk} + M_{\Delta gk} + M_{sk} + \psi_2 \cdot M_{Qk1} + \psi_2 \cdot M_{\Delta Tk}$$
$$= -1{,}99 - 0{,}63 - 0{,}48 - 0{,}2 \cdot 0{,}76 - 0{,}5 \cdot 0{,}62 = -3{,}56 \text{ MNm}$$

$$M_{pm0,ind} = 0{,}35 \cdot 6{,}426 = 2{,}25 \text{ MNm}$$

$$M_{pm0,dir} = 0{,}902 \cdot 6{,}426 \cdot 0{,}195 = 1{,}13 \text{ MNm}$$

$$M_{pm0} = 2{,}25 + 1{,}13 = 3{,}38 \text{ MNm}$$

$$N_{pm0} = 0{,}902 \cdot 6{,}426 = 5{,}78 \text{ MN}$$

$$\sigma_{co\infty} = \frac{-0{,}9 \cdot 5{,}78}{1{,}949} + \frac{0{,}9 \cdot 3{,}38}{-0{,}357} - \frac{-0{,}11 \cdot 0{,}9 \cdot 5{,}78}{1{,}987} - \frac{-0{,}11 \cdot 0{,}9 \cdot 3{,}38}{-0{,}368} + \frac{-1{,}99}{-0{,}357} + \frac{-3{,}56 + 1{,}99}{-0{,}368}$$
$$= -2{,}67 - 8{,}52 + 0{,}29 + 0{,}91 + 5{,}57 + 4{,}27 = -0{,}15 \text{ MN/m}^2$$

Die Ergebnisse an den anderen Bemessungsstellen sind in Tafel F.8.7 zusammengestellt. Danach reißt der Querschnitt im Momentennullpunkt und über der Stütze am unteren Rand auf. Da die Spannglieder jedoch in der Druckzone liegen, ist nach Meinung der Verfasser der Korrosionsschutz auch hier nicht gefährdet, wenn die Rissbreite entsprechend begrenzt wird.

Tafel F.8.7 Betonspannungen in MN/m² nach Zustand I unter quasi-ständigen Einwirkungen

Ort		Zeitpunkt	σ_c
Feld	unten	∞	–1,53
	oben	150 d	-0,34
MNP	unten	∞	1,33
	oben	150 d	-2,00
Stütze	unten	150 d	5,60
	oben	∞	–0,15

- **Rechnerischer Nachweis der Rissbreite**

Der Nachweis der Rissbreitenbeschränkung ist für die Anforderungsklasse C unter der häufigen Einwirkungskombination und den charakteristischen Werten der Vorspannung zu führen. Für den Feldquerschnitt folgt:

$$M_{y,freq} = M_{gk} + M_{\Delta gk} + M_{sk} + \psi_1 \cdot M_{qk1} + \psi_1 \cdot M_{Qk1} + \psi_2 \cdot M_{\Delta Tk}$$
$$= 1{,}11 + 0{,}35 + 0{,}19 + 0{,}4 \cdot 0{,}71 + 0{,}75 \cdot 1{,}52 + 0{,}5 \cdot 0{,}38 = 3{,}27 \text{ MNm}$$

$$M_{p,ind} = 0{,}35 \cdot 6{,}426 \cdot 7{,}2 / 18 = 0{,}90 \text{ MNm}$$

$$M_{Sk} = M_{y,freq} + r_{inf}\, M_{p,ind} = 3{,}27 + 0{,}9 \cdot 0{,}90 = 4{,}08 \text{ MNm}$$

$$\varepsilon^{(0)}_{pm\infty} = 5{,}8 ‰$$

$$F_{p1}^{(0)} = \varepsilon^{(0)}_{pm\infty} \cdot E_p \cdot A_p \cdot r_{inf} = 5{,}13 \text{ MN}$$

Eine Gleichgewichtsiteration liefert:

$$\sigma_{s2} = \qquad = 28{,}7 \text{ MN/m}^2$$

$$A_{c,eff} = 2{,}5 \cdot d_1 \cdot b = 2{,}5 \cdot 0{,}075 \cdot 1{,}00 = 0{,}1875 \text{ m}^2$$

$$\xi_1 = 0{,}39$$

$$\text{eff}\,\rho = \frac{50{,}4 \cdot 0{,}39^2 + 26{,}8}{1875} = 1{,}84 \%$$

$$\rho_{tot} = \frac{50{,}4 + 26{,}8}{1875} = 4{,}12 \%$$

$$\sigma_s = 28{,}7 + 0{,}4 \cdot 3{,}2 \cdot \left(\frac{100}{1{,}84} - \frac{100}{4{,}12}\right)$$
$$= 28{,}7 + 38{,}5 = 67{,}2 \text{ MN/m}^2$$

$$s_{r,max} = \frac{20}{3{,}6 \cdot 0{,}0184} \le \frac{67{,}2 \cdot 20}{3{,}6 \cdot 3{,}2}$$
$$= 302 > 117 \qquad = 117 \text{ mm}$$

$$\varepsilon_{sm} - \varepsilon_{cm} = \frac{67{,}2 - 0{,}4 \cdot \frac{3{,}2}{0{,}0184} \cdot (1 + 10 \cdot 0{,}0184)}{200} \ge 0{,}6 \cdot \frac{67{,}2}{200}$$
$$= -0{,}076 ‰ \qquad < 0{,}202 ‰$$

$$w_k = 117 \cdot 0{,}202 / 1000 = 0{,}02 \text{ mm} \le 0{,}20 \text{ mm}$$

Für die übrigen Bemessungspunkte ergibt sich:

MNP unten: w_k = 0,11 mm

Stütze oben: w_k = 0,05 mm

Stütze unten: w_k = 0,07 mm

Die rechnerischen Rissbreiten unter der häufigen Einwirkungskombination sind an allen Bemessungsstellen kleiner als die zulässigen Rissbreiten entsprechend Tafel F.4.1.

8.8 Zusammenfassung

Gegenstand des vorliegenden Beispiels ist die Bemessung des Längssystems einer zweifeldrigen Straßenbrücke mit Plattenbalkenquerschnitt nach [E DIN 1045-1 – 00]. Für die Einwirkungen wird Eurocode 1 unter Berücksichtigung der entsprechenden NADs zugrunde gelegt. Die hieraus resultierenden Regelungen entsprechen weitgehend dem Inhalt der neuen DIN 1055-100, welche in Zukunft Grundlage der Anwendung von [E DIN 1045-1 – 00] ist. Aus diesem Vorgehen ergeben sich jedoch einige Diskrepanzen, wie zum Beispiel in der Definition der anzusetzenden Baugrundsetzung als ständige bzw. veränderliche Einwirkung. Gegenüber einer Bemessung nach [DIN 4227 – 88] ist anzumerken, dass die bisher vorhandenen Unterschiede zwischen Stahl- und Spannbetonbauteilen durch ein zeitgemäßes Nachweiskonzept beseitigt wurden. Allerdings ist der Berechnungsaufwand durch die Vielzahl der zu untersuchenden Einwirkungskombinationen gestiegen. Die Definition des Grenzzustands der Dekompression sollte nach Meinung der Verfasser überdacht werden, da diese im Zusammenhang mit der anzusetzenden Streuung der Vorspannkraft zu unwirtschaftlichen Bemessungsergebnissen führen kann. Abschließend bleibt festzustellen, dass aufgrund der guten Übersichtlichkeit und der konsistenten Regeln die Bemessung von Spannbetonbauteilen nach [E DIN 1045-1 – 00] gut durchzuführen ist.

G AKTUELLE VERÖFFENTLICHUNGEN: BEISPIELE NACH DIN 1045-1

Prof. Dr.-Ing. Ralf Avak (Abschnitte G.1 und G.2) und Prof. Dr.-Ing. Alfons Goris (Abschnitte G.3 und G.4)

G

G Aktuelle Veröffentlichungen

1 Zweifeldträger nach DIN 1045-1

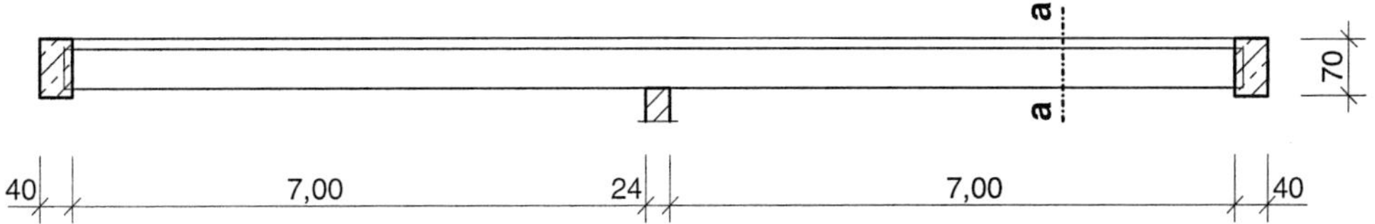

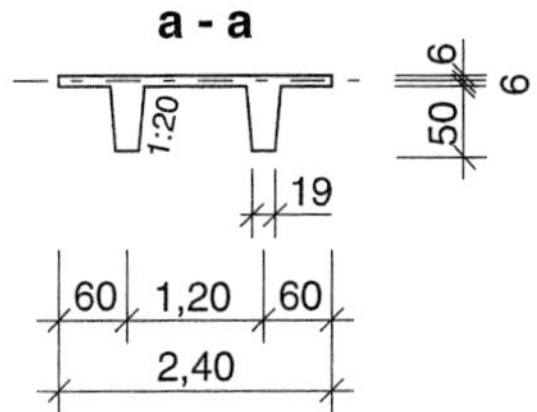

Abb. G.1.1 Abmessungen des Bauteils (Querschnitt im Detail s. Seite G.15)

Das nachfolgende Beispiel soll einen Einblick geben, wie die neue DIN 1045 bei praktischen Berechnungen gehandhabt wird [1]. Da die [DIN 1045-1 – 00] Bestandteil einer neuen Normengenerationist, wird für die Einwirkungen [DIN 1055-100 – 00] angewendet ist (Einzelheiten siehe Kapitel A), wird diese Norm [2] ebenfalls verwendet.

1.1 Aufgabenstellung

Die in Abb. G.1.1 dargestellte 2-feldrige π-Platte befindet sich im Inneren eines Bürogebäudes. Der Bauherr wünscht eine Einwirkung aus Verkehr auf beide Felder $q_{k1} = 5{,}0$ kN/m^2 [3]. Ein Trennwandzuschlag ist bei dieser Lastordinate nicht erforderlich ([E DIN 1055-3 – 00], 4(4)). Zusätzlich zur ersten Einwirkung aus Verkehr auf beide Felder $q_{k1} = 5{,}0$ kN/m^2 soll eine zweite Einwirkung aus Verkehr $q_{k2} = 4{,}17$ kN/m^2 möglich sein. Die π-Platte soll als Fertigteil (entsprechend dem Typenprogamm Fertigteilbau) mit einer 6 cm dicken Ortbetonergänzung hergestellt werden. Auf der Unterseite ist die Außenluft zugänglich (Außenbauteil) [4]. Es wird Beton der Festigkeitsklasse C25/30 für den Aufbeton (Ortbeton) und C35/45 für das Fertigteil verwendet.

- Die Aufgabe soll zunächst möglichst schnell und für den Tragwerksplaner einfach gelöst werden (Lösung 1).
- Anschließend soll ein genaueres Bemessungsverfahren zur Anwendung gelangen (Lösung 2).

1.2 Lösung 1

1.2.1 System und Einwirkungen

Für die Tragwerksidealisierung sind zunächst die Art der Lagerung und die Stützweiten zu bestimmen. Alle Lager werden hier als starr gestützt und frei drehbar angesehen. Die Stützweite l_{eff} des Bauteils darf nach [DIN 1045-1 – 00], 7.3.1 wie folgt berechnet werden: Die rechnerischen Auflagertiefen a_1 und a_2 an jedem Ende des Feldes hängen von den Auflager- bzw. Einspannbedingungen des Bauteils ab und werden hierbei in geeigneter Weise bestimmt. Die Endauflager der π-Platte werden monolithisch mit den Hauptträgern verbunden (Auflagertiefe a_1), die Innenstützung wird durch eine gemauerte Wand gebildet (Auflagertiefe a_2).

[1] Die Aufgabenstellung ist identisch mit dem in [Avak/Goris – 00] veröffentlichten Beispiel, so dass bei Vergleich beider Veröffentlichungen die Änderungen des Weißdrucks der DIN gegenüber dem Gelbdruck deutlich werden.

[2] Es liegt gegenwärtig nur ein Entwurf vor.

[3] Nach [E DIN 1055-3 – 00], Tabelle 1 beträgt der Mindestwert für Büroflächen ohne besondere Anforderungen $q_k = 2{,}0$ kN/m^2. Bei dieser Nutzlast wäre zusätzlich ein Trennwandzuschlag erforderlich.

[4] Im Rahmen dieser Aufgabe wird angenommen, dass keine Wärmedämmung vorhanden ist, wie sie zur Erfüllung der WSVO erforderlich wäre.

G

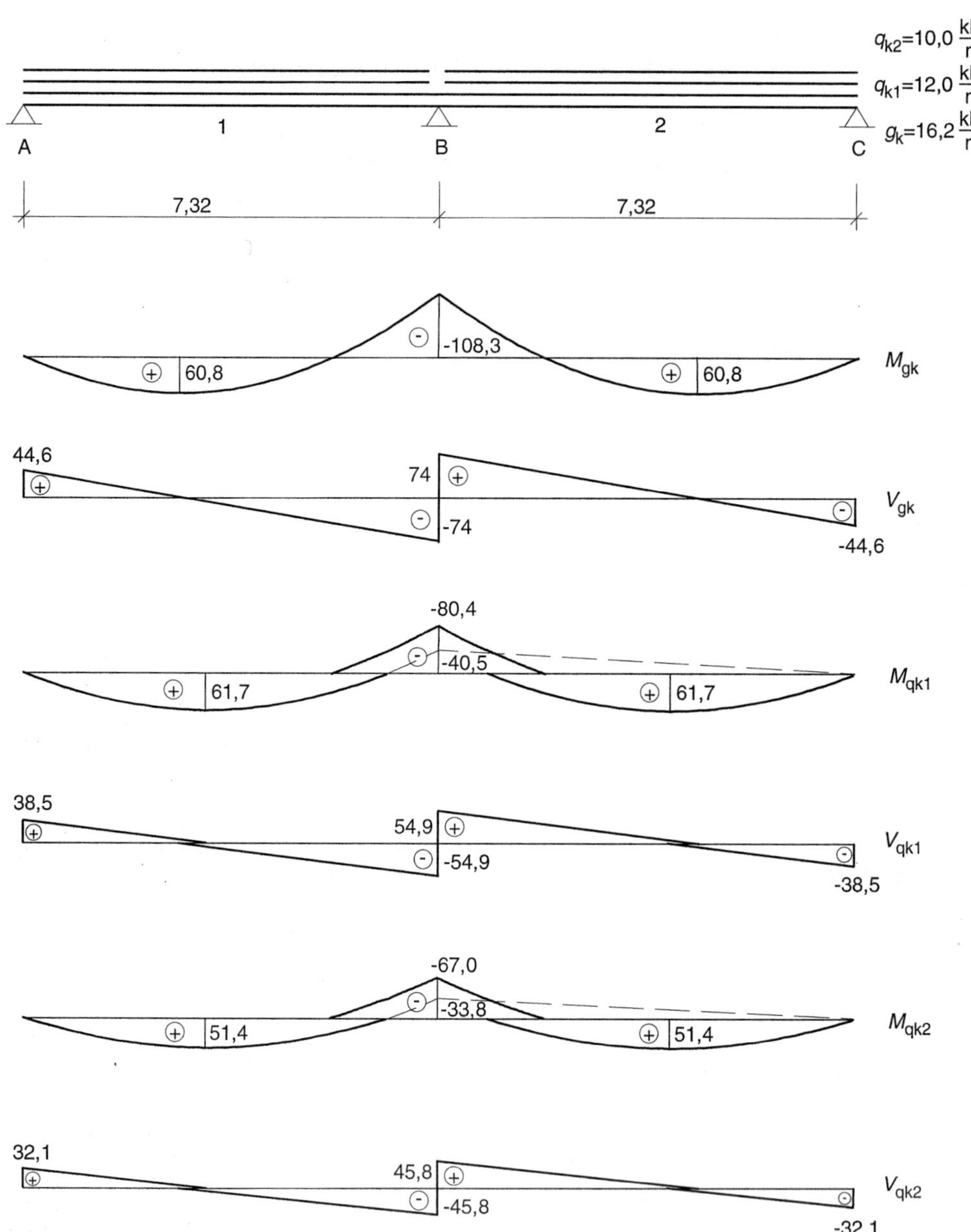

Abb. G.1.2 Schnittgrößen für die Lastfälle g_k und q_k nach der Elastizitätstheorie (ohne Umlagerung)

$$l_{eff} = l_n + a_1 + a_2 = 7{,}0 + \frac{0{,}40}{2} + \frac{0{,}24}{2} = 7{,}32 \text{ m}$$

Einwirkungen werden in [DIN 1055-100 – 00], 3.2 klassifiziert. Im Rahmen dieser Aufgabe liegen nur direkte Einwirkungen (= Lasten) vor. Die charakteristische Eigenlast erhält man aus dem Fertigteilquerschnitt A_{c1} und der Ortbetonergänzung A_{c2} mit der Wichte für Normalbeton nach [E DIN 1055-1 – 00], Tabelle 1.

$$b_o = b_u + 2 \cdot \frac{h_w}{20} = 0{,}19 + 2 \cdot \frac{0{,}5}{20} = 0{,}24 \text{ m}$$

$$A_{c1} = 2{,}40 \cdot 0{,}06 + 2 \cdot 0{,}50 \cdot \frac{0{,}19 + 0{,}24}{2}$$
$$= 0{,}359 \ \text{m}^2$$
$$A_{c2} = 2{,}40 \cdot 0{,}06 = 0{,}144 \ \text{m}^2$$
$$A_c = A_{c1} + A_{c2} = 0{,}359 + 0{,}144 = 0{,}503 \ \text{m}^2$$
$$g_{k1} = \rho_c \cdot A_c = 25 \cdot 0{,}503 = 12{,}6 \ \text{kN/m}$$

Für den Fußbodenaufbau wird g_{k2} = 1,50 kN/m² angesetzt. Die Einwirkungen aus Verkehr q_{k1} = 5,0 kN/m² und q_{k2} = 4,17 kN/m² sind voneinander unabhängig.

$$g_k = g_{k1} + g_{k2} = 12{,}6 + 2{,}40 \cdot 1{,}5 = 16{,}2 \ \text{kN/m}$$
$$q_{k1} = 5{,}00 \cdot 2{,}40 = 12{,}0 \ \text{kN/m}$$
$$q_{k2} = 4{,}17 \cdot 2{,}40 = 10{,}0 \ \text{kN/m}$$

Weitere Einwirkungen (z. B. Montagezustände) sollen im Rahmen dieser Aufgabe nicht untersucht werden. Alle Einwirkungen sind zunächst charakteristische Größen ([DIN 1055-100 – 00], 6.1).

1.2.2 Beanspruchungen

Im Rahmen der Lösung 1 sollen hier die nach [DIN 1055-100 – 00], 11.4 möglichen vereinfachten Kombinationsregeln benutzt werden. Die Anwendung dieser Regeln ist bei Hochbauten möglich. Die Beanspruchungen (= Schnittgrößen) werden linear elastisch ermittelt.

Die charakteristischen Einwirkungen werden zunächst gruppenweise kombiniert für

– ständige Beanspruchungen:

$$E_G = \sum_i E_{Gk,i}$$

– ungünstige veränderliche Beanspruchungen ([DIN 1055-100 – 00], 11.4):

$$E_{Q,unf} = E_{Qk,1} + \psi_{0,Q} \cdot \sum_{j=2}^{n} E_{Qk,j} \quad ^{5)} \qquad \text{(G.1.1)}$$

Die vorherrschende unabhängige veränderliche Einwirkung $E_{Qk,1}$ (Verkehrsleitlast) ist diejenige aus allen Einwirkungen, die zu den extremalen Auswirkungen (= Schnittgrößen) führt und damit in Kombination mit den anderen Einwirkungen die ungünstigste Beanspruchung des Querschnitts bewirkt. Im Rahmen dieser Aufgabe ist ersichtlich, dass dies q_{k1} ist.

Der bauwerksbezogene Kombinationsbeiwert $\psi_{0,Q}$ hängt zunächst von der Bauwerksnutzung ab ([E DIN 1055-3 – 00], Tabelle 1). Für Büroflächen liegt Kategorie B vor. Hierfür ist $\psi_0 \geq 0{,}7$ anzunehmen ([DIN 1055-100 – 00], 11.2). Der Kombinationsbeiwert ist für die Einwirkung q_{k2} anzusetzen.

Im vorliegenden Beispiel gibt es nur eine ungünstige ständige Einwirkung, die Eigenlast. Eine feldweise Unterscheidung der Eigenlast nach günstiger und ungünstiger Auswirkung ist bei Durchlaufträgern nicht erforderlich ([DIN 1045-1 – 00], 8.2), sofern die Konstruktionsregeln für die Mindestbewehrung eingehalten werden. Dies soll hier erfolgen, so dass in diesem Beispiel keine günstigen ständigen Einwirkungen vorliegen. Die Schnittgrößen werden nach der Elastizitätstheorie für jeden Lastfall einzeln ermittelt (Abb. G.1.2).

1.2.3 Maßgebende Beanspruchungen im Grenzzustand der Tragfähigkeit

Die in diesem Beispiel zu führenden Nachweise im Grenzzustand der Tragfähigkeit sind der

– Nachweis für Biegung
– Nachweis für Querkraft.

Die Beanspruchungen werden mit der seltenen Einwirkungskombination (= „Grundkombination") gebildet. Aus den gruppenweise bestimmten Beanspruchungen (Abb. G.1.2) werden die maßgebenden Beanspruchungen bestimmt.

Tafel G.1.1 Maßgebende Biegemomente

Stelle	max M_{Feld} Feld 1= Feld 2	min $M_{Stütze}$ Stütze B	min M_{Feld} [6)] Feld 1= Feld 2
M_G in kNm (siehe Abb. G.1.2)	60,8	–108	60,8
$M_{Q,unf}$ in kNm (siehe Abb. G.1.2 und Gl. (G.1.1))	97,7	–127	≈ –30
M_d in kNm nach Gl. (G.1.2)	229	–337	37

G

5) Im Rahmen dieses Beispiels wird zwischen den charakteristischen Beanspruchungen aus Lastfallnummer 1 (Index qk1) bzw. 2 (Index qk2) und denjenigen aus der Verkehrsleitlast (Index Qk,1), sowie den weiteren Lastfällen Qk,2 (Qk,3 ist nicht vorhanden) unterschieden (qk1 muss *nicht zwangsläufig* Qk,1 sein).

6) Aufgrund der hohen Einwirkungen aus Verkehr kann auch ein negatives Feldmoment möglich sein. Die Rechnung zeigt, dass ein negatives Feldmoment im Feld (gerade noch) nicht auftritt.

Tafel G.1.2 Maßgebende Querkräfte

Stelle	A_{rechts}	B_{links}
V_G in kN (siehe Abb. G.1.2)	44,6	–74,0
$V_{Q,unf}$ in kN (siehe Abb. G.1.2 und Gl. (G.1.1))	61,0	–87,0
V_d in kN nach Gl. (G.1.2)	152	–230

$$E_d = \gamma_G \cdot E_{Gk} + 1{,}50 \cdot E_{Q,unf} \qquad (G.1.2)$$

Die maßgebenden Biegemomente sind in Tafel G.1.1 angegeben. Der Teilsicherheitsbeiwert γ_G beträgt hier 1,35. Die Veränderung der Lage der Nulldurchgänge der Biegemomentenlinie für $\gamma_G = 1{,}0$ wird konstruktiv erfasst. Im Rahmen der Überschlagsrechnung werden nur die Extremalmomente bestimmt.

In analoger Weise werden die maßgebenden Querkräfte in Tafel G.1.2 ermittelt.

1.2.4 Betondeckung

Die Regelungen zur Betondeckung sind in [DIN 1045-1 – 00], 6 festgelegt. Zur Bestimmung der Betondeckung sind zunächst die Umweltbedingungen für den Beton und die Bewehrung zu bestimmen. Bei mehreren zutreffenden Umweltbedingungen ist diejenige Umweltklasse maßgebend, die zu den höchsten Anforderungen führt.

Plattenoberseite:

Auf der Plattenoberseite liegt eine Büronutzung vor, es handelt sich um ein Innenbauteil. Die Umweltklasse ist für Bewehrungskorrosion und Beton nach [DIN 1045-1 – 00], 6.2 getrennt zu bestimmen:

- Bewehrungskorrosion:
  Es liegt Umweltklasse XC1 vor. Die Mindestbetonfestigkeitsklasse ist
  C16/20 < vorh C = C25/30.
- Betonangriff:
  Es liegt Umweltklasse X0 vor. Die Mindestbetonfestigkeitsklasse ist
  C12/15 < vorh C = C25/30.

Die Mindestbetondeckung wird nach [DIN 1045-1 – 00], 6.3 bestimmt. Die Mindestbetondeckung beträgt $c_{min} = 10$ mm.

Bei Annahme, dass auf der Plattenoberseite Betonstahlmatten mit $d_s \leq 10$ mm liegen, erhält man ebenfalls $c_{min} = 10$ mm aus der Bedingung zur Sicherstellung des Verbundes (nach [DIN 1045-1 – 00], 6.3). Das Vorhaltemaß für Innenbauteile der Umweltklasse XC1 darf für den 10%-Quantilwert gewählt werden und beträgt $\Delta c = 10$ mm.

$$c_{nom} = c_{min} + \Delta c = 10 + 10 = 20 \text{ mm}$$

Arbeitsfuge Ortbeton/Fertigteil:

Gemäß [DIN 1045-1 – 00], 6.3 darf die Mindestbetondeckung an den der Fuge zugewandten Rändern 10 mm im Ortbeton und 5 mm im Fertigteil betragen. Bei 6 cm dickem Ortbeton (OT) verbleibt für eine kreuzweise Bewehrung $d_s = 10$ mm:

$$c_{min} = h_{OT} - c_{nom,oben} - 2 \cdot d_s - \Delta c$$
$$= 60 - 20 - 2 \cdot 10 - 10 = 10 \text{ mm}$$

Die Bedingung wird somit gerade erfüllt.

Plattenunterseite und Steg:

Auf der Plattenunterseite liegt ein Außenbauteil vor. Die Umweltklasse ist für Bewehrungskorrosion und Beton nach [DIN 1045-1 – 00], 6.2 getrennt zu bestimmen:

- Bewehrungskorrosion:
  Es liegt keine direkte Beregnung vor, daher ist Umweltklasse XC3 anzusetzen. Die Mindestbetonfestigkeitsklasse ist
  C20/25 < vorh C = C35/45.
- Betonangriff:
  Es liegt ein Außenbauteil ohne Taumittelbeanspruchung vor, somit Umweltklasse XF1. Die Mindestbetonfestigkeitsklasse ist C25/30 < vorh C = C35/45.

Die Mindestbetondeckung wird nach [DIN 1045-1 – 00], 6.3 bestimmt und beträgt $c_{min} = 20$ mm. Die Mindestbetondeckung darf für Bauteile, deren Festigkeit um mindestens 2 Festigkeitsklassen höher liegt als nach Tabelle 6, um 5 mm verringert werden.

$$c_{min} = 20 - 5 = 15 \text{ mm}$$

Bei Annahme, dass in den Stegen Bügel mit $d_s = 8$ mm liegen, ist die Verbundbedingung (nach [DIN 1045-1 – 00], 6.3) für die Biegzugbewehrung (vgl. S. G.7) eingehalten.

$$c = 15 + 8 = 23 \text{ mm} > 14 \text{ mm} = d_s$$

Das Vorhaltemaß für Außenbauteile soll für den 5%-Quantilwert gewählt werden ([E DIN 1045-1 – 98], 6.3), beträgt somit $\Delta c = 15$ mm.

$$c_{nom} = c_{min} + \Delta c = 15 + 15 = 30 \text{ mm}$$

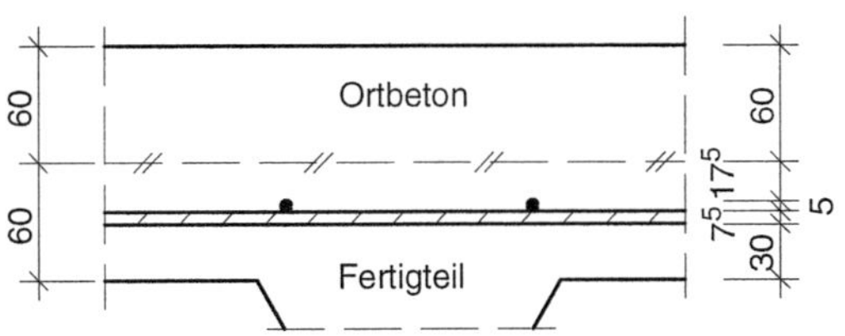

Abb. G.1.3 Betondeckung der Plattenbewehrung

Weiterhin muss für die in der Platte quer zum Balken liegende Bewehrung auch die Betondeckung zur Arbeitsfuge hinsichtlich der Verbundbedingung für den Betonierzustand „Aufbringen des Ortbetons“ erfüllt sein (Abb. G.1.3). Wenn für die Platte eine Betonstahllagermatte R295 verwendet wird, gilt:

$$c_{min} = h_{FT} - c_{nom,unten} - d_{s,Matte} - \Delta c$$
$$= 60 - 30 - (7{,}5 + 5) - 10 = 7{,}5 \text{ mm} > 5 \text{ mm}$$

Die Verbundbedingung nach [DIN 1045-1 – 00], 6.3 ist somit erfüllt.

1.2.5 Bemessung auf Biegung

Feld 1 = Feld 2:

Für die Biegebemessung sind zunächst die wirksame Stützweite l_0 und die mitwirkende Plattenbreite b_{eff} nach [DIN 1045-1 – 00], 7.3.1 zu bestimmen [7)]. Die wirksame Stützweite für das Endfeld eines Durchlaufträgers beträgt:

$$l_0 = 0{,}85 \cdot l_1 = 0{,}85 \cdot 7{,}32 = 6{,}22 \text{ m}$$

Die mitwirkende Breite darf für Biegebeanspruchung angenommen werden zu ([DIN 1045-1 – 00], 7.3.1):

$$b_{eff,i} = 0{,}2 \cdot b_i + 0{,}1 \cdot l_0 \le \begin{cases} 0{,}2 \cdot l_0 \\ b_i \end{cases}$$
$$= 0{,}2 \cdot \frac{1{,}2 - 0{,}24}{2} + 0{,}1 \cdot 6{,}22$$
$$= 0{,}72 \text{ m} \begin{cases} < 0{,}2 \cdot 6{,}22 = 1{,}24 \text{ m} \\ > \dfrac{1{,}20 - 0{,}24}{2} = \underline{0{,}48 \text{ m}} \end{cases}$$

$$b_{eff} = \sum_i b_{eff,i} + b_w$$
$$= 2 \cdot 0{,}48 + 0{,}24 = 1{,}20 \text{ m}$$

Der Bemessungswert der Betondruckfestigkeit f_{cd} ist in [DIN 1045-1 – 00], 9.1.6 definiert. Im Feld ist die Druckzone ein C25/30:

$$f_{cd} = \alpha \cdot \frac{f_{ck}}{\gamma_c} = 0{,}85 \cdot \frac{25}{1{,}5} = 14{,}2 \text{ N/mm}^2$$

Die Bemessung erfolgt überschläglich mit dem Spannungsblock.

$$d = h - c_{nom} - d_{sw} - e$$
$$\approx 0{,}62 - 0{,}03 - 0{,}01 - 0{,}03 = 0{,}55 \text{ m} \qquad \text{(G.1.3)}$$

$$\sigma_{cd} = \frac{M_{Sds}}{\left(d - \frac{h_f}{2}\right) \cdot b_{eff} \cdot h_f} \le f_{cd}$$

$$\sigma_{cd} = \frac{0{,}229}{\left(0{,}55 - \frac{0{,}12}{2}\right) \cdot 2{,}40 \cdot 0{,}12}$$
$$= 1{,}62 \text{ N/mm}^2 < 14{,}2 \text{ N/mm}^2 = f_{cd}$$

Der Bemessungswert der Betonstahlfestigkeit f_{yd} ist in [DIN 1045-1 – 00], 9.2.4 definiert:

$$f_{yd} = \frac{f_{yk}}{\gamma_s} = \frac{500}{1{,}15} = 435 \text{ N/mm}^2$$

Damit erhält man überschläglich die Biegezugbewehrung:

$$A_{s1} = \frac{1}{\sigma_{s1d}} \left(\frac{M_{Sds}}{d - \frac{h_f}{2}} + N_{Sd} \right)$$
$$= \frac{1}{435} \left(\frac{0{,}229}{0{,}55 - \frac{0{,}12}{2}} + 0 \right) \cdot 10^4$$
$$= 10{,}7 \text{ cm}^2$$

gew: 2 · 4 ⌀14

$$A_{s,vorh} = 12{,}3 \text{ cm}^2 > 10{,}7 \text{ cm}^2$$

Stütze B:

Das Stützmoment darf nach [DIN 1045-1 – 00], 7.3.2 ausgerundet werden.

$$\Delta M_{Sd} = C_{Sd} \frac{a}{8} = 2 \cdot 230 \cdot \frac{0{,}24}{8} = 13{,}8 \text{ kNm}$$
$$M_{Sd} = M_{Sd} + \Delta M_{Sd}$$
$$= -337 + 13{,}8 = -323 \text{ kNm}$$

Der Bemessungswert der Betondruckfestigkeit f_{cd} wird analog zum Feld für C35/45 bestimmt:

$$f_{cd} = \alpha \cdot \frac{f_{ck}}{\gamma_c} = 0{,}85 \cdot \frac{35}{1{,}5} = 19{,}8 \text{ N/mm}^2$$

Aufgrund der Auflagertiefe ist erkennbar, dass das Mindeststützmoment nach

[7)] Die Bestimmung wird hier beispielhaft durchgeführt, auch wenn vorab bekannt ist, dass bei einer π-Platte i. d. R. $b_{eff} = b$ ist.

[DIN 1045-1 – 00], 8.2 eingehalten wird [8]. Die Bemessung soll auch hier überschläglich mit dem Spannungsblock erfolgen.

$$d = h - c_{\text{nom}} - d_{\text{sw}} - \frac{d_s}{2} \qquad \text{(G.1.4)}$$
$$\approx 0{,}62 - 0{,}02 - 0{,}01 - 0{,}01 = 0{,}58 \text{ m}$$

$$b \approx 0{,}19 \text{ m} \quad \text{(Minimalwert für den Steg)}$$

Die Höhe der Druckzone wird auf $x \approx 0{,}10$ m geschätzt. Sie ist bei linear elastischer Rechnung auf $x = 0{,}45\ d$ für Beton bis zur Festigkeitsklasse C50/60 begrenzt ([DIN 1045-1 – 00], 8.2).

$$x \approx 0{,}10 \text{ m} < 0{,}26 \text{ m} = 0{,}45 \cdot 0{,}58 = 0{,}45\ d$$

$$\sigma_{\text{cd}} = \frac{M_{\text{Sds}}}{0{,}8 \cdot x \cdot b \cdot (d - 0{,}4x)} \leq f_{\text{cd}}$$
$$= \frac{0{,}323}{0{,}8 \cdot 0{,}10 \cdot 2 \cdot 0{,}19 \cdot (0{,}58 - 0{,}4 \cdot 0{,}10)}$$
$$= 19{,}7 \text{ N/mm}^2 < 19{,}8 \text{ N/mm}^2$$

$$A_{s1} = \frac{1}{\sigma_{s1d}} \left(\frac{M_{\text{Sds}}}{d - 0{,}4x} + N_{\text{Sd}} \right)$$
$$= \frac{1}{435} \left(\frac{0{,}323}{0{,}58 - 0{,}4 \cdot 0{,}10} + 0 \right) \cdot 10^4$$
$$= 13{,}8 \text{ cm}^2$$

gew: 2·(2 ∅16 + 2 ∅14)

$$A_{s,\text{vorh}} = 14{,}2 \text{ cm}^2 > 13{,}8 \text{ cm}^2$$

1.2.6 Konstruktionsregeln für Biegung

Um ein plötzliches Versagen beim Übergang in den Zustand II auch bei geringer Beanspruchung auszuschließen, ist eine Mindestbiegezugbewehrung erforderlich. Diese ist für das Rissmoment mit dem Mittelwert der Betonzugfestigkeit f_{ctm} zu bestimmen ([DIN 1045-1 – 00], 13.1.1(1)). Die Betonzugfestigkeit kann [DIN 1045-1 – 00], Tabelle 9.2 entnommen werden:

C25/30: $f_{\text{ctm}} = 2{,}6$ N/mm²
C35/45: $f_{\text{ctm}} = 3{,}2$ N/mm²

Feld 1 = Feld 2:

Die Querschnittswerte ergeben sich im Feld für einen Plattenbalken mit näherungsweise konstanter Stegbreite $b_w = 0{,}215$ m zu (siehe z. B.: [Schneider – 98], S. 4.30):

$$e_1 = \frac{2 \cdot 0{,}493 \cdot 0{,}12^2 + 0{,}215 \cdot 0{,}62^2}{0{,}503} = 0{,}193 \text{ m}$$

$$I_y = \frac{2}{3}\left(2 \cdot 0{,}493 \cdot 0{,}12^3 + 0{,}215 \cdot 0{,}62^3\right)$$
$$- 0{,}503 \cdot 0{,}193^2 = 0{,}0166 \text{ m}^4$$

$$W_o = \frac{I_y}{e_1} = \frac{0{,}0166}{0{,}193} = 0{,}0858 \text{ m}^3 \qquad \text{(G.1.5)}$$

$$W_u = \frac{I_y}{h - e_1} = \frac{0{,}0166}{0{,}62 - 0{,}193} = 0{,}0387 \text{ m}^3$$

$$M_r = W_u \cdot f_{\text{ctm}} \qquad \text{(G.1.6)}$$
$$= 0{,}0387 \cdot 3{,}2 \cdot 10^3 = 124 \text{ kNm}$$

Der Hebelarm der inneren Kräfte zum Risszeitpunkt wird (grob genähert für einen Rechteckquerschnitt) unter Annahme eines linearen Spannungsverlaufs ermittelt [9]. Die Stahlzugspannung darf mit der Fließgrenze f_{yk} angesetzt werden.

$$F_{sr} \approx \frac{M_r}{\frac{2}{3}h} = \frac{124}{0{,}667 \cdot 0{,}62} = 300 \text{ kN}$$

$$A_{s,\min} = \frac{F_{sr}}{f_{yk}}$$
$$= \frac{300}{500} \cdot 10 = 6{,}0 \text{ cm}^2$$
$$< 6{,}16 \text{ cm}^2 \ (2 \times 2\ ∅14)$$

Die Mindestbewehrung muss zwischen den Endauflagern durchlaufen ([DIN 1045-1 – 00], 13.1.1), daher dürfen von der aus 4 ∅14 bestehenden Biegezugbewehrung nur 2 ∅14 gestaffelt werden.

Stütze A:

Rechnerisch nicht erfasste Einspannwirkungen an den Endauflagern müssen bei der baulichen Durchbildung berücksichtigt werden. Bei Annahme frei drehbarer Lagerung sind die Querschnitte der Endauflager für ein Stützmoment zu bemessen, das mindestens 25 % des benachbarten Feldmomentes entspricht. Die Bewehrung muss, vom Auflageranschnitt gemessen, mindestens über die 0,25fache Länge des Endfeldes eingelegt werden ([DIN 1045-1 – 00], 13.2.1).

$$A_{s,\min} = 0{,}25 A_{s,\text{Feld}} = 0{,}25 \cdot 10{,}7 = 2{,}7 \text{ cm}^2$$

gew: 2·(2 ∅14) $A_{s,\text{vorh}} = 6{,}16 \text{ cm}^2 > 2{,}7 \text{ cm}^2$

[8] Andernfalls wird das Mindestmoment bestimmt, wie auf S. G.15 (Gln. (G.1.18) und (G.1.19)) gezeigt.

[9] Da der Querschnitt gerissen ist, wäre auch $z^{II} \approx 0{,}8\ h$ oder $z^{II} \approx 0{,}9\ d$ gerechtfertigt (vgl. Lösung 2, S. G.21).

Stütze B:

Die Mindestbewehrung wird analog zum Feld bestimmt. Auf der sicheren Seite liegend, wird diese wie für einen vollständig aus C35/45 bestehenden Querschnitt ermittelt.

$$M_r = W_o \cdot f_{ctm} = 0{,}0858 \cdot 3{,}2 \cdot 10^3 = 275 \text{ kNm}$$

$$F_{sr} \approx \frac{M_r}{\frac{2}{3}h} = \frac{275}{0{,}667 \cdot 0{,}62} = 664 \text{ kN}$$

$$A_{s,min} = \frac{F_{sr}}{f_{yk}} = \frac{664}{500} \cdot 10$$

$$= 13{,}3 \text{ cm}^2 < 13{,}8 \text{ cm}^2 = A_{s1}$$

$$A_{s,vorh} = 14{,}2 \text{ cm}^2 > 13{,}3 \text{ cm}^2$$

Die Mindestbewehrung wird hier nicht maßgebend, die gewählte Bewehrung reicht aus. Die Mindestbewehrung muss nach [DIN 1045-1 – 00], 13.1.1 mindestens über eine Länge von einem Viertel der Stützweite in beiden anschließenden Feldern eingelegt werden. Eine Staffelung der oberen Bewehrung ist daher in diesem Fall unzulässig. Von der Biegezugbewehrung darf nach [DIN 1045-1 – 00], 13.2.1 die Bewehrung maximal über die halbe mitwirkende Plattenbreite ausgelagert werden. In diesem Fall wird jeweils nur 1 ∅14 ausgelagert.

1.2.7 Bemessung für Querkräfte

Die Bemessung erfolgt in Lösung 1 nur für die Maximalquerkraft, somit für Stütze B. Die Querkraftbewehrung soll ausschließlich aus senkrecht stehenden Bügeln bestehen. [DIN 1045-1 – 00], 7.3.2 erlaubt, die maßgebende Querkraft für Volllast zu bestimmen. Hiervon wird in diesem Beispiel kein Gebrauch gemacht, da die Querkräfte zusammen mit den Biegemomenten vollständig bestimmt wurden.

Der Bemessungswert der Querkraft wird nach [DIN 1045-1 – 00], 10.3.2 bestimmt. Für den Nachweis der Druckstrebentragfähigkeit des Fachwerks $V_{Rd,max}$ ist die extremale Querkraft zu verwenden. Für die Ermittlung der Zugstrebentragfähigkeit (= Bügelbewehrung) darf die Querkraft auf den Bemessungswert abgemindert werden. Bei direkter Auflagerung und Streckenlasten liegt die maßgebende Stelle für den Bemessungswert d vom Auflagerrand entfernt.

$$\begin{aligned} V_{Sd} &= V_{Sd} - f_d \cdot x \\ &= -230 + 1{,}35 \cdot 16{,}2 \cdot (0{,}12 + 0{,}58) \\ &\quad + 1{,}50 \cdot (12{,}0 + 0{,}7 \cdot 10) \cdot (0{,}12 + 0{,}58) \\ &= -195 \text{ kN} \end{aligned} \qquad \text{(G.1.7)}$$

Der Querkraftnachweis für Bauteile mit Querkraftbewehrung erfolgt nach [DIN 1045-1 – 00], 10.3.4.

$$z \approx 0{,}9d = 0{,}9 \cdot 0{,}58 = 0{,}52 \text{ m}$$

Die Neigung der Druckstreben des Fachwerks wird nach [DIN 1045-1 – 00], 10.3.4 mit $\cot\theta = 1{,}2$ gewählt.

Es wird eine Bügelbewehrung ∅8–20 gewählt. Damit kann der Bemessungswert der aufnehmbaren Querkraft $V_{Rd,sy}$ berechnet werden ([DIN 1045-1 – 00], 10.3.4).

$$\begin{aligned} V_{Rd,sy} &= \frac{A_{sw}}{s_w} \cdot f_{yd} \cdot z \cdot \cot\theta \\ &= \frac{4 \cdot 0{,}503}{0{,}20} \cdot 435 \cdot 0{,}52 \cdot 1{,}2 \cdot 10^{-1} \\ &= 273 \text{ kN} \end{aligned}$$

$$V_{Sd} = 195 \text{ kN} < 273 \text{ kN} = V_{Rd,sy} \qquad \text{(G.1.8)}$$

Die maximale Querkrafttragfähigkeit wird nach [DIN 1045-1 – 00], 10.3.4 bestimmt. In der Zugzone liegt ein C 25/30 und C35/45 vor [10].

$$\alpha_c = 0{,}75 \cdot \eta_1 = 0{,}75 \cdot 1 = 0{,}75$$

$$\begin{aligned} V_{Rd,max} &= \frac{b_w \cdot z \cdot \alpha_c \cdot f_{cd}}{\cot\theta + \tan\theta} \\ &= \frac{2 \cdot 0{,}19 \cdot 0{,}52 \cdot 0{,}75 \cdot 14{,}2}{1{,}2 + 1/1{,}2} \cdot 10^3 \\ &= 1040 \text{ kN} > 230 \text{ kN} \end{aligned}$$

Da es sich um einen Plattenbalken handelt, ist der Schub zwischen Balkensteg und Gurt gemäß [DIN 1045-1 – 00], 10.3.5 nachzuweisen. Um die aufzunehmende Längsschubkraft je Längeneinheit ermitteln zu können, ist die Längskraftdifferenz ΔF_d aus den inneren Kräften der Biegemomente an den Enden der Bezugslänge zu bestimmen. Als Bezugslänge a_v darf höchstens der halbe Abstand zwischen Momentennullpunkt und Momentenhöchstwert gewählt werden. In Näherung wird davon ausgegangen, dass der Momentennullpunkt bei $x \approx 0{,}8\, l_{eff}$ liegt.

$$a_v \approx \frac{1}{2} \cdot 0{,}2 \cdot 7{,}32 = 0{,}732 \text{ m}$$

Überschläglich (und auf der sicheren Seite liegend) wird hier nicht das zugehörige Moment an dieser Stelle, sondern das Maximalmoment verwendet.

$$F_{d,max} = \frac{M_{Sd}}{z} \approx \frac{323}{0{,}52} = 621 \text{ kN}$$

[10] Da die Zugzone sowohl im C35/45 als auch im C25/30 liegt, ist der kleinere Wert zu verwenden, sofern keine genauere Betrachtung angestellt wird (z. B: Überprüfung $b_w \cdot f_{cd}$).

G

Von den 2 · (2 ∅14 + 2 ∅16) werden die ∅14 ausgelagert. Es sind 4 Gurtanschnitte vorhanden.

$$\Delta F_d \approx \frac{1}{4}\frac{A_{s1a}}{A_{s1}} F_{d,max}$$

$$= \frac{1}{4}\frac{1{,}54}{1{,}54+2{,}01} 621 = 67{,}3 \text{ kN}$$

Die aufzunehmende Längsschubkraft beträgt damit nach [DIN 1045-1 – 00], 10.3.5:

$$V_{Sd} = \Delta F_d = 67{,}3 \text{ kN}$$

Der Bemessungswert der Querkrafttragfähigkeit des Gurtanschlusses wird nach [DIN 1045-1 – 00], 10.3.5 bestimmt. In der Platte des Fertigteils soll eine R295 mit ∅7,5-15 in Richtung quer zum Gurtanschnitt liegen. Durch das negative Biegemoment ist der Gurt vornehmlich auf Zug beansprucht. Daher gilt $\theta = 45°$ ([DIN 1045-1 – 00], 10.3.5).

$$V_{Rd,sy} = \frac{A_{sw}}{s_w} \cdot f_{yd} \cdot a_v \cdot \cot\theta$$

$$V_{Rd,sy} = 2{,}95 \cdot 435 \cdot 0{,}732 \cdot 1{,}0 \cdot 10^{-1} = 93{,}9 \text{ kN}$$

$$V_{Sd} = 67{,}3 \text{ kN} < 93{,}9 \text{ kN} = V_{Rd,sy}$$

Es ist ohne Nachweis ersichtlich, dass die Druckstrebe ausreicht.

1.2.8 Konstruktionsregeln zur Querkraftbewehrung

Querkraftbewehrung darf aus Bügeln, Schrägstäben und Schubzulagen in Form von Körben und Leitern bestehen. Die Querkraftbewehrung ist unter einem Winkel $45° \leq \alpha \leq 90°$ zur Bauteilachse anzuordnen. Auch bei rechnerisch nicht erforderlicher Querkraftbewehrung muss bei Balken eine Mindestbewehrung angeordnet werden. Ihre Aufgabe ist es zu verhindern, dass das Bauteil bei eventueller Rissbildung kollabiert. Die Mindestbewehrung für Balken ist nach [DIN 1045-1 – 00], 13.2.3 zu bestimmen. Die vorhandene Querkraftbewehrung besteht aus Bügeln ∅8–20.

$$\rho_w = \frac{A_{sw}}{s \cdot b_w \cdot \sin\alpha}$$

$$= \frac{2 \cdot 0{,}503 \cdot 10^{-2}}{0{,}20 \cdot 0{,}5(0{,}19+0{,}24) \cdot \sin 90} = 0{,}234\ \%$$

Der Grundwert der Oberflächenbewehrung nach [DIN 1045-1 – 00], Tabelle 30 für Festigkeitsklasse C35/45 (größere Festigkeitsklasse maßgebend) ist $\rho = 0{,}102$ %.

Der Mindestwert für Balken ($b_w \leq h$) ergibt sich nach [DIN 1045-1 – 00], 13.2.3:

$$\begin{aligned}\min \rho_w &= 2{,}0 \cdot \rho = 2{,}0 \cdot 0{,}102 \\ &= 0{,}204\ \% < 0{,}234\ \%\end{aligned} \qquad (G.1.9)$$

Der Längs- und Querabstand s_{max} der Querkraftbewehrung darf die Grenzwerte in [DIN 1045-1 – 00], 13.2.3 nicht überschreiten.

$$\begin{aligned}V_{Sd} &= 230 \text{ kN} \\ &< 311 \text{ kN} = 0{,}3 \cdot 1040 = 0{,}3 \cdot V_{Rd,max}\end{aligned}$$

$$s_{max} = \begin{cases} 0{,}7\ h = 0{,}7 \cdot 620 = 434 \text{ mm} \\ \underline{300 \text{ mm}} > 200 \text{ mm} = s_{vorh} \end{cases}$$

Die maximal möglichen Abstände in Querrichtung sind offensichtlich eingehalten.

1.2.9 Maßgebende Beanspruchungen im Grenzzustand der Gebrauchstauglichkeit

Die in diesem Beispiel zu führenden Nachweise im Grenzzustand der Gebrauchstauglichkeit sind der

- Nachweis der Durchbiegungen
- Nachweis der Rissbreitenbegrenzung
- Nachweis der Spannungsbegrenzung.

In diesem Beispiel ist nur für den Nachweis der Rissbreitenbegrenzung eine weitere Ermittlung der Beanspruchungen erforderlich. Diese ist für die quasi-ständige Einwirkungskombination durchzuführen (s. Seite G.11). Die extremalen Beanspruchungen sind daher mit folgender Kombinationsregel zu bilden ([DIN 1055-100 – 00], 11.4):

$$E_{d,perm} = E_{Gk} + \sum_i \psi_{2,i} \cdot Q_{k,i}$$

Der Kombinationsbeiwert ist ([DIN 1055-100 – 00], 11.2 zu entnehmen und beträgt $\psi_{2,i} = 0{,}3$ für Kategorie B (Büroräume). Die in die Schnittgrößenermittlung einzuführenden Einwirkungen betragen damit:

$$q_{k1} = 0{,}3 \cdot 5{,}00 \cdot 2{,}40 = 3{,}6 \text{ kN/m}$$

$$q_{k2} = 0{,}3 \cdot 4{,}17 \cdot 2{,}40 = 3{,}0 \text{ kN/m}$$

Die Beanspruchungen werden nach der Elastizitätstheorie ermittelt (Abb. G.1.4). Die extremalen Beanspruchung ergeben sich zu:

Feld:

$$M_{perm} = 60{,}8 + 18{,}5 + 15{,}4 = 94{,}7 \text{ kNm} \qquad (G.1.10)$$

Stütze B:

$$M_{perm} = -108 - 24{,}1 - 20{,}1 = -152 \text{ kNm} \qquad (G.1.11)$$

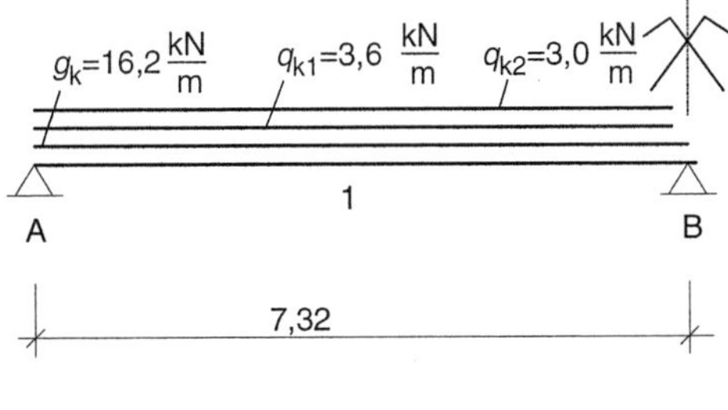

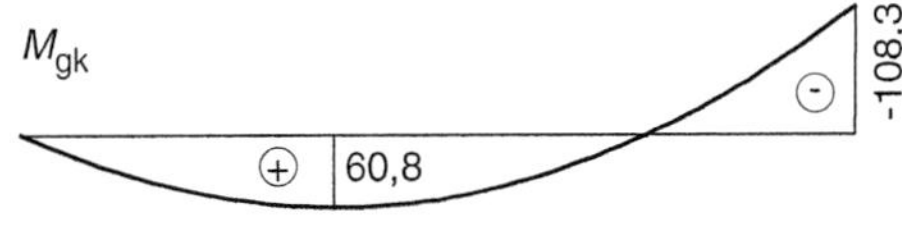

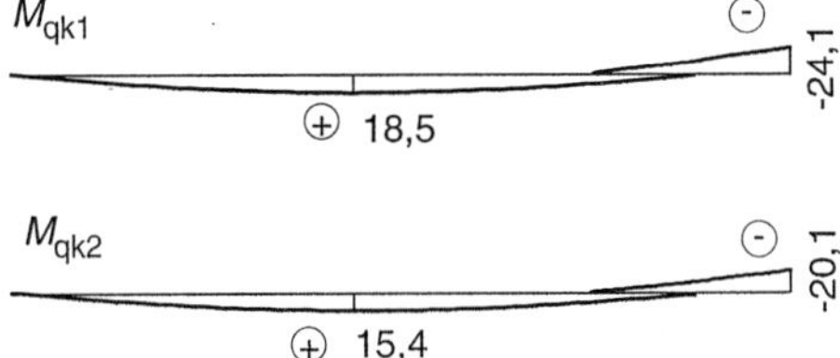

Abb. G.1.4 Biegemomente für quasi-ständige Einwirkungen g_k und q_k [11)]

1.2.10 Begrenzung der Verformungen

Die Begrenzung der Verformungen soll hier ohne direkte Berechnung durch eine Begrenzung der Biegeschlankheit l_i/d geführt werden. Für Platten des üblichen Hochbaus gilt nach [DIN 1045-1 – 00], 11.3.2:

$$\frac{l_i}{d} \leq 35$$

Die Ersatzstützweite darf hierbei unter Beachtung der Beiwerte α nach [DIN 1045-1 – 00], 11.3.2 bestimmt werden. Für jedes Endfeld eines Durchlaufträgers ist $\alpha = 0{,}8$.

$$l_i = \alpha \cdot l_{\text{eff}} = 0{,}8 \cdot 7{,}32 = 5{,}86 \text{ m}$$

$$\frac{l_i}{d} = \frac{5{,}86}{0{,}55} = 10{,}7 < 35$$

Sofern in das Bürogebäude leichte Trennwände eingebaut werden und damit erhöhte Anforderungen gestellt werden, gilt nach [DIN 1045-1 – 00], 11.3.2:

$$\frac{l_i^2}{d} \leq 150$$

$$\frac{l_i^2}{d} = \frac{5{,}86^2}{0{,}55} = 62{,}4 < 150$$

Der Nachweis ist somit erfüllt.

1.2.11 Begrenzung der Rissbreite

Die der Begrenzung der Rissbreite zugrunde zu legende Lastkombination hängt von der Umweltklasse ab. In diesem Fall tritt an der Plattenunterseite der ungünstigere Fall auf. Als maßgebende Umweltklasse für Betonangriff wurde XF1 und für Bewehrungskorrosion XC3 bestimmt (s. S. G.6). Mit diesen Umweltklassen kann [DIN 1045-1 – 00], 11.2.1 die Mindestanforderungsklasse bestimmt werden. In diesem Fall sind somit in Tabelle 20 Zeile 3 und Spalte 4 (Stahlbetonbauteil) maßgebend. Die Mindestanforderungsklasse ergibt sich zu E. Hiermit ergibt sich nach [DIN 1045-1 – 00], Tabelle 19, dass die nachzuweisende Rissbreite $w_k = 0{,}3$ mm beträgt und die der Beanspruchungsermittlung zugrunde zu legende Einwirkungskombination aus quasiständigen Einwirkungen zu bilden ist. Die Extremalschnittgrößen hierzu wurden in Abschn. 1.2.9 (siehe S. G.10) ermittelt. Die Begrenzung der Rissbreite soll hier ohne direkte Berechnung erfolgen ([DIN 1045-1 – 00], 11.2.3) über den Nachweis, dass der Grenzdurchmesser bzw. der Höchstwert des Stababstandes eingehalten wird.

Feld 1 = Feld 2:

Das maßgebende Biegemoment wurde mit Gl. (G.1.10) bestimmt.

$$z \overset{(>)}{=} d - \frac{h_f}{2} = 0{,}55 - \frac{0{,}12}{2} = 0{,}49 \text{ m} \qquad \text{(G.1.12)}$$

Das Biegemoment in Höhe der Bewehrung $M_{s,\text{perm}}$ ist hier identisch mit demjenigen in der Stabachse M_{perm} nach Gl. (G.1.10) (keine Längskräfte). Die Biegezugbewehrung wurde im Rahmen der Biegebemessung gewählt (s. S. G.7).

$$\sigma_s = \frac{M_{s,\text{perm}}}{z \cdot A_s} = \frac{94{,}7}{0{,}49 \cdot 12{,}3} \cdot 10 = 157 \text{ N/mm}^2$$

Der Grenzdurchmesser ergibt sich damit aufgrund von [DIN 1045-1 – 00], Tabelle 21 Spalte 2 zu lim d_s = 28 mm.

$$\text{vorh } d_s = 14 \text{ mm} < 28 \text{ mm} = \text{lim } d_s$$

Zur Aufnahme von Zwangeinwirkungen ist eine Mindestbewehrung anzuordnen ([DIN 1045-1 – 00], 11.2.2). Sie darf nach [DIN 1045-1 – 00], Gl. (128) bestimmt werden. Der Beiwert k_c zur

[11)] An den Beanspruchungen aus Eigenlast treten gegenüber den bereits für den Grenzzustand der Tragfähigkeit ermittelten keine Änderungen auf. Sie sind hier nur zur leichteren Lesbarkeit nochmals angegeben.

G

Berücksichtigung des Einflusses der Spannungsverteilung beträgt bei hier vorliegender reiner Biegung:

$$k_c = 0{,}4 \cdot \left(1 + \frac{\sigma_c}{k_1 \cdot f_{ct.eff}}\right) = 0{,}4$$

Der interpolierte Beiwert zur Berücksichtigung von nichtlinear verteilten Eigenspannungen beträgt für ein 620 mm hohes Bauteil $k = 0{,}64$. Das Bauteil wird nur durch Zwang aus abfließender Hydratationswärme beansprucht. Für die Betonzugfestigkeit $f_{ct,eff}$ darf daher 50 % der mittleren Zugfestigkeit nach 28 Tagen angesetzt werden.

$$f_{ct,eff} = 0{,}5\, f_{ctm} = 0{,}5 \cdot 3{,}2 = 1{,}6\ \text{N/mm}^2$$

Aufgrund $f_{ct.eff} < f_{ct,0} = 3{,}0\ \text{N/mm}^2$ muss der im Feld vorhandene Stabdurchmesser ∅14 modifiziert werden.

$$d_s = d_s^* \cdot \frac{k_c \cdot k \cdot h_t}{4 \cdot (h-d)} \cdot \frac{f_{ct,eff}}{f_{t,0}} \geq d_s^* \cdot \frac{f_{ct,eff}}{f_{t,0}}$$

$$d_s^* \geq d_s \cdot \frac{f_{t,0}}{f_{ct,eff}} = 14 \cdot \frac{3{,}0}{1{,}6} = 26{,}2\ \text{mm}$$

Die Fläche der Betonzugzone wird näherungsweise bestimmt unter der Annahme der Nulllinie in Plattenmitte.

$$A_{ct} \approx A_c - \frac{h_f}{2} \cdot b = A_{c1} = 0{,}359\ \text{m}^2$$

Die zulässige Spannung der modifizierten Biegezugbewehrung ∅26,2 ist $\sigma_s = 208\ \text{N/mm}^2$. Damit beträgt die Mindestbewehrung:

$$A_s = k_c \cdot k \cdot f_{ct.eff} \cdot \frac{A_{ct}}{\sigma_s}$$

$$= 0{,}4 \cdot 0{,}64 \cdot 1{,}6 \cdot \frac{0{,}359 \cdot 10^4}{208}$$

$$= 7{,}1\ \text{cm}^2 < 12{,}3\ \text{cm}^2 = \text{vorh}\ A_s$$

Stütze B:

Der Hebelarm der inneren Kräfte wird näherungsweise wie in der Biegebemessung (s. S. G.7) angenommen. Auf eine Ausrundung des Stützmomentes wird verzichtet.

$$z \overset{(>)}{=} d - 0{,}4x = 0{,}58 - 0{,}4 \cdot 0{,}10 = 0{,}54\ \ \text{m}$$

$$\sigma_s = \frac{M_{s,perm}}{z \cdot A_s} = \frac{152}{0{,}54 \cdot 14{,}2} \cdot 10 = 198\ \ \text{N/mm}^2$$

$$\text{vorh}\ d_s = 16\ \ \text{mm} < 26{,}2\ \ \text{mm} = \lim\ d_s$$

Die Mindestbewehrung wird analog zum Feld berechnet. Der Beiwert k ist für die Breite $b = 2{,}40$ m zu bestimmen und beträgt $k = 0{,}5$. Die Biegezugbewehrung über der Stütze besteht aus 2 ∅16 + 2 ∅14 (vorh $A_s = 14{,}2\ \text{cm}^2$). Die zulässige Spannung wird daher für einen mittleren Durchmesser bestimmt.

$$d_{sm} = \frac{\sum_i d_{s,i}^2}{\sum_i d_{s,i}} = \frac{2 \cdot (14^2 + 16^2)}{2 \cdot (14 + 16)} = 15{,}1\ \text{mm}$$

$$d_s^* \geq d_s \cdot \frac{f_{t,0}}{f_{ct,eff}} = 15{,}1 \cdot \frac{3{,}0}{1{,}6} = 28{,}3\ \text{mm} \approx 28\ \text{mm}$$

$$\sigma_s = 200\ \text{N/mm}^2$$

$$A_{ct} \leq A_c = 0{,}503\ \text{m}^2$$

$$A_s = k_c \cdot k \cdot f_{ct.eff} \cdot \frac{A_{ct}}{\sigma_s}$$

$$= 0{,}4 \cdot 0{,}5 \cdot 1{,}6 \cdot \frac{0{,}503 \cdot 10^4}{200}$$

$$= 8{,}0\ \text{cm}^2 < 14{,}2\ \text{cm}^2 = \text{vorh}\ A_s$$

1.2.12 Spannungsbegrenzung

Auf eine Begrenzung der Spannungen kann verzichtet werden, da im Rahmen der zuvor gezeigten Lösung die in [DIN 1045-1 – 00], 11.1.1 genannten Bedingungen eingehalten wurden.

1.3 Lösung 2

1.3.1 System und Einwirkungen

Die Vorgehensweise ist hierbei identisch mit der in Lösung 1 gezeigten. Die Zusammenstellung der Lasten ist identisch (s. S. G.3).

1.3.2 Beanspruchungen

Im Rahmen der Lösung 2 sollen die üblichen Kombinationsregeln nach [DIN 1055-100 – 00], 9.4 benutzt werden, und die Beanspruchungen sollen (im Grenzzustand der Tragfähigkeit) umgelagert werden. Die Schnittgrößenermittlung (eines Stahlbetonbauteils) ist für die nachfolgende Einwirkungskombination durchzuführen:

$$E_d = E\left\{\begin{array}{l} \sum_j \gamma_{G,j} \cdot G_{k,j} \oplus \gamma_{Q,1} \cdot Q_{k,1} \\ \oplus \sum_{i>1} \gamma_{Q,i} \cdot \psi_{0,i} \cdot Q_{k,i} \end{array}\right\} \qquad \text{(G.1.13)}$$

Die Verkehrsleitlast mit dem charakteristischen Wert $Q_{k,1}$ ist diejenige mit der jeweils ungünstigsten Auswirkung. In diesem Beispiel ist aufgrund der Lastordinaten und der Lastfunktionen (jeweils Gleichlasten) vorab erkennbar, dass die Einwirkung q_{k1} diese Verkehrsleitlast ist. Sofern eine derartige Erkenntnis nicht vor einer Beanspruchungsermittlung möglich ist, sind die maßgebenden Beanspruchungen unter Auswertung aller möglichen Kombinationen zu ermitteln.

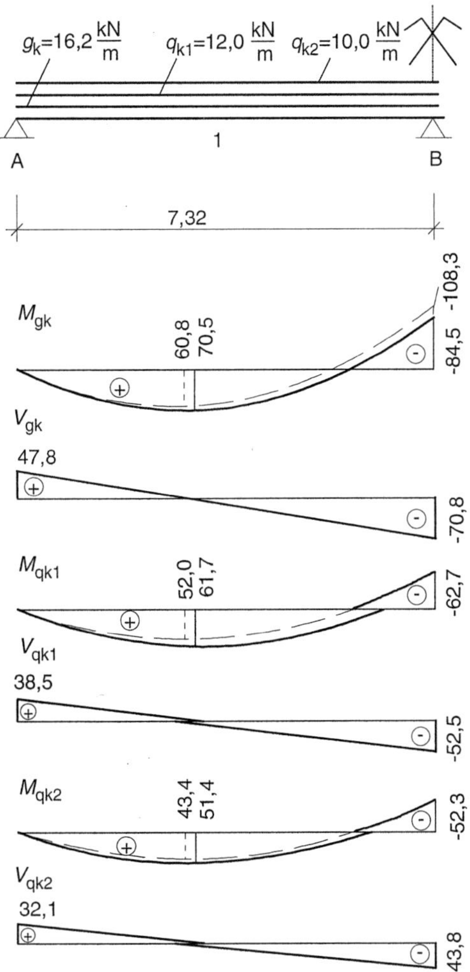

Abb. G.1.5 Schnittgrößen für die Lastfälle g_k und q_k nach der Elastizitätstheorie mit Momentenumlagerung (22 %)

Eine linear elastische Schnittgrößenermittlung mit Momentenumlagerung ist für die in [DIN 1045-1 – 00], 8.3 genannten statischen Systeme mit einem vereinfachten Rotationsnachweis möglich. Im vorliegenden Fall liegt ein Durchlaufträger mit dem Stützweitenverhältnis benachbarter Felder $0{,}5 < l_1/l_2 < 2{,}0$ vor. Die mögliche Momentenumlagerung ist durch die Gln. (12) bis (14) in [DIN 1045-1 – 00] begrenzt. Der Nachweis ist nach einer Bemessung zu führen, da erst dann die bezogene Druckzonenhöhe bekannt ist. Als Hinweis auf eine mögliche Umlagerung kann hier die Biegebemessung an Stütze B in Lösung 1 dienen. Die Druckzonenhöhe wurde dort mit $x = 0{,}10$ m ermittelt (s. S. G.8). Sie wird sich in dieser Lösung aufgrund des geringeren Stützmomentes vermindern.

Geschätzt: $x \approx 0{,}10$ m

$$\delta \geq \begin{cases} 0{,}64 + 0{,}8\dfrac{x_d}{d} \\ 0{,}7 \end{cases} = \begin{cases} 0{,}64 + 0{,}8\dfrac{0{,}10}{0{,}58} = \underline{0{,}78} \\ 0{,}7 \end{cases} \qquad \text{(G.1.14)}$$

Eine Umlagerung von mehr als 15 % ist jedoch nur bei Verwendung hochduktilen Stahls möglich. Dies soll hier der Fall sein. Die Schnittgrößen sollen daher um 22 % über der Stütze verringert werden. Die sich ergebenden Schnittgrößen sind in Abb. G.1.5 angegeben. Bei einer derartigen Umlagerung ist darauf zu achten, ob die zum Lastfall der umgelagerten Stützmomenten gehörenden Feldmomente insgesamt für die Bemessung im Feld maßgebend werden. Hierzu wird nachfolgend die Grundkombination gemäß Gl. (G.1.13) gebildet. Der Kombinationsbeiwert für Kategorie B (Büroräume) wird [DIN 1055-100 – 00], Tabelle 5 entnommen, die Teilsicherheitsbeiwerte Tabelle 6.

$$\max\ M_F^{el} = 1{,}35 \cdot 60{,}8 + 1{,}5 \cdot 61{,}7 + 1{,}5 \cdot 0{,}7 \cdot 51{,}4 = 229 \text{ kNm}$$

$$\max\ M_F^{umg} = 1{,}35 \cdot 70{,}5 + 1{,}5 \cdot 52{,}0 + 1{,}5 \cdot 0{,}7 \cdot 43{,}4 = 219 \text{ kNm}$$

Es ist somit zu erkennen, dass die Umlagerung im Feld gerade noch nicht zu größeren Biegemomenten führt. Ein größerer Momentenumlagerungsfaktor ist daher nicht anzustreben [12], auch wenn eine Nachweismöglichkeit über den vereinfachten Nachweis der plastischen Rotation nach [DIN 1045-1 – 00], 8.4.2 besteht.

1.3.3 Maßgebende Beanspruchungen im Grenzzustand der Tragfähigkeit

Die maßgebenden Beanspruchungen sind in Tafel G.1.3 unter Beachtung von Gl. (G.1.13) zusammengestellt.

1.3.4 Betondeckung

Die Betondeckung wird wie in Lösung 1 bestimmt (s. S. G.6).

[12] Die Bemessung (s. S. 21) wird zudem zeigen, dass nicht die Biegebemessung, sondern die Mindestbewehrung über der Stütze maßgebend wird und somit eine größere Momentenumlagerung sinnlos ist.

G

Tafel G.1.3 Maßgebende Beanspruchungen

Stelle	max M_{Feld} in kNm Feld 1 = Feld 2	min $M_{Stütze}$ in kNm Stütze B	max V_A in kN	min $V_{B,links}$ in kN
S_{Gk} (siehe Abb. G.1.5)	60,8	–84,5	47,8	–70,8
S_{Qk1} (siehe Abb. G.1.5)	61,7	–62,7	38,5	–52,5
S_{Qk2} (siehe Abb. G.1.5)	51,4	–52,3	32,1	–43,8
S_d nach Gl. (G.1.13)	229	–263	156	–220

1.3.5 Bemessung auf Biegung

Feld 1 = Feld 2:

Es liegt ein Plattenbalken vor. Die mitwirkende Plattenbreite ist hier identisch mit der tatsächlichen Plattenbreite. Sofern die mitwirkende Plattenbreite bestimmt werden muss, kann dies in der auf S. G.7 gezeigten Art und Weise geschehen.

Der Bemessungswert der Betondruckfestigkeit f_{cd} ist in [DIN 1045-1 – 00], 9.1.6 definiert. Im Feld ist die Druckzone ein C25/30:

$$f_{cd} = \alpha \cdot \frac{f_{ck}}{\gamma_c} = 0{,}85 \cdot \frac{25}{1{,}5} = 14{,}2 \text{ N/mm}^2$$

Die Biegebemessung soll nachfolgend unter Ausnutzung des Verfestigungsbereichs für den Betonstahl ([DIN 1045-1 – 00], Bild 9.6) durchgeführt werden. Hierdurch kann der Stahlbedarf bis zu 5 % reduziert werden. Als Bemessungshilfsmittel werden von [Zilch/Rogge – 00] veröffentlichte Tabellen mit dimensionslosen Beiwerten verwendet [13].

$$d = h - c_{nom} - d_{sw} - e \approx 0{,}62 - 0{,}07 = 0{,}55 \text{ m} \qquad \text{(s. Gl.(G.1.3))}$$

$$\mu_{Sds} = \frac{M_{Sds}}{b \cdot d^2 \cdot f_{cd}} = \frac{0{,}229}{2{,}4 \cdot 0{,}55^2 \cdot 14{,}2} = 0{,}0222$$

$$\Rightarrow \quad \omega_1 = 0{,}0206; \quad \zeta = 0{,}984; \quad \xi = \frac{x}{d} = 0{,}047; \quad -\varepsilon_c / \varepsilon_{s1} = 1{,}25/25{,}00 \qquad \text{(G.1.15)}$$

Da die Stahldehnung $\varepsilon_{s1} = 2{,}5$ % erreicht wird, beträgt die nach ([DIN 1045-1 – 00], Bild 9.6 anzusetzende zugehörige Spannung:

$$f_{tk}^* = 525 \text{ N/mm}^2$$

$$A_s = \frac{1}{f_{yd}}(\omega_1 \cdot b \cdot d \cdot f_{cd} + N_{Sd}) = \frac{1}{\frac{500}{1{,}15}} \cdot (0{,}0206 \cdot 1{,}04 \cdot 240 \cdot 55 \cdot 14{,}2 + 0) = 9{,}2 \text{ cm}^2$$

gew: 2 · 4 ∅12 $A_{s,vorh} = 9{,}1 \text{ cm}^2 \approx 9{,}2 \text{ cm}^2$

$$x = 0{,}047 \cdot d = 0{,}06 \cdot 0{,}55 = 0{,}026 \text{ m} \qquad \text{(G.1.16)}$$

Die statische Höhe der 2-lagigen Bewehrung wird überprüft unter Beachtung der zunächst geschätzten Querkraftbewehrung ∅8. Das Maß Δd_s [14] deckt pauschal die Abweichung zwischen nominellem und realem Stabdurchmesser ab.

$$d_1 = c_{nom} + d_{sw} + e = 30 + 8 + 12 + \frac{20}{2} = 60 \text{ mm} \qquad \text{(G.1.17)}$$

$$h = d - d_1 - \Delta d_s = 62 - 6 - 1 = 55 \text{ cm}$$

Stütze B:

Das Stützmoment darf nach [DIN 1045-1 – 00], 7.3.2 ausgerundet werden.

$$\Delta M_{Sd} = C_{Sd} \frac{a}{8} = 2 \cdot 220 \frac{0{,}24}{8} = 13{,}2 \text{ kNm}$$

$$M_{Sd} = M_{Sd} + \Delta M_{Sd} = -263 + 13{,}2 = -250 \text{ kNm}$$

Zur Berücksichtigung einer vorgenommenen Idealisierung des Tragwerks und möglicher unbeabsichtigter Abweichungen der Tragwerksform während der Bauzeit sollte das Bemessungsmoment im Anschnitt zum Auflager nicht geringer sein als 65 % des Starreinspannmoments am

[13] Bemessungshilfsmittel zur [DIN 1045-1 – 00] werden im [DAfStb Heft 5xx] veröffentlicht werden. Näherungsweise können für normalfesten Beton auch Bemessungshilfsmittel nach [ENV 1992-1-1 – 92] verwendet werden, wenn beachtet wird, dass dort $f_{cd} = f_{ck} / \gamma_c$ ist. Die Bemessungshilfsmittel von [Zilch/Rogge – 00] beinhalten eine Bemessungsspannung von 550 N/mm² und nicht wie nach Bild 27 der [DIN 1045-1 – 00] zulässig 525 N/mm². Näherungsweise wird daher der Stahlquerschnitt mit 550/525 ≈ 1,04 multipliziert, um den geringfügig zu kleinen ω-Wert zu erfassen.

[14] Die Berücksichtigung derartiger Abweichungen ist dem Tragwerksplaner freigestellt.

Auflagerrand bei voller Einspannung in demselben ([DIN 1045-1 – 00], 8.2).

$$f_d = \gamma_G \cdot g_k + \gamma_{Q1} \cdot q_{k1} + \gamma_{Q2} \cdot \psi_{02} \cdot q_{k2}$$
$$= 1{,}35 \cdot 16{,}2 + 1{,}5 \cdot 12{,}0 + 1{,}5 \cdot 0{,}7 \cdot 10{,}0$$
$$= 50{,}4 \text{ kN/m}$$

$$M_{S,starr} = -f_d \frac{l_{ers}^2}{8} \qquad \text{(G.1.18)}$$
$$= -50{,}4 \frac{7{,}20^2}{8} = -327 \text{ kNm}$$

$$|M_{Sd}| = 250 \text{ kNm} > 212 \text{ kNm} \qquad \text{(G.1.19)}$$
$$= 0{,}65 \cdot 327 = 0{,}65\ |M_{S,starr}|$$

Da die Druckzone im Fertigteil (Steg) liegt, erfolgt die Bemessung für C35/45.

$$f_{cd} = \alpha \cdot \frac{f_{ck}}{\gamma_c} = 0{,}85 \cdot \frac{35}{1{,}5} = 19{,}8 \text{ N/mm}^2$$

$$d = h - c_{nom} - d_{sw} - \frac{d_s}{2} \qquad \text{(s. Gl. (G.1.4))}$$
$$\approx 0{,}62 - 0{,}04 = 0{,}58 \text{ m}$$

$b_w \approx 0{,}20$ m (geschätzte mittlere Druckzonenbreite im Steg)

$$\mu_{Sds} = \frac{M_{Sds}}{b \cdot d^2 \cdot f_{cd}}$$
$$= \frac{0{,}250}{2 \cdot 0{,}2 \cdot 0{,}58^2 \cdot 19{,}8} = 0{,}0938$$
$$\omega_1 = 0{,}0901$$
$$\Rightarrow \qquad \xi = \frac{x}{d} = 0{,}123$$
$$-\varepsilon_c / \varepsilon_{s1} \approx 3{,}5/25{,}00$$

$$A_s = \frac{1}{f_{yd}} (\omega_1 \cdot b \cdot d \cdot f_{cd} + N_{Sd})$$
$$= \frac{1}{\frac{500}{1{,}15}} \cdot (0{,}0901 \cdot 1{,}04 \cdot 2 \cdot 0{,}2 \cdot 0{,}58 \cdot 19{,}8 + 0) \cdot 10^4$$
$$= 9{,}9 \text{ cm}^2$$

gew: 2·(2 ∅14 + 2 ∅12) [15)]

$$A_{s,vorh} = 10{,}7 \text{ cm}^2 > 9{,}9 \text{ cm}^2$$

Es wird der Rotationsnachweis mit der sich aus der Biegebemessung ergebenden bezogenen Druckzonenhöhe geführt (vgl. Gl. (G.1.14), S. G.13).

$$\delta = 0{,}78 > \begin{cases} 0{,}64 + 0{,}8 \cdot 0{,}123 = \underline{0{,}74} \\ 0{,}7 \end{cases}$$

15) Es wird sich später zeigen, dass die Mindestbewehrung und der Nachweis der Spannungsbegrenzung für die Biegezugbewehrung maßgebend werden (s. S. G.16 und G.21).

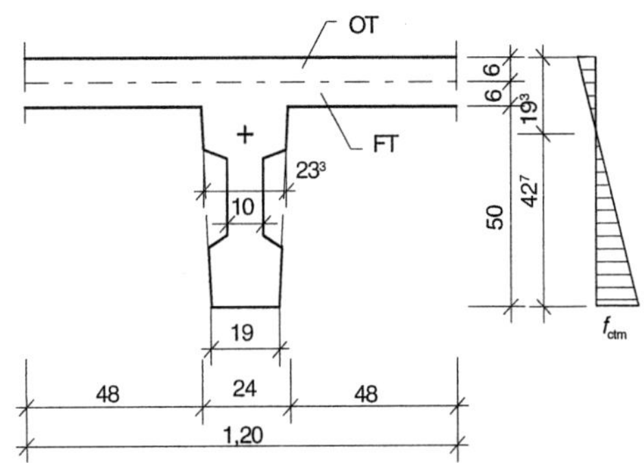

Abb. G.1.6 Abmessungen einer halben π-Platte (Teilaussparungen sind nur gültig für Abschnitt 1.3.7 Stütze A)

1.3.6 Konstruktionsregeln für Biegung

Um ein plötzliches Versagen beim Übergang in den Zustand II auch bei geringer Beanspruchung auszuschließen, ist eine Mindestbiegezugbewehrung erforderlich ([DIN 1045-1 – 00], 5.3.2). Diese ist für das Rissmoment mit dem Mittelwert der Betonzugfestigkeit f_{ctm} zu bestimmen ([DIN 1045-1 – 00], 13.1.1). Die Betonzugfestigkeit kann [DIN 1045-1 – 00], 9.1.7 entnommen werden:

C25/30: $f_{ctm} = 2{,}6$ N/mm²
C35/45: $f_{ctm} = 3{,}2$ N/mm²

Feld 1 = Feld 2:

Das Rissmoment kann, wie auf S. G.8 (s. Gl. (G.1.6)) gezeigt, mit $M_r = 124$ kNm bestimmt werden. Der Hebelarm der inneren Kräfte zum Risszeitpunkt wird für den vorliegenden Querschnitt (Abb. G.1.6) näherungsweise bestimmt.

$$z \approx 0{,}9\, d = 0{,}9 \cdot 0{,}55 = 0{,}495 \text{ m}$$

$$F_{sr} = \frac{M_r}{z} = \frac{124}{0{,}495} = 251 \text{ kN}$$

$$A_{s,min} = \frac{F_{sr}}{f_{yk}} = \frac{251}{500} \cdot 10 = 5{,}0 \text{ cm}^2 < 9{,}2 \text{ cm}^2$$

Die Mindestbewehrung muss zwischen den Endlagern durchlaufen ([DIN 1045-1 – 00], 13.1.1), daher muss die gesamte aus 4 ∅12 bestehende Biegezugbewehrung ungestaffelt ausgeführt werden.

Stütze A:

Die Mindestbewehrung für die ungewollte Einspannung wird wie in Lösung 1 (s. S. G.8) bestimmt.

Stütze B:

Da bereits für die nicht umgelagerten Stützmomente der Lösung 1 die Mindestbewehrung über der Stütze nahezu gleich der statisch erforderlichen war (und bei unverändertem Vorgehen hier maßgebend würde), sollen das Rissmoment und der Hebelarm der inneren Kräfte nachfolgend genauer bestimmt werden. Die Zugzone besteht aus Ortbeton C25/30 und aus Fertigteilbeton C35/45. Es wird nachfolgend eine gemittelte Zugfestigkeit angesetzt.

$$\bar{f}_{ctm} = \frac{\sum_i A_{ci} \cdot f_{ctm,i}}{\sum_i A_{ci}}$$

$$\bar{f}_{ctm} = \frac{1{,}20 \cdot 0{,}06 \cdot (2{,}6 + 3{,}2) + 0{,}237 \cdot 0{,}073 \cdot 3{,}2}{2 \cdot 1{,}20 \cdot 0{,}06 + 0{,}237 \cdot 0{,}073}$$
$$= 2{,}93 \text{ N/mm}^2$$

Das Widerstandsmoment W_o wurde mit Gl. (G.1.5) (s. S. G.8) bestimmt.

$$M_r = W_o \cdot f_{ctm} = 0{,}0858 \cdot 2{,}93 \cdot 10^3 = 252 \text{ kNm}$$
$$z \approx 0{,}9\,d = 0{,}9 \cdot 0{,}58 = 0{,}522 \text{ m}$$
$$F_{sr} = \frac{M_r}{z} = \frac{252}{0{,}522} = 483 \text{ kN}$$
$$A_{s,min} = \frac{F_{sr}}{f_{yk}}$$
$$= \frac{483}{500} \cdot 10 = 9{,}7 \text{ cm}^2 < 9{,}9 \text{ cm}^2$$

Die Mindestbewehrung wird somit gerade noch nicht maßgebend, die gewählte Biegezugbewehrung von 10,7 cm² reicht aus.

1.3.7 Bemessung für Querkräfte

Stütze B:

Im Gegensatz zu Lösung 1 (s. S. G.9) soll die Querkraftbewehrung durch eine möglichst günstige Wahl des Winkels der Druckstreben θ minimiert werden.

Der Bemessungswert der Querkraft wird nach [DIN 1045-1 – 00], 10.3.2 bestimmt. Für die Ermittlung der Zugstrebentragfähigkeit (= Bügelbewehrung) darf die Querkraft auf den Bemessungswert abgemindert werden. Bei direkter Auflagerung und Streckenlasten liegt die maßgebende Stelle für den Bemessungswert d vom Auflagerrand entfernt.

$$V_{Sd,0} = V_{Sd,Auflager} - f_d \cdot x$$
$$= -220 + (1{,}35 \cdot 16{,}2) \cdot (0{,}12 + 0{,}58)$$
$$+ (1{,}5 \cdot 12{,}0 + 1{,}5 \cdot 0{,}7 \cdot 10{,}0) \cdot (0{,}12 + 0{,}58)$$
$$= -185 \text{ kN}$$

Da das Bauteil konstante Bauteildicke aufweist, gilt $V_{Sd} = V_{Sd,0}$ ([DIN 1045-1 – 00], 10.3.2). Der Querkraftnachweis für Bauteile mit Querkraftbewehrung erfolgt nach [DIN 1045-1 – 00], 10.3.4. Der Hebelarm der inneren Kräfte darf abgeschätzt werden zu:

$$z \approx 0{,}9d = 0{,}9 \cdot 0{,}58 = 0{,}52 \text{ m}$$

Die Neigung der Druckstreben des Fachwerks wird nach [DIN 1045-1 – 00], 10.3.4 gewählt. Hierzu ist zunächst der Querkrafttraganteil des verbügelten Betonquerschnitts zu bestimmen. Die Stege der π-Platte sind hierbei maßgebend. Daher wird der Querkrafttraganteil für C35/45 ermittelt. Auf der sicheren Seite liegend wird die minimale Stegbreite verwendet.

$$V_{Rd,c} = \left[0{,}10 \cdot \beta_{ct} \cdot \eta_1 \cdot f_{ck}^{1/3}\left(1 + 1{,}2\frac{\sigma_{cd}}{f_{cd}}\right)\right] \cdot b_w \cdot z$$
$$= \left[0{,}10 \cdot 2{,}4 \cdot 1{,}0 \cdot 35^{1/3}\left(1 + 1{,}2\frac{0}{19{,}8}\right)\right] \cdot$$
$$\cdot 2 \cdot 0{,}19 \cdot 0{,}52 \cdot 10^3$$
$$= 155 \text{ kN}$$

Der Winkel der Druckstreben wird mit [DIN 1045-1 – 00], 10.3.4(3) bestimmt, wobei die Untergrenze für Normalbeton $\theta = 18{,}5°$ beträgt.

$$\cot\theta \le \frac{1{,}2 - 1{,}4\frac{\sigma_{cd}}{f_{cd}}}{1 - \frac{V_{Rd,c}}{V_{Sd}}} = \frac{1{,}2 - 1{,}4\frac{0}{19{,}8}}{1 - \frac{155}{185}} = 7{,}4$$
$$\theta = 7{,}7° < \underline{18{,}5°}$$

Mit diesem Winkel wird zunächst die Druckstrebe (maximale Querkrafttragfähigkeit) nachgewiesen ([DIN 1045-1 – 00], 10.3.4(6)).

$$\alpha_c = 0{,}75\,\eta_1 = 0{,}75 \cdot 1{,}0 = 0{,}75$$
$$V_{Rd,max} = \frac{b_w \cdot z \cdot \alpha_c \cdot f_{cd}}{\cot\theta + \tan\theta}$$
$$= \frac{2 \cdot 0{,}19 \cdot 0{,}52 \cdot 0{,}75 \cdot 19{,}8}{\cot 18{,}5 + \tan 18{,}5} \cdot 10^3$$
$$= 883 \text{ kN}$$
$$V_{Sd} = 220 \text{ kN} < 883 \text{ kN} = V_{Rd,max}$$

Als Bügelbewehrung werden ∅6-20 gewählt. Damit kann der Bemessungswert der aufnehmbaren Querkraft $V_{Rd,sy}$ berechnet werden ([DIN 1045-1 – 00], 10.3.4(4)).

$$V_{Rd,sy} = \frac{A_{sw}}{s_w} \cdot f_{yd} \cdot z \cdot \cot\theta$$
$$= \frac{4 \cdot 0{,}283}{0{,}20} \cdot 435 \cdot 0{,}52 \cdot \cot 18{,}5 \cdot 10^{-1}$$
$$= 383 \text{ kN}$$

$$V_{Sd} = 185 \text{ kN} < 383 \text{ kN} = V_{Rd,sy}$$

Da es sich um einen Plattenbalken handelt, ist der Schub zwischen Balkensteg und Gurt gemäß [DIN 1045-1 – 00], 10.3.5 nachzuweisen. Um die aufzunehmende Längsschubkraft je Längeneinheit ermitteln zu können, ist die Längskraftdifferenz ΔF_d aus den inneren Kräften der Biegemomente an den Enden der Bezugslänge zu bestimmen. Als Bezugslänge a_v darf höchstens der halbe Abstand zwischen Momentennullpunkt und Momentenhöchstwert gewählt werden ([DIN 1045-1 – 00], 10.3.5(2)). Aus der Schnittgrößenermittlung ist der Momentennullpunkt bekannt, er liegt $x = 1{,}43$ m vom Auflager entfernt.

$$a_v \approx \frac{1{,}43}{2} = 0{,}715 \text{ m}$$

An dieser Stelle wird das Biegemoment bestimmt, um damit die inneren Kräfte berechnen zu können.

$$M_{Sd}(x = 0{,}715)$$
$$= -263 - 50{,}4\frac{0{,}715^2}{2} + 220 \cdot 0{,}715$$
$$= -119 \text{ kNm}$$

$$F_{d,max} = \frac{\Delta M_{Sd}}{z} = \frac{263 - 119}{0{,}52} = 277 \text{ kN}$$

Von den 2·(2 ∅14 + 2 ∅12) werden die ∅12 in die Flansche ausgelagert. Es sind vier Gurtanschnitte vorhanden.

$$\Delta F_d \approx \frac{1}{4} \cdot \frac{\Delta A_{s1a}}{A_{s1}} F_{d,max}$$
$$= \frac{1}{4} \cdot \frac{1{,}13}{1{,}13 + 1{,}54} 277 = 29{,}3 \text{ kN}$$

Die aufzunehmende Längsschubkraft beträgt damit nach [DIN 1045-1 – 00], 10.3.5:

$$V_{Sd} = \Delta F_d = 29{,}3 \text{ kN}$$

Der Bemessungswert der Querkrafttragfähigkeit des Gurtanschlusses wird nach [DIN 1045-1 – 00], 10.3.5(3), bzw. 10.3.4(4) bestimmt. In der Platte des Fertigteils soll eine R295 mit ∅7,5-15 in Richtung quer zum Gurtanschnitt liegen. Durch das negative Biegemoment ist der Gurt vornehmlich auf Zug beansprucht. Daher gilt $\theta = 45°$ ([DIN 1045-1 – 00], 10.3.5(4)). Anstatt z ist a_v einzusetzen.

$$V_{Rd,sy} = \frac{A_{sw}}{s_w} \cdot f_{yd} \cdot a_v \cdot \cot\theta$$
$$= 2{,}95 \cdot 435 \cdot 0{,}715 \cdot 1{,}0 \cdot 10^{-1}$$
$$= 91{,}8 \text{ kN}$$

$$V_{Sd} = 29{,}3 \text{ kN} < 91{,}8 \text{ kN} = V_{Rd,sy}$$

Die maximale Tragfähigkeit der Druckstrebe im Gurtanschnitt beträgt nach [DIN 1045-1 – 00], 10.3.4(6), wobei für $b_w = h_f$ und für $z = a_v$ anzusetzen ist:

$$V_{Rd,max} = \frac{h_f \cdot a_v \cdot \alpha_c \cdot f_{cd}}{\cot\theta + \tan\theta}$$
$$= \frac{0{,}12 \cdot 0{,}715 \cdot 0{,}75 \cdot 14{,}2}{\cot 45 + \tan 45} \cdot 10^3$$
$$= 457 \text{ kN}$$

$$V_{Sd} = 29{,}3 \text{ kN} < 457 \text{ kN} = V_{Rd,max}$$

Stütze A:

Es ist vorab erkennbar, dass die Querkraftbemessung zur Mindestbügelbewehrung führen würde, da diese Stelle deutlich geringere Querkräfte im Vergleich zu Stütze B aufweist (s. S. G.14) und diese in Lösung 1 bereits nahe der Mindestbewehrung lag (s. Gl. (G.1.9), S. G.10).

Im Rahmen einer Variante soll die Bemessung daher unter der Prämisse erfolgen, dass die Stege durch Teilaussparungen auf eine Breite von 10 cm (konstant über die Steghöhe) reduziert wurden (vgl. Abb. G.1.6, Seite G.15).

Die Bemessung für den Steg erfolgt ansonsten analog zur Stütze B:

Am Auflager A liegt eine indirekte Lagerung vor ([DIN 1045-1 – 00], 7.3.1). Der Bemessungswert der Querkraft für die Druckstrebentragfähigkeit ist die maximale Querkraft $V_{Sd} = 156$ kN, für die Zugstrebentragfähigkeit (Querkraftbewehrung) gilt die Querkraft am Auflagerrand:

$$V_{Sd,0} = V_{Sd,Auflager} - f_d \cdot x$$

$$V_{Sd,0} = 156 - 1{,}35 \cdot 16{,}2 \cdot 0{,}20$$
$$-(1{,}5 \cdot 12{,}0 + 1{,}5 \cdot 0{,}7 \cdot 10{,}0) \cdot 0{,}20$$
$$= 146 \text{ kN}$$

Da das Bauteil konstante Bauteildicke aufweist, gilt $V_{Sd} = V_{Sd,0}$ ([DIN 1045-1 – 00], 10.3.2). Der Querkraftnachweis für Bauteile mit Querkraftbewehrung erfolgt nach [DIN 1045-1 – 00], 10.3.4. Der Hebelarm der inneren Kräfte darf nach [DIN 1045-1 – 00], 10.3.4(2) abgeschätzt werden.

$$z \approx 0{,}9\, d = 0{,}9 \cdot 0{,}55 = 0{,}495 \text{ m}$$

Die Neigung der Druckstreben des Fachwerks wird nach [DIN 1045-1 – 00], 10.3.4(3) gewählt.

$$V_{Rd,c} = \left[0{,}10 \cdot \beta_{ct} \cdot \eta_1 \cdot f_{ck}^{1/3}\left(1 + 1{,}2 \cdot \frac{\sigma_{cd}}{f_{cd}}\right)\right] \cdot b_w \cdot z$$

G

$$V_{Rd,c} = \left[0{,}10 \cdot 2{,}4 \cdot 1{,}0 \cdot 35^{1/3}\left(1 + 1{,}2 \cdot \frac{0}{19{,}8}\right)\right] \cdot$$
$$\cdot 2 \cdot 0{,}10 \cdot 0{,}52 \cdot 10^3$$
$$= 81{,}5 \text{ kN}$$

Der Winkel der Druckstreben wird mit [DIN 1045-1 – 00], 10.3.4(3) bestimmt, mit der Untergrenze für Normalbeton $\theta = 18{,}5°$ (wie bei Stütze B).

$$\cot\theta \leq \frac{1{,}2 - 1{,}4\frac{\sigma_{cd}}{f_{cd}}}{1 - \frac{V_{Rd,c}}{V_{Sd}}}$$
$$= \frac{1{,}2 - 1{,}4\frac{0}{19{,}8}}{1 - \frac{81{,}5}{146}} = 2{,}72$$
$$\theta = \underline{20{,}2°} > 18{,}5°$$

Mit diesem Winkel wird zunächst die Druckstrebe (maximale Querkrafttragfähigkeit) nachgewiesen ([DIN 1045-1 – 00], 10.3.4(6)).

$$\alpha_c = 0{,}75\,\eta_1 = 0{,}75 \cdot 1{,}0 = 0{,}75$$
$$V_{Rd,max} = \frac{b_w \cdot z \cdot \alpha_c \cdot f_{cd}}{\cot\theta + \tan\theta}$$
$$= \frac{2 \cdot 0{,}10 \cdot 0{,}495 \cdot 0{,}75 \cdot 19{,}8}{\cot 20{,}3 + \tan 20{,}3} \cdot 10^3$$
$$= 478 \text{ kN}$$
$$V_{Sd} = 156 \text{ kN} < 478 \text{ kN} = V_{Rd,max}$$

Als Querkraftbewehrung werden Bügel ∅6-20 gewählt. Damit kann der Bemessungswert der aufnehmbaren Querkraft $V_{Rd,sy}$ berechnet werden ([DIN 1045-1 – 00], 10.3.4(5)).

$$V_{Rd,sy} = \frac{A_{sw}}{s_w} \cdot f_{yd} \cdot z \cdot \cot\theta$$

$$V_{Rd,sy} = \frac{4 \cdot 0{,}283}{0{,}20} \cdot 435 \cdot 0{,}495 \cdot \cot 20{,}3 \cdot 10^{-1}$$
$$= 329 \text{ kN}$$
$$V_{Sd} = 146 \text{ kN} < 329 \text{ kN} = V_{Rd,sy}$$

Es ist ebenfalls der Schub zwischen Balkensteg und Gurt nachzuweisen. Im Unterschied zu Stütze B liegt die Platte hier aber in der Betondruckzone. Da Stütze A nicht bemessungsbestimmend wird, sofern die gleiche Bewehrung wie bei Stütze B verwendet wird, könnte der Nachweis entfallen. Zum Vergleich wird hier eine Überschlagsrechnung durchgeführt. Hierzu wird die maximale Schubkraft (direkt am Auflager) bestimmt. Man erhält sie, wenn das 2fache Moment auf den Abstand zwischen der Stelle des Maximalmoments und dem Momentennullpunkt bezogen wird (bzw. das Maximalmoment auf den halben Abstand). Aus der Schnittgrößenermittlung ist die Stelle des Maximalmoments bekannt. Sie liegt $x = 2{,}94$ m vom Auflager entfernt.

$$a_v = \frac{2{,}94}{2} = 1{,}47 \text{ m}$$
$$F_{d,max} = \frac{M_{Sd}}{z} \approx \frac{229}{0{,}495} = 463 \text{ kN}$$

Da die Nulllinie in der Platte liegt, ergibt sich die aufzunehmende Längsschubkraft direkt aus dem Verhältnis der mittragenden Flanschbreite zur gesamten mittragenden Breite.

$$\Delta F_d \approx \frac{0{,}48}{2{,}40} F_{d,max} = \frac{0{,}48}{2{,}40} 463 = 92{,}6 \text{ kN}$$

Die aufzunehmende Längsschubkraft beträgt damit nach [DIN 1045-1 – 00], 10.3.5(2):

$$V_{Sd} = \Delta F_d = 92{,}6 \text{ kN}$$

Der Bemessungswert der Querkrafttragfähigkeit des Gurtanschlusses wird nach [DIN 1045-1 – 00], 10.3.5(3), bzw. 10.3.4(4) bestimmt. Anstatt z ist a_v einzusetzen. Da die Platte in der Druckzone liegt, kann nach [DIN 1045-1 – 00], 10.3.5(4) $\cot\theta = 1{,}2$ angesetzt werden. In der Platte des Fertigteils soll eine R295 mit ∅7,5-15 in Richtung quer zum Gurtanschnitt liegen.

$$V_{Rd,sy} = \frac{A_{sw}}{s_w} \cdot f_{yd} \cdot a_v \cdot \cot\theta$$
$$= 2{,}95 \cdot 435 \cdot 1{,}47 \cdot 1{,}2 \cdot 10^{-1}$$
$$= 226 \text{ kN}$$
$$V_{Sd} = 92{,}6 \text{ kN} < 226 \text{ kN} = V_{Rd,sy}$$

Die maximale Tragfähigkeit der Druckstrebe im Gurtanschnitt beträgt nach [DIN 1045-1 – 00], 10.3.4(6), wobei für $b_w = h_f$ und für $z = a_v$ anzusetzen ist:

$$V_{Rd,max} = \frac{h_f \cdot a_v \cdot \alpha_c \cdot f_{cd}}{\cot\theta + \tan\theta}$$
$$= \frac{0{,}12 \cdot 1{,}47 \cdot 0{,}75 \cdot 14{,}2}{\cot 39{,}8 + \tan 39{,}8} \cdot 10^3$$
$$= 923 \text{ kN}$$
$$V_{Sd} = 92{,}6 \text{ kN} < 923 \text{ kN} = V_{Rd,max}$$

1.3.8 Konstruktionsregeln zur Querkraftbewehrung

Der Grundwert der Oberflächenbewehrung nach [DIN 1045-1 – 00], 13.2.3(4) für Festigkeitsklasse C35/45 (größere Festigkeitsklasse maßgebend) ist $\rho = 0{,}102$ %.

Der Mindestwert für Balken ($b_w \leq h$) ergibt sich zu:

$$\min\ \rho_w = 2{,}0 \cdot \rho = 2{,}0 \cdot 0{,}102 = 0{,}204\ \%$$

Die geringere Querkraftbewehrung liegt an der Stütze A. Es wurden dort Bü ∅6-20 (s. S. G.18) gewählt.

$$\rho_w = \frac{A_{sw}}{s \cdot b_w \cdot \sin\alpha}$$
$$= \frac{2 \cdot 0{,}283 \cdot 10^{-2}}{0{,}20 \cdot 0{,}5(0{,}19 + 0{,}24) \cdot \sin 90}$$
$$= 0{,}132\,\% < 0{,}204\,\%$$

Die Querkraftbewehrung ist daher auch an der Stütze A auf Bügel ∅8-20 zu erhöhen.

$$\rho_w = \frac{A_{sw}}{s \cdot b_w \cdot \sin\alpha}$$
$$= \frac{2 \cdot 0{,}503 \cdot 10^{-2}}{0{,}20 \cdot 0{,}5(0{,}19 + 0{,}24) \cdot \sin 90}$$
$$= 0{,}234\,\% > 0{,}204\,\%$$

Der Längs- und Querabstand s_{max} der Querkraftbewehrung darf die Grenzwerte in [DIN 1045-1 – 00], 13.2.3(6) nicht überschreiten und wird für den Längsabstand nachfolgend nachgewiesen:

Stütze A:

$$V_{Sd} = 156 \text{ kN}$$
$$> 143 \text{ kN} = 0{,}3 \cdot 478 = 0{,}3 \cdot V_{Rd,max}$$

$$s_{max} = \begin{cases} 0{,}5\,h = 0{,}5 \cdot 620 = 310 \text{ mm} \\ \underline{300 \text{ mm}} > 200 \text{ mm} = s_{vorh} \end{cases}$$

Stütze B:

$$V_{Sd} = 220 \text{ kN}$$
$$< 265 \text{ kN} = 0{,}3 \cdot 883 = 0{,}3 \cdot V_{Rd,max}$$

$$s_{max} = \begin{cases} 0{,}7\,h = 0{,}7 \cdot 620 = 434 \text{ mm} \\ \underline{300 \text{ mm}} > 200 \text{ mm} = s_{vorh} \end{cases}$$

1.3.9 Maßgebende Beanspruchungen im Grenzzustand der Gebrauchstauglichkeit

Es gelten die in Lösung 1 genannten Regelungen (s. Seite G.10). Für den Nachweis der Rissbreitenbeschränkung sind die maßgebenden Beanspruchungen für die quasi-ständige Einwirkungskombination zu ermitteln, wie dort gezeigt.

In Lösung 2 müssen jedoch zusätzlich auch die Beanspruchungen unter der seltenen Einwirkungskombination ermittelt werden, da der Nachweis der Spannungsbegrenzung (s. S. G.20) zu führen sein wird.

Die maßgebende Beanspruchung ist hierzu mit folgender Kombinationsregel zu bestimmen [DIN 1055-100 – 00], 10.4(2)):

$$E_{d,rare} = E\left\{\sum_j G_{k,j} + Q_{k,1} + \sum_{i>1} \psi_{0,i} \cdot Q_{k,i}\right\}$$

Die Beanspruchungen der einzelnen Lastfälle sind mit der Elastizitätstheorie zu bestimmen und können Abb. G.1.2 (s. S. G.4) entnommen werden. Der Kombinationsbeiwert für seltene Lastkombination ist [DIN 1055-100 – 00], Tabelle 5 (Kategorie B) zu entnehmen.

Feld:

$$M_{rare} = 60{,}8 + 61{,}7 + 0{,}7 \cdot 51{,}4 = 159 \text{ kNm} \qquad \text{(G.1.20)}$$

Stütze B:

$$M_{rare} = -108 - 80{,}4 - 0{,}7 \cdot 67{,}0 = -235 \text{ kNm} \qquad \text{(G.1.21)}$$

1.3.10 Begrenzung der Verformungen

Die Verformungen können über den Nachweis der Biegeschlankheit wie in Lösung 1 begrenzt werden (s. S. G.11).

1.3.11 Begrenzung der Rissbreite

Die Rissbreite kann hier mit einem identischen Nachweis wie in Lösung 1 (s. Seite G.11) nachgewiesen werden. Alternativ wird nachfolgend der Nachweis über die direkte Berechnung der Rissbreite für die Unterseite nach [DIN 1045-1 – 00], 11.2.4 geführt.

Da der Träger eine Höhe >40 cm aufweist, wird für die Höhe der wirksamen Zugzone $A_{c,eff}$ der 2,5fache Abstand der Randzugfaser vom Schwerpunkt der Bewehrung angesetzt. Der Abstand der Randzugfaser d_1 wurde mit Gl. (G.1.17) (s. S. G.14) bestimmt. Die mittlere Breite des Stegs in der wirksamen Zugzone wird mit $b_w \approx 200$ mm angesetzt.

$$A_{c,eff} = 2{,}5\ d_1 \cdot b_w$$
$$= 2{,}5 \cdot 60 \cdot 200 = 30000 \text{ mm}^2$$

Die Biegezugbewehrung je Steg beträgt 4 ∅12. Damit kann der effektive Bewehrungsgrad nach [DIN 1045-1 – 00], 11.2.3(5) bestimmt werden.

$$\text{eff}\,\rho = \frac{A_s + \xi_1^2 \cdot A_p}{A_{c,eff}} = \frac{452 + 0}{30000} = 0{,}0151$$

Es kann davon ausgegangen werden, dass die Inbetriebnahme des Bauwerks und damit die volle Nutzlast erst nach abgeschlossener Festigkeitsentwicklung des Betons erfolgt. Der Zeit-

G

punkt der Rissbildung kann nicht mit Sicherheit innerhalb der ersten 28 Tage festgelegt werden. Für die wirksame Zugfestigkeit $f_{ct,eff}$ des hier maßgebenden Betons C35/45 gilt nach [DIN 1045-1 – 00], 11.2.2(5) und 9.1.7:

$$f_{ct,eff} = \max \begin{cases} f_{ctm} = 3{,}2 \text{ N/mm}^2 \\ 3 \text{ N/mm}^2 \end{cases}$$

Die Elastizitätsmoduln des Betons E_c und des Betonstahls E_s können [DIN 1045-1 – 00], 9.1.7 bzw. 9.2.4(4) entnommen werden.

$$\alpha_e = \frac{E_s}{E_c} = \frac{200000}{33300} = 6{,}0$$

Die Stahlspannung im Riss σ_s ist für quasiständige Einwirkungen zu bestimmen.

Das Biegemoment in Höhe der Bewehrung $M_{s,perm}$ ist hier identisch mit demjenigen in der Stabachse M_{perm} nach Gl. (G.1.10). Der Hebelarm der inneren Kräfte wird näherungsweise (und genügend genau) aus der Biegebemessung (Grenzzustand der Tragfähigkeit entnommen (Gl. (G.1.15)).

$$\sigma_s = \frac{M_{s,perm}}{z \cdot A_s}$$

$$= \frac{94{,}7}{0{,}98 \cdot 0{,}55 \cdot 9{,}05} \cdot 10 = 194 \text{ N/mm}^2$$

Damit kann die Differenz zwischen mittlerer Stahl- und mittlerer Betondehnung nach [DIN 1045-1 – 00], 11.2.4(2) bestimmt werden. Der mittlere Rissabstand bei abgeschlossener Rissbildung ergibt sich dann zu:

$$\varepsilon_{sm} - \varepsilon_{cm} = \frac{\sigma_s - 0{,}4 \cdot \frac{f_{ct,eff}}{\text{eff } \rho} \cdot (1 + \alpha_e \cdot \text{eff } \rho)}{E_s}$$

$$= \frac{194 - 0{,}4 \cdot \frac{3{,}2}{0{,}0151} \cdot (1 + 6{,}0 \cdot 0{,}0151)}{200\,000}$$

$$= 0{,}508 \cdot 10^{-3} < \underline{0{,}582 \cdot 10^{-3}}$$

$$= 0{,}6 \frac{194}{200000} = 0{,}6 \frac{\sigma_s}{E_s}$$

$$s_{r\,max} = \frac{d_s}{3{,}6 \cdot \text{eff } \rho}$$

$$= \frac{12}{3{,}6 \cdot 0{,}0151} = \underline{221 \text{ mm}}$$

$$> 202 \text{ mm} = \frac{194 \cdot 12}{3{,}6 \cdot 3{,}2} = \frac{\sigma_s \cdot d_s}{3{,}6 \; f_{ct,eff}}$$

Der Rechenwert der Rissbreite w_k ist nach ([DIN 1045-1 – 00], 11.2.4(1):

$$w_k = s_{r\,max} \cdot (\varepsilon_{sm} - \varepsilon_{cm})$$

$$= 221 \cdot 0{,}582 \cdot 10^{-3} = 0{,}13 \text{ mm}$$

Die nachzuweisende Rissbreite beträgt $w_k = 0{,}3$ mm für die Mindestanforderungsklasse E (s. Seite G.11).

$$w_k = 0{,}13 \text{ mm} < 0{,}3 \text{ mm} = \text{zul } w_k$$

1.3.12 Spannungsbegrenzung

Der Nachweis der Spannungsbegrenzung ist zu führen, da im Rahmen der Lösung 2 die Schnittgrößen um 22 % > 15 % umgelagert wurden und damit [DIN 1045-1 – 00], 11.1.1(3) 1. Bedingung nicht erfüllt ist.

Im Rahmen des Nachweises sind sowohl die Betondruck- als auch die Betonstahlspannungen zu begrenzen, da an der Unterseite Umweltklasse XF1 vorliegt ([DIN 1045-1 – 00], 11.1.2(1)).

Feld 1 = Feld 2:

Das Biegemoment wurde auf S. G.19 bestimmt. Aufgrund fehlender Längskraft ist es in Höhe der Stabachse und der Bewehrung identisch. Der Hebelarm der inneren Kräfte wird unter Annahme einer dreieckförmigen Spannungsverteilung in der Druckzone bestimmt (z. B. nach [Grasser – 79], 1.9.2) [16].

$$x = \alpha_e \cdot \frac{A_s}{b} \cdot \left[\sqrt{1 + \frac{2 \cdot b \cdot d}{\alpha_e \cdot A_s}} - 1 \right]$$

$$= 6{,}0 \cdot \frac{9{,}05 \cdot 10^{-4}}{2{,}40} \cdot \left[\sqrt{1 + \frac{2 \cdot 2{,}40 \cdot 0{,}55}{6{,}0 \cdot 9{,}05 \cdot 10^{-4}}} - 1 \right]$$

$$= 0{,}048 \text{ m}$$

$$z = d - \frac{x}{3} = 0{,}55 - \frac{0{,}048}{3} = 0{,}53 \text{ m}$$

Das maßgebende Biegemoment wurde mit Gl. (G.1.20) ermittelt.

$$\sigma_s = \frac{M_{s,rare}}{z \cdot A_s} = \frac{159}{0{,}53 \cdot 9{,}05} \cdot 10 = 331 \text{ N/mm}^2$$

Diese Stahlspannung ist gemäß [DIN 1045-1 – 00], 11.1.3 zu begrenzen.

$$\sigma_s = 331 \text{ N/mm}^2$$

$$< 400 \text{ N/mm}^2 = 0{,}8 \cdot 500 = 0{,}8 \cdot f_{yk}$$

[16] Näherungsweise kann die Bestimmung auch nach Gl. (G.1.12) erfolgen Das mit dieser Gleichung berechnete Ergebnis kann aber sowohl ungünstiger als auch günstiger (unsichere Seite) ausfallen.

Für die Betonrandspannung erhält man bei Annahme einer dreieckförmigen Spannungsverteilung:

$$\sigma_c = \frac{2\ M_{rare}}{b \cdot x \cdot z}$$

$$= \frac{2 \cdot 159 \cdot 10^{-3}}{2,40 \cdot 0,047 \cdot 0,53} = 5,3\ \text{N/mm}^2$$

Diese Betonspannung ist gemäß [DIN 1045-1 – 00], 11.1.2(1) auf 0,6 f_{ck} zu begrenzen.

$$\sigma_c = 5,3\ \text{N/mm}^2$$

$$< 15,0\ \text{N/mm}^2 = 0,6 \cdot 25 = 0,6\ f_{ck}$$

Stütze B:

Die Bemessung erfolgt analog zum Feld.

$$x = \alpha_e \cdot \frac{A_s}{b} \cdot \left[\sqrt{1 + \frac{2 \cdot b \cdot d}{\alpha_e \cdot A_s}} - 1\right]$$

$$= 6,0 \cdot \frac{10,7 \cdot 10^{-4}}{2 \cdot 0,19} \cdot \left[\sqrt{1 + \frac{4 \cdot 0,19 \cdot 0,58}{6,0 \cdot 10,7 \cdot 10^{-4}}} - 1\right]$$

$$= 0,124\ \text{m}$$

$$z = d - \frac{x}{3} = 0,58 - \frac{0,124}{3} = 0,54\ \text{m}$$

Das maßgebende Biegemoment wurde mit Gl. (G.1.21) ermittelt.

$$\sigma_s = \frac{M_{s,rare}}{z \cdot A_s}$$

$$= \frac{235}{0,54 \cdot 10,7} \cdot 10 = 408\ \text{N/mm}^2$$

$$\sigma_s = 408\ \text{N/mm}^2 > 400\ \text{N/mm}^2 = 0,8 \cdot 500 = 0,8\ f_{yk} \qquad \text{(G.1.22)}$$

Der Spannungsnachweis für den Stahl wird somit bemessungsbestimmend (vgl. Fußnote auf S. G.15). Die Überschreitung liegt allerdings im Bereich der Rechengenauigkeit, so dass hier darauf verzichtet wird, die Biegezugbewehrung zu erhöhen.

$$\sigma_c = \frac{2\ M_{rare}}{b \cdot x \cdot z}$$

$$= \frac{2 \cdot 235 \cdot 10^{-3}}{2 \cdot 0,19 \cdot 0,13 \cdot 0,54} = 17,6\ \text{N/mm}^2$$

$$\sigma_c = 17,6\ \text{N/mm}^2$$

$$< 21,0\ \text{N/mm}^2 = 0,6 \cdot 35 = 0,6\ f_{ck}$$

1.4 Weitere Nachweise

1.4.1 Fertigteilfuge

In der Kontaktfläche zwischen dem Fertigteil und der Ortbetonergänzung ist die Schubkraftübertragung gemäß [DIN 1045-1 – 00], 10.3.6 nachzuweisen.

Stütze A:

Die zu übertragende Querkraft wird nach [DIN 1045-1 – 00], 10.3.6(3) bestimmt. Da die Druckzone ausschließlich im Aufbeton liegt (s. Gl. (G.1.16)), ist der Quotient $F_{cj}/F_c = 1$.

$$v_{Sd} = \frac{F_{cj}}{F_c} \cdot \frac{V_{Sd}}{z} = 1 \cdot \frac{156}{0,495} = 315\ \text{kN/m}$$

Es wird davon ausgegangen, dass die Kontaktfuge rau ausgebildet wurde. Die Beiwerte für Gl. (G.1.23) ergeben sich dann aus der Tabelle in [DIN 1045-1 – 00], 10.3.6(4) zu:

$$\beta_{ct} = 2,4$$

$$\mu = 0,7$$

Die Arbeitsfuge wird zwar durch die Querkraftbewehrung gekreuzt, so dass grundsätzlich ein Nachweis nach [DIN 1045-1 – 00], 10.3.6(6) möglich wäre. Die Bewehrung soll hier jedoch nicht in Ansatz gebracht werden und ein Nachweis ohne Verbundbewehrung erfolgen.

Die dauerhaft senkrecht zur Kontaktfuge wirkende Normalspannung ist $\sigma_{Nd} = 0$. Der Bemessungswert der aufnehmbaren Schubkraft ergibt sich aus [DIN 1045-1 – 00], 10.3.6(4):

$$v_{Rd,ct} = \left[\eta_1 \cdot 0,42 \cdot 0,10 \beta_{ct} \cdot f_{ck}^{1/3} - \mu \cdot \sigma_{Nd}\right] \cdot b_j$$

$$= \left(1,0 \cdot 0,042 \cdot 2,4 \cdot \sqrt[3]{25} - 0,7 \cdot 0\right) \cdot 2,40 \cdot 10^3$$

$$= 707\ \text{kN} \qquad \text{(G.1.23)}$$

$$v_{Sd} = 315\ \text{kN/m} < 707\ \text{kN/m} = v_{Rd}$$

Stütze B:

Die zu übertragende Querkraft wird nach [DIN 1045-1 – 00], 10.3.6(3) bestimmt. Da die gesamte Biegezugbewehrung im Aufbeton liegt, ist der Quotient $F_{cj}/F_c = 1$.

$$v_{Sd} = \frac{F_{cj}}{F_c} \cdot \frac{V_{Sd}}{z} = 1 \cdot \frac{220}{0,52} = 423\ \text{kN/m}$$

G

Es ist zwar offensichtlich, dass ein Nachweis nach Gl. (G.1.23) ohne Ansatz von Verbundbewehrung erfolgreich wäre. Alternativ soll aber nachfolgend der Nachweis mit Verbundbewehrung gezeigt werden ([DIN 1045-1 – 00], 10.3.6(5)). Die Bewehrung besteht aus Bügeln ∅8-20.

$$a_s = 4 \cdot \frac{0{,}503}{0{,}20} = 10{,}1 \text{ cm}^2/\text{m}$$

Über der Stütze befindet sich die Arbeitsfuge in der Zugzone. Die Neigung der Druckstreben kann nach [DIN 1045-1 – 00], 10.3.4(3) berechnet werden, sollte jedoch nicht flacher als 45° sein (cot θ = 45°)

$$\cot\theta \le \frac{1{,}2\mu - 1{,}4\frac{\sigma_{Nd}}{f_{cd}}}{1 - \frac{V_{Rd,ct}}{V_{Sd}}} = \frac{1{,}2 \cdot 0{,}7 - 1{,}4\frac{0}{14{,}2}}{1 - \frac{707}{423}} < 0$$

Daher wird cot θ = 1,0 gesetzt. Die Bügelbewehrung kreuzt die Arbeitsfuge unter 90°.

$$\begin{aligned} v_{Rd,sy} &= a_s \cdot f_{yd} \cdot (\cot\theta + \cot\alpha) \cdot \sin\alpha - \mu \cdot \sigma_{Nd} \cdot b \\ &= 10{,}1 \cdot 435 \cdot (1{,}0 + \cot 90) \cdot \sin 90 \cdot 10^{-1} \\ &\quad - 0{,}7 \cdot 0 \cdot 2{,}40 \\ &= 439 \text{ kN/m} \end{aligned}$$

$$v_{Sd} = 423 \text{ kN/m} < 439 \text{ kN/m} = v_{Rd}$$ [17)]

1.4.2 Nachweise in der Platte

Die Platte trägt quer zur Stützrichtung als einachsig gespannte Platte. Für die untere Bewehrung wurde im Rahmen dieses Beispiels eine Betonstahlmatte R295 gewählt. Die Nachweise sind analog zum Beispiel Abschnitt G.3 zu führen.

[17)] Es besteht ein Widerspruch in [DIN 1045-1 – 00], Gln (85) und (86), wenn die Gleichung für cot θ = 1 ($V_{Rd,ct} > V_{Sd}$) angewendet wird. Hierdurch wird der Widerstand mit Bewehrung kleiner als der Bauteilwiderstand ohne Bewehrung.

2 Kragstütze nach DIN 1045-1

2.1 Aufgabenstellung [18)]

Eine Fertigteilstütze mit den in Abb. G.2.1 dargestellten Abmessungen ist in einem Blockfundament eingespannt. Sie befindet sich im Inneren einer Halle. Die charakteristischen Einwirkungen wirken am Stützenkopf und sind in Tafel G.2.1 vorgegeben. Die Kombinationsbeiwerte sind ebenfalls in Tafel G.2.1 vorgegeben.

Die Betonfestigkeitsklasse der Stütze ist C50/60, der in der Konsistenz S2 verarbeitet wird. Bindemittel ist ein CEM I 42,5R.

2.2 Betondeckung

Die Regelungen zur Betondeckung sind in [DIN 1045-1 – 00], 6 festgelegt. Zur Bestimmung der Betondeckung sind zunächst die Umweltbedingungen für den Beton und die Bewehrung zu bestimmen. Bei mehreren zutreffenden Umweltbedingungen ist diejenige Umweltklasse maßgebend, die zu den höchsten Anforderungen führt.

- Bewehrungskorrosion:
  Es liegt Umweltklasse XC1 vor. Die Mindestbetonfestigkeitsklasse ist
  C16/20 < vorh C = C50/60.

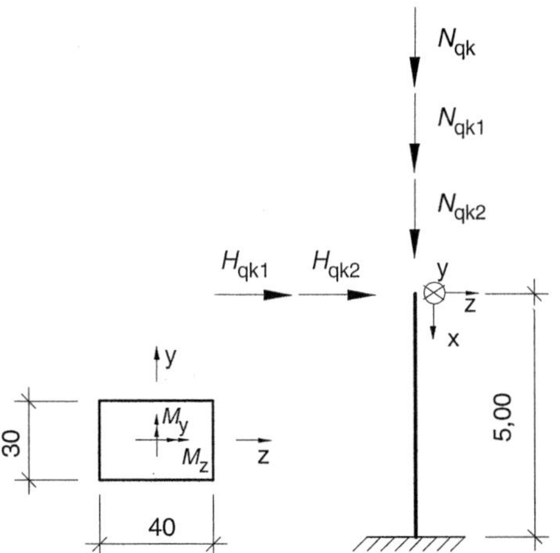

Abb. G.2.1 Abmessungen des Bauteils

[18)] Die Aufgabenstellung ist identisch mit dem in [Avak/Goris – 00] veröffentlichten Beispiel, so dass bei Vergleich beider Veröffentlichungen die Änderungen des Weißdrucks der DIN 1045-1 gegenüber dem Gelbdruck deutlich werden.

- Betonangriff:
  Es liegt Umweltklasse X0 vor. Die Mindestbetonfestigkeitsklasse ist
  C12/15 < vorh C = C50/60.

Das Vorhaltemaß für Innenbauteile der Umweltklasse XC1 darf für den 10%-Quantilwert gewählt werden und beträgt $\Delta c = 10$ mm ([DIN 1045-1 – 00], 6.3(10)).

Die Mindestbetondeckung wird nach [DIN 1045-1 – 00], 6.3(3) bestimmt. Es gilt somit:

$$c_{min} = 10 \text{ mm}$$

Bei Annahme, dass Bügel ∅8 und Längsstäbe ∅28 verwendet werden, wird der Längsstab bei den Regeln zur Sicherstellung des Verbundes $c_{min} = d_s$ ([DIN 1045-1 – 00], 6.3(4)) maßgebend.

$$c_{min} = d_s - d_{sbü} = 28 - 8 = 20 \text{ mm}$$

$$c_{nom} = c_{min} + \Delta c = 20 + 10 = 30 \text{ mm}$$

Der zunächst zu schätzende Randabstand der Längsbewehrung ergibt sich damit für die weitere Berechnung zu

$$d_1 = c_{nom} + d_{sbü} + e$$

$$= 30 + 8 + \frac{28}{2} = 52 \text{ mm} \quad \text{(G.2.1)}$$

2.3 Beanspruchungen im Grenzzustand der Tragfähigkeit nach Theorie I. Ordnung

2.3.1 Einwirkungskombinationen

Die Schnittgrößenermittlung wird mit der Einwirkungskombination nach [DIN 1055-100 – 00], 9.4 durchgeführt. Außergewöhnliche Bemessungssituationen treten nicht auf. Die Lagesicherheit ist gewährleistet, so dass diese Kombinationen nicht untersucht werden müssen.

Tafel G.2.1 Einwirkungen

Einwirkung	N in kN	H_z in kN	ψ_0	ψ_2
g_k	600	0	1	1
q_{k1}	400	2	0,8	0,2
q_{k2}	75	20	0,8	0,3

G

$$E_d = E\left\{\begin{matrix} \sum_j \gamma_{G,j} \cdot G_{k,j} \oplus \gamma_{Q,1} \cdot Q_{k,1} \\ \oplus \sum_{i>1} \gamma_{Q,i} \cdot \psi_{0,i} \cdot Q_{k,i} \end{matrix}\right\} \quad (G.2.2)$$

Die Verkehrsleitlast mit dem charakteristischen Wert $Q_{k,1}$ ist diejenige mit der jeweils ungünstigsten Auswirkung. In diesem Beispiel ist aus Tafel G.2.1 erkennbar, dass für die größte Längskraft die Verkehrslast q_{k1} die Verkehrsleitlast ist, während für das Biegemoment M_y die Last q_{k2} die Verkehrsleitlast ist. Weiterhin kann auch eine kleine Längskraft mit dem zugehörigen (möglichst großen) Biegemoment bemessungsbestimmend werden, wenn diese Längskraft unterhalb des „Balance Point" liegt. Dies ist zu vermuten, wenn $\nu_{Sd} < 0{,}4$ ist. Für die Einwirkungskombination Eigenlast (günstig wirkend) + Verkehrslast 2 erhält man mit [DIN 1045-1 – 00], 9.1.6(2):

$$f_{cd} = \alpha \frac{f_{ck}}{\gamma_c} = 0{,}85 \cdot \frac{50}{1{,}50} = 28{,}3 \ \text{N/mm}^2$$

$$\nu_{Sd} = \frac{N_{Sd}}{A_c \cdot f_{cd}} = \frac{1{,}0 \cdot 600 + 1{,}5 \cdot 75}{0{,}30 \cdot 0{,}40 \cdot 28{,}3} = 0{,}21 < 0{,}4$$

Daher wird auch die Einwirkungskombination mit günstig wirkenden Vertikallasten aus Eigenlast untersucht.

2.3.2 Einwirkungskombination 1

Dies ist die Einwirkungskombination, die zur größten Längskraft N_{Sd} führt. Die Last q_{k1} ist Verkehrsleitlast. Die Beanspruchungen ergeben sich mit der Kombinationsregel Gl. (G.2.2) und den Teilsicherheitsbeiwerten nach [DIN 1045-1 – 00], 5.3.3 zu:

$$N_{Sd} = 1{,}35 \cdot 600 + 1{,}50 \cdot 400 + 1{,}50 \cdot 0{,}8 \cdot 75 = 1500 \ \text{kN}$$

$$M_{Sdy} = 0 + 1{,}50 \cdot 2 \cdot 5{,}00 + 1{,}50 \cdot 0{,}8 \cdot 20 \cdot 5{,}00 = 135 \ \text{kNm}$$

$$M_{Sdz} = 0$$

2.3.3 Einwirkungskombination 2

Dies ist die Einwirkungskombination, die zum größten Biegemoment M_{Sdy} führt. Die Last q_{k2} ist Verkehrsleitlast. Die Beanspruchungen ergeben sich mit der Kombinationsregel Gl. (G.2.2) zu:

$$N_{Sd} = 1{,}35 \cdot 600 + 1{,}50 \cdot 75 + 1{,}50 \cdot 0{,}8 \cdot 400 = 1403 \ \text{kN}$$

$$M_{Sdy} = 0 + 1{,}50 \cdot 20 \cdot 5{,}00 + 1{,}50 \cdot 0{,}8 \cdot 2 \cdot 5{,}00 = 162 \ \text{kNm}$$

$$M_{Sdz} = 0$$

2.3.4 Einwirkungskombination 3

Dies ist die Einwirkungskombination, die zu einer kleinen Längskraft N_{Sd} bei möglichst großem Biegemoment M_{Sdy} führt. Die Last q_{k2} ist Verkehrsleitlast. Die Last q_{k1} wirkt nicht, da sie überwiegend Druckkräfte erzeugt. Die Beanspruchungen ergeben sich mit Annahme günstig wirkender Eigenlasten zu:

$$N_{Sd} = 1{,}00 \cdot 600 + 1{,}50 \cdot 75 = 713 \ \text{kN}$$

$$M_{Sdy} = 0 + 1{,}50 \cdot 20 \cdot 5{,}00 = 150 \ \text{kNm}$$

$$M_{Sdz} = 0$$

Sofern nicht mit Sicherheit ausgeschlossen werden kann, dass die weiteren möglichen Kombinationen bemessungsbestimmend werden, wären auch diese zu bestimmen. Im Rahmen dieses Beispiels werden die anderen Einwirkungskombinationen jedoch nicht maßgebend.

2.4 Maßgebende Beanspruchungen im Grenzzustand der Tragfähigkeit

2.4.1 Schlankheit

Die maßgebenden Beanspruchungen müssen nur dann unter Berücksichtigung der Tragwerksverformungen bestimmt werden, wenn diese die Tragfähigkeiten um mehr als 10 % verringern ([DIN 1045-1 – 00], 8.6.1(1)). Näherungsweise ist dies der Fall, sofern die Schnittgößen um mehr als 10 % infolge der Auswirkungen aus Theorie II. Ordnung vergrößert werden. In ([DIN 1045-1 – 00], 8.6.3(2) wird hierzu das Kriterium der Grenzschlankheit eingeführt, bei dessen Überschreitung die Stabwerksverformungen zu berücksichtigen sind.

$$\nu_u = \frac{\text{extr } N_{Sd}}{A_c \cdot f_{cd}} = \frac{1{,}5}{0{,}30 \cdot 0{,}40 \cdot 28{,}3} = 0{,}442$$

$$\lambda_{max} = \max\left\{\begin{matrix} \dfrac{15}{\sqrt{\nu_{Sd}}} = \dfrac{15}{\sqrt{0{,}442}} = 22{,}6 \\ \underline{25} \end{matrix}\right.$$

Die vorhandenen Schlankheiten können über die Ersatzlängen (siehe [DAfStb Heft 5xx]) bestimmt werden.

$$l_0 = \beta \cdot l_{col} = 2{,}0 \cdot 5{,}00 = 10{,}00 \ \text{m}$$

$$i_y = 0{,}289 \ h = 0{,}289 \cdot 0{,}40 = 0{,}116 \ \text{m}$$

$$i_z = 0{,}289 \ b = 0{,}289 \cdot 0{,}30 = 0{,}0867 \ \text{m}$$

$$\lambda = \frac{l_0}{i}$$

$$\lambda_y = \frac{10{,}00}{0{,}116} = 86{,}5 > 25 \qquad \text{(G.2.3)}$$

$$\lambda_z = \frac{10{,}00}{0{,}0867} = 115 > 25 \qquad \text{(G.2.4)}$$

Es handelt sich somit um ein schlankes Druckglied, für das die Stabwerksverformungen zu ermitteln sind, bzw. für das der Knicksicherheitsnachweis zu führen ist.

2.4.2 Nachweisverfahren

Da in den Gln. (G.2.3) und (G.2.4) in y- und in z-Richtung die Grenzschlankheit überschritten wird, ist es erforderlich, das Tragverhalten in jeder der beiden Hauptachsenrichtungen zu betrachten ([DIN 1045-1 – 00], 8.6.6(1)). Für Druckglieder mit rechteckigem Querschnitt dürfen getrennte Nachweise in beiden Richtungen geführt werden, sofern eine der Bedingungen in [DIN 1045-1 – 00], 8.6.6(2) erfüllt ist.

$$e_{0\,y} = \frac{M_{Sdz}}{N_{Sd}} = \frac{0}{N_{Sd}} = 0$$

$$e_{0\,z} = \frac{M_{Sdz}}{N_{Sd}} > 0$$

$$\frac{e_{0\,y}/h}{e_{0\,z}/b} = \frac{0/0{,}40}{>0/0{,}20} = 0$$

Es darf somit für *alle* Einwirkungskombinationen ein getrennter Nachweis für die beiden Richtungen geführt werden.

Da hier sowohl ein rechteckiger Querschnitt vorliegt, als auch die Bedingung $e_0 \geq 0{,}1\,h$ in z-Richtung erfüllt ist, darf das Modellstützenverfahren zur Anwendung kommen ([DIN 1045-1 – 00], 8.6.5(1)).

2.4.3 Maßgebende Biegemomente M_{Sdy}

Die Biegemomente werden gefunden, indem die Gesamtausmitte e_{tot} für jede Richtung bestimmt wird. Es wird zunächst die ungewollte Ausmitte (Imperfektion) nach [DIN 1045-1 – 00], 8.6.4(1) ermittelt. Hierzu ist die Schiefstellung nach [DIN 1045-1 – 00], Gl. (7.1) zu berechnen.

$$\alpha_{a1} = \frac{1}{100 \cdot \sqrt{l_{col}}} = \frac{1}{100 \cdot \sqrt{5{,}00}} = 0{,}0045 \quad ^{19)} \qquad \text{(G.2.5)}$$

$$e_a = \alpha_{a1} \frac{l_0}{2} = 0{,}0045 \frac{10{,}00}{2} = 0{,}022 \text{ m} \quad ^{20)} \qquad \text{(G.2.6)}$$

Die maximale Auslenkung, die der zusätzlichen Lastausmitte aus Verformungen nach Theorie II. Ordnung entspricht, darf nach [DIN 1045-1 – 00], 8.6.5 ermittelt werden. Die Krümmung wird aus der maximal möglichen bei Erreichen der Fließgrenzen in der Bewehrung bestimmt. Der Beiwert K_2 berücksichtigt hierbei die Abnahme der Krümmung bei gleichzeitigem Anstieg der bezogenen Längskräfte ([DIN 1045-1 – 00], 8.6.5 (9)).

$$K_2 = \frac{N_{ud} - N_{Sd}}{N_{ud} - N_{bal}} \leq 1 \qquad \text{(G.2.7)}$$

Die Annahme $K_2 = 1$ liegt stets auf der sicheren Seite. Sie soll hier verwendet werden [21]. Die Nutzhöhe d wird aufgrund des geschätzten Randabstandes d_1 der Bewehrung (siehe Gl. (G.2.1), S. G.23) bestimmt.

$$d = h - d_1 = 0{,}4 - 0{,}052 = 0{,}348 \text{ m} \approx 0{,}35 \text{ m}$$

$$\varepsilon_{yd} = \frac{f_{yk}}{\gamma_s \cdot E_s} = \frac{500}{1{,}15 \cdot 200000} = 2{,}17 \cdot 10^{-3}$$

$$\frac{1}{r} = 2\,K_2 \frac{\varepsilon_{yd}}{0{,}9\,d} = 2 \cdot 1 \cdot \frac{2{,}17 \cdot 10^{-3}}{0{,}9 \cdot 0{,}35} = 13{,}8 \cdot 10^{-3}$$

Damit erhält man die maximale Auslenkung mit [DIN 1045-1 – 00], 8.6.5(8). Der Beiwert K_1 stellt den allmählichen Übergang nicht knickgefährdeter ($\lambda \leq 25$) zu knickgefährdeten ($\lambda \geq 35$) Bauteilen sicher. Nach Gl. (G.2.3) ist $\lambda_{0y} = 86{,}5 > 35$ und somit $K_1 = 1$.

$$e_2 = K_1 \cdot \frac{1}{r} \cdot \frac{l_0^2}{10} \qquad \text{(G.2.8)}$$

$$e_{2\,z} = 1 \cdot 13{,}8 \cdot 10^{-3} \cdot \frac{10^2}{10} = 0{,}138 \text{ m}$$

Die maßgebenden Beanspruchungen nach Theorie II. Ordnung ergeben sich damit zu:

[19] In [DIN 1045-1 – 00] wird die Schiefstellung auf die Ersatzlänge l_0 bezogen. Dies ist nach Ansicht des Verfassers nicht richtig. Der Ansatz von Gl. (G.2.5) ist ungünstiger.

[20] Da in diesem Beispiel die Ersatzlängen in y- und in z-Richtung gleich sind, gilt dies auch für die ungewollten Ausmitten.

[21] Andernfalls muss N_{ud} (d. h. das Bemessungsergebnis in Form der Längsbewehrung) bekannt sein. Außerdem wird K_2 abhängig von der Einwirkungskombination. Der Rechenaufwand erfordert i. d. R. eine Iteration und ist bei einer Handrechnung sehr hoch.

G

$$M_{2\,\mathrm{Sdy}} = M_{\mathrm{Sdy}} + N_{\mathrm{Sd}} \cdot (e_{\mathrm{az}} + e_{2\,\mathrm{z}}) \qquad \text{(G.2.9)}$$

Kombination 1:

$$M_{2\,\mathrm{Sdy}} = 135 + 1500 \cdot (0{,}022 + 0{,}138) = 375 \text{ kNm}$$

Kombination 2:

$$M_{2\,\mathrm{Sdy}} = 162 + 1403 \cdot (0{,}022 + 0{,}138) = 386 \text{ kNm}$$

Kombination 3:

$$M_{2\,\mathrm{Sdy}} = 150 + 713 \cdot (0{,}022 + 0{,}138) = 264 \text{ kNm}$$

2.4.4 Maßgebende Biegemomente M_{Sdz}

Die Auslenkung kann vollkommen analog zu Abschnitt 2.4.3 ermittelt werden. Da die ungewollte Ausmitte identisch ist, wird sofort die Ausmitte e_2 bestimmt. Hierzu wird die Krümmung ermittelt. Eine genaue Berechnung des Beiwerts K_2 auch unter Beachtung der Längsbewehrung A_s erfordert eine Iteration. Daher und da die Bemessungsschnittgrößen im Bereich des Balance Point (mit der Folge $K_2 \approx 1$, vgl. Gl. (G.2.7)) liegen, wird auf eine genauere Berechnung verzichtet. Damit erhält man für die Krümmung:

$$d = b - d_1 = 0{,}35 - 0{,}052 = 0{,}298 \text{ m} \approx 0{,}30 \text{ m}$$

$$\frac{1}{r} = 2\,K_2 \frac{\varepsilon_{\mathrm{yd}}}{0{,}9\ d} = 2 \cdot 1 \cdot \frac{2{,}17 \cdot 10^{-3}}{0{,}9 \cdot 0{,}30} = 16{,}1 \cdot 10^{-3}$$

Hiermit und mit Gl. (G.2.8) errechnen sich die Biegemomente $M_{2\mathrm{Sdz}}$ in den Einwirkungskombinationen nach Gl. (G.2.10):

$$e_{2\,\mathrm{y}} = K_1 \cdot \frac{1}{r} \cdot \frac{l_0^2}{10} = 1 \cdot 16{,}1 \cdot 10^{-3} \frac{10^2}{10} = 0{,}161 \text{ m}$$

$$M_{2\,\mathrm{Sdz}} = M_{\mathrm{Sdz}} + N_{\mathrm{Sd}} \cdot (e_{\mathrm{ay}} + e_{2\,\mathrm{y}}) \qquad \text{(G.2.10)}$$

Kombination 1:

$$M_{2\,\mathrm{Sdz}} = 0 + 1500 \cdot (0{,}022 + 0{,}161) = 274 \text{ kNm}$$

Kombination 2:

$$M_{2\,\mathrm{Sdz}} = 0 + 1403 \cdot (0{,}022 + 0{,}161) = 257 \text{ kNm}$$

Die Kombination 1 braucht bei Biegung um die y-Achse nicht weiter verfolgt zu werden, da die Beanspruchungen nahezu identisch mit Kombination 2 sind, um die z-Achse jedoch Kombination 2 ungünstiger ist.

Kombination 3:

$$M_{2\,\mathrm{Sdz}} = 0 + 713 \cdot (0{,}022 + 0{,}161) = 130 \text{ kNm}$$

2.4.5 Verformungen infolge Kriechen

Kriechauswirkungen sind zu beachten, wenn sie den Bauteilwiderstand infolge zusätzlicher Verformungen wesentlich vermindern. Davon ist auszugehen, wenn die zusätzliche Ausmitte infolge Kriechen die Lastausmitte nach Theorie I. Ordnung um mehr als 10 % übersteigt ([DIN 1045-1 – 00], 8.6.1(1)). Da die Schlankheit in beiden Richtungen groß ist, wird die Zusatzverformung aus Kriechen nachfolgend abgeschätzt.

Zunächst soll die Kriechzahl nach ([DIN 1045-1 – 00], 9.1.4 bestimmt werden. Diese kann bei bekannter wirksamer Körperdicke h_0 für ein hier vorliegendes Innenbauteil (trockene Umgebungsbedingungen) aus [DIN 1045-1 – 00], Bild 18 bestimmt werden. Als Betonalter bei Belastungsbeginn wird $t_0 = 20$ d angenommen; lt. Aufgabenstellung wird ein schnell erhärtender Zement verwendet.

$$h_0 = 2\frac{A_c}{u} = 2 \cdot \frac{0{,}30 \cdot 0{,}40}{2 \cdot (0{,}30 + 0{,}40)} = 0{,}171 \text{ m}$$

$\Rightarrow$ mit C50/60; R: $\varphi_\infty = 1{,}6$

Die Dauerlast beträgt aufgrund der Kombinationsbeiwerte nach Tafel G.2.1:

$$N_{\mathrm{d}} = \sum_i \gamma_{\mathrm{G,i}} \cdot G_{\mathrm{k,i}} + \sum_j \gamma_{\mathrm{Q,j}} \cdot \psi_{2,\mathrm{j}} \cdot Q_{\mathrm{k,j}} = 600 + 0{,}2 \cdot 400 + 0{,}3 \cdot 75 = 703 \text{ kN}$$

$$e_{\mathrm{dy}} = \frac{M_{\mathrm{dz}}}{N_{\mathrm{d}}} = \frac{0}{703} = 0$$

Die Kriechausmitte wird in Anlehnung an [Grasser – 79], 4.2.2 bestimmt. Für den Elastizitätsmodul ist hierbei der Sekantenmodul E_{cm} (nach [DIN 1045-1 – 00], 9.1.7) zu verwenden.

$$I_{\mathrm{cy}} = \frac{b \cdot h^3}{12} = \frac{0{,}30 \cdot 0{,}40^3}{12} = 0{,}0016 \text{ m}^4$$

$$I_{\mathrm{cz}} = \frac{h \cdot b^3}{12} = \frac{0{,}40 \cdot 0{,}30^3}{12} = 0{,}0009 \text{ m}^4$$

$$N_{\mathrm{EULER}} = \frac{E_{\mathrm{cm}} \cdot I_{\mathrm{col}} \cdot \pi^2}{l_0^2} = \frac{37\,000 \cdot 0{,}0009 \cdot \pi^2}{10{,}00^2} = 3{,}28 \text{ MN}$$

$$e_{\mathrm{c}} = (e_{\mathrm{d}} + e_{\mathrm{a}}) \cdot \left[e^{\left(\frac{0{,}8\,\varphi}{N_{\mathrm{EULER}}/N_{\mathrm{d}} - 1}\right)} - 1 \right]$$

$$e_{cy} = (0+0{,}022)\cdot\left[e^{\left(\frac{0{,}8\cdot 1{,}6}{3280/703-1}\right)}-1\right] \quad \text{(G.2.11)}$$

$$= 0{,}009 \text{ m}$$

Die Kriechausmitte in y-Richtung übersteigt somit ca. 10 % der Lastausmitte nach Theorie I. Ordnung. Es ist auch erkennbar, dass in z-Richtung die Auswirkung des Kriechens nicht verfolgt werden muss.

2.5 Bemessung im Grenzzustand der Tragfähigkeit

2.5.1 Bemessung um die y-Achse

Wie bereits auf Seite G.25 festgestellt wurde, darf die Bemessung getrennt für beide Achsen erfolgen. Bemessungshilfsmittel in Form von Interaktionsdiagrammen werden in [DAfStb Heft 5xx] veröffentlicht werden.

Sie erfolgt hier mit Interaktionsdiagrammen, die auf Basis von [STUETZBEM – 99] erstellt wurden.[22] Der Verfestigungsbereich des Betonstahls wird nicht genutzt.

$$\frac{d_1}{h} = \frac{5{,}2}{40} = 0{,}13 \approx 0{,}15$$

$$\nu_{Sd} = \frac{N_{Sd}}{b\cdot h\cdot f_{cd}} = \frac{N_{Sd}}{0{,}30\cdot 0{,}40\cdot 28{,}3} \quad \text{(G.2.12)}$$

$$\mu_{Sd} = \frac{M_{Sd}}{b\cdot h^2\cdot f_{cd}} = \frac{M_{2Sdy}}{0{,}30\cdot 0{,}40^2\cdot 28{,}3} \quad \text{(G.2.13)}$$

Die Ergebnisse für die Einwirkungskombinationen sind in Tafel G.2.2 dargestellt. Die maßgebende erforderliche Bewehrung beträgt somit:

$$A_{s,tot} = \omega_{tot}\frac{b\cdot h}{f_{yd}/f_{cd}} = 0{,}47\frac{30\cdot 40}{435/28{,}3} = 36{,}7 \text{ cm}^2 \quad \text{(G.2.14)}$$

gew.: 2 · 3 ∅28 $\quad A_{s,vorh} = 37{,}0 \text{ cm}^2 > 36{,}7 \text{ cm}^2$

[22] Da im hier relevanten Beanspruchungsbereich keine Abweichungen zur [ENV 1992-1-1 – 92] auftreten, führt eine Bemessung mit Interaktionsdiagrammen nach [ENV 1992-1-1 – 92] zu identischen Ergebnissen (siehe z. B. [Schneider – 98]). Hierzu sind die Werte ν_{Sd}, μ_{Sd} gegenüber [DIN 1045-1 – 00] aufgrund der anderen Definition von f_{cd} jeweils mit $\alpha = 0{,}85$ zu multiplizieren und ω_{tot} mit $\alpha = 0{,}85$ zu dividieren.

Tafel G.2.2 Bemessung um die y-Achse

	Kombination 1	Kombination 2	Kombination 3
N_{Sd} in kN (s. Seite G.24)	–1500	–1403	–713
M_{2Sdy} in kNm (s. Seite G.26)	375	386	264
ν_{Sd} nach Gl. (G.2.12)	–0,44	–0,41	–0,21
μ_{Sd} nach Gl. (G.2.13)	0,28	0,28	0,19
ω_{tot}	0,42	0,47	0,35
ω_{tot} nach EC 2	0,36	0,40	0,30

2.5.2 Bemessung um die z-Achse

Der Nachweis um die schwächere Achse muss unter der Maßgabe geführt werden, dass der Querschnitt infolge der Biegemomente um die stärkere Achse gerissen ist und der gerissene Bereich für den Nachweis nicht mitträgt. Der überdrückte Bereich kann unter der Annahme linearer Spannungsverteilung bestimmt werden ([DIN 1045-1 – 00], 8.6.6(3)).

$$\frac{N_{Sd}}{A_c} - \frac{N_{Sd}\cdot(e_{0z}+e_{az})}{I_{cy}}\left(h_{red}-\frac{h}{2}\right) = 0$$

Nach h_{red} aufgelöst, erhält man:

$$h_{red} = \frac{I_{cy}}{A_c\cdot(e_{0z}+e_{az})} + \frac{h}{2} = \frac{0{,}0016}{0{,}3\cdot 0{,}4\cdot\left(\frac{M_{Sdy}}{N_{Sd}}+0{,}022\right)} + \frac{0{,}40}{2} \quad \text{(G.2.15)}$$

Damit erhält man mit $\frac{d_1}{b} = \frac{5{,}2}{30} = 0{,}17 \approx 0{,}15$ für Einwirkungskombination 2:

$$\nu_{Sd} = \frac{N_{Sd}}{b\cdot h_{red}\cdot f_{cd}} = \frac{N_{Sd}}{0{,}30\cdot h_{red}\cdot 28{,}3} \quad \text{(G.2.16)}$$

$$\mu_{Sd} = \frac{M_{2Sdz}+N_{Sd}\cdot e_{cy}}{h_{red}\cdot b^2\cdot f_{cd}} = \frac{M_{2Sdz}+N_{Sd}\cdot 0{,}009}{h_{red}\cdot 0{,}30^2\cdot 28{,}3} \quad \text{(G.2.17)}$$

G

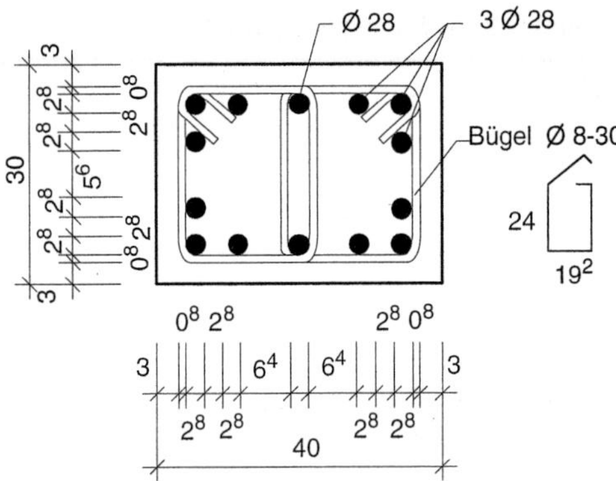

Abb. G.2.2 Stützenbewehrung

$$A_{s,tot} = \omega_{tot} \frac{b \cdot h_{red}}{f_{yd}/f_{cd}} = \omega_{tot} \frac{30 \cdot h_{red}}{435/28{,}3} \qquad \text{(G.2.18)}$$

Die Ergebnisse für die noch zu untersuchenden Einwirkungskombinationen sind in Tafel G.2.3 angegeben.

gew.: $2 \cdot 4\,\varnothing 28 \quad A_{s,vorh} = 49{,}3\ \text{cm}^2 > 44{,}6\ \text{cm}^2$

Die gewählte Bewehrungsanordnung ist in Abb. G.2.2 dargestellt. Auf die Möglichkeit, die Bewehrungen aus beiden Richtungen, jeweils für die Bemessung der anderen Richtung, als mitwirkend anzusetzen, wird hier verzichtet.

Tafel G.2.3 Bemessung um die z-Achse

	Kombination 2	Kombination 3
N_{Sd} in kN (s. Seite G.24)	1403	713
M_{Sdy} in kNm (s. Seite G.26)	162	150
h_{red} in m nach Gl. (G.2.15)	0,297	0,257
M_{2Sdz} in kNm (s. Seite G.26)	257	130
ν_{Sd} nach Gl. (G.2.16)	–0,56	–0,33
μ_{Sd} nach Gl. (G.2.17)	0,36	0,21
ω_{tot}	0,77	0,33
ω_{tot} nach EC 2	0,65	0,28
$A_{s,tot}$ nach Gl. (G.2.18)	44,6	16,5

2.5.3 Bemessung mit Interaktionsdiagrammen nach Theorie II. Ordnung (Variante nach [ENV 1992-1-1 – 92])

Eine Kontrolle kann auf einfache Weise mit den im Jahrbuch 1999 angegebenen Interaktionsdiagrammen nach Theorie II. Ordnung erfolgen (siehe [AVAK – 99], S. G.3ff). In diesen Diagrammen werden von den vorangehend erfassten Einflüssen alle bis auf die zusätzliche Kriechverformung erfasst. Es wird mit den Ausgangsbeanspruchungen nach Theorie I. Ordnung gerechnet. Die Kontrolle erfolgt hier für den jeweils maßgebenden Lastfall.

$$\frac{d_1}{h} = \frac{5{,}2}{40} = 0{,}13 \approx 0{,}15$$

⇒ [AVAK – 99], Seite G.24 und G.25

Bemessung um die y-Achse:

$$\frac{l_0}{h} = \frac{10{,}00}{0{,}40} = 25 \approx 26$$

$$\nu_{Sd} = \frac{N_{Sd}}{b \cdot h \cdot f_{cd}} = \frac{1{,}403}{0{,}30 \cdot 0{,}40 \cdot \frac{50}{1{,}5}} = 0{,}351$$

$$\mu_{Sd} = \frac{M_{Sd}}{b \cdot h^2 \cdot f_{cd}} = \frac{0{,}162}{0{,}30 \cdot 0{,}40^2 \cdot \frac{50}{1{,}5}} = 0{,}101$$

$$\omega = 0{,}2$$

$$A_{s,tot} = A_{s1} + A_{s2} = 2 \cdot \omega \cdot b \cdot h \cdot \frac{f_{cd}}{f_{yd}}$$

$$= 2 \cdot 0{,}2 \cdot 30 \cdot 40 \cdot \frac{50/1{,}5}{435} = 36{,}8\ \text{cm}^2$$

Der Wert ist identisch mit dem in Gl. (G.2.14) ermittelten Ergebnis.

Bemessung um die z-Achse:

$$\frac{l_0}{h} = \frac{10{,}00}{0{,}30} = 33{,}3 \approx 34$$

$$\nu_{Sd} = \frac{N_{Sd}}{b \cdot h_{red} \cdot f_{cd}} = \frac{1{,}403}{0{,}30 \cdot 0{,}297 \cdot \frac{50}{1{,}5}} = 0{,}472$$

$$\mu_{Sd} = \frac{M_{Sd}}{b \cdot h_{red}^2 \cdot f_{cd}} = \frac{0}{0{,}30 \cdot 0{,}297^2 \cdot \frac{50}{1{,}5}} = 0$$

$$\omega = 0{,}35$$

$$A_{s,tot} = A_{s1} + A_{s2} = 2 \cdot \omega \cdot b \cdot h_{red} \cdot \frac{f_{cd}}{f_{yd}}$$

$$= 2 \cdot 0{,}35 \cdot 30 \cdot 29{,}7 \cdot \frac{50/1{,}5}{435}$$

$$= 47{,}7\ \text{cm}^2 \approx 44{,}6\ \text{cm}^2$$

Bei Interpolation ergäbe sich mit 45 cm² ebenfalls wieder ein identisches Ergebnis.

2.5.4 Konstruktionsregeln zur Längsbewehrung

Die Regeln sind in [DIN 1045-1 – 00], 13.5 angegeben. Die geringste zulässige Seitenlänge beträgt für liegend hergestellte Fertigteilstützen 120 mm ([DIN 1045-1 – 00], 13.5.1(1)).

$$120 \text{ mm} < 300 \text{ mm} = b$$

Der Durchmesser der Längsstäbe darf nicht kleiner als 12 mm sein ([DIN 1045-1 – 00], 13.5.1(2)).

$$12 \text{ mm} < 28 \text{ mm} = d_{sl}$$

Der Abstand der Längsstäbe darf 300 mm nicht überschreiten ([DIN 1045-1 – 00], 13.5.1(3)). Für Querschnitte $b \leq 400$ mm genügt jedoch je ein Längsstab in den Ecken. Der Mindestwert der Querschnittsfläche der gesamten Längsbewehrung ist nach [DIN 1045-1 – 00], 13.5.2 zu bestimmen.

$$A_{s,min} = \max \begin{cases} 0{,}15 \dfrac{N_{Sd}}{f_{yd}} \\ 0{,}003 \ A_c \end{cases}$$

$$= \max \begin{cases} 0{,}15 \dfrac{1{,}5}{435} \cdot 10^4 = \underline{5{,}2 \ \text{cm}^2} \\ 0{,}003 \cdot 30 \cdot 40 = 3{,}6 \ \text{cm}^2 \end{cases}$$

$$A_{s,vorh} = 2 \cdot (4+3) \cdot 6{,}16$$

$$= 86{,}2 \ \text{cm}^2 > 5{,}2 \ \text{cm}^2$$

Auch im Bereich der Übergreifungsstöße darf der Bewehrungsquerschnitt 0,09 A_c nicht überschreiten ([DIN 1045-1 – 00], 13.5.2(2)).

$$A_{s,max} = 0{,}09 \ A_c$$

$$= 0{,}09 \cdot 30 \cdot 40 = 108 \ \text{cm}^2 > 86{,}2 \ \text{cm}^2$$

Ein Stoß der Längsstäbe ist bei der Fertigteilstütze nicht erforderlich.

2.5.5 Konstrukionsregeln zur Querbewehrung

Die Regeln sind in [DIN 1045-1 – 00], 13.5.3 angegeben. Der Durchmesser der Querbewehrung (Bügel) sollte nicht weniger als ein Viertel des Größtdurchmessers der Längsbewehrung, mindestens jedoch 6 mm betragen.

$$d_{sbü} = 8 \ \text{mm} > 7 \ \text{mm} = \frac{28}{4} = \frac{d_{sl}}{4} > 6 \ \text{mm}$$

Die Bügelabstände ([DIN 1045-1 – 00], 13.5.3(3)) dürfen den kleinsten der folgenden Abstände nicht überschreiten:

$$s_{bü,max} = \min \begin{cases} 12 \ d_{sl} \\ \min \ (b,h) \\ 300 \ \text{mm} \end{cases}$$

$$= \min \begin{cases} 12 \cdot 28 = 336 \ \text{mm} \\ \min \ (300{,}400) = \underline{300 \ \text{mm}} \\ \underline{300 \ \text{mm}} \end{cases}$$

Es wurde ein Bügelabstand $s = 300$ mm gewählt. Jede Bügelecke darf maximal 5 Längsstäbe halten, wobei der größte Abstand von der Bügelecke den 15fachen Bügeldurchmesser nicht überschreiten darf. Daher muss der mittlere Längsstab an der längeren Seite gehalten werden (vgl. Abb. G.2.2).

2.6 Bemessung im Grenzzustand der Gebrauchstauglichkeit

2.6.1 Begrenzung der Rissbreite

Die Begrenzung der Rissbreite hat nach [DIN 1045-1 – 00], 11.2 zu erfolgen. Der Nachweis erfolgt am zweckmäßigsten über die Einhaltung der Höchstwerte der Stababstände nach [DIN 1045-1 – 00], 11.2.3(2).

Als maßgebende Umweltklasse für Bewehrungskorrosion wurde XC1, für Betonangriff X0 (s. Seite G.23) bestimmt. Hiermit kann nach [DIN 1045-1 – 00], 11.2.1(6) die Mindestanforderungsklasse bestimmt werden. Sie ist hier F. Man erhält für den Regelwert der Rissbreite $w_k = 0{,}4$ mm. Es ist aus [DIN 1045-1 – 00], Tabelle 22 ohne Berechnung der Stahlspannung erkennbar, dass der vorhandene Maximalabstand (vgl. Abb. G.2.2) zulässig ist.

$$s_{vorh} = 64 \ \text{mm} < 100 \ \text{mm} = s_{max}$$

2.6.2 Spannungsbegrenzung

Der Nachweis der Spannungsbegrenzung darf nach [DIN 1045-1 – 00], 11.1.1(3) entfallen.

G

3 Einachsig gespannte dreifeldrige Platte nach DIN 1045-1

Vorbemerkung

Das folgende Beispiel ist für eine Berechnung und Bemessung nach [ENV 1992-1-1 – 92] ausführlich in [Avak/Goris – 94] dargestellt. Nachfolgend wird der Rechengang nach [E DIN 1045-1 – 00] gezeigt. Auf einige Besonderheiten und Abweichungen im Vergleich zu EC 2 wird separat hingewiesen.

Im Weiteren steht DIN 1045-1 gleichbedeutend mit [E DIN 1045-1 – 00], ebenso Eurocode 2 (bzw. EC 2) mit [ENV 1992-1-1 – 92].

Grundsätzlicher Hinweis

Im Rahmen der Aufgabenstellung werden die sich aus Gründen des Brandschutzes ergebenden zusätzlichen Anforderungen nicht behandelt.

3.1 Aufgabenstellung

Die dargestellte Decke eines Geschäftshauses ist nach DIN 1045-1 zu bemessen. Sie ist durch die Konstruktionseigenlast und durch eine Zusatzeigenlast (Belag, Putz etc.) von 1,0 kN/m² belastet; infolge der Nutzungsart ist nach DIN 1055 T 3, Tab. 1, Z. 5b [DIN 1055-3 – 71] (s. a. [E DIN 1055-3 – 00], Tab. 1, Z. 11) eine Nutzlast von 5,0 kN/m² zu berücksichtigen. Eine zusätzliche Berücksichtigung unbelasteter leichter Trennwände ist bei Verkehrslasten von 5,0 kN/m² und mehr nicht erforderlich ([DIN 1055-3 – 71], Abschn. 4 und [E DIN 1055-3 – 00], Abschn. 4(4)).

Die Belastung ist vorwiegend ruhend. Das Tragwerk ist bezüglich der Bewehrungskorrosion der Umgebungsklasse XC 1 (Bauteil in Innenräumen mit normaler Luftfeuchte) nach DIN 1045-1, 6.2 zuzuordnen. Das Bauteil soll sich in nicht betonangreifender Umgebung befinden. Es wird ein Beton C 30/37 gewählt (als Festigkeitsklasse ist bei Umweltklasse XC 1 mindestens C 16/20 vorzusehen).

3.2 System und Einwirkungen

Die Stützweiten l_{eff} werden nach DIN 1045-1, 7.3.1 bestimmt. Als Auflagerschwerpunkt wird jeweils die Auflagermitte gewählt. Man erhält:

$$l_1 = l_3 = l_n + a_1 + a_2$$

$$a_1 = \frac{t}{2} = \frac{0{,}30}{2} = 0{,}15 \text{ m} = a_2$$

$$l_1 = 4{,}50 + 0{,}15 + 0{,}15 = 4{,}80 \text{ m} = l_3$$

$$l_2 = l_n + 2 \cdot a_2 = 2{,}20 + 2 \cdot 0{,}15 = 2{,}50 \text{ m}$$

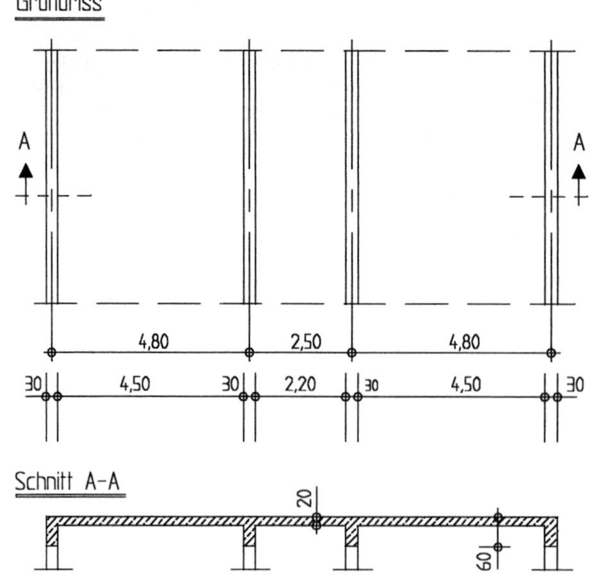

Baustoffe

Beton C 30/37
Betonstahl BSt 500 M

Umweltbedingung

Trockene Umgebung
(Umgebungsklasse XC 1)

Abb. G.3.1 Abmessungen, Baustoffe und Umweltbedingungen

Mit den Vorgaben nach S. G.30 ergeben sich als charakteristische Werte der Einwirkungen:

– *ständige Einwirkungen*

Eigenlast $g_{k1} = 0{,}20 \cdot 25{,}0 \quad = 5{,}00$ kN/m²
Ausbaulast $g_{k2} =$ (s. S. G.30) $= 1{,}00$ kN/m²

$\mathbf{g_k = 6{,}00}$ **kN/m²**

– *veränderliche Last*

Nutzlast: $\mathbf{q_k = 5{,}00}$ **kN/m²**

3.3 Nachweise im Grenzzustand der Tragfähigkeit

3.3.1 Schnittgrößen

Für den Nachweis im Grenzzustand der Tragfähigkeit werden zunächst die Bemessungswerte der Einwirkungen ermittelt. Hierfür werden die charakteristischen Werte der Lasten mit den Teilsicherheitsbeiwerten γ_G für die Eigenlast und γ_Q für die veränderliche Last multipliziert.

Die Teilsicherheitsbeiwerte für die *ständigen* Lasten sind in DIN 1055-100 (vgl. hierzu Kap. A) mit einem oberen Wert $\gamma_{G,sup} = 1{,}35$ (ungünstig) und einem unteren Wert $\gamma_{G,inf} = 1{,}00$ (günstig) angegeben. Die günstigen und ungünstigen Anteile dieser Einwirkung müssen jedoch nur bei Nachweisen, die sehr empfindlich gegenüber Änderungen der Größe der ständigen Lasten sind (z. B. Nachweis der Lagesicherheit), als unabhängige Einwirkungen betrachtet werden; es darf hier also ein und derselbe Bemessungswert angesetzt werden. Außerdem braucht im vorliegenden Falle eine Bemessungssituation mit der günstigen ständigen Einwirkung nicht berücksichtigt zu werden; der hierdurch entstehende, geringfügig größere Bereich der negativen Momente wird durch die konstruktiv zu berücksichtigende Mindestbewehrung (s. Abschn. 3.5.1) abgedeckt (vgl. DIN 1045-1, Abschn. 8.2). Es wird daher nur eine Berechnung für den oberen Grenzwert mit $\gamma_{G,sup} = 1{,}35$ durchgeführt.

Die *veränderlichen* Einwirkungen sind feldweise als eigenständige Anteile anzusehen, d. h. sie werden feldweise ungünstig mit $\gamma_Q = 1{,}50$ angesetzt.

Bemessungslasten

$g_d = 1{,}35 \cdot 6{,}0 = 8{,}10$ kN/m²
$q_d = 1{,}50 \cdot 5{,}0 = 7{,}50$ kN/m²

Mit den System- und Belastungsvorgaben nach Abschn. 3.2 und den zuvor ermittelten Bemessungslasten g_d und q_d erhält man die in Abb. G.3.2 dargestellte Momentengrenzlinie nach der Elastizitätstheorie.

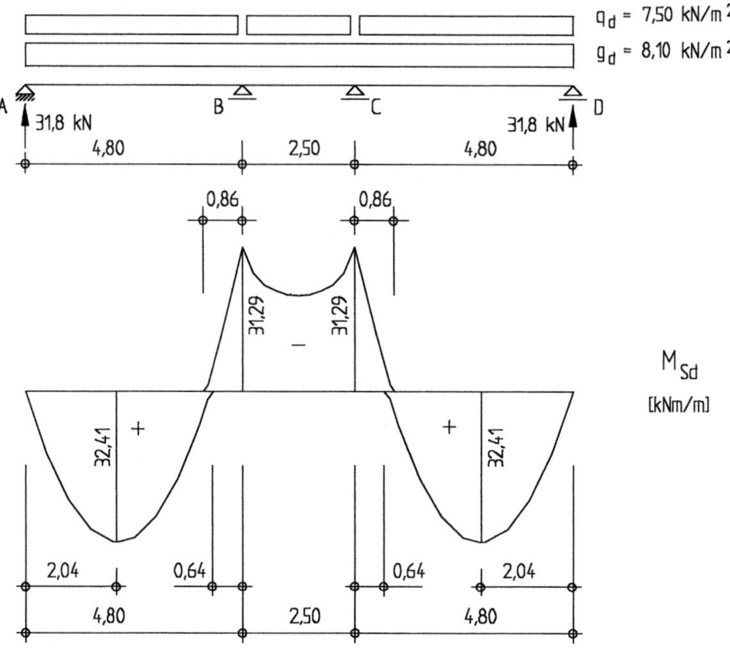

Abb. G.3.2 System, Bemessungslasten und Schnittgrößen nach der Elastizitätstheorie

Nach DIN 1045-1, Abschn. 8.3 dürfen für vorwiegend auf Biegung beanspruchte Durchlaufträger mit einem Stützweitenverhältnis benachbarter Felder $0,5 < l_1 / l_2 < 2,0$ die nach dem linear-elastischen Verfahren ermittelten Momente umgelagert werden. Im vorliegenden Fall sind die Bedingungen mit einem Stützweitenverhältnis

$$l_1 / l_2 = 4,80 / 2,50 = 1,92 < 2,0$$

gerade erfüllt, so dass umgelagert werden darf.

Der maximal zulässige Umlagerungsfaktor δ wird einerseits durch die Höhe der Betondruckzone und zum anderen durch die Dehnfähigkeit des Stahls bestimmt. Die hier gewählten Betonstahlmatten seien nach DIN 1045-1, Abschn. 9.2.2 normalduktil (BSt 500 MA). Für die mögliche Momentenumlagerung gelten dann folgende Grenzen:

$\delta \geq 0,64 + 0,8\, x_d/d$ (Beton bis C 50/60)
$\delta \geq 0,85$ (normalduktiler Stahl)

Platten sind in der Regel nur gering beansprucht, so dass die erstere Bedingung (Höhe der Betondruckzone) häufig nicht maßgebend wird. Wie nachfolgend gezeigt wird, kann jedoch der dann größte zulässige Umlagerungsfaktor $\delta = 0,85$ im vorliegenden Fall nicht ausgenutzt werden, da hierbei die Mindestmomente nicht eingehalten werden. Es wird gewählt (die Zulässigkeit wird nach der Biegebemessung im Abschn. D.3.3.3 nachgewiesen):

vorh $\delta = 0,95$

Hierfür wird die Momentenlinie unter Beachtung der Gleichgewichtsbedingungen neu ermittelt. Das dabei sich ergebende Feldmoment von 31,29 kNm/m im Feld 1 wird gerade noch nicht maßgebend, es bleibt das zuvor ermittelte Feldmoment (s. Abb. G.3.2 und G.3.3) max $M_{Sd,1} = 32,41$ kNm/m gültig.

3.3.2 Biegebemessung [18)]

Feldmomente

Betondeckung (vgl. DIN 1045-1, 6.3)

Mindestmaß $c_{min} = 1,0$ cm (Umweltklasse XC 1)
Vorhaltemaß $\Delta c = 1,0$ cm (Umweltklasse XC 1)
Nennmaß $c_{nom} = 2,0$ cm

Nutzhöhe

$d = 20,0 - 2,0 - 1,0/2 = 17,5$ cm (für $d_{sl} \leq 10$ mm)

Randfeld

$M_{Sds} = M_{Sd,1} = 32,41$ kNm/m (wegen $N_{Sd} = 0$)

$$\mu_{Sds} = \frac{M_{Sds}}{b \cdot d^2 \cdot f_{cd}} = \frac{32,41 \cdot 10^{-3}}{1,0 \cdot 0,175^2 \cdot (0,85 \cdot 30 / 1,5)} = 0,0623$$

$\Rightarrow \omega = 0,065;\ \zeta = 0,96$

$$A_s = \omega \cdot b \cdot d \cdot \frac{f_{cd}}{\sigma_{sd}} = 0,065 \cdot 100 \cdot 17,5 \cdot \frac{0,85 \cdot 30 / 1,5}{435} = 4,45 \text{ cm}^2/\text{m}$$

gew.: R 513

18) Die Biegebemessung erfolgt mit Hilfe von Tafel D.5.3 im Kap. D. Zu beachten ist, dass in DIN 1045-1 (und in Tafel D.5.3) der Bemessungswert der Betonfestigkeit f_{cd} einschließlich des Dauerlastfaktors α definiert ist (im Gegensatz zu EC 2 und den entsprechenden Bemessungshilfen). Bei der Bemessung wird vereinfachend ein horizontaler Ast der Spannungs-Dehnungs-Linie ($\sigma_{sd} \leq 435$ N/mm²) angenommen.

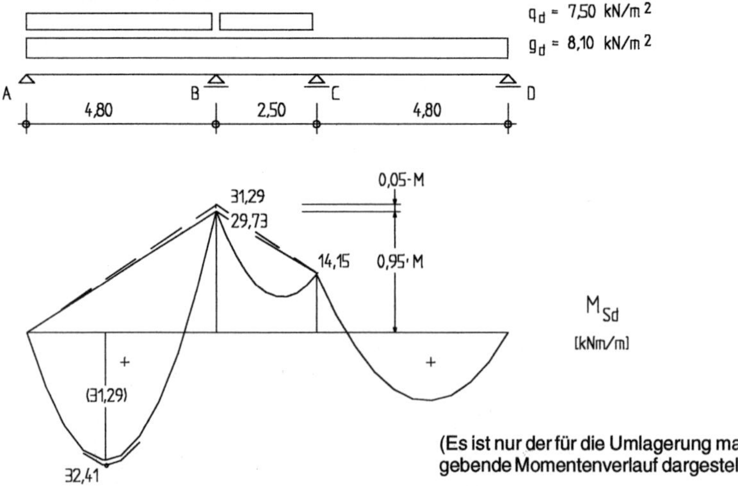

Abb. G.3.3 Momentenumlagerung nach dem linear-elastischen Verfahren mit einer Umlagerung von 5 %

Innenfeld

Es treten nur negative Momente auf. Als Feldbewehrung wird die Mindestbewehrung angeordnet (vgl. S. G.35).

gew.: R 295

Stützmomente

Wegen der monolithischen Verbindung der Platte mit dem Unterzug wird als Bemessungsmoment das Moment am Auflagerrand zugrunde gelegt (DIN 1045-1, Abschn. 7.3.2). Dieses Moment darf jedoch nicht geringer sein als 65 % des Auflagermoments bei Annahme voller Einspannung (vgl. DIN 1045-1, 8.2).

Anschnittsmoment

$$M_{Sd,I} = M_{Sd,b} - \min |V_{Sd,b}| \cdot b/2$$
$$= 29{,}73 - 25{,}7 \cdot 0{,}30/2 = 25{,}88 \text{ kNm/m}$$

$$\min |V_{Sd,b}| = V_{Sd,br}$$
$$= (8{,}10 + 7{,}50) \cdot 2{,}50 / 2 + (29{,}73 - 14{,}15) / 2{,}50$$
$$= 25{,}7 \text{ kN/m}$$

Mindestmoment

$$\min M_{Sd} = 0{,}65 \cdot (g_d + q_d) \cdot \frac{l_n^2}{8}$$
$$= 0{,}65 \cdot (8{,}10 + 7{,}50) \cdot \frac{4{,}50^2}{8}$$
$$= 25{,}67 \text{ kNm/m}$$

(Überprüfung für das Randfeld; das Mindestmoment wird gerade noch nicht maßgebend.)

Bemessung

Betondeckung, Nutzhöhe wie vorher

$M_{Sds} = M_{Sd,I} = 25{,}88$ kNm/m (wegen $N_{Sd} = 0$)

$$\mu_{Sds} = \frac{M_{Sds}}{b \cdot d^2 \cdot f_{cd}}$$
$$= \frac{25{,}88 \cdot 10^{-3}}{1{,}0 \cdot 0{,}175^2 \cdot (0{,}85 \cdot 30 / 1{,}5)} = 0{,}0497$$

$\Rightarrow \omega = 0{,}052;\ \xi = 0{,}08$

$$A_s = \omega \cdot b \cdot d \cdot \frac{f_{cd}}{\sigma_{sd}}$$
$$= 0{,}052 \cdot 100 \cdot 17{,}5 \cdot \frac{0{,}85 \cdot 30 / 1{,}5}{435} = 3{,}55 \text{ cm}^2/\text{m}$$

gew.: R 378

3.3.3 Vereinfachter Nachweis des Rotationsvermögens

Für die mögliche Momentenumlagerung gilt

$\delta \geq 0{,}64 + 0{,}8\, x_d/d$
$= 0{,}64 + 0{,}8 \cdot 0{,}08 = 0{,}70$ (Beton bis C 50/60)
$\delta \geq 0{,}85$ (Stahl normalduktil)

Die zulässigen Grenzen sind eingehalten.

3.3.4 Querkraftbemessung

Nach DIN 1045-1, 10.3.2 darf für direkte Lagerung der Bemessungswert der Querkraft V_{Sd} im Abstand 1,0 d vom Auflagerrand zugrunde gelegt werden. Der Nachweis erfolgt nur für die größte Querkraft an der Stütze B_{links}.

Nachweis [19)]

Einwirkung

$$V_{Sd} = |V_{Sd,bl}| - (g_d + q_d) \cdot (b/2 + d)$$
$$|V_{Sd,bl}| = (8{,}10 + 7{,}50) \cdot 4{,}80/2 + 29{,}73 / 4{,}80 = 43{,}6 \text{ kN/m}$$
$$V_{Sd} = 43{,}6 - (8{,}10 + 7{,}50) \cdot (0{,}30 / 2 + 0{,}17) = 38{,}6 \text{ kN/m}$$

Widerstand

$$V_{Rd,ct} = [0{,}1 \cdot \eta_1 \cdot \kappa \cdot (100\, \rho_l\, f_{ck})^{1/3} - 0{,}12\, \sigma_{cd}] \cdot b_w\, d$$
$$\kappa = 1 + (200/d)^{1/2} < 2$$
$$= 1 + (200/170)^{1/2} = 2{,}08 > 2$$
$$\rho_l = A_s/(b \cdot d) = 3{,}78/(100 \cdot 17{,}5) = 0{,}0022$$

↑ Querschnitt der mindestens mit $(d + l_{b,net})$ verankerten Zugbewehrung;
hier: R 378 bzw. 3,78 cm²/m

$\sigma_{cd} = 0$; $\eta_1 = 1{,}0$ (Normalbeton)

$$V_{Rd,ct} = 0{,}1 \cdot 2{,}0 \cdot (100 \cdot 0{,}0022 \cdot 30)^{1/3} \cdot 1{,}0 \cdot 0{,}175$$
$$= 65{,}7 \cdot 10^{-3} \text{ MN/m} = 65{,}7 \text{ kN/m}$$

Nachweis

$V_{Sd} = 38{,}6$ kN/m $< V_{Rd,ct} = 65{,}7$ kN/m
⇒ keine Schubbewehrung erforderlich!

Nachweis von $V_{Rd,max}$

Der Nachweis der maximalen Tragfähigkeit der Druckstreben $V_{Rd,max}$ ist bei Platten ohne Vorspannung bzw. ohne Längsdruckkräfte i. allg. entbehrlich. Hier ohne Nachweis.

G

19) Zum Vergleich der entsprechende Nachweis nach [ENV 1992-1-1 – 92]

Einwirkung

$V_{Sd} = 38{,}6$ kN/m (wie in DIN 1045-1)

Widerstand

$$V_{Rd1} = [\tau_{Rd} \cdot k \cdot (1{,}2 + 40 \cdot \rho_l) + 0{,}15 \cdot \sigma_{cp}] \cdot b_w \cdot d$$

$\tau_{Rd} = 0{,}28$ MN/m² (C 30/37; s. NAD zu EC 2)
$k = 1{,}6 - d = 1{,}6 - 0{,}175 = 1{,}43$
$\rho_l = A_s/(b \cdot d) = 3{,}78/(100 \cdot 17{,}5) = 0{,}0022$

↑ Querschnitt der mindestens mit $(d + l_{b,net})$ verankerten Zugbewehrung; wie oben

$\sigma_{cp} = 0$

$$V_{Rd1} = 0{,}28 \cdot 1{,}43 \cdot (1{,}2 + 40 \cdot 0{,}0022) \cdot 1{,}0 \cdot 0{,}175$$
$$= 90{,}3\ 10^{-3} \text{ MN/m} = 90{,}3 \text{ kN/m}$$

(Die Tragfähigkeit wird damit etwas günstiger beurteilt als nach DIN 1045-1; s. hierzu auch Kap. D, Abschn. 6.4 und Abb. D.6.9.)

3.4 Nachweise im Grenzzustand der Gebrauchstauglichkeit

3.4.1 Spannungsbegrenzung

Der Nachweis der Spannungen im Gebrauchszustand darf nach [E DIN 1045-1 – 00], 11.1.1 entfallen, falls

- die Bemessung im Grenzzustand der Tragfähigkeit und die bauliche Durchbildung nach DIN 1045-1, Abschn. 10 und 13 erfolgt und
- die nach der Elastizitätstheorie ermittelten Schnittgrößen nicht mehr als 15 % umgelagert werden.

Die Bedingungen sind im vorliegenden Fall eingehalten, so dass ein Nachweis nicht erforderlich ist. Zur Demonstration soll hier jedoch gezeigt werden, dass unter der quasi-ständigen Last die Betondruckspannungen den Wert 0,45 f_{ck} nicht überschreiten (wie nach EC 2 im vorliegenden Fall gefordert).[20]

Quasi-ständiger Lastanteil

$$g_k + \psi_2 \cdot q_k = 6{,}00 + 0{,}6 \cdot 5{,}0 = 9{,}0 \text{ kN/m}^2$$
(ψ_2 nach DIN 1055-100 für Verkaufsräume)

Für das maßgebende Feld 1 erhält man hierfür aus einer elektronischen Berechnung ein Moment von

$$M_{perm} = 18{,}6 \text{ kNm/m}$$

Bei einer Bewehrung im Feld 1 von 5,13 cm²/m und mit $\alpha_e = 15$ zur Berücksichtigung von Langzeiteinflüssen ergibt sich

Druckzonenhöhe (s. Gl. (D.5.25)):

$$x = \frac{\alpha_e \cdot A_{s1}}{b} \cdot \left(-1 + \sqrt{1 + \frac{2bd}{\alpha_e \cdot A_{s1}}}\right)$$

$$= \frac{15 \cdot 5{,}13 \cdot 10^{-4}}{1{,}0} \cdot \left(-1 + \sqrt{1 + \frac{2 \cdot 1{,}0 \cdot 0{,}175}{15 \cdot 5{,}13 \cdot 10^{-4}}}\right)$$

$$= 0{,}045 \text{ m}$$

Betondruckspannung

$$\sigma_c = \frac{2M_{q\text{-}s}}{b \cdot x \cdot (d - x/3)}$$

$$= \frac{2 \cdot 18{,}6 \cdot 10^{-3}}{1{,}0 \cdot 0{,}045 \cdot (0{,}175 - 0{,}045/3)}$$

$$= 5{,}17 \text{ MN/m}^2 < 0{,}45 \cdot f_{ck} = 13{,}5 \text{ MN/m}^2$$

→ Nachweis erfüllt!

[20] Nach [ENV 1992-1-1 – 92] ist ein Nachweis erforderlich, wenn mehr als 85 % der nach EC 2 zulässigen Biegeschlankheit l/d ausgenutzt werden (s. S. G.35). Die Begrenzung der Betondruckspannungen unter den quasi-ständigen Lasten soll sicherstellen, dass überproportionale Kriechverformungen vermieden werden.

3.4.2 Beschränkung der Rissbreite

Für die Umweltklassen XC 1 hat die Rissbreite keinen Einfluss auf die Dauerhaftigkeit, und deren Begrenzung kann weniger streng gehandhabt werden. Nach DIN 1045-1, 11.2.1 sollte eine Begrenzung auf den Rechenwert der Rissbreite $w_k = 0{,}4$ mm erfolgen (Anforderungsklasse F).

Mindestbewehrung

Der Nachweis erfolgt nach DIN 1045-1, 11.2.2 für Biegezwang, der wegen der statisch unbestimmten Lagerung nicht ausgeschlossen werden kann. (Der Nachweis der Mindestbewehrung zur Verhinderung eines Versagens ohne Vorankündigung – duktiles Bauteilverhalten – wird unter Abschn. G.3.5.1 geführt.)

$$A_s = k_c \cdot k \cdot f_{ct,eff} \cdot A_{ct} / \sigma_s$$

$k_c = 0{,}4$ reine Biegung mit $\sigma_c = 0$
$k = 0{,}8$ „innerer" Zwang; Platte mit $h \leq 30$ cm
$f_{ct,eff} = 3{,}0$ MN/m² Mittelwert der Betonzugfestigkeit, mindestens jedoch 3,0 MN/m²; C 30/37: $f_{ctm} = 2{,}9 < 3{,}0$ (in MN/m²)
$A_{ct} = 0{,}10$ m²/m Betonzugzone vor der Erstrissbildung ($A_{ct} = b \cdot h/2$)
$\sigma_s \approx 400$ MN/m² Stahlspannung für Stäbe $d_s \leq d_s^* = 8{,}5$ mm (R 378) nach DIN 1045-1, 11.2.3

$$A_s = 0{,}4 \cdot 0{,}8 \cdot 3{,}0 \cdot 0{,}10 \cdot 10^4 / 400 = 2{,}40 \text{ cm}^2\text{/m} < A_{s,prov}$$

Rissbreitenbegrenzung für die Lastbeanspruchung

Für Platten in der Umweltklasse XC 1, die durch Biegung ohne wesentlichen zentrischen Zug beansprucht werden, mit einer Gesamtdicke von nicht mehr als 20 cm sind keine Nachweise zur Begrenzung der Rissbreite notwendig (DIN 1045-1, 11.2.3). Der Nachweis entfällt daher.

3.4.3 Beschränkung der Durchbiegung

Der Nachweis wird nach DIN 1045-1, 11.3.2 durch Begrenzung der Biegeschlankheit geführt; maßgebend ist das Endfeld. Wegen der stark unterschiedlichen Stützweiten ist jedoch eine direkte Zuordnung zu DIN 1045-1, Tab. 11.5 nicht möglich bzw. zulässig, da das Stützweitenverhältnis mit

$$\min l = 2{,}50 < 0{,}8 \cdot \max l = 0{,}8 \cdot 4{,}80 = 3{,}84 \text{ m}$$

außerhalb der Grenze gemäß DIN 1045-1 liegt. Es wird daher der Nachweis für eine Ersatzstützweite $l_i = \alpha \cdot l$ geführt, wobei der Faktor α mit den Angaben in [DAfStb-H.240 – 86] bestimmt wird (s. auch Kap. D, S. D.42f).

Nachweis der Biegeschlankheit
(nach DIN 1045-1)[21)]

$$\frac{l_i}{d} \leq \begin{cases} 35 \\ 150/l_i \end{cases}$$

$l_i = \alpha \cdot l$ (Ersatzstützweite)

$$\alpha = \frac{1 + 4{,}8\,(m_1 + m_2)}{1 + 4\,(m_1 + m_2)} \text{ [DAfStb-H.240–86]}$$

$m_1 = 0$

$m_2 = -M_b / (f \cdot l^2)$

M_b Moment an der Stütze B für die maßgebende Belastung; hierfür wird gemäß [E DIN 1045-1 – 00], 11.3.1 der quasi-ständige Lastanteil gewählt. Mit $\psi_2 = 0{,}6$ nach DIN 1055-100 (s. Kap. A) ergibt er sich zu

$f = 6{,}0 + 0{,}6 \cdot 5{,}0 = 9{,}0$ kN/m²

$M_b = -15{,}9$ kNm/m (Nebenrechn.)

$m_2 = -15{,}9 / (9{,}0 \cdot 4{,}80^2) = -0{,}077$

$\alpha = 0{,}91$

$l_i = 0{,}91 \cdot 4{,}80 = 4{,}37$ m

$$\frac{l_i}{d} = \frac{4{,}37}{0{,}175} = 25{,}0 < \begin{cases} 35 \\ 150/4{,}37 = 34{,}3 \end{cases}$$

⇒ Nachweis erfüllt!

---

21) Nachweis nach [ENV 1992-1-1 – 92]

Der Nachweis der Biegeschlankheit nach DIN 1045-1 wurde unverändert aus [DIN 1045 – 88] übernommen. Demgegenüber wurde der Nachweis in EC 2 erheblich verschärft. Es soll daher nachfolgend auch der entsprechende Nachweis nach Eurocode 2 gezeigt werden, wobei auch hier näherungsweise ein Einfeldsystem mit der Ersatz-stützweite l_i betrachtet wird.

$$\frac{l_i}{d} \leq \text{TW} \cdot k$$

TW = 25 Tafelwert für einen Einfeldträger bei $\rho_l \leq 0{,}5$ % nach EC 2, Tab. 4.14

$k = 250 / \sigma_s$ Korrekturbeiwert je nach vorhandener Stahlspannung (s. EC 2, 4.4.3.3)

σ_s Stahlspannung unter der häufigen Gebrauchslast; die Ermittlung der Stahlspannung erfolgt näherungsweise mit dem Hebelarm $z = \zeta \cdot d$ aus dem Tragfähigkeitsnachweis.

$$\sigma_s = \frac{1}{A_s} \cdot \frac{M_{frequ}}{z}$$

mit M_{frequ} als Moment der häufigen Last; für $f_{frequ} = g_k + \psi_1 \cdot q_k = 6{,}0 + 0{,}8 \cdot 5{,}0 = 10$ kN/m² (Kombinationsbeiwert $\psi_1 = 0{,}8$ nach EC 2(!)) ergibt sich im Feld 1 $M_{frequ} = 20{,}70$ kNm/m:

$$\sigma_s = \frac{1}{5{,}13} \cdot \frac{20{,}70}{0{,}94 \cdot 0{,}175} \cdot 10^1 = 245 \text{ MN/m}^2$$

$k = 250 / 245 = 1{,}02$

$l_i = \alpha \cdot l = 4{,}37$ m (Ersatzstützweite; s. o.)

$$\frac{l_i}{d} = \frac{4{,}37}{0{,}175} = 25{,}0 < \text{TW} \cdot k = 25 \cdot 1{,}02 = 25{,}5$$

⇒ Nachweis erfüllt.

3.5 Bewehrungsführung und bauliche Durchbildung

3.5.1 Mindest- und Höchstbewehrung

Mindestbewehrung[22)]
(DIN 1045-1, 5.3.2 und 13.1.1)

Zur Sicherstellung gegen ein Versagen ohne Vorankündigung muss eine Mindestbewehrung angeordnet werden (Duktilitätskriterium). Diese Mindestbewehrung ist für das Rissmoment mit dem Mittelwert der Betonzugfestigkeit f_{ctm} und der Stahlspannung $\sigma_s = f_{yk}$ zu berechnen. Für

$f_{ctm} = 2{,}9$ MN/m² (Beton C 30/37) und
$f_{yk} = 500$ MN/m² (BSt 500)

erhält man

$$A_{s,min} = \frac{M_{cr}}{z \cdot f_{yk}}$$

$M_{cr} = f_{ctm} \cdot W$
$= 2{,}9 \cdot (0{,}20^2 / 6) = 0{,}0193$ MNm/m

$z \approx 0{,}9d = 0{,}9 \cdot 0{,}175 = 0{,}158$ m

$$A_{s,min} = \frac{0{,}0193}{0{,}158 \cdot 500} \cdot 10^4 = 2{,}44 \text{ cm}^2/\text{m}$$

Die Mindestbewehrung ist im Feld und an den Innenauflagern eingehalten. Sie muss nach [E DIN 1045-1 – 00], 13.1.1 im Feld zwischen den Endauflagern durchlaufen. Über dem Innenauflager ist die obere Mindestbewehrung in den beiden Feldern über eine Länge von mindestens einem Viertel der Stützweite einzulegen, d. h. sie muss im Randfeld mindestens auf eine Länge von

$0{,}25 \cdot 4{,}80 = 1{,}20$ m

eingelegt werden.

Höchstbewehrung
(DIN 1045-1, 13.1.1)

Die Höchstbewehrung darf $0{,}08 \cdot A_c$ nicht überschreiten (gilt auch im Bereich von Übergreifungsstößen). Im vorliegenden Fall ohne Nachweis!

3.5.2 Verankerungslängen

Grundmaß l_b der Verankerungslänge:

$$l_b = \frac{f_{yd}}{4 \cdot f_{bd}} \cdot d_s = \frac{500/1{,}15}{4 \cdot 3{,}0} \cdot d_s = 36{,}3\ d_s$$

(f_{bd} bei guter Verbundbedingung, C30/37; vgl. DIN 1045-1, Abschn. 12.5)

---

22) In [ENV 1992-1-1 – 92] wird als Mindestbewehrung für einen BSt 500 min $A_s \geq 0{,}0015 \cdot b_t \cdot d$ gefordert:

min $A_s = 0{,}0015 \cdot 100 \cdot 17{,}5 = 2{,}63$ cm²/m

G

Verankerung am Endauflager:

$$l_{b,dir} = \frac{2}{3} \cdot l_{b,net} \geq 6\,d_s$$

$$l_{b,net} = \alpha_a \cdot \frac{A_{s,erf}}{A_{s,vorh}} \cdot l_b \geq l_{b,min}$$

$\alpha_a = 1{,}0$ (gerades Stabende)

$A_{s,erf} = F_{sR} / f_{yd}$

$F_{sR} = V_{Sd,a} \cdot a_l / z$

$a_l = d$ (Platte ohne Schubbew.)

$z \approx d$

$V_{Sd,a} = 31{,}8$ kN/m (vgl. Abb. G.3.2)

$F_{sR} = 31{,}8$ kN/m

$f_{yd} = 500/1{,}15 = 435$ MN/m²

$A_{s,erf} = 31{,}8 / 435 \cdot 10^{-1} = 0{,}73$ cm²/m

$A_{s,vorh} = 5{,}13$ cm²/m

$l_b = 36{,}3 \cdot d_s = 36$ cm

$d_s = d_{sv} = 7{,}0 \cdot \sqrt{2} = 9{,}9$ mm

$l_b = 36{,}3 \cdot 0{,}99 = 36$ cm

$l_{b,min} = 0{,}3 \cdot \alpha_a \cdot l_b \geq 10 d_s$

$= 0{,}3 \cdot 1{,}0 \cdot 36 = 11$ cm

$> 10 \cdot 0{,}99 = 10$ cm

$l_{b,net} = 1{,}0 \cdot (0{,}73/5{,}13) \cdot 36 = 5\text{ cm} < 11$ cm

$l_{b,dir} = 2/3 \cdot l_{b,net} = 2/3 \cdot 11\text{ cm} = 7\text{ cm} > 6\,d_s \approx 6$ cm

Die Bewehrung muss jedoch mindestens bis über den Auflagerschwerpunkt geführt werden.

gew.: 15 cm

Verankerung am Zwischenauflager:

In [E DIN 1045-1 – 00], Abschn. 13.2.2 wird empfohlen, die Bewehrung am Zwischenauflager so zu führen, dass sie positive Momente infolge von außergewöhnlichen Beanspruchungen (Setzungen, Explosion) aufnehmen kann. Die Matte des Randfeldes (R 513) wird daher über der Innenstütze durchgeführt.

Verankerung außerhalb von Auflagern:

Die Bewehrung wird nicht gestaffelt (s. Abschn. G.3.5.3). Die obere Bewehrung wird dort verankert, wo sie rechnerisch nicht mehr benötigt wird (im Bereich positiver Momente). Wegen erf$A_{s,oben} = 0$ wird das Mindestmaß der Verankerungslänge maßgebend; man erhält (Matte R 378 mit $d_s = 8{,}5$ mm):

$l_b = l_{b,min} = 0{,}3 \cdot l_b \geq 10\,d_s$ [23)]

$l_{b,min} = 0{,}3 \cdot 36{,}3\,d_s = 0{,}3 \cdot 36{,}3 \cdot 0{,}85 = 9{,}3$ cm

$< 10 \cdot d_s = 10 \cdot 0{,}85 = 8{,}5$ cm

$l_{b,erf} \approx 10$ cm

23) In [ENV 1992-1-1 – 92] wird außerdem als Mindestwert der Verankerungslänge $l_{b,net} \geq d$ gefordert.

3.5.3 Zugkraftdeckungslinie

Die Bewehrung wird nicht gestaffelt. Das Versatzmaß a_l beträgt bei Platten ohne Schubbewehrung nach DIN 1045-1, 13.3.2 $a_l = 1{,}0\,d = 17{,}5$ cm. Die Gesamtlänge der oberen Bewehrung erhält man dann aus der Länge des Innenfeldes und dem um das Versatzmaß a_l und die Verankerungslänge $l_{b,net}$ vergrößerten doppelten Abstand von der Stütze B bis zum Momentennullpunkt.

$L_{ges} = 2{,}50 + 2 \cdot (0{,}86 + 0{,}175 + 0{,}10) = 4{,}77$ m

gew.: 5,00 m

Die Bewehrung wird bewusst etwas länger gewählt, so dass auch die Anforderungen an die Mindestbewehrung (Duktilitätskriterium) erfüllt sind. Danach muss die Länge der oberen Bewehrung in den Endfeldern mindestens 1,20 m (s. Abschn. 3.5.1) betragen bzw. die Gesamtlänge

$L_{ges} = 2{,}50 + 2 \cdot 1{,}20 = 4{,}90$ m

3.5.4 Bauliche Durchbildung

Im vorliegenden Fall gelten folgende zusätzliche Bewehrungsrichtlinien (DIN 1045-1, 13.3):

- Mindestens die Hälfte der Feldbewehrung muss zum Auflager geführt und dort verankert werden.
- Die Querbewehrung muss mindestens 20 % der Hauptbewehrung betragen.
- Abstand der Stäbe für die Hauptbewehrung

  $s_l = h \begin{matrix} \leq 25 \text{ cm} \\ \geq 15 \text{ cm} \end{matrix}$
- Abstand der Stäbe für die Querbewehrung

  $s_q \leq 25$ cm

Die genannten Bedingungen sind eingehalten.

Rechnerisch nicht erfasste Einspannwirkung

Für eine teilweise, rechnerisch nicht berücksichtigte Einspannung (an den Endauflagern A und D) sind die Querschnitte der Endauflager für ein Einspannmoment zu bemessen, das mindestens 25 % des benachbarten Feldmomentes entspricht (s. DIN 1045-1, 13.2.1). Damit ist im vorliegenden Fall als Bewehrung erforderlich

$A_s \geq 0{,}25 \cdot A_{s,max} = 0{,}25 \cdot 4{,}45 = 1{,}11$ cm²/m

Die Bügelbewehrung der Unterzüge wird in die Platte abgebogen. Es wird unterstellt, dass dann ein Bewehrungsquerschnitt von ≥ 1,11 cm²/m vorhanden ist. Die Länge muss mindestens

$0{,}25 \cdot l_1 = 0{,}25 \cdot 4{,}80 = 1{,}20$ m
(gemessen von Innenkante Auflager)

betragen. Als Querbewehrung werden ∅ 6 - 25 angeordnet (ggf. die für die Randunterzüge erforderliche Bewehrung).

3.6 Bewehrungsskizze

Grundriss

untere Bewehrung

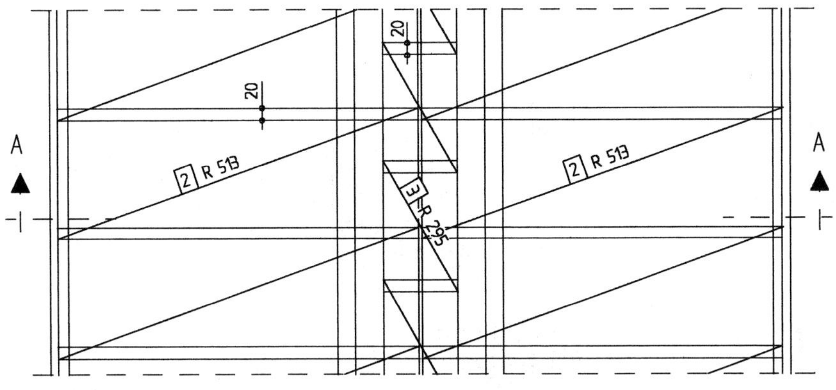

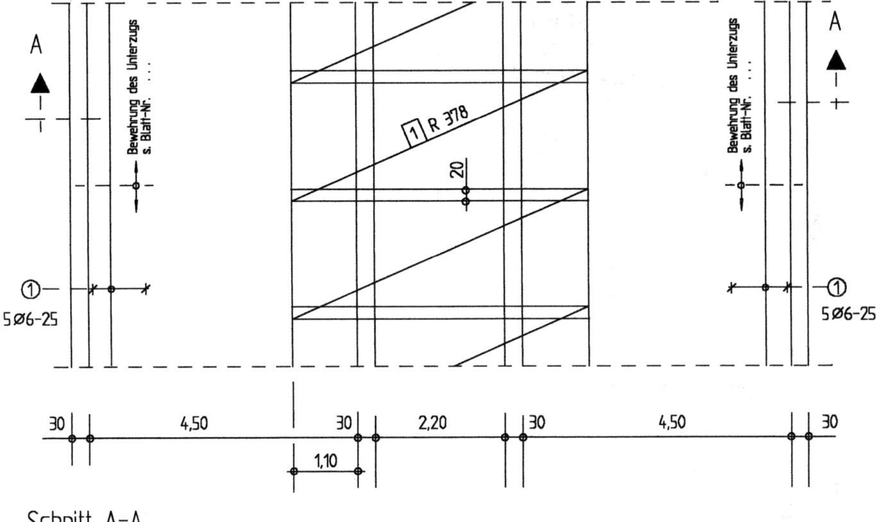

Schnitt A-A

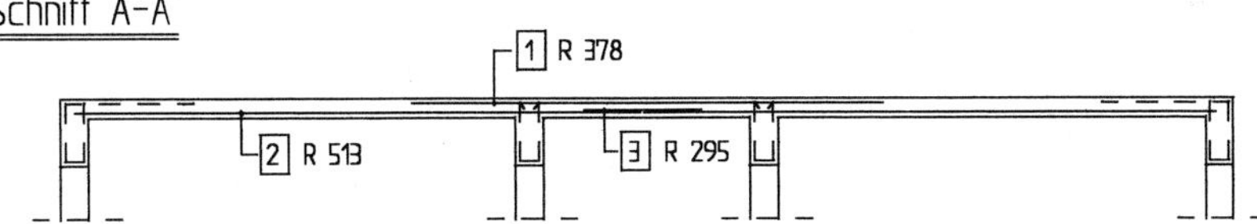

Baustoffe: C 30/37; BSt 500 M
Betondeckung: nom c = 2,0 cm

G

4 Einzelfundament nach DIN 1045-1

Es werden zur umfassenderen Darstellung der erforderlichen Nachweise zwei Fälle bezüglich der Fundamentausführung unterschieden:

Fall A (Abschn. G.4.1): Einzelfundament ohne rechnerisch erforderliche Durchstanzbewehrung
Fall B (Abschn. G.4.2): Einzelfundament mit rechnerisch erforderlicher Durchstanzbewehrung

Vorbemerkung

Das folgende Beispiel ist in ähnlicher Form nach [ENV 1992-1-1 – 92] ausführlich in [Avak/Goris – 94] dargestellt (einige Abmessungen wurden jedoch geändert). Es wird die Bemessung nach [E DIN 1045-1 – 00] gezeigt, auf einige Besonderheiten und Abweichungen im Vergleich zu EC 2 wird hingewiesen.

Im Weiteren steht DIN 1045-1 gleichbedeutend mit [E DIN 1045-1 – 00], ebenso Eurocode 2 (bzw. EC 2) mit [ENV 1992-1-1 – 92].

4.1 Einzelfundament ohne Durchstanzbewehrung

4.1.1 Aufgabenstellung

Ein Einzelfundament für eine mittig belastete Stahlbetonstütze ist zu entwerfen und zu bemessen. Das Fundament befindet sich in nicht betonangreifendem Boden. Im Bauwerksbereich ist nichtbindiger Baugrund vorhanden; das Fundament hat eine Einbindetiefe von 1,0 m, das zu gründende Bauwerk ist setzungsempfindlich. Die Breite des Fundaments in Gebäudequerrichtung (y-Richtung) darf nicht größer als 2,30 m sein. Hierfür erhält man aus DIN 1054, Tab. 1 [DIN 1054 – 76] als zulässige Sohlnormalspannung zul $\sigma_0 \approx 285$ kN/m^2 (auf eine mögliche Erhöhung von zul σ_0 wird hierbei verzichtet).

Das Fundament ist durch die Stütze wie folgt belastet (die Belastung ist vorwiegend ruhend):

Eigenlasten	N_{gk} = 1000 kN
veränderliche Lasten	N_{qk} = 500 kN

Für den Nachweis der Bodenpressungen sind die Fundamenteigenlast und die Bodenauflast (Annahme: cal γ = 19,0 kN/m^3) zu berücksichtigen.

Das Fundament wird der Umgebungsklasse XC 2 (Bewehrungskorrosion) und der Umgebungsklasse XF 1 (Betonangriff) nach DIN 1045-1, 6.2 zugeordnet. Als Mindestbetonfestigkeitsklasse gilt damit C 25/30. Die gewählten Baustoffe sind Abb. G.4.1 zu entnehmen.

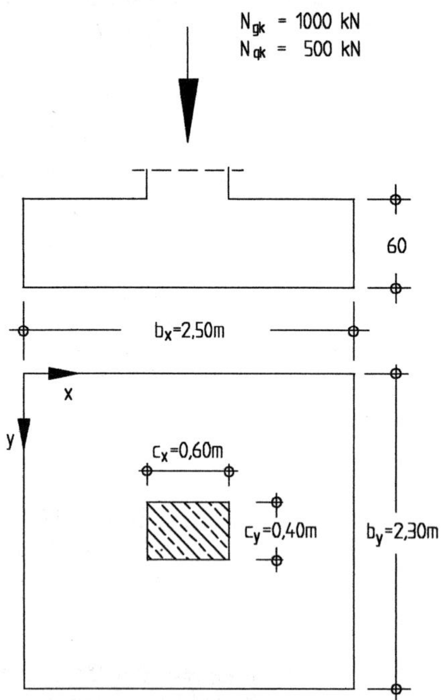

Baustoffe

Beton	C 30/37
Betonstahl	BSt 500

Umweltbedingungen

Fundament in nasser, selten trockener und nicht betonangreifender Umgebung
(Umgebungsklasse XC 2 und XF 1)

Hinweis:

Die Fundamentdicke h = 60 cm ist so gewählt, dass bei der erforderlichen bzw. gewählten Biegezugbewehrung eine Ausführung *ohne* Durchstanzbewehrung gerade noch möglich ist.

Mit einer Auskragung a/h = 0,95/0,60 < 2 handelt es sich um ein gedrungenes Fundament. Hierfür sind die Regelungen in DIN 1045-1 nicht ganz eindeutig, der Nachweis wird dennoch nach [E DIN 1045-1], 10.5 geführt.

Abb. G.4.1 Abmessungen, Baustoffe und Umweltbedingungen

4.1.2 Abmessungen, Baustoffe

Die Abmessungen und die Baustoffe des zu untersuchenden Fundaments sind Abb. G.4.1 zu entnehmen.

4.1.3 Nachweis der Bodenpressungen

Der Nachweis der Bodenpressungen nach DIN 1054 erfolgt mit den charakteristischen Werten der Einwirkungen. Mit den Vorgaben ergibt sich:

aus Stütze:

- Eigenlast $N_{Gk} = 1000$ kN
- veränderliche Last $N_{Qk} = 500$ kN

Eigenlast Fundament

$$0{,}60 \cdot 2{,}30 \cdot 2{,}50 \cdot 25{,}0 = 86 \text{ kN}$$

Bodenauflast

$$0{,}40 \cdot (2{,}3 \cdot 2{,}5 - 0{,}4 \cdot 0{,}6) \cdot 19{,}0 = 42 \text{ kN}$$

$$\Sigma \approx \mathbf{1630\ kN}$$

Bodenpressungen

$$\sigma_0 = \frac{1630}{2{,}30 \cdot 2{,}50} = 283 \text{ kN/m}^2$$

$$< 285 \text{ kN/m}^2 = \text{zul } \sigma_0$$

→ Nachweis der Bodenpressungen erfüllt!

4.1.4 Nachweise im Grenzzustand der Tragfähigkeit

4.1.4.1 Grenzzustand der Tragfähigkeit für Biegung

Biegemomente

Die Schnittgrößen werden aus den Bodenpressungen infolge der Stützenlängskräfte N_{gk} und N_{qk} bestimmt (die Fundamenteigenlast und die Bodenauflast erzeugen in der Fundamentplatte keine Biegemomente). Für den Nachweis im Grenzzustand der Tragfähigkeit müssen die charakteristischen Werte der Längskräfte mit den Teilsicherheitsbeiwerten $\gamma_G = 1{,}35$ für die Eigenlast und $\gamma_Q = 1{,}50$ für die veränderliche Last multipliziert werden.

Bemessungslängskraft

$$N_{Sd} = 1{,}35 \cdot 1000 + 1{,}50 \cdot 500 = 2100 \text{ kN}$$

Bemessungsmoment

Bei monolithischem Anschluss von der Stütze an das Fundament darf nach [Dieterle/Rostasy – 87] (s. a. [Steinle – 81]) als Bemessungsmoment das am Rand der Stütze gewählt werden. Man erhält

$$M_{Sd,x} = N_{Sd} \cdot \frac{b_x}{8} \cdot \left(1 - \frac{c_x}{b_x}\right)^2$$

$$= 2100 \cdot \frac{2{,}50}{8} \cdot \left(1 - \frac{0{,}60}{2{,}50}\right)^2 = 379 \text{ kNm}$$

$$M_{Sd,y} = N_{Sd} \cdot \frac{b_y}{8} \cdot \left(1 - \frac{c_y}{b_y}\right)^2$$

$$= 2100 \cdot \frac{2{,}30}{8} \cdot \left(1 - \frac{0{,}40}{2{,}30}\right)^2 = 412 \text{ kNm}$$

(Hinweis: $M_{Sd,x}$ bezeichnet das Moment, das in x-Richtung auf der Breite b_y Spannungen erzeugt; mit $M_{Sd,y}$ ist das entsprechende Moment in y-Richtung definiert.)

Biegebemessung

Betondeckung:

$c_{min} = 2{,}0$ cm (Umgebungsklasse XC 2)[24]
$\Delta c = 3{,}5$ cm (Vorhaltemaß)[25]
$c_{nom} = 5{,}5$ cm

Nutzhöhen:

Bei einem gewählten Stabdurchmesser (s. nächste Seite) von $d_{sl} = 16$ mm erhält man

$d_x = 60{,}0 - 5{,}5 - 1{,}6/2 \approx 54$ cm (1. Lage)
$d_y = 60{,}0 - 5{,}5 - 1{,}6 - 1{,}6/2 \approx 52$ cm (2. Lage)

Momentenverteilung:

Die Konzentration der Beanspruchung in Stützennähe wird nach [DAfStb-H.240 – 86] berücksichtigt. Es ist

$c_y/b_y = 0{,}40 / 2{,}30 = 0{,}17$ und
$c_x/b_x = 0{,}60 / 2{,}50 = 0{,}24$

Damit erhält man für beide Richtungen mit $c/b \approx 0{,}2$ näherungsweise die gleiche dargestellte Verteilung α_M in % des Gesamtmoments.

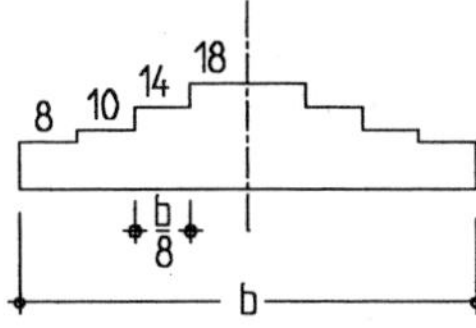

Abb. G.4.2 Verteilung α_M in % vom Gesamtmoment

Bemessung x-Richtung:

In Fundamentmitte ergibt sich mit der zuvor angegebenen Verteilung auf eine Breite von $b_y/8$

$$M_{Sds} = 0{,}18 \cdot M_{Sd,x} = 0{,}18 \cdot 379 = 68{,}2 \text{ kNm}$$

24) Auf eine zulässige Abminderung von c_{min} um 5 mm (plattenartiges Bauteil) wird verzichtet.

25) Vorhaltemaß für die Umweltklasse XC 2 $\Delta c = 1{,}5$ cm; bei Betonschüttung gegen unebene Oberflächen – hier: Sauberkeitsschicht – ist nach DIN 1045-1, 6.3 eine Erhöhung um mind. 2,0 cm erforderlich.

$$\mu_{Sds} = \frac{M_{Sds}}{b \cdot d^2 \cdot f_{cd}}$$ [26)]

$$= \frac{68{,}2 \cdot 10^{-3}}{(2{,}30/8) \cdot 0{,}54^2 \cdot (0{,}85 \cdot 30/1{,}5)}$$

$$= 0{,}0479$$

$$\Rightarrow \omega = 0{,}049; \quad \zeta = 0{,}97$$

$$A_s = \omega \cdot b \cdot d \cdot \frac{f_{cd}}{\sigma_{sd}}$$

$$= 0{,}049 \cdot (230/8) \cdot 54 \cdot \frac{0{,}85 \cdot 30/1{,}5}{435}$$

$$= 2{,}97 \text{ cm}^2$$

Gesamtbewehrung in x-Richtung

$A_s = 2{,}97/0{,}18 = 16{,}5 \text{ cm}^2$

Die Bewehrung wird genähert nach der Darstellung in Abb. G.4.2 verteilt (s. a. Bewehrungszeichnung).

gew.: in Fundamentmitte 10 ∅ 16 - 12 cm
außen 2 × 3 ∅ 16 - 18 cm

Die Bewehrung wird reichlich gewählt (16 ∅ 16 mit $A_{s,vorh} = 32{,}1 \text{ cm}^2$), um auf Durchstanzbewehrung verzichten zu können (s. S. G.41).

Bemessung y-Richtung: [26)]

$M_{Sds} = 0{,}18 \cdot M_{Sd,y} = 0{,}18 \cdot 412 = 74{,}2$ kNm

$$\mu_{Sds} = \frac{M_{Sds}}{b \cdot d^2 \cdot f_{cd}}$$

$$= \frac{74{,}2 \cdot 10^{-3}}{(2{,}50/8) \cdot 0{,}52^2 \cdot (0{,}85 \cdot 30/1{,}5)}$$

$$= 0{,}0517$$

$$\Rightarrow \omega = 0{,}053; \quad \zeta = 0{,}97$$

$$A_s = \omega \cdot b \cdot d \cdot \frac{f_{cd}}{\sigma_{sd}}$$

$$= 0{,}053 \cdot (250/8) \cdot 52 \cdot \frac{0{,}85 \cdot 30/1{,}5}{435}$$

$$= 3{,}37 \text{ cm}^2$$

tot $A_s = 3{,}37/0{,}18 = 18{,}7 \text{ cm}^2$

gew.: in Fundamentmitte 12 ∅ 16 - 12 cm
außen 2 x 3 ∅ 16 - 18 cm

(Zur Bewehrungswahl wird auf die Anmerkung oben verwiesen.)

4.1.4.2 Nachweis der Tragfähigkeit für Durchstanzen

Mindestbiegezugbewehrung

Um sicherzustellen, dass sich die nachfolgend dargestellte Querkrafttragfähigkeit einstellen kann, ist das Fundament mindestens für die Momente m_{Sdx} und m_{Sdy} je Längeneinheit nach [E DIN 1045-1 – 00], Abschn. 10.5.6 zu bemessen.

$m_{Sdx} = m_{Sdy} \geq \eta \cdot V_{Sd}$

$\eta = 0{,}125$ (Innenstütze; s. DIN 1045-1, Abschn. 10.5.6)

$V_{Sd} = 2100$ kN (Stützenlängskraft als größte aufzunehmende Querkraft)

$m_{Sdx} = m_{Sdy} = 0{,}125 \cdot 2100 = 262{,}5$ kNm/m
$(> 68{,}2/(2{,}30/8) = 237$ kNm/m$)$

$$\mu_{Sds} = \frac{m_{Sd}}{b \cdot d^2 \cdot f_{cd}}$$

$$= \frac{262{,}5 \cdot 10^{-3}}{1{,}0 \cdot 0{,}53^2 \cdot (0{,}85 \cdot 30/1{,}5)}$$

$$= 0{,}055 \quad (\text{näherungsweise für } d = d_m)$$

$$\Rightarrow \omega = 0{,}057$$

$$a_{sy} = \omega \cdot b \cdot d \cdot \frac{f_{cd}}{\sigma_{sd}}$$

$$= 0{,}057 \cdot 100 \cdot 53 \cdot \frac{0{,}85 \cdot 30/1{,}5}{435}$$

$$= 11{,}8 \text{ cm}^2/\text{m}$$

Die gewählte Bewehrung ist ausreichend, da im Lasteintragungsbereich ∅ 16 - 12 (= 16,8 cm²/m) vorhanden sind. (Selbst im Randbereich ist der Nachweis noch mit ∅ 16 - 18 (= 11,2 cm²/m) näherungsweise erfüllt.)

Nachweis der Sicherheit gegen Durchstanzen[27)]

Lasteinleitungsfläche

Die Lasteinleitungsfläche A_{load} muss die Bedingung nach DIN 1045-1, 10.5.2 erfüllen; es gilt

$c_x / c_y \leq 2 \quad \rightarrow \quad 0{,}60/0{,}40 = 1{,}5 < 2$

$u_{load} \leq 11d \quad \rightarrow \quad 2 \cdot (0{,}40 + 0{,}60) = 2{,}0 \text{ m} < 11 \cdot 0{,}53 = 5{,}83 \text{ m}$

Aufzunehmende Querkraft (je Längeneinheit)

Die Bemessungsquerkraft wird auf den kritischen Rundschnitt u_{crit} bezogen. Dabei darf nach DIN 1045-1, 10.5.3 die Querkraft V_{Sd} um die günstige Wirkung aus den Bodenpressungen abgemindert werden. Die kritische Fläche A_{crit} bzw. der Abzugswert aus den resultierenden Bodenpressungen innerhalb von A_{crit} darf jedoch gemäß DIN 1045-1, 10.5.3 (5) höchstens mit 50 % in Ansatz gebracht werden.

[26)] Die Biegebemessung erfolgt mit Tafel D.5.3 (Kap. D), es wird auf die Anmerkung S. G.32 hingewiesen.

[27)] Siehe nächste Seite.

$v_{Sd} = V_{Sd} \cdot \beta / u$

$V_{Sd} = N_{Sd} - \sigma_0 \cdot A_{crit}$

$\sigma_0 = N_{Sd} / A = 2{,}100 / (2{,}30 \cdot 2{,}50)$
$= 0{,}365$ MN/m²

$A_{crit} = 0{,}4 \cdot 0{,}6 + 2 \cdot (0{,}4 \cdot 0{,}80 + 0{,}6 \cdot 0{,}80) + \pi \cdot 0{,}80^2 = 3{,}85$ m² (s. Skizze unten)

$V_{Sd} = 2{,}100 - 0{,}5 \cdot 0{,}365 \cdot 3{,}85 = 1{,}397$ MN

$\beta = 1{,}05$ ($\beta = 1$ gilt nur dann, wenn keine Lastausmitte möglich ist; diese kann jedoch wegen des unterstellten monolithischen Anschlusses der Stütze nicht völlig ausgeschlossen werden.)

$u = u_{crit} = 2 \cdot (0{,}40 + 0{,}60) + 2 \cdot \pi \cdot 0{,}80$
$= 7{,}03$ m (s. unten)

$v_{Sd} = 1{,}397 \cdot 1{,}05 / 7{,}03 = 0{,}209$ MN/m

Aufnehmbare Querkraft (Widerstand) $v_{Rd,ct}$ ohne Anordnung einer Durchstanzbewehrung

$v_{Rd,ct} = 0{,}12 \cdot \eta_1 \cdot \kappa \cdot (100 \rho_l \cdot f_{ck})^{1/3} \cdot d$ (für $\sigma_{cd} = 0$)

$\kappa = 1 + \sqrt{200 / d} = 1 + \sqrt{200 / 530} = 1{,}61$

$f_{ck} = 30$ N/mm² (C 30/37)

$\rho_l = \sqrt{\rho_{lx} \cdot \rho_{ly}}$

Im Bereich der kritischen Fläche sind vorhanden auf der Breite b_{crit}

$b_{x,crit} = 2{,}20$ m → 16 Ø 16

$\rho_{ly} = 32{,}2 / (220 \cdot 52) = 0{,}00282$

$b_{y,crit} = 2{,}00$ m → 14 Ø 16

$\rho_{lx} = 28{,}2 / (200 \cdot 54) = 0{,}00261$

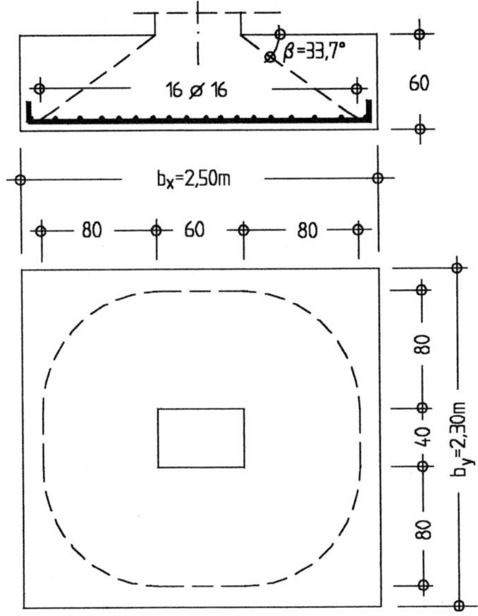

Abb. G.4.3 Kritischer Umfang u_{crit}

$\rho_l = \sqrt{0{,}00282 \cdot 0{,}00261} = 0{,}0027$

$d = d_m = 0{,}53$ m; $\eta_1 = 1$

$v_{Rd,ct} = 0{,}12 \cdot 1{,}61 \cdot (100 \cdot 0{,}0027 \cdot 30)^{1/3} \cdot 0{,}53$
$= 0{,}206$ MN/m

Nachweis

$v_{Sd} = 0{,}209$ MN/m² $\approx v_{Rd,ct} = 0{,}206$ MN/m²

⇒ keine Durchstanzbewehrung erforderlich; Nachweis näherungsweise erfüllt.

---

27) **Sicherheit gegen Durchstanzen nach EC 2**

Zum Vergleich wird nachfolgend auch der Nachweis nach [ENV 1992-1-1 – 92] gezeigt; bzgl. der Lasteinleitungsfläche A_{load} gelten die zuvor gemachten Ausführungen.

Aufzunehmende Querkraft (je Längeneinheit)

Die Bemessungsquerkraft wird auf den kritischen Rundschnitt u_{crit} bezogen. Die Querkraft V_{Sd} darf nach EC 2 um die günstige Wirkung aus den Bodenpressungen abgemindert werden. In [Kordina – 94] wird jedoch empfohlen, den Abzugswert aus der Resultierenden der Bodenpressungen nur unter Berücksichtigung eines Neigungswinkels von 45° zu bestimmen.

$v_{Sd} = V_{Sd} \cdot \beta / u$

$V_{Sd} = N_{Sd} - \sigma_0 \cdot A_\sigma$

$\sigma_0 = N_{Sd} / A = 2{,}10 / (2{,}3 \cdot 2{,}5) = 0{,}365$ MN/m²

$A_\sigma = 0{,}4 \cdot 0{,}6 + 2 \cdot (0{,}4 \cdot 0{,}53 + 0{,}6 \cdot 0{,}53) + \pi \cdot 0{,}53^2 = 2{,}18$ m² (45°-Neigung)

$V_{Sd} = 2{,}100 - 0{,}365 \cdot 2{,}18 = 1{,}304$ MN

$\beta = 1{,}15$ ($\beta = 1$ gilt nur, wenn keine Lastausmitte möglich ist, die jedoch wegen des unterstellten monolithischen Anschlusses der Stütze nicht ausgeschlossen wird.)

$u = u_{crit} = 2 \cdot (0{,}40 + 0{,}60) + 2 \cdot \pi \cdot 0{,}80$
$= 7{,}03$ m (33,7°-Neigung)

$v_{Sd} = 1{,}304 \cdot 1{,}15 / 7{,}03 = 0{,}213$ MN/m

Aufnehmbare Querkraft (Widerstand) v_{Rd1} ohne Anordnung einer Durchstanzbewehrung

$v_{Rd1} = \tau_{Rd} \cdot k \cdot (1{,}2 + 40 \cdot \rho_l) \cdot d$ (EC 2, Gl. (4.56))

$\tau_{Rd} = 1{,}2 \cdot 0{,}28 = 0{,}34$ MN/m²
(C 30/37; die τ_{Rd}-Werte nach [NAD zu ENV 1992-1-1 – 93] Tab. R4 dürfen mit 1,2 vergrößert verwendet werden.)

$k = 1{,}6 - d = 1{,}6 - 0{,}53 = 1{,}07$

$\rho_l = \sqrt{\rho_{lx} \cdot \rho_{ly}}$
$= 0{,}0027$ (wie in Berechnung nach DIN 1045-1)
(Der in EC 2, 4.3.4.1(9) geforderte Längsbewehrungsgrad von > 0,5 % gilt nicht für Fundamentplatten mit einer Dicke von mehr als 50 cm; s. [NAD zu ENV 1992-1-1 – 93].)

$d = d_m = 0{,}53$ m

$v_{Rd1} = 0{,}34 \cdot 1{,}07 \cdot (1{,}2 + 40 \cdot 0{,}0027) \cdot 0{,}53 = 0{,}252$ MN/m

Nachweis

$v_{Sd} = 0{,}213$ MN/m $< v_{Rd1} = 0{,}252$ MN/m

⇒ keine Durchstanzbewehrung erforderlich!

G

4.1.5 Nachweise im Grenzzustand der Gebrauchstauglichkeit

Im Grenzzustand der Gebrauchstauglichkeit soll hier nur der Nachweis zur Beschränkung der Rissbreite für Lastbeanspruchung geführt werden.

Beschränkung der Rissbreite

Die Mindestanforderung für Stahlbetonbauteile der Umweltklasse XC 2 und XF 1 ist die Klasse E. Es wird ein Regelwert der Rissbreite $w_k = 0{,}3$ mm gefordert (DIN 1045-1, Abschn.11.2).

Die Berechnung wird bei gleicher Momentenbeanspruchung je Längeneinheit in Längs- und Querrichtung für die ungünstigere y-Richtung mit der geringeren Nutzhöhe d_y geführt. Der Nachweis erfolgt nach DIN 1045-1, 11.2 für den quasi-ständigen Lastanteil. Die Verkehrslast $N_{qk} = 500$ kN (S. G.38) soll aus einer Nutzlast eines Bürogebäudes resultieren; hierfür gilt nach DIN 1055-100 (vgl. Kap. A) ein Kombinationsfaktor $\psi_2 = 0{,}3$. Die Stützenlängskraft unter der quasi-ständigen Last beträgt dann

$$N_{perm} = N_{gk} + \psi_2 \cdot N_{qk} = 1000 + 0{,}3 \cdot 500 = 1150 \text{ kN}$$

Für das Gesamtmoment M_{perm} in y-Richtung am Stützenanschnitt erhält man

$$M_{Sd,x} = N_{Sd} \cdot \frac{b_x}{8} \cdot \left(1 - \frac{c_y}{b_y}\right)^2$$

$$= 1150 \cdot \frac{2{,}30}{8} \cdot \left(1 - \frac{0{,}40}{2{,}30}\right)^2 = 226 \text{ kNm}$$

Insbesondere im Grenzzustand der Gebrauchstauglichkeit sollte zur Vermeidung übermäßiger Rissbildung die Momentenkonzentration an der Stütze beachtet werden (vgl. [Dieterle/Rostasy – 87]). Im maximal beanspruchten Streifen der Breite $b_x/8$ = 2,50/8 = 0,313 m erhält man mit den Angaben aus [DAfStb-H.240 – 86] das Moment

$$M_{perm} = 226 \cdot 0{,}18 = 40{,}7 \text{ kNm} \quad (\text{auf } b_x = 0{,}313 \text{ m})$$

bzw. je Längeneinheit

$$M_{perm} = 40{,}7/0{,}313 = 130 \text{ kNm/m (je lfdm)}$$

Die Stahlspannung unter der quasi-ständigen Last bzw. infolge M_{perm} ergibt sich für reine Biegung

$$\sigma_s = \frac{M_{perm}}{z \cdot A_s}$$

$z \approx 0{,}9 \cdot 0{,}52 = 0{,}47$ m
(z wird hier genügend genau mit 0,9 d abgeschätzt.)

$A_s = 16{,}8$ cm²/m (⌀16 - 12; s. S. G.40)

$$\sigma_s = \frac{0{,}130}{0{,}47 \cdot 16{,}8 \cdot 10^{-4}} = 165 \text{ MN/m}^2$$

Nachweis des gewählten Durchmessers

$$\lim d_s = d_s^* \cdot \frac{\sigma_s \cdot A_s}{4 \cdot (h-d) \cdot b \cdot f_{ct0}} \geq d_s^*$$

$d_s^* = 28$ mm (s. DIN 1045-1, Tab. 11.3 für $\sigma_s = 165$ MN/m², $w_k = 0{,}3$ mm)

$$\frac{\sigma_s \cdot A_s}{4 \cdot (h-d) \cdot b \cdot f_{ct0}} = \frac{165 \cdot 16{,}8 \cdot 10^{-4}}{4 \cdot (0{,}60 - 0{,}52) \cdot 1{,}0 \cdot 3{,}0} = 0{,}29 < 1$$

$\lim d_s = d_s^* \cdot 1{,}0 = 28$ mm > vorh $d_s = 16$ mm

$\Rightarrow$ Nachweis erfüllt.

Auf den Nachweis der Mindestbewehrung nach DIN 1045, 11.2.2 wird verzichtet; es wird ohne Nachweis unterstellt, dass eine ggf. vorhandene Zwangsschnittgröße kleiner als die Lastschnittgröße ist.

4.1.6 Bewehrungsführung und bauliche Durchbildung

4.1.6.1 Verankerung der Biegezugbewehrung

Grundmaß l_b der Verankerungslänge

$$l_b = \frac{f_{yd}}{4 \cdot f_{bd}} \cdot d_s = \frac{500/1{,}15}{4 \cdot 3{,}0} \cdot d_s = 36{,}2\, d_s$$

(gute Verbundbedingung; C 30/37)

Die Bewehrung wird am Plattenrand durch Haken verankert. Der Krümmungsbeginn liegt bei (vgl. hierzu Abb. G.4.4)

$$x_0 = \text{nom } c + d_s + d_{br}/2 = 5{,}0 + 1{,}6 + 4 \cdot 1{,}6/2 \approx 10 \text{ cm}$$

An dieser Stelle wird die zu verankernde Zugkraft aus der um das Versatzmaß $a_l = d$ verschobenen M_{Sd}/z-Linie bestimmt (s. Abb. G.4.4). Das Moment ergibt sich nach Verschiebung um a_l zu

a) Zugkraftdeckung

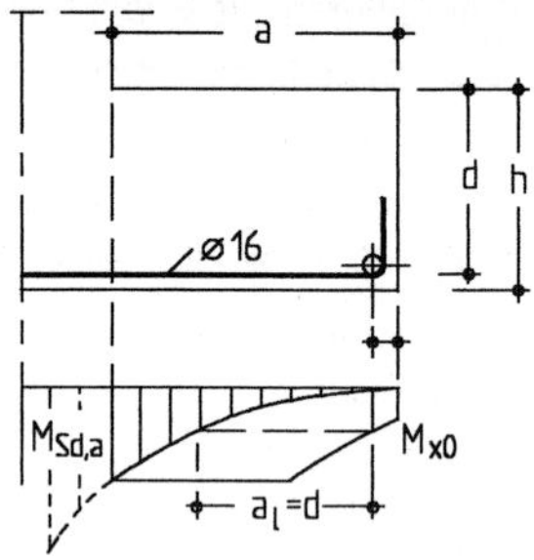

b) Endverankerung

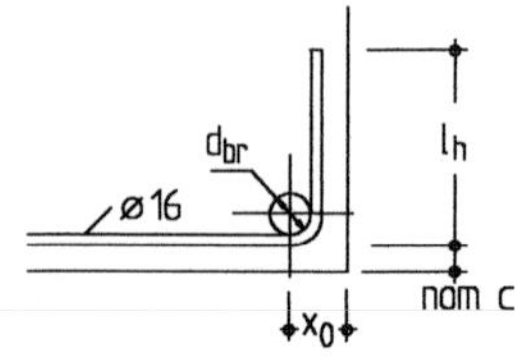

Abb. G.4.4 Zugkraftdeckung (a) und Verankerung der Biegezugbewehrung (b)

$$M_{Sd,x0} + \Delta M_{Sd,x0} = \frac{N_{Sd}}{b_x} \cdot \frac{(x_0 + a_l)^2}{2}$$
$$= \frac{2100}{2{,}50} \cdot \frac{(0{,}10 + 0{,}54)^2}{2}$$
$$= 172 \text{ kNm}$$

Mit einem Hebelarm $z \approx d_x = 0{,}54$ m erhält man die Zugkraft F_{sd} und die erforderliche Bewehrung:

$$F_{sd} = 172/0{,}54 \approx 319 \text{ kN}$$
$$A_{s,erf} = F_{sd}/f_{yd} = 319/43{,}5 = 7{,}3 \text{ cm}^2 < A_{s,vorh} = 32{,}2 \text{ cm}^2 \ (16 \varnothing 16)$$

Die Verankerungslänge ergibt sich dann zu

$$l_{b,net} = \alpha_a \cdot \frac{A_{s,erf}}{A_{s,vorh}} \cdot l_b \geq l_{b,min}$$
$$\alpha_a = 1{,}0 \quad \text{(gerades Stabende)}$$
$$l_{b,net} = (7{,}3/32{,}2) \cdot (36{,}2 \cdot 1{,}6) = 13 \text{ cm}$$
$$l_{b,min} = 0{,}3 \cdot \alpha_a \cdot l_b \geq 10\, d_s$$
$$= 0{,}3 \cdot 36{,}2 \cdot 1{,}6 = 17 \text{ cm}$$
$$> 10 \cdot 1{,}6 = 16 \text{ cm}$$
$$l_{b,net} = 13 \text{ cm} < 17 \text{ cm}$$

Es wird eine Hakenlänge von ca. 25 cm ($\approx 15\, d_s$; s. [Dieterle/Rostasy – 87]) gewählt; im Verankerungsbereich wird an den Rändern konstruktiv ein Querstab ∅8 angeordnet. Die Verankerungslänge beträgt

$$l_{b,vorh} \approx l_h = 25{,}0 + d_{br}/2 + d_s$$
$$= 25{,}0 + 4 \cdot 1{,}6/2 + 1{,}6 = 30 \text{ cm}$$
$$> l_{b,erf} = 17 \text{ cm}$$

Für die andere Richtung erfolgt der Nachweis in analoger Weise.

4.1.6.2 Mindest- und Höchstbewehrung

Mindestbewehrung
(DIN 1045-1, 5.4.2 und 13.1.1)

Zur Sicherstellung gegen ein Versagen ohne Vorankündigung muss eine Mindestbewehrung angeordnet werden (Duktilitätskriterium). Diese Mindestbewehrung ist für das Rissmoment mit dem Mittelwert der Betonzugfestigkeit f_{ctm} und der Stahlspannung $\sigma_s = f_{yk}$ zu berechnen. Für

$f_{ctm} = 2{,}9 \text{ MN/m}^2$ (Beton C 30/37) und
$f_{yk} = 500 \text{ MN/m}^2$ (BSt 500)

erhält man:

Nachweis für die y-Richtung

$$A_{s,min} = \frac{M_{cr}}{z \cdot f_{yk}}$$
$$M_{cr} = f_{ctm} \cdot W$$
$$= 2{,}9 \cdot (0{,}60^2/6) \cdot 2{,}50 = 0{,}435 \text{ MNm}$$
$$z \approx 0{,}9d = 0{,}9 \cdot 0{,}52 = 0{,}47 \text{ m}$$
$$A_{s,min} = \frac{0{,}435}{0{,}47 \cdot 500} \cdot 10^4 = 18{,}5 \text{ cm}^2$$

Die Mindestbewehrung muss über die gesamte Fundamentlänge („Kragarm") durchlaufen (vgl. DIN 1045-1, Abschn. 13.1.1). Die Mindestbewehrung ist mit vorh $A_s = 36{,}2 \text{ cm}^2$ (18 ∅ 16) eingehalten, die Bewehrung wird nicht gestaffelt.

Der Nachweis für die x-Richtung erfolgt analog, auf eine Darstellung wird verzichtet.

Höchstbewehrung
(DIN 1045-1, 13.1.1)

Die Höchstbewehrung darf $0{,}08 \cdot A_c$ nicht überschreiten (gilt auch im Bereich von Übergreifungsstößen). Im vorliegenden Fall ohne Nachweis!

4.1.6.3 Sonstige Bewehrungsregelungen

Stababstände

Der Stababstand in Längs- und Querrichtung darf maximal 25 cm betragen (DIN 1045-1, 13.3.2). Die gewählte Bewehrung erfüllt diese Anforderung.

Randbewehrung

Entlang freier ungestützter Ränder muss eine Längs- und Querbewehrung (Steckbügel) angeordnet werden. Hierauf darf jedoch bei innenliegenden Bauteilen des üblichen Hochbaus und bei Fundamenten verzichtet werden (vgl. DIN 1045-1, 13.3.2 (10) und (11)).

Auf weitere Nachweise zur Bewehrungsführung wird im Rahmen des Beispiels verzichtet.

4.1.7 Bewehrungsskizze

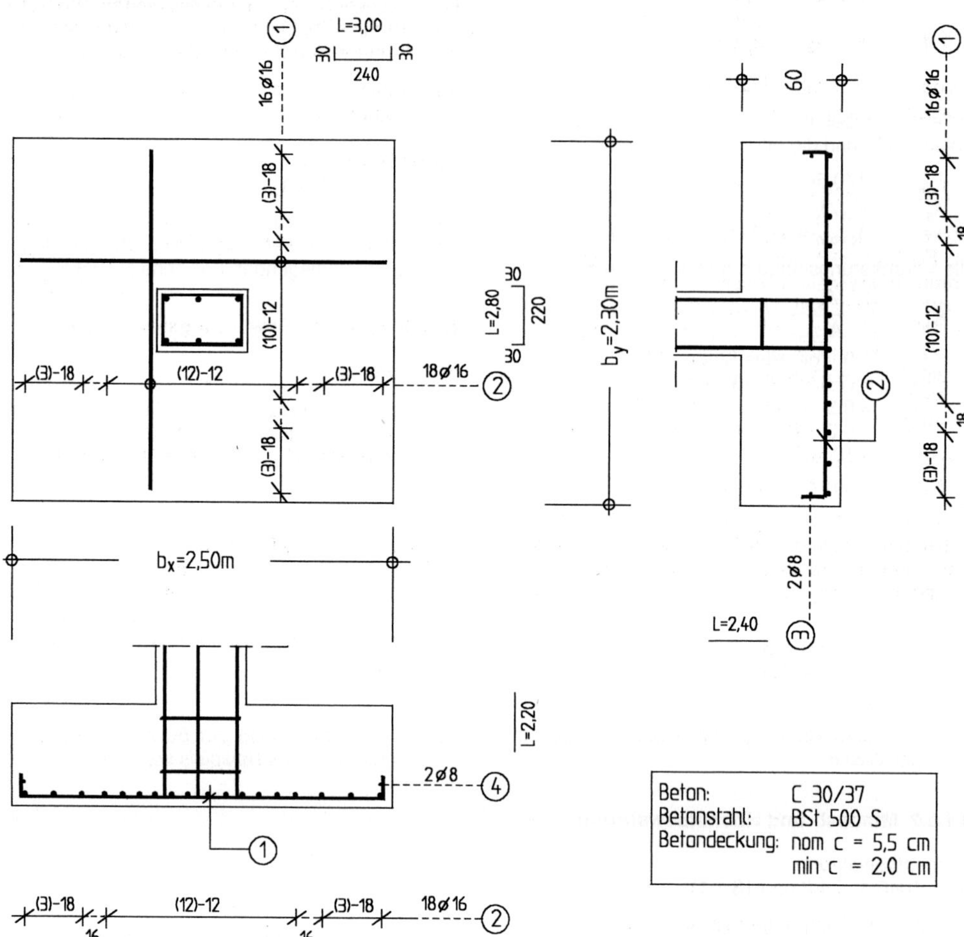

Abb. G.4.5 Bewehrungszeichnung

4.2 Einzelfundament mit Durchstanzbewehrung

4.2.1 Aufgabenstellung

Es gelten die einleitend gemachten Annahmen und Voraussetzungen.

4.2.2 Abmessungen, Baustoffe

Abweichend vom zuvor untersuchten Fall A, wird die Fundamentstärke auf 55 cm verringert. Es sei darauf hingewiesen, dass es sinnvoller ist, die Fundamentdicke so zu wählen, dass rechnerisch auf Durchstanzbewehrung verzichtet werden kann. Das ist im vorliegenden Fall schon mit einer geringfügig dickeren Fundamentstärke möglich, wie im Fall A gezeigt (im Fall A allerdings bei gleichzeitig erhöhter Längsbewehrung).

Die Baustoffe, die Umweltbedingungen und die weiteren Abmessungen können Abb. G.4.6 entnommen werden (s. a. Abschn. G.4.1).

Nachfolgend sind nur die Rechenschritte ausführlicher erläutert, bei denen gegenüber Fall A Änderungen auftreten.

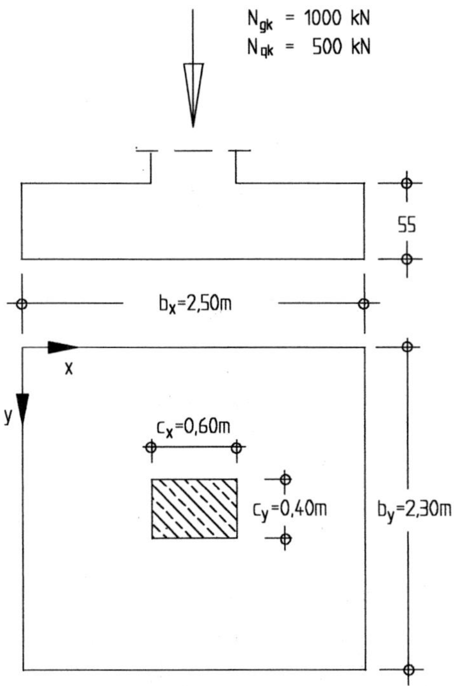

Baustoffe

Beton C 30/37
Betonstahl BSt 500

Umweltbedingungen

Fundament in nasser, selten trockener und nicht betonangreifender Umgebung
(Umgebungsklasse XC 2 und XF 1)

Hinweis:

Die Fundamentdicke h = 55 cm ist so gewählt, dass bei der erforderlichen bzw. gewählten Biegezugbewehrung eine Ausführung *mit* Durchstanzbewehrung möglich ist.

Mit einer Auskragung $a/h = 0{,}95/0{,}55 < 2$ handelt es sich um ein gedrungenes Fundament. Hierfür sind die Regelungen in DIN 1045-1 nicht ganz eindeutig, der Nachweis wird dennoch nach [E DIN 1045-1], 10.5 geführt.

Abb. G.4.6 Abmessungen, Baustoffe und Umweltbedingungen

4.2.3 Nachweis der Bodenpressungen

Der Nachweis der Bodenpressungen nach DIN 1054 erfolgt mit den charakteristischen Werten der Einwirkungen. Mit den Vorgaben ergibt sich

aus Stütze:
- Eigenlast N_{gk} = 1000 kN
- veränderliche Last N_{qk} = 500 kN

Eigenlast Fundament
$0{,}55 \cdot 2{,}30 \cdot 2{,}50 \cdot 25{,}0 = 79$ kN

Bodenauflast
$0{,}45 \cdot (2{,}3 \cdot 2{,}5 - 0{,}4 \cdot 0{,}6) \cdot 19{,}0 = 47$ kN

Σ = 1626 kN

Bodenpressungen

$$\sigma_0 = \frac{1626}{2{,}30 \cdot 2{,}50} = 283 \text{ kN/m}^2$$
$$< 285 \text{ kN/m}^2 = \text{zul } \sigma_0$$

→ Nachweis der Bodenpressungen erfüllt!

G

4.2.4 Nachweise im Grenzzustand der Tragfähigkeit

4.2.4.1 Grenzzustand der Tragfähigkeit für Biegung

Biegemomente

Bei gleicher Längskraft der Stütze und bei gleichen Grundrissabmessungen von Stütze und Fundament ergeben sich wie vorher

$M_{Sd,x}$ = 379 kNm
$M_{Sd,y}$ = 412 kNm

Biegebemessung

Betondeckung (vgl. S. G.39):

c_{min} = 2,0 cm (Umgebungsklasse XC 2)
Δc = 3,5 cm (Vorhaltemaß)
c_{nom} = 5,5 cm

Nutzhöhen:

Bei einem angenommenen Stabdurchmesser von d_{sl} = 16 mm erhält man

$d_x = 55{,}0 - 5{,}5 - 1{,}6/2 \approx 49$ cm (1. Lage)
$d_y = 55{,}0 - 5{,}5 - 1{,}6 - 1{,}6/2 \approx 47$ cm (2. Lage)

Momentenverteilung:

Die Konzentration der Beanspruchung in Stützennähe wird nach [DAfStb-H.240 – 86] berücksichtigt. Es ist

$c_y/b_y = 0{,}40 / 2{,}30 = 0{,}17$ und
$c_x/b_x = 0{,}60 / 2{,}50 = 0{,}24$

Damit erhält man für beide Richtungen mit $c/b \approx 0{,}2$ näherungsweise die gleiche dargestellte Verteilung α_M in % des Gesamtmoments.

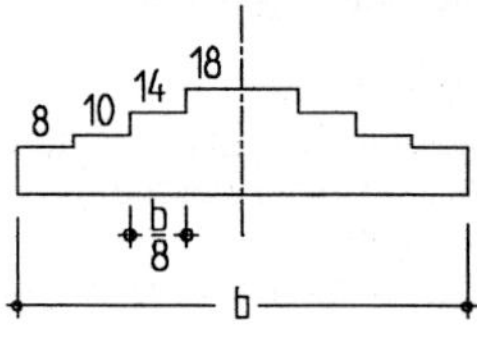

Abb. G.4.7 Verteilung α_M in % vom Gesamtmoment

Bemessung x-Richtung: [28)]

In Fundamentmitte ergibt sich mit der zuvor angegebenen Verteilung auf eine Breite von $b_y/8$

$$M_{Sds} = 0{,}18 \cdot M_{Sd,x} = 0{,}18 \cdot 379 = 68{,}2 \text{ kNm}$$

$$\mu_{Sds} = \frac{M_{Sds}}{b \cdot d^2 \cdot f_{cd}} = \frac{68{,}2 \cdot 10^{-3}}{(2{,}30/8) \cdot 0{,}49^2 \cdot (0{,}85 \cdot 30/1{,}5)} = 0{,}0581$$

$$\Rightarrow \omega = 0{,}060; \quad \zeta = 0{,}96$$

$$A_s = \omega \cdot b \cdot d \cdot \frac{f_{cd}}{\sigma_{sd}} = 0{,}060 \cdot (230/8) \cdot 49 \cdot \frac{0{,}85 \cdot 30/1{,}5}{435} = 3{,}30 \text{ cm}^2$$

Gesamtbewehrung in *x*-Richtung

$A_s = 3{,}30/0{,}18 = 18{,}4$ cm²

Die Bewehrung wird genähert nach der Darstellung in Abb. G.4.7 verteilt (s. a. Bewehrungszeichnung).

gew.: in Fundamentmitte 9 ∅ 16 - 14 cm
außen 2 × 3 ∅ 16 - 18 cm

Bemessung y-Richtung: [28)]

$$M_{Sds} = 0{,}18 \cdot M_{Sd,y} = 0{,}18 \cdot 412 = 74{,}2 \text{ kNm}$$

$$\mu_{Sds} = \frac{M_{Sds}}{b \cdot d^2 \cdot f_{cd}} = \frac{74{,}2 \cdot 10^{-3}}{(2{,}50/8) \cdot 0{,}47^2 \cdot (0{,}85 \cdot 30/1{,}5)} = 0{,}0632$$

$$\Rightarrow \omega = 0{,}066; \quad \zeta = 0{,}97$$

$$A_s = \omega \cdot b \cdot d \cdot \frac{f_{cd}}{\sigma_{sd}} = 0{,}066 \cdot (250/8) \cdot 47 \cdot \frac{0{,}85 \cdot 30/1{,}5}{435} = 3{,}79 \text{ cm}^2$$

tot $A_s = 3{,}79/0{,}18 = 21{,}0$ cm²

gew.: in Fundamentmitte 10 ∅ 16 - 14 cm
außen 2 x 3 ∅ 16 - 18 cm

4.2.4.2 Nachweis der Tragfähigkeit für Durchstanzen

Mindestbiegezugbewehrung

Um sicherzustellen, dass sich die nachfolgend dargestellte Querkrafttragfähigkeit einstellen kann, ist das Fundament mindestens für die Momente m_{Sdx} und m_{Sdy} je Längeneinheit nach DIN 1045-1, 10.5.6 zu bemessen.

---

28) Die Biegebemessung erfolgt mit Tafel D.5.3 im Kap. D, die für eine Bemessung nach DIN 1045-1 aufgestellt ist; auf die unterschiedliche Definition von f_{cd} in EC 2 und DIN 1045-1 wird hingewiesen (s. a. Anmerkung S. G.40).

$m_{Sdx} = m_{Sdy} \geq \eta \cdot V_{Sd}$

$\eta = 0{,}125$ (Innenstütze; s. DIN 1045-1, 10.5.6 (Tab.))

$V_{Sd} = 2100$ kN (Stützenlängskraft als größte aufzunehmende Querkraft)

$m_{Sdx} = m_{Sdy} = 0{,}125 \cdot 2100 = 262{,}5$ kNm/m (> 68,2 / (2,30/8) = 237 kNm/m)

$$\mu_{Sds} = \frac{m_{Sd}}{b \cdot d^2 \cdot f_{cd}}$$

$$= \frac{262{,}5 \cdot 10^{-3}}{1{,}0 \cdot 0{,}48^2 \cdot (0{,}85 \cdot 30 / 1{,}5)}$$

$= 0{,}067$ (näherungsweise für $d = d_m$)

$\Rightarrow \omega = 0{,}070$

$$a_{sy} = \omega \cdot b \cdot d \cdot \frac{f_{cd}}{\sigma_{sd}}$$

$$= 0{,}070 \cdot 100 \cdot 48 \cdot \frac{0{,}85 \cdot 30 / 1{,}5}{435}$$

$= 13{,}1$ cm²/m

Die gewählte Bewehrung ist ausreichend, da im Lasteintragungsbereich ∅ 16 - 14 (= 14,4 cm²/m) vorhanden sind. (Die geforderte Bewehrung wird hier im Mittel selbst für die gesamte Fundamentbreite eingehalten.)

Nachweis der Sicherheit gegen Durchstanzen[29)]

Lasteinleitungsfläche

Die Lasteinleitungsfläche A_{load} muss die Bedingung nach DIN 1045-1, 10.5.2 erfüllen; es gilt

$c_x / c_y \leq 2 \quad \rightarrow \quad 0{,}60 / 0{,}40 = 1{,}5 < 2$

$u_{load} \leq 11d \quad \rightarrow \quad 2 \cdot (0{,}40 + 0{,}60) = 2{,}0$ m $< 11 \cdot 0{,}48 = 5{,}28$ m

Aufzunehmende Querkraft (je Längeneinheit)

(s. Erläuterungen S. G.40)

$v_{Sd} = V_{Sd} \cdot \beta / u$

$V_{Sd} = N_{Sd} - \sigma_0 \cdot A_{crit}$

$\sigma_0 = N_{Sd} / A = 2{,}100 / (2{,}30 \cdot 2{,}50) = 0{,}365$ MN/m²

$A_{crit} = 0{,}4 \cdot 0{,}6 + 2 \cdot (0{,}4 \cdot 0{,}72 + 0{,}6 \cdot 0{,}72) + \pi \cdot 0{,}72^2 = 3{,}31$ m² (s. Skizze S. G.48)

$V_{Sd} = 2{,}100 - 0{,}5 \cdot 0{,}365 \cdot 3{,}31 = 1{,}496$ MN

$\beta = 1{,}05$ ($\beta = 1$ gilt nur, wenn keine Lastausmitte möglich ist, die jedoch wegen des unterstellten monolithischen Anschlusses der Stütze nicht völlig ausgeschlossen werden kann.)

$u = u_{crit} = 2 \cdot (0{,}40 + 0{,}60) + 2 \cdot \pi \cdot 0{,}72 = 6{,}52$ m (s. Skizze S. G.48)

$d = d_m = 0{,}48$ m

$v_{Sd} = 1{,}496 \cdot 1{,}05 / 6{,}52 = 0{,}240$ MN/m

Aufnehmbare Querkraft (Widerstand) $v_{Rd,ct}$ ohne Anordnung einer Durchstanzbewehrung

$v_{Rd,ct} = 0{,}12\, \eta_1 \cdot \kappa \cdot (100\, \rho_l \cdot f_{ck})^{1/3} \cdot d$ (für $\sigma_{cd} = 0$)

$\kappa = 1 + \sqrt{200 / d} = 1 + \sqrt{200/480} = 1{,}64$

$f_{ck} = 30$ N/mm²; $\eta_1 = 1$ (Normalbeton)

$\rho_l = \sqrt{\rho_{lx} \cdot \rho_{ly}}$

Auf der Breite b_{crit} sind vorhanden

$b_{x,crit} = 2{,}04$ m → ca. 12 ∅ 16

$\rho_{ly} = 24{,}1 / (204 \cdot 47) = 0{,}0025$

$b_{y,crit} = 1{,}84$ m → ca. 11 ∅ 16

$\rho_{lx} = 22{,}1 / (184 \cdot 49) = 0{,}0025$

$\rho_l = \sqrt{0{,}0025 \cdot 0{,}0025} = 0{,}0025$

$v_{Rd,ct} = 0{,}12 \cdot 1{,}64 \cdot (100 \cdot 0{,}0025 \cdot 30)^{1/3} \cdot 0{,}48 = 0{,}185$ MN/m

Nachweis

$v_{Sd} = 0{,}240$ MN/m > $v_{Rd,ct} = 0{,}185$ MN/m

⇒ Durchstanzbewehrung erforderlich!

(*Hinweis:*
Eine Ausführung ohne Durchstanzbewehrung wäre erst bei einer Erhöhung des Längsbewehrungsgrades $\rho_l = 0{,}55$ % zulässig, d. h. die Bewehrung hätte dann mehr als verdoppelt werden müssen.)

---

29) **Sicherheit gegen Durchstanzen nach EC 2**

Aufzunehmende Querkraft (je Längeneinheit)

(s. hierzu Anmerkungen S. G.41)

$v_{Sd} = V_{Sd} \cdot \beta / u$

$V_{Sd} = N_{Sd} - \sigma_0 \cdot A_\sigma$

$\sigma_0 = N_{Sd} / A = 2{,}10 / (2{,}3 \cdot 2{,}5) = 0{,}365$ MN/m²

$A_\sigma = 0{,}4 \cdot 0{,}6 + 2 \cdot (0{,}4 \cdot 0{,}48 + 0{,}6 \cdot 0{,}48) + \pi \cdot 0{,}48^2 = 1{,}92$ m² (45°-Neigung)

$V_{Sd} = 2{,}100 - 0{,}365 \cdot 1{,}92 = 1{,}399$ MN

$\beta = 1{,}15$

$u = u_{crit} = 2 \cdot (0{,}40 + 0{,}60) + 2 \cdot \pi \cdot 0{,}72 = 6{,}52$ m (33,7°-Neigung)

$v_{Sd} = 1{,}399 \cdot 1{,}15 / 6{,}52 = 0{,}246$ MN/m

Aufnehmbare Querkraft (Widerstand) v_{Rd1}

$v_{Rd1} = \tau_{Rd} \cdot k \cdot (1{,}2 + 40 \cdot \rho_l) \cdot d$ (EC 2, Gl. (4.56))

$\tau_{Rd} = 1{,}2 \cdot 0{,}28 = 0{,}34$ MN/m²

(C 30/37; 1,2fache τ_{Rd}-Werte)

$k = 1{,}6 - d = 1{,}6 - 0{,}48 = 1{,}12$

$\rho_l = \sqrt{\rho_{lx} \cdot \rho_{ly}}$

$b_{x,crit} = 2{,}04$ m → 12 ∅ 16

$\rho_{ly} = 24{,}1 / (204 \cdot 47) = 0{,}0025$

$b_{y,crit} = 1{,}84$ m → 11 ∅ 16

$\rho_{lx} = 22{,}1 / (184 \cdot 49) = 0{,}0025$

$\rho_l = \sqrt{0{,}0025 \cdot 0{,}0025} = 0{,}0025$

$d = d_m = 0{,}48$ m

$v_{Rd1} = 0{,}34 \cdot 1{,}12 \cdot (1{,}2 + 40 \cdot 0{,}0025) \cdot 0{,}48 = 0{,}238$ MN/m

Nachweis

$v_{Sd} = 0{,}246$ MN/m > $v_{Rd1} = 0{,}238$ MN/m

⇒ Durchstanzbewehrung (gerade) erforderlich!

G

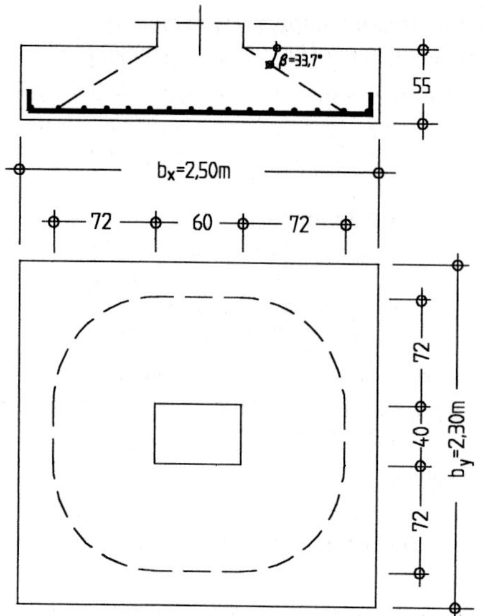

Abb. G.4.8 Kritischer Umfang u_{crit}

Bemessung der Durchstanzbewehrung

Vorbemerkung

Es handelt sich um ein gedrungenes Fundament (vgl. Hinweis auf S. G.45) und somit nicht um eine Platte. Hierfür erscheint der Nachweis nach [E DIN 1045-1], 10.5 nur bedingt anwendbar. Dennoch wird er hier geführt, eine Übertragbarkeit auf andere Fälle sollte jedoch im Einzelfall kritisch geprüft werden.

Aufnehmbare Querkraft (Widerstand) $v_{Rd,max}$

$v_{Rd,max} = 1{,}7 \cdot v_{Rd,ct} = 1{,}7 \cdot 0{,}185 = 0{,}315$ MN/m
$v_{Sd} = 0{,}240$ MN/m $< v_{Rd,max} = 0{,}315$ MN/m

$\Rightarrow$ Ausführung mit Durchstanzbewehrung zulässig.

Ermittlung der erforderlichen Durchstanzbewehrung

Beim Verfahren nach DIN 1045-1 wird in Form einer Schubkraftdeckung die erforderliche Durchstanzbewehrung für jede Reihe separat ermittelt und nachgewiesen. Zunächst ist für eine erste Reihe im Abstand 0,5 *d* vom Stützenrand nachzuweisen:

$$v_{Rd,sy} = v_{Rd,ct} + \kappa_s \cdot A_{sw} \cdot f_{yd} / u \geq v_{Sd}$$

Hierin ist $\kappa_s \cdot A_{sw} \cdot f_{yd}$ die Bemessungskraft der Durchstanzbewehrung in Richtung der aufzunehmenden Querkraft und *u* der zugehörige Umfang des Nachweisschnitts.

In weiteren Bewehrungsreihen ist dann die jeweils dort vorhandene Querkraft v_{Sd} nachzuweisen.

Im äußeren Rundschnitt (Abstand 1,5*d* von der letzten Bewehrungsreihe) darf die Querkrafttragfähigkeit $v_{Rd,cta}$ nicht überschritten werden:

$$v_{Sd} \leq v_{Rd,cta} = \kappa_a \cdot v_{Rd,ct}$$

Im vorliegenden Fall wird ohne Berechnung vereinfachend und auf der sicheren Seite angenommen, dass der Nachweis von $v_{Rd,cta}$ am Fundamentrand erfüllt ist (als „durchstanzerzeugend" sind dann nur noch die durch die Ausrundung verbleibenden Eckbereiche vorhanden).

Als Durchstanzbewehrung sollen lotrechte Bügelkörbe ($\alpha = 90°$) zur Anwendung kommen. Schubbewehrung ist nach DIN 1045-1, 10.5.5 auf eine Breite l_w von der Lasteinleitungsfläche bis 1,5*d* vor dem äußeren Rundschnitt erforderlich, im vorliegenden Falle also auf

$$l_w = (2{,}50-0{,}60)/2 - 1{,}5 \cdot 0{,}48 = 0{,}23 \text{ m}$$
$$\approx 0{,}5\, d = 0{,}24 \text{ m}$$

Ein rechnerischer Nachweis ist damit nur für die erste Bügelreihe erforderlich, konstruktiv ist allerdings eine zweite Reihe mit Mindestbewehrung anzuordnen (DIN 1045-1, 13.3.3).

Ermittlung der Bewehrung für die erste Reihe:

$$\text{erf } A_{sw} = \frac{(v_{Sd} - v_{Rd,ct}) \cdot u_1}{\kappa_s \cdot f_{yd}}$$

$v_{Rd,ct} = 0{,}185$ MN/m

$\kappa_s = 0{,}7 + 0{,}3 \cdot (d - 400)/400 \;\; {\geq 0{,}7 \atop \leq 1{,}0}$

$= 0{,}7 + 0{,}3 \cdot (480 - 400)/400 = 0{,}76$

$u_1 = 2 \cdot (0{,}40 + 0{,}60) + 2 \cdot \pi \cdot 0{,}5d$

$= 2{,}00 + \pi \cdot 0{,}48 = 3{,}51$ m

$v_{Sd} = 1{,}05 \cdot 1{,}496 / 3{,}51 = 0{,}448$ MN/m [30)]
(Nachweis 0,5*d* vom Stützenrand)

$$\text{erf } A_{sw} = \frac{(0{,}448 - 0{,}185) \cdot 3{,}51}{0{,}76 \cdot 435}$$
$$= 28{,}0 \cdot 10^{-4} \text{ m}^2 = 28{,}0 \text{ cm}^2$$

gew.:

R 589, $L \approx 1{,}10$ m ($^1/_2$ Matte):
$A_{sw} = 2 \cdot 5{,}89 \cdot 1{,}10 = 13{,}0$ cm²

R 589, $L \approx 1{,}10$ m ($^1/_2$ Matte):
$A_{sw} = 2 \cdot 5{,}89 \cdot 1{,}10 = \underline{13{,}0 \text{ cm}^2}$

26,0 cm²

vorh $A_{sw} = 26{,}0$ cm² $\approx$ erf $A_{sw} = 28{,}0$ cm²

(Die Unterschreitung erscheint hier wegen der großen Reserven in der zweiten Bügelreihe – Mindestbewehrung – unproblematisch.)

Mindestschubbewehrung

Nach DIN 1045-1, 10.5.5 ist bei Platten mit Durchstanzbewehrung eine Mindestschubbewehrung zu berücksichtigen.

30) Hierbei wird vereinfachend unterstellt, dass der Abzugswert aus den Bodenpressungen innerhalb der kritischen Fläche auch schon an der ersten Nachweisstelle angesetzt werden kann. Im vorliegenden Fall erscheint diese Vereinfachung gerechtfertigt, ggf. sind jedoch genauere Untersuchungen erforderlich.

Falls bei Bügeln als Durchstanzbewehrung rechnerisch nur eine Reihe erforderlich ist, ist konstruktiv eine zweite Reihe mit Mindestbewehrung anzuordnen (DIN 1045-1, 13.3.3).

$\rho_w = A_{sw} \cdot \sin\alpha / (s_w \cdot u_2) \geq \min \rho_w$

$A_{sw} = 26{,}0 \text{ cm}^2$ (Bügelmatte; s. vorher)

$\min \rho_w = 0{,}6 \cdot 1{,}3 \cdot 0{,}00093 = 0{,}00073$ (60 % des Wertes nach DIN 1045-1, 13.2.3)

$s_w = 0{,}75\,d = 0{,}36$ m (Wirkungsbreite der 2. Bügelreihe)[31]

$u_2 = 2 \cdot (0{,}40 + 0{,}60) + 2 \cdot \pi \cdot (0{,}5 + 0{,}75)\,d = 2{,}00 + \pi \cdot 1{,}20 = 5{,}77$ m

$\rho_w = 26{,}0 \cdot 10^{-4} / (0{,}36 \cdot 5{,}77) = 0{,}0013 > \min \rho_w = 0{,}00073$

Die gewählten Matten – als Bügelkörbe ausgebildet – erfüllen den Nachweis der Mindestbewehrung reichlich, weitere Nachweis erübrigen sich.

4.2.5 Beschränkung der Rissbreite

Stützenlängskraft unter der quasi-ständigen Last

$N_{q\text{-}s} = N_{gk} + \psi_2 \cdot N_{qk} = 1000 + 0{,}3 \cdot 500 = 1150$ kN (vgl. S. G.42)

Für das Gesamtmoment $M_{q\text{-}s}$ in y-Richtung im maximal beanspruchten Streifen (wie Abschn. G.4.1)

$M_{q\text{-}s} = 226 \cdot 0{,}18 = 40{,}7$ kNm (auf $b_x = 0{,}313$ m)

$M_{q\text{-}s} = 40{,}7 / 0{,}313 = 130$ kNm/m (je lfdm)

Die Stahlspannung unter der quasi-ständigen Last bzw. infolge $M_{q\text{-}s}$ ergibt sich für reine Biegung

$$\sigma_s = \frac{M_{q\text{-}s}}{z \cdot A_s}$$

$z \approx 0{,}9 \cdot 0{,}47 = 0{,}423$ m

$A_s = 14{,}4 \text{ cm}^2/\text{m}$ (⌀16 - 14)

$$\sigma_s = \frac{0{,}130}{0{,}423 \cdot 14{,}4 \cdot 10^{-4}} = 213 \text{ MN/m}^2$$

Nachweis des gewählten Durchmessers

$$\lim d_s = d_s^* \cdot \frac{\sigma_s \cdot A_s}{4 \cdot (h-d) \cdot b \cdot f_{ct0}} \geq d_s^*$$

$d_s^* = 25$ mm (DIN 1045-1, Tab. 11.3)

$$\frac{\sigma_s \cdot A_s}{4 \cdot (h-d) \cdot b \cdot f_{ct0}} = \frac{213 \cdot 14{,}4 \cdot 10^{-4}}{4 \cdot (0{,}55 - 0{,}47) \cdot 1{,}0 \cdot 3{,}0} = 0{,}32 < 1$$

$\lim d_s = d_s^* \cdot 1{,}0 = 25 \text{ mm} > \text{vorh } d_s = 16 \text{ mm}$

$\Rightarrow$ Nachweis erfüllt.

Auf den Nachweis der Mindestbewehrung nach DIN 1045, 11.2.2 wird verzichtet; es wird ohne Nachweis unterstellt, dass eine ggf. vorhandene Zwangsschnittgröße kleiner als die Lastschnittgröße ist.

31) ungünstig (ausgeführt wird jedoch wegen des relativ gedrungenen Fundaments $s_w = 0{,}5\,d$; s. nachfolgend)

4.2.6 Bauliche Durchbildung

Auf einen Nachweis der Bewehrungsführung der Biegezugbewehrung wird an dieser Stelle verzichtet (s. hierzu Abschn. G.4.1.6). Es soll nur auf die Besonderheiten der Anordnung der Durchstanzbewehrung eingegangen werden.

Durchstanzbewehrung

Für lotrechte Bügel bzw. Bügelkörbe, Leitern etc.

Anordnung der Durchstanzbewehrung

- Der erste vertikale Bügelschenkel sollte sich $0{,}5\,d$ (DIN 1045-1, Abschn. 13.3.3 und Bild 13.7) neben der Stützenkante befinden. (Hinweis: bei *gedrungenen* Fundamenten beträgt die Neigung des Durchstanzkegels nach [DAfStb-H.371–86], [DAfStb-H.387–87] u.a. etwa 45°. Dies sollte ggf. auch bei der Bewehrungsführung beachtet werden.)
- Der Abstand der Bügelschenkel untereinander darf max. $0{,}75\,d$ betragen; hier wird etwa $0{,}5\,d$ gewählt.
- Für die Verankerung der Durchstanzbewehrung gelten die Regelungen für Bügel und Schubzulagen in Form von Körben, Leitern.
- Der Stabdurchmesser der Durchstanzbewehrung sollte $d_s = 0{,}05\,d = 0{,}05 \cdot 480 = 24$ mm nicht überschreiten (DIN 1045-1, Abschn. 13.3.3); Nachweis hier erfüllt.

Auf weitere Nachweise wird im Rahmen des Beispiels verzichtet.

4.2.7 Bewehrungsskizze

Es wird auf eine Darstellung der Biegezugbewehrung verzichtet (s. hierzu Abb. G.4.5). Die Durchstanzbewehrung wird, wie in Abb. G.4.9 dargestellt, angeordnet.

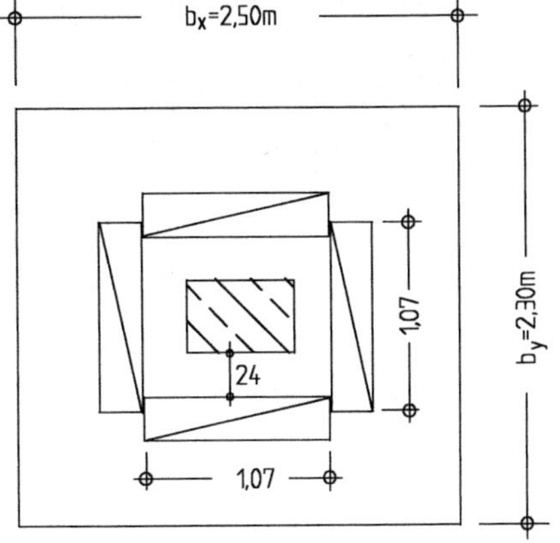

Abb. G.4.9 Anordnung der Durchstanzbewehrung

H BEITRÄGE FÜR DIE BAUPRAXIS H.3

Prof. Dr.-Ing. Josef Hegger und Dr.-Ing. Norbert Will (Abschnitt H.1)
Dr.-Ing. Heinz Bökamp (Abschnitt H.2)
Dr.-Ing. Karl-Ludwig Fricke (Abschnitt H.3)
Prof. Dipl.-Ing. Thomas Ackermann (Abschnitt H.4)

1 Hochleistungsbeton – Bemessung und baupraktische Anwendung H.3

H

2 Aus Fehlern lernen – Bauausführung H.21

H BEITRÄGE FÜR DIE BAUPRAXIS

1 Hochleistungsbeton – Bemessung und baupraktische Anwendung

1.1 Einleitung

Neuere Entwicklungen in der Betontechnologie wie der Einsatz hochleistungsfähiger Fließmittel ermöglichen die Herstellung hochfester Betone. Neben der Steigerung der Festigkeit sind weitere verbesserte Eigenschaften vorhanden. Die Erhärtung vollzieht sich schneller, die Dauerhaftigkeit wird infolge des dichteren Betongefüges verbessert, der Verschleißwiderstand und der E-Modul werden vergrößert. Die Vielzahl der verbesserten Betoneigenschaften haben dazu geführt, dass man nicht mehr nur vom hochfesten Beton sondern vom Hochleistungsbeton spricht. Ein Einsatz ist deshalb nicht nur in Bereichen sinnvoll, in denen die Betonfestigkeit die Bauteilabmessungen bestimmt, sondern auch dort, wo die anderen Eigenschaften eine signifikante Verbesserung des Gebrauchsverhaltens und der Dauerhaftigkeit des Bauteils sicherstellen.

Im Massivbau werden Betone im Allgemeinen nach ihrer Festigkeit klassifiziert. Diese klassische Einteilung wird auch für die Hochleistungsbetone beibehalten. So werden im CEB-FIP Sachstandsbericht "High Performance Concrete" [CEB Nr. 197 – 90] Betone mit Zylinderdruckfestigkeiten ab 60 N/mm² als hochfeste Betone bezeichnet. Der Einsatz hochfester Betone in Deutschland hinkt im internationalen Vergleich hinterher. Erst mit [DAfStb-H.438 – 94] und der Richtlinie für hochfesten Beton [DAfStb-Ri – 95] ist die Anwendung von hochfestem Beton der Festigkeitsklassen B 65 bis B 115 im Bereich des Stahlbetons auf der Basis der DIN 1045, Ausgabe 7/1988 [DIN 1045 – 88] geregelt. Vorgespannte Tragwerke sind explizit ausgeschlossen.

Unter dem Begriff Hochleistungsbeton sind aber nicht nur die hochfesten Normalbetone mit einer Trockenrohdichte $\rho \geq 2200$ kg/m³ einzuordnen, auch hochfeste Leichtbetone fallen darunter. Von Leichtbeton spricht man bei einer Trockenrohdichte $\rho \leq 2000$ kg/m³. Bei diesen ist zu berücksichtigen, dass neben der Festigkeit die Rohdichte ein charakteristisches Merkmal ist. So ist ein Leichtbeton mit einer Festigkeit von $f_{ck} = 45$ N/mm² bei einer Rohdichte von $\rho = 1400$ kg/m³ ebenso als hochfest einzustufen wie ein Normalbeton mit einer Festigkeit von $f_{ck} = 85$ N/mm². Mit der Neufassung der DIN 1045-1 [E DIN 1045-1 – 00] wird die Anwendung von Normalbeton der Festigkeitsklassen C 12/15 bis C 100/115 und Leichtbeton der Festigkeitsklassen LC 12/13 bis LC 60/66 mit den Trockenrohdichten von $\rho = 1000$ kg/m³ bis 2000 kg/m³ einheitlich geregelt.

Der vorliegende Beitrag soll dem Leser den Baustoff Hochleistungsbeton näher bringen, seine Eigenschaften, seine Besonderheiten in der Herstellung, der Bemessung und konstruktiven Durchbildung erläutern, die baupraktischen Anwendungen aufzeigen sowie einen Ausblick auf die Möglichkeiten geben, die sich aus dieser Weiterentwicklung des Baustoffs Beton für die Massivbauweise ergeben. Die Regelung aller aktuellen Betone in einer einheitlichen Form erleichtert die Anwendung und vergrößert die Chancen dieses innovativen Baustoffs.

1.2 Baustofftechnologie

1.2.1 Allgemeines

Mit der DIN 1045-2 [E DIN 1045-2 – 00] bzw. der EN 206-1 [EN 206-1 – 00] werden Betone mit höheren Festigkeitsklassen als B 55 erstmals in Deutschland genormt. Hiermit ist ihre Anwendung entgegen den bisherigen Regelungen sowohl für Stahlbetonkonstruktionen als auch für vorgespannte Bauteile zulässig.

1.2.2 Betonzusammensetzung

Neben den klassischen Bestandteilen Zement, Zuschlag und Wasser sind für Hochleistungsbeton weitere Zusatzmittel und Zusatzstoffe erforderlich. In Tafel H.1.1 sind typische Betonrezepturen hochfester Normalbetone zusammengestellt.

Ohne die Zugabe von Silikastaub kann nur durch die Verminderung des Wasser-Zement-Wertes und die Verwendung eines Fließmittels ein hochfester Beton der Festigkeitsklasse C 55/67 hergestellt werden kann (Spalte 1).

Tafel H.1.1: Rezepturen für Hochleistungsbetone normaler Dichte

Ausgangsstoffe in [kg/m^3]	C 55/67	C 70/85	C 80/95	C 90/105	C 100/115
CEM I 52,5R	–	–	450	520	–
CEM I 42,5R	330	450	–	–	470
Flugasche (FA)	–	–	–	–	120
Sand 0/2 mm	610	610	657	644	539
Kies 2/6 mm	–	–	–	–	–
Kies 2/16 mm	1253	1140	1118	235	–
Basalt 2/12 mm	–	–	–	961	1254
Silika (SF_{fest}+W_s)	–	30 + 0	35 + 0	35 + 35	35 + 0
Kunststofffasern	–	–	–	2,0	≈2
Fließmittel (FM)	4,0	10,0	17,9	25,0	38,0
Verzögerer (VZ)	–	1,8	1,38	–	–
Zugabewasser (W)	158,0	158,0	126,0	106,5	120,0
$w/z = \frac{W + FM + W_s + VZ}{Z + 0{,}4 \cdot FA + SF_{fest}}$	0,49	0,35	0,29	0,30	0,29
Spalte	1	2	3	4	5

Durch die Zugabe von Silikastaub lässt sich die Betondruckfestigkeit weiter steigern. Die Betonrezeptur des C 70/85 (Spalte 2) wurde für die Stützen des Hochhauses Trianon in Frankfurt entwickelt, der ersten Anwendung eines hochfesten Betons in Deutschland [Hegger – 92]. Die Rezeptur des C 90/105 (Spalte 4) wurde bei dem Bauvorhaben Taunustor Japan-Center in Frankfurt verwendet [Mayer – 95]. Eine Besonderheit war hier die Zugabe von Kunststofffasern (2 kg/m³), die das Brandverhalten des hochfesten Betons verbessern. (vgl. Abschn. 1.2.7)

1.2.3 Druck- und Zugfestigkeit, Elastizitätsmodul

Normalfeste und hochfeste Betone werden nach E DIN 1045-1 [E DIN 1045-1 – 00] gemeinsam als Normalbeton behandelt. Normalbetone werden entsprechend ihrer charakteristischen Zylinderdruckfestigkeit f_{ck} klassifiziert, für deren Definition E DIN 1045-2 [E DIN 1045-2 – 00] gilt. Normalbeton wird mit dem Buchstaben C, gefolgt von der charakteristischen Zylinderdruckfestigkeit, bezeichnet, d. h. ein C 20/25 entspricht in etwa einem B 25 nach DIN 1045 (7/1988). Der zweite Wert bezeichnet die charakteristische Würfeldruckfestigkeit. Ab der Festigkeitsklasse C 55/67 liegt nach E DIN 1045-1 ein hochfester Normalbeton vor. Für Leichtbetone wird die Bezeichnung analog zu LC gewählt. Da neben der Druckfestigkeit für Leichtbetone auch die Trockenrohdichte ein wichtige Kenngröße ist, sind hier keine genauen Abgrenzungen zwischen normalfestem und hochfestem Leichtbeton angegeben.

Die hohe Festigkeit der Hochleistungsbetone wird in erster Linie durch das dichtere Gefüge infolge einer Reduzierung des Wasser-Zement-Wertes (w/z) erreicht. Trotz der geringen w/z-Werte von 0,25 bis 0,35 kann die Verarbeitbarkeit der Betone durch den Einsatz leistungsfähiger Fließmittel sichergestellt werden. Durch die Zugabe von Silikastaub wird darüber hinaus die Kontaktzone zwischen Zementmatrix und Zuschlag verbessert. Die sekundäre puzzolanische Reaktion des Silikastaubes vermindert die poröse Grenzschicht in der Kontaktzone, welche in normalfestem Beton das schwächste Glied für das Bruchverhalten darstellt. Während hier die Zuschlagkörner beim Versagen aus der Matrix herausgelöst werden, verlaufen die Risse bei hochfestem Beton durch die Zuschlagkörner ohne dass die Kontaktzone versagt.

Abb. H.1.1 zeigt die Festigkeitsentwicklung eines hochfesten Betons im Alter von 24 Stunden, 14 Tagen und nach 28 Tagen. Der Erhärtungsverlauf zeigt sehr hohe Frühfestigkeiten nach 24 Stunden ohne Wärmebehandlung in Höhe von über 70 % der 28-Tage-Festigkeit. Durch die hohe Frühfestigkeit des hochfesten Betons ist auch ohne Wärmebehandlung ein schneller Produktionsfortschritt bei der Herstellung im Spannbett bzw. bei Herstellung mit Gleitfertigern sichergestellt.

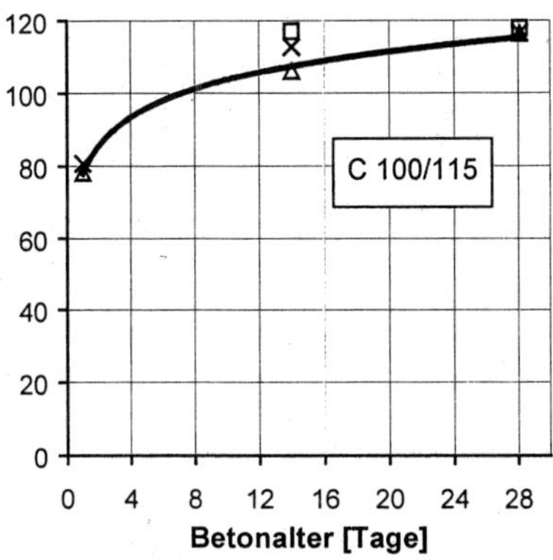

Abb. H.1.1: Festigkeitsentwicklung eines C 100/115 nach [Hegger/Nitsch – 99]

Der Mittelwert der zentrischen Zugfestigkeit f_{ctm} sowie der mittlere Elastizitätsmodul E_{cm} werden in E-DIN 1045-1 aus der charakteristischen Zylinderdruckfestigkeit abgeleitet. Der Elastizitätsmodul wird als Sekantenmodul für $\sigma_c = 0{,}4 \cdot f_{cm}$ angegeben. Nachfolgend die analytischen Beziehungen der abgeleiteten Größen für hochfesten Normalbeton (ab C 55/67):

- Mittelwert der Zylinderdruckfestigkeit:
  $f_{cm} = f_{ck} + 8$ [N/mm²] (H.1.1)
- Mittelwert der zentrischen Zugfestigkeit:
  $f_{ctm} = 2{,}12 \cdot \ln(1 + f_{cm} / 10)$ (H.1.2)
- mittlerer Elastizitätsmodul:
  $E_{cm} = 9{,}5 \cdot (f_{ck} + 8)^{1/3}$ (H.1.3)

Die Fraktilwerte der Zugfestigkeit bestimmen sich zu:

- 5%-Quantil der charakt. Zugfestigkeit:
  $f_{ctk;0,05} = 0{,}7 \cdot f_{ctm}$ (H.1.4)
- 95%-Quantil der charakt. Zugfestigkeit
  $f_{ctk;0,95} = 1{,}3 \cdot f_{ctm}$ (H.1.5)

Für den Leichtbeton wird in den abgeleiteten Größen die Trockenrohdichte ρ über die Faktoren

$\eta_1 = 0{,}40 + 0{,}60 \cdot \rho / 2200$ (H.1.6)

$\eta_E = (\rho / 2200)^2$ (H.1.7)

berücksichtigt. Damit ergeben sich die folgenden Beziehungen:

- Mittelwert der Zylinderdruckfestigkeit:
  $f_{lcm} = f_{lck} + 8$ [N/mm²] (H.1.8)
- Mittelwert der zentrischen Zugfestigkeit:
  $f_{lctm} = \eta_1 \cdot (2{,}12 \cdot \ln(1 + f_{lcm} / 10))$ (H.1.9)
- mittlerer Elastizitätsmodul:
  $E_{cm} = \eta_E \cdot 9{,}5 \cdot (f_{lck} + 8)^{1/3}$ (H.1.10)
- 5%-Quantil der charakt. Zugfestigkeit:
  $f_{lctk;0,05} = \eta_1 \cdot 0{,}7 \cdot f_{lctm}$ (H.1.11)
- 95%-Quantil der charakt. Zugfestigkeit
  $f_{lctk;0,95} = \eta_1 \cdot 1{,}3 \cdot f_{lctm}$ (H.1.12)

Die hiermit bestimmten Festigkeits- und Verformungskennwerte von hochfestem Normalbeton und Leichtbeton nach E DIN 1045-1 sind in der Tafel H.1.2 zusammengestellt.

Tafel H.1.2: Festigkeits- und Verformungskennwerte von hochfestem Normalbeton und Leichtbeton (f_c in [N/mm²], E_c in [kN/mm²], ε_{c2} bzw. ε_{c2u} nach Abb. H.1.5

	Hochfester Normalbeton					
f_{ck}	55	60	70	80	90	100
$f_{ck,\ cube}$	67	75	85	95	105	115
f_{cm}	63	68	78	88	98	108
f_{ctm}	4,2	4,4	4,6	4,8	5,0	5,2
$f_{ctk;0,05}$	3,0	3,1	3,2	3,4	3,5	3,7
$f_{ctk;0,95}$	5,5	5,7	6,0	6,3	6,6	6,8
E_{cm}	37,8	38,8	40,6	42,3	43,8	45,2
ε_{c2} [‰]	–2,03	–2,06	–2,1	–2,14	–2,17	–2,2
ε_{c2u} [‰]	–3,1	–2,7	–2,5	–2,4	–2,3	–2,2
n	2,0	1,9	1,8	1,7	1,6	1,55
	Leichtbeton					
f_{lck}	35	40	45	50	55	60
$f_{lck,\ cube}$	38	44	50	55	60	66
f_{lcm}	43	48	53	58	63	68
ε_{lc2} [‰]	–2,0	–2,0	–2,0	–2,0	–2,03	–2,06
ε_{lc2u} [‰]	$-3{,}5 \cdot \eta_1 \geq \varepsilon_{c2u}$					
n	2,0					1,9

1.2.4 Spannungs-Dehnungs-Linien

Gegenüber DIN 1045 (7/1988) [DIN 1045 – 88] und EC 2-1 [ENV 1992-1 – 92] wird Hochleistungsbeton in E DIN 1045-1 bis zu einer Festigkeitsklasse C 100/115 und Leichtbeton bis zur Festigkeitsklasse LC 60/66 erfasst. Da bei hochfesten Betonen die Mikrorissbildung erst ab einem höheren Lastniveau als bei normalfesten

Betonen einsetzt, verläuft die Spannungs-Dehnungs-Linie nach [König/Grimm – 00] in einem größeren Bereich linear-elastisch. Die Stauchung bei Erreichen der Maximallast nimmt gleichzeitig mit zunehmender Betonfestigkeit zu und die Bruchstauchung ε_{c2u} wird kleiner. Zur Berücksichtigung des unterschiedlichen Materialverhaltens wird in die Spannungs-Dehnungs-Linie des Parabel-Rechteck-Diagramms ein Exponent n eingeführt, der die Völligkeit der ansteigenden Parabel bestimmt. Die Stauchung bei Erreichen der Maximalspannungen wird linear mit der Nennfestigkeit gesteigert und die Maximalstauchung reduziert.

$$\sigma_c = f_{cd}\left[1-\left(1-\frac{\varepsilon_c}{\varepsilon_{c2}}\right)^n\right] \quad (0 < |\varepsilon_c| < |\varepsilon_{c2}|) \quad \text{(H.1.13)}$$

$$\sigma_c = f_{cd} \quad (|\varepsilon_{c2}| \leq |\varepsilon_c| \leq |\varepsilon_{c2u}|) \quad \text{(H.1.14)}$$

mit n Exponent zur Bestimmung der Völligkeit der Parabel nach Tafel H.1.2

ε_{c2} Dehnung beim Erreichen der Festigkeitsgrenze nach Tafel H.1.2

ε_{c2u} Bruchdehnung nach Tafel H.1.2

Einen Vergleich der sich hieraus ergebenden Spannungs-Dehnungsbeziehungen, die der Bemessung zugrunde zu legen sind, zeigt Abb. H.1.2.

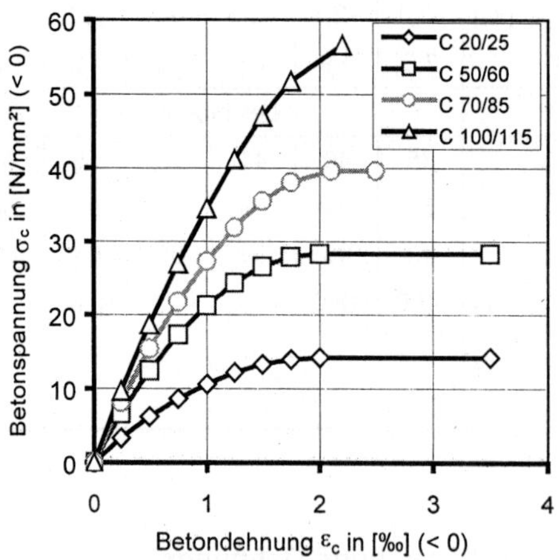

Abb. H.1.2: Parabel-Rechteck-Diagramme zur Bemessung von Bauteilen aus Normalbeton nach E DIN 1045-1 in Abhängigkeit von der Festigkeitsklasse

1.2.5 Zeitabhängiges Betonverhalten

Das Kriechen und Schwinden der Hochleistungsbetone unterscheidet sich von normalfestem Beton. Versuche an hochfesten Betonen zeigen, dass die Endwerte der Kriechzahl deutlich kleiner sind als die für das gleiche Spannungsniveau ermittelten Werte von normalfesten Beton. In der DAfStb-Richtlinie für hochfesten Beton [DAfStb-Ri – 95] sind die Endwerte für Kriechzahl φ_∞ und Schwindmaß $\varepsilon_{s\infty}$ angegeben. Die Schwindmaße richten sich nach der Bauteildicke und den Umgebungsbedingungen (trocken/feucht).

Während [Schrage – 94] eine leichte Überschätzung der in der Richtlinie angegebenen Endschwindmaße vermutet, zeigen die Untersuchungen zum Kriechen und Schwinden hochfester Betone in [Han – 96], dass das Endschwindmaß größere Werte aufweist als bei normalfestem Beton. Dies ist hauptsächlich darauf zurückzuführen dass bei hochfestem Beton dem chemischen Schwinden eine größere Bedeutung zukommt als bei normalfestem Beton.

Das chemische Schwinden hochfester Betone wird wesentlich vom Silikagehalt beeinflusst. Die am Erhärtungsprozess beteiligten Silikapartikel haben einen bis zu hundertmal geringeren Durchmesser als die Zementkörner und somit eine größere Oberfläche des chemisch reagierenden Anteils des Zementleims. Hingegen zeigen Versuche hochfester Betone ohne Zugabe von Silika ein geringeres Endschwindmaß als normalfeste Betone. Dies liegt an den geringeren w/z-Werten der hochfesten Betone.

Die Neufassung von DIN 1045-1 [E-DIN 1045-1 – 00] beinhaltet im Entwurf 05/2000 noch keine abschließenden Regelungen. Das dort angegebene analytische Verfahren zur Bestimmung der zeitabhängigen Vorgänge soll in der Endfassung durch ein grafisches Verfahren ersetzt werden. Aus diesem Grund können an dieser Stelle noch keine verbesserten Werte angegeben werden.

1.2.6 Verbundfestigkeit

Die höheren Zementanteile, die Verminderung des Wasser-Zement-Wertes und die Zugabe von Silikastaub verbessern nicht nur die Grenzschicht zwischen Zuschlag und Zementmatrix, sondern auch die Grenzschicht zwischen Bewehrung und Zementmatrix. Entsprechend der besseren Einbindung des Zuschlags nehmen auch die Verbundeigenschaften der Betonstahlbewehrung sowie der glatten Spannstahllitzen und gerippten

Drähten im sofortigen Verbund mit hochfestem Beton [DAfStb-H438 – 94] zu. Bei Einleitung der Spannbettvorspannung ergeben sich damit sehr kurze Übertragungslängen im Bereich der Verbundverankerung [den Uijl – 95]. Die daraus resultierenden konzentrierten Sprengkräfte müssen durch die Betondeckung aufgenommen werden. Dies ist für die Abmessungen der vorgedrückten Zugzone bzw. für die Stegbreite maßgebend und beeinflusst somit die mögliche Verringerung der Querschnittsabmessungen.

Die zur Bestimmung der Verankerungs- und Stoßlängen in hochfestem Beton ansetzbaren Bemessungswerte der Verbundspannung f_{bd} im Grenzzustand der Tragfähigkeit für gute Verbundbedingungen nach E DIN 1045-1 sind in Tafel H.1.3 angegeben.

Tafel H.1.3: Bemessungswert der Verbundspannung f_{bd} [N/mm²] für Betonstahl in Normalbeton ab der Festigkeitsklasse C 50/67 bei guten Verbundbedingungen und einem Durchmesser $d_s \leq 32$ mm

f_{ck}	50	55	60	70	80	90	100
f_{bd}	4,3	4,4	4,5	4,7	4,8	4,9	4,9

In den Tabellenwerten sind die anzusetzenden Teilsicherheitsbeiwerte der Widerstandsseite bereits berücksichtigt worden. Für Stäbe mit mäßigem Verbund sind die Tabellenwerte mit dem Beiwert 0,7 zu multiplizieren. Die Werte stellen sicher, dass im Grenzzustand der Tragfähigkeit ein ausreichender Sicherheitsabstand gegen das Versagen des Verbunds vorliegt und im Grenzzustand der Gebrauchstauglichkeit keine wesentliche Verschiebung zwischen Stahl und Beton auftritt. Bei Leichtbeton sind die Werte f_{bd} mit dem Faktor η_1 nach Gl. (H.1.6) zu multiplizieren.

1.2.7 Brandschutz

Das dichte und homogene Gefüge des hochfesten Betons mit seinem geringen Kapillarporenanteil garantiert bei Normaltemperatur eine hohe Festigkeit, wirkt sich jedoch unter Brandbeanspruchung ungünstig aus. Bei Temperaturen von ca. 150 °C verdampft auch das physikalisch gebundene Wasser im Zementstein. Kann der entstehende Dampfdruck wegen des dichten Gefüges nicht über die Kapillarporen entweichen, entlädt er sich durch Betonabplatzungen (Abb. H.1.3).

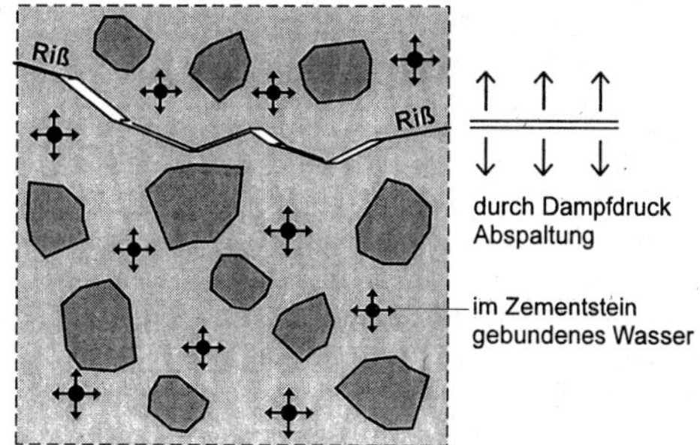

Abb. H.1.3: Brandverhalten des hochfesten Betons [Mayer – 95]

Da der Kapillarporenanteil mit zunehmender Festigkeit abnimmt, wächst die Gefahr der Abplatzungen. Versuche der TU Braunschweig haben gezeigt, dass Betone bis zu der Festigkeit eines B 85 ohne besondere Maßnahmen die Feuerwiderstandsklasse F 120 erfüllen können. Die Betonrezeptur des Hochhauses Trianon [Mayer – 95] erfüllte nach Brandversuchen die Anforderungen der Feuerwiderstandsklasse F 180. Bei höheren Festigkeiten sind Zusatzmaßnahmen erforderlich. Entweder lässt sich die Betondeckung durch eine oberflächennahe Netzbewehrung gegen Abplatzen sichern oder es werden dem Beton Polypropylenfasern beigemischt. Im Brandfall verbrennen oder schmelzen die Fasern und hinterlassen röhrenförmige Poren, die für den Abbau des Wasserdampfdruckes sorgen (Abb. H.1.4). Die Brandversuche haben gezeigt, dass Bauteile aus B 105 unter Zugabe von Fasern ohne Einschränkungen in die Feuerwiderstandsklasse F 120 eingestuft werden können. Aus der Sicht der Bauausführung ist die Zugabe von Fasern zu bevorzugen, der Einbau einer zusätzlichen Netzbewehrung ist dagegen sehr viel aufwendiger.

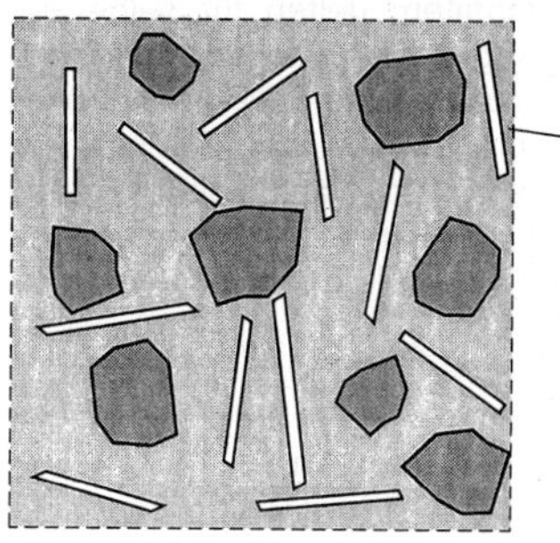

Abb. H.1.4: Brandverhalten des hochfesten Betons mit Polypropylenfasern [Mayer – 95]

H

1.3 Berechnungsgrundlagen – Bemessung nach DIN 1045-1

1.3.1 Allgemeines

Mit der DAfStb-Richtlinie für hochfesten Beton [DAfStb-Ri – 95] wurden die Berechnungsgrundlagen für Stahlbetonbauteile nach DIN 1045, Ausgabe 7/1988 festgelegt. Hiernach ist für eine Verwendung der Festigkeitsklassen B 65 bis B 95 keine Zustimmung im Einzelfall notwendig. Obwohl für die Festigkeitsklassen B 105 und B 115 weiterhin eine Zustimmung im Einzelfall zu beantragen ist, wird dies durch die DAfStb-Richtlinie wesentlich vereinfacht. In der Richtlinie wurden die neueren Entwicklungen und Erkenntnisse für die Nachweiskonzepte in den Grenzzuständen der Tragfähigkeit und Gebrauchstauglichkeit bereits berücksichtigt. Hilfsmittel zur Bemessung und Konstruktionsregeln hierzu finden sich u. a. im Betonkalender 1996, Teil II [König/Grimm – 00]. Aufgrund der erhöhten Sprödigkeit von hochfestem Beton ist der Umschnürungsbewehrung der Betondruckzone sowie allgemein der konstruktiven Durchbildung besondere Beachtung zu schenken.

Die Neufassung von DIN 1045-1 [E DIN 1045-1 – 00] schließt die Anwendung hochfester Normal- und Leichtbetone ein. Der Stand der nachfolgenden Angaben entspricht der Fassung 05/2000, die dem endgültigen Normentext weitgehend entsprechen soll. Allerdings muss gesagt werden, dass der Einsatz von hochfestem Leichtbeton nicht in allen Bereichen durch ausreichende Forschungsergebnisse abgesichert ist. Dies betrifft z. B. das Durchstanzen in Flachdecken, die Verbundkraftübertragung von Spannstählen mit sofortigem Verbund, das Querkrafttragverhalten und die Duktilität.

Da die Regelungen von E DIN 1045-1 den Hochleistungsbeton beinhalten, gelten für seine Bemessung in der Regel die gleichen Nachweiskonzepte wie für normalfesten Beton, so dass hier auf die entsprechenden Ausführungen in Abschnitt D verwiesen wird. Nachfolgend werden nur die Abweichungen und Zusatzregelungen angesprochen, die speziell den Hochleistungsbeton betreffen.

1.3.2 Baustoffkenngrößen

Für die Querschnittsbemessung ist das in Abb. H.1.5 dargestellte Parabel-Rechteck-Diagramm zugrunde zu legen. Im Gegensatz zu normalfestem Beton sind für hochfesten Beton vereinfachte Spannungs-Dehnungs-Linien wie das bilineare Diagramm oder der rechteckige Spannungsblock nicht zulässig.

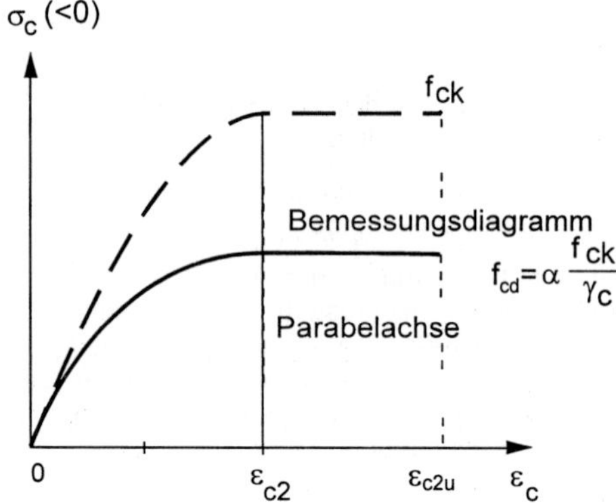

Abb. H.1.5: Spannungs-Dehnungs-Linien für die Querschnittsbemessung von hochfesten Beton nach E DIN 1045-1

Bei der Bemessung ist grundsätzlich der Höchstwert der Betondruckspannung f_{cd} anzusetzen:

$$f_{cd} = \alpha \cdot f_{ck} / \gamma_c \qquad \text{(H.1.15)}$$

mit f_{ck} charakteristischer Wert Zylinderdruckfestigkeit nach Tafel H.1.2

α Abminderungsbeiwert zur Berücksichtigung von Langzeitwirkung

γ_c Teilsicherheitsbeiwert von Beton

Der Beiwert α erfasst festigkeitsmindernde Einflüsse aus einer Mikrorissbildung unter dauernder Lasteinwirkung sowie andere ungünstige Einwirkungen, die von der Lasteinleitung herrühren. Der Wert α sollte im Regelfall mit 0,85 angenommen werden. Für Kurzzeitbelastungen können auch höhere Werte für α ($\alpha < 1{,}0$) angesetzt werden. Für Leichtbeton ist bei Verwendung des Parabel-Rechteck-Diagramms der Wert α auf 0,75 zu begrenzen. Wenn die Druckzonenbreite in Richtung der am stärksten gedrückten Randfaser abnimmt (z. B. schiefe Biegung oder runder Querschnitt) ist α darüber hinaus um 0,05 zu reduzieren.

Der Teilsicherheitsbeiwert γ_c ergibt sich für die Ortbetonbauweise bei Bemessung unter der Grundkombination zu 1,5 und unter der außergewöhnlichen Kombination zu 1,3. Bei Fertigteilen darf bei einer werksmäßigen und ständig überwachten Herstellung γ_c = 1,35 angenommen werden.

Für Betonfestigkeitsklassen ab C 55/67 ist der Teilsicherheitsbeiwert γ_c mit

$$\gamma_c' = \frac{1}{1{,}1 - \frac{f_{ck}}{500}} \qquad \text{(H.1.16)}$$

zu vergrößern, um die größeren Streuungen der Materialeigenschaften zu erfassen.

1.3.3 Bemessung für Biegung mit Längskraft

Bei Berücksichtigung der unter Abschn. 1.3.2 angegebenen Randbedingungen sind bei der Bemessung für Biegung mit Längskraft keine weiteren Besonderheiten zu beachten. Nach [Hegger/Burkhardt – 98] weisen Biegeträger aus hochfestem Beton eine ausreichende Duktilität und damit bei Stahlversagen eine ausreichende Ankündigung des Versagens auf. In Bauteilen mit Stahldehnungen unter 3 ‰ im Grenzzustand der Tragfähigkeit sind zur Vermeidung eines plötzlichen und spröden Versagens weitere Maßnahmen in der konstruktiven Durchbildung, wie z. B. eine verstärkte Querbewehrung in der Druckzone oder eine Umschnürung der Druckzone, erforderlich.

Bemessungshilfsmittel stehen in Form von allgemeinen Bemessungsdiagrammen, Interaktionsdiagrammen und Bemessungstabellen mit dimensionslosen Beiwerten in [Zilch/Rogge – 00] zur Verfügung. Bei Ihrer Anwendung ist darauf zu achten, dass diese wegen der Abhängigkeit des Parabel-Rechteck-Diagramms von der Betonfestigkeitsklasse jeweils nur für eine bestimmte Betonfestigkeit gelten.

1.3.4 Bemessung für Querkraft und Torsion

Das gegenüber der DIN 1045, 7/1988 und der DIN 4227-1 vollständig geänderte Nachweiskonzept für Querkraft und Torsion soll auch die Hochleistungsbetone abdecken. Dabei wird der Traganteil der Querkraftbewehrung anhand eines Fachwerkmodells ermittelt, in dem der Druckstrebenwinkel θ dem Schubrisswinkel β_r entspricht. Sofern keine zusätzliche Normalkraftbeanspruchung vorliegt, wird von einem 40°-Fachwerk ausgegangen. Hierdurch erhöht sich die Zugstrebentragfähigkeit um 20 % gegenüber dem *Mörsch*schen 45°-Fachwerk. Der zusätzlich angenommene Betontraganteil entspricht hierbei nicht wie beim Standardverfahren des EC 2-1 [ENV 1992-1 – 92] der empirisch ermittelten Schubtragfähigkeit von Bauteilen ohne Querkraftbewehrung, sondern wird mechanisch durch die über Reibung der Schubrissufer übertragene Querkraft begründet.

Die bei Hochleistungsbeton vorhandenen glatten Rissufer, die sich als Folge der verbesserten Kontaktzone zwischen Zementmatrix und Zuschlag durch die Zuschlagkörner verlaufenden Risse einstellen, reduzieren den durch Rissreibung übertragbaren Querkraftanteil. Auswertungen von Querkraftversuchen [Hegger u. a. – 99] haben aber ergeben, dass für Hochleistungsbetone bei Anwendung der Regelungen nach E DIN 1045-1 keine Sicherheitsdefizit besteht.

1.3.5 Nachweise der Rissbreitenbeschränkung

Die Rissbildung ist für den Verbundbaustoff Stahlbeton unter der Wirkung von Biegung, Zug, Querkraft und Torsion eine spezifische Erscheinung, da Beton im Vergleich zur Druckfestigkeit nur eine geringe Zugfestigkeit besitzt. Die Rissbildung ist jedoch so zu beschränken, dass die ordnungsgemäße Nutzung des Tragwerks sowie sein Erscheinungsbild durch auftretende Risse nicht beeinträchtigt werden.

Das Nachweiskonzept der E DIN 1045-1, das auf den Ausführungen im EC 2-2 [ENV 1992-2 – 97] basiert, behandelt Stahlbeton- und Spannbetonbauteile in einheitlicher Form, wobei das unterschiedliche Verbundverhalten von Betonstahl und Spannstahl direkt eingeht. Hierzu werden Anforderungsklassen eingeführt, die von der Umgebungsklasse und der Art der Vorspannung (nachträglicher Verbund, sofortiger Verbund, ohne Verbund, Stahlbeton) abhängen. Die Anforderung an die Dauerhaftigkeit und das Erscheinungsbild sind erfüllt, wenn die Anforderungen nach E DIN 1045-1, Tabelle 11.1 eingehalten sind.

Untersuchungen zur Rissbreitenentwicklung von Spannbetonbauteilen mit nachträglichem Verbund aus hochfestem Beton nach [Will/Hegger – 00] zeigen, dass aufgrund des verbesserten Verbundverhaltens der direkt einbetonierten Betonstähle im hochfesten Beton deutlich größere Spannungsumlagerungen auf den Betonstahl eintreten und der Spannstahl stark entlastet wird. Statische und dynamische Dauerbeanspruchungen verursachen aufgrund des unterschiedlichen zeitabhängigen Verbundverhaltens des Spannstahls und Betonstahls signifikante Zunahmen der Spannungsumlagerungen im Zustand der Erstrissbildung. Dies kann zu größeren Rissbreiten im Vergleich zu normalfestem Beton führen, wenn das stark unterschiedliche Verbundverhalten nicht entsprechend berücksichtigt wird.

Für vorgespannte Bauteile mit nachträglichem Verbund aus hochfestem Beton sind deshalb geringere Verbundkennwerte als für normalfesten Beton anzusetzen. Tafel H.1.4 stellt die Verbundkennwerte für alle Festigkeitsklassen des Normalbetons zusammen. Für Leichtbetone liegen noch keine Untersuchungsergebnisse vor.

Tafel H.1.4: Verhältnis der Verbundfestigkeit von Spanngliedern zur Verbundfestigkeit von Rippenstahl

Spannstahl	Verbundkennwert ξ		
	sofortiger Verbund	Nachträglicher Verbund	
		bis Beton C 50/60	ab Beton C 55/67
glatte Stäbe	–	0,3	0
Litzen	0,6	0,5	0,15
Profilierte Drähte	0,7	0,6	0,1
gerippte Stäbe	0,8	0,7	0,1

1.3.6 Bauliche Durchbildung

Die konstruktive Durchbildung von Bauteilen aus hochfestem Beton ist stets vom spröderen Werkstoffverhaltens des hochfesten Betons beeinflusst. Neben einer gleichmäßig verteilten Längsbewehrung im Druckbereich ist ebenfalls eine ausreichende und gleichmäßig verteilte Querbewehrung bzw. Bügelbewehrung bei Stützen vorzusehen. Detaillierte Angaben finden sich in [König/Grimm – 00].

Aber auch das Verbundtragverhalten der Bewehrung wird durch das spröde Werkstoffverhalten beeinflusst. Die Verbundfestigkeit in hochfestem Beton liegt über der von normalfestem Beton, da der über geneigte Druckstreben wirkende Verbundmechanismus durch die höhere Betondruckfestigkeit geprägt wird. Als Folge der größeren Steifigkeit der Druckstreben stellt sich eine im Vergleich zu normalfestem Beton ungleichmäßigere Verteilung der Verbundspannung über die Verbundlänge mit einem ausgeprägten Maximum am Beginn der Krafteinleitung ein.

Im Gegensatz zu normalfestem Beton lassen sich bei hochfestem Beton die Betonkonsolen im Gebrauchslastbereich noch nicht zusammendrücken, d. h. die Rippen, die nicht unmittelbar auf den Krafteinleitungsbereich folgen, werden erst später an der Lastaufnahme beteiligt. Im Bereich der belasteten Rippen können größere Ringzugkräfte auftreten. Neben der größeren Gefahr des Verbundversagens durch eine Längsrissbildung, kann aufgrund der höheren Sprödigkeit ein Abscheren der belasteten Betonkonsolen auftreten.

Die maßgebenden Einflussfaktoren für Längsrissbildung sind die Betonzugfestigkeit, die Verbundfestigkeit und die Betondeckung des Bauteils im Verbundbereich. Aus diesem Grund ist in den Verankerungs- und Stoßbereichen der Bewehrung in hochfestem Beton eine ausreichende Querbewehrung anzuordnen und auf eine ausreichend bemessene Betondeckung zu achten.

1.4 Forschungsergebnisse zum hochfesten Beton

1.4.1 Biege- und Querkrafttragverhalten von Spannbettträgern

In [Hegger/Burkhardt – 98] wurden vorgespannte Biegeträger aus Normal- und Hochleistungsbeton untersucht, um die für normalfesten Beton bekannten Rechenmodelle vorgespannter Biegeträger auf ihre Übertragbarkeit auf Bauteile aus hochfestem Beton zu überprüfen. Die Träger wurden mit den größeren zulässigen Spannstahlspannungen nach EC 2-1 bzw. E DIN 1045-1 (St 1570/1770, $\sigma_{p,0}$ = 1275 N/mm²) vorgespannt.

Alle Versuchsbalken aus hochfestem Beton zeigten ein sehr duktiles Tragverhalten. Das Versagen trat nach großen Verformungen bei ausgeprägten Rissbildern auf. Maßgebend für das Versagen war das Fließen der Spannbewehrung. Im Bruchverhalten war kein signifikanter Unterschied zu den Balken aus normalfestem Beton zu beobachten.

Abb. H.1.6 stellt die ermittelten Durchbiegungen in Feldmitte und die Betonrandstauchungen von Balken aus hochfestem und normalfestem Beton gegenüber. Aufgrund des höheren Elastizitätsmoduls, der höheren Betonzugfestigkeit und des günstigeren Verbundverhaltens, das die Mitwirkung des Betons auf Zug (tension stiffening) verbessert, zeigen Balken aus hochfestem Beton ein wesentlich steiferes Verformungsverhalten mit geringeren Durchbiegungen und kleineren Randstauchungen. Unter dem Gebrauchsmoment betrug die Durchbiegung nur 77 % der Werte des Vergleichsträgers aus Normalbeton.

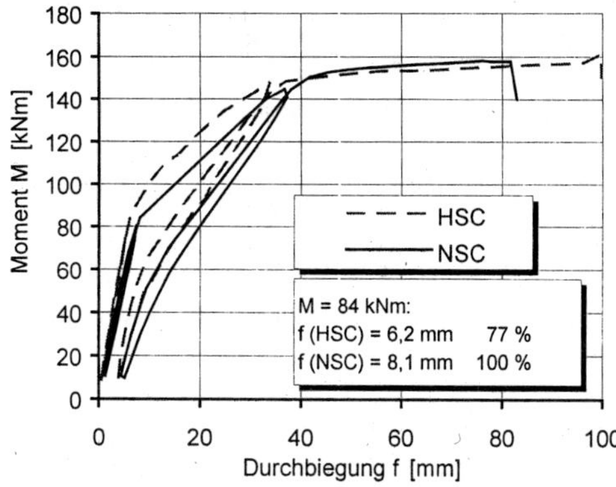

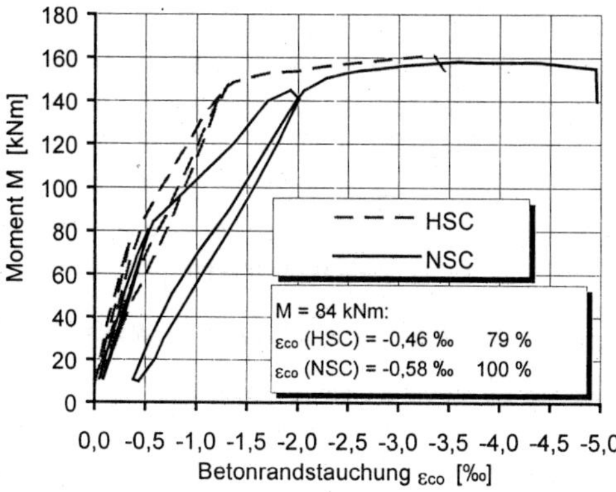

Abb. H.1.6: Durchbiegung und Randstauchungen vorgespannter Biegeträger aus hochfestem (HSC) und normalfestem Beton (NSC) nach [Hegger/Burkhardt – 98]

Auch die Kriech- und Schwindverformungen des hochfesten Betons waren bis zu 50 % kleiner als die des normalfesten Betons.

1.4.2 Tragverhalten von Übergreifungsstößen

Die anfangs aus dem veränderten Materialverhalten von hochfestem Beton in Analogie zu Untersuchungen an normalfestem Beton abgeleiteten Bemessungs- und Konstruktionsregeln für Übergreifungsstöße wurden in [Hegger/Burkhardt – 99] in Bauteilversuchen an druckbeanspruchten und zugbeanspruchten Stößen überprüft.

Die zugbeanspruchten Übergreifungsstöße versagten nach einer ausgeprägten Rissbildung und dem Abspalten der Betondeckung innerhalb der Übergreifungslänge. Bei einer Verbügelung nach Norm bzw. einer Betondeckung von $2 \cdot d_{sl}$ wurde die rechnerische Traglast eines Trägers ohne Übergreifungsstoß erreicht. Mit einer Querbewehrung, die der Querschnittsfläche eines gestoßenen Längsstabes entspricht, konnte auch bei einer Mindestübergreifungslänge von $15 \cdot d_{sl}$ für Stabdurchmesser von 20 mm und 28 mm eine ausreichende Tragfähigkeit und Verformbarkeit festgestellt werden.

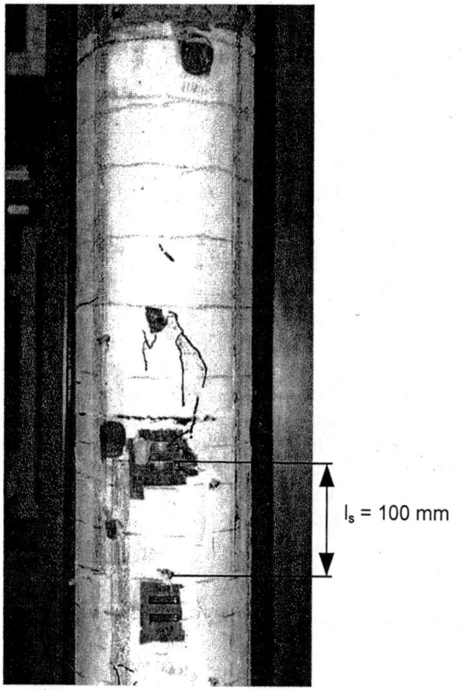

Abb. H.1.7: Rissbild der Versuchskörpers S 6 nach Erreichen der Maximallast (N_{max} = –3,62 MN; $l_s = 5 \cdot d_{sl}$ = 100 mm) nach [Burkhardt/Hegger – 99]

In den Untersuchungen an druckbeanspruchten Übergreifungsstößen in [Burkhardt/Hegger – 99] erreichten alle Versuchskörper die rechnerische Traglast einer Stütze ohne Übergreifungsstoß. Eine Verkürzung der Übergreifungslänge vom 20fachen auf den 5fachen Stabdurchmesser führte zu keinen ausgeprägten Unterschieden in den Versuchsergebnissen. Mit einer Querbewehrung, die der Querschnittsfläche eines gestoßenen Längsstabes entspricht, konnte auch bei einer Übergreifungslänge von $5 \cdot d_{sl}$ eine ausreichende Tragfähigkeit erreicht werden (Abb. H.1.7). Nach 50 mm Übergreifungslänge waren 70 bis 80 % der Stabkraft eingeleitet, davon ungefähr die Hälfte durch Spitzendruck.

Somit stellen die Bemessungsansätze und konstruktiven Regelungen in der DAfStb-Richtlinie für hochfesten Beton [DAfStb-Ri – 95] und in E DIN 1045-1 [E DIN 1045-1 – 00] die volle Tragfähigkeit der Bewehrungsstöße sicher. Berücksichtigt man zusätzlich die Traglasterhöhung durch die Querbewehrung, so lassen sich die Übergreifungslängen gegenüber den zur Zeit gültigen Regelungen verkleinern.

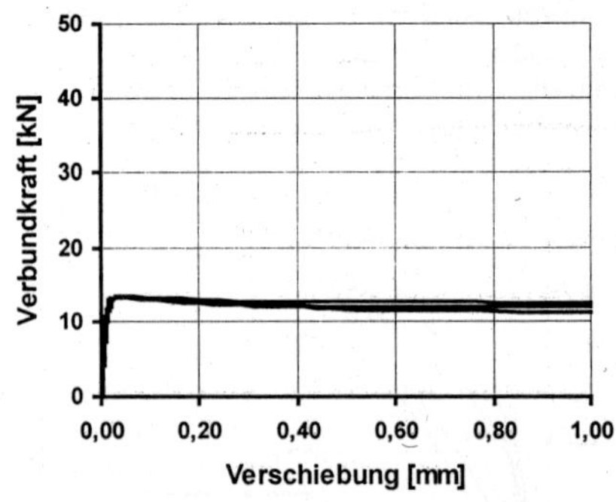

a) normalfester Beton ohne Silika (β_{W150} = 54,0 N/mm²)

1.4.3 Verbundverhalten von Spannstählen in hochfestem Beton

Wie schon in Abschn. H.1.2.6 dargelegt, wird durch die Zugabe von Silikastaub auch die Verbundfestigkeit zwischen hochfestem Beton und Bewehrung vergrößert. Dies muss bei der Konstruktion von Bauteilen aus hochfestem Beton berücksichtigt werden. Durch die sehr kurze Übertragungslänge im Verankerungsbereich oder im Stoßbereich kann es infolge von Querzugspannungen eher zur Bildung von Spreng- und Längsrissen kommen als in normalfestem Beton. Um diese Rissbildung zu vermeiden, wird eine größere Betondeckung erforderlich bzw. ist eine verstärkte Querbewehrung zur Rissbreitenbeschränkung vorzusehen. Anderseits können Verankerungs- und Übergreifungslängen in hochfestem Beton kleiner gewählt werden. Für die Rissbreitenbeschränkung ist der bessere Verbund ebenfalls vorteilhaft, da die Rissbreite bei besserem Verbund der Bewehrung abnimmt.

Das querpressungsabhängige Verbundverhalten der Litzen, das in erster Linie vom Reibungsverbund bestimmt wird (*Hoyer*-Effekt), wird in hochfestem Beton durch die chemische Reaktion des ungebundenen Calciumhydroxids mit dem Silikastaub verbessert. Reihenuntersuchungen an Pull-Out-Körpern mit vorgespannten Litzen in hochfestem Beton, die mit und ohne Silikastaub hergestellt wurden [Hegger/Nitsch – 99a], haben eine Vergrößerung der Verbundkraft in hochfestem Beton ergeben. In Abb. H.1.8 sind exemplarisch die Verbundkraft-Verschiebungs-Beziehungen 14 Tage nach der Herstellung für eine Verbundlänge von 50 mm in einem normalfesten Beton ohne Silikazugabe und in einem hochfesten Beton mit 45 kg/m³ Silikastaub gegenübergestellt.

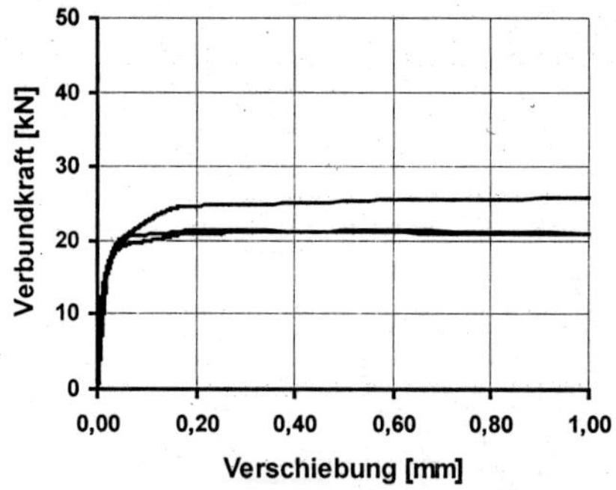

b) hochfester Beton mit Silika (β_{W150} = 92,9 N/mm²)

Abb. H.1.8: Verbundkraft-Verschiebungs-Beziehung von 0,5"-Litzen in normalfestem und hochfestem Beton für jeweils 3 gleiche Versuchskörper [Hegger/Nitsch – 99a]

Das Spannstahlverbundverhalten im Spannkrafteinleitungsbereich wird zusätzlich durch die spannungsabhängigen Querdehnungen beim Ablassen der Spannbettvorspannung beeinflusst. Diese Querdehnungen führen insbesondere bei glatten Litzen durch entsprechende Querpressungen zu einer deutlichen Vergrößerung der Verbundkraft (*Hoyer*-Effekt) [Hegger u. a. – 97]. Dies zeigen die in Abb. H.1.9 dargestellten Verbundkraft-Verschiebungs-Beziehungen für 0,5"-Litzen bei einer Verbundlänge von 50 mm in 24 Stunden altem hochfestem Beton. Durch die querdehnungsabhängige Reibung ist annähernd eine Verdoppelung der Verbundkräfte möglich.

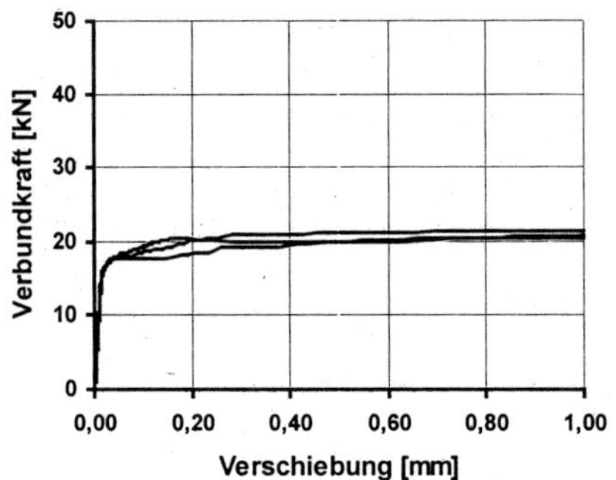

a) Ohne Änderung der Litzenspannung

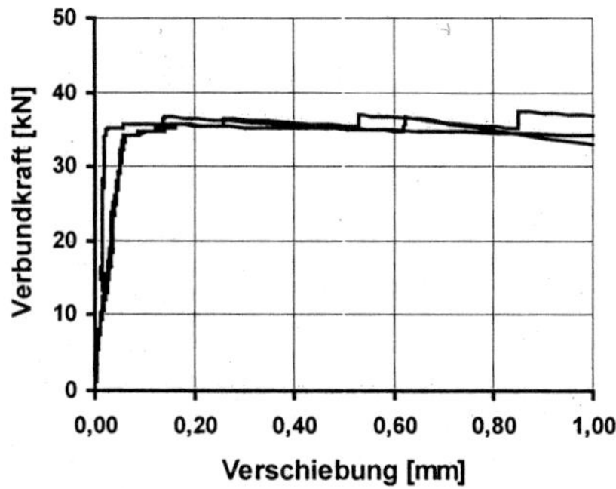

b) Änderung der Litzenspannung um –1200 N/mm²

Abb. H.1.9: Verbundkraft-Verschiebungs-Beziehung von 0,5“-Litzen in hochfestem Beton mit Silikastaub (24 h: β_{W150} = 73,5 N/mm²) für jeweils 3 gleiche Versuchskörper [Hegger/Nitsch – 99a]

Insgesamt ergeben sich durch die Verwendung von hochfestem Beton mit Silikastaub und durch den *Hoyer*-Effekt weitestgehend unabhängig von der Festigkeitsentwicklung ab einem Betonalter von 24 Stunden im Einleitungsbereich von Spannbettfertigteilen um den Faktor 2 bis 3 vergrößerte Verbundkräfte (Abb. H.1.8a und Abb. H.1.9b).

1.4.4 Übertragungslänge und Mindestabmessungen im Spannkrafteinleitungsbereich

Entscheidender Parameter für die Spannkrafteinleitung mit sofortigem Verbund ist die Betondeckung, die in hohem Maße von der Sprengrissbildung infolge Querzugspannungen beeinflusst wird. Entsprechend den zuvor beschriebenen Verbundkraft-Schlupf-Beziehungen ergeben sich für hochfesten Beton mit Silikazugabe bei der Einleitung der Vorspannkraft extrem kurze Übertragungslängen. Das Verbundverhalten von Litzen in hochfestem Beton, das für die Fertigteilindustrie bei der Spannbettvorspannung von besonderem Interesse ist, wurde in mehreren Forschungsvorhaben untersucht. Nach [den Uijl – 95] halbiert sich die Eintragungslänge der Vorspannkraft bei einer Verbundverankerung von Litzen in hochfestem Beton nahezu. Untersuchungen in [Hegger/Nitsch – 99] bestätigen die sehr kurzen Übertragungslängen.

In Spannkrafteinleitungsversuchen für 0,5“-Litzen wurde gemäß [DIBt-Ri – 80] der Einfluss der Betonzusammensetzung (B 65 bis B 115), der Betondeckung (c = 1,5 ∅ bis 3,0 ∅, ∅ = Nenndurchmesser) und des lichten Abstandes s systematisch untersucht. Nachfolgend sind beispielhaft die Betondehnungen im Einleitungsbereich der Vorspannung dargestellt. Entsprechend den Verbundkraft-Schlupfbeziehungen aus den Pull-Out-Versuchen ergeben sich bei Betonen mit Silikastaub extrem kurze Übertragungslängen (Abb. H.1.10b).

Abb. H.1.11 zeigt die Ergebnisse von Spannkrafteinleitungsversuchen an 3,60 m langen Balken mit vier 0,5“-Litzen in einer Lage bei einer Betondeckung von 3 ∅ (3,75 cm). Die zulässigen Vorspannkräfte der Litzen nach E DIN 1045-1 wurden in je 10 Laststufen jeweils gleichzeitig innerhalb von ca. einer Stunde eingeleitet. Es werden die Betondehnungen in Höhe der Litzen für fünf Ablassstufen der Spannbettvorspannung an den Balkenenden mit und ohne Verbügelung (Bü ∅ 10/10 cm) gegenübergestellt.

Die flacheren Gradienten der Betonstauchungen mit zunehmender Vorspannkraft zeigen die Sprengrissbildung auf. Während am unverbügelten Ende des Balkens aus normalfestem Beton eine Vergrößerung der Übertragungslänge und ein deutlich sichtbarer Sprengriss auftraten, waren beim hochfesten Beton mit Silika keine Sprengrisse sichtbar. Am verbügelten Balkenende stellten sich kürzere Übertragungslängen ein, da die Verbügelung geringere Rissbreiten bzw. eine verzögerte Sprengrissbildung von innen nach außen bewirkt.

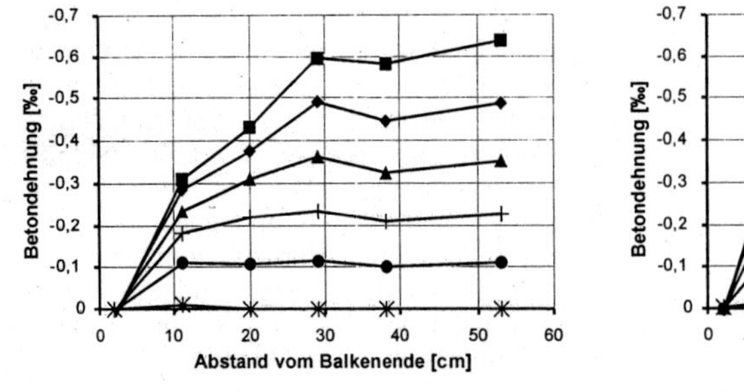

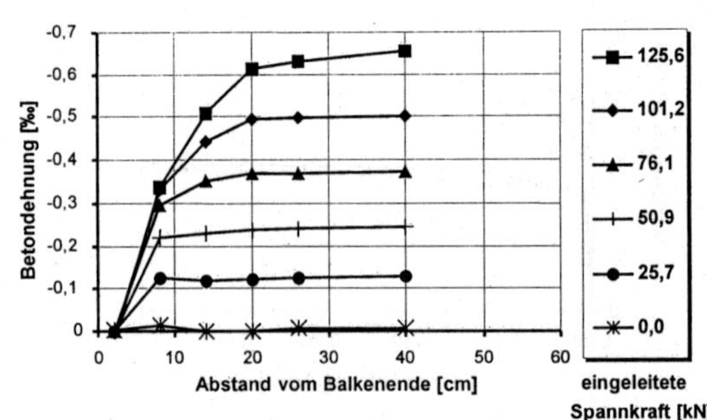

a) Einleitung in Beton ohne Silikastaub (24 h: β_{W150} = 48,3 N/mm²)

b) Einleitung in Beton mit Silikastaub (24 h: β_{W150} = 74,2 N/mm²)

Abb. H.1.10: Betondehnungen verschiedener Ablassstufen im Spannkrafteinleitungsbereich [Hegger/Nitsch – 99]

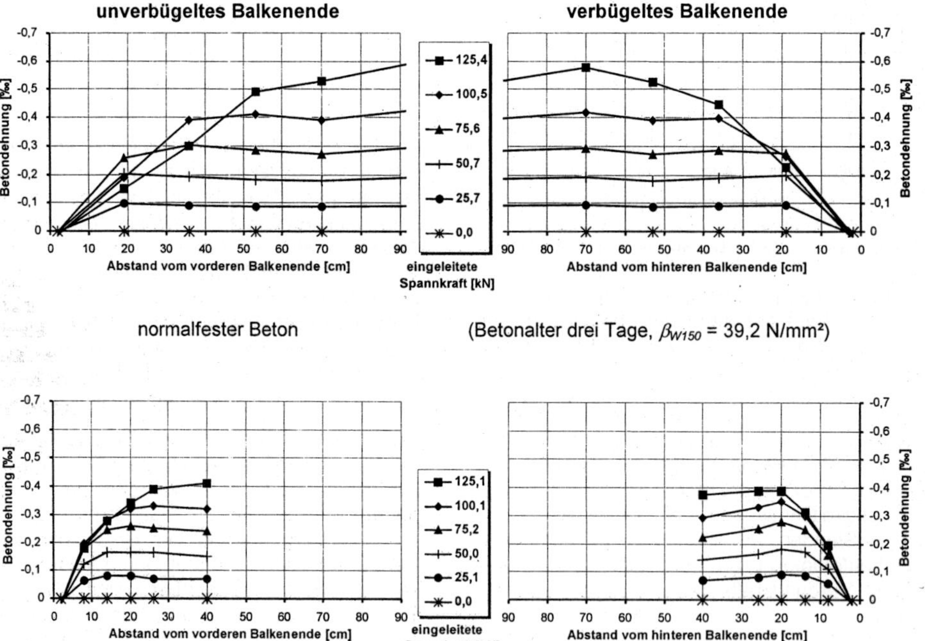

normalfester Beton (Betonalter drei Tage, β_{W150} = 39,2 N/mm²)

hochfester Beton mit Silika (Betonalter 24 h, β_{W150} = 74,5 N/mm²)

Abb. H.1.11: Betondehnungen verschiedener Ablassstufen im Einleitungsbereich der Vorspannung eines Balkens [Hegger/Nitsch – 99]

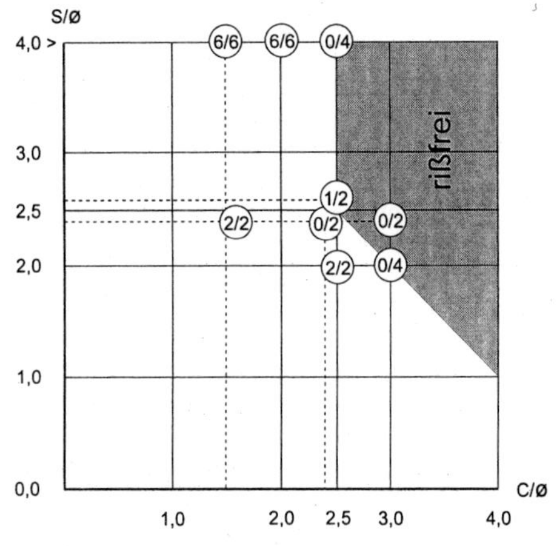

(i/j) bedeutet, dass i aus j Versuchen zu Sprengrissen führten.

Nenndurchmesser der 0,5"-Litzen: ∅ = 12,5 mm

Abb. H.1.12: Sprengrissbildung in Abhängigkeit von Betondeckung *c* und dem lichten Abstand *s* bezogen auf den Nenndurchmesser Ø der Litze [Hegger/Nitsch – 99]

Zur rissfreien Einleitung der Vorspannkraft müssen die resultierenden Sprengkräfte durch den Beton aufgenommen werden. Zusammenfassend ist in Abb. H.1.12 die Abhängigkeit der Sprengrissbildung von der Betondeckung *c* und dem lichten Abstand *s* der Litzen zu erkennen.

Die Auswertung ergibt, dass unabhängig von den untersuchten Betonfestigkeiten folgende Abmessungen erforderlich sind, um die rissfreie Einleitung der zulässigen Vorspannkraft nach E DIN 1045-1 für 0,5"-Litzen sicherzustellen:

- für $s \geq 2{,}5\,\varnothing$: $c \geq 2{,}5\,\varnothing$
- für $s = 2{,}0\,\varnothing$: $c \geq 3{,}0\,\varnothing$

Die Ergebnisse zeigen, dass für hochfesten Beton trotz der kürzeren Übertragungslänge gegenüber normalfestem Beton keine größeren Betondeckungen im Spannkrafteinleitungsbereich erforderlich sind, um die resultierenden Sprengkräfte aufzunehmen. Die Zunahme der Betonzugfestigkeit bei hochfesten Betonen ist alleine ausreichend, um die Vorspannkraft bei deutlich kürzeren Übertragungslängen sicher einleiten zu können.

Durch den besseren Verbund der Litzen im hochfesten Beton ist auch eine wirksamere Rissbreitenbeschränkung mit Litzen zu erwarten. Dies kann die kostengünstige Ausführung von Spannbettträgern mit einer Längsbewehrung aus Litzen ohne zusätzlichen Betonstahl begünstigen. Eine sich hieraus ergebende baupraktische Anwendung wird in [Hegger/Nitsch – 00] vorgestellt.

1.5 Baupraktische Anwendungen

1.5.1 Allgemeines

Die konstruktiven und wirtschaftlichen Vorteile von hochfestem Beton verdeutlichen Abb. H.1.13 und Abb. H.1.14, die einen Vergleich zwischen Stützen aus B 45, B 75 und B 105 zeigen. Die dargestellten Stützen sind mit einer Ausnahme für eine Normalkraft von 23 MN bemessen. Bei Abmessungen von 1,0 x 1,0 m erfordert ein B 45 eine Druckbewehrung von 76 Ø 28, ein B 85 jedoch nur 20 Ø 25. Die Stütze aus B 105 kann anstelle von 23 MN eine Vertikallast von 30 MN aufnehmen. Auch unter Berücksichtigung der stärkeren Bügelbewehrung, die zur Steigerung der Duktilität bei hochfestem Beton notwendig ist, lassen sich 60–70 % der Bewehrung einsparen.

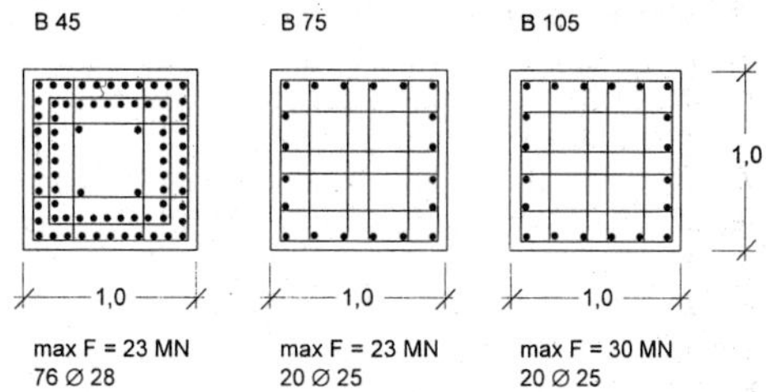

Abb. H.1.13: Einsparung an Druckbewehrung bzw. Steigerung der Tragfähigkeit durch hochfesten Beton [Hegger – 97]

Obwohl die Herstellungskosten von hochfestem Beton je nach Festigkeit wegen der Zugabe von

H

Silikastaub bis zu 60 – 90 % höher sind als bei einem B 45, lassen sich die Gesamtherstellungskosten der Stütze um ca. 20 % verringern. Auch wenn der Stützenquerschnitt verkleinert wird, ergibt sich noch eine geringere Druckbewehrung, so dass eine Gesamtkosteneinsparung entsteht.

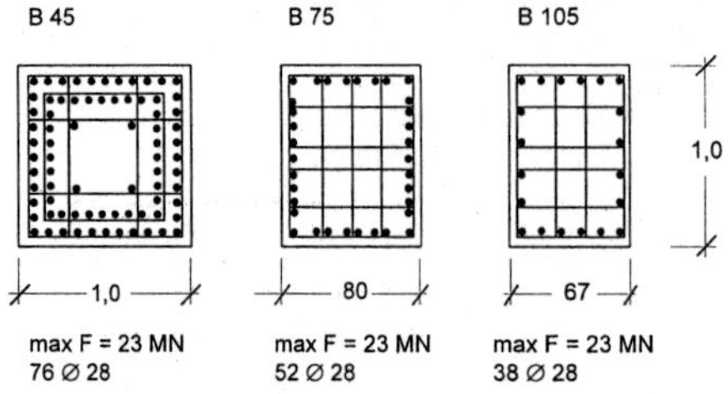

Abb. H.1.14: Einsparung an Stützenquerschnitt und Druckbewehrung durch hochfesten Beton [Hegger – 97]

1.5.2 Druckglieder im Hoch- und Industriebau

In Deutschland wurde Hochleistungsbeton bereits im Hochhausbau [Hegger – 92], [Mayer – 95], [Theile/Hildebrand – 96] und im Fertigteilbau [Hegger – 97] bei hochbelasteten Stützen und Wänden verwendet. Hierbei standen die Vorteile aus geringeren Stützenabmessungen und der damit verbundenen Vergrößerung der Nutzfläche im Vordergrund. Durch die Verminderung des Bewehrungsanteils konnte das Einbringen und Verdichten des Betons erleichtert werden [Hegger – 92].

Als Beispiel für werkseitig hergestellte Fertigteilstützen aus hochfestem Beton wird in [König/Grimm – 00] über FT-Stützen für eine Druckerei in Köln berichtet. Bei den hochbelasteten Stützen konnte der bei B 55 erforderliche Bewehrungsgehalt von 6,8 % durch Anwendung von hochfestem Beton auf 1,8 % gesenkt werden. Die nachträgliche Verbindung der stumpf gestoßenen Fertigteilstützen wurde durch eine 2 cm dicke Mörtelschicht hergestellt. Nach [König/Minnert – 99] ist die gemäß [DAfStb-H.316 – 80] erforderliche Querbewehrung für stumpf gestoßene Fertigteilstützen aus hochfestem Beton nicht sinnvoll. Entsprechend den von den Autoren entwickelten Bemessungskonzepten und Angaben zur konstruktiven Durchbildung sind im Stoßbereich zusätzlich zur Anordnung einer maximal 2 cm dicken Mörtelschicht entweder

- die Anordnung einer Stahlplatte in der Stützenstirnfläche, an die die Längsstäbe nicht angeschweißt werden müssen, oder
- die Anordnung einer Matte als Stirnflächenbewehrung und eine verstärkte Querbewehrung der Fertigteilstütze im Stoßbereich

erforderlich. In [Stroband u. a. – 96], [Walraven – 95] wurde der Einfluss der Bewehrungsdetaillierung in der Stütze, in Kombination mit einem hochfesten Vergussmörtel bei einer hochbewehrten Stütze mit einem Bewehrungsgrad von $\mu = 5$ % untersucht. Bei Verwendung eines hochfesten Mörtels ($f_c = 170$ N/mm^2) in Verbindung mit Stahlplatten ein- oder beidseitig der Fuge oder mit durch Muttern abgekonterten Längsstäben wurde die Traglast einer monolithischen Stütze erreicht bzw. überschritten. Abb. H.1.15 zeigt die konstruktive Ausbildung dieser Lösungen.

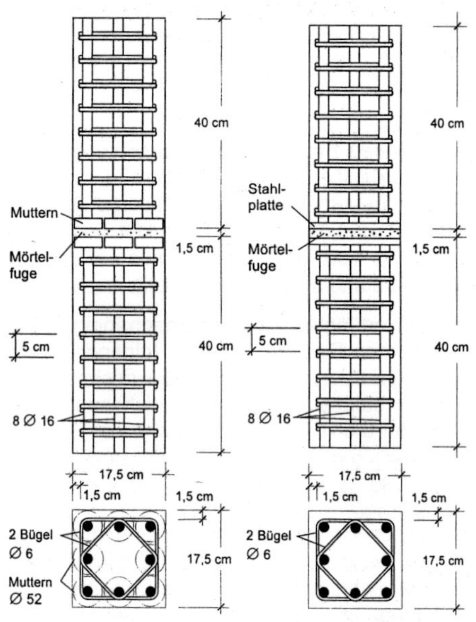

Abb. H.1.15: Fugenausbildung bei Fertigteilstützen aus hochfestem Beton nach [Walraven – 95]

Bei den Schadow-Arkaden in Düsseldorf, die in Deckelbauweise erstellt wurden, sind mehrgeschossige Untergeschossstützen (Abb. H.1.16) aus B 90 als Baustellenfertigteil in einer Feldfabrik hergestellt worden [Schießl u. a. – 94]. Durch die Verwendung der Fertigteile aus hochfestem Beton konnte auf die üblichen Primärstützen aus Baustahl verzichtet werden, die eine aufwendige Ummantelung mit Beton in einem späteren Arbeitsgang erfordern.

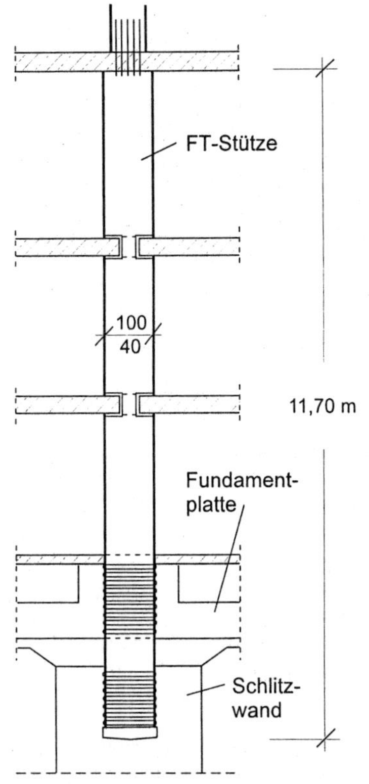

Abb. H.1.16: Fertigteilstützen der Schadow-Arkaden [Schießl u. a. – 94]

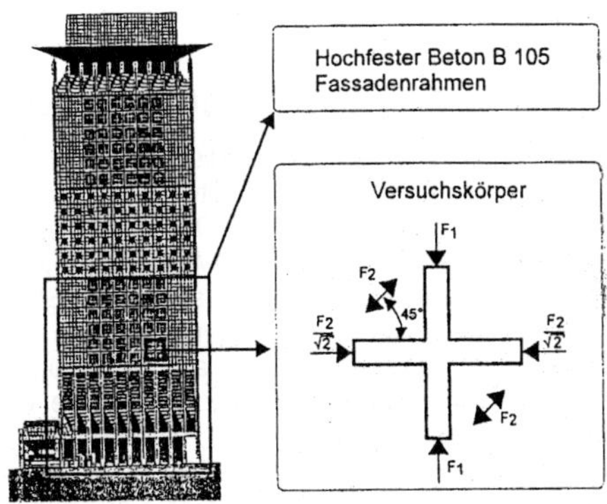

Abb. H. 1.17: Lochfassade des Japan-Centers aus hochfestem Beton und zugehöriger Versuchskörper eines Rahmenkreuzes nach [Hegger/Burkhardt – 97]

Das Hochhaus Taunustor – Japan-Center in Frankfurt zeichnet sich durch eine ausgefallene Architektur und Innovationen im Tragwerkskonzept und im technischen Ausbau aus [Hegger/Burkhardt – 97]. Die vertikale Tragstruktur des 115 m hohen Gebäudes besteht aus einer Kerngruppe und einer Lochfassade, die im Sockelbereich in Einzelstützen aufgelöst ist. Um eine größtmögliche Nutzfläche in den unteren Geschossen zu erzielen, wurde die Lochfassade, die gleichzeitig durch Längskraft, Biegung und Querkraft beansprucht wird, erstmalig in Deutschland aus hochfestem Beton B 105 mit einer Zustimmung im Einzelfall hergestellt (Abb. H. 1.17). Hierdurch war es möglich die Dicken der Fassadenstützen von 45 cm bei Ausführung als B 45 auf 35 cm zu reduzieren.

1.5.3 Biegetragwerke im Hoch- und Industriebau

Überwiegend wurden hochfeste Betone bisher für Stützen und Wände verwendet, in denen die große Druckfestigkeit von Bedeutung war. Neben der Anwendung bei Druckgliedern ist für die Zukunft zu erwarten, dass hochfester Beton auch bei Biegetraggliedern wie Spannbetonträgern mit sofortigem Verbund und vorgespannten Decken in größerem Umfang zur Anwendung kommen wird. Mit solchen Fertigteilen lassen sich größere Räume stützenfrei überspannen. Die Einsparung von Stützen kann zu einer großzügigeren Bauweise wie z. B. bei Hallen, zu einer flexibleren Nutzung bei Bürogebäuden oder einer besseren Ausnutzung wie z. B. bei Parkhäusern führen.

Dass auch Biegeträger ein sinnvolles Einsatzgebiet für Hochleistungsbetone bieten, zeigt eine vergleichende Untersuchung in [Hegger/Burkhardt – 98] zum Trag- und Verformungsverhalten von Spannbetonbalken aus hochfestem und normalfestem Beton. Die Ergebnisse lassen sich wie folgt zusammenfassen:

- Im Gebrauchszustand ist das Verformungsverhalten der Balken aus hochfestem Beton deutlich steifer, auch die zeitabhängigen Verformungen sind geringer.
- Alle Balken zeigten ein duktiles Verhalten unabhängig von der Betonfestigkeit.
- Mit den Berechnungsansätzen nach [DAfStb-Ri – 95] bzw. [E DIN 1045-1 – 00] können auch die Bruchmomente von Spannbetonbalken zutreffend bestimmt werden.

Im Folgenden werden nach [Hegger u. a. – 97] an drei vorgespannten Bauteilen mit einer Spannbettvorspannung durch 7-drahtige 0,5"-Lit-

H

zen die erweiterten Anwendungsgrenzen der Fertigteile durch hochfesten Beton verdeutlicht. Die Vergleichsrechnungen wurden dabei zum besseren Verständnis und zur besseren Vergleichbarkeit auf der Basis der aktuell gültigen Normung DIN 1045 [DIN 1045 – 88], DIN 4227 [DIN 4227-1 – 88] und der DAfStb-Richtlinie für hochfesten Beton [DAfStb-Ri – 95] aufgestellt.

Beispiel 1: Vorgespannte Dachbinder aus hochfestem Beton

Stützweite:	l_{st} = 27,00 m	
Binderabstand:	e = 8,00 m	
Betonfestigkeit:	B 85	B 55
Rechenwert der Druckfestigkeit:	50 N/mm²	30 N/mm²
Belastung:		
EG Binder:	6,0 kN/m	8,6 kN/m
Trapezblech mit Dämmung:	4,0 kN/m	4,0 kN/m
Schneelast:	6,0 kN/m	6,0 kN/m
	16,0 kN/m	18,6 kN/m
Bem.-Moment:	M = 1458 kNm	M = 1695 kNm
Abmessungen:	d = 1,00 m	d = 1,40 m
Schlankheit:	l_{st}/d = 27	l_{st}/d = 19

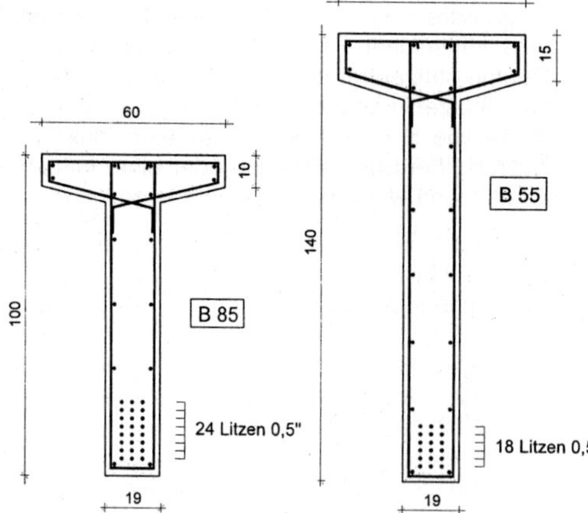

Abb. H.1.18: Querschnittsabmessungen eines Spannbetonträgers mit sofortigem Verbund (Spannweite 27 m) nach [Hegger u. a. – 97]

Durch die Verwendung von hochfestem Beton B 85 kann das Bindereigengewicht um 30 % gegenüber einem Binder aus B 55 reduziert werden.

Beispiel 2: Vorgespannte Hohlplatte

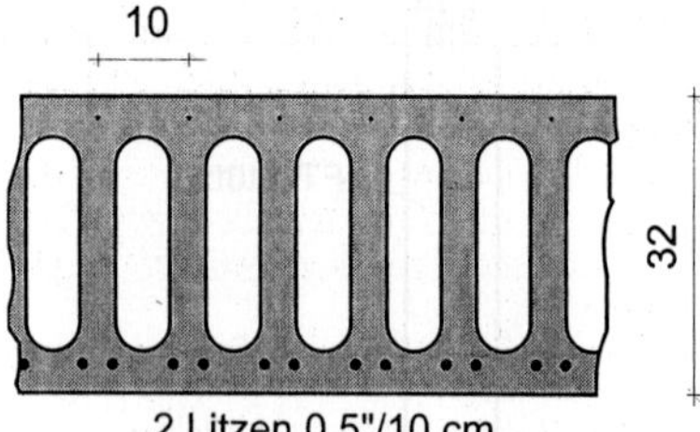

Abb. H.1.19: Querschnitt einer vorgespannten Hohlplatte (Spannweite 18 m) nach [Hegger u. a. – 97]

Betonfestigkeitsklasse:	B 105
Rechenwert der Druckfestigkeit:	60 N/mm²
Stützweite l_{St}:	18,00 m (Einfeldträger)
Belastung:	
Platteneigengewicht:	5,0 kN/m²
Estrich, Belag:	1,0 kN/m²
Verkehrslast:	5,0 kN/m²
	11,0 kN/m²
Bemessungsmoment:	M = 445 kNm/m
Schlankheit:	l_{st}/d = 56

Vergleichbare vorgespannte Hohlplatten mit gleicher Belastung und Deckendicke aus B 55 sind bis zu einer Spannweite von l_{st} = 12,70 m zugelassen. Die Stützweite lässt sich durch Anwendung von hochfestem Beton B 105 um 40 % vergrößern.

Beispiel 3: Vorgespannte Elementdecke

In [Menner – 97] wurde gezielt die Druckfestigkeit von hochfestem Beton zur Entwicklung vorgespannter Betonstäbe genutzt. Die bis zu einer Betondruckspannung von –50 N/mm² mit jeweils einem Spannstahl hoch vorgespannten Stäbe aus einem hochfesten Feinbeton wurden in Balken aus normalfestem Beton als Biegezugbewehrung eingelegt. Versuche ergaben eine wesentliche Verbesserung des Tragverhaltens durch kleinere Rissbreiten und geringere Durchbiegungen im Gebrauchszustand im Vergleich zu konventionell vorgespannten Balken.

Überträgt man dieses Prinzip auf Elementdecken, so bietet es sich an, die vorgespannten Fertigplatten aus hochfestem Beton herzustellen und mit normalfestem Aufbeton zu ergänzen. Diese neue Bauweise verbindet damit die Vorteile der vorgespannten Betonstäbe aus hochfestem Beton mit denen der vorgespannten Fertigplatten aus normalfestem Beton. Während die Spannweite bisher durch die von der Fertigplatte aufnehmbaren Druckspannungen infolge Vorspannung begrenzt wird, können bei hochfestem Beton deutlich größere Vorspannkräfte eingeleitet werden. Hieraus folgen geringere Durchbiegungen bzw. größere Deckenschlankheiten im Endzustand.

Für vorgespannte Elementdecken ist nach [Hegger/Nitsch – 99] bei Verwendung von 0,5"-Litzen zur Spannkrafteinleitung je nach Vorspannung eine Mindestplattendicke zwischen 6,0 und 7,5 cm erforderlich, was den Mindestmaßen in normalfestem Beton entspricht. Nach [Hegger u. a. – 97] sind bei einer Bauteildicke von 30 cm für die nachfolgend dargestellte Fertigteil-Mischkonstruktion (6 cm hochfeste, zentrisch vorgespannte Elementplatte aus B 105, 24 cm Aufbeton aus B 35) Spannweiten von bis zu 15 m bei einem Durchlaufsystem möglich.

Durchlaufträger	l_{st} = 15,00 m
Schlankheit:	$0{,}8 \cdot l_{st}/d = 40$
Belastung:	
Platteneigengewicht:	7,5 kN/m²
Estrich, Belag:	1,0 kN/m²
Verkehrslast:	5,0 kN/m²
	13,5 kN/m²
Bemessungsmoment:	M = 304 kNm/m

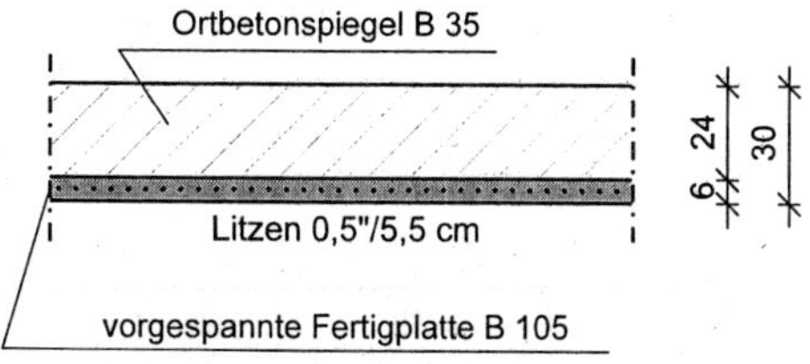

Abb. H.1.20: Querschnitt einer vorgespannten Elementdecke mit Ortbetonverguss (Spannweite 15 m) nach [Hegger u. a. – 97]

Bei einer Vorspannkraft von V_o = -1,64 MN/m ergibt sich im Bauzustand eine mittige Betondruckspannung von –28 MN/m² in der vorgespannten Fertigplatte, die nur durch hochfesten Beton aufgenommen werden kann. Als Folge der großen Verbundfestigkeit können weiterhin die Verankerungslängen der Litzen verringert werden, so dass bei Anwendung von hochfestem Beton die Verankerung der Litzen ohne Betonstahlzulagen sichergestellt ist.

1.5.4 Spannbetonbrücken

Aufgrund der hohen Festigkeit und des dichten Betongefüges eignet sich Hochleistungsbeton besonders gut für vorgespannte Brückenbauwerke, da sich neben der Reduzierung der Querschnittsabmessungen bei der hohen Umweltbelastung dieser Bauwerke auch andere Vorteile wie z. B. hohe Dichtheit und hoher Frost-Tausalz-Widerstand positiv auswirken. Während im Ausland der Einsatz hochfesten Betons im Brückenbau Stand der Technik ist, sind in Deutschland erst wenige Pilotprojekte ausgeführt worden.

Beim Pilotprojekt Sasbach [Bernhardt u. a. – 99] handelt es sich um eine mit nachträglichem Verbund vorgespannte Straßenbrücke der Brückenklasse 30/30. Der Einfeldträger wurde mit einem Beton B 85 in Anlehnung an die DIN 4227-1 [DIN 4227-1 – 88] bemessen und konstruktiv durchgebildet. Durch den Einsatz des hochfesten Betons wurden die eingebauten Betonmassen gegenüber dem konventionellen Entwurf in B 35 um etwa 20 % verringert. Das Pilotprojekt Buchloe [Zilch u. a. – 99] wurde ebenfalls in der Betonfestigkeitsklasse B 85 ausgeführt. Neben dem zweifeldrigen Überbau mit Stützweiten von ca. 21,50 mm wurde auch der Mittelpfeiler aus B 85 hergestellt.

In den Vereinigten Staaten wird der hochfeste Beton auch bei Spannbeton-Fertigteilträgern im Brückenbau angewendet. Abb. H.1.21 zeigt den Vergleich von zwei Brückenentwürfen aus normalfestem und hochfestem Beton. Anstelle von 9 Trägern mit je 30 Litzen sind nur noch 4 Träger mit je 58 Litzen erforderlich [Durning u. a. – 94]. Hierdurch vermindern sich die Kosten infolge der geringeren Produktions- und Transportkosten, der Einsparungen an Litzen und des geringeren Montageaufwands um ca. 25 %.

1.6 Ausblick

In der Zukunft ist stärkere Anwendung von hochfestem Beton insbesondere im Fertigteilbau zu erwarten, da hier kleinere Querschnittsabmessungen aufgrund höherer Festigkeiten zur Verringerung der Bauteilgewichte führen und somit zu niedrigeren Transport- und Montagekosten beitragen. Die schnelle Erhärtung beschleunigt z. B. bei Spannbetonbauteilen durch kürzere Belegung des Spannbettes und früheres Vorspannen den Produktionsablauf. Durch die Werksfertigung lässt sich hier bei hohen Stückzahlen die für den hochfesten Beton erforderliche Qualitätssicherung kostengünstig verwirklichen.

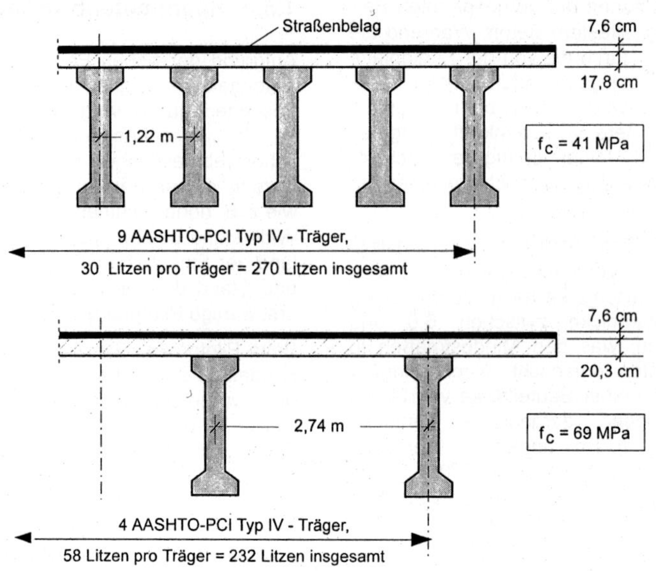

Abb. H.1.21: Vergleich von zwei Brückenentwürfen [Durning u. a. – 94]

In E DIN 1045-1 sind zur Zeit Betonfestigkeiten bis zu einem C 100/115 geregelt. In den Vereinigten Staaten wurde bei dem Hochhaus Two Union Square in Seattle schon ein Beton mit der Druckfestigkeit von 130 N/mm² eingesetzt.

Eine natürliche Grenze der erreichbaren Festigkeit war bisher die Festigkeit des Zuschlags und des Zementsteins. In Zukunft sind weitere Festigkeitssteigerungen zu erwarten. Unter Laborbedingungen wurden mit polymermodifizierten Zementen bereits Druckfestigkeiten um 600 N/mm² für zementgebundene Werkstoffe erreicht [Young – 94]. Durch weitere Verminderung des Wasser-Zement-Wertes, feinere Zuschläge, Druck- und Hitzebehandlung sowie die Zugabe von Stahlfasern wurden in Frankreich ultrahochfeste Betone (RPC: Reactive Powder Concrete) entwickelt, die Festigkeiten bis 800 N/mm² erreichen [Richard – 96]. Hierdurch können Bauteile aus mineralischen Werkstoffen hergestellt werden, deren Abmessungen und Gewichte denen aus Stahl nahe kommen.

Der in Abb. H.1.22 dargestellte Balken mit einer Litzenbewehrung und einer Druckfestigkeit zwischen 140 und 150 N/mm² erreicht das Bruchmoment eines vergleichbaren Stahlträgers.

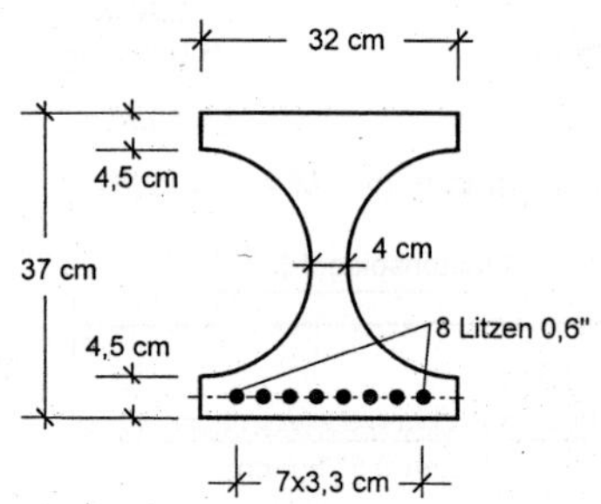

		RPC X-Querschnitt	Stahlprofil HEA 360
h	[mm]	370	350
b	[mm]	320	300
G	[kg/m]	140	112
M_{Bruch}	[kNm]	675	680

Abb. H.1.22: Vergleich eines Balkens aus RPC, mit einem Stahlprofil aus St 37 [Adeline/Behloul – 96]

2 Aus Fehlern lernen – Bauausführung

2.1 Einleitung und Problemstellung

Ausführungsmängel und fehlerhafte Bauausführung mit nachfolgenden gravierenden Schäden begleiten die Bautätigkeit seit jeher. In den letzten Jahren ist jedoch eine Zunahme der Schäden erkennbar, die, insbesondere durch die damit verbundenen Folgekosten, erhebliche Schadensersatzforderungen auslösen.

Ursache hierfür ist neben dem zunehmenden Zeit- und Kostendruck der ebenfalls ansteigende Facharbeitermangel auf den Baustellen.

Die Auswertung der Schadensursachen zeigt, dass oftmals „banale" Fehler den Anstoß zu großen Schäden liefern.

Um rechtzeitig geeignete Schritte einzuleiten, kommt der vor Ort stattfindenden Bauüberwachung durch Bauleiter, Prüfingenieure etc. eine wachsende Bedeutung zu. Dieser Tatsache wird zurzeit in gesetzlichen Regelungen Rechnung getragen. So wurde in NRW zum 1. 6. 2000 die Pflicht zur verbindlichen Benennung eines Bauleiters wieder in die Landesbauordnung aufgenommen.

Neben dem vor Ort tätigen Bauleiter ist aber auch der planende Ingenieur oder Architekt angehalten, frühzeitig die Konstruktion nach Schwachstellen zu untersuchen. Nur die abgestimmte Zusammenarbeit zwischen Baustelle und Planung bzw. Bauüberwachung bietet die Gewähr dafür, ein mangelfreies Werk herzustellen.

Mit dem uns zur Verfügung stehenden Regelwerk und den vorhandenen Erfahrungen sind wir ansonsten in die Lage versetzt, eine Konstruktion sicher und mangelfrei zu planen und zu errichten.

Die Anforderungen an Bauteile bzw. Bauwerke resultieren unabhängig vom Baustoff aus den drei Grundforderungen:

- einer für die vorgesehene Nutzung ausreichende Standsicherheit, also Sicherheit gegenüber Versagen
- einer den Anforderungen gerecht werdende Gebrauchstauglichkeit und
- einer auf die gewünschte Lebensdauer abgestimmte Dauerhaftigkeit.

Mit dem Ziel diese Grundforderungen zu erfüllen, kommt der Ausführungsqualität eine besondere Bedeutung zu.

Die nach Werkvertragsrecht geforderte Schaffung eines mangelfreien Werkes setzt das produktive Miteinander aller Beteiligten voraus. Im Bauablauf können dabei folgende Phasen besonders genannt werden:

- Planung und Ausschreibung (Architekt – Tragwerksplaner)
- Ausführung (Qualifiziertes Personal, Wahl geeigneter Baustoffe und Verfahren)
- Baubegleitende Überwachung und Ergebniskontrolle.

Im Zeitalter der europäischen Harmonisierung der Normenwerke wird die Verantwortung für die Festlegung des gewünschten Qualitätsniveaus stärker dem Bauherrn überlassen. Der Möglichkeit, Anforderungen, z. B. im Bereich der Gebrauchstauglichkeit, selbst festlegen zu können, steht die Aufgabe einer möglichst weitgehenden Information über Möglichkeiten und den damit verbundenen Risiken gegenüber. Diese Aufgabe bedarf der Unterstützung durch Planer und Ingenieure, die über ausreichende Erfahrung und „Gefühl" für die einzelnen Fragestellungen verfügen.

In den folgenden Abschnitten wird anhand ausgewählter Themen dargestellt, wo im Massivbau häufig die Ursachen für Schäden an Bauwerken liegen. Aufgrund der Fülle der davon betroffenen Elemente soll der Beitrag ein verstärktes Engagement zur Steigerung des Qualitätsbewusstseins in Ausführung und Konstruktion bewirken.

H

2.2 Bewehrungswahl und -führung

Die Tätigkeit im Bereich der bautechnischen Prüfung zeigt, dass die zweifellos verbesserten Möglichkeiten der elektronischen Berechnungen nicht zwangsläufig die Umsetzung der Ergebnisse in die konstruktive Bearbeitung erleichtert. Hier ist die Tendenz eher gegenläufig. Die immer umfangreicher werdenden Pakete statischer Berechnungen führen zu mehr Verwirrung und Zeitverlust für den Konstrukteur. Bei seiner Aufgabe eine sinnvolle und wirtschaftliche Bewehrungsführung zu schaffen, wird der Konstrukteur bei der Vielzahl der sich kreuzenden unterschiedlichen Bewehrungselemente (Betonstahl, Längs- und Quervorspannung, Abb. H.2.1) oftmals nur wenig unterstützt.

Abb. H.2.1 Bewehrungsnetz aus Beton- und Spannstahl

2.2.1 Verankerung – Krafteinleitung

Unzureichende Verankerungen sind regelmäßig im Bereich der Fertigelementsysteme zu finden. Bei der immer häufiger zur Anwendung kommenden Fertigelementplatte mit Ortbetonergänzung führen nicht beachtete Maßungenauigkeiten zwischen Planung und Bauausführung zu unzureichenden Verankerungen der einzelnen Bewehrungsstäbe (Abb. H.2.2).

Die Bewehrungsstäbe reichen oftmals gerade bis an das lastabtragende Bauteil heran, eine Einbindung ist überhaupt nicht vorhanden. Die korrekte Bewehrungsführung zeigt Abb. H.2.3, ggf. kommt auch eine Zulage von Bewehrungsschlaufen mit ausreichenden Übergreifungslängen in Frage.

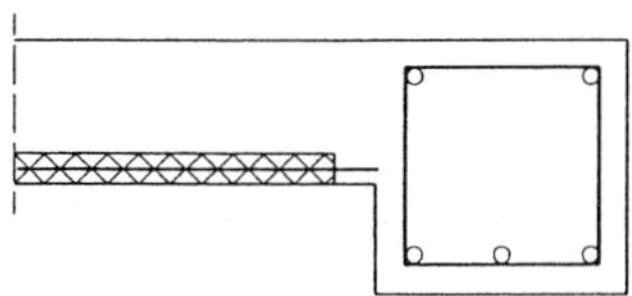

Abb. H.2.2 Fehlende Maßgenauigkeit der Fertigelementdecke

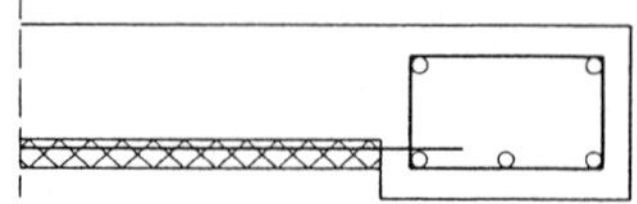

Abb. H.2.3 Korrekte Einbindung der Bewehrung

Bei indirekter Lagerung nach Abb. H.2.4 ist ein „Hochhängen" der ankommenden Last notwendig, um die Auflagerkraft durch eine schräg verlaufende Druckstrebe in das anschließende Bauteil weiterzuleiten.

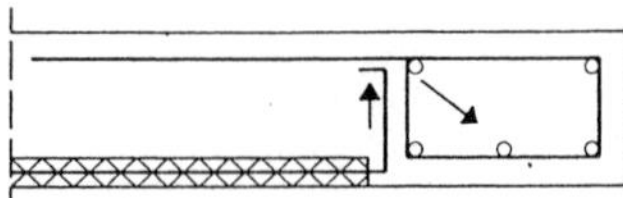

Abb. H.2.4 Indirekte Lagerung der Fertigelementdecke

Unwirksame Verankerungen sind oft auch die Folge einer zu gering bemessenen Auflagerlänge. Die falsche Einschätzung der zur Verfügung stehenden Platzverhältnisse hat oft eine nicht tragfähige Auflagerung zur Folge.

In Abb. H.2.5 ist ein oft zu beobachtender Schadensmechanismus angedeutet. Im Fall A reicht die zur Verfügung stehende Krafteinleitungslänge nicht, der Stab reißt in der Folge aus, im Fall B ist bei dicken Stäben mit großen Krümmungsradien ein Abscheren des „unbewehrten" Betonkörpers zu beobachten.

Bei unzureichenden Platzverhältnissen bietet sich auch hier das Einlegen von Schlaufen mit geringen Stabdurchmessern entsprechend Abb. H.2.6 an.

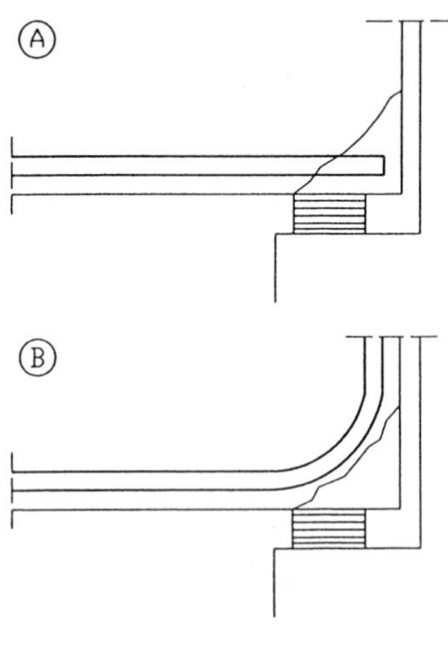

Abb. H.2.5 Unwirksame Verankerung am Endauflager

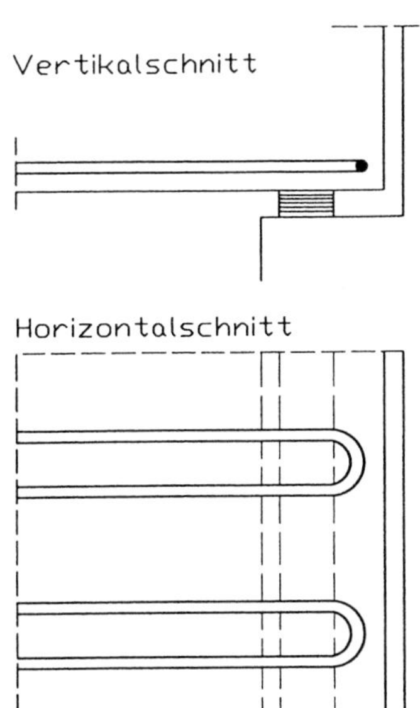

Abb. H.2.6 Endverankerung durch Schlaufenausbildung

Unverzichtbar ist die Schlaufenausbildung bei der Endverankerung von Konsolbewehrungen nach Abb. H.2.7.

Hier ist das Lager so weit zurückzusetzen, dass eine Abstützung der Last unter 45° innerhalb der Bewehrungsschlaufe ermöglicht wird.

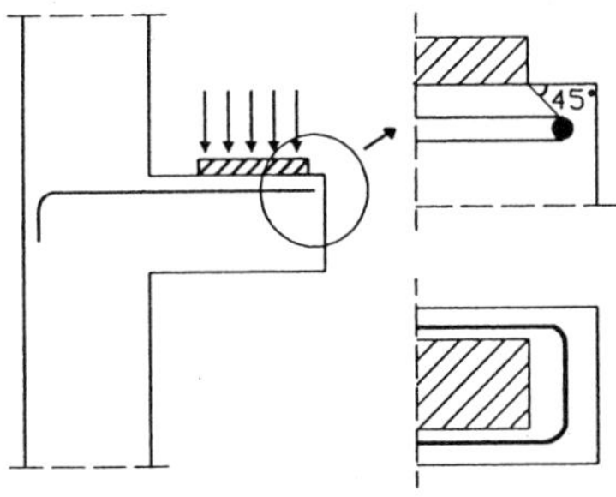

Abb. H.2.7 Einleitung der Auflagerlast in Zuggurt

Unter Umständen ist an dieser Stelle der Einsatz vorgefertigter Verankerungselemente (Stahlplatten) sinnvoll (Abb. H.2.8). Dabei sind dann die im Verankerungsbereich infolge Sprengwirkung auftretenden Querzugspannungen im Beton durch Querbewehrung aufzunehmen.

Abb. H.2.8 Parkhaus CCM, Konsolbewehrung

Eine ähnliche Problematik findet sich bei der Verankerung von Kragarmbewehrungen.

Die entsprechenden Bewehrungseisen werden häufig nur als gerade Stabeisen ohne das am Kragarmende erforderliche Verankerungselement eingelegt. Insbesondere bei hohen Bewehrungsgehalten und kurzen Kraglängen (z. B. bei Fundamenten) kann das Fehlen einer Verankerung für Z_R zum Versagen führen (Abb. H.2.9).

Sinnvolle Verankerungsmethoden sind in diesem Fall Haken oder sogar eine Schlaufenausbildung.

In Bauteilen mit großen Konstruktionshöhen wird oft die für die oberen Stäbe ungünstigere Verbundwirkung nicht beachtet. Die in der oberen Querschnittshälfte geringeren zulässigen Verbundspannungen führen zu deutlich größeren Verankerungslängen mit erhöhtem Platzbedarf.

Bei nur kurzer Einbindung eines Bewehrungsstabes in den Betonkörper besteht neben dem eigentlichen Verbundversagen auch die Gefahr eines Ausreißens des zur Verankerung benutzten Betonkörpers (Abb. H.2.10).

Zur Weiterleitung der einzuleitenden Zugkraft in das anschließende Bauteil ist eine Rückhängebewehrung notwendig (Abb. H.2.11).

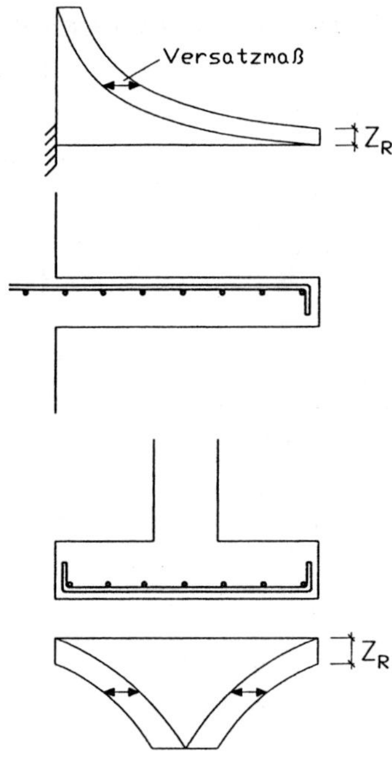

Abb. H.2.9 Endverankerung für Z_R

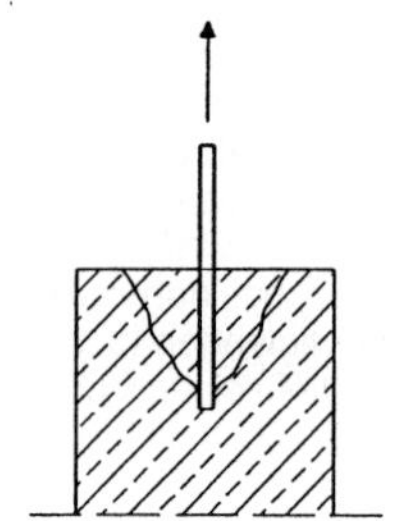

Abb. H.2.10 „Ausreißen" des Verankerungselementes infolge zu kurzer Einbindelänge und fehlender Haken

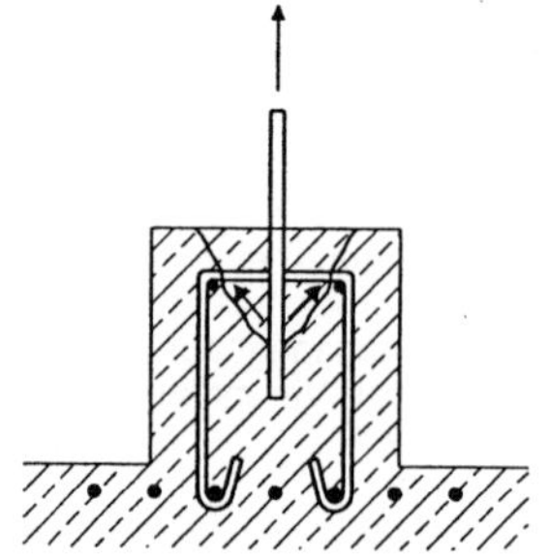

Abb. H.2.11 Verhinderung des „Ausreißens" durch Rückhängebewehrung

2.2.2 Umlenkung von Kraftrichtungen

Die Krafteinleitung und -weiterleitung ist an Umlenkstellen von Druck- und Zugkräften besonders sorgfältig zu verfolgen. Entsprechend Abb. H.2.12 sind die an dieser Stelle hervorgerufenen Umlenkkräfte durch geeignete Bewehrungselemente in das Bauteilinnere zurückzuhängen.

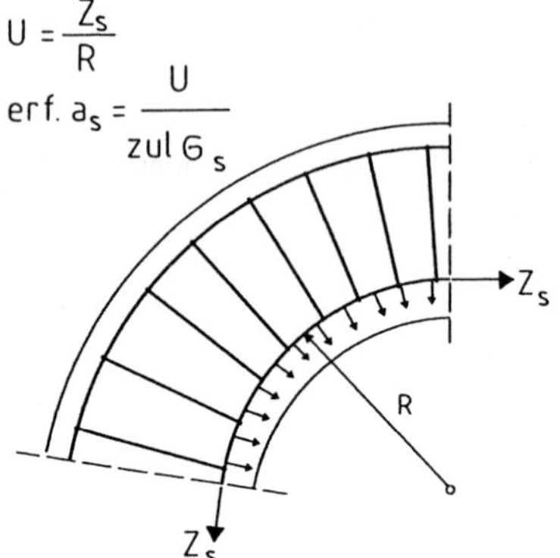

Abb. H.2.12 Gekrümmte Bewehrungsführung

Bei gebogenen und geknickten Bauteilrändern (Abb. H.2.13 und Abb. H.2.14) mit großen Zug- und Druckkräften ist die Aufnahme der daraus resultierenden Umlenkkräfte rechnerisch nachzuweisen und entsprechend zu sichern.

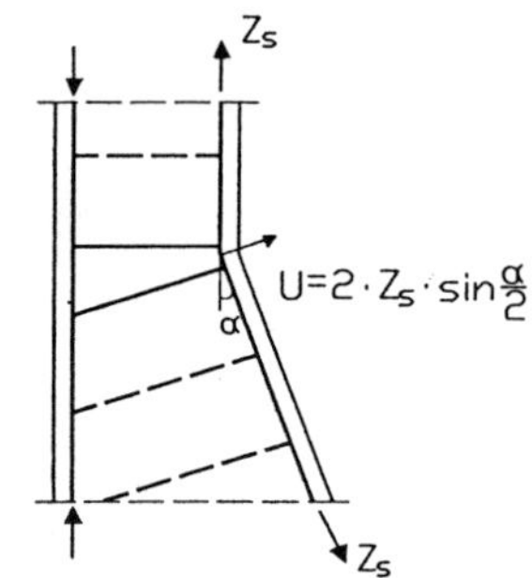

Abb. H.2.13 Geknickte Bewehrungsführung im Zuggurt

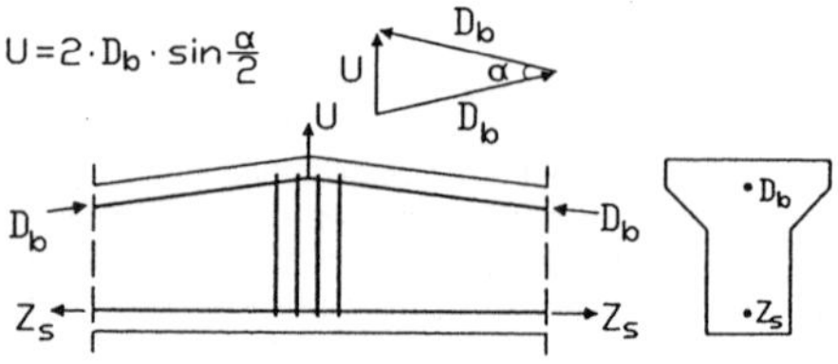

Abb. H.2.14 Geknickte Bewehrungsführung im Druckgurt

Bei der Bewehrungsführung ist darauf zu achten, dass eine kraftschlüssige Verbindung zwischen den abgebogenen Bewehrungsstäben und der einzulegenden Rückhängebewehrung sichergestellt ist.

Im Regelfall sollte die Rückhängebewehrung die gebogene Bewehrung vollständig umgreifen. Für die Ermittlung der Größe der Umlenkkräfte eignet sich häufig die Berechnung durch ein einfaches Stabwerkmodell.

Zu schweren Unfällen hat in der Vergangenheit das „Ausreißen“ von Transportschlaufen geführt. Die Ursache hierfür lag in den meisten Fällen in einer nicht tragfähigen Einbindung der Schlaufe in das Betonbauteil (Abb. H.2.15) oder der Ausführung einer zu starken Umlenkung der Schlaufe (Abb. H.2.16). Infolge der Überlagerung von Zugspannungen aus äußeren Lasten und aus Stabkrümmung trat das Versagen der Schlaufe ein.

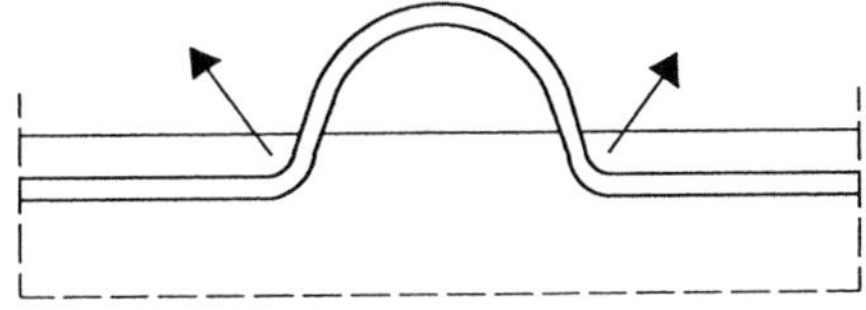

Abb. H.2.15 „Ausreißen“ infolge Umlenkkräfte

Abb. H.2.16 Nichteinhaltung des Mindestbiegerollendurchmesser

Für die in Abb. H.2.15 angedeuteten Umlenkkräfte ist eine geeignete Rückhängebewehrung zwingend erforderlich. Diese kann sinnvoll nur durch eine weiter ins Bauteilinnere führende Bewehrung erfolgen, die eine Kraftausbreitung ermöglicht und darüber hinaus im günstigen Verbundbereich verankert wird.

Bei Verankerungen für den Transportzustand steht immer der Wunsch nach möglichst niedrigen Kosten einem nicht sicher erfassbaren Belastungszustand gegenüber. Insbesondere die im Transport auftretenden dynamischen Vorgänge können zu nicht vorhersehbaren Belastungsspitzen führen, die dann nur bei großzügig dimensionierten Traggliedern ohne Schaden aufgenommen werden.

2.2.3 Bewehrungsabstände – Betondeckung

Für die Dauerhaftigkeit der Stahlbetonkonstruktion ist die gesicherte Betonierbarkeit von entscheidender Bedeutung. Diese ist in erster Linie abhängig von einer sinnvollen Wahl des Bewehrungsnetzes und dabei insbesondere von ausreichenden Abständen zwischen den Bewehrungsstäben. Bei dichten Bewehrungsnetzen müssen Rüttel- bzw. Einfüllöffnungen vorgesehen werden.

Neben dem ausreichenden Abstand der Stäbe untereinander ist der Abstand der Bewehrung zur Betonoberfläche von entscheidender Bedeutung für die Lebensdauer des Bauwerks.

In allen gültigen Vorschriften und Regelwerken wird daher eine Mindestbetondeckung gefordert. Mit ihrer Festlegung wird die

- Übertragung und Aufnahme der Verbundspannungen,
- die Forderung nach ausreichendem Korrosionsschutz,
- die Sicherung der äußeren Betonschale (z. B. im Brandfall, Abb. H.2.17)

gefördert und sichergestellt.

Abb. H.2.17 Abplatzung infolge Brandeinwirkung

Die für den Korrosionsschutz notwendige alkalische Umgebung hängt nicht allein von der Dicke des umgebenden Betons ab. Die vorhandenen Umweltbedingungen und die Güte des Betons spielen dabei eine entscheidende Rolle. Aus diesem Grund wird in der künftigen Normung die Umweltklasse und die Festigkeitsklasse des Betons als zusätzliches Kriterium für die Festlegung der Betondeckung eingeführt.

Leicht übersehen wird die Tatsache, dass **jede** Bewehrung den konstruktiven Anforderungen an

H

die Mindestbetondeckung genügen muss. Statisch nicht in Anspruch genommene Bewehrung erfordert daher auch eine ausreichende Betondeckung mit dem Ziel auch hier den Korrosionsschutz sicherzustellen.

Um baustellenübliche Maßabweichungen aus dem Einbau der Bewehrung und der Herstellung der Biegeformen zu kompensieren, wird die erforderliche Mindestbetondeckung um das sogenannte Vorhaltemaß vergrößert. Das sich so ergebende Verlegemaß ist auf den Zeichnungen deutlich anzugeben. Bei mehrlagiger Bewehrung ist zu berücksichtigen, welche Bewehrungsstäbe unterstützt werden müssen.

Bei stark unterschiedlichen Durchmessern kann es sinnvoll sein, nicht die der Oberfläche am nächsten liegenden Stäbe, sondern die steiferen Stäbe der 2. Lage zu unterstützen.
Typische Fehlerquelle ist die nicht deutlich genug dargestellte Ausrichtung sogenannter Stehbügel. Ein Verschwenken um 90° führt zu einer unbeabsichtigten Absenkung der oberen Bewehrungslage.

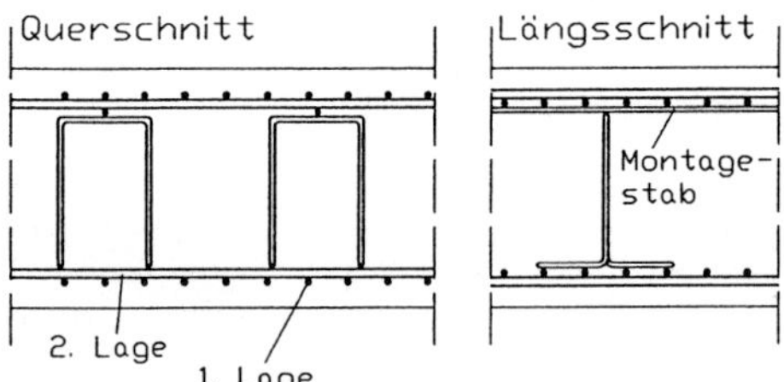

Abb. H.2.18 Stehbügel auf der unteren Bewehrung stehend

Je nach Ausrichtung der unteren Füße des Bügels ergibt sich eine Höhendifferenz der 2. Lage in der Größe eines vollen Stabdurchmessers. Dies läßt sich dann nur durch zusätzlich aufgelegte Montagestäbe wieder ausgleichen.

Muss im Ausnahmefall gegen eine „weiche“ Dämmschicht betoniert werden, so sind die Abstandhalter der oberen Bewehrung auf das untere Bewehrungsnetz abzustützen. Die untere Bewehrung wiederum ist durch Abstandhalter mit großer Aufstandsfläche gegen Eindrücken zu sichern.

Bei den in großer Zahl eingesetzten Fertigelementdecken ist oft der bereits eingebaute Gitterträger nicht in der Lage, die erforderliche Höhenlage der oberen Bewehrung zu sichern. Die Höhe dieser Binder ist nicht automatisch ausreichend hoch gewählt, um als Unterstützung der oberen Bewehrung zu dienen (Abb. H.2.19). Eine Kontrolle ist daher stets erforderlich. Sinnvolle Abhilfe kann hier durch Aufschweißen zusätzlicher Bewehrungsstäbe erzielt werden. Eine Lagesicherung nur durch Anbinden ist nur bei mehrfacher Verbindung funktionsfähig. In der Regel löst sich die einfache Verbindung während des Betoniervorgangs.

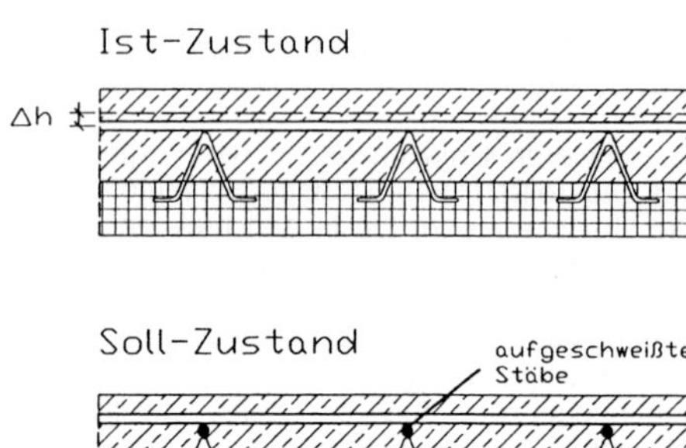

Abb. H.2.19 Aufschweißen von zusätzlichen Stäben zur Sicherung der korrekten Höhenlage der Bewehrung

Der Einfluss einer nicht ausreichenden Höhenlage wird in vielen Fällen unterschätzt. Eine Beeinträchtigung tritt nicht nur durch Verringerung des Hebelarmes für die Biegebemessung auf, sondern hat z. B. auch Einfluss auf die Querkrafttragfähigkeit im Bereich punktgestützter Platten (Abb. H.2.20). Hier reduziert sich die Tragfähigkeit überproportional durch zusätzliche Reduzierung des kritischen Umfangs des Durchstanzkegels.
Eine Kontrolle der ausgeführten statischen Nutzhöhe vor Ort und Vergleich mit der erforderlichen Höhe ist daher in durchstanzgefährdeten Bereichen besonders wichtig.

Der Wunsch der Gestaltung nach möglichst unsichtbaren Tragelementen fördert immer mehr die Anwendung deckengleicher Balken. Hierbei werden zwei Fehler oft angetroffen. Zum einen muss die ankommende Bewehrung stets über die lastabtragende Bewehrung geführt werden (s. Abb. H. 2.3) und zum anderen erfordert die hier vorliegende indirekte Auflagerung ein „Hochhängen“ der Auflagerlast. Dazu ist eine entsprechende Ausbildung der Bügel erforderlich (z. B. Schließen der Bügel).

Bei hoher Beanspruchung der deckengleichen Systeme ergibt sich durch die dann erforderliche mehrlagige Bewehrung eine kräftige Reduzierung der statischen Nutzhöhe bzw. des Abstands des Schwerpunktes der Bewehrung zur Spannungsnulllinie des Querschnitts.

Mehrlagige Bewehrungen sind daher möglichst zu vermeiden. Bewehrungsstäbe können jeweils nur entsprechend der an der betrachteten Stelle vorhandenen Dehnung an der Kraftaufnahme mitwirken. Abb. H.2.21 verdeutlicht dies an einer momentenbeanspruchten Pfeilerscheibe. Die in der direkten Umgebung der Dehnungsnulllinie vorhandenen Stäbe tragen kaum zur Kraftaufnahme bei.

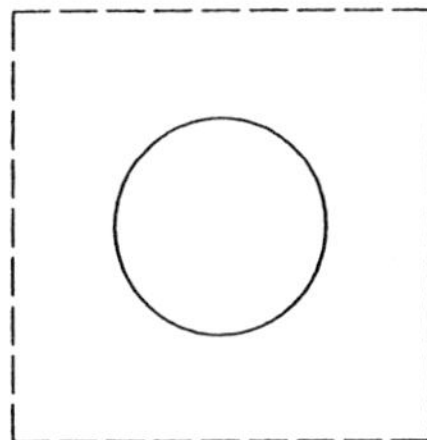

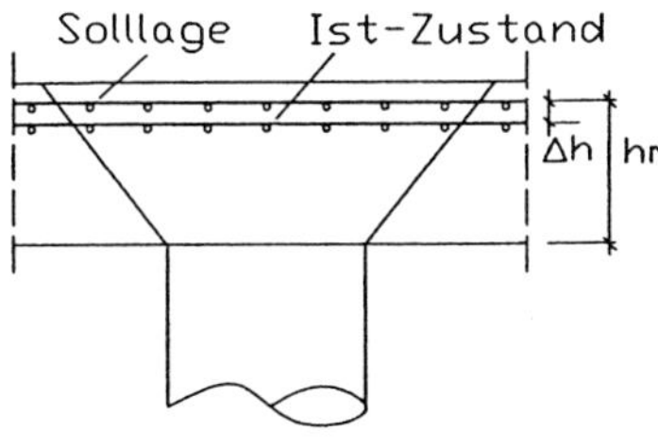

Abb. H.2.20 Abweichende Höhenlage der Bewehrung bei Punktstützen

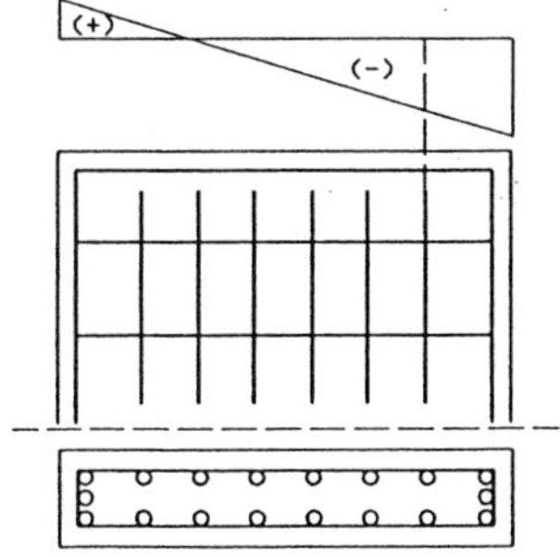

Abb. H.2.21 Kräfteaufteilung im Querschnitt

2.3 Betonherstellung und -verarbeitung

Neben dem unsachgemäßen Einbau der Bewehrung kommt der Qualität des Betons als zweitem Partner des Verbundbaustoffs Stahlbeton eine wichtige Rolle zu. Hier ist insbesondere die Ausführung vor Ort letztlich für den Erfolg verantwortlich.

In der Literatur wird der Anteil der festgestellten Schäden im Massivbau zur Hälfte der Planung und zur anderen Hälfte der Ausführungsseite zugewiesen.

Die vorhandene Regelungsdichte im Prozess der Herstellung der Betonmischung sichert in aller Regel die gewünschte Rezeptur weitgehend ab. Demgegenüber treten Risiken verstärkt beim Transport und beim Einbau des Betons auf.

Für jeden Betoniervorgang ist eine abgestimmte Zeitplanung erforderlich. Nur bei Berücksichtigung der Fahrzeit der Betonfahrzeuge und der auf der Baustelle benötigten Zeit bis zum Einbau kann die Mischung richtig zusammengestellt werden.

Die auf der Baustelle erzielte Frischbetonkonsistenz ist mitverantwortlich für die eigentliche Güte des erhärteten Betons. Die Konsistenz ist im Vorfeld auf die örtlichen Gegebenheiten abzustimmen. Eine zu steife Konsistenz führt in Verbindung mit mangelhafter Verdichtung zu den in Abb. H.2.22 und Abb. H.2.23 dargestellten Schäden. Bemerkenswert ist, dass an diesen Stellen durch Ankerkörper noch zusätzliche Lasten eingeleitet werden sollten.

Abb. H.2.22 Fehlstelle in einer Aussteifungsstütze

H

Abb. H.2.23 Mangelhafte Ausführung einer Eckstütze

Eine steife Konsistenz ist oft mit einer verstärkten Neigung zur Entmischung des Betons verbunden. Aus diesem Grund ist die Fallhöhe des Betons möglichst zu beschränken.

Zur Vermeidung von Entmischungen und Kiesnestern ist eine ausreichende Verdichtung erforderlich. Diese muss mit auf die vorhandenen Platzverhältnisse abgestimmten geeigneten Geräten (Rüttelflasche etc.) erfolgen. Die Verdichtung kann sowohl mit Innen- als auch mit Außenrüttlern von außen erfolgen. Die gewünschte Wirksamkeit wird durch Betonieren und direkt anschließendem Verdichten in einzelnen Lagen $\leq$ 50 cm erreicht. Im Übergangsbereich der einzelnen Lagen ist eine „Vernadelung" durchzuführen, d. h. der Rüttler ist durch die zu verdichtende Schicht in die bereits verdichtete Schicht einzutauchen. Mit Blick auf die Dauer des Rüttelvorgangs ist zu beobachten, dass mit zunehmender Zeit die Gefahr der Entmischung und des Absonderns von Wasser steigt.

Die gelegentlich zu beobachtende Nachverdichtung des Betons ist mit großer Vorsicht anzuwenden. Die gewünschte Steigerung der Verdichtung wird nur erreicht, wenn der Beton noch ausreichend verformbar ist. Ansonsten wird damit die Ablösung des Betons von den Stahleinlagen gefördert. Es bilden sich mehr oder weniger große Hohlräume unterhalb der Bewehrung. Die negative Folge ist neben dem entstandenen Hohlraum die reduzierte vorhandene Fläche zur Übertragung von Verbundspannungen (Abb. H.2.24).

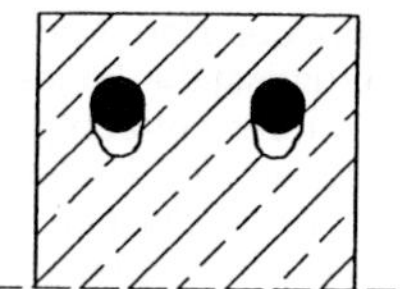

Abb. H.2.24 Absacken des Betons

Neben dem Einbauvorgang mit seinen Fehlerquellen ist die falsche Einschätzung des zeitabhängigen Verhaltens oft Ursache für Schäden an Massivbauwerken. Neben Temperatur- und Feuchtigkeitsänderungen führen Schwind- und Kriechvorgänge zu Verformungen der Konstruktion. Da sich in der Regel der Baukörper nicht frei verformen kann, entstehen Zwangsbeanspruchungen, die bei Zugbeanspruchung zu Rissbildungen führen.

Um diese Einflüsse bei der Ausführung berücksichtigen zu können, ist die Kenntnis der wichtigsten Merkmale erforderlich. Diese sind nachfolgend kurz zusammengestellt.

Unter Schwinden wird die lastunabhängige Volumenverringerung des bereits erhärteten Betons verstanden. Bei frühzeitig eintretendem Schwinden (mangelhafte Nachbehandlung) treten im Oberflächenbereich netzförmig verlaufende Risse mit geringer Tiefe auf. Das danach einsetzende Schwinden kann Zeiträume von über einem Jahr und mehr umfassen und Verkürzungen der Baueile von 0,5 mm/m auslösen. Ein 10 m langer Wandabschnitt erhält damit eine Verkürzung um 5 mm. Bei Behinderung führt diese Zwangsdehnung auf jeden Fall zu einer Rissbildung im Beton. Diese Rissbildung beeinträchtigt i. d. R. nicht die Standsicherheit der Bauteile, wohl aber die Gebrauchstauglichkeit wenn die Rissbreite unzulässige Werte erreicht. Typisches Beispiel sind die ohne Abdichtung ausgeführten Decken von Tiefgaragen. Nur bei genügend kleiner Rissbreite (~ 0,15 mm) wird ein Wasserdurchgang verhindert. Entscheidend für den Erfolg ist auch hier die Rissbreitenbeschränkung.

Unter Kriechen wird die zeitabhängige Zunahme der Verformungen unter konstanter Druckbeanspruchung verstanden. Auch das Kriechen wird durch Austrocknung negativ beeinflusst. Das Kriechen tritt umso stärker auf, je früher der Belastungsbeginn erfolgt, je höher die Belastung ist und je schneller die Austrocknung erfolgt.

Wichtig ist dabei, dass diese Verformungen den 2–3fachen Wert der elastischen Verformung zu Belastungsbeginn erreichen können.

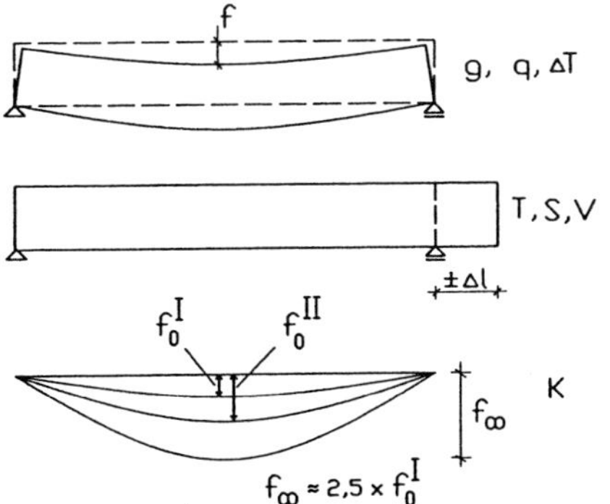

Abb. H.2.25 Verformungszustände im Stahlbeton

Bei der Ausführung ist stets darauf zu achten, dass durch diese erst später auftretenden Verformungen keine Lastumlagerung auf benachbarte Elemente erfolgt. Typisches Beispiel ist der weit gespannte Randunterzug in der Kaufhausfassade. Wenn der vertikale Fugenabstand zwischen Schaufenster und Unterzug nicht ausreicht, um die Gesamtverformung (oft mehrere Zentimeter) aufzunehmen, kommt es zu einer unzulässigen Belastung der Glasscheibe mit anschließender schlagartiger Zerstörung.

Bei parallelgurtigen Dachbindern kann es infolge Durchbiegung zu einer Wassersackbildung kommen, die eine Entwässerung des Daches unwirksam macht. Sinnvollerweise sollten diese Träger bereits in der Herstellungsphase mit Überhöhungen eingebaut werden.

Neben dem Schwinden und Kriechen ist die einwirkende Temperatur verantwortlich für unerwünschte Verformungen. Auch hier ist der bereits beschriebene Vorgang zu beobachten. Die Temperaturbeanspruchung verursacht eine Verformung und löst damit eine Zwängung im Bauteil aus. Unter Zugbeanspruchung ist eine Rissbildung im Bauteil die Folge.

Rissbildung lässt sich im Stahlbetonbau durch geeignete Maßnahmen in der Regel verringern, oft aber nicht vermeiden. Durch geeignete Rezeptur und ausreichende Nachbehandlung sowie eventuelle Isolierung des Betonbauteils während der Abbindephase wird eine Rissbildung aufgrund verringerter Zwangsbeanspruchung stark vermindert.
Die Rissbildung als solche stellt bei Einhaltung zulässiger Rissbreiten keinen Mangel dar. Die Bemessung der Stahlbetonbauteile erfolgt unter Annahme eines gerissenen Zustandes. Die Einhaltung der je nach Anwendungsfall zulässigen Rissbreite wird in der Hauptsache durch eine ausreichend bemessene Bewehrung erreicht. Diese Bewehrung ist über die gesamte Bauteillänge in Richtung der Zug- bzw. Zwangsbeanspruchung einzubauen.

Oft nicht erkannte Schwachstellen, senkrecht zur erwarteten Rissbildung, sind entsprechend Abb. H.2.26 die Trennfugen vorgefertigter Wandelemente. Um die Rissbreite auch im Fugenbereich zu beschränken, ist in jedem Fall eine den Riss kreuzende Bewehrung im Ortbetonquerschnitt einzubauen.

Die Rissbreitenbeschränkung ist sicherer mit möglichst vielen und dafür kleinen Stabdurchmessern zu erzielen.

Querschnitt:
Stahlbetonwand
"Weiße Wanne"

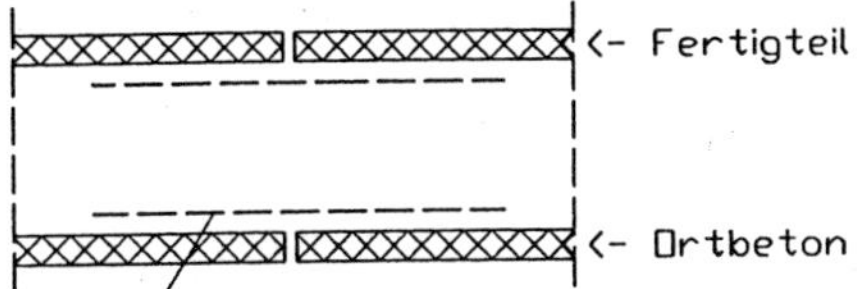

Zulage in Querrichtung für Rissbeschränkung in der Elementenfuge

Abb. H.2.26 Schwachstelle Arbeitsfuge im Wandquerschnitt

Schwachpunkte mit Neigung zur Rissbildung sind in Abb. H.2.27 und H.2.28 dargestellt. Abhilfe zur Vermeidung unzulässiger Rissbreiten kann hier nur eine nicht zu sparsam gewählte Bewehrung senkrecht zum erwarteten Rissverlauf entlang der Öffnungsränder liefern.

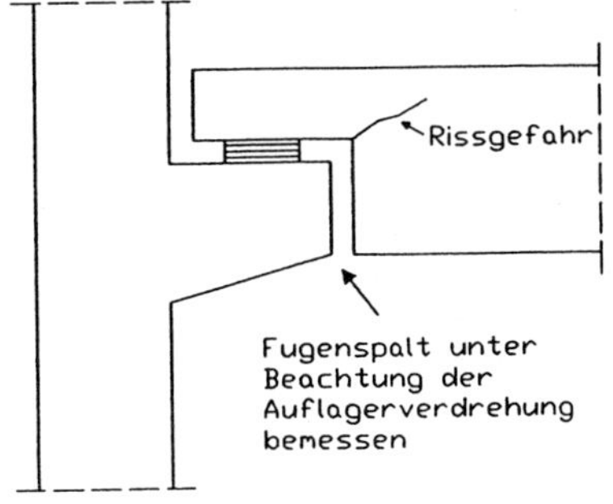

Abb. H.2.27 Kritischer Bereich von ausgeklinkten Trägern

H

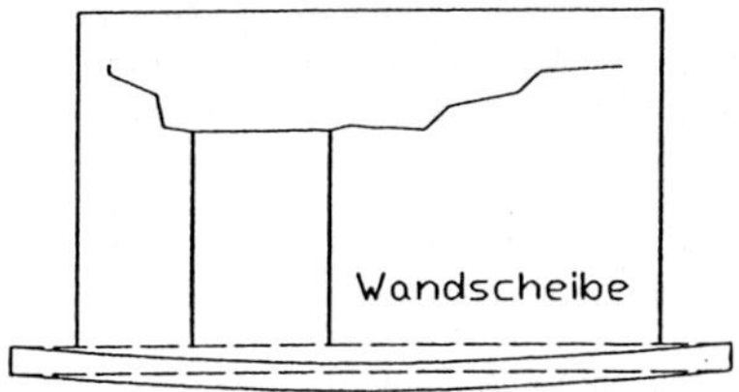

Abb. H.2.28 Rissbildung durch Verformung der Deckenplatte

2.4 Schalung und Nachbehandlung

Die Ausführung einer standsicheren und verformungsarmen Schalung stellt wie die Nachbehandlung der Betonbauteile zwar „nur" eine begleitende Tätigkeit dar, ist aber für den Erfolg nicht weniger entscheidend.

Die wichtigsten Kriterien für eine den Ansprüchen genügende Schalung sind:

- Ausbildung einer steifen, möglichst verformungsarmen Konstruktion,
- Aussteifung der Konstruktion für die während des Betoniervorgangs anfallenden Lasten,
- Dichtigkeit der Schalung zur Vermeidung von örtlichen Wasserverlusten,
- und nicht zuletzt eine gereinigte Schalung.

In ihrer Ausbildung zu weiche Schalungen führen zu unerwünschten Verformungen (Durchhang, Ausbeulung etc.). Schalungselemente sind daher mit kurzen Stützweiten in regelmäßigen Abständen anzuordnen. Die Verbindungsmittel in den Knotenpunkten sind großzügig zu bemessen um Verformungen infolge zu großer Elastizität der Anschlusspunkte zu vermeiden.

Neben den vertikalen Betonierlasten ist der horizontale Schalungsdruck entsprechend DIN 18 218 bei der Planung der Schalung zu erfassen. Schwerwiegende Unfälle sind insbesondere auf die zu geringe Beachtung der horizontalen Kräfte zurückzuführen. Abb. H.2.29 zeigt die Schalung für einen massiven Balken. Hier war eine Übertragung der horizontalen Kräfte im unteren Gurt nur noch durch Reibung möglich. Die fehlende Koppelung der Querbalken führte zum Ausweichen der seitlichen Schalung kurz vor Ende des Betoniervorgangs.

Ein ähnlicher Schaden entstand infolge falsch eingeschätzter Lagesicherung einer Wandschalung (Abb. H.2.30). Die am Fußpunkt fehlende vertikale Befestigung führte zum Anheben der inneren Schalung und damit zu einem Auslaufen des Betons. Ursache für die Hebung waren die aus der Schrägabstützung resultierenden Vertikalkräfte, die nicht aufgenommen werden konnten. Allein die nachfolgend erforderliche Reinigung der Bewehrung hat neben der Wiederherstellung der Konstruktion zu erheblichen Kosten und Zeitverlust geführt.

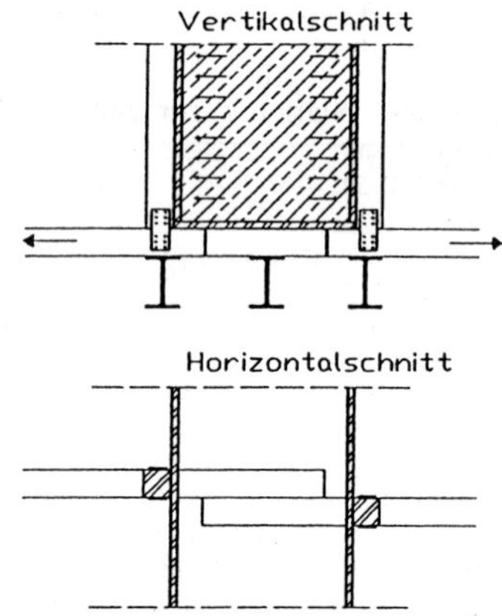

Abb. H.2.29 Fehlende Zugverbindung der Schalungsträger

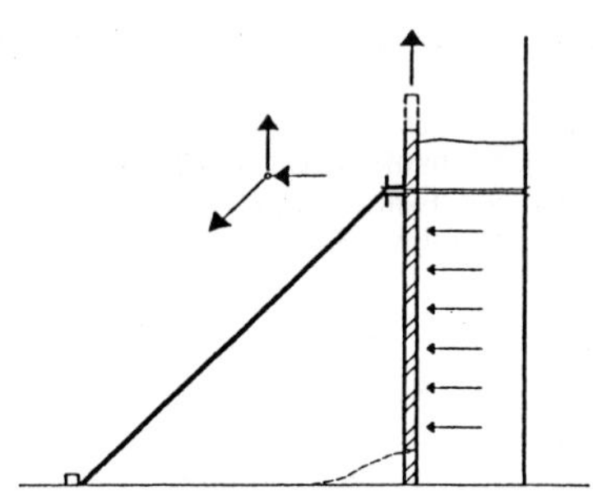

Abb. H.2.30 Fehlende Fußsicherung der Wandschalung

Da Gerüste und Schalungskonstruktionen im Normalfall aus statisch bestimmten Systemen zusammengesetzt sind, ist die Umlagerungsmöglichkeit der Konstruktion im Versagensfall äußerst gering. Der Ausfall eines einzelnen Traggliedes führt in der Regel zum Ausfall eines ganzen Schalungs- bzw. Gerüstabschnitts.

Als weiteres Kriterium für eine funktionsfähige Schalung ist die Dichtigkeit der Schalung zu nennen. Undichte Fugen bzw. Stoßstellen der

Schalelemente führen zum Austritt von Zementleim. In der Folge entstehen an diesen Stellen offenporige Gefügestrukturen, die wiederum den Korrosionsschutz und die Festigkeit der Betonrandzone stark beeinträchtigen.
Im Fall einer Sichtbetonfläche kann hieraus ein schwer sanierbarer Mangel entstehen.

Die Notwendigkeit einer Säuberung der Schalung mit anschließendem Anfeuchten der Schalung für den Betoniervorgang sollte eigentlich zur Selbstverständlichkeit geworden sein.

Schalungen sind nicht nur zur Aufnahme des Frischbetongewichts während des Betoniervorganges erforderlich. Sie sind vielmehr solange vorzuhalten, bis das Bauteil eigenständig in der Lage ist, die im Bauzustand auftretenden Lasten mit vorgeschriebener Sicherheit zu tragen. In der Literatur sind an verschiedenen Stellen Erfahrungswerte für die einzuhaltenden Ausschalfristen angegeben (z. B. DIN 1045, Tabelle 8, s. Tafel H.2.1).

Zur Verringerung der zeitabhängigen Verformungen infolge Kriechen und Schwinden ist es sinnvoll, nach dem Ausschalen einzelne Hilfsstützen zu setzen. Diese Hilfsstützen müssen in allen Geschossen übereinander stehen und müssen möglichst lange im Bauwerk verbleiben. Mit zunehmendem Betonalter verringert sich die noch zu erwartende Kriechverformung erheblich.

Festigkeitsklasse des Zements nach DIN 1164 T1	**seitliche Schalung** **Tage**	**Deckenschalung** **Tage**	**Rahmenschalung** **Tage**
32,5	3	8	20
32,5 R **42,5**	2	5	10
42,5 R **52,5**	1	3	6

Tafel H.2.1 DIN 1045, Tabelle 8: Ausschalfristen (Anhaltswerte)

Mangelhafte Betonoberflächen und Betonbauteile sind oft eine Folge unzureichender Nachbehandlung des Betons. Unter Nachbehandlung sind hier alle Maßnahmen einzuordnen, die ein übermäßiges Abkühlen, Erwärmen und Austrocknen verhindern. Ursache für diese unerwünschten Einflüsse können Wind, Regen oder Temperatureinwirkungen sein.

Eine wesentliche Schadensursache bei unzulänglicher Nachbehandlung ist das vorzeitige Austrocknen des Betons. Die hiermit ausgelöste Gefügestörung insbesondere in oberflächennahen Bereichen kann nur schwer saniert werden und stellt somit einen deutlichen Mangel dar. Parallel führt das gleichzeitig einsetzende Frühschwinden zu einem Rissbild mit verästelten feinen Rissen.

Hauptziel der Nachbehandlung muss daher die Reduzierung der Verdunstung des Wassers an der Betonoberfläche sein.
Zusammenfassend muss der frisch betonierte Beton in der ersten Zeit vor

- zu schnellem Wasserentzug,
- Frosteinwirkung,
- Temperaturdifferenzen zwischen Rand- und Kernbereich
- und vor mechanischen und dynamischen Einwirkungen

geschützt werden. Ausführliche Informationen zur Nachbehandlung sind in der Richtlinie zur Nachbehandlung von Beton des DAfStb enthalten.

2.5 Schlussbemerkung

Die Anfälligkeit von Stahlbetonkonstruktionen gegenüber fehlerhafter Ausführung wächst durch steigenden Kosten- und Zeitdruck. Um dem entgegenzuwirken ist eine wirksame und verantwortliche Kontrolle und Planung der einzelnen Arbeitsschritte unumgänglich.

Nur wenn es gelingt, Schwachstellen bereits frühzeitig aufzuzeigen, ist die Herstellung des nach Werkvertrag mangelfreien Bauteils auch erreichbar.
Die Erfahrung zeigt, dass der Aufwand für eine intensivere Kontrolle und Begleitung der Arbeiten deutlich wirtschaftlicher ist als die spätere Sanierung.

Der manchmal vorgeschlagene Weg zur Schaffung eines immer umfangreicheren Regelwerkes kann nicht die Lösung sein. Eigenständiges konstruktives Denken muss auch in Zukunft möglich und sinnvoll sein.

H Beiträge für die Baupraxis

3 Berechnung der Durchbiegung von Stahlbetonbauteilen: Praktische Anwendung im Ingenieurbüro

3.1 Einführung

Zum Umfang eines Nachweises in statischen Berechnungen gab es zwischen Aufsteller und Prüfingenieur von alters her ein stilles Einvernehmen: bei Stahlträgern oder Holzbalken wurde ein Durchbiegungsnachweis geführt (z. B. $w \leq L/300$), bei Stahlbetonbauteilen genügte jedoch der sog. Schlankheitsnachweis. Diese Verfahrensweise orientierte sich an den gültigen Bestimmungen, sachgerecht war die Bemessung von Stahlbetonbauteilen ohne Durchbiegungsnachweis jedoch eigentlich nicht. Das Verformungsverhalten ist mit Schlankheitskriterien allein nur bedingt zu erfassen, da Belastung, Material und Bewehrung zusätzlich berücksichtigt werden müssen. Eine Kontrolle über die zu erwartende Verformung ist jedoch beim Material Stahlbeton nicht weniger sinnvoll als bei Stahl und bei Holz.

Auch der Entwurf E DIN 1045-1 trägt im Absatz 11.3.2 (1) – (3) der alten Gewohnheit Rechnung. Darin sind die früheren Schlankheitskriterien unverändert fortgeschrieben worden. Es sind jedoch die Absätze 11.3.1 (8) bis (10) über die Gebrauchstauglichkeit mit eindeutigen Verformungsgrenzen hinzugekommen. Das betrifft den Verbraucherschutz, und den muss man heute sehr ernst nehmen.

Die althergebrachte Bemessungsmethode ohne direkte Verformungsberechnung ist nur dann in Ordnung, wenn durch Einhaltung der Schlankheitskriterien in jedem Falle auch die Gebrauchstauglichkeit garantiert werden kann. Dass das so **sei**, ist aus der Formulierung des Absatzes 11.3.2 (1) geradezu herauszulesen, es **trifft jedoch nicht immer zu**! Mindestens im Falle von einachsig gespannten Platten, aber auch bei Balken kann es trotz Einhaltung der Schlankheitsgrenze zu einer Überschreitung der Durchbiegungsgrenze kommen.

Aus diesem Grund muss die alte Gewohnheit, auf einen rechnerischen Durchbiegungsnachweis zu verzichten, in Frage gestellt werden. Der Bedarf nach überschaubaren und praktikablen Rechenverfahren ist dringend gegeben.

Das nachfolgend dargestellte Verfahren wird zunächst abgeleitet und lückenlos für eine Programmierung aufbereitet. Es handelt sich dabei um die in [Litzner – 96] dargestellte Biegetheorie, die für den praktischen Gebrauch erweitert und nach [ENV 1992-1-1 – 93], Anhang 4.2, Absatz (3) präzisiert wurde. Ein Vorschlag für einen Programmablauf ist beigefügt.

In einem einfachen Beispiel wird veranschaulicht, welchen Aufwand eine **Handrechnung** erfordert, um ausreichende Genauigkeit zu erzielen. Zugleich wird dabei die Methode verdeutlicht und ein Kontrolle durchgeführt. Es wird dann schließlich ein Vergleich von Rechenwerten mit gemessenen Versuchswerten aufgeführt, aus der sich der Leser selbst eine Vorstellung machen kann, mit welcher Genauigkeit Berechnungen mit dem hier angebotenen Verfahren möglich sind. Dazu werden die Messungen unter Dauerlast von Nürnbergerová/Hájek benutzt, die in [Stb-aktuell – 00], Seite G.18 angesprochen wurden.

Die abschließend geschilderten verformungsbedingten Schadensfälle aus der Praxis verdeutlichen die Notwendigkeit von Verformungsberechnungen.

3.2 Theoretische Grundlagen (nach EC 2, Teil 1-1, A. 4.3)

Nachfolgend werden die theoretischen Grundlagen ausführlich dargelegt, die dem Rechenprogramm (Abschn. 3.2.3) und den Diagrammen (Abb. H.3.12 bis H.3.15) zugrunde liegen, wie sie in [ENV 1992-1-1 – 93] unter der Bezeichnung „strengstes Verfahren zur Bestimmung von Verformungen“ angegeben sind.

3.2.1 Ermittlung der Krümmung im Querschnitt

Unter Gebrauchslast befindet sich ein Bauteil, das entsprechend den Bestimmungen bemessen wurde, über die Länge der Spannweite je nach Größe des Biegemoments in einem von zwei Zuständen, entweder im Zustand I oder im Zustand IIm. Für die Ermittlung der Krümmung im Zustand

IIm benötigt man außerdem noch den fiktiven Grenzzustand II.

Zustand I = ungerissener Zustand $M \leq M_r$
Zustand IIm = gerissener Zustand unter Mitwirkung des Betons auf Zug zwischen den Rissen $M > M_r$
Zustand II = vollständig gerissener Zustand (gedachter Grenzzustand als Rechenhilfe)
M_r = Rissmoment des Querschnitts
M = Biegemoment im betrachteten Querschnitt

Befindet sich der betrachtete Schnitt im Zustand I, dann kann die Krümmung direkt nach den linearen Gesetzen der Elastizitätstheorie ermittelt werden. Im Fall des Zustands IIm werden vorab die Krümmungen des Zustands I und des Grenzzustands II berechnet und daraus dann die Krümmung des Zustands IIm mit Hilfe des Verteilungsbeiwerts ζ bestimmt.

3.2.1.1 Der Zustand I und der Grenzzustand II

Die Zustände I und II werden beide nach der linearen Elastizitätstheorie behandelt. Die Krümmung im Zustand I bzw. II ergibt sich

$$K_{I,II} = (1/r)_{I,II} = M/(E_{c,eff} \cdot I_{I,II}) \quad (H.3.1)$$

mit $M = M_w + M_{cs\,I,II}$

M_w Biegemoment infolge der für die Durchbiegung w maßgeblichen äußeren Lasten
$M_{cs\,I,II}$ Biegemoment infolge Schwinden im Zustand I bzw. II

$$M_{cs\,I,II} = -E_s \cdot \varepsilon_{cs} \cdot [A_{s1} \cdot (d - z_{0\,I,II}) + A_{s2} \cdot (d_2 - z_{0\,I,II})] \quad (H.3.2)$$

$z_{0\,I,II}$ Nulllinienabstand je nach Zustand I oder II
ε_{cs} Schwindmaß nach EC 2, Tabelle 3.4
$I_{I,II}$ Trägheitsmoment je nach Zustand I oder II
r Krümmungsradius
$E_{c,eff}$ = $E_{cm}/(1 + \varphi)$
E_{cm} E-Modul nach EC 2, Teil 1-1, Abschn. 3.1.2.5.2 (ggf. E DIN 1045, Tabelle 16, Zeile 8)
φ Kriechzahl nach EC 2, Tabelle 3.3
α_e = $E_s / E_{c,eff}$
E_s = 200 000 N/mm²

Querschnittswerte z_0 und I

Rechteck-Querschnitt, Zustand I

$$z_{0I} = (b \cdot h^2/2 + (\alpha_e - 1) \cdot (A_{s1} \cdot d + A_{s2} \cdot d_2)/(b \cdot h + (\alpha_e - 1) \cdot (A_{s1} + A_{s2})) \quad (H.3.3)$$

$$I_I = b \cdot h^3/12 + b \cdot h \cdot (x - h/2)^2 + (\alpha_e - 1) \cdot (A_{s1} \cdot (d-x)^2 + A_{s2} \cdot (d_2 - x)^2) \quad (H.3.4)$$

mit der Druckzonenhöhe $x = z_{0I}$

Rechteck-Querschnitt, Zustand II

$$z_{0II} = ((\alpha_e - 1) \cdot (A_{s1} + A_{s2})/b) \cdot (-1 + \sqrt{(1 + 2b \cdot (A_{s1} \cdot d + A_{s2} \cdot d_2)/((\alpha_e - 1) \cdot (A_{s1} + A_{s2})^2)}) \quad (H.3.5)$$

$$I_{II} = b \cdot x^3/3 + (\alpha_e - 1) \cdot (A_{s1} \cdot (d - x)^2 + A_{s2} \cdot (d_2 - x)^2) \quad (H.3.6)$$

mit der Druckzonenhöhe $x = z_{0II}$

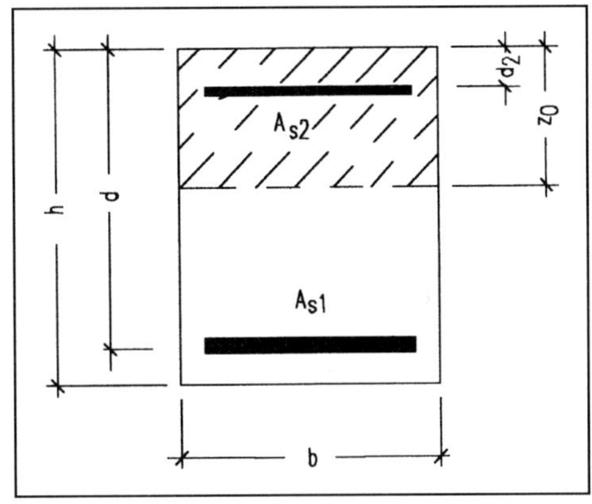

Abb. H.3.1: Bezeichnungen im Rechteckquerschnitt

Allgemeiner Lamellen-Querschnitt, Zustand I

Nahezu alle Querschnittsformen von Stahlbetonträgern lassen sich aus Rechteck-Lamellen nach Abb. H.3.2 zusammensetzen:

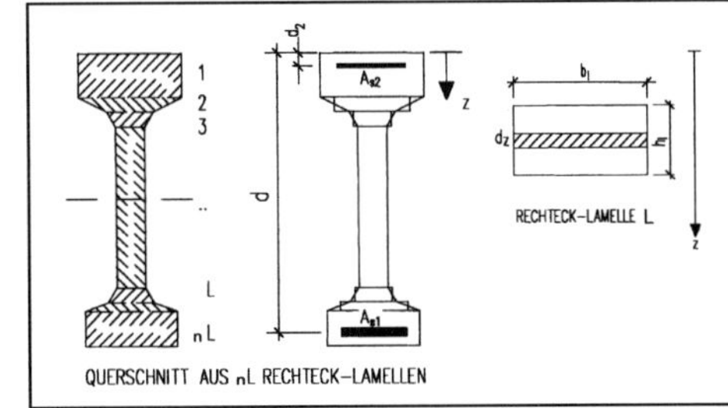

Abb. H.3.2: Allgemeiner Querschnitt

$$A_c = \sum_{1}^{nL} (h_l \cdot b_l) + (\alpha_e - 1) \cdot (A_{s1} + A_{s2}) \quad (H.3.7)$$

$$S_c = \sum_{1}^{nL} (h_l \cdot b_l \cdot z_l) + (\alpha_e - 1) \cdot (A_{s1} \cdot d + A_{s2} \cdot d_2) \quad (H.3.8)$$

H

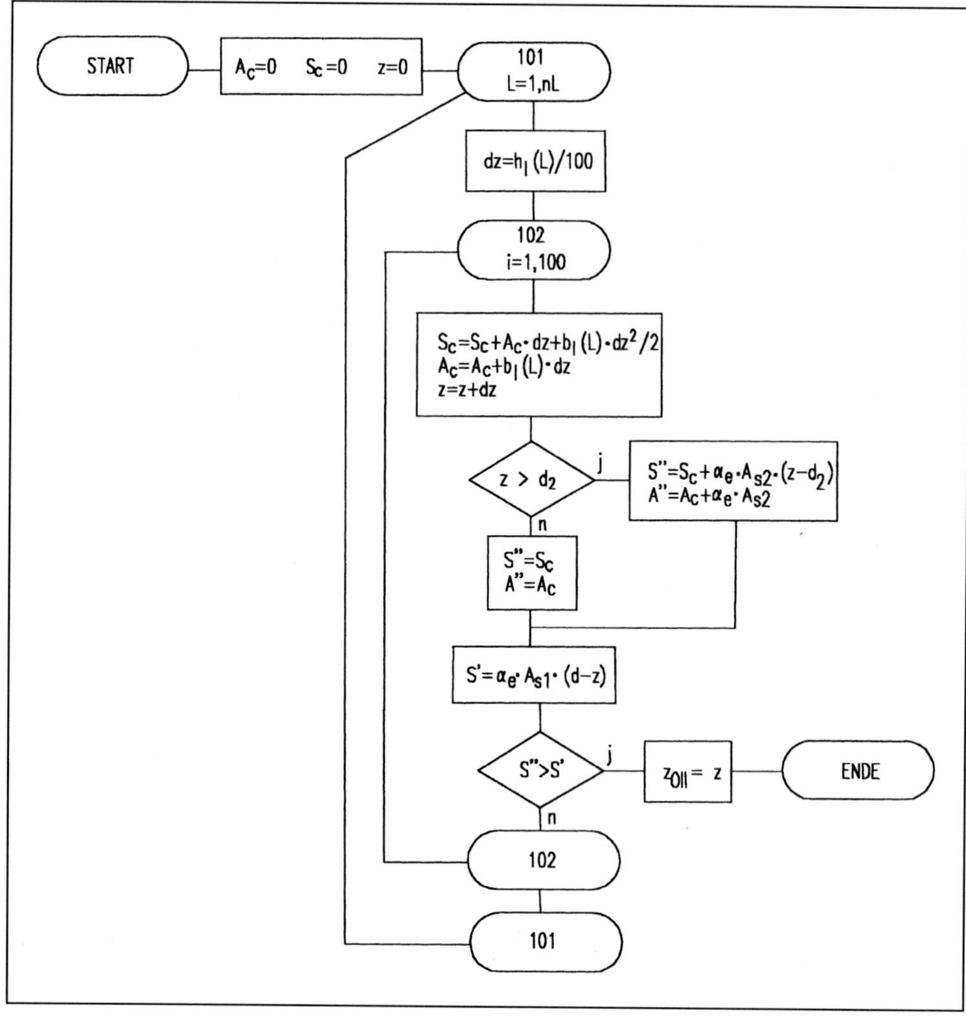

Abb. H.3.3: Iterationsschleife zur Bestimmung der Nulllinie $z_{0,II}$

$$z_l = \sum_{1}^{j=L-1} h_j + h_l/2 \qquad \text{(H.3.9)}$$

$$z_{0\,l} = S_c/A_c \qquad \text{(H.3.10)}$$

$$I_l = \sum_{1}^{nL} [h_l^3 \cdot b_l/12 + h_l \cdot b_l \cdot (z_l - z_0)^2] + (\alpha_e - 1) \cdot [A_{s1} \cdot (d - z_0)^2 + A_{s2} \cdot (d_2 - z_0)^2] \qquad \text{(H.3.11)}$$

Allgemeiner Lamellen-Querschnitt, Zustand II

Es gilt zunächst, die Lage der Nulllinie $z_{0,II}$ aufzufinden. Das geschieht mittels Rechner in einer doppelten Iterationsschleife (s. Abb. H.3.3):

Die Ordinate *z* steigt in Intervallen von dz (beginnend am oberen Rand des Querschnitts) über alle Lamellen L. A_c ist die jeweils erreichte Querschnittsteilfläche und *S"* das zugehörige statische Moment, bezogen auf die „aktuelle“ Achse *z*. *S"* wird mit dem statischen Moment *S'* der Zugbewehrung, bezogen auf die gleiche Achse *z*, verglichen. Bei *S"* = *S'* ist die Nulllinie $z_{0,II}$ gefunden. Danach kann das Trägheitsmoment I_{II} in einer

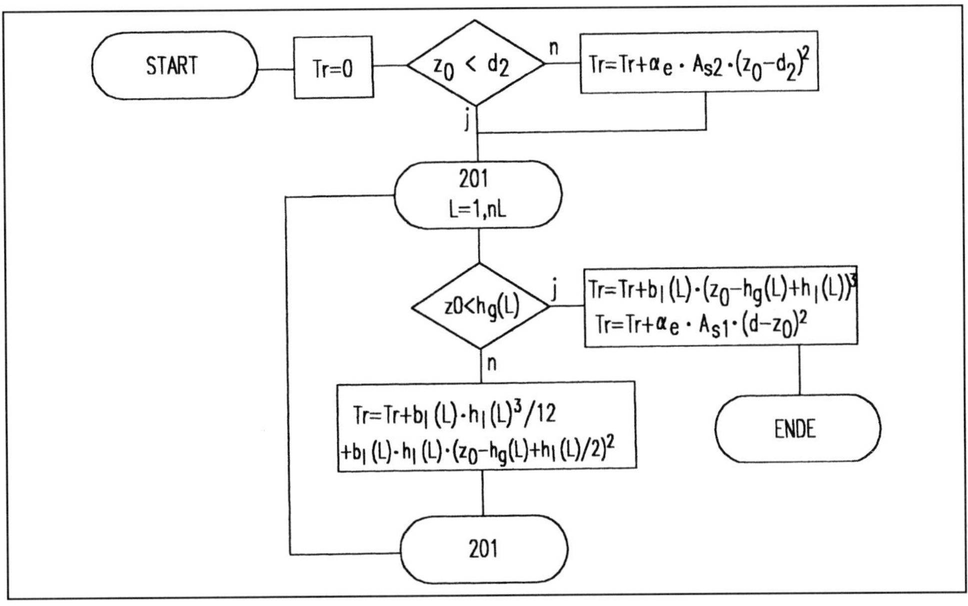

Abb. H.3.4: Iterationsschleife zur Bestimmung des Flächenmoments 2. Grades I_{II}

weiteren Schleife über die Lamellen ermittelt werden (das Trägheitsmoment I_{II} der Lesbarkeit halber mit Tr bezeichnet).

Dehnungsanteile aus Biegung

Am Druckrand: $\varepsilon_{2\,I,II} = -K_{I,II} \cdot z_{0\,I,II}$ (H.3.12)

Gezogene Stahlfaser: $\varepsilon_{s\,I,II} = +K_{I,II} \cdot (d - z_{0\,I,II})$ (H.3.13)

Am Zugrand: $\varepsilon_{1\,I,II} = +K_{I,II} \cdot (h - z_{0\,I,II})$ (H.3.14)

3.2.1.2 Der Zustand IIm

Der Zustand IIm ist in EC 2, A 4.3 als „Mischung" aus dem Zustand I und dem Grenzzustand II angesetzt worden. Das „Mischungsverhältnis" wird bestimmt vom Verteilungsbeiwert ζ.

Krümmung

$K_{IIm} = \zeta \cdot K + (\zeta - 1) \cdot K_I$ (H.3.15)

$K_I = (1/r)_I$ (nach Gl. (H.3.1))

$K_{II} = (1/r)_{II}$ (nach Gl. (H.3.1))

$\zeta = 1 - \beta_1 \cdot \beta_2 \cdot (M_r / M)^2$ (Verteilungsbeiwert) (H.3.16)

β_1 = 1 für Rippenstähle

β_2 = 1,0 für Kurzzeitlast und 0,5 für Langzeitlast

M_r Rissmoment des Querschnitts

M Biegemoment im betrachteten Querschnitt

Dehnungsanteile aus Biegung

Am Druckrand: $\Delta\varepsilon_2 = \zeta \cdot \varepsilon_{2,II} + (\zeta - 1) \cdot \varepsilon_{2,I}$ (H.3.17)

Am Zugrand: $\Delta\varepsilon_1 = \zeta \cdot \varepsilon_{1,II} + (\zeta - 1) \cdot \varepsilon_{1,I}$ (H.3.18)

Gesamtdehnungen

Am Druckrand: $\varepsilon_2 = \varepsilon_{cs} + \Delta\varepsilon_2$ (H.3.19)

Am Zugrand: $\varepsilon_1 = \varepsilon_{cs} + \Delta\varepsilon_1$ (H.3.20)

Nulllinie $z_0 = -h \cdot \varepsilon_2 / (\varepsilon_1 - \varepsilon_2)$ (H.3.21)

3.2.1.3 Die Krümmungslinie

Die Krümmungslinie entsteht als Verbindungskurve über die Krümmungsordinaten in den einzelnen Schnitten. Die Einteilung der Spannweite in 10 Abschnitte mit 11 Schnitten bringt in der Regel ausreichende Genauigkeit. In Fällen, wo der Übergang vom Zustand I zum Zustand IIm sich stark auswirkt, kann es sinnvoll sein, in 20 Abschnitte mit 21 Schnitten einzuteilen.

3.2.2 Von der Krümmungslinie zur Biegelinie

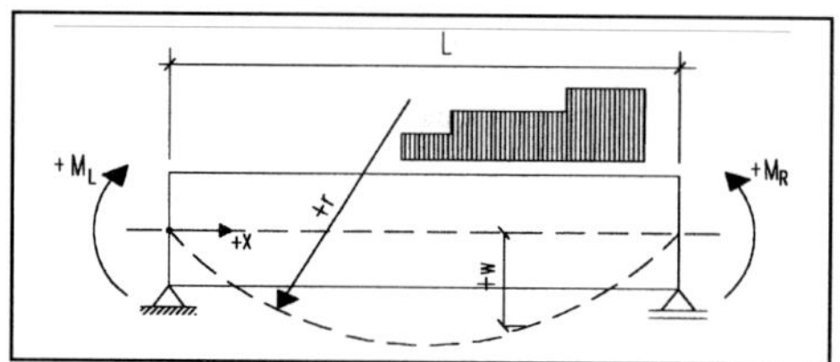

Abb. H.3.5: Vorzeichendefinition

3.2.2.1 Beziehung zwischen Krümmung und Dehnung

Die zwischen dem Dehnungszustand in einem Querschnitt und der Krümmung bestehende Beziehung kann aus Bild H.3.6 abgelesen werden:

$$K = 1/r = (\varepsilon_u - \varepsilon_o)/h = (\varepsilon_s - \varepsilon_c)/d \qquad \text{(H.3.22)}$$

Darin ist K die Krümmung. Wurde der Dehnungszustand des Querschnitts berechnet, dann ergibt sich die Krümmung als Größe nach (H.3.22). In dem hier vorgestellten Verfahren wird jedoch die Krümmung direkt berechnet.

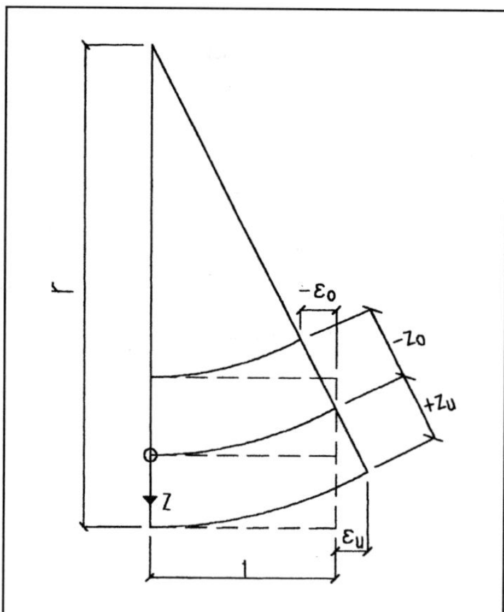

Abb. H.3.6: Beziehung zwischen Krümmungsradius und Dehnung

3.2.2.2 Beziehung zwischen Krümmung und Verschiebung

Es wird ausgegangen von der bekannten Beziehung für den Krümmungsradius:

$$r = -\frac{(1 + (dw/dx)^2)^{3/2}}{d^2w/dx^2} \qquad \text{(H.3.23)}$$

Das Vorzeichen ist darin so definiert, dass bei einer konkaven Biegelinie $r > 0$ wird (vergl. Abb. H.3.5). Begrenzt man die Größe der Ausbiegungen auf $w > L / 100$, dann bleibt der Fehler unter 1,5 ‰, wenn (H.3.23) ersetzt wird durch:

$$r = -\frac{1}{d^2w/dx^2} \qquad \text{(H.3.24)}$$

oder

$$d^2w/dx^2 = -1/r = -K \qquad \text{(H.3.25)}$$

3.2.2.3 Nummerische Integration

Die Biegelinie ergibt sich bekanntlich aus einer zweimaligen Integration über die Krümmung:

$$d^2w/dx^2 = -K \qquad \text{(H.3.26)}$$

$$\varphi = -\int K \cdot dx + D1 \qquad \text{(H.3.27)}$$

$$w = -\iint K \cdot dx \cdot dx + D1 \cdot x + D2 \qquad \text{(H.3.28)}$$

D1 und D2 sind Integrationskonstanten, die aus den Randbedingungen zu ermitteln sind. Der Krümmungsverlauf über die Trägerlänge wurde Schnitt für Schnitt in Intervallen dx berechnet. Er liegt also nicht als analytische Funktion, sondern als Wertetabelle vor (Abb. H.3.7). Daher kann die Integration nur nummerisch vorgenommen werden.

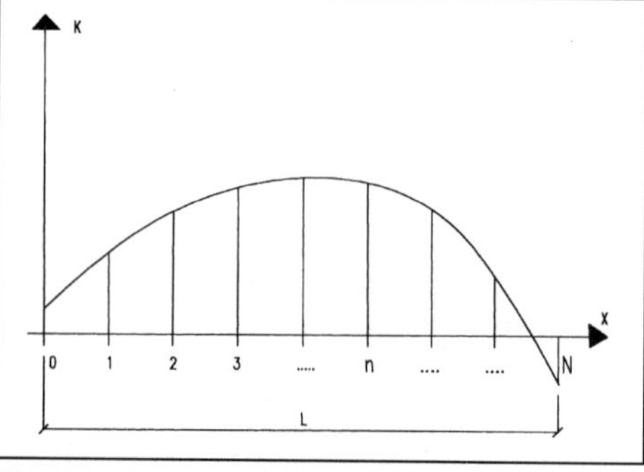

Abb. H.3.7: Krümmungsverlauf

Während der Querschnitt von Schnitt zu Schnitt variieren durfte, wird vorausgesetzt, dass der

Schritt $dx = L/N$ konstant ist. Legt man durch die Punkte 0, 1 und 2 (Abb. H.3.7) eine quadratische Parabel, so lautet der Ansatz:

$$K(x) = K_0 - (3 \cdot K_0 - 4 \cdot K_1 + K_2) \cdot x/(2 \cdot dx) + (K_0 - 2 \cdot K_1 + K_2) \cdot x^2/(2 \cdot dx^2) \quad (H.3.29)$$

Diese Beziehung erfüllt die Bedingungen:

$K = K_0$ für $x = 0$

$K = K_1$ für $x = dx$

$K = K_2$ für $x = 2 \cdot dx$

Das Teilintegral über den Bereich 0 bis 1 lautet:

$$\varphi(0-1) = \int_0^1 K \cdot dx = (dx/12) \cdot (5 \cdot K_0 + 8 \cdot K_1 - K_2) \quad (H.3.30)$$

und über den Bereich 1 bis 2:

$$\varphi(1-2) = \int_1^2 K \cdot dx = (dx/12) \cdot (-K_0 + 8 \cdot K_1 + 5 \cdot K_2) \quad (H.3.31)$$

Beide zusammen ergeben die bekannte *Simpson*sche Integrationsregel. Die nummerische Integration kann schrittweise durchgeführt werden, indem für den 1. und den $(n+1)$ten Schritt folgende Beziehungen für das einfache Integral angewendet werden:

$$\varphi_s(1) = (dx/12) \cdot (5 \cdot K_0 + 8 \cdot K_1 - K_2) \quad (H.3.32)$$

$$\varphi_s(n+1) = \varphi_s(n) + (dx/12) \cdot (-K_{(n-1)} + 8 \cdot K_{(n)} + 5 \cdot K_{(n+1)}) \quad (H.3.33)$$

Aus [Zurmühl – 63], S. 234-235 folgt sinngemäß für das zweifache Integral:

$$w_s(1) = (dx^2/36) \cdot (9{,}7 \cdot K_0 + 11{,}4 \cdot K_1 - 3{,}9 \cdot K_2 + 0{,}8 \cdot K_3) \quad (H.3.34)$$

$$w_s(n+1) = 2 \cdot w_s(n) - w_s(n-1) + (dx^2/12) \cdot (K_{(n-1)} + 10 \cdot K_{(n)} + K_{(n+1)}) \quad (H.3.35)$$

Mit diesen Beziehungen können die Verschiebungsgrößen für die Punkte 1 bis N als Summenintegrale φ_s bzw. w_s nummerisch ermittelt werden.

Zur Wahl von N sind im Rechenprogramm die Optionen $N = 10$ und $N = 20$ vorgesehen. Im Allgemeinen bietet $N = 10$ ausreichende Rechengenauigkeit. Man kann jedoch bei Parameterstudien feststellen, dass schon eine geringe Veränderung eines Eingabewertes das Ergebnis nennenswert beeinflussen kann. Das liegt daran, dass ein ganzes Interval dx vom Zustand I in den Zustand IIm oder umgekehrt übergeht. Diese Wirkung kann man vermindern mit der Wahl $N = 20$.

3.2.2.4 Randbedingungen

Allgemein kann für den Biegeanteil der Verformung angeschrieben werden:

$$\varphi_b(n) = \varphi_b(0) + \varphi_s(n) \quad (H.3.36)$$

$$w_b(n) = w_b(0) + \varphi_b(0) \cdot n \cdot dx + w_s(n) \quad (H.3.37)$$

Bei einem Kragträger, dessen Einspannstelle bei $x = 0$ liegt (Bild H.3.8), gilt:

$$\varphi_b(0) = \varphi_{b0} \quad (H.3.38)$$

$$w_b(0) = w_{b0} \quad (H.3.39)$$

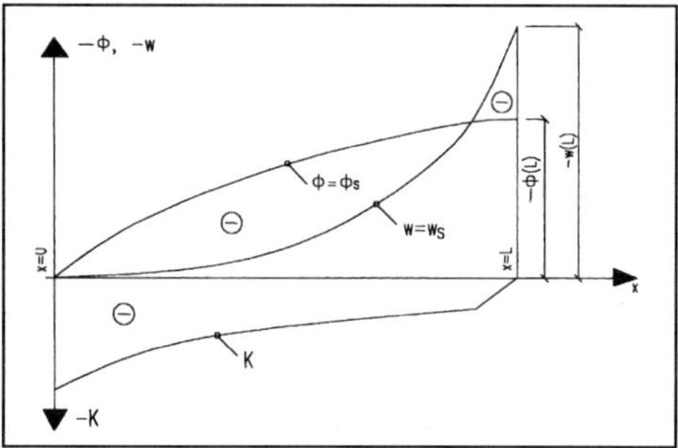

Abb. H.3.8: Krümmung, Biegewinkel, Durchbiegung eines Kragarms

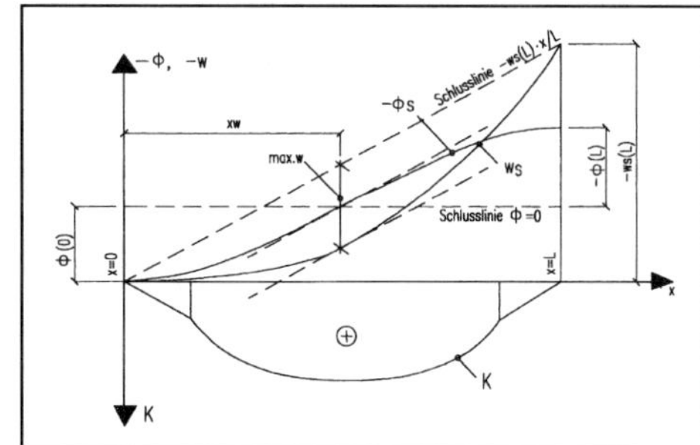

Abb. H.3.9: Krümmung, Biegewinkel, Durchbiegung des Einfeldträgers

Beim Balken auf 2 Stützen sind nach Abb. H.3.9 Schlusslinien zu ziehen. Es gilt:

$$\varphi_b(0) = \varphi_b - w_s(L)/L \quad (H.3.40)$$

$$w_b(0) = w_{b0} \quad (H.3.41)$$

Darin sind φ_{b0} und w_{b0} vorgegebene Randbedingungen an der Stelle $x = 0$.

Damit ist die Biegetheorie vollständig zusammengestellt (vgl. [Litzner – 96]). Sie hat Grenzen und kann nur angewendet werden auf Bauteile, bei denen die Schubverformungen keinen wesentlichen Anteil haben. Ferner steckt im Ansatz nach Gl. (H.3.1) ein lineares σ-ε-Gesetz, das nur im Gebrauchslastbereich mit kleinen Betonstauchungen genügend genau ist. Lastbereiche, bei denen sich die Betonspannung dem Wert f_c EC 2, Bild 4.1 nähert, können nicht zuverlässig erfasst werden.

Es sei auch darauf hingewiesen, dass eine „Belastungsgeschichte" nicht erfasst wird. Beispielsweise kann eine kurzzeitige Volllast (seltene Einwirkungskombination) oder auch Zwängung zu Rissbildung in Bereichen führen, die rechnerisch unter der quasi-ständigen Last im Zustand I verbleiben. Die Wirkung solch einer Erscheinung ist dann im Rechenergebnis nicht berücksichtigt.

3.2.3 Programmbeschreibung

3.2.3.1 Aufgabe

Das Programm V302 errechnet die Biegelinie für einen Stahlbetonträger unter beliebiger Querlast. Es werden die Durchbiegung, der Biegewinkel in den 1/10-Punkten oder 1/20-Punkten, das Biegemoment, das Rissmoment, der Zustand I oder IIm sowie die Betonstauchung und Stahldehnung ausgegeben. Der Querschnitt kann aus rechteckförmigen Lamellen (Abb. H.3.2) zusammengesetzt werden. Er darf von Schnitt zu Schnitt verschieden sein, ebenso wie die Längsbewehrung. Als statisches System kann der einfache Balken oder der am linken Ende eingespannte Kragträger gewählt werden.

3.2.3.2 Theoretische Grundlagen

Es wird die Methode angewendet, die in EC 2, Teil 1-1, A4.3 (3) mit „strengstem Verfahren zur Bestimmung von Verformungen" bezeichnet wurde. Die Grundlagen sind [ENV 1992-1-1 – 93] zu entnehmen.

3.2.3.3 Anwendungshinweise

Die Querschnittsdaten für die 1/10-Punkte (oder 1/20-Punkte) müssen vorliegen. Jeder Querschnitt kann aus 12 Rechteck-Lamellen nach Abb. H.3.2 zusammengesetzt werden. Das Koordinatensystem ist nach Abb. H.3.2 vorzusehen. Die Querlast darf bis zu 10 Lastelemente (siehe Abb.H.3.10) umfassen. Ferner können noch Stabendmomente eingegeben werden.

Folgende Daten muss der Anwender vor Aufruf des Programms bereithalten:

Statisches System:	einfacher Balken oder Kragträger
Stablänge	in m
Teiler	11 oder 21
Betonfestigkeit f_{ck}	in MN/m^2
Stahlstreckgrenze f_{yk}	in MN/m^2
Kriechzahl φ	
Schwindmaß ε_{cs}	

Für jeden 1/10-Punkt Betonquerschnitt je Lamelle:

Breitenmaß	in cm
Höhenmaß	in cm
obere Bewehrung	in cm^2
Ordinate z von OK Querschnitt	in cm
untere Bewehrung	in cm^2
Ordinate z von OK Querschnitt	in cm

Belastung je Lastelement (s. a. Abb. H.3.10)

Lasttyp	
Belastungsgröße	in kN/m; kN oder kNm (q bzw.Q = Nutzlast!)
Lastmaß a	in m
Lastmaß b	in m
Stabendmoment links	in kNm
Stabendmoment rechts	in kNm
Anfangsdrehwinkel	in ‰

Für Wiederholungen von Querschnittsangaben, die gleich sind, gibt es Erleichterungen.

Wie sich die Methode und das Rechenprogramm V302 zur Wirklichkeit des gebogenen Stahlbetonbauteils verhält, wird abschließend in der folgenden Versuchsnachrechnung gezeigt.

3.3 Kontrollen

3.3.1 Durchbiegung einer Platte $L = 6{,}50$ m in Handrechnung

In [Litzner – 96], S. 734 bis 736 wird die Durchbiegung im linken größeren Feld einer Zweifeldplatte berechnet. Nach der gleichen Methode soll hier für eine Einfeldplatte mit Gleichlast die Durchbiegung in Handrechnung bestimmt werden. Zugleich ist es eine notwendige, nicht jedoch hinreichende Kontrolle der Tafel H.3.12. Die Formeln dazu sind dem Abschnitt 3.2 zu entnehmen.

Grunddaten der Platte:

$L = 6{,}5$ m $\quad h / d = 32{,}5 / 30{,}0$ cm
$q = 10$ kN/m^2; $\psi_2 = 0{,}4$

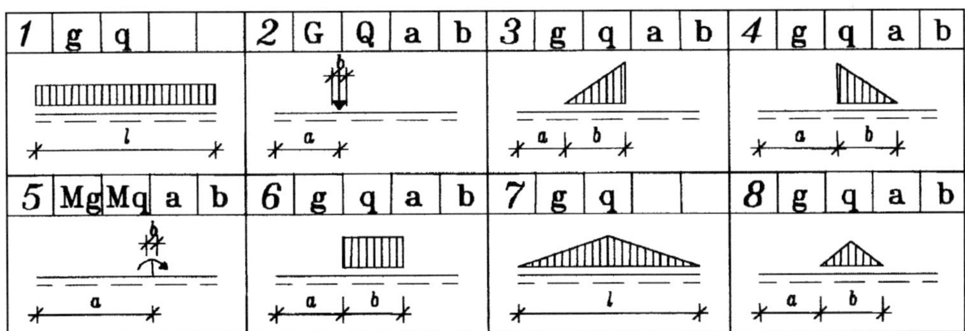

Abb. H.3.10: Lastelemente

C 20/25 S 500

$E_{cm} = 950 \cdot (20{+}8)^{1/3} = 2884{,}8\ \text{kN/cm}^2$

$\varphi = 2{,}5 \qquad \varepsilon_{cs} = 0{,}6\ ‰$

$E_{c,eff} = 2884{,}8 / (1{+}2{,}5) = 824{,}2\ \text{kN/cm}^2$

$f_{ctm} = 0{,}03 \cdot 20^{2/3} = 0{,}221\ \text{kN/cm}^2$

$\alpha_e - 1 = (20000 / 824{,}2) - 1 = 23{,}265$
(„–1" ist der Abzug für A_s von A_c)

d ≈ 30 cm aus Tafel H.3.12

$h = 30{,}0 + 2{,}5 = 32{,}5$ cm

Belastung:

$g = 25 \cdot 0{,}325 + 1{,}0 = 9{,}125\ \text{kN/m}^2$
(1,0 Zuschlag für Belag)

$q = 10\ \text{kN/m}^2$

$g + q = 9{,}125 + 10{,}0 = 19{,}125\ \text{kN/m}^2$

$(g + q)_D = 9{,}125 + 10 \cdot 0{,}4 = 13{,}125\ \text{kN/m}^2$
(„Dauer"last bzw. quasiständige Last)

$M_D = 13{,}125 \cdot 6{,}5^2 / 8 = 69{,}32\ \text{kNm/m}$

Bemessung der Bewehrung:

$A_s = 19{,}125 \cdot 6{,}5^2 / (2 \cdot 30) = 13{,}47\ \text{cm}^2$

(Abschätzung der erf. Bewehrung nach Abb. H.3.12; eine Bemessung ergäbe $A_s = 12{,}0\ \text{cm}^2$)

Flächenwerte:

$x_I = (100 \cdot 32{,}5^2 / 2 + 23{,}26 \cdot 13{,}47 \cdot 30) / (100 \cdot 32{,}5 + 23{,}26 \cdot 13{,}47) = 17{,}46\ \text{cm}$

$I_I = 100 \cdot 32{,}5^3/12 + 100 \cdot 32{,}5 \cdot (17{,}46 - 32{,}5/2)^2 + 23{,}26 \cdot 13{,}47 \cdot (30 - 17{,}46)^2 = 340\,106\ \text{cm}^4$

$S_I = 13{,}47 \cdot (30{,}0 - 17{,}46) = 168{,}9\ \text{cm}^2$

$x_{II} = (23{,}26 \cdot 13{,}47 / 100) \cdot (-1 + \sqrt{(1 + 200 \cdot 13{,}47 \cdot 30/(23{,}26 \cdot 13{,}47^2)})) = 10{,}93\ \text{cm}$

$I_{II} = 100 \cdot 10{,}93^2/3 + 23{,}26 \cdot 13{,}47 \cdot (30{,}0 - 10{,}93)^2 = 157\,492\ \text{cm}^4$

$S_{II} = 13{,}47 \cdot (30{,}0 - 10{,}93) = 256{,}8\ \text{cm}^2$

Krümmungsanteile:

$K_I\,(g{+}q)_D = 6932 / (824{,}2 \cdot 340\,106) = 0{,}0247 / 1000$ 1/cm (in Feldmitte)

$K_I\,(\varepsilon_{cs}) = (0{,}6 / 1000) \cdot 23{,}26 \cdot 168{,}9 / 340\,106 = 0{,}0069 / 1000$ 1/cm

$K_{II}\,(g{+}q)_D = 6932 / (824{,}2 \cdot 157\,492) = 0{,}0534 / 1000$ 1/cm (in Feldmitte)

$K_{II}\,(\varepsilon_{cs}) = (0{,}6 / 1000) \cdot 23{,}26 \cdot 256{,}8 / 157492 = 0{,}0228/1000$ 1/cm

Rissmoment:

$M_{cr} = 0{,}221 \cdot 340106 / (32{,}5 - 17{,}46) = 4998\ \text{kNcm/m} = 49{,}98\ \text{kNm/m}$

Verteilungsbeiwert:

$1{-}\zeta = 1 \cdot 0{,}5 \cdot (49{,}98 / 69{,}32)^2 = 0{,}2600$

$\zeta = 1 - 0{,}2600 = 0{,}7400$

Krümmung im Zustand IIm:

$K_{IIm}\,(g{+}q)_D = (0{,}7400 \cdot 0{,}0534 + 0{,}2600 \cdot 0{,}0247) / 1000 = 0{,}0459 / 1000$

$K_{IIm}\,(\varepsilon_{cs}) = (0{,}7400 \cdot 0{,}0228 + 0{,}2600 \cdot 0{,}0069) / 1000 = 0{,}0187 / 1000$

in Feldmitte:
$K_{IIm} = (0{,}0459 + 0{,}0187) / 1000 = 0{,}0646 / 1000$

H

Integration nach dem Affinitätsprinzip [Litzner – 96], S. 712, Bild 8.10:

Krümmung in Feldmitte (parabelförmiger Verlauf): 0,0646 / 1000 1/cm

Dreieck mit Spitze $1 \cdot L/4$ in Feldmitte: 650/4 = 162,5 cm

Überlagerung (Dreieck mit Parabel):
$w = (5/12) \cdot 0{,}0646 \cdot 162{,}5 \cdot 650/1000 = \mathbf{2{,}84}$ cm
$> 650/250 = 2{,}60$ cm

Nach diesem vereinfachten Ansatz wäre nicht einmal eine Nutzhöhe d = 30 cm ausreichend, da die zulässige Durchbiegung von 2,60 cm überschritten würde, und Abb. H.3.12 – hiermit wurde vorab die erforderliche Nutzhöhe bestimmt – läge auf der unsicheren Seite. Das angewendete Affinitätsprinzip enthält jedoch eine Näherung, wodurch das Ergebnis ungenau wird und i. Allg. zu groß herauskommt; die Krümmung K = 0,0646 / 1000 wurde nämlich in Feldmitte mit dem maximalen Moment M = 69,32 kNm > M_{cr} = 49,98 kNm nach Zustand IIm bestimmt, der Krümmungsverlauf dann affin zur Momentenlinie als Parabel angesetzt. Nun ist aber die Krümmung links und rechts der Feldmitte nur dann dem Momentenverlauf affin, wenn $M > M_{cr}$ ist (konstanter Querschnitt vorausgesetzt). An den Auflagerenden wird das Moment $M < M_{cr}$ und verbleibt im Zustand I, die Steifigkeit wird sprunghaft größer, und die Krümmung nimmt entsprechend ab. Das wird in der obigen Integration über die Spannweite nicht berücksichtigt, der Wert w = 2,84 cm ist damit zu groß herausgekommen. Das Affinitätsprinzip ist wegen dieser Vereinfachung zur Kontrolle von Abb. H.3.12 nur bedingt zu gebrauchen, da Bereiche im Zustand I nicht erfasst werden.

Stelle des Einschnitts:[1)]

$M(\xi) = 4 \cdot M_F \cdot (\xi - \xi^2) = M_{cr}$

$\xi^2 - \xi = -M_{cr}/(4 \cdot M_F) = -49{,}98 / (4 \cdot 69{,}32) = -0{,}1803$

$(\xi - 0{,}5)^2 = -0{,}1803 + 0{,}2500 = 0{,}0697$

$\xi = 0{,}5 - 0{,}2641 = 0{,}2359$

$x = 0{,}2359 \cdot 6{,}50 = 1{,}5333$ m

$K_I(\xi) = 4998 / (824{,}2 \cdot 340\,106) + 0{,}0069 / 1000 = 0{,}0247/1000$

$K_{IIm}(\xi) \approx 4 \cdot 0{,}0646 \cdot (0{,}2359 - 0{,}2359^2) = 0{,}0466/1000$

$K_{IIm}(3{,}25) = 0{,}0646/1000$

1) Unter der seltenen Einwirkungskombination mit einer Belastung $(g + q)$ = 16,25 kN/m² beträgt das Biegemoment in Feldmitte M = 101,0 kNm/m. Das Rissmoment wird dann schon bei x = 93 cm erreicht, und die zugehörige Durchbiegung steigt von 2,65 cm (s. nächste Seite) auf ca. 2,8 cm an.

Daraus entsteht für die Integration (halbseitig) der in Abb. H.3.11 dargestellte Krümmungsverlauf.

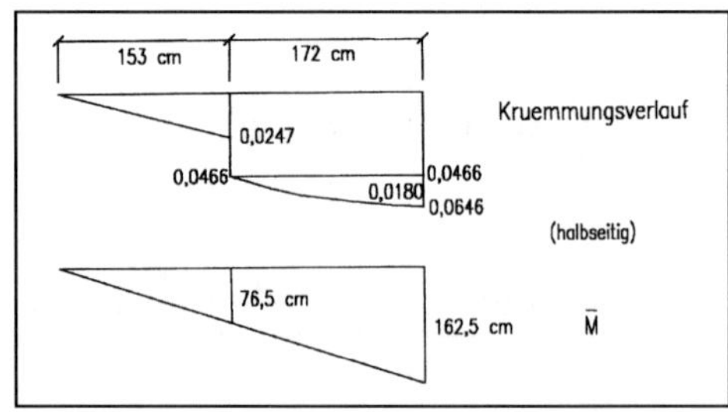

H.3.11: Krümmungsverlauf und Momentverlauf M

Überlagerung:

$(0{,}0466/1000) \cdot (76{,}5 + 162{,}5) \cdot 172/2 = 0{,}9578$ cm

$(0{,}0180/1000) \cdot (3 \cdot 76{,}5 + 5 \cdot 162{,}5) \cdot 172/12 = 0{,}2688$ cm

$(0{,}0247/1000) \cdot 76{,}5 \cdot 153/3 = 0{,}0964$ cm

$w = 2 \cdot (0{,}9578 + 0{,}2688 + 0{,}0964) \approx$ **2,65 cm**

Das Ergebnis stimmt gut mit dem Sollwert 2,60 cm überein. Wie man sieht, ist jedoch der Aufwand bereits im Falle einer einfachen, einachsig gespannten Platte sehr hoch. Zum Vergleich wird das mit dem Programm V302 ermittelte Ergebnis dargestellt:

ERGEBNISSE V302
Kriechen: 2,50 Schwinden: –0.60 ‰

x	w	φ	M	M_r	Zust.	ε_c	ε_s
m	cm	‰	kNm	kNm	‰	‰	
0.00	0.0000	12.3796	0.00	0.00	I	0.000	0.000
0.65	0.7886	11.8054	24.95	49.98	I	–0.882	–0.357
1.30	1.5123	10.4818	44.36	49.98	I	–1.003	–0.253
1.95	2.1303	8.1184	58.23	49.98	IIm	–1.256	0.486
2.60	2.5294	4.2270	66.54	49.98	IIm	–1.344	0.689
3.25	2.6664	0.0377	69.32	49.98	IIm	–1.372	0.752
3.90	2.5294	–4.1489	66.54	49.98	IIm	–1.344	0.689
4.55	2.1303	–7.9564	58.23	49.98	IIm	–1.256	0.486
5.20	1.5123	–10.5648	44.36	49.98	I	–1.003	–0.253
5.85	0.7886	–11.7105	24.95	49.98	I	–0.882	–0.357
6.50	0.0000	–12.2847	0.00	0.00	I	0.000	0.000

Das Rechenprogramm arbeitet, wie oben schon erwähnt, nach der Methode, die in EC 2, Teil 1-1, A4.3 (3) als „strengstes Verfahren zur Bestimmung von Verformungen“ empfohlen wird (vergl. [ENV 1992-1-1 – 93]). Die größte Durchbiegung ist danach w = 2,67 cm = $L/243 \approx L/250$. Das ist in guter Übereinstimmung mit der verbesserten Handrechnung. Die in Abb. H.3.12 abgelesene Nutzhöhe d = 30 cm ist zwar grob, aber genau genug ermittelt worden.

Abschließend soll noch festgestellt werden, wie groß die Durchbiegung mit d = **L/35** = 18,6 cm wird. Das Programm V302 liefert unter Berücksichtigung niedrigeren Eigengewichts und höherer Bewehrung folgendes:

x	w	φ	M	M_r	Zust.	ε_c	ε_s
m	cm	‰	kNm	kNm	‰	‰	
0.00	0.0000	29.7310	0.00	0.00	I	0.000	0.000
0.65	1.9091	28.4444	19.49	24.38	I	–1.093	–0.221
1.30	3.6388	24.0885	34.65	24.38	IIm	–1.498	0.485
1.95	4.9796	17.0068	45.47	24.38	IIm	–1.706	0.786
2.60	5.8228	8.7920	51.97	24.38	IIm	–1.825	0.953
3.25	6.1101	–0.0028	54.13	24.38	IIm	–1.864	1.008
3.90	5.8228	–8.7963	51.97	24.38	IIm	–1.825	0.953
4.55	4.9796	–17.0033	45.47	24.38	IIm	–1.706	0.786
5.20	3.6388	–23.9871	34.65	24.38	IIm	–1.498	0.485
5.85	1.9091	–28.5603	19.49	24.38	I	–1.093	–0.221
6.50	0.0000	–29.8470	0.00	0.00	I	0.000	0.000

Die Krümmung betrug bei d = 30 cm: $K(d{=}30{,}0) = (0{,}752 + 1{,}372) / (1000 \cdot 30{,}0) = 0{,}708 \cdot 10^{-4}$

Bei d = 18,6 cm steigt sie an auf: $K(d{=}18{,}6) = (1{,}008 + 1{,}864) / (1000 \cdot 18{,}6) = 1{,}544 \cdot 10^{-4}$

Der Bereich im Zustand IIm wird größer, die Durchbiegung steigt auf 6,11 cm = $L/106 \gg L/250$ an. Das würde ganz sicher beim Bauherrn Reaktionen auslösen! Hätte der Tragwerksplaner sich wenigstens an EC 2 orientiert, dann wäre er mit d = 26 cm und h = 28,5 cm schon ganz gut gefahren.

Aus den obigen Beispielen kann man einige Schlüsse ziehen:

- Eine Handrechnung ist in einfachen Fällen zwar möglich, doch dabei schon außerordentlich aufwendig. Wenn die Belastung von der Gleichlast abweicht und die Querschnittsdaten längs der Stabachse sich verändern, wie in den nachfolgend geschilderten Schadensfällen, dann würde eine vereinfachte Handrechnung zu unsicheren Ergebnissen führen. Man sollte nur wissen, wie sie funktioniert, mehr nicht.
- Eine Behandlung des Durchbiegungsproblems mit dem Rechner geht rasch, gestattet Untersuchungen auch komplizierter Tragwerke, bietet umfangreichere Information und erlaubt die so wichtigen Parameterstudien. Ein Rechenprogramm ist das geeignetere, eigentlich unerlässliche Handwerkzeug für den Konstrukteur.

3.3.2 Nachrechnung der Plattenversuche von T. Nürnbergerová und J. Hájek

In den 80er Jahren wurden Versuche an Stahlbetonplatten im Institut für Konstruktion und Architektur der slowakischen Akademie der Wissenschaften, Bratislava, durchgeführt. Die genannten Verfasser berichteten 1994 darüber in [Nürnbergerová/Hájek – 94]. Ein Kommentar dazu erschien ferner in [Avak/Goris – 00]. Die langzeitig angelegten Versuche erschienen geeignet, daran die hier beschriebene Rechenmethode zu erproben.

3.3.2.1 Kurze Beschreibung der Versuche

Es werden aus einem umfangreicheren Programm die Versuche beschrieben, die hier für die Nachrechnung ausgewählt wurden, nämlich die Reihen 1K und M. Die Versuchsobjekte waren Platten von 1,16 m Breite und einer Solldicke von 12 cm. Die 1K-Reihe hatte eine Längsbewehrung von 8 ∅ 8 in geschweißten Matten, die Reihe M hatte 8 ∅ 12 aus glatten Stählen. Die mittlere 28-Tage-Würfelfestigkeit wurde mit f_{cm} = 34,0 N/mm² angegeben. Die Festigkeitseigenschaften der Mattenstähle betrug $f_{0.2}$ = 485 N/mm² und f_t = 563 N/mm² und der glatten Stähle f_y = 296 N/mm² bzw. f_t = 412 N/mm².

Die Platten wurden paarweise in einer über die lange Seite hochgeklappten Position angeordnet. Die Spannweite betrug 3,54 m. Die Belastung wurde pneumatisch erzeugt durch einen Luftsack aus Kunststoff, der zwischen dem Plattenpaar eingeschoben war. Alle Platten wurden in einem Raum aufbewahrt, der konstant unter 20 °C und einer relativen Luftfeuchtigkeit von 60 % gehalten wurde.

Die Dauerlast wurde nach 232 Tagen aufgebracht, um Schwindwirkung zu eliminieren. Es wurden jeweils 5 Plattenpaare der Reihen 1K und M mit Dauerlast in 5 verschiedenen Laststufen belastet:

Laststufe 1:	Soll-Last	3,98 kN/m	Eigenlast
Laststufe 2:	Soll-Last	6,37 kN/m	Rissgrenze
Laststufe 3:	Soll-Last	7,97 kN/m	Gebrauchslast
Laststufe 4:	Soll-Last	10,36 kN/m	Volllast
Laststufe 5:	Soll-Last	13,54 kN/m	Langzeitig angenommene Lastkapazität

3.3.2.2 Beschreibung des rechnerischen Ansatzes

Beim Vergleich der Messdaten mit den Rechenergebnissen wurde wie folgt verfahren. Die Messdaten des slowakischen Instituts wurden den Datenblättern Nudd41 bis 56 und Nup30 bis 45 entnommen, und zwar zum Endzeitpunkt der größten Durchbiegungen. Die gemessenen Durchbiegungen w und die Dehnungen ε der Symmetriehälften jeder Platte wurden gemittelt,

Tafel H.3.1: Versuche von Nürnbergerová und Hájek

	Laststufe 5				Laststufe 4				Laststufe 3			
	Messw.	Rechn.	Messw.	Rechn.	Messw.	Rechn.	Messw.	Rechn.	Messw.	Rechn.	Messw.	Rechn.
Reihe 1K	1K-12	1K-12	1K-13	1K-13	1K-1	1K-1	1K-6	1K-6	1K-7	1K-7	1K-18	1K-18
b cm	116		116		116		116		116		116	
h cm	11,8		12,1		11,8		11,6		11,9		11,9	
d cm	9,98		10,28		10,12		10,35		10,44		9,98	
A_s cm²	4,02		4,02		4,02		4,02		4,02		4,02	
L m	3,54		3,54		3,54		3,54		3,54		3,54	
q kN/m	12,85		12,96		10,00		10,00		7,79		7,79	
φ		1,67		1,67		1,67		1,67		1,67		1,67
ε_{cs}		0		0		0		0		0		0
f_{ck} N/mm²		26,0		41,5		32,0		31,0		26,0		26,0
w_1 cm	1,50	1,44	1,28	1,21	1,06	0,96	0,97	0,94	0,65	0,60	0,72	0,66
w_2 cm	2,82	2,81	2,38	2,36	1,96	1,88	1,87	1,84	1,22	1,18	1,38	1,29
w_3 cm	3,87	3,91	3,26	3,30	2,67	2,63	2,63	2,56	1,69	1,69	1,96	1,86
w_4 cm	4,61	4,61	3,91	3,91	3,12	3,12	3,09	3,04	2,01	2,04	2,28	2,24
w_5 cm	4,87	4,86	4,12	4,12	3,29	3,29	3,19	3,20	2,12	2,15	2,40	2,37
ε_{s1} ‰	0,093	0,212	0,203	0,182	0,173	0,156	0,175	0,160	0,115	0,125	0,085	0,127
ε_{s2} ‰	1,280	1,999	1,176	1,576	0,712	1,178	0,673	1,141	0,490	0,222	0,638	0,226
ε_{s3} ‰	1,719	2,824	1,802	2,462	1,931	1,876	1,644	1,776	0,978	1,271	0,935	1,424
ε_{s4} ‰	3,046	3,301	2,051	2,960	1,315	2,266	1,547	2,133	0,952	1,569	1,063	1,755
ε_{s5} ‰	3,307	3,459	2,938	3,122	2,189	2,393	2,031	2,250	1,706	1,665	1,558	1,862
	Laststufe 5				Laststufe 4				Laststufe 3			
	Messw.	Rechn.	Messw.	Rechn.	Messw.	Rechn.	Messw.	Rechn.	Messw.	Rechn.	Messw.	Rechn.
Reihe M	M-5	M-5	M-8	M-8	M-11	M-11	M-15	M-15	M-4	M-4	M-14	M-14
b cm	116		116		116		116		116		116	
h cm	11,9		11,9		12,2		11,7		11,8		11,8	
d cm	10,22		10,24		10,14		9,53		9,57		9,61	
A_s cm²	9,05		9,05		9,05		9,05		9,05		9,05	
L m	3,54		3,54		3,54		3,54		3,54		3,54	
q kN/m	13,19		13,19		10,14		10,17		7,86		7,86	
φ		1,67		1,67		1,67		1,67		1,67		1,67
ε_{cs}		0		0		0		0		0		0
f_{ck} N/mm²		26,0		26,0		32,0		39,0		36,2		31,0
w_1 cm	0,81	0,78	0,87	0,78	0,56	0,50	0,59	0,55	0,42	0,38	0,42	0,41
w_2 cm	1,51	1,52	1,59	1,51	1,04	0,96	1,11	1,07	0,79	0,74	0,83	0,79
w_3 cm	2,08	2,10	2,14	2,10	1,45	1,37	1,54	1,52	1,07	1,05	1,12	1,12
w_4 cm	2,45	2,48	2,50	2,47	1,68	1,63	1,80	1,82	1,24	1,26	1,33	1,34
w_5 cm	2,54	2,61	2,57	2,60	1,73	1,72	1,90	1,92	1,29	1,33	1,40	1,41
ε_{s1} ‰	0,124	0,191	0,102	0,190	0,052	0,138	0,023	0,144	0,037	0,112	0,011	0,116
ε_{s2} ‰	0,816	0,933	0,907	0,928	0,452	0,245	0,327	0,256	0,214	0,199	0,176	0,206
ε_{s3} ‰	1,117	1,320	0,921	1,313	0,576	0,925	0,656	0,994	0,555	0,636	0,437	0,699
ε_{s4} ‰	1,050	1,544	1,421	1,536	0,757	1,127	0,724	1,218	0,592	0,826	0,614	0,879
ε_{s5} ‰	1,226	1,618	1,387	1,610	0,715	1,192	1,042	1,291	0,512	0,887	0,435	0,938

um das Mittel mit den Rechenergebnissen zu vergleichen. Die Plattendicke, die Nutzhöhe sowie die Belastung aus den Datenblättern wichen geringfügig von den oben aufgeführten Sollwerten ab. In die Berechnung wurden die tatsächlichen Werte eingesetzt.

Die Kriechzahl ergab sich für die Luftfeuchtigkeit von 60 % und für den Belastungszeitpunkt nach 232 Tagen nach Interpolation in der EC 2-Tabelle 3.3 zu $\varphi = 1{,}67$. Das Schwindmaß wurde genähert zu $\varepsilon_{cs} = 0$ gesetzt, da genauere Daten nicht vorlagen. Die Soll-Betongüte nach 28 Tagen beträgt gemäß Umrechnung nach [Litzner – 96], S. 625:

$$f_{ck}(28) = 0{,}76 \cdot 34{,}0 = 25{,}84 \text{ N/mm}^2$$

Bei Berechnungen ist es sinnvoll, von der Betongüte zum Zeitpunkt der Erstbelastung auszugehen. Das wäre im vorliegenden Fall der 232. Tag. Aus [Leonhardt-T1 – 73], Bild 2.6, wurde ein mittlerer Faktor für Nacherhärtung in diesem Zeitraum zu 1,25 entnommen. Das ergibt:

$$f_{ck}(232) = 1{,}25 \cdot 25{,}84 = 32{,}3 \text{ N/mm}^2$$

Nun ist zu erwarten, dass zwischen der Betongüte der Würfel und der einzelnen Platten Unterschiede bestehen. Daher wurde bei der Berechnung die Betongüte Platte für Platte so gewählt, dass die gemessene Biegelinie möglichst gut genähert wurde. Das Mittel der so gefundenen Betongüten ergab sich zu 31,1 N/mm^2 ≈ 32,3. Der Fehler schwankt zwischen –19,5 % und +28,5 %. Das entspricht den auch anderweitig gefundenen Größenordnungen. Abweichend von EC 2 wurde der Beiwert β_1 auch für glatten Stahl zu 1 statt 0,5 gesetzt (mit dem Wert $\beta_1 = 0{,}5$ waren die Abweichungen zwischen Rechenergebnissen und Versuch erheblich größer). Es wurde vorausgesetzt, dass die Dauerlast, das heißt der Druck in den Luftsäcken, im Zeitabschnitt vom 232. Tag bis zum Endzeitpunkt von 800 bis 900 Tagen im Wesentlichen konstant in Nähe des Sollwertes gehalten wurde.

3.3.2.3 Ergebnisse der Nachrechnung

Der Vergleich von gemittelten Meßwerten und Rechenwerten ist aus **Tafel H.3.1** zu ersehen. Es wurden jeweils 2 Platten der Reihen 1K und M in den Laststufen 5, 4 und 3 nachgerechnet. Die Daten der Durchbiegungen (Zeilen w_1 bis w_5) und der Dehnungen (Zeilen ε_1 bis ε_5) stehen zum Vergleich nebeneinander. Es zeigt sich, dass über den ganzen untersuchten Bereich hinweg die Biegelinien sehr genau rechnerisch nachvollzogen werden können. In der Laststufe 5 befand sich bei allen Platten nur ein Abschnitt $dx = L/10$ an jedem Auflager im Zustand I. In der Laststufe 3 waren es jeweils zwei. In der Laststufe 4 waren bei der Reihe 1K ein, bei der Reihe M zwei Abschnitte dx im Zustand I.

Bei den Dehnungen zeigen sich im Vergleich dagegen große Abweichungen. Bemerkenswert ist, dass rechnerisch die Dehnungen vom Auflager zur Feldmitte hin kontinuierlich zunehmen, während bei den Meßwerten im mittleren Bereich auch einzelne Werte in Richtung Mitte gegenüber dem Vorwert abfallen. Dies wird darauf zurückgeführt, daß der Meßwert davon abhängt, ob der Messpunkt nahe am Riss oder eher mitten zwischen zwei Rissen gelegen hat. Der Rechenwert dagegen ist stets ein mittlerer Wert für den Zustand IIm entsprechend der Größe des Biegemoments an der betrachteten Stelle.

3.4 Erforderliche Nutzhöhe von einachsig gespannten Platten

Die nach E DIN 1045-1 geforderte Nutzhöhe bemisst sich alternativ aus zwei Kriterien: aus den Durchbiegungsgrenzen nach 11.3.1 (8) bzw. (10) oder aus den Schlankheitsgrenzen nach 11.3.2 (2) bzw. (3). Dabei ist die zweite Alternative mit drastisch weniger Aufwand verbunden als die Erstere und wird daher von Tragwerksplanern bevorzugt werden. Nun wird in 11.3.1 (8) nicht eigentlich die Durch*biegung* begrenzt, sondern der Durch*hang*, d. h. die Durchbiegung abzüglich Überhöhung der Schalung. Da jedoch in 11.3.2 (8) und (9) Bezug genommen wird auf die Durch*biegung*, wird im Weiteren nur diese Größe betrachtet.

Die vier nachfolgenden Abbildungen beziehen sich auf einachsig gespannte Platten, und zwar auf die Fälle „Einfeldplatte“ und „Einseitig voll eingespannte Platte“. Es werden jeweils die Durchbiegungsgrenzen $w = L / 250$ und $w = L / 500$ untersucht. Dabei wird der „Dauer“lastfall (quasiständige Last) mit der Nutzlast $q_D = \psi_2 \cdot q$ zugrunde gelegt, bei einem mittleren Faktor $\psi_2 = 0{,}4$ und drei Nutzlaststufen von $q = 2$, 5 und 10 kN/m^2. Material, Zeit- und Bewehrungsdaten entsprechen normalen Verhältnissen[1)] und sind in den Abb. H.3.12 bis H.3.15 angegeben. Bei Abweichungen hiervon durch verstärkte Zugbewehrung, durch Druckbe-

[1)] Es wird ein Innenbauteil mit einem Endschwindmaß $\varepsilon_{cs} = -0{,}6$ ‰ unterstellt; die Kriechzahl $\varphi_\infty = 2{,}5$ ergibt sich bei einer (wirksamen) Plattendicke von 15 cm für ein Betonalter bei Belastungsbeginn von $t_0 = 28$ Tagen. Die Bewehrung wird ermittelt mit einem Hebelarm der inneren Kräfte $z \approx 0{,}9\,d$. Weitere Annahmen und Voraussetzungen s. Abb. H.3.12 bis H.3.15.

H

Tafel H.3.2: Erforderliche Nutzhöhe *d*

1	Statisches System		erf d L und d in m
2	Einfeldträger (beidseitig gelenkig gelagert)	$w < L/250$:	$d > L^2/180 + 0{,}070$
		$w < L/500$:	$d > L^2/150 + 0{,}085$
3	Träger gelenkig gelagert / eingespannt	$w < L/250$:	$d > L^2/280 + 0{,}045$
		$w < L/500$:	$d > L^2/230 + 0{,}060$

wehrung oder Schalungsüberhöhung muss stets eine Durchbiegungsberechnung durchgeführt werden.

Dass eine lineare Form des Schlankheitskriteriums, wie etwa *L* / 35, ungeeignet ist, die Gebrauchslastgrenze zu beschreiben, kann den Darstellungen entnommen werden. Die Schlankheitsgrenzen von E DIN 1045 – 1 sind in den Abbildungen hervorgehoben eingetragen. Eine grobe Abschätzung der erforderlichen Nutzhöhe, die stets die Gebrauchstauglichkeit erfüllt, kann auch der Tafel H.3.2 entnommen werden, die Abb. H.3.12 bis H.3.15 sind jedoch detaillierter.

3.5 Schadensfälle

An Schadensfällen kann man erkennen, was alles in der Praxis geschieht trotz oder auch wegen vollkommen geglaubter Vorschriften. Leider sind Schadensberichte in unserer Literatur selten, um nicht zu sagen unüblich. Hier nun zwei Fälle, die sich auf Durchbiegungen beziehen, in ausführlicher Darstellung.

3.5.1 Schadensfall 1: Decke in einem mehrgeschossigen Wohnhaus

In der zweiten Hälfte der 80er Jahre wurde eine mehrgeschossige Wohnanlage in einer niedersächsischen Stadt gebaut. Die Grundrisse der einzelnen Häuser waren aus Gründen der Nutzung geschossweise sehr unterschiedlich. Dadurch waren jeweils im ganzen Gebäude zahlreiche Abfangungen nötig. Diese Art Architektur führt leicht zu Durchbiegungsschäden. Wir greifen daraus einen Spezialfall heraus, den vor Gericht entscheidenden.

In einer Dachgeschosswohnung war an Trennwänden, die auf der Decke standen, eine kräftige Rissbildung festgestellt worden. Auch im Geschoss darunter gab es Risse in den Trennwänden. In Abb. H.3.16 ist beispielhaft ein 1m breiter Streifen der Decke unter dem Dachgeschoss dargestellt. Die Belastungsangaben beziehen sich auf die Dauerlast. Dafür wurde mit dem Programm V302 die Biegelinie berechnet. Nachfolgend der Ergebnisausdruck:

EINGABEDATEN

BALKEN AUF 2 STUETZEN
Stablaenge L = 5.94 m

MATERIAL:
fck = 20.0 MN/m² fyk = 500.0 MN/m²

BETONQUERSCHNITT
Breite 100.00cm Hoehe 20.00cm

BEWEHRUNGSLAGEN:

Schn.	Aso cm²	zo cm	Asu cm²	zu cm
0	10.26	3.00	5.13	17.00
1	10.26	3.00	5.13	17.00
2	10.26	3.00	5.13	17.00
3	5.13	3.00	10.26	17.00
4	0.00	0.00	10.26	17.00
5	0.00	0.00	10.26	17.00
6	0.00	0.00	10.26	17.00
7	0.00	0.00	10.26	17.00
8	0.00	0.00	10.26	17.00
9	0.00	0.00	10.26	17.00
10	0.00	0.00	10.26	17.00

BELASTUNG

Last NR	Belastung kN/m,kN,kNm	a m	b m	
6	8.170	0 000	5.090	6 = Blocklast
6	6.540	5.090	0.850	
2	22.800	5.090	0.420	2 = Einzellast

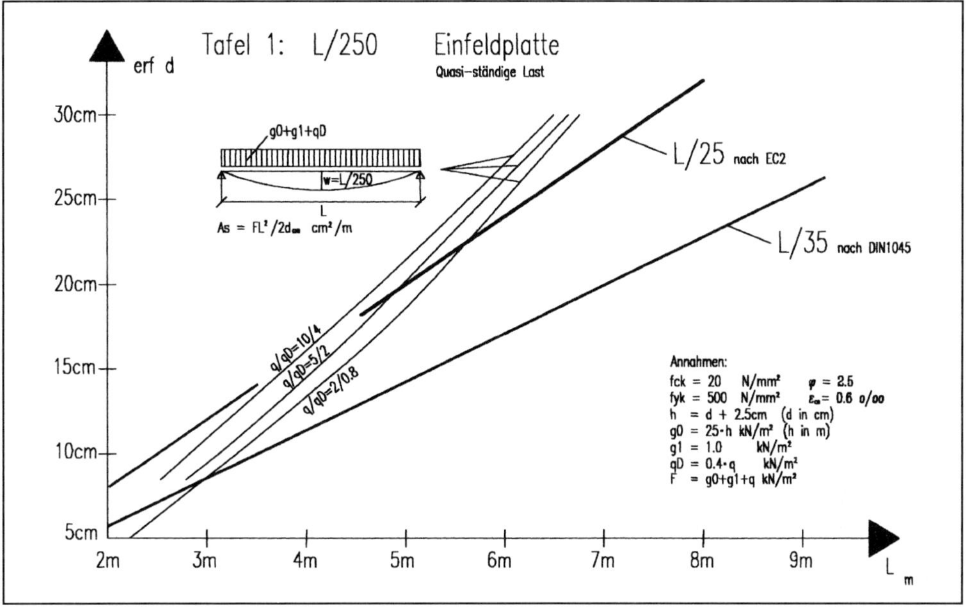

Abb. H.3.12: Erforderliche Nutzhöhe *d* einer frei drehbar gelagerten Einfeldplatte bei einer Durchbiegebegrenzung auf *L*/250

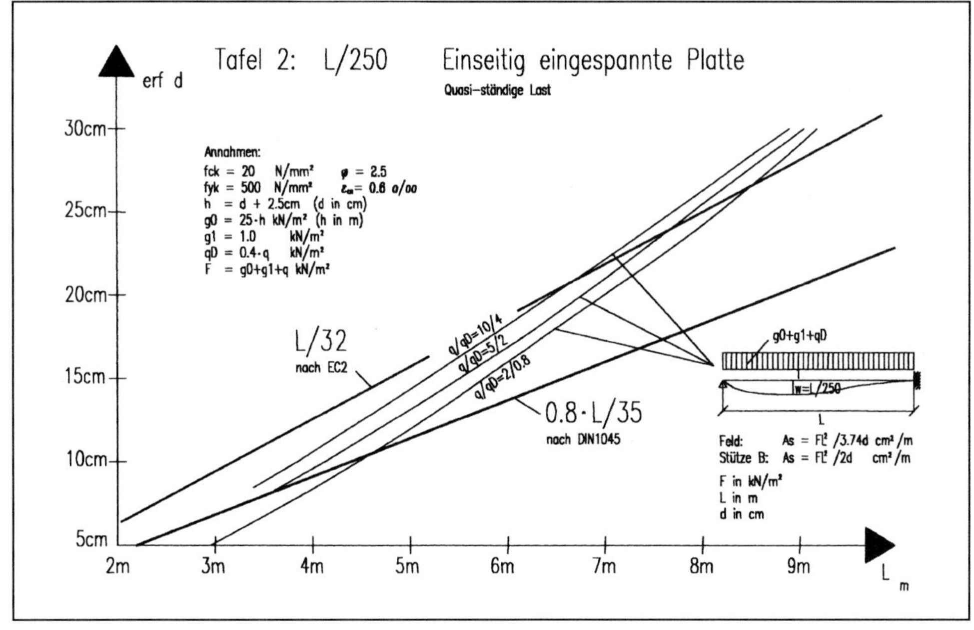

Abb. H.3.13: Erforderliche Nutzhöhe *d* einer einseitig eingespannten Einfeldplatte bei einer Durchbiegebegrenzung auf *L*/250

H

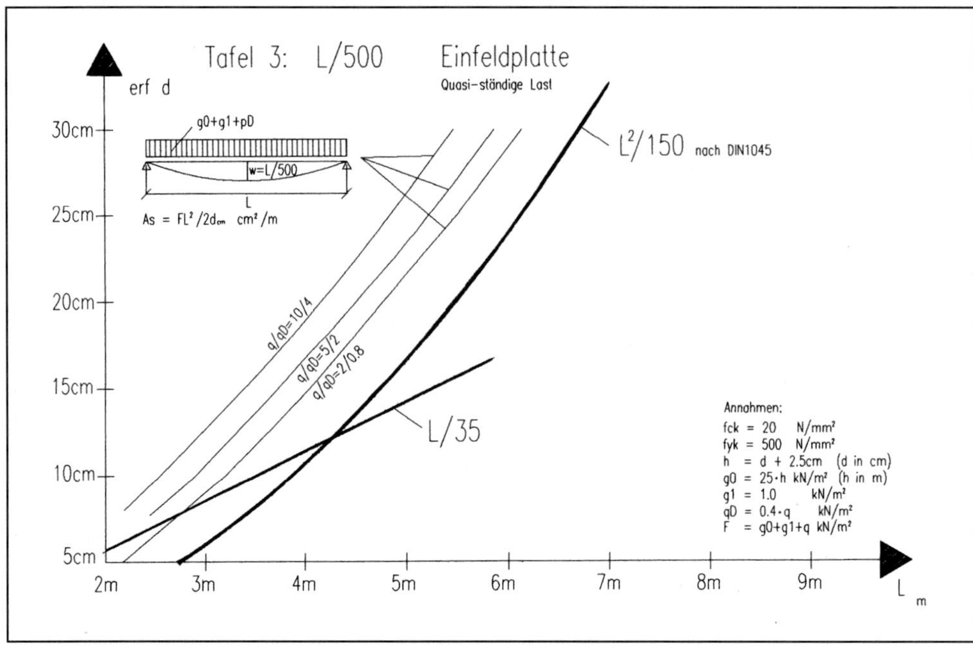

Abb. H.3.14: Erforderliche Nutzhöhe *d* einer frei drehbar gelagerten Einfeldplatte bei einer Durchbiegebegrenzung auf *L*/500

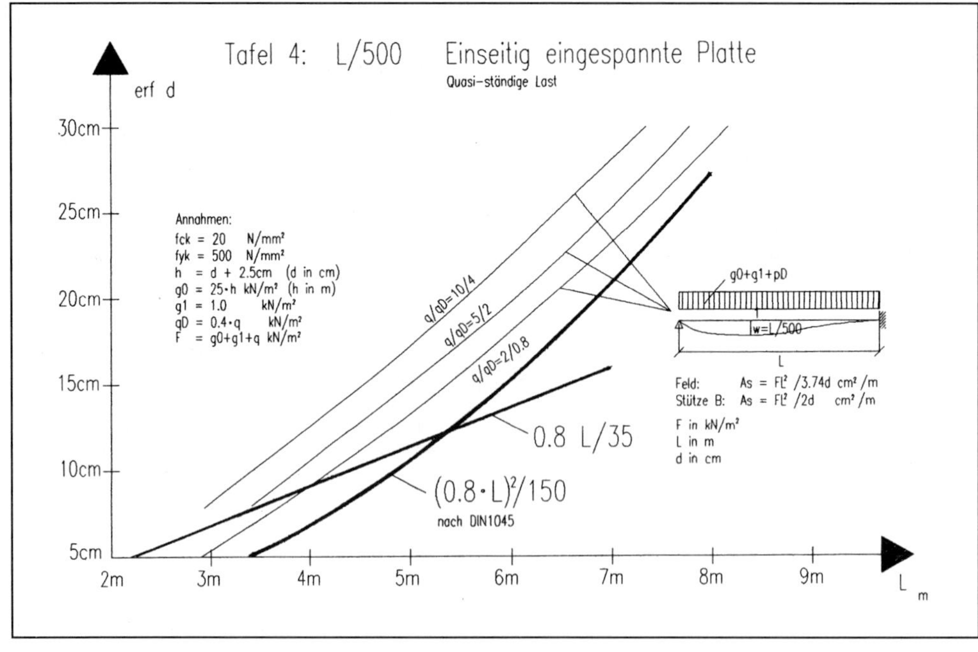

Abb. H.3.15: Erforderliche Nutzhöhe *d* einer einseitig eingespannten Einfeldplatte bei einer Durchbiegebegrenzung auf *L*/500

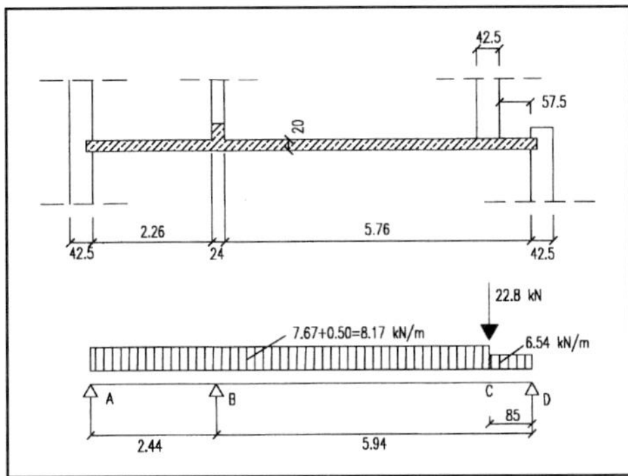

Abb. H.3.16: Ausgangssituation

ERGEBNISSE V302

Kriechen: 2.80 Schwinden: -0.60 ‰

x	w	phi	M	Mr	Zust.	ep.c	ep.s
m	cm	‰	kNm	kNm		‰	‰
0.00	0.0000	11.3218	-33.72	19.63	IIm	-1.521	1.127
0.59	0.8272	15.7364	-15.50	19.63	I	-0.906	-0.317
1.19	1.7816	16.3910	-0.16	19.63	I	-0.660	-0.544
1.78	2.7545	15.8678	12.30	19.63	I	-0.855	-0.364
2.38	3.6293	12.5397	21.88	18.74	IIm	-1.340	0.541
2.97	4.1834	5.8278	28.57	18.74	IIm	-1.547	0.965
3.56	4.2989	-2.1880	32.38	18.74	IIm	-1.656	1.179
4.16	3.9179	-10.7818	33.31	18.74	IIm	-1.682	1.229
4.75	3.0269	-19.2465	31.35	18.74	IIm	-1.627	1.122
5.35	1.6630	-26.1467	20.73	18.74	IIm	-1.301	0.458
5.94	0.0000	-28.9499	0.00	0.00	I	0.000	0.000

Aus dem kompletten Ausdruck kann man neben den Materialangaben und den Lastgrößen noch den Bewehrungsverlauf und unter *w* die Biegelinie in cm entnehmen. Aus der Spalte „Zust." ist der Zustand angegeben, in dem sich der Querschnitt befindet. IIm bezeichnet den Zustand IIm, in dem der Beton zwischen den Rissen auf Zug mitwirkt. Ferner werden mit ep.c und ep.s die Betonrandstauchung und die Stahldehnung (Zugbewehrung) angezeigt.

Rechnerisch ergibt sich ein Durchhang von ca. 4,3 cm = $L/138$, also weit mehr als $L/500 \approx 1{,}2$ cm, ab der Schäden an Trennwänden nicht mehr erwartet werden müssen. Die tatsächliche Durchbiegung wird wohl in Wirklichkeit etwas geringer sein, weil die Trennwände im Geschoss darunter unplanmäßig belastet wurden und ihrerseits Schäden davontrugen. Andererseits wird sich auch der Überzug am Mittelauflager durchgebogen haben. Soweit der rein technische Sachverhalt.

Nun zum Gerichtsverfahren.

Das Verfahren durchlief zwei Instanzen. Der vom Kläger bestellte Sachverständige der 1. Instanz hat folgende Rechnung aufgemacht. Er ging aus von einer Spannweite von 5,98 m und einer Nutzhöhe von d = 18 cm. Die Ersatzstützweite berechnete er zu $L_i = 0.9 \cdot 5{,}98 = 5{,}38$ m. Somit:

Ist-Deckenschlankheit: $L_i / d = 538 / 18 = 30$

Soll-Schlankheit: $L_i / d = 150 / 5{,}38 = 27{,}9 > 30$

Die Forderung der Norm sei **nicht** erfüllt worden. Tragwerksplaner und Prüfingenieur hielten entgegen, die Ersatzstützweite sei nur $0{,}8 \cdot 5{,}98 = 4{,}78$ m, mithin die Soll-Schlankheit $150 / 4{,}78 = 31{,}4 > 30$ und somit die Forderung **doch** erfüllt. In der statischen Berechnung des Planers findet sich weder ein Schlankheitsnachweis noch eine Durchbiegungsberechnung. Auch der Prüfingenieur und der Sachverständige des Klägers hatten die Verformung nicht nachgerechnet.

Der Sachverständige des Oberlandesgerichts sollte dann die Frage entscheiden, wer in der obigen Kontroverse recht habe. Er hat wie folgt argumentiert. Einen entscheidenden Lastanteil für das betroffene Deckenfeld B – D bildet die Einzellast von 22,8 kN in der Achse C (Abb. H.3.16). Diese kommt zustande, weil die Außenwand des Gebäudes dort einen Rücksprung nach innen hat. Mithin stehen nicht nur Trennwände auf der Decke, sondern dazu eine schwere, Dachlast tragende Außenwand von 42,5 cm Dicke. Folglich sei die Forderung der Norm hier nicht einmal ausreichend. Er führt dann einen Durchbiegungsnachweis, der, auf etwas anderer Grundlage als zuvor ermittelt, eine Durchbiegung von 5,2 cm ausweist. Daher sei die obige Kontroverse müßig gewesen. Hier hätten andere Maßnahmen greifen müssen. Das sei ein Fehler in der statischen Bearbeitung. Daran sei aber auch der Architekt beteiligt, der dem Tragwerksplaner die Positionen „2. Vorplanung" und „3. Entwurfsplanung" aus dem Auftrag gestrichen habe, weil er diese Leistungen offenbar selbst vorgenommen habe. Das Gericht ist dieser Argumentation gefolgt.

Interessant an dieser Entscheidungsfindung ist, dass drei qualifizierte Fachleute, der namhafte Inhaber eines großen Planungsbüros, ein Prüfingenieur für Massivbau und ein vereidigter Sachverständiger, vollkommen im „Schlankheitswahn" befangen waren. Es muss bezweifelt werden, dass sie überhaupt gewohnt waren, die Durchbiegung von Stahlbetondecken nachzurechnen. Erst der Sachverständige in letzter Instanz kam auf den eigentlich nächstliegenden Gedanken.

Das Gericht verurteilte den beklagten Tragwerksplaner auf Schadensersatz in Höhe von 65 000 DM. Der Architekt war in diesem Verfahren nicht angeklagt worden.

3.5.2 Schadensfall 2: Fertigteilbau

Im Jahre 1994 wurde ein Hallen- und Bürobau in Fertigteilbauweise errichtet. Das Gebäude entwickelte sich im Wesentlichen auf einem Raster von 6 m x 12 m. Die Elementdecke h = 16 cm verlief über die 6-m-Felder durchlaufend. Die Halbfertigteilbalken wiesen aufgrund der Stützendimensionen eine Spannweite von 11,10 m auf. Ein Teilbereich im 1. OG und im darunter befindliche EG war als Bürotrakt ausgebaut.

Die Raumaufteilung im Bürotrakt erfolgte durch leichte Trennwände. Diese bestanden aus Gipskartonplatten in leichten stählernen Rahmenprofilen. Es traten nach einiger Zeit deutlich sichtbare Durchbiegungen auf. Bei den Decken über EG betrugen diese zwischen den Balken 2,5 bis 4,0 cm. An den Balken wurden Durchhänge von 3,0 cm bis 4,4 cm gemessen. Die planmäßige Überhöhung der Balken war 3,4 cm gewesen. Die leichten Trennwände im OG hatten sich vom Boden bis zu 2,5 cm gelöst. Im EG waren sie teils im unteren Drittel ausgeknickt. Der Schaden wurde auf mehrere 100 000 DM geschätzt.

Gehen wir zunächst auf einige Besonderheiten der Konstruktion ein. Der Halbfertigteil-Balken war – abgesehen von jeweils 1 m im Auflagerbereich – mit 39 cm Höhe in B 55 vorgefertigt worden. Dadurch konnte die Elementdecke in voller Höhe von 16 cm mit B 25 Ortbeton über dem Balken durchgeführt werden. Im Auflagerbereich war die volle Bauhöhe zur Bildung einer Auflagerkonsole erforderlich (s. Abb. H.3.17), so dass die Elementdecke in diesem Bereich nicht mehr aufgelagert werden konnte, sondern „stumpf" gestoßen werden musste. Das kommt im Lastbild zum Ausdruck. Und dadurch waren an den Plattenrändern die größten Durchbiegungen aufgetreten.

Betrachten wir den Feldquerschnitt des Halbfertigteil-Balkens (Abb. H.3.18). Es fällt auf, dass keinerlei Längsbewehrung in den oberen Ecken der geschlossenen Bügel vorgesehen war. Sie ist auch nicht ausgeführt worden. Die oberen Matten der Decken-Bewehrung lagen also direkt auf den Bügeln. Als obere Längsbewehrung des Halbfertigbalkens blieb nur die Querbewehrung der R-Matten der Platte übrig, eine vernachlässigbare Menge. Einen alten Fachmann erstaunt diese Konstruktion in zweierlei Hinsicht. Es ist zum einen ein Verstoß gegen die Regel, dass die Druckzone eines Balkens stets mit Bügeln ***und*** Längsbewehrung zu umfassen ist, wie auch in [DIN 1045 – 88], Bild 26 dargestellt.

Zum anderen erkennt man an der fehlenden oberen Längsbewehrung die Unkenntnis über Verformungsverhalten von schlanken Stahlbetonbalken. Wenn der Durchhang hätte vermindert werden sollen, dann hätte die obere Längsbewehrung $A_{so} \geq 0.5 \cdot A_{su}$ sein sollen, das heißt etwa 9 ∅ 28 umfassen müssen (bei A_{su} = 17 ∅ 28). Der Bewehrungsgehalt der unteren Bewehrung ist aber schon ρ = 104,7 / (50 · 46,5) = 4,5 %, ein extrem hoher Wert! Anders ausgedrückt: die Bauhöhe des gewählten Querschnitts war viel zu gering, es handelt sich um eine krasse Fehlkonstruktion.

Entwurf und statische Bearbeitung wurden in dem

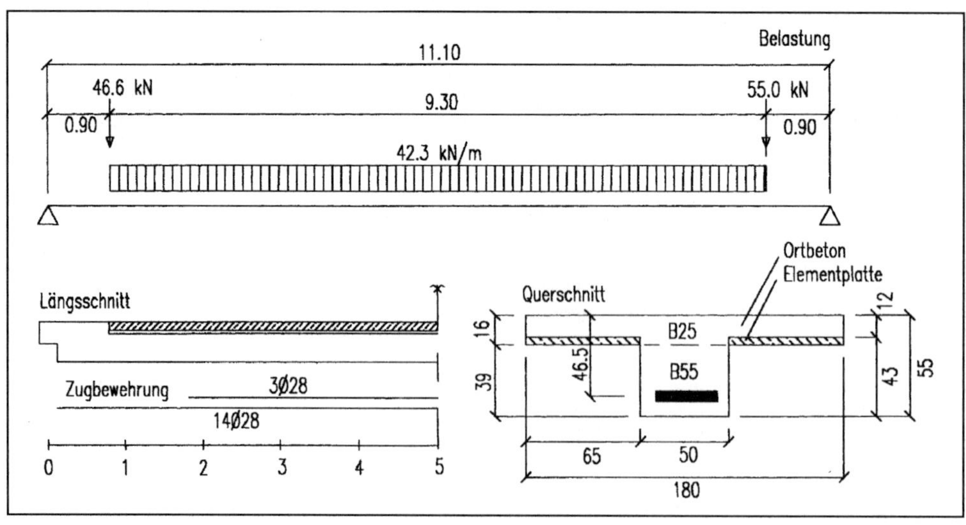

Abb. H.3.17: Ausgangssituation im Fall 2

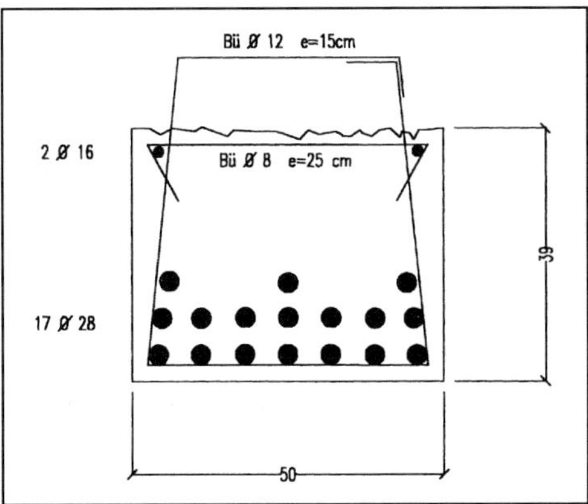

Abb. H.3.18: Querschnitt des Halbfertigteils

ausführenden Fertigteilbetrieb durchgeführt. Man sieht an diesem Beispiel, wohin die Forderung der Geschäftsleitung nach Materialersparnis und niederem Krangewicht einen Mitarbeiter treiben kann. Man staunt aber auch, was nicht alles glatt durch die Hände eines Prüfingenieurs geht, der im amtlichen Auftrag allerdings nur die Standsicherheit zu prüfen hat!

Betrachten wir die Schlankheit des Balkens:

$h / d = 55\text{cm} / 46{,}5\text{ cm}$
$L / d = 1110 / 46{,}5 = 23{,}9$

DIN 1045, 17.7.2 (Ausg.1988):

$L / 35 = 31{,}7\text{ cm} < 46{,}5\text{ cm}$
$\text{erf } d = 11{,}1^2/150 = 0{,}82\text{ m} = 82\text{ cm} \gg 46{,}5\text{ cm}$

EC 2, 4.4.3.2 (3) und Bild 4.14:

$\text{zul } (L/d) = 0{,}8 \cdot 18 = 14{,}4$ (wegen $\rho_l > 1{,}5$ % müsste L / d sogar noch reduziert werden)

$\text{erf } d = 1110 / 14{,}4 = 77\text{ cm} \gg 46{,}5$

Die vorhandene Nutzhöhe von d = 46,5 cm unterschreitet die in EC 2 und DIN 1045 vorgeschriebene Mindest-Nutzhöhe von 77 bis 82 cm in krasser Weise. Sehen wir uns an, was eine Verformungsberechnung an Kenntnissen zu Tage gefördert hätte, wäre sie in der Planungsphase durchgeführt worden. Wir betrachten zunächst den geplanten, in Abb. H.3.17 dargestellten Zustand. Nach EC 2, 2.5.2.2.1 darf die mitwirkende Breite angesetzt werden zu:

$$b_{eff} = b_w + L_0 / 5 = 50 + 1110 / 5 = 272\text{ cm}$$

Dies gilt für die Bemessung in einem einzelnen, maßgebenden Querschnitt. Bei der Durchbiegungsberechnung wird jedoch das Integral über die gesamte Balkenlänge gebildet. Die mitwirkende Breite entwickelt sich vom Auflager zur Balkenmitte hin etwa parabolisch von $b = 0$ zu $b = b_{eff}$. Im Mittel rechnen wir daher mit:

$$b = 2/3 \cdot (b_w + L_0 / 5) = 2/3 \cdot 272 \approx 180\text{ cm}$$

Querschnitt, Bewehrungsverlauf und Belastung siehe Abb. H.3.17. Von den zwei Betongüten nehmen wir die des Fertigteils. Das dehnt den Bereich des Zustands I aus und drückt geringfügig das Durchbiegungsergebnis. Die Betongüte wird mit $f_{ck} = 0{,}76 \cdot \beta_{w28} \approx 42\text{ MN/m}^2$ eingegeben. Als Dauerlast wird die Eigenlast angesetzt, da die Möblierung in den Büroräumen wenig dicht und sehr leicht war. Das ergibt folgende Ergebnisse.

BALKEN AUF 2 STUETZEN
Stablaenge L = 11,10 m

MATERIAL:
fck = 42.0 MN/m^2 fyk = 500.0 MN/m^2

BETONQUERSCHNITTE: Rechteck-Lamellen

Schn.	Lam.	bl cm	hl cm
0-10	1	180.0	12.0
0-10	2	50.0	43.0

BEWEHRUNGSLAGEN:

Schn.	Aso cm^2	zo cm	Asu cm^2	zu cm
0	0.00	0.00	86.20	46.50
1	0.00	0.00	86.20	46.50
2	0.00	0.00	104.70	46.50
3	0.00	0.00	104.70	46.50
4	0.00	0.00	104.70	46.50
5	0.00	0.00	104.70	46.50
6	0.00	0.00	104.70	46.50
7	0.00	0.00	104.70	46.50
8	0.00	0.00	104.70	46.50
9	0.00	0.00	86.20	46.50
10	0.00	0.00	86.20	46.50

BELASTUNG

Last NR	Belastung kN/m, kN	a m	b m
6	42.300	0.900	9.300
2	46.600	0.900	0.100
2	55.000	10.200	0.100

ERGEBNISSE V302

Kriechen: 2.60 Schwinden: -0.60 ‰

x	w	phi	M	Mr	Zust.	ep.c	ep.s
m	cm	‰	kNm	kNm	‰	‰	
0.00	0.0000	21.1769	0.00	0.00	I	0.000	0.000
1.11	2.2996	19.8265	260.09	266.73	I	−1.230	0.042
2.22	4.3215	16.3068	443.26	294.91	IIm	−1.595	0.555
3.33	5.8698	11.4415	574.31	294.91	IIm	−1.791	0.809
4.44	6.8391	5.8968	653.25	294.91	IIm	−1.907	0.956
5.55	7.1703	0.0003	680.06	294.91	IIm	−1.946	1.005
6.66	6.8435	−5.9009	654.76	294.91	IIm	−1.909	0.959
7.77	5.8774	−11.4586	577.34	294.91	IIm	−1.795	0.815
8.88	4.3301	−16.3100	447.80	294.91	IIm	−1.602	0.564
9.99	2.3056	−19.8691	266.14	266.73	I	−1.239	0.050
11.10	0.0000	−21.2393	0.00	0.00	I	0.000	0.000

H

Das Ergebnis ist eine Durchbiegung von ca. 7,2 cm, entsprechend $L / 154$ und erheblich größer als $L / 500 \approx 2{,}2$ cm, welches als Richtwert für Verhütung von Schäden an Leichtwänden gilt. Die Summe von gemessener Durchbiegung und Überhöhung betrug 6,4 cm bis 7,8 cm. Die Berechnung hätte also durchaus eine realistische Warnung abgegeben. Der Balken befindet sich im überwiegenden Teil der Länge schon im Zustand IIm unter Eigenlast.

Aus den Dehnungen ε_c und ε_s können wir die Dehnung am unteren Rande des Querschnitts in Feldmitte errechnen:

$$\varepsilon_u = (1{,}005 + 1{,}946) \cdot 55/46{,}5 \approx 1{,}946 = 1{,}54\ ‰$$

Gemessen wurden in Feldmitte Risse von 0,20 mm bis 0,24 mm Breite im Abstand von etwa 15 cm. Danach ist im Mittel:

$$\varepsilon_u = \varepsilon_c = 0{,}22 / 150 = 0{,}00147 = 1{,}47\ ‰$$

Aus dieser Übereinstimmung mit 5 % Genauigkeit kann man entnehmen, dass die angegebene Überhöhung von ca. 3,4 cm tatsächlich eingebaut worden ist. Für eine Gesamtdurchbiegung von nur 3,3 bis 4,0 cm wäre die gemessene Dehnung von 1,47 ‰ zu groß. Man kann daraus auch ersehen, wie wichtig Rissnachmessungen vor Ort und die Möglichkeit einer abschätzenden Nachrechnung sein können. Dass die Rissmessungen, die mit der Messlupe vor Ort unter mangelnden Sichtverhältnissen vorgenommen werden, nicht eine hohe Genauigkeit für sich in Anspruch nehmen können, schränkt ihren Wert als praktische Kontrolle nicht ein.

Da eine Durchbiegungsberechnung vorher nicht angestellt worden war, war die Überhöhungsangabe willkürlich. Die an den Gipskartonwänden eingetretenen Schäden wären allerdings in jedem Fall aufgetreten, gleichgültig welche Überhöhung eingebaut worden wäre.

3.6 Zusammenfassung

Die alte Gewohnheit, auf einen Durchbiegungsnachweis zu verzichten, muss in Frage gestellt werden. Die geschilderten **Schadensfälle** machen das deutlich. Die Vorteile eines Rechenprogramms liegen in breiterer Information, tieferem Einblick in die Verhaltensweise des Tragelements, in der Möglichkeit von Parameterstudien für Alternativen. Eine Handrechnung ist in einfachen Fällen zwar möglich, doch dabei schon außerordentlich aufwendig. Eine Behandlung des Durchbiegungsproblems mit dem Rechner geht rasch, gestattet Untersuchungen auch komplizierter Tragwerke, bietet umfangreichere Information und erlaubt die so wichtigen Parameterstudien. Ein Rechenprogramm ist das geeignetere, eigentlich unerlässliche Handwerkszeug für den Konstrukteur.

4 Künftige Anforderungen an den hygienischen und energiesparenden Wärmeschutz

4.1 Einleitung

Hinsichtlich der Anforderungen an den Wärmeschutz von Gebäuden muss zwischen folgenden zwei grundsätzlichen Problemen unterschieden werden:

- hygienischer Wärmeschutz
- energiesparender Wärmeschutz.

Mit den Anforderungen an den hygienischen Wärmeschutz will man erreichen, dass Bauteile sowie An- und Abschlüsse so dimensioniert werden, dass die Temperaturen auf den Innenoberflächen über dem Grenzwert liegen, bei dem sich unter üblichen Randbedingungen Schimmelpilze bilden können.

Die Maßgaben zum energiesparenden Wärmeschutz zielen darauf ab, den Energieverbrauch eines Gebäudes mindestens auf das gesetzlich vorgeschriebene Maß zu reduzieren, um so einen aktiven Beitrag zum Umweltschutz zu leisten.

Aus dieser Unterscheidung folgt, dass bei der Betrachtung des hygienischen Wärmeschutzes vorrangig einzelne Bauteile und Anschlüsse untersucht und dimensioniert werden, wohingegen der energiesparende Wärmeschutz auf die Konzeptionierung eines Gebäudes in seiner Gesamtheit abzielt. Gleichzeitig bedingen die verschiedenen Sichtweisen aber auch, dass jeweils unterschiedliche Grenzwerte, Randbedingungen und Berechnungsalgorithmen heranzuziehen sind.

Neben neuen Anforderungen und veränderten Grenzwerten müssen bei den verschiedenen Nachweisen aber auch neue Berechnungsalgorithmen und europäisch vereinheitlichte (harmonisierte) Normen herangezogen werden.

Mit dem vorliegenden Beitrag sollen künftige Anforderungen, Grenzwerte und Berechnungsalgorithmen zum Nachweis des hygienischen bzw. des energiesparenden Wärmeschutzes vorgestellt werden. Da bis zur Fertigstellung des Artikels zu keinem der vorab genannten Themenkreise verbindliche Aussagen vorhanden waren, kann sich dieser nur mit der prinzipiellen Vorgehens- und Betrachtungsweise befassen.

4.2 Hygienischer Wärmeschutz

Der hygienische Wärmeschutz von Bauteilen wurde bereits in der Vergangenheit in [DIN 4108-2: 1981] festgelegt. Veränderungen der dort aufgeführten Grenzwerte ergaben sich einerseits aus neuen wissenschaftlichen Untersuchungen sowie der Auswertung von Schadensfällen, bei denen sich Schimmelpilze auf der Innenoberfläche von Bauteilen gebildet hatten, und andererseits aus der Berücksichtigung europäisch harmonisierter Normen. In [DIN 4108-2:2000] wurden daher zum einen die Wärmedurchlasswiderstände wärmeübertragender Bauteile als Anforderung an das flächige Bauteil verschärft und andererseits Grenzwerte für den Nachweis von Wärmebrücken neu aufgenommen.

4.2.1 Mindestwerte des Wärmedurchlasswiderstandes von Bauteilen

Während sich in DIN 4108-2:1981 die Mindestanforderungen an den baulichen Wärmeschutz flächiger Bauteile auf den Wärmedurchlasswiderstand $1/\Lambda$ und den Wärmedurchgangskoeffizienten k bezogen, zielen die Mindestanforderungen an den Wärmeschutz von Bauteilen nach DIN 4108-2:2000 nur noch auf den Wärmedurchlasswiderstand R wärmeübertragender Bauteile ab. Der Wegfall des Wärmedurchgangskoeffizienten k als Grenzwert ist auf die Berechnung dieses Wertes nach [DIN EN ISO 6946:1996] zurückzuführen. Im Gegensatz zu [DIN V 4108-4:1998] können die Wärmeübergangswiderstände wärmeübertragender Bauteile nicht mehr einfach einer tabellarischen Zusammenstellung entnommen werden, sondern sind, insbesondere bei belüfteten Bauteilen, durch eine detailliertere Betrachtung zu ermitteln. Unter Berücksichtigung dieser Variationsmöglichkeiten war es nicht möglich einen Grenzwert in Bezug auf den Wärmedurchgangskoeffizienten U zu definieren (zu beachten ist, dass künftig der Wärmedurchlasswiderstand eines Bauteils mit R – früher $1/\Lambda$ – und der Wärmedurchgangskoefffizient mit U – früher k – bezeichnet wird).

Mit der Festlegung der Anforderungswerte an den Wärmedurchlasswiderstand R soll erreicht werden, dass sich auf den Innenoberflächen wärmeübertra-

H

gender Bauteile keine Schimmelpilze bilden. Dabei wurde in DIN 4108-2:2000 der Ansatz zur Vermeidung der Schimmelpilzbildung im Gegensatz zu DIN 4108-2:1981 deutlich verändert. Während nach der früheren Betrachtungsweise davon ausgegangen wurde, dass sich Schimmelpilze auf Bauteiloberflächen nur dann bilden, wenn dort Tauwasserausfall gegeben ist, geht der neue Ansatz davon aus, dass Schimmelpilze bereits entstehen können, wenn es in den Kapillaren von Bauteilen zur Kondensation und damit zu einem Feuchteausfall kommt. Für übliche Randbedingungen, d. h. Randbedingungen nach Norm, mit einer Innenlufttemperatur $\theta_i = 20\,°C$ und einer relativen Luftfeuchte $\phi_i = 50\,\%$, liegt die Oberflächentemperatur, deren Unterschreitung Tauwasserausfall zur Folge hat, bei $\theta_{si} = 9{,}3\,°C$. Da mit einer Schimmelpilzbildung jedoch bereits bei einer relativen Luftfeuchtigkeit auf der Bauteiloberfläche von $\phi_{si} = 80\,\%$ gerechnet werden muss, ist die minimal zulässige Oberflächentemperatur bei dieser Problematik deutlich höher als bei der Betrachtung von Tauwasserausfall. Die kritische Oberflächentemperatur zur Vermeidung von Schimmelpilzen liegt in diesem Fall bei $\theta_{si} = 12{,}6\,°C$. Um dem Anspruch der Schimmelpilzfreiheit Genüge zu tun ist – im Gegensatz zur Vermeidung von Tauwasser auf den Bauteiloberflächen – ein deutlich höherer Wärmedurchlasswiderstand R der wärmeübertragenden Bauteile erforderlich. So wurde in DIN 4108-2:1981 beispielsweise für Außenwände ein Mindestwert des Wärmedurchlasswiderstandes $1/\Lambda = 0{,}55\ m^2K/W$ gefordert, wohingegen DIN 4108-2:2000 für diese Bauteile einen Grenzwert von $R = 1{,}2\ m^2K/W$ vorsieht.

Neben einer generellen Verschärfung der Mindestwerte des Wärmedurchlasswiderstandes R ergibt sich in DIN 4108-2:2000 insbesondere für erdberührte Bauteile eine weitere einschneidende Veränderung. Nach der bisher gebräuchlichen Sichtweise wurde bei Bauteilen wie Bodenplatten auf Erdreich oder erdberührten Kellerwänden immer davon ausgegangen, dass es aus einem beheizten Bereich einen Wärmestrom in das angrenzende Erdreich gibt. Demgegenüber geht die europäisch harmonisierte Norm [DIN EN ISO 13370:1998] bei Wärmeverlusten erdberührter Bauteile davon aus, dass ein Wärmestrom aus dem beheizten Bereich über das Erdreich an die Außenluft vorhanden ist. Es sind daher die Geometrie erdberührter Bauteile, mögliche Dämm-Maßnahmen, die wärmetechnische Qualität des Erdreichs und die Einbautiefe zu berücksichtigen. Als Konsequenz aus dieser Sichtweise geht das Erdreich als Dämmstoff in die Berechnung ein, und bei der Betrachtung der Wärmeverluste ist zu unterscheiden zwischen kleinen oder großen Flächenausdehnungen bzw. randnahen oder randfernen Untersuchungspunkten. In DIN 4108-2:2000 wirkt sich dieser Sachverhalt dahingehend aus, dass Mindestanforderungen an den Wärmeschutz erdberührter Bodenplatten nur für einen Bereich von 5,0 m Raumtiefe vom Plattenrand gestellt werden. Während nach DIN 4108-2:1981 für die gesamte Bodenplatte ein Wärmedurchlasswiderstand von mindestens $1/\Lambda = 0{,}9\ m^2K/W$ gefordert wurde, bezieht sich der Grenzwert nach DIN 4108-2:2000 mit $R = 0{,}90\ m^2K/W$ nur noch auf einen Streifen von 5,0 m entlang der Plattenkante. Bei der Festlegung des Anforderungswertes standen weniger Überlegungen zur Vermeidung von Schimmelpilzbildungen auf den Fußbodenoberflächen, sondern vielmehr die Betrachtung ausreichender Fußwärme im Vordergrund.

4.2.2 Anforderungen an Wärmebrücken

Neben Anforderungen an die wärmetechnische Qualität der flächigen Bauteile enthält DIN 4108-2:2000 erstmals konkrete Anforderungen an die Berechnung von Wärmebrücken. Auch in diesem Zusammenhang wird zwischen zwei grundsätzlichen Problempunkten unterschieden:

- Auswirkungen auf das hygienische Raumklima
- Konsequenzen für den Energieverbrauch eines Gebäudes.

4.2.2.1 Hygienisches Raumklima im Bereich von Wärmebrücken

Wie bereits bei der Betrachtung des Wärmeschutzes flächiger Bauteile erläutert, zielen auch die Festlegungen im Bereich von Wärmebrücken darauf ab, die Entstehung von Schimmelpilzen auf Bauteiloberflächen möglichst zu vermeiden. Während die Bestimmung der Oberflächentemperatur einzelner Bauteile – unabhängig davon, ob es sich um homogene oder inhomogene Bauteile handelt – relativ einfach ist, erfordert die Ermittlung der Oberflächentemperaturen im Bereich von Wärmebrücken einen deutlich höheren Aufwand.

Als Anforderungskriterium zur weitestgehenden Vermeidung von Schimmelpilzbildung im Bereich von Wärmebrücken wurden von DIN 4108-2:2000 zwei miteinander gekoppelte Grenzwerte eingeführt:

- die kritische Oberflächentemperatur θ_{si}
- der Temperaturfaktor f_{Rsi}.

Wie bereits in Absatz 4.2.1 dargelegt, liegt die kritische Oberflächentemperatur bei flächigen Bauteilen unter Normbedingungen bei $\theta_{si} = 12{,}6\,°C$. Dieses Kriterium gilt in gleicher Weise für den Bereich von Wärmebrücken. Um jedoch auch für davon abweichende Randbedingungen, z. B. höhere Innenlufttemperatur oder höhere relative Feuchte, über ein Kriterium der Schimmelpilzfreiheit zu verfügen, wurde der Temperaturfaktor f_{Rsi} nach [DIN EN ISO 10211-1:1995] eingeführt. Der Temperaturfaktor gibt das Verhältnis aus der Differenz der Oberflächentemperatur innen θ_{si} und der Außenlufttemperatur θ_e im Bereich einer Wärmebrücke zur Differenz aus Innenlufttemperatur θ_i zu Außenlufttemperatur θ_e wieder:

$$f_{R,si} = \frac{\theta_{si} - \theta_e}{\theta_i - \theta_e} \qquad \text{(H.4.1)}$$

Zur Berechnung der inneren Oberflächentemperatur θ_{si} bedarf es allerdings noch der Festlegung zugehöriger Randbedingungen, die ebenfalls in DIN 4108-2:2000 definiert werden.

Da es sich bei der Betrachtung der Wärmebrücken in Hinblick auf Oberflächentemperaturen um einen Sonderfall handelt, können nicht die für Wärmeverlustberechnungen gebräuchlichen Randbedingungen in Ansatz gebracht werden, sondern es sind spezielle, auf die Problematik der Wärmebrücken abgestimmte Werte zu verwenden. Um eine verminderte Anströmung der Wandinnenoberfläche mit warmer Innenluft im Bereich der Wärmebrücke zu erfassen, wird der Berechnung ein Wärmeübergangswiderstand R_{si} = 0,25 m^2K/W zugrunde gelegt. Als Innenlufttemperatur gilt ein Wert θ_i = 20 °C, als Außenlufttemperatur θ_e = –5 °C. Außerdem sind die Festlegungen zur Bestimmung von Oberflächentemperaturen gemäß DIN EN ISO 10211-1:1995 für dreidimensionale Wärmebrücken bzw. [E DIN EN ISO 10211-2:1996] für zweidimensionale Wärmebrücken zu berücksichtigen. Da diese Berechnungen äußerst komplex sind, eignen sich normalerweise speziell dafür erstellte Wärmebrückenprogramme. Mit diesen Programmen, die in der Regel auf der Basis Finiter-Elemente beruhen, können die Bauteile und ihre Anschlüsse nachgebildet und so die gesuchte Oberflächentemperatur im Bereich der Wärmebrücke ermittelt werden. Mit dieser Oberflächentemperatur ist nachzuweisen, dass für den betrachteten Fall der Temperaturfaktor $f_{R,si}$ = 0,70 nicht unterschritten wird. Da die Außenlufttemperatur entsprechend der Einbausituation nicht einheitlich ist, gibt DIN 4108-2:2000 die für die jeweiligen Bauteile relevanten Temperaturen zur Ermittlung der Oberflächentemperatur im Bereich der Wärmebrücke an.

Da diese Vorgehensweise mit einem nicht unerheblichen Zeitaufwand verbunden ist, genügt es zum Nachweis der öffentlich-rechtlichen Anforderungen, wenn bei üblichen Anschlussdetails bestätigt wird, dass die entsprechende Detailausbildung analog der Darstellung in Beiblatt 2 zu [DIN 4108:1998] erfolgt. In diesem Beiblatt sind beispielhaft wärmebrückenreduzierte Anschlussdetails dargestellt, die die Maßgabe einer Oberflächentemperatur θ_{si} ≥ 12,6 °C bzw. des Temperaturfaktors f_{Rsi} ≥ 0,7 unter normativen Randbedingungen einhalten sollen.

4.2.2.2 Berücksichtigung des energetischen Aspekts von Wärmebrücken

Neben dem Schadensbild des Schimmelpilzbefalls kennzeichnen sich Wärmebrücken in jedem Fall durch einen im Vergleich zum angrenzenden ungestörten Bauteil erhöhten Wärmestrom nach außen. Dieser nicht direkt sichtbare Aspekt der Wärmebrückenwirkung wird in DIN 4108-2:2000 nicht explizit erfasst, sondern in den Bestimmungen zum energiesparenden Bauen berücksichtigt.

4.2.3 Anforderungen an den sommerlichen Wärmeschutz

In den Einzugsbereich von DIN 4108 fallen jeweils auch Anforderungen an den sommerlichen Wärmeschutz. Während DIN 4108-2:1981 darauf abzielte, dass mit den Festlegungen zum sommerlichen Wärmeschutz vermieden werden sollte, dass bei klimatisierten Gebäuden zum Kühlen keine überflüssige Energie verwendet wird, geht DIN 4108-2:2000 über dieses Ziel hinaus, indem mit den dort getroffenen Festlegungen erreicht werden soll, dass auch in nicht klimatisierten Räumen während der Sommerzeit eine „erträgliche“ Innenlufttemperatur gewährleistet ist. Um den erforderlichen Aufwand auf ein akzeptables Maß zu reduzieren, wurde in DIN 4108-2:2000 festgelegt, bis zu welchen Fensterflächenanteilen auf einen

Tabelle 1 Zulässige Fensterflächenanteile *f*

	1	2	3
	Neigung der Fenster gegenüber der Horizontalen	Orientierung der Fenster	Fensterflächenanteil *f* %
1		West über Süd bis Ost	20
2	Über 60° bis 90°	Nordost über Nord bis Nordwest	30
3	von 0° bis 60°	alle Orientierungen	15

H

Nachweis des sommerlichen Wärmeschutzes verzichtet werden kann.

Der Nachweis des sommerlichen Wärmeschutzes bezieht sich nicht auf ein Gebäude in seiner Gesamtheit, sondern auf den bezüglich der Überhitzung ungünstigsten Raum. Für Fensterflächenanteile *f*, die von den in Tafel H.4.1 Spalte 3 genannten Maximalwerten abweichen, ist nach DIN 4108-2:2000 der Sonneneintragskennwert *S* nachzuweisen. Der vorhandene Sonneneintragskennwert wird nach Gleichung (H.4.2) wie folgt ermittelt:

$$S = f \cdot g_{total} \cdot \frac{F_F}{0{,}7} \qquad \text{(H.4.2)}$$

Dabei ist:

f der Fensterflächenanteil einer Fassade
g_{total} der Gesamtenergiedurchlassgrad der Verglasung einschließlich Sonnenschutz
F_F Abminderungsfaktor infolge des Rahmenanteils. Sofern keine genaueren Angaben vorliegen, gilt $F_F = 0{,}8$.

Dieser „Ist-Wert" wird dem zulässigen Höchstwert S_{max} gegenübergestellt, so dass gemäß Gleichung (H.4.3) gilt:

$$S \leq S_{max} \qquad \text{(H.4.3)}$$

S_{max} wird nach Gleichung (H.4.4) wie folgt ermittelt:

$$S_{max} = S_o + \sum \Delta S_x \qquad \text{(H.4.4)}$$

Dabei sind:

S_0 der Basiswert des Sonneneintragkennwertes, in DIN 4108-2:2000 gilt $S_0 = 0{,}18$
ΔS_x Zuschlagswerte entsprechend den Randbedingungen

Die Randbedingungen des zu betrachtenden kritischen Raumes sind Tafel H.4.2 zu entnehmen.

Tafel H.4.2 Zuschlagswerte entsprechend den Randbedingungen

	1	2
	Gebäudelage bzw. -beschaffenheit	Zuschlagswert ΔS_x
1	Gebiete mit erhöhter sommerlicher Belastung[1)]	–0,04
2	Bauart	
2.1	Leichte Bauart: Holzständerkonstruktionen, leichte Trennwände, untergehängte Decken	–0,03
2.2	Extrem leichte Bauart: vorwiegend Innendämmung, große Halle, kaum Innenbauteile	–0,10
3	Sonnenschutzverglasung, $g < 0{,}40$[2)]	+0,04
4	Erhöhte Nachtlüftung: während der zweiten Nachthälfte $n \geq 1{,}5\ h^{-1}$	+0,03
5	Fensterflächenanteil $f > 65\ \%$	–0,04
6	Geneigte Fensterausrichtung: 0° α a < 60° (gegenüber der Horizontalen)	–0,06
7	nord-, nordost-, nordwest-orientierte Fassade	+0,10

1) Gebiete mit mittleren monatlichen Außenlufttemperaturen über 18 °C, nach Anhang A zu DIN 4108-6: 1995–04 Gebiete 8, 11, 12, 13, 14.
2) Als gleichwertige Maßnahme gilt eine Sonnenschutzvorrichtung, die die diffuse Strahlung permanent reduziert und deren $g_{total} < 0{,}4$ erreicht.

4.3 Energiesparender Wärmeschutz

Bei Verabschiedung der Wärmeschutzverordnung vom 12. August 1994 wurde bereits festgelegt, dass bis zum Jahr 2000 eine Überarbeitung dieser Vorschrift zum energiesparenden Bauen vorgenommen werden soll. Neben einer weiteren Verschärfung der Anforderungen zwischen 25 % bis 35 % wurde bestimmt, dass auch strukturelle Veränderungen durchgeführt werden. Bis zur Wärmeschutzverordnung 1995 waren bauliche und anlagentechnische Festlegungen zur Energieeinsparung auf der Basis des Energieeinspargesetzes aus dem Jahr 1977 voneinander getrennt in unterschiedlichen Regelwerken erfasst: der bauliche Wärmeschutz in der Wärmeschutzverordnung, der anlagentechnische Wärmeschutz in der Heizungsanlagenverordnung in ihrer jeweils gültigen Form. Mit der Neufassung der Maßgaben zum energiesparenden Bauen, der sogenannten Energieeinsparverordnung, wurde jedoch festgelegt, dass die künftigen Anforderungen an die Energieeinsparung von Gebäuden die baulichen Maßnahmen und die anlagentechnischen Maßnahmen in einem gemeinsamen Konzept berücksichtigen. Außerdem wurde festgelegt, dass Berechnungsalgorithemen künftig nicht mehr in der Verordnung, sondern in Normen abzuhandeln seien. Dies umso mehr, als bis zur Fertigstellung der Energieeinsparverordnung europäisch harmonisierte Normen vorliegen sollen, mit deren Hilfe der entsprechende Nachweis geführt werden kann.

Aus diesen Vorgaben heraus entstand bei der Entwicklung der Energieeinsparverordnung ein ganz neues Bild. Der Grenzwert des neuen Verordnungswerkes bezieht sich – im Gegensatz zur Wärmeschutzverordnung und der Heizungsanlagenverordnung – beim baulichen Wärmeschutz nicht mehr auf den Jahres-Heizwärmebedarf und beim anlagentechnischen Wärmeschutz nicht mehr auf Dämmdicken, sondern auf ein gemeinsames Anforderungsniveau – den Jahres-Primärenergiebedarf Q. Während die Wärmeschutzverordnung nur Energieverbräuche in Verbindung mit der Raumwärmeerzeugung berücksichtigte, beinhaltet der Jahres-Primärenergiebedarf sowohl den Jahres-Heizenergiebedarf Q_H als auch den Trinkwasser-Wärmeenergiebedarf Q_W und die energetische Bewertung verschiedener Formen von Energieträgern wie beispielsweise Öl, Gas, Fern-/Nahwärme oder Strom. Dabei sind im Jahres-Heizenergiebedarf Q_H neben den Bestandteilen des Jahres-Heizwärmebedarfs Q_h (Transmissions- und Lüftungswärmeverluste sowie interne und solare Wärmegewinne) auch Verluste aus Erzeugung, Speicherung, Verteilung und Übergabe der Raumwärme enthalten. Das gleiche gilt auch für den Trinkwasser-Wärmeenergiebedarf Q_W. Auch hier werden neben der Energie, die zur Erwärmung des Brauchwassers erforderlich ist, die Verluste der Erzeugung, Speicherung, Verteilung und Übergabe einbezogen.

Die Berechnungsalgorithmen sind gemäß Vorgabe nicht mehr in der Verordnung enthalten, sondern den zugehörigen Normen zu entnehmen. Der Jahres-Heizenergiebedarf wird nach [DIN V 4108-6:2000] bestimmt, die anlagentechnischen Berechnungen erfolgen nach [DIN V 4701-10:2000].

4.3.1 Berechnung des Jahres-Heizenergiebedarfs

Die Berechnung des Jahres-Heizenergiebedarfs Q_H erfolgt nach DIN V 4108-6:2000. Die Ausgangsbasis dieser Norm bildet die europäisch harmonisierte Norm [DIN EN 832:1998]. Da diese Norm jedoch bei ihren Ausführungen auf eine Vielzahl anderer europäischer Normen verweist, ergab sich für den Grundstock der Energieeinsparverordnung die Notwendigkeit eine Norm zu schreiben, die die wichtigsten Algorithmen in einem Papier zusammenfasst. DIN V 4108-6:2000 ist somit das Exzerpt aus einer Reihe weiterer Normen. Mit DIN V 4108-6:2000 soll dem Anwender die Möglichkeit gegeben werden, für eine Vielzahl von Randbedingungen den Jahres-Heiz-

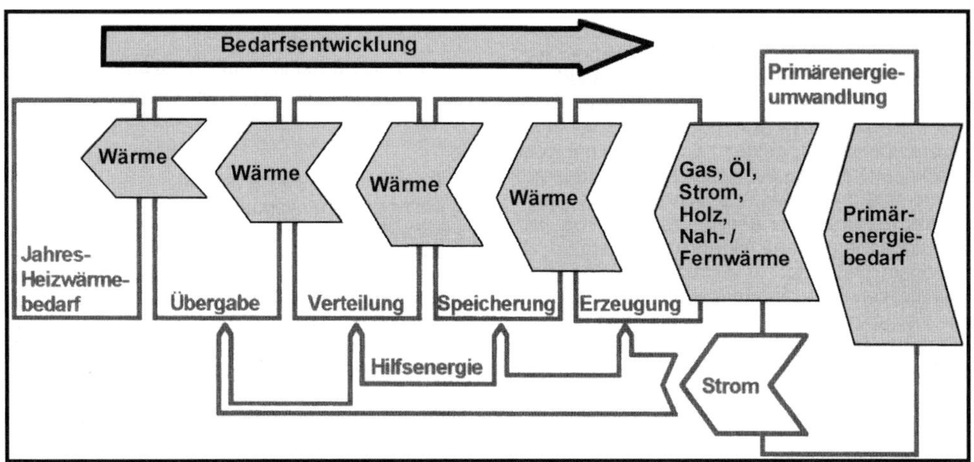

Abb. H.4.1 Energiekomponenten der Raumwärmeerzeugung und Verteilung

H

energie- bzw. den Jahres-Heizwärmebedarf zu ermitteln. Die Variationsmöglichkeiten, die sich hieraus ergeben, würden einen gesicherten Nachweis entsprechend der Energieeinsparverordnung nicht zulassen. Um das Ziel der Verordnung trotzdem unter Verwendung von DIN V 4108-6:2000 zu erreichen, wurde die Bandbreite der Parameter auf das für den Nachweis des energiesparenden Bauens notwendige Maß reduziert. Im Anhang D der Norm sind daher alle für den baurechtlichen Nachweis erforderlichen Werte festgelegt.

Die anlagentechnischen Parameter zur Ermittlung des Jahres-Heizenergiebedarfs sind DIN 4701-10:2000 zu entnehmen.

4.3.2 Berechnung des Jahres-Heizwärmebedarfs

Der Hauptpunkt von DIN V 4108-6:2000 ist somit die Berechnung des Jahres-Heizwärmebedarfs Q_h. Zu diesem Zweck stehen dem Anwender zwei Berechnungsverfahren zur Verfügung:

- das Heizperiodenbilanzverfahren und
- das Monatsbilanzverfahren.

Mit dem Heizperiodenbilanzverfahren soll dem Anwender die Möglichkeit gegeben werden, ohne vertiefende Kenntnisse die öffentlich-rechtlichen Nachweise des energiesparenden Bauens zu erbringen. Es wurde daher auf Bauvorhaben mit nicht mehr als zwei Vollgeschossen und nicht mehr als drei Wohnungen begrenzt. Das Monatsbilanzverfahren, das für alle anderen Bauvorhaben gilt, bedarf zwar einerseits eines deutlich höheren Rechenaufwandes, vermag jedoch andererseits viele Komponenten, insbesondere zur Energieeinsparung, zu berücksichtigen, die beim einfachen Verfahren nicht zulässig sind.

Einer der wesentlichen Unterschiede im Berechnungsalgorithmus zwischen beiden Verfahren liegt im Ansatz der zur Beheizung eines Gebäudes erforderlichen Zeitspanne. Der Beginn und das Ende dieses Zeitraums wird durch die sogenannte Heizgrenztemperatur G_{tx} gekennzeichnet. Da mit jeder Verschärfung der baurechtlichen Anforderungen an den baulichen Wärmeschutz von Gebäuden auch eine Verminderung der Energieverluste verbunden ist, sinkt die Temperatur (Heizgrenztemperatur), ab der einem Gebäude zur Aufrechterhaltung einer gewünschten Innenraumtemperatur Wärme zugeführt werden muss. Während bei den Vorgaben der Wärmeschutzverordnung vom 12. August 1994 eine Heizgrenztemperatur von 15 °C angesetzt wurde, geht man bei der Umsetzung der Energieeinsparverordnung von einer Heizgrenztemperatur von 12 °C aus. Die Heizgrenztemperatur hängt dementsprechend vom Dämmniveau eines Gebäudes ab. Wird bei einem Objekt eine bessere Dämmung ausgeführt, würde sich damit die Heizzeit verringern und es wäre ein geringerer Energieverbrauch erforderlich.

Beim Heizperiodenbilanzverfahren wird ein Standard der Dämmung wärmeübertragender Bauteile angesetzt, der bei Referenzobjekten eine Einhaltung der gesetzlichen Anforderungen ergab. Aus diesen Vergleichsrechnungen wurde die oben genannte Heizgrenztemperatur von 12 °C und eine Heizzeit von 185 Tagen ermittelt. Der Jahres-Heizwärmebedarf nach dem Heizperiodenbilanzverfahren wird daher mit einer fest vorgegebenen Heizzeit berechnet und es ist für die Ermittlung des Jahres-Heizwärmebedarfs (nach diesem Verfahren) unerheblich, ob ein Gebäude eine Dämmung der wärmeübertragenden Außenbauteile aufweist, die die Anforderungen nach EnEV gerade erfüllt oder besser ist. Die verminderten Wärmeverluste werden nicht zur Bestimmung einer geringeren Heizgrenztemperatur herangezogen und gehen somit auch nicht als verringerter Wärmebedarf in die Berechnung ein.

Demgegenüber erfolgt beim Monatsbilanzverfahren eine Bewertung der Wärmeverluste und Wärmegewinne für jeden einzelnen Monat eines Jahres. In die Bestimmung des Jahres-Heizwärmebedarfs gehen alle Monate mit einer „positiven“ Bilanz ein, d. h. alle Monate, bei denen die Wärmeverluste die Wärmegewinne übersteigen. Werden durch eine verbesserte Dämmung der wärmeübertragenden Bauteile die Transmissionswärmeverluste oder durch den Einbau einer Anlage zur Wärmerückgewinnung die Lüftungswärmeverluste kleiner, so verringert sich sowohl die Heizgrenztemperatur als auch die Heizzeit, so dass sich ein direktes Einsparpotential ergibt. Das bedeutet, dass sich beim Monatsbilanzverfahren Zusatzmaßnahmen sowohl direkt auf die Einzelelemente der Bilanzierung als auch indirekt auf die Anzahl der zur Beheizung erforderlichen Monate auswirken.

Wie bereits bei der Wärmeschutzverordnung 1995 setzt sich auch die Bilanz des Jahres-Heizwärmebedarfs nach Energieeinsparverordnung aus folgenden Komponenten zusammen:

- Transmissionswärmeverluste
- Lüftungswärmeverluste
- solare Wärmegewinne
- interne Wärmegewinne

Das Heizperiodenbilanzverfahren ähnelt in seiner Struktur dem Nachweisverfahren nach Wärmeschutzverordnung 1995, jedoch mit veränderter Gradtagzahl und der Tatsache, dass beispielsweise lüftungstechnische Anlagen nicht berücksichtigt werden dürfen. Beim Monatsbilanzverfahren wird dagegen bei der Berechnung der einzelnen Komponenten auf europäisch harmonisierte Normen zurückgegriffen. Dadurch werden zwar einerseits die Berechnungsergebnisse präziser, andererseits nimmt aber der Rechenaufwand deutlich zu. So erfolgt beispielsweise die Berechnung der Wärmeverluste erdberührter Bauteile nach DIN EN ISO 13370:1998 und lässt, wie bereits oben dargelegt, eine genauere Berechnung der vorhandenen Sachverhalte zu, als dies früher bei der Betrachtung der Wärmeübertragung an das Erdreich möglich war. Dies führt bei großen Bodenplatten zu erheblich niedrigeren Wärmeverlusten. Ein weiteres Beispiel ist die Ermittlung der nutzbaren Wärmegewinne. Während dieser Aspekt in der Wärmeschutzverordnung 1995 mit einem pauschalen Ansatz abgegolten wurde, wird in der Energieeinsparverordnung differenziert, ob es sich um ein schweres Gebäude mit großer Speicherfähigkeit handelt oder um ein leichtes Gebäude mit geringer Speicherfähigkeit. Zur Bestimmung des Speichervermögens kann entweder die Speicherfähigkeit aller Innenbauteile ermittelt werden, wobei dann auch die Flächen all dieser Komponenten zu ermitteln sind, oder der Nachweisführende geht, entsprechend der Gebäudetypologie, von pauschalisierten Werten aus.

4.3.3 Bestimmung anlagentechnischer Komponenten

Da die Energieeinsparverordnung im Gegensatz zu ihrer Vorgängerversion nicht mehr auf den Jahres-Heizwärmebedarf als Anforderungsgrenze abzielt, sondern auf den Jahres-Primärenergiebedarf, sind auch weitere, bisher unberücksichtigte Komponenten in die Berechnung einzubeziehen. So ist neben den Wärmeverlusten der Raumwärmeerzeugung auch die Energie zur Erwärmung des Brauchwassers zu berücksichtigen. Aber nicht nur die direkten Verluste gehen in die Bilanzierung ein, sondern, wie man Abbildung H.4.1 entnehmen kann, auch Anteile, die aus der Wärmeerzeugung, Speicherung, Verteilung und Übergabe resultieren. Während die direkten Komponenten im Jahres-Heizwärmebedarf Q_h bzw. Trinkwasser-Wärmebedarf Q_w enthalten sind, führt die Berücksichtigung der zuvor genannten sekundären Energieverbräuche oder Energieverluste zum Jahres-Heizenergiebedarf Q_H bzw. dem Trinkwasser-Wärmeenergiebedarf Q_W sowie bei der Einbeziehung der Hilfsenergien zum Endenergiebedarf Q_E. Außerdem ist bei der Ermittlung des Jahres-Primärenergiebedarfs Q zu berücksichtigen, wie viel Energie bei der Umwandlung der Ausgangsenergie in Nutzenergie verloren geht.

Die Angaben zur Bestimmung der oben genannten Parameter sind DIN V 4701-10:2000 zu entnehmen und in den Aufwandszahlen, dem Kehrwert der jeweiligen Nutzungsgrade, enthalten. Die Aufwandszahlen enthalten also Angaben darüber, um welchen Faktor der vorab ermittelte Jahres-Heizwärme- bzw. Trinkwasser-Wärmebedarf zu vergrößern ist, um Sekundär- und Tertiärverluste zu berücksichtigen. Da es sich hierbei um eine sehr komplexe Materie handelt, bietet DIN V 4701-10:2000 dem Anwender drei verschiedene Möglichkeiten zur Bestimmung der Aufwandszahlen:

- Beim ersten, einfachsten und ungenauesten Verfahren werden für verschiedene Heizungsanlagen Diagramme angeboten, denen eine primärenergiebezogene Aufwandszahl e_P in Abhängigkeit von der Nutzfläche A_N und vom Jahres-Heizwärmebedarf Q_h entnommen werden kann.
- Im Rahmen des zweiten Verfahrens ist die Aufwandszahl für den Jahres-Heizenergiebedarf e_H und den Trinkwasser-Wärmeenergiebedarf e_W getrennt zu ermitteln. Mit dieser Möglichkeit können vorhandene Gegebenheiten, wie etwa die Rohrleitungsführung in beheizten oder unbeheizten Bereichen, in Außen- oder Innenwänden sowie eine Reihe weiterer, für die Wärmeverluste relevanter Aspekte ermittelt werden. Die Aufwandszahlen werden mittels eines Formblattes unter Zugrundelegung einer Vielzahl tabellierter Werte ermittelt. In diese Berechnungen geht auch der Faktor zur Berücksichtigung der Verluste aus Primärenergieumwandlung ein.
- Beim dritten Verfahren werden die jeweiligen objektspezifischen Randbedingungen und Gegebenheiten bei der Ermittlung der Aufwandszahlen berücksichtigt. Dieses mit einem nicht unerheblichen Planungsaufwand verbundene Verfahren liefert die präzisesten Ergebnisse, erfordert jedoch auch fundierte Kenntnisse zu haus- und anlagentechnischen Fragen.

4.4 Zusammenfassung

Mit der Novellierung des für den hygienischen Wärmeschutz maßgeblichen Regelwerks DIN 4108-2:2000 und der Einführung der Energieeinsparverordnung wird dem Anwender einerseits ein Instrumentarium zur Verfügung gestellt, mit dessen Hilfe deutlich genauere Berechnungen und Aussagen gemacht werden können, andererseits erfordern die neuen Normen und Berechnungsalgorithmen aber auch tiefergehende Kenntnisse der zu untersuchenden Materie, um falsche Berechnungen und damit Fehleinschätzungen auszuschließen.

Neben der Verschärfung der verschiedenen Vorschriften zum hygienischen und energiesparenden Wärmeschutz obliegt es in Zukunft immer mehr dem Ausführenden, durch eine fehlerfreie Umsetzung der Planung zum Erreichen der angestrebten baurechtlichen Vorgaben beizutragen.

I NORMEN

Prof. Dr.-Ing. Ralf Avak

I

NORMEN

1 Hinweise

Im Jahrbuch 1999 wurde an dieser Stelle über das zukünftige deutsche Normenwerk, insbesondere die geplante nationale Zwischenlösung im Stahlbeton- und Spannbetonbau berichtet. Die neue DIN 1045 (Tragwerke aus Beton, Stahlbeton und Spannbeton) erscheint in 4 Teilen und ist an weitere europäische Normen angebunden (Tafel I.1.1). Zwischenzeitlich wurden die Entwürfe der einzelnen Teile von DIN 1045 der Öffentlichkeit vorgestellt. Gegenwärtig (Herbst 2000) ist die inhaltliche Arbeit am Teil 1 – Bemessung und Konstruktion – abgeschlossen. In den kommenden Monaten werden letzte redaktionelle Bearbeitungen durchgeführt. Der Weißdruck der DIN 1045-1 wird Anfang 2001 erscheinen und in den folgenden Monaten zusammen mit den weiteren Teilen in den einzelnen Bundesländern bauaufsichtlich eingeführt werden.

Bis zum 31.12.2003 (nach derzeitigem Diskussionsstand) dürfen die DIN 4227 : 1988-07 und die DIN 1045 : 1988-07 parallel verwendet werden. Daher werden sie an dieser Stelle letztmalig abgedruckt. Den Käufern dieses Jahrbuches wird die DIN 1045-1 einige Monate nach deren Erscheinen durch Einlösen eines Gutscheins auf CD-ROM nachgeliefert werden.

Tafel I.1.1 Struktur der neuen Normengeneration im Betonbau

Regelungsgegenstand

Sicherheit: Einwirkungen auf Bauwerke

DIN 1055-100: Grundlagen der Tragwerksplanung
DIN 1055-1 bis -10: Einwirkungen auf Tragwerke

Bemessung, Konstruktion

DIN 1045: Tragwerke aus Beton, Stahlbeton und Spannbeton
Teil 1: Bemessung und Konstruktion

Baustoffe für Beton, Stahlbeton und Spannbeton, Bauausführung

- EN 12 350/ EN 12 390: Prüfung von Beton
- EN 12504: Prüfung von Beton im Bauwerk
- EN 206-1: Beton Teil 1: Festlegung, Eigenschaften, Herstellung und Konformität
- DIN 1045-2: Nationale Anwendungsregeln
- EN 446: Einpreßverfahren
- DIN 1045-3: Ausführung von Betonbauwerken
- DIN 1045-4: Ergänzende Regeln für Herstellung und Überwachung von Fertigteilen
- EN 197: Zement
- EN 12 620: Betonzuschlag
- EN 13 055-1: Leichtzuschlag für Beton
- EN 934: Zusatzmittel für Beton
- EN 450: Flugasche für Beton
- EN 1008: Zugabewasser
- DIN 488: Betonstahl
- Bauaufsichtl. Zulassung: Spannstahl/ Spannverfahren

Baustoffprüfung

- EN 196-T. 1...: Prüfverfahren für Zement
- EN 933-T. 1...: Prüfverfahren für Zuschlag
- EN ...: Prüfverfahren für Leichtzuschlag
- EN 480-T. 1...: Prüfverfahren für Zusatzmittel
- EN 451: Prüfverfahren für Flugasche

2 Beton und Stahlbeton

Bemessung und Ausführung

DIN 1045 : 1988-07*)

Diese Norm wurde im Fachbereich VII Beton und Stahlbeton/Deutscher Ausschuß für Stahlbeton des NABau ausgearbeitet. Die Benennung „Last" wird für Kräfte verwendet, die von außen auf ein System einwirken; das gleiche gilt auch für zusammengesetzte Wörter mit der Silbe ... „Last" (siehe DIN 1080 Teil 1).

Entwurf, Berechnung und Ausführung von baulichen Anlagen und Bauteilen aus Beton und Stahlbeton erfordern gründliche Kenntnis und Erfahrung in dieser Bauart.

Inhalt

*) Druckfehler des Erstdruckes (erste Auflage) dieser Ausgabe sind hier berichtigt worden – vgl. „DIN-Mitteilungen" Heft 2/1989, Seite A 66.

I

Tabellen

1 Allgemeines

1.1 Anwendungsbereich

Diese Norm gilt für tragende und aussteifende Bauteile aus bewehrtem oder unbewehrtem Normal- oder Schwerbeton mit geschlossenem Gefüge. Sie gilt auch für Bauteile mit biegesteifer Bewehrung, für Stahlsteindecken und für Tragwerke aus Glasstahlbeton.

1.2 Abweichende Baustoffe, Bauteile und Bauarten

(1) Die Verwendung von Baustoffen für bewehrten und unbewehrten Beton sowie von Bauteilen und Bauarten, die von dieser Norm abweichen, bedarf nach den bauaufsichtlichen Vorschriften im Einzelfall der Zustimmung der zuständigen obersten Bauaufsichtsbehörde oder der von ihr beauftragten Behörde, sofern nicht eine allgemeine bauaufsichtliche Zulassung oder ein Prüfzeichen erteilt ist.

(2) Stahlträger in Beton, deren Steghöhe einen erheblichen Teil der Dicke des Bauteils ausmacht, sind so zu bemessen, daß sie die Lasten allein aufnehmen können. Sind Stahlträger und Beton schubfest zu gemeinsamer Tragwirkung verbunden, so ist das Bauteil als Stahlverbundkonstruktion zu bemessen.

2 Begriffe

2.1 Baustoffe

2.1.1 Stahlbeton

(1) Stahlbeton (bewehrter Beton) ist ein Verbundbaustoff aus Beton und Stahl (in der Regel Betonstahl) für Bauteile, bei denen das Zusammenwirken von Beton und Stahl für die Aufnahme der Schnittgrößen nötig ist.

(2) Stahlbetonbauteile, die der Witterung unmittelbar ausgesetzt sind, werden als Außenbauteile bezeichnet.

2.1.2 Beton

(1) Beton ist ein künstlicher Stein, der aus einem Gemisch von Zement, Betonzuschlag und Wasser - gegebenenfalls auch mit Betonzusatzmitteln und Betonzusatzstoffen (Betonzusätze) - durch Erhärten des Zementleims (Zement-Wasser-Gemisch) entsteht.

(2) Nach der Trockenrohdichte werden unterschieden:

a) Leichtbeton
Leichtbeton ist Beton mit einer Trockenrohdichte von höchstens 2.0 kg/dm^3.

b) Normalbeton
Normalbeton ist Beton mit einer Trockenrohdichte von mehr als 2,0 kg/dm^3 und höchstens 2,8 kg/dm^3. In allen Fällen, in denen keine Verwechslung mit Leichtbeton oder Schwerbeton möglich ist, wird Normalbeton als Beton bezeichnet.

c) Schwerbeton
Schwerbeton ist Beton mit einer Trockenrohdichte von mehr als 2,8 kg/dm^3.

(3) Nach der Festigkeit werden unterschieden:

d) Beton B I
Beton B I ist ein Kurzzeichen für Beton der Festigkeitsklassen B 5 bis B 25.

e) Beton B II
Beton B II ist ein Kurzzeichen für Beton der Festigkeitsklassen B 35 und höher und in der Regel für Beton mit besonderen Eigenschaften (siehe Abschnitt 6.5.7).

(4) Nach dem Ort der Herstellung oder der Verwendung oder dem Erhärtungszustand werden unterschieden:

f) Baustellenbeton
Baustellenbeton ist Beton, dessen Bestandteile auf der Baustelle zugegeben und gemischt werden.

Als Baustellenbeton gilt auch Beton, der von einer Baustelle (nicht Bauhof) eines Unternehmens oder einer Arbeitsgemeinschaft an eine bis drei benachbarte Baustellen desselben Unternehmens oder derselben Arbeitsgemeinschaft übergeben wird. Als benachbart gelten Baustellen mit einer Luftlinienentfernung bis etwa 5 km von der Mischstelle (siehe auch Abschnitt 9.4.2).

g) Transportbeton
Transportbeton ist Beton, dessen Bestandteile außerhalb der Baustelle zugemessen werden und der in Fahrzeugen an der Baustelle in einbaufertigem Zustand übergeben wird.

- Werkgemischter Transportbeton

  Werkgemischter Transportbeton ist Beton, der im Werk fertig gemischt und in Fahrzeugen zur Baustelle gebracht wird.

I

- Fahrzeuggemischter Transportbeton

  Fahrzeuggemischter Transportbeton ist Beton, der während der Fahrt oder nach Eintreffen auf der Baustelle im Mischfahrzeug gemischt wird.

h) Frischbeton
Frischbeton heißt der Beton, solange er verarbeitet werden kann.

i) Ortbeton

Ortbeton ist Beton, der als Frischbeton in Bauteile in ihrer endgültigen Lage eingebracht wird und dort erhärtet.

k) Festbeton
Festbeton heißt der Beton, sobald er erhärtet ist.

l) Beton für Außenbauteile
Beton für Außenbauteile ist Beton, der so zusammengesetzt, fest und dicht ist, daß er im oberflächennahen Bereich gegen Witterungseinflüsse einen ausreichend hohen Widerstand aufweist und daß der Bewehrungsstahl während der gesamten vorausgesetzten Nutzungsdauer in einem korrosionsschützenden alkalischen Milieu verbleibt.

(5) Nach der Konsistenz werden unterschieden:

m) Fließbeton
Fließbeton ist Beton des Konsistenzbereiches KF mit gutem Fließ- und Zusammenhaltevermögen, dessen Konsistenz durch Zumischen eines Fließmittels eingestellt wird.

n) Beton mit Fließmittel
Beton mit Fließmittel ist Beton der Konsistenzbereiche KP oder KR, dessen Konsistenz durch Zumischen eines Fließmittels eingestellt wird.

o) Steifer Beton
Steifer Beton ist Beton des Konsistenzbereiches KS.

2.1.3 Andere Baustoffe

2.1.3.1 Zementmörtel
Zementmörtel ist ein künstlicher Stein, der aus einem Gemisch von Zement, Betonzuschlag bis höchstens 4 mm und Wasser und gegebenenfalls auch von Betonzusatzmitteln und von Betonzusatzstoffen durch Erhärten des Zementleimes entsteht.

2.1.3.2 Betonzuschlag
Betonzuschlag besteht aus natürlichem oder künstlichem, dichtem oder porigem Gestein, in Sonderfällen auch aus Metall, mit Korngrößen, die für die Betonherstellung geeignet sind (siehe DIN 4226 Teil 1 bis Teil 4).

2.1.3.3 Bindemittel
Bindemittel für Beton sind Zemente nach den Normen der Reihe DIN 1164[1]).

2.1.3.4 Wasser
(1) Wasser, das dem Beton im Mischer zugegeben wird, wird Zugabewasser genannt.

(2) Zugabewasser und Oberflächenfeuchte des Betonzuschlags ergeben zusammen den Wassergehalt *w*.

(3) Der Wassergehalt *w* zuzüglich der Kernfeuchte des Betonzuschlags wird Gesamtwassermenge genannt.

2.1.3.5 Betonzusatzmittel
Betonzusatzmittel sind Betonzusätze, die durch chemische oder physikalische Wirkung oder durch beide die Betoneigenschaften, z. B. Verarbeitbarkeit, Erhärten oder Erstarren, ändern. Als Volumenanteil des Betons sind sie ohne Bedeutung.

2.1.3.6 Betonzusatzstoffe
Betonzusatzstoffe sind fein aufgeteilte Betonzusätze, die bestimmte Betoneigenschaften beeinflussen und als Volumenbestandteile zu berücksichtigen sind (z. B. puzzolanische Stoffe, Pigmente zum Einfärben des Betons).

2.1.3.7 Bewehrung
(1) Bewehrung heißen die Stahleinlagen im Beton, die für Stahlbeton nach Abschnitt 2.1.1 erforderlich sind.

(2) Biegesteife Bewehrung ist eine vorgefertigte Bewehrung, die aus stählernen Fachwerken oder profilierten Stahlleichtträgern gegebenenfalls mit werkmäßig hergestellten Gurtstreifen aus Beton besteht und gegebenenfalls auch für die Aufnahme von Deckenlasten vor dem Erhärten des Ortbetons verwendet wird.

2.1.3.8 Zwischenbauteile und Deckenziegel
Zwischenbauteile und Deckenziegel sind statisch mitwirkende oder nicht mitwirkende Fertigteile aus bewehrtem oder unbewehrtem Normal- oder Leichtbeton oder aus gebranntem Ton, die bei Balkendecken oder Stahlbetonrippendecken oder Stahlsteindecken verwendet werden (siehe DIN 4158, DIN 4159 und DIN 4160). Statisch mitwirkende Zwischenbauteile und Deckenziegel müssen mit Beton verfüllbare Stoßfugenaussparungen zur Sicherstellung der Druckübertragung in Bal-

---

[1]) Die Normen der Reihe DIN 1164 werden künftig durch die Normen der Reihe DIN EN 196 und DIN EN 197 (z. Z. Entwurf) ersetzt. Die Anwendungsbereiche der in DIN EN 197 Teil 1/Entwurf Juni 1987, Tabelle 1, genannten Zementarten werden in einer Ergänzenden Bestimmung geregelt.

ken- oder Rippenlängsrichtung und gegebenenfalls zur Aufnahme der Querbewehrung haben. Sie können über die volle Dicke der Rohdecke oder nur über einen Teil dieser Dicke reichen.

2.2 Begriffe für die Berechnungen

2.2.1 Lasten

Als Lasten werden in dieser Norm Einzellasten in kN sowie längen- und flächenbezogene Lasten in kN/m und kN/m^2 bezeichnet. Diese Lasten können z. B. Eigenlasten sein; sie können auch verursacht werden durch Wind, Bremsen u. ä.

2.2.2 Gebrauchslast

Unter Gebrauchslast werden alle Lastfälle verstanden, denen ein Bauteil im vorgesehenen Gebrauch unterworfen ist.

2.2.3 Bruchlast

Unter Bruchlast wird bei der Bemessung nach den Abschnitten 17.1 bis 17.4 die Last verstanden, unter der die Grenzwerte der Dehnungen des Stahles oder des Betons oder beider nach Bild 13 rechnerisch erreicht werden.

2.2.4 Übliche Hochbauten

Übliche Hochbauten sind Hochbauten, die für vorwiegend ruhende, gleichmäßig verteilte Verkehrslasten $p \leq 5{,}0$ kN/m^2 (siehe DIN 1055 Teil 3), gegebenenfalls auch für Einzellasten $P \leq 7{,}5$ kN und für Personenkraftwagen, bemessen sind, wobei bei mehreren Einzellasten je m^2 kein größerer Verkehrslastanteil als 5,0 kN entstehen darf.

2.2.5 Zustand I

Zustand I ist der Zustand des Stahlbetons bei Annahme voller Mitwirkung des Betons in der Zugzone.

2.2.6 Zustand II

Zustand II ist der Zustand des Stahlbetons unter Vernachlässigung der Mitwirkung des Betons in der Zugzone.

2.2.7 Zwang

Zwang entsteht nur in statisch unbestimmten Tragwerken durch Kriechen, Schwinden und Temperaturänderungen des Betons, durch Baugrundbewegungen u. a.

2.3 Betonprüfstellen

2.3.1 Betonprüfstellen E[2])

Betonprüfstellen E sind die ständigen Betonprüfstellen für die Eigenüberwachung von Beton B II auf Baustellen, von Beton- und Stahlbetonfertigteilen und von Transportbeton.

2.3.2 Betonprüfstellen F

Betonprüfstellen F sind die anerkannten Prüfstellen für die Fremdüberwachung von Baustellenbeton B II, von Beton- und Stahlbetonfertigteilen und von Transportbeton, die die im Rahmen der Überwachung (Güteüberwachung) vorgesehene Fremdüberwachung an Stelle einer anerkannten Überwachungsgemeinschaft oder Güteschutzgemeinschaft durchführen können.

2.3.3 Betonprüfstellen W[3])

Betonprüfstellen W stehen für die Prüfung der Druckfestigkeit und der Wasserundurchlässigkeit an in Formen hergestellten Probekörpern zur Verfügung.

3 Bautechnische Unterlagen

3.1 Art der bautechnischen Unterlagen

Zu den bautechnischen Unterlagen gehören die wesentlichen Zeichnungen, die statische Berechnung und – wenn nötig, wie in der Regel bei Bauten mit Stahlbetonfertigteilen – eine ergänzende Baubeschreibung sowie etwaige Zulassungs- und Prüfbescheide.

3.2 Zeichnungen

3.2.1 Allgemeine Anforderungen

(1) Die Bauteile, ihre Bewehrung und alle Einbauteile sind auf den Zeichnungen eindeutig und übersichtlich darzustellen und zu bemaßen. Die Darstellungen müssen mit den Angaben in der statischen Berechnung übereinstimmen und alle für die Ausführung der Bauteile und für die Prüfung der Berechnungen erforderlichen Maße enthalten.

2) Siehe auch „Merkblatt für Betonprüfstellen E“

3) Siehe auch „Merkblatt für Betonprüfstellen W“

I

(2) Auf zugehörige Zeichnungen ist hinzuweisen. Bei nachträglicher Änderung einer Zeichnung sind alle in Betracht kommenden Zeichnungen entsprechend zu berichtigen.

(3) Auf den Bewehrungszeichnungen sind insbesondere anzugeben:

a) die Festigkeitsklasse und - soweit erforderlich - besondere Eigenschaften des Betons nach Abschnitt 6.5.7;

b) die Stahlsorten nach Abschnitt 6.6 (siehe auch DIN 488 Teil 1);

c) Anzahl, Durchmesser, Form und Lage der Bewehrungsstäbe, der mechanischen Verbindungsmittel, z. B. Muffenverbindungen oder Ankerkörper, gegenseitiger Abstand, Rüttellücken, Übergreifungslängen an Stößen und Verankerungslängen, z. B. an Auflagern, Anordnung und Ausbildung von Schweißstellen mit Angabe der Schweißzusatzwerkstoffe, Maße und Ausführung;

d) das Nennmaß nom *c* der Betondeckung und die Unterstützungen der oberen Bewehrung;

e) besondere Maßnahmen zur Lagesicherung der Bewehrung, wenn die Nennmaße der Betondeckung nach Tabelle 10 unterschritten werden (siehe „Merkblatt Betondeckung“ und DAfStb-Heft 400);

f) die Mindestdurchmesser der Biegerollen;

(4) Bei Verwendung von Fertigteilen sind ferner anzugeben:

g) die auf der Baustelle zusätzlich zu verlegende Bewehrung in gesonderter Darstellung;

h) die zur Zeit des Transports oder des Einbaues erforderliche Druckfestigkeit des Betons;

i) die Eigenlasten der einzelnen Fertigteile;

k) die Maßtoleranzen der Fertigteile und der Unterkonstruktion, soweit erforderlich;

l) die Aufhängung oder Auflagerung für Transport und Einbau.

3.2.2 Verlegepläne für Fertigteile

Bei Bauten mit Fertigteilen sind für die Baustelle Verlegepläne der Fertigteile mit den Positionsnummern der einzelnen Teile und eine Positionsliste anzufertigen. In dem Verlegeplan sind auch die beim Zusammenbau erforderlichen Auflagertiefen und die etwa erforderlichen Abstützungen der Fertigteile (siehe Abschnitt 19.5.2) einzutragen.

3.2.3 Zeichnungen für Schalungs- und Traggerüste

Für Schalungs- und Traggerüste, für die eine statische Berechnung erforderlich ist, z. B. bei freistehenden und bei mehrgeschossigen Schalungs- oder Traggerüsten, sind Zeichnungen für die Baustelle anzufertigen; ebenso für Schalungen, die hohen seitlichen Druck des Frischbetons aufnehmen müssen.

3.3 Statische Berechnungen

(1) Die Standsicherheit und die ausreichende Bemessung der baulichen Anlage und ihrer Bauteile sind in der statischen Berechnung übersichtlich und leicht prüfbar nachzuweisen.

(2) Das Verfahren zur Ermittlung der Schnittgrößen nach der Elastizitätstheorie (siehe Abschnitt 15.1.2) ist freigestellt. Die Bemessung ist nach den in dieser Norm angegebenen Grundlagen durchzuführen. Wegen Näherungsverfahren siehe DAfStb-Heft 220 und DAfStb-Heft 240. Für außergewöhnliche Formeln ist die Fundstelle anzugeben, wenn diese allgemein zugänglich ist, sonst sind die Ableitungen so weit zu entwickeln, daß ihre Richtigkeit geprüft werden kann.

(3) Wegen zusätzlicher Berechnungen bei Fertigteilkonstruktionen siehe auch Abschnitt 19.

(4) Bei Bauteilen, deren Schnittgrößen sich nicht durch Berechnung ermitteln lassen, kann diese durch Versuche ersetzt werden. Ebenso sind zur Ergänzung der Berechnung der Schnittgrößen Versuche zulässig.

3.4 Baubeschreibung

(1) Angaben, die für die Bauausführung oder für die Prüfung der Zeichnungen oder der statischen Berechnung notwendig sind, die aber aus den Unterlagen nach den Abschnitten 3.2 und 3.3 nicht ohne weiteres entnommen werden können, müssen in einer Baubeschreibung enthalten und - soweit erforderlich - erläutert sein.

(2) Bei Bauten mit Fertigteilen sind Angaben über den Montagevorgang einschließlich zeitweiliger Stützungen, über das Ausrichten und Über die während der Montage auftretenden, für die Sicherheit wichtigen Zwischenzustände erforderlich. Der Montagevorgang ist besonders genau zu beschreiben, wenn die Fertigteile nicht vom Hersteller, sondern von einem anderen zusammengebaut werden.

4 Bauleitung

4.1 Bauleiter des Unternehmens

Der Unternehmer oder der von ihm beauftragte Bauleiter oder ein fachkundiger Vertreter des Bauleiters muß während der Arbeiten auf der Baustelle anwesend sein. Er hat für die ordnungsgemäße Ausführung der Arbeiten nach den bautechnischen Unterlagen zu sorgen, insbesondere für

a) die planmäßigen Maße der Bauteile;

b) die sichere Ausführung und räumliche Aussteifung der Schalungen, der Schalungs- und Traggerüste und die Vermeidung ihrer Überlastung, z. B. beim Fördern des Betons, durch Lagern von Baustoffen und dergleichen (siehe Abschnitt 12);

c) die ausreichende Güte der verwendeten Baustoffe, namentlich des Betons (siehe Abschnitte 6.5.1 und 7);

d) die Übereinstimmung der Betonstahlsorte, der Durchmesser und der Lage der Bewehrung sowie gegebenenfalls der mechanischen Verbindungsmittel, z. B. Muffenverbindungen oder Ankerkörper, und der Schweißverbindungen mit den Angaben auf den Bewehrungszeichnungen (siehe Abschnitte 3.2.1 b) bis e) und 13.2);

e) die richtige Wahl des Zeitpunktes für das Ausschalen und Ausrüsten (siehe Abschnitt 12.3);

f) die Vermeidung der Überlastung fertiger Bauteile;

g) das Ausschalten von Fertigteilen mit Beschädigungen, die das Tragverhalten beeinträchtigen können und

h) den richtigen Einbau etwa notwendiger Montagestützen (siehe Abschnitt 19.5.2).

4.2 Anzeigen über den Beginn der Bauarbeiten

Der bauüberwachenden Behörde oder dem von ihr mit der Bauüberwachung Beauftragten sind bei Bauten, die nach den bauaufsichtlichen Vorschriften genehmigungspflichtig sind, möglichst 48 Stunden vor Beginn der betreffenden Arbeiten vom Unternehmen oder vom Bauleiter anzuzeigen:

a) bei Verwendung von Baustellenbeton das Vorliegen einer schriftlichen Anweisung auf der Baustelle für die Herstellung mit allen nach Abschnitt 6.5 erforderlichen Angaben;

b) der beabsichtigte Beginn des erstmaligen Betonierens, bei mehrgeschossigen Bauten auf Verlangen der Beginn des Betonierens für jedes einzelne Geschoß; bei längerer Unterbrechung – besonders nach längeren Frostzeiten – der Wiederbeginn der Betonarbeiten;

c) bei Verwendung von Beton B II die fremdüberwachende Stelle;

d) bei Bauten aus Fertigteilen der Beginn des Einbaues und auf Verlangen der Beginn der Herstellung der für die Gesamttragwirkung wesentlichen Verbindungen;

e) der Beginn von wesentlichen Schweißarbeiten auf der Baustelle.

4.3 Aufzeichnungen während der Bauausführung

Bei genehmigungspflichtigen Arbeiten sind entsprechend ihrer Art und ihrem Umfang auf der Baustelle fortlaufend Aufzeichnungen über alle für die Güte und Standsicherheit der baulichen Anlage und ihrer Teile wichtigen Angaben in nachweisbarer Form, z. B. auf Vordrucken (Bautagebuch), vom Bauleiter oder seinem Vertreter zu führen. Sie müssen folgende Angaben enthalten, soweit sie nicht schon in den Lieferscheinen (siehe Abschnitt 5.5 und wegen der Aufbewahrung Abschnitt 4.4 (1)) enthalten sind:

a) die Zeitabschnitte der einzelnen Arbeiten (z. B. des Einbringens des Betons und des Ausrüstens);

b) die Lufttemperatur und die Witterungsverhältnisse zur Zeit der Ausführung der einzelnen Bauabschnitte oder Bauteile bis zur vollständigen Entfernung der Schalung und ihrer Unterstützung sowie Art und Dauer der Nachbehandlung. Frosttage sind dabei unter Angabe der Temperatur und der Ablesezeit besonders zu vermerken. Während des Herstellens, Einbringens und Nachbehandelns von Beton B II (auch von Transportbeton B II) sind bei Lufttemperaturen unter + 8 °C und über + 25 °C die Maximal- und Mindesttemperatur des Tages – gemessen im Schatten – einzutragen. Bei Lufttemperaturen unter + 5 °C und über + 30 °C ist auch die Temperatur des Frischbetons festzustellen und einzutragen;

c) bei Verwendung von Baustellenbeton den Namen der Lieferwerke und die Nummern der Lieferscheine für Zement, Zuschlaggemische oder getrennte Zuschlagkorngruppen, werkgemischten Betonzuschlag, Betonzusätze; ferner Betonzusammensetzung, Zementgehalt je m^3 verdichteten Betons, Art und Festigkeitsklasse

I

des Zements, Art, Sieblinie und Korngruppen des Betonzuschlags, gegebenenfalls Zusatz von Mehlkorn, Art und Menge von Betonzusatzmitteln und -zusatzstoffen, Frischbetonrohdichte der hergestellten Probekörper und Konsistenzmaß des Betons und bei Beton B II auch den Wasserzementwert (*w/z*-Wert);

d) bei Verwendung von Fertigteilen den Namen der Lieferwerke und die Nummern der Lieferscheine. Es ist ferner anzugeben, für welches Bauteil oder für welchen Bauabschnitt diese verwendet wurden. Wegen des Inhalts der Lieferscheine siehe Abschnitt 5.5.2;

e) bei Verwendung von Transportbeton den Namen der Lieferwerke und die Nummern der Lieferscheine, das Betonsortenverzeichnis nach Abschnitt 5.4.4 und das Fahrzeugverzeichnis nach Abschnitt 5.4.6, falls die Fahrzeuge nicht mit einer Transportbeton-Fahrzeug-Bescheinigung ausgestattet sind. Es ist ferner anzugeben, für welches Bauteil oder für welchen Bauabschnitt dieser verwendet wurde. Wegen des Inhalts der Lieferscheine siehe Abschnitt 5.5.3;

f) die Herstellung aller Betonprobekörper mit ihrer Bezeichnung, dem Tag der Herstellung und Angabe der einzelnen Bauteile oder Bauabschnitte, für die der zugehörige Beton verwendet wurde, das Datum und die Ergebnisse ihrer Prüfung und die geforderte Festigkeitsklasse. Dies gilt auch für Probekörper, die vom Transportbetonwerk oder von seinem Beauftragten hergestellt werden, soweit sie für die Baustelle angerechnet werden (siehe Abschnitt 7.4.3.5.1 (3)). Ferner sind aufzuzeichnen Art und Ergebnisse etwaiger Nachweise der Betonfestigkeit am Bauwerk (siehe Abschnitt 7.4.5);

g) gegebenenfalls die Ergebnisse von Frischbetonuntersuchungen (Konsistenz, Rohdichte, Zusammensetzung), von Prüfungen der Bindemittel nach Abschnitt 7.2, des Betonzuschlags nach Abschnitt 7.3 (z. B. Sieblinien) - auch von werkgemischtem Betonzuschlag -, der gewichtsmäßigen Nachprüfung des Zuschlaggemisches bei Zugabe nach Raumteilen (siehe Abschnitt 9.2.2), der Zwischenbauteile usw.;

h) Betonstahlsorte und gegebenenfalls die Prüfergebnisse von Betonstahlschweißungen (siehe DIN 4099).

4.4 Aufbewahrung und Vorlage der Aufzeichnungen

(1) Die Aufzeichnungen müssen während der Bauzeit auf der Baustelle bereitliegen und sind den mit der Bauüberwachung Beauftragten auf Verlangen vorzulegen. Sie sind ebenso wie die Lieferscheine (siehe Abschnitt 5.5) nach Abschluß der Arbeiten mindestens 5 Jahre vom Unternehmen aufzubewahren.

(2) Nach Beendigung der Bauarbeiten sind die Ergebnisse aller Druckfestigkeitsprüfungen einschließlich der an ihrer Stelle durchgeführten Prüfungen des Wasserzementwertes der bauüberwachenden Behörde, bei Verwendung von Beton B II auch der fremdüberwachenden Stelle, zu übergeben.

5 Personal und Ausstattung der Unternehmen, Baustellen und Werke

5.1 Allgemeine Anforderungen

(1) Herstellen, Verarbeiten, Prüfen und Überwachen des Betons erfordern von den Unternehmen, die Beton- und Stahlbetonarbeiten ausführen, den Einsatz zuverlässiger Führungskräfte (Bauleiter, Poliere usw.), die bei Beton- und Stahlbetonarbeiten bereits mit Erfolg tätig waren und ausreichende Kenntnisse und Erfahrungen für die ordnungsgemäße Ausführung solcher Arbeiten besitzen.

(2) Betriebe, die auf der Baustelle oder in Werkstätten Schweißarbeiten an Betonstählen durchführen, müssen über einen gültigen „Eignungsnachweis für das Schweißen von Betonstählen nach DIN 4099“ verfügen.

5.2 Anforderungen an die Baustellen

5.2.1 Baustellen für Beton B I

5.2.1.1 Anwendungsbereich und Anforderungen an das Unternehmen

Auf Baustellen für Beton B I darf nur Baustellen- und Transportbeton der Festigkeitsklassen B 5 bis B 25 verwendet werden. Das Unternehmen hat dafür zu sorgen, daß die Anforderungen der Abschnitte 5.2.1.2 bis 5.2.1.5 erfüllt werden und daß die nach Abschnitt 7 geforderten Prüfungen durchgeführt werden.

5.2.1.2 Geräteausstattung für die Herstellung von Beton B I

(1) Für das Herstellen von Baustellenbeton B I müssen auf der Baustelle diejenigen Geräte und Einrichtungen vorhanden sein und ständig gewartet werden, die eine ordnungsgemäße Ausführung

der Arbeiten und eine gleichmäßige Betonfestigkeit ermöglichen.

(2) Dies sind insbesondere Einrichtungen und Geräte für das

a) Lagern der Baustoffe, z. B. trockene Lagerung der Bindemittel, saubere Lagerung des Betonzuschlags - soweit erforderlich getrennt nach Art und Korngruppen (siehe Abschnitte 6.2.3 und 6.5.5.2) - und des Betonstahls;

b) Abmessen der Bindemittel, des Betonzuschlags, des Wassers und gegebenenfalls der Betonzusatzmittel und der Betonzusatzstoffe (siehe Abschnitt 9.2);

c) Mischen des Betons (siehe Abschnitt 9.3).

5.2.1.3 Geräteausstattung für die Verarbeitung von Beton B I

Für das Fördern, Verarbeiten und Nachbehandeln (siehe Abschnitt 10) von Baustellenbeton B I und Transportbeton B I müssen auf der Baustelle diejenigen Einrichtungen und Geräte vorhanden sein und ständig gewartet werden, die einen ordnungsgemäßen Einbau und eine gleichmäßige Betonfestigkeit ermöglichen.

5.2.1.4 Geräteausstattung für die Prüfung von Beton B I

(1) Das Unternehmen muß über Einrichtungen und Geräte für die Durchführung der Prüfungen nach Abschnitt 7.4 und gegebenenfalls nach Abschnitt 7.3 verfügen[4]). Das gilt insbesondere für das

a) Prüfen der Bestandteile des Betons, z. B. Siebversuche an Betonzuschlag;

b) Prüfen des Betons, z. B. Messen der Konsistenz, Nachprüfen des Zementgehalts am Frischbeton;

c) Herstellen und Lagern der Probekörper zur Prüfung der Druckfestigkeit und gegebenenfalls der Wasserundurchlässigkeit.

(2) Die Aufzählungen b) und c) gelten auch für Baustellen, die Transportbeton B I verarbeiten.

5.2.1.5 Überprüfung der Geräte und Prüfeinrichtungen

Alle in den Abschnitten 5.2.1.2 bis 5.2.1.4 genannten Geräte und Einrichtungen sind auf der Baustelle vor Beginn des ersten Betonierens und dann in angemessenen Zeitabständen auf ihr einwandfreies Arbeiten zu überprüfen.

[4]) Diese Bedingung ist im allgemeinen erfüllt, wenn die Prüfschränke des Deutschen Beton-Vereins sowie ein großer klimatisierter Behälter (Lagerungstruhe) oder Raum für die Lagerung der Probekörper (siehe DIN 1048 Teil 1) vorhanden sind.

5.2.2 Baustellen für Beton B II

5.2.2.1 Anwendungsbereich und Anforderungen an das Unternehmen

(1) Auf Baustellen für Beton B II darf Baustellen- und Transportbeton der Festigkeitsklassen B 35 und höher verwendet werden, der unter den in den Abschnitten 5.2.2.2 und 5.2.2.3 genannten Bedingungen hergestellt und verarbeitet wird.

(2) Das Unternehmen hat dafür zu sorgen, daß die Anforderungen der Abschnitte 5.2.2.2 bis 5.2.2.8 erfüllt werden, daß die Überwachung (Güteüberwachung) nach Abschnitt 8 (vergleiche DIN 1084 Teil 1) durchgeführt wird und daß die Voraussetzungen für die Fremdüberwachung erfüllt sind.

(3) Wird auf diesen Baustellen auch Beton der Festigkeitsklassen bis B 25 verwendet, so gelten hierfür die Bestimmungen für Beton B I.

5.2.2.2 Geräteausstattung für die Herstellung von Beton B II

Für die Herstellung von Baustellenbeton B II muß die Geräteausstattung nach Abschnitt 5.2.1.2 vorhanden sein, jedoch Mischmaschinen mit besonders guter Wirkung und bei ausnahmsweiser Zuteilung des Betonzuschlags nach Raumteilen selbsttätige Vorrichtungen nach Abschnitt 9.2.2 für das Abmessen der Zuschlagkorngruppen und des Zuschlaggemisches.

5.2.2.3 Geräteausstattung für die Verarbeitung von Beton B II

Für die Verarbeitung von Beton B II müssen die in Abschnitt 5.2.1.3 genannten Einrichtungen und Geräte vorhanden sein.

5.2.2.4 Geräteausstattung für die Prüfung von Beton B II

(1) Für die Überwachung (Güteüberwachung) (siehe Abschnitte 7 und 8) ist außer den in Abschnitt 5.2.1.4 geforderten Einrichtungen und Geräten eine ausreichende Ausrüstung während der erforderlichen Zeit vorzuhalten für die

a) Ermittlung der abschlämmbaren Bestandteile (siehe DIN 4226 Teil 3);

b) Bestimmung der Eigenfeuchte des Betonzuschlags;

c) Prüfung der Zusammensetzung des Frischbetons und der Rohdichte des verdichteten Frischbetons (siehe DIN 1048 Teil 1);

d) Bestimmung des Luftgehalts im Frischbeton bei Verwendung von luftporenbildenden Betonzusatzmitteln (z. B. nach dem Druckausgleichverfahren, siehe DIN 1048 Teil 1);

e) zerstörungsfreie Prüfung von Beton (siehe DIN 1048 Teil 2 und Teil 4);

f) Kontrolle der Meßanlagen (z. B. durch Prüfgewichte).

(2) Zur Überprüfung in Zweifelsfällen gelten c) bis e) auch für Baustellen, die Transportbeton B II verarbeiten.

5.2.2.5 Überprüfung der Geräte und Prüfeinrichtungen

Alle in den Abschnitten 5.2.2.2 bis 5.2.2.4 genannten Geräte und Einrichtungen sind auf der Baustelle vor Beginn des ersten Betonierens und dann in angemessenen Zeitabständen auf ihr einwandfreies Arbeiten zu überprüfen.

5.2.2.6 Ständige Betonprüfstelle für Beton B II (Betonprüfstelle E)[2])

(1) Das Unternehmen muß über eine ständige Betonprüfstelle verfügen, die mit allen Geräten und Einrichtungen ausgestattet ist, die für die Eignungs- und Güteprüfungen und die Überwachung von Beton B II notwendig sind. Die Prüfstelle muß so gelegen sein, daß eine enge Zusammenarbeit mit der Baustelle möglich ist. Bedient sich das Unternehmen einer nicht unternehmenseigenen Prüfstelle, so sind die Prüfungs- und Überwachungsaufgaben vertraglich der Prüfstelle zu übertragen. Diese Verträge sollen eine längere Laufzeit haben.

(2) Mit der Eigenüberwachung darf das Unternehmen keine Prüfstelle E beauftragen, die auch einen seiner Zulieferer überwacht.

(3) Die ständige Betonprüfstelle hat insbesondere folgende Aufgaben:

a) Durchführung der Eignungsprüfung des Betons;

b) Durchführung der Güte- und Erhärtungsprüfung, soweit sie nicht durch das Personal der Baustelle - gegebenenfalls in Verbindung mit einer Betonprüfstelle W - durchgeführt werden;

c) Überprüfung der Geräteausstattung der Baustellen nach den Abschnitten 5.2.2.2 bis 5.2.2.4 vor Beginn der Betonarbeiten, laufende Überprüfung und Beratung bei Herstellung, Verarbeitung und Nachbehandlung des Betons. Die Ergebnisse dieser Überprüfungen sind aufzuzeichnen;

d) Beurteilung und Auswertung der Ergebnisse der Baustellenprüfungen aller von der Betonprüfstelle betreuten Baustellen eines Unternehmens und Mitteilung der Ergebnisse an das Unternehmen und dessen Bauleiter;

e) Schulung des Baustellenfachpersonals.

[2]) Siehe auch „Merkblatt für Betonprüfstellen E“

5.2.2.7 Personal auf Baustellen mit Beton B II und in der ständigen Betonprüfstelle

(1) Das Unternehmen darf auf Baustellen mit Beton B II nur solche Führungskräfte (Bauleiter, Poliere usw.) einsetzen, die bereits an der Herstellung, Verarbeitung und Nachbehandlung von Beton mindestens der Festigkeitsklasse B 25 verantwortlich beteiligt gewesen sind.

(2) Die ständige Betonprüfstelle muß von einem in der Betontechnologie und Betonherstellung erfahrenen Fachmann (z. B. Betoningenieur) geleitet werden. Seine für diese Tätigkeit notwendigen erweiterten betontechnischen Kenntnisse sind durch eine Bescheinigung (Zeugnis, Prüfungsurkunde) einer hierfür anerkannten Stelle nachzuweisen.

(3) Das Unternehmen hat dafür zu sorgen, daß die Führungskräfte und das für die Betonherstellung maßgebende Fachpersonal (z. B. Mischmaschinenführer) der Baustelle und das Fachpersonal der ständigen Betonprüfstelle in Abständen von höchstens 3 Jahren über die Herstellung, Verarbeitung und Prüfung von Beton B II so unterrichtet und geschult werden, daß sie in der Lage sind, alle Maßnahmen für eine ordnungsgemäße Durchführung des Bauvorhabens einschließlich der Prüfungen und der Eigenüberwachung zu treffen.

(4) Das Unternehmen oder der Leiter der ständigen Betonprüfstelle hat die Schulung seiner Fachkräfte in Aufzeichnungen festzuhalten.

(5) Bei fremden Betonprüfstellen E hat deren Leiter für die Unterrichtung und Schulung seiner Fachkräfte zu sorgen.

(6) Eine fremde Betonprüfstelle E darf ein Unternehmen nur benutzen, wenn feststeht, daß diese Prüfstelle die vorgenannten Anforderungen und die des Abschnitts 5.2.2.6 erfüllt.

5.2.2.8 Verwertung der Aufzeichnungen

Die von der ständigen Betonprüfstelle mitgeteilten Prüfergebnisse und die Erfahrungen der Baustellen sind von dem Unternehmen für weitere Arbeiten auszuwerten.

5.3 Anforderungen an Betonfertigteilwerke (Betonwerke)

5.3.1 Allgemeine Anforderungen

Werke, deren Erzeugnisse als werkmäßig hergestellte Fertigteile aus Beton oder Stahlbeton gelten sollen, müssen den Anforderungen der Abschnitte 5.3.2 bis 5.3.4 genügen, auch wenn sie nur vorübergehend, z. B. auf einer Baustelle oder in ihrer Nähe, errichtet werden. In diesen Werken darf Beton aller Festigkeitsklassen hergestellt und verwendet werden.

5.3.2 Technischer Werkleiter

(1) Während der Arbeitszeit muß der technische Werkleiter oder sein fachkundiger Vertreter im Werk anwesend sein. Er hat sinngemäß die gleichen Aufgaben zu erfüllen, die (z. B. nach Abschnitt 4.1) dem Bauleiter des Unternehmens auf der Baustelle obliegen, soweit sie für die im Werk durchzuführenden Arbeiten in Betracht kommen.

(2) Der Werkleiter hat weiterhin dafür zu sorgen, daß

a) die Anforderungen der Abschnitte 5.3.3 und 5.3.4 erfüllt werden;

b) nur Bauteile das Werk verlassen, die ausreichend erhärtet und nach Abschnitt 19.6 gekennzeichnet sind und die keine Beschädigungen aufweisen, die das Tragverhalten beeinträchtigen;

c) die Lieferscheine (siehe Abschnitt 5.5) alle erforderlichen Angaben enthalten.

5.3.3 Ausstattung des Werkes

Die Ausstattung des Werkes muß den folgenden Bedingungen und sinngemäß den Anforderungen des Abschnitts 5.2.2 genügen:

a) Für die Herstellung müssen überdachte Flächen vorhanden sein, soweit nicht Formen verwendet werden, die den Beton vor ungünstiger Witterung schützen.

b) Soll auch bei Außentemperaturen unter + 5 °C gearbeitet werden, so müssen allseitig geschlossene Räume - auch für die Lagerung bis zum ausreichenden Erhärten der Fertigteile - vorhanden sein, die so geheizt werden, daß die Raumtemperatur dauernd mindestens + 5 °C beträgt.

c) Sollen Fertigteile im Freien nacherhärten, so müssen Vorrichtungen vorhanden sein, die sie gegen ungünstige Witterungseinflüsse schützen (siehe Abschnitte 10.3 und 11.2).

5.3.4 Aufzeichnungen

Im Betonwerk sind fortlaufend Aufzeichnungen sinngemäß nach Abschnitt 4.3, z. B. auf Vordrucken (Werktagebuch), zu machen. Wegen ihrer statistischen Auswertung siehe DIN 1084 Teil 2. Für die Vorlage und Aufbewahrung dieser Aufzeichnungen gilt Abschnitt 4.4 (1) sinngemäß.

5.4 Anforderungen an Transportbetonwerke

5.4.1 Allgemeine Anforderungen

Werke, die Transportbeton herstellen und zur Baustelle liefern oder an Abholer abgeben, müssen die Bestimmungen der Abschnitte 5.4.2 bis 5.4.6 erfüllen, auch wenn sie nur vorübergehend errichtet werden. In Transportbetonwerken darf Beton aller Festigkeitsklassen hergestellt werden. Abschnitt 5.4.6 gilt auch für den Abholer, falls der Beton vom Verbraucher oder einem Dritten vom Transportbetonwerk abgeholt wird.

5.4.2 Technischer Werkleiter und sonstiges Personal

(1) Für die Aufgaben und die Anwesenheit des technischen Werkleiters und seines fachkundigen Vertreters gilt Abschnitt 5.3.2 sinngemäß. Der technische Werkleiter hat ferner dafür zu sorgen, daß die Anforderungen der Abschnitte 5.4.3 bis 5.4.6 erfüllt werden.

(2) Für das mit der Herstellung von Beton B II betraute Fachpersonal gelten die Anforderungen des Abschnitts 5.2.2.7 (3) sinngemäß.

5.4.3 Ausstattung des Werkes

Für die Ausstattung des Werkes gelten die Anforderungen der Abschnitte 5.2.2.2, 5.2.2.4 bis 5.2.2.8 sinngemäß.

5.4.4 Betonsortenverzeichnis

In einem im Transportbetonwerk zur Einsichtnahme vorliegenden Verzeichnis müssen für jede zur Lieferung vorgesehene Betonsorte (unterschieden nach Festigkeitsklasse, Konsistenz und Betonzusammensetzung) die unter a) bis i) genannten Angaben enthalten sein, wobei alle Mengenangaben auf 1 m^3 des aus der Mischung entstehenden verdichteten Frischbetons - bei Betonzusatzmitteln auf seinen Zementgehalt - zu beziehen sind:

a) Eignung für unbewehrten Beton, für Stahlbeton oder für Beton für Außenbauteile (siehe auch die Abschnitte 6.5.1, 6.5.5.1, 6.5.6.1 und 6.5.6.3);

b) Festigkeitsklasse des Betons nach Abschnitt 6.5.1;

c) Konsistenz des Frischbetons;

d) Art, Festigkeitsklasse und Menge des Bindemittels;

e) Wassergehalt w und der w/z-Wert;

f) Art, Menge, Sieblinienbereich und Größtkorn des Betonzuschlags sowie gegebenenfalls erhöhte oder verminderte Anforderungen nach DIN 4226 Teil 1 und Teil 2;

g) gegebenenfalls Art und Menge des zugesetzten Mehlkorns;

h) gegebenenfalls Art und Menge der Betonzusätze;

i) Festigkeitsentwicklung des Betons für Außenbauteile (siehe Abschnitt 2.1.1) nach Tafel 2 der „Richtlinie zur Nachbehandlung von Beton".

5.4.5 Aufzeichnungen

(1) Im Transportbetonwerk sind für jede Lieferung Aufzeichnungen, z. B. auf Vordrucken (Werktagebuch), zu machen. Für ihren Inhalt gilt Abschnitt 4.3, soweit er die Herstellung und Prüfung des Betons regelt. Wegen ihrer statistischen Auswertung siehe DIN 1084 Teil 3.

(2) Für Vorlage und Aufbewahrung dieser Aufzeichnungen gilt Abschnitt 4.4 (1) sinngemäß.

5.4.6 Fahrzeuge für Mischen und Transport des Betons

(1) Mischfahrzeuge müssen für alle vorgesehenen Betonsorten (Festigkeitsklasse, Konsistenz und gegebenenfalls Zusammensetzung des Betons) die Herstellung und die Übergabe eines gleichmäßig und gut durchmischten Betons ermöglichen. Sie müssen mit Wassermeßvorrichtungen (Abweichungen der abgegebenen Wassermenge nur vom angezeigten Wert bis 3 % zulässig) ausgestattet sein. Mischfahrzeuge dürfen zur Herstellung von Beton B II nur verwendet werden, wenn der Füllungsgrad der Mischtrommel 65 % nicht überschreitet und die technische Ausrüstung der Mischer - insbesondere der Zustand der Mischwerkzeuge - so ist, daß auch bei erschwerten Bedingungen die Übergabe eines gleichmäßig durchmischten Betons sichergestellt werden kann.

(2) Fahrzeuge für den Transport von werkgemischtem Beton müssen so beschaffen sein, daß beim Entleeren auf der Baustelle stets ein gleichmäßig durchmischter Beton übergeben werden kann. Fahrzeuge für den Transport von werkgemischtem Beton der Konsistenzbereiche KP, KR und KF müssen entweder während der Fahrt die ständige Bewegung des Frischbetons durch ein Rührwerk (Fahrzeug mit Rührwerk oder Mischfahrzeug) oder das nochmalige Durchmischen vor Übergabe des Betons auf der Baustelle (Mischfahrzeug) ermöglichen.

(3) Beton der Konsistenz KS darf auch in Fahrzeugen ohne Rührwerk (siehe Abschnitt 9.4.3) angeliefert werden. Die Behälter dieser Fahrzeuge müssen innen glatt und so ausgestattet sein, daß sie eine ausreichend langsame und gleichmäßige Entleerung ermöglichen.

(4) Die Misch- und Rührgeschwindigkeit von Mischfahrzeugen muß einstellbar sein. Die Rührgeschwindigkeit soll etwa die Hälfte der Mischgeschwindigkeit betragen, und zwar soll sie beim Mischen im allgemeinen zwischen 4 und 12, beim Rühren zwischen 2 und 6 Umdrehungen je Minute liegen.

(5) Art, Fassungsvermögen und polizeiliches Kennzeichen der Transportbetonfahrzeuge sind in einem besonderen Verzeichnis numeriert aufzuführen. Dieses Verzeichnis ist spätestens mit der ersten Lieferung dem Bauleiter des Unternehmens zu übergeben.

(6) Auf die Vorlage des Verzeichnisses kann verzichtet werden, wenn das Fahrzeug mit einer gültigen, sichtbar am Fahrzeug angebrachten Transportbeton-Fahrzeug-Bescheinigung ausgestattet ist (siehe „Merkblatt für die Ausstellung von Transportbeton-Fahrzeug-Bescheinigungen").

5.5 Lieferscheine

5.5.1 Allgemeine Anforderungen

(1) Jeder Lieferung von Stahlbetonfertigteilen, von Zwischenbauteilen aus Beton und gebranntem Ton und von Transportbeton ist ein numerierter Lieferschein beizugeben. Er muß die in den Abschnitten 5.5.2 und 5.5.3 genannten Angaben enthalten, soweit sie nicht aus anderen, dem Abnehmer zu übergebenden Unterlagen, z. B. einer allgemeinen bauaufsichtlichen Zulassung, zu entnehmen sind. Wegen der Lieferscheine für Zement - namentlich auch wegen des am Silo zu befestigenden Scheines - siehe DIN 1164 Teil 1, für Betonzuschlag DIN 4226 Teil 1 und Teil 2, für Betonstahl DIN 488 Teil 1, für Betonzusatzmittel „Richtlinien für die Zuteilung von Prüfzeichen für Betonzusatzmittel", für Zwischenbauteile aus Beton DIN 4158, für solche aus gebranntem Ton DIN 4159 und DIN 4160 sowie für Betongläser DIN 4243.

(2) Jeder Lieferschein muß folgende Angaben enthalten:

a) Herstellwerk, gegebenenfalls mit Angabe der fremdüberwachenden Stelle oder des Überwachungszeichens oder des Gütezeichens;

b) Tag der Lieferung;

c) Empfänger der Lieferung.

(3) Jeder Lieferschein ist von je einem Beauftragten des Herstellers und des Abnehmers zu unterschreiben. Je eine Ausfertigung ist im Werk und auf

der Baustelle aufzubewahren und zu den Aufzeichnungen nach Abschnitt 4.3 zu nehmen.

(4) Bei losem Zement ist das nach DIN 1164 Teil 1 vom Zementwerk mitzuliefernde farbige, verwitterungsfeste Blatt sichtbar am Zementsilo anzuheften.

5.5.2 Stahlbetonfertigteile

Bei Stahlbetonfertigteilen sind neben den im Abschnitt 5.5.1 geforderten Angaben noch folgende erforderlich:

a) Festigkeitsklasse des Betons;

b) Betonstahlsorte;

c) Positionsnummern nach Abschnitt 3.2.2;

d) Betondeckung nom *c* nach Abschnitt 13.2.

5.5.3 Transportbeton

(1) Bei Transportbeton sind über Abschnitt 5.5.1 hinaus folgende Angaben erforderlich:

a) Menge, Festigkeitsklasse und Konsistenz des Betons; Eignung für unbewehrten Beton oder für Stahlbeton; Eignung für Außenbauteile (siehe Abschnitt 2.1.1) einschließlich Festigkeitsentwicklung des Betons nach Tafel 2 der „Richtlinie zur Nachbehandlung von Beton"; Nummer der Betonsorte nach dem Verzeichnis nach Abschnitt 5.4.4, soweit erforderlich auch besondere Eigenschaften des Betons nach Abschnitt 6.5.7;

b) Uhrzeit der Be- und Entladung sowie Nummer des Fahrzeugs nach dem Verzeichnis nach Abschnitt 5.4.6;

c) Im Falle des Abschnitts 7.4.3.5.1 (4) Hinweis, daß eine fremdüberwachte statistische Qualitätskontrolle durchgeführt wird.

d) Verarbeitbarkeitszeit bei Zugabe von verzögernden Betonzusatzmitteln (siehe „Vorläufige Richtlinie für Beton mit verlängerter Verarbeitbarkeitszeit (Verzögerter Beton); Eignungsprüfung, Herstellung, Verarbeitung und Nachbehandlung");

e) Ort und Zeitpunkt der Zugabe von Fließmitteln (siehe „Richtlinie für Beton mit Fließmittel und für Fließbeton; Herstellung, Verarbeitung und Prüfung").

(2) Darüber hinaus ist für Beton B I mindestens bei der ersten Lieferung und für Beton B II stets das Betonsortenverzeichnis entweder vollständig oder ein entsprechender Auszug daraus mit dem Lieferschein zu übergeben.

6 Baustoffe

6.1 Bindemittel

6.1.1 Zement

Für unbewehrten Beton und für Stahlbeton muß Zement nach den Normen der Reihe DIN 1164 verwendet werden.

6.1.2 Liefern und Lagern der Bindemittel

Bindemittel sind beim Befördern und Lagern vor Feuchtigkeit zu schützen. Behälterfahrzeuge und Silos für Bindemittel dürfen keine Reste von Bindemitteln oder Zement anderer Art oder niedrigerer Festigkeitsklasse oder von anderen Stoffen enthalten; in Zweifelsfällen ist dies vor dem Füllen sorgfältig zu prüfen.

6.2 Betonzuschlag

6.2.1 Allgemeine Anforderungen

Es ist Betonzuschlag nach DIN 4226 Teil 1 zu verwenden. Das Zuschlaggemisch soll möglichst grobkörnig und hohlraumarm sein (siehe Abschnitt 6.2.2). Das Größtkorn ist so zu wählen, wie Mischen, Fördern, Einbringen und Verarbeiten des Betons dies zulassen; seine Nenngröße darf $^1/_3$ der kleinsten Bauteilmaße nicht überschreiten. Bei engliegender Bewehrung oder geringer Betondeckung soll der überwiegende Teil des Betonzuschlags kleiner als der Abstand der Bewehrungsstäbe untereinander und von der Schalung sein.

6.2.2 Kornzusammensetzung des Betonzuschlags

(1) Die Kornzusammensetzung des Betonzuschlags wird durch Sieblinien (siehe Bilder 1 bis 4) und – wenn nötig – durch einen darauf bezogenen Kennwert für die Kornverteilung oder den Wasseranspruch[5][6]) gekennzeichnet. Bei Betonzuschlag,

[5]) Zum Beispiel F-Wert, Körnungsziffer, Feinheitsziffer, Feinheitsmodul, Sieblinienflächen, Wasseranspruchszahlen.

[6]) Zur Ermittlung der Kennwerte für die Kornverteilung oder den Wasseranspruch ist der Siebdurchgang für 0,125 mm auszulassen. Als Kornanteil bis 0,5 mm ist im allgemeinen der tatsächlich vorhandene Kornanteil zu berücksichtigen. Lediglich bei Vergleich der Kennwerte mit denen der Sieblinien nach den Bildern 1 bis 4 ist in beiden Fällen der sich bei geradliniger Verbindung zwischen dem 0,25- und dem 1-mm-Prüfsieb bei 0,5 mm ergebende Kornanteil einzusetzen; für die Sieblinien nach den Bildern 1 bis 4 sind dies die Klammerwerte.

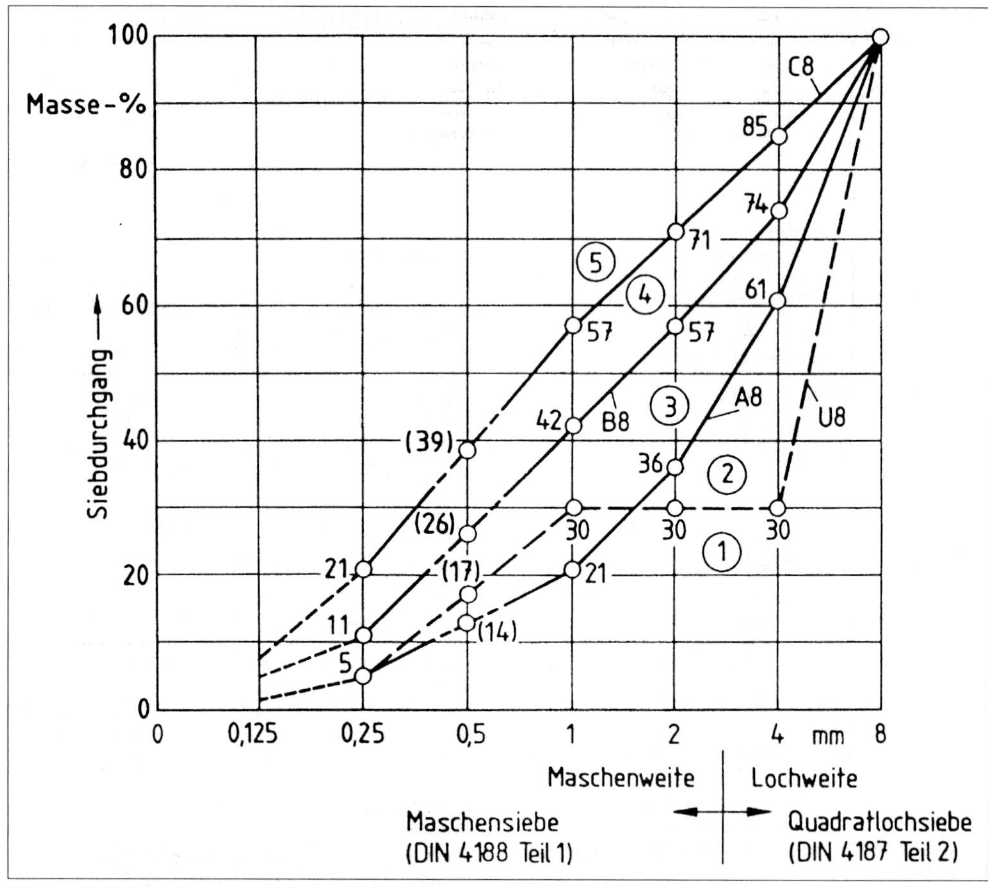

Bild 1. Sieblinien mit einem Größtkorn von 8 mm

der aus Korngruppen mit wesentlich verschiedener Kornrohdichte zusammengesetzt wird, sind die Sieblinien nicht auf Massenanteile des Betonzuschlags, sondern auf Stoffraumanteile[7]) zu beziehen.

(2) Die Zusammensetzung einzelner Korngruppen und des Betonzuschlags wird durch Siebversuche nach DIN 4226 Teil 3 mit Prüfsieben nach DIN 4188 Teil 1 oder DIN 4187 Teil 2 ermittelt[8]). Die Sieblinien können stetig oder unstetig sein.

6.2.3 Liefern und Lagern des Betonzuschlags

Der Betonzuschlag darf während des Transports und bei der Lagerung nicht durch andere Stoffe verunreinigt werden. Getrennt anzuliefernde Korngruppen (siehe Abschnitte 6.5.5.2 und 6.5.6.2) sind so zu lagern, daß sie sich an keiner Stelle vermischen. Werkgemischter Betonzuschlag (siehe Abschnitt 6.5.5.2 und DIN 4226 Teil 1) ist so zu entladen und zu lagern, daß er sich nicht entmischt.

[7]) Die Stoffraumanteile sind die durch die Kornrohdichte geteilten Massenanteile. An der Ordinatenachse der Siebliniendarstellung ist dann statt „Siebdurchgang in Masse-%" anzuschreiben „Siebdurchgang in Stoffraum-%".

[8]) Die Grenzkorngröße 32 mm wird mit einem Prüfsieb mit Quadratlochung (im folgenden Text kurz Quadratlochsiebe genannt) und einer Lochweite von 31,5 mm nach DIN 4187 Teil 2 geprüft.

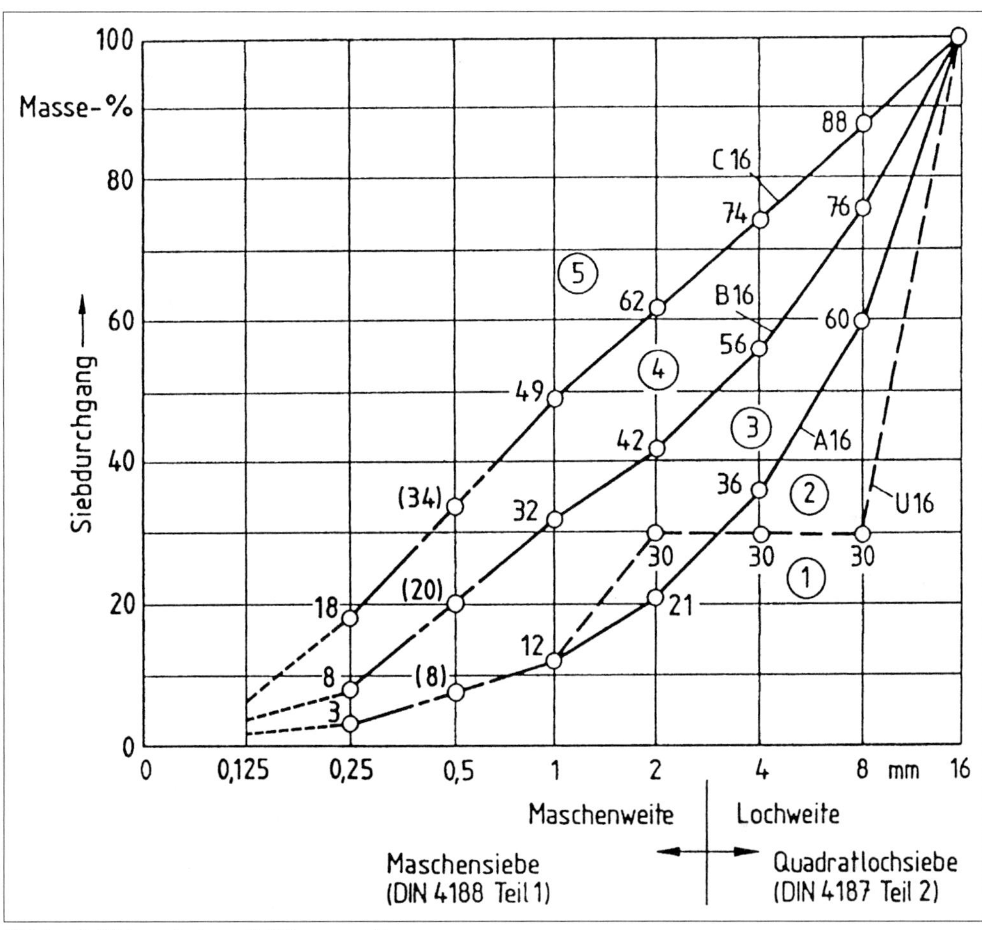

Bild 2. Sieblinien mit einem Größtkorn von 16 mm

6.3 Betonzusätze

6.3.1 Betonzusatzmittel

(1) Für Beton und Zementmörtel - auch zum Einsetzen von Verankerungen - dürfen nur Betonzusatzmittel (siehe Abschnitt 2.1.3.5) mit gültigem Prüfzeichen und nur unter den im Prüfbescheid angegebenen Bedingungen verwendet werden[9].

(2) Chloride, chloridhaltige oder andere, die Stahlkorrosion fördernde Stoffe dürfen Stahlbeton, Beton und Mörtel, der mit Stahlbeton in Berührung kommt, nicht zugesetzt werden.

(3) Betonzusatzmittel werden verwendet, um bestimmte Eigenschaften des Betons günstig zu beeinflussen. Da sie jedoch zugleich andere wichtige Eigenschaften ungünstig verändern können, ist eine Eignungsprüfung für den damit herzustellenden Beton Voraussetzung für ihre Anwendung (siehe Abschnitt 7.4.2).

6.3.2 Betonzusatzstoffe

(1) Dem Beton dürfen Betonzusatzstoffe nach Abschnitt 2.1.3.6 zugegeben werden, wenn sie das Erhärten des Zements, die Festigkeit und Dauerhaftigkeit des Betons sowie den Korrosionsschutz der Bewehrung nicht beeinträchtigen.

(2) Betonzusatzstoffe, die nicht DIN 4226 Teil 1 für natürliches Gesteinsmehl oder DIN 51043 für Traß

[9] Prüfzeichen erteilt das Institut für Bautechnik (IfBt), Berlin.

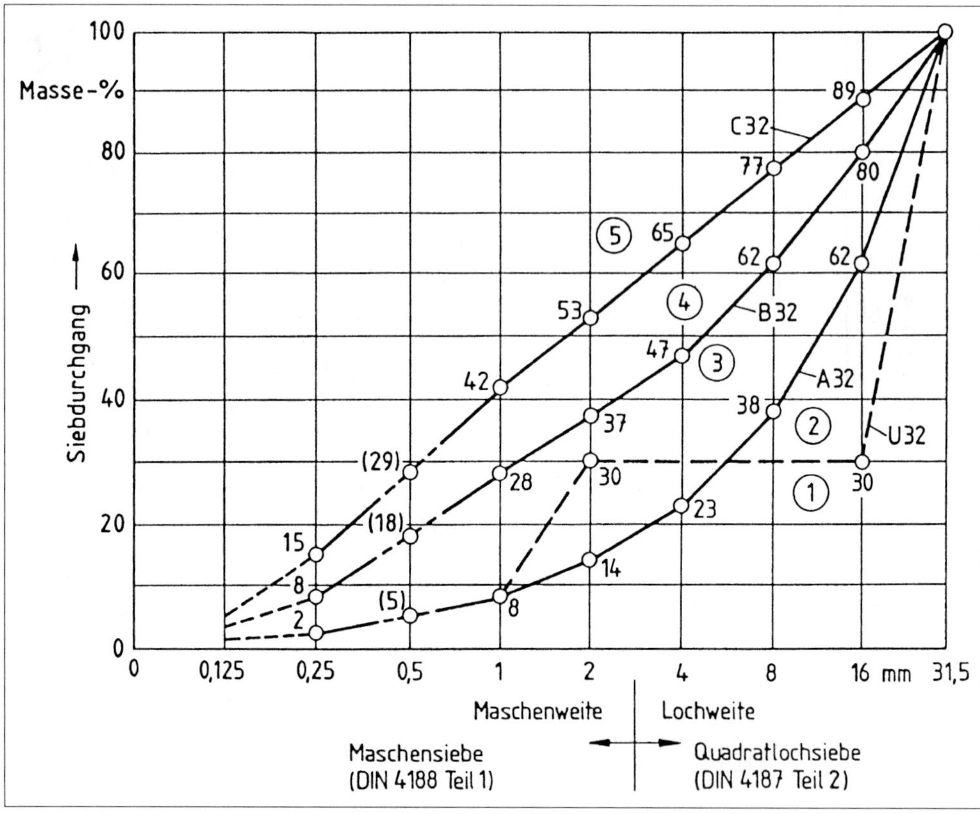

Bild 3. Sieblinien mit einem Größtkorn von 32 mm

entsprechen, dürfen nur verwendet werden, wenn für sie ein Prüfzeichen erteilt ist[9]). Farbpigmente nach DIN 53 237 dürfen nur verwendet werden, wenn der Nachweis der ordnungsgemäßen Überwachung der Herstellung und Verarbeitung des Betons erbracht ist.

(3) Ein latenthydraulischer oder puzzolanischer Betonzusatzstoff darf bei Festlegung des Mindestzementgehaltes und gegebenenfalls des höchstzulässigen Wasserzementwertes nur berücksichtigt werden, soweit dies besonders geregelt ist, z. B. durch Prüfbescheid oder Richtlinien. Wegen Eignungsprüfungen siehe Abschnitt 7.4.2.1.

(4) Für Liefern und Lagern gilt Abschnitt 6.1.2 sinngemäß.

6.4 Zugabewasser

Als Zugabewasser ist das in der Natur vorkommende Wasser geeignet, soweit es nicht Bestandteile enthält, die das Erhärten oder andere Eigenschaften des Betons ungünstig beeinflussen oder den Korrosionsschutz der Bewehrung beeinträchtigen, z. B. gewisse Industrieabwässer. Im Zweifelsfall ist eine Untersuchung über die Eignung des Wassers zur Betonherstellung nötig.

6.5 Beton

6.5.1 Festigkeitsklassen des Betons und ihre Anwendung

(1) Der Beton wird nach seiner bei der Güteprüfung im Alter von 28 Tagen an Würfeln mit 200 mm Kantenlänge ermittelten Druckfestigkeit in Festigkeitsklassen B 5 bis B 55 eingeteilt (siehe Tabelle 1).

(2) Je drei aufeinanderfolgend hergestellte Würfel bilden eine Serie. Die drei Würfel einer Serie müssen aus drei verschiedenen Mischerfüllungen stammen, bei Transportbeton – soweit möglich – aus verschiedenen Lieferungen derselben Betonsorte.

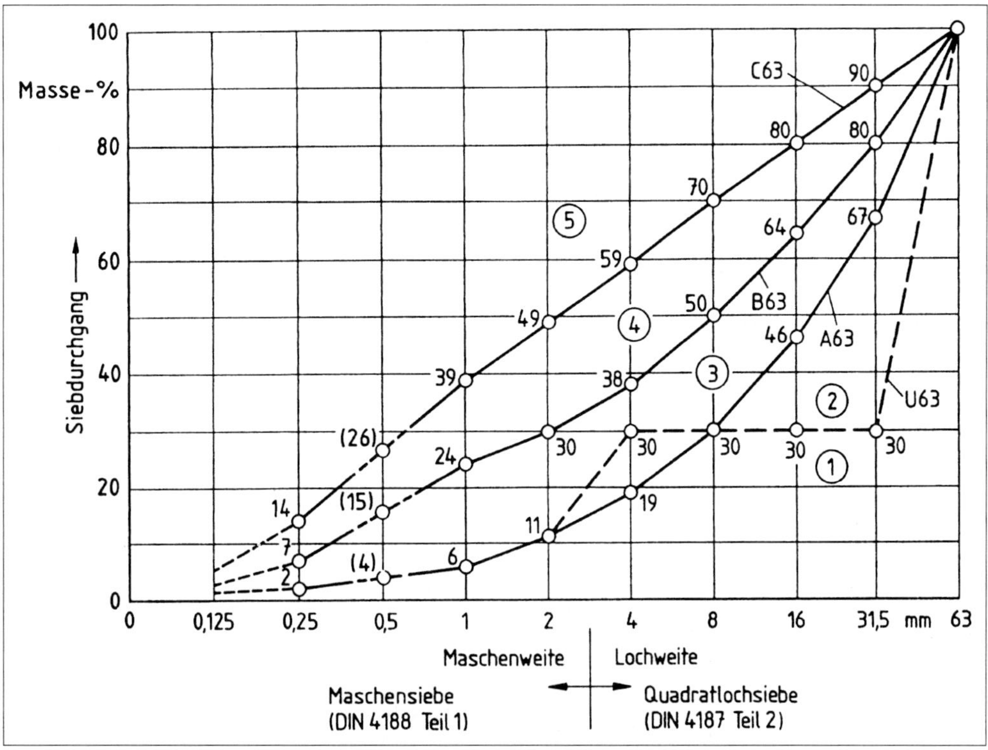

Bild 4. Sieblinien mit einem Größtkorn von 63 mm

Tabelle 1. Festigkeitsklassen des Betons und ihre Anwendung

	1	2	3	4	5	6
	Betongruppe	Festigkeitsklasse des Betons	Nennfestigkeit[10] β_{WN} (Mindestwert für die Druckfestigkeit β_{W28} jedes Würfels nach Abschnitt 7.4.3.5.2) N/mm^2	Serienfestigkeit β_{WS} (Mindestwert für die mittlere Druckfestigkeit β_{Wm} jeder Würfelserie) N/mm^2	Zusammensetzung nach	Anwendung
1	Beton B I	B 5	5	8	Abschnitt 6.5.5	Nur für unbewehrten Beton
2		B 10	10	15		
3		B 15	15	20		Für bewehrten und unbewehrten Beton
4		B 25	25	30		
5	Beton B II	B 35	35	40	Abschnitt 6.5.6	
6		B 45	45	50		
7		B 55	55	60		

10) Der Nennfestigkeit liegt das 5%-Quantil der Grundgesamtheit zugrunde.

I

(3) Eine bestimmte Würfeldruckfestigkeit kann auch für einen früheren Zeitpunkt als nach 28 Tagen entsprechend der vorgesehenen Beanspruchung erforderlich sein, z. B. für den Transport von Fertigteilen. Sie darf auch für einen späteren Zeitpunkt vereinbart werden, wenn dies z. B. durch die Verwendung von langsam erhärtendem Zement in besonderen Fällen zweckmäßig und mit Rücksicht auf die Beanspruchung zulässig ist.

(4) Beton B 55 ist vor allem der werkmäßigen Herstellung von Fertigteilen in Betonwerken vorbehalten.

(5) Ortbeton, der in Verbindung mit Stahlbetonfertigteilen als mittragend gerechnet wird, muß mindestens der Festigkeitsklasse B 15 entsprechen.

(6) Beton für Außenbauteile (siehe Abschnitt 2.1.1) muß mindestens der Festigkeitsklasse B 25 entsprechen[11]).

6.5.2 Allgemeine Bedingungen für die Herstellung des Betons

(1) Für die Zusammensetzung, Herstellung und Verarbeitung von Beton der Festigkeitsklassen B 5 bis B 25 (Beton B I) sind die Bedingungen des Abschnitts 6.5.5 zu beachten, sofern nicht Abschnitt 6.5.7 gilt. Die für eine bestimmte Festigkeitsklasse erforderliche Zusammensetzung muß entweder nach Tabelle 4 mit den dazugehörigen Bestimmungen oder auf Grund einer vorherigen Eignungsprüfung nach Abschnitt 7.4.2 festgelegt werden.

(2) Für die Zusammensetzung, Herstellung und Verarbeitung von Beton der Festigkeitsklassen B 35 und höher (Beton B II) sind die Bedingungen des Abschnitts 6.5.6 zu beachten. Die für eine bestimmte Festigkeitsklasse erforderliche Betonzusammensetzung ist stets auf Grund einer Eignungsprüfung nach Abschnitt 7.4.2 festzulegen. Wegen der besonderen Anforderungen an die Herstellung, Baustelleneinrichtung und -besetzung und an die Überwachung (Güteüberwachung) siehe die Abschnitte 5.2.2, 6.5.6, 7.4 und 8. Für Beton mit besonderen Eigenschaften siehe außerdem Abschnitt 6.5.7.

(3) Wegen des Mindestzementgehalts und des Wasserzementwertes siehe die Abschnitte 6.5.5.1, 6.5.6.1 und 6.5.6.3.

(4) Bei Beton B I und B II, der für Außenbauteile (siehe Abschnitt 2.1.1) verwendet wird, ist der Betonzusammensetzung ein Wasserzementwert $w/z \leq 0{,}60$ zugrunde zu legen [12]).

(5) Bei Verwendung alkaliempfindlichen Betonzuschlags ist die „Richtlinie Alkalireaktion im Beton; Vorbeugende Maßnahmen gegen schädigende Alkalireaktion im Beton" zu beachten.

(6) Unabhängig von der Einhaltung der Bestimmungen der Abschnitte 6.5.5. bis 6.5.7 bleibt in allen Fällen maßgebend, daß der erhärtete Beton die geforderten Eigenschaften aufweist.

(7) Beton, der durch Zugabe verzögernder Betonzusatzmittel gegenüber dem zugehörigen Beton ohne Betonzusatzmittel eine um mindestens drei Stunden verlängerte Verarbeitbarkeitszeit aufweist (verzögerter Beton), ist als Beton B II entsprechend der „Vorläufigen Richtlinie für Beton mit verlängerter Verarbeitbarkeitszeit (Verzögerter Beton); Eignungsprüfung, Herstellung, Verarbeitung und Nachbehandlung" zusammenzusetzen, herzustellen und einzubauen.

(8) Fließbeton und Beton mit Fließmittel sind entsprechend der „Richtlinie für Beton mit Fließmittel und für Fließbeton; Herstellung, Verarbeitung und Prüfung" herzustellen und einzubauen.

(9) Wird ein Betonzusatzmittel zugegeben, ist die Zugabemenge auf 50 ml/kg bzw. 50 g/kg der Zementmenge begrenzt. Bei Anwendung mehrerer Betonzusatzmittel darf die insgesamt zugegebene Menge 60 ml/kg bzw. 60 g/kg Zement nicht überschreiten. Hierbei dürfen, außer bei Fließmitteln, nicht mehrere Betonzusatzmittel derselben Wirkungsgruppe angewendet werden. Für die Herstellung eines Betons mit mehreren Betonzusatzmitteln muß der Hersteller über eine Betonprüfstelle E (siehe Abschnitt 2.3.1) verfügen.

(10) Bei Anwendung von Betonzusatzmitteln soll eine Mindestzugabemenge von 2 ml/kg bzw. 2 g/kg Zement nicht unterschritten werden. Flüssige Betonzusatzmittel sind dem Wassergehalt bei der Bestimmung des Wasserzementwertes zuzurechnen, wenn ihre gesamte Zugabemenge 2,5 l/m^3 verdichteten Betons oder mehr beträgt.

6.5.3 Konsistenz des Betons

(1) Beim Frischbeton werden vier Konsistenzbereiche unterschieden (siehe Tabelle 2). Beton mit der fließfähigen Konsistenz KF darf nur als Fließbeton entsprechend der „Richtlinie für Beton mit Fließmittel und für Fließbeton; Herstellung, Verarbeitung und Prüfung unter Zugabe eines Fließmittels (FM) verwendet werden.

[11]) Die zusätzlichen Anforderungen der Abschnitte 6.5.2 (4) und 6.5.5.1 (3) oder 6.5.6.1 (2) bedingen in der Regel eine Nennfestigkeit $\beta_{WN} \geq 32$ N/mm^2.

[12]) Diese Anforderung, zusammen mit jenen der Abschnitte 6.5.5.1 (3) oder 6.5.6.1 (2), ist in der Regel erfüllt, wenn der Beton eine Nennfestigkeit $\beta_{WN} \geq 32$ N/mm^2 aufweist.

Tabelle 2. Konsistenzbereiche des Frischbetons

	1	2	3	4
	Konsistenzbereiche Bedeutung	Kurzzeichen	Ausbreitmaß a cm	Verdichtungsmaß v
1	steif	KS	-	$\geq$ 1,20
2	plastisch	KP	35 bis 41	1,19 bis 1,08[13])
3	weich	KR	42 bis 48	1,07 bis 1,02[13])
4	fließfähig	KF	49 bis 60	-

[13]) Das Verdichtungsmaß empfiehlt sich vor allem für Betone nach Absatz (3).

(2) Im Übergangsbereich zwischen steifem und plastischem Beton kann im Einzelfall je nach Zusammenhaltevermögen des Frischbetons die Anwendung des Verdichtungsmaßes oder des Ausbreitmaßes zweckmäßiger sein.

(3) In den Konsistenzbereichen KP und KR kann bei Verwendung von Splittbeton, sehr mehlkornreichem Beton, Leicht- oder Schwerbeton das Verdichtungsmaß zweckmäßiger sein.

(4) In den beiden vorgenannten Fällen sind Vereinbarungen über das anzuwendende Prüfverfahren und die einzuhaltenden Konsistenzmaße zu treffen. Sinngemäß gilt dies auch für andere, in DIN 1048 Teil 1 aufgeführte Konsistenzprüfverfahren.

(5) Die Verarbeitbarkeit des Frischbetons muß den baupraktischen Gegebenheiten angepaßt sein. Für Ortbeton der Gruppe B I ist vorzugsweise weicher Beton KR (Regelkonsistenz) oder fließfähiger Beton KF zu verwenden.

6.5.4 Mehlkorngehalt sowie Mehlkorn- und Feinstsandgehalt

(1) Der Beton muß eine bestimmte Menge an Mehlkorn enthalten, damit er gut verarbeitbar ist und ein geschlossenes Gefüge erhält. Der Mehlkorngehalt setzt sich zusammen aus dem Zement, dem im Betonzuschlag enthaltenen Kornanteil 0 bis 0,125 mm und gegebenenfalls dem Betonzusatzstoff. Ein ausreichender Mehlkorngehalt ist besonders wichtig bei Beton, der über längere Strecken oder in Rohrleitungen gefördert wird, bei Beton für dünnwandige, eng bewehrte Bauteile und bei wasserundurchlässigem Beton (siehe Abschnitt 6.5.7.2).

(2) Bei Beton für Außenbauteile (siehe Abschnitt 2.1.1) und bei Beton mit besonderen Eigenschaften nach den Abschnitten 6.5.7.3, 6.5.7.4 und 6.5.7.6 sind der Mehlkorngehalt sowie der Mehlkorn- und Feinstsandgehalt nach Tabelle 3 zu begrenzen.

Tabelle 3. Höchstzulässiger Mehlkorngehalt sowie höchstzulässiger Mehlkorn- und Feinstsandgehalt für Beton mit einem Größtkorn des Zuschlaggemisches von 16 mm bis 63 mm

	1	2	3
	Zementgehalt kg/m³	Höchstzulässiger Gehalt in kg/m³ an Mehlkorn bei einer Prüfkorngröße von 0,125 mm	Mehlkorn und Feinstsand 0,250 mm
1	$\leq$ 300	350	450
2	350	400	500

(3) Bei Zementgehalten zwischen 300 kg/m³ und 350 kg/m³ ist zwischen den Werten der Tabelle 3 linear zu interpolieren.

(4) Die Werte der Tabelle 3, Spalten 2 und 3, dürfen erhöht werden, wenn

a) der Zementgehalt 350 kg/m³ übersteigt, um den über 350 kg/m³ hinausgehenden Zementgehalt, jedoch höchstens um 50 kg/m³;

b) ein puzzolanischer Betonzusatzstoff (z. B. Traß, Steinkohlenflugasche) verwendet wird, um den Gehalt an puzzolanischem Betonzusatzstoff, jedoch höchstens um 50 kg/m³;

c) das Größtkorn des Betonzuschlaggemisches 8 mm beträgt, um 50 kg/m³.

(5) Die unter a) und b) genannten Möglichkeiten dürfen insgesamt nur zu einer Erhöhung von 50 kg/m³ führen.

I

6.5.5 Zusammensetzung von Beton B I

6.5.5.1 Zementgehalt

(1) Der Beton muß so viel Zement enthalten, daß die geforderte Druckfestigkeit und bei bewehrtem Beton ein ausreichender Schutz der Stahleinlagen vor Korrosion erreicht werden.

(2) Wird der Zementgehalt auf Grund einer Eignungsprüfung nach Abschnitt 7.4.2.1 a) festgelegt, so muß er je m^3 verdichteten Betons mindestens betragen

a) bei unbewehrtem Beton 100 kg;

b) bei Stahlbeton mit Rücksicht auf den Korrosionsschutz der Stahleinlagen
   - 240 kg bei Zement der Festigkeitsklasse Z 35 und höher;
   - 280 kg bei Zement der Festigkeitsklasse Z 25.

(3) Bei Beton für Außenbauteile (siehe Abschnitt 2.1.1) muß der Zementgehalt mindestens 300 kg/m^3 verdichteten Betons betragen; er darf auf 270 kg/m^3 ermäßigt werden, wenn Zement der Festigkeitsklassen Z 45 oder Z 55 verwendet wird.

(4) Eine Eignungsprüfung ist bei Beton ohne Betonzusätze nicht erforderlich, wenn die Betonzusammensetzung mindestens den Bedingungen der Tabelle 4 und den folgenden Angaben entspricht.

(5) Der Zementgehalt nach Tabelle 4 muß vergrößert werden um

- 15 % bei Zement der Festigkeitsklasse Z 25;
- 10 % bei einem Größtkorn des Betonzuschlags von16 mm;
- 20 % bei einem Größtkorn des Betonzuschlags von 8 mm.

(6) Der Zementgehalt nach Tabelle 4, Zeilen 1 bis 8, darf verringert werden um höchstens 10 % bei Zement der Festigkeitsklasse Z 45 und höchstens 10 % bei einem Größtkorn des Betonzuschlags von 63 mm.

(7) Die Vergrößerungen des Zementgehalts müssen, die Verringerungen dürfen zusammengezählt werden; jedoch darf bei Stahlbeton der im Absatz (2) angegebene Zementgehalt nicht unterschritten werden.

6.5.5.2 Betonzuschlag

(1) Bei einer Betonzusammensetzung nach Tabelle 4 und den zusätzlichen Angaben in Abschnitt 6.5.5.1 muß die Sieblinie des Betonzuschlags stetig sein und den Sieblinienbereichen der Tabelle 4, Spalte 2, entsprechen.

(2) Wird die Betonzusammensetzung aufgrund einer Eignungsprüfung festgelegt, so muß die dabei verwendete Kornzusammensetzung des Betonzuschlags bei der Herstellung dieses Betons eingehalten werden (siehe Abschnitt 7.3). Außer stetigen Sieblinien dürfen dann auch Ausfallkörnungen verwendet werden.

(3) Betonzuschlag, der hinsichtlich bestimmter Eigenschaften nur verminderte Anforderungen erfüllt, darf unter Bedingungen nach DIN 4226 Teil 1/04.83, Abschnitt 7.1.3, verwendet werden, wenn die Eignung des Betonzuschlags für die Anwendung nachgewiesen ist.

(4) Ungetrennter Betonzuschlag aus Gruben oder Baggereien darf nur für Beton der Festigkeitsklassen B 5 und B 10 verwendet werden, sofern er den Anforderungen von DIN 4226 Teil 1 und seine Kornzusammensetzung den Anforderungen dieser Norm entsprechen.

(5) Für Beton der Festigkeitsklassen B 15 und B 25 muß der Betonzuschlag wenigstens nach zwei Korngruppen, von denen eine im Bereich 0 bis 4 mm liegt, getrennt angeliefert und getrennt gelagert werden. Sie sind an der Mischmaschine derart zuzugeben, daß die geforderte Kornzusammensetzung des Gemisches entsteht. An Stelle getrennter Korngruppen darf bei Korngemischen mit einem Größtkorn bis 32 mm auch werkgemischter Beton-

Tabelle 4. Mindestzementgehalt für Beton B I bei Betonzuschlag mit einem Größtkorn von 32 mm und Zement der Festigkeitsklasse Z 35 nach DIN 1164 Teil 1

	1	2	3	4	5
	Festigkeitsklasse des Betons	Sieblinienbereich des Betonzuschlags[14])	Mindestzementgehalt in kg je m^3 verdichteten Betons für Konsistenzbereich KS[15])	KP	KR
1	B 5[15])	③	140	160	-
2		④	160	180	-
3	B 10[15])	③	190	210	230
4		④	210	230	260
5	B 15	③	240	270	300
6		④	270	300	330
7	B 25 allgemein	③	280	310	340
8		④	310	340	380
9	B 25 für Außenbauteile	③	300	320	350
10		④	320	350	380

[14]) Siehe Bild 3
[15]) Nur für unbewehrten Beton

zuschlag nach DIN 4226 Teil 1 verwendet werden, wenn seine Kornzusammensetzung den Bedingungen des Abschnitts 6.2 entspricht.

6.5.6 Zusammensetzung von Beton B II

6.5.6.1 Zementgehalt

(1) Der erforderliche Zementgehalt ist aufgrund der Eignungsprüfung festzulegen. Er muß jedoch bei Stahlbeton mit Rücksicht auf den Korrosionsschutz der Stahleinlagen je m^3 verdichteten Betons mindestens betragen

- 240 kg bei Zement der Festigkeitsklasse Z 35 und höher;
- 280 kg bei Zement der Festigkeitsklasse Z 25.

(2) Der Zementgehalt bei Beton für Außenbauteile (siehe Abschnitt 2.1.1) muß mindestens 270 kg/m^3 verdichteten Betons betragen.

6.5.6.2 Betonzuschlag

(1) Der Betonzuschlag, seine Aufteilung nach Korngruppen und seine Kornzusammensetzung müssen bei der Herstellung des Betons der Eignungsprüfung entsprechen.

(2) Für stetige Sieblinien 0 bis 32 mm (siehe Abschnitt 6.2.2) muß der Betonzuschlag nach mindestens drei, für unstetige nach mindestens zwei Korngruppen getrennt angeliefert, gelagert und zugegeben werden; eine der Korngruppen muß im Bereich 0 bis 2 mm liegen oder der Korngruppe 0/4 a entsprechen. Für Sieblinien 0 bis 8 mm und 0 bis 16 mm genügt die Trennung des Betonzuschlags in eine Korngruppe 0 bis 2 mm oder in eine Korngruppe entsprechend 0/4 a und eine gröbere Korngruppe.

(3) Ein Mehlkornzusatz (siehe Abschnitt 6.5.4) gilt nicht als Korngruppe.

(4) Betonzuschlag, der hinsichtlich bestimmter Eigenschaften nur verminderte Anforderungen erfüllt, darf unter Bedingungen nach DIN 4226 Teil 1/04.83, Abschnitt 7.1.3 verwendet werden, wenn die Eignung des Betonzuschlags für die Anwendung nachgewiesen ist.

6.5.6.3 Wasserzementwert (*w*/*z*-Wert) und Konsistenz

(1) Als Wasserzementwert (*w*/*z*-Wert) wird das Verhältnis des Wassergehalts *w* zum Zementgehalt *z* im Beton bezeichnet.

(2) Der Beton darf mit keinem größeren Wasserzementwert hergestellt werden, als durch die Eignungsprüfung nach Abschnitt 7.4.2 festgelegt worden ist (siehe auch Abschnitt 7.4.3.3). Erweist sich der Beton mit der so erreichten Konsistenz für einzelne schwierige Betonierabschnitte als nicht ausreichend verarbeitbar und soll daher der Wassergehalt erhöht werden, so muß der Zementanteil im gleichen Gewichtsverhältnis vergrößert werden. Beides muß in der Mischmaschine geschehen.

(3) Bei Stahlbeton darf der *w*/*z*-Wert wegen des Korrosionsschutzes der Bewehrung bei Zement der Festigkeitsklasse Z 25 den Wert 0,65 und bei Zementen der Festigkeitsklassen Z 35 und höher den Wert 0,75 nicht überschreiten.

(4) Bei Beton für Außenbauteile (siehe Abschnitt 2.1.1) gilt Abschnitt 6.5.2 (4).

6.5.7 Beton mit besonderen Eigenschaften

6.5.7.1 Allgemeine Anforderungen

Voraussetzung für die Erzielung besonderer Eigenschaften des Betons ist, daß er sachgemäß zusammengesetzt, hergestellt und eingebaut wird, daß er sich nicht entmischt und daß er vollständig verdichtet und sorgfältig nachbehandelt wird. Für seine Herstellung und Verarbeitung gelten die Bedingungen für Beton B II (siehe Abschnitte 5.2.2 und 6.5.6), soweit die nachfolgenden Bestimmungen nicht ausdrücklich die Herstellung und Verarbeitung unter den Bedingungen für Beton B I gestatten.

6.5.7.2 Wasserundurchlässiger Beton

(1) Wasserundurchlässiger Beton für Bauteile mit einer Dicke von etwa 10 cm bis 40 cm muß so dicht sein, daß die größte Wassereindringtiefe bei der Prüfung nach DIN 1048 Teil 1 (Mittel von drei Probekörpern) 50 mm nicht überschreitet.

(2) Bei Bauteilen mit einer Dicke von etwa 10 cm bis 40 cm darf der Wasserzementwert 0,60 und bei dickeren Bauteilen 0,70 nicht überschreiten.

(3) Wasserundurchlässiger Beton geringerer Festigkeitsklasse als B 35 darf auch unter den Bedingungen für Beton B I hergestellt und verarbeitet werden, wenn der Zementgehalt bei Betonzuschlag 0 bis 16 mm mindestens 370 kg/m^3, bei Betonzuschlag 0 bis 32 mm mindestens 350 kg/m^3 beträgt und wenn die Kornzusammensetzung des Betonzuschlags im Sieblinienbereich (③) der Bilder 2 oder 3 liegt.

6.5.7.3 Beton mit hohem Frostwiderstand

(1) Beton, der im durchfeuchteten Zustand häufigen und schroffen Frost-Tau-Wechseln ausgesetzt wird, muß mit hohem Frostwiderstand hergestellt werden. Dazu sind Betonzuschläge mit erhöhten Anforderungen an den Frostwiderstand eF (siehe DIN 4226 Teil 1) und ein wasserundurchlässiger Beton nach Abschnitt 6.5.7.2 notwendig.

(2) Der Wasserzementwert darf 0,60 nicht überschreiten. Er darf bei massigen Bauteilen bis zu 0,70 betragen, wenn luftporenbildende Betonzu-

I

Tabelle 5. Luftgehalt im Frischbeton unmittelbar vor dem Einbau

	1	2
	Größtkorn des Zuschlaggemisches mm	Mittlerer Luftgehalt Volumenanteil in %[16])
1	8	$\geq$ 5,5
2	16	$\geq$ 4,5
3	32	$\geq$ 4,0
4	63	$\geq$ 3,5

[16]) Einzelwerte dürfen diese Anforderungen um einen Volumenanteil von höchstens 0,5 % unterschreiten.

satzmittel (siehe Abschnitt 6.3.1) in solcher Menge zugegeben werden, daß der Luftgehalt im Frischbeton den Werten der Tabelle 5 entspricht.

(3) Für Beton mit hohem Frostwiderstand und geringerer Festigkeitsklasse als B 35 darf Abschnitt 6.5.7.2 (3) sinngemäß angewendet werden.

6.5.7.4 Beton mit hohem Frost- und Tausalzwiderstand

(1) Beton, der im durchfeuchteten Zustand Frost-Tauwechseln und der gleichzeitigen Einwirkung von Tausalzen ausgesetzt ist, muß mit hohem Frost- und Tausalzwiderstand hergestellt und entsprechend verarbeitet werden. Dazu sind Portland-, Eisenportland-, Hochofen- oder Portlandölschieferzement nach den Normen der Reihe DIN 1164 mindestens der Festigkeitsklasse Z 35 und Betonzuschläge mit erhöhten Anforderungen an den Widerstand gegen Frost und Taumittel eFT (siehe DIN 4226 Teil 1) notwendig.

(2) Der Wasserzementwert darf 0,50 nicht überschreiten.

(3) Abgesehen von sehr steifem Beton mit sehr niedrigem Wasserzementwert ($w/z < 0{,}40$) ist ein luftporenbildendes Betonzusatzmittel (Luftporenbildner LP) in solcher Menge zuzugeben, daß der in Tabelle 5 angegebene Luftgehalt eingehalten wird.

(4) Für Beton, der einem sehr starken Frost-Tausalzangriff, wie bei Betonfahrbahnen, ausgesetzt ist, sind Portland-, Eisenportland- oder Portlandölschieferzement mindestens der Festigkeitsklasse Z 35 oder Hochofenzement mindestens der Festigkeitsklasse Z 45 L zu verwenden.

6.5.7.5 Beton mit hohem Widerstand gegen chemische Angriffe

(1) Betonangreifende Flüssigkeiten. Böden und Dämpfe sind nach DIN 4030 zu beurteilen und in Angriffe mit „schwachem“, „starkem“ und „sehr starkem“ Angriffsvermögen einzuteilen.

(2) Die Widerstandsfähigkeit des Betons gegen chemische Angriffe hängt weitgehend von seiner Dichtigkeit ab. Der Beton muß daher mindestens so dicht sein, daß die größte Wassereindringtiefe bei Prüfung nach DIN 1048 Teil 1 (Mittel von drei Probekörpern) bei „schwachem“ Angriff nicht mehr als 50 mm und bei „starkem“ Angriff nicht mehr als 30 mm beträgt. Der Wasserzementwert darf bei „schwachem“ Angriff 0,60 und bei „starkem“ Angriff 0,50 nicht überschreiten.

(3) Bei Beton mit hohem Widerstand gegen „schwachen“ chemischen Angriff und geringerer Festigkeitsklasse als B 35 darf Abschnitt 6.5.7.2 (3) sinngemäß angewendet werden.

(4) Beton, der längere Zeit „sehr starken“ chemischen Angriffen ausgesetzt wird, muß vor unmittelbarem Zutritt der angreifenden Stoffe geschützt werden (siehe auch Abschnitt 13.3). Außerdem muß dieser Beton so zusammengesetzt sein, wie dies bei „starkem“ Angriff notwendig ist.

(5) Für Beton, der dem Angriff von Wasser mit mehr als 600 mg SO_4 je l oder von Böden mit mehr als 3000 mg SO_4 je kg ausgesetzt wird, ist stets Zement mit hohem Sulfatwiderstand nach DIN 1164 Teil 1 zu verwenden. Bei Meerwasser ist trotz seines hohen Sulfatgehalts die Verwendung von Zement mit hohem Sulfatwiderstand nicht erforderlich, da Beton mit hohem Widerstand gegen „starken“ chemischen Angriff auch Meerwasser ausreichend widersteht.

6.5.7.6 Beton mit hohem Verschleißwiderstand

(1) Beton, der besonders starker mechanischer Beanspruchung ausgesetzt wird, z. B. durch starken Verkehr, durch rutschendes Schüttgut, durch häufige Stöße oder durch Bewegung von schweren Gegenständen, durch stark strömendes und Feststoffe führendes Wasser u. a., muß einen hohen Verschleißwiderstand aufweisen und mindestens der Festigkeitsklasse B 35 entsprechen. Der Zementgehalt sollte nicht zu hoch sein, z. B. bei einem Größtkorn von 32 mm nicht über 350 kg/m^3. Beton, der nach dem Verarbeiten Wasser absondert oder zu einer Anreicherung von Zementschlämme an der Oberfläche neigt, ist ungeeignet.

(2) Der Betonzuschlag bis 4 mm Korngröße muß überwiegend aus Quarz oder aus Stoffen mindestens gleicher Härte bestehen, das gröbere Korn aus Gestein oder künstlichen Stoffen mit hohem Verschleißwiderstand (siehe auch DIN 52 100). Bei besonders hoher Beanspruchung sind Hartstoffe zu verwenden. Die Körner aller Zuschlagarten sollen mäßig rauhe Oberfläche und gedrungene Gestalt haben. Das Zuschlaggemisch soll möglichst grobkörnig sein (Sieblinie nahe der Sieblinie A oder bei Ausfallkörnungen zwischen den Sieblinien B und U der Bilder 1 bis 4).

(3) Der Beton soll nach der Herstellung mindestens doppelt so lange nachbehandelt werden, wie in der „Richtlinie zur Nachbehandlung von Beton" gefordert wird.

6.5.7.7 Beton für hohe Gebrauchstemperaturen bis 250 °C

(1) Der Beton ist mit Betonzuschlägen herzustellen, die sich für diese Beanspruchung als geeignet erwiesen haben. Er soll mindestens doppelt so lange nachbehandelt werden, wie in der „Richtlinie zur Nachbehandlung von Beton" für die Umgebungsbedingung III gefordert wird. Noch vor der ersten Erhitzung soll der Beton austrocknen können. Die erste Erhitzung soll möglichst langsam erfolgen.

(2) Bei ständig einwirkenden Temperaturen über 80 °C sind die Rechenwerte für die Druckfestigkeit (siehe Tabelle 12) und den Elastizitätsmodul (siehe Tabelle 11) des jeweils verwendeten Betons aus Versuchen abzuleiten.

(3) Wirken Temperaturen über 80 °C nur kurzfristig bis etwa 24 Stunden ein, so sind die Rechenwerte der Druckfestigkeit (siehe Tabelle 12) und des Elastizitätsmoduls (siehe Tabelle 11) abzumindern (DAfStb-Heft 337). Ohne genaueren experimentellen Nachweis dürfen bei einer Temperatur von 250 °C die Rechenwerte der Betonfestigkeit nur mit ihren 0,7fachen Werten, die Rechenwerte des Elastizitätsmoduls nur mit ihren 0,6fachen Werten angesetzt werden. Rechenwerte für Temperaturen zwischen 80 °C und 250 °C dürfen linear interpoliert werden.

6.5.7.8 Beton für Unterwasserschüttung (Unterwasserbeton)

(1) Muß Beton für tragende Bauteile unter Wasser eingebracht werden, so soll er im allgemeinen ein Ausbreitmaß von etwa 45 cm bis 50 cm haben (siehe auch Abschnitt 10.4), jedoch darf auch Fließbeton nach der „Richtlinie für Beton mit Fließmittel und für Fließbeton; Herstellung, Verarbeitung und Prüfung" verwendet werden. Der Wasserzementwert (*w*/*z*-Wert) darf 0,60 nicht überschreiten; er muß kleiner sein, wenn Betongüte oder chemische Angriffe es erfordern. Der Zementgehalt muß bei Zuschlägen mit einem Größtkorn von 32 mm mindestens 350 kg/m^3 fertigen Betons betragen.

(2) Der Beton muß beim Einbringen als zusammenhängende Masse fließen, damit er auch ohne Verdichtung ein geschlossenes Gefüge erhält. Zu bevorzugen sind Kornzusammensetzungen mit stetigen Sieblinien, die etwa in der Mitte des Sieblinienbereiches (③) der Bilder 1 bis 4 liegen. Der Mehlkorngehalt muß ausreichend groß sein (siehe Abschnitt 6.5.4).

6.6 Betonstahl

6.6.1 Betonstahl nach den Normen der Reihe DIN 488

(1) Betonstahlsorte, Kennzeichnung, Nenndurchmesser (Stabdurchmesser d_s ist stets Nenndurchmesser), Oberflächengestalt und Festigkeitseigenschaften müssen den Normen der Reihe DIN 488 entsprechen. Die dort geforderten Eigenschaften sind in Tabelle 6 wiedergegeben, soweit sie für die Verwendung von Betonstahl maßgebend sind.

(2) Wird Betonstahl nach DIN 488 Teil 1 bei der Verarbeitung warm gebogen ($\geq$ 500 °C oder Rotglut), so darf er nur mit einer rechnerischen Streckgrenze von β_s = 220 N/mm^2 in Rechnung gestellt werden (siehe Abschnitt 18.3.3 (3)). Diese Einschränkung gilt nicht für Betonstähle, die nach DIN 4099 geschweißt wurden.

6.6.2 Rundstahl nach DIN 1013 Teil 1

Als glatter Betonstabstahl darf nur Rundstahl nach DIN 1013 Teil 1 aus St 37-2 nach DIN 17100 in den Nenndurchmessern d_s = 8, 10, 12, 14, 16, 20, 25 und 28 mm verwendet werden. Rechenwerte und Bewehrungsrichtlinien können den DAfStb-Heften 220 und 400 entnommen werden.

6.6.3 Bewehrungsdraht nach DIN 488 Teil 1

(1) Die Verarbeitung von glattem Bewehrungsdraht BSt 500 G oder profiliertem Bewehrungsdraht BSt 500 P ist auf werkmäßig hergestellte Bewehrungen beschränkt, deren Fertigung, Überwachung und Verwendung in anderen technischen Baubestimmungen geregelt ist (siehe DIN 488 Teil 1/09.84, Abschnitt 8).

(2) Kaltverformter Draht (z. B. für Bügel nach Abschnitt 18.8.2.1 mit einem Durchmesser d_s $\geq$ 3 mm) muß die Eigenschaften von Betonstahl BSt 420 S (III S) oder BSt 500 S (IV S) haben. Rechenwerte und Bewehrungsrichtlinien können den DAfStb-Heften 220 und 400 entnommen werden.

6.7 Andere Baustoffe und Bauteile

6.7.1 Zementmörtel für Fugen

(1) Zementmörtel muß für Fugen bei Fertigteilen und Zwischenbauteilen folgende Bedingungen erfüllen:

a) Zement nach DIN 1164 Teil 1 der Festigkeitsklasse Z 35 F oder höher;

b) Zementgehalt: mindestens 400 kg/m^3 verdichteten Mörtels;

Tabelle 6. Sorteneinteilung und Eigenschaften der Betonstähle

			2	3	4
		1	2	3	4
	Betonstahlsorte	Erzeugnisform Kurzname	Betonstabstahl BSt 420 S	Betonstabstahl BSt 500 S	Betonstahlmatten BSt 500 M
		Kurzzeichen[17])	III S	IV S	IV M
		Werkstoffnummer	1.0428	1.0438	1.0466
1	Nenndurchmesser d_s	mm	6 bis 28	6 bis 28	4 bis 12[18])
2	Streckgrenze $\beta_S(R_e)$[19]) bzw. 0,2 %-Dehngrenze $\beta_{0,2}(R_m)$[19])	N/mm²	420	500	500
3	Zugfestigkeit $\beta_Z(R_m)$[19])	N/mm²	500	550	550
4	Bruchdehnung $\delta_{10}(A_{10})$[19])	%	10	10	8
5	Schweißeignung für Verfahren[20])		E, MAG, GP, RA, RP	E, MAG, GP, RA, RP	E[21]), MAG[21]), RP

17) Für Zeichnungen und statische Berechnungen.

18) Bestonstahlmatten mit Nenndurchmessern von 4,0 mm und 4,5 mm dürfen nur bei vorwiegend ruhender Belastung und - mit Ausnahme von untergeordneten vorgefertigten Bauteilen, wie eingeschossigen Einzelgaragen - nur als Querbewehrung bei einachsig gespannten Platten, bei Rippendecken und bei Wänden verwendet werden.

19) Zeichen in ( ) nach DIN 488 Teil 1.

20) Die Kennbuchstaben bedeuten: E = Metall-Lichtbogenhandschweißen, MAG = Metall-Aktivgasschweißen, GP = Gaspreßschweißen, RA = Abbrennstumpfschweißen, RP = Widerstandspunktschweißen.

21) Der Nenndurchmesser der Mattenstäbe muß mindestens 6 mm beim Verfahren MAG und mindestens 8 mm beim Verfahren E betragen, wenn Stäbe von Matten untereinander oder mit Stabstählen ≤ 14 mm Nenndurchmesser verschweißt werden.

c) Betonzuschlag: gemischtkörniger, sauberer Sand 0 bis 4 mm.

(2) Hiervon darf nur abgewichen werden, wenn im Alter von 28 Tagen an Würfeln von 100 mm Kantenlänge eine Druckfestigkeit des Mörtels von mindestens 15 N/mm² nach DIN 1048 Teil 1 nachgewiesen wird.

6.7.2 Zwischenbauteile und Deckenziegel

Zwischenbauteile aus Beton müssen DIN 4158, solche aus gebranntem Ton und Deckenziegel müssen DIN 4159 oder DIN 4160 entsprechen.

7 Nachweis der Güte der Baustoffe und Bauteile für Baustellen

7.1 Allgemeine Anforderungen

(1) Für die Durchführung und Auswertung der in diesem Abschnitt vorgeschriebenen Prüfungen und für die Berücksichtigung ihrer Ergebnisse bei der Bauausführung ist der Bauleiter des Unternehmens verantwortlich. Wegen der Aufzeichnung und Aufbewahrung der Ergebnisse siehe Abschnitte 4.3 und 4.4.

(2) Die in den Abschnitten 7.2, 7.3 und 7.4.2 vorgesehenen Prüfungen brauchen bei Bezug von Transportbeton auf der Baustelle nicht durchgeführt zu werden. Die Abschnitte 7.4.1, 7.4.3, 7.4.4 und 7.4.5 gelten, soweit dort nichts anderes festgelegt ist, auch für Baustellen, die Transportbeton beziehen.

7.2 Bindemittel, Betonzusatzmittel und Betonzusatzstoffe

(1) Bei jeder Lieferung ist zu prüfen, ob die Angaben und die Kennzeichnung auf der Verpackung oder dem Lieferschein mit der Bestellung und den bautechnischen Unterlagen übereinstimmen und der Nachweis der Überwachung erbracht ist.

(2) Bei Betonzusatzmitteln ist festzustellen, ob die Verpackung ein gültiges Prüfzeichen trägt (siehe Abschnitt 6.3.1).

(3) Bei Betonzusatzstoffen ist festzustellen, ob sie den Anforderungen des Abschnitts 6.3.2 genügen.

7.3 Betonzuschlag

(1) Bei jeder Lieferung ist zu prüfen, ob die Angaben auf dem Lieferschein mit der Bestellung und den bautechnischen Unterlagen übereinstimmen und der Nachweis der Überwachung erbracht ist.

(2) Der Betonzuschlag ist laufend durch Besichtigung auf seine Kornzusammensetzung und auf andere, nach DIN 4226 Teil 1 bis Teil 3 wesentliche Eigenschaften zu prüfen. In Zweifelsfällen ist der Betonzuschlag eingehender zu untersuchen.

(3) Siebversuche sind bei der ersten Lieferung und bei jedem Wechsel des Herstellwerks erforderlich, außerdem in angemessenen Abständen bei

a) Beton B I (siehe Abschnitt 6.5.5), wenn eine Betonzusammensetzung nach Tabelle 4 mit einer Kornzusammensetzung des Betonzuschlags im Sieblinienbereich (③) gewählt oder wenn die Betonzusammensetzung auf Grund einer Eignungsprüfung festgelegt worden ist;

b) Beton B II (siehe Abschnitt 6.5.6) stets;

c) Beton mit besonderen Eigenschaften (siehe Abschnitt 6.5.7) stets.

(4) Bei der Prüfung gilt die Kornzusammensetzung von Zuschlaggemischen noch als eingehalten, wenn der Durchgang durch die einzelnen Prüfsiebe nicht mehr als 5 % der Gesamtmasse von der festgelegten Sieblinie abweicht - bei Korngruppen mit sehr unterschiedlicher Kornrohdichte nicht mehr als 5 % des Gesamtstoffraumes (siehe Fußnote 7) - und ihr Kennwert für die Kornverteilung oder den Wasseranspruch nicht ungünstiger ist als bei der festgelegten Sieblinie. Bei der Korngruppe 0 bis 0,25 mm sind Abweichungen nur bis zu 3 % zulässig.

7.4 Beton

7.4.1 Grundlage der Prüfung

Die Durchführung der Prüfung sowie die Herstellung und Lagerung der Probekörper richten sich nach DIN 1048 Teil 1.

7.4.2 Eignungsprüfung

7.4.2.1 Zweck und Anwendung

(1) Die Eignungsprüfung dient dazu, vor Verwendung des Betons festzustellen, welche Zusammensetzung der Beton haben muß, damit er mit den in Aussicht genommenen Ausgangsstoffen und der vorgesehenen Konsistenz unter den Verhältnissen der betreffenden Baustelle zuverlässig verarbeitet werden kann und die geforderten Eigenschaften sicher erreicht. Bei Beton B II und bei Beton mit besonderen Eigenschaften ist außerdem festzustellen, mit welchem Wasserzementwert der Beton hergestellt werden muß.

(2) Eignungsprüfungen sind durchzuführen bei

a) Beton B I, wenn der Beton nicht nach Tabelle 4 zusammengesetzt ist oder wenn zu seiner Herstellung Betonzusätze verwendet werden (siehe Abschnitte 6.3 und 6.5.5.1);

b) Beton B II stets und

c) Beton mit besonderen Eigenschaften, wenn nicht Abschnitt 6.5.7.2 (3) zutrifft und angewendet wird.

(3) Neue Eignungsprüfungen sind durchzuführen, wenn sich die Ausgangsstoffe des Betons oder die Verhältnisse der Baustelle, die bei der vorhergehenden Eignungsprüfung zugrunde lagen, wesentlich geändert haben.

(4) Auf der Baustelle darf auf eine Eignungsprüfung verzichtet werden, wenn sie von der ständigen Betonprüfstelle (siehe Abschnitt 5.2.2.6) vorgenommen worden ist, wenn Transportbeton verwendet wird oder wenn unter gleichen Arbeitsverhältnissen für Beton gleicher Zusammensetzung und aus den gleichen Stoffen die geforderten Eigenschaften bei früheren Prüfungen sicher erreicht wurden.

(5) Für jede bei der Eignungsprüfung angesetzte Mischung und für jedes vorgesehene Prüfalter sind mindestens drei Probekörper zu prüfen.

(6) Die Eignungsprüfung soll mit einer Frischbetontemperatur von 15 °C bis 22 °C durchgeführt werden. Zur Erfassung des Ansteifens ist die Konsistenz 10 Minuten und 45 Minuten nach Wasserzugabe zu bestimmen.

(7) Sind bei der Bauausführung stark abweichende Temperaturen oder Zeiten zwischen Herstellung und Einbau, die 45 Minuten wesentlich überschreiten, zu erwarten, so muß zusätzlich Aufschluß über deren Einflüsse auf die Konsistenz und die Konsistenzveränderungen gewonnen werden. Bei stark abweichenden Temperaturen ist auch deren Einfluß auf die Festigkeit zu prüfen.

(8) Bei Anwendung einer Wärmebehandlung ist durch zusätzliche Eignungsprüfungen nachzuweisen, daß mit dem vorgesehenen Verfahren die geforderten Eigenschaften erreicht werden (siehe „Richtlinie über Wärmebehandlung von Beton und Dampfmischen").

(9) Erweiterte Eignungsprüfungen sind durchzuführen, wenn Beton hergestellt wird, der durch Zugabe verzögernder Betonzusatzmittel gegenüber dem zugehörigen Beton ohne Betonzusatzmittel eine um mindestens drei Stunden verlängerte Verarbeitbarkeitszeit aufweist (siehe „Vorläufige Richt-

linie für Beton mit verlängerter Verarbeitbarkeitszeit (Verzögerter Beton)").

7.4.2.2 Anforderungen

Bei der Eignungsprüfung muß der Mittelwert der Druckfestigkeit von drei Würfeln aus derjenigen Betonmischung, deren Zusammensetzung für die Bauausführung maßgebend sein soll, die Werte β_{WS} der Tabelle 1, Spalte 4 (siehe Abschnitt 6.5.1) um ein Vorhaltemaß überschreiten:

a) Das Vorhaltemaß beträgt für Beton der Festigkeitsklasse B 5 mindestens 3,0 N/mm^2, der Festigkeitsklassen B 10 bis B 25 mindestens 5,0 N/mm^2.
   Die Konsistenz des Betons B I muß bei der Eignungsprüfung, bezogen auf den voraussichtlichen Zeitpunkt des Einbaus, an der oberen Grenze des gewählten Konsistenzbereiches (z. B. obere Grenze des Ausbreitmaßes) liegen.

   Für die Herstellung in Betonfertigteilwerken nach Abschnitt 5.3 gelten diese Anforderungen nicht, sondern die unter b).

b) Bei Beton B II und bei Beton mit besonderen Eigenschaften bleibt es dem Unternehmen überlassen, das Vorhaltemaß nach seinen Erfahrungen unter Berücksichtigung des zu erwartenden Streubereiches der betreffenden Baustelle zu wählen. Das Vorhaltemaß muß aber so groß sein, daß bei der Güteprüfung die Anforderungen des Abschnitts 7.4.3.5.2 sicher erfüllt werden.

7.4.3 Güteprüfung

7.4.3.1 Allgemeines

(1) Die Güteprüfung dient dem Nachweis, daß der für den Einbau hergestellte Beton die geforderten Eigenschaften erreicht.

(2) Die Betonproben für die Güteprüfung sind für jeden Probekörper und für jede Prüfung der Konsistenz und des *w*/*z*-Wertes aus einer anderen Mischerfüllung zufällig und etwa gleichmäßig über die Betonierzeit verteilt zu entnehmen (siehe auch DIN 1048 Teil 1/12.78, Abschnitt 2.2, erster Absatz).

(3) In gleicher Weise sind bei Transportbeton und bei Baustellenbeton von einer benachbarten Baustelle nach Abschnitt 2.1.2 f) die Betonproben bei Übergabe des Betons möglichst aus verschiedenen Lieferungen des gleichen Betons zu entnehmen.

(4) Sind besondere Eigenschaften nach Abschnitt 6.5.7 nachzuweisen, so ist der Umfang der Prüfung im Einzelfall festzulegen.

(5) In allen Zweifelsfällen hat sich das Unternehmen unabhängig von dem in dieser Norm festgelegten Prüfumfang durch Prüfung der Betonzusammensetzung (Zementgehalt und gegebenenfalls *w*/*z*-Wert) oder der entsprechenden Eigenschaften von der ausreichenden Beschaffenheit des frischen oder des erhärteten Betons zu überzeugen.

7.4.3.2 Zementgehalt

Bei Beton B I ist der Zementgehalt je m^3 verdichteten Betons beim erstmaligen Einbringen und dann in angemessenen Zeitabständen während des Betonierens zu prüfen, z. B. nach DIN 1048 Teil 1 /12.78, Abschnitt 3.3.2. Bei Verwendung von Transportbeton darf der Zementgehalt dem Lieferschein (siehe Abschnitt 5.5.3) oder dem Betonsortenverzeichnis (siehe Abschnitt 5.4.4) entnommen werden.

7.4.3.3 Wasserzementwert

(1) Bei Beton B II sowie bei Beton für Außenbauteile (siehe Abschnitt 2.1.1), der unter den Bedingungen für B I hergestellt wird, ist der Wasserzementwert (*w*/*z*-Wert) für jede verwendete Betonsorte beim ersten Einbringen und einmal je Betoniertag zu ermitteln.

(2) Der für diese Betonsorte bei der Eignungsprüfung festgelegte *w*/*z*-Wert darf vom Mittelwert dreier aufeinanderfolgender *w*/*z*-Wert-Bestimmungen nicht, von Einzelwerten um höchstens 10 % überschritten werden.

(3) Bei Beton für Außenbauteile (siehe Abschnitt 2.1.1) darf kein Einzelwert den *w*/*z*-Wert von 0,65 überschreiten.

(4) Die für Beton mit besonderen Eigenschaften oder wegen des Korrosionsschutzes der Bewehrung (siehe Abschnitte 6.5.6.3 und 6.5.7) festgelegten *w*/*z*-Werte dürfen auch von Einzelwerten nicht überschritten werden.

(5) Bei der Verwendung von Transportbeton dürfen die *w*/*z*-Werte dem Lieferschein (siehe Abschnitt 5.5.3) oder dem Betonsortenverzeichnis (siehe Abschnitt 5.4.4) entnommen werden. Dies gilt nicht, wenn Druckfestigkeitsprüfungen durch die doppelte Anzahl von *w*/*z*-Wert-Bestimmungen nach Abschnitt 7.4.3.5.1 (2) ersetzt werden sollen.

7.4.3.4 Konsistenz

(1) Die Konsistenz des Frischbetons ist während des Betonierens laufend durch augenscheinliche Beurteilung zu überprüfen. Die Konsistenz ist für jede Betonsorte beim ersten Einbringen und jedesmal bei der Herstellung der Probekörper für die Güteprüfung durch Bestimmung des Konsistenzmaßes nachzuprüfen.

(2) Bei Beton B II und bei Beton mit besonderen Eigenschaften ist die Ermittlung des Konsistenz-

maßes außerdem in angemessenen Zeitabständen zu wiederholen.

(3) Die vereinbarte Konsistenz muß bei Übergabe des Betons auf der Baustelle vorhanden sein.

7.4.3.5 Druckfestigkeit

7.4.3.5.1 Anzahl der Probewürfel

(1) Bei Baustellen- und Transportbeton B I der Festigkeitsklassen B 15 und B 25 und bei tragenden Wänden und Stützen aus B 5 und B 10 ist für jede verwendete Betonsorte (siehe Abschnitt 5.4.4), und zwar jeweils für höchstens 500 m^3 Beton, jedes Geschoß im Hochbau und je 7 Arbeitstage, an denen betoniert wird, eine Serie von 3 Probewürfeln herzustellen.

(2) Diejenige Forderung, die die größte Anzahl von Würfelserien ergibt, ist maßgebend. Bei Beton B II ist – soweit bei der Verwendung von Transportbeton im folgenden nichts anderes festgelegt ist – die doppelte Anzahl der im Absatz (1) geforderten Würfelserien zu prüfen. Die Hälfte der hiernach geforderten Würfelprüfungen kann ersetzt werden durch die doppelte Anzahl von w/z-Wert-Bestimmungen nach DIN 1048 Teil 1/12.78, Abschnitt 3.4.

(3) Die vom Transportbetonwerk bei der Eigenüberwachung (siehe DIN 1084 Teil 3) durchzuführenden Festigkeitsprüfungen dürfen auf die vom Bauunternehmen durchzuführenden Festigkeitsprüfungen von Beton B I und von Beton B II angerechnet werden, soweit der Beton für die Herstellung der Probekörper auf der betreffenden Baustelle entnommen wurde.

(4) Werden auf einer Baustelle in einem Betoniervorgang weniger als 100 m^3 Transportbeton B I eingebracht, so kann das Prüfergebnis einer Würfelserie, die auf einer anderen Baustelle mit Beton desselben Werkes und derselben Zusammensetzung in derselben Woche hergestellt wurde, auf die im Absatz (1) geforderten Prüfungen angerechnet werden, wenn das Transportbetonwerk für diese Betonsorte unter statistischer Qualitätskontrolle steht (siehe DIN 1084 Teil 3) und diese ein ausreichendes Ergebnis hatte.

7.4.3.5.2 Festigkeitsanforderungen

(1) Die Festigkeitsanforderungen gelten als erfüllt, wenn die mittlere Druckfestigkeit jeder Würfelserie (siehe Abschnitt 6.5.1 (2)) mindestens die Werte der Tabelle 1, Spalte 4 und die Druckfestigkeit jedes einzelnen Würfels mindestens die Werte der Spalte 3 erreicht.

(2) Bei Beton gleicher Zusammensetzung und Herstellung darf jedoch jeweils einer von 9 aufeinanderfolgenden Würfeln die Werte der Tabelle 1, Spalte 3, um höchstens 20 % unterschreiten; dabei muß jeder Serien-Mittelwert von 3 aufeinanderfolgenden Würfeln die Werte der Tabelle 1, Spalte 4, mindestens erreichen.

(3) Von den vorgenannten Anforderungen darf bei einer statistischen Auswertung nach DIN 1084 Teil 1 oder Teil 3/12.78, Abschnitt 2.2.6, abgewichen werden.

7.4.3.5.3 Umrechnung der Ergebnisse der Druckfestigkeitsprüfung

(1) Werden an Stelle von Würfeln mit 200 mm Kantenlänge (siehe Abschnitt 6.5.1) solche mit einer Kantenlänge von 150 mm verwendet, so darf die Beziehung $\beta_{W200} = 0,95\ \beta_{W150}$ verwendet werden.

(2) Bei Zylindern mit 150 mm Durchmesser und 300 mm Höhe darf bei gleichartiger Lagerung die Würfeldruckfestigkeit β_{W200} aus der Zylinderdruckfestigkeit β_C abgeleitet werden

- für die Festigkeitsklassen B 15 und geringer zu $\beta_{W200} = 1,25\ \beta_C$ und
- für die Festigkeitsklassen B 25 und höher $\beta_{W200} = 1,18\ \beta_C$.

(3) Bei Verwendung von Würfeln oder Zylindern mit anderen Maßen oder wenn die vorher genannten Druckfestigkeitsverhältniswerte nicht angewendet werden, muß das Druckfestigkeitsverhältnis zum 200-mm-Würfel für Beton jeder Zusammensetzung, Festigkeit und Altersstufe bei der Eignungsprüfung gesondert nachgewiesen werden, und zwar an mindestens 6 Körpern je Probekörperart.

(4) Für Druckfestigkeitsverhältniswerte bei aus dem Bauwerk entnommenen Probekörpern siehe DIN 1048 Teil 2.

(5) Wird bei Eignungs- und Güteprüfungen bereits von der 7-Tage-Würfeldruckfestigkeit β_{W7} auf die zu erwartende 28-Tage-Würfeldruckfestigkeit β_{W28} geschlossen, so dürfen im allgemeinen je nach Festigkeitsklasse des Zements die Angaben der Tabelle 7 zugrunde gelegt werden.

Tabelle 7. Beiwerte für die Umrechnung der 7-Tage- auf die 28-Tage-Würfeldruckfestigkeit

	1	2
	Festigkeitsklasse des Zements	28-Tage-Würfeldruckfestigkeit β_{W28}
1	Z 25	1,4 β_{W7}
2	Z 35 L	1,3 β_{W7}
3	Z 35 F; Z 45 L	1,2 β_{W7}
4	Z 45 F; Z 55	1,1 β_{W7}

(6) Andere Verhältniswerte dürfen zugrunde gelegt werden, wenn sie bei der Eignungsprüfung ermittelt wurden.

7.4.4 Erhärtungsprüfung

(1) Die Erhärtungsprüfung gibt einen Anhalt über die Festigkeit des Betons im Bauwerk zu einem bestimmten Zeitpunkt und damit auch für die Ausschalfristen. Die Erhärtung kann nach DIN 1048 Teil 1, Teil 2 und Teil 4 zerstörend und/oder zerstörungsfrei ermittelt werden.

(2) Die Probekörper für diesen Nachweis sind aus dem Beton, der für die betreffenden Bauteile bestimmt ist, herzustellen, unmittelbar neben oder auf diesen Bauteilen zu lagern und wie diese nachzubehandeln (Einfluß der Temperatur und der Feuchte). Für die Erhärtungsprüfung sind mindestens drei Probekörper herzustellen; eine größere Anzahl von Probekörpern empfiehlt sich aber, damit die Festigkeitsprüfung bei ungenügendem Ergebnis zu einem späteren Zeitpunkt wiederholt werden kann.

(3) Bei der Beurteilung der aus den Probekörpern gewonnenen Ergebnisse ist zu beachten, daß Bauteile, deren Maße von denen der Probekörper wesentlich abweichen, einen anderen Erhärtungsgrad aufweisen können als die Probekörper, z. B. infolge verschiedener Wärmeentwicklung im Beton.

7.4.5 Nachweis der Betonfestigkeit am Bauwerk

(1) In Sonderfällen, z. B. wenn keine Ergebnisse von Druckfestigkeitsprüfungen vorliegen oder die Ergebnisse ungenügend waren oder sonst erhebliche Zweifel an der Betonfestigkeit im Bauwerk bestehen, kann es nötig werden, die Betondruckfestigkeit durch Entnahme von Probekörpern aus dem Bauwerk oder am fertigen Bauteil durch zerstörungsfreie Prüfung nach DIN 1048 Teil 2 oder durch beides nach DIN 1048 Teil 4 zu bestimmen. Dabei sind Alter und Erhärtungsbedingungen (Temperatur, Feuchte) des Bauwerkbetons zu berücksichtigen.

(2) Für die Festlegung von Art und Umfang der zerstörungsfreien Prüfungen und der aus dem Bauwerk zu entnehmenden Proben und für die Bewertung der Ergebnisse dieser Prüfungen ist ein Sachverständiger hinzuzuziehen, soweit dies nach DIN 1048 Teil 4 erforderlich ist.

7.5 Betonstahl

7.5.1 Prüfung am Betonstahl

Bei jeder Lieferung von Betonstahl ist zu prüfen, ob das nach DIN 488 Teil 1 geforderte Werkkennzeichen vorhanden ist. Betonstahl ohne Werkkennzeichen darf nicht verwendet werden. Dies gilt nicht für Bewehrungsstahl aus Rundstahl St 37-2.

7.5.2 Prüfung des Schweißens von Betonstahl

Die Arbeitsprüfungen, die vor oder während der Schweißarbeiten durchzuführen sind, sind in DIN 4099 geregelt.

7.6 Bauteile und andere Baustoffe

7.6.1 Allgemeine Anforderungen

Bei Bauteilen nach den Abschnitten 7.6.2 bis 7.6.4 ist zu prüfen, ob sie aus einem Werk stammen, das einer Überwachung (Güteüberwachung) unterliegt.

7.6.2 Prüfung der Stahlbetonfertigteile

Bei jeder Lieferung von Fertigteilen muß geprüft werden, ob hierfür ein Lieferschein mit allen Angaben nach Abschnitt 5.5.2 vorliegt, die Fertigteile nach Abschnitt 19.6 gekennzeichnet sind und ob die Fertigteile die nach den bautechnischen Unterlagen erforderlichen Maße haben.

7.6.3 Prüfung der Zwischenbauteile und Deckenziegel

Bei jeder Lieferung statisch mitwirkender Zwischenbauteile aus Beton nach DIN 4158 und aus gebranntem Ton nach DIN 4159 und statisch mitwirkender Deckenziegel nach DIN 4159 ist zu prüfen, ob sie die nach den bautechnischen Unterlagen erforderlichen Maße und die nach DIN 4158 und DIN 4159 erforderliche Form der Stoßfugen haben. Bei jeder Lieferung statisch nicht mitwirkender Zwischenbauteile nach DIN 4158 und nach DIN 4160 ist zu prüfen, ob sie die geforderten Maße und Formen aufweisen.

7.6.4 Prüfung der Betongläser

Bei jeder Lieferung von Betongläsern ist zu prüfen, ob die Angaben im Lieferschein nach DIN 4243 den bautechnischen Unterlagen entsprechen.

7.6.5 Prüfung von Zementmörtel

Für jede verwendete Mörtelsorte und für höchstens 200 m damit hergestellter tragender Fugen, jedes Geschoß im Hochbau und je 7 Arbeitstage, an denen nacheinander Mörtel hergestellt wird, ist eine Serie von drei Würfeln mit 100 mm Kantenlänge aus Mörtel verschiedener Mischerfüllungen nach DIN 1048 Teil 1 zu prüfen (siehe auch Abschnitt 6.7.1). Diejenige Forderung, die die größte Anzahl von Würfelserien ergibt, ist maßgebend.

8 Überwachung (Güteüberwachung) von Baustellenbeton B II, von Fertigteilen und von Transportbeton

Für Baustellenbeton B II, Beton- und Stahlbetonfertigteile und Transportbeton ist eine Überwachung (Güteüberwachung), bestehend aus Eigen- und Fremdüberwachung, durchzuführen. Die Durchführung ist in DIN 1084 Teil 1 bis Teil 3 geregelt.

9 Bereiten und Befördern des Betons

9.1 Angaben über die Betonzusammensetzung

Zur Herstellung von Beton muß der Mischerführer im Besitz einer schriftlichen Mischanweisung sein, die folgende Angaben über die Zusammensetzung einer Mischerfüllung enthält:

a) Betonsortenbezeichnung (Nummer des Betonsortenverzeichnisses);

b) Festigkeitsklasse des Betons;

c) Art, Festigkeitsklasse und Menge des Zements sowie Zementgehalt in kg/m^3 verdichteten Betons;

d) Art und Menge des Betonzuschlags, gegebenenfalls Menge der getrennt zuzugebenden Korngruppenanteile oder Angabe „werkgemischter Betonzuschlag";

e) Konsistenzmaß des Frischbetons;

f) gegebenenfalls Art und Menge von Betonzusatzmitteln und Betonzusatzstoffen;

für Beton B II sowie für Beton für Außenbauteile außerdem:

g) Wasserzementwert (w/z-Wert);

h) Wassergehalt w (Zugabewasser und Oberflächenfeuchte des Betonzuschlags und gegebenenfalls Betonzusatzmittelmenge, vergleiche Abschnitt 6.5.2).

9.2 Abmessen der Betonbestandteile

9.2.1 Abmessen des Zements

Der Zement ist nach Gewicht, das auf 3 % einzuhalten ist, zuzugeben.

9.2.2 Abmessen des Betonzuschlags

(1) Der Betonzuschlag oder die einzelnen Korngruppen sind unabhängig von der Art des Abmessens nach Gewicht, das auf 3 % einzuhalten ist, zuzugeben.

(2) In der Regel sind sie nach Gewicht abzumessen. Dies gilt auch für Betonzuschlag mit wesentlich unterschiedlicher Kornrohdichte, dessen Mengenanteile dann aus den Stoffraumanteilen (siehe Abschnitt 6.2.2) zu errechnen sind.

(3) Für Beton B II (siehe Abschnitt 6.5.6) ist das Abmessen des Betonzuschlags oder der einzelnen Korngruppen nach Raumteilen nur dann gestattet, wenn selbsttätige Abmeßvorrichtungen verwendet werden, an deren Einstellung notwendige Änderungen leicht und zutreffend vorzunehmen sind und mit denen Korngruppen und Gesamtzuschlagmenge mit der geforderten Genauigkeit abgemessen werden können. Die Abmeßvorrichtungen müssen die Nachprüfung der Menge der abgemessenen Korngruppen auf einfache Weise zuverlässig gestatten.

(4) Wird nach Raumteilen abgemessen, so sind die Mengen der abgemessenen Korngruppen häufig nachzuprüfen. Dies gilt auch dann, wenn selbsttätige Abmeßvorrichtungen vorhanden sind.

9.2.3 Abmessen des Zugabewassers

(1) Die Menge des Zugabewassers ist auf 3 % einzuhalten Die höchstzulässige Zugabewassermenge richtet sich bei Beton B I nach dem einzuhaltenden Konsistenzmaß (siehe Abschnitt 6.5.3) und bei Beton B II nach dem festgelegten Wasserzementwert (siehe Abschnitte 6.5.6.3 und 6.5.7). Dabei ist die Oberflächenfeuchte des Betonzuschlags zu berücksichtigen.

(2) Wassersaugender Betonzuschlag muß vorher so angefeuchtet werden, daß er beim Mischen und danach möglichst kein Wasser mehr aufnimmt.

I

9.3 Mischen des Betons

9.3.1 Baustellenbeton

(1) Beim Zusammensetzen des Betons muß dem Mischerführer die Mischanweisung vorliegen.

(2) Die Stoffe müssen in Betonmischern, die für die jeweilige Betonzusammensetzung geeignet sind, so lange gemischt werden, bis ein gleichmäßiges Gemisch entstanden ist. Um dies zu erreichen, muß der Beton bei Mischern mit besonders guter Mischwirkung wenigstens 30 Sekunden, bei den übrigen Betonmischern wenigstens 1 Minute nach Zugabe aller Stoffe gemischt werden.

(3) Die Mischer müssen von erfahrenem Personal bedient werden, das in der Lage ist, die festgelegte Konsistenz einzuhalten.

(4) Mischen von Hand ist nur in Ausnahmefällen für Beton der Festigkeitsklassen B 5 und B 10 bei geringen Mengen zulässig.

(5) Wegen der Temperatur des Frischbetons siehe Abschnitte 9.4.1 und 11.1 sowie „Richtlinie über Wärmebehandlung von Beton und Dampfmischen".

9.3.2 Transportbeton

(1) Beim Zusammensetzen des Betons muß dem Mischerführer der Lieferschein vorliegen.

(2) Für werkgemischten Transportbeton gilt Abschnitt 9.3.1.

(3) Bei fahrzeuggemischtem Transportbeton richten sich der höchstzulässige Füllungsgrad des Mischers und die Mindestdauer des Mischens nach der Bauart des Mischfahrzeugs und der Konsistenz des Betons (siehe Abschnitt 5.4.6). Der Beton soll dabei mit Mischgeschwindigkeit durch mindestens 50 Umdrehungen gemischt werden; er ist unmittelbar vor Entleeren des Mischfahrzeugs nochmals durchzumischen.

(4) Nach Abschluß des Mischvorgangs darf die Zusammensetzung des Frischbetons nicht mehr verändert werden. Davon ausgenommen ist die Zugabe eines Fließmittels entsprechend der „Richtlinie für Beton mit Fließmittel und für Fließbeton; Herstellung, Verarbeitung und Prüfung".

9.4 Befördern von Beton zur Baustelle

9.4.1 Allgemeines

Während des Beförderns ist der Frischbeton vor schädlichen Witterungseinflüssen zu schützen. Wegen der bei kühler Witterung und bei Frost einzuhaltenden Frischbetontemperaturen siehe Abschnitt 11.1. Auch bei heißer Witterung darf die Frischbetontemperatur bei der Entladung + 30 °C nicht überschreiten, sofern nicht durch geeignete Maßnahmen sichergestellt ist, daß keine nachteiligen Folgen zu erwarten sind (siehe z. B. ACI Standard „Recommended Practice of Hot Weather Concreting" (ACI 305-72) und „Richtlinie über Wärmebehandlung von Beton und Dampfmischen"). Bei Anwendung des Betonmischens mit Dampfzuführung darf die Frischbetontemperatur + 30 °C überschreiten.

9.4.2 Baustellenbeton

(1) Wird Baustellenbeton der Konsistenzen KP, KR oder KF von einer benachbarten Baustelle (siehe Abschnitt 2.1.2 f)) verwendet und nicht in Fahrzeugen mit Rührwerk oder in Mischfahrzeugen (siehe Abschnitt 9.3.2) zur Verwendungsstelle befördert, so muß er spätestens 20 Minuten, Beton der Konsistenz KS spätestens 45 Minuten nach dem Mischen vollständig entladen sein.

(2) Für die Entladung von Mischfahrzeugen und Fahrzeugen mit Rührwerk gelten die Zeitspannen nach Abschnitt 9.4.3.

9.4.3 Transportbeton

(1) Werkgemischter Frischbeton der Konsistenz KS darf mit Fahrzeugen ohne Mischer oder Rührwerk befördert werden.

(2) Frischbeton der Konsistenzen KP, KR oder KF darf nur in Mischfahrzeugen oder in Fahrzeugen mit Rührwerk zur Verwendungsstelle befördert werden. Während des Beförderns ist dieser Beton mit Rührgeschwindigkeit (siehe Abschnitt 5.4.6) zu bewegen. Das ist nicht erforderlich, wenn der Beton im Mischfahrzeug befördert und unmittelbar vor dem Entladen nochmals so durchgemischt wird, daß er auf der Baustelle gleichmäßig durchmischt übergeben wird.

(3) Mischfahrzeuge und Fahrzeuge mit Rührwerk sollen spätestens 90 Minuten, Fahrzeuge ohne Rührwerk für die Beförderung von Beton der Konsistenz KS spätestens 45 Minuten nach Wasserzugabe vollständig entladen sein. Ist beschleunigtes Ansteifen des Betons (z. B. durch Witterungseinflüsse) zu erwarten, so sind die Zeitabstände bis zum Entladen entsprechend zu kürzen. Bei Beton mit Verzögerern dürfen die angegebenen Zeiten angemessen überschritten werden.

(4) Bei der Übergabe des Betons muß die vereinbarte Konsistenz vorhanden sein.

10 Fördern, Verarbeiten und Nachbehandeln des Betons

10.1 Fördern des Betons auf der Baustelle

(1) Die Art des Förderns (z. B. in Transportgefäßen, mit Transportbändern, Pumpen, Druckluft) und die Zusammensetzung des Betons sind so aufeinander abzustimmen, daß ein Entmischen verhindert wird.

(2) Auch beim Abstürzen in Stützen- und Wandschalungen darf sich der Beton nicht entmischen. Er ist z. B. durch Fallrohre zusammenzuhalten, die erst kurz über der Verarbeitungsstelle enden.

(3) Für das Fördern des Betons durch Pumpen ist die Verwendung von Leichtmetallrohren nicht zulässig.

(4) Förderleitungen für Pumpbeton sind so zu verlegen, daß der Betonstrom innerhalb der Rohre nicht abreißt. Beim Fördern mit Transportbändern sind Abstreifer und Vorrichtungen zum Zusammenhalten des Betons an der Abwurfstelle anzuordnen.

(5) Beim Einbringen des Betons ist darauf zu achten, daß Bewehrung, Einbauteile, Schalungsflächen usw. eines späteren Betonierabschnittes nicht durch Beton verkrustet werden.

10.2 Verarbeiten des Betons

10.2.1 Zeitpunkt des Verarbeitens

Beton ist möglichst bald nach dem Mischen, Transportbeton möglichst sofort nach der Anlieferung zu verarbeiten, in beiden Fällen aber, ehe er ansteift oder seine Zusammensetzung ändert.

10.2.2 Verdichten

(1) Die Bewehrungsstäbe sind dicht mit Beton zu umhüllen. Der Beton muß möglichst vollständig verdichtet werden[22], z. B. durch Rütteln, Stochern, Stampfen, Klopfen an der Schalung usw., und zwar besonders sorgfältig in den Ecken und längs der Schalung. Unter Umständen empfiehlt sich ein Nachverdichten des Betons (z. B. bei hoher Steiggeschwindigkeit beim Einbringen).

(2) Beton der Konsistenzen KS, KP oder KR (siehe Abschnitt 6.5.3) ist in der Regel durch Rütteln zu verdichten. Dabei sind DIN 4235 Teil 1 bis Teil 5 zu beachten. Oberflächenrüttler sind so langsam fortzubewegen, daß der Beton unter ihnen weich wird und die Betonoberfläche hinter ihnen geschlossen ist. Unter kräftig wirkenden Oberflächenrüttlern soll die Schicht nach dem Verdichten höchstens 20 cm dick sein. Bei Schalungsrüttlern ist die beschränkte Einwirkungstiefe zu beachten, die auch von der Ausbildung der Schalung abhängt.

(3) Beton der Konsistenz KR und - soweit erforderlich - der Konsistenz KF kann auch durch Stochern verdichtet werden. Dabei ist der Beton so durchzuarbeiten, daß die in ihm enthaltenen Luftblasen möglichst entweichen und der Beton ein gleichmäßig dichtes Gefüge erhält.

(4) Beton der Konsistenz KS kann durch Stampfen verdichtet werden. Dabei soll die fertiggestampfte Schicht nicht dicker als 15 cm sein. Die Schichten müssen durch Hand- oder besser Maschinenstampfer so lange verdichtet werden, bis der Beton weich wird und eine geschlossene Oberfläche erhält. Die einzelnen Schichten sollen dabei möglichst rechtwinklig zu der im Bauwerk auftretenden Druckrichtung verlaufen und in Druckrichtung gestampft werden. Wo dies nicht möglich ist, muß die Konsistenz mindestens KP entsprechen, damit gleichlaufend zur Druckrichtung keine Stampffugen entstehen.

(5) Wird keine Arbeitsfuge vorgesehen, so darf beim Einbau in Lagen das Betonieren nur so lange unterbrochen werden, bis die zuletzt eingebrachte Betonschicht noch nicht erstarrt ist, so daß noch eine gute und gleichmäßige Verbindung zwischen beiden Betonschichten möglich ist. Bei Verwendung von Innenrüttlern muß die Rüttelflasche noch in die untere, bereits verdichtete Schicht eindringen (siehe DIN 4235 Teil 2).

(6) Beim Verdichten von Fließbeton ist die „Richtlinie für Beton mit Fließmittel und für Fließbeton; Herstellung, Verarbeitung und Prüfung“ zu beachten.

10.2.3 Arbeitsfugen

(1) Die einzelnen Betonierabschnitte sind vor Beginn des Betonierens festzulegen. Arbeitsfugen sind so auszubilden, daß alle auftretenden Beanspruchungen aufgenommen werden können.

(2) In den Arbeitsfugen muß für einen ausreichend festen und dichten Zusammenschluß der Betonschichten gesorgt werden. Verunreinigungen, Zementschlamm und nicht einwandfreier Beton sind vor dem Weiterbetonieren zu entfernen. Trockener älterer Beton ist vor dem Anbetonieren mehrere Tage feucht zu halten, um das Schwindgefälle zwischen jungem und altem Beton gering zu halten

[22]) Solcher Beton kann noch einzelne sichtbare Luftporen enthalten.

I

und um weitgehend zu verhindern, daß dem jungen Beton Wasser entzogen wird. Zum Zeitpunkt des Anbetonierens muß die Oberfläche des älteren Betons jedoch etwas abgetrocknet sein, damit sich der Zementleim des neu eingebrachten Betons mit dem älteren Beton gut verbinden kann.

(3) Das Temperaturgefälle zwischen altem und neuem Beton kann dadurch gering gehalten werden, daß der alte Beton warm gehalten oder der neue gekühlt eingebracht wird.

(4) Bei Bauwerken aus wasserundurchlässigem Beton sind auch die Arbeitsfugen wasserundurchlässig auszubilden.

(5) Sinngemäß gelten die Bestimmungen dieses Abschnitts auch für ungewollte Arbeitsfugen, die z. B. durch Witterungseinflüsse oder Maschinenausfall entstehen.

10.3 Nachbehandeln des Betons

(1) Beton ist bis zum genügenden Erhärten seiner oberflächennahen Schichten gegen schädigende Einflüsse zu schützen, z. B. gegen starkes Abkühlen oder Erwärmen, Austrocknen (auch durch Wind), starken Regen, strömendes Wasser, chemische Angriffe, ferner gegen Schwingungen und Erschütterungen, sofern diese das Betongefüge lockern und die Verbundwirkung zwischen Bewehrung und Beton gefährden können. Dies gilt auch für Vergußmörtel und Beton der Verbindungsstellen von Fertigteilen.

(2) Um den frisch eingebrachten Beton gegen vorzeitiges Austrocknen zu schützen und eine ausreichende Erhärtung der oberflächennahen Bereiche unter Baustellenbedingungen sicherzustellen, ist er ausreichend lange feucht zu halten. Dabei sind die Einflüsse, welchen der Beton im Laufe der Nutzung des Bauwerks ausgesetzt ist, zu berücksichtigen. Die erforderliche Dauer richtet sich in erster Linie nach der Festigkeitsentwicklung des Betons und den Umgebungsbedingungen während der Erhärtung. Die „Richtlinie zur Nachbehandlung von Beton“ ist zu beachten.

(3) Das Erhärten des Betons kann durch eine betontechnologisch richtige Wärmebehandlung beschleunigt werden. Auch Teile, die wärmebehandelt wurden, sollen feucht gehalten werden, da die Erhärtung im allgemeinen am Ende der Wärmebehandlung noch nicht abgeschlossen ist und der Beton bei der Abkühlung sehr stark austrocknet (vergleiche „Richtlinie über Wärmebehandlung von Beton und Dampfmischen“).

10.4 Betonieren unter Wasser

(1) Unter Wasser geschütteter Beton kommt in der Regel nur für unbewehrte Bauteile in Betracht und nur für das Einbringen mit ortsfesten Trichtern.

(2) Unterwasserbeton muß Abschnitt 6.5.7.8 entsprechen. Er ist ohne Unterbrechung zügig einzubringen. In der Baugrube muß das Wasser ruhig, also ohne Strömung, stehen. Die Wasserstände innerhalb und außerhalb der Baugrube sollen sich ausgleichen können.

(3) Bei Wassertiefen bis 1 m darf der Beton durch vorsichtiges Vortreiben mit natürlicher Böschung eingebracht werden. Der Beton darf sich hierbei nicht entmischen und muß beim Vortreiben über dem Wasserspiegel aufgeschüttet werden.

(4) Bei Wassertiefen über 1 m ist der Beton so einzubringen, daß er nicht frei durch das Wasser fällt, der Zement nicht ausgewaschen wird und sich möglichst keine Trennschichten aus Zementschlamm bilden.

(5) Für untergeordnete Bauteile darf der Beton mit Klappkästen oder fahrbaren Trichtern auf der Gründungssohle oder auf der Oberfläche der einzelnen Betonschichten lagenweise geschüttet werden.

(6) Mit ortsfesten Trichtern oder solchen geschlossenen Behältern, die vor dem Entleeren ausreichend tief in den noch nicht erstarrten Beton eintauchen, dürfen Bauteile aller Art in gut gedichteter Schalung hergestellt werden.

(7) Die Trichter müssen in den eingebrachten Beton ständig ausreichend eintauchen, so daß der aus dem Trichter nachdringende Beton den zuvor eingebrachten seitlich und aufwärts verdrängt, ohne daß er mit dem Wasser in Berührung kommt. Die Abstände der ortsfesten Trichter sind so zu wählen, daß die seitlichen Fließwege des Betons möglichst kurz sind.

(8) Beim Betonieren wird der Trichter vorsichtig hochgezogen; auch dabei muß das Trichterrohr ständig ausreichend tief im Beton stecken. Werden mehrere Trichter angeordnet, so sind sie gleichzeitig und gleichmäßig mit Beton zu beschicken.

(9) Der Beton ist beim Einbringen in die Trichter oder anderen Behälter durch Tauchrüttler zu verdichten (entlüften).

(10) Unterwasserbeton darf auch dadurch hergestellt werden, daß ein schwer entmischbarer Mörtel von unten her in eine Zuschlagschüttung mit geeignetem Kornaufbau (z. B. ohne Fein- und Mittelkorn) eingepreßt wird. Die Mörteloberfläche soll dabei gleichmäßig hoch steigen.

11 Betonieren bei kühler Witterung und bei Frost

11.1 Erforderliche Temperatur des frischen Betons

(1) Bei kühler Witterung und bei Frost ist der Beton wegen der Erhärtungsverzögerung und der Möglichkeit der bleibenden Beeinträchtigung der Betoneigenschaften mit einer bestimmten Mindesttemperatur einzubringen. Dies gilt auch für Transportbeton. Der eingebrachte Beton ist eine gewisse Zeit gegen Wärmeverluste, Durchfrieren und Austrocknen zu schützen.

(2) Bei Lufttemperaturen zwischen + 5 und - 3 °C darf die Temperatur des Betons beim Einbringen + 5 °C nicht unterschreiten. Sie darf + 10 °C nicht unterschreiten, wenn der Zementgehalt im Beton kleiner ist als 240 kg/m^3 oder wenn Zemente mit niedriger Hydratationswärme verwendet werden.

(3) Bei Lufttemperaturen unter - 3 °C muß die Betontemperatur beim Einbringen mindestens + 10 °C betragen. Sie soll anschließend wenigstens 3 Tage auf mindestens + 10 °C gehalten werden. Anderenfalls ist der Beton so lange zu schützen, bis eine ausreichende Festigkeit erreicht ist.

(4) Die Frischbetontemperatur darf im allgemeinen + 30 °C nicht überschreiten (siehe Abschnitt 9.4.1).

(5) Bei Anwendung des Betonmischens mit Dampfzuführung darf die Frischbetontemperatur + 30 °C überschreiten (siehe „Richtlinie über Wärmebehandlung von Beton und Dampfmischen").

(6) Junger Beton mit einem Zementgehalt von mindestens 270 kg/m^3 und einem *w/z*-Wert von höchstens 0,60, der vor starkem Feuchtigkeitszutritt (z. B. Niederschlägen) geschützt wird, darf in der Regel erst dann durchfrieren, wenn seine Temperatur bei Verwendung von rasch erhärtendem Zement (Z 35 F, Z 45 L, Z 45 F und Z 55) vorher wenigstens 3 Tage + 10 °C nicht unterschritten oder wenn er bereits eine Druckfestigkeit von 5,0 N/mm^2 erreicht hat (wegen der Erhärtungsprüfung siehe Abschnitt 7.4.4).

11.2 Schutzmaßnahmen

(1) Die im Einzelfall erforderlichen Schutzmaßnahmen hängen in erster Linie von den Witterungsbedingungen, den Ausgangsstoffen und der Zusammensetzung des Betons sowie von der Art und den Maßen der Bauteile und der Schalung ab.

(2) An gefrorene Betonteile darf nicht anbetoniert werden. Durch Frost geschädigter Beton ist vor dem Weiterbetonieren zu entfernen. Betonzuschlag darf nicht in gefrorenem Zustand verwendet werden.

(3) Wenn nötig, sind das Wasser und - soweit erforderlich - auch der Betonzuschlag vorzuwärmen. Hierbei ist die Frischbetontemperatur nach Abschnitt 11.1 zu beachten. Wasser mit einer Temperatur von mehr als + 70 °C ist zuerst mit dem Betonzuschlag zu mischen, bevor Zement zugegeben wird. Vor allem bei feingliedrigen Bauteilen empfiehlt es sich, den Zementgehalt zu erhöhen oder Zement höherer Festigkeitsklasse zu verwenden oder beides zu tun.

(4) Die Wärmeverluste des eingebrachten Betons sind möglichst gering zu halten, z. B. durch wärmedämmendes Abdecken der luftberührten frischen Betonflächen, Verwendung wärmedämmender Schalungen, späteres Ausschalen, Umschließen des Arbeitsplatzes, Zuführung von Wärme. Dabei darf dem Beton das zum Erhärten notwendige Wasser nicht entzogen werden.

(5) Die erforderlichen Maßnahmen sind so rechtzeitig vorzubereiten, daß sie bei Bedarf sofort angewendet werden können.

12 Schalungen, Schalungsgerüste, Ausschalen und Hilfsstützen

12.1 Bemessung der Schalung

(1) Die Schalung und die sie stützende Konstruktion aus Schalungsträgern, Kanthölzern, Ankern usw. sind so zu bemessen, daß sie alle lotrechten und waagerechten Kräfte sicher aufnehmen können, wobei auch der Einfluß der Schüttgeschwindigkeit und die Art der Verdichtung des Betons zu berücksichtigen sind. Für Stützen und Wände, die höher als 3 m sind, ist die Schüttgeschwindigkeit auf die Tragfähigkeit der Schalung abzustimmen.

(2) Für die Bemessung ist neben der Tragfähigkeit oft die Durchbiegung maßgebend. Ausziehbare Schalungsträger und -stützen müssen ein Prüfzeichen besitzen. Sie dürfen nur nach den Regeln eingebaut und belastet werden, die im Bescheid zum Prüfzeichen enthalten sind.

12.2 Bauliche Durchbildung

(1) Die Schalung soll so dicht sein, daß der Feinmörtel des Betons beim Einbringen und Verdichten nicht aus den Fugen fließt. Holzschalung soll nicht zu lange ungeschützt Sonne und Wind ausgesetzt werden. Sie ist rechtzeitig vor dem Betonieren ausgiebig zu nässen.

(2) Die Schalung und die Formen - besonders für Stahlbetonfertigteile - müssen möglichst maßgenau hergestellt werden. Sie sind - vor allem für das Verdichten mit Rüttelgeräten oder auf Rütteltischen - kräftig und gut versteift auszubilden und gegen Verformungen während des Betonierens und Verdichtens zu sichern.

(3) Die Schalungen sind vor dem Betonieren zu säubern. Reinigungsöffnungen sind vor allem am Fuß von Stützen und Wänden, am Ansatz von Auskragungen und an der Unterseite von tiefen Balkenschalungen anzuordnen.

(4) Ungeeignete Trennmittel können die Betonoberfläche verunreinigen, ihre Festigkeit herabsetzen und die Haftung von Putz und anderen Beschichtungen vermindern.

12.3 Ausrüsten und Ausschalen

12.3.1 Ausschalfristen

(1) Ein Bauteil darf erst dann ausgerüstet oder ausgeschalt werden, wenn der Beton ausreichend erhärtet ist (siehe Abschnitt 7.4.4), bei Frost nicht etwa nur hartgefroren ist und wenn der Bauleiter des Unternehmens das Ausrüsten und Ausschalen angeordnet hat. Der Bauleiter darf das Ausrüsten oder Ausschalen nur anordnen, wenn er sich von der ausreichenden Festigkeit des Betons überzeugt hat.

(2) Als ausreichend erhärtet gilt der Beton, wenn das Bauteil eine solche Festigkeit erreicht hat, daß es alle zur Zeit des Ausrüstens oder Ausschalens angreifenden Lasten mit der in dieser Norm vorgeschriebenen Sicherheit (siehe Abschnitt 17.2.2) aufnehmen kann.

(3) Besondere Vorsicht ist geboten bei Bauteilen, die schon nach dem Ausrüsten nahezu die volle rechnungsmäßige Belastung tragen (z. B. bei Dächern oder bei Geschoßdecken, die durch noch nicht erhärtete obere Decken belastet sind).

(4) Das gleiche gilt für Beton, der nach dem Einbringen niedrigen Temperaturen ausgesetzt war.

(5) War die Temperatur des Betons seit seinem Einbringen stets mindestens + 5 °C, so können für das Ausschalen und Ausrüsten im allgemeinen die Fristen der Tabelle 8 als Anhaltswerte angesehen werden. Andere Fristen können notwendig oder angemessen sein, wenn die nach Abschnitt 7.4.4 ermittelte Festigkeit des Betons noch gering ist. Die Fristen der Tabelle 8, Spalten 3 oder 4, gelten - bezogen auf das Einbringen des Ortbetons - als Anhaltswerte auch für Montagestützen unter Stahlbetonfertigteilen, wenn diese Fertigteile durch Ortbeton ergänzt werden und die Tragfähigkeit der so zusammengesetzten Bauteile von der Festigkeitsentwicklung des Ortbetons abhängig ist (siehe z. B. Abschnitte 19.4 und 19.7.6).

(6) Die Ausschalfristen sind gegenüber der Tabelle 8 zu vergrößern, unter Umständen zu verdoppeln, wenn die Betontemperatur in der Erhärtungszeit überwiegend unter + 5 °C lag. Tritt während des Erhärtens Frost ein, so sind die Ausschal- und Ausrüstfristen für ungeschützten Beton mindestens um die Dauer des Frostes zu verlängern (siehe Abschnitt 11).

Tabelle 8. Ausschalfristen (Anhaltswerte)

	1	2	3	4
	Festigkeitsklasse des Zements	Für die seitliche Schalung der Balken und für die Schalung der Wände und Stützen Tage	Für die Schalung der Deckenplatten Tage	Für die Rüstung (Stützung) der Balken, Rahmen und weitgespannten Platten Tage
1	Z 25	4	10	28
2	Z 35 L	3	8	20
3	Z 35 F Z 45 L	2	5	10
4	Z 45 F Z 55	1	3	6

(7) Für eine Verlängerung der Fristen kann außerdem das Bestreben bestimmend sein, die Bildung von Rissen - vor allem bei Bauteilen mit sehr verschiedener Querschnittsdicke oder Temperatur - zu vermindern oder zu vermeiden oder die Kriechverformungen zu vermindern, z. B. auch infolge verzögerter Festigkeitsentwicklung.

(8) Bei Verwendung von Gleit- oder Kletterschalungen kann in der Regel von kürzeren Fristen als in der Tabelle 8 angegeben ausgegangen werden.

(9) Stützen, Pfeiler und Wände sollen vor den von ihnen gestützten Balken und Platten ausgeschalt werden. Rüstungen, Schalungsstützen und frei tragende Deckenschalungen (Schalungsträger) sind vorsichtig durch Lösen der Ausrüstvorrichtungen

abzusenken. Es ist unzulässig, diese ruckartig wegzuschlagen oder abzuzwängen. Erschütterungen sind zu vermeiden.

12.3.2 Hilfsstützen

(1) Um die Durchbiegungen infolge von Kriechen und Schwinden klein zu halten, sollen Hilfsstützen stehenbleiben oder sofort nach dem Ausschalen gestellt werden. Das gilt auch für die in Abschnitt 12.3.1(5) genannten Bauteile aus Fertigteilen und Ortbeton.

(2) Hilfsstützen sollen möglichst lange stehenbleiben, besonders bei Bauteilen, die schon nach dem Ausschalen einen großen Teil ihrer rechnungsmäßigen Last erhalten oder die frühzeitig ausgeschalt werden. Die Hilfsstützen sollen in den einzelnen Stockwerken übereinander angeordnet werden.

(3) Bei Platten und Balken mit Stützweiten bis etwa 8 m genügen Hilfsstützen in der Mitte der Stützweite. Bei größeren Stützweiten sind mehr Hilfsstützen zu stellen. Bei Platten mit weniger als 3 m Stützweite sind Hilfsstützen in der Regel entbehrlich.

12.3.3 Belastung frisch ausgeschalter Bauteile

Läßt sich eine Benutzung von Bauteilen, namentlich von Decken, in den ersten Tagen nach dem Herstellen oder Ausschalen nicht vermeiden, so ist besondere Vorsicht geboten. Keineswegs dürfen auf frisch hergestellten Decken Steine, Balken, Bretter, Träger usw. abgeworfen oder abgekippt oder in unzulässiger Menge gestapelt werden.

13 Einbau der Bewehrung und Betondeckung

13.1 Einbau der Bewehrung

(1) Vor der Verwendung ist der Stahl von Bestandteilen, die den Verbund beeinträchtigen können, wie z. B. Schmutz, Fett, Eis und losem Rost, zu befreien. Besondere Sorgfalt ist darauf zu verwenden, daß die Stahleinlagen die den Bewehrungszeichnungen (siehe Abschnitt 3.2) entsprechende Form (auch Krümmungsdurchmesser), Länge und Lage (siehe Abschnitt 18) erhalten. Bei Verwendung von Innenrüttlern für das Verdichten des Betons ist die Bewehrung so anzuordnen, daß die Innenrüttler an allen erforderlichen Stellen eingeführt werden können (Rüttellücken).

(2) Die Zug- und die Druckbewehrung (Hauptbewehrung) sind mit den Quer- und Verteilerstäben oder Bügeln durch Bindedraht zu verbinden. Diese Verbindungen dürfen bei vorwiegend ruhender Belastung durch Schweißung ersetzt werden, soweit dies nach Tabelle 6 und DIN 4099 zulässig ist.

(3) Die Stahleinlagen sind zu einem steifen Gerippe zu verbinden und durch Abstandhalter, deren Dicke dem Nennmaß der Betondeckung nach Abschnitt 13.2.1 (3) entspricht und die den Korrosionsschutz nicht beeinträchtigen, in ihrer vorgesehenen Lage so festzulegen, daß sie sich beim Einbringen und Verdichten des Betons nicht verschieben.

(4) Die obere Bewehrung ist gegen Herunterdrükken zu sichern.

(5) Bei Fertigteilen muß die Bewehrung wegen der oft geringen Auflagertiefen besonders genau abgelängt und vor allem an den Auflager- und Gelenkpunkten besonders sorgfältig eingebaut werden.

(6) Wird ein Bauteil mit Stahleinlagen auf der Unterseite unmittelbar auf dem Baugrund hergestellt (z. B. Fundamentplatte), so ist dieser vorher mit einer mindestens 5 cm dicken Betonschicht oder mit einer gleichwertigen Schicht abzudecken (Sauberkeitsschicht).

(7) Für die Verwendung von verzinkten Bewehrungen gilt Abschnitt 1.2. Verzinkte Stahlteile dürfen mit der Bewehrung in Verbindung stehen, wenn die Umgebungstemperatur an der Kontaktstelle + 40 °C nicht übersteigt.

(Bild 5 ist entfallen.)

13.2 Betondeckung

13.2.1 Allgemeine Bestimmungen

(1) Die Bewehrungsstäbe müssen zur Sicherung des Verbundes, des Korrosionsschutzes und zum Schutz gegen Brandeinwirkung ausreichend dick und dicht mit Beton ummantelt sein.

(2) Die Betondeckung jedes Bewehrungsstabes, auch der Bügel, darf nach allen Seiten die Mindestmaße min c der Tabelle 10, Spalte 3, nicht unterschreiten, falls nicht nach Abschnitt 13.2.2 größere Maße oder andere Maßnahmen (siehe Abschnitt 13.3) erforderlich sind.

(Tabelle 9 ist entfallen.)

(3) Zur Sicherstellung der Mindestmaße sind dem Entwurf und der Ausführung die Nennmaße nom c der Tabelle 10, Spalte 4, zugrunde zu legen. Die Nennmaße entsprechen den Verlegemaßen der Bewehrung. Sie setzen sich aus den Mindestma-

ßen min *c* und einem Vorhaltemaß zusammen, das in der Regel 1,0 cm beträgt.

(4) Werden bei der Verlegung besondere Maßnahmen (siehe z. B. „Merkblatt Betondeckung") getroffen, dürfen die in Tabelle 10, Spalte 4, angegebenen Nennmaße um 0,5 cm verringert werden. Absatz (2) ist dabei zu beachten.

(5) Bei Beton der Festigkeitsklasse B 35 und höher dürfen die Mindest- und Nennmaße um 0,5 cm verringert werden. Zur Sicherung des Verbundes dürfen die Mindestmaße jedoch nicht kleiner angesetzt werden als der Durchmesser der eingelegten Bewehrung oder als 1,0 cm. Bei Anwendung besonderer Maßnahmen nach Absatz (4) muß das Vorhaltemaß für die Umweltbedingungen nach Tabelle 10, Zeilen 2 bis 4, mindestens 0,5 cm betragen. Weitere Regelungen für besondere Anwendungsgebiete, z. B. werkmäßig hergestellte Betonmaste, Beton für Entwässerungsgegenstände, sind in Normen (siehe DIN 4035, DIN 4228 (z.Z. Entwurf), DIN 4281) festgelegt oder können aus den Angaben im DAfStb-Heft 400 abgeleitet werden.

(6) Das Nennmaß der Betondeckung ist auf den Bewehrungszeichnungen anzugeben (siehe Abschnitt 3.2.1) und den Standsicherheitsnachweisen zugrunde zu legen.

(7) Für Bauteile mit Umweltbedingungen nach Tabelle 10, Zeile 1, ist auch Beton der Festigkeitsklasse B 15 zulässig. Hierfür sind bei Stabdurchmessern $d_s \leq$ 12 mm min *c* =1,5 cm und nom *c* = 2,5 cm anzusetzen. Für größere Durchmesser gel-

Tabelle 10. Maße der Betondeckung in cm, bezogen auf die Umweltbedingungen (Korrosionsschutz) **und die Sicherung des Verbundes**

	1	2	3	4
	Umweltbedingungen	Stabdurchmesser d_s mm	Mindestmaße für $\geq$ B 25 min *c* cm	Nennmaße für $\geq$ B 25 nom *c* cm
1	Bauteile in geschlossenen Räumen, z. B. in Wohnungen (einschließlich Küche, Bad und Waschküche), Büroräumen, Schulen, Krankenhäusern, Verkaufsstätten - soweit nicht im folgenden etwas anderes gesagt ist. Bauteile, die ständig trocken sind	bis 12 14, 16 20 25 28	1,0 1,5 2,0 2,5 3,0	2,0 2,5 3,0 3,5 4,0
2	Bauteile, zu denen die Außenluft häufig oder ständig Zugang hat, z. B. offene Hallen und Garagen. Bauteile, die ständig unter Wasser oder im Boden verbleiben, soweit nicht Zeile 3 oder Zeile 4 oder andere Gründe maßgebend sind. Dächer mit einer wasserdichten Dachhaut für die Seite, auf der die Dachhaut liegt.	bis 20 25 28	2,0 2,5 3,0	3,0 3,5 4,0
3	Bauteile im Freien. Bauteile in geschlossenen Räumen mit oft auftretender, sehr hoher Luftfeuchte bei üblicher Raumtemperatur, z. B. in gewerblichen Küchen, Bädern, Wäschereien, in Feuchträumen von Hallenbädern und in Viehställen. Bauteile, die wechselnder Durchfeuchtung ausgesetzt sind, z. B. durch häufige starke Tauwasserbildung oder in der Wasserwechselzone. Bauteile, die „schwachem" chemischem Angriff nach DIN 4030 ausgesetzt sind.	bis 25 28	2,5 3,0	3,5 4,0
4	Bauteile, die besonders korrosionsfördernden Einflüssen auf Stahl oder Beton ausgesetzt sind, z. B. durch häufige Einwirkung angreifender Gase oder Tausalze (Sprühnebel- oder Spritzwasserbereich) oder durch „starken" chemischen Angriff nach DIN 4030 (siehe auch Abschnitt 13.3).	bis 28	4,0	5,0

ten die entsprechenden Werte nach Tabelle 10, Zeile 1.

(8) An solchen Flächen von Stahlbetonfertigteilen, an die Ortbeton mindestens der Festigkeitsklasse B 25 in einer Dicke von mindestens 1,5 cm unmittelbar anbetoniert und nach Abschnitt 10.2.2 verdichtet wird, darf im Fertigteil und im Ortbeton das Mindestmaß der Betondeckung der Bewehrung gegenüber den obengenannten Flächen auf die Hälfte des Wertes nach Tabelle 10, höchstens jedoch auf 1,0 cm, bei Fertigteilplatten mit statisch mitwirkender Ortbetonschicht nach Abschnitt 19.7.6 auf 0,5 cm vermindert werden. Absatz (4) gilt hierbei nicht.

(9) Schichten aus natürlichen oder künstlichen Steinen, Holz oder Beton mit haufwerkporigem Gefüge dürfen nicht auf die Betondeckung angerechnet werden.

13.2.2 Vergrößerung der Betondeckung

(1) Die in Abschnitt 13.2.1 genannten Mindest- und Nennmaße der Betondeckung sind bei Beton mit einem Größtkorn des Betonzuschlags von mehr als 32 mm um 0,5 cm zu vergrößern; sie sind auch um mindestens 0,5 cm zu vergrößern, wenn die Gefahr besteht, daß der noch nicht hinreichend erhärtete Beton durch mechanische Einwirkungen beschädigt wird.

(2) Eine Vergrößerung kann auch aus anderen Gründen, z. B. des Brandschutzes nach DIN 4102 Teil 4, notwendig sein.

(3) Bei besonders dicken Bauteilen, bei Betonflächen aus Waschbeton oder bei Flächen, die z. B. gesandstrahlt, steinmetzmäßig bearbeitet oder durch Verschleiß stark abgenutzt werden, ist die Betondeckung darüber hinaus angemessen zu vergrößern. Dabei ist die Tiefenwirkung der Bearbeitung und die durch sie verursachte Gefügestörung zu berücksichtigen.

13.3 Andere Schutzmaßnahmen

(1) Bei Umweltbedingungen der Tabelle 10, Zeilen 3 und 4, können andere Schutzmaßnahmen in Betracht kommen, wie außenliegende Schutzschichten (nach Normen der Reihe DIN 18 195) oder dauerhafte Bekleidungen mit dichten Schichten. Dabei sind aber mindestens die Angaben der Tabelle 10, Zeile 2, einzuhalten, wenn nicht aus Brandschutzgründen größere Betondeckungen erforderlich sind.

(2) Die Schutzmaßnahmen sind auf die Art des Angriffs abzustimmen. Bauteile aus Stahlbeton, an die lösliche, die Korrosion fördernde Stoffe anschließen (z. B. chloridhaltige Magnesiaestriche), müssen stets durch Sperrschichten von diesen getrennt werden.

14 Bauteile und Bauwerke mit besonderen Beanspruchungen

14.1 Allgemeine Anforderungen

Für Bauteile, an deren Wasserundurchlässigkeit, Frostbeständigkeit oder Widerstand gegen chemische Angriffe, mechanische Angriffe oder langandauernde Hitze besondere Anforderungen gestellt werden, ist Beton mit den in Abschnitt 6.5.7 angegebenen besonderen Eigenschaften zu verwenden.

14.2 Bauteile in betonschädlichen Wässern und Böden nach DIN 4030

(1) Der Beton muß den Bestimmungen des Abschnitts 6.5.7.5 entsprechen.

(2) Betonschädliches Wasser soll von jungem Beton möglichst ferngehalten werden. Die Betonkörper sind möglichst in einem ununterbrochenen Arbeitsgang herzustellen und besonders sorgfältig nachzubehandeln. Scharfe Kanten sollen möglichst vermieden werden. Arbeitsfugen müssen wasserundurchlässig sein; im Bereich wechselnden Wasserstandes sind sie möglichst zu vermeiden. Bei Wasser, das den Beton chemisch „sehr stark“ angreift (Angriffsgrade siehe DIN 4030), ist der Beton dauernd gegen diese Angriffe zu schützen, z. B. durch Sperrschichten nach den Normen der Reihe DIN 18 195 (siehe auch Abschnitt 13.3).

14.3 Bauteile unter mechanischen Angriffen

Sind Bauteile starkem mechanischem Angriff ausgesetzt, z. B. durch starken Verkehr, rutschendes Schüttgut, Eis, Sandabrieb oder stark strömendes und Feststoffe führendes Wasser, so sind die beanspruchten Oberflächen durch einen besonders widerstandsfähigen Beton (siehe Abschnitt 6.5.7.6) oder einen Belag oder Estrich gegen Abnutzung zu schützen.

14.4 Bauwerke mit großen Längenänderungen

14.4.1 Längenänderungen infolge von Wärmewirkungen und Schwinden

(1) Bei längeren Bauwerken oder Bauteilen, bei denen durch Wärmewirkungen und Schwinden Zwänge entstehen können, sind zur Beschränkung der Rißbildung geeignete konstruktive Maßnahmen zu treffen, z. B. Bewegungsfugen, entsprechende Bewehrung und zwangfreie Lagerung.

(2) Bei Stahlbetondächern und ähnlichen durch Wärmewirkungen beanspruchten Bauteilen empfiehlt es sich, die hier besonders großen temperaturbedingten Längenänderungen zu verkleinern, z. B. durch Anordnung einer ausreichenden Wärmedämmschicht auf der Oberseite der Dachplatte (siehe DIN 4108 Teil 2) oder durch Verwendung von Beton mit kleinerer Wärmedehnzahl oder durch beides. Die Wirkung der verbleibenden Längenänderungen auf die unterstützenden Teile kann durch bauliche Maßnahmen abgemindert werden, z. B. durch möglichst kleinen Abstand der Bewegungsfugen, durch Gleitlager oder Pendelstützen. Liegt ein Stahlbetondach auf gemauerten Wänden oder auf unbewehrten Betonwänden, so sollen unter seinen Auflagern Gleitschichten und zur Aufnahme der verbleibenden Reibungskräfte Stahlbeton-Ringanker am oberen Ende der Wände angeordnet werden, um Risse in den Wänden möglichst zu vermeiden.

14.4.2 Längenänderungen infolge von Brandeinwirkung

Bei Bauwerken mit erhöhter Brandgefahr und größerer Längen- oder Breitenausdehnung ist bei Bränden mit großen Längenänderungen der Stahlbetonbauteile zu rechnen; daher soll der Abstand *a* der Dehnfugen möglichst nicht größer sein als 30 m, sofern nicht nach Abschnitt 14.4.1 kürzere Abstände erforderlich sind. Die wirksame lichte Fugenweite soll mindestens $a/1200$ sein. Bei Gebäuden, in denen bei einem Brand mit besonders hohen Temperaturen oder besonders langer Branddauer zu rechnen ist, soll diese Fugenweite bis auf das Doppelte vergrößert werden.

14.4.3 Ausbildung von Dehnfugen

(1) Die Dehnfugen müssen durch das ganze Bauwerk einschließlich der Bekleidung und des Daches gehen. Die Fugen sind so abzudecken, daß das Feuer durch die Fugen nicht unmittelbar oder durch zu große Durchwärmung (siehe DIN 4102 Teil 2 und Teil 4) übertragen werden kann, die Ausdehnung der Bauteile jedoch nicht behindert wird. Die Wirkung der Fugen darf auch nicht durch spätere Einbauten, z. B. Wandverkleidungen, maschinelle Einrichtungen, Rohrleitungen und dergleichen aufgehoben werden.

(2) Die Bauteile zwischen den Dehnfugen sollen sich beim Brand möglichst gleichmäßig von der Mitte zwischen den Fugen nach beiden Seiten ausdehnen können, um beim Brand zu starke Überbeanspruchung der stützenden Bauteile zu vermeiden. Dehnfugen sollen daher möglichst so angeordnet werden, daß besonders steife Einbauten, z. B. Treppenhäuser oder Aufzugschächte, in der Mitte zwischen zwei Fugen bzw. Fuge und Gebäudeende liegen.

15 Grundlagen zur Ermittlung der Schnittgrößen

15.1 Ermittlung der Schnittgrößen

15.1.1 Allgemeines

Die Schnittgrößen sind für alle während der Errichtung und im Gebrauch auftretenden maßgebenden Lastfälle zu berechnen, wobei auch die räumliche Steifigkeit, Stabilität und gegebenenfalls ungünstige Umlagerungen der Schnittgrößen infolge von Kriechen zu berücksichtigen sind.

15.1.2 Ermittlung der Schnittgrößen infolge von Lasten

(1) Für die Ermittlung der Schnittgrößen sind Verkehrslasten in ungünstigster Stellung vorzusehen. Wenn nötig, ist diese mit Hilfe von Einflußlinien zu ermitteln. Soweit bei Hochbauten mit gleichmäßig verteilten Verkehrslasten gerechnet werden darf, genügt jedoch im allgemeinen die Vollbelastung der einzelnen Felder in ungünstigster Anordnung (feldweise veränderliche Belastung).

(2) Die Schnittgrößen statisch unbestimmter Tragwerke sind nach Verfahren zu berechnen, die auf der Elastizitätstheorie beruhen, wobei im allgemeinen die Querschnittswerte nach Zustand I mit oder ohne Einschluß des 10fachen Stahlquerschnitts verwendet werden dürfen.

(3) Bei üblichen Hochbauten (siehe Abschnitt 2.2.4) dürfen für durchlaufende Platten, Balken und Plattenbalken (siehe Abschnitt 15.4.1.1) mit Stützweiten bis 12 m und gleichbleibendem Betonquerschnitt die nach den vorstehenden Angaben ermittelten Stützmomente um bis zu 15 % ihrer Höchstwerte vermindert oder vergrößert werden, wenn bei der Bestimmung der zugehörigen Feldmomente die Gleichgewichtsbedingungen eingehal-

ten werden. Auf diesen Grundlagen aufbauende Näherungsverfahren, z. B. nach DAfStb-Heft 240, sind zulässig.

(4) Wegen der Berücksichtigung von Torsionssteifigkeiten bzw. Torsionsmomenten siehe Abschnitt 15.5.

(5) Die Querdehnzahl ist mit $\mu = 0{,}2$ anzunehmen; zur Vereinfachung darf jedoch auch mit $\mu = 0$ gerechnet werden.

15.1.3 Ermittlung der Schnittgrößen infolge von Zwang

(1) Die Einflüsse von Schwinden, Temperaturänderungen, Stützensenkungen usw. müssen berücksichtigt werden, wenn hierdurch die Summe der Schnittgrößen wesentlich in ungünstiger Richtung verändert wird; sie dürfen berücksichtigt werden, wenn die Summe der Schnittgrößen in günstiger Richtung verändert wird. Im ersten Fall darf, im zweiten Fall muß die Verminderung der Steifigkeit durch Rißbildung (Zustand II) berücksichtigt werden (siehe z. B. DAfStb-Heft 240). Der Abbau der Zwangschnittgrößen durch das Kriechen darf berücksichtigt werden.

(2) Bei Bauten, die durch Fugen in genügend kurze Abschnitte unterteilt sind, darf der Einfluß von Kriechen, Schwinden und Temperaturänderungen in der Regel vernachlässigt werden (siehe auch Abschnitt 14.4.1).

15.2 Stützweiten

(1) Ist die Stützweite nicht schon durch die Art der Lagerung (z. B. Kipp- oder Punktlager) eindeutig gegeben, so gilt als Stützweite l:

a) Bei Annahme frei drehbarer Lagerung der Abstand der vorderen Drittelpunkte der Auflagertiefe (Schwerpunkte der dreieckförmig angenommenen Auflagerpressung) bzw. bei sehr großer Auflagertiefe die um 5 % vergrößerte lichte Weite. Der kleinere Wert ist maßgebend (siehe auch Abschnitte 20.1.2 und 21.1.1).

b) Bei Einspannung der Abstand der Auflagermitten oder die um 5 % vergrößerte lichte Weite. Der kleinere Wert ist maßgebend.

c) Bei durchlaufenden Bauteilen der Abstand zwischen den Mitten der Auflager, Stützen oder Unterzüge.

(2) Wegen Mindestanforderungen für Auflagertiefen siehe Abschnitte 18.7.4, 18.7.5, 20.1.2 und 21.1.1.

15.3 Mitwirkende Plattenbreite bei Plattenbalken

Die mitwirkende Plattenbreite von Plattenbalken ist nach der Elastizitätstheorie zu ermitteln. Vereinfachende Angaben enthält DAfStb-Heft 240.

15.4 Biegemomente

15.4.1 Biegemomente in Platten und Balken

15.4.1.1 Allgemeines

Durchlaufende Platten und Balken dürfen im allgemeinen als frei drehbar gelagert berechnet werden. Platten zwischen Stahlträgern oder Stahlbetonfertigbalken dürfen nur dann als durchlaufend in Rechnung gestellt werden, wenn die Oberkante der Platte mindestens 4 cm über der Trägeroberkante liegt und die Bewehrung zur Deckung der Stützmomente über die Träger hinweggeführt wird.

15.4.1.2 Stützmomente

(1) Die Momentenfläche darf, wenn bei der Berechnung eine frei drehbare Lagerung angenommen wurde, über den Unterstützungen nach den Bildern 6 und 7 parabelförmig ausgerundet werden.

(2) Bei biegesteifem Anschluß von Platten und Balken an die Unterstützung bzw. bei Verstärkungen (Vouten) darf die Nutzhöhe nicht größer angenommen werden als sie sich bei einer Neigung der Verstärkung von 1:3 ergeben würde (siehe Bild 7).

(3) Bei Platten und Balken in Hochbauten, die biegesteif mit ihrer Unterstützung verbunden sind, ist die Bemessung für die Momente am Rand der Unterstützung (siehe Bild 7) durchzuführen. Bei gleichmäßig verteilter Belastung ist dieses Moment, sofern kein genauerer Nachweis (z. B. unter Berücksichtigung der teilweisen Einspannung in die Unterstützungen) geführt wird, mindestens anzusetzen mit

$M = q \cdot l_w^2/12$ an der ersten Innenstütze im Endfeld (1)

$M = q \cdot l_w^2/14$ an den übrigen Innenstützen (2)

Bei anderer Belastung ist entsprechend zu verfahren.

(4) Bei durchlaufenden, kreuzweise gespannten Platten sind in den Gleichungen (1) und (2) die Lastanteile q_x bzw. q_y einzusetzen.

15.4.1.3 Positive Feldmomente

Das positive Moment darf nicht kleiner in Rechnung gestellt werden als bei Annahme voller beid-

I

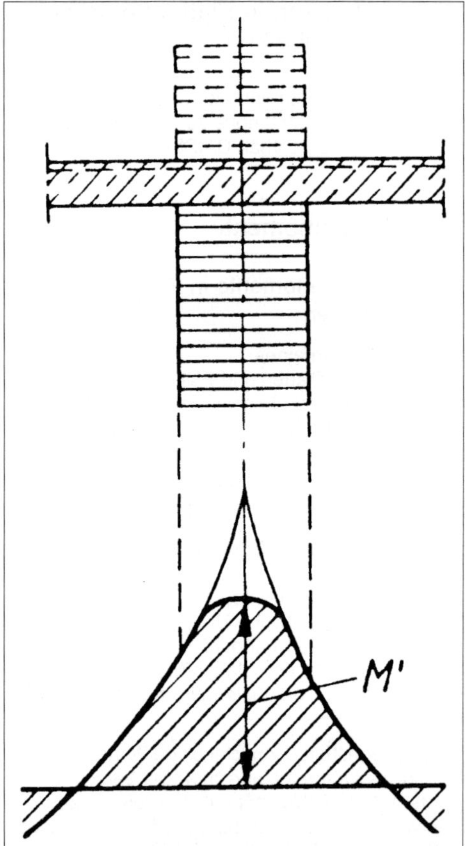

Bild 6. Momentenausrundung bei nicht biegesteifem Anschluß an die Unterstützung, z. B. bei Auflagerung auf Wänden

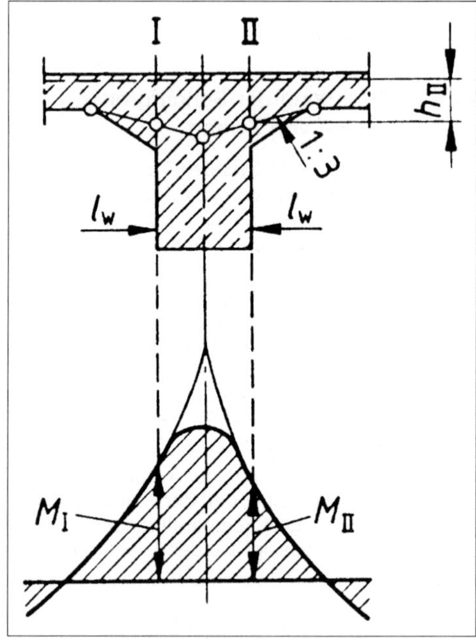

Bild 7. Momentenausrundung und Bemessungsmomente bei biegesteifem Anschluß an die Unterstützung

seitiger Einspannung, bei Endfeldern nicht kleiner als bei voller einseitiger Einspannung an den ersten Innenstützen, sofern kein genauerer Nachweis (z. B. unter Berücksichtigung der teilweisen Einspannung in die Unterstützungen) geführt wird.

15.4.1.4 Negative Feldmomente

Die negativen Momente aus Verkehrslast brauchen - wenn sie trotz biegesteif angeschlossener Unterstützungen für frei drehbare Lagerung ermittelt wurden - bei durchlaufenden Platten und Rippendecken nur mit der Hälfte, bei durchlaufenden Balken nur mit dem 0,7fachen ihres nach Abschnitt 15.1.2 berechneten Wertes berücksichtigt zu werden.

15.4.1.5 Berücksichtigung einer Randeinspannung

Bei Berechnung des Feldmomentes im Endfeld darf eine Einspannung am Endauflager nur soweit berücksichtigt werden, wie sie durch bauliche Maßnahmen gesichert und rechnerisch nachgewiesen ist (siehe z. B. Abschnitt 15.4.2). Der Torsionswiderstand von Balken darf hierbei nur dann berücksichtigt werden, wenn ihre Torsionssteifigkeit in wirklichkeitsnaher Weise erfaßt wird (siehe DAfStb-Heft 240). Andernfalls ist die Torsionssteifigkeit zu vernachlässigen und nach Abschnitt 15.5 (2) zu verfahren.

15.4.2 Biegemomente in rahmenartigen Tragwerken

(1) In Hochbauten, bei denen unter Gebrauchslast alle horizontalen Kräfte von aussteifenden Scheiben aufgenommen werden können, dürfen bei Innenstützen, die mit Stahlbetonbalken oder -platten biegefest verbunden sind, unter lotrechter Belastung im allgemeinen die Biegemomente aus Rahmenwirkung vernachlässigt werden.

(2) Randstützen sind jedoch stets als Rahmenstiele in biegefester Verbindung mit Platten, Balken oder Plattenbalken zu berechnen. Wenn bei den Randstützen die Rahmenwirkung nicht genauer bestimmt wird, dürfen die Eckmomente nach den in DAfStb-Heft 240 angegebenen Näherungsverfahren ermittelt werden. Dies gilt auch für Stahlbetonwände in Verbindung mit Stahlbetonplatten.

15.5 Torsion

(1) In Trägern (Balken, Plattenbalken o. ä.) ist die Aufnahme von Torsionsmomenten nur dann nachzuweisen, wenn sie für das Gleichgewicht notwendig sind.

(2) Die Torsionssteifigkeit von Trägern darf bei der Ermittlung der Schnittgrößen vernachlässigt werden. Wird sie berücksichtigt, so ist der beim Übergang von Zustand I in Zustand II infolge der Rißbildung eintretende stärkere Abfall der Torsionssteifigkeit gegenüber der Biegesteifigkeit zu berücksichtigen. Bleibt der Einfluß der Torsionssteifigkeit beim Nachweis der Schnittgrößen außer Betracht, so sind die vernachlässigten Torsionsmomente und ihre Weiterleitung in die unterstützenden Bauteile bei der Bewehrungsführung konstruktiv zu berücksichtigen.

15.6 Querkräfte

(1) Die für die Ermittlung der Schub- und Verbundspannungen maßgebenden Querkräfte dürfen in Hochbauten für Vollbelastung aller Felder bestimmt werden, wobei gegebenenfalls die Durchlaufwirkung oder Einspannung zu berücksichtigen ist. Bei ungleichen Stützweiten darf Vollbelastung nur dann zugrunde gelegt werden, wenn das Verhältnis benachbarter Stützweiten nicht kleiner als 0,7 ist.

(2) In Feldern mit größeren Querschnittsschwächungen (Aussparungen, stark wechselnde Steghöhe) ist für die Ermittlung der Querkräfte im geschwächten Bereich die ungünstigste Teilstreckenbelastung anzusetzen.

15.7 Stützkräfte

(1) Die von einachsig gespannten Platten und Rippendecken sowie von Balken und Plattenbalken auf andere Bauteile übertragenen Stützkräfte dürfen im allgemeinen ohne Berücksichtigung einer Durchlaufwirkung unter der Annahme berechnet werden, daß die Tragwerke über allen Innenstützen gestoßen und frei drehbar gelagert sind.

(2) Die Durchlaufwirkung muß bei der ersten Innenstütze stets, bei den übrigen Innenstützen dann berücksichtigt werden, wenn das Verhältnis benachbarter Stützweiten kleiner als 0,7 ist.

(3) Für zweiachsig gespannte Platten gilt Abschnitt 20.1.5.

15.8 Räumliche Steifigkeit und Stabilität

15.8.1 Allgemeine Grundlagen

(1) Auf die räumliche Steifigkeit der Bauwerke und ihre Stabilität ist besonders zu achten. Konstruktionen, bei denen das Versagen oder der Ausfall eines Bauteiles zum Einsturz einer Reihe weiterer Bauteile führen kann, sind nach Möglichkeit zu vermeiden (z. B. Gerberbalken mit Gelenken in aufeinanderfolgenden Feldern). Ist bei einem Bauwerk nicht von vornherein erkennbar, daß Steifigkeit und Stabilität gesichert sind, so ist ein rechnerischer Nachweis der Standsicherheit der waagerechten und lotrechten aussteifenden Bauteile erforderlich; dabei sind auch Maßabweichungen des Systems und ungewollte Ausmitten der lotrechten Lasten nach Abschnitt 15.8.2 zu berücksichtigen.

(2) Bei großer Nachgiebigkeit der aussteifenden Bauteile müssen darüber hinaus die Formänderungen bei der Ermittlung der Schnittgrößen berücksichtigt werden. Für die lotrechten aussteifenden Bauteile ist ein Knicksicherheitsnachweis nach Abschnitt 17.4 zu führen. Dieser Nachweis darf entfallen, wenn z. B. Wandscheiben oder Treppenhausschächte die lotrechten aussteifenden Bauteile bilden, diese annähernd symmetrisch angeordnet sind bzw. nur kleine Verdrehungen des Gebäudes um die lotrechte Achse zulassen und die Bedingung der Gleichung (3) erfüllen.

$$\alpha = h \cdot \sqrt{\frac{N}{E_b I}} \begin{cases} \leq 0{,}6 & \text{für } n \geq 4 \\ \leq 0{,}2 + 0{,}1 \cdot n & \text{für } 1 \leq n \leq 4 \end{cases} \qquad (3)$$

In Gleichung (3) bedeuten:

h Gebäudehöhe über der Einspannebene für die lotrechten aussteifenden Bauteile

N Summe aller lotrechten Lasten des Gebäudes

$E_b I = \sum_{r=1}^{k} E_b I_r$ Summe der Biegesteifigkeit $E_b I_r$ aller k lotrechten aussteifenden Bauteile (z. B. Wandscheiben, Treppenhausschächte). Das Flächenmoment 2. Grades I_r kann unter Ansatz des vollen Betonquerschnitts jedes einzelnen lotrechten aussteifenden Bauteils r ermittelt werden. Der Elastizitätsmodul E_b des Betons darf Tabelle 11 in Abschnitt 16.2.2 entnommen werden.

Ändert sich $E_b I$ über die Gebäudehöhe h, so darf für den Nachweis nach Gleichung (3) ein mittlerer Steifigkeitswert $(E_b I)_m$ über die Kopfauslenkung der aussteifenden Bauteile ermittelt werden.

n Anzahl der Geschosse

(3) Werden Mauerwerkswände zur Aussteifung herangezogen, so gelten sie als tragende Wände nach DIN 1053 Teil 1. Sie sind für alle auf sie einwirkenden Kräfte zu bemessen.

15.8.2 Maßabweichungen des Systems und ungewollte Ausmitten der lotrechten Lasten

15.8.2.1 Rechenannahmen

(1) Als Ersatz für Maßabweichungen des Systems bei der Ausführung und für unbeabsichtigte Ausmitten des Lastangriffs ist eine Lotabweichung der Schwerachsen aller Stützen und Wände in Rechnung zu stellen. Dieser Lastfall „Lotabweichung" ist mit Vollast zu rechnen, und zwar für den Nachweis der waagerechten aussteifenden Bauteile nach Abschnitt 15.8.2.2 und für den Nachweis der lotrechten aussteifenden Bauteile nach Abschnitt 15.8.2.3.

(2) Schiefstellungen infolge größerer Setzungsunterschiede und Fundamentverdrehungen sind hiermit noch nicht erfaßt.

15.8.2.2 Waagerechte aussteifende Bauteile

(1) Bei Geschoßbauten sind die Decken als Scheiben auszubilden, sofern für die Weiterleitung der auftretenden Horizontalkräfte keine anderen Maßnahmen getroffen werden. Für die waagerechten aussteifenden Bauteile ist der Lastfall „Lotabweichung" durch eine Schiefstellung φ_1 nach Gleichung (4) aller auszusteifenden Stützen und Wände im Geschoß unter und über dem betrachteten waagerechten aussteifenden Bauteil in ungünstigster Richtung nach Bild 8 einzuführen

$$\varphi_1 = \pm \frac{1}{200 \cdot \sqrt{h_1}} \qquad (4)$$

Darin sind:

φ_1 Winkel in Bogenmaß zwischen den Achsen der auszusteifenden Stützen und Wände und der Lotrechten

h_1 Mittel aus den jeweiligen Stockwerkshöhen unter und über dem waagerechten aussteifenden Bauteil in m

(2) Die Einleitung der aus Gleichung (4) sich ergebenden waagerechten Kräfte in die aussteifenden lotrechten Bauteile ist nachzuweisen; ihre Weiter-

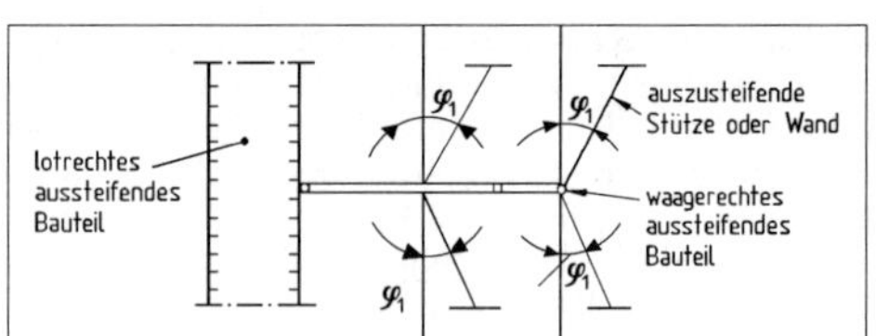

Bild 8. Schiefstellung φ_1 aller auszusteifenden Stützen und Wände

leitung in den lotrechten aussteifenden Bauteilen braucht dagegen rechnerisch nicht nachgewiesen zu werden.

15.8.2.3 Lotrechte aussteifende Bauteile

Bei den lotrechten aussteifenden Bauteilen (z. B. Treppenhausschächten oder Wandscheiben) ist der Lastfall „Lotabweichung" durch eine Schiefstellung φ_2 nach Gleichung (5) aller auszusteifenden und aussteifenden lotrechten Bauteile in ungünstigster Richtung nach Bild 9 einzuführen.

$$\varphi_2 = \pm \frac{1}{100 \cdot \sqrt{h}} \qquad (5)$$

Darin sind:

φ_2 Winkel in Bogenmaß zwischen der Lotrechten und den auszusteifenden sowie den aussteifenden lotrechten Bauteilen

h Gebäudehöhe in m über der Einspannebene für die lotrechten aussteifenden Bauteile

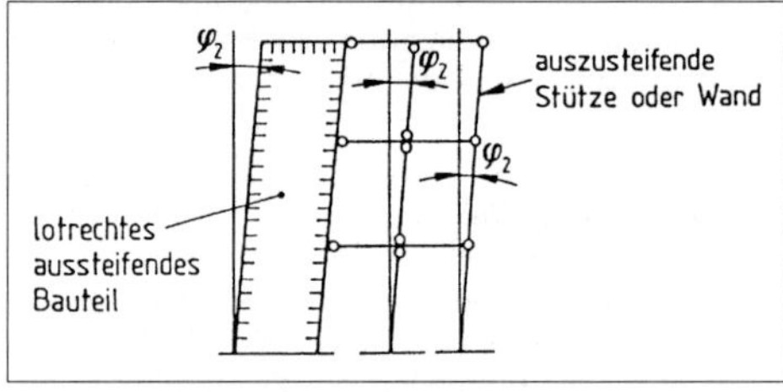

Bild 9. Schiefstellung φ_2 aller auszusteifenden und aussteifenden lotrechten Bauteile

16 Grundlagen für die Berechnung der Formänderungen

16.1 Anwendungsbereich

Die nachfolgenden Abschnitte dienen der Ermittlung der

a) Zwangschnittgrößen (siehe Abschnitt 15.1.3),

b) Knicksicherheit (siehe Abschnitt 17.4),

c) Durchbiegungen (siehe Abschnitt 17.7).

Sie beschreiben das durchschnittliche Formänderungsverhalten der Baustoffe. Auf der sicheren Seite liegende Vereinfachungen (siehe z. B. DAfStb-Heft 240) sind zulässig.

16.2 Formänderungen unter Gebrauchslast

16.2.1 Stahl

Die Rechenwerte der Spannungsdehnungslinien der Betonstähle sind in Bild 12 (siehe Abschnitt 17.2.1) dargestellt. Der Elastizitätsmodul E_s des Stahls ist für Zug und Druck gleich und mit 210 000 N/mm^2 anzunehmen.

16.2.2 Beton

(1) Für die Berechnung der Formänderungen des Betons unter Gebrauchslast ist ein konstanter, für Druck und Zug gleich großer Elastizitätsmodul zugrunde zu legen. Wenn genauere Angaben nicht erforderlich sind, dürfen die Werte nach Tabelle 11 verwendet werden. Die dort angegebenen Rechenwerte gelten nur für Beton mit Betonzuschlag nach DIN 4226 Teil 1.

(2) Sofern der Einfluß der Querdehnung von wesentlicher Bedeutung ist, ist er mit $\mu \approx 0{,}2$ zu berücksichtigen (siehe auch Abschnitt 15.1.2).

16.2.3 Stahlbeton

Für die Berechnungen der Formänderungen von Stahlbetonbauteilen unter Gebrauchslast gelten die in den Abschnitten 16.2.1 und 16.2.2 angegebenen Grundlagen. Unter Gebrauchslast darf ein Mitwirken des Betons auf Zug näherungsweise durch Annahme eines um 10 % vergrößerten Querschnitts der Zugbewehrung berücksichtigt werden.

16.3 Formänderungen oberhalb der Gebrauchslast

Für die Berechnung der Formänderungen des Betons in bewehrten und unbewehrten Bauteilen unter kurzzeitigen Belastungen, die über der Gebrauchslast liegen (z. B. beim Nachweis der Knicksicherheit nach Abschnitt 17.4), darf an der Stelle der Spannungsdehnungslinie nach Bild 11 in Abschnitt 17.2.1 auch die vereinfachte Spannungsdehnungslinie nach Bild 10 zugrunde gelegt werden.

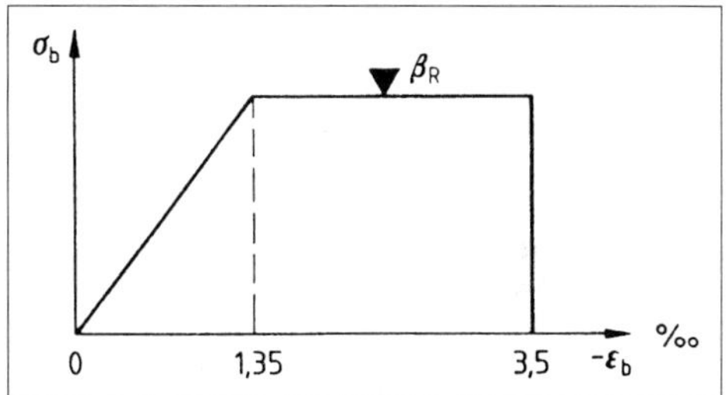

Bild 10. Spannungsdehnungslinie des Betons zum Nachweis der Formänderungen oberhalb der Gebrauchslast (β_R siehe Tabelle 12, Abschnitt 17.2.1).

16.4 Kriechen und Schwinden des Betons

(1) Das Kriechen und Schwinden des Betons hängt vor allem ab von der Feuchte der umgebenden Luft, dem Wasser- und Zementgehalt des Betons und den äußeren Maßen des Bauteils. Das Kriechen wird außerdem von dem Erhärtungsgrad des Betons bei Belastungsbeginn und von der Art, Dauer und Größe der Beanspruchung des Betons beeinflußt.

(2) Bei Stahlbetontragwerken kann im allgemeinen ein Nachweis entfallen; ist ein Nachweis erforderlich, so ist dieser nach DIN 4227 Teil 1 zu führen.

Tabelle 11. **Rechenwerte des Elastizitätsmoduls des Betons**

	1	2	3	4	5	6	7
1	Festigkeitsklasse des Betons	B 10	B 15	B 25	B 35	B 45	B 55
2	Elastizitätsmodul E_b in N/mm^2	22 000	26 000	30 000	34 000	37 000	39 000

16.5 Wärmewirkungen

(1) Beim Nachweis der von Wärmewirkungen hervorgerufenen Schnittgrößen oder Verformungen darf in der Regel angenommen werden, daß die Temperatur im ganzen Tragwerk gleich ist.

(2) Als Grenzen der durch Witterungseinflüsse hervorgerufenen Temperaturschwankungen in den Bauteilen sind in Rechnung zu stellen

a) im allgemeinen .... ±15 K

b) bei Bauteilen, deren geringstes Maß 70 cm und mehr beträgt .... ± 10 K

c) bei Bauteilen, die durch Überschüttung oder andere Vorkehrungen vor größeren Temperaturschwankungen geschützt sind .. ± 7,5 K

(3) Bei Bauteilen im Freien sind die Werte unter a) und b) um je 5 K zu vergrößern, wenn der Abbau der Zwangschnittgrößen nach Zustand II in Rechnung gestellt wird.

(4) Treten erhebliche Temperaturunterschiede innerhalb eines Bauteils oder zwischen fest miteinander verbundenen Bauteilen auf, so ist ihr Einfluß zu berücksichtigen.

(5) Als Wärmedehnzahl ist für den Beton und die Stahleinlagen $\alpha_T = 10^{-5}\ K^{-1}$, anzunehmen, wenn nicht im Einzelfall für den Beton ein anderer Wert durch Versuche nachgewiesen wird.

17 Bemessung

17.1 Allgemeine Grundlagen

17.1.1 Sicherheitsabstand

(1) Die Bemessung muß einen ausreichenden Sicherheitsabstand zwischen Gebrauchslast und rechnerischer Bruchlast und ein einwandfreies Verhalten der Konstruktion unter Gebrauchslast sicherstellen.

(2) Bei Biegung, bei Biegung mit Längskraft und bei Längskraft allein ist die Bemessung nach Abschnitt 17.2 durchzuführen unter Berücksichtigung des nicht proportionalen Zusammenhangs zwischen Spannung und Dehnung. Die Sicherheit ist ausreichend, wenn die Schnittgrößen, die vom Querschnitt im Bruchzustand (siehe Abschnitt 17.2.1) rechnerisch aufgenommen werden können, mindestens gleich sind den mit den Sicherheitsbeiwerten (siehe Abschnitt 17.2.2) vervielfachten Schnittgrößen unter Gebrauchslast. Moment und Längskraft sind im ungünstigsten Zusammenwirken anzusetzen und mit dem gleichen Sicherheitsbeiwert zu vervielfältigen.

(3) Bei Querkraft und Torsion wird der Sicherheitsabstand durch Begrenzung der unter Gebrauchslast auftretenden Spannungen nach Abschnitt 17.5 sichergestellt. Bei Einhaltung der Werte der Tabelle 13 kann mindestens ein Sicherheitsbeiwert von $\gamma = 1{,}75$ vorausgesetzt werden.[23])

17.1.2 Anwendungsbereich

Die im nachfolgenden angegebenen Regeln gelten für Träger mit $l_0/h \geq 2$ und Kragträger mit $l_k/h \geq 1$. Dabei ist l_0 der Abstand der Momenten-Nullpunkte und l_k die Kraglänge. Für wandartige Träger siehe Abschnitt 23.

17.1.3 Verhalten unter Gebrauchslast

(1) Das einwandfreie Verhalten unter Gebrauchslast ist nach den Angaben der Abschnitte 17.6 bis 17.8 nachzuweisen. Dabei werden die unter Gebrauchslast auftretenden Spannungen auf der Grundlage linear elastischen Verhaltens von Stahl und Beton berechnet, und zwar unter der Annahme, daß sich die Dehnungen wie die Abstände von der Nullinie verhalten. Das Verhältnis der Elastizitätsmoduln von Stahl und Beton darf bei der Ermittlung von Querschnittswerten und Spannungen einheitlich mit $n = 10$ angenommen werden.

(2) Die Stahlzugspannung darf näherungsweise nach Gleichung (6) ermittelt werden, wobei z aus der Bemessung nach Abschnitt 17.2.1 übernommen werden darf. M_s ist dabei das auf die Zugbewehrung A_s bezogene Moment.

$$\sigma_s = \frac{1}{A_s}\left(\frac{M_s}{z} + N\right) \tag{6}$$

(N ist als Druckkraft mit negativem Vorzeichen einzusetzen.)

17.2 Bemessung für Biegung, Biegung mit Längskraft und Längskraft allein

17.2.1 Grundlagen, Ermittlung der Bruchschnittgrößen

(1) Die folgenden Bestimmungen gelten für Tragwerke mit Biegung, Biegung mit Längskraft und Längskraft allein, bei denen vorausgesetzt werden kann, daß sich die Dehnungen der einzelnen Fasern des Querschnitts wie ihre Abstände von der Nullinie verhalten (siehe auch Abschnitt 17.1.2).

---

23) Zwangschnittgrößen brauchen nur mit dem $^1/_{1,75}$fachen Wert in Rechnung gestellt zu werden.

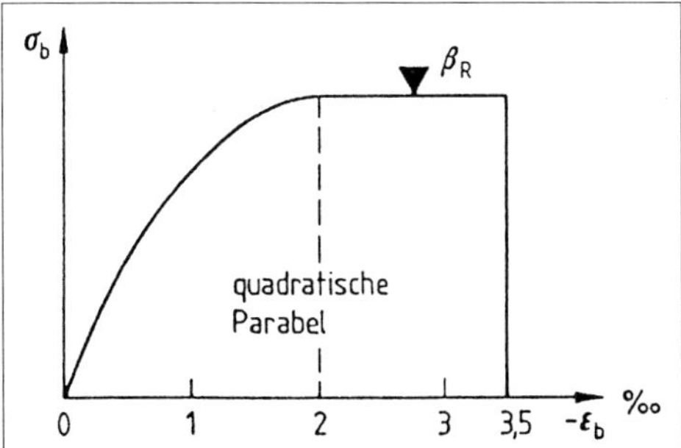

Bild 11. Rechenwerte für die Spannungsdehnungslinie des Betons (β_R siehe Tabelle 12)

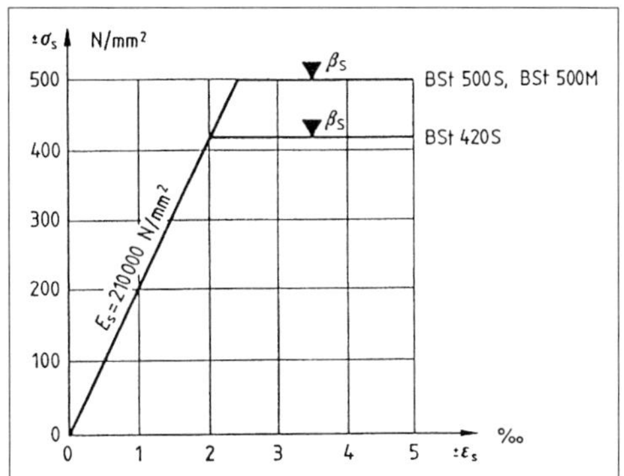

Bild 12. Rechenwerte für die Spannungsdehnungslinien der Betonstähle

Tabelle 12. Rechenwerte β_R der Betondruckfestigkeit in N/mm²

	1	2	3	4	5	6	7	8
1	Nennfestigkeit β_{WN} des Betons (siehe Tabelle 1)	5,0	10	15	25	35	45	55
2	Rechenwert β_R	3,5	7,0	10,5	17,5	23	27	30

(2) Der für die Bemessung nach Abschnitt 17.1.1 maßgebende Zusammenhang zwischen Spannung und Dehnung ist für Beton in Bild 11, für Betonstahl in Bild 12 dargestellt. Wie weit diese Spannungsdehnungslinien im einzelnen ausgenützt werden dürfen, zeigen die Dehnungsdiagramme in Bild 13. Diese Bemessungsgrundlagen gelten für alle Querschnittsformen.

(3) Zur Vereinfachung darf für die Bemessung auch die Spannungsdehnungslinie des Betons nach Abschnitt 16.3, Bild 10, oder das in DAfStb-Heft 220 beschriebene Verfahren mit einer rechteckigen Spannungsverteilung verwendet werden.

(4) Ein Mitwirken des Betons auf Zug darf nicht berücksichtigt werden.

(5) Als Bewehrung dürfen im gleichen Querschnitt gleichzeitig alle in Tabelle 6 genannten Stahlsorten mit den dort angegebenen Festigkeitswerten und mit den zugeordneten Spannungsdehnungslinien nach Bild 12 in Rechnung gestellt werden.

(6) Bei Bauteilen mit Nutzhöhen $h < 7$ cm sind für die Bemessung die Schnittgrößen (M, N) im Verhältnis $\frac{15}{h+8}$ vergrößert in Rechnung zu stellen. Bei werkmäßig hergestellten flächentragwerkartigen Bauteilen (z. B. Platten und Wänden) für eingeschossige untergeordnete Bauten (z. B. freistehende Einzel- oder Reihengaragen) brauchen die Schnittgrößen nicht vergrößert zu werden.

(7) Im DAfStb-Heft 220 sind Hilfsmittel für die Bemessung angegeben, die von den vorstehenden Grundlagen ausgehen.

17.2.2 Sicherheitsbeiwerte

(1) Bei Lastschnittgrößen betragen die Sicherheitsbeiwerte für Stahlbeton

$\gamma = 1,75$ bei Versagen des Querschnitts mit Vorankündigung,

$\gamma = 2,10$ bei Versagen des Querschnitts ohne Vorankündigung.

(2) Zwangschnittgrößen brauchen nur mit einem Sicherheitsbeiwert $\gamma = 1,0$ in Rechnung gestellt zu werden.

(3) Als Vorankündigung gilt die Rißbildung, welche von der Dehnung der Zugbewehrung ausgelöst wird. Mit Vorankündigung kann gerechnet werden, wenn die rechnerische Dehnung der Bewehrung nach Bild 13 $\varepsilon_s \geq 3$ ‰ ist, mit Bruch o h n e Vorankündigung, wenn $\varepsilon_s \leq 0$ ‰ ist. Zwischen diesen beiden Grenzen ist der Sicherheitsbeiwert linear zu interpolieren (siehe Bild 13).

Bereich 1: Mittige Zugkraft und Zugkraft mit geringer Ausmitte.

Bereich 2: Biegung oder Biegung mit Längskraft bis zur Ausnutzung der Betondruckfestigkeit ($|\varepsilon_{b1}| \leq 3,5$ ‰) und unter Ausnutzung der Stahlstreckgrenze ($\varepsilon_s > \varepsilon_{sS}$)

Bereich 3: Biegung oder Biegung mit Längskraft bei Ausnutzung der Betondruckfestigkeit und der Stahlstreckgrenze.

Linie *a:* Grenze der Ausnutzung der Stahlstreckgrenze ($\varepsilon_s = \varepsilon_{sS}$)

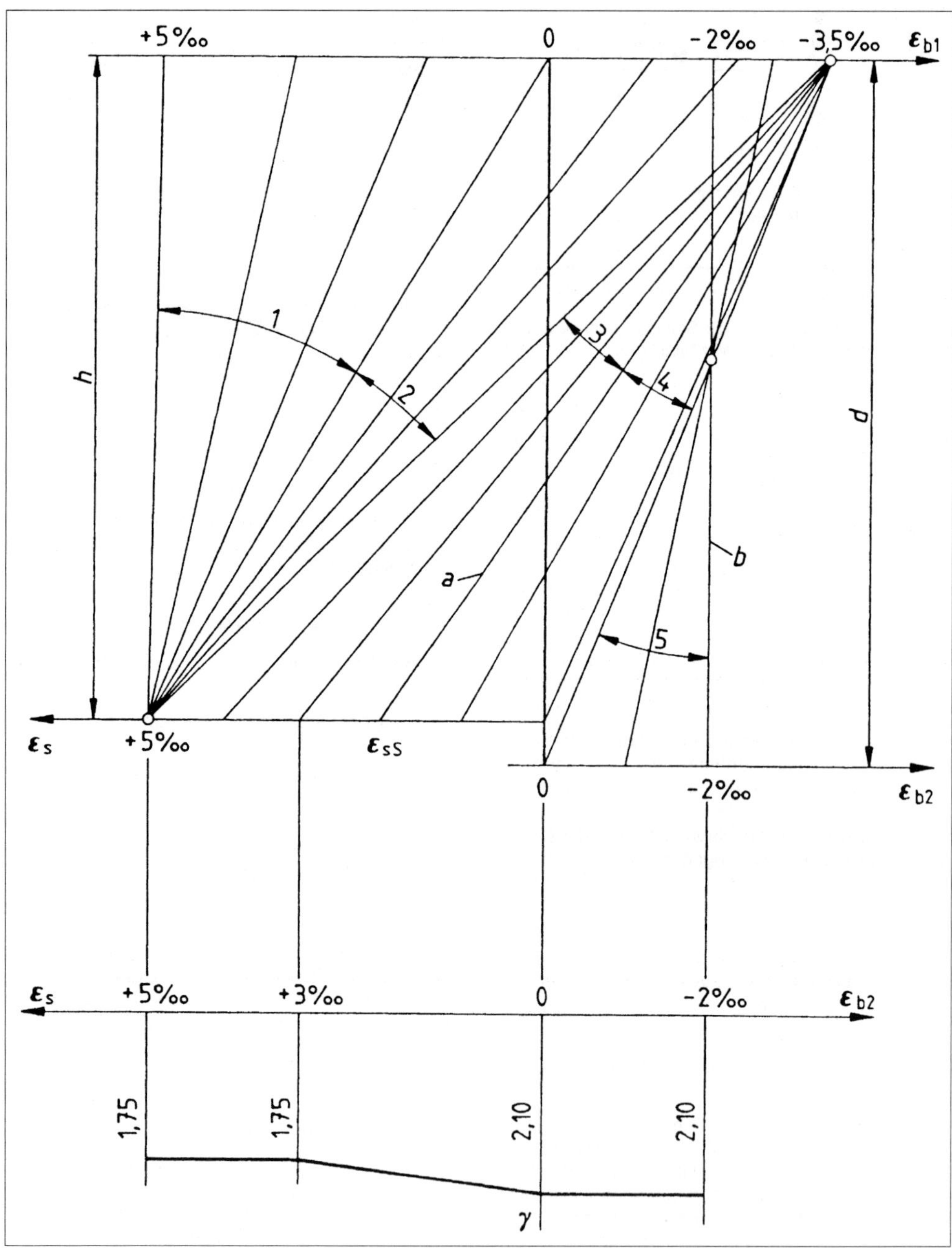

Bild 13. Dehnungsdiagramme und Sicherheitsbeiwerte (Angabe der Bereiche 1 bis 5 siehe S. I.53 und S. I.55)

Bereich 4: Biegung mit Längskraft ohne Ausnutzung der Stahlstreckgrenze ($\varepsilon_s < \varepsilon_{sS}$) bei Ausnutzung der Betondruckfestigkeit.

Bereich 5: Druckkraft mit geringer Ausmitte und mittige Druckkraft. Innerhalb dieses Bereiches ist $\varepsilon_{b1} = -3{,}5$ ‰ $- 0{,}75\ \varepsilon_{b2}$ in Rechnung zu stellen, für mittigen Druck (Linie *b*) ist somit $\varepsilon_{b1} = \varepsilon_{b2} = -2{,}0$ ‰.

(4) Wegen des Sicherheitsbeiwertes bei unbewehrtem Beton siehe Abschnitt 17.9, beim Befördern und Einbau von Fertigteilen Abschnitt 19.2.

17.2.3 Höchstwerte der Längsbewehrung

(1) Die Bewehrung eines Querschnitts, auch im Bereich von Übergreifungsstößen, darf höchstens 9 % von A_b, bei B 15 jedoch nur 5 % von A_b betragen. Die Höchstwerte der Längsbewehrung sind aber in jedem Fall so zu begrenzen, daß das einwandfreie Einbringen und Verdichten des Betons sichergestellt bleibt.

(2) Eine Druckbewehrung A'_s darf bei der Ermittlung der Tragfähigkeit höchstens mit dem Querschnitt A_s der am gezogenen bzw. am weniger gedrückten Rand liegenden Bewehrung in Rechnung gestellt werden. Im Bereich überwiegender Biegung soll die Druckbewehrung jedoch nicht mit mehr als 1 % von A_b in Rechnung gestellt werden.

(3) Wegen der Mindestbewehrung in Bauteilen siehe Abschnitte 17.6 und 18 bis 25.

17.3 Zusätzliche Bestimmungen bei Bemessung für Druck

17.3.1 Allgemeines

Bei der Bemessung für Druck sind die Abschnitte 17.4 und 25 zu beachten, soweit im nachfolgenden nichts anderes bestimmt wird.

17.3.2 Umschnürte Druckglieder

(1) Als umschnürt gelten Druckglieder, deren Längsbewehrung durch eine kreisförmige Wendel umschlossen ist. Die Wendel muß sich auch in die anschließenden Bauteile erstrecken, soweit dort die erhöhte Tragwirkung nicht durch andere Maßnahmen gesichert ist und diese Bauteile nicht in anderer Weise gegen Querdehnung bzw. Spaltzugkräfte ausreichend gesichert sind.

(2) Der traglaststeigernde Einfluß einer Umschnürung nach Gleichung (7) darf nur bei Druckgliedern mit mindestens der Festigkeitsklasse B 25 und nur bis zu einer Schlankheit $\lambda \leq 50$ (berechnet aus dem Gesamtquerschnitt) und bis zu einer Ausmitte der Last von $e \leq d_k/8$ in Rechnung gestellt werden.

(3) Der Einfluß der Zusatzmomente nach der Theorie II. Ordnung ist zu berücksichtigen; hierbei darf näherungsweise nach Abschnitt 17.4.3 gerechnet werden. Soweit umschnürte Druckglieder als mittig gedrückte Innenstützen angesehen werden dürfen (siehe Abschnitt 15.4.2), darf der Nachweis der Knicksicherheit entfallen, wenn diese beiderseits eingespannt sind und $h_s/d \leq 5$ ist (h_s Geschoßhöhe). Die Bruchlast des umschnürten Druckgliedes darf um den Wert $\triangle N_u$ nach Gleichung (7) größer angenommen werden als die eines nur verbügelten Druckgliedes (siehe Abschnitte 17.1 und 17.2) mit gleichen Außenmaßen.

$$\triangle N_u = [\nu A_w \cdot \beta_{Sw} - (A_b - A_k) \cdot \beta_R] \cdot \left(1 - \frac{8M}{N\,d_k}\right) \geq 0 \quad (7)$$

worin für:	B 25	B 35	B 45	B 55
$\nu =$	1,6	1,7	1,8	1,9

Diese ν-Werte gelten nur für Schlankheiten $\lambda \leq 10$. Für $\lambda \geq 20$ bis $\lambda \leq 50$ sind jeweils nur die halben angegebenen Werte in Rechnung zu stellen.

Für Schlankheiten $10 < \lambda < 20$ dürfen die ν-Werte linear interpoliert werden.

Außerdem muß der Wert $A_w \beta_{Sw}$ der Gleichung (8) genügen.

$$A_w \beta_{Sw} \leq \delta \cdot [(2{,}3\ A_b - 1{,}4\ A_k) \cdot \beta_R + A_s \beta_S] \quad (8)$$

worin für:	B 25	B 35	B 45	B 55
$\delta =$	0,42	0,39	0,37	0,36

In den Gleichungen (7) und (8) sind:

A_w	$\pi \cdot d_k\ A_{sw}/s_w$
d_k	Kerndurchmesser = Achsdurchmesser der Wendel
A_{sw}	Stabquerschnitt der Wendel
s_w	Ganghöhe der Wendel
β_{Sw}	Streckgrenze der Wendelbewehrung
A_b	Gesamtquerschnitt des Druckglieds
A_k	Kernquerschnitt des Druckgliedes $\pi \cdot d_k^2/4$
A_s	Gesamtquerschnitt der Längsbewehrung
M, N	Schnittgrößen im Gebrauchszustand
β_R	ist Tabelle 12 in Abschnitt 17.2.1 zu entnehmen
β_S	ist Bild 12 in Abschnitt 17.2.1 entsprechend $\varepsilon_s = 2$ ‰ zu entnehmen.

17.3.3 Zulässige Druckspannung bei Teilflächenbelastung

(1) Wird nur die Teilfläche A_1 (Übertragungsfläche) eines Querschnitts durch eine Druckkraft F belastet, dann darf A_1 mit der Pressung σ_1 nach Gleichung (9) beansprucht werden, wenn im Beton unterhalb der Teilfläche die Spaltzugkräfte aufgenommen werden können (z. B. durch Bewehrung).

$$\sigma_1 = \frac{\beta_R}{2{,}1} \sqrt{\frac{A}{A_1}} \leq 1{,}4\,\beta_R \qquad (9)$$

(2) Die für die Aufnahme der Kraft F vorgesehene rechnerische Verteilungsfläche A muß folgenden Bedingungen genügen (siehe Bild 14):

a) Die zur Lastverteilung in Belastungsrichtung zur Verfügung stehende Höhe muß den Bedingungen des Bildes 14 genügen.

b) Der Schwerpunkt der rechnerischen Verteilungsfläche A muß in Belastungsrichtung mit dem Schwerpunkt der Übertragungsfläche A_1 übereinstimmen.

c) Die Maße der rechnerischen Verteilungsfläche A dürfen in jeder Richtung höchstens gleich dem dreifachen Betrag der entsprechenden Maße der Übertragungsfläche sein.

d) Wirken auf den Betonquerschnitt mehrere Druckkräfte F, so dürfen sich die rechnerischen Verteilungsflächen innerhalb der Höhe h nicht überschneiden.

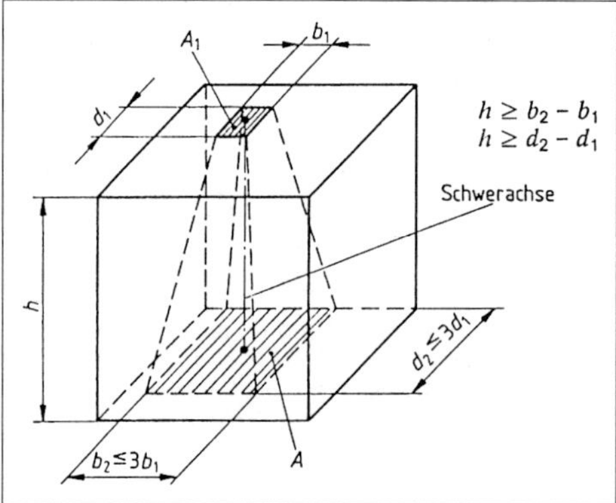

Bild 14. Rechnerische Verteilungsfläche

17.3.4 Zulässige Druckspannungen im Bereich von Mörtelfugen

(1) Bei dünnen Mörtelfugen mit Zementmörtel nach Abschnitt 6.7.1, bei denen das Verhältnis der kleinsten tragenden Fugenbreite zur Fugendicke $b/d \geq 7$ ist, dürfen Druckspannungen in den anschließenden Bauteilen nach Gleichung (9) in Rechnung gestellt werden.

Dabei ist einzusetzen:

A_1 Querschnittsfläche des Fugenmörtels

A Querschnittsfläche des kleineren der angrenzenden Bauteile

β_R Rechenwert der Betondruckfestigkeit der anschließenden Bauteile nach Tabelle 12.

(2) Überschreitet die Druckspannung in der Mörtelfuge den Wert $\beta_R/2{,}1$ des Betons der anschließenden Bauteile, so muß die Aufnahme der Spaltzugkräfte in den anschließenden Bauteilen nachgewiesen werden (z. B. durch Bewehrung).

(3) Für dickere Fugen ($b/d < 7$) gelten die Bemessungsgrundlagen nach Abschnitt 17.9.

17.4 Nachweis der Knicksicherheit

17.4.1 Grundlagen

(1) Zusätzlich zur Bemessung nach Abschnitt 17.2 für die Schnittgrößen am unverformten System ist für Druckglieder die Tragfähigkeit unter Berücksichtigung der Stabauslenkung zu ermitteln (Nachweis der Knicksicherheit nach Theorie II. Ordnung).

(2) Bei Druckgliedern mit mäßiger Schlankheit ($20 < \lambda \leq 70$) darf dieser Nachweis näherungsweise auch nach Abschnitt 17.4.3, bei Druckgliedern mit großer Schlankheit ($\lambda > 70$) muß er nach Abschnitt 17.4.4 geführt werden; Schlankheiten $\lambda > 200$ sind unzulässig. Kann ein Druckglied nach zwei Richtungen ausweichen, ist Abschnitt 17.4.8 zu beachten. Für Druckglieder aus unbewehrtem Beton gilt Abschnitt 17.9.

(3) Der Nachweis der Knicksicherheit darf entfallen für bezogene Ausmitten des Lastangriffs $e/d \geq 3{,}50$ bei Schlankheiten $\lambda \leq 70$;
bei Schlankheiten $\lambda > 70$ darf der Knicksicherheitsnachweis entfallen, wenn $e/d \leq 3{,}50\ \lambda/70$ ist.

(4) Soweit Innenstützen als mittig gedrückt angesehen werden dürfen (siehe Abschnitt 15.4.2) und beiderseits eingespannt sind, darf der Nachweis der Knicksicherheit entfallen, wenn ihre Schlankheit $\lambda \leq 45$ ist. Hierbei ist als Knicklänge s_K die Geschoßhöhe in Rechnung zu stellen. Nähere Angaben enthält DAfStb-Heft 220.

17.4.2 Ermittlung der Knicklänge

(1) Die Knicklänge von geraden oder gekrümmten Druckgliedern ergibt sich in der Regel als Abstand der Wendepunkte der Knickfigur; sie darf mit Hilfe der Elastizitätstheorie nach dem Ersatzstabverfahren – gegebenenfalls unter Berücksichtigung der Verschieblichkeit der Stabenden – ermittelt werden (siehe DAfStb-Heft 220, Zusammenstellung der Knicklängen für häufig benötigte Fälle).

(2) Druckglieder in hinreichend ausgesteiften Tragsystemen dürfen als unverschieblich gehalten angesehen werden. Ein Tragsystem darf ohne beson-

deren Nachweis als hinreichend ausgesteift angenommen werden, wenn die Bedingungen der Gleichung (3) in Abschnitt 15.8.1 erfüllt werden.

17.4.3 Druckglieder aus Stahlbeton mit mäßiger Schlankheit

(1) Für Druckglieder aus Stahlbeton mit gleichbleibendem Querschnitt und einer Schlankheit $\lambda = s_K/i \leq 70$ darf der Einfluß der ungewollten Ausmitte und der Stabauslenkung näherungsweise durch eine Bemessung im mittleren Drittel der Knicklänge unter Berücksichtigung einer zusätzlichen Ausmitte *f* nach den Gleichungen (10) bzw. (11) bzw. (12) erfaßt werden.

(2) Für *f* ist einzusetzen bei:

$0 \leq e/d < 0{,}30$:

$$f = d \cdot \frac{\lambda - 20}{100} \cdot \sqrt{0{,}10 + e/d} \geq 0 \qquad (10)$$

$0{,}30 \leq e/d < 2{,}50$:

$$f = d \cdot \frac{\lambda - 20}{160} \geq 0 \qquad (11)$$

$2{,}50 \leq e/d \leq 3{,}50$:

$$f = d \cdot \frac{\lambda - 20}{160} \cdot (3{,}50 - e/d) \geq 0 \qquad (12)$$

Hierin sind:

$\lambda = s_K/i > 20$	Schlankheit
s_K	Knicklänge
$i = \sqrt{I_b/A_b}$	Trägheitsradius in Knickrichtung, bezogen auf den Betonquerschnitt
I_b	Flächenmoment 2. Grades des Betonquerschnitts bezogen auf die Knickrichtung
A_b	Fläche des Betonquerschnitts
$e = \lvert M/N \rvert$	größte planmäßige Ausmitte des Lastangriffs unter Gebrauchslast im mittleren Drittel der Knicklänge
d	Querschnittsmaß in Knickrichtung

(3) Bei verschieblichen Systemen liegen die Stabenden im mittleren Drittel der Knicklänge. Der Knicksicherheitsnachweis ist daher durch eine Bemessung an diesen Stabenden unter Berücksichtigung der zusätzlichen Ausmitte *f* zu führen.

(4) DAfStb-Heft 220 zeigt vereinfachte Nachweisverfahren für die Stiele von unverschieblichen Rahmensystemen.

17.4.4 Druckglieder aus Stahlbeton mit großer Schlankheit

(1) Die Knicksicherheit von Druckgliedern aus Stahlbeton mit einer Schlankheit $\lambda = s_K/i > 70$ gilt als ausreichend. wenn nachgewiesen wird, daß unter den in ungünstigster Anordnung einwirkenden 1,75fachen Gebrauchslasten ein stabiler Gleichgewichtszustand unter Berücksichtigung der Stabauslenkungen (Theorie II. Ordnung) möglich ist und die zulässigen Schnittgrößen nach den Abschnitten 17.2.1 und 17.2.2 unter Gebrauchslast im unverformten System nicht überschritten werden. Es darf keine kleinere Bewehrung angeordnet werden, als für die Berechnung der Stabauslenkungen vorausgesetzt wurde.

(2) Für die Berechnung der Schnittgrößen am verformten System zum Nachweis der Knicksicherheit gelten folgende Grundlagen:

a) Es ist von den Spannungsdehnungsgesetzen für Beton nach Abschnitt 17.2.1 auszugehen. Zur Vereinfachung darf die Spannungsdehnungslinie des Betons nach Bild 10 in Rechnung gestellt werden. Ein Mitwirken des Betons auf Zug darf nicht berücksichtigt werden.

b) Neben den planmäßigen Ausmitten ist eine ungewollte Ausmitte bzw. Stabkrümmung nach Abschnitt 17.4.6 im ungünstigsten Sinne wirkend anzunehmen. Gegebenenfalls sind Kriechverformungen nach Abschnitt 17.4.7 zu berücksichtigen. Stabauslenkungen aus Temperatur- oder Schwindeinflüssen dürfen in der Regel vernachlässigt werden.

c) Die Beschränkung der Stahlspannungen bei nicht vorwiegend ruhender Belastung nach Abschnitt 17.8 bleibt beim Knicksicherheitsnachweis unberücksichtigt.

(3) Näherungsverfahren für den Nachweis der Knicksicherheit und Rechenhilfen für den genaueren Nachweis sind in DAfStb-Heft 220 angegeben.

17.4.5 Einspannende Bauteile

(1) Wurde für den Knicksicherheitsnachweis eine Einspannung der Stabenden des Druckgliedes durch anschließende Bauteile vorausgesetzt (z. B. durch einen Rahmenriegel), so sind bei verschieblichen Tragwerken die unmittelbar anschließenden, einspannenden Bauteile auch für diese Zusatzbeanspruchung zu bemessen. Dies gilt besonders dann, wenn die Standsicherheit des Druckgliedes von der einspannenden Wirkung eines einzigen Bauteils abhängt.

(2) Bei unverschieblichen oder hinreichend ausgesteiften Tragsystemen in üblichen Hochbauten darf

I

auf einen rechnerischen Nachweis der Aufnahme dieser Zusatzbeanspruchungen in den unmittelbar anschließenden, aussteifenden Bauteilen verzichtet werden.

17.4.6 Ungewollte Ausmitte

(1) Ungewollte Ausmitten des Lastangriffes und unvermeidbare Maßabweichungen sind durch Annahme einer zur Knickfigur des untersuchten Druckgliedes affinen Vorverformung mit dem Höchstwert

$$e_v = s_K/300 \quad (13)$$

(s_K Knicklänge des Druckgliedes)

zu berücksichtigen.

(2) Vereinfacht darf die Vorverformung durch einen abschnittsweise geradlinigen Verlauf der Stabachse wiedergegeben oder durch eine zusätzliche Ausmitte der Lasten berücksichtigt werden. Für Nachweise am Gesamtsystem nach Abschnitt 17.4.9 darf die Vorverformung vereinfacht als Schiefstellung angesetzt werden; bei eingeschossigen Tragwerken als $\alpha_v = 1/150$ und bei mehrgeschossigen Tragwerken als $\alpha_v = 1/200$.

(3) Bei Sonderbauwerken - z. B. Brückenpfeilern oder Fernsehtürmen - mit einer Gesamthöhe von mehr als 50 m und eindeutig definierter Lasteintragung, bei deren Herstellung Abweichungen von der Planform durch besondere Maßnahmen - wie z. B. optisches Lot - weitgehend vermieden werden, darf die ungewollte Ausmitte aufgrund eines besonderen Nachweises im Einzelfall abgemindert werden.

17.4.7 Berücksichtigung des Kriechens

(1) Kriechverformungen sind in der Regel nur dann zu berücksichtigen, wenn die Schlankheit des Druckgliedes im unverschieblichen System $\lambda > 70$ und im verschieblichen System $\lambda > 45$ ist und wenn gleichzeitig die planmäßige Ausmitte der Last $e/d < 2$ ist.

(2) Kriechverformungen sind unter den im Gebrauchszustand ständig einwirkenden Lasten (gegebenenfalls auch Verkehrslasten) und ausgehend von den ständig vorhandenen Stabauslenkungen und Ausmitten einschließlich der ungewollten Ausmitte nach Gleichung (13) zu ermitteln.

(3) Hinweise zur Abschätzung des Kriecheinflusses enthält DAfStb-Heft 220.

17.4.8 Knicken nach zwei Richtungen

(1) Ist die Knickrichtung eines Druckgliedes nicht eindeutig vorgegeben, so ist der Knicksicherheitsnachweis für schiefe Biegung mit Längsdruck zu führen. Dabei darf im Regelfall eine drillfreie Knickfigur angenommen werden. Die ungewollten Ausmitten e_{vy} und e_{vz} sind getrennt für beide Hauptachsenrichtungen nach Gleichung (13) zu ermitteln und zusammen mit der planmäßigen Ausmitte zu berücksichtigen.

(2) Für Druckglieder mit Rechteckquerschnitt und Schlankheiten $\lambda > 70$ darf das im DAfStb-Heft 220 angegebene Näherungsverfahren angewendet werden:

a) bei einem Seitenverhältnis $d/b \leq 1{,}5$ unabhängig von der Lage der planmäßigen Ausmitte;
b) bei einem Seitenverhältnis $d/b > 1{,}5$ nur dann, wenn die planmäßige Ausmitte im Bereich B nach Bild 14.1 liegt.

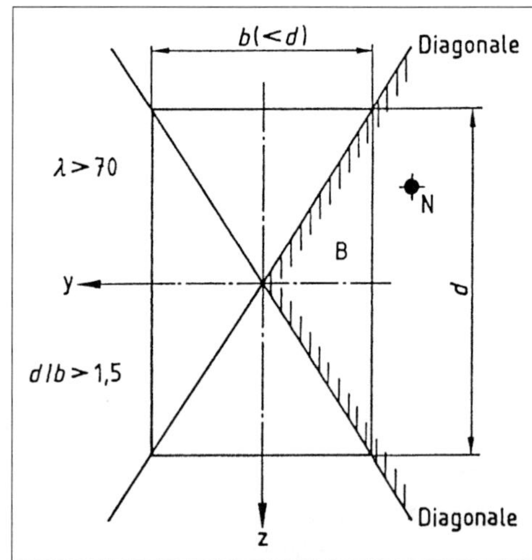

Bild 14.1. Rechteckquerschnitt unter schiefer Biegung mit Längsdruck; Anwendungsgrenzen für das Näherungsverfahren nach Abschnitt 17.4.8 b) für $d/b > 1{,}5$ und $\lambda > 70$

(3) Bei Druckgliedern mit Rechteckquerschnitt dürfen näherungsweise Knicksicherheitsnachweise getrennt für jede der beiden Hauptachsenrichtungen geführt werden, wenn das Verhältnis der kleineren bezogenen planmäßigen Lastausmitte zur größeren den Wert 0,2 nicht überschreitet, d. h. wenn die Längskraft innerhalb der schraffierten Bereiche nach Bild 14.2 angreift. Die planmäßigen Lastausmitten e_y und e_z sind auf die in ihrer Richtung verlaufende Querschnittsseite zu beziehen.

(4) Bei Druckgliedern mit einer planmäßigen Ausmitte $e_z \geq 0{,}2d$ in Richtung der längeren Querschnittsseite d muß beim Nachweis in Richtung der kürzeren Querschnittsseite b die dann maßgebende Querschnittsbreite d verkleinert werden. Als

maßgebende Querschnittsbreite ist die Höhe der Druckzone infolge der Lastausmitte $e_z + e_{vz}$ im Gebrauchszustand anzunehmen.

17.4.9 Nachweis am Gesamtsystem

Stabtragwerke dürfen zum Nachweis der Knicksicherheit abweichend von Abschnitt 17.4.2 auch als Gesamtsystem unter 1,75facher Gebrauchslast nach Theorie II. Ordnung untersucht werden; hierbei sind Schiefstellungen des Gesamtsystems bzw. Vorverformungen nach Abschnitt 17.4.6 zu berücksichtigen. Die in Rechnung gestellten Biegesteifigkeiten der einzelnen Stäbe müssen ausreichend mit den vorhandenen Querschnittswerten und mit dem zugehörigen Beanspruchungszustand aufgrund der nachgewiesenen Schnittgrößen übereinstimmen.

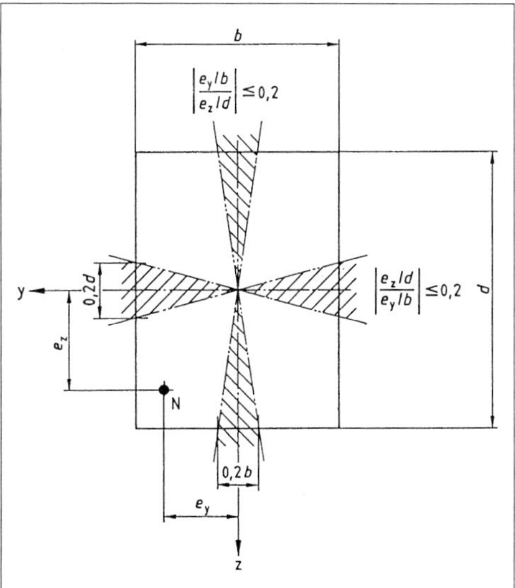

Bild 14.2. Rechteckquerschnitt unter schiefer Biegung mit Längsdruck; Anwendungsgrenzen für das Näherungsverfahren

17.5 Bemessung für Querkraft und Torsion

17.5.1 Allgemeine Grundlage

Die Schubbewehrung ist ohne Berücksichtigung der Zugfestigkeit des Betons zu bemessen (siehe auch Abschnitt 17.2.1).

17.5.2 Maßgebende Querkraft

(1) Im allgemeinen ist als Rechenwert der Querkraft die nach Abschnitt 15.6 ermittelte größte Querkraft am Auflagerrand zugrunde zu legen. Wenn die Auflagerkraft jedoch normal zum unteren Balkenrand mit Druckspannungen eingetragen wird (unmittelbare Stützung), darf für die Berechnung der Schubspannungen und die Bemessung der Schubbewehrung die Querkraft im Abstand 0,5 *h* vom Auflagerrand zugrunde gelegt werden (siehe Bild 15). Für die Bemessung der Schubbewehrung darf außerdem der Querkraftanteil aus einer Einzellast *F* im Abstand $a \leq 2\,h$ von der Auflagermitte im Verhältnis $a/2\,h$ abgemindert werden. Der Querkraftverlauf darf von den vorgenannten Höchstwerten bis zur rechnerischen Auflagermitte geradlinig auf Null abnehmend angenommen werden.

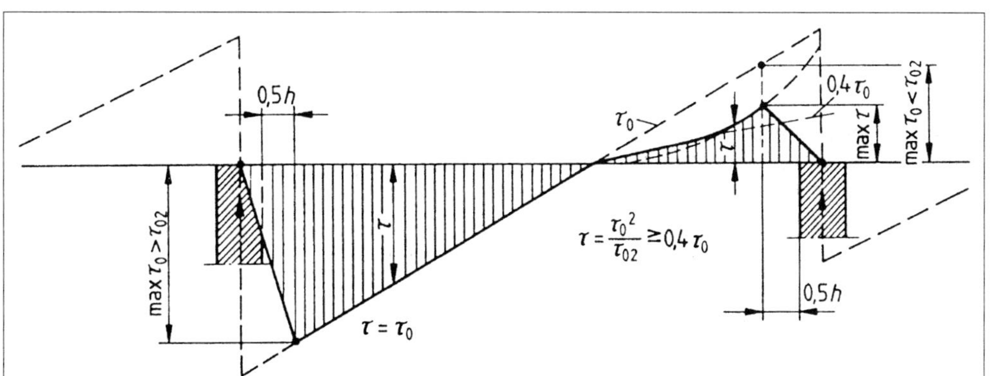

Bild 15. Grundwerte τ_0 und Bemessungswerte τ bei unmittelbarer Unterstützung (siehe Abschnitte 17.5.2 und 17.5.5)

Tabelle 13. **Grenzen der Grundwerte der Schubspannung τ_0 in N/mm² unter Gebrauchslast**

	1	2	3	4	5	6	7	8	9
	Bauteil	Schub-bereich	Grenzen der Grundwerte der Schubspannung τ_0 in N/mm² für die Festigkeitsklasse des Betons						Schubdeckung
				B 15	B 25	B 35	B 45	B 55	
1a	Platten	1[24]	τ_{011}	0,25	0,35	0,40	0,50	0,55	siehe Abschnitt 17.5.5
1b	Platten	1[24]	τ_{011}	0,35	0,50	0,60	0,70	0,80	siehe Abschnitt 17.5.5
2	Platten	2	τ_{02}	1,20	1,80	2,40	2,70	3,00	verminderte Schubdeckung nach Gleichung (17) zulässig
3	Balken	1	τ_{012}	0,50	0,75	1,00	1,10	1,25	siehe Abschnitt 17.5.5
4	Balken	2	τ_{02}	1,20	1,80	2,40	2,70	3,00	verminderte Schubdeckung nach Gleichung (17) zulässig
5	Balken	3	τ_{03}	2,00 nur bei d bzw. $d_0 \geq$ 30 cm	3,00	4,00	4,50	5,00	volle Schubdeckung

[24]) Die Werte der Zeile 1a gelten bei gestaffelter, d. h. teilweise im Zugbereich verankerter Feldbewehrung (siehe auch Abschnitt 20.1.6.2 (1)).

(2) Auswirkungen von Querschnittsänderungen (Balkenschrägen bzw. Aussparungen) auf die Schubspannungen müssen bei ungünstiger Wirkung bzw. dürfen bei günstiger Wirkung berücksichtigt werden.

17.5.3 Grundwerte τ_0 der Schubspannung

(1) Der Grundwert der Schubspannung darf die in Tabelle 13 angegebenen Grenzen nicht überschreiten.

(2) Bei biegebeanspruchten Bauteilen gilt als Grundwert τ_0 die Schubspannung in Höhe der Nullinie im Zustand II. Verringert sich die Querschnittsbreite in der Zugzone, kann der Grundwert dort größer und damit maßgebend werden. Dies gilt auch bei Biegung mit Längskraft, solange die Nullinie innerhalb des Querschnitts liegt.

(3) In Abschnitten von Bauteilen, die über den ganzen Querschnitt Längsdruckspannungen aufweisen (Biegung mit Längsdruckkraft, Nullinie außerhalb des Querschnittes), darf der Grundwert τ_0 in der Größe der nach Zustand I auftretenden größten Haupt*zug*spannung angenommen werden. Außerdem ist nachzuweisen, daß die schiefe Haupt*druck*spannung im Zustand II den Wert 2 τ_{03} nicht überschreitet; dabei ist die Neigung der Druckstrebe des gedachten Fachwerkes entsprechend der Richtung der schiefen Hauptdruckspannung im Zustand I anzunehmen.

(4) Bei Biegung mit Längszug und Nullinie außerhalb des Querschnitts darf der nach Zustand II allein aus der Querkraft ermittelte Grundwert τ_0 der Schubspannung die Werte der Tabelle 13, Zeilen 2 bzw. 4, nicht überschreiten. Die Bemessung der Schubbewehrung ist ebenfalls mit dem aus der Querkraft allein ermittelten Grundwert τ_0 der Schubspannung durchzuführen; eine Abminderung (siehe Abschnitt 17.5.5) ist nicht zulässig. Bei Platten darf jedoch auf eine Schubbewehrung verzichtet werden, wenn die nach Zustand I auftretende größte Hauptzugspannung – gegebenenfalls unter Berücksichtigung von Zwang – die Werte der Tabelle 13, Zeilen 1 a und 1 b, nicht überschreitet.

17.5.4 Bemessungsgrundlagen für die Schubbewehrung

(1) Die erforderliche Schubbewehrung ist für die in den Zugstreben eines gedachten Fachwerks unter der Gebrauchslast wirkenden Kräfte zu bemessen. Die Schubbewehrung ist entsprechend dem Schubspannungsdiagramm (siehe Bild 15) unter Berücksichtigung von Abschnitt 18.8 zu verteilen. Die Neigung der Zugstreben des Fachwerks gegen die Stabachse darf bei Schrägstreben zwischen 45° und 60° und bei Bügeln zwischen 45° und 90° angenommen werden. Bei Biegung mit Längszug darf die Neigung der Zugstreben der flacheren Neigung der Hauptzugspannungen angepaßt werden.

(2) Die Neigung der Druckstreben des gedachten Fachwerks ist im allgemeinen mit 45° (volle Schubdeckung) anzunehmen. Unter den in Abschnitt 17.5.5 genannten Voraussetzungen dürfen für die dort angegebenen Bereiche 1 und 2 auch flachere

Neigungen der Druckstreben angenommen werden (verminderte Schubdeckung nach Gleichung (17)).

(3) Die zulässige Stahlspannung ist mit $\beta_S/1,75$ in Rechnung zu stellen. Wegen der Stahlspannungen bei nicht vorwiegend ruhenden Lasten siehe Abschnitt 17.8, und wegen der Bewehrungsführung siehe auch Abschnitt 18.8.

(4) Für die Bemessung der Schubbewehrung bei Fertigteilen siehe Abschnitte 19.4 und 19.7.2, bei Stahlsteindecken Abschnitt 20.2.6.2, bei Glasstahlbeton Abschnitt 20.3.3, bei Rippendecken Abschnitt 21.2.2.2, bei punktförmig gestützten Platten Abschnitt 22.5, bei Fundamentplatten Abschnitt 22.7, bei wandartigen Trägern Abschnitt 23.2.

17.5.5 Bemessungsregeln für die Schubbewehrung (Bemessungswerte τ)

17.5.5.1 Allgemeines

(1) Breite Balken mit Rechteckquerschnitt ($b > 5d$) dürfen wie Platten behandelt werden.

(2) Bei mittelbarer Lasteintragung oder Auflagerung ist stets eine Aufhängebewehrung nach den Abschnitten 18.10.2 bzw. 18.10.3 anzuordnen.

(3) Je nach Größe von max τ_0 (siehe Bild 15) gelten neben den Bewehrungsrichtlinien nach Abschnitt 18.8 für die Bemessung der Schubbewehrung die Abschnitte 17.5.5.2 bis 17.5.5.4.

17.5.5.2 Schubbereich 1

(1) Schubbereich 1:

für Platten: max $\tau_0 \leq k_1\, \tau_{011}$ bzw. $k_2\, \tau_{011}$
für Balken: max $\tau_0 \leq \tau_{012}$

(2) Bei Platten darf auf eine Schubbewehrung verzichtet werden, wenn der Grundwert max $\tau_0 < k_1\, \tau_{011}$ bzw. max $\tau_0 < k_2\, \tau_{011}$ ist.

(3) Für den Beiwert k_1 gilt die Beziehung

$$k_1 = \frac{0,2}{d} + 0,33 \begin{array}{l} \geq 0,5 \\ \leq 1 \end{array} \qquad (14)$$

(d Plattendicke in m)

(4) Bei Platten darf in Bereichen, in denen die Höchstwerte des Biegemoments und der Querkraft nicht zusammentreffen, anstelle von k_1 der Beiwert k_2 gesetzt werden. Dafür gilt

$$k_2 = \frac{0,12}{d} + 0,6 \begin{array}{l} \geq 0,7 \\ \leq 1 \end{array} \qquad (15)$$

(5) In Balken (mit Ausnahme von Tür- und Fensterstürzen mit $l \leq 2,0$ m, die nach DIN 1053 Teil 1 /11.74, Abschnitt 5.5.3, belastet werden) und in Plattenbalken und Rippendecken (Ausnahmen siehe Abschnitt 21.2.2.2) ist stets eine Schubbewehrung anzuordnen. Sie ist mit dem Bemessungswert τ nach Gleichung (16) zu ermitteln:

$$\tau = 0,4\, \tau_0 \qquad (16)$$

(6) Der Anteil der Bügel dieser Schubbewehrung richtet sich nach Abschnitt 18.8.2.2.

17.5.5.3 Schubbereich 2

(1) Schubbereich 2:
für Platten:
$k_1\, \tau_{011}$ bzw. $k_2\, \tau_{011} \leq \max \tau_0 \leq \tau_{02}$
für Balken:
$\tau_{012} < \max \tau_0 \leq \tau_{02}$

(2) Der Grundwert τ_0 darf in jedem Querschnitt auf den Bemessungswert τ abgemindert werden (verminderte Schubdeckung):

$$\tau = \frac{\tau_0^2}{\tau_{02}} \geq 0,4\tau_0 \qquad (17)$$

(3) Wegen der verminderten Schubdeckung bei Fertigteilen siehe Abschnitte 19.4 und 19.7.2.

(4) Bei Platten darf in Abschnitten, in denen die Grundwerte der Schubspannung τ_0 den Wert $k_1\, \tau_{011}$ bzw. $k_2\, \tau_{011}$ nicht überschreiten, auf die Anordnung einer Schubbewehrung verzichtet werden.

17.5.5.4 Schubbereich 3

(1) Schubbereich 3: $\tau_{02} < \max \tau_0 \leq \tau_{03}$

(2) Liegt der Grundwert τ_0 zwischen τ_{02} und τ_{03}, sind bei der Ermittlung der Schubbewehrung im ganzen zugehörigen Querkraftbereich gleichen Vorzeichens die Grundwerte τ_0 zugrunde zu legen (volle Schubdeckung).

17.5.6 Bemessung bei Torsion

(1) Wegen der Notwendigkeit des Nachweises siehe Abschnitt 15.5. Der Grundwert τ_T ist mit den Querschnittswerten für Zustand I und für die Schnittgrößen unter Gebrauchslast ohne Berücksichtigung der Bewehrung zu ermitteln.

(2) Die Grundwerte τ_T dürfen die Werte τ_{02} der Tabelle 13, Zeile 4, nicht überschreiten; Abminderungen nach Gleichung (17) sind unzulässig.

(3) Ein Nachweis der Torsionsbewehrung ist nur erforderlich, wenn die Grundwerte τ_T die Werte $0,25\tau_{02}$ nach Tabelle 13, Zeilen 2 bzw. 4, überschreiten. Die Torsionsbewehrung ist für die schiefen Hauptzugkräfte zu bemessen, die in den Stäben eines gedachten räumlichen Fachwerks mit Druckstreben unter 45° Neigung entstehen.

(4) Die Mittellinie des gedachten räumlichen Fachwerks verläuft durch die Mitten der Längsstäbe der Torsionsbewehrung (Eckstäbe).

17.5.7 Bemessung bei Querkraft und Torsion

(1) Wirken Querkraft und Torsion gleichzeitig, so ist zunächst nachzuweisen, daß die Grundwerte τ_0 und τ_T jeder für sich die in den Abschnitten 17.5.3 und 17.5.6 angegebenen Höchstwerte nicht überschreiten.

(2) Außerdem ist die Einhaltung von Gleichung (17.1) nachzuweisen:

$$\frac{\tau_0}{\tau_{03}} + \frac{\tau_T}{\tau_{02}} \leq 1{,}3 \qquad (17.1)$$

(3) Beträgt die Bauteildicke d bzw. d_0 weniger als 30 cm, so tritt an die Stelle des Höchstwertes τ_{03} der Höchstwert τ_{02}.

(4) Die erforderliche Schubbewehrung ist getrennt für die Teilwerte τ_0 bzw. τ nach Abschnitt 17.5.5 und τ_T nach Abschnitt 17.5.6 zu ermitteln. Die so errechneten Querschnittswerte der Schubbewehrung sind zu addieren.

17.6 Beschränkung der Rißbreite unter Gebrauchslast[25])

17.6.1 Allgemeines

(1) Zur Sicherung der Gebrauchsfähigkeit und Dauerhaftigkeit der Stahlbetonteile ist die Rißbreite durch geeignete Wahl von Bewehrungsgrad, Stahlspannung und Bewehrungsanordnung dem Verwendungszweck entsprechend zu beschränken.

(2) Wenn die Konstruktionsregeln nach den Abschnitten 17.6.2 und 17.6.3 eingehalten werden, wird die Rißbreite in dem Maße beschränkt, daß das äußere Erscheinungsbild und die Dauerhaftigkeit von Stahlbetonteilen nicht beeinträchtigt werden.

(3) Die Konstruktionsregeln unterscheiden zwischen Anforderungen an Innenbauteile (siehe Tabelle 10, Zeile 1) und Bauteile in Umweltbedingung nach Tabelle 10, Zeilen 2 bis 4. Bei Bauteilen mit Umweltbedingungen nach Tabelle 10, Zeile 4, müssen auch dann die nachfolgenden Regeln eingehalten werden, wenn besondere Schutzmaßnahmen nach Abschnitt 13.3 getroffen werden.

(4) Werden Anforderungen an die Wasserundurchlässigkeit gestellt, z. B. bei Flüssigkeitsbehältern und Weißen Wannen, sind im allgemeinen weitergehende Maßnahmen erforderlich.

(5) Bauteile, bei denen Risse zu erwarten sind, die über den gesamten Querschnitt reichen, bedürfen eines besonderen Schutzes nach Abschnitt 13.3, wenn auf sie stark chloridhaltiges Wasser (z. B. aus Tausalzanwendung) einwirkt.

(6) Als rißverteilende Bewehrung sind stets Betonrippenstähle zu verwenden.

17.6.2 Mindestbewehrung

(1) In den oberflächennahen Bereichen von Stahlbetonbauteilen, in denen Betonzugspannungen (auch unter Berücksichtigung von behinderten Verformungen, z. B. aus Schwinden, Temperatur und Bauwerksbewegungen) entstehen können, ist im allgemeinen eine Mindestbewehrung einzulegen.

(2) Auf eine Mindestbewehrung darf in den folgenden Fällen verzichtet werden:

a) in Innenbauteilen nach Tabelle 10, Zeile 1, des üblichen Hochbaus,

b) in Bauteilen, in denen Zwangauswirkungen nicht auftreten können,

c) in Bauteilen, für die nachgewiesen wird, daß die Zwangschnittgröße die Rißschnittgröße nach Absatz (3) nicht erreichen kann. Dann ist die Bewehrung für die nachgewiesene Zwangschnittgröße auf der Grundlage von Abschnitt 17.6.3 zu ermitteln,

d) wenn breite Risse unbedenklich sind.

(3) Die Mindestbewehrung ist nach Gleichung (18) festzulegen. Mit dieser Mindestbewehrung wird die Rißschnittgröße aufgenommen. Dabei ist die Rißschnittgröße diejenige Schnittgröße M und N, die zu einer Randspannung gleich der Betonzugfestigkeit nach Gleichung (19) führt.

$$\mu_z = \frac{k_0 \cdot \beta_{bZ}}{\sigma_s} \qquad (18)$$

Hierbei sind:

μ_z der auf die Zugzone A_{bZ} nach Zustand I bezogene Bewehrungsgehalt A_s/A_{bZ}

k_0 Beiwert zur Beschränkung der Breite von Erstrissen in Bauteilen
unter Biegezwang $k_0 = 0{,}4$
unter zentrischem Zwang $k_0 = 1{,}0$

σ_s Betonstahlspannung im Zustand II. Sie ist in Abhängigkeit vom gewählten Stabdurchmesser der Tabelle 14 zu entnehmen, darf jedoch folgenden Wert nicht überschreiten:

[25]) Die Grundlagen für Konstruktionsregeln und weitere Hinweise enthält das DAfStb-Heft 400.

$$\sigma_s = 0{,}8\ \beta_s$$

$$\beta_{bZ} = 0{,}25\ \beta_{WN}^{2/3} \quad (19)$$

β_{WN} Nennfestigkeit nach Abschnitt 6.5. In Gleichung (19) ist die aus statischen oder betontechnologischen Gründen vorgesehene Nennfestigkeit, jedoch mindestens β_{WN} = 35 N/mm², einzusetzen.

(4) Bei Zwang im frühen Betonalter darf mit der dann vorhandenen, geringeren wirksamen Betonzugfestigkeit β_{bZw} gerechnet werden. Dann ist jedoch der Grenzdurchmesser nach Tabelle 14 im Verhältnis $\beta_{bZw}/2{,}1$ zu verringern.

(5) Für Zwang aus Abfließen der Hydratationswärme ist die wirksame Betonzugfestigkeit β_{bZw} entsprechend der zeitlichen Entwicklung des Zwanges und der Betonzugfestigkeit zu wählen. Ohne genaueren Nachweis ist im Regelfall β_{bZw} = 0,5 β_{bZ} mit β_{bZ} nach Gleichung (19) anzunehmen.

17.6.3 Regeln für die statisch erforderliche Bewehrung

(1) Die nach Abschnitt 17.2 ermittelte Bewehrung ist in Abhängigkeit von der Betonstahlspannung σ_s entweder nach Tabelle 14 oder nach Tabelle 15 anzuordnen. Sofern sich danach zu kleine Stabdurchmesser oder zu geringe Stababstände ergeben, ist der Bewehrungsquerschnitt gegenüber dem Wert nach Abschnitt 17.2 zu vergrößern, so daß sich eine kleinere Stahlspannung und damit größere Stabdurchmesser oder Stababstände ergeben. Diese Bewehrung braucht nicht zusätzlich zu der Bewehrung nach Abschnitt 17.6.2 eingelegt zu werden.

(2) Die Betonstahlspannung σ_s ist die Stahlspannung unter dem häufig wirkenden Lastanteil. Sie ist für Zustand II nach Gleichung (6) zu ermitteln. Zu den Schnittgrößen aus häufig wirkendem Lastanteil zählen solche aus ständiger Last, aus Zwang (wenn dessen Berücksichtigung in Normen gefordert ist), sowie nach Abschnitt 17.6.2 c) und aus einem abzuschätzenden Anteil der Verkehrslast. Wenn für den Anteil der Verkehrslast keine Werte in

Tabelle 14. Grenzdurchmesser d_s (Grenzen für den Vergleichsdurchmesser d_{sV}) in mm
Nur einzuhalten, wenn die Werte der Tabelle 15 nicht eingehalten sind, und stets einzuhalten bei Ermittlung der Mindestbewehrung nach Abschnitt 17.6.2.

	1		2	3	4	5	6	7
1	Betonstahlspannung σ_s in N/mm²		160	200	240	280	350	400[26])
2	Grenzdurchmesser in mm bei Umweltbedingungen nach Tabelle 10.	Zeile 1	36	36	28	25	16	10
3		Zeilen 2 bis 4	28	20	16	12	8	5

Die Grenzdurchmesser dürfen im Verhältnis $\frac{d}{10\,(d-h)} \geq 1$ vergrößert werden.

d Bauteildicke
h statische Nutzhöhe
} jeweils rechtwinklig zur betrachteten Bewehrung

Bei Verwendung von Stabbündeln mit $d_{sV} > 36$ mm ist immer eine Hautbewehrung nach Abschnitt 18.11.3 erforderlich. Zwischenwerte dürfen linear interpoliert werden.

[26]) Hinsichtlich der Größe der Betonstahlspannung σ_s siehe Erläuterung zu Gleichung (18).

Tabelle 15. Höchstwerte der Stababstände in cm
Nur einzuhalten, wenn die Werte der Tabelle 14 nicht eingehalten sind.

	1		2	3	4	5	6
1	Betonstahlspannung σ_s in N/mm²		160	200	240	280	350
2	Höchstwerte der Stababstände in cm bei Umweltbedingungen nach Tabelle 10	Zeile 1	25	25	25	20	15
3		Zeilen 2 bis 4	25	20	15	10	7

Für Platten ist Abschnitt 20.1.6.2 zu beachten. Zwischenwerte dürfen linear interpoliert werden.

(Tabelle 16 ist entfallen)

Normen angegeben sind, darf der häufig wirkende Lastanteil mit 70 % der zulässigen Gebrauchslast, aber nicht kleiner als die ständige Last einschließlich Zwang, angesetzt werden.

(3) Als Grenzdurchmesser d_s nach Tabelle 14 gilt – auch bei Betonstahlmatten mit Doppelstäben – der Durchmesser des Einzelstabes. Abweichend davon ist bei Stabbündeln nach Abschnitt 18.11 der Vergleichsdurchmesser d_{sV} zu ermitteln.

(4) Die Stababstände nach Tabelle 15 gelten für die auf der Zugseite eines auf Biegung (mit oder ohne Druck) beanspruchten Bauteils liegende Bewehrung. Bei auf mittigen Zug beanspruchten Bauteilen dürfen die halben Werte der Stababstände nach Tabelle 15 nicht überschritten werden. Bei Beanspruchungen auf Biegung mit Längszug darf ein Stababstand zwischen den vorgenannten Grenzen gewählt werden.

17.7 Beschränkung der Durchbiegung unter Gebrauchslast

17.7.1 Allgemeine Anforderungen

Wenn durch zu große Durchbiegungen Schäden an Bauteilen entstehen können oder ihre Gebrauchsfähigkeit beeinträchtigt wird, so ist die Größe dieser Durchbiegungen entsprechend zu beschränken, soweit nicht andere bauliche Vorkehrungen zur Vermeidung derartiger Schäden getroffen werden. Der Nachweis der Beschränkung der Durchbiegung kann durch eine Begrenzung der Biegeschlankheit nach Abschnitt 17.7.2 geführt werden.

17.7.2 Vereinfachter Nachweis durch Begrenzung der Biegeschlankheit

(1) Die Schlankheit l_i/h von biegebeanspruchten Bauteilen, die mit ausreichender Überhöhung der Schalung hergestellt sind, darf nicht größer als 35 sein. Bei Bauteilen, die Trennwände zu tragen haben, soll die Schlankheit $l_i/h \leq 150/l_i$ (l_i und h in m) sein, sofern störende Risse in den Trennwänden nicht durch andere Maßnahmen vermieden werden.

(2) Bei biegebeanspruchten Bauteilen, deren Durchbiegung vorwiegend durch die im betrachteten Feld wirkende Belastung verursacht wird, kann die Ersatzstützweite $l_i = \alpha \cdot l$ in Rechnung gestellt werden als Stützweite eines frei drehbar gelagerten Balkens auf 2 Stützen mit konstantem Flächenmoment 2. Grades, der unter gleichmäßig verteilter Last das gleiche Verhältnis der Mittendurchbiegung zur Stützweite (f/l) und die gleiche Krümmung in Feldmitte (M/EI) besitzt wie das zu untersuchende Bauteil. Beim Kragträger ist die Durchbiegung am Kragende und die Krümmung am Einspannquerschnitt für die Ermittlung der Ersatzstützweite maßgebend. Bei vierseitig gestützten Platten ist die kleinste Ersatzstützweite maßgebend, bei dreiseitig gestützten Platten die Ersatzstützweite parallel zum freien Rand.

(3) Für häufig vorkommende Anwendungsfälle kann der Beiwert α DAfStb-Heft 240 entnommen werden.

17.7.3 Rechnerischer Nachweis der Durchbiegung

Zum Abschätzen der anfänglichen und nachträglichen Durchbiegung eines Bauteils dienen die in den Abschnitten 16.2 und 16.4 enthaltenen Grundlagen. Vereinfachte Berechnungsverfahren können DAfStb-Heft 240 entnommen werden.

17.8 Beschränkung der Stahlspannungen unter Gebrauchslast bei nicht vorwiegend ruhender Belastung

(1) Bei Betonstabstahl III S und IV S darf unter der Gebrauchslast die Schwingbreite der Stahlspannungen folgende Werte nicht überschreiten,

- in geraden oder schwach gekrümmten Stababschnitten (Biegerollendurchmesser $d_{br} \geq 25\ d_s$): 180 N/mm²
- in gekrümmten Stababschnitten mit einem Biegerollendurchmesser $25\ d_s \geq d_{br} > 10\ d_s$: 140 N/mm²
- in gekrümmten Stababschnitten mit einem Biegerollendurchmesser $d_{br} \leq 10\ d_s$: 100 N/mm².

(2) Beim Nachweis der Schwingbreite in der Schubbewehrung sind die Spannungen nach der Fachwerkanalogie zu ermitteln, wobei die Neigung der Druckstreben mit 45° anzusetzen ist. Der Anteil aus der nicht vorwiegend ruhenden Beanspruchung darf mit dem Faktor 0,60 abgemindert werden.

(3) Bei Betonstahlmatten IV M und bei geschweißten Verbindungen nach Tabelle 24, Zeilen 5 bis 7 darf die Schwingbreite der Stahlspannungen allgemein bis zu 80 N/mm² betragen.

(4) Betonstahlmatten mit tragenden Stäben $d_s \leq 4{,}5$ mm dürfen nur in Bauteilen mit vorwiegend ruhender Beanspruchung verwendet werden.

(5) Ein vereinfachtes Verfahren für den Nachweis der Beschränkung der Stahlspannung unter Gebrauchslast bei nicht vorwiegend ruhender Belastung kann DAfStb-Heft 400 entnommen werden.

(6) Erfährt die Bewehrung Wechselbeanspruchungen, so darf die Stahldruckspannung zur Vereinfachung gleich der 10fachen, im Schwerpunkt der Bewehrung auftretenden Betondruckspannung gesetzt werden. Diese darf hierfür unter der Annahme einer geradlinigen Spannungsverteilung nach Zustand I ermittelt werden.

17.9 Bauteile aus unbewehrtem Beton

(1) Die Tragfähigkeit von Druckgliedern aus unbewehrtem Beton ist unter Zugrundelegung der in den Bildern 11 und 13 angegebenen Dehnungsdiagramme zu ermitteln, wobei die Mitwirkung des Betons auf Zug nicht in Rechnung gestellt werden darf. Dabei darf eine klaffende Fuge höchstens bis zum Schwerpunkt des Gesamtquerschnitts entstehen.

(2) Der traglastmindernde Einfluß der Bauteilauslenkung ist abweichend von Abschnitt 17.4.1 auch für Schlankheiten $\lambda \leq 20$ zu berücksichtigen. Für die ungewollte Ausmitte e_v gilt Gleichung (13). DAfStb-Heft 220 enthält Diagramme, aus welchen die Traglasten unbewehrter Rechteck- bzw. Kreisquerschnitte für $\lambda \leq 70$ in Abhängigkeit von Lastausmitte und Schlankheit entnommen werden können. Für Bauteile mit Schlankheiten $\lambda > 70$ ist stets ein genauerer Nachweis nach Abschnitt 17.4.1 (1) mit Berücksichtigung des Kriechens zu führen.

(3) Die zulässige Last ist mit dem Sicherheitsbeiwert $\gamma = 2,1$ zu ermitteln. Es darf rechnerisch keine höhere Festigkeitsklasse des Betons als B 35 ausgenützt werden; unbewehrte Bauteile aus Beton einer Festigkeitsklasse niedriger als B 10 dürfen nur bis zu einer Schlankheit $\lambda \leq 20$ ausgeführt werden.

(4) Die Einflüsse von Schlankheit und ungewollter Ausmitte auf die Tragfähigkeit von Druckgliedern aus unbewehrtem Beton dürfen näherungsweise durch Verringerung der ermittelten zulässigen Last mit dem Beiwert κ nach Gleichung (20) berücksichtigt werden:

$$\kappa = 1 - \frac{\lambda}{140} \cdot \left(1 + \frac{m}{3}\right) \qquad (20)$$

Hierin sind:

$m = e/k$ bezogene Ausmitte des Lastangriffs im Gebrauchszustand;

$e = M/N$ größte planmäßige Ausmitte des Lastangriffs unter Gebrauchslast im mittleren Drittel des zugrunde gelegten Knickstabes;

$k = W_d/A_b$ Kernweite des Betonquerschnitts, bezogen auf den Druckrand (bei Rechteckquerschnitten $k = d/6$).

(5) Gleichung (20) darf für bezogene Ausmitten $m \leq 1,20$ nur bis $\lambda \leq 70$ angewendet werden; ihre Anwendung ist für $m \leq 1,50$ auf den Bereich $\lambda \leq 40$ und für $m \leq 1,80$ auf den Bereich $\lambda \leq 20$ zu begrenzen. Zwischenwerte dürfen interpoliert werden.

(6) In Bauteilen aus unbewehrtem Beton darf eine Lastausbreitung bis zu einem Winkel von 26,5°, entsprechend einer Neigung 1:2 zur Lastrichtung, in Rechnung gestellt werden.

(7) Bei unbewehrten Fundamenten (Gründungskörpern) darf für die Lastausbreitung anstelle einer Neigung 1 : 2 zur Lastrichtung eine Neigung 1 : *n* in Rechnung gestellt werden. Die *n*-Werte sind in Abhängigkeit von der Betonfestigkeitsklasse und der Bodenpressung σ_0 in Tabelle 17 angegeben.

Tabelle 17. *n*-Werte für die Lastausbreitung

Bodenpressung σ_0 in kN/m^2 ≤	100	200	300	400	500
B 5	1,6	2,0	2,0	unzulässig	
B 10	1,1	1,6	2,0	2,0	2,0
B 15	1,0	1,3	1,6	1,8	2,0
B 25	1,0	1,0	1,2	1,4	1,6
B 35	1,0	1,0	1,0	1,2	1,3

18 Bewehrungsrichtlinien

18.1 Anwendungsbereich

(1) Der Abschnitt 18 gilt, soweit nichts anderes gesagt ist, sowohl für vorwiegend ruhende als auch für nicht vorwiegend ruhende Belastung (siehe DIN 1055 Teil 3). Die in diesem Abschnitt geforderten Nachweise sind für Gebrauchslast zu führen.

(2) Die Abschnitte 18.2 bis 18.10 gelten für Einzelstäbe und Betonstahlmatten. Für Stabbündel ist Abschnitt 18.11 zu beachten.

18.2 Stababstände

Der lichte Abstand von gleichlaufenden Bewehrungsstäben außerhalb von Stoßbereichen muß mindestens 2 cm betragen und darf nicht kleiner als der Stabdurchmesser d_s sein. Dies gilt nicht für den Abstand zwischen einem Einzelstab und einem an die Querbewehrung (z. B. an einen Bügelschenkel) angeschweißten Längsstab mit $d_s \leq$ 12 mm. Die Stäbe von Doppelstäben von Betonstahlmatten dürfen sich berühren.

18.3 Biegungen

18.3.1 Zulässige Biegerollendurchmesser

Die Biegerollendurchmesser d_{br} für Haken, Winkelhaken, Schlaufen, Bügel sowie für Aufbiegungen und andere gekrümmte Stäbe dürfen die Mindestwerte nach Tabelle 18 nicht unterschreiten.

Tabelle 18. Mindestwerte der Biegerollendurchmesser d_{br}

	1	2
1	Stabdurchmesser d_s mm	Haken, Winkelhaken Schlaufen, Bügel
2	< 20	4 d_s
3	20 bis 28	7 d_s
4	Betondeckung (Mindestmaß) rechtwinklig zur Krümmungsebene	Aufbiegungen und andere Krümmungen von Stäben (z. B. in Rahmenecken)[27])
5	> 5 cm und > 3 d_s	15 d_s[28])
6	≤ 5 cm oder ≤ 3 d_s	20 d_s

[27]) Werden die Stäbe mehrerer Bewehrungslagen an einer Stelle abgebogen, sind für die Stäbe der inneren Lagen die Werte der Zeilen 5 und 6 mit dem Faktor 1,5 zu vergrößern.

[28]) Der Biegerollendurchmesser darf auf $d_{br} = 10\,d_s$ vermindert werden, wenn das Mindestmaß der Betondeckung rechtwinklig zur Krümmungsebene und der Achsabstand der Stäbe mindestens 10 cm und mindestens 7 d_s betragen.

18.3.2 Biegungen an geschweißten Bewehrungen

(1) Werden geschweißte Bewehrungsstäbe und Betonstahlmatten nach dem Schweißen gebogen, gelten die Werte der Tabelle 18 nur dann, wenn der Abstand zwischen Krümmungsbeginn und Schweißstelle mindestens 4 d_s beträgt.

(2) Dieser Abstand darf unter den folgenden Bedingungen unterschritten bzw. die Krümmung darf im Bereich der Schweißstelle angeordnet werden:

a) bei vorwiegend ruhender Belastung bei allen Schweißverbindungen, wenn der Biegerollendurchmesser mindestens 20 d_s beträgt;

b) bei nicht vorwiegend ruhender Belastung bei Betonstahlmatten, wenn der Biegerollendurchmesser bei auf der Krümmungsaußenseite liegenden Schweißpunkten mindestens 100 d_s, bei auf der Krümmungsinnenseite liegenden Schweißpunkten mindestens 500 d_s beträgt.

18.3.3 Hin- und Zurückbiegen

(1) Das Hin- und Zurückbiegen von Betonstählen stellt für den Betonstahl und den umgebenden Beton eine zusätzliche Beanspruchung dar.

(2) Beim Kaltbiegen von Betonstählen sind die folgenden Bedingungen einzuhalten:

a) Der Stabdurchmesser darf nicht größer als d_s = 14 mm sein. Ein Mehrfachbiegen, bei dem das Hin- und Zurückbiegen an derselben Steile wiederholt wird, ist nicht zulässig.

b) Bei vorwiegend ruhender Beanspruchung muß der Biegerollendurchmesser beim Hinbiegen mindestens das 1,5fache der Werte nach Tabelle 18, Zeile 2, betragen. Die Bewehrung darf höchstens zu 80 % ausgenutzt werden.

c) Bei nicht vorwiegend ruhender Beanspruchung muß der Biegerollendurchmesser beim Hinbiegen mindestens 15 d_s betragen. Die Schwingbreite der Stahlspannung darf 50 N/mm² nicht überschreiten.

d) Verwahrkästen für Bewehrungsanschlüsse sind so auszubilden, daß sie weder die Tragfähigkeit des Betonquerschnitts noch den Korrosionsschutz der Bewehrung beeinträchtigen (siehe DAfStb-Heft 400 und DBV-Merkblatt „Rückbiegen").

(3) Für das Warmbiegen von Betonstahl gilt Abschnitt 6.6.1. Bei nicht vorwiegend ruhender Beanspruchung darf die Schwingbreite der Stahlspannung 50 N/mm² nicht überschreiten.

18.4 Zulässige Grundwerte der Verbundspannungen

(1) Die zulässigen Grundwerte der Verbundspannungen sind Tabelle 19 zu entnehmen. Sie gelten nur unter der Voraussetzung, daß der Verbund während des Erhärtens des Betons nicht ungünstig beeinflußt wird (z. B. durch Bewegen der Bewehrung).

(2) Die angegebenen Werte dürfen um 50 % erhöht werden, wenn allseits Querdruck oder eine allseitige durch Bewehrung gesicherte Beton-

deckung von mindestens 10 d_s vorhanden ist. Dies gilt nicht für die Übergreifungsstöße nach Abschnitt 18.6 und für Verankerungen am Endauflager nach Abschnitt 18.7.4.

(3) Verbundbereich I gilt für

- alle Stäbe. die beim Betonieren zwischen 45° und 90° gegen die Waagerechte geneigt sind,
- flacher als 45° geneigte Stäbe, wenn sie beim Betonieren entweder höchstens 25 cm über der Unterkante des Frischbetons oder mindestens 30 cm unter der Oberseite des Bauteils oder eines Betonierabschnittes liegen.

(4) Verbundbereich II gilt für

- alle Stäbe, die nicht dem Verbundbereich I zuzuordnen sind,
- alle Stäbe in Bauteilen, die im Gleitbauverfahren hergestellt werden. Für innerhalb der horizontalen Bewehrung angeordnete lotrechte Stäbe darf die Verbundspannung nach Tabelle 19, Zeile 2, um 30 % erhöht werden.

Tabelle 19. Zulässige Grundwerte der Verbundspannung zul τ_1 in N/mm²

	1	2	3	4	5	6
	Verbundbereich	Zulässige Grundwerte der Verbundspannung zul τ_1 in N/mm² für Festigkeitsklassen des Betons B 15	B 25	B 35	B 45	B 55
1	I	1,4	1,8	2,2	2,6	3,0
2	II	0,7	0,9	1,1	1,3	1,5

18.5 Verankerungen

18.5.1 Grundsätze

(1) Soweit nichts anderes gesagt wird, gelten die folgenden Angaben sowohl für Zug- als auch für Druckstäbe.

(2) Die Verankerung kann erfolgen durch

a) gerade Stabenden,

b) Haken, Winkelhaken, Schlaufen,

c) angeschweißte Querstäbe,

d) Ankerkörper.

(3) Ein der Verankerung dienender Querstab muß nach DIN 488 Teil 4 oder DIN 4099 angeschweißt werden. Die Scherfestigkeit der Schweißknoten muß mindestens 30 % der Nennstreckgrenze des dickeren Stabes betragen. Weiterhin muß die zur Verankerung vorgesehene Fläche des Querstabes je zu verankernden Stab mindestens 5 d_s^2 betragen (d_s Durchmesser des zu verankernden Stabes).

18.5.2 Gerade Stabenden, Haken, Winkelhaken, Schlaufen oder angeschweißte Querstäbe

18.5.2.1 Grundmaß l_0 der Verankerungslänge

(1) Das Grundmaß l_0 ist die Verankerungslänge für voll ausgenutzte Bewehrungsstäbe mit geraden Stabenden.

(2) Für Betonstabstahl sowie für Betonstahlmatten errechnet sich l_0 nach Gleichung (21).
Normen

$$l_0 = \frac{F_s}{\gamma \cdot u \cdot \text{zul}\,\tau_1} = \frac{d_s}{4 \cdot \text{zul}\,\tau_1} \cdot \frac{\beta_S}{\gamma} = \alpha_0 \cdot d_s \quad (21)$$

Hierin sind:

F_s Zug- oder Druckkraft im Bewehrungsstab unter $\sigma_s = \beta_S$,

β_S Streckgrenze des Betonstahles nach Tabelle 6,

γ rechnerischer Sicherheitsbeiwert $\gamma = 1{,}75$,

d_s Nenndurchmesser des Bewehrungsstabes. Für Doppelstäbe von Betonstahlmatten ist der Durchmesser d_{sV} des querschnittsgleichen Einzelstabes einzusetzen ($d_{sV} = d_s \cdot \sqrt{2}$).

u Umfang des Bewehrungstabes,

zul τ_1 Grundwert der Verbundspannung nach Abschnitt 18.4, wobei zul τ_1 über die Länge l_0 als konstant angenommen wird,

$\alpha_0 = \frac{\beta_S}{7 \cdot \text{zul}\,\tau_1}$ Beiwert, abhängig von Betonstahlsorte, Betonfestigkeitsklasse und Lage der Bewehrung beim Betonieren.

18.5.2.2 Verankerungslänge l_1

Die Verankerungslänge l_1 für Betonstabstahl sowie für Betonstahlmatten errechnet sich nach Gleichung (22).

$$l_1 = \alpha_1 \cdot \alpha_A \cdot l_0 \quad (22)$$

$\geq 10\, d_s$ bei geraden Stabenden mit oder ohne angeschweißtem Querstab

$\geq \frac{d_{br}}{2} + d_s$ bei Haken, Winkelhaken oder Schlaufen mit oder ohne angeschweißtem Querstab.

Hierin sind:

α_1 Beiwert zur Berücksichtigung der Art der Verankerung nach Tabelle 20,

$\alpha_A = \frac{\text{erf}\,A_s}{\text{vorh}\,A_s}$ Beiwert, abhängig vom Grad der Ausnutzung

I

erf A_s rechnerisch erforderlicher Bewehrungsquerschnitt,
vorh A_s vorhandener Bewehrungsquerschnitt,
d_{br} vorhandener Biegerollendurchmesser.

(Gleichung (23) entfällt.)

18.5.2.3 Querbewehrung im Verankerungsbereich

(1) Im Verankerungsbereich von Bewehrungsstäben müssen die infolge Sprengwirkung auftretenden örtlichen Querzugspannungen im Beton durch Querbewehrung aufgenommen werden, sofern nicht konstruktive Maßnahmen oder andere günstige Einflüsse (z. B. Querdruck) ein Aufspalten des Betons verhindern.

(2) Bei Platten genügt die in Abschnitt 20.1.6.3, bei Wänden die in Abschnitt 25.5.5.2 vorgeschriebene Querbewehrung. Sie muß bei Stäben mit $d_s \geq$ 16 mm im Bereich der Verankerung außen angeordnet werden. Bei geschweißten Betonstahlmatten darf sie innen liegen. Bei Balken, Plattenbalken und Rippendecken reichen die nach Abschnitt 18.8.2 und bei Stützen die nach Abschnitt 25.2.2.2 erforderlichen Bügel als Querbewehrung aus.

18.5.3 Ankerkörper

(1) Ankerkörper sind möglichst nach der Stirnfläche eines Bauteils, mindestens jedoch zwischen

Tabelle 20. Beiwerte α_1

	1	2	3
	Art und Ausbildung der Verankerung	Beiwert α_1 Zugstäbe	Beiwert α_1 Druckstäbe
1	a) Gerade Stabenden 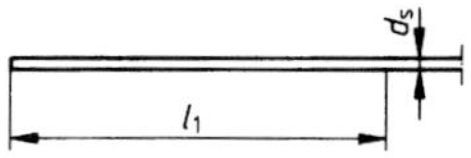 (l_1, d_s)	1,0	1,0
2	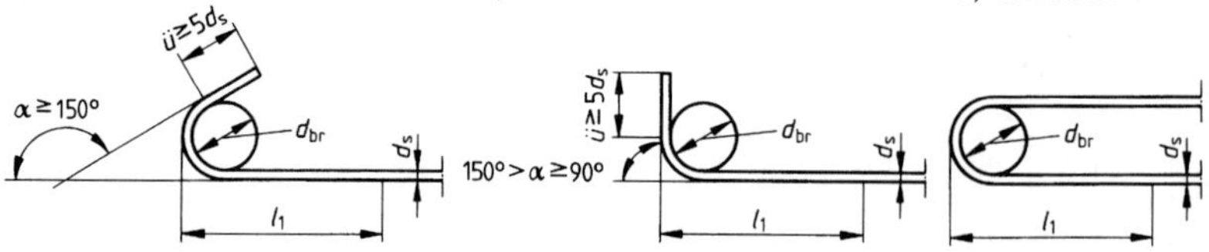 b) Haken ($\alpha \geq 150°$, $ü \geq 5 d_s$, d_{br}, d_s, l_1) c) Winkelhaken ($150° > \alpha \geq 90°$, $ü \geq 5 d_s$, d_{br}, d_s, l_1) d) Schlaufen (d_{br}, d_s, l_1)	0,7 (1,0)	1,0
3	e) Gerade Stabenden mit mindestens einem angeschweißten Stab innerhalb l_1 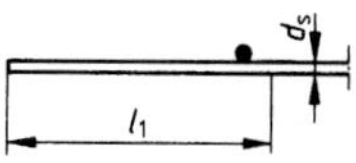	0,7	0,7
4	f) Haken ($\alpha \geq 150°$, $ü \geq 5 d_s$, d_{br}, d_s, l_1) g) Winkelhaken ($150° > \alpha \geq 90°$, $ü \geq 5 d_s$, d_{br}, d_s, l_1) h) Schlaufen (Draufsicht) 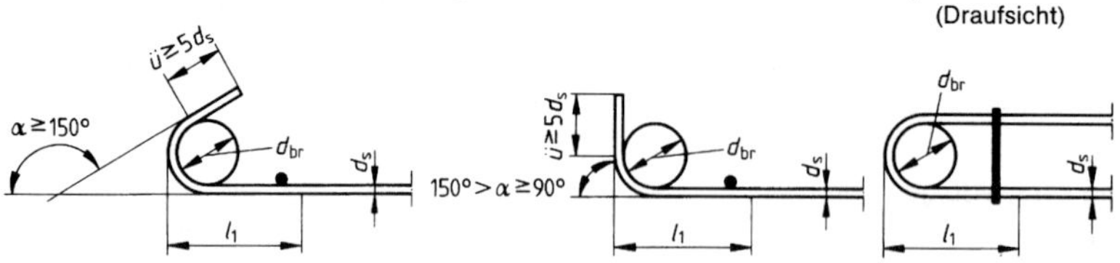 (d_{br}, d_s, l_1) mit jeweils mindestens einem angeschweißten Stab innerhalb l_1 vor dem Krümmungsbeginn	0,5 (0,7)	1,0
5	i) Gerade Stabenden mit mindestens zwei angeschweißten Stäben innerhalb l_1 (Stababstand s_q < 10 cm bzw. $\geq 5 d_s$ und $\geq$ 5 cm) nur zulässig bei Einzelstäben mit $d_s \leq$ 16 mm bzw. Doppelstäben mit $d_s \leq$ 12 mm ($\geq 5 d_s$, ≥ 5 cm, < 10 cm, s_q, d_s, l_1)	0,5	0,5

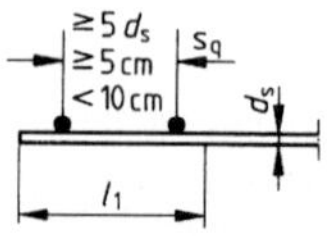

Die in Spalte 2 in Klammern angegebenen Werte gelten, wenn im Krümmungsbereich rechtwinklig zur Krümmungsebene die Betondeckung weniger als 3 d_s beträgt bzw. kein Querdruck oder keine enge Verbügelung vorhanden ist.

Stirnfläche und Auflagermitte anzuordnen. Sie sind so auszubilden, daß eine kraft- und formschlüssige Einleitung der Ankerkräfte sichergestellt ist. Die auftretenden Spaltkräfte sind durch Bewehrung aufzunehmen. Schweißverbindungen sind nach DIN 4099 auszuführen.

(2) Die Tragfähigkeit von Ankerkörpern ist durch Versuche nachzuweisen, falls die Betonpressungen die für Teilflächenbelastung zulässigen Werte (siehe Abschnitt 17.3.3) überschreiten. Dies gilt auch für die Verbindung Ankerkörper - Bewehrungsstahl, wenn diese nicht rechnerisch nachweisbar ist oder nicht vorwiegend ruhende Belastung vorliegt. In diesen Fällen dürfen Ankerkörper nur verwendet werden, wenn eine allgemeine bauaufsichtliche Zulassung oder im Einzelfall die Zustimmung der zuständigen obersten Bauaufsichtsbehörde vorliegt.

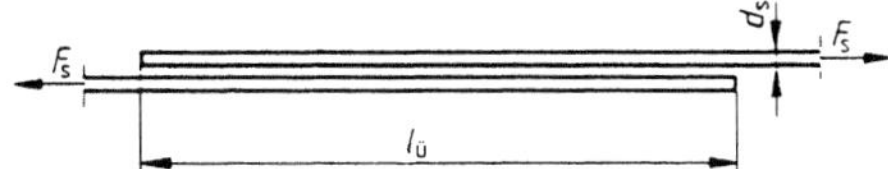

a) gerade Stabenden

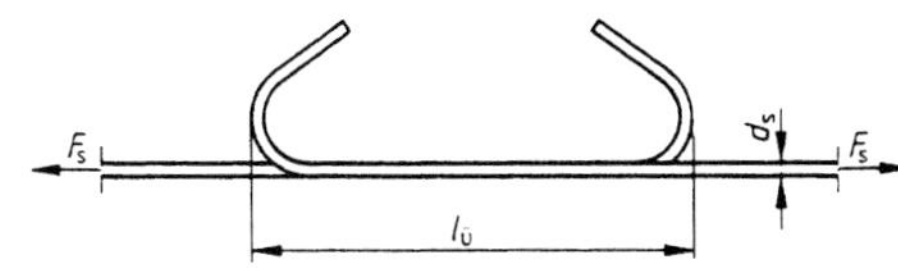

b) Haken

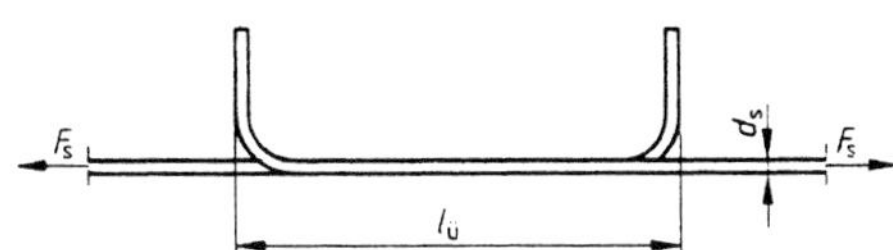

c) Winkelhaken

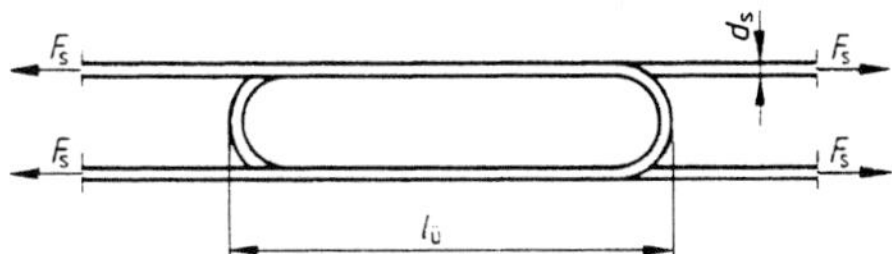

d) Schlaufen

$l_ü$ siehe Abschnitt 18.6.3.2.

Bild 16. Beispiele für zugbeanspruchte Übergreifungsstöße

18.6 Stöße

18.6.1 Grundsätze

(1) Stöße von Bewehrungen können hergestellt werden durch

a) Übergreifen von Stäben mit geraden Stabenden (siehe Bild 16 a), mit Haken (siehe Bild 16 b), Winkelhaken (siehe Bild 16 c) oder mit Schlaufen (siehe Bild 16 d) sowie mit geraden Stabenden und angeschweißten Querstäben, z. B. bei Betonstahlmatten,

b) Verschrauben,

c) Verschweißen,

d) Muffenverbindungen nach allgemeiner bauaufsichtlicher Zulassung (z. B. Preßmuffen),

e) Kontakt der Stabstirnflächen (nur Druckstöße).

(2) Liegen die gestoßenen Stäbe übereinander und wird die Bewehrung im Stoßbereich zu mehr als 80 % ausgenutzt, so ist für die Bemessung nach Abschnitt 17.2 die statische Nutzhöhe der innenliegenden Stäbe zu verwenden.

18.6.2 Zulässiger Anteil der gestoßenen Stäbe

(1) Bei Stäben dürfen durch Übergreifen in einem Bauteilquerschnitt 100 % des Bewehrungsquerschnitts einer Lage gestoßen werden. Verteilen sich die zu stoßenden Stäbe auf mehrere Bewehrungslagen, dürfen ohne Längsversatz (siehe Abschnitt 18.6.3.1) jedoch höchstens 50 % des gesamten Bewehrungsquerschnitts an einer Stelle gestoßen werden.

(2) Der zulässige Anteil der gestoßenen Tragstäbe von Betonstahlmatten wird in Abschnitt 18.6.4 geregelt.

(3) Querbewehrungen nach den Abschnitten 20.1.6.3 und 25.5.5.2 dürfen zu 100 % in einem Schnitt gestoßen werden.

(4) Durch Verschweißen und Verschrauben darf die gesamte Bewehrung in einem Schnitt gestoßen werden.

(5) Durch Kontaktstoß darf in einem Bauteilquerschnitt höchstens die Hälfte der Druckstäbe gestoßen werden. Dabei müssen die nicht gestoßenen Stäbe einen Mindestquerschnitt $A_s = 0{,}008\ A_b$ (A_b statisch erforderlicher Betonquerschnitt des Bauteils) aufweisen und sollen annähernd gleichmäßig über den Querschnitt verteilt sein. Hinsichtlich des erforderlichen Längsversatzes siehe Abschnitt 18.6.7.

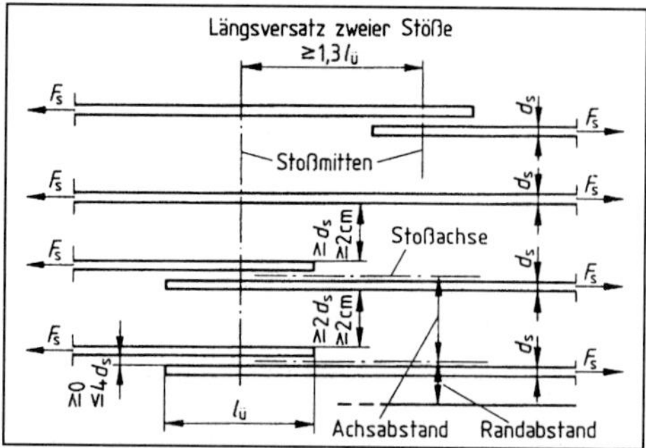

Bild 17. Längsversatz im Querabstand der Bewehrungsstäbe im Stoßbereich

18.6.3 Übergreifungsstöße mit geraden Stabenden, Haken, Winkelhaken oder Schlaufen

18.6.3.1 Längsversatz und Querabstand
Übergreifungsstöße gelten als längsversetzt, wenn der Längsabstand der Stoßmitten mindestens der 1,3fachen Übergreifungslänge $l_ü$ (siehe Abschnitte 18.6.3.2 und 18.6.3.3) entspricht. Der lichte Querabstand der Bewehrungsstäbe im Stoßbereich muß Bild 17 entsprechen.

18.6.3.2 Übergreifungslänge $l_ü$ bei Zugstößen
Die Übergreifungslänge $l_ü$ (siehe Bilder 16 a) bis d) ist nach Gleichung (24) zu berechnen.

$$l_ü = \alpha_ü \cdot l_1 \quad \begin{cases} \geq 20 \text{ cm} & \text{in allen Fällen} \\ \geq 15\, d_s & \text{bei geraden Stabenden} \\ \geq 1{,}5\, d_{br} & \text{bei Haken, Winkelhaken, Schlaufen} \end{cases} \tag{24}$$

Hierin sind:

$\alpha_ü$ Beiwert nach Tabelle 21; $\alpha_ü$ muß jedoch stets mindestens 1,0 betragen

l_1 Verankerungslänge nach Abschnitt 18.5.2.2. Für den Beiwert α_1 darf jedoch kein kleinerer Wert als 0,7 in Rechnung gestellt werden.

d_{br} vorhandener Biegerollendurchmesser.

Tabelle 21. Beiwerte $\alpha_ü$[29]

	1	2	3	4	5	6
	Verbundbereich	d_s	Anteil der ohne Längsversatz gestoßenen Tragstäbe am Querschnitt einer Bewehrungslage			Querbewehrung[30]
		mm	≤ 20%	> 20% ≤ 50%	> 50%	
1	I	< 16	1,2	1,4	1,6	1,0
2		≥ 16	1,4	1,8	2,2	
3	II	75 % der Werte von Verbundbereich I				1,0

[29] Die Beiwerte $\alpha_ü$ der Spalten 3 bis 5 dürfen mit 0,7 multipliziert werden, wenn der gegenseitige Achsabstand nicht längsversetzter Stöße (siehe Bild 17) ≥ 10 d_s und bei stabförmigen Bauteilen der Randabstand (siehe Bild 17) ≥ 5 d_s betragen.

[30] Querbewehrung nach den Abschnitten 20.1.6.3 und 25.5.5.2.

18.6.3.3 Übergreifungslänge $l_ü$ bei Druckstößen
Die Übergreifungslänge muß mindestens l_0 nach Abschnitt 18.5.2.1 betragen. Abminderungen für Haken, Winkelhaken oder Schlaufen sind nicht zulässig.

18.6.3.4 Querbewehrung im Übergreifungsbereich von Tragstäben
(1) Im Bereich von Übergreifungsstößen muß zur Aufnahme der Querzugspannungen stets eine Querbewehrung angeordnet werden. Für die Bemessung und Anordnung sind folgende Fälle zu unterscheiden, wobei eine vorhandene Querbewehrung angerechnet werden darf:

a) Bezogen auf das Bauteilinnere, liegen die gestoßenen Stäbe nebeneinander und der Stabdurchmesser beträgt d_s ≥ 16 mm:

   Werden in einem Schnitt mehr als 20 % des Querschnitts einer Bewehrungslage gestoßen, ist die Querbewehrung für die Kraft e i n e s gestoßenen Stabes zu bemessen und außen anzuordnen.

   Werden in einem Schnitt mehr als 50 % des Querschnitts gestoßen und beträgt der Achsabstand benachbarter Stöße weniger als 10 d_s, muß diese Querbewehrung die Stöße im Bereich der Stoßenden (≈ $l_ü$/3) bügelartig umfassen. Die Bügelschenkel sind mit der Verankerungslänge l_1 (siehe Abschnitt 18.5.2.2) oder nach den Regeln für Bügel (siehe Abschnitt 18.8.2) im Bauteilinneren zu verankern. Das bügelartige Umfassen ist nicht erforderlich, wenn

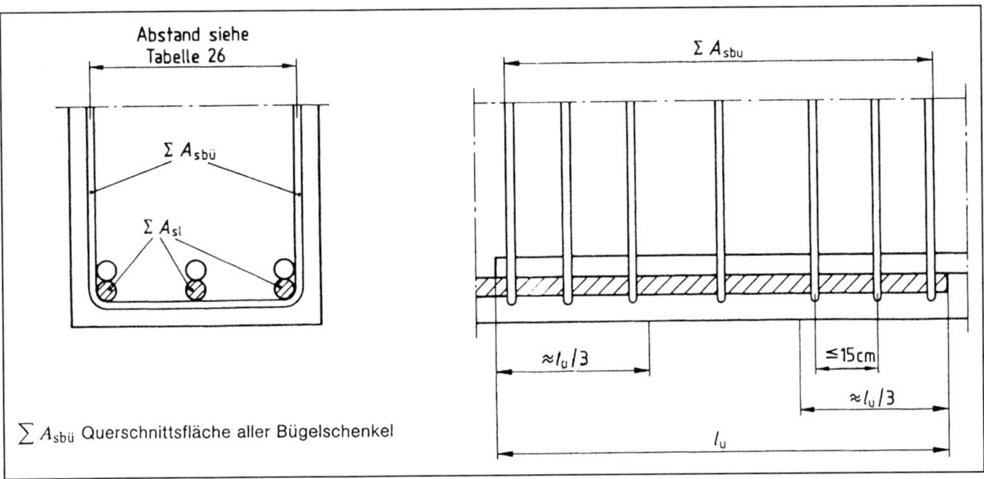

$\sum A_{sbü}$ Querschnittsfläche aller Bügelschenkel

Bild 18. Beispiel für die Anordnung von Bügeln im Stoßbereich von übereinanderliegenden zugbeanspruchten Stäben

der Abstand der Stoßmitten benachbarter Stöße mit geraden Stabenden in Längsrichtung etwa 0,5 $l_ü$ beträgt.

b) Bezogen auf das Bauteilinnere, liegen die gestoßenen Stäbe übereinander, und der Stabdurchmesser ist beliebig. Die Stöße sind im Bereich der Stoßenden ($\approx$ $l_ü$/3) bügelartig zu umfassen (siehe Bild 18). Die Bügelschenkel sind für die Kraft aller gestoßenen Stäbe zu bemessen. Für die Verankerung der Bügelschenkel gilt a).

c) In allen anderen Fällen genügt eine konstruktive Querbewehrung.

(2) Im Bereich der Stoßenden darf der Abstand einer nachzuweisenden Querbewehrung in Längsrichtung höchstens 15 cm betragen. Für den Abstand der Bügelschenkel quer zur Stoßrichtung gilt Tabelle 26. Bei Druckstößen ist ein Bügel bzw. ein Stab der Querbewehrung vor dem jeweiligen Stoßende außerhalb des Stoßbereiches anzuordnen.

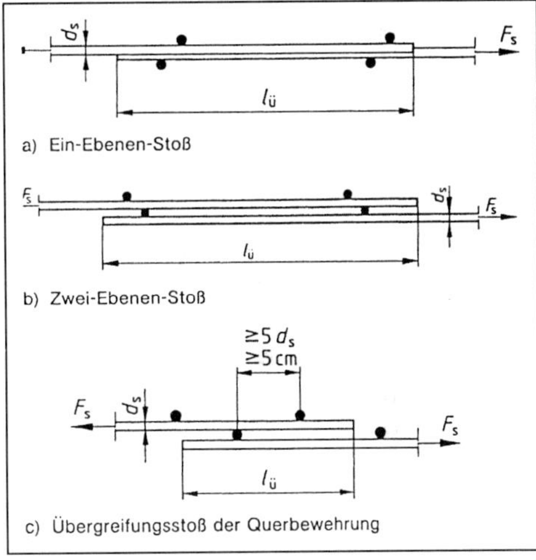

Bild 19. Beispiele für Übergreifungsstöße von Betonstahlmatten

18.6.4 Übergreifungsstöße von Betonstahlmatten

18.6.4.1 Ausbildung der Stöße von Tragstäben

Es werden Ein-Ebenen-Stöße (zu stoßende Stäbe liegen nebeneinander) und Zwei-Ebenen-Stöße (zu stoßende Stäbe liegen übereinander) unterschieden (siehe Bild 19). Die Anwendung dieser Stoßausbildungen ist in Tabelle 22 geregelt.

18.6.4.2 Ein-Ebenen-Stöße sowie Zwei-Ebenen-Stöße mit bügelartiger Umfassung der Tragbewehrung

Betonstahlmatten dürfen nach den Regeln für Stäbe nach Abschnitt 18.6.2, (1), (3) und (4) und Abschnitt 18.6.3 gestoßen werden. Die Übergreifungslänge $l_ü$ nach Gleichung (24) ist jedoch ohne Berücksichtigung der angeschweißten Querstäbe zu berechnen. Bei Doppelstabmatten ist der Bei-

I

Tabelle 22. Zulässige Belastungsart und maßgebende Bestimmungen für Stöße von Tragstäben bei Betonstahlmatten

	1	2	3	4
	Stoßart	Querschnitt der zu stoßenden Matte a_s	zulässige Belastungsart	Ausbildung nach Abschnitt
1	Ein-Ebenen-Stoß	beliebig	vorwiegend ruhende und nicht vorwiegend ruhende Belastung	18.6.4.2
2	Zwei-Ebenen-Stoß mit bügelartiger Umfassung der Tragstäbe			
3	Zwei-Ebenen-Stoß ohne bügelartige Umfassung der Tragstäbe	$\leq$ 6 cm^2/m		18.6.4.3
4		$>$ 6 cm^2/m	vorwiegend ruhende Belastung	

wert $\alpha_ü$ für den dem Doppelstab querschnittsgleichen Einzelstabdurchmesser $d_{sV} = d_s \cdot \sqrt{2}$ zu ermitteln. Für die Quer- bzw. Umfassungsbewehrung im Stoßbereich gilt Abschnitt 18.6.3.4.

18.6.4.3 Zwei-Ebenen-Stöße ohne bügelartige Umfassung der Tragbewehrung

(1) Die Stöße sind möglichst in Bereichen anzuordnen, in denen die Bewehrung nicht mehr als 80 % ausgenutzt wird. Ist diese Anforderung bei Matten mit einem Bewehrungsquerschnitt $a_s \geq 6$ cm^2/m nicht einzuhalten und ein Nachweis zur Beschränkung der Rißbreite erforderlich, muß dieser an der Stoßstelle mit einer um 25 % erhöhten Stahlspannung unter häufig wirkendem Lastanteil geführt werden.

(2) Betonstahlmatten mit einem Bewehrungsquerschnitt $a_s \leq 12$ cm^2/m dürfen stets in einem Querschnitt gestoßen werden. Stöße von Matten mit größerem Bewehrungsquerschnitt sind nur in der inneren Lage bei mehrlagiger Bewehrung zulässig, wobei der gestoßene Anteil nicht mehr als 60 % des erforderlichen Bewehrungsquerschnitts betragen darf.

(3) Bei mehrlagiger Bewehrung sind die Stöße der einzelnen Lagen stets mindestens um die 1,3fache Übergreifungslänge in Längsrichtung gegeneinander zu versetzen.

(4) Eine zusätzliche Querbewehrung im Stoßbereich ist nicht erforderlich.

(5) Die Überprüfungslänge $l_ü$ von zugbeanspruchten Betonstahlmatten (siehe Bild 19 a)) ist nach Gleichung (24) zu ermitteln, wobei α_1 stets mit 1,0 einzusetzen und der Beiwert $\alpha_ü$ durch $\alpha_{üm}$ nach den Gleichungen (25a) und (25b) zu ersetzen ist.

$$\text{Verbundbereich I: } \alpha_{üml} = 0{,}5 + \frac{a_s}{7} \begin{array}{l} \geq 1{,}1 \\ \leq 2{,}2 \end{array} \qquad (25a)$$

$$\text{Verbundbereich II: } \alpha_{ümlI} = 0{,}75 \cdot \alpha_{üml} \geq 1{,}0 \qquad (25b)$$

Dabei ist a_s der Bewehrungsquerschnitt der zu stoßenden Matte in cm^2/m.

(6) Die Übergreifungslänge von druckbeanspruchten Betonstahlmatten muß mindestens l_0 (siehe Abschnitt 18.5.2.1) betragen.

18.6.4.4 Übergreifungsstöße von Stäben der Querbewehrung

Übergreifungsstöße von Stäben der Querbewehrung nach Abschnitt 20.1.6.3 und 25.5.5.2 dürfen ohne bügelartige Umfassung als Ein-Ebenen- oder Zwei-Ebenen-Stöße ausgeführt werden. Die Übergreifungslänge $l_ü$ richtet sich nach Tabelle 23, wobei innerhalb $l_ü$ mindestens zwei sich gegenseitig abstützende Stäbe der Längsbewehrung mit einem Abstand von $\geq 5\,d_s$ bzw. ≥ 5 cm vorhanden sein müssen (siehe Bild 19 c).

18.6.5 Verschraubte Stöße

(1) Die Verbindungsmittel (Muffen, Spannschlösser) müssen mindestens

- eine Streckgrenzlast entsprechend $1{,}0 \cdot \beta_S \cdot A_s$ und

– eine Bruchlast entsprechend 1,2 · $\beta_Z A_s$

aufweisen. Dabei sind β_S bzw. β_Z die Nennwerte der Streckgrenze bzw. Zugfestigkeit nach Tabelle 6 und A_s der Nennquerschnitt des gestoßenen Stabes. Für die Größe der Betondeckung und den lichten Abstand der Verbindungsmittel im Stoßbereich gelten die Werte nach Abschnitt 13.2 bzw. Abschnitt 18.2, wobei als Bezugsgröße der Durchmesser des gestoßenen Stabes gilt.

(2) Aufstauchungen der gestoßenen Stäbe zur Vergrößerung des Kernquerschnitts sind mit einem Übergang mit der Neigung ≤ 1 : 3 zulässig (siehe Bild 20). Die zusätzlich zur elastischen Dehnung auftretende Verformung (Schlupf an beiden Muffenenden) darf unter Gebrauchslast höchstens 0,1 mm betragen. Bei aufgerolltem Gewinde darf der Kernquerschnitt voll, bei geschnittenem Gewinde nur mit 80 % in Rechnung gestellt werden.

(3) Bei nicht vorwiegend ruhender Belastung ist stets ein Nachweis der Wirksamkeit der Stoßverbindungen durch Versuche erforderlich.

18.6.6 Geschweißte Stöße

(1) Geschweißte Stöße sind nach DIN 4099 herzustellen. Sie dürfen mit dem Nennquerschnitt des (kleineren) gestoßenen Stabes in Rechnung gestellt werden. Die von der nicht vorwiegend ruhenden Belastung verursachte Schwingbreite der Stahlspannungen darf nicht mehr als 80 N/mm² betragen.

Tabelle 23. Erforderliche Übergreifungslänge $l_ü$

	1	2
	Stabdurchmesser der Querbewehrung d_s mm	Erforderliche Übergreifungslänge $l_ü$ cm
1	≤ 6,5	≥ 15
2	> 6,5 ≤ 8,5	≥ 25
3	> 8,5 ≤ 12,0	≥ 35

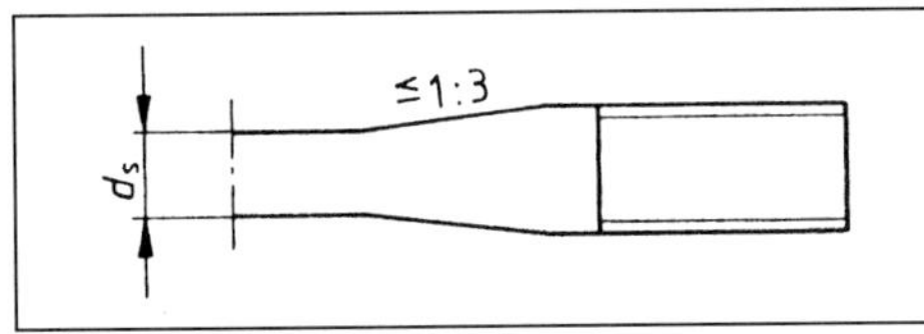

Bild 20. Aufgestauchtes Stabende mit Gewinde für verschraubten Stoß

(2) Es dürfen die in Tabelle 24 aufgeführten Schweißverfahren für die genannten Anwendungsfälle eingesetzt werden. Bei übereinanderliegenden Stäben von Überlappstößen gilt hinsichtlich der Verbügelung Abschnitt 18.6.3.4 b) sinngemäß. Bei allen anderen Überlappstößen genügt eine konstruktive Querbewehrung.

18.6.7 Kontaktstöße

(1) Druckstäbe mit $d_s \geq$ 20 mm dürfen in Stützen durch Kontakt der Stabstirnflächen gestoßen werden, wenn sie beim Betonieren lotrecht stehen, die Stützen an beiden Enden unverschieblich gehalten sind und die gestoßenen Stäbe auch unter Berücksichtigung einer Beanspruchung nach Abschnitt 17.4 zwischen den gehaltenen Enden der Stützen nur Druck erhalten. Der zulässige Stoßanteil ist in Abschnitt 18.6.2 geregelt.

(2) Die Stöße sind gleichmäßig über den auf Druck beanspruchten Querschnittsbereich zu verteilen und müssen in den äußeren Vierteln der Stützenlänge angeordnet werden. Sie gelten als längsversetzt, wenn der Abstand der Stoßstellen in Längsrichtung mindestens 1,3 · l_0 (l_0 nach Gleichung (21)) beträgt. Jeder Bewehrungsstab darf nur einmal innerhalb der gehaltenen Stützenenden gestoßen werden.

(3) Die Stabstirnflächen müssen rechtwinklig zur Längsachse gesägt und entgratet sein. Ihr mittiger Sitz ist durch eine feste Führung zu sichern, die die Stoßfuge vor dem Betonieren teilweise sichtbar läßt.

18.7 Biegezugbewehrung

18.7.1 Grundsätze

(1) Die Biegezugbewehrung ist so zu führen, daß in jedem Schnitt die Zugkraftlinie (siehe Abschnitt 18.7.2) abgedeckt ist.

(2) Die Biegezugbewehrung darf bei Plattenbalken- und Hohlkastenquerschnitten in der Platte höchstens auf einer Breite entsprechend der halben mitwirkenden Plattenbreite nach Abschnitt 15.3 angeordnet werden. Im Steg muß jedoch zur Beschränkung der Rißbreite ein angemessener Anteil verbleiben. Die Berechnung der Anschlußbewehrung für eine in der Platte angeordnete Biegezugbewehrung richtet sich nach Abschnitt 18.8.5.

18.7.2 Deckung der Zugkraftlinie

(1) Die Zugkraftlinie ist die in Richtung der Bauteilachse um das Versatzmaß v verschobene ($M_s/z + N$)-Linie (siehe Bilder 21 und 22 für reine

I

Tabelle 24. Zulässige Schweißverfahren und Anwendungsfälle

	1	2	3	4
	Belastungsart	Schweißverfahren	Zugstäbe	Druckstäbe
1	vorwiegend ruhend	Abbrennstumpfschweißen (RA)	Stumpfstoß	
2		Gaspreßschweißen (GP)	Stumpfstoß mit $d_s \geq 14$ mm	
3		Lichtbogenhandschweißen (E)[31]) Metall-Aktivgasschweißen (MAG)[32])	Laschenstoß Überlappstoß Kreuzungsstoß[33]) Verbindung mit anderen Stahlteilen	Stumpfstoß mit $d_s \geq 20$ mm
4		Widerstandspunktschweißen (RP) (mit Einpunktschweißmaschine)	Überlappstoß mit $d_s \leq 12$ mm Kreuzungsstoß[33])	
5	nicht vorwiegend ruhend	Abbrennstumpfschweißen (RA)	Stumpfstoß	
6		Gaspreßschweißen (GP)	Stumpfstoß mit $d_s \geq 14$ mm	
7		Lichtbogenhandschweißen (E) Metall-Aktivgasschweißen (MAG)		Stumpfstoß mit $d_s \geq 20$ mm

[31]) Der Nenndurchmesser von Mattenstäben muß mindestens 8 mm betragen.
[32]) Der Nenndurchmesser von Mattenstäben muß mindestens 6 mm betragen.
[33]) Bei tragenden Verbindungen $d_s \leq 16$ mm.

Biegung). M_s ist dabei das auf die Schwerachse der Biegezugbewehrung bezogene Moment und N die Längskraft (als Zugkraft positiv). Längszugkräfte müssen, Längsdruckkräfte dürfen bei der Zugkraftlinie berücksichtigt werden. Die Zugkraftlinie ist stets so zu ermitteln, daß sich eine Vergrößerung der $(M_s/z + N)$-Fläche ergibt.

(2) Bei veränderlicher Querschnittshöhe ist für die Bestimmung von v die Nutzhöhe h des jeweils betrachteten Schnittes anzusetzen.

(3) Das Versatzmaß v richtet sich nach Tabelle 25.

(4) Im Schubbereich 1 darf das Versatzmaß bei Balken und Platten mit Schubbewehrung vereinfachend zu $v = 0{,}75\,h$ angenommen werden, es muß bei Platten ohne Schubbewehrung $v = 1{,}0\,h$ betragen.

(5) Wird bei Plattenbalken ein Teil der Biegezugbewehrung außerhalb des Steges angeordnet, so ist das Versatzmaß v der ausgelagerten Stäbe jeweils um den Abstand vom Stegrand zu vergrößern.

(6) Zur Zugkraftdeckung nicht mehr benötigte Bewehrungsstäbe dürfen gerade enden (gestaffelte Bewehrung) oder auf- bzw. abgebogen werden.

(7) Die Deckung der Zugkraftlinie ist bei gestaffelter Bewehrung oder im Schubbereich 3 (siehe Abschnitt 17.5.5) mindestens genähert nachzuweisen.

Tabelle 25. Versatzmaß *v*

	1	2	3
	Anordnung der Schubbewehrung[34])	Versatzmaß v bei voller Schubdeckung [35])	verminderter Schubdeckung [35])
1	schräg Abstand $\leq 0{,}25\,h$	$0{,}25\,h$	$0{,}5\,h$
2	schräg Abstand $> 0{,}25\,h$	$0{,}5\,h$	$0{,}75\,h$
3	schräg und annähernd rechtwinklig zur Bauteilachse		
4	annähernd rechtwinklig zur Bauteilachse	$0{,}75\,h$	$1{,}0\,h$

[34]) „schräg" bedeutet: Neigungswinkel zwischen Bauteilachse und Schubbewehrung 45° bis 60°; „annähernd rechtwinklig" bedeutet: Neigungswinkel zwischen Bauteilachse und Schubbewehrung > 60°.
[35]) Siehe Abschnitte 17.5.4 und 17.5.5.

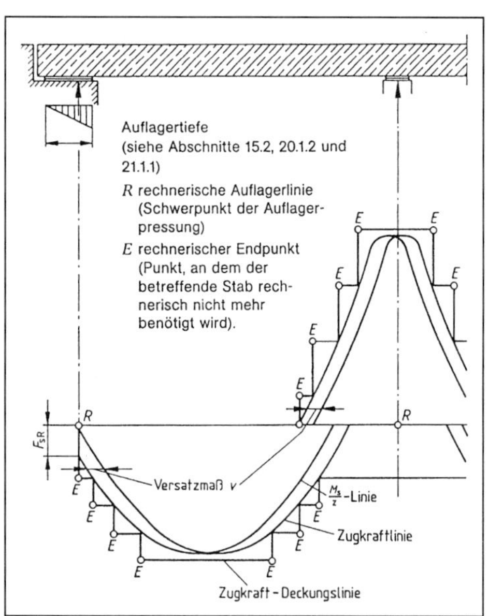

Bild 21. Beispiel für eine Zugkraft-Deckungslinie bei reiner Biegung

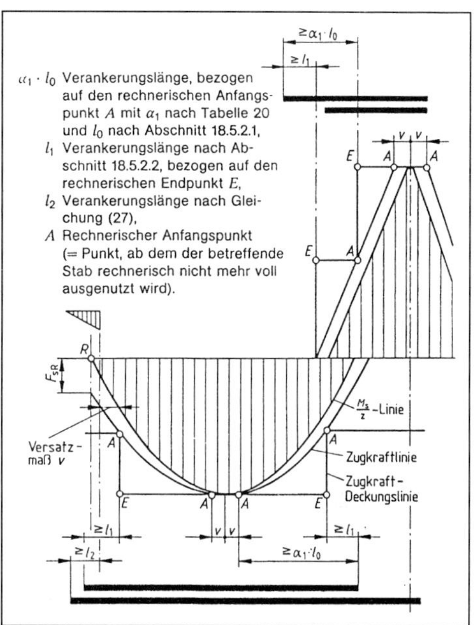

Bild 22. Beispiel für eine gestaffelte Bewehrung bei Platten mit Bewehrungsstäben $d_s < 16$ mm bei reiner Biegung

18.7.3 Verankerung außerhalb von Auflagern

(1) Die Verankerungslänge gestaffelter bzw. auf- oder abgebogener Stäbe, die nicht zur Schubsicherung herangezogen werden, beträgt $\alpha_1 \cdot l_0$ (α_1 nach Tabelle 20, l_0 nach Abschnitt 18.5.2.1) und ist vom rechnerischen Endpunkt E (siehe Bild 21) nach den Bildern 23 a) oder b) zu messen.

(2) Bei Platten mit Stabdurchmessern $d_s < 16$ mm darf davon abweichend für die vom rechnerischen Endpunkt E gemessene Verankerungslänge das Maß l_1 nach Abschnitt 18.5.2.2 eingesetzt werden, wenn nachgewiesen wird, daß die vom rechnerischen Anfangspunkt A aus gemessene Verankerungslänge den Wert $\alpha_1 \cdot l_0$ nicht unterschreitet (siehe Bild 22).

(3) Aufgebogene oder abgebogene Stäbe, die zur Schubsicherung herangezogen werden, sind im Bereich von Betonzugspannungen mit $1{,}3 \cdot \alpha_1 \cdot l_0$, im Bereich von Betondruckspannungen mit
$0{,}6 \cdot \alpha_1 \cdot l_0$
zu verankern (siehe Bilder 23 c) und d)).

18.7.4 Verankerung an Endauflagern

(1) An frei drehbaren oder nur schwach eingespannten Endauflagern ist eine Bewehrung zur Aufnahme der Zugkraft F_{sR} nach Gleichung (26) erforderlich, es muß jedoch mindestens ein Drittel der größten Feldbewehrung vorhanden sein. Für Platten ohne Schubbewehrung ist zusätzlich Abschnitt 20.1.6.2 zu beachten.

$$F_{sR} = Q_R \cdot \frac{v}{h} + N \qquad (26)$$

(2) Diese Bewehrung ist hinter der Auflagervorderkante bei direkter Auflagerung mit der Verankerungslänge l_2 nach Gleichung (27)

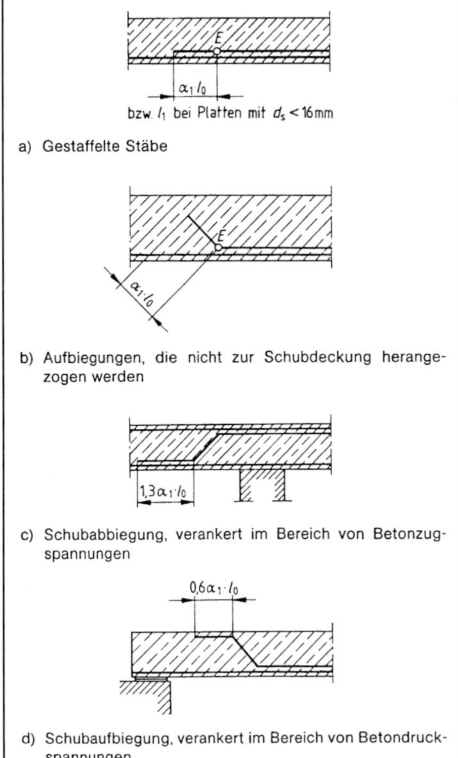

E
α1 · l0
bzw. l1 bei Platten mit ds < 16mm
a) Gestaffelte Stäbe
E
α1 · l0
b) Aufbiegungen, die nicht zur Schubdeckung herangezogen werden
1,3α1 · l0
c) Schubabbiegung, verankert im Bereich von Betonzugspannungen
0,6α1 · l0
d) Schubaufbiegung, verankert im Bereich von Betondruckspannungen

Bild 23. Beispiele für Verankerungen außerhalb von Auflagern

$$l_2 = \frac{2}{3}\, l_1 \geq 6\, d_s, \tag{27}$$

bei indirekter Lagerung mit der Verankerungslänge l_3 nach Gleichung (28) zu verankern, in allen Fällen jedoch mindestens über die rechnerische Auflagerlinie zu führen.

$$l_3 = l_1 \geq 10\, d_s \tag{28}$$

(3) Dabei ist l_1, die Verankerungslänge nach Abschnitt 18.5.2.2; d_s ist bei Betonstahlmatten aus Doppelstäben auf den Durchmesser des Einzelstabes zu beziehen.

(4) Ergibt sich bei Betonstahlmatten erf A_s/vorh A_s $\leq$ 1/3, so genügt zur Verankerung mindestens ein Querstab hinter der rechnerischen Auflagerlinie.

18.7.5 Verankerung an Zwischenauflagern

(1) An Zwischenauflagern von durchlaufenden Platten und Balken, an Endauflagern mit anschließenden Kragarmen, an eingespannten Auflagern und an Rahmenecken ist mindestens ein Viertel der größten Feldbewehrung mindestens um das Maß 6 d_s bis hinter die Auflagervorderkante zu führen. Für Platten ohne Schubbewehrung ist zusätzlich Abschnitt 20.1.6.2 zu beachten.

(2) Zur Aufnahme rechnerisch nicht berücksichtigter Beanspruchungen (z. B. Brandeinwirkung, Stützensenkung) empfiehlt es sich jedoch, den im Absatz (1) geforderten Anteil der Feldbewehrung durchzuführen oder über dem Auflager kraftschlüssig zu stoßen, insbesondere bei Auflagerung auf Mauerwerk.

18.8 Schubbewehrung

18.8.1 Grundsätze

(1) Die nach Abschnitt 17.5 erforderliche Schubbewehrung muß den Zuggurt mit der Druckzone zugfest verbinden und ist in der Zug- und Druckzone nach den Abschnitten 18.8.2 oder 18.8.3 oder 18.8.4 zu verankern. Die Verankerung muß in der Druckzone zwischen dem Schwerpunkt der Druckzonenfläche und dem Druckrand erfolgen; dies gilt als erfüllt, wenn die Schubbewehrung über die ganze Querschnittshöhe reicht. In der Zugzone müssen die Verankerungselemente möglichst nahe am Zugrand angeordnet werden.

(2) Die Schubbewehrung kann bestehen

- aus vertikalen oder schrägen Bügeln (siehe Abschnitt 18.8.2),
- aus Schrägstäben (siehe Abschnitt 18.8.3),
- aus vertikalen oder schrägen Schubzulagen (siehe Abschnitt 18.8.4),
- aus einer Kombination der vorgenannten Elemente.

(3) Die Schubbewehrung ist mindestens dem Verlauf der Bemessungswerte τ entsprechend zu verteilen. Dabei darf das Schubspannungsdiagramm nach Bild 24 abgestuft abgedeckt werden, wobei jedoch die Einschnittslängen l_E die Werte

l_E = 1,0 h für die Schubbereiche 1 und 2 bzw.

l_E = 0,5 h für den Schubbereich 3

nicht überschreiten dürfen und jeweils die Fläche A_A mindestens gleich der Fläche A_E sein muß.

(4) Für die Schubbewehrung in punktförmig gestützten Platten siehe Abschnitt 22.

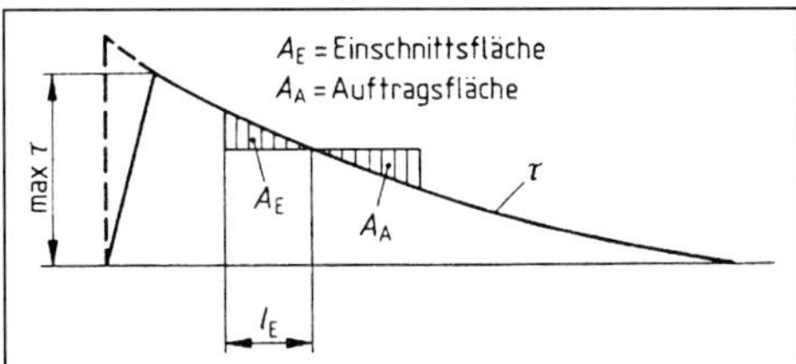

Bild 24. Zulässiges Einschneiden des Schubspannungsdiagrammes

18.8.2 Bügel

18.8.2.1 Ausbildung der Bügel

(1) Bügel müssen bei Balken und Plattenbalken die Biegezugbewehrung und die Druckzone umschließen. Sie können aus Einzelelementen zusammengesetzt werden. Werden in Platten Bügel angeordnet, so müssen sie mindestens die Hälfte der Stäbe der äußersten Bewehrungslage umfassen und brauchen die Druckzone nicht zu umschließen.

(2) Bügel dürfen abweichend von Abschnitt 18.5 in der Zug- und Druckzone mit Verankerungselementen nach Bild 25 verankert werden. Verankerungen nach den Bildern 25 c) und d) sind nur zulässig, wenn durch eine ausreichende Betondeckung die Sicherheit gegenüber Abplatzen sichergestellt ist. Dies gilt als erfüllt, wenn die seitliche Betondeckung (Mindestmaß) der Bügel im Verankerungsbereich mindestens 3 d_s (d_s Bügeldurchmesser) und mindestens 5 cm beträgt, bei geringeren Betondeckungen ist die ausreichende Sicherheit durch Versuche nachzuweisen. Für die Scherfestigkeit der Schweißknoten gilt DIN 488 Teil 1, für die Ausführung der Schweißung DIN 488 Teil 4 bzw. DIN 4099.

(3) Bei Balken sind die Bügel in der Druckzone nach den Bildern 26 a) oder b), in der Zugzone nach den Bildern 26 c) oder d) zu schließen.

(4) Bei Plattenbalken dürfen die Bügel im Bereich der Platte stets mittels durchgehender Querstäbe nach Bild 26 e) geschlossen werden.

(5) Bei Druckgliedern siehe Abschnitt 25.1.

(6) Die Abstände der Bügel und der Querstäbe zum Schließen der Bügel nach Bild 26 e) in Richtung der Biegezugbewehrung sowie die Abstände der Bügelschenkel quer dazu dürfen die Werte der Tabelle 26 nicht überschreiten (die kleineren Werte sind maßgebend).

(7) Die Ausbildung der Übergreifungsstöße von Bügeln im Stegbereich richtet sich nach Abschnitt 18.6.

(8) Bei feingliedrigen Fertigteilen üblicher Hochbauten nach Abschnitt 2.2.4 darf für Bügel auch kaltverformter Draht nach Abschnitt 6.6.3 (2) verwendet werden. Dabei ist die Bemessung jedoch stets mit β_S = 220 N/mm^2 durchzuführen.

18.8.2.2 Mindestquerschnitt

In Balken, Plattenbalken und Rippendecken (Ausnahmen siehe Abschnitt 17.5.5) sind stets Bügel anzuordnen, deren Mindestquerschnitt mit dem Bemessungswert $\tau_{bü}$ nach Gleichung (29) zu ermitteln ist.

$$\tau_{bü} = 0{,}25\ \tau_0 \qquad (29)$$

Dabei ist τ_0 der Grundwert der Schubspannung nach Abschnitt 17.5.3.

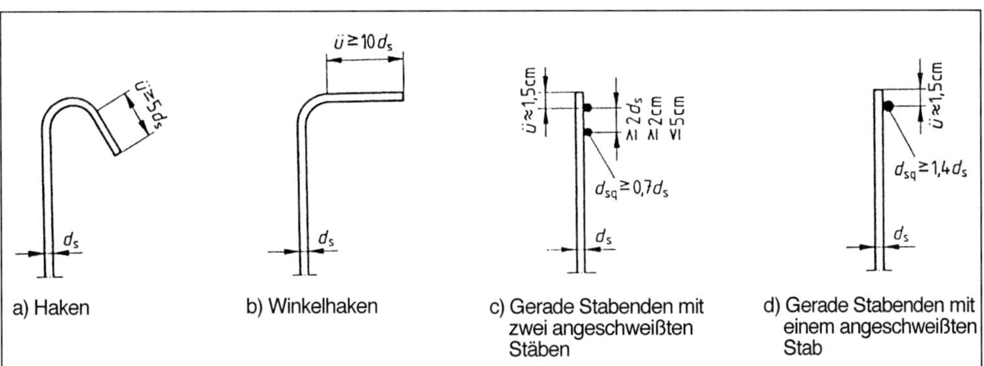

Bild 25. Verankerungselemente von Bügeln

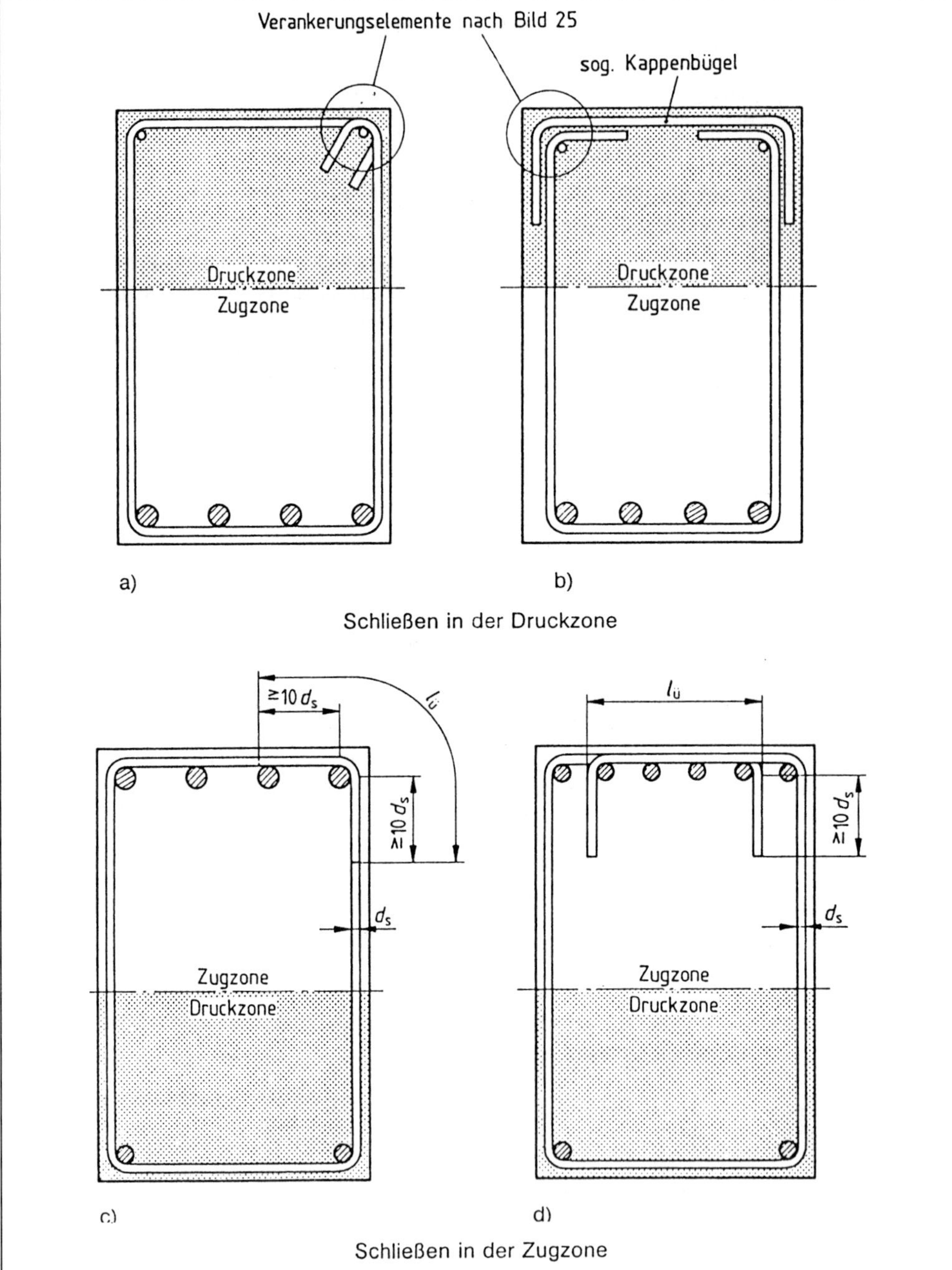

Schließen in der Druckzone

Schließen in der Zugzone

$l_ü$ nach den Abschnitten 18.6.3 bzw. 18.6.4. Beiwert $\alpha_1 = 0{,}7$ nur zulässig, wenn an den Bügelenden Haken oder Winkelhaken angeordnet werden.

$l_ü$ nach den Abschnitten 18.6.3 bzw. 18.6.4 mit $\alpha_1 = 0{,}7$.

Bild 26. Beispiele für das Schließen von Bügeln

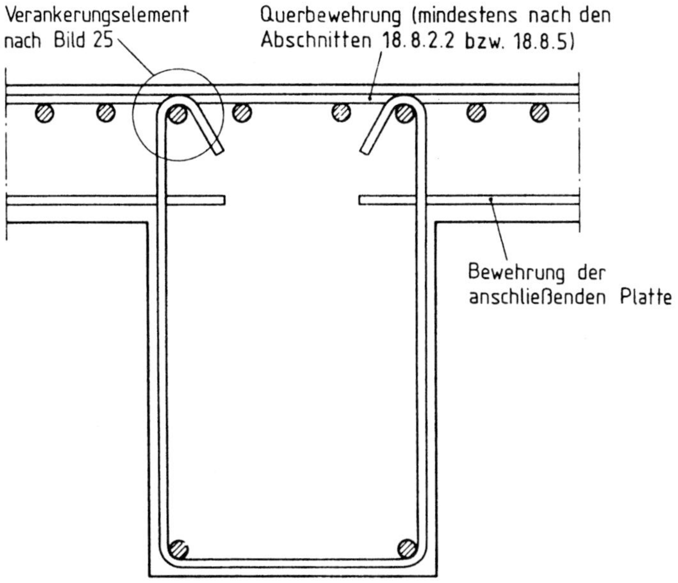

Schließen in der Zugzone

Verankerungselement nach Bild 25

Querbewehrung (mindestens nach den Abschnitten 18.8.2.2 bzw. 18.8.5)

Bewehrung der anschließenden Platte

e)

Schließen bei Plattenbalken im Bereich der Platte (in der Druck- und Zugzone zulässig)

Bild 26. Beispiele für das Schließen von Bügeln (Fortsetzung)

18.8.3 Schrägstäbe

(1) Schrägstäbe können als Schubbewehrung angerechnet werden, wenn ihr Abstand von der rechnerischen Auflagerlinie bzw. untereinander in Richtung der Bauteillängsachse Bild 27 entspricht.

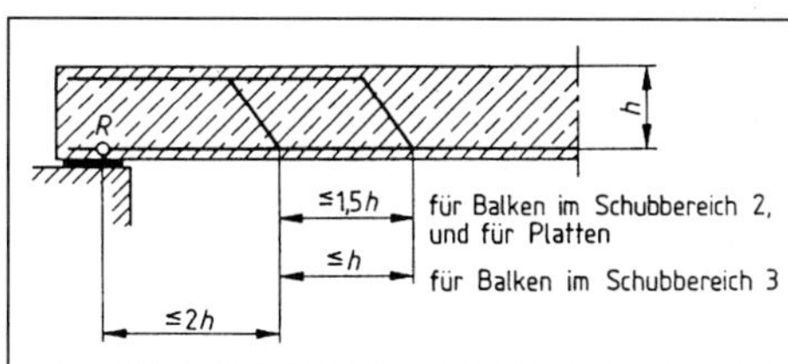

Bild 27. Zulässiger Abstand von Schrägstäben, die als Schubbewehrung dienen

(2) Werden Schrägstäbe im Längsschnitt nur an einer Stelle angeordnet, so darf ihnen höchstens die in einem Längenbereich von 2,0 h vorhandene Schubkraft zugewiesen werden.

(3) Für die Verankerung der Schrägstäbe gilt Abschnitt 18.7.3, Absatz (3).

(4) In Bauteilquerrichtung sollen die aufgebogenen Stäbe möglichst gleichmäßig über die Querschnittsbreite verteilt werden.

18.8.4 Schubzulagen

(1) Schubzulagen sind korb-, leiter- oder girlandenartige Schubbewehrungselemente, die die Biegezugbewehrung nicht umschließen (siehe Bild 28). Sie müssen aus Rippenstäben oder Betonstahlmatten bestehen und sind möglichst gleichmäßig über den Querschnitt zu verteilen. Sie sind beim Betonieren in ihrer planmäßigen Lage zu halten.

Tabelle 26. **Obere Grenzwerte der zulässigen Abstände der Bügel und Bügelschenkel**

	1	2	3
	Abstände der Bügel in Richtung der Biegezugbewehrung		
	Art des Bauteils und Höhe der Schubbeanspruchung	Bemessungsspannung der Schubbewehrung $\sigma_s \leq 240$ N/mm²	$\sigma_s = 286$ N/mm²
1	Platten im Schubbereich 2	0,6 *d* bzw. 80 cm	0,6 *d* bzw. 80 cm
2	Balken im Schubbereich 1	0,8 d_0 bzw. 30 cm[36)]	0,8 d_0 bzw. 25 cm[36)]
3	Balken im Schubbereich 2	0,6 d_0 bzw. 25 cm	0,6 d_0 bzw. 20 cm
4	Balken im Schubbereich 3	0,3 d_0 bzw. 20 cm	0,3 d_0 bzw. 15 cm
	Abstand der Bügelschenkel quer zur Biegezugbewehrung		
5	Bauteildicke *d* bzw. $d_0 \leq 40$ cm	40 cm	
6	Bauteildicke *d* bzw. $d_0 > 40$ cm	*d* oder d_0 bzw. 80 cm	

[36)] Bei Balken mit $d_0 < 20$ cm und $\tau_0 \leq \tau_{011}$ braucht der Abstand nicht kleiner als 15 cm zu sein.

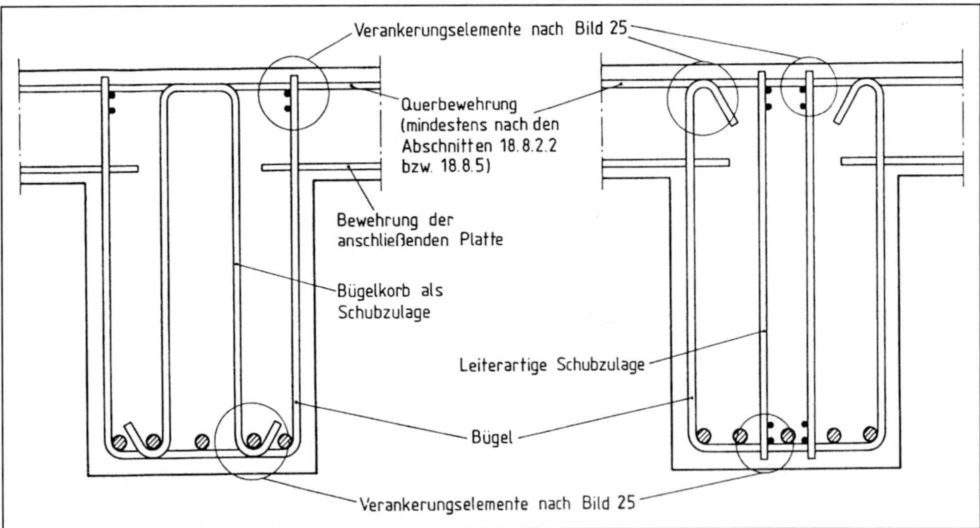

Bild 28. Beispiel für eine Schubbewehrung aus Bügeln und Schubzulagen in Plattenbalken

(2) Schubzulagen sind nach Abschnitt 18.8.2.1 wie Bügel zu verankern. Bei girlandenförmigen Schubzulagen muß der Biegerollendurchmesser jedoch mindestens $d_{br} = 10\ d_s$ betragen.

(3) Bei Platten in Bereichen mit Schubspannungen $\tau_0 \leq 0{,}5\ \tau_{02}$ dürfen Schubzulagen auch allein verwendet werden; in Bereichen mit Schubspannungen $\tau_0 > 0{,}5\ \tau_{02}$ dürfen Schubzulagen nur in Verbindung mit Bügeln nach Abschnitt 18.8.2 angeordnet werden.

(4) Bei feingliedrigen Fertigteilträgern (z. B. I-, T- oder Hohlquerschnitten mit Stegbreiten $b_0 \leq$ 8 cm) dürfen einschnittige Schubzulagen allein als Schubbewehrung verwendet werden, wenn die Druckzone und die Biegezugbewehrung nach den Abschnitten 18.8.2.2 bzw. 18.8.5 gesondert umschlossen sind.

(5) Für die Stababstände der Schubzulagen gilt Tabelle 26.

18.8.5 Anschluß von Zug- oder Druckgurten

(1) Bei Plattenbalken, Balken mit I-förmigen oder Hohlquerschnitten u. a. sind die außerhalb der Bü-

gel liegenden Zugstäbe (siehe Abschnitt 18.7.1 (2)) bzw. die Druckplatten (Flansche) mit einer über die Stege durchlaufenden Querbewehrung anzuschließen.

(2) Die Schubspannungen τ_{0a} in den Plattenanschnitten sind nach Abschnitt 17.5 zu berechnen. Sie dürfen τ_{02} nicht überschreiten.

(3) Die erforderliche Anschlußbewehrung ist nach Abschnitt 17.5.5 zu bemessen, wobei τ_0 durch τ_{0a} zu ersetzen ist.

(4) Sie ist bei Schubbeanspruchung allein etwa gleichmäßig auf die Plattenober- und -unterseite zu verteilen, wobei eine über den Steg durchlaufende oder dort mit l_1 nach Abschnitt 18.5.2.2 verankerte Plattenbewehrung auf die Anschlußbewehrung angerechnet werden darf. Wird die Platte außer durch Schubkräfte auch durch Querbiegemomente beansprucht, so genügt es, außer der Bewehrung infolge Querbiegung 50 % der Anschlußbewehrung infolge Schubbeanspruchung auf der Biegezugseite der Platte anzuordnen.

(5) Bei Bauteilen üblicher Hochbauten nach Abschnitt 2.2.4 mit beiderseits des Steges anschließenden Platten darf auf einen rechnerischen Nachweis der Anschlußbewehrung verzichtet werden, wenn ihr Querschnitt mindestens gleich der Hälfte der Schubbewehrung im Steg ist. Für Druckgurte ist darüber hinaus ein Nachweis der Schubspannung τ_{0a} im Plattenanschnitt entbehrlich.

(6) Bei konzentrierter Lasteinleitung an Trägerenden ohne Querträger und einer in der Platte angeordneten Biegezugbewehrung ist die Anschlußbewehrung auf einer Strecke entsprechend der halben mitwirkenden Plattenbreite b_m nach Abschnitt 15.3 jedoch immer für τ_{0a} zu bemessen und stets auf die Plattenober- und -unterseite zu verteilen.

(7) Für die größten zulässigen Stababstände der Anschlußbewehrung gilt Tabelle 26, Zeilen 2 bis 4, wobei die im Steg vorhandene Schubspannung zugrunde zu legen ist.

18.9 Andere Bewehrungen

18.9.1 Randbewehrung bei Platten

Freie, ungestützte Ränder von Platten und breiten Balken (siehe Abschnitt 17.5.5) mit Ausnahme von Fundamenten und Bauteilen üblicher Hochbauten nach Abschnitt 2.2.4 im Gebäudeinneren sind durch eine konstruktive Bewehrung (z. B. Steckbügel) einzufassen.

18.9.2 Unbeabsichtigte Einspannungen

Zur Aufnahme rechnerisch nicht berücksichtigter Einspannungen sind geeignete Bewehrungen anzuordnen (siehe z. B. Abschnitt 20.1.6.2,(2) und Abschnitt 20.1.6.4).

18.9.3 Umlenkkräfte

(1) Bei Bauteilen mit gebogenen oder geknickten Leibungen ist die Aufnahme der durch die Richtungsänderung der Zug- oder Druckkräfte hervorgerufenen Zugkräfte nachzuweisen; in der Regel sind diese Umlenkkräfte durch zusätzliche Bewehrungselemente (z. B. Bügel, siehe Bilder 29 a) und b)) oder durch eine besondere Bewehrungsführung (z B. nach Bild 30) abzudecken.

(2) Stark geknickte Leibungen ($\alpha \geq 45°$, siehe Bild 30) wie z. B. Rahmenecken dürfen in der Regel nur unter Verwendung von Beton der Festigkeitsklasse B 25 oder höher ausgeführt werden, anderenfalls sind die nach Abschnitt 17.2 aufnehmbaren Schnittgrößen am Anschnitt zum Eckbereich (siehe Bild 30) auf $^2/_3$ zu verringern, d. h., die Bemessungsschnittgrößen sind um den Faktor 1,5 zu erhöhen. Bei Rahmen aus balkenartigen Bauteilen sind Stiele und Riegel auch im Eckbereich konstruktiv zu verbügeln; dies kann dort z. B. durch sich orthogonal kreuzende, haarnadelförmige Bügel (Steckbügel) oder durch eine andere gleichwertige Bewehrung erfolgen. Bei Rahmentragwerken aus plattenartigen Bauteilen ist zumindest die nach den Abschnitten 20.1.6.3 bzw. 25.5.5.2 vorgeschriebene Querbewehrung auch im Eckbereich anzuordnen.

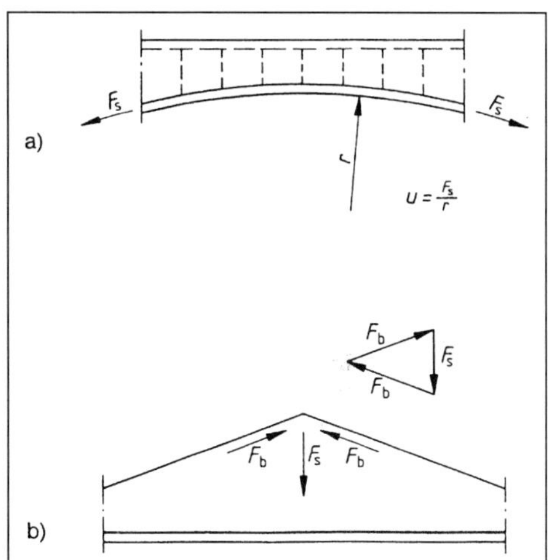

Bild 29. Umlenkkräfte

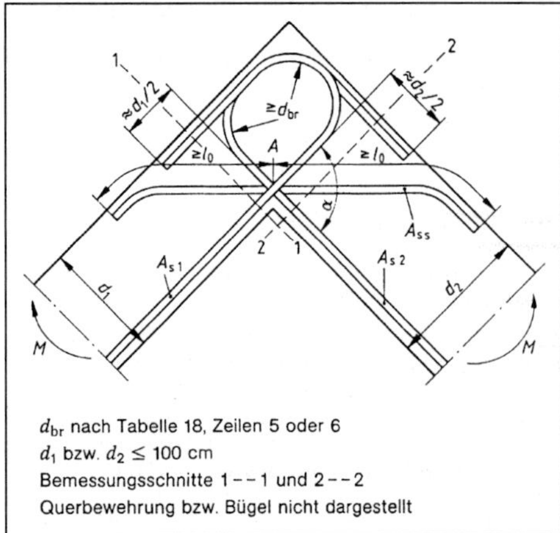

d_{br} nach Tabelle 18, Zeilen 5 oder 6
d_1 bzw. $d_2 \leq 100$ cm
Bemessungsschnitte 1 - - 1 und 2 - - 2
Querbewehrung bzw. Bügel nicht dargestellt

Bild 30. Beispiel für die Ausbildung einer Rahmenecke bei positivem Moment mit einer schlaufenartigen Bewehrungsführung

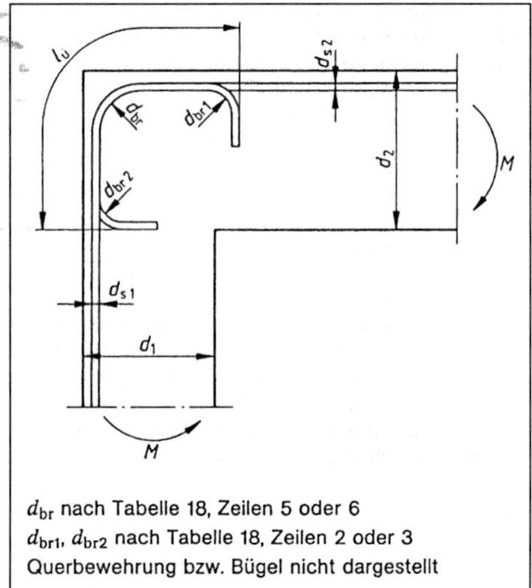

d_{br} nach Tabelle 18, Zeilen 5 oder 6
d_{br1}, d_{br2} nach Tabelle 18, Zeilen 2 oder 3
Querbewehrung bzw. Bügel nicht dargestellt

Bild 31. Beispiel für die Ausbildung einer Rahmenecke bei negativem Moment und Bewehrungsstoß der Rahmenecke

a) Bei Bauteilen mit geknicktem Zuggurt (positives Moment, siehe Bild 30) und einem Knickwinkel $\alpha \geq 45^\circ$ ist stets eine Schrägbewehrung A_{ss} anzuordnen, wenn ein Biegemoment, das einem Bewehrungsanteil von $\mu \geq 0{,}4$ % entspricht, umgeleitet werden soll. Dabei ist μ der größere der beiden Bewehrungsprozentsätze der anschließenden Bauteile. Für $\mu \leq 1$ % muß A_{ss} mindestens der Hälfte dieses Bewehrungsanteils, für $\mu > 1$ % dem gesamten Bewehrungsanteil entsprechen. Überschreitet der Knickwinkel $\alpha = 100^\circ$, ist zur Aufnahme dieser Schrägbewehrung eine Voute auszubilden und A_{ss} stets für das gesamte umzuleitende Moment auszulegen.

   Bei Bauteilen mit einer Dicke bis etwa d = 100 cm genügt zur Aufnahme der Umlenkkräfte eine schlaufenartig die Biegedruckzone umfassende Führung der beiden Biegezugbewehrungen nach Bild 30. Bei dickeren Bauteilen oder bei Verzicht auf eine schlaufenartige Führung der Biegezugbewehrung müssen die gesamten Umlenkkräfte durch Bügel oder eine gleichwertige Bewehrung oder andere Maßnahmen aufgenommen werden.

   Bei einer schlaufenartigen Bewehrungsführung und Einhaltung der Angaben in Bild 30 kann ein Nachweis der Verankerungslängen für die Biegezugbewehrungen entfallen. In allen anderen Fällen sind diese jeweils ab der Kreuzungsstelle A mit dem Maß l_0 nach Gleichung (21) zu verankern.

   Wird die Bewehrung nicht schlaufenartig geführt, ist entlang des gedrückten Außenrandes im Eckbereich eine über die Querschnittsbreite verteilte Bewehrung anzuordnen, die in den anschließenden Bauteilen mit der Verankerungslänge l_0 nach Abschnitt 18.5.2.1 zu verankern ist.

b) Wird bei Rahmenecken mit negativem Moment die Bewehrung im Bereich der Ecke gestoßen, darf die Übergreifungslänge $l_ü$ (siehe Abschnitt 18.6.3) nach Bild 31 berechnet werden. Dabei darf der Beiwert $\alpha_1 = 0{,}7$ nur in Ansatz gebracht werden, wenn an den Stabenden Haken oder Winkelhaken angeordnet werden. Für die Querbewehrung gilt Abschnitt 18.6.3.4.

(3) Die in Abschnitt 21.1.2 geforderte Zusatzbewehrung zur Beschränkung der Rißbreite bei hohen Stegen ist bei Rahmenecken ab Bauhöhen $d > 70$ cm erforderlich.

18.10 Besondere Bestimmungen für einzelne Bauteile

18.10.1 Kragplatten, Kragbalken

(1) Die Biegezugbewehrung ist im einspannenden Bauteil nach Abschnitt 18.5 zu verankern oder gegebenenfalls nach Abschnitt 18.6 an dessen Bewehrung anzuschließen. Bei Einzellasten am Kragende ist die Bewehrung nach Abschnitt 18.7.4, Gleichungen (26) bis (28) zu verankern.

(2) Am Ende von Kragplatten ist an ihrer Unterseite stets eine konstruktive Randquerbewehrung anzuordnen. Bei Verkehrslasten $p > 5{,}0$ k N/m^2 ist eine Querbewehrung nach Abschnitt 20.1.6.3 (1) anzuordnen. Bei Einzellasten siehe auch Abschnitt 20.1.6.3 (3).

18.10.2 Anschluß von Nebenträgern

(1) Die Last von Nebenträgern, die in den Hauptträger einbinden (indirekte Lagerung), ist durch Aufhängebügel oder Schrägstäbe aufzunehmen. Der überwiegende Teil dieser Aufhängebewehrung ist dabei im unmittelbaren Durchdringungsbereich anzuordnen. Die Aufhängebügel oder Schrägstäbe sind für die volle aufzunehmende Auflagerlast des Nebenträgers zu bemessen. Die im Kreuzungsbereich (siehe Bild 32) vorhandene Schubbewehrung darf auf die Aufhängebewehrung angerechnet werden, sofern der Nebenträger auf ganzer Höhe in den Hauptträger einmündet. Die Aufhängebügel sind nach Abschnitt 18.8.2, die Schrägstäbe nach Abschnitt 18.7.3 (3) zu verankern.

(2) Der größtmögliche, nach Bild 32 definierte Kreuzungsbereich darf zugrunde gelegt werden.

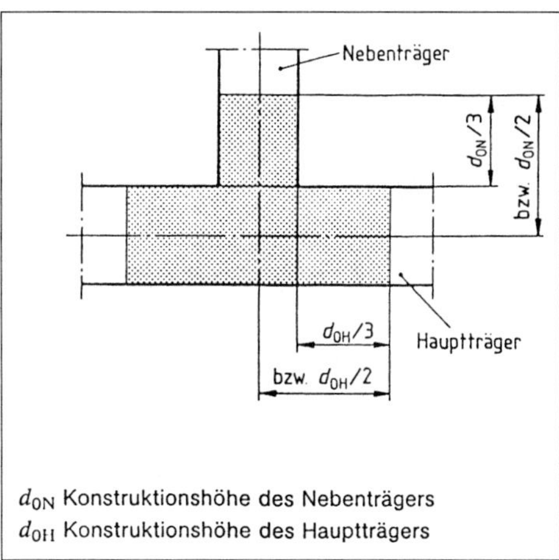

Bild 32. Größe des Kreuzungsbereiches beim Anschluß von Nebenträgern

18.10.3 Angehängte Lasten

Bei angehängten Lasten sind die Aufhängevorrichtungen mit der erforderlichen Verankerungslänge l_1 nach Abschnitt 18.5 in der Querschnittshälfte der lastabgewandten Seite zu verankern oder nach Abschnitt 18.6 mit Bügeln zu stoßen.

18.10.4 Torsionsbeanspruchte Bauteile

(1) Für die nach Abschnitt 17.5.6 erforderliche Torsionsbewehrung ist bevorzugt ein rechtwinkliges Bewehrungsnetz aus Bügeln (siehe Abschnitt 18.8.2) und Längsstäben zu verwenden. Die Bügel sind in Balken und Plattenbalken nach den Bildern 26 c) oder d) zu schließen oder im Stegbereich nach Abschnitt 18.6 zu stoßen.

(2) Die Bügelabstände dürfen im torsionsbeanspruchten Bereich das Maß $u_k/8$ bzw. 20 cm nicht überschreiten. Hierin ist u_k der Umfang - gemessen in der Mittellinie - eines gedachten räumlichen Fachwerkes nach Abschnitt 17.5.6.

(3) Die Längsstäbe sind im Einleitungsbereich der Torsionsbeanspruchung nach Abschnitt 18.5 zu verankern. Sie können gleichmäßig über den Umfang verteilt oder in den Ecken konzentriert werden. Ihr Abstand darf jedoch nicht mehr als 35 cm betragen.

(4) Wirken Querkraft und Torsion gleichzeitig, so darf bei einer aus Bügeln und Schubzulagen bestehenden Schubbewehrung die Torsionsbeanspruchung den Bügeln und die Querkraftbeanspruchung den Schubzulagen zugewiesen werden.

18.11 Stabbündel

18.11.1 Grundsätze

(1) Stabbündel bestehen aus zwei oder drei Einzelstäben mit $d_s \leq 28$ mm, die sich berühren und die für die Montage und das Betonieren durch geeignete Maßnahmen zusammengehalten werden.

(2) Sofern nichts anderes bestimmt wird, gelten die Abschnitte 18.1 bis 18.10 unverändert, und es ist bei allen Nachweisen, bei denen der Stabdurchmesser eingeht, anstelle des Einzelstabdurchmessers d_s der Vergleichsdurchmesser d_{sV} einzusetzen. Der Vergleichsdurchmesser d_{sV} ist der Durchmesser eines mit dem Bündel flächengleichen Einzelstabes und ergibt sich für ein Bündel aus n Einzelstäben gleichen Durchmessers d_s zu $d_{sV} = d_s \cdot \sqrt{n}$.

(3) Der Vergleichsdurchmesser darf in Bauteilen mit überwiegendem Zug ($e/d \leq 0{,}5$) den Wert $d_{sV} = 36$ mm nicht überschreiten.

18.11.2 Anordnung, Abstände, Betondeckung

Die Anordnung der Stäbe im Bündel sowie die Mindestmaße für die Betondeckung c_{sb} und für den lichten Abstand der Stabbündel a_{sb} richten sich nach Bild 33. Das Nennmaß der Betondeckung richtet sich entweder nach Tabelle 10 oder ist dadurch zu ermitteln, da8 das Mindestmaß $c_{sb} = d_{sV}$

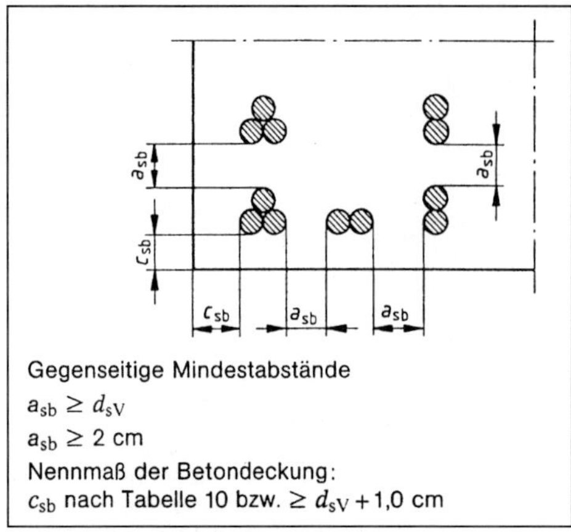

a_{sb}
c_{sb}
Gegenseitige Mindestabstände
$a_{sb} \geq d_{sV}$
$a_{sb} \geq 2$ cm
Nennmaß der Betondeckung:
c_{sb} nach Tabelle 10 bzw. $\geq d_{sV} + 1{,}0$ cm

Bild 33. Anordnung, Mindestabstände und Mindestbetondeckung bei Stabbündeln

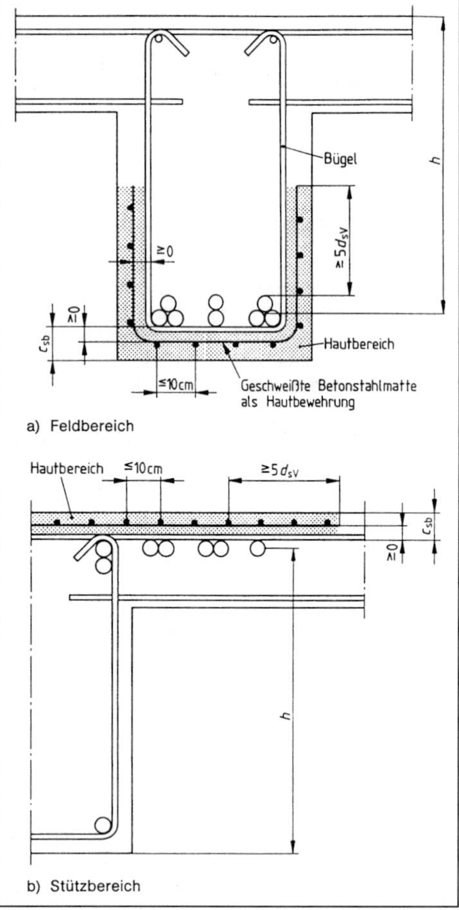

Bild 34. Beispiele für die Anordnung der Hautbewehrung im Querschnitt eines Plattenbalkens

um 1,0 cm erhöht wird. Für die Betondeckung der Hautbewehrung (siehe Abschnitt 18.11.3) gilt Abschnitt 13.2.

18.11.3 Beschränkung der Rißbreite

(1) Der Nachweis der Beschränkung der Rißbreite ist bei Stabbündeln mit dem Vergleichsdurchmesser d_{sV} zu führen.

(2) Bei Stabbündeln in vorwiegend auf Biegung beanspruchten Bauteilen mit $d_{sV} > 36$ mm ist zur Sicherstellung eines ausreichenden Rißverhaltens immer eine Hautbewehrung in der Zugzone des Bauteils einzulegen.

(3) Als Hautbewehrung sind nur Betonstahlmatten mit Längs- und Querstababständen von jeweils höchstens 10 cm zulässig. Der Querschnitt der Hautbewehrung muß in Richtung der Stabbündel Gleichung (30) entsprechen und quer dazu mindestens 2,0 cm²/m betragen.

$$a_{sh} \geq 2\, c_{sb} \text{ in cm}^2\text{/m} \qquad (30)$$

Hierin sind:

a_{sh} Querschnitt der Hautbewehrung in Richtung der Stabbündel in cm²/m,

c_{sb} Mindestmaß der Betondeckung der Stabbündel in cm.

(4) Die Hautbewehrung muß mindestens um das Maß $5\,d_{sV}$ an den Bauteilseiten über die innerste Lage der Stabbündel (siehe Bild 34 a)) bzw. bei Plattenbalken im Stützbereich über das äußerste Stabbündel reichen (siehe Bild 34 b)). Die Hautbewehrung ist auf die Biegezug-, Quer- oder Schubbewehrung anrechenbar, wenn die für diese Bewehrungen geforderten Bedingungen eingehalten werden. Stöße der Längsstäbe sind jedoch in jedem Fall mindestens nach den Regeln für Querstäbe nach den Abschnitten 18.6.3 bzw. 18.6.4.4 auszubilden.

18.11.4 Verankerung von Stabbündeln

(1) Zugbeanspruchte Stabbündel dürfen unabhängig von d_{sV} über dem End- und Zwischenauflager, bei $d_{sV} \leq 28$ mm auch vor dem Auflager ohne Längsversatz der Einzelstäbe an einer Seite enden. Ab $d_{sV} > 28$ mm sind bei einer Verankerung der Stabbündel vor dem Auflager die Stabenden gegenseitig in Längsrichtung zu versetzen (siehe Bild 35 oder Bild 36).

(2) Bei einer Verankerung der Stäbe nach Bild 35 darf für die Berechnung der Verankerungslänge der

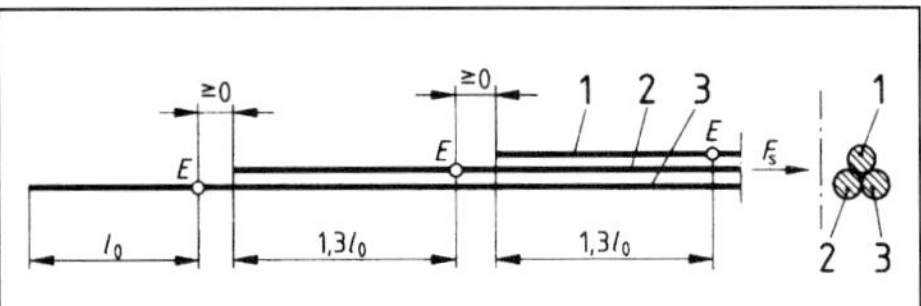

Bild 35. Beispiel für die Verankerung von Stabbündeln vor dem Auflager bei auseinandergezogenen rechnerischen Endpunkten E

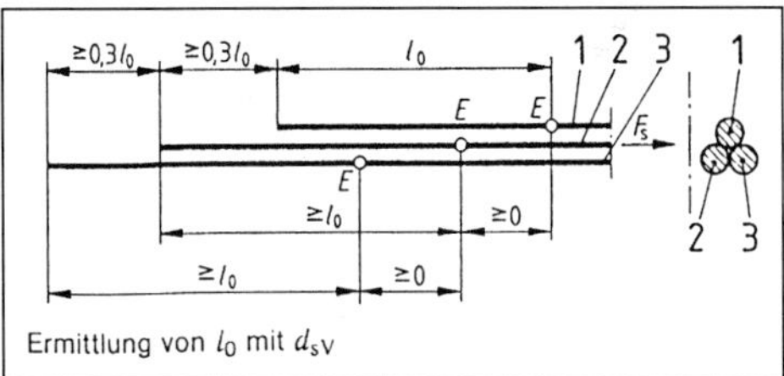

Bild 36. Beispiel für die Verankerung von Stabbündeln vor dem Auflager bei dicht beieinander liegenden rechnerischen Endpunkten E

Durchmesser des Einzelstabes d_s eingesetzt werden; in allen anderen Fällen ist d_{sV} zugrunde zu legen.

(3) Bei druckbeanspruchten Stabbündeln dürfen alle Stäbe an einer Steile enden. Ab einem Vergleichsdurchmesser $d_{sV} > 28$ mm sind im Bereich der Bündelenden mindestens vier Bügel mit d_s = 12 mm anzuordnen, sofern der Spitzendruck nicht durch andere Maßnahmen (z. B. Anordnung der Stabenden innerhalb einer Deckenscheibe) aufgenommen wird; ein Bügel ist dabei vor den Stabenden anzuordnen.

18.11.5 Stoß von Stabbündeln

(1) Die Übergreifungslänge $l_ü$ errechnet sich nach den Abschnitten 18.6.3.2 bzw. 18.6.3.3. Stabbündel aus zwei Stäben mit $d_{sV} \leq 28$ mm dürfen ohne Längsversatz der Einzelstäbe gestoßen werden; für die Berechnung von $l_ü$ ist dann d_{sV} zugrunde zu legen.

(2) Bei Stabbündeln aus zwei Stäben mit $d_{sV} >$ 28 mm bzw. bei Stabbündeln aus drei Stäben sind die Einzelstäbe stets um mindestens 1,3 $l_ü$ in Längsrichtung versetzt zu stoßen (siehe Bild 37), wobei jedoch in jedem Schnitt eines gestoßenen Bündels höchstens vier Stäbe vorhanden sein dür-

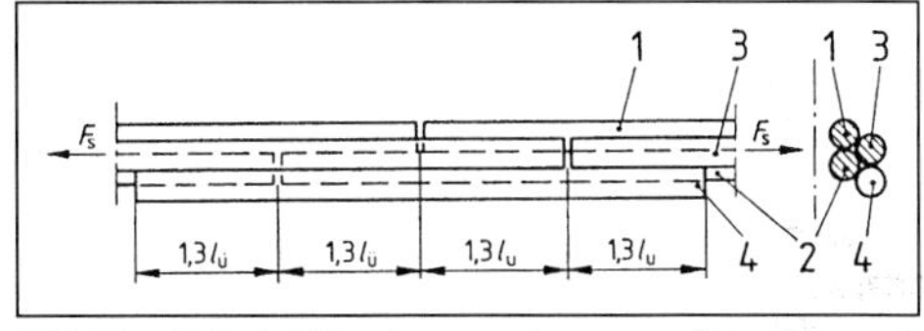

Bild 37. Beispiel für einen zugbeanspruchten Übergreifungsstoß durch Zulage eines Stabes bei einem Bündel aus drei Stäben

fen; für die Berechnung von $l_ü$ ist dann der Durchmesser des Einzelstabes einzusetzen.

18.11.6 Verbügelung druckbeanspruchter Stabbündel

Bei Verwendung von Stabbündeln mit $d_{sV} >$ 28 mm als Druckbewehrung muß abweichend von Abschnitt 25.2.2.2 der Mindeststabdurchmesser für Einzelbügel oder Bügelwendeln 12 mm betragen.

19 Stahlbetonfertigteile

19.1 Bauten aus Stahlbetonfertigteilen

(1) Für Bauten aus Stahlbetonfertigteilen und für die Fertigteile selbst gelten die Bestimmungen für entsprechende Bauten und Bauteile aus Ortbeton, soweit in den folgenden Abschnitten nichts anderes gesagt ist.

(2) Auf die Einhaltung der Konstruktionsgrundsätze nach Abschnitt 15.8.1 ist bei Bauten aus Fertigteilen besonders zu achten. Tragende und aussteifende Fertigbauteile sind durch Bewehrung oder gleichwertige Maßnahmen miteinander und gegebenenfalls mit Bauteilen aus Ortbeton so zu verbinden, daß sie auch durch außergewöhnliche Beanspruchungen (Bauwerkssetzungen, starke Erschütterungen, bei Bränden usw.) ihren Halt nicht verlieren.

19.2 Allgemeine Anforderungen an die Fertigteile

(1) Stahlbetonfertigteile gelten als werkmäßig hergestellt, wenn sie in einem Betonfertigteilwerk (Be-

tonwerk) hergestellt sind, das die Anforderungen des Abschnitts 5.3 erfüllt.

(2) Bei der Bemessung der Stahlbetonfertigteile nach den Abschnitten 17.1 bis 17.5 sind die ungünstigsten Beanspruchungen zu berücksichtigen, die beim Lagern und Befördern (z. B. durch Kopf-, Schräg- oder Seitenlage oder durch Unterstützung nur im Schwerpunkt) und während des Bauzustandes und im endgültigen Zustand entstehen können. Werden bei Fertigteilen die Beförderung und der Einbau ständig von einer mit den statischen Verhältnissen vertrauten Fachkraft überwacht, so genügt es, bei der Bemessung dieser Teile nur die planmäßigen Beförderungs- und Montagezustände zu berücksichtigen.

(3) Für die ungünstigsten Beanspruchungen, die beim Befördern der Fertigteile bis zum Absetzen in die endgültige Lage entstehen können, darf der Sicherheitsbeiwert γ für die Bemessung bei Biegung und Biegung mit Längskraft nach Abschnitt 17.2.2 auf γ_M = 1,3 vermindert werden. Fertigteile mit wesentlichen Schäden dürfen nicht eingebaut werden.

(4) Die Bemessung für den Lastfall „Befördern" darf entfallen, wenn die Fertigteile nicht länger als 4 m sind. Bei stabförmigen Bauteilen ist jedoch die Druckzone stets mit mindestens einem 5 mm dicken Bewehrungsstab zu bewehren.

(5) Zur Erzielung einer genügenden Seitensteifigkeit müssen Fertigteile, deren Verhältnis Länge/ Breite größer als 20 ist, in der Zug- oder Druckzone mindestens zwei Bewehrungsstäbe mit möglichst grossem Abstand besitzen.

19.3 Mindestmaße

(1) Die Mindestdicke darf bei werkmäßig hergestellten Fertigteilen um 2 cm kleiner sein, als bei entsprechenden Bauteilen aus Ortbeton, jedoch nicht kleiner als 4 cm. Die Plattendicke von vorgefertigten Rippendecken muß jedoch mindestens 5 cm sein. Wegen der Maße von Druckgliedern siehe Abschnitt 25.2.1.

(2) Unbewehrte Plattenspiegel von Kassettenplatten dürfen abweichend hiervon mit einer Mindestdicke von 2,5 cm ausgeführt werden, wenn sie nur bei Reinigungs- und Ausbesserungsarbeiten begangen werden und der Rippenabstand in der einen Richtung höchstens 65 cm und in der anderen bei B 25 höchstens 65 cm, bei B 35 höchstens 100 cm und bei B 45 oder Beton höherer Festigkeit höchstens 150 cm beträgt. Die Plattenspiegel dürfen keine Löcher haben.

(3) Die Dicke d von Stahlbetonhohldielen muß für Geschoßdecken mindestens 6 cm, für Dachdecken, die nur bei Reinigungs- und Ausbesserungsarbeiten betreten werden, mindestens 5 cm sein. Das Maß d_1 muß mindestens $^1/_4\ d$, das Maß d_2 mindestens $^1/_5\ d$ sein (siehe Bild 38). Die nach Abzug der Hohlräume verbleibende kleinste Querschnittsbreite $b_0 = b - \Sigma a$ muß mindestens $^1/_3\ b$ sein, sofern nach Abschnitt 17.5.3 keine größere Breite erforderlich ist.

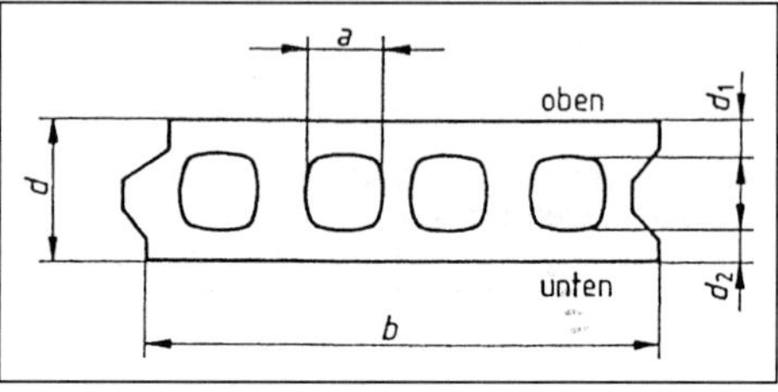

Bild 38. Stahlbetonhohldielen

19.4 Zusammenwirken von Fertigteilen und Ortbeton

(1) Bei der Bemessung von durch Ortbeton ergänzten Fertigteilquerschnitten nach den Abschnitten 17.1 bis 17.5 darf so vorgegangen werden, als ob der Gesamtquerschnitt von Anfang an einheitlich hergestellt worden wäre; das gilt auch für nachträglich anbetonierte Auflagerenden. Voraussetzung hierfür ist, daß die unter dieser Annahme in der Fuge wirkenden Schubkräfte durch Bewehrungen nach den Abschnitten 17.5.4 und 17.5.5 aufgenommen werden und die Fuge zwischen dem ursprünglichen Querschnitt und der Ergänzung rauh oder ausreichend profiliert ausgeführt wird. Die Schubsicherung kann auch durch bewehrte Verzahnungen oder geeignete stahlbaumäßige Verbindungen vorgenommen werden.

(2) Bei der Bemessung für Querkraft darf von der in Abschnitt 17.5.5 angegebenen Abminderung der Grundwerte τ_0 nur in den im Abschnitt 19.7.2 angegebenen Fällen Gebrauch gemacht werden. Der Grundwert τ_0 darf τ_{02} (siehe Tabelle 13, Zeilen 2 bzw. 4) nicht überschreiten.

(3) Werden im gleichen Querschnitt Fertigteile und Ortbeton oder auch Zwischenbauteile unterschiedlicher Festigkeit verwendet, so ist für die Bemessung des gesamten Querschnitts die geringste Festigkeit dieser Teile in Rechnung zu steilen, sofern nicht das unterschiedliche Tragverhalten der einzelnen Teile rechnerisch berücksichtigt wird.

19.5 Zusammenbau der Fertigteile

19.5.1 Sicherung im Montagezustand

Fertigteile sind so zu versetzen, daß sie vom Augenblick des Absetzens an - auch bei Erschütterungen - sicher in ihrer Lage gehalten werden; z. B. sind hohe Träger auch gegen Umkippen zu sichern.

19.5.2 Montagestützen

(1) Fertigteile sollen so bemessen sein, daß sich keine kleineren Abstände der Montagestützen als 150 cm, bei Platten 100 cm, ergeben.

(2) Die Aufnahme negativer Momente über den Montagestützen braucht bei Plattendecken nach Abschnitt 19.7.6, Balkendecken nach Abschnitt 19.7.7, Plattenbalkendecken nach Abschnitt 19.7.5, Tabelle 27, Zeile 5, und Rippendecken nach Abschnitt 19.7.8, nicht nachgewiesen zu werden, wenn die Feldmomente unter Annahme frei drehbar gelagerter Balken auf zwei Stützen ermittelt werden. Decken mit biegesteifer Bewehrung nach Abschnitt 2.1.3.7 sind im Montagezustand stets als Balken auf zwei Stützen zu rechnen.

19.5.3 Auflagertiefe

(1) Für die Mindestauflagertiefe im endgültigen Zustand gelten die Bestimmungen für entsprechende Bauteile aus Ortbeton. Bei nachträglicher Ergänzung des Auflagerbereichs durch Ortbeton muß die Auflagertiefe im Montagezustand unter Berücksichtigung möglicher Maßabweichungen mindestens 3,5 cm betragen. Diese Auflagerung kann durch Hilfsunterstützungen in unmittelbarer Nähe des endgültigen Auflagers ersetzt werden.

(2) Die Auflagertiefe von Zwischenbauteilen muß mindestens 2,5 cm betragen. In tragende Wände dürfen nur Zwischenbauteile ohne Hohlräume eingreifen, deren Festigkeit mindestens gleich der des Wandmauerwerks ist.

19.5.4 Ausbildung von Auflagern und druckbeanspruchten Fugen

(1) Fertigteile müssen im Endzustand an den Auflagern in Zementmörtel oder Beton liegen. Hierauf darf bei Bauteilen mit kleinen Maßen und geringen Auflagerkräften, z. B. bei Zwischenbauteilen von Decken und bei schmalen Fertigteilen für Dächer, verzichtet werden. Anstelle von Mörtel oder Beton dürfen andere geeignete ausgleichende Zwischenlagen verwendet werden, wenn nachteilige Folgen für Standsicherheit (z. B. Aufnahme der Querzugspannungen), Verformung, Schallschutz und Brandschutz ausgeschlossen sind.

(2) Für die Berechnung der Mörtelfugen gilt Abschnitt 17.3.4. Die Zusammensetzung des Zementmörtels muß die Bedingungen von Abschnitt 6.7.1, die des Betons von Abschnitt 6.5 erfüllen.

(3) Druckbeanspruchte Fugen zwischen Fertigteilen sollen mindestens 2 cm dick sein, damit sie sorgfältig mit Mörtel oder Beton ausgefüllt werden können. Wenn sie mit Mörtel ausgepreßt werden, müssen sie mindestens 0,5 cm dick sein.

(4) Waagerechte Fugen dürfen dünner sein, wenn das obere Fertigteil auf einem frischen Mörtelbett abgesetzt wird, in dem die planmäßige Höhenlage des Fertigteils durch geeignete Vorrichtungen (Abstandhalter) sichergestellt wird.

19.6 Kennzeichnung

(1) Auf jedem Fertigteil sind deutlich lesbar der Hersteller und der Herstellungstag anzugeben. Abkürzungen sind zulässig. Die Einbaulage ist zu kennzeichnen, wenn Verwechslungsgefahr besteht. Fertigteile von gleichen äußeren Maßen, aber mit verschiedener Bewehrung, Betonfestigkeitsklasse oder Betondeckung, sind unterschiedlich zu kennzeichnen.

(2) Dürfen Fertigteile nur in bestimmter Lage, z. B. nicht auf der Seite liegend, befördert werden, so ist hierauf in geeigneter Weise, z. B. durch Aufschriften, hinzuweisen.

19.7 Geschoßdecken, Dachdecken und vergleichbare Bauteile mit Fertigteilen

19.7.1 Anwendungsbereich und allgemeine Bestimmungen

(1) Geschoßdecken, Dachdecken und vergleichbare Bauteile mit Fertigteilen dürfen verwendet werden

- bei vorwiegend ruhender, gleichmäßig verteilter Verkehrslast (siehe DIN 1055 Teil 3),
- bei ruhenden Einzellasten, wenn hinsichtlich ihrer Verteilung Abschnitt 20.2.5 (1) eingehalten ist,
- bei Radlasten bis 7,5 kN (z. B. Personenkraftwagen),
- bei Fabriken und Werkstätten nur nach den Bedingungen von Tabelle 27 in Abschnitt 19.7.5.

(2) Für Decken mit Fertigteilen gelten die in den Abschnitten 19.7.2 bis 19.7.10 angegebenen zusätzlichen Bestimmungen und Vereinfachungen. Angaben über Regelausführungen für die Querver-

bindung von Fertigteilen in Abschnitt 19.7.5 gestatten die Wahl ausreichender Querverbindungsmittel in Abhängigkeit von der Höhe der Verkehrslast und der Deckenbauart.

19.7.2 Zusammenwirken von Fertigteilen und Ortbeton in Decken

(1) Bei vorwiegend ruhenden Lasten, nicht aber in Fabriken und Werkstätten, darf der Grundwert τ_0 der Schubspannung bei Decken für die Bemessung der Schub- und der Verbundbewehrung (siehe Abschnitt 19.7.3) zwischen Fertigteilen und Ortbeton nach Abschnitt 17.5.5 abgemindert werden, wenn die Verkehrslast nicht größer als 5,0 kN/m² ist, die Berührungsflächen der Fertigteile rauh sind und der Grundwert τ_0 bei Platten 0,7 τ_{011} (siehe Tabelle 13, Zeile 1 b), bei anderen Bauteilen 0,7 τ_{012} (siehe Tabelle 13, Zeile 3) nicht überschreitet. In diesem Fall ist Gleichung (17) zu ersetzen durch Gleichung (31) bzw. Gleichung (32).

$$\tau = \frac{\text{vorh } \tau_0^2}{0{,}7\ \tau_{011}} \geq 0{,}4\ \tau_0 \qquad (31)$$

$$\tau = \frac{\text{vorh } \tau_0^2}{0{,}7\ \tau_{012}} \geq 0{,}4\ \tau_0 \qquad (32)$$

(2) Das Zusammenwirken von Ortbeton und statisch mitwirkenden Zwischenbauteilen braucht bei Verkehrslasten bis 5,0 kN/m² nicht nachgewiesen zu werden, wenn die Zwischenbauteile eine rauhe Oberfläche haben oder aus gebranntem Ton bestehen. Von solchen Zwischenbauteilen dürfen jedoch nur die äußeren, unmittelbar am Ortbeton haftenden Stege bis 2,5 cm je Rippe und die Druckplatte als mitwirkend angesehen werden.

19.7.3 Verbundbewehrung zwischen Fertigteilen und Ortbeton

(1) Die Verbundbewehrung zwischen Fertigteilen und Ortbeton ist nach den Abschnitten 19.4 bzw. 19.7.2 zu bemessen. Sie braucht nicht auf alle Fugenbereiche verteilt zu werden, die zwischen Fertigteil und Ortbeton im Querschnitt entstehen (siehe Bild 39).

(2) Bügelförmige Verbundbewehrungen müssen ab der Fuge nach Abschnitt 18.5 verankert werden; dies gilt als erfüllt, wenn die Ausführung nach Abschnitt 18.8.2.1 erfolgt. Die Verbundbewehrungen müssen mit Längsstäben kraftschlüssig verbunden werden oder aber in der Druck- und Zugzone mindestens je einen Längsstab umschließen.

(3) Der größte in Spannrichtung gemessene Abstand von Verbundbewehrungen bei Decken soll nicht mehr als das Doppelte der Deckendicke *d* betragen.

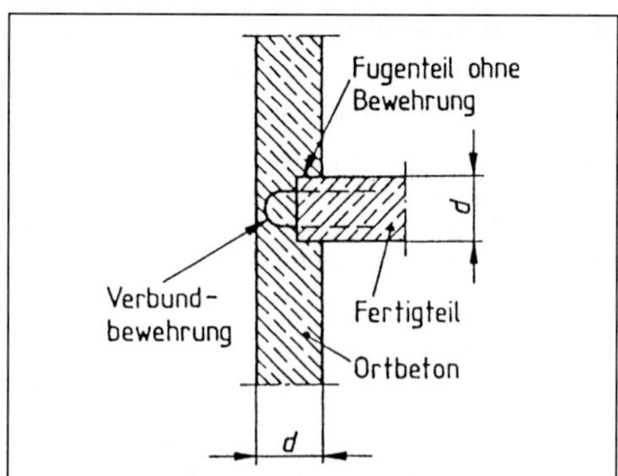

Bild 39. Verbundbewehrung in Fugen

(4) Bei Fertigplatten mit Ortbetonschicht (siehe Abschnitt 19.7.6) darf der Abstand der Verbundbewehrung quer zur Spannrichtung höchstens das 5fache der Deckendicke *d*, jedoch höchstens 75 cm, der größte Abstand vom Längsrand der Platten höchstens 37,5 cm betragen.

19.7.4 Deckenscheiben aus Fertigteilen

19.7.4.1 Allgemeine Bestimmungen

(1) Eine aus Fertigteilen zusammengesetzte Decke gilt als tragfähige Scheibe, wenn sie im endgültigen Zustand eine zusammenhängende, ebene Fläche bildet, die Einzelteile der Decke in Fugen druckfest miteinander verbunden sind und wenn die in der Scheibenebene wirkenden Lasten durch Bogen- oder Fachwerkwirkung zusammen mit den dafür bewehrten Randgliedern und Zugpfosten aufgenommen werden können. Die zur Fachwerkwirkung erforderlichen Zugpfosten können durch Bewehrungen gebildet werden, die in den Fugen zwischen den Fertigteilen verlegt und in den Randgliedern nach Abschnitt 18 verankert werden. Die Bewehrung der Randglieder und Zugpfosten ist rechnerisch nachzuweisen.

(2) Bei Deckenscheiben, die zur Ableitung der Windkräfte eines Geschosses dienen, darf auf die Anordnung von Zugpfosten verzichtet werden, wenn die Länge der kleineren Seite der Scheibe höchstens 10 m und die Länge der größeren Seite höchstens das 1,5fache der kleineren Seite beträgt und wenn die Scheibe auf allen Seiten von einem Stahlbetonringanker umschlossen wird, dessen Bewehrung unter Gebrauchslast eine Zugkraft von mindestens 30 kN aufnehmen kann (z. B. mindestens 2 Stäbe mit dem Durchmesser d_s = 12 mm oder eine Bewehrung mit gleicher Querschnittsfläche).

(3) Fugen, die von Druckstreben des Ersatztragwerks (Bogen oder Fachwerk) gekreuzt werden, müssen nach Abschnitt 19.4 ausgebildet werden,

wenn die rechnerische Schubspannung unter Annahme gleichmäßiger Verteilung in den Fugen größer als 0,1 N/mm^2 ist.

19.7.4.2 Deckenscheiben in Bauten aus vorgefertigten Wand- und Deckentafeln

(1) Bei Bauten aus vorgefertigten Wand- und Deckentafeln ohne Traggerippe sind zusätzlich zu der in Abschnitt 19.7.4.1 geforderten Scheibenbewehrung auch in allen Fugen über tragenden und aussteifenden Innenwänden Bewehrungen anzuordnen, die für eine Zugkraft von mindestens 15 kN zu bemessen sind. Diese Bewehrungen sind mit der Scheibenbewehrung nach Abschnitt 19.7.4.1 und untereinander nach den Bestimmungen der Abschnitte 18.5 und 18.6 zu verbinden. Bei nicht raumgroßen Deckentafeln ist in den Zwischenfugen ebenfalls eine Bewehrung einzulegen, die für eine Zugkraft von mindestens 15 kN zu bemessen und mit den übrigen Bewehrungen nach den Abschnitten 18.5 und 18.6 zu verbinden ist.

(2) Ist bei den vorgenannten Bewehrungen wegen einspringender Ecken o. ä. eine geradlinige Führung nicht möglich, so ist die Weiterleitung ihrer Zugkraft durch geeignete Maßnahmen sicherzustellen.

19.7.5 Querverbindung der Fertigteile

(1) Wird eine Decke, Rampe oder ein ähnliches Bauteil durch nebeneinanderliegende Fertigteile gebildet, so muß durch geeignete Maßnahmen sichergestellt werden, daß an den Fugen aus unterschiedlicher Belastung der einzelnen Fertigteile keine Durchbiegungsunterschiede entstehen.

(2) Ohne Nachweis darf eine ausreichende Querverteilung der Verkehrslasten vorausgesetzt werden, wenn die Mindestanforderungen der Tabelle 27 erfüllt sind; die notwendigen konstruktiven Maßnahmen dürfen auch durch wirksamere (z. B. IV statt III) ersetzt werden.

(3) In den übrigen Fällen ist die Übertragung der Querkräfte in den Fugen unter Ausschluß der Zugfestigkeit des Betons (siehe Abschnitt 17.2.1) nachzuweisen. Dabei sind die Lasten in jeweils ungünstigster Stellung anzunehmen. Bei Decken, die unter der Annahme gleichmäßig verteilter Verkehrslasten berechnet werden, darf der rechnerische Nachweis der Querverbindung für eine entlang der Fugen wirkende Querkraft in Größe der auf 0,5 m Einzugsbreite wirkenden Verkehrslast geführt werden. Die Weiterführung dieser Kraft braucht in den anschließenden Bauteilen im allgemeinen nicht nachgewiesen zu werden. Nur wenn bei Plattenbalken die Fuge in die Platte fällt, ist nachzuprüfen, ob das von der Fugenkraft in der Platte ausgelöste Kragmoment das unter Vollast entstehende Moment übersteigt.

(4) Bei Fertigteilen, die bei asymmetrischer Belastung instabil werden (z. B. bei einstegigen Plattenbalken, die keine Torsionsmomente abtragen können), ist die Querverbindung zur Sicherung des Gleichgewichts biegesteif auszubilden.

(5) Die Kurzzeichen **I** bis **V** der Tabelle 27 bedeuten, geordnet nach ihrer Wirksamkeit für die Querverteilung, folgende konstruktive Maßnahmen:

I Mindestens 2 cm tiefe Nuten in den Fertigteilen an der Seite der Fugen nach Bild 40, die mit Mörtel nach Abschnitt 6.7.1 oder mit Beton mindestens der Festigkeitsklasse B 15 ausgefüllt werden, so daß die Querkräfte auch ohne Inanspruchnahme der Haftung zwischen Mörtel und Fertigteil übertragen werden können.

Bei $p \geq 2{,}75$ kN/m^2 sind stets Ringanker anzuordnen.

II Querbewehrung nach Abschnitt 20.1.6.3, Absatz (1), in einer mindestens 4 cm dicken Ortbetonschicht (z. B. nach Bild 41 a)) oder im Fertigteil mit Stoßausbildung (z. B. nach Bild 41 b)).

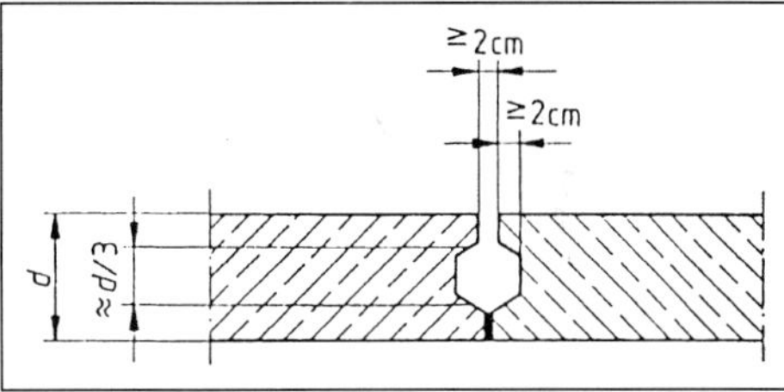

Bild 40. Beispiel für Fugen zwischen Fertigteilen

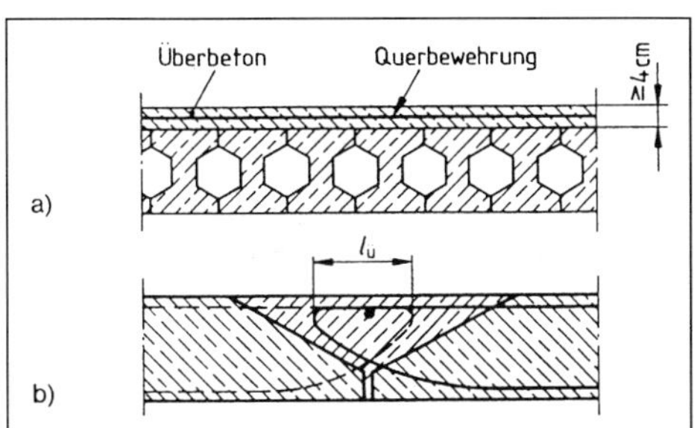

Bild 41.

Tabelle 27. Maßnahmen für die Querverbindung von Fertigteilen

	1	2	3	4	5
	Deckenart	vorwiegend ruhende Verkehrslasten			vorwiegend ruhende und nicht vorwiegend ruhende Verkehrslasten
		$p \leq$ 3,5 kN/m^2 [37])	$p \leq$ 5,0 kN/m^2	$p \leq$ 10 kN/m^2	p unbeschränkt
		nicht in Fabriken und Werkstätten	auch in Fabriken und Werkstätten mit leichtem Betrieb		auch in Fabriken und Werkstätten mit schwerem Betrieb
1	Dicht verlegte Fertigteile aller Art (Platten, Stahlbetonhohldielen, Balken, Plattenbalken) mit Ausnahme von Rippendecken	I	II	nur mit Nachweis	
2	Fertigplatten mit statisch mitwirkender Ortbetonschicht (siehe Abschnitt 19.7.6)	III	III	III	III nur mit durchlaufender Querbewehrung
3	Rippendecken mit ganz oder teilweise vorgefertigten Rippen und Ortbetonplatten oder mit statisch mitwirkenden Zwischenbauteilen und Rippendecken nach Abschnitt 21.2.1 mit Ortbetonrippen und statisch mitwirkenden Zwischenbauteilen oder Deckenziegeln	IV	IV	nicht zulässig	
4	Balkendecken aus ganz oder teilweise vorgefertigten Balken im Achsabstand von höchstens 12,5 m mit statisch nicht mitwirkenden Zwischenbauteilen	V	V	nicht zulässig	
5	Plattenbalkendecken a) mit Balken aus Ortbeton und Fertigplatten b) mit ganz oder teilweise vorgefertigten Balken und Ortbetonplatten c) mit vorgefertigten Balken und Fertigplatten	keine Maßnahme außer Nachweis der Durchlaufwirkung der Platte und ihrer biege- und schubfesten Verbindung mit dem Balken			
6	Raumgroße Fertigteile aller Art ohne Ergänzung durch Ortbeton	Bestimmungen für Bauteile aus Ortbeton maßgebend			

[37]) Gilt auch für dazugehörende Flure

III Querbewehrung nach Abschnitt 20.1.6.3, Absatz (1), im Ortbeton unter Beachtung des Abschnitts 13.2 möglichst weit unten liegend (siehe Bild 42 a)) oder nach Abschnitt 19.7.6 gestoßen (siehe Bild 42 b)).

IV Querrippen nach Abschnitt 21.2.2.3. Die Querrippen sind bei Verkehrslasten über 3,5 kN/m^2 für die vollen, sonst für die halben Schnittgrößen der Längsrippe zu bemessen. Sie sind etwa so hoch wie die Längsrippen auszubilden und zu verbügeln.

V wie **IV,** bei Stützweiten über 4 m jedoch stets mindestens eine Querrippe.

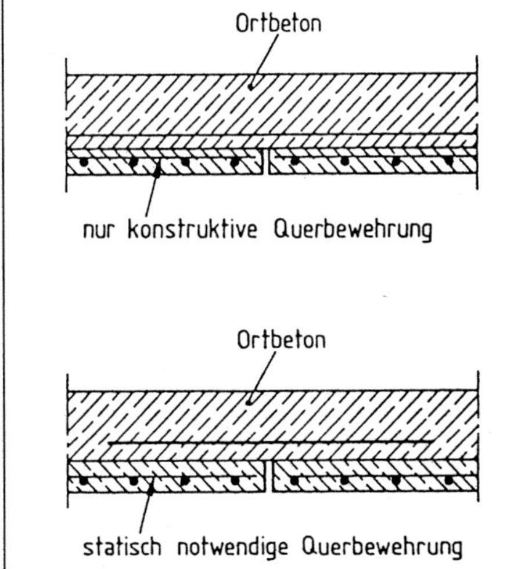

Bild 42. Beispiele für die Anordnung einer Querbewehrung

19.7.6 Fertigplatten mit statisch mitwirkender Ortbetonschicht

(1) Die Dicke der Ortbetonschicht muß mindestens 5 cm betragen. Die Oberfläche der Fertigplatten im Anschluß an die Ortbetonschicht muß rauh sein.

(2) Bei einachsig gespannten Platten muß die Hauptbewehrung stets in der Fertigplatte liegen. Die Querbewehrung richtet sich nach Abschnitt 20.1.6.3. Sie kann in der Fertigplatte oder im Ortbeton angeordnet werden. Liegt die Querbewehrung in der Fertigplatte, so ist sie an den Plattenstößen nach den Abschnitten 18.5 und 18.6 zu verbinden, z. B. durch zusätzlich in den Ortbeton eingelegte oder dorthin aufgebogene Bewehrungsstäbe mit beidseitiger Übergreifungslänge $l_ü$ nach Abschnitt 18.6.3.2. Liegt die Querbewehrung im Ortbeton, so muß auch in der Fertigplatte eine Mindestquerbewehrung nach Abschnitt 20.1.6.3 (3) liegen.

(3) Bei zweiachsig gespannten Platten ist die Feldbewehrung einer Richtung in der Fertigplatte, die der anderen im Ortbeton anzuordnen. Bei der Ermittlung der Schnittgrößen solcher Platten darf die günstige Wirkung einer Drillsteifigkeit nur dann in Rechnung gestellt werden, wenn sich innerhalb des Drillbereichs nach Abschnitt 20.1.6.4 keine Stoßfuge der Fertigplatte befindet.

(4) Bei raumgroßen Fertigplatten kann die Bewehrung beider Richtungen in die Fertigplatten gelegt werden.

(5) Wegen des Nachweises der Schubsicherung zwischen Fertigplatten und Ortbeton siehe Abschnitt 19.7.2.

19.7.7 Balkendecken mit und ohne Zwischenbauteile

(1) Balkendecken sind Decken aus ganz oder teilweise vorgefertigten Balken im Achsabstand von höchstens 1,25 m mit Zwischenbauteilen, die in der Längsrichtung der Balken nicht mittragen oder Decken aus Balken ohne solche Zwischenbauteile, z. B. aus unmittelbar nebeneinander verlegten Stahlbetonfertigteilen.

(2) Werden Balken am Auflager durch daraufstehende Wände (mit Ausnahme von leichten Trennwänden nach den Normen der Reihe DIN 4103) belastet und ist der lichte Abstand der Balkenstege kleiner als 25 cm, so muß der Zwischenraum zwischen den Balken am Auflager mit Beton gefüllt, darf also nicht ausgemauert werden. Balken mit obenliegendem Flansch und Hohlbalken müssen daher auf der Länge des Auflagers mit vollen Köpfen geliefert oder so ausgebildet werden, z. B. durch Ausklinken eines oberen Flanschteils, daß der Raum zwischen den Stegen am Auflager nach dem Verlegen mit Beton ausgefüllt werden kann.

(3) Ortbeton zur seitlichen Vergrößerung der Druckzone der Balken darf bis zu einer Breite gleich der 1,5fachen Deckendicke und nicht mehr als 35 cm als statisch mitwirkend in Rechnung gestellt werden für die Aufnahme von Lasten, die aufgebracht werden, wenn der Ortbeton mindestens die Druckfestigkeit eines Betons B 15 erreicht hat und der Balken an den Anschlußfugen ausreichend rauh ist. Wegen des Nachweises des Verbundes zwischen Fertigteilbalken und Ortbeton siehe Abschnitt 19.7.2.

19.7.8 Stahlbetonrippendecken mit ganz oder teilweise vorgefertigten Rippen

19.7.8.1 Allgemeine Bestimmungen

Wegen der Definition und der zulässigen Verkehrs-

I

last siehe Abschnitt 21.2.1. Vorgefertigte Streifen von Rippendecken müssen an jedem Längs- und Querrand eine Rippe haben.

19.7.8.2 Stahlbetonrippendecken mit statisch mitwirkenden Zwischenbauteilen

(1) Die Stoßfugenaussparungen statisch mitwirkender Zwischenbauteile (siehe Definition nach Abschnitt 2.1.3.8) sind in einem Arbeitsgang mit den Längsrippen sorgfältig mit Beton auszufüllen.

(2) Bei Rippendecken (siehe Abschnitt 21.2) mit statisch mitwirkenden Zwischenbauteilen darf eine Ortbetondruckschicht über den Zwischenbauteilen statisch nicht in Rechnung gestellt werden.

(3) Als wirksamer Druckquerschnitt gelten die im Druckbereich liegenden Querschnittsteile der Stahlbetonfertigteile, des Ortbetons und von den statisch mitwirkenden Zwischenbauteilen der vermörtelbare Anteil der Druckzone. Für die Dicke der Druckplatte ist das Maß s_t (siehe DIN 4158 und DIN 4159) in Rechnung zu stellen, für die Stegbreite bei der Biegebemessung nur die Breite der Betonrippe, bei der Schubbemessung die Breite der Betonrippe zuzüglich 2,5 cm.

(4) Sollen in einem Bereich, in dem die Druckzone unten liegt, Zwischenbauteile als statisch mitwirkend in Rechnung gestellt werden, so dürfen nur solche mit voll vermörtelbarer Stoßfuge nach DIN 4159 oder untenliegende Schalungsplatten, Form GM nach DIN 4158/05.78, verwendet werden. Beim Übergang zu diesem Bereich sind die offenen Querschnittsteile der über die ganze Deckendicke reichenden Zwischenbauteile aus Beton zu verschalen. Schalungsplatten müssen ebenfalls voll vermörtelbare Stoßfugen haben. Auf die sorgfältige Ausfüllung der Stoßfugen mit Beton ist in diesen Fällen ganz besonders zu achten. Die statische Nutzhöhe der Rippendecken ist für diesen Bereich in der Rechnung um 1 cm zu vermindern.

(5) Die Bemessung ist nach Abschnitt 17 so durchzuführen, als ob die ganze mitwirkende Druckplatte aus Beton der in Tabelle 28, Spalte 1, angegebenen Festigkeitsklasse bestünde. Wegen des Zusammenwirkens von Ortbeton und Fertigteil ist Abschnitt 19.4 zu beachten.

(6) Die Mindestquerbewehrung nach Abschnitt 21.2.2.1 ist in den Stoßfugenaussparungen der Zwischenbauteile anzuordnen. Wegen Querrippen siehe Abschnitt 21.2.2.3.

Tabelle 28. **Druckfestigkeiten der Zwischenbauteile und des Betons**

	1	2	3
	Festigkeitsklasse des Betons in Rippen und Stoßfugen	Erforderliche Druckfestigkeit der Zwischenbauteile nach DIN 4158 N/mm²	DIN 4159 N/mm²
1	B 15	20	22,5
2	B 25	-	30

19.7.9 Stahlbetonhohldielen

Bei Stahlbetonhohldielen (Mindestmaße siehe Abschnitt 19.3) mit einer Verkehrslast bis 3,5 kN/m² darf auf Bügel und bei Breiten bis 50 cm auch auf eine Querbewehrung verzichtet werden, wenn die Schubspannungen die Werte der Tabelle 13, Zeile 1b, nicht überschreiten.

19.7.10 Vorgefertigte Stahlsteindecken

Bilden mehrere vorgefertigte Streifen von Stahlsteindecken die Decke eines Raumes, so sind zur Querverbindung Maßnahmen erforderlich, die denen nach Abschnitt 19.7.5 gleichwertig sind.

19.8 Wände aus Fertigteilen

19.8.1 Allgemeines

(1) Für Wände aus Fertigteilen gelten die Bestimmungen für Wände aus Ortbeton (siehe Abschnitt 25.5), sofern in den folgenden Abschnitten nichts anderes gesagt ist.

(2) Tragende und aussteifende Wände (siehe Abschnitt 25.5) dürfen nur aus geschoßhohen Fertigteilen zusammengesetzt werden, mit Ausnahme von Paßstücken im Bereich von Treppenpodesten. Wird zur Aufnahme senkrechter und waagerechter Lasten ein Zusammenwirken der einzelnen Fertigteile vorausgesetzt, so sind die Beanspruchungen in den Fugen nachzuweisen (siehe auch Abschnitt 19.8.5).

(3) Bei Wänden aus zwei oder mehr nicht raumgroßen Wandtafeln gelten die einzelnen Wandtafeln als zwei- oder dreiseitig gehalten nach Abschnitt 25.5.2.

19.8.2 Mindestdicken

19.8.2.1 Fertigteilwände mit vollem Rechteckquerschnitt

Für die Mindestwanddicke tragender Fertigteilwände gilt Abschnitt 25.5.3.2, Tabelle 33.

19.8.2.2 Fertigteilwände mit aufgelöstem Querschnitt oder mit Hohlräumen

(1) Fertigteilwände mit aufgelöstem Querschnitt (z. B. Wände mit lotrechten Hohlräumen) müssen mindestens das gleiche Flächenmoment 2. Grades

haben wie Vollwände mit der Mindestwanddicke nach Tabelle 33.

(2) Die kleinste Dicke von Querschnittsteilen solcher Wände muß mindestens gleich $^{1}/_{10}$ des lichten Rippen- oder Stegabstandes, mindestens aber 5 cm sein.

19.8.3 Lotrechte Stoßfugen zwischen tragenden und aussteifenden Wänden

(1) Wird die Wand beim Nachweis der Knicksicherheit nach Abschnitt 17.4 als drei- oder vierseitig gehalten angesehen, so müssen die tragenden Wände mit den sie aussteifenden Wänden verbunden sein, z. B. durch Vergußfugen und Bewehrung. Diese Bewehrung soll möglichst in den Drittelpunkten der Wandhöhe angeordnet werden und jeweils $^{1}/_{100}$ der senkrechten Last der auszusteifenden tragenden Wand übertragen können. Mindestens sind jedoch in den Drittelpunkten Schlaufen mit Stäben von 8 mm Durchmesser nach Abschnitt 6.6.2 oder gleichwertige stahlbaumäßige Verbindungen anzuordnen. Anschlüsse, die auf die ganze Wandhöhe verteilt den gleichen Bewehrungsquerschnitt aufweisen, gelten als gleichwertig.

(2) Die Fugenbewehrung ist so auszubilden, daß der Fugenbeton einwandfrei eingebracht und verdichtet werden kann.

(3) Werden tragende Wände von beiden Seiten durch in einer Flucht liegende oder höchstens um die 6fache Dicke der tragenden Wand gegeneinander versetzte Wände gehalten, so darf auf eine Fugenbewehrung zwischen der tragenden Wand und den aussteifenden Wänden verzichtet werden.

19.8.4 Waagerechte Stoßfugen

(1) Steht eine Wand über dem Stoß zweier Deckenplatten oder über einer in einen Außenwandknoten einbindenden Deckenplatte, so dürfen bei der Bemessung ohne Berücksichtigung des Knickens nur 50 % des tragenden Wandquerschnitts in Rechnung gestellt werden, sofern nicht durch Versuche - unter Beachtung der Auflagerbedingungen - nachgewiesen wird, daß ein höherer Anteil zulässig ist.

(2) Abweichend davon dürfen bei der Bemessung ohne Berücksichtigung des Knickens am Anschnitt zu Knoten von Außen- und Innenwänden 60 % des tragenden Wandquerschnitts in Rechnung gestellt werden, wenn im anschließenden Wandfuß und Wandkopf mindestens die in Bild 43 dargestellte Querbewehrung angeordnet wird. Bei der Bemessung der Wand im Knoten beträgt hierbei der Sicherheitsbeiwert $\gamma = 2{,}1$.

(3) Der Querschnitt der Querbewehrung muß mindestens betragen:

$$\alpha_{sbü} = b_w/8$$

$\alpha_{sbü}$ in cm^2/m, b_w in cm

(4) Der Abstand der Querbewehrung $s_{bü}$ muß in Richtung der Wandlängsachse betragen:

$$s_{bü} \leq b_w$$
$$\leq 20 \text{ cm}$$

(5) Der Durchmesser der Längsstäbe d_{sl} darf bei Betonstabstahl III S 8 mm und bei Betonstabstahl IV S bzw. Betonstahlmatten IV M 6 mm nicht unterschreiten.

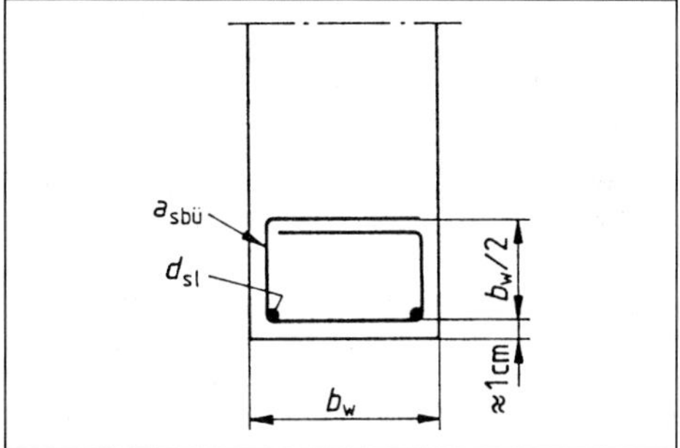

Bild 43. Zusätzliche Querbewehrung

19.8.5 Scheibenwirkung von Wänden

(1) Werden mehrere Wandtafeln zu einer für die Steifigkeit des Bauwerks notwendigen Scheibe zusammengefügt, so ist auch die Übertragung der in den lotrechten und waagerechten Fugen auftretenden Schubkräfte nachzuweisen. Dabei ist die Zugkomponente der Schubkraft, die sich bei einer Zerlegung der Schubkraft in eine horizontale Zugkomponente und eine unter 45° gegen die Stoßfuge geneigte Druckkomponente ergibt, stets durch Bewehrung aufzunehmen; diese darf in Höhe der Decken zusammengefaßt werden, wenn die Gesamtbreite der Scheibe mindestens gleich der Geschoßhöhe ist. Bei Schubspannungen, die größer als 0,2 N/mm^2 sind, ist auch die Übertragung der Druckkomponente der Schubkraft von einer Wandtafel zur anderen nachzuweisen.

(2) Aussteifende Wandscheiben können bei Gerippebauten auch aus nichttragenden und nichtgeschoßhohen Wandtafeln zusammengefügt werden, wenn Gerippestützen als Randglieder der Scheibe wirken und die Wandscheiben wie eine Deckenscheibe nach Abschnitt 19.7.4 ausgeführt werden.

(3) Bei großer Nachgiebigkeit der Wandscheiben müssen deren Formänderungen bei der Ermittlung der Schnittgrößen berücksichtigt werden. Dieser Nachweis darf entfallen, wenn Gleichung (3) aus Abschnitt 15.8.1 erfüllt ist.

19.8.6 Anschluß der Wandtafeln an Deckenscheiben

(1) Sämtliche tragenden und aussteifenden Außenwandtafeln sind an ihrem oberen Rand - bei Hochhäusern[38]) auch an ihrem unteren Rand - mit den anschließenden Deckenscheiben aus Fertigteilen oder Ortbeton durch Bewehrung oder andere Stahlteile zu verbinden. Jede dieser Verbindungen ist für eine rechtwinklig zur Wandebene wirkende Zugkraft von 7,0 kN je m unter Einhaltung der zulässigen Spannungen zu bemessen und zu verankern. Der waagerechte Abstand dieser Verbindungen darf nicht größer als 2 m, ihr Abstand von den senkrechten Tafelrändern nicht größer als 1 m sein.

(2) Bei Außenwandtafeln von Hochhäusern, die zwischen ihren aussteifenden Wänden nicht gestoßen sind und deren Länge zwischen diesen Wänden höchstens das Doppelte ihrer Höhe ist, dürfen die Verbindungen am unteren Rand ersetzt werden durch Verbindungen gleicher Gesamtzugkraft, die in der unteren Hälfte der lotrechten Fugen zwischen der Außenwand und ihren aussteifenden Wänden anzuordnen sind.

(3) Am oberen Rand tragender Innenwandtafeln muß mindestens eine Bewehrung von 0,7 cm^2/m in den Zwischenraum zwischen den Deckentafeln eingreifen. Diese Bewehrung darf an zwei Punkten vereinigt werden, bei Wandtafeln mit einer Länge bis 2,50 m genügt ein Anschlußpunkt etwa in Wandmitte. Die Bewehrung darf durch andere gleichwertige Maßnahmen ersetzt werden.

19.8.7 Metallische Verankerungs- und Verbindungsmittel bei mehrschichtigen Wandtafeln

Für Verankerungs- und Verbindungsmittel mehrschichtiger Wandtafeln ist nichtrostender Stahl zu verwenden, der ausreichend alkali- und säurebeständig und ausreichend kaltverformbar ist[39]).

[38]) Auszug aus den „Bauordnungen" der Länder: Hochhäuser sind Gebäude, bei denen der Fußboden mindestens eines Aufenthaltsraumes mehr als 22 m über der festgelegten Geländeoberfläche liegt.

[39]) Hierfür sind z. B. folgende nichtrostende Stähle nach DIN 17 440 mit den Werkstoffnummern 1.4401 und 1.4571 und für Verbindungselemente (Schrauben, Muttern und ähnliche Gewindeteile) die Stahlgruppe A 4 nach DIN 267 Teil 11 entsprechend den Bedingungen der allgemeinen bauaufsichtlichen Zulassung („Nichtrostende Stähle") geeignet. Sie dürfen jedoch nicht in chlorhaltiger Atmosphäre (z. B. über gechlortem Schwimmbadwasser) verwendet werden.

20 Platten und plattenartige Bauteile

20.1 Platten

20.1.1 Begriff und Plattenarten

(1) Platten sind ebene Flächentragwerke, die quer zu ihrer Ebene belastet sind; sie können linienförmig oder auch punktförmig gelagert sein.

(2) Form und Anordnung der stützenden Ränder oder Punkte bestimmen Größe und Richtung der Plattenschnittgrößen. Die folgenden Abschnitte beziehen sich auf Rechteckplatten. Für Platten abweichender Form (z. B. schiefwinklige oder kreisförmige Platten) mit linienförmiger Lagerung sind diese Bestimmungen sinngemäß anzuwenden. Für punktförmig gestützte Platten und für gemischt gestützte Platten im Bereich der punktförmigen Stützung siehe auch Abschnitt 22.

(3) Je nach ihrer statischen Wirkung werden einachsig und zweiachsig gespannte Platten unterschieden.

(4) Einachsig gespannte Platten tragen ihre Last im wesentlichen in einer Richtung ab (Spannrichtung). Beanspruchungen quer zur Spannrichtung, die aus der Behinderung der Querdehnung, aus der Querverteilung von Einzel- oder Streckenlasten oder durch eine in der Rechnung nicht berücksichtigte Auflagerung parallel zur Spannrichtung entstehen, brauchen nicht nachgewiesen zu werden. Diese Beanspruchungen sind jedoch durch konstruktive Maßnahmen zu berücksichtigen (siehe Abschnitt 20.1.6.3).

(5) Bei zweiachsig gespannten Platten werden beide Richtungen für die Tragwirkung herangezogen. Vierseitig gelagerte Rechteckplatten, deren größere Stützweiten nicht größer als das Zweifache der kleineren ist, sowie dreiseitig oder an zwei benachbarten Rändern gelagerte Rechteckplatten sind im allgemeinen als zweiachsig gespannt zu berechnen und auszubilden.

(6) Werden sie zur Vereinfachung des statischen Systems als einachsig berechnet, so sind die aus den vernachlässigten Tragwirkungen herrührenden Beanspruchungen durch eine geeignete konstruktive Bewehrung zu berücksichtigen.

(7) Bei Hohlplatten sind besonders die Abschnitte 17.5 (Schub), 22.5 (Durchstanzen), 20.1.5 und 20.1.6 (Abheben von den Ecken) sinngemäß zu beachten.

(8) Wegen der Stützweite siehe Abschnitt 15.2.

(9) Wegen vorgefertigter Bauteile siehe Abschnitt 19, insbesondere für Fertigteilplatten mit statisch mitwirkender Ortbetonschicht siehe Abschnitt 19.7.6 für Balkendecken mit oder ohne Zwischenbauteile siehe Abschnitt 19.7.7.

20.1.2 Auflager

(1) Die Auflagertiefe ist so zu wählen, daß die zulässigen Pressungen in der Auflagerfläche nicht überschritten werden (für Beton siehe die Abschnitte 17.3.3 und 17.3.4, für Mauerwerk DIN 1053 Teil 1/11.74, Abschnitt 7.4) und die erforderlichen Verankerungslängen der Bewehrung (siehe die Abschnitte 18.7.4 und 18.7.5) untergebracht werden können.

(2) Die Auflagertiefe muß mindestens sein bei Auflagerung

a) auf Mauerwerk und Beton B 5 oder B 10 ... 7 cm

b) auf Bauteilen aus Beton B 15 bis B 55 und Stahl ... 5 cm

c) auf Trägern aus Stahlbeton oder Stahl, wenn seitliches Ausweichen der Auflager durch konstruktive Maßnahmen verhindert und die Stützweite der Platte nicht größer als 2,50 m ist ... 3 cm

(3) Auf geneigten Flanschen ist trockene Auflagerung unzulässig.

20.1.3 Plattendicke

(1) Die Plattendicke muß mindestens sein

a) im allgemeinen ... 7 cm

b) bei befahrbaren Platten
für Personenkraftwagen ... 10 cm
für schwere Fahrzeuge ... 12 cm

c) bei Platten, die nur ausnahmsweise, z. B. bei Ausbesserungs- oder Reinigungsarbeiten begangen werden, z. B. Dachplatten ... 5 cm

(2) Wegen der Abhängigkeit der Plattendicke von der zulässigen Durchbiegung siehe Abschnitt 17.7.

20.1.4 Lastverteilung bei Punkt-, Linien- und Rechtecklasten In einachsig gespannten Platten

(1) Wird kein genauerer Nachweis erbracht, so darf bei Punkt-, Linien- und gleichförmig verteilten Rechtecklasten die mitwirkende Lastverteilungsbreite b_m quer zur Tragrichtung nach DAfStb-Heft 240 ermittelt werden.

(2) Die Lasteintragungsbreite t darf angenommen werden zu

$$t = b_0 + 2d_1 + d \tag{33}$$

Hierin sind:

b_0 Lastaufstandsbreite

d_1 lastverteilende Deckschicht

d Plattendicke

(3) Für die Berechnung des Biegemomentes gilt

$$m = \frac{M}{b_m} \tag{34}$$

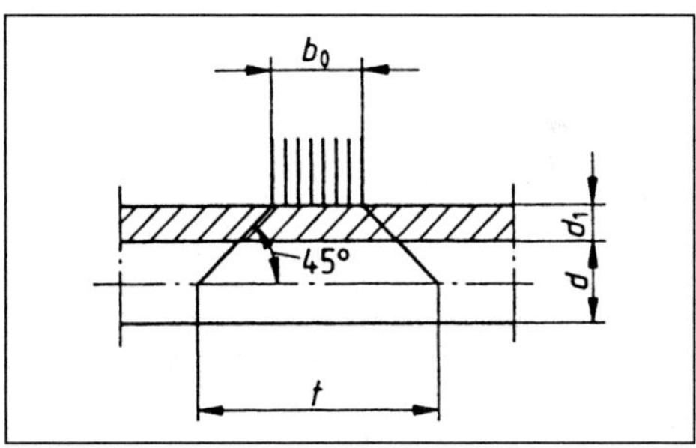

Bild 44. Lasteneintragungsbreite

Für die Berechnung der Querkraft gilt

$$q = \frac{Q}{b_m} \tag{35}$$

Es bedeuten:

M größtes Balkenmoment (Feldmoment M_F bzw. Stützmoment M_S infolge der auf der Länge t gleichmäßig verteilten Last

m Plattenmoment je m Breite

Q Balkenquerkraft am Auflager

q Plattenquerkraft je m Breite am Auflager

b_m mitwirkende Lastverteilungsbreite an der Stelle des größten Feldmomentes bzw. am Auflager

t Lasteintragungsbreite

(4) Die mitwirkende Lastverteilungsbreite der Platte darf nicht größer als die mögliche angesetzt werden (z. B. unter einer Last nahe am ungestützten Rand, siehe Bild 45).

(5) Für den Nachweis gegen Durchstanzen gilt Abschnitt 22.5.

I

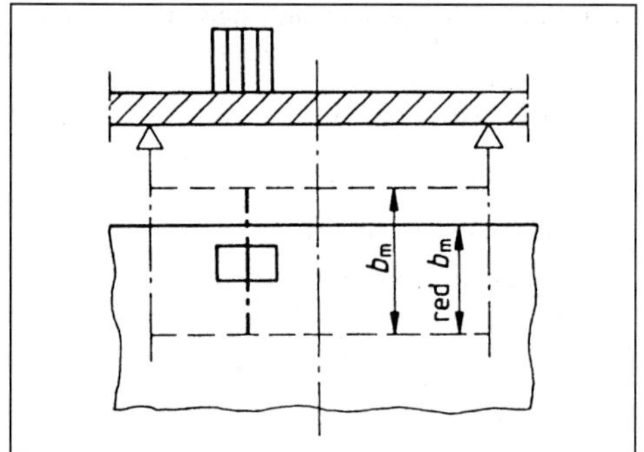

Bild 45. Reduzierte mitwirkende Lastverteilungsbreite bei Lasten in Randnähe

20.1.5 Schnittgrößen

(1) Für die Ermittlung der Schnittgrößen in Platten jeder Form und Lagerungsart gelten die Bestimmungen des Abschnitts 15. Auf der sicheren Seite liegende Näherungsverfahren sind zulässig, z. B. darf für zweiachsig gespannte Rechteckplatten die Berechnung näherungsweise mit sich kreuzenden Plattenstreifen gleicher größter Durchbiegung erfolgen. Zur Ermittlung der Schnittgrößen aus Punkt-, Linien- und Rechtecklasten darf die mitwirkende Lastverteilungsbreite nach DAfStb-Heft 240 ermittelt werden.

(2) Die nach der Plattentheorie ermittelten Feldmomente sind angemessen zu erhöhen (siehe z. B. DAfStb-Heft 240), wenn

a) die Ecken nicht gegen Abheben gesichert sind oder

b) bei Ecken, an denen zwei frei drehbar gelagerte Ränder bzw. ein frei aufliegender und ein eingespannter Rand zusammenstoßen, keine Eckbewehrung nach Abschnitt 20.1.6.4 eingelegt wird.

c) Aussparungen in den Ecken vorhanden sind, die die Drillsteifigkeit wesentlich beeinträchtigen.

(3) Ausreichende Sicherung gegen Abheben von Ecken kann angenommen werden, wenn mindestens eine der an die Ecke anschließenden Seiten der Platte mit der Unterstützung oder der benachbarten Platte biegesteif verbunden ist oder ausreichende Auflast vorhanden ist, d. h. mindestens $^1/_{16}$ der auf die Gesamtplatte entfallenden Last.

(4) Durchlaufende, zweiachsig gespannte Platten (siehe auch DAfStb-Heft 240), deren Stützweitenverhältnis min l/max l in einer Durchlaufrichtung nicht kleiner als 0,75 ist, dürfen bei der Ermittlung der Stützmomente als über den Stützen voll eingespannt betrachtet werden. Die größten und kleinsten Feldmomente dürfen dadurch ermittelt werden, daß für die Vollbelastung mit $q' = g + p/2$ volle Einspannung und für die feldweise wechselnde Belastung mit $q'' = \pm\ p/2$ freie Drehbarkeit über den Stützen angenommen wird.

(5) Die Stützkräfte, die von gleichmäßig belasteten zweiachsig gespannten Platten auf die Balken abgegeben werden und die zur Ermittlung der Schnittgrößen dieser Balken dienen, dürfen aus den Lastanteilen berechnet werden, die sich aus der Zerlegung der Grundrißfläche in Trapeze und Dreiecke nach Bild 46 ergeben.

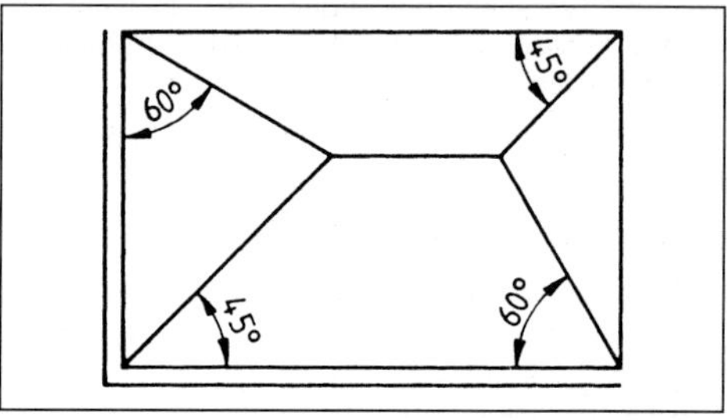

Bild 46. Lastenverteilung zur Ermittlung der Stützkräfte

(6) Stoßen an einer Ecke zwei Plattenränder mit gleichartiger Stützung zusammen, so beträgt der Zerlegungswinkel 45°. Stößt ein voll eingespannter mit einem frei aufliegenden Rand zusammen, so beträgt der Zerlegungswinkel auf der Seite der Einspannung 60°. Bei teilweiser Einspannung dürfen die Winkel zwischen 45° und 60° angenommen werden.

20.1.6 Bewehrung

20.1.6.1 Allgemeine Anforderungen

Neben den Bestimmungen des Abschnitts 18 sind die nachstehenden Bewehrungsrichtlinien anzuwenden, soweit nicht bei genauerer Berechnung eine entsprechende Bewehrung eingelegt wird.

20.1.6.2 Hauptbewehrung

(1) Bei Platten ohne Schubbewehrung darf die Feldbewehrung nur dann nach der Zugkraftlinie (siehe Abschnitt 18.7.2) abgestuft werden, wenn der Grundwert $\tau_0 \leq k_1 \cdot \tau_{011}$ bzw. $\tau_0 \leq k_1 \cdot \tau_{011}$ ist (τ_{011} nach Tabelle 13, Zeile 1 a, und k_1 nach Gleichung (14) bzw. k_2 nach Gleichung (15) in Abschnitt 17.5.5), und wenn mindestens die Hälfte der Feldbewehrung über das Auflager geführt wird. Sollen für τ_{011} die Werte der Tabelle 13, Zeile 1 b, ausgenutzt werden, so ist in Platten ohne Schubbeweh-

rung die volle Feldbewehrung von Auflager zu Auflager durchzuführen.

(2) Zur Deckung des Moments aus einer rechnerisch nicht berücksichtigten Einspannung ist eine Bewehrung von etwa $^1/_3$ der Feldbewehrung anzuordnen.

(3) Der Abstand der Bewehrungsstöße s darf im Bereich der größten Momente in Abhängigkeit von der Plattendicke d höchstens betragen:

$$d \geq 25 \text{ cm} : s = 25 \text{ cm},$$

$$d \leq 15 \text{ cm} : s = 15 \text{ cm} \qquad (36)$$

Zwischenwerte sind linear zu interpolieren.

(4) Bei zweiachsig gespannten Platten darf der Abstand der Bewehrungsstäbe in der minderbeanspruchten Stützrichtung nicht größer sein als 2 d bzw. höchstens 25 cm.

(5) Wird bei zweiachsig gespannten Platten die Deckung der Momente nicht genauer nachgewiesen, so darf in den Randstreifen von der Breite c = 0,2 min l die parallel zum stützenden Rand verlaufende Bewehrung auf die Hälfte der in der gleichen Richtung liegenden Bewehrung des mittleren Plattenbereichs abgemindert werden ($\alpha_{sRand} = 0{,}5\ \alpha_{sMitte}$).

(6) Der durch Einzel- oder Streckenlasten bedingte Anteil der Längsbewehrung ist auf eine Breite b = 0,5 b_m, jedoch mindestens auf t_y nach Gleichung (33), zu verteilen (siehe Bild 47).

(7) Die Bestimmungen dieses Abschnitts gelten auch bei der Verwendung von biegesteifer Bewehrung.

20.1.6.3 Querbewehrung einachsig gespannter Platten

(1) Einachsig gespannte Platten sind mit einer Querbewehrung zu versehen, deren Querschnitt je Meter mindestens 20 % der für gleichmäßig verteilte Belastung im Feld erforderlichen Hauptbewehrung sein muß. Besteht die Querbewehrung aus einer anderen Stahlsorte als die Hauptbewehrung, so ist ihr Querschnitt im umgekehrten Verhältnis ihrer Streckgrenzen zu vergrößern. Mindestens sind aber bei Betonstabstahl III S und bei Betonstabstahl IV S drei Stäbe mit Durchmesser d_s = 6 mm, und bei Betonstahlmatten IV M drei Stäbe mit Durchmesser d_s = 4,5 mm je Meter oder eine größere Anzahl von dünneren Stäben mit gleichem Gesamtquerschnitt je Meter anzuordnen.

(2) Diese Querbewehrung genügt in der Regel auch zur Aufnahme der Querzugspannungen nach Abschnitt 18.5.2.3. Bei durchlaufenden Platten ist im Bereich der Zwischenauflager eine geeignete obere konstruktive Querbewehrung anzuordnen.

(3) Unter Einzel- oder Streckenlasten ist – sofern kein genauerer Nachweis geführt wird – zusätzlich eine untere Querbewehrung einzulegen, deren Querschnitt je Meter mindestens 60 % des durch die Strecken- oder Einzellast bedingten Anteils der Hauptbewehrung sein muß. Auch bei Kragplatten sind 60 % der Bewehrung, die zur Aufnahme des durch die Einzellast verursachten Stützmoments erforderlich ist, auf der Unterseite einzulegen. Die Länge l_q dieser zusätzlichen Querbewehrung darf dabei nach Gleichung (37) ermittelt werden.

$$l_q \geq b_m + 2\ l_1 \qquad (37)$$

Hierin sind:

b_m mitwirkende Lastverteilungsbreite nach Abschnitt 20.1.4

l_1 Verankerungslänge nach Abschnitt 18.5.2.2.

(4) Diese Querbewehrung ist auf eine Breite b = 0,5 b_m, jedoch mindestens auf t_x nach Gleichung (33) zu verteilen und soll um b_m/4 gestaffelt werden (siehe Bild 47).

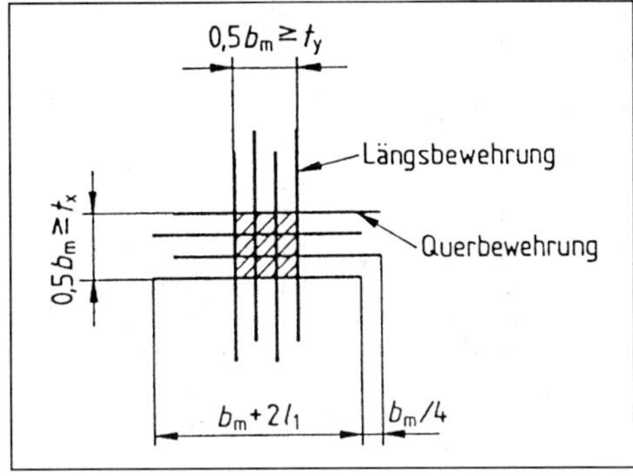

Bild 47. Zusätzliche Bewehrung unter einer Einzellast

(5) Liegt die Hauptbewehrung gleichlaufend mit einer in der Rechnung nicht berücksichtigten Stützung (z. B. Steg, Balken, Wand), so sind die dort auftretenden Zugspannungen durch eine besondere rechtwinklig zu dieser Stützung verlaufende obere Querbewehrung aufzunehmen, die das Abreißen der Platte verhindert. Wird diese Bewehrung nicht besonders ermittelt, so ist je Meter Stützung 60 % der Hauptbewehrung a_s der Platte in Feldmitte anzuordnen. Mindestens aber sind fünf Bewehrungsstäbe je Meter anzuordnen, und zwar bei Betonstabstahl III S, Betonstabstahl IV S und Betonstahlmatten IV M mit Durchmesser d_s = 6 mm oder eine größere Anzahl von dünneren Stäben mit gleichem Gesamtquerschnitt je Meter Stützung.

Diese Bewehrung muß mindestens um ein Viertel der in der Berechnung zugrunde gelegten Plattenstützweite über die Stützung hinausreichen.

(6) Für die nicht mittragend gerechneten Stützungen ist zusätzlich ein angemessener Lastanteil zu berücksichtigen.

20.1.6.4 Eckbewehrung

(1) Wird eine Eckbewehrung (Drillbewehrung) angeordnet, dann ist diese bei vierseitig gelagerten Platten nach Abschnitt 20.1.5 auf eine Breite von 0,2 min l und auf eine Länge von 0,4 min l an der Oberseite in Richtung der Winkelhalbierenden und an der Unterseite rechtwinklig dazu zu verlegen. Ihr Querschnitt je Meter muß in beiden Richtungen gleich dem der größten unteren Feldbewehrung sein.

Diese Eckbewehrung darf am Auflager und im Feld am Hakenanfang bzw. am ersten Querstab als verankert angesehen werden. Bei Rippenstahl darf hier der Haken durch eine Verankerungslänge von 20 d_s ersetzt werden.

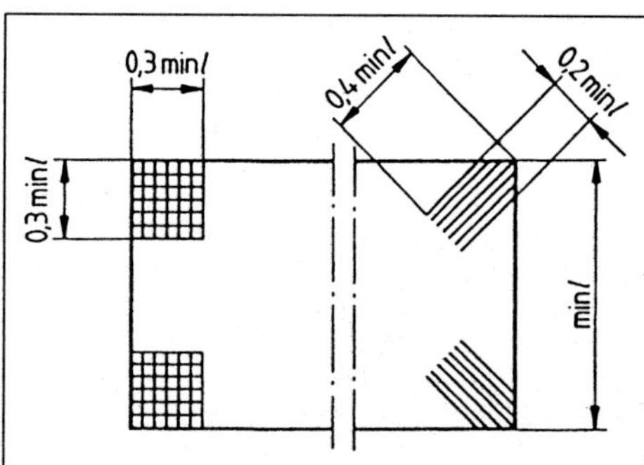

Bild 48. Rechtwinklige und schräge Eckbewehrung, Oberseite

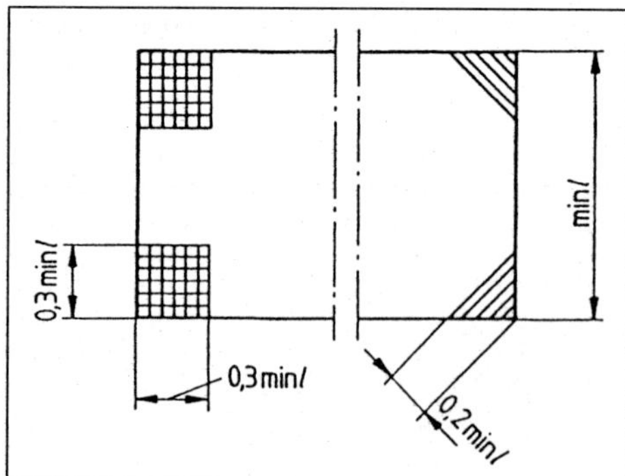

Bild 49. Rechtwinklige und schräge Eckbewehrung, Unterseite

(2) Die Eckbewehrung darf durch eine parallel zu den Seiten verlaufende obere und untere Netzbewehrung ersetzt werden, die in jeder Richtung den gleichen Querschnitt wie die Feldbewehrung hat und 0,3 min l (siehe Bilder 48 und 49) lang ist.

(3) In Plattenecken, in denen ein frei aufliegender und ein eingespannter Rand zusammenstoßen, ist die Hälfte der in Absatz (2) angegebenen Eckbewehrung rechtwinklig zum freien Rand einzulegen.

(4) Bei vierseitig gelagerten Platten, die einachsig gespannt gerechnet werden, empfiehlt es sich, zur Beschränkung der Rißbildung in den Ecken ebenfalls eine Eckbewehrung nach Absatz (1) oder Absatz (2) anzuordnen.

(5) Ist die Platte mit Randbalken oder benachbarten Deckenfeldern biegefest verbunden, so brauchen die zugehörigen Drillmomente nicht nachgewiesen und keine Drillbewehrung angeordnet zu werden.

(6) Bei anderen, z. B. dreiseitig frei gelagerten Platten, ist eine nach der Elastizitätstheorie sich ergebende Eckbewehrung anzuordnen.

20.2 Stahlsteindecken

20.2.1 Begriff

(1) Stahlsteindecken sind Decken aus Deckenziegeln, Beton oder Zementmörtel und Betonstahl, bei denen das Zusammenwirken der genannten Baustoffe zur Aufnahme der Schnittgrößen nötig ist. Der Zementmörtel muß wie Beton verdichtet werden.

(2) Stahlsteindecken sind aus Deckenziegeln mit einer Druckfestigkeit in Strangrichtung von 22,5 N/mm^2 oder von 30 N/mm^2 nach DIN 4159 und Beton mindestens der Festigkeitsklasse B 15 (siehe auch Abschnitt 19.7.8.2, Tabelle 28) und mit einem Achsabstand der Bewehrung von höchstens 25 cm herzustellen.

(3) Stahlsteindecken dürfen nur als einachsig gespannt gerechnet werden.

(4) Für sie gelten die Bestimmungen von Abschnitt 20.1, soweit in den folgenden Abschnitten nichts anderes gesagt ist. Stahlsteindecken, die den Vorschriften dieses Abschnitts entsprechen, gelten als Decken mit ausreichender Querverteilung im Sinne von DIN 1055 Teil 3.

(5) Für vorgefertigte Stahlsteindecken ist außerdem Abschnitt 19, insbesondere Abschnitt 19.7.10, zu beachten.

20.2.2 Anwendungsbereich

(1) Stahlsteindecken dürfen verwendet werden bei den unter a) bis c) angegebenen gleichmäßig verteilten und vorwiegend ruhenden Verkehrslasten nach DIN 1055 Teil 3 und bei Decken, die nur mit

Personenkraftwagen befahren werden. Decken mit Querbewehrung nach b) und c) dürfen auch bei Fabriken und Werkstätten mit leichtem Betrieb verwendet werden.

a) $p \leq 3{,}5$ kN/m^2
einschließlich dazugehöriger Flure bei voll- und teilvermörtelten Decken ohne Querbewehrung;

b) $p \leq 5{,}0$ kN/m^2
bei teilvermörtelten Decken mit obenliegender Mindestquerbewehrung nach Abschnitt 20.1.6.3 in den Stoßfugenaussparungen der Deckenziegel;

c) p unbeschränkt
bei vollvermörtelten Decken mit untenliegender Mindestquerbewehrung nach Abschnitt 20.1.6.3 in den Stoßfugenaussparungen der Deckenziegel.

(2) Stahlsteindecken dürfen als tragfähige Scheiben z. B. für die Aufnahme von Windlasten, verwendet werden, wenn sie den Bedingungen des Abschnitts 19.7.4.1 entsprechen.

20.2.3 Auflager

(1) Wegen der Auflagertiefe siehe Abschnitt 20.1.2. Werden Stahlsteindecken am Auflager durch daraufstehende Wände mit Ausnahme von leichten Trennwänden nach den Normen der Reihe DIN 4103 belastet, so sind die Deckenauflager aus Beton mindestens der Festigkeitsklasse B 15 herzustellen.

(2) Bei Stahlträgern muß der Auflagerstreifen über den Unterflanschen der Stahlträger voll aus Beton hergestellt werden. Stelzungen am Auflager müssen gleichzeitig mit der Stahlsteindecke hergestellt werden. Schmale, hohe Stelzungen sind zu bewehren.

20.2.4 Deckendicke

Die Dicke von Stahlsteindecken muß mindestens 9 cm betragen.

20.2.5 Lastverteilung bei Einzel- und Streckenlasten

(1) Sind Einzellasten größer als die auf 1 m^2 entfallende gleichmäßig verteilte Verkehrslast p oder größer als 7,5 kN, so sind sie durch geeignete Maßnahmen auf eine größere Aufstandsfläche zu verteilen. Ihre Aufnahme ist nachzuweisen.

(2) Der Nachweis bei Stahlsteindecken mit voll vermörtelbaren und nach Abschnitt 20.1.6.3 bewehrten Querfugen kann nach Abschnitt 20.1.4 geführt werden.

(3) Für alle übrigen Stahlsteindecken darf als mitwirkende Lastverteilungsbreite nur die Lasteintragungsbreite t nach Gleichung (33) angenommen werden.

20.2.6 Bemessung

20.2.6.1 Biegebemessung

(1) Die Bemessung für Biegung ist nach Abschnitt 17 so durchzuführen, als ob der ganze mitwirkende Druckquerschnitt aus Beton bestünde, und zwar aus Beton B 15 bei Deckenziegeln mit einer mittleren Druckfestigkeit in Strangrichtung von mindestens 22,5 N/mm^2 nach DIN 4159 und aus Beton B 25 bei Deckenziegeln mit einer Druckfestigkeit von mindestens 30 N/mm^2. Eine etwa oberhalb der Deckenziegel aufgebrachte Betonschicht darf bei der Ermittlung des Druckquerschnitts nicht in Rechnung gestellt werden.

(2) Bei Stahlsteindecken aus Deckenziegeln mit vollvermörtelbaren Stoßfugen nach DIN 4159, gilt als wirksamer Druckquerschnitt der im Druckbereich liegende Querschnitt der Betonstege und der Deckenziegel ohne Abzug der Hohlräume. Liegt die Druckzone unten, so ist die statische Nutzhöhe h in der Rechnung um 1 cm zu vermindern.

(3) Bei Stahlsteindecken aus Deckenziegeln mit teilvermörtelbaren Stoßfugen nach DIN 4159 gilt als wirksamer Druckquerschnitt der im Druckbereich liegende Querschnitt der Betonstege sowie der Querschnittsteil der Deckenziegel von der Höhe s_t ohne Abzug der Hohlräume. Im Bereich negativer Momente etwa vorhandene Schalungsziegel, z. B. zur Verbreiterung der Betondruckzone, dürfen auf die statische Nutzhöhe nicht angerechnet werden.

20.2.6.2 Schubnachweis

(1) Die Schubspannungen sind nach Abschnitt 17.5 nachzuweisen. Bei der Ermittlung des Grundwertes der Schubspannung τ_0 ist die Breite der Betonrippen und die der in halber Deckenhöhe vorhandenen Stege der Deckenziegel anzusetzen, wobei aber der in Rechnung zu stellende Anteil der Stege der Deckenziegel nicht größer als 5 cm je Betonrippe sein darf.

(2) Eine Schubbewehrung ist nicht erforderlich. Der Grundwert der Schubspannung τ_0 darf die für Beton zugelassenen Werte τ_{011} nach Abschnitt 17.5.3, Tabelle 13, Zeile 1 b, nicht überschreiten. Wird bei Stahlsteindecken aus Deckenziegeln mit einer mittleren Druckfestigkeit in Strangrichtung von mindestens 22,5 N/mm^2 an Stelle eines Betons B 15 ein Beton B 25 verwendet, so darf die zulässige Schubspannung nach Tabelle 13, Zeile 1 b, Spalte 4, um 0,07 N/mm^2 erhöht werden.

(3) Aufbiegungen der Zugbewehrungen sind nicht zulässig.

I

20.2.7 Bauliche Ausbildung

(1) Die Deckenziegel sind mit durchgehenden Stoßfugen unvermauert zu verlegen. Sie müssen vor dem Einbringen des Betons so durchfeuchtet sein, daß sie nur wenig Wasser aus dem Beton oder Mörtel aufsaugen. Auf die volle Ausfüllung der Fugen und Rippen ist sorgfältig zu achten, besonders, wenn die Druckzone unten liegt.

(2) In Bereichen, in denen die Druckzone unten liegt, müssen Deckenziegel mit voll vermörtelbarer Stoßfuge nach DIN 4159 verwendet werden, soweit hier nicht an Stelle der Deckenziegel Vollbeton verwendet wird. Das Eindringen des Betons in die Hohlräume der Deckenziegel ist durch geeignete Maßnahmen zu verhüten, damit eine ausreichende Verdichtung des Betons möglich ist und das Berechnungsgewicht der Decke nicht überschritten wird.

(3) Stahlsteindecken zwischen Stahlträgern dürfen nur dann als durchlaufende Decken behandelt werden, wenn ihre Oberkante mindestens 4 cm über der Trägeroberkante liegt, so daß die oberen Stahleinlagen mit ausreichender Betondeckung durchgeführt werden können.

20.2.8 Bewehrung

(1) Die Hauptbewehrung ist möglichst gleichmäßig auf alle Längsrippen zu verteilen. Sie muß mit Ausnahme des Höchstabstandes der Bewehrung nach Abschnitt 20.1.6.2 entsprechen.

(2) Wegen der Querbewehrung siehe die Abschnitte 20.2.2 und 20.2.5.

20.3 Glasstahlbeton

20.3.1 Begriff und Anwendungsbereich

(1) Glasstahlbeton ist eine Bauart aus Beton, Betongläsern und Betonstahl, bei der das Zusammenwirken dieser Baustoffe zur Aufnahme der Schnittgrößen nötig ist.

(2) Für Glasstahlbeton gelten die Bestimmungen für Stahlbetonplatten (siehe Abschnitt 20.1), soweit in den folgenden Abschnitten nichts anderes gesagt ist. Die Betongläser müssen DIN 4243 entsprechen.

(3) Bauteile aus Glasstahlbeton dürfen nur als Abschluß gegen die Außenluft (Oberlicht, Abdeckung von Lichtschächten usw.) mit einer Verkehrslast von höchstens 5,0 kN/m^2 und im allgemeinen nur für überwiegend auf Biegung beanspruchten Teile verwendet werden. Jedoch dürfen auch räumliche Bauteile (siehe Abschnitt 24) aus Glasstahlbeton ausgeführt werden, wenn zylindrische, über die ganze Dicke reichende Betongläser verwendet werden. Eine Verwendung für Durchfahrten und befahrbare Decken ist ausgeschlossen.

(4) Werden Bauteile aus Glasstahlbeton in Sonderfällen befahren, so dürfen nur Betongläser nach DIN 4243, Form C und Form D, verwendet werden. Diese dürfen jedoch nicht als statisch mitwirkend in Rechnung gestellt werden.

(5) Bauteile aus Glasstahlbeton dürfen mit Ortbeton oder als Fertigteile ausgeführt werden. Hierzu siehe Abschnitt 19, insbesondere Abschnitt 19.7.9 sinngemäß.

20.3.2 Mindestanforderungen, bauliche Ausbildung und Herstellung

(1) Die Betongläser müssen unmittelbar ohne Zwischenschaltung nachgiebiger Stoffe wie Asphalt oder dergleichen, in den Beton eingebettet sein, so daß ein ausreichender Verbund zwischen Glas und Beton sichergestellt ist.

(2) Hohlgläser müssen über die ganze Plattendicke reichen.

(3) Betonrippen müssen bei einachsig gespannten Tragwerken mindestens 6 cm hoch, bei zweiachsig gespannten Tragwerken mindestens 8 cm hoch und in Höhe der Bewehrung mindestens 3 cm breit sein.

(4) Alle Längs- und Querrippen müssen mindestens einen Bewehrungsstab mit einem Durchmesser von mindestens 6 mm erhalten.

(5) Bauteile aus Glasstahlbeton müssen einen umlaufenden Stahlbetonringbalken mit geschlossener Ringbewehrung erhalten. Der Ringbalken darf innerhalb eines anschließenden Stahlbetonbauteils liegen. Breite und Dicke des Balkens müssen mindestens so groß wie die Dicke des Bauteils selbst sein. Die Ringbewehrung muß so groß sein wie die Bewehrung der Längsrippen. Die Bewehrung aller Rippen ist bis an die äußeren Ränder des umlaufenden Balkens zu führen.

(6) Bauteile aus Glasstahlbeton sind durch besondere Maßnahmen vor erheblichen Zwangkräften aus der Gebäudekonstruktion zu schützen, z. B. durch nachgiebige Fugen.

20.3.3 Bemessung

(1) Bauteile aus Glasstahlbeton können als einachsig oder zweiachsig gespannte Tragwerke berechnet werden. Im letzten Fall darf die größere Stützweite höchstens doppelt so groß wie die kleinere sein.

(2) Die Bemessung auf Biegung ist nach Abschnitt 17 so durchzuführen, als ob ein einheitlicher Stahlbetonquerschnitt vorläge. Dabei dürfen die in der Druckzone liegenden Querschnittsteile der Glaskörper als statisch mitwirkend in Rechnung gestellt werden (siehe jedoch Abschnitt 20.3.1 (4)). Hohlräume brauchen bei allseitig geschlossenen Hohlgläsern nicht abgezogen zu werden. Als Druckfestigkeit ist die des Rippenbetons in Rechnung zu stellen, jedoch keine größere als die von B 25. Der Bewehrungsgrad $\mu = A_s/b\,h$ darf bei Verwendung von Hohlgläsern 1,2 % nicht überschreiten. Für b ist hierbei die volle Breite, d. h. ohne Abzug der Gläser oder Hohlräume, einzusetzen.

(3) Bei Berechnung des Grundwerts der Schubspannung τ_0 (siehe Abschnitt 17.5.3) dürfen die Stege der Betongläser nicht in Rechnung gestellt werden. Die Schubbewehrung ist nach den Abschnitten 17.5.4 und 17.5.5 zu bemessen.

21 Balken, Plattenbalken und Rippendecken

21.1 Balken und Plattenbalken

21.1.1 Begriffe, Auflagertiefe, Stabilität

(1) Balken sind überwiegend auf Biegung beanspruchte stabförmige Träger beliebigen Querschnitts.

(2) Plattenbalken sind stabförmige Tragwerke, bei denen kraftschlüssig miteinander verbundene Platten und Balken (Rippen) bei der Aufnahme der Schnittgrößen zusammenwirken. Sie können als einzelne Träger oder als Plattenbalkendecken ausgeführt werden.

(3) Für die Auflagertiefe von Balken und Plattenbalken gilt Abschnitt 20.1.2 (1); sie muß jedoch mindestens 10 cm betragen. Für die Dicke der Platten von Plattenbalken gilt Abschnitt 20.1.3; sie muß jedoch mindestens 7 cm betragen.

(4) Bei sehr schlanken Bauteilen ist auf die Stabilität gegen Kippen und Beulen zu achten.

21.1.2 Bewehrung

(1) Wegen des Mindestabstandes der Bewehrung siehe Abschnitt 18.2, wegen unbeabsichtigter Einspannung Abschnitt 18.9.2 und wegen der Anordnung einer Abreißbewehrung in angrenzenden Platten Abschnitt 20.1.6.3.

(2) Wegen der Anordnung der Schubbewehrung in Balken, Plattenbalken und Rippendecken siehe die Abschnitte 17.5 und 18.8.

(3) In Balken und in Stegen von Plattenbalken mit mehr als 1 m Höhe sind an den Seitenflächen Längsstäbe anzuordnen, die über die Höhe der Zugzone zu verteilen sind. Der Gesamtquerschnitt dieser Bewehrung muß mindestens 8 % des Querschnitts der Biegezugbewehrung betragen. Diese Bewehrung darf als Zugbewehrung mitgerechnet werden, wenn ihr Abstand zur Nullinie berücksichtigt und wenn sie nach Abschnitt 18.7 ausgebildet wird.

21.2 Stahlbetonrippendecken

21.2.1 Begriff und Anwendungsbereich

(1) Stahlbetonrippendecken sind Plattenbalkendecken mit einem lichten Abstand der Rippen von höchstens 70 cm, bei denen kein statischer Nachweis für die Platten erforderlich ist. Zwischen den Rippen können unterhalb der Platte statisch nicht mitwirkende Zwischenbauteile nach DIN 4158 oder DIN 4160 liegen. An die Stelle der Platte können ganz oder teilweise Zwischenbauteile nach DIN 4158 oder DIN 4159 oder Deckenziegel nach DIN 4159 treten, die in Richtung der Rippen mittragen. Diese Decken sind für Verkehrslasten $p \leq 5{,}0$ kN/m^2 zulässig, und zwar auch bei Fabriken und Werkstätten mit leichtem Betrieb, aber nicht bei Decken, die von Fahrzeugen befahren werden, die schwerer als Personenkraftwagen sind. Einzellasten über 7,5 kN sind durch bauliche Maßnahmen (z. B. Querrippen) unmittelbar auf die Rippen zu übertragen.

(2) Wegen der Rippendecken mit ganz oder teilweise vorgefertigten Rippen siehe Abschnitt 19.7.8. Dieser gilt sinngemäß auch für Abschnitt 21.2, soweit nachstehend nichts anderes gesagt ist.

21.2.2 Einachsig gespannte Stahlbetonrippendecken

21.2.2.1 Platte

Ein statischer Nachweis ist für die Druckplatte nicht erforderlich. Ihre Dicke muß mindestens $^1/_{10}$ des lichten Rippenabstandes, mindestens aber 5 cm betragen. Als Querbewehrung sind mindestens bei Betonstabstahl III S und Betonstabstahl IV S drei Stäbe mit Durchmesser d_s = 6 mm und bei Betonstahlmatten IV M drei Stäbe mit Durchmesser d_s = 4,5 mm oder eine größere Anzahl von dünneren Stäben mit gleichem Gesamtquerschnitt je Meter anzuordnen.

21.2.2.2 Längsrippen

(1) Die Rippen müssen mindestens 5 cm breit sein. Soweit sie zur Aufnahme negativer Momente unten verbreitert werden, darf die Zunahme der Rippenbreite b_0 nur mit der Neigung 1 : 3 in Rechnung gestellt werden.

(2) Die Längsbewehrung ist möglichst gleichmäßig auf die einzelnen Rippen zu verteilen.

(3) Am Auflager darf jeder zweite Bewehrungsstab aufgebogen werden, wenn in jeder Rippe mindestens zwei Stäbe liegen. Über den Innenstützen von durchlaufenden Rippendecken darf nur die durchgeführte Feldbewehrung als Druckbewehrung mit $\mu_d \leq 1\ \%$ von A_b in Rechnung gestellt werden.

(4) Die Druckbewehrung ist gegen Ausknicken, z. B. durch Bügel, zu sichern.

(5) In den Rippen sind Bügel nach Abschnitt 18.8.2 anzuordnen. Auf Bügel darf verzichtet werden, wenn die Verkehrslast 2,75 kN/m² und der Durchmesser der Längsbewehrung 16 mm nicht überschreiten, die Feldbewehrung von Auflager zu Auflager durchgeführt wird und die Schubbeanspruchung $\tau_0 \leq \tau_{011}$ nach Tabelle 13, Zeile 1 b, ist.

(6) Im Bereich der Innenstützen durchlaufender Decken und bei Decken, die feuerbeständig sein müssen, sind stets Bügel anzuordnen.

(7) Für die Auflagertiefe der Längsrippen gilt Abschnitt 21.1.1. Wird die Decke am Auflager durch daraufstehende Wände (mit Ausnahme von leichten Trennwänden) belastet, so ist am Auflager zwischen den Rippen ein Vollbetonstreifen anzuordnen, dessen Breite gleich der Auflagertiefe und dessen Höhe gleich der Rippenhöhe ist. Er kann auch als Ringanker nach Abschnitt 19.7.4.1 ausgebildet werden.

21.2.2.3 Querrippen

(1) In Rippendecken sind Querrippen anzuordnen, deren Mittenabstände bzw. deren Abstände vom Rand der Vollbetonstreifen die Werte s_q der Tabelle 29 nicht überschreiten.

(2) Bei Decken, die eine Verkehrslast $p \leq 2{,}75$ kN/m² und eine Stützweite bzw. eine lichte Weite zwischen den Rändern der Vollbetonstreifen bis zu 6 m haben, und bei den zugehörigen Fluren mit $p \leq 3{,}5$ kN/m² sind Querrippen entbehrlich; bei Verkehrslasten $p > 2{,}75$ kN/m² oder bei Stützweiten bzw. lichten Weiten über 6 m ist mindestens eine Querrippe erforderlich.

(3) Die Querrippen sind bei Verkehrslasten über 3,5 kN/m² für die vollen, sonst für die halben Schnittgrößen der Längsrippen zu bemessen. Diese Bewehrung ist unten, besser unten und oben anzuordnen. Querrippen sind etwa so hoch wie Längsrippen auszubilden und zu verbügeln.

Tabelle 29. Größer Querrippenabstand s_q

	1	2	3
	Verkehrslast p kN/m²	Abstand der Querrippen bei $s_l \leq \frac{l}{8}$	Abstand der Querrippen bei $s_l > \frac{l}{8}$
1	≤ 2,75	-	12 d_0
2	> 2,75	10 d_0	8 d_0

Hierin sind:
s_1 Achsabstand der Längsrippen
l Stützweite der Längsrippen
d_0 Dicke der Rippendecke

21.2.3 Zweiachsig gespannte Stahlbetonrippendecken

(1) Bei zweiachsig gespannten Rippendecken sind die Regeln für einachsig gespannte Rippendecken sinngemäß anzuwenden. Insbesondere müssen in beiden Achsrichtungen die Höchstabstände und die Mindestmaße der Rippen und Platten nach den Abschnitten 21.2.2.1 bis 21.2.2.3 eingehalten werden.

(2) Die Schnittgrößen sind nach Abschnitt 20.1.5 zu ermitteln. Die günstige Wirkung der Drillmomente darf nicht in Rechnung gestellt werden.

22 Punktförmig gestützte Platten

22.1 Begriff

Punktförmig gestützte Platten sind Platten, die unmittelbar auf Stützen mit oder ohne verstärktem Kopf aufgelagert und mit den Stützen biegefest oder gelenkig verbunden sind. Lochrandgestützte Platten (z. B. Hubdecken) sind keine punktförmig gestützte Platten im Sinne dieser Norm.

22.2 Mindestmaße

(1) Die Platten müssen mindestens 15 cm dick sein.

(2) Für die Stützen gilt Abschnitt 25.2.

22.3 Schnittgrößen

22.3.1 Näherungsverfahren

(1) Punktförmig gestützte Platten mit einem rechteckigen Stützenraster dürfen für vorwiegend lot-

rechte Lasten nach dem in DAfStb-Heft 240 angegebenen Näherungsverfahren berechnet werden.

(2) Für die Verteilung der Schnittgrößen ist dabei jedes Deckenfeld in beiden Richtungen in einen inneren Streifen mit einer Breite von 0,6 l (Feldstreifen) und zwei äußere Streifen mit einer Breite von je 0,2 l ($^1/_2$ Gurtstreifen) zu zerlegen.

22.3.2 Stützenkopfverstärkungen

Bei der Ermittlung der Schnittgrößen muß der Einfluß einer Stützenkopfverstärkung berücksichtigt werden, wenn der Durchmesser der Verstärkung größer als 0,3 min l und die Neigung eines in die Stützenkopfverstärkung eingeschriebenen Kegels oder einer Pyramide gegen die Plattenmittelfläche ≥ 1 : 3 ist (siehe Bild 50b). Als min l ist die kleinere Stützweite einzusetzen.

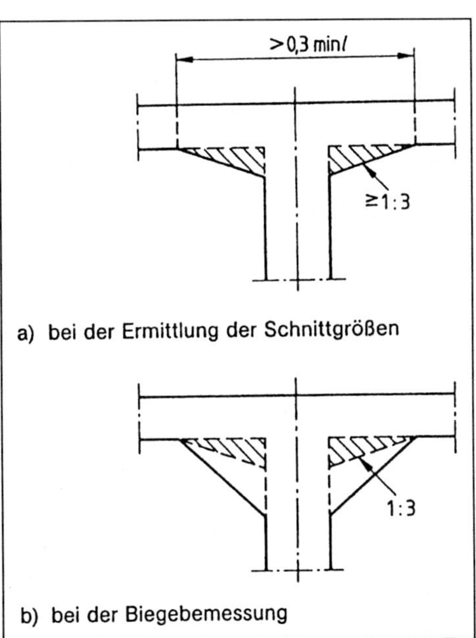

Bild 50. Berücksichtigung einer Stützenkopfverstärkung

22.4 Nachweis der Biegebewehrung

(1) Ist eine Stützenkopfverstärkung mit einer Neigung ≥ 1 : 3 vorhanden, so darf für die Ermittlung der Biegebewehrung nur diejenige Nutzhöhe angesetzt werden, die sich für eine Neigung dieser Verstärkung gleich 1 : 3 ergeben würde (siehe Bild 50 b)).

(2) Von der Bewehrung zur Deckung der Feldmomente sind an der Plattenunterseite je Tragrichtung 50 % mindestens bis zu den Stützenachsen gerade durchzuführen. Bei Platten ohne Schubbewehrung muß über den Innenstützen eine durchgehende untere Bewehrung (siehe Bild 55) mit dem Querschnitt A_s = max Q_r/β_s vorhanden sein (Q_r siehe Gleichung (38)).

(3) Wird eine punktförmig gestützte Platte an einem Rand stetig unterstützt, so darf bei Anwendung des Näherungsverfahrens nach DAfStb-Heft 240 in dem unmittelbar an diesem Rand liegenden halben Gurtstreifen und in dem benachbarten Feldstreifen die Bewehrung gegenüber derjenigen des Feldstreifens eines Innenfeldes um 25 % vermindert werden.

(4) An freien Plattenrändern ist die Bewehrung der Gurtstreifen kraftschlüssig zu verankern (siehe Bild 51). Bei Eck- und Randstützen mit biegefester Verbindung zwischen Platte und Stütze ist eine Einspannbewehrung anzuordnen.

(5) Die Biegetragfähigkeit im Bereich des Rundschnitts (siehe Abschnitt 22.5.1.1) ist nachzuweisen; der Biegebewehrungsgrad μ muß hier in jeder der sich an der Plattenoberseite kreuzenden Bewehrungsrichtungen mindestens 0,5 % betragen.

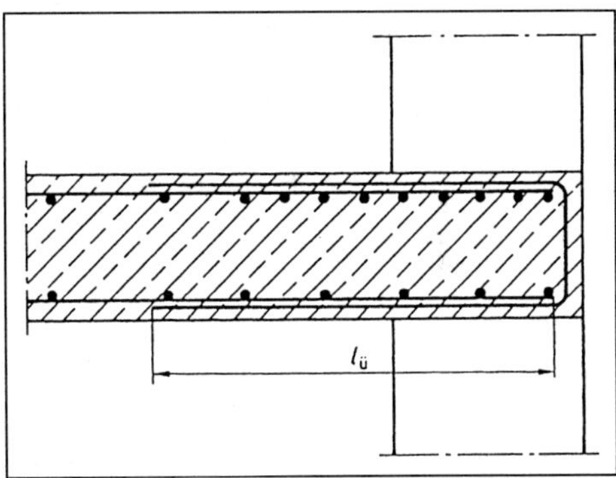

Bild 51. Beispiel für eine schlaufenartige Bewehrungsführung an freien Rändern neben Eck- und Randstützen

22.5 Sicherheit gegen Durchstanzen

22.5.1 Ermittlung der Schubspannung τ_T

22.5.1.1 Punktförmig gestützte Platten ohne Stützenkopfverstärkungen

(1) Zum Nachweis der Sicherheit gegen Durchstanzen der Platten ist die größte rechnerische Schubspannung τ_r in einem Rundschnitt (siehe Bild 52) nach Gleichung (38) zu ermitteln.

$$\tau_r = \frac{\max Q_r}{u \cdot h_m} \qquad (38)$$

in Gleichung (38) sind:

max Q_r größte Querkraft im Rundschnitt der Stütze

u — u_0 für Innenstützen; 0,6 u_0 für Randstützen; 0,3 u_0 für Eckstützen

u_0 — Umfang des um die Stütze geführten Rundschnitts mit dem Durchmesser d_r

$d_r = d_{st} + h_m$

d_{st} — Durchmesser bei Rundstützen

$d_{st} = 1{,}13\sqrt{b \cdot d}$ bei rechteckigen Stützen mit den Seitenlängen b und d; dabei darf für die größere Seitenlänge nicht mehr als der 1,5fache Betrag der kleineren in Rechnung gestellt werden.

h_m — Nutzhöhe der Platte im betrachteten Rundschnitt, Mittelwert aus beiden Richtungen.

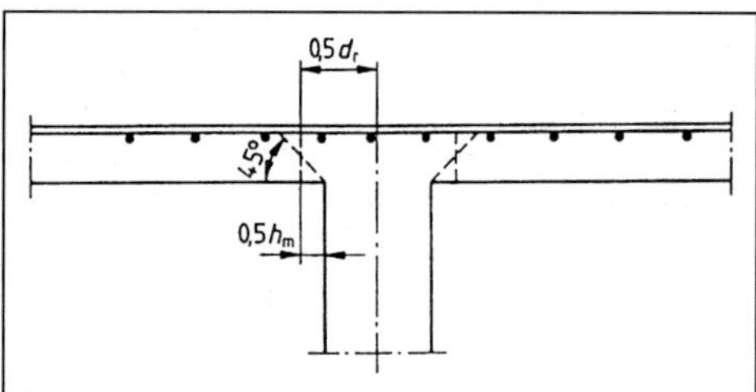

Bild 52. Platte ohne Stützenkopfverstärkung

(2) In Gleichung (38) ist für u auch dann u_0 einzusetzen, wenn der Abstand der Achse einer Randstütze vom Plattenrand mindestens 0,5 l_x bzw. 0,5 l_y beträgt. Ist der Abstand einer Stützenachse vom Plattenrand kleiner, so dürfen für u Zwischenwerte linear interpoliert werden.

(3) Die Wirkung einer nicht rotationssymmetrischen Biegebeanspruchung der Platte ist bei der Ermittlung von τ_r zu berücksichtigen. Liegen die Voraussetzungen des Näherungsverfahrens nach DAfStb-Heft 240 vor, so darf im Falle einer Biegebeanspruchung aus gleichmäßig verteilter lotrechter Belastung bei Randstützen auf eine genaue Ermittlung verzichtet werden, wenn die sich aus der Gleichung (38) ergebende rechnerische Schubspannung τ_r um 40 % erhöht wird. Bei Innenstützen darf in diesem Fall auf die Untersuchung der Wirkung einer Biegebeanspruchung verzichtet, also mit τ_r gerechnet werden.

22.5.1.2 Punktförmig gestützte Platten mit Stützenkopfverstärkungen

(1) Wird eine Stützenkopfverstärkung ausgebildet, deren Länge $l_s \leq h_s$ (siehe Bild 53) ist, so ist ein Nachweis der Sicherheit gegen Durchstanzen im Bereich der Verstärkung nicht erforderlich. Nach Abschnitt 22.5.1.1 ist τ_r für die Platte außerhalb der Stützenkopfverstärkung in einem Rundschnitt mit dem Durchmesser d_{ra} nach Bild 53 zu ermitteln. Für die Ermittlung von u gelten die Angaben des Abschnitts 22.5.1.1 sinngemäß mit

$$d_{ra} = d_{st} + 2\, l_s + h_m \qquad (39)$$

Bei rechteckigen Stützen mit den Seitenlängen b und d ist

$$d_{ra} = h_m + 1{,}13\sqrt{(b + 2\, l_{sx})(d + 2\, l_{sy})} \qquad (40)$$

Hierin bedeuten:

l_s — Länge der Stützenkopfverstärkung bei Rundstützen

l_{sx} und l_{sy} — Längen der Stützenkopfverstärkung bei rechteckigen Stützen

In Gleichung (40) darf für den größeren Klammerwert nicht mehr als der 1,5fache Betrag des kleineren Klammerwertes in Rechnung gestellt werden.

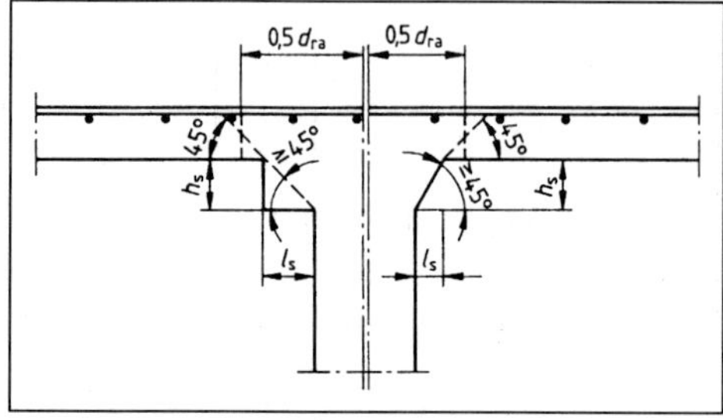

Bild 53. Platten mit Stützenkopfverstärkung nach Absatz (1) mit $l_s \leq h_s$

(2) Wird eine Stützenkopfverstärkung ausgebildet, deren Länge $l_s > h_s$ und $\leq 1{,}5\,(h_m + h_s)$ ist, so ist die rechnerische Schubspannung τ_r so zu ermitteln, als ob nach Absatz (1) $l_s = h_s$ wäre.

(3) Wird eine Stützenkopfverstärkung ausgebildet, deren Länge $l_s > 1{,}5\,(h_m + h_s)$ ist (siehe Bild 54), so ist τ_r sowohl im Bereich der Verstärkung als auch außerhalb der Verstärkung im Bereich der Platte zu ermitteln. Für beide Rundschnitte ist die Sicherheit gegen Durchstanzen nachzuweisen. Für den Nachweis im Bereich der Verstärkung gilt Abschnitt 22.5.1.1, wobei h_m durch h_r und d_r durch d_{ri} zu ersetzen ist; für die Ermittlung von τ_r gilt Gleichung (38). Bei schrägen oder ausgerundeten Stützenkopfverstärkungen darf für h_r nur die im Rundschnitt vorhandene Nutzhöhe eingesetzt werden.

Dabei ist zu setzen:

$$d_{ra} = d_{st} + 2\,l_s + h_m$$
$$d_{ri} = d_{st} + h_s + h_m$$

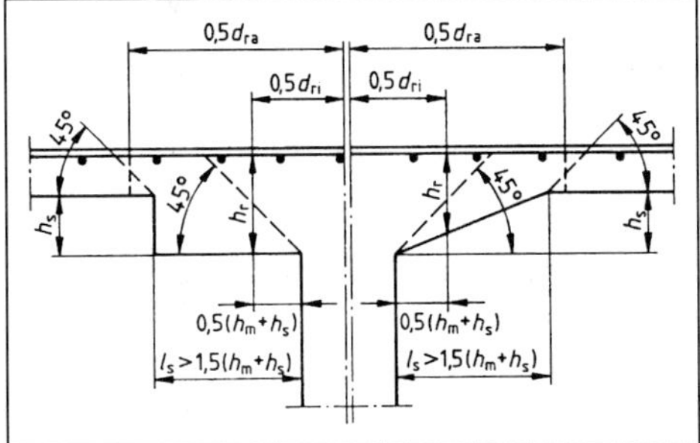

Bild 54. Platte mit Stützenkopfverstärkung nach Absatz (3) mit $l_s > 1{,}5\,(h_m + h_s)$

α_s = 1,3 für Betonstabstahl III S
1,4 für Betonstabstahl IV S und Betonstahlmatten IV M

a_s das Mittel der Bewehrung a_{sx} und a_{sy} in den beiden sich über der Stütze kreuzenden Gurtstreifen an der betrachteten Stütze in cm^2/m.

a_{sx}, a_{sy} A_{sGurt} in cm^2, dividiert durch die Gurtstreifenbreite, auch wenn die Schnittgrößen nicht nach dem Näherungsverfahren berechnet werden.

μ_g $\frac{a_s}{h_m}$ vorhandener Bewehrungsgrad,

jedoch mit

$$\mu_g \leq 25\,\frac{\beta_{WN}}{\beta_S} \leq 1{,}5\,\%$$

in Rechnung zu stellen.

h_m Nutzhöhe der Platte im betrachteten Rundschnitt, Mittelwert aus beiden Richtungen.

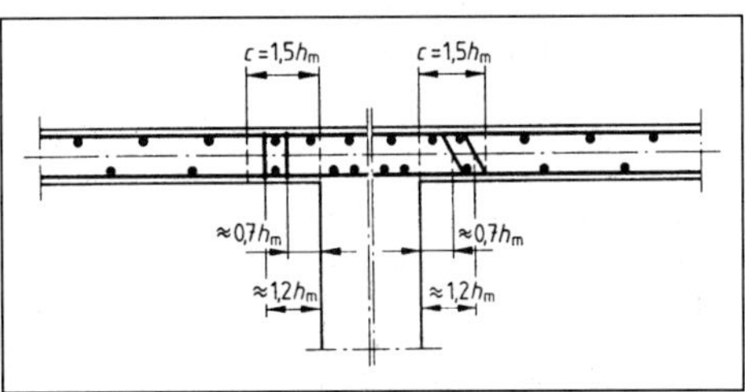

Bild 55. Beispiele für die Schubbewehrung einer Platte ohne Stützenkofverstärkung

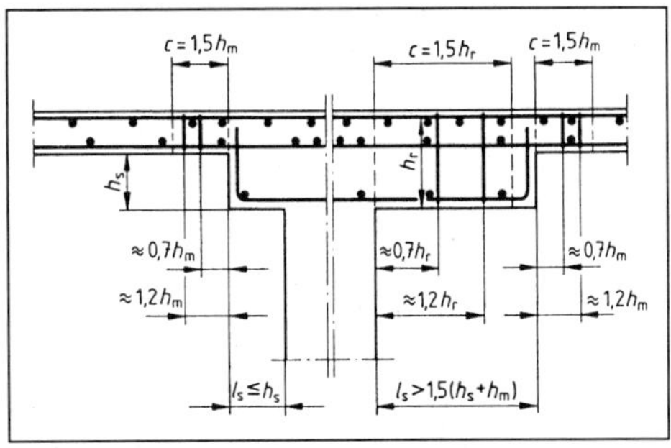

Bild 56. Beispiele für die Schubbewehrung einer Platte mit Stützenkopfverstärkung

22.5.2 Nachweis der Sicherheit gegen Durchstanzen

(1) Die nach Gleichung (38) ermittelte rechnerische Schubspannung τ_r ist den mit den Beiwerten κ_1 und κ_2 versehenen zulässigen Schubspannungen τ_{011} und τ_{02} nach Tabelle 13 in Abschnitt 17.5.3 gegenüberzustellen.

Dabei muß

$$\tau_r \leq \kappa_2 \cdot \tau_{02} \qquad (41)$$

sein.

(2) Für $\tau_r \leq \kappa_1 \cdot \tau_{011}$ ist keine Schubbewehrung erforderlich; dabei brauchen die Beiwerte k_1 und k_2 nach den Gleichungen (14) und (15) in Abschnitt 17.5.5 nicht berücksichtigt zu werden.

(3) Ist $\kappa_1 \cdot \tau_{011} < \tau_r \leq \kappa_2 \cdot \tau_{02}$, so muß eine Schubbewehrung angeordnet werden, die für 0,75 max Q_r (wegen max Q_r siehe Erläuterung zu Gleichung (38)) zu bemessen ist. Die Stahlspannung ist dabei nach Abschnitt 17.5.4 in Rechnung zu stellen. Die Schubbewehrung soll 45° oder steiler geneigt sein und den Bildern 55 und 56 entsprechend im Bereich c verteilt werden. Bügel müssen mindestens je eine Lage der oberen und unteren Bewehrung der Platte umgreifen.

Es bedeuten:

$$\left.\begin{aligned} \kappa_1 &= 1{,}3\,\alpha_s \cdot \sqrt{\mu_g} \\ \kappa_2 &= 0{,}45\,\alpha_s \cdot \sqrt{\mu_g} \end{aligned}\right\} \quad (\mu_g \text{ ist in \% einzusetzen})$$

22.6 Deckendurchbrüche

(1) Werden in den Bereichen c (siehe Bilder 55 und 56) Deckendurchbrüche vorgesehen, so dürfen

ihre Grundrißmaße in Richtung des Umfanges bei Rundstützen bzw. der Seitenlängen bei rechteckigen Stützen nicht größer als $^1/_3\, d_{st}$ (siehe Erläuterung zu Gleichung (38)), die Summe der Flächen der Durchbrüche nicht größer als ein Viertel des Stützenquerschnitts sein.

(2) Der lichte Abstand zweier Durchbrüche bei Rundstützen muß auf dem Umfang der Stütze gemessen mindestens d_{st} betragen. Bei rechteckigen Stützen dürfen Durchbrüche nur im mittleren Drittel der Seitenlängen und nur jeweils an höchstens zwei gegenüberliegenden Seiten angeordnet werden.

(3) Die nach Gleichung (38) ermittelte rechnerische Schubspannung τ_r ist um 50 % zu erhöhen, wenn die größtzulässige Summe der Flächen der Durchbrüche ausgenutzt wird. Ist die Summe der Flächen der Durchbrüche kleiner als ein Viertel des Stützenquerschnitts, so darf der Zuschlag zu τ_r entsprechend linear vermindert werden.

22.7 Bemessung bewehrter Fundamentplatten

(1) Der Verlauf der Schnittgrößen ist nach der Plattentheorie zu ermitteln. Daraus ergibt sich die Größe der erforderlichen Biegebewehrung und ihre Verteilung über die Breite der Fundamentplatten. Die in Abschnitt 22.4 (5) geltende Begrenzung des Biegebewehrungsgrades darf bei Bemessung dieser Fundamente unberücksichtigt bleiben.

(2) Für die Ermittlung von max Q_r darf eine Lastausbreitung unter einem Winkel von 45° bis zur unteren Bewehrungslage angenommen werden (siehe Bild 57). Es gilt daher:

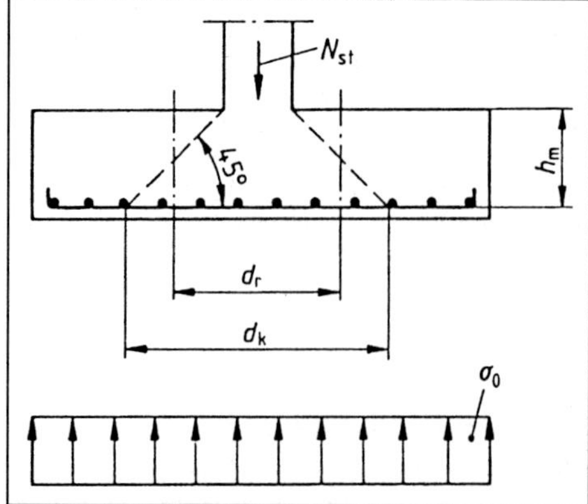

Bild 57. Lastausbreitung

$$\max Q_r = N_{st} - \frac{\pi \cdot d_k^2}{4}\,\sigma_0 \qquad (42)$$

mit $d_k = d_r + h_m$

(3) Bei bewehrten Streifenfundamenten darf sinngegemäß verfahren werden.

(4) Bei der Bemessung auf Durchstanzen nach Abschnitt 22.5.2 ist bei der Ermittlung der Beiwerte κ_1 bzw. κ_2 als Bewehrungsgehalt der im Bereich des Rundschnitts mit dem Durchmesser d_r vorhandene Wert einzusetzen.

(5) Nähere Angaben sind in DAfStb-Heft 240 enthalten.

23 Wandartige Träger

23.1 Begriff

Wandartige Träger sind in Richtung ihrer Mittelfläche belastete ebene Flächentragwerke, für die die Voraussetzungen des Abschnitts 17.2.1 nicht mehr zutreffen, sie sind deshalb nach der Scheibentheorie zu behandeln, DAfStb-Heft 240 enthält entsprechende Angaben für einfache Fälle.

23.2 Bemessung

(1) Der Sicherheitsabstand zwischen Gebrauchslast und Bruchlast ist ausreichend, wenn unter Gebrauchslast die Hauptdruckspannungen im Beton den Wert $\beta_R/2{,}1$ und die Zugspannungen im Stahl den Wert $\beta_S/1{,}75$ nicht überschreiten (siehe Abschnitt 17.2).

(2) Die Hauptzugspannungen sind voll durch Bewehrung aufzunehmen. Die Spannungsbegrenzung nach Abschnitt 17.5.3 gilt hier nicht.

23.3 Bauliche Durchbildung

(1) Wandartige Träger müssen mindestens 10 cm dick sein.

(2) Bei der Bewehrungsführung ist zu beachten, daß durchlaufende wandartige Träger wegen ihrer großen Steifigkeit besonders empfindlich gegen ungleiche Stützensenkungen sind.

(3) Die im Feld erforderliche Längsbewehrung soll nicht vor den Auflagern enden, ein Teil der Feldbewehrung darf jedoch aufgebogen werden. Auf die Verankerung der Bewehrung an den Endauflagern ist besonders zu achten (siehe Abschnitt 18.7.4).

(4) Wandartige Träger müssen stets beidseitig eine waagerechte und lotrechte Bewehrung (Netzbe-

wehrung) erhalten, die auch zur Abdeckung der Hauptzugspannungen nach Abschnitt 23.2 herangezogen werden darf. Ihr Gesamtquerschnitt je Netz und Bewehrungsrichtung darf 1,5 cm^2/m bzw. 0,05 % des Betonquerschnitts nicht unterschreiten.

(5) Die Maschenweite des Bewehrungsnetzes darf nicht größer als die doppelte Wanddicke und nicht größer als etwa 30 cm sein.

24 Schalen und Faltwerke

24.1 Begriffe und Grundlagen der Berechnung

(1) Schalen sind einfach oder doppelt gekrümmte Flächentragwerke geringerer Dicke mit oder ohne Randaussteifung.

(2) Faltwerke sind räumliche Flächentragwerke, die aus ebenen, kraftschlüssig miteinander verbundenen Scheiben bestehen.

(3) Für die Ermittlung der Verformungsgrößen und Schnittgrößen ist elastisches Tragverhalten zugrunde zu legen.

24.2 Vereinfachungen bei den Belastungsannahmen

24.2.1 Schneelast

Auf Dächern darf Vollbelastung mit Schnee nach DIN 1055 Teil 5 im allgemeinen mit der gleichen Verteilung wie die ständige Last in Rechnung gestellt werden. Falls erforderlich, sind außerdem die Bildung von Schneesäcken und einseitige Schneebelastung zu berücksichtigen.

24.2.2 Windlast

Bei Schalen und Faltwerken ist die Windverteilung durch Modellversuche im Windkanal zu ermitteln, falls keine ausreichenden Erfahrungen vorliegen. Soweit die Windlast die Wirkung der Eigenlast erhöht darf sie als verhältnisgleicher Zuschlag zur ständigen Last angesetzt werden.

24.3 Beuluntersuchungen

(1) Schalen und Faltwerke sind, sofern die Beulsicherheit nicht offensichtlich ist, unter Berücksichtigung der elastischen Formänderungen infolge von Lasten auf Beulen zu untersuchen. Die Formänderungen infolge von Kriechen und Schwinden, die Verminderung der Steifigkeit bei Übergang vom Zustand I in Zustand II und Ausführungsungenauigkeiten, insbesondere ungewollte Abweichungen von der planmäßigen Krümmung und von der planmäßigen Bewehrungslage sind abzuschätzen. Bei einem nur mittig angeordneten Bewehrungsnetz ist die Verminderung der Steifigkeit beim Übergang vom Zustand I in Zustand II besonders groß.

(2) Die Beulsicherheit darf nicht kleiner als 5 sein. Ist die näherungsweise Erfassung aller vorgenannten Einflüsse bei der Übertragung der am isotropen Baustoff – theoretisch oder durch Modellversuche – gefundenen Ergebnisse auf den anisotropen Stahlbeton nicht ausreichend gesichert oder bestehen größere Unsicherheiten hinsichtlich der möglichen Beulformen, muß die Beulsicherheit um ein entsprechendes Maß größer als 5 gewählt werden.

24.4 Bemessung

(1) Für die Betondruckspannungen und die Stahlzugspannungen gilt Abschnitt 23.2, wobei gegebenenfalls eine weitergehende Begrenzung der Stahlspannungen zweckmäßig sein kann.

(2) Die Bemessung der Schalen und Faltwerke auf Biegung (z. B. im Bereich der Randstörungsmomente) ist nach Abschnitt 17.2 durchzuführen.

(3) Die Zugspannungen im Beton, die sich für Gebrauchslast unter Annahme voller Mitwirkung des Betons in der Zugzone aus den in der Mittelfläche von Schalen und Faltwerken wirkenden Längskräften und Schubkräften rechnerisch ergeben, sind zu ermitteln.

(4) Die in den Mittelflächen wirkenden Hauptzugspannungen sind sinnvoll zu begrenzen, um Spannungsumlagerungen und Verformungen durch den Übergang vom Zustand I in Zustand II klein zu halten; sie sind durch Bewehrung aufzunehmen. Diese ist – insbesondere bei größeren Zugbeanspruchungen – möglichst in Richtung der Hauptlängskräfte zu führen (Trajektorien-Bewehrung). Dabei darf die Bewehrung auch dann noch als Trajektorien-Bewehrung gelten und als solche bemessen werden, wenn ihre Richtung um einen Winkel $\alpha \leq 10^\circ$ von der Richtung der Hauptlängskräfte abweicht. Bei größeren Abweichungen ($\alpha > 10^\circ$) ist die Bewehrung entsprechend zu verstärken. Abweichungen von $\alpha > 25^\circ$ sind möglichst zu vermeiden, sofern nicht die Zugspannung des Betons geringer als $0{,}16 \cdot (\beta_{WN})^{2/3}$ (β_{WN} nach Tabelle 1) sind oder in beiden Hauptspannungsrichtungen nahezu gleich große Zugspannungen auftreten.

I

24.5 Bauliche Durchbildung

(1) Auf die planmäßige Form und Lage der Schalung ist besonders zu achten.

(2) Bei Dicken über 6 cm soll die Bewehrung unter Berücksichtigung von Tabelle 30 gleichmäßig auf je ein Bewehrungsnetz jeder Leibungsseite aufgeteilt werden. Eine zusätzliche Trajektorien-Bewehrung nach Abschnitt 24.4 ist möglichst symmetrisch zur Mittelfläche anzuordnen. Bei Dicken $d \leq 6$ cm darf die gesamte Bewehrung in einem mittig angeordneten Bewehrungsnetz zusammengefaßt werden.

(3) Wird auf beiden Seiten eine Netzbewehrung angeordnet, so darf bei den innenliegenden Stäben der Höchstabstand nach Tabelle 30, Zeilen 1 und 2, um 50 % vergrößert werden (siehe Bild 58).

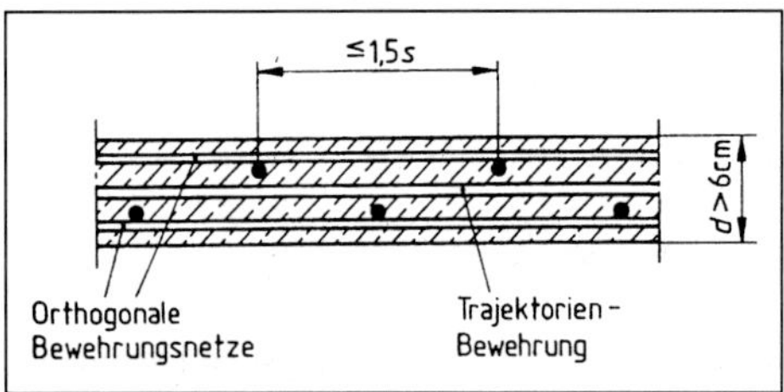

Bild 58. Bewehrungsabstände

Tabelle 30. Mindestbewehrung von Schalen und Faltwerken

	1	2	3	4
	Betondicke d cm	Bewehrung		
		Art	Stabdurchmesser mm min.	Abstand s der außenliegenden Stäbe cm max.
1	$d > 6$	im allgemeinen	6	20
		bei Betonstahlmatten	5	
2	$d \leq 6$	im allgemeinen	6	15 bzw. 3 d
		bei Betonstahlmatten	5	

25 Druckglieder

25.1 Anwendungsbereich

Es wird zwischen stabförmigen Druckgliedern mit $b \leq 5\,d$ und Wänden mit $b > 5\,d$ unterschieden, wobei $b \geq d$ ist. Wegen der Bemessung siehe Abschnitt 17, wegen der Betondeckung Abschnitt 13.2. Druckglieder mit Lastausmitten nach Abschnitt 17.4.1 (3) sind hinsichtlich ihrer baulichen Durchbildung wie Balken oder Platten zu behandeln. Druckglieder, deren Bewehrungsgehalt die Grenzen nach Abschnitt 17.2.3 überschreitet, fallen nicht in den Anwendungsbereich dieser Norm.

25.2 Bügelbewehrte, stabförmige Druckglieder

25.2.1 Mindestdicken

(1) Die Mindestdicke bügelbewehrter, stabförmiger Druckglieder ist in Tabelle 31 festgelegt.

(2) Bei aufgelösten Querschnitten nach Tabelle 31, Zeile 2, darf die kleinste gesamte Flanschbreite nicht geringer sein als die Werte der Zeile 1.

(3) Beträgt die freie Flanschbreite mehr als das 5fache der kleinsten Flanschdicke, so ist der Flansch als Wand nach Abschnitt 25.5 zu behandeln.

(4) Die Wandungen von Hohlquerschnitten sind als Wände nach Abschnitt 25.5 zu behandeln, wenn ihre lichte Seitenlänge größer ist als die 10fache Wanddicke.

Tabelle 31. Mindestdicken bügelbewehrter, stabförmiger Druckglieder

	1	2	3
	Querschnittsform	stehend hergestellte Druckglieder aus Ortbeton cm	Fertigteile und liegend hergestellte Druckglieder cm
1	Vollquerschnitt, Dicke	20	14
2	Aufgelöster Querschnitt, z. B. I-, T- und L-förmig (Flansch- und Stegdicke)	14	7
3	Hohlquerschnitt (Wanddicke)	10	5

(5) Bei Stützen und anderen Druckgliedern, die liegend hergestellt werden und untergeordneten Zwecken dienen, dürfen die Mindestdicken der Tabelle 31 unterschritten werden. Als Stützen und Druckglieder für untergeordnete Zwecke gelten nur solche, deren vereinzelter Ausfall weder die Standsicherheit des Gesamtbauwerks noch die Tragfähigkeit der durch sie abgestützten Bauteile gefährdet.

25.2.2 Bewehrung

25.2.2.1 Längsbewehrung

(1) Die Längsbewehrung A_s muß auf der Zugseite bzw. am weniger gedrückten Rand mindestens 0,4 %, im Gesamtquerschnitt mindestens 0,8 % des statisch erforderlichen Betonquerschnitts sein und darf - auch im Bereich von Übergreifungsstößen - 9 % von A_b (siehe Abschnitte 17.2.3 und 25.3.3) nicht überschreiten. Bei statisch nicht voll ausgenutztem Betonquerschnitt darf die aus dem vorhandenen Betonquerschnitt ermittelte Mindestbewehrung im Verhältnis der vorhandenen zur zulässigen Normalkraft abgemindert werden; für die Ermittlung dieser Normalkräfte sind Lastausmitte und Schlankheit unverändert beizubehalten.

(2) Die Druckbewehrung A_s' darf höchstens mit dem Querschnitt A_s der im gleichen Betonquerschnitt am gezogenen bzw. weniger gedrückten Rand angeordneten Bewehrung in Rechnung gestellt werden.

(3) Die Nenndurchmesser der Längsbewehrung sind in Tabelle 32 festgelegt.

Tabelle 32. Nenndurchmesser d_{sl} der Längsbewehrung

	1	2
	Kleinste Querschnittsdicke der Druckglieder cm	Nenndurchmesser d_{sl} mm
1	< 10	8
2	≥ 10 bis < 20	10
3	≥ 20	12

(4) Bei Druckgliedern für untergeordnete Zwecke (siehe Abschnitt 25.2.1) dürfen die Durchmesser nach Tabelle 32 unterschritten werden.

(5) Der Abstand der Längsbewehrungsstöße darf höchstens 30 cm betragen, jedoch genügt für Querschnitte mit $b \leq 40$ cm je ein Bewehrungsstab in den Ecken.

(6) Gerade endende, druckbeanspruchte Bewehrungsstäbe dürfen erst im Abstand l_1 (siehe Abschnitt 18.5.2.2) vom Stabende als tragend mitgerechnet werden. Kann diese Verankerungslänge nicht ganz in dem anschließenden Bauteil untergebracht werden, so darf auch ein höchstens 2 d (siehe Bild 60) langer Abschnitt der Stütze bei der Verankerungslänge in Ansatz gebracht werden. Wenn mehr als 0,5 d als Verankerungslänge benötigt werden (siehe Bilder 59 und 60 a) und b)), ist in diesem Bereich die Verbundwirkung durch allseitige Behinderung der Querdehnung des Betons sicherzustellen (z. B. durch Bügel bzw. Querbewehrung im Abstand von höchstens 8 cm).

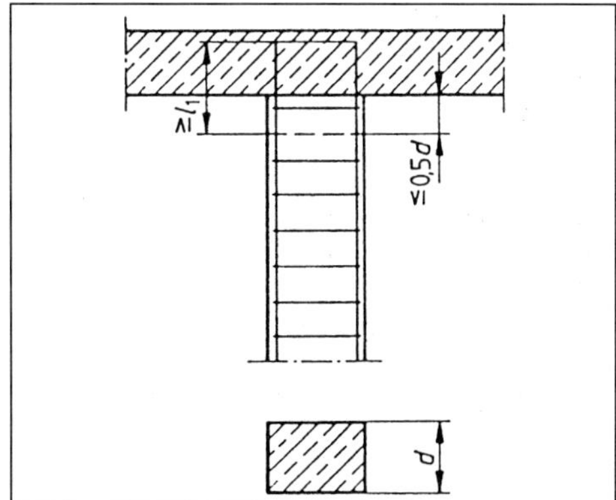

Bild 59. Verankerungsbereich der Stütze ohne besondere Verbundmaßnahmen

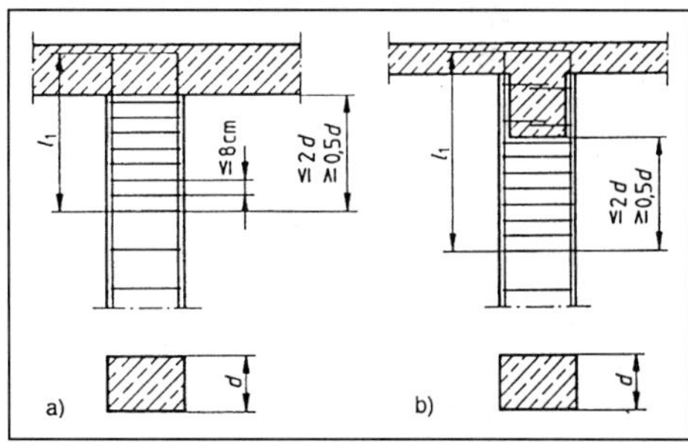

Bild 60. Verstärkung der Bügelbewehrung im Verankerungsbereich der Stützenbewehrung

25.2.2.2 Bügelbewehrung in Druckgliedern

(1) Bügel sind nach Bild 61 zu schließen und die Haken über die Stützenlänge möglichst zu versetzen. Die Haken müssen versetzt oder die Bügelenden nach den Bildern 26 c) oder d) geschlossen werden, wenn mehr als drei Längsstöße in einer Querschnittsecke liegen.

(2) Der Mindeststabdurchmesser beträgt für Einzelbügel, Bügelwendel und für Betonstahlmatten 5 mm, bei Längsstäben mit $d_{sl} > 20$ mm mindestens 8 mm.

(3) Bügel und Wendel mit dem Mindeststabdurchmesser von 8 mm dürfen jedoch durch eine größere Anzahl dünnerer Stäbe bis zu den vorgenannten Mindeststabdurchmessern mit gleichem Querschnitt ersetzt werden.

(4) Der Abstand $s_{bü}$ der Bügel und dle Ganghöhe s_w der Bügelwendel dürfen höchstens gleich der kleinsten Dicke d des Druckgliedes oder dem 12fachen Durchmesser der Längsbewehrung sein. Der kleinere Wert ist maßgebend (siehe Bild 61).

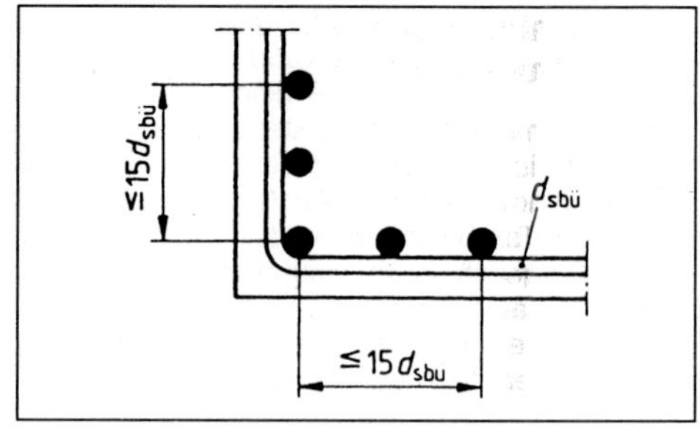

Bild 62. Verbügelung mehrerer Längsstäbe

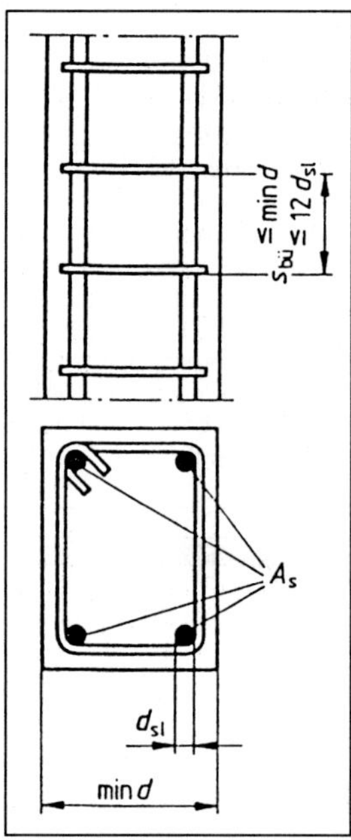

Bild 61. Bügelbewehrung

(5) Mit Bügeln können in jeder Querschnittsecke bis zu fünf Längsstäbe gegen Knicken gesichert werden. Der größte Achsabstand des äußersten dieser Stäbe vom Eckstab darf höchstens gleich dem 15fachen Bügeldurchmesser sein (siehe Bild 62).

(6) Weitere Längsstäbe und solche in größerem Abstand vom Eckstab sind durch Zwischenbügel zu sichern. Sie dürfen im doppelten Abstand der Hauptbügel liegen.

25.3 Umschnürte Druckglieder

25.3.1 Allgemeine Grundlagen

(1) Für umschnürte Druckglieder gelten die Bestimmungen für bügelbewehrte Druckglieder (siehe Abschnitt 25.2), sofern in den folgenden Abschnitten nichts anderes gesagt ist.

(2) Wegen der Bemessung umschnürter Druckglieder siehe Abschnitt 17.3.2.

25.3.2 Mindestdicke und Betonfestigkeit

Der Durchmesser d_k des Kernquerschnitts muß bei Ortbeton mindestens 20 cm, bei werkmäßig hergestellten Druckgliedern mindestens 14 cm betragen. Weitere Angaben siehe Abschnitt 17.3.2.

25.3.3 Längsbewehrung

Die Längsbewehrung A_s muß mindestens 2 % von A_k betragen und darf auch im Bereich von Übergreifungsstößen 9 % von A_k nicht überschreiten. Es sind mindestens 6 Längsstäbe vorzusehen und gleichmäßig auf den Umfang zu verteilen.

25.3.4 Wendelbewehrung (Umschnürung)

(1) Die Ganghöhe s_w der Wendel darf höchstens 8 cm oder $d_k/5$ sein. Der kleinere Wert ist maßgebend. Der Stabdurchmesser der Wendel muß mindestens 5 mm betragen. Wegen einer Begrenzung des Querschnitts der Wendel siehe Abschnitt 17.3.2.

(2) Die Enden der Wendel, auch an Übergreifungsstößen sind in Form eines Winkelhakens nach innen abzubiegen oder an die benachbarte Windung anzuschweißen.

25.4 Unbewehrte, stabförmige Druckglieder (Stützen)

Für die Bemessung gilt Abschnitt 17.9. Die Mindestmaße richten sich nach den Tabellen 31 bzw. 33; die Wanddicke von Hohlquerschnitten darf jedoch die in Tabelle 31, Zeile 2, für aufgelöste Querschnitte angegebenen Werte nicht unterschreiten. Wenn bei aufgelösten Querschnitten die freie Flanschbreite größer ist als die kleinste Flanschdicke, gilt der Flansch als unbewehrte Wand.

25.5 Wände

25.5.1 Allgemeine Grundlagen

(1) Wände im Sinne dieses Abschnitts sind überwiegend auf Druck beanspruchte, scheibenartige Bauteile, und zwar

a) tragende Wände zur Aufnahme lotrechter Lasten, z. B. Deckenlasten; auch lotrechte Scheiben zur Abtragung waagerechter Lasten (z. B. Windscheiben) gelten als tragende Wände;

b) aussteifende Wände zur Knickaussteifung tragender Wände, dazu können jedoch auch tragende Wände verwendet werden;

c) nichttragende Wände werden überwiegend nur durch ihre Eigenlast beansprucht, können aber auch auf ihre Fläche wirkende Windlasten auf tragende Bauteile, z. B. Wand- oder Deckenscheiben, abtragen.

(2) Wände aus Fertigteilen sind in Abschnitt 19, insbesondere in Abschnitt 19.8, geregelt.

25.5.2 Aussteifung tragender Wände

(1) Je nach Anzahl der rechtwinklig zur Wandebene unverschieblich gehaltenen Ränder werden zwei-, drei- und vierseitig gehaltene Wände unterschieden. Als unverschiebliche Halterung können Deckenscheiben und aussteifende Wände und andere ausreichend steife Bauteile angesehen werden. Aussteifende Wände und Bauteile sind mit den tragenden Wänden gleichzeitig hochzuführen oder mit den tragenden Wänden kraftschlüssig zu verbinden (siehe Abschnitt 19.8.3). Aussteifende Wände müssen mindestens eine Länge von $^1/_5$ der Geschoßhöhe haben, sofern nicht für den zusammenwirkenden Querschnitt der ausgesteiften und der aussteifenden Wand ein besonderer Knicknachweis geführt wird.

(2) Haben vierseitig gehaltene Wände Öffnungen, deren lichte Höhe größer als $^1/_3$ der Geschoßhöhe oder deren Gesamtfläche größer als $^1/_{10}$ der Wandfläche ist, so sind die Wandteile zwischen Öffnung und aussteifender Wand als dreiseitig gehalten und die Wandteile zwischen Öffnungen als zweiseitig gehalten anzusehen.

25.5.3 Mindestwanddicke

25.5.3.1 Allgemeine Anforderungen

(1) Sofern nicht mit Rücksicht auf die Standsicherheit, den Wärme-, Schall- oder Brandschutz dickere Wände erforderlich sind, richtet sich die Wanddicke nach Abschnitt 25.5.3.2 und bei vorgefertigten Wänden nach Abschnitt 19.8.2.

(2) Die Mindestdicken von Wänden mit Hohlräumen können in Anlehnung an die Abschnitte 25.4 bzw. 25.2.1, Tabelle 31, festgelegt werden.

25.5.3.2 Wände mit vollem Rechteckquerschnitt

(1) Für die Mindestwanddicke tragender Wände gilt Tabelle 33. Die Werte der Tabelle 33, Spalten 4 und 6, gelten auch bei nicht durchlaufenden Decken, wenn nachgewiesen wird, daß die Ausmitte der lotrechten Last kleiner als $^1/_6$ der Wanddicke ist oder wenn Decke und Wand biegesteif miteinander verbunden sind; hierbei muß die Decke unverschieblich gehalten sein.

(2) Aussteifende Wände müssen mindestens 8 cm dick sein.

(3) Die Mindestwanddicken der Tabelle 33 gelten auch für Wandteile mit $b < 5\ d$ zwischen oder neben Öffnungen oder für Wandteile mit Einzellasten, auch wenn sie wie bügelbewehrte, stabförmige Druckglieder nach Abschnitt 25.2 ausgebildet werden.

(4) Bei untergeordneten Wänden, z. B. von vorgefertigten, eingeschossigen Einzelgaragen, sind geringere Wanddicken zulässig, soweit besondere Maßnahmen bei der Herstellung, z. B. liegende Fertigung, dieses rechtfertigen.

25.5.4 Annahmen für die Bemessung und den Nachweis der Knicksicherheit

25.5.4.1 Ausmittigkeit des Lastangriffs

(1) Bei Innenwänden, die beidseitig durch Decken belastet werden, aber mit diesen nicht biegesteif verbunden sind, darf die Ausmitte von Deckenlasten bei der Bemessung in der Regel unberücksichtigt bleiben.

(2) Bei Wänden, die einseitig durch Decken belastet werden, ist am Kopfende der Wand eine dreiecksförmige Spannungsverteilung unter der Auflagerfläche der Decke in Rechnung zu stellen, falls nicht durch geeignete Maßnahmen eine zentrische Lasteintragung sichergestellt ist; am Fußende der Wand darf ein Gelenk in der Mitte der Aufstandsflächen angenommen werden.

Tabelle 33. Mindestwanddicken für tragende Wände

	1	2	3	4	5	6
	Festigkeitsklasse des Betons	Herstellung	Mindestwanddicken für Wände aus unbewehrtem Beton		Stahlbeton	
			Decken über Wänden		Decken über Wänden	
			nicht durchlaufend cm	durchlaufend cm	nicht durchlaufend cm	durchlaufend cm
1	bis B 10	Ortbeton	20	14	–	–
2	ab B 15	Ortbeton	14	12	12	10
3		Fertigteil	12	10	10	8

25.5.4.2 Knicklänge

(1) Je nach Art der Aussteifung der Wände ist die Knicklänge h_K in Abhängigkeit von der Geschoßhöhe h_s nach Gleichung (43) in Rechnung zu stellen.

$$h_K = \beta \cdot h_s \tag{43}$$

Für den Beiwert β ist einzusetzen bei:

a) zweiseitig gehaltenen Wänden

$$\beta = 1{,}00 \tag{44}$$

b) dreiseitig gehaltenen Wänden

$$\beta = \frac{1}{1 + \left[\frac{h_s}{3\,b}\right]^2} \geq 0{,}3 \tag{45}$$

c) vierseitig gehaltenen Wänden

$$\text{für } h_s \leq b: \quad \beta = \frac{1}{1 + \left[\frac{h_s}{b}\right]^2} \tag{46}$$

$$\text{für } h_s > b: \quad \beta = \frac{b}{2\,h_s} \tag{47}$$

Hierin ist:

b der Abstand des freien Randes von der Mitte der aussteifenden Wand bzw. Mittenabstand der aussteifenden Wände.

(2) Für zweiseitig gehaltene Wände, die oben und unten mit den Decken durch Ortbeton und Bewehrung biegesteif so verbunden sind, daß die Eckmomente voll aufgenommen werden, braucht nur die 0,85fache Knicklänge h_K angesetzt zu werden.

25.5.4.3 Nachweis der Knicksicherheit

(1) Für den Nachweis der Knicksicherheit bewehrter und unbewehrter Wände gelten die Abschnitte 17.4 bzw. 17.9. Weitere Näherungsverfahren siehe DAfSt-Heft 220.

(2) Bei Nutzhöhen $h < 7$ cm ist Abschnitt 17.2.1 zu beachten.

25.5.5 Bauliche Ausbildung

25.5.5.1 Unbewehrte Wände

(1) Die Ableitung der waagerechten Auflagerkräfte der Deckenscheiben in die Wände ist nachzuweisen.

(2) Wegen der Vermeidung grober Schwindrisse siehe Abschnitt 14.4.1. In die Außen-, Haus- und Wohnungstrennwände sind außerdem etwa in Höhe jeder Geschoß- oder Kellerdecke zwei durchlaufende Bewehrungsstäbe von mindestens 12 mm Durchmesser (Ringanker) zu legen. Zwischen zwei Trennfugen des Gebäudes darf diese Bewehrung nicht unterbrochen werden, auch nicht durch Fenster der Treppenhäuser. Stöße sind nach Abschnitt 18.6 auszubilden und möglichst gegeneinander zu versetzen.

(3) Auf diese Ringanker dürfen dazu parallel liegende durchlaufende Bewehrungen angerechnet werden:

a) mit vollem Querschnitt, wenn sie in Decken oder in Fensterstürzen im Abstand von höchstens 50 cm von der Mittelebene der Wand bzw. der Decke liegen;

b) mit halbem Querschnitt, wenn sie mehr als 50 cm, aber höchstens im Abstand von 1,0 m von der Mittelebene der Decke in der Wand liegen, z. B. unter Fensteröffnungen.

(4) Aussparungen, Schlitze, Durchbrüche und Hohlräume sind bei der Bemessung der Wände zu berücksichtigen, mit Ausnahme von lotrechten Schlitzen bei Wandanschlüssen und von lotrechten Aussparungen und Schlitzen, die den nachstehenden Vorschriften für nachträgliches Einstemmen genügen.

(5) Das nachträgliche Einstemmen ist nur bei lotrechten Schlitzen bis zu 3 cm Tiefe zulässig, wenn ihre Tiefe höchstens $^1/_6$ der Wanddicke, ihre Breite höchstens gleich der Wanddicke, ihr gegenseitiger Abstand mindestens 2,0 m und die Wand mindestens 12 cm dick ist.

25.5.5.2 Bewehrte Wände

(1) Soweit nachstehend nichts anderes gesagt ist, gilt für bewehrte Wände Abschnitt 25.5.5.1 und für die Längsbewehrung Abschnitt 25.2.2.1.

(2) Belastete Wände mit einer geringeren Bewehrung als 0,5 % des statisch erforderlichen Querschnitts gelten nicht als bewehrt und sind daher wie unbewehrte Wände nach Abschnitt 17.9 zu bemessen. Die Bewehrung solcher Wände darf jedoch für die Aufnahme örtlich auftretender Biegemomente, bei vorgefertigten Wänden auch für die Lastfälle Transport und Montage, in Rechnung gestellt werden, ferner zur Aufnahme von Zwangbeanspruchungen, z. B. aus ungleichmäßiger Erwärmung, behinderter Dehnung, durch Schwinden und Kriechen unterstützender Bauteile.

(3) In bewehrten Wänden müssen die Durchmesser der Tragstäbe mindestens 8 mm, bei Betonstahlmatten IV M mindestens 5 mm betragen. Der Abstand dieser Stäbe darf höchstens 20 cm sein.

(4) Außerdem ist eine Querbewehrung anzuordnen, deren Querschnitt mindestens $^1/_5$ des Querschnitts der Tragbewehrung betragen muß. Auf jeder Seite sind je Meter Wandhöhe mindestens anzuordnen bei Betonstabstahl III S und Betonstabstahl IV S drei Stäbe mit Durchmesser d_s = 6 mm und bei Betonstahlmatten IV M drei Stäbe mit Durchmesser d_s = 4,5 mm je Meter oder eine größere Anzahl von dünneren Stäben mit gleichem Gesamtquerschnitt je Meter.

(5) Die außenliegenden Bewehrungsstäbe beider Wandseiten sind je m² Wandfläche an mindestens vier versetzt angeordneten Stellen zu verbinden, z. B. durch S-Haken, oder bei dicken Wänden mit Steckbügeln im Innern der Wand zu verankern, wobei die freien Bügelenden die Verankerungslänge 0,5 l_0 haben müssen (l_0 siehe Abschnitt 18.5.2.1).

(6) S-Haken dürfen bei Tragstäben mit $d_s \leq$ 16 mm entfallen, wenn deren Betondeckung mindestens 2 d_s beträgt. In diesem Fall und stets bei Betonstahlmatten dürfen die druckbeanspruchten Stäbe außen liegen.

(7) Eine statisch erforderliche Druckbewehrung von mehr als 1 % je Wandseite ist wie bei Stützen nach Abschnitt 25.2.2.2 zu verbügeln.

(8) An freien Rändern sind die Eckstöße durch Steckbügel zu sichern.

Zitierte Normen und andere Unterlagen

DIN 267 Teil 11 — Mechanische Verbindungselemente; Technische Lieferbedingungen mit Ergänzungen zu ISO 3506,Teile aus rost- und säurebeständigen Stählen

Normen der Reihe

DIN 488 — Betonstahl

DIN 488 Teil 1 — Betonstahl; Sorten, Eigenschaften, Kennzeichen

DIN 488 Teil 4 — Betonstahl; Betonstahlmatten und Bewehrungsdraht; Aufbau, Maße und Gewichte

DIN 1013 Teil 1 — Stabstahl; Warmgewalzter Rundstahl für allgemeine Verwendung; Maße, zulässige Maß- und Formabweichungen

DIN 1048 Teil 1 — Prüfverfahren für Beton; Frischbeton, Festbeton gesondert hergestellter Probekörper

DIN 1048 Teil 2 — Prüfverfahren für Beton; Bestimmung der Druckfestigkeit von Festbeton in Bauwerken und Bauteilen; Allgemeines Verfahren

DIN 1048 Teil 4 — Prüfverfahren für Beton; Bestimmung der Druckfestigkeit von Festbeton in Bauwerken und Bauteilen; Anwendung von Bezugsgeraden und Auswertung mit besonderen Verfahren

DIN 1053 Teil 1 — Mauerwerk; Berechnung und Ausführung

DIN 1055 Teil 3 — Lastannahmen für Bauten; Verkehrslasten

DIN 1055 Teil 5 — Lastannahmen für Bauten; Verkehrslasten; Schneelast und Eislast

DIN 1084 Teil 1 — Überwachung (Güteüberwachung) im Beton- und Stahlbetonbau; Beton B II auf Baustellen

I

DIN 1084 Teil 2 Überwachung (Güteüberwachung) im Beton- und Stahlbetonbau; Fertigteile
DIN 1084 Teil 3 Überwachung (Güteüberwachung) im Beton- und Stahlbetonbau; Transportbeton

Normen der Reihe
DIN 1164 Portland-, Eisenportland-, Hochofen- und Traßzement
DIN 1164 Teil 100 (z. Z. Entwurf) Zemente; Portlandölschieferzement; Anforderungen, Prüfungen, Überwachung
DIN 4030 Beurteilung betonangreifender Wässer, Böden und Gase
DIN 4035 Stahlbetonrohre, Stahlbetondruckrohre und zugehörige Formstücke aus Stahlbeton; Maße, Technische Lieferbedingungen
DIN 4099 Schweißen von Betonstahl; Ausführung und Prüfung
DIN 4102 Teil 2 Brandverhalten von Baustoffen und Bauteilen; Bauteile, Begriffe, Anforderungen und Prüfungen
DIN 4102 Teil 4 Brandverhalten von Baustoffen und Bauteilen; Zusammenstellung und Anwendung klassifizierter Baustoffe, Bauteile und Sonderbauteile

Normen der Reihe
DIN 4103 Nichttragende Trennwände
DIN 4108 Teil 2 Wärmeschutz im Hochau; Wärmedämmung und Wärmespeicherung; Anforderungen und Hinweise für Planung und Ausführung
DIN 4158 Zwischenbauteile aus Beton für Stahlbeton- und Spannbetondecken
DIN 4159 Ziegel für Decken und Wandtafeln, statisch mitwirkend
DIN 4160 Ziegel für Decken, statisch nicht mitwirkend
DIN 4187 Teil 2 Siebböden; Lochplatten für Prüfsiebe; Quadratlochung
DIN 4188 Teil 1 Siebböden; Drahtsiebböden für Analysensiebe, Maße
DIN 4226 Teil 1 Zuschlag für Beton; Zuschlag mit dichtem Gefüge; Begriffe, Bezeichnung und Anforderungen
DIN 4226 Teil 2 Zuschlag für Beton; Zuschlag mit porigem Gefüge (Leichtzuschlag); Begriffe, Bezeichnung und Anforderungen
DIN 4226 Teil 3 Zuschlag für Beton; Prüfung von Zuschlag mit dichtem oder porigem Gefüge
DIN 4226 Teil 4 Zuschlag für Beton; Überwachung (Güteüberwachung)
DIN 4227 Teil 1 Spannbeton; Bauteile aus Normalbeton mit beschränkter oder voller Vorspannung
DIN 4228 (z. Z. Entwurf) Werkmäßig hergestellte Betonmaste
DIN 4235 Teil 1 Verdichten von Beton durch Rütteln; Rüttelgeräte und Rüttelmechanik
DIN 4235 Teil 2 Verdichten von Beton durch Rütteln; Verdichten mit Innenrüttlern
DIN 4235 Teil 3 Verdichten von Beton durch Rütteln; Verdichten bei der Herstellung von Fertigteilen mit Außenrüttlern
DIN 4235 Teil 4 Verdichten von Beton durch Rütteln; Verdichten von Ortbeton mit Schalungsrüttlern
DIN 4235 Teil 5 Verdichten von Beton durch Rütteln; Verdichten mit Oberflächenrüttlern
DIN 4243 Betongläser; Anforderungen, Prüfung
DIN 4281 Beton für Entwässerungsgegenstände; Herstellung, Anforderungen und Prüfungen
DIN 17 100 Allgemeine Baustähle; Gütenorm
DIN 17 440 Nichtrostende Stähle; Technische Lieferbedingungen für Blech, Warmband, Walzdraht, gezogenen Draht, Stabstahl, Schmiedestücke und Halbzeug

Normen der Reihe
DIN 18 195 Bauwerksabdichtungen
DIN 51 043 Traß; Anforderungen, Prüfung
DIN 52 100 Prüfung von Naturstein; Richtlinien zur Prüfung und Auswahl von Naturstein
DIN 53 237 Prüfung von Pigmenten; Pigmente zum Einfärben von zement- und kalkgebundenen Baustoffen

Normen der Reihe
DIN EN 196 Prüfverfahren für Zement

Normen der Reihe
DIN EN 197 Zement; Zusammensetzung, Anforderungen und Konformitätskriterien
DIN EN 197 Teil 1 (z. Z. Entwurf) Zement; Zusammensetzung, Anforderungen und Konformitätskriterien; Definitionen und Zusammensetzung, Deutsche Fassung pr EN 197 - 1: 1986

Vorläufige Richtlinie für Beton mit verlängerter Verarbeitbarkeitszeit (Verzögerter Beton); Eignungsprüfung, Herstellung, Verarbeitung und Nachbehandlung[40]) (Vertriebs-Nr 65 008)

Richtlinie zur Nachbehandlung von Beton[40]) (Vertriebs-Nr 65 009)

Richtlinie für Beton mit Fließmittel und für Fließbeton; Herstellung, Verarbeitung und Prüfung[40]) (Vertriebs-Nr 65 0011)

Richtlinie Alkalireaktion im Beton; Vorbeugende Maßnahmen gegen schädigende Alkalireaktion im Beton[40]) (Vertriebs-Nr. 65 0012)

DAfStb-Heft 220 „Bemessung von Beton- und Stahlbetonbauteilen nach DIN 1045“[40])

DAfStb-Heft 240 „Hilfsmittel zur Berechnung der Schnittgrößen und Formänderungen von Stahlbetontragwerken“[40])

DAfStb-Heft 337 „Verhalten von Beton bei hohen Temperaturen“[40])

DAfStb-Heft 400 Erläuterungen zu DIN 1045 „Beton und Stahlbeton“, Ausgabe 07.88

Merkblatt für Betonprüfstellen E[41])

Merkblatt für Betonprüfstellen W[41])

Richtlinien für die Zuteilung von Prüfzeichen für Betonzusatzmittel (Prüfrichtlinien)[41])

Merkblatt für die Ausstellung von Transportbeton-Fahrzeug-Bescheinigungen[41])

Richtlinie über Wärmebehandlung von Beton und Dampfmischen

Merkblatt Betondeckung
Herausgeber Deutscher Beton-Verein, e. V., Fachvereinigung Betonfertigteilbau im Bundesverband Deutsche Beton- und Fertigteilindustrie e. V. und Bundesfachabteilung Fertigteilbau im Hauptverband der Deutschen Bauindustrie e. V.

DBV-Merkblatt „Rückbiegen“

ACI Standard Recommended Practice of Hot Weather Concreting (ACI 305-72)

Weitere Normen und andere Unterlagen

DIN 1055 Teil 1 Lastannahmen für Bauten; Lagerstoffe, Baustoffe und Bauteile; Eigenlasten und Reibungswinkel

DIN 1055 Teil 2 Lastannahmen für Bauten; Bodenkenngrößen; Wichte, Reibungswinkel, Kohäsion, Wandreibungswinkel

DIN 1055 Teil 4 Lastannahmen für Bauten; Verkehrslasten; Windlasten bei nicht schwingungsanfälligen Bauwerken

DIN 1055 Teil 6 Lastannahmen für Bauten; Lasten in Silozellen

Merkblatt für die Anwendung des Betonmischens mit Dampfzuführung
Herausgeber Verein Deutscher Zementwerke e. V.
(Veröffentlicht z. B. in „beton“ Heft 9/1974)

Merkblatt für Schutzüberzüge auf Beton bei sehr starken Angriffen auf Beton nach DIN 4030
Herausgeber Verein Deutscher Zementwerke e. V.
(Veröffentlicht z. B. in „beton“ Heft 9/1973)

Vorläufige Richtlinien für die Prüfung von Betonzusatzmitteln zur Erteilung von Prüfzeichen[41])

Richtlinien für die Überwachung von Betonzusatzmitteln (Überwachungsrichtlinien)[41])

I

40) Herausgeber:
Deutscher Ausschuß für Stahlbeton, Berlin; zu beziehen über: Beuth Verlag GmbH, Burggrafenstraße 6, 10787 Berlin

41) Herausgeber:
Institut für Bautechnik, Berlin; zu beziehen über: Deutsches Informationszentrum für Technische Regeln (DITR) im DIN, Burggrafenstraße 6, 10787 Berlin

Frühere Ausgaben

DIN 1045: 09.25, 04.32, 05.37, 04.43xxx, 11.59, 01.72,12.78

Änderungen

Gegenüber der Ausgabe Dezember 1978 wurden folgende Änderungen vorgenommen:

a) Umbenennung der Konsistenzbereiche

b) Einführung einer Regelkonsistenz

c) Erweiterung der Sieblinien für Betonzuschlag

d) Verbesserte Regelungen für Außenbauteile

e) Erweiterte Regelungen für Betonzusatzmittel

f) Feinstanteile von Betonzuschlägen

g) Wasserundurchlässiger Beton

h) Beton mit hohem Frost- und Tausalzwiderstand

i) Beton für hohe Gebrauchstemperaturen

k) Anpassung an die Normen der Reihe DIN 488 Betonstahl

l) Verarbeitung und Nachbehandlung von Beton

m) Erhöhung der Betondeckung

n) Bemessungskonzept bei Knicken nach zwei Richtungen

o) Verbesserung der Schubbemessung

p) Beschränkung der Rißbreite

q) Regelungen für Hin- und Zurückbiegen von Betonstahl

r) Schweißen von Betonstahl

s) Verbesserung konstruktiver Bewehrungsregeln

Allgemeine redaktionelle Anpassungen an die zwischenzeitliche Normenfortschreibung

Erläuterungen

Formelzeichen und Kurzzeichen

Zeichen	Erläuterung	Abschnitt
A_b	Gesamtquerschnitt des Betons	17.2.3,17.4.3,18.6, 21.2, 25.2
A_{bZ}	Zugzone des Betons	17.6.2
A_s	Querschnitt der Längs-Zugbewehrung	17.2.3,17.6.2,18.5,18.6,18.7, 20.3, 22.4, 25.2, 25.3
A'_s	Querschnitt der Längs-Druckbewehrung	17.2.3, 25.2
KF	Konsistenz fließend	6.5.3, 9.4.2, 9.4.3, 21.2
KP	Konsistenz plastisch	2.1.2, 5.4.6, 6.5.3, 6.5.5, 9.4.2, 9.4.3, 10.2.2
KR	Konsistenz weich (Regelkonsistenz)	2.1.2, 5.4.6, 6.5.3, 6.5.5, 9.4.2, 9.4.3
KS	Konsistenz steif	5.4.6, 6.5.3, 6.5.5, 9.4.2, 9.4.3, 10.2.2
min c	Mindestmaß der Betondeckung	13.2.1
nom c	Nennmaß der Betondeckung	13.2.1
d_{br}	Biegerollendurchmesser	18.3, 18.5, 18.6, 18.8, 18.9
d_s	Nenndurchmesser Betonstahl	6.6.2, 6.6.3, 17.6.3, 17.8, 18, 20.1, 21.2, 25.5
d_{sV}	Vergleichsdurchmesser	17.6, 18.5, 18.6, 18.11
k_0	Beiwert	17.6.2
k_1	Beiwert	17.5.5, 20.1, 22.5
k_2	Beiwert	17.5.5, 20.1, 22.5
l_0	Grundmaß der Verankerungslänge	18.5, 18.6, 18.7, 18.9, 25.5
l_1	Verankerungslänge	18.5, 18.6, 18.7, 18.8, 18.10, 20.1

$l_{ü}$	Übergreifungslänge	18.6, 18.9, 18.11, 19.7
w/z	Wasserzementwert	4.3, 5.4.4, 6.5.2, 6.5.6, 6.5.7, 7.4.3, 9.1, 11.1
β_C	Zylinderfestigkeit ∅ 150 mm	7.4.3.5
β_R	Rechenwert der Betondruckfestigkeit	16.2.3, 17.2.1, 17.3.2, 17.3.3, 17.3.4, 23.2
β_{W7}	7-Tage-Würfeldruckfestigkeit	7.4.3.5
β_{W28}	28-Tage-Würfeldruckfestigkeit	6.2.2, 7.4.3.5
β_{W150}	Würfeldruckfestigkeit 150 mm Kantenlänge	7.4.3.5
β_{W200}	Würfeldruckfestigkeit 200 mm Kantenlängen	7.4.3.5
β_{WN}	Nennfestigkeit eines Würfels	6.2.2, 6.5.1, 6.5.2, 17.2.1, 17.6.2, 22.4, 22.5.2
β_{WS}	Serienfestigkeit einer Würfelserie	6.2.2, 7.4.2
β_{Wm}	mittlere Festigkeit einer Würfelserie	6.2.2
$\beta_S(R_e)$	Streckgrenze des Betonstahls	6.6.1, 6.6.3, 17.5.4, 17.6.2, 18.5, 18.6, 22.5, 23.2
$\beta_Z(R_m)$	Zugfestigkeit des Betonstahls	6.6.3, 18.6.5
$\beta_{0,2}(R_{p0,2})$	0,2%-Dehngrenze des Betonstahls	6.6.3
β_{bZ}	Biegezugfestigkeit des Betons	17.6.2
β_{bZw}	wirksame Biegezugfestigkeit des Betons	17.6.2
γ	Sicherheitsbeiwert	17.1, 17.2.2, 17.9, 18.5, 19.2
μ	Querdehnzahl	15.1.2, 16.2.2, 20.3, 21.2, 22.4
τ	Bemessungswert der Schubspannung	17.5.2, 17.5.5, 17.5.7, 18.8, 19.7
τ_0	Grundwert der Schubspannung	17.5.2, 17.5.3, 17.5.5, 17.5.7, 18.8, 19.4, 19.7, 20.1, 20.2, 20.3, 21.2
τ_{0a}	Schubspannung in Plattenanschnitt	18.8
τ_1	Grundwert der Verbundspannung	18.4, 18.5
τ_T	Grundwert der Torsionsspannung	17.5.6, 17.5.7
$\tau_{bü}$	Bemessungswert der Bügelschubspannung	18.8
τ_r	rechnerische Schubspannung in einem Rundschnitt	22.5, 22.6

Internationale Patentklassifikation

E 04 Gesamtkl.
B 28 B Gesamtkl.
B 28 C Gesamtkl.
C 04 B 28/00
G 01 L 5/00
G 01 N 3/00
G 01 N 33/38

I

3 Beton und Stahlbeton Bemessung und Ausführung Änderung A1 zur DIN 1045 : 1988-07 - (DIN 1045/A1 : 1996-12) -

Vorwort

Diese Änderung wurde vom Normenausschuß Bauwesen, Fachbereich 07 „Beton und Stahlbetonbau - Deutscher Ausschuß für Stahlbeton", Arbeitsausschuß 07.02.00 „Betontechnik" erarbeitet. Sie übernimmt die Festlegungen der DIN 1164-1 : 1994-10 und paßt die Anwendungsregeln für Zement in Beton den Gegebenheiten der Zementnormen an.

Ferner werden die bisher in DIN 1045 Ausgabe Juli 1988 bekannt gewordenen Druckfehler richtiggestellt.

1 Festigkeitsklassen

Für die in DIN 1045, Abschnitte 6.5.5.1, 6.5.6.1, 6.5.6.3, 6.7.1, 7.4.3.5.3 (Tabelle 7); 11.1. und 12.3.1 (Tabelle 8) in Übereinstimmung mit der alten DIN 1164-1 gewählten Festigkeitsklassen gelten die in DIN 1164-1 : 1994-10, Anhang A, Tabelle A.2, angegebenen neuen Festigkeitsklassen.

2 Anwendungsregeln für Zement nach DIN 1164-1 : 1994-10

6.5.7.4 Beton mit hohem Frost- und Tausalzwiderstand

(1) Beton, der im durchfeuchteten Zustand Frost-Tauwechseln und der gleichzeitigen Einwirkung von Tausalzen ausgesetzt ist, muß mit hohem Frost- und Tausalzwiderstand hergestellt und entsprechend verarbeitet werden. Dazu sind Portlandzement CEM I, Portlandhüttenzement CEM II/A-S und CEM II/B-S, Portlandölschieferzement CEM II/A-T und CEM II/B-T, Portlandkalksteinzement CEM II/A-L oder Hochofenzement CEM III/A und CEM III/B nach DIN 1164-1 und Betonzuschläge mit erhöhten Anforderungen an den Widerstand gegen Frost und Taumittel eFT (siehe DIN 4226-1) notwendig.

(4) Für Beton, der einem sehr starken Frost-Tausalzangriff, wie bei Betonfahrbahnen, ausgesetzt ist, sind Portlandzement CEM I, Portlandhüttenzement CEM II/A-S und CEM II/B-S, Portlandölschieferzement CEM II/A-T und CEM II/B-T oder Portlandkalksteinzement CEM II/A-L nach DIN 1164-1 oder Hochofenzement CEM III/A nach DIN 1164-1 mindestens der Festigkeitsklasse 42,5 zu verwenden. Es darf auch Hochofenzement CEM III/A der Festigkeitsklasse 32,5 R verwendet werden, wenn der Hüttensandgehalt höchstens 50 % beträgt.

Anhang A (normativ)

Druckfehlerberichtigungen

Zu Abschnitt 6.5.7.4
Absatz (1), Zeile 8: Hinter dem Wort „Frost" entfällt der Bindestrich
Absatz (4), Zeile 1: muß lauten: „Für Beton, der einem sehr starken Frost- und Tausalzangriff . . ."

Zu Abschnitt 7.4.3.5.1
Der erste Satz von (2) gehört an das Ende von (1).

Zu Tabelle 4
Die Fußnote 15 muß ebenfalls an die Bezeichnung KS gesetzt werden.

Zu Abschnitt 9.3.1 (3)
Der relative Nebensatz muß mit „das" beginnen und mit „ist" enden.

Zu Abschnitt 17.4.9
Bild 14.1, Vorletzte Zeile: . . . nach Abschnitt 17.4.8 (2) b) für . . .

Zu Abschnitt 17.5.5.2 (4)
Zeile 2 muß lauten: „. . . und der Querkraft . . ."

Zu Abschnitt 17.5.5.3, Gleichung (17)
Statt „vorh τ_0^2" muß es „τ_0^2" lauten.

Zu Abschnitt 17.6
Die Fußnote 25 muß lauten: „Grundlagen für Konstruktionsregeln und weitere Hinweise enthält das DAfStb-Heft 400“.

Zu Abschnitt 17.8
Absatz (1), 2. Spiegelstrich: Die Eingrenzung des Biegerollendurchmessers muß lauten:

$$25\,d_s > d_{br} > 10\,d_s$$

Absatz (1), 3. Spiegelstrich: Die Begrenzung des Biegerollendurchmessers muß lauten:

$$d_{br} \leq 10\,d_s$$

Absatz (3): Hinter dem Wort „Verbindungen“ ist einzufügen „nach Tabelle 24, Zeilen 5 bis 7“.

Absätze (5), (6) und (7): Die Absätze (5), (6) und (7) sind zu streichen und durch den folgenden neuen Absatz (5) zu ersetzen: „Ein vereinfachtes Verfahren für den Nachweis der Beschränkung der Stahlspannung unter Gebrauchslast bei nicht vorwiegend ruhender Belastung kann DAfStb-Heft 400 entnommen werden.“ Die Absätze (6) und (7) entfallen und der alte Absatz (8) wird neuer Absatz (6).

Zu Tabelle 18
In Fußnote 28, Zeilen 1 und 2, muß „bei vorwiegend ruhender Beanspruchung“ entfallen.

Zu Abschnitt 18.6.4.3 (1)
Die Klammer „(siehe Abschnitt 17.6.1)“ entfällt.

Zu Abschnitt 18.9.3 (2)
Zeile 3: Hinter dem Wort „höher“ muß „ausgeführt werden“ eingefügt werden.

Zu Abschnitt 19.7.2 (1)
Gleichungen 31 und 32: In den beiden Zählern „vorh“ streichen.

Zu Abschnitt 20.1.6.2 (3)
In Formel (36) muß es heißen: s = 25 cm und s = 15 cm.

Zu Abschnitt 20.1.6.3 (5)
In Zeile 10 muß es „Betonstabstahl IV S“ lauten.

Zu Abschnitt 21.2.2.1
In Zeile 5 muß es „Betonstabstahl IV S“ lauten.

Zu Abschnitt 24.5 (2)
In Zeile 6 muß es „$d \leq 6$ cm“ lauten.

Zu Abschnitt 25.5.1 (1)
In der ersten Zeile von Unterpunkt b) muß „werden“ entfallen.

4 Spannbeton

Bauteile aus Normalbeton mit beschränkter oder voller Vorspannung

DIN 4227 Teil 1

Diese Norm wurde im Fachbereich VII Beton- und Stahlbetonbau/Deutscher Ausschuß für Stahlbeton des NABau ausgearbeitet.

Die Benennung „Last“ wird für Kräfte verwendet, die von außen auf ein System einwirken; dies gilt auch für zusammengesetzte Wörter mit der Silbe ... „Last“ (siehe DIN 1080 Teil 1).

Die Normen der Reihe DIN 4227 umfassen folgende Teile:

DIN 4227 Teil 1 Spannbeton; Bauteile aus Normalbeton mit beschränkter oder voller Vorspannung

DIN 4227 Teil 2 Spannbeton; Bauteile mit teilweiser Vorspannung

DIN 4227 Teil 3 Spannbeton; Bauteile in Segmentbauart, Bemessung und Ausführung der Fugen

DIN 4227 Teil 4 Spannbeton; Bauteile aus Spannleichtbeton

DIN 4227 Teil 5 Spannbeton; Einpressen von Zementmörtel in Spannkanäle

DIN 4227 Teil 6 Spannbeton; Bauteile mit Vorspannung ohne Verbund

Inhalt

I

Entwurf und Ausführung von baulichen Anlagen und Bauteilen aus Spannbeton erfordern eine gründliche Kenntnis und Erfahrung in dieser Bauart. Deshalb dürfen bauliche Anlagen und Bauteile aus Spannbeton nur von solchen Ingenieuren und Unternehmern entworfen und ausgeführt werden, die diese Kenntnis und Erfahrung haben, besonders zuverlässig sind und sicherstellen, daß derartige Bauwerke einwandfrei bemessen und ausgeführt werden.

1 Allgemeines

1.1 Anwendungsbereich und Zweck

(1) Diese Norm gilt für die Bemessung und Ausführung von Bauteilen aus Normalbeton, bei denen der Beton durch Spannglieder beschränkt oder voll vorgespannt wird und die Spannglieder im Endzustand im Verbund vorliegen.

(2) Die sinngemäße Anwendung dieser Norm auf Bauteile, bei denen die Vorspannung auf andere Art erzeugt wird, ist jeweils gesondert zu überprüfen.

(3) Vorgespannte Verbundträger werden in den Richtlinien für die Bemessung und Ausführung von Stahlverbundträgern (vorläufiger Ersatz für DIN 1078 und DIN 4239) behandelt.

1.2 Begriffe

1.2.1 Querschnittsteile

(1) Bei vorgespannten Bauteilen unterscheidet man:

(2) **Druckzone.** In der Druckzone liegen die Querschnittsteile, in denen ohne Vorspannung unter der gegebenen Belastung infolge von Längskraft und Biegemoment Druckspannungen entstehen würden. Werden durch die Vorspannung in der Druckzone Druckspannungen erzeugt, so liegt der Sonderfall einer **vorgedrückten Druckzone** vor (siehe Abschnitt 15.3).

(3) **Vorgedrückte Zugzone.** In der vorgedrückten Zugzone liegen die Querschnittsteile, in denen unter der gegebenen Belastung infolge von Längskraft und Biegemoment ohne Vorspannung Zugspannungen entstehen würden, die durch Vorspannung stark abgemindert oder ganz aufgehoben werden.

(4) Unter Einwirkung von Momenten mit wechselnden Vorzeichen kann eine Druckzone zur vorgedrückten Zugzone werden und umgekehrt.

(5) **Spannglieder.** Das sind die Zugglieder aus Spannstahl, die zur Erzeugung der Vorspannung dienen; hierunter sind auch Einzeldrähte, Einzelstäbe und Litzen zu verstehen. Fertigspannglieder sind Spannglieder, die nach Abschnitt 6.5.3 werkmäßig vorgefertigt werden.

1.2.2 Grad der Vorspannung[1]

(1) Bei **voller Vorspannung** treten rechnerisch im Beton im Gebrauchszustand (siehe Abschnitt 9.1), mit Ausnahme der in Abschnitt 10.1.1 angegebenen Fälle, keine Zugspannungen infolge von Längskraft und Biegemoment auf.

(2) **Bei beschränkter Vorspannung** treten dagegen rechnerisch im Gebrauchszustand (siehe Abschnitt 9.1) Zugspannungen infolge von Längskraft und Biegemoment im Beton bis zu den in den Abschnitten 10.1.2 und 15 angegebenen Grenzen auf.

1.2.3 Zeitpunkt des Spannens der Spannglieder

(1) Beim **Spannen vor dem Erhärten des Betons** werden die Spannglieder von festen Punkten aus gespannt und dann einbetoniert (Spannen im Spannbett).

(2) Beim **Spannen nach dem Erhärten des Betons** dienen die schon erhärteten Betonbauteile als Abstützung.

1.2.4 Art der Verbundwirkung von Spanngliedern[2]

(1) Bei **Vorspannung mit sofortigem Verbund** werden die Spannglieder nach dem Spannen im Spannbett so in den Beton eingebettet, daß gleichzeitig mit dem Erhärten des Betons eine Verbundwirkung entsteht.

(2) Bei **Vorspannung mit nachträglichem Verbund** wird der Beton zunächst ohne Verbund vorgespannt; später wird für alle nach diesem Zeitpunkt wirksamen Lastfälle eine Verbundwirkung erzeugt.

---
1) Teilweise Vorspannung; siehe DIN 4227 Teil 2.
2) Vorspannung ohne Verbund im Endzustand siehe DIN 4227 Teil 6.

2 Bauaufsichtliche Zulassungen, Zustimmungen, bautechnische Unterlagen, Bauleitung und Fachpersonal

2.1 Bauaufsichtliche Zulassungen, Zustimmungen

(1) Entsprechend den allgemeinen bauaufsichtlichen Bestimmungen ist eine Zulassung bzw. eine Zustimmung im Einzelfall unter anderem erforderlich für:

- den Spannstahl (siehe Abschnitt 3.2)
- das Spannverfahren.

(2) Die Bescheide müssen auf der Baustelle vorliegen.

2.2 Bautechnische Unterlagen, Bauleitung und Fachpersonal

2.2.1 Bautechnische Unterlagen

Zu den bautechnischen Unterlagen gehören neben den Anforderungen nach DIN 1045/07.88, Abschnitte 3 bis 5, die Angaben über Grad, Zeitpunkt und Art der Vorspannung, das Herstellungsverfahren sowie das Spannprogramm.

2.2.2 Bauleitung und Fachpersonal

Bei der Herstellung von Spannbeton dürfen auf Baustellen und in Werken nur solche Führungskräfte (Bauleiter, Werkleiter) eingesetzt werden, die über ausreichende Erfahrungen und Kenntnisse im Spannbetonbau verfügen. Bei der Ausführung von Spannarbeiten und Einpreßarbeiten muß der hierfür zuständige Fachbauleiter stets anwesend sein.

3 Baustoffe

3.1 Beton

3.1.1 Vorspannung mit nachträglichem Verbund

(1) Bei Vorspannung mit nachträglichem Verbund ist Beton der Festigkeitsklassen B 25 bis B 55 nach DIN 1045/07.88, Abschnitt 6.5 zu verwenden.

(2) Bei üblichen Hochbauten (Definition nach DIN 1045/ 07.88, Abschnitt 2.2.4) darf für die nachträgliche Ergänzung vorgespannter Fertigteile auch Ortbeton der Festigkeitsklasse B 15 verwendet werden.

(3) Der Chloridgehalt des Anmachwassers darf 600 mg Cl^- je Liter nicht überschreiten. Die Verwendung von Meerwasser und anderem salzhaltigen Wasser ist unzulässig. Es darf nur solcher Betonzuschlag verwendet werden, der hinsichtlich des Gehaltes an wasserlöslichem Chlorid (berechnet als Chlor) den Anforderungen nach DIN 4226 Teil 1/04.83, Abschnitt 7.6.6b) genügt (Chlorgehalt mit einem Massenanteil $\leq$ 0,02 %).

(4) **Betonzusatzmittel** dürfen nur verwendet werden, wenn für sie ein Prüfbescheid (Prüfzeichen) erteilt ist, in dem die Anwendung für Spannbeton geregelt ist.

3.1.2 Vorspannung mit sofortigem Verbund

(1) Bei Vorspannung mit sofortigem Verbund gelten die Festlegungen nach Abschnitt 3.1.1; jedoch muß der Beton mindestens der Festigkeitsklasse B 35 entsprechen. Dabei ist nur werkmäßige Herstellung nach DIN 1045/07.88, Abschnitt 5.3 zulässig.

(2) Alle **Zemente** der Normen der Reihe DIN 1164 der Festigkeitsklassen Z 45 und Z 55 sowie Portland- und Eisenportlandzement der Festigkeitsklasse Z 35 F dürfen verwendet werden.

(3) **Betonzusatzstoffe** dürfen nicht verwendet werden.

3.1.3 Verwendung von Transportbeton

Bei Verwendung von Transportbeton müssen aus dem Betonsortenverzeichnis (siehe DIN 1045/ 07.88, Abschnitt 5.4.4) die

- Eignung für Spannbeton mit nachträglichem Verbund

bzw. die

- Eignung für Spannbeton mit sofortigem Verbund

hervorgehen.

3.2 Spannstahl

Spanndrähte müssen mindestens 5,0 mm Durchmesser oder bei nicht runden Querschnitten mindestens 30 mm^2 Querschnittsfläche haben. Litzen müssen mindestens 30 mm^2 Querschnittsfläche haben, wobei die einzelnen Drähte mindestens 3,0 mm Durchmesser aufweisen müssen. Für Sonderzwecke, z. B. für vorübergehend erforderliche Bewehrung oder Rohre aus Spannbeton, sind Einzeldrähte von mindestens 3,0 mm Durchmesser bzw. bei nicht runden Querschnitten von mindestens 20 mm^2 Querschnittsfläche zulässig.

3.3 Hüllrohre

Es sind Hüllrohre nach DIN 18 553 zu verwenden.

3.4 Einpreßmörtel

Die Zusammensetzung und die Eigenschaften des Einpreßmörtels müssen DIN 4227 Teil 5 entsprechen.

4 Nachweis der Güte der Baustoffe

(1) Für den Nachweis der Güte der Baustoffe gilt DIN 10451/07.88, Abschnitt 7. Darüber hinaus sind für den Spannstahl und das Spannverfahren die entsprechenden Abschnitte der Zulassungsbescheide zu beachten. Für die Güteüberwachung von Beton B II auf der Baustelle, von Fertigteilen und Transportbeton gelten DIN 1084 Teil 1 bis Teil 3.

(2) Im Rahmen der Eigenüberwachung auf Baustellen und in Werken sind zusätzlich die in Tabelle 1 enthaltenen Prüfungen vorzunehmen.

(3) Die Protokolle der Eigenüberwachung sind zu den Bauakten zu nehmen.

(4) Über die Lieferung des Spannstahles ist anhand der vom Lieferwerk angebrachten Anhänger Buch zu führen; außerdem ist festzuhalten, in welche Bauteile und Spannglieder der Stahl der jeweiligen Lieferung eingebaut wurde.

5 Aufbringen der Vorspannung

5.1 Zeitpunkt des Vorspannens

(1) Der Beton darf erst vorgespannt werden, wenn er fest genug ist, um die dabei auftretenden Spannungen einschließlich der Beanspruchungen an den Verankerungsstellen der Spannglieder aufnehmen zu können. Für die endgültige Vorspannung gilt dies als erfüllt, wenn durch Erhärtungsprüfung nach DIN 1045/07.88, Abschnitt 7.4.4, nachgewiesen ist, daß die Würfeldruckfestigkeit β_{Wm} mindestens die Werte der Tabelle 2, Spalte 3, erreicht hat.

(2) Eine frühzeitige Teilvorspannung (z. B. zur Vermeidung von Schwind- und Temperaturrissen) ist zu empfehlen. Durch Erhärtungsprüfung ist dann nach DIN 1045/07.88, Abschnitt 7.4.4, nachzuweisen, daß die Würfeldruckfestigkeit β_{Wm} des Betons die Werte nach Tabelle 2, Spalte 2, erreicht hat. In diesem Fall dürfen die Spannkräfte einzelner Spannglieder und die Betonspannungen im übrigen Bauteil nicht mehr als 30 % der für die Verankerung zugelassenen Spannkraft bzw. der nach Abschnitt 15 zulässigen Spannungen betragen. Liegt die durch Erhärtungsprüfung festgestellte Würfeldruckfestigkeit zwischen den Werten nach Tabelle 2, Spalten 2 und 3, so darf die zulässige Teilspannkraft linear interpoliert werden.

5.2 Vorrichtungen für das Spannen

(1) Vorrichtungen für das Spannen sind vor ihrer ersten Benutzung und später in der Regel halbjährlich mit kalibrierten Geräten darauf zu prüfen, welche Abweichungen vom Sollwert die Anzeigen der Spannvorrichtungen aufweisen. Soweit diese Abweichungen von äußeren Einflüssen abhängen (z. B. bei Öldruckpressen von der Temperatur), ist dies zu berücksichtigen.

(2) Vorrichtungen, deren Fehlergrenze der Anzeige im Bereich der endgültigen Vorspannkraft um mehr als 5 % vom Prüfdiagramm abweicht, dürfen nicht verwendet werden.

5.3 Verfahren und Messungen beim Spannen

(1) Die Vorspannung ist entsprechend einem Spannprogramm aufzubringen. Dieses muß für jedes Spannglied neben der zeitlichen Folge des Spannens Angaben über Spannkraft und Spannweg unter Berücksichtigung der Zusammendrükkung des Betons, der Reibung, des Schlupfes und des Zeitpunktes des Lehrgerüstabsenkens enthalten. Im Falle von Teilvorspannung sind die bis zum endgültigen Vorspannen eingetretenen Spannkraftverluste zu berücksichtigen. Das Spannprogramm ist so aufzustellen, daß keine unzulässigen Beanspruchungen des Betons entstehen.

(2) Über das Spannen ist ein Spannprotokoll zu führen, in das alle beim Spannen durchgeführten Messungen einschließlich etwaiger Unregelmäßig-

Tabelle 1. **Eigenüberwachung**

	1	2	3	4
	Prüfgegenstand	Prüfart	Anforderungen	Häufigkeit
1a	Spannstahl	Überprüfung der Lieferung nach Sorte und Durchmesser nach der Zulassung	Kennzeichnung; Nachweis der Güteüberwachung; keine Beschädigung; kein unzulässiger Rostanfall	Jede Lieferung
1b		Überprüfung der Transportfahrzeuge	Abgedeckte trockene Ladung; keine Verunreinigungen	Jede Lieferung
1c		Überprüfung der Lagerung	Trockene, luftige Lagerung; keine Verunreinigung; keine Übertragung korrosionsfördernder Stoffe (siehe Abschnitt 6.5.1)	Bei Bedarf
2	Fertigspannglieder	Überprüfung der Lieferung	Einhalten der Bestimmungen von Abschnitt 6.5.3	Jede Lieferung
3	Spannverfahren	-	Einhalten der Zulassung	Jede Anwendung
4	Vorrichtungen für das Spannen	Überprüfung der Spanneinrichtung	Einhalten der Toleranzen nach Abschnitt 5.2	Halbjährlich
5	Vorspannen	Messungen laut Spannprogramm (siehe Abschnitt 5.3)	Einhalten des Spannprogramms	Jeder Spannvorgang
6	Einpreßarbeiten	Überprüfung des Einpressens	Einhalten von DIN 4227 Teil 5	Jedes Spannglied

Tabelle 2. **Mindestbetonfestigkeiten beim Vorspannen**

	1	2	3
	Zugeordnete Festigkeitsklasse	Würfeldruckfestigkeit β_{Wm} beim Teilvorspannen N/mm^2	Würfeldruckfestigkeit β_{Wm} beim endgültigen Vorspannen N/mm^2
1	B 25	12	24
2	B 35	16	32
3	B 45	20	40
4	B 55	24	48

Anmerkung:
Die „zugeordnete Festigkeitsklasse" ist die laut Zulassung für das jeweilige Spannverfahren erforderliche Festigkeitsklasse des Betons.

keiten einzutragen sind. Die Messungen müssen mindestens Spannkraft und Spannweg umfassen. Wenn die Summe aus den Absolutwerten der prozentualen Abweichung von der Sollspannkraft und der prozentualen Abweichung vom Sollspannweg bei einem einzelnen Spannglied mehr als 15 % beträgt, muß die zuständige Bauaufsicht unverzüglich verständigt werden. Ist die Abweichung von der Sollspannkraft oder vom Sollspannweg bei der Summe aller in einem Querschnitt liegenden Spannglieder größer als 5 %, so ist gleichfalls die Bauaufsicht zu verständigen.

(3) Schlagartige Übertragung der Vorspannkraft ist zu vermeiden.

6 Grundsätze für die bauliche Durchbildung und Bauausführung

6.1 Bewehrung aus Betonstahl

(1) Für die Bewehrung gilt DIN 1045/07.88, Abschnitte 13 und 18.

(2) Als glatter Betonstahl BSt 220 (Kennzeichen I) darf nur warmgewalzter Rundstahl nach DIN 1013 Teil 1 aus St 37-2 nach DIN 17 100 in den Nenndurchmessern d_s = 8,10, 12, 14, 16, 20, 25 und 28 mm verwendet werden[3].

(3) **Druckbeanspruchte Bewehrungsstäbe** in der äußeren Lage sind je m^2 Oberfläche an mindestens

[3] Die bisherigen Regelungen der DIN 4227 Teil 1/12.79 für den Betonstahl I sind in das DAfStb-Heft 320 übernommen.

vier verteilt angeordneten Stellen gegen Ausknicken zu sichern (z. B. durch S-Haken oder Steckbügel), wenn unter Gebrauchslast die Betondruckspannung $0{,}2\beta_{WN}$ überschritten wird. Die Sicherung kann bei höchstens 16 mm dicken Längsstäben entfallen, wenn die Betondeckung mindestens gleich der doppelten Stabdicke ist. Eine statisch erforderliche Druckbewehrung ist nach DIN 1045/07.88, Abschnitt 25.2.2.2, zu verbügeln.

6.2 Spannglieder

6.2.1 Betondeckung von Hüllrohren

Die Betondeckung von Hüllrohren für Spannglieder muß mindestens gleich dem 0,6fachen Hüllrohr-Innendurchmesser sein; sie darf 4 cm nicht unterschreiten.

6.2.2 Lichter Abstand der Hüllrohre

Der lichte Abstand der Hüllrohre muß mindestens gleich dem 0,8fachen Hüllrohr-Innendurchmesser sein, er darf 2,5 cm nicht unterschreiten.

6.2.3 Betondeckung von Spanngliedern mit sofortigem Verbund

(1) Die Betondeckung von Spanngliedern mit sofortigem Verbund wird durch die Anforderungen an den Korrosionsschutz, an das ordnungsgemäße Einbringen des Betons und an die wirksame Verankerung bestimmt; der Höchstwert ist maßgebend.

(2) Der Korrosionsschutz ist im allgemeinen sichergestellt, wenn für die Spannglieder die Mindestmaße der Betondeckung nach DIN 1045/07.88, Tabelle 10, Spalte 3, um 1,0 cm erhöht werden.

(3) In den folgenden Fällen genügt es, für die Spannglieder die Mindestmaße der Betondeckung nach DIN 1045/07.88, Tabelle 10, Spalte 3, um 0,5 cm zu erhöhen:

a) bei Platten, Schalen und Faltwerken, wenn die Spannglieder innerhalb der Betondeckung nicht von Betonstahlbewehrung gekreuzt werden,

b) an den Stellen der Fertigteile, an die mindestens eine 2,0 cm dicke Ortbetonschicht anschließt,

c) bei Spanngliedern, die für die Tragfähigkeit der fertig eingebauten Teile nicht von Bedeutung sind, z. B. Transportbewehrung.

(4) Mit Rücksicht auf das ordnungsgemäße Einbringen des Betons soll die Betondeckung größer als die Korngröße des überwiegenden Teils des Zuschlags sein.

(5) Für die wirksame Verankerung runder gerippter Einzeldrähte und Litzen mit $d_v \leq 12$ mm sowie nichtrunder gerippter Einzeldrähte mit $d_v \leq 8$ mm gelten folgende Mindestbetondeckungen:

$c = 1{,}5\ d_v$ bei profilierten Drähten und bei Litzen aus glatten Einzeldrähten (1)

$c = 2{,}5\ d_v$ bei gerippten Drähten (2)

Darin ist für d_v zu setzen:

a) bei Runddrähten der Spanndrahtdurchmesser,

b) bei nichtrunden Drähten der Vergleichsdurchmesser eines Runddrahtes gleicher Querschnittsfläche,

c) bei Litzen der Nenndurchmesser.

6.2.4 Lichter Abstand der Spannglieder bei Vorspannung mit sofortigem Verbund

(1) Der lichte Abstand der Spannglieder bei Vorspannung mit sofortigem Verbund muß größer als die Korngröße des überwiegenden Teils des Zuschlags sein; er soll außerdem die aus den Gleichungen (1) und (2) sich ergebenden Werte nicht unterschreiten.

(2) Bei der Verteilung von Spanngliedern über die Breite eines Querschnitts dürfen innerhalb von Gruppen mit 2 oder 3 Spanngliedern mit $d_v \leq 10$ mm die lichten Abstände der einzelnen Spannglieder bis auf 1,0 cm verringert werden, wenn die Gesamtanzahl in einer Lage nicht größer ist als bei gleichmäßiger Verteilung zulässig.

6.2.5 Verzinkte Einbauteile

Zwischen Spanngliedern und verzinkten Einbauteilen muß mindestens 2,0 cm Beton vorhanden sein; außerdem darf keine metallische Verbindung bestehen.

6.2.6 Mindestanzahl

(1) In der vorgedrückten Zugzone tragender Spannbetonbauteile muß die Anzahl der Spannglieder bzw. bei Verwendung von Bündelspanngliedern die Gesamtanzahl der Drähte oder Stäbe mindestens den Werten der Tabelle 3, Spalte 2, entsprechen. Die Werte gelten unter der Voraussetzung, daß gleiche Stab- bzw. Drahtdurchmesser verwendet werden.

(2) Bei Verwendung von Stäben bzw. Drähten unterschiedlicher Querschnitte ist stets der Nachweis nach den Absätzen (3) und (4) zu führen.

Tabelle 3. **Anzahl der Spannglieder**

	1	2	3
	Art der Spannglieder	Mindestanzahl nach Absatz (1)	Anzahl der rechnerisch ausfallenden Stäbe bzw. Drähte[1)]
1	Einzelstäbe bzw. -drähte	3	1
2	Stäbe bzw. Drähte bei Bündelspanngliedern	7	3
3	7drähtige Litzen Einzeldrahtdurchmesser $d_V \geq 4$ mm[2)]	1	-

1) Bei Verwendung von Stäben bzw. Drähten unterschiedlicher Querschnitte sind die jeweils dicksten Stäbe bzw. Drähte in Ansatz zu bringen.
2) Werden in Ausnahmefällen Litzen mit geringerem Drahtdurchmesser verwendet, so beträgt die Mindestanzahl 2.

(3) Eine Unterschreitung der Werte nach Tabelle 3, von Spalte 2, Zeilen 1 und 2, ist zulässig, wenn der Nachweis geführt wird, daß bei Ausfall von Stäben bzw. Drähten entsprechend den Werten von Spalte 3 die Beanspruchung aus 1,0fachen Einwirkungen aus Last und Zwang aufgenommen werden können. Dieser Nachweis ist auf der Grundlage der für rechnerischen Bruchzustand getroffenen Festlegungen (siehe Abschnitte 11, 12.3, 12.4) zu führen, wobei anstelle von $\gamma = 1{,}75$ jeweils $\gamma = 1{,}0$ gesetzt werden darf.

(4) Tragreserven, z. B. aus Querabtragung der Lasten, sowie mögliche Umlagerungen der Schnittgrößen aus Änderungen des statischen Systems dürfen berücksichtigt werden. Werden bei diesem Nachweis auch Stahlbetonbauteile nach DIN 1045 in Rechnung gestellt, so darf anstelle der in DIN 1045/07.88, Abschnitt 17.2.2, genannten Sicherheitsbeiwerte einheitlich $\gamma = 1{,}0$ gesetzt werden. Bei der Bemessung für Querkraft und Torsion dürfen dabei die Grundwerte der Schubspannung nach DIN 1045/07.88, Abschnitt 17.5, auf das 1,75fache vergrößert werden.

6.3 Schweißen

(1) Für das Schweißen von Betonstahl gilt DIN 1045/07.88, Abschnitte 6.6 und 7.5.2 sowie DIN 4099. Das Schweißen an Spannstählen ist unzulässig; dagegen ist Brennschneiden hinter der Verankerung zulässig.

(2) Spannstahl und Verankerungen sind vor herunterfallendem Schweißgut zu schützen (z. B. durch widerstandsfähige Ummantelungen).

6.4 Einbau der Hüllrohre

(1) Hüllrohre dürfen keine Knicke, Eindrückungen oder andere Beschädigungen haben, die den Spann- oder Einpreßvorgang behindern. Hierfür kann es erforderlich werden, z. B. in Hochpunkten Verstärkungen nach DIN 18 553 anzuordnen.

(2) Hüllrohre müssen so gelagert, transportiert und verarbeitet werden, daß kein Wasser oder andere für den Spannstahl schädliche Stoffe in das Innere eindringen können. Hüllrohrstöße und -anschlüsse sind durch besondere Maßnahmen, z. B. durch Umwicklung mit geeigneten Dichtungsbändern, abzudichten. Die Hüllrohre sind so zu befestigen, daß sie sich während des Betonierens nicht verschieben.

6.5 Herstellung, Lagerung und Einbau der Spannglieder

6.5.1 Allgemeines

(1) Der Spannstahl muß bei der Spanngliedherstellung sauber und frei von schädigendem Rost sein und darf hierbei nicht naß werden.

(2) Spannstähle mit leichtem Flugrost dürfen verwendet werden. Der Begriff „leichter Flugrost" gilt für einen gleichmäßigen Rostansatz, der noch nicht zur Bildung von mit bloßem Auge erkennbaren Korrosionsnarben geführt hat und sich im allgemeinen durch Abwischen mit einem trockenen Lappen entfernen läßt. Eine Entrostung braucht jedoch auf diese Weise nicht vorgenommen zu werden.

(3) Beim Ablängen und Einbau der Spannstähle sind Knicke und Verletzungen zu vermeiden. Fertige Spannglieder sind bis zum Einbau in das Bauwerk bodenfrei und trocken zu lagern und vor Berührung mit schädigenden Stoffen zu schützen. Spannstahl ist auch in der Zeitspanne zwischen dem Verlegen und der Herstellung des Verbundes vor Korrosion und Verschmutzung zu schützen.

(4) Die Spannstähle für ein Spannglied sollen im Regelfall aus einer Lieferposition (Schmelze) entnommen werden. Die Zuordnung von Spanngliedern zur Lieferposition ist in den Aufzeichnungen nach Abschnitt 4 zu vermerken.

(5) Ankerplatten und Ankerkörper müssen rechtwinklig zur Spanngliedachse liegen.

6.5.2 Korrosionsschutz bis zum Einpressen

(1) Die Zeitspanne zwischen Herstellen des Spanngliedes und Einpressen des Zementmörtels ist eng zu begrenzen. Im Regelfall ist nach dem

Vorspannen unverzüglich Zementmörtel in die Spannkanäle einzupressen. Zulässige Zeitspannen sind unter Berücksichtigung der örtlichen Gegebenheiten zu beurteilen.

(2) Wenn das Eindringen und Ansammeln von Feuchte (auch Kondenswasser) vermieden wird, dürfen ohne besonderen Nachweis folgende Zeitspannen als unschädlich für den Spannstahl angesehen werden:

bis zu 12 Wochen zwischen dem Herstellen des Spanngliedes und dem Einpressen,

davon bis zu 4 Wochen frei in der Schalung

und bis zu etwa 2 Wochen in gespanntem Zustand.

(3) Werden diese Bedingungen nicht eingehalten, so sind besondere Maßnahmen zum vorübergehenden Korrosionsschutz der Spannstähle vorzusehen; andernfalls ist der Nachweis zu führen, daß schädigende Korrosion nicht auftritt.

(4) Als besondere Schutzmaßnahme ist z. B. ein zeitweises Spülen der Spannkanäle mit vorgetrockneter und erforderlichenfalls gereinigter Luft geeignet.

(5) Die ausreichende Schutzwirkung und die Unschädlichkeit der Maßnahmen für den Spannstahl, für den Einpreßmörtel und für den Verbund zwischen Spanngliedern und Einpreßmörtel sind nachzuweisen.

6.5.3 Fertigspannglieder

(1) Die Fertigung muß in geschlossenen Hallen erfolgen.

(2) Die für den Spannstahl nach Zulassungsbescheid geltenden Bedingungen für Lagerung und Transport sind auch für die fertigen Spannglieder zu beachten; diese dürfen das Werk nur in abgedichteten Hüllrohren verlassen.

(3) Bei Auslieferung der Spannglieder sind folgende Unterlagen beizufügen:

- Lieferschein mit Angabe von Bauvorhaben, Spanngliedtyp, Positionsnummer der Spannglieder, Fertigungs- und Auslieferungsdatum und der Bestätigung, daß die Spannglieder güteüberwacht sind. Der Lieferschein muß auch die Angaben der Anhängeschilder der jeweils verwendeten Spannstähle enthalten;
- bei Verwendung von Restmengen oder Verschnitt Angaben über die Herkunft;
- Lieferzeugnisse für den Spannstahl und Lieferscheine für die Zubehörteile mit Angabe der hierfür fremdüberwachenden Stelle.

(4) Die Spannglieder sind durch den Bauleiter des Unternehmens oder dessen fachkundigen Vertreter bei Anlieferung auf Transportschäden (sichtbare Schäden an Hüllrohren und Ankern) zu überprüfen.

6.6 Herstellen des nachträglichen Verbundes

(1) Das Einpressen von Zementmörtel in die Spannkanäle erfordert besondere Sorgfalt.

(2) Es gilt DIN 4227 Teil 5. Es muß sichergestellt sein, daß die Spannstähle mit Zementmörtel umhüllt sind.

(3) Das Einpressen in jeden einzelnen Spannkanal ist im Protokoll unter Angabe etwaiger Unregelmäßigkeiten zu vermerken. Die Protokolle sind zu den Bauakten zu nehmen.

6.7 Mindestbewehrung

6.7.1 Allgemeines

(1) Sofern sich nach der Bemessung oder aus konstruktiven Gründen keine größere Bewehrung ergibt, ist eine Mindestbewehrung nach den nachstehenden Grundsätzen anzuordnen. Dabei sollen die Stababstände 20 cm nicht überschreiten. Bei Vorspannung mit sofortigem Verbund dürfen die Spanndrähte als Betonstabstahl IV S auf die Mindestbewehrung angerechnet werden. In jedem Querschnitt ist nur der Höchstwert von Oberflächen- oder Längs- oder Schubbewehrung maßgebend. Eine Addition der verschiedenen Arten von Mindestbewehrung ist nicht erforderlich.

(2) Bei Brücken und vergleichbaren Bauwerken (das sind Bauwerke im Freien unter nicht vorwiegend ruhender Belastung) dürfen die Bewehrungsstäbe bei Verwendung von Betonstabstahl III S und Betonstabstahl IV S den Stabdurchmesser 10 mm und bei Betonstahlmatten IV M den Stabdurchmesser 8 mm bei 150 mm Maschenweite nicht unterschreiten.

(3) Bei Brücken und vergleichbaren Bauwerken ist eine erhöhte Mindestbewehrung in gezogenen bzw. weniger gedrückten Querschnittsteilen (siehe Tabelle 4, Zeilen 1b und 2b, Werte in Klammern) anzuordnen, wenn im Endzustand unter Haupt- und Zusatzlasten die nach Zustand I ermittelte Betondruckspannung am Rand dem Betrag nach kleiner als 2 N/mm^2 ist. Dabei dürfen Spannglieder unter Berücksichtigung der unterschiedlichen Verbundeigenschaften angerechnet werden[4]. In Gurtplatten sind Stabdurchmesser $\leq$ 16 mm zu verwenden, sofern kein genauer Nachweis erfolgt[4].

[4] Nachweise siehe DAfStb-Heft 320

I

Tabelle 4. **Mindestbewehrung und erhöhte Mindestbewehrung (Werte in Klammern)**

	1	2	3	4	5
		Platten/Gurtplatten oder breite Balken ($b_0 > d_0$)		Balken mit $b_0 \leq d_0$ Stege von Plattenbalken	
		Für alle Bauteile außer solchen von Brücken und vergleichbaren Bauwerken	Bei Brücken und vergleichbaren Bauwerken	Für alle Bauteile außer solchen von Brücken und vergleichbaren Bauwerken	Bei Brücken und vergleichbaren Bauwerken
1a	Bewehrung je m an der Ober- und Unterseite (jede der 4 Lagen), siehe auch Abschnitt 6.7.2	0,5 μd	1,0 μd	-	-
1b	Längsbewehrung je m in Gurtplatten (obere und untere Lage je für sich)	0,5 μd	1,0 μd (5,0 μd)	-	-
2a	Längsbewehrung je m bei Balken an jeder Seitenfläche, bei Platten an jedem gestützten oder nicht gestützten Rand	0,5 μd	1,0 μd	0,5 μb_0	1,0 μb_0
2b	Längsbewehrung bei Balken jeweils oben und unten	-	-	0,5 $\mu b_0\ b_0$	1,0 $\mu \cdot b_0\ d_0$ (2,5 $\mu \cdot b_0\ d_0$)
3	Lotrechte Bewehrung je m an jedem gestützten oder nicht gestützten Rand (siehe auch DIN 1045/07.88, Abschnitt 18.9.1)	1,0 μd	1,0 μd	-	-
4	Schubbewehrung für Scheibenschub (Summe der Lagen)	a) 1,0 μd (in Querrichtung vorgespannt) b) 2,0 μd (in Querrichtung nicht vorgespannt)	2,0 μd	-	-
5	Schubbewehrung von Balkenstegen (Summe der Bügel)	2,0 μb_0 (nur bei breiten Balken, wenn σ_1 größer ist als die Werte der Tabelle 9, Zeile 51)		2,0 μb_0	2,0 μb_0

Die Werte für μ sind der Tabelle 5 zu entnehmen.
b_0 Stegbreite in Höhe der Schwerlinie des gesamten Querschnitts, bei Hohlplatten mit annähernd kreisförmiger Aussparung die kleinste Stegbreite
d_0 Balkendicke
d Plattendicke

6.7.2 Oberflächenbewehrung von Spannbetonplatten

(1) An der Ober- und Unterseite sind Bewehrungsnetze anzuordnen, die aus zwei sich annähernd rechtwinklig kreuzenden Bewehrungslagen mit einem Querschnitt nach Tabelle 4, Zeilen 1a und 1b, bestehen. Die einzelnen Bewehrungen können in mehrere oberflächennahe Lagen aufgeteilt werden.

(2) Abweichend davon ist bei statisch bestimmt gelagerten Platten des üblichen Hochbaues (nach DIN 1045/07.88, Abschnitt 2.2.4) eine obere Mindestbewehrung nicht erforderlich. Bei Platten mit Vollquerschnitt und einer Breite $b \leq 1{,}20$ m darf außerdem die untere Mindestquerbewehrung entfallen. Bei rechnerisch nicht berücksichtigter Einspannung ist jedoch die Mindestbewehrung in Einspannrichtung über ein Viertel der Plattenstützweite einzulegen.

Tabelle 5. **Grundwerte μ der Mindestbewehrung in %**

	1	2	3
	Vorgesehene Betonfestigkeitsklasse	III S	IV S IV M
1	B 25	0,07	0,06
2	B 35	0,09	0,08
3	B 45	0,10	0,09
4	B 55	0,11	0,10

(3) Bei Hohlplatten mit annähernd kreisförmigen Aussparungen darf die Längsbewehrung auf den reinen Betonquerschnitt bezogen werden. Die Querbewehrung ist in gleicher Größe wie die Längsbewehrung zu wählen. Die Stege müssen hierbei eine Schubbewehrung nach Abschnitt 6.7.5 erhalten. Hohlplatten mit annähernd rechteckigen Aussparungen sind wie Kastenträger zu behandeln.

(4) Bei Platten mit veränderlicher Dicke darf die Mindestbewehrung auf die gemittelte Plattendicke d_m bezogen werden.

6.7.3 Schubbewehrung von Gurtscheiben

(1) Wirkt die Platte gleichzeitig als Gurtscheibe, muß die Mindestbewehrung zur Aufnahme des Scheibenschubs auf die örtliche Plattendicke bezogen werden.

(2) Für die Schubbewehrung von Gurtscheiben gilt Tabelle 4, Zeile 4.

6.7.4 Längsbewehrung von Balkenstegen

Für die Längsbewehrung von Balkenstegen gilt Tabelle 4, Zeilen 2a und 2b. Mindestens die Hälfte der erhöhten Mindestbewehrung muß am unteren und/oder oberen Rand des Steges liegen, der Rest darf über das untere und/oder obere Drittel der Steghöhe verteilt sein.

6.7.5 Schubbewehrung von Balkenstegen

Für die Schubbewehrung von Balkenstegen gilt Tabelle 4, Zeile 5.

6.7.6 Längsbewehrung im Stützenbereich durchlaufender Tragwerke bei Brücken und vergleichbaren Bauwerken

(1) Im Stützenbereich durchlaufender Tragwerke bei Brücken und vergleichbaren Bauwerken - mit Ausnahme massiver Vollplatten - ist eine Längsbewehrung im unteren Drittel der Stegfläche und in der unteren Platte vorzusehen, wenn die Randdruckspannungen dem Betrag nach kleiner als 1 N/mm^2 sind. Diese Längsbewehrung ist aus der Querschnittsfläche des gesamten Steges und der unteren Platte zu ermitteln. Der Bewehrungsprozentsatz darf bei Randdruckspannungen zwischen 0 und 1 N/mm^2 linear zwischen 0,2 % und 0 % interpoliert werden.

(2) Die Hälfte dieser Bewehrung darf frühestens in einem Abstand ($d_0 + l_0$), der Rest in einem Abstand ($2\,d_0 + l_0$) von der Lagerachse enden (d_0 Balkendicke, l_0 Grundmaß der Verankerungslänge nach DIN 1045/07.88, Abschnitt 18.5.2.1).

6.8 Beschränkung von Temperatur und Schwindrissen

(1) Wenn die Gefahr besteht, daß die Hydratationswärme des Zements in dicken Bauteilen zu hohen Temperaturspannungen und dadurch zu Rissen führt, sind geeignete Gegenmaßnahmen zu ergreifen (z. B. niedrige Frischbetontemperatur durch gekühlte Ausgangsstoffe, Verwendung von Zementen mit niedriger Hydratationswärme, Aufbringen einer Teilvorspannung, Kühlen des erhärtenden Betons durch eingebaute Kühlrohre, Schutz des warmen Betons vor zu rascher Abkühlung).

(2) Auch beim abschnittsweisen Betonieren (z. B. Bodenplatte - Stege - Fahrbahnplatte bei einer Brücke) können Maßnahmen gegen Risse infolge von Temperaturunterschieden oder Schwinden erforderlich werden.

7 Berechnungsgrundlagen

7.1 Erforderliche Nachweise

Es sind folgende Nachweise zu erbringen:

a) Im Gebrauchszustand (siehe Abschnitt 9) der Nachweis, daß die hierfür zugelassenen Spannungen nach Abschnitt 15, Tabelle 9, nicht überschritten werden. Dieser Nachweis ist unter der Annahme eines linearen Zusammenhanges zwischen Spannung und Dehnung zu führen.
b) Der Nachweis zur Beschränkung der Rißbreite nach Abschnitt 10.
c) Der Nachweis der Sicherheit gegen Versagen nach Abschnitt 11 (rechnerischer Bruchzustand).
d) Der Nachweis der schiefen Hauptspannungen und der Schubdeckung nach Abschnitt 12.
e) Der Nachweis der Beanspruchung des Verbundes nach Abschnitt 13.
f) Der Nachweis der Zugkraftdeckung sowie der Verankerung und Kopplung der Spannglieder nach den Abschnitten 14 und 15.9.

7.2 Formänderung des Betonstahles und des Spannstahles

Für alle Nachweise im Gebrauchszustand darf mit elastischem Verhalten des Beton- und Spannstahles gerechnet werden. Für den Betonstahl gilt DIN 1045/07.88, Abschnitt 16.2.1. Für Spannstähle darf als Rechenwert des Elastizitätsmoduls bei Drähten und Stäben $2{,}05 \cdot 10^5$ N/mm^2, bei Litzen $1{,}95 \cdot 10^5$ N/mm^2 angenommen werden. Bei der Ermittlung der Spannwege ist der Elastizitätsmodul des Spannstahles stets der Zulassung zu entnehmen.

7.3 Formänderung des Betons

(1) Bei allen Nachweisen im Gebrauchszustand und für die Berechnung der Schnittgrößen oberhalb des Gebrauchszustandes darf mit einem für Druck und Zug gleich großen Elastizitätsmodul E_b bzw. Schubmodul G_b nach Tabelle 6 gerechnet werden. Diese Richtwerte beziehen sich auf Beton mit Zuschlag aus überwiegend quarzitischem Kiessand (z. B. Rheinkiessand). Unter sonst gleichen Bedingungen können stark wassersaugende Sedimentgesteine (häufig bei Sandsteinen) einen bis zu 40 % niedrigeren, dichte magmatische Gesteine (z. B. Basalt) einen bis zu 40 % höheren Elastizitätsmodul und Schubmodul bewirken.

(2) Soll der Einfluß der Querdehnung berücksichtigt werden, darf dieser mit $\mu = 0{,}2$ angesetzt werden.

(3) Zur Berechnung der Formänderung des Betons oberhalb des Gebrauchszustandes siehe DIN 1045/07.88, Abschnitt 16.3.

Tabelle 6. **Elastizitätsmodul und Schubmodul des Betons** (Richtwerte)

	1	2	3
	Betonfestigkeitsklasse	Elastizitätsmodul E_b N/mm²	Schubmodul G_b N/mm²
1	B 25	30 000	13 000
2	B 35	34 000	14 000
3	B 45	37 000	15 000
4	B 55	39 000	16 000

7.4 Mitwirkung des Betons in der Zugzone

Bei Berechnungen im Gebrauchszustand darf die Mitwirkung des Betons auf Zug berücksichtigt werden. Für die Rissebeschränkung siehe jedoch Abschnitt 10.2.

7.5 Nachträglich ergänzte Querschnitte

Bei Querschnitten, die nachträglich durch Anbetonieren ergänzt werden, sind die Nachweise nach Abschnitt 7.1 sowohl für den ursprünglichen als auch für den ergänzten Querschnitt zu führen. Beim Nachweis für den rechnerischen Bruchzustand des ergänzten Querschnitts darf so vorgegangen werden, als ob der Gesamtquerschnitt von Anfang an einheitlich hergestellt worden wäre. Für die erforderliche Anschlußbewehrung siehe Abschnitt 12.7.

7.6 Stützmomente

Die Momentenfläche muß über den Unterstützungen parabelförmig ausgerundet werden, wenn bei der Berechnung eine frei drehbare Lagerung angenommen wurde (siehe DIN 1045/07.88, Abschnitt 15.4.1.2).

8 Zeitabhängiges Verformungsverhalten von Stahl und Beton

8.1 Begriffe und Anwendungsbereich

(1) Mit Kriechen wird die zeitabhängige Zunahme der Verformungen unter andauernden Spannungen und mit Relaxation die zeitabhängige Abnahme der Spannungen unter einer aufgezwungenen Verformung von konstanter Größe bezeichnet.

(2) Unter Schwinden wird die Verkürzung des unbelasteten Betons während der Austrocknung verstanden. Dabei wird angenommen, daß der Schwindvorgang durch die im Beton wirkenden Spannungen nicht beeinflußt wird.

(3) Die folgenden Festlegungen gelten nur für übliche Beanspruchungen und Verhältnisse. Bei außergewöhnlichen Verhältnissen (z. B. hohe Temperaturen, auch kurzzeitig wie bei Wärmebehandlung) sind zusätzliche Einflüsse zu berücksichtigen.

8.2 Spannstahl

Zeitabhängige Spannungsverluste des Spannstahles (Relaxation) müssen entsprechend den Zulassungsbescheiden des Spannstahles berücksichtigt werden.

8.3 Kriechzahl des Betons

(1) Das Kriechen des Betons hängt vor allem von der Feuchte der umgebenden Luft, den Maßen des Bauteiles und der Zusammensetzung des Betons ab. Das Kriechen wird außerdem vom Erhärtungsgrad des Betons beim Belastungsbeginn und von der Dauer und der Größe der Beanspruchung beeinflußt.

(2) Mit der Kriechzahl φ_t wird der durch das Kriechen ausgelöste Verformungszuwachs ermittelt. Für konstante Spannung σ_0 gilt:

$$\varepsilon_k = \frac{\sigma_0}{E_b}\,\varphi_t \qquad (3)$$

Bei veränderlicher Spannung gilt Abschnitt 8.7.2. Für E_b gilt Abschnitt 7.3.

(3) Da im allgemeinen die Auswirkungen des Kriechens nur für den Zeitpunkt $t = \infty$ zu berücksichtigen sind, kann vereinfachend mit den Endkriechzahlen φ_∞ nach Tabelle 7 gerechnet werden.

(4) Ist ein genauerer Nachweis erforderlich oder sind die Auswirkungen des Kriechens zu einem anderen als zum Zeitpunkt $t = \infty$ zu beurteilen, so kann φ_t aus einem Fließanteil und einem Anteil der verzögert elastischen Verformung ermittelt werden:

$$\varphi_t = \varphi_{f_0} \cdot (k_{f,t} - k_{f,t_0}) + 0{,}4\, k_{v,(t-t_0)} \qquad (4)$$

Hierin bedeuten:

φ_{f_0} Grundfließzahl nach Tabelle 8, Spalte 3.

k_f Beiwert nach Bild 1 für den zeitlichen Ablauf des Fließens unter Berücksichtigung der wirksamen Körperdicke d_{ef} nach Abschnitt 8.5, der Zementart und des wirksamen Alters.

t Wirksames Betonalter zum untersuchten Zeitpunkt nach Abschnitt 8.6.

t_0 Wirksames Betonalter beim Aufbringen der Spannung nach Abschnitt 8.6.

k_v Beiwert nach Bild 2 zur Berücksichtigung des zeitlichen Ablaufes der verzögert elastischen Verformung.

(5) Wenn sich der zu untersuchende Kriechprozeß über mehr als 3 Monate erstreckt, darf vereinfachend $k_{v,(t-t_0)} = 1$ gesetzt werden.

8.4 Schwindmaß des Betons

(1) Das Schwinden des Betons hängt vor allem von der Feuchte der umgebenden Luft, den Maßen des Bauteiles und der Zusammensetzung des Betons ab.

(2) Ist die Auswirkung des Schwindens vom Wirkungsbeginn bis zum Zeitpunkt $t = \infty$ zu berücksichtigen, so kann mit den Endschwindmaßen $\varepsilon_{s\infty}$ nach Tabelle 7 gerechnet werden.

(3) Sind die Auswirkungen des Schwindens zu einem anderen als zum Zeitpunkt $t = \infty$ zu beurteilen, so kann der maßgebende Teil des Schwindmaßes bis zum Zeitpunkt t nach Gleichung (5) ermittelt werden:

$$\varepsilon_{s,t} = \varepsilon_{s_0} \cdot (k_{s,t} - k_{s,t_0}) \qquad (5)$$

Tabelle 7. **Endkriechzahl und Endschwindmaß in Abhängigkeit vom wirksamen Betonalter und der mittleren Dicke des Bauteiles** (Richtwerte)

Kurve	Lage des Bauteiles	Mittlere Dicke $d_m = 2\,\frac{A^{1)}}{u}$	Endkriechzahl φ_∞	Endschwindmaße ε_∞
1	feucht, im Freien (relative Luftfeuchte ≈ 70 %)	klein (≤ 10 cm)	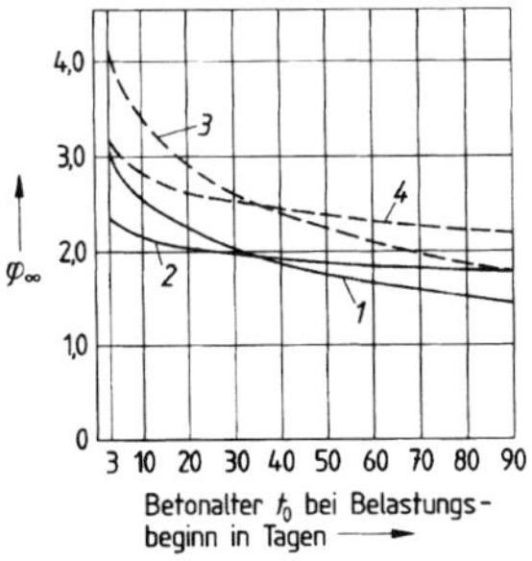	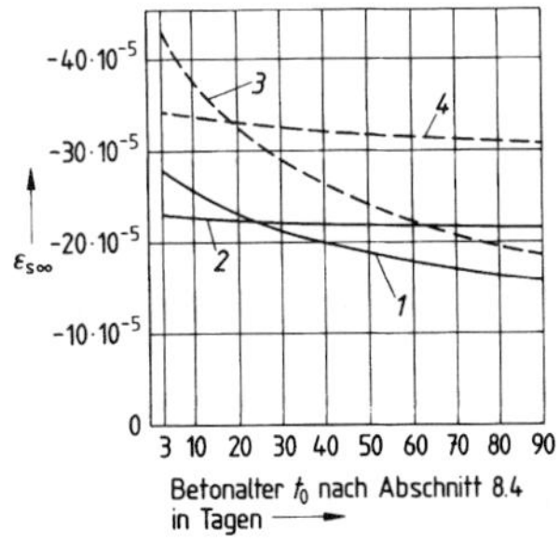
2		groß (≥ 80 cm)		
3	trocken, in Innenräumen (relative Luftfeuchte ≈ 50 %)	klein (≤ 10 cm)		
4		groß (≥ 80 cm)		

Anwendungsbedingungen:

Die Werte dieser Tabelle gelten für den Konsistenzbereich KP. Für die Konsistenzbereiche KS bzw. KR sind die Werte um 25 % zu ermäßigen bzw. zu erhöhen. Bei Verwendung von Fließmitteln darf die Ausgangskonsistenz angesetzt werden.

Die Tabelle gilt für Beton, der unter Normaltemperatur erhärtet und für den Zement der Festigkeitsklassen Z 35 F und Z 45 F verwendet wird. Der Einfluß auf das Kriechen von Zement mit langsamer Erhärtung (Z 25, Z 35 L, Z 45 L) bzw. mit sehr schneller Erhärtung (Z 55) kann dadurch berücksichtigt werden, daß die Richtwerte für den halben bzw. 1,5fachen Wert des Betonalters bei Belastungsbeginn abzulesen sind.

[1] A Fläche des Betonquerschnitts; u der Atmosphäre ausgesetzter Umfang des Bauteiles.

Hierin bedeuten:

ε_{s0} Grundschwindmaß nach Tabelle 8, Spalte 4.

k_s Beiwert zur Berücksichtigung der zeitlichen Entwicklung des Schwindens nach Bild 3.

t Wirksames Betonalter zum untersuchten Zeitpunkt nach Abschnitt 8.6.

t_0 Wirksames Betonalter nach Abschnitt 8.6 zu dem Zeitpunkt, von dem ab der Einfluß des Schwindens berücksichtigt werden soll.

Tabelle 8. **Grundfließzahl und Grundschwindmaß in Abhängigkeit von der Lage des Bauteiles** (Richtwerte)

	1	2	3	4	5
	Lage des Bauteiles	Mittlere relative Luftfeuchte in % etwa	Grundfließzahl φ_{f_0}	Grundschwindmaß ε_{s0}	Beiwert k_{ef} nach Abschnitt 8.5
1	im Wasser		0,8	$+ 10 \cdot 10^{-5}$	30
2	in sehr feuchter Luft, z. B. unmittelbar über dem Wasser	90	1,3	$-13 \cdot 10^{-5}$	5,0
3	allgemein im Freien	70	2,0	$-32 \cdot 10^{-5}$	1,5
4	in trockener Luft, z. B. in trockenen Innenräumen	50	2,7	$-46 \cdot 10^{-5}$	1,0
	Anwendungsbedingungen siehe Tabelle 7				

8.5 Wirksame Körperdicke

Für die wirksame Körperdicke gilt die Gleichung

$$d_{ef} = k_{ef} \frac{2 \cdot A}{u} \tag{6}$$

Hierin bedeuten:

k_{ef} Beiwert nach Tabelle 8, Spalte 5, zur Berücksichtigung des Einflusses der Feuchte auf die wirksame Dicke

A Fläche des gesamten Betonquerschnitts

u Die Abwicklung der der Austrocknung ausgesetzten Begrenzungsfläche des gesamten Betonquerschnitts. Bei Kastenträgern ist im allgemeinen die Hälfte des inneren Umfanges zu berücksichtigen.

8.6 Wirksames Betonalter

(1) Wenn der Beton unter Normaltemperatur erhärtet, ist das wirksame Betonalter gleich dem wahren Betonalter. In den übrigen Fällen tritt an die Stelle des wahren Betonalters das durch Gleichung (7) bestimmte wirksame Betonalter.

$$t = \sum_i \frac{T_i + 10\,^\circ\mathrm{C}}{30\,^\circ\mathrm{C}} \Delta t_i \tag{7}$$

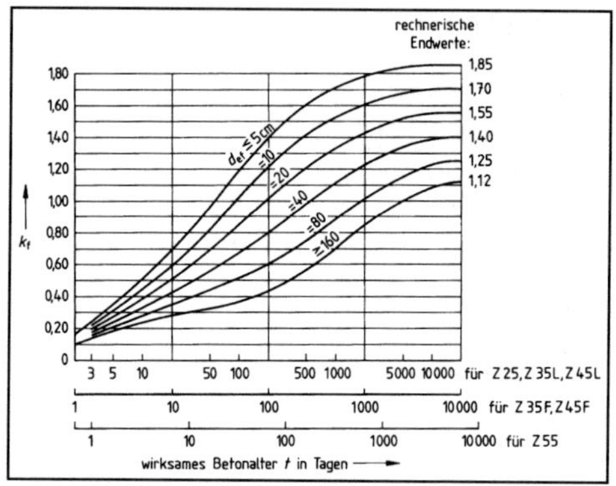

Bild 1. Beiwert k_f

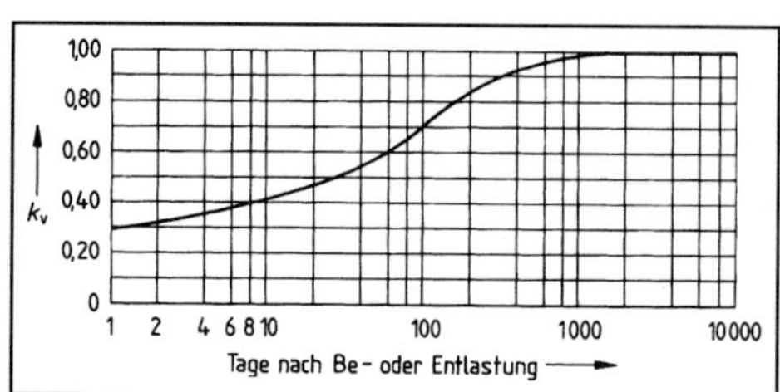

Bild 2. Verlauf der verzögert elastischen Verformung

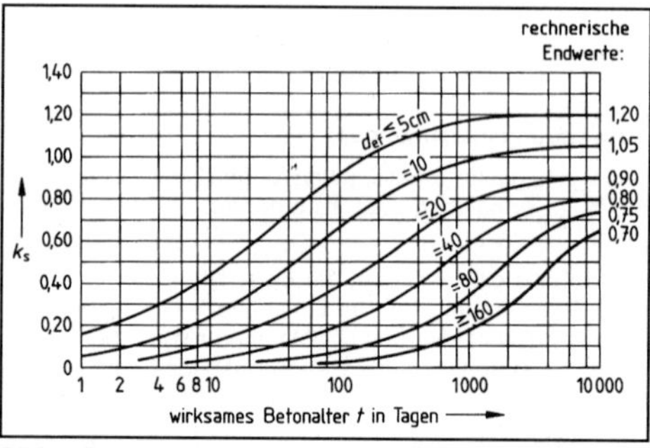

Bild 3. Beiwerte k_s

Hierin bedeuten:

t Wirksames Betonalter

T_i Mittlere Tagestemperatur des Betons in °C

Δt_i Anzahl der Tage mit mittlerer Tagestemperatur T_i des Betons in °C

(2) Bei der Bestimmung von t_0 ist sinngemäß zu verfahren.

8.7 Berücksichtigung der Auswirkung von Kriechen und Schwinden des Betons

8.7.1 Allgemeines

(1) Der Einfluß von Kriechen und Schwinden muß berücksichtigt werden, wenn hierdurch die maßgebenden Schnittgrößen oder Spannungen wesentlich in die ungünstigere Richtung verändert werden.

(2) Bei der Abschätzung der zu erwartenden Verformung sind die Auswirkungen des Kriechens und Schwindens stets zu verfolgen.

(3) Der rechnerische Nachweis ist für alle dauernd wirkenden Beanspruchungen durchzuführen. Wirkt ein nennenswerter Anteil der Verkehrslast dauernd, so ist auch der durchschnittlich vorhandene Betrag der Verkehrslast als Dauerlast zu betrachten.

(4) Bei der Berechnung der Auswirkungen des Schwindens darf sein Verlauf näherungsweise affin zum Kriechen angenommen werden.

8.7.2 Berücksichtigung von Belastungsänderungen

Bei sprunghaften Änderungen der dauernd einwirkenden Spannungen gilt das Superpositionsgesetz. Ändern sich die Spannungen allmählich, z. B. unter Einfluß von Kriechen und Schwinden, so darf an Stelle von genaueren Lösungen näherungsweise als kriecherzeugende Spannung das Mittel zwischen Anfangs- und Endwert angesetzt werden, sofern die Endspannung nicht mehr als 30 % von der Anfangsspannung abweicht.

8.7.3 Besonderheiten bei Fertigteilen

(1) Bei Spannbetonfertigteilen ist der durch das zeitabhängige Verformungsverhalten des Betons hervorgerufene Spannungsabfall im Spannstahl in der Regel unter der ungünstigen Annahme zu ermitteln, daß eine Lagerungszeit von einem halben Jahr auftritt. Davon darf abgewichen werden, wenn sichergestellt ist, daß die Fertigteile in einem früheren Betonalter eingebaut und mit der maßgebenden Dauerlast belastet werden.

(2) Bei nachträglich durch Ortbeton ergänzten Deckenträgern unter 7 m Spannweite mit einer Verkehrslast $p \leq 3{,}5$ kN/m^2 brauchen die durch unterschiedliches Kriechen und Schwinden von Fertigteil und Ortbeton hervorgerufenen Spannungsumlagerungen nicht berücksichtigt zu werden.

(3) Ändern sich die klimatischen Bedingungen zu einem Zeitpunkt t_i nach Aufbringen der Beanspruchung erheblich, so muß dies beim Kriechen und Schwinden durch die sich abschnittsweise ändernden Grundfließzahlen φ_{f_0} und zugehörigen Schwindmaße ε_{s_0} erfaßt werden.

9 Gebrauchszustand, ungünstigste Laststellung, Sonderlastfälle bei Fertigteilen, Spaltzugbewehrung

9.1 Allgemeines

Zum Gebrauchszustand gehören alle Lastfälle, denen das Bauwerk während seiner Errichtung und seiner Nutzung unterworfen ist. Ausgenommen sind Beförderungszustände für Fertigteile nach Abschnitt 9.4.

9.2 Zusammenstellung der Beanspruchungen

9.2.1 Vorspannung

In diesem Lastfall werden die Kräfte und Spannungen zusammengefaßt, die allein von der ursprünglich eingetragenen Vorspannung hervorgerufen werden.

9.2.2 Ständige Last

Wird die ständige Last stufenweise aufgebracht, so ist jede Laststufe als besonderer Lastfall zu behandeln.

9.2.3 Verkehrslast, Wind und Schnee

Auch diese Lastfälle sind unter Umständen getrennt zu untersuchen, vor allem dann, wenn die Lasten zum Teil vor, zum Teil erst nach dem Kriechen und Schwinden auftreten.

9.2.4 Kriechen und Schwinden

In diesem Lastfall werden alle durch Kriechen und Schwinden entstehenden Umlagerungen der Kräfte und Spannungen zusammengefaßt.

9.2.5 Wärmewirkungen

(1) Soweit erforderlich, sind die durch Wärmewirkungen[5] hervorgerufenen Spannungen nachzuweisen. Bei Hochbauten ist DIN 1045/07.88, Abschnitt 16.5, zu beachten.

(2) Beim Spannungsnachweis im Bauzustand brauchen bei durchlaufenden Balken und Platten Temperaturunterschiede nicht berücksichtigt zu werden, siehe jedoch Abschnitt 15.1. (3).

(3) Bei Brücken nach DIN 1072 und vergleichbaren Bauwerken mit Wärmewirkung darf beim Spannungsnachweis im Endzustand auf den Nachweis des vollen Temperaturunterschiedes bei 0,7facher Verkehrslast verzichtet werden.

9.2.6 Zwang aus Baugrundbewegungen

Bei Brücken und vergleichbaren Bauwerken ist Zwang aus wahrscheinlichen Baugrundbewegungen nach DIN 1072 zu berücksichtigen.

9.2.7 Zwang aus Anheben zum Auswechseln von Lagern

Der Lastfall Anheben zum Auswechseln von Lagern bei Brücken und vergleichbaren Bauwerken ist zu berücksichtigen. Die beim Anheben entstehende Zwangbeanspruchung darf bei der Spannungsermittlung unberücksichtigt bleiben.

9.3 Lastzusammenstellungen

Bei Ermittlung der ungünstigsten Beanspruchungen müssen in der Regel nachfolgende Lastfälle untersucht werden:

- Zustand unmittelbar nach dem Aufbringen der Vorspannung,
- Zustand mit ungünstigster Verkehrslast und teilweisem Kriechen und Schwinden,
- Zustand mit ungünstigster Verkehrslast nach Beendigung des Kriechens und Schwindens.

9.4 Sonderlastfälle bei Fertigteilen

(1) Zusätzlich zu DIN 1045/07.88, Abschnitte 19.2, 19.5.1 und 19.5.2, gilt folgendes:

(2) Für den Beförderungszustand, d. h. für alle Beanspruchungen, die bei Fertigteilen bis zum Versetzen in die für den Verwendungszweck vorgesehene Lage auftreten können, kann auf die Nachweise der Biegedruckspannungen in der Druckzone und der schiefen Hauptspannungen im Gebrauchszustand verzichtet werden. Die Zugkraft in der Zugzone muß durch Bewehrung abgedeckt werden. Der Nachweis ist nach Abschnitt 10.2 zu führen; der Stabdurchmesser d_s darf jedoch die Werte nach Gleichung (8) überschreiten.

(3) Für den Beförderungszustand darf bei den Nachweisen im rechnerischen Bruchzustand nach den Abschnitten 11, 12.3 und 12.4, der Sicherheitsbeiwert $\gamma = 1{,}75$ auf $\gamma = 1{,}3$ abgemindert werden (siehe DIN 1045/07.88, Abschnitt 19.2).

(4) Bei dünnwandigen Trägern ohne Flansche bzw. mit schmalen Flanschen ist auf eine ausreichende Kippstabilität zu achten.

9.5 Spaltzugspannungen und Spaltzugbewehrung im Bereich von Spanngliedern

(1) Die zur Aufnahme der Spaltzugspannungen im Verankerungsbereich anzuordnende Bewehrung ist dem Zulassungsbescheid für das Spannverfahren zu entnehmen.

(2) Im Bereich von Spanngliedern, deren zulässige Spannkraft gemäß Tabelle 9, Zeile 65, mehr als 1500 kN beträgt, dürfen die Spaltzugspannungen außerhalb des Verankerungsbereiches den Wert

$$0{,}35 \cdot \sqrt[3]{\beta_{WN}^2} \quad \text{in N/mm}^2$$

nur überschreiten, wenn die Spaltzugkräfte durch Bewehrung aufgenommen werden, die für die Spannung $\beta_S/1{,}75$ bemessen ist[6]. Die Bewehrung ist in der Regel je zur Hälfte auf beiden Seiten jeder Spanngliedlage anzuordnen. Der Abstand der quer zu den Spanngliedern verlaufenden Stäbe soll 20 cm nicht überschreiten. Die Bewehrung ist an den Enden zu verankern.

10 Rissebeschränkung

10.1 Zulässigkeit von Zugspannungen

10.1.1 Volle Vorspannung

(1) Im Gebrauchszustand dürfen in der Regel keine Zugspannungen infolge von Längskraft und Biegemoment auftreten.

[5] Siehe DIN 1072

[6] Ansätze für die Ermittlung können den Mitteilungen des Instituts für Bautechnik, Berlin, Heft 4/1979, Seiten 98 und 99, entnommen werden.

(2) In folgenden Fällen sind jedoch solche Zugspannungen zulässig:

a) Im Bauzustand, also z. B. unmittelbar nach dem Aufbringen der Vorspannung vor dem Einwirken der vollen ständigen Last, siehe Tabelle 9, Zeilen 15 bis 17 bzw. Zeilen 33 bis 35.

b) Bei Brücken und vergleichbaren Bauwerken unter Haupt- und Zusatzlasten, siehe Tabelle 9, Zeilen 30 bis 32; bei anderen Bauwerken unter wenig wahrscheinlicher Häufung von Lastfällen siehe Tabelle 9, Zeilen 12 bis 14.

c) Bei wenig wahrscheinlichen Laststellungen, siehe Tabelle 9, Zeilen 12 bis 14 bzw. Zeilen 30 bis 32; als wenig wahrscheinliche Laststellungen gelten z. B. die gleichzeitige Wirkung mehrerer Kräne und Kranlasten in ungünstigster Stellung oder die Berücksichtigung mehrerer Einflußlinien-Beitragsflächen gleichen Vorzeichens, die durch solche entgegengesetzten Vorzeichens voneinander getrennt sind.

(3) Gleichgerichtete Zugspannungen aus verschiedenen Tragwirkungen (z. B. Wirkung einer Platte als Gurt eines Hauptträgers bei gleichzeitiger örtlicher Lastabtragung in der Platte) sind zu überlagern; dabei dürfen die Spannungen die Werte der Tabelle 9, Zeilen 12 bis 14 bzw. Zeilen 30 bis 32, nicht überschreiten. Für Lastfallkombinationen unter Einschluß der möglichen Baugrundbewegungen nach DIN 1072 sind Nachweise der Betonzugspannungen nicht erforderlich.

10.1.2 Beschränkte Vorspannung

(1) Im Gebrauchszustand sind die in Tabelle 9, Zeilen 18 bis 26 bzw. bei Brücken und vergleichbaren Bauwerken Zeilen 36 bis 44 angegebenen Zugspannungen infolge von Längskraft und Biegemoment zulässig.

(2) Bei Bauteilen im Freien oder bei Bauteilen mit erhöhtem Korrosionsangriff gemäß DIN 1045/07.88, Tabelle 10, Zeile 4, dürfen jedoch keine Zugspannungen aus Längskraft und Biegemoment auftreten infolge des Lastfalles Vorspannung plus ständige Last plus Verkehrslast, die während der Nutzung ständig oder längere Zeit im wesentlichen unverändert wirkt (bei Brücken die halbe Verkehrslast), plus Kriechen und Schwinden. In dem vorgenannten Lastfall sind an Stelle der Verkehrslast die wahrscheinlichen Baugrundbewegungen zu berücksichtigen, wenn sich dadurch ungünstigere Werte ergeben. Für Lastfallkombinationen unter Einschluß der möglichen Baugrundbewegungen nach DIN 1072 sind Nachweise der Betonzugspannungen nicht erforderlich.

(3) Gleichgerichtete Zugspannungen aus verschiedenen Tragwirkungen (z. B. Wirkung einer Platte als Gurt eines Hauptträgers bei gleichzeitiger örtlicher Lastabtragung in der Platte) sind zu überlagern; dabei sind die Werte nach Tabelle 9, Zeilen 21 bis 23 bzw. 39 bis 41, einzuhalten.

10.2 Nachweis zur Beschränkung der Rißbreite

(1) Zur Sicherung der Gebrauchsfähigkeit und Dauerhaftigkeit der Bauteile ist die Rißbreite durch geeignete Wahl von Bewehrungsgehalt, Stahlspannung und Stabdurchmesser in dem Maß zu beschränken, wie es der Verwendungszweck erfordert.

(2) Die Betonstahlbewehrung zur Beschränkung der Rißbreite muß aus geripptem Betonstahl bestehen. Bei Vorspannung mit sofortigem Verbund dürfen im Querschnitt vorhandene Spannglieder zur Beschränkung der Rißbreite herangezogen werden. Die Beschränkung der Rißbreite gilt als nachgewiesen, wenn folgende Bedingung eingehalten ist:

$$d_s \leq r \cdot \frac{\mu_z}{\sigma_s^2} \cdot 10^4 \qquad (8)$$

Hierin bedeuten:

d_s größter vorhandener Stabdurchmesser der Längsbewehrung in mm (Betonstahl oder Spannstahl in sofortigem Verbund)

r Beiwert nach Tabelle 8.1[7)]

μ_z der auf die Zugzone A_{bz} bezogene Bewehrungsgehalt $100\,(A_s + A_v)/A_{bz}$ ohne Berücksichtigung der Spannglieder mit nachträglichem Verbund (Zugzone = Bereich von rechnerischen Zugdehnungen des Betons unter der in Absatz (5) angegebenen Schnittgrößenkombination, wobei mit einer Zugzonenhöhe von höchstens 0,80 m zu rechnen ist). Dabei ist vorausgesetzt, daß die Bewehrung A_s annähernd gleichmäßig über die Breite der Zugzone verteilt ist. Bei stark unterschiedlichen Bewehrungsgehalten μ_z innerhalb breiter Zugzonen muß Gleichung (8) auch örtlich erfüllt sein.

A_s Querschnitt der Betonstahlbewehrung der Zugzone A_{bz} in cm^2

---

7) Bei unterschiedlichen Verbundeigenschaften darf der Ermittlung der Bewehrung ein mittlerer Wert r zugrunde gelegt werden, siehe z. B. DAfStb-Heft 320.

A_v Querschnitt der Spannglieder in sofortigem Verbund in der Zugzone A_{bz} in cm^2

σ_s Zugspannung im Betonstahl bzw. Spannungszuwachs sämtlicher im Verbund liegender Spannstähle in N/mm^2 nach Zustand II unter Zugrundelegung linear-elastischen Verhaltens für die in Absatz (5) angegebene Schnittgrößenkombination, jedoch höchstens β_s (siehe auch Erläuterungen im DAfStb-Heft 320)

(3) Im Bereich eines Quadrates von 30 cm Seitenlänge, in dessen Schwerpunkt ein Spannglied mit nachträglichem Verbund liegt, darf die nach Absatz (2) nachgewiesene Betonstahlbewehrung um den Betrag

$$\Delta A_s = u_v \cdot \xi \cdot d_s/4 \quad (9)$$

abgemindert werden.

Tabelle 8.1. **Beiwerte *r* zur Berücksichtigung der Verbundeigenschaften**

Bauteile mit Umweltbedingungen nach DIN 1045/ 07.88, Tabelle 10 Zeile(n)	1	2	3 und 4[1)]
zu erwartende Rißbreite	normal	normal	sehr gering
gerippter Betonstahl und gerippte Spannstähle in sofortigem Verbund	200	150	100
profilierter Spannstahl und Litzen in sofortigem Verbund	150	110	75

1) Auch bei Bauteilen im Einflußbereich bis zu 10 m von
- Straßen, die mit Tausalzen behandelt werden oder
- Eisenbahnstrecken, die vorwiegend mit Dieselantrieb befahren werden.

Hierin bedeuten:

d_s nach Gleichung (8), jedoch in cm

u_v Umfang des Spanngliedes im Hüllrohr
Einzelstab: $u_v = \pi\, d_v$
Bündelspannglied, Litze: $u_v = 1{,}6 \cdot \pi \cdot \sqrt{A_v}$

d_v Spannglieddurchmesser des Einzelstabes in cm

A_v Querschnitt der Bündelspannglieder bzw. Litzen in cm^2

ξ Verhältnis der Verbundfestigkeit von Spanngliedern im Einpreßmörtel zur Verbundfestigkeit von Rippenstahl im Beton

- Spannglieder aus glatten Stäben $\xi = 0{,}2$
- Spannglieder aus profilierten Drähten oder aus Litzen $\xi = 0{,}4$
- Spannglieder aus gerippten Stählen $\xi = 0{,}6$

(4) Ist der betrachtete Querschnittsteil nahezu mittig auf Zug beansprucht (z. B. Gurtplatte eines Kastenträgers), so ist der Nachweis nach Gleichung (8) für beide Lagen der Betonstahlbewehrung getrennt zu führen. Anstelle von μ_z tritt dabei jeweils der auf den betrachteten Querschnittsteil bezogene Bewehrungsgehalt des betreffenden Bewehrungsstranges.

(5) Bei überwiegend auf Biegung beanspruchten stabförmigen Bauteilen und Platten ist für den Nachweis nach Gleichung (8) von folgender Beanspruchungskombination auszugehen:

- 1,0fache ständige Last,
- 1,0fache Verkehrslast (einschließlich Schnee und Wind),
- 0,9- bzw. 1,1fache Summe aus statisch bestimmter und statisch unbestimmter Wirkung der Vorspannung unter Berücksichtigung von Kriechen und Schwinden; der ungünstigere Wert ist maßgebend,
- 1,0fache Zwangschnittgröße aus Wärmewirkung (auch im Bauzustand), wahrscheinlicher Baugrundbewegung, Schwinden und aus Anheben zum Auswechseln von Lagern,
- 1,0fache Schnittgröße aus planmäßiger Systemänderung,
- Zusatzmoment ΔM_1 mit

$$\Delta M_1 = \pm\, 5 \cdot 10^{-5} \cdot \frac{EI}{d_0}$$

Hierin bedeuten:

EI Biegesteifigkeit im Zustand I im betrachteten Querschnitt,

d_0 Querschnittsdicke im betrachteten Querschnitt (bei Platten ist $d_0 = d$ zu setzen).

Soweit diese Beanspruchungskombination ohne den statisch bestimmten Anteil der Vorspannung örtlich geringere Biegemomente als den Mindestwert

$$M_2 = \pm\, 15 \cdot 10^{-5} \cdot \frac{EI}{d_0}$$

ergibt, so ist dieses Moment M_2 in den durch Bild 3.1 gekennzeichneten Bereichen mit dem dort angegebenen Verlauf anzunehmen. Für den Nachweis nach Gleichung (8) ist dabei von der mit M_2 ermittelten Grenzlinie und dem statisch bestimmten Anteil der 0,9- bzw. 1,1fachen Vorspannung als Beanspruchungskombination auszugehen.

(6) Für Beanspruchungskombinationen unter Einschluß der möglichen Baugrundbewegungen sind Nachweise zur Beschränkung der Rißbreiten nicht erforderlich.

(7) Bei Platten mit Umweltbedingungen nach DIN 1045/07.88, Tabelle 10, Zeilen 1 und 2, braucht der Nachweis nach den Absätzen (2) bis (5) nicht geführt zu werden, wenn eine der folgenden Bedingungen a) oder b) eingehalten ist:

a) Die Ausmitte $e = |M/N|$ bei Lastkombinationen nach Absatz (5) entspricht folgenden Werten:

$e \leq d/3$ bei Platten der Dicke $d \leq 0{,}40$ m

$e \leq 0{,}133$ m bei Platten der Dicke $d > 0{,}40$ m

b) Bei Deckenplatten des üblichen Hochbaues mit Dicken $d \leq 0{,}40$ m sind für den Wert der Druckspannung $|\sigma_N|$ in N/mm² aus Normalkraft infolge von Vorspannung und äußerer Last und den Bewehrungsgehalt μ in % für den Betonstahl in der vorgedrückten Zugzone - bezogen auf den gesamten Betonquerschnitt - folgende drei Bedingungen erfüllt:

$$\mu \geq 0{,}05$$

$$|\sigma_N| \geq 1{,}0$$

$$\frac{\mu}{0{,}15} + \frac{|\sigma_N|}{3} \geq 1{,}0$$

(8) Bei anderen Tragwerken (wie z. B. Behälter, Scheiben- und Schalentragwerke) sind besondere Überlegungen zur Erfüllung von Absatz (1) erforderlich.

10.3 Arbeitsfugen annähernd rechtwinklig zur Tragrichtung

(1) Arbeitsfugen, die annähernd rechtwinklig zur betrachteten Tragrichtung verlaufen, sind im Bereich von Zugspannungen nach Möglichkeit zu vermeiden. Es ist nachzuweisen, daß die größten Zugspannungen infolge von Längskraft und Biegemoment an der Stelle der Arbeitsfuge die Hälfte der nach den Abschnitten 10.1.1 oder 10.1.2 jeweils zulässigen Werte nicht überschreiten und daß infolge des Lastfalles Vorspannung plus ständige Last plus Kriechen und Schwinden keine Zugspannungen auftreten.

(2) Wird nicht nachgewiesen, daß die infolge Schwindens und Abfließens der Hydratationswärme im anbetonierten Teil auftretenden Zugkräfte durch Bewehrung aufgenommen werden können, so ist im anbetonierten Teil auf eine Länge

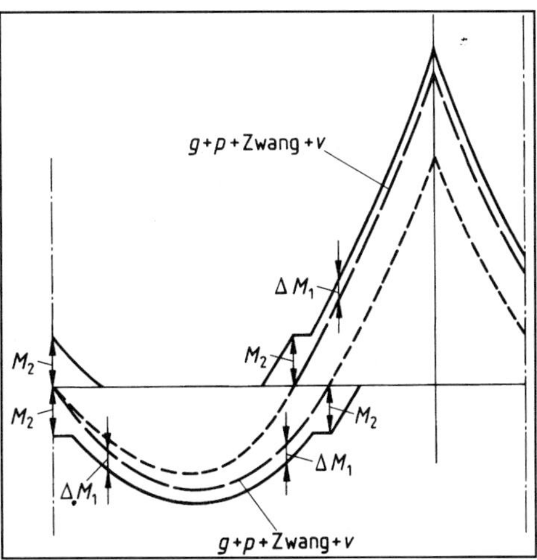

Bild 3.1. Abgrenzung der Anwendungsbereiche von M_2 (Grenzlinie der Biegemomente einschließlich der 0,9- bzw. 1,1fachen statisch unbestimmten Wirkung der Vorspannung v und Ansatz von ΔM_1

$d_0 \leq 1{,}0$ m die parallel zur Arbeitsfuge laufende Bewehrung auf die doppelten Werte der Mindestbewehrung nach Abschnitt 6.7 - mit Ausnahme von Abschnitt 6.7.6 - anzuheben. Diese Werte gelten auch als Mindestquerschnitt der obersten und untersten Lage der die Fuge kreuzenden Bewehrung, die beiderseits der Fuge auf einer Länge $d_0 + l_0 \leq 4{,}0$ m vorhanden sein muß (d_0 Balkendicke bzw. Plattendicke; l_0 Grundmaß der Verankerungslänge nach DIN 1045/07.88, Abschnitt 18.5.2.1). Bei Brücken und vergleichbaren Bauwerken ist außerdem die Regelung über die erhöhte Mindestbewehrung nach Abschnitt 6.7.1 (3) zu beachten.

10.4 Arbeitsfugen mit Spanngliedkopplungen

(1) Werden in einer Arbeitsfuge mehr als 20 % der im Querschnitt vorhandenen Spannkraft mittels Spanngliedkopplungen oder auf andere Weise vorübergehend verankert, gelten für die die Fuge kreuzende Bewehrung über die Abschnitte 10.2, 10.3, 14 und 15.9 hinaus die nachfolgenden Absätze (2) bis (5); dabei sollen die Stababstände nicht größer als 15 cm sein.

(2) Bei Brücken und vergleichbaren Bauwerken ist die erhöhte Mindestbewehrung nach Tabelle 4 grundsätzlich einzulegen.

(3) Ist bei Bauwerken nach Tabelle 4, Spalten 2 und 4, in der Fuge am jeweils betrachteten Rand unter ungünstigster Überlagerung der Lastfälle nach Abschnitt 9 (unter Berücksichtigung auch der Bauzu-

I

stände) eine Druckrandspannung nicht vorhanden, so sind für die die Fuge kreuzende Längsbewehrung folgende Mindestquerschnitte erforderlich:

a) Für den Bereich des unteren Querschnittsrandes, wenn dort keine Gurtscheibe vorhanden ist:

0,2 % der Querschnittsfläche des Steges bzw. der Platte (zu berechnen mit der gesamten Querschnittsdicke; bei Hohlplatten mit annähernd kreisförmigen Aussparungen darf der reine Betonquerschnitt zugrunde gelegt werden). Mindestens die Hälfte dieser Bewehrung muß am unteren Rand liegen; der Rest darf über das untere Drittel der Querschnittsdicke verteilt sein.

b) Für den Bereich des unteren bzw. oberen Querschnittsrandes, wenn dort eine Gurtscheibe vorhanden ist (die folgende Regel gilt auch für Hohlplatten mit annähernd rechteckigen Aussparungen):

0,8 % der Querschnittsfläche der unteren bzw. 0,4 % der Querschnittsfläche der oberen Gurtscheibe einschließlich des jeweiligen (mit der gemittelten Scheibendicke zu bestimmenden) Durchdringungsbereiches mit dem Steg. Die Bewehrung muß über die Breite von Gurtscheibe und Durchdringungsbereich gleichmäßig verteilt sein.

(4) Bei Bauwerken nach Absatz (3) dürfen die vorstehenden Werte für die Mindestlängsbewehrung auf die doppelten Werte nach Tabelle 4 ermäßigt werden, wenn die Druckrandspannung am betrachteten Rand mindestens 2 N/mm^2 beträgt. Bei Mindest-Druckrandspannungen zwischen 0 und 2 N/mm^2 darf der Querschnitt der Mindestlängsbewehrung zwischen den jeweils maßgebenden Werten linear interpoliert werden.

(5) Bewehrungszulagen dürfen nach Bild 4 gestaffelt werden.

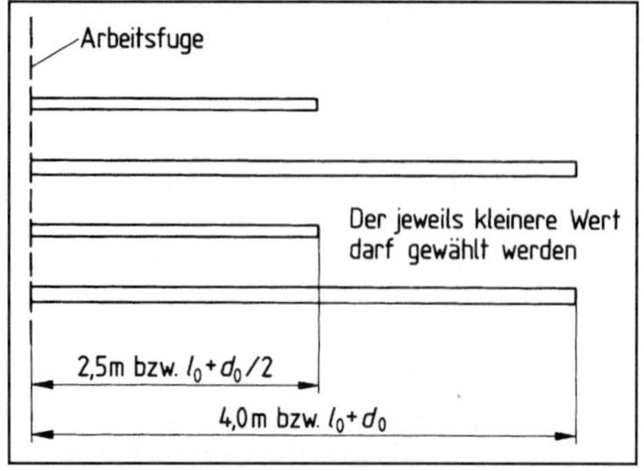

Bild 4. Staffelung der Bewehrungszulagen

11 Nachweis für den rechnerischen Bruchzustand bei Biegung, bei Biegung mit Längskraft und bei Längskraft

11.1 Rechnerischer Bruchzustand und Sicherheitsbeiwerte

(1) Für den rechnerischen Bruchzustand ist bei statisch bestimmt gelagerten Spannbetontragwerken die 1,75fache Summe der äußeren Lasten (nach den Abschnitten 9.2.2 und 9.2.3) in ungünstigster Stellung anzusetzen ($\gamma = 1{,}75$). Bei statisch unbestimmt gelagerten Tragwerken sind darüber hinaus – sofern diese ungünstig wirken – die 1,0fache Zwangbeanspruchung infolge von Schwinden, Wärmewirkungen und wahrscheinlicher Baugrundbewegung[8)] und Anheben zum Auswechseln von Lagern sowie die 1,0fache Schnittgröße am Gesamtquerschnitt aus Vorspannung (unter Berücksichtigung von Kriechen und Schwinden) zu berücksichtigen. Bei Zwangbeanspruchung infolge Baugrundbewegung darf das Kriechen berücksichtigt werden. Die Schnittgrößen aus den einzelnen Lastfällen sind im allgemeinen wie im Gebrauchszustand anzusetzen.

(2) Die Sicherheit ist ausreichend, wenn die Schnittgrößen, die vom Querschnitt im Bruchzustand rechnerisch aufgenommen werden können, mindestens gleich den mit den in Absatz (1) angegebenen Sicherheitsbeiwerten jeweils vervielfachten Schnittgrößen im Gebrauchszustand sind.

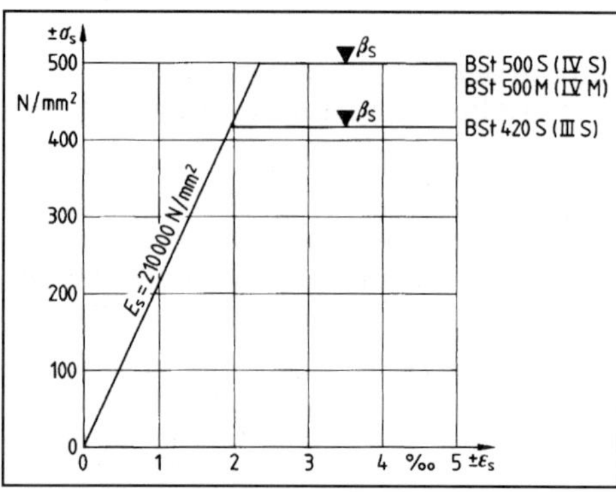

Bild 5. Rechenwerte für die Spannungsdehnungslinien der Betonstähle

8) Bei Brücken ist die Zwangbeanspruchung aus der 0,4fachen möglichen Baugrundbewegung zu berücksichtigen, falls dies ungünstiger ist.

(3) Bei gleichgerichteten Beanspruchungen aus mehreren Tragwirkungen (Hauptträgerwirkung und örtliche Plattenwirkung im Zugbereich) braucht nur der Dehnungszustand jeweils einer Tragwirkung berücksichtigt zu werden.

(4) Die Schnittgrößen im rechnerischen Bruchzustand dürfen auch unter Berücksichtigung der Steifigkeitsverhältnisse im Zustand II ermittelt werden. Dabei sind für Betonstahl und Spannstahl die Elastizitätsmoduln nach Abschnitt 7.2, für druckbeanspruchten Beton die Elastizitätsmoduln nach Abschnitt 7.3 zugrunde zu legen. Als Sicherheitsbeiwert γ ist hierbei für die Vorspannung (unter Berücksichtigung des Spannungsverlustes infolge Kriechens und Schwindens) sowie für Zwang aus planmäßiger Systemänderung $\gamma = 1{,}0$, für alle übrigen Lastfälle $\gamma = 1{,}75$ anzusetzen. Wird hiervon Gebrauch gemacht, so ist die Schubdeckung zusätzlich im Gebrauchszustand nachzuweisen (siehe Abschnitt 12.4).

11.2 Grundlagen

11.2.1 Allgemeines

Die folgenden Bestimmungen gelten für Querschnitte, bei denen vorausgesetzt werden kann, daß sich die Dehnungen der einzelnen Fasern des Querschnitts wie ihre Abstände von der Nullinie verhalten. Eine Mitwirkung des Betons auf Zug darf nicht in Rechnung gestellt werden.

11.2.2 Spannungsdehnungslinie des Stahles

(1) Die Spannungsdehnungslinie des Spannstahles ist der Zulassung zu entnehmen, wobei jedoch anzunehmen ist, daß die Spannung oberhalb der Streck- bzw. der $\beta_{0,2}$-Grenze nicht mehr ansteigt.

(2) Für Betonstahl gilt Bild 5.

(3) Bei druckbeanspruchtem Betonstahl tritt an die Stelle von β_S bzw. $\beta_{0,2}$ der Rechenwert $1{,}75/2{,}1 \cdot \beta_S$ bzw. $1{,}75/2{,}1 \cdot \beta_{0,2}$.

11.2.3 Spannungsdehnungslinie des Betons

(1) Für die Bestimmung der Betondruckkraft gilt die Spannungsdehnungslinie nach Bild 6.

(2) Zur Vereinfachung darf auch Bild 7 angewendet werden.

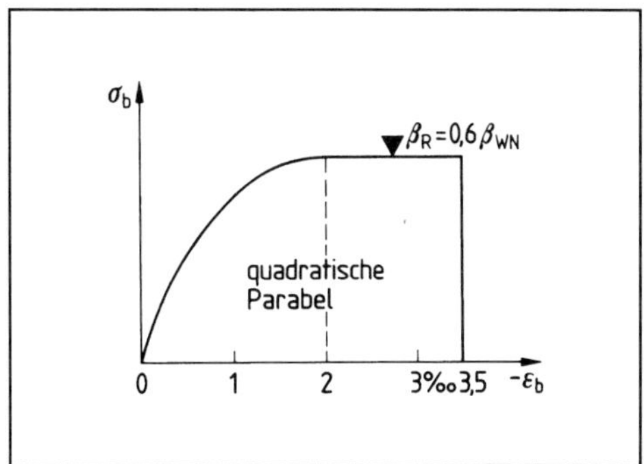

Bild 6. Rechenwerte für die Spannungsdehnungslinie des Betons

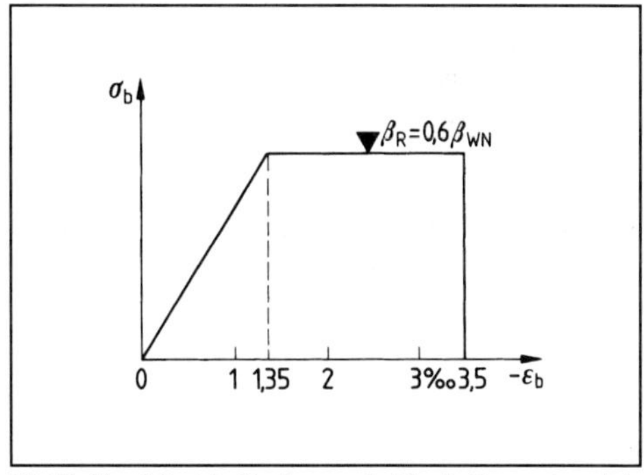

Bild 7. Vereinfachte Rechenwerte für die Spannungsdehnungslinie des Betons

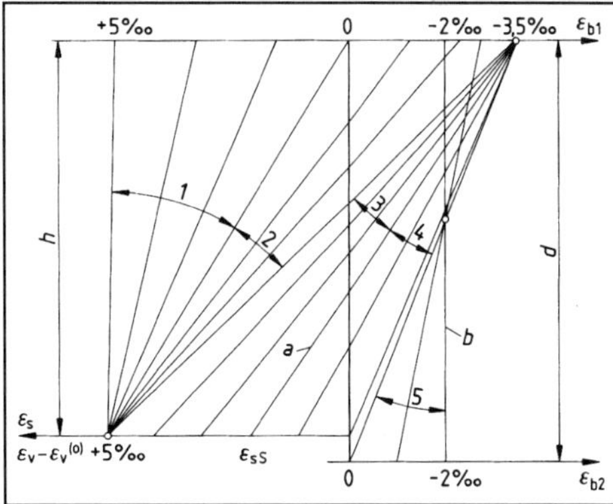

Bild 8. Dehnungsdiagramme (nach DIN 1045/07.88, Bild 13 oberer Teil)

11.2.4 Dehnungsdiagramm

(1) Bild 8 zeigt die im rechnerischen Bruchzustand je nach Beanspruchung möglichen Dehnungsdiagramme.

(2) Die Dehnung ε_s bzw. $\varepsilon_v - \varepsilon_v^{(0)}$ darf in der äußersten, zur Aufnahme der Beanspruchung im rechnerischen Bruchzustand herangezogenen Bewehrungslage 5 ‰ nicht überschreiten. Im gleichen Querschnitt dürfen verschiedene Stahlsorten (z. B. Spannstahl und Betonstahl) entsprechend den jeweiligen Spannungsdehnungslinien gemeinsam in Rechnung gestellt werden.

(3) Eine geradlinige Dehnungsverteilung über den Gesamtquerschnitt darf nur angenommen werden, wenn der Verbund zwischen den Spanngliedern und dem Beton nach Abschnitt 13 gesichert ist. Die durch Vorspannung im Spannstahl erzeugte Vordehnung ergibt sich als Dehnungsunterschied zwischen Spannglied und umgebendem Beton im Gebrauchszustand nach Kriechen und Schwinden. In Sonderfällen, z. B. bei vorgespannten Druckgliedern, kann die Spannung vor Kriechen und Schwinden maßgebend sein.

11.3 Nachweis bei Lastfällen vor Herstellen des Verbundes

(1) Ein Nachweis ist erforderlich, sofern die Lastschnittgrößen, die vor Herstellung des Verbundes auftreten, 70 % der Werte nach Herstellung des Verbundes überschreiten.

(2) Vor dem Herstellen des Verbundes können sich die Spannglieder auf ihrer ganzen Länge frei dehnen. Das Verhalten im rechnerischen Bruchzustand hängt deshalb von dem Formänderungsverhalten des gesamten Tragwerks ab. Die in den Spanngliedern wirkende Spannung darf wie folgt angenommen werden, sofern kein genauerer Nachweis geführt wird:

- bei annähernd gleichmäßig belasteten Trägern auf 2 Stützen:

$$\sigma_{vu} = \sigma_v^{(0)} + 110 \text{ N/mm}^2 \leq \beta_{Sv}, \qquad (10a)$$

- bei Kragträgern unabhängig vom Belastungsbild, falls die Spannglieder im anschließenden Feld zumindest jenseits des Momentennullpunktes im Verbund liegen:

$$\sigma_{vu} = \sigma_v^{(0)} + 50 \text{ N/mm}^2 \leq \beta_{Sv}, \qquad (10b)$$

- bei Durchlaufträgern:

$$\sigma_{vu} = \sigma_v^{(0)} \qquad (10c)$$

Hierin bedeuten:

$\sigma_v^{(0)}$ Spannung im Spannglied im Bauzustand

β_{Sv} Streckgrenze bzw. $\beta_{0,2}$-Grenze des Spannstahls

(3) Bewehrung aus Betonstahl darf berücksichtigt werden.

12 Schiefe Hauptspannungen und Schubdeckung

12.1 Allgemeines

(1) Der Spannungsnachweis ist für den Gebrauchszustand nach Abschnitt 12.2 und für den rechnerischen Bruchzustand nach Abschnitt 12.3 zu führen. Hierbei brauchen Biegespannungen aus Quertragwirkung (aus Plattenwirkung einzelner Querschnittsteile) nicht berücksichtigt zu werden, sofern nachfolgend nichts anderes angegeben ist (Begrenzung der Biegezugspannung aus Quertragwirkung im Gebrauchszustand siehe Abschnitt 15.6).

(2) Es ist nachzuweisen, daß die jeweils zulässigen Werte der Tabelle 9 nicht überschritten werden. Der Nachweis darf bei unmittelbarer Stützung im Schnitt 0,5 d_0 vom Auflagerrand geführt werden.

(3) Bei Lastfallkombinationen unter Einschluß möglicher Baugrundbewegungen kann auf den Nachweis der schiefen Hauptzugspannungen im Gebrauchszustand verzichtet werden. Der Nachweis der Hauptdruckspannungen bzw. Schubspannungen im rechnerischen Bruchzustand[9] nach den Abschnitten 12.3.2 und 12.3.3 und der Schubbewehrung nach Abschnitt 12.4 ist jedoch zu führen.

(4) Bei Balkentragwerken mit gegliederten Querschnitten, z. B. bei Plattenbalken und Kastenträgern, sind die Schubspannungen aus Scheibenwirkung der einzelnen Querschnittsteile nicht mit den Schubspannungen aus Plattenwirkung zu überlagern.

(5) Als maßgebende Schnittkraftkombinationen kommen in Frage:

- Höchstwerte der Querkraft mit zugehörigem Torsions- und Biegemoment,
- Höchstwerte des Torsionsmomentes mit zugehöriger Querkraft und zugehörigem Biegemoment,
- Höchstwerte des Biegemomentes mit zugehöriger Querkraft und zugehörigem Torsionsmoment.

(6) Ungünstig wirkende Querkräfte, die sich aus einer Neigung der Spannglieder gegen die Querschnittsnormale ergeben, sind zu berücksichtigen; günstig wirkende Querkräfte infolge Spanngliedneigung dürfen berücksichtigt werden.

9) Bei Brücken ist die Zwangbeanspruchung aus der 0,4fachen möglichen Baugrundbewegung zu berücksichtigen, falls dies ungünstiger ist.

(7) Vor Herstellen des Verbundes sind bei den Spannungsnachweisen im Gebrauchszustand nach Abschnitt 12.2 die Spanngliedkräfte und gegebenenfalls die Umlenkkräfte als äußere Last mit ihrem 1,0fachen Wert, im rechnerischen Bruchzustand nach Abschnitt 12.3 mit der Spannungszunahme nach Abschnitt 11.3 einzusetzen. Die Hauptdruckspannungen sind unter Berücksichtigung der abzuziehenden Querschnittsflächen der nicht verpreßten Spannkanäle nach Tabelle 9, Zeile 63, zu begrenzen. Dabei darf mit gleichmäßiger Spannungsverteilung über die verbleibende Querschnittsfläche gerechnet werden. Bei der Bemessung der Schubbewehrung kann die Spannungszunahme in den Längsspanngliedern ebenfalls nach Abschnitt 11.3 ermittelt werden. Eine zur Schubaufnahme notwendige, im Verbund liegende Längsbewehrung ist unter Zugrundelegung der Fachwerkanalogie zu ermitteln. Für Spannglieder als Schubbewehrung gilt Abschnitt 12.4.1, Absatz (3).

12.2 Spannungsnachweise im Gebrauchszustand

(1) Die nach Zustand I berechneten schiefen Hauptzugspannungen dürfen im Bereich von Längsdruckspannungen sowie in der Mittelfläche von Gurten und Stegen (soweit zugbeanspruchte Gurte anschließen) auch im Bereich von Längszugspannungen die Werte der Tabelle 9, Zeilen 46 bis 49, nicht überschreiten.

(2) Unter ständiger Last und Vorspannung dürfen auch unter Berücksichtigung der Querbiegespannungen die nach Zustand I berechneten schiefen Hauptzugspannungen die Werte der Tabelle 9, Zeilen 46 bis 49, nicht überschreiten.

12.3 Spannungsnachweise im rechnerischen Bruchzustand

12.3.1 Allgemeines

(1) Längs des Tragwerks sind zwei das Schubtragverhalten kennzeichnende Zonen zu unterscheiden:

- Zone a, in der Biegerisse nicht zu erwarten sind,
- Zone b, in der sich die Schubrisse aus Biegerissen entwickeln.

(2) Ein Querschnitt liegt in Zone a, wenn in der jeweiligen Lastfallkombination die größte nach Zustand I im rechnerischen Bruchzustand ermittelte Randzugspannung die nachstehenden Werte nicht überschreitet:

B 25	B 35	B 45	B 55
2,5 N/mm^2	2,8 N/mm^2	3,2 N/mm^2	3,5 N/mm^2

(3) Werden diese Werte überschritten, liegt der Querschnitt in Zone b.

12.3.2 Nachweise der schiefen Hauptdruckspannungen in Zone a

(1) Sofern nicht in Zone a vereinfachend wie in Zone b verfahren wird, ist nachzuweisen, daß die nach Ausfall der schiefen Hauptzugspannungen des Betons auftretenden schiefen Hauptdruckspannungen die Werte der Tabelle 9, Zeilen 62 bzw. 63, nicht überschreiten.

(2) Auf diesen Nachweis darf bei druckbeanspruchten Gurten verzichtet werden, wenn die maximale Schubspannung im rechnerischen Bruchzustand kleiner als 0,1 β_{WN} ist.

(3) Die schiefen Hauptdruckspannungen sind nach der Fachwerkanalogie zu ermitteln. Die Neigung der Druckstreben ist nach Gleichung (11) anzunehmen.

(4) Für Zustände nach Herstellen des Verbundes darf im Steg der Nachweis vereinfachend in der Schwerlinie des Trägers geführt werden, wenn die

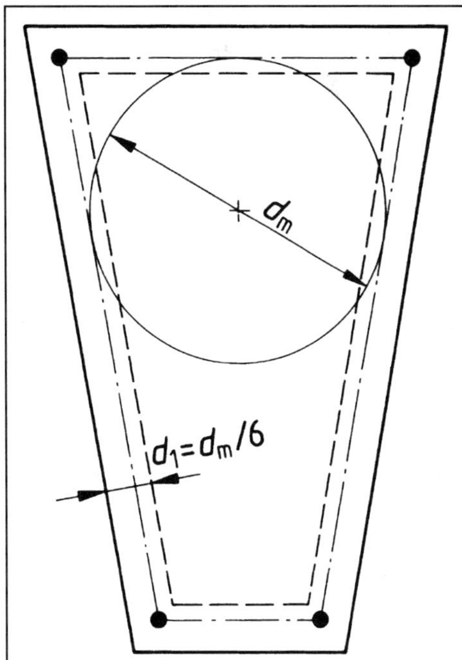

Bild 9. Ersatzhohlquerschnitt für Vollquerschnitte

Stegdicke über die Trägerhöhe konstant ist oder wenn die minimale Stegdicke eingesetzt wird. Ein von Spanngliedern als Schubbewehrung erzeugter Spannungszustand ist zu berücksichtigen.

(5) Eine Torsionsbeanspruchung ist bei der Ermittlung der schiefen Hauptdruckspannung zu berücksichtigen; dabei ist die Druckstrebenneigung nach Abschnitt 12.4.3 unter 45° anzunehmen. Bei Vollquerschnitten ist dabei ein Ersatzhohlquerschnitt nach Bild 9 anzunehmen, dessen Wanddicke $d_1 = d_m/6$ des in die Mittellinie eingeschriebenen größten Kreises beträgt.

12.3.3 Nachweis der Schub- und schiefen Hauptdruckspannungen in Zone b

(1) Als maßgebende Spannungsgröße in Zone b gilt der Rechenwert der Schubspannung τ_R

- aus Querkraft nach Zustand II (siehe Abschnitt 12.1);
- aus Torsion nach Zustand I;

er darf die in Tabelle 9, Zeilen 56 bis 61, angegebenen Werte nicht überschreiten.

(2) Sofern die Größe des Hebelarmes der inneren Kräfte nicht genauer nachgewiesen wird, darf sie bei der Ermittlung von τ_R infolge Querkraft dem Wert gleichgesetzt werden, der beim Nachweis nach Abschnitt 11 im betrachteten Schnitt ermittelt wurde. Bei Trägern mit konstanter Nutzhöhe h darf mit jenem Hebelarm gerechnet werden, der sich an der Stelle des maximalen Momentes im zugehörigen Querkraftbereich ergibt.

(3) Ein von Spanngliedern als Schubbewehrung erzeugter Spannungszustand bleibt beim Nachweis der Schubspannung unberücksichtigt. Bei zugbeanspruchten Gurten ist die Schubspannung aus Querkraft für Zustand II aus der Zugkraftänderung der vorhandenen Gurtlängsbewehrung zwischen zwei benachbarten Querschnitten zu ermitteln, falls sie nicht nach Zustand I berechnet wird.

(4) In druckbeanspruchten Gurten und bei Einschnürungen der Druckzone sind die schiefen Hauptdruckspannungen nachzuweisen und wie in Zone a zu begrenzen. Auf diesen Nachweis darf verzichtet werden, wenn die maximale Schubspannung im rechnerischen Bruchzustand kleiner als 0,1 β_{WN} ist (siehe Abschnitt 12.3.2).

12.4 Bemessung der Schubbewehrung

12.4.1 Allgemeines

(1) Die Schubdeckung durch Bewehrung ist für Querkraft und Torsion im rechnerischen Bruchzustand (siehe Abschnitt 12.1) in den Bereichen des Tragwerks und des Querschnitts nachzuweisen, in denen die Hauptzugspannung σ_I (Zustand I) bzw. die Schubspannung τ_R (Zustand II) eine der Nachweisgrenzen der Tabelle 9, Zeilen 50 bis 55, überschreitet.

(2) Die erforderliche Schubbewehrung ist für die in den Zugstreben eines gedachten Fachwerks wirkenden Kräfte zu bemessen (Fachwerkanalogie). Bezüglich der Neigung der Fachwerkstreben siehe Abschnitte 12.4.2 (Querkraft) und 12.4.3 (Torsion); die Bewehrungen sind getrennt zu ermitteln und zu addieren. Auf die Mindestschubbewehrung nach den Abschnitten 6.7.3 und 6.7.5 wird hingewiesen. Für die Bemessung der Bewehrung aus Betonstahl gelten die in Tabelle 9, Zeile 69, angegebenen Spannungen.

(3) Spannglieder als Schubbewehrung dürfen mit den in Tabelle 9, Zeile 65, angegebenen Spannungen zuzüglich β_S des Betonstahles, jedoch höchstens mit ihrer jeweiligen Streckgrenze bemessen werden.

(4) Bei unmittelbarer Stützung gilt:

Die Schubbewehrung am Auflager darf für einen Schnitt ermittelt werden, der $0{,}5 \cdot d_0$ vom Auflagerrand entfernt ist.

(5) Der Querkraftanteil aus einer auflagernahen Einzellast F im Abstand $a \leq 2 \cdot d_0$ von der Auflagerachse darf auf den Wert $a \cdot Q_F/2\, d_0$ abgemindert werden. Dabei ist d_0 die Querschnittsdicke.

(6) Bei Berücksichtigung von Abschnitt 11.1, Absatz (4), ist die Schubdeckung zusätzlich im Gebrauchszustand nach den Grundsätzen der Zone a nachzuweisen. Dabei ist die Neigung der Druckstreben gegen die Querschnittsnormale gleich der Neigung der Hauptdruckspannungen im Zustand I anzunehmen. Für die Bemessung der Schubbewehrung aus Betonstahl gelten die in Tabelle 9, Zeile 68, angegebenen zulässigen Spannungen.

(7) Bei dicken Platten sind die in Tabelle 9, Zeile 51, angegebenen Werte nach der in DIN 1045/07.88, Abschnitt 17.5.5, getroffenen Regelung zu verringern. Diese Abminderung gilt jedoch nicht, wenn die rechnerische Schubspannung vorwiegend aus Einzellasten resultiert (z. B. Fahrbahnplatten von Brücken).

(8) Überschreiten die Hauptzugspannungen aus Querkraft und Querkraft plus Torsion die 0,6fachen Werte der Tabelle 9, Zeile 56, so dürfen für die Schubbewehrung nur Betonrippenstahl oder Spannglieder mit Endverankerung verwendet werden. Für die Abstände von Schrägstäben und Schrägbügeln gilt DIN 1045/07.88, Abschnitt 18.

(9) Bei gleichzeitigem Auftreten von Schub und Querbiegung darf in der Regel vereinfachend eine symmetrisch zur Mittelfläche von Stegen verteilte Schubbewehrung auf die zur Aufnahme der Quer-

biegung erforderliche Bewehrung voll angerechnet werden. Diese Vereinfachung gilt nicht bei geneigten Bügeln und bei Spanngliedern als Schubbewehrung. In Gurtscheiben darf sinngemäß verfahren werden.

12.4.2 Schubbewehrung zur Aufnahme der Querkräfte

(1) Bei der Bemessung der Schubbewehrung nach der Fachwerkanalogie darf die Neigung der Zugstreben gegen die Querschnittsnormale im allgemeinen zwischen 90° (Bügel) und 45° (Schrägstäbe, Schrägbügel) gewählt werden.

(2) Schrägstäbe, die flacher als 35° gegenüber der Trägerachse geneigt sind, dürfen als Schubbewehrung nicht herangezogen werden.

(3) In **Zone a** ist die Neigung ϑ der Druckstreben gegen die Querschnittsnormale im Trägersteg und in den Druckgurten nach Gleichung (11) anzunehmen:

$$\tan \vartheta = \tan \vartheta_I \left(1 - \frac{\Delta\tau}{\tau_u}\right) \qquad (11)$$

$$\tan \vartheta \geq 0{,}4$$

Hierin bedeuten:

$\tan \vartheta_I$ Neigung der Hauptdruckspannungen gegen die Querschnittsnormale im Zustand I in der Schwerlinie des Trägers bzw. in Druckgurten am Anschnitt

τ_u der Höchstwert der Schubspannung im Querschnitt aus Querkraft im rechnerischen Bruchzustand (nach Abschnitt 12.3), ermittelt nach Zustand I ohne Berücksichtigung von Spanngliedern als Schubbewehrung

$\Delta\tau$ 60 % der Werte nach Tabelle 9, Zeile 50.

(4) Zone a darf auch wie Zone b behandelt werden. Für den Schubanschluß von Zuggurten gelten die Bestimmungen von Zone b.

(5) In **Zone b** ist die Neigung ϑ der Druckstreben gegen die Querschnittsnormale anzunehmen:

$$\tan \vartheta = 1 - \frac{\Delta\tau}{\tau_R} \qquad (12)$$

$$\tan \vartheta \geq 0{,}4$$

Hierin bedeuten:

τ_R der für den rechnerischen Bruchzustand nach Zustand II ermittelte Rechenwert der Schubspannung

$\Delta\tau$ 60 % der Werte nach Tabelle 9, Zeile 50.

(6) Beim Schubanschluß von Druckgurten gelten die für Zone a gemachten Angaben.

12.4.3 Schubbewehrung zur Aufnahme der Torsionsmomente

(1) Die Schubbewehrung zur Aufnahme der Torsionsmomente ist für die Zugkräfte zu bemessen, die in den Stäben eines gedachten räumlichen Fachwerkkastens mit Druckstreben unter 45° Neigung zur Trägerachse ohne Abminderung entstehen.

(2) Bei Vollquerschnitten verläuft die Mittellinie des gedachten Fachwerkkastens wie in Bild 9.

(3) Erhalten einzelne Querschnittsteile des gedachten Fachwerkkastens Druckbeanspruchungen aus Längskraft und Biegemoment, so dürfen die in diesen Druckbereichen entstehenden Druckkräfte bei der Bemessung der Torsionsbewehrung berücksichtigt werden.

(4) Hinsichtlich der Neigung der Zugstreben gilt Abschnitt 12.4.2.

12.5 Indirekte Lagerung

Es gilt DIN 1045/07.88, Abschnitt 18.10.2. Für die Aufhängebewehrung dürfen auch Spannglieder herangezogen werden, wenn ihre Neigung zwischen 45° und 90° gegen die Trägerachse beträgt. Dabei ist für Spannstahl die Streckgrenze β_S anzusetzen, wenn der Spannungszuwachs kleiner als 420 N/mm² ist.

12.6 Eintragung der Vorspannung

(1) An den Verankerungsstellen der Spannglieder darf erst im Abstand *e* vom Ende der Verankerung (Eintragungslänge) mit einer geradlinigen Spannungsverteilung infolge Vorspannung gerechnet werden.

(2) Bei Spanngliedern mit Endverankerung ist diese Eintragungslänge *e* gleich der Störungslänge *s*, die zur Ausbreitung der konzentriert angreifenden Spannkräfte bis zur Einstellung eines geradlinigen Spannungsverlaufes im Querschnitt nötig ist.

(3) Bei Spanngliedern, die nur durch Verbund verankert werden, gilt für die Eintragungslänge *e:*

$$e = \sqrt{s^2 + (0{,}6\, l_{ü})^2} \geq l_{ü} \qquad (13)$$

$l_{ü}$ Übertragungslänge aus Gleichung (17)

(4) Zur Aufnahme der im Bereich der Eintragungslänge *e* auftretenden Spaltzugkräfte muß stets eine Querbewehrung angeordnet werden. Sie ist bei Verankerung durch Verbund unter Zugrundelegung einer kürzeren Eintragungslänge zu bemessen und entsprechend zu verteilen. Für gerippte Drähte ist diese verkürzte Eintragungslänge mit der Hälfte, bei gezogenen profilierten Drähten bzw. Litzen mit

I

¾ des Ausgangswertes anzunehmen. Zugkräfte aus Schub und Spaltzug brauchen nicht addiert zu werden, wenn örtlich die jeweils größere Zugkraft durch Bügel abgedeckt wird.

12.7 Nachträglich ergänzte Querschnitte

(1) Schubkräfte zwischen Fertigteilen und Ortbeton bzw. in Arbeitsfugen (siehe DIN 1045/07.88, Abschnitte 10.2.3 und 19.4), die in Richtung der betrachteten Tragwirkung verlaufen, sind stets durch Bewehrung abzudecken. Die Bewehrung ist nach DIN 1045/07.88, Abschnitt 19.7.3, auszubilden. Die Fuge zwischen dem zuerst hergestellten Teil und der Ergänzung muß rauh sein. Dabei ist die Neigung der Druckstreben gegen die Querschnittsnormale wie folgt anzunehmen:

$$\tan \vartheta = \tan \vartheta_l \left(1 - 0{,}25 \frac{\Delta\tau}{\tau_u}\right) \geq 0{,}4 \text{ (Zone a)} \quad (14)$$

$$\tan \vartheta = 1 - \frac{0{,}25\, \Delta\tau}{\tau_R} \geq 0{,}4 \text{ (Zone b)} \quad (15)$$

Erklärung der Formelzeichen siehe Abschnitt 12.4.2.

(2) Wird Ortbeton B 15 verwendet, so ist $\Delta\tau$ gleich 0,6 N/mm^2 zu setzen.

(3) Sind die Fugen verzahnt oder wird die Oberfläche nachträglich verzahnt, so darf die Druckstrebenneigung nach Abschnitt 12.4.2 angenommen werden. Die Mindestschubbewehrung nach Tabelle 4 muß die Fuge durchdringen.

12.8 Arbeitsfugen mit Kopplungen

In Arbeitsfugen mit Spanngliedkopplungen darf an Stelle des Nachweises nach den Abschnitten 12.3 und 12.4 der Nachweis der Schubdeckung unter Annahme eines Ersatzfachwerks geführt werden, wenn die Fuge konstruktiv entsprechend ausgebildet wird (im allgemeinen verzahnte Fuge). Die Bewehrung ist unter Zugrundelegung des angenommenen Fachwerks zu bemessen. Die Richtung der Druckstrebe darf dabei höchstens 15° von der Normalen derjenigen Fugenteilfläche abweichen, von der die Druckkraft aufzunehmen ist. Die Druckspannung auf die Teilflächen darf im rechnerischen Bruchzustand den Wert β_R nicht überschreiten.

12.9 Durchstanzen

(1) Der Nachweis der Sicherheit gegen Durchstanzen ist nach DIN 1045/07.88, Abschnitte 22.5 bis 22.7, zu führen.

(2) Bei der Ermittlung der maßgebenden größten Querkraft max Q_r im Rundschnitt zum Nachweis der Sicherheit gegen Durchstanzen von punktförmig gestützten Platten darf eine entlastende und muß eine belastende Wirkung von Spanngliedern, die den Rundschnitt kreuzen, berücksichtigt werden. In den nach DIN 1045 zu führenden Nachweisen sind die Schnittgrößen aus Vorspannung mit dem Faktor 1/1,75 abzumindern.

(3) Dabei dürfen in den Gleichungen für κ_1 und κ_2

α_s = 1,3 und für

μ_g die Summe der Bewehrungsprozentsätze

$\mu_g = \mu_s + \mu_{vi}$

eingesetzt werden.

Hierin bedeuten:

μ_g vorhandener Bewehrungsprozentsatz, mit nicht mehr als 1,5 % in Rechnung zu stellen

μ_s Bewehrungsgrad in % der Bewehrung aus Betonstahl

$$\mu_{vi} = \frac{\sigma_{bv,N}}{\beta_S} \cdot 100$$

ideeller Bewehrungsgrad in % infolge Vorspannung

$\sigma_{bv,N}$ Längskraftanteil der Vorspannung der Platte zur Zeit $t = \infty$

β_S Streckgrenze des Betonstahls.

(4) Der Prozentsatz der Bewehrung aus Betonstahl im Bereich des Durchstanzkegels $d_k = d_{st} + 3\, h_m$ muß mindestens 0,3 % und daneben innerhalb des Gurtstreifens mindestens 0,15 % betragen.

Hierin bedeuten:

d_{st} nach DIN 1045/07.88, Abschnitt 22.5.1.1

h_m analog DIN 1045/07.88, Abschnitt 22.5.1.1, unter Berücksichtigung der den Rundschnitt kreuzenden Spannglieder.

13 Nachweis der Beanspruchung des Verbundes zwischen Spannglied und Beton

(1) Im Gebrauchszustand erübrigt sich ein Nachweis der Verbundspannungen. Die maximale Verbundspannung τ_1 ist im rechnerischen Bruchzustand nachzuweisen.

(2) Näherungsweise darf sie bestimmt werden aus:

$$\tau_1 = \frac{Z_u - Z_v}{u_v \cdot l'} \quad (16)$$

Hierin bedeuten:

Z_u Zugkraft des Spanngliedes im rechnerischen Bruchzustand beim Nachweis nach Abschnitt 11

Z_v zulässige Zugkraft des Spanngliedes im Gebrauchszustand

u_v Umfang des Spanngliedes nach Abschnitt 10.2

l' Abstand zwischen dem Querschnitt des maximalen Momentes im rechnerischen Bruchzustand und dem Momentennullpunkt unter ständiger Last.

(3) τ_1 darf die folgenden Werte nicht überschreiten:

bei glatten Stählen:	zul τ_1 = 1,2 N/mm²,
bei profilierten Stählen und Litzen:	zul τ_1 = 1,8 N/mm²,
bei gerippten Stählen:	zul τ_1 = 3,0 N/mm².

(4) Ergibt Gleichung (16) höhere Werte, so ist der Nachweis nach Abschnitt 11.2 für die mit zul τ_1 bestimmte Zugkraft Z_u neu zu führen.

14 Verankerung und Kopplung der Spannglieder, Zugkraftdeckung

14.1 Allgemeines

Die Spannglieder sind durch geeignete Maßnahmen so im Beton des Bauteiles zu verankern, daß die Verankerung die Nennbruchkraft des Spanngliedes erträgt und im Gebrauchszustand keine schädlichen Risse im Verankerungsbereich auftreten. Für Spannglieder mit Endverankerung und für Kopplung sind die Angaben den Zulassungen zu entnehmen.

14.2 Verankerung durch Verbund

(1) Bei Spanngliedern, die nur durch Verbund verankert werden, ist für die volle Übertragung der Vorspannung vom Stahl auf den Beton im Gebrauchszustand eine Übertragungslänge $l_ü$ erforderlich.

Dabei ist

$$l_ü = k_1 \cdot d_v \quad (17)$$

(2) Bei Einzelspanngliedern aus Runddrähten oder Litzen ist d_v der Nenndurchmesser, bei nicht runden Drähten ist für d_v der Durchmesser eines Runddrahtes gleicher Querschnittsfläche einzusetzen. Der Verbundbeiwert k_1 ist den Zulassungen für den Spannstahl zu entnehmen.

(3) Die ausreichende Verankerung im rechnerischen Bruchzustand ist nachgewiesen, wenn die Bedingungen nach a) oder b) erfüllt sind:

a) Die Verankerungslänge l der Spannglieder muß in einem Bereich liegen, der im rechnerischen Bruchzustand frei von Biegezugrissen (Zone a nach Abschnitt 12.3.1) und frei von Schubrissen ($\sigma_I \leq$ Werte der Tabelle 9, Zeile 49, bei vorwiegend ruhender oder Zeile 50 bei nicht vorwiegend ruhender Belastung) ist.

Die Hauptzugspannung σ_I braucht nur in einem Abstand von 0,5 d_0 vom Auflagerrand nachgewiesen zu werden.

Die Verankerungslänge beträgt

$$l = \frac{Z_u}{\sigma_v \cdot A_v} \cdot l_ü \quad (18)$$

Hierin bedeuten:

$$Z_u = \frac{M_u}{z} + Q_u \cdot \frac{v}{h} \quad (19)$$

σ_v die zulässige Vorspannung des Spannstahles (siehe Tabelle 9, Zeile 65)

A_v Querschnittsfläche des Spanngliedes

v Versatzmaß nach DIN 1045

Der Anteil $Q_u \cdot v/h$ der Gleichung (19) braucht nur berücksichtigt zu werden, wenn anschließend an die Verankerungslänge Schubrisse vorausgesetzt werden müssen (Überschreitung der oben genannten Grenzwerte).

b) Der rechnerische Überstand der im Verbund liegenden Spannglieder über die Auflagervorderkante muß betragen:

$$l_1 = \frac{Z_{Au}}{\sigma_v \cdot A_v} \cdot l_ü \quad (20)$$

Bei direkter Lagerung genügt ein Überstand von ⅔ l_1.

I

Hierin bedeuten:

$Z_{Au} = Q_u \cdot \frac{v}{h}$
am Auflager zu verankernde Zugkraft; sofern ein Teil dieser Zugkraft nach DIN 1045 durch Längsbewehrung aus Betonstahl verankert wird, braucht der Überstand der Spannglieder nur für die nicht abgedeckte Restzugkraft $\Delta Z_{Au} = Z_{Au} - A_s \beta_S$ nachgewiesen zu werden.

Q_u die Querkraft am Auflager im rechnerischen Bruchzustand

A_v der Querschnitt der über die Auflager geführten unten liegenden Spannglieder

14.3 Nachweis der Zugkraftdeckung

(1) Bei gestaffelter Anordnung von Spanngliedern ist die Zugkraftdeckung im rechnerischen Bruchzustand nach DIN 1045/07.88, Abschnitt 18.7.2, durchzuführen. Bei Platten ohne Schubbewehrung ist $v = 1{,}5\ h$ in Rechnung zu stellen.

(2) In der Zone a erübrigt sich ein Nachweis der Zugkraftdeckung, wenn die Hauptzugspannungen im rechnerischen Bruchzustand

- bei vorwiegend ruhender Belastung die Vergleichswerte der Tabelle 9, Zeile 49,
- bei nicht vorwiegend ruhender Belastung die Werte der Tabelle 9, Zeile 50,

nicht überschreiten.

(3) Werden am Auflager Spannglieder von der Trägerunterseite hochgeführt, so muß die Wirkung der vollen Trägerhöhe für die Schubtragfähigkeit durch eine Mindestgurtbewehrung zur Deckung einer Zuggurtkraft von $Z_u = 0{,}5\ Q_u$ gesichert werden. Im Zuggurt verbleibende Spannglieder dürfen mit ihrer anfänglichen Vorspannkraft V_0 angesetzt werden.

(4) Im Bereich von Zwischenauflagern ist diese untere Gurtbewehrung in Richtung des Auflagers um $v = 1{,}5\ h$ über den Schnitt hinaus zu führen, der bei der sich ergebenden Lastfallkombination einschließlich ungünstig wirkender Zwangbeanspruchungen (z. B. aus Temperaturunterschied oder Stützensenkung) noch Zug erhalten kann.

(5) Entsprechendes gilt auch für die obere Gurtbewehrung.

14.4 Verankerungen innerhalb des Tragwerks

(1) Wenn ein Teil des Querschnitts mit Ankerkörpern (Verankerungen, Spanngliedkopplungen) durchsetzt ist, sind Querschnittsschwächungen zu berücksichtigen infolge von:

a) Ankerkörpern, bei denen zwischen Stirnfläche des Ankerkörpers und Beton bzw. Einpreßmörtel eine nachgiebige Zwischenlage angeordnet ist, bei allen Nachweisen im Gebrauchszustand und im rechnerischen Bruchzustand;

b) Ankerkörper, die im Bereich von Längszugspannungen liegen, bei Nachweisen im Gebrauchszustand.

(2) Bei Verankerungen innerhalb von flächenhaften Tragwerksteilen müssen mindestens 25 % der eingetragenen Vorspannkraft durch Bewehrung nach rückwärts, d. h. über das Spanngliedende hinaus, verankert werden.

(3) Dabei darf nur jener Teil der Bewehrung berücksichtigt werden, der nicht weiter als in einem Abstand von $1{,}5\sqrt{A_1}$ von der Achse des endenden Spanngliedes liegt und dessen resultierende Zugkraft etwa in der Achse des endenden Spanngliedes liegt. Dabei ist A_1 die Aufstandsfläche des Ankerkörpers des Spanngliedes. Im Verbund liegende Spannglieder dürfen dabei mitgerechnet werden.

(4) Als zulässige Stahlspannung der Bewehrung aus Betonstahl gelten hierbei die Werte der Tabelle 9, Zeile 68. Für die Spannglieder darf die vorhandene Spannungsreserve bis zur zulässigen Spannstahlspannung nach Tabelle 9, Zeile 65, aber keine höhere Zusatzspannung als 240 N/mm^2 angesetzt werden.

(5) Sind hinter einer Verankerung Betondruckspannungen σ vorhanden, so darf die sich daraus ergebende kleinste Druckkraft abgezogen werden:

$$D = 5 \cdot A_1 \cdot \sigma \quad (21)$$

15 Zulässige Spannungen

15.1 Allgemeines

(1) Die bei den Nachweisen nach den Abschnitten 9 bis 12 und 14 zulässigen Beton- und Stahlspannungen sind in Tabelle 9 angegeben. Zwischenwerte dürfen nicht eingeschaltet werden. In der Mittelfläche von Gurtplatten sind die Spannungen für mittigen Zug einzuhalten.

(2) Bei nachträglicher Ergänzung von vorgespannten Fertigteilen durch Ortbeton B 15 (siehe Abschnitte 3.1.1 und 12.7) beträgt die zulässige Randdruckspannung 6 N/mm^2.

(3) Bei Brücken nach DIN 1072 und vergleichbaren Bauwerken gelten die zulässigen Betonzugspan-

nungen von Tabelle 9, Zeilen 42, 43 und 44, nur, sofern im Bauzustand keine Zwangschnittgrößen infolge von Wärmewirkungen auftreten. Treten jedoch solche Zwangschnittgrößen auf, so sind die Zahlenwerte der Tabelle 9, Zeilen 42, 43 und 44, um 0,5 N/mm^2 herabzusetzen.

15.2 Zulässige Spannung bei Teilflächenbelastung

Es gelten DIN 1045/07.88, Abschnitt 17.3.3, und für Brücken DIN 1075/04.81, Abschnitt 8.

15.3 Zulässige Druckspannungen in der vorgedrückten Druckzone

Der Rechenwert der Druckspannung, der den zulässigen Spannungen nach Tabelle 9, Zeilen 1 bis 4, gegenüberzustellen ist, beträgt

$$\sigma = 0{,}75\, \sigma_v + \sigma_q \qquad (22)$$

Hierin bedeuten:

σ_v Betondruckspannung aus Vorspannung

σ_q Betondruckspannung aus ungünstigster Lastzusammenstellung nach den Abschnitten 9.2.2 bis 9.2.7.

15.4 Zulässige Spannungen in Spanngliedern mit Dehnungsbehinderung (Reibung)

Bei Spanngliedern, deren Dehnung durch Reibung behindert ist, darf nach Tabelle 9, Zeile 66, die zulässige Spannung am Spannende erhöht werden, wenn die Bereiche der maximalen Momente hiervon nicht berührt werden und die Erhöhung auf solche Bereiche beschränkt bleibt, in denen der Einfluß der Verkehrslasten gering ist.

15.5 Zulässige Betonzugspannungen für die Beförderungszustände bei Fertigteilen

Die zulässigen Betonzugspannungen betragen das Zweifache der zulässigen Werte für den Bauzustand.

15.6 Querbiegezugspannungen in Querschnitten, die nach DIN 1045 bemessen werden

(1) In Querschnitten, die nach DIN 1045 bemessen werden (z. B. Stege oder Bodenplatten bei Querbiegebeanspruchung), dürfen die nach Zustand I ermittelten Querbiegezugspannungen die Werte der Tabelle 9, Zeile 45, nicht überschreiten. Bei Brücken wird dieser Nachweis nur für den Lastfall H verlangt.

(2) Außerdem dürfen für den Lastfall ständige Last plus Vorspannung die nach Zustand I ermittelten Querbiegezugspannungen die Werte der Tabelle 9, Zeile 37, nicht überschreiten.

15.7 Zulässige Stahlspannungen in Spanngliedern

(1) Beim Spannvorgang darf die Spannung im Spannstahl vorübergehend die Werte nach Tabelle 9, Zeile 64, erreichen; der kleinere Wert ist maßgebend.

(2) Nach dem Verankern der Spannglieder gelten die Werte der Tabelle 9, Zeilen 65 bzw. 66 (siehe auch Abschnitt 15.4).

(3) Bei Spannverfahren, für die in den Zulassungen eine Abminderung der Spannkraft vorgeschrieben ist, muß die gleiche prozentuale Abminderung sowohl beim Spannen als auch nach dem Verankern der Spannglieder berücksichtigt werden.

15.8 Gekrümmte Spannglieder

In aufgerollten oder gekrümmt verlegten, gespannten Spanngliedern dürfen die Randspannungen den Wert $\beta_{0,01}$ nicht überschreiten. Die Randspannungen für Litzen dürfen mit dem halben Nenndurchmesser ermittelt werden.

15.9 Nachweise bei nicht vorwiegend ruhender Belastung

15.9.1 Allgemeines

(1) Mit Ausnahme der in den Abschnitten 15.9.2 und 15.9.3 genannten Fälle sind Nachweise der Schwingbreite für Betonstahl und Spannstahl nicht erforderlich.

(2) Für die Verwendung von Betonstahlmatten gilt DIN 1045/07.88, Abschnitt 17.8; für die Schubsicherung bei Eisenbahnbrücken dürfen jedoch Betonstahlmatten nicht verwendet werden.

15.9.2 Endverankerungen mit Ankerkörpern und Kopplungen

(1) An Endverankerungen mit Ankerkörpern sowie an festen und beweglichen Kopplungen der Spannglieder ist der Nachweis zu führen, daß die Schwingbreite das 0,7fache des im Zulassungsbe-

I

scheid für das Spannverfahren angegebenen Wertes der ertragenen Schwingbreite nicht überschreitet.

(2) Dieser Nachweis ist, sofern im Querschnitt Zugspannungen auftreten, nach Zustand II zu führen. Hierbei sind nur die durch häufige Lastwechsel verursachten Spannungsschwankungen zu berücksichtigen.

(3) In diesen Querschnitten ist auch die Schwingbreite im Betonstahl nachzuweisen. Die ermittelten Schwingbreiten dürfen die Werte von DIN 1045/07.88, Abschnitt 17.8, nicht überschreiten.

(4) Bei diesem Nachweis sind in Querschnitten mit festen oder beweglichen Kopplungen außer den ständigen Lasten und der Vorspannung nach Kriechen und Schwinden folgende Beanspruchungen als ständig wirkend zu berücksichtigen, soweit sie hinsichtlich der Spannungsschwankungen ungünstig wirken:

- Wahrscheinliche Baugrundbewegungen nach Abschnitt 9.2.6.
- Temperaturunterschiede nach Abschnitt 9.2.5.

Bei Straßen- und Wegbrücken sind die Temperaturunterschiede nach DIN 1072/12.85, Tabelle 3, Spalten 4 bzw. 6, ohne Abminderung einzusetzen.

- Zusatzmoment $\Delta M = \pm \frac{EI}{10^4 \, d_0}$ (23)

Hierin bedeuten:

EI Biegesteifigkeit im Zustand I

d_0 Querschnittsdicke des jeweils betrachteten Querschnitts

(5) ΔM nach Gleichung (23) ist ausschließlich bei diesem Nachweis zu berücksichtigen.

15.9.3 Endverankerung von Spanngliedern mit sofortigem Verbund

Es ist nachzuweisen, daß die Änderung der Spannung aus häufigen Lastwechseln (siehe Abschnitt 15.9.2) am Ende der Übertragungslänge bei gerippten und profilierten Drähten nicht größer als 70 N/mm², bei Litzen nicht größer als 50 MN/m² ist.

Tabelle 9. **Zulässige Spannungen**

Beton auf Druck infolge von Längskraft und Biegemoment im Gebrauchszustand						
	1	2	3	4	5	6
	Querschnittsbereich	Anwendungsbereich	Zulässige Spannungen N/mm²			
			B 25	B 35	B 45	B 55
1	Druckzone	Mittiger Druck in Säulen und Druckgliedern	8	10	11,5	13
2		Randspannung bei Voll- (z. B. Rechteck-)Querschnitt (einachsige Biegung)	11	14	17	19
3		Randspannung in Gurtplatten aufgelöster Querschnitten (z. B. Plattenbalken und Hohlkastenquerschnitte)	10	13	16	18
4		Eckspannungen bei zweiachsiger Biegung	12	15	18	20
5	vorgedrückte Zugzone	Mittiger Druck	11	13	15	17
6		Randspannung bei Voll- (z. B. Rechteck-)Querschnitten (einachsige Biegung)	14	17	19	21
7		Randspannung in Gurtplatten aufgelöster Querschnitte (z. B. Plattenbalken und Hohlkastenquerschnitte)	13	16	18	20
8		Eckspannung bei zweiachsiger Biegung	15	18	20	22

Tabelle 9. **(Fortsetzung)**

Beton auf Zug infolge von Längskraft und Biegemoment im Gebrauchszustand						
Allgemein (nicht bei Brücken)						
	1	2	3	4	5	6
	Vorspannung	Anwendungsbereich	Zulässige Spannungen N/mm²			
			B 25	B 35	B 45	B 55
		allgemein:				
9	volle Vorspannung	Mittiger Zug	0	0	0	0
10		Randspannung	0	0	0	0
11		Eckspannung	0	0	0	0
		unter unwahrscheinlicher Häufung von Lastfällen:				
12		Mittiger Zug	0,6	0,8	0,9	1,0
13		Randspannung	1,6	2,0	2,2	2,4
14		Eckspannung	2,0	2,4	2,7	3,0
		Bauzustand:				
15		Mittiger Zug	0,3	0,4	0,4	0,5
16		Randspannung	0,8	1,0	1,1	1,2
17		Eckspannung	1,0	1,2	1,4	1,5
		allgemein:				
18	beschränkte Vorspannung	Mittiger Zug	1,2	1,4	1,6	1,8
19		Randspannung	3,0	3,5	4,0	4,5
20		Eckspannung	3,5	4,0	4,5	5,0
		unter unwahrscheinlicher Häufung von Lastfällen:				
21		Mittiger Zug	1,6	2,0	2,2	2,4
22		Randspannung	4,0	4,4	5,0	5,6
23		Eckspannung	4,4	5,2	5,8	6,4
		Bauzustand:				
24		Mittiger Zug	0,8	1,0	1,1	1,2
25		Randspannung	2,0	2,2	2,5	2,8
26		Eckspannung	2,2	2,6	2,9	3,2
Bei Brücken und vergleichbaren Bauwerken nach Abschnitt 6.7.1						
		unter Hauptlasten:				
27	volle Vorspannung	Mittiger Zug	0	0	0	0
28		Randspannung	0	0	0	0
29		Eckspannung	0	0	0	0
		unter Haupt- und Zusatzlasten:				
30		Mittiger Zug	0,6	0,8	0,9	1,0
31		Randspannung	1,6	2,0	2,2	2,4
32		Eckspannung	2,0	2,4	2,7	3,0
		Bauzustand:				
33		Mittiger Zug	0,3	0,4	0,4	0,5
34		Randspannung	0,8	1,0	1,1	1,2
35		Eckspannung	1,0	1,2	1,4	1,5
		unter Hauptlasten:				
36	beschränkte Vorspannung	Mittiger Zug	1,0	1,2	1,4	1,6
37		Randspannung	2,5	2,8	3,2	3,5
38		Eckspannung	2,8	3,2	3,6	4,0
		unter Haupt- und Zusatzlasten:				
39		Mittiger Zug	1,2	1,4	1,6	1,8
40		Randspannung	3,0	3,6	4,0	4,5
41		Eckspannung	3,5	4,0	4,5	5,0
		Bauzustand:				
42		Mittiger Zug[1]	0,8	1,0	1,1	1,2
43		Randspannung[1]	2,0	2,2	2,5	2,8
44		Eckspannung[1]	2,2	2,6	2,9	3,2
Biegezugspannungen aus Quertragwirkung beim Nachweis nach Abschnitt 15.6						
45			3,0	4,0	5,0	6,0

[1] Abschnitt 15.1, (3), ist zu beachten.

Tabelle 9. **(Fortsetzung)**

Beton auf Schub						
	1	2	3	4	5	6
	Vorspannung	Beanspruchung	Zulässige Spannungen N/mm^2			
			B 25	B 35	B 45	B 55
Schiefe Hauptzugspannungen Im Gebrauchszustand						
46	volle Vorspannung	Querkraft, Torsion Querkraft plus Torsion in der Mittelfläche	0,8	0,9	0,9	1,0
47		Querkraft plus Torsion	1,0	1,2	1,4	1,5
48	beschränkte Vorspannung	Querkraft, Torsion Querkraft plus Torsion in der Mittelfläche	1,8	2,2	2,6	3,0
49		Querkraft plus Torsion	2,5	2,8	3,2	3,5
Schiefe Hauptzugspannungen bzw. Schubspannungen Im rechnerischen Bruchzustand ohne Nachweis der Schubbewehrung (Zone a und Zone b)						
	1	2	3	4	5	6
	Beanspruchung	Bauteile	Zulässige Spannungen N/mm^2			
			B 25	B 35	B 45	B 55
50	Querkraft	bei Balken	1,4	1,8	2,0	2,2
51		bei Platten[2] (Querkraft senkrecht zur Platte)	0,8	1,0	1,2	1,4
52	Torsion	bei Vollquerschnitten	1,4	1,8	2,0	2,2
53		in der Mittelfläche von Stegen und Gurten	0,8	1,0	1,2	1,4
54	Querkraft plus Torsion	in der Mittelfläche von Stegen und Gurten	1,4	1,8	2,0	2,2
55		bei Vollquerschnitten	1,8	2,4	2,7	3,0
Grundwerte der Schubspannung im rechnerischen Bruchzustand in Zone b und in Zuggurten der Zone a						
56	Querkraft	bei Balken	5,5	7,0	8,0	9,0
57		bei Platten (Querkraft senkrecht zur Platte)	3,2	4,2	4,8	5,2
58	Torsion	bei Vollquerschnitten	5,5	7,0	8,0	9,0
59		in der Mittelfläche von Stegen und Gurten	3,2	4,2	4,8	5,2
60	Querkraft plus Torsion	in der Mittelfläche von Stegen und Gurten	5,5	7,0	8,0	9,0
61		bei Vollquerschnitten	5,5	7,0	8,0	9,0
Beton auf Schub						
Schiefe Hauptdruckspannungen im rechnerischen Bruchzustand in Zone a und in Zone b						
62	Querkraft, Torsion, Querkraft plus Torsion	in Stegen	11	16	20	25
63	Querkraft, Torsion, Querkraft plus Torsion	in Gurtplatten	15	21	27	33

[2] Für dicke Platten ($d > 30$ cm) siehe Abschnitt 12.4.1

Tabelle 9. **(Fortsetzung)**

Stahl auf Zug			
Stahl der Spannglieder			
	1	2	
	Beanspruchung	Zulässige Spannungen	
64	vorübergehend, beim Spannen (siehe auch Abschnitte 9.3 und 15.7)	0,8 β_S bzw. 0,65 β_Z	
65	im Gebrauchszustand	0,75 β_S bzw. 0,55 β_Z	
66	im Gebrauchszustand bei Dehnungsbehinderung (siehe Abschnitt 15.4)	5 % mehr als nach Zeile 65	
67	Randspannungen in Krümmungen (siehe auch Abschnitt 15.8)	$\beta_{0,01}$	
Betonstahl			
68	Zur Aufnahme der im Gebrauchszustand auftretenden Zugspannung	BSt 420 S (III S) BSt 500 S (IV S) BSt 500 M (IV M)	β_S/1,75
69	Beim Nachweis zur Beschränkung der Rißbreite, zur Aufnahme der Zugkräfte bei Biegung im rechnerischen Bruchzustand und zur Bemessung der Schubbewehrung	BSt 420 S (III S) BSt 500 S (IV S) BSt 500 M (IV M)	β_S

Zitierte Normen und andere Unterlagen

DIN 1013 Teil 1 Stabstahl; Warmgewalzter Rundstahl für allgemeine Verwendung, Maße, zulässige Maß- und Formabweichungen

DIN 1045 Beton und Stahlbeton, Bemessung und Ausführung

DIN 1072 Straßen- und Wegbrücken; Lastannahmen

DIN 1075 Betonbrücken; Bemessung und Ausführung

DIN 1084 Teil 1 Überwachung (Güteüberwachung) im Beton- und Stahlbetonbau; Beton II auf Baustellen

DIN 1084 Teil 2 Überwachung (Güteüberwachung) im Beton- und Stahlbetonbau; Fertigteile

DIN 1084 Teil 3 Überwachung (Güteüberwachung) im Beton- und Stahlbetonbau; Transportbeton

Normen der Reihe

DIN 1164 Portland-, Eisenportland-, Hochofen- und Traßzement

DIN 4099 Schweißen von Betonstahl; Anforderungen und Prüfungen

DIN 4226 Teil 1 Zuschlag für Beton; Zuschlag mit dichtem Gefüge, Begriffe, Bezeichnung und Anforderungen

DIN 4227 Teil 2 Spannbeton; Bauteile mit teilweiser Vorspannung

DIN 4227 Teil 5 Spannbeton; Einpressen von Zementmörtel in Spannkanäle

DIN 4227 Teil 6 Spannbeton; Bauteile mit Vorspannung ohne Verbund

I

DIN 17 100 Allgemeine Baustähle; Gütenorm

DIN 18 553 Hüllrohre aus Bandstahl für Spannglieder; Anforderungen, Prüfungen

DAfStb-H. 320 Erläuterungen zu 4227 Spannbeton[10)]

Richtlinien für die Bemessung und Ausführung von Stahlverbundträgern (vorläufiger Ersatz für DIN 1078 und DIN 4239).

Mitteilungen des Instituts für Bautechnik, Berlin

Weitere Normen

DIN 488 Teil 1 Betonstahl; Sorten, Eigenschaften, Kennzeichen

DIN 488 Teil 3 Betonstahl; Betonstabstahl, Prüfungen

DIN 488 Teil 4 Betonstahl; Betonstahlmatten und Bewehrungsdraht, Aufbau, Maße und Gewichte

DIN 1055 Teil 1 Lastannahmen für Bauten; Lagerstoffe, Baustoffe und Bauteile, Eigenlasten und Reibungswinkel

DIN 1055 Teil 2 Lastannahmen für Bauten; Bodenkenngrößen, Wichte, Reibungswinkel, Kohäsion, Wandreibungswinkel

DIN 1055 Teil 3 Lastannahmen für Bauten; Verkehrslasten

DIN 1055 Teil 4 Lastannahmen für Bauten; Verkehrslasten; Windlasten bei nicht schwingungsanfälligen Bauwerken

DIN 1055 Teil 5 Lastannahmen für Bauten; Verkehrslasten; Schneelast und Eislast

DIN 1055 Teil 6 Lastannahmen für Bauten; Lasten in Silozellen

DIN 4102 Teil 1 Brandverhalten von Baustoffen und Bauteilen; Baustoffe, Begriffe, Anforderungen und Prüfungen

DIN 4102 Teil 2 Brandverhalten von Baustoffen und Bauteilen; Bauteile, Begriffe, Anforderungen und Prüfungen

DIN 4102 Teil 3 Brandverhalten von Baustoffen und Bauteilen; Brandwände und nichttragende Außenwände, Begriffe, Anforderungen und Prüfungen

DIN 4102 Teil 4 Brandverhalten von Baustoffen und Bauteilen; Zusammenstellung und Anwendung klassifizierter Baustoffe, Bauteile und Sonderbauteile

DIN 4102 Teil 5 Brandverhalten von Baustoffen und Bauteilen; Feuerschutzabschlüsse, Abschlüsse in Fahrschachtwänden und gegen Feuerwiderstandsfähige Verglasungen, Begriffe, Anforderungen und Prüfungen

DIN 4102 Teil 6 Brandverhalten von Baustoffen und Bauteilen; Lüftungsleitungen, Begriffe, Anforderungen und Prüfungen

DIN 4102 Teil 7 Brandverhalten von Baustoffen und Bauteilen; Bedachungen, Begriffe, Anforderungen und Prüfungen

DIN 4226 Teil 2 Zuschlag für Beton; Zuschlag mit porigem Gefüge (Leichtzuschlag), Begriffe, Bezeichnung und Anforderungen

DIN 4226 Teil 3 Zuschlag für Beton; Prüfung von Zuschlag mit dichtem oder porigem Gefüge

Frühere Ausgaben

DIN 4227: 10.53x; DIN 4227 Teil 1: 12.79

Änderungen

Gegenüber der Ausgabe Dezember 1979 wurden folgende Änderungen vorgenommen:

a) Erweiterung der Regelungen für den Einbau von Hüllrohren.

b) Erhöhung der Mindestbewehrung bei Brücken und vergleichbaren Bauwerken.

c) Konstruktive Regelungen für die Längsbewehrung von Balkenstegen.

d) Nachweis für die Gebrauchsfähigkeit vorgespannter Konstruktionen (Beschränkung der Rißbreite).

e) Angleichung an DIN 1072 hinsichtlich Zwangbeanspruchung, insbesonders aus Wärmewirkung.

Allgemeine redaktionelle Anpassungen an die zwischenzeitliche Normenfortschreibung.

Internationale Patentklassifikation

C 04 B 28/04 E 04 B 1/22 E 04 C 5/08
E 01 D 7/02 E 04 G 21/12 G 01 L 5/00
G 01 N 3/00 G 01 N 33/38

10) Herausgeber: Deutscher Ausschuß für Stahlbeton, Berlin.
Zu beziehen über: Beuth Verlag GmbH, Burggrafenstraße 6, 10787 Berlin.

5 Spannbeton

Teil 1: Bauteile aus Normalbeton mit beschränkter oder voller Vorspannung

Änderung A1 zur DIN 4227-1 : 1988-07 - (DIN 4227-1/A1 : 1995-12) -

Vorwort

Diese Änderung wurde vom Normenausschuß Bauwesen, Fachbereich 07 „Beton- und Stahlbetonbau - Deutscher Ausschuß für Stahlbeton", Arbeitsausschuß 07.01.00 „Bemessung und Konstruktion", erarbeitet. Sie übernimmt die Festlegungen der DIN 1164-1 für Zement und paßt die Regeln für die Mindestbewehrung dem Stand der Technik an.

1 Anwendungsbereich

Diese Änderung von DIN 4227-1 : 1988-07 ersetzt die bisherigen Regelungen für die Mindestbewehrung in Spannbetonbauteilen aus Normalbeton mit beschränkter oder voller Vorspannung und übernimmt die Festlegungen für Zemente der DIN 1164-1 : 1994-10.

2 Normative Verweisungen

Diese Norm enthält durch datierte oder undatierte Verweisungen Festlegungen aus anderen Publikationen. Diese normativen Verweisungen sind an den jeweiligen Stellen im Text zitiert, und die Publikationen sind nachstehend aufgeführt. Bei datierten Verweisungen gehören spätere Änderungen oder Überarbeitungen dieser Publikationen nur zu dieser Norm, falls sie durch Änderung oder Überarbeitung eingearbeitet sind. Bei undatierten Verweisungen gilt die letzte Ausgabe der in Bezug genommenen Publikation.

DIN 1045 : 1988-07
Beton und Stahlbeton - Bemessung und Ausführung

DIN 1053-1 : 1990-02
Mauerwerk - Rezeptmauerwerk - Berechnung und Ausführung

Normenreihe

DIN 1055
Lastannahmen für Bauten

DIN 1072
Straßen- und Wegbrücken - Lastannahmen

DIN 1164-1 : 1994-10
Zement - Teil 1: Zusammensetzung, Anforderungen

DIN 4227-1 : 1988-07
Spannbeton - Bauteile aus Normalbeton mit beschränkter oder voller Vorspannung

DS 804
Vorschrift für Eisenbahnbrücken und sonstige Ingenieurbauwerke (VEI) (zu beziehen bei der Drucksachenverwaltung der Deutschen Bahn AG, Stuttgarter Str. 61, 76137 Karlsruhe)

3 Änderungen

a) 3.1.2, Absatz (2), von DIN 4227-1 : 1988-07
ist geändert in:

„Es dürfen Portlandzement CEM 1, Portlandhüttenzement CEM II/A-S und CEM II/B-S, Portlandölschieferzement CEM II/A - T und CEM II/B - T oder Portlandkalksteinzement CEM II/A - L mindestens der Festigkeitsklasse 32,5 R oder Portlandpuzzolanzement CEM II/A - P und CEM II/B - P sowie Hochofenzement CEM III/A und CEM III/B mindestens der Festigkeitsklassen 42,5 nach DIN 1164-1 verwendet werden."

b) 6.7 von DIN 4227-1 : 1988-07
ist geändert in:

„6.7 Mindestbewehrung und Bewehrung zur Beschränkung der Rißbreite

6.7.1 Allgemeines

(1) In Spannbetonbauteilen ist vor allem zur Sicherung eines robusten Tragverhaltens eine Mindestbewehrung nach 6.7.2, aus Gründen der Dauerhaftigkeit und des Erscheinungsbildes eine Bewehrung zur Beschränkung der Rißbreite nach 6.7.3 anzuordnen. Eine Addition der aus den Anforderungen nach 6.7.2 bzw. 6.7.3 resultierenden Längsbewehrung ist nicht erforderlich. In jedem Querschnitt ist nur der jeweils größere Wert maßgebend. Anforderungen an die Schubbewehrung

I

(Bügelbewehrung) werden nur in 6.7.2 gestellt. Die Bewehrung nach 6.7 darf bei allen weiteren Nachweisen auf die statisch erforderliche Bewehrung angerechnet werden.

(2) Die Stababstände der Längsbewehrung dürfen 200 mm nicht überschreiten.

(3) Bei Bauteilen in Umweltbedingungen nach DIN 1045, Tabelle 10, Zeilen 2 bis 4, dürfen die Bewehrungsstäbe bei Verwendung von Betonstabstahl den Durchmesser d_s = 10 mm, bei Betonstahlmatten den Durchmesser d_s = 8 mm nicht unterschreiten.

(4) Bei Platten veränderlicher Dicke darf die auf die mittlere Dicke bezogene Mindestbewehrung gleichmäßig verteilt werden. Wirkt die Platte jedoch auch als Gurtscheibe, so sollte die Mindestbewehrung auf die örtliche Plattendicke bezogen werden. Bei Hohlplatten mit annähernd kreisförmigen Aussparungen darf die Längsbewehrung auf den reinen Betonquerschnitt bezogen werden.

Tabelle 4: Mindestbewehrung je m für die verschiedenen Bereiche eines Spannbetonbauteiles

	1	2	3	4	5
		Platten/Gurtplatten oder breite Balken ($b_0 > d_0$)		Balken mit $b_0 \leq d_0$ Stege von Plattenbalken und Kastenträgern	
		Bauteile in Umweltbedingungen nach DIN 1045, Tabelle 10, Zeile 1	Bauteile in Umweltbedingungen nach DIN 1045, Tabelle 10, Zeilen 2 bis 4	Bauteile in Umweltbedingungen nach DIN 1045, Tabelle 10, Zeile 1	Bauteile in Umweltbedingungen nach DIN 1045, Tabelle 10, Zeilen 2 bis 4
1a	Oberflächenbewehrung je m bei Balken an jeder Seitenfläche, bei Platten mit $d \geq$ 1,0 m an jedem gestützten oder nicht gestützten Rand[1)]	1,0 μd_0 bzw. μd	1,0 μd_0 bzw. μd	1,0 μb_0 bzw. μb	1,0 μb_0 bzw. μb
1b	Oberflächenbewehrung am äußeren Rand der Druckzone bzw. in der Zugzone von Platten[1)]	1,0 μd_0 bzw. μd (je m)	1,0 μd_0 bzw. μd (je m)	–	1,0 $\mu d_0 b_0$
1c	Oberflächenbewehrung in Druckgurten (obere und untere Lage je für sich)[1)]	–	1,0 μd	X	X
2a	Längsbewehrung in vorgedrückten Zugzonen	1,5 μd_0 bzw. 1,5 μd (je m)	1,5 μd_0 bzw. 1,5 μd (je m)	1,5 $\mu b_0 d_0$ bzw. 1,5 μbd	1,5 $\mu b_0 d_0$ bzw. 1,5 μbd
2b	Längsbewehrung in Zuggurten und Zuggliedern (obere und untere Lage je für sich)	2,5 μd	2,5 μd	X	X
3a	Schubbewehrung für Scheibenschub	2,0 μd	2,0 μd	X	X
3b	Bügelbewehrung von Balkenstegen und freien Rändern von Platten	2,0 μd_0 bzw. 2,0 μd	2,0 μd_0 bzw. 2,0 μd	2,0 μb_0 bzw. 2,0 μb	2,0 μb_0 bzw. 2,0 μb

1) Eine Oberflächenbewehrung größer als 3,35 cm^2/m je Richtung ist nicht erforderlich.

Die Werte für μ sind Tabelle 5 zu entnehmen.

Dabei ist:

d Plattendicke/Gurtplattendicke/Zugglieddicke

d_0 Balkendicke

b_0 Stegbreite in Höhe der Schwerlinie des gesamten Querschnittes, bei Hohlplatten mit annähernd kreisförmiger Aussparung die kleinste Stegbreite.

Tabelle 5: Grundwerte der Mindestbewehrung μ (Betonstahl IV S, IV M)

	1	2
	Vorgesehene Betonfestigkeitsklasse	μ %
1	B 25	0,08
2	B 35	0,09
3	B 45	0,10
4	B 55	0,11

6.7.2 Mindestbewehrung

(1) Für die Mindestbewehrung in verschiedenen Bereichen eines Spannbetonbauteils gilt Tabelle 4.

(2) Bei Vorspannung mit sofortigem Verbund dürfen oberflächennahe Spanndrähte als Betonstahl IV S auf die Mindestbewehrung nach Tabelle 4, Zeilen 1a bis 1c, angerechnet werden.

(3) Die Mindestbewehrung nach Tabelle 4, Zeile 1b, ist in der Zug- und Druckzone von Platten in Form von Bewehrungsnetzen anzuordnen, die aus zwei sich annähernd rechtwinklig kreuzenden Bewehrungslagen mit je einem Querschnitt nach Tabelle 4 bestehen. In Bauteilen, die Umweltbedingungen nach Tabelle 10, Zeile 1 von DIN 1045 : 1988-07 ausgesetzt sind, darf die Oberflächenbewehrung am äußeren Rand der Druckzone nach Tabelle 4, Zeile 1b, Spalte 2, entfallen. Für Platten aus Fertigteilen mit einer Breite $< 1{,}20$ m darf die Querbewehrung nach Tabelle 4, Zeile 1b, entfallen.

(4) Die Mindestbewehrung nach Tabelle 4, Zeilen 2a und 2b, darf entfallen, sofern unter Ausnutzung von Schnittgrößenumlagerungen nachgewiesen wird, daß für den rechnerisch angenommenen Ausfall von Spanngliedern ein Versagen stets durch Rißbildung oder große Verformungen angekündigt wird.

(5) Auf die Mindestbewehrung nach Tabelle 4, Zeilen 2a und 2b, darf oberflächennahe Spannstahlbewehrung mit sofortigem Verbund im Verhältnis $\beta_{0,2}/\beta_s$ angerechnet werden, wenn diese im Spannbett nur gering vorgespannt wird (höchstens $0{,}3\beta_{0,2}$).

(6) Bei Durchlaufträgern ist die im Feld erforderliche Mindestbewehrung nach Tabelle 4, Zeilen 2a und 2b, bis über die Auflager durchzuführen.

(7) Bei rechnerisch nicht berücksichtigter Einspannung ist die Mindestbewehrung nach Tabelle 4, Zeilen 2a und 2b, in Einspannrichtung über eine Länge von mindestens einem Viertel der Stützweite einzulegen.

(8) Balken und freie Ränder von Platten müssen eine Mindestbügelbewehrung nach Tabelle 4, Zeile 3b, erhalten. Dies gilt nicht für Tür- und Fensterstürze mit $l \leq 2{,}00$ m, die nach 8.5.3 von DIN 1053-1 : 1990-02 bemessen werden, und nicht für Rippendecken mit einer Verkehrslast $p \leq 2{,}75$ kN/m^2.

6.7.3 Bewehrung zur Beschränkung der Rißbreite

(1) In Haupttragrichtung ist die Bewehrung zur Rißbreitenbeschränkung nach Gleichung (1) in den Bereichen einzulegen, wo unter der seltenen Einwirkungskombination[2)] und der Wirkung der 0,9fachen Vorspannkraft[3)] Betondruckspannungen am Bauteilrand dem Betrag nach kleiner als 1 N/mm^2 auftreten.

$$\mu_s = 0{,}8 \cdot k \cdot k_c \cdot \beta_{bZ}/\sigma_s - \xi_1 \cdot \mu_z \qquad (1)$$

Dabei ist:

μ_s der auf den gezogenen Querschnitt oder Querschnittsteil bezogene Betonstahlbewehrungsgehalt A_s/A_{bZ}. Hierbei ist A_{bZ} die Zugzone unmittelbar vor Rißbildung bei Wirkung der 0,9fachen Vorspannkraft[3)] sowie gegebenenfalls einer Normalkraft aus ständiger Last.

μ_z der auf den gezogenen Querschnitt oder Querschnittsteil bezogene Spannstahlbewehrungsgehalt A_z/A_{bZ}. Anzurechnen ist nur die Spannstahlbewehrung, die in A_{bZ} liegt.

σ_s Stahlspannung nach Tabelle 6, die von dem gewählten Stabdurchmesser abhängig ist. Wenn die Betonzugfestigkeit größer als 2,7 N/mm^2 ist, darf die Stahlspannung mit dem Faktor $\sqrt{\beta_{bZ}/2{,}7}$ erhöht werden.

$\beta_{bZ} = 0{,}25\ \beta_{WN}^{2/3}$, zentrische Zugfestigkeit des Betons. Ein kleinerer Wert als $\beta_{bZ} = 2{,}7$ N/mm^2 darf nicht eingesetzt werden.

2) Die seltene Einwirkungskombination umfaßt die ständigen Lasten und die 1,0fachen Verkehrslasten nach den Normen der Reihe DIN 1055 bzw. DIN 1072 oder DS 804, zusätzlich Zwang aus wahrscheinlicher Baugrundbewegung, Schwinden und Wärmewirkung.

3) Liegen bei der Herstellung von Fertigteilen mit sofortigem Verbund ausreichende statistische Daten über die Messung der Vorspannkraft vor, darf mit ihrer 0,95fachen Wirkung gerechnet werden.

Tabelle 6: Betonstahlspannungen zur Rißbreitenbeschränkung in Abhängigkeit von dem gewählten Stabdurchmesser *d*

	1	2	3	4	5	6	7	8	9
1	d in mm	25	20	16	14	12	10	8	6
2	σ_s bzw. $\Delta\sigma_z$ in N/mm^2	160	180	200	220	240	260	280	320

k Beiwert zur Berücksichtigung sekundärer Rißbildung bei dicken Bauteilen:

$k = 1{,}00$ für Reckteckquerschnitte und Stege mit einer Dicke von $d \leq 0{,}30$ m,

$k = 0{,}65$ für Reckteckquerschnitte und Stege mit einer Dicke von $d \geq 0{,}80$ m

Zwischenwerte dürfen durch lineare Interpolation ermittelt werden.

k_c Beiwert zur Berücksichtigung des Einflusses der Spannungsverteilung innerhalb der Zugzone A_{bZ} vor der Rißbildung sowie der Änderung des inneren Hebelarmes beim Übergang in den Zustand II:

- für Rechteckquerschnitte und Stege von Hohlkästen und Plattenbalken:

$$k_c = 0{,}4 \cdot \left[1 + \frac{\sigma_{bv}}{k_1 \cdot \beta_{bZ} \cdot d_o/d'}\right] \leq 1$$

$d' = d_o$ für $d_o < 1$ m

$d' = 1$ m für $d_o \geq 1$ m, d_o Balkendicke, bei Platten ist die Plattendicke d einzusetzen

$k_1 = 1{,}5$ für Drucknormalkraft

$k_1 = \frac{2}{3} \cdot \frac{d'}{d_o}$ für Zugnormalkraft

- für Zuggurte in gegliederten Querschnitten:

$k_c = 1{,}0$ (obere Abschätzung)

σ_{bv} zentrischer Betonspannungsanteil infolge äußerer Normalkraft und der 0,9fachen (im Bereich von Koppelfugen 0,75fachen) Normalkraft aus Vorspannung (Druck negativ)

ξ_1 Verbundbeiwert zur Berücksichtigung der Mitwirkung des Spannstahls

$$\xi_1 = \sqrt{\xi \cdot d_s/d_z}$$

ξ Verhältnis zwischen mittlerer Verbundspannung von Spannstahl und Betonstahl. Dieses Verhältnis kann Tabelle (7) entnommen werden.

d_s Durchmesser des Betonstahls

d_z Durchmesser des Spanngliedes für Bündel- und Litzenspannglieder

$d_z = 1{,}60 \cdot \sqrt{A_z}$

für 7drähtige Einzellitzen

$d_z = 1{,}75 \cdot d_v$

für 3drähtige Einzellitzen

$d_z = 1{,}20 \cdot d_v$

mit: d_v Durchmesser des einzelnen Spanndrahtes

Falls in Bauteilen mit Spanngliedern aus gerippten oder profilierten Spanndrähten oder mit Spannstahllitzen keine Betonstahlbewehrung zur Rißbreitenbeschränkung angeordnet werden soll, wird in Gleichung (1) $\xi_1 = 0$. Für μ_s ist dann μ_z und für σ_s der Spannungszuwachs im Spannstahl $\Delta\sigma_z$ zu setzen, zu dessen Ermittlung nach Tabelle 6 folgender Durchmesser anzunehmen ist:

$$d = d_z/\xi$$

Der Verbundbeiwert ξ kann Tabelle 7 entnommen werden, d_z siehe Erläuterung zu ξ_1.

Tabelle 7: Verbundbeiwerte zur Berücksichtigung der Mitwirkung des Spannstahls

Spannstahlsorte	Verbundbeiwerte $\xi = \tau_{zm}/\tau_{sm}$	
	sofortiger Verbund	nachträglicher Verbund
Litzen	0,6	0,5
profiliert	0,7	0,6
glatt	—	0,3
gerippt	0,9	0,7

ANMERKUNG: Die Benummerung der Gleichungen und Tabellen in den Abschnitten 8, 10, 11, 12, 13, 14 und 15 ändern sich entsprechend den Vorgaben dieses neuen Abschnittes 6.7."

c) 9.4 von DIN 4227-1 : 1988-07

In Absatz (2) wird der 3. Satz „Der Nachweis ist nach 10.2 zu führen; der Stabdurchmesser d_s darf jedoch die Werte nach Gleichung (8) überschreiten" gestrichen.

d) 10.2 von DIN 4227-1 : 1988-07

Der Abschnitt ist gestrichen.

e) 10.3 von DIN 4227-1 : 1988-07

Absatz (2) ist geändert in:

„Wird nicht nachgewiesen, daß die infolge Schwindens und Abfließens der Hydratationswärme im anbetonierten Teil auftretenden Zugkräfte durch Bewehrung aufgenommen werden können, so ist im anbetonierten Teil auf eine Länge $d_o \leq 1{,}0$ m die parallel zur Arbeitsfuge laufende Bewehrung auf die 1,5fachen Werte der Bewehrung nach Tabelle 4, Zeile 1b, anzuheben, die Fußnote 1, Tabelle 4, gilt dabei nicht. Diese Werte gelten auch als Mindestquerschnitt der obersten und untersten Lage der die Fuge kreuzenden Bewehrung, die beiderseits der Fuge auf einer Länge $d_0 + l_0 \leq 4{,}0$ m vorhanden sein muß (d_0 Balkendicke bzw. Plattendicke; l_0 Grundmaß der Verankerungslänge nach 18.5.2.1 von DIN 1045 : 1988-07).

ANMERKUNG: Der letzte Satz des entsprechenden Absatzes in DIN 4227-1 : 1988-07 ist gestrichen."

f) 10.4 von DIN 4227-1 : 1988-07

Absatz (1) ist geändert in:

„Werden in einer Arbeitsfuge mehr als 20 % der im Querschnitt vorhandenen Spannkraft mittels Spanngliedkopplungen oder auf andere Weise vorübergehend verankert, gelten für die die Fuge kreuzende Bewehrung über 6.73, 10.3, 14 und 15.9 hinaus die nachfolgenden Absätze (2) bis (5); dabei sollen die Stababstände nicht größer als 15 cm sein."

Absatz (2) ist gestrichen.

Absatz (3) 1. Satz ist geändert in:

„Ist in der Fuge am jeweils betrachteten Rand unter ungünstigster Überlagerung der Lastfälle nach Abschnitt 9 (unter Berücksichtigung auch der Bauzustände) eine Druckrandspannung nicht vorhanden, so sind für die die Fuge kreuzende Längsbewehrung folgende Mindestquerschnitte erforderlich."

Absatz (4) ist geändert in:

„Die Werte für die Mindestlängsbewehrung nach Absatz (3) dürfen auf die Werte nach Tabelle 4 ermäßigt werden, wenn die Druckrandspannung am betrachteten Rand mindestens 2 N/mm^2 beträgt. Bei Mindest-Druckrandspannungen zwischen 0 und 2 N/mm^2 darf der Querschnitt der Mindestlängsbewehrung zwischen den jeweils maßgebenden Werten linear interpoliert werden."

g) 12.4 von DIN 4227-1 : 1988-07

12.4.1, Absatz (2), ist geändert in:

„Die erforderliche Schubbewehrung ist für die in den Zugstreben eines gedachten Fachwerks wirkenden Kräfte zu bemessen (Fachwerkanalogie). Bezüglich der Neigung der Fachwerkstreben siehe 12.4.2 (Querkraft) und 12.4.3 (Torsion); die Bewehrungen sind getrennt zu ermitteln und zu addieren. Auf die Mindestschubbewehrung nach 6.7.3 wird hingewiesen. Für die Bemessung der Bewehrung aus Betonstahl gelten die in Tabelle 9, Zeile 69, angegebenen Spannungen."

Anhang A (informativ)

Literaturhinweise

Gert König, Nguyen Tue: Introduction to EC 2 – Part 2: Serviceability and Robustness – Darmstadt Concrete Vol. 9.

König, G., Tue, N., Bauer, Th., Pommerening, D.: Schadensablauf bei Korrosion der Spannbewehrung. Forschungsbericht TH Darmstadt, Oktober 1994.

I

J ZULASSUNGEN

Dr.-Ing. Uwe Hartz

J

J Zulassungen

1 Allgemeines

Wie in der letztjährigen Ausgabe bereits erwähnt, verlagert sich das Gewicht der Zulassungserteilung immer stärker auf die Seite der europäischen technischen Zulassungen, ohne dass damit eine Verringerung des Antragumfangs für nationale Zulassungen verbunden ist. Da die Erarbeitung der Leitlinien für europäische technische Zulassungen bzw. der für Einzelzulassungen erforderlichen „CUAPs" (siehe ausführlichen Überblick in der Ausgabe aus dem vergangenen Jahr) wesentlich aufwendiger und zeitintensiver ist als bei der Erarbeitung nationaler Zulassungen, ist in absehbarer Zeit wegen der personellen Situation des DIBt damit zu rechnen, dass Engpässe bei der Zulassungsbearbeitung entstehen. Berücksichtigt man ferner den bevorstehenden Wechsel zu einer neuen Normengeneration im Betonbau, der die Überarbeitung aller bestehenden Zulassungen auf diesem Gebiet erforderlich macht, wird diese Situation noch prekärer.

In den Ausgaben der vergangenen Jahre wurde ausführlich über die Grundlagen für die Erteilung sowohl nationaler als auch europäischer Zulassungen berichtet, so dass ein Verweis darauf genügt. Im Mittelpunkt der diesjährigen Ausgabe sollen Weiterentwicklungen und zu erkennende Tendenzen stehen.

2 Europäische technische Zulassungen

2.1 Zulassungen mit Leitlinie

Auf dem Gebiet des Stahlbeton- und Spannbetonbaus wurden inzwischen die folgenden Leitlinien verabschiedet und sowohl im Amtsblatt der Europäischen Union als auch im Bundesanzeiger veröffentlicht:

- Metalldübel für Verankerungen in Beton
  Teil 1: Dübel – Allgemeines
  Teil 2: Kraftkontrolliert spreizende Dübel
  Teil 3: Hinterschnittdübel
  Teil 4: Wegkontrolliert spreizende Dübel

Erste europäische technische Zulassungen wurden auf der Grundlage dieser Leitlinien bereits erteilt.

Die folgenden Leitlinien liegen als „final draft" vor, d. h. als durch die EOTA-Arbeitsgruppe erstellte Papiere, die jedoch noch nicht von der Europäischen Kommission verabschiedet sind:

- Metalldübel für Verankerungen in Beton
  Teil 5: Verbunddübel
- Spannverfahren
- Schalungssysteme und -steine aus Wärmedämmstoff

Folgende Leitlinien sind gegenwärtig in Bearbeitung:

- Metalldübel für Verankerungen von Leichtbausystemen
- Metall-Injektionsdübel für die Verankerung in Mauerwerk
- Kunststoffdübel für die Verankerung in Mauerwerk und Beton.

Um den zu erwartenden Wildwuchs auf dem Gebiet europäischer technischer Zulassungen zu demonstrieren, sei auf ein zu erwartendes Mandat für die Erarbeitung einer Leitlinie hingewiesen, deren Titel „Bausätze aus Beton und Metall zur Erstellung tragender Strukturen von Bauwerken" lautet. Auch für Bausätze für vorgefertigte Kühlräume bzw. Kühlhäuser sollen Leitlinien erarbeitet werden.

Bei einem Überblick der oben aufgelisteten Themen wird die Dominanz der Befestigungstechnik deutlich, wobei die Initiative für die Mandatierung durch die Kommission der EU in allen Fällen von Deutschland ausging. Hier ist in den letzten Jahren nicht zuletzt wegen der Vorreiterrolle (die Leitlinien für die Metallanker waren die ersten überhaupt) Entscheidendes geleistet worden. Auslöser dafür war letztlich, dass der in Deutschland durch das DIBt für derartige Zulassungen gesetzte Standard Vorbildwirkung hatte und das Interesse der führenden Firmen auf diesem Gebiet an europäischen technischen Zulassungen außerordentlich groß war, da nationale Schranken hier besonders wettbewerbsschädigend sind. Diese Entwicklung wird sich sicher fortsetzen.

Bei den Spannverfahren ist für Ende 2000 mit der endgültigen Verabschiedung der Leitlinie zu rechnen, so dass danach mit der Erteilung erster europäischer technischer Zulassungen zu rechnen ist. Auch hier ist das Interesse der Industrie außerordentlich groß, da die meisten Firmen bereits jetzt international agieren und gegenwärtig für jedes Land eine eigene nationale Zulassung erteilt werden muss. Da in die Leitlinie fast ausschließlich die im Rahmen von CEB und vor allem FIP erarbeiteten Regelungen für und Anforderungen an Spannverfahren eingegangen sind, die unter maßgeblicher Beteiligung deutscher Fachleute zustande gekommen sind, ist das aus deutscher Sicht erforderliche Anforderungsniveau auch weiterhin gesichert. Durch die Leitlinie werden alle gegenwärtig auf dem Markt vorhandenen Spannverfahren abgedeckt: Spannglieder mit nachträglichem Verbund über interne ohne Verbund bis zu externen. Grundlage der Bemessung der Tragwerke ist Eurocode 2.

2.2 Zulassungen ohne Leitlinie

Für Produkte, bei denen wegen der zu erwartenden geringen Anzahl an Zulassungen die Erarbeitung einer Leitlinie entfallen kann (nach Bauproduktenrichtlinie, Artikel 9.2), werden die Zulassungen auf der Grundlage eines europäisch abgestimmten Papieres, der sog. „CUAP“ (Common Understanding of Assessment Procedure) erteilt. Dies betrifft zum Beispiel die europäische technische Zulassung für Spezialdübel zur Befestigung von Wetterschalen. Gegenwärtig existiert eine umfangreiche Liste derartiger Zulassungsanträge, im Bereich Stahlbeton/Spannbeton sind darunter z. B.:

- Schalungssteine aus Holzspannbeton für Lärmschutzwände
- Elastische Bewegungsfugen von Brücken
- Mechanische Verbindungen (Kopplungen) für genormte Betonstähle
- Dübelleisten und Doppelkopfbolzen als Durchstanzbewehrung
- Spezialdübel (nichtrostender Stahl)
- Kopf-/Ankerbolzen
- Stahlplatten mit angeschweißten Kopfbolzen
- Befestigungselemente für Wärmedämmverbundsysteme
- Stahleinbauteile zur Erhöhung der Durchstanztragfähigkeit von Decken
- Stützenstoß/-fuß

Aus der Auflistung wird deutlich, dass Zulassungsverfahren über eine CUAP in der Regel nur solche Bauprodukte betreffen, die entweder eine nur eingeschränkte wirtschaftliche Bedeutung, einen streng umgrenzten Anwendungsbereich oder in der konkreten Ausbildung eine sehr große Vielfalt haben.

2.3 Übergangsregeln

Für Hersteller und Anwender ergibt sich natürlich mit dem Vorliegen erster europäischer technischer Zulassungen die Frage, was mit den nationalen Zulassungen zum selben Bauprodukt passiert. Betroffen von dieser Frage sind alle Bauprodukte, für die „Technische Spezifikationen“ im Sinne von Artikel 4 der Bauproduktenrichtlinie vorliegen.

Im Bereich der Normung im Rahmen von CEN ist diese Frage eindeutig beantwortet: Ist eine europäische Produktnorm verabschiedet und liegt sie in dem entsprechenden Mitgliedstaat in übersetzter Form vor, ist die nationale Norm durch das Norminstitut zurückzuziehen. Ist durch die europäische Norm nicht der gesamte Inhalt der bisherigen nationalen Norm abgedeckt, müssen „Brückennormen“ erarbeitet werden zur nationalen Ergänzung der europäischen Norm.

Obwohl Leitlinien für Zulassungen eigentlich nicht zu den Technischen Spezifikationen im Sinne der Bauproduktenrichtlinie gehören, werden sie in der Praxis als solche angesehen. Die Frage der Koexistenz von nationalen und europäischen Zulassungen wird in einem Leitpapier der Europäischen Kommission erörtert, zu dem gegenwärtig ein Entwurf vorliegt. Darin wird ein Zeitraum von neun Monaten für die Umsetzung der verabschiedeten (englischsprachigen) Leitlinie in das nationale Baurecht (Übersetzung, Veröffentlichung) sowie ein zweiter von 24 Monaten für die eigentliche Koexistenz vorgesehen. Die Diskussion über die zu erwartenden Konsequenzen dieser Daten hat unterschiedliche nationale Meinungen deutlich gemacht, es ist aber nicht damit zu rechnen, dass die Kommission von diesen Festlegungen abgeht.

Zulassungen ohne Leitlinie sind von diesem Problem nicht betroffen, hier existieren nationale und europäische Zulassungen nebeneinander. Natürlich ist dabei die europäische Zulassung der nationalen überlegen, da sie in allen Mitgliedsländern der EOTA Gültigkeit besitzt.

Welche Konsequenzen hat das oben Gesagte für die weitere Praxis der Zulassungserteilung, wenn für das zugelassene Bauprodukt Leitlinien erarbeitet sind? Grundsätzlich gelten die erteilten (deutschen) allgemeinen bauaufsichtlichen Zulassungen bis zum Ende der auf dem Deckblatt angegebenen Geltungsdauer. Nach Veröffentlichung einer Leitlinie durch die Kommission und dem Beginn der Dauer der oben beschriebenen Koexistenzphase von 33 Monaten können noch deutsche Zulassungen erteilt werden, jedoch mit einer Geltungsdauer bis maximal zum Ende der erwähnten Koexistenzphase. Danach dürfen für Bauprodukte mit Leitlinie nur noch europäische technische Zulassungen erteilt werden. Das bedeutet, dass deutsche Zulassungen, die kurz vor Beginn der Koexistenzphase erteilt werden, noch eine Geltungsdauer von fünf Jahren aufweisen, während solche, die kurz nach Beginn dieser Phase erteilt werden, lediglich eine Geltungsdauer von 33 Monaten besitzen. Dieser unbefriedigende Sachverhalt ist darauf zurückzuführen, dass für die Festlegung derartiger Übergangsregelungen keinerlei Rechtsgrundlage existiert.

3 Allgemeine bauaufsichtliche Zulassungen

3.1 Einführung

Die Bauordnungen der Länder legen fest, dass für Bauprodukte in der Regel allgemeine bauaufsichtliche Zulassungen zu erteilen sind, wenn dafür keine technischen Regeln existieren oder von diesen wesentlich abgewichen wird. In den ersten beiden Jahrgängen dieser Ausgabe wurde ausführlich über Hintergründe und Verfahrensweise für Zulassungsverfahren berichtet, hinzuweisen ist deshalb hier lediglich darauf, dass auch in diesem Jahr aktualisierte Fasssungen der Bauregelliste (Ausgabe 2000/1) sowie des Verzeichnisses der Prüf-, Überwachungs- und Zertifizierungsstellen (Stand: Juni 2000) durch das DIBt veröffentlicht wurden.

3.2 Zulassungsverzeichnis

3.2.1 Allgemeines

Das Verzeichnis der allgemeinen bauaufsichtlichen Zulassungen erscheint im Wesentlichen in unveränderter Form. Lediglich für Spannverfahren und Gitterträger konnte der in der letzten Ausgabe angekündigte Wechsel zu einer inhaltsreicheren Darstellungsweise bereits realisiert werden. Dieser Weg soll in den nächsten Ausgaben fortgesetzt werden.

Zum Aufbau des Zulassungsverzeichnisses wird auf die vorjährigen Ausgaben verwiesen, die verwendeten Abkürzungen besitzen die folgende Bedeutung:

Z Ausgabedatum der Zulassung
Ä Datum eines Änderungsbescheides
E Datum eines Ergänzungsbescheides
V Datum der letzten Verlängerung
G letzter Tag der aktuellen Geltungsdauer

Die Aufstellung umfasst alle gegenwärtig geltenden Zulassungen, die vor Juli 2000 erteilt wurden und rechtskräftig geworden sind. Liegt das Datum der Geltungsdauer vor Juli 2000, ist die Bearbeitung der Zulassungsverlängerung noch nicht abgeschlossen.

3.2.2 Wandbauarten

Bei den Wandbauarten aus Schalungssteinen bzw. Wandplatten führen die weiter steigenden Anforderungen an die Wärmedämmung zu einem hohen Aufwand zu ihrer konstruktiven Umsetzung.

So werden Außenwandplatten sowohl mit innenliegender Dämmung als Schaum oder eingelegten Platten als auch mit „nass in nass“ aufgebrachtem Wärmedämmputz bis zu einer Stärke von 200 mm hergestellt.

Die EOTA-Leitlinie für Schalungselemente aus Wärmedämmaterial wird Ende 2000 verabschiedet. Auf dieser Grundlage können dann für nicht tragende Schalungssteine und sonstige Schalungselemente, sofern sie Wärmedämmeigenschaften besitzen, europäische technische Zulassungen erteilt werden.

3.2.3 Deckenbauarten

Der Anwendungsbereich von Dübelleisten und Doppelkopfbolzen beschränkte sich in den ersten erteilten Zulassungen auf den Durchstanzbereich von Ortbetondecken- und -fundamentplatten. In einem zweiten Schritt wurde der Anwendungsbereich auf Elementdecken erweitert, so dass eine Kombination mit der Schubbewehrung aus Gitterträgern möglich wurde. Inzwischen sind erste Zulassungen für derartige Bewehrungselemente als Querkraftbewehrung in Platten und Balken erteilt worden, von denen eine in dieser Ausgabe abgedruckt wird. Das Interesse der Firmen geht jetzt in die Richtung, die Fertigung und Vorhaltung derartiger Elemente weitgehend zu vereinfachen, um die Wirtschaftlichkeit zu verbessern.

Bei den Plattenanschlüssen mit integrierter Wärmedämmung (siehe Zulassung Z-15.7-95, in der letztjährigen Ausgabe abgedruckt) hat der Wettbewerbsdruck zu Versuchen geführt, die relativ teuren Bewehrungselemente aus nicht rostendem Stahl durch solche aus alternativem Material zu ersetzen. Erste Zulassungen dafür sind in Vorbereitung.

3.2.4 Spannverfahren

Die Hersteller von Spannverfahren konzentrieren ihre Bemühungen bei externen Spanngliedern auf die Entwicklung konkurrenzfähiger Produkte und bei internen Spanngliedern auf punktuelle Verbesserungen zur Erhöhung von Wirtschaftlichkeit und Zuverlässigkeit.

Nach Verabschiedung der EOTA-Leitlinie für Spannverfahren kann mit der Erteilung europäischer technischer Zulassungen begonnen werden. Erste Anträge dafür liegen bereits vor. Da in der Leitlinie zum Teil höhere Anforderungen an die durchzuführenden Versuche und deren Ergebnisse gestellt werden, sind entsprechende Versuche nachzufordern.

3.2.5 Bewehrter Porenbeton

Die Arbeiten an einer neuen deutschen Normengeneration für vorgefertigte bewehrte Bauteile aus dampfgehärtetem Porenbeton einschließlich der Gebäudeaussteifung sind so weit gediehen, dass folgende erste Normenentwürfe der Öffentlichkeit zur Stellungnahme vorgelegt werden konnten:

- Teil 1: Herstellung, Eigenschaften, Übereinstimmungsnachweis
- Teil 2: Entwurf und Bemessung von Bauteilen mit statisch anrechenbarer Bewehrung
- Teil 5: Sicherheitskonzept.

Für die Teile 3 – Wände aus Bauteilen mit statisch nicht anrechenbarer Bewehrung – und 4 – Anwendung in Bauwerken – werden in Kürze die Arbeiten zur Vorlage des Gelbdrucks abgeschlossen.

Den gewachsenen Anforderungen an die Wärmedämmung werden Zulassungen für Außenbauteile der Festigkeitklasse 2,2 mit entsprechend höherer Wärmedämmung gerecht, so dass eine zusätzliche Dämmung oder eine Erhöhung der Bauteildicke nicht erforderlich werden.

3.2.6 Faserbeton

Fasern, die dem Beton zur Verbesserung seiner Eigenschaften im Sinne eines Betonzusatzstoffes zugegeben werden, bedürfen grundsätzlich einer allgemeinen bauaufsichtlichen Zulassung. Dabei ist es unerheblich, ob von der eventuell quantifizierbaren Kapazität der Fasern, Zugkräfte aufzunehmen, Gebrauch gemacht wird oder nicht. Im Rahmen des Zulassungsverfahrens für die Faser ist zunächst immer nachzuweisen, dass die Betonkurz- und -langzeiteigenschaften durch die Zugabe der Fasern nicht negativ beeinflusst werden. Die Fasern lassen sich nach ihrem Verwendungszweck in die zwei großen Gruppen der nicht metallischen (meist Kunststoff- oder Glasfasern) und Stahlfasern einteilen. Werden die Fasern für die Nachweise von Tragfähigkeit und/oder Gebrauchstauglichkeit im Sinne einer Bewehrung genutzt, sind für die entsprechenden Bauprodukte bzw. Bauarten eigene Zulassungen erforderlich. Dies gilt für Faserzementplatten für Fassaden und Dacheindeckungen ohne tragende Funktion, bei denen der Nachweis der Standsicherheit in der Regel über Versuche geführt wird, und tragende Betonbauteile mit Stahlfasern, für die Bemessungsregeln existieren.

Wandbauarten

Schalungssteine

Zulassungsgegenstand	Antragsteller	Zulassungs-nummer	Bescheid vom: Geltungsdauer bis:
Wandbauart mit Schalungssteinen ThermoMax/ThermoFlex	GISOTON-Baustoffwerke Gebhart & Söhne GmbH & Co. Hochstraße 2 88317 Aichstetten	Z-15.2-15	Z: 04. 11. 1998 G: 31. 03. 2001
Wandbauart mit Schalungssteinen GISOTON Thermoschall GISOTON Trag- und Trennwand-system	GISOTON-Baustoffwerke Gebhart & Söhne GmbH & Co. Hochstraße 2 88317 Aichstetten	Z-15.2-18	Z: 17. 04. 1998 V: 26. 05. 1999 G: 31. 05. 2004
Wandbauart mit Hohenloher Schalungssteinen	Betonwerk Gerhard Stark Übringshäuser Str. 13 74547 Untermünkheim-Kupfer	Z-15.2-27	Z: 30. 07. 1996 G: 31. 07. 2001
Wandbauart mit Schalungssteinen iso-span	iso-span Baustoffwerk GmbH Madling 177 A-5591 Ramingstein	Z-15.2-28	Z: 19. 03. 1997 G: 31. 08. 2001

Zulassungsgegenstand	Antragsteller	Zulassungs-nummer	Bescheid vom: Geltungsdauer bis:
Wandbauart mit Blatt-Schalungssteinen	Blatt GmbH & Co. KG Postfach 1140 74364 Kirchheim/Neckar	Z-15.2-39	Z: 16.07.1996 G: 31.07.2001
Wandbauart Goidinger-Schnellbausystem	Goidinger Bau- und Betonwaren GesmbH Hinterfeldweg 10 A-6511 Zams	Z-15.2-43	Z: 30.08.1996 G: 31.08.2001
Wandbauart „Lüttower Schalungssteine" aus Normalboden	Gresse Bau GmbH Hauptstraße 1 19258 Gresse	Z-15.2-73	Z: 11.11.1996 G: 30.11.2001
Wandbauart mit Schalungssteinen „Brisolit"	Karola Ziche Biegener Straße 11 15299 Müllrose	Z-15.2-76	Z: 05.03.1999 G: 31.12.2001
Wandbauart mit Schalungssteinen „DURISOL"	Durisol-Werke GesmbH Nachfg. Kommanditgesellschaft Durisolstraße 1 A-2481 Achau	Z-15.2-81	Z: 20.12.1996 G: 31.12.2001
Wandbauart mit Haener Schalungssteinen	REWA-Beton AG Rodt 6 B-4784 St. Vith	Z-15.2-87	Z: 20.07.1998 G: 31.07.2003
Wandbauart mit Schalungssteinen „Duro-FIX"	Dipl.-Ing. Wilhelm Gelhausen Ludwigstraße 65 33098 Paderborn	Z-15.2-89	Z: 19.01.1998 G: 31.12.2001
Wandbauart mit Schalungssteinen „Rau"	Friedrich Rau GmbH & Co. Siegfried Rostan Untere Aue 8 72224 Ebhausen	Z-15.2-92	Z: 03.03.1999 G: 28.02.2004
Wandbauart mit Schalungssteinen „EUROSPAN"	EUROSPAN Naturbaustoffe GmbH A-6405 Pfaffenhofen 87/Tirol	Z-15.2-104	Z: 06.11.1998 G: 31.10.2003
FCN-Schalungsstein	Franz Carl Nüdling Basaltwerk GmbH + Co. KG Basaltwerke Betonwerke Ruprechtstraße 24 36037 Fulda	Z-15.2-111	Z: 27.11.1997 G: 30.06.2002
Wandbauart aus Schalungssteinen Isotex II	ISOTEX Selbstbausysteme GmbH Postfach 86885 Landberg/Lech	Z-15.2-126	Z: 04.05.1998 G: 31.05.2003
Wandbauart mit unipor-Schalungsziegeln	Unipor-Ziegel Marketing GmbH Aidenbachstraße 234 81479 München	Z-15.2-127	Z: 04.09.1998 G: 30.09.2003
Wandbauart mit Mantelziegeln	Julius Schätz Bauingenieur Penning 2 94094 Rotthalmünster	Z-15.2-128	Z: 22.05.2000 G: 31.08.2003

Zulassungsgegenstand	Antragsteller	Zulassungs-nummer	Bescheid vom: Geltungsdauer bis:
Wandbauart mit Schalungssteinen ISOSPAN II	ABS ISO-SPAN Bauprogramme GmbH Beethovenstraße 3 90592 Schwarzenbruck	Z-15.2-156	Z: 03.03.1999 G: 28.02.2004
Isorast Schnellbausystem	Rolf Burkhardt Dózsa György u. 151 8630 Balatonbogár UNGARN	Z-15.2-173	Z: 31.03.2000 G: 31.03.2005
Wandbauart mit POROTON-Mantelziegeln	Deutsche Poroton GmbH Cäsariusstraße 83 a 53639 Königswinter	Z-15.2-175	Z: 22.05.2000 G: 31.05.2005
Wandbauart mit Schalungssteinen System Pallmann	Betonwerk Otto Pallmann u. Sohn Veerenkamp 27 21739 Dollern	Z-15.2-179	Z: 20.07.2000 G: 31.07.2005

Plattenwände und sonstige Wandbauarten

Zulassungsgegenstand	Antragsteller	Zulassungs-nummer	Bescheid vom: Geltungsdauer bis:
Van-Merksteijn-Elementwand	van Merksteijn B. V. Bedrijvenpark Twente 237 7602 KJ Almelo Niederlande	Z-15.2-130	Z: 09.11.1998 G: 30.11.2003
ISOTWIN - Wand Wärmegedämmte Kelleraußen-wand mit Gitterträgern	Fa. Joachim Glatthaar Fertigkeller GmbH Rosenweg 21 78655 Dunningen/Seedorf	Z-15.2-140	Z: 09.08.1999 G: 30.11.2003
MABAU-Wandplatten mit MABAU-Gitterträgern Typ R	Dr.- Ing. Dittmar Ruffer Danziger Straße 47 65191 Wiesbaden	Z-4.2-118	Z: 31.10.1985 V: 04.10.1990 Ä+V: 25.08.1995 G: 31.10.2000
AVERMANN-Elementwand mit AVERMANN-Gitterträgern AVOS 100	Avermann Maschinenfabrik GmbH Mühlweg 28 99091 Erfurt-Gispersleben	Z-4.2-203	Z: 25.07.1995 G: 31.10.2000
Filigran-Elementwand mit Filigran-D-Gitterträger und/oder Filigran-E-Gitterträger und/oder Filigran-SE-Gitterträger und/oder Filigran-SWE-Gitterträger und Filigran-EQ-Träger	Filigran Trägersysteme GmbH & Co. KG Am Zappenberg 31633 Leese	Z-15.2-40	Z: 18.11.1996 G: 29.02.2000

Zulassungsgegenstand	Antragsteller	Zulassungs-nummer	Bescheid vom: Geltungsdauer bis:
Wandbauart Goidinger-Schnell-bausystem	Goidinger Bau- und Betonwaren GesmbH Hinterfeldweg 10 A-6511 Zams	Z-15.2-43	Z: 30.08.1996 G: 31.08.2001
Wandbauart mit RASTRA-Wand-elementen aus Styroporbeton	RASTRA-Massivbau Bauträger GmbH Fabrikstraße 16 39356 Weferlingen	Z-15.2-6	Z: 20.11.1995 G: 30.11.2000
Kaiser-Omnia-Plattenwand mit Gitterträger KTW 200 oder KTW 300	Badische Drahtwerke GmbH Weststraße 31 77694 Kehl/Rhein	Z-15.2-9	Z: 25.04.1996 E: 20.10.1998 Ä + E: 31.01.2000 G: 31.05.2001
SYSPRO-Elementwand mit St-Gitterträgern	Syspro-Gruppe Betonbauteile e. V. Karlsruher Straße 32 68766 Hockenheim	Z-15.2-118	Z: 17.11.1997 E: 11.04.2000 G: 30.11.2002
SYSPRO-PART-THERMO-WÄNDE	Syspro-Gruppe Betonbauteile e. V. Karlsruher Straße 32 68766 Hockenheim	Z-15.2-162	Z: 08.11.1999 G: 30.11.2004
EBS-Elementwand mit EBS-Gitterträgern Typ 2000 W und Typ 2000	EBS-Gitterträger GmbH & Co. KG Am Pulverhäuschen 9 67677 Enkenbach-Alsenhorn	Z-15.2-168	Z: 29.11.1999 G: 30.11.2004
Kaiser-Omnia-Plattenwand mit Kaiser-Gitterträgern KT 800 oder KT 900	Badische Drahtwerke GmbH Weststraße 31 77694 Kehl/Rhein	Z-15.2-100	Z: 08.07.1997 G: 31.07.2000

Flachstürze

Zulassungsgegenstand	Antragsteller	Zulassungs-nummer	Bescheid vom: Geltungsdauer bis:
Schultheiss-Poroton-Ziegelsturz	MEGALITH Werke Gebrüder Schultheiss GmbH & Co. KG Poroton-, Ziegel- & Kalksand-steinwerke Buckenhofer Straße 1 91080 Spardorf	Z-15.2-114	Z: 11.10.1999 G: 30.04.2005
Leichtbeton-Flachsturz Meurin	Trasswerke Meurin Betriebsgesellschaft mbH Kölner Straße 17 56626 Andernach/Rhein	Z-15.2-17	Z: 11.03.1996 G: 31.03.2001

J

Zulassungsgegenstand	Antragsteller	Zulassungs-nummer	Bescheid vom: Geltungsdauer bis:
Wienerberger Stürze	Wienerberger Ziegelindustrie GmbH & Co. Oldenburger Allee 26 30659 Hannover	Z-15.2-32	Z: 09.07.1996 G: 31.08.2001
Vorgespannter Flachsturz „KS" mit Schalen aus Kalksandstein	Spannkeramik und Bau GmbH Tribsees Wasserstraße 4 18465 Tribsees	Z-15.12-41	Z: 29.07.1996 G: 31.07.2001
Vorgespannter Flachsturz „Spava-B"	Dipl.-Ing. Fr. Bartram GmbH & Co. KG Ziegeleistraße 24594 Hohenwestedt	Z-15.12-115	Z: 14.11.1997 G: 30.11.2002
Vorgespannter Spannsturz „Leca"	Leitl – Lecasturz GmbH Postfach 99 A-4041 Linz/Donau	Z-15.12-131	Z: 19.06.1998 G: 30.06.2003
Vorgespannter Flachsturz „SBR"	SBR Spannbetonwerk Römer-berg GmbH In den Rauhweiden 17 67354 Römerberg	Z-15.12-132	Z: 19.06.1998 G: 30.06.2003
Vorgespannter Flachsturz „Uhl"	Hermann Uhl Am Kieswerk 3 77746 Schutterwald	Z-15.12-134	Z: 19.06.1998 G: 30.06.2003
Vorgespannter DIA Ziegelsturz	Heinrich Diekmann GmbH & Co. KG Fertigteile aus Ziegeln 31275 Lehrte, OT Arpke	Z-15.12-135	Z: 19.06.1998 G: 30.06.2003
Vorgespannter Flachsturz „Spannton"	Leitl-Spannton GmbH Karl-Leitl-Straße 1 4040 Linz/Donau ÖSTERREICH	Z-15.12-159	Z: 18.02.2000 G: 31.01.2005

Decken- und Dachbauarten

Gitterträger für Fertigplatten mit statisch mitwirkender Ortbetonschicht

Zulassungsgegen-stand	Antragsteller	Zulassungs-nummer	gültig bis	Stabdurchmesser d von . . . bis . . . [mm] D: Diagonalstab O: Obergurt U: Untergurt	Stahlsorten BSt 500	Gitter-trägerhöhe von. . . bis. . . [mm]	
Kaiser-Gitterträger KT 800	Badische Drahtwerke GmbH	Z-15.1-1	31. 03. 2004	**D**: 5-8 **O**: 8-12, 14. 16 **U**: 5-12, 14, 16	G, M, WR, KR, S, NR G, M, WR, KR, S, NG, NR M, WR, KR, S, NR	60-300	
TRIGON-Gitterträger TR 400	TRIGON-Beweh-rungstechnik Vertriebs GmbH	Z-15.1-7	19. 11. 2000	**D**: 5-6 **O**: 8-12, 14 / 8-12 **U**: 5-12	G, P, M G / P, M G, P, M	70-288	
Filigran-D-Gitter-träger	Filigran Träger-systeme GmbH & Co. KG	Z-15.1-90	31. 03. 2002	**D**: 5-7 **O**: 5-12 / 14 / 16 **U**: 5-12 / 14	M, G, WR, KR, NR, NG M, G, WR, KR, NR, NG / M / G, WR M, G, WR, KR, NR, NG / M	60-200	
Bevisol-Schubträger	BEVISOL-INTERSIG GmbH	Z-15.1-123	28. 02. 2002	**D**: 6-7 **O**: 5,5 **U**: 5	alle Stäbe: G, M	80-200	auch für nicht vorwiegend ruhende Lasten
Kaiser-Omnia-Träger KT 100	Badische Drahtwerke GmbH	Z-15.1-136	31. 07. 2003	**D**: 7 / 8 **O**: U-Profil 1,5 mm, Quers.: 3,3 cm^2 **U**: 6	G, M, KR, WR S235JRG1 M, KR, WR	100-180	auch für nicht vorwiegend ruhende Lasten

J

Zulassungsgegen-stand	Antragsteller	Zulassungs-nummer	gültig bis	Stabdurchmesser d von … bis … [mm] D: Diagonalstab O: Obergurt U: Untergurt	Stahlsorten BSt 500	Gitter-trägerhöhe von… bis… [mm]	
Van-Merksteijn-Gitterträger	van Merksteijn B.V. Niederlande	Z-15.1-142	31. 05. 2004	**D**: 5-7 **O**: 5-12 **U**: 5-12	G, P, M, KR G, P, M, KR P, M, KR	70-300	
Filigran-E-Gitter-träger	Filigran Träger-systeme GmbH & Co. KG	Z-15.1-147	31. 12. 2003	**D**: 5-7 **O**: 5-12 / 14 / 16 **U**: 5-12 / 14	M, G, WR, KR, NR, NG M, G, WR, KR, NR, NG / M / G, WR M, G, WR, KR, NR, NG / M	70-320	
Intersig-Gitterträger	N.V. Intersig Belgien	Z-15.1-149	31. 12. 2003	**D**: 5-7 **O**: 8-10 **U**: 5-12	alle Stäbe: G, KR, M	70-240	
DATZ-Gitterträger HD 200	DATZ Baustoffwerk GmbH	Z-15.1-151	31. 01. 2004	**D**: 5-7 **O**: 8-10 **U**: 5-8	alle Stäbe: G, KR, M	60-240	
PITTINI-Gitterträger Typ 8000	PITTINI-Stahl GmbH	Z-15.1-153	31. 07. 2003	**D**: 5-7 **O**: 8-12 **U**: 5-12 / 14	G, WR, M G, WR, M WR, M / S	70-260	
EBS-Gitterträger Typ 2000	EBS-Gitterträger GmbH & Co. KG	Z-15.1-157	30. 04. 2004	**D**: 5-7 **O**: 8-12 **U**: 5-12 / 8-14	G, M G, M M / G	60-300	
Bevisol-Gitterträger	BEVISOL-INTERSIG GmbH	Z-15.1-166	31. 08. 2004	**D**: 5-6 **O**: 8-12 **U**: 5-8	G G P, M	70-240	
TEUBAU-Gitterträger	Teuto Baustahlmatten GmbH & Co. KG	Z-15.1-167	31. 12. 2004	**D**: 5-6 **O**: 8-12 **U**: 5-12	G G, M G, M	70-250	

Zulassungsgegenstand	Antragsteller	Zulassungsnummer	gültig bis	Stabdurchmesser d von ... bis ... [mm] D: Diagonalstab O: Obergurt U: Untergurt	Stahlsorten BSt 500	Gitterträgerhöhe von... bis... [mm]	
Avermann-Gitterträger AVOS 100	Avermann Maschinenfabrik GmbH	Z-4.1-202	31. 08. 2000	**D**: 5-6 **O**: 8-12 **U**: 5-12	500 G, P, M 500 G, P, M 500 P, M	60-300	

Gitterträger für Balken-, Rippen- und Plattenbalkendecken mit Betonfußleisten und Fertigplatten

Biegezug- und Schubbewehrung sowie Verbundbewehrung

- a: in Ortbetondecken
- b: in Fertigteildecken
- c: in Ortbetonstürzen
- d: in Fertigteilstürzen
- e: Biegezug- und Schubbewehrung für die Aufnahme von Montagelasten in Balken-, Rippen- und Plattenbalkendecken mit Betonfußleisten oder Fertigplatten
- f: in teilweise vorgefertigten Stürzen

Zulassungsgegenstand	Antragsteller	Zulassungsnummer	gültig bis	Stabdurchmesser d von ... bis ... [mm]	Stahlsorten BSt 500	Gitterträgerhöhe von... bis... [mm]	Anwendungsbereich
V-Gitterträger System Rachl	Hermann Rachl	Z-15.1-21	30. 04. 2003	**D**: 6-12 **O**: 10-20 **U**: 10-25	d= 6-12 mm: M, WR, KR d= 6-25 mm: R	120-300	a – f
Gitterträger BDW-GT 100	Badische Drahtwerke GmbH	Z-15.1-98	31. 05. 2002	**D**: 5-6 **O**: 5-12 **U**: 5-14 / 5-12 / 6-12 / 6-14	G, P, M G, P, M G / M / KR / WR	110-292	a – f

Zulassungsgegenstand	Antragsteller	Zulassungsnummer	gültig bis	Stabdurchmesser d von ... bis ... [mm]	Stahlsorten BSt 500	Gitterträgerhöhe von... bis... [mm]	Anwendungsbereich
EBS-Gitterträger Typ 2000	EBS-Gitterträger GmbH & Co. KG	Z-15.1-122	31. 12. 2002	**D:** 5-6 **O:** 5-12 / 8-12 **U:** 5-12 / 14	G, M, P G / M G, M, P / G, S	60-260	a – f
TRIGON-Träger TR 400	Fa. Dipl.-Ing. Franz Bucher GesmbH Österreich	Z-15.1-138	30. 06. 2003	**D:** 5-6 **O:** 8-12 / 8-14 **U:** 5-12	G, M, P M, P / G G, M, P	110-288	a – f
Filigran-S-Gitterträger und Filigran-SE-Gitterträger	Filigran Trägersysteme GmbH & Co. KG	Z-15.1-145	31. 12. 2003	**D:** 7-10 **O:** Bandstahl 40/2 **U:** 6-16	G, M oder nach DIN 488-1:1984-09	110-420	a – f
Filigran-S-Gitterträger	Filigran Trägersysteme GmbH & Co. KG	Z-15.1-146	31. 12. 2003	**D:** 7-10 **O:** Bandstahl 40/2 **U:** 6-16 / 6-12, 14	G, M, KR, WR, NR, NG G, M, KR, WR, S / M, NR, NG	130-420	a, b, e
Filigran-D-Gitterträger	Filigran Trägersysteme GmbH & Co. KG	Z-15.1-148	31. 12. 2003	**D:** 5-7 **O:** 5-8, 10 / 16 **U:** 5-12 / 14	G, M, WR, KR, NR, NG G, M, WR, KR, NR, NG / G G, M, WR, KR, NR, NG / M	60-200	a – f
Gitterträger	DROTOVNA, a.s. Slowakei	Z-15.1-150	31. 12. 2003	**D:** 5-6 **O:** 8-12 **U:** 5-12	G, M M M	90-250	a – f
DATZ-Gitterträger HD 100	DATZ Baustoffwerk GmbH	Z-15.1-152	31. 01. 2004	**D:** 5-6 **O:** 8 **U:** 8-14 / 8-12	G G, KR, M G / KR, M	110-260	a – f
Fert-Gitterträger	ACOR Aciérs de constructions rationalisés Frankreich	Z-15.1-155	31. 01. 2004	**D:** 5-6 **O:** 5-12 **U:** 5-14 / 6-12 / 6-14	G, P, M, KR G, P, M, KR, WR G, M / KR / WR	110-290	a – f

Zulassungsgegenstand	Antragsteller	Zulassungsnummer	gültig bis	Stabdurchmesser d von ... bis ... [mm]	Stahlsorten BSt 500	Gitterträgerhöhe von... bis... [mm]	Anwendungsbereich
Gitterträger TT	TRI TREG TRINEC s.r.o. Tschechische R.	Z-15.1-164	31. 08. 2004	**D**: 5-6 **O**: 8-12 **U**: 5-12	G, M M M	90-250	a – f

Schubgitterträger C

Zulassungsgegenstand	Antragsteller	Zulassungsnummer	gültig bis	Stabdurchmesser d von ... bis ... [mm]	Stahlsorten BSt 500	Gitterträgerhöhe von... bis... [mm]	Anwendungsbereich
Kaiser-Omnia-Träger KTS	Badische Drahtwerke GmbH	Z-15.1-38	31. 07. 2001	**D**: 6-7 **O**: 5 **U**: 5	M, G M M, G	80-300	auch für nicht vorwiegend ruhende Lasten
Filigran-EQ-Gitterträger	Filigran Trägersysteme GmbH & Co. KG	Z-15.1-93	30. 06. 2004	**D**: 5-7 **O**: 5 **U**: 5	alle Stäbe: M, G	80-280	auch für nicht vorwiegend ruhende Lasten
Van-Merksteijn EQ-Träger	van Merksteijn B.V.	Z-15.1-143	30. 11. 2003	**D**: 5-7 **O**: 5 **U**: 5	alle Stäbe: G, M	80-280	
EBS-Gitterträger	EBS-Gitterträger GmbH & Co. KG	Z-15.1-174	30. 04. 2005	**D**: 6-7 **O**: 5,5 **U**: 5	G, M G G, M	80-260	auch für nicht vorwiegend ruhende Lasten

Vorgespannte Element- und Rippendecken

Zulassungsgegenstand	Antragsteller	Zulassungs-nummer	Bescheid vom: Geltungsdauer bis:
Vorgespannte Elementdecke System PPB	société SARET Quartier de la Grave RN 26 F-30131 Pujaut Frankreich	Z-15.11-79	Z: 16.07.1997 G: 31.07.2002
Vorgespannte Elementdecke System Unipan	Universalbeton GmbH Heringen Nordhäuser Straße 2 99765 Heringen/Helme	Z-15.11-85	Z: 09.01.1997 G: 31.05.2001
Vorgespannte Elementdecke System Alvon-SV	Alvon Bouwsystemen B.V. P.O.Box 22 NL-7833 Nieuw-Amsterdam Niederlande	Z-15.11-105	Z: 26.06.1997 V: 12.10.1999 G: 30.09.2005
Vorgespannte Rippendecke „VERBIN“	Verenigde Bouwprodukten Industrie BV Looveer 1 NL-6851 AJ Huissen Niederlande	Z-15.11-119	Z: 20.01.1998 G: 31.01.2003
Vorgespannte Elementdecke „Spancon“	Betonson Betonfertigteile GmbH Carl-Peschken-Straße 12 47441 Moers	Z-15.12-19	Z: 31.07.1996 G: 31.08.2001
Vorgespannte Elementdecke System Schätz	Julius Schätz Bauingenieur Penning 2 94094 Rotthalmünster	Z-15.11-72	Z: 18.11.1996 G: 30.11.2001

Spannbeton-Hohlplatten

Zulassungsgegenstand	Antragsteller	Zulassungs-nummer	Bescheid vom: Geltungsdauer bis:
Spannbeton-Hohlplattendecke System Unipan	Universalbeton GmbH Heringen Nordhäuser Str. 2 99765 Heringen/Helme	Z-15.10-11	Z: 01.11.1996 G: 31.05.2001
Spannbeton-Hohlplattendecke System Boligbeton	A/S Boligbeton Gl. Praestegaardsvej 19 DK-8723 Losning Dänemark	Z-15.10-13	Z: 10.07.1997 G: 31.07.2002
Spannbeton-Hohlplattendecke System VMM	Forschungsgesellschaft VMM-Spannbetonplatten GbR Im Fußtal 2 50171 Kerpen	Z-15.10-14	Z: 29.10.1996 Ä: 10.12.1996 Ä: 29.01.1999 G: 31.03.2001
Spannbeton-Hohlplattendecke System Betonson	Betonson Betonfertigteile GmbH Carl-Peschken-Str. 12 47441 Moers	Z-15.10-16	Z: 29.10.1996 Ä: 28.05.1999 G: 31.05.2001

Zulassungsgegenstand	Antragsteller	Zulassungs-nummer	Bescheid vom: Geltungsdauer bis:
Spannbeton-Hohlplatten-decke System Partek/Brespa-Variax	PARTEK BRESPA Spannbetonwerk GmbH & Co. KG Stockholmer Straße 1 29640 Schneverdingen	Z-15.10-23	Z: 25.02.1997 Ä + E: 05.06.1997 G: 28.02.2002
Spannbeton-Hohlplatten-decke System Partek-Verbin	Verenigde Bouwprodukten Industrie BV Looveer 1 NL-6851 AJ Huissen Niederlande	Z-15.10-24	Z: 06.09.1996 Ä + E: 07.05.1997 G: 30.09.2001
Spannbeton-Hohlplatten-decke System SBF	Spaencom Betonfertigteile GmbH Am Winterhafen 6 15234 Frankfurt/Oder	Z-15.10-25	Z: 01.11.1996 G: 31.07.2001
Spannbeton-Hohlplatten-decke System VS	Franz Oberndorfer & Co. Betonwerk Lambacher Straße 14 A-4623 Gunskirchen Österreich	Z-15.10-29	Z: 23.07.1996 E: 11.01.1999 G: 31.07.2001
Spannbeton-Hohlplatten-decke System VMM-L	Forschungsgesellschaft VMM-Spannbetonplatten GbR Im Fußtal 2 50171 Kerpen	Z-15.10-31	Z: 10.07.1996 Ä: 10.12.1996 Ä: 29.01.1999 G: 31.07.2001
Spannbeton-Hohlplatten-decke System Dycore	Dycore Verwo Systems BV Ambachtsweg 16 NL-4906 CH Oosterhout Niederlande	Z-15.10-42	Z: 29.07.1996 G: 31.08.2001
Spannbeton-Hohlplatten-decke System Varioplus	HEINRITZ & LECHNER KG Steigerwald 8 91486 Uehlfeld/Aisch und WEILER GmbH Am Dorfplatz 3 55413 Weiler	Z-15.10-46	Z: 27.04.1998 Ä: 06.07.1998 G: 30.04.2003
Spannbeton-Hohlplatten-decke System Spiroll	TOPOS spol s r.o. Tovacov 11 – Anin CZ-75101 Tovacov Tschechische Republik	Z-15.10-67	Z: 01.11.1996 V: 13.07.1999 G: 31.10.2004
Spannbeton-Hohlplatten-decke System Engelhardt/ Spancrete	Heinrich Engelhardt GmbH Industriestraße 26 37115 Duderstadt	Z-15.10-137	Z: 30.11.1998 G: 31.12.2003
Spannbeton-Hohlplatten-decke System Schwörer	Schwörer Bautechnik Gunzenhofstraße 9 72519 Veringenstadt	Z-15.10-154	Z: 06.04.1999 G: 30.04.2004

Plattenanschlüsse, Schubdorne

Zulassungsgegenstand	Antragsteller	Zulassungs-nummer	Bescheid vom: Geltungsdauer bis:
Doppelschubdorne DSD EU und DSDQ EU	Pflüger und Partner Kirchlindachstraße 98 CH-3052 Zollikofen Schweiz und Schöck Bauteile GmbH Vimbucher Straße 2 76534 Baden-Baden (Steinbach)	Z-15.7-4	Z: 26.08.1998 G: 30.08.2003
MEA-Plattenanschlüsse	MEA Meisinger Stahl- und Kunststoff-GmbH Sudetenstraße 1 86551 Aichach	Z-15.7-8	Z: 11.04.2000 G: 31.03.2001
HAKO-ISOKÖNIG Plattenanschlüsse	Hako Bautechnik GmbH Hubertusgasse 10 A-2201 Hagenbrunn Österreich	Z-15.7-20	Z: 11.06.1996 A: 13.08.1996 E: 13.06.1997 G: 15.06.2001
Plattenanschlüsse Thermodämm der Typen T, TQ, TD und TQQ	Horstmann Baubedarf GmbH Am Güterbahnhof 79771 Klettgau	Z-15.7-75	Z: 09.12.1996 Ä+E: 05.11.1997 E: 25.03.1998 G: 15.12.2001
Schöck-Isokorb	Schöck Bauteile GmbH Vimbucher Straße 2 76534 Baden-Baden (Steinbach)	Z-15.7-86	Z: 22./23.12.1996 Ä+E: 22.08.1997 Ä+E: 07.12.1998 G: 15.01.2002
EGCO Plattenanschluss EURO-BOX	EGCO AG Industriestraße 38 CH-3178 Bösingen Schweiz	Z-15.7-95	Z: 28.08.1997 E: 25.11.1999 G: 31.08.2002
Plattenanschlüsse Ebea	ACO Severin Ahlmann GmbH & Co. KG Am Ahlmannskai 24782 Büdelsdorf und EBEA Bauelemente Vertriebs GmbH Hochstr. 1 66265 Heusweiler	Z-15.7-96	Z: 04.09.1997 G: 15.09.2002
Einzelschubdorne Typ JSD	Horstmann Baubedarf GmbH Am Güterbahnhof 79771 Klettgau	Z-15.7-99	Z: 11.07.1997 E: 03.08.1998 G: 15.07.2002
Trittschalldämmdorn, Trittschalldämmlagerdorn und Podestlagerdorn Typ STAISIL	Pflüger und Partner Kirchlindachstraße 98 CH-3052 Zollikofen Schweiz	Z-15.7-102	Z: 01.04.1998 G: 30.04.2003

Zulassungsgegenstand	Antragsteller	Zulassungs-nummer	Bescheid vom: Geltungsdauer bis:
Schub- und Querkraftdorn „EURO-Dorn"	EGCO AG Industriestraße 38 CH-3178 Bösingen Schweiz	Z-15.7-112	Z: 22.03.2000 G: 01.09.2003
Schubdorne CRETO®-Serie 100	F. J. Aschwanden AG Grenzstrasse 24 CH-3250 Lyss Schweiz	Z-15.7-170	Z: 11.02.2000 G: 15.02.2005

Durchstanzbewehrungen

Zulassungsgegenstand	Antragsteller	Zulassungs-nummer	Bescheid vom: Geltungsdauer bis:
Durchstanzbewehrung System HDB-N	Halfen GmbH & Co. KG Liebigstraße 14 40764 Langenfeld	Z-15.1-84	Z: 11.08.1997 G: 31.08.2002
Halfen-Durchstanz-Bewehrung Typ HDB (System ancoPLUS) als Schubbewehrung im Stützenbereich punktförmig gestützter Platten	ancotech ag Buchstraße 6 CH-8112 Otelfingen Schweiz und Halfen GmbH & Co. KG Werk Wiernsheim Wurmberger Straße 30-34 75446 Wiernsheim	Z-15.1-91	Z: 24.11.1997 G: 30.07.2000
DEHA-Doppelkopfbolzen-Dübelleisten als Schubbewehrung im Stützenbereich punktförmig gestützter Platten	Leonhardt, Andrä und Partner Beratende Ingenieure VBI, GmbH Lenzhalde 16 70192 Stuttgart	Z-15.1-94	Z: 24.11.1997 E: 10.02.1998 E: 17.09.1998 G: 15.06.2002
ancoPlus-Durchstanz-bewehrung	ancotech ag Industriestrasse 3 CH-8157 Dielsdorf Schweiz	Z-15.1-158	Z: 18.05.1999 G: 31.05.2004
Schöck Durchstanz-bewehrung	Schöck Bauteile GmbH Vimbucher Straße 2 76534 Baden-Baden (Steinbach)	Z-15.1-160	Z: 29.04.1999 G: 31.05.2004
Kopfbolzen-Dübelleisten als Schubbewehrung im Stützenbereich punktförmig gestützter Platten	Leonhardt, Andrä und Partner Beratende Ingenieure VBI, GmbH Lenzhalde 16 70192 Stuttgart	Z-15.1-30	Z: 24.11.1997 G: 31.07.2000
JORDAHL-Durchstanz-bewehrung Typ JDA	Deutsche Kahneisen Gesellschaft GmbH Nobelstraße 49/55 12057 Berlin	Z-15.1-172	Z: 15.03.2000 G: 31.03.2005

Schubbewehrungen

Zulassungsgegenstand	Antragsteller	Zulassungs-nummer	Bescheid vom: Geltungsdauer bis:
Doppelkopfanker als Schubbewehrung HDB-S	Halfen GmbH & Co. KG Werk Wiernsheim Wurmberger Straße 30-34 75446 Wiernsheim	Z-15.1-165	Z: 03.11.1999 G: 30.11.2004
DEHA-Doppelkopf-Dübelleiste als Schubbewehrung in Platten und Balken	Leonhardt, Andrä und Partner Beratende Ingenieure VBI, GmbH Lenzhalde 16 70192 Stuttgart	Z-15.1-169	Z: 21.02.2000 G: 28.02.2005

Spannverfahren

Spannglieder mit nachträglichem Verbund

Zulassungsgegenstand	Antragsteller	Zulassungsnummer	gültig bis	Spannstahl	Anzahl der Litzen bzw. Stäbe Vorspannkraft [kN]	Anzahl	
						Verankerungen (Haupttypen mit verschiedenen Ankerkörpern)	Kopplungen
Litzenspannverfahren Vorspann-Technik VT 100	Vorspann-Technik Ges.m.b.H., Salzburg	Z-13.1-5	31.05.2004	7-drähtige Spanndrahtlitzen St 1570/1770, ∅ 12,9 MM/100 MM^2	1–20 97–1947	2 Ringkeil-, 1 Schlaufenanker	2 feste, 2 bewegliche
Spannverfahren BBRV-SUSPA	SUSPA Spannbeton GmbH, Langenfeld	Z-13.1-14	31. 03. 2001	Spannstahldrähte St 1470/1670, kalt gezogen, ∅ 7 mm	9–42 318–1485	1 Spann-, 2 Festanker	1 feste, 1 bewegliche
DYWIDAG-Spannverfahren mit Einzelspanngliedern	Dyckerhoff & Widmann AG, München	Z-13.1-19	15. 06. 1998 Antrag auf Verlängerung liegt vor	Spannstahlstäbe St 1420/1570, vergütet, ∅ 10/12,2 St 835/1030, St 1080/1230, gereckt und angelassen, ∅ 26/32/36	Einzelspannglieder 60-689	2 Glocken-, 2 Rippenplatten-, 2 Vollplatten-, 2 QR-Plattenanker	2 feste, 1 bewegliche, 1 Übergangsgewindemuffe
SUSPA - Litzenspannverfahren 140 mm^2	SUSPA Spannbeton GmbH, Langenfeld	Z-13.1-21	31. 03. 2003	7-drähtige Spanndrahtlitzen St 1570/1770, ∅ 15,3 mm / 140 mm^2	1–22 136–2998	2 Spann-, 4 Fest-, 1 Schlaufen-, 1 Zwischenanker	1 feste, 1 bewegliche

Zulassungsgegenstand	Antragsteller	Zulassungsnummer	gültig bis	Spannstahl	Anzahl der Litzen bzw. Stäbe Vorspannkraft [kN]	Anzahl	
						Verankerungen (Haupttypen mit verschiedenen Ankerkörpern)	Kopplungen
Litzenspannverfahren VSL 0,6"	VSL Vorspanntechnik GmbH, Eistal	Z-13.1-22	31. 03. 2003	7-drähtige Spanndrahtlitzen St 1570/1770, Ø 15,3 mm / 140 mm²	1–22 136–2998	3 Spann-, 5 Fest-, 1 Schlaufen-, 1 Zwischenanker	1 feste, 1 bewegliche
Spannverfahren „Bilfinger + Berger“	Bilfinger + Berger Vorspanntechnik GmbH, Bobenheim-Roxheim	Z-13.1-30	17. 12. 2001	Spannstahlstäbe St 1420/1570, vergütet, St 1375/1570, kalt gezogen, Ø 12,2 mm	1–12 101–1212	1 Spann-, 1 Festanker	1 feste, 1 bewegliche
Spannverfahren „Bilfinger + Berger“	Bilfinger + Berger Vorspanntechnik GmbH, Bobenheim-Roxheim	Z- 13.1 -31	30. 01. 2004	7-drähtige Spanndrahtlitzen St 1570/1770, Ø 15,3 mm / 140 mm²	1–22 136–2998	1 Spann-, 2 Fest-, 1 Zwischenanker	1 feste, 1 bewegliche
Spannverfahren CONA-Multi 0,6"	Bureau BBR Ltd, Zürich	Z-13.1-42	01. 06. 2002	7-drähtige Spanndrahtlitzen St 1570/1770, Ø 15,3 mm / 140 mm²	1–19 136–2590	1 Spann-, 2 Festanker	
Litzenspannverfahren Holzmann	Philipp Holzmann AG, Neu-Isenburg	Z-13.1-48	16. 03. 2002	7-drähtige Spanndrahtlitzen St 1570/1770, Ø 15,3 mm / 140 mm²	2–19 273–2590	2 Spann-, 2 Fest-, 2 Fächeranker	2 feste, 2 bewegliche

Zulassungsgegenstand	Antragsteller	Zulassungsnummer	gültig bis	Spannstahl	Anzahl der Litzen bzw. Stäbe Vorspannkraft [kN]	Anzahl	
						Verankerungen (Haupttypen mit verschiedenen Ankerkörpern)	Kopplungen
Litzenspannverfahren DYWIDAG AS-140 mm^2	Dyckerhoff & Widmann AG, München	Z-13.1-65	30. 06. 2002	7-drähtige Spanndrahtlitzen St 1570/1770, ∅ 15,3 mm / 140 mm^2	1–27 136–3680	2 Einzel-, 2 Zwirbel-, 1 Haarnadel-, 1 Mehrflächen-, 1 Platten-, 1 Rippenplattenanker	2 feste, 3 bewegliche, 2 Zwischenkopplungen
Litzenspannverfahren Pfleiderer Verkehrstechnik	Pfleiderer Verkehrstechnik GmbH & Co. KG	Z-13.1-69	31. 07. 2000	7-drähtige Spanndrahtlitzen St 1570/1770, ∅ 11 mm/ 70 mm^2 ∅ 12,5 mm / 93 mm^2	1–2 68,1–181	1 Keil-, 1 Zwirbelanker	
Litzenspannverfahren Vorspann-Technik VT 140/150	Vorspann-Technik Ges.m.b.H, Salzburg	Z-13.1-73	30. 04. 2003	7-drähtige Spanndrahtlitzen St 1570/1770, ∅ 15,3 mm / 140 mm^2 ∅ 15,7 mm / 150 mm^2	1–19 136–2774	3 Spann-, 3 Fest-, 1 Zwirbelanker	3 feste, 3 bewegliche
MACALLOY-Spannverfahren mit Einzelspanngliedern	McCalls Special Products, Sheffield	Z-13.1-74	31. 08. 2004	Spannstahlstäbe (mit Gewinde) St 835/1030, ∅ 26,5; 32; 36, 40 mm	Einzelspannglieder 312–712	1 Spann-, 1 Festanker	1 bewegliche
Litzenspannverfahren B+BL mit 140 mm^2 und 150 mm^2 Litzen	Bilfinger + Berger Vorspanntechnik GmbH, Bobenheim-Roxheim	Z-13.1-77	31. 07. 2003	7-drähtige Spanndrahtlitzen St 1570/1770, ∅ 15,3 mm / 140 mm^2 ∅ 15,7 mm / 150 mm^2	1–22 146–3213	1 Spann-, 2 Fest-, 1 Ösen-, 1 Zwischenanker	1 feste, 1 bewegliche Übergreifungs-, Muffenkopplung

Zulassungsgegenstand	Antragsteller	Zulassungsnummer	gültig bis	Spannstahl	Anzahl der Litzen bzw. Stäbe Vorspannkraft [kN]	Anzahl	
						Verankerungen (Haupttypen mit verschiedenen Ankerkörpern)	Kopplungen
SUSPA-Litzenspannverfahren – EC2 – 140 mm^2	SUSPA Spannbeton GmbH, Langenfeld	Z-13.1-81	31. 07. 2001	7-drähtige Spanndrahtlitzen St 1570/1770, Ø 15,3 mm / 140 mm^2	1–22 178–3927	1 Spann-, 1 Fest-, 1 Zwirbel-, 1 Schlaufenanker	1 feste, 1 bewegliche
SUSPA-Litzenspannverfahren 150 mm^2	SUSPA Spannbeton GmbH, Langenfeld	Z-13.1-82	13.01.2002	7-drähtige Spanndrahtlitzen St 1570/1770, Ø 15,7 mm / 150 mm^2	1–22 146–3213	1 Spann-, 1 Fest-, 1 Zwirbel-, 1 Schlaufenanker	1 feste, 1 bewegliche
Spannverfahren DYWIDAG AS-150	Dyckerhoff & Widmann AG, München	Z-13.1-86	30. 06. 2003	7-drähtige Spanndrahtlitzen St 1570/1770, Ø 15,7 mm / 150 mm^2	1–27 146–3942	2 Einzel-, 2 Zwirbel-, 1 Haarnadel-, 1 Mehrflächen-, 1 Platten-, 1 Rippenplattenanker	2 feste, 3 bewegliche, 2 Zwischenkopplungen
Litzenspannverfahren VT 140/150	VT Vorspann-Technik GmbH, Ratingen	Z-13.1-89	30. 11. 2003	7-drähtige Spanndrahtlitzen St 1570/1770, Ø 15,3 mm / 140 mm^2 Ø 15,7 mm / 150 mm^2	1–19 136–2774	4 Spann-, 4 Festanker	3 feste, 3 bewegliche
Litzenspannverfahren B+BL in B 85	Bilfinger + Berger Vorspanntechnik GmbH, Bobenheim-Roxheim	Z-13.1-91	30. 11. 2003	7-drähtige Spanndrahtlitzen St 1570/1770, Ø 15,7 mm / 150 mm^2	9–22 1314–3213	1 Spann-, 1 Festanker	1 feste, 1 bewegliche

Interne Spannglieder ohne Verbund

Zulassungs-gegenstand	Antragsteller	Zulas-sungs-nummer	gültig bis	Spannstahl	Anzahl der Litzen bzw. Stäbe Vorspannkraft [kN]	Anzahl		Sonstiges
						Verankerungen (Haupttypen mit verschiedenen Ankerkörpern)	Kopplungen	
DYWIDAG-Spannverfahren ohne Verbund (Stabverfahren)	Dyckerhoff & Widmann AG, München	Z-13.1-3	28. 02. 1999	Spannstahlstäbe St 1420/1570, vergütet, Ø 12,2 St 835/1030, St 1080/1230, gereckt und angelassen, Ø 26/26,5/32/36	Einzelspannglieder mit und ohne freien Spannkanal 96–878	1 Glocken-, 1 Rippenplatten-, 1 Vollplatten-, 1 QR-Platten-, 1 Doppel-, 1 Hängemutter-, 2 Mutteranker	1 feste	Dauer- und einfacher Korrosionsschutz
SUSPA-Monolitzenspannverfahren ohne Verbund	SUSPA Spannbeton GmbH, Langenfeld	Z-13.1-40	31. 12. 2003	7-drähtige Monospanndrahtlitze, PE-ummantelt St 1570/1770, Ø 15,3 mm / 140 mm^2 Ø 15,7 mm / 150 mm^2	1–12 173–223	2 Spann-, 2 Fest-, 1 Zwischenanker	1 feste, 1 bewegliche	4 Korrosionsschutzsysteme

J

Zulassungs-gegenstand	Antragsteller	Zulas-sungs-nummer	gültig bis	Spannstahl	Anzahl der Litzen bzw. Stäbe Vorspannkraft [kN]	Anzahl		Sonstiges
						Verankerungen (Haupttypen mit verschiedenen Ankerkörpern)	Kopplungen	
Spannverfahren CONA-Single Litzenspannglied ohne Verbund	Bureau BBR Ltd, Zürich	Z-13.1-46	31. 03. 2000 Antrag auf Verlängerung liegt vor	7-drähtige Monospann-drahtlitze, PE-ummantelt St 1570/1770, Ø 12,9 mm/ 100 mm^2	1 124	1 Spann-, 1 Festanker	–	4 Korro-sions-schutz-systeme
DYWIDAG-Spannverfahren ohne Verbund aus Litzen Ø 15,3 mm und Ø 15,7 mm	Dyckerhoff & Widmann AG, München	Z-13.1-58	31. 01. 2001	7-drähtige Monospann-drahtlitze, PE-ummantelt St 1570/1770, Ø 15,3 mm / 140 mm^2 Ø 15,7 mm / 150 mm^2	1–12 173–2230	3 Spann-, 3 Fest-, 2 Zwischen-kopplungen (zum Spannen u. Koppeln)	1 feste, 1 bewegliche, 1 fest-bewegliche	5 Korro-sions-schutz-systeme
Vorspannsystem Hochtief Litzen-spannglieder ohne Verbund	HOCHTIEF AG, Frankfurt/Main	Z-13.1-59	28. 02. 2003	7-drähtige Monospann-drahtlitze, PE-ummantelt St 1570/1770, Ø 15,3 mm / 140 mm^2 Ø 15,7 mm / 150 mm^2	1–4 173–743	2 Spann-, 2 Festanker	1 feste, 1 bewegliche, 1 fest-bewegliche	4 Korro-sions-schutz-systeme

Zulassungs-gegenstand	Antragsteller	Zulas-sungs-nummer	gültig bis	Spannstahl	Anzahl der Litzen bzw. Stäbe Vorspannkraft [kN]	Anzahl		Sonstiges
						Verankerungen (Haupttypen mit verschie-denen Anker-körpern)	Kopplungen	
Spannverfahren Lhu 1 x 0,6" ohne Verbund	Philipp Holzmann AG, Neu-Isenburg	Z-13.2-61	31.01.2004	7-drähtige Monospann-drahtlitze, PE-ummantelt St 1570/1770, Ø 15,3 mm / 140 mm^2	1–4 173–694	3 Spann-, 2 Festanker	–	1 Korro-sions-schutz-system
Spannverfahren Zapf mit Einzel-Litzenspann-gliedern ohne Verbund	Zapf GmbH + Co., Bayreuth	Z-13.2-68	30. 10. 2003	7-drähtige Monospann-drahtlitze, PE-ummantelt St 1570/1770, Ø 15,3 mm / 140 mm^2	Einzel-spannglieder 173	1 Spann-, 1 Festanker	–	5 Korro-sions-schutz-systeme, Anwen-dung im FT-Bau
Litzenspann-verfahren ohne Verbund B + Blo	Bilfinger + Berger Vorspanntechnik GmbH, Bobenheim-Roxheim	Z-13.1-70	31.01.2000 Antrag auf Verlängerung liegt vor	7-drähtige Monospann-drahtlitze, PE-ummantelt St 1570/1770, Ø 15,3 mm / 140 mm^2 Ø 15,7 mm / 150 mm^2	1 173/186	1 Spann-, 1 Fest-, 1 Zwischen-anker	1 feste	5 Korro-sions-schutz-systeme

J

Zulassungs-gegenstand	Antragsteller	Zulas-sungs-nummer	gültig bis	Spannstahl	Anzahl der Litzen bzw. Stäbe Vorspannkraft [kN]	Anzahl		Sonstiges
						Verankerungen (Haupttypen mit verschie-denen Anker-körpern)	Kopplungen	
Litzenspann-verfahren ohne Verbund VT-M/CMM	Vorspann-Technik Ges.m.b.H., Salzburg	Z-13.1-71	30. 04. 2003	7-drähtige Monospann-drahtlitze, PE-ummantelt St 1570/1770, Ø 15,7 mm / 150 mm^2	1–4 186–743	1 Spann-, 1 Festanker	1 feste	
VBF Litzenspann-verfahren ohne Verbund VBF-M/MM	VBF Ratingen GmbH, Ratingen	Z-13.2-87	31. 12. 2004	7-drähtige Monospann-drahtlitze, PE-ummantelt St 1570/1770, Ø 15,3 mm / 140 mm^2 Ø 15,7 mm / 150 mm^2	1-4 173–694 186–743	2 Spann-, Festanker	3 feste	
SUSPA-Mono-litzenspannver-fahren ohne Verbund für Sonderanwen-dungen	SUSPA Spannbeton GmbH, Langenfeld	Z-13.2-95	30. 06. 2004	7-drähtige Monospann-drahtlitze, PE-ummantelt St 1570/1770, Ø 15,3 mm / 140 mm^2 Ø 15,7 mm / 150 mm^2	1 173/178 186/191	1 Spann-, Festanker	–	Rund-behälter aus FT

Externe Spannglieder

Zulassungsgegenstand	Antragsteller	Zulassungsnummer	gültig bis	Spannstahl	Anzahl der Litzen bzw. Stäbe Vorspannkraft [kN]	Anzahl		Sonstiges
						Verankerungen (Haupttypen mit verschiedenen Ankerkörpern)	Kopplungen	
Litzenspannverfahren DYWIDAG Typ W für externe Vorspannung	Dyckerhoff & Widmann AG, München	Z-13.3-66	31.05.1999	7-drähtige Monospanndrahtlitze, PE-ummantelt St 1570/1770, Ø 15,3 mm / 140 mm^2	6–19 1041–3296	1 Spann-, Festanker	1 feste, 1 bewegliche, 2 Umlenkungen	4 Korrosionsschutzsysteme zulässig
Litzenspannverfahren VT-CMM D für externe Vorspannung	Vorspann-Technik GmbH, Ratingen + Salzburg	Z-13.1-78	31. 07. 2001	7-drähtige Monospanndrahtlitze, PE-ummantelt St 1570/1770, Ø 15,7 mm/ 150 mm^2	2–16 372–2974	1 Spann-, Festanker	1 feste	2 und 4 Litzen-Bandform, doppelter PE-Mantel
Spannverfahren SUSPA-Draht EX für externe Vorspannung	SUSPA Spannbeton GmbH, Langenfeld	Z-13.1-85	31.01.2003	Spannstahldrähte, PE-ummantelt St 1470/1670, kalt gezogen, Ø 7 mm	36–66 1350–2970	1 Spann-, Festanker	1 feste, 1 bewegliche	

Zulassungs-gegenstand	Antragsteller	Zulas-sungs-nummer	gültig bis	Spannstahl	Anzahl der Litzen bzw. Stäbe Vorspannkraft [kN]	Anzahl		Sonstiges
						Verankerungen (Haupttypen mit verschiedenen Ankerkörpern)	Kopplungen	
Litzenspannverfahren VT-CMMD	Vorspann-Technik GmbH Ratingen	Z-13.3-90	31. 07. 2001	7-drähtige Monospanndrahtlitze, PE-ummantelt St 1570/1770, Ø 15,7 mm / 150 mm^2	1–16 186–2974	1 Spann-, Festanker	1 feste	2, 3 und 4 Litzen-Bandform, doppelter PE-Mantel
Litzenspannverfahren Dywidag Typ MC für externe Vorspannung	Dyckerhoff & Widmann AG, München	Z-13.3-97	31. 12. 2004	7-drähtige Monospanndrahtlitze, St 1570/1770, Ø 15,7 mm / 150 mm^2	6–22 1115–4089	1 Spann-, Festanker	2 bewegliche	in mit Mörtel verpressten HDPE-Hüllrohren

Zulassungsgegenstand	Antragsteller	Zulassungsnummer	gültig bis	Spannstahl	Anzahl der Litzen bzw. Stäbe Vorspannkraft [kN]	Anzahl		Sonstiges
						Verankerungen (Haupttypen mit verschiedenen Ankerkörpern)	Kopplungen	
Externe Spannglieder B+B -Typ EMR	Bilfinger + Berger Vorspanntechnik GmbH, Bobenheim-Roxheim	Z-13.3-99	04. 05. 2005	7-drähtige Monospanndrahtlitze, PE-ummantelt St 1570/1770, Ø 15,3 mm / 140 mm²	9–19 1561–3296	1 Spann-, Festanker	–	4 Korrosionsschutzsysteme zulässig

Sonderspannverfahren

Zulassungsgegenstand	Antragsteller	Zulassungsnummer	gültig bis	Spannstahl	Anzahl der Litzen bzw. Stäbe Vorspannkraft [kN]	Anzahl		Sonstiges
						Verankerungen (Haupttypen mit verschiedenen Ankerkörpern)	Kopplungen	
BBRV-Behälterwickelverfahren	SUSPA Spannbeton GmbH, Langenfeld	Z-13.1-33	28.01.2002	Spannstahldrähte St 1570/1770, kalt gezogen, Ø 5 mm	$0{,}60 \times \beta_z$	Klemmverankerung	Drahtstoß mit Federstahldrahtwicklung	
Spannverfahren GA für INTERTEC, LEIGA und TRIDAL	Guiraudie et Auffève, Toulouse-Cedex	Z-13.1-55	15. 07. 1998 Antrag auf Verlängerung liegt vor	Spannstahldrähte St 1470/1670, kalt gezogen, profiliert Ø 8 mm	2–5 92–231			FT-Platten, FT-Balken aus B 45 (ruhende V-Lasten)

J

Zulassungsgegenstand	Antragsteller	Zulassungsnummer	gültig bis	Spannstahl	Anzahl der Litzen bzw. Stäbe Vorspannkraft [kN]	Anzahl		Sonstiges
						Verankerungen (Haupttypen mit verschiedenen Ankerkörpern)	Kopplungen	
Spannverfahren HLV	Strabag Bau AG, Bayer AG, SICOM, Köln/Leverkusen	Z-13.1-67	30. 11. 1997 Antrag auf Verlängerung liegt vor	HLV-Spannstäbe Ø 7,5 mm	6–19 190–600	1 Spann-, 2 Festanker	1 feste, 1 bewegliche	Glasfaserspannglieder in Harzmatrix mit Polyamidummantelung
Litzenspannverfahren 1/2" zur Verankerung von Flanschplatten für vorgespannte Schleuderbetonmaste	Betonwerk Rethwisch GmbH, Möllenhagen	Z-13.4-88	30. 11. 2003	7-drähtige Spanndrahtlitzen St 1570/1770, Ø 12,5 mm / 93 mm^2	Einzelspannglieder 90,5	Keilverankerung auf einer oder beiden Seiten	–	sofortiger Verbund, bis 35 m Länge

Sonstiges

Zulassungsgegenstand	Antragsteller	Zulassungs-nummer	Bescheid vom: Geltungsdauer bis:
PT-PLUS Kunststoffhüllrohre	VSL Vorspanntechnik (Deutschland) GmbH Diemstrasse 1 57072 Siegen	Z-13.1-80	Z: 11.08.1997 G: 31.08.2002
Einpressmörtel nach dem Aufbereitungsverfahren „SUSPA mit Swibo Typ 1973"	SUSPA Spannbeton GmbH Max-Planck-Ring 1 40764 Langenfeld	Z-13.1-7	Z: 14.07.1997 G: 31.07.2002
Vorübergehender Korrosionsschutz mit RUST-BAN 310 für DYWIDAG-Einzelspannglieder (Stabverfahren) mit nachträglichem Verbund	Dyckerhoff & Widmann AG Erdinger Landstraße 1 81902 München	Z-13.1-10	Z: 11.11.1996 Ä: 21.02.2000 G: 10.11.2001
Einpressmörtel nach dem Aufbereitungs- und Einpressverfahren „bbv"	Bilfinger + Berger Vorspanntechnik GmbH Industriestraße 98 67240 Bobenheim-Roxheim	Z-13.6-92	Z: 21.01.1999 G: 31.01.2004

Bewehrter dampfgehärteter Porenbeton

Deckenplatten, Deckenscheiben

Zulassungsgegenstand	Antragsteller	Zulassungs-nummer	Bescheid vom: Geltungsdauer bis:
Bewehrte YTONG-Deckenplatten W aus dampfgehärtetem Porenbeton der Festigkeitsklassen 3.3 und 4.4 zur Ausbildung von Decken und Deckenscheiben	YTONG Deutschland Aktiengesellschaft Hornstraße 3 80797 München	Z-2.1-4.1	Z: 11.12.1998 Ä+E: 04.10.1999 G: 31.01.2004
Bewehrte HEBEL-Deckenplatten W aus dampfgehärtetem Porenbeton der Festigkeitsklassen 3,3 und 4,4 zur Ausbildung von Decken und Deckenscheiben	Hebel AG Reginawerk 2–3 82275 Emmering	Z-2.1-5.1	Z: 02.12.1998 Ä+E: 04.10.1999 G: 31.01.2004
Bewehrte GREISEL-Deckenplatten aus dampfgehärtetem Porenbeton der Festigkeitsklassen 3,3 und 4,4	F.X. Greisel GmbH Deichmannstraße 2 91555 Feuchtwangen-Dorfgütingen	Z-2.1-19.1	Z: 02.02.1998 G: 28.02.2003
Bewehrte SCANPOR-Deckenplatten aus dampfgehärtetem Porenbeton der Festigkeitsklasse 4,4	SCANPOR Porenbeton GmbH Dammkrug 1 31535 Neustadt	Z-2.1-21	Z: 09.01.1998 G: 31.05.2003

Zulassungsgegenstand	Antragsteller	Zulassungs-nummer	Bescheid vom: Geltungsdauer bis:
Bewehrte EUROPOR-Deckenplatten aus dampfgehärtetem Porenbeton der Festigkeitsklassen 3,3 und 4,4	EUROPOR Massivhaus GmbH Gewerbegebiet 02943 Kringelsdorf	Z-2.1-31	Z: 20. 05. 1998 G: 31. 05. 2003

Dachplatten, Dachscheiben

Zulassungsgegenstand	Antragsteller	Zulassungs-nummer	Bescheid vom: Geltungsdauer bis:
Bewehrte SCANPOR-Dachplatten aus dampfgehärtetem Porenbeton der Festigkeitsklassen 3,3 und 4,4	SCANPOR Porenbeton GmbH Dammkrug 1 31535 Neustadt	Z-2.1-22	Z: 17. 02. 1998 G: 31. 05. 2003
Bewehrte SCANPOR-Dachplatten aus dampfgehärtetem Porenbeton der Festigkeitsklassen 3,3 und 4,4 mit Nut-Feder-Verbindung ohne Vermörtelung	SCANPOR Porenbeton GmbH Dammkrug 1 31535 Neustadt	Z-2.1-24	Z: 17. 02. 1998 G: 31. 05. 2003
EUROPOR-Dachplatten aus dampfgehärtetem Porenbeton der Festigkeitsklassen 3,3 und 4,4	EUROPOR Massivhaus GmbH Gewerbegebiet 02943 Kringelsdorf	Z-2.1-29	Z: 20. 05. 1998 E: 06. 07. 1999 G: 31. 05. 2003
Bewehrte EUROPOR-Dachplatten aus dampfgehärtetem Porenbeton der Festigkeitsklassen 3,3 und 4,4 mit Nut-Feder-Verbindung ohne Vermörtelung	EUROPOR Massivhaus GmbH Gewerbegebiet 02943 Kringelsdorf	Z-2.1-30	Z: 20. 05. 1998 E: 02. 07. 1999 G: 31. 05. 2003
Dachscheiben aus bewehrten EUROPOR-Dachplatten aus dampfgehärtetem Porenbeton der Festigkeitsklassen 3,3 und 4,4	EUROPOR Massivhaus GmbH Gewerbegebiet 02943 Kringelsdorf	Z-2.1-33	Z: 23. 03. 1999 G: 30. 04. 2004
Bewehrte YTONG-Dachplatten W aus dampfgehärtetem Porenbeton der Festigkeitsklassen 3,3 und 4,4 zur Ausbildung von Dächern und Dachscheiben	YTONG Aktiengesellschaft Hornstraße 3 80797 München	Z-2.1-4.2	Z: 04. 08. 1998 G: 31. 08. 2003
Bewehrte YTONG-Dachplatten W aus dampfgehärtetem Porenbeton der Festigkeitsklassen 3,3 und 4,4 mit Nut-Feder-Verbindung ohne Vermörtelung	YTONG Aktiengesellschaft Hornstraße 3 80797 München	Z-2.1-4.2.1	Z: 04. 08. 1998 G: 31. 08. 2003

Zulassungsgegenstand	Antragsteller	Zulassungs-nummer	Bescheid vom: Geltungsdauer bis:
Bewehrte HEBEL-Dachplatten W aus dampfgehärtetem Porenbeton der Festigkeitsklassen 3,3 und 4,4 zur Ausbildung von Dächern und Dachscheiben	Hebel AG Reginawerk 2–3 82275 Emmering	Z-2.1-5.2	Z: 04. 08. 1998 G: 31. 08. 2003
Bewehrte HEBEL-Dachplatten W aus dampfgehärtetem Porenbeton der Festigkeitsklassen 3,3 und 4,4 mit Nut-Feder-Verbindung ohne Vermörtelung	Hebel AG Reginawerk 2–3 82275 Emmering	Z-2.1-5.2.1	Z: 04. 08. 1998 G: 31. 08. 2003
Bewehrte GREISEL-Dachplatten aus dampfgehärtetem Porenbeton der Festigkeitsklassen 3,3 und 4,4	F.X. Greisel GmbH Deichmannstraße 2 91555 Feuchtwangen-Dorfgütingen	Z-2.1-19.2	Z: 17. 02. 1998 G: 28. 02. 2003
Bewehrte GREISEL-Dachplatten aus dampfgehärtetem Porenbeton der Festigkeitsklassen 3,3 und 4,4 mit Nut-Feder-Verbindung ohne Vermörtelung	F.X. Greisel GmbH Deichmannstraße 2 91555 Feuchtwangen-Dorfgütingen	Z-2.1-19.2.1	Z: 06. 02. 1998 G: 28. 02. 2003

Wandplatten, Wandausfachung

Zulassungsgegenstand	Antragsteller	Zulassungs-nummer	Bescheid vom: Geltungsdauer bis:
Bewehrte SCANPOR-Wandplatten aus dampfgehärtetem Porenbeton der Festigkeitsklassen 3,3 und 4,4	SCANPOR Porenbeton GmbH Dammkrug 1 31535 Neustadt	Z-2.1-20	Z: 11. 06. 1997 G: 30. 06. 2002
Bewehrte EUROPOR-Wandplatten aus dampfgehärtetem Porenbeton der Festigkeitsklassen 3,3 und 4,4	EUROPOR Massivhaus GmbH Gewerbegebiet 02943 Kringelsdorf	Z-2.1-32	Z: 20.05.1998 A: 06. 07. 1999 G: 31. 05. 2003
Bewehrte YTONG-Wandplatten W aus dampfgehärtetem Porenbeton der Festigkeitsklassen 3,3 und 4,4	YTONG Deutschland Aktiengesellschaft Hornstraße 3 80797 München	Z-2.1-10.2	Z: 23. 07. 1999 G: 31. 07. 2004
Bewehrte HEBEL-Wandplatten W aus dampfgehärtetem Porenbeton der Festigkeitsklassen 3,3 und 4,4	Hebel AG Reginawerk 2–3 82275 Emmering	Z-2.1-10.3	Z: 23. 07. 1999 G: 31. 07. 2004
Bewehrte GREISEL-Wandplatten aus dampfgehärtetem Porenbeton der Festigkeitsklassen 3,3 und 4,4 zur Wandausfachung	F.X. Greisel GmbH Deichmannstraße 2 91555 Feuchtwangen-Dorfgütingen	Z-2.1-10.5	Z: 03. 03. 1997 G: 28. 02. 2002

Zulassungsgegenstand	Antragsteller	Zulassungsnummer	Bescheid vom: Geltungsdauer bis:
Bewehrte HEBEL-Wandplatten W aus dampfgehärtetem Porenbeton der Festigkeitsklasse 2,2 und der Rohdichteklassen 0,40 und 0,45	Hebel AG Reginawerk 2–3 82275 Emmering	Z-2.1-34	Z: 17.07.2000 G: 31.07.2005
Bewehrte YTONG-Wandplatten W aus dampfgehärtetem Porenbeton der Festigkeitsklasse 2,2 und der Rohdichteklassen 0,40 und 0,45	YTONG Deutschland Aktiengesellschaft Hornstraße 3 80797 München	Z-2.1-35	Z: 17.07.2000 G: 31.07.2005

Stürze

Zulassungsgegenstand	Antragsteller	Zulassungsnummer	Bescheid vom: Geltungsdauer bis:
Bewehrte YTONG-Stürze W aus dampfgehärtetem Porenbeton der Festigkeitsklasse 4,4	YTONG Aktiengesellschaft Hornstraße 3 80797 München	Z-2.1-15	Z: 12.12.1997 G: 28.02.2003
Bewehrte HEBEL-Stürze W aus dampfgehärtetem Porenbeton der Festigkeitsklasse 4,4	Hebel AG Reginawerk 2-3 82275 Emmering	Z-2.1-23	Z: 12.12.1997 G: 28.02.2003
Bewehrte SCANPOR-Stürze aus dampfgehärtetem Porenbeton der Festigkeitsklasse 4,4 ohne Schrägbewehrung	SCANPOR Porenbeton GmbH Dammkrug 1 31535 Neustadt	Z-2.1-27	Z: 14.07.1997 G: 30.07.2002
Bewehrte GREISEL-Stürze aus dampfgehärtetem Porenbeton der Festigkeitsklasse 4,4	F.X. Greisel GmbH Deichmannstraße 2 91555 Feuchtwangen-Dorfgütingen	Z-2.1-39	Z: 19.04.2000 G: 30.04.2005

Verbindungsmittel

Zulassungsgegenstand	Antragsteller	Zulassungsnummer	Bescheid vom: Geltungsdauer bis:
Nagellaschenverbindung (Zuglaschen mit Hülsennägeln) zur punktförmigen Befestigung von bewehrten Wandplatten und Dachplatten aus dampfgehärtetem Porenbeton der Festigkeitsklassen 3,3 und 4,4	Hebel AG Reginawerk 2–3 82275 Emmering	Z-2.11-10.3.1	Z: 29.07.1997 G: 30.06.2002

Zulassungsgegenstand	Antragsteller	Zulassungsnummer	Bescheid vom: Geltungsdauer bis:
KREMO-Ankerbleche zur punktförmigen Befestigung von bewehrten Wandplatten aus dampfgehärtetem Porenbeton der Festigkeitsklassen 3,3 und 4,4 zur Wandausfachung	KREMO-WERKE Hermanns GmbH & Co. KG Blumentalstraße 141–145 47798 Krefeld	Z-2.1-14.1	Z: 17. 03. 1992 Ä+E: 16. 05. 1995 Ä+V: 16. 04. 1997 G: 28. 02. 2002
H & L-Ankerbleche zur punktförmigen Befestigung von bewehrten Wandplatten aus dampfgehärtetem Porenbeton der Festigkeitsklassen 3,3 und 4,4	Hahne & Lückel GmbH Metallwarenfabrik An der Silberkuhle 13 58239 Schwerte-Geisecke	Z-2.1-14.2	Z: 25. 04. 1996 G: 30. 04. 2001
Verankerungsmittel für Porenbetonmontagebauteile	BUNDESVERBAND PORENBETONINDUSTRIE E.V. Dostojewskistraße 10 65187 Wiesbaden	Z-2.1-38	Z: 30. 07. 1999 G: 31. 08. 2004

Faserbeton

Nichtmetallische Fasern

Zulassungsgegenstand	Antragsteller	Zulassungsnummer	Bescheid vom: Geltungsdauer bis:
„Cern-FIL 2“-Glasfasern zur Verwendung in Beton	Cem-FIL International Ltd. The Parks, Newton-le-Willows Merseyside, England Großbritannien WA12 OJQ	Z-31.2-122	Z: 25. 03. 1997 G: 31. 03. 2002
„NEG-ARG“-Glasfasern zur Verwendung in Beton	Nippon Electric Glass Co., Ltd. 1 Miyahara 4-chome, Yodogawa-Ku Osaka 532 Japan	Z-31.2-123	Z: 22. 04. 1997 G: 30. 04. 2002
Cem-FIL AR-Glasfasern Typen A und B zur Verwendung in Beton	Cem-FIL International Ltd. The Parks, Newton-le-Willows Merseyside, England Großbritannien WA12 OJQ	Z-31.2-127	Z: 03. 09. 1997 G: 15. 09. 2002
PVA-Filamentfaser Kuralon	Mitsubishi International GmbH Kennedydamm 19 40476 Düsseldorf	Z-31.2-134	Z: 10. 06. 1998 G: 15. 06. 2003

Zulassungsgegenstand	Antragsteller	Zulassungs-nummer	Bescheid vom: Geltungsdauer bis:
Dolanit-Fasern	Faserwerk Kelheim GmbH Regensburger Straße 109 93309 Kelheim/Donau	Z-31.2-138	Z: 30.06.1998 E: 06.11.1998 G: 15.07.2003
Polypropylenfasern Typ Fibermix Stealth 6922	Fibermesh Europe Fibermesh House Smeckley Wood Close Chesterfield S41 9PZ GROSSBRITANNIEN	Z-31.2-143	Z: 11.11.1999 G: 30.11.2004

Stahlfasern

Zulassungsgegenstand	Antragsteller	Zulassungs-nummer	Bescheid vom: Geltungsdauer bis:
Stahlfaser FATEK FT	FATEK Betonfasertechnik GmbH Kreisstraße 43 45525 Hattingen	Z-71.4-2	Z: 31.07.1998 G: 31.07.2003
DRAMIX®-Stahlfasern	Bekaert Deutschland GmbH Dietrich-Bonhoeffer-Straße 4 61350 Bad Homburg	Z-71.4-3	Z: 07.08.1998 G: 31.08.2003
Harex® Stahlfasern SF 01/32	Vulkan Harex Heerstraße 66 44653 Herne	Z-71.4-4	Z: 05.08.1998 G: 31.08.2003
Harex® Stahlfasern ESF/BSF/HSCF	Vulkan Harex Heerstraße 66 44653 Herne	Z-71.4-5	Z: 05.08.1998 G: 31.08.2003
Harex® Stahlfasern KSF	Vulkan Harex Heerstraße 66 44653 Herne	Z-71.4-6	Z: 12.08.1998 G: 31.08.2003

Zulassungsgegenstand	Antragsteller	Zulassungs-nummer	Bescheid vom: Geltungsdauer bis:
baumix-Stahlfasern	plettac-plana Hallenbau GmbH Hafenstraße 255 45356 Essen und Baumbach Metall GmbH & Co. KG Sonneberger Straße 8 96528 Effelder/Thür.	Z-71.4-7	Z: 30. 09. 1998 G: 31. 10. 2003
DUOLOC® Stahldrahtfasern	IFT Fasertechnik GmbH & Co. KG Am Amtshaus 913 44359 Dortmund	Z-71.4-8	Z: 15. 01. 1999 G: 31. 12. 2004
Stahldrahtfasern EUROSTEEL und TWINCONE	Silidur Industrieböden GmbH Gewerbegebiet Steinfurt Leimberg 9 52222 Stolberg	Z-71.4-10	Z: 29. 04. 1999 G: 31. 05. 2004
ME-Stahldrahtfasern	ME Fasersysteme Bergmannsweg 14 31199 Diekholzen	Z-71.4-11	Z: 25. 01. 1999 G: 31. 01. 2004
Weidacon-Stahlfasern	StraTec Strahl- und Fasertechnik GmbH An der Schleuse 3 58675 Hemer	Z-71.4-12	Z: 27. 07. 1999 E: 10. 01. 2000 G: 31. 08. 2004
TrefilARBED Stahlfasern Typ TABIX, TWINCONE, HE und FE	TrefilARBED Bissen B.P. 16 L-7703 Bissen	Z-71.4-13	Z: 02. 11. 1999 G: 30. 11. 2004
VTI Stahldrahtfasern	Vulkan Technologies International GmbH Hannibalstraße 16 44651 Herne	Z-71.4-15	Z: 03. 11. 1999 G: 30. 11. 2004
VTI-Stahlblechfasern HSCF und ESF	Vulkan Technologies International GmbH Hannibalstraße 16 44651 Herne	Z-71.4-16	Z: 03. 11. 1999 G: 30. 11. 2004
VTI-Gefräste Stahlfasern SF 01-32	Vulkan Technologies International GmbH Hannibalstraße 16 44651 Herne	Z-71.4-17	Z: 03. 11. 1999 G: 30. 11. 2004
FATEK FX Stahldrahtfasern	FATEK Betonfasertechnik GmbH Kreisstraße 43 45525 Hattingen	Z-71.4-20	Z: 11. 05. 2000 G: 31. 05. 2005

Stahlfaserbeton

Zulassungsgegenstand	Antragsteller	Zulassungs-nummer	Bescheid vom: Geltungsdauer bis:
fdu-Stahlfaserbeton-Elementwand	Fertig-Decken-Union GmbH Mühleneschweg 8 49090 Osnabrück	Z-71.2-1	Z: 14.05.1998 G: 31.05.2003
Kellerwände aus Stahlfaserbeton	Bekaert Deutschland GmbH Dietrich-Bonhoeffer-Straße 4 61350 Bad Homburg	Z-71.2-9	Z: 14.10.1998 G: 30.11.2003
Kompaktstationen aus Stahlfaserbeton	Betonbau GmbH Schwetzinger Straße 22–26 68753 Waghäusel	Z-71.3-14	Z: 05.01.2000 G: 31.01.2005
Fundamentplatten aus Stahlfaserbeton für den Wohnungsbau	Bekaert Deutschland GmbH Dietrich-Bonhoeffer-Straße 4 61350 Bad Homburg	Z-71.3-18	Z: 21.02.2000 G: 28.02.2005

Geklebte Betonverstärkungen

Zulassungsgegenstand	Antragsteller	Zulassungs-nummer	Bescheid vom: Geltungsdauer bis:
Schubfeste Klebeverbindung zwischen Stahlplatten und Stahlbetonbauteilen oder Spannbetonbauteilen	Dipl.-Ing. Richard Laumer GmbH & Co. Bautechnik Bahnhofstraße 8 84323 Massing und Laumer Bautechnik Ost GmbH 04454 Leipzig-Holzausen	Z-36.1-4	Z: 23.03.2000 G: 31.03.2005
Verstärkungen von Stahlbeton- und Spannbetonbauteilen durch schubfest aufgeklebte Kohlefaserlamellen „Sika CarboDur“	Sika Chemie GmbH Kornwestheimer Str. 103–107 70439 Stuttgart	Z-36.12-29	Z: 11.11.1997 Ä+E+V: 06.10.1998 E: 19.01.2000 G: 30.11.2000
Schubfeste Klebeverbindung zwischen Stahlplatten und Stahlbetonbauteilen oder Spannbetonbauteilen mit dem System Sikadur 30 und Icosit 277 Primer	Sika Chemie GmbH Kornwestheimer Str. 103–107 70439 Stuttgart	Z-36.1-30	Z: 07.04.1995 E: 05.06.1996 V: 03.03.1997 V: 22.01.1999 G: 30.04.2004

Zulassungsgegenstand	Antragsteller	Zulassungs-nummer	Bescheid vom: Geltungsdauer bis:
Verstärkungen von Stahlbeton- und Spannbetonbauteilen durch schubfest angeklebte Kohlefaserlaminate	Dipl.-Ing. Richard Laumer GmbH & Co Bautechnik Bahnhofstraße 8 84323 Massing und Sumitomo Deutschland GmbH Georg-Glock-Straße 14 40474 Düsseldorf und Mitsubishi Chemical Corporation Carbon Fiber & Advanced Composite Materials Department 5–2, Marunouchi 2-chome, Chiyoda-ku Tokyo 100 JAPAN	Z-36.12-32	Z: 18.01.2000 Ä: 03.05.2000 G: 31.03.2002
Verstärkung von Stahlbetonbauteilen durch mit dem Baukleber ispo Concretin SK 41 schubfest aufgeklebte S & P Kohlenfaserlamellen	ispo GmbH Gutenbergstraße 6 65830 Kriftel	Z-36.12-54	Z: 12.10.1998 G: 30.10.2001
Verstärken von Stahlbeton- und Spannbetonbauteilen durch schubfest aufgeklebte Kohlefaserlamellen B+B Carboplus	Bilfinger + Berger Bauaktiengesellschaft SCT-Zentrales Labor Carl-Reiß-Platz 1–5 68165 Mannheim	Z-36.12-57	Z: 18.01.2000 G: 31.01.2002

Sonstige Zulassungen

Zulassungsgegenstand	Antragsteller	Zulassungs-nummer	Bescheid vom: Geltungsdauer bis:
Dachplatten „poraFORM-Dach" und ausfachende Wandtafeln aus Leichtbeton LB 5 mit Leichtzuschlag PORAVER-Blähglas-Granulat	Dennert Poraver GmbH Veit-Dennert-Straße 96130 Schlüsselfeld	Z-2.2-28	Z: 04.05.1999 G: 30.04.2004

Zulassungsgegenstand	Antragsteller	Zulassungs-nummer	Bescheid vom: Geltungsdauer bis:
SÜBA-Massivdach	SÜBA Cooperation Gesellschaft für Bauforschung, Bauentwicklung und Franchising mbH Neustadter Straße 5–7 68766 Hockenheim	Z-15.1-2	Z: 31. 10. 1995 G: 30. 11. 2000
DEHA-TM-Verbundsystem für dreischichtige Stahlbeton-Wandtafeln	DEHA Ankersysteme GmbH & Co. KG Breslauer Straße 3 64521 Groß-Gerau und CSM Construction Systems Marketing GmbH Unterweg 22 64625 Bensheim	Z-15.2-144	Z: 02. 06. 1999 G: 31. 12. 2003
Vorgespannte Schleuderbetonmaste aus hochfestem Beton	Pfleiderer Verkehrstechnik GmbH & Co. KG Postfach 1480 92304 Neumarkt	Z-15.13-77	Z: 03. 11. 1998 G: 31. 12. 2002
Vorgespannte Schleuderbetonmaste aus hochfestem Beton	Betonwerk Rethwisch GmbH Industriegelände 1 17219 Möllenhagen	Z-15.13-141	Z: 22. 04. 1999 G: 30. 04. 2004
Stahlpilze zur Verstärkung von Flachdecken im Stützenbereich System Geilinger	Geilinger Stahlbau AG Schützenmattstraße CH-8180 Bülach	Z-15.1-35	Z: 05. 09. 1996 G: 30. 09. 2001
Schneidenlagerung zur Einleitung von Vertikal- und Horizontalkräften in Stahlspundbohlen System Hoesch	HSP Hoesch Spundwand und Profil GmbH Alte Radstraße 27 44147 Dortmund	Z-15.6-34	Z: 01. 06. 1999 G: 31. 07. 2002

4 Wiedergabe allgemeiner bauaufsichtlicher Zulassungen

4.1 Einführung

Das äußere Erscheinungsbild und der innere Aufbau der Zulassungen sind unverändert geblieben, so dass hierfür auf die Ausführungen in der Ausgabe von 1998 verwiesen werden kann.

Der Abdruck vollständiger Zulassungen wird in dieser Ausgabe mit der Wiedergabe der Zulassungen

- Z-15.1-165 Doppelkopfanker als Schubbewehrung
- Z-13.1-91 Litzenspannverfahren für hochfesten Beton

fortgesetzt.

4.2 Doppelkopfanker als Schubbewehrung HDB-S

Die Zulassung gilt für eine Schubbewehrung aus Doppelkopfbolzen zur Erhöhung der Querkrafttragfähigkeit von Balken und Platten. Die Bewehrungselemente selbst sind die gleichen wie die für Durchstanzbewehrungen bereits zugelassenen. Grundlage für die Erteilung dieser und weiterer gleichartiger Zulassungen waren umfangreiche Versuchsserien, aus deren Ergebnissen die Konstruktionsregeln abgeleitet werden konnten. Die Bemessungsregeln fußen auf dem Nachweisverfahren von DIN 1045:1988-07 und wurden in Auswertung der Versuchsergebnisse in Anlehnung an die bereits vorliegenden Zulassungen für Durchstanzbewehrungen formuliert.

4.3 Litzenspannverfahren B+BL in B85

Mit der bauaufsichtlichen Einführung der DAfStb-Richtlinie für hochfesten Beton ist die Verwendung bis zur Festigkeitsklasse B115 möglich, wobei für Beton der Festigkeitsklassen B105 und B115 zusätzliche, mit der Bauaufsicht abzustimmende Nachweise erforderlich sind. Diese Richtlinie gilt nur für Bauteile und Tragwerke aus Stahlbeton, nicht für solche aus Spannbeton. Für die Bemessung von Spannbetontragwerken verweist die Zulassung deshalb auf die Notwendigkeit einer bauaufsichtlichen Zustimmung im Einzelfall, wofür vorliegende Ausarbeitungen zur entsprechenden Ergänzung von DIN 4427 genutzt werden können.

Das zugelassene Spannverfahren selbst wurde aus dem langjährig erprobten Spannverfahren B+BL für Vorspannung mit nachträglichem Verbund (Zulassungsnummer Z-13.1-77) abgeleitet, wobei die Abmessungen sowie die Rand- und Achsabstände der Verankerung für den veränderten Anwendungsbereich optimiert wurden.

J

DEUTSCHES INSTITUT FÜR BAUTECHNIK

Anstalt des öffentlichen Rechts

10829 Berlin, 3. November 1999
Kolonnenstraße 30 L
Telefon: (0 30) 7 87 30 - 363
Telefax: (0 30) 7 87 30 - 320
GeschZ.: 114-1.15.1-21/99

Allgemeine bauaufsichtliche Zulassung

Zulassungs-nummer:	Z-1 5.1-165
Antragsteller:	Halfen GmbH & Co. KG Werk Wiernsheim Wurmberger Straße 30–34 75446 Wiernsheim
Zulassungs-gegenstand:	Doppelkopfanker als Schubbewehrung HDB-S

Geltungsdauer bis: 30. November 2004

Der oben genannte Zulassungsgegenstand wird hiermit allgemein bauaufsichtlich zugelassen. Diese allgemeine bauaufsichtliche Zulassung umfasst acht Seiten und acht Anlagen.

I. ALLGEMEINE BESTIMMUNGEN

1 Mit der allgemeinen bauaufsichtlichen Zulassung ist die Verwendbarkeit bzw. Anwendbarkeit des Zulassungsgegenstandes im Sinne der Landesbauordnungen nachgewiesen.

2 Die allgemeine bauaufsichtliche Zulassung ersetzt nicht die für die Durchführung von Bauvorhaben gesetzlich vorgeschriebenen Genehmigungen, Zustimmungen und Bescheinigungen.

3 Die allgemeine bauaufsichtliche Zulassung wird unbeschadet der Rechte Dritter, insbesondere privater Schutzrechte, erteilt.

4 Hersteller und Vertreiber des Zulassungsgegenstands haben, unbeschadet weitergehender Regelungen in den „Besonderen Bestimmungen", dem Verwender bzw. Anwender des Zulassungsgegenstands Kopien der allgemeinen bauaufsichtlichen Zulassung zur Verfügung zu stellen und darauf hinzuweisen, dass die allgemeine bauaufsichtliche Zulassung an der Verwendungsstelle vorliegen muss. Auf Anforderung sind den beteiligten Behörden Kopien der allgemeinen bauaufsichtlichen Zulassung zur Verfügung zu stellen.

5 Die allgemeine bauaufsichtliche Zulassung darf nur vollständig vervielfältigt werden. Eine auszugsweise Veröffentlichung bedarf der Zustimmung des Deutschen Instituts für Bautechnik. Texte und Zeichnungen von Werbeschriften dürfen der allgemeinen bauaufsichtlichen Zulassung nicht widersprechen. Übersetzungen der allgemeinen bauaufsichtlichen Zulassung müssen den Hinweis „Vom Deutschen Institut für Bautechnik nicht geprüfte Übersetzung der deutschen Originalfassung" enthalten.

6 Die allgemeine bauaufsichtliche Zulassung wird widerruflich erteilt. Die Bestimmungen der allgemeinen bauaufsichtlichen Zulassung können nachträglich ergänzt und geändert werden, insbesondere, wenn neue technische Erkenntnisse dies erfordern.

II. BESONDERE BESTIMMUNGEN

1 Zulassungsgegenstand und Anwendungsbereich

Die Halfen-Schubbewehrung Typ HDB-S besteht aus HDB-S-Ankern aus Betonstabstahl BSt 500 S, d_s = 10, 12, 14, 16, 20 oder 25 mm mit beidseitig aufgestauchten Köpfen, die zur Lagesicherung auf Montagestäben aus Beton- oder Baustahl durch Heftschweißung befestigt sind. Der Durchmesser der aufgestauchten Ankerköpfe beträgt das dreifache des Schaftdurchmessers.

Die Halfen-Schubbewehrung Typ HDB-S wird als Schubbewehrung zur Erhöhung der Querkrafttragfähigkeit bei Balken oder Platten unter den in dieser Zulassung geltenden Voraussetzungen verwendet. Anwendungsbeispiele sind in Anlage 1 gegeben.

Die Bewehrungselemente sind senkrecht zur Tragrichtung stehend im querkraftbeanspruchten Bereich der Balken oder Platten anzuordnen und sollen diesen gleichmäßig durchsetzen.

Die Bewehrungselemente dürfen bei vorwiegend ruhenden und nicht vorwiegend ruhenden Lasten verwendet werden.

2 Bestimmungen für das Bauprodukt

2.1 Anforderungen an die Eigenschaften

Die Bewehrungselemente müssen Anlage 2 entsprechen.

Die Anker müssen die Eigenschaften eines BSt 500 S nach DIN 488-1:1984-09 aufweisen.

Die Bruchlast eines Ankers beträgt

$$P_u = \beta_Z \cdot A_s \qquad (1)$$

mit

P_u = Bruchkraft im Anker

β_Z = Zugfestigkeit des verwendeten Betonstahls (550 N/mm^2)

A_s = Istquerschnitt des Ankerschaftes

Die Stäbe zur Lagesicherung (Montagestäbe) müssen aus Betonstahl BSt 500 S bzw. BSt 500 NR nach DIN 488-1 : 1984-09 oder Rund- bzw. Flachstahl aus A4 (gemäß allgemeiner bauaufsichtlicher Zulassung Nr. Z-30.3-6) oder einem Baustahl S 235 JR nach DIN EN 10025 bestehen.

2.2 Herstellung, Verpackung, Transport, Lagerung und Kennzeichnung

2.2.1 Herstellung

Die Ankerköpfe der HDB-S-Anker werden im Herstellwerk aufgestaucht. Dabei wird auch die Kennzeichnung auf beiden Köpfen eingeprägt. Die Anker werden an Betonstähle d_s = 6 bis 10 mm an Montagestäbe oder Flachstähle angeschweißt (Heftschweißung), die zur Lagesicherung der Doppelkopfbolzen während des Betonierens dienen. Es werden mindestens zwei Anker zu einem Bewehrungselement zusammengefasst, ein Bewehrungselement darf nur Anker gleichen Durchmessers enthalten.

2.2.2 Verpackung, Transport und Lagerung

Verpackung, Transport und Lagerung müssen so erfolgen, dass die Bewehrungselemente nicht beschädigt werden.

Werden die Anker in Halbfertigplatten mit statisch mitwirkender Ortbetonschicht eingebaut, so ist für die Anordnung der Plattenelemente beim Transport Anlage 8 zu beachten.

2.2.3 Kennzeichnung

Der Lieferschein der Bewehrungselemente muss vom Hersteller mit dem Übereinstimmungszeichen (Ü-Zeichen) nach den Übereinstimmungszeichen-Verordnungen der Länder gekennzeichnet werden und mindestens Ankerdurchmesser und Ankerlänge enthalten. Die Kennzeichnung darf nur erfolgen, wenn die Voraussetzungen nach Abschnitt 2.3 Übereinstimmungsnachweis erfüllt sind. Den Ankern ist auf jeden Kopf eine Kennzeichnung entsprechend Anlage 2 einzuprägen.

2.3 Übereinstimmungsnachweis

2.3.1 Allgemeines

Die Bestätigung der Übereinstimmung der Bewehrungselemente mit den Bestimmungen dieser allgemeinen bauaufsichtlichen Zulassung muss für jedes Herstellwerk mit einem Übereinstimmungszertifikat auf der Grundlage einer werkseigenen Produktionskontrolle und einer regelmäßigen

Fremdüberwachung einschließlich einer Erstprüfung der Bewehrungselemente nach Maßgabe der folgenden Bestimmungen erfolgen.

Für die Erteilung des Übereinstimmungszertifikats und die Fremdüberwachung einschließlich der dabei durchzuführenden Produktprüfungen hat der Hersteller der Bewehrungselemente eine hierfür anerkannte Zertifizierungsstelle sowie eine hierfür anerkannte Überwachungsstelle einzuschalten.

Dem Deutschen Institut für Bautechnik ist von der Zertifizierungsstelle eine Kopie des von ihr erteilten Übereinstimmungszertifikats zur Kenntnis zu geben.

2.3.2 Werkseigene Produktionskontrolle

In jedem Herstellwerk ist eine werkseigene Produktionskontrolle einzurichten und durchzuführen. Unter werkseigener Produktionskontrolle wird die vom Hersteller vorzunehmende kontinuierliche Überwachung der Produktion verstanden, mit der dieser sicherstellt, dass die von ihm hergestellten Bauprodukte den Bestimmungen dieser allgemeinen bauaufsichtlichen Zulassung entsprechen. Die werkseigene Produktionskontrolle soll mindestens die im Folgenden aufgeführten Maßnahmen einschließen:

- Beschreibung und Prüfung des Ausgangsmaterials und der Bestandteile:
  Der Hersteller der Bewehrungselemente muss sich davon überzeugen, dass die für den Betonstahl in DIN 488-1:1984-09 geforderten Eigenschaften durch Werkkennzeichen und Ü-Zeichen belegt sind.
- Kontrolle und Prüfungen, die während der Herstellung durchzuführen sind:
  Es sind mindestens die folgenden Prüfungen an jeweils 3 Proben durchzuführen: Arbeitstäglich sind je gefertigten Ankerdurchmesser und je gefertigter Länge die Abmessungen (d_A, d_K, h_{st}, h_A gemäß Anlage 2) zu bestimmen und mit dem Sollmaß zu vergleichen.
- Nachweise und Prüfungen, die am Bauprodukt durchzuführen sind:
  Je 1000 Stück Bewehrungselemente ist:
  mit einem Zugversuch die Tragkraft des Ankerkopfes zu bestimmen und mit dem Sollwert nach Abschnitt 2.1 zu vergleichen,
  mit einem Versuch entsprechend Anlage 8 die Lagesicherung der Anker durch die Montagestäbe/Lochleisten zu überprüfen und mit den Sollwerten entsprechend Anlage 8 zu vergleichen.

Die Ergebnisse der werkseigenen Produktionskontrolle sind aufzuzeichnen und auszuwerten. Die Aufzeichnungen müssen mindestens folgende Angaben enthalten:

- Bezeichnung des Bauproduktes
- Art der Kontrolle oder Prüfung
- Datum der Herstellung und der Prüfung des Bauprodukts
- Ergebnis der Kontrollen und Prüfungen und Vergleich mit den Anforderungen
- Unterschrift des für die werkseigene Produktionskontrolle Verantwortlichen
- Die Aufzeichnungen sind mindestens fünf Jahre aufzubewahren und der für die Fremdüberwachung eingeschalteten Überwachungsstelle vorzulegen

Sie sind dem Deutschen Institut für Bautechnik und der zuständigen obersten Bauaufsichtsbehörde auf Verlangen vorzulegen. Bei ungenügendem Prüfergebnis sind vom Hersteller unverzüglich die erforderlichen Maßnahmen zur Abstellung des Mangels zu treffen. Bauprodukte, die den Anforderungen nicht entsprechen, sind so zu handhaben, dass Verwechslungen mit übereinstimmenden ausgeschlossen werden. Nach Abstellung des Mangels ist – soweit technisch möglich und zum Nachweis der Mängelbeseitigung erforderlich – die betreffende Prüfung unverzüglich zu wiederholen.

2.3.3 Fremdüberwachung

In jedem Herstellwerk ist die werkseigene Produktionskontrolle durch eine Fremdüberwachung regelmäßig zu überprüfen, mindestens jedoch zweimal jährlich. Im Rahmen der Fremdüberwachung ist eine Erstprüfung der Bewehrungselemente durchzuführen und es können auch Proben für Stichprobenprüfungen entnommen werden. Die Probenahme und Prüfungen obliegen jeweils der anerkannten Überwachungsstelle.

Im Rahmen der Überprüfung der werkseigenen Produktionskontrolle ist an mindestens 3 Proben je Ankerdurchmesser die Bruchlast zu ermitteln sowie der Versuch nach Anlage 8 durchzuführen.

Die Ergebnisse der Zertifizierung und Fremdüberwachung sind mindestens fünf Jahre aufzubewahren. Sie sind von der Zertifizierungsstelle bzw. der Überwachungsstelle dem Deutschen Institut für Bautechnik und der obersten Bauaufsichtsbehörde auf Verlangen vorzulegen.

3 Bestimmungen für Entwurf und Bemessung

3.1 Allgemeines

Für die Ermittlung der Schnittgrößen und der Biegebewehrung sowie für die konstruktive Durchbildung der Balken und Platten gilt DIN 1045:1988-

07, soweit im Folgenden nichts anderes bestimmt ist.

Die HDB-S-Anker sind als Schubbewehrung im Sinne von DIN 1045 : 1988-07, Abschnitt 18.8 zu betrachten, soweit im Folgenden nichts anderes bestimmt wird.

3.2 Entwurf

3.2.1 Allgemeines

Die HDB-S-Anker sind so anzuordnen, dass die Ankerköpfe mit der Außenkante der Biegedruck- und Biegezugbewehrung abschließen.

Für die Betondeckung der Ankerköpfe gilt DIN 1045 : 1988-07, Abschnitt 13.2.

Der zulässige Ankerdurchmesser d_A wird durch die folgende Ungleichung begrenzt:

$d_A \leq 4 \cdot \sqrt{d}$ (d = Bauteildicke in cm) (2)

Die maximalen Abstände der Anker untereinander werden in den Tabellen 1 und 2 gegeben, es gilt der jeweils kleinere Wert.

In Haupttragrichtung wird der Größtabstand der Anker unter Berücksichtigung der Bauteilhöhe und der Schubbeanspruchung festgelegt.

In feingliedrigen Querschnitten braucht für $d_0 \leq 20$ cm und $\tau_0 \leq \tau_{011}$ der Abstand $S_{L,HDB}$ nicht kleiner als 15 cm zu sein.

Tabelle 1 Maximale Abstände $S_{L,HDB}$ der HDB-S-Anker in Haupttragrichtung

Art des Bauteils und Höhe der Schubbeanspruchung	Abstand in Abhängigkeit von der Bauteildicke oder in cm
Platten im Schubbereich 2	0,6 d bzw. 80 cm
Balken im Schubbereich 1	0,8 d_0 bzw. 25 cm
Balken im Schubbereich 2	0,6 d_0 bzw. 20 cm
Balken im Schubbereich 3	0,3 d_0 bzw. 15 cm

Quer zur Haupttragrichtung wird der Größtabstand der Anker festgelegt durch die Bauteilhöhe sowie die vorhandene Querbewehrung in Anteilen der Bewehrung in Haupttragrichtung. Bei einer Querbewehrung von 20 % darf der Ankerabstand die Bauteilhöhe nicht überschreiten. Er darf in Bauteilen bis zu 40 cm Bauteildicke bei Vorhandensein einer Querbewehrung von 50 % das 1,5-fache der Bauteilhöhe betragen. Zwischenwerte dürfen linear interpoliert werden.

Tabelle 2 Maximale Abstände $S_{Q,HDB}$ der Anker quer zur Haupttragrichtung in Abhängigkeit von der Bauteildicke sowie vorhandener Querbewehrung

Bauteildicke	vorhandene Querbewehrung in % der Hauptbewehrung	Abstand in Abhängigkeit von der Bauteildikke oder in cm
Bauteildicke d bzw. $d_0 \leq 40$ cm	50	1,5 d oder d_0
	20	1,0 d oder d_0
Bauteildicke d bzw. $d_0 \leq 40$ cm	20	1,0 d oder d_0 bzw. 80 cm

An freien Rändern von Platten und in Balken ist stets eine Bewehrung aus Bügeln als Randeinfassung zur Sicherung der Betondeckung anzuordnen.

Bei Platten dürfen Steckbügel zur Randeinfassung verwendet werden.

Es ist mindestens ein Längsbewehrungsstab zwischen HDB-S-Anker und den freien Bauteilrändern in Höhe der Ankerköpfe anzuordnen.

Der minimale Randabstand $a_{Q,HDB}$ wird in Abhängigkeit von Ankerdurchmesser und Betonfestigkeitsklasse nach Tabelle 3 bestimmt.

Tabelle 3 Minimaler Randabstand $a_{Q,HDB}$ [cm] der Anker an freien Rändern

Ankerdurchmesser d_A [mm]	Betonfestigkeitsklasse			
	B25	B35	B45	B55
10	12	11	9	8
12	15	13	11	10
14	17	15	13	12
16	20	17	15	13
20	25	21	19	17
25	31	26	23	21

J

Tabelle 4 Minimaler Randabstand $a_{Q,HDB}$ [cm] der Anker an freien Rändern von Balken in Abhängigkeit von der randsichernden Bewehrung

mit:			$a_{Q;HDB}$ [cm] für:			
Ankerdurchmesser	Stabdurchmesser der Bügel nicht kleiner als	Durchmesser des Randlängsstabes nicht kleiner als	Betonfestigkeitsklasse			
d_A [MM]	d_s [mm]	d_s [mm]	B25	B35	B45	B55
10	8	10	7	6	6	5
12	8	10	9	8	7	6
14	8	10	10	9	8	7
16	8	10	12	10	9	8
20	10	12	15	13	11	10
25	12	16	19	16	14	13

3.2.2 Balken

Im Schubbereich 2 sind 25% und im Schubbereich 3 sind 50% der erforderlichen Schubbewehrung in Form von Bügeln anzuordnen.

Abweichend von Tabelle 3 sind Randabstände nach Tabelle 4 zulässig, wenn die Mindestwerte für die Bügel- sowie die Randstabdurchmesser nicht unterschritten und die Bügel im Bereich der Ankerköpfe nach Anlage 6 angeordnet werden:

Bei Balken mit Kompaktquerschnitten ist eine Mindestbügelbewehrung nach Abschnitt 3.3.3 in Abhängigkeit vom Schubbereich einzubauen.

Bei feingliedrigen Querschnitten ist es ausreichend, den Druck- und Zuggurt nach DIN 1045 : 1988-07, Abschnitt 18.8.5 zu verbügeln.

3.2.3 Platten

In einachsig gespannten Platten ist stets eine Querbewehrung von mindestens 20% der Hauptbewehrung zur Aufnahme der Querbiegemomente und Querzugkräfte einzulegen.

3.3 Bemessung

3.3.1 Allgemeines

Die Ermittlung der Schnittgrößen erfolgt nach DIN 1045 : 1988-07. Die HDB-S-Anker dürfen für Torsionsbeanspruchung nicht in Rechnung gestellt werden. Die Torsions- und Querkraftbewehrung ist bei Verwendung von HDB-S-Ankern getrennt auszulegen.

Die rechnerische Bruchspannung in den Ankern darf 500 N/mm² nicht überschreiten. Der Sicherheitsbeiwert gegenüber dem Gebrauchszustand muss mindestens 1,75 betragen. Die zulässigen Kräfte für $\gamma = 1{,}75$ für die entsprechenden Ankerdurchmesser sind der Tabelle in Anlage 2 zu entnehmen.

Die Schwingbreite der Stahlspannungen unter Gebrauchslast darf $2 \cdot \sigma_a = 60$ N/mm² nicht überschreiten.

3.3.2 Schubbewehrung in Platten

Im Fall der Bemessung für auflagernahe Einzellasten (nach DIN 1045 : 1988-07, Abschnitt 17.5.2) wird die Grenze der Schubspannung τ_0 nach DIN 1045 : 1988-07, Tabelle 13 bestimmt.

Andernfalls ist der Grenzwert der Schubspannung unter Gebrauchslast durch Gleichung (3) gegeben:

$$\tau_{max} = 0{,}7\,\alpha_s \sqrt{\mu_g}\,\tau_{02} \leq \tau_{02} \quad (3)$$

dabei ist:

μ_g erforderlicher Bewehrungsgrad der Hauptbiegezugbewehrung im Nachweisschnitt,

α_s nach DIN 1045 : 1988-07, Abschnitt 22.5.2 (2)

τ_{02} nach DIN 1045 : 1988-07, Tabelle 13.

Treten auflagernahe Einzellasten kombiniert mit anderen Lasten auf, so darf zur Ermittlung der maßgebenden Querkraft die auflagernahe Einzellast um den Faktor a/2h entsprechend DIN 1045 : 1988-07, Abschnitt 17.4.2(1) abgemindert werden.

Der Bemessungswert $\tau_{Bü}$ gemäß DIN 1045 : 1988-07, Abschnitt 17.5.5.3 (2) darf für Platten mit einer statischen Nutzhöhe bis zu 40 cm im Schubbereich 2 gemäß Gleichung (4) mit dem Schubdeckungsquotienten K gemäß Gleichung (5) modifiziert werden, wenn der HDB-S-Anker-Anteil an der Schubbewehrung größer als 50 % ist und der verbleibende Querkraftanteil durch Schubbewehrung nach DIN 1045 : 1988-07 aufgenommen wird. Wird für K ein Wert größer als 1,0 berücksichtigt, ist ein Einschneiden der Schubkraftdeckungslinie gemäß DIN 1045 : 1988-07, Bild 24 nicht zulässig.

$$\tau_{HDB} = \frac{\tau_0^2}{\kappa \cdot \tau_{02}} \geq 0{,}4\,\tau_0 \qquad (4)$$

$$\text{mit } \kappa = \begin{cases} 1{,}2 & \text{für } h_m \leq 20\text{ cm} \\ 1{,}2 - 0{,}01 \cdot (h_m - 20) & \text{für } 20\text{ cm} < h_m \leq 40\text{ cm} \\ 1{,}0 & \text{für } h_m > 40\text{ cm} \end{cases} \qquad (5)$$

3.3.3 Schubbewehrung in Balken

Bei feingliedrigen Querschnitten ist der Druck- und Zuggurtanschluss nach DIN 1045 : 1988-07, Abschnitt 18.8.5 durch Bügel zu bemessen.

Im Schubbereich 2 sind die HDB-S-Anker als Schubzulage voll wirksam. Die Bemessungsspannung der Schubbewehrung ist nach der Gleichung (6) zu berechnen:

$$\tau = \frac{\tau_0^2}{\tau_{02}} \geq 0{,}4\,\tau_0 \qquad (6)$$

Eine weitere Verminderung der Schubdeckung ist nicht zulässig.

Im Schubbereich 3 sind in Balken mit Kompaktquerschnitten oder Plattenbalkenquerschnitten mindestens 50 % der Querkraft durch Bügel aufzunehmen. Die Bemessung erfolgt nach DIN 1045 : 1988-07, Abschnitt 17.5.5.4.

3.3.4 Nachweis der Feuerwiderstandsklasse

Für den Nachweis der Feuerwiderstandsklasse gilt DIN 4102 : 1981-03. Im Bereich der Bewehrungselemente ist die erforderliche Betondeckung für die Ankerköpfe und Montageleisten einzuhalten.

Im Auftrag Beglaubigt

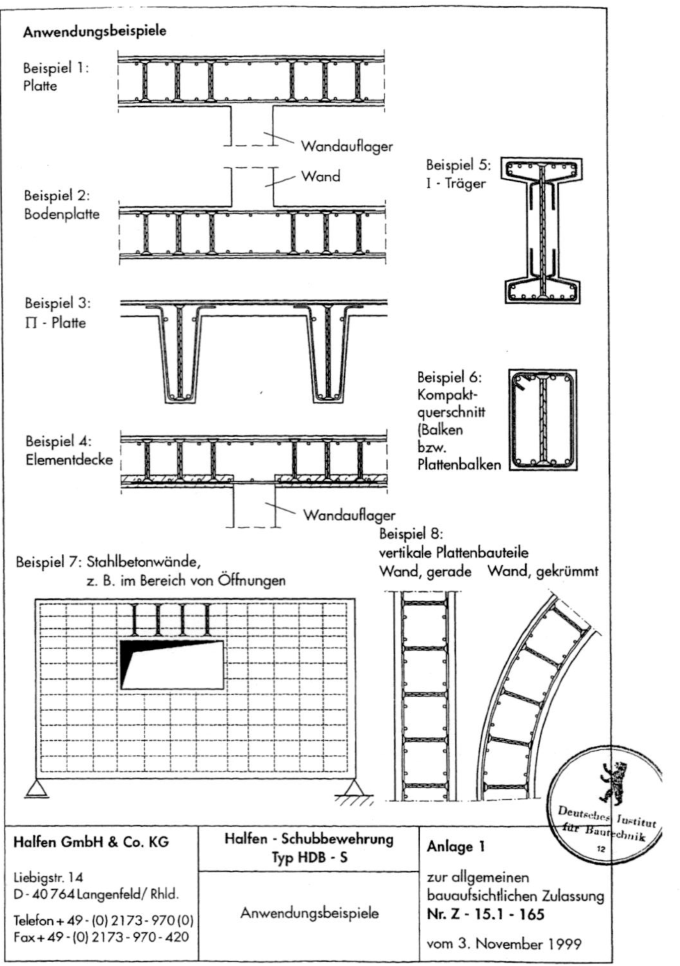

Anwendungsbeispiele

Halfen GmbH & Co. KG	Halfen - Schubbewehrung Typ HDB - S	Anlage 1
Liebigstr. 14 D - 40764 Langenfeld/ Rhld. Telefon + 49 - (0) 2173 - 970 (0) Fax + 49 - (0) 2173 - 970 - 420	Anwendungsbeispiele	zur allgemeinen bauaufsichtlichen Zulassung **Nr. Z - 15.1 - 165** vom 3. November 1999

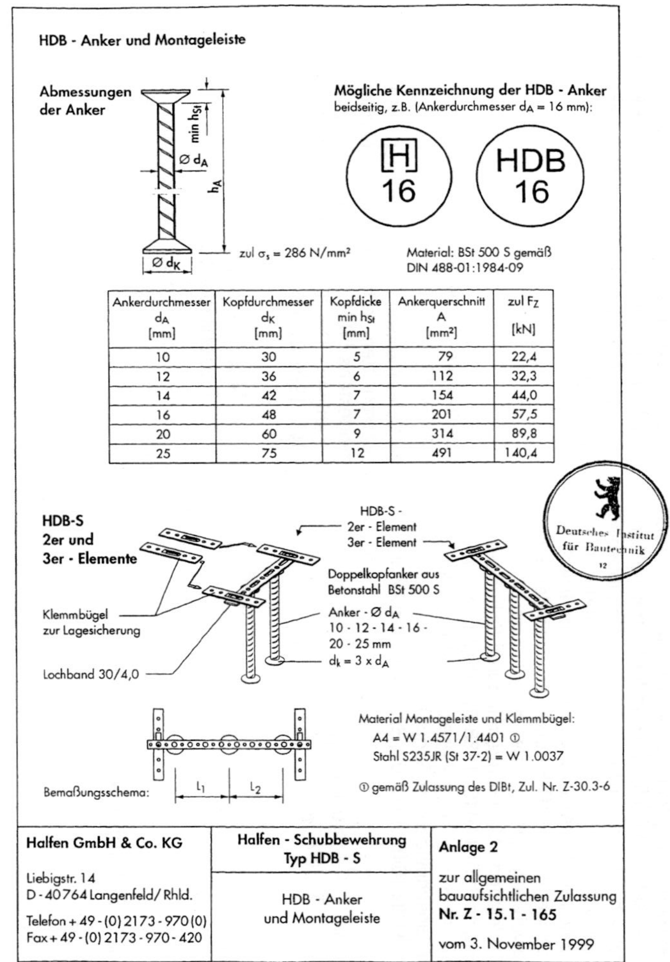

HDB - Anker und Montageleiste

Ankerdurchmesser d_A [mm]	Kopfdurchmesser d_K [mm]	Kopfdicke min h_{St} [mm]	Ankerquerschnitt A [mm²]	zul F_Z [kN]
10	30	5	79	22,4
12	36	6	112	32,3
14	42	7	154	44,0
16	48	7	201	57,5
20	60	9	314	89,8
25	75	12	491	140,4

Halfen GmbH & Co. KG	Halfen - Schubbewehrung Typ HDB - S	Anlage 2
Liebigstr. 14 D - 40764 Langenfeld/ Rhld. Telefon + 49 - (0) 2173 - 970 (0) Fax + 49 - (0) 2173 - 970 - 420	HDB - Anker und Montageleiste	zur allgemeinen bauaufsichtlichen Zulassung **Nr. Z - 15.1 - 165** vom 3. November 1999

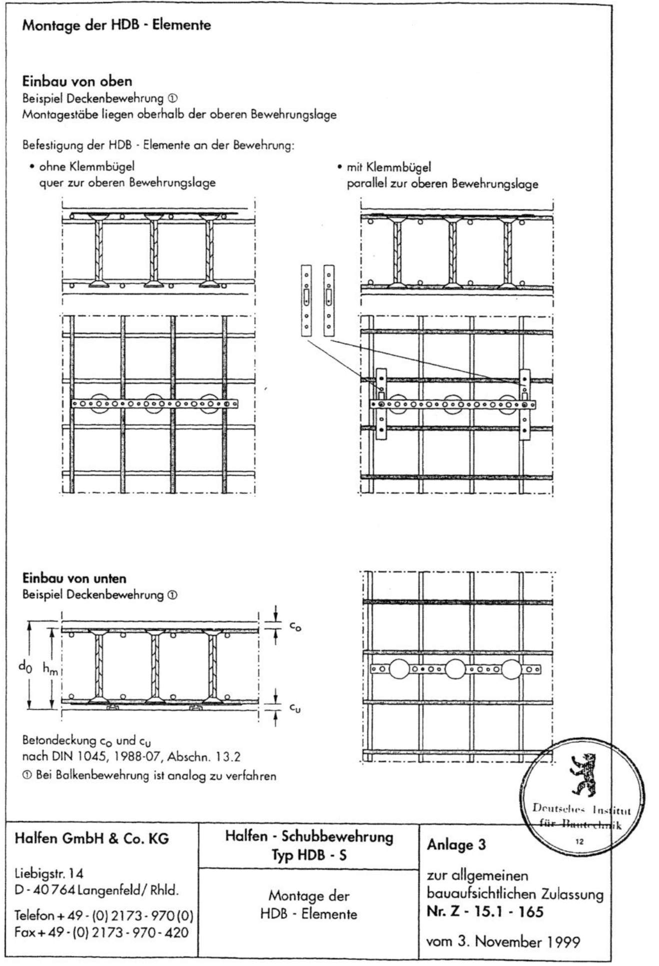

Montage der HDB - Elemente
Einbau von oben
Beispiel Deckenbewehrung ①
Montagestäbe liegen oberhalb der oberen Bewehrungslage
Befestigung der HDB - Elemente an der Bewehrung:
• ohne Klemmbügel quer zur oberen Bewehrungslage
• mit Klemmbügel parallel zur oberen Bewehrungslage
Einbau von unten
Beispiel Deckenbewehrung ①
c_o
c_u
d_o
h_m
Betondeckung c_o und c_u nach DIN 1045, 1988-07, Abschn. 13.2
① Bei Balkenbewehrung ist analog zu verfahren
Deutsches Institut für Bautechnik
12
Halfen GmbH & Co. KG
Liebigstr. 14
D-40764 Langenfeld/Rhld.
Telefon +49-(0)2173-970(0)
Fax +49-(0)2173-970-420
Halfen - Schubbewehrung Typ HDB - S
Montage der HDB - Elemente
Anlage 3
zur allgemeinen bauaufsichtlichen Zulassung
Nr. Z - 15.1 - 165
vom 3. November 1999

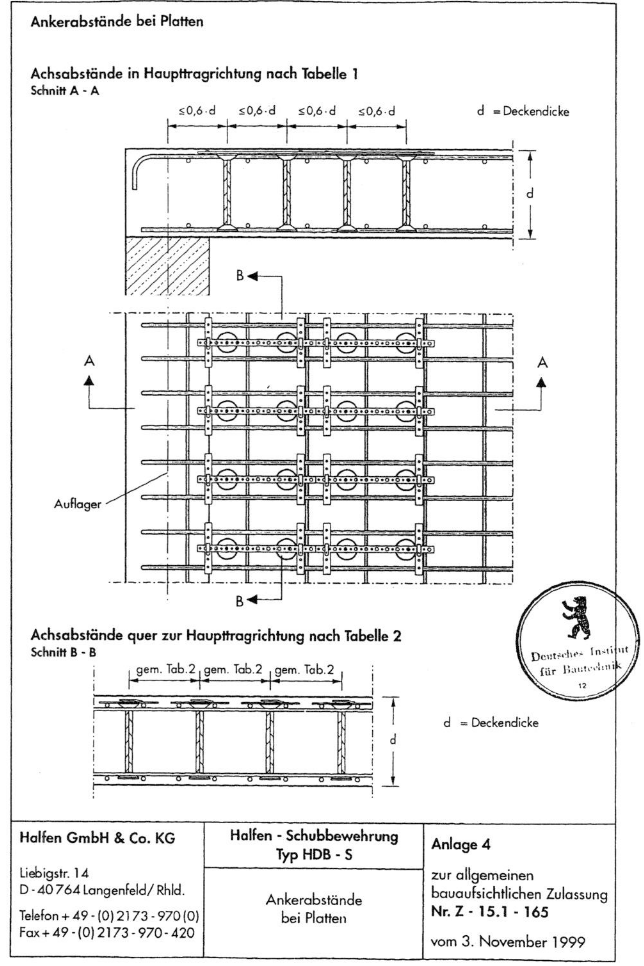

Ankerabstände bei Platten
Achsabstände in Haupttragrichtung nach Tabelle 1
Schnitt A - A
≤0,6·d
≤0,6·d
≤0,6·d
≤0,6·d
d = Deckendicke
d
B
A
A
Auflager
B
Achsabstände quer zur Haupttragrichtung nach Tabelle 2
Schnitt B - B
gem. Tab. 2
gem. Tab. 2
gem. Tab. 2
d
d = Deckendicke
Deutsches Institut für Bautechnik
12
Halfen GmbH & Co. KG
Liebigstr. 14
D-40764 Langenfeld/Rhld.
Telefon +49-(0)2173-970(0)
Fax +49-(0)2173-970-420
Halfen - Schubbewehrung Typ HDB - S
Ankerabstände bei Platten
Anlage 4
zur allgemeinen bauaufsichtlichen Zulassung
Nr. Z - 15.1 - 165
vom 3. November 1999

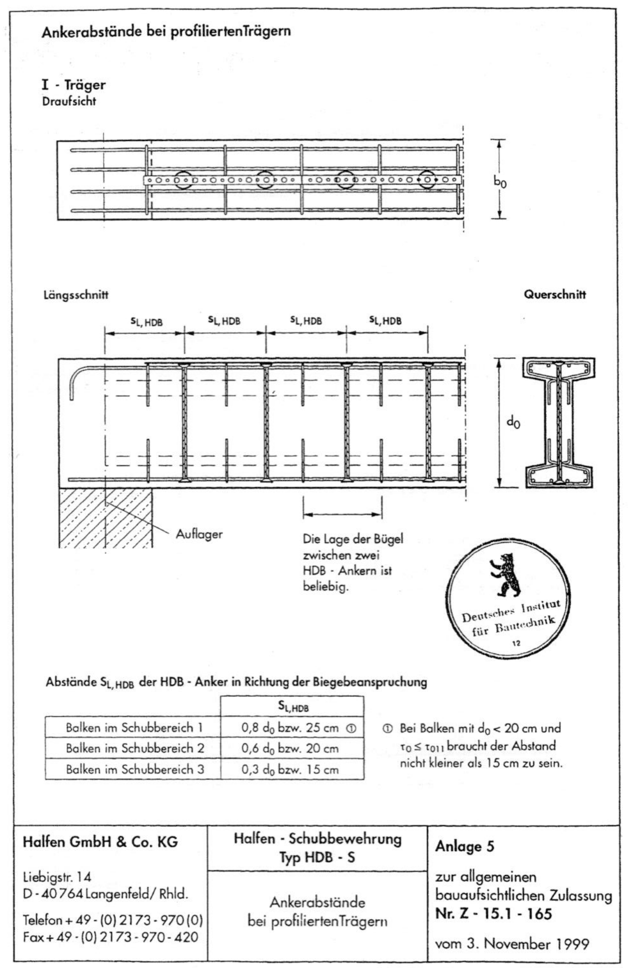

Ankerabstände bei profiliertenTrägern

Abstände $s_{L,HDB}$ der HDB - Anker in Richtung der Biegebeanspruchung

	$s_{L,HDB}$
Balken im Schubbereich 1	0,8 d_0 bzw. 25 cm ①
Balken im Schubbereich 2	0,6 d_0 bzw. 20 cm
Balken im Schubbereich 3	0,3 d_0 bzw. 15 cm

① Bei Balken mit $d_0 < 20$ cm und $\tau_0 \leq \tau_{011}$ braucht der Abstand nicht kleiner als 15 cm zu sein.

Halfen GmbH & Co. KG Liebigstr. 14 D - 40764 Langenfeld/ Rhld. Telefon + 49 - (0) 2173 - 970 (0) Fax + 49 - (0) 2173 - 970 - 420	Halfen - Schubbewehrung Typ HDB - S Ankerabstände bei profiliertenTrägern	**Anlage 5** zur allgemeinen bauaufsichtlichen Zulassung **Nr. Z - 15.1 - 165** vom 3. November 1999

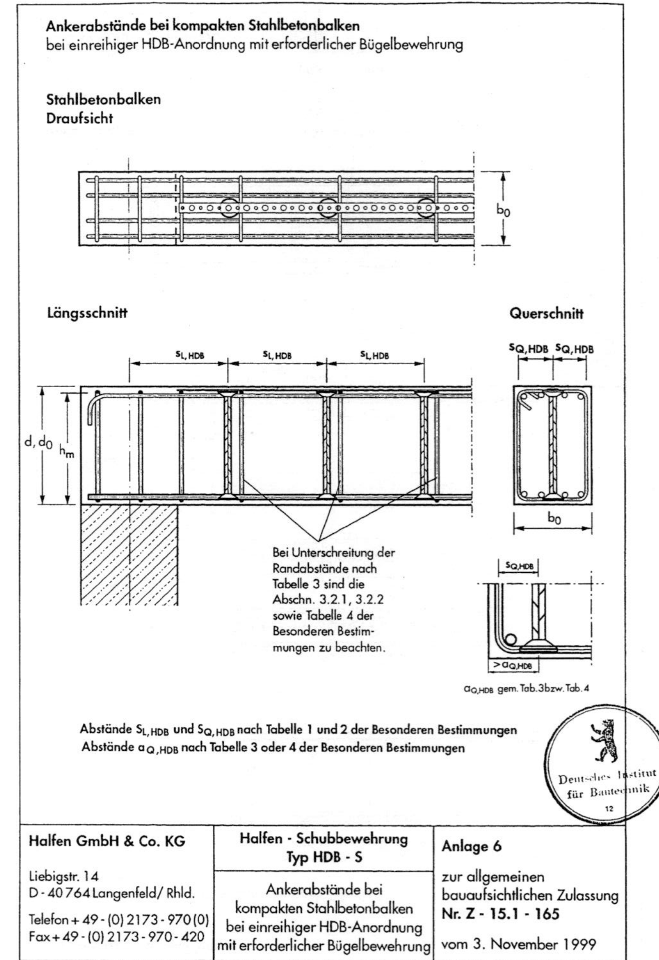

Ankerabstände bei kompakten Stahlbetonbalken

bei einreihiger HDB-Anordnung mit erforderlicher Bügelbewehrung

Abstände $s_{L,HDB}$ und $s_{Q,HDB}$ nach Tabelle 1 und 2 der Besonderen Bestimmungen
Abstände $a_{Q,HDB}$ nach Tabelle 3 oder 4 der Besonderen Bestimmungen

Halfen GmbH & Co. KG Liebigstr. 14 D - 40764 Langenfeld/ Rhld. Telefon + 49 - (0) 2173 - 970 (0) Fax + 49 - (0) 2173 - 970 - 420	Halfen - Schubbewehrung Typ HDB - S Ankerabstände bei kompakten Stahlbetonbalken bei einreihiger HDB-Anordnung mit erforderlicher Bügelbewehrung	**Anlage 6** zur allgemeinen bauaufsichtlichen Zulassung **Nr. Z - 15.1 - 165** vom 3. November 1999

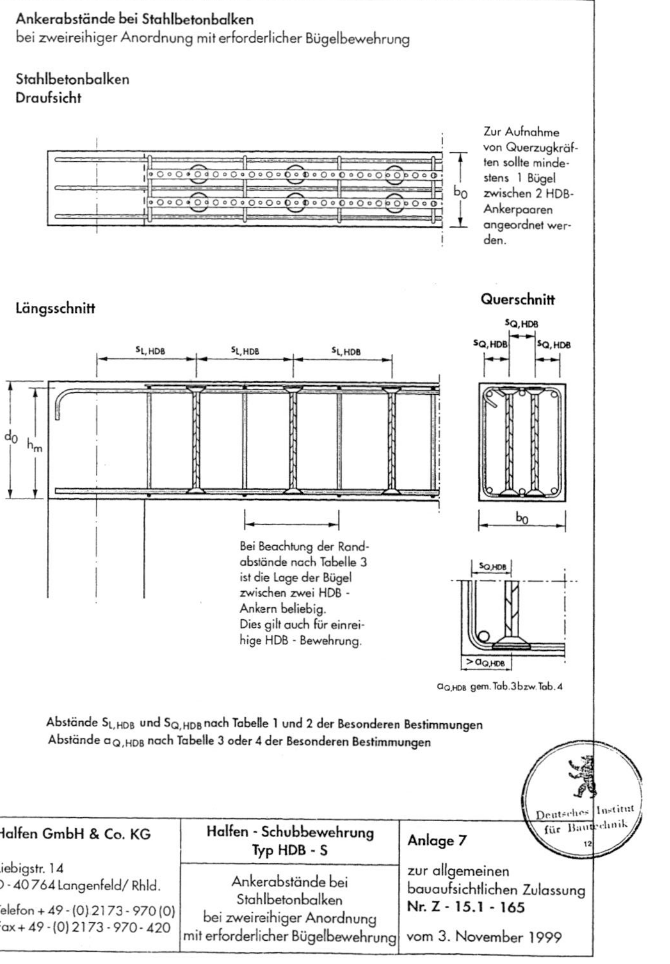

Ankerabstände bei Stahlbetonbalken
bei zweireihiger Anordnung mit erforderlicher Bügelbewehrung

Stahlbetonbalken
Draufsicht

b_0
Zur Aufnahme von Querzugkräften sollte mindestens 1 Bügel zwischen 2 HDB-Ankerpaaren angeordnet werden.
Längsschnitt
Querschnitt
$s_{L,HDB}$
$s_{Q,HDB}$
d_0
h_m
Bei Beachtung der Randabstände nach Tabelle 3 ist die Lage der Bügel zwischen zwei HDB - Ankern beliebig.
Dies gilt auch für einreihige HDB - Bewehrung.
$> a_{Q,HDB}$
$a_{Q,HDB}$ gem. Tab. 3 bzw. Tab. 4

Abstände $s_{L,HDB}$ und $s_{Q,HDB}$ nach Tabelle 1 und 2 der Besonderen Bestimmungen
Abstände $a_{Q,HDB}$ nach Tabelle 3 oder 4 der Besonderen Bestimmungen

Halfen GmbH & Co. KG Liebigstr. 14 D-40764 Langenfeld/ Rhld. Telefon + 49 - (0) 2173 - 970 (0) Fax + 49 - (0) 2173 - 970 - 420	**Halfen - Schubbewehrung Typ HDB - S** Ankerabstände bei Stahlbetonbalken bei zweireihiger Anordnung mit erforderlicher Bügelbewehrung	**Anlage 7** zur allgemeinen bauaufsichtlichen Zulassung **Nr. Z - 15.1 - 165** vom 3. November 1999

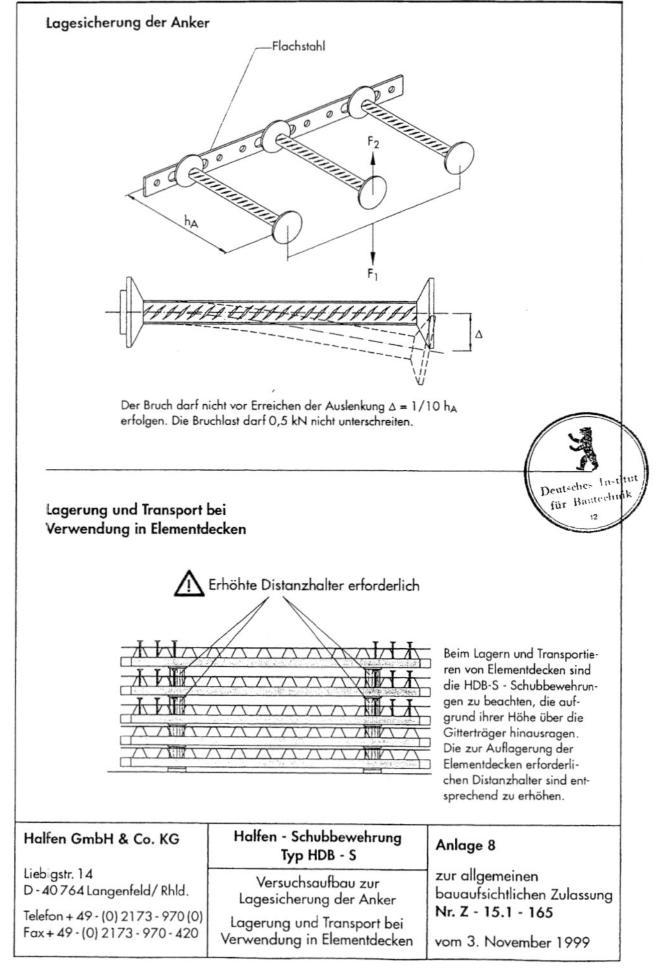

Lagesicherung der Anker

Flachstahl
F_2
h_A
F_1
Δ

Der Bruch darf nicht vor Erreichen der Auslenkung $\Delta = 1/10\ h_A$ erfolgen. Die Bruchlast darf 0,5 kN nicht unterschreiten.

Lagerung und Transport bei Verwendung in Elementdecken

Erhöhte Distanzhalter erforderlich

Beim Lagern und Transportieren von Elementdecken sind die HDB-S - Schubbewehrungen zu beachten, die aufgrund ihrer Höhe über die Gitterträger hinausragen. Die zur Auflagerung der Elementdecken erforderlichen Distanzhalter sind entsprechend zu erhöhen.

Halfen GmbH & Co. KG Liebigstr. 14 D-40764 Langenfeld/ Rhld. Telefon + 49 - (0) 2173 - 970 (0) Fax + 49 - (0) 2173 - 970 - 420	**Halfen - Schubbewehrung Typ HDB - S** Versuchsaufbau zur Lagesicherung der Anker Lagerung und Transport bei Verwendung in Elementdecken	**Anlage 8** zur allgemeinen bauaufsichtlichen Zulassung **Nr. Z - 15.1 - 165** vom 3. November 1999

DEUTSCHES INSTITUT FÜR BAUTECHNIK

Anstalt des öffentlichen Rechts

10829 Berlin, 23. November 1998
Kolonnenstraße 30 L
Telefon: (0 30) 7 87 30 – 300
Telefax: (0 30) 7 87 30 – 320
GeschZ.: I 15-1.13.1-10/98

Allgemeine bauaufsichtliche Zulassung

Zulassungsnummer: Z-13.1-91
Antragsteller: Bilfinger + Berger Vorspanntechnik GmbH Industriestraße 6712 Bobenheim-Roxheim 2
Zulassungsgegenstand: Litzenspannverfahren B+BL in B85

Geltungsdauer bis: 30. November 2003

Der oben genannte Zulassungsgegenstand wird hiermit allgemein bauaufsichtlich zugelassen. Diese allgemeine bauaufsichtliche Zulassung umfasst neun Seiten und sechs Anlagen.

I. ALLGEMEINE BESTIMMUNGEN

siehe Zulassung Z-15.1-165, S. J.44.

II. BESONDERE BESTIMMUNGEN

1 Zulassungsgegenstand und Anwendungsbereich

1.1 Zulassungsgegenstand

Zulassungsgegenstand sind Spannglieder mit nachträglichem Verbund aus 1 bis 22 Spannstahllitzen St 1570/1770, Nenndurchmesser 15,7 mm (0,62"), die mit folgenden Verankerungen (Endverankerungen und Kopplungen; siehe Anlage 1) verankert werden:

1 Spannanker Typ S und Festanker Typ F mit Ankerplatte und Lochscheibe für Spannglieder bis 22 Spannstahllitzen,
2 Festanker Typ Fe mit Stufenanker für Spannglieder bis 22 Spannstahllitzen,
3 Übergreifungskopplungen (fest und beweglich) für Spannglieder von 5 bis 22 Spannstahllitzen.

Die Spannstahllitzen werden in allen drei Verankerungen durch Keile verankert.

1.2 Anwendungsbereich

Die Spannglieder dürfen für die Verankerung im Beton der Festigkeitsklasse ≥ B 85 entsprechend der DAfStb-Richtlinie für hochfesten Beton (August 1995) verwendet werden.

Die Übergreifungskopplungen (ÜK) dürfen nur angewendet werden, wenn die rechnerische Spannkraft an der Stoßstelle mindestens 80 % der zulässigen Spannkraft entsprechend DIN 4227-1:1988-07, Tabelle 9, Zeile 65 beträgt.

2 Bestimmungen für das Bauprodukt

2.1 Eigenschaften und Zusammensetzung

2.1.1 Spannstahl

Es dürfen nur 7-drähtige Spannstahllitzen St 1570/1770 verwendet werden, die mit den folgenden Abmessungen allgemein bauaufsichtlich zugelassen sind:

Spannstahllitze ∅ 15,7 mm:

Einzel-drähte:	Außendrahtdurchmesser d = 5,2 mm	–0,04 mm
	Kerndrahtdurchmesser d' = 1,02 bis 1,04 d	+0,06 mm
Litze:	Nenndurchmesser 3 d ≈ 15,7 mm bzw. 0,62"	–2 %
	Nennquerschnitt 150 mm^2	+4 %

Es dürfen in einem Spannglied nur gleichsinnig verseilte Litzen verwendet werden.

2.1.2 Zubehörteile

Für die Verankerungen sind Zubehörteile entsprechend den Anlagen und den technischen Lieferbedingungen, in denen Abmessungen, Material und Werkstoffkennwerte der Zubehörteile mit den zulässigen Toleranzen angegeben sind, zu verwenden. Die technischen Lieferbedingungen sind beim Deutschen Institut für Bautechnik, der Zertifizierungsstelle und der Überwachungsstelle hinterlegt.

2.1.3 Keile

Für die Keilverankerungen sind die Keile Typ 30, glatt oder gerändelt, (siehe Anlage 3) zugelassen. Die gerändelten Keile dürfen nur für vorverkeilte Festanker verwendet werden. Die Keilsegmente der Keile sind mit "0,62" zu kennzeichnen.

2.1.4 Ankerplatten, Stufenanker, Lochscheiben, Koppelplatten und Zwischenanker

Die konischen Bohrungen dieser Teile müssen sauber und rostfrei und mit einem Korrosionsschutzfett versehen sein.

2.1.5 Wendel

Die in den Anlagen angegebenen Stahlsorten und Abmessungen der Verankerungswendel sind einzuhalten. Die zentrische Lage der Ankerwendel zum Spannglied ist durch Anheften an der Ankerplatte oder den Stufenanker oder durch entsprechende Befestigung an der Betonstahlbewehrung zu sichern. Jedes Wendelende ist zu einem geschlossenen Ring zu verschweißen. Die Verschweißung der Endgänge der Wendel kann an den inneren Enden entfallen, wenn die Wendel dafür um 1 ½ zusätzliche Gänge verlängert wird.

Wenn im Ausnahmefall[1] infolge einer Häufung von Bewehrung aus Betonstahl die Wendel oder der Beton nicht einwandfrei eingebracht werden können, so dürfen statt der Wendel anders ausgebildete Bewehrungen aus Betonstahl verwendet werden, wenn nachgewiesen wird, dass die auftretenden Beanspruchungen einwandfrei aufgenommen werden.

2.1.6 Hüllrohre

Es sind Hüllrohre nach DIN EN 523:1997-07 zu verwenden.

2.1.7 Beschreibung des Spannverfahrens

Der Aufbau der Spannglieder, die Ausbildung der Verankerungen, die Verankerungsteile und die Durchmesser der Hüllrohre müssen der beiliegenden Beschreibung und den Zeichnungen entsprechen; die darin angegebenen Maße und Materialsorten sind einzuhalten.

2.1.8 Schweißen an den Verankerungen

Das Schweißen an den Verankerungen ist nur an folgenden Teilen zugelassen:

a) Bei der zweiteiligen Verankerung dürfen Lochscheibe und Ankerplatte durch Schweißen aneinander geheftet werden.
b) Anheften des Übergangsrohres an die Ankerplatte oder den Stufenanker.
c) Anheften der Wendel gem. Abschnitt 2.1.5.
d) Verschweißung der Endgänge der Wendel (siehe Abschnitt 2.1.5).

2.2 Herstellung, Transport, Lagerung und Kennzeichnung (vgl. auch DIN 4227)

2.2.1 Herstellung

Die Spannglieder dürfen auf der Baustelle oder im Werk (Fertigspannglieder) hergestellt werden.

[1] Hierfür ist eine Zustimmung im Einzelfall entsprechend den bauaufsichtlichen Bestimmungen notwendig.

J

2.2.2 Krümmungsdurchmesser von Fertigspanngliedern beim Transport

Die Spannglieder sind so zu transportieren, dass kleinere Krümmungsdurchmesser als 1,65 m nicht auftreten.

2.2.3 Kennzeichnung

Jeder Lieferung der in Abschnitt 2.3.2 angegebenen Zubehörteile ist ein Lieferschein mitzugeben, aus dem u. a. hervorgeht, für welche Spanngliedtypen die Teile bestimmt sind und von welchem Werk sie hergestellt wurden. Mit einem Lieferschein dürfen Zubehörteile nur für eine einzige, im Lieferschein zu benennende Spanngliedtype (-größe) geliefert werden. Der Lieferschein des Bauprodukts muss vom Hersteller mit dem Übereinstimmungszeichen (Ü-Zeichen) nach den Übereinstimmungszeichen-Verordnungen der Länder gekennzeichnet werden. Die Kennzeichnung darf nur erfolgen, wenn die Voraussetzungen nach Abschnitt 2.3 erfüllt sind.

2.3 Übereinstimmungsnachweis

2.3.1 Allgemeines

Die Bestätigung der Übereinstimmung des Bauprodukts (Zubehörteile und Fertigspannglieder) mit den Bestimmungen dieser allgemeinen bauaufsichtlichen Zulassung und den technischen Lieferbedingungen muss für jedes Herstellwerk mit einem Übereinstimmungszertifikat auf der Grundlage einer werkseigenen Produktionskontrolle und einer regelmäßigen Fremdüberwachung einschließlich einer Erstprüfung des Bauprodukts nach Maßgabe der folgenden Bestimmungen erfolgen.

Für die Erteilung des Übereinstimmungszertifikats und die Fremdüberwachung einschließlich der dabei durchzuführenden Produktprüfungen hat der Hersteller des Bauprodukts eine hierfür anerkannte Zertifizierungsstelle sowie eine hierfür anerkannte Überwachungsstelle einzuschalten.

Dem Deutschen Institut für Bautechnik ist von der Zertifizierungsstelle eine Kopie des von ihr erteilten Übereinstimmungszertifikats zur Kenntnis zu geben.

2.3.2 Werkseigene Produktionskontrolle

2.3.2.1 Allgemeines

In jedem Herstellwerk ist eine werkseigene Produktionskontrolle einzurichten und durchzuführen. Unter werkseigener Produktionskontrolle wird die vom Hersteller vorzunehmende kontinuierliche Überwachung der Produktion verstanden, mit der dieser sicherstellt, dass die von ihm hergestellten Bauprodukte den Bestimmungen dieser allgemeinen bauaufsichtlichen Zulassung entsprechen.

Die werkseigene Produktionskontrolle soll mindestens die in den folgenden Abschnitten 2.3.2.2 bis 2.3.2.5 aufgeführten Maßnahmen einschließen.

Die Ergebnisse der werkseigenen Produktionskontrolle sind aufzuzeichnen und auszuwerten. Die Aufzeichnungen müssen mindestens folgende Angaben enthalten:

- Bezeichnung des Bauprodukts bzw. des Ausgangsmaterials und der Bestandteile
- Art der Kontrolle oder Prüfung
- Datum der Herstellung und der Prüfung des Bauprodukts bzw. des Ausgangsmaterials oder der Bestandteile
- Ergebnis der Kontrollen und Prüfungen und, soweit zutreffend, Vergleich mit den Anforderungen
- Unterschrift des für die werkseigene Produktionskontrolle Verantwortlichen.

Die Aufzeichnungen sind mindestens fünf Jahre aufzubewahren und der für die Fremdüberwachung eingeschalteten Überwachungsstelle vorzulegen. Sie sind dem Deutschen Institut für Bautechnik und der zuständigen obersten Bauaufsichtsbehörde auf Verlangen vorzulegen.

Bei ungenügendem Prüfergebnis sind vom Hersteller unverzüglich die erforderlichen Maßnahmen zur Abstellung des Mangels zu treffen. Bauprodukte, die den Anforderungen nicht entsprechen, sind so zu handhaben, dass Verwechslungen mit übereinstimmenden ausgeschlossen werden.

Nach Abstellung des Mangels ist – soweit technisch möglich und zum Nachweis der Mängelbeseitigung erforderlich – die betreffende Prüfung unverzüglich zu wiederholen.

2.3.2.2 Keile

Der Nachweis der Materialeigenschaften ist durch Abnahmeprüfzeugnis "3.1.B" (DIN EN 10 204: 1995-08) zu erbringen. An mindestens 5 % aller hergestellten Keile sind folgende Prüfungen auszuführen:

a) Prüfung der Maßhaltigkeit und
b) Prüfung der Härte.

An mindestens 0,5 % aller hergestellten Keile sind Einsatztiefe und Kernfestigkeit zu prüfen.

Alle Keile sind mit Hilfe einer Ja/Nein-Prüfung nach Augenschein auf Beschaffenheit der Zähne, der Konusoberfläche und der übrigen Flächen zu prüfen (hierüber sind keine Aufzeichnungen erforderlich).

2.3.2.3 Lochscheiben und Koppelplatten

Der Nachweis der Materialeigenschaften ist durch Abnahmeprüfzeugnis "3.1.B" (DIN EN 10 204: 1995-08) zu erbringen. Alle konischen Bohrungen zur Aufnahme der Litzen sind bezüglich Winkel, Durchmesser und Oberflächengüte zu überprüfen. An mindestens 5 % dieser Teile sind die übrigen Abmessungen zu überprüfen.

2.3.2.4 Ankerplatten

Der Nachweis ist durch Werkszeugnis "2.2" (DIN EN 10 204:1995-08) zu erbringen.

Darüber hinaus ist jede Ankerplatte mit Hilfe einer Ja/Nein-Prüfung auf Abmessungen und grobe Fehler nach Augenschein zu überprüfen (hierüber sind keine Aufzeichnungen erforderlich).

2.3.2.5 Federn der Übergreifungskopplungen

Der Nachweis ist durch Werkszeugnis "2.2" (DIN EN 10 204:1995-08) zu erbringen.

2.3.3 Fremdüberwachung

In jedem Herstellwerk ist die werkseigene Produktionskontrolle durch eine Fremdüberwachung regelmäßig zu überprüfen, mindestens jedoch halbjährlich.

Im Rahmen der Fremdüberwachung ist eine Erstprüfung des Bauprodukts durchzuführen und können auch Proben für Stichprobenprüfungen entnommen werden. Die Probenahme und Prüfungen obliegen jeweils der anerkannten Überwachungsstelle.

Die Ergebnisse der Zertifizierung und Fremdüberwachung sind mindestens fünf Jahre aufzubewahren. Sie sind von der Zertifizierungsstelle bzw. der Überwachungsstelle dem Deutschen Institut für Bautechnik und der zuständigen obersten Bauaufsichtsbehörde auf Verlangen vorzulegen.

3 Bestimmungen für Entwurf und Bemessung

3.1 Allgemeines

Für Bemessung und Konstruktion von vorgespannten Bauteilen aus Beton der Festigkeitsklasse ≥ B 85 ist eine Zustimmung im Einzelfall erforderlich[2].

[2] Für die Zustimmung im Einzelfall darf der "Vorschlag zur Ergänzung von DIN 4227-1 [07.88]"; "Bemessung von Spannbetonbauteilen aus hochfestem Beton" von König und Heunisch zugrunde gelegt werden.

3.2 Zulässige Spannkräfte

Die unter Gebrauchslast zulässigen Spannkräfte betragen entsprechend DIN 4227-1:1988-07, Tabelle 9, Zeile 65:

Spannglied	Anzahl der Litzen Ø 15,7 mm	zul P (kN)
B + B L 9	9	1314
B + B L 12	12	1752
B + B L 15	15	2190
B + B L 19	19	2774
B + B L 22	22	3213

Die Anzahl der Litzen in den Spanngliedern darf durch Fortlassen radialsymmetrisch in der Verankerung liegender Litzen vermindert werden. Je fortgelassene Litze vermindert sich die zulässige Spannkraft um 146 kN. Es gelten die Bestimmungen für die vollbesetzten Verankerungen auch dann, wenn sie nur teilbesetzt sind.

3.3 Dehnungsbehinderung des Spannglieds

Die Spannungsverluste im Spannglied dürfen in der Regel in der statischen Berechnung mit den in Anlage 2 angegebenen mittleren Reibungsbeiwerten μ und ungewollten Umlenkwinkeln β ermittelt werden. Die angegebenen Werte β gelten unter der Voraussetzung, dass zum Zeitpunkt des Betonierens die Spannstähle in den Hüllrohren liegen.

Bei Spanngliedern, bei denen die Litzen erst nach dem Betonieren eingebracht werden, darf nur bei entsprechender Aussteifung der Hüllrohre während des Betonierens, z. B. durch PE- bzw. PVC-Rohre, oder bei Verwendung verstärkter Hüllrohre in Verbindung mit geringeren Unterstützungsabständen mit den angegebenen Werten β gerechnet werden.

Bei der Ermittlung der Spannwege und der im Spannglied vorhandenen Spannkraft ist die Verschiebungsbehinderung ΔV_S im Bereich des Spannankers und $\Delta V_{ÜK}$ im Bereich der beweglichen Übergreifungskopplung zu berücksichtigen (siehe Anlage 2).

3.4 Krümmungshalbmesser der Spannglieder im Bauwerk

Der kleinste zulässige Krümmungshalbmesser der Spannglieder mit kreisrunden Hüllrohren beträgt 4,80 m.

3.5 Festigkeitsklasse des Betons

Für die Mindest-Festigkeitsklasse des Betons der Verankerungsbereiche gelten die Angaben in den entsprechenden Anlagen.

3.6 Abstand der Spanngliedverankerungen

Die in den Anlagen angegeben Abstände der Spanngliedverankerungen dürfen nicht unterschritten werden. Abweichend von den in den Anlagen angegebenen Werten dürfen die Achsabstände der Verankerungen untereinander in einer Richtung bis zu 15 %, jedoch nicht auf einen kleineren Wert als den Wendelaußendurchmesser, verkleinert werden. Dabei sind die Achsabstände in der anderen, senkrecht dazu stehenden Richtung um den gleichen Prozentsatz zu vergrößern.

Alle Achs- und Randabstände sind nur im Hinblick auf die statischen Erfordernisse festgelegt worden; daher sind zusätzlich die in anderen Normen und Richtlinien – insbesondere in DIN 1045:1988-07 und DIN 1075:1981-04 – angegebenen Betondeckungen einzuhalten.

3.7 Bewehrung im Verankerungsbereich

Ein Nachweis für die Überleitung der Spannkräfte auf den Bauwerkbeton darf entfallen. Die Aufnahme der im Bauwerkbeton im Bereich der Verankerung außerhalb der Wendel auftretenden Kräfte ist nachzuweisen. Hierbei sind insbesondere die auftretenden Spaltzugkräfte durch geeignete Querbewehrung aufzunehmen (in den beigefügten Zeichnungen nicht dargestellt). Die in den Anlagen angegebene Zusatzbewehrung darf nicht auf eine statisch erforderliche Bewehrung angerechnet werden. Über die statisch erforderliche Bewehrung hinaus in entsprechender Lage vorhandene Bewehrung darf jedoch auf die Zusatzbewehrung angerechnet werden. Auch im Verankerungsbereich sind lotrecht geführte Rüttelgassen vorzusehen, damit der Beton einwandfrei verdichtet werden kann.

3.8 Schlupf an den Verankerungen

Der Einfluss des Schlupfes an den Verankerungen (siehe Abschnitt 4.4) muss bei der statischen Berechnung bzw. bei der Bestimmung der Spannwege berücksichtigt werden.

3.9 Ertragene Schwingbreiten der Spannung für Endverankerungen und Kopplungen

Zum Nachweis nach DIN 4227-1:1988-07, Abschnitt 15.9.2 (1) ist an den Endverankerungen und an den Kopplungen eine ertragene Schwingbreite von 100 N/mm^2 (bei 2,0 x 10^6 Lastwechseln) anzusetzen.

3.10 Erhöhte Spannkraftverluste an Spanngliedkopplungen

Beim Nachweis der Beschränkung der Rissbreite und beim Nachweis der Schwingbreiten sind an den Kopplungen infolge von Kriechen und Schwinden des Betons erhöhte Spannkraftverluste zu berücksichtigen. Die ohne den Einfluss der Kopplungen ermittelten Spannkraftverluste der Spannglieder sind dafür in den Koppelbereichen bei festen Übergreifungskopplungen mit dem Faktor 1,5 zu vervielfachen. Bei den beweglichen Übergreifungskopplungen braucht keine Erhöhung berücksichtigt zu werden.

3.11 Übergreifungskopplungen

Spanngliedkopplungen müssen so in geraden Spanngliedabschnitten liegen, dass nach jeder Seite auf mindestens 1,0 m Länge gerade Strecken vorhanden sind. Bei beweglichen Kopplungen ist durch entsprechende Lage und Länge des Kopplungshüllrohres sicherzustellen, dass eine Bewegung auf die Länge von 1,15 Δl + 30 mm ohne Behinderung erfolgen kann.

4 Bestimmungen für die Ausführung

4.1 Geeignete Unternehmen

Der Zusammenbau und der Einbau der Spannglieder darf nur von Unternehmen durchgeführt werden, die die erforderliche Sachkenntnis und Erfahrung mit diesem Spannverfahren haben. Der für die Baustelle verantwortliche Spanningenieur des Unternehmens muss eine Bescheinigung des Antragstellers besitzen, nach der er durch den Antragsteller eingewiesen wurde und die erforderliche Sachkenntnis und Erfahrung mit diesem Spannverfahren besitzt.

4.2 Schweißen an den Verankerungen

Nach der Montage der Spannglieder dürfen an den Verankerungen keine Schweißarbeiten mehr vorgenommen werden.

4.3 Übergreifungskopplung (ÜK)

Die Litzen sind zur Sicherung der Einschubtiefe mit Farbmarkierungen zu versehen.

4.4 Verkeilkraft, Schlupf, Keilsicherung und Korrosionsschutzmasse im Keilbereich

Die Keile der Festanker und der beweglichen Übergreifungskopplungen in den parallelen Bohrungen sind mit 1,2 zul P (siehe Abschnitt 3.2) vorzuverkeilen, wenn die rechnerische Spannkraft 0,80 zul P an diesen Verankerungen unterschreitet oder wenn die Keile Typ 30 gerändelt verwendet werden.

Wird nicht vorverkeilt, beträgt der Schlupf innerhalb der Verankerung, der bei der Festlegung der Spannwege zu berücksichtigen ist, am Festanker 4 mm und an der beweglichen Übergreifungskopplung 8 mm. Bei hydraulischer Vorverkeilung mit 1,2 zul P ist bei der Festlegung der Spannwege, außer bei der beweglichen Übergreifungskopplung, kein Schlupf zu berücksichtigen.

Die Keile aller beim Spannen nicht mehr zugänglichen Verankerungen (Festanker und Kopplungen) sind mittels Sicherungsscheibe und Schrauben zu sichern. Der Keilbereich des einbetonierten Festankers ist mit Korrosionsschutzfett (z. B. Denso-Jet-Masse, Bechem-Rhus Vaseline BB, Vaseline V 135 „Typ C" oder Palesit 209) zu füllen und mit einer mit Korrosionsschutzfett gefüllten Abdichtkappe zu versehen. Bei der Übergreifungskopplung sind die Hohlräume der Einsteckseite (siehe Anlage 5) mit Korrosionsschutzmasse zu füllen.

Die Keile der Spannanker sind beim Verankern nach dem Spannen mit mindestens 10 % der zulässigen Spannkraft einzudrücken. Hier beträgt der Schlupf 3 mm.

Die Keile der Zwischenanker werden nicht vorverkeilt. Es ist deshalb beim Spannen an der Festseite des Ankerkörpers mit 4 mm Schlupf und beim Verankern an der Spannseite mit 5 mm Schlupf (Nachlassweg) jeweils relativ zum Ankerkörper zu rechnen. Die Keile sind an der Festseite durch eine Sicherungsscheibe zu sichern.

4.5 Aufbringen der Vorspannung

Ein Nachspannen der Spannglieder verbunden mit dem Lösen der Keile und unter Wiederverwendung der Keile ist zulässig. Die beim vorausgegangenen Anspannen sich ergebenden Keilstellen müssen nach dem Nachspannen und dem Verankern um mindestens 15 mm in den Keilen nach außen verschoben liegen.

Die zum Spannen der Zwischenanker eingesetzten Spannpressen dürfen eine Toleranz der Spannkraft von nicht mehr als - 0 % und + 0,5 % aufweisen. Dies ist durch das Zeugnis einer Prüfung zu belegen, die unmittelbar vor dem jeweiligen Einsatz durchzuführen ist. Der Umlenkstuhl ist regelmäßig zu reinigen und zu schmieren. Die Reibungsverluste, die im Zwischenanker und im Pressenstuhl auftreten (siehe Abschnitt 3.3), dürfen durch Erhöhung der Pressenkraft ausgeglichen werden. Die Spannung der Spannstahllitzen an der Spannpresse darf aber höchstens 1340 N/mm^2 betragen. Außerdem ist zu beachten, dass wegen der selbsttätigen Verankerung der Keile nur ein Nachlassen um 5 mm möglich ist.

4.6 Einpressen

In der Regel sind die Spannglieder nicht mit Wasser zu spülen.

Die Einpressgeschwindigkeiten sollen im Bereich zwischen 3 m/min und 12 m/min liegen.

Die Länge eines Einpressabschnittes darf 120 m nicht überschreiten. Bei Spanngliedlängen über 120 m müssen zusätzliche Einpressöffnungen vorgesehen werden.

Bei Spanngliedführungen mit ausgeprägten Hochpunkten sind zur Vermeidung von Fehlstellen besondere Nachverpressungen vorzunehmen[3], wofür bereits bei der Planung entsprechende Maßnahmen berücksichtigt werden müssen.

Im Auftrag

Manleitner

[3] Siehe Engelke, Jungwirth, Manns: Zur Einpreßtechnik bei Spanngliedern mit mehr als 1500 kN Spannkraft, Mitteilungen des Instituts für Bautechnik, Heft 6/1979.

bbv LITZENSPANNVERFAHREN für Hochleistungsbeton

1. Spannanker (S)und Festanker (F oder Fe) mit Ankerplatte und Lochscheibe

Lochscheibe
Ankerplatte

2. Übergreifungskopplung (ÜK)

Feste Kopplung

Bewegliche Kopplung

Deutsches Institut für Bautechnik

BILFINGER + BERGER Vorspanntechnik GmbH bbv Litzenspannverfahren für Hochleistungsbeton	Übersicht Verankerungen B+B L 150 mm² Litze	Anlage 1 zur allgemeinen bauaufsichtlichen Zulassung Nr. Z-13.1-91 vom 23. November 1998

bbv LITZENSPANNVERFAHREN für Hochleistungsbeton

TECHNISCHE ANGABEN B+BL 9 - B+BL 22 (150 mm² Litze)

Spanngliedbezeichnung		B+B L 9	B+B L 12	B+B L 15	B+B L 19	B+B L 22
Lochbild						
Anzahl der Litzen	n	9	12	15	19	22
Querschnitt F z	cm²	13,5	18,0	22,5	28,5	33,0
Gewicht	kg/m	10,62	14,16	17,7	22,42	25,96
P zul = 0,55 ßz * Fz	kN	1314	1752	2190	2774	3213
P Bruch = ßz * Fz	kN	2390	3186	3983	5045	5841
Winkel der ungewollten Umlenkung ß	°/m	0,3	0,3	0,3	0,3	0,3
bei Unterstützungsabstand max.	m	1,8	1,8	1,8	1,8	1,8
Reibungsbeiwert μ	-	0,22/0,20/0,20/0,19	0,21/0,19/0,19	0,20/0,19	0,21/0,20	0,20/0,19
Reibungsverluste						
Spannanker Δ Vs	%	1,0	0,8	0,8	0,8	0,6
Muffenkopplung Δ VMK	%	1,7	1,2	1,1	1,0	-
Ü-Koppelung Δ Vük	%	2,0	1,2	1,1	1,0	-
Hüllrohrdurchmesser innen	mm	60/65/70/75	70/75/80	85/90	90/95	100/110
außen	mm	67/72/77/82	77/82/87	92/97	97/102	107/117
Einpreßmörtel	l/m	1,86/2,34/2,87/3,43	2,50/3,07/3,68	3,21/4,53	4,04/4,76	5,10/6,71
Zementbedarf incl. 20 % Verlust	kg/m	3,12/3,94/4,83/5,77	4,21/5,16/6,18	6,45/7,60	6,79/7,99	8,56/11,27
Litzenüberstände **	cm	93	93	125	125	125
rechteckige Ankerplatte Achs-/Randabstand *	≥ B85 mm	220/130	250/145	280/160	320/180	360/200
runde Ankerplatte Achs-/Randabstand *	≥ B85 mm	225/135	260/150	290/165	330/185	370/205

Lochbild: B + B L12; 19; 22
Konen sind auf Linien angeordnet
dies ergibt ein ***Raster***

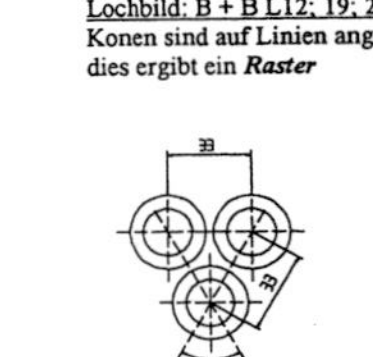

B + B L9; 15
alle Konen auf ein oder zwei Teilkreisen (e1 und e2) nach Tabelle, Anlage 4.

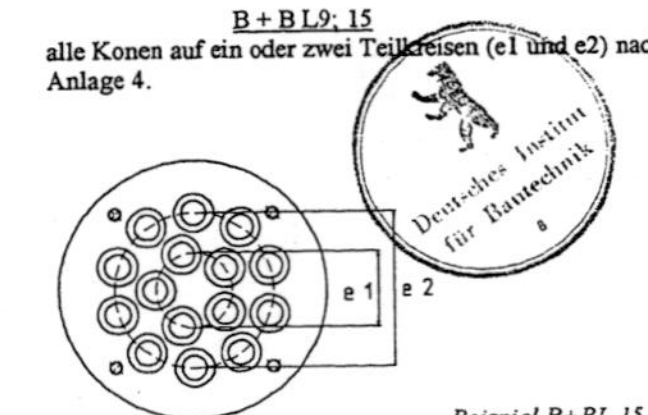

Beispiel B+BL 15

BILFINGER + BERGER Vorspanntechnik GmbH bbv Litzenspannverfahren für Hochleistungsbeton	Technische Angaben B+B L 9 - 22 (150 mm²)	Anlage 2 zur allgemeinen bauaufsichtlichen Zulassung Nr. Z-13.1-91 vom 23. November 1998

DARSTELLUNG DER KEILVERANKERUNGSTYPEN

SPANNANKER (S)
FESTANKER (F),(Fe)

Spannanker (S) mit Ankerplatte und Lochscheibe oder zugänglicher Festanker (F) mit Ankerplatte und Lochscheibe oder einbetonierter Festanker (Fe) mit Ankerplatte und Lochscheibe (verschweißt)

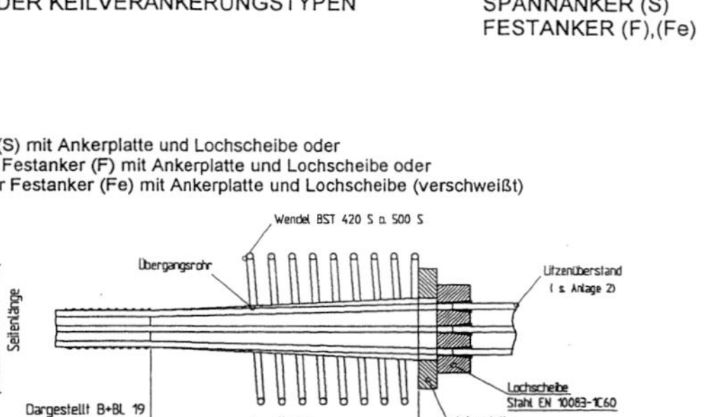

Spanngliedtyp B+BL 9 - 22 Spannanker mit runder Ankerplatte Durchmesser d und Lochscheibe oder

Spanngliedtyp B+BL 9 - 22 Spannanker mit quadratischer Ankerplatte a x a und Lochscheibe

Verankerungskeile Typ 30

45 7°15' 30 Ohne Rändel 120°0' Mit Rändel

Wahlweise für vorverkeilte Festanker gerändelt

Keilsätze für die Verankerung der 150 mm² Litze tragen an der Oberseite den Aufdruck 0,62 .

BILFINGER + BERGER Vorspanntechnik GmbH bbv Litzenspannverfahren für Hochleistungsbeton	Spannanker (S) Festanker (F) Festanker (Fe) einbetoniert und vorverkeilt (150 mm²)	Anlage 3 zur allgemeinen bauaufsichtlichen Zulassung Nr. Z-13.1-91 vom 23. November 1998

bbv LITZENSPANNVERFAHREN für Hochleistungsbeton

Abmessungen der Einzelteile (150 mm² Litze)

Spanngliedbezeichnung	Einh.	B+BL9	B+BL12	B+BL15	B+BL19	B+BL22
Ankerplatte						
Quadratisch						
Seitenlänge ≥ B 85	mm	180	210	240	260	290
Rund						
Durchmesser ≥ B 85	mm	200	230	270	295	325
Lochdurchmesser	mm	110	124	144	156	174
Dicke ≥ B 85	mm	35	40	40	50	50
Lochscheibe						
Durchmesser	mm	155	180	200	220	240
Lochkreis e 1**	mm	0	* Raster	56	* Raster	* Raster
Lochkreis e 2**	mm	86	-	120	-	-
Dicke	mm	65	75	85	95	100
Stufenanker (als einbetonierter Festanker besteht aus der Ankerplatte mit aufgeschweißter Lochscheibe)						
Seitenlänge ≥ B 85	mm	180	210	235	260	280
Durchmesser ≥ B 85	mm	200	230	260	290	315
Übergangsrohr						
max. Durchmesser innen	mm	106	121	140	152	170
Länge	mm	320	460	520	560	610
Wendel						
min. Drahtdurchmesser	mm	14	14	14	16	16
max. Ganghöhe	mm	50	50	50	50	50
min. Länge ≥ B 85	mm	175	175	260	260	260
min. Außendurchm. ≥ B 85	mm	230	230	260	290	310
Zusatzbewehrung		5 Ø 12	5 Ø 12	5 Ø 14	5 Ø 16	5 Ø 16
Bügelabstand hinter der Ankerplatte	mm	60	60	60	70	80

* Raster nach Anlage 2

Materialangabe:

Ankerplatten:	Stahl EN 10025-S235JR
Lochscheiben:	Stahl EN 10083-1C60
Stufenanker:	Stahl EN 10083-1C60
Zusatzbewehrung:	Bst 500 S
Wendel:	Bst 500 S

BILFINGER + BERGER Vorspanntechnik GmbH bbv Litzenspannverfahren für Hochleistungsbeton	Abmessungen Spannanker (S) Festanker (F+Fe) B+B L 9 - 22 (150 mm²)	Anlage 4 zur allgemeinen bauaufsichtlichen Zulassung Nr. Z-13.1-91 vom 23. November 1998

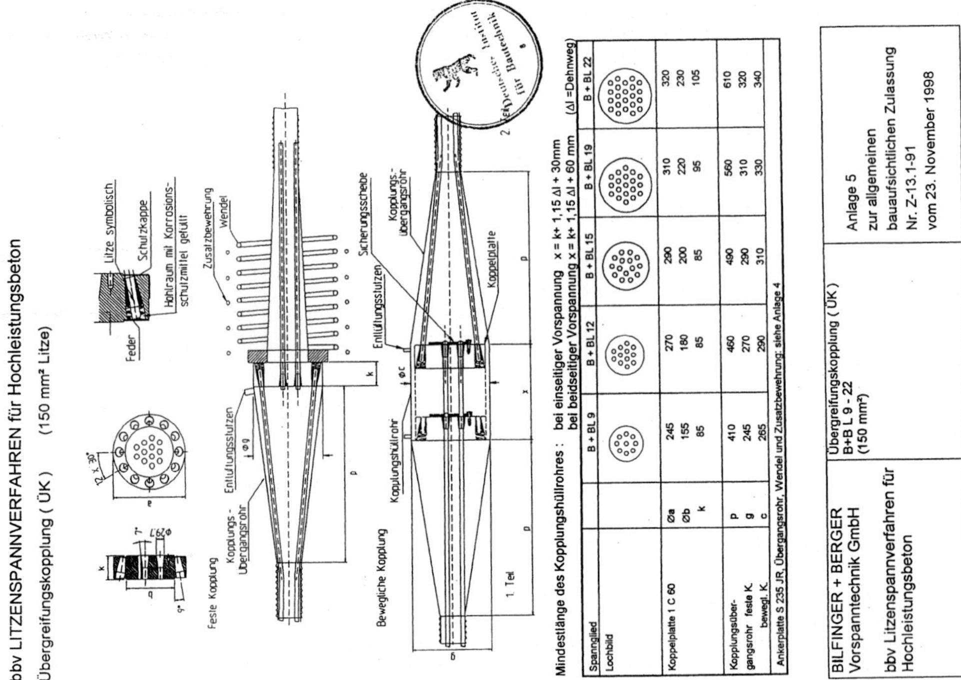

bbv Litzenspannverfahren für Hochleistungsbeton

1 Spannglieder

Für die Spannglieder werden 7-drähtige Spanndrahtlitzen ST 1570/1770 mit einem Nenndurchmesser von 15,7 mm und einem Nennquerschnitt von 150 mm^2 verwendet.

Die Litzen werden zu folgenden Bündeln zusammengefasst:

Spann-gliedtyp	Anzahl der Litzen	zul. Vorspannkraft 150 mm^2
B + B L 9	9	1.314 kN
B + B L 12	12	1,752 kN
B + B L 15	15	2.190 kN
B + B L 19	19	2.774 kN
B + B L 22	22	3.213 kN

Die Litzen der Spannglieder werden ohne Abstandhalter in einem Hüllrohr zusammengefasst. Sie werden gemeinsam angespannt und danach einzeln mit Rundkeilen verankert.

Als Hüllrohre werden runde profilierte Falz- oder Wellrohre nach DIN 18 553 verwendet, die mittels Schraubmuffen verbunden werden. Alle Anschlüsse werden sorgfältig mit Abdichtband abgedichtet.

2 Verankerungen

2.1 Keilverankerungen (für 150 mm^2 Litzen)

Die zweiteilige Verankerung mit Ankerplatte und Lochscheibe wird üblicherweise als Spannanker (S) oder zugänglicher Festanker (F) eingesetzt; sie kann aber auch mit angehefteter Lochscheibe und Abdichtung als einbetonierter Festanker eingesetzt werden.

Im Verankerungsbereich wird das Hüllrohr durch ein im Durchmesser größeres Übergangsrohr ersetzt, in dem die Litzen um maximal 3,0° abgelenkt werden. Darauf folgt der Ankerkörper mit je nach Spanngliedtyp 9 bis 22 konischen Bohrungen, in denen die Litzen mit einem dreigeteilten Rundkeil verankert werden. Zur Verankerung der 150 mm^2 Litzen müssen Keile mit einem Aufdruck 0,62 verwendet werden. Die Rundkeile von Festankern werden abgedichtet und mit einer Sicherungsscheibe im Konus festgehalten.

Bei der Übertragung der Spannkraft auf den Beton entstehen Spaltzugkräfte, die von einer Wendel aus BST 500 S aufgenommen werden. Daneben wird noch eine Zusatzbewehrung eingelegt.

3 Kopplung

3.1 Übergreifungskopplung (für 150 mm^2 Litzen)

Die Spannglieder B+B L 5 bis B+B L 22 sind mittels der Übergreifungskopplung ebenfalls fest und beweglich koppelbar. Die Kopplung besteht aus einer Koppelplatte, in der die Litzen des ankommenden Spanngliedes in konischen Bohrungen wie beim Spannanker gehalten werden. Die Litzenenden des abgehenden Spanngliedes werden ebenfalls in radial angeordneten konischen Bohrungen mit dreigeteilten Keilen verankert. Die Keile werden durch einen Federsitz auf der Litze gehalten. Die Verankerung ist vormontiert und besteht aus der Koppelplatte, dem Federrückhalteblech und dem Abdichtungsteil der Konusöffnungen, das erst unmittelbar vor dem Einbau des anzukoppelnden Spanngliedes entfernt wird. Die Konen sind mit Korrosionsschutzmittel gefüllt. Der ordnungsgemäße Sitz der Litze in der Verkeilung wird durch entsprechende Markierung auf der Litze gewährleistet. Beim Anspannen dieser Litzen entsteht durch das Festziehen der Keile ein Schlupf von 4 mm.

4 Spannen

Zum Spannen der Spannglieder wird ein hydraulisches Pumpenaggregat und eine Spezialpresse verwendet. Es werden alle Litzen eines Spanngliedes gleichzeitig gefasst und angespannt. Stufenweises Vorspannen und Umsetzen der Presse ist ohne weiteres möglich (siehe Abschnitt 4.5 der besonderen Bestimmungen). Nach dem Spannen werden die Rundkeile durch eine vorgeschaltete Verkeilpresse verkeilt. Beim Ablassen der Spannkraft entsteht ein Keilschlupf von ca. 3 mm.

5 Einpressen

Zum Herstellen des nachträglichen Verbundes und zum Schutz der Spannstähle gegen Korrosion wird nach dem Vorspannen in die Hohlräume zwischen den einzelnen Drähten und des Hüllrohres Einpressmörtel eingepresst. Durch aufgeschraubte Einpressglocken oder Einpressrohre wird der Mörtel in die Spannkanäle gepumpt. Die Entlüftung der Spannkanäle erfolgt an den Enden der Spannglieder durch angebrachte Entlüftungsrohre oder Einpressglocken. Bei langen Spanngliedern sind ggf. aufgesetzte Zwischenlüftungen erforderlich. An Kopplungen werden immer Entlüftungen angeordnet. Die Einpressarbeiten werden entsprechend den gültigen Vorschriften ausgeführt.

K VERZEICHNISSE

1 Adressen von Verbänden, Institutionen und Hochschulen

Nationale Verbände und Institutionen

Arbeitsgemeinschaft industrieller Forschungsvereinigungen „Otto von Guericke“ e. V. (AiF)
Bayenthalgürtel 23
50968 Köln
Tel.: 0221/37680-0
Fax: 0221/3768027

Bundesingenieurkammer
Habsburgerstraße 2
53173 Bonn
Tel.: 0228/957460
Fax: 0228/9574616

Bundesminister für Verkehr
Robert-Schumann-Platz 1
53175 Bonn
Tel.: 0228/300-0
Fax: 0228/3003428

Bundesverband Deutsche Beton- und Fertigteilindustrie e. V. (BDB)
Schloßallee 10
53179 Bonn
Tel.: 0228/95456-0
Fax: 0228/9545690

Bundesverband der Deutschen Transportbetonindustrie (BTB)
Düsseldorfer Straße 50
47051 Duisburg
Tel.: 0203/99239-0
Fax: 0203/9923997

Bundesverband der Deutschen Zementindustrie e. V. (BDZ)
Pferdmengesstraße 7
50968 Köln
Tel.: 0221/37656-0
Fax: 0221/3765686

Bundesverband Porenbetonindustrie e. V.
Dostojewskistraße 10
65187 Wiesbaden
Tel.: 0611/985044-0
Fax: 0611/809707

Bundesvereinigung der Prüfingenieure für Bautechnik e. V. (VPI)
Jungfernstieg 49
20354 Hamburg
Tel.: 040/35009350
Fax: 040/353565

Deutscher Ausschuß für Stahlbeton (DAfStb)
Scharrenstraße 2-3
10178 Berlin
Tel.: 030/20620-5310
Fax: 030/20620-3708

Deutscher Beton- und Bautechnik-Verein (DBV)
Kurfürstenstraße 129
10785 Berlin
Tel.: 030/236096-0

Deutsche Gesellschaft für Geotechnik e. V.
Hohenzollernstraße 52
45128 Essen
Tel.: 0201/782723
Fax: 0201/782743

DIN Deutsches Institut für Normung
Burggrafenstraße 6
10787 Berlin
Tel.: 030/2601-0
Fax: 030/2601-1180

Deutscher Stahlbau-Verband (DSTV)
Sohnstraße 65
40237 Düsseldorf
Tel.: 0211/6707800
Fax: 0211/6707820

Fachverband Betonstahlmatten
Kaiserswerther Straße 137
40474 Düsseldorf
Tel.: 0211/4564256
Fax: 0211/4564218

Forschungsgemeinschaft Eisenhüttenschlacken
Bliersheimer Str. 62
47229 Duisburg
Tel.: 02065/9945-0
Fax: 02065/994510

Forschungsgesellschaft für Straßen- und Verkehrswesen e. V.
Konrad-Adenauer-Straße 13
50996 Köln
Tel.: 0221/93583-0
Fax: 0221/9358373

Gütegemeinschaft Betonstraßen e. V.
Pferdmengesstraße 7
50996 Köln
Tel.: 0221/37656-0
Fax: 0221/3765686

Hafenbautechnische Gesellschaft e. V.
Dalmannstraße 1
20457 Hamburg
Tel.: 040/3285-0
Fax: 040/32852179

Hauptverband der Deutschen Bauindustrie e. V.
(HVDBi)
Kurfürstenstraße 129
10785 Berlin
Tel.: 030/21286-0
Fax: 030/212862 40

Informationszentrum Raum und Bau der
Fraunhofer-Gesellschaft
Nobelstraße 12
70569 Stuttgart
Tel.: 0711/9702500
Fax: 0711/9702507

Institut für Bauforschung e. V. (IfB)
An der Markuskirche 1
30163 Hannover
Tel.: 0511/965160
Fax: 0511/9651626

Institut für Stahlbetonbewehrung (ISB)
Landsberger Straße 408
81241 München
Tel.: 089/568119
Fax: 089/564174

Normenausschuß Bauwesen (NABau)
im DIN Deutsches Institut für Normung e. V.
Burggrafenstraße 6
10787 Berlin
Tel.: 030/2601-0
Fax: 030/26011180

Studiengemeinschaft für unterirdische Verkehrsanlagen e. V. (STUVA)
Mathias-Brüggen-Straße 41
50827 Köln
Tel.: 0221/59795-0
Fax: 0221/5979550

VDI-Gesellschaft Bautechnik
Postfach 101139
40002 Düsseldorf
Tel.: 0211/6214313
Fax: 0211/6214177

Verband Beratender Ingenieure VBI
Am Fronhof 10
53177 Bonn
Tel.: 0228/957180
Fax: 0228/9571840

Verband Deutscher Architekten- und Ingenieurvereine e. V. (DAI)
Adenauerallee 58
53133 Bonn
Tel.: 0228/211453
Fax: 0228/212313

Internationale Institutionen

American Concrete Institute (aci)
Farmington Hills
Michigan 48333-9094 (USA)
PO. Box 9094
Tel.: 001/810/8483700
Fax: 001/810/8483701

Fédération Internationale du Béton (fib)
Case Postale 88
CH-1015 Lausanne (Schweiz)
Tel.: 0041/21/6932747
Fax: 0041/21/6935884

Internationale Vereinigung für Brückenbau und Hochbau (IVBH)
ETH-Hönggerberg
TA IVBH
CH-8093 Zürich (Schweiz)
Tel.: 0041/1/6332647
Fax: 0041/1/3712131

Österreichischer Betonverein
Karlsgasse 5
A-1040 Wien
Tel.: 0043/1/5041595
Fax: 0043/1/5041596

Universitäten, Gesamthochschulen und Fachhochschulen mit Studiengang Bauingenieurwesen

(mit INTERNET-Adresse des jeweiligen Studiengangs)

Universitäten

Rheinisch-Westfälische
Technische Hochschule Aachen
Fakultät für Bauingenieur- und Vermessungswesen
Mies-van-der-Rohe-Straße 1
52056 Aachen
Tel.: 0241/80-5078
http://www.bau-cip.rwth-aachen.de/

Technische Universität Berlin
Fachbereich Bauingenieurwesen
Ernst-Reuter-Platz 1
10587 Berlin
Tel.: 030/314-22204
hhtp://mindepos.bg.tu-berlin.de/fb09/

Ruhr-Universität Bochum
Fakultät für Bauingenieurwesen
Universitätsstraße 150
44780 Bochum
Tel: 0234/700-6124
http://www.bi.ruhr-uni-bochum.de/

Technische Universität Braunschweig
Fachbereich Bauingenieurwesen
Pockelsstraße 4
38106 Braunschweig
Tel.: 0531/391-5566
http://www.tu-bs.de/FachBer/fb6/

Brandenburgische Technische Universität Cottbus
Fakultät für Architektur und Bauingenieurwesen
Karl-Marx-Str. 17
03044 Cottbus
Tel.: 0355/69-4209
http://www.tu-cottbus.de/BTU/Fak2/

Technische Universität Darmstadt
Fachbereich Bauingenieurwesen
Alexanderstraße 25
64283 Darmstadt
Tel.: 06151/16-3737
http://www.tu-darmstadt.de/fb/bi/Welcome.de.html

Universität Dortmund
Fakultät für Bauwesen
August-Schmidt-Straße 8
44221 Dortmund
Tel.: 0231/7552074
http://www.bauwesen.uni-dortmund.de/

Technische Universität Dresden
Fakultät für Bauingenieurwesen
George-Bähr-Straße 1
01069 Dresden
Tel.: 0351/463-2336
http://www.tu-dresden.de/biw/bauwesen.html

Technische Universität Hamburg-Harburg
Fachbereich Bauingenieurwesen und Umwelttechnik
Schloßmühlendamm 32
21071 Hamburg
Tel.: 040/7718-2232, -2776
http://www.tu-harburg.de/allgemein/studium/bau-ing.html

Universität Hannover
FB Bauingenieur- und Vermessungswesen
Callinstraße 34
30167 Hannover
Tel.: 0511/762-2447
http://www.uni-hannover.de/fb/bauing_verm.htm

Universität Kaiserslautern
Fachbereich Bauingenieurwesen
Erwin-Schrödinger-Straße
67663 Kaiserslautern
Tel.: 0631/205-3030
http://www.uni-kl.de/FB-ARUBI/

Universität Karlsruhe
Fakultät für Bauingenieur- und Vermessungswesen
Kaiserstraße 12
76131 Karlsruhe
Tel.: 0721/608-2192, -3651
http://wwwrz.rz.uni-karlsruhe.de/~ga02/bau-verm/index.html

Universität Leipzig
Fakultät für Wirtschaftswissenschaften
Marschnerstraße 31
04109 Leipzig
Tel.: 0341/9733500
http://www.uni-leipzig.de/~bauing/

Technische Universität München
Fakultät für Bauingenieur- und Vermessungswesen
Arcisstraße 19
80333 München
Tel.: 089/289-22400
http://www.cip.bauwesen.tu-muenchen.de/bau-verm/dekanat/

Universität der Bundeswehr München
Fakultät für Bauingenieur- und Vermessungswesen
Werner-Heisenberg-Weg 39
85579 Neubiberg
Tel.: 089/6004-2515
http://www.bauv.unibw-muenchen.de/

Universität Stuttgart
Fakultät Bauingenieur- und Vermessungswesen
Pfaffenwaldring 7
70569 Stuttgart
Tel.: 0711/685-6234
http://www.uni-stuttgart.de/organisation/fakultaeten/bauingenieur

Bauhaus Universität Weimar
Fakultät Bauingenieurwesen
Marienstraße 13
99423 Weimar
Tel.: 03643/584412
http://www.uni-weimar.de/bauing/

Universität Rostock, Außenstelle Wismar
Fachbereich Bauingenieurwesen
Philipp-Müller-Straße
23952 Wismar
Tel.: 03841/753-307
http://www.bau.uni-rostock.de/

Gesamthochschulen

Universität-Gesamthochschule Essen
Fachbereich Bauingenieurwesen
Universitätsstraße 15
45141 Essen
Tel.: 0201/183-2775
http://www.uni-essen.de/fb10.html

Universität-Gesamthochschule Kassel
Fachbereich Bauingenieurwesen
Mönchebergstraße 7
34109 Kassel
Tel.: 0561/804-2637
http://www.uni-kassel.de/fb14/

Universität-Gesamthochschule Siegen
Fachbereich Bauingenieurwesen (nur FH)
Paul-Bonatz-Str. 9-11
57068 Siegen
Tel.: 0271/740-2110
http://www.uni-siegen.de/dept/fb10/

Universität-Gesamthochschule Wuppertal
Fachbereich Bauingenieurwesen
Pauluskirchstraße 7
42285 Wuppertal
Tel.: 0202/439-4085
http://www.bauing.uni-wuppertal.de/fb11/

Fachhochschulen

Fachhochschule Aachen
Fachbereich Bauingenieurwesen
Bayernallee 9
52066 Aachen
Tel.: 0241/6009-0, -1210
http://www.fh-aachen.de/studium/fachbereich2.html

Fachhochschule Augsburg
Fachbereich Bauingenieurwesen
Baumgartnerstraße 16
86161 Augsburg
Tel.: 0821/5586-102
http://www.fh-augsburg.de/architektur_bau/

Technische Fachhochschule Berlin
Fachbereich Bauingenieurwesen
Luxemburger Straße 10
13353 Berlin
Tel.: 030/4504-2594, -2592
http://www.tfh-berlin.de/studium/fbiii/index.htm

Fachhochschule für Technik und Wirtschaft Berlin
Fachbereich Ingenieurwissenschaften
Blankenburger Pflasterweg 102
13129 Berlin
Tel.: 030/47401-377
http://www.f2.fhtw-berlin.de/

Fachhochschule Biberach
Fachbereich Bauingenieurwesen
Karlstraße 11
88400 Biberach
Tel.: 07351/582-0
http://www.fh-biberach.de/

Fachhochschule Bochum
Fachbereich Bauingenieurwesen
Lennershofstraße 140
44801 Bochum
Tel.: 0234/322-0, -7042
http://www.fh-bochum.de/fb2/

Hochschule Bremen
Fachbereich Bauingenieurwesen
Neustadtwall 30
28199 Bremen
Tel.: 0421/5905-300
http://www.hs-bremen.de/

FH Nordostniedersachsen, Abteilung Buxtehude
Fachbereich Bauingenieurwesen
Harburger Straße 6
21614 Buxtehude
Tel.: 04161/648-0
http://www.fhnon.de/fbb/

Fachhochschule Coburg
Fachbereich Bauingenieurwesen
Friedrich-Streib-Str. 2
96450 Coburg
Tel.: 09561/317-0, -108, -211
http://www.fh-coburg.de/fbb/

Fachhochschule Lausitz
Fachbereich Bauingenieurwesen
Lipezker Straße
03048 Cottbus
Tel.: 0355/5818-601
http://www.fh-lausitz.de/fhl/bi/f_index.html

Fachhochschule Darmstadt
Fachbereich Bauingenieurwesen
Haardtring 100
64295 Darmstadt
Tel.: 06151/16-8131
http://www.fbb.fh-darmstadt.de/

Fachhochschule Anhalt, Standort Dessau
Fachbereich Architektur und Bauingenieurwesen
Gropiusallee 38
06818 Dessau
Tel.: 0340/6508-451
http://www.hs-anhalt.de/

Fachhochschule Deggendorf
Fachbereich Bauingenieurwesen
Edlmairstraße 6 - 8
94453 Deggendorf
Tel.: 0991/3615-401
http://www.fh-deggendorf.de/

Fachhochschule Lippe
Abteilung Detmold
Fachbereich Bauingenieurwesen
Emilienstraße 45
32756 Detmold
Tel.: 05231/9223-0, -11
http://www.ce.fh-lippe.de/

Hochschule für Technik und Wirtschaft Dresden
Fachbereich Architektur und Bauingenieurwesen
Friedrich-Liszt-Platz 1
01069 Dresden
Tel.: 0351/462-0, -2516
http://www.bau.htw-dresden.de/

Fachhochschule Kiel
Fachbereich Bauwesen
Lorenz-von-Stein-Ring 1-5
24340 Eckernförde
Tel.: 04351/473-0
http://www.bauwesen.fh-kiel.de/

Fachhochschule Erfurt
Fachbereich Bauingenieurwesen
Werner-Seelenbinder-Straße 14
99096 Erfurt
Tel.: 0361/6700-901
http://www.fbb.fh-erfurt.de/

Fachhochschule Frankfurt
Fachbereich Bauingenieurwesen
Nibelungenplatz 1
60318 Frankfurt/Main
Tel.: 069/1533-0, -2326
http://www.fh-frankfurt.de/

Fachhochschule Gießen-Friedberg
Fachbereich Bauingenieurwesen
Wiesenstraße 14
35390 Gießen
Tel.: 0641/309-1800
http://www.fh-giessen.de/fachbereich/b/

Fachhochschule Hamburg
Fachbereich Bauingenieurwesen
Hebebrandstraße 1
22297 Hamburg
Tel.: 040/4667-3772
http://www.fh-hamburg.de/

Fachhochschule Hildesheim-Holzminden
Abteilung Hildesheim
Fachbereich Bauingenieurwesen
Hohnsen 2
31134 Hildesheim
Tel.: 05121/881- 251
http://www.fh-hildesheim.de/FBE/BHI/index.htm

Fachhochschule Hildesheim-Holzminden
Abteilung Holzminden
Fachbereich Bauingenieurwesen
Haarmannplatz 3
37603 Holzminden
Tel.: 05531/126-0
http://www.fh-holzminden.de

Fachhochschule Kaiserslautern
Fachbereich Bauingenieurwesen
Schönstraße 6
67659 Kaiserslautern
Tel.: 0631/3724501
http://www.fh-kl.de/kaiserslautern/bi/

Fachhochschule Karlsruhe
Hochschule für Technik
Fachbereich Bauingenieurwesen
Moltkestraße 30
76133 Karlsruhe
Tel.: 0721/925-0
http://www.fh-karlsruhe.de/fbb/index.htm

Fachhochschulen (Fortsetzung)

Fachhochschule Koblenz
Fachbereich Bauingenieurwesen
Am Finkenherd 4
56075 Koblenz
Tel.: 0261/9528-218
http://www.fh-koblenz.de/fachbereiche/fbbau/home.html

Fachhochschule Köln
Fachbereich Bauingenieurwesen
Betzdorfer Str. 2
50679 Köln
Tel.: 0221/8275-2771
http://www.fh-köln.de/fb/fb-bi/index.html

Fachhochschule Konstanz
Fachbereich Bauingenieurwesen
Braunegger Straße 55
78462 Konstanz
Tel.: 07531/206-211
http://www.fh-konstanz.de/studium/fachb/bi/index.html

HWTK Leipzig
Fachbereich Bauingenieurwesen
Karl-Liebknecht-Str. 132
04277 Leipzig
Tel.: 0341/307-6213
http://www.htwk-leipzig.de/bauwesen/

Fachhochschule Lübeck
Fachbereich Bauingenieurwesen
Stephensonstraße 1
23562 Lübeck
Tel.: 0451/500-5159
http://www.fh-luebeck.de/bau/index.html

Fachhochschule Magdeburg
Fachbereich Bauwesen
Breitscheidstraße 2
39114 Magdeburg
Tel.: 0391/8864-212
http://www.bauwesen.fh-magdeburg.de/

Fachhochschule Mainz
Fachbereich Bauingenieurwesen
Holzstraße 36
55116 Mainz
Tel.: 06131/2859-0, -311
http://www.fh-mainz.de

Fachhochschule Bielefeld, Abteilung Minden
Fachbereich Architektur und Bauingenieurwesen
Artilleriestraße 9
32427 Minden
Tel.: 0571/8385-0, -103
http://bauwesen.fh-bielefeld.de

Fachhochschule München
Fachbereich Bauingenieurwesen
Karlstraße 6
80333 München
Tel.: 089/1265-2688
http://www.bauwesen.fh-muenchen.de/

Fachhochschule Münster
Fachbereich Bauingenieurwesen
Corrensstraße 25
48149 Münster
Tel.: 0251/8365151
http://www.fh-muenster.de/FB6/fb6_idx.htm

Fachhochschule Neubrandenburg
Fachbereich Bauingenieurwesen
Brodaer Str. 2
17033 Neubrandenburg
Tel.: 0395/5693-0
http://www.fh-nb.de/

Fachhochschule Hannover
Fachbereich Bauingenieurwesen
Bürgermeister-Stahn-Wall 9
31582 Nienburg/Weser
Tel.: 05021/981-802
http://www.fh-hannover.de/ab/bauw/main.htm

Georg-Simon-Ohm-Fachhochschule Nürnberg
Fachbereich Bauingenieurwesen
Kesslerplatz 12
90489 Nürnberg
Tel.: 0911/5880-0, -1418
http://www.bi.fh-nuernberg.de/

Fachhochschule Oldenburg
Fachbereich Bauingenieurwesen
Ofener Straße 16
26121 Oldenburg
Tel.: 0441/7708-0, -209
http://www.fh-oldenburg.de/fb_b.htm

Fachhochschule Potsdam
Fachbereich Bauingenieurwesen
Pappelallee 8-9
14469 Potsdam
Tel.: 0331/580-1301
http://www.fh-potsdam.de/~Bauing/index.htm

Fachhochschule Regensburg
Fachbereich Bauingenieurwesen
Prüfeninger Straße 58
93025 Regensburg
Tel.: 0941/943-1200
http://www.fh-regensburg.de/fachbereiche/fbb/

HTW Saarland
Fachbereich Bauingenieurwesen
Goebenstraße 40
66117 Saarbrücken
Tel.: 0681/5867-0, -222
http://www.htw.uni-sb.de/fb/bi/

Fachhochschule Stuttgart
Hochschule für Technik
Fachbereich Bauingenieurwesen
Schellingstraße 24
70013 Stuttgart
Tel.: 0711/121-2564
http://www.fht-stuttgart.de/fbb/fbbweb/fbb_main.html

Fachhochschule Nordostniedersachsen
Fachbereich Bauingenieurwesen
Herbert-Meyer-Straße 7
29556 Suderburg
Tel.: 05826/9880

Fachhochschule Trier
Fachbereich Bauingenieurwesen
Schneidershof
54208 Trier
Tel.: 0651/8103-0, -289
http://www.fh-trier.de/fb/bi/

Fachhochschule Wiesbaden
Fachbereich Bauingenieurwesen
Kurt-Schumacher-Ring 18
65197 Wiesbaden
Tel.: 0611/9495-451
http://www.fh-wiesbaden.de/fachbereiche/bauingenieurwesen/

Fachhochschule Wismar
Fachbereich Bauingenieurwesen
Philipp-Müller-Straße
23952 Wismar
Tel.: 03841/753-0, -300
http://www.bau.hs-wismar.de/

FH Würzburg-Schweinfurt-Aschaffenburg
Abteilung Würzburg
Fachbereich Bauingenieurwesen
Röntgenring 8
97070 Würzburg
Tel.: 0931/3511-0, -254
http://www.fh-wuerzburg.de/fh/fb/ab/allgemeines/Fab/index.htm

HTWS Zittau/Görlitz
Fachbereich Bauwesen
Theodor-Körner-Allee 16
02763 Zittau
Tel.: 03583/61-0, -1632
http://www.htw-zittau.de/bauwesen/bau

Weitere INTERNET-Adressen

(entnommen aus: bau-zeitung 52 (1998)7/8)

Bau.Net:	http://www.bau.net	(Wirtschaftsinformationen, Bauherren-Angebote, Ausschreibungen)
Bau-Info:	http://www.bau-info.com	(Öffentliche Ausschreibungen)
Baunet:	http://www.baunet.de	(Online-Branchenbuch)
BauNetz:	http://www.bau-netz.de	(Informationen für Planer)
Bau-Online:	http://www.bau-online.de	(Informationen für Planer, Handel, Handwerk, Bauherren)
Bauwesen:	http://www.bauwesen.de	(Firmen- und Produktinformationen)
bi-online:	http://www.bauwi.de	(Öffentliche Ausschreibungen)
Bundesausschreibungsblatt:	http://www.vva.de/ba-blatt.htm	(Öffentliche Ausschreibungen)
DASI:	http://www.dasi.de	(Deutsches Verzeichnis mit Schwerpunkt Bauwesen)
FIZ-Technik:	http://www.fiz-technik.de	(Zugriff auf verschiedene Datenbanken, z. B. Ausschreibungen, Unternehmen, Literatur, Bauverfahren, Ingenieurwesen)
German Bau + Zulieferer:	http://www.avl.de/datenbank	(Deutsche Baudatenbank)
Ingenieure:	http://www.ingenieure.de	(Bundesingenieurkammer mit Links zu Länderkammern)
Ingenieurnetz:	http://www.ingenieurnetz.de	(Deutsche Planerdatenbank)

2 DIN-Verzeichnis

DIN	Titel	abgedruckt im Jahrbuch
1045 (07.88)	Beton- und Stahlbeton: Bemessung und Ausführung	1998 1999 2000 [CD] 2001
1045/A1 (12.96)	Beton- und Stahlbeton: Bemessung und Ausführung Änderung A1	1999 2000 [CD] 2001
E 1045-1 (02.97)	Tragwerke aus Beton, Stahlbeton und Spannbeton Teil 1: Bemessung und Konstruktion (Entwurf)	1998
E 1045-1 (12.98)	Tragwerke aus Beton, Stahlbeton und Spannbeton Teil 1: Bemessung und Konstruktion (Entwurf)	2000 2000 [CD]
E 1045-2 (07.99)	Tragwerke aus Beton, Stahlbeton und Spannbeton Teil 2: Beton, Leistungsbeschreibung, Eigenschaften, Herstellung und Übereinstimmung (Entwurf)	2000
E 1045-3 (02.99)	Tragwerke aus Beton, Stahlbeton und Spannbeton Teil 3: Bauausführung (Entwurf)	2000
1045-1 (xx.01)	Tragwerke aus Beton, Stahlbeton und Spannbeton Teil 1: Bemessung und Konstruktion	2001 [CD]
4227-1 (07.88)	Spannbeton; Bauteile aus Normalbeton mit beschränkter und voller Vorspannung	1999 2001
4227/A1 (12.95)	Spannbeton; Bauteile aus Normalbeton mit beschränkter und voller Vorspannung Änderung A1	1999 2001

3 Verzeichnis der Zulassungen

Eine Gesamtübersicht der Zulassungen befindet sich auf Seite J.6ff.

Zulassungsnummer	Titel	abgedruckt im Jahrbuch
Z-13.1-78	Litzenspannverfahren VT-CMM D für externe Vorspannung	1999
Z-13.1-82	SUSPA-Litzenspannverfahren 150 mm^2	1998
Z-13.1-91	Litzenspannverfahren B+BL in B85	2001
Z-15.1-38	Kaiser-Omnia-Träger KTS für Fertigplatten mit statisch mitwirkender Ortbetonschicht	1998
Z-15.1-84	Durchstanzbewehrung System HDB-N	1999
Z-15.1-165	Doppelkopfanker als Schubbewehrung HDB-S	2001
Z-15.7-95	EGCO Plattenanschluß	2000
Z-15.10-42	Spannbeton-Hohlplattendecke System Dycore	1999
Z-15.13-77	Vorgespannte Schleuderbetonmaste aus hochfestem Beton	2000

4 Literaturverzeichnis

Literatur zu Kapitel A

Normen und Richtlinien

[DIN 1055-100 – 00]	DIN 1055-100: Grundlagen der Tragwerksplanung, Sicherheitskonzept, Bemessungsregeln. Ausgabe Oktober 2000
[E DIN 1054-100 – 99]	3. Normvorlage der DIN 1054-100: Sicherheitsnachweise im Erd- und Grundbau. Bearbeitungsstand 04. 12. 99
[prEN 1990 – 00]	Entwurf prEN 1990: „Grundlagen der Tragwerksplanung". Deutsche Fassung 20. Juli 2000
[ISO/FDIS 2394 – 98]	International Standard ISO/FDIS 2394 – General principles on reliability for structures – Final Draft 1998. International Organization for Standardization, Switzerland
[ENV 1991-1 – 94]	ENV 1991-1: Eurocode 1 – Teil 1: Grundlagen für Entwurf, Berechnung und Bemessung von Tragwerken. Ausgabe Juni 1994 (englische Originalfassung). CEN European Committee for Standardization, Brussels. Vornorm DIN V ENV 1991-1: Eurocode 1 – Teil 1. Ausgabe Dezember 1995 (deutsche Übersetzung). Normenausschuß Bauwesen (NABau) im DIN. Beuth Verlag GmbH 1995
[TC1/015 – 91]	Kommission der Europäischen Gemeinschaften: Interpretative Document „Mechanical Resistance and Stability". Final Draft May 1991. Document TC1/015
[BauPG – 92]	Gesetz über das Inverkehrbringen von und den freien Warenverkehr mit Bauprodukten zur Umsetzung der Richtlinie 89/106/EWG des Rates vom 21. Dezember 1988 zur Angleichung der Rechts- und Verwaltungsvorschriften der Mitgliederstaaten über Bauprodukte (Bauproduktengesetz) vom 10. August 1992 (Bundesgesetzblatt Jahrgang 1992 – Teil I S. 1495)
[89/106/EWG – 88]	Richtlinie des Rates vom 21. Dezember 1988 zur Angleichung der Rechts- und Verwaltungsvorschriften der Mitgliederstaaten über Bauprodukte (Bauproduktenrichtlinie) – (Amtsblatt EG, L40/1989, S. 1)
[ENV 1991-2-2 – 95]	ENV 1991-2-2: Eurocode 1 – Basis of Design and actions on structures – Part 2-2: Actions on structures exposed to fire. Edition February 1995
[E DIN 1055-1 – 00]	Entwurf DIN 1055-1: Einwirkungen auf Tragwerke – Teil 1: Wichte und Flächenlasten von Baustoffen, Bauteilen und Lagerstoffen. Ausgabe März 2000
[E DIN 1055-3 – 00]	Entwurf DIN 1055-3: Einwirkungen auf Tragwerke – Teil 3: Eigen- und Nutzlasten für Hochbauten. Ausgabe März 2000
[ENV 1991-2-1 – 95]	ENV 1991-2-1: Eurocode 1 – Teil 2-1: Einwirkungen auf Tragwerke – Wichten, Eigenlasten, Nutzlasten. Ausgabe 1995 (Originalfassung). Vornorm DIN V ENV 1991-2-1: Eurocode 1 – Teil 2-1. Ausgabe Januar 1996 (deutsche Übersetzung)
[DIN 1072 – 85]	DIN 1072: Straßen- und Wegebrücken; Lastannahmen. Ausgabe Dezember 1985
[DS 804 – 97]	DS 804: Vorschrift für Eisenbahnbrücken und sonstige Ingenieurbauwerke. Ausgabe Januar 1997
[ENV 1991-3 – 95]	ENV 1991-3: Eurocode 1 – Teil 3: Verkehrslasten auf Brücken. Ausgabe 1995 (Originalfassung). Vornorm DIN V ENV 1991-3: Eurocode 1 – Teil 3: Ausgabe August 1996 (deutsche Übersetzung)
[E DIN 1055-4 – 99]	Entwurf DIN 1055-4: Einwirkungen auf Tragwerke – Teil 4: Windlasten. Bearbeitungsstand 10. 05. 99

[ENV 1991-2-4 – 95] ENV 1991-2-4: Eurocode 1 – Teil 2-4: Einwirkungen auf Tragwerke – Windlasten. Ausgabe 1995 (Originalfassung). Vornorm DIN V ENV 1991-2-4: Eurocode 1 – Teil 2-4. Ausgabe Dezember 1996 (deutsche Übersetzung)

[E DIN 1055-5 – 99] Entwurf DIN 1055-5: Einwirkungen auf Tragwerke – Teil 5: Schnee- und Eislasten. Bearbeitungsstand 21.05.99

[ENV 1991-2-3 – 95] ENV 1991-2-3: Eurocode 1 – Teil 2-3: Einwirkungen auf Tragwerke – Schneelasten. Ausgabe 1995 (Originalfassung). Vornorm DIN V ENV 1991-2-3: Eurocode 1 – Teil 2-3. Ausgabe Januar 1996 (deutsche Übersetzung)

[E DIN 1055-6 – 99] Entwurf DIN 1055-6: Einwirkungen auf Tragwerke – Teil 6: Einwirkungen auf Silos und Flüssigkeitsbehälter. Bearbeitungsstand November 1999

[ENV 1991-4 – 95] ENV 1991-4: Eurocode 1 – Teil 4: Einwirkungen auf Silos und Flüssigkeitsbehälter. Ausgabe 1995 (Originalfassung). Vornorm DIN V ENV 1991-4: Eurocode 1 – Teil 4: Ausgabe Dezember 1996 (deutsche Übersetzung)

[E DIN 1055-7 – 00] Entwurf DIN 1055-7: Einwirkungen auf Tragwerke – Teil 7: Temperatureinwirkungen. Ausgabe Juni 2000

[ENV 1991-2-5 – 99] ENV 1991-2-5: Eurocode 1 –Teil 2-5: Einwirkungen auf Tragwerke – Tempera-tureinwirkungen. Ausgabe 1997 (Originalfassung). Vornorm DIN V ENV 1991-2-5: Eurocode 1 – Teil 2-5. Ausgabe Januar 1999 (deutsche Übersetzung)

[E DIN 1055-8 – 99] Entwurf DIN 1055-8: Einwirkungen auf Tragwerke – Teil 8: Einwirkungen während der Bauausführung. Bearbeitungsstand Mai 1999

[ENV 1991-2-6 – 97] ENV 1991-2-6: Eurocode 1 – Basis of Design and actions on structures – Part 2–6: Actions during execution. Edition March 1997

[E DIN 1055-9 – 00] Entwurf DIN 1055-9: Einwirkungen auf Tragwerke – Teil 9: Außergewöhnliche Einwirkungen. Ausgabe Juni 2000

[ENV 1991-2-7 – 96] ENV 1991-2-7: Eurocode 1 – Basis of Design and actions on structures – Part 2–7: Accidential actions due to impact and explosion. Edition September 1996

[E DIN 1055-10 – 99] Entwurf DIN 1055-10: Einwirkungen auf Tragwerke – Teil 10: Einwirkungen aus Kran- und Maschinenbetrieb. Bearbeitungsstand November 1999

[ENV 1991-5 – 97] ENV 1991-5: Eurocode 1 – Basis of Design and actions on structures – Part 5: Actions induced by cranes and machineries. Edition February 1997

[E DIN 1045-1 – 00] Entwurf DIN 1045-1: Tragwerke aus Beton, Stahlbeton und Spannbeton – Teil 1: Bemessung und Konstruktion. Entwurf Mai 2000

[ENV 1992-1 – 92] DIN V ENV 1992-1-1: Eurocode 2 – Planung von Stahlbeton- und Spannbetontragwerken; Teil 1-1: Grundlagen und Anwendungsregeln für den Hochbau. Ausgabe 1992

[DIN 1056 – 84] DIN 1056: Freistehende Schornsteine in Massivbauart: Berechnung und Ausführung. Ausgabe Oktober 1984

[DIN 4133 – 91] Schornsteine aus Stahl. Ausgabe November 1991

[DIN 4149-1 – 00] Bauten in deutschen Erdbebengebieten – Teil 1: Lastannahmen, Bemessung und Ausführung üblicher Hochbauten. Bearbeitungsstand 2000

Zitierte Literatur

[BoD-doc – 96] European Convention for Constructional Steelwork: Background Documentation Eurocode 1 (ENV 1991) Part 1: Basis of Design. March 1996

[Bossenmayer – 00] Bossenmayer, H.: Brauchen wir noch eine neue Normengeneration? Der Prüfingenieur April 2000

[FIB-MC 90 – 99] Structural Concrete – Textbook on Behaviour, Design and Performance. Updated knowledge of the CEB/FIP Model Code 1990 Volume 2: Basis of Design. International Federation for Structural Concrete (fib) 1999

[Grünberg – 97] Grünberg, J.: Kommentierung des Eurocode 1: Grundlagen der Tragwerksplanung und Einwirkungen auf Tragwerke – „Kommentierte Technische Baubestimmungen", Verlagsgesellschaft Rudolf Müller GmbH & Co. KG 1997

[Grünberg – 98] Grünberg, J.: Eurocode-Sicherheitskonzept: Lassen sich die Lastkombinationen vereinfachen? Der Prüfingenieur April 1998

[Grünberg, Klaus – 99] Grünberg, J., Klaus, M.: Bemessungswerte nach Eurocode-Sicherheitskonzept für Interaktion von Beanspruchungen. Beton- und Stahlbetonbau 3 (1999), S. 114

[GRUSIBAU – 81] DIN Deutsches Institut für Normung e. V.: Grundlagen zur Festlegung von Sicherheitsanforderungen für bauliche Anlagen. 1. Auflage. Berlin/Köln: Beuth Verlag GmbH 1981

[König, Hosser, Schobbe – 82] König, G., Hosser, D., Schobbe, W.: Sicherheitsanforderungen für die Bemessung von baulichen Anlagen nach den Empfehlungen des NABau – eine Erläuterung. Der Bauingenieur 57 (1982), Seite 69 bis 78

[Litzner – 93] Litzner, H.-U.: Europäisches Regelwerk für den Betonbau. Stahlbeton- und Spannbetontragwerke nach Eurocode 2, Herausgeber Bieger, K.-W. et al.: Springer-Verlag, Berlin/Heidelberg/New York 1993

[Schobbe – 82] Schobbe, W.: Konzept zur Definition und Kombination von Lasten im Rahmen der deutschen Sicherheitsrichtlinie. Ernst & Sohn 1982

[Schuéller – 81] Schuéller, G. I.: Einführung in die Sicherheit und Zuverlässigkeit von Tragwerken. W. Ernst & Sohn 1981

[Spaethe – 92] Spaethe, G.: Die Sicherheit tragender Baukonstruktionen. Springer 1992

[Standfuß, Großmann – 00] Standfuß, F., Großmann, F.: Einführung der Eurocodes für Brücken in Deutschland. Beton- und Stahlbetonbau 95 (2000), Seite 47 bis 49

[Timm – 00] Timm, G.: Einwirkungen nach DIN 1055 neu. Der Prüfingenieur April 2000

Literatur zu Kapitel B

[Avak – 94] Avak, R.: Stahlbetonbau in Beispielen, Teil 1, Werner-Verlag, Düsseldorf 1994

[Banfill/Hornung – 92] Banfill, P.F.G. u. Hornung, F.: Zweipunktmessung im Visco Corder, Beton 2/1992 S. 84–88

[BiM – 99] Baustoffkreislauf im Massivbau, Fachtagung: Beton mit rezycliertem Zuschlag für Konstruktionen nach DIN 1045, Mai 1999, Berlin

[Breitenbücher – 89] Breitenbücher, R.: Zwangspannungen und Rissbildung infolge Hydratationswärme, Dissertation, TU München, 1989

[Czernin – 60] Czernin, W.: Zementchemie für Bauingenieure, Bauverlag GmbH, Wiesbaden/Berlin 1960

[DAfStb-Alkalirichtlinie – 97] DAfStb-Alkalirichtlinie, vorbeugende Maßnahmen gegen schädigende Alkalireaktionen im Beton, Ausgaben Dezember 1997

[DAfStb-RiLi Beton mit rezykliertem Zuschlag – 98] DAfStb-Richtlinie Beton mit rezykliertem Zuschlag, 1998

[DAfStb-RiLi BuwS – 95] Richtlinie für Betonbau beim Umgang mit wassergefährdenden Stoffen, 1995

[DAfStb-RiLi Fließbeton – 95] DAfStb-Richtlinie für Fließbeton; Herstellung, Verarbeitung und Prüfung, 1995

[DAfStb-RiLi Flugasche – 97] DAfStb-Richtlinie Verwendung von Flugasche nach DIN EN 450 im Betonbau, 1997

[DAfStb-RiLi hochfester Beton – 95] DAfStb-Richtlinie für hochfesten Beton, Ergänzung zu DIN 1045/07.88 für Festigkeitsklassen B 65 bis B 115, 1995

[DAfStb-RiLi Nachbehandlung – 84] DAfStb-Richtlinie zur Nachbehandlung von Beton, 1984

[DafStb-RiLi Restwasser – 97] DAfStb-Richtlinie für die Herstellung von Beton unter Verwendung von Restwasser, Restbeton und Restmörtel, 1997

[DAfStb-RiLi SIB – 91] DAfStb-Richtlinie für Schutz und Instandsetzung von Betonbauteilen, Teile 1–4, 1991

[DAfStb-RiLi Verzögerter Beton – 95] DAfStb-Richtlinie für Beton mit verlängerter Verarbeitbarkeit (Verzögerter Beton), 1995

[DAfStb-Seminar-Sicherheit von Betonkonstruktionen – 95] DAfStb-Seminar zum Forschungsvorhaben „Sicherheit von Betonkonstruktionen technischer Anlagen für umweltgefährdende Stoffe", am 20. und 21. September 1995 in Berlin, Tagungsheft

[DBV-Merkblatt Begrenzung Rissbildung – 96] DBV-Merkblatt-Sammlung – Begrenzung der Rissbildung im Stahl- und Spannbetonbau, 1996, Verlag Deutscher Beton-Verein e. V., Wiesbaden

[DBV-Merkblatt Zugabewasser – 96] Merkblatt Zugabewasser für Beton, 1982, DBV-Merkblatt-Sammlung, Verlag Deutscher Beton-Verein e. V., Wiesbaden 1991

[DIN 1045 – 88] DIN 1045 : 1988 Beton und Stahlbeton; Bemessung und Ausführung

[DIN 1048-5 – 91] DIN 1048-5 : 1991 Prüfverfahren für Beton; Festbeton, gesondert hergestellte Probekörper

[DIN 1084 – 78] DIN 1084: 1978 Überwachung (Güteüberwachung) im Beton- und Stahlbetonbau

[DIN 4030 – 91] DIN 4030 : 1991 Beurteilung betonangreifender Wässer, Böden und Gase

[DIN 4226-1 – 83] DIN 4226-1 : 1983 Zuschlag für Beton; Zuschlag mit dichtem Gefüge; Begriffe, Bezeichnung und Anforderungen

[DIN 4227-1 – 88] DIN 4227-1 : 1988–07 Spannbeton; Bauteile aus Normalbeton mit beschränkter oder voller Vorspannung

[DIN 488-1 – 84] DIN 488-1 : 1984–09 Betonstahl: Sorten, Eigenschaften, Kennzeichen

[E DIN 1045-1 – 99] Entwurf DIN 1045-1: 1999 Tragwerke aus Beton, Stahlbeton und Spannbeton, Teil 1: Bemessung und Konstruktion

[E DIN 1045-2 – 99] Entwurf DIN 1045-2: 1999 Tragwerke aus Beton, Stahlbeton und Spannbeton, Teil 2: Beton – Leistungsbeschreibung, Eigenschaften, Herstellung und Übereinstimmung

[prEN 206-1 – 99] Entwurf EN 206-1 : 1999 Beton – Teil 1: Leistungsbeschreibung, Eigenschaften, Herstellung und Konformität

[Glücklich – 68] Glücklich, J.: The Structure of Concrete Proc., International Conference, Cement and Concrete Association, London 1968

[Grimm/König – 95] Grimm, R. u. König, G.: Hochleistungsbeton – Bemessung und konstruktive Ausbildung, Betonwerk + Fertigteiltechnik (1995), S. 69–75

[Grübl – 97] Grübl, P.: Die Wiederverwertung von Abbruchmaterialien zur Herstellung von Betonkonstruktionen, Vorträge Deutscher Betontag 1997

[Keil – 71] Keil, F.: Zement, Springer-Verlag: Berlin/Heidelberg/New York 1971

[Kern – 92] Kern, E.: Technologie des hochfesten Betons; Beton 43 (1992), S. 109–115

[Kohler – 97] Kohler, G.: Recyclingzuschläge für Stahlbeton, Vorträge Deutscher Betontag 1997

[Kral/Becker – 76] Kral, S. u. Becker, F.: Zur Entwicklung mechanischer Betoneigenschaften im Frühstadium der Erhärtung, Beton 26 (1976) 9, S. 315–320

[Krell – 85] Krell, J.: Die Konsistenz von Zementleim, Mörtel und Beton und ihre zeitliche Änderung, Diss. TH Aachen 1985

[Lang – 97] Lang, E.: Einfluß von Nebenbestandteilen und Betonzusatzmitteln auf die Hydratationswärmeentwicklung von Zement, Beton-Information (1997)2, S. 22–25

[Lisiecki – 85] Lisiecki, U.-M.: Einfluß von Feinzuschlagstoffen mit unterschiedlichem Reaktionsvermögen auf die Frisch- und Festbetoneigenschaften; 9. ibausil, Weimar 1985, Tagungsbericht S. 59–72

[Locher – 84] Locher, F.W.: Chemie des Zements und der Hydratationsprodukte, Zementtaschenbuch 48. Ausgabe, Bauverlag, Wiesbaden/Berlin 1984

[Lohmeyer – 91] Lohmeyer, G.: Weiße Wanne, einfach und sicher, Beton Verlag, Düsseldorf 1991

[Pirner – 94] Pirner, J.: Untersuchung der Beziehung zwischen der Verarbeitbarkeit von Zuschlaggemischen und den rheologischen Eigenschaften von Mörtel und Beton, Kolloquium über rheologische Messungen an mineralischen Baustoffmischungen, Regensburg, Februar 1994

[Pirner/Sessner – 90] Pirner, J. u. Sessner, R.: Stoffliche, mathematische und technologische Grundlagen für Automatisierungslösungen der Fertigungsstufen Herstellen und Erhärten des Betons, Habilitationsschrift, Hochschule für Bauwesen Cottbus 1990

[Prüfrichtlinie Betonzusatzmittel – 89] Richtlinie für die Zuteilung von Prüfzeichen für Betonzusatzmittel (Prüfrichtlinien), Fassung Juni 1989, Mitteilung IfBt 21 (1990), Nr. 5, S. 175

[Readymix Beton-Daten – 98] Betontechnologische Daten, 16. Aufl., Readymix Kies & Beton AG, Ratingen 1998

[Reinhardt – 73] Reinhardt, H.-W.: Ingenieurbaustoffe, Ernst & Sohn Verlag, Berlin 1973

[Reinhardt – 95] Reinhardt, H.-W.: Hochleistungsbeton, Betonwerk + Fertigteiltechnik (1995) 1, S. 62–68

[Schickert – 81] Schickert, G.: Formfakt oren der Betondruckfestigkeit, Die Bautechnik 2/ 1981, S. 52–57

[Schießl – 86] Schießl, P.: Einfluß von Rissen auf die Dauerhaftigkeit von Stahlbeton- und Spannbetonbauteilen, Heft 370 der Schriftenreihe des Deutschen Ausschusses für Stahlbeton, Berlin/Köln: Beuth Verlag GmbH 1986

[Schießl – 97] Schießl, P.: Bemessung auf Dauerhaftigkeit – Brauchen wir neue Konzepte? Vorträge Deutscher Betontag 1997

[Schlüßler/Mcedlov-Petrosjan – 90] Schlüßler, K.-H. u. Mcedlov-Petrosjan, O.P.: Der Baustoff Beton – Grundlagen der Strukturbildung und der Technologie, Verlag für Bauwesen, Berlin 1990

[Schlüßler/Walter – 86] Schlüßler, K.-H. u. Walter, L.: Computer Simulation of randomly Packed Sheres – a Tool for Investigating Polydisperse Materials; Part. Charact. 3 (1986), S. 129–135

[Tattersall – 83] Tattersall, G.H.: Der Zweipunktversuch zur Messung der Verarbeitbarkeit, Betonwerk + Fertigteiltechnik, 49 (1983) 12, S. 789–792

[von Wilcken – 95] von Wilcken, A.: Herstellung moderner Verkehrsflächen aus Beton unter Verwendung von Recycling-Zuschlag, Vorträge Deutscher Betontag 1995

[Walz – 58] Walz, K.: Anleitung für die Zusammensetzung und Herstellung von Beton mit bestimmten Eigenschaften; Beton und Stahlbeton T 3 (1958) 6, S. 163–169

[Wesche – 81] Wesche, K.: Baustoffe für tragende Bauteile, Band 2, Beton, Bauverlag, 2. Auflage 1981

[Wesche/Schubert – 85] Wesche, K. u. Schubert, P.: Feinststoffe im Beton – Einfluss auf die Eigenschaften des Frisch- und Festbeton; Betontechnik 6 (1985) 3, S. 69–71

[Wierig – 71] Wierig, H.-J.: Einige Beziehungen zwischen den Eigenschaften von „grünen" und „jungen" Betonen und denen des Festbetons, Betontechnische Berichte 1971, S. 151–172

Literatur zu Kapitel C

[Avak – 96] Avak, R.: Euro-Stahlbetonbau in Beispielen: Bemessung nach DIN V ENV 1992. Teil 1 (1993) und Teil 2 (1996). Wemer-Verlag, Düsseldorf.

[Avak/Goris – 96] Avak, R.; Goris, A.: Bemessungspraxis nach EUROCODE 2: Zahlen und Konstruktionsbeispiele. Werner-Verlag, Düsseldorf 1994.

[Avellan/Werkle – 98] Avellan, K.; Werkle, H.: Zur Anwendung der Bruchlinientheorie in der Praxis. Bautechnik 75 (1998), S. 80.

[Brandmayer – 96] Brandmayer, H.: Zur Erfassung nichtlinearer Effekte bei Scheibenproblemen im Stahlbetonbau. Bautechnik 73 (1996), S. 64

[Beck/Zuber – 69] Beck, H.; Zuber, E.: Näherungsweise Berechnung von Stahlbetonplatten mit Rechtecköffnungen unter Gleichflächenlast. Bautechnik 46 (1969), S. 397

[Czerny – 96] F. Czerny: Tafeln für Rechteckplatten und Trapezplatten. Betonkalender 85 (1996), Teil 1, S. 277–339.

[DAfStb-H.217 – 72] Baumann, T.: Tragwirkung orthogonaler Bewehrungsnetze beliebiger Richtung in Flächentragwerken aus Stahlbeton. Deutscher Ausschuß für Stahlbeton, Heft 217, Verlag W. Ernst & Sohn, Berlin 1972.

[DAfStb-H.240 – 91] Grasser, E.; Thielen, G.: Hilfsmittel zur Berechnung der Schnittgrößen und Formänderungen von Stahlbetontragwerken. Deutscher Ausschuß für Stahlbeton, Heft 240, Verlag W. Ernst & Sohn, 3. Auflage, Berlin 1991.

[DAfStb-H.425 – 92] Kordina, K. et al.: Bemessungshilfsmittel zu Eurocode 2 Teil 1. Deutscher Ausschuß für Stahlbeton, Heft 425, Verlag W. Ernst & Sohn, Berlin 1992.

[DAfStb-H.441 – 94] Pardey, A.: Physikalisch nichtlineare Berechnung von Stahlbetonplatten im Vergleich zur Bruchlinientheorie. Deutscher Ausschuß für Stahlbeton, Heft 441, Verlag W. Ernst & Sohn, Berlin 1994.

[DAfStb-H.5xx – 01] N.N.: Erläuterungen zu DIN 1045 – Tragwerke aus Beton, Stahlbeton und Spannbeton – Teil 1: Bemessung und Konstruktion. Deutscher Ausschuß für Stahlbeton, Heft 5xx, Beuth Verlag, Berlin/Köln, vorauss. 2001.

[DIN 1045 – 88] Beton und Stahlbeton, Bemessung und Ausführung – DIN 1045, Ausgabe 07.88, Beuth Verlag, Berlin/Köln.

[E DIN 1045-1 – 97] DIN 1045-1 (Entwurf). Tragwerke aus Beton, Stahlbeton und Spannbeton. Teil 1: Bemessung und Konstruktion. Februar 1997, Beuth Verlag, Berlin/Köln.

[E DIN 1045-1 – 98] DIN 1045-1 (Entwurf). Tragwerke aus Beton, Stahlbeton und Spannbeton. Teil 1: Bemessung und Konstruktion. Dezember 1999, Beuth Verlag, Berlin/Köln.

[E DIN 1045-1 – 00] DIN 1045-1 (Entwurf). Tragwerke aus Beton, Stahlbeton und Spannbeton. Teil 1: Bemessung und Konstruktion. Bearbeitungsstand Mai 2000.

[DIN 1055-100 – 00] DIN 1055-100. Einwirkungen auf Tragwerke. Teil 100: Grundlagen der Tragwerksplanung, Sicherheitskonzept und Bemessungsregeln. Oktober 2000, Beuth Verlag, Berlin/Köln.

[Eichstaedt – 63] Eichstaedt, H. J.: Einspanngrad-Verfahren zur Berechnung der Feldmomente durchlaufender kreuzweise bewehrter Platten im Hochbau. Beton- und Stahlbetonbau 58 (1963), S. 19.

[Eisenbiegler – 73] Eisenbiegler, G.: Durchlaufplatten mit dreiseitigem Auflagerknoten. Die Bautechnik 50 (1973), S. 92.

[ENV 1992-1-1 – 92] DIN V ENV 1992 Teil 1-1, Ausgabe 06.92 – Planung von Stahlbeton- und Spannbetontragwerken – Teil 1: Grundlagen und anwendungsregeln für den Hochbau. April 1993, Beuth Verlag, Berlin/Köln.

[Favre/Jaccoud – 97] Favre, R.; Jaccoud, J.-P.; Burdet, O.; Charuf, H.: Dimensionnement des Structures en Béton. Presses polytechniques et universitaires romandes, Lausanne,1997.

[Franz – 83] Franz, G: Konstruktionslehre des Stahlbetons. Band 1 Grundlagen und Bauelemente, Teil B. Die Bauelemente und ihre Bemessung. Springer-Verlag, Berlin, 4. Auflage 1983.

[Friedrich – 95] Friedrich, R.: Vereinfachte Berechnung vierseitig gelagerter Rechteckplatten nach der Bruchlinientheorie. Beton- und Stahlbetonbau 90 (1995), S. 113.

[Haase – 62] Bruchlinientheorie von Platten. Werner-Verlag, Düsseldorf 1962.

[Hahn – 76] Hahn, J.: Durchlaufträger, Rahmen, Platten und Balken auf elastischer Bettung. Werner-Verlag, Düsseldorf, 12. Auflage 1976.

[Herzog – 71] Herzog, M.: Bemessung beliebig gelagerter Stahlbeton-Rechteckplatten für den Bruchzustand. Schweizerische Technische Zeitschrift 68 (1971), S. 69–74 und S. 262.

[Herzog – 76.1] Herzog, M.: Die Bruchlast ein- und mehrfeldriger Rechteckplatten aus Stahlbeton nach Versuchen. Beton- und Stahlbetonbau 71 (1976), S. 69–71.

[Herzog – 76.2] Herzog, M.: Die Membranwirkung in Stahlbetonplatten nach Versuchen. Beton- und Stahlbetonbau 71 (1976), S. 270–275.

[Herzog – 90] Herzog, M.: Vereinfachte Schnittkraftermittlung für umfanggelagerte Rechteckplatten nach der Plastizitätstheorie. Beton- und Stahlbetonbau 85 (1990), S. 311–315.

[Herzog – 95.1] Herzog, M.: Vereinfachte Stahlbeton- und Spannbetonbemessung, Beton- und Stahlbetonbau 90 (1995). Teil I: Tragfähigkeitsnachweis für Träger. Teil II: Tragfähigkeitsnachweise für Platten. Teil IV: Tragfähigkeitsnachweise für Rahmen.

[Herzog – 95.2] Herzog, M: Die Tragfähigkeit von Pilz- und Flachdecken. Bautechnik 72 (1995), S. 516.

[Heydel/Krings/Hermann - 95] Heydel, G.; Krings, W.; Herrmann, H.: Stahlbeton im Hochbau nach EC 2. Ernst & Sohn, Berlin 1995.

[Kessler - 97.1] Kessler, H.-G.: Die drehbar gelagerte Rechteckplatte unter randparalleler Linienlast nach der Fließgelenktheorie. Bautechnik 74 (1997), S. 143–151.

[Kessler - 97.2] Kessler, H.-G.: Zum Bruchbild isotroper Quadratplatten. Bautechnik 74 (1997), S. 765–768.

[Leonhardt/Mönnig - 77] Leonhardt, F.; Mönnig E.: Vorlesungen über Massivbau. Teil 2: Sonderfälle der Bemessung im Stahlbetonbau. Teil 3: Grundlagen zum Bewehren im Stahlbetonbau. Springer-Verlag, Berlin/Heidelberg 1977.

[Lichtenfels/Wagner - 98] Lichtenfels, A.; Wagner, W.: Traglastberechnung ebener Stahlbetontragwerke nach Eurocode 2. Bauingenieur 73 (1998), S. 36.

[Litzner - 96] Litzner, H.-U.: Grundlagen der Bemessung nach Eurocode 2 – Vergleich mit DIN 1045 und DIN 4227. Betonkalender 85 (1996), Teil 1, S. 567–776.

[Mattheis - 82] Mattheis, J.: Platten und Scheiben. Werner-Verlag, Düsseldorf 1982.

[NAD zu ENV 1992-1-1 - 93] Deutscher Ausschuß für Stahlbeton: Richtlinie zur Anwendung von Eurocode 2 – Planung von Stahlbeton- und Spannbetontragwerken; Teil 1: Grundlagen und Anwendungsregeln für den Hochbau. April 1993, Ergänzung 1995, Beuth Verlag, Berlin/Köln.

[Pieper/Martens - 66] Pieper, K.; Martens, P.: Durchlaufende vierseitig gestützte Platten im Hochbau. Beton- und Stahlbetonbau 61 (1966), S. 158 und 62 (1967), S. 150.

[Rosman - 85] Rosman, R.: Beitrag zur plastostatischen Berechnung zweiachsig gespannter Platten. Bauingenieur 60 (1985), S. 151–159.

[Sawczuk/Jaeger - 63] Sawczuk, A.; Jaeger, T.: Grenztragfähigkeitstheorie der Platten. Springer-Verlag, Berlin/Göttingen/Heidelberg 1963

[Schlaich/Schäfer - 98] Schlaich, J.; Schäfer, K.: Konstruieren im Stahlbetonbau. Betonkalender 93 (1998), Teil II, S. 721.

[Schneider - 98] Schneider, K.-J.: Bautabellen für Ingenieure, 13. Auflage. Werner-Verlag, Düsseldorf 1998.

[Schriever - 79] Schriever, H.: Berechnung von Platten mit dem Einspanngradverfahren. 3. Auflage, Werner-Verlag, Düsseldorf 1979.

[Stiglat/Wippel - 83] Stiglat K.; Wippel, H.: Platten. Verlag W. Ernst & Sohn, Berlin, 3. Auflage 1983.

[Stiglat/Wippel - 92] Stiglat K.; Wippel, H.: Massive Platten. Betonkalender 81 (1992), Teil I, S. 287–366.

[Wegner - 78] Wegner, R.: Einfluß der Stützensteifigkeit auf die Zustandsgrößen in Flachdecken. Bauingenieur 53 (1978), S. 169.

[Wommelsdorff - 90/93] Wommelsdorff, O.: Stahlbetonbau. Teil 1: Biegebeanspruchte Bauteile, 6. Auflage 1990. Teil 2: Stützen und Sondergebiete des Stahlbetonbaus, 5. Auflage 1993. Werner-Verlag, Düsseldorf.

[Zilch/Staller - 99] Zilch, K.; Staller, M.; Rogge, A.: Erläuterungen zur Bemessung und Konstruktion von Tragwerken aus Beton, Stahlbeton und Spannbeton nach DIN 1045-1. Beton- und Stahlbetonbau 94 (1999), S. 259.

[Zilch/Rogge - 00] Zilch, K.; Rogge, A.: Bemessung der Stahlbeton- und Spannbetonbauteile nach DIN 1045-1. Teil I: Grundlagen der Bemessung von Beton-, Stahlbeton- und Spannbetonbauteilen nach DIN 1045-1. Betonkalender 2000, T. 1, Ernst & Sohn Verlag, Berlin 2000.

Literatur zu Kapitel D

[Allgöwer/Avak - 92] Allgöwer, G.; Avak, R.: Bemessungstafeln nach Eurocode 2 für Rechteck- und Plattenbalkenquerschnitte. Beton- und Stahlbetonbau, 1992, S. 161–164

[Andrä/Avak - 99] Andrä, H.-P.; Avak, R.: Hinweise zur Bemessung von punktgestützen Platten. Stahlbetonbau aktuell 1999, Werner-Verlag, Beuth Verlag, 1999

[Avak-T1 - 93] Avak, R.: Euro-Stahlbetonbau in Beispielen, Bemessung nach DIN V ENV 1992

Teil 1: Baustoffe, Grundlagen, Bemessung von Stabtragwerken, 1993, Werner-Verlag, Düsseldorf

[Avak-T2 - 96] Avak, R.: Euro-Stahlbetonbau in Beispielen, Bemessung nach DIN V ENV 1992
Teil 2: Konstruktion, Platten, Treppen, Fundamente, wandartige Träger, Wände, 1996, Werner-Verlag, Düsseldorf

[Avak/Goris - 94] Avak, R.; Goris, A.: Bemessungspraxis nach EUROCODE 2, Zahlen- und Konstruktionsbeispiele, 1994, Werner-Verlag, Düsseldorf

[Bieger - 95] Bieger, K.-W. (Hrsg.): Stahlbeton- und Spannbetontragwerke nach Eurocode 2; 2. Auflage, 1995, Springer-Verlag, Berlin

[Bindseil - 91] Bindseil, P.: Stahlbetonfertigteile – Konstruktion, Berechnung, Ausführung, 1991, Werner-Verlag, Düsseldorf

[DAfStb-H.220 - 79] Deutscher Ausschuß für Stahlbeton, H. 220. Grasser/Kordina/Quast: Bemessung von Beton- und Stahlbetonbauteilen nach DIN 1045, Ausgabe 1978, 2. überarbeitete Auflage, 1979,Verlag Ernst & Sohn, Berlin

[DAfStb-H.240 - 91] Deutscher Ausschuß für Stahlbeton, Heft 240: Hilfsmittel zur Berechnung der Schnittgrößen und Formänderungen von Stahlbetontragwerken nach DIN 1045, Ausg. Juli 1988. 3. Auflage, 1991. Beuth Verlag, Berlin/Köln

[DAfStb-H.371 - 86] Deutscher Ausschuß für Stahlbeton, H. 371, Kordina; Nölting: Tragfähigkeit durchstanzgefährdeter Stahlbetonplatten. DAfStb-Heft 371, 1986, Verlag Ernst & Sohn, Berlin

[DAfStb-H.387 - 87] Deutscher Ausschuß für Stahlbeton, H. 387, Dieterle/Rostásy: Tragverhalten quadratischer Einzelfundamente aus Stahlbeton. 1987, Verlag Ernst & Sohn, Berlin

[DAfStb-H.399 - 93] Deutscher Ausschuß für Stahlbeton, H. 387, Eligehausen/Gerster: Das Bewehren von Stahlbetonbauteilen – Erläuterungen zu verschiedenen gebräuchlichen Bauteilen. 1993, Beuth Verlag, Berlin/Köln

[DAfStb-H.400 - 88] Deutscher Ausschuß für Stahlbeton, H. 400, Erläuterungen zu DIN 1045, Beton- und Stahlbeton, Ausgabe 7.88, Beuth Verlag, Berlin/Köln

[DAfStb-H.425 - 92] Deutscher Ausschuß für Stahlbeton, Heft 425: Bemessungshilfen zu Eurocode 2 Teil 1, 2. ergänzte Auflage, 1992, Beuth Verlag, Berlin/Köln

[DAfStb-H.466 - 96] Deutscher Ausschuß für Stahlbeton, Heft 466: Grundlagen und Bemessungshilfen für die Rißbreitenbeschränkung im Stahlbeton und Spannbeton. 1996, Beuth Verlag, Berlin/Köln

[DIN - 81] Deutsches Institut für Normung: Grundlagen für die Sicherheitsanforderungen für bauliche Anlagen; Berlin/Köln, Beuth Verlag

[DIN 1045 - 88] DIN 1045. Beton und Stahlbeton, Bemessung und Ausführung, Juli 1988

[DIN 4227 -T1 - 88] DIN 4227, Teil 1: Spannbeton; Bauteile aus Normalbeton mit beschränkter oder voller Vorspannung. Juli 1988

[E DIN 1045-1 - 97] DIN 1045-1. Tragwerke aus Beton, Stahlbeton und Spannbeton. Teil 1: Bemessung und Konstruktion. Februar 1997 (Entwurf)

[E DIN 1045-1 - 98] DIN 1045-1. Tragwerke aus Beton, Stahlbeton und Spannbeton. Teil 1: Bemessung und Konstruktion. Dezember 1998 (2. Entwurf)

[E DIN 1045-1 - 00] DIN 1045-1. Tragwerke aus Beton, Stahlbeton und Spannbeton. Teil 1: Bemessung und Konstruktion. Entwurf, Bearbeitungsstand September 2000

[Eibl/Schmidt-Hurtienne] Eibl, J.; Schmidt-Hurtienne, B.: Grundlagen für ein neues Sicherheitskonzept. Die Bautechnik 8/1995, S. 501–506

[ENV 206 - 90] DIN V ENV 206. Beton; Eigenschaften, Herstellung, Verarbeitung und Gütenachweis. Oktober 1990 (Vornorm)

[ENV 1991-1 - 95] DIN V ENV 1991-1. Eurocode 1, Teil 1: Grundlagen der Tragwerksplanung. Dezember 1995

[ENV 1992-1-1 - 92] DIN V ENV 1992-1-1. Eurocode 2, Planung von Stahlbeton- und Spannbetontragwerken. Teil 1-1: Grundlagen und Anwendungsregeln für den Hochbau. Juni 1992 (Vornorm)

[ENV 1992-1-3 - 94] DIN V ENV 1992-1-3. Eurocode 2, Planung von Stahlbeton- und Spannbetontragwerken. Teil 1–3: Bauteile und Tragwerke aus Fertigteilen. Dezember 1994 (Vornorm)

[ENV 1992-1-6 - 94] DIN V ENV 1992-1-6. Eurocode 2, Planung von Stahlbeton- und Spannbetontragwerken. Teil 1–6: Tragwerke aus unbewehrtem Beton. Dezember 1994 (Vornorm)

[Franz - 80] Franz: Konstruktionslehre des Stahlbetons. Band I, Grundlagen und Bauelemente, 4. Auflage, Springer-Verlag, Berlin 1980 und 1983

[Franz/Schäfer - 88] Franz/Schäfer/Hampe: Konstruktionslehre des Stahlbetons. Band II, Tragwerke, 2. Auflage, Springer-Verlag, Berlin, 1988 und 1991

[Grasser/Kupfer - 96] Grasser/Kupfer/Pratsch/Feix: Bemessung von Stahlbeton- und Spannbetonbauteilen nach EC 2 für Biegung, Längskraft, Querkraft und Torsion. Beton-Kalender 1996, Verlag Ernst & Sohn, Berlin

[Grasser - 97] Grasser: Bemessung der Stahlbetonbauteile. Bemessung für Biegung mit Längskraft, Schub und Torsion. Beton-Kalender 1997, Verlag Ernst & Sohn, Berlin

[Geistefeldt/Goris - 93] Geistefeldt, H./Goris, A.: Ingenieurhochbau – Teil 1: Tragwerke aus bewehrtem Beton nach Eurocode 2, 1993, Werner-Verlag, Düsseldorf, Beuth Verlag, Berlin

[Goris - 98] Goris, A.: Bemessung von Stahlbetontragwerken. In: Stahlbetonbau aktuell, Jahrbuch 1998 für die Baupraxis; 1998, Werner-Verlag, Düsseldorf, Beuth Verlag, Berlin.

[Goris - 99/1] Goris, A.: Bemessung von Stahlbetonbauteilen. In: Stahlbetonbau aktuell, Jahrbuch 1999 für die Baupraxis; 1999, Werner-Verlag, Düsseldorf, Beuth Verlag, Berlin.

[Goris - 99/2] Goris, A.: Nachweise im Grenzzustand der Tragfähigkeit. In: Schriftenreihe Massivbau, Heft 2; 1999, Brandenburgische Technische Universität, Cottbus.

[Hegger - 98] Hegger, J. et al.: Bemessen und Konstruieren nach DIN 1045-1. 1998, Ingenieurakademie West, Essen

[Hilsdorf/Reinhardt - 00] Hilsdorf, H: K./Reinhardt, H.-W.: Beton. Beton-Kalender 2000, Verlag Ernst & Sohn, Berlin

[König/Tue - 98] König, G./Tue, N.: Grundlagen des Stahlbetonbaus. Teubner-Verlag, Stuttgart 1998

[Kordina - 94/1] Kordina, K.: Zum Tragsicherheitsnachweis gegenüber Schub, Torsion und Durchstanzen nach EC 2 Teil 1 – Erläuterung zur Neuauflage von Heft 425 und Anwendungsrichtlinie zu EC 2. Beton- und Stahlbetonbau 4/1994, S. 97–100

[Kordina - 94/2] Kordina, K.: Zur Berechnung und Bemessung von Einzel-Fundamentplatten nach EC 2 Teil 1. Beton- und Stahlbetonbau 8/1994, S. 224–226

[Kordina/Quast - 97] Kordina/Quast: Bemessung von schlanken Bauteilen – Knicksicherheitsnachweis. Beton-Kalender 1997, Verlag Ernst & Sohn, Berlin

[Kordina/Quast - 00] Kordina/Quast: Bemessung von schlanken Bauteilen für den durch Tragwerksverformungen beeinflußten Grenzzustand der Tragfähigkeit – Stabilitätsnachweis. Beton-Kalender 2000, Verlag Ernst & Sohn, Berlin

[Kupfer - 89] Kupfer/Grasser/Graubner/Harth/Pratsch/Georgopoulos: Bemessen unter Berücksichtigung begrenzter Plastizierbarkeit. In: Plastizität im Stahlbeton- und Spannbetonbau und innere Tragsysteme, Band 3, 1989, Verband Beratender Ingenieure, Landesverband Bayern, Eigenverlag

[Litzner - 96] Litzner, H.-U.: Grundlagen der Bemessung nach Eurocode 2 – Vergleich mit DIN 1045 und DIN 4227, Beton-Kalender 1996, Verlag Ernst & Sohn, Berlin

[Litzner - 00] Harmonisierung der technischen Regeln in Europa – die Eurocodes für den konstruktiven Ingenieurbau. Beton-Kalender 2000, Verlag Ernst & Sohn, Berlin

[Leonhardt-T1 - 73] Leonhardt, F.: Vorlesungen über Massivbau, Teil 1, 2. Auflage, 1973, Springer-Verlag, Berlin

[Leonhardt-T2 - 74] Leonhardt, F.: Vorlesungen über Massivbau, Teil 2, 1974, Springer-Verlag, Berlin

[Leonhardt-T3 - 77] Leonhardt, F.: Vorlesungen über Massivbau, Teil 3, 3. Auflage, 1977, Springer-Verlag, Berlin

[Leonhardt-T4 - 77] Leonhardt, F.: Vorlesungen über Massivbau, Teil 4, korrigierter Nachdruck, 1977, Springer-Verlag, Berlin

[NAD zu ENV 1992-1-1 - 93] Richtlinien für die Anwendung Europäischer Normen im Betonbau.

Richtlinie zur Anwendung von Eurocode 2 – Planung von Stahlbeton- und Spannbetontragwerken. Teil 1: Grundlagen und Anwendungsregeln für den Hochbau. April 1993

[NAD zu ENV 1992-1-1 - 95] Richtlinien für die Anwendung Europäischer Normen im Betonbau. Richtlinie zur Anwendung von Eurocode 2 – Planung von Stahlbeton- und Spannbetontragwerken. Teil 1-1: Grundlagen und Anwendungsregeln für den Hochbau (Ergäzungen zur Ausgabe April 1993). Juni 1995

[NAD zu ENV 1992-1-3 - 95] Richtlinien für die Anwendung Europäischer Normen im Betonbau. Richtlinie zur Anwendung von Eurocode 2 – Planung von Stahlbeton- und Spannbetontragwerken. Teil 1–3: Bauteile und Tragwerke aus Fertigteilen. Juni 1995

[NAD zu ENV 1992-1-6 - 95] Richtlinien für die Anwendung Europäischer Normen im Betonbau. Richtlinie zur Anwendung von Eurocode 2 – Planung von Stahlbeton- und Spannbetontragwerken Teil 1–6: Tragwerke aus unbewehrtem Beton. Juni 1995

[Roth - 95] Roth, J.: Dimensionsgebundene Bemessungstafeln für den Rechteckquerschnitt. Abgedruckt in [Bieger - 95]

[Schäfer/Schlaich - 80] Schäfer/Schlaich/Weischede: Traglastverfahren im Massivbau. Grundlagen, Möglichkeiten und Grenzen für die praktische Anwendung der Plastizitätstheorie. Tagungsbericht 5 der Landesvereinigung der Prüfingenieure für Baden-Württemberg. Freudenstadt 1980

[Schießl - 97] Schießl, P.: Bemessung auf Dauerhaftigkeit – Brauchen wir neue Konzepte? Vortrag Betontag 1997, Deutscher Beton-Verein, 1997

[Schlaich/Jennewein - 89] Schlaich/Jennewein: Bemessen mit Stabwerkmodellen – Anwendungsbeispiele, in: Plastizität im Stahlbeton- und Spannbetonbau und innere Tragsysteme, Band 2, 1989, Verband Beratender Ingenieure, Landesverband Bayern, Eigenverlag

[Schlaich/Schäfer - 98] Schlaich/Schäfer: Konstruieren im Stahlbetonbau. Beton-Kalender 1998, Verlag Ernst & Sohn, Berlin 1998

[Schmitz/Goris - 00] Schmitz, P. U/Goris, A.: DIN 1045-1 digital. 2000, Werner-Verlag, Düsseldorf (in Vorb.)

[Schneider - 98] Schneider, K.-J. (Hrsg): Bautabellen für Ingenieure. 13. Auflage, 1998, Werner-Verlag, Düsseldorf

[Schneider - 00] Schneider, K.-J. (Hrsg): Bautabellen für Ingenieure. 14. Auflage, 2000, Werner-Verlag, Düsseldorf

[Steinle/Hahn - 95] Steinle/Hahn: Bauen mit Betonfertigteilen im Hochbau. Beton-Kalender 1995, Verlag Ernst & Sohn, Berlin

[Stiglat - 95] Stiglat, K.: Näherungsberechnung der Durchbiegungen von Biegetraggliedern aus Stahlbeton. Beton- und Stahlbetonbau 4/1995, S. 99–101

[Staller - 99] Staller, M.: Nachweise in den Grenzzuständen der Tragfähigkeit nach DIN 1045-1. In: Stahlbeton DIN 1045-1, 1045-2; 1999, Bundesvereinigung der Prüfingenieure, Hamburg

[Wommelsdorff-T1 - 89] Wommelsdorff, O.: Stahlbetonbau, Teil 1, 6. Auflage, 1989, Werner-Verlag, Düsseldorf

[Wommelsdorff-T2 - 93] Wommelsdorff, O.: Stahlbetonbau, Teil 2, 5. Auflage, 1993, Werner-Verlag, Düsseldorf

[Zilch/Rogge - 00] Zilch, K./Rogge, A.: Bemessung von Stahlbeton- und Spannbetonbauteilen nach DIN 1045-1. Beton-Kalender 2000, Verlag Ernst & Sohn, Berlin

[Zilch/Staller - 99] Zilch, K./Staller, M./Rogge, A.: Erläuterungen zur Bemessung und Konstruktion von Tragwerken aus Beton, Stahlbeton und Spannbeton nach DIN 1045-1. Beton- und Stahlbetonbau 6/1999, Verlag Ernst & Sohn, Berlin

Literatur zu Kapitel E

[Avak - 98] Avak, K.: Planung von Teilfertigdecken, in: Stahlbetonbau aktuell 1998, Abschnitt H.1, Werner-Verlag, Düsseldorf 1998

[BAMTEC - 96] Reisch, P.: Kommt ein Teppich geflogen, Systeminformationen, Leonardo-Online 2/97

[Baumann - 72] Baumann, T.: Zur Frage der Netzbewehrung von Flächentragwerken, in: Der Bauingenieur 47 (1972), S. 367

[Baustahlgewebe - 89] Baustahlgewebe GmbH: Baustahlgewebe Konstruktionspraxis, Düsseldorf 1989

[CEB - 85] Comité Euro-International du Béton: Industrialization of Reinforcement in Reinforced Concrete Structures, Bulletin d' Information No. 165, Lausanne 1985

[DAfStb-H.373 - 86] Kordina, K., Schaaff, E. etc.: Empfehlungen für die Bewehrungsführung in Rahmenecken und -knoten, in: Deutscher Ausschuß für Stahlbeton, Heft 373, Berlin 1986

[DAfStb-H.400 - 89] Deutscher Ausschuß für Stahlbeton: Erläuterungen zu DIN 1045, Beton und Stahlbeton, Ausgabe 07.88, in: Deutscher Ausschuß für Stahlbeton, Heft 400, Berlin 1989

[DAfStb-H.425 - 92] Deutscher Ausschuß für Stahlbeton: Bemessungshilfsmittel zu Eurocode 2 Teil 1 (DIN V ENV 1992 Teil 1–1, Ausg. 06. 92), Planung von Stahlbeton- und Spannbetontragwerken, Teil 1: Grundlagen und Anwendungsregeln für den Hochbau, Heft 425, 2. Auflage, Berlin 1992

[DAfStb-H.5xx - 01] Deutscher Ausschuß für Stahlbeton: Bemessungshilfsmittel zu DIN 1045-1, Ausg. xx.01, Tragwerke aus Beton, Stahlbeton und Spannbeton, Teil 1: Bemessung und Konstruktion Heft 5xx, Berlin 2001

[DAfStb-Ri - 95] Deutscher Ausschuß für Stahlbeton: Richtlinie für hochfesten Beton – Ausgabe 1995, Berlin 1995

[DAfStb-Ri - 96] Deutscher Ausschuß für Stahlbeton: Richtlinie Betonbau beim Umgang mit wassergefährdenden Stoffen – Ausgabe 9. 96, Berlin 1996

[Dieterle - 73] Dieterle, H.: Zur Bemessung und Bewehrung quadratischer Fundamentplatten aus Stahlbeton, Dissertation Universität Stuttgart 1973

[DBV - 82] DBV-Merkblatt „Betondeckung“, Fassung Okt. 1982, Deutscher Beton-Verein, Wiesbaden 1992

[DBV - 94] Deutscher Beton-Verein: Beispiele zur Bemessung von Betontragwerken nach EC 2, Bauverlag, Wiesbaden und Berlin 1994

[DBV - 96.1] DBV-Merkblatt „Rückbiegen von Betonstählen und Anforderungen an Verwahrkästen“, Fassung Okt. 1996, Deutscher Beton-Verein, Wiesbaden 1996

[DBV - 96.2] DBV-Merkblatt „Betonierbarkeit von Bauteilen“, Fassung Nov. 1996, Deutscher Beton-Verein, Wiesbaden 1996

[DBV - 97.1] DBV-Merkblatt „Betondeckung und Bewehrung“, Fassung Jan. 1997, Deutscher Beton-Verein, Wiesbaden 1997

[DBV - 97.2] DBV-Merkblatt „Abstandhalter“, Fassung Feb. 1997, Deutscher Beton-Verein, Wiesbaden 1996

[DIN 1045 - 88] DIN 1045 (07.88) – Beton und Stahlbeton – Bemessung und Ausführung, Berlin 1988

[DIN 4227-1 - 88] DIN 4227, Teil 1 (07.88): Bauteile aus Normalbeton mit beschränkter oder voller Vorspannung, Berlin 1988

[DIN 4102-4 - 94] DIN 4102, Teil 4 (03.94): Brandverhalten von Baustoffen und Bauteilen; Zusammenstellung und Anwendung klassifizierter Baustoffe, Bauteile und Sonderbauteile, Berlin 1994

[E DIN 1045-1 - 98] DIN 1045-1, Entwurf 12.98: Tragwerke aus Beton, Stahlbeton und Spannbeton, Teil 1: Bemessung und Konstruktion, Berlin 1998

[E DIN 1045-1 - 00] DIN 1045-1, Entwurf 09.00: Tragwerke aus Beton, Stahlbeton und Spannbeton, Teil 1: Bemessung und Konstruktion, Berlin 2000

[Edvardsen - 96] Edvardsen, C. K.: „Wasserdurchlässigkeit und Selbstheilung von Trennrissen in Beton“, Deutscher Ausschuß für Stahlbeton, Heft 455, Berlin 1996

[Eligehausen/Gerster – 92] Eligehausen, R./Gerster, R.: „Das Bewehren von Stahlbetonbauteilen" in: Deutscher Ausschuß für Stahlbeton, Heft 399, Berlin 1992

[ENV 10 080 – 95] DIN V 10 080 (08.95): Schweißgeeigneter gerippter Betonstahl B500 – Technische Lieferbedingungen für Stäbe, Ringe und geschweißte Matten, Berlin 1995

[ENV 1992-1-1 – 92] DIN V ENV 1992 Teil 1–1 (06.92): Eurocode 2, Planung von Stahlbeton- und Spannbetontragwerken, Teil 1: Grundlagen und Anwendungsregeln für den Hochbau, Berlin 1992

[ENV 1992-1-2 – 96] DIN V ENV 1992 Teil 1–1 (06.92): Eurocode 2, Planung von Stahlbeton- und Spannbetontragwerken, Teil 1–2: Allgemeine Regeln – Tragwerksbemessung für den Brandfall, Berlin 1996

[ENV 1992-1-3 – 94] DIN V ENV 1992 Teil 1–3 (06.92): Eurocode 2, Planung von Stahlbeton- und Spannbetontragwerken, Teil 1–3: Allgemeine Regeln – Bauteile und Tragwerke aus Fertigteilen, Berlin 1994

[ENV 1992-1-6 – 94] DIN V ENV 1992 Teil 1–3 (06.92): Eurocode 2, Planung von Stahlbeton- und Spannbetontragwerken, Teil 1–6: Allgemeine Regeln – Tragwerke aus unbewehrtem Beton, Berlin 1994

[Fonseca – 95] Fonseca, J.: Zum Bemessen und Konstruieren von Stahlbetonplatten und -scheiben mit Lastpfaden, Dissertation Universität Stuttgart 1995

[Geistefeldt – 98] Geistefeldt, H.: Konstruktion von Stahlbetontragwerken, in: Stahlbetonbau aktuell 1998, Kapitel E, Werner-Verlag, Düsseldorf 1998

[Grasser/Thielen – 91] Grasser, E./Thielen, G.: Hilfsmittel zur Berechnung der Schnittgrößen und Formänderungen von Stahlbetontragwerken nach DIN 1045, Ausgabe Juli 1988, in: Deutscher Ausschuß für Stahlbeton, Heft 240, Berlin 1991

[Grasser – 97] Grasser, E.: Bemessung für Biegung mit Längskraft, Schub und Torsion nach DIN 1045, in: Betonkalender 1997, Teil I, L.I, Berlin 1997

[Hütten/Herkommer – 81] Hütten, P., Herkommer, F.: Bewehrung von Flachdecken mit geschweißten Betonstahlmatten, in: HOCH- UND TIEFBAU 9/81, S. 79, Thälhammer Verlag, München 1981

[Hottmann/Schäfer – 96] Hottmann, H. U./Schäfer, K.: Bemessen von Stahlbetonbalken und -wandscheiben mit Öffnungen, Deutscher Ausschuß für Stahlbeton, Heft 459, Berlin 1996

[Ivanyi – 95] Ivanyi, G.: Bemerkungen zu „Mindestbewehrung" in Wänden, in: Beton- und Stahlbetonbau 90 (1995), S. 283, Berlin 1995

[König/Tue – 96] König, G./Tue, N.: Grundlagen und Bemessungshilfen für die Rißbeschränkung im Stahlbeton und Spannbeton sowie Kommentare, Hintergrundinformationen und Anwendungsbeispiele zu den Regelungen nach DIN 1045, EC 2 und Model Code 90, in: Deutscher Ausschuß für Stahlbeton, Heft 466, Berlin 1996

[Leonhardt/Mönnig – 77] Leonhardt, F./Mönnig, E.: Vorlesungen über Massivbau, Dritter Teil: Grundlagen zum Bewehren im Stahlbetonbau, Springer-Verlag, Berlin/Heidelberg/New York 1977

[Mainka/Paschen – 90] Mainka, G.-W./Paschen, H.: Untersuchungen über das Tragverhalten von Köcherfundamenten, in: Deutscher Ausschuß für Stahlbeton, Heft 411, Berlin 1990

[Meyer – 94] Meyer, G.: Rißbreitenbeschränkung nach DIN 1045, 2. Aufl., Werner-Verlag, Düsseldorf 1994

[Mörsch – 12] Mörsch, E.: Der Eisenbetonbau, seine Theorie und Anwendung, Stuttgart 1912

[Müller – 98] Müller, G.: Ein Stabwerkmodell für die Bewehrungsführung an Öffnungen in Stahlbetonplatten, in: Beton- und Stahlbetonbau 93 (1998), S. 167 ff., Berlin 1998

[NAD zu ENV 1992-1-1 – 93] Deutscher Ausschuß für Stahlbeton: Richtlinien für die Anwendung Europäischer Normen im Betonbau, Richtlinien zur Anwendung von Eurocode 2 – Planung von Stahlbeton- und Spannbetontragwerken, Teil 1–1: Grundlagen und Anwendungsregeln für den Hochbau, Ausgabe 4.93, Berlin 1993

[NAD zu ENV 1992-1-3 – 95] Deutscher Ausschuß für Stahlbeton: Richtlinien für die Anwendung Europäischer Normen im Betonbau, Richtlinien zur Anwendung von Euro-

	code 2 – Planung von Stahlbeton- und Spannbetontragwerken, Teil 1–3: Bauteile und Tragwerke aus Fertigteilen, Ausgabe 06.95, Berlin 1995
[Rehm/Eligehausen - 72]	Rehm, G./Eligehausen, R.: Rationalisierung der Bewehrung im Stahlbetonbau, in: Betonwerk-Fertigteil-Technik, Heft 5, 1972
[Schießl - 89]	Schießl, P.: Grundlagen der Neuregelung zur Beschränkung der Rißbreite, in: Deutscher Ausschuß für Stahlbeton, Heft 400, Berlin 1989
[Schlaich/Schäfer - 87]	Schlaich, J./Schäfer, K.: Bemessen und Konstruieren mit Stabwerkmodellen, Tagungsband DAfStb-Kolloquium 23./24. 2. 1987 an der Universität Stuttgart, Stuttgart 1987
[Schlaich/Schäfer - 93]	Schlaich, J./Schäfer, K.: Konstruieren im Stahlbetonbau, in: Betonkalender 1993, Teil II B, Verlag Ernst & Sohn, Berlin 1993
[Schlaich/Schäfer - 98]	Schlaich, J./Schäfer, K.: Konstruieren im Stahlbetonbau, in: Betonkalender 1998, Teil II E, Verlag Ernst & Sohn, Berlin 1998
[Schober - 90]	Schober, H.: Diagramme zur Mindestbewehrung bei überwiegender Zwangbeanspruchung, in: Beton- und Stahlbetonbau 85 (1990), S. 57, Berlin 1990
[Syspro - 94]	Syspro-Gruppe Betonbauteile: SysproTec – Die bewehrte Qualitätsdekke, Die Technik zur Decke, Handbuch, Lampertheim 1994
[Syspro - 97]	Syspro-Gruppe Betonbauteile: SysproPart – Die tragende Qualitätswand, Die Technik zur Wand, Handbuch, Lampertheim 1997
[Völkel/Riese u. a. - 98]	Völkel, W./Riese, A./Droese, S. : Neuartige Wohnhausdecken aus Stahlfaserbeton ohne obere Bewehrung, in: Beton- und Stahlbetonbau 93 (1998), S. 1, Berlin 1998
[Windels - 92]	Windels, R.: Graphische Ermittlung der Rißbreite für Zwang, in: Beton- und Stahlbetonbau 87 (1992), S. 29, Berlin 1992

Literatur zu Kapitel F

[Bercea - 89]	Bercea, G.: Spanngliedführung in Flachdecken mit Vorspannung ohne Verbund. Bautechnik 66, Heft 1. Berlin: Ernst & Sohn Verlag, 1989
[Bieger - 62]	Bieger, K.-W.: Vorberechnung zweistegiger Plattenbalken. Beton- und Stahlbetonbau, Heft 8. Berlin: Ernst & Sohn Verlag, 1962
[BMV-Richtlinie - 98]	Bundesminister für Verkehr: Richtlinie für Betonbrücken mit externen Spanngliedern, Ausgabe 1998
[DAfStb-H.282 - 77]	Walther, R. et al: Vorausbestimmung der Spannkraftverluste infolge Dehnungsbehinderung. Heft 282 des Deutschen Ausschusses für Stahlbeton. Berlin: Wilhelm Ernst & Sohn Verlag. 1977
[DAfStb-H.320 - 89]	Bertram, D. et al.: Erläuterungen zu DIN 4227 Spannbeton. Heft 320 des Deutschen Ausschusses für Stahlbeton. Berlin: Beuth Verlag GmbH. 1989
[DAfStb-H.391 - 88]	Zimmermann, J.: Biegetragverhalten und Bemessung von Trägern mit Vorspannung ohne Verbund. Heft 391 des Deutschen Ausschusses für Stahlbeton. Berlin/Köln: Beuth Verlag GmbH. 1988
[DAfStb-H.425 - 92]	Kordina et al.: Bemessungshilfsmittel zu EC 2, Teil 1. Heft 425 des Deutschen Ausschusses für Stahlbeton. Berlin/Köln: Beuth Verlag GmbH. 1992
[DAfStb-H.466- 89]	König, G.; Tue, N.: Grundlagen der Bemessungshilfen für die Rißbreitenbeschränkung im Stahlbeton und Spannbeton. Heft 466 des Deutschen Ausschusses für Stahlbeton. Berlin: Beuth Verlag GmbH. 1989
[DIN 1045 - 88]	DIN 1045: Beton und Stahlbeton, Bemessung und Ausführung. Berlin: Beuth Verlag GmbH, Juli 1988
[DIN 4227 - 88]	DIN 4227, Teil 1: Spannbeton – Bauteile aus Normalbeton mit beschränkter oder voller Vorspannung. Beuth Verlag GmbH, Juli 1988
[DIN 4227/A1 - 95]	DIN 4227, Teil 1/A1: Spannbeton – Bauteile aus Normalbeton mit beschränkter oder voller Vorspannung, Änderung A1. Beuth Verlag GmbH, Dezember 1995

[E DIN 1045-1 – 00] E DIN 1045-1: Tragwerke aus Beton, Stahlbeton und Spannbeton – Teil 1 Bemessung und Konstruktion. Berlin: Beuth Verlag GmbH, Entwurf Mai 2000

[Eibl et al. – 95] Eibl, J. et al.: Vorspannung ohne Verbund, Technik und Anwendung. Betonkalender 1995 Teil 2, Seiten 739 bis 804. Berlin: Ernst & Sohn Verlag, 1995

[ENV 1991-2-5 – 96] ENV 1991-2-5: Eurocode 1: Basis of design and actions on structures – Part 2–5: Thermal actions. Brussels: CEN, 1996

[ENV 1991-3 – 96] DIN V ENV 1991-3: Eurocode 1: Grundlagen der Tragwerksplanung und Einwirkungen auf Tragwerke – Teil 3: Verkehrslasten auf Brücken. Berlin: Beuth Verlag GmbH, August 1996

[ENV 1992-1-1 – 92] DIN V ENV 1992-1-1: Eurocode 2: Planung von Stahlbeton- und Spannbetontragwerken – Teil 1-1: Grundlagen und Anwendungsregeln für den Hochbau. Berlin: Beuth Verlag GmbH, Juni 1992

[ENV 1992-2 – 97] DIN V ENV 1992-2: Eurocode 2: Planung von Stahlbeton- und Spannbetontragwerken – Teil 2: Betonbrücken. Berlin: Beuth Verlag GmbH, Oktober 1997

[Fastabend – 99] Fastabend, M.: Zur Frage der Spanngliedführung bei Vorspannung ohne Verbund. Beton- und Stahlbetonbau 94, Heft 1,. Berlin: Ernst & Sohn Verlag, 1999

[Grasser/Kupfer – 96] Grasser, E.; Kupfer, H.; Pratsch, G.; Feix, J.: Bemessung von Stahlbeton- und Spannbetonbauteilen nach EC 2 für Biegung, Längskraft, Querkraft und Torsion. Betonkalender 1996 Teil 1, Seiten 341 bis 498. Berlin: Ernst & Sohn Verlag,1996

[Graubner – 97] Graubner, C.-A.: Rotation Capacity and Moment Redistribution in Hyperstatic Reinforced Concrete Beams. CED Bulletin 239, Mai 1997

[Graubner – 98] Graubner, C.-A.: Einwirkungen im Brückenbau. Tagungsband des 20. Darmstädter Massivbau-Seminars. Darmstadt, 1998

[Graubner/Schmidt – 00] Graubner, C.-A.; Schmidt, H.: DIN 1045-1 – Wesentliche Neuerungen bei der Bemessung von Betontragwerken. 14. Fortbildungsseminar Tragwerksplanung der VPIH. Darmstadt, 2000

[Graubner/Six – 98] Graubner, C.-A.; Six, M.: Vergleichsrechnungen von Spannbetonbrükken nach [ENV 1992-1-1 – 92], Teil 2. Forschungsbericht Bundesministerium für Verkehr, Bonn 1998

[Graubner/Six – 99] Graubner, C.-A.; Six, M.: Consistent Safety Format for Non-linear Analysis of Concrete Structures. Tagungsband European Conference on Computational Mechanics, München 1999

[Hochreither – 82] Hochreither, H.: Bemessungsregeln für teilweise vorgespannte, biegebeanspruchte Betonkonstruktionen – Begründung und Auswirkung. Dissertation, TU München 1982

[Kupfer – 94] Kupfer, H.: Bemessung der Spannbetonbauteile nach DIN 4227 – einschließlich teilweiser Vorspannung. Betonkalender 1994 Teil 1, Seiten 589 bis 670. Berlin: Ernst & Sohn Verlag, 1994

[Kupfer/Hochreither – 93] Kupfer, H.; Hochreither, H.: Anwendung des Spannbetons. Betonkalender. Teil 2, S. 487 bis 550. Berlin: Ernst & Sohn Verlag, 1993

[Kupfer/Streit – 87] Kupfer, H.; Streit, W.: Stahlspannungen im Gebrauchszustand bei teilweiser Vorspannung. Festschrift Dischinger, 1987

[Leonhardt – 80] Leonhardt, F.: Vorlesung über den Massivbau, Teil 5: Spannbeton. Berlin: Springer-Verlag, 1980

[Leonhardt – 86] Leonhardt, F.: Vorlesung über den Massivbau, Teil 2: Sonderfälle der Bemessung im Stahlbetonbau. Berlin: Springer-Verlag, 1986

[Mehlhorn et al. – 98] Mehlhorn, G. et al.: Grundwissen in 9 Bänden – Bemessung. Berlin: Ernst & Sohn Verlag, 1998

[NAD zu ENV 1991-3 – 99] Richtlinie zur Anwendung von Eurocode 1 – Grundlagen der Tragwerksplanung und Einwirkungen auf Tragwerke, Teil 3: Verkehrslasten auf Brücken. Juli 1999 (unveröffentlicht)

[NAD zu ENV 1992-1 – 95] Deutscher Ausschuß für Stahlbeton: Richtlinie zur Anwendung von Eurocode 2 – Planung von Stahlbeton- und Spannbetontragwerken; Teil 1: Grundlagen und Anwendungsregeln für den Hochbau. Juni 1995

[NAD zu ENV 1992-2 – 99] Richtlinie zur Anwendung von Eurocode 2 – Planung von Stahlbeton- und Spannbetontragwerken, Teil 2: Betonbrücken. Juli 1999 (unveröffentlicht)

[Rose – 62] Rose, E. A.: Die Berechnung der Vorspannmomente nach der Umlenkkraftmethode. Bautechnik 5/1962. Berlin: Ernst & Sohn Verlag, 1962

[Rosemeier – 96] Rosemeier, G.-E.: Zur Untersuchung des Tragverhaltens vorgespannter Linientragwerke. Beton- und Stahlbetonbau 91, Heft 9. Berlin: Ernst & Sohn Verlag, 1996

[Rossner/Graubner – 92] Rossner, W.; Graubner, C.-A.: Spannbetonbauwerke – Teil 1: Bemessungsbeispiele nach DIN 4227. Berlin: Ernst & Sohn Verlag, 1992

[Rossner/Graubner – 97] Rossner, W.; Graubner, C.-A.: Spannbetonbauwerke – Teil 2: Bemessungsbeispiele nach Eurocode 2. Berlin: Ernst & Sohn Verlag, 1997

[Schlaich/Schäfer – 98] Schlaich, J.; Schäfer, K.: Konstruieren im Stahlbetonbau. Betonkalender 1998 Teil 2, Seiten 721 bis 896. Berlin: Ernst & Sohn Verlag, 1998

[Six – 98] Six, M.: Bemessung von Betonbrücken (DIN 1045-1, EC 2-2). Tagungsband des 20. Darmstädter Massivbau-Seminars. Darmstadt, 1998

[Standfuß/Großmann – 00] Standfuß, F.; Großmann, F.: Einführung der Eurocodes für Brücken in Deutschland. Beton- und Stahlbetonbau 95, Heft 1. Berlin: Ernst & Sohn Verlag, 2000

[Theile – 86] Theile, V.: Zum Einfluß der Vorspannung im Gebrauchszustand bei Spannbetontragwerken. Dissertation, TH Darmstadt 1986

[Zilch/Bagayoko – 96] Zilch, K.; Bagayoko, L.: Ermittlung maßgebender Bemessungskriterien aus den Nachweisen im Grenzzustand der Gebrauchstauglichkeit und im Grenzzustand der Tragfähigkeit nach Eurocode 2. Forschungsbericht DIBt Gz IV 1-5-791/96. München, Juli 1996

[Zilch/Staller – 99] Zilch, K.; Sraller, M.: Erläuterungen zur Bemessung und Konstruktion von Tragwerken aus Beton, Stahlbeton und Spannbeton nach DIN 1045-1. Beton- und Stahlbetonbau 94, Heft 6. Berlin: Ernst & Sohn Verlag, 1999

[Zilch/Rogge – 00] Zilch, K; Rogge, A.: Bemessung der Stahlbeton- und Spannbetonbauteile nach DIN 1045-1. Betonkalender 2000, Teil 1, Seiten 171 bis 308. Berlin: Ernst & Sohn Verlag, 2000

Literatur zu Kapitel G

zu Abschnitt G.1 und G.2:

[AVAK – 99] Stützenbemessung mit Interaktionsdiagrammen nach Theorie II. Ordnung in: Avak/Goris (Hrsg): Stahlbetonbau aktuell, Jahrbuch für die Baupraxis 1999. Werner/Beuth, Düsseldorf 1999.

[Avak/Goris – 00] Beispiele nach E DIN 1045-1. In: Avak/Goris (Hrsg): Stahlbetonbau aktuell, Jahrbuch für die Baupraxis 2000. Werner/Beuth, Düsseldorf 2000.

[DAfStb Heft 5xx] noch nicht erschienenes Heft in der Schriftenreihe des DAfStb mit Hinweisen zur DIN 1045-1

[DIN 1045-1 – 00] Tragwerke aus Beton, Stahlbeton und Spannbeton Teil 1: Bemessung und Konstruktion (zum Zeitpunkt des Redaktionsschlusses noch nicht veröffentlicht).

[DIN 1055 – 78] Lastannahmen im Hochbau (07.79)

[DIN 1055-100 – 00] Einwirkungen auf Tragwerke Teil 100: Grundlagen der Tragwerksplanung, Sicherheitskonzept und Bemessungsregeln. (zum Zeitpunkt des Redaktionsschlusses noch nicht veröffentlicht)

[E DIN 1045-1 – 98] Tragwerke aus Beton, Stahlbeton und Spannbeton Teil 1: Bemessung und Konstruktion. Entwurf 12.98

[ENV 1992-1-1 – 92] Eurocode 2 – Planung von Stahlbeton- und Spannbetontragwerken Teil 1: Grundlagen und Anwendungsregeln für den Hochbau

[E DIN 1055-1 – 00] Einwirkungen auf Tragwerke Teil 1: Wichte und Flächenlasten von Baustoffen, Bauteilen und Lagerstoffen. Entwurf (03.00)

[E DIN 1055-3 – 00] Einwirkungen auf Tragwerke Teil 3: Eigen- und Nutzlasten für Hochbauten. Entwurf (03.00)

[Schneider – 98] Schneider, K.-J. (Hrsg.): Bautabellen für Ingenieure mit Berechnungshinweisen und Beispielen. Werner, Düsseldorf 1998

[NAD – 93] Deutscher Ausschuß für Stahlbeton
Richtlinien für die Anwendung Europäischer Normen im Betonbau, Beuth, (04.93) mit Ergänzung von (06.95), Berlin/Köln

[Grasser – 79] Grasser, E.: Bemessung von Beton- und Stahlbetonbauteilen nach DIN 1045. Ausgabe Dezember 1978; 2. überarbeitete Auflage; Beuth, Berlin 1979 (Deutscher Ausschuß für Stahlbeton, Heft 220)

[STUETZBEM – 99] Brandenburgische Universität Cottbus, Lehrstuhl für Massivbau. Programm zur Stützenbemessung nach DIN 1045-1 (unveröffentlicht)

[Zilch/Rogge – 00] Bemessung der Stahlbeton- und Spannbetonbauteile nach DIN 1045-1. In: Betonkalender 2000, Ernst+Sohn, Berlin 2000.

zu Abschnitt G.3 und G.4:

[Avak/Goris – 94] Avak, R./Goris, A.: Bemessungspraxis nach EUROCODE 2, Zahlen- und Konstruktionsbeispiele, Werner-Verlag, Düsseldorf 1994

[DAfStb-H.240 – 91] Deutscher Ausschuß für Stahlbeton, Heft 240: Hilfsmittel zur Berechnung der Schnittgrößen und Formänderungen von Stahlbetontragwerken nach DIN 1045, Ausg. Juli 1988. 3. Auflage, Beuth Verlag, Berlin/Köln 1991

[DAfStb-H.371 – 86] Deutscher Ausschuß für Stahlbeton, H. 371, Kordina/Nölting: Tragfähigkeit durchstanzgefährdeter Stahlbetonplatten. DAfStb-Heft 371, Verlag Ernst & Sohn, Berlin 1986

[DAfStb-H.387 – 87] Deutscher Ausschuß für Stahlbeton, H. 387, Dieterle/Rostásy: Tragverhalten quadratischer Einzelfundamente aus Stahlbeton, Verlag Ernst & Sohn, Berlin 1987

[DAfStb-H.425 – 92] Deutscher Ausschuß für Stahlbeton, Heft 425: Bemessungshilfen zu Eurocode 2 Teil 1, 2. ergänzte Auflage, Beuth Verlag, Berlin/Köln 1992

[Dieterle/Rostasy – 87] Dieterle/Rostásy: Tragverhalten quadratischer Einzelfundamente aus Stahlbeton. DAfStb-Heft 387, Verlag Ernst & Sohn, Berlin 1987

[DIN 1045 – 88] DIN 1045. Beton und Stahlbeton, Bemessung und Ausführung. Juli 1988

[DIN 1054 – 76] DIN 1054. Baugrund; zulässige Belastung des Baugrunds. November 1976

[DIN 1055 – 71] DIN 1055. Lastannahmen für Bauten. Teil 3: Verkehrslasten. Juni 1971

[E DIN 1045-1 – 98] DIN 1045-1. Tragwerke aus Beton, Stahlbeton und Spannbeton. Teil 1: Bemessung und Konstruktion. Dezember 1998 (2. Entwurf)

[E DIN 1045-1 – 00] DIN 1045-1. Tragwerke aus Beton, Stahlbeton und Spannbeton. Teil 1: Bemessung und Konstruktion. Entwurf, Bearbeitungsstand September 2000

[ENV 1992-1-1 – 92] DIN V ENV 1992-1-1. Eurocode 2, Planung von Stahlbeton- und Spannbetontragwerken. Teil 1–1: Grundlagen und Anwendungsregeln für den Hochbau. Juni 1992 (Vornorm)

[Geistefeldt/Goris – 93] Geistefeldt, H./Goris, A.: Ingenieurhochbau – Teil 1: Tragwerke aus bewehrtem Beton nach Eurocode 2, Werner-Verlag, Düsseldorf/Beuth Verlag, Berlin 1993

[Kordina – 94/1] Kordina, K.: Zum Tragsicherheitsnachweis gegenüber Schub, Torsion und Durchstanzen nach EC 2 Teil 1 – Erläuterung zur Neuauflage von Heft 425 und Anwendungsrichtlinie zu EC 2. Beton- und Stahlbetonbau 4/1994, S. 97–100

[Kordina – 94/2] Kordina, K.: Zur Berechnung und Bemessung von Einzel-Fundamentplatten nach EC 2 Teil 1. Beton- und Stahlbetonbau 8/1994, S. 22–226

[NAD zu ENV 1992-1-1 – 93] Richtlinien für die Anwendung Europäischer Normen im Betonbau. Richtlinie zur Anwendung von Eurocode 2 – Planung von Stahlbeton- und Spannbetontragwerken. Teil 1: Grundlagen und Anwendungsregeln für den Hochbau. April 1993

[Schmitz/Goris – 00] Schmitz, P. U./Goris, A.: DIN 1045-1 digital. Werner-Verlag, Düsseldorf, 2000 (in Vorb.)

[Schneider – 98] Schneider, K.-J. (Hrsg): Bautabellen für Ingenieure. 13. Auflage, 1998, Werner-Verlag, Düsseldorf

[Schneider – 00] Schneider, K.-J. (Hrsg): Bautabellen für Ingenieure. 14. Auflage, Werner-Verlag, Düsseldorf 2000

[Steinle – 81] Steinle, A: Zum Tragverhalten von Blockfundamenten für Stahlbetonfertigteilstützen. In: Vorträge Betontag 1981, S. 186–205; Deutscher Beton-Verein, 1981

Literatur zu Kapitel H

zu Abschnitt H.1

[Adeline/Behloul – 96] Adeline, R., Behloul, M.: High ductile Beams without passive Reinforcement, 4th International Symposium on Utilization of High strength / High performance Concrete, p. 1383–1390, Paris 1996.

[Bernhardt u. a. – 99] Bernhardt, K.; Brameshuber, W.; König, G.; Krill, A.; Zink, M.: Vorgespannter Hochleistungsbeton: Erstanwendung in Deutschland beim Pilotprojekt Sasbach. Beton- und Stahlbetonbau 94 (1999), Heft 5, S. 216–223.

[Burkhardt/Hegger – 99] Burkhardt, J.; Hegger, J.: Strength of Lapped Splices in Reinforced HSC Columns. Tagungsband zum 5. Internationalen Symposium „Utilization of High Strength/High Performance Concrete", Sandefjord, Norwegen, 20.–24. Juni 1999, S. 174/183, ISBN 82-91341-25-7.

[CEB Nr. 197 – 90] CEB-FIP: High Performance Concrete, State of the Art Report, Bulletin d'information No. 197, Lausanne 1990.

[DAfStb-H.316 – 80] Paschen, H.; Zillich, V. C.: Versuche zur Bestimmung der Tragfähigkeit stumpf gestoßener Stahlbetonfertigteilstützen. Heft 316, Deutscher Ausschuß für Stahlbeton, 1980.

[DAfStb-H.438 – 94] König, G.; Bergner, H.; Grimm, R.; Held, M.; Remmel, G.; Simsch, G.; Sachstandsbericht Teil II, Heft 438, Deutscher Ausschuß für Stahlbeton, 1994.

[DAfStb-Ri – 95] Richtlinie für hochfesten Beton, Ergänzungen zu DIN 1045/07.88 für die Festigkeitsklassen B 65 bis B 115, Deutscher Ausschuß für Stahlbeton, 1995.

[den Uijl – 95] Den Uijl, J. A.: Transfer Length of Prestressing Strand in HPC, Progress in Concrete Research, TU Delft, Vol. 4, 1995.

[DIBt-Ri – 80] DIBt: Richtlinien für die Prüfung von Spannstählen auf ihre Eignung zur Verankerung durch sofortigen Verbund. Mitteilungen des IfBt 6/1980.

[DIN 1045 – 88] DIN 1045: Beton und Stahlbeton, Bemessung und Ausführung. Ausgabe 07/1988.

[DIN 4227-1 – 88] DIN 4227, Teil 1: Spannbeton – Bauteile aus Normalbeton mit beschränkter und voller Vorspannung. Ausgabe 07/1988

[Durning u. a. – 94] Durning, T.; Kenneth, R.: Braker Lane Bridge / High Strength Concrete in Prestressed Bridge Girders, PCI Journal May 1994 , p. 46–51.

[E DIN 1045-1 – 00] DIN 1045-1: Tragwerke aus Beton, Stahlbeton und Spannbeton – Teil 1: Bemessung und Konstruktion. Entwurf 05/2000.

[E DIN 1045-2 – 00] DIN 1045-2: Tragwerke aus Beton, Stahlbeton und Spannbeton – Teil 2: Betontechnik. Entwurf 2000.

[EN 206-1 – 00] Beton – Teil 1: Festlegung, Eigenschaften, Herstellung und Konformität. Ausgabe 2000.

[ENV 1992-1 – 92] ENV 1992-1-1: EUROCODE 2 / Planung von Stahlbeton- und Spannbetontragwerken, Teil 1: Grundlagen und Anwendungsregeln für den Hochbau. Ausgabe Oktober 1992.

[ENV 1992-2 – 97] ENV 1992-2: EUROCODE 2 / Planung von Stahlbeton- und Spannbetontragwerken, Teil 2: Stahlbeton- und Spannbetonbrücken. Ausgabe Oktober 1997.

[Han – 96] Han, N.: Time Dependent Behaviour of High Strength Concrete, PhD-Thesis, November 1996, Delft Univerversity of Technology.

[Hegger – 92] Hegger, J.: Hochfester Beton beim Hochhaus Mainzer Landstraße 16–28 in Frankfurt am Main, Beton- und Stahlbetonbau 87, Heft 1, S. 9–14, 1992.

[Hegger – 97] Hegger, J.: Hochhäuser aus Stahlbeton. Tagungsband Hochhäuser Entwerfen-Planen-Konstruieren, Heft 1 der Schriftenreihe des Instituts für Massivbau RWTH Aachen 1997, S. 184–197.

[Hegger/Burkhardt – 97] Hegger, J.; Burkhardt, J.; Hochhaus „Taunustor" in Frankfurt am Main – Hochfester Beton B 105. Beton- und Stahlbetonbau 92 (1997), Heft 7, S. 189–195.

[Hegger/Burkhardt – 98] Hegger, J.; Burkhardt, J.: Vergleichende Untersuchungen an vorgespannten Biegeträgern aus normalem und hochfestem Beton. Beton- und Stahlbetonbau 93 (1998), Heft 12, S. 382–387.

[Hegger/Burkhardt – 99] Hegger, J.; Burkhardt, J.: Tragverhalten von Übergreifungsstößen zug- und druckbeanspruchter Betonstähle in hochfestem Beton. Kurzberichte aus der Bauforschung 40, 1999, Heft 2, S. 155–161.

[Hegger/Nitsch – 99] Hegger, J.; Nitsch, A.: Verbundverankerungen in hochfestem Beton. Betonwerk- und Fertigteil-Technik, 1999, Heft 1, S. 109–120.

[Hegger/Nitsch – 99a] Hegger, J.; Nitsch, A.: Hochfester Beton – ein neuer Baustoff für Spannbetonfertigteile. Festschrift zum 60. Geburtstag von Univ.-Prof. Dr.-Ing. Horst Falkner, Institut für Baustoffe, Massivbau und Brandschutz (iBMB), Heft 142, Braunschweig 1999, Seite 121–130, ISBN 3-89288-121-9, ISSN 0178-5796.

[Hegger/Nitsch – 00] Hegger, J.; Nitsch, A.: Neuentwicklungen bei Spannbetonfertigteilen/ aktuelle Forschungsergebnisse und Anwendungsbeispiele. Beton+Fertigteil-Jahrbuch 2000, S. 95–109.

[Hegger u. a. – 97] Hegger, J.; Nitsch, A.; Burkhardt, J.: Hochleistungsbeton im Fertigteilbau / Aktuelle Anwendungen und Forschungsergebnisse. Betonwerk- und Fertigteil-Technik, Heft 2, 1997, S. 81–90.

[Hegger u. a. – 99] Hegger, J.; König, G.; Zilch, K.; Reineck, K.-H.; Görtz, S.; Beutel, R.; Schenck, G.; Kliver, J.; Dehn, F.; Staller, M.: Überprüfung und Vereinheitlichung der Bemessungsansätze für querkraftbeanspruchte Stahlbeton- und Spannbetonbauteile aus normalfestem und hochfestem Beton nach DIN 1045-1. Abschlußbericht für das DIBt-Forschungsvorhaben IV 1-5-87/98, 1999.

[König/Grimm – 96] König, G., Grimm, R.: Hochleistungsbeton, Betonkalender 2000, Teil II, S. 327–440.

[König/Minnert – 99] König, G.; Minnert, J.: Hochfester Beton – Neue Möglichkeiten für die Fertigteilindustrie. Tagungsband der 43. Ulmer Beton- und Fertigteil-Tage 1999, S. 132–146.

[Mayer – 95] Mayer, L.: Neue Entwicklungen beim Einsatz von Hochleistungsbeton. Vortrag deutscher Betontag 1995, Deutscher Beton-Verein e. V., S. 342–359.

[Menner – 97] Menner, A.: Vorgespannte Betonstäbe aus hochfestem Feinbeton, Dissertation TH Darmstadt 1997.

[Richard – 96] Richard, P.: Reactive Powder Concrete: A New Ultra-High-Strength Cementitious Material, 4th International Symposium on Utilization of High strength / High performance Concrete, p. 1343–1349, Paris 1996.

[Schießl u. a. – 94] Schießl, P., Alfes, C., Hirschfeld, M.: Fertigteilstützen aus hochfestem Beton – Bemessung und konstruktive Durchbildung am Beispiel Schadow-Arkaden, Beton- und Stahlbetonbau 89 (1994), H. 4, S. 100–106.

[Schrage – 94] Schrage, I.: Versuche über das Kriechen hochfesten Betons. Schlußbericht zu Teil 1 des Forschungsvorhabens: Hochfester Beton – Einfluß der Selbstaustrocknung auf zeitabhängige Verformungen und Reißneigung. TU München, August 1994.

[Stroband u. a. – 96] Stroband, J., Poot, S., Walraven, J.: The effect of mortar joints between precast HSC columns loaded in compression. 4th International Symposium on Utilization of High strength / High performance Concrete, Mai 1996, Paris, p. 817–825.

[Theile/Hildebrand – 96] Theile, V.; Hildebrandt, H.; Brüggemann, H.-G.: Hochhausensemble mit projektbezogenen Sonderbetonen. Beton 46 (1996), H.9, S. 535–540.

[Walraven - 95] Walraven, J. : Hochfester Beton für Stahlbetonfertigteile. Betonwerk und Fertigteil-Technik 61 (1995), Heft 43, S. 50–54.

[Will/Hegger - 99] Will, N.; Hegger, J.: Redistribution of Steel Stresses and Crack Width Development in Prestressed HSC Elements. Tagungsband zum 5. Internationalen Symposium „Utilization of High Strength / High Performance Concrete", Sandefjord, Norwegen, 20.–24. Juni 1999, S. 719–728, ISBN 82-91341-25-7.

[Young - 94] Young, J. F.: Engineering advanced cementbased Materials for new Applications, Proceedings of the International RILEM Workshop on Technology Transfer of the New Trends in Concrete, ComTech 94, London 1994.

[Zilch u. a. - 99] Zilch, K.; Pflisterer, H.; Müller, A.; Hennecke, M.: Pilotprojekt Buchloe – Brückenbauwerk mit Hochleistungsbeton B 85. Bauingenieur Bd. 74, Heft 9, S. 370–378, 1999.

[Zilch/Rogge - 00] Zilch, K.; Rogge, A.: Grundlagen der Bemessung von Beton-, Stahlbeton- und Spannbetonbauteilen nach DIN 1045-1. Betonkalender 2000, Teil 1, S. 171–312.

zu Abschnitt H.3

[Litzner - 96] Litzner, H. U: Grundlagen der Bemessung nach Eurocode 2 in Beispielen, Betonkalener 1996, Teil I, S. 712 ff und 734 ff.

[ENV 1992-1-1 - 93] DIN V ENV 1992-1-1: Eurocode 2, Planung von Stahlbeton- und Spannbetonwerken, Teil 1–1, Grundlagen und Anwendungsregeln für den Hochbau. Juni 1992

[Avak/Goris - 00] Avak, R.; Goris, A.: STAHLBETONBAU aktuell 2000, Werner-Verlag, Beuth-Verlag

[Zurmühl - 63] Zurmühl, R.: Praktische Mathematik für Ingenieure und Physiker, 4. Auflage, Springer 1963

[Nürnbergerova/Hajek - 94] Nürnbergerová, T.; Hajek, J.: Linearity of deflections of long-term loaded slabs, Construction and Buildung Materials, V. 8, No. 3, 1994

[Leonhardt-T1 - 73] Leonhardt, F.: Vorlesungen über Massivbau, Erster Teil, 2. Auflage, Springer 1973

zu Abschnitt H.4

[DIN 4108-2 - 98] Wärmeschutz im Hochbau; Wärmedurchgang und Wärmespeicherung, Anforderungen und Hinweise für Planung und Ausführung. Oktober 1981

[DIN 4108-2 - 00] Wärmeschutz und Energieeinsparung in Gebäuden – Teil 2: Mindestanforderungen an den Wärmeschutz.

[DIN EN ISO 6946 - 96] Bauteile – Wärmedurchlaßwiderstand und Wärmedurchgangskoeffizient – Berechnungsverfahren. November 1996

[DIN V 4108-4 - 98] Wärmeschutz und Energieeinsparung in Gebäuden – Teil 4: Wärme- und feuchteschutztechnische Kennwerte. Oktober 1998

[DIN EN ISO 13 370 - 98] Wärmetechnisches Verhalten von Gebäuden – Wärmeübertragung über das Erdreich – Berechnungsverfahren. Dezember 1998

[DIN EN ISO 10 211-1 - 95] Wärmebrücken im Hochbau – Wärmeströme und Oberflächentemperaturen – Teil 1: Allgemeine Berechnungsverfahren. November 1995

[E DIN EN ISO 10 211-2 - 96] Wärmebrücken im Hochbau – Wärmeströme und Oberflächentemperaturen – Teil 2: Berechnungsverfahren für linienförmige Wärmebrücken. Januar 1996

[DIN 4108 - 98] Beiblatt 2 Wärmeschutz und Energieeinsparung in Gebäuden – Wärmebrücken – Planungs- und Ausführungsbeispiele. August 1998

[DIN V 4108-6 - 00] Wärmeschutz und Energieeinsparung in Gebäuden – Teil 6: Berechnung des Jahres-Heizwärme- und Jahres-Heizenergiebedarfs.

[DIN V 4701-10 - 00] Energietechnische Bewertung heiz- und raumlufttechnischer Anlagen – Teil 10: Heizung, Trinkwassererwärmung, Lüftung.

[DIN EN 832 - 98] Wärmetechnisches Verhalten von Gebäuden – Berechnung des Jahres-Heizenergiebedarfs – Wohngebäude. Dezember 1998

5 Autorenverzeichnis

Ackermann, Thomas, Prof. Dipl.-Ing.
Fachhochschule Bielefeld/Minden, Lehrgebiet Bauphysik und Baukonstruktion. Beratungsbüro für Bauphysik mit dem Schwerpunkt Wärme-, Feuchte-, Schallschutz. Autor zahlreicher Fachveröffentlichungen und Mitarbeiter in nationalen und internationalen Normungsgremien zum Wärme- und Feuchteschutz von Gebäuden.

Avak, Ralf, Prof. Dr.-Ing.
Lehrstuhl für Massivbau der Brandenburgischen Technischen Universität Cottbus, Prüfingenieur für Baustatik, Autor von Veröffentlichungen zum Stahlbetonbau und Mauerwerksbau

Bökamp, Heinrich, Dr.-Ing.
Prüfingenieur für Baustatik, staatlich anerkannter Sachverständiger für Standsicherheit, ö.b.u.v. Sachverständiger der IHK Münster für Massivbau, Partner der Ingenieurgemeinschaft Thomas & Bökamp, Münster, Arnsberg, Werder

Fricke, Karl-Ludwig, Dr.-Ing.
Vormals Prüfingenieur für Baustatik, ö.b.u.v. Sachverständiger für Schwingungen und Erschütterungen bei Tragwerken, Senior der Ingenieurpartnerschaft KONSTRUKTIV, Hannover – Berlin. Ab 1. 1. 1999 im Ruhestand.

Geistefeldt, Helmut, Prof. Dr.-Ing.
Fachhochschule Bielefeld/Abt. Minden. Fachliche Schwerpunkte: Stahlbeton- und Spannbetonbau, rechnerische und experimentelle Tragwerks- und Schadensanalysen von Betontragwerken, Entwicklung und Planung innovativer Spannbetonkonstruktionen im Hochbau

Goris, Alfons, Prof. Dr.-Ing.
Universität-Gesamthochschule Siegen, Lehrgebiet Massivbau. Forschungsarbeiten, Vorträge und Veröffentlichungen zum Stahlbetonbau

Graubner, Carl-Alexander, Prof. Dr.-Ing.
Technische Universität Darmstadt, Institut für Massivbau, Prüfingenieur für Baustatik im Fachgebiet Massivbau, geschäftsführender Gesellschafter des Ingenieurbüros CAG in Frankfurt am Main, Mitglied von DAfStb, DBV, fib, MAIV, VPI

Grünberg, Jürgen, Prof. Dr.-Ing.
Institut für Massivbau, Universität Hannover
Prüfingenieur für Baustatik

Hartz, Uwe, Dr.-Ing.
Referatsleiter im Deutschen Institut für Bautechnik

Hegger, Josef, Prof. Dr.-Ing.
Lehrstuhl und Institut für Massivbau der RWTH Aachen, Prüfingenieur für Baustatik, Veröffentlichungen, Vorträge und Forschungsvorhaben zum Stahlbeton-, Spannbeton- und Verbundbau sowie zum textilbewehrten Beton

Pirner, Jochen, Doz. Dr.-Ing. habil.
Brandenburgische Technische Universität Cottbus, Forschungs- und Materialprüfanstalt. Fachliche Schwerpunkte: Betontechnologie, Schadensuntersuchung an Betonbauwerken, Betoninstandsetzung

Schmitz, Ulrich P., Prof. Dr.-Ing.
Universität-Gesamthochschule Siegen, Lehrgebiet Massivbau und Datenverarbeitung

Six, Michael, Dipl.-Ing.
Technische Universität Darmstadt, Institut für Massivbau, Partner der Ingenieursozietät Bau, Veröffentlichungen zum Stahlbeton- und Spannbetonbau

Will, Norbert, Dr.-Ing.
Lehrstuhl und Institut für Massivbau der RWTH Aachen, Veröffentlichungen, Vorträge und Forschungsvorhaben zum Stahlbeton- und Spannbetonbau sowie zum textilbewehrten Beton

6 Verzeichnis der Inserenten

7 Beiträge früherer Jahrbücher

Beiträge des Jahrbuchs 1998

Kapitel	Titel	Autor
A	Gestaltung und Entwurf	Dr.-Ing. Norbert Weickenmeier
B	Baustoffe Beton und Betonstahl	Dozent Dr.-Ing. habil. Jochen Pirner
C	Statik	Prof. Dr.-Ing. Ulrich P. Schmitz
D	Bemessung von Stahlbetontragwerken	Prof. Dr.-Ing. Alfons Goris
E	Konstruktion von Stahlbetontragwerken	Prof. Dr.-Ing. Helmut Geistefeldt Dr.-Ing. Heinz Bökamp
F	Der Baubetrieb des Beton- und Stahlbetonbaus	Prof. Dr.-Ing. Eberhard Petzschmann
G	Aktuelle Veröffentlichungen	
G.1	Verbesserter Nachweis der Biegeschlankheit nach Euronormung	Prof. Dr.-Ing. Helmut Geistefeldt
G.2	Betondeckung – Planung, der wichtigste Schritt zur Qualität	Prof. Dr.-Ing. Rolf Dillmann
G.3	Glas im konstruktiven Ingenieurbau	Prof. Dr.-Ing. Friedrich Mang Prof. Dr.-Ing. Ömer Bucak
H	Beiträge für die Baupraxis	
H.1	Planung von Teilfertigdecken	Prof. Dr-Ing. Ralf Avak
H.2	Vorbemessung	Prof. Dr.-Ing. Jürgen Mattheiß
I	Normen	Prof. Dr.-Ing. Ralf Avak
J	Zulassungen	Dr.-Ing. Uwe Hartz Dipl.-Ing. Rolf Schilling

Beiträge des Jahrbuchs 1999

Kapitel	Titel	Autor
A	Gestalteter Beton	Dipl.-Ing. Ulrich Pickel Dr.-Ing. Ulrich Hahn
B	Baustoffe Beton und Betonstahl	Dozent Dr.-Ing. habil. Jochen Pirner
C	Statik	Prof. Dr.-Ing. Ulrich P. Schmitz
D	Bemessung von Stahlbetontragwerken	Prof. Dr.-Ing. Alfons Goris
E	Konstruktion von Stahlbetontragwerken	Prof. Dr.-Ing. Helmut Geistefeldt
F	Verstärken von Stahlbetonkonstruktionen	Prof. Dr.-Ing. Udo Kraft Dipl.-Ing. Günther Ruffert Prof. Dr.-Ing. Horst G. Schäfer Dr.-Ing. Gerhard Bäätjer Dr.-Ing. Hans-Jürgen Krause Dipl.-Ing. Uwe Neubauer
G	Aktuelle Veröffentlichungen	
G.1	Stützenbemessung mit Interaktionsdiagrammen nach Theorie II. Ordnung	Prof. Dr.-Ing. Ralf Avak
G.2	Momentenkrümmungsbeziehung im Stahlbetonbau	Porf. Dr.-Ing. Günther Lohse
G.3	Verformungsvermögen und Umlagerungsverhalten von Stahlbeton- und Spannbetonbauteilen	Prof. Dr.-Ing. Gert König
H	Beiträge für die Baupraxis	
H.1	Hinweise zur Bemessung von punktgestützten Platten	Dr.-Ing. Hans-Peter Andrä Prof. Dr.-Ing. Ralf Avak
H.2	Verankerung und Bemessung der Vorsatzschalen mehrschichtiger Außenwandtafeln aus Stahlbeton	Dr.-Ing. Ralf Gastmeyer
I	Normen	Prof. Dr.-Ing. Ralf Avak
J	Zulassungen	Dr.-Ing. Uwe Hartz

Beiträge des Jahrbuchs 2000

Kapitel	Titel	Autor
A	Bauwerke aus WU-Beton	Prof. Dr. Erich Cziesielski Dr.-Ing. Thomas Schrepfer
B	Baustoffe Beton und Betonstahl	Dozent Dr.-Ing. habil. Jochen Pirner
C	Statik	Prof. Dr.-Ing. Ulrich P. Schmitz
D	Bemessung von Stahlbetontragwerken	Prof. Dr.-Ing. Alfons Goris
E	Konstruktion von Stahlbetontragwerken	Prof. Dr.-Ing. Helmut Geistefeldt
F	Spannbetonbau	Prof. Dr.-Ing. Carl-Alexander Graubner Dipl.-Ing. Michael Six
G	Aktuelle Veröffentlichungen	
G.1	Durchbiegungsberechnung im Betonbau	Prof. Dr..-Ing. habil. Wolfgang Krüger Dr.-Ing. Olaf Mertsch
G.2	Zweifeldträger nach E DIN 1045-1	Prof. Dr.-Ing. Ralf Avak
G.3	Kragstütze nach E DIN 1045-1	Prof. Dr.-Ing. Ralf Avak
G.4	Einachsig gespannte dreifeldrige Platte nach E DIN 1045-1	Prof. Dr.-Ing. Alfons Goris
G.5	Einzelfundament nach E DIN 1045-1	Prof. Dr.-Ing. Alfons Goris
H	Beiträge für die Baupraxis	
H.1	Industriefußböden	Dr.-Ing. Bernd Schnütgen
H.2	Aus Fehlern lernen	Dr.-Ing. Heinz Bökamp
I	Normen	Prof. Dr.-Ing. Ralf Avak
J	Zulassungen	Dr.-Ing. Uwe Hartz

8 Stichwortverzeichnis